压力容器先进技术

——第十一届全国压力容器学术会议论文集

（下）

中国机械工程学会压力容器分会
合肥通用机械研究院有限公司 编

合肥工业大学出版社

图书在版编目(CIP)数据

压力容器先进技术．第十一届全国压力容器学术会议论文集/中国机械工程学会压力容器分会，合肥通用机械研究院有限公司编．-- 合肥:合肥工业大学出版社,2025. -- ISBN 978-7-5650-7220-8

Ⅰ．TH49-53

中国国家版本馆 CIP 数据核字第 2025WW4733 号

压力容器先进技术

——第十一届全国压力容器学术会议论文集

中国机械工程学会压力容器分会
合肥通用机械研究院有限公司　编　　　　责任编辑　马成勋

出　版	合肥工业大学出版社	版　次	2025 年 9 月第 1 版
地　址	合肥市屯溪路 193 号	印　次	2025 年 9 月第 1 次印刷
邮　编	230009	开　本	889 毫米×1194 毫米　1/16
电　话	理工图书出版中心:15555129192 营销与储运管理中心:0551-62903198	印　张	104.25
		字　数	3200 千字
网　址	press. hfut. edu. cn	印　刷	安徽联众印刷有限公司
E-mail	hfutpress@163. com	发　行	全国新华书店

ISBN 978-7-5650-7220-8　　　　定价：500.00 元(上、下)

目　录

第4章　换热器

第5章　检验检测

第 6 章 失效分析、腐蚀

第 7 章　使用管理

第 4 章

换热器

气气热交换器声共振实验研究

田　胜，王大善，谭　蔚
（天津大学 化工学院，天津　300350）

摘　要：针对某装置中E101A/B两台气气热交换器在生产运行过程中出现的强噪声及本体振动，本文通过多点布设声强与振动传感器，识别了噪声源位置与声强分布特征，明确了结构振动的响应规律及其主导频率。搭建了圆柱声共振实验平台，探究了流速对声共振的影响规律。结果表明，在热交换器壳程发生了声共振，且耦合了结构振动，振动特征频率集中于 f_b，振动加速度达 7.5 m/s²，实验中气体在某一特定流速下会激发腔室中声共振的发生。研究结果可为热交换器声共振的判定与工程设计提供参考依据。

关键词：热交换器；主导频率；声共振；旋涡脱落

Experimental study of acoustic resonance in air - gas heat exchangers

TIAN Sheng, WANG Dashan, TAN Wei
(School of Chemical Engineering and Technology, Tianjin University, Tianjin 300350, China)

Abstract: To address the issue of the significant noise and vibration levels exhibited by two gas - gas heat exchangers, designated E101A/B, within a specific industrial facility during the manufacturing and operational phases, this paper proposes a methodology for identifying the source of the noise and analyzing the distribution characteristics of sound intensity. The study employs the deployment of sound intensity and vibration sensors at multiple locations to elucidate the response law of structural vibration and its predominant frequency. The construction of a cylindrical acoustic resonance experimental platform was undertaken to investigate the influence of flow velocity on acoustic resonance. The findings indicate that acoustic resonance is a feature of the heat exchanger shell process. In conjunction with structural vibration, the vibration eigenfrequency is concentrated at f_b, and the vibration acceleration can reach 7.5 m/s². It has been determined that the presence of gas will stimulate the acoustic resonance in the chamber when a specific flow rate is employed during experimentation. The results of the investigation may be considered as a reference basis for the determination of the acoustic resonance and the technical design of heat exchangers.

Keywords: heat exchanger; dominant frequency; acoustic resonance; vortex shedding

0　引　言

随着石化、核能、航空航天等工业领域设备向大型化和高参数化方向发展，气气热交换器在高温高压和高流速环境下的应用场景不断增多，由此引发的流致振动问题日益严重。目前，流体诱导管束振动的机理主要包括以下四种形式：湍流激励（Turbulent Buffeting）、旋涡脱落激励（Vortex Shedding

Excitation)、流体弹性不稳定(Fluidelastic Instability)以及声共振(Acoustic Resonance)。前三种机制引发的结构损伤已被广泛研究[1-8]，而声共振作为一种仅发生于壳程介质为气体的热交换器中的特殊现象，尚未得到足够重视。相较于液体，气体由于其较低的密度和黏度，在声波传播过程中具有较弱的阻尼作用，导致系统自激振荡，激发声共振。而随着热交换器传热效率的不断提高，设计流速不断增大，进而更容易产生强烈的流致噪声[9]，并在特定条件下诱导声共振现象，若发生多场耦合时可致热交换器结构失效。

通常，声共振发生于密闭腔室中气体绕流钝体产生的声学驻波频率与旋涡脱落频率相匹配时，噪声形成驻波并不断放大声压，最终诱导结构产生共振。研究表明，热交换器中声共振的诱导与设备内部结构布置、气体流速及介质物性密切相关。因此，本文结合气气热交换器的现场测试数据，对设备振动原因进行分析，并搭建圆柱声共振实验平台，从系统角度探讨声共振的产生机理及影响因素，为热交换器声共振风险控制提供理论依据与工程参考。

1　热交换器声强与结构振动响应测试

1.1　工况及结构简述

E101A/B为某装置中的关键气气热交换器，该热交换器为立式直管热交换器，单台设计流量约为860 t/h，设备布置如图1所示。热交换器的壳体直径4 200 mm，换热管长12 m，管径19 mm，采用正方形布管方式。直管段由10块支撑板和4块折流板作为支撑，4块折流板将壳程分为五跨。热交换器的壳程气体介质从下方入口进入，在折流板的导流作用下在热交换器内部往复式流动上升，最后从上方出口流出；管程流体沿直管下降，以逆流形式进行换热。两台热交换器由外部三层平台框架支撑，壳程入口位于一层平台，出口位于二层平台，管程入口位于三层平台，出口位于地面。设备在长期运行过程中，出现了周期性的尖锐噪音，并伴随设备本体的剧烈振动，在此背景下开展现场振动测试。

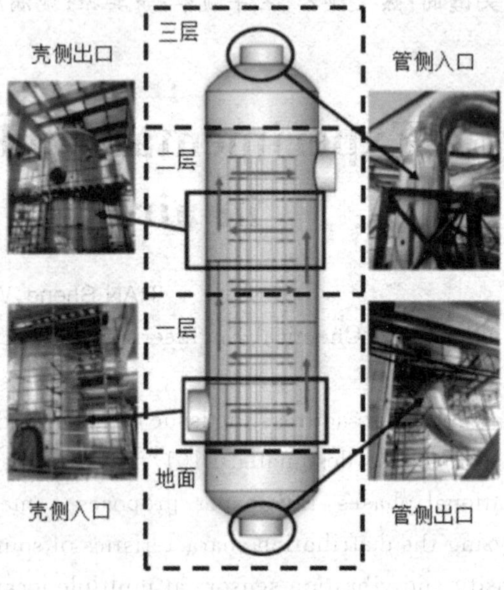

图1　设备示意图

1.2　声强测试与分析

为了获取声场信号，在上述各层平台的四个方向设置检测点，距离两台热交换器保温层外壁面1 m处用声级计进行声强测试，测试点布置与声压级见图2。

测试结果显示，从地面到最高的三层平台声压级水平呈现出先增大后减小的趋势，E101A和E101B两台热交换器的各个测试点位的声压级最大位置均集中在二层平台处，且其最值可达107 dB以上。根据运行介质情况与声场结果的综合分析判定，此为壳程气体横掠管束时产生的噪音经壁面反射后形成驻波，诱导声共振现象。

1.3　结构振动响应测试与分析

在完成声强的测试后，继续对设备本体的振动情况进行测试，以进一步分析声共振特性。此时将设备由地面至最上部分为4个测试区域，使用1A342E三轴加速度传感器配合64通道采集系统，在每个测试区域的热交换器壳体上每90°布设测点如图3所示，设定采样频率2 kHz，满足频率识别的要求[10]，数据采集时长为1 min。

在现场测试得到的信号中，大部分信号频域特征明显，f_a，f_b和f_c三个频率成分的振动贯穿整个热交换器结构。为了进一步分析在这些频率下的振动响应加速度幅值特征，将两台热交换器各测试区域测得的不同频率下加速度幅值绘制如图4所示。从图中可以看出，两台热交换器的振动特征十分接近，无

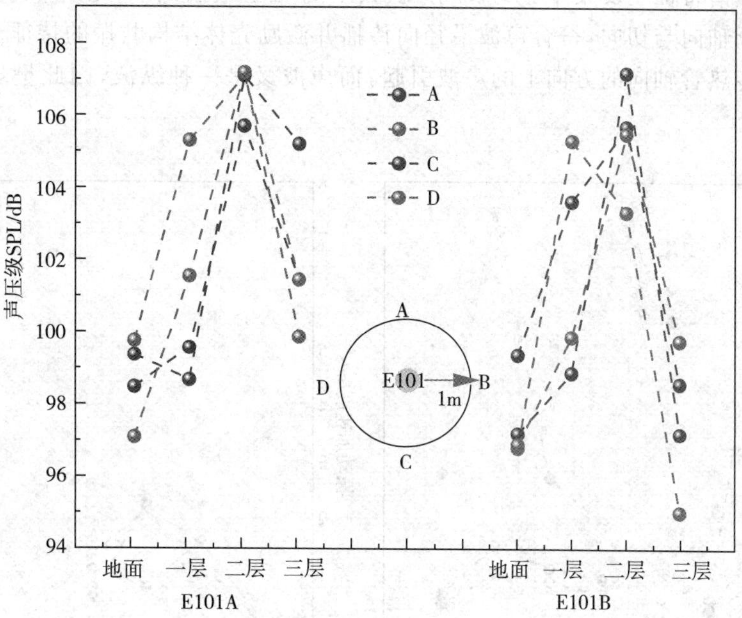

图 2　测点布置与声压级分布

论是频率分布还是幅值表现都呈现出相同的趋势，E101A 的最大振动加速度值达到了 6.5 m/s^2，E101B 的最大振动加速度值达到了 7.5 m/s^2，且最大加速度位置均出现在测试区域 3 二层平台的壳程出口下方。

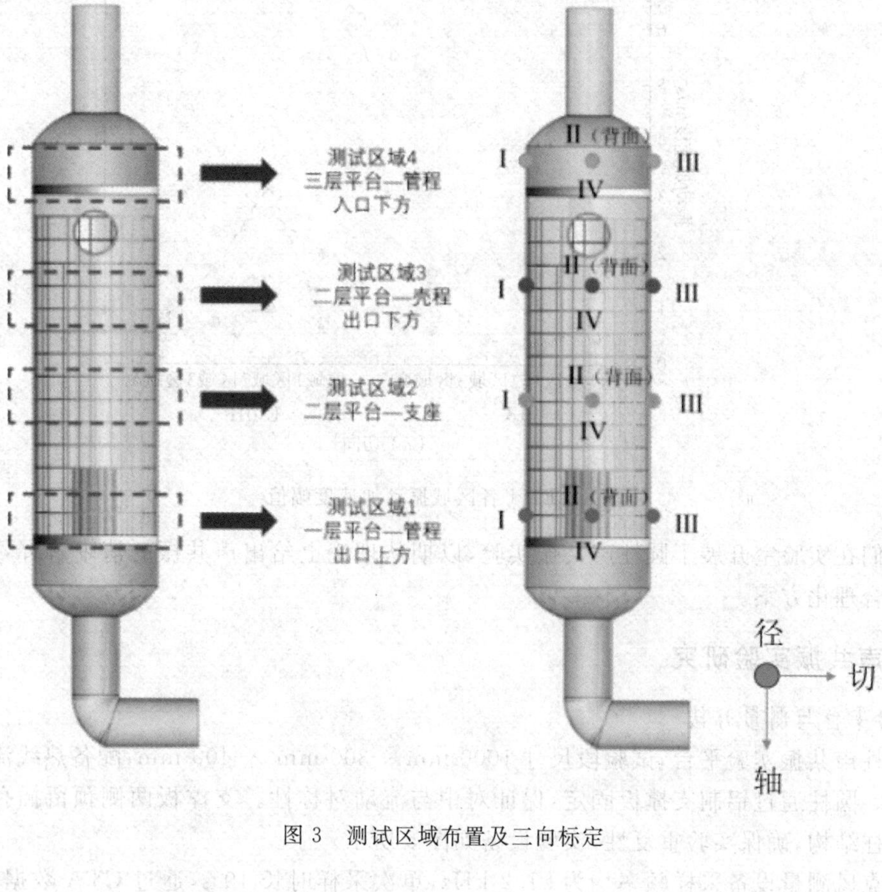

图 3　测试区域布置及三向标定

两台换热器的频谱特征主要集中于 f_a,f_b 和 f_c,其中 f_b 幅值最强,表明此频率为主导激励频率。热交换器径向响应远高于轴向与切向,符合声波沿径向传播并激励壳体结构共振的特征。由于声共振是由垂直流体流动方向和传热管轴向的方向上的声波引起,而声波又是一种纵波,因此呈现出筒体径向上的振动最为显著的特点。

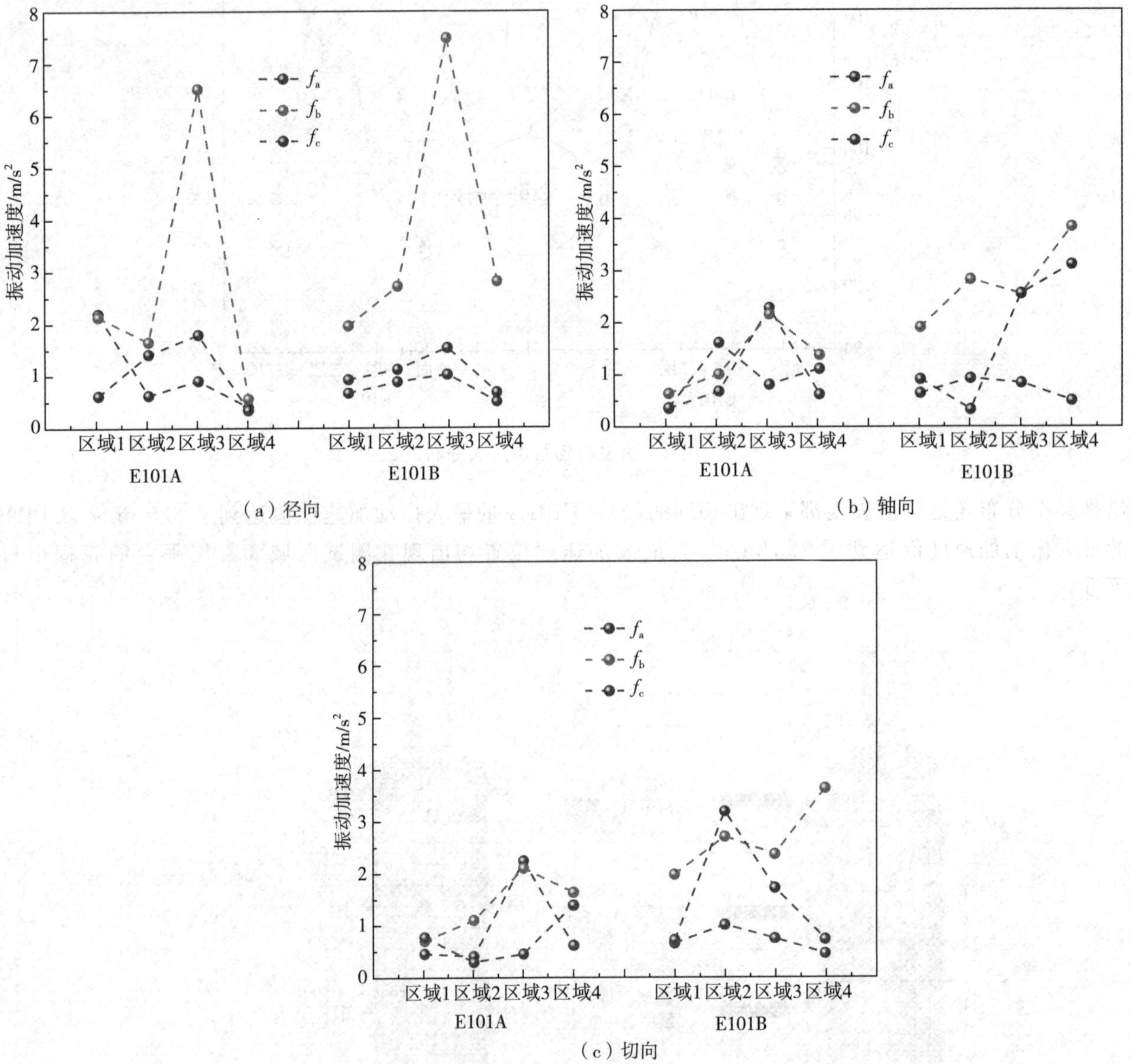

(a) 径向

(b) 轴向

(c) 切向

图 4 E101 各区域振动加速度幅值

基于此我们在实验室开展了圆柱声共振实验,以期从理论上给出声共振的清晰解释,并为防止和减弱声共振提出合理化方案。

2 圆柱声共振实验研究

2.1 实验平台与测量方法

搭建了圆柱声共振实验平台,试验段尺寸 1000 mm× 300 mm × 400 mm,配备热线流速仪、PCB 麦克风与皮托管。圆柱通过铝制支撑板固定,保证对中与流动对称性。支撑板两侧预留插孔,用于快捷更换不同直径圆柱结构,确保实验重复性,实验设备如图 5 所示。

热线与麦克风测量设备采样频率均为 51.2 kHz,单次采样时长 10 s,通过 CTA 数据采集系统转换

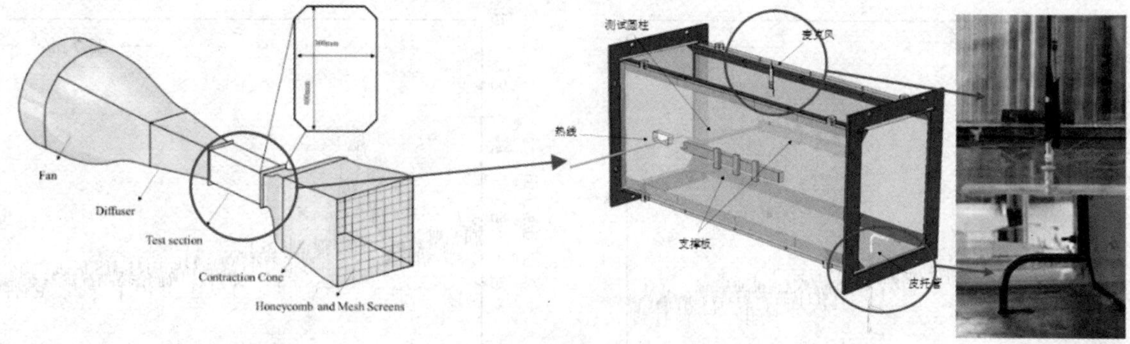

图 5　风洞实验设备

后进入 NI 信号调节器进行实时分析与存储。每组流速设定 3 次重复测试，确保统计可靠性与实验可重复性。

2.2　共振机理与特征分析

理论而言，封闭或者半封闭腔室中流体绕过钝体会产生噪声，噪声声波可分为行波（行进的波，波节和波腹都向传播方向行进）和驻波（停驻的波，波节和波腹都在原位置不动）。当气体绕流传热管时产生的声学驻波频率与旋涡脱落频率一致或者接近时，会激发两者间的耦合作用。而当该腔室为矩形腔室时，声学驻波激发的是矩形高度方向上的第一阶声模态，如图 6 所示。该模态频率可按照下式计算：

$$f_a=\frac{nc}{2H} \tag{1}$$

式中，n 为模态阶数，本实验中 $n=1$；c 为实验温度下的声速，由理论声速公式 $c=\sqrt{kRT}$ 估算，约为343 m/s；

H 为高度方向上矩形腔室的尺寸，该声模态计算以试验段在与空气流动和圆柱均垂直的方向上的尺寸为准，取 0.4 m。

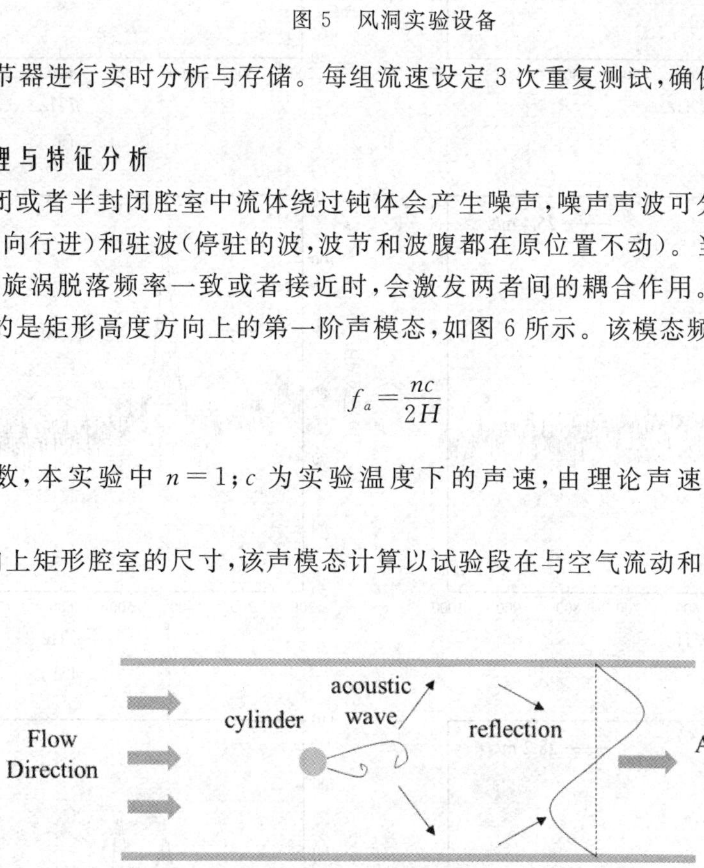

图 6　腔室一阶声模态示意图

最终计算可得试验段的一阶声学模态频率 $f_0=429$ Hz。

无量纲常数斯特劳哈尔数(St)在描述旋涡脱落时扮演着重要的角色，其公式如下：

$$St=f_vD/U \tag{2}$$

式中，f_v 为旋涡脱落频率，Hz；D 为圆柱直径，mm；U 为来流速度，m/s。

图 7 给出了 D12 传热管声共振期间的 6 个特殊过程，包括声共振激发前、声共振期间和激发后三个主要阶段。由图 7(a)(b)可知有两个声压级的峰值，其中一个位于 429 Hz 附近，该频率值是上述理论中的腔室的固有声模态频率，在其左侧也存有一个峰值，该峰值声压级对应的频率值是当前流速下气体绕流产生的旋涡脱落的声信号频率。

随着流速的持续增加，声信号频率右移，直至接近腔室的固有声模态频率时，两频率发生了耦合的情况，此时的声压级大幅度的提升，其值大于未耦合前两者的任意某一值，如图 7(c)(d)所示。但也可以发

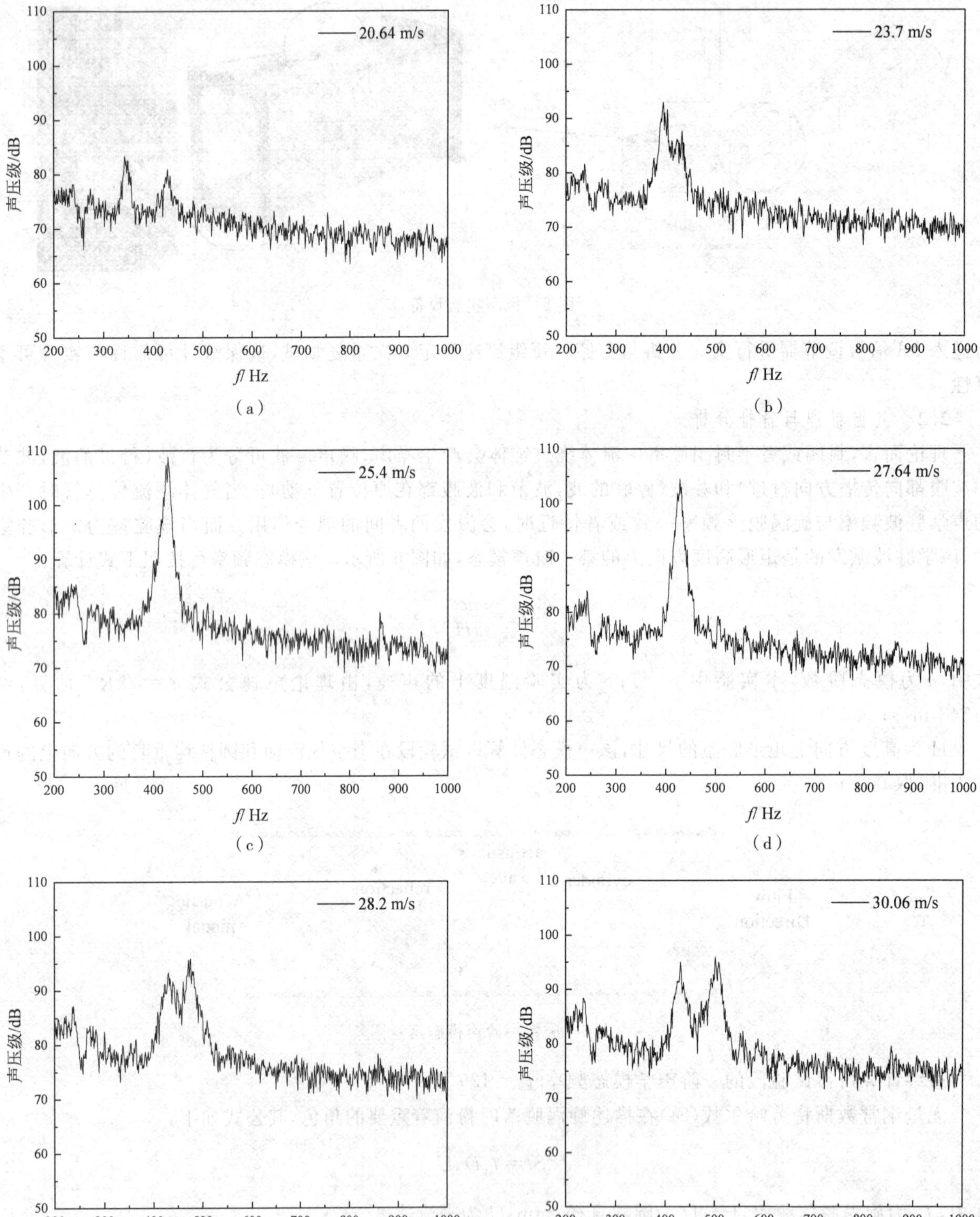

图 7　声共振过程中频率-声压级图

现,耦合时的声压级并非是旋涡脱落的声信号的声压级与腔室固有声模态的声压级直接相加的结果。继续随着流速的增加,在一定的范围内,两频率锁定在一起,此时的旋涡脱落的声信号频率不随速度的增加而右移,而是保持在 429 Hz 的附近,继续增大流速,双峰值再现,此时进入分离阶段,左侧峰值对应频率为腔室固有声模态的频率，右侧峰值对应频率则为旋涡脱落的声信号频率，如图 7(e)(f)所示。

旋涡脱落诱导声信号频率随流速变化关系如图 8(a)所示，可以更加清楚的看到随着流速的增加，旋涡脱落诱导的声信号频率呈现出先近似线性增加趋势，但在达到某一速度时，该频率不随流速的增加而发生变化，而是保持在 f_0 上下不变，随着流速的持续增大又呈现出近线性的增加趋势。这种在某一流速范围内频率不发生变化的现象称为锁频现象，此时的流速范围被称为锁频区间。近似线性增加的渐近线代表的是特定斯特劳哈尔数下的旋涡脱落频率与流速变化的关系，此时的斯特劳哈尔数约为 0.2(St=0.2)。在锁频区间外，旋涡脱落诱导的声信号频率与流体流速的变化趋势与这条线保持较高程度上的重合。

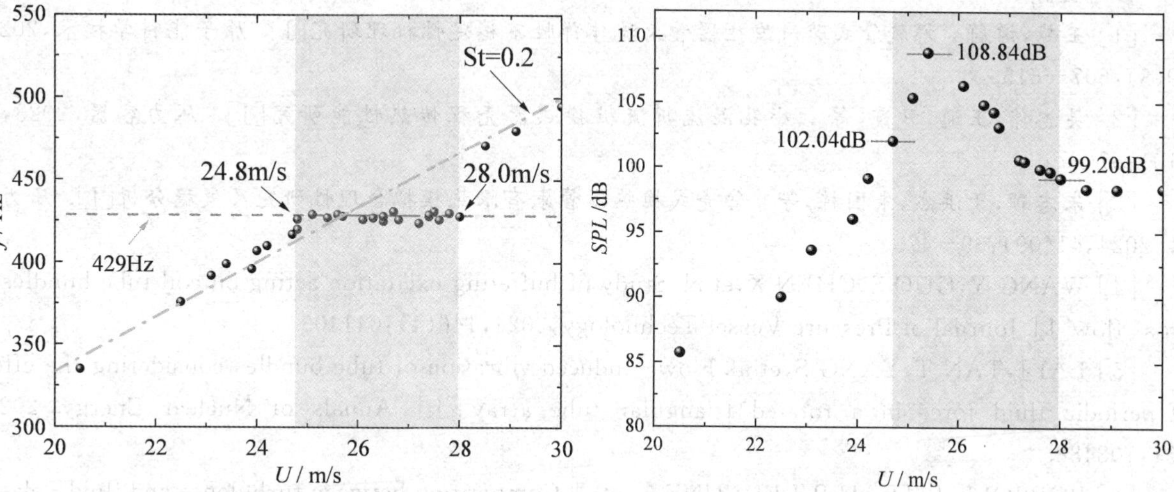

（a）旋涡脱落诱导声信号频率　　（b）噪声峰值声压级

图 8　f & SPL 随流速变化图

根据图 8(a)可知，锁频范围为 24.8 m/s$<U<$28.0 m/s，取 $St=0.2$ 计算，旋涡脱落频率与腔室声模态频率重合时的流速约为 25.74 m/s，但是在流速为 24.8 m/s 时就已经进入了频率锁定的区间，且锁频范围并不以该流速为中心两侧均匀分布，而是在该流速右侧有更大的锁频区间，说明较大的流速对于声共振的维持更加危险。观察发现在锁频区左边缘，旋涡脱落诱导声信号频率会发生突变，从 St 对应的频率突然变化到腔体声模态频率。这是因为当旋涡脱落诱导的声信号频率和试验段腔体一阶声模态频率足够接近的时候，声场将被放大进而与流场之间产生更为剧烈的能量交换，最终使得整个声场主频被锁定在 f_0。

图 8(b)为测试过程中声压级随流速变化的趋势图。可以观察到，在出现锁频现象的流速区间内，声压级显著高于非锁频区间。这一现象说明，流速处于锁频区间时，流场与声场之间的相干耦合增强，系统中声能积累显著，从而导致声压级升高。相比之下，在非锁频区间，由于流声之间的耦合效率较低，声能无法有效积聚，表现出的声压级较低。因此，锁频现象不仅标志着声共振的发生，同时也是系统声响应强度增强的重要体现。结合两图可以观察到在锁频区间，由于流场与声场之间能量的强烈交换，此时的声压级幅值急剧增大，此时最大的声压级达 108.84 dB，流速为 25.4 m/s。

3　结　论

本文围绕某装置中 E101A/B 气气换热器运行过程中出现的噪声与振动问题，结合现场测试数据与实验研究手段，通过分析声压级分布、结构振动特性及声共振激发条件等，得出了以下主要结论：

(1)某装置气气换热器现场声强与振动测试表明，该热交换器出现了声共振现象。测试中 107 dB 的高声压级与 7.5 m/s^2 的显著轴向振动加速度表明了热交换器声共振的发生。交换器壳程内部声波形成驻波并不断放大,导致局部声压级显著增强,声共振不仅提高了噪声幅值,也加剧了本体振动。

(2)频谱分析发现 f_a,f_b 和 f_c 为主要振动的特征频率,其中 f_b 为 E101A/B 的共振主频,振动能量集中于此。该频率的结构响应显著高于其他频率,表明存在明显的共振耦合。因此,日常监管中应重点监测 f_b 附近的振动信号,以防止结构疲劳和潜在失效风险。

(3)圆柱声共振实验验证了声场与流场的"锁频"耦合机制。通过调节流速,成功激发声共振现象,实验中发现声共振具有明显的临界触发流速范围。建议结合运行流速调节能力,通过设定设备的安全运行流速区间,避免系统在激发共振的临界流速附近长时间运行。

参考文献

[1] 王越,谭蔚.螺旋管式蒸汽发生器管束流体弹性不稳定性机理研究[J].原子能科学技术,2025,59(3):607—615.

[2] 吴志伟,王通,尹霞,等.小孔混流折流板换热器壳程传热性能研究[J].压力容器,2023,40(10):67—74.

[3] 朱志颖,于洪杰,朱国栋,等.管壳式换热器管束有限元模拟合理性研究及失稳分析[J].压力容器,2024,41(09):39—47.

[4] WANG Y,GUO S,CHEN X,et al. Study of buffeting excitation acting on coil tube bundles in cross flow[J]. Journal of Pressure Vessel Technology,2024,146(4):041403.

[5] LAI J,TAN T,YANG S,et al. Flow - induced vibration of tube bundles considering the effect of periodic fluid force in a rotated triangular tube array[J]. Annals of Nuclear Energy, 2021, 161:108488.

[6] BORSOI L,PITEAU P,DELAUNE X,et al. Competition between turbulence and fluid - elastic forces in the response of a loosely supported tube under cross - flow[J]. Procedia Engineering,2017, 199:1282—1289.

[7] BENGUIGUI W,BENHAMADOUCHE S,BELTRAN F,et al. Experimental and numerical contributions on flow - induced vibration in steam - generator - like tube bundles:A review[J]. Nuclear Engineering and Design,2024,424:113305.

[8] WANG Y,GUO S,TAN W. Detached - eddy simulation of the flow behavior in the shell - side of the coil tube bundle in turbulent flow[J]. Chemical Engineering Science,2022,261:117940.

[9] HUANG G,WANG H,TIAN S,et al. Research on the aerodynamic noise characteristics of heat exchanger tube bundles based on a hybrid URANS - FWH method[J]. International Journal of Chemical Engineering,2024,2024(1):5100871.

[10] NYQUIST H. Certain topics in telegraph transmission theory[J]. Proceedings of the IEEE, 2002,90(2):280—305.

作者简介

田胜(1998),男,硕士研究生,主要研究方向为化工设备流致振动,通信地址:300350 天津市津南区海河教育园雅观路 135 号天津大学北洋园校区化工学院,E—mail:stian@ tju. edu. cn。

通信作者:谭蔚(1965),女,教授,博导,主要从事承压设备流致振动与防振技术研究工作,通信地址:300350 天津市津南区海河教育园雅观路 135 号天津大学北洋园校区化工学院,E—mail:wtan @tju. edu. cn。

加氢装置空冷器中氯化铵盐成核结晶的分子动力学模拟研究

江远洋[1]，金浩哲[1]，偶国富[2,*]
（1 浙江理工大学机械工程学院，浙江 杭州 310018；
2 常州大学机械工程与轨道交通学院，江苏 常州 213000）
（* 通讯作者邮箱：ougf@163. com）

摘　要：氯化铵盐结晶沉积是导致加氢装置空冷器出现堵塞管路和腐蚀失效的主要原因之一，为深入了解空冷器中氯化铵盐的成核结晶机理，分析了空冷器中氯化铵盐结晶时的主要气体成分和摩尔分率，并据此构建了含氯化铵气体的分子动力学计算模型，验证了模型的可靠性，最后结合实际工况对氯化铵的成核结晶过程进行了模拟研究，对影响氯化铵成核结晶的主要因素及机理进行了分析。结果表明：动力学演化过程中，H_2、CH_4、C_2H6、H_2O 在体系中随机分布，而 NH_4Cl 分子通过持续聚集形成团簇结构并伴随总体势能降低；体系中各组分会由于自身的扩散性及与氯化铵分子间发生相互作用，进而影响氯化铵分子的成核过程，而水分子通过氢键与氯化铵分子形成强相互作用，这导致水分子在氯化铵团簇周围形成溶剂化层，使氯化铵团簇结构有序性降低，稳定团簇结构的形成难度提升。研究结果对理解加氢装置空冷器中氯化铵成核结晶机理，优化工艺参数，减少加氢处理系统中氯化铵盐结晶沉积和腐蚀失效等问题具有一定指导意义。

关键词：加氢装置；空冷器；氯化铵；分子动力学模拟；成核过程；

Molecular dynamics simulation of ammonium chloride salt nucleation crystallization in air cooler of hydrogenation unit

Yuanyang Jiang[a], Haozhe Jin[a], Guofu Ou[b,*]
(a Faculty of Mechanical Engineering & Automation, Zhejiang Sci - Tech University, Hangzhou, Zhejiang, 310018, China)
(b School of Mechanical Engineering & Rail Transit, Changzhou University, Changzhou, Jiangsu, 213000, China)
(* Corresponding Author Email: ougf@163. com)

Abstract: The deposition of ammonium chloride salt crystals is one of the primary causes of pipeline blockage and corrosion failure in air coolers within hydrotreating units. To gain an in - depth understanding of the nucleation and crystallization mechanism of ammonium chloride salts in air coolers, this study analyzed the main gas components and mole fractions during crystallization. Based on this analysis, a molecular dynamics computational model for gases containing ammonium chloride was constructed, and its reliability was validated. Finally, the nucleation and crystallization process of ammonium chloride was simulated under actual operating conditions, and the key influencing factors and mechanisms were investigated. The results indicate that during the dynamic evolution, H_2, CH_4, C_2H_6, and H_2O molecules are randomly distributed in the system, while NH_4Cl molecules continuously aggregate to form cluster structures accompanied by a decrease in overall potential energy. The diffusion properties of each component and their interactions with ammonium chloride molecules affect the nucleation process. Water molecules form strong interactions with ammonium chloride via hydrogen bonds, leading to the formation of a solvation shell around the clusters. This reduces the structural orderliness of ammonium chloride clusters and increases the difficulty of forming stable cluster structures. The findings provide valuable insights into understanding the nucleation and crystallization mechanism of ammonium chloride in air coolers of hydrotreating units, optimizing process parameters, and mitigating issues such as salt deposition and corrosion failure in hydrotreating systems.

Keywords: Hydrotreating unit; Air cooler; Ammonium chloride; Molecular dynamics simulation; Nucleation process

0 引 言

在石油炼化过程中加氢处理工艺是关键环节之一，铵盐腐蚀是造成加氢系统中设备及管道腐蚀失效的主要原因，对铵盐腐蚀机理及防控技术的研究是石油化工领域的重点关注问题。加氢装置主要设备包括加氢反应器、高压换热器、空冷器与高低压分离器等，具有可加工原料范围较宽、得到产品质量高等优点[1-4]。在加氢反应器中，加氢反应产物流入下游换热设备，其中反应生成的 NH_3、HCl 与 H_2S 将在高压换热器、空冷器以及其他换热设备中发生结晶反应生成 NH_4Cl 与 NH_4HS，并沉积在管道或设备内表面，造成堵塞及垢下腐蚀等一系列铵盐腐蚀问题[5-6]。其中，NH_4Cl 结晶造成的铵盐腐蚀是导致加氢装置换热设备失效的主要原因[7]。

在铵盐结晶过程中，需要对铵盐的结晶机理进行具体分析，主要涉及到结晶温度及其影响因素、结晶速率等问题。Schenkel 等[8]在实验研究中发现水蒸气对氯化铵晶体颗粒的生成和颗粒生长的影响非常关键；Dawei 等[9]研究了 NH_4Cl 的挥发性与潮解性等因素对氯化铵结晶的影响，结果表明该特性使得氯化铵晶体生长速率与理论差别较大。由于氯化铵在气相中成核结晶过程十分迅速，且成核过程受多因素影响[10-11]，难以有效分析其成核机理，而分子动力学模拟是一种基于牛顿力学的模拟方法，通过求解牛顿运动方程，追踪体系的动态演化，可用于研究分析微观现象，对应不同模拟体系大小、精度和反应要求，分为从头算分子动力学(AIMD)和分子动力学模拟(MD)[12-14]。目前对氯化铵团簇生长的分子模拟研究中多采用 AIMD 和第一性原理计算，如 Zhao[15]等采用 AIMD 来研究 $n=1-8$ 的氯化铵簇 $(NH_4Cl)(n)+HCl+NH_3 \rightarrow (NH_4Cl)(n+1)$ 的生长；Matro[16]等人使用模拟退火布朗动力学和“jump－walking”蒙特卡洛计算预测了(NH4Cl)n(n＝3－10)团簇的结构和异构特性；Topper[17]使用“mag－walking”算法的模拟退火蒙特卡罗构象异象搜索定位 $(NH_4Cl)n$、$(NH_4^+)(NH_4Cl)n$ 和 $(Cl^-)(NH_4Cl)n$ $(n=1-13)$ 类型的氯化铵分子簇的全局最小值，并用 M06－2X 密度泛函理论方法提炼和预测中性、阳离子和阴离子簇的结构、能量和热力学性质。

综上所述，以对氯化铵结晶生长的实验研究发现了水蒸气是影响氯化铵结晶的主要因素，分子动力学则成功模拟了氯化铵团簇的生长过程，但对于加氢装置空冷器中多组分环境下氯化铵的成核机理和影响因素研究尚不明确。本文通过分析加氢装置空冷器中主要气体成分及摩尔分率，构建了含氯化铵气体的多组分计算模型，结合实际工况，通过分子动力学模拟计算了多组分环境下氯化铵的成核结晶过程，研究其余组分与氯化铵间的相互作用、组分的扩散性、水分子数量对氯化铵团簇结构的形成及微观作用机理。研究结果对理解加氢装置空冷器中氯化铵成核结晶机理，优化工艺参数，减少加氢处理系统中氯化铵盐结晶沉积和腐蚀失效等问题具有一定指导意义。

1 材料和计算方法

1.1 材料和性质

加氢反应流出物在空冷器中包含的主要气体成分及摩尔分率和模拟中采用的基本物性见表1所列[18]。

表1 材料及模拟参数

组分	摩尔分率	分子量	分子数
H_2O	3.86	18.015	20
NH_4Cl	—	53.492	10
H_2	60.50	2.016	300
CH_4	31.91	16.043	150
C_2H_6	3.73	30.070	20

1.2 模拟参数和方法

研究使用的模拟软件为Materials Studio。首先通过Amorphous Cell模块工具构建体系模型，如图1所示，通过分别对模拟体系中各组分的分子量、组分密度和体系的组分含量进行分析，验证了所建立的模型的可靠性。其次，在Forcite中采用smart算法对模型进行几何优化，降低模型构建时的结构能量。最后，使用该模块中的Dynamic进行模拟计算，力场采用COMPASSⅢ力场，分别使用Atom based和Ewald控制范德华力和电子场，模拟过程采用NPT系综，模拟温度设定为475K，压力设定为10 MPa[18]，温度控制采用Nose－Hoover算法，压力控制采用Berendsen算法，原子初速度设为random，时间步长设置为1.0fs，总模拟时长为1000ps，总的计算步数为1×10^4，每2000步输出一次结果。

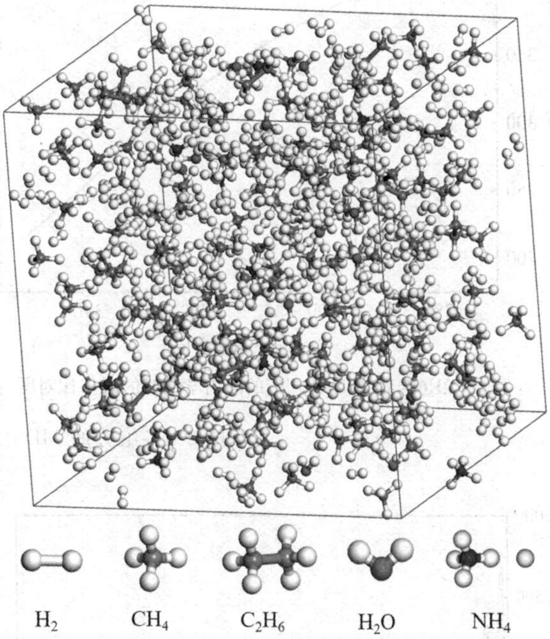

图1 多组分环境下氯化铵成核结晶计算模型

1.3 组分模型验证

为了验证所建立模型的可靠性，分别对其中的组分在280K－350K，10 MPa的条件下进行了模拟，并对比了模拟结果中各组分浓度与NIST[19]上提供的热力学计算曲线的误差，如图2所示。根据图中所显示的结果，各组分浓度的模拟结果与相应热力学曲线吻合较好，说明建立的模型具有较高的可靠性。

2 结果和讨论

2.1 体系模拟结果分析

图3中(a)，(b)分别为分子动力学计算过程中模拟体系的能量变化和温度变化图，从图中可以看出，在经过200ps的计算后，体系慢慢趋于稳定，在500ps后体系能量和温度在较小的范围内发生变化，说明模拟体系已经达到了平衡状态，可以用来统计和分析体系中各组分的状态和性质。

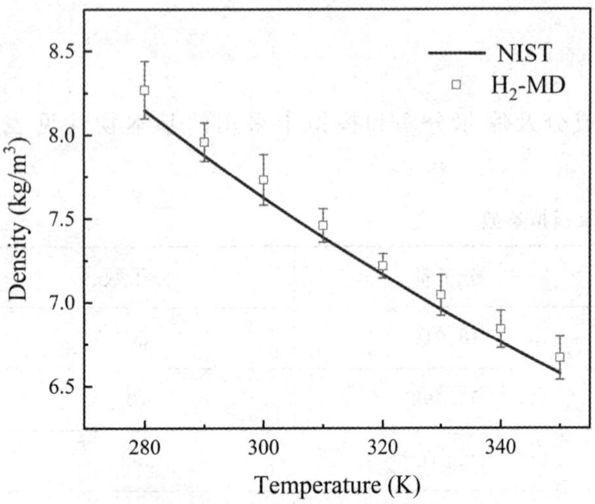

（a）H2的MD浓度和相应的热力学曲线的误差比对图

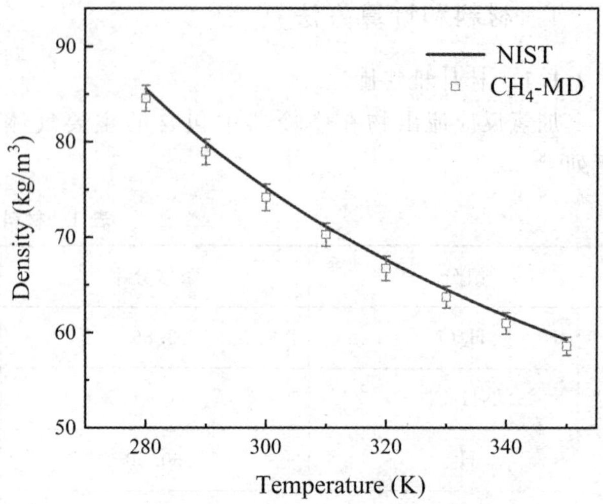

（b）CH4的MD浓度和相应的热力学曲线的误差比对图

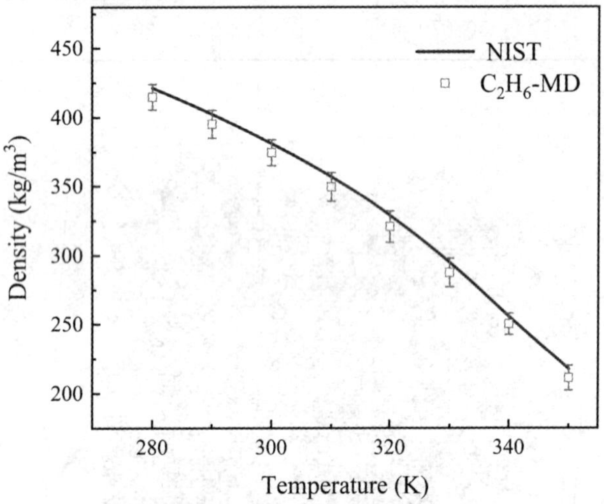

（c）C2H6的MD浓度和相应的热力学曲线的误差比对图

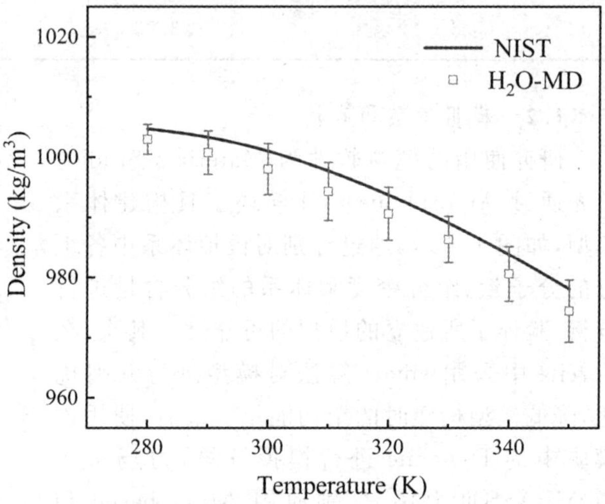

（d）H2O的MD浓度和相应的热力学曲线的误差比对图

图 2　各组分的 MD 浓度与 NIST 浓度的比较

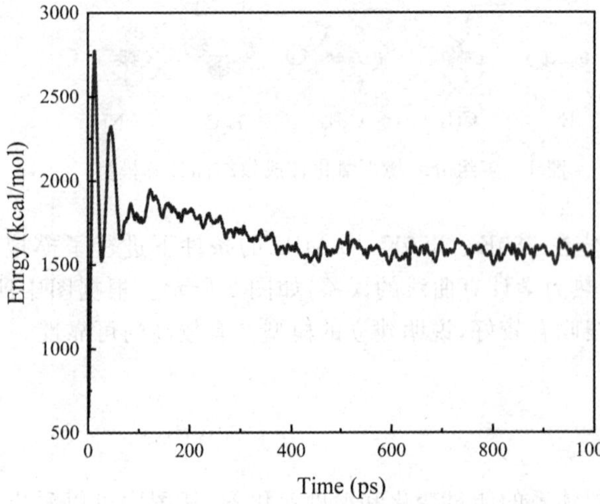

（a）模拟体系能量变化

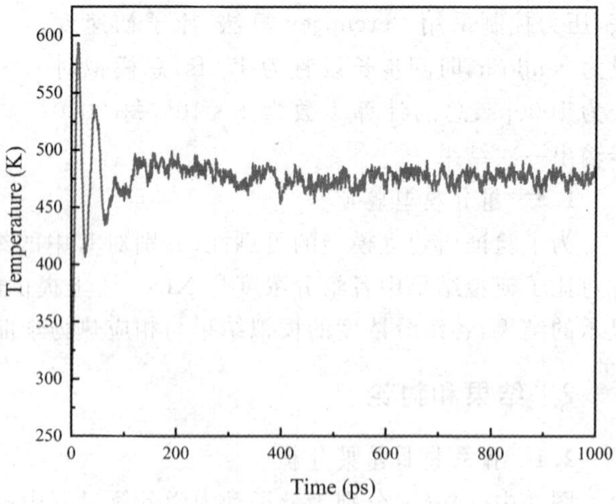

（b）模拟体系温度变化

图 3　分子动力学模拟过程中体系变化

不同模拟时间下的体系变化如图 4 所示。相较于初始计算模型，体系的密度随着计算时间的进行而降低，并逐渐趋于平衡。组分 H_2、CH_4、C_2H_6、H_2O 随机分布在体系中，而 NH_4Cl 分子则聚集在一起并形成团簇结构，部分水分子聚集在 NH_4Cl 团簇周围。

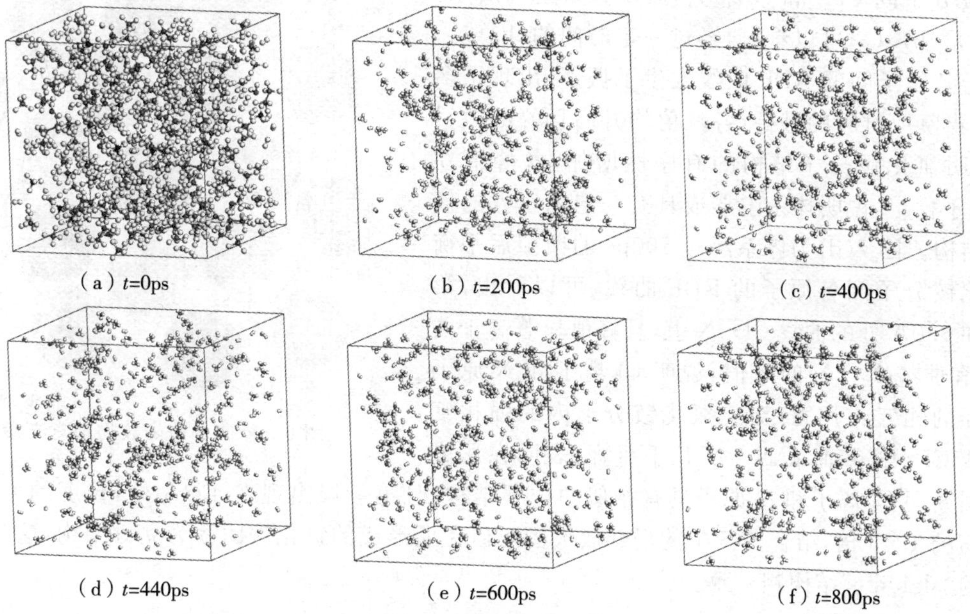

图 4　不同模拟时间下的体系变化

图 5 显示了最终的计算结果及氯化铵团簇结构的局部放大图，可以看出，经过一段时间的模拟计算，体系中最终形成了一个具有一定结构的氯化铵分子团簇，部分水分子吸附在氯化铵分子周围。结合图 4 中氯化铵团簇结构及周围水分子分布，可以说明水分子与氯化铵团簇间具有一定的相互作用。

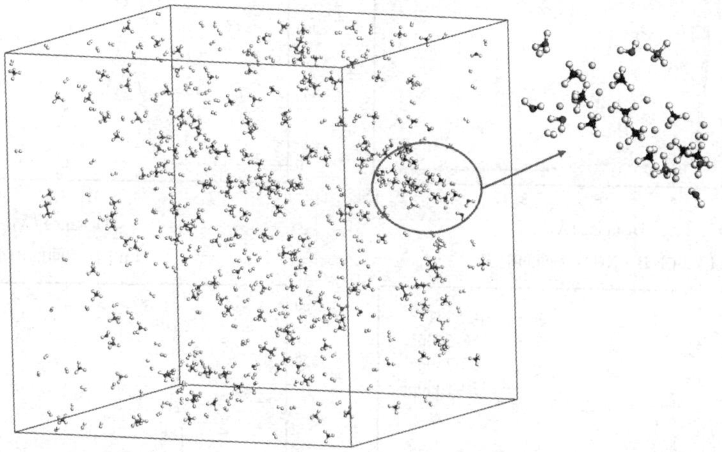

图 5　模拟结果及局部放大图

2.2　径向分布函数及势能分析

径向分布函数(Radial Distribution Function，RDF)，是描述体系中粒子在空间中分布情况的重要函数，用于分析体系的局部结构和粒子间的相对位置关系。在距离某个具体粒子 r 处，单位体积内找到其他粒子的概率与体系平均密度之比，它反应体系的有序性，若体系中存在有序进程就会出现峰，峰值、峰的数量及峰出现的位置会反映出体系是否存在某种结构。其参考物理意义如图 6 所示。数学表达式为：

$$g(r)=\frac{1}{\rho}\cdot\frac{\mathrm{d}N(r)}{4\pi r^{2}\mathrm{d}r} \tag{1}$$

其中，ρ 是体系的平均粒子数密度；$dN(r)$ 的是在距离 r 到 $r+dr$ 的球壳内找到的粒子数；$4\pi r^2 dr$ 是球壳的体积。通过研究体系中原子间的径向分布函数可以判断体系中是否发生成核现象。

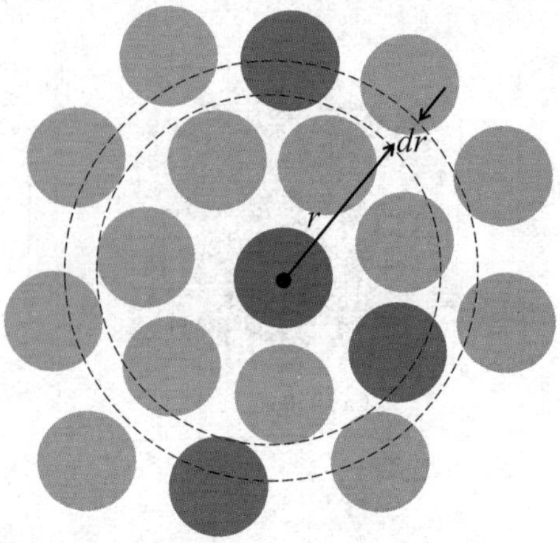

图 6　径向分布函数物理意义参考

在 $T=475\text{K}$，$P=10$ MPa 的条件下，不同计算时间下的氯化铵分子间 Cl－和 N 原子的 RDF 如图 7 所示。通过图 7(a)、(b)、(c)可以看出，经过一定时间的计算后，氯化铵分子各原子间的 RDF 曲线发生了振荡，出现了多个峰，且随着模拟时间的进行，各峰值均升高且峰的数目增加，这表明氯化铵分子结构的有序性增加，各峰值在 500ps 后趋于稳定，说明体系中形成具有一定稳定性的氯化铵团簇结构。图 7(d)为体系经过 500ps 的模拟后平衡体系中氯化铵分子间各原子的 RDF 曲线，可以看出，第一峰出现在 3.0Å 处的曲线 Cl－N 上，且峰值显著高于曲线 Cl－Cl 和曲线 N－N 的峰值，说明 Cl 离子和 N 原子间具有较强的相互作用力，对应氯化铵分子内的强相互作力。曲线 Cl－Cl 和曲线 N－N 几乎重合，表明在形成的氯化铵团簇间 Cl 离子和 N 原子具有相似的位置结构，且第一峰出现在 4.3Å 处，长度约为 Cl 离子和 N 原子距离的 1.43 倍，结合图 5 中的局部放大图可以说明形成的氯化铵团簇为立方结构，这与文献[17]研究得到的“slablike”结构相一致。

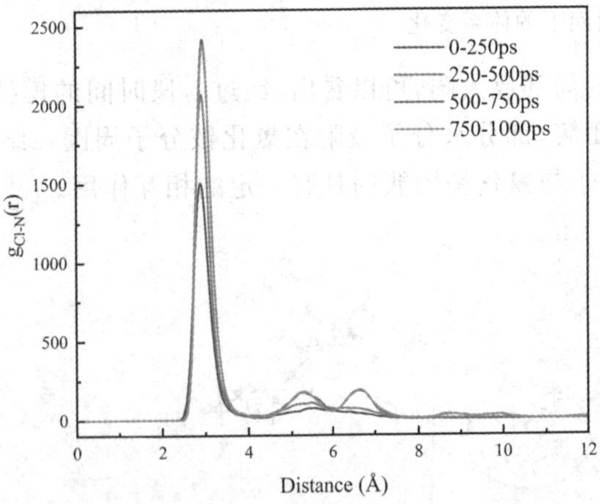

(a) Cl–H（NH4+）间的RDF

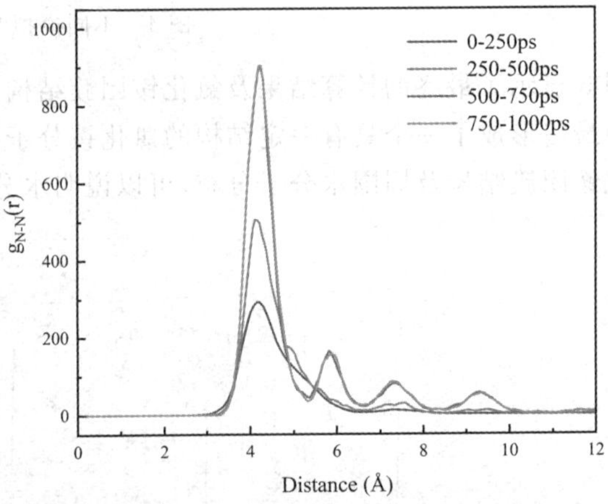

(b) N–N间的RDF

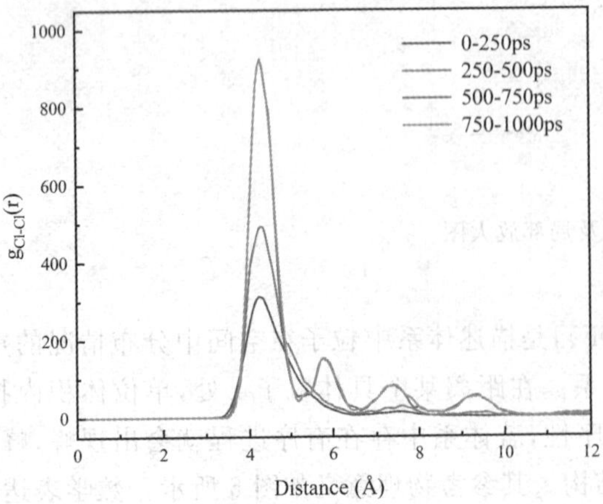

(c) Cl–Cl间的RDF

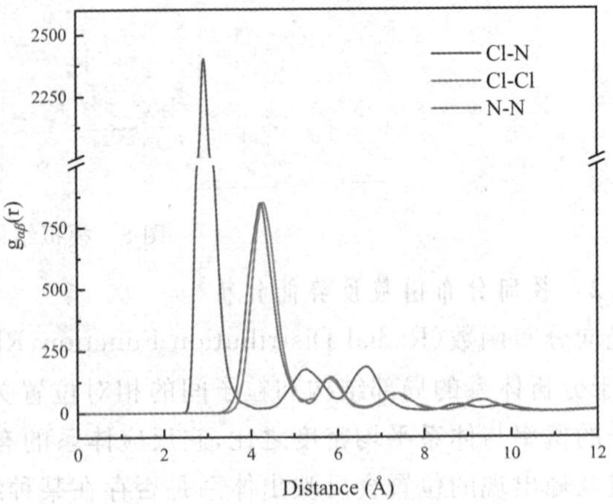

(d) Cl–N间的RDF

图 7　不同时间点的 NH4Cl 各原子间的径向分布函数

图 8 中显示了模拟过程中氯化铵的势能变化及结构转变，可以看出在 400ps～500ps 的时间内体系中的氯化铵分子势能发生了较大的变化，从 1450kcal/mol 降低至 1525kcal/mol，并在之后的时间中保持相对稳定。结合前后的结构变化，表明导致其总体势能降低的原因在于氯化铵分子间的结构发生了改变，而势能高低在一定程度上反应结构的稳定性，进一步说明体系中形成了较为稳定的晶体结构。

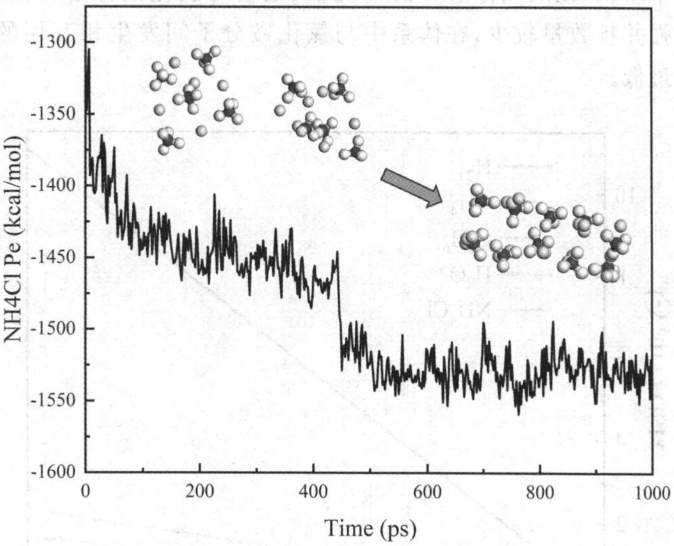

图 8　模拟过程中氯化铵的势能变化

2.3　各组分对氯化铵成核的影响

通过对体系进行能量分析，可以得出体系中各组分对氯化铵的相互作用能变化，从而分析出模拟过程中氯化铵成核的主要影响因素。图 9 为模拟过程中各组分与氯化铵分子间的相互作用能，从图中可以看出，各组分与氯化铵分子间的相互作用能在模拟过程中基本保持稳定，其中甲烷分子对氯化铵分子的影响最小，而水分子对氯化铵的相互作用要明显高于其他组分。

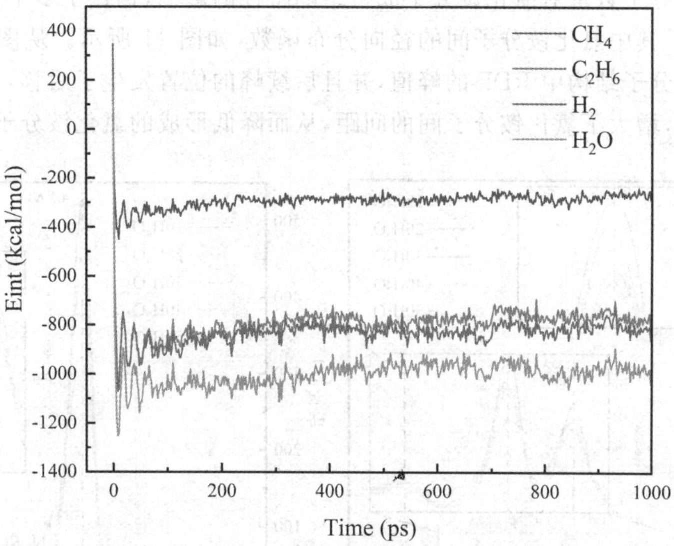

图 9　各组分对氯化铵的相互作用能

均方根位移(MSD)是描述分子运动特性的关键物理量，它表示分子在特定时间段内相对于初始位置的平均移动距离。MSD 常用于研究分子扩散行为、动态特性及相变过程。MSD 的计算公式如下：

$$MSD=\langle |r_i(t)-r_i(0)|^2\rangle \quad (2)$$

其中,$r_i(t)$表示分子在时间 r_i 的位置;$r_i(0)$表示分子的初始位置;<>表示集合平均值。在模拟过程中,体系中各组分的均方位移如图 10 所示。对体系中各组分的 MSD 进行分析并结合组分间的相互作用能大小,可以得出,由于水分子的扩散性与氯化铵分子的扩散性均较小,并且氯化铵分子会在一定程度上与水分子之间发生相互作用,故而二者之的相互作用能最大,而氢气分子由于数量庞大,扩散性相较于其他组分要高出 1 到 2 个量级,在周期性边界的情况下,也会与氯化铵分子间发生一定的相互作用。甲烷气体则因为扩散性较强并且数量较少,在体系中与氯化铵分子间发生相互用的概率较小,所以与氯化铵分子间的相互作用能最低。

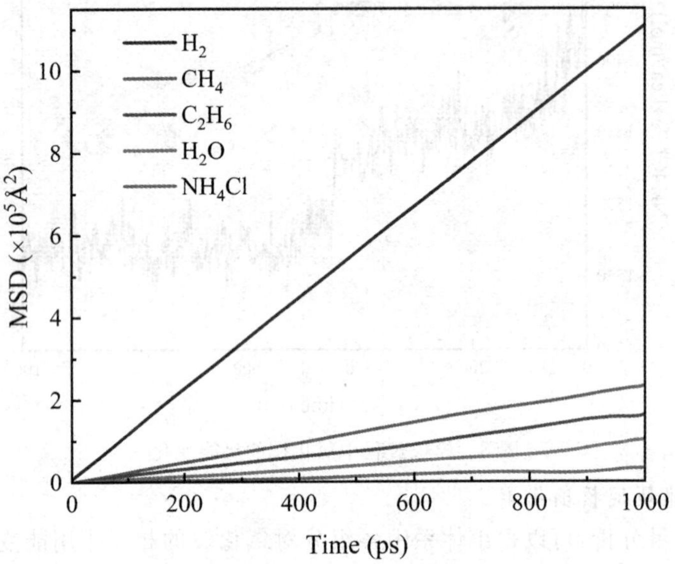

图 10 各组分的扩散系数

2.4 水分子数量对氯化铵分子成核的影响

为了研究体系中水分子数量对氯化铵分子成核结晶特性的影响,构建了多个含不同水分子数量的多组分体系模型,并分析了其中氯化铵分子间的径向分布函数,如图 11 所示。从图中可以看出,水分子数量的增加会降低氯化铵分子结构中 RDF 的峰值,并且后续峰的位置发生了后移,表明水分子在影响体系中氯化铵分子成核过程,增大了氯化铵分子间的间距,从而降低形成的氯化铵分子结构的稳定性。

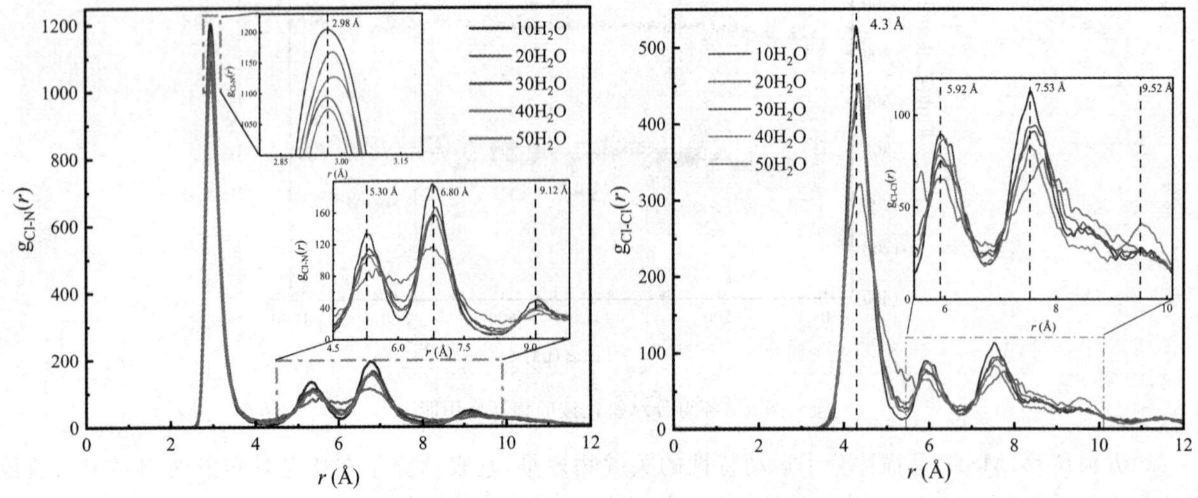

图 11 不同水分子数量下氯化铵分子间的 RDF

为了研究水分子数量影响氯化铵分子成核的机理，分析了氯化铵分子与水分子之间的相互作用能大小，图 12 中反应了不同水分子数量下氯化铵分子与水分子之间的相互作用能随时间的变化，如图，氯化铵与水分子间的相互作用能随着计算的进行而逐渐趋于稳定，并且呈现正相关的趋势，即水分子数量越多，水分子与氯化铵间的相互作用能越强，这是由于这说明体系中水分子之间可通过 O－H…O 氢键互相连接，在氯化铵团簇周围形成水分子簇（H2O）n，进一步较少其热运动脱离的概率，增强整体作用的稳定性。同时水簇通过空间排布使更多水分子同时与离子作用，产生协同效应，进一步放大总的相互作用能。

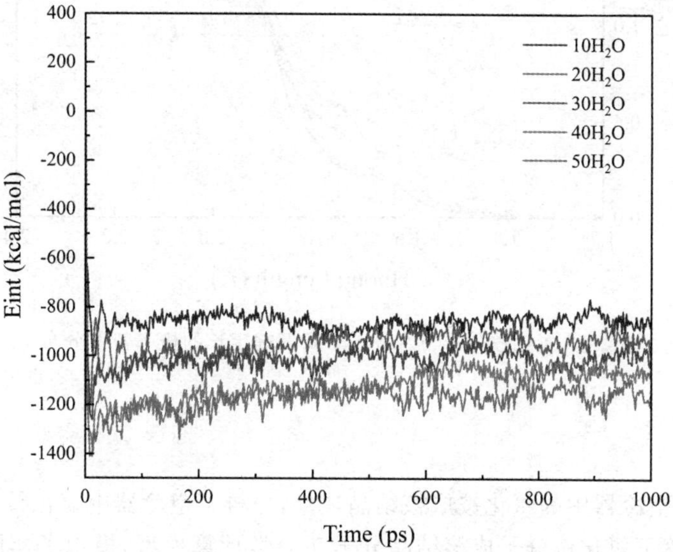

图 12　不同水分子数量下氯化铵分子与水分子间的相互作用能变化

而除了分子间碰撞和相互吸引的作用外，水分子与氯化铵分子之间在一定的距离内还会形成氢键并通过氢键发生相互作用，表 2 统计了不同水分子数量下体系中的氢键数量以及平均氢键键长，通过表中的数据可以看出，随着水分子数量的上升，体系中氯化铵分子与水分子间的氢键数量逐渐增加，而氢键平均键长在降低，结合图 13 中氢键键长的概率密度分布，可揭示水分子对氯化铵团簇的作用机制：随着体系中水分子数量增加，氯化铵分子与水分子间的氢键数量增多，且平均键长缩短。从分子相互作用本质来看，氢键键长与键能呈显著相关性——键长越短，氢键强度越大。因此，水分子数量增加时，NH_4^+ 与水分子间的 N－H…O 氢键、Cl^- 与水分子间的 O－H…Cl^- 氢键不仅数量增多，且作用强度同步增强。这意味着水分子与 NH_4^+、Cl^- 的结合更紧密，形成的溶剂化层稳定性显著提升，离子需克服更强的“水分子—离子相互作用”才能脱离溶剂化层。这种变化直接影响氯化铵团簇的形成与结构稳定性；当水分子数量较少时，离子—水分子氢键数量少、强度弱，溶剂化层对离子的束缚作用有限。此时 NH_4^+ 与 Cl^- 可通过强静电引力直接靠近，形成局部有序的聚集结构；随着水分子数量增加，强氢键数量的上升使离子被水分子吸引，离子难以突破溶剂化层，导致稳定氯化铵团簇的形成难度增加，这一机制与相互作用能及 RDF 分析结果一致，共同揭示了水分子对氯化铵成核结晶的关键影响。

表 2　不同水分子数量下体系中的氢键数量及平均键长

Name	$10H_2O$	$20H_2O$	$30H_2O$	$40H_2O$	$50H_2O$
Average Hbond NO.	33.152	39.258	43.846	48.908	51.968
Average Hbond length(Å)	2.0907	2.0781	2.0735	2.0676	2.0617

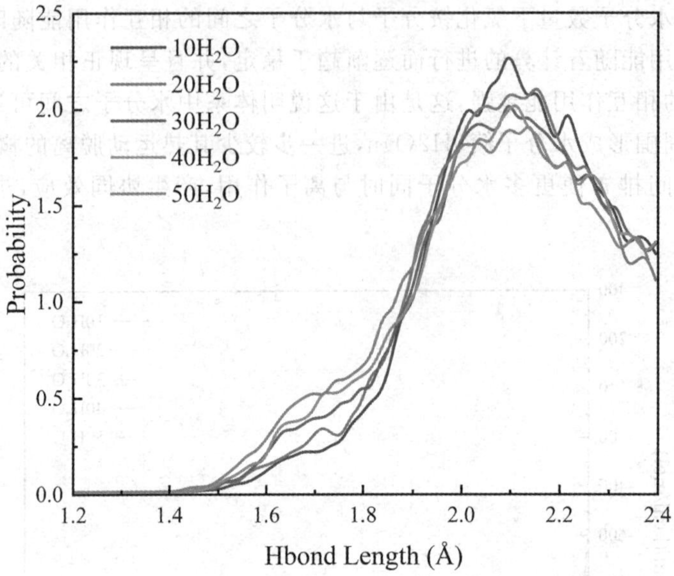

图 13 氯化铵分子与水分子之间氢键键长的概率密度分布

3 结 论

研究针对加氢装置空冷器中的氯化铵成核结晶现象，分析了空冷器中氯化铵成核结晶时的主要气体成分，构建了多组分环境下氯化铵分子成核结晶分子动力学计算模型，模拟了实际工况下氯化铵分子的成核结晶过程，分析了各体系中各组分对于氯化铵分子的相互作用能，并对影响氯化铵分子成核结晶的主要成分一水分子进行了研究，分析了不同水分子数量下氯化铵与水分子的相互作用和作用机理并得出以下结论：动力学演化过程中，H_2、CH_4、C_2H_6、H_2O 在体系中随机分布，而 NH_4Cl 分子通过持续聚集形成团簇结构并伴随总体势能降低，最终部分水分子吸附于团簇周围；体系中各组分会由于自身的扩散性与氯化铵分子间发生相互作用，进而影响氯化铵分子的成核过程，其中水分子对氯化铵分子的相互作用能最大；水分子通过氢键与氯化铵分子形成强相互作用：随水分子数量增加，离子—水分子氢键(N—H…O、O—H…Cl^-)数量增多、平均键长缩短，氢键强度增强。这导致水分子在氯化铵团簇周围形成溶剂化层，使氯化铵团簇结构有序性降低，稳定团簇结构的形成难度提升。

致 谢

感谢国家重点研发计划课题(2023YFC3010501)的资助。

参考文献

[1] JIA C, ZOU C, LI J, et al. Evaluation criteria, major types, characteristics and resource prospects of tight oil in China [J]. Petroleum Research, 2016, 1(1): 1—9.

[2] WANG S, YU Y, GUO Q-L, et al. New advances in the assessment of tight oil resource in China [J]. Petroleum Research, 2017, 2: 1—12.

[3] 俞亮．浅论加氢裂化技术的现状与趋势[J]．中国石油石化，2017，(10)：150

[4] 李德芳，蒋白桦，索寒生，等．石化企业能源优化系统设计与应用 [J]．化工学报，2016，67(01)：285—93.

[5] 高楠，邓文，高岩，等．渣油加氢装置汽提塔顶空冷器的腐蚀泄漏分析[J]．石油化工腐蚀与防

护,2019,36(04):58—60.

[6] 徐永顺. 加氢裂化装置高压换热器结盐垢下腐蚀分析及管控[J]. 石油和化工设备,2022,25(09):151—4.

[7] HORVATH R J, SRINIVASAN S, LAGAD V V, et al. Prediction And Assessment Of Ammonium Bisulfide Corrosion Under Refinery Sour Water Service Conditions - Part 2;proceedings of the CORROSION 2010,F,2010[C]. NACE—10349.

[8] SCHENKEL A, SCHABER K. Growth of salt and acid aerosol particles in humid air[J]. Journal of Aerosol Science,1995,26(7):1029—39.

[9] HU D, CHEN J, YEX, et al. Hygroscopicity and evaporation of ammonium chloride and ammonium nitrate: Relative humidity and size effects on the growth factor [J]. Atmospheric Environment,2011,45(14):2349—55.

[10] ThompsonS, Shipman P D. Topochemical diffusion - reaction - convection dynamics in vapor - to - particle aerosol nucleation and growth[C]. AIP Conference Proceedings. American Institute of Physics,2013,1527(1):75—78.

[11] ThompsonS, Shipman P D, Shipman S P, et al. The counter diffusion of HCl and NH3: An experimental and modeling analysis of topochemistry, diffusion, reaction, and phase transitions[J]. The Journal of Chemical Physics,2019,150(15).

[12] SatoruFukuhara, Fuyuki Shimojo, Yasushi Shibuta. Conformation and catalytic activity of nickel - carbon cluster for ethanol dissociation in carbon nanotube synthesis: Ab initio molecular dynamics simulation[J]. Chemical Physics Letters,2017,679.

[13] Chmiela Stefan, Sauceda Huziel E, Müller Klaus - Robert, Tkatchenko Alexandre. Towards exact molecular dynamics simulations with machine - learned force fields[J]. Nature communications, 2018,9(1).

[14] Mark ETuckerman. Ab initiomolecular dynamics: basic concepts, current trends and novelapplications[J]. Journal of Physics:Condensed Matter,2002,14(50).

[15] ZhaoJ, Yu J G, Tao F M, et al. Ab initio molecular dynamics studies on the growth of ammonium chloride clusters[J]. Theoretical Chemistry Accounts,2013,132:1—11.

[16] Matro A, Freeman D L, Topper R Q. Computational study of the structures and thermodynamic properties of ammonium chloride clusters using a parallel jump - walking approach [J]. The Journal of chemical physics,1996,104(21):8690—8702.

[17] Topper RQ, Feldmann W V, Markus I M, et al. Simulated Annealing and Density Functional Theory Calculations of Structural and Energetic Properties of the Ammonium Chloride Clusters (NH4Cl)*n*, (NH4+)(NH4Cl)*n*, and(Cl−)(NH4Cl)*n*, *n*=1—13[J]. The Journal of Physical Chemistry A,2011,115(38):10423—10432.

[18] Haozhe J, Chenyang Y, Youjie G, et al. Experimental and Numerical Investigation on Erosion Corrosion of the Air Cooler Tube Bundle in a Residue Hydrotreating Unit[J]. China Petroleum Processing & Petrochemical Technology,2022,24(4):151—162.

[19] Thermophysical Properties of Fluid Systems n. d. https://webbook. nist. gov/chemistry/fluid/(accessed June 21 2025)

作者简介

江远洋(2001 年),男(苗族),研究生,主要从事加氢装置换热设备中铵盐结晶分析与防控方面的研究,通信地址:浙江省杭州市钱塘区浙江理工大学 23 号楼,E－mail:15185801880@163.com,手

机:15185801880

金浩哲(1982 年),男(汉族),教授,博士,主要从事多相流流动腐蚀与防控方面的研究,通信地址:浙江省杭州市钱塘区浙江理工大学 23 号楼,E—mail:haozhe2007@163.com,手机:13858069641

通讯作者:偶国富(1965 年),男(汉族),教授,博士,主要从事过程装备露点腐蚀/冲蚀/磨损方面的研究,通信地址:江苏省常州市武进区科教城机械石油楼,E—mail:ougf@163.com,手机:15006127258

关于U型管换热器a型连接环形布管管板设计方法的讨论

万里平

（中国石化工程建设有限公司，北京 100101）

摘　要：本文讨论U型管换热器a型连接的环形布管管板的设计方法，通过有限元分析与解析法结合，研究了不同内布管限定圆直径对管板力学性能的影响。提出GB/T 151—2014中a型连接管板计算公式的修正方案：等效计算压力按实际承载面积折算，同时采用Gardner公式计算削弱系数，替代GB/T 151中的固定值。应用修正后的厚度公式推导环形布管管板厚度的计算公式，对不同内布管限定圆直径的力学模型进行研究，当内布管限定圆直径超过换热器公称直径的60%时，计算余量可降至15%以下，有效实现轻量化设计。

关键词：环形布管管板；削弱系数；有限元分析；轻量化设计

Discussion on the tube sheet design method with annular tube layout for type aconnections in U－tube heat exchangers

WAN Liping

（Sinopec Engineering Incorporation，Beijing 100101，China）

Abstract：This paper discusses the design method for annular tube layout tube sheets with Type A connections in U－tube heat exchangers. By combining finite element analysis and analytical methods，the influence of different diameters of the inner tube layout boundary circle on the mechanical performance of tube sheets was investigated. A modification to the calculation formula in GB/T 151—2014 for Type A connection tube sheets was proposed：the equivalent calculation pressure should be adjusted according to actual load－bearing area conversion，while the weakening coefficient should be determined using the Gardner formula instead of the fixed value specified in GB/T 151. The revised thickness formula was applied to derive calculation equations for annular tube layout tube sheets. Research on mechanical models with different inner tube layout boundary diameters demonstrated that when the boundary diameter exceeds 60% of the heat exchanger's nominal diameter，the calculation margin can be reduced to below 15%，effectively enabling lightweight design.

Keywords：annular tube layout；ligament efficiency；finite element analysis（FEA）；lightweight design

0　引　言

某些炼化装置中偶尔出现特殊布管形式的换热器，例如SHF装置中的蒸发器，由于工艺要求，需要在壳程形成蒸发膜,因此仅需在壳程筒体附近布置换热管。该换热器的管板为周边环形布管,中心不布管的形式,环形布管内布管圆直径通常大于60%的换热管公称直径。常规管板计算方法基于圆平板均匀开孔,引入削弱系数0.4,对管板厚度进行计算[1]。该计算方法不再适用于环形布管管板,如采用原计算方法,得到的管板厚度过于保守,不利于轻量化设计。本文以蒸发器管板计算为例,探讨环形布管管板的计算方法,总结此类型管板的设计方法。

1　环形布管管板的分析设计方法

本文采用的案例为某蒸发器的环形布管管板。该换热器直径为1200 mm,材质许用应力为93 MPa,环形布管区内布管圆直径为854 mm,外布管圆直径为1077 mm,换热管规格为19×2.0 mm,类似正三角形布管,管间距25 mm。管程设计压力为1.05 MPa,壳程设计压力为0.35 MPa,若按常规全布管的U型管换热器管板计算,管程设计压力为控制工况,管板厚度至少为98 mm。

针对这样的环形布管管板,常采用有限元方法,按照分析设计标准GB/T 4732.4—2024[2]进行设计。根据该管板的结构和载荷特点,建立1/8有限元模型,管程侧施加1.05 MPa的压力,包括管程封头内壁,管板管程侧,换热管内表面。换热器的轴向截面施加对称约束。几何模型和边界条件图见图1。该管板材质许用应力为93 MPa。按GB/T 4732.4应力分类法的相关要求进行应力评定。在满足分析设计标准的要求且保证一定设计余量的前提下,本设备管板厚度确定为70 mm。与同等直径全布管管板计算厚度98 mm相比,厚度降低约30%,可见若保守地采用传统解析法计算此类型的管板,将造成管板材料的浪费。有限元方法进行非标管板的应力分析及评定在工程中较为常见,这里仅介绍流程,不再对细节进行描述。

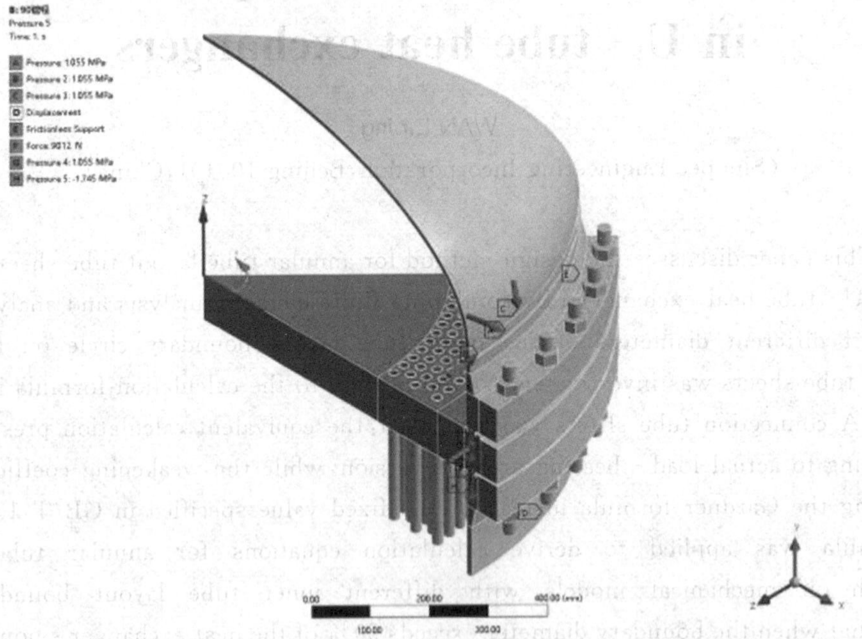

图1　蒸发器环形布管管板的计算模型边界条件图

2　环形布管区域大小对管板受力的影响

本文研究的环形布管管板,在规则布管的基础上,管板中心存在无开孔区域,该蒸发器的管板边缘的支撑形式介于固支和简支之间,本文的研究暂按周边简支的支撑形式对环形布管管板进行研究。对于U型管换热器,a型连接方式(见GB/T 151—2014[1]中图7-3)的管板,其力学模型为受规则排列管孔削弱的无管子支撑的周边简支的均质等效圆平板。为研究环形布管区域的大小对管板变形和应力分布的影响,采用解析法和有限元法相结合的方式,对管板模型进行简化并开展相关计算对比。仅建立管板(按正方形布管的开孔)模型,设置为周边简支力学模型。管板直径 1 200 mm,厚度 50 mm,换热管开孔 20 mm,管间距 32 mm,外布管限定圆直径为 1200 mm。共建立满布管,及内布管限定圆直径分别为 120,240,360,480,600,720,840,960,1 080 的 10 个模型。为方便理论研究,不设置分程隔板,对这 10 个模型施加 1 MPa 的计算压力。其中,以内布管限定圆直径 600 mm 为例,该模型的网格模型和边界条件如图 2 所示,应力分布云图和管板变形云图如图 3 所示。

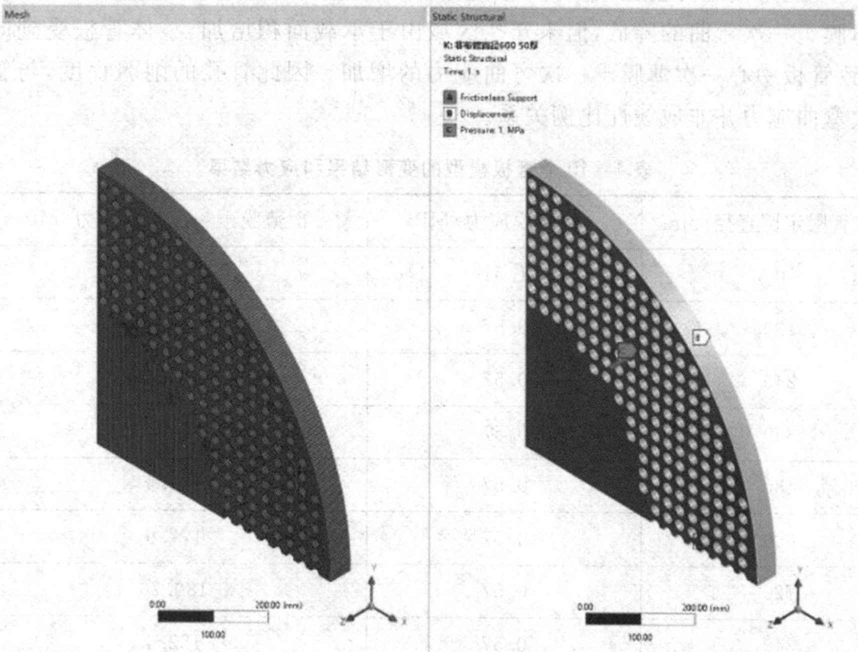

图 2　管板网格模型及边界条件图(内布管限定圆直径 600 mm)

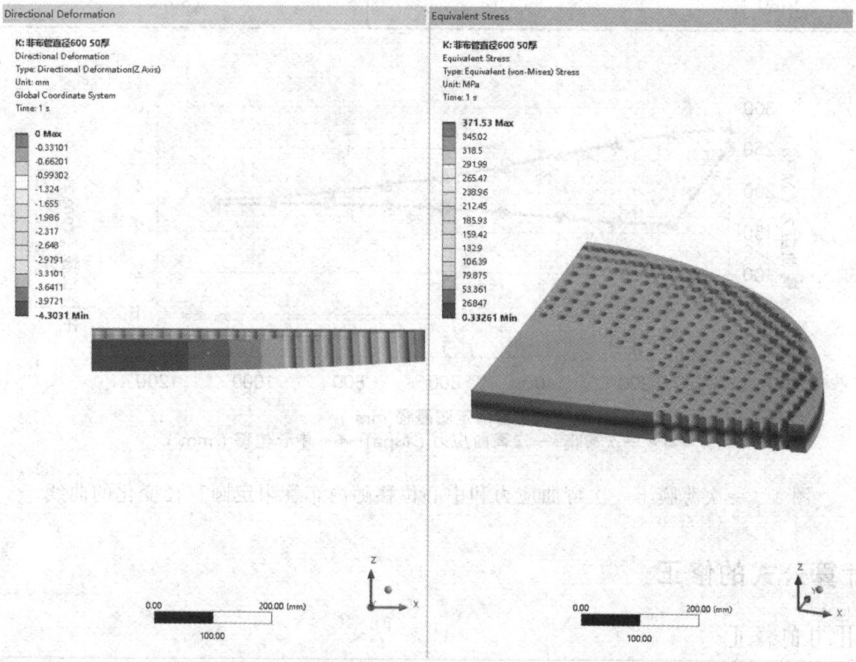

图 3　管板变形云图及 Mises 应力云图(内布管限定圆直径 600 mm)

在10个管板模型的中心,沿厚度方向取得路径并进行应力线性化,得到一次薄膜和一次薄膜+一次弯曲应力,及管板中心的竖向位移,数据列入表1中,图4给出一次薄膜+一次弯曲应力和中心位移随内布管限定圆直径变化的曲线。按经验推测,开孔越少,管板削弱越少,管板中心的挠度会越小,而薄膜+弯曲应力也会越小。从表1和图4可以看到,对于同样厚度,同样计算压力的管板,中心位移随内布管限定圆的增加逐渐降低;模型1的中心薄膜+弯曲应力最大,模型2的中心薄膜+弯曲应力与模型1相比大大降低,从模型2开始,中心薄膜+弯曲应力出现了先增加后减小的现象。模型2与模型1相比,尽管开孔削弱的程度差别不大,但由于管板中心出现了实心部分,此处的结构刚度得到加强,在此处取得的路径,其一次薄膜+一次弯曲应力会大幅降低。从模型2开始,虽然开孔数量减少,管板削弱变小,会引起管板中心一次薄膜+一次弯曲的降低,但未开孔区域由于承载面积增加,整体管板受到向下的载荷却增加,同时又会导致管板中心一次薄膜+一次弯曲应力的增加。因此管孔的削弱程度,与管板中心挠度和一次薄膜+一次弯曲应力并非成线性比例关系。

表1 10个管板模型的变形结果和应力结果

模型编号	内布管限定圆直径/mm	一次薄膜应力/MPa	一次薄膜+一次弯曲应力/MPa	中心位移/mm
1	0	1.51	254.06	5.53
2	120	0.57	159.54	5.39
3	240	0.57	162.55	5.14
4	360	0.57	168	4.85
5	480	0.57	173.5	4.56
6	600	0.57	177.9	4.30
7	720	0.57	180.76	4.11
8	840	0.57	182.4	3.92
9	960	0.57	182.3	3.81
10	1080	0.57	180.5	3.72

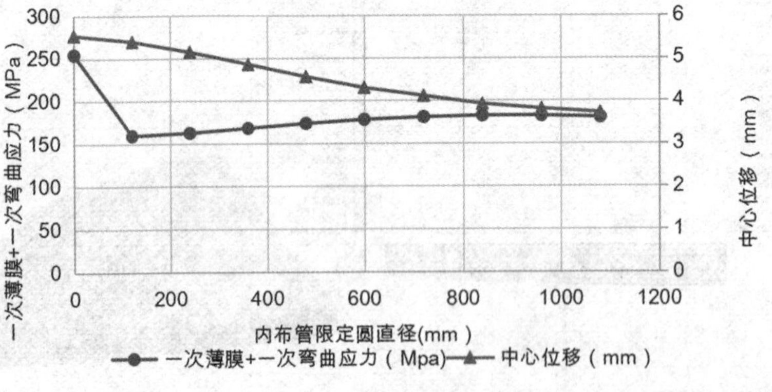

图4 一次薄膜+一次弯曲应力和中心位移随内布管限定圆直径变化的曲线

3 管板计算公式的修正

3.1 计算压力的修正

U型管换热器a型连接方式的管板,其力学模型为受规则排列管孔削弱的无管子支撑的均质等效圆平板，周边简支。其计算公式如下：

$$\delta=0.82D_G\sqrt{\frac{C_cP_d}{\mu[\sigma]}} \tag{1}$$

式中符号见 GB/T 151—2014。

对以下模型，分别采用式(1)和有限元方法进行计算，对比两者的结果(假设模型的许用应力为 93 MPa)。

(1)模型 I：直径 1200 mm 周边简支的圆平板，计算压力 1 MPa，采用式(1)计算厚度时，由于圆平板无削弱，削弱系数 $\mu=1$，计算得到平板厚度为 56.7 mm。

(2)模型 II：直径 1200 mm 正方形布管周边简支的管板，管板的换热管开孔直径 20 mm，管间距 32 mm，外布管限定圆直径为 1200 mm，$\mu=0.4$，计算压力 1 MPa，计算得到的管板厚度为 89.7 mm。

(3)模型 III：在模型 II 的基础上，调整计算压力。根据 ASME VIII. 2—2023[3] 附录 E 关于等效管板的简化方法，结合文献[4－8]，将多孔板等效为圆平板后，管板实际承载面积增加，多孔板在同样的计算压力作用下，受到的力小于同样压力的圆平板，计算压力应按承载面积进行折算。模型 II 的开孔数量为 1 056 个，实际承载面积为 799221 mm^2，而直径 1200 mm 的圆平板面积为 1130973 mm^2。因此实际计算压力 $P_d'=0.707$ MPa。公式(1)中计算压力修改为 0.707 MPa 后，管板计算厚度为 75.4 mm。

分别按照公式(1)计算得到的厚度建立上述模型 I，II，III 的有限元模型，施加相应的载荷与位移边界条件，这里应注意，对于模型 III，实际有限元模型中施加的压力载荷仍为 1 MPa。得到应力分布云图，如图 5～7 所示，取得模型中心的薄膜＋弯曲应力值，结果列入表 2。

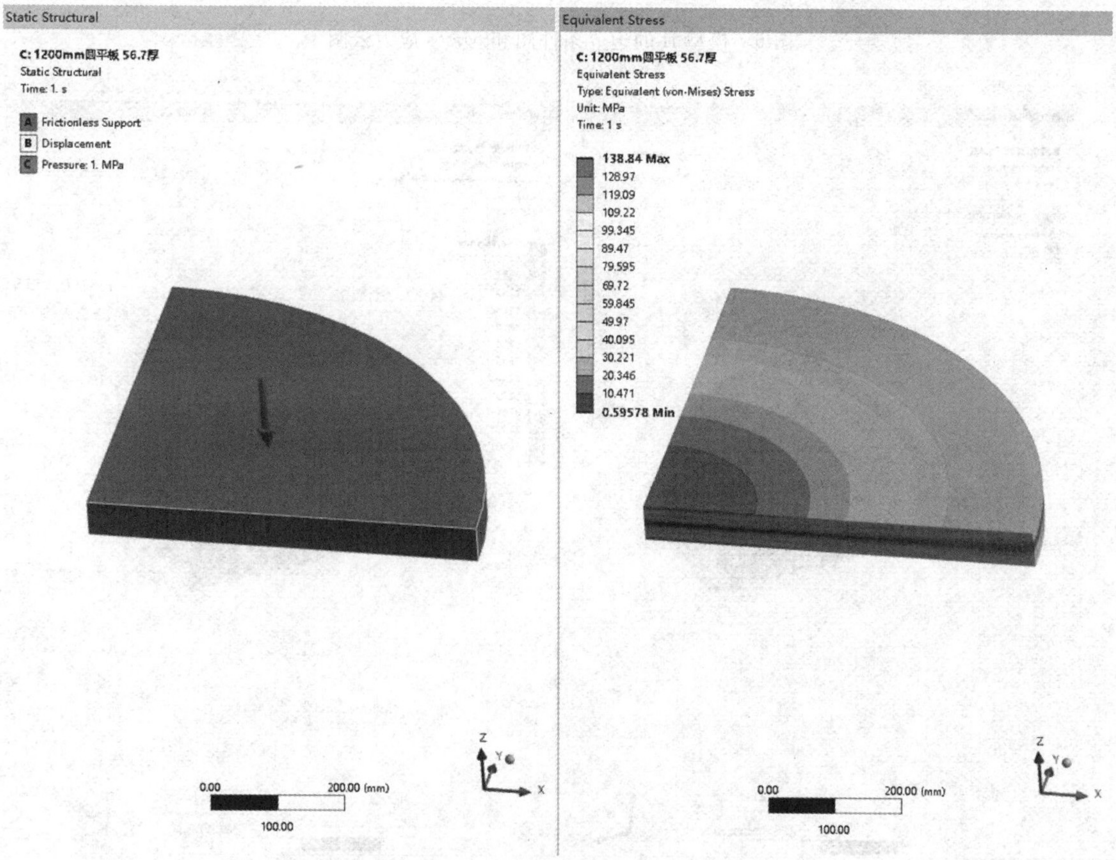

图 5　模型 I 的边界条件图和 Mises 应力云图

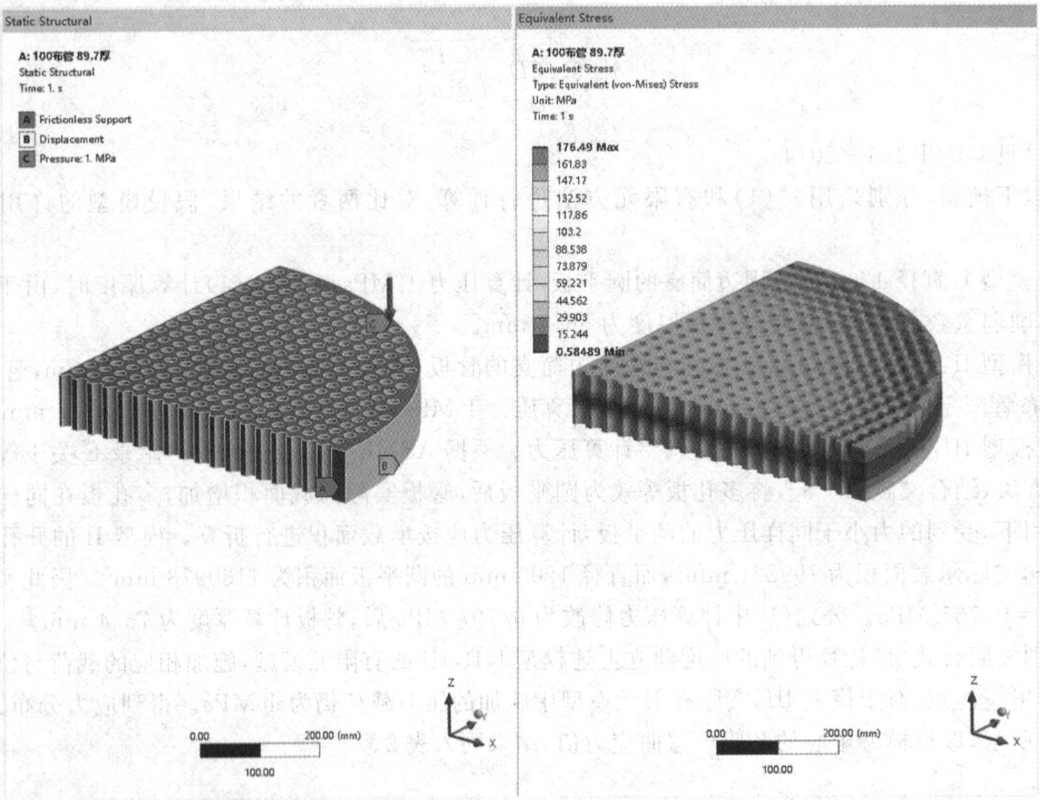

图 6　模型 II 的边界条件图和 Mises 应力云图

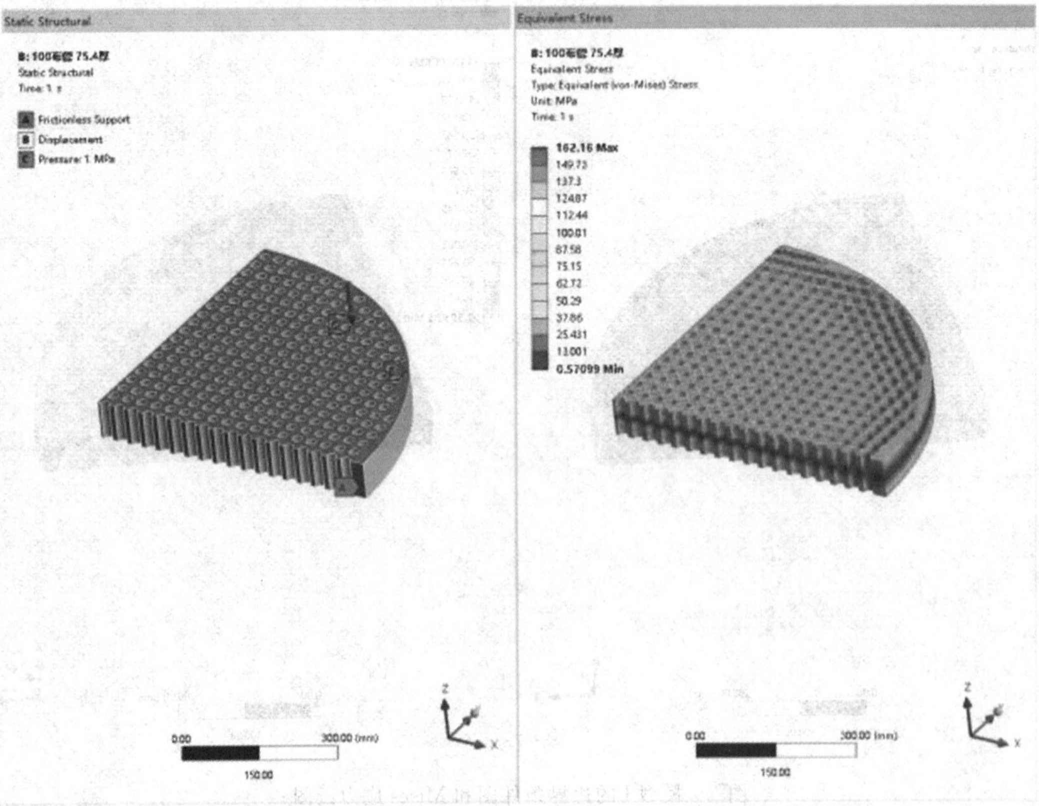

图 7　模型 III 的边界条件图和 Mises 应力云图

表 2　模型 I,II,III 的相关数据

模型	板厚/mm	一次薄膜＋一次弯曲应力/MPa	限制值/MPa	应力余量
I	56.7	138.64	139.5	0.62%
II	89.7	78.629	139.5	43.64%
III	75.4	111.95	139.5	19.75%

可以看出，对于圆平板模型，公式(1)和有限元计算结果吻合度非常高，说明对于圆平板模型来说，公式(1)的力学描述非常精确，但对于模型 II，却出现采用公式(1)计算的厚度建立的有限元模型中心应力结果余量很大的情况，说明在规则布管管板等效为圆平板后，直接采用公式(1)计算管板厚度，计算结果非常保守，该公式自标准实施后几十年内，一直用于计算 U 型换热器，a 型连接管板的厚度，结果是保守和安全的，只是不利于管板的轻量化设计。对于模型 III，由于对公式(1)中的压力进行了合理修正，管板中心的薄膜＋弯曲应力的余量从 43.64%降到了 19.75%，结果仍然保守，但厚度从 89.7 mm 降低到 75.4 mm，重量降低 16%，有效实现了轻量化设计。

3.2　削弱系数的修正

管板厚度计算公式(1)中，μ 为管孔削弱系数，GB/T 151 中统一取为 0.4，根据文献[9－11]，Gardner 和 Miller 均提出管孔削弱系数的计算方法，对于正方形布管，Gardner 提出的公式为式(2)，Miller 提出的公式为式(3)。

$$\mu=1-\frac{3}{\pi}sin^{-1}\left[\frac{\sqrt{3}}{2}(1-\alpha)\right] \tag{2}$$

$$\mu=1-\frac{\pi}{2\sqrt{3}}(1-\alpha)^2 \tag{3}$$

为避免符号混淆，这里没有采用文献原文中的符号，而是统一使用 μ 表示管板削弱系数，α 表示管带系数。针对本节使用的管板模型，管间距 $p=32$ mm，$d=20$ mm，$\alpha=\frac{p-d}{p}=0.375$，基于 3.1 节修正后的计算压力 0.707 MPa，分别采用式(2)和式(3)计算削弱系数，计算得到两种削弱系数对应的管板厚度 δ。与 3.1 节类似，建立有限元模型 IV 和 V，施加 1 MPa 的计算压力，得到管板中心的一次薄膜＋一次弯曲应力，相关数据见表 3。可以看出，Gardner 提出的削弱系数计算公式相对更准确，而 Miller 提出的计算公式得到的削弱系数可能导致冒进的结果。而对比模型 IV 和模型 III 的应力余量，同时修正计算压力和削弱系数，可将应力余量由 19.75%降低到 8.96%，厚度由 75.4 mm 降低到 70.78 mm，管板厚度进一步有效降低。

表 3　模型 IV,V 的相关数据

模型编号	μ	δ/mm	一次薄膜＋一次弯曲应力/MPa	限制值/MPa	应力余量
IV(Gardner)	0.454	70.78	127.00	139.5	8.96%
V(Miller)	0.646	59.33	180.61	139.5	−29.47%

综上所述，对 GB/T 151－2014 中的管板计算公式进行如下修正：

$$\delta=0.82D_G\sqrt{\frac{C_cP_c}{\mu'[\sigma]}} \tag{4}$$

式中，P_c 为等效计算压力；μ'——管板实际削弱系数，采用 Gardner 方法计算。其余符号与 GB/T 151 中相同。

4 环形布管管板计算公式推导

本节基于修正后的管板计算公式(4),对环形布管管板的厚度计算公式进行推导。对于环形布管管板,由于内部存在非布管区,管板的削弱系数应大于按规则布管的削弱系数。第 2 节中,建立了 9 种不同内布管圆直径的管板模型,本节对这 9 种模型进行进一步研究。以内布管限定圆直径 600 mm 为例,该管板内布管圆直径以内的区域面积为 S_i 为 282600 mm^2,削弱系数$\mu_i=1$,布管区面积 S_o为 847800 mm^2,正方形规则布管区域$\mu_o=0.454$,按面积折算整个管板的削弱系数μ_e,见下式:

$$\mu_e=\frac{S_i\times\mu_i+S_o\times\mu_o}{S_i+S_o}=0.591 \tag{5}$$

内布管限度圆直径 600 mm 的管板,按承载面积折算后的计算压力为 0.76 MPa,采用修正公式(5)计算厚度为 65.56 mm。对 9 种不同内布管限定圆直径的管板,按这一流程计算厚度,并建立有限元模型,取得中心的一次薄膜+一次弯曲应力,将各数据列入表 4 中。可以看到,按此方法得到的环形管板厚度是保守的,随内布管限定圆直径增加,厚度计算越精确,当内圆直径大于 840 mm 后,即 70%换热器公称直径,设计余量可降低至 15%以下。由于蒸发器这类设备的内布管限定圆通常大于 0.7 倍换热器公称直径,因此这一方法计算得到的管板厚度是比较准确的。

表 4 不同内布管圆直径的管板中心应力

内布管限定圆直径/mm	模型	厚度/mm	一次薄膜+一次弯曲应力/MPa	限制值/MPa	应力余量
120	A	70.51	80.238	139.5	42.48%
240	B	69.77	83.516	139.5	40.13%
360	C	68.63	89.217	139.5	36.05%
480	D	67.20	96.097	139.5	31.11%
600	E	65.56	103.55	139.5	25.77%
720	F	63.72	111.36	139.5	20.17%
840	G	62.02	118.61	139.5	14.97%
960	H	60.38	125.07	139.5	10.34%
1080	I	58.79	130.59	139.5	6.39%

5 结 论

本文针对工程中遇到的环形布管管板计算问题,同时采用解析法和有限元方法,从 GB/T 151 的 U 型管换热器 a 型连接管板的计算公式入手,对不同内布管限定圆直径的管板进行分析,尝试得到环形管板厚度计算方法。研究过程中得到了如下结论。

(1)环形布管管板在同样厚度,同样计算压力作用下,中心挠度随内布管直径的增加减少,但中心的薄膜+弯曲应力,当中心有非布管区域,下降很大,但随内布管限定圆直径增加,应力缓慢地先增加后降低。可见,中心非布管区面积增大,虽管板削弱变小,但承载面积增加,两者共同对中心的薄膜+弯曲应力产生影响。

(2)对 GB/T 151 中 U 型管换热器 a 型连接管板的计算公式进行修正,得到了更精确的计算公式,有效实现管板的轻量化设计。

(3)得到周边简支的环形布管管板削弱系数计算方法,采用修正后的 U 型管换热器 a 型连接管板的计算公式计算环形布管管板厚度。随着内布管限定圆直径的增加,该厚度计算精度越高,当内布管限定圆直径大于70%换热管公称直径时，管板中心应力余量降低到15%以下。

参考文献

[1] 热交换器:GB/T 151—2014[S]. 2014.

[2] 压力容器分析设计:GB/T 4732.1～6—2024[S]. 2024.

[3] ASME, Boiler and Pressure Vessel Code, Section VIII, Division 2[S]. 2023.

[4] 万里平. 关于ASME VIII－2附录5－E多孔板等效方法的讨论[J]. 压力容器, 2022, 39(3): 55－63.

[5] 万里平. ASME VIII. 2多孔板弹性分析方法在大型列管式反应器设计中的应用[J]. 石油化工设备技术, 2019, 40(3): 1－5.

[6] 张建华, 朱国栋, 王娟. 脉动载荷下换热器管板接头塑性失效研究[J]. 压力容器, 2023, 40(1): 46－54.

[7] 何思翔, 彭恒, 史力, 等. 基于ASME Ⅲ－5中800H合金材料数据的高温部件非弹性分析评价方法[J]. 压力容器, 2023, 40(10): 28－37.

[8] 杨星辰. ASME中基于弹性理论的换热器管板简化分析[D]. 北京: 北京化工大学, 2016.

[9] Osweiller F. Evolution and synthesis of the effective elastic constants concept for the design of tubesheets[J], Journal of Pressure Vessel Technology, 1989, 8(111): 209－217.

[10] Gardner. Heat - exchanger tubesheet design[J]. ASME Journal of Applied Mechanics, Vol. 15, 1948.

[11] Miller. The design of tube plates in heat－exchangers[J]. Proceedings of the Institution of Mechanical Engineers, Vol. 18, 1952.

作者简介

万里平(1986)，女，高级工程师，专业副总，主要从事压力容器分析设计工作，通信地址：100101 北京市朝阳区安慧北里安园21号中国石化工程公司设备室，E－mail: wanliping.sei@sinopec.com。

基于流场调控的热交换器蜂窝状微孔防冲挡流板结构

陈梽贇[1],解德甲[2],张型波[2],王　恒[1],朱国瑞[1,3],谭　蔚[1,3]

(1. 天津大学 浙江研究院,浙江宁波 315200;2. 甘肃蓝科石化高新装备股份有限公司,兰州 730070;
3. 天津大学 化工学院,天津 300072)

摘　要:针对大型苯乙烯装置管壳式换热器入口区域因气液两相流高速冲击导致的管束冲蚀泄漏问题,提出一种基于流场调控的蜂窝状微孔防冲挡流板结构。通过数值模拟获取入口高速流体(15 m/s)等值面,采用三次多项式拟合设计半球形挡流板外轮廓,结合微孔阵列诱导湍流耗散。建立嵌入式多孔介质模型,采用 Mixture 多相流模型与 RNG $k-\varepsilon$ 湍流模型,模拟乙苯-水共沸物在壳程的流动特性。结果表明:挡流板使入口近端(Z=166 mm)流速标准偏差系数(C_V)从 59.70%降至 46.89%,有效引导流体均匀扩散;挡流板后方形成高强度涡核区,将集中冲击动能转化为湍动能耗散,首排管束高速冲击区消失;壳程边缘区域仍存在流动死区,需进一步优化。该结构通过流线型曲面与微孔剪切效应缓解局部应力集中,为大型换热器抗冲蚀设计提供新方案。

关键词:管壳式换热器;气液两相流;防冲挡流板;数值模拟

Flow－field－regulated honeycomb microporous anti－erosion baffle for shell－and－tube heat exchangers

CHEN Zhiyun[1], XIE Dejia[2], ZHANG Xingbo[2], WANG Heng[1], ZHU Guorui[1,3], TAN Wei[1,3]

(1. Zhejiang Institute of Tianjin University, Zhejiang, Ningbo 315200, China;
2. Lanpec Technologies Limited, Lanzhou 730070, China;
3. School of Chemical Engineering and Technology, Tianjin University, Tianjin 300072, China)

Abstract: To address the tube bundle erosion and leakage caused by high－velocity impact of gas－liquid two－phase flow in the inlet region of large－scale styrene plant shell－and－tube heat exchangers, a honeycomb micro－hole anti－impact baffle structure based on flow field regulation is proposed. The inlet high－velocity fluid (15 m/s) iso－surface was obtained via numerical simulation, and the outer contour of the hemispherical baffle was designed using cubic polynomial fitting, combined with micro－hole arrays to induce turbulent dissipation. An embedded porous media model was established, employing the Mixture multiphase flow model and the RNG $k-\varepsilon$ turbulence model to simulate the flow characteristics of the ethylbenzene－water azeotrope on the shell side. The results demonstrate that the baffle reduces the coefficient of velocity variation (C_V) at the proximal inlet (Z=166 mm) from 59.70% to 46.89%, effectively guiding fluid uniform dispersion. A high－intensity vortex core region forms behind the baffle, converting concentrated impact kinetic energy into turbulent kinetic energy for dissipation, thereby eliminating the high－velocity impact zone on the first row of tube bundles. Flow dead zones persist in the peripheral regions of the shell side, necessitating further optimization. This structure mitigates local stress concentration through streamlined curved surfaces and micro－hole shear effects, providing a novel solution for the anti－erosion design of large heat exchangers.

Keywords: shell－and－tube heat exchanger; gas－liquid two－phase flow; anti－erosion baffle;

numerical simulation

0 引 言

管壳式热交换器凭借结构简单、造价低廉、高效且操作便捷等显著优势,在能源转换与化工生产领域占据着举足轻重的地位,发挥着至关重要的作用。大直径管壳式换热器因内部构件复杂、管束数量庞大,易出现入口流场分布不均,导致局部区域流速过高,引发管束冲蚀磨损、液相组分集聚及传热效率衰减等问题[1-2]。如在某大型苯乙烯装置的工业生产环节,乙苯与水的混合物通常以气液两相流的形式进入换热器。这种气液两相流在换热器入口区域,因高流速、相变以及压力波动等因素的之一。前期的研究发现,该设备泄漏现象是乙苯和水的共沸物在气液相变以及一定流速条件下,汽蚀与冲蚀共同作用的结果。为改善壳程流动特性、降低压降并抑制冲蚀,国内外学者聚焦于管束支撑的优化,通过改进折流板结构来调控壳程流场分布与流动轨迹,以提升换热器综合性能[3-5]。

现有方法主要是通过折流板形式的改变,提高流体的局部湍流程度,从而强化了壳程流体的传热,但无法形成有效的速度梯度耗散机制,在背部区域易形成涡流停滞区,不仅造成换热管束局部传热效率下降,且难以实现单管束模块化更换,维护成本较高。

XIAO 等[6]通过数值模拟指出,高普朗特数流体在螺旋折流板换热器中宜采用小螺旋角,水介质下40°螺旋角综合传热性能最优。LEI 等[7]对比实验与模拟证实,螺旋折流板换热器比弓形折流板换热器具有更高的传热系数,且双层螺旋结构性能更优。ZHANG 等[8]在油冷却器实验中验证,重叠螺旋折流板较传统弓形折流板在同等工况下综合性能更优。董其伍等[9]数值研究表明,三叶孔板通过诱导贴壁射流效应强化传热,降低压降损失。MA 等[10]对比模拟发现,三叶孔板的单位压降换热系数高于四叶孔板,并建立 Nu-Re 关联式预测壳程性能。李雅侠等[11]数值研究表明,梅花孔板在 Re=4000～12000 范围内较传统弓形折流板传热性能提升 14.9%～52.88%,开孔率优化可平衡压降与换热效率。张轩恺等[12]创新性将支撑孔板直通道改造为螺旋通道,证实螺旋流诱导的湍流强化效应使壳程传热系数提升19.3%,但螺旋角增大会导致压降增幅达 35%。盛艳军等[13]实验指出,网状孔板换热器综合性能优于弓形折流板,而其他异形孔板在同等工况下综合换热性能会发生衰减,需针对性优化结构参数。

为克服现有技术中的缺陷,本文提出了一种适用于大型苯乙烯装置换热器的气液两相防冲挡流板结构。该挡流板的设计基于换热器数值模拟结果获得的入口高速流体速度等值面,旨在有效引导气液两相流,减轻其对入口附近管面的冲击,为设计优化及安全运行提供参考。

1 物理模型建立

1.1 壳侧物理模型建立

本文以某大型苯乙烯装置换热器的壳程为主要研究对象,其结构为固定管板式。壳体的内径为3121.9 mm,长度为 7105.0 mm。换热管束包含 3652 根外径为 38.1 mm 的管子,按照正三角方式排列,管间距为 47.63 mm。壳程介质的入口接管直径为 373 mm。为平衡计算精度与效率,本文建立物理模型时引入以下简化假设:忽略挡板与换热管束、挡板与壳体间的装配间隙;弱化冲击板、定距管、拉杆及各类检查孔/仪表接口的传热贡献;将壳程内壁视为光滑表面。

鉴于换热器实际结构体积庞大且内部构件复杂,完整实体建模将生成超量网格而超出当前计算能力,本文基于管束冲蚀损伤主要集中于进料口区域的分布特征,提出分区建模策略。如图 1 所示。对进料口前 6 排管道进行精细化整体建模,以精准捕捉入口流场及折流板附近的复杂流动特性;壳程其余区域则采用多孔介质模型等效替代换热管分布[14-17];同时利用几何对称性,取 1/4 壳体流域作为计算域[18-19]。该嵌入式模型在确解析关键区域流动传热细节、有效识别冲蚀薄弱点的同时,显著降低计算资源消耗,实现了计算精度与效率的优化平衡。

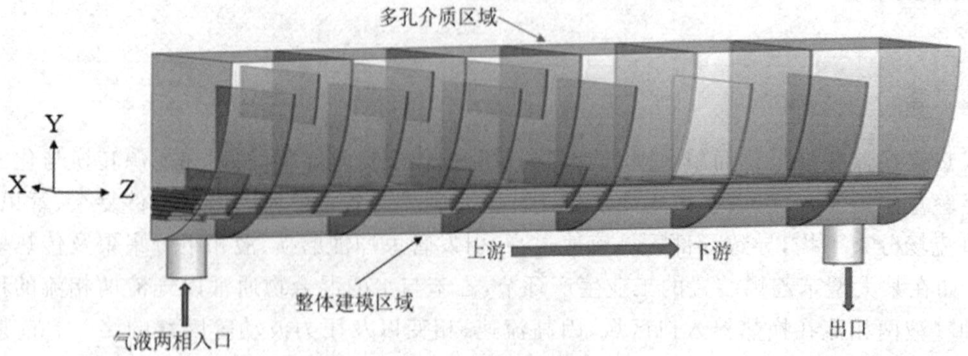

图 1 计算区域示意图

1.2 防冲挡流板模型建立

如图 2(a)所示，防冲挡流板的设计依据换热器内部高速流场特性精准构建，通过数值模拟提取最大流速 65%(15 m/s)的等值面作为结构基准。该等值面数据揭示了高速流核心区的空间分布特征，使挡流板曲面轮廓与流场速度梯度形成几何耦合，实现动态流场自适应引导；在此基础上，采用渐缩渐扩的半球形挡流面结构，其直径完全覆盖高速流核心区，通过流线型曲面将集中冲击载荷转化为沿管束周向分布的表面应力，形成高效能量耗散机制，缓解局部应力集中现象。

如图 2(b)挡流板拟合曲线所示，沿流体主路径选取 20 个特征控制点表征高速流场几何形态。采用三次多项式对控制点进行曲率连续性拟合，建立防冲挡流板外轮廓的数学模型，得到的拟合曲线公式如下：

$$Y=-2.51X^3+8.70X^2-4.99X^1-0.86 \quad (0.186\leqslant X\leqslant 0.492) \tag{1}$$

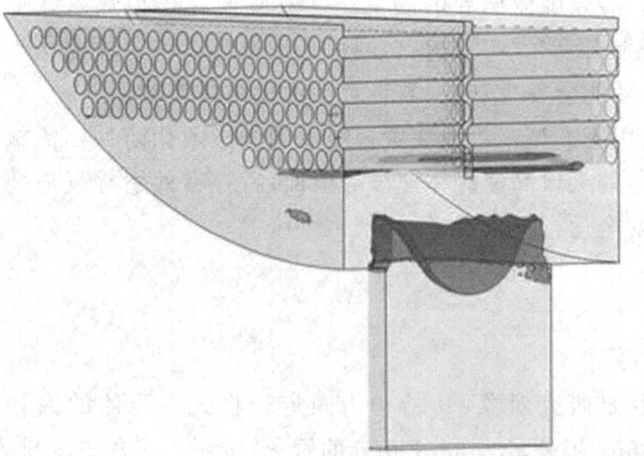

(a) 流速为15m/s的等值面

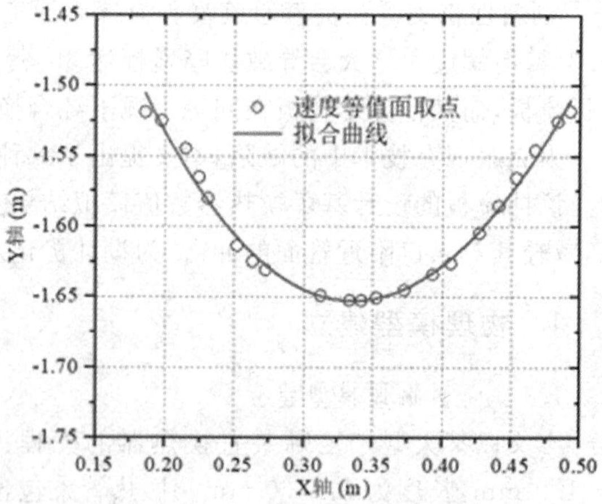

(b) 挡流板拟合曲线

图 2 防冲挡流板外轮廓拟合设计

基于建立的拟合曲线，在 SOLIDWORKS 中构建参数化半圆球型挡流板三维模型，具体结构如图 3 所示。挡流板表面采用直径 40 mm 的蜂窝状微孔阵列诱导局部流速突变，提升湍动能耗散率来衰减流体冲击能量，同时微孔产生的剪切效应促使液相均匀分散，引导气相组分向外围迁移，避免气泡在首排管壁集中破裂造成的空化腐蚀。

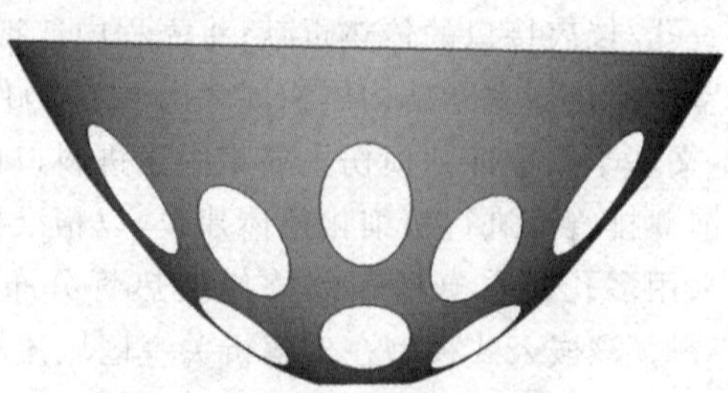

图 3 挡流板三维结构及孔径分布

2 数值模型及工况

2.1 数学模型

为模拟壳程后排换热管分布及其对流动与传热的影响，采用多孔介质嵌入式模型。该模型关键参数包括孔隙率和阻力，孔隙率β定义为流体体积与总体积之比，由换热器内部构件的尺寸直接计算得出，计算公式如下：

$$\beta=\frac{V_P}{V_0} \tag{2}$$

阻力源项由粘性损失项和惯性损失项[19] 构成，控制方程为：

$$S_i=-\left[\sum_{j=1}^{3}D_{ij}\mu u_j+\sum_{j=1}^{3}C_{ij}\ \frac{1}{2}\rho u_{\mathrm{mag}}u_j\right] \tag{3}$$

式中，S_i 为阻力源项；u 为表观流速；μ 为动力粘度；C_{ij}，D_{ij} 分别为流体在空间中3个垂直方向上的惯性阻力系数和粘性阻力系数。本文基于管束单元压降计算，确定的气液两相阻力系数参数见表1。

表1 多孔介质模型的阻力系数

阻力系数方向	粘性系数 C_2/m^{-2}		惯性系数 D/m^{-2}	
	气相	液相	气相	液相
X方向	3 536 305	12 277 479	57.81	55.41
Y方向	431 470	2 563 274	7.41	7.13
Z方向	209 443.5	1 145 556	0.50	0.35

针对乙苯一水共沸物(气相体积分数约99.7%)在大型管壳式换热器中的流动，忽略浮力、升力及重力影响。选择变量较少的Mixture多相流模型进行模拟[20-21]，其控制方程为：

$$\frac{\partial}{\partial t}(\beta\rho_m)+\nabla\cdot(\beta\rho_m v_m)=0 \tag{4}$$

$$\frac{\partial}{\partial t}(\beta\rho_m v_m)+\nabla\cdot(\beta\rho_m v_m v_m)=-\beta\nabla_p+\nabla\cdot[\beta\mu_{m,eff}(\nabla v_m+\nabla v_m^T)]+\beta\nabla\cdot(\sum_{k=1}^{2}a_k\rho_k v_{dr,k}v_{dr,k})+S_v \tag{5}$$

式中，ρ为密度；下标m，g分别代表混合物和汽相；v_m为混合流体速度；$\mu_{m,eff}$为混合流体有效粘度；α_k为第k相体积分数，p为压力；S为源项；下标v，E，c分别代表动量、能量、质量；k_{eff}为有效传热系数；v_k为第k相的漂移速度。

由于换热器壳程中存在大量涡旋区域，而RNG k-ε模型在涡旋、旋转绕流等方面有着较好的精准度[22-23]，因此本文选择RNG k-ε进行模拟。

RNG k-ε模型中的湍流模型的传输方程如下：

$$\frac{\partial(\rho k)}{\partial t}+\frac{\partial(\rho k u_i)}{\partial x_i}=\frac{\partial}{\partial x_i}\left(\alpha_k\mu_{eff}\frac{\partial k}{\partial x_i}\right)+G_k+G_b-\rho\varepsilon-Y_M+S_k \tag{6}$$

$$\frac{\partial(\rho\varepsilon)}{\partial t}+\frac{\partial(\rho\varepsilon u_i)}{\partial x_i}=\frac{\partial}{\partial x_j}\left(\alpha_\varepsilon\mu_{eff}\frac{\partial\varepsilon}{\partial x_j}\right)+C_{1\varepsilon}\frac{\varepsilon}{k}(G_k+C_{3\varepsilon}G_b)-C_{2\varepsilon}\rho\frac{\varepsilon^2}{k}-R_\varepsilon+S_\varepsilon \tag{7}$$

模拟乙苯-水共沸物的沸腾相变(显热／潜热交换)采用*Lee*相变模型。该模型基于流体温度与饱和温度的温差驱动相变。

冷凝过程：

$$S_l = -S_g = r_v \alpha_v \rho_v (T - T_{sat})/T \quad (T < T_{sat}) \tag{8}$$

蒸发过程：

$$S_g = -S_l = r_l \alpha_l \rho_l (T - T_{sat})/T \quad (T > T_{sat}) \tag{9}$$

$$Q = h_{fg} S \tag{10}$$

式中，α 为体积分数；T_{sat} 为饱和温度，K；h_{fg} 为气化潜热，J·kg^{-1}；下标 g，l 分别为气相和液相。

同时在模拟中，通过线性插值的方法引入乙苯-水共沸物体系在 148 kPa 压力条件下，温度区间 375.85 K 至 490.75 K 的汽化潜热参数。

2.2 模型与网格无关性验证

由于换热器内部几何结构复杂易导致的网格冗余，本文采用非结构多面体网格对换热器全域进行离散，并在折流板、换热管与壳程流体域的接触界面，设置 7 层边界层网格以精确捕捉近壁面流动与传热特性，见图 4。

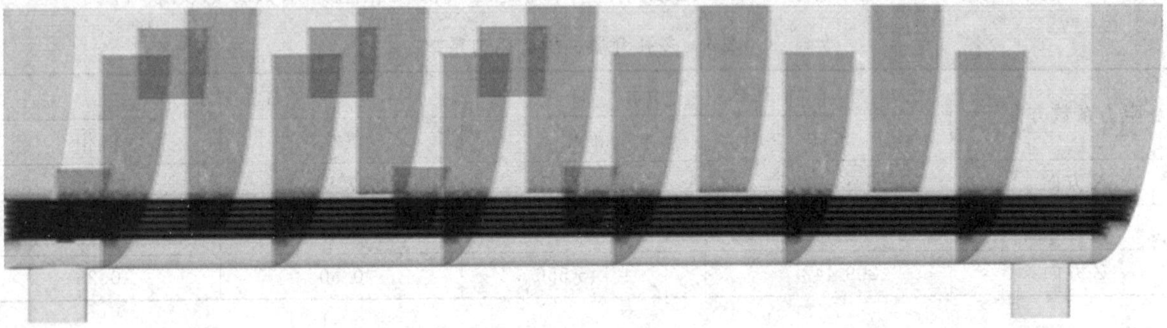

(a) 换热器整体网格

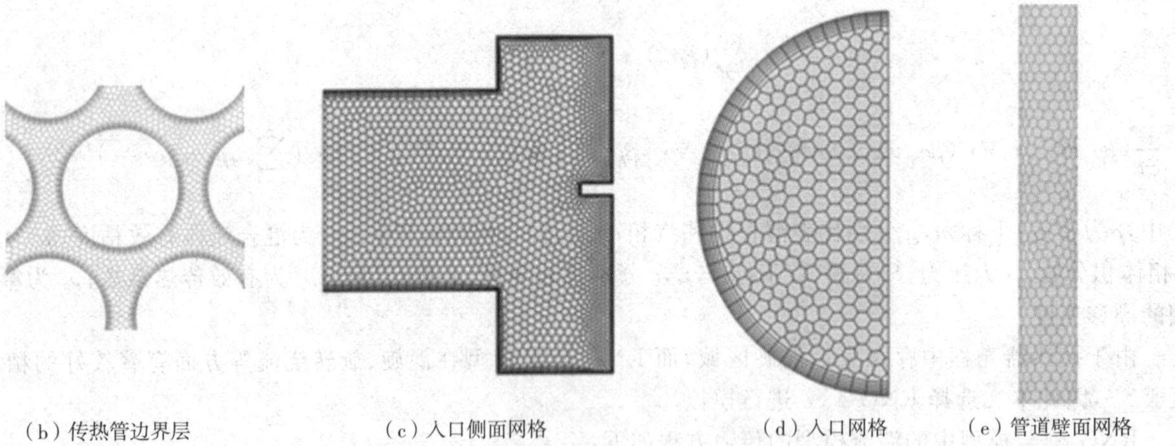

(b) 传热管边界层　　(c) 入口侧面网格　　(d) 入口网格　　(e) 管道壁面网格

图 4　换热器模型的网格划分

如图 5 所示，本文构建 600 万至 1500 万区间的五套不同数量的网格进行敏感性分析，通过对比不同网格规模下的壳程换热系数与压降变化规律，最终确定最优网格数量为 1.27×10，该数量能保证传热与流阻预测精度的同时，节省计算时间。同时为确保计算结果的准确性，将模拟结果与实际工艺参数进行对比，由于模拟过程中忽略了定距管、拉杆和各类检查孔仪表接口的传热作用，模拟得到的换热系数小于实际工艺参数值；同时由于多孔介质嵌入式模型简化流场结构，导致流动阻力结果也略小实际工况，较工艺数据低 3.46%，认为计算结果是准确的。

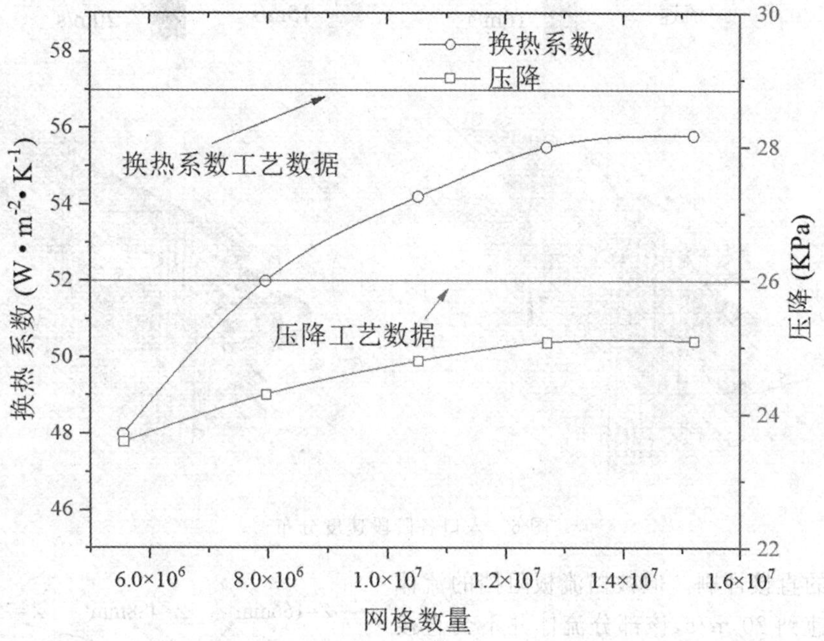

图 5　网格无关性验证

2.3　物性参数与计算工况设置

基于实际运行工况，壳程入口介质为乙苯-水气液两相混合物，其中气相定义为第一相，液相为第二相。液相物性受温度影响较小，视为常数；气相物性随温度显著变化，采用分段线性插值法将工艺数据导入 Fluent 软件。采用三维双精度压力基求解器进行稳态模拟，近壁区流动采用标准壁面函数处理。压力一速度耦合通过 SIMPLE 算法实现，压力、动量、湍动能、湍流耗散率及能量方程均采用二阶迎风格式离散，确保数值解的精度与稳定性。

基于几何对称性，将流域模型的中间平面设为对称边界。入口采用质量入口边界，温度设定为实际工况的饱和温度；出口设为压力出口边界，压力值依据实验测得的壳程压降确定，见表 2。换热管壁面设置 57 W/m^2 为恒定热流密度边界，壳程内壁及折流板壁面定义为无滑移、绝热光滑壁面，材料为碳钢。针对多孔介质区域的热功率补偿，通过体积加热源项实现总功率守恒。

表 2　边界条件设置

进出口	入口		出口
	液相	气相	
温度 T/K	375.85		490.75
压强 p/kPa	—		122
出入口流量 Q_m/(kg·h^{-1})	14 587.5	5 760.0	20 272.5

3　计算结果

3.1　速度分布与冲击效应优化

图 6 对比了增设挡流板前后，换热器入口的速度等值面分布情况。

在原模型中，流体以 15 m/s 半球形分布进入，随后速度降低到 10 m/s，速度分布转变为扁球形，最终以 20 m/s 的高速冲击到第一层管道壁面。增设挡流板后，速度为 15 m/s 的半球形等值面被挡流板减速形成数个 10 m/s 的流束直接冲击，在第一层换热管表面未形成高速冲击区域，说明防冲板有效减少了

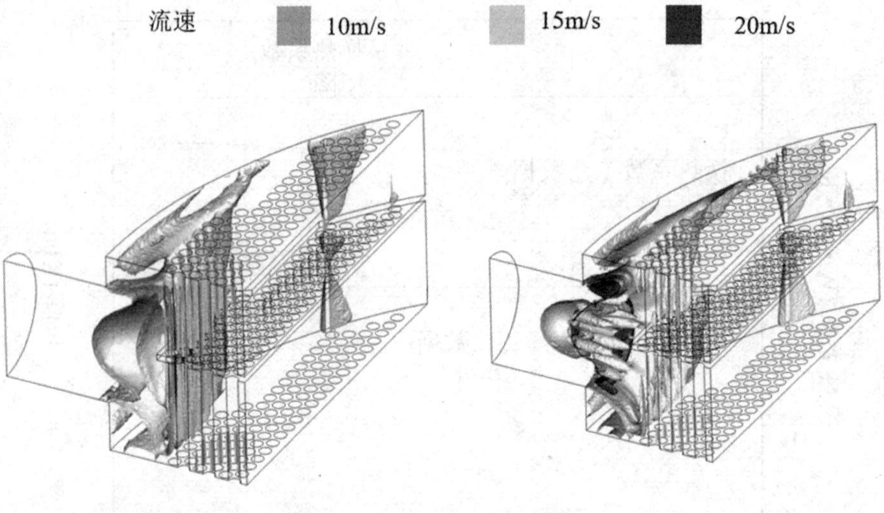

图 6　入口各阶段速度分布

入口流体对管束的直接冲刷。但被挡流板阻挡的流体会顺着挡流板加速到 20 m/s,该部分流体并不会直接冲击管束,而被引导转向,形成回流,动能逐渐被消耗。

3.2　流动均匀性定量评估

如图 7 所示,分别对换热器入口区域附近的多孔介质区域 $Z=166$ mm、488 mm、755 mm、1034 mm、1333 mm 和 1604 mm 六处截面进行可视化分析,分别位于入口附近每两块折流板的中间位置。

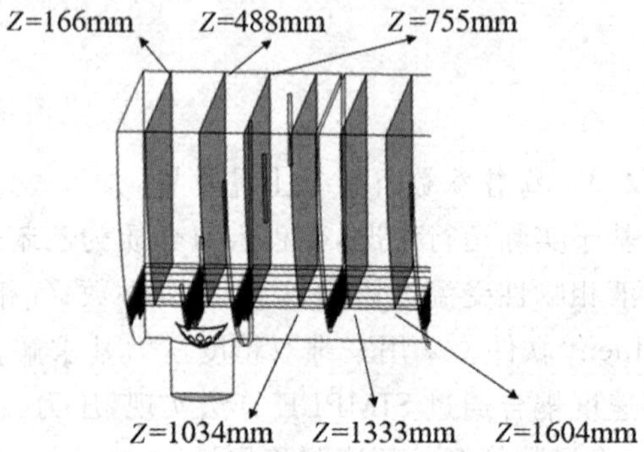

图 7　换热器入口 Z 截面示意图

本文通过流速标准偏差系数 C_V 通过计算某一截面上各测点速度的离散程度来直接反映流动分布的均匀性,C_V 值越低,表明流速分布越均匀。流速标准偏差系数 C_V 计算公式如下:

$$C_V=\frac{\sigma_V}{\bar{V}}\times 100\% \tag{11}$$

σ_V 为某截面上各测点速度的样本标准差,计算公式为:

$$\sigma_V=\sqrt{\frac{\sum_{i=1}^{n}(V_i-\bar{V})}{n-1}} \tag{12}$$

V 为该截面的速度平均值,计算公式为:

$$\bar{V}=\frac{1}{n}\sum_{i=1}^{n}V_i \tag{13}$$

V_i 为第 i 个测点的速度值,n 为测点总数。

如图 8 所示,增设挡流板后,沿换热器入口($Z=166$ mm)至第三块折流板附近($Z=1604$ mm)的 C_V 波动明显趋缓。其中挡流板直接影响区域 C_V 降低最明显,具体表现为入口近端($Z=166$ mm)从原模型的 59.70%降至 46.89%(降幅 12.81%),$Z=488$ mm 截面 C_V 降低 7.57%(从 46.21%降至 38.64%),表明挡流板显著抑制了入口流体的惯性分离效应,使高速流体更均匀地扩散至管束区域,挡流板的引流作用进一步平衡了流体的动能分布,减少局部流速过高导致的传热管束冲刷风险。

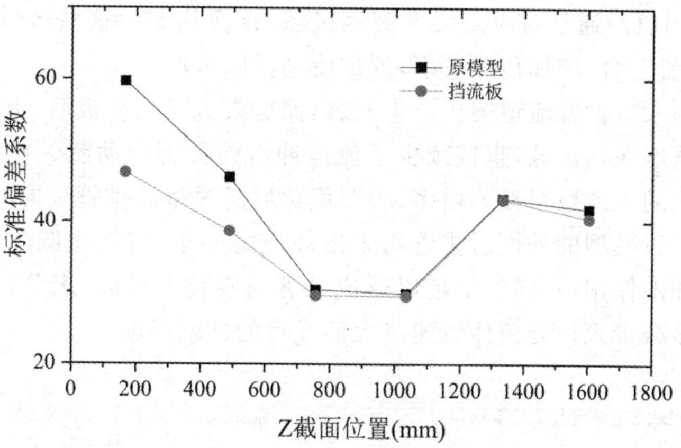

图 8　各位置标准偏差系数对比

3.3　湍流混合与能量耗散机制分析

由图 9 可知，由于换热器外侧的流量小，外侧流场整体流速较慢，仅在最外侧管与换热器内壁面夹缝出现高速流动区域。对比原模型与挡流板模型在的速度可以发现，挡流板的存在降低了流体对前排管束冲击，使得流体在后排的动能减缓，高速流动无法维持，逐渐和外侧低速区域均匀结合。

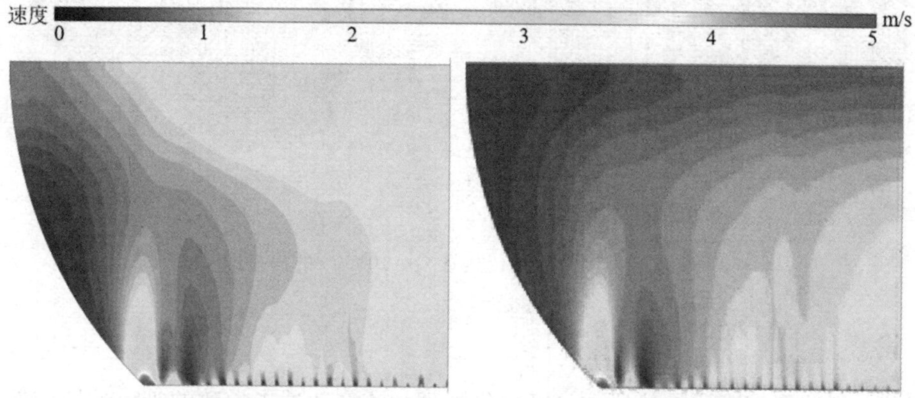

（a）原模型　　（b）挡流板

图 9　$Z=166$ mm 流速云图分布

湍动能通过表征流体中涡流的动能强度，反映了流体的混合能力，而在换热器中，湍动能越高，流体扰动越强，边界层被破坏得越彻底，从而提升传热系数。由图 10 可知，在增加挡流板后，入口处的气液两相流冲击挡板后，湍动能显著增加，使得局部换热系数提升。同时挡流板的引流作用，入口上游的流动死区面积减小。两组模型均在第四层的外侧(壳程边缘区域)湍动能过低，形成流动死区。

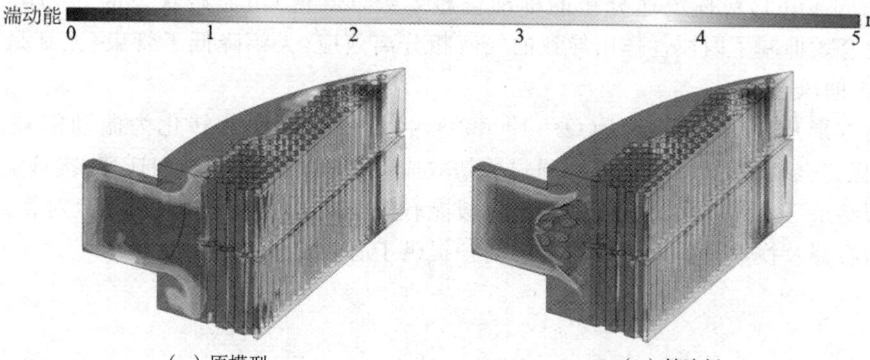

（a）原模型　　（b）挡流板

图 10　入口流场湍动能分布

Q=100 000 的涡量等值面通常对应高强度旋涡区域，在换热器中这些区域通过旋涡生成伴随着高湍动能，可促进气液两相流混合，增加传热效率，形成流动活跃区域。

由图 11 可知，流体因入口位置流道突扩产生涡旋，而增设入口挡流板后，由于流动受阻，挡流板与入口之间产生更大范围高强度涡核区域，直接减少了流体冲击前排管的动能。在第五层管束位置，增设挡流板模型在该位置小体积的涡的数量显著增多，表明优化后的模型后排管也同时承担了部分流体冲击与增加换热的作用。在两个组模型的外侧后排管均未出现漩涡分布，与上述低湍动能区域分布一致，说明该位置管束受到的流体冲击作用小，梯度不足以形成显著的旋转主导区，未分担流体冲刷的作用。提高该位置的流体流量可间接减少入口处流体流速过大而导致的冲刷问题。

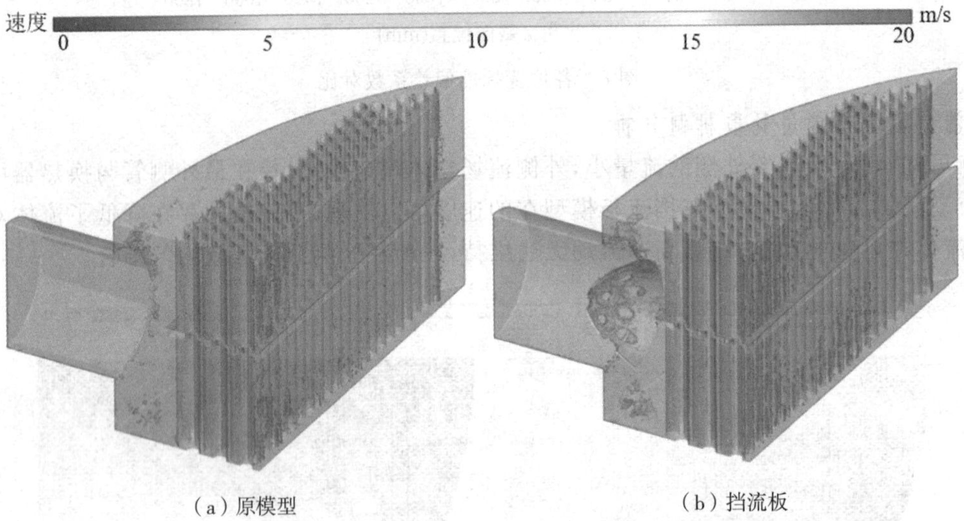

(a) 原模型　　(b) 挡流板

图 11　入口与前排传热管 Q=100000 的涡量图

4　结　论

针对大型苯乙烯装置管壳式换热器入口区域气液两相流高速冲击导致的管束冲蚀问题，本文提出一种基于流场特性参数化设计的蜂窝状微孔防冲挡流板结构，并通过数值模拟验证其抑冲效果。主要结论如下。

(1)采用嵌入式多孔介质模型耦合 Mixture 多相流模型及 RNG k－ε 湍流模型进行模拟分析，压降计算结果与实际工艺数据进行对比，偏差仅为 3.46%，验证了所建立数值模型的可靠性和适用性，为结构优化设计提供了可信依据。

(2)所设计的蜂窝状微孔挡流板通过流线型曲面引导流体扩散，显著改善了入口区域的流场均匀性，在入口截面(Z=166 mm)，流体流速分布的标准偏差系数(C_V 值)由原始状态的 59.70% 显著降低至 46.89%。该优化有效抑制了因惯性作用导致的气液相分离效应，大幅降低了管束(尤其是首排管)遭受局部高速集中冲击的风险。

(3)挡流板后方形成高强度涡核区(Q=100000)，将集中冲击动能转化为湍动能耗散，首排管束 20 m/s高速冲击区完全消失；蜂窝微孔阵列通过剪切效应促进液相分散与气相迁移，缓解空化腐蚀。

(4)数值模拟结果证实该蜂窝状微孔防冲挡流板能有效解决入口高速气液两相流对管束的冲蚀破坏问题，为同类压力容器及换热设备入口区的冲蚀防护提供了有效的技术方案。

参考文献

[1] WANG K，BAI C，WANG Y，et al. Flow dead zone analysis and structure optimization for the trefoil－baffle heat exchanger[J]. International Journal of Thermal Sciences 2019，140：127－134.

[2] YOU Y, FAN A, LAI X, et al. 2013. Experimental and numerical investigations of shell - side thermo - hydraulic performances for shell - and - tube heat exchanger with trefoil - hole baffles [J]. Applied Thermal Engineering 50:950—956.

[3] EL - SAID E M, ELSHEIKH A H, EL - TAHAN H R. Effect of curved segmental baffle on a shell and tube heat exchanger thermohydraulic performance[J]. Numerical investigation. International Journal of Thermal Sciences 2021, 165:106922

[4] GU X, CHEN W, FANG Y, et al. Analysis of flow dead zone in shell side of a heat exchanger with torsional flow in shell side[J]. Applied Thermal Engineering 2020, 180:115792.

[5] LEI Y, LI Y, JING S, et al. Design and performance analysis of the novel shell - and - tube heat exchangers with louver baffles[J]. Applied Thermal Engineering 2017, 125:870—879.

[6] XIAO X, ZHANG L, LI X, et al. Numerical investigation of helical baffles heat exchanger with different Prandtl number fluids [J]. International Journal of Heat and Mass Transfer 2013, 63:434—444.

[7] LEI Y G, HE Y L, CHU P, et al. Design and optimization of heat exchangers with helical baffles[J]. Chemical Engineering Science 2008, 63:4386—4395.

[8] ZHANG J F, GUO S L, LI Z Z, et al. Experimental performance comparison of shell - and - tube oil coolers with overlapped helical baffles and segmental baffles[J]. Applied Thermal Engineering 2013, 58:336—343.

[9] 董其伍，杜庆飞，刘敏珊，等．三叶孔板换热器壳程流体流动和传热特性数值研究[J]．化工设备与管道，2012，49：21—23.

[10] MA L, WANG K, LIU M, et al. Numerical study on performances of shell - side in trefoil - hole and quatrefoil - hole baffle heat exchangers [J]. Applied Thermal Engineering 2017, 123:1444—1455.

[11] 李雅侠，娄岩，战洪仁，等．梅花孔板纵向流换热器壳程流动与传热的三维数值模拟[J]．过程工程学报，2015，15：639—645.

[12] 张轩恺，韩东，何纬峰，等．新型螺旋梅花形孔板换热器热力性能仿真计算[J]．工程热物理学报，2017，38：1952—1959.

[13] 盛艳军，陈亚平，操瑞兵，等．异形孔隔板换热器壳侧传热与阻力性能的试验研究[J]．东南大学学报（自然科学版），2012，42：318—322.

[14] 邓斌，李欣，陶文铨．多孔介质模型在管壳式换热器数值模拟中的应用[J]．工程热物理学报，2004，25：167—169.

[15] 谢永红，郭方中，吴洪涛，等．紧凑换热器的多孔介质模型化[J]．核动力工程，1995，16：177—182.

[16] 姚彦贵，郑明光，张星亮，等．基于自主开发求解器的蒸汽发生器二次侧流场分析[J]．压力容器，2023，40(3)：56—62.

[17] 李科，包健，高志刚，等．基于泄漏率的垫片参数测试方法优化研究[J]．压力容器，2024，41(3)：59—66.

[18] WANF Y Q, GU X, WANG K, et al. Numerical investigation of shell - side characteristics of H - shape baffle heat exchanger[J]. Procedia Engineering 2011, 18:53—58.

[19] ZHANG J F, HE Y L, TAO W Q. 3D numerical simulation on shell - and - tube heat exchangers with middle - overlapped helical baffles and continuous baffles - Part I: Numerical model and results of whole heat exchanger with middle - overlapped helical baffles[J]. International Journal of Heat and Mass Transfer 2009, 52:5371—5380.

[20] 张小英,陈焕栋,乔磊,等. 基于漂移流模型的蒸汽发生器稳态热工水力分析[J]. 原子能科学技术,2015,49:447-454.

[21] JO J C,JEONG J J,YUN B J,et al. Numerical prediction of a flashing flow of saturated water at high pressure[J]. Nuclear Engineering and Technology 2018,50:1173-1183.

[22] CAO X, CHEN D, DU T, et al. Numerical investigation and experimental validation of thermo-hydraulic and thermodynamic performances of helical baffle heat exchangers with different baffle configurations[J]. International Journal of Heat and Mass Transfer 2020,160:1-13.

[23] CAO X,DU T,LIU Z,et al. Experimental and numerical investigation on heat transfer and fluid flow performance of sextant helical baffle heat exchangers[J]. International Journal of Heat and Mass Transfer 2019,142:1-12.

作者简介

陈梽赟(1996),男,科研助理,硕士,过程装备流致振动与微动磨损方向,通信地址:315200 浙江省宁波市镇海区中官西路85号,E-mail:chenzhiyun@zitju.cn。

带膨胀节内管箱式管壳换热器壳程端密封法兰的计算

李　冰，武建宏，张志国，周　迅
（中石化宁波工程有限公司，浙江宁波 315103）

摘　要：以壳程端密封为特点的单管程浮头换热器，其分别作为管、壳程端法兰的整体法兰与反向法兰提供确保密封所需的强制外力，该组法兰与传统法兰的受力状况及校核计算公式均完全不同，在4种工况、8种载荷组合情况下逐一分析法兰受力，建立各力、力臂以及法兰弯矩的对应计算公式，并按GB150，对法兰的应力与刚度进行校核。

关键词：换热器；内管箱；端密封；校核计算

Calculation on end sealing flanges at shell side of internal channel－tubular heat exchangers with expansion joints

LIBing，WU Jianhong，ZHANG Zhiguo，ZHOU Xun
（SINOPEC Ningbo Engineering Co.，Ltd.，Ningbo 315103，China）

Abstract：For the one - tube - pass floating head exchangers characterized by end - sealing structure，the integral and reverse flanges respectively as tube - side and shell - side end flanges together provide compelling external force needed to ensure the sealing. This pair of flanges is different from traditional ones in load status and calculation formulas. By analyzing the load acting on under 4 operation conditions and 8 kinds of load combinations respectively，formulas of forces，arms and total bending moment are established correspondingly，and finally all kinds of stresses and the rigidity of the flanges can be calculated by applied with GB 150.

Keywords：heat exchanger，internal channel，end sealing，check calculation

符号说明：

p_s, p_t, p_b——分别为壳程设计压力、管程设计压力、管程蒸汽吹扫压力，MPa；

d_0——换热管外径，mm；

δ_t——换热管壁厚，mm；

n——换热管根数，无量纲；

L——换热管长度，mm；

K_t——换热管管束刚度，N/mm；

K_B——膨胀节刚度，N/mm；

E_t^t——换热管材料设计温度下弹性模量，MPa；

$\sum F$——内管箱在壳程压力下承受的合力，方向由左向右，N；

F_t——换热管管束承受的轴向力,N;

F_D,F_D'——分别为作用于管、壳程端法兰颈部大端截面中心处的轴向力,N;

F_{DT}——与管程端法兰连接的外管线对端法兰的反力,N;

F_P,F_P'——分别为由壳程压力产生的作用于管、壳程端法兰的轴向力,N;

F_G——壳程压力下法兰垫片压紧力,N;

F_{GD}——垫片设计反力,即在预紧或操作状态下螺栓设计载荷所对应的垫片反力,N;

F_{GMin}——壳程压力下法兰垫片所需最小压紧力(含预紧与操作状态),N;

F_T——操作时或管程蒸汽吹扫时由管壳程温差产生的膨胀节轴向力,N;

F_{Bs},F_{Bt},F_{Bts},F_{Bb}——分别为壳程压力、管程压力、管壳程压力同时作用、管程吹扫时法兰螺栓拉力,N;

$F_{B\,Min}$——法兰螺栓需提供的最小拉力(与$d_{1\,Min}$对应),N;

$F_{Bs\,Min}$,$F_{Bs\,Max}$——分别为操作状态下螺栓受到的最小、最大拉力,N;

F_{BsD}——操作状态下螺栓设计载荷,N;

F_{Ba}——预紧状态下螺栓受到的拉力,N;

$F_{Ba\,Min}$,$F_{Ba\,Max}$——分别为预紧状态下螺栓受到的最小、最大拉力,N;

F_{BaD}——预紧状态下螺栓设计载荷,N;

L_D,L_D'——分别为F_D(F_T、F_{DT})、F_D'作用点至法兰螺栓中心距离,mm;

L_P,L_P'——分别为F_P、F_P'作用中心至法兰螺栓中心距离,mm;

L_G——F_G作用点至法兰螺栓中心距离,mm;

D_i——与壳程端法兰(反法兰)相连的锥封小端内直径,mm;

D_{ti}——管程端法兰内直径,mm;

D_{1O}——管程端法兰外直径,mm;

D_f——壳程端法兰(反法兰)内直径,mm;

D_{2O}——壳程端法兰(反法兰)外直径,mm;

D_3——内管箱浮头法兰外直径,mm;

D_1——垫片内直径,mm;

D_2——垫片外直径,mm;

D_G——垫片压紧力作用中心圆直径,mm;

D_b——螺栓中心圆直径,mm;

$\delta_1(\delta_{1e})$,$\delta_1'(\delta_{1e}')$——分别为管、壳程端法兰颈部大端名义(有效)厚度,mm;

$\delta_0(\delta_{0e})$,$\delta_0'(\delta_{0e}')$——分别为管、壳程端法兰颈部小端名义(有效)厚度,mm;

$\delta_{fn}(\delta_{fe})$,$\delta_{fn}'(\delta_{fe}')$——分别为管、壳程端法兰名义(有效)厚度,mm;

δ_{tn}——管程端法兰接管名义厚度,mm;

d_1——法兰螺栓根径,mm;

$d_{1\,Min}$——法兰螺栓所需最小根径,mm;

N——法兰螺栓数量;

M_a——管、壳程端法兰在预紧状态的设计弯矩,N·mm;

M_s,M_t,M_{ts},M_b——分别为管程端法兰在壳程压力、管程压力、管壳程压力同时作用、管程吹扫时的弯矩,N·mm;

M_s',M_t',M_{ts}',M_b'——分别为壳程端法兰在壳程压力、管程压力、管壳程压力同时作用、管程吹扫时的弯矩,N·mm;

M_{sD},M_{sD}'——分别为管、壳程端法兰在壳程压力下的设计弯矩,N·mm;

M_{tsD},M_{tsD}'——分别为管、壳程端法兰在管壳程压力同时作用下的设计弯矩,N·mm;

M_{bD}，M'_{bD}——分别为管、壳程端法兰在管程吹扫时的设计弯矩，N·mm；

M_{Max}，M'_{Max}——分别为管、壳程端法兰最大弯矩，N·mm；

T_{tm}，T_{sm}——分别为沿长度平均的管、壳程金属温度，℃；

T_0——环境温度，℃；

L_T——限制由温度变化引起的换热器轴向伸缩的两约束端（即壳程两最外侧法兰密封面间）距离，mm；

α_t，α_s——分别为管、壳程材料在温变范围内的平均线膨胀系数，mm/(mm·℃)；

$[\sigma]_{tf}$，$[\sigma]_{tf}^T$——分别为管程端法兰在常温、设计温度下的许用应力，MPa；

$[\sigma]_{sf}$，$[\sigma]_{sf}^T$——分别为壳程端法兰在常温、设计温度下的许用应力，MPa；

$[\sigma]_b$，$[\sigma]_b^T$——分别为法兰螺栓在常温、设计温度下的许用应力，MPa。

其余符号说明同 GB/T 150—2011，GB/T 151—2014 及 GB/T 16749—2018。

0 引 言

伴随装置大型化，石油及化工装置（如 PDH 等）中出现了一类单管程浮头换热器[1-2]。该结构将浮头与膨胀节组合置于换热器前端或后端，具有壳程端密封特点（暂称 V 型），具体形式见图 1 所示。位于前（后）端管箱端部的管、壳程端密封法兰（简称端法兰）是这种 V 型结构主要的承压元件，其受力情况与常规法兰不同，亦无相应的计算方法可循。本文针对各工况下两法兰受力状况进行分析，并建立相应的力、力臂以及弯矩计算公式。最后，按 GB/T 150 相关内容对法兰进行校核计算。

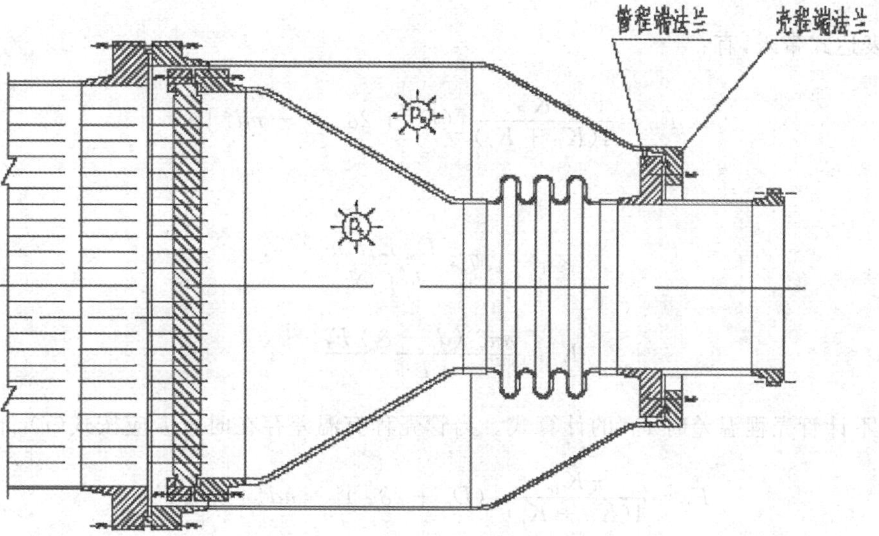

图 1　带膨胀节内管箱式管壳换热器浮动端结构

1 浮动内管箱在壳程压力下的受力分析

首先，将浮动内管箱作为研究对象，其受力分析见图 2。内管箱在壳程压力下承受的合力（方向由左向右）为：

$$\sum F=\frac{\pi}{4}(D_3^2-nd_o^2)p_s-\frac{\pi}{4}[D_3^2-(D_{ti}+2\delta_{tn})^2]p_s=\frac{\pi}{4}[(D_{ti}+2\delta_{tn})^2-nd_o^2]p_s \tag{1}$$

由于内管箱两端分别与管束及膨胀节相连，在轴向力 $\sum F$ 的作用下，管束受拉伸（或压缩）产生的位移与膨胀节受压缩（或拉伸）产生的位移相同，而两者刚性的不同导致所受的轴向力是不同的。管束与膨

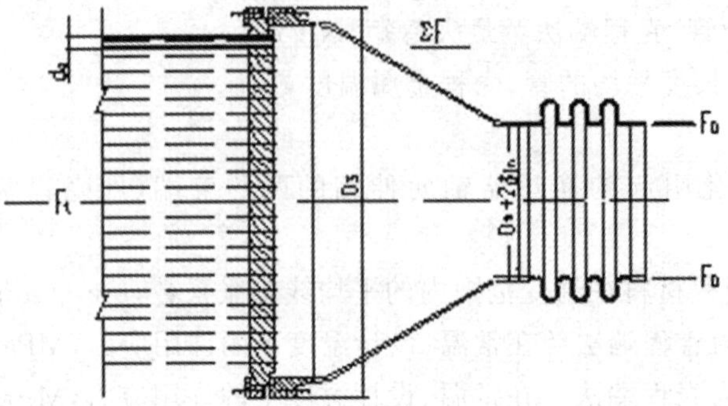

图 2　浮动内管箱受力分析

胀节的刚度及其各自受力之间的关系,可用下述方程表达。

$$\begin{cases}\dfrac{F_t}{K_t}=\dfrac{F_D}{K_B}\\[2ex] F_t+F_D=\sum F\end{cases} \tag{2}$$

解方程,有:

$$F_D=\frac{K_B}{K_B+K_t}\sum F \tag{3}$$

将 $\sum F$ 表达式带入,有:

$$F_D=\frac{\pi K_B}{4(K_B+K_t)}\left[(D_{ti}+2\delta_{tn})^2-nd_o^2\right]p_s \tag{4}$$

其中:

$$K_B=1.7\cdot\frac{D_m E_b^t t_p^3 n}{h^3 C_f N}\text{[5]} \tag{5}$$

$$K_t=\frac{n\pi\delta_t(d_o-\delta_t)E_t^t}{L}\text{[4]} \tag{6}$$

式(1) 为不计管壳程温差时 F_D 的计算式。当管壳程有温差存在时,F_D 应按式(7) 计算。

$$F_D=\frac{\pi K_B}{4(K_B+K_t)}\left[(D_{ti}+2\delta_{tn})^2-nd_o^2\right]p_s+F_T \tag{7}$$

其中:

$$F_T=1.7\cdot\frac{D_m E_b^t t_p^3 n}{h^3 C_f}\cdot\frac{e_N}{N}\text{[5]} \tag{8}$$

$$e_N=\left[\alpha_t(T_{tm}-T_0)-\alpha_s(T_{sm}-T_0)\right]L_T\text{[4]} \tag{9}$$

实际上,换热管总截面要远大于与管程端法兰连接的外管线截面,即 $nd_o^2>(D_{ti}+2\delta_{tn})^2$,故由壳程压力引起的轴向力与管壳程温差产生的膨胀节轴向力方向相反,即前者对后者有削减作用,这对端法兰的受力是有益的。

2　端法兰各工况下载荷分析

在操作过程中,换热器存在管程先进介质、壳程先进介质、以及管壳程同时进介质三种可能,升温的滞后性又有不计与计及管壳程温差两种考虑。而检修时管程还可能吹扫除垢，总计 4 种工况（因管束可拆，壳程的吹扫工况不予考虑）、8 种载荷组合是设计时需校核计算的。现对管、壳程端法兰在不同组合工况下的受力情况分别加以讨论。

2.1 端法兰在壳程压力下的承载

2.1.1 管程端法兰

在仅有壳程压力的情况下，管程端法兰承载情况与受力分析分别见图 3(a)(b)，法兰所受各力及力臂计算公式如下。

$$F_{DT} = F_D \tag{10}$$

$$F_P = \frac{\pi}{4}\left[D_G^2 - (D_{ti} + 2\delta_{tn})^2\right] p_s \tag{11}$$

$$F_G = F_{Bs} + F_P \tag{12}$$

$$L_D = \frac{1}{2}(D_b - D_{ti} - \delta_1) \tag{13}$$

$$L_P = \frac{1}{2}\left(D_b - \frac{D_G + D_{ti} + 2\delta_{tn}}{2}\right) \tag{14}$$

$$L_G = \frac{1}{2}(D_G - D_b) \tag{15}$$

同时有：

$$MAX\{2\pi D_G b m p_s, \pi D_G b y\} \leqslant F_G \leqslant \frac{\pi}{4} N d_1^2\ [\sigma]_b^T + F_P \tag{16}$$

法兰弯矩：

$$M_s = F_P L_P + F_G L_G \tag{17}$$

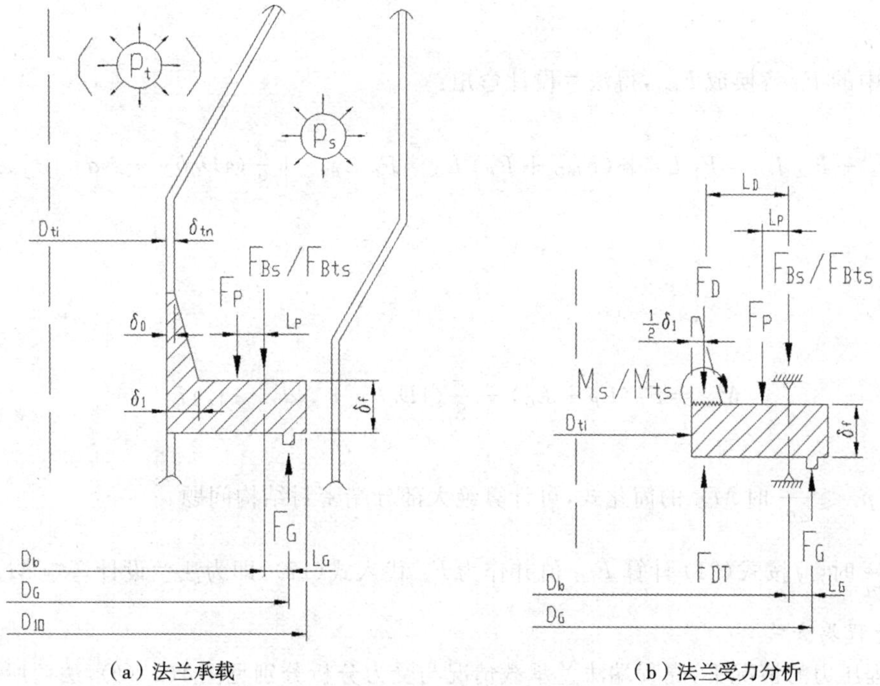

(a) 法兰承载　　(b) 法兰受力分析

图 3　管程端法兰在仅壳程压力 / 管壳程压力同时作用下载荷情况

由式(12)，得预紧状态下(此时 $F_P=0, F_{Bs}=F_a$) $F_{Ba}=F_G$，此时，$F_{BaMin}=\pi D_G b y$，$F_{BaMax}=\frac{\pi}{4}Nd_1^2[\sigma]_b$，

这样，预紧状态螺栓设计载荷：

$$F_{BaD}=\frac{1}{2}(F_{BaMin}+F_{BaMax})=\frac{\pi}{8}(4D_G b y+Nd_1^2[\sigma]_b) \tag{18}$$

则预紧状态法兰设计弯矩：

$$M_a=\frac{\pi}{8}(4D_G b y+Nd_1^2[\sigma]_b)L_G \tag{19}$$

由式(12)，得操作状态下 $F_{Bs}=F_G-F_P$，此时，$F_{BsMin}=2\pi D_G b m p_s-F_P$，$F_{BsMax}=\frac{\pi}{4}Nd_1^2[\sigma]_b^T$，同样，操作状态螺栓设计载荷：

$$F_{BsD}=\frac{1}{2}(F_{BsMin}+F_{BsMax})=\frac{1}{8}(8\pi D_G b m p_s+\pi Nd_1^2[\sigma]_b^T-4F_P) \tag{20}$$

再由式(12)知，垫片设计反力：

$$F_{GD}=MAX\{F_{BsD},F_{BaD}\}+F_P \tag{21}$$

式(18)与式(20)相减，得：

$$F_{BaD}-F_{BsD}=\frac{1}{8}[4\pi D_G b(y-2mp_s)+\pi Nd_1^2([\sigma]_b-[\sigma]_b^T)+4F_P] \tag{22}$$

由于 $[\sigma]_b\geqslant[\sigma)]_b^T$，$F_P>0$，只要 $y-2mp_s\geqslant 0$ 即 $p_s\leqslant\frac{y}{2m}$，便有 $F_{BaD}-F_{BsD}>0$ 即 $F_{BaD}>F_{BsD}$，此时 $F_{GD}=F_{BaD}+F_P$。

将式(17)中的 F_G 替换成 F_{GD}，得法兰设计弯矩：

$$M_{sD}=F_P L_P+F_{GD}L_G=F_P L_P+(F_{BaD}+F_P)L_G=F_P L_P+\left[\frac{\pi}{8}(4D_G b y+Nd_1^2[\sigma]_b)+F_P\right]L_G \tag{23}$$

整理后，有：

$$M_{sD}=F_P(L_P+L_G)+\frac{\pi}{8}(4D_G b y+Nd_1^2[\sigma]_b)L_G \tag{24}$$

式(24)为 $p_s\leqslant\frac{y}{2m}$ 时 M_{sD} 的简化式，可计算绝大部分端密封结构问题。

当 $p_s>\frac{y}{2m}$ 时，应按式(21)计算 F_{GD} 值并作为 F_G 代入式(17)，即为法兰设计弯矩 M_{sD} 值。

2.1.2 壳程端法兰

在仅有壳程压力的情况下，壳程端法兰承载情况与受力分析分别见图4(*a*)(*b*)，法兰所受各力及力臂按下列公式计算。

$$F'_D = F'_P + F_G - F_{Bs} = F_P + F'_P \tag{25}$$

$$F'_P = \frac{\pi}{4}(D_i^2 - D_G^2)\,p_s \tag{26}$$

$$L'_D = \frac{1}{2}(D_{2o} - D_b - \delta'_1) \tag{27}$$

$$L'_P = \frac{1}{2}\left(\frac{D_i + D_G}{2} - D_b\right) \tag{28}$$

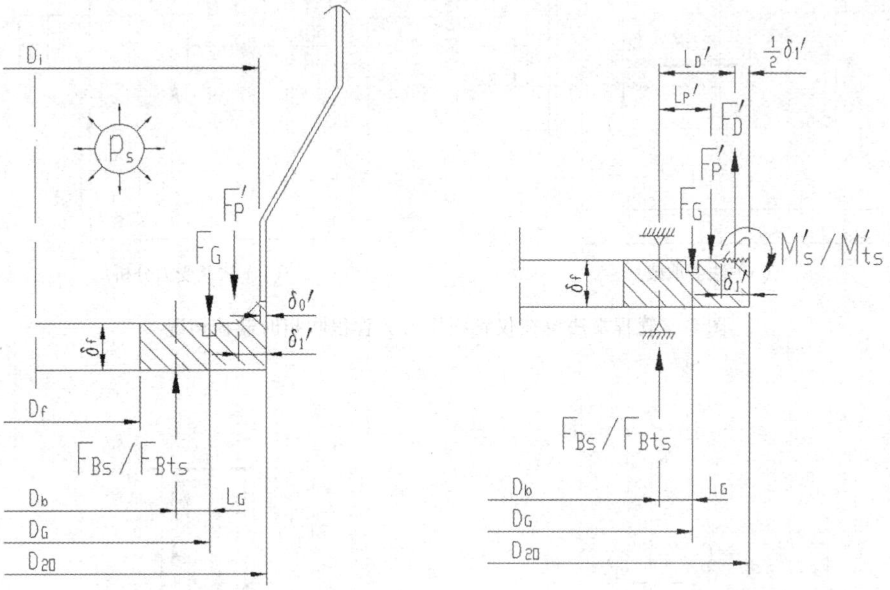

（a）法兰承载　　　　（b）法兰受力分析

图 4　壳程端法兰在仅壳程压力 / 管壳程压力同时作用下载荷情况

法兰弯矩：

$$M'_s = F'_D L'_D - F'_P L'_P - F_G L_G \tag{29}$$

法兰设计弯矩：

$$\begin{aligned} M'_{sD} &= F'_D L'_D - F'_P L'_P - F_{GMin} L_G = F'_D L'_D - F'_P L'_P - MAX\{2\pi D_G b m p_s, \pi D_G b y\} L_G \\ &= F'_D L'_D - F'_P L'_P - \pi D_G b y L_G \end{aligned} \tag{30}$$

同样，式(30) 为 $p_s \leqslant \frac{y}{2m}$ 时 $M_{sD}{}'$ 的简化式，可解决绝大部分问题。

2.2　端法兰在管程压力下的承载

2.2.1　管程端法兰

在仅有管程压力的情况下，管程端法兰承载情况与受力分析分别见图 5(a)(b)。此时，$F_{DT} = F_T$，$F_{Bt} = 0$，$M_t = 0$。

2.2.2　壳程端法兰

在仅有管程压力的情况下，壳程端法兰承载情况与受力分析分别见图 6(a)(b)。此时，$F'_D = F_{Bt} = 0$，$M'_t = F'_D L'_D = 0$。

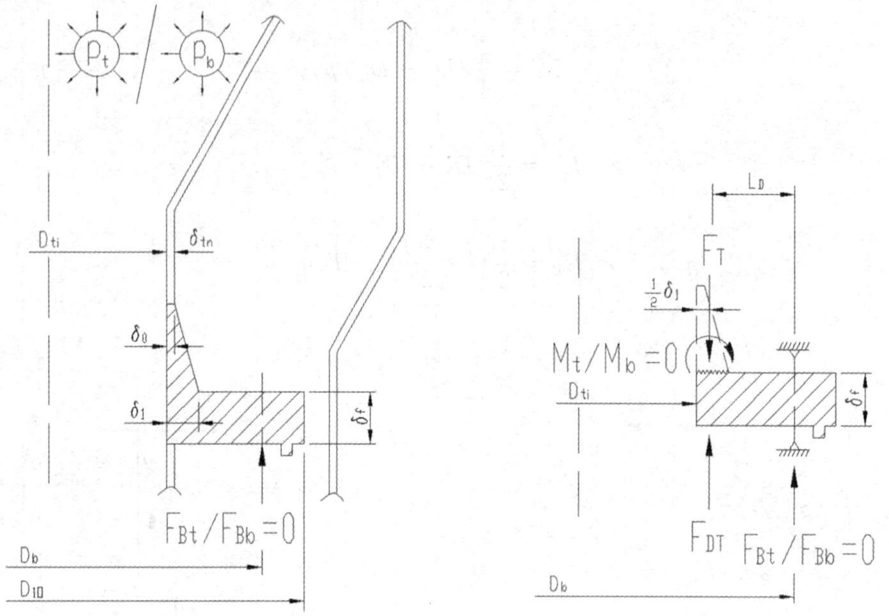

(a) 法兰承载　　(b) 法兰受力分析

图 5　管程端法兰在仅管程压力/管程吹扫时载荷情况

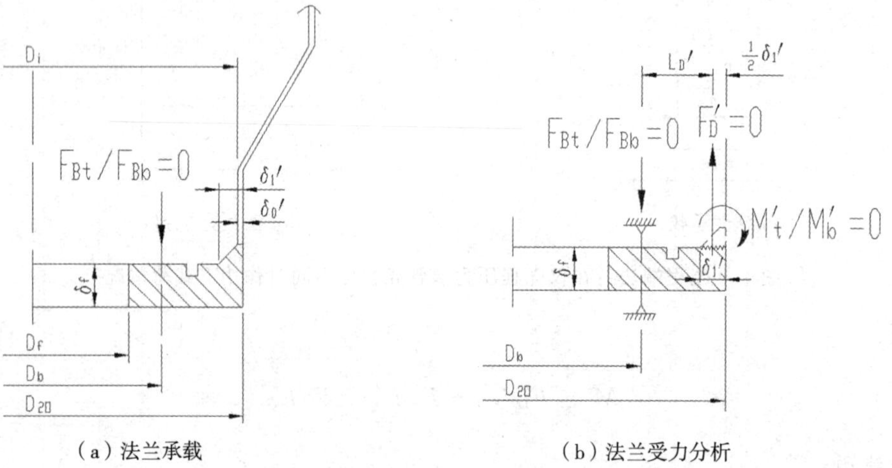

(a) 法兰承载　　(b) 法兰受力分析

图 6　壳程端法兰在仅管程压力/管程吹扫时载荷情况

2.3　端法兰在管壳程压力同时作用下的承载

在管壳程压力同时作用时，管、壳程端法兰承载及受力情况与壳程压力下的情况完全相同[参见图 3(a)(b) 及图 4(a)(b)]，各力与设计弯矩的计算同 2.1 节。

2.4　端法兰在管程吹扫时的承载

在管程蒸汽吹扫情况下，管、壳程端法兰承载及受力情况与管程压力下的情况完全相同[参见图 5(a)(b) 及图 6(a)(b)]，此时法兰弯矩为零，不必计算。

2.5　法兰螺栓计算

由式(12) 知，壳程压力下螺栓力：

$$F_{Bs} \geqslant F_{GMin} - F_P = MAX\{2\pi D_G b m p_s, \pi D_G b y\} - F_P \tag{31}$$

故螺栓为满足使用要求需提供的最小拉力：

$$F_{BMin}=MAX\{F_{Bs},F_{Bt},F_{Bts},F_{Bb}\}=F_{Bs}=MAX\{2\pi D_G bmp_s,\pi D_G by\}-F_P=\pi D_G by-F_P \quad (32)$$

由$F_{BMin}=\frac{\pi}{4}Nd_{1Min}^2[\sigma]_b^T$,得螺栓最小根径:

$$d_{1Min}=\sqrt{\frac{4F_{BMin}}{\pi N[\sigma]_b^T}}=\sqrt{\frac{4(\pi D_G by-F_P)}{\pi N[\sigma]_b^T}} \quad (33)$$

同样,式(33)为$p_s\leqslant\frac{y}{2m}$时d_{1Min}的简化式。

2.6 端法兰最大弯矩

管、壳程端法兰最大弯矩:

$$\begin{cases}M_{Max}=MAX\left\{M_{sD},M_t,M_{tsD},M_b,M_a\frac{[\sigma]_{tf}^T}{[\sigma]_{tf}}\right\}=MAX\left\{M_{sD},M_a\frac{[\sigma]_{tf}^T}{[\sigma]_{tf}}\right\}\\ M'_{Max}=MAX\left\{M'_{sD},M'_t,M'_{tsD},M'_b,M_a\frac{[\sigma]_{sf}^T}{[\sigma]_{sf}}\right\}=MAX\left\{M'_{sD},M_a\frac{[\sigma]_{sf}^T}{[\sigma]_{sf}}\right\}\end{cases} \quad (34)$$

2.7 端法兰应力及刚度校核

按 GB/T 150.3—2011 中 7.5.3.3.1 节、7.5.3.4 节、7.5.3.5 节、7.6.4 节、以及 7.6.5 节分别对管、壳程端法兰进行校核计算。

2.8 垫片压紧力作用中心圆直径的确定

分析垫片的变形过程及其密封机理发现,端密封法兰与传统法兰相比垫片起密封作用的部位完全不同。由紧固件上紧时端法兰变形情况(见图 7)看出,靠近螺栓侧的垫片内径附近区域因被压紧而参与密封,故垫片压紧力作用中心圆直径:

$$D_G=D_1+2b^{[3]} \quad (35)$$

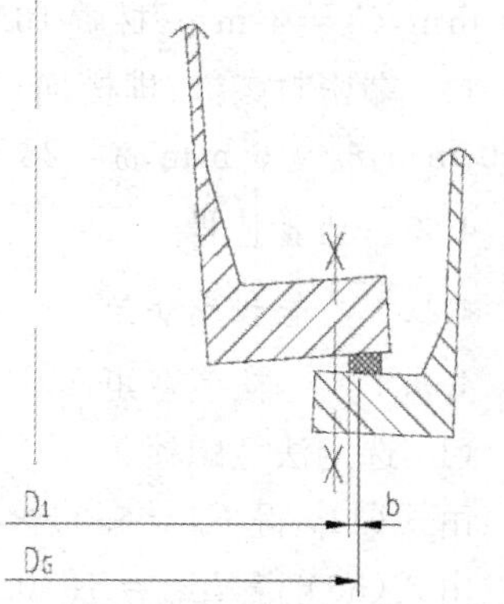

图 7 管、壳程端法兰及垫片变形示意图

因该密封结构采用如图 8 所示的榫槽面(*TG*),有:

$$b=2.53\sqrt{b_0}^{[3]}=1.79\sqrt{\omega+\delta_G} \quad (36)$$

其中,$b_0=0.5(\omega+\delta_G)$[3]]。故:

$$D_G=D_1+3.58\sqrt{\omega+\delta_G} \quad (37)$$

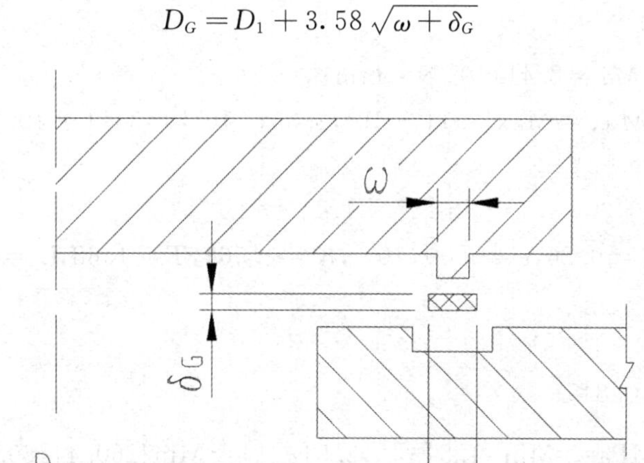

图 8 榫槽面(*TG*)端密封结构几何尺寸

3 小结

经上述分析得知,壳程带压工况是最苛刻的操作条件,端法兰的厚度取决于壳程工况而与管程是否带压(含管程蒸汽吹扫工况)无关;同时,浮动内管箱所受轴向力 $\sum F$ 传递给管程端法兰的轴向力 F_D 被与管程端法兰同轴的连接外管线对法兰的反力 F_{DT} 抵消,故管、壳程端法兰均不受 F_D 的影响;而膨胀节的设置也大大降低了连接外管线受到的轴向力。对于管、壳程端法兰,只需校核壳程压力下的工况即可。

4 实例

4.1 设计条件

(1) 设计参数:$p_s=0.7$ MPa,管、壳程设计温度分别为 120 ℃,80 ℃;

(2) 管程法兰参数:$D_{ti}=1030$ mm,$\delta_{tn}=30$ mm,$D_{1O}=1620$ mm,$\delta_1=50$ mm,$\delta_0=32$ mm,$h=100$ mm,$C_2=3$ mm,材质 16*Mn* Ⅲ;

(3) 壳程法兰参数:$D_i=1700$ mm,$D_f=1290$ mm,$D_{2O}=1740$ mm,$\delta_1'=40$ mm,$\delta_0'=20$ mm,$h=100$ mm,$C_2=3$ mm,材质 16*Mn* Ⅲ;

(4) 端密封参数:榫槽面(*TG*),具有覆盖层的齿形组合垫($m=4$,$y=60.7$),$D_b=1410$ mm,$D_1=1510$ mm,$\delta_G=6$ mm,$\omega=28$ mm。

4.2 计算过程

4.2.1 管程端法兰

4.2.1.1 法兰弯矩

(1) 选定法兰螺栓:

由式(11) 得 $F_P=6.35\times10^5 N$,材料 35*CrMoA*($[\sigma]_b=228$ MPa;$[\sigma]_b^T=211.5$ MPa),取 $N=40$;

由式(33) 得 $d_{1\mathrm{Min}}=19.01$mm,选螺柱 *M*30($d_1=26.2$ mm)。

(2) 壳程压力下:

由式(13) ~ (15) 得 $L_D=165$ mm,$L_P=49.75$ mm,$L_G=60.5$ mm;

由式(24) 得弯矩 $M_{sD}=3.11x10^8$ N·mm($p_s=0.7\mathrm{MPa}\leqslant\dfrac{y}{2m}=7.59\mathrm{MPa}$)。

(3) 法兰最大弯矩:

由式(19) 得预紧弯矩 $Ma=2.41x10^8$ N·mm;

由式(34) 得最大弯矩 $M_{\mathrm{Max}}=\mathrm{Max}\{3.11\times10^8,2.35\times10^8\}=3.11\times10^8$N·mm。

4.2.1.2 法兰校核

(1) 中间参数:

$f=1.0$,$F_I=0.82$,$V_I=0.26$,$e=5.00x10^{-3}$,$K=1.564$,$T=1.68$,$U=4.96$,$Y=4.52$,$Z=2.38$,$d_1=2.12x10^6$。

(2) 校核计算:

取 $\delta_{fe}=56$mm,得 $\lambda=0.845$;

$$\sigma_H=\frac{fM_{\mathrm{Max}}}{\lambda\delta_{1e}^2D_{ti}}=184.6\mathrm{MPa}<\mathrm{Min}\{1.5[\sigma]_f^t,2.5[\sigma]_n^t\}=\mathrm{Min}\{260.4,460.5\}=260.4\mathrm{MPa};$$

$$\sigma_R=\frac{(1.33\delta_{fe}e+1)M_{\mathrm{Max}}}{\lambda\delta_{fe}^2D_{ti}}=156.4\mathrm{MPa}<[\sigma]_f^t=173.6\mathrm{MPa};$$

$$\sigma_T=\frac{YM_{\mathrm{Max}}}{\delta_{fe}^2D_{ti}}-Z\sigma_R=63.0\mathrm{MPa}<[\sigma]_f^t=173.6\mathrm{MPa}.$$

应力组合：

$(\sigma_H+\sigma_R)/2=170.5\text{MPa}<[\sigma]^t_f=173.6\text{MPa}$；

$(\sigma_H+\sigma_T)/2=123.8\text{MPa}<[\sigma]^t_f=173.6\text{MPa}$。

刚度指数：

$J=\dfrac{52.14V_I M_{\text{Max}}}{\lambda E\delta_{0e}^2 K_I h_o}=0.765<1$(校核按 GB/T 150.3—2011 中第 7.5.3.3.1 节，具体公式及各参数查取过程略)。

(3) 法兰厚度：

名义厚度 $\delta_{fn}\geqslant\delta_{fe}+6=62$ mm。

4.2.2 壳程端法兰

4.2.2.1 法兰弯矩

(1) 壳程压力下：

由式(26)～(28)得 $F_P'=3.00\times10^5 N$、$L_D'=145$ mm、$L_P'=102.75$ mm；

由式(30)得弯矩 $M_{sD}'=7.89\times10^7$ N·mm。

(2) 法兰最大弯矩：

由式(34)得最大弯矩：$M'_{\text{Max}}=\text{Max}\{7.89x10^7, 2.41x10^8\}=2.41\times10^8$ N·mm。

4.2.2.2 法兰校核

(1) 中间参数：

$f_r=1.10, F_r=0.80, V_r=0.18, e_r=4.65x10^{-3}, K_r=1.349, T=1.78, U=7.30, Y=6.64, Z=3.44, \varphi_r=0.679, T_r=1.44, U_r=4.96, Y_r=4.51, d_r=1.37x10^6$。

(2) 校核计算：

取 $\delta_{fe}'=40$ mm，得 $\lambda_r=0.870$。

$\sigma_{Hr}=\dfrac{f_r M'_{\text{Max}}}{\lambda_r \delta'^2_{1e} D_f}=172.5\text{MPa}<\text{Min}\{1.5[\sigma]^t_f, 2.5[\sigma]^t_n\}=\text{Min}\{267, 462.5\}=267\text{MPa}$；

$\sigma_{Rr}=\dfrac{(1.33\delta'_{fe}e_r+1)M'_{\text{Max}}}{\lambda_r \delta'^2_{fe} D_f}=167.4\text{MPa}<[\sigma]^t_f=178\text{MPa}$；

$\sigma_{Tr}=\dfrac{Y_r M'_{\text{Max}}}{\delta'^2_{fe} D_f}-Z\sigma_{Rr}\dfrac{0.67\delta'_{fe}e_r+1}{1.33\delta'_{fe}e_r+1}=7.42\text{MPa}<[\sigma]^t_f=178\text{MPa}$；

$\sigma_{Tr}'=\dfrac{M'_{\text{Max}}}{\delta'^2_{fe} D_f}\left[Y-\dfrac{2K_r^2\left(\dfrac{2\delta'_{fe}e_r}{3}+1\right)}{(K_r^2-1)\lambda_r}\right]=105.6\text{MPa}<[\sigma]^t_f=178\text{MPa}$。

应力组合：

$(\sigma_{Hr}+\sigma_{Rr})/2=170.0\text{MPa}<[\sigma]^t_f=178\text{MPa}$；

$(\sigma_{Hr}+\sigma_{Tr})/2=90.0\text{MPa}<[\sigma]^t_f=178\text{MPa}$。

刚度指数：

$J=\dfrac{52.14V_r M'_{\text{Max}}}{\lambda_r E\delta'^2_{0e} K_I h_{or}}=0.880<1$(校核按 GB/T 150.3—2011 中第 7.6.4、7.6.5 节，过程略去)

(3) 法兰厚度：

名义厚度 $\delta_{fn}'\geqslant\delta_f e'+8=48$ mm。

参考文献

[1] 朱志颖，于洪杰，朱国栋，等．管壳式换热器管束有限元模拟合理性研究及失稳分析[J]．压力容器，2024，41(9)：39－47.

[2] 吴志伟,王通,王彦龙,等. 高效管换热器壳程传热强化效果及机理[J]. 压力容器,2023,40(8):44—52.
[3] GB/T 150—2011,压力容器[S].
[4] GB/T 151—2014,热交换器[S].
[5] GB/T 16749—2018,压力容器波形膨胀节[S].

作者简介

李冰(1963),男,技术副总监,主要从事压力容器设计工作,通信地址:315103 浙江省宁波国家高新区院士路 660 号,E—mail:libing.snec@sinopec.com。

膨胀节对N型固定管板换热器设计的影响

张才华,刘　颂,张喆光,耿丽娟,陈　昊
(中国石化工程建设有限公司,北京 100101)

摘　要:为正确认识膨胀节对固定管板换热器设计的影响,本文以N型固定管板换热器为研究对象,采用GB/T4732—2024《压力容器分析设计》中的结构分析方法,对比了设置膨胀节前后换热管束和壳程筒体轴向位移的变化情况,指出设置膨胀节的固定管板换热器管板危险工况为"p_s正压+p_t正压+负热膨胀差",膨胀节的危险工况为"p_s正压+p_t正压+正热膨胀差"。另外,本文指出膨胀节设计校核时应按轴向力来计算膨胀节位移,轴向力不仅包含膨胀节直边段的受力,还应包括压力产生的轴向力。

关键词:固定管板换热器;管板;膨胀节;强度计算

Influence of expansion joints on the design of N fixed tubesheet heat exchangers

ZHANG Caihua,LIU Song,ZHANG Zheguang,GENG Lijuan,CHEN Hao
(SINOPEC Engineering Incorporation,Beijing 100101,China)

Abstract:To correctly understand the influence of expansion joints on the design of fixed tubesheet heat exchangers, basing analysis method from GB/T4732, this paper takes N fixed tubesheet as the research object,and compares the axial displacement changes of the tube buddle and shell side cylinder before and after installing expansions joints. This paper points out the dangerous condition for the tubesheet is "positive p_s + positive p_t + negative thermal expansion difference", and the dangerous condition for the expansion joints is "positive p_s + positive p_t + positive thermal expansion difference". Additionally,this paper emphasizes that when designing expansion joints,the displacement should be calculated based on axial force,which includes not only the force on the straight section,but also the axial force generated by pressure.

Keywords:fixed tubesheet heat exchanger;tubesheet;expansion joint;strength calculaiton

0　引　言

我国标准GB/T 151和GB/T 4732中的管板计算方法是以黄克智院士和薛明德教授等人组成的管板工作小组提出并完善的,该方法以实验数据为基础,计算模型准确,目前已经在国际上得到了广泛认可。该计算方法将固定管板看作承受均布载荷、放置在弹性基础上且受管孔均匀削弱的当量圆平板,将换热器其余元件分解成典型受压件,根据静力平衡和变形协调条件,求解各元件间相互作用的内力素,并进一步得到各元件应力进行校核[1-3]。

桑如苞等[4-5]基于GB/T 151中所采用的结构分析方法,对无膨胀节固定管板换热器的受力分析进行了详细阐述,总结了针对换热管和壳程筒体的最大应力工况。但随着炼化设备向大型化、高参数化发展,越来越多的固定管板换热器需要设置膨胀节,所以开展针对膨胀节对固定管板设计影响的研究具有重要意义。因 GB/T 151 管板计算方法是在 GB/T 4732 方法基础上进一步简化得来,所以文章以 GB/T 4732 管板计算方法为基础进行阐述。

管板兼做法兰的固定管板换热器,因管板应力受法兰力矩影响较为复杂,为了简化模型,本文以 N 型固定管板为研究对象,对设置膨胀节前后换热管束系统和壳程筒体系统轴向位移进行对比,总结设置膨胀节 N 型固定管板换热器的最大应力工况和危险工况,对设置膨胀节固定管板换热器的设计具有指导意义。文章中大部分字符含义见 GB/T 4732—2024。

1 N型固定管板换热器计算模型

N 型固定管板换热器的本质是在机械载荷(压力载荷 p_s,p_t)和温差载荷(管板兼做法兰的固定管板还要考虑法兰力矩)作用下,壳程筒体和换热管束轴向和径向位移等不同,系统内部因变形协调作用产生剪力、弯矩、管板横向拉力等,进而使整个系统达到新的平衡(静力、位移和转角等)。对于无膨胀节 N 型固定管板换热器,轴向位移差导致的管板径向应力和换热管轴向应力往往是换热器应力校核的关键,所以本文主要研究壳程筒体和换热管束的轴向位移差。

N 型固定管板换热器主要元件包括管箱/封头、管板不布管区,管板布管区及壳程筒体等。按照 GB/T 4732 所采用的结构分析方法,将各结构元件分离、解除约束后,元件间内力素见图 1。

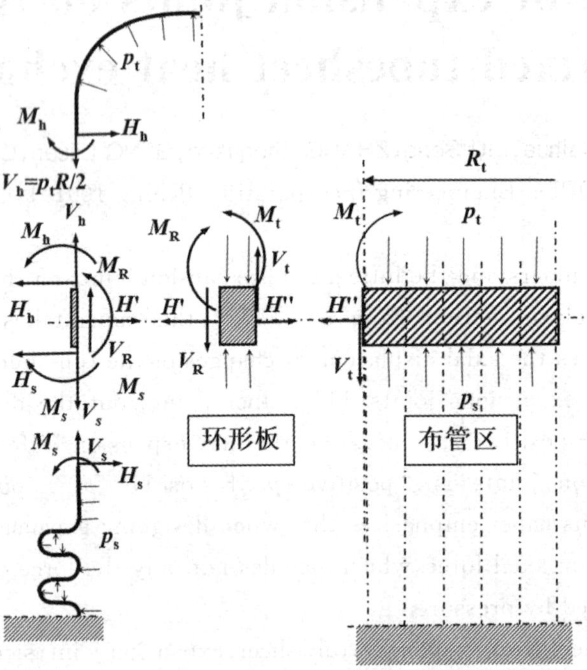

图 1 N 型固定管板各元件间内力素

自由状态下,换热管束的轴向位移主要包括三方面:(1)弹性基础板受均布载荷产生的轴向位移;(2)压力作用下换热管泊松效应产生的轴向位移;(3)换热管在金属壁温的作用下产生的热膨胀位移。具体位移表达式如下:

弹性基础板受均布载荷　压力作用下换热管泊松效应　管束热膨胀

$$w_t=\frac{\lambda P_c}{N}+\frac{2\mu}{NA_t}\left[p_s\frac{\pi d^2}{4}n-p_t\left(\frac{n\pi d^2}{4}-na\right)\right]+\alpha_t(t_t-t_0)\frac{L}{2}$$

$$=\frac{L}{2E_tna}\left[p_sA_l-p_t(A_l+na)\right]+\frac{\mu L}{E_ta}\left[p_s\frac{\pi d^2}{4}-p_t\left(\frac{\pi d^2}{4}-a\right)\right]+\alpha_t(t_t-t_0)\frac{L}{2} \tag{1}$$

自由状态下，壳程筒体轴向位移主要包括三方面：(1) 压力作用下壳程筒体的轴向位移(管程压力作用在管箱截面、壳程压力下的泊松效应)；(2) 膨胀节的轴向位移；(3) 壳程筒体在金属壁温的作用下产生的热膨胀位移。具体位移表达式见下方：

薄膜解　膨胀节　壳程筒体热膨胀

$$w_s = k_l \frac{p_t R - \mu_s p_s R}{2E_s\delta_s}\frac{L_s}{2} + \frac{\pi}{2K_{ex}}[D_i V_s + 0.5(R_{ex}^2 - R^2)p_s] + \alpha_s(t_s - t_0)\frac{L}{2}$$

$$= \frac{A}{A_s}\left(\frac{p_t - 2\mu_s p_s}{E_s}\right)\frac{L_s}{2} + \frac{\pi}{2K_{ex}}[D_i V_s + 0.5(R_{ex}^2 - R^2)p_s] + \alpha_s(t_s - t_0)\frac{L}{2} \tag{2}$$

2　无膨胀节情况分析

以下对无膨胀节 N 型管板换热器在不同工况下的轴向位移差进行分析：

2.1　壳程压力 p_s 单独作用

壳程压力 p_s 单独作用下，换热管束与壳程筒体轴向位移差为：

$$w_t - w_s = \frac{L}{2E_t na}p_s A_l + \frac{\mu L}{E_t a}p_s\frac{\pi d^2}{4} - \frac{A}{A_s}\left(\frac{-2\mu_s p_s}{E_s}\right)\frac{L}{2} = p_s\frac{L}{2}\left(\frac{A_l}{E_t na} + \frac{\mu\pi d^2}{2E_t a} + \frac{2\mu_s A}{E_s A_s}\right) \tag{3}$$

由上式可见，在壳程压力 p_s 单独作用下，换热管束与壳程筒体膨胀差与 p_s 成正比例，正负与 p_s 一致。壳程压力 p_s 正压时，换热管束轴向伸长、受到压缩，壳程筒体轴向缩短、受到拉伸(注：此处换热管束受到压缩并非指换热管受到压缩，换热管状态由边缘弯矩和剪力决定，其受力状态沿半径方向是变化的)。

2.2　管程压力 p_t 单独作用

管程压力 p_t 单独作用下，换热管束与壳程筒体轴向位移差为：

$$w_t - w_s = \frac{L}{2E_t na}[-p_t(A_l + na)] + \frac{\mu L}{E_t a}\left[-p_t\left(\frac{\pi d^2}{4} - a\right)\right] - \frac{A}{A_s}\left(\frac{p_t}{E_s}\right)\frac{L}{2}$$

$$= -p_t\frac{L}{2}\left[\frac{(A_l + na)}{E_t na} + \frac{2\mu}{E_t a}\left(\frac{\pi d^2}{4} - a\right) + \frac{A}{A_s E_s}\right] \tag{4}$$

由压力轴向作用导致的轴向位移，与压力和压力作用的面积成正比，与横截面积成反比。管程压力作用在整个管箱截面，压力使壳程筒体和管束产生的共同轴向伸长位移值与管束轴向缩短位移值的差值如下：

$$\frac{L}{2}p_t\left[\frac{A}{E_s A_s + E_t na} - \frac{(A_l + na)}{E_t na}\right] \approx \frac{L}{2E}p_t\left[\frac{A}{A_s + na} - \frac{\left(A - \frac{\pi n d_i^2}{4}\right)}{na}\right]$$

$$= \frac{L}{2Ena(A_s + na)}p_t\left[A_s\left(\frac{\pi n d_i^2}{4} - A\right) + na\frac{\pi n d_i^2}{4}\right] \tag{5}$$

由上式可见，在管程压力 p_t 单独作用下，换热管束与壳程筒体膨胀差与 p_t 成正比例，正负与 p_t 相反。管程压力 p_t 为正时，换热管束轴向缩短、壳程筒体轴向伸长。由于管程压力对于壳程筒体的作用面为管箱横截面，且壳程筒体刚度一般小于换热管束，所以换热管束和壳程筒体往往都受到拉伸。

2.3　温差载荷作用

换热管束和壳程筒体热膨胀不同产生的轴向位移差为：

$$w_t - w_s = \gamma = \alpha_t(t_t - t_0)\frac{L}{2} - \alpha_s(t_s - t_0)\frac{L}{2} \tag{6}$$

热膨胀差与管壳侧的材料种类和金属壁温有关。当热膨胀差 γ 为正时，换热管束轴向伸长量大于壳程筒体轴向伸长量。需注意：管壳侧金属壁温差值最大时，管壳侧热膨胀差并不一定最大；比如，当壳程碳钢、管侧不锈钢，壳侧金属壁温高且为固定值情况下，两侧金属壁温差值较小时，管壳侧热膨胀差也有可能会更大。

无膨胀 N 型固定管板换热器，不同载荷下的换热管束和壳程筒体之间的轴向位移差如上所述。文献[5] 阐述了换热管和壳程筒体应力最大所对应的工况。管板属于换热管束系统，其最大应力工况同换热管。最大应力工况不一定是危险工况，但换热管轴向压缩应力的许用值比较小，所以一般情况下壳程正压、管程负压、正热膨胀差时，此时换热管束与壳程筒体的轴向位移差值最大，为无膨胀节 N 型固定管板的危险工况。

表 1　N 型固定管板换热器换热管和壳程筒体最大应力工况及许用应力

元件	应力性质	壳程压力	管程压力	膨胀差	无热膨胀差许用应力	有热膨胀差许用应力
换热管	最大拉应力	负	正	负	$[S_m^t]_t$	$3\ [S_m^t]_t$
	最大压应力	正	负	正	$[\sigma]_{cr}^t$	$[\sigma]_{cr}^t$
壳程筒体	最大拉应力	正	正	正	$[S_m^t]_c$	$3\ [S_m^t]_c$
	最大压应力	负	负	负	$[S_m^t]_c$	$3\ [S_m^t]_c$

2.4　无膨胀节设计实例

以实际工程设计举例：换热器壳体直径 φ 为 1.8 m，壳程筒体壁厚为 34 mm，换热管规格为 φ38 mm×2.5 mm，长度为 7 500 mm，数量为 1 125，管板厚度为 125 mm，其余设计参数见下表：

表 2　N 型固定管板换热器设计参数

项目	壳程	管程
设计压力/MPa	4.32	0.35/－0.1
设计温度/℃	300	300
金属壁温/℃	244.2	240.6
材料	Q345R	S31603/16Mn＋堆焊
腐蚀裕量/mm	1.5	0

对壳程正压、管程负压工况计算结果汇总见下表：

表 3　N 型固定管板换热器壳程正压、管程负压工况计算结果(腐蚀后)

项目	p_s	p_s＋热	p_t	p_t＋热	p_s+p_t	p_s+p_t＋热
w_t/mm	0.479	14.385	0.012	13.918	0.491	14.397
w_s/mm	－0.685	9.49	－0.026	10.149	－0.712	9.464
w_t-w_s/mm	1.164	4.895	0.038	3.769	1.202	4.933
热膨胀差 γ	0	3.73		3.73	0	3.73
管板径向应/MPa	62.88	258.1	1.672	209.4	63.74	259.7
周边换热管轴向应力/MPa	－14.66	－121.9	－0.586 6	－107.9	－15.25	－122.5
壳程筒体轴向应/MPa	26.52	84.35	－0.630 1	57.2	25.89	83.72

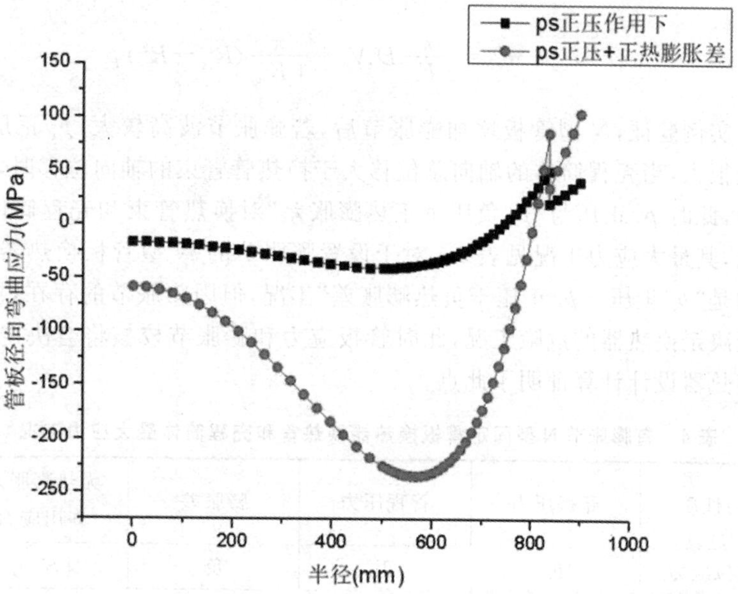

图 2　管板“p_s 正压”和“p_s 正压＋正热膨胀差”作用下管板径向弯曲应力曲线

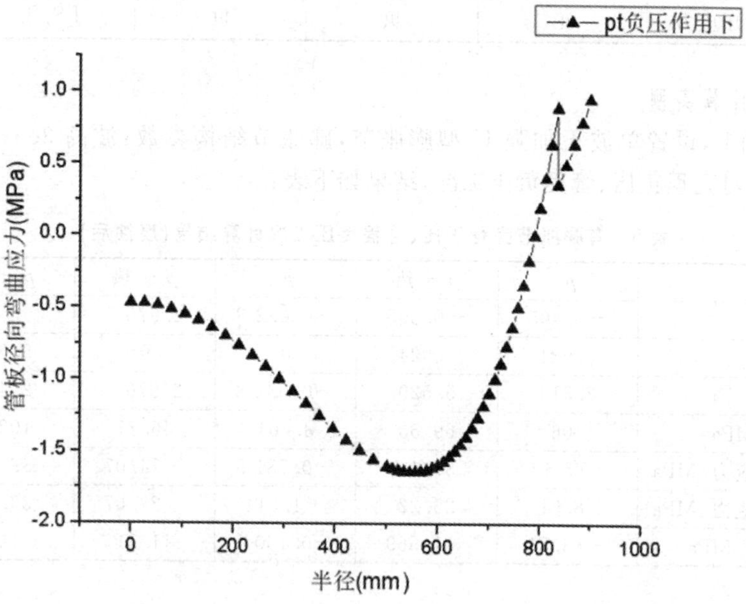

图 3　管板“p_t 负压”作用下管板径向弯曲应力曲线

经计算，“p_s 正压＋p_t 负压＋正热膨胀差”工况下，换热管束与壳程筒体自由位移差最大，且 p_s 正压、p_t 负压和正热膨胀差对于管板的作用方向一致。此工况下，周边换热管轴向压缩应力最大，管板作为换热管束一部分，其径向应力也呈现同样规律。因 p_t 为负压时在壳程筒体产生轴向压缩应力，所以壳程筒体轴向应力在“p_s＋热”工况下拉应力最大。

3　有膨胀节情况分析

文献[6]是 GB/T 151—2014《热交换器》和 GB/T 4732—2024《压力容器分析设计》固定管板换热器的编制基础，文章阐述了膨胀节位移有两部分组成：(1)轴向力 V_s 引起的变形 w_{e1}；(2)壳程压力 p_s 作用于膨胀节内部引起的膨胀节伸长变形 w_{e2}。膨胀节的轴向位移公式如下：

轴向力引起的　壳程压力引起的

$$w_e = w_{e1} + w_{e2} = \frac{\pi}{2K_{ex}} D_i V_s + \frac{\pi}{4K_{ex}} (R_{ex}^2 - R^2) p_s \tag{7}$$

经大量工程设计实例验证，N 型管板增加膨胀节后，若膨胀节波高较大，p_s 正压作用于膨胀节内部产生的轴向位移往往很大，当壳程筒体的轴向总位移大于换热管管束的轴向位移时，壳程筒体会受压缩、换热管管束会受拉伸，此时 p_s 正压与“p_t 负压＋正热膨胀差”对换热管束和壳程筒体产生的作用效果与无膨胀节情况下相反，其最大应力工况见表 3。对于设置膨胀节的 N 型管板换热器，壳程筒体和换热管束轴向位移差最大的是“p_s 正压＋p_t 正压＋负热膨胀差”工况，但因膨胀节的存在，换热管和壳程筒体轴向应力往往已经不能决定换热器的危险工况，此时管板应力和膨胀节校核将会决定换热器的危险工况，大量的设置膨胀节换热器设计计算证明了此点。

表 4　有膨胀节 N 型固定管板换热器换热管和壳程筒体最大应力工况

元件	应力性质	壳程压力	管程压力	膨胀差	无热膨胀差许用应力	有热膨胀差许用应力
换热管	最大拉应力	正	正	负	$[S_m^t]_t$	$3\ [S_m^t]_t$
	最大压应力	负	负	正	$[\sigma]_{cr}^t$	$[\sigma]_{cr}^t$
壳程筒体	最大拉应力	负	正	正	$[S_m^t]_c$	$3\ [S_m^t]_c$
	最大压应力	正	负	负	$[S_m^t]_c$	$3\ [S_m^t]_c$

3.1　有膨胀节计算实例

在前述实例基础上，设置单波无加强 U 型膨胀节，膨胀节结构参数：波高 305，圆弧半径 105，厚度 34，直边段长度 60。对壳程正压、管程负压工况，结果如下表：

表 5　有膨胀节壳程正压、管程负压工况计算结果(腐蚀后)

	p_s	p_s＋热	p_t	p_t＋热	p_s+p_t	p_s+p_t＋热
w_{e1}/mm	−3.405	−0.395	−0.032 8	2.976 5	−3.438	−0.428 2
w_{e2}/mm	5.924	5.924	0	0	5.924	5.924
w_e/mm	2.519	5.529	−0.032 8	2.976 5	2.487	5.496
管板径向应力/MPa	106	69.53	3.404	46.31	102.9	66.74
周边换热管轴向最大应力/MPa	59.6	37.44	−0.781 8	−14.07	58.08	35.93
周边换热管轴向最小应力/MPa	38.51	25.22	−1.514	−23.67	37.72	24.44
壳程筒体轴向应力/MPa	−13.51	−1.569	−0.130 1	11.81	−13.64	−1.699

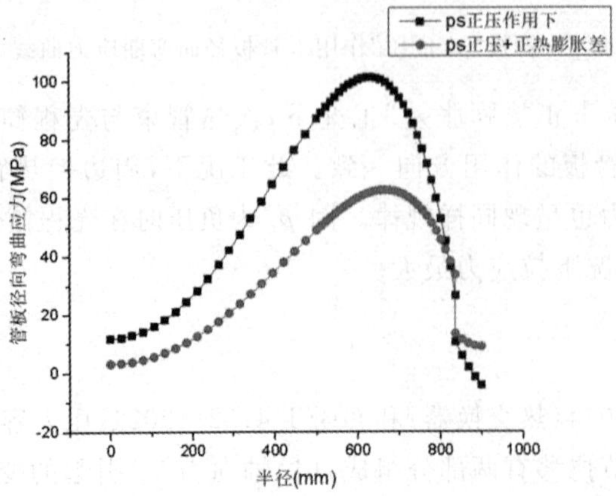

图 4　管板“p_s 正压”和“p_s 正压＋正热膨胀差”作用下管板径向应力曲线

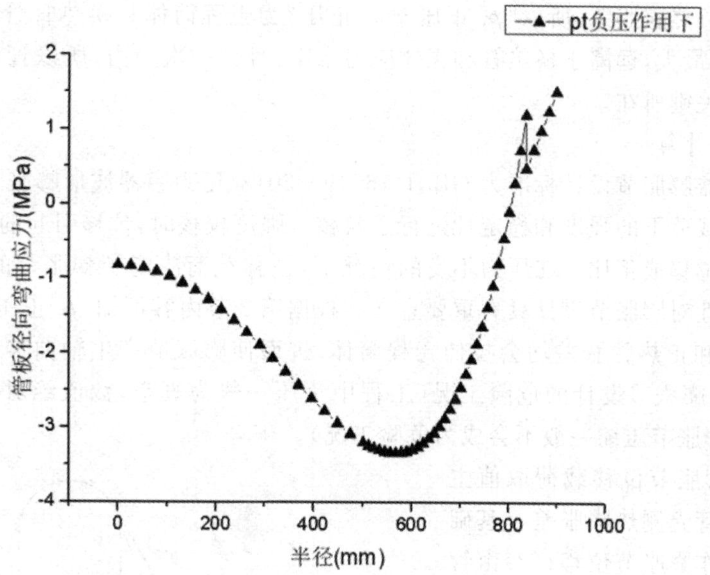

图5 管板“p_t 负压”作用下管板径向应力曲线

对壳程正压、管程正压工况，结果如下表：

表6 有膨胀节壳程正压、管程正压工况计算结果(腐蚀后)

	p_s	p_s＋热	p_t	p_t＋热	p_s＋p_t	p_s＋p_t＋热
w_{e1}/mm	－3.405	－0.395	0.115	3.125	－3.289	－0.281
w_{e2}/mm	5.924	5.924	0	0	5.924	5.924
w_e/mm	2.519	5.529	0.115	3.125	2.635	5.644
管板径向应力/MPa	106	69.53	11.92	31.05	117	79.73
周边换热管轴向最大应力/MPa	59.6	37.44	5.3	－10.55	64.9	42.74
周边换热管轴向最小应力/MPa	38.51	25.22	2.736	－16.85	41.24	27.96
壳程筒体轴向应力/MPa	－13.51	－1.569	0.455	12.4	－13.05	－1.113

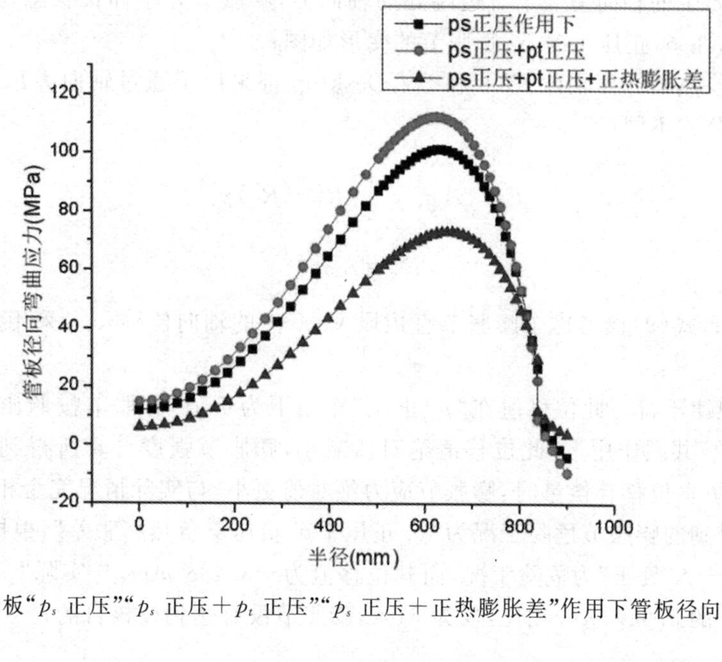

图6 管板“p_s 正压”“p_s 正压＋p_t 正压”“p_s 正压＋正热膨胀差”作用下管板径向应力曲线

因本算例不存在负热膨胀差，所以"p_s 正压＋p_t 正压"为壳程筒体与换热管管束的轴向位移差最大的工况，此时管板应力最大，远高于换热管和壳体应力水平，且为一次应力，所以管板是有膨胀节 N 型固定管板换热器设计的关键所在。

3.2　膨胀节设计计算

目前我国压力容器膨胀节设计标准为 GB/T 16749—2018《压力容器波形膨胀节》，其对无加强 U 形膨胀节在压力和位移载荷下的强度和稳定性进行了校核。强度校核时，位移引起的波纹管子午向薄膜应力和弯曲应力与轴向位移成正比。在压力不变的情况下，位移载荷决定了膨胀节的应力水平，所以确保位移载荷输入的正确性对膨胀节设计具有重要意义。根据第 2 节内容可知，p_s 正压会使膨胀节产生正向轴向位移，而 p_t 正压和正热膨胀差均会拉伸壳程筒体，进而使膨胀节产生轴向伸长，所以"p_s 正压＋p_t 正压＋正热膨胀差"为膨胀节设计的危险工况(工程中负压一般为真空，数值绝对值相对于正压工况很小，p_s 负压工况下的膨胀节压缩一般不会成为危险工况)。

工程设计中，对膨胀节位移载荷取值主要有两种途径：(1)在管壳侧热膨胀差 γ 基础上取一定设计裕量当作膨胀节位移；(2)由管板计算得到轴向力，轴向力除以膨胀节刚度得到膨胀节位移。通过表 3 和表 6 可知，本文算例中管壳侧热膨胀差为 3.73 mm，而在"p_s 正压＋p_t 正压＋正膨胀差"工况下，膨胀节实际产生的位移为 5.644 mm(注：因考虑对称性，换热器计算时仅考虑一般的位移差，此处值为膨胀节实际轴向位移的一半)，后者为前者的 1.51 倍。可见，通过在热膨胀差 γ 基础上取设计裕量的方法不够准确，通过轴向力来计算得到膨胀节位移更合理。

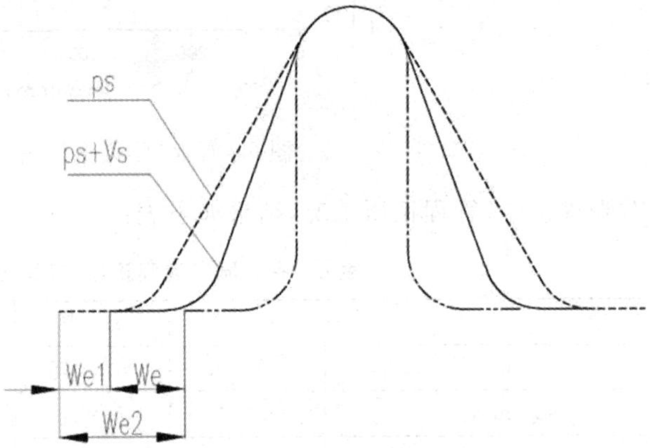

图 7　膨胀节在"p_s 正压"和"p_s 正压＋V_s"作用下的轴向位移示意

另外须注意，膨胀节轴向力不等于作用于膨胀节直边段的力。与弹簧变形不同，膨胀节轴向位移由两部分构成：压力产生的轴向力和直边段轴向力。假设膨胀节两端封闭固定，在内压作用下，直边段会受压缩，压力产生的轴向力和直边段轴向力抵消，所以膨胀节并未向外输出轴向位移。换热器中的膨胀节在大部分工况下压力产生的轴向力大于直边端处的轴向力，膨胀节处于伸长状态，其直边段受压缩。通过表 6 结果可以得到，在 p_s 正压工况下，膨胀节的变形如图：

国内主流的 2 款换热器计算软件 SW6 和 PV Desktop 都采用了通过轴向力 F_N 来求取膨胀节位移，但两者求取轴向力的公式不同：

$$F_N = A_s\sigma_c + \frac{1}{2}(R_{ex}^2 - R^2)p_s \tag{8}$$

$$F_N = A_s\sigma_c \tag{9}$$

对比 w_e 公式可知，式(9)仅考虑了膨胀节直边段 V_s 产生的轴向位移 w_{e1}，采用此位移值对膨胀节校核计算时有以下问题[7-13]：

(1)与实际变化规律不符。此位移值在"p_s 正压"作用下为负值，膨胀节按照压缩型去校核，并且当"p_s 正压＋正热膨胀差"共同作用下，此位移值绝对值减小，膨胀节强度计算所得到的应力绝对值减小，即当膨胀节需要提供更多位移补偿量时，膨胀节应力绝对值更小，与实际情况完全相反；

(2)按此位移值得到的膨胀节危险工况为"p_s 正压＋p_t 负压＋负热膨胀差"，根据表 5，在没有负热膨胀差工况下，"p_s 正压＋p_t 负压"为危险工况，而其位移值为－3.438 *mm*，与实际"p_s 正压＋p_t 正压＋正热膨胀差"危险工况下的 5.644 *mm* 相比，仅为 61%，膨胀节没有达到校核目的；

(3)“p_s 正压”作用下，位移引起的波纹管子午向薄膜应力和弯曲应力小于0；

(4)“p_s 正压”作用下，周向应力系数K_r 小于1，使压力引起的波纹管周向薄膜应力偏小，不安全；

(5)“p_s 正压”作用下，周向应力系数K_r 小于1，得到的平面失稳的极限设计压力偏大，不安全。

4 结 语

本文在GB/T 4732的结构分析基础上，对比了设置膨胀节前后N型固定管板换热器壳程筒体和换热管束的轴向位移变化，并得出了以下结论：

(1)对于N型固定管板换热器，当膨胀节波高较大时，p_s 正压作用下壳程筒体会受压缩、换热管管束会受拉伸，壳程筒体和换热管束轴向位移差最大的是“p_s 正压＋p_t 正压＋负热膨胀差”工况。

(2)对于设置膨胀节的N型固定管板换热器：管板应力的危险工况为“p_s 正压＋p_t 正压＋负热膨胀差”；膨胀节的危险工况为“p_s 正压＋p_t 正压＋正热膨胀差”。

(3)膨胀节设计校核时应按轴向力来计算膨胀节位移，但轴向力不应仅是膨胀节直边段的受力，还应同时包括压力产生的轴向力。如果仅考虑直边段的轴向力，将会使校核结果不安全。

参考文献

[1] GB/T 151—2014 热交换器[S].

[2] GB/T 4732—2024 压力容器分析设计[S].

[3] 李世玉．压力容器设计工程师培训教程—容器建造技术[M]．北京：新华出版社，2020.

[4] 桑如苞．固定管板换热器壳体和管子的受力分析及其危险工况的考证(一)[J]．石油化工设备技术，1996，17(6)：19－26.

[5] 桑如苞．固定管板换热器壳体和管子的受力分析及其危险工况的考证(二)[J]．石油化工设备技术，1997，18(1)：13－18.

[6] 薛明德，黄克智，李世玉，等．GB151中带膨胀节固定式换热器管板计算方法的改进[J]．压力容器，2012，29(4)：61－65.

[7] GB/T 16749—2018 压力容器波形膨胀节[S].

[8] 黄克智，薛明德，李世玉．固定式换热器管板应力的一种建议计算方法[J]．机械工程学报，1980，16(2)：1－23.

[9] 薛明德，黄克智，李世玉，等．对GB151－1999中管壳式换热器管板计算方法的修改说明[J]．化工管道与设备，2014，51(1)：1－7.

[10] 薛明德，李世玉，吴坚，等．中美标准中三种NEN型固定管板设计方法的比较[J]．压力容器，2022，39(1)：40－49.

[11] 原一机部，石化部“钢制石油化工压力容器设计规定”编制组．关于管壳式换热器管板设计规定的分析[J]．化工与通用机械，1979(12)：19－33.

[12] 黄诗雯，余威，杨玉强，等．低流阻全外压平衡型膨胀节压降仿真计算[J]．压力容器，2024，41(6)：67－72.

[13] 刘广厦，何海科，王佳博，等．高温烟气管道膨胀节稳定失效分析与设计优化[J]．压力容器，2024，41(2)：66－71.

作者简介

张才华(1988)，男，高级工程师，硕士，主要从事石油化工设备的设计工作，通信地址：100101 北京市朝阳区安慧北里安园20号，E－mail：zhangcaihua.sei@sinopec.com，电话：010－84877820。

壳程内置错位折流板流动传热特性数值模拟

陈真汕，虞　斌，陈帅康

（南京工业大学 机械与动力工程学院，南京　211816）

摘　要：针对复合急冷器中二次冷却系统壳程空气的流动与传热研究，应用了一种折流板错位排布的方式。利用Fluent软件对折流板错位布置下和传统弓形折流板布置下换热器的传热性能与压降模拟分析，发现错位布置折流板使壳程流体能够形成螺旋状流动形态；泵功一致下，折流板的错位排布能够实现更高的换热量，节能效果好，综合性能优于传统的弓形板布置形式。进一步研究了折流板不同的错位排布方式（间距、角度β、缺口率h）对急冷器壳程强化传热的影响规律。

关键词：急冷器；二次冷却；错位折流板；数值模拟；强化传热

Numerical simulation of heat transfer characteristics of flow with a shell - range built - in staggered baffles

CHEN Zhenshan, YU Bin, CHEN Shuaikang

(College of Mechanical and Power Engineer, Nanjing Tech University, Nanjing 211816, China)

Abstract: A staggered arrangement of folding plates is applied for the study of the flow and heat transfer of shell - stream air in the secondary cooling system in a composite quencher. Fluent software is used to simulate and analyze the heat transfer performance and pressure drop of the heat exchanger under the staggered arrangement of folded flow plates and the traditional bow - shaped folded flow plate arrangement. It is found that the staggered arrangement of folding plates enables the shell fluid to form a spiral flow pattern; under the same pump power, the staggered arrangement of folding plates is able to realize higher heat transfer capacity, good energy - saving effect, and better overall performance than the traditional bow - shaped plate arrangement. The influence of different dislocation arrangement of baffle plates (spacing, angle β, notch rate $h*$) on enhanced heat transfer of quencher is further studied.

Keywords: quencher; secondary cooling; staggered baffles; numerical simulation; heat transfer enhancement

0　引　言

换热器主要在化工、石油加工及航空航天等领域的应用十分广泛。其中，管壳式换热器因其换热效率的高效性以及极强的适应性成为应用最广泛的换热器之一[1]。目前，为了实现管壳式换热器中的壳侧强化传热，主要的方式是通过折流结构来改变流体的流动形式[2]。相对于其他折流结构，结构更为简单的弓形折流板管壳式换热器使其制造成本大为减少[3],[4]。

目前，众多学者对壳侧的强化传热进行了大量的模拟研究[5,6,7]。贾梦帆等[8]研究了折流板在不同的折弯夹角和间距下对壳程换热性能影响；当夹角 $\alpha=135^\circ$ 时传热综合评价因子 PEC 最大，换热器性能达到最佳，折流板间距为 300 mm 时出口温度最低。马春帅等[9]对 T 型折流板结构参数的差异化设置，如何作用于换热器的换热表现及其综合性能指标进行了研究；通过对结构参数的优化，当结构参数 H/D 为 0.633，W/D 为 0.595，L/s 为 0.347 时；得到的 T 型折流板换热器的综合性能提高了 25.98(16%)。吴志伟等[10]发现高效管换热器的传热性能优于光滑管的关键在于高效管在折流板缺口区域，展现出了更好的传热性能。KeWei 等[11,12,13]发现存在一个热性能最佳的射孔直径，经过穿孔后，螺旋翅片环中 Nu 的最大值增加了 20.2%，而相应的 f 仅比未穿孔的正常螺旋翅片增加了 11.0%。Wang 等[14]对折流板错位布置下对壳程传热及压降所造成的影响进行了比较研究，并利用遗传算法进行多目标优化，确定 $\delta=0.45$，$\beta=79^\circ$，$n=11$ 时为最优解。

虞斌等[15]开发设计了一种新型的高温高尘急冷器，图 1 为急冷器二次冷却系统结构示意图。该换热器为双套管结构组成的管壳式换热器，由套管环隙中冷却水、蒸气循环对内管中的烟气实现相变换热和壳程的冷空气对环隙中水的二次冷却和保温结构组成，该换热器将 1500℃的高温烟气急速冷却到 750～900℃。本文主要通过 Fluent 软件在折流板不同的错位排布方式下对管壳式空气二次冷却系统的影响进行数值模拟，以得到错位折流板的最优角度等参数。

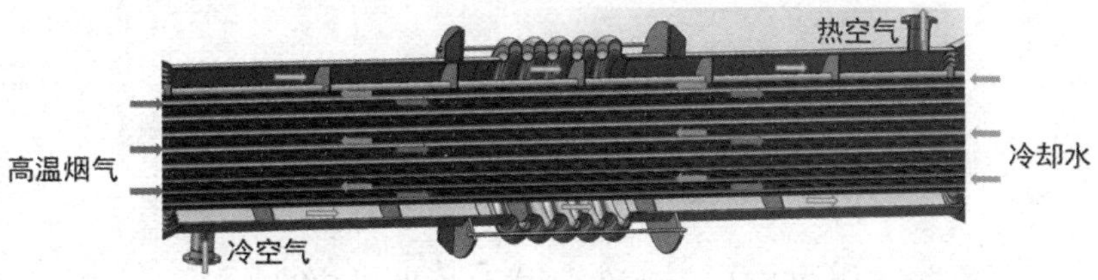

图 1 空气冷却系统结构示意

1 物理模型与假设

1.1 物理模型

图 2 所示为换热器的折流板错位布置结构图，两块相邻折流板按特定角度呈错位状布局。换热器壳体长度 L 为 6130 mm，壳体内直径 D 为 1200 mm，套管数量 N 为 51 根，换热管外直径 d 为 89 mm，折流板壁厚为 10 mm，壳程进出口管径及壁厚为 250×6 mm。

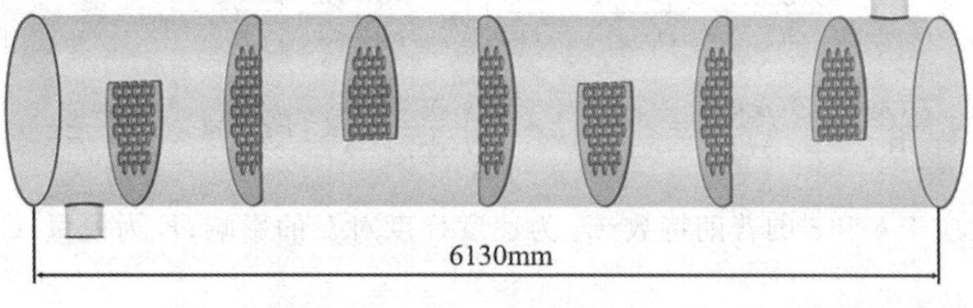

图 2 错位折流板换热器结构示意

图 3 为折流板缺口高度 h 及错位角度 β 的模型示意图。参考折流板常用的缺口高度 $h=0.2\sim0.45D$，定义折流板的相对缺口率 $h*$ 如下：

$$h^*=h/D \tag{1}$$

1.2 基本假设

为使计算过程得到简化，提出如下假设：流体为不可压缩牛顿流体；折流板与壳体以及管壁之间无间隙；流体为稳态流动且各物理性质不受温度的影响；忽略重力的影响。

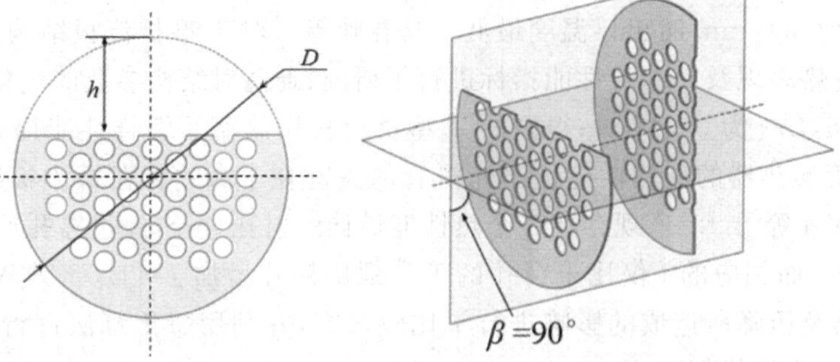

(a) 缺口高度h　　(b) 错位角度β

图 3　折流板结构示意

2　控制方程与边界条件

2.1　控制方程

数值计算所采用的质量、动量与能量控制方程表述如下。

连续性方程:

$$\frac{\partial(\rho u_i)}{\partial x_j}=0 \tag{2}$$

动量方程:

$$\frac{\partial(\rho u_i u_j)}{\partial x_j}=-\frac{\partial p}{\partial x_j}+\frac{\partial}{\partial x_j}\left[\mu\left(\frac{\partial u_i}{\partial x_j}+\frac{\partial u_j}{\partial x_i}\right)\right] \tag{3}$$

能量方程:

$$\frac{\partial(u_j T)}{\partial x_j}=\frac{\partial}{\partial x_j}\left(\frac{\lambda}{\rho c_p}\frac{\partial T}{\partial x_j}\right) \tag{4}$$

式中,u_i,u_j 为在 x 方向上的速度分量。

确定 Realizable $k-\varepsilon$ 湍流模型为本研究中所有模拟的湍流模型并带增强壁面函数计算流体域,k 表示湍动能,ε 表示耗散率,方程如下:

$$\frac{\partial(\rho k)}{\partial t}+\frac{\partial(\rho k u_j)}{\partial x_j}=\frac{\partial}{\partial x_j}\left[\left(\mu+\frac{\mu_t}{\sigma_k}\right)\frac{\partial k}{\partial x_j}\right]+G_k-\rho\varepsilon \tag{5}$$

$$\frac{\partial(\rho\varepsilon)}{\partial t}+\frac{\partial(\rho\varepsilon u_j)}{\partial x_j}=\frac{\partial}{\partial x_j}\left[\left(\mu+\frac{\mu_t}{\sigma_\varepsilon}\right)\frac{\partial\varepsilon}{\partial x_j}\right]+\rho C_1 E\varepsilon-\rho C_2\frac{\varepsilon^2}{k+\sqrt{v\varepsilon}} \tag{6}$$

式中,σ_k,σ_ε分别为对应于 k 和 ε 的普朗特数;G_k 为速度梯度对 k 的影响;E 为模量;C_1,C_2 为模型系数;v 为运动黏度。

2.2　边界条件

壳程中流体为空气,入口恒定温度为 298.15 K,入口设置为速度入口形式,出口为压力出口形式,设管外壁温度为 390 K,其余壁面均设定为隔热特性且无滑移现象。动量、紊流能量、紊流耗散率和能量都是二阶迎风格式的,以确保计算的准确。

3　网格独立性及计算模型验证

3.1　网格无关性验证

以进口温度为 298.15K,质量流量 M=3.27 kg/s 所生成的 5 套网格进行网格独立性验证,如图 4 所示。随着网格单元数量由336万变化至414万时，壳程换热系数相对误差小于1.8%，压降相对误差小于1.2%，综合考虑到精度和工作量之间的平衡，采用网格单元数量为336万进行数值模拟。

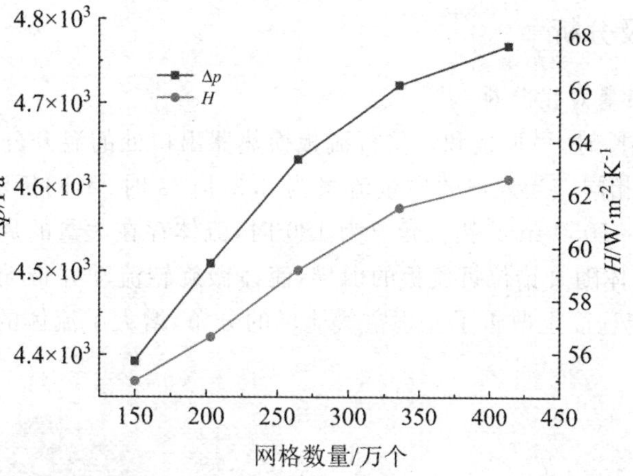

图4 网格独立性验证

3.2 模型验证

为了保证数值计算模型计算精度的准确性，采用Bell－Delaware法[16]进行验证，如图5所示，对壳程的压降和换热系数计算结果与数值模拟结果的对比。当质量流量达到5.45kg/s时，压降与换热系数的平均偏差分别达到9.3%，7.2%，从换热器壳程强化传热的角度来看，这样的偏差是被视为合理的，进而该数值模型对于计算传热和压降的特征是适当和准确的。

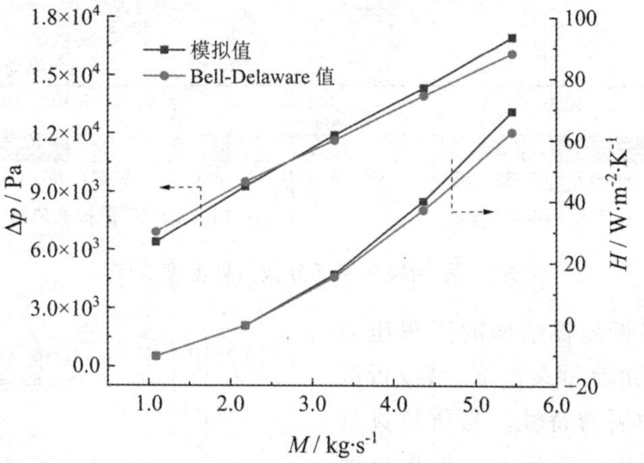

图5 模型验证结果

3.3 数据处理方法

壳程总换热量 Q 和换热系数 H 的计算方程如下：

$$Q = Mc_p(T_{out} - T_{in}) \tag{7}$$

$$H = \frac{Q}{A(T_w - T_f)} \tag{8}$$

$$A = \pi NdL \tag{9}$$

式中，M 为质量流量，kg/s；A 为总传热面积；N 为换热管数；d 为换热管外直径，mm；L 为有效长度，mm。

壳侧流体流动阻力产生的泵功消耗 P 为：

$$P = \Delta p V \tag{10}$$

式中,Δp 为进出口压降;V 为壳程流体的体积流量。

4 数值计算结果及分析

4.1 不同折流板换热器对比分析

在入口温度为 298.15K 时,弓形板和错位折流板换热器出口处的温升分别为 70K、68.9K,可见两种折流方式下的换热量大致相同。当入口的质量流量为 3.27kg/s 时,不同折流方式下壳程各截面处的温度云图如图 6 所示。当 $Z=5050$ mm,错位角 β 为 180°时,流体存在大量的局部高温区域,不利于流体间热量的传递;β 为 90°时,流体随着错位折流板的引导,流体做旋转流动并带动折流板后流体的流动,使冷空气与管壁有效接触,一定程度上改善了壳程空气流场的分布,增大了流体的热量传递,有效提高了壳程传热性能。

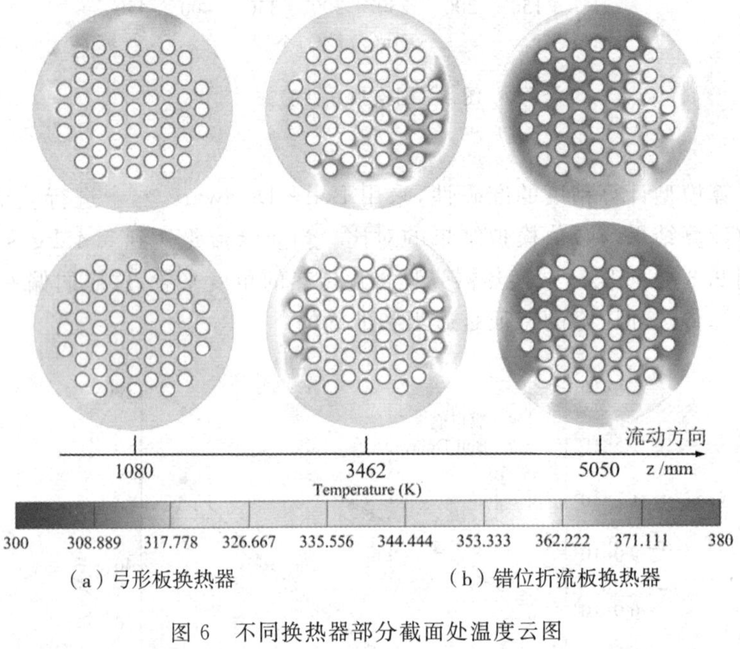

(a) 弓形板换热器　　(b) 错位折流板换热器

图 6 不同换热器部分截面处温度云图

图 7 展示了两种不同折流板结构的壳程压力损失对比结果。在相同质量流量条件下,错位折流板结构展现出更低的流动阻力特性。当质量流量增至 5.45kg/s 时,其壳程压降较传统弓形板设计降低了 816.2Pa(约 5.8%);所以错位折流板达到了减小流动阻力的效果。

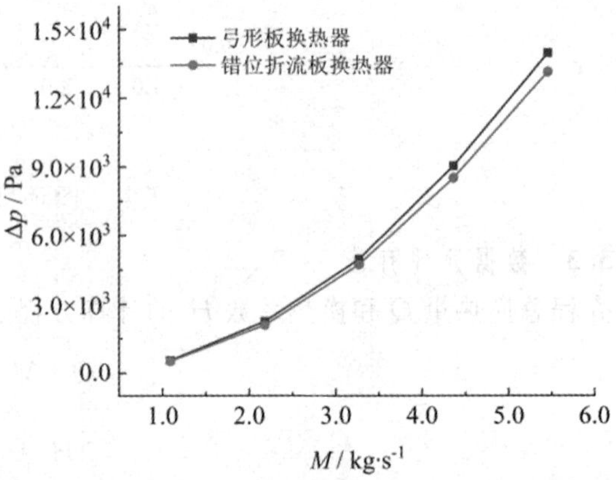

图 7 两种换热器压降随质量流量的变化

图 8 展示了两种不同折流板结构下换热量和换热系数对比结果。随着质量流量的变化,换热器折流板 90°排布的换热表现相对较差。当质量流量增至 5.45kg/s 时,错位折流板结构的换热系数较弓形板换热器小了 3.2 左右(约 3.4%)。

错位布置折流板结构降低了壳程进出口的压降,其换热性能也略微减小。两种折流板排布方式下换热器换热量随泵功的变化规律如图 9 所示,错位排布结构下空气与管壁的换热量更多,当泵功增加至 50kW 时,错位 90°排布的换热量比 180°排布的高 22.5kW(约 6.6%)。结果说明错位折流板在维持相同结构参数条件下提高了壳程的总体传热量。

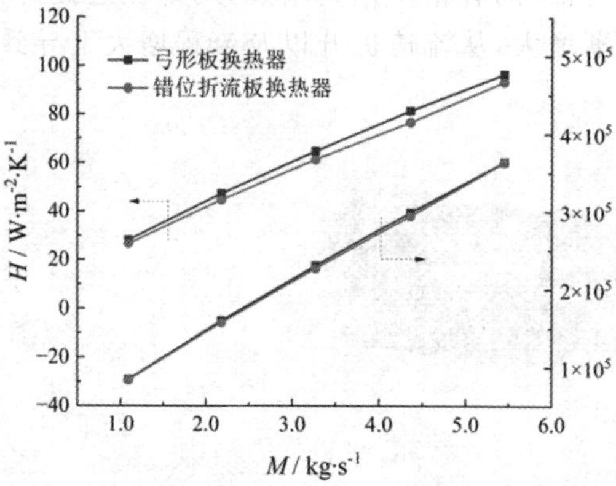

图 8　不同换热器换热系数和换热量随质量流量的变化

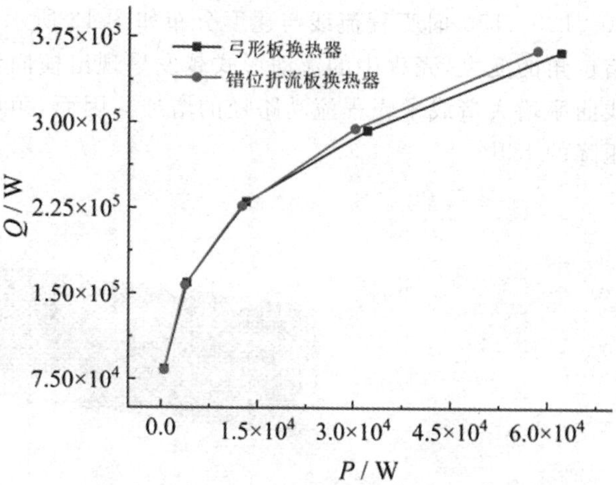

图 9　不同换热器壳程换热量随泵功的变化

4.2　不同折流板间距的影响

固定折流板数 $n=7$，缺口率 $h*=0.35$，交错角 $\beta=90°$，选取 S1、S2、S3 三种不同折流板布置间距进行数值模拟。其中 S1 为 784 mm 的均匀间距，S2 为随着流动方向间距均匀增大，S3 则均匀减小。由图 10，11 可以看出不同间距下的壳程压降、换热量随质量流量的变化非常微小。但 S2 布置形式下的换热系数最高，当质量流量为 4.36kg/s 时，S2 换热系数的比 S1、S3 分别提高了 5.6%、5.3%。

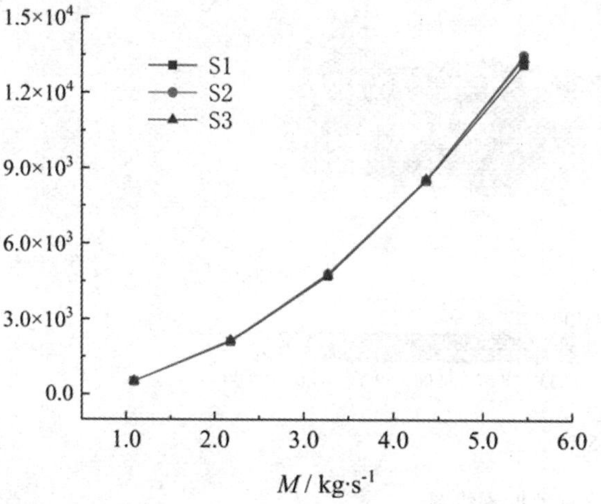

图 10　不同间距下压降随质量流量的变化

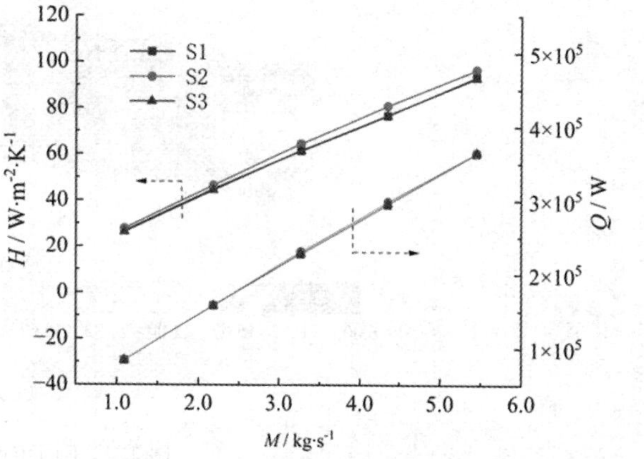

图 11　不同间距下换热系数和换热量随质量流量的变化

如图 12 所示，三种布置间距在相同的泵功下，S2 的换热量最大，当泵功为 40kW 时达到最大差值，S2 的换热量仅比 S3、S1 分别增加了 1.1%、1.6%，因此，三种间距下 S2 的综合性能最优。故当壳程流体为空气时，可适当调整进出口折流板的间距来提高壳程综合性能。

4.3　不同错位角度的影响

选取缺口率 $h*=0.35$ 折流板数 $n=7$，折流板布置形式 S1 的条件下，错位角 β 分别为 90°，105°，120°，135°，150°，165°，180°时对壳程性能的影响。当质量流量为 3.27kg/s，错位角 β 为

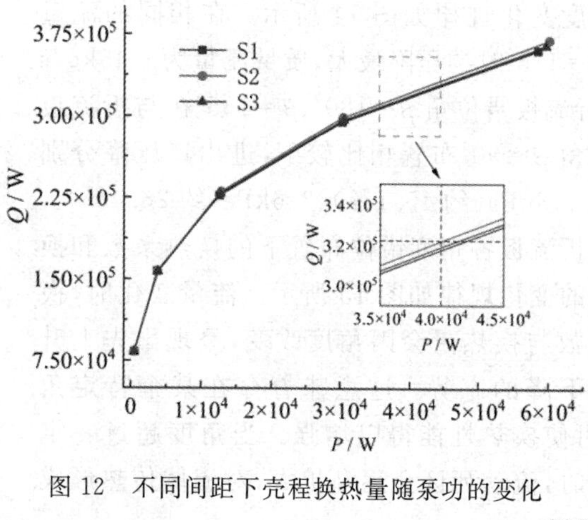

图 12　不同间距下壳程换热量随泵功的变化

90°、120°、150°时壳程流线与速度分布如图 13 所示。错位角的增大显著改变了壳侧二次流结构，随着错位角的变大，壳程中的流动形式越发呈现出横向流动的特征，随着错位角的增加，局部流速提升；流线曲率增大造成了壳程流动路径的增加。因而，角度的逐渐增大，从流速提升以及流程增大上导致了压降的上升。

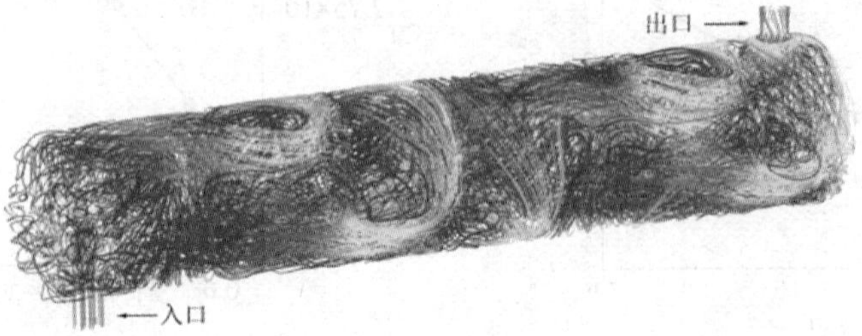

(a) β=90°

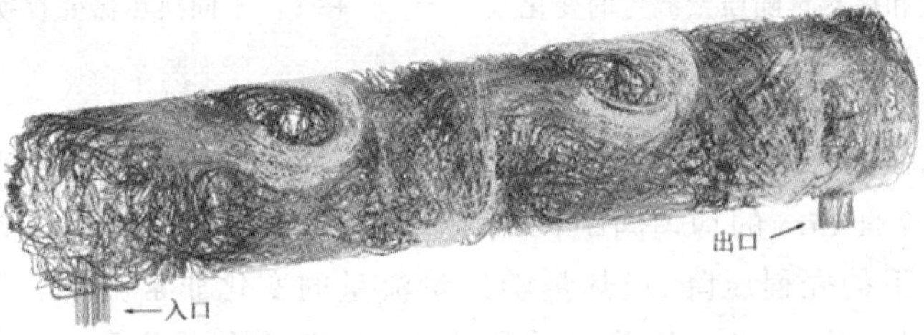

(b) β=120°

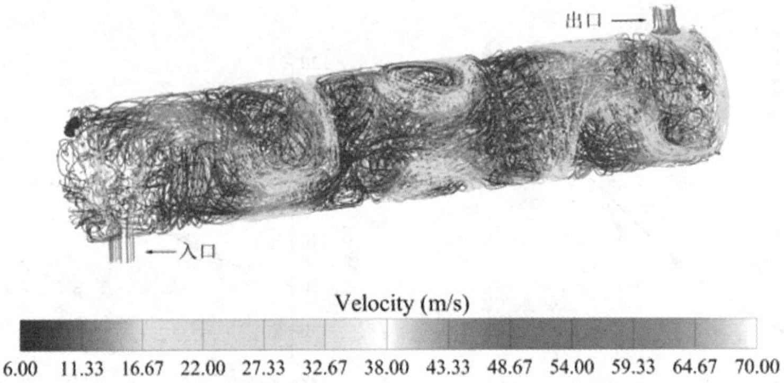

(c) β=150°

图 13　不同角度下壳程速度流线图

在不同错位角 β 和质量流量 M 作用下的压力梯度变化规律如图 14 所示。在相同的流量下，β＝135°时的压降最大，质量流量为5.45kg/s时，折流板错位角 β＝180°、β＝135°在与折流板错位角 β＝90°布置相比较下，进出口压降分别增大 1.8kPa(约 15.1%)、3.6kPa(约 26.4%)。

折流板各角度错位布置下的换热系数和换热量的变化规律如图 15 所示。流量变化时，换热系数与换热量会因角度改变，呈现出先上升而后下降的态势。这意味着存在某个特定角度，可使换热性能得以增强。当角度超过一定数值时，流动死区会逐渐扩大，对流体传热形成

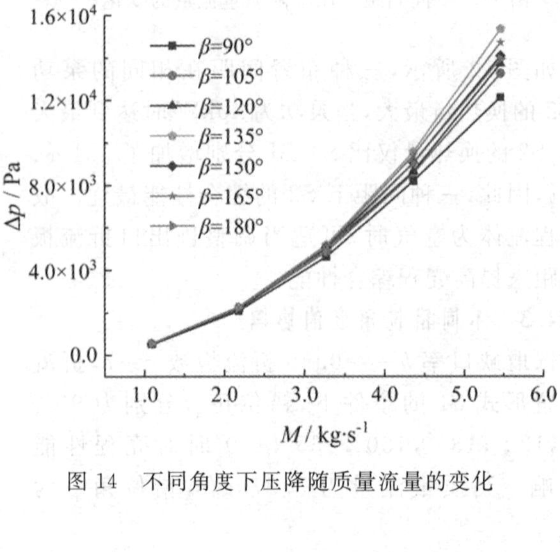

图 14　不同角度下压降随质量流量的变化

阻碍。流量增至 5.45kg/s 时，错位角度 $\beta=135^\circ$ 时的换热系数和换热量相对于 90°增加约 8.2%和 6.9%。

图 16 展示了折流板不同错位角度布置下换热量伴随泵功的变动情况。泵功为 50kW 下，折流板布置角度处于 120°以及 105°时，相对于布置角度为 180°时的换热量变化分别增加约 5.8%、4.9%，可见在固定其他结构参数一直的情况下，不同错位角 $\beta=120^\circ$ 时综合性能可达到最优的情况。因此，按一定角度旋转折流板能有效地增强换热效果，降低壳程压降，达到强化传热的目的。

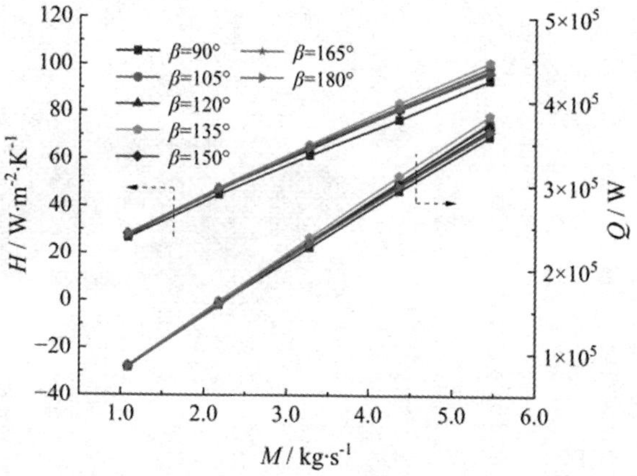

图 15　不同角度下换热系数和换热量随质量流量的变化

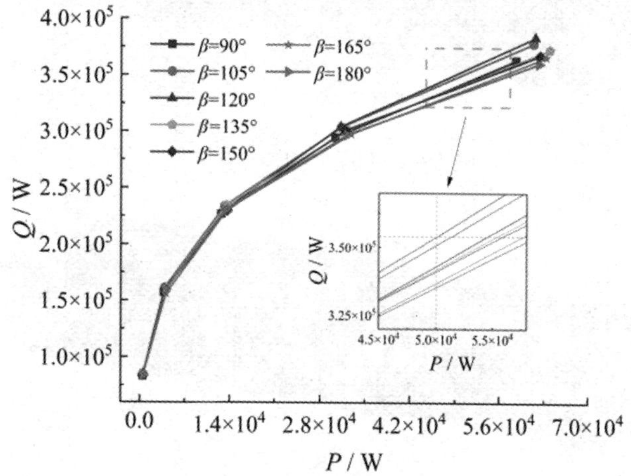

图 16　不同角度下换热量随泵功的变化

4.4　不同缺口率的影响

为研究折流板缺口率对壳程性能的影响，选取折流板数 $n=7$，折流板间距为 S1 型，错位角 $\beta=90^\circ$，缺口率 $h*$ 分别为 0.45、0.4、0.35、0.3 和 0.25 的五个值进行数值模拟，表 1 列出缺口高度 h 的取值及相应缺口率 $h*$。

表 1　缺口率和缺口高度

缺口率 $h*$	0.25	0.3	0.35	0.4	0.45
缺口高度 h/mm	300	360	420	480	540

当缺口率 $h*$ 分别取值为 0.25、0.35、0.45，错位角 $\beta=90^\circ$，质量流量 M 为 3.27kg/s 时，折流板错位布置下壳程流线与速度分布见图 17。在折流板的导向作用下，流体于壳程均形成螺旋状流动。当缺口率 $h*$ 由小逐步增大时，由于流体在壳程内通行截面的变大，此时流体速度减小，折流板后的死区范围也随之增大。

图 18 为不同缺口率下压降随着质量流量的变化，当质量流量增大至 5.45kg/s 时，缺口率 $h*$ 为 0.25 时压降变化最大，相对于 $h*$ 为 0.45 时的壳程压降增大了 6.1kPa(约 53.8%)。这是由于缺口率的减小，流体的流通面积减少，流速增大，使得压降与缺口率呈相反的趋势。因此，在折流板错位的排布方式下，缺口率对壳程压降的影响非常显著。

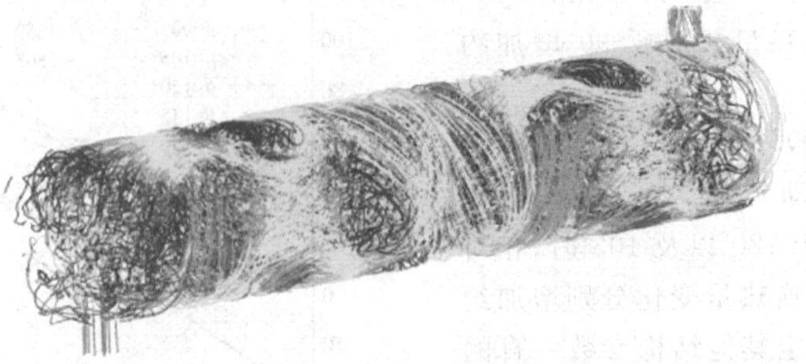

(a) $h^*=0.25$

(b) $h^*=0.35$

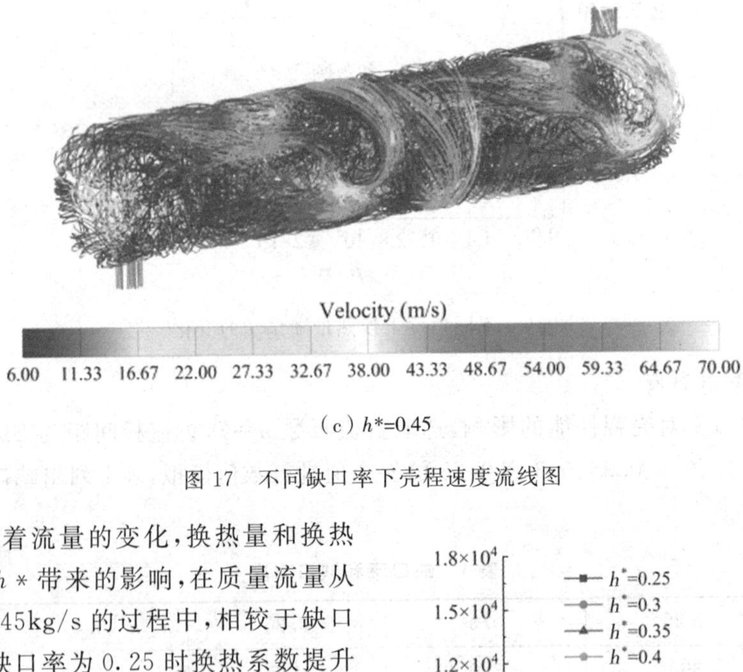

(c) $h^*=0.45$

图 17　不同缺口率下壳程速度流线图

图 19 展示了随着流量的变化，换热量和换热系数受不同缺口率 $h*$ 带来的影响，在质量流量从 1.09kg/s 变动到 5.45kg/s 的过程中，相较于缺口率为 0.45 的情况，缺口率为 0.25 时换热系数提升幅度约在 28.6%至 33.2%之间，换热量则大约增加了 14.7%。

随着缺口率的上升，换热系数与换热量均呈现出降低趋势，这是由于流体速度的增大，流体与固体表面之间的相对运动加剧，使得边界层厚度变薄并引起了流体内部更强烈的扰动和混合所造成的。

图 20 所示在相同的泵功下，换热量随着缺口率的增大而减小，缺口率 $h*$ 为 0.45 时换热量达到最大值，以泵功 45kW 为工况条件，相较于缺口率

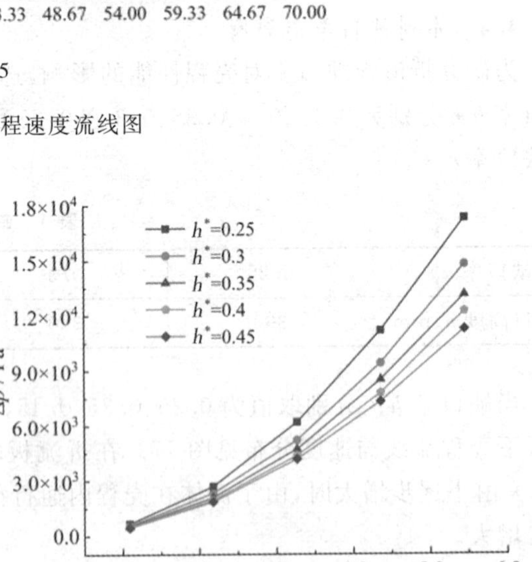

图 18　不同缺口率下压降随质量流量的变化

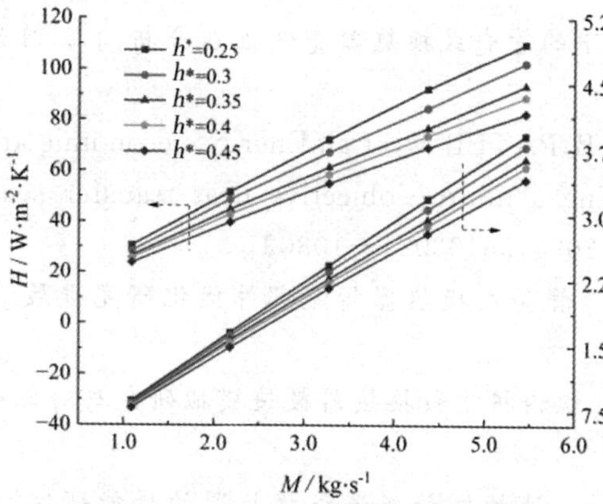

图 19　不同缺口率下换热量和换热系数随质量流量的变化

$h*$为 0.25 的情况，缺口率为 0.45 的错位排布下，其换热量提升幅度约为 6.9%。因此，当 $n=7$，$\beta=90°$、折流板间距为 S1 型时，缺口率为 0.45 时折流板错位排布下综合节能效果最优。

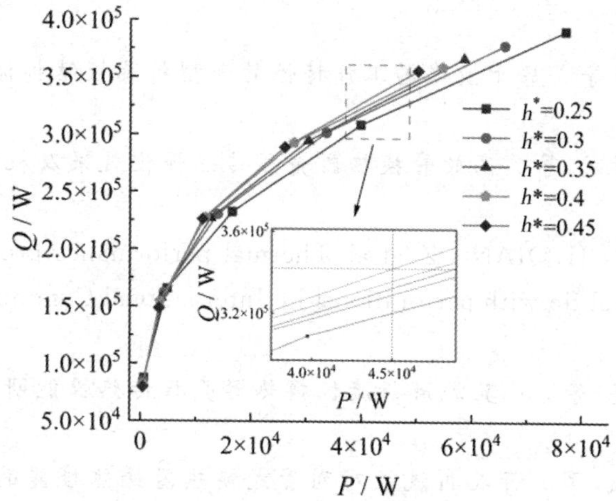

图 20　不同缺口率下换热量随泵功的变化

5　结　论

本文通过三维数值模拟方法研究了空气在进入急冷器二次冷却系统后，折流板的不同参数对其传热和流动性能的影响规律。主要有以下结论。

(1)折流板的错位排布诱导流体进行螺旋流动，相对于传统 180°排布的弓形板换热器，在相同的泵功下错位板的换热量增加了 6.6%，具有良好的综合性能。

(2)随着壳程进口处折流板间距的减小，错位折流板换热器的传热和流动性能发生了一定程度的变化，当质量流量为 4.36 kg/s 时，S2 间距形式下换热系数的比 S1，S3 分别提高了 5.6%、5.3%。

(3)当折流板错位角度发生变化时，流体形成了不同程度的螺旋流动，错位角为 120°和 105°时的换热量相对于错位角为 180°时分别增加约 5.8%，4.9%，错位角为 120°时可获得更佳的综合性能。

(4)换热量随着缺口率的增大而减小，在相同的泵功下，缺口率为 0.45 时换热量最大，相对于缺口率为 0.25 时换热量增加了约 6.9%。

参考文献

[1] 杜文静，赵浚哲，张立新，等．换热器结构发展综述及展望[J]．山东大学学报(工学版)，2021，51

(5):76—83.

[2] 徐义程．不同折流板配置下的管壳式换热器壳侧性能分析[J]．炼油技术与工程,2024,54(8):33—37.

[3] PRAJAPATI P,RAJA D B,PATEL V,et al. Energy - economic analysis and optimization of a shell and tube heat exchanger using a multi - objective heat transfer search algorithm[J]. Thermal Science and Engineering Progress,2024,56103021—103021.

[4] 高正源,张翔,白佳龙,等．管壳式换热器折流部件优化研究进展[J]．热能动力工程,2023,38(7):1—12.

[5] 常佳,张晓兰,金东鸽,等．螺旋折流板换热器数值模拟研究与对比分析[J]．压力容器,2017,34(10):43—48.

[6] 许倍强,李志文,张慧芳,等．连续螺旋折流板换热器的性能研究[J]．压力容器,2018,35(7):7—12.

[7] 刘红姣,唐柳华,赵佳宁,等．无中心管连续螺旋折流板换热器性能研究[J]．压力容器,2022,39(10):11—19.

[8] 贯梦帆,陈孙艺,罗小平,等．折弯弓形折流板换热器流动换热性能研究[J]．热能动力工程,2024,39(4):104—113.

[9] 马春帅,张宏,孙娜,等．基于换热器工作特性的新型折流板结构优化研究[J]．机床与液压,2024,52(18):149—155.

[10] 吴志伟,王通,王彦龙,等．高效管换热器壳程传热强化效果及机理[J]．压力容器,2023,40(8):44—52.

[11] KEWEI S,YITAN H,QIANG Z,et al. Thermal performance promotion of a novel double - tube heat exchanger by helical fin with perforations[J]. International Communications in Heat and Mass Transfer,2024,150107189.

[12] 吴志伟,王通,尹霞,等．小孔混流折流板换热器壳程传热性能研究[J]．压力容器,2023,40(10):67—74.

[13] 范继珩,林力,骆枫,等．开孔折流板对列管式换热器传热性能的影响研究[J]．压力容器,2020,37(2):41—50.

[14] WANG X,ZHENG N,LIU Z,et al. Numerical analysis and optimization study on shell - side performances of a shell and tube heat exchanger with staggered baffles[J]. International Journal of Heat and Mass Transfer,2018,124247—259.

[15] 虞斌,涂善东,莫逊．高温高含尘炉气急冷器:CN201010194938.3[P]. 2010—10—06.

[16] THULUKKANAM K. Heat exchanger design handbook[M]. CRC Press,2013.

作者简介

陈真汕(2000),男,研究方向:新型高效传热传质设备,通信地址:211816 江苏省南京市浦口区浦珠南路30号南京工业大学机械与动力工程学院,E—mail:1733541215@qq. com。

通讯作者:虞斌(1965),男,教授,研究方向:新型高效传热传质设备,通信地址:211816 江苏省南京市浦口区浦珠南路30号南京工业大学机械与动力工程学院,E—mail:abyu@njtech. edu. cn。

690TT 合金高温高压微动磨损-腐蚀耦合机制研究

王嘉炜[1,2],裴文杰[1,2],朱国瑞[1,2,3]

(1. 天津大学 化工学院,天津 300350;2. 天津大学 浙江研究院,浙江宁波 315000;
3. 物质绿色创造与制造海河实验室,天津 300192)

摘　要:本研究探讨了不同氯化钠浓度对690TT合金在高温高压随机振动冲击滑移微动磨损-腐蚀行为的影响。通过构建流致振动工况,结合轮廓测量、SEM分析、原位电化学测试,对合金的损伤特征进行系统评估。结果表明,随着氯化钠浓度增加,磨损体积显著上升,主要磨损机制由磨粒磨损和剥层磨损逐渐向磨粒磨损和氧化腐蚀磨损转变。电化学测试显示微动期间,腐蚀电流增加,表明磨损促进腐蚀进程。所有实验组的磨损-腐蚀协同因子均大于1,协同效应在材料损失中占主导地位。研究揭示了高温环境下氯化钠浓度对磨损-腐蚀耦合行为的影响机制,为核电等严苛服役条件下合金材料的寿命评估提供理论依据。

关键词:690TT合金;微动磨损;腐蚀;氯化钠;高温高压

Research on thecoupling mechanism of fretting wear and corrosion of 690TT alloy under high temperature and pressure

WANG Jiawei[1,2],PEI Wenjie[1,2],ZHU Guorui[1,2,3]

(1. School of Chemical Engineering and Technology,Tianjin University,Tianjin 300350,China;
2. Zhejiang Institute of Tianjin University,Ningbo 315000,China;
3. Haihe Laboratory for Green Creation and Manufacturing of Materials,Tianjin 300192,China)

Abstract:This study investigated the effects of sodium chloride concentrations on the fretting wear - corrosion behavior of 690TT alloy under high temperature and pressure random vibration conditions. We constructed flow - induced vibration working conditions and systematically evaluated material damage characteristics through profile measurements, SEM analysis, and in - situ electrochemical testing. Results demonstrated that wear volume increased significantly with concentration. The primary wear mechanisms transitioned from abrasive wear and delamination wear to combined abrasive wear and oxidative corrosion wear. Electrochemical tests revealed increased corrosion current during fretting, indicating that wear accelerated corrosion. All experimental groups showed wear - corrosion synergy factors exceeding 1, confirming dominant synergistic effects in material loss. The research reveals the influence mechanism of sodium chloride concentration on the wear - corrosion coupling behavior in high - temperature environments, providing a theoretical basis for the life assessment of alloy materials under harsh service conditions such as nuclear power.

Keywords:690TT alloy;fretting corrosion;sodium chloride;high temperature and pressure

0 引 言

随着化石能源的消耗加剧和环境问题的加重,清洁能源的使用变得愈发重要,核能作为一种高效、可持续、清洁能源,得到了广泛关注。在核电站蒸汽发生器等高温高压设备中,传热管常因流体诱导振动(flow - induced vibration,FIV)与支撑结构发生微动接触,流致振动主要包括卡门涡激振、湍流抖振和流体弹性不稳定等机制,在高流速和复杂流场下更易引发传热管发生流致振动现象,从而支撑件之间产生微动磨损,在微动磨损和腐蚀的协同作用下,其结构完整性尤为关键[1]。虽然初期蒸汽发生器中传热管采用 304L 和 316L 不锈钢,后续改进为 600MA、690TT 和 800Mod 合金,但腐蚀问题仍然存在[2]。蒸汽发生器中沸腾的水环境将导致非挥发性杂质如氯化钠等在二次侧干一湿界面处集中,在缝隙或管板顶部达到非常高的局部浓度,这对核电站的安全运行和维护成本带来挑战。

目前,研究人员针对传热管的微动磨损展开了大量的研究。MING 等[3]为了解长期微动机制,研究了 10^6 循环次数下 690 合金传热管在纯水中的微动磨损情况,结果表明摩擦系数的变化可以分为 5 个阶段,磨损疤痕在不同法向力下形态差异很大。郑会等[4]模拟了核电用 690 合金传热管与抗振条的高频微动磨损情况,结果表明随着位移幅值增加,磨损接触面积增大,磨损深度和体积均增加,磨损加剧。LI 等[5]研究了 690 合金传热管在纯水中微动磨损引起的亚表面损伤机制,发现其磨损的主要损伤机制为氧化、变形、疲劳和分层裂纹。

尽管已有大量研究探讨了压力、位移幅值和频率等因素的影响,但腐蚀因素在 690 合金传热管微动磨损中的作用尚未得到充分关注,而在实际湍流抖振条件下,蒸汽发生器中的环境条件会对传热管产生复杂的影响。因此,研究 690TT 合金在高温高压环境下的磨损腐蚀耦合机理,对提高核电站蒸汽发生器运行的稳定性和减少维护成本具有重要意义。

1 试验件前处理与试验方案

1.1 试件制备

在蒸汽发生器中,传热管需要通过支撑结构进行固定,以确保其稳定性并避免因热膨胀或振动导致的损坏,其中在弯管处的支撑形式主要有波纹板,防振条和交叉板等,如图 1(a)所示。本文使用 690TT 合金作为传热管材料,如图 1(b)所示,其外径 19.05 mm、厚度 1.01 mm、长度 50 mm。此外,为了避免对磨件金属腐蚀对电化学测试的影响,对磨件采用氧化铝陶瓷材料,总体尺寸长 40 mm,宽 10 mm,中间突出部分即和管试样接触面,长 20 mm,厚度 4.75 mm。氧化铝陶瓷材料具有良好的绝缘性和高硬度,可以保证磨损发生在管试样上。

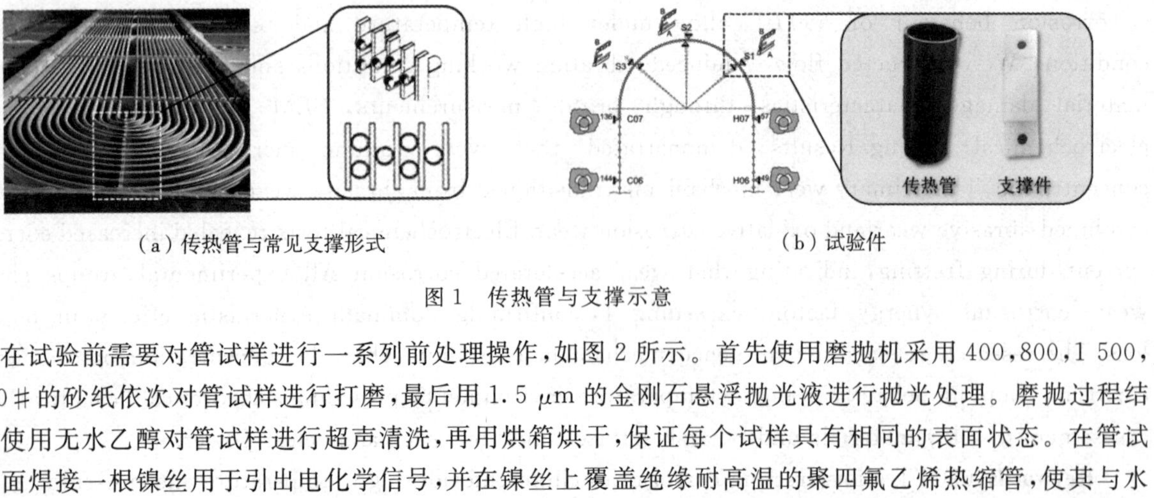

(a) 传热管与常见支撑形式　　　　(b) 试验件

图 1　传热管与支撑示意

在试验前需要对管试样进行一系列前处理操作,如图 2 所示。首先使用磨抛机采用 400,800,1 500,2 000 # 的砂纸依次对管试样进行打磨,最后用 1.5 μm 的金刚石悬浮抛光液进行抛光处理。磨抛过程结束后使用无水乙醇对管试样进行超声清洗,再用烘箱烘干,保证每个试样具有相同的表面状态。在管试样端面焊接一根镍丝用于引出电化学信号,并在镍丝上覆盖绝缘耐高温的聚四氟乙烯热缩管,使其与水环境隔绝开。为了电化学测试的准确性,使用耐高温防水的特制绝缘油漆(型号:TL30 - 51)与凝固剂 9

：1混合后的溶液对管试样内外表面进行绝缘封装处理，并添加封条留出固定实验磨损面，以得到动电位极化曲线所需的磨损表面积。

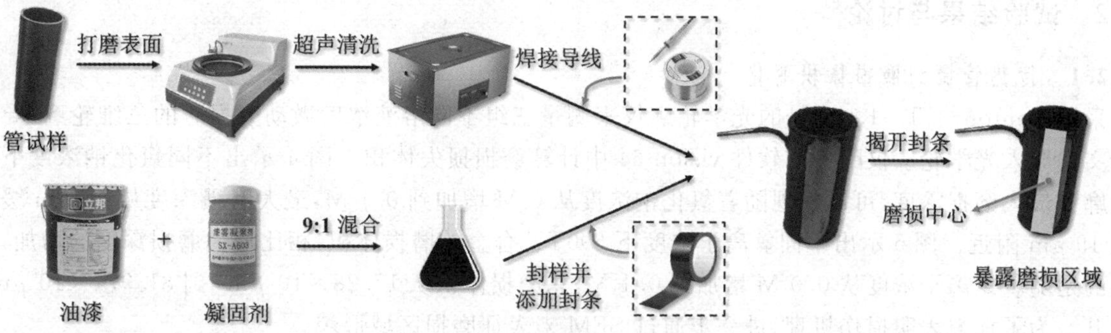

图2　管试样制备过程

1.2　微动磨损装置

采用自主研发的微动磨损试验装置测试系统，如图3所示，主要包括激振输入系统、电化学测试系统，温度控制系统和高温高压反应釜体。在信号发生器两组通道中分别输入升力和曳力时序力信号，利用功率放大器进行信号增益后再传给两个正交排布的激振器。悬臂杆下端位于釜内并在其上固定管试样，从而使激振器的激振力通过激振杆、悬臂杆传给管试样，带动管试样和板试样产生碰撞，实现冲击滑移微动磨损与腐蚀。

本文采用三电极体系电化学测试系统用于实现高温下的电化学测试，工作电极为管试样本身，对电极为铂网电极，参比电极为定制的Ag/AgCl电极，三电极底部均渗入溶液中。为了更清楚的了解试样表面的电化学信息，本文进行了动电位极化曲线（Tafel）测试，测量流经微动前后磨损区域的腐蚀电流，并利用腐蚀电流计算腐蚀损伤体积。

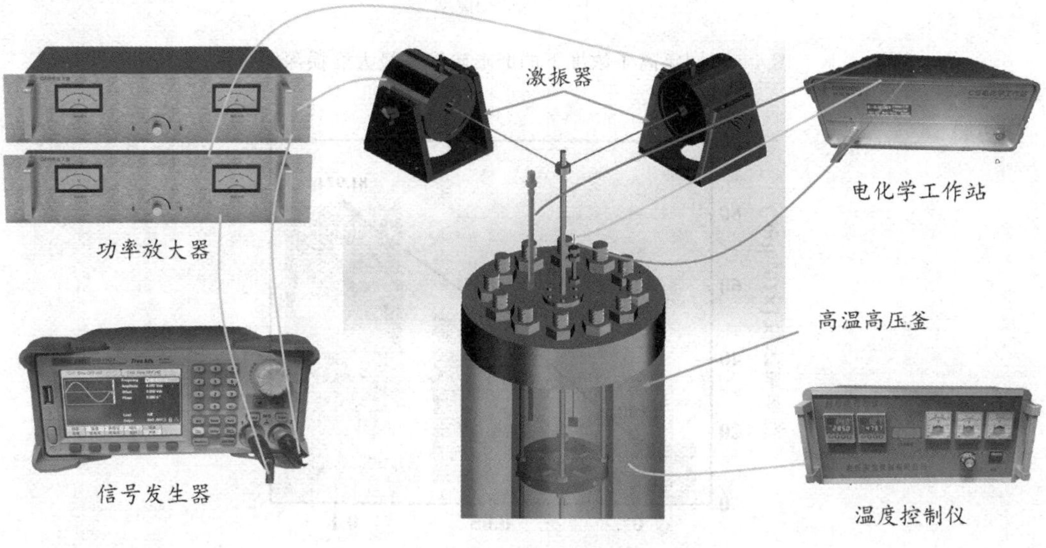

图3　试验装置测试系统

1.3　激振力输入

为了模拟实际工况下传热管受到流致振动作用从而与支撑件碰撞产生磨损的现象，本文以传热管发生湍流抖振时的升力和曳力功率谱密度作为微动磨损输入端，采用Ongoren和Ziada提出的功率谱密度结果作为能量输入[6]。根据前期的研究，稳定运行的压水堆蒸汽发生器的传热管工作率在1～5 mW[7]。假设均匀磨损，在5 mW工作率下40年的磨损壁厚将达到0.25D。本文采用5 mW作为试验能量输入，溶液环境设置为0.0,0.05,0.1 M氯化钠溶液,实验温度为285 ℃,实验压力为7.0 MPa,设置管试样和支撑件试样之间的初始间隙为0.05 mm,总试验振动时长为24 h。

2 试验结果与讨论

2.1 传热管微动磨损体积变化

采用Contour GT－K1型号的光学轮廓仪来测量三组不同溶液浓度微动磨损后的三维轮廓,导出的数据文件导入光学轮廓仪配备的软件vision 64中计算磨损损失体积。图4示出不同氯化钠浓度下的磨痕轮廓和最大磨损深度,可以发现随着氯化钠浓度从0 M增加到0.1 M,最大磨损深度从15 μm缓慢增大至19 μm附近。图5示出不同氯离子浓度下690TT合金的磨损体积,相比最大磨损深度的增加,更加明显的是随着氯离子浓度从0.0 M增加到0.1 M,总磨损体积从17.28×10^6 μm^3到81.974×10^6 μm^3线性上升。为了探究表明损伤机理,进一步通过SEM来表征磨损区域形貌。

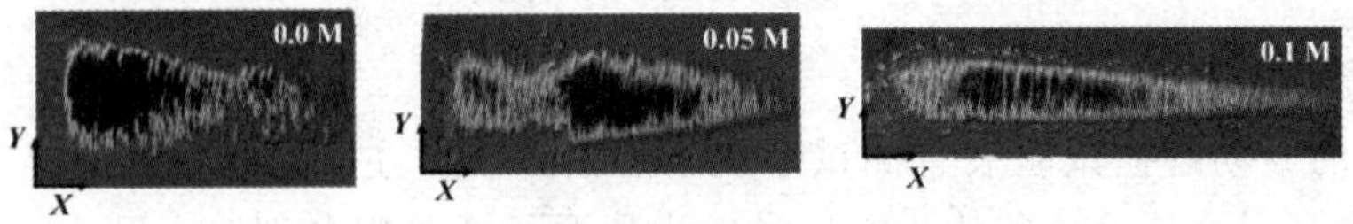

(a) 磨痕轮廓

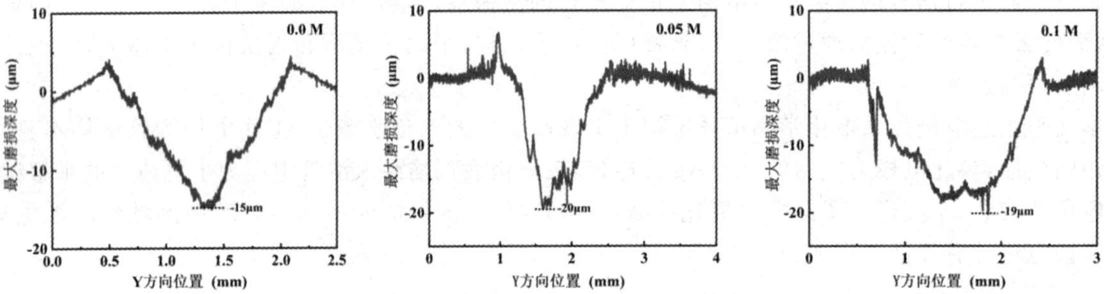

(b) 最大磨损深度

图4　不同氯离子浓度下的磨痕轮廓和最大磨损深度

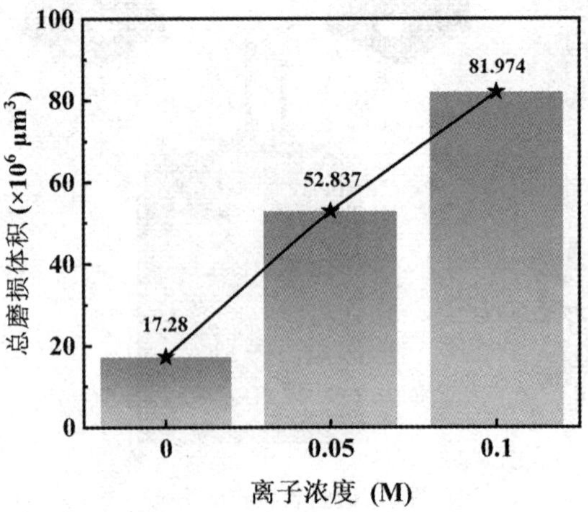

图5　不同氯离子浓度下690TT合金传热管磨损体积

2.2 磨痕形貌分析和元素分析

通过SEM以进一步观察磨损形貌特征以及元素分析来了解磨损机理。图6为0.0 M氯化钠即纯水工况下的磨损区域表面形貌图,从图6(a)中发现磨痕上有大量的小凹坑,这是冲击作用造成的,经过放大后在图6(b)中有犁沟存在,并且伴随着大量的氧化物磨屑散落在磨痕表面。放大图6(c)(d)中B、C

区域观察到有磨屑脱落后形成的剥落坑和少量裂纹存在。在纯水环境工况下，基体氧化现象相对较少，主要磨损机理是磨粒磨损和剥层磨损。

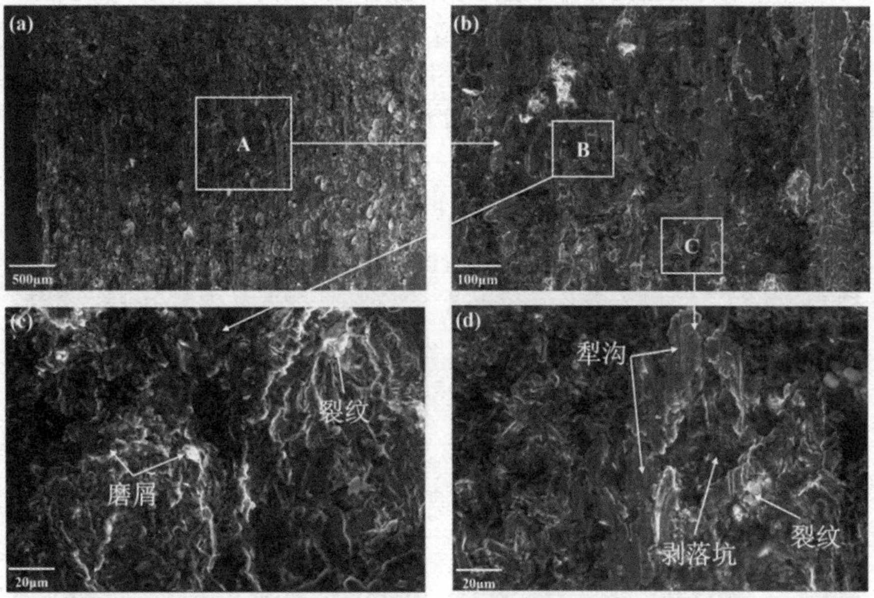

（a）中心区域形貌　（b）A区域放大图　（c）B区域放大图　（d）C区域放大图

图 6　0.0 M 工况下的换表面磨损形貌

图 7 示出 0.05 M 氯化钠工况下磨损区域表面形貌图。通过图 7(a)发现磨痕中心存在大量的椭圆形凹坑，经过放大后发现是大量犁沟，可能是脱落的磨粒在机械作用下划过的痕迹。放大图 7(b)中 B,C 区域观察到在犁沟里存在大量微小磨屑，周围覆盖一些氧化物。同时，存在一些小尺寸犁沟痕迹，少量未脱落的磨屑形成了剥层，犁沟的边缘出现一些剥落坑。相对纯水环境下，0.05 M 工况下的磨损机理主要是磨粒磨损和腐蚀磨损，其次为剥层磨损。

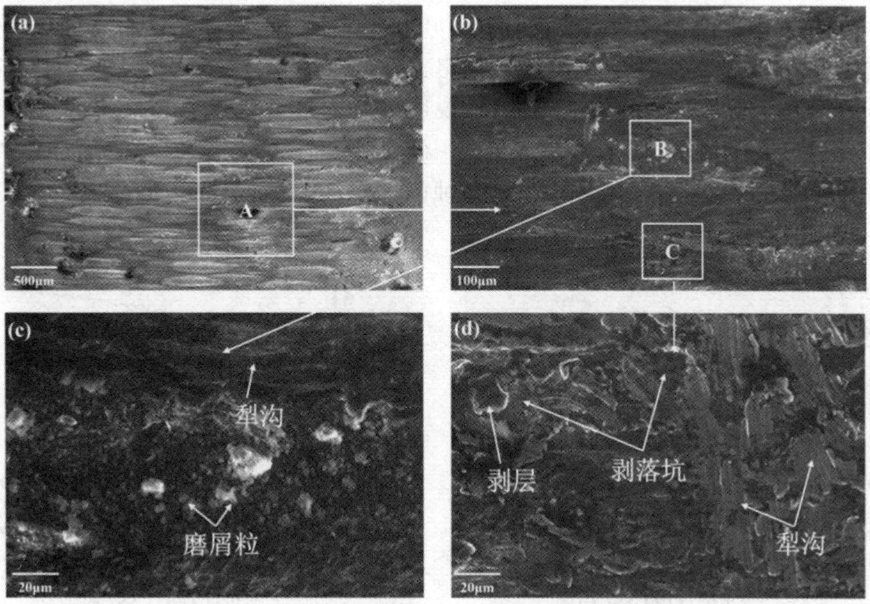

（a）中心区域形貌　（b）A区域放大图　（c）B区域放大图　（d）C区域放大图

图 7　0.05 M 工况下的表面磨损形貌

图 8 为 0.1 M 氯化钠工况下的磨损区域表面形貌图。通过图 8(a)可以观察到磨痕表面除大量的椭圆形凹坑外,还附着了大量氧化物。通过图 8(b)可以发现大量磨屑堆积在表面形成聚集的氧化物,这些附着的氧化物在机械作用下可能会出现部分脱落形成脱落坑。如图 8(c)所示,相比较 0.05 M 时可以发现脱落坑内的磨屑粒更多,这是因为氯离子浓度的增大,表面被腐蚀更严重,在机械作用下脱落更明显。图 8(d)可以发现表面存在很多小尺度的犁沟形貌,生成的氧化物是致密的氧化膜。0.1 M 工况下的磨损机理主要是磨粒磨损和腐蚀磨损。为了进一步分析磨损与腐蚀协同作用机理,对试样进行了电化学分析。

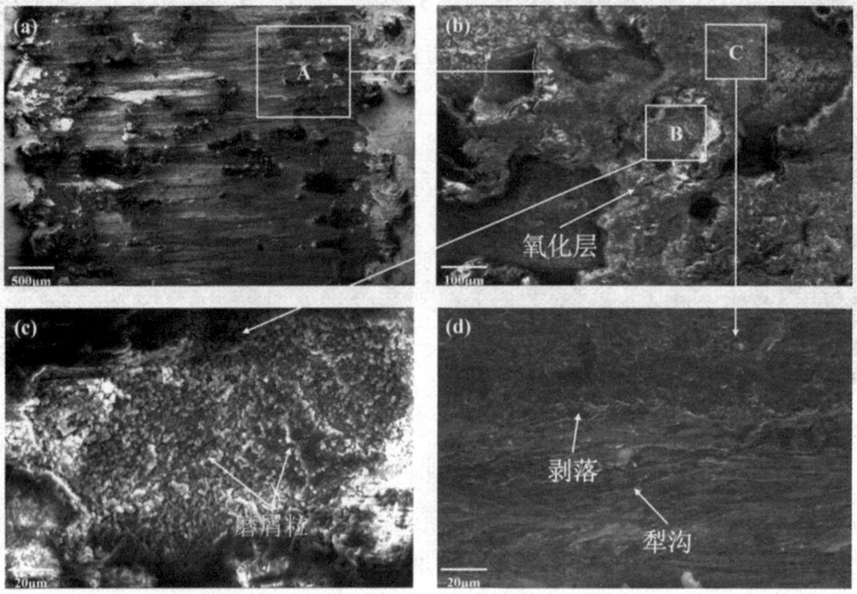

(a) 中心区域形貌　(b) A区域放大图　(c) B区域放大图　(d) C区域放大图

图 8　0.1 M 工况下的表面磨损形貌

2.3　动电位极化曲线测试(Tafel)

本文对不同氯化钠浓度下静止和微动工况的 Tafel 曲线进行了测试,从图 9(a)可以看出,微动前的腐蚀电流密度随着氯化钠浓度的增加而增加,阳极电流也随之增加,说明氯离子能促进腐蚀进行,加速金属溶解。如图 9(b)所示,微动后自腐蚀电位正移,说明微动促进了管式样表面钝化膜成型,但腐蚀电流密度却增大,这可能是机械作用和腐蚀溶液共同作用破坏了表面钝化膜,造成局部破损,产生电偶腐蚀和点蚀,加大了腐蚀程度。这也说明即使表面的抗腐蚀能力提高,也可能因为局部开裂或破损导致腐蚀增

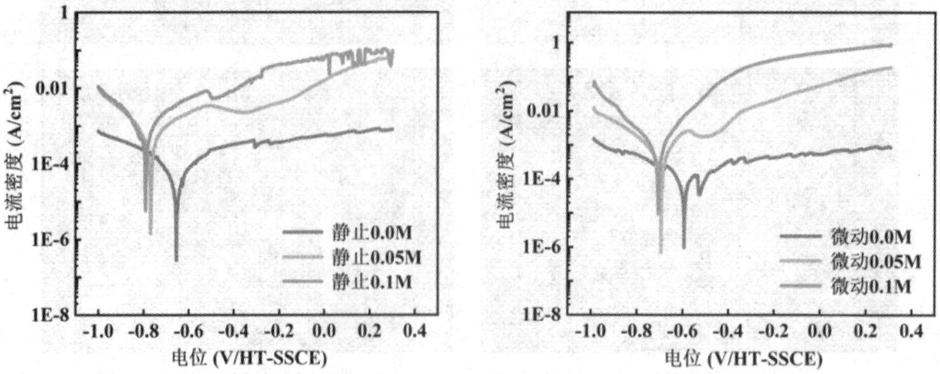

(a) 静态　　(b) 微动试验

图 9　不同氯离子浓度下的 Tafel 曲线

强。此外,微动后出现腐蚀速率的先减后增,可能是因为低氯离子浓度和微动的共同作用能够辅助修复钝化膜,降低了腐蚀速率。随着离子浓度的进一步增加,氯离子和表面钝化膜反应加速保护膜的破裂,并阻止钝化膜的进一步重建,加快了腐蚀速率。表 1 为不同氯化钠浓度下静止和微动工况的腐蚀电流值。

表 1 不同氯离子浓度静止和微动下的腐蚀电流

氯离子浓度/M	静止腐蚀电流/($A \cdot cm^{-2}$)	微动腐蚀电流/($A \cdot cm^{-2}$)
0.0	1.82E−04	0.001 968 64
0.05	0.000 811 72	0.001 222 35
0.1	0.001 427 35	0.003 265 77

2.4 微动磨损-腐蚀协同作用

在获得了表面轮廓、磨痕形貌以及电化学腐蚀信息后,分析计算磨损与腐蚀的协同作用是探究磨损机理和损伤机制的关键步骤。通过 ASTM G119－09 中确定磨损和腐蚀之间协同作用的标准指南,得到了在不同氯化钠浓度下的磨损与腐蚀的协同作用[8-10],如图 10 所示。在该指南中,V 为总磨损体积,磨损腐蚀实验后通过轮廓仪测得;V_W 为纯磨损体积,阴极极化实验后通过轮廓仪测得;V_C 为纯腐蚀体积,使用静止时的腐蚀电流采用法拉第定律计算;S 为协同作用促进损伤体积,其中包括磨损促进腐蚀体积 ΔC_W 和腐蚀促进磨损体积 ΔW_C。

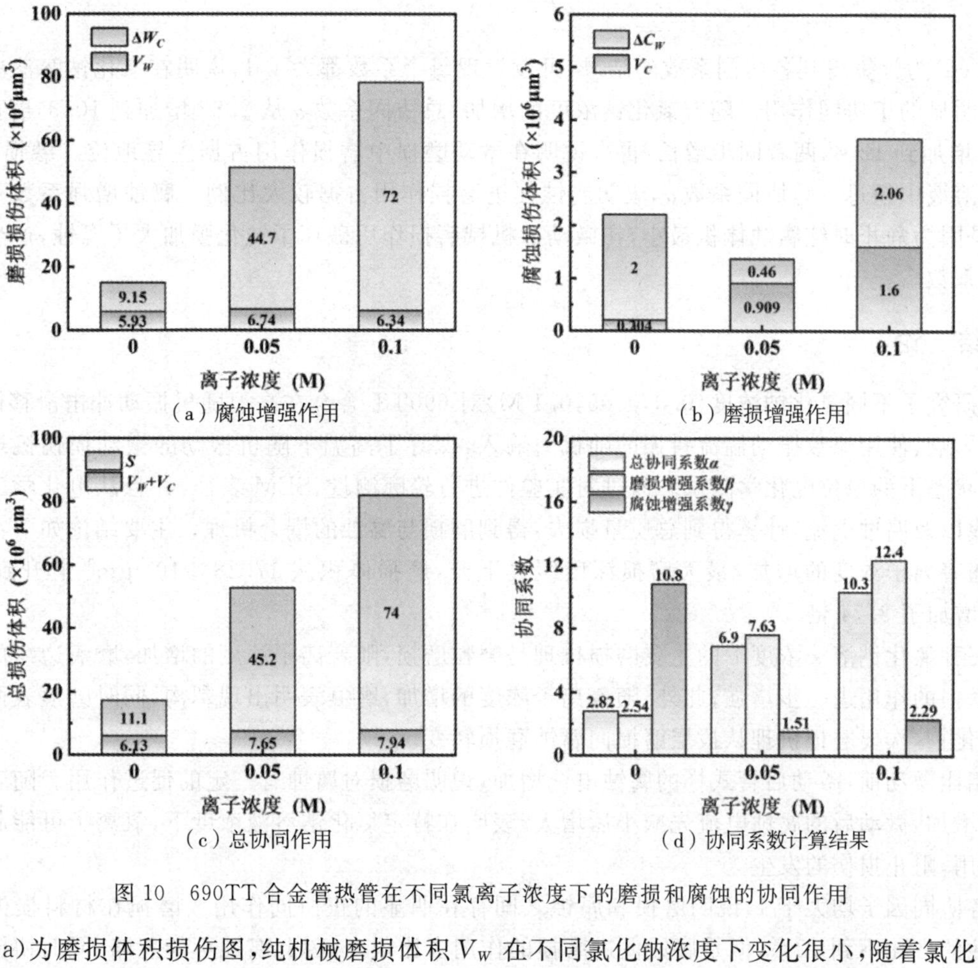

(a) 腐蚀增强作用　(b) 磨损增强作用

(c) 总协同作用　(d) 协同系数计算结果

图 10 690TT 合金管热管在不同氯离子浓度下的磨损和腐蚀的协同作用

图 10(a)为磨损体积损伤图,纯机械磨损体积 V_W 在不同氯化钠浓度下变化很小,随着氯化钠浓度的增加,腐蚀促进磨损的体积 ΔW_C 从 $9.15\times10^6\ \mu m^3$ 增加到 $72\times10^6\ \mu m^3$,说明随着氯离子浓度增大,腐蚀作用的增强,管式样表面的钝化膜破坏程度增大,致使材料更容易脱落,使机械磨损作用更易破坏基

体。同时可以发现腐蚀促进磨损 ΔW_C 占据总磨损 V 的比例从 61%增加到 92%,说明协同作用在腐蚀离子增加的作用下占比急剧增加,这是因为随机振动下接触频率和严重碰撞比例相对较低,有足够反应空间造成金属溶解和裂纹侵蚀。

图 10(b)为腐蚀体积结果,纯腐蚀体积 V_W 随着氯化钠浓度增加不断增加,增长幅度接近 8 倍,说明静止情况下腐蚀离子对材料的损伤作用也很剧烈;而磨损促进腐蚀体积 ΔC_W 先减后增,这可能是因为低离子浓度下离子和微动作用共同参与修复钝化膜,导致腐蚀程度降低,而高浓度离子会破坏钝化膜,生成的氯化物阻止了钝化膜的重建过程,但是腐蚀造成的损伤对总磨损 V 的贡献很小。

通过图 10(c)可以发现即使在 0.0 M 的纯水工况下协同作用 S 占总磨损 V 已经超过 60%,说明在高温腐蚀溶液中协同作用对材料的损伤作用非常大。同时对比图 10(a)和(b)可以发现腐蚀对总体积 V 的贡献小于 12%,说明磨损作用在微动磨损腐蚀中占据主导地位。

为了表征磨损与腐蚀之间的协同程度,定义了三个无量纲参数:总协同因子 α、磨损增强因子 β 和腐蚀增强因子 γ,计算如式(1)～(3)所示。

$$\alpha=\frac{V}{V-S} \tag{1}$$

$$\beta=\frac{V_w+\Delta W_C}{V} \tag{2}$$

$$\gamma=\frac{V_C+\Delta C_W}{V_C} \tag{3}$$

图 10(d)为计算得到各协同系数的结果,可以发现每个系数都大于 1,说明在氯化钠溶液中磨损与腐蚀存在着明显的正协同作用。随着氯化钠浓度的增加,总协同系数 α 从 2.82 增加到 10.3,磨损增强系数 β 从 2.54 增加到 12.4,两者同步增长,再次说明在微动磨损中磨损作用占据主导地位。磨损增强系数 β 在高浓度溶液中超过了总协同系数 α,表明腐蚀促进磨损作用占据较大比例。腐蚀增强系数 γ 在 0.0 M 时较大,是因为静止时纯腐蚀体积最小,在微动后机械磨损作用破坏了钝化膜加大了腐蚀,产生了较大的腐蚀增强系数。

3 结 论

本文研究了不同氯化钠浓度(0.0,0.05,0.1 M)对 690TT 合金在高温随机振动冲击滑移微动磨损腐蚀实验的影响,使用流致振动湍流抖振的随机力输入,探寻了高温下随机振动的微动损伤机理并进行了高温微动状态下的原位电化学测试。通过对实验件进行轮廓测量、SEM 表征,并且从电化学工作站提取 Tafel 曲线以及腐蚀电流,计算得到总质量损失,得到磨损与腐蚀的耦合机理。主要结论如下:

(1)随着离子浓度的增加,最大磨损深度缓慢上升,磨损体积从 $17.28\times10^6\ \mu m^3$ 上升到 $81.974\times10^6\ \mu m^3$,增加了 3.74 倍。

(2)三种氯化钠溶液浓度下的主要磨损机理是磨粒磨损,随着离子浓度的增加,磨痕边缘的堆积物增加,磨粒磨损的作用进一步增强;此外,随着离子浓度的增加,磨痕表明出现犁沟,同时磨痕表面散落更多的碎屑氧化物,次要磨损机理从拨层磨损向腐蚀磨损转变。

(3)相比微动前,微动后管式样的腐蚀电流增加,说明磨损对腐蚀有一定的促进作用。随着氯化钠溶液浓度的增加,微动后的腐蚀电流先减小后增大,表明在特定氯化钠溶液浓度下,氯离子可能起到修复钝化膜的作用,阻止损伤的发生。

(4)各协同因子均大于 1,说明磨损和腐蚀之间存在明显的正协同作用。磨损在材料损失中占主导地位;腐蚀的占比不到 12%,但是腐蚀促进磨损的作用占比很高,因此腐蚀不能忽略;同时协同作用占比超过 60%,说明磨损腐蚀的交互作用必须考虑。

参考文献

[1] Usman M, Khushnood S, Nizam L A, et al. Wear Analysis of Tube - Baffle Vibration Interaction in a Tube Bundle[J]. IEEE Access,2019,7:77804－15.

[2] 蔡志刚,王永东,苏诚,等. 喷丸覆盖率对800合金传热管残余应力和抗应力腐蚀开裂性能的影响[J]. 上海大学学报(自然科学版),2015,21(2):170－176.

[3] Ming H,Liu X,Zhang Z,et al. Effect of normal force on the fretting wear behavior of Inconel 690TT against 304 stainless steel in simulated secondary water of pressurized water reactor [J]. Tribology International,2018,126:133－43.

[4] 郑会,庄文华,杨双亮,等. 高温高压水环境下位移幅值对690合金传热管切向微动磨损的影响[J]. 中国表面工程,2022,35(4):57－64.

[5] Zhang Y,Ming H,Tang L,et al. Effect of the frequency on fretting corrosion behavior between Alloy 690TT tube and 405 stainless steel plate in high temperature pressurized water [J]. Tribology International,2021,164:107229.

[6] Guo K, Tian C, Wang Y, et al. An energy - based model for impact - sliding fretting wear between tubes and anti - vibration bars in steam generators [J]. Tribology International, 2020, 148:106305.

[7] Pettigrew M J,Taylor C E,Fisher N J,et al. Flow - induced vibration:recent findings and open questions [J]. Nuclear Engineering and Design,1998,185(2):249－76.

[8] Morón R C,Contla - Pacheco A D,Castrejón - Sánchez V H,et al. Estimation of the wear and corrosion synergism of borided Inconel 718 alloy immersed in a neutral aqueous solution [J]. Ceramics International,2023,49(2):2495－505.

[9] 苏国庆,李彦,窦站,等. 硫回收装置余热锅炉铵盐结晶腐蚀机理研究[J]. 压力容器,2024,41(6):73－82.

[10] 苏国庆,张建文,李彦. 石化系统铵盐结晶沉积及腐蚀的发生机制研究进展[J]. 压力容器,2023,40(2):54－63.

作者简介

王嘉炜(1999),男,博士研究生,研究方向为过程装备材料损伤机理及性能劣化规律研究,通信地址:300354 天津市津南区海河教育园区雅观路135号50楼,E－mail:aw22@tju. edu. cn。

蒸汽发生器异物流致微动磨损特性与数值模拟研究

王 恒[1],陈梽贇[1],朱国瑞[1,2],谭 蔚[1,2]

(1. 天津大学 浙江研究院,浙江宁波 315200;2. 天津大学 化工学院,天津 300072)

摘 要:异物引起的微动磨损是导致蒸汽发生器换热管失效的重要原因之一。针对蒸汽发生器二次侧异物流致微动磨损问题,本研究采用流固耦合数值模拟方法,探讨异物尺寸对换热管磨损的影响。通过建立三维流固耦合模型,并对异物施加实时动态摩擦力,模拟了不同尺寸的柱状异物在相同换热管束中的磨损相互作用,分析了流场中运动特性、流体载荷及其引发的微动磨损变化。结果表明,异物尺寸显著影响其流致振动响应及与管壁的接触行为,其中较大的异物具有更高的升阻力,导致位移增大,但当异物尺寸接近管间距时,因上游管的遮蔽效应显著,导致异物位移大幅减小。本研究结果为蒸汽发生器异物控制与维护策略提供了理论支持。

关键词:蒸汽发生器;圆柱异物;微动磨损;尺寸影响;数值模拟

Parametric sensitivity study on flow-induced fretting wear by foreign objects in steam generators

WANG Heng[1], CHEN Zhiyun[1], ZHU Guorui[1,2], TAN Wei[1,2]

(1. Zhejiang Institute of Tianjin University, Ningbo 315200, China;

2. School of Chemical Engineering and Technology, Tianjin University, Tianjin 300072, China)

Abstract: Fretting wear induced by foreign objects is one of the major causes of steam generator (SG) heat transfer tube failure. Focusing on the issue of foreign object-induced fretting wear on the secondary side of SGs, this study employs a fluid-structure interaction (FSI) numerical simulation method to investigate the influence of foreign object size on tube wear. A three-dimensional FSI model was established, with real-time dynamic friction forces applied to the foreign object, to simulate the wear interactions of cylindrical foreign objects of various sizes within the same tube bundle. The study analyzes changes in motion characteristics, fluid forces, and the resulting fretting wear in the flow field. The results show that foreign object size significantly affects flow-induced vibration responses and contact behavior with the tube wall. Larger objects exhibit higher lift and drag forces, resulting in greater displacement; however, when the foreign object size approaches the tube pitch, the shielding effect of upstream tubes becomes significant, leading to a substantial reduction in object displacement. The findings of this study provide theoretical support for foreign object control and maintenance strategies in steam generators.

Keywords: steam generator; cylindrical foreign object; fretting wear; size effect; numerical simulation

0 引 言

蒸汽发生器作为核能及热能转换系统中的关键设备，其稳定运行对于整个系统的安全性和可靠性至关重要[1-2]。然而，蒸汽发生器管道中异物的存在往往成为导致管道泄漏和计划外停机的主要原因之一，尤其是异物引发的微动磨损问题，更是严重影响了蒸汽发生器的长期稳定运行。微动磨损是指在接触界面上由于微小的相对运动而产生的材料逐渐损失现象，当蒸汽发生器二次侧存在异物时，这些异物在流体冲刷下与管道内壁发生接触和相对运动，从而引发微动磨损[3-9]。

针对蒸汽发生器二次侧异物流致的微动磨损问题，国内外学者已进行了大量研究[10-11]，MAHEY等[12]通过实验揭示，微小的几何形状变化能显著改变异物的均方根幅值，这些异物在管束中主要展现出平面响应特性，特别是在Z方向上的振幅响应尤为突出，同时它们之间的相互作用主要以滑移形式存在。这一发现对于理解异物在管束中的动态行为及其对蒸汽发生器性能的影响具有重要意义。KIMA等[13]采用分区方法和单跨模态分析预测了管壁磨损，确保了在不移除异物的情况下的管壁完整性和核电站的安全运行。但多数研究主要集中于对于异物形状与位置的实验观测和理论分析，对于异物尺寸对磨损行为的具体影响尚缺乏深入的数值模拟和分析。因此，本研究旨在采用流固耦合数值模拟方法，深入探讨蒸汽发生器二次侧异物流致的微动磨损机制。

通过构建三维流固耦合模型，并对异物施加实时动态摩擦力，本研究模拟了不同尺寸的柱状异物在相同换热管束中的磨损相互作用。通过对比分析直径2～7 mm的柱状异物在流场中的行为及其对换热管磨损的影响，旨在揭示异物尺寸与磨损行为之间的内在联系。本研究有助于深入理解蒸汽发生器二次侧异物流致的微动磨损机制。

1 蒸汽发生器二次侧异物磨损数值模型开发

1.1 异物模型参数矩阵建立

蒸汽发生器中异物的直径、形状等参数对换热管的磨损影响是最直观的，因此本文将异物尺寸作为对蒸汽发生器传热管影响的研究对象，进行总结归纳，构建蒸汽发生器二次侧异物磨损参数矩阵，并分析异物磨损敏感性特征。由于螺钉、止回阀销、螺纹杆、焊条等都是蒸汽发生器中常见的异物，且都为圆柱状，因此选取直径2～7 mm、长度27.4 3 mm的圆柱状异物作为研究对象。

异物在管束中处于与传热管接触的状态，该状态在模拟时易造成传热管与异物网格破损交叉导致网格负体积报错，因此模型在建立时，异物与传热管之间保留0.1 mm的距离，此距离较小，认为对流场影响忽略不计，根据吴皓等[14]在正方形管束排布流弹失稳研究中得到模型轴向尺寸至少不小于管径，为减少计算量，直管段模型轴向尺寸为19.05 mm，如图1所示。

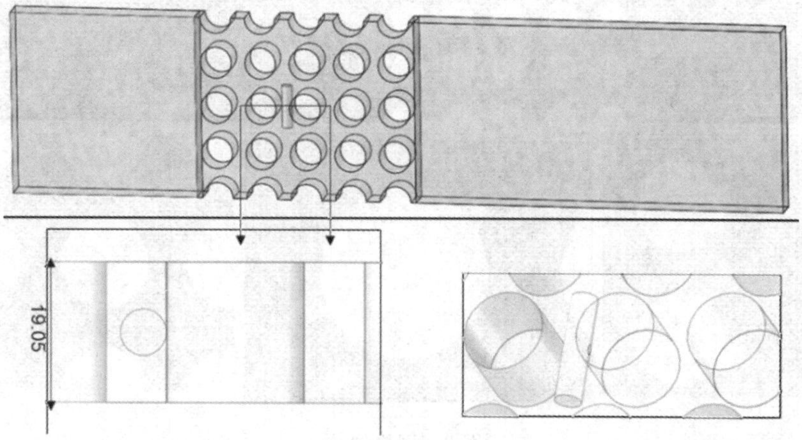

图1 三维模型建立

如图 2 所示，由于传热管为减少计算量，防止传热管与异物同时振动发生碰撞导致网格负体积，在对异物进行振动研究时，忽略传热管的振动，将传热管设置为刚性管。同时为模拟异物在真实环境下主要为 x 方向运动的振动情况，将异物的 y 与 z 方向的位移与 x，y 与 z 的旋转进行限制，仅保留 x 方向的位移自由度。

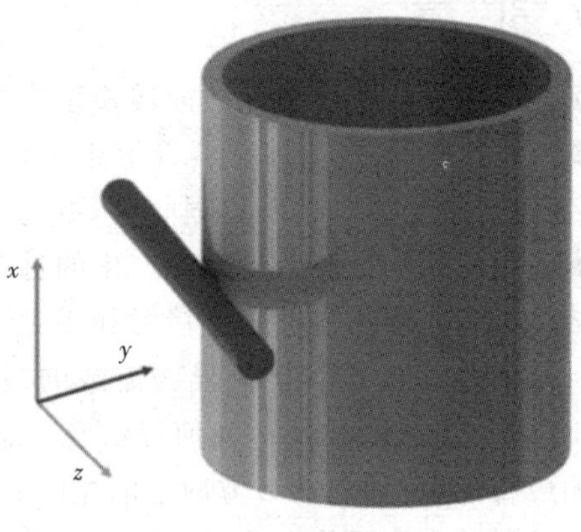

图 2　异物与传热管运动关系

标准 $k-\varepsilon$ 模型是圆柱绕流数值计算中广泛采用的湍流模型。RODRIGUEZ 等[15-16]通过系统研究不同湍流模型对圆柱绕流的模拟精度，发现标准 $k-\varepsilon$ 模型在横向流动模拟中能提供更准确的结果，尤其适用于不可压缩流体计算。针对不可压缩流体的湍流模型方程定义如下：

$$\frac{\partial(\rho k)}{\partial t}+\frac{\partial(\rho k\,U_i)}{\partial t_i}=\frac{\partial}{\partial x_j}\left[\left(\mu_1+\frac{\rho\varepsilon^2 C_\mu}{k\sigma_k}\right)\frac{\partial k}{\partial x_j}\right]+G_k-\rho\varepsilon \tag{1}$$

$$\frac{\partial(\rho\varepsilon)}{\partial t}+\frac{\partial(\rho\varepsilon U_i)}{\partial x_i}=\frac{\partial}{\partial x_j}\left[\left(\mu_1+\frac{\rho\varepsilon^2 C_\mu}{k\sigma_\varepsilon}\right)\frac{\partial k}{\partial x_j}\right]C_{1\varepsilon}\frac{\varepsilon}{k}G_k-C_{2\varepsilon}\rho\,\frac{\varepsilon^2}{k} \tag{2}$$

$$G_k=\rho\,\frac{\varepsilon^2}{k}C_\mu\left(\frac{\partial_{\mu i}}{\partial_{xj}}+\frac{\partial_{\mu j}}{\partial_{xj}}\right) \tag{3}$$

$C_{1\varepsilon}=1.44$、$C_{2g}=1.92$、$C_\mu=0.09$、$\sigma_k=1.0$、$\sigma_\varepsilon=1.3$

式中，k 为湍流动能；ε 为湍流耗散率；ρ 为流体密度；t 为时间；μ 为层流涡黏系数；下标 i,j 分别为 x，y 方向的分量；G_k 为由平均速度梯度引起的湍流动能产生项；$C_{1\varepsilon}$，$C_{2\varepsilon}$，C_μ 为经验常数；σ_k，σ_ε 分别为湍流动能和耗散率对应的普朗特数。

1.2　网格划分与网格无关性验证

为确保在异物运动位移较大时计算的稳定性以及准确性，将异物周围流场进行分割区域并网格加密处理，此模型中异物边界为动网格，其余边界均为壁面，因此采用分区操作的混合网格划分方式，对异物边界进行加密处理。网格划分采用 Solidworks 切割功能结合 ANSYS Meshing 模块。模型网格划分总体示意图如图 3 所示。

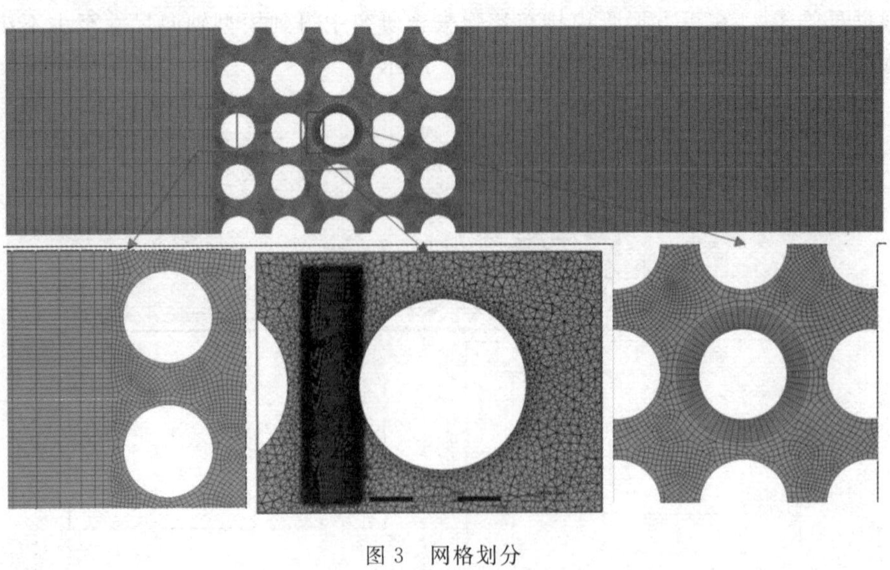
图 3　网格划分

入口区和出口区形状规则且湍流强度较低,可以尽量减少网格数量,采用了 face meshing 面映射四边形网格;管阵区存在异物流场结构复杂,采用了三角形网格。为保证异物附近网格质量,对异物及其周围管区域分别进行了不同节点数量的网格加。如表 1 所示,经过网格无关性检验,网格尺寸为 0.1 mm 时误差低于 1%,可作为最优解,总单元数量 6893215。

表 1 网格无关性验证

网格尺寸 mm	0.05	0.1	0.5	1.0
升力均方根值 N	4.02E−02	3.99E−02	4.21E−02	4.56E−02
误差%	—	0.75	5.51	8.31

1.3 模拟边界条件

表 2 中展示了模拟计算设置和边界条件的设定,前后两个平面设置为对称面,弹性管设置为刚体壁面。

表 2 模拟参数设置

项目	设置
分析类型	瞬态分析
分析时长	0.6 s
时间步长	0.000 5 s
入口条件	均匀来流
出口条件	零压力出口
湍流模型	k-ε
壁面函数	Scalable 壁面函数
收敛控制	最小系数循环 1;最大系数循环:20
残差	10E−4
进口流速	1m/s
流域材料	液态水(998 kg/m^3)

如图 4 所示,对异物与弹性管分别建立独立坐标系,并将其设为刚体;对弹性管附加弹簧约束与阻尼,对异物与弹性管设定升力、阻力、位移监测点。

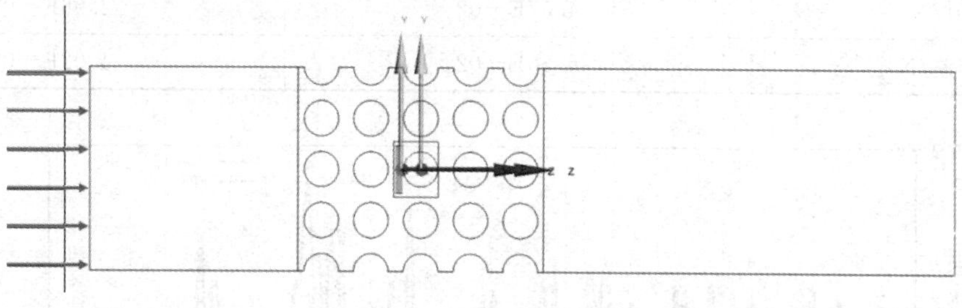

图 4 CFX 计算设置

入口边界条件设置为速度入口,出口边界条件为压力出口,相对压力为 0Pa,管束壁面设置为无滑移壁面边界,由于上下表面是半管结构,因此设为对称边界条件。

1.4 动态摩擦力载入

在模拟异物与传热管磨损过程中,摩擦力的大小和方向通常会随着接触条件的变化而变化。因此在模拟中引入基于库伦摩擦模型的动态摩擦力可以更准确地模拟异物与传热管之间的磨损行为[17]。这一模型的重要性在于它能够根据阻力的变化来动态地调整摩擦力的大小和方向。

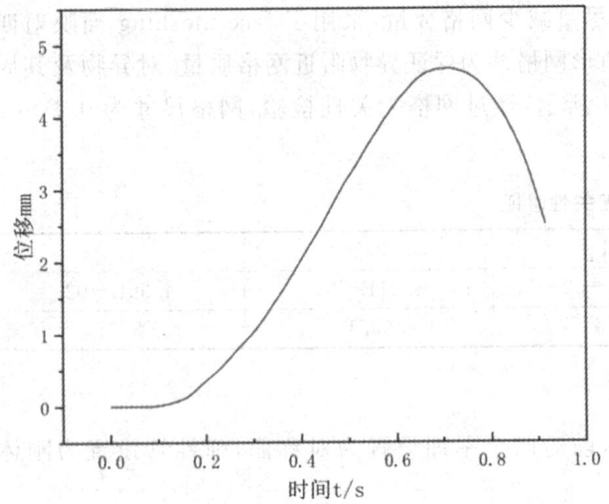

(a) 圆柱状异物未施加摩擦力

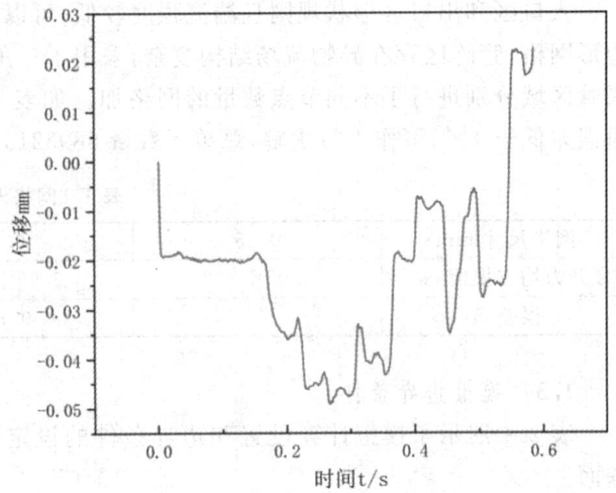

(b) 圆柱状异物施加摩擦力

图 5 异物施加摩擦力位移对比

如图 5 所示,在对 2 mm 圆柱状异物进行无约束计算时,振动轨迹光滑且振幅过大。在对异物施加动态摩擦力后首先可以明显看出位移大幅缩减,且位移曲线也呈不规律波动状态,而未施加摩擦力的异物整体运动情况更类似标准圆柱绕流。动态摩擦力的引入显著改善了模拟精度,特别是在捕捉异物与管道接触行为方面,通过实时动态摩擦力的施加,发现异物的位移减小且波动更具不规则性,这与实际工况下的磨损现象相符。

1.5 数值模拟方法可行性验证

为了验证模拟方法,采用与 EPRI[18] 团队相同的模型配置进行了数值分析:在方形排列管束中放置直径为 6.35 mm 的圆柱形异物。计算了升力特性,并将均方根值(RMS)和平均值与 EPRI 的实验数据(见表 3)进行了定量对比。结果表明,两项参数均达到了相同数量级的一致性。考虑到升力对外界影响本身具有一定敏感性,观测到的差异仍在可接受的公差范围内。如图 6 所示,模拟的升力特性曲线与 EPRI 的数据高度吻合,从而验证了该数值方法的可靠性。

表 3 升力结果对比

案例	EPRI	本模拟
升力均值/N	4.57E−02	2.96E−02
升力标准差/N	5.50E−02	4.02E−02

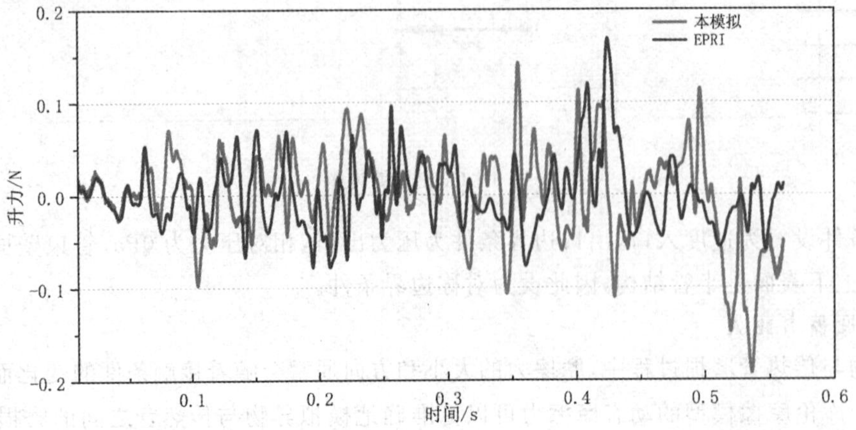

图 6 升力时域曲线对比

2 数值模拟结果分析

2.1 流场分析

不同直径的圆柱形异物对蒸汽发生器传热管周围流场结构影响显著。当异物直径较小时(如 2 mm),流体绕流较为平稳,尾流区形成的涡旋较小,整体流速分布稳定,流场扰动有限。随着异物直径增大 7 mm,接近管间距时,由于上游管束的形成明显遮挡,导致异物局部流速降低。如图 7 所示,较大的异物尺寸对上游涡有抑制作用,而较小的异物尺寸对尾流涡影响不大。因此,较小的异物尺寸更容易受到涡流形成和脱落所产生的力的影响。

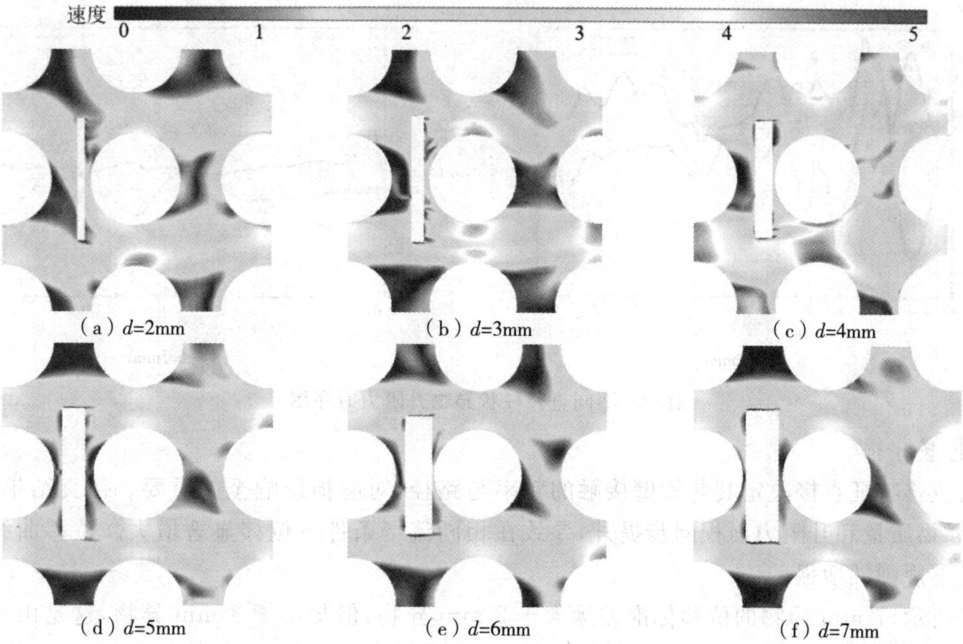

(a) d=2mm (b) d=3mm (c) d=4mm

(d) d=5mm (e) d=6mm (f) d=7mm

图 7 不同直径异物的速度云图

2.2 升阻力分析

图 8 展示了流体升阻力与异物直径的关系,从图中可知,异物升阻力与直径的规律基本一致,当直径增加时,升阻力面积也同样增加,由于管束间隙流速接近,因此升阻力也会同步增加。

对比 $d=3$ mm 与 $d=5$ mm 的异物可知,当直径增大时,异物的升阻力大幅增加,而对比 $d=5$ mm 与 $d=7$ mm 的异物却发现受到的异物升阻力增大的幅度小于预期,因此,在评估流体对物体的作用力时,不能简单地将物体的大小作为唯一决定因素来正比推算流体作用力。

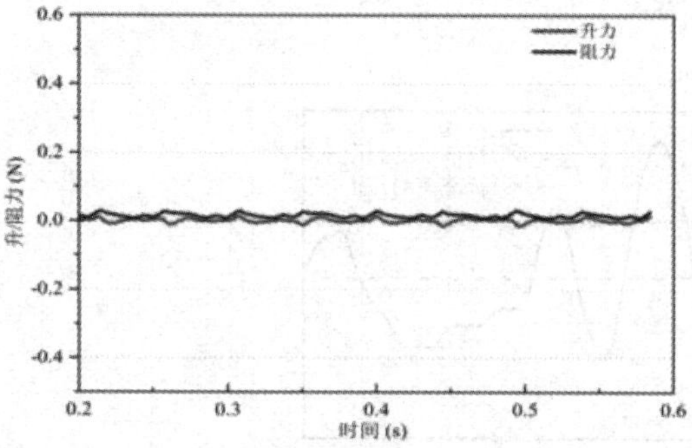

(a) d=2mm

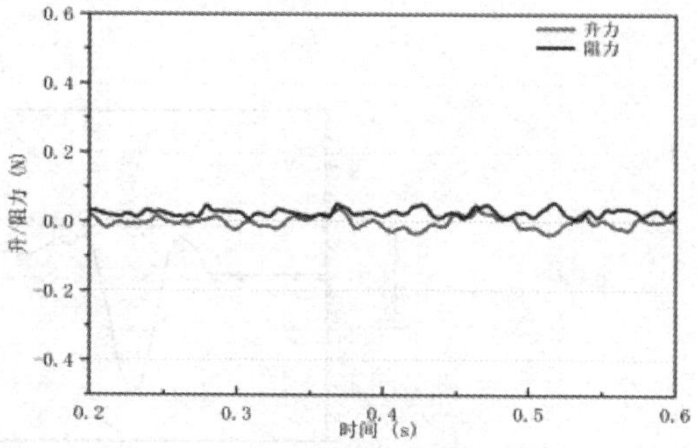

(b) d=3mm

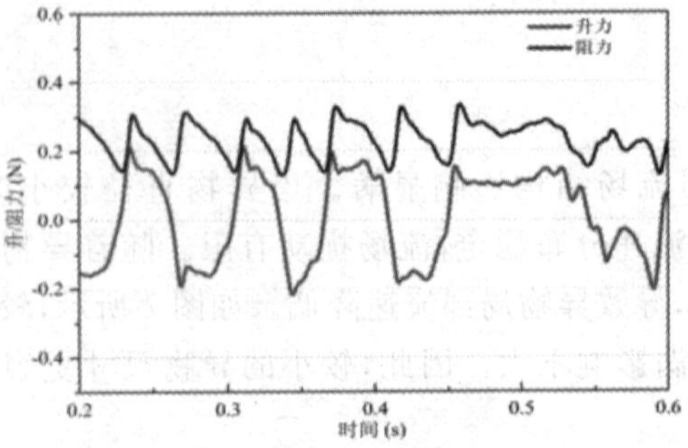

(c) *d*=4mm

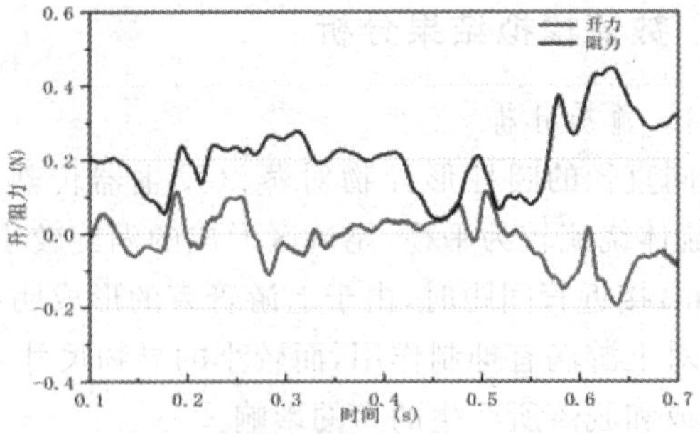

(d) *d*=5mm

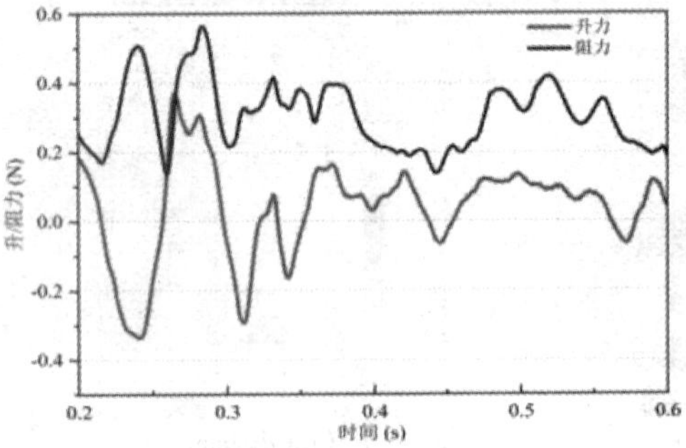

(e) *d*=6mm

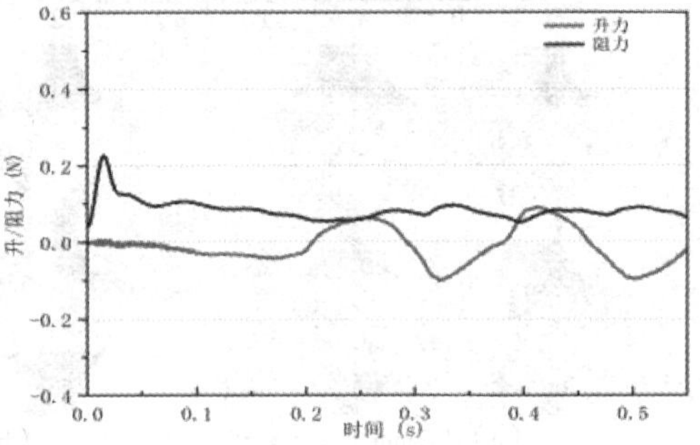

(f) *d*=7mm

图 8　不同直径柱状异物升阻力时序图

2.3　位移分析

异物的位移特征直接决定其与管壁接触的频率与路径,对磨损影响至关重要。仿真结果显示,随着直径增大,异物质量和升阻力面积同步提升,导致在相同流场条件下位移显著增大。位移曲线表现为周期性加剧且不规则性增强。

如图 9 所示,7 mm 异物的位移标准差远大于 2 mm 异物,但却小于 3 mm 异物,这是由于异物位置在两管之间,异物的直径增大至接近换热管间隙时,受到了上游管的遮蔽作用,使其所受流体力减小,同时由于质量的增大,因此位移相对减小。

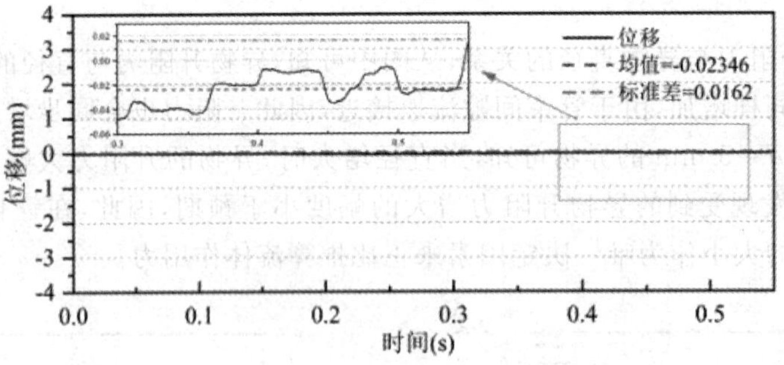

(a) *d*=2mm

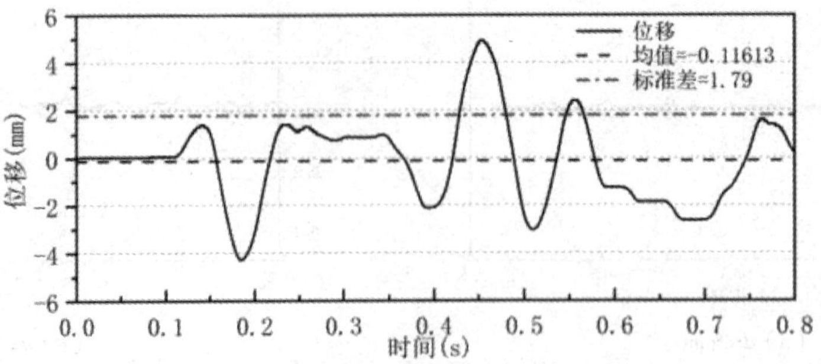

(b) *d*=3mm

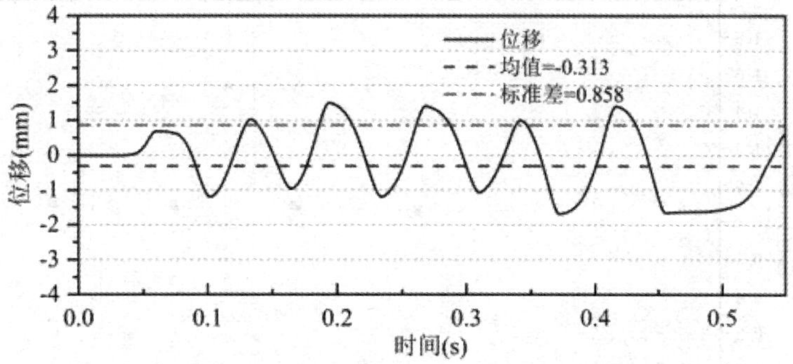

(c) d=4mm

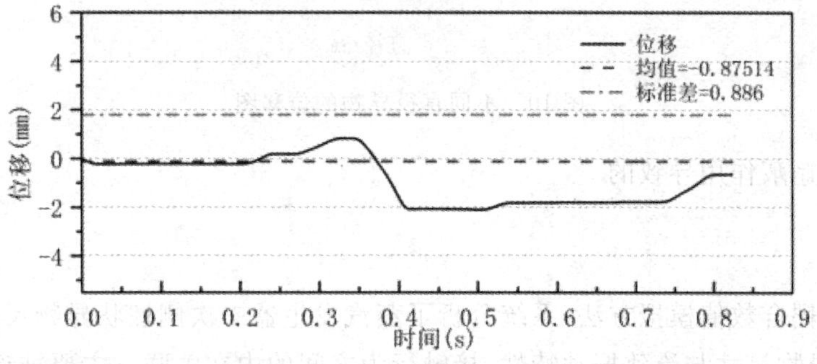

(d) d=5mm

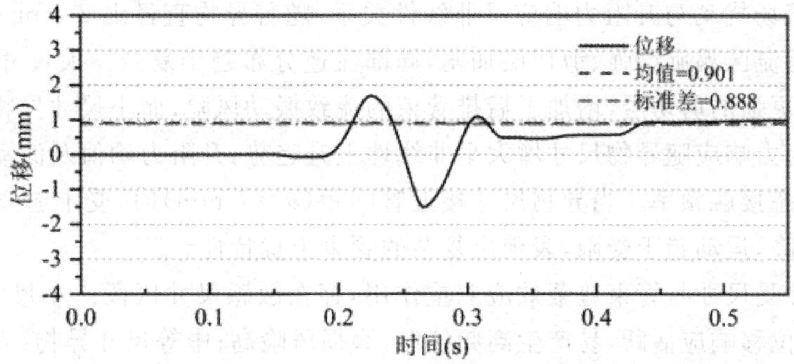

(e) d=6mm

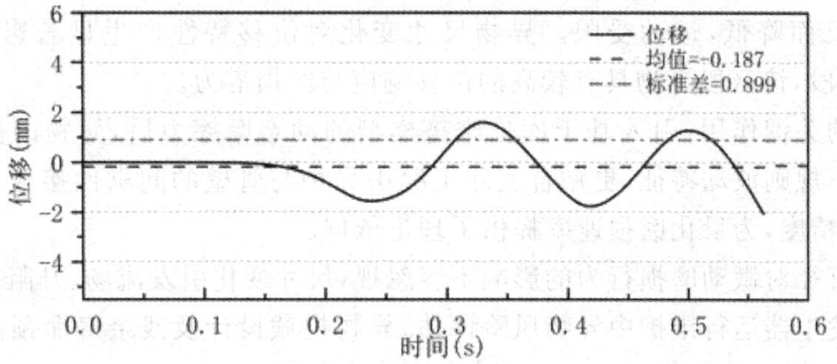

(f) d=7mm

图 9　不同直径柱状异物的位移时序图

由图 10 可知，随着圆柱状异物直径的增大，异物的振幅的幅值也随之增加，因为异物受到流体力的影响大于由于质量增加带来的惯性力的影响。再次证明异物直径增大主要影响异物在流场中的升阻力，质量的影响可以忽略，但大直径的异物在位移过程中更容易与管子表面发生碰撞和摩擦，导致更严重的磨损。

异物在 3 mm 时位移最大，而后逐渐减小，当异物直径增大至接近管间隙时，其位移开始减小，这位

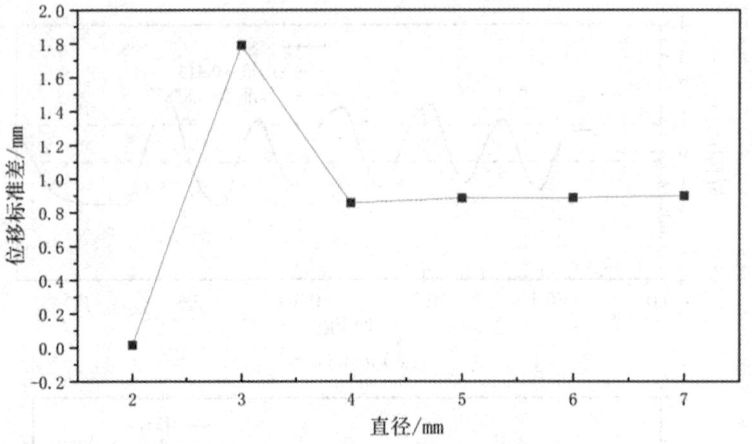

图 10　不同直径异物的位移图

主要是因为上游管的遮蔽作用导致的.

3　结　论

本研究通过流固耦合数值模拟方法,系统分析了蒸汽发生器二次侧柱状异物尺寸对换热管微动磨损行为的影响,揭示了异物尺寸与流致振动特性、接触行为之间的内在关联。主要结论如下。

(1)异物尺寸对流场扰动与升阻力响应呈非线性关系:随着异物直径由 2 mm 增至 7 mm,流体绕流结构发生明显变化,尾流区涡旋增强、剪切层加剧,局部流速分布趋于复杂。大尺寸异物(d=6 mm、d=7 mm)在尾流区形成更强的剪切层,增加了后排管束的流致振动风险;而小尺寸异物扰动较弱,尾迹区域狭窄、流动平稳。升阻力响应随异物尺寸增大呈非线性上升趋势,升阻力均值及波动幅度同步增加,显著加剧了与管壁的非稳态接触频率。当异物尺寸接近管间距(d=7 mm)时,受上游管束遮蔽效应影响,升阻力增幅趋缓甚至下降,运动趋于受限,表现出复杂的管束干扰特性。

(2)异物位移特性受尺寸与管束遮蔽效应双重作用,存在敏感尺寸区段。小尺寸异物(d=3 mm)因质量小、受流体力大,位移响应活跃,易产生高频接触,磨损风险高;中等尺寸异物(d=5 mm)位移振幅显著增大,振动周期增强,处于磨损敏感区段;大尺寸异物(d=7 mm)虽受力面积大,但因管束遮挡和自身惯性作用,位移幅值反而降低,运动受限。异物尺寸变化对位移特性产生显著影响,需重点关注 d=3 mm至 d=6 mm 区段,该区段异物具有较高的位移响应与磨损潜力。

(3)动态摩擦力的关键作用:引入基于库伦摩擦模型的动态摩擦力后,异物的振动位移幅值大幅减小,且运动轨迹呈现不规则波动特征,更贴合实际工况中异物与管壁的间歇性接触行为。该模型有效提升了微动磨损模拟的精度,为量化磨损速率提供了理论依据。

总体而言,异物直径对微动磨损行为的影响不容忽视,尺寸变化引发流场、升阻力及位移响应的非线性耦合效应,为蒸汽发生器运行维护中异物风险评估、异物拦截设计及残余寿命预测提供了重要的理论依据。

参考文献

[1] 林韩波,唐力晨,钱浩,等. 核电 690 合金传热管微动疲劳试验及损伤机理分析[J]. 摩擦学学报,2022,42(05):954-965.

[2] 汪家梅,杨晨,张乐福,等. 蒸汽发生器管 690TT 合金的点蚀性能[J]. 腐蚀与防护,2016,37(10):821-825+851.

[3] ZHONG X Y, HAN E H, WU X Q, et al. Corrosion behavior of alloy 690 in aerated

supercriticalwater[J]. CorrosionScience,2013,66:369－379.

[4] ZHANG Y,MING H,TANG L,et al. Effect of the frequency on fretting corrosion behavior between alloy 690TT tube and 405stainless steel plate in high - temperature pressurized water[J]. Tribology International,2021,164:107229

[5] 马中良．蒸汽发生器用 690 合金传热管的腐蚀和防护机理研究[J]. 材料保护,2019,52(06):133－137.

[6] 姚彦贵,郑明光,张星亮,等．基于自主开发求解器的蒸汽发生器二次侧流场分析[J]. 压力容器,2023,40(3):56－62.

[7] 于美琪,王博尧,张红升,等．不同温度下 Inconel 690TT 换热管的冲击微动磨损特征研究[J]. 压力容器,2024,41(6):23－29.

[8] GUO X,LAI P,LI L,et al. Progress in studying the fretting wear/corrosion of nuclear steam generator tubes[J]. Annals of Nuclear Energy,2020,144:107556.

[9] BIAN W W,HONGC,XINL,et al. Effect of the cycle number on fretting wear behavior of alloy 690TT tube in high - temperaturepressurized water[J]. Journal of Nuclear Materials,2022,567:153828

[10] YUN J Y,PARK M C,SHIN G S,et al. Effects of amplitude and frequency on the wear mode change of Inconel 690 SG tubemated with SUS 409[J]. Wear,2014,313(1/2):83－88.

[11] SORIA SR,TOLLEY A,YAWNY A,et al. Running condition and material response fretting maps of incoloy 800 steam generatortube sagainst AISI 304L pads in air and room temperature [J]. Tribology International,2019,135:408－420.

[12] MAHEY S. Flow - induced vibrations of foreign objects inside steam generator's tube bundle [D]. University of Waterloo,2017.

[13] KIMA H N,CHOA N C. Predicted wear on the tube outside surface due to foreign object in the secondary side of steamgenerator[C]//Proceedings of the KNS autumn meeting. 2012:2－2.

[14] 吴皓,谭蔚,聂清德．正方形排布管束流体弹性不稳定性数值计算模型研究[J]. 振动与冲击,2013,32(21):102－106.

[15] RODRIGUEZ A,ADANSI R,ENRIQUEZ A,et al. Reynolds Numbers:The K - epsilon($k-e$) Turbulence Model vs. LaminarModel for Flow Over a Circular Cylinder[J]. 2021. 3－22.

[16] WILCOX D C. Turbulence Modeling for CFD[M]. La Canada, California: DCW Industries Inc,2006.

[17] BERNARD J E. The simulation of coulomb friction in mechanical systems[J]. Simulation,1980,34(1):11－16.

[18] Electric Power Research Institute. Steam generator management program: Foreign object prioritization strategy for triangular pitch steam generators[R]. Palo Alto,CA:EPRI,2010. 1020989.

作者简介

王恒(1996),男,中级工程师,硕士,研究方向为过程装备流致振动与微动磨损,通信地址:315200 浙江省宁波市镇海区中官西路 85 号天津大学浙江研究院,E－mail:wangheng@zitju. cn。

基于机器学习的管束流体弹性不稳定性预测方法研究

卢玲玲[1,3],孙正瑞[2],朱国瑞[1,2,3]

(1. 天津大学 福州国际联合学院,天津 300072;2. 天津大学 化工学院,天津 300350;
3. 天津大学 浙江研究院,浙江宁波 315000)

摘　要:由流致振动导致的流体弹性不稳定性(FEI)对管壳式换热器构成重大安全挑战。由于管束系统模型非常复杂,研究管束流体弹性不稳定性的实验设计和数值模拟成本昂贵,且实验条件与实际工况总有偏差。搭建了一套两相水洞实验,管阵采用转角三角形排布方式,探究含气率对不等频单弹性管在不同节径比(P/D=1.41 和 1.483)刚性管阵中流弹失稳特性的影响,并引用了机器学习算法,构建向量机模型用于流体弹性不稳定性的预测,获得流弹失稳的临界流速,验证了模型的稳定性和准确性。上述实验数据验证结果:采用基于向量机模型的机器学习算法预测的结果较 Conners 公式与实验数据更吻合。

关键词:管壳式换热器;流体弹性不稳定性;临界流速;机器学习;向量机模型

Research on the prediction method of fluid—elastic instability of tube bundle based on machine learning

LU Lingling[1,3],SUN Zhengrui[2],ZHU Guorui[1,2,3]

(1. The International Joint Institute of Tianjin University,Fuzhou,
Tianjin University,Tianjin 300072,China;
2. School of Chemical Engineering and Technology,Tianjin University,Tianjin 300350,China;
3. Zhejiang Institute of Tianjin University,Ningbo 315000,China)

Abstract:Fluid - elastic instability(FEI)caused by fluid - induced vibration poses a significant safety challenge to shell and tube heat exchangers. Due to the extremely complex model of the tube bundle system,the experimental design and numerical simulation of the fluid - elastic instability of the tube bundle are costly. Moreover,there is always a deviation between the experimental conditions and the actual working conditions. A set of two - phase water tunnel experiments was established. The tube array was arranged in a corner triangle pattern to explore the influence of the gas content rate on the flow - elastic instability characteristics of unequal - frequency mono - elastic tubes in rigid tube arrays with different aspect ratios(P/D=1.41 and 1.483). The machine learning algorithm was also cited to construct a vector machine model for the prediction of fluid elastic instability,obtain the critical flow velocity of fluid elastic instability, and verify the stability and accuracy of the model. The above experimental data verify the results:The predicted results of the machine learning algorithm based on the vector machine model are more consistent with the experimental data than those of the Conners formula.

Keywords:shell and tube heat exchanger;fluid - elastic instability;critical flow velocity;machine learning;vector machine model

0 引 言

管壳式换热器因其稳定高效的热交换性能在许多工业生产中是不可或缺的设备，如化工、石油、制冷、电力等领域[1]。近些年在核工业生产中常有因换热管流致振动与支撑板和防振条发生微动磨损，导致换热管内侧液体泄露。因此，与换热管有关的流致振动研究成为核能装备安全领域的重要课题[2]。

由流致振动导致的流体弹性不稳定性是目前主流的研究方向。课题组前期对流体弹性不稳定性做了很多研究[3-5]，如 TAN 等[6]研究非对称刚度管束的流弹失稳，分别对单根弹性管和多根弹性管在管的固有频率比（流向/横向）分别为 50%，60%，70%和 80%的工况下，分析流弹失稳特性。QI 等[7]采用气-水两相流水洞实验装置，研究 1.41 节径比正三角形管阵排布弹性管的流体弹性不稳定性特性，对比分析了单根弹性管和多根弹性管的流弹失稳情况，发现单个柔性管没有表现出流体弹性不稳定性，而中心簇则表现出，说明流弹失稳主要受刚度机制控制。此外，RICCIARDI 等[8]研究了 1.5 节径比正三角形管束排布下，不等频弹性管阵在大范围空泡率下的流体弹性不稳定性，发现高空泡率下有显著的振动幅值，且正三角形结果较转角三角形结构更稳定。KHALVATTI 等[9-14]做了许多研究，讨论管束排列方式、空泡率、阻尼和流速等对两相流横流冲刷管束的振动特性，研究流体弹性不稳定性预测模型。

近年来，学者们针对流体弹性不稳定性预测问题提出了准稳态模型、非稳态模型及半解析模型等具有工程价值的预测方法，仍属于“实验数据驱动型”模型，存在显著局限性，其预测精度严重受限于局部流速、湍流强度等参数的测量质量。随着计算机技术的快速发展，已有很多学者通过 CFD（Computational Fluid Dynamic，计算流体力学）和 ML（Machine Learning，机器学习）的方法研究管束流体弹性不稳定性[15-20]，预测临界流速。MORAN 等[21]从文献中收集了单相和两相流的 FEI 数据，使用逻辑回归作为两相流问题的分类算法，预估临界流速或者流体弹性稳定性。ZHAO 等[22]收集了大量 FEI 实验数据，将 FEI 深度神经网络代理模型与遗传算法相结合建立了一种可实现对管阵构型优化的模型，验证了该模型的准确性和可行性。

本文介绍了一种基于机器学习来预测流体弹性不稳定性的方法，以确定在特定工况下流体弹性失稳的临界流速。首先利用两相水洞实验装置做了不等频单根弹性管流体弹性不稳定性的实验，探讨不同节径比下，含气率对流体弹性不稳定性的影响；然后采用向量机模型构建机器学习流体弹性失稳预测模型，并用实验数据验证了该模型较 Conners 公式更贴合实际工况。

1 流体弹性不稳定性实验

1.1 实验装置

实验装置主要分为三部分：流体循环系统、主体实验平台及数据处理与采集部分，在实验中，通过调节水流量和气流量来控制两相流的气含率，得到不同含气率的气-水两相流。两相流经过静态混合装置进行混合，使其能均匀地流过实验段对管束进行冲刷，通过流量大小与管阵排布方式计算得到某一特定工况下的间隙流速，如式(1)所示。流经流道的混合流体经管道回到储水箱，完成循环。用加速度传感器采集 60 s 数据，去掉开始及结束的 10 s 时间，利用振动平稳段的 40 s 数据进行积分处理得到均方根振幅。

$$U_p=\frac{\sqrt{3}P}{2(P-D)}U\# \tag{1}$$

式中，U_p 为间隙流速，m/s；P 为相邻管中心的距离，m；D 为管直径，m（在实验中，$D=0.026$ m）；U 为来流速度，m/s。

两相水洞实验装置如图 1(a)所示。实验段整体呈现 260 mm×250 mm 矩形结构，各部分间利用法兰连接，并在安装管束前的稳流段法兰位置安装孔板以减轻流体湍动程度。如图 1(b)所示，实验段中央设置有管板以安装实验管束，实验管束以悬臂梁方式固定在管板上；在管板的另一侧，设置有玻璃视窗以观察管束的振动情况以及两相流体的流动状态。实验段周围，布置有实验平台以方便管束、管板的安装及更换。如图 1(c)所示，气体管路分为 8 个支路均匀分布在水路管道圆周范围，布置这样的两相混合管路可以保证两相流体混合均匀。如图 1(d)所示，传热管内部布置的加速度传感器连接线穿过管板，连接在数据采集仪上。

(a) 主体实验平台

(b) 测试段

(c) 气液混合管道

(d) 管板后侧布置图

图 1　两相水洞实验装置

1.2　实验方案

为研究在节径比为 1.483 和 1.41 下，空泡率、间隙流速等对流体弹性不稳定性影响规律(包括顺流向和横流向)，搭建了管束流致振动实验台架，分别开展了在单相和两相流条件下，刚性管转角三角形排列中单根弹性管在横向流冲刷作用下诱发振动的实验。其中弹性管设计为横流顺流两个方向不等频，横流方向固有频率为 29.86 Hz，顺流方向固有频率为 18.43 Hz。利用中间 40 s 数据进行积分处理得到均方根振幅，通过观察管均方根振幅随间隙流速的增加快速增长的点确定流弹失稳点，以此判定为发生流弹失稳现象。

1.3 实验结果分析

1.3.1 管束振动特性分析

基于气-水两相水洞装置，在 1.483 节径比转角三角形排布下，对不等频单弹性管进行两相流弹失稳实验，获得 0～90％含气率下转角三角形弹性管均方根振幅随临界流速变化结果如下图 2 所示。在纯水环境中，横流向临界流速在 2.09 m/s，顺流向未发生明显振动。10％～50％含气率下横流向临界流速随空泡率增加而增加，10％含气率下顺流向未发生明显振动，20～50％含气率下顺流向振动随间隙流速增加先增大后减小，未发生明显流弹失稳。50％～90％含气率横流向基本不振，顺流向振幅较大，但未发生明显的流弹失稳。

在 1.41 节径比转角三角形排布下，0～90％含气率下不等频单弹性管均方根振幅随临界流速变化结果如下图 3 所示。在纯水环境中，横流向临界流速在 1.85 m/s 左右，顺流向未发生明显流弹失稳。20％～30％含气率下，顺流向出现漩涡脱落的现象。10％～40％含气率下横流向临界流速随空泡率增加而增加，顺流向未发生明显流弹失稳。在 50％含气率后两个方向未发生流弹失稳，在高含气率时，在低流速下弹性管发生较大振动，可能是流型的变化，使流体湍动增强造成的。

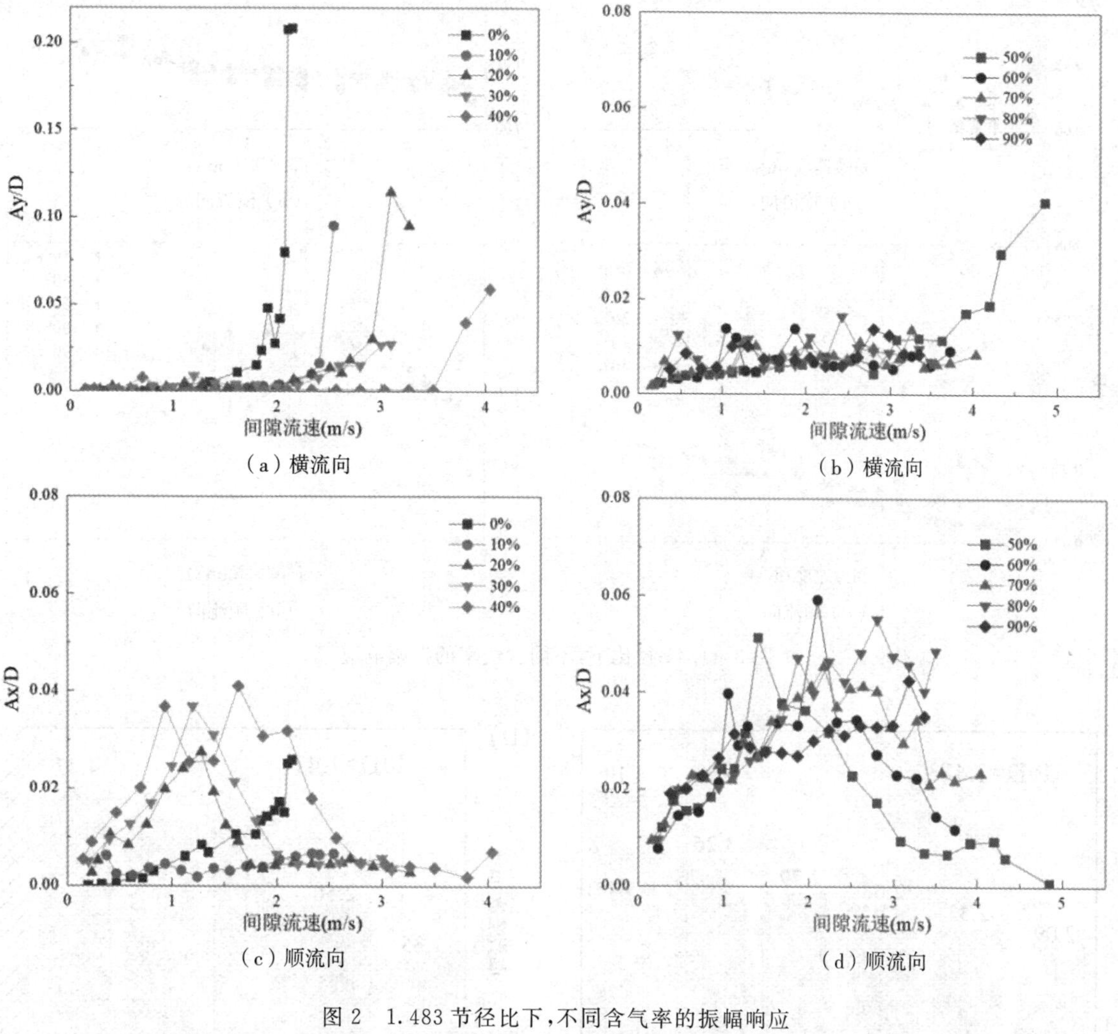

（a）横流向　（b）横流向

（c）顺流向　（d）顺流向

图 2　1.483 节径比下，不同含气率的振幅响应

由图 2 和 3 可知，在两种节径比下，转角三角形排布下单弹性管在本设备能力范围内未发生明显流弹失稳，这可能与两相流流型有关[14]。如图 4 所示，不同节径比下，50％含气率以下，单弹性管横流向流弹失稳临界流速随含气率的升高而升高，该结果与 PETTIGREW 等[13]的实验结果一致。

1.3.2　流体弹性不稳定性常数分析

利用前面得到的临界流速代入 Conners 公式[23]，如式(2)所示，可以得到节径比为 1.483 时不稳定常数 K 和指数 b 分别为 5 和 0.5，而节径比为 1.41 时不稳定常数 K 和指数 b 分别为 5.5 和 0.5。

$$\frac{U_p}{fD}=K\left(\frac{2\pi\zeta m}{\rho D^2}\right)^b \# \tag{2}$$

式中，f 为固有频率，Hz；ζ 为阻尼比，无量纲；m 为管长总质量，kg/m；ρ 为液体密度，kg/m³。

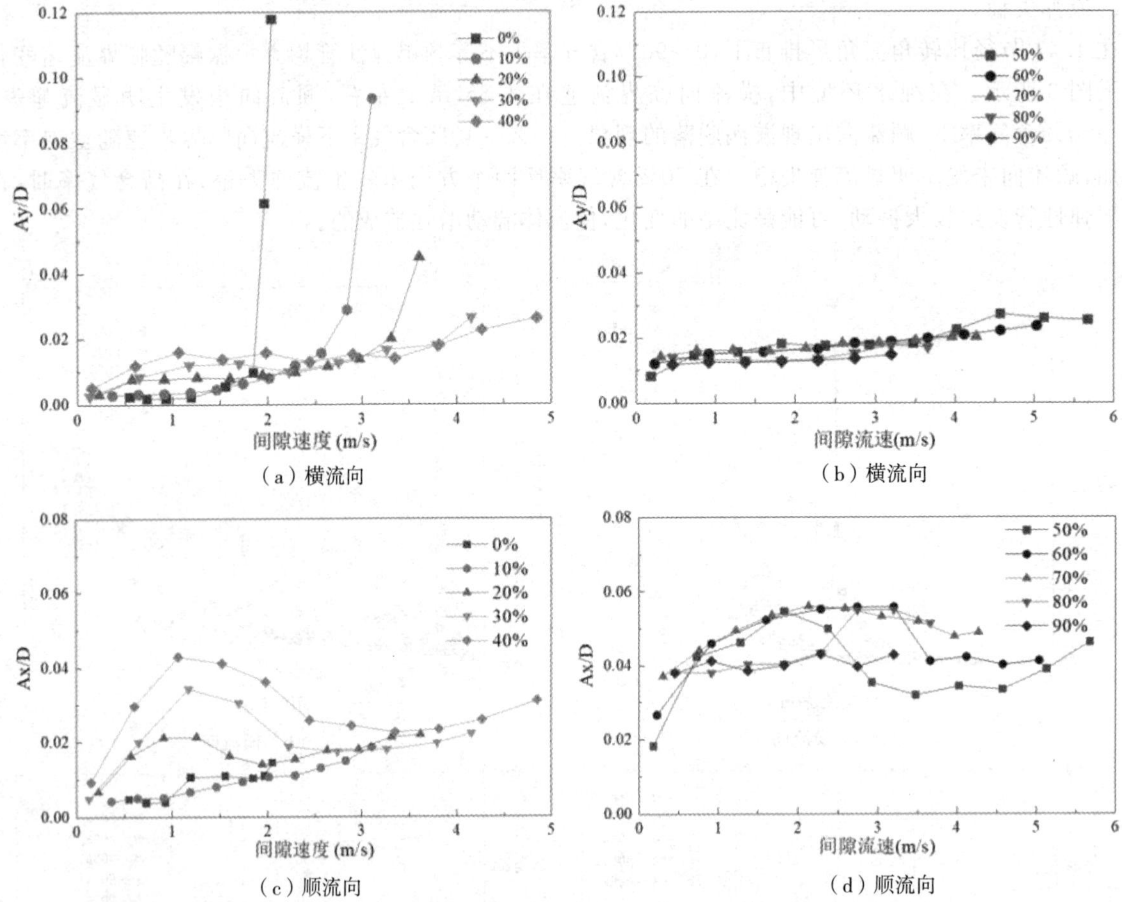

图 3　1.41 径比下，不同含气率的振幅响应

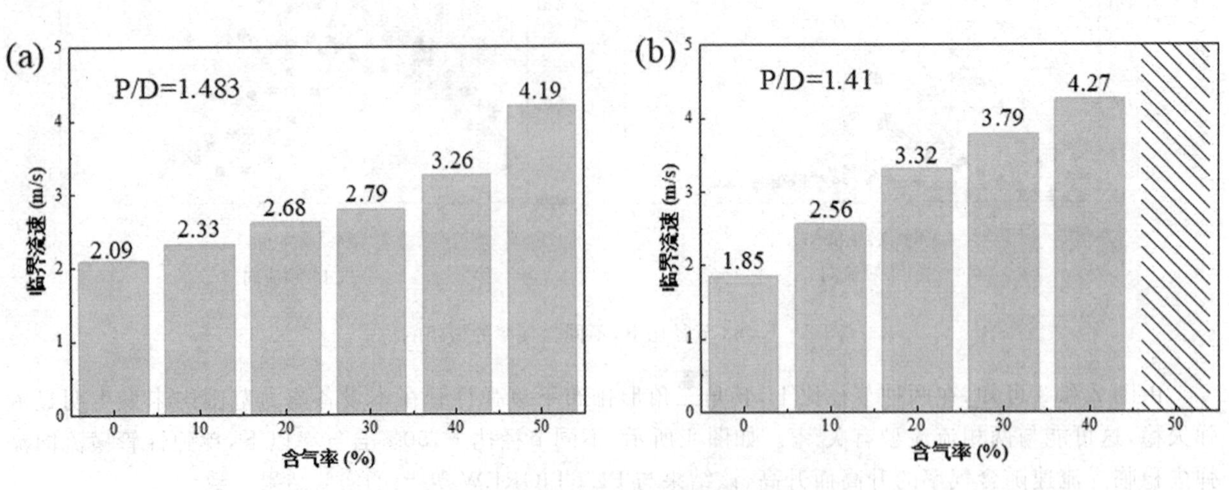

图 4　不同节径比下横流向失稳临界流速随含气率变化

将本实验结果与其他学者的研究结果进行对比，如图 5 所示。其中，PETTIGREW 等[24]使用的是两相流介质为氟利昂－22，PETTIGREW 等[25]使用的为空气-水两相流，展开节径比 1.32，1.47 管阵中传热管流体弹性不稳定性失稳特性的研究；SAWADOGO 等[26]则是 60%～90%空泡率空气-水两相流体条件下对节径比 1.5 管阵的冲击作用展开研究。从图中可以看到，本实验结果与其他学者流体弹性不稳定性失稳现象具有良好的一致性，且相对误差在 20%以内。

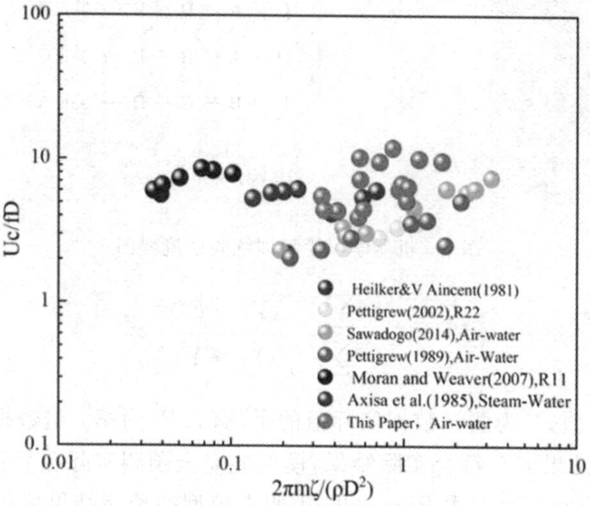

图 5　两相流不稳定区图

2　机器学习预测

本文的机器学习原始数据来源参考 ZHAO 等[22]论文中收集的数据，共 593 条。数据参数类型包括管束排布形式(包括正方形、转角三角形、转角正方形和正三角形)、节径比、质量阻尼参数、折减速度。管束的排布方式包括。数据中节径比范围为 1.22～1.73，质量阻尼参数范围为 0.004～349.6，质量阻尼参数计算公式如下：

$$MDP=\frac{2\pi\zeta M}{\rho D^2} \# \tag{3}$$

式中，MDP 为质量阻尼参数，无量纲；M 为单位管长质量，kg/m。

2.1　机器学习预测模型

本文采用的机器学习模型为支持向量机(Support Vector Machine，SVM)模型，该模型是一种经典的监督学习算法，广泛应用于分类和回归任务，它以强大的数学基础和优秀的泛化能力著称，尤其在中小规模数据集和高维空间中表现突出[27]。向量机模型的优点是优化最大化间隔，使模型倾向于选择“最安全”的决策边界，降低过拟合风险，尤其适合小样本数据集；可解决复杂的非线性分类/回归问题；对异常值不敏感。本文中数量集较小，输入参数和输出参数为非线性关系，因此选择向量机模型可以较好适用于流体弹性不稳定临界流速的预测问题。

2.2　模型准确性验证

将全部数据集分为两部分，80%用于训练模型，20%用于测试模型准确性。机器学习模型训练与验证的流程如图 6 所示，其中把 80%训练集数据平分为 5 等分，用于交叉验证来评估模型的稳定性、降低偶然性。最终得到平均值为 0.88，这说明用该方法建立的机器学习模型较为稳定，精度较高，鲁棒性较好。

在进行交叉验证确保该模型较稳定后，将测试集数据输入验证模型的准确性。通常用决定系数 R^2 值来代表模型的准确性，R^2 计算公式如下：

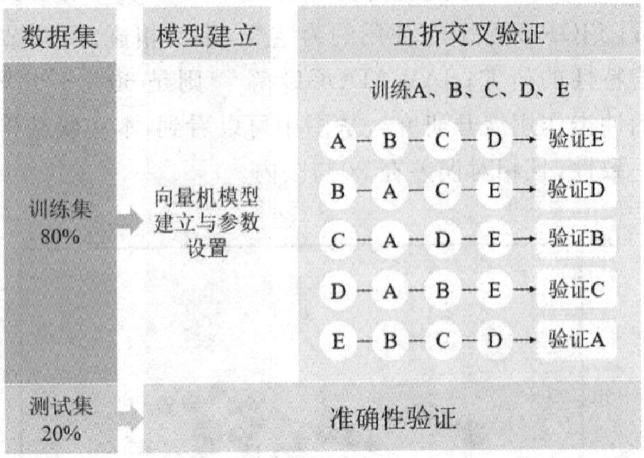

图 6 机器学习模型训练验证流程图

$$R^2 = 1 - \frac{\sum_{i=1}^{n}(Y_i - P_i)^2}{\sum_{i=1}^{n}(Y_i - \bar{Y})^2} \# \tag{4}$$

式中,Y_i 为测试数据的实际值;$\bar{Y}$ 为测试数据实际值的平均值;P_i 为第 i 组数据模型预测值。

当 $R^2=1$ 时,表示预测结果完全符合实际结果,模型能完全预测实际临界流速;当 $R^2>0.95$ 时,表示预测结果能精确预测临界流速。本文中 $R^2=0.93$ 表明本模型的预测结果能较为精确的预测实际临界流速。

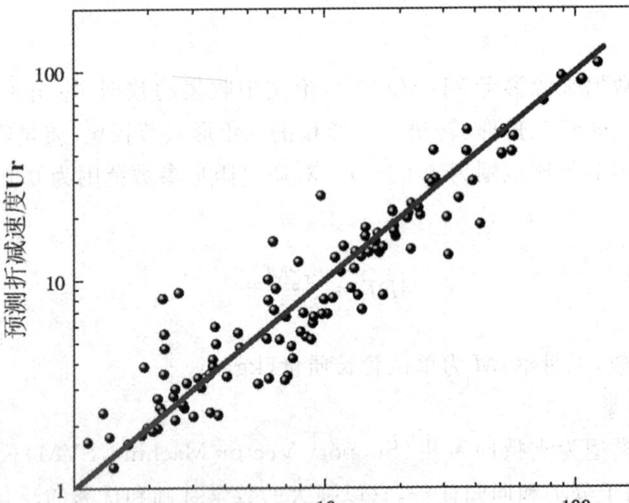

图 7 临界流速的预测值与实际值对比

将测试集实际的临界流速和模型预测的临界流速进行对比,如图 7 所示,蓝色的线为零误差的情况。从图中可知,该模型预测结果与实际结果仍有一定差别。其原因可能是:临界流速选取偏差,临界流速的选定可能受人为因素的影响;数据集有限,输入参数较少,临界流速受多种因素的影响[22]。

2.3 模型验证

SVM 模型、Conners 公式与本实验结果得对比如图 8 所示。可以看出,SVM 模型对于实验点的拟合效果更好。实验点整体上临界折减流速要高于 SVM 预测值,其原因可能是本实验为单管实验,在低质量阻尼参数时,临界流速会略高于管阵临界流速,导致预测结果偏低。

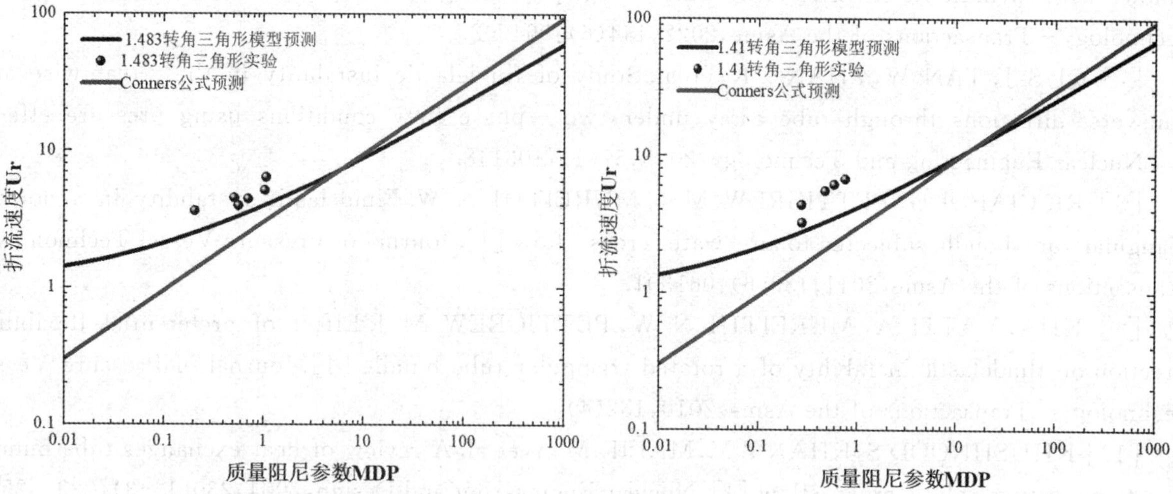

（a）节径比1.483结果对比　　（b）节径比1.41结果对比

图 8　与 Conners 公式的预测结果对比图

3　结　论

本文通过两相流立式水洞实验装置，研究了含气率对转角三角形刚性管阵中不对成单弹性管的流体弹性不稳定性的影响，并基于向量机模型建立了机器学习算法来预测流弹失稳特性，将实验数据分别代入该模型和 Conners 公式，比较两种方法预测的准确性。

(1)不同节径比下，50％含气率以下，单弹性管横流向流弹失稳临界流速随含气率的升高而升高，且在高含气率下，低流速对应的弹性管振动幅值较大，这说明含气率增加管束即使不发生流弹失稳振动也会增强。

(2)基于向量机模型的机器学习预测模型可解决复杂的非线性问题，适用于流体弹性不稳定临界流速的预测问题，且稳定性较强，准确性较高。

(3)通过训练机器学习算法，基于向量机模型得到的预测结果与 Conners 公式计算的结果相比，该机器学习预测模型得到的结果与实验数据点更吻合。

参考文献

[1] 石震宇．管壳式换热器结构优化设计与研究[J]．机械管理开发，2025，40(3)：169－173.

[2] JIANG N－B，CHEN B，ZANG F－G，et al. An unsteady model for fluidelastic instability in an array of flexible tubes in two－phase cross－flow[J]. Nuclear Engineering and Design，2015，285：58－64.

[3] TAN W，ZHAO C Z，REN P，et al. Fluidelastic instability research of tube bundles by a two－way fluid－structure interaction simulation[J]. International Journal of Pressure Vessels and Piping，2022(199)：104705.

[4] TAN W，LI Z，WU H，et al. Experiment study on fluidelastic instability of tube bundles consisting of different frequency tubes with visual image processing system[J]. Journal of Pressure Vessel Technology－Transactions of the Asme，2018，140(3)：031302.

[5] WANG Y Q，TIAN C，GUO K，et al. Experimental study on excitation of heat exchanger tubes based on turbulence power spectrum[C]//ASME Pressure Vessels and Piping Conference(PVP)，Electr Network，2020.

[6] TAN W，REN P，WANG Y Q，et al. Experimental study on fluidelastic instability of tube

bundles with asymmetric stiffness using visual image processing system [J]. Journal of Pressure Vessel Technology - Transactions of the Asme, 2022, 144(6): 064502.

[7] QI S J, TAN W, ZHANG K, et al. Study of fluidelastic instability in the streamwise and transverse directions through tube array under two - phase flow conditions using pressure effects [J]. Nuclear Engineering and Technology, 2025, 57(1): 103148.

[8] RICCIARDI G, PETTIGREW M J, MUREITHI N W. Fluidelastic instability in a normal triangular tube bundle subjected to air - water cross - flow [J]. Journal of Pressure Vessel Technology - Transactions of the Asme, 2011, 133(6): 061301.

[9] KHALVATTI A, MUREITHI N W, PETTIGREW M J. Effect of preferential flexibility direction on fluidelastic instability of a rotated triangular tube bundle [J]. Journal of Pressure Vessel Technology - Transactions of the Asme, 2010, 132(4).

[10] KHUSHNOOD S, KHAN Z M, MALIK M A, et al. A review of heat exchanger tube bundle vibrations in two - phase cross - flow [J]. Nuclear Engineering and Design, 2004, 230(1—3): 233—251.

[11] PETTIGREW M J, TAYLOR C E. Vibration of a normal triangular tube bundle subjected to two - phase freon cross flow [J]. Journal of Pressure Vessel Technology - Transactions of the Asme, 2009, 131(5): 051302.

[12] PETTIGREW M J, TAYLOR C E, KIM B S. The effects of tube bundle geometry on vibration in two - phase cross - flow[C]//7th International Conference on Flow - Induced Vibration (FIV 2000), Luzern, Switzerland. 2000: 561—568.

[13] PETTIGREW M J, TAYLOR C E, KIM B S. The effects of bundle geometry on heat exchanger tube vibration in two - phase cross flow [J]. Journal of Pressure Vessel Technology - Transactions of the Asme, 2001, 123(4): 414—420.

[14] TAYLOR C E, PETTIGREW M J. Effect of flow regime and void fraction on tube bundle vibration [J]. Journal of Pressure Vessel Technology - Transactions of the Asme, 2001, 123(4): 407—413.

[15] OMAR H, HASSAN M, GERBER A. Numerical estimaion of fluidelastic instability in staggered tube arrays[C]//Pressure Vessels and Piping Conference of the American - Society - of - Mechanical - Engineers, Prague, Czech Republic. 2010: 269—278.

[16] ZHAO H, GAO P, TIAN R, et al. A three - dimensional refined numerical simulation of cross - flow induced vibration mechanism in the tube bundle [J]. Nuclear Engineering and Design, 2023, 405: 112223.

[17] UNGER S, KREPPER E, BEYER M, et al. Numerical optimization of a finned tube bundle heat exchanger arrangement for passive spent fuel pool cooling to ambient air [J]. Nuclear Engineering and Design, 2020, 361: 110549.

[18] REN F. Intelligent flow control for vortex - induced vibration of cylinder [J]. Chinese Journal of Hydrodynomics, 2022, 37(6): 757—762.

[19] 郭凯，程雨轩，谭蔚，等．不等频率比转置三角形管束流体弹性失稳试验研究[J]．压力容器，2023, 40(4): 1—7.

[20] 陈明亚，孙兴悦，刘晗，等．压水堆核电厂稳压器波动管热分层分析关键技术探讨[J]．压力容器，2023, 40(9): 55—61.

[21] MORAN J E, SELIMA Y. Implementation of machine learning algorithms for prediction of fluidelastic instability in yube arrays [J]. Journal of Pressure Vessel Technology - Transactions of the Asme, 2021, 143(2): 024502.

[22] ZHAO X, GUO R, LIU T, et al. Learning experimental data to predict fluid - elastic instability and optimize configuration of tube arrays [J]. Annals of Nuclear Energy, 2024, 208: 110754.

[23] CONNORS H J. Fluid - elastic vibration of tube arrays excited by cross - flow [J]. procasme winter annual meet, 1970.

[24] PETTIGREW M J, TAYLOR C E, FISHER N J, et al. Flow - induced vibration: recent findings and open questions [J]. Nuclear Engineering and Design, 1998, 185(2—3): 249—276.

[25] PETTIGREW M J, TAYLOR C E, KIM B S. Vibration of tube bundles in two - phase cross - flow: Part 1—Hydrodynamic mass and damping [J]. Journal of Pressure Vessel Technology, 1989, 111(4): 466—477.

[26] SAWADOGO T, MUREITHI N. Fluidelastic instability study on a rotated triangular tube array subject to two - phase cross - flow. Part II: Experimental tests and comparison with theoretical results [J]. Journal of Fluids and Structures, 2014, 49: 16—28.

[27] 王伟. 机器学习原理与应用[M]. 北京:人民邮电出版社, 2025.

作者简介

卢玲玲(1998),女,博士研究生,主要从事流致振动与微动磨损研究,通信地址:300350 天津市海河教育园区雅观路 135 号天津大学北洋园校区化工学院,E—mail:lull@tju.edu.cn。

大型螺旋缠绕管式换热组件抗震试验和分析方法研究

陈　琛,李　晨,袁舒梦
(上海核工程研究设计院股份有限公司,上海 200233)

摘　要:螺旋缠绕管式换热组件作为一体化反应堆的重要组成部分,在事故工况例如地震载荷下的结构完整性方面的研究较少。为了建立螺旋缠绕管式换热组件的抗震分析技术,验证螺旋缠绕管式换热组件在结构设计方面的合理性。基于已完成设计的某大型螺旋缠绕管式换热组件,设计制造了比例模化的抗震试验件,并针对该试验件开展了地震台上的抗震试验。同时,对大型螺旋缠绕管式抗震试验件进行了抗震分析。抗震分析结果和试验结果较为一致,验证了大型螺旋缠绕管式换热组件设计可行性和螺旋缠绕管式换热组件模型简化和分析方法的有效性,为一体化反应堆换热组件的设计提供借鉴。

关键词:螺旋缠绕管;换热组件;抗震试验;抗震分析

Research of the seismic testing and analysis methodology for large – scale spiral wound tube heat exchanger modules

CHENChen,LI Chen,YUAN Shumeng
(Shanghai Nuclear Engineering Research & DesignInstitute,Shanghai 200233,China)

Abstract: As an important component of integrated reactors, there is limited research on the structural integrity of spiral wound tube heat exchange modules under accident conditions such as seismic loads. In order to establish seismic analysis technology for spiral wound tube heat exchange components and verify the rationality of their structural design. Based on the completed design of a large spiral wound tube heat exchange component, a scaled seismic test specimen was designed and manufactured, and seismic tests were conducted on the specimen on a seismic platform. At the same time, the seismic analysis was conducted on the large spiral wound tube seismic test specimens. The seismic analysis results are consistent with the experimental results, verifying the feasibility of designing large spiral wound tube heat exchange components and the effectiveness of simplifying and analyzing the model of spiral wound tube heat exchange components, which provide the reference for the design of integrated reactor heat exchange components.

Keywords: spiral wound tube; heat exchange components; seismic testing; seismic analysis

0　引　言

螺旋管式换热组件作为一种排出反应堆堆型产生热量的重要设备,能够在有限的拓扑空间内布置足够多的传热管,具有换热效率高,空间布局优良的特点,在小型化、一体化反应堆设计中具有明显的优势[1-3]。目前针对螺旋管式换热组件的研究方向主要集中在传热性能方面,包括数值模拟和材料研究等[4-7]。VIVEKANANDAN 等[8]通过开展螺旋缠绕管的换热性能试验和 CFD 分析，为螺旋缠绕管的入口流速提供了参考。WU 等[9]通过对多层石墨烯涂层的传热性能研究，为提升螺旋缠绕管的传热效率提供了新的思路。此外，螺旋缠绕管式换热组件由于其结构形式有别于传统的立式 U 型管束，其在事故工况下的结构完整性研究也是螺旋缠绕管换热组件研究的一个重要方向。WANG 等[10]通过数值模拟方法，研究了配置参数对螺旋缠绕式换热组件传热性能和应力分布的影响。然而，受制于缺少已完成设计制造的螺旋缠绕管式换热组件作为参考，当前螺旋缠绕管的应力分布的计算也不具备代表性，也尚未出现针对螺旋缠绕管在事故工况（例如地震工况）下结构完整性的评定技术[11-12]。因此，为了建立螺旋缠绕管式换热组件的抗震分析技术，验证螺旋缠绕管式换热组件的设计合理性。本文基于已完成设计的某大型螺旋缠绕管式换热组件，设计制造了比例模化的抗震试验件，并针对该试验件开展了地震台上的抗震试验。同时，对大型螺旋缠绕管式抗震试验件进行了抗震分析。抗震分析结果和试验结果较为一致，验证了大型螺旋缠绕管式换热组件设计可行性和螺旋缠绕管式换热组件模型简化和分析方法的有效性，为一体化反应堆换热组件的设计提供借鉴。

1 大型螺旋缠绕管式换热组件抗震分析

1.1 设计输入

换热组件试验件的传热管束由数层螺旋管组成，缠绕直径从内到外不等。上、下通过定位块通过焊接连接到中芯筒上。每层传热管之间通过齿条隔开，最外层布置垫条和加强筋以提高中心筒结构刚度。

将管外的一次侧流体重量附加到传热管上。其中传热管单位长度的质量 m 按下式进行计算：

$$m = A_t \rho_t + A_i \rho_i + C_m A_0 \rho_j \tag{1}$$

式中，A_t 为传热管金属横截面积；ρ_t 为金属传热管的密度；A_i 为传热管内壁围成的截面积；ρ_i 为传热管内二次侧流体密度；A_o为传热管排开流体的面积；ρ_j 为传热管外一次侧流体密度；C_m 为附加质量系数。

C_m 按下式计算：

$$C_m = \frac{(D_e/D)^2 + 1}{(D_e/D)^2 - 1} \tag{2}$$

$$\frac{D_e}{D} = \left(1 + 0.5\frac{P}{D}\right)\frac{P}{D} \tag{3}$$

式中，P 为传热管节距；D 为传热管外径。

抗震试验件中，传热管材料为 690 合金，管束支撑材料为 NS3306 合金，其余抗震试验件支撑部件的材料均为 S30408 不锈钢。

本报告进行抗震分析时，取用阻尼比为 3%的反应谱曲线进行地震载荷的加载。

1.2 计算方法和计算模型

计算采用有限元软件 ANSYS 2020 R2 对换热组件抗震试验件进行自重下的静力分析、模态分析和地震载荷下的反应谱分析。模态分析采用 Block Lanczos 法（LANB）。谱分析采用单点反应谱分析方法（SPRS），采用 CQC 法对模型每个模态的反应值进行组合，确定地震载荷下的动态反应。采用 MMASS 命令考虑残余质量的影响，确保各方向模态组合质量为模型总质量的 100%。

换热组件抗震试验件有限元模型主要包括换热组件传热管束及其支撑结构，以及中芯筒、外筒体、上/下管板、筋板、裙座支撑圈和裙座底板等外部支撑部件。传热管束采用 BEAM4 梁单元模拟、定位块、齿条、垫条等管束支撑结构采用 BEAM188 单元模拟，内/外筒体和其他抗震试验件支撑结构采用板壳单元 SHELL63 模拟。分析模型总体坐标系的 Z 方向为中芯筒轴向，竖直向上为正向，X、Y 方向为水平方向。

中芯筒与最内层齿条、各层传热管与外侧齿条或垫条之间通过弹簧单元 COMBIN14 来模拟径向位移耦合。传热管与内侧齿条耦合(CP)三个方向的平动自由度。传热管与管板连接处节点耦合(CP)全部自由度。裙座底板固定螺栓处约束三个方向的平动自由度。

换热组件抗震试验件分析模型及其边界条件如图1所示。

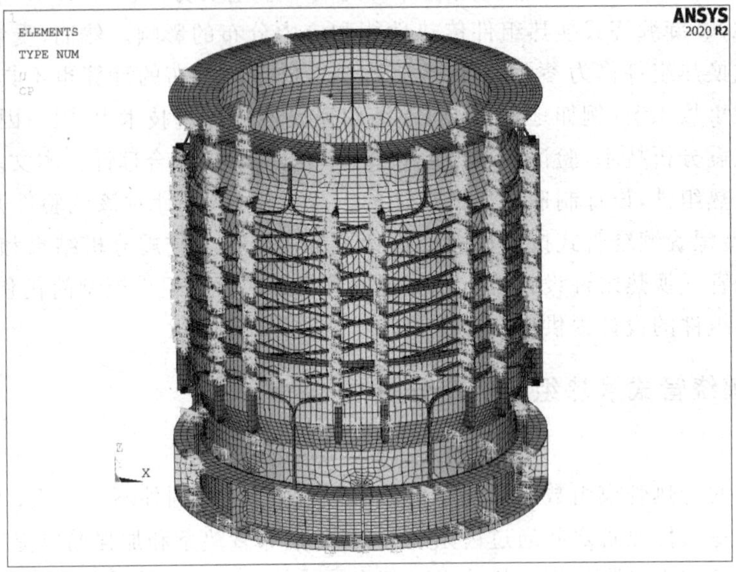

图1 换热组件抗震试验件内部结构的有限元模型及其边界条件(隐藏外筒体)

使用该有限元模型,使用静力分析和反应谱分析法分别计算了有水工况和无水工况下各个位置的加速度、应力和位移响应。将有限元计算结果与抗震试验结果进行对比分析,并根据ASME B&PVC第III卷第1册的相关规定对换热组件抗震试验件的结构完整性进行评定。详细结果见第3节。

2 大型螺旋缠绕管式换热组件抗震试验

2.1 试验件设计和制造

为了掌握大型螺旋缠绕管式换热组件的整体地震反应和动力特性,抗震试验件在外形和设计特点上应尽量和真实传热管束一致。抗震试验件仅保留外层一定层数的传热管,传热管选用截面尺寸相比于工程结构规格更偏保守。其支承结构,包括定位块、齿条、垫条和中心筒等部件,在保证原有支承结构形式基本不变的情况下配合抗震试验件进行修改并适当简化。抗震试验件增加了一个外部筒体,具有一定刚度,与下管板、中心筒形成一个容纳水介质的空间,外部筒体与上管板之间的间隙可供传感器引线引出。试验件下管板底部设置有裙座圈和裙座底板,裙座底板通过螺栓与地震台连接,地震载荷通过裙座传递到大型螺旋缠绕管式换热组件试验件上。

抗震试验件示意图见图2。实际试验件照片参见图3。

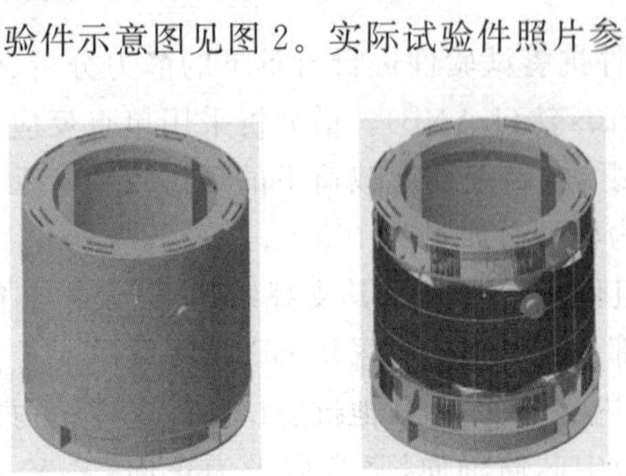

(a) 显示外筒　　(b) 不显示外筒

图2 螺旋缠绕管抗震试验件示意图

图3 螺旋缠绕管抗震试验件实物图

2.2 试验方法和步骤

(1)安装和固定。

抗震试验件为整体工装设备,裙座与筒体稳固连接。将抗震试验照片图 2 所示的高效热交换装置抗震试验件水平向定义为 X 方向,将与之水平垂直的方向定义为试验件的 Y 方向,将与 X、Y 方向均垂直的方向定义为试验件的 Z 方向。

(2)测点布置。

本次试验的主要关注点在与传热管及其支撑结构,因此主要在定位块,齿条、垫条、传热管中段和传热管收口段布置加速度传感器、应变传感器以及位移传感器。

(3)试验步骤。

按阻尼比 $\xi=0.05$,使用规定的楼层反应谱设计的人工地震波,分 X、Y、Z 三个方向,用于 SSE 抗震试验的振动台台面输入。人工波试验完成后,采用 El - Centro 天然波进行了两组补充试验。抗震试验分无水工况和有水工况两部分,无水工况试验完成后进行注水,再进行有水工况试验。

试验按照 OBE 试验、SSE 试验和 El－Centro 天然波试验的顺序进行。并在每一个子实验前后进行白噪声以探查其动态特性。

2.3 试验结果与对比分析

(1)试验件动态特性。

每次抗震试验激励前后均会进行试验件的动态特性分析。通过采集测点的传递函数如图 4 所示进行各个测点自振频率的读取。

对于无水工况试验,试验前后各测点的水平自振频率变化范围在 17.63Hz～22.50Hz,竖向自振频率均超过了 50Hz;对于有水工况试验,试验前后各测点的水平自振频率变化范围在 15.25Hz～17.75Hz,竖向自振频率均超过了 50Hz。试验完成后,结构的 X、Y、Z 向频率基本不变或存在小幅下降。

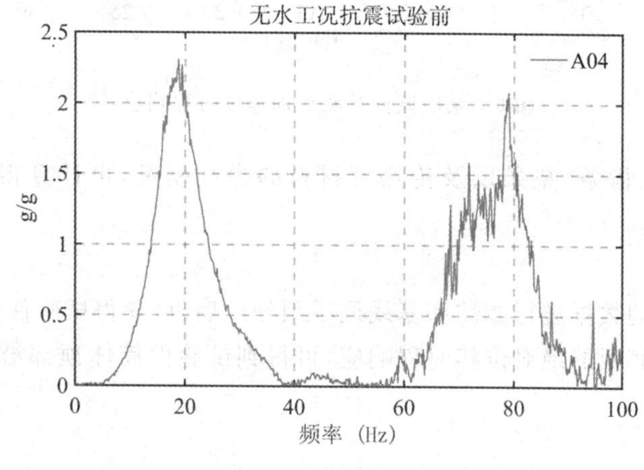

图 4 动态特性探查试验的传递函数

(2)抗震试验台面输出。

抗震试验中要求台面实际加速度响应上包络要求反应谱 RRS。某次试验 X 方向的台面加速度响应以及反应谱见图 5。在要求的频率范围内,实际台面加速度反应谱很好地上包络了 1.1 倍的地震要求反应谱 RRS。

(3)试验件加速度响应。

对不同工况各加速度测点的数据进行滤波和基线调零预处理,可获得结构关键部位的绝对加速度时程响应如图 6 所示。

(4)试验件应力响应。

对各应变测点的数据进行滤波和基线调零预处理后,获得不同测点的应变时程响应。提取其

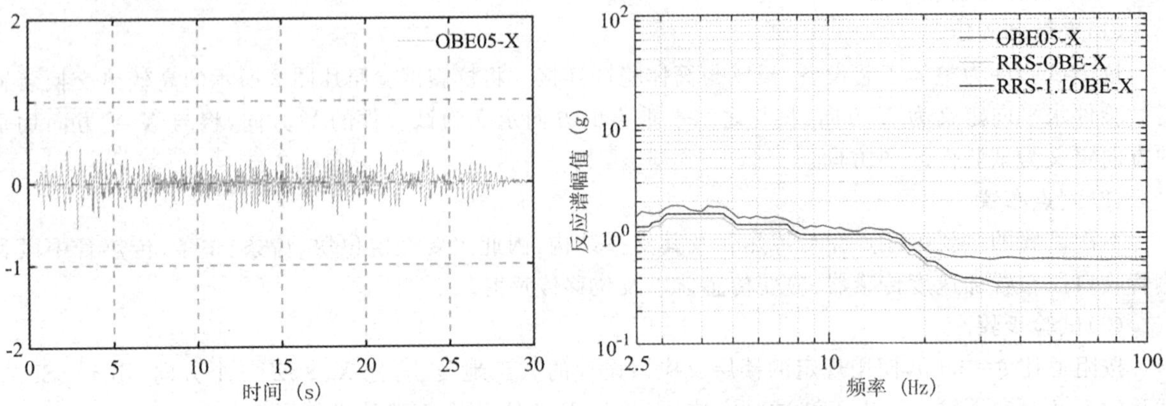

图 5 某次试验 X 向台面加速度时程和加速度反应谱

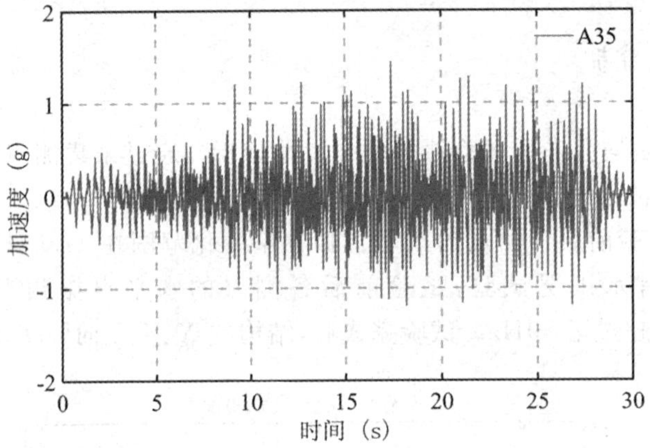

图 6 某次试验某测点加速度时程响应

响应峰值,并根据定位块、齿条、垫条以及传热管材料的弹性模量,可计算得到各应变测点的应力响应幅值。

(5)试验件位移响应。

对拉线式位移传感器的数据进行滤波和基线调零预处理后,可获得试验件筒体顶部的绝对位移时程响应。通过减去结构裙座底板的绝对位移时程响应,可得到试验件筒体顶部沿 X、Y、Z 三向的相对位移时程响应。

3 结果与讨论

大型缠绕管式换热组件试验件的核心部件为传热管及其支撑结构,是本次试验和分析重点关注部位。本节主要针对以上部位的数值模拟计算结果和试验结果进行对比讨论。

3.1 固有频率

计算有限元模型前 200 阶的模态,无水和有水工况下结构固有频率均在 10Hz～60Hz 范围内,其中外筒体、传热管及其支撑的水平固有频率集中在 10～20Hz 之间,竖向固有频率在 50～60Hz 左右。水平向刚度较小,响应较大,因此本文主要针对不同工况下传热管及其支撑结构的水平模态频率进行对比分析。

提取传热管中部、传热管收口段、齿条中部以及垫条中部的水平模态,试验和有限元分析结果对比如表 1 所示。不同工况下关键位置的有限元分析振型如图 7 和图 8 所示。

表 1　换热组件试验件关键位置的水平模态频率

工况	位置	试验测量结果/Hz	有限元分析结果/Hz	有限元分析阶数
无水工况	传热管收口段水平方向	19.67	19.63	8
	传热管中部水平方向	18.47	18.87	6
	齿条中部水平方向	18.44	17.80	4
	垫条中部水平方向	18.09	14.40	2
有水工况	传热管收口段水平方向	16.75	16.10	6
	传热管中部水平方向	15.50	16.10	6
	齿条中部水平方向	15.73	15.19	4
	垫条中部水平方向	15.39	12.28	2

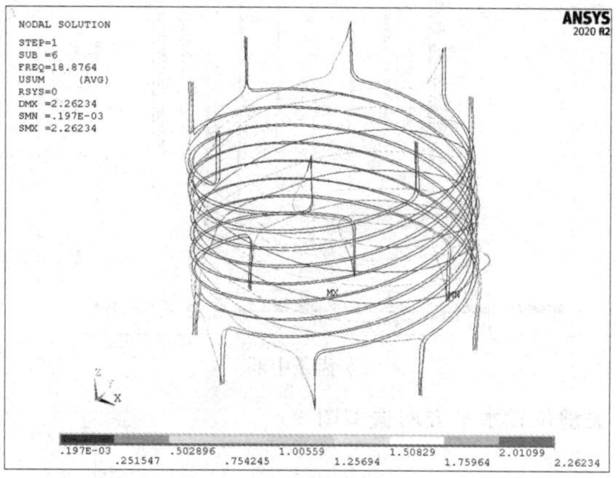

（a）传热管中间段

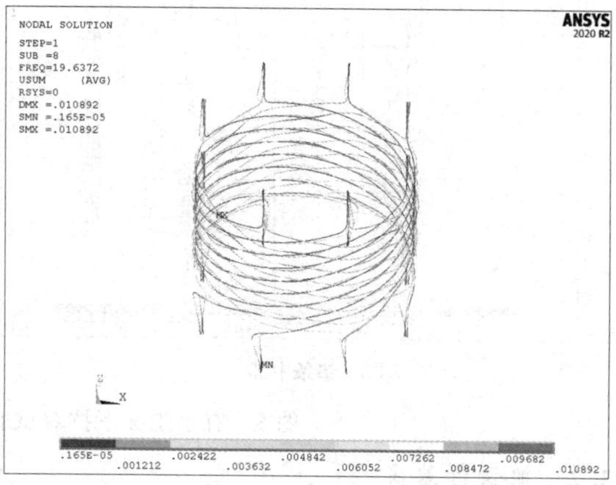

（b）传热管收口段

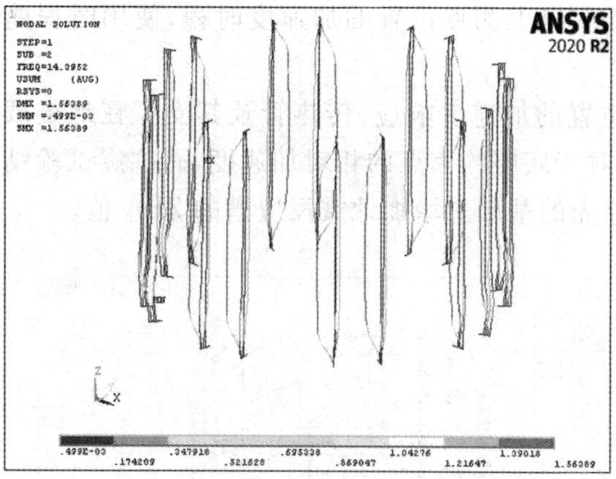

（c）垫条中部

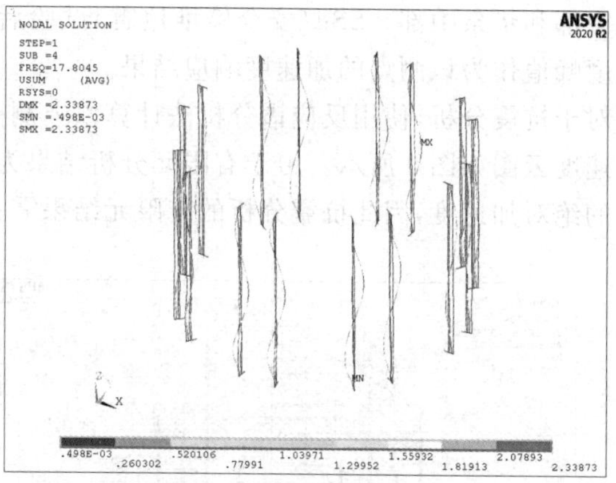

（d）齿条中部

图 7　无水工况下抗震试验件关键位置水平方向振型图

根据表 1，在无水工况和有水工况下，试验和有限元在齿条中部、传热管中部以及收口段第一阶固有频率的计算结果吻合良好；对于垫条中部的固有频率，有限元计算结果偏小，试验结果偏大。这可能是由于试验中垫条和传热管之间无刚性连接，传热管的振动会带动最外层垫条振动，导致垫条位置测点的测量频率与传热管固有频率相似。从有限元分析的保守性角度来说，垫条位置处相较于试验测量值更低的固有频率会带来更大的振动响应，会使得有限元计算结果更为保守。

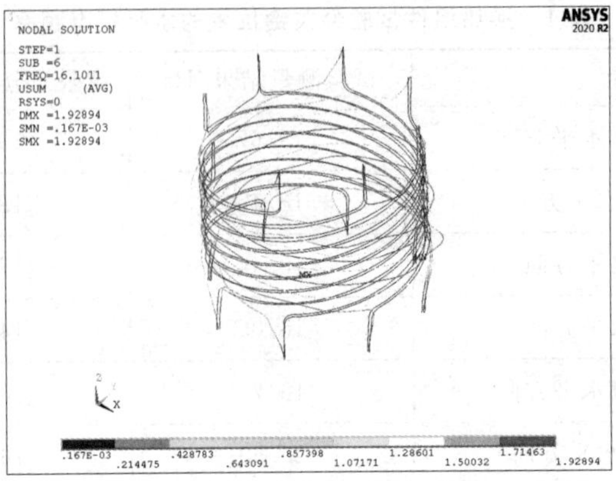

(a)传热管中间段和传热管收口段

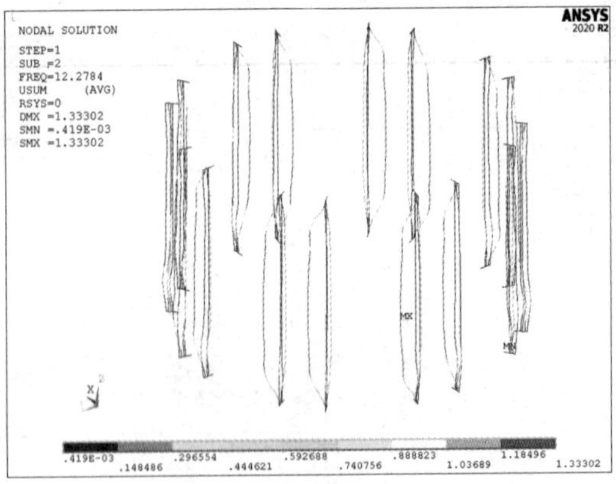

(b)垫条中部

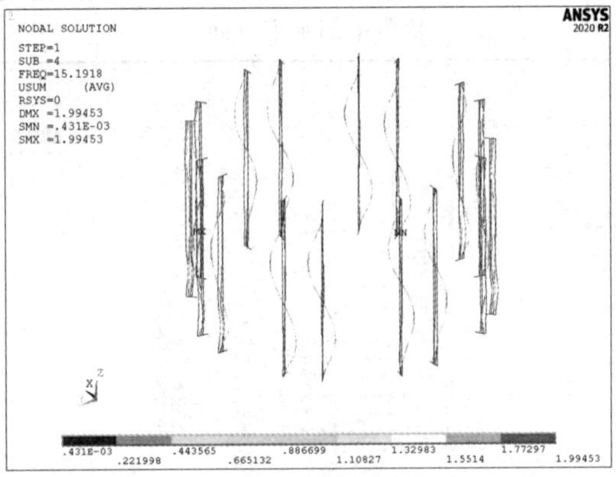

(c)齿条中部

图 8 有水工况下抗震试验件关键位置水平方向振型图

3.2 加速度响应

对于抗震试验,传热管及其支撑结构的加速度传感器安装在定位块端部、上下传热管收口段位置、传热管中部和垫条中部。SSE(安全停堆地震)试验后,提取以上测点位置的加速度时程,使用时程曲线的加速度峰值作为该测点的加速度响应结果。

对于抗震分析,使用反应谱分析法计算以上测点位置的加速度响应,传热管及其支撑在地震载荷下的加速度云图如图 9 所示。由于有限元分析结果为相对于底座约束点的相对加速度,而抗震试验结果为测点的绝对加速度,因此抗震分析的有限元结果需在原先的基础上增加地震反应谱的 ZPA 值。

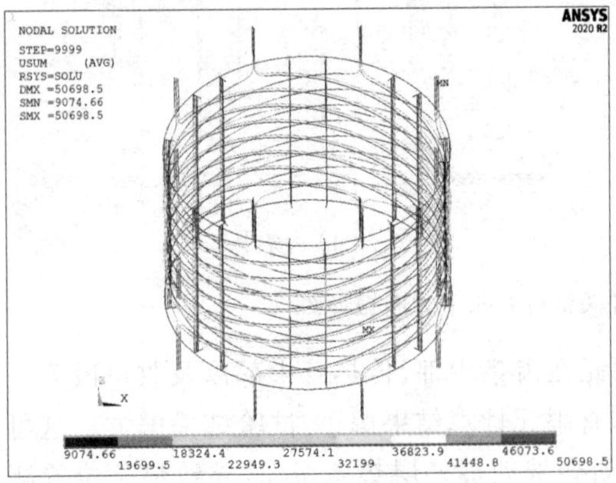

(a)无水工况

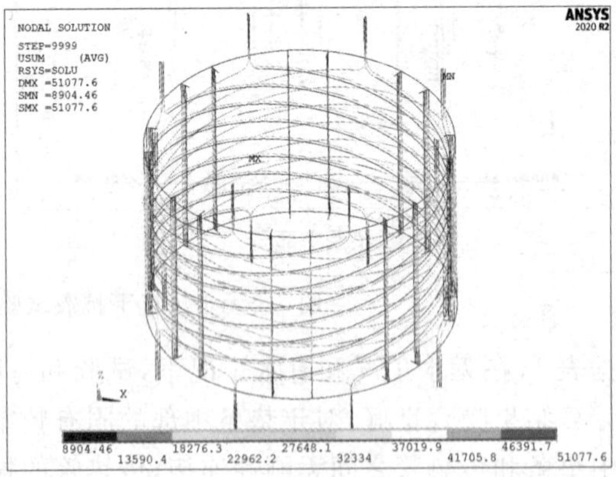

(b)有水工况

图 9 不同工况下试验件传热管及其支撑在地震载荷下的加速度响应(单位:9810×9810 mm/s^2)

不同测点位置的加速度计算结果对比如图 10 所示。根据图 10，在无水工况和有水工况下，定位块端部测点和传热管上下收口段测点的试验和分析结果十分接近，且有限元结果略大于试验结果。;传热管中部和垫条中部的有限元分析结果要比试验结果明显偏大，但变化趋势是一致的，说明有限元分析是合理且保守的。

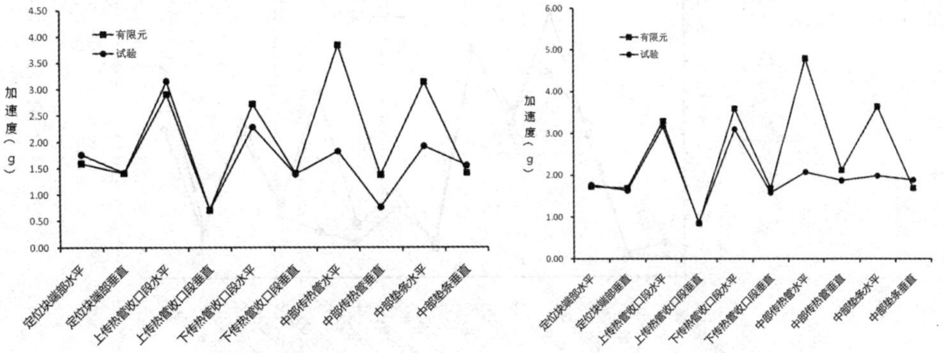

（a）无水工况　　（b）有水工况

图 10　不同不同测点位置的加速度计算结果对比

3.3　应力响应

对于抗震试验，传热管及其支撑结构的应变片传感器安装在定位块与筒体焊接根部、齿条上下方根部、垫条上下方根部、第一、三层传热管收口段和第一、三层传热管与齿条连接处。SSE(安全停堆地震)试验后，提取以上测点位置的应变时程，使用其应变峰值计算应力峰值作为该测点的应力响应结果。

对于抗震分析，使用反应谱分析法计算以上测点位置的应力响应，传热管及其支撑在地震载荷下的加速度云图如图 11 所示。

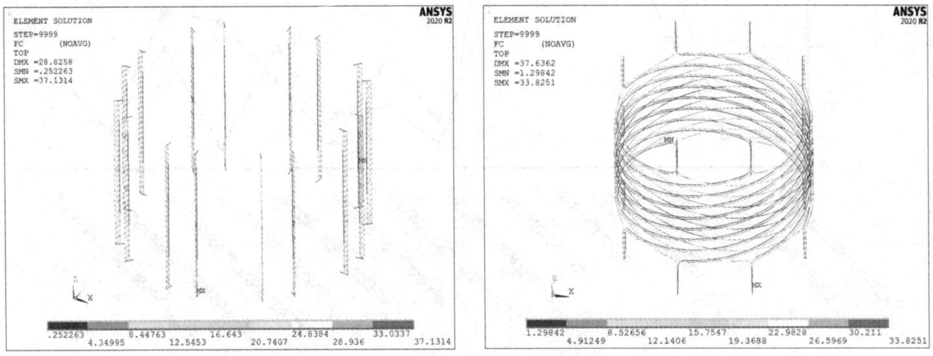

（a）无水工况下试验件传热管及其支撑的应力云图（单位：MPa）

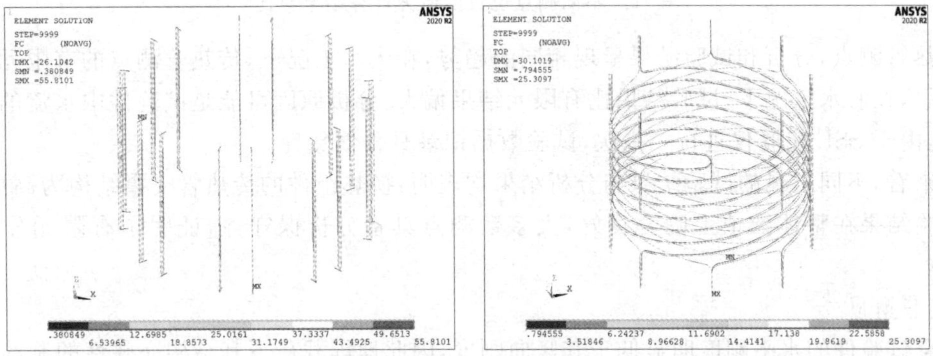

（b）有水工况下试验件传热管及其支撑的应力云图（单位：MPa）

图 11　不同工况下试验件传热管及其支撑在地震载荷下的应力响应

不同测点位置的应力计算结果对比如图12所示。根据图12,在无水工况和有水工况下,定位块与筒体焊接根部测点、齿条根部与垫条根部测点的试验和分析结果较为接近,且增长趋势一致,除无水工况的垫条上方根部测点外,支撑结构有限元分析结果可包络试验结果。

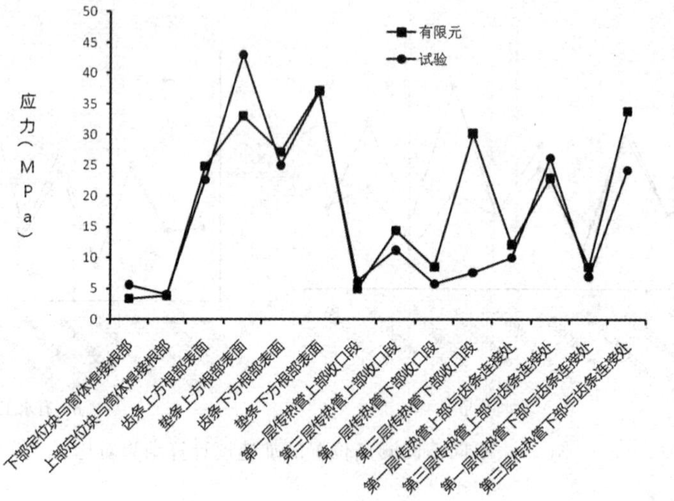

(a)无水工况

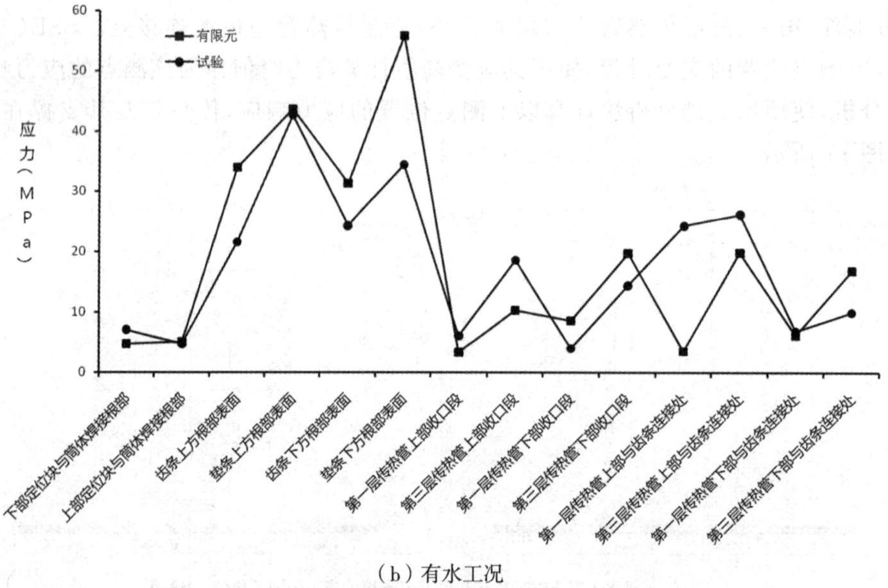

(b)有水工况

图12　不同测点位置的应力计算结果对比

对于传热管测点,分析和试验结果呈现相同的趋势,在无水工况下,传热管测点的有限元分析结果可包络试验结果,在有水工况下,试验结果比有限元结果偏大,分析原因可能是试验件中水流的晃动载荷的影响,或者是由于SSE实验仅进行了一次,试验数据记录具备偶然性。

总体上来看,不同工况的试验结果与分析结果均表明:换热组件的传热管支撑结构为高应力区,且分析结果和试验结果在整体数值上吻合良好,大多数测点具备分析保守性,证明了有限元分析是合理可信的。

3.4　位移响应

由于抗震试验件的水平刚度明显低于其竖向刚度,因此地震载荷下其结构完整性的制约因素为其水平方向的结构响应,因此本文对主要考虑传热管和垫条中部位置的水平位移响应。

对于抗震试验,通过积分获得了以上位置的位移时程曲线,使用其位移峰值作为该测点的位移响应结果。

对于抗震分析，使用反应谱分析法计算以上传热管和垫条中部位置测点的位移响应，传热管及其支撑在地震载荷下的位移云图如图 13 所示。

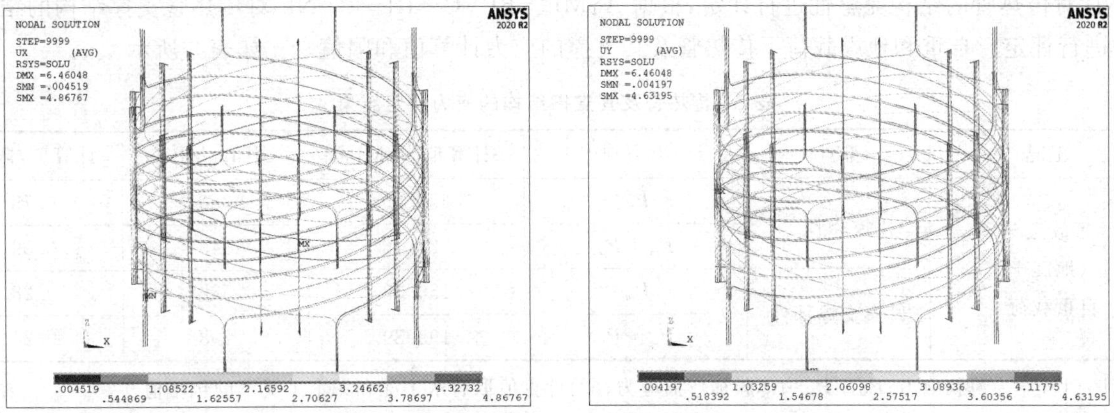

（a）无水工况下试验件传热管及其支撑在地震载荷的水平位移云图（单位：mm）

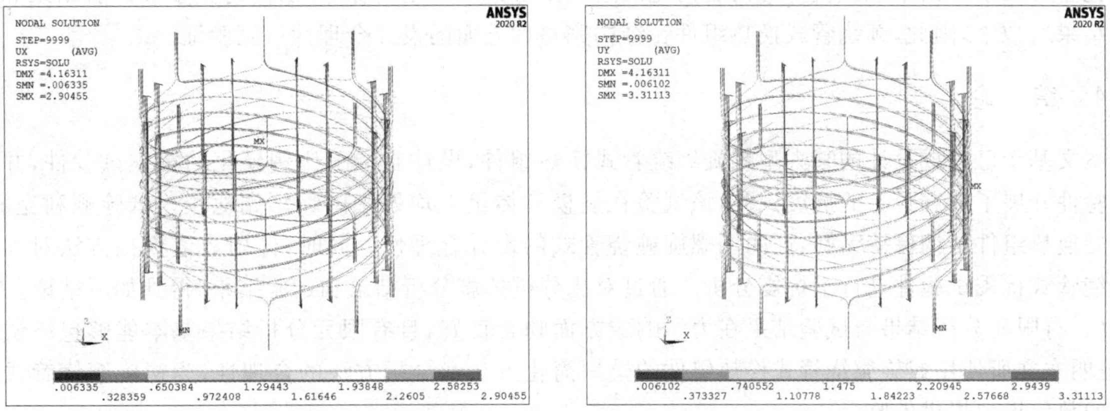

（b）有水工况下试验件传热管及其支撑在地震载荷的水平位移云图（单位：mm）

图 13　不同工况下试验件传热管及其支撑在地震载荷下的水平位移响应

传热管和垫条中部位置的水平位移计算结果对比如图 14 所示。根据图 14，在无水工况和有水工况下，有限元对传热管和垫条中部水平方向的计算结果基本能包络试验得到的结果，且计算数值较为接近，因此有限元计算方法是合理且保守的。

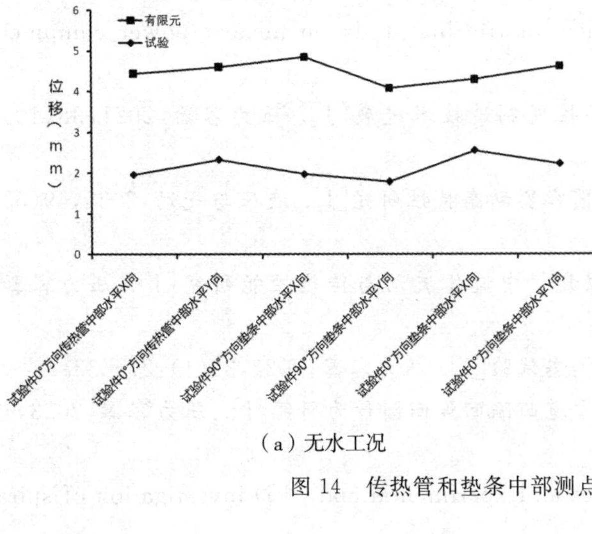

（a）无水工况

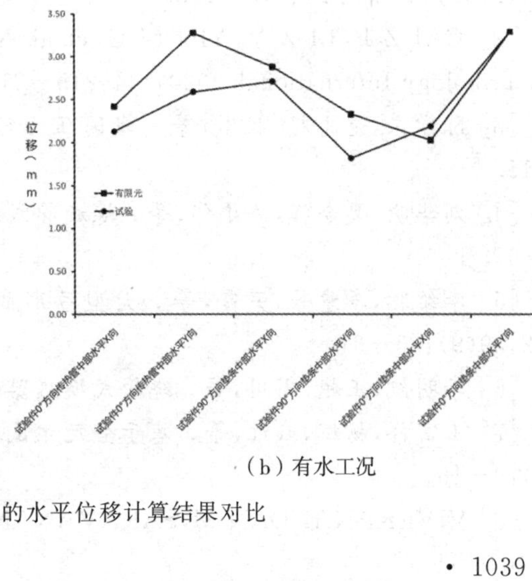

（b）有水工况

图 14　传热管和垫条中部测点位置的水平位移计算结果对比

3.5 有限元计算结果评定

在第3.1节至第3.4节中已对有限元计算方法的合理性进行了说明。根据ASME－BPVC－III－1－NB对传热管的结构完整性进行评定,根据ASME－BPVC－III－1－NF对传热管支撑结构的结构完整性进行评定。自重和地震载荷下传热管及其支撑的应力计算值和限值之比如表2所示。

表2 传热管及其支撑结构的应力评定结果

工况	部件	应力类别(1)	计算值(2)/MPa	限值/MPa	计算值/限值
事故工况(地震＋自重载荷)	传热管	P_m	283.69	386	0.73
		P_m+P_b	324.16	545	0.59
	管束支撑部件	P_m	150.33	532	0.28
		P_m+P_b	195.39	798	0.24

注:(1)P_m为薄膜应力;P_m+P_b为薄膜加弯曲应力;(2)计算值取有水工况和无水工况下的包络值。

根据表2的计算结果,所设计换热组件抗震试验件的应力计算值小于限值,满足ASME相关规范的结构完整性要求。由于该试验件的模型简化的过程中考虑了一定的保守性,同时大多数试验结果和被有限元结果所包络,因此,缠绕管式换热组件在结构完整性方面的设计合理性得到验证。

4 结 论

本文基于已完成设计的某大型螺旋缠绕管式换热组件,设计制造了比例模化的抗震试验件,并针对该试验件开展了地震台上的抗震试验,该试验在规模和体量上均处于国际领先地位。试验顺利完成,试验前后换热组件结构保持完好,证明了螺旋缠绕管式的设计合理性。同时,使用数值模拟方法对大型螺旋缠绕管式抗震试验件进行了抗震分析。通过对比分析抗震分析结果和试验结果,得到如下结论。

(1)有限元分析结果与试验结果在力学响应方面吻合良好,且有限元分析结果基本能够包络试验结果,证明本文所使用螺旋缠绕管式换热组件的模型简化方法和分析方法的合理性,为螺旋缠绕管式换热组件的数值模拟提供借鉴。

(2)抗震分析计算结果满足相关规范的结构完整性要求,证明螺旋缠绕管式换热组件在结构完整性方面的设计合理性,有力推进了一体化换热组件的设计进程。

参考文献

[1] 李卫华,张亚军,郭吉林,等. 一体化核供热堆Ⅱ型的开发及应用前景初步分析[J]. 原子能科学技术,2009,43(增刊2):215－218.

[2] CAI Z B,LI Z Y,YIN M G,et al. A review of fretting study on nuclear power equipment [J]. Tribology International,2020,144:215－218.

[3] 陈学东,范志超,崔军,等. 我国压力容器高性能制造技术进展[J]. 压力容器,2021,38(10):1－15.

[4] 刘华明,夏令辉,许小伟,等. 螺旋管式液力惯容器动态特性研究[J]. 液压与气动,2025,49(5):89－97.

[5] 李维聪,李慧芳,尹霞,等. 大型弓形截面螺旋管中流体流动与传热性能研究[J]. 压力容器,2022,39(9):25－31.

[6] 李明凯,王越,周川,等. 绕管式换热器管束模态试验[J]. 压力容器,2022,39(1):27－33.

[7] 王富祥,杨辉,臧红,等. 基于全尺寸试验的管道凹陷回弹回圆行为研究[J]. 压力容器,2023,40(10):9－16.

[8] VIVEKANANDAN M,SARAVANAN G,et al. Experimental and CFD investigation of spiral

tube heat exchanger[J]. Materials Today:Proceedings,2021,37(2):3689－3696.

[9] WU Chun - hui, LEE You An, et al. Heat transfer enhancement of a multilayer graphene coating surface[J]. Experimental Thermal and Fluid Science,2020,118.

[10] WANG Simin, JIAN Guanping, et al. Fluid - thermal - structural analysis and structural optimization of spiral - wound heatexchanger[J]. International Communications in Heat and Mass Transfer,2018,95:42－52.

[11] 陈孙艺. 管束的纵向损伤及其防护技术研究现状[J]. 压力容器,2024,41(11):33－42.

[12] 刘锐,王明毓,刘时贤,等. 核安全级管道地震分析的模态组合方法[J]. 压力容器,2021,38(3):49－53.

作者简介

陈琛(1997),男,工程师,硕士研究生,主要从事蒸汽发生器等压力容器设备的抗震、疲劳、断裂等力学分析工作,通信地址:20023 上海市徐汇区虹漕路 29 号上海核工程研究设计院股份有限公司,E－mail:chenchen@snerdi. com. cn。

Inconel625 高温钎焊板式换热器接头组织与性能分析

宋嘉梁,彭小敏,陈永东,于改革

(合肥通用机械研究院有限公司,合肥 230031)

摘 要:Inconel625 镍基合金高温钎焊板式换热器是 SOFC 系统高温换热器的优选解决方案之一,用 BNi5 系列钎料钎焊 Inconel625 则是其更合适的制造方法。目前关于 BNi5 钎焊 Inconel625 的相关研究还鲜有报道。本文采用 0.6 mm 厚的 Inconel625 板材,压制成波纹夹角 130°的人字型波纹板,分别采用 BNi5b 钎膏及 BNi5b 非晶钎箔预置在波纹板之间,成功的试制出 SOFC 高温换热器样机,并对两种钎焊接头的显微组织、力学性能和结合率进行了对比实验,并重点对采用非晶钎箔样机接头的显微组织结构及相成分进行了分析。结果表明,采用 BNi5b 非晶钎箔的制造工艺更为稳定,接头区域形成紧密冶金结合;非晶钎箔钎焊接头的抗拉强度较钎膏方案可提高 33.6%;钎焊温度 1180℃,保温 45 min 的焊接工艺下,采用 BNi5b 非晶钎箔可获得高可靠的钎焊接头。

关键词:SOFC;钎焊板式换热器;Inconel625;BNi5 钎料;钎焊接头

Analysis of the microstructure and properties of the Inconel 625 high - temperature brazed plate heat exchanger joints

SONG Jialiang, PENG Xiaomin, CHEN Yongdong, YU Gaige

(Hefei General Machinery Research Institute Co., Ltd., Hefei 230031, China)

Abstract: High - temperature brazed plate heat exchangers made from Inconel625 nickel - based alloy exhibit advantages for SOFC application. Brazing Inconel625 with BNi5 series brazing filler metal may become a proper manufacturing method. However, there is limited research on brazing Inconel625 using BNi5. This study presents a method of producing a high - temperature brazed plate heat exchanger for SOFC using herringbone corrugated plates made from Inconel625 alloy with thickness of 0.6 mm. BNi5b brazing paste and BNi5b amorphous brazing foil were used respectively and the prototype of SOFC high temperature heat exchanger were successfully manufactured, then a comparative experiment was conducted on the microstructure, mechanical properties and bonding rate of the two kinds brazed joints. And the microstructure and phase composition of the joints using the amorphous brazing foil prototype were specifically analyzed. Results indicate that the manufacturing process using BNi5b amorphous brazing foil is more stable and reliable, which the joint area forms a tight metallurgical bond. The tensile strength of the amorphous brazing foil brazing joint is 33.6% higher than that of the brazing paste method. Under the welding process of 1180℃ for 45 minutes, using BNi5b amorphous brazing foil can result in a highly reliable brazed joint.

Keywords: SOFC; brazed plate heat exchanger; Inconel625; BNi5 filler metal; brazed joint

0 引 言

固体氧化物燃料电池(solid oxide fuel cell,SOFC)因具有运行温度高、效率高、燃料适应性广等先进性,应用前景十分广阔,对助力我国“双碳”目标意义重大[1]。阳极支撑平板式 SOFC 工作温度位于 700～800 ℃之间,通常系统会将电堆排气(温度可达 750 ℃以上)或后燃室燃烧尾气(温度可达 850 ℃以上)在高温换热器中将常温空气或燃气预热到合适的温度范围,再进电堆参与反应[2]。高温热交换器是 SOFC 热平衡系统中的关键核心装备[3-4],SOFC 系统通常要求高温换热器能长期(大于 40 000 h)在苛刻工况(温度高、强氧化、大温差)下稳定运行,研发难度较大。

目前 SOFC 高温换热器广泛采用板式或板翅式的结构型式,由于其结构紧凑、换热效率高、压降小[5]。对于其制造方式,扩散焊式换热器具有可同时承受高温高压的优点,但过高的制造成本限制了其广泛应用。而钎焊板式换热器(brazed plate heat exchanger,BPHE)生产效率高、成本较低,更适合介质温度高但压力较低的 SOFC 应用场景。

进一步为降低成本,目前 SOFC 厂家自主研制的高温换热器普遍采用耐热不锈钢材料例如 310 s[6],一方面这种材料含有较高的铬元素,长期在高温下工作可能会导致铬的挥发,这是一种已知的阴极降解机制[7];另一方面,310 s 板换的长期服役可靠性还有待试验验证。Inconel625 是一种镍基高温合金尽管价格高昂,但高温抗氧化、耐蚀性能优越,高温下服役可靠性更好,是 SOFC 高温换热器的优选材料之一。

Inconel625 等镍基合金钎焊通常采用镍基钎料,BNi2 钎料是目前应用最广泛的镍基钎料[8],其流动性好、湿润性强、融化温度低、接头强度较高,广泛用于高温换热器焊接。然而,其 Cr 含量低,接头耐腐蚀性和抗氧化性较差。此外其 B 含量较多,元素扩散快,易向基材扩散和晶间聚集,导致基材晶间脆化[9]。为改善硼化物等脆性相在钎缝中的分布,文献[10－11] 采用 625 合金与 BNi2 钎料,开展了 SOFC 用高温板翅式换热器钎焊工艺研究,提出了一种等温凝固钎焊制造工艺和优化的焊后热处理策略,以协同提高钎焊接头的强度－塑性性能和均匀化组织。但其研究的是平板样,而且虽然焊后热处理能显著降低焊接接头扩散影响区硼化物脆性相,但在实际换热器产品试制中,这种方法并不经济。最后,作者也并未提到所用钎料的形态。

BNi5 系列钎料其 Cr 含量大大增加,同时 B 含量有所降低,相较于 BNi2 钎料,虽然焊接温度高,有可能导致基材晶粒长大,但焊接接头兼具高温强度和抗氧化性,在 SOFC 系统中具有应用前景。目前 BNi5 已被用于焊接 316L 材料的 EGR 冷却器[12-13],但使用 BNi5 焊接 Inconel625 时,母材熔点与钎料熔点较为接近,相较于不锈钢铜钎焊和镍钎焊,具有较大的难度。目前关于 BNi5 钎焊 Inconel625 的相关研究还鲜有报道,此外,现有研究聚焦于平板样的焊接性能,并未见 BNi5 钎焊 Inconel625 BPHE。

本文聚焦于用 BNi5 系列钎料钎焊 Inconel625 BPHE,采用 0.6 mm 厚的 Inconel625 板材,压制成波纹夹角 130°的人字型波纹板,分别采用 BNi5b 钎膏及 BNi5b 非晶钎箔预置在波纹板之间,成功的试制出 SOFC 高温换热器样机,并对两种样机钎焊接头的显微组织、力学性能和结合率进行了对比实验,并重点对采用非晶钎箔样机接头的显微组织结构及相成分进行了分析,为样机成功应用于 SOFC 系统提供了技术保障。

1 高温钎焊板式换热器

1.1 BPHE 特征参数

该换热器的板片采用 Inconel625 合金材料,其化学成分见表 1 所列。人字形波纹换热板是在现有模具下冲压而成的,如图 1 所示。板片特征参数见表 2 所列。该换热器被设计成了有 2 张端板和 9 张换热板,分割成了 4 冷 4 热的流体通道,样机照片如图 2 所示,换热器主要参数见表 3 所列。

图 1　Inconel625 人字形波纹板

图 2　Inconel625 钎焊板式换热器

表 1　Inconel625 合金化学成分(wt%)

C	Mn	P	S	Si	Cr	Ni	Al	Mo	Nb	Ta	Ti	Co	Fe
0.04	0.39	0.007	0.0001	0.16	21.9	60.75	0.23	8.3	3.42	0.01	0.22	0.1	4.4

表 2　换热器板片主要参数

端板厚度/mm	2
换热板厚度/mm	0.6
波纹间距/mm	7.1
波纹深度 b/mm	2.12
波纹夹角/mm	130°
单片有效传热面积/m²	0.027
板片展开系数 φ	1.06

表 3　换热器主要参数

整体外形尺寸(宽×长×高)/mm	120×290×36
总传热面积 A/m²	0.189
热侧介质通道数	4
冷侧介质通道数	4
板片数量	9
纵向角孔中心距/mm	234
横向角孔中心距/mm	63

2.2　钎焊制造过程

本文分别采用镍铬硅系 BNi5b 钎膏及非晶钎箔开展了样机试制。钎料成分见表 4 所示，钎料照片如图 3 所示。采用急冷快淬甩带法制备非晶钎料，具体方案为：将获得的母合金铸锭切割破碎放入石英坩埚中装卡在真空单辊甩带机内置感应线圈内，预先抽高真空，在压力和流量适宜的高纯氩气的保护下，用高频炉加热重熔，当达到合适的温度后，快速将石英坩埚由加热位置下降到喷带位置，并使喷嘴口与铜辊保持一定的间隙，然后立即用较高压力的氩气将熔融合金通过喷嘴喷铸在高速旋转的紫铜辊面上急冷，从而得到非晶态合金箔带。

表 4　BNi5b 化学成分(*wt*%)

Zr	C	S	Se	Fe	B	Co	Si	Al	Cr	P	Ti	Ni
0.001	0.015	0.0006	0.0001	0.657	1.438	0.01	7.41	0.004	14.768	0.007	0.003	Rem

试验过程中,确保钎箔与钎膏的厚度保持一致,都为 0.04 mm。随即在真空钎焊炉中开展了试制,如图 4 所示。两者的钎焊工艺也保持一致,钎焊温度 1180℃,保温 45 min,焊接工艺曲线如图 5 所示。出炉冷却后进行 1.5 MPa 气压实验,两者均无漏点,表明试制成功。对样机进行了线切割,如图 6 所示。从图中切片截面可以看出,波纹板之间的焊点均实焊,未见贯穿型缺陷,焊点整体饱满圆润的分布在俩波纹板凸沟交叉点,说明钎焊工艺设计的间隙控制有效,焊接工艺参数确定合理。

图 3　两种不同形态的 BNi5b 钎料

图 4　两台样机真空钎焊炉中钎焊照片

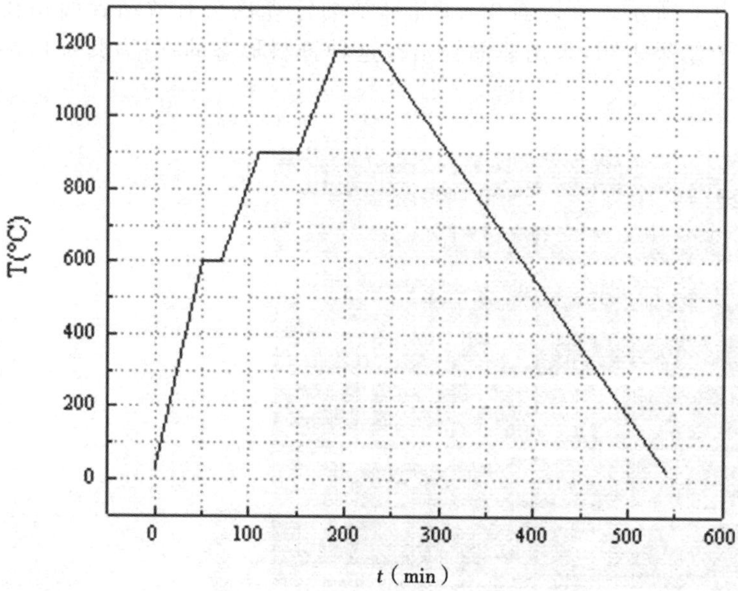

图 5　样机采用的焊接工艺曲线

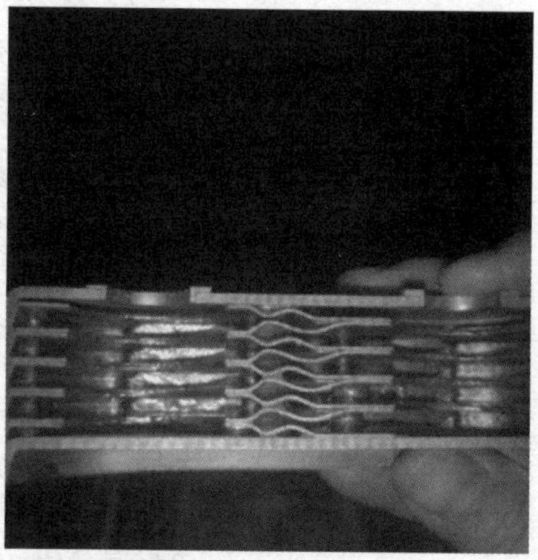

图 6　样机线切割后的照片

3 钎焊接头性能表征与分析

3.1 钎料形态对钎焊接头组织性能影响

为进一步研究钎料形态对钎焊接头的影响规律，本节对不同形态钎料的钎焊接头显微组织和力学性能进行了分析。图 7(a)和 7(b)是分别采用钎膏和钎箔作为钎料的样机钎焊接头部位的显微组织图，取样位置靠角孔边缘，从图中可以看出，采用钎箔的样机间隙控制更为均匀，其组织为典型的固溶体组织，其钎料和母材之间的界面已经明显迁移；相比之下，钎膏样机的接头显微组织表明，其钎焊界面并未完全迁移完成，钎料中的高熔点化合物聚集在钎缝中心。另外，采用钎膏的样机间隙控制厚薄不一，原因既与钎膏的涂敷有关，还与钎膏元素分布不均有关。

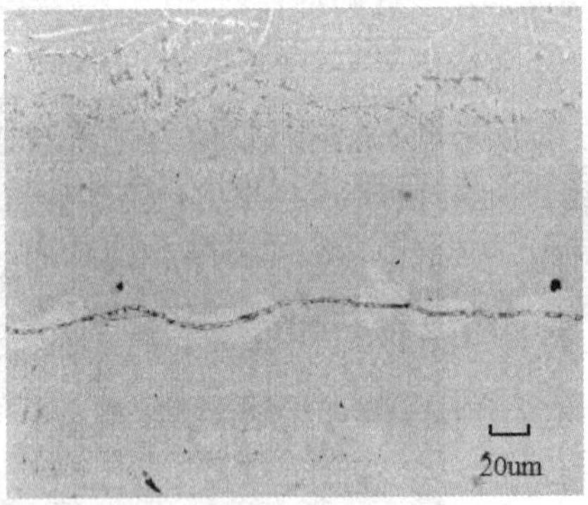

(a) 钎膏样机接头显微组织

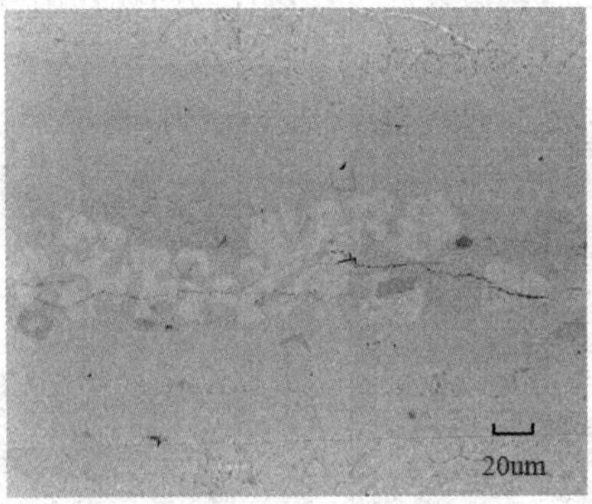

(b) 钎箔样机接头显微组织

图 7 样机钎焊接头显微组织图

3.2 钎焊接头力学性能及焊合率分析

为了进一步表征两种钎焊接头的性能，对垂直于钎焊面的接头进行了抗拉强度试验，如图 8 所示。结果表明，钎膏样机的钎焊接头强度为 238 MPa，而采用钎箔，其接头抗拉强度可达 318 MPa，提高了 33.6%。随后，为探究钎箔样机钎焊接头优异的原因，采用深度扫面的方法对钎焊接头断面低于平均面下−50μm 进行面积扫描，结果如图 9 和表 5 所示。可以看出，非晶钎箔的钎焊接头有效结合面积在 94%以上，较钎膏方案提高了 7.62%。以上结果表明，采用非晶钎箔作这种钎料形态的样机，其钎焊接头性能更优，相较于钎膏方案更为可行。

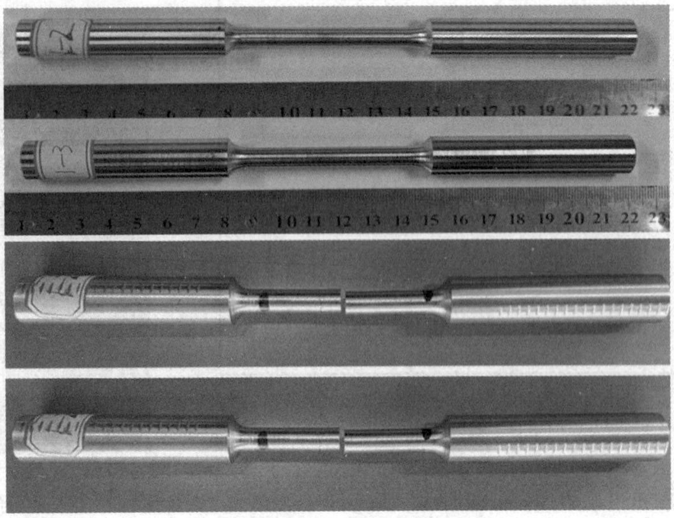

图 8 钎焊接头抗拉强度试验

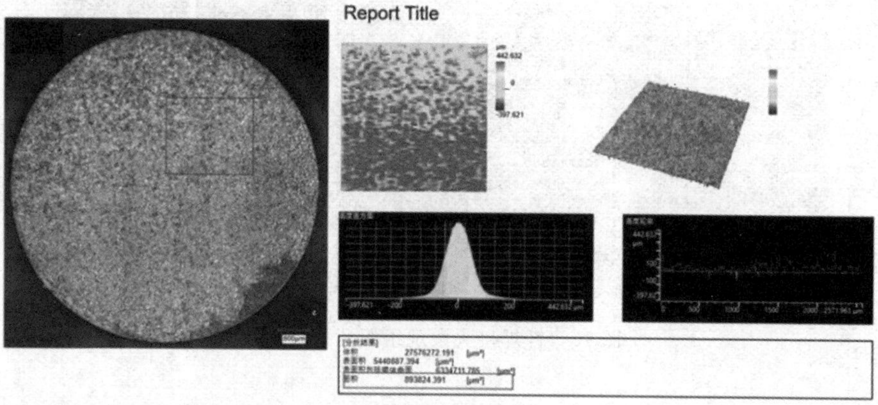

（a）钎膏接头

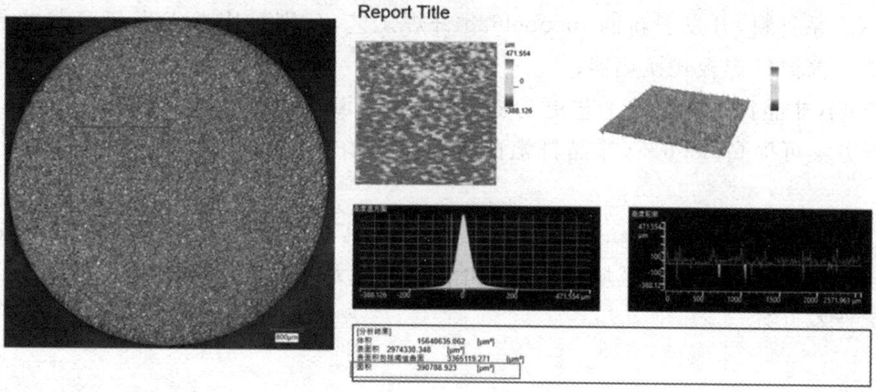

（b）钎箔接头

图 9　钎焊接头断面深度面积扫描

表 5　结合率对比

试样	总面积	空隙面积（−50 μm 以下）	结合率
钎膏	6600068.819	893824.391	86.46%
钎箔	6600068.819	390788.923	94.08%

3.3　非晶钎焊接头微观组织结构及相成分

采用 BNi5b 非晶钎料在 1180℃保温 45min 的工艺参数下钎焊 Inconel625 合金，获得的接头微观组织呈现典型的分区特征，SEM 测试结果如图 10 所示。通过 SEM/EDS 分析表明：钎焊接头区域可分为钎缝中心区（3 区）、等温凝固区（2 区）和扩散影响区（1 区）。钎缝中心区（3 区）：该区域主要由富 Ni 的 γ 固溶体基体及分布于晶界的第二相组成。能谱分析证实第二相富含 Si 元素，呈连续的骨骼状或岛状分布，为典型的 Ni－Si 共晶组织（如 γ－Ni＋NiSi）。其形成归因于熔融 BNi5 钎料（含 Si 降熔元素）在冷却过程中的非平衡凝固。部分区域可见细小、离散的硼化物颗粒，表明保温时间促进了部分元素的扩散与组织均匀化。等温凝固区（2 区）：紧邻两侧母材，观察到一层成分梯度平缓、无明显析出相的 γ 固溶体带。该区域的形成机制是：在保温阶段，母材中的 Ni、Cr、Mo 等元素向液态钎料中溶解，同时钎料中的降熔元素 Si 向母材扩散。当局部熔体成分达到平衡固相线成分时，γ 相直接从液相中析出并背向母材生长。等温凝固区宽度较窄，表明该保温时间基本满足该温度下等温凝固的要求，但未完全消除中心共晶。扩散影响区（1 区）：在母材靠近等温凝固区的亚表层内，观察到块状或针状析出物。

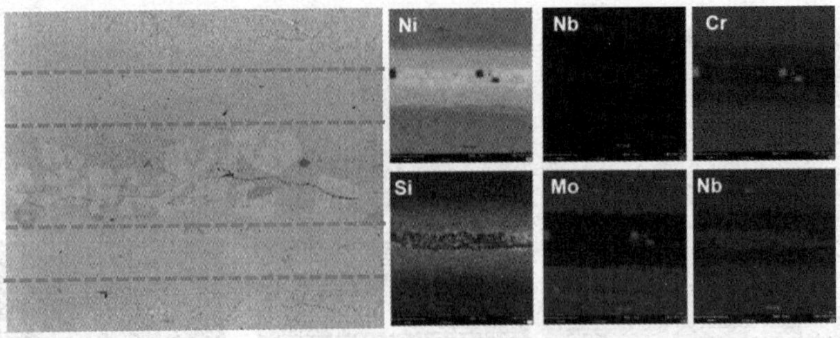

图 10　钎焊接头微观组织测试结果

4 结 论

(1)基于 BNi5 系钎料,开发了新的 Inconel625 钎焊工艺,分别采用 BNi5b 钎膏与非晶钎箔,成功研制出了 Inconel625 高温钎焊板式换热器;

(2)采用 BNi5b 非晶钎箔的制造工艺更为稳定,接头区域形成紧密冶金结合;非晶钎箔钎焊接头的抗拉强度较钎膏方案可提高 33.6%,非晶钎箔的钎焊接头有效结合面积在 94%以上,较钎膏方案提高了 7.62%;

(3)钎焊温度 1180℃,保温 45 min 的焊接工艺下,采用非晶钎箔方案,在钎焊接头区域形成钎缝中心区、等温凝固区和扩散影响区,接头区域形成致密冶金结合,无气孔、裂纹等缺陷,可靠性高,是 SOFC 高温换热器的首选技术方案。

参考文献

[1] Jialiang S, Yongdong C, Hongwei Z, et al. A novel silicon carbide plate - fin heat exchanger and its thermal and hydraulic performance for SOFC cathode air preheater application[J]. Case Studies in Thermal Engineering, Volume 64, December 2024, 105570.

[2] WANG Xuan, HOU Ruijun. Comparison and analysis of heat exchange and off - gas recycle strategies in tri - reforming - SOFC system. International Journal of Hydrogen Energy [J], 2023, 48 (89): 34945—34960.

[3] SONG Jialiang, CHEN Hua, CHEN Yongdong, et al. Coupled Heat Transfer Characteristics of SiC High Temperature Heat Exchanger in Solid Oxide Fuel Cell [C]. World Hydrogen Technology Convention. Singapore: Springer Nature Singapore, 2023: 200—213.

[4] 宋嘉梁,陈永东,于改革,等. SOFC 阴极空气预热器耦合传热特性及参数影响分析[J]. 流体机械, 2024, 52(6): 25—32.

[5] SONG Jialiang, CHEN Yongdong, YU Gaige, et al. Coupled heat transfer characteristics and parameter influence analysis of SOFC cathode air preheater [J]. Fluid Machinery, 2024, 52(6): 25—32.

[6] 王珂,刘云书,陈卫杰,等. 导流型高温板式换热器的流动与传热特性分析[J]. 压力容器, 2024, 41(02): 7—16.

[7] WANG Ke, LIU Yunshu, CHEN Weijie, et al. Analysis on flow and heat transfer characteristics of high - temperature plate heat exchanger with a deflector [J]. PRESSURE VESSEL TECHNOLOGY, 2024, 41(02): 7—16.

[8] ZHANG Zhaohuan, BA Liming, LI Chufu, et al. Material of high temperature heat exchanger in fuel cell system[C]. Materials Science Forum. Trans Tech Publications Ltd, 2019, 950: 170—174.

[9] 韦守李,李希超,常修亮,等. 固体氧化物燃料电池双极板材料发展综述[J]. 储能科学与技术,

2021,10(6):1943－1951.

[10] WEI Shouli, LI Xichao, CHANG Xiuliang, et al. Review of development of bipolar plate materials for solid oxide fuel cell[J]. Energy Storage Science and Technology, 2021, 10(6): 1943－1951.

[11] 金莹,刘红亮,魏鑫,等. GH4738/GH3536 异种高温合金钎焊接头的组织与性能[J]. 焊接, 2023(10):18－22,30.

[12] JIN Ying, LIU Hongliang, WEI Xin, et al. Microstructure and mechanical properties of brazed joints of GH4738/GH3536 dissimilar superalloys[J]. Welding & Joining, 2023(10): 18－22,30.

[13] ZHANG Yucai, YU Xintong, JIANG Wenchun, et al. Elastic modulus and hardness characterization for microregion of Inconel 625/BNi - 2 vacuum brazed joint by high temperature nanoindentation [J]. Vacuum, 2020, 181: 109582.

[14] WAN Yu, JIANG Wenchun, DONG Zhilong, et al. Brazing manufacturing technology of plate－fin heat exchanger for solid oxide fuel cells [J]. International journal of hydrogen energy. 48 (2023)4456－4468.

[15] ZHANG Yucai, JIANG Wenchun, TU Shantung, et al. Creep strength and toughness synergistic strengthening mechanism investigation of the Inconel625/BNi - 2 brazed joint [J]. Journal of Materials Research and Technology, 2024, 28: 2602－2611.

[16] 王钏,陆青松,韩琦,等. 内燃机 EGR 用新型镍基钎料的工艺试验研究[C]. 中国内燃机学会第九届学术年会论文集. 2016:282－285.

[17] WANG Zhao, LU Qingsong, HAN Qi, et al. Experimental study on new nickel base filler metal for EGR of internal combustion engine[C]. Proceedings of the 9th Annual Conference of China Internal Combustion Engine Society. 2016: 282－285.

[18] 李红,李云月,栗卓新,等. 真空钎焊不锈钢 EGR 冷却器用高温钎料研究进展[J]. 电焊机, 2018,48(12):6－12.

[19] LI Hong, LI Yunyue, JIA Zhuoxin, et al. Research progress of high temperature brazing filler metal for vacuum brazing stainless steel EGR cooler [J]. Electric Welding Machine, 2018, 48(12): 6－12.

作者简介

宋嘉梁(1988),男,博士,副研究员,所长助理,主要从事新能源利用领域的换热设备传热工艺研究、结构设计开发以及高效热管理系统研发等工作,通信地址:230031 安徽省合肥市蜀山区长江西路 888 号合肥通用机械研究院,E－mail:sjl516516@126. com,手机:18255108236。

余热锅炉厚壁炉管与薄管板自动GMAW焊接技术

高申华,杨平平,朱　宁

(中石化南京化工机械有限公司,南京　210048)

摘　要:薄管板型余热锅炉在能源石化装置中被大量使用,但由于其管子/管板的全焊透质量要求,一直是该类产品制造过程中的制造难点与关键工序。传统手工焊接存在效率低、质量稳定性差等问题,因此直接影响到设备的可靠性与安全性。而自动熔化极气体焊接(GMAW)技术通过优化焊接工艺参数、改进工装设计,可显著提升焊接接头性能。本文针对某余热锅炉管子/管板全焊透结构,开展了自动熔化极气体保护电弧焊(GMAW)技术开发,通过工艺评定试验验证了技术可行性,最终成功解决该焊接难题并在实际产品中实现成熟应用。

关键词:管子管板;全焊透;自动GMAW;产品应用

Automatic GMAW welding technology for thick - walled furnace tubes and thin tube sheets of waste heat boilers

GAO Shenhua,YANG Pingping,ZHU Ning

(Sinopec Nanjing Chemical Machinery Co. ,Ltd. ,Nanjing 210048,China)

Abstract: Thin - walled tubular heat exchangers are used in large quantities in energy and petrochemical plants. However,due to the full - penetration welding quality requirements for the tubes/tube sheets,it has always been a difficult and key manufacturing process in the production of such products. Traditional manual welding has problems such as low efficiency and poor quality stability, which directly affect the reliability and safety of the equipment. The automatic gas metal arc welding (GMAW)technology can significantly improve the performance of welded joints by optimizing welding process parameters and improving the tooling design. This paper aims at the full penetration structure of the tube/tube plate of a certain waste heat boiler,and carries out the development of automatic metal inert gas weldingGMAW) technology. The technical feasibility is verified through the process qualification test,and finally the welding difficulty is successfully solved and the mature application in the actual product is realized.

Keywords: tubes/tube sheets;full penetration weld;automatic GMAW;applied in actual products

0 引　言

某天然气净化工程硫磺回收装置中的CLAUSE(一段)余热锅炉是天然气脱硫后,进行余热回收的关键设备。由于回收后的蒸汽要供整个装置加热使用,因此一段余热锅炉对该装置的运行关系重大,其可靠性将直接影响到整个装置能否正常的开车和后期的稳定运行[1]。

公司承接了该工程硫磺回收装置的 12 套 48 台设备的制造任务，其中一段余热锅炉(见图 1)12 台。一段锅炉管程工作压力 0.4 MPa，壳程工作压力 4.2 MPa；管程工作温度进口 1067℃/出口 517℃，壳程工作温度进口 167℃/出口 255℃。

一段锅炉管板材质：Q345R，管板规格：Φ3200×28 mm，换热管材质：20G，管子规格：89×7.5 mm，L=6000 mm。

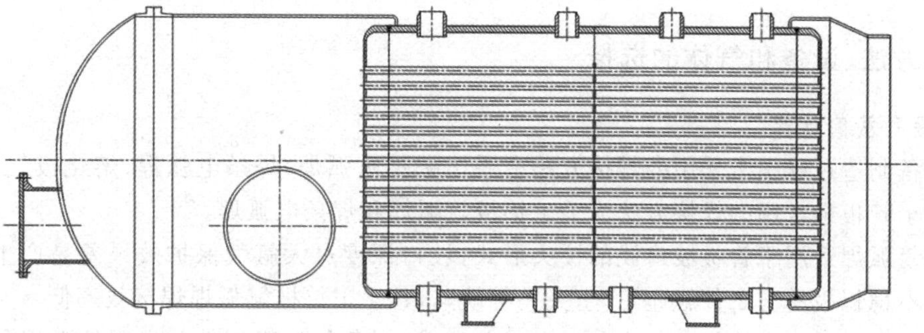

图 1　一段余热锅炉简图

1　管子管板焊接难点分析

1.1　材料方面

Q345R，20G 具有良好的可焊性，对冷热裂纹均不敏感。常温下状态下焊接，热影响区一般不易产生淬硬组织。低温状态及厚板焊接时可能会出现脆硬组织，易产生焊接裂纹[2]。因此在低温焊接、厚板焊接时应采取预热措施，防止脆硬组织导致裂纹的产生。焊接过程中，热影响区的过热区由于受到高温作用，晶粒会迅速长大，导致该区域的韧性和塑性下降，从而降低焊接接头的综合性能，因此焊接时道间温度需控制在 300℃以下。焊接过程中保护不当，或者焊件表面存在油污、铁锈等杂质，在焊缝中容易产生气孔缺陷，影响焊缝的致密性和强度，焊前需做好清理和防风保护[3]。

1.2　坡口型式

一段余热锅炉原设计为管板坡口深度为 12 mm 的强度焊形式，后考虑到设备管程使用温度高，为提高实际使用的稳定性，一段余热锅改为全焊透结构(见焊接坡口图 2)，坡口深度的增加伴随着焊接难道进一步提高。这种深而窄的坡口易产生未熔合、夹渣、气孔等缺陷，同时由于管板厚度较薄只有 28 mm，且管孔间距较小导致焊接变形量加大，也增加了很大的焊接工作量和管板焊接操作难度等问题[4]。

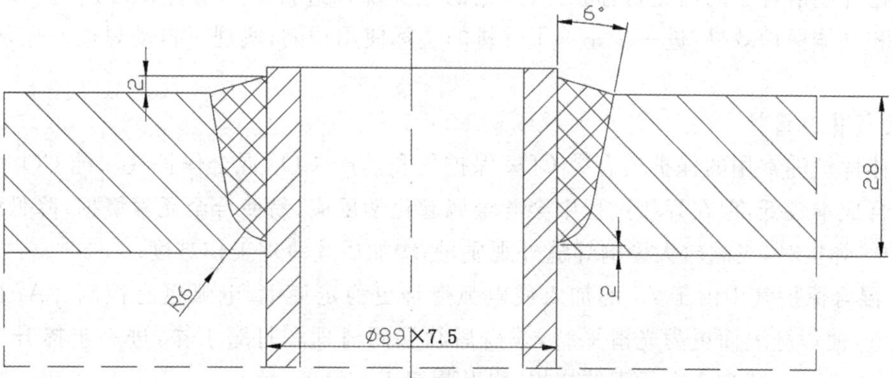

图 2　焊接坡口

1.3 工艺因素

热输入控制矛盾，厚壁管需较大热输入保证熔透，而薄管板易因过热导致烧穿或变形，且多层多道焊的顺序影响热积累与变形量[5]，需避免薄管板反复受热。该型式接头应力比较集中，壁厚差异导致焊接接头拘束度不均，易产生焊接残余应力及裂纹，因此要合理选择焊接顺序和控制热输入量。同时深而窄的坡口影响气体保护效果，管板与炉管的角接接头空间位置复杂，易出现保护气体紊流，导致焊接缺陷的产生。

2 焊接方法、设备和气体的选择

2.1 焊接方法的选择

换热器设备制造过程中常采用的焊接方法有手工钨极氩弧焊、焊条电弧焊、熔化极气体保护焊等方法。换热器管子管板最常用的焊接方法为手工钨极氩弧焊和焊条电弧焊。

手工钨极氩弧焊适用于管板坡口浅的接头形式，坡口深度过大氩气保护效果差易产生气孔，同时深坡口焊枪操控不稳钨极易与工件触碰，产生夹钨等缺陷，且手工钨极氩弧焊焊接效率低。

焊条电弧焊在深而窄的管板坡口内起弧和运条困难，焊条易粘连工件并出现偏弧现象，焊条药皮形成的熔渣也不易清理。因此易产生气孔、未熔合和夹渣等缺陷，但焊条电弧焊效率优于手工钨极氩弧焊[6]。

熔化极气体保护焊是以可熔化的金属焊丝作电极，并由气体作保护的电弧焊焊接方法[7]。因为焊丝是连续送给的，省去了焊条电弧焊中更换焊条及清渣等辅助时间，且焊接速度快、变形小，易于实现半自动和全自动焊接。

一段锅炉管子管板为深坡口(坡口深度 28 mm)全焊透结构，焊接工作量大且管板易发生变形，为确保焊接质量和生产进度，在分析了手工钨极氩弧焊、焊条电弧焊、熔化极气体保护焊的优缺点之后，决定采用手工钨极氩弧焊加熔化极气体保护焊来进行焊接管子管板。具体为用手工钨极氩弧焊进行封底焊，以保证焊缝的根部熔透，再用熔化极气体保护焊进行填充焊及盖面焊，这样可以提高焊接效率及控制焊接变形。为保证填充盖面过程中质量可靠稳定，减少焊接过程中人为因素的干扰，本次焊接采取自动熔化极气体保护焊方法来焊接该类焊缝。

2.2 焊接设备的选择

手工钨极氩弧焊采用常规的直流电源即可，针对深而窄的坡口需要特制的焊枪，加长喷嘴可以确保钨极能够到达根部实现打底时全焊透，同时可以有效保护焊接熔池不产生气孔等缺陷。

熔化极气体保护焊用于管板坡口的填充和盖面，选用了国内某焊接设备公司的熔化极气体保护自动焊机，并且与该公司进行深度合作，针对根据管子管板的坡口型式、规格等参数，设计了一套特殊夹紧机构可以固定焊枪并能沿管子周向旋转，同时对焊枪的枪头部件进行了一些优化改进，提升了深坡口焊接电弧的稳定性和气体保护效果，进一步完善了焊机的实际使用功能，实现了自动焊接操作，焊接质量稳定可靠。

2.3 焊接气体的选择

熔化极气体保护焊常用的保护气有纯 CO2 保护气和 Ar+CO_2 混合保护气。纯 CO_2 保护气具有较好的保护效果且成本较低，但在焊接过程中会与金属起化学反应，易使合金元素烧损，降低焊缝性能。采用纯 CO_2 保护气焊接时，飞溅较大影响焊缝外观质量，增加后续清理工作难度。

Ar+CO_2 混合保护气中由于 Ar 的加入使电弧燃烧更稳定集中，电弧更易控制。Ar 的加入能显著的减少焊接飞溅，使焊缝表面更为光滑平整，减少后续层间清理和打磨工作，进一步提升工作效率。Ar 为惰性气体，也能进一步减少合金元素的烧损，提升焊缝工艺性能[8,9]。

一段余热锅炉管子管板熔化极焊接保护气体采用混合气体，考虑到管板坡口深、焊丝干伸长等因素尝试采用以下 3 种比例混合气体进行工艺评定试验，即：80%Ar+20%CO_2、70%Ar+30%CO_2、60%

Ar+40%CO_2，再根据试验结果择优选用。

3 焊接工艺评定和焊工培训考试

3.1 工艺评定项目和焊接参数

依据 NB/T47014—2011《承压设备焊接工艺评定》的有关规定进行焊接工艺评定试验[10]，分别进行板对接和管板角接熔化极气体保护焊的工艺评定(见表 1)，手工钨极氩弧焊板对接和管板角接有类似的成熟工艺，所以不再重新评定。

表 1 余热锅炉管/板焊缝焊接组合工艺评定项目表

序号	评定项目	焊接方法	评定母材	规格(mm)	焊材	保护气体
1	板对接焊	GMAW	Q345R	δ=14	ER50—6	80%Ar+20%CO_2
2	板对接焊	GMAW	Q345R	δ=14	ER50—6	70%Ar+30%CO_2
3	板对接焊	GMAW	Q345R	δ=14	ER50—6	60%Ar+40%CO_2
4	管/板角接	GTAW+ GMAW	20/Q345R	Φ89× 7.5/28	GTAW:ER50—6 GMAW:ER—56	GTAW:100%Ar GMAW:80%Ar+20%CO_2
5	管/板角接	GTAW+ GMAW	20/Q345R	Φ89× 7.5/28	GTAW:ER50—6 GMAW:ER—56	GTAW:100%Ar GMAW:70%Ar+30%CO_2
6	管/板角接	GTAW+ GMAW	20/Q345R	Φ89× 7.5/28	GTAW:ER50—6 GMAW:ER—56	GTAW:100%Ar GMAW:60%Ar+40%CO_2

板对接评定试验用母材 Q345R 的化学成分和力学性能见表 2 和表 3；选用的 ER50—6 焊材的化学成分和力学性能见表 2 和表 3；对接试板坡口形式为 V 形。板对接评定试板焊接工艺参数见表 4，焊后进行 100%射线探伤，依据 NB/T47013—2015，Ⅱ级合格。试样进行力学性能试验、硬度值测定需满足评定要求。

表 2 Q345R 试板和 ER50—6 焊丝化学成分 (*wt*%)

元素	C	Si	Mn	P	S	Mo	Ni	V
实测含量(Q345R)	0.150	0.400	1.450	0.010	0.005	0.006	0.010	0.001
实测含量(ER50—6)	0.068	0.850	1.460	0.012	0.010	0.007	0.013	0.004

表 3 Q345 试板和 ER50-6 焊丝的力学性能

项目	抗拉强度 Rm/MPa	屈服强度 Rel/MPa	断后伸长率 A(%)	冲击吸收能量 AKv/J
实测值(Q345R)	540	385	29.5	148、162、132(试验温度 0℃)
实测值(ER50—6)	545	448	31.5	82、86、74(试验温度—30℃)

表 4 对接评定试板焊接工艺参数

焊道层次	焊接方法	焊材型号	焊材规格(mm)	焊接电流(A)	电弧电压(V)	电源极性	焊接速度(mm/s)	保护气流量(L/min)
1	GMAW	ER50—6	1.2	130	21	DCEP	2.5	12
2—3	GMAW	ER50—6	1.2	140—170	22—24	DCEP	3.0—4.0	12
4—5	GMAW	ER50—6	1.2	180	26	DCEP	3.0—4.0	12

管子/管板工艺评定试件坡口形式同图2,采用手工钨极氩弧焊(GTAW)打底一层,熔化极气体保护焊进行填充焊及盖面焊,管子/管板焊接工艺参数见表5,试件焊后进行100%射线探伤,依据NB/T47013-2015,Ⅱ级合格,并对试样进行断面解剖检验,检查断面无裂纹、未熔合等缺陷。

表5 管子/管板焊接工艺参数

焊道层次	焊接方法	焊材型号	焊材规格(mm)	焊接电流(A)	电弧电压(V)	电源极性	焊接速度(mm/s)	保护气流量(L/min)
1	GTAW	ER50-6	2.5	160	14	DCEN	1.5	12
2-3	GMAW	ER50-6	1.0	175	25	DCEP	2.5-3.0	15
4-9	GMAW	ER50-6	1.0	190	26	DCEP	3.5-4.5	15
10	GMAW	ER50-6	1.0	160	24	DCEP	3.0	12

3.2 工艺评定结果

板对接和管子管板角接试件外观检查合格,无裂纹等缺陷,并按NB/T 47013《承压设备无损检测》进行100%射线检测,试板和管子管板射线检测焊缝等级均为Ⅰ级。对接试板按NB/T 47014-2011《承压设备焊接工艺评定》和产品技术条件进行了力学性能检验,拉伸、弯曲试验和冲击试验结果见表6,力学性能试验结果均合格。管板角接试件按NB/T 47014-2011《附录D换热管与管板焊接工艺评定和焊接工艺附加评定》进行宏观金相检查结果见表6,宏观金相检查合格无缺陷。

表6 焊接工艺评定力学性能试验和宏观金相检查结果

序号	试验项目	拉伸试验(Rm/MPa)	侧弯(d=4A/180°)	冲击试验(-20℃;J)焊缝	冲击试验(-20℃;J)热影响区	宏观金相检查(10倍放大镜)	结论
1	板对接	530/538	4件无缺陷	85、90、92	72、63、60	/	合格
2	板对接	526/526	4件无缺陷	88、92、83	76、65、69	/	合格
3	板对接	520/525	4件无缺陷	98、112、84	80、68、62	/	合格
4	管/板角接	/	/	/	/	无气孔、裂纹、夹渣、根部未焊透、未熔合等缺陷	合格
5	管/板角接	/	/	/	/	无气孔、裂纹、夹渣、根部未焊透、未熔合等缺陷	合格
6	管/板角接	/	/	/	/	无气孔、裂纹、夹渣、根部未焊透、未熔合等缺陷	合格

上述工艺评定试验各项检测结果均符合有关标准和产品技术条件要求,可以指导及应用于实际生产。在进行对接试板和管板角接试板焊接过程中经过仔细观察,采用混合气体焊接能明显地使熔滴过渡的尺寸变细,从而改善熔滴的过渡特性,减少了飞溅,也不易产生气孔,焊缝的成形也得到改善[11-12]。通过对比3种比例混合气体工艺性能有些差异,80%Ar+20%CO_2在管板角接试板前3层焊接时,电弧会漂移挺度不够;60%Ar+40%CO_2在板对接和管板角接试板焊接时,飞溅多且焊缝纹路较粗;70%Ar+30%CO_2电弧不产生漂移挺度较好,飞溅也较少且焊缝纹路均匀细密,因此选择70%Ar+30%CO_2比例混合气体用于实际产品焊接。

3.3 焊工技能培训考试

组织焊工进行管子管板焊接技能训练和熔化极气体保护焊理论知识的学习,通过近一周时间的技能训练和理论学习,掌握了焊接操作技巧,并按《特种设备焊接操作人员考核细则》进行焊接理论知识和操作技能考试均合格，具备了实际产品的焊接资格要求。

实操培训采取模拟产品试件，和该设备相同规格的板厚和坡口形式，焊接时与实际产品焊接条件相同，确保焊工在焊接一段余热锅管子管板焊缝时能保证焊接质量，降低焊缝产生返修的几率。

4 实际产品焊接过程控制

(1)做好管板坡口，管子外表面的铁锈、氧化物的清理，在焊接区域周围做好防风措施(见图 3)，以防外界风力过大，影响正常焊接而产生气孔。并且所用的 CO_2 气体一定要预热，以去除 CO_2 气的水份，防止气孔的产生。手工氩弧焊封底时应保证根部完全熔透，确保无气孔和未熔合缺陷。

(2)余热锅炉焊接过程中，采用立起管束的方式对管接头进行水平焊接。该技术通过将管束立置，使管接头处于水平焊接位置，有利于优化焊接操作姿态，便于焊接设备精准对位，同时可减少焊接过程中熔池的流淌与变形，有助于提升焊缝成形质量及焊接效率，为管接头焊接质量的稳定控制提供技术保障。

图 3 实际产品焊接

(3)熔化极气体保护焊前，应调整好焊接规范、保护气流量、焊枪角度，检查焊枪喷嘴是否堵塞，以及气路是否通畅，并试焊正常后方可进行产品的焊接，焊接过程中应认真观察熔池的形态和焊接时电弧声音，焊缝的表面颜色和成形是否正常，发现异常时应停止焊接，检查并排除出现异常的原因后，方可继续焊接。

(4)为了控制焊接变形和保证焊接质量，熔化极气体保护焊时，每道焊缝只能连续焊 1 层，这样有利于控制变形和进行层间的清理，并且采用跳焊方法焊 1 隔 2，避免局部连续焊接热输入量大而变形。同时用电动工具对所焊焊缝进行抽检，检查有无气孔或未熔合等缺陷，抽查有缺陷时应对该缺陷周围的焊缝逐个进行检查，直到检查确认无缺陷为止。

(5)熔化极气体保护焊常见的缺陷是气孔和未熔合，因此焊接时要控制每层焊缝的厚度约为 3 mm 并保证坡口两侧完全熔合，以防止未熔合等缺陷的产生。管板焊满后对焊缝表面进行 100％渗透检测。

5 结 论

通过对熔化极气体保护焊进行工艺优化和工装设计改进，实现了管子管板的自动化焊接，同时采取以上措施和相应的工艺试验保证了该项目一段余热锅炉管子管板的焊接质量，顺利完成了该项目一段余热锅炉的制造任务。

管子管板采用熔化极气体保护焊，焊接效率为手工钨极氩弧焊的 5～6 倍，焊条电弧焊的 3～4 倍，采用混合气体作保护气比用氩气节约了生产成本，也比用焊条焊接更经济，减轻了焊工的劳动强度，提高了焊接生产效率。

熔化极气体保护焊用于管子管板的焊接，在国内公开报道尚属首例，为压力容器使用熔化极气体保护焊起到了很好的借鉴作用和推动作用，随着熔化极气体保护焊的新材料、新设备的不断发展，低成本、高效率的熔化极气体保护焊在压力容器焊接方面将会有更新的发展和应用。

参考文献

[1] 肖雯雯，严永博，杨建勃，等．换热器管束—管板焊缝失效及焊接工艺综述[J]. 材料保护，2020，

53(03):135－140.

[2] 曾乐主编．现代焊接技术手册[M]. 上海:上海科学技术出版社,1993.

[3] 解玲丽,王飞,史红艳,等．不同金属材料的焊接工艺 [J]. 山西冶金,2024,47(08):79－81 +130.

[4] 胡国呈,董金善,丁毅．余热回收器换热管与管板连接处泄漏失效分析[J]. 压力容器,2019,36(09):53－62

[5] 王正,郑静,茅庆飞,等．焦炭塔工作过程温度场仿真分析 [J]. 压力容器,2011,28(04):28－34.

[6] Zhan, X., Ou, W., Wei, Y., Zhou, Z., Liu, S., Jiang, J., & Siewert, T. W. (2016). The feasibility of an intelligent welding procedure qualification system for Q345R SMAW. The International Journal of Advanced Manufacturing Technology,83(5－8),765－777.

[7] 罗杨．浅析熔化极气体保护焊发展中的问题及对策 [J]. 科技展望,2016,26(15):72.

[8] 于永庆,刘焕利,张凯．$CO_{气}$ 体保护焊在锅炉压力容器中的应用[J]. 金属加工(热加工),2010,(6):46－48.

[9] 翟福生．CO_2 气体保护焊在锅炉压力容器中的应用[J]. 金属加工(热加工),2011,(6):62－63.

[10] 唐丽,李东,康文捷,等．国内外换热管与管板焊接工艺评定标准浅析[J]. 电焊机,2022,52(8):113－118.

[11] 陈祝年．焊接工程师手册[M]. 北京:机械工业出版社,2009.

[12] 蔿佳棋,万升云,汤旭祥,钟奎,邵戗,卢永建．GMAW 自动焊工艺参数对焊缝成形影响研究[J]. 金属加工(热加工),2023,50(6):20－25.

作者简介

高申华,男(汉),焊接高级技师、首席技师,主要从事承压设备焊接工作,通信地址:210048 江苏省南京市六合区大厂街道姜桥路 1 号,E－mail:gaoshenhua0519@163. com,手机:13813940519。

基于湍流-沉积模型的废热锅炉换热管失效案例分析

杨证淳[1]，廉松松[1]，关庆鹤[1,2]，刘　俊[1]，苏殿斌[1]

（1. 哈尔滨锅炉厂有限责任公司，哈尔滨 150046；

2. 高效清洁燃煤电站锅炉国家重点实验室（哈尔滨锅炉厂有限责任公司），哈尔滨 150046）

摘　要：本研究基于雷诺平均方程模拟方法结合取样观察，深入探究了某化工厂废热锅炉换热管的失效原因。研究结果表明：数值模拟结果与实测结果一致性较强，可以反映设备的运行过程；随着运行时间的增长，远离进口处形成了旋转湍流场，部分换热管在下管板附近出现沉积物的持续堆积导致了换热管失效。本研究可为废热锅炉的结构优化与运行维护提供理论支持与工程参考。

关键词：废热锅炉；换热管；数值模拟；沉积

Casestudy of heat exchanger tube failure in waste heat boiler based on turbulence－deposition modeling

YANG Zhengchun[1]，LIAN Songsong[1]，GUAN Qinghe[1,2]，LIU Jun[1]，SU Dianbin[1]

（1. Harbin Boiler Company Limited，Harbin 150046，China；

2. State Key Laboratory of Efficient and Clean Coal—fired Utility Boilers

（Harbin Boiler Company Limited），Harbin 150046，China）

Abstract：In this study，the failure mechanisms of heat exchanger tubes in the waste heat boiler of a chemical plant were systematically investigated using Reynolds－averaged Navier－Stokes（RANS）simulations combined with in－situ sampling observations. The numerical simulation results exhibited strong agreement with experimental measurements，effectively capturing the operational characteristics of the equipment. Analysis revealed that，over prolonged operation，a rotating turbulent field develops downstream of the inlet，promoting the progressive accumulation of sediments near the lower tube plate. This sustained deposition ultimately leads to the failure of heat exchanger tubes. The findings of this study provide valuable theoretical insights and engineering guidance for the structural optimization and operational maintenance of waste heat boilers.

Keywords：waste heat boiler；heat exchange tube；numerical simulation；deposition

0　引　言

废热锅炉是化工厂实现节能减排的重要压力容器，其中换热管是确保高效传热和设备运行的关键部件[1]。然而，化工厂中废热锅炉的运行工况导致换热管长期处于高温、腐蚀性化学环境中，使得换热管极易发生失效，从而影响设备的可靠性[2－3]。因此，对某化工厂废热锅炉换热管失效案例进行研究对于提高设备使用寿命具有重要意义。

换热管的失效是由高温氧化、腐蚀、热疲劳、应力腐蚀开裂以及杂质沉积等因素共同作用引起的复杂过程[4－7]。长期处于高温环境会导致管壁发生氧化，降低材料的强度；腐蚀性工质在高温作用下会进一步加速材料劣化[4]。而运行工质中的杂质沉积会导致局部过热和流动受阻,这种局部温度差异易引发管壁发生减薄,甚至出现微裂纹导致换热管发生断裂[5]。

过往研究中,对于换热管的失效通常采用材料分析等方法。然而,随着数值计算方法的不断完善,数值模拟已成为深入理解湍流一沉积模型的重要工具[8]。因此,本研究基于 RANS 方法,对某化工厂废热锅炉换热管的失效案例进行流动分析。从而为探究换热管失效因素提供一种切实可行的办法。

1 研究方法

1.1 立式废锅管板结构

立式废热锅炉的管板是连接换热管与壳体的关键部件,需同时满足结构强度和热工性能要求。如图 1 所示,其圆形设计与锅炉壳体匹配,采用耐高温、高强度合金材料,以承受热应力和流体压力。管束在管板上的排列遵循优化布局,以提高换热效率并减少流动诱发振动。

如图 2 所示,换热管与管板之间采用液压胀接工艺可确保紧密配合,提高连接强度和密封性能,减少热应力影响,并有效防止泄漏和松动。

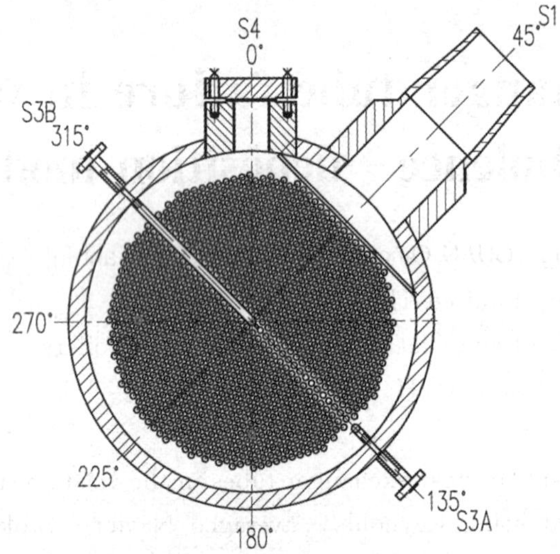

图 1 管板及换热管排布

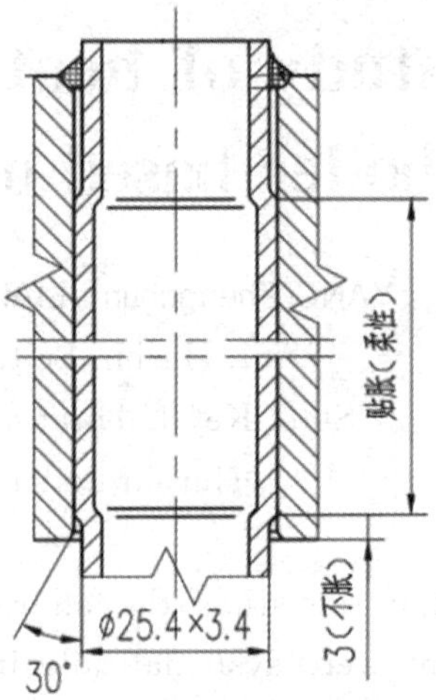

图 2 换热管与管板连接示意图

1.2 换热管取样

本研究制定工艺方案并标记选取三根具有代表性的换热管(其材料特性见表 1)进行系统性分析,如图 3 所示。方案中采用机械加工方法去除管堵焊缝及换热管与管板的连接焊肉,取出堵头,并在管板上加工 30°坡口(深度 2.5~3 mm)。由于上下管板均存在胀接区,单次拔管难度较大,因此在下管板上端使用专用切管器切断管子,并在管内壁加工螺纹,以便通过液压装置完成抽管。

表 1 SA-213M GT. T11 化学成分

元素	C	Si	Mn	P	S	Cr	Ni	Nb	Cu
含量	0.04~0.10	≤1.00	≤2.00	≤0.045	≤0.030	18.00~20.00	18.00~11.00	—	≤0.25

1.3 湍流模型

为研究废热锅炉中壳体内流场的特性,本研究采用雷诺时均(RANS)方法,耦合 k-ε 湍流模型进行计算[9]。控制方程包括连续性方程、动量方程,以及湍流动能和湍流耗散率的输运方程;计算采用有限体积离散方法,对流项使用二阶迎风格式,以提高数值精度。

压力一速度耦合采用 SIMPLE(半隐式压力耦合方程)算法[10],并通过动量和湍流参数的残差监测收敛情况，确保计算稳定性，残差收敛阈值设定为10^{-5}。

$$\frac{\partial k}{\partial t}+U_j\frac{\partial k}{\partial_{x_j}}=P_k-\varepsilon+\frac{\partial}{\partial x_j} \tag{1}$$

$$\frac{\partial \varepsilon}{\partial t}+U_j\frac{\partial \varepsilon}{\partial x_j}=C_{1\varepsilon}\frac{\varepsilon}{k}P_k-C_{2\varepsilon}\frac{\varepsilon^2}{k}+\frac{\partial}{\partial_{x_j}}\left[\left(v+\frac{v_t}{\sigma_\varepsilon}\right)\frac{\partial \varepsilon}{\partial x_j}\right] \tag{2}$$

湍流动能的生产项 P_k：

$$P_k=\overline{u_i'u_j'}\frac{\partial U_i}{\partial_{x_j}}=v_t S_{ij}S_{ij} \tag{3}$$

湍流粘性系数 v_t：

$$v_t=C_\mu\frac{k^2}{\varepsilon} \tag{4}$$

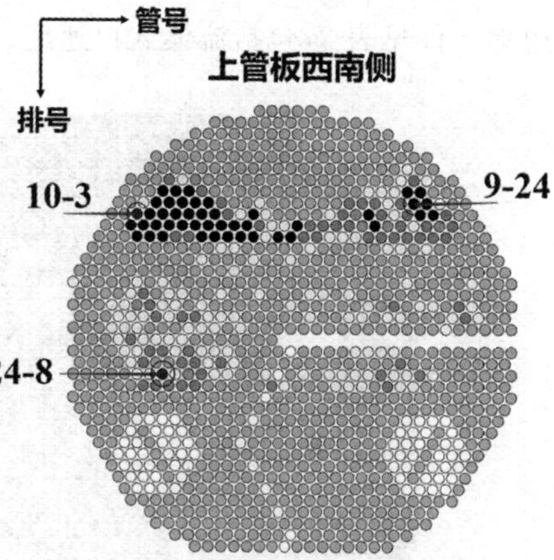

图 3　拔管位置分布图

应变率张量 S_{ij}：

$$S_{ij}=\frac{1}{2}\left(\frac{\partial U_i}{\partial_{x_j}}+\frac{\partial U_j}{\partial_{x_i}}\right) \tag{5}$$

1.4　沉积物模型

本研究采用湍流沉积模型对换热管内流场及颗粒沉积行为进行模拟分析[11-13]。该模型基于湍流输运理论，结合颗粒动力学方程，考虑湍流脉动作用下颗粒的惯性冲击、扩散沉积及壁面附着特性。通过求解流场中的湍流能量及耗散率，建立颗粒运动轨迹与壁面沉积速率之间的定量关系，并分析不同流动参数对颗粒沉积行为的影响。

1.4.1　颗粒运输方程

忽略颗粒之间碰撞，描述颗粒在湍流中的运动，其运动方程表示为：

$$\frac{\mathrm{d}V_p}{\mathrm{d}t}=\frac{1}{\tau_p}(u-vp)+g+Fturb \tag{6}$$

式中，Vp 为颗粒速度；u 为流体流速。

$$\tau_p=\frac{\rho_p d_p^2}{18\mu} \tag{7}$$

式中，τ_p 为颗粒驰豫时间；ρ_p 和 d_p 为颗粒密度和直径；$Fturb$ 为湍流脉动力。

1.4.2　壁面颗粒沉积速度

壁面颗粒沉积速度描述了颗粒在固体表面累积的速率，受颗粒特性、流体动力学条件和壁面特性影响。

$$J_d=V_d C_b \tag{8}$$

$$V_d=\frac{u_*}{S_{c_t}^{\frac{1}{3}}} \tag{9}$$

$$S_{c_t}=\frac{v}{D_t} \tag{10}$$

式中，$u_*=\sqrt{\tau_w/\rho}$为摩擦速度。

1.5　边界条件及网格

考虑到壳体内换热管数量众多，为提高计算效率，本研究对部分区域的换热管进行集中简化处理，同时划分非结构网格，如图 4 所示，共计 147 万个网格单元。网格划分时，针对换热管表面区域进行局部加密,以更精细地捕捉流动特征和颗粒沉积行为,从而保证换热管表面工质杂质沉积特征的模拟精度。

边界条件见表 2,包括流体入口速度、温度、压力、Ph 值等。

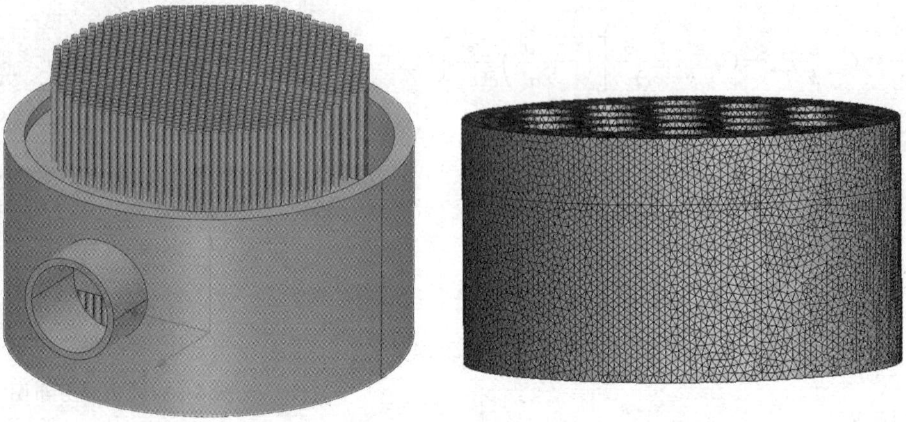

图 4　立式废锅壳体示意图及网格划分

表 2　边界条件设置

边界条件	数值
入口速度/($m \cdot s^{-1}$)	1
入口温度/K	613.5
入口压力/MPa	10
壁面温度/K	450
Ph 值	11

2　结果与讨论

2.1　换热管断裂特性

对换热管内外部进行了内窥镜检查,如图 5 所示。检查对象为规格为 ø25.4 mm×3.4 mm 的换热管。换热管减薄区域位于下管板上表面 30 mm 范围内,紧邻胀接末端,与内窥镜检查发现的减薄区域相符。该区域远离筒体的进出水口,减薄呈圆周方向。经过进一步检查,换热管内壁无明显腐蚀或杂质磨损现象,排污口 S3 A/B 的壳程水排污情况良好;通过孔 S4 的检查发现,虽然下管板上表面有少量水垢和杂质,换热管表面附着水垢较少,且略有锈蚀。

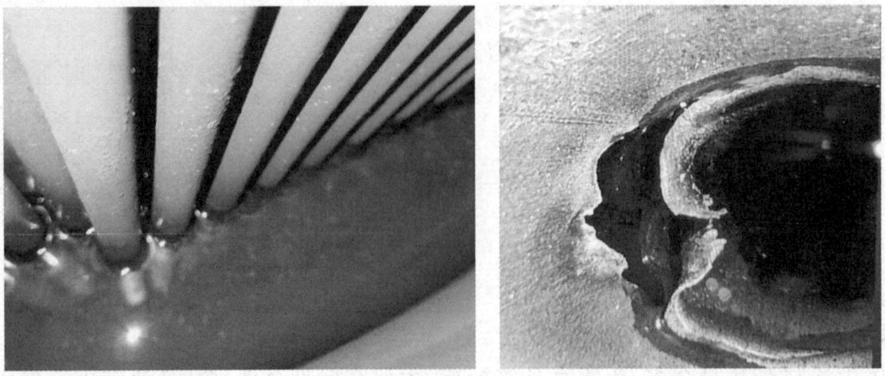

图 5　内窥镜检查结果

图 6 为本次检验所取的样管，9－24 样管分别为上下两段管，两段管段无弯折、扭转现象，内外表面未见明显缺陷或减薄。下段管段长度为 310 mm，样管右侧出现断口，由外壁向内壁出现减薄。10－3 样管取出后分割为 8 个段管，每段长度约 500 mm，所有管段均没有弯折、扭转现象，观察管子外表面，可看到样管表面存在不同程度的双螺旋绕流纹路，经测量纹路附近换热管尺寸无明显变化，在距最下端管段约 312 mm 位置存在一处管子壁厚减薄位置，影响范围约 30 mm。24－8 样管分割为 8 个管段，所有管段没有弯折、扭转现象，最下端管子存在一个减薄断口，影响范围约 30 mm，断口呈周向减薄。

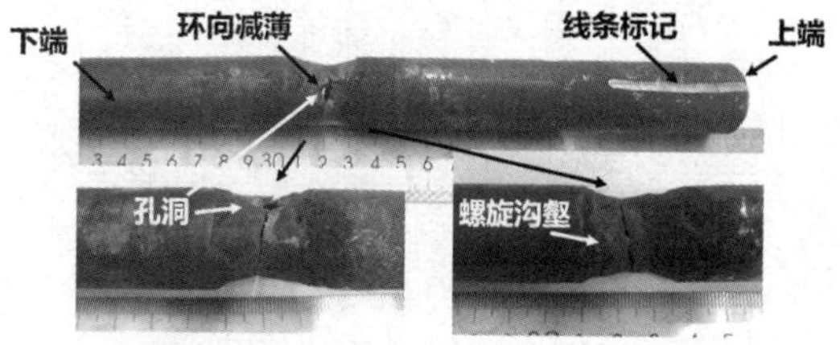

（a）9–24样管

（b）10–3样管

（c）24–8样管

图 6　样管检测试样

2.2　换热管流场特性

图 7 为换热管在废热锅炉中三维流场分布情况。通过流线图可观察到，工质受到换热管的阻碍，其原有的均匀流动发生改变，流线出现明显偏折与紊乱，在局部区域形成湍流，局部流速变化明显，进一步加剧流场的非对称性。这导致内部流场发生剧烈扰动。此外，实际断裂位置附近速度分量 U_x 在轴向上均存在较大的梯度，表明此处存在强烈的剪切流与回流现象。

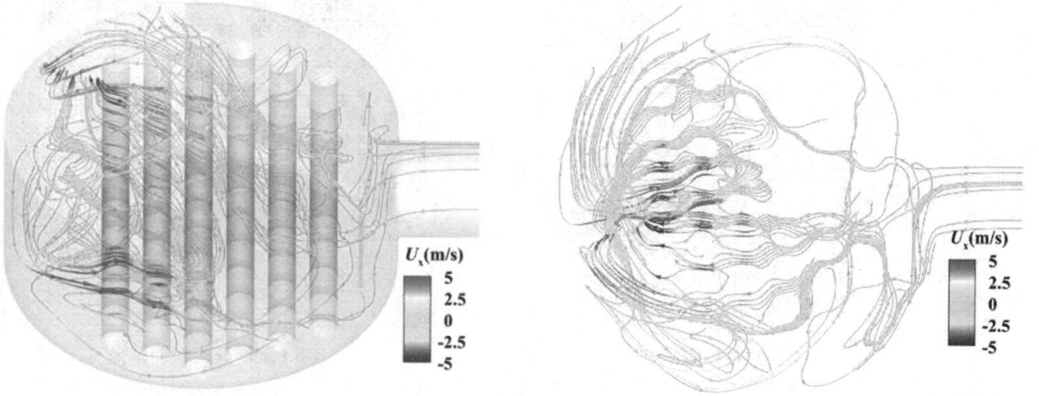

图 7　径向平均速度分布流线图

横截面显示，在管束下游区域，流体产生明显的回流，其流动方向偏离初始流动方向，锅炉内部流场的复杂性和不稳定性增强。这种流动特性不仅降低了局部换热效率，还可能引发管壁热负荷分布不均，进而导致该处管壁出现热应力集中的情况。

由图 8 可知，速度和温度云图共同揭示了远离出口区域换热管发生减薄的原因。速度云图显示，在远离出口的下游区域，流体速度明显减小，局部形成低速区和涡结构，这说明该区域存在明显的回流和滞流现象。与此同时，温度云图表明该区域热量滞留，温度分布不均，局部温升现象明显，形成了不利于换热的热-流动耦合环境。这种低速、高温、沉积易集中的工况在一定程度上加速了管壁的减薄。

如图 9 所示，内窥镜检查与旋转超声检测结果表明，远离出口处的换热管壁厚减薄现象较为显著。结合图 7 和图 8 分析可知，远离入口区域的流动特性不同于靠近入口处的均匀流动区域，流体流经管束

图 8 速度与温度云图

的过程中流速减弱在该区域形成低速区,伴随着壁面处的局部回流产生低速漩涡。这导致了工质中的杂质在该区域持续堆积。沉积物在管壁表面积累,造成局部存在温度差异,使得管壁受到的热应力不均,从而产生热减薄现象;另一方面阻碍有效传热,使得该区域长期处于恶劣的热-流动耦合环境中。因此,在上述因素共同作用下,此处成为失效风险区。

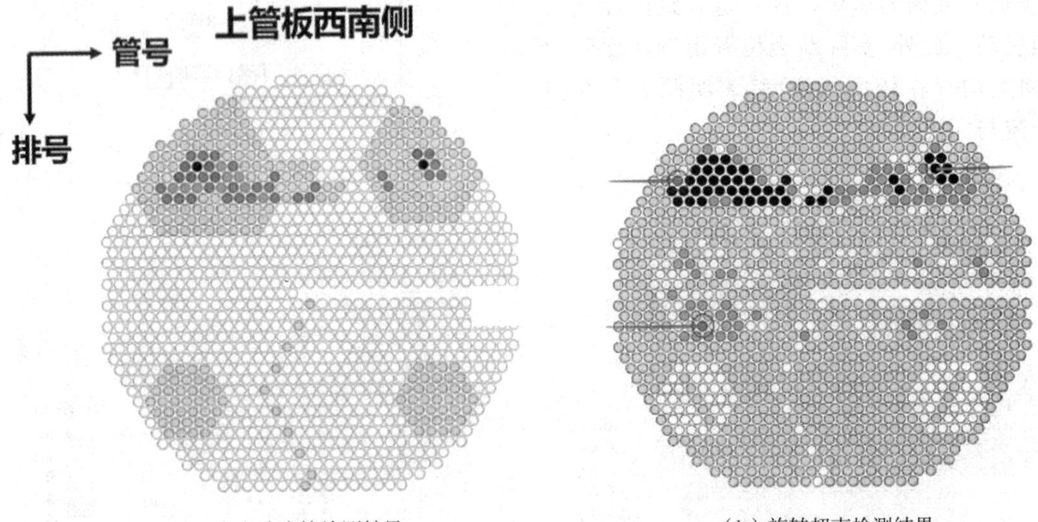

(a) 内窥镜检测结果　　(b) 旋转超声检测结果

图 9 内窥镜检查与旋转超声检测结果

2.3 换热管沉积特性

流速不均形成的旋转湍流使得远离进口处附近的换热管处于漩涡中心,这导致了下管端壁面出现了沉积物堆积。如图 10 所示,OH+浓度呈现了“近壁堆积”的特征,其中在下管端区域的沉积效果最为明显。而工质运行过程中呈现弱碱性,这导致此处的 Ph 值升高。该处管壁的沉积不仅阻碍了局部传热过程,还使其长期暴露在碱性环境中,加剧了换热管的减薄。

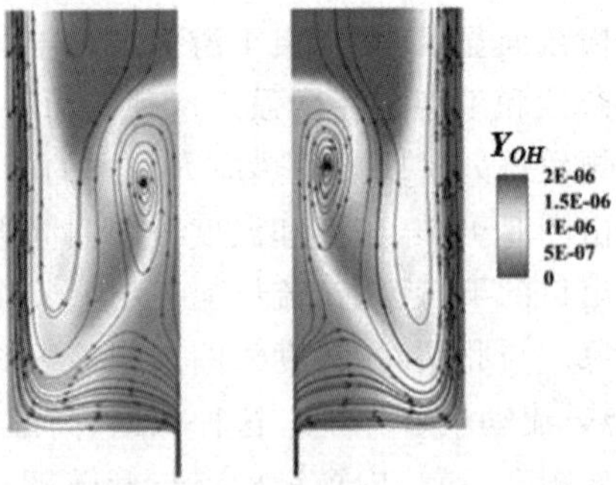

图 10 换热管沉积物浓度平均分布

此外,图中流线的分布验证了该区域换热管受到了局部回流影响，靠近下管端处的流速进一步下降，甚至出现滞留，这导致工质中的 OH＋无法随流体流动，在该低速区域聚集，并随机组运行时间的增长发生沉积。

如图 11(a)所示，在换热管下管端，即胀接区域附近，出现了显著的压差。这表明该处管壁受到自外向内的压力作用，且随着运行时间的增长，该区域发生失效的可能性进一步增加。此外，从图 11(b)可以看出，下管端同样存在局部高温，该区域沉积物的堆积受高温影响，进一步加速了沉积腐蚀，最终导致下管端首先发生失效。

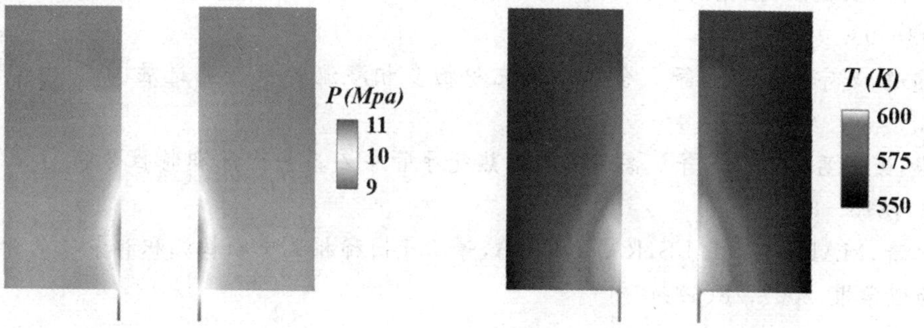

(a) 平均压力　　(b) 平均温度云图

图 11　换热管胀接区示意

3　结　论

本研究主要结论如下：

(1)基于 RANS 方法的流动和沉积模拟结果与换热管取样观察结果吻合度较高，提供了较为全面的流场特性，为同类型设备的故障诊断提供了一种新分析方法。

(2)远离进口区域受结构影响，进口工质冲击内壁回流形成旋转湍流场，从而造成局部高温和杂质的富集沉积。

(3)换热管管壁温度和压力分布不均，靠近端面附近处即胀接过渡区周围杂质沉积效果明显，形成了局部高温和碱性环境，进一步加速了换热管的失效。

致谢：感谢江苏大学能源研究院王平教授团队提供的计算软件平台。

参考文献

[1] 王颖，邱朋华，吴少华，等．整体煤气化联合循环系统中废热锅炉特性研究[J]．中国电机工程学报，2010，30(5)：54－58.

[2] 钱瀚，高磊，张莹莹．低合金高强钢换热管开裂原因分析[J]．辽宁石油化工大学学报，2018，38(5)：67.

[3] 杨国祥，文增瑜，施震山．管壳式换热器换热管失效原因分析[J]．云南化工，2021，48(3)：99－100.

[4] EZUBER H，ZAKIR H S M. A review of corrosion failures in shell and tube heat exchangers：roots and advanced counteractive[J].

Heat and Mass Transfer，2023，59(6)：971－987.

[5] ALI M，UL－HAMID A，ALHEMS L M，et al. Review of common failures in heat exchangers－Part I：Mechanical and elevated temperature failures[J]. Engineering Failure Analysis，2020，109：104396.

[6] 张建华，朱国栋，王娟．脉动载荷下换热器管板接头塑性失效研究[J]．压力容器，2023，40(1)：46－54.

[7] 于美琪,王博尧,张红升,等. 不同温度下 Inconel 690TT 换热管的冲击微动磨损特征研究[J]. 压力容器,2024,41(6):23－29.

[8] SAFFIUDEEN M F,SYED A,MOHAMMED F T. Failure analysis of heat exchanger tubes [J]. Journal of Failure Analysis and Prevention,2023,23(3):1259－1264.

[9] CHAOUAT B. The state of the art of hybrid RANS/LES modeling for the simulation of turbulent flows[J]. Flow,turbulence and combustion,2017,99:279－327.

[10] 谢公南,王秋旺,张东升,等. 非正交同位网格下压力与速度耦合算法[J]. 计算力学学报,2006,23(1):93－96.

[11] 蔡建超,夏宇轩,徐赛,等. 含水合物沉积物多相渗流特性研究进展[J]. 力学学报,2020,52(1):208－223.

[12] 彭威,甄亚男,杨小勇,等. 高温气冷堆热气导管中石墨粉尘沉积特性分析[J]. 原子能科学技术,2013,47(5):816－821.

[13] 李水清,MARSHALL J S,RATNER A,等. 气固稀相流中颗粒沉积和聚集的分子动力学模拟[J]. 工程热物理学报,2007,28(6):4.

作者简介

杨证淳(1999),男,工程师,主要从事电站辅机和压力容器制造工艺等工作,通信地址:150046 哈尔滨锅炉厂有限责任公司工艺部,E－mail:yangyu0221@163. com。

污水汽提装置氨水换热器管束泄漏原因分析

陆　铮,栾　霄,朵志千
(中国石化股份有限公司 金陵分公司,南京　210033)

摘　要:本文针对某石化公司污水汽提装置氨水换热器管束泄漏问题展开研究,通过宏观分析、化学成分分析、扫描电镜观察及能谱分析、金相分析等手段,判断出泄漏原因,最后从工艺调整和材料升级等方面提出防腐建议,为设备防腐提供参考。

关键词:氨水;管束泄漏;腐蚀分析;防腐措施

Analysis of tube bundle leakage causes in ammonia water heat exchanger of sewage stripping unit

LU Zheng,LUAN Xiao,DUO Zhiqian
(Sinopec Jinling Branch,Nanjing 210033,China)

Abstract:This paper studies the tube bundle leakage problem of the ammonia water heat exchanger in the sewage stripping unit of a petrochemical company. The heat exchanger is a U－tube type,with the media in the tube side and shell side being ammonia water of different concentrations. The heat exchange tubes are made of S30403 stainless steel and failed after approximately 6 years of service. Through macro analysis,chemical composition analysis,scanning electron microscopy(SEM) observation,energy－dispersive spectroscopy(EDS) analysis,and metallographic analysis,the causes of the leakage were determined. Finally,anti－corrosion suggestions are proposed from aspects such as process adjustment and material upgrading,providing a reference for equipment anti－corrosion.

Keywords:ammonia water;tube bundle leakage;corrosion analysis;anti－corrosion measures

0　引　言

炼油厂各工艺装置排放的废水若未经处理直接排放将导致环境污染,随着环境保护标准的不断提高,必须有效处理炼油厂含硫废水以控制污染[1]。污水汽提装置可对这些污水进行处理,脱除其中的硫化氢和氨氮,减少对环境的污染,降低污水中的污染物浓度,实现污水的达标排放或回用,经过处理后的净化水可用于原油脱盐和各种装置的注水等工艺,从而实现降低总用水量和最大限度减少废水排放的目标[2]。

某石化公司污水汽提装置氨水换热器管束发生泄漏,对换热管取样进行失效分析,如图 1 所示。

该换热器为 U 型管式热交换器,管程与壳程的设计压力为 2.5 MPa、设计温度为 200℃。管程工作参数为:压力 1.47 MPa;温度 158℃(进口)/78℃(出口)。壳程工作参数为:压力 1.95 MPa;温度 40℃(进口)/114℃(出口)。换热器管程和壳程的工作介质均为氨水,但浓度不同:管程氨水质量分数约为 15%;壳程氨水质量分数约为 25.1%。氨水中均不含硫化氢(H_2S)和二氧化碳(CO_2)。换热管规格为 φ25 mm×2.5 mm,材质为 S30403(GB/T 13296－2013),交货状态为冷拔,并进行了固溶＋酸洗处理,换

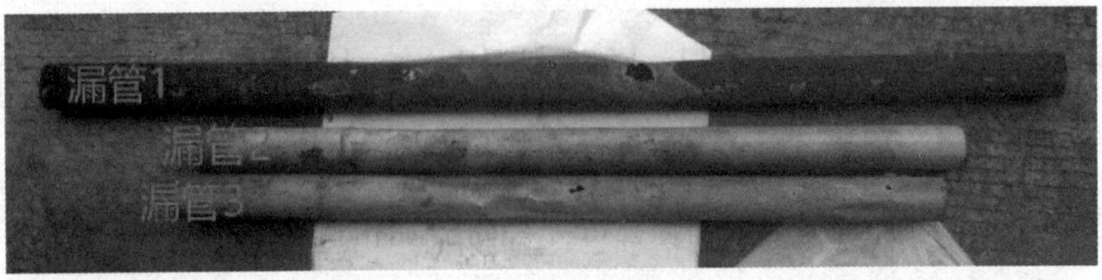

(a) 泄漏的换热管

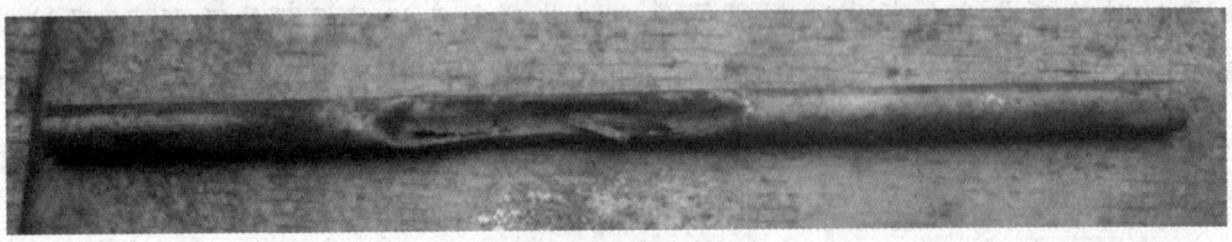

(b) 堵管的换热管

(c) 未泄漏正常的换热管

图 1　换热管样品

热管束设计使用年限为 10 年。此批换热管于 2018 年 1 月 30 日投入使用，于 2024 年 1 月失效，服役时长约为 6 年。

1　原因分析

1.1　宏观分析

检验换热管样品 5 根，其中本次发生泄漏的 3 根，前期泄漏后堵管的 1 根，未发生泄漏状态正常的 1 根(如图 1)。对发生泄漏的换热管进行编号，分别记为漏管 1、漏管 2 和漏管 3。可观察到三根换热管外表面均存在腐蚀凹坑，漏管 1 腐蚀情况最为严重，出现了较大的泄漏孔，漏管 2 和漏管 3 主要表现为局部的小泄漏孔。

图 2 为漏管 1 细节特征。可以看出，该管外壁腐蚀严重，覆盖有较厚的腐蚀产物(如图 2(a))。泄漏位置放大后可以看出，由于泄漏时的变形及冲刷，泄漏位置外壁腐蚀产物脱落，暴露出外壁表面腐蚀特征(如图 2(b)(c))。

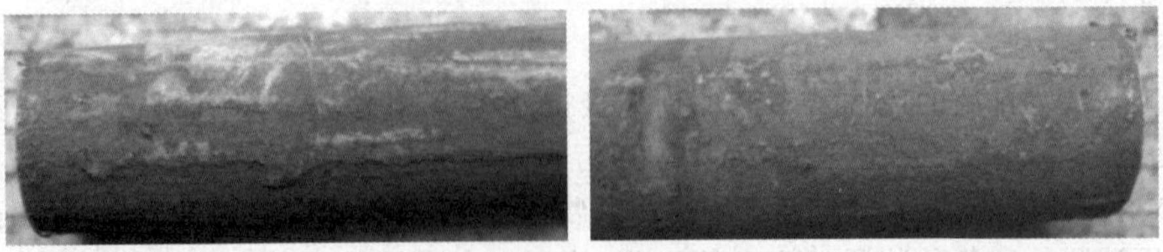

(a) 两端外壁特征

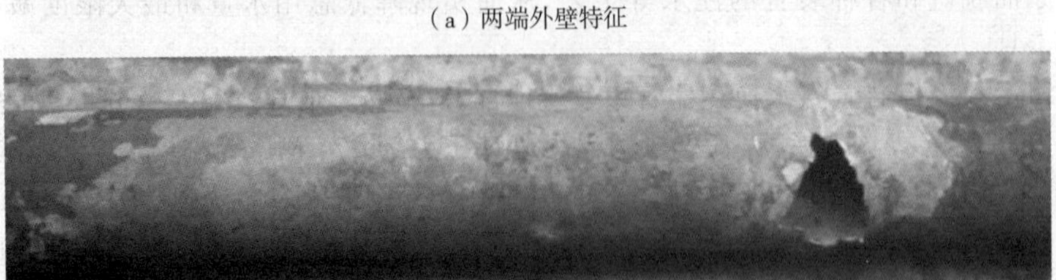

(b) 较大的泄漏孔

(c) 较大泄漏孔特征

图 2　漏管 1 的宏观特征

图 3 为漏管 2 细节特征。相对于漏管 1,漏管 2 外壁腐蚀产物较少,但是可见较多的腐蚀凹坑(图 3b)。观察泄漏孔位置,凹坑更为密集,泄露孔外大内小,推测外壁腐蚀可能更为严重。

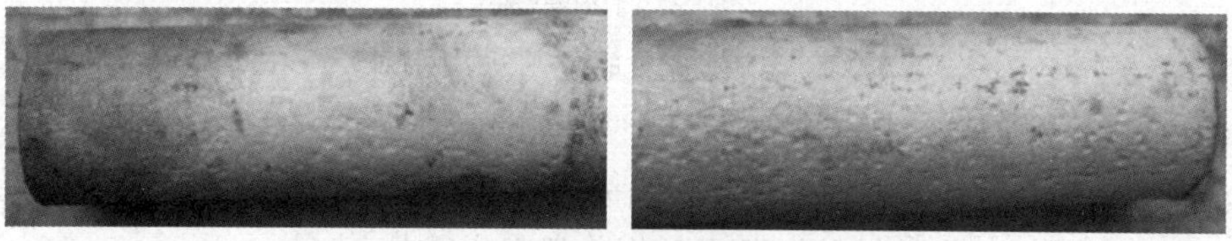

(a) 两端外壁特征

(b) 泄露孔特征

图 3　漏管 2 的宏观特征

如图 4 为漏管 3 细节特征。漏管 3 外壁腐蚀情况与漏管 2 基本相同(如图 4(a)),并且同样存在 1 处塌陷(如图 4(b))。将漏管 3 沿管子轴向部分剖开,观察内壁,可见大量浅灰色腐蚀产物,腐蚀产物脱落位置暴露出内壁金属本色,且腐蚀程度较外壁面轻微。

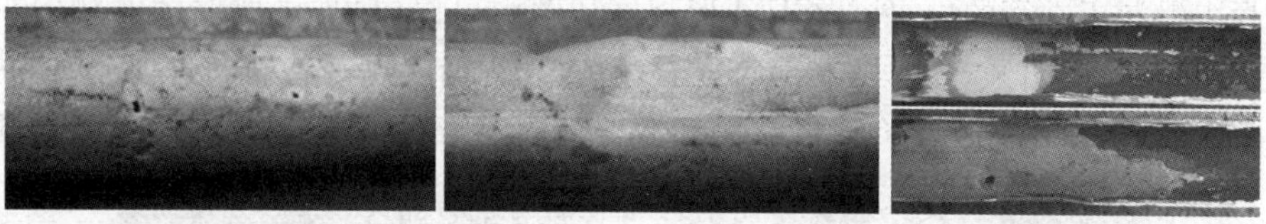

(a) 外壁孔洞　　(b) 塌陷处　　(c) 剖开后内壁形貌

图 4　漏管 3 的宏观特征

堵管换热管已完全塌陷(图 1b),失去分析价值,图 5 为未发生泄漏正常使用的换热管的细节特征。从图中可以看出,外壁从左至右均可见明显的腐蚀产物附着,腐蚀产物脱落后暴露出细小的腐蚀凹坑,剖开后,内壁腐蚀轻微,拉拔成型的痕迹依旧清晰可见。对其进行管径测量,结果显示:左侧平均外径为 23.85 mm,内径 20.1 mm,右侧平均外径为 24.08 mm,内径 20.1 mm。可以看出,未发生泄漏正常使用的换热管,其外壁减薄明显,但内壁基本没有减薄。

根据检验的 5 根换热管的整体宏观特征、内外径测量结果,可初步判断泄漏原因为管外壁腐蚀减薄所致,腐蚀机理是以垢下腐蚀为主,局部的沉积物加速腐蚀速率,形成局部小凹坑,直至穿孔。

(a) 外壁形貌(从左至右)

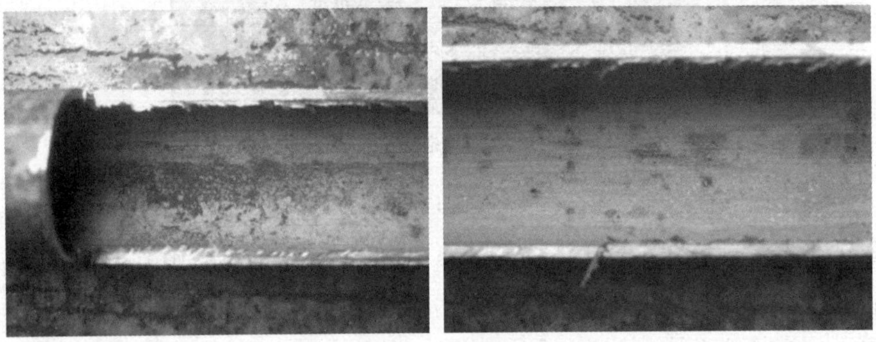

(b) 剖开后内壁形貌

图 5　未泄漏正常的换热管宏观特征

1.2　材料化学成分分析

采用直读光谱仪对换热管样品材料进行化学成分分析,结果见表 1。从表中可知,换热管材料化学成分满足 GB/T 13296—2013 标准中 S30403 不锈钢化学成分要求。

表 1　换热管材料化学成分(*wt*%)

元素	C	Si	Mn	P	S	Cr	Ni
测定值	0.027	0.51	0.98	0.021	0.005	18.33	9.96
材料质保书	0.02	0.34	0.93	0.032	0.001	18.25	8.13
S30403 标准值 (GB/T 13296—2013)	≤0.030	≤1.00	≤2.00	≤0.035	≤0.030	18.00～20.00	8.00～12.00

1.3　扫描电镜(SEM)观察及能谱(EDS)分析

从漏管 2 及未泄漏正常管上取样进行腐蚀形貌 SEM 观察和腐蚀产物 EDS 分析。

图 6 为漏管 2 的内、外壁 SEM 形貌。可以看出,其内外壁腐蚀形貌未见明显区别,均表现为活化腐蚀特征。图 7 为未泄漏正常管的内、外壁 SEM 形貌。从图中可以看出,内壁腐蚀产物较少,表现为活化腐蚀特征,外壁覆盖较厚的腐蚀产物,从局部特征看,也表现为活化腐蚀特征。这说明,换热管内、外的介质均会造成管壁的腐蚀,只不过由于介质的温度和浓度不同,导致内外壁腐蚀速率不尽相同。

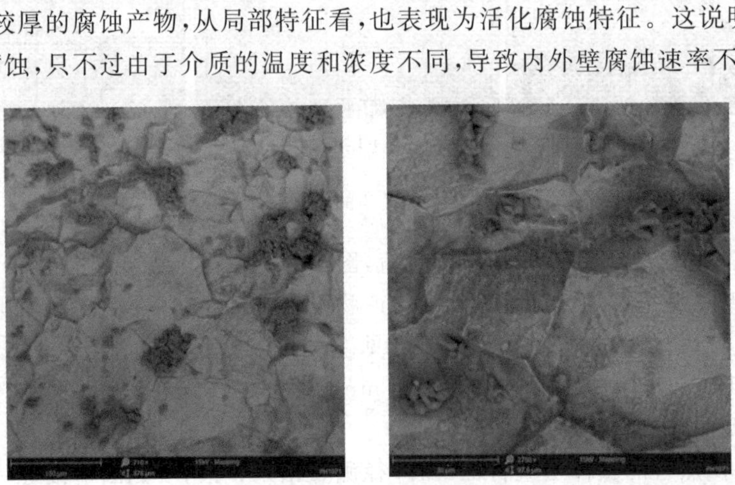

(a) 内壁腐蚀形貌

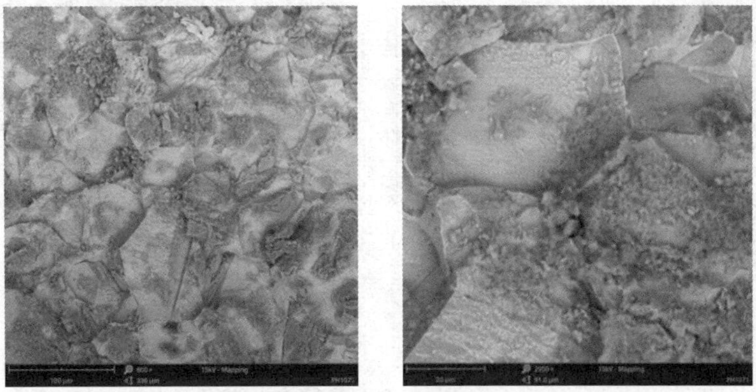

(b) 外壁腐蚀形貌

图 6　漏管 2 内外壁 SEM 形貌

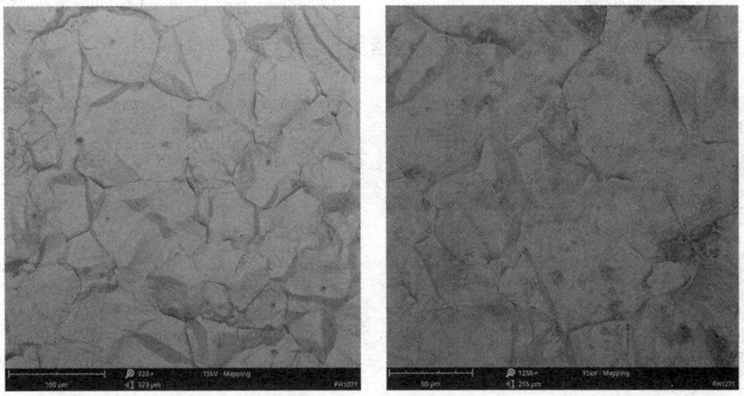

(a) 内壁腐蚀形貌

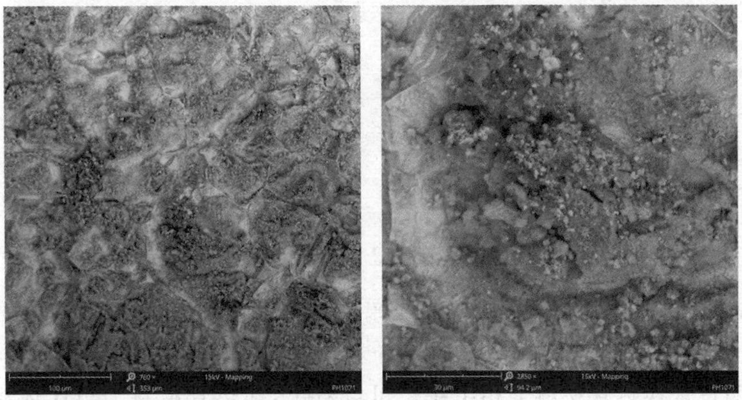

(b) 外壁腐蚀形貌

图 7　未泄漏正常管内外壁 SEM 形貌

对未泄漏正常管内壁的腐蚀产物进行 EDS 分析(如图 8)。结果显示,内壁腐蚀产物主要含有 O,N 元素,水质元素 Mg,Ca,Si 及不锈钢基体元素 Cr,Fe,Ni 等,还检出一定量的 S 元素(0.99*wt*%～1.92*wt*%)。

对未泄漏正常管外壁的腐蚀产物进行 EDS 分析(如图 9)。结果显示,外壁腐蚀产物主要含有 O、N 元素,水质元素 Mg,Ca,Si 及不锈钢基体元素 Cr,Fe,Ni 等,还检出一定量的 S 元素(1.01*wt*%～1.42*wt*%)。

Element Number	Element Symbol	Element Name	Atomic Conc.	Weight Conc.
8	O	Oxygen	69.95	55.02
7	N	Nitrogen	16.21	11.16
24	Cr	Chromium	9.95	25.44
26	Fe	Iron	1.74	4.79
16	S	Sulfur	0.63	0.99
12	Mg	Magnesium	0.57	0.68
20	Ca	Calcium	0.48	0.94
14	Si	Silicon	0.23	0.32
28	Ni	Nickel	0.20	0.58
23	V	Vanadium	0.03	0.07

FOV: 185 μm, Mode: 15kV - Map, Detector: BSD Full, Time: JAN 22 2024 22:18

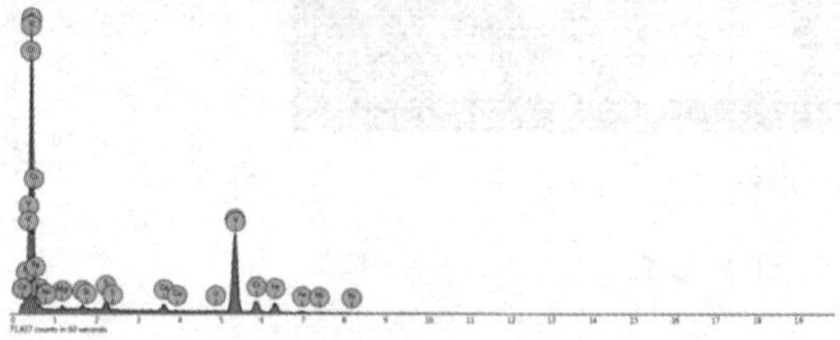

(a) 点扫描结果

Element Number	Element Symbol	Element Name	Atomic Conc.	Weight Conc.
8	O	Oxygen	64.13	46.13
7	N	Nitrogen	17.00	10.71
24	Cr	Chromium	12.06	28.20
26	Fe	Iron	3.91	9.83
16	S	Sulfur	1.33	1.92
28	Ni	Nickel	0.60	1.58
20	Ca	Calcium	0.51	0.92
14	Si	Silicon	0.31	0.39
23	V	Vanadium	0.14	0.33

FOV: 185 μm, Mode: 15kV - Map, Detector: BSD Full, Time: JAN 22 2024 22:18

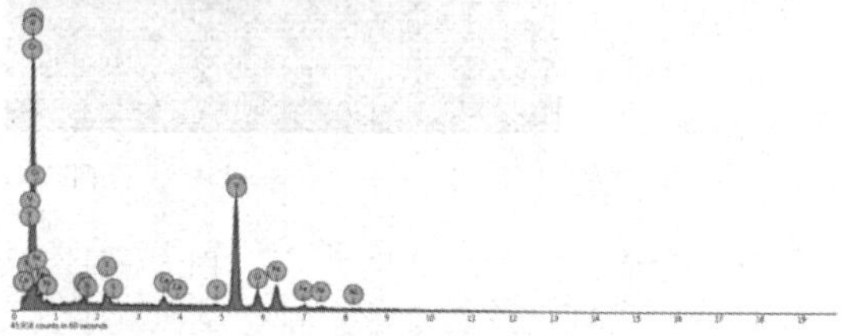

(b) 面扫描结果

图 8　未泄漏正常管内壁腐蚀产物 EDS 分析结果

Element Number	Element Symbol	Element Name	Atomic Conc.	Weight Conc.
8	O	Oxygen	73.30	60.65
7	N	Nitrogen	15.19	11.00
24	Cr	Chromium	8.21	22.07
12	Mg	Magnesium	1.37	1.73
26	Fe	Iron	0.86	2.47
16	S	Sulfur	0.61	1.01
20	Ca	Calcium	0.27	0.56
28	Ni	Nickel	0.14	0.42
14	Si	Silicon	0.06	0.09
22	Ti	Titanium	0.00	0.00

FOV: 207 μm, Mode: 15kV - Map, Detector: BSD Full, Time: JAN 22 2024 21:17

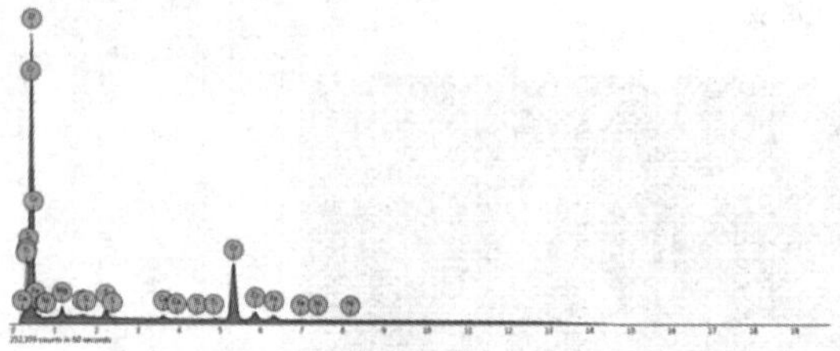

(a) 点扫描结果

Element Number	Element Symbol	Element Name	Atomic Conc.	Weight Conc.
8	O	Oxygen	60.84	41.41
7	N	Nitrogen	16.26	9.69
24	Cr	Chromium	15.92	35.22
26	Fe	Iron	4.09	9.73
16	S	Sulfur	1.04	1.42
12	Mg	Magnesium	1.02	1.06
20	Ca	Calcium	0.65	1.11
23	V	Vanadium	0.17	0.36
14	Si	Silicon	0.00	0.00
28	Ni	Nickel	0.00	0.00

FOV: 207 μm, Mode: 15kV - Map, Detector: BSD Full, Time: JAN 22 2024 21:36

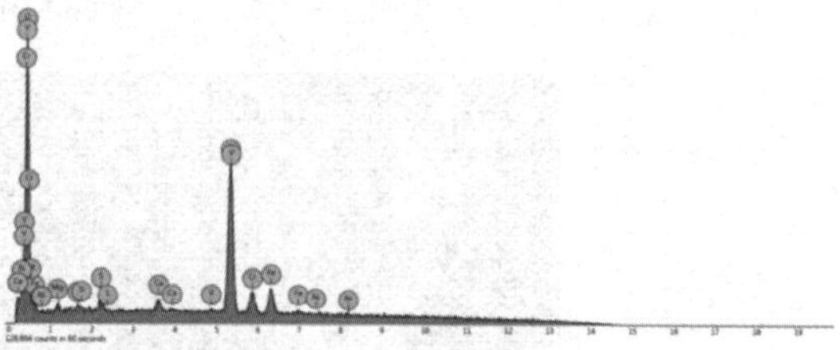

(b) 面扫描结果

图 9　未泄漏正常管外壁腐蚀产物 EDS 分析结果

EDS 分析结果表明，未泄漏正常管内外壁腐蚀产物组成相差不大。

1.4　金相分析

如图 10 为未泄漏正常换热管材料金相组织。可以看出，换热管材料为奥氏体组织，组织正常；内壁可见拉拔遗留的金属变形特征(如图 10(b))，说明内壁虽然发生了腐蚀，但腐蚀速率较小，腐蚀减薄状况轻微，外壁可见腐蚀凹坑(如图 10(f))。金相样品图片拼接后，可观察到外壁处明显的厚度变化(如图 11)，两端厚度差约 0.4 mm(如图 12)，进一步证明腐蚀减薄主要发生在外壁。

2　分析与讨论

由上述中材料化学成分分析可知，氨水换热器换热管材料的化学成分符合

GB/T13296－2013 标准中 S30403 不锈钢化学成分要求，材料奥氏体金相组织正常，可以排除由于材质不合格导致的换热管泄漏失效。

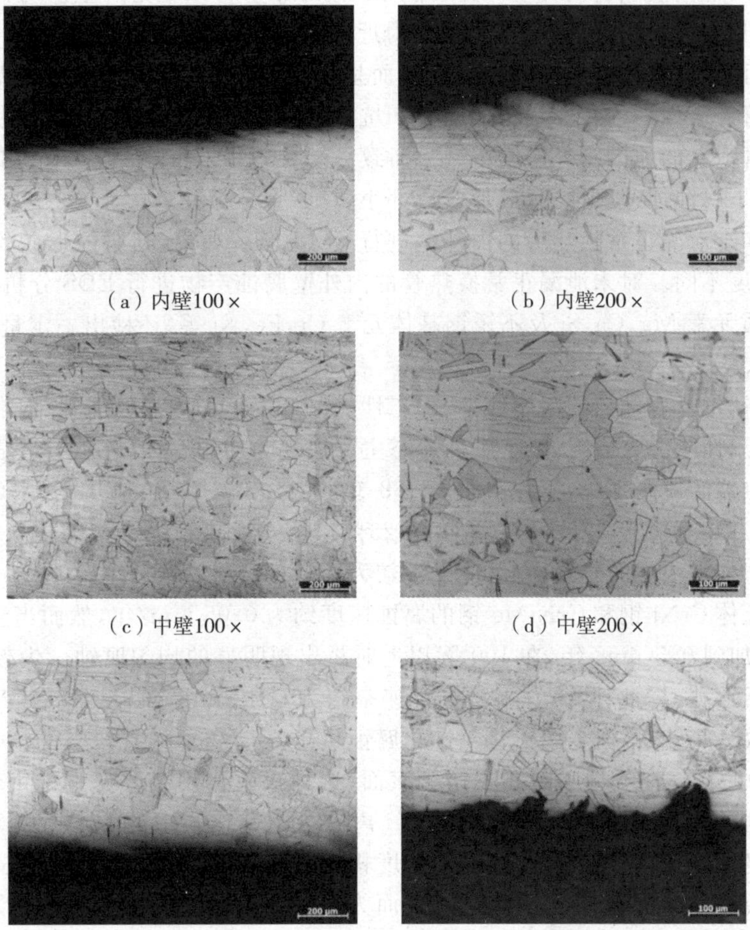

（a）内壁100×　（b）内壁200×

（c）中壁100×　（d）中壁200×

（e）外壁100×　（f）外壁200×

图 10　未泄漏正常管金相组织

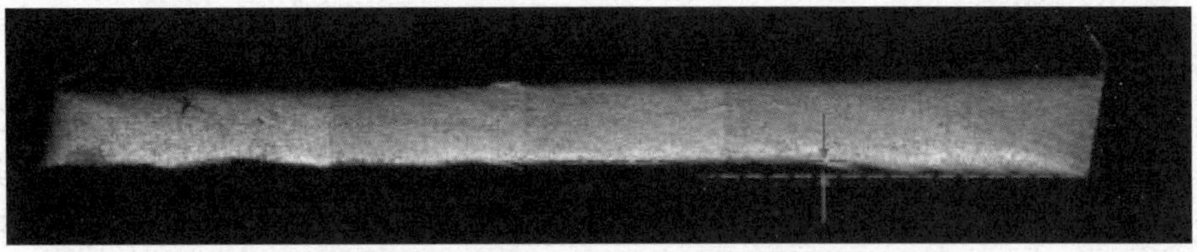

图 11　未泄漏正常管金相样品全貌（由 25×金相照片拼接）

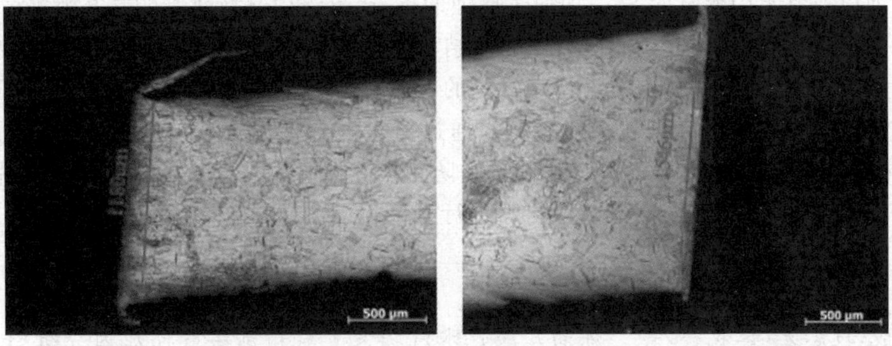

图 12　未泄漏正常管金相样品　50×

由宏观分析可知,泄漏换热管内外壁均存在腐蚀现象,外壁腐蚀更为严重。对比腐蚀产物脱落后的金属表面,外壁面可见较多的腐蚀凹坑,且泄漏孔附近凹坑更为密集,在不均匀的表面情况下,就更容易发生垢层的沉积,进而产生电化学腐蚀[3]。而内壁面呈现金属本色,腐蚀程度较外壁面轻微。未发生泄漏正常使用的换热管外表面同样存在细小的腐蚀凹坑,而内壁腐蚀轻微,且拉拔成型痕迹依旧清晰可见。因此可以判断换热管泄漏的原因为外壁腐蚀减薄所致。结合管径及壁厚测量结果,其腐蚀形貌是以均匀腐蚀为主,局部的垢下腐蚀加速腐蚀速率,形成局部小凹坑,直至穿孔。

对泄漏换热管和未泄漏正常换热管的内外壁进行 SEM 形貌观察,其腐蚀形貌均表现为活化腐蚀特征,但内外壁腐蚀程度不同。对未泄漏正常换热管的内外壁腐蚀产物进行 EDS 分析,其腐蚀产物中主要含有 O,N 元素,水质元素 Mg,Ca,Si 及不锈钢基体元素 Cr,Fe,Ni 等,还检出一定量的 S 元素,内外壁腐蚀产物组成相差不大。

通常情况下,不锈钢具有优异的耐腐蚀性、加工性能以及卓越的高温性能[4],但在高温与氨气共同作用下,不锈钢的耐高温性能会大大降低[5],腐蚀形态主要表现为均匀腐蚀,并不会造成如此严重的穿孔泄漏失效。但结合换热器的使用工况,管程为温度 158 ℃(进口)/78 ℃(出口)的氨水(浓度约 15%),壳程为温度 40 ℃(进口)/114 ℃(出口)的氨水(浓度约 25%),可知换热管工作温度较高,且管外氨水浓度较高。考虑工作温度与氨水浓度的影响,有可能发生较为严重的腐蚀。BEHRENS 等[6-7]指出,稀/浓缩的氨水在室温下对奥氏体 CrNi 钢和 CrNiMo 钢的腐蚀速度约为 0.05 mm/年,然而当温度升高达到或超过沸点时,材料损失增加到 0.5 mm/年,在 100 ℃以上时将出现明显的均匀腐蚀。失效换热管公称壁厚为 2.5 mm,使用 6 年后穿孔,据此计算,其平均腐蚀速率约为 0.42 mm/年,已经接近于 0.5 mm/年,这是由于氨水温度高所致。此外,根据金属活化—钝化腐蚀机理,S^{2-} 离子具有较强的活性,当不锈钢处于含有 S^{2-} 离子的溶液中时,S^{2-} 离子会吸附在不锈钢表面,这种吸附作用会改变不锈钢表面的化学性质,使钝化膜的稳定性受到影响,吸附在钝化膜表面的 S^{2-} 离子会与钝化膜中的 Cr_2O_3 等成分发生化学反应,形成硫化铬等物质,生成的硫化铬等硫化物的溶解度相对较低,但会在一定程度上破坏钝化膜的致密性,这些硫化物的存在会使得钝化膜变得疏松多孔,进而为腐蚀介质的进一步侵入提供了通道,从而加速金属的腐蚀[8-10]。

根据以上分析可以确定:换热管失效为较高浓度的高温氨水引起的外壁腐蚀减薄所致,外壁结垢导致的局部垢下腐蚀以及氨水中含有的 $S2^{-1}$,加速了腐蚀的进行,最终引起换热管的穿孔泄漏。

3 结 论

氨水换热器换热管材料的化学成分符合 GB/T 13296—2013 标准中 S30403 不锈钢化学成分要求,金相组织为正常的奥氏体组织。泄漏换热管内外壁均存在腐蚀现象,外壁腐蚀更为严重,其腐蚀形貌是以均匀腐蚀为主,局部的垢下腐蚀等加速腐蚀速率,形成微小凹坑直至穿孔。换热管内外壁腐蚀形貌均表现为活化腐蚀特征,腐蚀产物中主要含有 O、N 元素及少量的 Mg,Ca,Si 等水质元素和一定量的 S 元素,内外壁腐蚀产物组成相差不大。换热管失效为较高浓度的高温氨水引起的外壁腐蚀减薄所致,外壁局部的垢下腐蚀以及氨水中含有的 S^{2-},加速了腐蚀的进行,最终引起换热管的穿孔泄漏。

如前所述,氨水的温度、浓度、杂质 S 含量以及结垢是造成换热器管束腐蚀穿孔的主要因素。因此改善以上因素的影响,适当升级材料是防止管束失效的有效措施。满足工艺运行的前提下,可行的措施建议如下:(1)换热器壳程为前面流程气氨和稀氨水通过氨水混合器混合后的浓氨水,可加大稀氨水注入量,以降低换热器壳程氨水浓度;(2)采取阻垢措施,防止换热器管束外壁结垢;(3)开展挂片试验,进行材料筛选,如 316L 和双相不锈钢等,对换热管材料进行升级。

参考文献

[1] 任金成,段志宏,谭税楼,等. 炼油厂酸性水汽提装置氨精制塔鼓包原因分析[J]. 广东化工,2024,51(24):87—90.

[2] 彭建龙,季德伟,盛尊祥.酸性水汽提装置的运行及改进[J].内蒙古石油化工,2007(8):303－305.

[3] 李红军,张健,王岩.氨冷却器的腐蚀原因分析与改进措施[J].化工设计通讯,2017,43(12):2.

[4] 于仁浩,刘峰.石油化工装置中奥氏体不锈钢性能研究与探索[J].当代化工,2016,45(10):2459－2462.

[5] 李剑晖.水煤气冷凝液汽提系统腐蚀的探讨与改进措施[J].煤化工,2017,45(4):47－51.

[6] BEHRENS D. 1988. "DECHEMA - Corrosion Handbook Vol. 2, Aliphatic Aldehydes, Ammonia and Ammonium Hydroxide, Sodium Hydroxide, Soil (Underground Corrosion)", VCH Verlagsgesellschaft, Weinheim, Germany, p. 340.

[7] KREYSA G M. Schütze 2007. "DECHEMA - Corrosion Handbook Vol. 9, Potassium Hydroxide, Ammonium and Ammonium Hydroxide", Wiley - VCH Verlag GmbH.

[8] 苏国庆,张建文,李彦.石化系统铵盐结晶沉积及腐蚀的发生机制研究进展[J].压力容器,2023,40(2):54－63.

[9] 杨琰嘉,王雪峰,宋延达,等.炼厂污水臭氧处理系统的腐蚀特性与选材研究[J].压力容器,2024,41(1):1－11.

[10] 刘烈炜,胡倩,郭溪.硫化氢对不锈钢表面钝化膜破坏的研究[J].中国腐蚀与防护学报,2002,22(1):22－26.

作者简介

陆铮(1995),男,工程师,副主任,主要人事设备全生命周期管理、安全合规运行、技术优化与成本控制等方面工作,通信地址:江苏省南京市栖霞区燕子矶街道笆斗山路2号洺悦府2期5－1103,E－mail:luzh.jlsh@sinopec.com。

基于 NUST. GB 4732 软件的换热器管头失效评定

粟雨平，沈　鋆

（上海理工大学 能源动力工程学院，上海　200093）

摘　要：随着高温结构在能源、化工等领域的应用越来越广泛，其完整性评定需求也日益增长。我国新标准 GB/T 4732.5—2024 首次引入了高温蠕变分析设计方法。然而，高温结构完整性评定涉及材料高温力学行为、多场耦合效应及复杂失效准则，现有评定体系复杂，传统人工评定模式难以满足工程需求。针对国内高温设备评定尚缺乏专业化的评定工具，开发了基于 GB/T 4732.5—2024 高温蠕变分析设计方法 1 的高温结构完整性评价软件（命名为 NUST. GB 4732）。本文系统阐述了 NUST. GB 4732 软件的高温评价功能架构、关键技术，并结合一换热器管头失效评定的工程案例，验证了其在高温评价中的技术优势。结果表明，NUST. GB 4732 软件可高效、准确的完成高温设备的评定和优化，为石化、核电、航空航天等领域的关键装备提供可靠的高温完整性评价工具。

关键词：GB/T 4732.5—2024；高温结构；安全评估；软件开发

Failure assessment of the tube head of a heat exchanger based on theNUST. GB 4732 software

SUYuping, SHEN Jun

（School of Energy and Power Engineering, University of Shanghai for Science and Technology, Shanghai 200093, China）

Abstract: With the increasingly widespread application of high - temperature structures in fields such as energy and chemical engineering, the demand for integrity assessment is also growing day by day. The high - temperature creep analysis and design method is introduced in the China's new standard GB/T 4732.5—2024 for the first time. However, the integrity assessment of high - temperature structures involves the mechanical behavior of materials at high temperatures, multi - field coupling effects, and complex failure criteria. The existing assessment system is complex, and the traditional manual assessment mode is difficult to meet the engineering requirements. In view of the lack of professional assessment tools for high - temperature equipment assessment in China, a high - temperature structural integrity assessment software (named NUST GB 4732) based on the high - temperature creep design by analysis method of GB/T 4732.5—2024 has been developed. This paper systematically expounds the high - temperature assessment functional architecture and key technologies of the NUST GB 4732 software, and combines an engineering case of the failure assessment of the tube head of a heat exchanger to verify its technical advantages in high - temperature assessment. The results show that the NUST GB 4732 software can efficiently and accurately complete the assessment and optimization of high - temperature equipment, providing a reliable high - temperature integrity assessment tool for key equipment in fields such as petrochemicals, nuclear power, and aerospace.

Keywords: GB/T 4732.5—2024; high - temperature structure; safety assessment; software development

0 引　言

随着我国经济与社会的不断进步，能源、石化、核电等领域中的关键设备常常运行在苛刻的高温环境中，承受着复杂的热机载荷，导致结构发生蠕变失效的可能性也大大增加。为了确保高温下结构安全稳定的运行，高温结构完整性分析需求也日益上升。因此，我国新标准 GB/T 4732.5—2024 在附录 A 中也引入了高温蠕变分析设计方法，为工程上高温结构分析提供了大致分析思路和流程。

然而，高温结构完整性评定面临着许多难点。第一，高温失效模式繁多、分析方法复杂，分析流程冗长；第二，高温材料与时间、空间相关的参数变化性极大，因温度导致的材料行为对时间的依赖也给高温结构的分析增加了难点；第三，现有国际安全设计规范中（ASME III－5[1]，RCC - MRx[2]，R5[3]等）提供的高温评定方法理论比较复杂，输入参数多、工作量极大。且 GB/T 4735.5—2024[4]刚刚引入高温蠕变分析方法，设计人员对标准的理解还不够深入。所有这些难点和问题光靠手工或者借助 EXCEL 表格都难以实现高效和全面的高温结构安全评估。因此，为了减轻设计人员的工作量，要克服高温环境下力学分析工作的复杂性，正确理解高温分析方法的步骤流程，系统梳理高温设计规范的评价逻辑，建立全面的高温材料数据库，将高温设备力学分析流程显性化、标准化、通用化，开发出用于多种使用载荷下部件应力应变计算的安全智能评价软件。

目前，国内外已有部分研究人员基于核电高温设计规范开发了相应的评价程序[5-10]，但在石油化工领域尚没有完善的高温评价程序。GB/T 4732.5—2024 附录 A 中明确给出了高温下需校核的失效模式以及各个失效模式的分析流程和评定步骤。本文基于 GB/T 4732.5—2024 附录 A 方法 1（以下简称方法 1）开发了对应的高温结构完整性评定软件（名为 NUST. GB 4732），但不限于方法 1 中的评定方法和失效模式，比如屈曲失效。并介绍了其基本架构以及关键技术，应用 NUST. GB 4732 对一个典型的换热器管头失效工程案例进行分析，说明了该软件的高效性和可靠性，旨在为高温结构可靠设计和安全运行提供有力支撑。

1　高温结构完整性评价框架

高温下，结构的失效模式十分复杂，但需遵循的基本原理都是工作/设计条件下的结构响应与许用临界强度的相互关系，如果工作/设计条件下的结构响应小于临界许用强度，则该部件满足强度要求；反之，不满足强度要求[11]。方法 1 主要针对高温蠕变条件下的蠕变断裂、蠕变过量变形、蠕变棘轮和蠕变疲劳四种失效模式进行评定。

对于蠕变断裂与一次加载导致的蠕变过量变形，即载荷控制的失效模式，主要基于弹性分析方法。对载荷控制的失效进行应力线性化的强度分析，结合工况类别，对苛刻的关键位置进行应力分类，并基于第三强度理论分别对不同的应力类别进行限制。

对于蠕变棘轮评价方法，方法 1 中提供了弹性分析、简化的非弹性分析和非弹性分析三种方法用于开展基于应变的设计准则。弹性分析方法主要是对一次和二次应力范围进行限制；对于简化的非弹性分析方法和非弹性分析方法，高温部件最大累计的非弹性应变都既要满足功能要求的变形限制，即 $\varepsilon \leqslant 1\%$；又要满足结构完整性要求的变形限制，即分别对沿厚度的平均应变、线性表面应变以及局部应变进行限制，对于焊缝，相应的限值要减半。不同的是，非弹性分析要依据详细全面的非弹性本构模型进行计算。

对于蠕变-疲劳评价方法，采用 Miner 线性累计损伤准则，分别采用弹性或者非弹性分析计算蠕变损伤和疲劳损伤并线性叠加[12]，最终使用双线性累计损伤法计算总的蠕变-疲劳损伤，总损伤不应超过材料的蠕变-疲劳损伤包络线。

此外，NUST. GB 4732 软件还增加了蠕变屈曲评价方法，主要是基于非弹性分析考虑安全系数后进行评价。分析时，对于应变控制和载荷控制同时存在的屈曲，采用载荷系数法进行分析；对于载荷控制的屈曲，分析时应该考虑初始几何缺陷的影响。

以上失效模式构成了高温结构完整性评定的主要内容，可将其汇总如图 1 所示。可以看出，所有失效模式的评定方法都是以与时间相关的材料性能和结构响应为基础,且高温服役条件的苛刻性与复杂性都会导致昂贵的分析成本。

2 NUST. GB 4732 软件架构简介

基于上述高温结构完整性评价框架和分析流程,可以看到高温结构的安全评估是非常繁琐和复杂的,仅靠人工计算实施起来费时又耗力。因此,本文基于方法 1 开发了 NUST. GB 4732 高温评价软件,但不限于其中的评定方法。主要包含材料库和评价逻辑库两大模块。

2.1 材料库

NUST. GB 4732 软件不仅将标准中常用的高温材料数据嵌入了计算模块,还有标准中没有的高温材料数据,比如广泛应用于光热发电装置中的 347H 不锈钢以及核电中的 617 不锈钢材料等,且支持扩充高温材料数据库和自定义材料,用户无需再查阅相关标准,评估所需要的所有材料均由材料数据库软件自动生成并应用。

2.2 评价逻辑库

该高温评价软件以方法 1 为基础,仔细梳理了高温评价的逻辑,并建立了相应的评价逻辑库。主要分为设计条件输入、数据分析和高温评价三大模块。图 2 所示为软件的输入设计条件模块,包含“设置载荷工况组合”“设置路径材料”“补充路径计算数据”“检查输入数据”四大模块。该软件的原始数据来自有限元导出的各个工况下的路径结果。用户需根据实际的工程项目设置对应的温度、材料、是否焊缝以及是否总体结构与不连续等相关信息,其他步骤都由程序自动化完成。“补充路径计算数据”“检查输入数据”模块主要是为了检查用户设计条件输入的完整性。

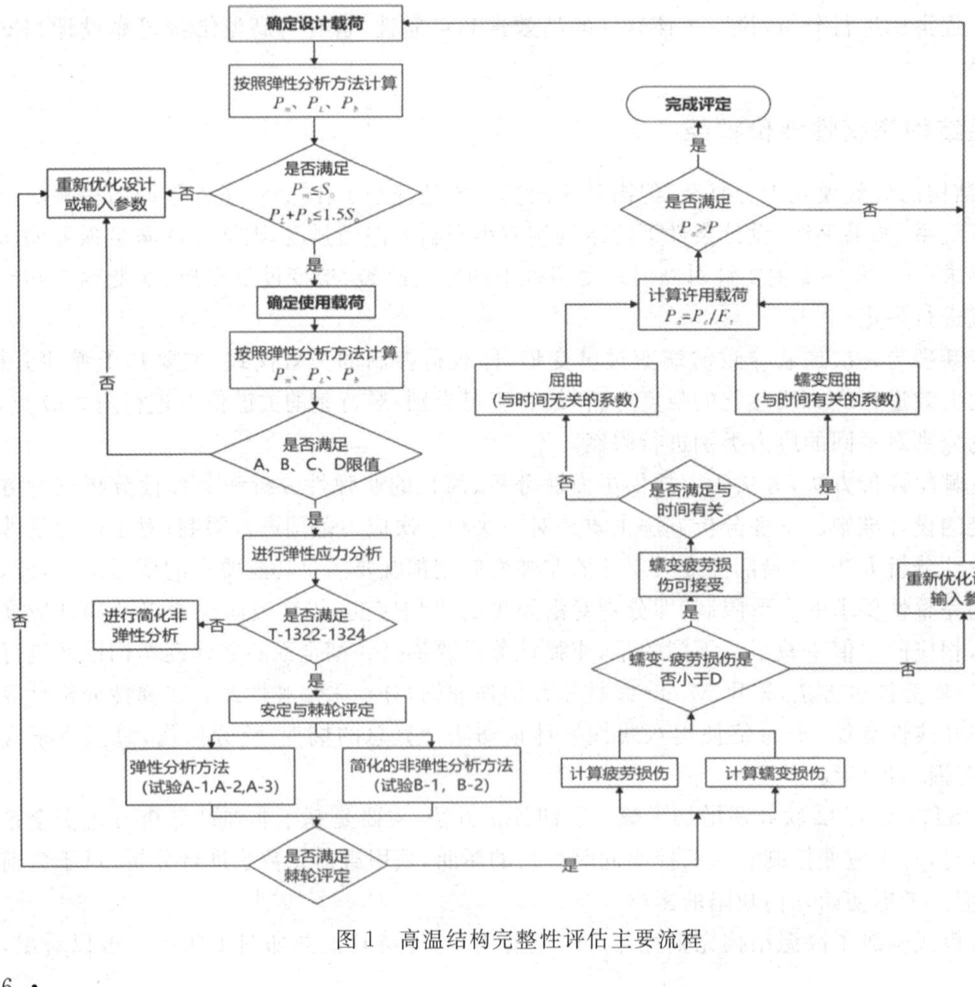

图 1 高温结构完整性评估主要流程

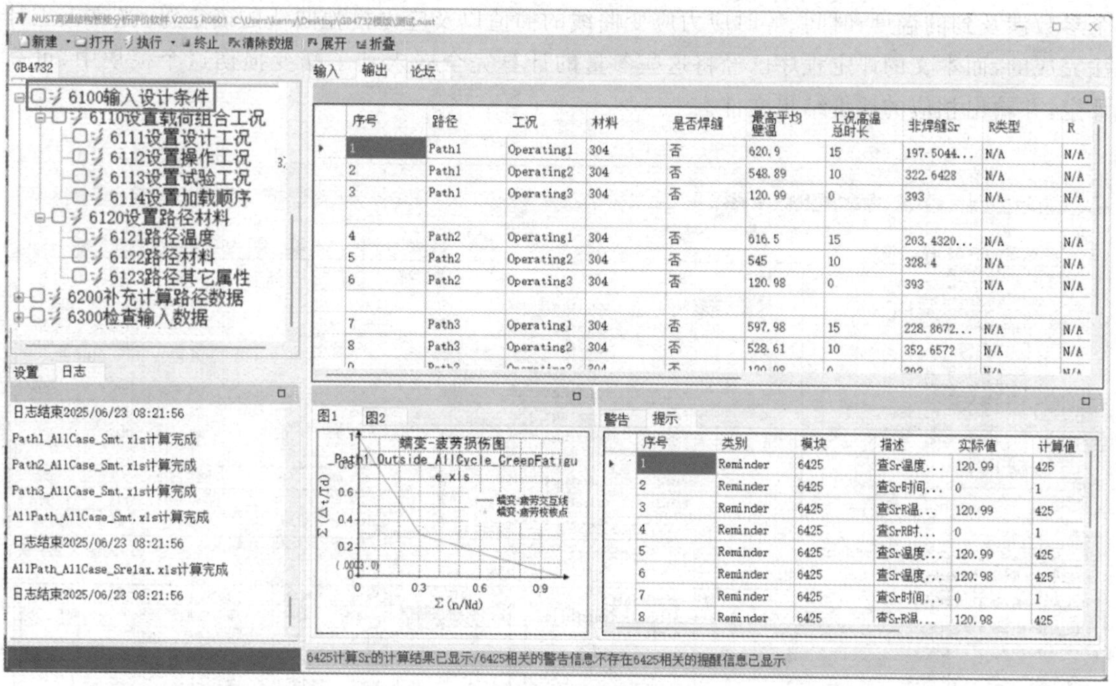

图 2　数据输入模块

图 3 所示为数据分析模块，主要分为时间/温度，材料数据，等效应力，主应力、应力范围、应变范围和循环 7 个子模块，各个子模块下面又包含了多种计算项目。通过数据分析模块对输入的数据进行集中处理，提供后续评定过程中所需要的各项参数。

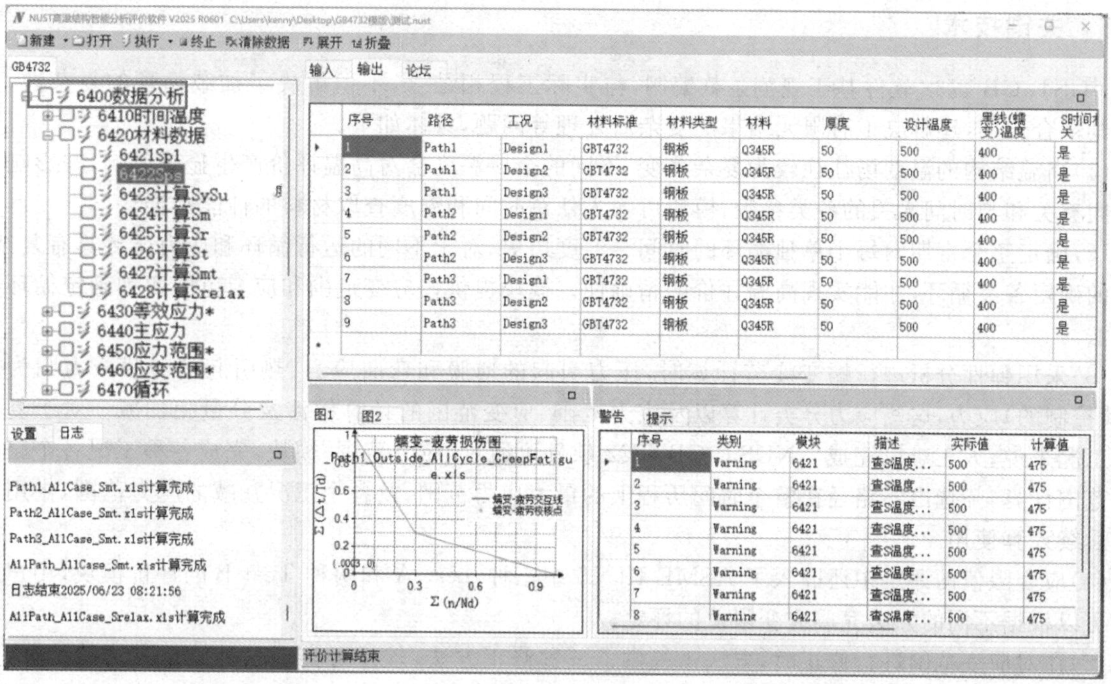

图 3　数据分析模块

图 4 所示为高温评价模块，分为载荷控制限值、应变限值、蠕变损伤、疲劳损伤和蠕变疲劳的交互作用多个评定模块，每个评定模块的校核方法不仅涵盖了方法 1 中的条款，还嵌入了 ASME III－5 中的方法，供用户多种选择。以程序中的“6550 蠕变损伤”项为例，可以看到，蠕变损伤的计算分为 8 个步骤，其

中各个参数涉及到的温度、时间、等时应力应变曲线的插值以及应力松弛曲线的确定等，光靠人工计算都是无法完成的，而本文的评定程序已经将这些参量的计算完全嵌入到了蠕变损伤这个模块中，可高效的完成评定，并输出相应的评价结果文件。

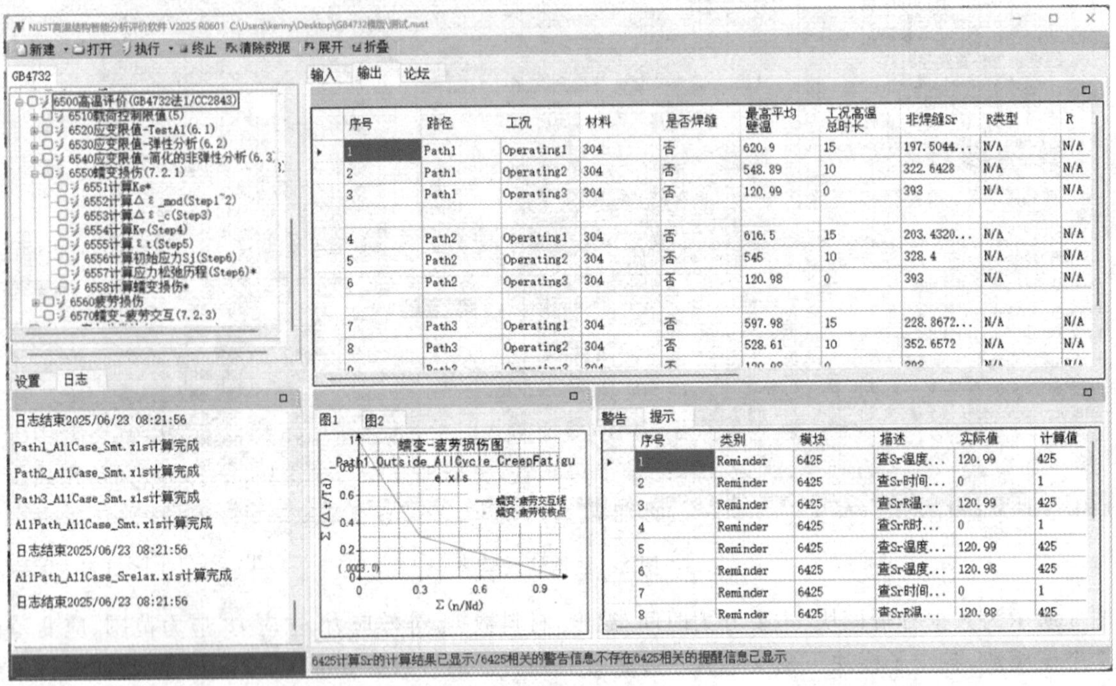

图 4 高温评价模块

3 关键技术

NUST. GB 4732 软件基于规范条款编制，与实际工程相结合，不但解决了加载循环的复杂性、多参数及其耦合作用，还解决了有限元结果的复杂后处理等问题，具体如下。

(1)高温结构的温度场往往较为复杂多变，不同的金属温度会对高温评价产生显著影响，并影响材料与时间有关和与时间无关的各类参数，模块可输入任意时间和温度查取材料的性能数据。

(2)确定整个寿期内每个单独循环的时间一温度历史，对于不同的运行循环和应力循环具有复杂性。精确的确定各类循环，才能实现高温评价的精确性。模块提供按应变范围和应力范围两种确定循环类型的方法。

(3)采用弹性分析进行蠕变疲劳计算时，压力引起的薄膜和弯曲应力、热引起的薄膜应力归为一次(载荷控制的)应力，这些应力分类计算以及应力范围、应变范围的计算都涉及分量相加减。对于复杂的载荷工况来说，人工难以完成。NUST. GB 4732 软件可通过“应力范围”模块，完成各种工况各个路径的应力范围计算，筛选出各路径在整个时间历程上的最大应力范围，及各个工况互减的应力范围，供用户查看和后续计算使用。

(4)应变限值的评定中还嵌入了 ASME III－5 中三种 Test A 和两种 Test B 的评价模块，用户结合需要可以根据不同的方法完成应变限值的评定。

(5)在对应变范围进行修正时，方法 1 提供了三种修正方法，软件可实现三种修正方法的计算，用户可进行对比，选择其中的小值进行后续计算。

4 换热器管头失效评定分析算例

4.1 有限元模型

应用 NUST. GB 4732 软件对实际工程中一局部模型——换热器管头进行高温结构完整性弹性分

析。该结构经整体模型简化后，主要包括换热器管板、换热管、堆焊层三部分，如图 5 所示。换热管规格为 ø16×1.65 mm，与管板之间采用堆焊形式连接。为了简化计算，结构统一采用 S32168 材料，各个温度下的材料性能参数可查 ASME BPVC 第 II 卷 D 篇。

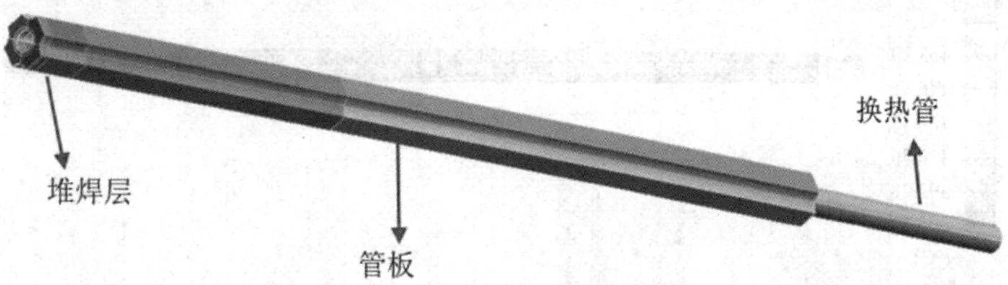

图 5　几何结构

网格采用 Solid 186 单元，网格模型如图 6 所示。网格划分完成后节点数为 220 720，单元数为 43 572。经过多种网格试算，网格无关性已经通过验证。

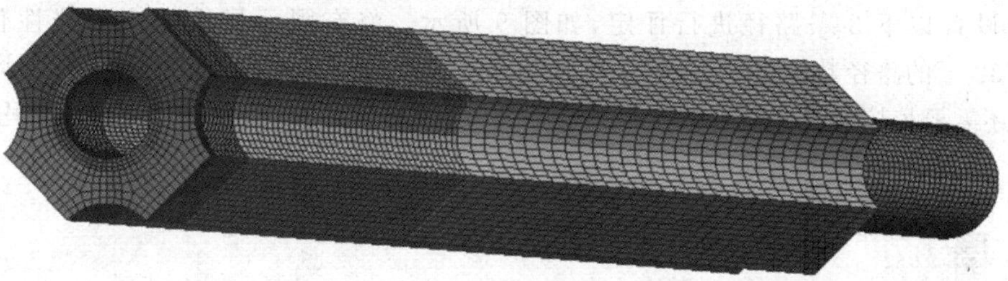

图 6　网格模型

4.2　载荷工况及边界条件

该换热器实际承载 4 种操作工况，限于篇幅，以其中一种操作工况为例进行分析。换热器的主要设计参数如表 1 所示。

表 1　换热器主要设计参数

设计参数	壳程	管程
设计压力/MPa	15.6	6.4
操作压力/MPa	13	5.2
设计温度/℃	546	502
操作温度/℃	535	375
腐蚀余量/mm	0	
主要材料	S32168	
设计年限/年	25	
循环次数	3 600	

有限元分析时，在管程、壳程、换热管内表面分别施加管壳程设计压力或操作压力；换热管截断面设置轴向位移约束。对称面施加对称约束。换热管上的温度变化按线性变化处理，取内外壁面平均值作稳态计算，温度分布如图 7 所示。

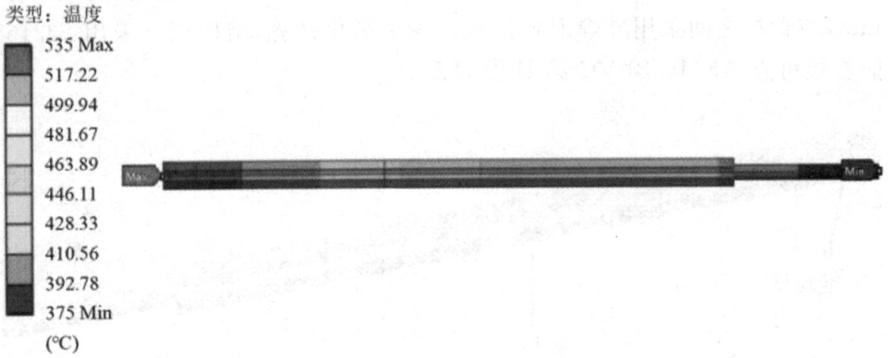

图 7　温度梯度分布

4.3　载荷应力控制的限值

针对压力和其他机械载荷引起的应力进行限制，无论是设计载荷还是操作载荷，对于一次应力，都将只考虑压力和其他机械载荷，不考虑温度载荷。图 8 是设计压力下换热管的当量应力分布云图，选取重点关注的位置设置以下 3 条路径进行评定，如图 9 所示。将有限元导出的应力线性化结果再导入 NUST. GB 4732 下的路径数据文件夹，软件可自动导出设计载荷和操作载荷下应力限值评价结果，如表 2 所示。另外还需要校核操作载荷下的使用系数，各参量计算结果如表 3 所示，评定结果均为通过。

图 8　设计工况下当量应力分布云图

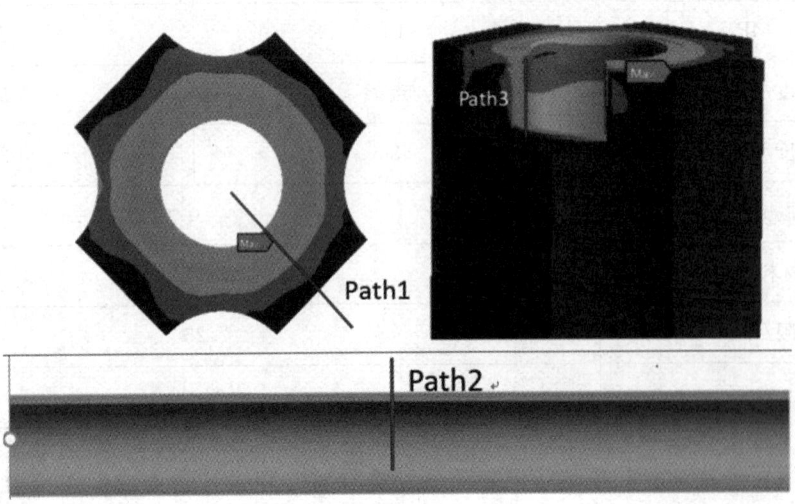

图 9　路径设置

表 2　载荷应力限制评价结果

工况	路径	P_m/MPa		P_L+P_b/MPa		(P_L+P_b/K_t)/MPa	
		计算值	限值	计算值	限值	计算值	限值
设计工况	Path1	51.713	95.78	80.264	143.68	—	—
	Path2	87.143	95.78	90.839	143.68	—	—
	Path3	53.734	95.78	69.171	143.68	—	—
操作工况	Path1	43.692	101.43	66.644	104.95	62.016	107.153
	Path2	73.882	10.126	76.761	104.94	76.147	106.818
	Path3	44.206	101.53	58.467	104.96	54.583	107.339

表 3　操作载荷下使用系数校核结果

路径	t_i/h	P_{mi}/MPa	t_{im}/h	t_i/t_{im}	$\sum t_i/t_{im}$	(P_L+P_b/K_t)/MPa	t_{ib}/h	t_i/t_{ib}	$\sum t_i/t_{ib}$
Path1	172 800	50.388	300 000	0.576	0.576	62.016	300 000	0.576	0.576
Path2	172 800	84.709	300 000	0.576	0.576	76.147	300 000	0.576	0.576
Path3	172 800	50.95	300 000	0.576	0.576	54.583	300 000	0.576	0.576

4.4　应变限值

限制应变主要是为了防止反复加载过程中塑性变形累计引起的棘轮失效[13-15]。根据方法 1 中应变限值校核流程，首先需校核蠕变是否可以忽略，结果见表 4 所示，$\sum_i \varepsilon_i > 0.2\%$，即蠕变不可以忽略。再进行棘轮评定，校核一次应力参数 X 和二次应力参数 Y 之和，各参量计算结果见表 5 所示，棘轮评定通过。

表 4　蠕变是否可以忽略校核结果

路径	T_i/℃	t_i/h	$S^* S_y\|T_i$/MPa	t_{id}/h	r	t_i/rt_{id}	$1.25S_y\|T_i$/MPa	ε_i	$\sum_i \varepsilon_i$
Path1	534.55	172 800	174.927	78 584	1	2.19	145.7725	0.018	0.018
Path2	535	172 800	174.9	76 653	1	2.25	145.75	0.018	0.018
Path3	534.55	172 800	174.94	79 670	1	2.16	145.785	0.018	0.018

表 5　应变限值评价结果

路径	$(P_L+P_b/K_t)_{max}$/MPa	$(Q_R)_{max}$/MPa	K_t	S_y/MPa	X	Y	$X+Y$	$X+Y\leqslant 1$
Path1	62.016	4.082	1.25	116.61	0.531	0.035	0.566	是
Path2	76.147	0.565	1.25	116.6	0.653	0.0048	0.657	是
Path3	54.583	1.156	1.25	116.62	0.468	0.009	0.477	是

4.5　蠕变-疲劳校核

方法 1 蠕变-疲劳校核是基于 Miner 线性累计损伤的寿命模型[16]，计算各个循环工况下的疲劳损伤和蠕变损伤，然后线性叠加，若满足材料蠕变-疲劳包络线的限值要求，即评定通过。用弹性分析方法进行蠕变-疲劳评定时还需满足 $P_L+P_b+Q<\mathrm{Min}(3S_m, 3\bar{S}_m)$ 条件[17]，这一校核条件已经嵌入 NUST. GB

4732 应变限值一弹性分析模块中。

勾选疲劳损伤计算模块即可得到表 6 所示的结果，限于篇幅，只列出了一些关键的参数结果。比如，计算修正的最大当量应变范围 $\Delta\varepsilon_{max}$，基于 Nenber 方程有三种计算方法，这三种方法都使用了组合的应力应变曲线，计算起来较复杂，软件中给出了三种方法的计算结果，供用户参考。

表 6　疲劳损伤计算结果

路径	$\Delta\varepsilon_{max}$	S^*/MPa	K_s	$\overline{S}$/MPa	$\Delta\varepsilon_{mod}$	K_e	K_v	$\Delta\varepsilon_c$	ε_t	n/次	N_d	n/N_d
Path1	0.000 42	66.25	1.1	72.882	0.004 6	1	1	3.62	0.004 6	3600	1×10^6	0.003 6
Path2	0.000 48	76.76	1.1	84.437	0.005 4	1	1	6.51	0.005 4	3600	1×10^6	0.003 6
Path3	0.000 31	49.87	1.1	54.863	0.003 5	1	1	1.34	0.003 5	3600	1×10^6	0.003 6

勾选蠕变损伤计算模块，则可获得如表 7 所示的各参量和评定结果。蠕变损伤的计算需确定两个关键参数，给定循环类型的初始应力 S_j 和松弛应力 S_r。初始应力 S_j 根据前面计算的总应变求得。而松弛应力 S_r 则需基于等时应力应变曲线从初始应力开始，沿着恒定的应变方向垂直移动直到截取到所关注的时间曲线，且软件还给出了对应的应力松弛曲线图。最后，根据材料的蠕变-疲劳损伤包络线图，NUST. GB 4732 软件可计算蠕变-疲劳交互作用的许用损伤，见表 8 所示，结果评定合格。

表 7　蠕变损伤计算结果

路径	最高平均壁温/℃	t_H/h	S_j/MPa	S_{LB}/MPa	S/MPa	K'	(S/K')/MPa	T_d/h	t_h/T_d	$\sum(\Delta t/T_d)$
Path1	534.55	172 800	72.09	80.42	80.42	0.9	89.35	677 698	0.254	0.254
Path2	535.00	172 800	83.55	96.08	96.08	0.9	106.76	562 995	0.306	0.306
Path3	534.30	172 800	54.26	56.63	56.63	0.9	62.92	970 652	0.178	0.178

表 8　蠕变-疲劳损伤校核结果

路径	$\sum(n/N_d)$	$\sum(\Delta t/T_d)$	许用 D_c	结果
Path1	0.0036	0.255	0.9916	通过
Path2	0.0036	0.307	0.9916	通过
Path3	0.0036	0.178	0.9916	通过

5　结论和展望

本文依据《压力容器分析设计》GB/T 4732.5—2024 高温蠕变分析设计方法 1 开发了高温结构完整性评价软件，通过典型算例系统演示了 NUST. GB 4732 软件的计算流程。算例表明，高温结构安全评估流程复杂且参数计算量大，高温材料与时间、空间相关的参数变化性极大更是增加了分析的成本和难度。如果面对更加复杂载荷工况，人工校核难以满足效率与精度要求。NUST. GB 4732 软件已在核电等领域的实际工程中成功应用多年，其可靠性和高效性显著降低了企业的经济成本与时间成本。

未来，随着工业技术革新，高温设备应用场景持续拓展，对全自动化智能评价系统的需求将更加迫切。进一步推动软件智能化、自动化迭代升级，以适应多元化工程需求是未来的核心发展方向。

参考文献

[1] American Society of Mechanical Engineers(ASME). ASME Boiler and Pressure Vessel Code, 2021 Edition, Section Ⅲ, Division 5—High temperature reactors[S]. New York: ASME, 2021.

[2] French Association for Design, Construction and In - service Inspection Rules for Nuclear Island Components(AFCEN). RCC - MRx: Design and construction rules for mechanical components of nuclear installations: High temperature, research and fusion reactors[S]. Paris: AFCEN, 2015.

[3] EDF Energy. R5 2014 Edition. Assessment procedure for the high temperature response of structures[S]. London: EDFEnergy, 2014.

[4] 全国锅炉压力容器标准化技术委员会(SAC/TC 262). 压力容器分析设计 第 5 部分：弹塑性分析方法：GB/T 4732. 5—2024[S]. 中国标准出版社，2024.

[5] LEE H Y, WON M G, SON S K, et al. Development of a program for high - temperature design evaluation according to RCC - MRx[J]. Nuclear Engineering and Design, 2017, 324: 181－195.

[6] KOO G H, LEE J H. Development of an ASME - NH program for nuclear component design at elevated temperatures[J]. International Journal of Pressure Vessels and Piping, 2008, 85(6): 385－393.

[7] LEE HY, WON M G, HUH N S. HITEP_RCC - MRx program for the support of elevated temperature design evaluation and defect assessment[J]. Journal of Pressure Vessel Technology, Transactions of the ASME, 2019, 141(5).

[8] 吴志刚，张斌，于钧．核级高温设备力学评定程序研究[J]. 东方电气评论，2020，34(04)：59－63＋72.

[9] 兰中秋，邓彤天，钟晶亮．涡轮气冷叶片高温环境下的结构强度分析软件开发[J]. 科学技术与工程，2017，17(21)：113－120.

[10] 何思翾，彭恒，史力，等．基于 ASME Ⅲ－5 中 800H 合金材料数据的高温部件非弹性分析评价方法[J]. 压力容器，2023，40(10)：28－37.

[11] 高付海，宫建国，轩福贞．基于非弹性分析方法的核电高温结构完整性评价框架及应用[J]. 压力容器，2022，39(4)：9.

[12] 沈鋆，陈志伟，刘应华．ASME 规范案例 2843 中高温分析方法的解读和讨论[J]. 压力容器，2018，35(12)：47－55＋68.

[13] 蔡君，刘长军，郭洪辛，等．循环载荷作用下的高温熔盐储罐设计分析[J]. 太阳能学报，2023，44(4)：516－521.

[14] 秦晨，晁龙，陈凡，等．4130X 钢非对称非比例载荷下双轴低周疲劳行为[J]. 压力容器，2024，41(8)：9－20.

[15] 沈鋆，粟雨平，陈志伟，等．GB/T 4732—2024《压力容器分析设计》中棘轮评定方法的解读及应用[J]. 压力容器，2024，41(7)：40－48.

[16] 曾祥盛．光热发电装置中固定管板蒸发器分析设计[D]. 北京化工大学，2022.

[17] 秦叔经．ASME Code Case 2843 技术基础分析[J]. 化工设备与管道，2021，58(2)：10.

作者简介

粟雨平(2002)，女，硕士，研究方向：承压设备安全评估，通信地址：200093 上海市杨浦区军工路 516 号上海理工大学，E－mail：syp14789253@163. com。

高温过热器管焊缝开裂失效机理分析

孙永辉[1,2,3],于海洋[1,2,3],于宇新[1,2,3],宋　明[1,2,3],王汉奎[1,2,3]

(1. 国家市场监督管理总局技术创新中心(油气管道与储存设备安全),北京 100029;
2. 低碳热力发电技术与装备全国重点实验室,北京 100029;3. 中国特种设备检测研究院,北京 100029)

摘　要:本文针对一起在役高温过热器管对接环焊缝发生的开裂泄漏事件,通过系统的实验分析与理论探讨,旨在深入揭示其失效的内在机理。综合运用了多种材料分析与检测技术,包括宏观形貌观察、扫描电子显微镜(SEM)断口分析、金相组织检验、化学成分分析(直读光谱法)、维氏硬度测试以及微损拉伸(液压鼓胀)试验。对失效焊缝的裂纹特征、母材及焊接接头的组织与性能进行了全面表征与系统评估。分析表明,裂纹萌生于焊缝焊趾及收弧等应力集中区域,主要沿管材侧焊接热影响区的粗晶区(CGHAZ)呈沿晶方式扩展。断口呈现典型的"冰糖样"解理形貌,符合焊接冷裂纹(氢致延迟开裂)的基本特征。在裂纹扩展的后期,观察到蠕变损伤的迹象。该高温过热器管焊缝开裂的主要原因是焊接过程中形成的冷裂纹。焊后未进行必要的热处理是导致冷裂纹萌生和扩展的关键工艺缺陷,使得焊接残余应力未能有效消除,热影响区敏化组织未能改善,同时氢未能充分逸出。裂纹在设备后续高温运行过程中,在持续应力作用下进一步扩展,并最终因蠕变损伤的叠加效应而导致泄漏。

关键词:高温过热器管;焊缝开裂;焊接冷裂纹;氢致开裂;热影响区;焊后热处理

Analysis of the failure mechanism of weld cracking in high – temperature superheater tubes

SUN Yonghui[1,2,3],YU Haiyang[1,2,3],YU Yuxin[1,2,3],SONG Ming[1,2,3],WANG Hankui[1,2,3]

(1. State Key Laboratory of Low – carbon Thermal Power Generation Technology and Equipments, Beijing 100029, China;
2. Technology Innovation Center of Oil and Gas Pipeline and Storage Equipment Safety, State Administration for Market Regulation, Beijing 100029, China;
3. China Special Equipment Inspection & Research Institute, Beijing 100029, China)

Abstract: This paper investigates a cracking and leakage incident in an in – service high – temperature superheater tube butt girth weld through systematic experimental analysis and theoretical exploration, with the aim of thoroughly elucidating its intrinsic failure mechanisms. Multiple material analysis and detection techniques were employed, including macro – morphology observation, scanning electron microscopy (SEM) fracture analysis, metallographic examination, chemical composition analysis (direct reading spectrometry), Vickers hardness testing, and micro – damage tensile (hydrobulge) testing. Comprehensive characterization and systematic evaluation were conducted on the crack characteristics of the failed weld, as well as the microstructure and properties of the base metal and welded joint. The analysis reveals that cracks initiated at stress – concentration zones such as the weld toe and arc termination regions, primarily propagating intergranularly along the coarse – grained heat – affected zone (CGHAZ) on the tube side. The fracture surface exhibited a typical "rock candy" cleavage morphology, consistent with the fundamental characteristics of welding cold cracks (hydrogen - induced delayed cracking). Creep damage signatures were observed in the later stages of crack propagation. The primary cause of the weld cracking was identified as cold cracks formed during the welding process. A critical procedural deficiency - the absence of post - weld heat treatment - directly contributed to the initiation and propagation of cold cracks. This omission prevented effective relief of welding residual stresses, improvement of sensitized microstructures in the heat - affected zone, and sufficient hydrogen dissipation. During subsequent high - temperature operation, the cracks further propagated under sustained stress and ultimately led to leakage due to the synergistic effects of creep damage accumulation.

Keywords: high - temperature superheater tubes; weld seam cracking; welding cold cracks; hydrogen -induced cracking; heat - affected zone (HAZ); post - weld heat treatment (PWHT)

0 引 言

本文聚焦锅炉核心部件高温过热器管在极端工况(≥500 ℃/MPa)下的焊缝失效机理。该部件采用12Cr1MoVG珠光体耐热钢制造，虽具备良好的高温强度和加工性，但焊接接头作为结构薄弱环节，涉及70%以上的在役失效案例[1]。高温承压焊缝的主要失效模式包括：蠕变损伤(LMP>38)、疲劳裂纹扩展及氢致冷裂纹。后者与材料淬硬倾向、扩散氢富集及残余应力三要素直接相关[2-3]。12Cr1MoVG钢的Cr-Mo-V合金体系虽提升高温性能，却使焊接热影响区易形成400HV级淬硬马氏体带，成为氢脆敏感区域[4]。本研究通过某516℃运行机组环焊缝泄漏案例揭示：冷裂纹萌生于焊趾应力集中区，沿CGHAZ粗晶区呈沿晶扩展，后期叠加管系应力(120 MPa)与蠕变损伤导致穿透失效。

1 案例概述

1.1 失效部件基本信息

(1)发生泄漏的部件为某工业锅炉高温过热器出口集箱与其分支管线之间的一处对接环形焊缝。根据运行记录，泄漏发生前一个月内，锅炉的温度、压力等主要运行参数均保持平稳，未见异常波动。管材牌号：12Cr1MoVG。管子规格：φ38 mm×5 mm(外径×壁厚)。设计参数：设计温度560℃，设计压力12.5 MPa。工作温度约525℃，操作压力约11.8 MPa。

(2)焊接方法：气体保护钨极氩弧焊(Gas Tungsten Arc Welding, GTAW)。采用了火焰进行预热，预热温度记录为150℃。该焊缝在焊接完成后未进行焊后热处理(Post - Weld Heat Treatment, PWHT)。

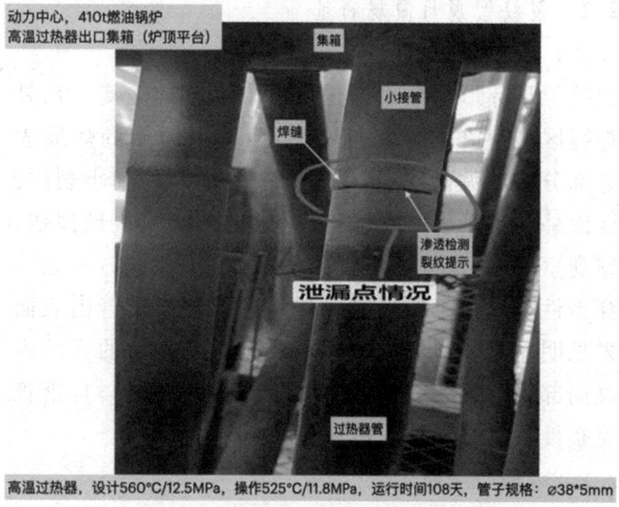

图1 泄漏点现场图片

1.2 初步检查与样品送检

发现泄漏后，现场首先对泄漏点进行了紧急处理和初步检查。渗透检测(Penetrant Testing, PT)结果显示，裂纹位于集箱小接管与过热器管之间环焊缝靠近过热器管的一侧，具体位置在焊缝的收弧处，并沿焊缝焊趾扩展(见图1、图2)。为彻底查明开裂原因，从失效部位截取了包含裂纹的管段样品，进行详细的失效分析(如图 3)。

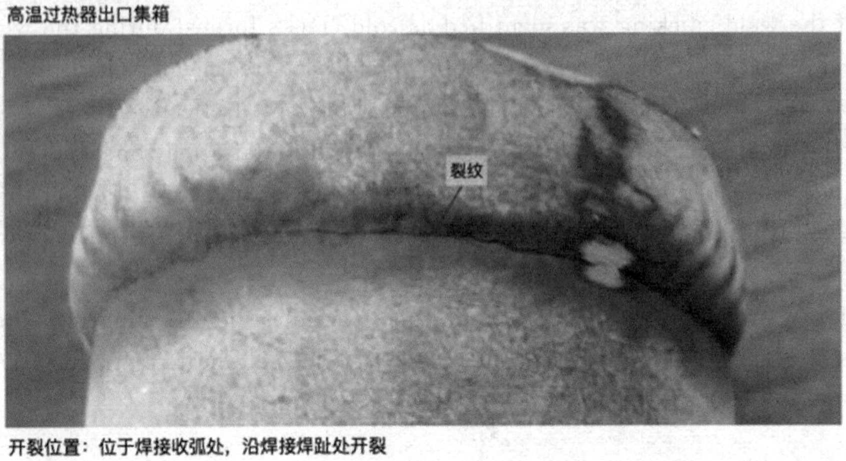

图 2　泄漏点渗透检测结果

2　试验方法与过程

为全面揭示焊缝开裂的根本原因,本次失效分析采用了多种实验手段,对失效样品的宏观特征、微观组织、裂纹形态、材料性能等方面进行了系统检测与评估。

2.1　试样制备与分割

具体的分割方案如图 3 所示:沿管轴向,在远离裂纹的管体部分截取 1 号样品,用于钢管母材的化学成分分析;紧邻 1 号样品处截取 2 号样品,为一整环管段,用于钢管母材的金相组织观察和硬度测试。剩余包含裂纹的主要部分,沿裂纹长度方向的中部进行纵向剖分,得到 31 号和 32 号试样,这两块试样将用于裂纹内外壁的宏观观察、断口分析、裂纹剖面的金相分析以及焊缝区域的硬度测试。

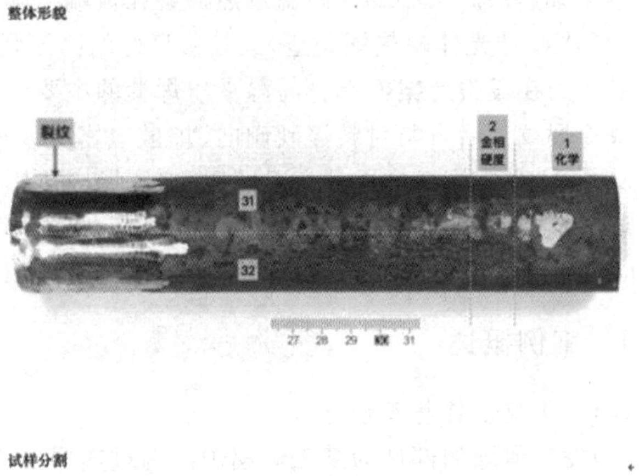

图 3　失效样品分割

2.2　裂纹宏观与微观特征

2.2.1　宏观形貌

裂纹位于环形焊缝靠近过热器管本体的一侧。从外壁看焊缝区域存在明显的打磨痕迹,使得原始的焊缝表面形态部分不可见,但仍能观察到一条环向的细小裂纹。打磨区以外的钢管表面光滑,未见腐蚀凹坑或机械损伤。从内壁观察,焊缝保持了焊接时的原始表面状态,一条清晰的穿透性裂纹位于靠近焊缝焊趾的位置。钢管内表面同样未见明显的腐蚀坑或机械损伤。对分割后的样品内壁裂纹局部进行放大观察,可见裂纹已穿透壁厚,且钢管内壁完整性较好。如图 4 所示。

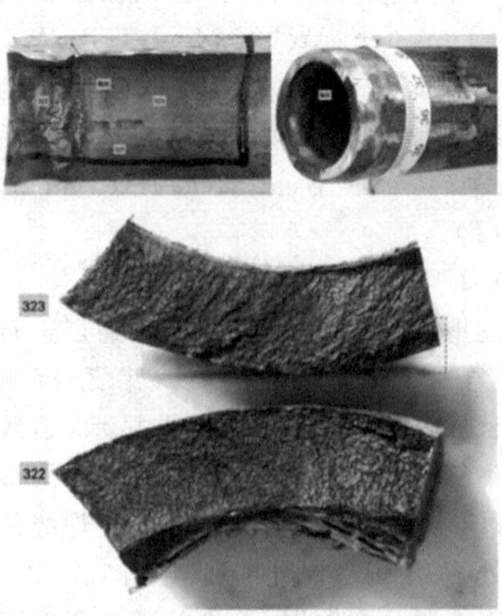

图 4　裂纹位置的内壁和断口形貌

2.2.2　断口分析

从 32 号试样的裂纹中部选取断口试样(编号 322 和 323),断口的宏观形貌如图 4 所示。断口表面粗糙,未观察到明显的塑性变形特征，如颈缩或剪切唇。整个断口颜色相对较深，可能与高温氧化有关，不同位置颜色无明显规律性变化。选取靠近钢管侧的 323 号试样断口，在扫描电子显微镜(SEM)下进行微观形貌分析。如图 5 所示，断口的大部分区域被一层高温氧化物所覆盖，这与宏观观察到的深色外观一致。

在局部氧化层剥落的区域(图 5 中区域 1 和区域 2)，可以观察到断裂的微观特征。放大后的形貌如图 6、图 7 所示，清晰可见断口呈现出典型的“冰糖样”多面体解理形貌，晶粒边界清晰，这是沿晶断裂的显著特征。

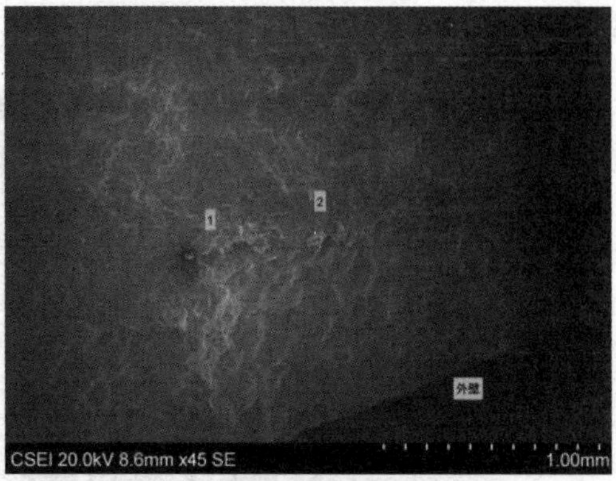

图 5　断口微观形貌
(观察区域对应图 4 断口的虚线框)

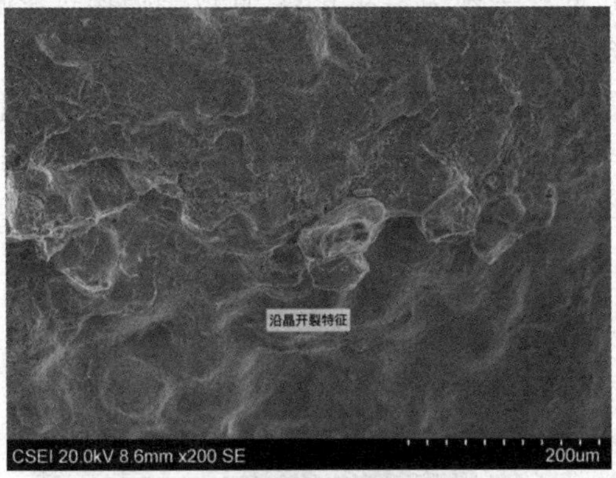

图 6　断口微观形貌(区域 1)

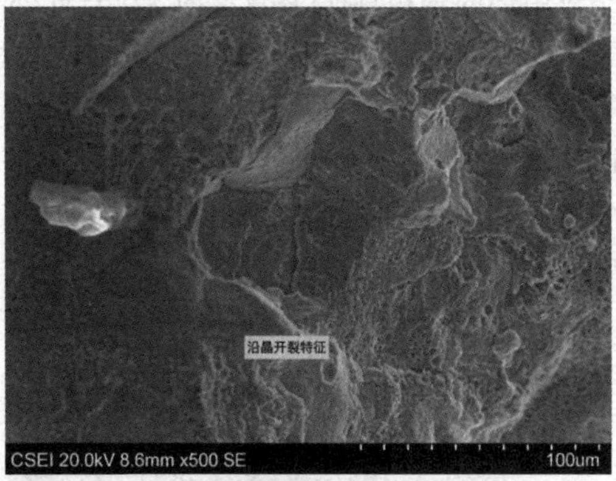

图 7　断口微观形貌(区域 2)

2.2.3　金相分析

从 32 号试样的裂纹末端取样(编号 321)，对裂纹截面金相试样 321(试样位置见图 4 内壁)进行观察，结果如图 8～14 所示。图 8 为金相试样整体形貌，选取了靠近外壁(区域 1)、中部(区域 2)和靠近内壁(区域 3)三个典型位置进行高倍观察。

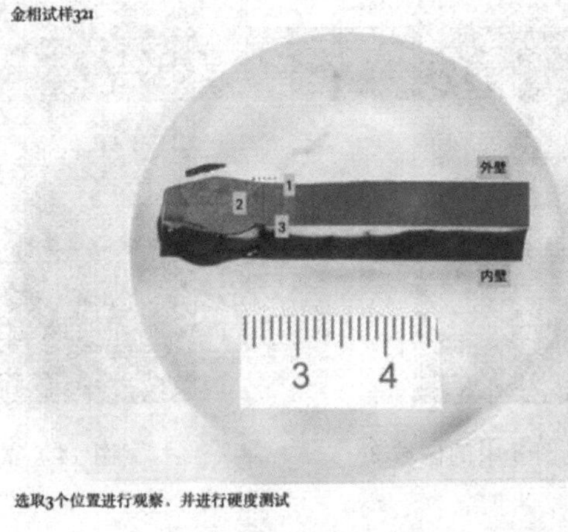

图 8　金相试样 321(编号对应位置见图 4 内壁局部)

靠近外壁的裂纹金相(图 9、图 10)显示，裂纹主要位于钢管母材侧的焊接热影响区(HAZ)，特别是其中的粗晶区(Coarse - Grained HAZ，CGHAZ)。裂纹呈典型的沿晶扩展模式，即裂纹沿着晶粒边界发展,裂纹内部填充有黑色的高温氧化物。

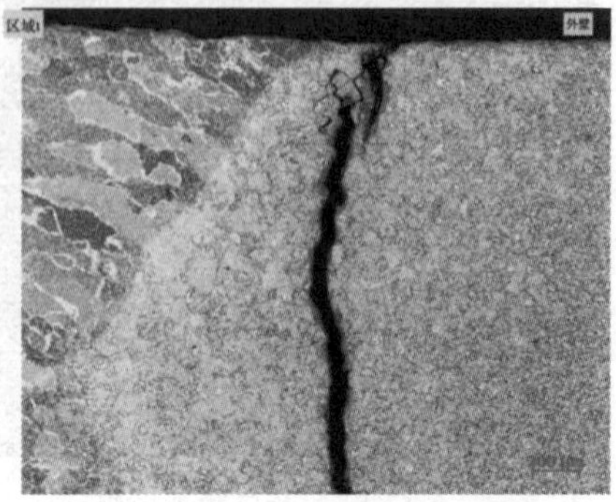

图 9　靠近外壁金相(观察位置见图 8 中的区域 1)

图 10　靠近外壁金相放大

裂纹中部的金相特征(图 11、图 12)与近外壁处相似,同样表现为沿晶开裂,且位于焊接热影响区。在主裂纹的侧向,可以观察到多条二次裂纹,这些二次裂纹亦为沿晶开裂,内部也填充有高温氧化物。

靠近内壁的裂纹金相(图 13、图 14)显示,裂纹的扩展方向在此处发生了一定的转向。裂纹一端位于焊缝内壁的焊趾处,另一端则深入到焊接热影响区,整体呈斜向扩展趋势。在裂纹尖端区域,观察到细小的沿晶开裂特征,局部破坏形貌符合高温蠕变损伤的特征,表现为晶界孔洞的形成与连接。

图 11　裂纹中部位置金相(观察位置见图 8 中的区域 2)

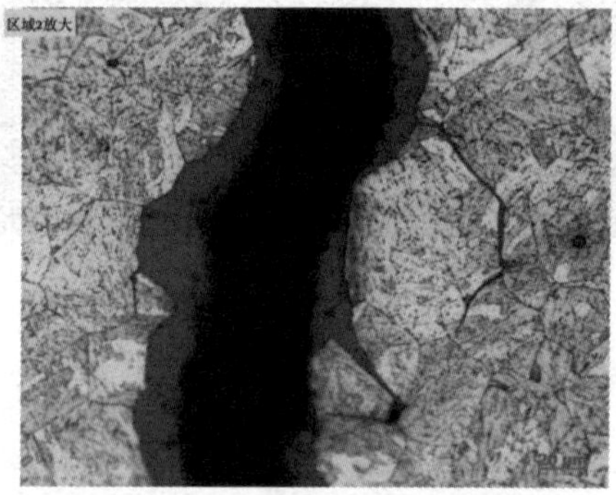

图 12　裂纹中部位置金相放大

图 13　靠近内壁金相(观察位置见图 8 中的区域 3)

图 14　靠近内壁金相放大

2.3　材料性能检测与评估

2.3.1　化学成分分析

取 1 号样品,使用直读光谱仪按照 GB/T 4336—2016《碳素钢和中低合金钢多元素含量的测定火花放电原子发射光谱法(常规法)》对失效管材的化学成分进行定量分析,并与 GB/T 5310—2017《高压锅炉用无缝钢管》中对 12Cr1MoVG 钢的化学成分规定进行比对。可见 C,Mn,P,S,Si,Cr,Mo,V 等主要合金元素的含量均在标准规定的范围内。这表明失效管材的化学成分符合国家标准要求。分析结果见表 1。

表 1　化学成分分析结果(wt%)

化学元素	分析结果	GB/T 5310—2017 12Cr1MoVG 标准要求
C	0.10	0.08～0.15
Mn	0.55	0.40～0.70
P	0.012	≤0.025
S	0.003	≤0.010
Si	0.22	0.17～0.37
Cr	0.98	0.90～1.20
Mo	0.28	0.25～0.35
V	0.18	0.15～0.30

2.3.2　硬度测试

依据 GB/T 4340.1—2024《金属材料维氏硬度试验第 1 部分:试验方法》,对 2 号钢管母材试样的不同位置(外壁、中部、内壁)以及 321 金相试样上的焊缝金属(WM)、焊接热影响区(HAZ)和母材(BM)分别进行维氏硬度测试,分析硬度分布规律,评估材料是否存在异常硬化或软化现象。

钢管母材的硬度测试结果见表 2。在钢管不同位置(近外壁、中部、近内壁)测得的维氏硬度值(HV10)分布均匀,平均硬度为 163HV10。此硬度值符合 GB/T 5310—2017 对 12Cr1MoVG 钢正火+回火状态的硬度要求(135HV～195HV)。

表 2　钢管母材的硬度测试结果

测试位置	测试结果(HV10)	平均值(HV10)	GB/T 5310—2017 12Cr1MoVG 标准要求
0 度位置	162/163/164	163	135HV～195HV
90 度位置	163/161/161		
180 度位置	162/162/162		
270 度位置	163/163/162		

对焊缝接头区域的硬度测试结果见表 3。钢管母材的平均硬度为 163HV1,与表 2 中的 HV10 测试结果(换算后)基本一致。焊缝金属的平均硬度为 280HV1,而焊接热影响区(HAZ)的平均硬度高达 298HV1。HAZ 的硬度远高于母材,表明该区域在焊接热循环作用下发生了显著的组织转变和硬化,存在较高的脆性倾向。

表 3　焊缝接头区域的硬度测试结果

测试位置	测试结果(HV1)	平均值(HV1)
母材	162/162/164	163
焊缝金属	280/280/280	280
焊接热影响区	297/304/294	298

2.3.3 微损测试(液压鼓胀试验)

采用微损测试技术中的液压鼓胀试验。该技术能够在取样量极小的情况下,获取材料的强度和韧性参数。将精密加工的薄片小试样(直径 10 mm,厚度 0.5 mm)置于特制夹具中,通过液压系统对试样施加载荷使其鼓胀变形,同时利用传感器和光学设备实时采集载荷-位移数据,进而解算出材料的屈服强度和抗拉强度。分别沿钢管和焊缝壁厚的 1/2 位置取样进行测试。

通过液压鼓胀试验得到的钢管母材和焊缝金属的力学性能参数见表 4。钢管母材(取自壁厚 1/2T 处)的平均屈服强度约为 302 MPa,平均抗拉强度约为 528 MPa。而焊缝金属(取自壁厚 1/2T 处)的平均抗拉强度高达 900 MPa,远高于母材的强度。这通常意味着焊缝区的强度有富余,但同时也可能伴随着塑性和韧性的降低,尤其是在存在其他缺陷(如高硬度、氢聚集)的情况下。

表 4 液压鼓胀试验强度分析结果

取样位置	屈服强度/MPa	平均值/MPa	抗拉强度/MPa	平均值/MPa
钢管 1/2T	300	302	523	528
	201		530	
	305		532	
焊缝 1/2T	—	—	900	900
	—		897	
	—		903	

3 失效机理

综合上述宏观观察、断口形貌、金相组织及材料性能检测结果,该高温过热器管焊缝的开裂机理进行分析。

3.1 主要失效模式:焊接冷裂纹(氢致延迟开裂)

裂纹特征佐证:宏观上,断口几乎无塑性变形,呈脆性断裂特征。微观上,SEM 观察到的断口具有典型的“冰糖样”沿晶断裂形貌(图 6、图 7)。金相分析显示,主裂纹及二次裂纹均沿着焊接热影响区粗晶区的晶界扩展(图 10、图 12)。这些都是焊接冷裂纹的典型金相学和断口学特征。

氢的作用机理:焊接冷裂纹的形成与氢、应力、敏感组织密切相关。

氢的来源:焊接过程中,氢的来源广泛,包括焊条药皮或焊丝表面的水分、油污,母材坡口处未清理干净的铁锈、水分、油脂,所用保护气体中的杂质,以及焊接环境空气中的水分等[5]。在焊接电弧高温作用下,这些含氢物质分解产生原子氢[H],并大量溶解于熔池及高温奥氏体组织中。

氢的析出与富集:12Cr1MoVG 钢在焊接时,热影响区经历了高温加热。氢在高温奥氏体中的溶解度远大于其在低温铁素体、珠光体或贝氏体中的溶解度。当焊后快速冷却时,组织发生转变,氢的溶解度急剧下降,导致过饱和的氢原子在钢中扩散。这些氢原子易于向晶界、位错、夹杂物等缺陷处及应力集中区(如焊趾、未焊透根部)偶偏聚和富集。

氢致脆化:富集的氢原子通过多种机制(如降低原子间结合能、在微孔隙中形成高压氢气导致内部压力、促进局部塑性变形等)导致材料局部区域的塑性和韧性急剧下降,即发生氢脆。

3.2 组织因素的影响

焊接热影响区粗晶区(CGHAZ):该区域紧邻熔合线,经历了最高的焊接加热温度和随后的较快冷却速度。这导致奥氏体晶粒严重粗大,并在冷却后易于转变为对氢脆更为敏感的淬硬组织,如马氏体、上贝氏体或粗晶铁素体。本案例中,热影响区硬度测试结果高达 298HV1,远超母材的 163HV1,证实了该区域存在显著的淬硬现象。

粗大晶界:粗大的晶界不仅是氢原子偏聚和聚集的有利场所,也是裂纹萌生和扩展的薄弱路径。金相观察清晰显示裂纹精确地沿着 CGHAZ 的晶界扩展。

3.3 应力因素的作用

焊接残余应力：焊接过程中，由于局部加热和不均匀冷却，必然在焊缝及其附近区域产生复杂的、通常是拉伸性的残余应力。这些残余应力在焊趾、焊根及收弧等几何不连续处会产生显著的应力集中。

组织应力：焊接热影响区在冷却过程中发生相变时，伴随的体积变化也会引入组织应力。

在淬硬组织和富氢的条件下，这些内应力（即使低于材料的屈服强度）足以驱动冷裂纹的萌生和扩展。

3.4 焊接工艺缺陷的决定性作用

焊后未进行热处理是关键缺陷：对于 12Cr1MoVG 这类具有一定淬硬性的合金钢，焊后热处理（PWHT）是至关重要的工序。规范的 PWHT 能够：(1)通过在一定温度下保温，促使焊缝及热影响区中的扩散氢充分逸出（消氢处理）；(2)大幅降低甚至消除焊接残余应力；(3)改善热影响区可能存在的不良组织（如淬硬的马氏体），提高其韧性。本案例中，焊缝在焊接完成后未进行任何热处理，这使得氢得以在组织中保留，高残余应力持续存在，淬硬组织未得到改善，为冷裂纹的形成和发展提供了极为有利的条件。这是导致此次失效的最主要和最直接原因。

焊前预热：报告中提及采用 150 ℃火焰预热。对于 12Cr1MoVG 钢（壁厚 5 mm），此预热温度可能偏低或预热区域不够均匀、充分。预热的主要目的是减缓焊后的冷却速度，减少淬硬组织的形成，并为氢在冷却过程中逸出提供更多时间。若预热不足，冷却速度过快，则热影响区淬硬倾向增大，冷裂敏感性增高。

焊接环境与操作：若焊接时环境湿度较大，或焊材、焊件表面清理不彻底（如存在油污、铁锈等），会引入过多的氢。同时，报告提及裂纹出现在焊接收弧位置，不当的收弧操作（如快速提弧导致弧坑未填满或形成弧坑裂纹）会造成局部应力集中和缺陷，易成为冷裂纹的萌生点。

后期发展：蠕变损伤的促进作用。金相分析结果显示，在靠近内壁的裂纹尖端区域，观察到了细小的沿晶开裂特征，呈现出高温蠕变破坏的迹象（见图 14）。这表明，最初形成的焊接冷裂纹在焊后并未立即导致管壁完全穿透。在锅炉投入运行后，失效焊缝长期承受高温（约 525℃）、高压（约 11.8 MPa）和持续的焊接残余应力的共同作用。已经存在的冷裂纹作为严重的应力集中源，会极大地加速裂纹尖端材料的蠕变损伤累积过程。蠕变损伤通常表现为晶界上蠕变孔洞的形核、长大和相互连接，最终导致裂纹沿晶界缓慢扩展。设备运行约 100 多天后才发生泄漏，这也从时间尺度上印证了裂纹存在一个由冷裂纹萌生到蠕变扩展并最终穿透管壁的渐进过程。

4 防治措施与建议

针对本次高温过热器管焊缝开裂的失效机理分析，为防止类似事故的再次发生，确保设备的安全稳定运行，提出以下防治措施与建议：(1)严格控制氢源；(2)充分且均匀的焊前预热[6]；(3)实施规范的焊后热处理（PWHT）[7-9]；(4)优化焊接参数[10-12]与操作技能；(5)加强质量检验与无损检测；(6)运行维护与在线监测。

5 结 论

通过对本次高温过热器管 12Cr1MoVG 钢对接环焊缝开裂失效事件的系统分析，得出以下主要结论。

(1)主要失效模式与机理：焊缝开裂的主要失效模式为焊接冷裂纹，即氢致延迟开裂。裂纹起源于焊缝焊趾及收弧等应力集中部位，沿焊接热影响区（HAZ)）的粗晶区（CGHAZ）晶界扩展。

(2)失效的根本原因：导致焊接冷裂纹产生的根本原因是焊接工艺不当。其中，焊后未进行规范的热处理是此次失效事件最为关键和直接的工艺缺陷。

(3)预防措施核心：为有效预防此类焊缝开裂失效事故的发生，必须从焊接全过程进行严格的质量控制。

参考文献

[1] GB/T 5310—2017《高压锅炉用无缝钢管》[S].

[2] GB/T 4336—2016《碳素钢和中低合金钢多元素含量的测定火花放电原子发射光谱法(常规法)》[S].

[3] GB/T 4340.1—2024《金属材料维氏硬度试验第1部分:试验方法》[S].

[4] GB/T 13298—2015《金属显微组织检验方法》[S].

[5] GB/T 30583—2014《承压设备焊后热处理规程》[S].

[6] 姬莉,葛淑芳,张丽媛,等.12CrMoG耐热钢蒸汽分水器现场焊接工艺[J].焊接技术,2014,43(2):70-72.

[7] 杨佳,张轶桀,陈忠兵,等.12Cr1MoVG钢弯管热处理工艺对其组织性能影响[J].热加工工艺,2013,42(18):181-183.

[8] 郭城湘,王朗,白林,等.焊后热处理温度对15CrMoR钢对接接头性能的影响[J].压力容器,2023,40(4):15-20.

[9] 王丛元,李鹏江,罗永智,等.模拟焊后热处理对Q690DR钢焊接接头性能的影响[J].压力容器,2024,41(10):1-8.

[10] 吴毅雄.焊接冶金学(基本原理)[M].北京:机械工业出版社,2007.

[11] 叶上云.T91与12Cr1MoV密封罩焊接裂纹分析[J].锅炉技术,1997(4):28-31.

[12] 文清平.焊缝组织对冷裂纹的影响[J].热加工工艺,2014,43(13):175-177.

作者简介

孙永辉(1986),男,工程师,主要从事金属材料常规力学测试、材料微损测试、金属材料金相微观测试等方面工作,通信地址:101300北京市顺义区顺兴路1号中国特检院顺义院区,E-mail:15811279119@163.com。

通信作者:王汉奎(1982),男,正高级工程师,主要从事材料微损评价、特种设备材料失效分析、评价评估等方面工作,通信地址:101300北京市顺义区顺兴路1号中国特检院顺义院区,E-mail:dearwhk@gmail.com。

制氢装置管束开裂失效分析

尤景泽[1,2,3]，刘　凯[1,2,3]，孙永辉[1,2,3]，孙浩宇[1,2,3]，于海洋[1,2,3*]，王汉奎[1,2,3]，宋　明[1,2,3]

（1. 低碳热力发电技术与装备全国重点实验室，北京 100029；2. 国家市场监督管理总局技术创新中心（油气管道与存储设备安全），北京 100029；3. 中国特种设备检测研究院，北京 100029）

摘　要：本文对牌号为 S32168 的开裂制氢装置管束进行了失效原因分析。该装置在首次大修中发现粗合成气加热器/中低压蒸汽过热器设备管束管板表面结有较多白色垢物，试压有管板多处位置发生泄漏，管束有多处位置堵管．通过对该失效管束进行宏观分析、化学成分分析、硬度检测、金相检验、断口形貌分析、垢层分析、敏化试验，结果表明：导致换热管开裂的原因为 Cl 离子引起的应力腐蚀开裂，导致换热管表面腐蚀的原因为 Cl 离子引起的点蚀，Cl 离子来源为参与换热的工艺介质。

关键词：S32168；焦炉气制氢装置；Cl 离子腐蚀；应力腐蚀开裂

Analysis of hydrogen production unit tube bundle cracking failure

YOU Jingze[1,2,3], LIU Kai[1,2,3], SUN Yonghui[1,2,3], SUN Haoyu[1,2,3], YU Haiyang[1,2,3*], WANG Hankui[1,2,3], SONG Ming[1,2,3]

(1. State Key Laboratory of Low－carbon Thermal Power Generation Technology and Equipments, Beijing 100029, China; 2. Technology Innovation Center of Oil and Gas Pipeline and Storage Equipment Safety, State Administration for Market Regulation, Beijing 100029, China; 3. China Special Equipment Inspection & Research Institute, Beijing 100029, China)

Abstract: In this paper, the failure cause analysis of the tube bundle of cracking hydrogen production unit with S32168 is carried out. device found that there was a lot of white scale on the surface of the equipment tube plate of the crude synthesis gas heater/medium and low pressure steam superheater during the first, and there were a lot of leaks in many parts of the tube plate in the pressure test, and there were a lot of plugs in many parts of the tube bundle. Through analysis, chemical composition analysis, hardness test, metallographic inspection, fracture morphology analysis, scale layer analysis, sensitization test and other tests on the failed tube bundle, the results show: the cause of the cracking of the heat exchange tube is stress corrosion cracking caused by Cl ion, and the cause of the corrosion of the surface of the heat exchange tube is p corrosion caused by Cl ion. The source of Cl ions is the process medium involved in the heat exchange.

Keywords: S32168; cracking unit for hydrogen from coke oven gas; corrosion by Cl ion; stress corrosion cracking

0　引　言

焦炉气制氢装置是利用钢铁工业副产品——焦炉煤气作为原料，通过一系列物理和化学处理过程来生产高纯度氢气的装置。其核心工作原理在于分离和提纯焦炉气中已有的氢气组分,并将其他可燃组分(主要是甲烷)转化为更多的氢气。

本文针对某化工厂的制氢装置管束进行失效分析。该焦气化制氢装置首先将气化来的水煤气进行全变换反应并回收余热副产蒸汽,同时回收部分凝液回用;变换气经 MDEA 脱硫(酸性气送硫磺回收)后,进入 VPSA 脱碳;脱碳后的粗氢气压缩后经 PSA 提纯得到 99.9%的合格氢气送管网,PSA 解析气则作为燃料气利用;MDEA 脱硫尾气经生物脱硫达标后与 VPSA 脱碳尾气合并排放;各装置废水统一送污水处理。整个流程实现了氢气生产、资源(蒸汽、凝液、解析气)回收利用及环保(尾气达标、废水处理、硫回收)的综合处理。

图 1　现场失效管束照片

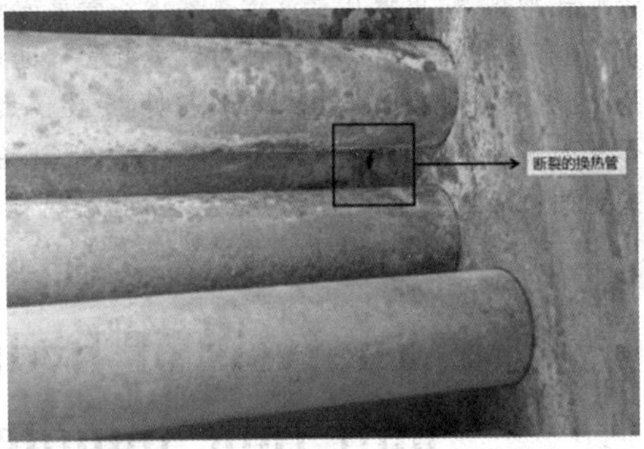

图 2　断裂的换热管

该装置在首次大修中发现粗合成气加热器/中低压蒸汽过热器设备管束管板表面结有较多白色垢物,试压有管板多处位置发生泄漏,管束有多处位置堵管,见图 1,现场断裂的管束照片见图 2。管束材质为 S32168,筒体材质为 15CrMoR,失效管束中的介质为粗合成气,温度为 165/220 ℃,操作压力为 1.3 MPa;壳程介质为变换气,操作温度为 411/360 ℃,操作压力为 1.25 MPa。

本次分析对该失效管束进行了管束及垢样取样,针对其失效特征,进行宏观分析、化学成分分析、硬度检测、金相检验、断口形貌分析、垢层分析、敏化试验。通过上述分析,确定失效机理,并针对性的提出改进措施。

1　试验与分析

1.1　宏观检查

对失效管进行宏观观察,样品外壁被黑色物质覆盖。为便于观察断口,将断口位置用锯床采用干锯的方法将断口取下,断口表面被腐蚀产物所覆盖,如图 3 所示。在图 3 中黄色方框内壁发现 2 条裂纹,在裂纹处取样进行金相分析。

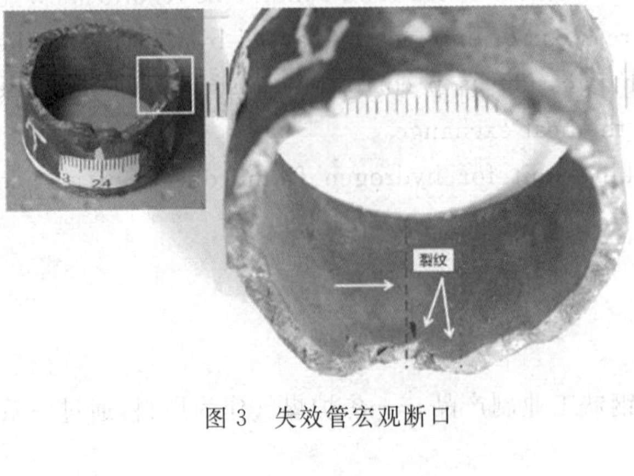

图 3　失效管宏观断口

随后对管束的出口附近、弯管处、入口附近进行化学成分分析、金相、硬度、敏化性试验，取样位置如图 4 所示。为进一步观察管束内、外壁，将该管束采用机械切割的方法从中间剖开，剖开后的形貌如图 5 所示。剖开后对内外壁进行观察，内壁与外壁发现腐蚀坑，见图 6、图 7 所示。

图 4 失效管束取样示意

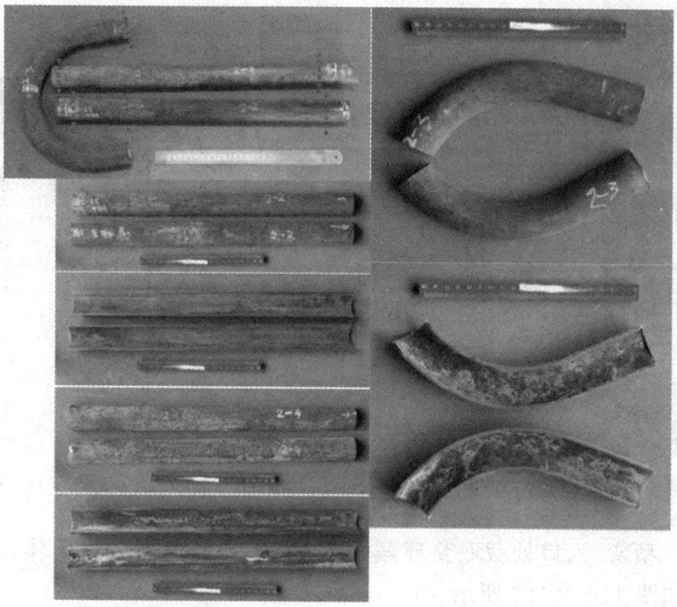

图 5 失效管纵剖内、外壁形貌

图 6 失效管外壁腐蚀坑形貌

图 7 失效管内壁锈蚀、沉积物、腐蚀坑形貌

1.2 化学成分分析

对失效管束切取化学试样，切取位置见图 4，采用直读光谱仪进行化学成分分析，分析结果如表 1 中所示。将分析结果与标准 GB/T 13296－2013 中 S32168 成分比对，成分无异常，结果满足标准要求。

表 1 材料化学成分分析结果(wt%)

样品编号	C	Si	Mn	P	S	Cr	Ni	Ti
失效管化学成分	0.028	0.53	1.43	0.032	0.004	17.46	9.23	0.21
GB/T 13296－2013 (S32168)	0.08	1.00	2.00	0.035	0.030	17.00～19.00	9.00～12.00	5C～0.70

1.3 金相分析

在失效管束发现的裂纹位置，通过锯床和线切割的方式截取金相试样，取样位置和观测面如图 4 所示。裂纹宏观形貌如图 8 所示，从截面金相可以看出，内壁、外壁均有未穿透的裂纹。从裂纹的形态走向可以看出，裂纹为穿晶型裂纹，分叉呈树枝状，为应力腐蚀开裂特征，裂纹高倍形貌如图 9～图 10。

图 8 断口裂纹低倍金相

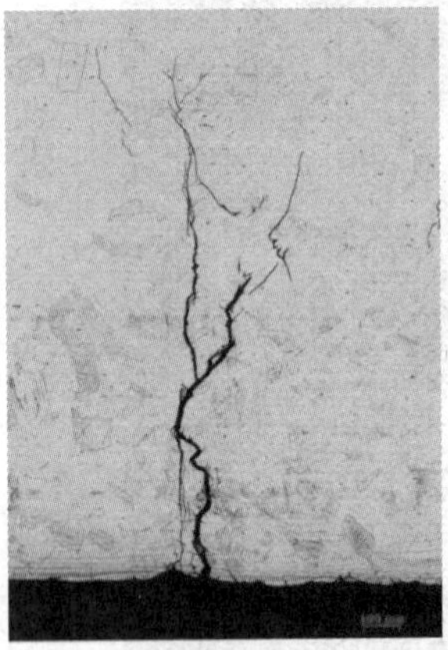

图 9 断口裂纹低倍金相(内壁位置 2)

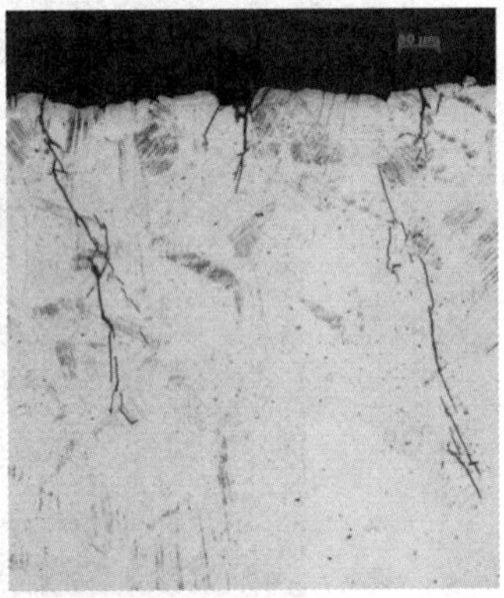

图 10 断口裂纹低倍金相(外壁位置 3)

在失效管束出口、U 型弯、入口处截取整环截面金相，基体组织均为奥氏体，在内壁或外壁均能发现点蚀坑，金相组织照片如图 11～图 13 所示。

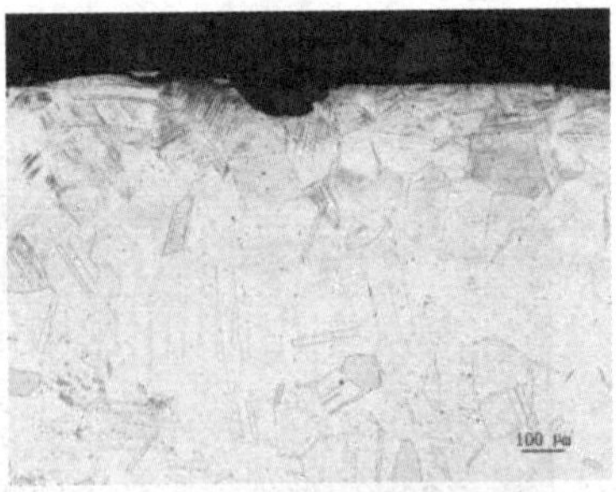

(a) 外壁腐蚀坑100×

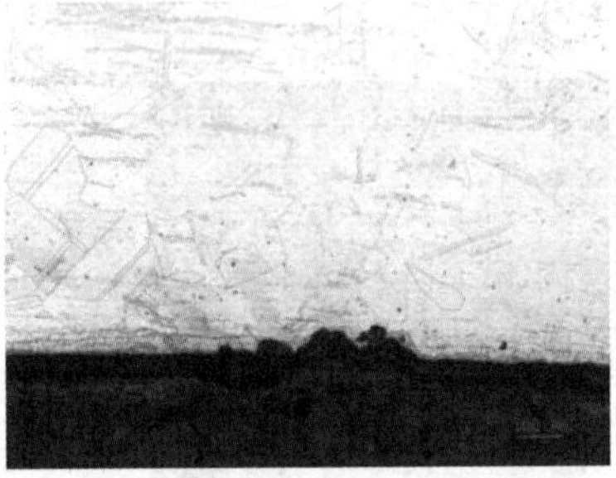

(b) 内壁腐蚀坑100×

图 11 失效管出口处

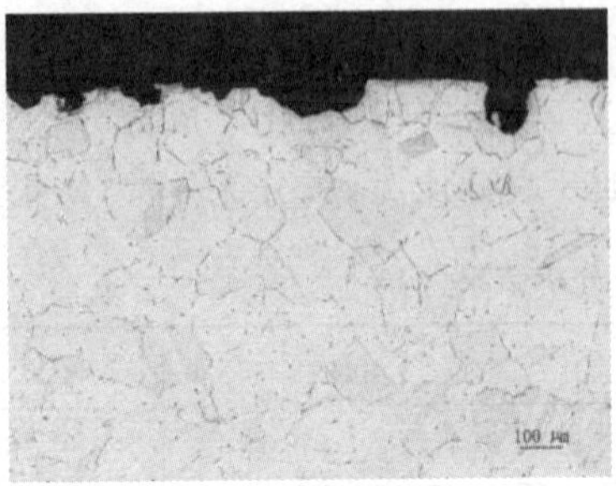

(a) 外壁腐蚀坑100×

(b) 内壁腐蚀坑100×

图 12 失效管 U 型弯处

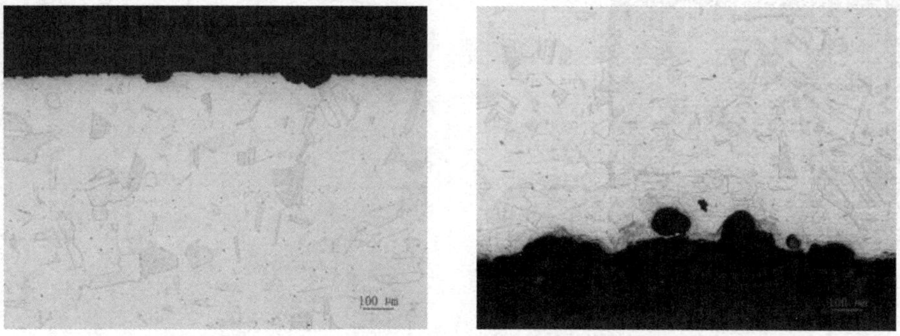

（a）外壁腐蚀坑100×　　（b）内壁腐蚀坑100×

图 13　失效管入口处

1.4　硬度分析

根据标准 GB/T 4340.1—2009《金属材料 维氏硬度试验 第 1 部分：试验方法》，利用 MEMESIS 9103 万能硬度计，在含裂纹试样的壁厚二分之一处进行 HV10 硬度测试，测点 1～测点 3 分别为 132HV10，131HV10，136HV10 这 3 个点的平均值为 133HV10。

在失效换热管的出口、U 型弯、入口处截取的整环截面金相试样的 0，3，6，9 点钟方向，壁厚二分一处，进行 HV10 硬度测试，结果如表 2 所示。硬度结果满足标准 GB/T 13296—2013 中对此换热管材料维氏硬度小于 200HV10 的要求。

表 2　失效管硬度测试结果

测试位置	截面方向	HV10			平均值
		测点 1	测点 2	测点 3	
出口处	0 点	147	139	145	144
	3 点	146	137	145	143
	6 点	140	129	132	134
	9 点	127	129	125	127
U 型弯	0 点	125	121	125	124
	3 点	116	115	115	115
	6 点	116	115	120	117
	9 点	117	121	119	119
入口处	0 点	137	147	155	146
	3 点	136	140	137	138
	6 点	139	138	138	138
	9 点	144	139	141	141

1.5　能谱分析

对失效管的内壁、外壁进行能谱分析，分析结果如图 14～图 15。从内壁腐蚀产物分析结果可见，内壁产物主要含有 O，Na，K，Cr，Fe，As，Ca，Mn，S 等元素，同时在内壁也可发现少量的 Cl 等元素。外壁主要为 C，O，Si，S，Cr，Fe 等元素。

1.6　XRD 物相分析

对失效管弯管处的内壁沉积垢样进行 XRD 物相分析，分析结果如图 16 所示。由分析结果可见，垢样主要以碳酸氢钠、二氧化硅、碳酸钙、氯化钾盐、碳酸钙镁盐等为主。

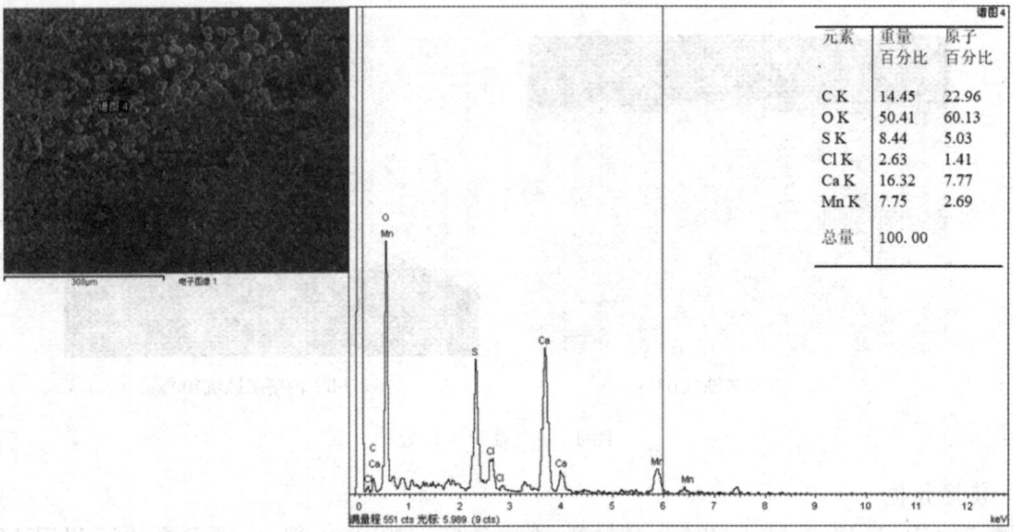

图 14　试样 2～4 入口能谱分析(内壁)

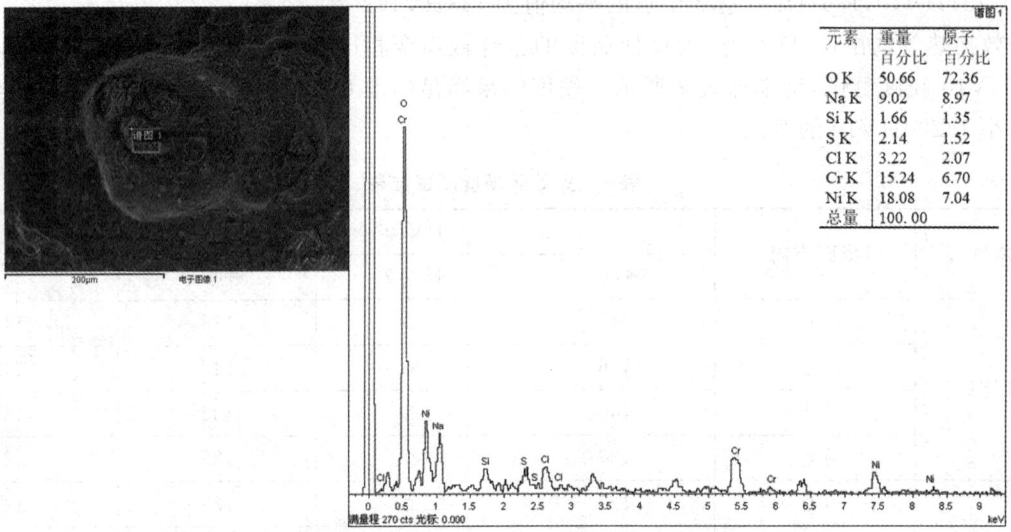

图 15　试样 2～4 出口能谱分析(内壁点蚀坑)

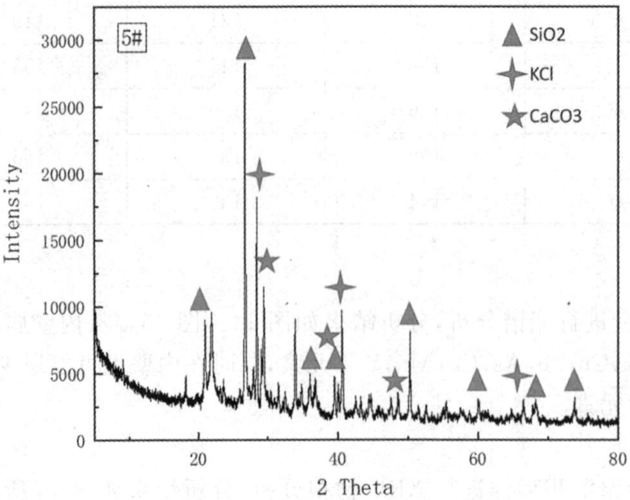

图 16　失效管内壁沉积垢样

1.7 产物水溶物分析

根据 GB/T 13580.11—1992《大气降水中铵盐的测定》以及 HJ 84—2016《水质 无机阴离子(F^-、Cl^-、NO^{2-}、Br^-、NO_3^-、PO_4^-、SO_3^{2-}、SO_4^{2-})的测定 离子色谱法》,将失效管内壁的白色垢样约 0.24 g 溶于 300 ml 水后,进行离子含量分析,得到产物中 NH_4^+ 离子和 Cl^- 离子含量如下表所示,由结果可知,产物中氯离子较高,铵根离子含量较少或没有。

表 3 失效管硬度测试结果

取样位置	离子	含量/(mg·L⁻¹)
失效管内壁垢样	NH_4^+	<0.01
	Cl^-	104

1.8 敏化性试验

依据 GB/T 29088—2012《金属和合金的腐蚀 双环电化学动电位再活化测量方法》对失效换热管的出口和入口处材料进行敏化性测试,结果见表 4,材料未发生敏化。

表 4 管试样 EPR 测试结果

试样编号	I_r/mA	I_p/mA	I_r/I_p	敏化程度
失效管入口处	0.117	57.294	0.002	未敏化
失效管出口处	0.253	52.363	0.005	未敏化

注:I_r/I_p 比值小于 0.01 表示材料未敏化;0.01～0.05 为轻微敏化;大于 0.05 为敏化

2 失效原因分析

材料化学成分、金相以及敏化试验表明原始材料化学成分正常、金相组织正常,材料状态正常。由材料的化学成分分析可见,失效管的母材的化学成分满足标准对材料 S32168 成分的要求,该材料为常见的 18－8 型奥氏体不锈钢。钢中添加少量的 Ti 元素用于稳定化材料中的 C,避免材料 C 与 Cr 结合形成 Cr 的碳化物,导致材料抗腐蚀性能下降。材料敏化试验表明材料未敏化,材料原始状态良好,有很好的抗一般腐蚀的能力。

不锈钢抗腐蚀主要是因为其表面形成的 Cr 元素的氧化膜。正常情况下不锈钢表面的 Cr 的氧化膜较为致密,可以对金属提供良好的保护,但 Cr 的氧化膜对于 Cl 离子极为敏感,Cl 离子可以破坏不锈钢表面的氧化膜形成点蚀,在换热管内、外壁位置均可见点蚀特征。一般而言,Cl 离子腐蚀不锈钢需要有液态水环境存在,因此 Cl 离子腐蚀不锈钢的温度范围处于液态水存在的温度区间之内,但也应当注意如果存在 NH_4 离子的情况下,水会与 NH4Cl 形成水合物,使得工艺流程温度高于水露点时也发生腐蚀,在这种情况下需要提高温度至 205 ℃以上才可以完全避免。

在有外部应力的情况下,Cl 离子会使得 18－8 型奥氏体不锈钢发生应力腐蚀开裂。一般认为材料发生应力腐蚀需要 3 个条件,该 3 个条件为:材料、应力和腐蚀性环境。此次发生应力腐蚀开裂的为 18－8 型,18－8 型奥氏体不锈钢由于其 Ni 含量处于最容易发生应力腐蚀的 5%～12%的区间之内,若想完全避免,应当更换其他类型的材料。

产生应力腐蚀开裂需要一定的应力阈值,但是该阈值与环境、腐蚀性介质浓度以及温度等多种因素有关。降低应力也可以在一定程度上避免应力腐蚀开裂,但由于材料中应力普遍存在,诸如服役承受压力时产生的应力、由于温度场不均匀产生的温差应力以及钢管在生产制造中产生的残余应力,因此从应力角度解决材料发生应力腐蚀开裂的可能性较小。改变环境、避免 Cl 离子与不锈钢表面接触是最为有效的避免点蚀与应力腐蚀开裂的手段[1-5]。工艺上可以通过控制原料中的来源、优选 Cl 含量低的原料;可以通过工艺调整,增加除 Cl 装置降低介质中的 Cl 离子的含量;此外,还可以通过调整换热器管程与壳程介质的温度差,避免换热管表面凝结引起的应力腐蚀。

3 结 论

通过对失效换热管的系统性的理化性能、断口以及截面金相分析以及对工艺流程分析,得出如下结论:

(1)开裂的换热管材料正常。换热管的化学成分、硬度满足标准 GB/T 13296—2013 中对材料 S32168 的要求,材料的微观组织为正常的奥氏体,换热管未敏化;

(2)导致换热管开裂的原因为Cl离子引起的应力腐蚀开裂,导致换热管表面腐蚀的原因为Cl离子引起的点蚀,Cl离子来源为参与换热的工艺介质。

参考文献

[1] 谭税楼,林雨,李超志,等. 煤制氢装置变换气冷却器管束泄漏原因分析[J]. 大氮肥,2019,42(6):361-366.

[2] 夏康哲,佟立臣,徐嘉泽,等. 壳牌煤气化装置腐蚀评估与分析[J]. 氮肥与合成气,2025,53(6):58-62.

[3] 刘强. 锁斗循环泵进出口管线泄漏原因分析及处理[J]. 大氮肥,2019,42(5):323-325.

[4] 孙云龙,杨贵荣,宋文明,等. 液相流速对X60钢在气液两相塞状流条件下腐蚀性能的影响[J]. 压力容器,2024,41(10):23-33.

[5] 宋晓俊,杨忠武,豆磊,等. S31603复合板压力容器点蚀行为试验研究[J]. 压力容器,2024,41(3):8-16.

作者简介

尤景泽(1995),男,工程师,从事金属材料理化性能试验、失效分析工作,通信地址:100029 北京市朝阳区和平街西苑2号楼,E-mail:13811513478@163.com。

通信作者:于海洋(1993),男,工程师,从事特种设备安全评估与失效分析工作,通信地址:100029 北京市朝阳区和平街西苑2号楼,E-mail:15210817435@163.com。

熔盐-超临界二氧化碳换热器研究进展

顾嘉乐,宋印玺,周　全,陈宇清,应秉斌,杨　芳

(上海核工程研究设计院股份有限公司,上海 200233)

摘　要:熔盐一超临界二氧化碳(sCO_2)换热器是清洁能源系统的核心转换单元,通过高效传递熔盐热能驱动 sCO_2 发电,实现零水耗与高能量转化。本文系统梳理了熔盐与 sCO_2 的热工特性,对比了不同温度区间熔盐的应用适应性,并分析了 sCO_2 物性突变对换热的影响。针对换热器技术,重点探讨了管壳式与紧凑型换热器(如 PCHE,PPHE)的结构设计、性能优化及挑战。材料方面,高温工况优先选用耐蚀镍基合金,表面防护技术可抑制腐蚀但面临高腐蚀性熔盐环境下长效稳定性不足的问题。未来需突破多场景适配性、高温高压可靠性及动态腐蚀防护等核心瓶颈。

关键词:熔盐;超临界二氧化碳(sCO_2);换热器结构;材料;腐蚀防护

Advancesin molten salt - supercritical carbon dioxide heat exchanger research

GU Jiale,SONG Yinxi,ZHOU Quan,CHEN Yuqing,YING Bingbin,YANG Fang

(Shanghai Nuclear Engineering Research & Design InstituteCo. ,Ltd. ,Shanghai 200233,China)

Abstract: The molten salt - supercritical carbon dioxide (sCO_2) heat exchanger serves as a core conversion unit in clean energy systems, enabling zero water consumption and high - efficiency energy conversion by effectively transferring thermal energy from molten salt to drive sCO_2 power generation. This paper systematically reviews the thermophysical properties of molten salts and sCO_2, compares the applicability of molten salts across different temperature ranges, and analyzes the impact of abrupt changes in sCO_2 properties on heat transfer. For heat exchanger technology, it focuses on the structural design, performance optimization, and challenges of shell - and - tube heat exchangers and compact heat exchangers(e. g. ,PCHE,PPHE). Regarding materials, corrosion - resistant nickel - based alloys are prioritized for high - temperature conditions, while surface protection technologies can mitigate corrosion but face insufficient long - term stability in highly corrosive molten salt environments. Future efforts must address critical bottlenecks including multi - scenario adaptability, high - temperature/high - pressure reliability, and dynamic corrosion protection.

Keywords: molten salt; supercritical carbon dioxide (sCO_2); heat exchanger structure; materials; corrosion protection

0　引　言

在应对气候变化和推动能源结构转型背景下,全球对清洁能源需求的不断增长,第四代核能技术、太阳能光热发电、风能发电和传统发电模式蓄能调峰等技术得到了广泛关注[1-4]。熔盐储热-超临界二氧

化碳(sCO_2)发电系统凭借其高效能量转换与零水耗特性,成为支撑钍基熔盐反应堆、可再生能源消纳及传统火电调峰革新的核心能源转化枢纽[5]。该系统通过熔盐储热单元吸纳熔盐堆及波动性可再生能源等系统中的热能,并借由 sCO_2 布雷顿循环实现热能向电能的高效转化[6]。熔盐－SCO_2 换热器作为连接储热单元与发电单元的热能传递枢纽,承担着将不可直接发电的高温热源转化为适用 sCO_2 工质的关键使命——其性能直接决定系统效率与可靠性。

当前,该技术虽在钍基熔盐堆中实现"无水核能发电"、在可再生能源领域平抑波动性供电、在火电系统中释放深度调峰潜力,却面临两大瓶颈:(1)多场景适配性不足,核能高温、光热中温及火电变工况需求差异显著,需根据不同工况开发差异化换热结构;(2)高温长效可靠性薄弱,熔盐腐蚀与 sCO_2 物性突变引发的材料失效问题,需突破关键材料技术。

本文旨在基于熔盐－sCO_2 换热器的结构及材料等技术系统梳理其发展现状,分析其在熔盐－sCO_2 发电系统工程应用中的关键问题与挑战,为熔盐－sCO_2 换热器的进一步研究与应用提供参考。

1 熔盐与 sCO_2 热工特性

熔盐因其突出的储热能力、高温环境下的化学稳定性以及低饱和蒸气压,成为中高温传热蓄热介质的理想选择[7]。与常规换热流体不同,熔盐在室温条件下呈固态,需加热至凝固点以上才能维持液态流动状态。受限于高温热分解特性,故其有效工作温度存在明确边界。根据熔盐组分差异(如硝酸盐、氟盐或混合氯盐),实际应用温度通常介于 300～1200 ℃,具体熔盐类型选择需结合系统热力学参数综合确定[8]。硝酸盐具备低熔点、大热容、高热稳定性和较低腐蚀性的优点,广泛应用于 300～600 ℃温区的换热过程。氯化盐具有强大的传热蓄热能力、成本低且易得的特点,适用温区为 600～1000 ℃。单组分氟化盐熔点高,主要覆盖 900～1200 ℃温区。碳酸盐和硫酸盐的熔点同样较高,典型应用温区为 800～1200 ℃。在工程实践中,熔盐组分的调配主要依据目标应用对熔点、粘度、导热系数及比热容等热物理性质的具体需求。

目前已基于熔盐热物理参数及换热性能进行了大量研究,研究人员大多基于 Dittus－Boelter 关系式、Hausen 关系式和 Gnielinski 关系式等经典传热公式[9],对不同流道及不同熔盐组分下获得的传热试验数据进行拟合,并对经典公式进行修正,表 1 列举了几种典型熔盐的对流传热关系式。

表 1 几种典型熔盐的传热关系式

熔盐类型	传热关系式	研究人员
$NaNO_2-NaNO_3-KNO_3$ (40:7:53 wt. %)	$Nu=0.0191Re^{0.8338}Pr^{1/3}$ ($10000<Re<50000, 4<Pr<26$)	陈玉爽[10]
$KNO_3-NaNO_2-NaNO_3$ (53:40:7 wt. %)	$Nu=0.116(Re^{2/3}-125)Pr^{1/3}(\mu_b/\mu_w)^{0.14}$ ($3500<Re<10000$)	TODA[11]
$LiF-BeF_2-ThF_4-UF_4$ (67.5:20:12:0.5 mol%)	$Nu=1.89[RePr(D/L)]^{1/3}(\mu_b/\mu_w)^{0.14}(Re<1000)$ $Nu=0.107(Re^{2/3}-135)Pr^{1/3}(\mu_b/\mu_w)^{0.14}$ ($3500<Re<12000$) $Nu=0.0234Re^{0.8}Pr^{1/3}(\mu_b/\mu_w)^{0.14}(Re>12000)$	COOK[12]
$MgCl_2-KCl-NaCl$ (15.11:38.91:45.98 wt. %)	$Nu=\frac{(f/8)(Re-1000)Pr}{1+12.7(f/8)^{0.5}(Pr^{2/3}-1)}$ $f=[0.79Ln(Re_D)-1.64]^{-2}$ ($3000<Re_D<5000000, 0.5<Pr<2000$)	CHUNG[13]

随着换热及发电技术进步,超临界二氧化碳(sCO_2)布雷顿循环效率已接近商业化水平,且在特定温区显著优于其他热电循环。其核心优势在于:相较于水蒸气,腐蚀性更低,放宽了高温材料要求,利于高

参数运行以提升发电效率；同时，超临界态高密度特性大幅缩减工质体积流量，显著减小系统设备尺寸，降低投资与运维成本，并赋予优异的负荷响应灵活性。近年来，对超临界流体的换热特性的相关研究开始兴起，表 2 列举了一些基于印刷电路板式换热器的 sCO_2 介质的对流换热研究。

表 2　sCO_2 传热关系式

传热关系式	研究人员
$Nu=0.0986Re^{0.697}Pr^{0.4}(\mu_b/\mu_w)^{0.14}$，$f=0.513Re^{-2/3}$ $(509<Re<6773, 0.73<Pr<0.75)$	SHI[14]
$j=0.026(L_b/L)^{-0.170}(W/L_a)^{-0.248}Re_{in}^{-0.19(W/La)^{-0.187}}$ $f=0.357(L_b/L)^{-0.252}(W/L_a)^{-0.255}Re_{in}^{-0.173(W/La)^{-0.274}}$ $(8000<Re<100000)$	MA[15]
$Nu/Nu_{FC}=0.58-53(Gr/Re^{2.7})^{0.36}$ $(30000<Re<60000)$	CHU[16]

利用 sCO_2 作为传热工质的核心挑战在于换热器设计需有效管控拟临界区的流体行为——该区域因物性剧烈突变显著增加系统复杂性，并对材料耐热疲劳性能提出苛刻要求。姜超等总结了 CO_2 物性参数随温压变化呈现典型规律：密度与温度总体呈负相关，于临界点处骤降，后续随温升持续缓降；动力黏度与导热系数在温升过程中先于临界点骤降，之后小幅回升；比定压热容在则临界点急剧攀升至峰值后迅速回落[17]。拟临界区比热容剧增使得微小温差即可引发高热流密度。若设备壁面温度在此区域波动，将导致瞬态剧烈温度梯度并诱发循环热应力。该应力在几何不连续处集中，易引发低周热机械疲劳裂纹。

2　熔盐－sCO_2 换热器技术发展

2.1　熔盐－sCO_2 换热器结构

对于熔盐－sCO_2 系统，换热器的设计要求取决于具体的应用场景。在 sCO_2 动力循环中，热交换器工作温度在 550 ℃和 750 ℃之间，且需承受 20～30 MPa 的压力，持续面对极端热应力和热冲击[18]。通常，热交换器根据其紧凑性、流道配置和传热机制进行分类。在熔盐－sCO_2 换热器主要分为传统换热器和紧凑型换热器(CHE)，如图 1 所示。

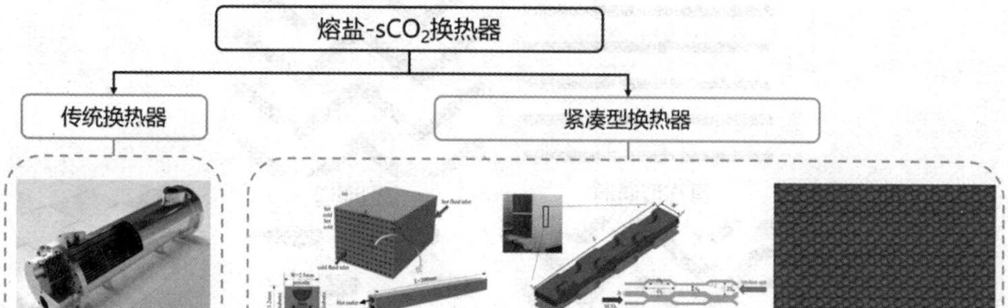

图 1　熔盐－sCO_2 换热器主要类型

熔盐－sCO_2 换热器需要关注高表面积与体积比，以提高热性能，同时保持紧凑性。同时，内部压降热交换器也是一个值得关注的问题，它会显著影响系统的性能。高温工况下熔盐引发的设备热膨胀效应，需针对性设计结构以应对热应力集中与密封失效风险。以下内容对各种类型的熔盐－sCO_2 换热器进行介绍，概述了它们的优点和限制。

2.1.1　传统换热器

传统换热器以管壳式换热器为代表，管壳式换热器因其出色的适应性通常比其他类型更受青睐：通过调整管径、长度和排列方式即可轻松改变其核心结构形状。此外,该类型换热器能轻松承受更高压力和温度[18]。陈维汉等[19]采用理论分析与数值模拟相结合的方法,深入研究了热交换器壳程与管程的流动传热特性及其结构参数的优化匹配关联机制,建立了基于整体性能的热交换器设计方法。该方法显著改善了设备性能,在保持优异传热效果的同时,实现了投资与运行成本的双重优化。FU 等[20]通过数值模拟发现,sCO_2 受浮力影响产生周向二次流,增大结构比可提升传热系数。在此类系统中,维护与检测工作较其他类型更为简便。极低的压降特性使其成为抗热冲击设计中风险最小的方案。螺旋盘管因结构紧凑、传热优异,在气体冷却器中应用日广。XU 等[21]通过实验证明了传热的不可逆性是 sCO_2 换热器性能下降的主要原因,并提出了螺旋盘管来提高系统性能。ZHANG 等[22]结合实验和数值计算研究了螺旋盘管中的浮力效应,并与垂直和水平管进行了比较,得出螺旋盘管具有更好的传热性能。

总体而言,管壳式换热器兼具高热力学效率和低不可逆性,能优化传热过程中的能量利用效率。在处理高温高压工况时,选用管壳式换热器较为适宜,但换热器所承受的热应力必须低于美国机械工程师协会(ASME)规定的阈值。

2.1.2 紧凑型换热器

熔盐储能－sCO_2 布雷顿发电循环中,实现高温熔盐向低温 sCO_2 的高效传热亟需紧凑型换热器,其优化设计是提升系统效率的核心挑战。管壳式换热器由于传热系数低,不可避免地需要更多的空间来实现更大的传热。传统换热器需要较高的制造成本,设计在高压条件下相比常压要贵三到五倍。而紧凑型换热器(CHEs)正是解决上述需求的关键技术,其在实现体积大幅缩减的同时显著提升效率,流体通道的水力直径更小。其核心界定标准为:单位体积换热面积超过 700 m^2/m^3 或水力直径小于 6 mm[23]。

印刷电路板式换热器(PCHE)采用光化学蚀刻技术在金属板上加工微通道,并通过扩散焊工艺实现层间连接[24]。PCHE 凭借高紧凑度与大传热面积,兼具耐高压、高效率及长寿命特性,被视为 sCO_2 布雷顿循环与熔盐储能集成系统中换热器的主要备选方案之一,大量熔盐－sCO_2 换热器的研究集中于此类结构。YOON 等[25-26]指出,PCHE 能够适应多种流体,包括气体、液态金属和熔盐。然而,PCHE 仍需承受冷热流体之间的高压差,这些也是熔盐－sCO_2 换热器结构设计中需考虑的因素。在实际工程应用中,PCHE 通道配置见图 2,主要有直线型、Z 型、S 型和翼型通道,此外还包括梯形、正弦型等通道[27]。通道的横截面形状包括半圆形、矩形、三角形和梯形截面等[28],主要流型包括错流、平行流和逆流[29]。

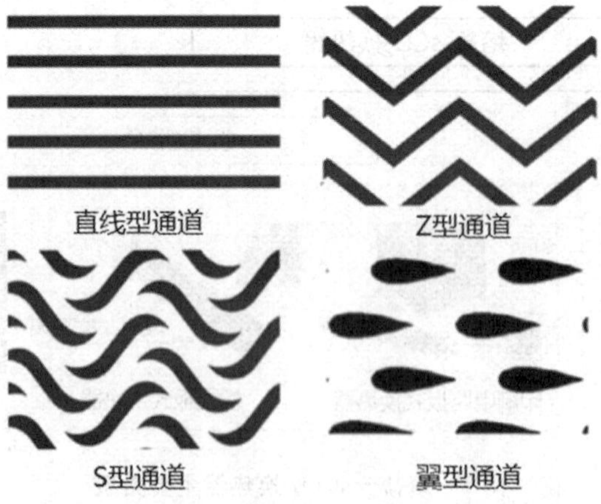

图 2 印刷电路板式换热器主要通道配置形式

近年来,许多研究人员对不同传热通道中不同工作流体的传热和流动模式展开研究,并取得了显著成果。大量已发表的文献使用数值模拟和多目标优化方法,研究了不同 PCHE 通道配置中 sCO_2 的流动传热特性,并提出了许多关于 sCO_2 传热和摩擦的重要关联式。MARCHIONNI 等[30]介绍了一种用于 sCO_2 动力系统中 PCHE 的建模方法,该方法可用于优化、瞬态模拟和控制。KATZ 等[31]通过实验研究了 CO_2/He 在 Z 型 PCHE 内的流动传热情况,测定了范宁摩擦系数和努塞尔数,并计算出整体传热的拟合模型。NIKITIN 等[32]通过实验证明，Z 型 PCHE 具有较高的传热性能和较高的压降，因为 Z 型会导致流体不稳定并促进湍流。此外，还提出了采用 S 型来补偿 Z 型的高压降。ANEESH 等[33]对 Z 型和 S 型 PCHE 进行了比较，得出结论，在相同的传热速率下，波浪形的压降比锯齿形的压降小三分之一。NIU 等[34]选择 Z 型 PCHE 为物理模型，采用有限控制体积法确定控制方程，利用 SIMPLE 算法耦合压力和速度得出基本流动和传热性能方面，Z 型 PCHE 独特结构使 sCO_2 流场呈周期性分布，在弯角处形成漩涡促进传热；sCO_2 侧入口温度升高，其对流传热系数减小、摩擦阻力系数增大；熔盐侧则相反，且 Z 型 PCHE 相比直线型 PCHE 更适用于高效传热工质，其流场分布不规则但传热效率高，是超临界 sCO_2 布雷顿循环熔盐储能系统中换热器的较好选择，但未来研究应注重提升其流动特性。此外，AAKRE 等[35]提出在换热器上游设置 400 微米金属丝滤网，可有效截留流体夹带颗粒物，防止换热器结垢或堵塞，且附加压降处于可接受范围，用户应采用可快速拆卸清洗的过滤器组件设计方案。

当前制造技术已能实现可靠的结构完整性，可在 650 ℃和 10 MPa 压力下对特定层板材料及流体(包括蒸汽、sCO_2、氦气和熔盐)进行常规连续流道的扩散焊接[26]。然而，核能领域针对液态金属/金属盐与超临界 CO_2 的研究仍局限于 600 ℃以下工况。因此，需针对新一代光热电站和核冷却反应堆开展研究，探索工作流体温度达 750 ℃、压力达 22 MPa 时 PCHE 的热-水力-力学行为。美国国家可再生能源实验室、桑迪亚国家实验室、威斯康星大学和俄亥俄州立大学已联合开发用于光热电站的熔盐－sCO_2 的 PCHE，其目标透平入口温度为 700 ℃。此外，PCHE 一旦完全制造就无法在不破坏核心以露出内部结构的情况下拆卸。由于 PCHE 是一个整体，容易受到高循环热应力或动态应力的影响，因此需要进行结构和疲劳分析。PCHE 传热性能的计算已经相对完善，但在机械热载荷作用下失效模式的分析和评估仍然存在缺陷和局限性[36-37]。

枕型板式换热器(PPHE)由相互点焊的金属板制成，具有传热性能好、流动阻力低、能承受高压等优点，因此适用于熔盐和 sCO_2 之间的传热。PIPER 等[38-39]设计 l 了一种 PPHE，发现焊点和通道波纹度可通过增大表面积、促进横向混合和湍流来强化传热，并在后续研究中建立了 PPHE 中强制湍流对流的压力损失和传热公式。ZHANG 等[40]研究发现 PPHE 的流速比光滑板式换热器和人字形板式换热器(CPHE)提高了约 12.6%～37.8%。SHIRZAD 等[41]对 PPHE 的几何参数进行了数值分析，发现通道中纵向或横向距离较长的 PPHE 摩擦系数更低，效率更高。AL－TURKI 等[42]研究了焊点形状(圆形焊点、椭圆形焊点和大直径椭圆形焊点)对 PPHE 传热的影响，指出圆形焊点的传热速率最佳。YAO 等[43]提出一种新型的带有周期性交错凸点和凹点的 PPHE，用于熔盐和 sCO_2 之间的传热，并对其流动和热性能进行了数值分析，得出熔盐和 sCO_2 在流道内形成大、小漩涡，流速和压力沿流动方向呈周期性变化，且两者变化趋势相反，并且，PPHE 的流动和传热直接受流体特性和系统结构的影响，熔盐的传热系数明显大于 sCO_2。

微通道壳管式换热器(MSTHE)作为紧凑式换热器领域的新兴技术，其核心特征在于微型化流道设计(水力直径数百微米至数毫米)。该技术通过超高比表面积实现卓越传热性能与极致紧凑性，能被集成于下一代高效系统(如 sCO_2 传热系统)中[44-45]。其核心优势在于可直接应用成熟热工水力关联式预测性能。Thar Energy 公司针对超临界 CO_2 回热器应用开发的高温高压 MSTHE 样机，采用非对称单法兰压力容器设计，在提升结构性能的同时降低制造成本[46]。THEOLOGOU 等[47]对蒸汽加热的 sCO_2 紧凑型换热器进行了实验和数值研究，考察了两种不同直通道错流换热器的压降和传热行为，通道尺寸分别为 $2\times1\ mm^2$ 和 $3\times1\ mm^2$，压力为 7.75 MPa 和 9.50 MPa，在 9.50 MPa 压力和 $3\times1\ mm^2$ 通道尺寸下，其热工水力性能更优，传热性能提高了 6%，压降降低了 20%。

真空钎焊板式换热器(PHE)是适用于高温应用的紧凑型 PHE，无需任何框架、紧固螺栓、垫圈或承载杆和导杆。它由不锈钢板和两个端板组成。由于此结构换热器无法打开，因此其使用仅限于结垢不明显的高温介质。板翅式换热器是许多应用中使用的高温换热器形式之一，但其主要应用场景为气体间的传热，且耐受压力有限。这些特征限制了这类换热器应用于熔盐和 sCO_2 间换热。此外，增材制造换热器(AMHE)由于其能构造复杂几何形状和无需焊接等特性，被视为一种前景开阔的 sCO_2 紧凑型换热器技术。

在熔盐－sCO_2 构型方面，仍需通过实验和模拟针对具体构型研究不同的几何参数和操作参数对性能的影响，特别是需要详细研究入口气流分布不均对换热器器性能的影响。并且湍流状态下，sCO_2 传热机理在文献中研究数据尚未丰富，这将进一步指导改进设计。

2.2 熔盐－sCO2 换热器材料及表面防护

2.2.1 材料选择

光热发电中熔盐－sCO_2 换热器的工作温度通常在 500 ℃以内，材料的可选择性较为宽泛；熔盐堆燃料盐的温度可达 700 ℃以上，经过一、二回路换热器多次换热后，熔盐－sCO_2 换热器的工作温度通常被设置在 600 ℃左右。换热器材料选择需综合考量多重约束：包括工况参数(压力/温度)、流体相容性、加工工艺适应性、热工条件(流速/流型/物性)、结构可靠性(热应力/抗热震)、环境耐受性(氧化/结垢/化学侵蚀)、全周期工程需求(制造/维护/经济性)。常规温度范围(＜600 ℃)多采用不锈钢/铝/铜基材料；高温工况(＞600 ℃)则需应对强度衰减、蠕变损伤与腐蚀加速等严苛挑战。高压操作需要坚固的密封机制和细致的关注施加在热交换器上的应力。相关材料的发展始终围绕耐高温腐蚀与力学性能的平衡。不锈钢和镍基合金通常优选用于这些应用，与铁基材料相比，镍基合金在高温下具有优异的耐腐蚀性和卓越的机械性能。尽管此类材料具备优异热稳定性与耐蚀性，但其固有瓶颈不容忽视：导热系数偏低、制造工艺复杂、高温强度衰减导致壁厚增加。高温工况下材料选型需重点关注热应力与差异膨胀对材料及壁厚决策的影响。特殊传热流体引发的结垢与腐蚀问题尤为严峻，且在启停、变载等瞬态工况下，极端条件将决定材料性能阈值下限。此外，陶瓷也被常被用作高温条件下运行的换热器材料，具有优良的耐腐蚀性、抗蠕变性、耐腐蚀性和耐温性，但较差的耐压性使其不适用于熔盐与 sCO_2 的换热。

对于常规温度范围，丁静等对比研究了 5 种不锈钢(201，304，310S，316L，321)在 500 ℃的 SYSU－N1 熔盐中暴露 480h 后的腐蚀行为，发现 310S 与 316L 合金表面形成致密附着腐蚀膜，失重分析进一步证实 310S 具有最优耐蚀性[48]。KRUIZENGA 等[49]研究了 $NaNO_3/KNO_3$ 熔盐在 600 ℃/3000 h 条件下对 13 种合金(不锈钢及镍基)的腐蚀速率数据集，为硝酸盐熔盐换热器材料筛选奠定基础。

对于高温工况，OLSON 等[50]研究得出，熔融氟化盐中常见合金元素的腐蚀速率依 Ni＜Co＜Fe＜Cr＜Al 的顺序递增，纯 Ni 在熔融氟化盐中腐蚀速率较低，但在高温下强度不足，不能直接作为结构材料使用，而 316 不锈钢等合金因其低成本和较好的力学性能可以作为易于更换的次要结构材料。SHANKAR 等[51]在 LiCl－KCl 熔盐中发现，含 Mo 的 Inconel 625 合金耐蚀性显著弱于无 Mo 的 Inconel 600/690 合金，揭示 Mo 元素在不同熔盐体系中的腐蚀行为存在显著差异。ALKHAMIS 等[52]在 800 ℃熔融 $MgCl_2$－KCl 及 NaCl－KCl－$ZnCl_2$ 盐中对比 Hastelloy C276 与 Haynes 230 的耐蚀性，证实含 Mo 量更高的 C276 合金性能更优。

早期熔盐堆(如 ANP 实验)采用 Inconel 600 合金，但在 900 ℃氟盐中运行 9 天腐蚀深度达 100 μm[53]。随后 ORNL 选择研发和使用 Hastelloy N 合金作为结构材料，该合金因 Mo 元素提升钝化能力，成为唯一被成功应用于熔盐堆的镍基合金[54]；中国科学院团队在 Hastelloy N 合金的基础上，进一步优化了合金中的元素含量(C 和 Si 等)，并成功研制出耐熔盐腐蚀的 GH3535 合金[55]。Hastelloy N，GH3535 等镍基合金在耐蚀性能较好的同时提高了力学性能，成为熔盐堆相关设备的主要候选结构材料[56]。丁祥彬等[57－59]通过 700 ℃ FLiNaK 熔盐腐蚀实验得出，Hastelloy N 合金呈现均匀腐蚀特征，其单位面积质量损失随时间呈先升后降趋势；而 316L 不锈钢则发生显著晶间腐蚀，质量损失率始终高于 Hastelloy N 合金，且表现为初期快速上升后期趋稳的规律。杜雨昕等[60]采用浸泡腐蚀的方法，研究了 Haynes 230，Inconel 625，GH 3535，Inconel 690 和 GH 4169 五种镍基高温合金在 550 ℃的 LiCl－KCl 熔盐中的腐蚀行为，失重情况为 Inconel 625＞GH 3535＞Haynes 230＞Inconel 690＞GH 4169。张建雄等[61]以 GH3535 高温合金为研究对象，针对该合金在钍基熔盐堆中的服役温度，开展了高温单轴蠕变持久实验，得到了不同温度应力条件下的完整蠕变曲线，通过表征分析判定 GH3535 合金在 650 ℃时，其断裂方式为沿晶断裂，随着温度提高到 700 ℃时，断口会有少量韧窝出现，直到温度提升至 750 ℃时，该合金的断裂方式完全变为韧窝断裂。李晓丽等[62]对 GH3535 高温合金添加稀土 Y 进行改性，结果表明添加适量的 Y 元素提高了 GH3535 合金的抗热腐蚀性能，但过量添加则会加剧合金的热腐蚀。

2.2.2 *表面防护技术*

熔盐对金属的电化学腐蚀特性，需在换热器选材及密封设计中纳入防护考量。值得注意的是，熔盐在制备、运输等流程中易引入水、多价离子等杂质，这些组分将显著加速材料的腐蚀进程。材料表面防护技术通过在材料表面施加防护层，既能保留材料的各项特性，又能加强基底材料的耐蚀能力。防护层通常包括某种或某些耐蚀耐磨材料，并将其制备成薄膜涂覆在基材的表面。

熔盐－sCO_2 换热器结构材料多选用合金基体，通过相容性优异的金属涂层可显著提升耐蚀性。研究表明，金属元素在熔盐中耐蚀性排序为 Ni＞Co＞Fe＞Cr＞ Al，难熔金属（Mo/Nb/W）亦表现出良好抗蚀能力[63]。ZHU 等[64]用激光熔覆在 Hastelloy N 合金表面分别制备 Ni 涂层和 Co 涂层，在 900℃的 FLiNaK 中浸泡 100 h 后，涂层均能有效保护基体。ZHANG 等[65]采用内阳极电镀技术在 Incoloy－800H 管内壁制备纯 Ni 镀层，该涂层与基体结合强度优异，且显著提升抗氟化盐腐蚀性能。值得注意的是，OLSON 等[66]发现，纯镍镀层在 FLiNaK 熔盐中长期浸泡后，即使镀层完整无破损，熔盐中仍检测到 Cr 元素，微观组织分析证实基体存在 Cr 扩散孔洞，表明 Cr 原子可穿透 Ni 层向熔盐迁移。

许多高温环境中，材料的抗热腐蚀性能主要依赖于其表面形成的保护性氧化物膜。梁超飞等[67]成功制备了 Al_2O_3/Ni－Al 复合阻氚涂层来应对熔盐堆中氚渗透、泄漏问题，预计有优秀的阻氚渗透能力和足够的附着力及自我修复能力。但刘涛等[68]研究表明，在高温氟盐环境中，传统依赖氧化膜热力学不稳定，会转化为可溶性氟化物，因此金属氧化物难以应用于熔融氟化物盐体系。此外一些金属碳化物、氮化物，如 TiC，Cr_3C_2，TiN，AlN，CrN 等在高温环境中展现出卓越的耐磨、耐蚀与抗氧化性能[69]。但需指出，当前熔盐腐蚀测试多在静态体系中进行，与实际反应堆的流动工况存在显著差异，加之熔盐内杂质的协同作用，对材料防腐性能构成更大挑战。

3 结 语

熔盐－sCO_2 换热器技术发展需材料与结构协同突破。结构方面，管壳式换热器耐高压但效率低，紧凑型设计提升传热效率却受限于热应力与不可拆卸性。材料是高温可靠性的核心，镍基合金在＞600 ℃工况下具备一定的不可替代性，表面防护技术可延缓腐蚀，但部分基体元素能够穿透特定涂层需着重考虑，且动态熔盐流中杂质进一步加剧材料退化不容忽视。当前瓶颈集中于高温高压适配性、长效防护失效及核能/光热多场景差异化需求。未来需结合材料创新与结构优化，并通过光热/核能示范项目测试极端工况热-力耦合行为，开展工程验证。

参考文献

[1] RABBI M F，POPP J，MATÉ D，et al. Energy security and energy transition to achieve carbon neutrality[J]. Energies，2022，15(21)：8126.

[2] PARK S H，CHUNG S. Understanding the nuclear technological innovation：Focussing on the transition issue of 4th generation nuclear energy technology[J]. Journal of Technology Innovation，2016，24(4)：221－248.

[3] 孙丽平，宋子恒，马骏，等．中国太阳能光热发电技术的研究综述[J]. 南方能源建设，2025，12(5)：1－15.

[4] MA T S，LI Z K，LV K，et al. Design and performance analysis of deep peak shaving scheme for thermal power units based on high－temperature molten salt heat storage system[J]. Energy，2024，288：129557.

[5] MAHMOUDINEZHAD S，SADI M，GHIASIRAD H，et al. A comprehensive review on the

current technologies and recent developments in high - temperature heat exchangers[J]. Renewable & Sustainable Energy Reviews,2023,183.

[6] 何雅玲,李梦杰,郭嘉琪,等. 二氧化碳热力循环在新型能源系统应用中的研究现状与发展趋势[J]. 科学通报,2025,70(7):872-87.

[7] BHATNAGAR P, SIDDIQUI S, SREEDHAR I, et al. Molten salts: Potential candidates for thermal energy storage applications[J]. International Journal of Energy Research, 2022, 46(13): 17755-17785.

[8] 杜江泳,邵方知,杜炜,等. 高温熔盐换热器及应用综述[J]. 太阳能,2015(8):35-40.

[9] 杨世铭,陶文铨. 传热学(第五版)[M]. 北京:高等教育出版社,2019.

[10] 陈玉爽,田健,朱海华,等. 熔盐圆管内湍流对流换热实验研究[J]. 核技术,2019,42(4):77-82.

[11] TODA S, CHIBA S, YUKI K, et al. Experimental research on molten salt thermofluid technology using a high - temperature molten salt loop applied for a fusion reactor Flibe blanket [J]. Fusion engineering and design:2002,63-64:405-409.

[12] COOKE J W, COX B. Forced - convection heat transfer measurements with a molten fluoride salt mixture flowing in a smooth tube[R]. Oak Ridge National Laboratory, Report No. ORNL-TM-4079,1973.

[13] KA M C, YE Z, JIAN Z, et al. In - situ thermophysical measurement of flowing molten chloride salt using modulated photothermal radiometry[J]. Solar Energy,2023,265:112124.

[14] SHI H Y, LI M J, WANG W Q, et al. Heat transfer and friction of molten salt and supercritical CO_2 flowing in an airfoil channel of a printed circuit heat exchanger[J]. International Journal of Heat and Mass Transfer,2020,150:119006.

[15] MA T, LI L, XU X Y, et al. Effect of fin - endwall fillet on thermal hydraulic performance of airfoil printed circuit heat exchange[J]. Applied Thermal Engineering,2015,89:1087-1095.

[16] CHU W X, LI X H, MA T, et al. Study on hydraulic and thermal performance of printed circuit heat transfer surface with distributed airfoil fins[J]. Applied Thermal Engineering,2017,114: 1309-1318.

[17] 姜超,董鹤鸣,谢敏,等. 超临界二氧化碳传热恶化现象研究进展[J]. 热力发电,2021,50(10): 1-13.

[18] SEO H, CHA J E, KIM J, et al. Design and performance analysis of a supercritical carbon dioxide heat exchanger[J]. Applied Sciences,2020,10(13):4545.

[19] 陈维汉. 一种考虑综合性能优化的换热器热设计方法(三)[J]. 化工装备技术,2006,27(6): 36-40.

[20] FU Q M, DING J, LAO J W, et al. Numerical simulation of heat transfer performance between molten salt and supercritical CO_2 in double - pipe heat exchanger[J]. Energy Procedia, 2019, 158: 5741-5746.

[21] XU X X, ZHANG Y D, LIU C, et al. Experimental investigation of heat transfer of supercritical CO_2 cooled in helically coiled tubes based on exergy analysis[J]. International Journal of Refrigeration,2018,89:177-185.

[22] ZHANG S J, XU X X, LIU C, et al. Experimental and numerical comparison of the heat transfer behaviors and buoyancy effects of supercritical CO_2 in various heating tubes[J]. International Journal of Heat and Mass Transfer,2020,149:119074.

[23] MEHENDALE S S, JACOBI A M, SHAH R K. Fluid flow and heat transfer at micro - and

meso - scales with application to heat exchanger design[J]. Applied Mechanics Reviews, 2000, 53(7): 175—193.

[24] BENNETT K, CHEN Y T. Thermal - hydraulic correlations for zigzag - channel PCHEs covering a broad range of design parameters for estimating performance prior to modeling[J]. Thermal Science and Engineering Progress, 2020, 17: 100383.

[25] YOON S J, O'BRIEN J, CHEN M H, et al. Development and validation of Nusselt number and friction factor correlations for laminar flow in semi - circular zigzag channel of printed circuit heat exchanger[J]. Applied Thermal Engineering, 2017, 123: 1327—1344.

[26] RIAHI S, BELUSKO M, LAU T, et al. Impact of different types of channels on thermo - hydraulic performance of a sodium - sCO_2 printed circuit heat exchanger for supercritical Brayton cycle applications[J]. Applied Thermal Engineering, 2022, 216: 119098.

[27] LI Y, Li Q, WANG Y. Optimization of a Zigzag - channel printed circuit heat exchanger for supercritical methane flow[J]. Cryogenics, 2022, 121: 103415.

[28] LEE S M, KIM K Y. Comparative study on performance of a zigzag printed circuit heat exchanger with various channel shapes and configurations[J]. Heat Mass Transfer, 2013, 49(7): 1021—1028.

[29] KIM W J, BAIK Y J, JEON S W, et al. A mathematical correlation for predicting the thermal performance of cross, parallel, and counterflow PCHEs[J]. International Journal of Heat and Mass Transfer, 2017, 106: 1294—1302.

[30] MARCHIONNI M, CHAI L, BIANCHI G, et al. Numerical modelling and transient analysis of a printed circuit heat exchanger used as recuperator for supercritical CO_2 heat to power conversion systems[J]. Applied Thermal Engineering, 2019, 161: 114190.

[31] KATZ A, AAKRE S R, ANDERSON M H, et al. Experimental investigation of pressure drop and heat transfer in high temperature supercritical CO_2 and helium in a printed - circuit heat exchanger [J]. International Journal of Heat and Mass Transfer, 2021, 171: 121089.

[32] NIKITIN K, KATO Y, NGO L. Printed circuit heat exchanger thermal - hydraulic performance in supercritical CO_2 experimental loop[J]. International Journal of Refrigeration, 2006, 29(5): 807—814.

[33] ANEESH A M, SHARMA A, SRIVASTAVA A. Thermo - hydraulic performance of Zigzag, wavy, and serpentine channel based PCHEs[C]//Fluid Mechanics and Fluid Power—Contemporary Research, 2017: 507—516.

[34] NIU X J, LIU J Y, YUE G L, et al. Numerical study on the flow and heat transfer performance of SCO_2/molten salt in Z - type printed circuit heat exchangers[J]. Applied Thermal Engineering, 2024, 247: 123015.

[35] AAKRE S R, ANDERSON M H. Pressure drop and heat transfer characteristics of nitrate salt and supercritical CO_2 in a diffusion - bonded heat exchanger[J]. International Journal of Heat and Mass Transfer, 2022, 189: 122691.

[36] YU G G, CHEN Y D, LI X, et al. Research progress in heat transfer and fluid flow of printed circuit heat exchanger[J]. Fluid Machinery, 2017, 45(12): 73—79.

[37] LI X, CHEN Y D, YU G G, et al. Numerical simulation on thermal - hydraulic performance of a Zigzag printed circuit heat exchanger[J]. Fluid Machinery, 2017, 45(11): 72—78.

[38] PIPER M, OLENBERG A, TRAN J M, et al. Determination of the geometric design parameters of pillow - plate heat exchangers[J]. Applied Thermal Engineering, 2015, 91: 1168—1175.

[39] PIPER M, ZIBART A, KENIG E Y. New design equations for turbulent forced convection heat transfer and pressure loss in pillow - plate channels[J]. International Journal of Thermal Sciences, 2017, 120: 459—468.

[40] ZHANG H Y, GUO J F, HUAI X L, et al. Studies on the thermal - hydraulic performance of zigzag channel with supercritical pressure CO_2 [J]. The Journal of Supercritical Fluids, 2019, 148: 104—115.

[41] SHIRZAD M, DELAVAR M A, AJAROSTAGHI S S M, et al. Evaluation the effects of geometrical parameters on the performance of pillow plate heat exchanger[J]. Chemical Engineering Research and Design, 2019, 150: 74—83.

[42] YUSUF A A, YARMOHAMMADI A, ALIZADEH A, et al. Numerical investigation of nanofluid flow and heat transfer in a pillow plate heat exchanger using a two - phase model: Effects of the shape of the welding points used in the pillow plate[J]. ZAMM—Journal of Applied Mathematics and Mechanics, 2021, 104(8): e202000300.

[43] YAO Y H, DING J, ZHANG Y Y, et al. Heat transfer performance of pillow plate heat exchanger with molten salt and supercritical carbon dioxide[J]. International Journal of Heat and Mass Transfer, 2022, 183: 122211.

[44] JAJJA S A, ZADA K R, FRONK B M. Experimental investigation of supercritical carbon dioxide in horizontal microchannels with non - uniform heat flux boundary conditions[J]. International Journal of Heat and Mass Transfer, 2019, 130: 304—319.

[45] XIA L, CHAN Y. Investigation of the enhancement effect of heat transfer using micro channel [J]. Energy Procedia, 2015, 75: 912—918.

[46] CHORDIA L, PORTNOFF M A, GREEN E. High temperature heat exchanger design and fabrication for systems with large pressure differentials[R]. Washington, D. C.: United States. Office of the Assistant Secretary of Energy for Fossil Energy, 2017.

[47] THEOLOGOU K, HOFER M, MERTZ R, et al. Experimental investigation and modelling of steam - heated supercritical CO_2 compact cross - flow heat exchangers [J]. Applied Thermal Engineering, 2021, 190: 116352.

[48] 丁静,魏小兰,彭强,等. 中高温传热蓄热材料[M]. 北京:科学出版社,2013.

[49] KRUIZENGA A, GILL D. Material performance of alloys in $NaNO_3/KNO_3$ at 600 ℃[C]// Proceedings of The Electrochemical Society, Honolulu, USA, 2012.

[50] OLSON L C, AMBROSEK J W, SRIDHARAN K, et al. Materials corrosion in molten LiF - NaF - KF salt[J]. Journal of Fluorine Chemistry, 2009, 130(1): 67—73.

[51] SHANKAR A R, KANAGASUNDAR A, MUDAL U K. Corrosion of nickel - containing alloys in molten LiCl - KCl medium[J]. Corrosion Science, 2013, 69(1): 48—57.

[52] ALKHAMIS M. Stability of metal in molten chloride salt at 800 ℃[D]. Tucson: University of Arizona, 2017.

[53] MACPHERSON H G. The molten salt reactor adventure[J]. Nuclearence & Engineering, 1985, 90(4): 374—380.

[54] DOE U S. A technology roadmap for generation IV nuclear energy systems[M]. Nuclear Energy Research Advisory Committee & the Generation IV International Forum, US, 2002.

[55] XU Z, LI J, DONG J, et al. The effect of silicon on precipitation and decomposition behaviors of M6C carbide in a Ni - Mo - Cr superalloy[J]. Journal of Alloys & Compounds, 2015, 620: 197—203.

[56] PATEL N S, PAVLÍK V, KUBÍKOVÁ B, et al. Corrosion behaviour of Ni based superalloys

in molten FLiNaK salts[J]. Corrosion Engineering, Science and Technology, 2019, 54: 46-53.

[57] 武靖伟,李义民,王志刚,等. N06200 镍基合金 TIG 焊接接头微观组织及力学性能研究[J]. 压力容器,2023,40(2):11-17.

[58] 武靖伟,王志刚,刘宝剑,等. N06200 镍基合金与 S32168 不锈钢 TIG 焊接微观组织与力学性能研究[J]. 压力容器,2023,40(6):15-21.

[59] 丁祥彬,孙华,俞国军,等. Hastelloy N 合金和 316L 不锈钢在 LiF-NaF-KF 熔盐中的腐蚀行为研究[J]. 中国腐蚀与防护学报,2015,35:543-548.

[60] 杜雨昕,林如山,林师峰,等. Ni 基高温合金在 LiCl-KCl 熔盐中的腐蚀行为研究[J]. 材料研究与应用,2024,18(5):826-833.

[61] 张建雄. 基于不同方法的 GH3535 高温合金蠕变寿命预测[D]. 上海:上海大学,2023.

[62] 李晓丽. 稀土 Y 对 GH3535 高温合金微观结构和抗高温腐蚀性能的影响[D]. 上海:中国科学院研究生院(上海应用物理研究所),2015.

[63] OLSON L C, AMBROSEK J W, SRIDHARAN K, et al. Materials corrosion in molten LiF-NaF-KF salt[J]. Journal of Fluorine Chemistry, 2009, 130(1): 67-73.

[64] ZHU H M, LI B C, CHEN M H, et al. Improvement of corrosion resistance of hastelloy-N alloy in LiF-NaF-KF molten salt by laser cladding pure metallic coatings[J]. Coatings, 2018, 8(9): 322.

[65] ZHANG Y C, LIU Y H, ZHOU Z J, et al. Research on protective coating on inner surface of alloy tube[J]. IOP Conference Series: Material Science and Engineering, 2017, 230: 012018.

[66] OLSON L, SRIDHARAN K, ANDERSON M, et al. Nickel-plating for active metal dissolution resistance in molten fluoride salts[J]. Journal of Nuclear Materials, 2011, 411(1-3): 51-59.

[67] 梁超飞,刘卫,张东勋,等. GH3535 合金表面渗铝层原位氧化工艺研究[J]. 核技术,2023,46(5):45-52.

[68] 刘涛,董加胜,谢光,等. GH3535 合金在 FLiNaK 熔盐中的腐蚀行为[J]. 金属学报,2015,51(9):1059-1066.

[69] WANG C X, CHEN W, CHEN M H, et al. Effect of TiN diffusion barrier on elements interdiffusion behavior of Ni/GH3535 system in LiF-NaF-KF molten salt at 700 ℃[J]. Journal of Materials Science & Technology, 2020, 45: 125-132.

作者简介

顾嘉乐(1997),男,工程师,工学博士,主要从事核级换热设备设计与传热研究工作,通信地址:200233 上海市徐汇区虹漕路 29 号上海核工程研究设计院股份有限公司,E-mail: gujiale@snerdi.com.cn。

第 5 章

检验检测

基于一维线性化欧拉方程的复杂管线中声传播建模与低信噪比信号特征分析

张　伟[1,2],颜孙挺[1,2],唐　萍[1,2],滕国阳[1,2],潘　威[1,2],陈永贵[1,2],管陈锋[1,2]

(1. 浙江省特种设备科学研究院,杭州 310020;
2. 浙江省特种设备安全检测技术研究重点实验室,杭州 310020)

摘　要:在工业流体输送与能源系统换热管中,管道声学传播特性及信号采集直接关联设备效能与调控安全。基于一维线性化欧拉方程体系,通过质量守恒方程、动量守恒方程构建控制方程,采用小扰动线性化方法对声压、流速扰动进行解耦,考虑管道内部平均流动及管道变截面的几何效应,构建对流波动方程。基于方程计算稳态流场参数下复杂管路结构(含弯头、接头及U型管)时域声压分布,通过线性化波动方程解析几何突变区的声波传播特征。在弯头曲率中心、U型管对称面等特征位置模拟布置探点,提取首达波峰幅值衰减特性及二次反射波峰值偏移量,实现基于波形时频特征的管路几何参数声学关联。当管道背景噪声信噪比低时,回波信号被噪声基底淹没,仅保留首达波时域包络特征,信号辨识度与管路弯曲特征失去关联性。该理论模型适用于管道系统的声学特性分析,可表征声波在管道中的传播、反射相互作用现象,为管道内声信号模拟采集提供量化分析方法。

关键词:波动方程;管路结构;传播特征;回波信号;声学关联

Acoustic propagation modeling and low signal－to－noise ratio signal characterization in complex pipelines based on 1D linearizedeuler equations

ZHANG Wei[1,2],YAN Sunting[1,2],TANG Ping[1,2],TENG Guoyang[1,2],PAN Wei[1,2],
CHEN Yonggui[1,2],GUAN Chenfeng[1,2]

(1. Zhejiang Academy of Special Equipment Science,Hangzhou 310020,China;
2. Key Laboratory of Special Equipment Safety Testing Technology of
Zhejiang Province,Hangzhou310020,China)

Abstract:In industrial fluid transport and energy system heat－exchange pipelines, the acoustic propagation characteristics and signal acquisition are directly correlated with equipment efficiency and operational safety. Governing equations were established based on the 1D linearized Euler equation framework, incorporating the mass conservation equation and momentum conservation equation. A small－perturbation linearization method was applied to decouple acoustic pressure and flow velocity perturbations, while accounting for internal mean flow effects and geometric variations in cross－sectional areas to formulate a convective wave equation. Temporal－domain acoustic pressure

基金项目:浙江省自然科学基金项目(LQN25A040022)

distributions in complex pipeline structures(including elbows, joints, and U - bends) under steady - state flow parameters were numerically computed. Propagation characteristics of acoustic waves at geometric discontinuity regions were analytically investigated using linearized wave equations. Probe points were virtually positioned at feature locations such as elbow curvature centers and U - bend symmetry planes to extract amplitude attenuation characteristics of primary wavefronts and peak offsets of secondary reflected waves, thereby establishing acoustic - structural correlations of pipeline geometric parameters based on time - frequency waveform features. Under low signal - to - noise ratio pipeline background noise, echo signals become submerged within the noise floor, retaining only the temporal envelope characteristics of primary wavefronts, which results in a loss of correlation between signal discriminability and pipeline curvature features. This theoretical model is applicable for acoustic characterization of pipeline systems, effectively capturing wave propagation, reflection interactions, and fluid - acoustic coupling phenomena. It provides a quantitative analytical methodology for simulating and acquiring acoustic signals within pipelines.

Keywords: wave equation; pipeline configurations; propagation characteristics; echo signals; acoustic -structural correlation

0 引 言

工业长输管道作为能源与化工原料运输的“动脉”,其安全运行关乎生产连续性、环境安全及经济效益。管道泄漏会引发的原料损失、生态污染及事故风险[1],复合材质管道因其抗腐蚀、耐高压及轻量化特性,正逐步替代传统钢质管道,成为油气、化工介质输送的主流选择[2]。然而,这一材料升级在工程实践中暴露出新的技术挑战,非金属管道的声学传播机制与金属管道存在本质差异,导致基于声波信号的泄漏定位技术面临可靠性瓶颈。

传统声学检测方法依赖于管道内泄漏噪声的传播特性,通过互相关算法捕捉传感器间的时延信号实现定位。基于 FUCHS 等[3]提出的声学检漏互相关技术在金属管道中沿用多年成效显著,但在塑料管道泄漏检测中常遇技术瓶颈,HUNAIDI 等[4-6]对此进行了部分研究。塑料管道泄漏噪声信号随距离急剧衰减(声波传播速率较金属管道降低约 67%)。PINNINGTON 等[7-8]提出采用环形线传感器监测管壁周向应变(低频段与管内声压成线性关系)。该传感器通过缠绕管道实现压力灵敏度提升(灵敏度与缠绕圈数成正比)。然而实际管网中,约 30%的管道因埋深或附属设施遮挡无法实现全周接触,导致传感器难以有效环绕安装,制约了该技术的工程普适性。该方法在钢质管道中表现稳定,但在非金属管道中,声波高频成分因材料粘弹性阻尼大幅衰减,低频导波模态受限于管道几何与介质耦合效应,有效信号带宽被压缩。

工业管道背景振动噪声与介质流动干扰进一步掩盖泄漏特征,管道泄漏噪声传播过程中经历的相对较高衰减率、传播速度的波动性[9-12],信号相关性在塑料管道上表现不佳的现象。这种性能落差推动了对塑料管道如何影响泄漏噪声信号互相关函数的基础建模研究[13-16]。此外,针对此类管道的传感器选择问题也已被深入研究[17]。非金属管道使得微弱声学信号的提取与时延计算难度倍增。长距离传输导致的信号幅值波动可能扭曲互相关函数峰值,引发定位误差甚至误判,对安全生产构成潜在威胁。这一矛盾在化工园区、海底输气管道等场景中尤为突出,亟需针对工业长输管道的特殊声学响应规律。

管道声学理论为上述问题提供了基础研究框架。研究表明,声波在充液管道中的传播受控于质量与动量守恒规律,其能量衰减特性与频率、管材阻尼及截面几何特性密切相关。例如,塑料管道的低频声波可近似为平面波传播,但高频成分因材料粘弹性及几何模态限制快速衰减,这一特性与加速度传感器的高频带通响应形成矛盾,加剧了信号畸变。此外,管道端部的声阻抗特性(如法兰端与自由端的辐射阻抗差异)直接影响边界反射效应[18],复杂化了泄漏信号的时域特征。

本研究基于管道声学传播机制，构建了声沿着管道传播的数值模型，通过一维线性化欧拉方程体系推导对流波动方程，结合质量守恒、动量守恒方程，解析声压与流速扰动的动态耦合关系。针对含弯头、接头及U型管的复杂管路结构，引入小扰动线性化方法解耦声场，建立变截面管道的声波传播控制方程。通过有限差分求解时域声压分布，揭示几何突变区(如弯头曲率中心、U型管对称面)的声波反射一透射特性，研究基于首达波幅值与二次反射波相位偏移量的管路几何参数与声学特征关联性。该模型可表征声波在管道中的传播规律，为管道的声学信号提取提供理论框架。

1 理论模型

1.1 沿管线的声传播方程

长输管道在径向和轴向的比值很大，即长径比$\frac{L}{D} \gg 1$，管道轴向尺度远大于径向尺度，此时管内声传播理论模型可基于一维简化模型进行推导。在此模型中，假设声波沿管道轴向传播，声压、质点速度等物理量仅沿轴向分布，而径向和周向的梯度变化可忽略不计。这一简化适用于低频声波(波长$\lambda \gg D$)，高阶模态(如径向振动)因截止频率较高而被抑制，仅剩平面波模态主导声场。

在一维模型的推导中，管道内径 D 作为关键理论参数被显式带入方程。具体而言，管道横截面积 $A=\pi \frac{D^2}{4}$ 直接参与质量守恒与动量守恒方程的建立(静态条件 $u_0=0$)：

$$\rho A \frac{\partial u}{\partial t} = -A(\nabla_t p \cdot e_t) - \tau_w Z + AF \cdot e_t \tag{1}$$

$$\frac{A}{c^2}\frac{\partial p}{\partial t} + \nabla_t(A\beta\rho u) \cdot e_t = 0 \tag{2}$$

式中，ρ 为流体密度；A 为管的横截面积；β 为流体剖面的修正系数；u 为面积平均声速，切线方向 $u=ue_t$，e_t 为切向矢量；∇_t 为切向导数；τ_w 为切向壁曳力；Z 为管的内周长；F 为管上施加的体积力；c 为管中的有效声速，在刚性管道中，有效声速等于等熵本体声速。

弯管处的作为整体声学域，满足波动方程：

$$\frac{1}{c^2}\frac{\partial p}{\partial t} + \nabla(\nabla p - q_d) = P_{pipe} \tag{3}$$

管线与声学域在边界处满足压力和速度的连续性：

$$p_{pipe} = \frac{1}{A}\int p dS \tag{4}$$

$$-n \cdot \left(-\frac{1}{\rho}(\nabla p - q_d)\right) = \frac{\partial u_{pipe}}{\partial t} \tag{5}$$

式中，p_{pipe} 为连接点上的管压力；A 为相邻声学边界的总面积；p 为声学域中的总压力；S 为相连声学边界；n 为边界的法向矢量；u_{pipe} 为连接点处的管声速。存在偶极域源 q_d 为零。

控制方程线性化，随时间变化的物理量分解为稳态部分和扰动部分的叠加：

$$u(x,t)=u_0(x)+u_1(x,t);\ p(x,t)=p_0(x)+p_1(x,t);$$
$$\rho(x,t)=\rho_0(x)+\rho_1(x,t);\ A(x)=A_0(x)+A_1(x) \tag{6}$$

管道截面 A_0 只是关于坐标 x 的函数，外界因素如结构损伤才能改变 A_0，一阶项作为零阶项的扰动，满足$\rho_1 \ll \rho_0$，$p_1 \ll \rho_0 c_0^2$，$|u_1| \ll c_0$，$A_1 \ll A_0$，并对密度和截面的扰动做泰勒展开：

$$\rho_1 = \rho - \rho_0 = (p - p_0)\frac{\partial \rho}{\partial p};\ A_1 = A - A_0 = (p - p_0)\frac{\partial A}{\partial p} \tag{7}$$

将公式(5)(6) 代入控制方程(1)(2) 可得：

$$A\frac{1}{c^2}\frac{\partial p}{\partial t}+\nabla_t\left(A\rho\left(u+\frac{u_0}{\rho c^2}p\right)\right)e_t=0 \tag{8}$$

$$\rho A\left(\frac{\partial u}{\partial t}+\frac{u_0}{\rho c^2}\frac{\partial p}{\partial t}\right)+\nabla_t\left(A\frac{u_0^2}{c^2}p+2\rho\beta Au_0u\right)e_t+A(\nabla_t p+p\nabla_t p_0)e_t+\tau_w Z+A(Fe_t)=0 \tag{9}$$

1.2 管端边界处理

在处理长管道内声传播过程中采用了沿着管道走向的一维模型近似，只考虑管端处的边界压力和速度。在管道的末端，压力和速度的关系可表示为 $Z_{end}=\frac{p}{u}$，管道末端声阻抗满足条件：

$$A\left(\rho u+\frac{u_0}{c^2}p\right)=A\left(\rho\frac{1}{Z_{end}}+\frac{u_0}{c^2}\right)p \tag{10}$$

在管端使用末端阻抗条件模拟无线长管道，模拟声波离开此系统。特性比阻抗为

$$Z_{end}=c\rho \tag{11}$$

当管道内部存在梯度压力和背景流场时，基于平面波形式进一步推导阻抗的色散关系。

$$p=\bar{p}e^{i(\omega t-kx)},u=\bar{u}e^{i(\omega t-kx)} \tag{12}$$

将公式(11) 代入公式(8) 并化简：

$$\frac{1}{Z}=\frac{u}{p}=\frac{1}{c^2}\frac{1}{\rho}\left(\frac{\omega}{k}-u_0\right) \tag{13}$$

色散关系满足：

$$\frac{\omega}{k}=\beta u_0\pm c\sqrt{\beta(\beta-1)\left(\frac{u_0}{c}\right)^2+\left(1-\frac{1}{k}\beta\nabla p_0\right)} \tag{14}$$

若忽略压力梯度$\nabla p_0\rightarrow 0$且管道内部流体剖面修正系数$\beta\ll 1$，声在管道内部沿着流动介质传播时，液体的稳定流动不会影响声传播特性，公式退化为经典声波色散关系 $\omega/k=u_0\pm c$，符合多普勒效应。

1.3 管道截面模态和截止频率

将管道横截面上的传播模式分析转化为特征值问题，计算指定数量的特征解$\{p_j,\lambda_j\}$。

$$-\frac{1}{\rho}\nabla^2 p_t-\frac{k_{eq}^2}{\rho}p_t=0 \tag{15}$$

$$p_t=p,k_{eq}^2=\left(\frac{\omega}{c}\right)^2-k_n^2,-ik_n=\lambda \tag{16}$$

式中，p_t 为总压力；k_{eq} 为面内波数；ω 为角频率；k_n 为面外波数；λ 为特征值，$\lambda=-ik_n$。

管道声学界面假定平面波传播，这意味着它不能模拟高于截止频率 f_c 的高阶模式的传播在一个圆形截面的管道(半径为 a) 中，截止频率：

$$f_{mn}^c=\frac{J'_{mn}c}{2\pi a} \tag{17}$$

式中，J'_{mn} 为贝塞尔函数导数的第 n 个根；a 为管道半径；c 为声速。

公式(16)仅支持平面波传播的频率上限。当管道半径满足 $a<0.586c/(2\pi f)$时，所有高阶模式均被截止，仅剩零阶平面波可传播[19-20]。

2　管道几何模型和参数

管网几何模型包含两种布置方案，如图1所示。方案a采用带弯头和T型接头的管道结构，其中主管道(L1)水平延伸，通过L形弯头(L2)连接垂直分支(L4)，并在中段通过T型接头(L3)形成对称支路，整体布局简洁，适用于基础分流场景；方案b则设计为带多U型管路、弯头和T型接头的复杂结构，主管道(L6－Zend)经双U型弯管段(L5)实现流道转向，同时通过T型垂直支路(L7)提供多向分流，其连续U型弯管与复合连接设计特别适合空间受限或需要高频转向的系统。两者均采用模块化分段(L1－L7)构建，方案a以单一L形弯头和T型接头为主，分支复杂度低，而方案b通过U型弯管与T型接头的组合实现更高拓扑灵活性，可根据管网空间约束与流体动力学需求选择适配结构。

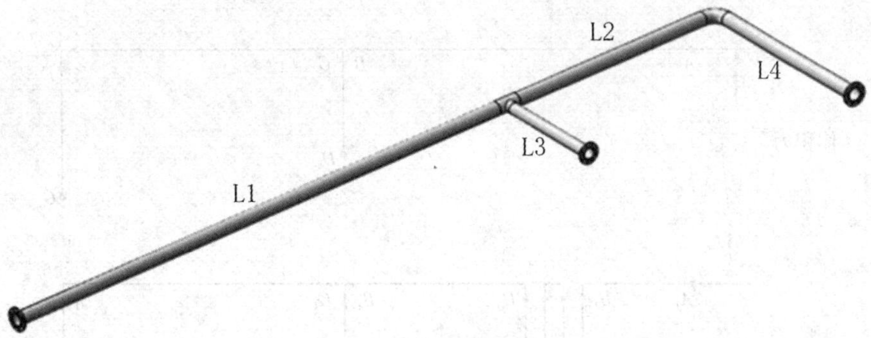

(a) 带弯头和T型接头的管道

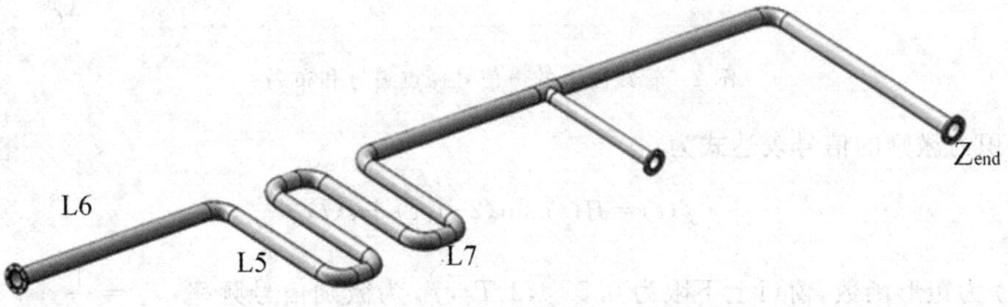

(b) 带多U型管路、弯头和T型接头的管道

图1　管道走向示意

表1详细列出了图1管道几何模型关键尺寸参数配置。

表1　管道不同段的长度和弯头半径参数/m

参数	数值
内管径 D	0.35
管段1长度L1	70
管段2长度L2	15
管段3长度L3	30
管段4长度L4	25
管段5长度L5	10
管段6长度L6	23

（续表）

参数	数值
U 型管段长度 $L7$	4
弯头内半径 r	0.05
接头长度 L_j	4

如图 2 所示，该管道线图基于几何模型提炼生成，图中红色圆点标记为声信号采集点，主要布置在管网的拐点附近(如弯头、T 型接头、U 型管等流道突变区域)。此布点策略基于在流道转向处快速采集声回波信号特性，通过捕捉拐点附近的声学特征可有效分析压力脉动传播规律。

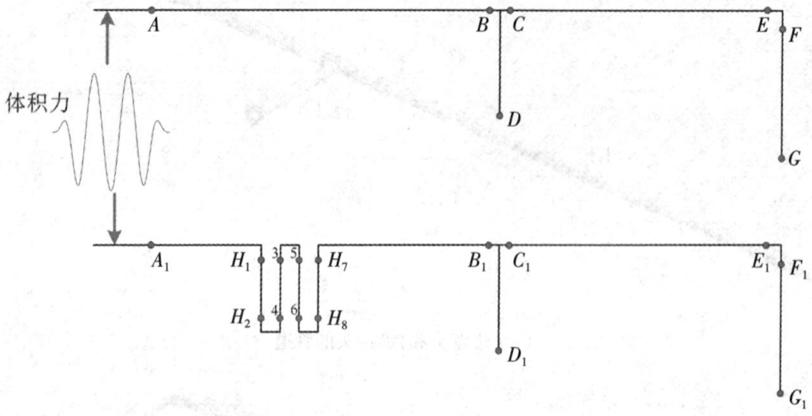

图 2　管线图上的声信号探点编号和布局

图 2 中体积力激励的信号表达式为：

$$f(t)=\Pi(t)\sin(2\pi f_0 t)+\varepsilon(t) \tag{18}$$

其中，$\Pi(t)$ 为矩形函数，窗口上下限为 $0.5T_0$，$3\ T_0$，f_0 为激励信号频率，$T_0=\dfrac{1}{f_0}$，c_0 为管内声传播速度。

3　管道内声信号传播特征分析

3.1　沿管线的声传播

图 2 中主管线上 7 个信号采集点用 A 到 G 字母编号，第二张含 U 型管排的管线图中相同位置的探点编号增加下标以作区分，如 A_1 到 G_1。在 U 型管排上的 8 个探点分布用 H_i 表示，布置在 U 型管道的垂直段，考虑到管带拐弯处的流体冲刷引起的噪声较大，同时为考虑结构强度，不适合在弯管道处开孔布置水听器。

首先，假设该段管道内部液体趋于静止，整体管路上除了施加的激励以外，并不受到其他外部信号噪声的干扰，如管道局部破损泄漏引起的振动信号，管道局部压溃导致的流道严重变化等。并将管线离散化为$\dfrac{c_0}{(24f_0)}$的微元，通过有限元数值求解公式(7)(8)中的压力 p 参数，其中 c_0 为 1 500 m/s，f_0 为 500 Hz。

两种管路在无背景噪声下相同坐标点位的声脉冲信号如图 3 所示。

图 3 所展示的波形图对比了两种管路结构在无背景噪声条件下的声脉冲信号特征：方案 a(带弯头和 T 型接头)的探点信号［见图 3(a)］表现为单峰窄脉冲，幅值范围为±0.5 Pa，其中弯头附近探点(如 L2

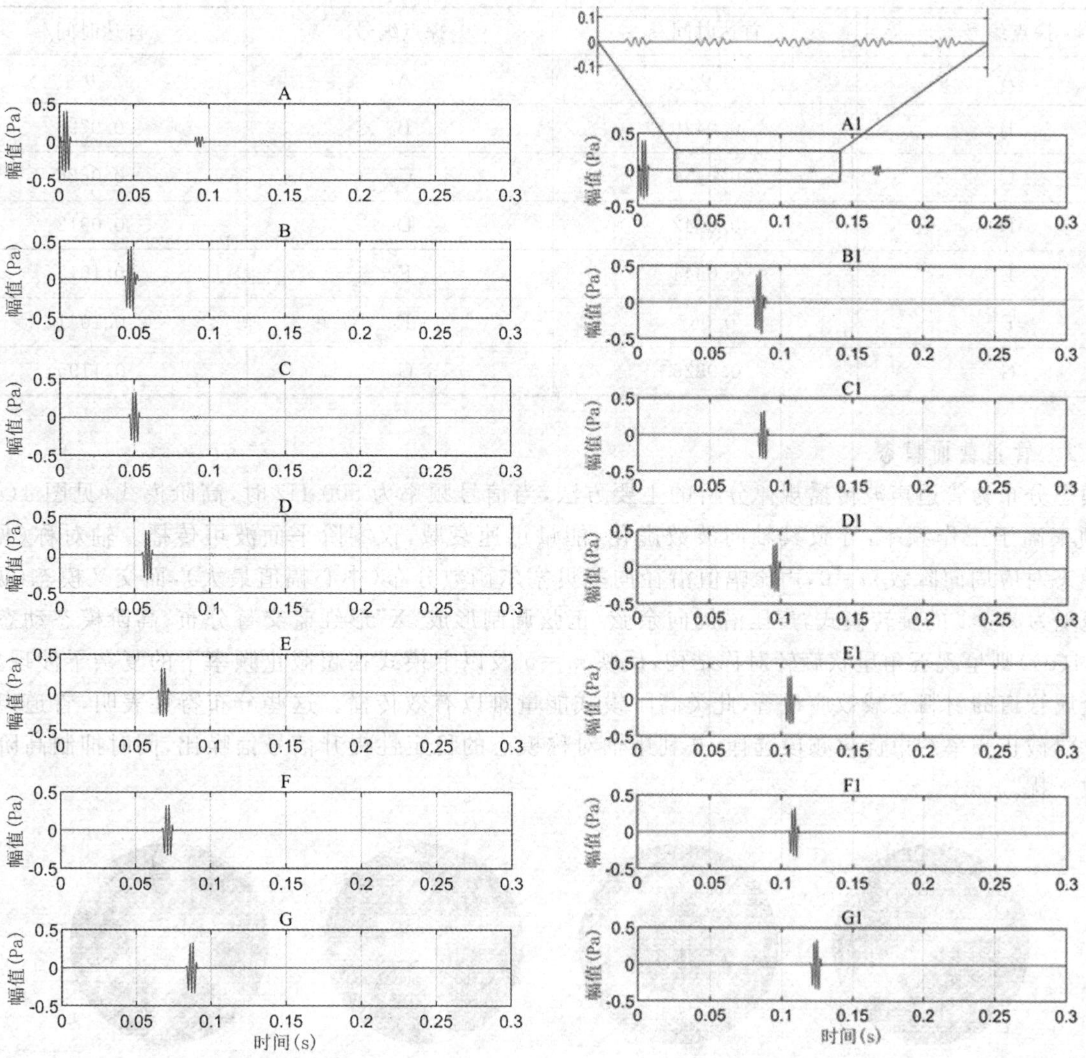

(a) 带弯头和T型接头的管线　　(b) 含U型管的管线上探点采集到的脉冲信号

图 3　无底噪的声信号

段对应点 E)出现 0.037 秒的时间延迟,而分支点(如 T 型接头 L3 段)探点 C 和 D 的脉冲幅值衰减至±0.3 Pa,表明分流结构对声能的耗散作用。

方案 b(含 U 型管)的探点信号[见图 3(b)]$A1$ 点则呈现多峰振荡波形,这是因为 U 型管排多弯管的反复反射波,并在 U 型管段(L5/L7)附近探点出现时间段 0.092 秒的时间段落内出现了 5 个脉冲信号波动,反映了 U 型弯曲导致的声波反射与模态耦合效应,且每个脉冲波包的间隔保持在 0.01 s 左右(考虑到反射波形相位造成的误差极小),速度乘以时间段换算出来的 U 型管排的几何尺寸完全吻合。

两类信号的时间范围(0～0.3 s)与幅值标度(±0.5 Pa)完全一致,其差异直观体现了结构几何对声传播路径(弯头延长声程)和频域特性(U 型管诱导驻波)的显著影响。

根据表 2 数据对比分析可见,从 A 点发出的脉冲信号到达含 U 型管结构(方案 b)对应探点的首达时间相较于直管与 T 型分支结构(方案 a)延长。以相邻探点为例:B 点首达时间为 0.0429 s(方案 a),而 $B1$ 点(方案 b)为 0.0799 s,时间差达 0.037 s;类似地,$C/C1$,$D/D1$,$E/E1$ 等对应探点的时间差均稳定在 0.037 s 左右。这表明 U 型管弯曲段的几何排布通过增加声波传播路径长度,声程延长约 55.5 m 与 U 型管排的管线长度一致。连续弯头处引入多次反射机制,使声波传播时间系统性增加。这种声程延长效应与图 3(b)中 U 型管段低频波动特征共同印证了弯曲结构对声波传播路径和能量分布的调控作用。

表 2　从 A 点出发的脉冲信号到达其他各个探点的首达时间

探点编号	首达时间/s	探点编号	首达时间/s
A	0	A_1	0
B	0.0429	B_1	0.0799
C	0.0456	C_1	0.0826
D	0.0542	D_1	0.0912
E	0.0644	E_1	0.1015
F	0.067	F_1	0.1041
G	0.0825	G_1	0.1195

3.2　管道截面模态

模态分布为管道声波传播规律分析的主要方法，当信号频率为 500 Hz 时，高阶模式(见图 4(a))的截止频率高于工作频率，导致其轴向波数虚化，能量迅速衰减，仅零阶平面波可传播。轴对称(见图 4(b))模态对应周向阶数 $m=0$，声压幅值沿径向呈贝塞尔函数分布(中心幅值最大)，而交叉模态(见图 4(c))表现为 $m\geqslant1$ 的旋转模式，声压沿周向余弦/正弦调制形成“X”形红蓝交替分布；高阶模态动态干涉(见图 4(d))则呈现五角星状旋转对称结构，反映 $m=5$ 及以上模式在超截止频率下的复杂干涉现象，但因非金属管道的材料衰减效应显著，此类高阶模式能量难以有效传播。这些分布特性表明，管道声学检测需针对截止频率约束优化频段选择，并利用轴对称模态的稳定性提升信号信噪比，同时抑制高阶模态的频散干扰。

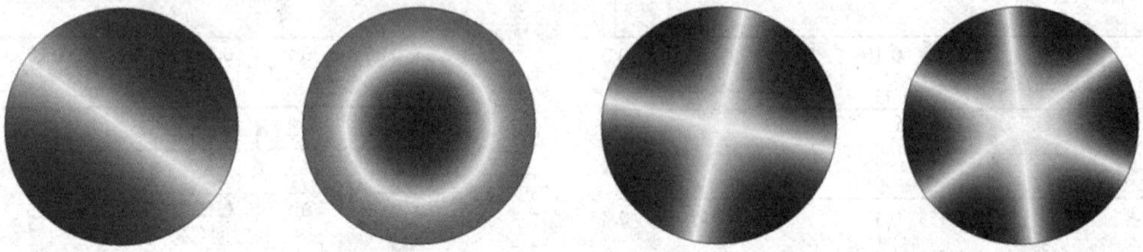

(a) (1, 0)　(b) (0, 1)　(c) (2, 0)　(d) (3, 0)

图 4　信号频率 500 Hz 时无法传播的高阶模态

3.3　噪声对声波形的影响

脉冲声信号叠加信噪比 SNR=20 dB 的噪声后，每个探点的波形采集如图 5 所示。针对波形的直观反映是反射回波信号淹没于底噪，尤其在复杂管道结构中更为显著(如图 6 所示)。由于底噪的时域叠加和频域展宽效应，微弱回波的时域幅值可能接近甚至低于噪声波动幅度。例如，当噪声的幅值达 0.5 Pa 时，回波有效值可能仅比噪声高约 10 倍(对应 20 dB 功率比)，导致波形中目标特征被随机噪声毛刺覆盖。这种现象源于声波在管道内的多重反射：弯头和 T 型接头探点的波形因反射路径单一，回波时间集中但幅值衰减严重。而含 U 型管的探点，如图 6(a)和图 6(b)的信号波形对比所示，因复杂反射产生多峰畸变，进一步加剧信号与噪声的混淆。

图 7 通过对比不同噪声幅值(0.05 Pa、0.1 Pa、0.5 Pa)下 H1 接收信号的时域特征，展示了噪声对信号影响的规律。从整体信号特征(图 7(a))来看，初始瞬态响应阶段(0 秒附近)的峰值幅值随噪声幅值增大而略微上升(0.05 Pa 时约 0.25 Pa，0.5 Pa 时达 0.3 Pa)，表明噪声能量增强可能短暂强化系统激励强度；而在稳态阶段，信号波动幅值范围与噪声幅值呈正相关，尤其在高噪声(0.5 Pa)时幅值波动幅值扩大，并伴随高频成分显著增加，反映出噪声能量对信号背景的干扰加剧。

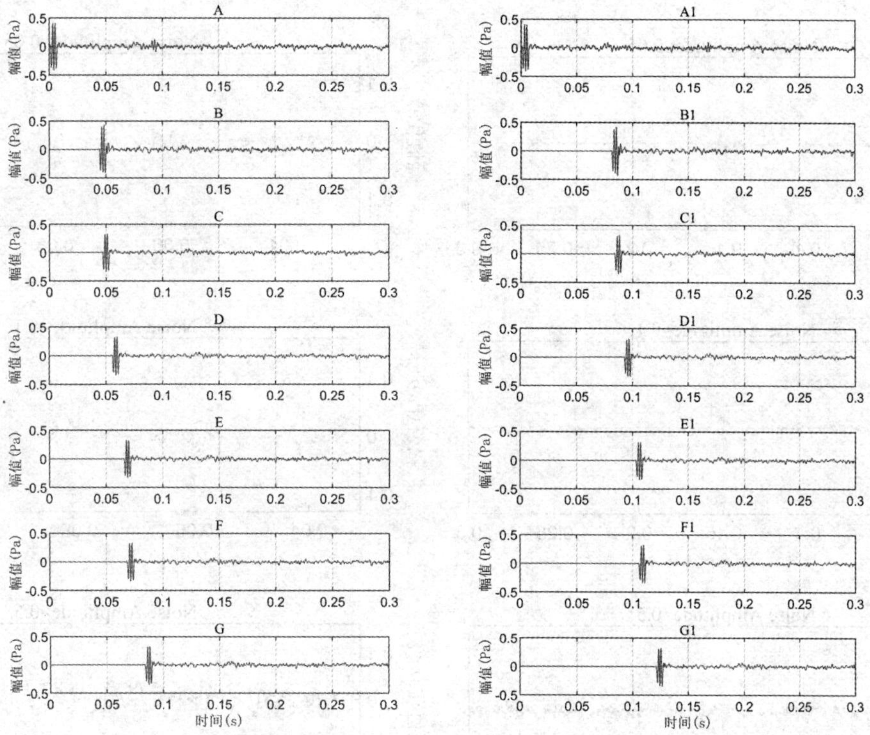

（a）带弯头和T型接头的管线　　（b）含U型管的管线上探点采集到的脉冲信号

图 5　含底噪的生信号

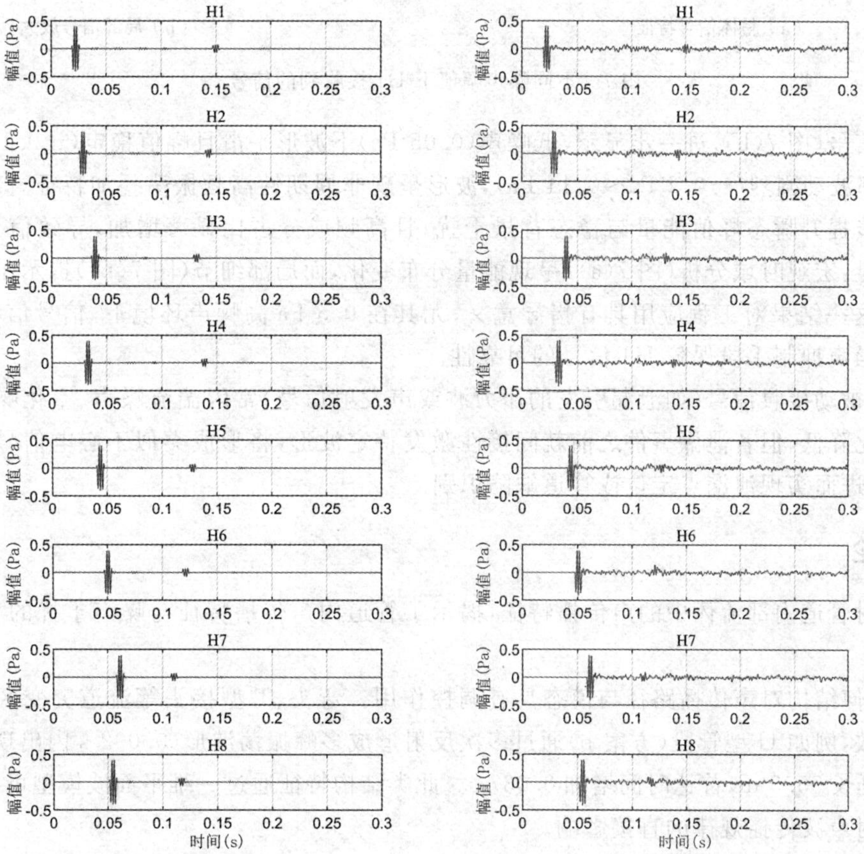

（a）无噪声　　（b）含背景噪声

图 6　U 型管上声信号探点采集到的脉冲信号

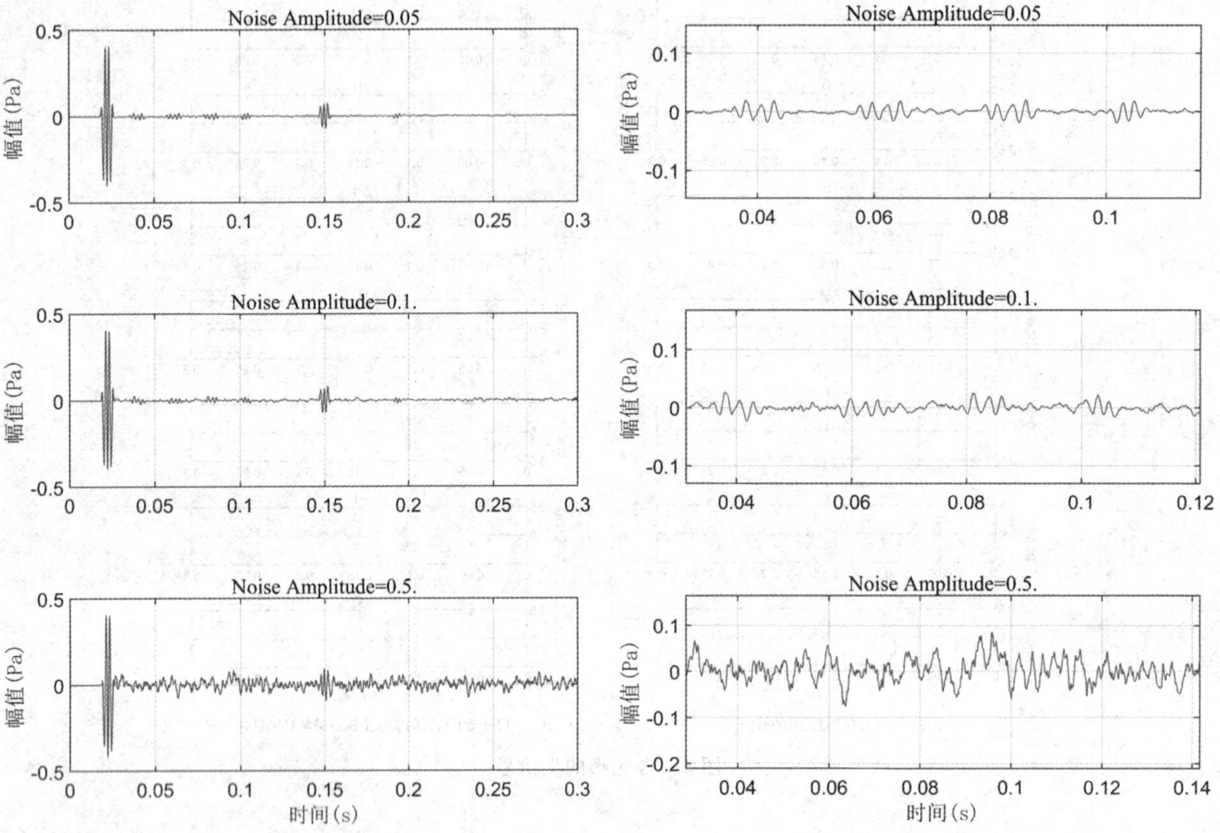

(a) 整体信号特征　　　　(b) 局部信号放大

图 7　不同噪声幅值下 H1 接收到的信号

局部放大信号(图 7(b))进一步显示,低噪声(0.05 Pa)下波形平滑且幅值稳定(±0.1 Pa),而高噪声(0.5 Pa)时局部波动剧烈(−0.2 Pa～0.14 Pa),波形呈现非周期性高频振荡叠加特征。综合表明,噪声幅值增大会同步提升瞬态峰值能量与稳态背景干扰,且高频成分占比显著增加,导致信号复杂性上升。两图互补性凸显:宏观时域分析(图 7(a))呈现能量分布变化,而局部细节(图 7(b))揭示了高频噪声诱导的波形畸变。这一结果对工程应用具有指导意义,尤其在 0.5 Pa 高噪声环境下,信号信噪比严重劣化,需通过滤波或噪声抑制手段保障 H1 信号的可靠性。

在管道中,被动接收信号(如泄漏引发的压力波或声发射信号)常因湍流噪声、空化噪声及机械振动干扰导致信噪比降低,但若泄漏事件之前就间接性激发特定波形,将形成类似于心电信号中的波形态和频谱突变分析,进而实现泄漏点定位或管道缺陷识别。

4　结　论

本研究针对管道内部流体中的声传播特征,揭示了管道内声传播特征与噪声干扰的相互作用机制,得出以下结论。

(1)管道几何结构对声传播路径与模态具有调控作用。弯头、T 型接头等流道突变区域会延长声程并引发能量耗散,例如 U 型管段(方案 b)通过多次反射形成多峰振荡波形(0.092 s 内出现 5 个脉冲),其声程比方案 a 延长 55.5 m,首达时间增加 0.037 s。此类结构特征通过一维平面波模型可定量描述,验证了几何复杂性对声波传播规律的直接影响。

(2)在长管道中,声波的截止频率限制高阶模式传播,轴对称与交叉模态反映声场空间调制规律,而高阶干涉现象则凸显材料衰减与频散的综合影响,低频的零阶信号是管道声学检测的主体信号。

(3)噪声幅值与信号特征具有一定线性耦合关系，噪声幅值从 0.05 Pa 增至 0.5 Pa 时，瞬态峰值幅值从 0.25 Pa 提升至 0.3 Pa，表明噪声能量可短暂增强激励强度；同时，稳态阶段高频成分占比显著增加，局部波形呈现非周期性振荡。

(4)管道缺陷识别可通过被动监测与主动声学检测相结合实现。被动接收法通过捕捉泄漏引发的压力波频谱畸变(如特征频段能量突变)定位泄漏源，而主动检测法则利用可控声源激励脉冲信号，在管段流体静止时，基于反射波时延特征解析管线三维走向。当管内存在流动介质或微泄漏时，流体湍流噪声(频带集中于 50～2 000 Hz)与泄漏声发射信号(次声波主频<20 Hz)形成混叠，其中主动脉冲回波的信噪比优于被动监测，但受限于复杂管网的多次反射干扰。

管道声传播理论通过多维度模型(如水锤理论、扩展方程模型及模态匹配法)解析声波与管网结构的耦合机制，量化几何突变区(弯头、T 型接头)的应力－声速关联性及反射模态幅度。未来可结合被动与主动声探测技术，支撑泄漏定位及管网智能诊断。

参考文献

[1] 周道隆，李姜辉，王子明，等．海底气体泄漏检测技术研究进展[J]. 地球物理学进展，1－22[2025－07－23]. http://kns.cnki.net/kcms/detail/11.2982.P.20250306.1759.067.html.

[2] 孟涛，陈杉，冉文燊，等．非金属压力管道应用现状及安全保障建议[J]. 中国特种设备安全，2024,40(S2):42－45+66.

[3] FUCHS H V, RIEHLE R. Ten years of experience with leak detection by acoustic signal analysis[J]. Applied Acoustics, 1991, 33(1): 1－19.

[4] HUNAIDI O, CHU W T. Acoustical characteristics of leak signals in plastic water distribution pipes[J]. Applied Acoustics, 1999, 58(3): 235－254.

[5] HUNAIDI O, CHU W, WANG A, et al. Detecting leaks in plastic pipes[J]. Journal American Water Works Association, 2000, 92(2).

[6] PINNINGTON R J, BRISCOE A R. Externally applied sensor for axisymmetric waves in a fluid filled pipe[J]. Journal of Sound & Vibration, 1994, 173(4): 503－516.

[7] MUGGLETON J M, BRENNAN M J, PINNINGTON R J. Development of a water pipe monitoring system for leak detection: experimental work, ISVR Technical Memorandum 860(2001).

[8] MUGGLETON J M, BRENNAN M J, LINFORD P W. Axisymmetric wave propagation in fluid－filled pipes: Wavenumber measurements in in vacuo and buried pipes[J]. Journal of Sound & Vibration, 2004, 270(1－2): 171－190.

[9] MUGGLETON J M, BRENNAN M J, PINNINGTON R J. Wavenumber prediction in buried pipes for water leak detection [J]. Journal of Sound & Vibration, 2002, 249(5): 939－954.

[10] FABRÍCIO ALMEIDA, BRENNAN M, JOSEPH P, et al. On the Acoustic Filtering of the Pipe and Sensor in a Buried Plastic Water Pipe and its Effect on Leak Detection: An Experimental Investigation[J]. Sensors, 2014.

[11] GAO Y, LIU Y, MUGGLETON J M. Axisymmetric fluid - dominated wave in fluid - filled plastic pipes: Loading effects of surrounding elastic medium[J]. Applied Acoustics, 2017, 116(jan.): 43－49.

[12] A M J B, B M K, C J M M, et al. On the effects of soil properties on leak noise propagation in plastic water distribution pipes - ScienceDirect[J]. Journal of Sound and Vibration, 2018, 427: 120－133.

[13] GAO Y, BRENNAN M J, JOSEPH P F, et al. A model of the correlation function of leak noise in buried plastic pipes[J]. Journal of Sound & Vibration, 2004, 277(1－2): 133－148.

[14] GAO Y, BRENNAN M, JOSEPH P. A comparison of time delay estimators for the detection

of leak noise signals in plastic water distribution pipes[J]. Journal of Sound and Vibration, 2006, 292: 552－570.

[15] 曹伟烨,杨冬旭,李祥,等. 基于SH波的埋地管道泄漏监测方法[J]. 压力容器,2023,40(3): 16－20.

[16] 田野,陈海艳,胡江锋,等. 基于平衡电磁的管道裂纹内检测技术研究与应用[J]. 压力容器, 2024,41(7):63－70.

[17] GAO Y, BRENNAN M J, JOSEPH P F, et al. On the selection of acoustic/vibration sensors for leak detection in plastic water pipes[J]. Journal of Sound & Vibration, 2005, 283(3/5): 927－941.

[18] 丛军,王薇,牟建荣. 管道附件影响的管道声发射信号衰减特性[J]. 太赫兹科学与电子信息学报,2024,22(4):445－452.

[19] BLACKSTOCK D T. Fundamentals of Physical Acoustics[J]. Wiley, 2001.

[20] PIERCE A D, BEYER R T. Acoustics: An Introduction to Its Physical Principles and Applications. 1989 Edition [J]. The Journal of the Acoustical Society of America, 1998, 87 (4): 1826－1827.

作者简介

张伟(1992),男,工程师,主要研究方向为特种设备的声学测量技术、锅炉声学、声信号处理与声层析成像技术应用,通信地址:310020 浙江省杭州市凯旋路 211 号,E－mail:zhangwei_7k@163. com。

基于不同相干因子的全聚焦成像方法研究

慈福龙[1,2,3],常 乐[1,2,3],陈依雯[1,2,3],赵金玲[1,2,3],赵建平[1,2,3],程经纬[4]
（1. 南京工业大学 机械与动力工程学院,南京 211816；
2. 江苏省能源动力制造装备及可靠性技术重点实验室,南京 211816；
3. 南京工业大学 高端装备可靠性制造研究院,南京 211816；
4. 合肥通用机械研究院有限公司,合肥 230031）

摘 要：针对奥氏体不锈钢焊缝缺陷超声检测困难的问题,本文基于焊缝金相组织在 COMSOL Multiphysics 有限元软件中建立了奥氏体不锈钢焊缝超声检测模型,进一步在模型中设置三个不同深度的圆孔缺陷,使用相位相干因子(Phase coherence factor,PCF)、循环相干因子(Circular coherence factor,CCF)、相干因子(Coherence factor,CF)、矢量相干因子(Vector coherence factor,VCF)、符号相干因子(Sign coherence factor,SCF)对全聚焦成像结果进行降噪处理。结果表明,通过调整灵敏度因子可以实现噪声抑制,而且使用 CCF 因子的信噪比提升最高,降噪效果最好。

关键词：奥氏体不锈钢；焊缝建模；超声检测；相干因子；全聚焦成像

Study on the total focus imaging method based on different coherence factors

CI Fulong[1,2,3],CHANG Le[1,2,3],CHEN Yiwen[1,2,3],ZHAO Jinling[1,2,3],ZHAO Jianping[1,2,3],CHENG Jingwei[4]
(1. School of Mechanical and Power Engineering,Nanjing Tech University,Nanjing 211816,China;
2. Jiangsu Province Key Laboratory of Reliability - centered Manufacturing of Energy Power Equipment,Nanjing 211816,China;3. Institute of High - end Equipment Reliability Manufacturing,Nanjing Tech University,Nanjing 211816,China;
4. Hefei General Machinery Research Institute Co. ,Ltd,Hefei 230031,China)

Abstract: To address the problem of ultrasonic detection of defects in austenitic stainless steel welds,this paper establishes an ultrasonic detection model for austenitic stainless steel welds based on the metallographic organization of the welds in COMSOL Multiphysics finite element software. Furthermore,three circular defects at different depths are introduced into the model. The full focusing imaging results are denoised using the phase coherence factor(PCF),circular coherence factor (CCF),coherence factor(CF),vector coherence factor(VCF),and sign coherence factor(SCF). The results show that noise suppression can be realized by adjusting the sensitivity factor,and the highest signal - to - noise ratio improvement and the best noise reduction effect are achieved by using the CCF factor.

Keywords: Austenitic stainless steels; Weld modeling; Ultrasonic testing; Coherence factor; Total focus imaging

0 引　言

奥氏体不锈钢具有较高的强度，良好的耐腐蚀性等特点，被广泛应用于石油化工、航空航天以及核能发电等工业领域[1]。在机械结构中，不同的部件往往通过焊接方式进行连接，焊缝中容易出现裂纹、夹渣、未融合以及未焊透等缺陷[2]，这将造成极大的安全隐患，因此，需要对其实施无损检测。

有限元焊缝建模方法已经成为了研究无损检测方法可靠性的关键基础[3]。国内外学者针对奥氏体不锈钢焊缝建模开展了大量研究工作，黄焕东等[4]将奥氏体不锈钢焊缝划分为14个均匀的片层状区域，并使用弹性矩阵定义不同区域的材料属性。KIM等[5]基于焊缝金相照片，将焊缝划分为6个均匀的域，建立了热电厂锅炉管道超声检测模型。但上述焊缝模型仅使用若干均匀的区域来描述焊缝，忽略了焊缝中晶粒对超声波散射的影响。

全聚焦成像法(total focusing method，TFM)被广泛应用于超声检测领域，该方法基于超声阵列采集的全矩阵数据，依次对成像区域中的每一个像素点进行虚拟聚焦，实现了缺陷成像，提高了成像的分辨率。但在各向异性焊缝组织中，全聚焦成像结果会存在结构噪声，影响缺陷的识别，通过相位相干因子加权可以有效抑制结构噪声，杨懿[6]等使用VCF因子对高密度聚乙烯材料缺陷全聚焦成像结果进行降噪处理，缺陷信噪比有一定提升。

本文基于焊缝金相组织在COMSOL Multiphysics软件中建立了一种改进的分区域焊缝模型，设置了三个不同深度的圆孔缺陷，并使用不同相干因子对全聚焦成像结果进行降噪处理。

1 全聚焦成像原理

全聚焦算法由HOLMES等[7]提出，通过对全矩阵数据集(Full matrix capture，FMC)进行后处理，实现缺陷可视化。在全矩阵数据采集过程中，超声波由一个阵元发射，全部阵元接收，依次激励每个阵元以覆盖全部发射和接收阵元的组合。对于由 N 个阵元组成的超声阵列，FMC信号矩阵由 $N \times N$ 个A扫信号组成。全聚焦成像法将成像区域划分为若干个像素点，基于全矩阵数据对每一个像素点进行幅值叠加，实现虚拟聚焦，提高了成像质量。全聚焦成像原理如图1所示。

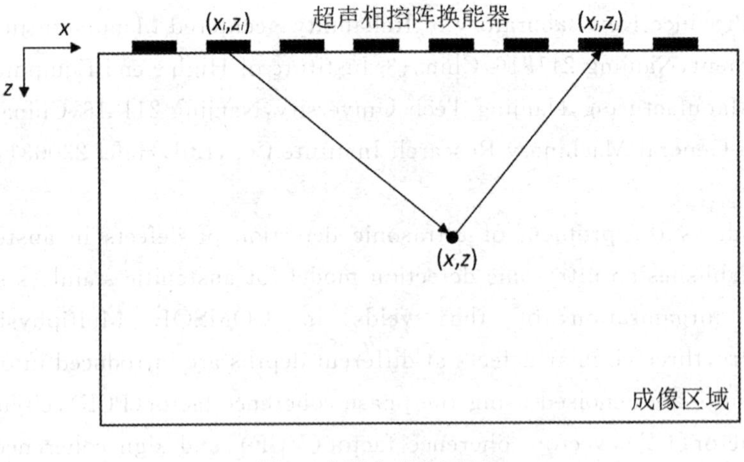

图1　全聚焦成像原理

对于成像区域内的任意像素点(x，z)的幅值I(x，z)可以表示为

$$I(x,z)=\sum_{i=1}^{n}\sum_{j=1}^{n}S_{ij}(t_{ij}(x,z)) \tag{1}$$

其中，S_{ij} 为对应像素点的幅值，$t_{ij}(x,z)$ 为阵元 i 发射，阵元 j 接收信号的传播时间。设发射阵元 i 的

坐标为(x_i,z_i)，接收阵元 j 的坐标为(x_j,z_j)，则传播时间 $t_{ij}(x,y)$ 可以表示为

$$t_{ij}=\frac{\sqrt{(x-x_i)^2+(z-z_i)^2}+\sqrt{(x-x_j)^2+(z-z_j)^2}}{c} \tag{2}$$

式中，c 为超声波在材料中的传播速度。

2 焊缝建模

奥氏体不锈钢焊缝具有典型的柱状晶粒结构，焊缝晶体结构由一系列长枝晶粒组成，晶粒轴在焊缝中心处几乎垂直，在焊缝两侧，晶粒轴垂直于焊缝熔合线。此外，虽然焊缝局部区域晶粒取向较为一致，但在整体焊缝区域，晶粒取向存在显著差异，导致了各向异性和不均匀性。图 2(a)[8] 为奥氏体不锈钢焊缝的金相照片，焊缝晶粒取向分布不均匀。本文通过 COMSOL Multiphysics 有限元软件进行焊缝建模。首先，对焊缝金相照片进行区域划分，将晶粒取向相近的部分归为一个区域，如图 2(b)所示，并将划分完区域的金相照片去除背景，保留划分完毕的线条，导入仿真软件，使用图像到曲线的插件得到贝塞尔曲线，使用草图功能勾勒出规整的线条并删除生成的贝塞尔曲线，使用按比例缩放功能将封闭曲线放大到实际试样尺寸大小。表 1[8] 提供了奥氏体不锈钢焊缝的晶粒取向，基于 Voronoi 法生成相应的柱状晶模型，其中柱状晶的平均宽度为 0.25 mm，平均长度为 5 mm[9]，并将柱状晶模型移动到相应区域，使用先前得到的封闭曲线进行分割并去除多余柱状晶，得到如图 2(c)所示的焊缝模型。对于奥氏体不锈钢，其本构刚度矩阵可以表示为(3)，弹性常数 $C_{11}=206$ GPa，$C_{12}=133$ GPa，$C_{44}=119$ GPa[9]。基于欧拉角，使用邦德变换法计算对应区域的弹性矩阵并进行赋值，如式(4)、(5)所示。在此基础之上，为不同的晶粒分配不同的密度来模拟晶粒之间的散射效果[10]。母材设置为各向同性介质，密度为 7 850 kg/m^3，弹性模量为 200 GPa，泊松比为 0.3。

$$\begin{bmatrix} C_{11} & C_{12} & C_{12} & 0 & 0 & 0 \\ C_{12} & C_{11} & C_{12} & 0 & 0 & 0 \\ C_{12} & C_{12} & C_{11} & 0 & 0 & 0 \\ 0 & 0 & 0 & C_{44} & 0 & 0 \\ 0 & 0 & 0 & 0 & C_{44} & 0 \\ 0 & 0 & 0 & 0 & 0 & C_{44} \end{bmatrix} \tag{3}$$

$$C'=MCM^T \tag{4}$$

$$M=\begin{bmatrix} \cos^2\theta & 0 & \sin^2\theta & 0 & 2\sin\theta\cos\theta & 0 \\ 0 & 1 & 0 & 0 & 0 & 0 \\ \sin^2\theta & 0 & \cos^2\theta & 0 & -2\sin\theta\cos\theta & 0 \\ 0 & 0 & 0 & \cos\theta & 0 & -\sin\theta \\ -\sin\theta\cos\theta & 0 & \sin\theta\cos\theta & 0 & -\sin^2\theta+\cos^2\theta & 0 \\ 0 & 0 & 0 & \sin\theta & 0 & \cos\theta \end{bmatrix} \tag{5}$$

式中，C 为本构刚度矩阵，M 为旋转矩阵。

表 1 晶粒取向

区域编号	1	2	3	4	5	6	7
Θ/(°)	35	11	18	8	0	−31	14

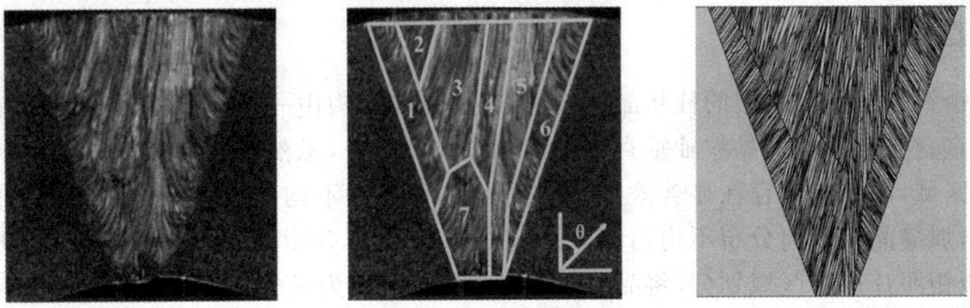

(a) (b) (c)

图 2 焊缝建模方法

3 数值模拟

3.1 仿真设置

基于 COMSOL Multiphysics 有限元软件建立了奥氏体不锈钢焊缝超声检测模型,模型如图 3 所示。选择固体力学物理场模拟超声波的传播,在模型顶部设置边界载荷来模拟超声波的激励,激励信号为三周期汉宁窗调制的正弦波信号,如式(6)所示,在模型两侧设置低反射边界以减小侧壁反射波对结果的影响,其余边界均设置为自由边界。使用自由三角形网格对模型进行网格划分,最大网格尺寸设置为波长的 1/6,时间步长设置为激励信号周期的 1/20。设置足够的求解时间以获取回波信号。

$$F(t)=(\sin(2\pi ft))\left[1-\cos\left(\frac{2\pi ft}{n}\right)\right] \tag{6}$$

式中,f 为超声波中心频率,n 为周期数,$n=3$。

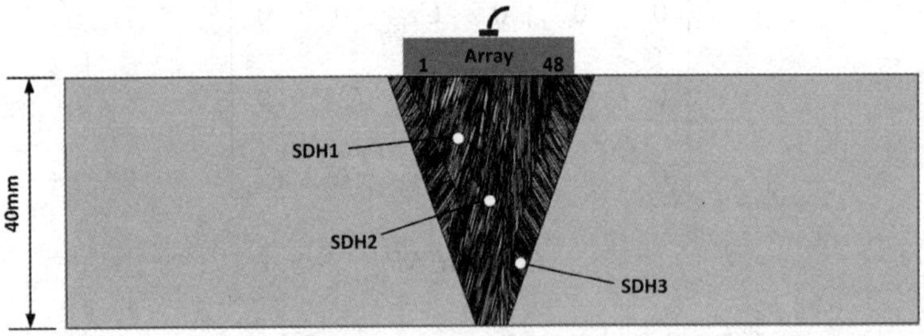

图 3 奥氏体不锈钢焊缝超声检测模型

3.2 基于不同加权因子的成像方法对比

3.2.1 TFM 成像结果分析

焊缝模型中设置 3 个直径为 2 mm 的圆孔缺陷(SDH1、SDH2、SDH3),深度分别为 10 mm,20 mm,30 mm。设置阵元数量为 32,阵元宽度为 0.5 mm,阵元间距为 0.6 mm,采集全矩阵数据,并使用全聚焦成像算法进行成像。成像区域由边长为 0.1 mm 的正方形像素构成,成像幅值进行了归一化处理,如式(7)所示,幅值范围为 −35~0 dB,设置探头频率为 2.25 MHz 并进行全聚焦成像。

$$I_{\mathrm{dB}}(x,y)=20\lg\frac{I(x,y)}{\max\{I_{\mathrm{defect}}\}} \tag{7}$$

图 4 显示了不同深度缺陷的 TFM 成像结果，虽然三个缺陷均可有效检出，但由于奥氏体不锈钢焊缝具有非均匀性及各向异性，导致成像结果中出现大量结构噪声，影响缺陷识别，而且缺陷的幅值随深度的增加而大幅降低，说明超声波能量出现了衰减。

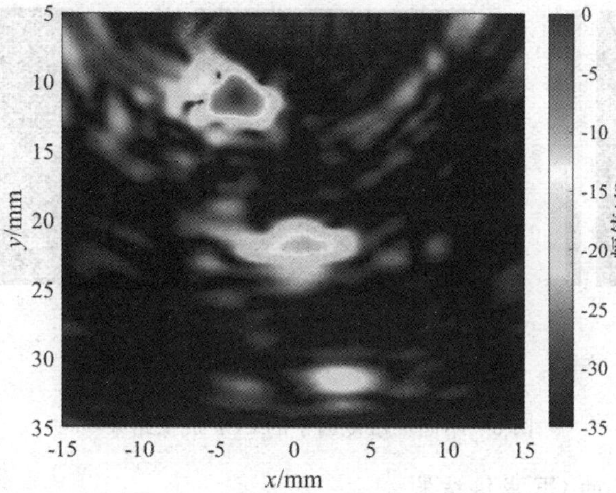

图 4　TFM 成像结果

3.2.2　不同灵敏度因子的 PCF 成像结果

相位相干因子(PCF)将相位视为[－π，π]中的线性变量，使用 PCF 因子对 TFM 成像结果进行降噪处理，降低结构噪声幅值，提高成像信噪比。PCF 计算方法如式(8)所示：

$$PCF(x,z)=\max\left(0,1-\frac{\operatorname{std}\ (\varphi(x,z))^{P_{PCF}}}{\pi/\sqrt{3}}\right) \tag{8}$$

式中，*std* 表示标准差运算，φ 表示相位角，P_{PCF} 为可变灵敏度因子。

图 5 显示了不同灵敏度因子的 *PCF* 成像结果，当 $P_{PCF}=1$ 时，图像出现了大量伪像和噪声，影响缺陷识别，通过增大灵敏度因子数值，可以大幅抑制噪声，但仍出现幅值较高的伪像，其原因有待进一步研究。

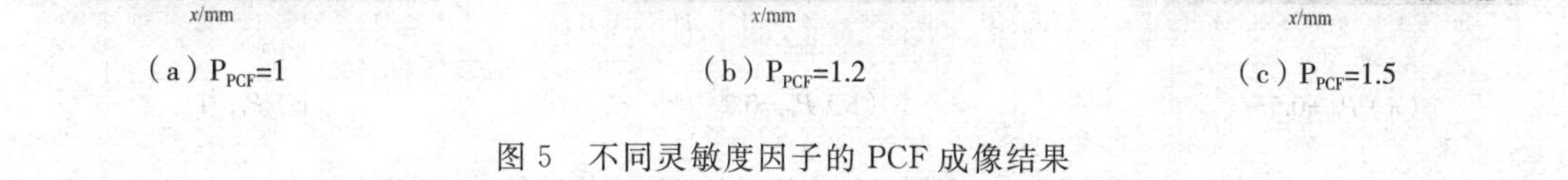

(a) P_{PCF}=1　(b) P_{PCF}=1.2　(c) P_{PCF}=1.5

图 5　不同灵敏度因子的 PCF 成像结果

3.2.3　不同灵敏度因子的 CCF 成像结果

循环相干因子(CCF)将相位视为圆形分布，使用 CCF 因子对 TFM 成像结果进行降噪处理，CCF 计算方法如式(9)所示：

$$CCF(x,z)=(1-\sqrt{\operatorname{var}(\cos\varphi)+\operatorname{var}(\sin\varphi)})^{P_{CCF}} \tag{9}$$

式中，var 表示方差计算，φ 表示相位角，P_{CCF} 为可变灵敏度因子。

图 6 显示了不同灵敏度因子的 CCF 成像结果，不同灵敏度因子下，噪声幅值均得到有效抑制，当 $P_{CCF}=1$、0.8 时，SDH3 无法显示，当 P_{CCF} 降低到 0.5 时，SDH3 可以检出，CCF 在抑制噪声的同时也降低了缺陷的幅值。

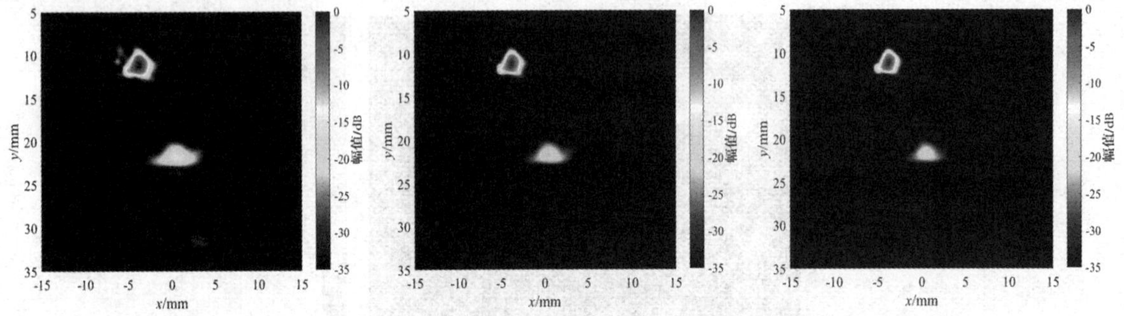

(a) P_{CCF}=0.5　(b) P_{CCF}=0.8　(c) P_{CCF}=1

图 6　不同灵敏度因子的 CCF 成像结果

3.2.4　不同灵敏度因子的 CF 成像结果

相干因子(CF)被定义为相干强度与总非相干强度之间的比值，通过相干因子加权，可以降低成像结果中的背景噪声，提高检测信噪比。使用 CF 因子对 TFM 成像结果进行降噪处理，CF 计算方法如式(10)所示：

$$CF(x,z)=\left(\frac{\left|\sum_{i=1}^{N}\sum_{j=1}^{N}S_{ij}(t_{ij}(x,z))\right|^{2}}{N^{2}\sum_{i=1}^{N}\sum_{j=1}^{N}\left|S_{ij}(t_{ij}(x,z))\right|^{2}}\right)^{P_{CF}} \tag{10}$$

式中 P_{CF} 为可变灵敏度因子。S_{ij} 表示像素点幅值，t_{ij} 表示延迟时间，N 为阵元数量。

图 7 显示了不同灵敏度因子的 *CF* 成像结果，不同灵敏度因子下，噪声幅值均得到有效抑制，与 *CCF* 降噪结果相似，当 $P_{CF}=1$、0.8 时，*SDH*3 无法显示，当 P_{CCF} 降低到 0.5 时，*SDH*3 可以检出，*CF* 在抑制噪声的同时也降低了缺陷的幅值。

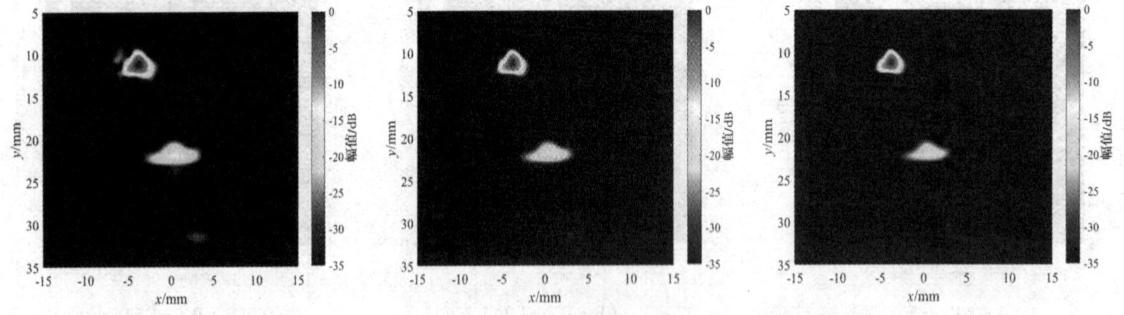

(a) P_{CF}=0.5　(b) P_{CF}=0.8　(c) P_{CF}=1

图 7　不同灵敏度因子的 *CF* 成像结果

3.2.5　不同灵敏度因子的 VCF 成像结果

矢量相干因子(VCF)可以用作图像优化，使用 VCF 因子对 TFM 成像结果进行降噪处理，VCF 计算方法如式(11) 所示：

$$VCF(x,z)=\left(\frac{1}{N^{2}}\left|\sum_{i=1}^{N}\sum_{j=1}^{N}e^{i\varphi(t_{ij}(x,z))}\right|\right)^{P_{VCF}} \tag{11}$$

式中，P_{VCF} 为可变灵敏度因子，φ 表示相位角，t_{ij} 表示延迟时间，N 为阵元数量。

图 8 显示了不同灵敏度因子的 VCF 成像结果，不同灵敏度因子下，噪声幅值均得到有效抑制，但成像效果较差，无法准确描述缺陷的形貌，随着灵敏度因子的增大，缺陷的幅值也随之降低，说明增大灵敏度因子可以降低成像幅值。

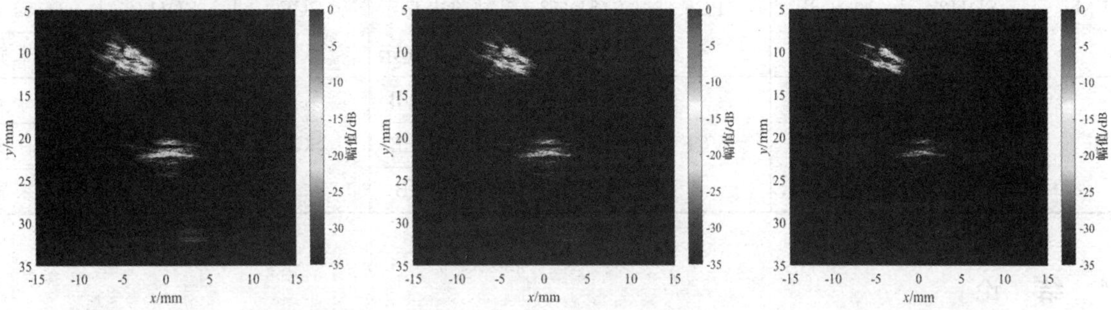

（a）P_{VCF}=1　　（b）P_{VCF}=1.2　　（c）P_{VCF}=1.5

图 8　不同灵敏度因子的 VCF 成像结果

3.2.6　不同灵敏度因子的 SCF 成像结果

符号相干因子(SCF)可以提高计算效率，使用 SCF 因子对 TFM 成像结果进行降噪处理，SCF 计算方法如式(12)所示：

$$SCF(x,z)=\left(1-\sqrt{\mathrm{var}(\mathrm{sign}(\cos\varphi))}\right)^{P_{SCF}} \tag{12}$$

式中，var 表示方差运算，sign 为符号函数，当 $\cos\varphi>0$ 时，$\mathrm{sign}(\cos\varphi)=1$，当 $\cos\varphi<0$ 时，$\mathrm{sign}(\cos\varphi)=-1$，当 $\cos\varphi=0$ 时，$\mathrm{sign}(\cos\varphi)=0$，$P_{SCF}$ 为可变灵敏度因子。

图 9 显示了不同灵敏度因子的 SCF 成像结果，不同灵敏度因子下，噪声幅值均得到有效抑制，但成像结果出现了不连续的现象，无法准确描述缺陷形貌。缺陷的幅值随灵敏度因子的降低而增大，通过降低灵敏度因子，可以实现缺陷全部检出。

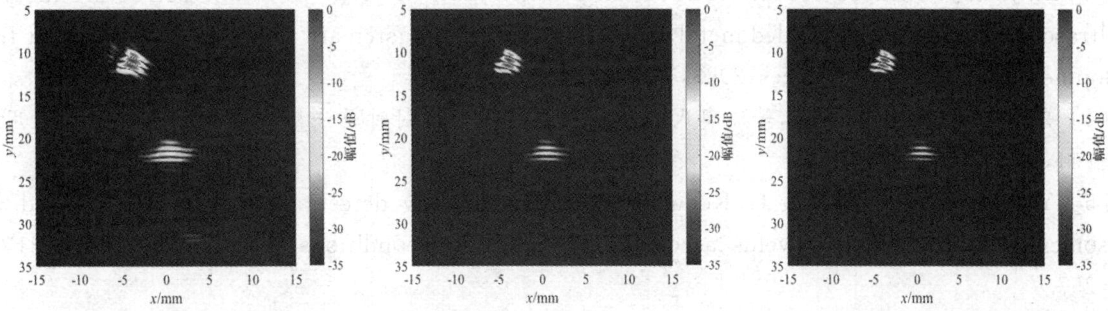

（a）P_{SCF}=0.5　　（b）P_{SCF}=0.8　　（c）P_{SCF}=1

图 9　不同灵敏度因子的 SCF 成像结果

3.2.7　不同相干因子的成像性能对比

进一步使用信噪比评价多种方法的成像性能，信噪比的计算方法为缺陷的最大幅值（单位为 dB）减去缺陷周围噪声的最大幅值（单位为 dB）[11]。表 2 显示了不同方法下的缺陷信噪比结果（灵敏度因子均为 1）。通过不同加权因子进行降噪后，缺陷的信噪比均有一定提升，使用 CCF 因子缺陷信噪比提高幅度最大，降噪效果最好。与 TFM 成像方法相比，SDH1 缺陷信噪比从 19.68 dB 提升至 58.97 dB。

表 2　不同方法下的缺陷信噪比

信噪比对比								
成像方法	缺陷	信噪比	成像方法	缺陷	信噪比	成像方法	缺陷	信噪比
TFM	SDH1	19.68 dB	PCF	SDH1	缺陷未显示	CCF	SDH1	58.97 dB
	SDH2	10.8 dB		SDH2	缺陷未显示		SDH2	24.84 dB
	SDH3	6.59 dB		SDH3	缺陷未显示		SDH3	缺陷未显示
CF	SDH1	51.23 dB	VCF	SDH1	28.03 dB	SCF	SDH1	53.38 dB
	SDH2	21.73 dB		SDH2	12.94 dB		SDH2	22.9 dB
	SDH3	缺陷未显示		SDH3	7.41 dB		SDH3	缺陷未显示

4　结　论

本文基于 COMSOL Multiphysics 有限元软件对奥氏体不锈钢焊缝进行了建模及超声检测模拟研究，主要结论如下：

(1)基于金相法建立了改进的分区域焊缝模型并使用 TFM 算法进行成像，成像结果中出现大量结构噪声，该模型可以表征奥氏体不锈钢焊缝的非均匀性。

(2)在 5 种加权因子对比中，CCF 因子具有最高信噪比提升，SDH1 缺陷信噪比从 19.68 dB 提升至 58.97dB。

(3)VCF 因子和 SCF 因子虽然能抑制噪声，但会导致缺陷形貌不连续，需谨慎选择灵敏度参数。

参考文献

[1] 刘伟，任泽良，王刚，等．奥氏体不锈钢 A－TIG 焊缝成形及接头力学性能[J]. 焊接学报，2024，45(10)：105－114.

[2] 何慈武，杨萌萌，龙晋桓，等．小径薄壁管座角焊缝典型缺陷的超声相控阵 CIVA 仿真研究[J]. 中国机械工程，2022，33(09)：1065－1072.

[3] Moysan J，Gueudré C，Ploix A M，et al. Twenty years of progress in microstructure modelling for ultrasonic testing，from shielded metal arc welding to gas tungsten arc welding：an analysis for future developments[J]. Applied Sciences，2023，13(19)：10852.

[4] 黄焕东，胡利晨，胡炜炜，等．奥氏体不锈钢焊缝超声衍射时差法检测的有限元仿真及应用[J]. 无损检测，2020，42(07)：5－9.

[5] YoungLae K，Sungjong C，Keun I P. Analysis of flaw detection sensitivity of phased array ultrasonics in austenitic steel welds according to inspection conditions[J]. Sensors，2021，21(1)：242－257.

[6] 杨懿，王强，张浩文，等．埋地燃气聚乙烯管热熔接头的矢量相干全聚焦成像检测分析[J]. 压力容器，2024，41(11)：66－73.

[7] YANG Y，WANG Q，ZHANG H W，et al. Analysis of vector coherence factor total focusing method for buried gas polyethylene pipe butt fusion joints[J]. Pressure Vessel Technology，2024，41(11)：66－73.

[8] Holmes C，Drinkwater W B，Wilcox D P. Post－processing of the full matrix of ultrasonic transmit－receive array data for non－destructive evaluation[J]. NDT and E International，2005，38(8)：701－711.

[9] Ploix M，Guy P，Chassignole B，et al. Measurement of ultrasonic scattering attenuation in

austenitic stainless steel welds:Realistic input data for NDT numerical modeling[J]. Ultrasonics,2014,54(7):1729－1736.

[10] Lhuillier P, Chassignole B, Oudaa M, et al. Investigation of the ultrasonic attenuation in anisotropic weld materials with finite element modeling and grain - scale material description[J]. Ultrasonics,2017,(78):40－50.

[11] 赵岁花. CCASS焊缝建模及超声检测数值模拟研究[D]. 大连理工大学,2011.

[12] 庄泽宇,廉国选,王小民. 基于水平分置线性双阵列的超声全聚焦成像方法在粗晶材料检测中的应用[J]. 声学技术,2022,41(03):355－362.

作者简介

慈福龙(2000),男,硕士研究生,研究方向为无损检测,通信地址:211816 南京市浦珠南路30号南京工业大学机械与动力工程学院,E－mail:3047687093@qq.com.

相控阵参数对奥氏体不锈钢焊缝超声全聚焦成像的影响

慈福龙[1,2,3]，常　乐[1,2,3]，陈依雯[1,2,3]，赵金玲[1,2,3]，赵建平[1,2,3]，程经纬[4]

（1. 南京工业大学 机械与动力工程学院，南京　211816；
2. 江苏省能源动力制造装备及可靠性技术重点实验室，南京　211816；
3. 南京工业大学 高端装备可靠性制造研究院，南京　211816；
4. 合肥通用机械研究院有限公司，合肥　230031）

摘　要：针对奥氏体不锈钢焊缝缺陷超声检测困难的问题，本文基于焊缝金相组织在 COMSOL Multiphysics 有限元软件中建立了奥氏体不锈钢焊缝超声检测模型，计算了超声波在焊缝组织中的传播特性以及不同路径的纵波声速。进一步在模型中设置三个不同深度的圆孔缺陷，研究了不同阵列参数对全聚焦成像效果的影响。仿真结果表明，该模型可以模拟超声波在奥氏体不锈钢焊缝中传播发生的波形畸变及散射现象，体现奥氏体不锈钢焊缝声速的不均匀性。成像结果表明，对于各向同性模型，频率越高、阵元数量越多、阵元间距越大，全聚焦成像效果越好。对于各向异性模型，并非频率越高、阵元数量越多，成像效果越好，针对不同深度缺陷，需要进行参数优化以得到最佳检测参数。

关键词：奥氏体不锈钢焊缝；相控阵参数；各向异性模型；各向同性模型

Influence of phased array parameters on ultrasonic full - focusing imaging of austeniticstainless steel welds

CI Fulong[1,2,3]，CHANG Le[1,2,3]，CHEN Yiwen[1,2,3]，
ZHAO Jinling[1,2,3]，ZHAO Jianping[1,2,3]，CHENG Jingwei[4]

（1. School of Mechanical and Power Engineering，Nanjing Tech University，Nanjing 211816，China；
2. Jiangsu Province Key Laboratory of Reliability - centered Manufacturing of Energy Power Equipment，Nanjing 211816，China；
3. Institute of High - end Equipment Reliability Manufacturing，Nanjing Tech University，Nanjing 211816，China；
4. Hefei General Machinery Research Institute Co. ，Ltd，Hefei 230031，China）

Abstract：To address the challenges of ultrasonic inspection of defects in austenitic stainless steel welds，this study establishes an ultrasonic inspection model based on the metallographic structure of welds using the COMSOL Multiphysics finite element software. The model simulates the propagation characteristics of ultrasonic waves within the weld microstructure and calculates the longitudinal wave velocities along different paths. Furthermore，three circular defects at varying depths are introduced into the model to investigate the influence of different phased array parameters on total focusing method （TFM）imaging performance. Simulation results demonstrate that themodel can effectively replicate waveform distortion and scattering phenomena during ultrasonic wave propagation in austenitic stainless steel welds, highlighting the inherent acoustic velocity anisotropy of the material. Imaging results show that for isotropic models, higher frequencies, greater numbers of elements, and larger element pitches lead to improved TFM image quality. However, in anisotropic models, higher frequencies and more elements do not necessarily yield better imaging; instead, parameter optimization is required to achieve optimal detection performance for defects at different depths.

Keywords: austenitic stainless steel welds; phased array parameters; anisotropy model; isotropy model

0 引 言

奥氏体不锈钢具有较高的强度,良好的耐腐蚀性等特点,被广泛应用于石油化工、航空航天领域关键部件制造[1]。由于焊缝中容易产生缺陷,因此需要对其进行无损检测。有限元焊缝建模方法已经成为了研究无损检测方法可靠性的关键基础[2]。Kim 等[3]基于焊缝金相照片,将焊缝划分为 6 个均匀的域,建立了热电厂锅炉管道超声检测模型。但该焊缝模型仅使用若干均匀的区域来描述焊缝,忽略了焊缝中晶粒对超声波散射的影响。全聚焦成像法(Total focusing method,TFM)被广泛应用于超声检测领域,可以提高成像的分辨率。张鑫宇[4]等建立了管道超声检测有限元模型,发现阵元数量越多,成像效果越好。邵斌等[5]通过模拟比较了不同阵列参数对成像结果的影响,结果表明,频率越高,阵元间距越大,成像效果越好。但在各向异性焊缝组织中,全聚焦成像结果会存在结构噪声,影响缺陷的识别,针对不同位置的缺陷,需要进行超声阵列参数优化。

本文基于焊缝金相组织在 COMSOL Multiphysics 软件中建立了一种改进的分区域焊缝模型,使用有限元方法研究了超声波在各向异性焊缝组织中的传播特性,在模型顶部设置 10 个采样点提取回波信号并计算纵波声速。在此基础之上,设置了三个不同深度的圆孔缺陷,研究了超声波频率、阵元数量、阵元间距对不同深度缺陷的全聚焦成像结果的影响。

1 全聚焦成像原理

全聚焦算法由 Holmes 等[6]提出,通过对全矩阵数据集(Full matrix capture,FMC)进行后处理,实现缺陷可视化。在全矩阵数据采集过程中,超声波由一个阵元发射,全部阵元接收,依次激励每个阵元以覆盖全部发射和接收阵元的组合。对于由 N 个阵元组成的超声阵列,FMC 信号矩阵由 N×N 个 A 扫信号组成。全聚焦成像法将成像区域划分为若干个像素点,基于全矩阵数据对每一个像素点进行幅值叠加,实现虚拟聚焦,提高了成像质量。全聚焦成像原理如图 1 所示。

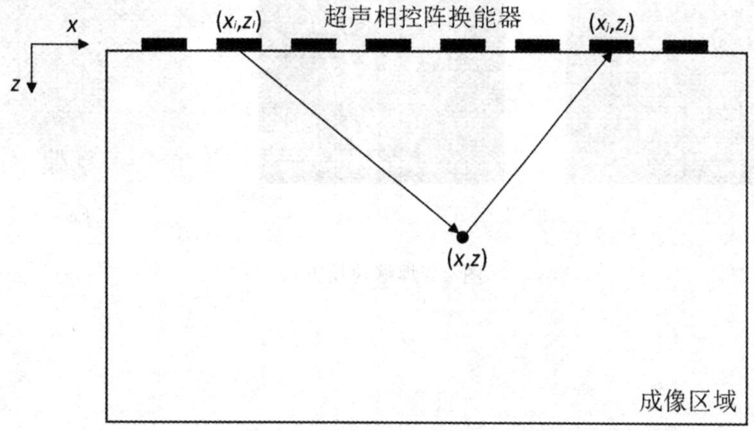

图 1 全聚焦成像原理

对于成像区域内的任意像素点(x,z)的幅值$I(x,z)$可以表示为

$$I(x,y)=\sum_{i=1}^{n}\sum_{j=1}^{n}S_{ij}\left(t_{ij}(x,y)\right) \tag{1}$$

式中，S_{ij}为对应像素点的幅值，$t_{ij}(x,z)$为阵元i发射，阵元j接收信号的传播时间。设发射阵元i的坐标为(x_i,z_i)，接收阵元j的坐标为(x_j,z_j)，则传播时间$t_{ij}(x,y)$可以表示为

$$t_{ij}=\frac{\sqrt{(x-x_i)^2+(z-z_i)^2}+\sqrt{(x-x_j)^2+(z-z_j)^2}}{c} \tag{2}$$

式中，c为超声波在材料中的传播速度。

2 焊缝建模

奥氏体不锈钢焊缝具有典型的柱状晶粒结构，焊缝晶体结构由一系列长枝晶粒组成，晶粒轴在焊缝中心处几乎垂直，在焊缝两侧，晶粒轴垂直于焊缝熔合线。此外，虽然焊缝局部区域晶粒取向较为一致，但在整体焊缝区域，晶粒取向存在显著差异，导致了各向异性和不均匀性。图2(a)[7]为奥氏体不锈钢焊缝的金相照片，焊缝晶粒取向分布不均匀。本文通过COMSOL Multiphysics有限元软件进行焊缝建模。首先，对焊缝金相照片进行区域划分，将晶粒取向相近的部分归为一个区域，如图2(b)所示，并将划分完区域的金相照片去除背景，保留划分完毕的线条，导入仿真软件，使用图像到曲线的插件得到贝塞尔曲线，使用草图功能勾勒出规整的线条并删除生成的贝塞尔曲线，使用按比例缩放功能将封闭曲线放大到实际试样尺寸大小。表1[7]提供了奥氏体不锈钢焊缝的晶粒取向，基于Voronoi法生成相应的柱状晶模型，其中柱状晶的平均宽度为0.25 mm，平均长度为5 mm[8]，并将柱状晶模型移动到相应区域，使用先前得到的封闭曲线进行分割并去除多余柱状晶，得到如图2(c)所示的焊缝模型。对于奥氏体不锈钢，其弹性常数为$C_{11}=206\text{GPa}$，$C_{12}=133\text{GPa}$，$C_{44}=119\text{GPa}$[8]。基于欧拉角，使用邦德变换法计算对应区域的弹性矩阵并进行赋值。在此基础之上，为不同的晶粒分配不同的密度来模拟晶粒之间的散射效果[9]。母材设置为各向同性介质，密度为7850kg/m^3，弹性模量为200GPa，泊松比为0.3。

表1 晶粒取向

区域编号	1	2	3	4	5	6	7
θ(°)	35	11	18	8	0	−31	14

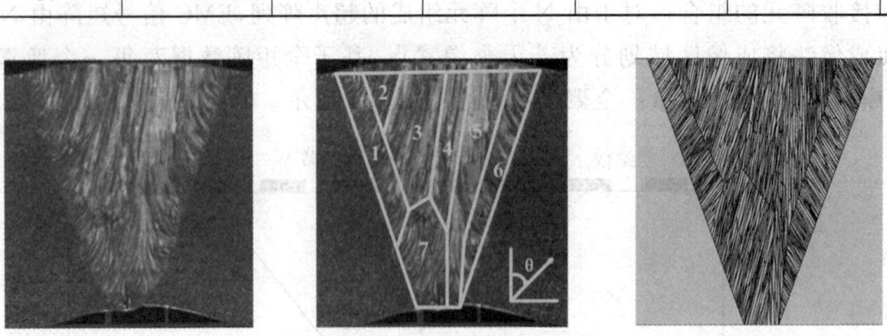

(a) (b) (c)

图2 焊缝建模方法

3 数值模拟

3.1 仿真设置

基于COMSOL Multiphysics有限元软件建立了奥氏体不锈钢焊缝超声检测模型。选择固体力学物理场模拟超声波的传播，在模型顶部设置边界载荷来模拟超声波的激励，激励信号为三周期汉宁窗调制

的正弦波信号，在模型两侧设置低反射边界以减小侧壁反射波对结果的影响，其余边界均设置为自由边界。使用自由三角形网格对模型进行网格划分，最大网格尺寸设置为波长的 1/6，时间步长设置为激励信号周期的 1/20。设置足够的求解时间以获取回波信号。

3.2 超声波传播特性

在模型顶部设置长度为 0.5 mm 的线激励源，使用有限元法计算了超声波在各向同性模型与各向异性模型中的传播行为。对于各向同性模型，赋予全部晶粒相同的弹性模量及密度。图 3 显示了 6μs 时的位移场，在各向同性模型中，存在纵波和横波两种模态，而在各向异性模型中，由于各向异性材料具有与取向相关的材料属性，波速取决于传播方向。因此，在各向异性材料中，超声波的传播行为不同于各向同性材料，不存在纯纵波和纯横波，而是准纵波和准横波，而且超声波的传播方向略微向左侧倾斜，此外，由于各向异性模型材料属性分布不均匀，产生了散射波，超声波波前发生了畸变现象。

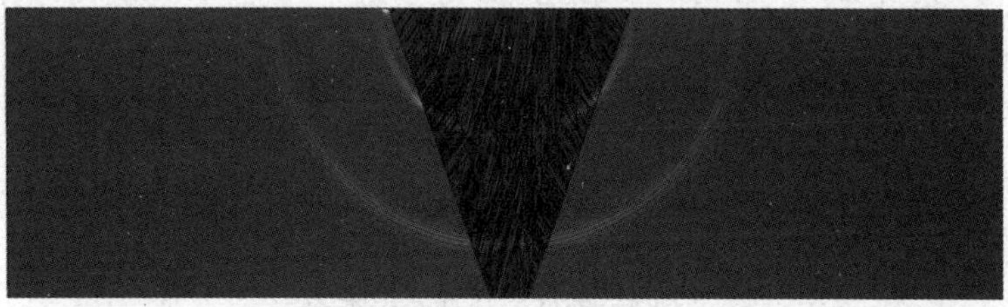

(a) 各向同性模型

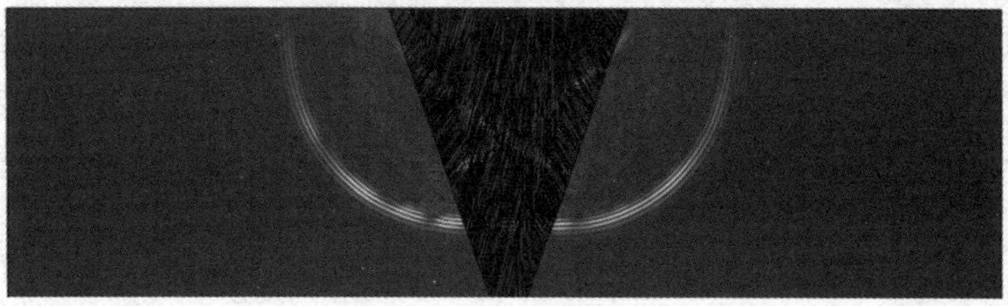

(b) 各向异性模型

图 3　不同模型的位移场

3.3 纵波声速

在模型顶部设置 10 个采样点采集两次底面回波信号，计算纵波声速，声速计算方法如式(9)所示。图 4 显示了 10 个采样点所计算的纵波声速。对于各向同性模型，声速无波动，计算得到的纵波声速为 5806m/s，对于各向异性模型，在焊缝区域中声速波动较大，反映了焊缝的不均匀性，最大声速为 5653m/s，最小声速为 5439m/s，平均声速为 5524.2m/s，此外，距离焊缝中心较远处的采样点所计算的声速较大，这是因为超声波在传播过程中，穿过的各向异性焊缝区域较少。

$$c=\frac{2d}{(t_2-t_1)} \tag{3}$$

式中，c 为纵波声速，d 为模型厚度，t_2 为二次底面回波波峰所对应的时间，t_1 为一次底面回波所对应的时间。

3.4 频率对全聚焦成像结果的影响

焊缝模型中设置三个直径为 2 mm 的圆孔缺陷(SDH1、SDH2、SDH3)，深度分别为 10 mm、20 mm、30 mm。设置阵元数量为 32，阵元宽度为 0.5 mm，阵元间距为 0.6 mm，采集全矩阵数据，并使用全聚焦成像算法进行成像。成像区域由边长为 0.1 mm 的正方形像素构成，成像幅值进行了归一化处理，如式(10)所示，幅值范围为−35～0dB，设置探头频率分别为 1.5 MHz、2.25 MHz、3.5 MHz 并进行全聚焦成像。

$$I_{dB}(x,y)=20\lg\frac{I(x,y)}{\max\{I_{\text{defect}}\}} \tag{4}$$

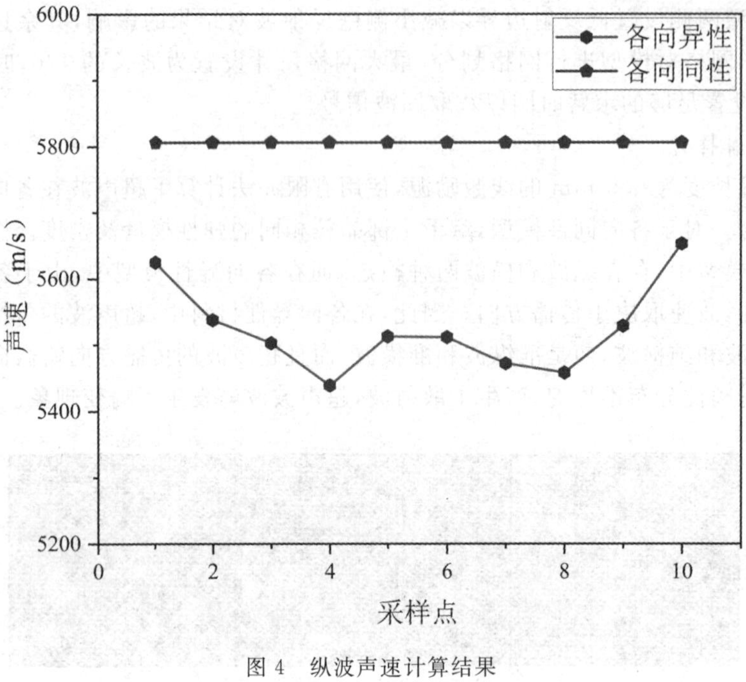

图 4　纵波声速计算结果

图 5 显示了不同频率的全聚焦成像结果,对于各向同性模型,频率越高,成像分辨率越高,成像质量越好,并且使用高频探头可以减少伪像的产生。此外,相同频率下,随着缺陷深度的增加,信号的幅值逐渐降低,这是由于超声波向下传播过程中发生了扩散衰减,传播距离越远,衰减越大。对于各向异性模型,随着频率的提高,成像结果中的背景噪声水平也随之提高。这是因为频率越高,超声波波长越小,产生的噪声越多。对于近表面缺陷 SDH1,频率为 2.25 MHz 的成像效果较好,相较于 1.5 MHz 探头,可以提高成像的分辨率。当频率提高到 3.5 MHz 时,缺陷呈现撕裂状。对于 SDH2,随着频率的提高,成像质量逐渐变差。特别是 SDH3,当使用 3.5 MHz 探头检测时,缺陷信号几乎埋没在结构噪声之中,难以识别,而使用 1.5 MHz 探头检测时,可以有效降低噪声水平。

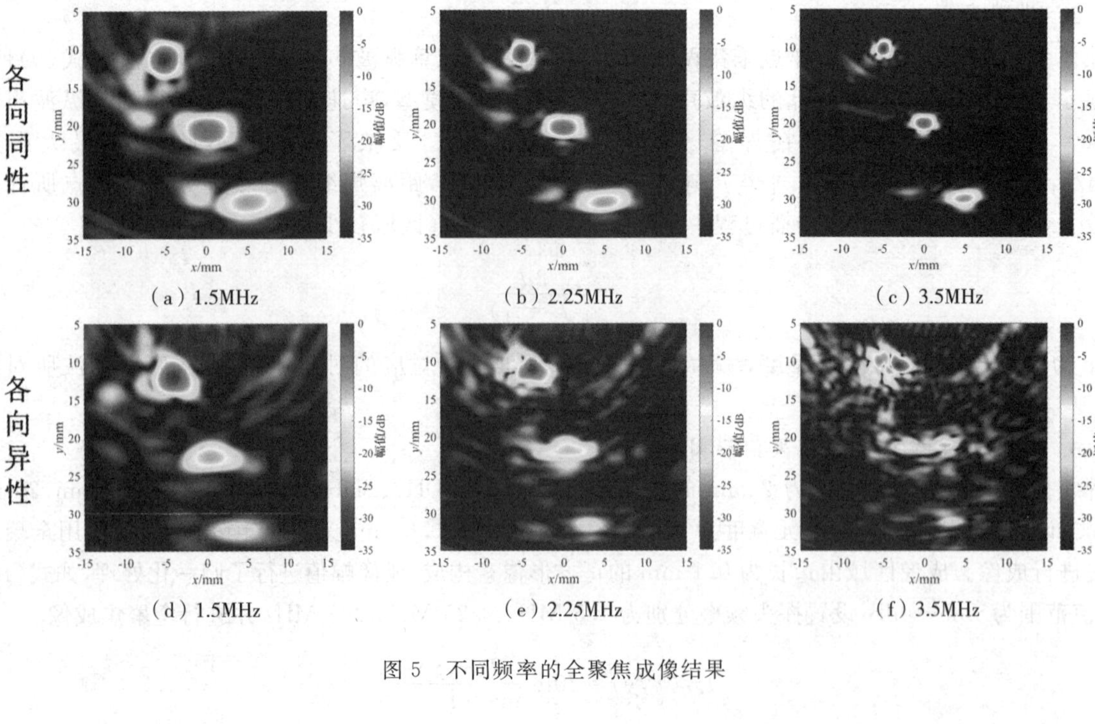

(a) 1.5MHz　(b) 2.25MHz　(c) 3.5MHz

(d) 1.5MHz　(e) 2.25MHz　(f) 3.5MHz

图 5　不同频率的全聚焦成像结果

图 6 显示了不同深度缺陷的信噪比与频率的关系，信噪比的计算方法为缺陷的最大幅值（单位为 dB）减去缺陷周围噪声的最大幅值（单位为 dB）[10]。对于各向同性模型，缺陷的信噪比均随频率的提高而增高。相同的频率下，随着缺陷深度的增加，信噪比随之降低。在各向异性模型中，对于 SDH1，使用频率为 2.25 MHz 的探头检测信噪比最高，对于 SDH2、SDH3，检测信噪比随频率的提高而降低。因此，对于近表面缺陷，可以适当提高探头频率以获得更好的成像效果，而对于深层缺陷，需要降低探头频率来提高检测信噪比，进而实现缺陷的有效检出。

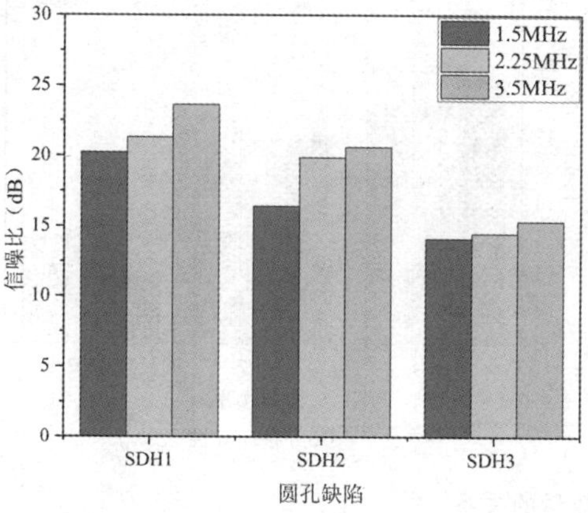

（a）各向同性

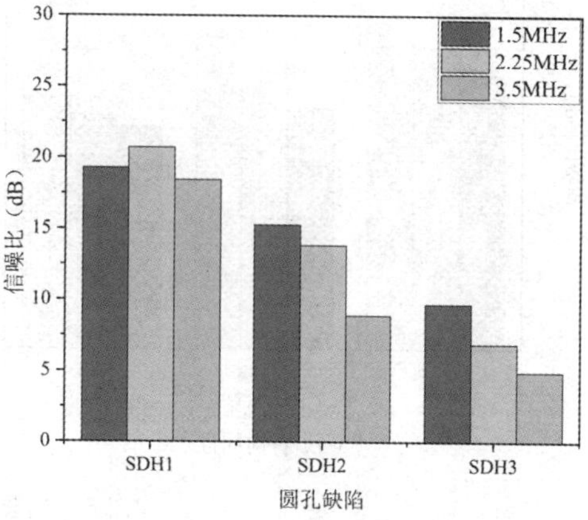

（b）各向异性

图 6　信噪比与频率的关系

3.5　不同阵元数量对全聚焦成像结果的影响

设置探头频率为 2.25 MHz，阵元宽度为 0.5 mm，阵元间距为 0.6 mm，其他参数不变，设置阵元数量分别为 16、32、48 并进行全聚焦成像。图 7 显示了不同频率的全聚焦成像结果。对于各向同性模型，阵元数量越多，成像分辨率越高，成像质量越好。当使用 16 阵元探头检测时，成像结果中出现了较多的伪像，通过增加阵元数量可以减少伪像的产生，此外，对于更深层缺陷，需要增加阵元数量来提高聚焦性能，进而提高成像质量。对于各向异性模型，使用 16 阵元探头成像效果较差，出现了较多的背景噪声。当使用 32 阵元探头检测时，成像效果最好，背景噪声水平最低。当阵元数量增加到 48 时，缺陷的形貌与实际差异较大，相较于 32 阵元出现了更多的噪声。

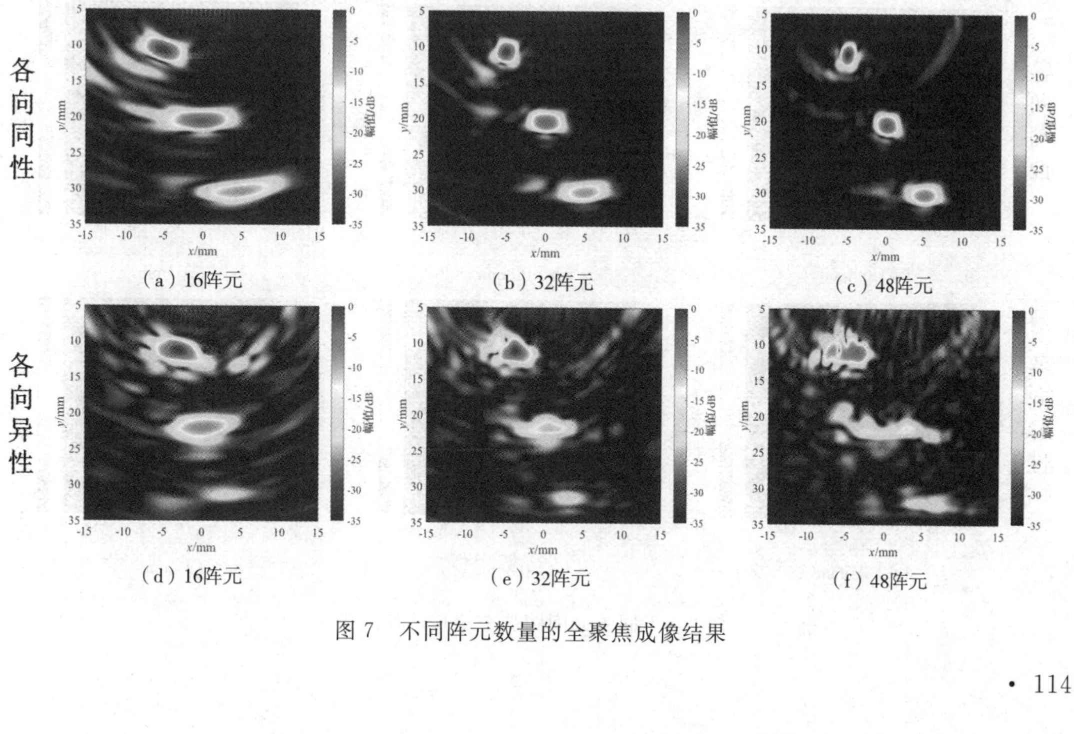

（a）16阵元　（b）32阵元　（c）48阵元

（d）16阵元　（e）32阵元　（f）48阵元

图 7　不同阵元数量的全聚焦成像结果

图 8 显示了不同深度缺陷的信噪比与阵元数量的关系。对于各向同性模型,信噪比随阵元数量的增加而增高。在各向异性模型中,对于 SDH1,使用 32 阵元探头检测信噪比最高,对于 SDH2,信噪比随阵元数量的增加而降低,对于 SDH3,信噪比随阵元数量的增加而增高。因此,对于更深层缺陷,可以通过增加阵元数量来提高信噪比。综合成像效果和信噪比,使用 32 阵元探头检测较为合适。

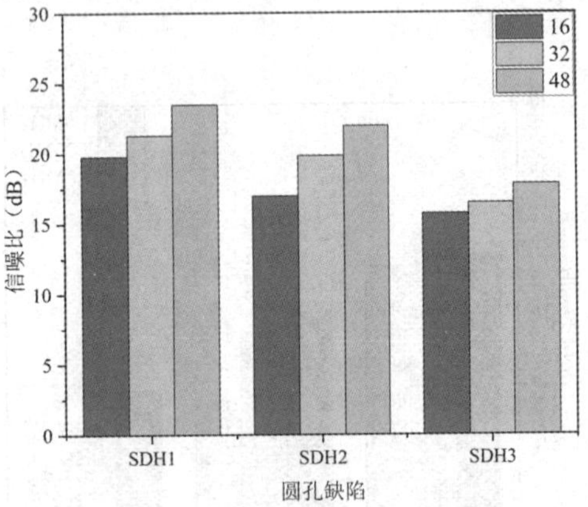

(a)各向同性

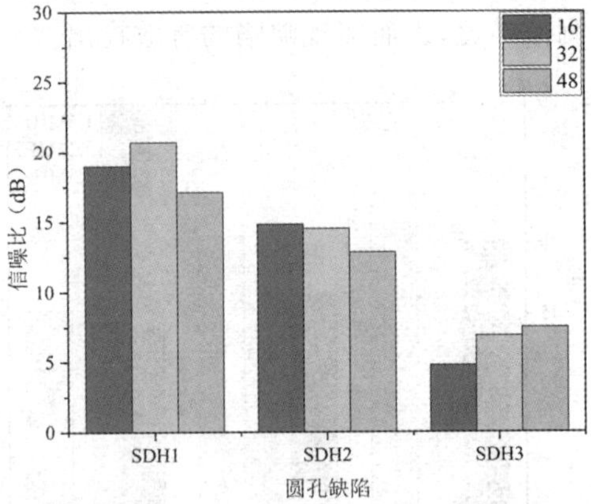

(b)各向异性

图 8　信噪比与阵元数量的关系

3.6　不同阵元间距对全聚焦成像结果的影响

设置探头频率为 2.25 MHz,阵元宽度为 0.5 mm,阵元数量为 16,其他参数不变,设置阵元间距分别为 0.6 mm、0.8 mm、1 mm 并进行全聚焦成像。图 9 显示了不同阵元间距的成像结果,阵元间距为 1 mm 时成像效果最好。对于各向同性模型,阵元间距越大,成像效果越好,当阵元间距为 0.6 mm 时,出现了较多的伪像,通过增大阵元间距可以减少伪像的产生。对于更深层缺陷,可以通过增大阵元间距来提高聚焦性能。在各向异性模型中,阵元间距越大,成像效果越好,背景噪声水平越低。图 10 显示了不同深度缺陷的信噪比与阵元间距的关系,对于各向同性模型,信噪比随阵元间距的增加而增高。在各向异性模型中,对于 SDH1 和 SDH3,信噪比随阵元间距的增加而增高,对于 SDH2 则无明显规律。综合成像效果和信噪比,使用阵元间距为 1 mm 的探头检测效果最好。

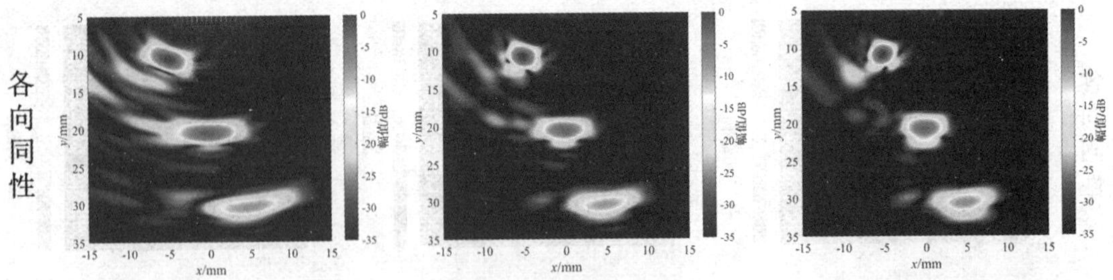

(a) 0.6mm　(b) 0.8mm　(c) 1mm

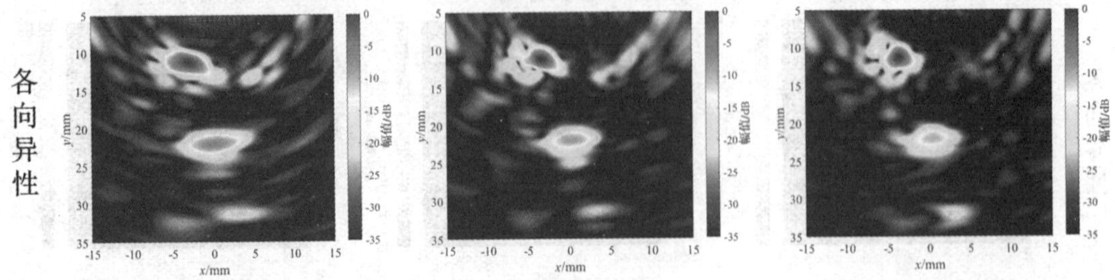

(d) 0.6mm　(e) 0.8mm　(f) 1mm

图 9　不同阵元间距的全聚焦成像结果

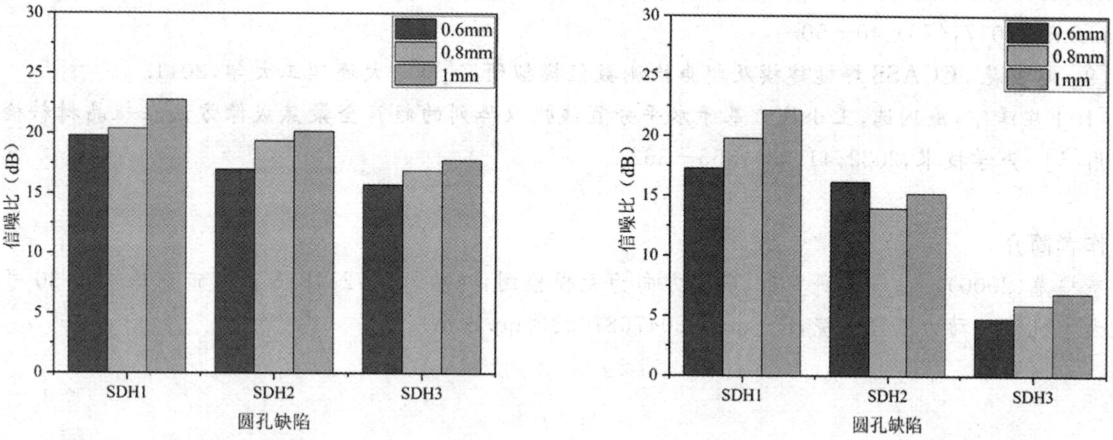

（a）各向同性　　（b）各向异性

图 10　信噪比与阵元间距的关系

4　结　论

本文基于 COMSOL Multiphysics 有限元软件对奥氏体不锈钢焊缝进行了建模及超声检测模拟研究，主要结论如下：

（1）超声波在各向异性介质中传播发生波形畸变和散射现象，声速场模型验证了焊缝区域纵波声速存在显著波动，与各向异性晶粒分布直接相关。

（2）对于各向同性模型，频率越高、阵元数量越多、阵元间距越大，信噪比越高，全聚焦成像效果越好。

（3）对于各向异性模型，阵元间距越大，信噪比越高，全聚焦成像效果越好，而对于频率和阵元数量，并非数值越高效果越好。针对不同深度的缺陷，可以通过模拟的方法确定最佳检测参数。

参考文献

[1] 刘伟，任泽良，王刚，等．奥氏体不锈钢 A－TIG 焊缝成形及接头力学性能[J]．焊接学报，2024，45(10)：105－114.

[2] Moysan J，Gueudré C，Ploix A M，et al. Twenty years of progress in microstructure modelling for ultrasonic testing，from shielded metal arc welding to gas tungsten arc welding：an analysis for future developments[J]. Applied Sciences，2023，13(19)：10852.

[3] YoungLae K，Sungjong C，Keun I P. Analysis of flaw detection sensitivity of phased array ultrasonics in austenitic steel welds according to inspection conditions[J]. Sensors，2021，21(1)：242－257.

[4] 张鑫宇，范惜梅，李忠虎，等．管道超声相控阵全聚焦成像仿真及算法优化[J]．电子测量技术，2024，47(06)：151－156.

[5] 邵斌，方春华，周固，等．基于相位相干及 dB 幅值增强的全聚焦成像[J/OL]．声学技术，1－11.

[6] Holmes C，Drinkwater W B，Wilcox D P. Post－processing of the full matrix of ultrasonic transmit－receive array data for non－destructive evaluation[J]. NDT and E International，2005，38(8)：701－711.

[7] Ploix M，Guy P，Chassignole B，et al. Measurement of ultrasonic scattering attenuation in austenitic stainless steel welds：Realistic input data for NDT numerical modeling[J]. Ultrasonics，2014，54(7)：1729－1736.

[8] Lhuillier P，Chassignole B，Oudaa M，et al. Investigation of the ultrasonic attenuation in

anisotropic weld materials with finite element modeling and grain - scale material description[J]. Ultrasonics,2017,(78):40—50.

[9] 赵岁花.CCASS焊缝建模及超声检测数值模拟研究[D].大连理工大学,2011.

[10] 庄泽宇,廉国选,王小民.基于水平分置线性双阵列的超声全聚焦成像方法在粗晶材料检测中的应用[J].声学技术,2022,41(03):355—362.

作者简介

慈福龙(2000),男,硕士研究生,研究方向为无损检测,通信地址:211816 南京市浦珠南路30号南京工业大学机械与动力工程学院,E—mail:3047687093@qq.com。

一种高效提高管子管板焊缝检测合格率的方法

杨平平，朱　宁

（中石化南京化工机械有限公司，南京　210048）

摘　要：本文对某反应器的管子管板结构进行了介绍，对 SA350LF2CL.2 管板与 SA210Gr.A－1 换热管的性能进行分析。为提高管子管板焊缝 RT 合格率选择了三种试验方案，最终确定了最佳方案，并提出了防止缺陷产生的焊接方法和保证焊接质量的措施。

关键词：SA350LF2CL.2；SA210Gr.A－1；试验方案；措施

A method for efficiently improving the inspection qualification rate of pipe and tube sheet welds

YANG Pingping，ZHU Ning

(Sinopec Nanjing Chemical Machinery Co.，Ltd.，Nanjing 210048，Jiangsu)

Abstract：In this paper，the tube tube sheet structure of a reactor is introduced，the performance of SA350LF2CL.2 tube sheet and SA210Gr.A－1 heat exchange tube was analyzed. In order to improve the RT qualification rate of pipe and tube sheet welds，three test schemes are selected. The best solution was finally determined，and put forward the welding method to prevent the defect and the measures to ensure the welding quality.

Keywords：SA350LF2CL.2；SA210Gr.A－1；test plan；measure

0　引　言

某公司承制了一台大型反应器设备，此反应器是化工行业中的核心设备，属于大型管壳式换热器。该反应器设备上封头、上管箱裙座筒体采用 SA516Gr.70 材料，下管箱采用 SA516Gr.70 复合 S32168 材料，壳体采用 SA302Gr.C 材料，管束部分换热管材料为 SA210Gr.A－1，管板材料为 SA350LF2CL.2。其结构如图 1 所示。其中换热管规格为 Φ51 mm×3 mm，换热管共 12000 多根。管子管板焊接接头需进行 RT 检测，检测要求焊缝无气孔裂纹未熔合等缺陷。接头形式如图 2 所示。管子管板焊接接头为角接接头形式，管子管板处存在间隙。受加工精度的影响，间隙大小不一，且焊缝背面气不易保护，焊接时易产生未熔合气孔等缺陷。

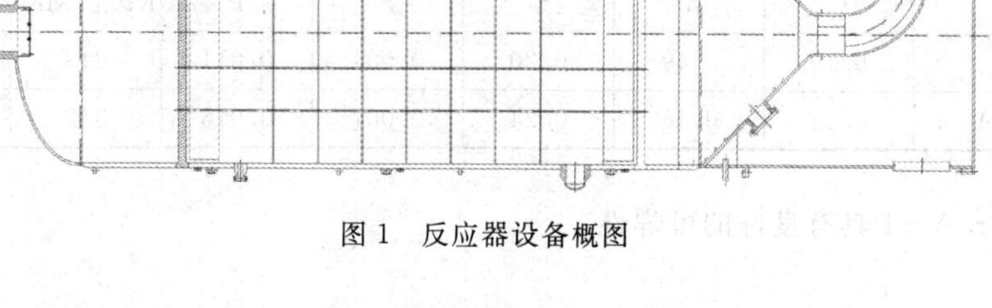

图 1　反应器设备概图

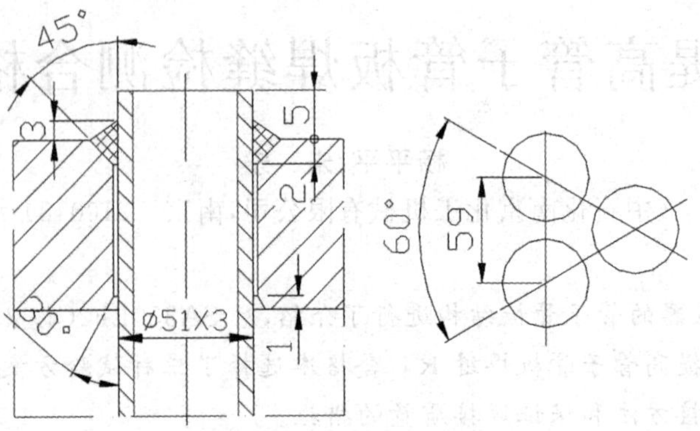

图2　管子管板接头形式图

传统的管子管板焊接一般采用自动钨极氩弧焊焊接,保护气为纯氩气保护。实际焊接过程中我们发现管头焊缝RT合格率不高且缺陷一般在根部产生,为保证焊缝根部质量而提高RT合格率往往需要极其复杂的控制工艺。钨极氩弧焊是一种在氩气或氦气这类惰性气体的保护下,在钨极与母材间引起燃电弧进行的焊接方法[1]。氦气在作为保护气使用时具有电弧温度和能量密度高,焊接效率较高的优点。氦气的热导率比氩气高,所以对于给定的电弧长度和焊接电流,氦气保护的电弧电压比氩气要高得多。但氦气成本较高。采用氩、氦混合气体可兼得两者的优点:电弧燃烧稳定、温度高、焊丝金属熔化速度快、焊缝成形好、焊缝的致密性提高。管子管板自动焊接采用氩、氦混合气体作为保护气为解决焊缝根部易产生缺陷的问题提供了一个方向,且具有实际可操作性。

1　SA350LF2CL.2和SA210Gr.A-1特性分析

SA350LF2CL.2属于美标低温钢锻件,其化学成分与力学性能见表1,表2。

表1　SA350LF2CL.2化学成分(ωt%)

成分	C	Si	Mn	P	S	Cr	Ni	Mo	Ce
实测值	0.14	0.53	0.54	0.005	0.003	1.30	0.09	0.48	0.427

表2　SA350LF2CL.2力学性能

项目	抗拉强度/MPa	屈服强度/MPa	伸长率/%	−20 ℃冲击值 KV_2(J)
实测值	596	465	33	246,255,246

可知SA350LF2CL.2属于低合金锻件,可焊性良好且具有良好的力学性能。

SA210Gr.A-1属于美标碳钢材料,属于压力容器与锅炉行业中常用材料,其成分与性能与国内20G材料相当。SA210Gr.A-1与20G化学成分与力学性能见表3。

表3　SA210Gr.A-1,20G化学成分与力学性能[2]

序号	牌号	化学成分/%					拉伸性能		
		C	Mn	Si	S	P	$Rp_{0.2}$/MPa	R_m/MPa	A/%
1	20G	0.19	0.49	0.20	0.004	0.011	313	463	40.5
2	SA210Gr.A-1	0.18	0.46	0.24	0.007	0.016	312	459	50

可知SA210Gr.A-1具有良好的可焊性。

2 焊接材料的选择

根据 ASME 标准本次试验焊材选用 ER70S－6 自动焊焊丝，焊丝规格为 $\Phi1.0$ mm。ER70S－6 化学成分与力学性能见表 4。

表 4 ER70S－6 化学成分与力学性能

序号	牌号	化学成分/%					力学性能			
		C	Mn	Si	S	P	R_{el}/MPa	R_m/MPa	A/%	KV_2(−30 ℃)/J
1	ER70S－6	0.08	1.42	0.86	0.008	0.012	470	560	26	100

从表 4 可知，ER70S－6 具有良好力学性能与化学成分，满足使用要求。

3 试验过程

3.1 试验方案的选择

为确定混合气最佳比例，我们先采取 70%Ar＋30%He、85%Ar＋15%He、95%Ar＋5%He 三种混合比例方案进行焊接试验，方案内容见表 5。

表 5 试验方案内容

试样	方案Ⅰ	方案Ⅱ	方案Ⅲ
试板材质	SA350LF2CL2	SA350LF2CL2	SA350LF2CL2
试管材质	SA210Gr. A－1	SA210Gr. A－1	SA210Gr. A－1
试板规格	360 mm×280 mm，δ=50 mm	360 mm×280 mm，δ=50 mm	360 mm×280 mm，δ=50 mm
试管长度 L/mm	80	80	80
焊接材料	ER70S－6	ER70S－6	ER70S－6
焊丝规格/mm	$\Phi1.0$	$\Phi1.0$	$\Phi1.0$
混合气比例	70%Ar＋30%He	85%Ar＋15%He	95%Ar＋5%He

以方案Ⅰ作为模拟实验用材，进行设备调试，摸索参数，熟悉设备；通过不同工艺参数进行管子管板自动焊试验，从焊道外观成型、无损检验、金相检测等方面进行对比，选择各项结果最佳的实验试件，确定最优工艺参数。本次试验所使用的焊机为悬挂式管子管板焊接自动氩弧焊机。通过调试方案Ⅰ最佳工艺参数为：第一道：电流基值 80 A 峰值 185 A，电压 10 V，送丝速度 200 mm/min；第二道：电流基值 100 A 峰值 200 A，电压 10 V，送丝速度 270 mm/min；第三道：电流基值 100 A 峰值 220 A，电压 10 V，送丝速度 340 mm/min。焊接速度均为 160 mm/min。焊接完成后焊道成型美观，焊道呈明亮致密的鱼鳞纹形状。焊道颜色表明焊接工艺参数上存在一定的调控余量，焊道成型见图 3。硬度检测：焊缝，热影响区硬度值≤200 HBW。经金相检查焊缝根部完全熔透，无裂纹未熔合等缺陷。RT 检测 100%合格，每个角焊缝厚度符合相应技术要求（$K \geq 2$ mm，$K_1 \geq 5$ mm、a、b 实测，$|a-b| \leq 3$ mm）。金相检查图见图 4，硬度检测位置图详见图 5。

图 3 焊道成型图

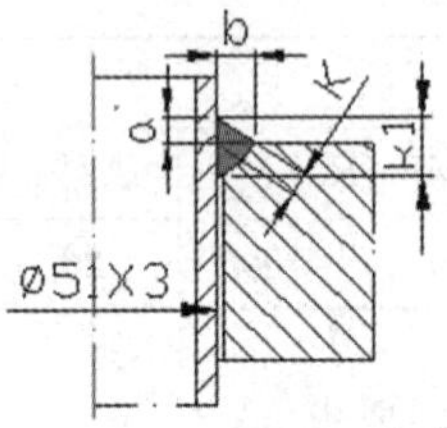

图 4　金相检查图

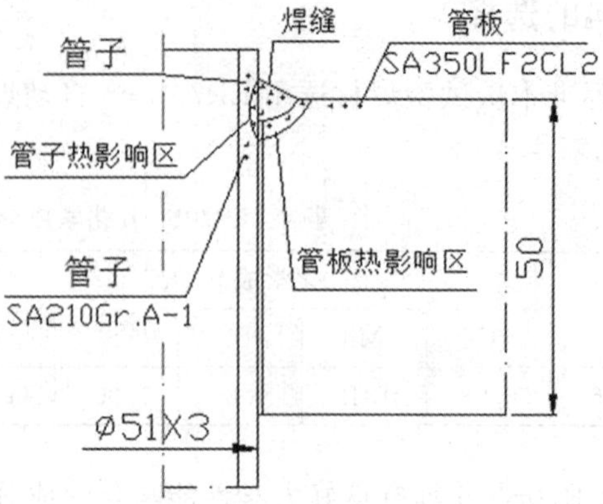

图 5　硬度检测位置图

在方案Ⅰ达到良好效果的基础上，我们对焊接参数进行微调来焊接方案Ⅱ，方案Ⅲ试件。焊接完成后方案Ⅱ，方案Ⅲ试件无论从外观成型还是理化试验结果均取得了满意的效果，RT 合格率均为 100%。最终我们确定了 Ar＋He 混合气保护管子管板的最佳焊接规范，见表 6。

表 6　最佳焊接规范

焊道	焊接电流/A	电弧电压/V	送丝速度/（$mm \cdot min^{-1}$）	焊接速度/（$mm \cdot min^{-1}$）
第一道	基值:75～85 峰值:180～190	10～12	190～210	150～170
第二道	基值:90～110 峰值:190～210	10～12	260～280	150～170
第三道	基值:90～110 峰值:210～230	10～12	330～350	150～170

3.2　最终方案的确定

管子管板焊接缺陷往往产生在焊缝根部，即打底层位置。可以推测打底层焊接采用混合气保护，面层焊接采用纯氩气保护便可保证焊接质量[3-4]。制造现场气体流量表量程最小为 1 L/min，实际生产中混合气保护可调最低值为：Ar 13 L/min，He 1 L/min，即混合比例为 93%＋7%。所以我们大胆决定以打底层焊接采用 93%Ar＋7%He 混合气保护，面层焊接纯氩气保护作为最终实验方案，该方案试样规格与方案Ⅰ－Ⅲ的规格相同，实验结果以工艺评定报告的形式保留存档。具体实验结果见表 7、表 8。

表 7　最终方案理化试验结果

观察面	1	2	3	4	5	6	7	8
角焊缝厚度 K/mm	2.4	2.1	2.0	2.2	2.0	2.8	2.3	2.8
K_1/mm	6.0	6.8	5.2	5.9	5.7	5.9	5.7	6.9
a/mm	3.6	3.9	2.9	3.6	2.7	3.7	3.5	4.2
b/mm	4.3	4.2	3.6	4.2	3.3	5.0	3.9	4.7
$\|a-b\|$/mm	0.7	0.3	0.7	0.6	0.6	1.3	0.6	0.5

注：合格指标，1.4 个剖面 8 个观察面，其中应包括一个取自接弧处，焊缝根部应焊透，焊缝金属和热影响区不允许有裂纹、未熔合等缺陷；2. 在 8 个金相检验面上测定，每个角焊缝厚度 $K \geqslant 2$ mm，$K_1 \geqslant 5.5$ mm，实测 a、b，并计算 $|a-b| \leqslant 3$ mm。

表 8 最终方案硬度检测结果

管板母材	管板热影响区	焊缝	管子热影响区	管子母材
127,128,126	200,197,198	200,197,195,199,196	198,200,195	161,163,160

焊接完成后对焊接接头进行 100%PT,100%RT 检测,合格率均为 100%。

4 焊接控制要点

(1)管子管板焊缝出现缺陷的部位一般在根部,所以焊前需对待焊表面进行打磨清理,去除油污、铁锈、氧化皮等杂质。

(2)为保证焊缝根部完全熔透且不烧穿管壁,打底焊道需少填丝小线能量焊接。

(3)焊接起弧时从 10 点～12 点起弧,逆时针焊接;每道焊缝焊接的收弧点必须错开。

(4)E0 反应器设备属于特种设备,管子管板焊缝更是关键焊缝。所以焊工在焊接时需取得《特种设备作业人员证》,其焊工资格为 GTAW－5FG－05/07/09/19。

5 结 论

(1)通过混合气保护的加入,合理的焊接参数控制,可以获得致密美观高质量的焊缝。

(2)打底层采用混合气保护,面层纯氩气保护即可保证管子管板焊接 RT 检测要求。

参考文献

[1] 喻中建. 浅谈电弧焊及富氩气混合气体保护焊[J]. 采矿技术,2007,7(1):84－85.

[2] 徐沁,王煜,毛洁. 高压锅炉用碳钢 SA210A－1、SA210C、20G 比较分析[J]. 锅炉技术,2016,47(6):59－61.

[3] 郑明涛,王莉,周小龙,等. 管板镍基合金双钨极自动 TIG 堆焊工艺研究及应用[J]. 压力容器,2024,41(9):16－22.

[4] 邢卓. 管板带极电渣堆焊双相不锈钢工艺[J]. 压力容器,2024,41(11):74－84.

作者简介

杨平平,男,高级工程师,通信地址:210048 江苏省南京市六合区大厂姜桥 1 号,E－mail:yangharry2008@126.com。

基于双面阵探头的厚壁奥氏体不锈钢焊缝的超声相控阵检测方法

杜俊聪[1,2],东 蕊[1],张 淋[1],原可义[1]

(1. 中国特种设备检测研究院,北京 100029;2. 首都航天机械有限公司,北京 100076)

摘 要:奥氏体焊缝对接接头为粗晶结构,检测时声束能量衰减,随着壁厚增加,声束能量衰减越严重,检测灵敏度低;晶粒组织各向异性明显,检测时会出现声束偏移,定位精度降低。本文针对厚壁奥氏体检测难点问题,总结归纳探头选型方法,研究双面阵相控阵探头在奥氏体焊缝对接接头检测效果,制定检测工艺。对比试块实验表明,近侧熔合线横孔纵向定位误差约 1 mm,信噪比达到 24.6 dB 以上;中心线横孔纵向定位误差约 2.5 mm,信噪比达到 13.7 dB 以上,利用双面阵探头检测效果较好,本文制定的检测工艺可在实际检测中有效提升厚壁奥氏体不锈钢焊缝检测灵敏度和定位精度。

关键词:厚壁奥氏体不锈钢,相控阵检测,双面阵探头

Ultrasonic phased array detection method for thick - walled austenitic stainless steel welds based on double - sided array probes

DU Juncong[1,2], DONG Rui[1], ZHANG Lin[1], YUAN Keyi[1]

(1. China Institute of Special Equipment Testing, Beijing 100029, China;

2. Capital Aerospace Machinery Co., Ltd., Beijing 100076, China)

Abstract: The austenitic weld butt joint has a coarse - grained structure. During detection, the energy of the sound beam attenuates. As the wall thickness increases, the energy attenuation of the sound beam becomes more severe, and the detection sensitivity is low. The anisotropy of the grain structure is obvious. During the detection, the sound beam will shift and the positioning accuracy will decrease. This paper focuses on the difficult problems in the detection of thick - walled austenite, summarizes and generalizes the probe selection methods, studies the detection effect of double - sided array phased array probes on austenite weld butt joints, and formulates the detection process. The experimental results of the comparison test blocks show that the longitudinal positioning error of the transverse hole of the proximal fusion line is approximately 1 mm, and the signal - to - noise ratio reaches more than 24.6 dB. The longitudinal positioning error of the centerline transverse hole is approximately 2.5 mm, and the signal - to - noise ratio reaches above 13.7 dB. The detection effect using the double - sided array probe is relatively good. The detection process formulated in the text can effectively improve the detection sensitivity and positioning accuracy of thick - walled austenitic

基金项目:国家市场监督管理总局科技计划项目(2024MK217);中国特种设备检测研究院内部科研项目(2023 青年 09)

stainless steel welds in actual detection.

Keywords: Thick wall austenitic stainless steel, phased array testing, dual matrix array probe

0 引 言

奥氏体不锈钢因具有优良的耐腐蚀性、耐热性、抗氧化性和良好的工艺性能而广泛应用于机械制造、核工业、石油化工等领域。比如石化行业常使用奥氏体不锈钢制成的压力容器储存液体或气体；核电反应堆的主回路管道、蒸汽发生器等重要部件也常使用奥氏体不锈钢制作等等[1]。由于制造工艺限制和使用条件恶劣，焊缝区域容易产生缺陷，从而引起各种安全问题，为了保证设备的安全运行，需要对奥氏体不锈钢焊接接头进行全面检测[2]。

目前，超声检测是奥氏体不锈钢检测的常用方法，由于奥氏体不锈钢焊缝晶粒粗大、各向异性明显，超声波在介质中传播时声束能量衰减及声线偏移严重[3]，常规超声会出现定位不准确、缺陷检测灵敏度低等问题，超声相控阵技术能够实现多角度聚焦和偏转，提升检测信噪比，提高检测灵敏度[4]。

本文以厚壁奥氏体不锈钢对接接头检测问题展开研究，明确厚壁奥氏体不锈钢检测难点，建立超声检测仿真模型，仿真分析双面阵探头结构参数对检测效果影响，优化探头参数，制定检测工艺，开展相控阵检测实验，对相控阵检测工艺进行优化调整，最终形成厚壁奥氏体不锈钢超声相控阵检测方法。

1 超声检测原理

1.1 厚壁奥氏体不锈钢对接接头检测难点

随着超声检测仪器设备和成像方法的不断进步，奥氏体不锈钢焊接接头的检测难题也不断被突破，40 mm 以下薄壁焊缝基本上不存在技术难点；但厚壁接头因为各向异性和散射效应更为突出，仍是目前无损检测的瓶颈问题。随着工业参数的提升，厚壁奥氏体管道、压力容器的数量不断增加，其检测问题也日益突出，目前需要解决的技术难点主要集中在以下方面[5-7]：

(1)粗大晶粒的影响。当焊缝晶粒的直径接近超声波波长的十分之一时，就会有明显的声散射；达到半个波长时，声散射就会急剧增加。强烈的声衰减和杂乱的散射回波导致检测信噪比较低。

(2)组织各向异性的影响。当超声波在各向异性介质中传播时，在异质界面的折射和波型转换会使声束传播方向被扭曲，影响反射源的定位精度。

1.2 双面阵相控阵检测

针对厚壁奥氏体不锈钢接头的检测，双面阵相控阵探头具有一定优势，图 1 所示为双面阵探头平面结构，双面阵探头采用一发一收相互独立的结构，减少两个探头之间的串扰，可以有效提高检测盲区，与线阵相比，双面阵探头可以增加声束的角度覆盖，而且双面阵的屋顶角可以形成一个菱形范围的伪聚焦区域，提高该检测区域的信噪比[8]。

本节通过 CIVA 仿真模拟，分析双面阵探头及楔块结构对检测声场的影响，研究其对探头声束汇聚区深度、声束范围及焦点声压幅值的影响，为后续探头选型楔块设计提供参考。

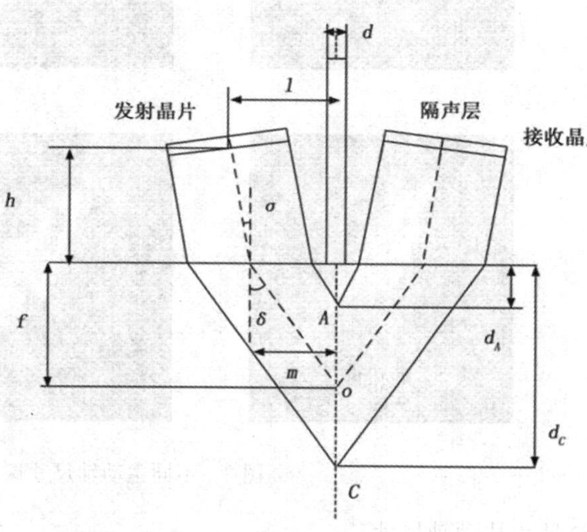

图 1 双面阵探头平面结构

1.2.1　阵元数量变化对声束汇聚区的影响

图 2 所示为不同阵元数量探头声场仿真结果，随着主动轴阵元数量增加，声束能量越大且靠近焊缝中心线，当主动轴阵元数达到 8 或 10 时，最大声压幅值点出现在焊缝中心线；随着从动轴阵元数量增加，声束能量区范围越大，有效检测区域越大，当从动轴阵元数量为 4 列时声场能量最大，当阵元数量再增加，检测区域能量有所降低。

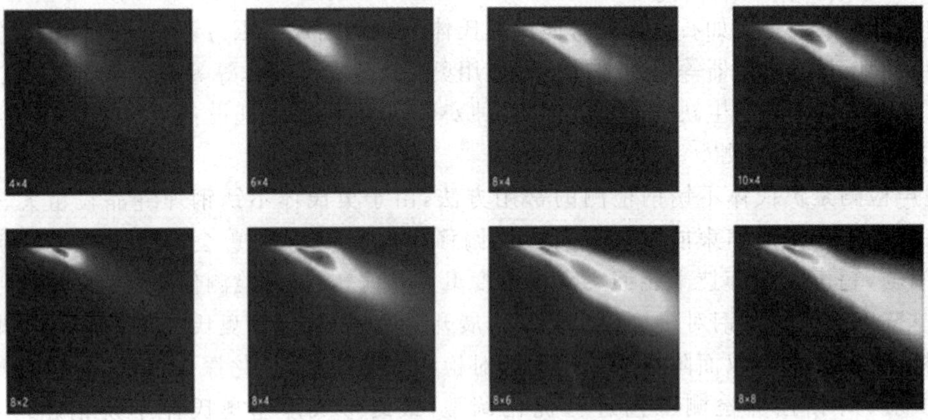

图 2　不同阵元数量探头的声场仿真结果

1.2.2　晶片尺寸变化对声束汇聚区的影响

(1)晶片主动轴尺寸

图 3 为主动轴晶片尺寸 2～3 mm 时探头声场仿真结果，随着晶片尺寸增加，主动轴孔径增加，焦点位置声压值增加且焦点位置逐渐向焊缝中心线靠近，通过增大主动轴晶片尺寸可以增大有效检测区域面积并提升检测区域声压。

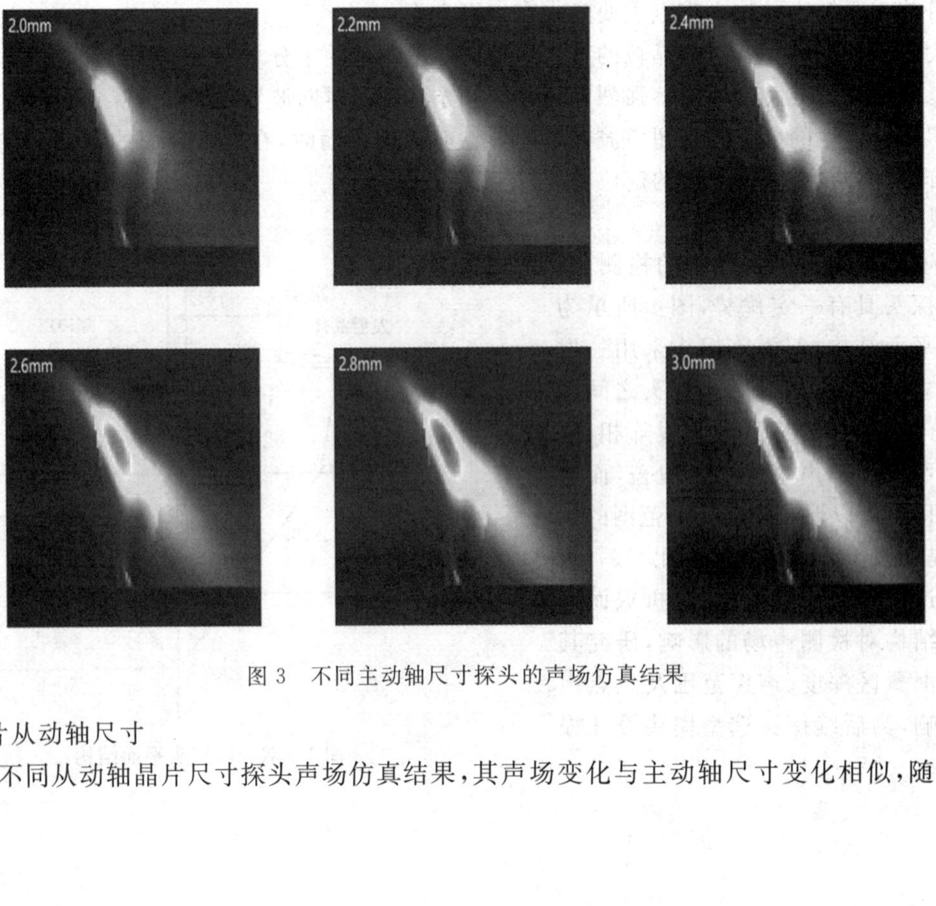

图 3　不同主动轴尺寸探头的声场仿真结果

(2)晶片从动轴尺寸

图 4 为不同从动轴晶片尺寸探头声场仿真结果，其声场变化与主动轴尺寸变化相似，随着晶片尺寸

增大，焦距逐渐变大，焦点声压变大且焦点位置逐渐向焊缝中心线移动。通过增大从动轴晶片尺寸也可以增大有效检测区域面积并提升检测区域声压。

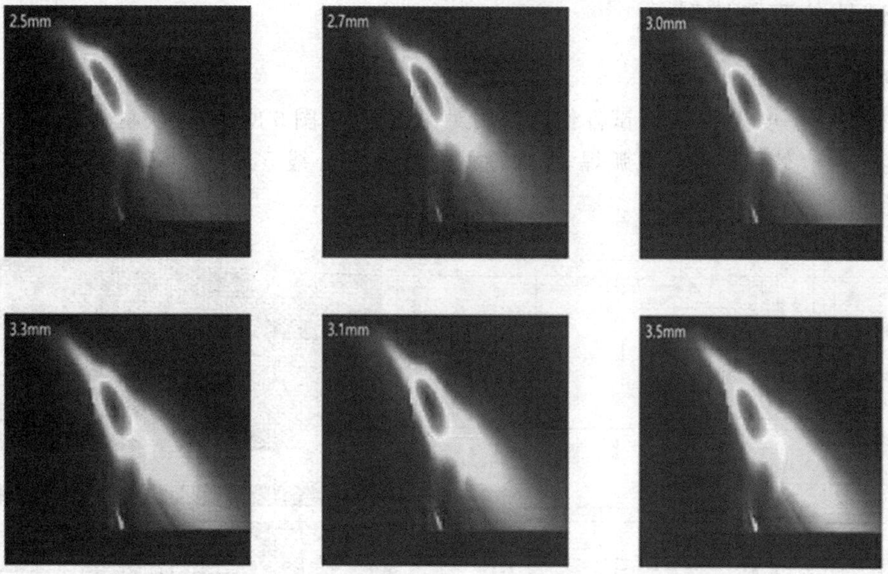

图 4　不同晶片从动轴尺寸探头的声场仿真结果

1.2.3　屋顶角变化

根据双面阵探头结构特点可知，探头聚焦区域深度有关与晶片倾角大小有关。图 5 为不同屋顶角度下的声场仿真结果，探头晶片倾角越大，声束交叉覆盖区越短，探头适用于检测厚度较小的工件；探头晶片倾角越小，声束交叉覆盖区越窄长，探头适用于检测厚度较大的工件。

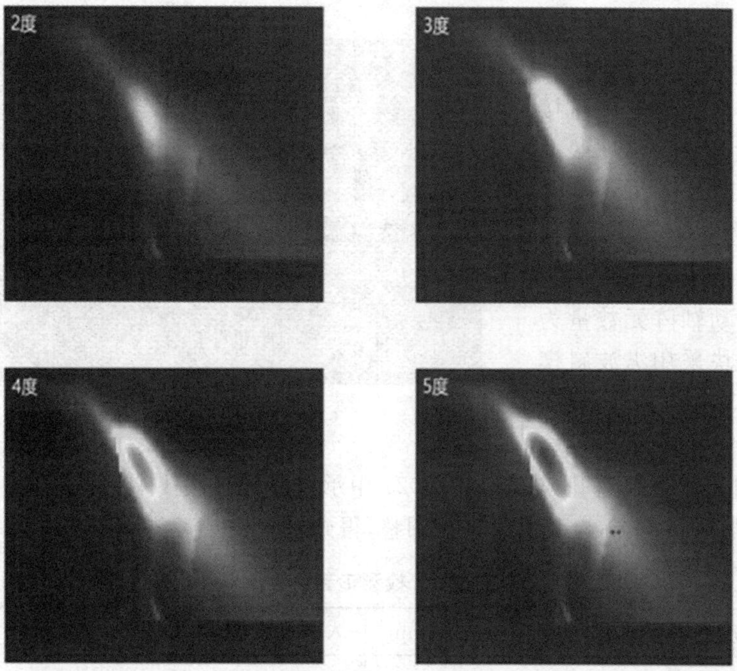

图 5　不同晶片倾角探头的声场仿真结果

综合上述各参数的仿真分析结果，可总结以下结论：

(1)随着晶片数量、晶片尺寸增加，检测声场的声束焦距、有效检测区域面积、焦点声压幅值均增加；

(2)随着晶片倾角增加，声束焦距与有效检测区域面积均减小，声场焦点声压幅值增加；

(3)在实际检测时，应综合考虑各参数综合作用及实际条件选取探头。

2 对比试块仿真与实验

2.1 检测对象

对本文所检测的厚度为 74 mm 试件作为专用对比试块，如图 6 所示，试块材料为 TP347 奥氏体不锈钢，焊接方式为钨极气体保护焊—电弧焊，在焊缝熔合线及中心线 5，15，25，35，45，55 及 68 mm 处设置 Φ2 mm 横通孔。

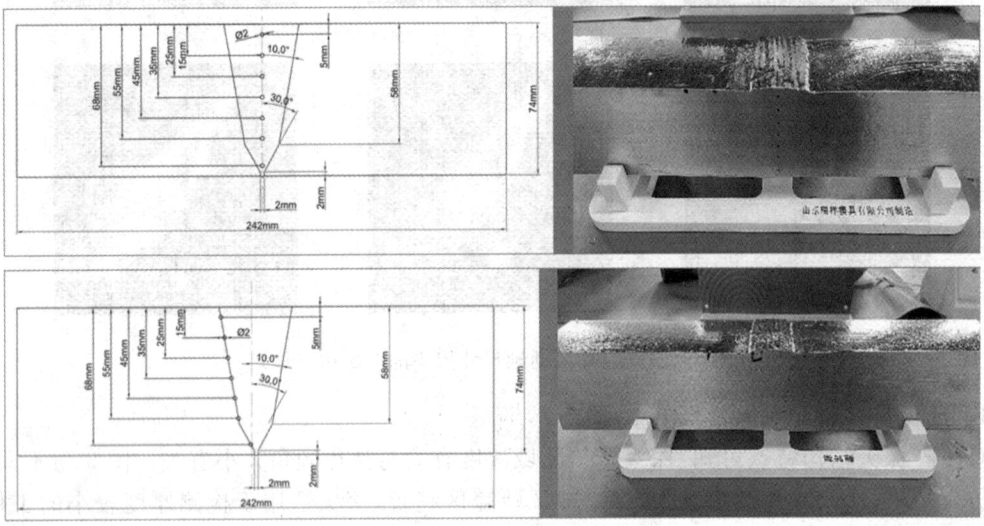

图 6 对比试块

2.2 检测设备

实验设备 Dynaray64/64PR. Lite 超声相控阵检测仪，其发射模块与接收模块最多同时激发 64 阵元，实验选用的探头型号为 1.5M8x4E20×12 双面阵相控阵探头，如图 7 所示，其标称频率为 1.5 MHz，主动轴阵元数量为 8，孔径为 20 mm，从动轴阵元数量为 4，孔径为 12 mm；楔块采用纵波斜楔块，楔块型号为 10053813。

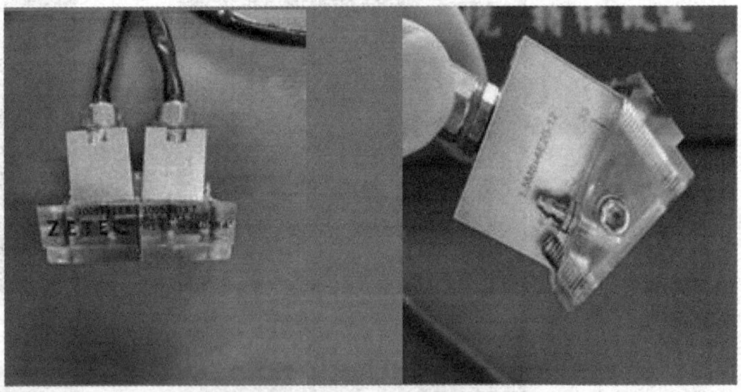

图 7 双面阵相控阵探头

2.3 仿真实验

以相控阵检测相关标准 NB/T47013.15—2021 中承压设备焊接接头相控阵超声检测方法为基础，结合对比试块仿真模拟结果对实际检测对象进行调整，得到表 1 检测工艺设置。

表 1 检测工艺设置

检测层数	扇扫角度范围/(°)	聚焦深度设置/mm	入射点距离焊缝中心线距离/mm	可检测深度范围/mm
第一层	58～88	60	65	5～25
第二层	50～77	85	75	20～45
第三层	40～68	95	85	40～74

对本文的检测对象 74 mm 厚壁奥氏体不锈钢对接接头实施分层扫查，其仿真结果结果如图 8、图 9 所示，仿真结果表明，该检测工艺可以实现中心横通孔及近侧熔合线横通孔的全部检出，检测符合相控阵标准规定且对检测结果与缺陷判定过程无影响，后续可以应用到相关实际检测过程中。

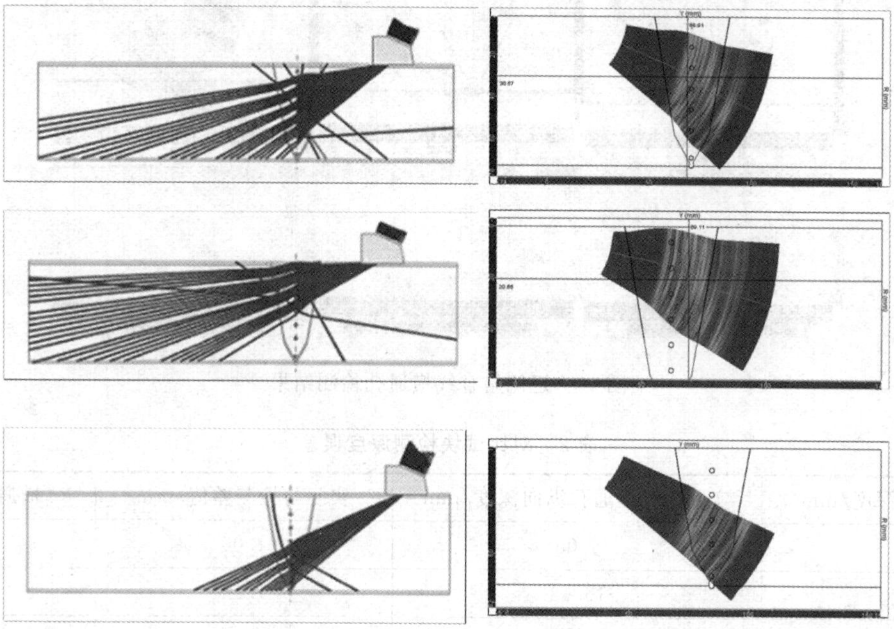

图 8　中心横通孔仿真结果

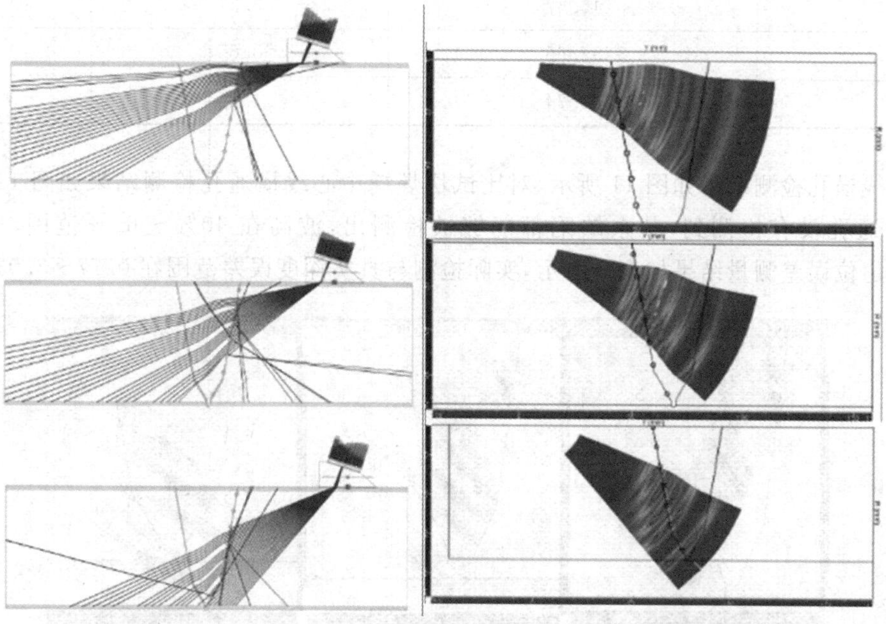

图 9　近侧熔合线横通孔仿真结果

2.4　对比试块实验

按照表 1 的检测工艺设置，对专用对比试块进行检测，对比试块近侧熔合线横孔检测结果如图 10 所示。由成像结果可以看出，分层扇扫描可以实现全部缺陷的检出，反射波高都在 80%以上，检测过程中近侧熔合线处各 Φ2 mm 横通孔信噪比均处于 24.6 dB 以上，定位误差测量结果如表 2 所示，实际检测与真实深度误差范围在 0.57～1.26 mm 之间。

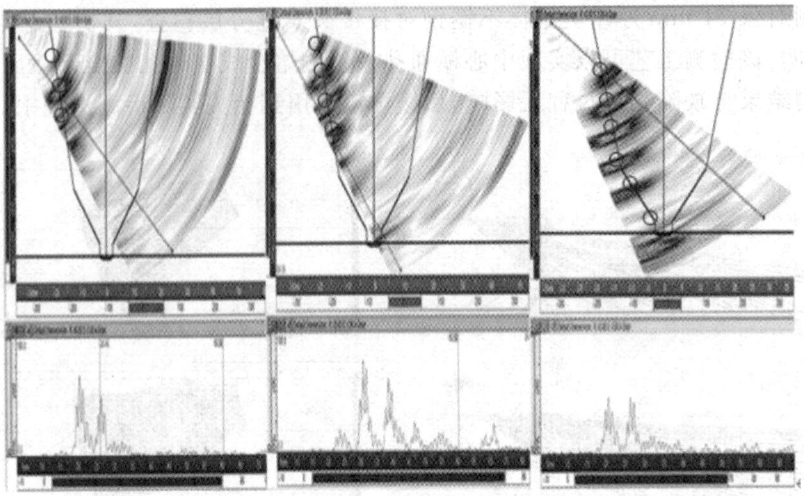

图 10　近侧熔合线横通孔检测结果

表 2　对比试块检测深度误差

预设横通孔深度/mm	实际检测横通孔纵向深度/mm	实际与检测差值/mm	横通孔波高/%
5	6.05	1.05	80
15	16.13	1.13	80
25	26.01	1.01	80
35	35.69	0.69	80
45	45.57	0.57	80
55	55.65	0.65	80
68	66.74	1.26	80

焊缝中心线横孔检测结果如图 11 所示，对比试块焊缝中心线横通孔检测结果如图 11 所示，除了深度 5 mm 的横通孔没有检测到，其余缺陷都能够被检测出，波高在 40%～60%范围，信噪比均达到 13.7 dB以上，定位误差测量结果如表 3 所示，实际检测与真实深度误差范围在 0.77～3.03 mm 之间。

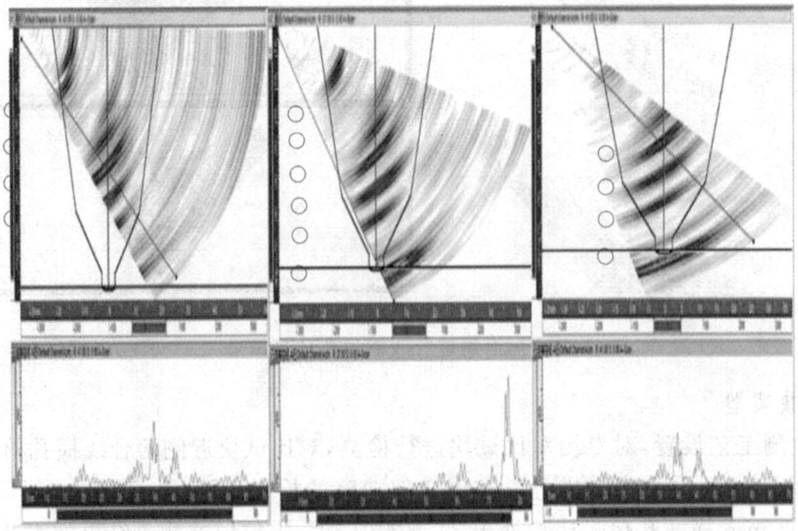

图 11　中心线横通孔检测结果

表 3　对比试块检测深度误差

预设横通孔深度/mm	实际检测横通孔纵向深度/mm	实际与检测差值/mm	横通孔波高/%
5	未检出	未检出	未检出
15	17.55	2.55	38
25	28.03	3.03	42
35	36.70	1.70	49
45	45.77	0.77	66
55	56.06	1.06	42
68	66.74	1.26	40

与对比试块近侧熔合线横通孔检测结果相比，中心线横通孔检测检测灵敏度和定位精度都较差，这是因为声束经过了部分焊缝区域，焊缝晶粒粗大和各向异性特点导致检测质量下降。

3　模拟试块实验

检测对象为厚度 42 mm 的奥氏体不锈钢对接焊缝，探头选用 1.5M8x4E20×12 双面阵相控阵探头，频率为 1.5 MHz，尺寸 20 mm×12 mm，预埋缺陷为未熔合、夹渣，检测模式为纵波一次波直接法，扇扫成像结果如图 12 所示，检测结果与缺陷信息一致。

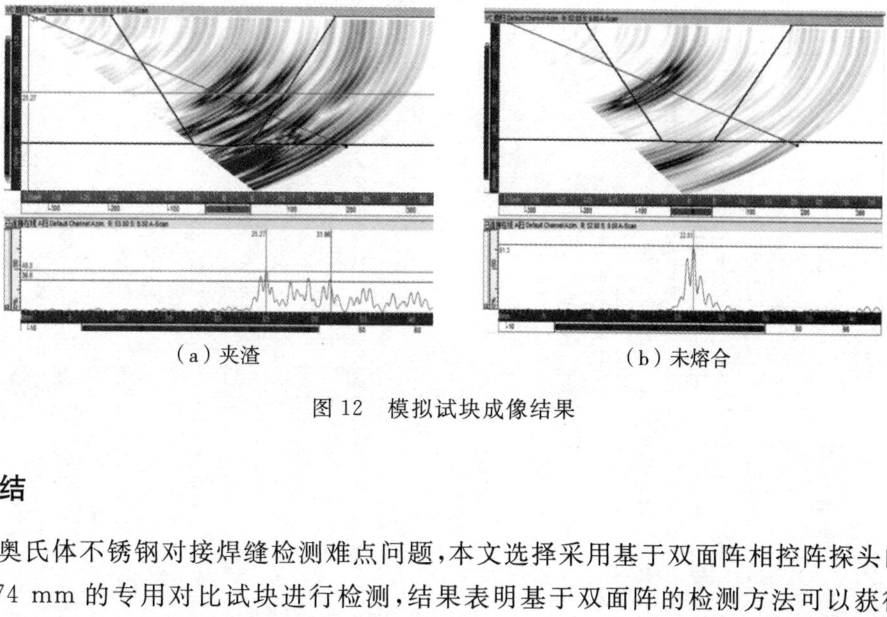

（a）夹渣　　（b）未熔合

图 12　模拟试块成像结果

4　总　结

针对厚壁奥氏体不锈钢对接焊缝检测难点问题，本文选择采用基于双面阵相控阵探头的超声检测方法，对厚度为 74 mm 的专用对比试块进行检测，结果表明基于双面阵的检测方法可以获得较高的信噪比，实现缺陷的有效检出，解决厚壁奥氏体焊缝的检测问题，在进行厚壁奥氏体不锈钢检测时，应注意以下问题：

（1）采用较低频率探头；厚壁奥氏体不锈钢对接焊缝的各向异性和散射效应更为突出，检测灵敏度低，采用低频探头可以在一定程度上减少衰减的影响；

（2）采用双面阵相控阵探头；双面阵探头由于结构特点形成的聚焦区域，能够进一步解决衰减问题，提高检测信噪比，同时双面阵探头检测覆盖范围更大。

参考文献

[1] 吴豪，单鲁维，路晓卫，等．厚壁奥氏体不锈钢对接接头的相控阵超声检测[J]．无损检测，2020，

42(11):46－51.

[2] 王晓雷. 承压类特种设备无损检测相关知识[M]. 北京:中国劳动社会保障出版社,2012.

[3] 刘梓昱,王俊龙,杨宸旭,等. 厚壁奥氏体不锈钢焊缝双晶纵波面阵超声全聚焦成像研究[J]. 应用声学,2025.

[4] 郑晖,林树青. 超声检测[M]. 北京:中国劳动社会保障出版社,2008.

[5] 严宇,张晓峰,杨会敏,等. 核电主管道奥氏体不锈钢焊缝的相控阵超声检测[J]. 无损检测,2018,40(2):5.

[6] 卜阳光,程经纬,陈炜,等. 接管焊缝超声相控阵多模全聚焦检测技术[J]. 压力容器,2023,40(3):1－6.

[7] 王洪涛,吴伟,王祖悦,等. 超限厚度嵌入式焊缝超声相控阵检测仿真与实现[J]. 压力容器,2024,41(3):72－80.

[8] 王敬钊,林莉,李喜孟. 双晶纵波斜探头设计参数对聚焦区声场特性定量影响分析[J]. 无损探伤,2012,36(4):4.

作者简介

杜俊聪,男,工程师,主要研究方向为超声、射线检测技术,通信地址:北京市丰台区南苑警备东路2号,E－mail:760150386@qq.com。

基于自适应字典局部稀疏的超声走时层析成像管道缺陷定量检测方法

饶 静[1],刘骏锋[1],胡 斌[2]
(1. 北京航空航天大学 仪器科学与光电工程学院,北京 100191;
2. 中国特种设备检测研究院,北京 100013)

摘 要:管道腐蚀缺陷导致的壁厚减薄是油气输送领域的重要安全隐患,会显著降低管道承压能力并增加泄漏风险。超声导波走时层析成像技术虽能实现壁厚损失的定量检测,但其精度受限于两个关键因素:超声走时提取误差和反演过程的不适定性。针对这些问题,本研究提出了基于赤池信息准则的邻域互相关走时提取算法,显著提高了噪声环境下超声A0导波信号的走时测量精度。在此基础上,建立了基于自适应字典局部稀疏的超声走时层析成像方法,通过联合走时残差正则化和稀疏正则化约束,并结合字典学习获得的局部特征先验知识,有效改善了反演稳定性。实验结果表明,所提算法对管道腐蚀缺陷的最大壁厚损失重构误差小于5%,为油气管道安全监测提供了更可靠的定量评估手段。

关键词:超声导波;自适应字典;走时层析成像;缺陷定量检测

Quantification of pipeline defects based on locally - sparse ultrasonic travel time tomographywith adaptive dictionary

RAO Jing[1],LIU Junfeng[1],HU Bing[2]
(1. School of Instrumentation and Optoelectronic Engineering,Beihang University,Beijing 100191,
China;2. China Special Equipment Inspection & Research Institute,Beijing100013,China)

Abstract:Pipe wall loss caused by corrosion is a critical problem to the oil and gas industry which can reduce the loading capacity and increase the chance of leakage. Although ultrasonic guided wave travel time tomography enables quantitative evaluation of pipe wall loss,its accuracy is limited by two key factors:errors in first - arrival picking algorithms and ill - posed problems of inversion processes. To address these challenges,this paper applies a first - arrival picking algorithm called Akaike information criterion neighbor cross - correlation(AICNCC). This algorithm significantly enhances the measurement accuracy of A0 guided wave travel time while maintaining robustness against random noise. Moreover, this paper proposes a locally - sparse ultrasonic travel time tomography with adaptive dictionary. By combining residual and sparse regularization constraints with prior knowledge of local features acquired through dictionary learning, the proposed algorithm effectively enhances inversion stability. The experimental results demonstrate that the maximum wall thickness reconstruction error of this algorithm for pipeline corrosion defects is less than 5%, providing a more reliable quantitative evaluation method for oil and gas pipeline health monitoring.

Keywords: ultrasonic guided wave; adaptive dictionary; traveltime tomography; quantitative detection of defects

0 引 言

管道运输作为石油、天然气等能源输送的主要方式，在现代能源基础设施中具有不可替代的重要作用[1-3]。然而在实际运行过程中，管道会受到输送介质腐蚀、土壤电化学腐蚀以及应力腐蚀等多种腐蚀机理的影响，导致管壁厚度逐渐减薄。当剩余壁厚低于设计安全标准时，将严重威胁管道的结构完整性，并可能引发泄漏事故。因此，开展管道壁厚损失的精确检测与及时预警具有重要的工程意义[4,5]。常规的超声测厚仪需要逐点接触测量，其检测效率难以满足长距离管道的检测需求。相比之下，超声导波检测技术具有长距离、大范围的检测优势，能够通过多种模态导波分析同步获取缺陷位置和壁厚信息[6-8]。

在超声导波定量检测方面，超声导波走时层析成像技术通过环形布置的传感器阵列采集信号，基于射线传播理论(包括直线模型[9]和弯曲模型[10])反演慢度(速度的倒数)分布，进而结合导波频散特性实现壁厚重建，其中走时提取作为核心环节直接影响定量成像质量。目前常用的超声走时提取方法主要包括三类：基于统计特征的方法[11,12]通过分析信号统计特性变化提取走时，但对噪声干扰敏感；基于互相关的方法[13,14]利用信号互相关峰值确定走时，但受频散效应引起的波形畸变影响较大；基于能量分析的方法[15,16]则依据超声信号能量突变特征(如包络峰值)判定走时，但参数设置依赖经验。此外，Gaci[17]将小波变换引入时频分析，为走时提取提供了时频域的解决方案，但其性能受基函数选择和阈值设定的制约。以上方法在实际工程应用中可能面临抗干扰能力和适应性等方面的挑战。

除了超声走时提取之外，超声导波走时层析成像的反演本质上是介质参数场的非线性逆问题。当采用直线射线传播假设、忽略衍射效应并对连续介质进行离散化处理后，该问题可近似为线性/线性化逆问题求解[18]。由于有限角度的射线路径覆盖和数据不完备，这类反演问题往往呈现病态性，需要通过正则化方法引入先验约束，获得符合超声传播规律的稳定解。常规的正则化方法主要包含两类：Tikhonov 正则化[18]和总变分正则化[19]。Tikhonov 正则化通过引入解的 l_2 范数惩罚项和梯度惩罚项来约束反演过程，虽然能有效抑制高频噪声，但其各向同性的平滑特性会导致边界模糊和细微结构分辨率降低。总变分正则化则以解的梯度 l_1 范数作为惩罚项，在保持边缘特征方面具有优势，但会引入阶梯效应伪影，且因其非线性特性导致计算复杂度呈数量级增加。相比之下，稀疏表示方法通过假设解可由预先构建的字典中少量原子的线性组合表示，在保证计算效率的同时可获得高精度的重建结果[20]。该方法已经成功应用于地震信号反褶积计算[21]，随后被推广应用于声学领域的多个方向，包括波束形成中的方向性估计[22]、匹配场处理[23]以及海洋声学参数反演[24]等，展现出良好的适应性和有效性，但在超声导波反演中尚未得到应用。

针对超声导波层析成像中存在的走时提取精度不足和反演过程不稳定的问题，本研究提出了一种基于赤池信息准则邻域互相关的走时提取算法和基于自适应字典局部稀疏的超声走时层析成像算法。通过结合基于统计与相关的走时提取算法优势和引入稀疏正则化约束与字典学习，旨在提升噪声环境下的走时提取精度，改善反演结果的稳定性和可靠性，为管道腐蚀缺陷的最大壁厚损失定量化检测提供技术支持。

1 超声导波走时层析成像

管道的圆柱形几何结构会导致超声导波在传播过程中产生多路径效应，其中不同螺旋路径的叠加会引起显著的导波信号混叠现象，严重影响缺陷特征的准确提取。针对这一关键问题，本研究提出了基于自适应字典局部稀疏的超声走时层析成像的管道缺陷定量层析成像方法。本文首先将超声导波信号反向传播对齐第一个超声导波波包，并应用过滤窗口与离散傅里叶变换来选择第一个超声导波波包，在多次迭代的过程中实现了第一个超声导波波包的分离[25]。在此基础上，采用基于赤池信息准则邻域互相关的走时提取算法提取第一个超声导波波包的走时信息，并使用基于自适应字典局部稀疏的超声导波走时层析成像算法进行管道腐蚀缺陷的最大壁厚损失定量检测。

1.1 基于赤池信息准则邻域互相关的走时提取算法

超声导波走时提取面临两个主要问题：频散效应和随机噪声干扰。基于赤池信息准则（Akaike information criterion，AIC）算法对频散效应具有较强适应性，但抗噪声能力较弱[26]；而常规互相关算法虽能有效抑制随机噪声，但易受频散效应影响。为此，本文首先利用AIC算法获得超声导波初步走时估计，有效抑制频散效应，在此基础上，通过邻域互相关算法对初步结果进行时移校正，显著提升抗噪声能力。

采用AIC算法提取超声导波（A0模态）信号的初始到达时间，首先以k作为分界点将目标导波信号划分为两部分，随后按公式(1)所示方法计算两部分的方差和：

$$AIC(k)=k\log\sigma_{1\sim k}^{2}+(N-k)\log\sigma_{k+1\sim N}^{2},\tag{1}$$

式中，$\sigma_{1\sim k}^{2}$ 和 $\sigma_{k+1\sim N}^{2}$ 分别为两部分的方差，N 为超声导波信号的采样点数。该算法通过遍历目标超声导波信号时域范围内的所有采样点，以方差和最小化为优化目标，确定最优信号划分点 $k_{\min}$，进而计算超声导波的初步到达时间：

$$TT\,M_{AIC}(i,j)=k_{\min}\tag{2}$$

式中，$TT\,M_{AIC}(i,j)$ 表示第 i 个超声发射换能器和第 j 个超声接收换能器对应的由 AIC 算法得到的初步到达时间，f 表示超声导波信号的采样频率。

在提取导波初步到达时间的基础上，采用邻域互相关算法对其进行优化。由于邻域内的超声导波信号具有高度的波形相似性，该方法相较于常规互相关算法，对频散效应和模态混叠现象表现出更强的鲁棒性。首先，计算相邻超声导波信号之间的时移 $Ts_{ij}(m,n)$[13] 与权重 $w_{ij}(m,n)$，然后通过加权求和的方式计算走时：

$$TT\,M_{AICNCC}(i,j)=\sum_{m=-1}^{1}\sum_{n=-1}^{1}w_{ij}(m,n)\left[TT\,M_{AIC}(i+m,j+n)+Ts_{ij}(m,n)\right],\tag{3}$$

式中，$TT\,M_{AICNCC}(i,j)$ 表示第 i 个超声发射换能器和第 j 个超声接收换能器对应的基于赤池信息准则的邻域互相关走时提取算法（$AICNCC$ 算法）获得的到达时间，m 和 n 分别表示邻域内的超声发射换能器与超声接收换能器序号。公式(3)中表示权重的 $w_{ij}(m,n)$ 可由下式获得：

$$w_{ij}(m,n)=\frac{s_{ij}(m,n)}{\sum_{a=-1}^{1}\sum_{b=-1}^{1}s_{ij}(a,b)},\tag{4}$$

式中，$s_{ij}(m,n)$，($m\neq 0$ 且 $n\neq 0$) 是每个超声导波与邻域信号之间的互相关系数最大值。在本文中，综合考虑频散效应和随机误差的影响，将邻域大小设置为8。

1.2 基于自适应字典局部稀疏的超声走时层析成像算法

本研究基于稀疏表示，提出了一种改进的走时层析成像算法。该方法在反演过程中引入稀疏正则化约束，同时采用自适应字典学习方法提取慢度图的局部特征，再通过稀疏表示重建慢度分布。该算法基于直线射线假设，以二维慢度图重建为例，慢度图尺寸为 $N=W_1\times W_2$ 为（图1）。

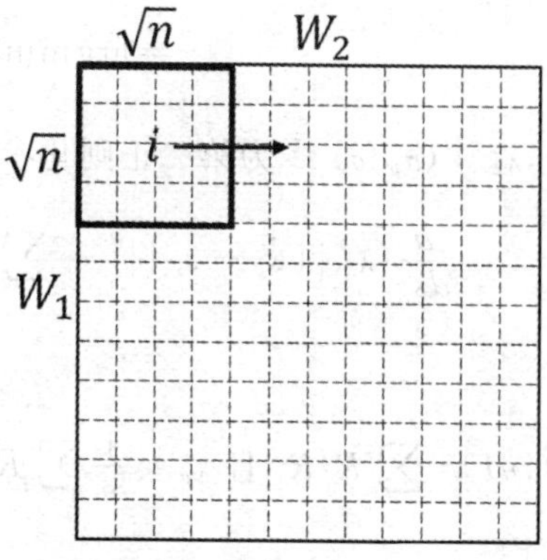

图1 二维慢度图

全局慢度由 $s'=s_g+s_0\in\mathbb{R}^N$ 组成，s_0 是参考慢度（由A0模态导波在管道无缺陷厚度处对应的群速度计算得到），s_g 是全局慢度与参考慢度的误差（即全局慢度误差），用于表征全局特征。由公式(3)计算得到的超声导波信号到达时间 $TT\,M_{AICNCC}=t+t_0$，其中 t_0 是根据参考慢度和导波传播距离计算的

参考时间,t 是实验数据与参考时间之间的差值。t 和 s_g 可通过稀疏层析矩阵 A 相关联:

$$t = As_g, \tag{5}$$

式中,稀疏层析矩阵 $A \in \mathbb{R}^{M\times N}$ 表示了 M 条直线射线通过慢度图的离散路径。在给定参考慢度的情况下,可得到参考时间 $t_0 = As_0$。

在求解全局慢度的基础上,局部慢度由 $s'' = s_s + s_0 \in \mathbb{R}^N$ 组成,其中 s_s 是局部慢度与参考慢度的误差(局部慢度误差),用于表征局部特征。在构建局部慢度时,从慢度图中选取尺寸为 $\sqrt{n} \times \sqrt{n}$ 的局部慢度 i(图 1),它可由自适应字典原子来线性近似表示:

$$R_i s_s \approx Dx_i \text{ 且 } | x_i \neq 0 | = T\ \forall i, \tag{6}$$

式中,$R_i \in \{0,1\}^{n\times N}$ 为二元矩阵,$D \in \mathbb{R}^{n\times Q}$ 为自适应字典,Q 为字典原子,$x_i \in \mathbb{R}^n$ 为稀疏矩阵,$T \ll n$ 为非零系数的个数。在利用 $R_i s_s$ 表示局部慢度误差时,采取步长为 1 进行重叠表示,即对于尺寸为 N 的慢度图来说,用 N 个局部慢度 i 来表示。

本文通过求解最大后验公式[27] 进行局部稀疏超声走时层析成像,求解目标为$\{\hat{s}_g, \hat{s}_s, \hat{X}\}$:

$$\{\hat{s}_g, \hat{s}_s, \hat{X}\} = \underset{s_g, s_s, X}{\arg\min} \left\{ \frac{1}{\sigma_\varepsilon^2} || t - As_g ||_2^2 + \frac{1}{\sigma_g^2} || s_g - s_s ||_2^2 + \sum_i \frac{1}{\sigma_{p,i}^2} || Dx_i - R_i s_s ||_2^2 \right\}$$

$$\text{且 } || x_i ||_0 = T\ \forall i, \tag{7}$$

式中,$\hat{\cdot}$ 表示对应求解变量的估计值,$\hat{X} = [\hat{x}_1, \cdots, \hat{x}_i] \in \mathbb{R}^{Q\times i}$ 表示所有局部慢度 i 的稀疏矩阵。该求解过程包括两部分:(1) 全局问题,利用走时信息和参考慢度,基于由 l_2 范数正则化约束的稀疏最小二乘算法进行全局慢度求解,得到全局慢度误差 $\hat{s}_g$;(2) 局部问题,通过稀疏矩阵 $\hat{X}$ 和适应性字典 D 构建局部慢度模型,得到局部慢度误差 $\hat{s}_s$,并与参考慢度结合作为反演算法的输出结果。

全局慢度误差 $\hat{s}_g$ 由公式(8) 得到:

$$\begin{aligned}\hat{s}_g &= \arg \min_{s_g} \frac{1}{\sigma_\varepsilon^2} \| t - As_g \|_2^2 + \frac{1}{\sigma_g^2} \| s_g - s_s \|_2^2 \\ &= \arg\min \| t - As_g \|_2^2 + \lambda_1 \| s_g - s_s \|_2^2,\end{aligned} \tag{8}$$

式中,$\lambda_1 = (\sigma_\varepsilon / \sigma_g)^2$ 为第一正则化参数。在此基础上,稀疏矩阵可由公式(9) 计算:

$$\hat{x}_i = \arg \min_{x_i} \| Dx_i - R_i \hat{s}_g \|_2^2 \text{ 且 } \| x_i \|_0 = T, \tag{9}$$

在 $\hat{X}$ 和 $\hat{s}_g$ 的基础上,假设局部慢度的方差为 $\sigma_{p,i}^2 = \sigma_p^2$,可通过稀疏正则化的方式得到局部慢度误差 $\hat{s}_s$:

$$\begin{aligned}\hat{s}_s &= \underset{s_s}{\arg\min} \frac{1}{\sigma_g^2} || \hat{s}_g - s_s ||_2^2 + \frac{1}{\sigma_p^2} \sum_i || D\hat{x}_i - R_i s_s ||_2^2 \\ &= \underset{s_s}{\arg\min} \lambda_2 || \hat{s}_g - s_s ||_2^2 + \sum_i || D\hat{x}_i - R_i s_s ||_2^2,\end{aligned} \tag{10}$$

式中,$\lambda_2 = (\sigma_p / \sigma_g)^2$ 为第二正则化参数。对公式(10) 求导可得:

$$\begin{aligned}\frac{d}{ds_s}\{\lambda_2 || \hat{s}_g - s_s ||_2^2 + \textstyle\sum_i || D\hat{x}_i - R_i s_s ||_2^2\} &= \lambda_2 (s_s - \hat{s}_g) + \textstyle\sum_i R_i^T (R_i s_s - D\hat{x}_i) \\ &= (\lambda_2 I + nI) s_s - \lambda_2 \hat{s}_g - s_p,\end{aligned} \tag{11}$$

式中,$nI = \sum_i R_i^T R_i$ 且 $s_p = \frac{1}{n} \sum_i R_i^T D\hat{x}_i$。因此,$\hat{s}_s$ 可进一步表示为:

$$\hat{s}_s = \frac{\lambda_2 \hat{s}_g + ns_p}{\lambda_2 + n}, \tag{12}$$

公式(12) 中使用局部慢度值$\{D\hat{x}_i \forall i\}$ 和全局慢度误差$\hat{s}_g$ 的加权平均来计算$\hat{s}_s$。

在公式(9) 中引入字典学习，通过优化字典 D 进行迭代更新，优化算法使用了迭代阈值 $K-means$ 算法[28]：

$$\hat{D}=\underset{D}{\arg\min}\{\min_{x_i} || Dx_i - R_i\hat{s}_g ||_2^2 \text{ 且 } || x_i ||_0 = T \forall i\}. \tag{13}$$

式中，迭代阈值$K-means$ 算法通过交替求解双线性问题进行优化。在确定字典$\hat{D}$的情况下，使用阈值算法[29] 对稀疏系数估计值$\hat{x}_i$ 进行优化；在确定稀疏系数$\hat{x}_i$ 的情况下，利用受符号函数限制的 K－means 对字典 $\hat{D}$ 进行优化。

2 实验设置与信号处理

2.1 实验设置

本文基于超声导波检测技术搭建了管道腐蚀缺陷定量检测系统(图 2)。实验采用外径 323.85 mm、壁厚 10.312 mm、长度 2000 mm 的低碳钢管 Q235B 作为被测对象。管道中部存在由强制电化学腐蚀导致的缺陷，采用激光轮廓扫描仪(LJ－V7080，KEYENCE，日本)测量了其管壁减薄量和缺陷形貌[8]。系统配置双环低频超声换能器阵列，每环 24 个换能器沿周向均匀分布(间距 42.4 mm)，两环轴向间距 600 mm。激励信号采用汉宁窗调制的 5 周期 toneburst 波形，中心频率 70 kHz(对应波长 λ 为 30.8 mm)，经高压放大器后激励发射换能器，并通过数据采集卡实现多通道自动切换与同步采集。

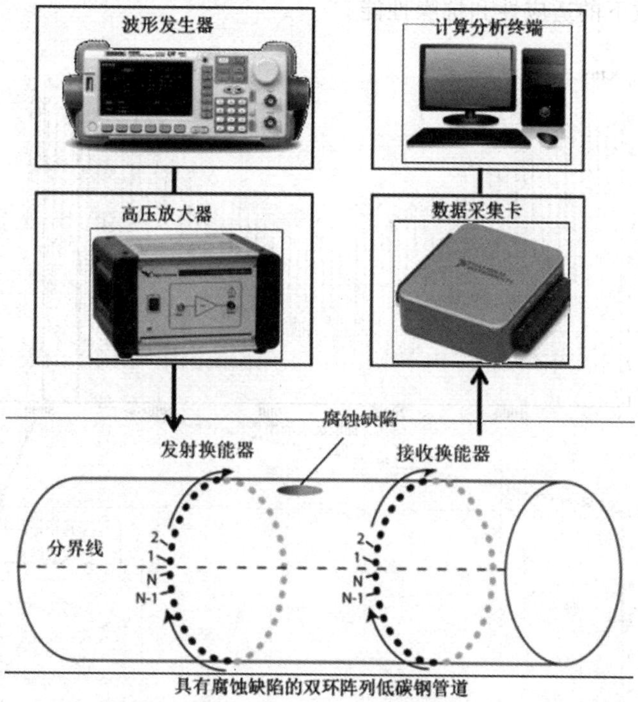

图 2　管道腐蚀缺陷超声导波检测实验装置示意图

2.2 导波信号处理

通过对接收超声导波信号进行平均处理提升信噪比后，采用镜像法对换能器阵列进行两次复制扩展，构建包含±1 阶导波模态的合成阵列。图 3(a)展示了第一个发射换能器对应的接收信号经扩展后生成的超声图像。应用文献[25]中提出的螺旋路径信号分离算法进行时频变换与滤波处理，提取出第一个超声导波波包(图 3(b))。该算法通过离散傅里叶变换构建接收换能器方向的滤波窗口来减少频谱泄漏，但也会造成部分导波信号信息的损失。

基于提取的第一个超声导波波包，采用 AICNCC 算法进行走时提取。经过 2 次阵列复制扩展后，单

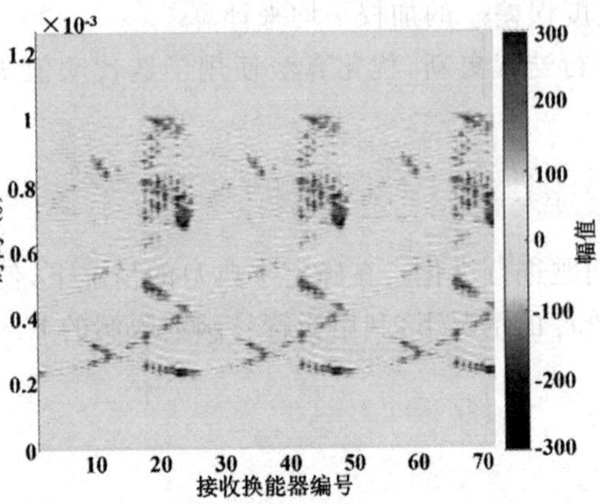

(a) 3阶接收换能器信号的B扫图像

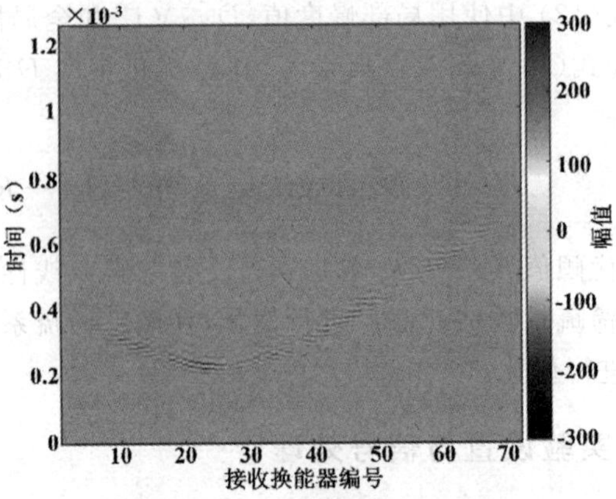

(b) 提取第一个超声导波波包的B扫图像

图 3 第一个超声导波波包的提取过程

环换能器数量增至 72 个,通过发射一接收换能器的一一对应关系,共获得 5184 个 A0 模态导波信号的走时数据(图 4)。为验证算法精度,以 70 kHz A0 模态导波在 10.312 mm 壁厚管道中的理论群速度(3154 m/s)为基准,计算理论走时。考虑到频散效应导致的波形畸变会影响走时判读,特别选取无缺陷区域(管道中部腐蚀缺陷两侧)邻近换能器对的信号进行对比分析(将序号为 4700 到 5000 的部分进行了局部放大,以便更好地对比)。结果表明,理论走时与提取结果的最大相对误差小于 1%,有效验证了 AICNCC 算法在导波频散下的适应性和抗噪性能。

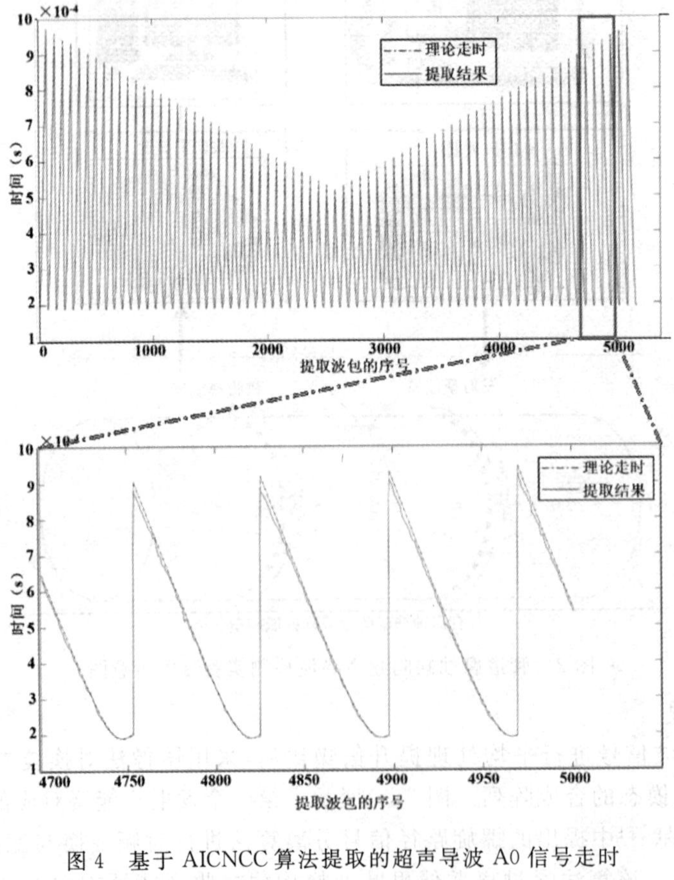

图 4 基于 AICNCC 算法提取的超声导波 A0 信号走时

本研究采用基于自适应字典局部稀疏的超声走时层析成像算法处理实验数据,通过结合导波频散特性实现管道壁厚重建。算法参数设置如下:采用 70 kHz A0 模态导波在 10.312 mm 壁厚处对应的慢度值(1/3154 s/m)作为参考慢度,并设置第一正则化参数 $\lambda_1=0.6$、第二正则化参数 $\lambda_2=0$ 进行约束优化,通过 100 次迭代计算获得最终层析成像结果。该参数配置在保证重建精度的同时有效控制了反演过程的不适定性。

表 1 基于自适应字典局部稀疏的超声走时层析成像算法的参数设置

参数名称	参考慢度(s/m)	第一正则化参数 λ_1	第二正则化参数 λ_2	迭代次数
设置数值	1/3154	0.6	0	100

3 实验结果与讨论

本实验采用激光轮廓扫描仪测量腐蚀缺陷的实际尺寸[8],如图 5(a)所示,测得缺陷最大宽度约为 150 mm、最大深度约为 4 mm。将激光扫描仪测量结果与本文提出的基于自适应字典局部稀疏的超声走时层析成像反演结果(图 5(b))进行对比。图 5(b)尽管受限于双环换能器阵列在缺陷两端分布导致的视角不足,使得重构成像中出现了典型的“X”形伪影(这是有限角度投影数据反演不适定性的典型表现),但算法仍能反映缺陷的整体形貌特征。此外,重构轮廓尺寸较激光扫描仪测量的轮廓明显偏大的主要原因可能包括:首先,在成像视角受限的情况下,由 l_2 范数约束的稀疏正则化项的平滑效应会导致缺陷边界模糊;其次,导波第一次波包提取过程中的信息损失以及实验噪声干扰会增大走时提取误差,从而影响腐蚀缺陷轮廓的成像精度。

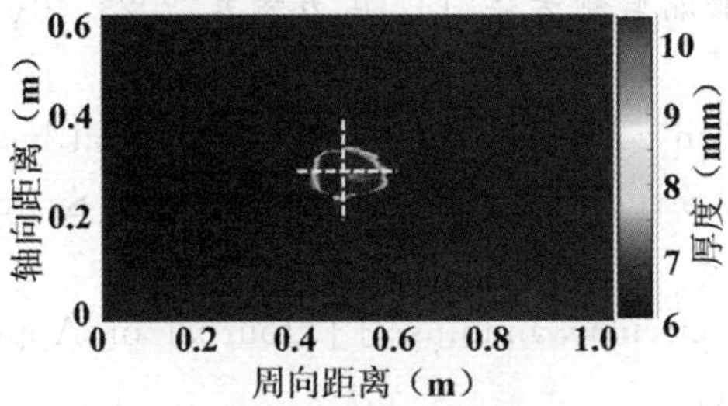

(a) 激光扫描仪测量的缺陷成像[8]

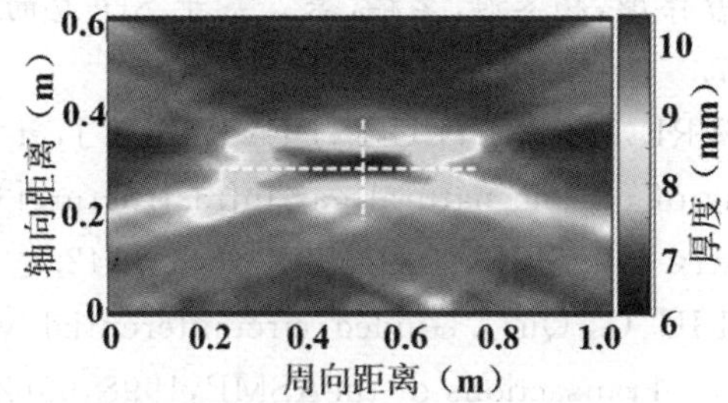

(b) 基于自适应字典局部稀疏的超声走时层析成像算法的缺陷成像

图 5 基于自适应字典局部稀疏的超声走时层析成像算法的腐蚀缺陷层析成像结果

沿图 5(a)中虚线位置(周向 0.5 m,轴向 0.3 m 处)剖开的横截面如图 6(a)和(b)所示。本文提出的基于稀疏先验和字典学习的算法能够同时保持重构结果的平滑性和不连续特征,在最大壁厚损失重构中

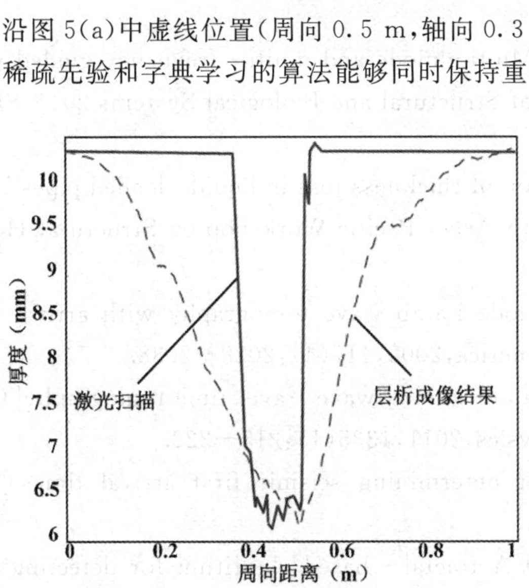

(a) 周向横截面图

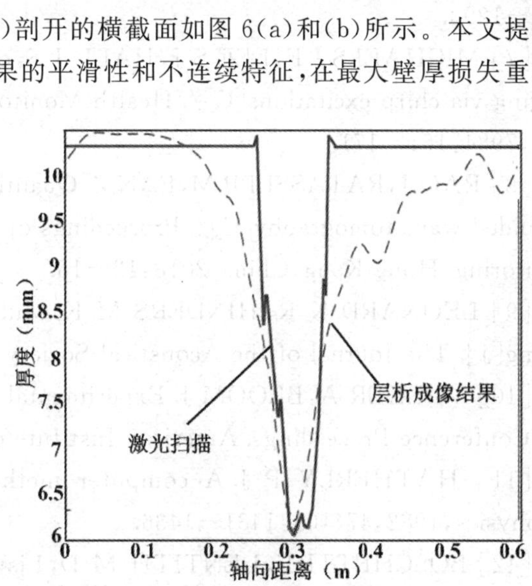

(b) 轴向横截面图

图 6 基于自适应字典局部稀疏的超声走时层析成像结果的周向与轴向横截面图

取得了良好效果。具体而言,沿着周向和轴向横截面的最大壁厚损失重构误差分别为 0.1 mm 和 0.2 mm,相对误差均小于 5%。然而,稀疏正则化引入的平滑效应导致壁厚损失分布呈现连续渐变的特征,这在一定程度上影响了重建精度。此外,由于算法仅利用超声导波走时信息约束慢度更新,未能考虑衍射效应等波动特征信息,导致重构结果在细节表现上存在一定偏差。

4 结 论

针对超声导波走时层析成像中走时提取精度不足及反演过程不稳定的问题,本文提出了一种基于赤池信息准则邻域互相关的走时提取算法和基于自适应字典局部稀疏的超声走时层析成像方法。在走时提取方面,通过结合统计与相关算法的优势,有效抑制了导波频散效应与随机噪声的干扰;在此基础上,在反演过程中引入稀疏先验约束与自适应字典学习,显著提高了成像的稳定性与精度。实验结果表明,所提出的走时提取算法的最大相对误差小于 1%,管道腐蚀缺陷的最大壁厚损失重构误差低于 5%,验证了该提出成像方法的有效性。

参考文献

[1] 凌晓,程凌宇,郭凯,等. 基于 ResNet 模型的聚乙烯燃气管道接头缺陷识别算法[J]. 压力容器,2023,40(7):73-80.

[2] 路敬祎,李佳丽,侯轶轩,等. 基于 VMD-MD 的油气管道泄漏信号去噪方法[J]. 压力容器,2023,40(5):44-52.

[3] 曹伟烨,杨冬旭,李祥,等. 基于 SH 波的埋地管道泄漏监测方法[J]. 压力容器,2023,40(3):16-20,37.

[4] WRIGHT R F, LU P, DEVKOTA J, et al. Review on corrosion sensors for structural health monitoring of oil and natural gas infrastructure[C]//Smart Structures and NDE for Energy Systems and Industry 4.0. SPIE, 2019, 10973:128-142.

[5] LIU G, Qu J. Guided circumferential waves in a circular annulus[J]. Journal of Applied Mechanics-Transactions of theASME, 1998, 65(2):424-430.

[6] JENOT F, OUAFTOUH M, DUQUENNOY M, et al. Corrosion thickness gauging in plates using Lamb wave group velocity measurements[J]. Measurement Science and Technology, 2001, 12(8):1287-1293.

[7] MICHAELS J E, LEE S J, HALL J S, et al. Multi-mode and multi-frequency guided wave imaging via chirp excitations[C]//Health Monitoring of Structural and Biological Systems 2011. SPIE, 2011, 7984:161-171.

[8] RAO J, RATASSEPP M, FAN Z. Quantification of thickness loss in liquid-loaded pipes based on guided wave tomography[C]//Proceedings of the 7th Asia-Pacific Workshop on Structural Health Monitoring, Hong Kong, China. 2018:12-15.

[9] LEONARD K R, HINDERS M K. Multi-mode Lamb wave tomography with arrival time sorting[J]. The Journal of the Acoustical Society of America, 2005, 117(4):2028-2038.

[10] VOLKER A, BLOOM J. Experimental results of guided wave travel time tomography[C]//AIP Conference Proceedings. American Institute of Physics, 2011, 1335(1):215-222.

[11] HATHERLY P J. A computer method for determining seismic first arrival times[J]. Geophysics, 1982, 47(10):1431-1436.

[12] BOSCHETTI F, DENTITH M D, List R D. A fractal-based algorithm for detecting first arrivals on seismic traces[J]. Geophysics, 1996, 61(4):1095-1102.

[13] PERALDI R, CLEMENT A. Digital processing of refraction data study of first arrivals

[J]. Geophysical Prospecting, 1972, 20(3): 529-548.

[14] GELCHINSKY B, SHTIVELMAN V. Automatic picking of first arrivals and parameterization of traveltime curves[J]. Geophysical Prospecting, 1983, 31(6): 915-928.

[15] COPPENS F. First arrival picking on common - offset trace collections for automatic estimation of static corrections[J]. Geophysical Prospecting, 1985, 33(8): 1212-1231.

[16] SABBIONE J I, VELIS D. Automatic first - breaks picking: New strategies and algorithms [J]. Geophysics, 2010, 75(4): V67-V76.

[17] GACI S. The use of wavelet - based denoising techniques to enhance the first - arrival picking on seismic traces[J]. IEEE Transactions on Geoscience and Remote Sensing, 2013, 52(8): 4558-4563.

[18] Aster R C, Borchers B, Thurber C H. Parameter estimation and inverse problems[M]. Elsevier, 2018.

[19] ZHANG X, ZHANG J. Model regularization for seismic traveltime tomography with an edge - preserving smoothing operator[J]. Journal of Applied Geophysics, 2017, 138: 143-153.

[20] ELAD M, AHARON M. Image denoising via sparse and redundant representations over learned dictionaries[J]. IEEE Transactions on Image processing, 2006, 15(12): 3736-3745.

[21] CHAPMAN N R, BARRODALE I. Deconvolution of marine seismic data using thel_1 norm [J]. Geophysical Journal International, 1983, 72(1): 93-100.

[22] XENAKI A, GERSTOFT P, MOSEGAARD K. Compressive beamforming[J]. The Journal of the Acoustical Society of America, 2014, 136(1): 260-271.

[23] GEMBA K L, HODGKISS W S, GERSTOFT P. Adaptive and compressive matched field processing[J]. The Journal of the Acoustical Society of America, 2017, 141(1): 92-103.

[24] BIANCO M, GERSTOFT P. Compressive acoustic sound speed profile estimation[J]. The Journal of the Acoustical Society of America, 2016, 139(3): EL90-EL94.

[25] HUTHWAITE P, SEHER M. Robust helical path separation for thickness mapping of pipes by guided wave tomography[J]. IEEE Transactions on Ultrasonics, Ferroelectrics, and Frequency control, 2015, 62(5): 927-938.

[26] LI C, HUANG L, DURIC N, et al. An improved automatic time - of - flight picker for medical ultrasound tomography[J]. Ultrasonics, 2009, 49(1): 61-72.

[27] BIANCO M J, GERSTOFT P. Travel time tomography with adaptive dictionaries[J]. IEEE Transactions on Computational Imaging, 2018, 4(4): 499-511.

[28] SCHNASS K. Localidentification of overcomplete dictionaries[J]. Journal of Machine Learning Research, 2015, 16(35): 1211-1242.

[29] ELAD M. Sparse and redundant representations: from theory to applications in signal and image processing[M]. Springer Science & Business Media, 2010.

作者简介

饶静(1987)，女，教授，主要研究方向为无损检测、柔性传感器与结构健康检测，通讯地址：1000191 北京市海淀区学院路 37 号，E-mail：jingrao@buaa.edu.cn。

激光超声导波融合人工神经网络的复合材料缠绕压力容器损伤评估

杨乐辉[1],赵金玲[1],常　乐[1],赵建平[1],程经纬[2]

(1. 南京工业大学 机械与动力工程学院,南京　211816;2. 合肥通用机械研究院有限公司,合肥　230031)

摘　要:复合材料缠绕压力容器(Composite Overwrapped Pressure Vessel,COPV)因其质量小、强度高和耐腐蚀等优异性能,广泛应用于化工、能源等领域。然而,在长期服役过程中,其内部不可避免地会发生损伤,严重威胁结构安全,因此亟需开发可靠的无损检测技术,以实现对损伤程度的定量评估。本文提出一种融合激光超声导波与人工神经网络(Artificial Neural Network,ANN)的二维区域刚度反演方法,用于评估界面脱粘与冲击损伤。针对每个空间点,首先基于半解析有限元(Semi - Analytical Finite Element,SAFE)方法,在给定刚度系数(ANN 输出)条件下生成不同频率下的波数(ANN 输入)样本以训练 ANN 模型;随后开展激光超声实验,提取局部波数特征并输入训练好的模型,实现 C_{11} 刚度系数的二维分布表征。结果表明,该方法预测结果与 SAFE 理论评估高度一致,验证了其精度与可行性。

关键词:复合材料;激光超声;人工神经网络;局部波数;二维刚度

A laser ultrasonic guided wave and artificial neural network - based approach for damage assessment in COPVs

YANG Lehui[1],ZHAO Jinling[1],CHANG Le[1],ZHAO Jianping[1],CHENG Jingwei[2]

(1. School of Mechanical and Power Engineering,Nanjing Tech University,Nanjing 211816,China

2. Hefei General Machinery Research Institute Co. Ltd. ,Hefei 230031,China)

Abstract:Composite Overwrapped Pressure Vessels are widely used in industries such as chemical engineering and energy due to their lightweight, high strength, and corrosion resistance. However, during long - term service, damage inevitably occurs inside COPVs, posing a significant threat to structural safety. Therefore, reliable non - destructive testing techniques are urgently needed for quantitative damage assessment. This study proposes a two - dimensional stiffness reconstruction method by integrating laser ultrasonic guided waves with an artificial neural network(ANN),aiming to evaluate the severity of interfacial debonding and impact damage. For each spatial point, the semi - analytical finite element method is used to generate samples of wavenumbers (inputs of ANN) at different frequencies under given stiffness coefficients (outputs of ANN) for training the ANN model. Subsequently,laser ultrasonic experiments are conducted to extract local wavenumber features, which are then input into the trained model to characterize the two - dimensional distribution of the stiffness coefficient C_{11} . The results demonstrate that the predicted stiffness distribution is highly consistent with the SAFE - based theoretical evaluation, validating the accuracy and feasibility of the proposed method.

Keywords: composites; laser ultrasonics; artificial neural network; local wavenumber; two - dimensional stiffness

0 引 言

复合材料缠绕压力容器因质量轻、强度高和耐腐蚀等优异性能,被广泛应用于化工、能源、航天等领域[1]。然而,在长期服役过程中,COPV 常常承受高压、冲击与热循环等复杂环境作用,易引发层间脱粘、基体开裂等内部损伤,进而威胁结构完整性与安全性[2]。因此,亟需开发一种可靠的无损检测与评估技术,对 COPV 的损伤严重进行评估。

目前,激光超声导波技术凭借非接触式、高分辨率及复杂结构的适应性,成为复合材料结构无损检测的有力工具[3]。管道结构中常见的三种导波模态:轴对称纵向模态 $L(0,n)$轴对称扭转模态 $T(0,n)$以及非轴对称弯曲模态 $F(m,n)$。在多层结构的波动特性分析中,常用的方法包括传递矩阵法和全局矩阵法[4,5]。近期 Hakoda 等人将 Floquet 周期性边界条件与特征频率方法相结合,提出了针对各向同性管道的高效波动特性分析方法,显著提升了导波特性分析的效率与精度[6]。相比之下,半解析有限元法因其兼具高计算效率、良好的数值稳定性以及对复杂几何与材料边界的出色适应能力,已逐渐成为当前导波分析领域的主流手段[7]。

在实验研究方面,得益于激光超声技术能够获取丰富的空间波场信息,可实现结构频散特性的快速提取。由于损伤区域与健康区域在导波传播特性上存在显著差异,例如波速变化、能量衰减等,导波对多种损伤形式表现出较高的灵敏度[8]。在众多导波特征中,波数特性直接受材料刚度属性控制,因而被广泛作为表征局部刚度变化的重要指标[9]。近年来,局部波数特性已被广泛应用于金属及复合材料中腐蚀厚度与分层损伤的反演研究。例如,Tian 等[10]人基于宽频局部波数与频散曲线的回归关系,实现了对金属结构中隐蔽腐蚀的反演;Spytek 等[11]人则通过最小化实验与理论频散曲线之间的偏差,利用局部波数特征成功识别了 CFRP 中分层损伤的位置。这些研究表明,局部波数在简单损伤参数的反演中具有良好的应用前景。然而,对于更为复杂的损伤特征(如刚度系数)反演问题,仍亟需构建高效、稳健的逆问题建模方法以提升识别精度和适用性。

人工神经网络(具备出色的非线性建模与特征提取能力,在物理参数反演领域展现出巨大潜力。Han 等[12]人基于 ANN 方法,通过径向位移场、压痕深度及面积,反演了金属材料的塑性性能与残余应力。Malik 等[13]人采用反向传播神经网络,结合层厚度与铺层顺序,成功反演了 CFRP 冲击过程中的吸收能量。这些研究表明,ANN 算法在物理参数反演中表现出了优异的性能。

基于上述背景,本文提出了一种基于激光超声导波技术的 COPV 典型损伤程度评估方法。该方法通过人工神经网络建立不同频率下的局部波数特征与材料刚度系数之间的非线性映射关系,从而实现对二维空间区域内局部刚度系数的反演。本文的结构安排如下:首先,介绍基于半解析有限元方法的正向建模过程以及基于 ANN 的逆向辨识框架;其次,详细阐述 ANN 模型的训练流程与参数设置;最后,通过激光超声实验对所提出方法进行验证,以评估其在界面脱粘、冲击损伤识别的可行性。

1 COPV 刚度评估方法的正向模型与逆向模型

1.1 基于 SAFE 方法的正向建模

近年来,SAFE 方法因其优异的计算效率以及对复杂几何的适应性,被广泛应用于导波特征的求解[14]。本文选择 SAFE 方法作为正向建模手段,在已知材料刚度系数的条件下,计算不同频率下的波数。同时,通过正向建模构建波数与刚度系数对应的数据库,为后续 ANN 模型的训练提供数据支撑。

图 1 展示了 SAFE 方法的基本示意图。假设管道沿 z 轴方向传播简谐波动,其位移场可表示为:

$$u(r,\theta,z,t)=u_0(r,\theta)e^{i(kz-\omega t)} \tag{1}$$

式中，$u_0(r,\theta)$ 表示厚度方向的位移分布，k 为沿 z 轴方向的波数，ω 为角频率。

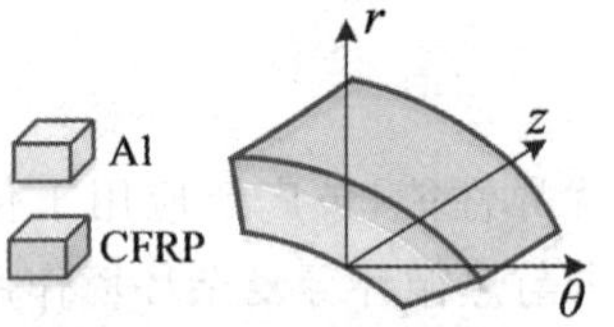

(a) SAFE方法的简化模型

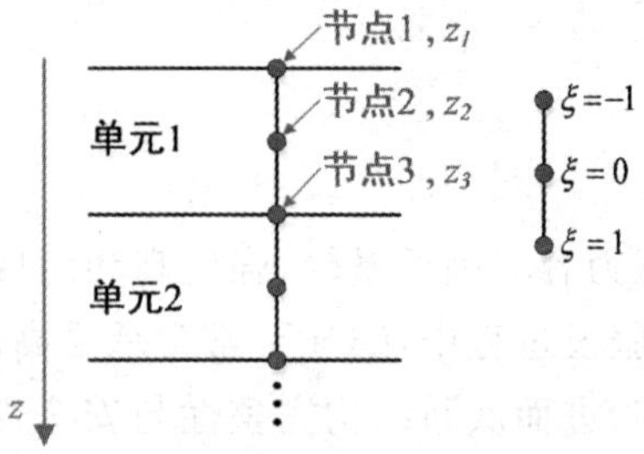

(b) 沿厚度方向的一维二次单元

图 1

在厚度方向上，结构采用一维有限元方法进行离散，每个单元包含三个节点，每节点具有三个位移自由度（u_r、u_θ、u_z）。对结构中任意一点，将其应变能与动能代入 Hamilton 原理，可得：

$$\delta\int_{t_1}^{t_2}\left(\frac{1}{2}\int_V \dot{u}^T\rho\dot{u}\,\mathrm{d}V-\frac{1}{2}\int_V \varepsilon^T C\varepsilon\,\mathrm{d}V+W\right)\mathrm{d}t=0 \tag{2}$$

式中，$\dot{u}$ 表示位移对时间的导数，ρ 为材料密度，ε 为应变，C 为材料刚度矩阵，W 为外部功。

进一步地，将 Hamilton 原理扩展至整个计算域，并整合所有单元的属性后，整体特征方程可表示为：

$$[K_{11}+k^2K_{22}+ik(K_{12}-K_{21})-\omega^2M]u_0=0 \tag{3}$$

式中，K_{11}、K_{22}、K_{12}、K_{21} 分别为整体刚度矩阵；M 为整体质量矩阵。

最终，在已知材料刚度系数的前提下，通过求解上述特征方程即可获得不同频率下的波数分布。

1.2 基于 ANN 方法的逆向模型

由于人工神经网络具有出色的学习与拟合能力，近年来在物理参数反演问题中得到了广泛应用。依托于 SAFE 方法生成的数据库，本文选用 ANN 算法作为反演模型，实现不同频率下波数特征到材料刚度系数的映射。

本质上，ANN 是一种高维非线性拟合工具，能够有效建立输入变量与输出变量之间的映射关系。如图 2 所示，本文采用的 *ANN* 模型为典型的误差反向传播神经网络，其训练过程主要包括信号的前向传播与误差的反向传播两个阶段。

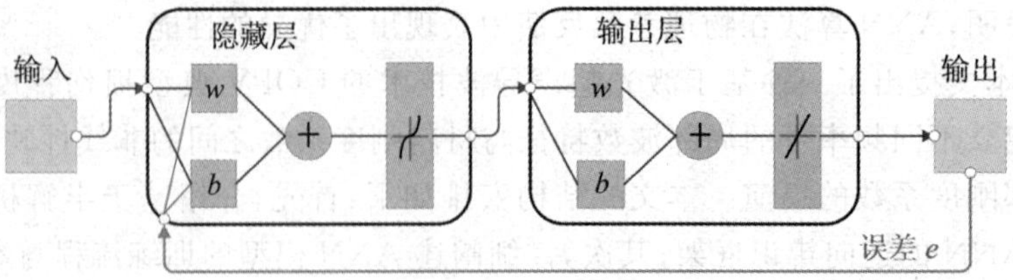

图 2 人工神经网络算法示意图

在信号前向传播阶段，神经网络各层之间通过权重和偏置进行线性连接，每个神经元将接收到的信息进行加权求和，其表达式为：

$$n_j=\sum_{i=1}^{n}w_{ij}x_i+b_j \tag{4}$$

式中，b_j 为偏置项，w_{ij} 为神经元间的连接权重，x_i 和 n_j 分别表示输入与输出。

为提高网络的表达能力，输出 n_j 通常通过非线性激活函数进行变换，例如常用的 Sigmoid 函数定义为

$$S_j = \frac{1}{1 + e^{-n_j}} \tag{5}$$

此外，为提升训练效率与模型性能，网络输入数据在进入 *ANN* 之前需进行归一化处理。在误差反向传播阶段，预测输出与期望输出之间的误差通过损失函数进行评估。例如，均方误差(*MSE*) 定义为：

$$e = \frac{1}{n} \sum_{i=1}^{n} (y_i - \hat{y}_i)^2 \tag{6}$$

式中，y_i 和 $\hat{y}_i$ 分别为预测值与期望值，n 代表样本总个数。

当误差 e 超出预设阈值时，各层的权重与偏置将通过迭代方式进行调整。本文采用梯度下降法作为优化策略，更新公式如下：

$$w(k+1) = w(k) - a \frac{\partial e(k)}{\partial w(k)} \tag{7}$$

$$b(k+1) = b(k) - a \frac{\partial e(k)}{\partial b(k)} \tag{8}$$

式中，k 为迭代步数，α 为学习率。

上述前向传播与反向传播过程不断迭代，直至误差 e 收敛至设定目标或不再显著变化。最终，本文以波数作为 ANN 模型的输入，以刚度系数作为输出，通过 ANN 训练完成两者之间映射关系的建立，从而实现对复合材料缠绕式压力容器刚度参数的反演识别。

2 ANN 模型的训练

在采用 ANN 进行训练的过程中，基于第 2.1 节所述的 SAFE 方法，当给定材料刚度系数(即 ANN 的输出)时，可计算得到对应多个频率下的波数信息(即 ANN 的输入)。

图 3 展示了所构建的神经网络结构。本研究以刚度系数 C_1 为网络输出，输入为 200kHz 至 400 kHz、间隔 50 kHz 范围内的波数特征。样本构建基于 SAFE 方法，考虑了不同相速度传播角度下 C_1 的变化规律，其中相速度角度从 0°至 360°，步长为 1°；C_1 在原始值的 0.5 至 1.5 倍范围内变化，步长为 0.025 倍。最终共生成 14801 组样本数据。

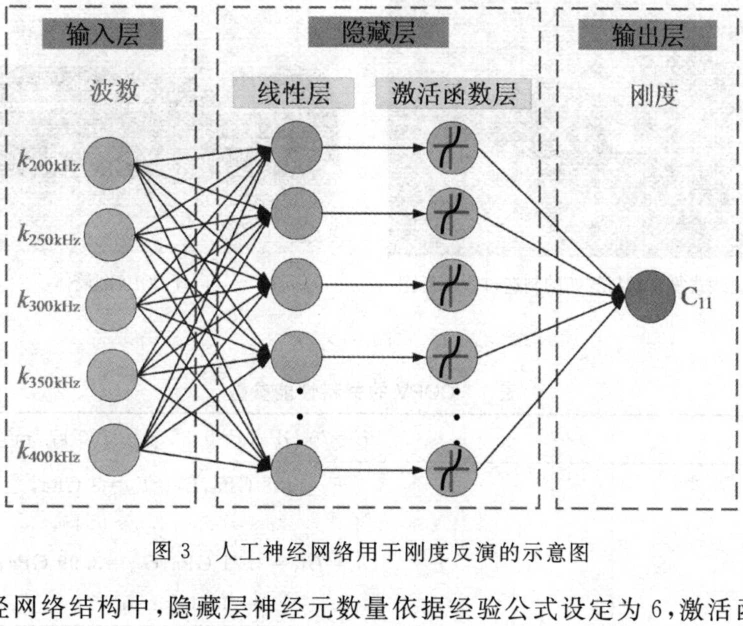

图 3　人工神经网络用于刚度反演的示意图

在图 3 所示神经网络结构中，隐藏层神经元数量依据经验公式设定为 6，激活函数采用 Sigmoid 函数。训练数据按 70%、15%、15%的比例划分为训练集、验证集和测试集。训练结果如图 4 所示，第

89 次迭代后均方误差趋于稳定，表明网络已收敛。最终验证集的均方误差 e 为 0.003782，说明训练效果良好。

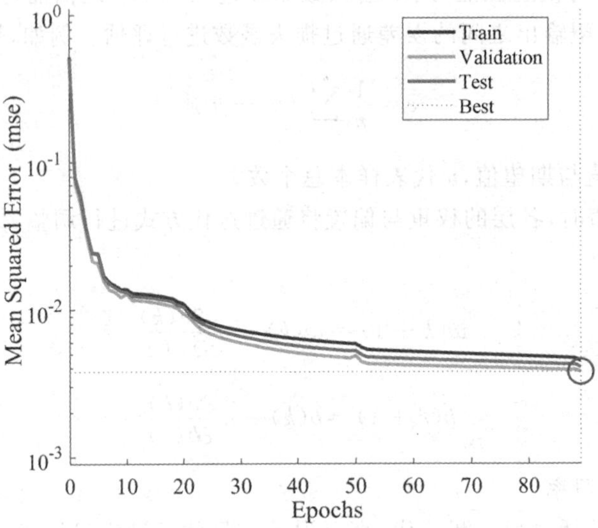

图 4　训练过程中样本均方误差变化曲线

3　实验验证

3.1　激光超声实验系统

图 5 展示了 COPV 气瓶的结构示意图，铝合金内胆的内径为 176 mm，厚度为 2 mm，外覆 2 mm 厚的碳纤维增强复合材料，总体外径为 180 mm。缠绕层铺层角为[90_2/(± 55)$_3$/90_2]，单层厚度为 0.2 mm。铝合金与碳纤维增强复合材料的弹性常数及密度列于表 1。为模拟界面脱粘缺陷，在充分清洁铝合金内衬表面后，直接绕制并树脂浸渍碳纤维束。冲击损伤通过准静态压痕实验引入，采用直径 12.7 mm压头，以 5 mm/min 加载速率施压，约 7 分钟后实验结束，并伴有轻微的纤维断裂声响。

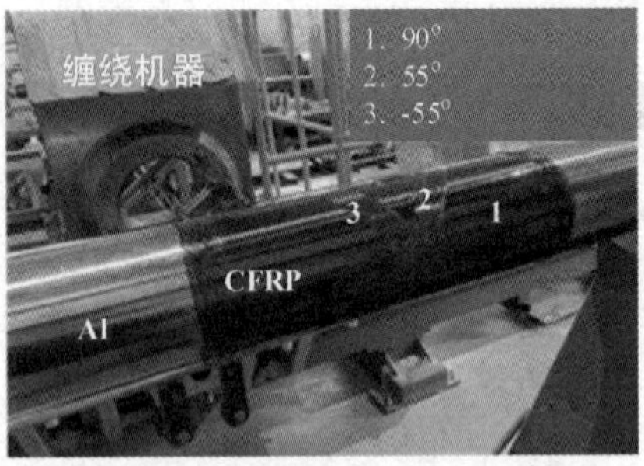

(a) 缠绕式复合材料气瓶的制造过程示意图

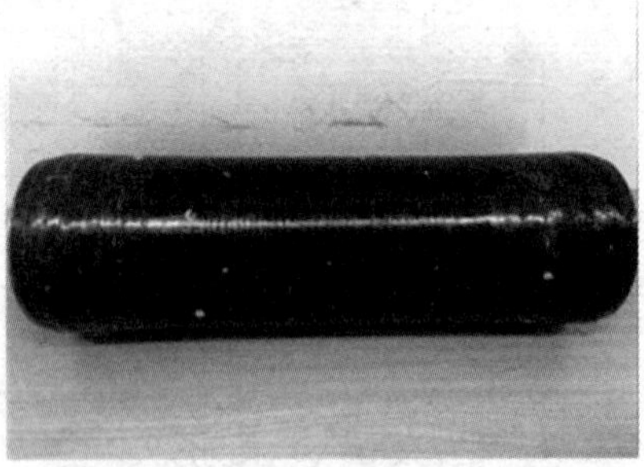

(b) COPV圆筒体

图 5

表 1　COPV 的材料性能参数

Al 内衬	E=70 GPa, ν=0.32, ρ=2700 kg/m^3
CFRP 缠绕	E_1=158 GPa, E_2=E_3=3 GPa, ν_{12}=ν_{13}=0.307, ν_{23}=0.45, G_{12}=G_{13}=4.71 GPa, G_{23}=3.99 GPa; ρ=1600 kg/m^3

图 6 所示为激光超声检测系统。该系统采用 Q 开关激光脉冲激发宽频导波，试样外表面粘贴声发射传感器(M31，富士陶瓷公司)作为接收端。通过二维偏转镜实时控制，激光脉冲扫描区域为 100 mm×200 mm，步长 0.5 mm，重复频率 1kHz，完成全域扫描仅需 80s。为避免 COPV 表面烧蚀，对激光能量进行精细调节。接收信号由 AE9922 放大器(NF 公司)放大 30dB，并以 5MS/s 的采样率采集。扫描完成后，可获得三维波场数据矩阵 $v(x,y,t)$。

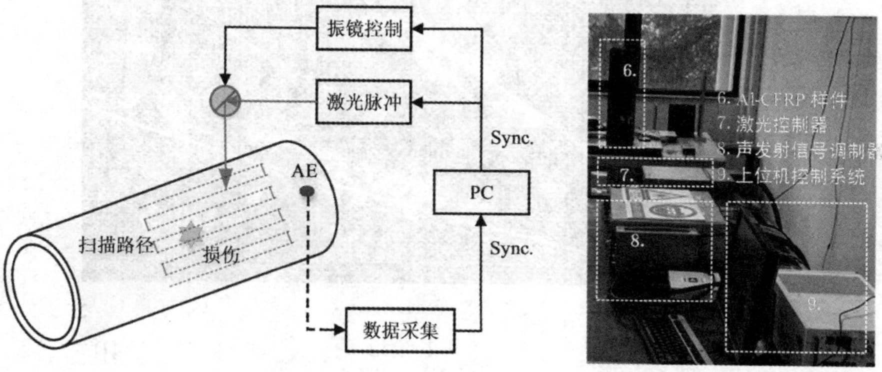

(a) 原理示意图　　(b) 实物图

图 6　激光超声系统的实验装置

图 7 展示了激光激发导波在 COPV 中的波场快照图。如图 7(a)所示，可同时观测到环向与轴向导波模态。由于 COPV 中纤维主要沿环向缠绕，环向模态传播速度高于轴向模态。图 7(b)和(c)进一步显示，环向模态的振幅显著小于轴向模态。为简化后续分析，本文对环向模态进行了滤波处理。

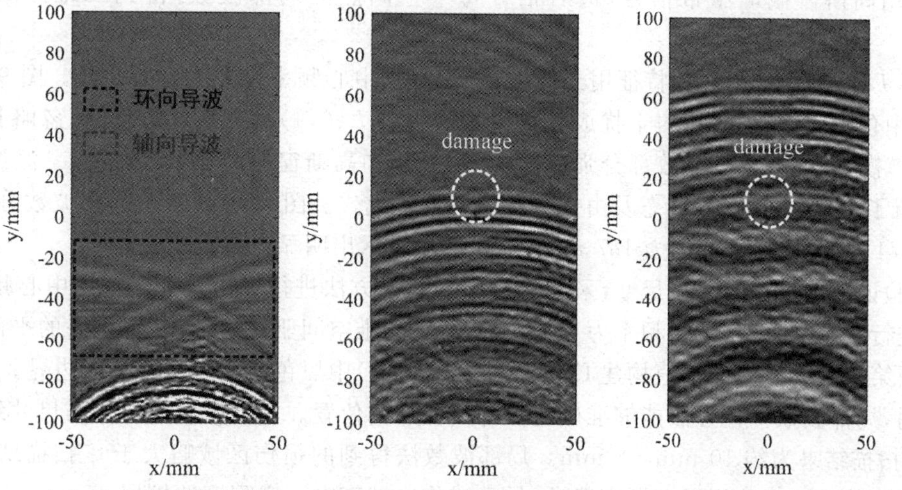

(a) 40μs时刻的波场信号　(b) 100μs时刻的波场信号　(c) 140μs时刻的波场信号

图 7

3.2　界面脱粘评估

界面脱粘可通过导波的频散特性进行评估。沿轴向 $x=0$ mm 采集的 400 个时空点信号并经由二维傅里叶变换，转换至频率－波数域。图 8 展示了实验获得的能量谱图，其中可辨识出 $L(0,1)$ 与 $L(0,2)$ 两种导波模态。图中白色线条为基于 SAFE 方法计算的理论频散曲线。结果显示，在金属－复合材料界面完全粘接的假设下，理论频散曲线与实验结果存在明显差异；而去除铝衬里的 COPV 理论频散曲线与实验谱图吻合良好，表明界面存在脱粘现象。此外，频散曲线的微小偏差可能源于表 1 中材料参数的误差，或缠绕过程中未考虑纤维波动效应。

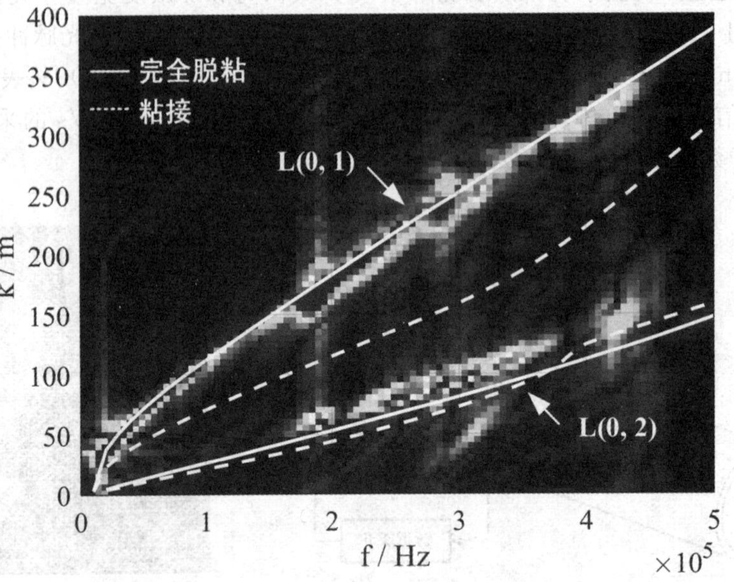

图 8　实验与理论计算得到的频散曲线对比图

3.3　冲击损伤评估

为快速获取实验中每个空间点在不同频率下的波数，本文采用局部波数估计方法分析扫描区域。其流程为：首先将时间-空间域信号转换至频率－波数域，使用多种窗函数滤波以提取单模态窄带信号。然后，利用高斯窗截取窄带信号，最后估计每个空间点的局部波数，得到二维区域中的波数分布图。

本文选择 $L(0,1)$模态的波数特征用于冲击损伤评估，中心频率设置为 200 kHz。图 9(a)为波数域初始谱图，其中包含 $L(0,2)$模态的干扰成分。由于反射的 $L(0,1)$模式强度较低，可忽略其影响。为消除反射 $L(0,1)$模式影响，将负波数部分强度设为零，并施加高斯窗滤波器(图 9(b))。滤波后波数谱图(图 9(c))保留了主要的 $L(0,1)$模态及由损伤激发的反射模式。图 9(d)展示了局部波数分布图，健康区域波数约为 174 m^{-1}，损伤区域约为 187 m^{-1}，损伤区域显示出明显的波数变化。

同时，为验证冲击损伤的面内尺寸，采用传统的 C 扫描方法进行对比验证。选用中心频率为 5 MHz 的超声探头进行激发与接收，采样频率为 100MHz，结合二维空间驱动平台，实现探头的平面扫描。通过采集结构表面第一次反射波的幅值构建 C 扫描图像，图 9(d)中黑色曲线所示为损伤边界。

结果表明，局部波数估计方法能够准确定位冲击损伤的位置。该方法估计的损伤尺寸约为12 mm×10 mm，而 C 扫描结果为约 10 mm×8 mm。局部波数法得到的损伤区域略大于 C 扫描结果，这主要归因于局部波数评估过程中使用了高斯窗滤波，导致成像区域存在一定程度的扩展。

为评估冲击损伤的严重程度，本文将结构的局部波数特征转化为刚度特征。图 10 展示了人工神经网络用于刚度预测的测试流程及预测结果。首先，在 200、250、300、350 和 400 kHz 五个频率下评估结构的局部波数，得到对应的二维局部波数分布图。然后，利用第 2 节中训练好的 ANN 模型对各空间点的 C_{11}刚度系数进行预测。图中，C_n 表示预测的 C_{11}刚度系数相对于基准刚度的变化倍率，e_p 为预测结果与基于 SAFE 理论反演结果的相对差。

预测结果表明，该方法能够有效识别结构中的刚度削弱区域，预测的刚度值约为真实值的 0.45 倍，与基于 SAFE 理论反演结果的相对误差为 6.25%。这表明所提出的基于多频局部波数输入的神经网络刚度预测方法具有较好的准确性和工程应用潜力。

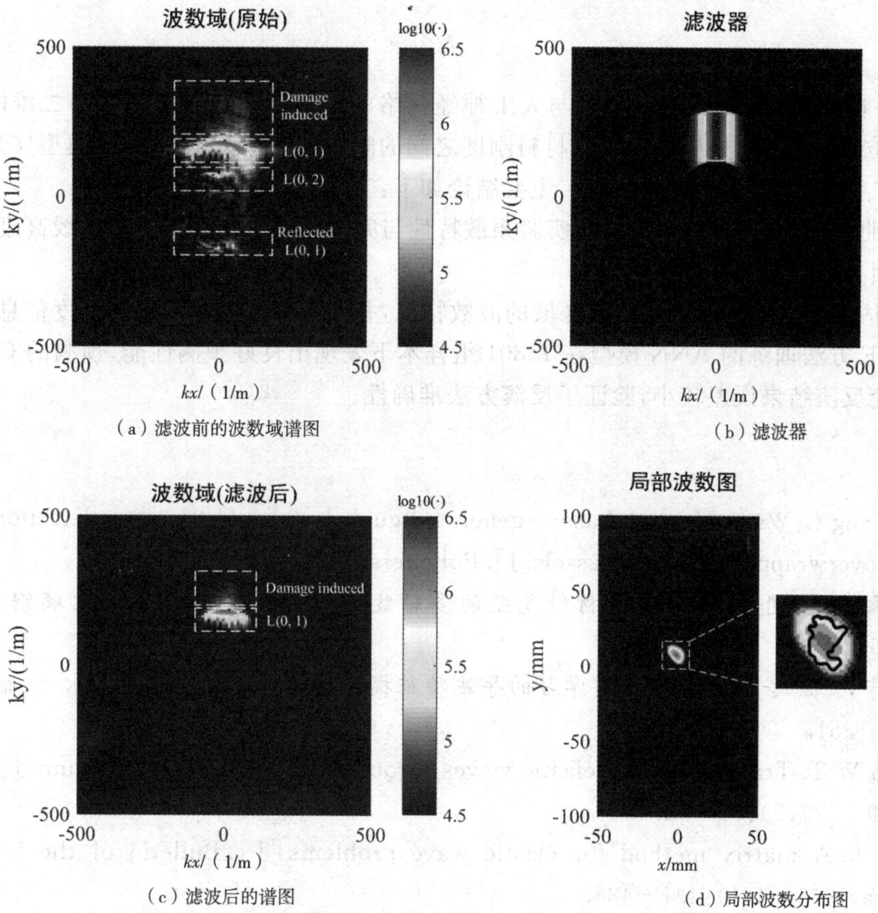

（a）滤波前的波数域谱图　（b）滤波器

（c）滤波后的谱图　（d）局部波数分布图

图 9　局部波数估计流程示意图

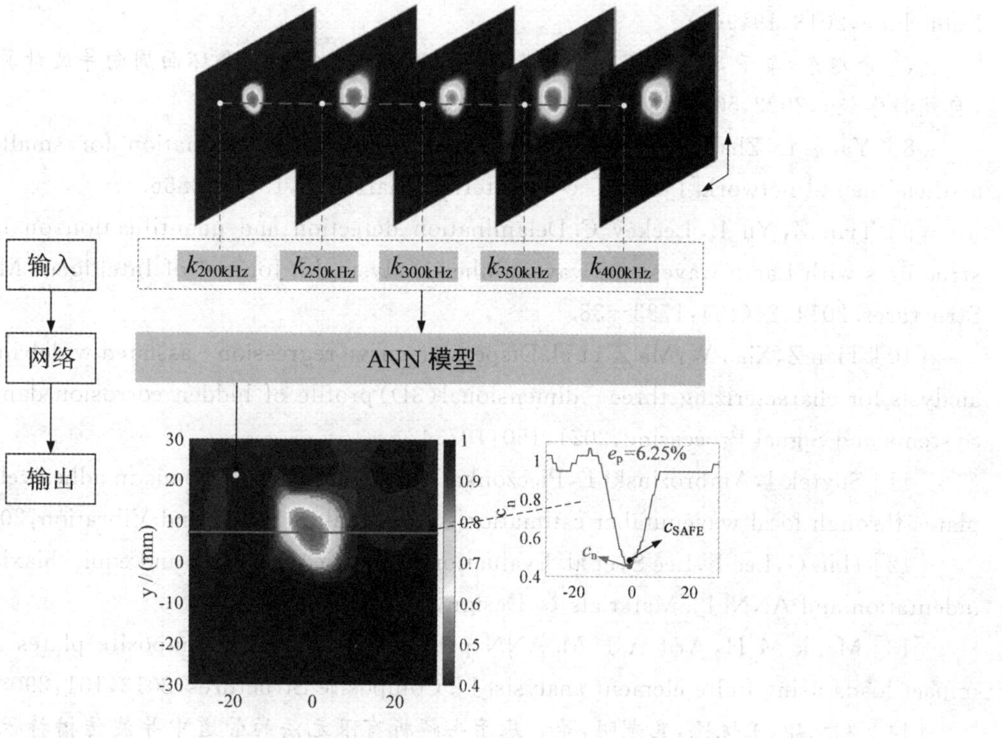

图 10　人工神经网络测试过程及其预测结果

4 结 论

本文提出了一种融合激光超声导波技术与人工神经网络的复合材料缠绕压力容器二维刚度反演方法。该方法通过 SAFE 正向建模构建波数与材料刚度之间的映射数据库，结合 ANN 模型实现了从多频局部波数特征到 C_{11} 刚度系数的非线性反演。主要结论如下：

(1)实验频散曲线与理论曲线对比发现，实验频散特性与完全脱粘状态下的频散曲线高度一致，表明金属与 CFRP 界面存在明显脱粘现象；

(2)局部波数估计方法可快速获取二维区域的波数特征，并在各空间点反演得到刚度信息；

(3)基于 SAFE 方法训练的 ANN 模型在 14801 组样本下表现出良好预测性能，预测的 C_{11} 刚度系数与基于 SAFE 理论反演结果误差较小，验证了反演方法准确性。

参考文献

[1] Zhao J, Yang L, Wang H, et al. Laser-generated guided waves for damage detection in metal-lined composite—overwrapped pressure vessels[J]. Polymers, 2022, 14(18): 3823.

[2] 黄其忠，郑津洋，胡军，等．复合材料气瓶的多轴疲劳寿命预测研究[J]. 玻璃钢/复合材料，2016, (11): 39—45.

[3] 张超，魏宇，王宏远，等．基于深度学习的导波特征提取及其激光超声检测[J]. 仪器仪表学报，2022, 43(11): 242—251.

[4] Thomson W T. Transmission of elastic waves through a stratified solid medium[J]. Journal of applied Physics, 1950, 21(2): 89—93.

[5] Knopoff L. A matrix method for elastic wave problems[J]. Bulletin of the Seismological Society of America, 1964, 54(1): 431—438.

[6] Hakoda C, Rose J, Shokouhi P, et al. Using Floquet periodicity to easily calculate dispersion curves and wave structures of homogeneous waveguides[C]//AIP Conference Proceedings. AIP Publishing, 2018, 1949(1).

[7] 余旭东，秦荣，沈海，等．基于半解析有限元法的多层复合环面周向导波计算[J]. 同济大学学报(自然科学版)，2022, 50(11): 1567—1577.

[8] Yang L, Zhao J, Zhao J, et al. Local wavenumber estimation for small damages based on artificial neural network[J]. NDT & E International, 2023, 138: 102866.

[9] Tian Z, Yu L, Leckey C. Delamination detection and quantification on laminated composite structures with Lamb waves and wavenumber analysis[J]. Journal of Intelligent Material Systems and Structures. 2014; 26(13): 1723—38.

[10] Tian Z, Xiao W, Ma Z, et al. Dispersion curve regression-assisted wideband local wavenumber analysis for characterizing three-dimensional(3D) profile of hidden corrosion damage[J]. Mechanical Systems and Signal Processing, 2021, 150: 107347.

[11] Spytek J, Ambrozinski L, Pieczonka L. Evaluation of disbonds in adhesively bonded multilayer plates through local wavenumber estimation[J]. Journal of Sound and Vibration, 2022, 520: 116624.

[12] Han G, Lee B, Lee S, et al. Evaluation of plastic properties and equi-biaxial residual stress via indentation and ANN[J]. Materials & Design, 2024: 112745.

[13] Malik M H, Arif A F M. ANN prediction model for composite plates against low velocity impact loads using finite element analysis[J]. Composite Structures, 2013, 101: 290—300.

[14] 朱龙翔，王悦民，孔光明，等．基于半解析有限元法的管道中导波传播特性分析[J]. 海军工程大学学报，2021, 33(05): 45—51.

作者简介

杨乐辉(1995),男,博士研究生,主要从事复合材料超声检测研究,通讯地址:211816 江苏省南京市浦口区浦珠南路 30 号南京工业大学,E－mail:805432570@qq.com。

通信作者:赵金玲(1989),女,副教授,主要从事超声波无损检测的研究工作,通信地址:211816 江苏省南京市浦口区浦珠南路 30 号南京工业大学,E－mail:zhaojinling@njtech.edu.cn。

外部载荷对微裂纹声学非线性响应的影响

李　伟，滕　达，朱武军，金亚斌，项延训
（华东理工大学，上海　200237）

摘　要：疲劳裂纹检测和成像是评估工程结构早期健康安全性以及预防结构失效造成灾难性事故的有效方法。利用非线性超声对微观裂纹的敏感性，本文建立了一种改进型载荷-接触点模型来描述疲劳裂纹在不同外部载荷下的演化行为。基于非线性相控阵技术对6061AL标准紧凑拉伸（CT）试样进行数据采集，分别提取线性超声信号和谐波分量构建裂纹的线性和非线性声学图像。经实验验证，该模型较好地描述了试样中裂纹非线性响应随载荷增加而增强、线性响应同步减弱的特性规律，这为结构健康状态的早期评估和安全性能的提升提供了可靠的技术支持。

关键词：非线性超声；载荷；疲劳裂纹；无损检测

The effect of external loads on the acoustic nonlinear response of microcracks

LIWei, TENG Da, ZHU Wujun, JIN Yabin, XIANG Yanxun
(East China University of Science and Technology, Shanghai 200237)

Abstract: Fatigue crack detection and imaging are effective approaches for evaluating the early - stage structural integrity of engineering components and preventing catastrophic failures. Leveraging the sensitivity of nonlinear ultrasound to microcracks, this study proposes an improved load - contact point model to characterize the evolution behavior of fatigue cracks under varying external loads. Nonlinear phased array ultrasound techniques were employed to acquire acoustic data from standard compact tension (CT) specimens fabricated from 6061AL. Both linear ultrasonic signals and harmonic components were extracted to construct corresponding linear and nonlinear acoustic images of the cracks. Experimental validation demonstrated that the proposed model effectively captures the characteristic trend of increasing nonlinear response and decreasing linear response of the crack under rising load. This provides a reliable basis for early structural health assessment and enhanced safety performance.

Keywords: nonlinear ultrasonic; loads; fatigue crack; nondestructive testing

0　引　言

压力容器作为石油炼制、化工合成等工业领域的关键承压设备，其内部长期承载易燃易爆、毒性或腐蚀性介质，服役于高温、高压及复杂交变载荷工况，属于典型的高风险特种设备[1-2]。这类装备在极端工况下易发生材料老化、应力腐蚀及疲劳裂纹扩展等失效模式，一旦发生结构失效，极易引发灾难性事故，造成人员伤亡、环境危害及重大经济损失，为了防止上述灾难性事故的发生，利用先进无损检测技术对实时监测结构完整性、预警潜在失效风险至关重要[3]。超声检测是国内外应用最广泛、使用频率最高且发展较快的一种无损检测技术，主要用于检测对接焊缝内部埋藏缺陷和压力容器焊缝内表面裂纹及从压力容器内部检测焊缝外表面裂纹，也可测出焊缝内缺陷的自身高度[4-7]。目前，大多数传统的超声波检测方法都集中在宏观裂纹上。考虑到裂纹扩展的整体演变，宏观裂纹占据了最后阶段，这将迅速导致更大的裂纹，直到结构失效；同时，微损伤和疲劳裂纹阶段是生长时间最长的阶段。疲劳裂纹的检测有助于早期预防安全事故，确保主要设备关键结构的长期安全使用。

疲劳裂纹是金属结构中常见的缺陷类型。从缺口延伸的裂纹具有开放和封闭区域，封闭区域中的裂纹是本文实验研究的疲劳裂纹的代表。基频将主导裂纹开放区域的散射信号。相比之下，非线性信号将主导疲劳裂纹封闭区域中的散射信号。线性和非线性超声波与凹口和裂纹的相互作用已有报道[8-12]。线性或非线性超声波相互作用的主要区别在于它们对外部载荷的依赖性，这会反映在超声回波信号中[13-14]。

然而，在检测过程中，非线性超声信号通常很弱，淹没在基频信号和环境噪声中。构建了一个改进的载荷接触点模型，以揭示疲劳裂纹接触状态对外部载荷的依赖性，并通过载荷实验证明了构建模型的可靠性。这项工作为非线性超声相控阵成像技术提供了一种可能的解决方案，该技术可用于工程结构的疲劳裂纹成像。

1 理论背景

1.1 非线性参量 β'

图 1 给示出了具有疲劳裂纹和外部载荷 F 的固体中的纵波传播模型。入射波 S_i 穿过接触界面，产生反射波 S_r 和透射波 S_t。由于外部载荷，疲劳裂纹界面上的峰可以接触，这可以用赫兹接触理论来描述。它允许产生非线性谐波频率分量，称为接触声学非线性(CAN)效应。波传播的非线性特性可以通过经典非线性参数 β 来评估，其公式[15-16]如下：

$$\beta=\frac{A_2}{A_1^2} \tag{1}$$

式中，β 为通常所指的绝对非线性参量，然而由于二次谐波频率分量的振幅较小(通常小于 1 nm)，所以这个绝对参量很难测量到；A_1，A_2 分别为基波和二次谐波的振幅。

在实际研究中，一般由测量信号幅值定义的相对非线性参量 β' 更实用，定义为：

$$\frac{A_2}{A_1^2}\propto\frac{V_2}{V_1^2}=\beta' \tag{2}$$

式中，V_1，V_2 分别为与 A_1 和 A_2 成比例的测量电压，$\propto$ 表示正比例关系。这些电压可以使用频率分析技术从接收到的超声信号中获得，例如带通滤波、快速短时傅里叶变换或小波分析。

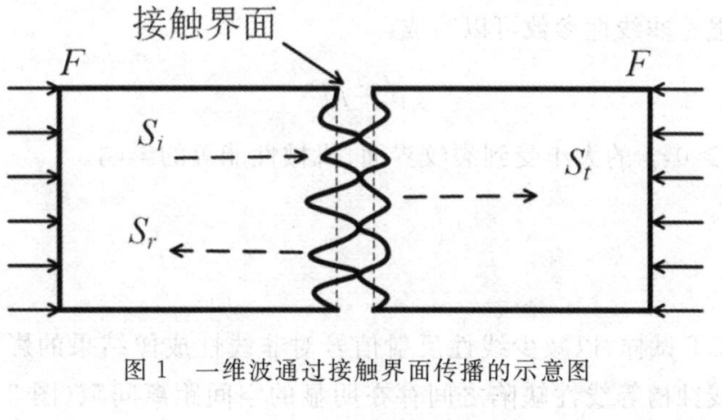

图 1 一维波通过接触界面传播的示意图

1.2 载荷-接触点模型

拍击效应可以被认为是产生非线性超声响应的可能机制之一，这是 SOLODOV 等[17]首次通过实验发现的。还表明,非线性机制源于裂纹唇之间的拍击接触[18]。赫兹接触理论通常用于解释非线性的物理特征,其中裂纹被认为是两个不合格表面的接触,忽略了摩擦。针对实际裂纹中的复杂表面形状,开发了基于粗糙表面接触的模型[19-21]。GREENWOOD 等[22]提出了最著名的粗糙表面接触模型之一,假设表面上的所有粗糙峰都是随机分布的,并且具有相同的曲率半径。赫兹理论可用于两个峰之间的单个接触点[23]。在图 2 中,本文提出了一个改进的载荷-接触点模型。通过引入外部载荷 F_L,裂纹唇缘之间的两个峰值最初具有曲率半径,因为 R_1 和 R_2 将接触,如虚线框所示。接触点的详细信息显示在右侧的插图中。标记为红色的圆形接触区的半径为 r,可由以下方程式(3)[24]确定。

$$r=\left(\frac{R_1R_2}{R_1+R_2}\right)^{1/3}\left(\frac{3F_L(1-\nu^2)}{4E}\right)^{1/3} \tag{3}$$

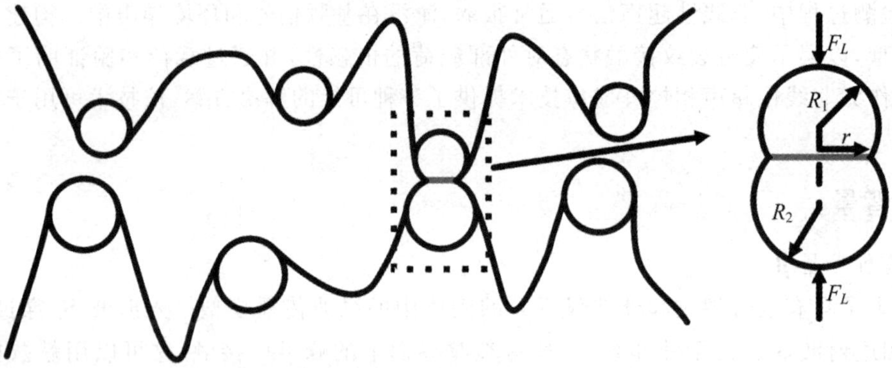

图 2 改进的载荷-接触点模型。红色实线表示圆形接触区

其中:

$$\frac{1-\nu^2}{4E}=\frac{1-\nu_1^2}{4E_1}+\frac{1-\nu_2^2}{4E_2} \tag{4}$$

式中,E_1,E_2 分别为两侧接触介质的弹性模量;ν_1,ν_2 为相应的泊松比。

由于作用在裂纹唇接触峰上的载荷 F_L 与外部载荷 F 呈正相关。可以给出圆形接触区域 r 的半径与外部载荷 F 之间的关系:

$$r=\left(\frac{R_1R_2}{R_1+R_2}\right)^{1/3}\left(\frac{3F_L(1-\nu^2)}{4E}\right)^{1/3}\propto F^{1/3} \tag{5}$$

根据方程式(5),圆形接触区 r 的半径随着外部载荷 F 的增加而增大。由于给定裂纹中的总表面积是恒定的,当外部载荷 F 增加时,两个裂纹表面的总接触面积也会增加,非接触面积会减小。这在宏观上表现为非线性响应的增强。非线性参数可以写成:

$$\beta'\propto pF \tag{6}$$

式中,p 为正相关系数,$p>0$,p 的大小受到裂纹界面、机械性能等的影响。

2 实验验证

2.1 扫查实验

处理如图 3 所示的 CT 试样,以减少线性反射信号对非线性成像结果的影响。与标准样品相比,疲劳裂纹尖端与样品中的线蚀槽等线性缺陷之间存在明显的空间距离间隙(图 3 中长度为 L_1),这有利于消除线性缺陷的影响。样品由铝合金 A6061(标记为灰色)制成,几何参数长度 L 为 170 mm,L_1 为 46 mm,高度 W 为 80 mm,孔径 D 为 16.5 mm。在 CT 样品上加工了一个由左侧长 16.5 mm、宽

0.3 mm的线切割开口组成的线性缺陷。通过疲劳试验,从线性缺陷的左端产生疲劳裂纹。

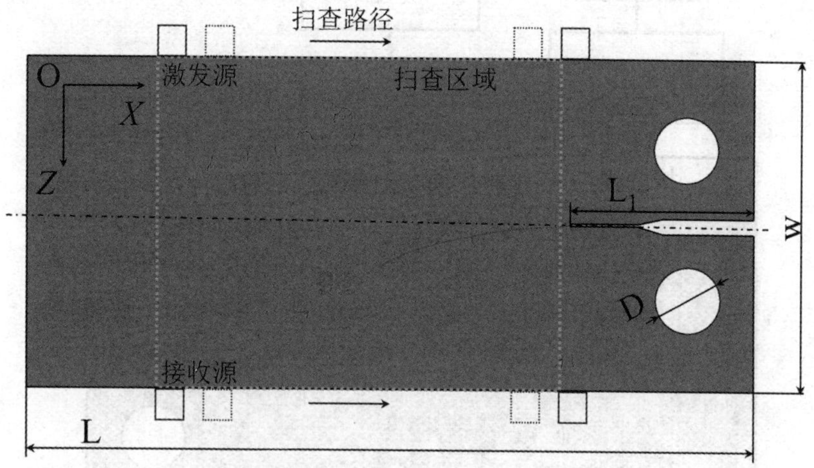

图 3　扫查实验示意图

对该 CT 试样进行非线性超声扫描实验,以表征疲劳裂纹的非线性特征,如图 3 所示。灰色虚线区域是扫描区域。一对发射器和接收器换能器分别沉积在顶面和底面上,并同时从 $x=30$ 移动到 $x=110$ mm。为了在疲劳裂纹附近获得高精度,扫描点从 $x=57$ mm 到 $x=95$ mm 以 2 mm 的步长设置,同时在其余区域保持 5 mm 的步长。中心频率为 5 MHz 的窄带换能器用于激励信号,中心频率为 10 MHz 的宽带换能器用于接收信号。在非线性超声扫描实验中使用了 Ritec RAM－5000 SNAP 非线性高能超声测试系统和 Tektronix 示波器。汉宁窗调制的正弦信号以中心频率为 5 MHz,、周期数为 5、信号延迟为 2 μs、振幅为 1000 vpp 的方式激励。

非线性参数 β' 的扫描结果如图 4 所示。可以看出,β' 最初稳定在相对较低的值水平,然后随着收发器阵列接近疲劳裂纹的左端而显著增加,并在 $x=91$ mm 时达到最大值。因此,裂纹长度可以估计为 33 mm,这与光学显微镜测量中的评估尺寸大致一致。

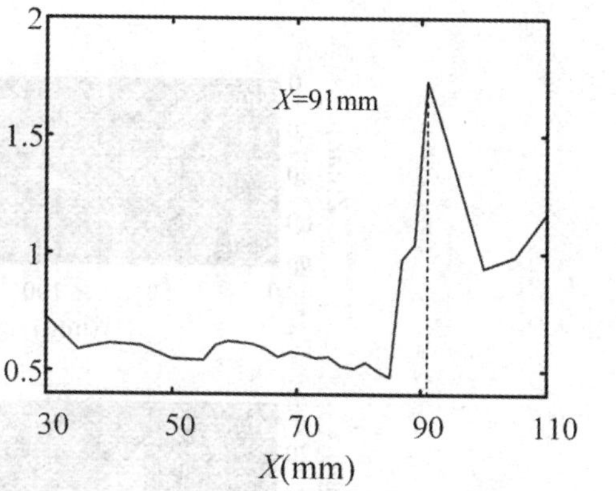

图 4　非线性参数 β' 的扫描结果

2.2　加载实验

制备了两个裂纹长度为 25 和 30 mm 的 CT 试样,实验研究了不同外部载荷下裂纹的变化趋势,并验证了所提出的非线性超声成像方法的有效性。为了获得闭合的疲劳裂纹,例如裂纹长度为 25 mm,最大和最小疲劳载荷分别为 18000 N 和 10000 N。经过 76000 次疲劳循环后,裂纹扩展到约 25 mm 长。在不同负载下对两个样品进行了数据采集实验。初始和最终载荷分别为 100 N 和 16100 N,步进为 4000 N。因此,每个试样进行 5 次数据采集实验。为保证实验结果的可靠性,数据采集实验重复 20 次。

CT 样品和实验装置的布置如图 5 所示。使用重型台钳将长度为 40 mm 的外部线载荷 F 施加到样品的上侧和下侧。

由中心频率为 2.25 MHz 的直径 17 mm 的宽带换能器激发 3 周期突发纵向超声波,如发射器区域中的实心框所示。输入信号由 Tektronix 发生器产生,激励信号由功率放大器(Ritec 股份有限公司,Warwick,RI,美国)放大,以获得更显著的非线性响应。中心频率为 5 MHz 的阵列换能器(Imasonic 股份有限公司,Besanson,France)用作样品左侧的接收器,尤其用于接收双频信号。Verasonics Vantage

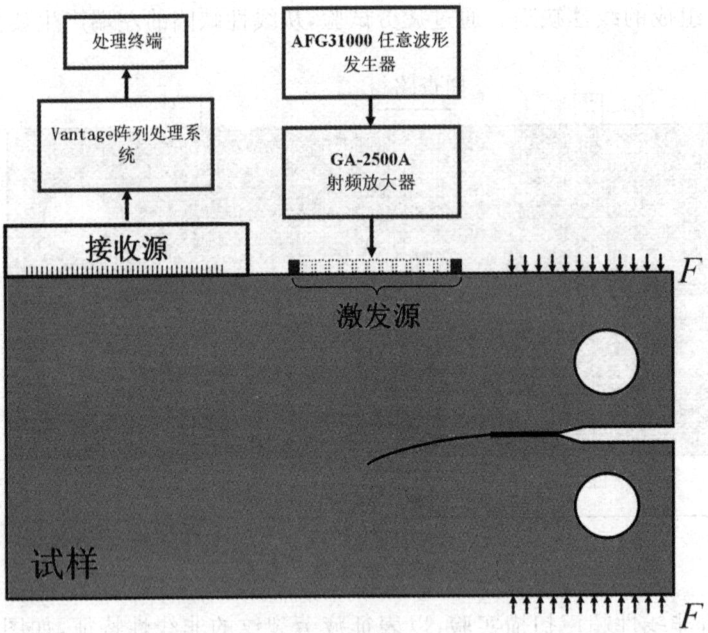

图 5　实验装置示意图

128 研究系统控制相控阵。耦合凝胶用于传感器和样品之间。对于每个外部负载，变送器传感器沿上表面移动 24 次，步长为 2 mm。

对于具有 30 mm 长微裂纹的 CT 样品，本文分别在图 6 和 7 中显示了外部载荷为 100 N、8100 N 和 16100 N 时的处理后的线性和非线性图像。右侧放大了 $x=80\sim110$ mm $z=30\sim55$ mm 的区域，以更好地显示微裂纹周围的图像。从图 6 和图 7 的比较中可以看出，随着外部负载的增加，线性图像的峰值降

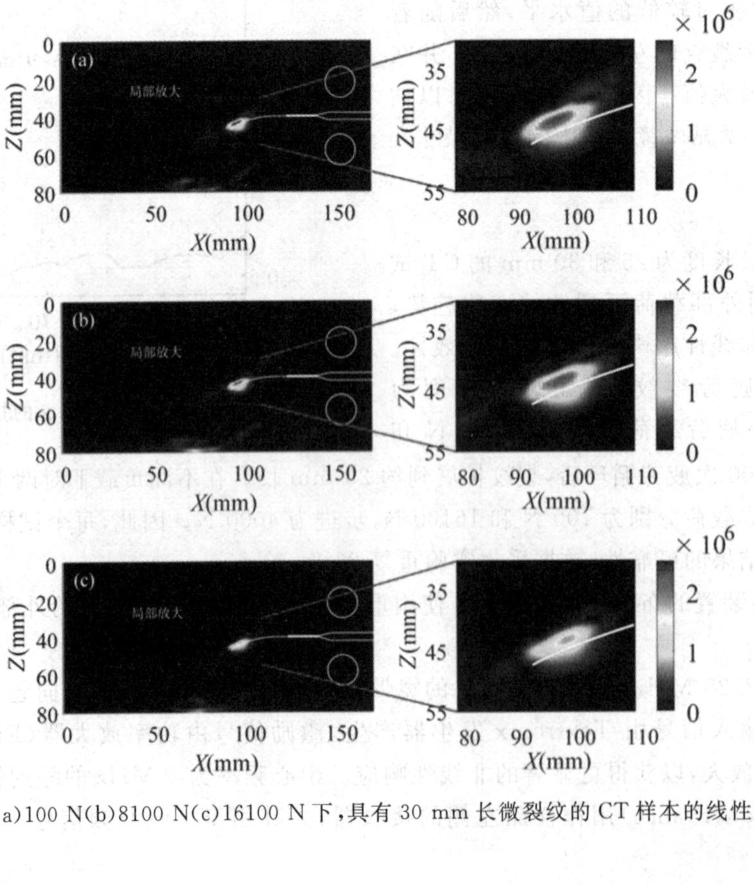

图 6　在(a)100 N(b)8100 N(c)16100 N 下，具有 30 mm 长微裂纹的 CT 样本的线性成像结果

低，相反，非线性图像的峰值增加。线性图像就像一个表征微裂纹局部的斑点；与之相对的，非线性图像更完整的表征了微裂纹的轮廓，并可以描述微裂纹尖端的方向。

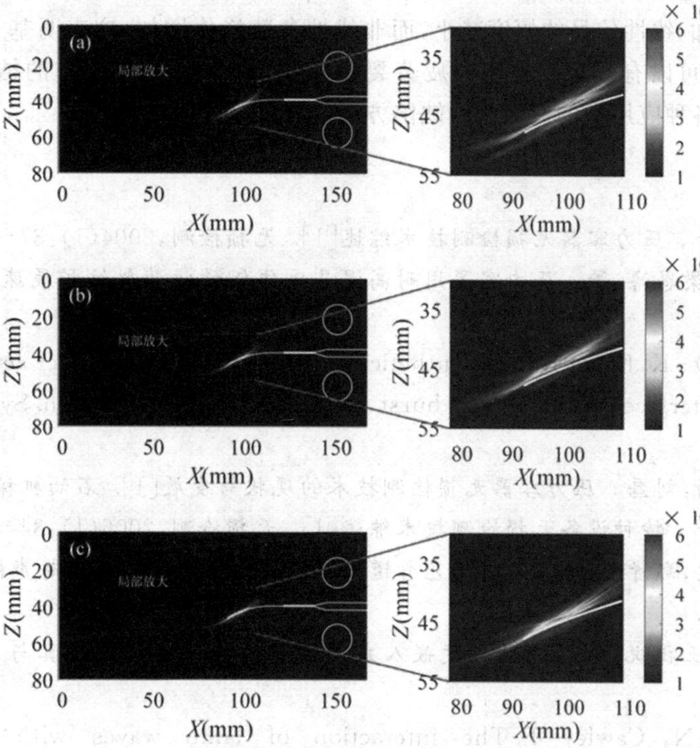

图 7　在(a)100 N(b)8100 N(c)16100 N 下，具有 30 mm 长微裂纹的 CT 样本的非线性成像结果

图 8 定量地呈现了 30 mm CT 试样在 20 次测量后的线性和非线性图像的平均峰值曲线。每个峰值的误差条代表标准偏差。

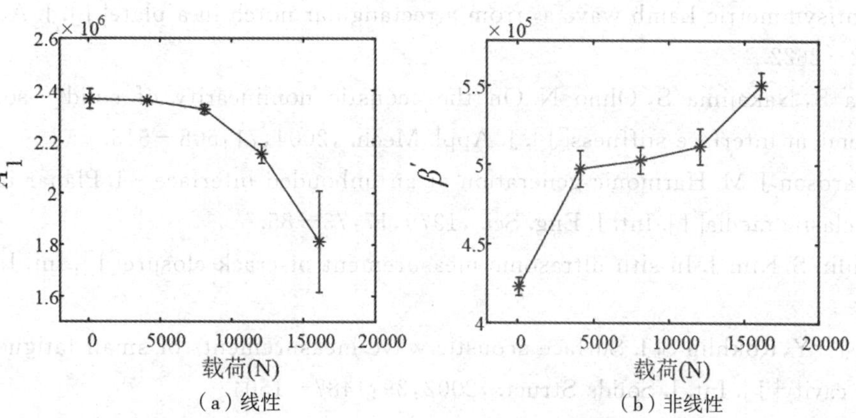

(a) 线性　　(b) 非线性

图 8　30 mm 长疲劳裂纹 CT 试样的峰值变化曲线

当外部负载从 100 N 变化到 16100 N，时，试样的线性图像的峰值降低了约 30%，而非线性图像的峰值增加了约 20%。实验结果与模型预测的裂纹演化规律一致，表明该模型能够有效描述试样在载荷递增过程中裂纹非线性响应增强与线性响应同步减弱的演化特性。

3 结　论

这项工作研究了非线性体波相控阵 CT 试样中外部载荷对局部微损伤的影响。为了预测外部载荷下疲劳裂纹的变化,本文首先建立了一个载荷-接触点模型来描述载荷对疲劳裂纹界面的影响。然后,通过加载实验进一步验证了载荷接触点模型的结论。加载实验结果表明,疲劳裂纹的非线性响应随着外载荷的增加而增强。本文还比较了线性信号和非线性参数 β′ 峰值作为外部负载函数的定量振幅曲线。通常,随着外部载荷的增加,线性信号的幅度减小,而非线性参数峰值增加,这表明基于所提出的非线性特征提取方法的成像结果可以有效地反映闭合疲劳裂纹响应的变化。这项工作的结果表明,所提出的载荷-接触点模型在检测各种应用中的疲劳裂纹缺陷方面具有积极的研究前景。

参考文献

[1] 沈功田,张万岭. 压力容器无损检测技术综述[J]. 无损检测,2004(1):37—40.

[2] 杨昊,张鸿涛,梁恩溥,等. 压力容器用耐高温马氏体钢的疲劳裂纹扩展速率[J]. 金属热处理,2025,50(3):174—182.

[3] Seo H,Pyun D-K,Jhang K-Y. Synthetic aperture imaging of contact acoustic nonlinearity to visualize the closing interfaces using tone—burst ultrasonic waves[J]. Mech. Syst. Signal Pr.,2019,125:257—274.

[4] 梁宏宝,王立勋,刘磊. 压力容器无损检测技术的现状与发展[J]. 石油机械,2007(2):54—57.

[5] 沈功田,张万岭. 特种设备无损检测技术综述[J]. 无损检测,2006(1):34—39.

[6] 吴明畅,杨绪运,郑贤英,等. 站场工艺管道小口径支管角焊缝相控阵超声检测工艺[J]. 压力容器,2023,40(6):72—79.

[7] 王洪涛,吴伟,王祖悦,等. 超限厚度嵌入式焊缝超声相控阵检测仿真与实现[J]. 压力容器,2024,41(3):72—80.

[8] Alleyne D N, Cawley P. The interaction of lamb waves with defects [J]. IEEE T. Ultrason. Ferr.,1992,39:381—397.

[9] Cho Y,Hongcrholt D D,Rose J L. Lamb wave scattering analysis for reflector characterization [J]. IEEE T. Ultrason. Ferr.,1997,44:44—52.

[10] Lowe M J S,Cawley P,KaoJ-Y,et al. The low frequency reflection characteristics of the fundamental antisymmetric Lamb wave a_0 from a rectangular notch in a plate[J]. J. Acoust. Soc. Am.,2002,112:2612—2622.

[11] Biwa S, Nakajima S, Ohno N. On the acoustic nonlinearity of solid-solid contact with pressure-dependent interface stiffness[J]. J. Appl. Mech.,2004,71:508—515.

[12] Richardson J M. Harmonic generation at an unbonded interface-I. Planar interface between semi-infinite elastic media[J]. Int. J. Eng. Sci.,1979,17:73—85.

[13] Rokhlin S,Kim J. In situ ultrasonic measurement of crack closure[J]. Int. J. Fatigue.,2003,25:51—58.

[14] Kim J-Y,Rokhlin S. I. Surface acoustic wave measurements of small fatigue cracks initiated from a surface cavity[J]. Int. J. Solids Struct.,2002,39:1487—1504.

[15] Hong M,Su Z,Wang Q,et al. Modeling nonlinearities of ultrasonic waves for fatigue damage characterization:Theory,simulation,and experimental validation[J]. Ultrasonics,2014,54:770—778.

[16] Yang Y,Ng C-T,Kotousov A,et al. Second harmonic generation at fatigue cracks by low—frequency Lamb waves: Experimental and numerical studies [J]. Mech. Syst. Signal Pr., 2018, 99: 760—773.

[17] Solodov I Y, Krohn N, Busse G. CAN: an example of nonclassical acoustic nonlinearity in solids[J]. Ultrasonics,2002,40:621—625.

[18] Moussatov A,Gusev V,Castagnede B. Self-Induced hysteresis for nonlinear acoustic waves in

cracked material[J]. Phys. Rev. Lett. ,2003,90:124301.

[19] Bureau L, Baumberger T, Caroli C. Contact mechanics for randomly rough surfaces[J]. Eur. Phys. J. E. ,2006,19:163—169.

[20] Ostrovsky L A. The mechanism of strong nonlinear elasticity in earth solids[J]. AIP Conf. Proc. ,2000,524:75—84.

[21] Nazarov V E, Sutin A M. Nonlinear elastic constants of solids with cracks[J]. J. Acoust. Soc. Am. ,1997,102:3349—3354.

[22] Greenwood J A, Williamson J B. Contact of nominally flat surfaces[J]. Proceedings of the Royal Society A,1966,295:300—319.

[23] Popov V L. Contact Mechanics and Friction: Physical principles and Applications[M]. Springer - Verlag,Berlin,2010.

[24] Bureau L, Baumberger T, Caroli C. Non — Amontons behavior of friction in single contacts [J]. Eur. Phys. J. E. ,2006,19:163—169.

作者简介

李伟(2000),男,博士研究生,主要从事非线性相控阵方面的研究,通信地址:200237 上海市徐汇区梅陇路130号,E—mail:y11220020@mail. ecust. edu. cn。

基于机器学习的压力管道钢疲劳裂纹扩展声发射监测降噪方法研究

吴增超,李　昊,柴孟瑜

(西安交通大学 化学工程与技术学院,西安　710049)

摘　要:声发射技术在压力管道等承压设备的疲劳裂纹扩展在线监测中具有重要应用价值。然而,在复杂工况条件下,管道结构振动产生的机械噪声会严重干扰声发射信号,影响疲劳裂纹扩展识别的准确性。针对这一问题,本文系统研究了疲劳裂纹扩展声发射监测中的数据降噪方法:首先综述了现有降噪技术的优缺点;进而提出了一种基于机器学习和频率特征的声发射信号降噪方法;通过开展典型压力管道用钢的疲劳裂纹扩展实验,采集了全过程声发射数据,应用所提出的方法实现了有效降噪,并深入分析了噪声信号在疲劳裂纹扩展各阶段的分布特征。研究结果表明,该方法显著提高了声发射数据的信噪比,为疲劳裂纹扩展的精准监测与识别提供了新的技术手段。

关键词:疲劳裂纹;声发射;降噪;在线监测;机器学习

Machine learning-based denoising method for acoustic emission monitoring of fatigue crack growth in pressure pipeline steels

WUZengchao,LI Hao,CHAI Mengyu

(Xi'an Jiaotong University,School of Chemical Engineering and Technology,Xi'an 710049,China)

Abstract: Acoustic emission (AE) technology holds significant application value for online monitoring of fatigue crack growth in pressure - bearing equipment such as pipelines. However, under complex operational conditions, mechanical noise generated by pipeline structural vibrations severely interferes with AE signals, compromising the accuracy of fatigue crack identification. To address this issue, this study systematically investigates noise reduction methods for AE - based fatigue crack monitoring. First, the advantages and limitations of existing denoising techniques are comprehensively reviewed. Subsequently, a novel AE signal denoising method integrating machine learning and frequency - domain features is proposed. Fatigue crack growth experiments were conducted on typical pressure pipeline steels, with full - process AE data acquired and processed using the proposed method. The distribution characteristics of noise signals across different fatigue crack growth stages were further analyzed. Results demonstrate that this method significantly improves the signal - to - noise ratio of AE data, providing an effective technical approach for accurate fatigue crack monitoring and identification.

Keywords: Fatigue crack; Acoustic emission; Denoising; Online monitoring; Machine learning

0 引 言

压力管道广泛应用于能源化工系统，承担着物料输送和保障生产连续性的重要功能。然而，受工艺变化、设备启停等因素影响，压力管道长期承受复杂交变载荷，在材料缺陷处及结构不连续部位极易萌生疲劳裂纹。管道一旦失效，将引发严重安全事故，造成巨大经济损失并产生恶劣环境影响。因此，开展压力管道疲劳裂纹扩展的在线监测研究具有重要的现实意义。

声发射技术作为一种备受关注的无损检测手段，能够实时捕捉压力管道运行过程中因裂纹扩展、腐蚀、泄漏等缺陷产生的弹性波信号，实现对管道损伤状态的动态监测。相较于传统检测方法，该技术具有显著的时效性优势。通过分析声发射信号的幅值、频率、能量等特征参数，可有效定位缺陷位置并评估损伤程度。此外，声发射技术支持管道在线监测，无需中断运行，大幅降低检测成本并提升监测效率。赖传京[1]等基于 Python 语言开发了声发射特征提取与损伤评价系统，并通过 316LN 不锈钢疲劳裂纹扩展试验验证了系统有效性；Mohammadi Reza[2]研究了Ⅱ型加载条件下碳环氧复合材料的疲劳损伤特性；王煜鑫[3]开展陶瓷基复合材料加载过程的声发射监测试验，以评估其损伤状态；Sulochana Shrestha[4]利用声发射技术结合其他手段，对带边缘缺口钢的疲劳裂纹扩展进行研究。现有研究表明，声发射技术已广泛应用于材料疲劳寿命监测领域。但在实际应用中，该技术易受噪声干扰，因此选择合理的降噪方法对其工程应用至关重要。本文对比分析了常见的声发射降噪方法，并提出一种基于机器学习的声发射信号降噪方案。

本文选取两种常用压力管道用钢材料开展疲劳裂纹扩展实验，采集实验过程中的声发射参数，并采用多种降噪方法处理数据，重点探究机器学习在声发射信号降噪中的应用效果。第一章系统梳理了当前主流声发射降噪方法，对比分析其优缺点；第二章介绍疲劳试验设计及结果；第三章阐述基于机器学习的降噪方法及其降噪效果；第四章总结研究结论并进行讨论分析。

1 疲劳裂纹扩展声发射监测的降噪方法

1.1 声发射监测技术基本原理

声发射监测系统主要组成部分是由传感器、放大器和分析系统三部分。材料产生的声发射信号经过材料介质最终传播到待测试件的表面，安装耦合在构件或材料表面的声发射传感器会发生变形，通过压电效应将机械振动信号转换成可处理的电信号(数字信号)，以波形的形式被记录。分析处理采集的声发射特征参数和波形信息，并结合材料自身的性质，从而对声发射源的损伤状态进行推断。本文提及的声发射参数中：幅值主要反映了声发射源的强度和能量释放的大小；能量参数直接反映了声发射源的能量释放情况，是评估材料损伤程度和破坏机制的重要依据；均方值与信号的能量成正比关系，能够更全面地反映信号的能量水平；声发射熵用于描述声发射信号的复杂程度和无序性，可以反映材料内部微观结构的变化和损伤演化过程。

1.2 常见降噪方式

1.2.1 基于幅度门槛的降噪

原理：该方法设定一个幅度阈值，将幅度低于阈值的信号视为噪声并去除。通过这种方式可以滤除部分低幅度的噪声信号[5]。

优点：简单直接，计算量小，能快速去除低幅值噪声，对明显低于或高于设定门槛值的噪声有很好的过滤作用。不影响信号的实时处理和分析。

缺点：依赖单一参数进行判断，若门槛值设置不当可能会误删有用信号，而且对于与有用信号幅值相近的噪声无法有效区分和去除。

1.2.2 基于频率的降噪

原理：使用数字滤波器，对特定频率的数据进行保留，舍去信噪比低的频率范围内的数据[6]。

优点：针对性强，能有效去除特定频率范围外的噪声，对于已知噪声频率分布的情况，可精准保留有用信号频率成分,提高信号的信噪比。

缺点:需要预先了解信号和噪声的频率特性,而且对于频率分布复杂、与有用信号频段重叠的噪声,降噪效果不佳。

1.2.3　基于定位方法的降噪

原理:通过测量声发射信号到达不同传感器的时间差等信息,确定声发射源的位置。根据可能的声发射源位置范围,排除非感兴趣区域的信号[7]。

优点:能够聚焦于特定位置的信号,减少其他位置干扰信号的影响,对于多个声源同时存在的情况,可有效获取目标位置的声发射信号,提高信号的准确性和可靠性。

缺点:需要布置多个传感器,成本较高,传感器的布局和校准要求严格,若布局不合理,无法准确获取目标位置的信号。

1.2.4　基于多参数阈值的降噪

原理:考虑幅度与上升时间、幅度与能量等参数组合。例如,有效声发射信号的上升时间可能具有一定的特征范围,与噪声的上升时间不同,结合幅度和上升时间阈值可以更准确地识别和去除噪声[8]。

优点:通过综合考虑多个参数来设置阈值,更全面地对声发射信号进行筛选,有效地去除那些幅值较低、频率异常或能量分布不合理的噪声信号。具有较强的灵活性和适应性,计算相对简单,处理速度较快。

缺点:阈值的设置需要一定的经验和先验知识,如果阈值设置不合理,会导致有用信号被误删或噪声去除不彻底。

1.2.5　基于疲劳载荷的降噪

原理:运用疲劳试验过程中,声发射信号与疲劳载荷的相关性。通过分析声发射信号与疲劳载荷的关系,识别出与疲劳损伤相关的有效声发射信号,去除与疲劳载荷无关的噪声信号。例如,图1中仅选择疲劳载荷到达峰值的80%以上且在载荷增加部分的声发射数据。Jianguo Yu[9]等人认为这阶段产生的声发射数据才为疲劳裂纹扩展产生且无噪声。

优点:通过对疲劳载荷特性的分析,能够准确地识别和去除噪声信号,从而提高信噪比,有助于更准确地评估材料或结构在疲劳过程中的状态

缺点:承压设备实际服役中难以准确采集载荷变化信息,工程适用性不足,且相关研究表明载荷较低的区间,仍然有裂纹扩展信号产生,因此采用该方法可能会滤除部分裂纹扩展信号。

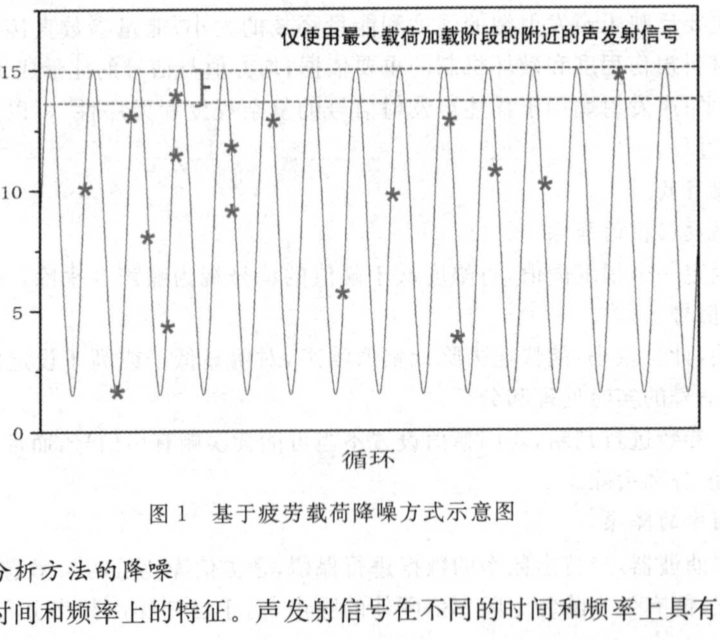

图1　基于疲劳载荷降噪方式示意图

1.2.6　基于时频分析方法的降噪

原理:分析信号在时间和频率上的特征。声发射信号在不同的时间和频率上具有不同的特征。通过

时频分析，如小波变换等方法，可以将声发射信号和噪声在时频域中进行分离，去除噪声部分对应的时频分量，从而实现降噪[10]。

优点：在时间和频率两个维度上处理声发射信号，可精确地定位噪声在时间和频率上的分布，有针对性地进行降噪处理。有效保留信号的瞬态特征与动态变化过程。

缺点：计算复杂度较高，需要较大的计算量和较长的处理时间，实时性低。

1.3 降噪方法统计

本文系统梳理并统计了44篇疲劳裂纹扩展声发射监测研究领域的学术论文[3,5-47]，聚焦于论文中声发射监测过程所采用的降噪方法进行深入分析。如图2所示，基于幅度阈值的降噪方法凭借其操作简便、参数设置直观的优势，在实际应用中脱颖而出。该方法通过设定合理的幅度阈值，能够高效地滤除低幅度噪声信号，在维持有效声发射信号完整性的同时，显著提升信噪比，因而在绝大多数声发射监测实验中得到广泛应用。在多参数降噪方法的应用统计中发现，幅值参数在降噪策略构建中占据核心地位，充分体现了幅值特征在声发射信号降噪处理中的关键作用。此外，针对疲劳实验场景，基于载荷的降噪方式凭借其显著的针对性优势，成为该领域的主流选择之一。该方法紧密结合疲劳实验过程中载荷变化与声发射信号之间的关联性，通过建立载荷与声发射信号的对应关系模型，精准识别并剔除由载荷波动引起的噪声信号，为疲劳裂纹扩展等关键信息的提取提供有力保障。

综上所述，当前声发射研究领域在降噪方法选择上呈现出明显的倾向性：基于幅度阈值的降噪方法以其通用性和便捷性成为基础应用首选；幅值参数在多参数降噪体系中发挥主导作用；基于载荷的降噪方式则在疲劳实验监测等特定场景中展现出独特优势。这些研究现状为后续声发射信号降噪技术的发展指明了方向，进一步提升声发射监测技术的可靠性与实用性。

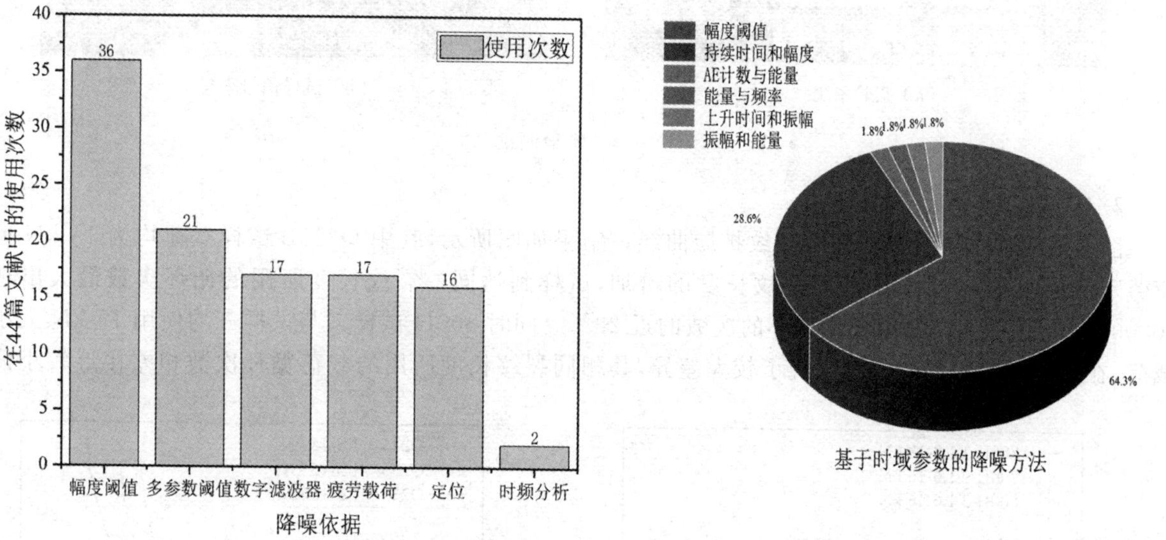

(a) 降噪方式在44篇文献中使用频率

(b) 各参数组合使用百分比

图2 降噪方式统计图

2 疲劳裂纹扩展实验

2.1 实验设计

各类钢铁材料中，Q235B钢的含碳量适中，综合性能较好，其强度、塑性以及焊接等性能均较好；镍基800H合金是一种高强度合金，具有优良的耐高温性能和抗应力腐蚀性能。本文依据《GB/T 6398—2000 金属材料疲劳裂纹扩展速率试验方法》，选择 $C(T)$ 标准试样，试样厚度 B 为12.5 mm和宽度 W 为50 mm，进行疲劳裂纹扩展实验，相关参数设置如表1，设备为MTS疲劳裂纹扩展实验仪器。应力比 $R=0.1$，载荷频率选择20 Hz。

本试验使用G150窄频带声发射传感器,其频率范围为60 kHz～400 kHz,前置放大器选择2/4/6型前置放大器,选择100～400 kHz的前置带通滤波器,声发射采样频率设置为1 MHz。上机位软件使用SWAE软件。信号由声发射仪采集并处理为数字信号后,传输至上机位SWAE软件进行数据分析。

表1 实验参数设置

试样编号	800H-1	800H-2	Q235B-1	Q235B-2
最大载荷/kN	18	16	15	15
预制裂纹长度/mm	2	3	3	3
幅值门槛值/dB	53	53	55	53

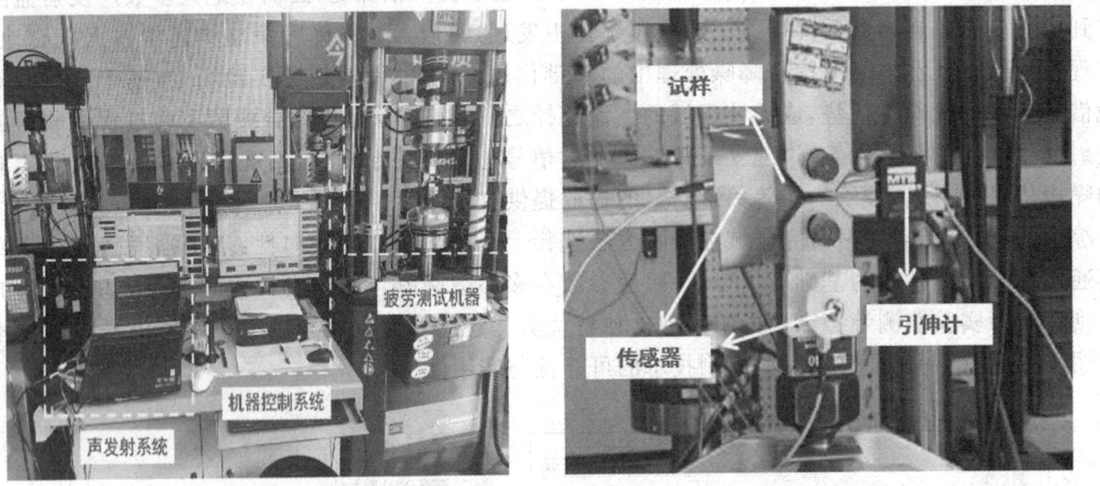

(a)实验系统　　(b)试样信号采集

图3 实地测试

2.3 疲劳试验结果

图4展示了两种材料的疲劳裂纹扩展曲线。结果如图所示,其中Q235B试样载荷均为15 kN但其疲劳寿命依旧在一定差异,随着裂纹长度的增加,试样到达同一裂纹长度所用的循环次数最大出现了10000次的区别,占其所用平均循环的次数的近20%。同时800H试样二与试样三均使用15 kN大小的载荷,在疲劳裂纹扩展后期也出现了较大差异,其相同裂纹长度所用的载荷循环次数相差接近较小值的

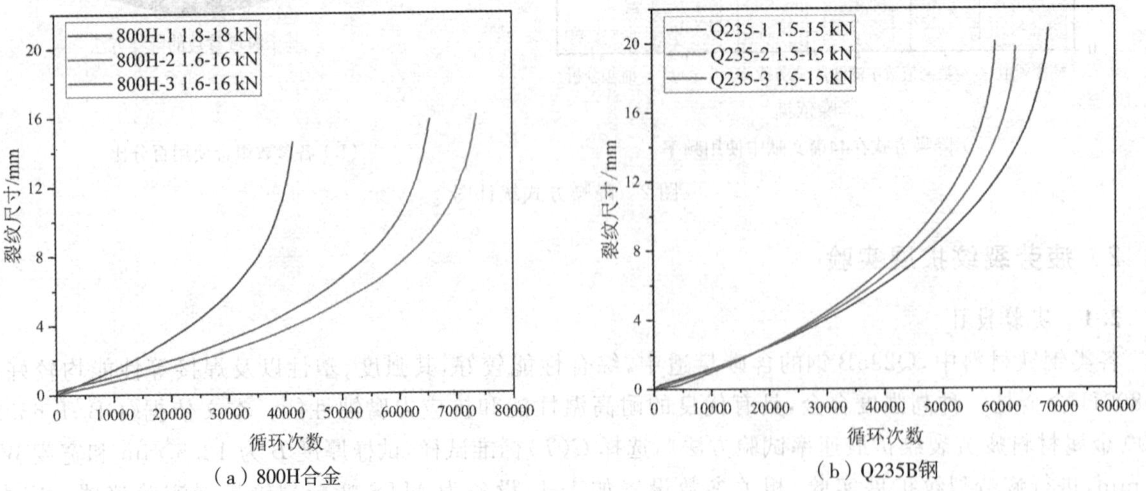

(a)800H合金　　(b)Q235B钢

图4 疲劳裂纹扩展曲线

15%,这证明即使在相同应力幅条件下,同种材料的疲劳寿命仍存在一定程度的分散性。此外,800H 材料试样一采用 18 kN 的最大载荷相较采用 16 kN 最大载荷的试样二与试样三疲劳寿命降低了 50%,而载荷只是上升了 12.5%,相较载荷的提升幅度,疲劳寿命有着非常大的下降。表明在不同应力幅下的疲劳寿命差异显著,应力幅的增加直接导致疲劳寿命呈显著下降。图 5 为材料应力强度因子范围与裂纹扩展速率的双对数图。该图显示,Q235B 试样和 800H 试样在稳态裂纹扩展阶段,应力强度因子范围(ΔK)与裂纹扩展速率呈对数呈线性关系。对于 Q235B 试样,当 ΔK 超过 70 MPa·$m^{1/2}$后,裂纹进入失稳扩展阶段,此时裂纹扩展速率随 ΔK 的增加而加速上升。

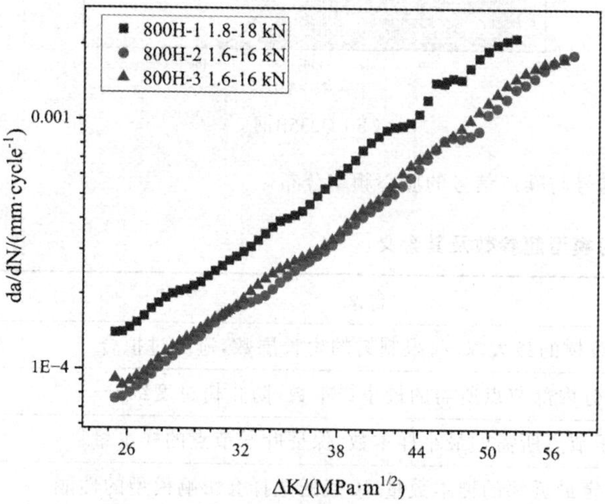

(a) 800H合金

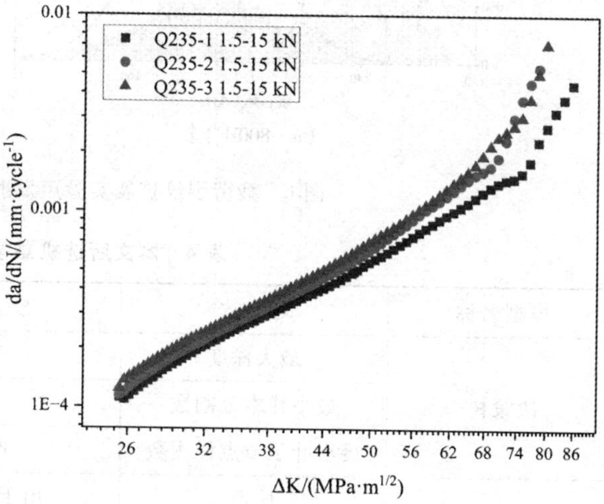

(b) Q235B钢

图 5　裂纹扩展速率与应力强度因子范围双对数图

3　疲劳裂纹扩展声发射监测数据降噪结果

对于本文第一章提及的六类声发射降噪方式都存在相应的局限性,本文结合目前发展迅速的机器学习技术,采用机器学习技术对本实验数据进行降噪。

3.1　机器学习降噪方法

在疲劳裂纹扩展实中,本文通过疲劳裂纹扩展实验中在裂纹预处理阶段从试样夹具采集的声发射数据作为机械学习的训练集进行训练。在运用机器学习去识别数据集的噪声时,我们针对原始数据中的时域参数与频率特征进行初步分析,结果表明采集的原始数据与噪声数据中质心频率有较大差异,如图 6 原始数据的质心频率较噪声向高频率偏移明显,基于此现象,本文在训练机器学习识别模型时选择表 3 所列参数作为特征参数。输出识别数据类别。将频域特征参量导入后,选择机器学习中几类典型的模型类型进行训练,训练模型准确率如下表 5。

表 2　机器学习所使用的声发射参数

声发射参数	参数定义	单位
峰值频率	频谱上最大幅度对应的频率	kHz
质心频率	频谱上以幅度为权重的加权平均频率	kHz
频带能量 1	信号频域波形 0－100 kHz 频带的能量与总能量的比值	%
频带能量 2	信号频域波形中 100－200 kHz 频带的能量与总能量的比值	%
频带能量 3	信号频域波形中 200－300 kHz 频带的能量与总能量的比值	%
频带能量 4	信号频域波形中 300－500 kHz 频带的能量与总能量的比值	%

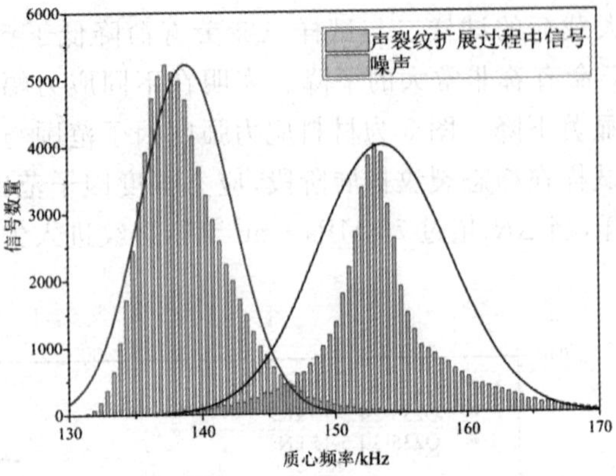

(a) 800H合金

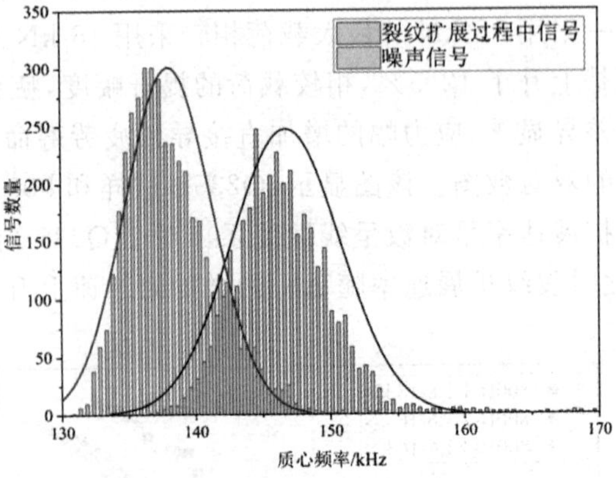

(b) Q235B钢

图 6　疲劳裂纹扩展实验声发射信号与噪声信号的质心频率分布

表 4　本文所选机器学习模型超参数及其含义

模型名称	超参数	含义
决策树	最大深度	决策树的最大深度,限制树的生长层数,避免过拟合
	最小样本分割数	拆分内部节点所需的最小样本数,防止树过度细分
	最小叶子节点样本数	叶子节点所需的最小样本数,保证叶子节点的样本量
K近邻算法(KNN)	K 值	用于确定最近邻的样本数量,K 值的选择会影响模型的性能
	距离度量	计算样本之间距离的方法,如欧氏距离、曼哈顿距离等
支持向量机(SVM)	惩罚系数	控制错误分类样本的惩罚程度,C 值越大,对错误分类的惩罚越大
	核函数	用于将数据映射到高维空间的函数,如线性核、多项式核、径向基核等
	核系数	对于径向基核等核函数,控制核函数的影响范围
神经网络	隐藏层数量	网络中隐藏层的层数,影响模型的复杂度和学习能力
	每层神经元数量	每个隐藏层中神经元的个数,影响模型的表达能力
	学习率	控制模型参数更新的步长,影响模型的收敛速度和稳定性

表 5　模型训练结果

模型类型	决策树	KNN	SVM	神经网络
测试准确率	93.4%	93%	93.2%	92.8%

3.2　降噪后的声发射数据结果对比

3.2.1　噪声信号比例

降噪结果如表 6 所示,Q235B 试样 1 与 Q235B 试样 2 对比,随着幅值阈值的提升,噪声在原始数据中的比例明显下降。证明幅度阈值的提升减少了噪声数量,但单纯设置幅值阈值只能一定程度上减少低幅值噪声,不能杜绝噪声的出现。因此需采用多种方式协同降噪。

图 7 展示了噪声信号量与裂纹扩展信号量在裂纹扩展不同阶段的分布情况。结果显示,在疲劳裂纹扩展早期,噪声信号量曲线上升较为迅速;而到了疲劳裂纹扩展后期,该曲线趋于水平,这表明噪声信号主要集中在疲劳裂纹扩展的早期阶段。由此可见,在整个疲劳裂纹扩展过程中,早期裂纹扩展阶段的信噪比相对较低。若在早期选择的降噪方式不合理,将会导致噪声量急剧增加,进而可能引发对裂纹状态的误判。

表 6　降噪结果

试样编号	800H－1	800－2	Q235B－1	Q235B－2
幅度阈值	53	53	55	53
噪声数量	13973	9418	7	687
裂纹扩展信号	38815	244801	2431	2906
噪声信号比列	26.4％	3.7％	0.2％	19.1％
裂纹扩展信号比例	73.9％	96.3％	99.8％	80.9％

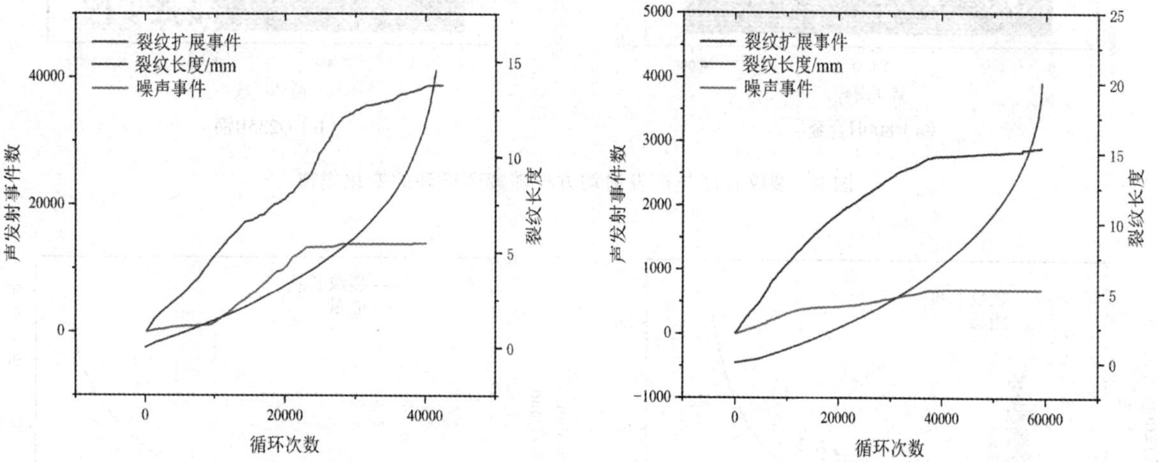

（a）800H合金　　（b）Q235B钢

图 7　裂纹信号量与噪声信号量随裂纹长度的变化

3.2.2　降噪后的声发射参数在裂纹扩展过程的变化规律

完成原始数据的噪声剔除后，本文对疲劳裂纹扩展不同阶段声发射相关参数的变化规律展开分析。为简化内容，此处仅展示与裂纹扩展密切相关的声发射信号参数。图 8－11 呈现了 800H 与 Q235BB 在裂纹扩展不同阶段的声发射振幅、均方根、声发射熵以及能量。

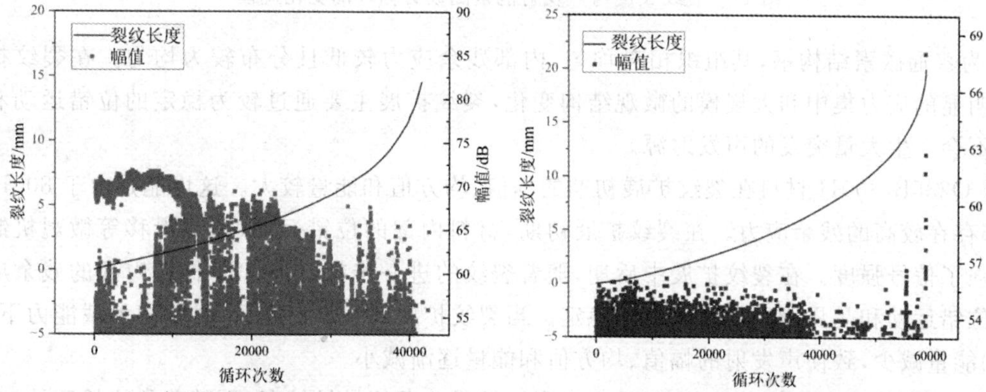

（a）800H合金　　（b）Q235B钢

图 8　裂纹长度与声发射幅值随疲劳循环的变化规律

就幅值、均方值与能量的变化规律而言，对于 Q235BB 合金：在裂纹萌生阶段，幅值、RMS 与能量的信号量较多，且幅值分布较为集中；在裂纹稳定扩展阶段，随着疲劳循环次数的增加，裂纹逐渐扩展，信号幅值有所增大；当裂纹扩展到一定程度进入快速扩展阶段时，信号幅值波动略有增大。这可能是因为

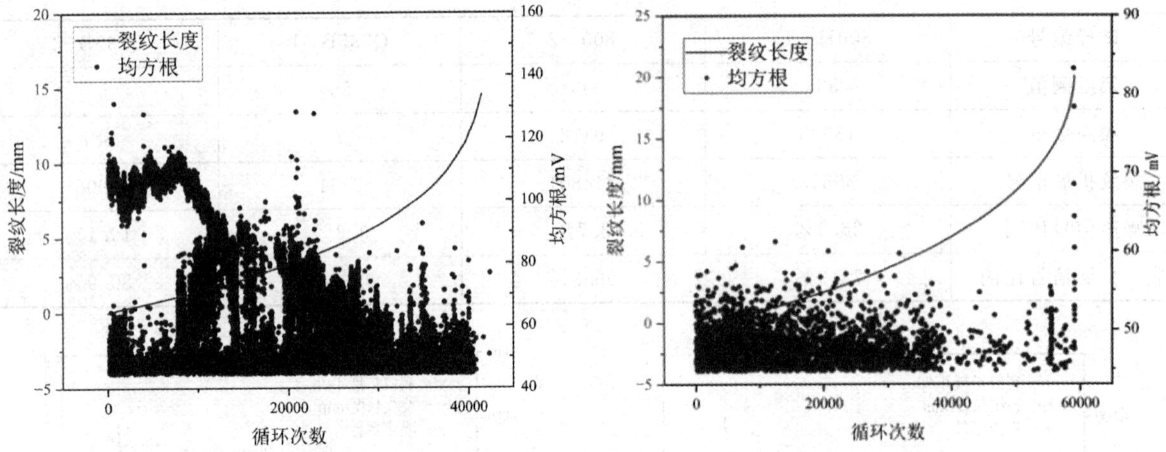

（a）800H合金　　　　（b）Q235B钢

图 9　裂纹长度与声发射均方根随疲劳循环的变化规律

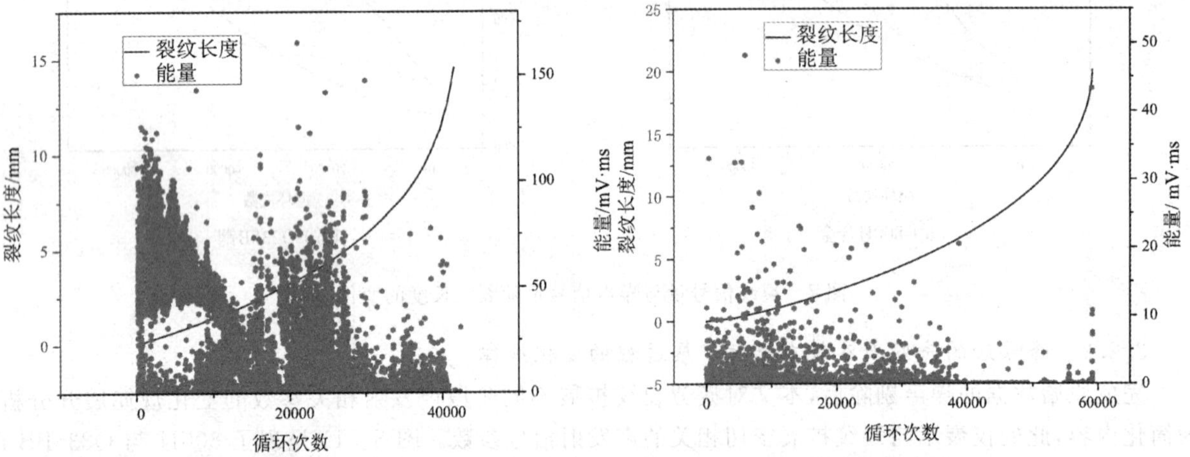

（a）800H合金　　　　（b）Q235B钢

图 11　裂纹长度与声发射能量随疲劳循环的变化规律

Q235BB作为普通碳素结构钢，其组织相对均匀，内部残余应力较低且分布较为均匀。在裂纹扩展过程中，不存在明显的应力集中和大规模的微观结构变化，裂纹扩展主要通过较为稳定的位错运动和塑性变形来实现，不会产生大量突发的声发射源。

相较于Q235B，800H材料在裂纹扩展初期的幅值、均方值和能量较大。这可能是由于800H其初始状态下内部存在较高的残余应力。在裂纹扩展初期，材料内部的位错运动、晶界滑移等微观机制较为活跃，进而增强了信号强度。在裂纹扩展中后期，随着裂纹的进一步扩展，800H材料内部的残余应力逐渐释放完毕，位错运动和晶界滑移等逐渐趋于稳定。当裂纹扩展到一定程度后，材料的承载能力下降，裂纹扩展所需的能量减少，致使声发射的幅值、均方值和能量逐渐减小。

在两者上述参数的整体信号量方面，呈现出裂纹扩展前期信号量较多，而随着裂纹长度的增加，声发射参数的信号量逐渐降低的现象。这可能是因为在裂纹扩展的前中期，两种材料均处于裂纹的萌生和扩展阶段，材料内部的微观结构变化较为剧烈。无论是800H的残余应力释放、位错运动，还是Q235B的相对稳定的塑性变形，都会产生较多的声发射信号，致使信号数量较多。到了裂纹扩展的中后期，800H的残余应力释放殆尽，微观结构变化趋缓；Q235B的塑性变形也逐渐达到相对稳定状态，裂纹扩展速率趋于平稳，材料内部产生的声发射源减少，进而使得声发射信号数量逐渐减少。

4 结 论

本文针对金属材料疲劳裂纹扩展声发射监测中的噪声干扰问题，提出了一种新的降噪方法，同时以两种典型压力管道钢为研究对象，通过疲劳裂纹扩展实验和声发射数据采集，系统研究了降噪方法的适用性及效果。主要研究结论如下：

(1)通过对现有疲劳裂纹扩展声发射监测降噪方法的系统分析发现：基于幅度阈值和数字滤波器的协同降噪方法具有较好的普适性和降噪效果，应用最为广泛；多参数阈值降噪方法因其参数组合的灵活性成为研究热点，其中幅值是该方法中的重要参数；基于定位的降噪方法受限于成本和实施难度，主要适用于大型构件监测；基于疲劳载荷的降噪方法则局限于疲劳实验的声发射监测研究中，难以在工程现场推广应用。

(2)提出了一种融合机器学习与频率特征的声发射信号降噪方法。实验验证表明，该方法能够有效识别并滤除夹具与试样间的机械振动噪声，信噪比提升显著，为疲劳裂纹扩展的精准监测提供了可靠的技术手段。特别是在裂纹扩展初期噪声干扰严重的情况下，该方法表现出优越的降噪性能。

(3)研究发现，在疲劳裂纹扩展过程中，噪声信号主要集中在前中期阶段。这一阶段若降噪处理不当，将导致噪声信号占比大幅增加，严重影响监测数据的可靠性。因此，在实际应用中需结合材料特性和裂纹扩展规律，选择针对性的降噪策略，以确保监测数据的准确性和有效性。

(4)两种材料的声发射特征随裂纹扩展均呈现相似的变化趋势，但具体表现存在明显差异。其中，Q235B 钢在裂纹扩展初期信号密集且幅值集中，稳定扩展阶段幅值显著增大，快速扩展阶段幅值波动加剧；而 800H 合金在裂纹扩展初期即表现出较高的幅值、均方值和能量特征，随着扩展进程这些参数呈现逐渐减小的趋势。这些特征差异为不同材料的疲劳裂纹监测提供了重要的参考依据。

参考文献

[1] 赖传京，柴孟瑜，段权，等．基于声发射监测的压力容器钢裂纹损伤评价系统[J]．压力容器，2022，39(6)：75－83.

[2] MOHAMMADI R，NAJAFABADI M A，SAGHAFI H，et al. The effect of mode II fatigue crack growth rate on the fractographic features of CFRP composite laminates：An acoustic emission and scanning electron microscopy analysis[J]. Engineering Fracture Mechanics，2021，241. 2020. 107408.

[3] 王煜鑫，张勇祯，许鸿杰．基于声发射和 XGBoost 的陶瓷基复合材料剩余强度预测[J]．无损检测，2024，46(11)：61－66.

[4] SHRESTHA S，KANNAN M，MORSCHER G N.，et al. In－situ fatigue life analysis by modal acoustic emission，direct current potential drop and digital image correlation for steel[J]. International Journal of Fatigue，2021，142.

[5] HE，Jingjing，FENG，Xiaohui，WANG，Xinyan，et al. Fatigue performance and acoustic emission behavior of remanufactured low－carbon steel made by wire and arc additive manufacturing[J]. International Journal of Fatigue，2022，165.

[6] RAGHU V PRAKASH，MANUEL THOMAS. EVALUATION OF FATIGUE CRACK GROWTH CHARACTERISTICS ON STAINLESS STEEL SS 316 LN USING ACOUSTIC EMISSION TECHNIQUE[C]//Proceedings of the ASME International Mechanical Engineering Congress and Exposition 2020：IMECE 2020，Online，November 16－19，2020，volume 3. Advanced Materials：Design，Processing，Characterization，andApplications.：American Society of Mechanical Engineers，2020：V003T03A00－V003T03A00.

[7] GAGAR，D.，FOOTE，P.，IRVING，P. E.. Effects of loading and sample geometry on acoustic emission generation during fatigue crack growth：Implications for structural health monitoring[J].

International Journal of Fatigue,2015,81117－127.

[8] CHAI, Mengyu, ZHANG, Jin, ZHANG, Zaoxiao et al. Acoustic emission studies for characterization of fatigue crack growth in 316LN stainless steel and welds[J]. Applied acoustics,2017, 126(Nov.):101－113.

[9] JIANGUO Y, PAUL Z, BORIS Z, et al. Prediction of fatigue crack growth in steel bridge components using acoustic emission[J]. Journal of Constructional Steel Research, 2011, 67(8): 1254－1260.

[10] HESSER D F, MOSTAFAVI S, KOCUR, G K, et al. Identification of acoustic emission sources for structural health monitoring applications based on convolutional neural networks and deep transfer learning[J]. Neurocomputing,2021,453(Sep. 17):1－12.

[11] AGGELIS, D. G., KORDATOS, E. Z., MATIKAS, T. E.. Acoustic emission for fatigue damage characterization in metal plates[J]. Mechanics research communications,2011,38(2):106－110.

[12] TAKAYUKI S,HIROYUKI T,MANABU E. Acoustic emission analysis during fatigue crack propagation by Bayesian statistical modeling[J]. Materials Science & Engineering, A. Structural Materials:Properties,Microstructure and Processing,2020,778.

[13] CHAI,Mengyu,ZHANG,Zaoxiao,DUAN,Quan,et al. Assessment of fatigue crack growth in 316LN stainless steel based on acoustic emission entropy[J]. International Journal of Fatigue, 2018, 109145－156.

[14] BABU,M. NANI,MUKHOPADHYAY,C. K.,SASIKALA,G.. Fatigue Crack Growth Study in P91 and 316LN Steels Using Acoustic Emission[J]. Transactions of the Indian Institute of Metals, 2019,72(12):3067－3080.

[15] PASCOE, J. A., ZAROUCHAS, D. S., ALDERLIESTEN, R. C., et al. Using acoustic emission to understand fatigue crack growth within a single load cycle[J]. Engineering Fracture Mechanics,2018,194281－300.

[16] NEMATI, NAVID, METROVICH, BRIAN, NANNI, ANTONIO. Acoustic Emission Assessment of Through－Thickness Fatigue Crack Growth in Steel Members[J]. Advances in structural engineering,2015,18(2):269－282.

[17] ZHIYuanhan,HONGYUN,CHUANKAI SUN,et al. Acoustic emission study of fatigue crack propagation in extruded AZ31 magnesium alloy[J]. Materials Science & Engineering, A. Structural Materials:Properties,Microstructure and Processing,2014,597270－278.

[18] CHEN HL,CHOI JH. Acoustic emission study of fatigue cracks in materials used for AVLB [J]. Journal of Nondestructive Evaluation,2004,23(4):133－151.

[19] T. M. MORTON, S. SMITH, R. M. HARRINGTON. Effect of loading variables on the acoustic emissions of fatigue－crack growth[J]. Experimental Mechanics,1974,14(5):208－213. DOI: 10.1007/BF02323071.

[20] T. M. ROBERTS, M. TALEBZADEH. Fatigue life prediction based on acoustic emissions [C]//Advances in Structures v. 1. 2003:125－129.

[21] MASOUD R, MOHAMMAD M. Quantitative methods for structural health management using in situ acoustic emission monitoring[J]. International Journal of Fatigue,2013,4981－89.

[22] JIANGUO YU,PAUL ZIEHL. Stable and unstable fatigue prediction for A572 structural steel using acoustic emission[J]. Journal of Constructional Steel Research,2012,77173－179.

[23] HAN,Z.,LUO,H.,CAO,J.,et al. Acoustic emission during fatigue crack propagation in a micro－alloyed steel and welds[J]. Materials Science & Engineering, A. Structural Materials:

Properties,Microstructure and Processing,2011,528(25/26):7751—7756.

[24] KUMAR,JALAJ,AHMAD,S. ,MUKHOPADHYAY,C. K. ,et al. Acoustic emission studies for characterization of fatigue crack growth behavior in HSLA steel[J]. Nondestructive Testing and Evaluation,2016,31(1):77—96.

[25] HAN, Z. , LUO, H. , ZHANG, Y. , et al. Effects of micro – structure on fatigue crack propagation and acoustic emission behaviors in a micro – alloyed steel [J] . Materials Science & Engineering,A. Structural Materials:Properties,Microstructure and Processing,2013,559534—542.

[26] FARHAN T,TARIQ S,DAVID M,et al. Identification of fatigue damage evolution in 316L stainless steel using acoustic emission and digital image correlation[C]//12th International Fatigue Congress:FATIGUE 2018, PoitiersFuturoscope, France, 27 May – 1 June 2018, Part 2 of 2. :Curran Associates,Inc. ,2018:1416—1423.

[27] LI, Lifei, ZHANG, Zheng, SHEN, Gongtian. Influence of grain size on fatigue crack propagation and acoustic emission features in commercial – purity zirconium[J]. Materials Science & Engineering,A. Structural Materials:Properties,Microstructure and Processing,2015,63635—42.

[28] THEOTIME D L S,JULIEN R W,] JEROME,et al. Signatures of fatigue crack growth from acoustic emission repeaters[J]. Engineering Fracture Mechanics,2024,309.

[29] A. BUSTOS, H. RUBIO, J. MENESES, et al. Crack detection in freight railway axles using Power Spectral Density and Empirical Mode Decomposition Techniques[C]//Advances in Mechanism and Machine Science: Proceedings of The 15th IFToMM World Congress on Mechanism and Machine Science, v. 5. :Springer,2019:3691—3701.

[30] D. G. AGGELIS, I. F. SPIRIDON, T. E. MATIKAS. Acoustic emission for fatigue damage monitoring in cross – welded aluminum plates[C]//Smart sensor phenomena,technology,networks,and systems integration 2013. :SPIE – the International Society for Optical Engineering,2013:86930J—1—86930J—8.

[31] E. Z. KORDATOS,D. G. AGGELIS,T. E. MATIKAS. Monitoring of fatigue damage in metal plates by acoustic emission and thermography[C]//Smart sensor phenomena,technology,networks,and systems 2011. :SPIE,2011:79820V:1—79820V:6.

[32] ABDERRAHMANE D,LOTFI T,REDOUANE Z,et al. Fatigue damage evolution in thick composite laminates: Combination of X – ray tomography, acoustic emission and digital image correlation[J]. Composites science and technology,2019,183(Oct. 20):107815. 1—107815. 13.

[33] VIBHOR CHASWAL,G. SASIKALA,S. K. RAY,et al. Fatigue crack growth mechanism in aged 9Cr – 1Mo steel: threshold and Paris regimes[J]. Materials Science & Engineering, A. Structural Materials:Properties,Microstructure and Processing,2005,A395(1/2):251—264.

[34] JIANGUO YU,PAUL ZIEHL,FABIO MATTA,et al. Acoustic emission detection of fatigue damage in cruciform welded joints[J]. Journal of Constructional Steel Research,2013,86(Jul.):85—91.

[35] CHAI M. ,HOU X. ,ZHANG Z. ,et al. Identification and prediction of fatigue crack growth under different stress ratios using acoustic emission data[J]. International Journal of Fatigue,2022,160.

[36] KESHTGAR,A,MODARRES M. Acoustic emission – based fatigue crack growth prediction [C]//2013 Proceedings annual reliability and maintainability symposium: RAMS 2013, 28 – 31 Jan. 2013,Orlando,Floeida,USA. :Institute of Electrical and Electronic Engineers,2013:1—5.

[37] ZHANG Yunling,RONG Qiao,KONG Dielian,et al. Dynamic Monitoring of Fatigue Crack Process of Orthotropic Steel Bridge Structure with Acoustic Emission[C] 2013:1—10.

[38] Feasibility analysis for monitoring fatigue crack in hydraulic turbine blades using acoustic

emission technique[J]. ,2009,16(3):444－450.

[39] LENKA M, ROMAN R. Fatigue test of an integrally stiffened panel: Prediction and crack growth monitoring using acoustic emission[C]//21st European Conference on Fracture 2016: ECF 21, Catania, Italy, 20－24 June 2016, Part 5 of 5. : Elsevier, 2016: 3049－3056.

[40] JANNE W, MICHAIL M, GEORGIOS S, et al. Corrosion and fatigue crack monitoring by means of acoustic emission for application in transportation means[J]. International journal ofterraspace science and engineering, 2012, 5(1): 9－17.

[41] ZHANG Yunling, RONG Qiao, KONG Dielian, et al. Dynamic Monitoring of Fatigue Crack Process of Orthotropic Steel Bridge Structure with Acoustic Emission [C]//13th International conference on fracture: ICF 13, June 16－21, 2013, Beijing, China. : Chinese Society of Theoretical and Applied Mechanics, 2012: 3129－3138.

[42] SHI Shengrun, HAN Zhiyuan, LIU Zipeng, et al. Quantitative monitoring of brittle fatigue crack growth in railway steel using acoustic emission[J]. Proceedings of the Institution of Mechanical Engineers, Part F. Journal of rail and rapid transit, 2018, 232(4): 1211－1224.

[43] SEBASTIEN G, CHRISTOPHE D, JAMAL A, et al. Fatigue crack monitoring of rivetedaluminium strap joints by lamb wave analysis and acoustic emission measurement techniques [J]. NDT & E international: Independent nondestructive testing and evaluation, 2002, 35(3): 137－146.

[44] R. M. MEYER, S. CUMBLIDGE, P. RAMUHALLI, et al. Acoustic Emission and Guided Wave Monitoring of Fatigue Crack Growth on a Full Pipe Specimen [C]//Health monitoring of structural and biological systems 2011. Part two of twoparts. : SPIE, 2011: 798424: 1－798424: 10.

[45] LU ZHANG, DIDEM OZEVIN, WILLIAM HARDMAN, et al. Fatigue Crack Growth Monitoring of Idealized Gearbox Spline Component using Acoustic Emission [C]//Nondestructive Characterization and Monitoring of Advanced Materials, Aerospace, and Civil Infrastructure 2016: Conference on Nondestructive Characterization and Monitoring of Advanced Materials, Aerospace, and Civil Infrastructure, March 20, 2016, Las Vegas, Nevada, UnitedStates. : Society of Photo－Optical Instrumentation Engineers, 2016: 980409－1－980409－11.

[46] CHAI Mengyu, LI lichang, LI Yongquan, et al. Investigation on Acoustic Emission Characteristics from Q345R during Fatigue Crack Propagation[C]//2013 International Conference on Process Equipment, Mechatronics Engineering and Material Science. 2013: 61－64.

[47] R. MARKS, A. STANCU, S. SOUA. Fatigue Crack Growth Monitoring Using Acoustic Emission: A Case Study on Railway Axles[C]//Advances in Condition Monitoring andStrctural Health Monitoring: WCCM 2019. : Springer, 2021: 551－560.

作者简介

吴增超(2003),男(汉),本科,承压设备的声发射监测研究,通信地址:710049 陕西省西安市西安交通大学创新港校区,E－mail:wu432812@stu. xjtu. edu. cn,手机:17873680502。

通讯作者:柴孟瑜,(1990),男(汉),副教授,主要从事承压设备的声发射监测与失效分析研究,通信地址:710049 陕西省西安市碑林区西安交通大学兴庆校区,E－mail:chaimy@ xjtu. edu. cn。

基于声发射的压力容器钢疲劳小裂纹萌生与扩展原位监测研究

李 昊，陈 婵，柴孟瑜

（西安交通大学 化学工程与技术学院，西安 710049）

摘 要：2.25Cr1Mo0.25V 钢因其优异的高温强度和抗氢脆性能，被广泛应用于制造加氢反应器等关键常压设备。然而，在复杂循环载荷作用下，材料缺陷处等应力集中部位容易萌生疲劳裂纹，因此可靠监测疲劳小裂纹的萌生与扩展过程至关重要。本研究通过声发射（AE）与光学显微镜技术，对 2.25Cr1Mo0.25V 钢疲劳小裂纹萌生与扩展过程进行了原位监测研究。结果表明，疲劳小裂纹扩展包括显微小裂纹扩展、物理小裂纹扩展和断裂阶段，裂纹扩展速率随裂纹长度的增加呈 V 型波动。AE 时域特征参数如幅度在显微小裂纹扩展阶段较高且波动明显，而在物理小裂纹扩展阶段较低且波动收窄。当试样断裂时，AE 时域特征参数突增，质心频率显著降低，为疲劳失效提供了可能的判据。此外，研究发现裂纹扩展速率与累计归一化 AE 特征参数的波动趋势呈现较强关联性。本研究揭示了疲劳小裂纹扩展行为与 AE 特征参数之间的潜在关联，为压力容器钢疲劳小裂纹的可靠监测和损伤评价提供了实验依据。

关键词：2.25Cr1Mo0.25V 钢；疲劳小裂纹萌生与扩展；声发射技术；原位监测；损伤识别

In－situ monitoring of small fatigue crack initiation and propagation in pressure vessel steel based on acoustic emission

LI Hao，CHEN Chan，CHAI Mengyu

（Xi'an Jiaotong University，School of Chemical Engineering and Technology，Xi'an 710049，China）

Abstract：2.25Cr1Mo0.25V steel is widely used in the manufacturing of critical pressure equipment such as hydrogenation reactors due to its excellent high－temperature strength and resistance to hydrogen embrittlement. However，under complex cyclic loading，fatigue microcracks tend to initiate at stress concentration zones like material defects，making reliable monitoring of small crack initiation and propagation crucial. This study conducted in－situ monitoring of small fatigue crack growth behavior in 2.25Cr1Mo0.25V steel using acoustic emission（AE）and optical microscopy techniques. The results revealed that the small fatigue crack propagation consists of three stages：microstructurally small crack growth，physically small crack growth，and final fracture. The crack growth rate exhibited V－shaped fluctuations with increasing crack length. The AE time－domain parameters such as amplitude showed higher values with significant fluctuations during the microstructurally small crack stage，while displaying lower values with reduced fluctuations in the physically small crack stage. Specimen fracture was characterized by sudden increases in AE parameters and significant decreases in centroid frequency，potentially serving as failure criteria. Furthermore，the study identified a correlation between crack growth rate fluctuations and cumulative normalized AE parameters. These findings demonstrate the intrinsic relationship between small fatigue crack growth behavior and AE characteristics, providing experimental basis for reliable monitoring and damage assessment of small fatigue cracks in pressure vessel steels.

Keywords: 2.25Cr1Mo0.25V steel; small fatigue cracks; acoustic emission; in situ monitoring; damage identification

0 引 言

压力容器作为流程工业中能量存储与介质转化的核心承压设备,在石油化工和新能源等关键领域中发挥着重要作用[1]。2.25Cr1Mo0.25V 钢因其优异的高温强度与抗氢脆性能,被广泛应用于制造加氢反应器、高温压力容器和管道等关键承压设备。然而,在实际服役过程中,压力容器在长期承受交变载荷与高温高压环境的耦合作用下,容易引发疲劳裂纹的萌生与扩展,最终导致设备的失效甚至灾难性事故。因此,深入研究 2.25Cr1Mo0.25V 钢的疲劳裂纹萌生与扩展行为,准确描述和了解疲劳裂纹的萌生和扩展机制,对于结构的安全性和可靠性具有重要意义。

研究表明,疲劳裂纹通常分为显微小裂纹、物理小裂纹和长裂纹,其中显微小裂纹和物理小裂纹共同构成了疲劳小裂纹的萌生与扩展过程[2]。作为疲劳裂纹的重要组成部分,长裂纹的扩展行为已取得丰富的研究成果[3-6]。然而,与长裂纹不同,疲劳小裂纹的萌生与扩展主要受不连续机制主导,其扩展速率与应力强度因子范围(ΔK)呈非线性关系且随机性显著[7,8]。这些特性使得小裂纹的行为难以用传统断裂力学理论准确描述。此外,尽管光学显微原位疲劳技术实现了对疲劳裂纹萌生与扩展的全过程监测,但由于小裂纹的尺度特性,小裂纹萌生与扩展在多尺度监测方面面临技术困难,难以建立裂纹萌生与扩展的定量评价标准,这在一定程度上增加了疲劳寿命评估的难度[9,10]。因此,为深入研究 2.25Cr1Mo0.25V 钢的疲劳小裂纹萌生与扩展机制,亟需一种能够实现多维度、全过程监测的技术手段,以弥补光学显微原位疲劳技术的局限性。

声发射(Acoustic emission,AE)是指材料在变形过程中快速释放变形能量而产生瞬态弹性波的现象[11]。近年来,AE 技术作为一种动态无损检测方法,因其高灵敏度、实时性和整体性而被广泛应用于疲劳裂纹监测领域。Chai 等通过声发射技术研究了 316LN 不锈钢在不同应力比下的疲劳裂纹扩展识别与预测,提取振幅、能量、熵等多个 AE 参数,发现其可准确识别裂纹萌生、稳定扩展和快速扩展三个损伤阶段[12]。Cui 等通过声发射技术监测 Q235 和 Q345 钢疲劳裂纹扩展,发现 AE 技术能识别材料受力过程中的典型信号特征,其事件数量与损伤程度显著相关并可准确定位损伤位置[13]。这些研究表明,AE 技术已成功用于识别疲劳裂纹并表征裂纹扩展行为。然而,目前关于 AE 技术在小裂纹萌生与扩展阶段的研究相对较少,其规律性特征尚未完全明确。

因此,本研究通过将疲劳试验机、AE 技术与光学显微原位疲劳技术进行一体化设计,实现数据的同步采集与分析,从而为 2.25Cr1Mo0.25V 钢疲劳小裂纹行为研究提供更全面的实验支持。通过提取 AE 信号的振幅、能量、熵等关键参数,并结合裂纹形貌与扩展路径的直接观测,初步揭示了疲劳小裂纹萌生与扩展的规律性特征。同时,本研究探索了裂纹扩展速率与 AE 特征参数之间的关系,为 2.25Cr1Mo0.25V 钢疲劳小裂纹的可靠识别与完整性评价提供了理论基础。这种一体化实验方法为疲劳寿命预测提供了更可靠的数据支持。

1 材料与方法

为研究 2.25Cr1Mo0.25V 钢声发射特征与疲劳小裂纹萌生及扩展行为的关联性,本研究采用集图像采集、力学加载与声发射监测于一体的原位疲劳试验装置开展实验。图 1 展示了该装置的整体结构。

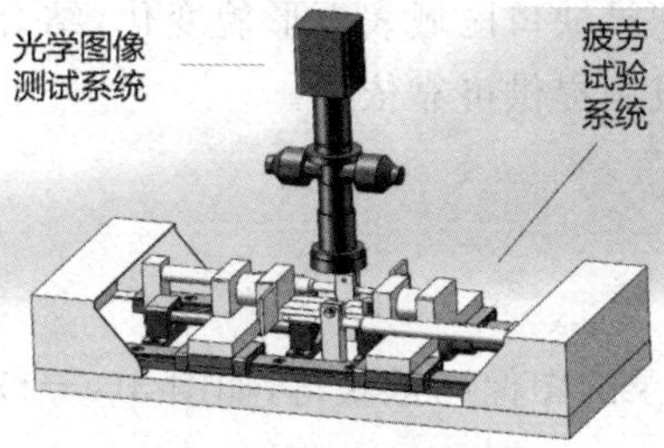

(a) 原位疲劳试验一体机

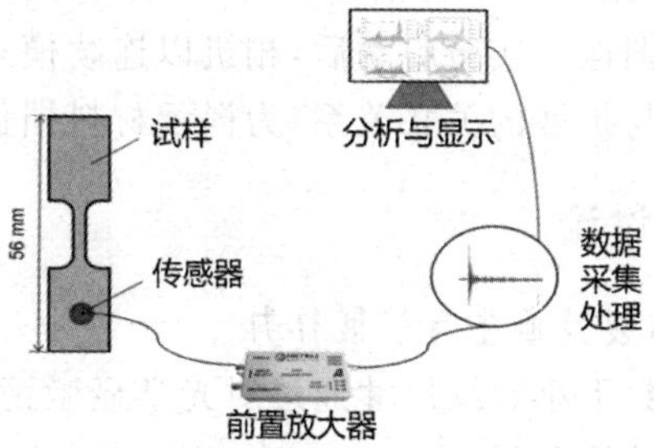

(b) 声发射系统

图 1

1.1 材料与疲劳试验

本研究采用 2.25Cr1Mo0.25V 钢制备了四件单边缺口试样进行原位疲劳试验。试样几何尺寸统一为:长度 56 mm,宽度 12 mm,厚度 1 mm,标距段长度 10 mm,宽度 2.4 mm,中间预制深度 0.5 mm、半径 0.2 mm 的圆形缺口以诱导裂纹萌生。试验在室温下进行,施加正弦波载荷,载荷范围 300～1200 N,频率 0.5 Hz。试样分为两组:第Ⅰ组包括试样 1 和试样 2,第Ⅱ组包括试样 3 和试样 4,第Ⅱ组持续加载至断裂,以获取完整疲劳裂纹扩展数据。

表 1 2.25Cr1Mo0.25V 钢的化学成分(*wt*%)

组成	C	Si	Mn	P	S	Cr	Mo	V
2.25Cr1Mo0.25V	0.15	0.10	0.54	0.009	0.01	2.30	0.98	0.30

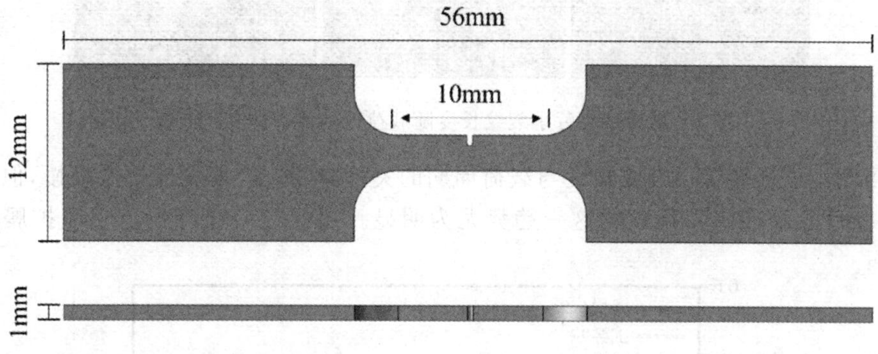

图 2 2.25Cr1Mo0.25V 钢疲劳试验试样示意图

1.2 声发射监测

本研究在疲劳试验一体化系统中集成了 AE 监测系统,包括 AE 传感器、前置放大器、数据采集与处理单元及分析软件,用于实时监测疲劳小裂纹萌生与扩展过程中的 AE 信号(图 1(b))。实验采用微型宽带 AE 传感器(Nano30),谐振频率 300 kHz,工作频率范围 125－750 kHz,通过耦合剂固定于距试样中心 12 mm 处,结合 40 dB 前置放大器优化信号质量。数据采集系统将波形转换为数字信号以便存储和分析。

正式测试前,通过铅芯断裂实验校准系统灵敏度,并进行噪声监测以确保稳定性。测试中设定 30 dB 阈值滤除噪声,确保数据纯净。疲劳实验启动后,AE 数据采集与加载过程、光学图像采集同步进行,直至实验结束,获得涵盖裂纹萌生与扩展全过程的完整数据集,为深入分析 AE 信号提供了可靠依据。。

1.3 光学图像技术

本研究采用光学图像相关测试系统原位监测疲劳载荷下裂纹的萌生与扩展过程。该系统由高分辨率相机和图像采集卡组成[图 1(a)],相机固定于试样缺口正上方,图像采集卡远离试样以避免干扰。相机光学倍率 95 X 至 614 X,分辨率 3840×2160,测量精度 0.001 mm 至 0.002 mm,可高精度观测疲劳小裂纹并获取高清图像。实验启动后,相机以连续模式记录缺口区域表面形貌变化,结合 AE 监测数据,综合分析裂纹萌生与扩展的关联关系,为揭示材料损伤机制提供可靠依据。

2 结果与讨论

2.1 疲劳小裂纹萌生与扩展行为

不同循环次数下小裂纹尺寸通过对光学显微镜记录的图像测量获得,如图 3(a—f)所示,小裂纹扩展速率通过割线法计算获得:

$$\left(\frac{\mathrm{d}a}{\mathrm{d}N}\right)_i=\frac{a_{i+1}-a_i}{N_{i+1}-N_i} \tag{1}$$

式中,a 是小裂纹长度,N 是疲劳循环次数。

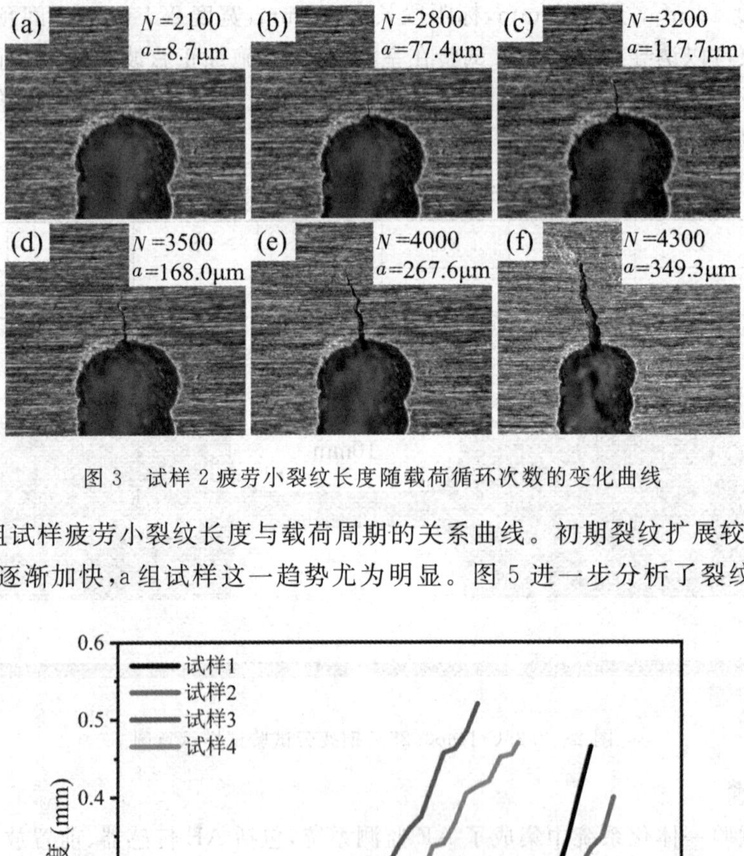

图 3 试样 2 疲劳小裂纹长度随载荷循环次数的变化曲线

图 4 展示了两组试样疲劳小裂纹长度与载荷周期的关系曲线。初期裂纹扩展较慢,但随着疲劳循环次数增加,扩展速度逐渐加快,a 组试样这一趋势尤为明显。图 5 进一步分析了裂纹扩展速率与裂纹长

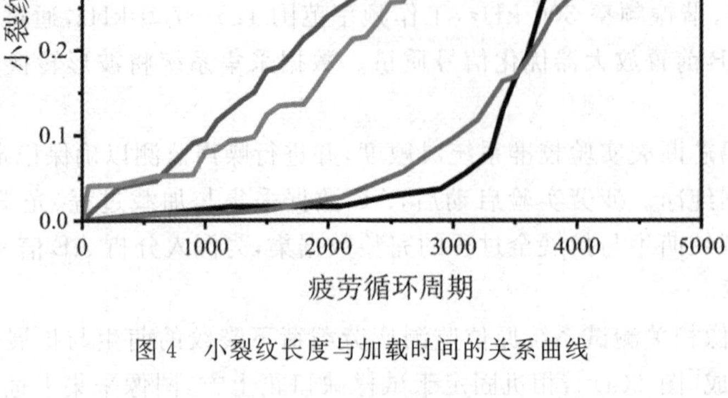

图 4 小裂纹长度与加载时间的关系曲线

度的关系，发现两组试样的扩展速率分布在 10^{-7} 至 10^{-3} mm/cycle 范围内。在裂纹萌生初期，扩展速率呈现显著波动，可能与晶界等微观结构对裂纹扩展的抑制作用有关。随着裂纹长度增加，微观组织对扩展速率的抑制作用减弱，速率波动范围明显收窄。这一现象与文献[14-16]中关于疲劳小裂纹扩展速率的研究结果一致，进一步验证了微观结构对疲劳裂纹扩展行为的重要影响。

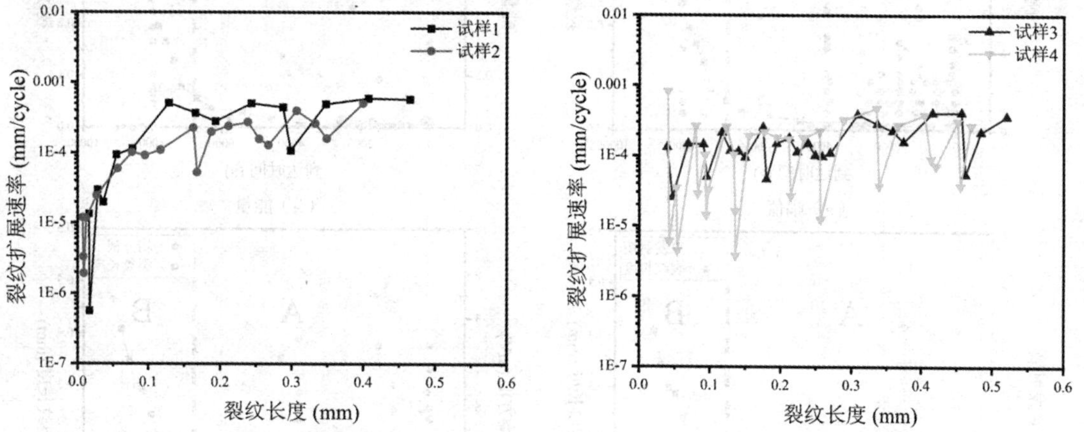

（a）第一组试样　　（b）第二组试样

图 5　裂纹扩展速率与裂纹长度的关系曲线

2.2　基于 AE 参数的疲劳小裂纹扩展状态识别

本研究通过 AE 技术监测 2.25Cr1Mo0.25V 钢疲劳小裂纹的萌生与扩展过程，旨在建立 AE 特征参数与裂纹演化及失效的关联。图 6～9 分别展示了第Ⅰ组（试样 1、2）和第Ⅱ组（试样 3、4）的 AE 特征参数随时间变化规律，并结合小裂纹长度，揭示了不同演化阶段的声发射特征。

图 6 展示了试样 1 的 AE 特征参数及小裂纹长度随时间的变化。结果表明，疲劳小裂纹的萌生与扩展可分为两个阶段：阶段 A（显微小裂纹扩展）和阶段 B（物理小裂纹扩展），以 0.1 mm 为分界线（绿色虚线）。在阶段 A，实验初期出现大量高幅值、高能量、高熵和高均方根信号的突增现象，随后这些参数呈现波动特征，如幅值从 43.3 dB 降至 33.1 dB，再增至 49.2 dB，最终回落至 37.2 dB。这种波动特征可能与疲劳小裂纹在萌生初期受晶界等微观结构的显著影响有关，当裂纹扩展受到微观结构抑制时，会产生高强度 AE 信号，这与文献[17]的研究结果一致。阶段 B 中，AE 信号数量减少，幅值、能量、熵和均方根值较低，表明微观组织对物理小裂纹扩展的影响减弱。图 7 中试样 2 的结果与试样 1 相似，进一步验证了显微小裂纹扩展阶段受微观组织影响的结论。

基于前期研究[18]，2.25Cr1Mo0.25V 钢在拉伸断裂时会出现高幅值、高能量和高熵等 AE 信号，且质心频率显著下降。本研究通过 AE 监测疲劳损伤失效过程，尝试构建疲劳损伤的定量评价标准。图 8－9 展示了第Ⅱ组试样的 AE 特征参数及小裂纹长度演变规律，完整记录了从裂纹萌生、扩展到断裂的全过程。结果表明，试样断裂瞬间均出现 AE 信号数量的突增，并伴随高幅值、高能量、高熵和高均方根信号，与文献[19-21]一致。此外，通过快速傅里叶变换将 AE 信号从时域转换至频域，提取质心频率分析断裂信号的频率特征。图 10 展示了两组试样的质心频率演变规律，其中图 10（a－b）为第Ⅰ组，图 10（c－d）为第Ⅱ组。对比发现，试样断裂时质心频率均呈现下降趋势。

综上所述，通过 AE 幅值、能量、信息熵和均方根等多元时域参数分析，可有效表征 2.25Cr1Mo0.25V 钢疲劳小裂纹的萌生与扩展规律。实验表明，显微小裂纹扩展阶段 AE 信号高强度波动，物理小裂纹扩展阶段信号减少且强度降低，断裂阶段信号突增，表现为高幅值、高能量、高熵和高均方根特征。频域分析显示，断裂阶段质心频率显著下降，结合时域参数变化，揭示了疲劳裂纹扩展至断裂的特征。AE 技术与光学图像技术的结合，为疲劳小裂纹演化及深入理解扩展行为提供了重要依据。

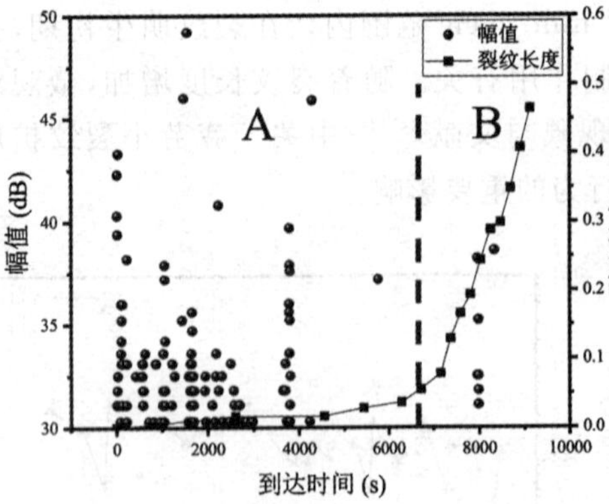

（a）幅值

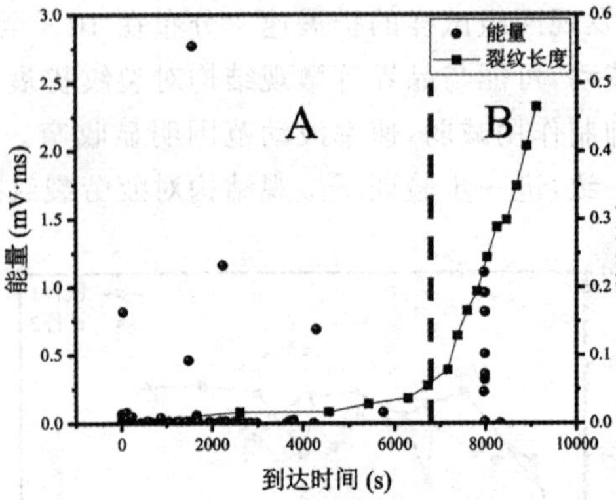

（b）能量

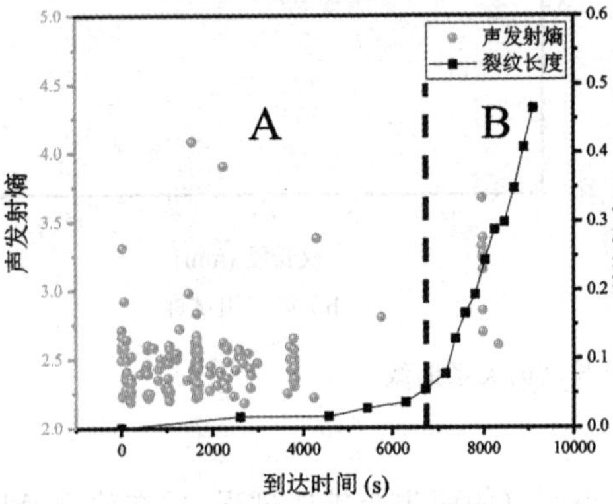

（c）熵

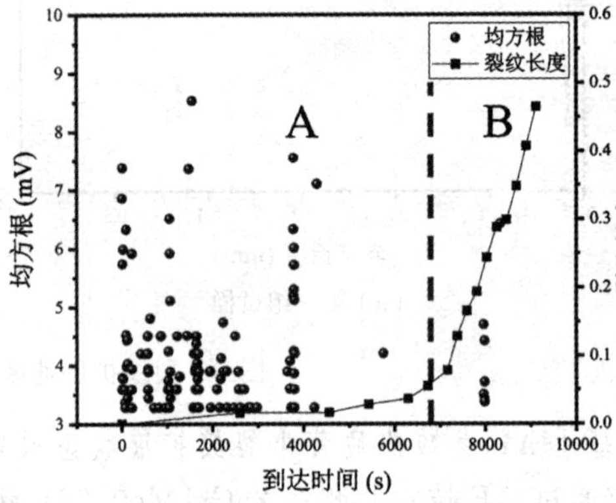

（d）均方根及裂纹长度的演变曲线

图 6　1号试样的声发射特征参数及裂纹长度随时间的变化规律

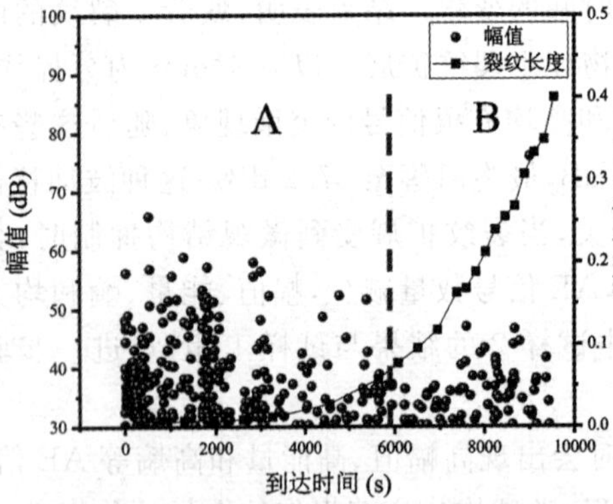

（a）幅值

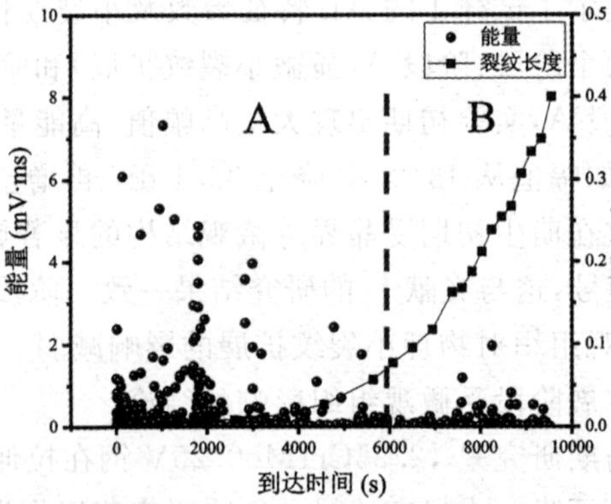

（b）能量

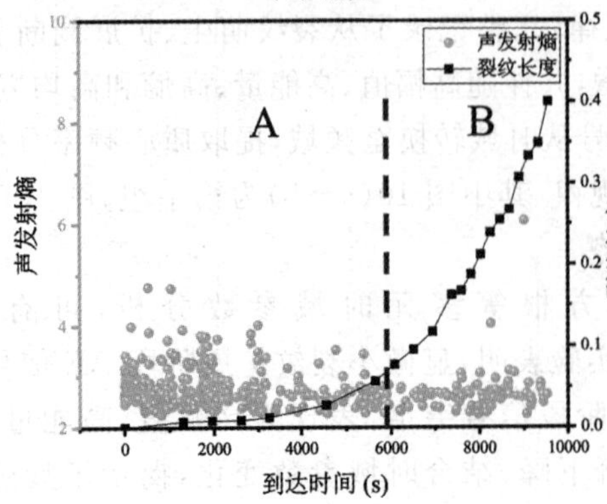

（c）熵

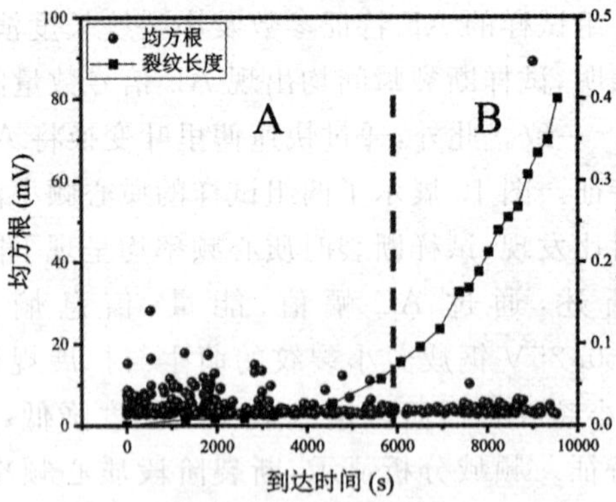

（d）均方根及裂纹长度的演变曲线

图 7　2号试样的声发射特征参数及裂纹长度随时间的变化规律

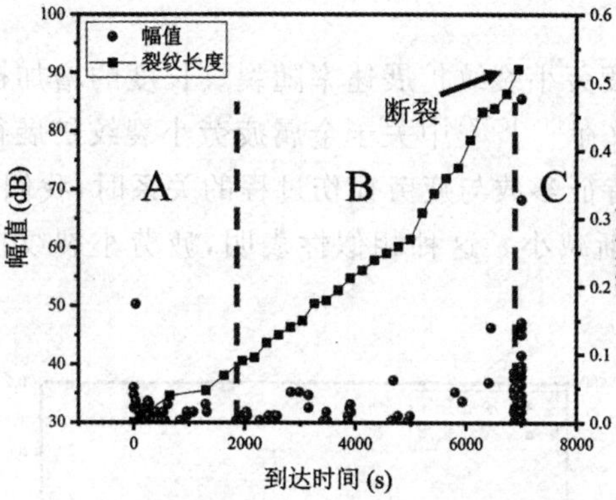

（a）幅值

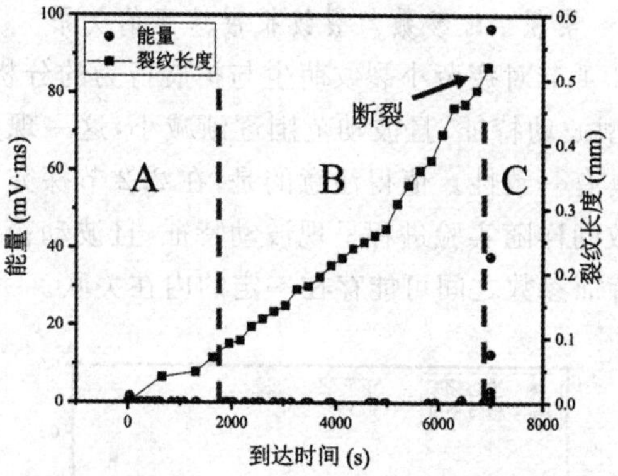

（b）能量

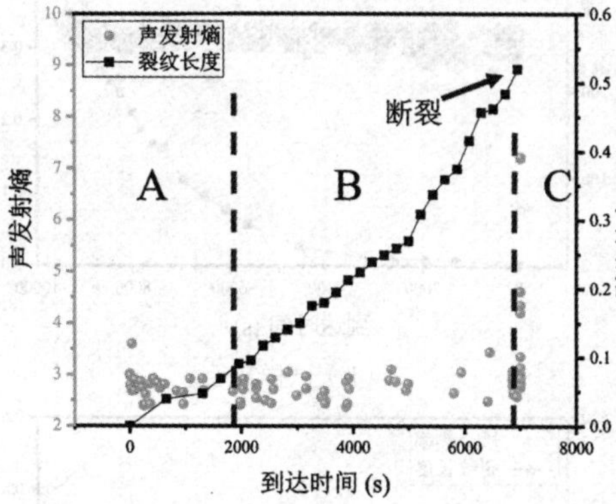

（c）熵

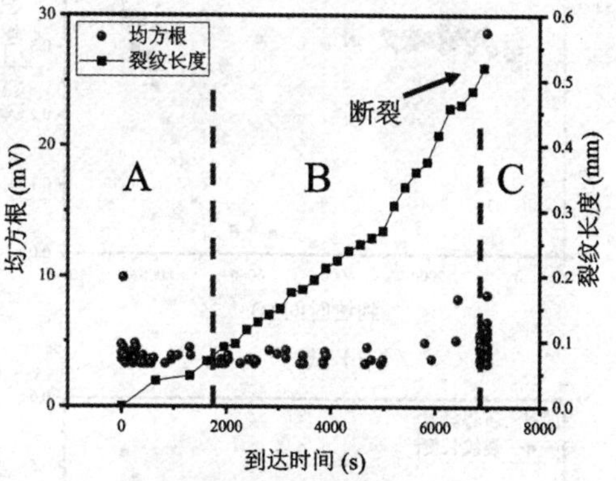

（d）均方根及裂纹长度的演变曲线

图 8　3 号试样的声发射特征参数及裂纹长度随时间的变化规律

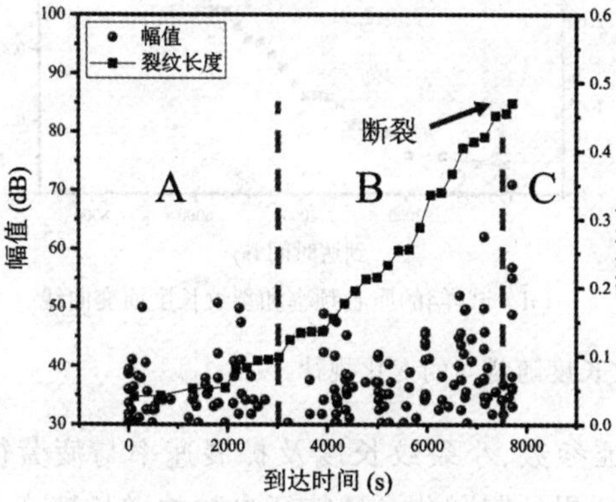

（a）幅值

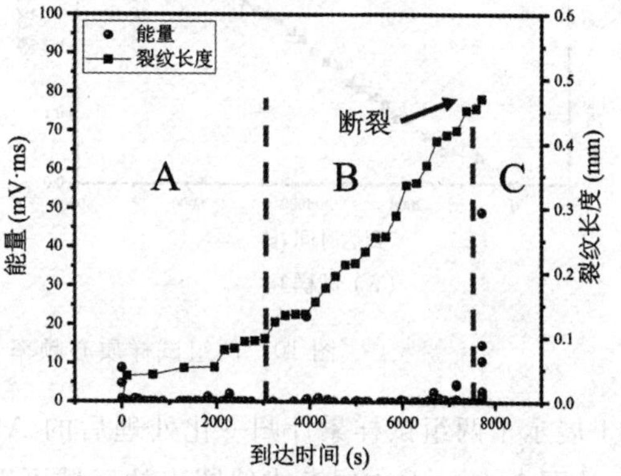

（b）能量

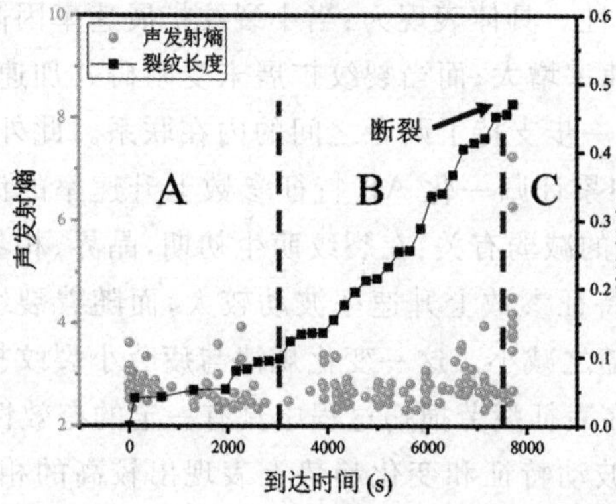

（c）熵

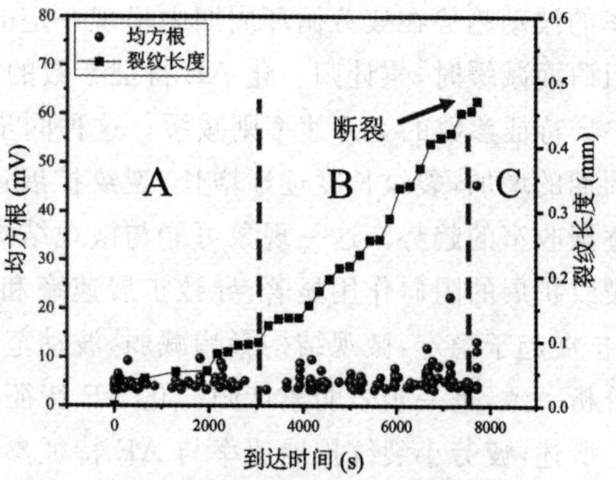

（d）均方根及裂纹长度的演变曲线

图 9　4 号试样的声发射特征参数及裂纹长度随时间的变化规律

2.3 累积 AE 参数与裂纹扩展速率的关系

在 2.1 节对疲劳小裂纹萌生与扩展行为的分析中，疲劳小裂纹扩展速率随裂纹长度的增加被观察到呈现 V 型波动特征，且波动范围逐渐减小，这一现象与文献[15,16,22]中关于金属疲劳小裂纹扩展行为的研究结果具有一致性。值得注意的是，在 2.2 节探究 AE 特征参数与疲劳损伤过程的关系时，我们发现 AE 特征参数同样随实验进程呈现波动特征，且波动范围逐渐减小。这种相似性表明，疲劳小裂纹扩展行为与 AE 特征参数之间可能存在一定的内在关联。

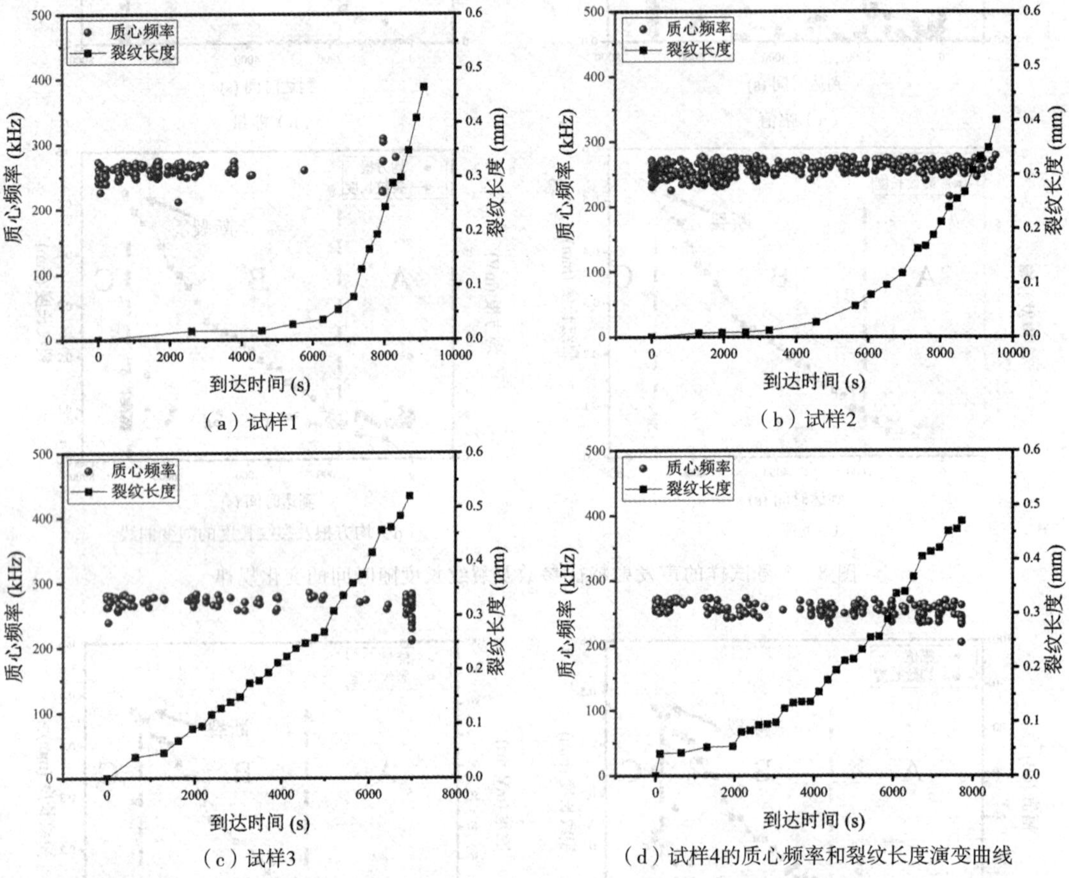

(a) 试样1　(b) 试样2

(c) 试样3　(d) 试样4的质心频率和裂纹长度演变曲线

图 10　两组试样质心频率及裂纹长度随时间的变化规律

图 11 展示了两组试样累计归一化处理后的 AE 特征参数、小裂纹长度及扩展速率与疲劳循环周期的关系。从图 11(a～d)中绿色虚线圈出的区域可以看出，累计归一化 AE 特征参数的增长速率与小裂纹扩展速率的波动趋势在疲劳循环周期内呈现一定的同步性。具体表现为：当小裂纹扩展速率因晶界等微观结构阻碍而减缓时，累计归一化 AE 特征参数的上升速率增大；而当裂纹扩展未受阻碍并加速时，累计归一化 AE 特征参数的上升速率则减缓。这种同步性进一步支持了两者之间的内在联系。此外，随着疲劳循环周期的增加，裂纹长度逐渐增长，裂纹扩展速率和累计归一化 AE 特征参数上升速率的波动范围均呈现逐渐收窄的趋势。这一现象可能与微观结构影响的减弱有关：在裂纹萌生初期，晶界、相界等微观结构对裂纹扩展的阻碍作用显著，导致扩展速率和 AE 特征参数上升速率波动较大；而随着裂纹长度增加，裂纹扩展趋于稳定，微观结构影响减弱，波动范围也随之减小。这一变化规律与疲劳小裂纹扩展行为的理论分析一致，进一步表明累计归一化 AE 特征参数在表征疲劳损伤过程中具有一定的有效性。

综上所述，疲劳小裂纹扩展速率与 AE 特征参数在波动特征和变化趋势上表现出较高的相似性，表明 AE 技术可能作为一种有效手段，用于实时监测和表征疲劳小裂纹扩展行为。通过结合裂纹扩展速率与 AE 特征参数的分析，可以为进一步揭示疲劳损伤过程中的微观机制提供参考，为材料疲劳性能的研

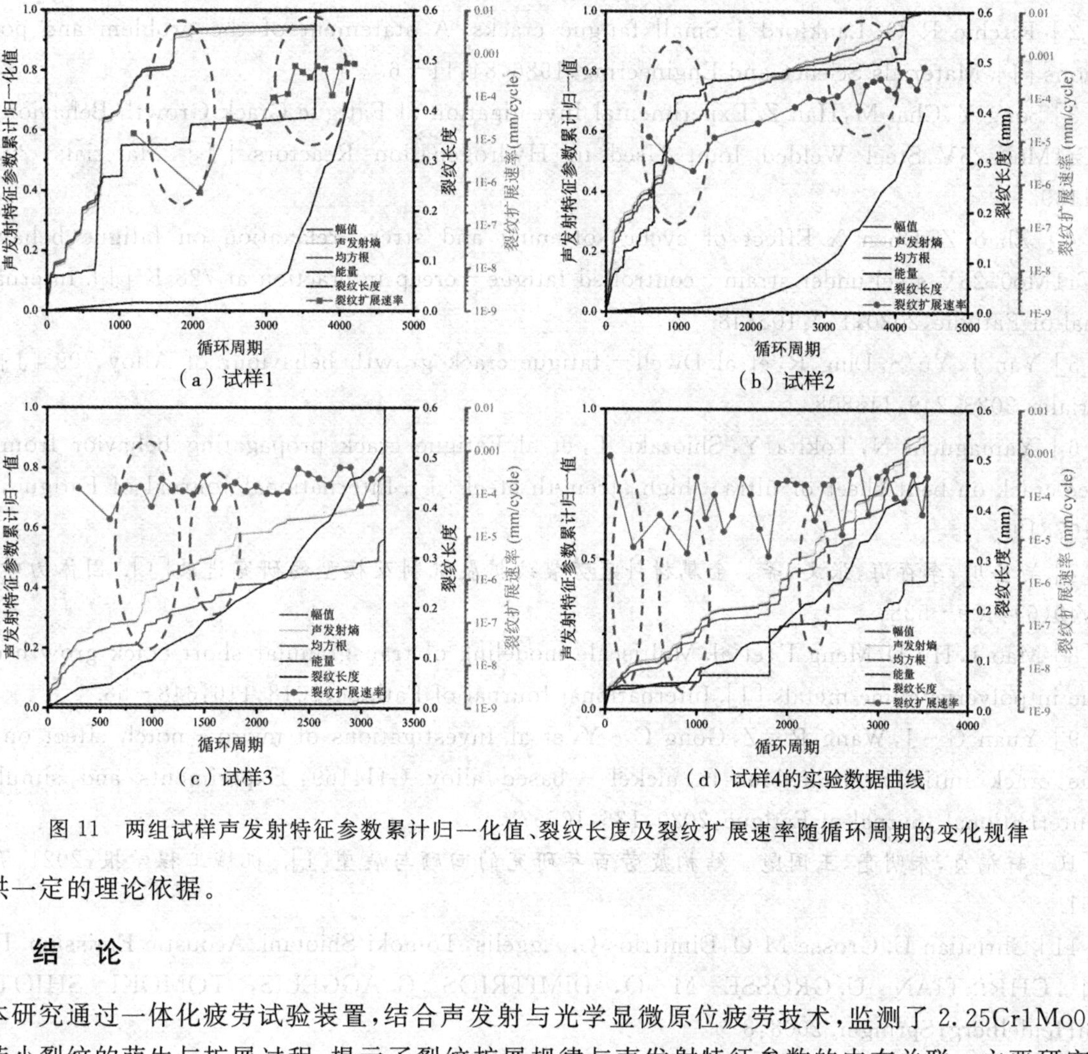

（a）试样1　（b）试样2　（c）试样3　（d）试样4的实验数据曲线

图 11　两组试样声发射特征参数累计归一化值、裂纹长度及裂纹扩展速率随循环周期的变化规律

究提供一定的理论依据。

3　结　论

本研究通过一体化疲劳试验装置，结合声发射与光学显微原位疲劳技术，监测了 2.25Cr1Mo0.25V 钢疲劳小裂纹的萌生与扩展过程，揭示了裂纹扩展规律与声发射特征参数的内在关联。主要研究结论如下：

(1)2.25Cr1Mo0.25V 钢疲劳小裂纹扩展速率随裂纹长度增加呈 V 型波动，且波动范围逐渐减小，主要源于微观结构的阻碍作用。随着裂纹扩展趋于稳定，微观结构影响减弱，波动范围缩小。

(2)声发射时域特征参数可有效区分显微小裂纹扩展、物理小裂纹扩展和断裂阶段。在显微小裂纹扩展阶段，幅值、能量、熵和均方根等参数呈现较高数值并波动，表明裂纹扩展受微观结构抑制；在物理小裂纹扩展阶段，声发射参数较低且波动收窄，表明微观结构影响减弱；断裂瞬间，参数突增，表现为高幅值、高能量、高熵和高均方根信号。

(3)裂纹扩展速率与累计归一化声发射特征参数的波动趋势呈现出较强关联性，因此累计归一化特征参数也可作为表征疲劳小裂纹萌生与扩展行为的重要参数。

综上所述，本研究为挖掘 2.25Cr1Mo0.25V 钢疲劳小裂纹扩展行为与声发射特征参数的内在关联提供了实验依据和理论支持，也为其他材料的疲劳小裂纹扩展原位监测研究提供了参考。未来可进一步探索声发射信号的多元特征与疲劳小裂纹扩展行为的关联，从而为更加准确的小裂纹状态识别提供数据支持。

参考文献

[1] 陈学东，范志超，崔军，等．我国压力容器高性能制造技术进展[J]．压力容器，2021，38(10)：

1－15.

[2] Ritchie R O, Lankford J. Small fatigue cracks: A statement of the problem and potential solutions [J]. Materials Science and Engineering, 1986, 84: 11－6.

[3] Song Y, Chai M, Han Z. Experimental Investigation of Fatigue Crack Growth Behavior of the 2.25Cr1Mo0.25V Steel Welded Joint Used in Hydrogenation Reactors [J]. Materials, 2021, 14 (5): 1159.

[4] Zhao Z, Chen X. Effect of cyclic softening and stress relaxation on fatigue behavior of 2.25Cr1Mo0.25V steel under strain－controlled fatigue－creep interaction at 728 K [J]. International Journal of Fatigue, 2020, 140: 105848.

[5] Yan J, Yu S, Ding R, et al. Dwell－fatigue crack growth behaviour of Alloy 709 [J]. Acta Materialia, 2023, 249: 118808.

[6] Yamaguchi N, Tokita Y, Shiozaki T, et al. Fatigue crack propagating behavior from inner surface crack on bent sheet of ultra-high strength steel [J]. International Journal of Fatigue, 2023, 175: 107819.

[7] 吴圣川，李存海，张文，等．金属材料疲劳裂纹扩展机制及模型的研究进展[J]. 固体力学学报，2019, 40(6): 489－538.

[8] Mao J, Hu D, Meng F, et al. Multiscale modeling of transgranular short crack growth during fatigue in polycrystalline metals [J]. International Journal of Fatigue, 2018, 116: 648－58.

[9] Yuan G-J, Wang R-Z, Gong C-Y, et al. Investigations of micro-notch effect on small fatigue crack initiation behaviour in nickel-based alloy GH4169: Experiments and simulations [J]. International Journal of Fatigue, 2020, 136: 105578.

[10] 轩福贞，朱明亮，王国彪．结构疲劳百年研究的回顾与展望[J]. 机械工程学报，2021, 57(6): 26－51.

[11] Christian U. Grosse M O, Dimitrios G. Aggelis, Tomoki Shiotani. Acoustic Emission Testing [M]. CHRISTIAN U. GROSSE M O, DIMITRIOS G. AGGELIS, TOMOKI SHIOTANI. BerlinHeidelberg; Springer. 2008: 8.

[12] Chai M, Hou X, Zhang Z, et al. Identification and prediction of fatigue crack growth under different stress ratios using acoustic emission data [J]. International Journal of Fatigue, 2022, 160: 106860.

[13] Cui J, Qu X, Lv C, et al. Linking Acoustic emission signals to fatigue crack growth in metallic Materials: A new approach for structural health monitoring [J]. Applied Acoustics, 2025, 235: 110689.

[14] Liu A, Liang Z, Wang X S, et al. Investigation of Fatigue Small Crack Propagation Behavior in Superalloy FGH96 under Different Stress Ratios [J]. Journal of Materials Engineering and Performance, 2022.

[15] Zhu L, Wu Z R, Hu X T, et al. Investigation of small fatigue crack initiation and growth behaviour of nickel base superalloy GH4169 [J]. Fatigue & Fracture of Engineering Materials & Structures, 2016.

[16] Hu X－T, Zhu L, Jiang R, et al. Small fatigue crack growth behavior of titanium alloy TC4 at different stress ratios [J]. Fatigue & Fracture of Engineering Materials & Structures, 2018.

[17] Chai M, Zhang Z, Duan Q, et al. Assessment of fatigue crack growth in 316LN stainless steel based on acoustic emission entropy [J]. International Journal of Fatigue, 2018, 109: 145－56.

[18] 李昊，谢旭梦，李清山，等．基于多元声发射特征的2.25Cr1Mo0.25V钢拉伸损伤评估[J]. 无损检测，2025, 47(03): 42－8.

[19] Shi S, Wu G, Chen H, et al. Acoustic Emission Monitoring of Fatigue Crack Growth in Hadfield Steel [J]. Sensors,2023,23(14):6561.

[20] Shiraiwa T, Takahashi H, Enoki M. Acoustic emission analysis during fatigue crack propagation by Bayesian statistical modeling [J]. Materials Science and Engineering: A, 2020, 778:139087.

[21] Xu J, Wang K, Ma Q, et al. Study on acoustic emission properties and crack growth rate identification of rail steels under different fatigue loading conditions [J]. International Journal of Fatigue,2023,172:107638.

[22] Li X L, Liu Y K, Wang Z W, et al. In Situ Observation of Small Crack Growth and Fatigue Life Modeling for In713C Ni-Based Superalloy [J]. Fatigue & Fracture of Engineering Materials & Structures,2025.

作者简介

李昊,男(汉),硕士,主要从事疲劳小裂纹与声发射研究,通信地址:710049 陕西省西安市西安交通大学创新港校区,E-mail:lihaoxjtu@stu. xjtu. edu. cn,手机:13615345139。

通讯作者:柴孟瑜(1990),男(汉),副教授,主要从事承压设备的声发射监测与失效分析研究,通信地址:710049 陕西省西安市碑林区西安交通大学兴庆校区,E-mail:chaimy@ xjtu. edu. cn。

基于声发射的复合材料气瓶疲劳寿命分析

邓繁旭[1]，韩　冰[2,3]，刘　岩[2,3]，戴行涛[2,3]，周银博[1]，陈明升[1]，刘培启[1]

（1. 大连理工大学 智能材料前沿科学中心，辽宁大连 116024；
2. 国家市场监督管理总局重点实验室，辽宁大连 116012；
3. 大连锅炉压力容器检验检测研究院有限公司，辽宁大连 116013）

摘　要：复合材料储氢气瓶凭借重量轻、抗疲劳性强和安全性好等优势，但瓶体易受冲击产生缺陷，其积累会削弱结构承载性能，引发潜在安全风险。本研究基于疲劳加载试验平台，采用声发射(AE)技术对无损伤复合材料气瓶在疲劳加载过程中的损伤累积进行实时监测。开展了 5 000 至 21 000 次疲劳加载下的声发射试验，获得了 AE 信号参数随加载次数变化的规律。结果表明：随着疲劳次数的增加，撞击计数、能量等 AE 信号参数显著变化，表明疲劳过程中的损伤活性持续增强。值得注意的是，在加载约 9 000 次时，监测到 80～100 dB 的高幅值信号，这进一步证实 AE 技术是实时监测气瓶损伤动态演化的有效手段。应用 JCMS－III 方法对疲劳加载过程中的 AE 数据进行分析发现，两类损伤的撞击计数均随加载次数增加而增多。其中，第一类损伤(脆性断裂)，呈现近似线性增长趋势。这表明脆性断裂损伤在疲劳加载过程中持续累积，对气瓶的整体安全性能构成影响。最后通过对多参数数据的整理分析，对该复合材料储氢气瓶的寿命与声信号反馈信息进行关联性分析。

关键词：声发射；复合材料储氢气瓶；疲劳寿命

Fatigue life analysis of composite cylinders based on acoustic emission

DENG Fanxu[1], HAN Bing[2,3], LIU Yan[2,3], DAI Xingtao[2,3], ZHOU Yinbo[1], CHEN Mingsheng[1], LIU Peiqi[1]

(1. Frontier Science Center for Smart Materials, Dalian University of Technology, Dalian 116024, China;
2. Key Laboratory Of Gas Cylinder Safety Technology, State Administration for Market Regulation, Dalian 116012, China;
3. Dalian Boiler And Pressure Vessel Inspection & Research Institute Co., Ltd., Dalian 116013, China)

Abstract: Composite hydrogen storage cylinders offer advantages such as lightweight design, high fatigue resistance, and excellent safety. However, the cylinder body is susceptible to impact - induced defects, whose accumulation can weaken structural load - bearing capacity and pose potential safety risks. This study employed acoustic emission (AE) technology on a fatigue loading test platform to conduct real - time monitoring of damage accumulation in undamaged composite cylinders during cyclic loading. AE tests were performed under fatigue loading cycles ranging from 5 000 to 21 000, revealing patterns in AE signal parameters as functions of loading cycles. The results indicate that parameters such as hit counts and energy undergo significant changes with increasing fatigue cycles, demonstrating continually enhanced damage activity during the fatigue process. Notably, high - amplitude signals of 80～100 dB were detected at approximately 9 000 loading cycles, further confirming AE technology as an effective tool for real - time monitoring of damage evolution in cylinders. Analysis of AE data during fatigue loading using the JCMS－III method showed that hit counts for both damage types increased with loading cycles. Among these, the first type of damage (brittle fracture) exhibited an approximately linear increasing trend. This indicates that brittle fracture damage accumulates progressively during fatigue loading, impacting the overall safety performance of the cylinder. Finally, through the collation and analysis of multi-parameter data, correlation analysis was conducted between the service life of the composite hydrogen storage cylinder and AE signal feedback information.

Keywords: acoustic emission(AE), composite hydrogen storage cylinder, fatigue life

0 引 言

随着氢能源与天然气清洁能源的快速发展,开发清洁、可再生能源的必要性日益凸显[1]。纤维缠绕复合材料气瓶因其高比强度、轻量化及耐腐蚀特性,成为高压储运系统的核心部件[2-5]。然而,气瓶在循环充放载荷下会使其承受交变应力作用,每次充气时,内压升高导致瓶壁发生微塑性变形,而放气时应力松弛,这种反复的应力循环会诱发微观缺陷的累积,并逐渐演化为宏观裂纹,最终可能引发低应力脆性断裂[5-9]。传统离线检测方法(如超声、X射线)难以实现疲劳过程中的实时损伤演化追踪,亟需发展在线监测技术以保障其全寿命周期安全。

声发射技术通过实时捕捉材料在受力过程中释放的瞬态弹性波,能够高灵敏度地识别气瓶在循环载荷下产生的微观裂纹、位错运动等早期损伤行为。该技术利用弹性波捕捉充放气过程中裂纹扩展、纤维断裂或界面脱粘等损伤,从而实时反映气瓶的疲劳损伤状态,具有重要的工程价值和安全意义。相较于传统定期检测方法,声发射技术通过在线动态监测,可发现肉眼和常规无损检测难以察觉的隐性缺陷,显著提升缺陷检出率[10-12]。LIAO等[13]通过声发射结合多变量统计,研究了70 MPa IV型储氢气瓶在0～105/158 MPa水压下的损伤机制(基体开裂、分层、纤维断裂)和渐进失效过程。骆辉等[14]利用声发射监测大容积玻璃纤维气瓶分步升压爆破,通过信号参数(幅度、计数、能量)评估冲击损伤。程伟等[15]证实声发射可在线监测循环载荷后气瓶升压—保压过程,精准识别疲劳裂纹和泄漏。LAINE等[16]创新结合声发射与光学测量对IV型瓶进行多模态检测,建立了损伤模型。Ramasamy等[17]基于声发射参数构建玻璃纤维层合板冲击损伤评估体系,结合神经网络实现智能预测(误差3.35%)。李宏雷[18]采用多参数声发射分析成功识别了玻璃纤维缠绕气瓶中的分层和基体开裂。刘哲军等[19]基于碳纤维气瓶试验,验证声发射平面定位技术可评估工艺质量、损伤程度并揭示疲劳演变规律。目前缺乏对并且针对复合材料储氢气瓶疲劳寿命与声信号响应的关联性研究。

本文针对储复合材料氢气瓶疲劳寿命的动态监测问题,开展储氢气瓶疲劳寿命与声信号响应的定量化研究。首先基于疲劳加载试验平台,以无损复合材料气瓶为研究对象,然后在疲劳试验全程进行声发射监测,并对撞击数、能量等声发射参数进行分析,最后得出储氢气瓶疲劳寿命与声信号反应的规律。

1 复合材料气瓶声发射试验系统及方案

1.1 试验依据及系统

复合材料气瓶的疲劳性能测试严格依据GB/T 35544—2017《车用压缩氢气铝内胆碳纤维全缠绕气瓶》标准进行。试验过程中,采用声发射技术实时监测气瓶在循环载荷下的动态响应,通过传感器采集损

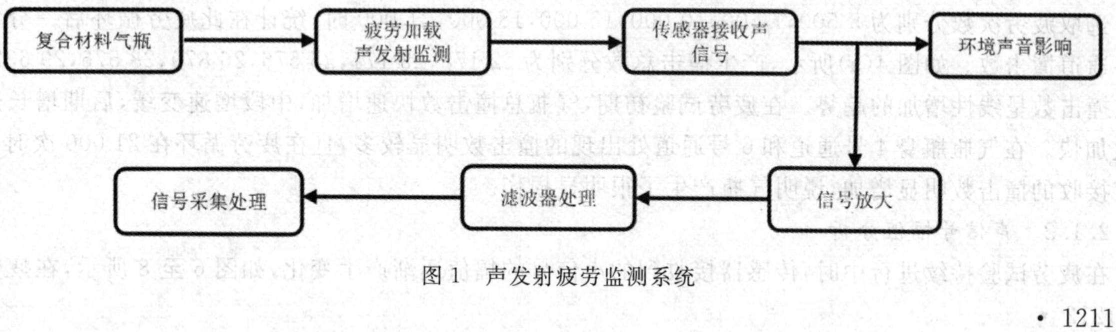

图1 声发射疲劳监测系统

伤演化信号，重点考察复合材料结构在交变应力作用下的渐进失效特征，为气瓶安全评估提供实验依据。该实验选用的复合材料气瓶型号 CHG3－531－385－35 S/A，内胆长度 2 070 mm，直径 531 mm，循环参数设定为：上限压力 43.75 MPa，下限压力 2 MPa，上下限保压时间均为 0.3 s，循环速率约为 2 次/分钟。

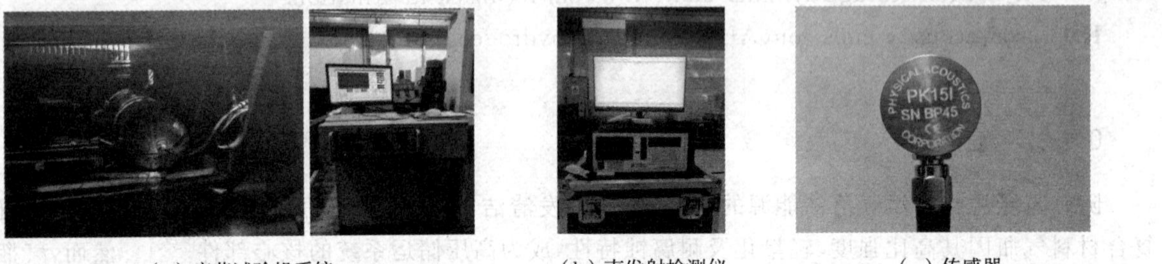

(a) 疲劳试验机系统　　(b) 声发射检测仪　　(c) 传感器

图 2　声发射疲劳检测设备

1.2　传感器布置方案

声发射监测系统共布置 8 个传感器，如图 3 所示。其中，1 号、2 号传感器位于注水口一侧的封头－筒体过渡区；7 号、8 号传感器位于另一侧的封头－筒体过渡区；其余传感器均匀分布于筒体表面，构成多个三角形阵列以优化信号定位。为确保数据的可靠性与可重复性，试验前进行了以下准备工作：

(1)传感器安装与耦合：在瓶身指定位置布置传感器，使用高真空硅脂耦合剂并采用胶带固定。

(2)系统连接与标定：依次连接传感器、声发射仪及显示器等设备。通过断铅实验逐一标定各传感器，验证其幅频响应特性。

(3)背景噪声测试与参数设置：基于背景噪声测试结果，优化设置声发射仪器参数(门槛值、增益等)。

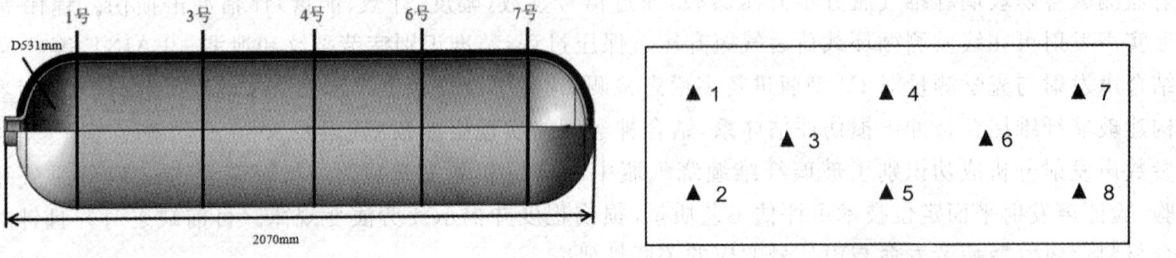

(a) 气瓶示意　　(b) 传感器位置展开

图 3　传感器放置方案

2　结果及分析

2.1　声发射试验的数据处理

2.1.1　通道撞击数分析

分析发现，各通道声信号平均能量变化呈现一定规律性。为研究瓶身不同部位的特征，本部分选取代表性传感器(1 号、3 号、4 号、6 号、7 号)进行分析(见图 4)，展示其在一分钟内完成两次疲劳循环加载过程中，平均能量随时间的变化情况。

选取疲劳次数分别为 5 500，7 500，10 000，15 000，18 000，21 000 时，统计在此疲劳循环后一分钟内的各通道撞击数。如图 4(a)所示，产生撞击总数分别为 22 178，23 171，25 576，26 879，28 576，29 632，全通道撞击数呈线性增加的趋势。在疲劳试验初期，气瓶总撞击数快速增加，中段增速变缓，后期增长速度再次加快。在气瓶瓶身 4 号通道和 6 号通道处出现的撞击数明显较多，且在疲劳循环在 21 000 次时 4 号通道接收的撞击数明显增加，说明气瓶产生了很明显损伤。

2.1.2　声信号幅值分析

在疲劳试验持续进行中时，传感器接收到的声信号的幅值逐渐产生变化，如图 6 至 8 所示，在疲劳试

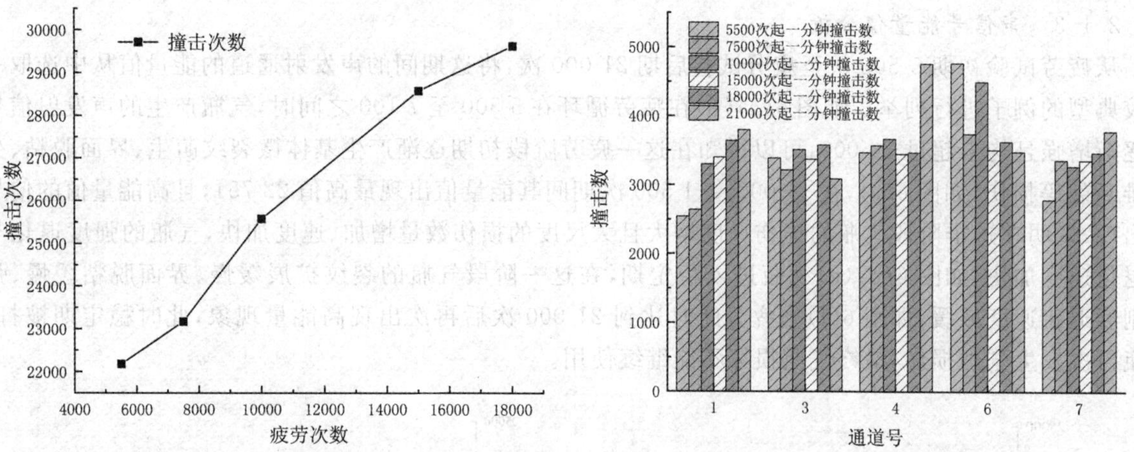

（a）撞击总数　（b）各通道撞击数

图 4　撞击数量图

验前期和后期，其最大幅值均未超过 80 dB，在疲劳循环 9 000～12 000 次可以看出其最大幅值已经出现超过 85dB 的情况，其并且出现了较多的高幅值，说明气瓶处于高频损伤阶段；在 12 000～18 000 次时气瓶幅值再次稳定下来，未出现高幅值现象，气瓶处于平静期；在 18 000～21 000 次时再次出现高幅值现象，气瓶再次出现强烈损伤。

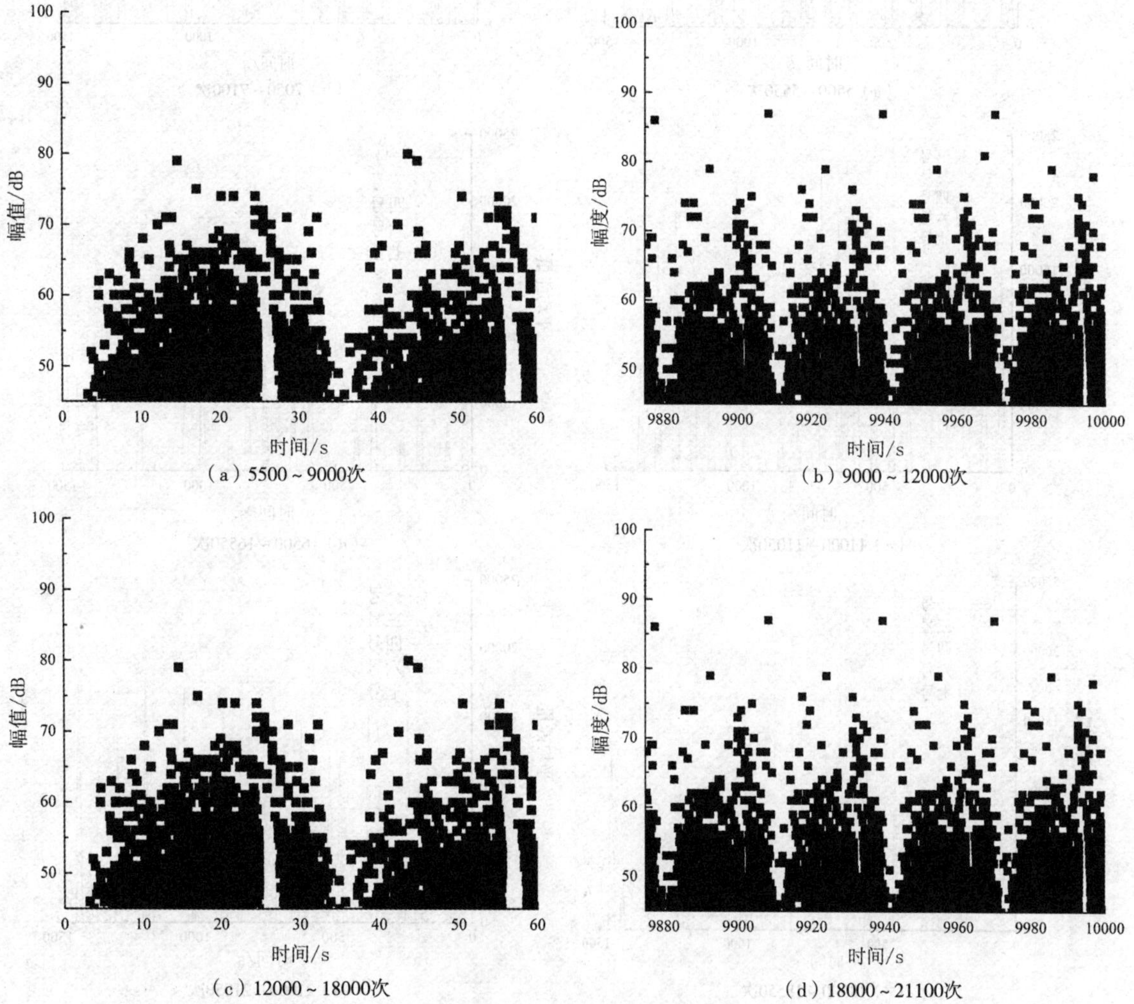

（a）5500～9000次　（b）9000～12000次

（c）12000～18000次　（d）18000～21100次

图 5　声发射信号幅值

2.1.3 声信号能量值分析

从疲劳试验初期 5 500 次至疲劳试验后期 21 000 次，将这期间的声发射通道的能量值从中选取一些比较典型的例子进行列举。如图 6(a)(b)在疲劳循环在 5 500 至 7 100 之间时，气瓶产生的声发射信号能量逐渐增强且均未超过 20 000，可以得知在这一疲劳阶段初期逐渐产生基体微裂纹萌生、界面脱粘、少量纤维断裂等损伤，如图 6(c)，在 11 000～11 500 次期间其能量值出现最高值 22 751，且高能量值的信号频繁出现，说明在这个阶段气瓶的损伤尺度增大且大尺度的损伤数量增加、速度加快，气瓶的强度退化与刚度退化速度加快，如图 6(d)(e)气瓶进入稳定期，在这一阶段气瓶的裂纹扩展缓慢、界面脱粘缓慢、强度与刚度退化速度减缓，如图 6(f)当疲劳此时达到 21 000 次后再次出现高能量现象，此时稳定期被打破，气瓶再次发生剧烈损伤，最终气瓶损坏不能继续使用。

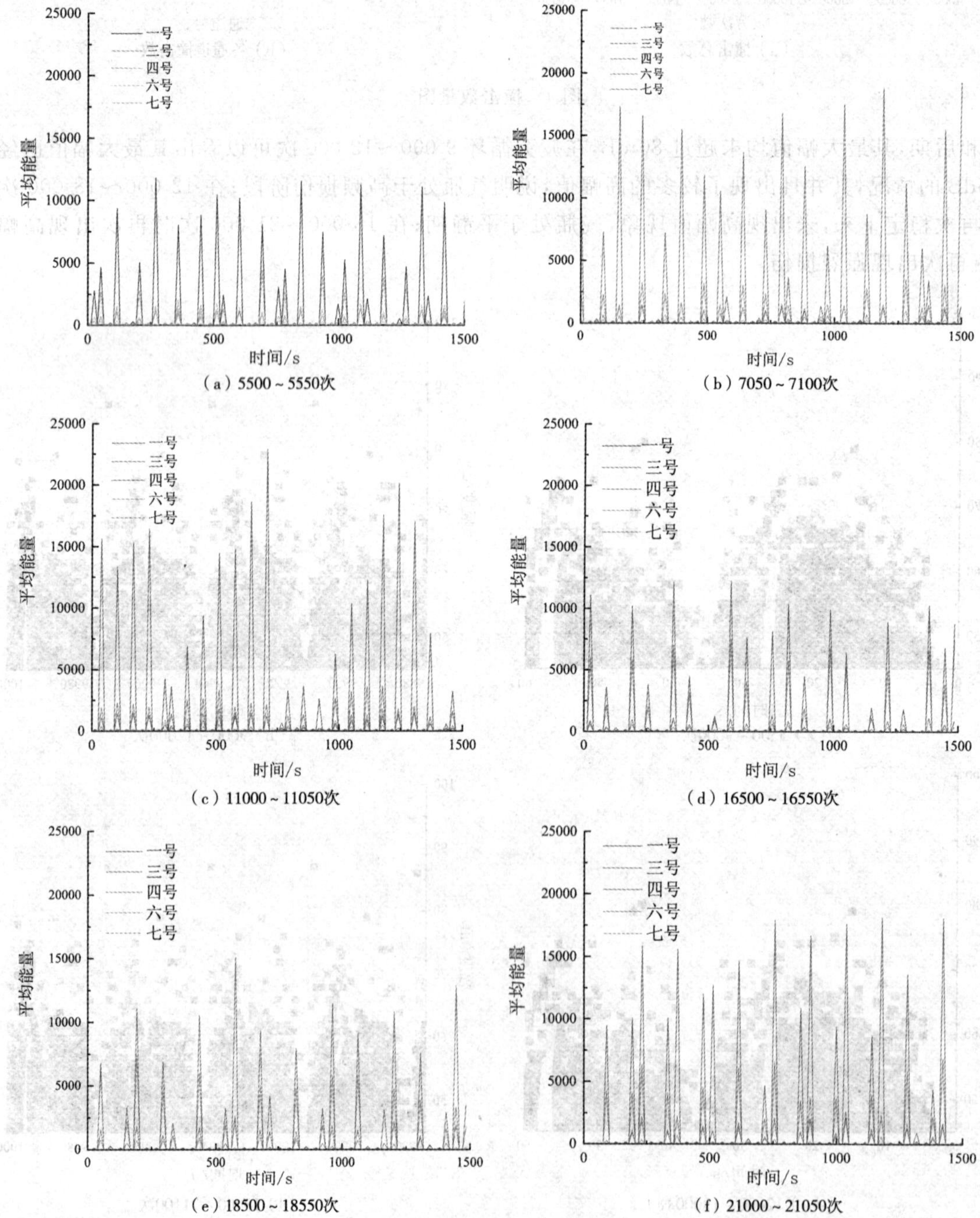

(a) 5500～5550次　(b) 7050～7100次

(c) 11000～11050次　(d) 16500～16550次

(e) 18500～18550次　(f) 21000～21050次

图 6　声信号能量图

2.1.4 声信号电压时域图

如图 7 所示，记录了声发射系统记录的电压时域图，如图 7(a)所示，在疲劳试验在 5 500 次左右时反馈回的电压信号并不是很强，电压信号的强弱和频率可以反映出气瓶的损伤程度，在这个阶段气瓶损伤并不强烈其电压信号在 200～300 u 之间，气瓶产生微裂纹、界面脱粘、纤维断裂等损伤。如图 7(b)(c)试验循环处于 9 000 次到 11 000 次时接收到的信号强度均高于 900 u，说明此时气瓶损伤很强烈，损伤尺度增加。如图 7(d)，此时电压信号再次降低说明气瓶的剧烈损伤已经停止，气瓶进入平稳期产生的损伤缓慢发生。如图 7(e)此时进入疲劳后期气瓶的损伤尺度与频率再次升高，电压信号超过 900 u。由此得出电压信号的规律与撞击数，幅值，能量等参数规律相符。

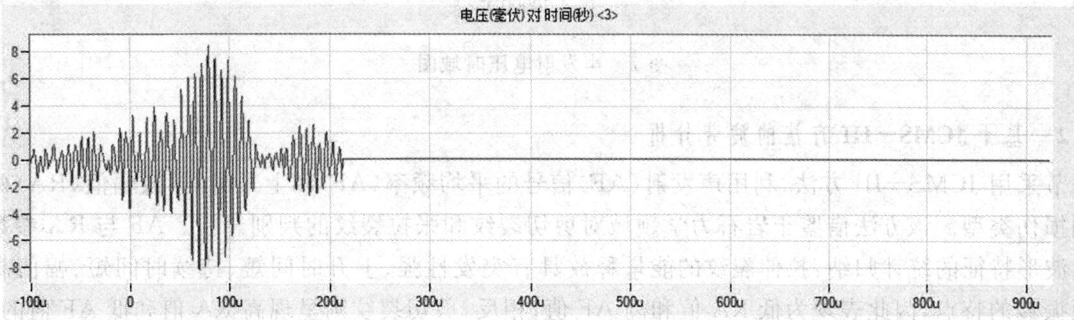

(a) 5500次

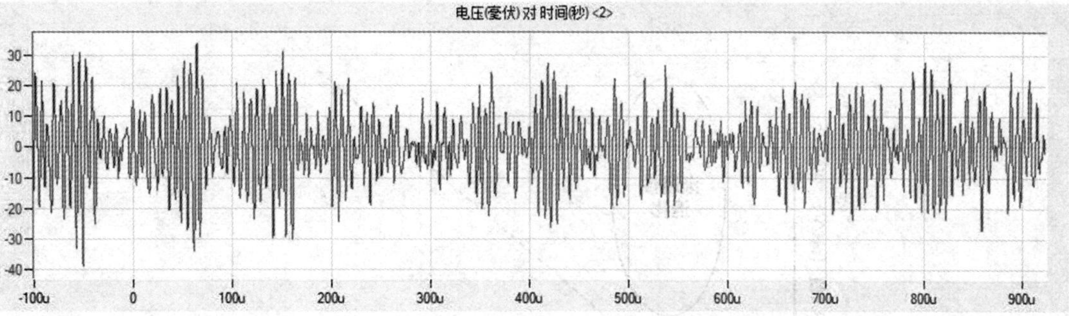

(b) 9500次

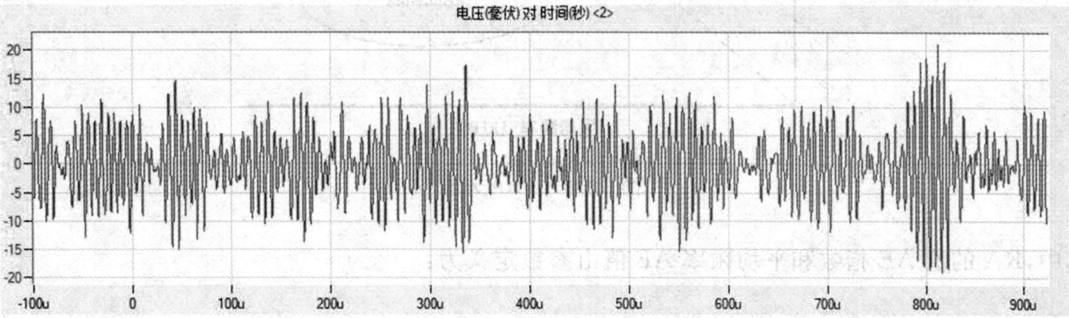

(c) 11000次

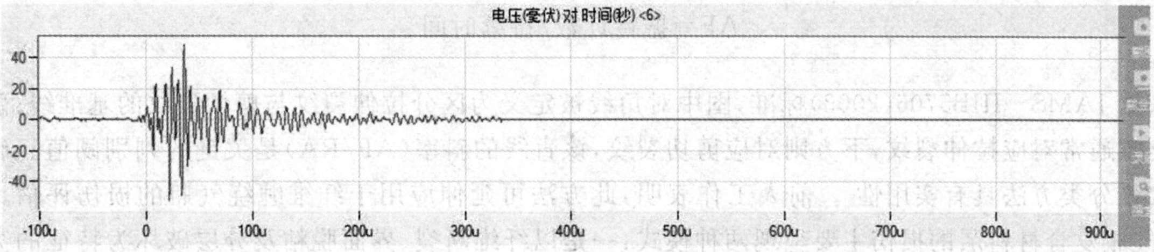

(d) 15000次

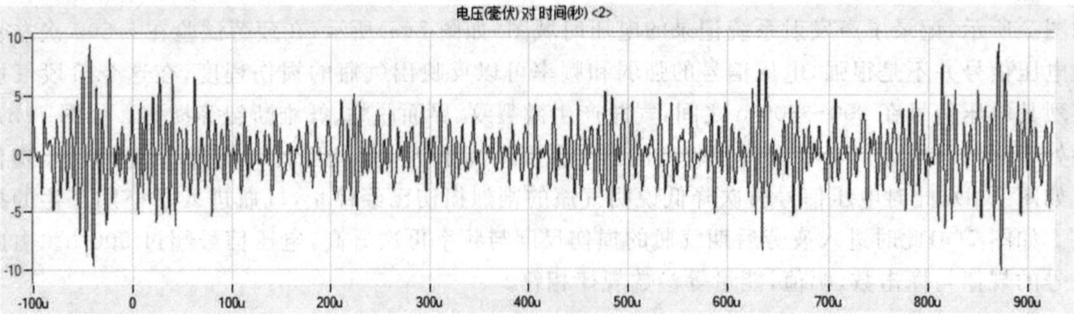

(e) 20000次

图 7　声发射电压时域图

2.2　基于 JCMS-III 方法的疲劳分析

本节采用 JCMS-III 方法，利用声发射(AE)信号的平均频率(AF)和上升时间/振幅值(RA)两个参数识别损伤类型。该方法借鉴于岩石力学领域对剪切裂纹和张拉裂纹的判别经验。AF 与 RA 参数源自对大量波形特征的统计归纳：拉伸裂纹的能量释放具有突发性强、上升时间短、持续时间短、幅值高且伴随高频振铃的特点，因此表现为低 RA 值和高 AF 值；相反，剪切裂纹则呈现高 RA 值和低 AF 值的特征。基于这种参数差异，可绘制 RA-AF 双参数散点图进行损伤模式分析[20]。

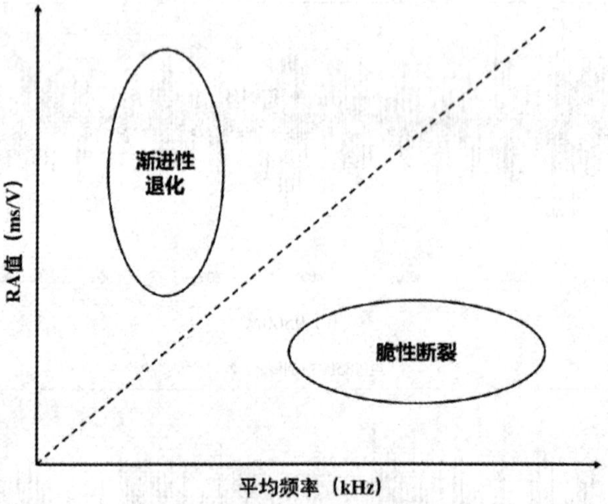

图 8　AF-RA 示意

其中，RA 的值 AE 指数和平均频率 AF 值由参数定义为：

RA＝上升时间/振幅

AF＝振铃计数/持续时间

依据 JAMS-IIIB5706(2003)标准，图中对角线被定义为区分拉伸裂纹与剪切裂纹的基准线：散点位于线上方通常对应拉伸裂纹，下方则对应剪切裂纹，该直线的斜率(AF/RA)是关键的判别阈值。研究普遍证实该分类方法具有实用性 。前人工作表明，此方法可延伸应用于纤维缠绕气瓶的损伤评估。研究表明，气瓶复合材料层的损伤主要呈现两种模式：一是以纤维断裂、界面脱粘及分层破坏为特征的突发性脆性失效；二是由纤维-基体脱粘和基体微裂纹累积引发的渐进式损伤[21-22]。为了更直观准确的看出复合材料纤维气瓶的损伤具体情况，我们参考 JAMS－III 方法将损伤分类，当 $RA/AF<36$ 时为一类损伤，当 $RA/AF\geqslant 36$ 时为二类损伤，该气瓶具体损伤分类如下表 1 所示，由表可以看出其一类损伤在持续增加由 16 074 增加至 21 751，其中一类损伤数量占比更大，呈线性增长趋势，二类损伤在疲劳试验中期和后期有明显上升，说明发生明显损伤。在实际应用时，可以通过监测其复合材料纤维气瓶的一类损伤数量以评估其安全性。

表 1　损伤分类表

疲劳次数	总撞击数	一类损伤	二类损伤
5 500～5 502	22 178	16 074	6 104
11 000～11 002	25 576	17 282	8 294
15 000～15 002	26 879	19 462	7 417
21 000～21 002	29 632	20 045	9 587

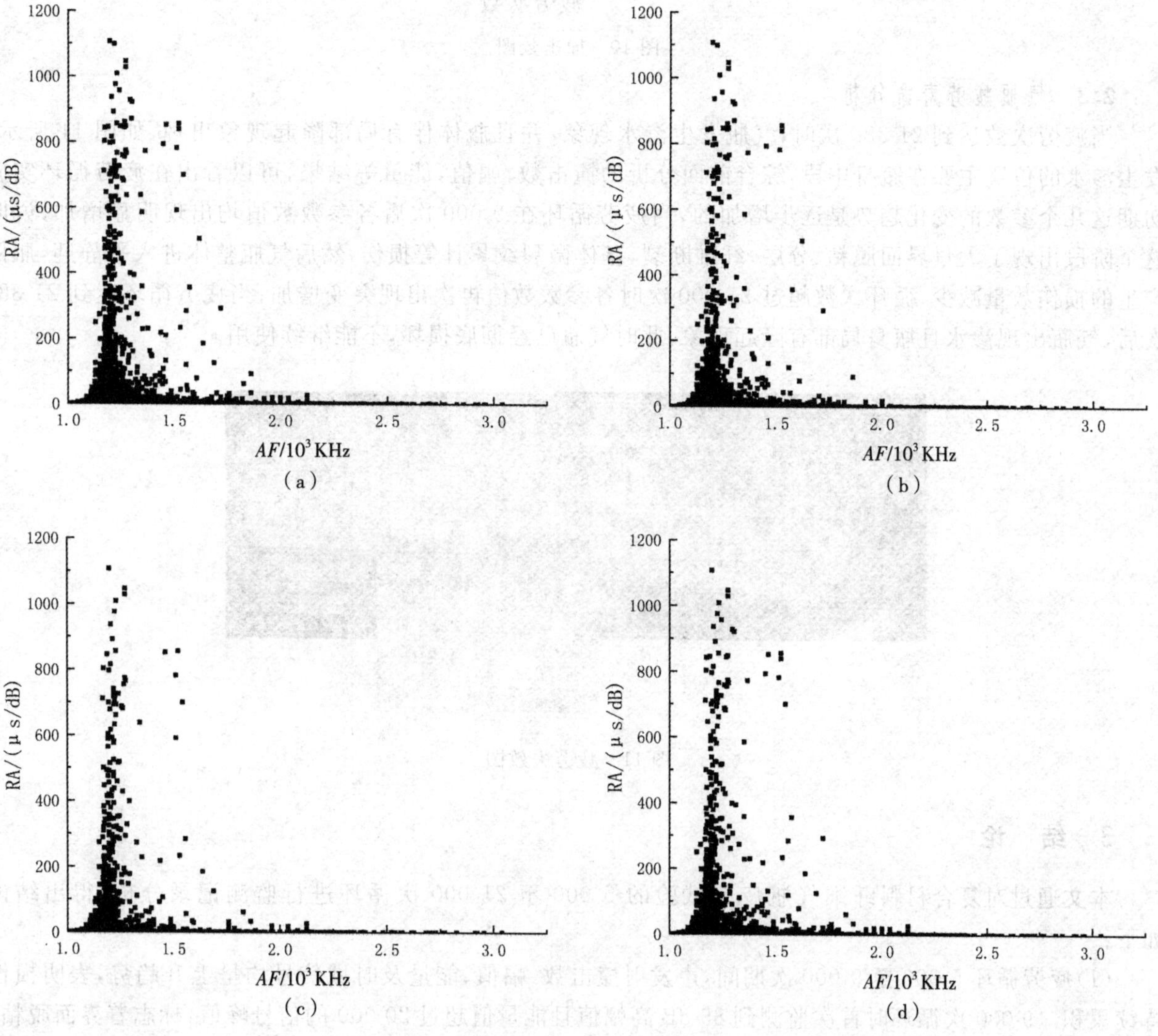

图 9　疲劳试验 RA/AF 图

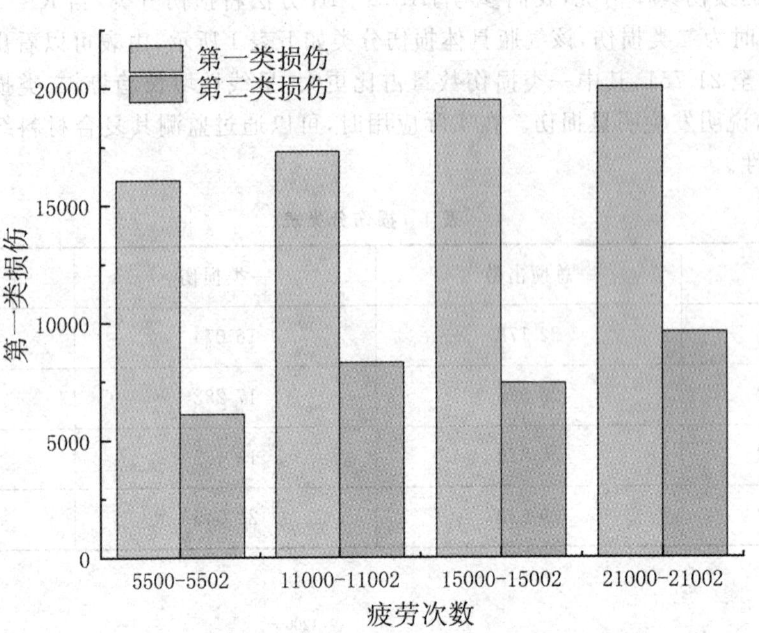

图 10　撞击数图

2.3　气瓶疲劳寿命分析

当疲劳次数达到 21 389 次时,气瓶发生渗水现象,并且瓶体伴有局部隆起现象出现,如图 11 所示。发生渗水的位置主要在瓶身中段,综合前面分析的撞击数,幅值,能量等结果,可以看出在疲劳循环实验初期这几个参数的变化趋势是逐步增加的,当疲劳循环在 9 000 次后各参数数值均出现明显增加,说明这个阶段出现了大量界面脱粘、分层,纤维断裂,基体微裂纹累计等损伤,然后气瓶整体进入平静期,瓶体产生的损伤数量减少,循环次数超过 21 000 次时各参数数值再次出现突变增加;当疲劳循环达到 21 389 次后,气瓶出现渗水且瓶身局部有隆起现象,此时气瓶已经彻底损坏,不能继续使用。

图 11　疲劳失效图

3　结　论

本文通过对复合材料纤维气瓶疲劳试验的 5 000 至 21 000 次循环进行监测记录分析,得出结论如下:

(1)疲劳循环 5 000 至 9 000 次期间,声发射撞击数、幅值、能量及时域信号均呈上升趋势,表明损伤持续累积。9 000 次循环时首次监测到 85 dB 高幅值且能量值超过 20 000 的信号峰值,标志着界面脱粘、分层等损伤开始扩展,需高度警惕安全性。

(2)基于 JCMS－III 方法的损伤分析表明,一类与二类损伤在监测期内持续增加,其中一类损伤由

16 074 增至 21 751，数量占比更大且呈线性增长趋势。

(3)9 000 次循环后多次出现 85 dB 高幅值及超过 20 000 能量的信号峰值，表明界面脱粘、分层、纤维断裂及基体微裂纹累积等损伤大量发生；12 000 次循环后声发射信号趋于平稳，进入损伤发展缓慢的"平静期"；21 389 次循环后气瓶中段渗水并伴有局部隆起，彻底失效。

参考文献

[1] Shu K, Guan B, Zhuang Z, Chen J, Zhu L, Ma Z, et al. Reshaping the energy landscape: Explorations and strategic perspectives onhydrogen energy preparation, efficient storage, safe transportation and wide applications. International Journal of Hydrogen Energy 2025;97:160—213.

[2] 朱宁．IV 型高压储氢气瓶结构设计及优化研究[D]. 浙江大学，2023.

[3] 全国气瓶标准化技术委员会(SAC/TC 31)，全国氢能标准化技术委员会(SAC/TC 309). 车用压缩氢气塑料内胆碳纤维全缠绕气瓶：GB/T 42612—2023[S]. 中国标准出版社，2023.

[4] 沈书乾．车载复合材料气瓶低速冲击声发射检测与评价技术研究[D]. 东北石油大学，2023.

[5] 刘博．新型光栅声发射传感器的研究[D]. 沈阳工业大学，2022.

[6] 何思翱，彭恒，史力，等．基于 ASME Ⅲ－5 中 800H 合金材料数据的高温部件非弹性分析评价方法[J]. 压力容器，2023，40(10)：28－37.

[7] 秦晨，晁龙，陈凡，等．4130X 钢非对称非比例载荷下双轴低周疲劳行为[J]. 压力容器，2024，41(8)：9－20.

[8] Eric L, Christophe J D, Claude J G, et al. Instrumented tests on composite pressure vessels(type IV) under internal water pressure [J]. International Journal of Hydrogen Energy, 2020, 46(1):1334－1346.

[9] Ramasamy P, Sampathkumar S. Prediction of impact damage tolerance of drop impacted WGFRP composite by artificial neural network using acoustic emission parameters[J]. Composites Part B, 2014, 60:457－462.

[10] 耿荣生，沈功田，刘时风．基于波形分析的声发射信号处理技术[J]. 无损检测，2002(6)：257－261.

[11] 耿荣生，沈功田，刘时风．声发射信号处理和分析技术[J]. 无损检测，2002(1)：23－28.

[12] 刘斌，赵亮，徐红炉．基于 Hashin 失效准则的复合材料螺栓连接损伤破坏研究[J]. 科学技术与工程，2012，12(8)：1740－1744.

[13] Liao B, Wang D, Hamdi M, et al. Acoustic emission - based damage characterization of 70 MPa type IV hydrogen composite pressure vessels during hydraulic tests [J]. International Journal of Hydrogen Energy, 2019, 44(40):22494－22506.

[14] 骆辉，李桐，黄强华，等．基于声发射技术的大容积玻璃纤维缠绕气瓶冲击损伤评定[J]. 振动与冲击，2023，42(5)：143－149.

[15] 程伟，王哲，程经纬，等．碳纤维复合材料气瓶声发射监测试验研究[J]. 压力容器，2022，39(3)：71－80.

[16] Eric L, Christophe J D, Claude J G, et al. Instrumented tests on composite pressure vessels (type IV) under internal water pressure[J]. International Journal of Hydrogen Energy, 2020, 46(1):1334－1346.

[17] Ramasamy P, Sampathkumar S. Prediction of impact damage tolerance of drop impacted WGFRP composite by artificial neural network using acoustic emission parameters[J]. Composites Part B, 2014, 60:457－462.

[18] 李宏雷．声发射技术在环向缠绕气瓶检测中的应用研究[D]. 北京工业大学，2017.

[19] 刘哲军,葛丽,王俊峰,等. 复合材料气瓶声发射检测初步研究[J]. 宇航材料工艺,2011,41(2):120—123.

[20] 程佳豪. 基于声发射技术的纤维缠绕气瓶损伤实验研究[D]. 东北石油大学,2023.

[21] 肖福坤,刘刚,秦涛,等. 拉-压-剪应力下细砂岩和粗砂岩破裂过程声发射特性研究[J]. 岩石力学与工程学报,2016,35(S2):3458—3472.

[22] 吴顺川,甘一雄,任义,等. 基于RA与AF值的声发射指标在隧道监测中的可行性[J]. 工程科学学报,2020,42(6):723—730.

作者简介

邓繁旭(2001),男,硕士研究生,主要从事与复合材料气瓶设计监测,通信地址:116024 辽宁省大连市大连理工大学,E—mail:1879639178@qq.com,电话:14794450882。

图像-物理融合的 GH4169 焊接接头低周疲劳寿命预测

刘瑀珂,陈煜豪,陆文卿,朱明亮,轩福贞
(华东理工大学 机械与动力工程学院,上海 200237)

摘 要:本工作利用深度学习方法研究了 GH4169 焊接接头的低周疲劳寿命预测问题。开展了低周疲劳试验,构建了三类数据集,包括:变形图像数据集、平均应变数值数据集、平均应变数值并损伤分数数据集,随后搭建了三种对应的卷积神经网络,用以预测结构的低周疲劳寿命。研究结果表明,基于第三类数据集训练的卷积神经网络寿命预测表现最佳,且样本量越大,模型决定系数 R^2 越高(最高为 0.956 0)。本工作的创新点在于构建了一种图像数据-物理融合的镍基合金低周疲劳寿命预测方法,有效利用了结构在应变峰值及附近的特征,并证明了引入物理模型的积极作用。

关键词:低周疲劳;寿命预测;深度学习;卷积神经网络;应变图像

Image－physics integrated low cycle fatigue life prediction for GH4169 welded joint

LIU Yuke,CHEN Yuhao,LU Wenqing,ZHU Mingliang,XUAN Fuzhen
(School of Mechanical and Power Engineering,East China University of Science and Technology,Shanghai 200237,China)

Abstract:Low cycle fatigue(LCF) life prediction for the GH4169 weld joints was studied through deep learning. Experiments were conducted to obtain three types of LCF datasets for convolutional neural network (CNN) establishment, including deformation images, average strain, and combined average strain and damage fraction. The role of dataset types and sizes on the CNN accuracy in LCF life prediction was discussed. Results showed a larger dataset of average strain and damage fraction brought the highest R^2 (0.9560). This data－physics integrated approach innovatively utilized peak strain features and demonstrated the contribution of physics model for LCF life prediction of nickel－based materials.

Keywords:low cycle fatigue;life prediction;deep learning;convolutional neural network;strain images

0 引 言

GH4169 合金具备耐高温、抗腐蚀和抗氧化性,有着良好的强度和塑性,因而被广泛应用于航空航天、石化、核能等领域压力容器及相关核心零部件制造加工[1]。当前,这些装备和部件面临着高速、重载、

基金项目:国家自然科学基金项目(52321002)

轻量化的极端发展要求[2]，其结构完整性和服役可靠性受到了很大挑战，因此，对其疲劳寿命的准确描述变得至关重要[3,4]。在航空航天领域，结构在服役过程中常受到高温和交变载荷的影响，失效形式常表现为低周疲劳失效[5]，而在现代航发装备中，焊接件的比重约为50%[6]，由此带来的焊接结构低周疲劳(LCF)寿命问题需要解决方案，而焊接结构件的非均质性也是相关研究难点所在。

传统方法中，材料低周疲劳特性常用应变-寿命($\varepsilon - N$)曲线来描述，或是基于经验公式来预测，如Manson - Coffin[7]、Manson - Halford[8]和SWT[9]模型等。此外，有学者提出基于应变能的方法，用以解释平均应变与应力对疲劳寿命的影响[10]；也有学者提出危险平面模型来估算疲劳寿命[11]。然而，此前建立的概率模型或决定性模型[12]中，大多需要试验支撑或计算仿真以确定模型参数[13-14]，其通用性、准确性和效率存在不足[15]。此外，结构疲劳寿命受到材料性能[16]、微观组织[17]、几何特征[18]、载荷[19]和环境条件[20]等多种参数影响，要综合考虑各种参数，实现准确的寿命预测并非易事[21]。

在大数据和人工智能背景下，数据驱动的机器学习(ML)方法为寿命预测提供了新的解决方案[22-23]。在疲劳寿命预测研究中，常用的机器学习算法包括支持向量机(SVM)[24-25]、随机森林(RF)[26-27]和贝叶斯[28]等。然而，在处理高维度、非线性疲劳特征相关数据时，简单的机器学习可能表现不佳，而深度学习(DL)方法却能克服这些问题[29-30]。YU等[31]融合了人工神经网络(ANN)和迁移学习，开展了不锈钢寿命预测。JING等[32]提出了一种物理分级神经网络(PHNN)，证明其在低周疲劳寿命预测上相对传统方法表现更佳。在各类深度学习算法中，卷积神经网络(CNN)凭借其处理图像特征的显著优势，不断被用在疲劳寿命或关键因子的预测任务中[33]。在前人工作中，温度序列[34]、滞回环线[35]和位错场图像[36]等被作为卷积神经网络的输入，从而预测疲劳寿命。虽然有报道讨论了平均应变与疲劳寿命的关联[37]，但基于变形图像搭建卷积神经网络来预测低周疲劳寿命的研究仍有缺乏。此外，若能引入物理先验知识，就可能改善算法模型的预测表现[38-39]。

基于此，本文利用CNN算法，针对GH4169搅拌摩擦焊接头试样进行低周疲劳寿命预测。通过开展低周疲劳试验，构建了三类数据集，分别是：(1)变形图像数据集；(2)通过数字图像相关(DIC)技术获得的平均应变数值数据集；(3)平均应变数值并损伤分数数据集。其中，损伤分数是基于Miner的累积损伤理论[40]。随后，分别搭建了对应三类数据的CNN模型，用以预测结构低周疲劳寿命，模型准确性是通过对比试验所得真实疲劳寿命和模型预测值来衡量的。本文旨在确立一种能处理结构变形图像特征且能有效利用物理模型的深度学习方法。

1　疲劳试验及数据集准备

为获得试样表面变形图像，搭建了能在低周疲劳试验过程中持续拍摄试样表面散斑图像的系统。参考DIC平均应变计算结果，从采集的所有图像中对每个试样进行了图像抽样及预处理。引入了损伤分数，构建了前文提及的三类数据集，进行了数据集划分和模型评判标准说明。

1.1　低周疲劳试验

低周疲劳试验通过MTS伺服液压机疲劳试验机在室温下进行，测试频率为0.5 Hz，$R=-1$，正弦波加载，应力幅范围900～1160 MPa，每个应力水平复现1至3次，共计47个试样，图1(a)是GH4169焊接接头试样尺寸。各试样对应的应力水平及疲劳寿命如表1所示。

为了在试验过程中获得清晰的散斑图像，事先搭建了如图1(b)所示的图像采集系统，其中，将工业黑白CCD相机组装到显微高温观测系统中，相机型号为WP - UT320/M。拍摄间隔设置为40 ms，则单个疲劳试验周期内可拍摄50张图像，每次连续采集5个周期图像，每隔100周进行一次采集。此外，在疲劳试验开始前，给每个试样表面先喷涂了黑色底漆，遮盖表面光泽，随后用白漆喷涂斑点，如图1(c)所示，后续利用VIC－2D软件计算试样在疲劳试验中不同时刻的平均应变。

1.2　图像抽样及预处理

由于前述采集的图像样本量很大，对其进行了图像抽样。首先，将每个试样的疲劳寿命划分为5等份；其次，在每个等份内分别随机采样单个循环周次，共计抽样5个周次，然后根据DIC计算的各周次下

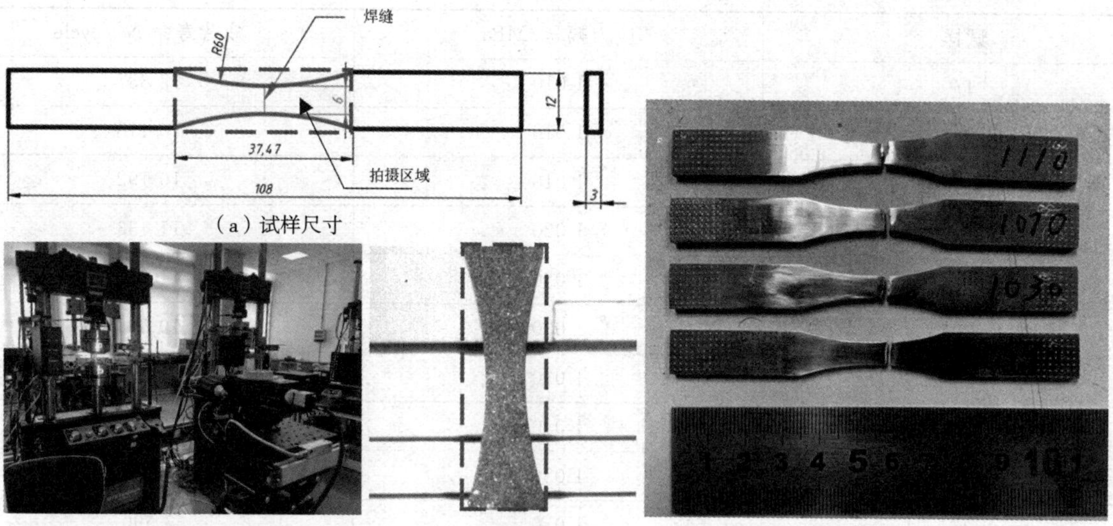

（a）试样尺寸

（b）图像采集系统　（c）散斑图像　（d）失效试样

图 1　试样及测试系统

的应变峰值找出对应的散斑图像，抽取包括该图像及其相邻图像在内的 5 张散斑图像作为数据样本。由此，每个试样可抽样获得 25 张图像。另外，为了研究数据集大小对模型的影响，按照前述相同思路，还准备了另一个数据集，对每个试样抽取出 50 张散斑图像。抽样思路如图 2 所示。其中，DIC 计算平均应变的参数设置为子区半径 29 像素，步长 5 像素。按前述采样方法，还构建了两种样本量下的平均应变数值数据集。

表 1　GH4169 焊接接头试样低周疲劳试验数据

试样	应力幅 σ_a/MPa	疲劳寿命 N_f/cycle
1	930	25 324
2	930	19 068
3	940	18 030
4	950	21 961
5	950	15 412
6	950	14 504
7	960	13 039
8	970	18 978
9	970	17 732
10	970	13 442
11	980	13 615
12	990	15 568
13	990	13 086
14	990	11 839
15	1 000	9 290
16	1 000	9 047

(续表)

试样	应力幅 σ_a/MPa	疲劳寿命 N_f/cycle
17	1 010	12 837
18	1 010	10 418
19	1 010	10 192
20	1 020	11 433
21	1 030	11 065
22	1 030	10 536
23	1 030	6 912
24	1 040	8 201
25	1 050	7 742
26	1 050	7 590
27	1 050	6 583
28	1 060	6 390
29	1 070	6 859
30	1 070	6 714
31	1 070	5 322
32	1 080	5 188
33	1 090	3 962
34	1 090	3 910
35	1 090	3 906
36	1 100	3 556
37	1 100	2 072
38	1 110	3 175
39	1 110	3 081
40	1 120	2 598
41	1 130	3 235
42	1 130	2 833
43	1 130	1 451
44	1 140	1 639
45	1 150	2 411
46	1 150	1 291
47	1 150	1 173

利用变形图像训练 CNN 模型时,需保证输入图像尺寸一致,因此对图像进行了预处理,通过 python 脚本对原始图像进行裁剪,使目标区域位于图像中心,所有图像像素大小均为 800×210。图 3 展示了单个试样抽样并处理后的散斑图像序列,为防止图像特征丢失,所有图像都未压缩。

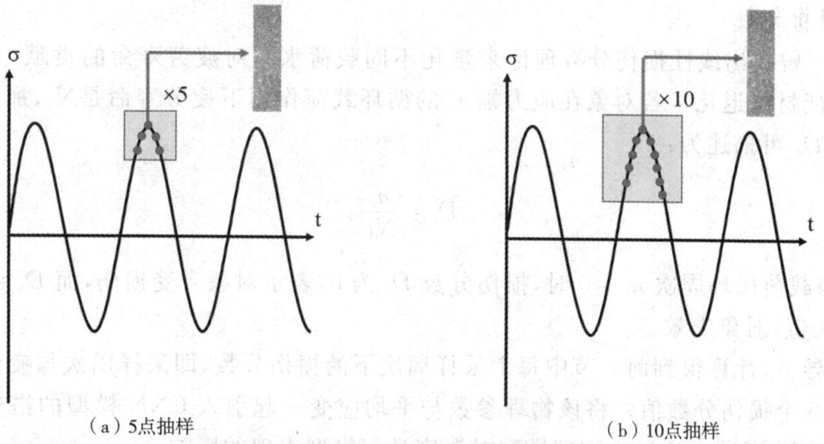

（a）5点抽样　　（b）10点抽样

图 2　某循环周次下的变形图像采样方法

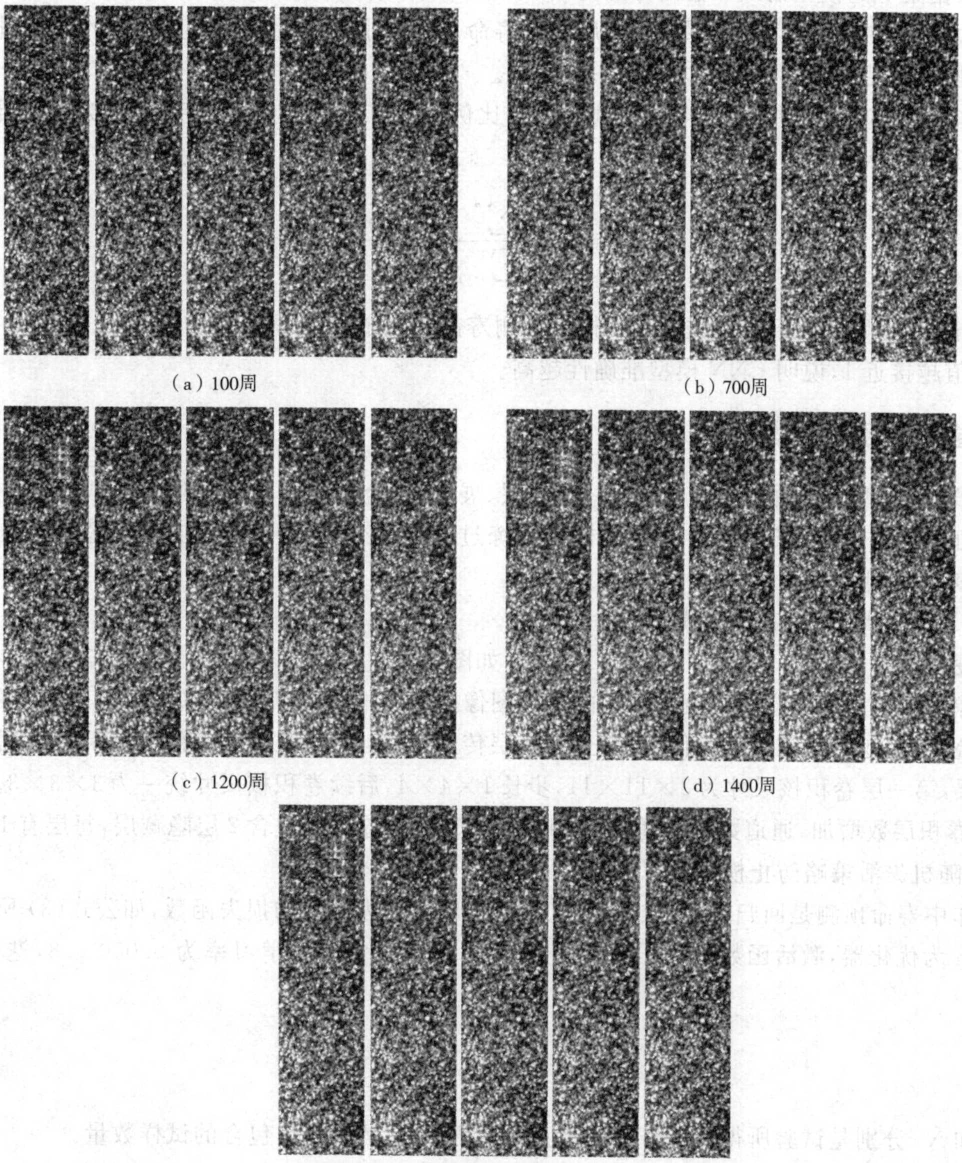

（a）100周　（b）700周　（c）1200周　（d）1400周　（e）1700周

图 3　第 37 号试样经 5 点抽样并裁剪后的变形图像序列

1.3 疲劳损伤分数

MINER 等[40]曾提出线性损伤分数理论来量化不同载荷水平对疲劳寿命的贡献，引入了“损伤”这一物理概念来表征材料退化。若对象在应力幅 σ_i 的循环载荷作用下疲劳寿命是N_i，那其在 n_i 次循环载荷作用后的损伤 D_i 可描述为：

$$D_i = \frac{n_i}{Ni} \tag{1}$$

可以看出，当载荷循环周次 $n_i=0$ 时，损伤分数 D_i 为 0，表示对象未受损伤，而 $D_i=1$ 表示循环周次 $n_i=N_i$，达到最大值，对象失效。

在该理论指导下，计算得到前一节中每个采样周次下的损伤分数，即采样周次与疲劳寿命的比值，则每个试样共获得 5 个损伤分数值。将该物理参数与平均应变一起引入 CNN 模型的搭建，并对比未引入该参数的 CNN 模型，可进一步讨论物理模型对深度学习模型表现的影响。

1.4 数据集划分及模型评估标准

三类数据集下的模型输入和输出分别为：(1) 变形图像－低周疲劳寿命；(2) 平均应变数值-低周疲劳寿命；(3) 平均应变＋损伤分数数值-低周疲劳寿命。为减小数值量级对模型表现的影响，提高模型训练效率，对所有疲劳寿命作 0 到 1 内的归一化处理。

本工作中的 CNN 模型训练集与测试集的划分比例均为 40:7。选用决定系数 R^2 为 CNN 模型表现的衡量标准，其公式为：

$$R^2 = 1 - \frac{\sum_{i=1}^{n}(y_i - \hat{y}_i)^2}{\sum_{i=1}^{n}(y_i - y\bar{y})^2} \tag{2}$$

式中，y_i 是试验所得疲劳寿命，$\hat{y}_i$ 是 CNN 模型预测寿命，$\bar{y}$ 是试验所得寿命均值，n 是数据集中的试样数量。R^2 的值越接近 1，说明 CNN 模型准确性越高。

2 卷积神经网络搭建

一个 CNN 模型通常由输入层、卷积层、池化层、展平层、全连接层和输出层等组成。其中，输入和输出层参数由数据集确定，其他层超参数在模型训练过程中优化。对应前述三类数据集，搭建了相应的 CNN 模型来预测低周疲劳寿命。

2.1 基于变形图像的 CNN 模型

对于变形图像数据集，采用了三维 CNN 架构，如图 4 所示。利用 Pytorch 中的 stack 函数将一张原始未变形图像与单个周次下应变峰值及附近的散斑图像按时序堆叠，然后将对应 5 个循环周次的特征依次输入后再叠加，经池化和全局归一化后，向全连接层传递特征，最终输出寿命预测结果。经调试，卷积层设置为 3 层，第一层卷积核尺寸为 3×11×11，步长 1×4×4，后续卷积核尺寸统一为 3×3×3。通道数最初为 3，随卷积层数增加，通道数依次递增到 64，128，256。全连接层包含 2 层隐藏层，每层有 1024 个神经元，采用了随机失活策略防止模型过拟合，失活比为 0.5。

本工作中寿命预测是回归任务，故采用均方差(MSE) 作为模型的损失函数，如公式(3) 所示。另外，选用 Adam 为优化器，激活函数为 ReLU，防止梯度消失。优化后的学习率为 0.000 008，迭代次数为 1 500 次。

$$Loss = \frac{1}{n}\sum_{i=1}^{n}(N_i - \hat{N}_i)^2 \tag{3}$$

式中：N_i 和 $\hat{N}_i$ 分别是试验所得疲劳寿命和模型预测寿命，n 是数据集包含的试样数量。

2.2 基于平均应变的 CNN 模型

第二类数据集是以平均应变数值作为输入，因此搭建了一维的 CNN 模型，如图 5 所示。应变特征经池化处理后，输入到全连接层，最终输出低周疲劳寿命。第一层的卷积核尺寸为 3，步长为 1，后续卷积核尺寸均为 2。通道数最初从 1 增加到 64，之后随卷积层数增加而翻倍。全连接层超参数设置与 2.1 节相同。模型优化后的学习率为 0.000 01，迭代次数为 1 500 次。同时，研究了数据集尺寸效应，分别考虑了 5 点采样和 10 点采样这两种输入样本量。

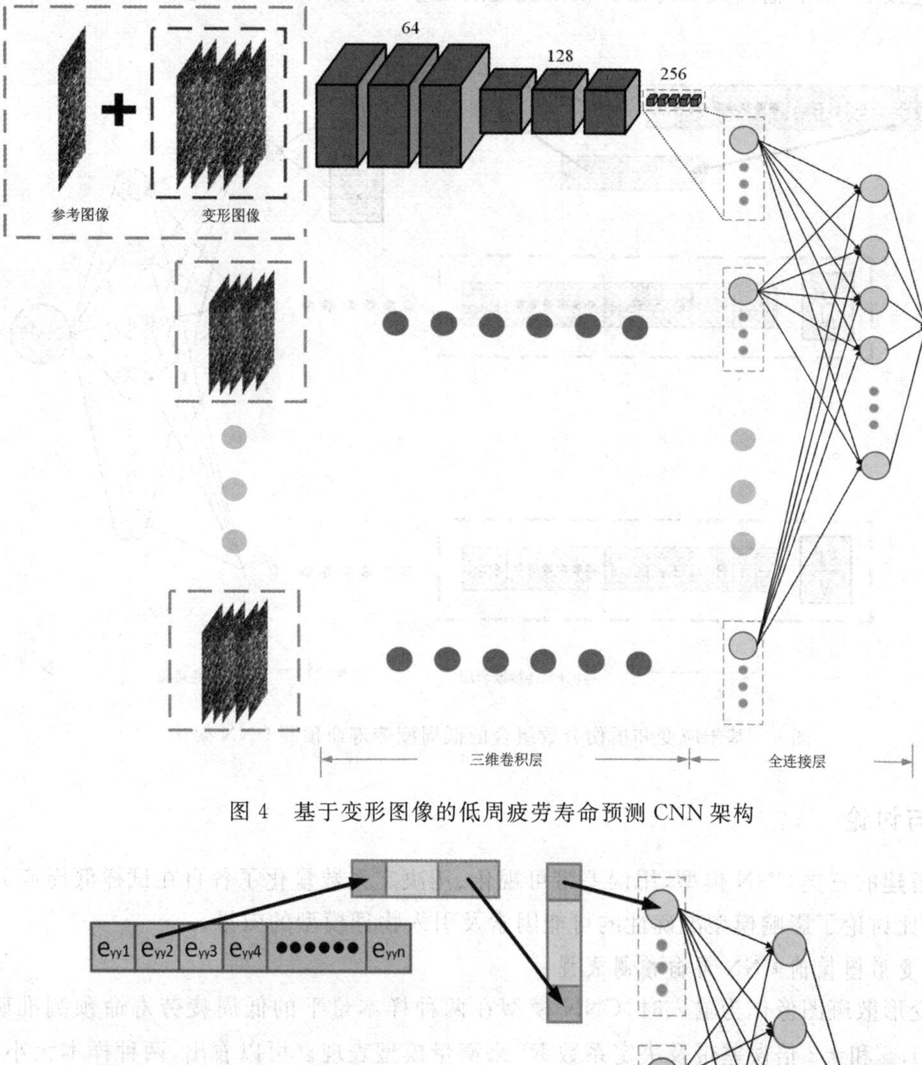

图 4　基于变形图像的低周疲劳寿命预测 CNN 架构

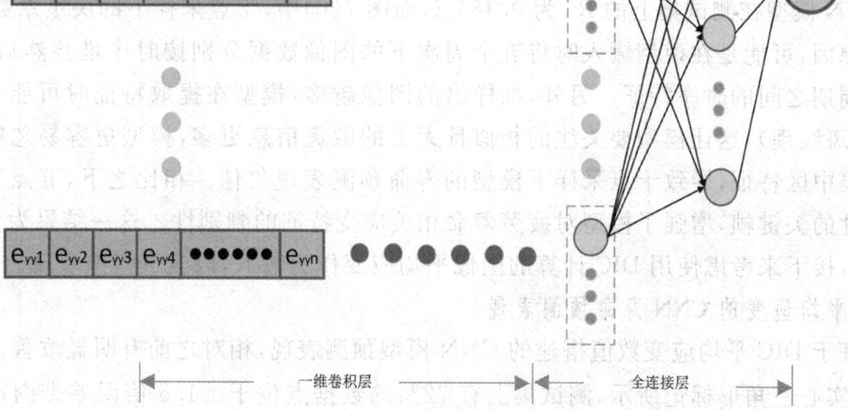

图 5　基于平均应变的低周疲劳寿命预测 CNN 架构

2.3　基于平均应变和损伤分数的 CNN 模型

第三类数据集包含平均应变和损伤分数两方面输入，搭建了一维的 CNN 模型，如图 6 所示。由于数据格式保持不变，卷积层数和卷积核尺寸等超参数设置与 2.2 节相同，全连接层的 2 个隐藏层各自包含 100 个神经元。在该架构中，卷积获得的应变特征先通过全连接层输出一个全局特征，然后与损伤分数一起传递到全连接层，最后输出疲劳寿命。模型优化后的学习率为 0.000 5，迭代次数为 1 500 次。

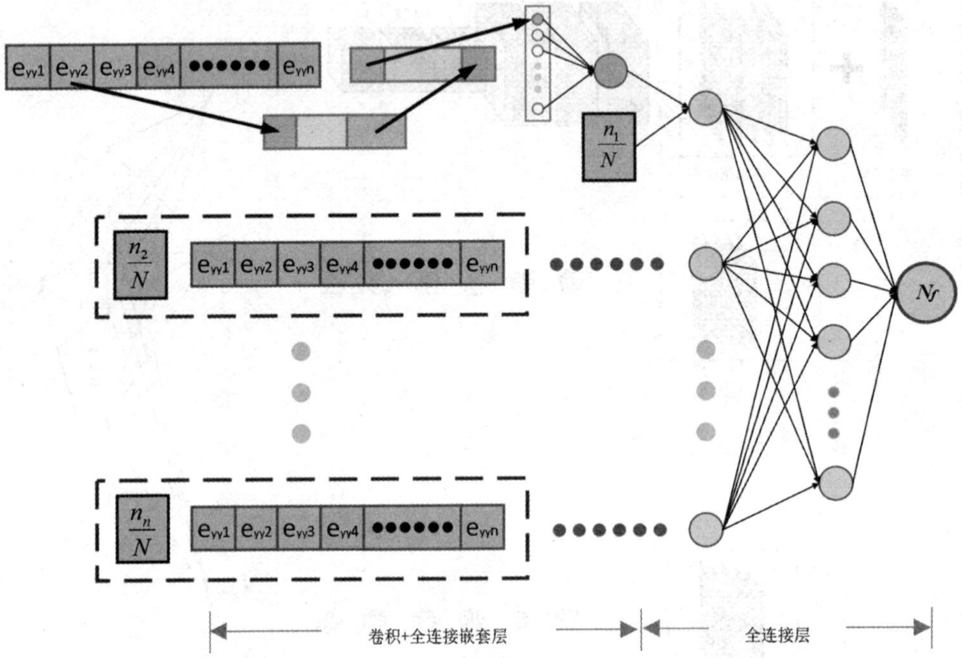

图 6　基于应变和损伤分数组合的低周疲劳寿命预测 CNN 架构

3　结果与讨论

对于前文搭建的三类 CNN 模型，用误差带可视化、用决定系数量化了各自在试样低周疲劳寿命预测上的可靠性，对比讨论了影响模型准确性的可能因素及引入物理模型的效果。

3.1　基于变形图像的 CNN 寿命预测表现

使用试样变形散斑图像作为输入时，CNN 模型在两种样本量下的低周疲劳寿命预测准确性如图 7 所示，采用了±1.5 和±2 倍误差带及决定系数 R^2 来衡量模型表现。可以看出，两种样本大小下的 CNN 模型都对较长疲劳寿命的试样有更好预测，而短寿命试样的预测结果离散情况较明显。在图 7(a)中，五点采样下的 CNN 模型在测试集上的 R^2 为 0.465 2，而图 7(b)中，十点采样下的决定系数仅为 0.208 9。

分析其中原因，可能是在模型输入时将五个周次下的图像数据分别按时序堆叠然后拼接，导致模型未有效关注各周期之间的时序特征。另外，抽样出的图像越多，模型在提取特征时可能会将注意力分散至伪特征(如散斑纹理)，这让模型要关注的相似且无关的散斑信息更多，模型更容易忽略与寿命真正相关的局部应变集中区特征，导致十点采样下模型的寿命预测表现欠佳。相比之下，五点采样通过提供更少但更具代表性的关键帧，增强了模型对疲劳寿命相关应变特征的判别性。这一结果为优化输入特征指明了方向，因此，接下来考虑使用 DIC 计算的图像平均应变作为输入，以改进模型表现。

3.2　基于平均应变的 CNN 寿命预测表现

图 8 示出基于 DIC 平均应变数值搭建的 CNN 模型预测表现，相对之前有明显改善。从图 8(a)中可以看出，如红色实心三角形标记所示，测试集上有 72% 的数据点位于±1.5 倍误差带内，决定系数 R^2 为 0.775 5。而图 8(b)中，测试集上有 85% 的预测点位于±1.5 倍误差带内，有两个预测点甚至十分接近试

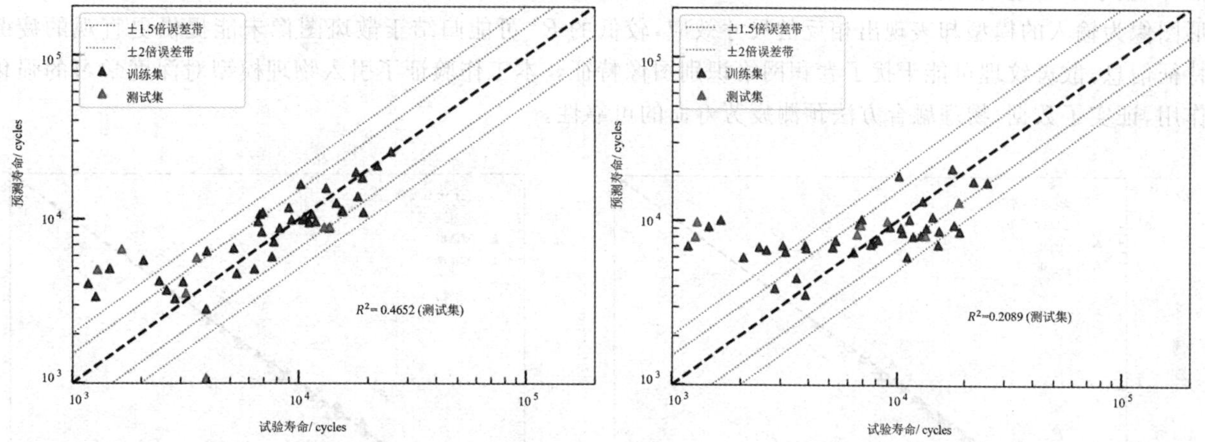

（a）5点抽样　　（b）10点抽样

图 7　基于变形图像的 CNN 模型 LCF 寿命预测表现

验真值，决定系数为 0.937 1。

以上结果表明，较大的数值样本集能大幅提高 CNN 模型的预测准确性。另外，鉴于 DIC 应变数值是与抽样的变形图像对应的，说明之前的模型表现不足与图像采集质量无关，可能是图像中的散斑影响了卷积网络特征提取。此外，已有不少研究表明，应变会随载荷循环周次而累积，可作为表征材料疲劳的物理参量[41-45]。这也说明，基于应变峰值进行抽样构造数据集并预测低周疲劳寿命的方法有效且有物理支撑。

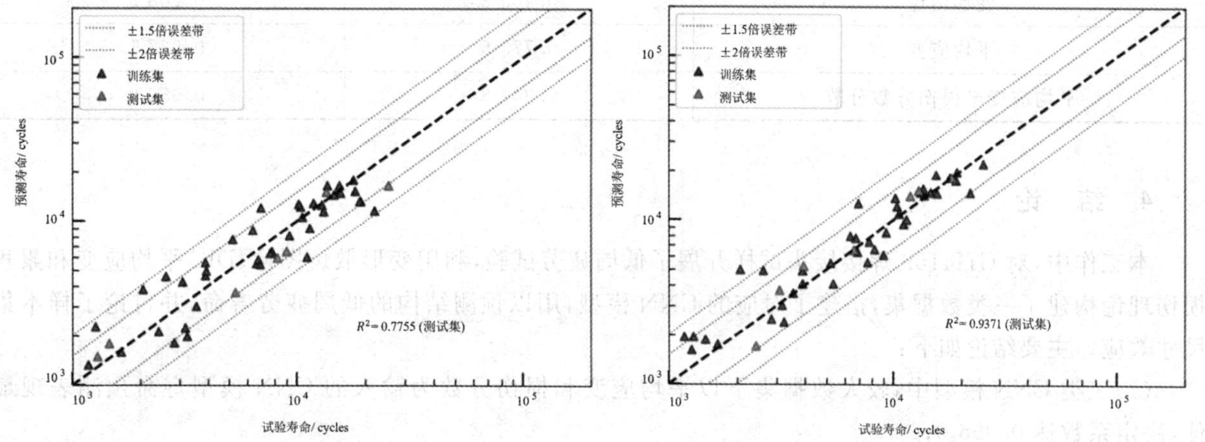

（a）5点抽样　　（b）10点抽样

图 8　基于平均应变的 CNN 模型 LCF 寿命预测表现

3.3　基于平均应变和损伤分数的 CNN 寿命预测表现

在 3.2 节模型的基础上引入了损伤分数，搭建的 CNN 模型表现如图 9 所示。显然，引入物理机制后，CNN 模型有着更高的预测可靠性。在图 9a 中，测试集上有 72％的数据点位于±1.5 倍误差带内，有 2 个寿命值较低的数据点在该误差带外，其他数据点的偏离程度也较低，决定系数为 0.847 8。在图 9b 中，测试集上所有预测点都位于±1.5 倍误差带内，R^2 高达 0.956 0，是本工作中所有 CNN 模型中决定系数最高的。

结果表明，引入损伤分数这一物理模型，可以进一步增强 CNN 模型预测疲劳寿命的能力，同时也反映了样本量越大，模型训练效果越好。

表 2 汇总了本工作中三类 CNN 模型在两种尺寸数据集上的决定系数。无论是 5 点抽样还是 10 点

抽样,基于平均应变和损伤分数的 CNN 模型均有着最高的 R^2,且大小与数据集尺寸正相关。然而,以变形图像为输入的模型却表现出相反的尺寸效应,较低的 R^2 可能归结于散斑图像未能提供更直观的疲劳特征信息,散斑纹理可能干扰了卷积网络识别图像特征。本工作验证了引入物理模型对深度学习的强化作用,证实了数据-物理融合方法预测疲劳寿命的可靠性。

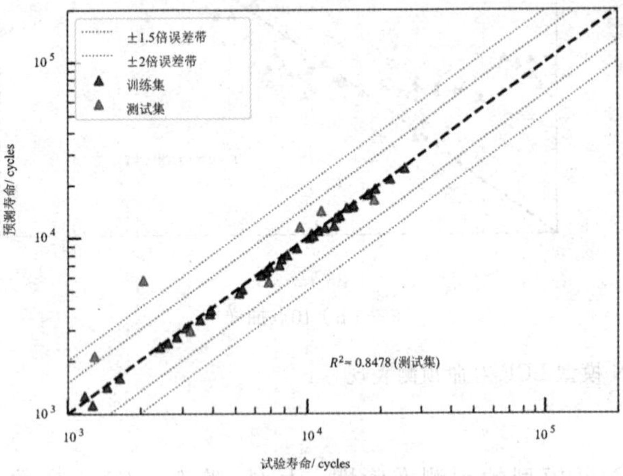

(a) 5点抽样

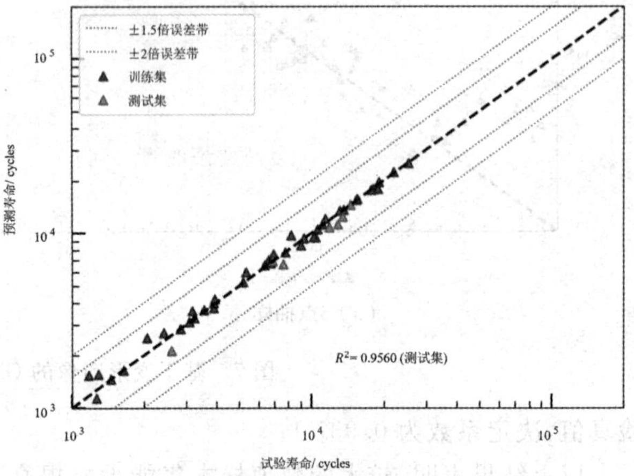

(b) 10点抽样

图 9 基于平均应变和损伤分数的 CNN 模型 LCF 寿命预测表现

表 2 三类数据集下 CNN 模型预测疲劳寿命的决定系数 R^2

数据集输入特征	5 点抽样	10 点抽样
变形图像	0.465 2	0.208 9
平均应变	0.775 5	0.937 1
平均应变＋损伤分数分数	0.847 8	0.956 0

4 结 论

本工作中,对 GH4169 焊接接头试样开展了低周疲劳试验,利用变形散斑图像、DIC 平均应变和累积损伤理论构建了三类数据集,搭建了对应的 CNN 模型,用以预测结构的低周疲劳寿命,并讨论了样本集尺寸效应。主要结论如下:

(1)三类 CNN 模型中,较大数据集下以平均应变和损伤分数为输入的 CNN 模型寿命预测表现最佳,决定系数达 0.956 0;

(2)对比基于变形图像的 CNN 模型,引入平均应变和损伤分数可大幅提高模型寿命预测准确性,证明了数据-物理融合方法的可靠性;

(3)证明了利用峰值应变特征搭建深度学习模型来预测结构疲劳寿命的可行性。但单纯基于图像的模型仍待改进,未来可考虑在模型架构中增加注意力机制,让模型关注结构疲劳过程中变形图像的时序特征。另外,基于本工作,可探索集成微观结构特征和数据的方法,从而拓展深度学习在疲劳寿命预测领域的应用。

参考文献

[1] 罗锐,谭莉,陈乐利,等. 核电厂反应堆压力容器 O 型密封管用 GH4169 合金的热加工性能及组织演变[J]. 压力容器,2022,39(6):7－14.

[2] TUNG S C, MCMILLAN M L. Automotive tribology overview of current advances and

challenges for the future[J]. Tribology International,2004,37(7):517—536.

[3] SHLYANNIKOV V, SULAMANIDZE A, KOSOV D. Isothermal and thermo—mechanical fatigue—crack—growth analysis of XH73M nickel alloy[J]. Theoretical and Applied Fracture Mechanics,2024,129:104182.

[4] 张颛利,孙兴悦,陈旭. 基于物理信息神经网络的金属多轴疲劳寿命预测进展[J]. 机械强度,2025,47(2):44—52.

[5] 江荣,刘宜龙,张磊成,等. Ta 对新型镍基粉末高温合金组织及低周疲劳性能的影响[J]. 推进技术,2025,46(4):297—311.

[6] 曲伸,李英,倪建成,等. 航空发动机先进焊接技术应用[J]. 航空制造技术,2015(20):53—55.

[7] MURALIDHARAN U, MANSON S S. A modified universal slopes equation for estimation of fatigue characteristics of metals[J]. Journal of Engineering Materials and Technology, 1988, 110(1): 55—58.

[8] MANSON S S, HALFORD G R. Practical implementation of the double linear damage rule and damage curve approach for treating cumulative fatigue damage[J]. International Journal of Fracture, 1981,17(2):169—192.

[9] SMITH K N, WATSON P, TOPPER T H. A stress—strain function for the fatigue of metals [J]. Journal of Materials,1970(5):767—778.

[10] LIAO D, ZHU S-P, GAO J-W, et al. Generalized strain energy density-based fatigue indicator parameter[J]. International Journal of Mechanical Sciences,2023,254:108427.

[11] LIANG F, ZHANG W, ZHANG X, et al. The strain ratio-dependent multiaxial low cycle fatigue behaviour and life prediction of 316L stainless steel based on critical plane at elevated temperature[J]. Engineering Fracture Mechanics,2024,301:110035.

[12] KUFOIN E, SUSMEL L. Quantitative review of probabilistic approaches to fatigue design in the medium cycle fatigue regime[J]. Probabilistic Engineering Mechanics,2024,75:103589.

[13] YU J, LEE S H, CHEON S, et al. Alternative predictive approach for low-cycle fatigue life based on machine learning and energy-based modeling[J]. Journal of Magnesium and Alloys,2024,12 (10):4075—4084.

[14] XI X, YANG S. A non-linear cohesive zone model for low-cycle fatigue of quasi—brittle materials[J]. Theoretical and Applied Fracture Mechanics,2022,122:103641.

[15] LIU L, WEN Z X, YUE Z F, et al. Study on the effect of stress redistribution in different notched specimens of DD6 on the life of combined high and low cycle fatigue under high temperature [J]. International Journal of Fatigue,2025,192:108713.

[16] SERRA M, GARCíA-MARRO F, CINCA N, et al. Finite fatigue life behavior and fatigue crack-growth resistance of a fine-grained WC-Co cemented carbide[J]. International Journal of Refractory Metals and Hard Materials,2025,128:107022.

[17] KUMAR BHARDWAJ H, SHUKLA M. Low-cycle fatigue life prediction of austenitic stainless steel alloys: A data-driven approach with identification of key features[J]. International Journal of Fatigue,2024,187:108454.

[18] GE X, ZHOU L, YING Y, et al. Combining phase field method and critical distance theory for predicting fatigue life of notched specimens[J]. International Journal of Mechanical Sciences, 2024, 282:109608.

[19] FAN X, KETHAMUKKALA K, KWON S, et al. High-cycle and low-cycle fatigue life prediction under random multiaxial loadings without cycle counting [J]. Engineering Fracture

Mechanics,2024,298:109894.

[20] ZAHRAN H,ZINOVEV A,TERENTYEV D,et al. Prediction of low cycle fatigue life for neutron-irradiated and nonirradiated RAFM steels using their tensile properties[J]. International Journal of Fatigue,2025,190:108589.

[21] PARK S-J. Application of ductile fracture model for the prediction of low cycle fatigue in structural steel[J]. Engineering Fracture Mechanics,2023,289:109469.

[22] 储林华,张书彦,卫新民,等. 基于有限元和烟花算法改进BP网络的核用锆合金管材轧制损伤预测[J]. 材料导报,2023,37(z1):441-447.

[23] 张秀华,刘怀举,朱才朝,等. 基于数据驱动的零部件疲劳寿命预测研究现状与发展趋势[J]. 机械传动,2021,45(10):1-14.

[24] ZHAN Z, LI H. Machine learning based fatigue life prediction with effects of additive manufacturing process parameters for printed SS 316L[J]. International Journal of Fatigue, 2021, 142:105941.

[25] LIU Y,FENG Y,WU D,et al. Virtual modelling integrated phase field method for dynamic fracture analysis[J]. International Journal of Mechanical Sciences,2023,252:108372.

[26] GUO J,ZAN X,WANG L,et al. A random forest regression with Bayesian optimization-based method for fatigue strength prediction of ferrous alloys[J]. Engineering Fracture Mechanics, 2023,293:109714.

[27] WANG W,WEI P,LIU H,et al. A micromechanics-based machine learning model for evaluating the microstructure-dependent rolling contact fatigue performance of a martensitic steel [J]. International Journal of Mechanical Sciences,2023,237:107784.

[28] GORJI M B,DE PANNEMAECKER A,SPEVACK S. Machine learning predicts fretting and fatigue key mechanical properties[J]. International Journal of Mechanical Sciences,2022,215:106949.

[29] LI F,HE A,SONG Y,et al. Deep learning for predictive mechanical properties of hot-rolled strip in complex manufacturing systems[J]. International Journal of Minerals, Metallurgy and Materials,2023,30(6):1093-1103.

[30] DUAN H,YUE S,LIU Y,et al. A deep learning-based method for predicting the low-cycle fatigue life of austenitic stainless steel[J]. Materials Research Express,2023,10(8):086506.

[31] YU M,XIE X. Ultra-low cycle fatigue life prediction of stainless steel based on transfer learning guided artificial neural network[J]. Engineering Applications of Artificial Intelligence,2024, 136:109054.

[32] JING G,MA T,WANG Z,et al. Physical hierarchical neural network for low cycle fatigue life prediction of compacted graphite cast iron based on small data[J]. International Journal of Fatigue, 2024,188:108509.

[33] 徐梦悦,齐红宇,李少林,等. 基于机器学习算法模型的焊接接头疲劳寿命预测[J]. 航空发动机,2025,51(1):96-102.

[34] XIE X, BENNETT J, SAHA S, et al. Mechanistic data-driven prediction of as-built mechanical properties in metal additive manufacturing[J]. npj Computational Materials, 2021, 7(1): 767-778.

[35] YANG Y,ZHANG B,WU H,et al. A deep learning approach for low-cycle fatigue life prediction under thermal-mechanical loading based on a novel neural network model[J]. Engineering Fracture Mechanics,2024,306:110239.

[36] BALTIC S,ASADZADEH M Z,HAMMER P,et al. Machine learning assisted calibration of a

ductile fracture locus model[J]. Materials & Design,2021,203:109604.

[37] WANG Y C, XU L, HE L, et al. Mean strain effect on low - cycle fatigue of AISI 304 austenitic stainless steel under non - proportional random loading: experiments and life evaluation methods[J]. International Journal of Fatigue,2025,193:108769.

[38] FAN J L,ZHU G,ZHU M L,et al. A data - physics integrated approach to life prediction in very high cycle fatigue regime[J]. International Journal of Fatigue,2023,176:107917.

[39] LIU Y K, FAN J L, ZHU G, et al. Data - driven approach to very high cycle fatigue life prediction[J]. Engineering Fracture Mechanics,2023,292:109630.

[40] MINER M A. Cumulative Damage in Fatigue[J]. Journal of Applied Mechanics,2021,12(3): A159－A164.

[41] CHEN R, ZHU M L, XUAN F Z, et al. Near - tip strain evolution and crack closure of growing fatigue crack under a single tensile overload[J]. International Journal of Fatigue, 2020, 134:105478.

[42] LU Y W, LUPTON C, ZHU M L, et al. In situ experimental study of near - tip strain evolution of fatigue cracks[J]. Experimental Mechanics,2015,55(6):1175－1185.

[43] CHEN R,HU X K,ZHU M L,et al. In - situ observation of strain evolution and ratchetting of growing fatigue cracks[J]. Engineering Fracture Mechanics,2023,279:109041.

[44] 马园园,张建明,苏天一,等. 内压轴向位移载荷作用下波纹管多轴疲劳寿命预测[J]. 压力容器,2024,41(4):53－59.

[45] 秦晨,晁龙,陈凡,等. 4130X 钢非对称非比例载荷下双轴低周疲劳行为[J]. 压力容器,2024,41(8):9－20.

作者简介

刘瑀珂(1996),女,博士,主要从事机械结构轻量化智能设计研究,通信地址:200237 上海市梅陇路 130 号华东理工大学机械与动力工程学院,E－mail:eurekalau@qq. com。

通信作者:朱明亮(1984),男,教授,主要从事机械结构疲劳损伤与断裂研究,通信地址:200237 上海市梅陇路 130 号华东理工大学机械与动力工程学院,E－mail: mlzhu@ecust. edu. cn,电话:86－21－64252910。

高强钢储存容器内表面裂纹电磁检测方法研究

唐　健[1]，王　哲[1]，王荣彪[2]，范志超[1]，梁春雷[1]，马书豪[1]，完小康[1]

（1. 合肥通用机械研究院有限公司，合肥　230031；

2. 南昌航空大学无损检测技术教育部重点实验室，南昌　330063）

摘　要：球罐承受高压且内部储存腐蚀性液体，易产生疲劳裂纹。目前常采用磁粉和超声检测方法，但通常需要打磨表面油漆层，且需要多种方法复合检测。漏磁检测可实现内、外表面裂纹同时检测，且无需打磨油漆层。但受限于激励与传感的限制，壁厚超过 20 mm 的球罐内表面裂纹难以检出。针对该难题，本文提出了基于主动偏置磁化补偿的高灵敏度隧道磁阻传感器拾取缺陷微弱漏磁场，解决了磁传感器灵敏度和线性范围之间的矛盾。搭建了实验平台，通过实验对比了常规霍尔元件与基于磁偏置补偿的 TMR 传感器对不同壁厚钢板内表面 1 mm 深裂纹的检测能力，发现常规霍尔元件已无明显响应，而开发的 TMR 传感器仍能有效检出。此外还研究了开发的 TMR 对外壁缺陷检测影响，发现磁偏置补偿提高了 TMR 对外壁缺陷的信号幅值和信噪比。验证了基于磁偏置补偿的 TMR 传感器对高强钢储存容器内外表面裂纹的检测效果。本研究提出的高强钢储罐内外表面裂纹检测方法为我国大型高端能源设备安全保障提供了一种快速高效的检测方法。

关键词：高强钢储存容器；裂纹检测；电磁无损检测；漏磁检测；TMR 传感器

Research on electromagnetic detection method of cracks on the inner surface of high - strength steel storage containers

TANG Jian[1], WANG Zhe[1], WANG Rongbiao[2], FAN Zhichao[1], LIANG Chunlei[1], MA Shuhao[1], WAN Xiaokang[1]

(1. Hefei General Machinery Research Institute Co., Ltd., Hefei 230031, China;

2. Key Laboratory of Nondestructive Testing(Nanchang Hangkong University), Ministry of Education, Nanchang 330063, China)

Abstract: Spherical tanks are subjected to high pressure and store corrosive liquids inside, which are prone to fatigue cracks. At present, magnetic powder inspection (MPI) and ultrasonic testing (UT) methods are commonly used, but it is usually necessary to grind the paint layer, and multiple methods are required for composite testing. Magnetic flux leakage detection(MFL) can detect cracks on the inner and outer surfaces at the same time, and there is no need to grind the paint layer. However, due to the limitations of excitation and sensing, cracks on the inner surface of spherical tanks with a wall thickness of more than 20 mm are difficult to detect. For this problem, this paper proposes a high - sensitivity tunnel magneto resistive(TMR) sensor based on active bias magnetization compensation to pick up the weak leakage magnetic field of the defect, which solves the contradiction between the sensitivity and

基金项目：国家重点研发计划项目(2023YFF0615103)

linear range of the magnetic sensor. An experimental platform was built, and the detection capabilities of conventional Hall elements and TMR sensors based on magnetic bias compensation for 1mm deep cracks on the inner surface of steel plates with different wall thicknesses were compared through experiments. It was found that the conventional Hall element had no obvious response, while the developed TMR sensor could still effectively detect it. In addition, the influence of the developed TMR on the detection of outer wall defects was studied, and it was found that magnetic bias compensation improved the signal amplitude and signal - to - noise ratio of TMR outer wall defects. The detection effect of the TMR sensor based on magnetic bias compensation on the internal and external surface cracks of high - strength steel storage containers was verified. The high - strength steel tank internal and external surface crack detection method proposed in this study provides a fast and efficient detection method for the safety of large - scale high - end energy equipment in my country.

Keywords: high - strength steel storage container; crack detection; electromagnetic non－destructive detection; magnetic leakage detection; TMR sensor

0 引 言

我国油气在油气存储环节面临复杂介质的使用，储罐内表面的微小缺陷检测给行业发展提出新的挑战。针对储罐内表面微小缺陷检测方面，以色列、俄罗斯、美国、日本等国家开发了高强钢储存球罐检测技术，采用磁粉、声发射、超声等检测方法，实现储罐裂纹检测。但无法对在用罐体在不打磨条件下检测内表面缺陷，需要打磨表面油漆层，极大地提高了大范围巡检的难度和成本。

而电磁检测方法无需打磨油漆层，可实现储罐微小缺陷的快速检测。目前多采用高灵敏度 TMR、GMR 传感器，Matthias Pelkner 分析了 GMR 传感器高分辨率特性在无损检测领域的应用，利用 GMR 传感器阵列检测轴承外表面微米级缺陷，并设计了一种适用于漏磁检测的局部磁化器，可以检测 40 微米深的表面缺陷[1]。Wang Rui 设计了爬壁机器人并利用 GMR 传感器阵列对钢桥缺陷进行自动化检测[2]。Liu 利用柔性 TMR 传感器阵列完成对钢丝绳缺陷的检测[3]。Singh 使用 GMR 传感器检测厚度 12 mm 钢板的内外缺陷。并使用阵列 GMR 传感器检测钢管内外壁缺陷[4]。Minhhuy Le 设计了检测焊缝缺陷的 GMR 磁传感器阵列[5]。Tsukada 使用磁阻传感器在极低频的激励下检测钢结构的腐蚀[6]。Aguila－Muñoz J 提出了基于磁场扰动的 GMR 传感器，可以实现铁磁性金属表面缺陷的定量检测[7]。V. Reimund 分析了检测微裂纹时，GMR 传感器的灵敏度差异，并提出了使用三个方向有差异的 GMR 传感器作为一组传感器，可以解决传感器放置偏差造成信号差异的问题[8]。Hiroaki Kikuchi 分析了采用高灵敏度传感器在检测铁磁性材料的微米尺寸裂纹中遇到的挑战[9]。

然而目前的研究多针对外表面缺陷，内表面微裂纹相关研究较少，内表面裂纹激励和信号在铁磁性材料中传递衰减严重，信号微弱。因此本文在电磁微扰动传递机制的研究基础上，提出基于磁偏置 TMR 传感器的微弱漏磁场获取方法，解决电磁微扰动感知难题。

1 基于磁偏置补偿的内表面裂纹漏磁场 TMR 传感方法

漏磁检测已被广泛应用在铁磁性材料无损检测中，相较于涡流检测，采用直流磁化的漏磁检测方法对构件的内部缺陷具有一定的检测能力[10-11]。与外表面缺陷相比，在磁传感器测点与内表面缺陷之间隔着一层铁磁性材料，而铁磁性材料的非线性磁性特点必然会影响内表面缺陷在材料外产生的漏磁场特性[12]。前期我们也研究了漏磁场在铁磁性材料中的传递特性，发现铁磁性材料在弱磁化下会屏蔽漏磁场，而在强磁化下反而会增强漏磁场。因此检测内表面缺陷需要更强的近饱和磁化[13-14]。

在漏磁检测过程中，随着磁化电流增大，磁化器产生的强背景磁场会导致磁传感器输出饱和，并且高磁阻区会对磁化场产生阻碍作用[15-17]。为解决该问题，在常规的 TMR 传感器上方附加一个偏置磁场，通过施加与背景磁场方向相反的偏置磁场，抵消磁化器产生的背景磁场干扰。偏置磁场由衔铁和永磁体组成，确定合适的磁铁尺寸和衔铁尺寸，既能保证提供足够的偏置磁场，又能防止磁铁引力过大影响扫查。根据不同磁化电流和不同壁厚储罐可以调节偏置磁场的大小，优化磁传感器的检测能力。

磁铁产生的偏置磁场可以视为直流磁场 H_{dc}，磁化器产生的背景磁场为 H_0，缺陷产生的漏磁场为 H_{mfl}。磁化物体自身产生磁场为 H_1。储罐周围产生背景磁场为 H_{wall}，在储罐底板的传感器拾取的磁场是由多个磁场叠加而成的，通过调节偏置磁场，使传感器处磁场检测的磁场 H_{ms} 为：

$$H_{ms}=H_0+H_{mfl}+H_{wall}-H_1-H_{dc} \tag{1}$$

通过偏置磁场抵消背景磁场的影响，使传感器拾取的磁场信号更贴近缺陷产生的原始漏磁场信号，并且此状态下的传感器不易被背景磁场影响，而导致检测状态过饱和。

根据此检测方法，需要将厚钢板内表面缺陷进行近饱和磁化，沿 TMR 传感器敏感方向垂直缺陷进行扫查。为了增大厚钢板的内表面缺陷产生的漏磁场，需要增强磁化器的磁化电流。因此，磁化器空腔内放置的 TMR 磁传感器将工作在强背景磁场中，导致磁传感器饱和，通过施加与背景磁场相反的偏置磁场使 TMR 工作在高灵敏度区间。偏置磁场是由 N 极和 S 极两块永磁铁通过吸附在钢板同侧，组成磁轭型偏置磁铁。永磁铁具有高的矫顽力、剩磁和最大磁能积以保证储存最大的磁能及稳定的磁性。TMR 磁传感器输出通道 1 和通道 2 到信号采集卡，信号采集卡通过信号处理，输出差分信号到电脑检测软件中。检测方法如图 1 所示。

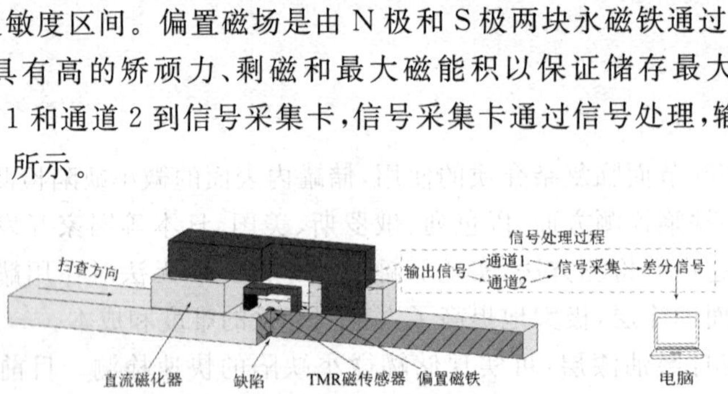

图 1　基于磁偏置补偿的内表面裂纹漏磁场 TMR 传感方法示意

2　内部裂纹漏磁场仿真研究

结合厚壁球罐的检测需求，本节研究厚壁球罐内表面缺陷的检测。根据 NB/T 47013.12—2015《承压设备无损检测 第 12 部分：漏磁检测》标准中规定在用承压设备漏磁外检测的壁厚不大于 20 mm，因此定义壁厚超出 20 mm 的为厚壁。在内表面缺陷尺寸不变时，壁厚增加导致内表面缺陷产生的最大测点磁场逐渐下降，且下降趋势逐渐减缓[12]。且研究表明铁磁材料中的磁导率畸变对内表面缺陷测点磁场有较大贡献，因此厚壁球罐的内表面缺陷也有漏磁场传递到其外表面。

利用图 2 的仿真模型，仅改变壁厚(15，20，25，30 mm)，内表面缺陷深度和宽度保持 1 mm 不变，施加不同的电流，沿测点路径 1 得到不同壁厚下内表面缺陷漏磁场水平分量的分布，减去背景磁场，将其幅值连成曲线，结果如图 3。可以发现，随着壁厚的进一步增加，内表面缺陷的测点磁场值在减小。但即使壁厚为 30 mm，仍然有漏磁场。

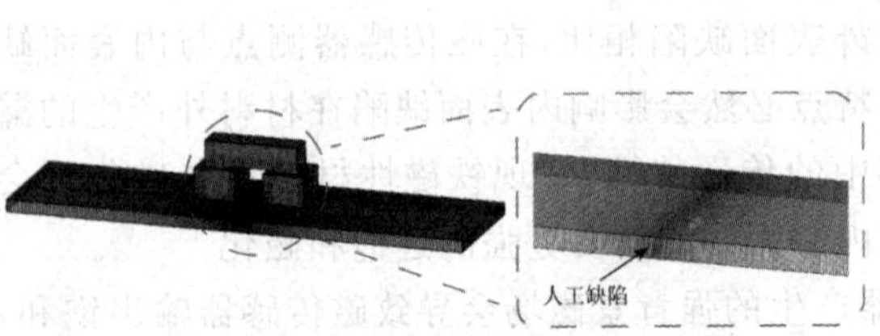

图 2　仿真模型

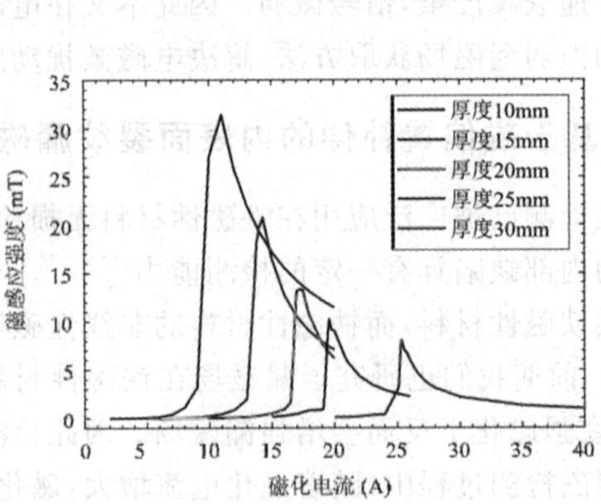

图 3　内表面缺陷漏磁场随磁化电流的变化

取最大内表面缺陷漏磁场对应磁化电流下的磁导率分布，见图 4，结果显示壁厚 30 mm 时，由内表面缺陷产生的磁导率扰动仍然可以传递到储罐外表面。

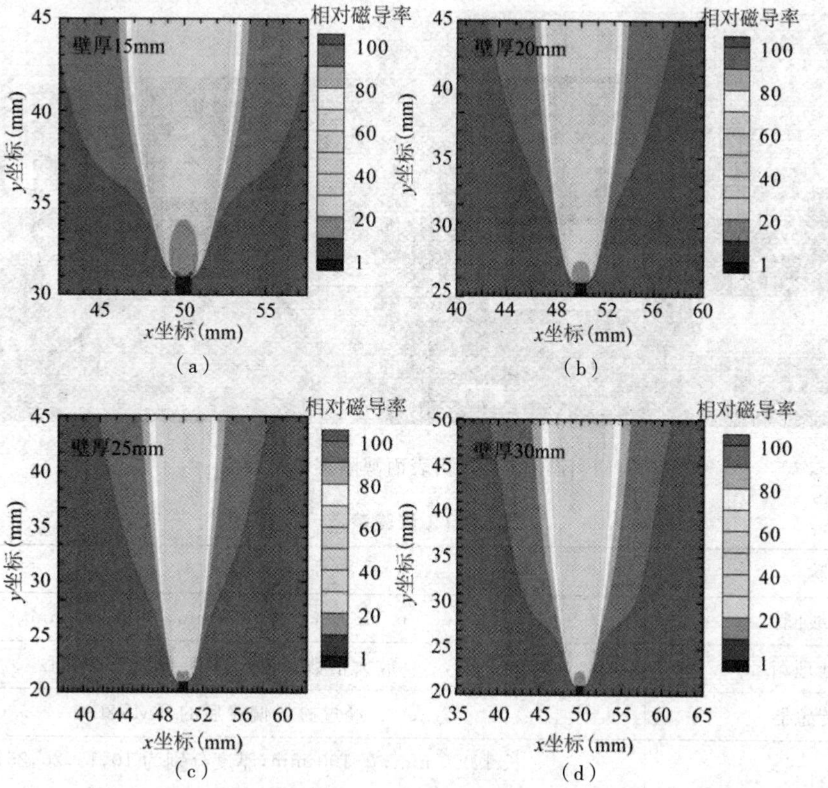

图 4　不同厚度磁导率分布

在图 3 的无缺陷模型中提取球罐表面磁场的切向分量，在图 4 对应的磁化状态下获取不同壁厚的背景磁场如图 5。壁厚 30 mm 的球罐对应的背景磁场达到 32.7 mT。此时，高灵敏度的磁敏元件(如霍尔元件、TMR 等)因量程范围有限，容易超出量程。导致对厚壁球罐内表面缺陷检测的失效，因此如何在强背景磁场下检测微弱漏磁信号是检测厚壁球罐内表面缺陷的关键。

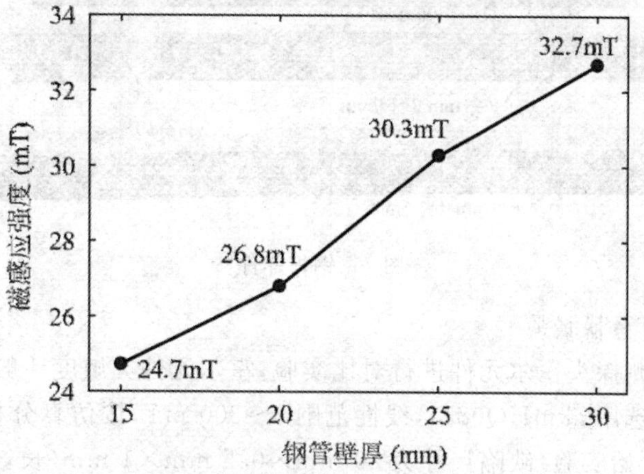

图 5　不同厚度球罐的背景磁场

3　试验验证

仿真分析 30 mm 厚的球罐也可以在材料外产生漏磁场后，因此进行实验验证，搭建了如图 6 的实验平台检测加厚钢板内表面缺陷。实验平台的参数见表1,加厚钢板的缺陷为横向缺陷,与钢板的长度方向垂直,因此,采用轴向磁化器将钢板轴向磁化,样件上刻有不同的缺陷,如图7所示。

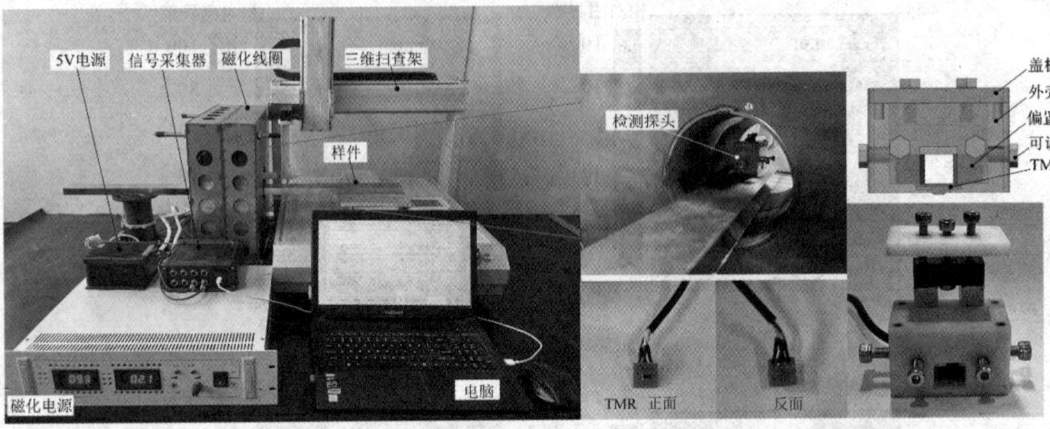

图6 钢板内表面缺陷实验平台

表1 试验参数

名称	参数
磁化线圈	6 000 匝,内径 300 mm,宽度 300 mm
信号处理箱	放大倍数 1 000 倍,采样频率 2 kHz
检测传感器	经过磁场偏置后的 TMR2001
样件	长 1 000 mm,宽 100 mm,厚度分别为 10,15,20,25,30 mm; 刻槽长度 25 mm,宽度 1.0 mm,深度分别为 1.0,1.5 mm

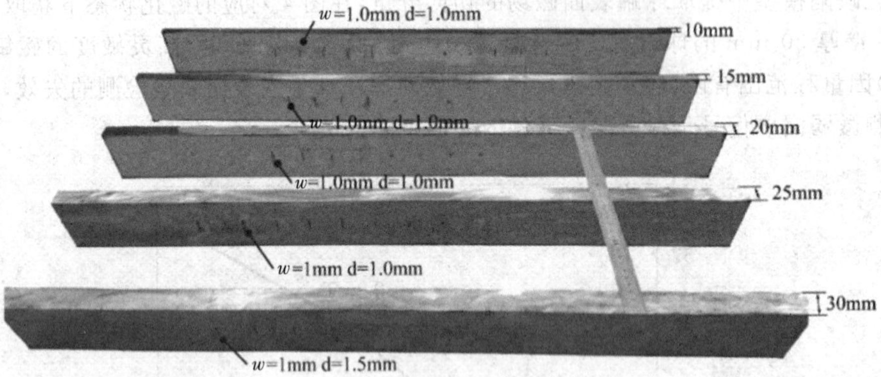

图7 钢板样件

3.1 常规漏磁检测传感器试验

首先采用常规漏磁检测探头霍尔元件进行对比实验,霍尔元件灵敏度一般,但线性范围较大,因此常用于承压设备漏磁检测。选用akmHQ0811,线性范围0～300 mT,按仿真分析,该元件在实验磁场下不会饱和。从板厚15 mm开始实验,缺陷尺寸为20 mm×0.5 mm×1 mm(长×宽×深),沿传感器敏感方向垂直缺陷进行扫查。电流从5 A开始不断增加到17 A,每次间隔2 A记录数据,记录波峰电压值,作为后续实验数据比对。检测时,探头直线扫查距离为30 mm,来回扫查2次,经过缺陷4次。检测结果如图8(a)所示。不同磁化电流下传感器输出电压基准值不同,随磁化电流增加而增加。因为磁化电流增加背景磁场增加,导致TMR传感器输出的电压增加。在此基础上,漏磁场峰值随磁化电流增加而增加。

对板厚 20 mm 和 30 mm 重复上述试验。检测结果如图 8(b)(c)所示。发现 30 mm 厚度的钢板内部 1 mm深的缺陷信号幅值过小已无法检出，缺陷放大到 1.5 mm 深才可以明显检测漏磁信号，如图 8(d)。

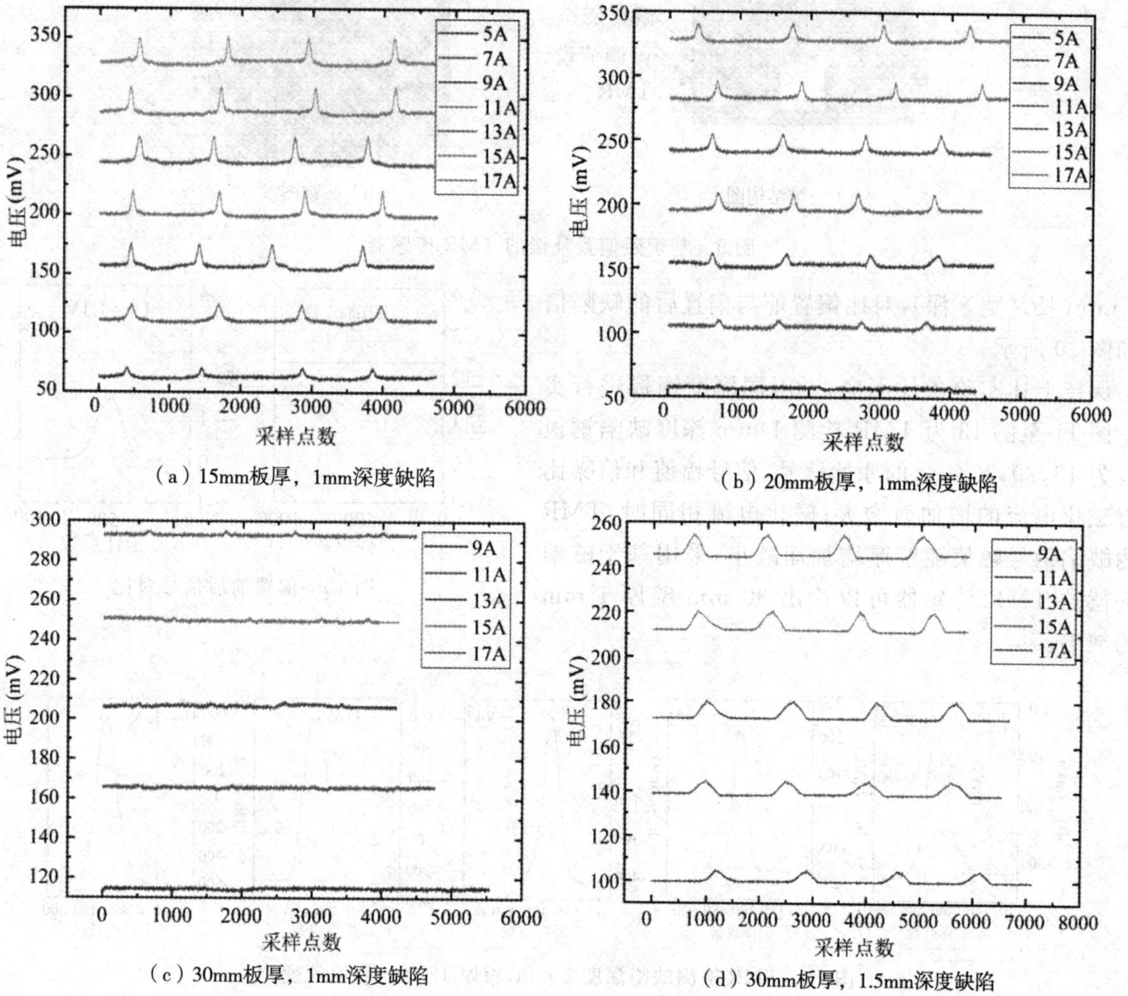

（a）15mm板厚，1mm深度缺陷

（b）20mm板厚，1mm深度缺陷

（c）30mm板厚，1mm深度缺陷

（d）30mm板厚，1.5mm深度缺陷

图 8　霍尔元件检测缺陷随电流变化

3.2　基于磁偏置补偿的 TMR 传感器试验

随着板厚的增加或缺陷的减小，霍尔元件对缺陷产生漏磁场检测能力下降，更换为 TMR 传感器继续试验。由仿真结果可知，即使 30 mm 厚的钢板 1 mm 深的内表面缺陷也会产生漏磁场但较微弱，因此选择多维科技生产的 TMR2001 高灵敏度 TMR 传感器，灵敏度为 8 mV/V/Oe，高灵敏度传感器的高灵敏度范围一般较小，TMR2001 的线性范围在±5 mT 以内，由仿真可知 30 mm 厚钢板的背景磁场已经达到 30 mT 左右，传感器已远超出量程，无法工作在高灵敏度区间，因此提出一种基于 TMR 偏置的强背景磁场下微弱漏磁场测量的方法，设计了基于磁偏置补偿的 TMR 传感器。

虽然此时背景磁场较强，但是可以通过增加偏置磁铁的方式，反向抵消背景磁场的大小，使 TMR2001 传感器工作在高灵敏度区间，因此设计偏置磁化的传感器。通过调节磁铁与 TMR2001 的距离改变所处位置的磁场，将 TMR2001 放置在样件上，每次调节磁化电流后，调节偏置磁铁与 TMR2001 的间距，使其在不接入信号处理电路之前，输出的电压值始终在高灵敏度区域中，在背景磁场和偏置磁铁的共同作用下工作在高灵敏度区间。

磁化电流 5 A 时，用高斯计测得 15 mm 厚钢板表面的磁感应强度为 21.5 mT，TMR 传感器已处于饱和区间。通过偏置磁铁使 TMR 工作在高灵敏度区间，检测内表面缺陷尺寸为 20 mm×0.5 mm×

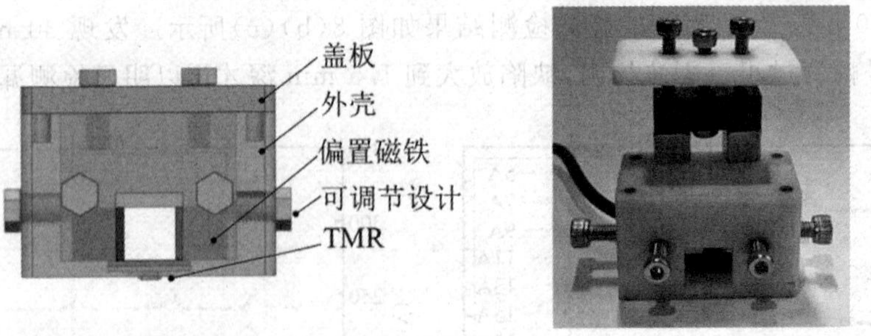

（a）三维结构图　　（b）实物图

图 9　基于磁偏置补偿的 TMR 传感器

1.0 mm(长×宽×深)，对比偏置前与偏置后的缺陷信号如图 10 所示。

保持上述实验条件不变，对不同厚度钢板进行实验。图 11 至图 13 为 TMR 检测 1 mm 深度缺陷钢板厚度为 15，20，30 mm 的原始信号，信号幅值和信噪比随着磁化电流的增加而增大；磁化电流相同时，TMR 检测缺陷信号幅值随壁厚增加而减小；采用基于磁偏置补偿的 TMR 传感器可以检出 30 mm 壁厚 1 mm 深的缺陷。

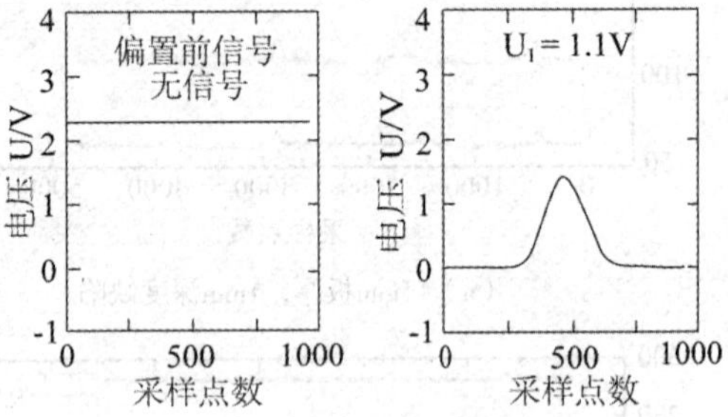

图 10　偏置前后信号对比

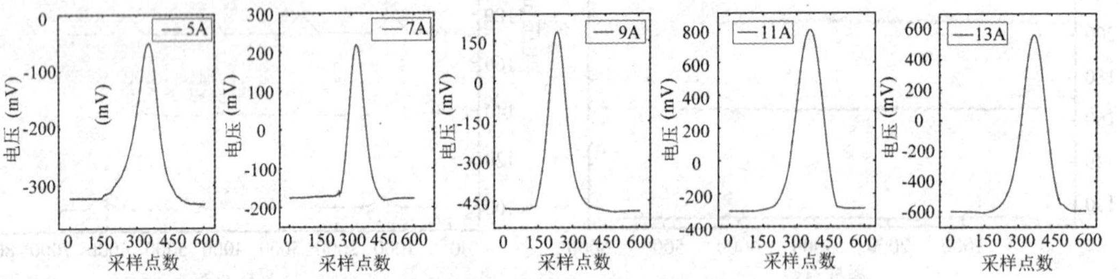

图 11　TMR 检测缺陷深度 1 mm，板厚 15 mm 随电流变化

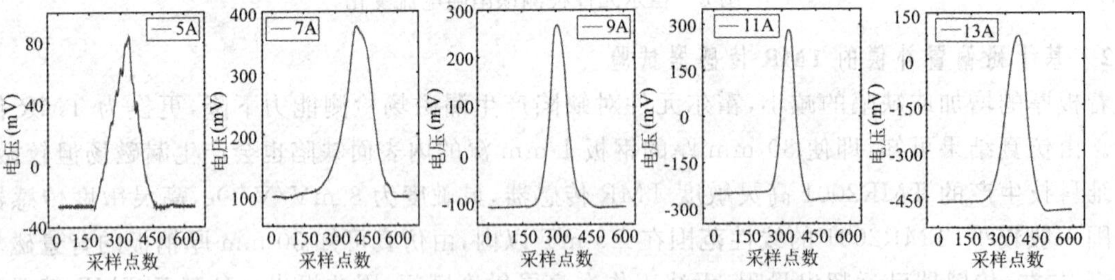

图 12　TMR 检测缺陷深度 1 mm，板厚 20 mm 随电流变化

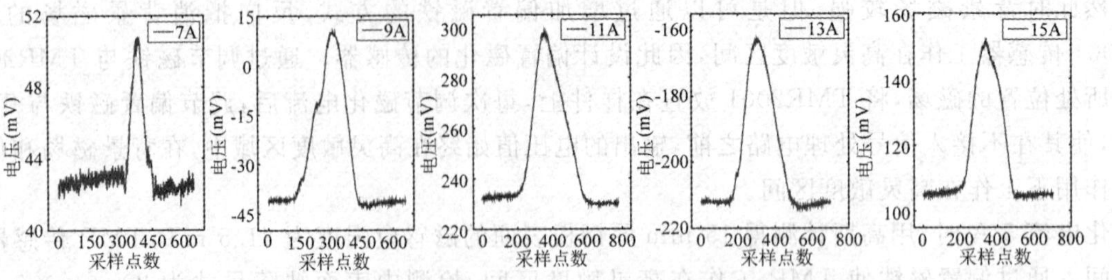

图 13　TMR 检测板厚 30 mm，1 mm 深缺陷随电流变化

为对比缺陷信号幅值变化规律，图 14 为 30 mm厚的钢板检测 1 mm 和 1.5 mm 深度缺陷随电流变化波峰峰值变化点线图，与仿真结果的趋势一致。偏置后的缺陷信号随着磁化电流增加输出信号峰峰值呈先增大后减小的趋势。

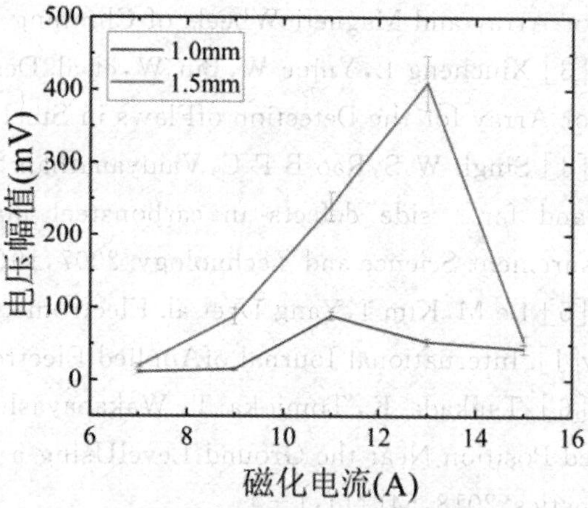

图 14　30 mm 钢板 TMR 信号随磁化电流变化

另外，漏磁检测可以同时检测内外表面缺陷，为了验证偏置磁场对外表面缺陷漏磁场的影响，对 15 mm 板厚外表面缺陷尺寸为 10 mm×0.5 mm×1 mm(长×宽×深)进行有无偏置磁场 TMR 检测信号对比，磁化电流为 3 A，结果如图 15 所示。从图中可以看出有偏置磁场的条件下幅值更大，信噪比更好。

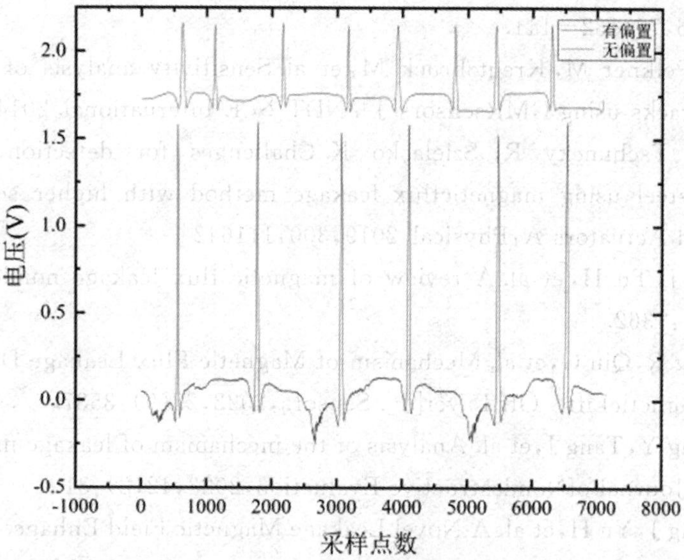

图 15　外表面缺陷深度 1 mm 有无偏置磁场信号对比

4 结　论

本文通过仿真和实验研究了厚壁储罐内表面缺陷的漏磁场特点，提出一种基于磁偏置的高灵敏度漏磁检测方法，分别通过霍尔元件和 TMR 传感器对不同厚度钢板的内表面缺陷进行检测实验，研究表明

(1)缺陷上方的铁磁性材料在强磁化下促进漏磁场向空气传递，而在弱磁化下会阻碍漏磁场向空气传递；

(2)大壁厚的铁磁性材料内表面缺陷的漏磁场理论上可以通过磁导率扰动传递到外表面，并且可以通过漏磁检测方法检测；

(3)采用磁偏置方法可以检测到强背景磁场下微弱漏磁场，实现了 30 mm 厚钢板内部 1 mm 裂纹的检测，并且可以提高外表面缺陷检测的信号幅值和信噪比。

参考文献

[1] Pelkner M，Neubauer A，Reimund V，et al. Routes for GMR－Sensor Design in NonDestructive Testing. Sensors. 2012，12(9)：12169－12183.

[2] Wang R，Kawamura Y. An Automated Sensing System for Steel Bridge Inspection Using GMR

Sensor Array and MagneticWheels of Climbing Robot[J]. Journal of Sensors. 2016,2016:1—15.

[3] Xiucheng L, Yujue W, Bin W, et al. Design of Tunnel Magnetoresistive - Based Circular MFL Sensor Array for the Detection ofFlaws in Steel Wire Rope[J]. Journal of Sensors. 2016,2016:1—8.

[4] Singh W S, Rao B P C, Vaidyanathan S, et al. Detection of leakage magnetic flux from near - side and far - side defects in carbonsteel plates using a giant magneto - resistive sensor[J]. Measurement Science and Technology. 2007,19(1):015702.

[5] Le M, Kim J, Yang D, et al. Electromagnetic testing of a welding area using a magnetic sensor array[J]. International Journal ofApplied Electromagnetics and Mechanics. 2017,55(S1):119—124.

[6] Tsukada K, Tomioka T, Wakabayashi S, et al. Magnetic Detection of Steel Corrosion at a Buried Position Near the Ground LevelUsing a Magnetic Resistance Sensor[J]. IEEE Transactions on Magnetics. 2018,54(11):1—4

[7] Aguila - Muñoz J, Espina - Hernández J H, Pérez - Benítez J A, et al. A magnetic perturbation GMR—based probe for thenondestructive evaluation of surface cracks in ferromagnetic steels[J]. NDT & E International. 2016,79:132—141.

[8] Reimund V, Pelkner M, Kreutzbruck M, et al. Sensitivity analysis of the non - destructive evaluation of micro - cracks using GMRsensors[J]. NDT & E International. 2014,64:21—29.

[9] Kikuchi H, Tschuncky R, Szielasko K. Challenges for detection of small defects of submillimeter size in steel using magneticflux leakage method with higher sensitive magnetic field sensors[J]. Sensors and Actuators A:Physical. 2019,300:111642

[10] Feng B, Wu J, Tu H, et al. A review of magnetic flux leakage nondestructive testing[J]. Materials, 2022,15(20):7362.

[11] Tang J, Wang R, Qiu G, et al. Mechanism of Magnetic Flux Leakage Detection Method Based on the Slotted FerromagneticLift - Off Layer[J]. Sensors, 2022,22(9):3587.

[12] Wang R, Kang Y, Tang J, et al. Analysis of the mechanism of leakage magnetic field generated by internal defects[J]. Journal ofNondestructive Evaluation, 2023,42(2):31.

[13] Wang R, Tang J, Yu H, et al. A Novel Leakage Magnetic Field Enhancement Method Based on Permeability Perturbation[J]. IEEE Transactions on Instrumentation and Measurement, 2023:1—1.

[14] Tang J, Wang R, Liu B, et al. A novel magnetic flux leakage method based on the ferromagnetic lift - off layer with throughgroove[J]. Sensors and Actuators A: Physical, 2021, 332(1):113091.

[15] Wang R, Yu H, Tang J, et al. Optimal design of iron - cored coil sensor in magnetic flux leakage detection of thick — walled steelpipe[J]. Measurement Science and Technology, 2023, 34(8):085123.

[16] 赵番. 油气管道漏磁内检测三维有限元动态仿真分析与验证[J]. 压力容器,2024,41(9):77—86.

[17] 田野,陈海艳,胡江锋,等. 基于平衡电磁的管道裂纹内检测技术研究与应用[J]. 压力容器,2024,41(7):63—70.

作者简介

唐健(1993),男,助理研究员,博士,主要研究领域为压力容器与管道电磁无损检测,通信地址:230031 安徽省合肥市蜀山区长江西路 888 号合肥通用机械研究院有限公司,E—mail:tangjyan@outlook.com,电话:13696788773。

基于 FEniCSx-CNN 架构的天然气长输管线状态检测方法

王妮鹏[1],杜春晓[2],梁　瑞[1],周文海[1]

(1. 兰州理工大学 石油化工学院,兰州　730050;2. 中国石油兰州石化公司,兰州　730060)

摘　要:天然气长输管线易因环境因素引发缺陷,威胁系统安全。为精准监测管线运行状态,本文提出一种基于有限元仿真与卷积神经网络(CNN)相结合的缺陷智能检测方法。首先,利用 FEniCSx 构建天然气管线弯管的参数化有限元模型,批量生成不同工况和缺陷类型下的应力与应变图像数据。随后,构建并优化 CNN 模型,提取图像中的关键力学特征,实现对缺陷的识别与分类。研究结果表明,该方法有效弥补了实际标注样本匮乏的问题,其在弯管缺陷识别中达到 99.3%的准确率,工程应用前景广泛。

关键词:天然气长输管线;有限元分析;FEniCSx;卷积神经网络

Condition monitoring of long-distance natural gas pipelines based on FEniCSx-CNN

WANG Nipeng[1], DU Chunxiao[2], LIANG Rui[1], ZHOU Wenhai[1]

(1. College of Petrochemical Technology, Lanzhou University of Technology, Lanzhou 730050;
2. PetroChina Lanzhou Petrochemical Company, Lanzhou 730060)

Abstract: Long-distance natural gas pipelines are prone to defects caused by environmental factors, posing significant risks to system safety. To accurately monitor pipeline operating conditions, this study proposes an intelligent defect detection method that integrates finite element simulation and convolutional neural networks (CNN). First, a parametric finite element model of pipeline elbows is developed using FEniCSx, enabling batch generation of stress and strain image data under various working conditions and defect types. Then, a CNN model is constructed and optimized to extract key mechanical features from the images, enabling effective defect identification and classification. Results show that the proposed method effectively compensates for the scarcity of labeled data, achieving a defect recognition accuracy of 99.3% in elbow sections, with promising potential for engineering applications.

Keywords: long-distance natural gas pipeline; finite element analysis; FEniCSx; convolutional neural network

0　引　言

天然气输送管线作为能源基础设施的重要组成部分,其安全性和可靠性直接关系到能源供应的稳定性和公共安全[1]。然而,由于长期受到内压、外部载荷及环境腐蚀等因素的影响,管线尤其是弯管部位容易出现应力集中、疲劳损伤甚至泄漏等问题。传统的检测方法如目视检查、超声波检测等虽然有效,但往往依赖人工经验,效率较低且难以实现实时监测[2]。近年来,基于振动传感器、声发射(AE)传感器和水听器的泄漏检测技术取得了一定进展,但这些方法多依赖于单一传感器信号,且易受噪声干扰,定位精度有限[3-5]。因此,开发一种高效、准确的管线缺陷检测方法具有重要的理论和工程意义。

随着人工智能技术的快速发展,卷积神经网络(CNN)因其强大的特征提取能力,在图像识别和缺陷检测领域展现出巨大潜力[6]。特别是在管道缺陷检测中,CNN 能够通过自动学习图像中的非线性特征,显著提升检测的准确性和效率[7]。然而,现有研究多集中于下水道或供水管道的视觉检测[8],针对天然气输送管线的研究相对较少。此外,训练 CNN 模型需要大量高质量的标注数据,而实际工程中获取真实缺陷样本的成本高昂且周期长。为此,数值仿真成为生成训练数据的有效手段之一。

有限元分析(FEA)作为一种成熟的数值方法,能够精确模拟管线在不同工况下的力学行为[9]。近年来,开源有限元软件 FEniCSx 因其灵活的编程接口和高性能计算能力,被广泛应用于复杂结构的仿真分析[10]。通过 FEniCSx 对天然气长输管线中的弯管模型进行批量化有限元仿真,可以高效生成包含应力分布、变形特征等信息的图像数据,为 CNN 的训练提供丰富的样本库。这种方法不仅能够弥补实际数据不足的缺陷,还能通过参数化设计覆盖多样化的工况条件,提升模型的泛化能力。

本研究旨在通过以下步骤实现这一目标:首先,利用 FEniCSx 建立天然气长输管线弯管的参数化有限元模型,通过批量化仿真生成不同缺陷类型和工况下的应力和应变图像数据;其次,基于仿真数据构建 CNN 训练数据集,并优化网络架构以提高对力学特征的敏感度;最后,验证模型在实际工程中的泛化能力。通过这一研究,我们期望为天然气输送管线的智能检测提供一种新的思路和方法,并为相关领域的进一步研究奠定基础。

1 方法论

1.1 计算理论

本文利用 FEniCSx 开源计算平台对天然气长输管线中的弯管模型进行批量化有限元仿真(天然气长输管线模型如图 1 所示)。相比传统版本,FEniCSx 优化了计算力学问题的求解流程,并引入高效的张量运算机制,大幅提升了复杂多场耦合问题的计算性能。其利用物理场方程驱动仿真操作,将物理场的弱形式方程直接转换为高效的可执行代码。对于薄壁管道(中面半径为 R,壁厚 t,$t/R \leqslant 0.1$),其承受内部介质压力 P 和轴向载荷 F,可用薄膜理论描述其强形式方程。平衡方程和边界条件如式(1)-(2)所示:

$$\begin{cases} \dfrac{\partial(t\sigma_\theta)}{\partial\theta} + \dfrac{\partial(tR\tau_{\theta z})}{\partial z} + tRf_\theta = 0 \\[2ex] \dfrac{\partial(t\sigma_Z)}{\theta_z} + \dfrac{\partial(t\tau_{\theta z})}{R\partial\theta} + tf_z = 0 \end{cases} \tag{1}$$

$$\begin{cases} \sigma_z = \dfrac{pR}{2t} + \dfrac{F}{2\pi tR} \quad \text{端面 } z = L \\[2ex] u_r = 0 \quad \text{对称面 } \theta = 0 \end{cases} \tag{2}$$

式中,σ_θ 为周向正应力,σ_z 为轴向正应力,$\tau_{\theta z}$ 为剪切应力,f_i 为体力分量。

设测试函数 $v = (v_\theta, v_z)$ 表示虚位移场,v 在固定边界处无虚位移,$v \in [H_0^1(\Omega)]^2$,$\Omega = \{(x,y,z) \mid x^2 + y^2 = R^2, 0 \leqslant z \leqslant L\}$,根据虚功原理推导出薄壁管道的弱形式为:

$$\int_\Omega \left(\sigma_\theta \frac{v_\theta}{R} + \sigma_z \frac{\partial v_z}{\partial_z}\right) tR\,\mathrm{d}\theta\mathrm{d}z = \int_\Omega (f_\theta v_\theta + f_z v_z) tR\,\mathrm{d}\theta\mathrm{d}z + \int_{\partial\omega_z} p v_z \mathrm{d}s \tag{3}$$

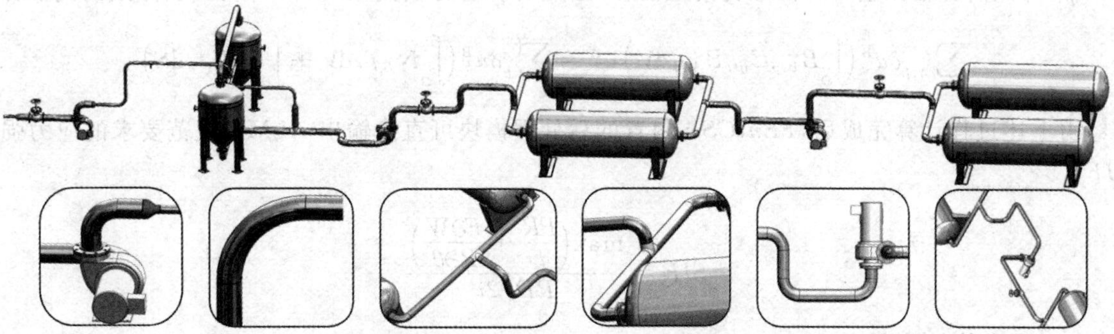

图 1　天然气长输管线示意图

进一步地，对于厚壁管道，其满足线弹性力学方程，张量表达式为：

$$\begin{cases}\sigma_{ij,j}+f_i=0\\ \sigma_{ij}=\lambda\varepsilon_{kk}\delta_{ij}+2G\varepsilon_{ij}\\ \varepsilon_{ij}=1/2(u_{i,j}+u_{j,i})\end{cases} \tag{4}$$

$$\begin{cases}\sigma_{ij}\cdot n_j=-pn_i \quad \text{内壁面 } r=R_i\\ u_i=0 \quad \text{固定端 } z=0\end{cases} \tag{5}$$

式中，λ 为拉梅常数，$\lambda=\dfrac{Ev}{(1+v)(1-2v)}$。$G$ 为切变模量，$G=\dfrac{E}{2(1+v)}$，R_i 为管道内壁面，n_i 和 n_j 为单位法向量。

其测试函数 $v=(v_r,v_\theta,v_z)\in[H_0^1(\Omega)]^3$，由虚功原理推导出弱形式方程为：

$$\int_\Omega \sigma_{ij}\delta\varepsilon_{ij}\,\mathrm{d}V=\int_\Omega f_i\delta v_i\,\mathrm{d}V+\int_{\partial\Omega N}-pn_i\delta v_i\,\mathrm{d}S \tag{6}$$

FEniCSx 将连续介质力学问题转化为离散可解问题。在有限元离散化过程中引入试探函数，采用等参变换方法构建应变矩阵 B。其中试探函数由拉格朗日形函数的线性组合表示，见式(7)。虚位移场的表达式为式(8)。

$$u_i(X_i)=\sum\nolimits_{A=1}^{n}N_A(X_i)u_i^A \tag{7}$$

$$\delta u_i(X_i)=\sum\nolimits_{B=1}^{n}N_B(X_i)\delta u_i^B \tag{8}$$

式中，$N_A(X_i)$ 表示节点 A 的形函数，$N_B(X_i)$ 表示节点 B 的形函数。X_i 表示直角坐标轴的三个分量，$i=1,2,3$。

通过应变矩阵 B 将虚位移 δu_i 转换为应变 ε_{ij} 和虚应变 $\delta\varepsilon_{ij}$：

$$\varepsilon_{ij}=\sum\nolimits_{A=1}^{n}B_{A,ij}u_A \tag{9}$$

$$\delta\varepsilon_{ij}=\sum\nolimits_{B=1}^{n}B_{B,ij}\delta u_B \tag{10}$$

通过弹性矩阵 D 得到应力表达式：

$$\sigma_{ij}=C_{ijkl}2\varepsilon_{ij}=\sum\nolimits_{A=1}^{n}C_{ijkl}B_{A,kl}u_A \tag{11}$$

式中,C_{ijkl} 为四阶弹性张量。将离散化的虚位移、虚应变和应力项代入式(6)即得到弱形式的离散方程:

$$\sum_{A,B}\delta u_k^B\left(\int_\Omega B_{B,ij}C_{ijkl}B_{A,kl}\mathrm{d}V\right)u_l^A=\sum_B\delta u_k^B\left(\int_\Omega N_B f_k\mathrm{d}V+\int_{\partial\Omega n}N_B t_k\mathrm{d}S\right) \tag{12}$$

经由上述过程计算完成后,*FEniCSx* 内置的后处理模块可直接输出 ASME 规范要求的应力强化系数 *SIF*:

$$SIF=\frac{\max\left(\frac{PR}{t}+\frac{E\partial W}{R\partial\theta}\right)}{PD/2t} \tag{13}$$

1.2 卷积神经网络

卷积神经网络(CNN)的核心操作依赖于离散卷积运算,其第 l 层第 k 个特征图 $Z^{(l,k)}$ 的生成可表述为:

$$Z^{(l,k)}=\sigma(\sum^{C_L-1}i=1W^{(l,k,i)}*Z^{l-1,i}+b^{(l,k)}) \tag{14}$$

式中,$*$ 表示卷积操作,$W^{(l,k,i)}$ 为第 l 层第 k 个卷积核在输入通道 i 上的权重矩阵,$b^{(l,k)}$ 为偏置项,$\sigma(X)$ 为 *ReLU* 激活函数。通过堆叠多层卷积与池化操作,CNN 构建了层次化特征表示,CNN 原理示意图如图 2 所示。但其深度受限于梯度消失问题,即反向传播时梯度 $\frac{\theta S}{\theta W^{(}t)}$ 随链式法则连乘而指数衰减,导致深层权重更新失效。

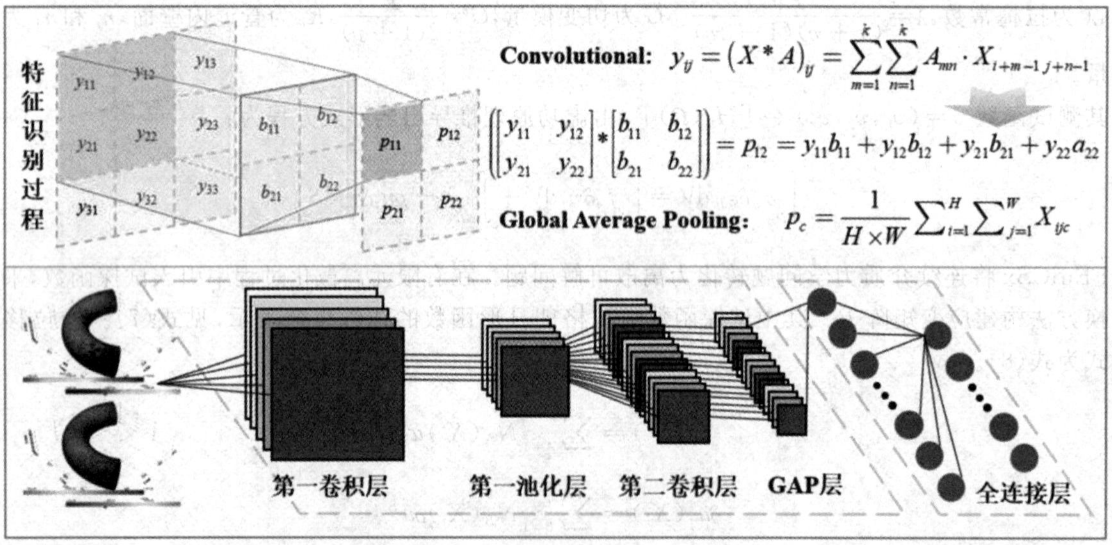

图 2 CNN 原理示意图

为解决这一问题,本文选取了 ResNet50 的残差学习机制。ResNet50 通过引入跳跃连接重构了网络的基础单元,其残差块的数学表述为:

$$Z^{l+1}=\sigma(F(Z^{(l)},\{W^{(l)}\})+z^{(l)}) \tag{15}$$

式中 F 为待学习的残差函数,而恒等映射 $Z^{(l)}$ 确保了梯度可通过加法操作直接回传,有效解决了梯度消失问题。ResNet50 的瓶颈结构(Bottleneck)进一步优化了计算效率,其中两个一维卷积层先降维再升维,使得深层网络的参数量与计算复杂度得以平衡,在保证准确率的同时,增加了实际部署的可行性。

本文使用余弦退火策略对学习率进行调整,使模型先以较高的学习率快速探索参数空间,再逐渐降低学习率,使模型更稳定的收敛。为避免学习率在衰减过程中振荡回升,模型在第 n 次迭代时的学习率更新遵循半周期余弦函数：

$$\lambda_n = \lambda \frac{1}{2}\left(\lambda \min_{\max}\left(1+\cos\left(\frac{n\pi}{N}\right)\right)\right)_{\min} \tag{16}$$

式中，$\lambda_{\min}$ 和 $\lambda_{\max}$ 分别为预设的最小学习率和最大学习率。N 为总迭代次数。

但这种单调递减的学习率很容易使模型陷入局部极值点，难以跳出局部位置。为避免这个问题，本文利用热重启机制优化余弦退火策略，在训练过程中周期性地将学习率重置到较高的初始值。其学习率更新机制为：

$$\lambda_n = \lambda_{\min}^{i\frac{1}{2}\left(\lambda_{\max}^{i_{\min}}\left(1+\cos\left(\frac{n\pi}{N_i}\right)\right)\right)} \tag{17}$$

式中，N_i 为重启周期。当 $n=N_i$ 时，学习率衰减至当前周期的最小值 $\lambda^i_{\min}$，当 $n=N_i+1$ 时，学习率突变为 $\lambda^{i+1}_{\max}$。

1.3 实施流程

本研究提出了一种基于 FEniCSx - CNN 混合架构的天然气长输管网状态智能检测方法。研究首先依据 ASME B31.8 标准的结构与材料规范，建立了五种典型工况下的参数化有限元模型。基于 FEniCSx 开源计算平台，我们实现了弯管模型的批量化有限元建模，并针对五种故障工况分别求解获得了相应的应力和应变场分布云图，从而构建了管网状态检测的基础数据库。在数据预处理阶段，采用标准化和人工标注方法对图像数据进行处理，同时引入数据增强技术以提升数据多样性。CNN 模型构建方面，本研究采用 ResNet50 深度残差网络作为特征提取器，并创新性地结合带热重启的余弦退火学习率调度策略进行模型优化训练。最终，通过未参与训练的新数据集对最优模型进行测试，验证了所提方法具有优异的泛化性能。完整的算法流程如图 3 所示。

图 3 FEniCSx - CNN 架构流程图

2 结果与讨论

2.1 数据库搭建

本研究基于 FEniCSx 开源计算平台，通过批量化有限元仿真系统性地构建了弯管模型的多工况力学响应数据库。具体而言，针对每种典型工况(共五种)，我们生成了 200 组高保真应力和应变场分布云图(如图 4 所示)，其中 80%(即 800 张)作为训练集用于模型参数优化，剩余 20%(200 张)构成独立测试集以评估模型性能。这种数据划分策略既确保了训练样本的充分性，又为模型泛化能力验证提供了可靠基准。

图 4 系统性地展示了五种典型工况下的力学响应特征：(1)～(5)为 von Mises 应力分布云图，(6)～(10)为等效塑性应变场分布。具体而言，(1)和(6)表征了管道在正常工况下的力学行为；(2)和(7)揭示了内压过载工况下的应力-应变特征；(3)和(8)呈现了弯曲应力主导工况的力学响应；(4)和(9)描述了疲劳损伤演化工况的典型分布模式；(5)和(10)则量化了腐蚀减薄工况对结构完整性的影响。所有工况的控制方程均在 2.1 节中呈现。各工况对应的边界条件设置及其在弱形式中的载荷项数学表征详见表 1，其中包含了载荷项的具体函数形式以及相应的边界条件数学描述。

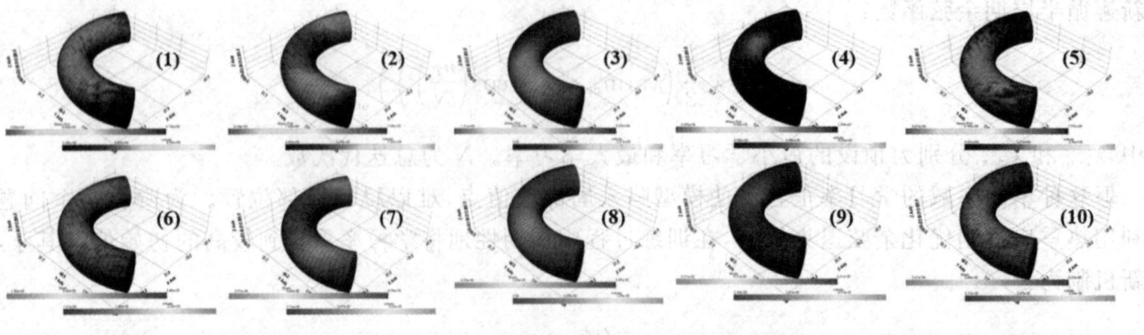

图 4　云图数据库示意图

表 1　五种典型工况下的边界条件及载荷项

工况类型	边界条件	弱形式中的载荷项
正常运行	两端固定 $\delta u_t = 0(x = 0$ 与 $x = L)$	$\int_\Omega \sigma_{ij}\delta\varepsilon_{ij}\,\mathrm{d}V = \int_{\partial\Omega N} -pn_t\delta u_t\,\mathrm{d}S$
内压过载	两端固定 $\delta u_t = 0$(数值容差不同)	$\int_\Omega \sigma_{ij}\delta\varepsilon_{ij}\,\mathrm{d}V = \int_{\partial\Omega N} -p_{high}n_t\delta u_t\,\mathrm{d}S$
弯曲应力	单端固定 $\delta u_t = 0(x = 0)$	$\int_\Omega \sigma_{ij}\delta\varepsilon_{ij}\,\mathrm{d}V = \int_{\partial\Omega N} F_t\delta u_t\,\mathrm{d}S$
疲劳损伤	两端固定 $\delta u_t = 0(x = 0$ 与 $x = L)$	$\int_\Omega (1-D)\sigma_{ij}\delta\varepsilon_{ij}\,\mathrm{d}V = \int_{\partial\Omega N} -p(t)n_t\delta u_t\,\mathrm{d}S$
腐蚀减薄	两端固定 $\delta u_t = 0(x = 0$ 与 $x = L)$	$\int_\Omega \left(1-\frac{\Delta t}{t_0}\right)\sigma_{ij}\delta\varepsilon_{ij}\,\mathrm{d}V = \int_{\partial\Omega N} -pn_t\delta u_t\,\mathrm{d}S$

2.2　CNN 模型结果

在 CNN 的训练过程中,我们采用余弦退火热重启的学习率调整策略,初始周期长度为 25 个 eopch,后续周期逐次倍增。在每个周期内,学习率由初始值按余弦曲线平滑衰减至最低值,并在周期结束时重启,返回一个较高的值,形成震荡下降的效果。训练和验证过程曲线如图 5 所示。为进一步观察模型的分类情况,图 6 利用混淆矩阵对模型进行全方位评估展示。

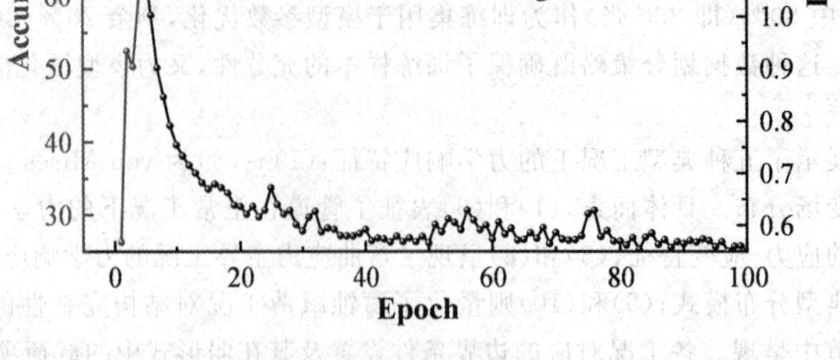

图 5　CNN 训练过程曲线

从图 5 中可以看到训练过程的震荡现象，且震荡周期逐次变长。其中损失曲线波动范围由初始最大值 1.5985 下降到第 97 次迭代的 0.5506，训练损失波动为 65.6％。表明训练过程的梯度变化较大，损失曲面较陡峭，模型可能捕捉到了一些具有判别性的特征表示。进一步地，CNN 模型经过 20 次迭代后准确率达到 96.43％，最大训练准确率为 100％。这表明模型在经过深度学习后具备了良好的特征提取能力。此外，从图中可以看到重启周期为 25 代的学习率热重启。热重启后训练精度和训练损失的波动范围较之前更小，且在热重启后性能恢复速度较快。表明模型参数已位于良性局部极小点附近，热重启机制证明了模型能在受到较大扰动后快速回到优化轨道。

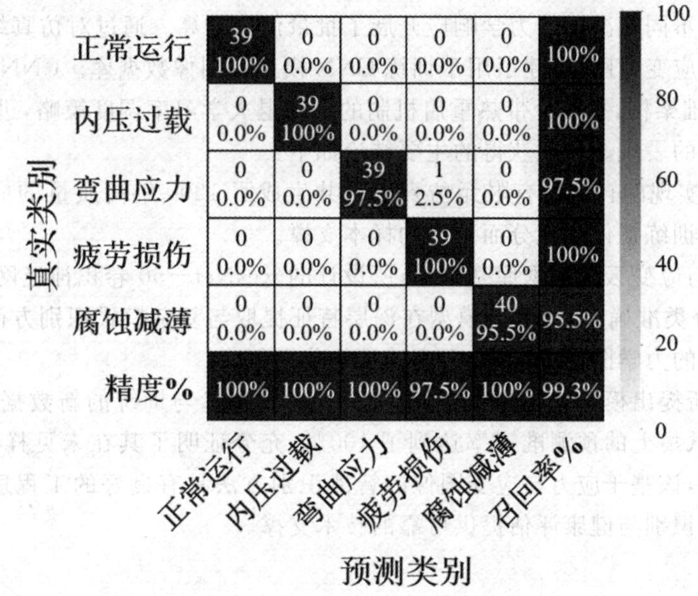

图 6　CNN 训练过程混淆矩阵

图 6 中混淆矩阵表明本文所建神经网络模型对弯管图片数据有较高的准确率。模型总体准确率为 99.3％，其在正常运行、内压过载、腐蚀减薄这些类别的精度与召回率均为 100％，说明该组数据在这些类别上的边界明确，误判较少。少量弯曲应力被判别为疲劳损伤，这些混淆可能是由于仿真模型对这两种类别的输出云图较为相似。进一步地，在两组数据的重复训练过程中发现模型较为稳定，准确率始终保持在 98％左右。

2.3　模型泛化能力验证

进一步地，在多次重复训练时，20％的验证集中会有部分数据被划分为训练集。为避免数据重复导致的过拟合，本文使用未经过划分的新数据作为验证集验证模型的泛化能力。新数据为 400 张应力和应变云图，每种工况 80 张图片数据，将其人工标号为 1～400。输入训练好的最佳模型中得到每种工况下的预测标号见表 2 所示。

表 2　新数据及预测标号

工况类型	实际标号	预测标号
正常运行	1～40，201～240	1～40，201～240
内压过载	41～80，241～280	41～80，241～280
弯曲应力	81～120，281～320	81～120，281～320
疲劳损伤	121～160，321～360	121～160，321～360
腐蚀减薄	161～200，361～400	161～200，361～400

从模型对新增样本的预测结果来看，其分类准确率达到了100%，表明该CNN模型在识别不同工况方面表现出极高的鲁棒性与泛化能力。具体而言，模型能够仅依赖于应力或应变云图这一输入形式，准确地区分出各类复杂工况，充分验证了其在结构健康监测与智能诊断等应用场景中的潜力与实用价值。这一结果不仅体现了模型在特征提取与判别上的有效性，也为后续在智慧平台中的推广奠定了坚实基础。

3 结 论

本文基于FEniCSx开源高性能计算平台，构建了一个高效的有限元分析流程，针对天然气长输管道系统中的典型弯管段在不同工况下的力学响应开展了批量仿真计算。通过对仿真结果进行系统处理，提取并留存了应力云图与应变云图，构建了用于训练CNN模型的图像数据库。CNN模型选用深度残差网络ResNet－50作为基础架构，并结合带热重启机制的余弦退火学习率调度策略，进一步提升了模型在收敛速度与泛化能力方面的表现。研究获得的主要结论如下：

(1)通过FEniCSx实现的自动化有限元仿真流程共生成了1200组高质量的应力与应变云图数据，为后续的深度学习模型训练提供了充分而可靠的样本支撑。

(2)在构建的应力与应变云图数据库基础上，所设计的ResNet－50卷积神经网络模型在训练与验证阶段取得了99.3%的分类准确率，显示出模型在深层特征提取与复杂模式识别方面的显著优势，能够有效捕捉不同工况条件下的力学图像特征，实现高精度的分类判断。

(3)为进一步验证所提出模型的泛化性能，本文引入一批未参与训练的新数据进行模型测试。结果表明，模型在该独立测试集上的预测准确率达到了100%，充分证明了其在未见样本上的强鲁棒性与优秀的推广能力。这表明，该基于应力与应变图像的智能识别方法具有良好的工程适应性和应用前景，可为实际管道结构的工况识别与健康评估提供可靠的技术支撑。

参考文献

[1] Xu H,Li Y,Zhou T,et al. An overview of theoil and gas pipeline safety in China[J]. Journal of Industrial Safety[2025－05－19].

[2] Pengchao C. Advancements and future outlook of safety monitoring,inspection and assessment technologies for oil and gas pipeline networks[J]. Journal of Pipeline Science andEngineering[2025－05－19].

[3] Bublin,M. Event Detection for Distributed Acoustic Sensing:Combining Knowledge - Based, Classical Machine Learning,and Deep Learning Approaches[J]. Sensors,2021,21,7527.

[4] Rykov,V;Kochueva,O;Farkhadov,M;Zaripova,E;Zhaglova,A. Sensitivity Analysis of Risk Characteristics of Complex Engineering Systems: An Application to a Subsea Pipeline Monitoring System[J]. Journal of Marine Science and Engineering,2023,11,352.

[5] Riboldi C,Castillo D A C,Crafa D M C M. Contactless Sensingof Water Properties for Smart Monitoring of Pipelines[J]. sensors,2023,23(4).

[6] Hassan S I,Dang L M,Mehmood I,et al. Underground sewer pipe condition assessment based on convolutional neural networks[J]. Automation in Construction,2019.

[7] Mangayarkarasi N,Raghuraman G,Kavitha S. INLINE PIPE DEFECT DETECTION USING CNN THROUGH CCTV IMAGES FOR EVADING ENVIRONMENT POLLUTION[J]. Journal of environmental protection and ecology,2024(4):25.

[8] Piciarelli C,Avola D,Pannone D,et al. A Vision - Based System for Internal Pipeline Inspection [J]. IEEE Transactions on Industrial Informatics,2019,15(6):3289－3299.

[9] Zhou R,Gu X,Bi S,et al. Finite element analysis of the failure of high－strength steel pipelines

containing group corrosion defects[J]. Engineering Failure Analysis，2022，136：106203.

[10] Rosenbusch S M，Diercks P，Kindrachuk V，et al. Integrating custom constitutive models into FEniCSx：A versatile approach and case studies[J]. Advances in Engineering Software，2025，206.

作者简介

王妮鹏，男，硕士研究生，主要从事承压设备设计及安全性分析研究，通信地址：甘肃省兰州市七里河区兰州理工大学彭家坪校区，730050，E－mail：wnp0425@163. com，手机：18709463165。

工业控制阀缓变故障的健康权重 CUSUM 监测方法研究

孙卓成[1],管桉琦[1],顾轩杰[1],林振浩[1,2],金志江[1,3],钱锦远[1]

(1. 浙江大学 特种装备研究所,杭州 310027;2. 阀源智能科技(杭州)有限公司,杭州 310058;
3. 浙江大学温州研究院,温州 325036)

摘　要:控制阀是工业过程控制系统中的关键部件,对流量、压力、温度等参数起调节作用。控制阀在长时服役过程中由于设备老化、工况波动、控制算法累积误差等因素,会发展出阀位漂移等缓变故障,常表现为控制阀实际阀位与输入阀位的残差放大,任由缓变故障发展会导致控制失效乃至整个回路故障,造成严重危害。因此,控制阀缓变故障的早期检测对于设备的预防性维护和安全运行具有重要价值。本文提出了一种用于控制阀缓变故障监测的健康权重 CUSUM(累积和控制图)方法,通过 EWMA(指数加权移动平均)方法对控制阀残差信号进行趋势预测,引入健康权重 ω 描述残差信号健康程度,并赋予偏移累积和不同的增益,基于滑动窗口缓变故障监测方法实现健康权重 ω 等统计量的更新,实现控制阀缓变故障的在线早期监测和预警。结果表明,本文方法在实现更早的缓变故障响应速率下,受短期扰动的影响小,具有较好的稳健性。

关键词:控制阀;CUSUM;缓变故障;健康权重

Research on health index CUSUM - based monitoring method for incipient faults in industrial control valves

Sun Zhuocheng[1], Guan Anqi[1], Gu XuanJie[1], Lin Zhenhao[1,2], Jin Zhijiang[1], Qian Jinyuan[1]

(1. Institute of Process Equipment, College of Energy Engineering,
Zhejiang University, Hangzhou, 310027, China;
2. Valvever Intelligent Technology Co., Ltd., Hangzhou 310058, China;
3. Institute of Wenzhou, Zhejiang University, Wenzhou 325036, China)

Abstract: Control valves are critical components in industrial process control systems, regulating parameters such as flow rate, pressure, and temperature. During prolonged operation, factors like equipment aging, operational fluctuations, and cumulative control algorithm errors may lead to incipient faults like valve position drift. These faults often manifest as amplified residuals between the actual and input valve positions. Unaddressed incipient faults can result in control failure or even system - wide malfunctions, posing significant risks. Thus, early detection of such faults is essential for preventive maintenance and operational safety. This paper proposes a health index CUSUM (Cumulative Sum Control Chart) method for monitoring incipient faults in control valves. The approach employs EWMA (Exponentially Weighted Moving Average) to predict residual signal trends and introduces a health index ω to quantify signal health status, assigning varying gains to offset cumulative sums. A sliding - window - based monitoring method updates statistical metrics like ω, enabling online early fault detection and alerts. Results demonstrate that the proposed method achieves faster response to incipient faults while maintaining robustness against short - term disturbances.

Keywords: control valve; CUSUM; incipient faults; health index

0 引 言

控制阀是工业过程管路系统中的关键部件，在流程工业控制中对流量、压力、温度等参数起调节和控制作用，广泛应用于航天、军事、核能等领域，被称为工业系统的"咽喉"。控制阀及其执行机构的性能直接影响了控制阀的响应速度、调节精度和稳定性，从而影响整个工业回路的控制效果。

控制阀的故障类型根据故障在时间的发展情况，可分为突发故障、间歇性故障和缓变故障[1]。常见故障包括阀门卡滞、振荡、漂移等，关于控制阀的故障诊断，已经有许多学者开展了相关的研究：Guan[2,3]针对控制阀粘滞故障进行了动态响应实验与建模研究，并提出了相空间重构的粘滞故障诊断方法；郝洪涛[4]设计了一种基于多尺度特征自适应融合网络的气动控制阀故障诊断方法，提升了模型故障特征表征的能力；陈金金[5]对控制阀的故障诊断方法进行了综述，并指出在技术发展初期，存在阀门状态参数检测精度不够高、早期微弱故障难以诊断，故障机理研究不够深入等问题；SUN[6]提出了一种基于数学模型和改进的深度残差收缩网络的控制阀故障诊断方法，解决了控制阀数据缺失下的故障诊断问题；Zhang[7]提出了一种基于图模型的汽轮机高压控制阀死区检测方法。通过构建图模型并结合图卷积操作，成功实现了对控制阀死区的高精度检测。

缓变故障通常由于设备服役周期长导致的设备老化、环境工况波动、控制算法累积误差造成，容易被信号波动所掩盖，故障特性并不显著。在工业应用中，一定程度的老化是可以被接受的，但缓变故障累积超过安全的阈值，可能发展为更严重的故障，进而导致整个工业回路受到影响，甚至造成严重的安全事故。因此，缓变故障的早期检测对于设备的预防性维护和安全运行具有重要价值。

目前有许多学者针对缓变故障的故障诊断方法开展了研究。相较于机器学习方法需要建立历史数据进行算法学习的过程，统计分析方法只需要通过统计量的变化监测故障的发生，在计算成本上更具有优势。基于统计分析的方法如主成分分析(PCA)、偏最小二乘法(PLS)、典型变量分析(CVA)、典型相关性分析(CCA)等，都取得了不小的成果与进展。文成林[8]从数据驱动领域对微小故障诊断方法进行了回顾，指出各类方法的适用性和局限性；William H. Woodall[9]总结了统计过程监控的理论和应用，从健康相关监测、时空监控、剖面监控、自相关数据、估计误差和高维监控等多个方面进行了探讨；Karl Ezra S. Pilario[10]提出了混合核典型变量差异分析(MK－CVDA)方法，用于解决非线性动态过程的初期故障；Wang[11]提出了一种基于正交滤波的故障诊断算法，能够有效检测和隔离不同类型的缓慢变化故障，并且在计算复杂度和诊断效率之间取得了良好的平衡；Karl Ezra Salgado Pilario[12]提出了一种典范变量差异分析(CVDA)方法通过评估过去和未来状态的差异，显著提高了非线性动态过程中初发故障的检测灵敏度。

累积过程控制(CUSUM)方法作为一种统计分析方法，用于检测过程的均值是否发生微小但持续的偏移。其核心思想是通过累积历史数据的偏差，放大微小变化的信号，从而快速发现异常，这一统计工具在缓变故障的研究中有广泛的应用。现有 CUSUM 方法主要通过对多元统计分析方法提取的显著特征进行累积，放大偏差，实现过程控制，但对 CUSUM 方法本身的改良应用研究较少：Zhang[13]对估计误差对风险调整生存时间 CUSUM 性能的影响，并对心脏手术数据进行了验证；Sego[14]等人提出了基于加速失效时间回归模型的风险调整生存时间 CUSUM，通过加速故障时间回归模型实现风险调整；Veronica Montes De Oca[15]提出了一个改进的 CUSUM 算法，用于解决数据网络监控中的非平稳序列变化点检测问题；Muhammad Nawaz[16]提出了一个结合 MSPCA(多尺度主成分分析)和 CUSUM(累积和控制图)及 EWMA(指数加权移动平均)的在线多尺度故障检测框架；Babar Zaman[17]提出了一种基于 CUSUM 累积误差的自适应 EWMA 控制图，通过引入时间变化参数，成功实现了对过程中分散度的高效监测；

Gideon MensahEngmann[18]提出了优化 CUSUM 和 EWMA 多图表的方法,用于联合检测和诊断观测序列中的未知变化;Du[19]提出了一种新的算法,结合了集合 EEMD(经验模态分解)、PCA(主成分分析)和 CUSUM(累积和控制图)方法,用于解决 TE 过程中的随机故障检测与诊断问题;Zhou[20]提出了一种基于平均积累时间变异 PCA 模型,结合 CUSUM 方法实现早期故障检测。

受以上方法的启发,本文提出一种适用于控制阀的健康权重 CUSUM 方法,引入健康权重系数 ω 评估监测量健康程度,对不同健康程度状态下的的监测量赋予不同权重的增益,进行动态偏移量累积控制,并结合 EWMA 方法对监测量进行趋势平滑预测,在确保报警可靠性的前提下提升了 CUSUM 方法对缓变故障的灵敏度,实现了低计算成本下的控制阀缓变故障的早期监测和维护。

1 方法介绍

1.1 EWMA 方法

EWMA(Exponentially Weighted Moving Average,指数加权移动平均)是一种用于时间序列分析的统计方法,通过对历史数据赋予指数递减的权重来平滑噪声并捕捉趋势。EWMA 的核心是为近期数据赋予更高的权重,而旧数据的权重随时间呈指数衰减。在质量控制和信号处理中,通过 EWMA 方法对过程信号数据进行平滑处理,能有效降低随机波动的影响,从而得到数据的长期趋势特征。相较于简单移动平均(SMA)更能反映长期趋势,相较于时间序列回归(ARIMA)计算成本更低。EWMA 方法在用于统计过程控制(SPC)时可通过公式(2)、(3)计算其控制限,超过控制限则代表该时刻产品不合格,随着时间 t 增大,控制限趋于稳定,称为稳态控制限,UCL 和 LCL 的计算如公式(4)、(5)。

$$EWMA_t = \lambda \cdot x_t + (1-\lambda) \cdot WMA_{t-1} \tag{1}$$

控制限:

$$UCL_t = \mu + L \cdot \sigma \sqrt{\frac{\lambda}{2-\lambda}(1-(1-\lambda)^{2t})} \tag{2}$$

$$LCL_t = \mu - L \cdot \sigma \sqrt{\frac{\lambda}{2-\lambda}(1-(1-\lambda)^{2t})} \tag{3}$$

稳态控制限:当 t 较大时,$(1-\lambda)^{2t} \approx 0$,公式简化为:

$$UCL = \mu + L \cdot \sigma \sqrt{\frac{\lambda}{2-\lambda}} \tag{4}$$

$$LCL = \mu - L \cdot \sigma \sqrt{\frac{\lambda}{2-\lambda}} \tag{5}$$

式中,$EWMA_t$—— 当前时刻的平滑值;x_t—— 当前时刻的观测值;λ—— 平滑因子($0 < \lambda \leqslant 1$),控制权重衰减速度;L—— 控制限系数,通常取(3 ~ 5 对应 ±3σ 置信区间,$k = 5$ 可降低误报率;σ—— 数据标准差。

λ 值用于平衡灵敏度与稳定性(通常 0.05 ~ 0.2 用于长期监控场景),无需预设窗口长度,对不同速率的数据有很好的适用性。稳态控制限 UCL 和 LCL 适用于长期发展的缓变故障,避开了 EWMA 发展初期的控制限较窄的问题。

1.2 CUSUM 方法

CUSUM(Cumulative Sum Control Chart,累积和控制图)是一种用于监测过程均值微小变化的统计方法,它通过累积历史数据的偏差,灵敏地检测过程的偏移,广泛应用于质量控制、异常检测等领域。

上偏移累积和：

$$C_t^+ = \max(0, C_{t-1}^+ + S_t - K) \tag{6}$$

下偏移累积和：

$$C_t^- = \min(0, C_{t-1}^- + S_t + K) \tag{7}$$

判断异常：

$$C_t^+ > H \text{ 或 } C_t^- < H \tag{8}$$

式中，$S_t = X_t - \mu_0$；X_t——t 时刻下关注的数据；μ_0——X_t 数据的历史数学期望，需要通过经验确定；$K = k \cdot \sigma$——最小可检测偏移量，其 k 值常取（0.5～1）；$H = h \cdot \sigma$——触发报警的临界值，其 h 值常取（3～5），也可通过经验确定。

1.3　基于滑动窗口的健康权重 CUSUM 方法：

为了更好的实现缓变故障的早期检测，本方法引入健康权重系数 ω，用来表征数据段的健康状态，对不同健康状态下的偏移量赋予不同的增益，随着数据段健康状态的下降，相同大小的偏移量的累积效应增大，从而提升缓变故障的检出速度。

健康权重系数 ω 的获取依赖历史数据进行统计量计算，而 ω 应当反映当前时刻的监测量健康程度，因此 ω 应具有较好的实时性，使用过长的历史数据计算当前时刻的 ω 会阻碍短期发展的故障的即时性，ω 的下降会滞后于真实故障发展速度，因此通过滑动窗口实现 ω 的更新。本文方法的流程图如图 1 所示，具体实施方法如下。

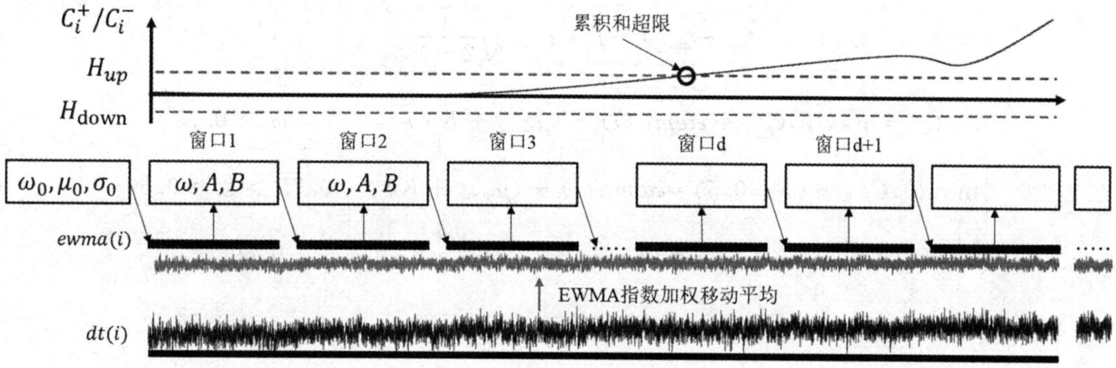

图 1　滑动窗口缓变故障监测方法示意图

首先利用上述 EWMA 方法，通过公式(9) 对控制阀实际阀位与输入阀位的残差数据进行平滑处理，捕捉数据的长期规律，忽略数据的短时波动。进一步对健康权重系数 ω 进行求值，ω 取统计量 A、B 的较小值，如公式(10) 所示。A、B 的计算为公式(11)(12)，$A \in [0,1]$，统计了监测量在$[\mu_0 + \tau_{down}, \mu_0 + \tau_{up}]$ 范围的占比，反映了数据在波动状态下与健康数据的相对统一程度，τ_{down}，τ_{up} 由公式(13)、(14) 确定。$B \in [0,1]$，统计了数据分布在$\mu_0 \pm 2\sigma_0$ 的占比，引入了容忍度，用于调整 B 统计值的宽容度，B 反映了数据与原始健康数据分布的统一程度。A、B 之间的区别在于，A 通过当前数据段的方差调整统计范围，动态反映了数据的健康程度，而 B 反映了固定的、相对于原始数据的健康程度，且 B 的统计范围相较于 A 有更大的方差限，具有更保守的健康程度评估。上偏移累积和和下偏移累积和的计算如式(15)、(16)，不同范围的健康权重系数 ω 决定了不同的累积和公式，在 $\omega < 0.69$ 时，监测量健康程度低，赋予监测量 $ewma(i)$ 较大的增益($\omega + 1$)，并且缩减可检测最小偏移量为 $\omega \cdot K$；在 $0.75 > \omega \geqslant 0.69$ 时，监测量健康程度中等，

赋予监测量 $ewma(i)$ 一定的增益 $(\omega+0.5)$；在 $\omega \geqslant 0.75$ 时，监测量健康程度高，赋予监测量 $ewma(i)$ 较小的增益 ω，最小可检测偏移量与本文 1.2 所述的基础 *CUSUM* 方法保持一致，并与当前区域期望 μ 对比，而非原始健康期望 μ_0；最小可检测偏移量 K 计算如式(17)，报警临界值 H 计算如式(18)。

将经过 EWMA 方法平滑处理后的监测量 $ewma(i)$ 按一定窗口尺寸 *windowsize* 的分块处理，对新采集到的属于窗口 1 的数据采用给定的历史期望 μ_0、历史标准差 σ_0 和历史健康权重系数 ω_0 进行健康权重 *CUSUM* 方法计算，随着数据填满窗口 1，新采集的数据进入窗口 2，基于窗口 1 的监测量数据更新健康权重系数 ω、数学期望 μ_{ewma} 和标准差 σ_{ewma} 进行健康权重 *CUSUM* 方法计算，以此类推，对当前窗口 d 的数据，基于窗口 $d-1$ 的健康权重系数 ω、数学期望 μ_{ewma} 和标准差 σ_{ewma} 进行健康权重 CUSUM 方法计算，通过滑动窗口对监测量的健康权重进行定期统计与更新，并基于上一个滑动窗口的健康权重决定该时刻的累积和的计算公式，赋予监测量不同的增益，实现控制阀缓变故障的在线监测。窗口尺寸 *windowsize* 通过经验和设备维护习惯进行确定。

$$ewma_i = \lambda \cdot x_i + (1-\lambda) \cdot ewma_{i-1} \tag{9}$$

$$\omega = \min(A, B) \tag{10}$$

$$A = \frac{1}{N}\sum_{i=1}^{N} \mathbb{I}[\mu_0 + \tau_{down} < ewma(i) < \mu_0 + \tau_{up}] \tag{11}$$

$$B = \frac{1}{N}\sum_{i=1}^{N} \mathbb{I}[\mu_0 - 2\sigma_0 - \varepsilon < ewma(i) < \mu_0 + 2\sigma_0 + \varepsilon] \tag{12}$$

$$\tau_{up} = L \cdot \sigma_{ewma}\sqrt{\frac{\lambda}{2-\lambda}} \tag{13}$$

$$\tau_{down} = -L \cdot \sigma_{ewma}\sqrt{\frac{\lambda}{2-\lambda}} \tag{14}$$

$$\begin{cases} C_i^{+} = \max(0, C_{i-1}^{+} + ewma(i) - (\mu_{ewma} + K)) & \omega \geqslant 0.75 \\ \max(0, C_{i-1}^{+} + (\omega + 0.5) \cdot ewma(i) - (\mu_{ewma} + K)) & 0.75 > \omega \geqslant 0.69 \\ \max(0, C_{i-1}^{+} + (\omega + 1) \cdot ewma(i) - (\mu_0 + \omega \cdot K)) & 0.69 > \omega \end{cases} \tag{15}$$

$$\begin{cases} C_i^{-} = \min(0, C_{i-1}^{+} + ewma(i) - (\mu_{ewma} - K)) & \omega \geqslant 0.75 \\ \min(0, C_{i-1}^{+} + (\omega + 0.5) \cdot ewma(i) - (\mu_{ewma} - K)) & 0.75 > \omega \geqslant 0.69 \\ \min(0, C_{i-1}^{+} + (\omega + 1) \cdot ewma(i) - (\mu_0 - \omega \cdot K)) & 0.69 > \omega \end{cases} \tag{16}$$

$$K = k \cdot \sigma_{ewma} \tag{17}$$

$$H = h \cdot \sigma_{ewma} \tag{18}$$

式中，$\lambda=0.1$，x_i—— 原始残差数据，N—— 数据长度，ε—— 偏移容忍度，μ——$ewma(i)$ 序列期望，σ_{ewma}——$ewma(i)$ 序列方差，μ_0—— 历史期望，$L=5$，$k=1$，$h=5$。

如图 2 所示，为基于滑动窗口的健康权重 CUSUM 方法的逻辑框图，通过滑动窗口更新统计量实现控制阀残差的健康权重 ω 的动态监测，并赋予残差偏移累积和不同的增益，捕捉缓变故障早期发展趋势，实现缓变故障的实时监测和早期预警。

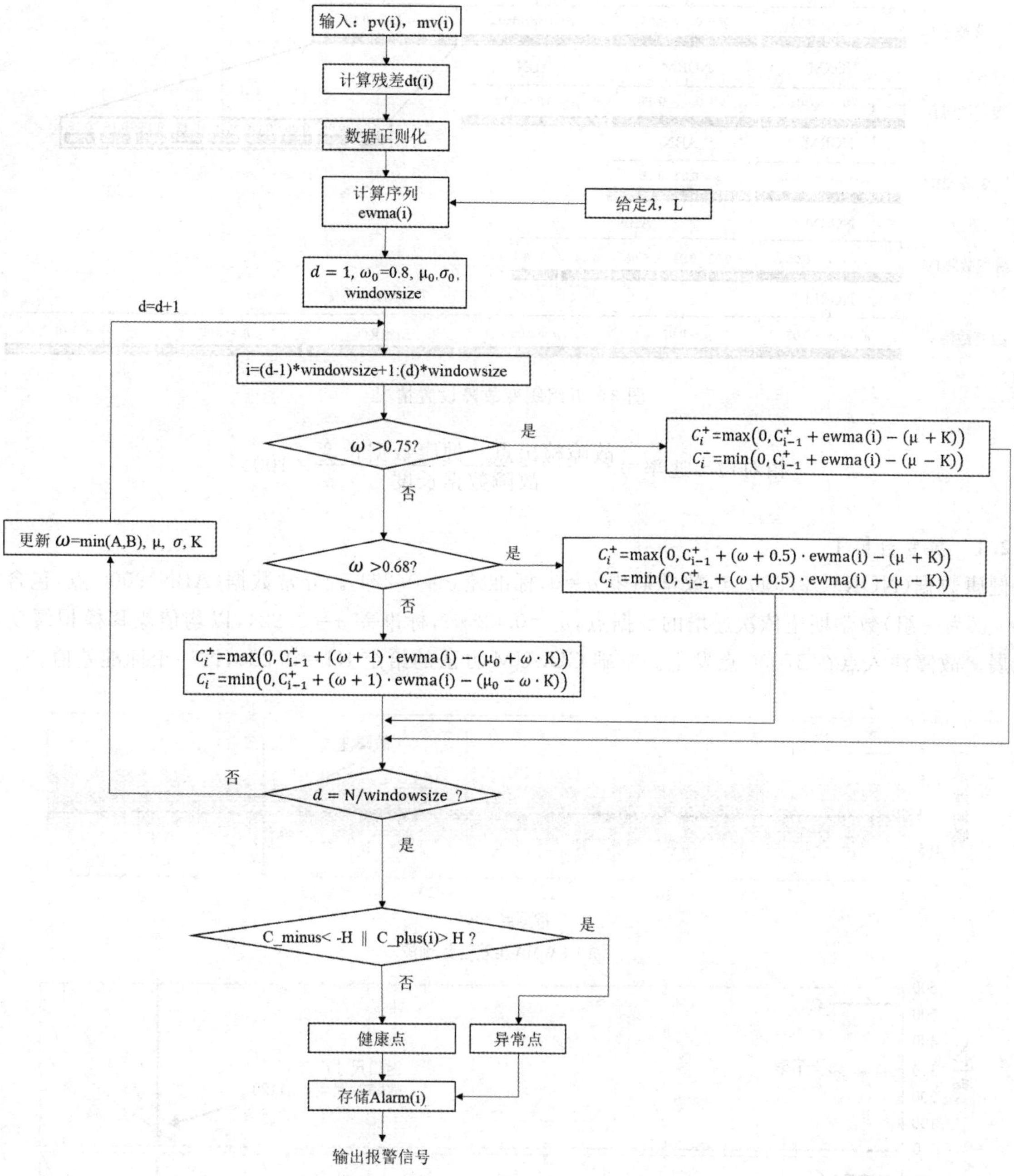

图 2　基于滑动窗口的健康权重 CUSUM 方法逻辑框图

2　方法验证

为了验证该方法的有效性，设计了五组缓变故障数据进行故障检测模拟，并与基础 CUSUM 方法进行了对比。五组缓变故障数据均包含了健康数据（记为 NORM）和异常数据（记为 ABN），缓变故障的异常数据采用逐渐增大的数学期望值 μ 表示。前三组缓变故障 I、II、III，采用相同长度的异常数据，但健康数据的占比依次降低；后三组缓变故障 III、IV、V，则采用相同长度的健康数据，但异常数据的发展速度依次减慢。五组缓变故障数据的具体设置和测试结果如图 3 所示：

如公式(19)所示是相对检出速率的计算公式，通过计算故障注入到故障检出的时间与故障注入整体时间长度的比值，表征不同方法对于缓变故障检出的效率。

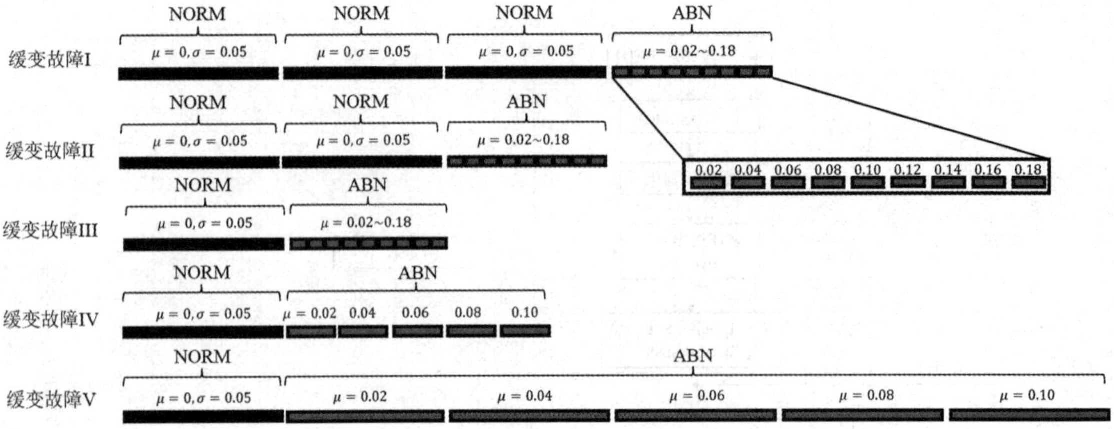

图 3 五组缓变故障设置情况

$$相对检出速率=\frac{故障检出点-健康数据长度}{故障数据长度}\times 100\% \tag{19}$$

2.1 缓变故障 I

健康数据(NORM)27000 点,数学期望 $\mu=0$,标准差 $\sigma=0.224$ 。异常数据(ABN)9000 点,包含 9 组(1000 点为一组)数学期望依次递增的数据点,$\mu_i=0.02\cdot i$,标准差 $\sigma=0.224$,以均值漂移模拟缓变故障的发展。故障注入点在 27000 点发生。基础 CUSUM 方法的给定 K1=0.224,即一个标准差值。

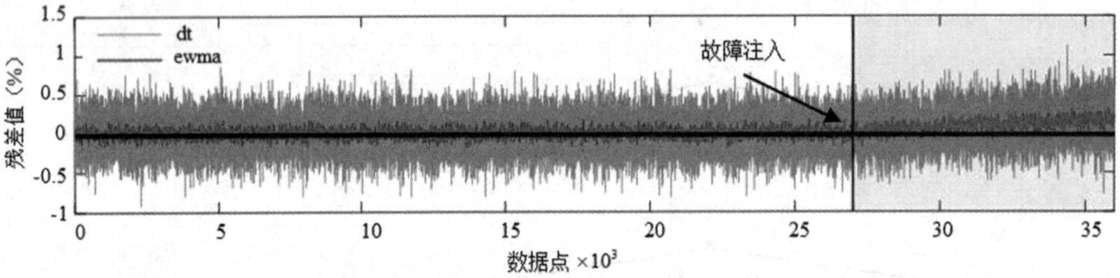

(a) EWMA残差趋势预测

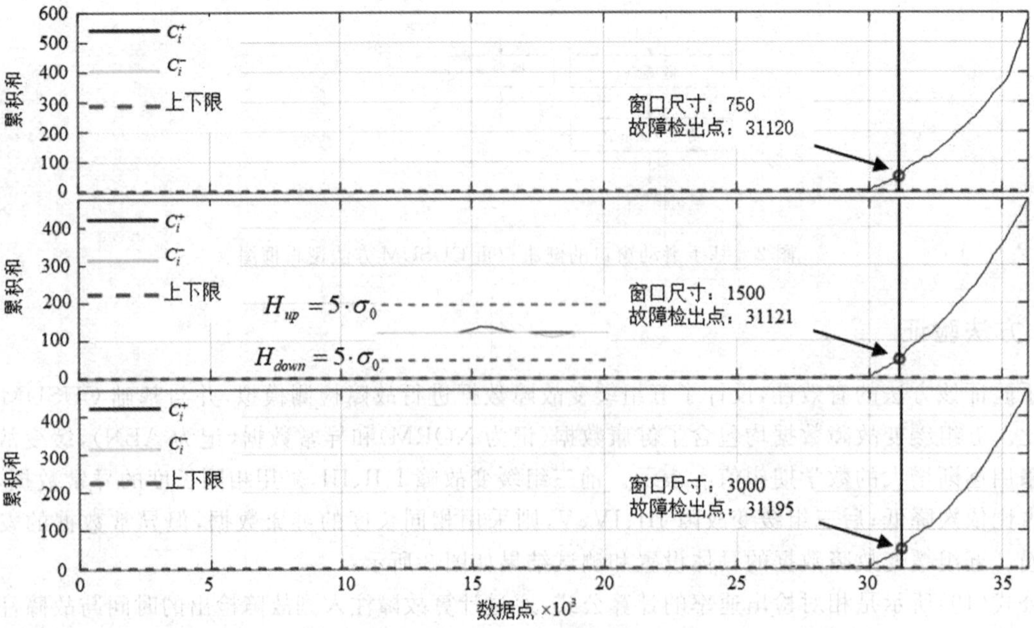

(b) 本文方法累积和控制图

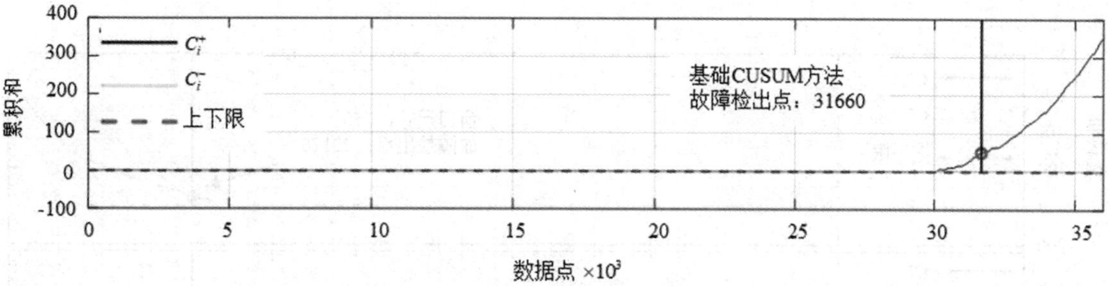

（c）基础CUSUM方法累积和控制图

图 4　缓变故障 I 的检测对比

本文方法和基础 CUSUM 方法的累积和控制图上下限阈值保持一致，均为五倍的标准差，也即 $H_{up}=5\sigma_0$，$H_{down}=-5\sigma_0$，以此保证对比验证的有效性。将累积和首次达到 50 视为故障的检出，避免累积和波动导致的误差。

如图 4(a)所示，通过 EWMA 方法进行残差趋势预测，能够将监测量的长期趋势捕捉而降低短时波动的影响，这对于 CUSUM 方法基于最小可检测偏移量的累积和，能大大减少监测量波动导致的累积和波动。

对比图 4(b)、(c)可知，本文方法在窗口尺寸为 750 时，缓变故障检出点为 31120，相对检出速率为 45.8%；在窗口尺寸为 1500 时，缓变故障检出点为 31121，相对检出速率为 45.8%；在窗口尺寸为 3000 时，缓变故障检出点为 31195，相对检出速率为 46.6%；基础 CUSUM 方法在 31660 点检出，相对检出速率为 51.8%。

随着窗口减小尺寸减小，故障检出点更早出现，但由于缓变故障发展速度较快，其相对检出速率提升并不明显，但本文方法三组不同窗口尺寸下的相对检出速率均比基础 CUSUM 方法更快。

2.2　缓变故障 II

健康数据(NORM)18000 点，数学期望 $\mu=0$，标准差 $\sigma=0.224$ 。异常数据(ABN)9000 点，包含 9 组(1000 点为一组)数学期望依次递增的数据点，$\mu_i=0.02\cdot i$，标准差 $\sigma=0.224$，以均值漂移模拟缓变故障的发展。故障注入点在 18000 点发生。

对比图 5(b)、(c)可知，本文方法在窗口尺寸为 750 时，缓变故障检出点为 22120，相对检出速率为 45.8%；在窗口尺寸为 1500 时，缓变故障检出点为 22121，相对检出速率为 45.8%；在窗口尺寸为 3000 时，缓变故障检出点为 22997，相对检出速率为 55.5%；基础 CUSUM 方法在 22938 点检出，相对检出速率为 54.9%。

随着窗口减小尺寸减小，故障检出点更早出现。在本文方法 750、1500 窗口尺寸下的相对检出速率均比基础 CUSUM 方法更快。

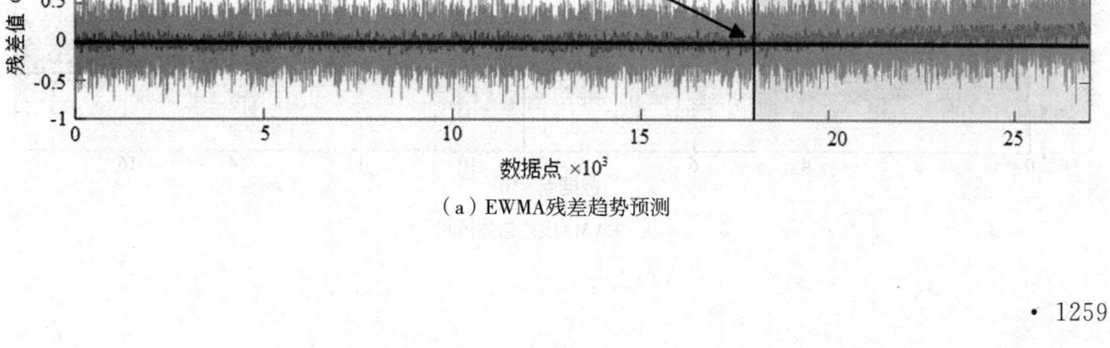

（a）EWMA残差趋势预测

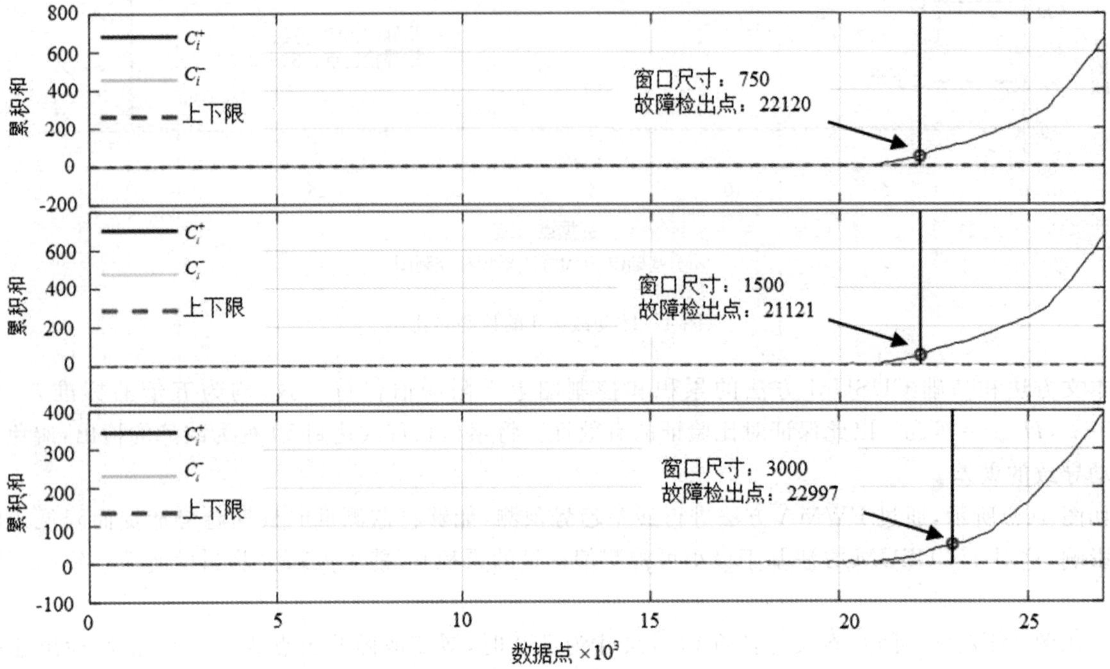

（b）本文方法累积和控制图

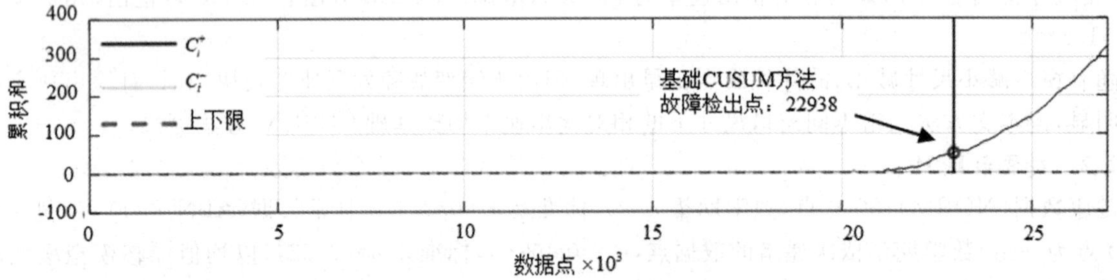

（c）基础CUSUM方法累积和控制图

图 5　缓变故障 I 的检测对比

2.3　缓变故障 III

健康数据(NORM)9000 点，数学期望 $\mu=0$，标准差 $\sigma=0.224$。异常数据(ABN)9000 点，包含 9 组(1000 点为一组)数学期望依次递增的数据点，$\mu_i=0.02\cdot i$，标准差 $\sigma=0.224$，以均值漂移模拟缓变故障的发展。故障注入点在 9000 点发生。

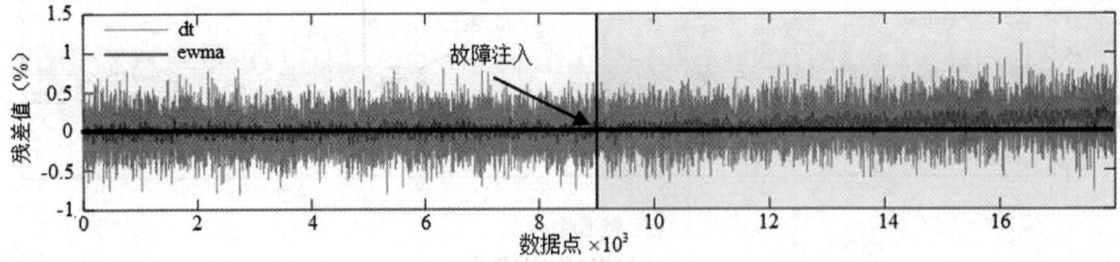

（a）EWMA残差趋势预测

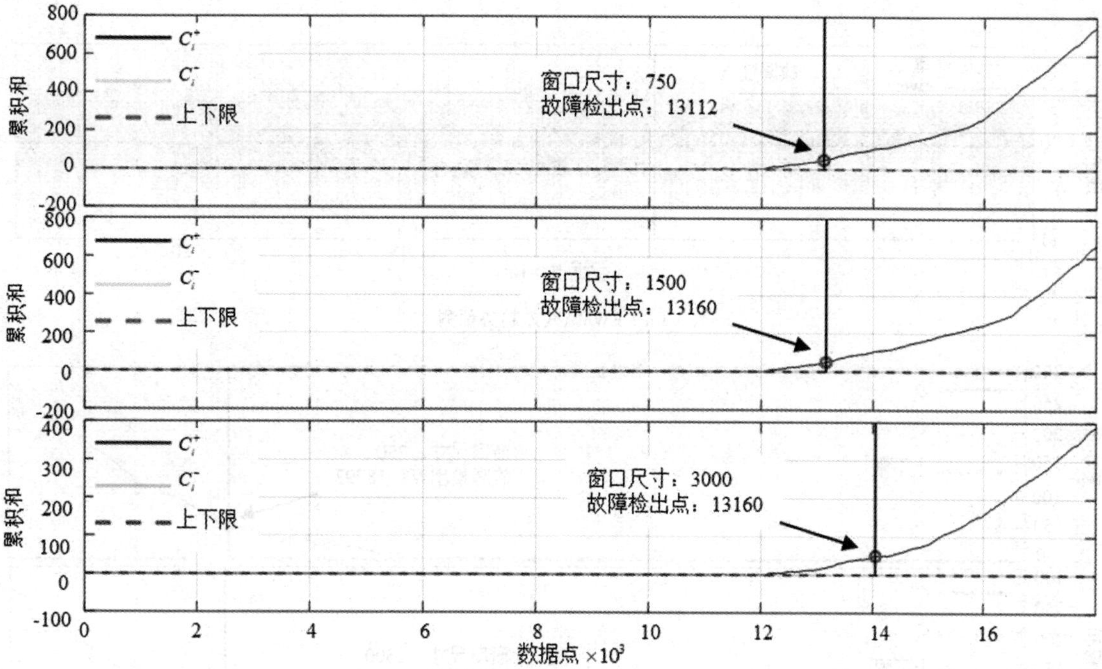

（b）本文方法累积和控制图

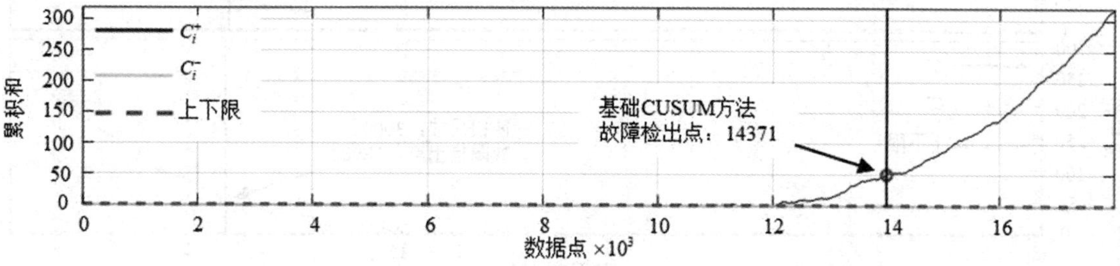

（c）基础CUSUM方法累积和控制图

图 6　缓变故障 I 的检测对比

对比图 6(b)、(c)可知，本文方法在窗口尺寸为 750 时，缓变故障检出点为 13112，相对检出速率为 45.7%；在窗口尺寸为 1500 时，缓变故障检出点为 13160，相对检出速率为 46.2%；在窗口尺寸为 3000 时，缓变故障检出点为 14049，相对检出速率为 56.1%；基础 CUSUM 方法在 13215 点检出，相对检出速率为 59.7%。

随着窗口减小尺寸减小，故障检出点更早出现，本文方法三组不同窗口尺寸下的相对检出速率均比基础 CUSUM 方法更快。

2.4　缓变故障 IV

健康数据(NORM)9000 点，数学期望 $\mu=0$，标准差 $\sigma=0.224$ 。异常数据(ABN)15000 点，包含 5 组(3000 点为一组)数学期望依次递增的数据点，$\mu_i=0.02\cdot i$，标准差 $\sigma=0.224$，以均值漂移模拟缓变故障的发展。故障注入点在 9000 点发生。

对比图 7(b)、(c)可知，本文方法在窗口尺寸为 750 时，缓变故障检出点为 18797，相对检出速率为 65.3%；在窗口尺寸为 1500 时，缓变故障检出点为 18907，相对检出速率为 66%；在窗口尺寸为 3000 时，缓变故障检出点为 18982，相对检出速率为 66.5%；基础 CUSUM 方法在 21770 点检出，相对检出速率为 81.3%。

随着窗口减小尺寸减小，故障检出点更早出现，本文方法三组不同窗口尺寸下的相对检出速率均比基础 CUSUM 方法更快。

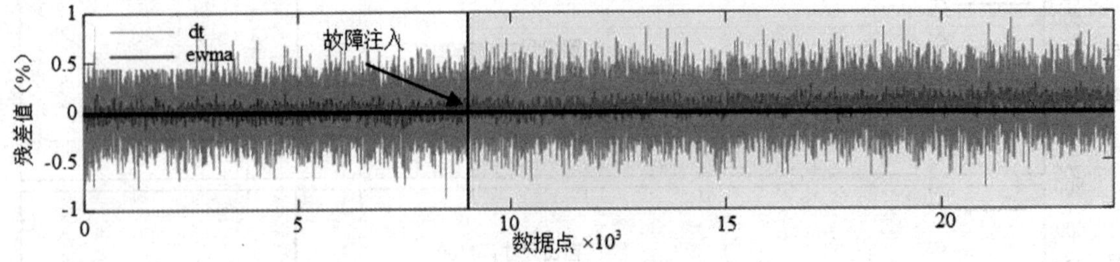

(a) EWMA残差趋势预测

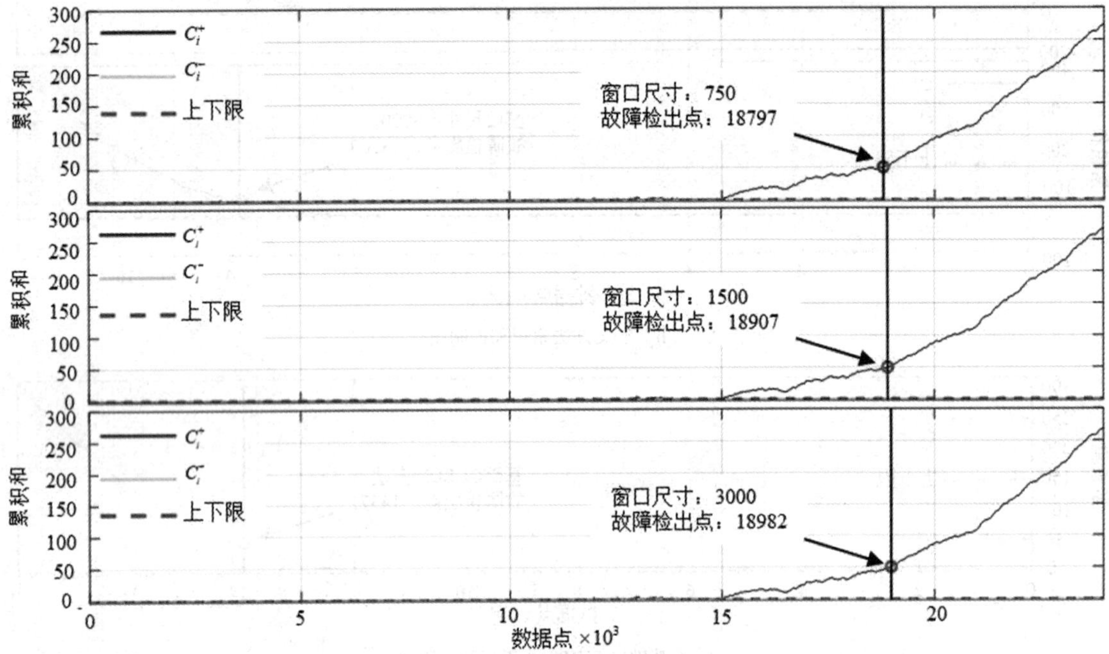

(b) 本文方法累积和控制图

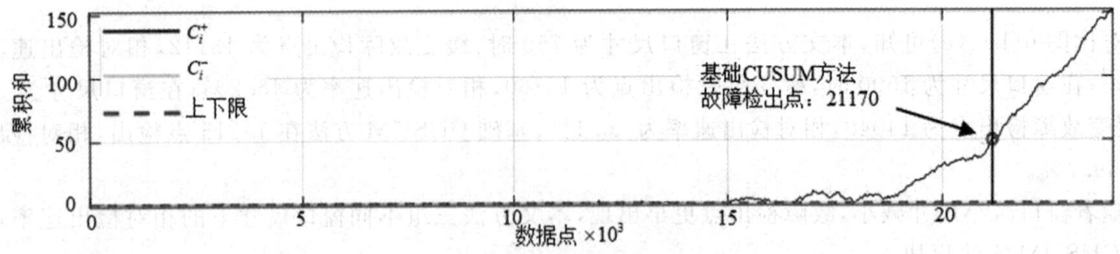

(c) 基础CUSUM方法累积和控制图

图 7　缓变故障 I 的检测对比

2.5　缓变故障 V

健康数据(NORM)9000 点，数学期望 $\mu=0$，标准差 $\sigma=0.224$ 。异常数据(ABN)45000 点，包含 5 组(9000 点为一组)数学期望依次递增的数据点，$\mu_i=0.02\cdot i$，标准差 $\sigma=0.224$，以均值漂移模拟缓变故障的发展。故障注入点在 9000 点发生。

对比图 8(b)、(c)可知，本文方法在窗口尺寸为 750 时，缓变故障检出点为 29685，相对检出速率为 46%；在窗口尺寸为 1500 时，缓变故障检出点为 29869，相对检出速率为 46.4%；在窗口尺寸为 3000 时，缓变故障检出点为 30897，相对检出速率为 48.7%；基础 CUSUM 方法在 38849 点检出，相对检出速率为 66.3％。

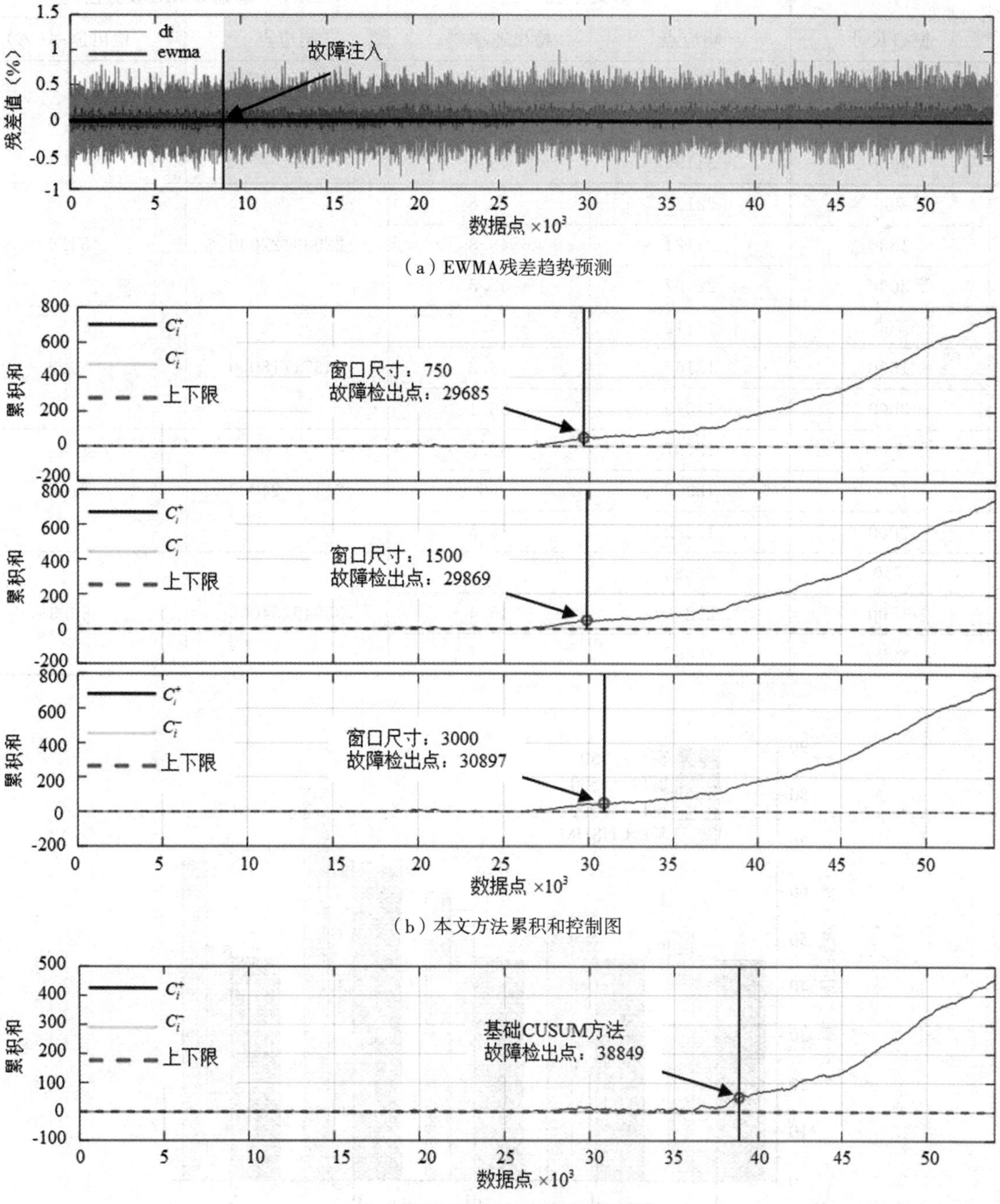

（a）EWMA残差趋势预测

（b）本文方法累积和控制图

（c）基础CUSUM方法累积和控制图

图 8　缓变故障 I 的检测对比

随着窗口减小尺寸减小，故障检出点更早出现，本文方法三组不同窗口尺寸下的相对检出速率均比基础 CUSUM 方法更快。

见表 1 所列，在相同缓变故障发展速率情况下，本文方法的检出速率基本一致，更小的窗口尺寸能够提高检出速率；对比缓变故障 III、IV、V，在相同健康数据长度下，随着缓变故障发展速率的降低，本文方法检出速率相较于基础 CUSUM 方法的差距增大，均有约 15％的提升，说明本文方法随着健康程度降低，健康权重系数 ω 降低，偏移量累积和的增益增大，对残差的敏感度提升，进而更早的捕捉早期缓变故障。

表 1 缓变故障检出效果对比

		本文方法		基础 CUSUM 方法	
	窗口尺寸	响应点	检出速率(%)	响应点	检出速率(%)
I	750	31120	45.8	31660/36000	51.8
	1500	31121	45.8		
	3000	31195	46.6		
II	750	22120	45.8	22938/27000	54.9
	1500	21121	45.8		
	3000	22997	55.5		
III	750	13112	45.7	14371/18000	59.7
	1500	13160	46.2		
	3000	14049	56.1		
IV	750	18797	65.3	21170/24000	81.3
	1500	18907	66		
	3000	18982	66.5		
V	750	29685	46	38849/54000	66.3
	1500	29869	46.4		
	3000	30897	48.7		

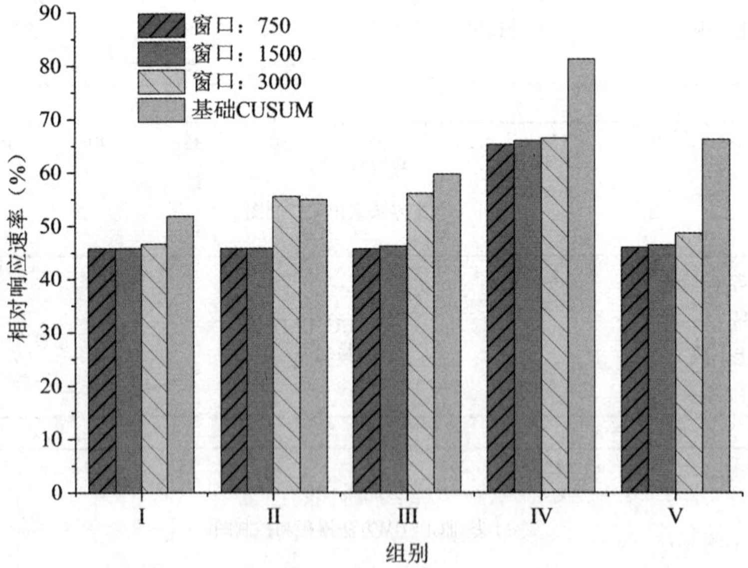

图 9 五组缓变故障的响应速率对比

2.6 数据验证

数据来自某工业控制阀 120 天的历史阀位信号数据,已知该控制阀在该时间段内发生了阀位漂移故障,缓变故障严重程度逐渐发展,残差随时间累积逐渐放大。

阀位残差信号采集频率 1/10Hz,以 17280 点(两天)作为窗口尺寸。基于经验和历史数据给定该控制阀的历史期望$\mu_0=0$、标准差$\sigma_0=0.2$和历史健康权重系数$\omega_0=1$。如图 10 所示,为该 120 天内某 2 天的控制阀 17280 个数据点,其具有短期波动大、波动不规则的特点,结合图 11(a)的长期残差信号图,该控制阀的短期波动对长期监测量产生了较为显著的影响，对残差信号的趋势预测是有必要，并且考虑到缓变检测的准确性，最小偏移监测量也应当进行适度的放大，以避免错误报警。

如图 11(b)、(c)所示，本文方法于 184450 点、第 21.3 天检出故障，基础 CUSUM 方法于 238380 点、第 27.6 天检出故障，本文方法对缓变故障的早期预警提前了 6.3 天。说明该方法在较长的缓变故障周期内，对早期缓变故障的监测和预警更具有优势；同时，该阀位残差信号短期波动大的特征并未造成累积和的波动，本文方法具有较好的稳健性。

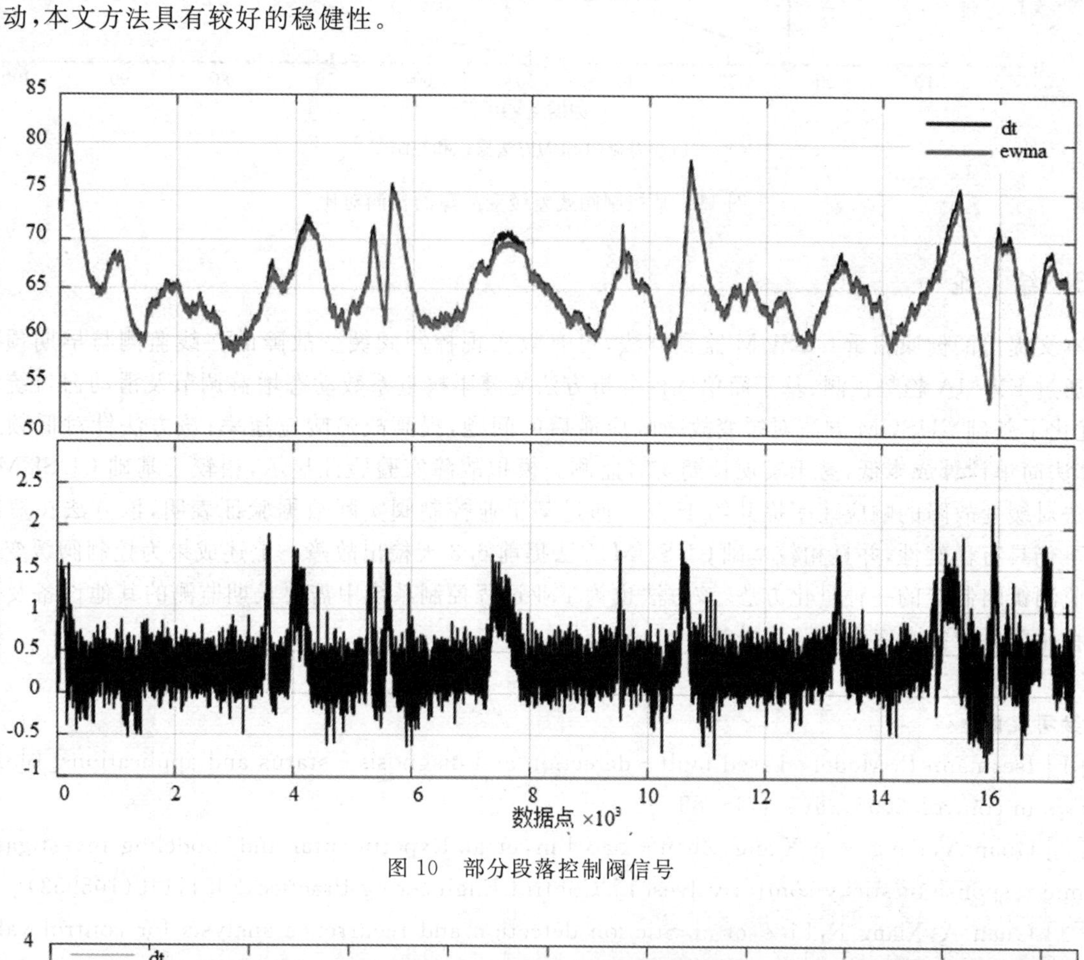

图 10　部分段落控制阀信号

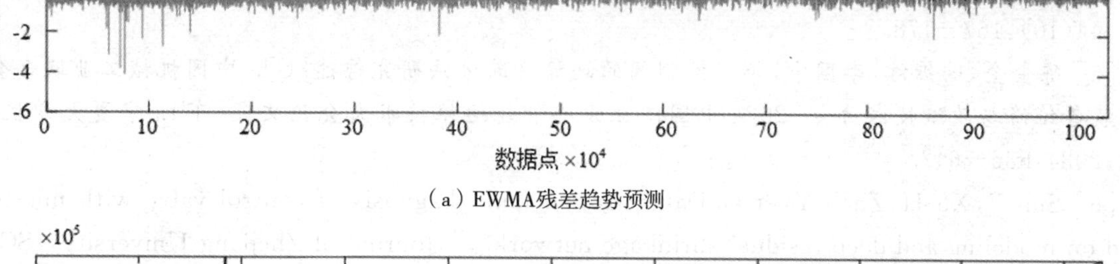

（a）EWMA残差趋势预测

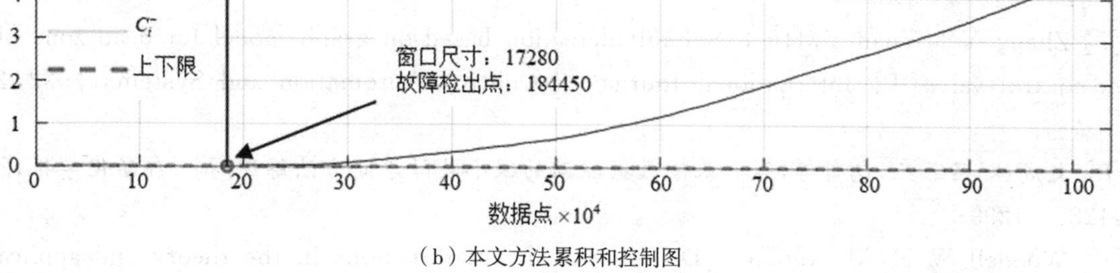

（b）本文方法累积和控制图

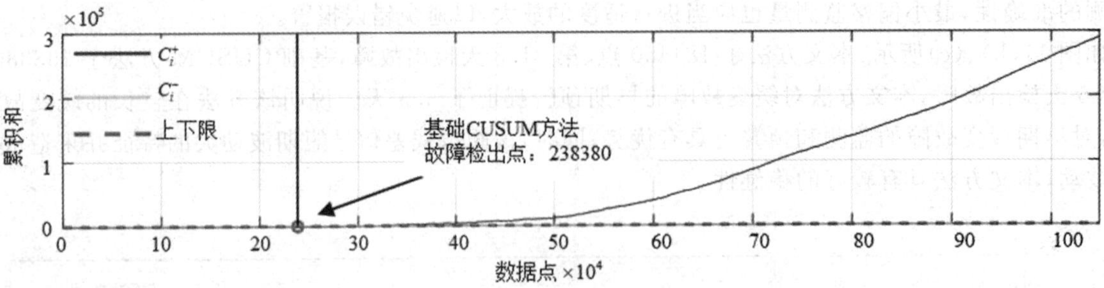

(c) 基础CUSUM方法累积和控制图

图 11　某控制阀残差缓变故障的检测对比

3　结　论

本文提出的健康权重 CUSUM 监测方法，可有效实现控制阀缓变故障的在线监测与早期预警。该方法通过 EWMA 趋势预测、基于简单统计分析方法的健康权重系数动态增益调节及滑动窗口统计量更新，优化了基础 CUSUM 方法对缓变故障响应滞后的问题，提高故障响应速率；该方法针对低频工业信号，算法简单计算成本低，易于实现长期实时监测。模拟故障实验验证显示，相较于基础 CUSUM 方法，该方法对缓变故障的响应速率提升约 15%。通过某工业控制阀实际数据验证表明，该方法在短期扰动环境下仍具有稳健性，并且相较基础 CUSUM 方法提前 6.3 天检出故障。上述成果为控制阀缓变故障的早期监测策略制定的一种量化方法，该方法也为工业过程控制系统中需要长期监测的其他设备及信号提供一种预防性维护方案参考。

参考文献

[1] Isermann R. Model - based fault - detection and diagnosis - status and applications[J]. Annual Reviews in control, 2005, 29(1): 71－85.

[2] Guan A, Fang - na Xiang, Zhen - hao Lin, et al. Experimental and modeling investigation on dynamic response of sticky control valves[J]. Control Engineering Practice, 2024, 148(105953)

[3] Guan A, Xiang F, Li Z, et al. Stiction detection and recurrence analysis for control valves by phase space reconstruction method[J]. Advanced Engineering Informatics, 2025, 63: 102949.

[4] 郝洪涛，王凯，张炳建，等．多尺度特征自适应融合的气动控制阀故障诊断[J]．仪器仪表学报，2024, 44(10): 167－178.

[5] 陈金金，陶镛汀，李国宁，等．控制阀的故障诊断方法研究综述[C]．中国机械工业联合会，中国机电装备维修与改造技术协会．2024 中国工业设备智能运维技术大会论文集(下)．宁夏大学机械工程学院；2024: 636－642.

[6] Sun F, Xu H, Zhao Y, et al. Data - driven fault diagnosis of control valve with missing data based on modeling and deep residual shrinkage network[J]. Journal of Zhejiang University - SCIENCE A, 2022, 23(4): 303－313.

[7] Zhang Y J, Yuan Y, Hu L S. Fault detection based on graph model for dead zone of steam turbine control valve[J]. International Journal of Control, Automation and Systems, 2022, 20(8): 2759－2767.

[8] 文成林，吕菲亚，包哲静，等．基于数据驱动的微小故障诊断方法综述[J]．自动化学报，2016, 42(09): 1285－1299.

[9] Woodall W H, Montgomery D C. Some current directions in the theory and application of

statistical process monitoring[J]. Journal of quality technology,2014,46(1):78−94.

[10] Pilario K E S, Cao Y, Shafiee M. Mixed kernel canonical variate dissimilarity analysis for incipient fault monitoring in nonlinear dynamic processes[J]. Computers & Chemical Engineering, 2019,123:143−154.

[11] Wang Z, Xu G, Liu Z, et al. Orthotopic - filtering - based fault diagnosis algorithms for nonlinear systems with slowly varying faults[J]. Journal of the Franklin Institute, 2020, 357(9): 5610−5639.

[12] Pilario K E S, Cao Y. Canonical variate dissimilarity analysis for process incipient fault detection[J]. IEEE Transactions on Industrial Informatics,2018,14(12):5308−5315.

[13] Zhang M, Xu Y, He Z, et al. The effect of estimation error on risk - adjusted survival time CUSUM chart performance [J]. Quality and Reliability Engineering International, 2016, 32(4): 1445−1452.

[14] Sego LH Jr, Reynolds MR, Woodall WH. Risk - adjusted monitoring of survival times. Statistics in Medicine 2009;28:1386−1401.

[15] De Oca V M, Jeske D R, Zhang Q, et al. A cusum change - point detection algorithm for non - stationary sequences with application to data network surveillance[J]. Journal of Systems and Software, 2010,83(7):1288−1297.

[16] Nawaz M, Maulud A S, Zabiri H, et al. Improved process monitoring using the CUSUM and EWMA - based multiscale PCA fault detection framework [J]. Chinese Journal of Chemical Engineering,2021,29:253−265.

[17] Zaman B, Lee M H, Riaz M, et al. An adaptive EWMA chart with CUSUM accumulate error - based shift estimator for efficient process dispersion monitoring [J]. Computers & Industrial Engineering,2019,135:236−253.

[18] Engmann G M, Han D. Asymptotic optimized CUSUM and EWMA multi - charts for jointly detecting and diagnosing unknown change[J]. Journal of Statistical Computation and Simulation, 2022, 92(3):524−543.

[19] Du Y, Du D. Fault detection and diagnosis using empirical mode decomposition based principal component analysis[J]. Computers & Chemical Engineering,2018,115:1−21.

[20] Zhou F, Park J H, Wen C, et al. Average accumulative based time variant model for early diagnosis and prognosis of slowly varying faults[J]. Sensors,2018,18(6):1804.

作者简介

孙卓成(2002),男(汉),硕士研究生,主要从事特种控制阀研究及故障诊断的研究,通讯地址:310027 杭州市西湖区浙大路 38 号浙江大学特种装备研究所,E−mail:sunzc@zju. edu. cn,手机:17816296581。

碳纤维全缠绕高压气瓶细观缺陷的行为响应与检测评价方法

马　利[1]，郑津洋[2]

（1. 浙江工业大学，应用力学研究所，杭州　310018；2. 浙江大学，特种装备研究所，杭州　310027）

摘　要：碳纤维全缠绕气瓶作为储氢容器已经取得了长足的发展，然而钛合金内胆碳纤维全缠绕压力容器作为潜艇配备的气瓶，需要考虑深海环境带来的更多极端条件的挑战。这些挑战包括碳纤维全缠绕气瓶本身的制造缺陷不可避免，在海水腐蚀和压力循环作用下，又可能萌生新的缺陷，缺陷对复合材料力学性能的影响难以评估，长周期运行过程中更缺乏有效的检测评价手段。本文总结了课题组近年来在气瓶细观缺陷多尺度力学建模、缺陷的随机分布和缺陷响应预测、以及光学无损检测等方面取得的进展，指出了未来的研究方向。

关键词：高压气瓶；碳纤维增强复合材料；细观缺陷；多尺度分析；无损检测

Behavior responses and performances evaluation of micro defects in carbon fiber overwrapped composite cylinders

MA Li[1]，ZHENG Jinyang[2]

（1. Zhejiang University of Technology，Institute of Applied Mechanics，Hangzhou 310018，China；
2. Zhejiang University，Institute of Special Equipment，Hangzhou 310027，China）

Abstract：Carbon fiber overwrapped composite cylinders have made great progress as hydrogen storages，but titanium alloy liner carbon fiber overwound pressure vessels equipped with submarines need to consider the challenges of extreme conditions brought by the deep - sea environment. These challenges include the inevitable manufacturing defects of cylinders，the possibility of new defects under the corrosion of seawater and pressure circulations，the difficulty in evaluating the impact of defects on the mechanical properties of composite materials，and the lack of effective detection and evaluation methods in the process of long - term service. This paper summarizes the progress made by the research group in the multi - scale mechanical modeling，random distribution of defects and their response prediction，also the optical nondestructive testing methods in recent years，and points out the future research directions.

Keywords：high pressure cylinder；fiber reinforced composites；micro defects；multiscale analysis；nondestructive testing

0　引　言

纤维增强树脂基复合材料（以下简称复合材料）具有比强度、比刚度高，抗腐蚀、抗疲劳性能好，材料力学性能可设计性等优点已被广泛应用于航空航天、储氢和石油化工等领域。然而，在复合材料的制造过程中，特别是在预浸料铺层成型和树脂基体固化阶段，由于组分材料工艺参数的复杂性及多场耦合作用(温度场、应力场、化学反应场)，会导致纤维预应力的局部波动、树脂流动差异、纤维与树脂界面粘结强度不足，以及固化温度分布不均匀等因素[1]，引发复合材料内部出现孔隙[2-3]、褶皱[4-5]、分层[6]等缺陷。这些缺陷在复合材料服役过程中对结构件的强度与刚度、耐久性和疲劳寿命产生影响，严重时甚至可能导致结构件的性能失效[7]。

在深海领域，大潜深是高性能潜艇追求的主要指标，潜艇在水下突然遭遇海水密度断崖或者战损漏水，出现危险的快速掉深，就必须紧急排水，通过高压气瓶释放空气压力，把水舱内部的海水迅速压出，让潜艇实现快速紧急上浮。就像鱼类依靠鱼鳔改变自身比重来帮助上浮下潜一样，潜艇配备的高压气瓶所起的作用就相当于"鱼鳔"。新一代的潜艇高压气瓶采用钛合金内胆与碳纤维全缠绕复合，承压能力可以从钢制气瓶的 40 MPa 提升到 70 MPa，从而显著提高潜艇的潜深和机动性。

深海环境下纤维增强复合材料作为一种高性能的新兴材料虽具有可观的应用潜力[8]，但水下作业存在大量不稳定因素，如化学腐蚀，温度[8-11]，外压导致的屈曲问题[12-15]等，这些因素的存在制约了复合材料深海装备的发展。

碳纤维全缠绕高压气瓶服役于复杂恶劣的深海环境，还面临着诸多挑战，这些挑战包括碳纤维全缠绕气瓶本身的制造缺陷不可避免，在海水腐蚀和压力循环作用下，又可能萌生新的缺陷，缺陷对复合材料力学性能的影响难以评估，长周期运行过程中更缺乏有效的检测评价手段。本文探讨了深海环境下碳纤维全缠绕气瓶面临的风险，以及在性能预测和检测评价方面目前所取得的研究进展。

1 制造缺陷不可避免

碳纤维全缠绕气瓶在制造过程中受环境与工艺等因素影响，其纤维增强复合材料层中不可避免存在褶皱、分层、纤维脱粘等制造缺陷。缺陷在空间上的非均匀分布还与制造过程中的纤维缠绕和固化工艺等有关。比如，Nebe 等[16]发现沿气瓶在封头靠近瓶口端的缠绕层中，纤维体积分数最高而孔隙率最低，类似的，缠绕工艺有时还会引起封头与筒体过渡段的局部褶皱累积，如图 1 所示。

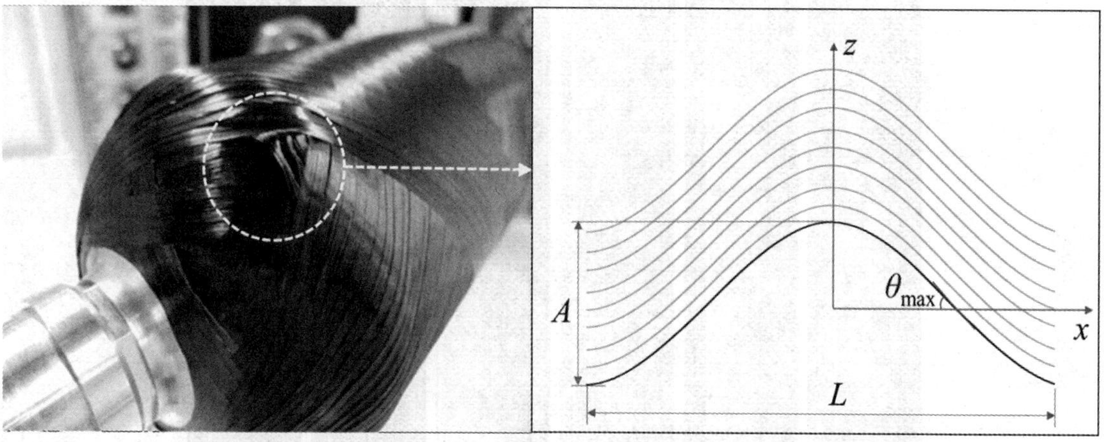

(a) 褶皱缺陷实例　　(b) 褶皱结构的几何示意

图 1　复合材料气瓶中的褶皱缺陷

图 2～图 4 是型号为 CHG3 - 383 - 55 - 35 S/A 的铝合金内胆碳纤维全缠绕气瓶 CT(Computed Tomography)扫描结果，由图 2、3 可见，气瓶的上下封头存在大量小尺寸的分层缺陷，该部位的分层缺陷轴向尺寸小但环向尺寸大；而图 4 直筒段上的分层缺陷轴向尺寸大，界面分层较为明显，且在轴向位置上分布较为随机。

表 1 统计表明，单个气瓶上面积小于 500 mm^2 的分层缺陷有 164 个，占缺陷总数的 87.7%，但其面积仅占缺陷总面积的 19.14%。而分层面积大于 500 mm^2 的缺陷占缺陷总面积的 80.86%，且这些大尺

寸缺陷主要分布在气瓶直筒段的中部，最大分层面积接近 4500 mm^2，对气瓶整体性能的影响不容忽略。

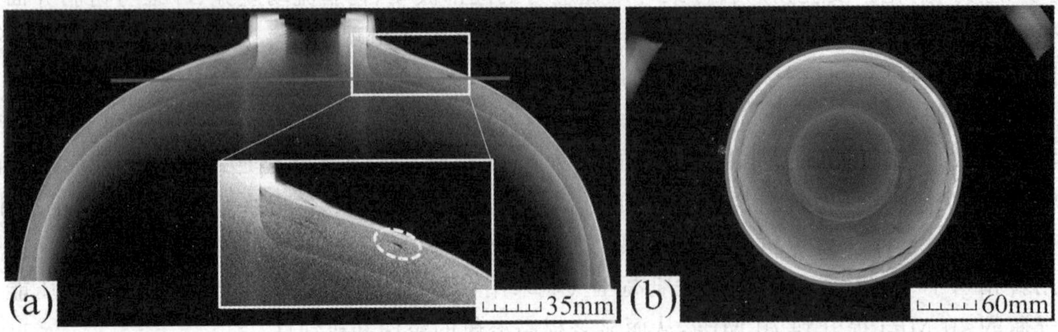

(a) 径向断面图　　　　(b) 轴向断面图

图 2　气瓶上封头

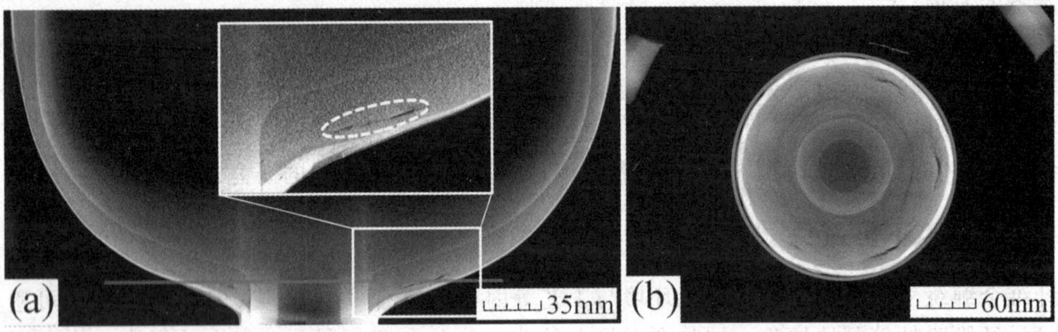

(a) 径向断面图　　　　(b) 轴向断面图

图 3　气瓶下封头

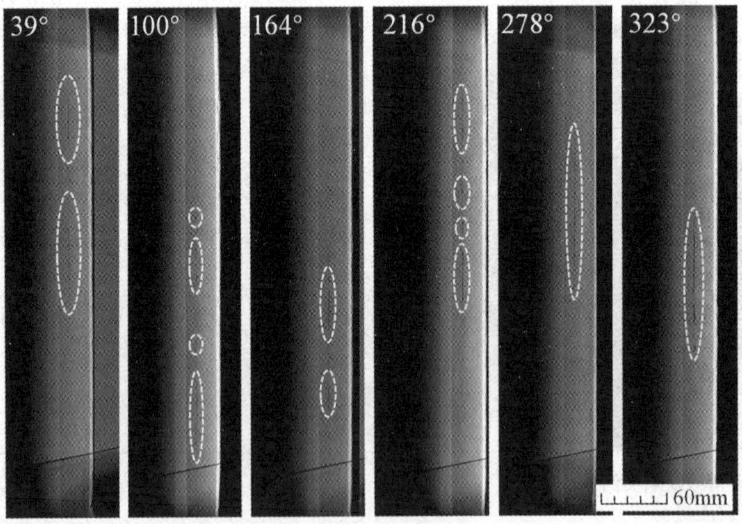

图 4　气瓶直筒段的分层缺陷

表 1　分层缺陷的统计

面积/mm^2	0～500	500～1000	1000～1500	1500～2000	2000～2500	2500～5000
数量	164	7	10	3	2	1
面积占比	19.14 %	11.69 %	31.33 %	14.12 %	11.91 %	11.81 %

2 缺陷对复合材料力学性能的影响

复合材料气瓶中存在的缺陷在尺度上大都属于微观和细观缺陷，其特征尺寸远远小于气瓶整体的几何尺寸，如果将褶皱缺陷按照纤维丝束的真实弯曲形貌进行建模，不但建模困难且计算成本巨大。对于分层缺陷，分层间隙大都小于 2 mm，远低于气瓶壁厚，而且尺寸分散、位置随机，如果按照分层缺陷的真实几何和空间分布进行建模，也同样会导致模型和网格划分方面无法克服的困难。

为了准确评估细观缺陷对复合材料力学性能的影响，采用基于多尺度分析的均匀化方法，建立一个包含完整细观缺陷的代表性体积单元(RVE)，推导 RVE 的等效刚度矩阵，获得细观缺陷对复合材料力学性能的影响规律。

以图 5 所示的褶皱缺陷细观力学模型为例，采用两步均匀化方法，首先将 RVE 模型沿水平方向分割成若干窄带，在每条窄带内部沿垂直方向均匀化，求得每条窄带的刚度矩阵；再将每条窄带进行水平方向均匀化，即可得到含褶皱缺陷单元整体的等效刚度矩阵。垂直方向均匀化和水平方向均匀化的具体步骤可参见课题组已完成的相关工作[17-20]。

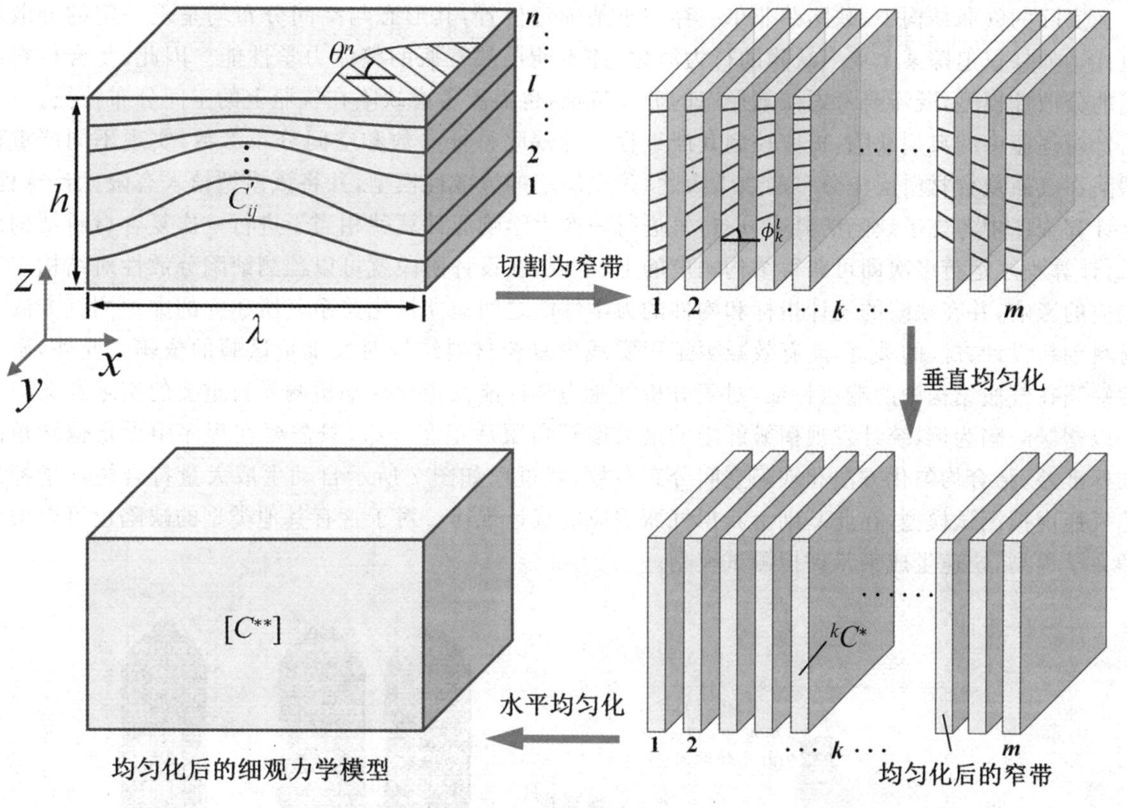

图 5 梯度型褶皱的细观力学模型

分层和弱粘接缺陷同属复合材料界面缺陷的典型类型，当界面粘接强度有所降低但还未出现几何上的间断面时，可视为界面弱粘接缺陷，随着界面粘接强度进一步降低直至界面完全分离，则可视为分层缺陷。图 6 给出了含分层缺陷的界面模型，其中界面层可视为零厚度的层，分别具有法向和切向界面刚度系数 K_n 和 K_t(单位:GPa/mm)，当 K_n(或 K_t)趋向无穷大时，界面为理想粘接，当 K_n(或 K_t)趋向 0 时，界面发生完全分离，因此图 6 所示的界面模型可描述从完美粘接到完全分层的界面特性。界面也可视为具有一定厚度(如 0.1%壁厚)的界面层，关于分层/弱粘接界面等效刚度矩阵的推导，可参考课题组相关的工作[21]。

求解上述细观缺陷模型对应的等效刚度矩阵，可直接作为气瓶缺陷区域的材料模型使用，从而避免

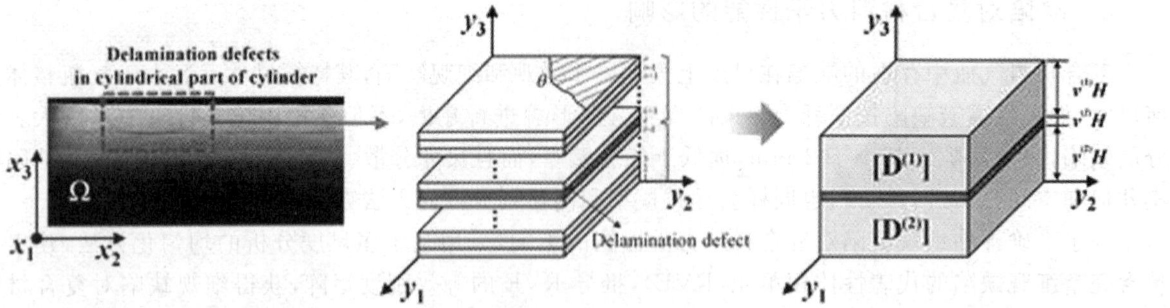

(a)气瓶中的分层缺陷　(b)含分层缺陷的周期性叠层材料　(c)三维单胞模型

图6　分层缺陷模型

了从几何上对缺陷进行仿真的困难,为含缺陷气瓶力学响应的高效分析预测奠定了理论基础。

3　分散性缺陷对气瓶响应的影响

在实际的气瓶结构中,缺陷并非单一存在于某确定位置,其形态与空间分布均呈现一定的分散性与随机性。如果仅追踪某个单一缺陷的行为演化,并不能反映气瓶的整体力学性能。因此,复合材料细观缺陷的分散性模型,既需要考虑缺陷形态的分布特征,也需要考虑缺陷在气瓶上的空间分布特征。

针对气瓶中的典型缺陷,提取控制其严重程度的缺陷特征参数和空间分布参数,实现不同严重程度的缺陷在气瓶复合材料层中分布的数学表达,建立缺陷的分散性模型,并将该模型植入有限元计算程序。由于计算程序中考虑了缺陷的概率分布,每进行一次力学响应计算就相当于进行一次复合材料结构虚拟测试,计算程序运行多次即可获得结构响应的上、下限,在设计阶段就可以预测缺陷分散性对结构宏观力学响应的影响,并在缺陷的统计指标和构件的力学性能之间建立量化关系。所建立的虚拟测试方法是复合材料创新设计方法的关键,能有效减少工程实践中复合材料结构对大批量试验的依赖。此外,研究分散性缺陷在气瓶结构中的响应特征,对于分析气瓶力学性能及指导缺陷检测具有重要的实际意义。

以褶皱缺陷为例,统计发现褶皱纤维的最大偏转角服从正态分布,只需要在程序中设定偏转角的均值和标准差,结合均匀化方法和缺陷空间分布参数,就可以如图7所示自动生成大量符合统计指标的含缺陷气瓶虚拟测试模型,在此基础上获得气瓶响应的统计规律。对于含有其他类型的缺陷也可以根据其数学力学模型,快速生成大量虚拟测试模型。

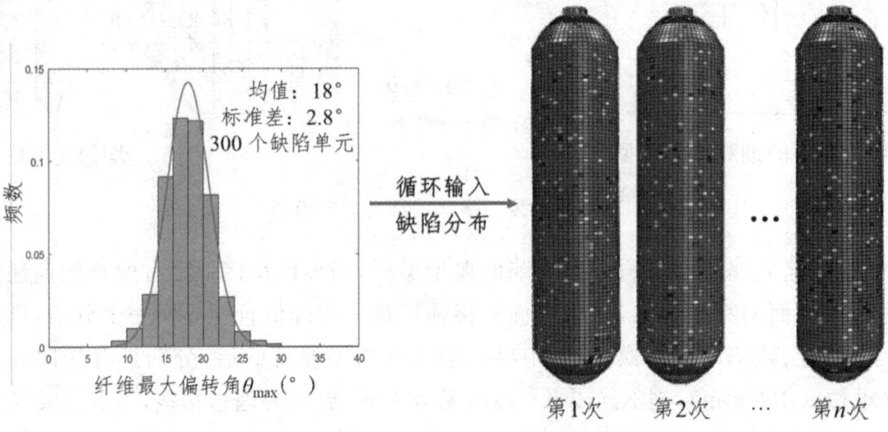

图7　含分散性缺陷的气瓶虚拟测试模型

图8预测了随机分布的分层缺陷在气瓶内压加载下引起的表面径向位移和位移梯度分布,如图所示,分层缺陷引起气瓶径向位移梯度图是成对出现的等值线条纹,这一独特现象也被后续的激光剪切散

斑干涉试验所证实。

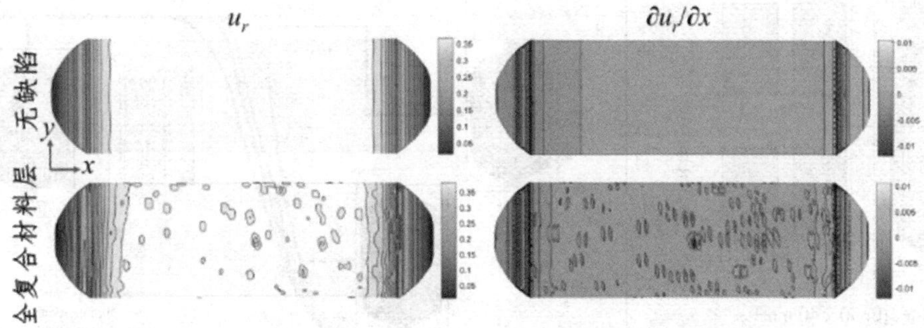

图 8　随机分布的分层缺陷引起气瓶表面径向位移 ur 及位移梯度 ∂ur/∂x

4　分层缺陷对屈曲临界载荷的影响

深海环境下，气瓶受外部静水压的影响，其屈曲问题也不可忽视。对于公称容积 55L，公称工作压力 35 MPa 的铝内胆碳纤维全缠绕气瓶，在两端固支约束情况下，采用线性摄动一特征值屈曲分析和子空间迭代法求解屈曲因子。根据特征值屈曲分析结果，气瓶的一阶以及二阶屈曲模态如图 9 所示，一阶屈曲因子 89.179，二阶屈曲因子 107.40。气瓶以整体屈曲形式为主，最大位移发生在筒体段。

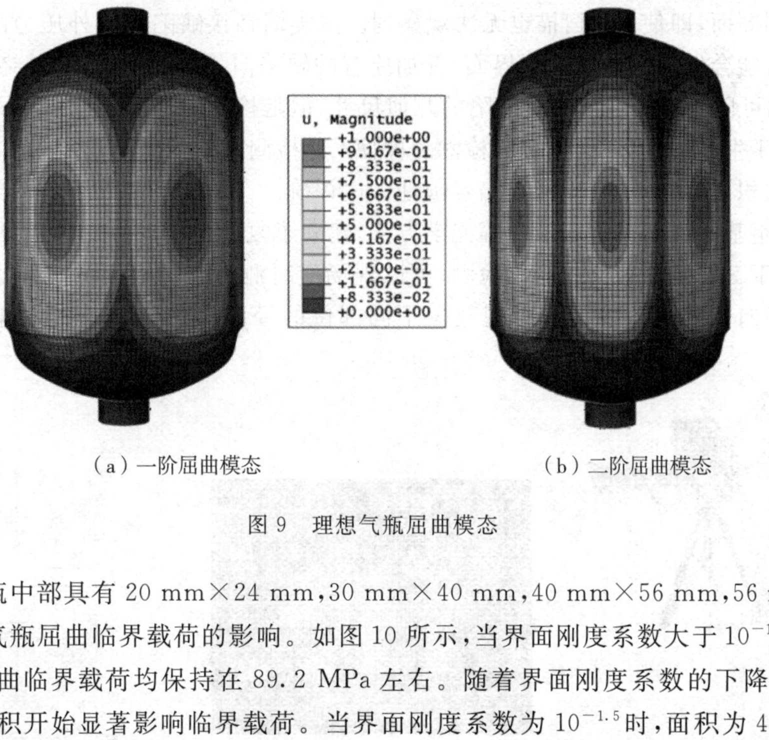

(a) 一阶屈曲模态　　(b) 二阶屈曲模态

图 9　理想气瓶屈曲模态

现分别考虑气瓶中部具有 20 mm×24 mm，30 mm×40 mm，40 mm×56 mm，56 mm×72 mm 四种面积的分层缺陷对气瓶屈曲临界载荷的影响。如图 10 所示，当界面刚度系数大于 10^{-1}时，缺陷面积对屈曲因子影响不大，屈曲临界载荷均保持在 89.2 MPa 左右。随着界面刚度系数的下降，界面退化为弱粘接状态，分层缺陷面积开始显著影响临界载荷。当界面刚度系数为 $10^{-1.5}$时，面积为 480 mm^2 的弱粘接缺陷仍保持较高的屈曲因子，达到 89.047，而面积为 3600 mm^2 的弱粘接缺陷对应的屈曲因子下降了 58%。随着界面刚度系数的进一步降低到 10^{-2}，界面已接近完全分层，屈曲模态从整体屈曲跃变到局部屈曲模式，此时气瓶的实际承载能力应进一步通过后屈曲分析确定。

由于目前所采用的分层/弱粘接模型基于理想化的层间界面，当界面刚度系数大于 10^0 或小于 10^{-3} 时，可认为界面完美粘接或完全分层，对于处在 10^0～10^{-3}之间的界面刚度系数与粘接强度的对应关系，还需要进一步界定。

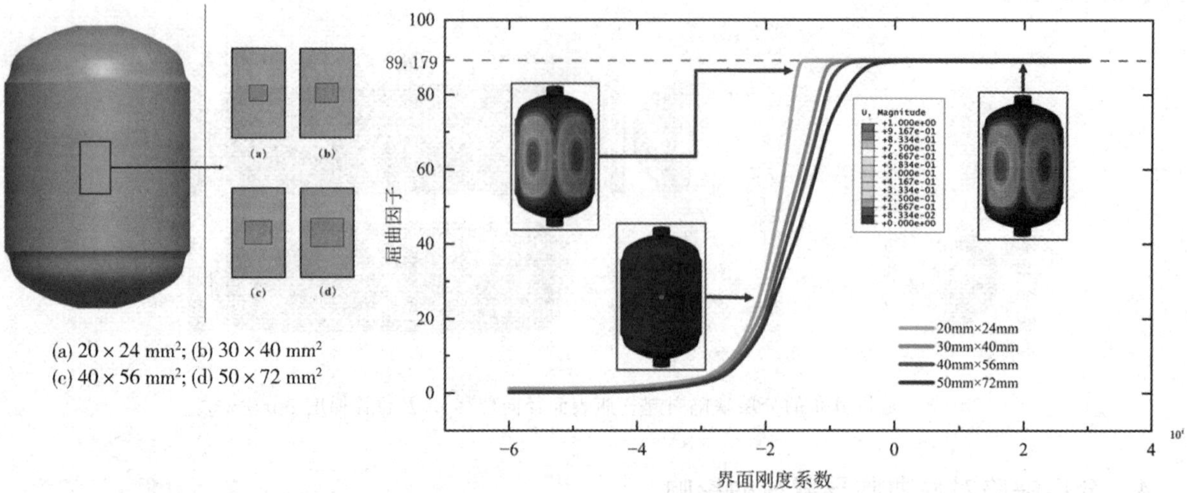

图 10　不同缺陷面积以及不同界面刚度系数对应气瓶屈曲因子

5　长周期运行过程中的检测评价

作为潜艇的“鱼鳔”，碳纤维全缠绕的高压气瓶关乎潜艇和艇员的生命安全。气瓶原有的制造缺陷会直接影响气瓶的强度和寿命，更危险的情况是，对于弱粘接界面，初期仅仅只是界面结合强度降低，并没有形成几何上的间断面，即使 CT 扫描也无法观察到。这类弱粘接缺陷在内外压力的循环变化和长期的海水浸泡腐蚀下可能会发展出新的分层界面，叠加原有的缺陷演化，导致结构的最终失效。

虽然 CT 检测可以获得复合材料层缺陷的几何尺寸，但是检测费用高、效率低，并且存在一定的辐射剂量，很难直接用于生产/工作现场的实时检测。即使 CT 检测获得了缺陷形貌，还需要通过复杂的仿真分析或长期的经验积累，才能对气瓶的缺陷容限性做出评价。

近年来，课题组基于机器视觉和激光等光学方法，建立了复合材料气瓶变形和缺陷响应的检测方法。如图 11 所示的基于三维视觉的气瓶变形检测，可以现场实时测量气瓶表面的三维点云并结合点云重构技术提取气瓶的径向位移。试验结果发现气瓶不同部位的径向膨胀量与气瓶内部缺陷的面积呈强相关性。

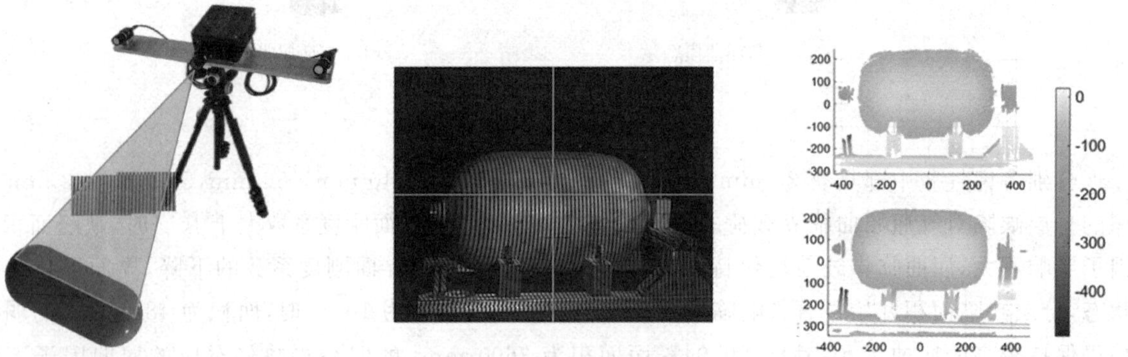

基于光栅投影的三维视觉测量　　内压加载下的气瓶投影图　　不同内压下的气瓶三维形状

图 11　基于三维机器视觉的气瓶变形检测

图 12 所示的基于迈克尔逊干涉原理的激光剪切散斑干涉方法，仅在 0.7%的工作压力下，即能够较好地观测到分层缺陷诱发的成对出现的干涉条纹畸变信号，反映出微米级的位移梯度变化，所检测出的缺陷响应与 CT 观测到的缺陷在气瓶位置上具有高度的对应关系，如图 13，验证了该方法的有效性。

未来将针对气瓶典型缺陷，固化检测条件和检测参数，对于经历每次潜航返回的气瓶，应用上述光学测量方法即可高灵敏度地识别气瓶性能的退化程度，实现高效的检测评价。

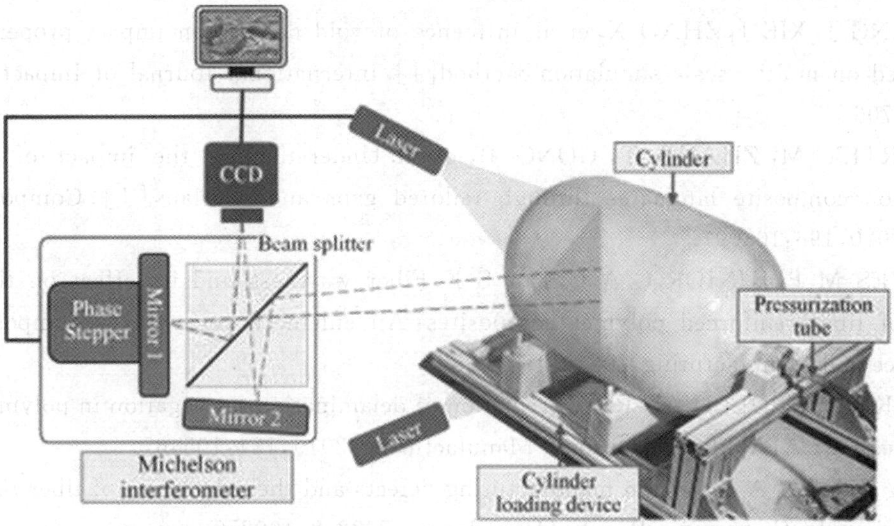

图 12　基于迈克尔逊干涉原理的气瓶无损检测

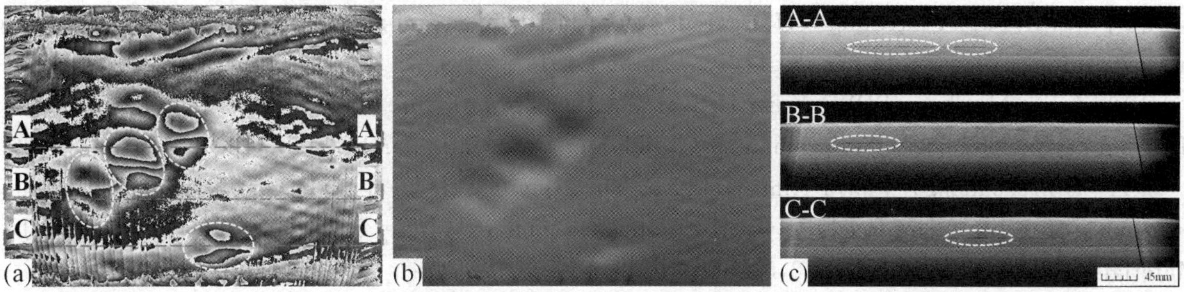

图 13　气瓶激光剪切散斑干涉测量结果与 CT 扫描结果对比

此外潜艇气瓶全寿命服役周期中，还需要对气瓶抵抗冲击爆炸的能力进行评价，冲击载荷作用过程中，仅仅将气瓶作为理想复合材料与现实中气瓶存在的大量制造缺陷有较大差距，需要全面考虑气瓶本身的制造缺陷以及纤维和基体动态响应的应变率效应，才能对气瓶抗冲击性能进行较为准确的评价。目前复合材料动态响应研究主要集中在低速冲击，应变率效应相关的研究较少，国际上有相关学者提出了复合材料断裂能的应变率效应，在复合材料损伤失效预测中取得较好的成效，值得在复合材料气瓶的动态响应和失效评估方面进一步借鉴。

6　结　论

碳纤维全缠绕气瓶作为储氢容器已经取得了长足的发展，然而钛合金内胆碳纤维全缠绕压力容器作为潜艇配备的气瓶，需要考虑深海环境带来的更多极端条件。本文探讨了碳纤维全缠绕气瓶应用于深海环境所面临的风险，包括气瓶制造缺陷不可避免、缺陷对气瓶性能的影响、海水腐蚀和压力循环所造成的性能退化检测和评价难题等。总结了课题组近年来在气瓶细观缺陷多尺度力学建模、缺陷响应预测和光学无损检测等方面取得的进展，指出了未来的研究方向。

参考文献

[1] SURIANI M J, RAPI H Z, ILYAS R A, et al. Delamination and manufacturing defects in

natural fiber - reinforced hybrid composite:A review[J]. Polymers,2021,13(8):1323.

[2] DONG C. Effects of process - induced voids on the properties of fibre reinforced composites [J]. Journal of Materials Science & Technology,2016,32(7):597—604.

[3] ZHANG J,XIE J,ZHAO X,et al. Influence of void defects on impact properties of CFRP laminates based on multi - scale simulation method[J]. International Journal of Impact Engineering, 2023,180:104706.

[4] NARTEY M, ZHANG T, GONG B, et al. Understanding the impact of fibre wrinkle architectures on composite laminates through tailored gaps and overlaps[J]. Composites Part B: Engineering,2020,196:108097.

[5] ALVES M P,JUNIOR C A C,HA S K. Fiber waviness and its effect on the mechanical performance of fiber reinforced polymer composites: An enhanced review[J]. Composites Part A: Applied Science and Manufacturing,2021,149:106526.

[6] DRAKE D A,SULLIVAN R W. Prediction of delamination propagation in polymer composites [J]. Composites Part A:AppliedScience and Manufacturing,2019,124:105467.

[7] FU Y,YAO X. A review on manufacturing defects and their detection of fiber reinforced resin matrix composites[J]. Composites Part C:Open Access,2022,8:100276.

[8] Elkolali M,Alcocer A. Design and Testing of a Composite Pressure Hull for Deep Autonomous Underwater Vehicles[J]. IEEE Access,2022,10:85831—85842.

[9] Wei B,Cao H La,Song S H. Degradation of basalt fibre and glass fibre/epoxy resin composites in seawater[J]. Corrosion Science,2011,53(1):426—431.

[10] Johar M,Chong WWF,Kang H S,et al. Effects of moisture absorption on the different modes of carbon/epoxy composites delamination[J]. Polymer Degradation and Stability,2019,165:117—125.

[11] S hreepannaga,Vijaya Kini M,Pai D. The Ageing Effect on Static and Dynamic Mechanical Properties of Fibre Reinforced Polymer Composites under Marine Environment - A Review[J]. Materials Today:Proceedings,2022,52:689—696.

[12] Fanglin Cong,Runbo Zhang,Wendong Li,et al. Buckling analysis of moderately thick carbon fiber composite cylindrical shells under hydrostatic pressure[J]. Applied Ocean Research, 2024, 153:104272.

[13] 孔鑫磊,静水压下碳纤维复合材料耐压壳承载性能优化设计研究[D]. 哈尔滨工程大学,2024.

[14] 李永胜,王纬波,姜旭,等. 静水外压下纤维缠绕复合材料圆柱厚壳的稳定性研究[J]. 船舶力学,2024,28(09):1394—1404.

[15] Weili Wang, Yongmei Zhu, Longbo Zhou, et al. Buckling characteristics of carbon fiber composite/aluminium alloy combined cylindrical shells under external hydrostatic pressure[J]. International Journal of Pressure Vessels and Piping,2024,208:105125.

[16] NEBE M. In Situ Characterization Methodology for the Design and Analysis of Composite Pressure Vessels[M/OL]. Wiesbaden:Springer Fachmedien Wiesbaden,2022[2022—02—24].

[17] Li Ma, Shoulong Wang, Changchen Liu, Ange Wen, Kaidi Ying, Jing Guo, Experimental investigation of trans - scale displacement responses of wrinkle defects in fiber - reinforced composite laminates, Journal of Reinforced Plastics and Composites, 2024, Vol. 0 (0) 1 — 16, DOI10. 1177/07316844241273056,2024—08—23.

[18] Ange Wen,Li Ma * ,Jinyang Zheng. A novel modeling and virtual testing method of hydrogen storage COPV considering stochastic wrinkle defects. International Journal of Hydrogen Energy,2023, 48:33656—33668.

[19] Chuanchuan Shen, Li Ma＊, Ping Xu, Jinyang Zheng. Virtual testing of mechanical response of composite plates with normally distributed wrinkles. Composite Structures, 2019, 229: 111440.

[20] Chuanchuan Shen, Li Ma＊, Ange Wen, Jing Guo, Ping Xu, and Jinyang Zheng＊, Quantitative evaluation of the severity of wrinkles in carbon fiber composites, MECHANICS OF ADVANCED MATERIALS AND STRUCTURES, 2022, 29(26): 5596－5607.

[21] Chuanchuan Shen, Li Ma＊, Ping Xu, Jing Guo, Jinyang Zheng, Composite plates with randomly distributed weak bonding: Heterogeneity and virtual testing, Mechanics of Advanced Materials And Structures, 2022, 29(25), 4329－4342.

作者简介

马利，女，副教授，博士生导师，主要从事复合材料力学、光学无损检测，冲击动力学与极端承压设备，通信地址：浙江省杭州市西湖区浙江工业大学屏峰校区机械工程学院，E－mail：malizjut@zjut.edu.cn。

内压椭圆形封头形状缺陷评价方法

李克明[1,2,3],黄一帆[1],沈　涛[1],金泽霖[1],吕博斐[1]

(1. 浙江大学 特种装备研究所,杭州 310027;2. 高压过程装备与安全教育部工程研究中心,杭州 310027;
3. 能源高效清洁利用全国重点实验室,杭州 310027)

摘　要:内压椭圆形封头由于其过渡段受环向压缩应力可能导致屈曲失效,尤其是超大超薄封头不可避免地存在制造形状缺陷,显著影响封头的屈曲承载力。然而,传统样板难以测量大尺寸封头形状缺陷,存在测量数据不完整、测量精度差等问题,现行的封头形状缺陷评价方法未全面考虑封头实际制造形状缺陷特征且欠缺基于形状缺陷敏感性的理论依据。首先,采用三维激光扫描仪测量封头形貌,确定实测封头缺陷类型并给出过渡段整体外凸形状缺陷、局部棱角形状缺陷表征公式;其次,建立含形状缺陷的椭圆形封头屈曲分析模型,分析形状缺陷幅值、封头径高比和径厚比对不同材料的封头屈曲承载力的影响;最后基于封头形状缺陷敏感性曲线和屈曲压力折减系数,建立了过渡段整体外凸形状缺陷、局部棱角形状缺陷和两者组合形状缺陷的最大允许幅值指标,提出了基于三维激光扫描技术的内压椭圆形封头形状缺陷评价方法。

关键词:内压椭圆形封头;形状缺陷;屈曲失效;三维激光扫描技术;非线性有限元分析

Method for evaluating shape imperfections of ellipsoidal heads under internal pressure

LI Keming[1,2,3],Huang Yifan[1],SHEN Tao[1],JIN Zelin[1],LYU Bofei[1]

(1. Institute of Advanced Equipment,Zhejiang University,Hangzhou 310027,China;
2. Engineering Research Center for High Pressure Process Equipment and
Safety of Ministry of Education,Hangzhou 310027,China;
3. State Key Laboratory of Clean Energy Utilization,Hangzhou 310027,China)

Abstract: Internally pressurized ellipsoidal head may experience failure due to buckling in its knuckle under circumferential compressive stress, especially for large - scale and thin - walled heads, which inevitably have manufacturing shape imperfections that affect their buckling bearing capacity. However, traditional templates are difficult to use for measuring large - scale head shape imperfections, leading to incomplete measurement data and poor accuracy. Current methods for evaluating head shape imperfections fail to fully consider actual manufacturing shape imperfection characteristics of the heads and lack a theoretical basis based on shape imperfection sensitivity. First, we used a 3D laser scanner to measure the head shapes, determined the measured imperfection types, and established formulas for characterizing overall convex shape imperfection and local bugle shape imperfections at head knuckle. Next, a buckling analysis model for ellipsoidal heads with shape imperfections is established, analyzing the influences of shape imperfection amplitude, radius - to - height ratio, and radius - to - thickness ratio on head buckling bearing capacity. Finally, based on head shape imperfection sensitivity curves and buckling pressure reduction factor, the maximum allowable amplitude indicators for overall convex shape imperfections, local bugle shape imperfections, and combined shape imperfections in the knuckle are established. A method based on 3D laser scanning technology is proposed for evaluating head shape imperfections of ellipsoidal heads under internal pressure.

Keywords: internally pressurized ellipsoidal head; shape imperfection; buckling failure; 3D laser scanning technology; nonlinear finite element analysis

0 引 言

内压椭圆形封头是压力容器常用基础件，在石化、核电、食品加工等领域广泛应用。随着压力容器大型化，椭圆形封头尺寸极端化，例如“国和一号”压水堆核电站钢安全壳封头的底面直径达到 43m，由 82 块厚度 43 mm 的瓣片拼接而成[1-2]。即使在内压作用下由于椭圆形封头过渡段受环向压缩应力作用，可能发生屈曲失效，特别是大尺寸薄壁封头，而且此种封头在制造过程中不可避免产生形状缺陷，影响封头的屈曲承载能力。因此需要控制内压椭圆形封头形状缺陷。

传统的封头形状测量评价方法通常采用带间隙的全尺寸内样板检查封头内表面形状偏差，此种测量方法难以全面、准确获得封头形状缺陷特征，且测量效率低。三维激光扫描作为一种新型非接触式大空间测量技术，可实现大尺寸封头形状测量，更精准地获得封头形状缺陷。很多学者采用三维激光扫描技术研究形状缺陷对封头屈曲的影响。郑津洋院士团队[3-8]利用三维激光扫描仪测量了椭圆形封头整体形状，研究了含形状缺陷的椭圆封头内压屈曲行为，建立了内压椭圆形封头抗屈曲设计方法。ZHANG 等[9-10]采用三维激光扫描技术研究了外压封头的屈曲性能。WANG 等[10]采用三维激光扫描技术研究了外压薄壁碟形封头的缺陷敏感性。ZHENG 等[12]利用三维激光扫描仪测量了 6 个固支球冠封头形状，研究了屈服强度、封头尺寸、缺陷幅值对球冠折减因子的影响。

压力容器标准规定了椭圆形封头形状缺陷的允许值。美国标准 ASME BPVC Ⅷ-2，中国标准 GB/T 150.4、GB/T 4732.6 和 GB/T 25198 规定了相同的封头形状偏差允许值，即最大形状偏差外凸不得超过封头内直径的 1.25%，最大形状偏差内凹不得超过内直径的 0.625%。可见上述标准规定的封头形状偏差评价方法未区分形状缺陷的类型和位置，也未考虑封头尺寸等因素的影响。为更准确地评价封头形状缺陷，研究人员致力于研究形状缺陷的表征方法，分析不同类型缺陷对封头承载力的影响程度。ZHENG 等[5]建立了封头过渡段焊接接头棱角局部形状缺陷，初步分析了焊接接头棱角缺陷对椭圆形封头屈曲压力的影响，结果表明屈曲压力随着焊接接头棱角高度的增加而减小。SHEN 等[8]建立了基于三维激光扫描技术的椭圆形封头正弦函数表征公式，研究表明过渡段整体经向外凸缺陷显著降低封头屈曲承载能力，并初步提出最大允许形状缺陷的控制方法。可见，目前仍缺少对椭圆形封头形状缺陷敏感性的研究，更是缺少合理的形状缺陷评价方法。

本文首先基于三维激光扫描仪测量的封头形状，分析封头形状缺陷特征，给出封头形状缺陷的表征公式。其次，建立含形状缺陷的内压椭圆形封头有限元分析模型，确定封头屈曲压力。再次，研究材料性能、缺陷尺寸、径高比和径厚比等参数对封头屈曲压力的影响规律。最后，提出基于三维激光扫描的椭圆形封头形状缺陷评价方法，给出应用案例分析。

1 基于三维激光扫描的实测封头形状缺陷表征

1.1 形状测量

作者团队利用三维激光扫描仪完成了一系列包括不同尺寸、制造工艺的封头形状扫描工作，获得的典型椭圆形封头形状缺陷见图 1。1 号封头为直径 5000 mm、壁厚 5.5 mm 的标准椭圆形封头，2 号封头为直径 4797 mm，壁厚 5.5 mm 的非标准(径高比为 1.591)椭圆形封头。由图 1 可知，1 号封头过渡段外凸形状缺陷峰值为 39 mm，球冠区内凹缺陷峰值为 26 mm；2 号封头过渡段外凸形状缺陷峰值为43 mm，球冠区内凹缺陷峰值为 31 mm。由于 1 号和 2 号封头均采用分瓣焊接方式制造,其形状缺陷分布规律相似,表现为缺陷在过渡段外凸而在球冠区内凹。同时,两个封头过渡段存在明显的由于瓣片焊接导致的焊接接头棱角缺陷,这些棱角缺陷沿着封头周向呈现周期性分布的特征。

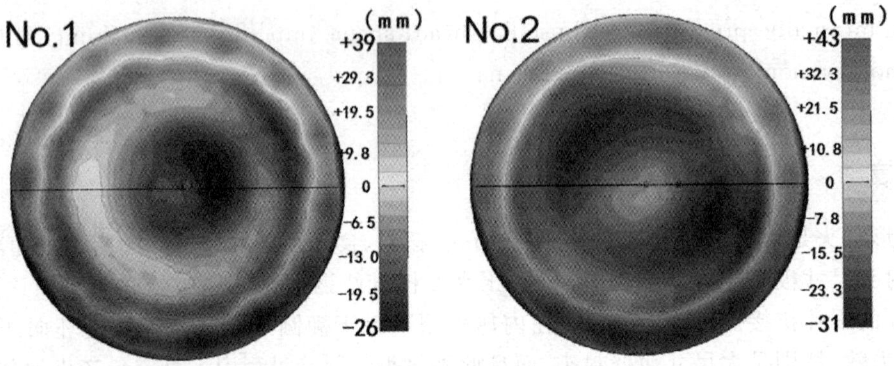

图 1　椭圆形封头形状缺陷[4]

1.2　缺陷表征

提取实测封头模型上各点的直角坐标值,并计算其与相应理想形状封头沿法线方向交点的距离,即可得到各点的形状缺陷幅值。为便于图像表征封头形状缺陷,将封头直角坐标(x,y,z)转化为球坐标(ρ,θ,φ)。因为实测各点均在一个形状已知的理想形状封头上,当方位角 θ 和极角 φ 确定时,即可确定该点在封头上的位置。因此,可将封头形状缺陷幅值 δ_p 表示为方位角 θ 和极角 φ 的函数。采用上述方法处理实测形状缺陷数据,获得 1 号和 2 号实测封头在球坐标下的形状缺陷定量表征数据,如图 2 所示。可看出,在过渡段,即经向角度较小时,形状缺陷呈现先增大后减小的趋势,缺陷基本为正值(外凸缺陷);在球冠区,形状缺陷随经向角度增大而持续增大且负值(内凹缺陷)。此外,两个封头过渡段的形状缺陷沿着周向角度增大呈现波浪式变化,即为封头过渡段采用焊接加工导致的局部棱角缺陷,这与图 1 中形状缺陷的分布特征一致。

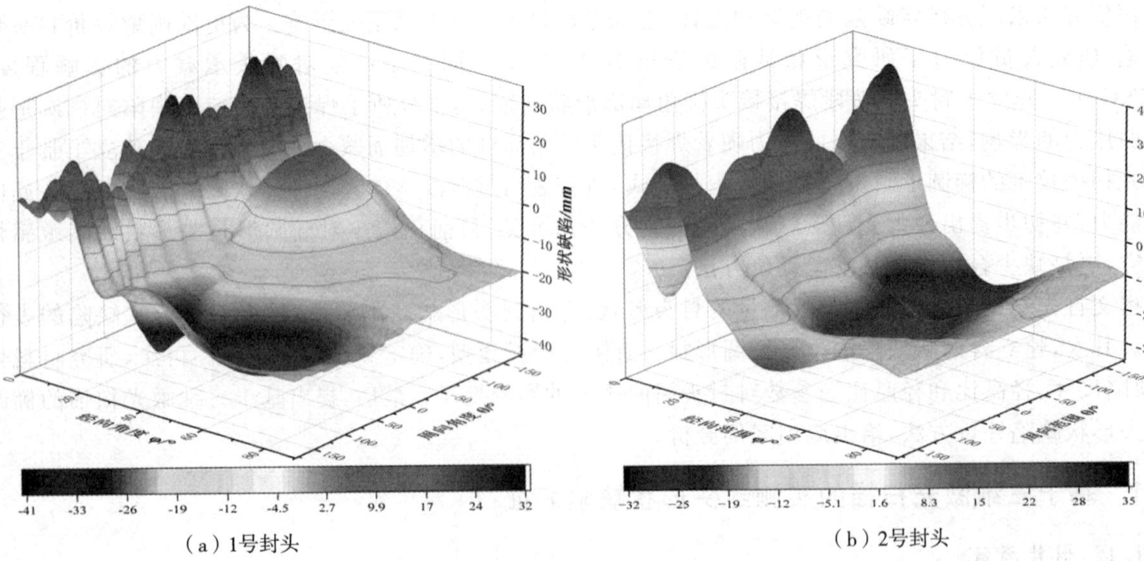

(a) 1号封头　　(b) 2号封头

图 2　椭圆形封头形状缺陷在球坐标系下的定量表征

根据图 2 中所示形状缺陷数据,分析形状缺陷幅值随经向角度的变化趋势,得到封头过渡段的外凸缺陷可通过正弦三角函数进行表征,其表征函数如公式(1)所示。同理提取图中封头过渡段局部棱角缺陷形貌,结合团队已取得的研究成果,建立以方位角 θ 和极角 φ 为自变量的局部棱角缺陷表征公式[4],如公式(2)所示。

$$\delta(\varphi)=\begin{cases}\delta_{p1}\sin\left(90^\circ\cdot\dfrac{\varphi-\varphi_1}{\varphi_2-\varphi_1}\right)+\delta_{or1},\varphi_1\leqslant\varphi\leqslant\varphi_2\\ \delta_{p2}\sin\left(90^\circ\cdot\dfrac{\varphi+\varphi_3-2\varphi_2}{\varphi_3-\varphi_2}\right)+\delta_{or2},\varphi_2\leqslant\varphi\leqslant\varphi_3\end{cases}\tag{1}$$

式中，δ_{p1}，δ_{p2}分别为整体外凸形状缺陷幅值，mm；φ_1，φ_2，φ_3 为缺陷的经向起始角度、峰值对应角度、经向终止角度，°；δ_{or1}，δ_{or2}分别为由不圆度引起的初始高度缺陷，mm。

$$\delta(\varphi,\theta)=\begin{cases}\delta_p\cdot\dfrac{\varphi-\varphi_1}{\varphi_2-\varphi_1}\cdot\dfrac{\theta-\theta_1}{\theta_2-\theta_1},\varphi_1\leqslant\varphi\leqslant\varphi_2,\theta_1\leqslant\theta\leqslant\theta_2\\ \delta_p\cdot\dfrac{\varphi-\varphi_1}{\varphi_2-\varphi_1}\cdot\dfrac{\theta-\theta_2}{\theta_3-\theta_2},\varphi_1\leqslant\varphi\leqslant\varphi_2,\theta_2\leqslant\theta\leqslant\theta_3\\ \delta_p\cdot\dfrac{\varphi-\varphi_1}{\varphi_3-\varphi_2}\cdot\dfrac{\theta-\theta_1}{\theta_2-\theta_1},\varphi_2\leqslant\varphi\leqslant\varphi_3,\theta_1\leqslant\theta\leqslant\theta_2\\ \delta_p\cdot\dfrac{\varphi-\varphi_2}{\varphi_3-\varphi_2}\cdot\dfrac{\theta-\theta_2}{\theta_3-\theta_2},\varphi_2\leqslant\varphi\leqslant\varphi_3,\theta_2\leqslant\theta\leqslant\theta_3\end{cases}\tag{2}$$

式中，δ_p 为局部棱角形状缺陷幅值，mm；θ_1 为缺陷的环向起始角度，°；θ_2 为缺陷峰值的环向角度，°；θ_3 为缺陷的环向终止角度，°。

2 封头内压屈曲行为及影响因素

2.1 封头屈曲有限元模型

使用ANSYS有限元分析软件建立内压椭圆形封头屈曲分析模型，模型包含球冠区、过渡段和筒体三个部分。由于封头具有薄壁特征，故建立壳体模型。封头所用材料参数见表1，采用 Von Mises 屈服准则，采用多线性各向同性强化的塑性材料本构关系，根据 ASME BPVC Ⅷ-2 附录3-D确定材料的应力-应变曲线。

表1 材料力学性能参数

材料	弹性模量 E/GPa	屈服强度 R_{eL}/MPa	抗拉强度 R_m/MPa	泊松比 μ
S30408	195	220	520	0.3
Q345R	200	345	510	
SA738B	202	415	590	

采用 shell181 壳单元划分网格。对于过渡段整体外凸形状缺陷，使用公式(1)表征该形状缺陷，通过改变节点位移的方法施加形状缺陷，获得含过渡段整体外凸形状缺陷的封头有限元模型如图3(a)所示。对于局部棱角形状缺陷，使用公式(2)表征该形状缺陷，同理获得含过渡段局部棱角形状缺陷的封头有限元模型如图3(b)所示。

模型内表面施加均布内压，筒体端部采用固定约束。考虑几何非线性和材料非线性的影响，采用基于弧长法的增量非线性有限元分析方法，通过引入弧长参数控制载荷步长和位移步长，模拟封头屈曲全过程，并预测屈曲压力。

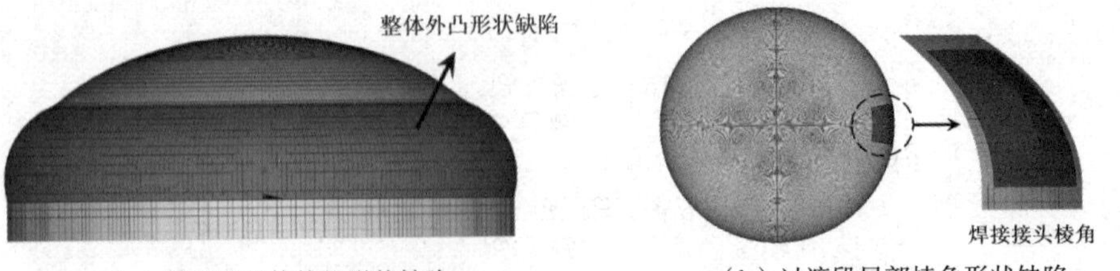

（a）过渡段整体外凸形状缺陷　　（b）过渡段局部棱角形状缺陷

图 3　含形状缺陷封头有限元模型(缺陷形状放大处理)

2.2　内压屈曲行为及影响因素分析

理想封头与含过渡段整体外凸缺陷封头的屈曲分析结果分别见图 4(a)和图 4(b)。由图可知,封头过渡段环向区域分布有周期性的波纹,即封头发生了屈曲。由于理想形状封头和含过渡段整体形状缺陷封头具有轴对称的特征,在没有发生屈曲时,封头同一纬线上各点的位移相同。随着压力的增大,同一纬线上的位移变化量出现差异,形成图中的波浪状起伏。提取一个相邻波峰和波谷的位移—压力曲线,可见图中曲线在压力较低时基本重合,而当压力分别达到 0.77 MPa(理想形状封头)和 0.59 MPa(过渡段整体外凸缺陷封头)时,波峰和波谷的位移曲线变化不一致,即认为封头开始发生屈曲。因此,确定该理想封头和过渡段整体外凸缺陷封头模型的屈曲压力分别为 0.77 MPa 和 0.59 MPa。

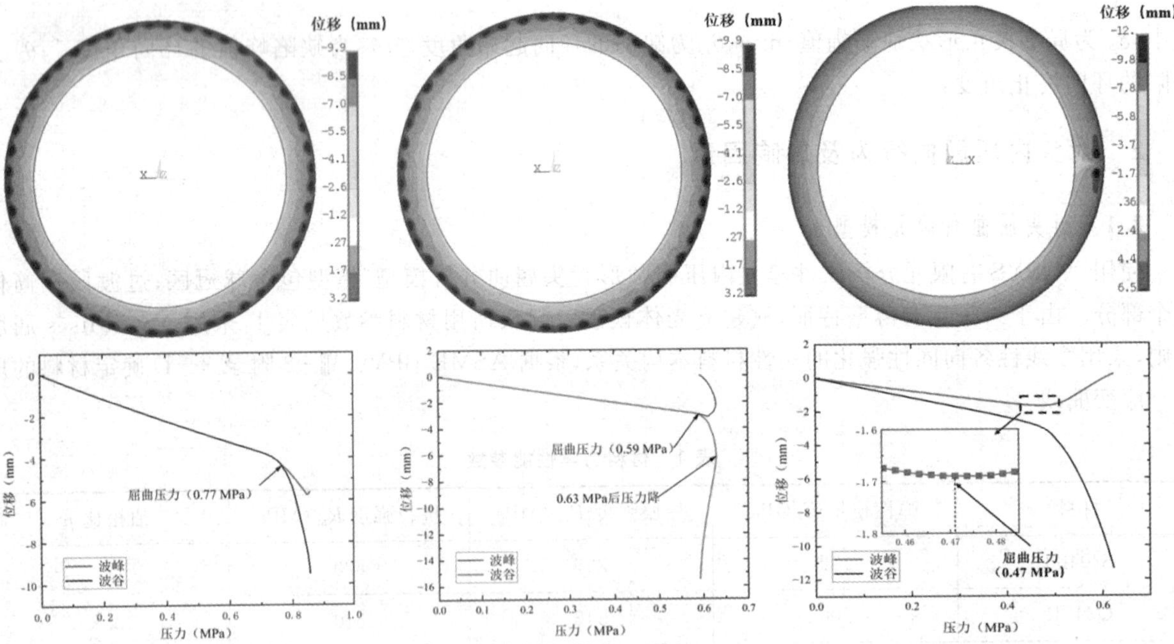

（a）理想封头　　（b）含过渡段整体外凸缺陷封头　　（c）含局部棱角缺陷封头

图 4　屈曲模态及位移—压力曲线

含局部棱角缺陷封头的屈曲压力模拟结果见图 4(c)。由图可知,由于局部缺陷不具备上述轴对称特性,使波峰和波谷的位移从一开始就出现不一致,不能采用理想封头与含过渡段整体外凸形状缺陷封头的屈曲压力判别方法进行计算。观察波峰波谷曲线的变化可知,当压力超过 0.47 MPa 时,波峰点的位移方向由向内变形转为向外变形,同时波谷点的位移变量急剧增大,可以认为屈曲波纹在此时形成。因此,确定该局部棱角缺陷封头模型的屈曲压力为 0.47 MPa。

利用含表征缺陷的椭圆形封头模型进行屈曲分析,进一步分析过渡段整体外凸缺陷和局部棱角缺陷的幅值对不同径厚比和径高比封头屈曲压力的影响规律，如图 5 和图 6 所示。可见，在不同径厚比和径高比条件下，随过渡段整体外凸缺陷和局部棱角缺陷的幅值增大，封头的屈曲压力降低，说明椭圆形封头对过渡段整体外凸缺陷和局部棱角缺陷敏感。

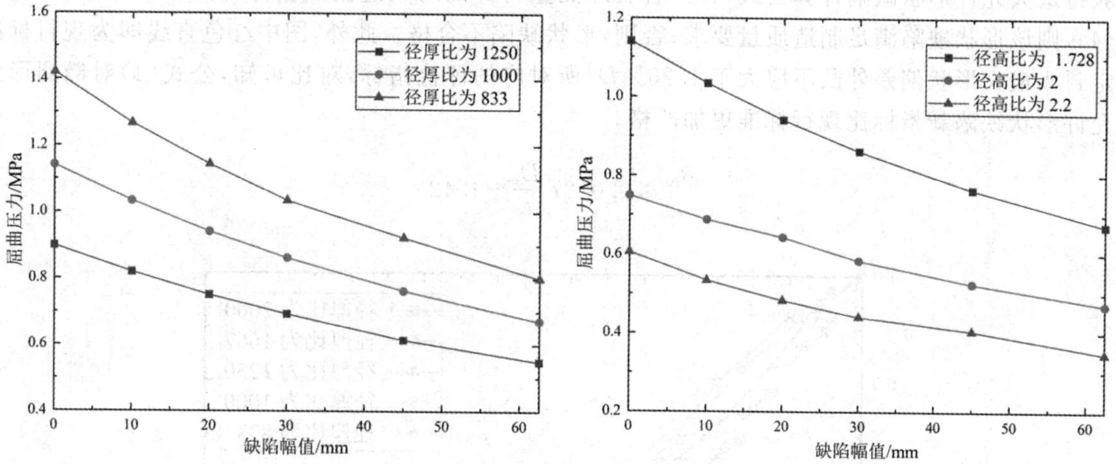

图 5　椭圆形封头过渡段整体外凸缺陷幅值对屈曲压力的影响

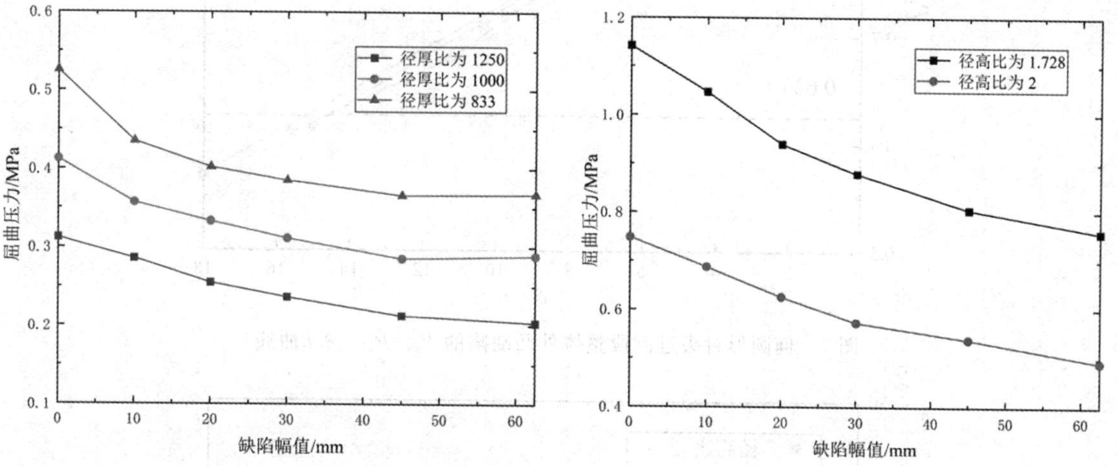

图 6　椭圆形封头局部棱角缺陷幅值对屈曲压力的影响

3　基于三维激光扫描技术的封头形状缺陷评价方法

3.1　最大允许形状缺陷确定

为了控制形状缺陷对封头屈曲承载能力的削弱作用，确保封头服役中不发生屈曲失效，需要提出最大允许形状缺陷的评价与控制指标，即将封头形状缺陷幅值控制在允许的范围内。根据作者团队关于封头屈曲数值模拟和试验研究工作，发现含缺陷封头的屈曲压力约为相应理想封头屈曲压力的 0.625 倍，因此确定封头的形状缺陷折减系数为 0.625[3]，即含形状缺陷封头屈曲压力 P_{im} 与理想形状封头屈曲压力 P_{id} 的比值应满足公式(3)，以保证按标准设计的封头不发生屈曲失效。

$$\frac{P_{im}}{P_{id}} \geqslant 0.625 \tag{3}$$

以形状缺陷幅值与封头壁厚的比值 δ/t 为横坐标，以 P_{im}/P_{id} 为纵坐标，计算不同尺寸、材料(Q345R、S30408、SA738B)的含过渡段整体外凸形状缺陷的封头的 $P_{im}/P_{id}-\delta/t$ 曲线，以该曲线与虚线

$P_{im}/P_{id}=0.625$ 的交点确定最大允许形状缺陷。以材料为 SA738B,径高比为 2 的封头模型计算结果为例,其 $P_{im}/P_{id}-\delta/t$ 曲线如图 7 所示。基于上述获得的不同尺寸和材料的封头最大允许形状缺陷幅值,建立缺陷幅值与封头壁厚的比值和封头径厚比的关系式,见图 8。为保守考虑,以缺陷幅值下限值进行拟合获得最大允许形状缺陷计算公式(4)。若实际测量得到的封头过渡段整体外凸形状缺陷值 δ_{pg} 满足公式(4),则该形状缺陷满足制造质量要求;否则,形状缺陷不合格。此外,图中红色直线即为现行标准允许规定封头最大形状偏差外凸不应大于 $1.25\%D_i$ 所对应的评价指标,对比可知,公式(4)对椭圆形封头最大允许形状缺陷新指标比现行标准更加严格。

$$\frac{\delta_{pg}}{t}\leqslant 0.0127\frac{D_i}{t}-4.42 \tag{4}$$

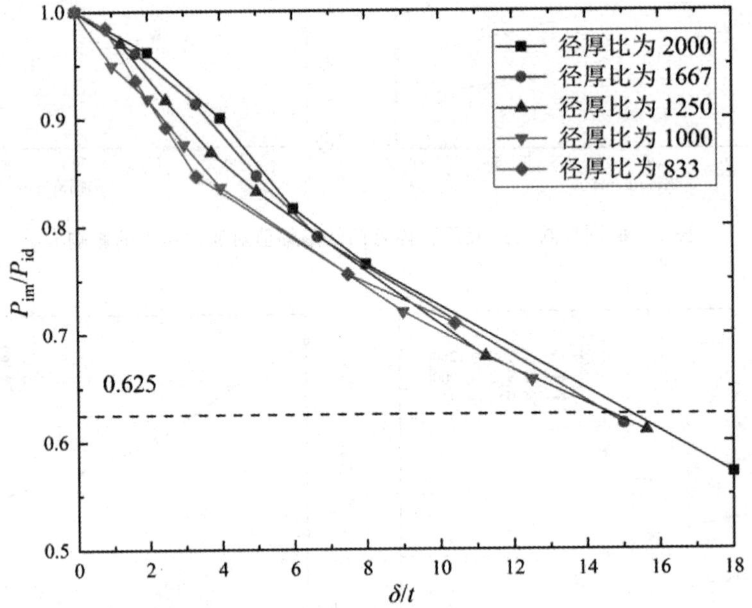

图 7　椭圆形封头过渡段整体外凸缺陷的 $P_{im}/P_{id}-\delta/t$ 曲线

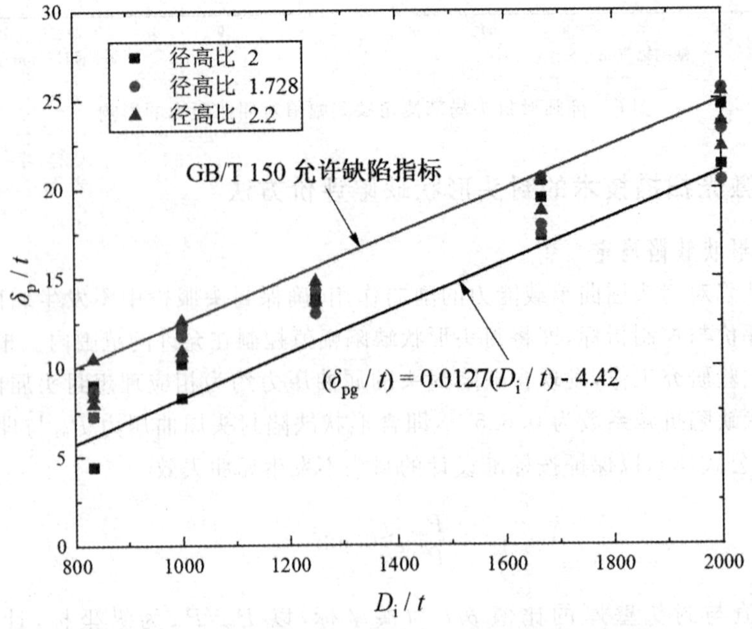

图 8　椭圆形封头过渡段整体外凸缺陷最大允许指标

同理，可以得到局部棱角缺陷对应的 P_{im}/P_{id}-δ/t 曲线，如图 9 所示。可看出，对于径厚比较大的封头，随缺陷高度增大，含形状缺陷封头的屈曲压力可降低至理想封头屈曲压力的 0.625 倍以下。对于径厚比较小的封头，随缺陷高度增大，含形状缺陷封头的屈曲压力下降趋势平缓，未降低至理想封头屈曲压力的 0.625 倍以下，此时认为形状缺陷满足要求。为保守考虑，取缺陷幅值下限值进行拟合获得最大允许形状缺陷的计算公式(5)，见图 10。当实测封头局部棱角缺陷 δ_{pl} 满足公式(5)，则形状缺陷满足要求；否则，形状缺陷不合格。

$$\frac{\delta_{pl}}{t} \leqslant 0.00279\frac{D_i}{t} + 8.04 \tag{5}$$

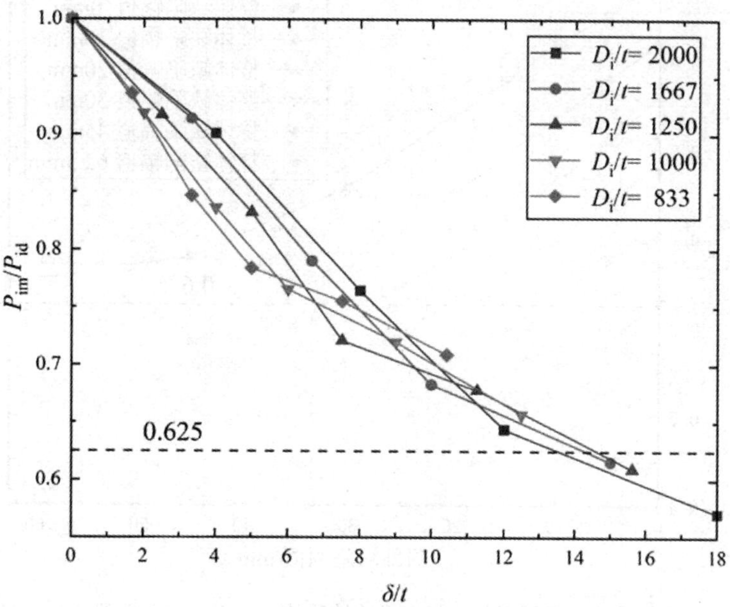

图 9　椭圆形封头局部棱角缺陷的 $P_{im}/P_{id}-\delta/t$ 曲线

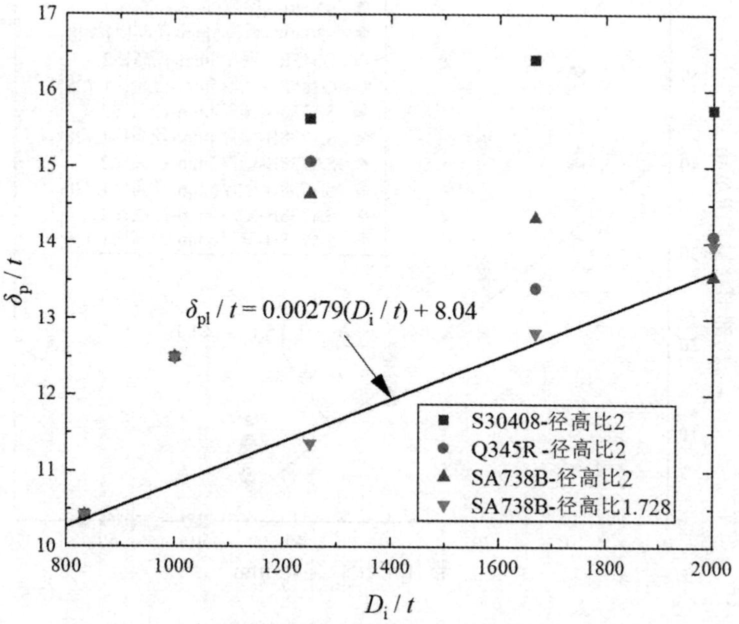

图 10　椭圆形封头局部棱角缺陷最大允许指标

对于过渡段整体外凸形状缺陷和局部棱角形状缺陷的组合形状缺陷，同样以公式(3)的评价指标，确定最大允许形状缺陷幅值，如图11所示。由公式(4)和公式(5)可知，整体缺陷幅值δ_{pg}、局部缺陷幅值δ_{pl}与壁厚t的比值与封头径厚比分别呈正比关系，构建含参数δ_{pg}/t、δ_{pl}/t和D_i/t的组合缺陷评价公式，推导后可得到公式(6)，见图12。若实测的过渡段整体外凸形状缺陷幅值和局部棱角形状缺陷幅值满足公式(6)，则形状缺陷合格；否则，形状缺陷不合格。

$$\frac{\delta_{pg}}{t}+1.42\frac{\delta_{pl}}{t}\leqslant 0.00808\frac{D_i}{t}+1.79 \tag{6}$$

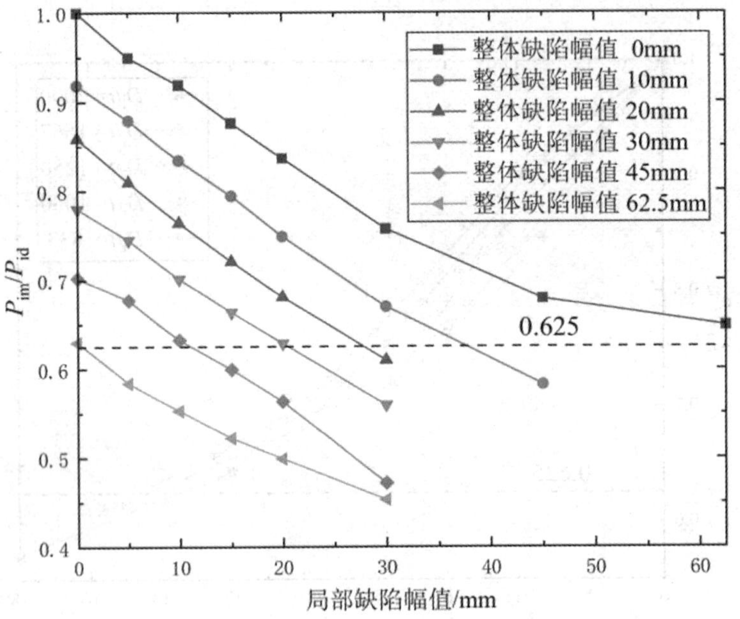

图11 椭圆形封头组合形状缺陷的$P_{im}/P_{id}-\delta/t$曲线

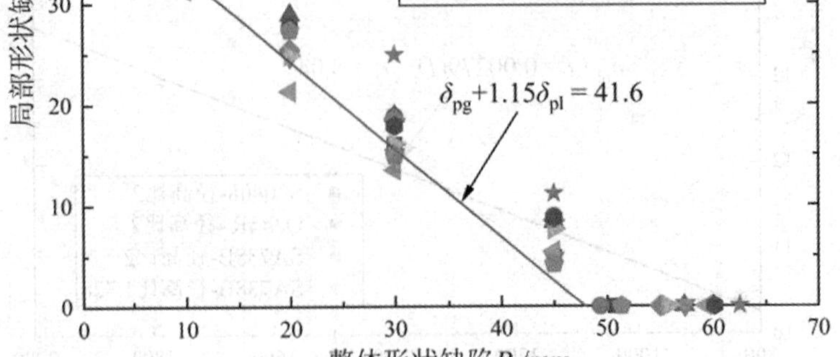

图12 最大允许组合缺陷评价方法

3.2　形状缺陷评价方法

为预防内压椭圆形封头受形状缺陷影响发生内压屈曲失效，结合前文研究内容，提出了一种基于三维激光扫描的形状缺陷评价新方法，其具体操作流程是：首先利用三维激光扫描仪测量实际封头形状。测量后，对点云数据进行处理，包括删除冗余数据、孔洞修复和降低表面粗糙度，最终形成封头实测形状模型。接着，建立理想形状封头模型，与实际形状模型对比获取形状缺陷，并确定过渡段最大缺陷位置。最后，根据缺陷类型，将测量的缺陷值及封头尺寸代入公式(4)、公式(5)或者公式(6)计算，判断缺陷是否合格，不合格则需修复或报废重造。具体评价流程见图13。

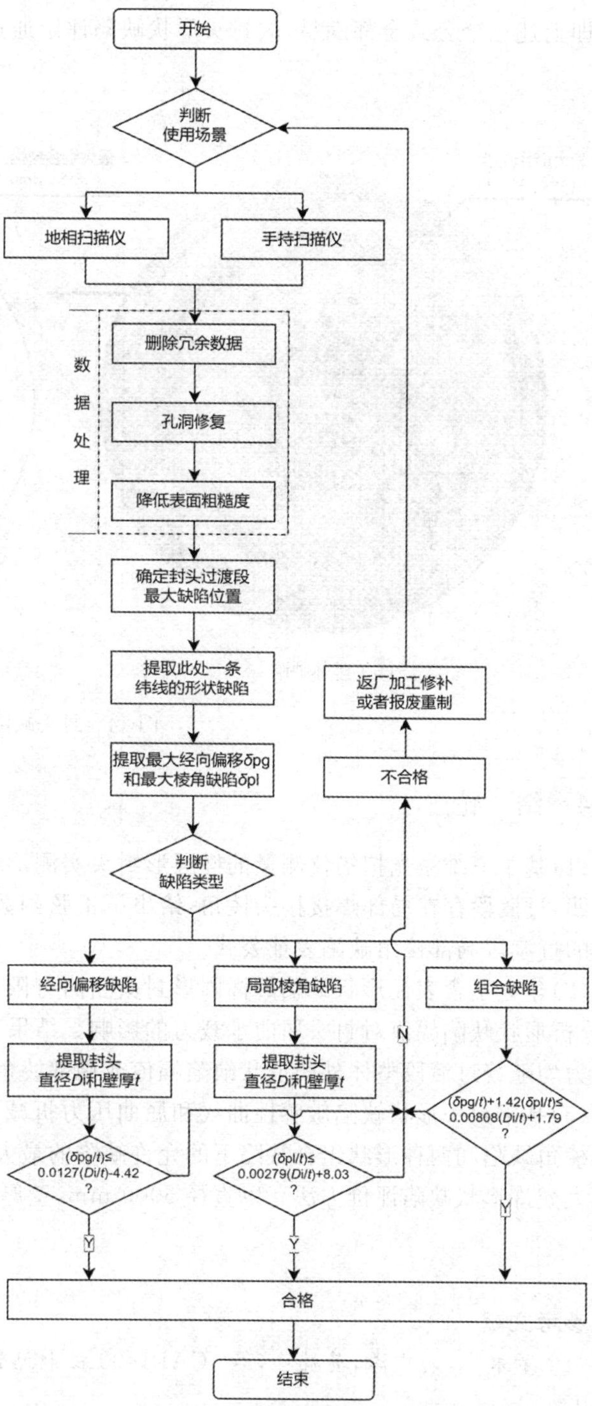

图13　椭圆形封头最大允许形状缺陷评价流程

3.3　应用实例

以封头(底面直径为5000 mm，壁厚为5.5 mm)为例展示形状缺陷评价过程。获得的封头形状缺陷结果如图14所示，可知该封头过渡段最大形状缺陷幅值为38.51 mm。提取对应高度上环向一周的形状缺陷值，如图14(b)所示，可见该封头既包含过渡段整体外凸缺陷，又存在明显的局部棱角形状缺陷。图中最大整体外凸缺陷幅值 $\delta_{pg-\max}$ = 22.54 mm，最小整体外凸缺陷幅值 $\delta_{pg-\min}$ = 1.74 mm，以两个数据之差的一半为过渡段周向不圆形状缺陷(δ_{pr} = 10.40 mm)。周向不圆缺陷封头在内压作用下会发生趋圆变形，减小或消除不圆，因此周向不圆缺陷对封头屈曲压力的影响小，可以忽略不计。以最大整体外凸缺陷幅值 $\delta_{pg-\max}$ 和最小整体外凸缺陷幅值 $\delta_{pg-\min}$ 的平均值为过渡段整体外凸形状缺陷(δ_{pg} = 12.14 mm)，以棱角顶点与底面最大差值为局部棱角缺陷幅值(δ_{pl} = 21.94 mm)故分别采用最大允许整体缺陷评价公式(4)、最大允许棱角缺陷评价公式(5)和最大允许组合缺陷评价公式(6)进行评定：

$$\frac{\delta_{pg}}{t}=2.207\leqslant 7.13=0.0127\frac{D_i}{t}-4.42$$

$$\frac{\delta_{pl}}{t}=3.99\leqslant 10.57=0.00279\frac{D_i}{t}+8.03$$

$$\frac{\delta_{pg}}{t}+1.42\frac{\delta_{pl}}{t}=6.08\leqslant 9.14=0.00808\frac{D_i}{t}+1.79$$

即上述三个公式全都满足,故封头形状缺陷评定通过。

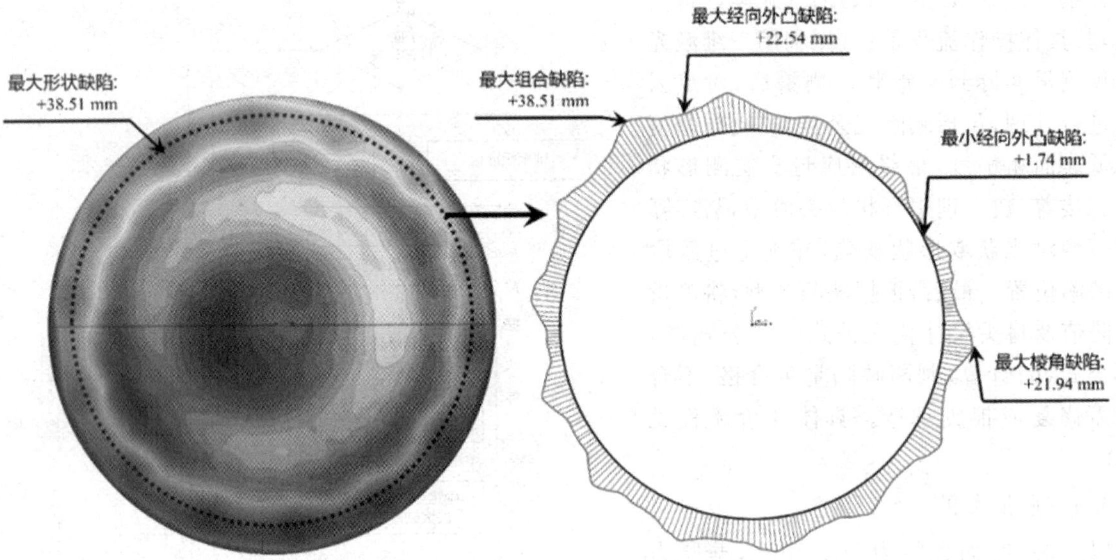

(a) 整体缺陷　　(b) 过渡段环线缺陷

图 14　封头缺陷示意图

4　结　论

(1)基于三维激光扫描仪测量的椭圆形封头实测形状缺陷,发现封头形状缺陷为过渡段外凸而球冠区内凹,过渡段存在局部焊接接头棱角,给出了正弦函数的过渡段整体外凸缺陷表征公式和分区域线性函数的过渡段局部棱角缺陷表征公式。

(2)建立了含表征形状缺陷的椭圆形封头屈曲有限元分析模型,分析了不同缺陷类型的封头屈曲行为,分析形状缺陷幅值对封头屈曲承载力的影响。结果表明,在不同封头径厚比或径高比情况下,封头屈曲压力均随着过渡段整体外凸形状缺陷幅值或局部棱角缺陷幅值的增大而增大。

(3)基于封头形状缺陷敏感性曲线和屈曲压力折减系数(0.625),确定封头在过渡段整体外凸缺陷、局部棱角缺陷和两种形状组合缺陷下的允许缺陷的最大值,提出基于三为激光扫描技术的内压椭圆形封头最大允许形状缺陷评价方法。以直径 5000 mm,壁厚 5.5 mm 的实测封头为例,演示了该方法的评价流程。

参考文献

[1] 董永志,胡广泽,晏桂珍,等.CAP1400 核电站钢制安全壳焊后热处理[J]. 电焊机,2017,47(8):87-92.

[2] 陈燕荣,户迎灿,顾春雷,等.塑料内胆碳纤维全缠绕复合气瓶封头形状选取分析[J]. 压力容器,2023,40(12):32-40.

[3] ZHENG J, LI K. New theory and design of ellipsoidal heads for pressure vessels[M]. Singapore: Springer Nature, 2021.

[4] LI K, ZHENG J, ZHANG Z, et al. Experimental investigation on buckling of ellipsoidal head of steel nuclear containment[J]. Journal of Pressure Vessel Technology, 2017, 139: 061206.

[5] ZHENG J, LI K, LIU S, et al. Effect of shape imperfection on the buckling of large-scale

thin - walled ellipsoidal head in steel nuclear containment[J]. Thin — Walled Structures, 2018, 124: 514—522.

[6] LI K, ZHENG J, LIU S, et al. Buckling behavior of large - scale thin - walled ellipsoidal head under internal pressure[J]. Thin - Walled Structures, 2019, 141: 260—274.

[7] LI K, ZHENG J, ZHANG Z, et al. A new formula to predict buckling pressure of steel ellipsoidal head under internal pressure[J]. Thin - Walled Structures, 2019, 144: 106311.

[8] SHEN T, LI K, ZHENG J. Method for shape imperfection control in buckling of ellipsoidal heads using a 3D Laser Scanner[C]//Pressure Vessels and Piping Conference. American Society of Mechanical Engineers, 2024, 88483: V002T03A051.

[9] ZHANG J, WANG Y, WANG F, et al. Buckling of stainless steel spherical caps subjected to uniform external pressure[J]. Ships and Offshore Structures, 2018, 13(7): 779—785.

[10] ZHAN M, WANG H, WU W, et al. BPNN - Assisted restoration of buckling resistance of dented torispherical heads using CFRP[C]//International Journal of Pressure Vessels and Piping, 2025, 214: 105428.

[11] WANG H, YAO X, LI L, et al. Imperfection sensitivity of externally - pressurized, thin - walled, torispherical - head buckling[J]. Thin - Walled Structures, 2017, 113: 104—110.

[12] ZHENG S, ZHANG Y, XU J, et al. Research on the buckling load of clamped spherical caps under external pressure: Analyzed by the fourier series model with initial geometric imperfections [J]. Journal of Pressure Vessel Technology, 2023, 145(2): 021305.

作者简介

李克明(1988)，男，特聘副研究员，博士，主要从事极端承压设备、氢能储运装备等研究工作，通信地址：310027 浙江省杭州市西湖区浙大路 38 号浙江大学玉泉校区特种装备楼，E—mail: likeming@zju. edu. cn。

氢气泄压速率对Ⅳ型储氢气瓶 PA6 内胆微孔洞形成的影响研究

李世龙[1]，李介普[2,3]，刘　旭[2,3]，李　璞[1]，李　翔[2,3]，师　俊[1]

（1. 武汉工程大学 化工设备强化与本质安全湖北省重点实验室，武汉 430205；

2. 国家市场监督管理总局重点实验室（氢能储运装备安全），北京 100029；

3. 中国特种设备检测研究院，北京 100029）

摘　要：本文通过试验和数值模拟的方法研究了泄压速率对Ⅳ型储氢气瓶尼龙 6（PA6）内胆材料的微孔洞形成的影响。进行了不同泄压速率下的泄压试验，采用扫描电镜（SEM）对泄压后的试样进行了观察，并记录了孔洞数随泄压速率的变化规律，发现泄压速率越快，试样中孔洞的数量越多。建立了二维有限元模型，通过引入渗透参数确定了在不同泄压速率下试样中的氢浓度，并对不同泄压速率下是否产生孔洞进行了数值检验。然后提出了一种基于弹塑性理论的孔洞风险评估方法，该方法将 PA6 内胆材料视为线弹性。基于本文的假设和试验条件，Mises 屈服准则能够成功地对孔洞风险进行评估，分析结果与 SEM 观察结果吻合较好，验证了该方法的有效性。最后，得出本研究中 PA6 材料的安全泄压速率为 7.95 MPa/h。本文的研究方法也可作为其他快速泄压系统和材料孔洞风险评估的指导原则。

关键词：Ⅳ型储氢气瓶；内胆材料；孔洞；泄压速率

Effects ofhydrogen decompression rate on microcavity formation in PA6liners of type IV hydrogen storage vessels

LI Shilong[1], LI Jiepu[2,3], LIU Xu[2,3], LI Pu[1], LI Xiang[2,3], SHI Jun[1]

(1. Key Laboratory of Process Equipment Intensification and Intrinsic Safety, Wuhan Institute of Technology, Wuhan 430205, China;

2. Key Laboratory of Safety of Hydrogen Energy Storage and Transportation Equipment, State Administration for Market Regulation, Beijing 100029, China;

3. China Special Equipment Inspection and Research Institute, Beijing 100029, China)

Abstract: This study investigates the effect of decompression rate on the formation of micro-cavities in polyamide 6(PA6) liners of Type IV hydrogen storage cylinders through experimental testing and numerical simulation. Decompression experiments at various rates were conducted, and the specimens were examined using scanning electron microscopy (SEM) to observe internal microstructures. The results reveal that the number of cavities increases with faster decompression rates. A two-dimensional finite element model was developed, in which hydrogen concentration distributions under different decompression rates were determined by incorporating permeability parameters. Cavity formation under varying conditions was evaluated through numerical simulations. A cavity risk assessment method based on elastoplastic theory was proposed, treating the PA6 liner as a linear elastic material. Under the assumptions and conditions of this study, the von Mises yield criterion effectively predicted cavity risk, with simulation results aligning well with SEM observations, thereby confirming the model's reliability. The critical safe decompression rate for PA6 was determined to be 7.95 MPa/h. The methodology established in this work can also serve as a guideline for cavity risk evaluation in other rapid decompression systems and materials.

Keywords: type IV hydrogen storage cylinder; liner material; cavitation; decompression rate

0 引 言

随着社会生活的发展，人们对能源的使用量不断增加，传统化石能源的大量使用加剧了环境的恶化[1-2]。为应对能源、气候以及公共卫生问题，氢能以其绿色零碳、安全高效、来源广泛等优势受到世界各国的普遍关注，是全球能源转型的重要方向[3-5]。作为氢燃料电池中的重要组成部分，高压储氢气瓶成为研究热点，其发展程度直接关系到汽车的续航里程、生产成本与安全性[6-9]。常用的车载高压储氢气瓶结构主要为III型储氢气瓶(金属内胆纤维全缠绕)，但是III型储氢气瓶的金属内胆易产生氢脆现象以及疲劳失效，使得其推广、应用受限。Ⅳ型储氢气瓶以高密度聚乙烯为内胆，其凭借成本低、抗疲劳、耐腐蚀等诸多优点得到研究者的广泛关注[10-13]。但Ⅳ型储氢气瓶在工作过程中受到压力的周期性变化的影响，会导致塑料内胆的性能降低引发失效。因此我们对塑料内胆的鼓泡行为进行研究，为内胆材料和气瓶工作参数制定更可靠的标准。

针对高压氢气环境下聚合物内胆的安全性与服役性能，不同研究团队提出了多种评估与建模方法。ONO 等[11]开发了用于氢兼容聚合物材料高压氢暴露后的量化损伤评估的方法，评估了 HDPE 在 90 MPa 氢气重复暴露后引起的内部损伤的整体损伤水平。BLANC - VANNET 等[14]调查了Ⅳ型储氢气瓶塑料内胆的塌陷现象，根据实验数据确定了渗透率、扩散系数和溶解度参数的值。YERSAK 等[15]基于亨利定律、Fick 第二定律和材料屈服准则，通过模拟探讨了不同内胆厚度对鼓泡行为的影响，为内胆材料的预选提供了定量分析工具。MELNICHUK 等[16]提出了一种通过无量纲参数评估 IV 型氢气容器内胆材料空化风险的通用方法，得出较高的扩散系数会降低空化风险的结论。JARAVEL 等[17]采用 Fick 定律和亨利定律对氢在试样中的宏观输运过程进行了分析，通过一个简单的临界拉伸比判据，对孔洞何时能扩展到可见尺寸进行了时间预测。

现有的关于内胆材料起泡或空化的研究没有揭示内胆材料的微观结构变化与泄压速率之间的关系以及缺乏针对 IV 型储氢气瓶内胆材料快速泄压材料的孔洞风险评估方法，导致无法确定 IV 型储氢气瓶的临界安全泄压速率。本文主要通过试验和数值模拟的方法研究了快速泄压速率对尼龙 6(PA6)内胆材料的影响及其机理。使用 Abaqus CAE 有限元软件建立了二维模型，通过引入试验得来的渗透参数，确定了在不同泄压速率下试样中的氢浓度，并对不同泄压速率下是否产生孔洞进行了数值检验。最后，根据该方法得出本研究中 PA6 材料的临界安全泄压时间与安全泄压速率。

1 试验方法

1.1 氢气渗透泄压试验

本研究首先对圆形 PA 试样进行氢渗透试验，得到 15 MPa 下的氢渗透参数，试样周围环境温度设定为 328 K。在氢渗透试验结束后，对同一试样继续进行泄压试验，快速泄压试验的目的在于模拟 IV 型储氢气瓶内的实际泄压过程，如图 1 所示。氢渗透泄压试验装置如图 2 所示，其中氢气压力在装置底端迅速下降。这种快速泄压过程与 IV 型储氢气瓶内胆的实际使用工况相类似。泄压试验在不同的泄压速率下进行，具体参数如表 1 所示。

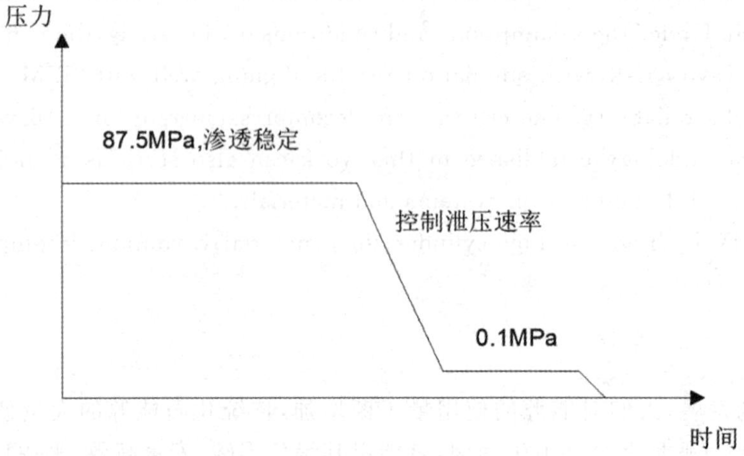

图 1　泄压曲线示意图

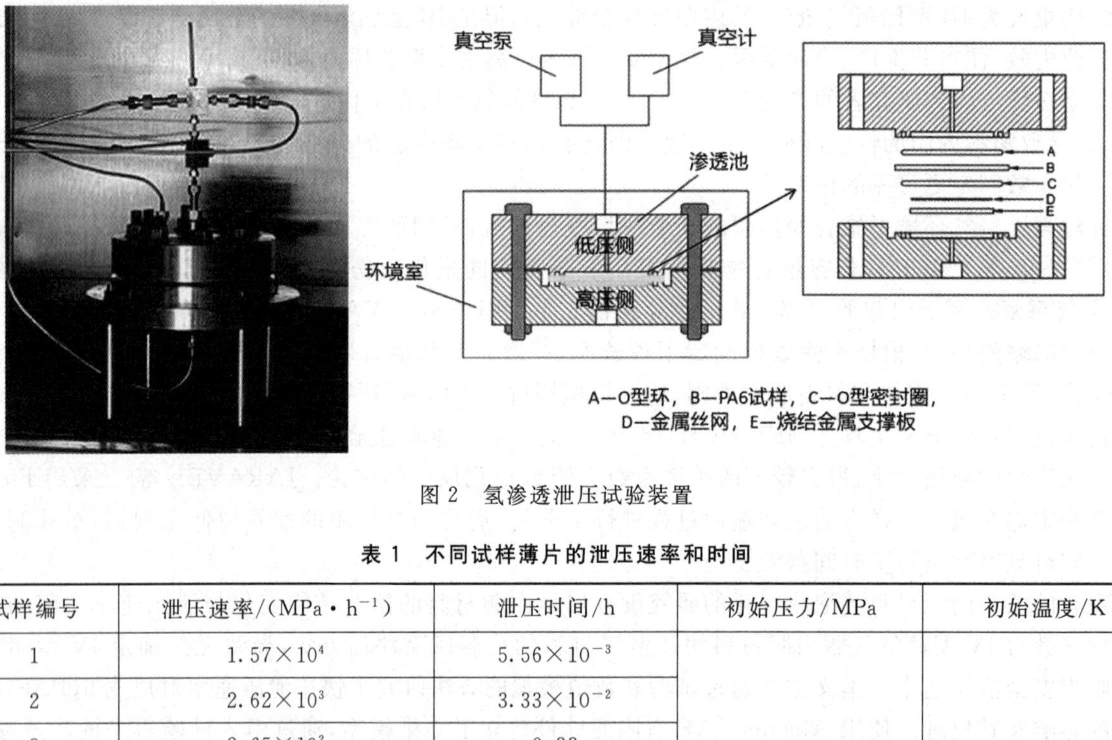

图 2　氢渗透泄压试验装置

表 1　不同试样薄片的泄压速率和时间

试样编号	泄压速率/(MPa·h^{-1})	泄压时间/h	初始压力/MPa	初始温度/K
1	1.57×10^4	5.56×10^{-3}	87.5	328
2	2.62×10^3	3.33×10^{-2}		
3	2.65×10^2	0.33		
4	43.7	2		
5	5.82	15		
6	4.37	20		

1.2　微观结构观测

为了获取快速泄压试验的结果，并观察鼓泡、裂纹或孔洞等微观结构变化，采用了扫描电子显微镜(SEM)，SEM 试样如图 3 所示。

在 SEM 观察过程中，选择了不同的放大倍率范围，包括 200，1000，5000 和 10000 倍。为了确保能够对样品全面观察，随机选取了多个位置进行观测，这样可以避免因为特定位置的选择而导致观察结果的偏差。最后，对 SEM 观察结果进行了统计分析，以发现不同泄压速率下微观结构的变化情况。通过对不

图 3　SEM 试样

同位置和不同放大倍率下获取的图像进行比较和分析，可以确定泄压速率对样品微观结构的影响，从而更深入地理解孔洞状态、鼓泡行为和失效机制。

2　有限元分析

2.1　基本假设

将内胆材料试样放置在高压氢环境中，此时整个试样可以看作是一个承受内压和外压的厚壁球形压力容器，孔隙内压为 P_1，球形容器外压为 P_2，如图 4 所示。

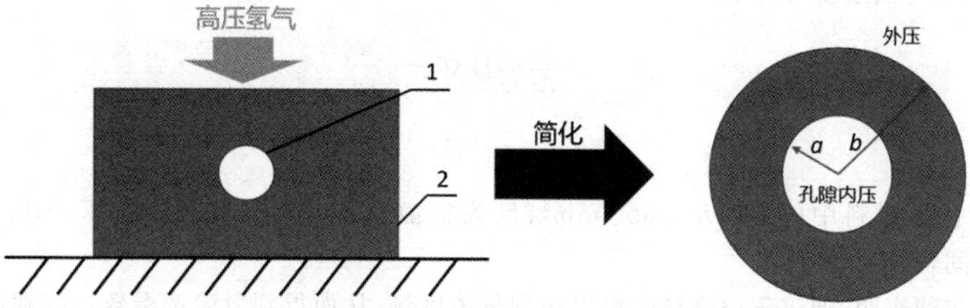

图 4　将内胆材料中的孔隙简化成球形压力容器

氢在孔隙中的扩散过程和应力状态的变化是十分复杂的。因此，提出了以下基本假设：

(1)内胆材料中预先存在的缺陷被视为球形孔隙，在考虑孔隙的应力状态时，孔隙周围的区域被认为是连续的。

(2)内胆材料被假定为线弹性，忽略粘弹性和粘塑性，材料的力学行为与孔隙的大小无关，均遵循广义虎克定律，材料在屈服前发生小变形，屈服后孔隙膨胀成为空腔。

(3)渗透系数包括扩散系数和溶解度，取决于施加在试样外表面上的外压力，由于孔隙非常小，孔隙内压对渗透系数的影响也非常小，可以忽略不计。

2.2　基本方程

结合球形容器的平衡方程[18]和表达式(1)、(2)、(3)所示的广义虎克定律，厚壁容器屈服条件推导如下：

$$\frac{d\sigma_r}{dr}+\frac{2}{r}(\sigma_r-\sigma_\theta)=0 \tag{1}$$

$$\varepsilon_r=\frac{dw}{dr}=\frac{1}{E}(\sigma_r-\mu\sigma_\theta-\mu\sigma_\varphi)=\frac{1}{E}(\sigma_r-2\mu\sigma_\theta) \tag{2}$$

$$\varepsilon_\theta=\frac{w}{r}=\frac{1}{E}(\sigma_\theta-\mu\sigma_\varphi-\mu\sigma_r)=\frac{1}{E}[(1-\mu)\sigma_\theta-\mu\sigma_r] \tag{3}$$

式中,σ_r 为径向应力,MPa;σ_θ为环向应力,MPa;σ_φ为周向应力,MPa;ε_r 为径向应变;ε_θ为环向应变;r 为球形容器的半径,mm;w 为径向位移,mm;E 为杨氏模量,MPa;μ 为泊松比。

如图 1 所示,当内径 a 比外径 b 小很多时,位于半径为 a 的 σ_θ和 σ_φ的值可以推导为公式(4)和(5)。Mises 等效应力 σ_{eq} 可用公式(6)表示。

$$\sigma_r=-P_1 \tag{4}$$

$$\sigma_\theta=\frac{P_1}{2}-\frac{3}{2}P_2 \tag{5}$$

$$\sigma_{eq}=\frac{3}{2}|P_1-P_2| \tag{6}$$

式中,P_1 为孔隙内压,MPa;P_2 为球形容器外压,MPa。

然后可以确定沿着环向和纵向的应变。通过分析孔隙的状态,可以判断孔隙是否会膨胀或收缩。此外,还采用了 *Mises* 准则确定了 *PA* 材料屈服的发生,*Mises* 应力被确定,其值与内部压力和外部压力之间的压力差 P_{diff} 成比例。当 *Mises* 应力超过 *PA* 材料的屈服强度时,内胆材料发生塑性屈服和变形,并且在试样中可以观察到白化现象或孔洞现象。

内胆材料的屈服与孔隙中的应力状态和内胆材料的屈服强度有关。根据 *Fick* 第二定律和亨利定律,孔的应力状态与氢浓度的关系如下:

$$\frac{\partial c}{\partial t}=D\,\nabla^2 c \tag{7}$$

$$c=PS \tag{8}$$

式中,c 为溶于内胆材料中的氢浓度,mol/mm^3;D 为扩散系数,mm^2/s;P 为氢压,MPa;S 为溶解度,1/MPa;t 为时间,s。

Fick 第二定律表明,通过氢渗透试验可以得到氢浓度场,从而得到氢渗透参数。亨利定律表明,孔隙内压可以由氢浓度传递。然而,通过亨利定律计算的孔隙内压力可能不是正确的值。由于内压必然导致孔隙膨胀,所以孔隙的尺寸变大。在本研究中,变形过程被认为比扩散过程快得多[19],因此变形前后孔中的氢量可以被认为是相等的。根据热力学[20],以这种方式,孔隙膨胀后的内部压力应该较低。对应于相同量的氢的内部压力的变化可以基于高压氢的真实气体状态方程[21]来确定,如表达式(9)所示。

$$Z=\frac{Pv}{RT}=\left(1+\frac{\alpha D}{T}\right) \tag{9}$$

式中,P 为压力,MPa;R 为气体常数,J/(kg·K);T 为温度,K;v 为比热容,m^3/kg;Z 为压缩因子,无量纲;α 为一个系数,其值为 1.9155×10^{-6} K/Pa。

此外,通过内胆材料的单轴拉伸试验可以确定屈服强度。根据球壳的应力分析方法[22-24],屈服压力的确定如下:

$$P_Y=\frac{2}{3}\sigma_Y\left(\frac{K^3-1}{K^3}\right) \tag{10}$$

式中,P_Y 为屈服应力,MPa;σ_Y 为屈服强度,MPa;K 为外径与内径之比,即 b/a。

对于内胆材料而言,壳体的外半径 b 远大于其内半径 a,因此 K 可视为无限大。然后,表达式(11)可推导如下:

$$P_Y=\frac{2}{3}\sigma_Y \tag{11}$$

在得到内胆材料的渗透系数和材料特性后，可以计算出球形容器内半径处的应力和应变。从而得到孔隙的变形趋势和 Mises 应力，判断孔隙是否发生塑性变形。

2.3 几何模型

根据泄压试验，在 Abaqus CAE 软件中建立了一个二维对称模型，如图 5 所示。试样圆形片的半径为 20 mm，厚度为 3.2 mm。

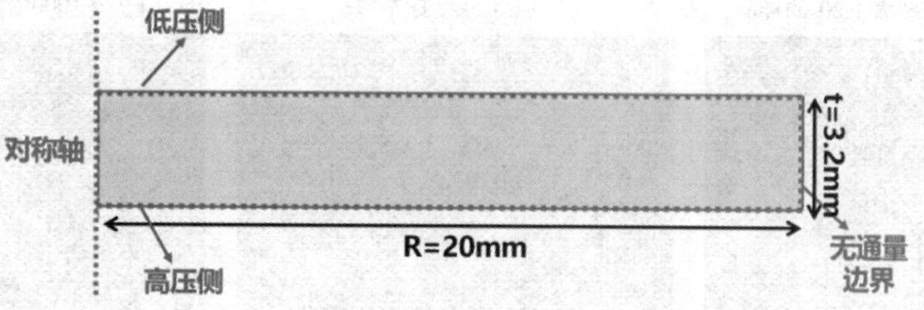

图 5 二维轴对称单层圆盘模型的数值几何模型

2.4 孔洞风险评估方法

将试样的边界设置为氢浓度边界条件，但在测试的过程中，我们只能获取试样周围的氢气压力。因此，我们利用亨利定律将压力边界条件转换为氢浓度边界条件，其转换表达式如式(8)所示，高压侧和低压侧浓度分别设置为 4.65×10^{-7} mol/mm3 和 0。在泄压结束时，试样高压侧压力由 87.5 MPa 变为 0.1 MPa，因此浓度从 4.65×10^{-7} mol/mm3 变为 5.31×10^{-10} mol/mm3。右侧的剩余边界被设置为无通量。泄压试验分别在 6 个不同的时间段完成：20 s，2 min，20 min，2 h，15 h 和 20 h。基于模拟结果，可以了解任意点和任意增量处的氢气浓度。

3 结果与讨论

3.1 试验结果

3.1.1 泄压试验结果

泄压试验后，我们在 6 组试样上观察到了不同程度的白化现象。白化现象源于聚合物材料内部孔洞或裂纹的累积，随着其尺寸增大和数量增多，材料的折射率显著改变，导致严重发白区域发生全反射，呈现宏观白色。因此，白化程度反映了孔洞或裂纹的数量与大小，可用于评估内胆材料起泡和微孔形成的风险。

如图 6 所示，七个 PA 试样并排置于同一光源下。除未做泄压的 No. 0 外，其他样品表面因密封结构分为三环区：中心凹陷圆区(高低压氢压差形成)、中环(O 型圈密封痕迹)和外环(螺栓密封痕迹)。中心区表现出不同程度的白化：No. 1－No. 4 最明显，No. 5 次之，No. 6 几近原色，说明泄压速率越低，白化现象越不明显。

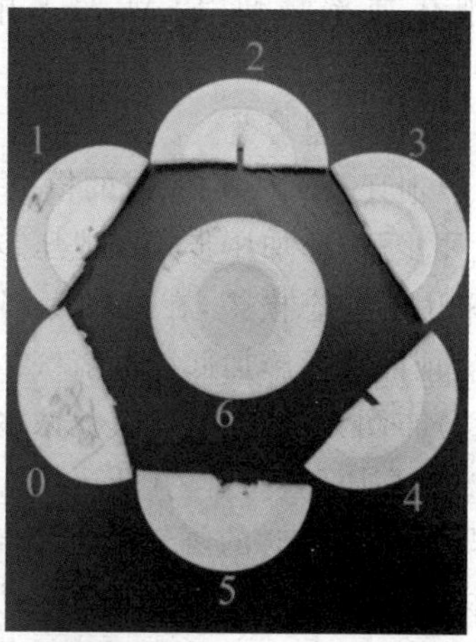

0 号：原始试样；1 号：2 s 泄压；
2 号：20 s 泄压；3 号：2 min 泄压；
4 号：20 min 泄压；
5 号：2 h 泄压；6 号：20 h 泄压

图 6 泄压试验后的 PA6 试样

3.1.2 微观观测结果

图 7(a)中示出了泄压试验在 20 s 内完成的 PA 试样放大 5000 倍的观察结果。在 1000 倍的放大图中，看到了具有光泽和明显封闭轮廓的孔洞，如图 7(c)所示。作为对比，在泄压试验前还对原始 PA 试样进行了观察，如图 7(b)所示，可以发现，表面是相对光滑的，没有发现孔洞。

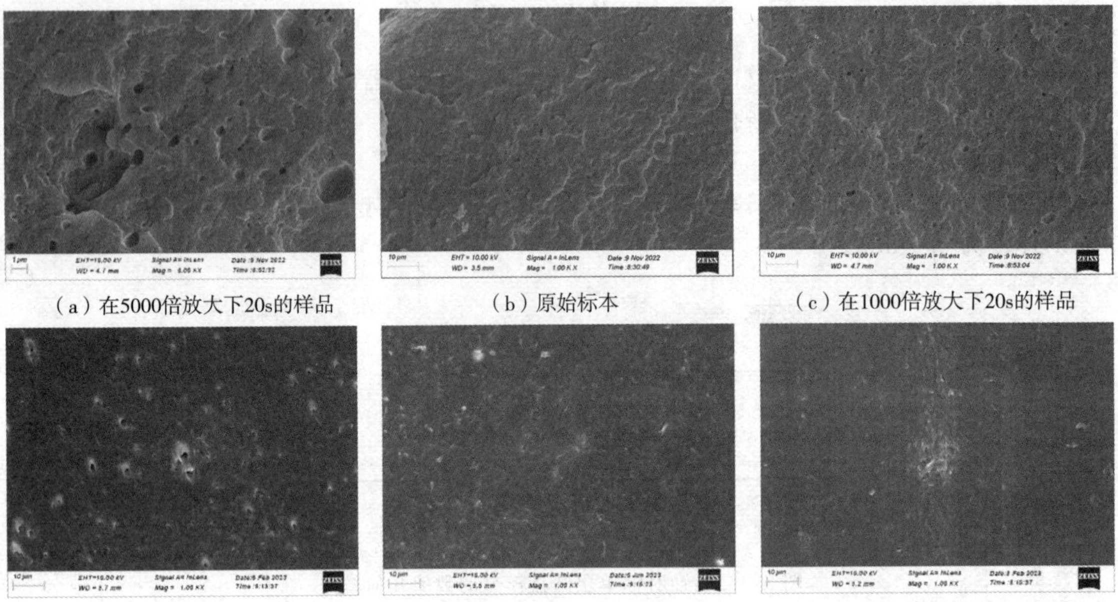

(a)在5000倍放大下20s的样品　(b)原始标本　(c)在1000倍放大下20s的样品

(d)在1000倍放大下2h的样品　(e)在1000倍放大下15h的样品　(f)在1000倍放大下20h的样品

图 7　不同泄压速率下内胆试样中部的 SEM 照片

SEM 观察表明,所有 PA 试样中仅存在孔洞,未发现银纹。因此,PA 试样的白化现象由孔洞引起,而非银纹。如图 8 所示,对不同泄压速率的试验样品孔洞数量进行了统计。除 20 s 及原始试样外,其余试样均提供 1000 倍放大 SEM 图像以展示孔洞密度差异。孔洞尺寸和形状各异,多呈近椭圆形。为便于统计,将所有孔洞简化为圆形,并以椭圆长轴作为等效圆直径。

1 号试样的泄压试验在 20 s 内完成,最大泄压速率为 15732 MPa/h,孔洞数量为 664 个。2 号试样的泄压试验在 2 h 内完成,最大泄压速率为 43.7 MPa/h,孔洞数量为 168 个。3 号试样、4 号试样与未泄压的 0 号试件一样,都未发现孔洞。由此可得,泄压速率越快,SEM 照片中的孔洞数量就越多。

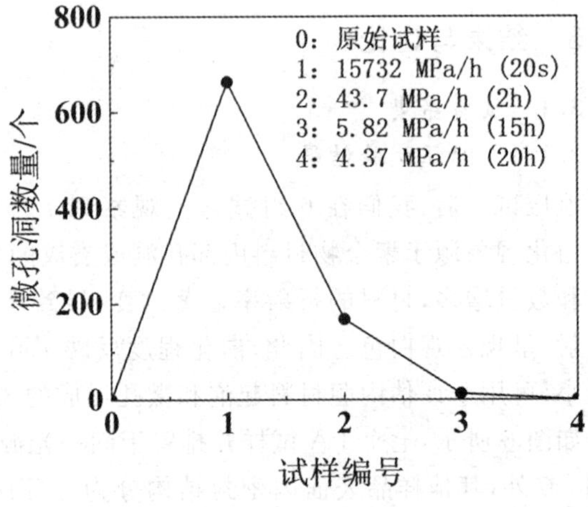

图 8　各试样孔洞数量统计图

3.2　模型验证

以泄压在 20 s 内完成的模拟为例,模拟包括两个主要步骤,即加压步骤和泄压步骤。在加压步骤中,采用了稳态模拟,在试样底部表面施加高浓度氢气、顶部表面施加低浓度氢气。加压结束时氢气浓度分布图如图 9 所示,氢气浓度沿厚度方向呈现由红色(高压侧)向蓝色(低压侧)逐步递减的特征。20 s 泄压结束时试样内部氢气浓度分布如图 10 所示,与加压结束时的氢气浓度分布相比,经过 20 s 泄压过程后,PA6 样品内部的氢气浓度发生了显著变化,样品中距离高压侧 0.8 mm 处的氢气浓度最高,并沿着厚度方向逐渐降低到试样的顶部表面。

由于 SEM 观测的试样均为材料的中心处切取,所以选择不同泄压速率试样中心点的残余氢气浓度来分析泄压试样产生孔洞的风险,如图 11 所示,将 4 组泄压试样按泄压速率由快至慢编号为 1 至 4。泄压时间在 20 s 内,试样中心处浓度几乎没有变化;泄压速率从 15732 MPa/h(泄压时间 20 s)减小到 4.37 MPa/h(泄压时间 20 h)过程中,中心点残余氢气浓度随着泄压速率减小而迅速下降。

图 9　加压结束时试样内部氢气浓度分布

图 10　20 s 泄压结束时试样内部氢气浓度分布

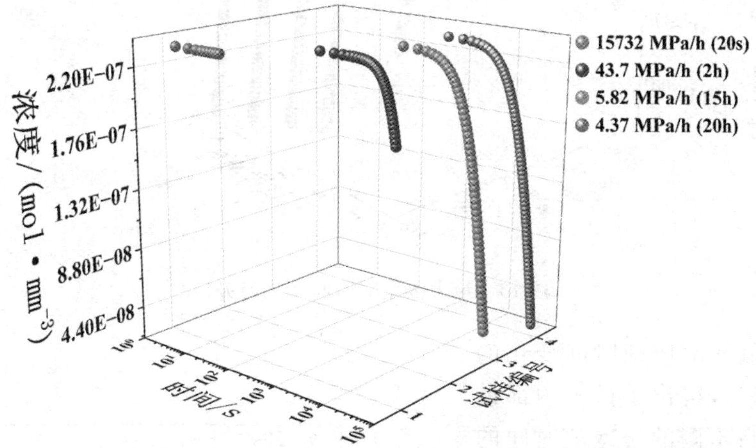

图 11　中心点残余氢气浓度随时间的变化趋势

根据 Fick 定律，由孔隙内部氢浓度推导出孔隙内部压力，根据表达式(12)计算出压力差 P_{pore}。

$$P_{pore}=c/S-P_{ext} \tag{12}$$

根据表达式(12)，计算出试样在泄压过程中的中心点与高压侧的压差 Ppore，并绘制其与时间的关系图，如图 12 所示。初始阶段，由于试样中心点氢气浓度低于高压侧的氢气浓度，所以压差都为负数。随着高压侧压力线性下降，试样中心点氢气因扩散缓慢而压力下降滞后，从而试样中心点氢气浓度高于高压侧的氢气浓度，形成正压差。

对 PA6 进行了单轴拉伸试验，并基于表

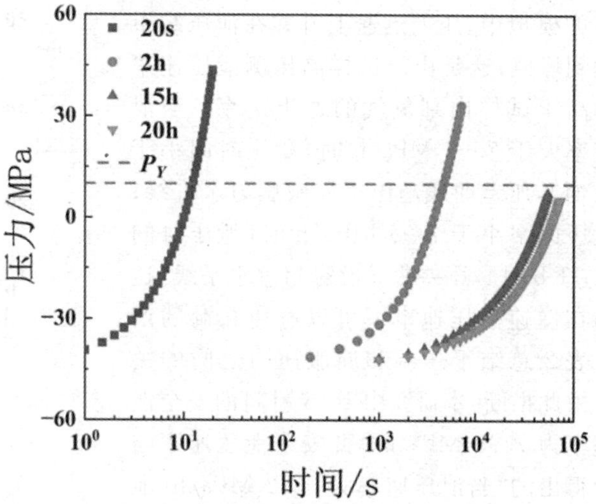

图 12　试样中心点与高压侧压差随时间变化趋势

达式(11)计算出其在 328 K 下的屈服强度为 15 MPa,屈服压力为 10 MPa。对于泄压速率大于等于 43.7 MPa/h(泄压时间 2 h)的试样,压差最终超过屈服压力,引发孔隙屈服和塑性变形。模拟结果显示,PA6 试样中心可能形成孔洞,这与 SEM 观测结果一致。

3.3 PA6 内胆安全泄压速率分析

考虑到真实工况下,孔洞可能不仅会在试样中心点处产生,而是可能产生在试样内部的任何位置,应分析试样内部的最大氢气浓度值,并以此值来判断是否会产生孔洞。为找到临界安全泄压时间,又加入了泄压速率为 8.75 MPa/h(泄压时间 10 h)和 7.95 MPa/h(泄压时间 11 h)的两组模型进行泄压模拟。将 6 组模拟试样按泄压时间由短到长依次编号 1~6,并将相应速率下的最大残余氢气浓度随时间的变化趋势绘制成曲线,如图 13 所示。由曲线趋势看出:随着泄压速率的减小(泄压时间的增加),PA6 内部的最大残余氢气浓度逐渐减小。

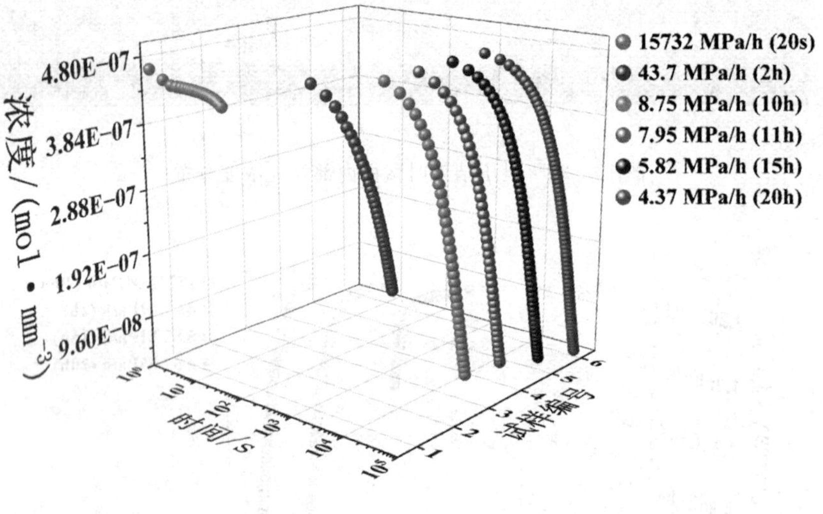

图 13 最大浓度随时间变化趋势

根据最大残余氢气浓度随时间变化的结果,结合转换式(17),得出了试样内部最大残余氢气压力与高压侧的压差随时间的变化趋势。如图 14 所示,泄压时间越短,泄压速率越大,压差越大。例如在泄压时间为 20 s 的模拟中,压差迅速上升并在泄压结束时达到峰值,这是由于试样高压侧泄压速率始终高于试样内部氢气的逸出速率。当泄压速率大于 7.95 MPa/h 时(泄压时间小于 11 h时),压差曲线超出了屈服压力水平线;当泄压速率小于 7.95 MPa/h 时(泄压时间大于 11 h时),压差曲线没有超过水平线,这表明在慢速泄压速率下可以避免孔洞的产生。表 2 总结了压差和屈服压力之间的关系。由此推断,本研究中 PA6 材料的安全泄压速率为 7.95 MPa/h。此安全泄压速率与试验得出的"当泄压速率为 5.82 MPa/h(泄压时间 15 h)不产生孔洞"结果接近。

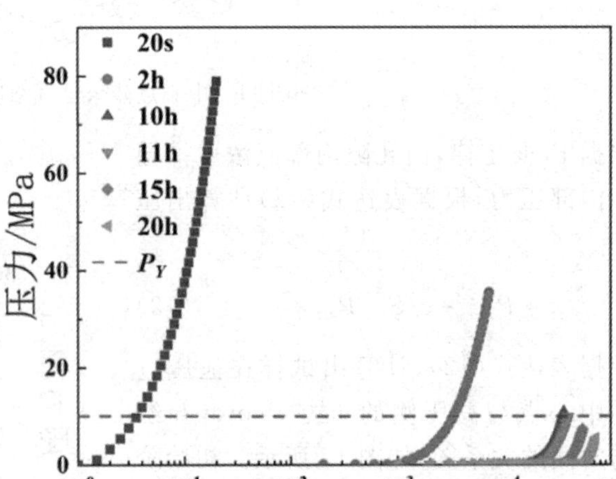

图 14 试样内部最大残余氢气压力与高压侧的压差随时间变化趋势

表 2　模拟不同泄压速率下的孔洞风险评估

泄压速率/(MPa·h⁻¹)	压差最大值/MPa	屈服压力(2/3 屈服强度)/MPa	产生孔洞
15732	78.88	10	有
43.7	35.38	10	有
8.75	10.87	10	有
7.95	9.91	10	无
5.82	7.28	10	无
4.73	5.44	10	无

4　结 论

从氢气安全的角度来看，确保储氢气瓶内胆不产生孔洞至关重要。考虑到氢气的高压特性，任何内部结构的变化都可能导致严重的安全问题。因此，预防储氢气瓶内胆产生孔洞的研究具有重要意义。本文的主要的研究内容和总结如下：

(1)进行泄压试验后，许多试样的外表面出现了白化现象。通过扫描电镜观察发现，材料内部出现孔洞是本研究中产生白化现象的原因。当泄压试验在 20 s 内完成时，最高泄压速率为 15732 MPa/h，孔洞和空腔数量达到最大值 664 个。随着泄压速率的降低，孔洞和空腔数量不断减少。直到泄压速率降低到 5.82 MPa/h 时，SEM 观察区域内不再出现孔洞。泄压速率较低的试样也是如此。由此可以得出结论：泄压速率越快，SEM 照片中可观测的孔洞总数就越多，而当泄压速率降低到一定程度时，孔洞就不会出现。

(2)扩散模拟结果表明，靠近高压侧的内部区域产生孔洞的风险最高。因此，该区域的氢浓度可用于判断 PA6 内衬材料内部是否会发生塑性变形或产生孔洞。在扩散模拟的基础上，开发了一种方法来确定 IV 型储氢气瓶的安全泄压速率。根据亨利定律，压力边界和氢浓度边界可以互换，因此可以确定泄压过程中模型中任意一点的氢浓度。计算孔隙内部压力与外部压力之间的压力差，如果压力差大于屈服压力，孔隙就可能变成孔洞。最后，可以通过扫描电镜观察试样内部的微观结构来验证模拟结果，以检查在一定的泄压速率范围内是否会出现孔洞现象。

(3)利用本研究提出的方法，在初始压力为 87.5 MPa 和温度为 328 K 的条件下，模拟分析了不同泄压速率下 PA6 试样内部最大残余氢气压力与高压侧的压差。当泄压速率小于 7.95 MPa/h 时，压力差低于屈服压力，不会诱导孔洞产生。因此，本研究中 PA6 材料的安全泄压速率为 7.95 MPa/h，在此速率或更低的速率下进行泄压可以避免孔洞的产生。模拟结果与泄压试验的试验结果相吻合，表明本研究中的方法也可用于对其他进行快速泄压试验的材料进行孔洞风险评估。

参考文献

[1] 李婉君，张锦威，袁小帅，等．“双碳”目标下化石能源低碳转化方向探讨[J]．科学通报，2024，69(8)：990－996.

[2] 杨涛，严大洲，温国胜，等．新能源产业链构建：光伏发电-电化学储能-新能源汽车[J]．中国材料进展，2024，43(2)：164－174.

[3] RICHARD S，SANTOS A R，GALLUCCI F. PEM gensets using membrane reactors technologies：An economic comparison among different e－fuels[J]. International Journal of Hydrogen Energy，2024，50：433－457.

[4] ONGIS M，DI MARCOBERARDINO G，MANZOLINI G，et al. Membrane reactors for green hydrogen production from biogas and biomethane：A techno－economic assessment[J]. International

Journal of Hydrogen Energy,2023,48(51):19580—19595.

[5] CECHETTO V,DI FELICE L,MARTINEZ R G,et al. Ultra - pure hydrogen production via ammonia decomposition in a catalytic membrane reactor[J]. International Journal of Hydrogen Energy, 2022,47(49):21220—21230.

[6] JARAVEL J,CASTAGNET S,GRANDIDIER J C,et al. Experimental real - time tracking and diffusion/mechanics numerical simulation of cavitation in gas - saturated elastomers[J]. International Journal of Solids and Structures,2013,50(9):1314—1324.

[7] RICHARD S, SANTOS A R, OLIVIER P, et al. Techno - economic analysis of ammonia cracking for large scale power generation[J]. International Journal of Hydrogen Energy, 2024, 71: 571—587.

[8] RICHARD S, VERDE V, KEZIBRI N, et al. Power - to - ammonia synthesis process with membrane reactors: Techno - economic study[J]. International Journal of Hydrogen Energy, 2024, 73: 462—474.

[9] HALDER P,BABAIE M,SALEK F,et al. Performance,emissions and economic analyses of hydrogen fuel cell vehicles[J]. Renewable and Sustainable Energy Reviews,2024,199:114543.

[10] BALDWIN D. Development of high pressure hydrogen storage tank for storage and gaseous truck delivery[R]. Hexagon Lincoln LLC,Lincoln,NE(United States),2017.

[11] ONO H,FUJIWARA H,ONOUE K,et al. Influence of repetitions of the high - pressure hydrogen gas exposure on the internal damage quantity of high - density polyethylene evaluated by transmitted light digital image [J] . International Journal of Hydrogen Energy, 2019, 44 (41):23303—23319.

[12] WANG X, TIAN M, CHEN X, et al. Advances on materials design and manufacture technology of plastic liner of type Ⅳ hydrogen storage vessel[J]. International Journal of Hydrogen Energy,2022,47(13):8382—8408.

[13] WANG D,LIAO B,ZHENG J,et al. Development of regulations,codes and standards on composite tanks for on - board gaseous hydrogen storage[J]. International Journal of Hydrogen Energy, 2019,44(40):22643—22653.

[14] BLANC - VANNET P,PAPIN P,WEBER M,et al. Sample scale testing method to prevent collapse of plastic liners in composite pressure vessels[J]. International Journal of Hydrogen Energy, 2019,44(17):8682—8691.

[15] YERSAK T A,BAKER D R,YANAGISAWA Y,et al. Predictive model for depressurization - induced blistering of type IV tank liners for hydrogen storage[J]. International Journal of Hydrogen Energy,2017,42(48):28910—28917.

[16] MELNICHUK M,THIÉBAUD F,PERREUX D. Non - dimensional assessments to estimate decompression failure in polymers for hydrogen systems[J]. International Journal of Hydrogen Energy, 2020,45(11):6738—6744.

[17] JARAVEL J,CASTAGNET S,GRANDIDIER J C,et al. Experimental real - time tracking and diffusion/mechanics numerical simulation of cavitation in gas - saturated elastomers [J] . International Journal of Solids and Structures,2013,50(9):1314—1324.

[18] TIMOSHENKO S P,GOODIER J N. Theory of elasticity[M]. United States: McGraw - Hill,2010.

[19] KULKARNI S S,CHOI K S,KUANG W,et al. Damage evolution in polymer due to exposure to high - pressure hydrogen gas [J] . International Journal of Hydrogen Energy, 2021, 46 (36):

19001－19022.

[20] YAN C Y. Introduction to engineering thermodynamics[M]. Canada:BC campus,2022.

[21] CHEN H,ZHENG J,XU P,et al. Study on real - gas equations of high pressure hydrogen [J]. International Journal of Hydrogen Energy,2010,35(7):3100－3104.

[22] 李克明,沈涛,金泽霖,等. 内压球壳强度设计方法对比分析[J]. 压力容器,2024,41(12):32－43.

[23] 王庆,范海贵,侯怡航,等. 基于局部探测法的外压球壳屈曲载荷设计方法研究[J]. 压力容器,2024,41(4):22－33.

[24] PRACHUMCHON S. A study of HDPE in high pressure of hydrogen gas - measurement of permeation parameters and fracture criteria[M]. The University of Nebraska - Lincoln,2012.

作者简介

李世龙(2000),男,主要从事储氢容器及气瓶安全性研究工作,通信地址:430205 湖北省武汉市东湖新技术开发区光谷一路 206 号武汉工程大学机电工程学院,E－mail:1714467264@qq. com。

通讯作者:师俊(1986),男,博士,副教授,主要研究方向为新能源复合材料储供系统安全性能研究、压力容器与管道等特种设备分析设计等,通信地址:430205 湖北省武汉市东湖新技术开发区光谷一路 206 号武汉工程大学机电工程学院,E－mail:shijunresearch2016@163. com。

水套式固态储氢反应器吸/放氢性能试验研究

任兴海,朱国栋,徐　鹏,刘孝亮,周　煜,何礼青,李　晓

(合肥通用机械研究院有限公司 国家压力容器与管道安全工程技术研究中心,安徽合肥 230031)

摘　要:探究固态储氢反应器在不同工况条件下的吸/放氢性能是固态储氢装置开发过程中的必要环节,有利于在实际应用中改善换热条件,降低换热功耗;此外,反应器内部温度分布及动态变化规律也是设计、优化换热结构的关键所在。因此,试验探究了反应器初始温度、换热温度和换热流量对吸/放氢性能的影响,详细分析了反应床径向和轴向的温度分布规律及动态变化过程。结果表明,初始温度对吸/放氢速率影响不大;换热温度与吸氢速率呈负相关,与放氢速率呈正相关,建议装置的吸氢换热温度为5℃;换热流量与吸/放氢速率呈正相关,但影响程度不如换热温度显著。反应器轴向越靠近下部,径向越靠近内壁面,传热性能越好,吸/放氢反应速率越快;放氢过程,反应床中心温度长期维持在最低温度,说明需要引入内部换热结构加强中心换热提高反应速率。本研究为固态储氢装置的换热参数选择和后续的内部换热结构设计及优化提供了指导意义。

关键词:固态储氢;吸氢速率;放氢速率;换热效率;温度场特性

Experimental research on hydrogen absorption/desorption properties of water - jacketed solid - state hydrogen storage reactor

REN Xinghai,ZHU Guodong,XU Peng,LIU Xiaoliang,ZHOU Yu,HE Liqing,LI Xiao

(Hefei General Machinery Research Institute Co. ,Ltd. ,National Safety Engineering Technology Research Centre for Pressure Vessels and Pipelines,Hefei 230031,China)

Abstract:Investigating the hydrogen absorption/desorption performance of solid - state hydrogen storage reactors under different operating conditions is essential in the development of such systems. This research helps optimize heat transfer conditions in practical applications and reduce cooling energy consumption. Additionally, understanding the internal temperature distribution and its dynamic behavior is crucial for designing and improving heat exchange structures. In this study, the effects of initial reactor temperature, heat exchange temperature, and coolant flow rate on hydrogen absorption/desorption performance were experimentally examined. A detailed analysis was conducted on the radial and axial temperature distribution patterns and their dynamic evolution within the reaction bed. The initial temperature exhibits negligible influence on absorption/desorption rates. Heat exchange temperature negatively correlates with hydrogen absorption rate but positively correlates with desorption rate. A cooling temperature of 5℃ is recommended for optimal absorption performance. Coolant flow rate positively influences both absorption and desorption rates, though its effect is less significant than that of heat exchange temperature. Heat transfer performance improves in regions closer to the bottom(axial direction)and nearer the inner wall(radial direction),leading to faster reaction rates. During desorption, the central region of the reaction bed maintains the lowest temperature for extended periods, indicating the need for enhanced internal heat exchange structures to improve heat transfer and reaction kinetics. This study provides valuable guidance for the selection of heat exchange parameters and the subsequent design and optimization of internal heat exchange structures in solid - state hydrogen storage devices.

Keywords: solid - state hydrogen storage; hydrogen absorption rate; hydrogen desorption rate; heat transfer efficiency; temperature field characteristics

0 引 言

氢气具有高质量能量密度，清洁环保等优点而被认为是可替代化石燃料、助力我国实现“双碳”目标的未来能源之一，也是全球能源转型升级的重要方向[1]。氢的储运是“制储输用”氢能产业链中的瓶颈问题[2]。当前主流的储氢方式有高压气态储氢、低温液态储氢和固态储氢三种[3-4]。金属氢化物储氢是固态储氢领域的研究热点。主要原因有二：一是，吸/放氢过程可在常温低压条件下进行，氢气泄漏和爆炸的风险小，安全性高，适合商业化应用[5]。二是，体积储氢密度高[4]。然而，储氢合金的吸/放氢过程会释放和吸收大量的热，温度的升高和下降会降低化学反应速率，导致吸/放氢不能彻底进行，有效储氢量减少。因此，系统性开展固态储氢反应器传热性能的研究，探明反应器内部温度分布规律以及换热工况与吸/放氢速率之间的内在联系就显得尤为重要。有利于在实际应用中改善换热条件，降低换热功耗。

吸/放氢速率探究是固态储氢反应器应用的必要环节。Pramod 等[6]研究了有效储氢量为 11.6g 的水套反应器受换热温度的影响规律，试验结果表明，当换热温度为 20～30℃时，放氢 9g 需要 1200s，而当换热温度为 50℃时，放氢 9.5g 仅需 400s。Sayantan 等[7]将 19 根固态储氢管束作为一个整体，采用外部换热，该反应器在 20bar 供氢压力和 293K 换热温度时，能够在 1372s 内储存 369.09g(1.39wt.%)氢气并且理想的放氢换热温度范围为 323～343K。Sayantan 等[8]设计了嵌入式冷却管固态储氢反应器并耦合外部换热，在 20bar、25℃条件下，反应器在 1129s 内吸氢 276.08g(1.28 wt.%)。40℃换热，反应器在 4860s 内释放了 282.8g 氢气。

反应器内部温度场分析是优化换热结构的关键。Bai 等[9]采用数值模拟的方式对翅片式固态储氢反应器的温度场进行分析，结果表明，翅片交错布局相较于平行布局可以改善温度分布的均匀性，有利于提高反应器可靠性。Chandra 等[10]利用反应床平均温度分析了等间距翅片数量和冷却管数量对吸氢过程的影响，发现翅片数量、冷却管数量均与反应床平均温度下降速率呈正相关。Mahvash 等[11]将内部蜂窝状翅片固态储氢反应器卧式放置，探究了径向温度、轴向温度的差异性。研究表明该反应器的轴向温度差异性小，径向温度差异性则较大，试验结果体现了内部蜂窝状翅片热传导路径的有效性。

基于此，本文以水套式固态储氢反应器为研究对象，探究 AB5 储氢材料在装置中的吸/放氢温度场特性、不同换热条件下的吸/放氢性能，有利于后续针对换热结构做具体的优化以及调节换热功耗与吸/放氢速率之间的关系。

1 试验对象介绍

本试验使用的 AB5 储氢合金吸/放氢过程的 PCT 曲线如图 1 所示。0℃，吸氢平台压范围在 0.17～0.46 MPa，放氢平台压为 0.11～0.202 MPa；30℃，吸氢平台压 0.35～1.05 MPa，放氢平台压 0.21～0.73 MPa。且该合金的最大储氢密度超过 1.5wt%。

固态储氢反应器内径 154 mm，高度 535 mm，壁厚 7 mm，采用水套换热结构，实物见图 2。AB5 合金以纯粉末形式装填在反应器中，不添加粘结剂和导热材料，装填高度 380 mm，装填高度比 71%。共计装填 31.2kg AB5 储氢合金，理论吸氢量约为 480g。此外，反应器内布置 4 根长度为 500 mm 氢气导气管，用于加快氢气的传递速度。6 个 Pt100 热电阻温度计，用于探究吸/放氢反应过程中的内部温度场变化规律。温度测点 2、测点 5、测点 4 和测点 3 的高度依次为 6cm、12cm、21cm 和 37cm，且距离反应器中

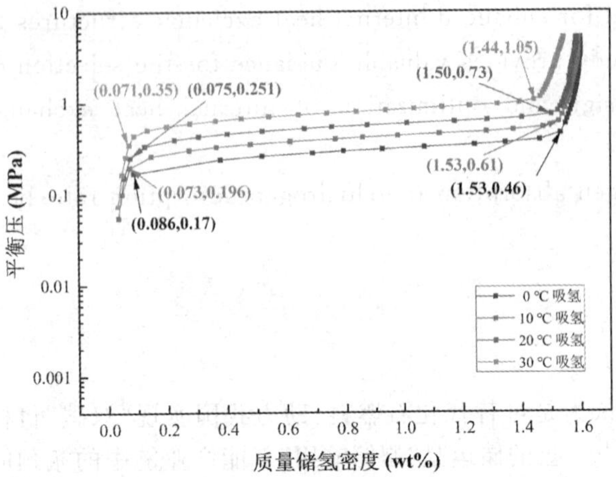

(a) 吸氢PCT曲线

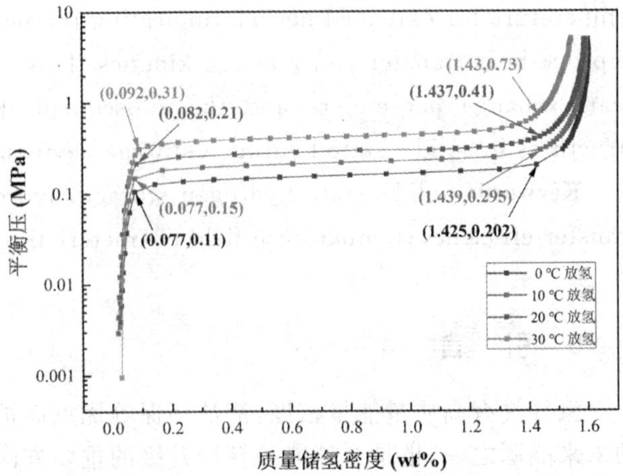

(b) 放氢PCT曲线

图 1　AB5 储氢合金吸/放氢 PCT 曲线

心均为 3.5cm。测点 6 在反应器中心位置,高度为 12cm。测点 1 距离反应器中心 7cm,与内壁面的距离为 0.7cm,高度为 18cm。温度计和氢气导气管的相对位置及布置参数如图 3 所示。

图 2　水套换热结构固态储氢反应器

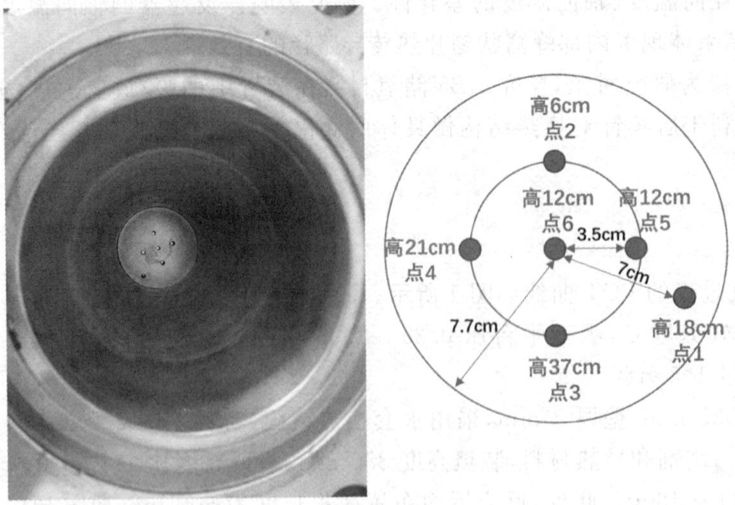

(a) 温度计位置参数

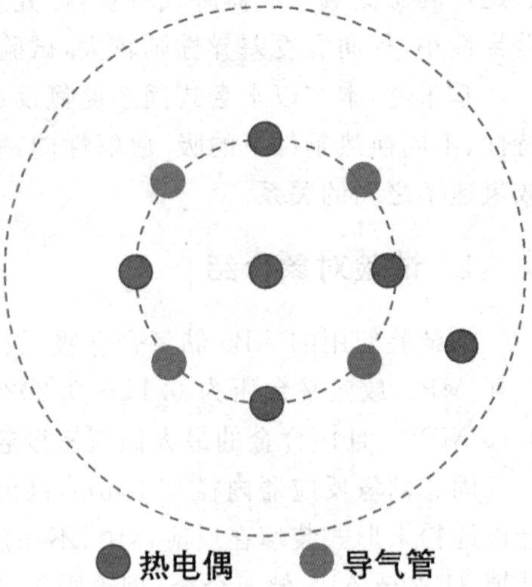

(b) 温度计与导气管的相对位置

图 3　反应器内部温度计与导气管的布置情况

2 试验系统及测试方案

2.1 试验系统

水套式换热结构固态储氢反应器的吸/放氢性能测试采用合肥通用机械研究院有限公司自研的千克/百千克级固态储氢装置吸/放氢性能测试系统，其设计原理如图 4 所示。该系统由 4 部分组成，分别是气体管路系统、固态储氢装置、换热系统和信号采集与控制系统。其中，换热介质为 50%乙二醇水溶液，氢气流量的测量使用科里奥式气体质量流量计，测量精度 0.001g/s。换热系统包括高温水箱和低温水箱，高温水箱采用电加热器制热，低温水箱使用卤水机组制冷。

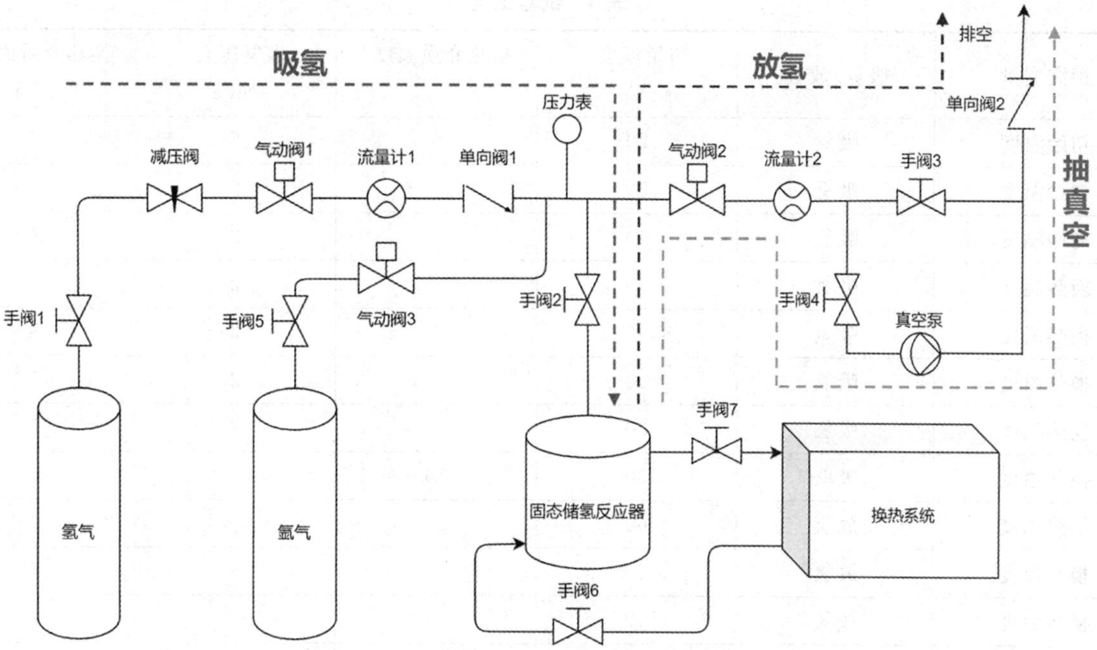

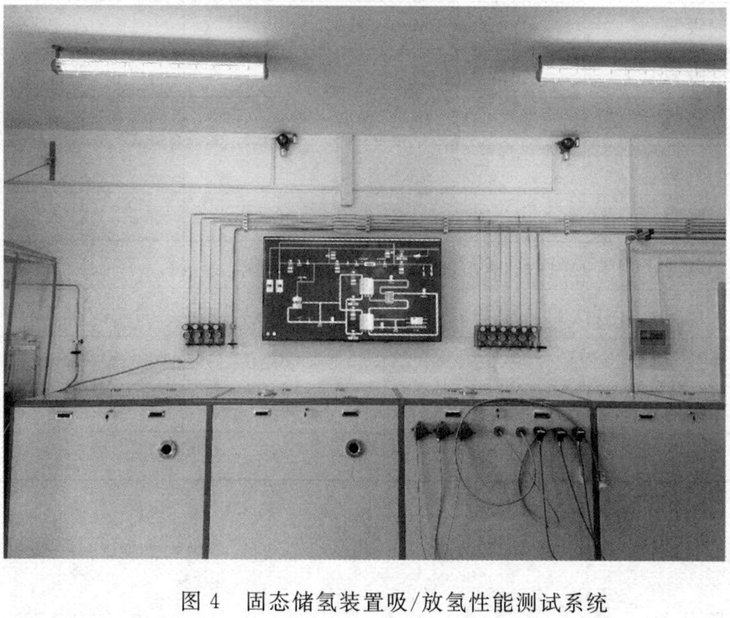

图 4 固态储氢装置吸/放氢性能测试系统

2.2 试验方案

试验内容包含两个半循环，即吸氢过程和放氢过程。分别研究换热工况参数对吸氢性能和放氢性能的影响。正式试验开始前,需对反应器中的储氢合金进行充分活化,以保证试验过程不会存在未反应的合金。具体的活化条件为:常温下抽真空 10 分钟再移至 80℃热水中继续抽 40 分钟后停止,紧接着向反应器中充入氢气,保压 40 分钟后移至 15℃的冷水中继续充氢。循环多次直至合金的吸氢量不再发生变化。

试验工况如表 1 所示。探究工况参数之前,需将高温水箱和低温水箱设置为预期温度,并打开手阀 6 和手阀 7,待反应器内部温度场均匀一致并达到预期初始温度后开始正式吸氢和放氢试验。需要说明的是,放氢过程是将氢气直排大气,当放氢质量流量计读数为 0 时,打开真空泵将反应器内部绝对压力抽至 0.05bar,使吸氢过程初始含氢量保持一致。

表 1 试验工况

探究变量	吸氢/放氢	初始温度/℃	换热介质温度/℃	供氢压力/MPa	换热介质流量/m^3/h
初始温度	吸氢	20	5	2	7
初始温度	吸氢	30	5	2	7
初始温度	吸氢	40	5	2	7
换热温度	吸氢	30	−10	2	7
换热温度	吸氢	30	−5	2	7
换热温度	吸氢	30	0	2	7
换热温度	吸氢	30	5	2	7
换热温度	吸氢	30	10	2	7
换热温度	放氢	60	60	—	7
换热温度	放氢	50	50	—	7
换热温度	放氢	40	40	—	7
换热温度	放氢	30	30	—	7
换热流量	吸氢	30	30	2	1
换热流量	吸氢	30	30	2	3
换热流量	吸氢	30	30	2	5
换热流量	吸氢	30	30	2	7
换热流量	吸氢	30	30	2	9
换热流量	放氢	50	50	—	1
换热流量	放氢	50	50	—	3
换热流量	放氢	50	50	—	5
换热流量	放氢	50	50	—	7
换热流量	放氢	50	50	—	9

3 结果讨论

3.1 吸/放氢温度场分析

3.1.1 吸氢温度场

以供氢压力 2 MPa,换热温度−10℃,换热流量 $7m^3/h$ 的工况来阐明吸氢过程中反应器内部的温度变化规律，试验结果见图 5。图 5(a)是 6 个测点的整体温度分布情况，所有测点均在初始反应阶段从 30℃迅速升至 75～80℃，随后在吸氢反应和外部换热的作用下开始降温。吸氢 400g 用时 2h32min，此时内部最高温度在测点 6 位置，为 69.7℃，最低温度在测点 1 位置，为 30.2℃。

图 5(b)是距离反应器中心 3.5cm，不同高度的温度变化情况。测点 2、测点 5、测点 4 和测点 3 的高度依次为 6cm、12cm、21cm 和 37cm。可以看到，越靠近反应器底部，温度下降的越快。2h32min 时刻，测点 5、测点 4 和测点 3 的温度差异性较小，最大温差仅有 2.9℃，而测点 2 与测点 3 之间的温差为 17.1℃。说明越靠近下部，传热速率越快，反应越迅速。这可能是因为储氢合金在下部受到力的挤压作用大，合金之间的接触更加紧密，有效热导率高。此外，储氢合金下端面直接与反应器下壁面接触，相较于与氢气接触的储氢合金上端面，接触热阻小，换热速率快。

图 5(c)是距离反应器底部高 12cm，不同径向长度的温度变化情况。测点 5 和测点 6 的半径长度分别为 3.5cm 和 0cm，2h32min 时刻，温度分别为 64.7℃和 69.7℃，温差为 5℃。这是因为测点 5 与换热流体的传热距离短，换热量大，温度降低快。测点 5 和测点 6 之间的温差先增大后减小，说明测点 5 处的合金先达到饱和吸氢状态，随后快速降温，二者之间的温差进一步扩大。当测点 6 处的合金吸氢完成后，快速降温，由于与换热流体的温差较大，降温速率快于测点 5，二者之间的温差又逐渐缩小。

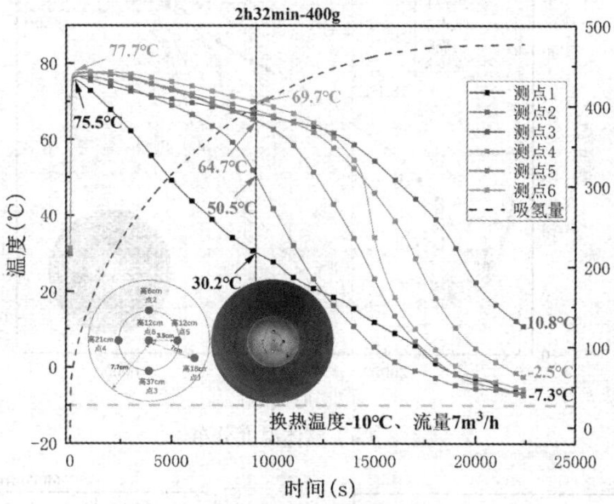

（a）整体温度分布

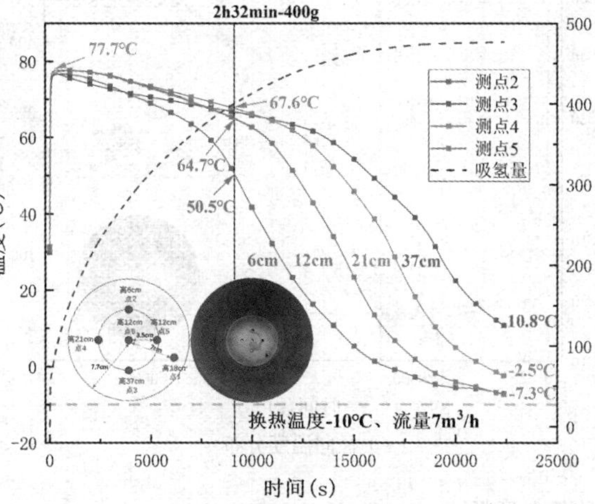

（b）轴向温度分布

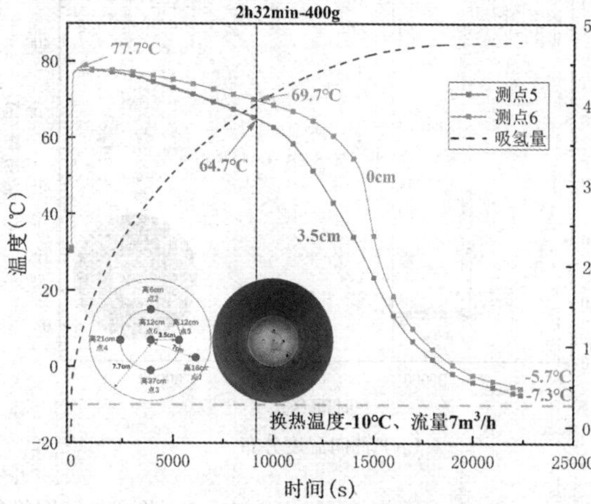

（c）径向温度分布

图 5　-10℃换热的吸氢温度场

3.1.2　放氢温度场

放氢过程的内部温度场如图 6 所示，换热温度 50℃、换热流量 $7m^3/h$。图 6(a)是 6 个测点的整体温度分布情况，所有测点均在初始反应阶段从50℃迅速降低至15℃左右，随后在放氢反应和外部换热的作用下持续降温，说明放氢反应吸热量大于外部换热供给的热量，且各测点的温度曲线开始分离，差异性逐渐凸显。测点1率先出现温度拐点，用时1h24min，降低至4.9℃后开始上升。放氢400g用时6h57min，此时内部最低温度在测点6位置，为−2.4℃，测点3、4、5和6的温度差异性较小，均在−2.4～−1.8℃范围内。内部最高温度测点1为28.1℃。

图6(b)是距离反应器中心3.5cm，不同高度的温度变化情况。可以看到，测点2、5、4和3均在温度快速下降后出现类似“温度平台”的特征，即温度缓慢变化区域。该区域包含了温度缓慢下降、最低温和温度缓慢上升过程。最下部测点2的“温度平台”宽度最窄，平台温度最高。测点5、4和3的“温度平台”宽度接近，但测点5随后的温度上升速度要明显快于测点4和测点3。

图6(c)是距离反应器底部高12cm，不同径向长度的温度变化情况。可以看到，测点5和测点6的温度差异性主要体现在“温度平台”的宽度上，测点5的温度宽度大于测点6，更早进入温度快速上升阶段。这说明测点6处的金属氢化物最后完成氢气的释放。

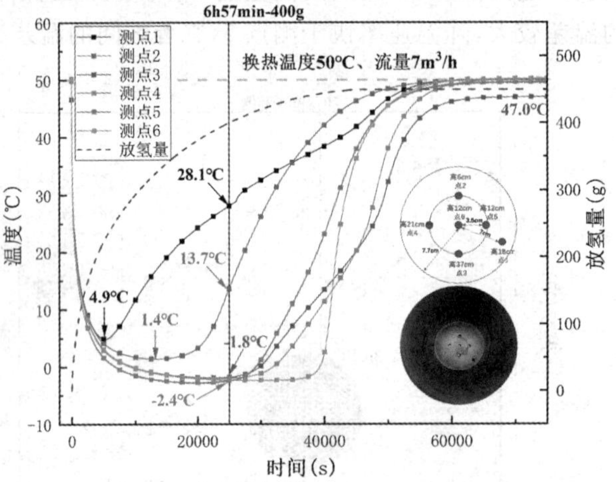

(a) 整体温度分布

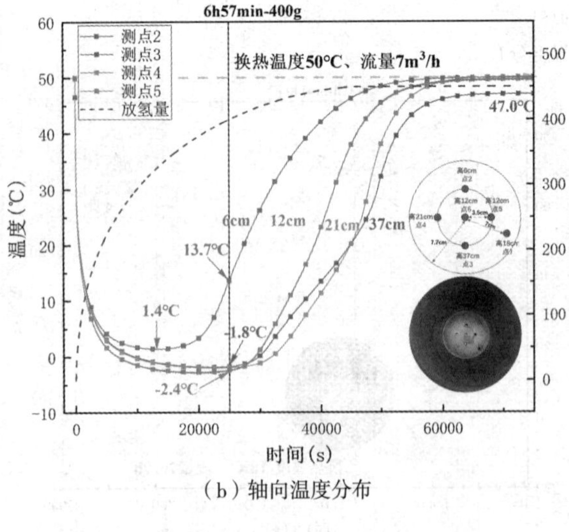

(b) 轴向温度分布

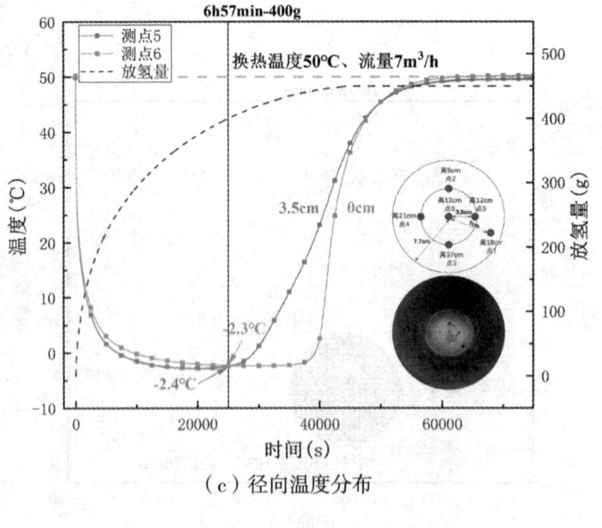

(c) 径向温度分布

图6　50℃换热的放氢温度场

3.2　初始温度对吸氢性能的影响

上节内容可知，内部最高温度和最低温度分别在测点6和测点1处。因此，接下来主要分析吸氢速率、测点6温度和测点1温度。分别将初始温度控制在20℃、30℃和40℃，换热温度为5℃。初始温度对吸氢速率的影响如图7(a)所示。初始温度为20℃、30℃和40℃时,吸氢200g用时为31min、34min和37min,吸氢400g用时为2h44min、2h56min和2h57min。总的来说,反应器初始温度越低,吸氢速率越快,但这种趋势并不显著,尤其是当初始温度为30℃和40℃时,二者之间的差异性基本可以忽略。

图7(b)和7(c)分别显示了初始温度对测点6和测点1温度的影响。可以看到,初始温度直接影响到反应器内部的最高温度,初始温度为20℃、30℃和40℃时,测点6最高温度分别为74.2℃、76.4℃和79.5℃,测点1最高温度分别为71.8℃、74.1℃和76.8℃,初始温度越高,吸氢过程各测点最高温度越高。但是在吸氢反应进行的较长时间范围内,不同初始温度对测点温度的影响区别很小。吸氢速率和测点温度二者表现出来较小的差异性,可能是因为储氢合金初始温度从20℃增加至40℃所需要的显热要远小于反应产生的热量,使得初始温度的作用比较微弱。

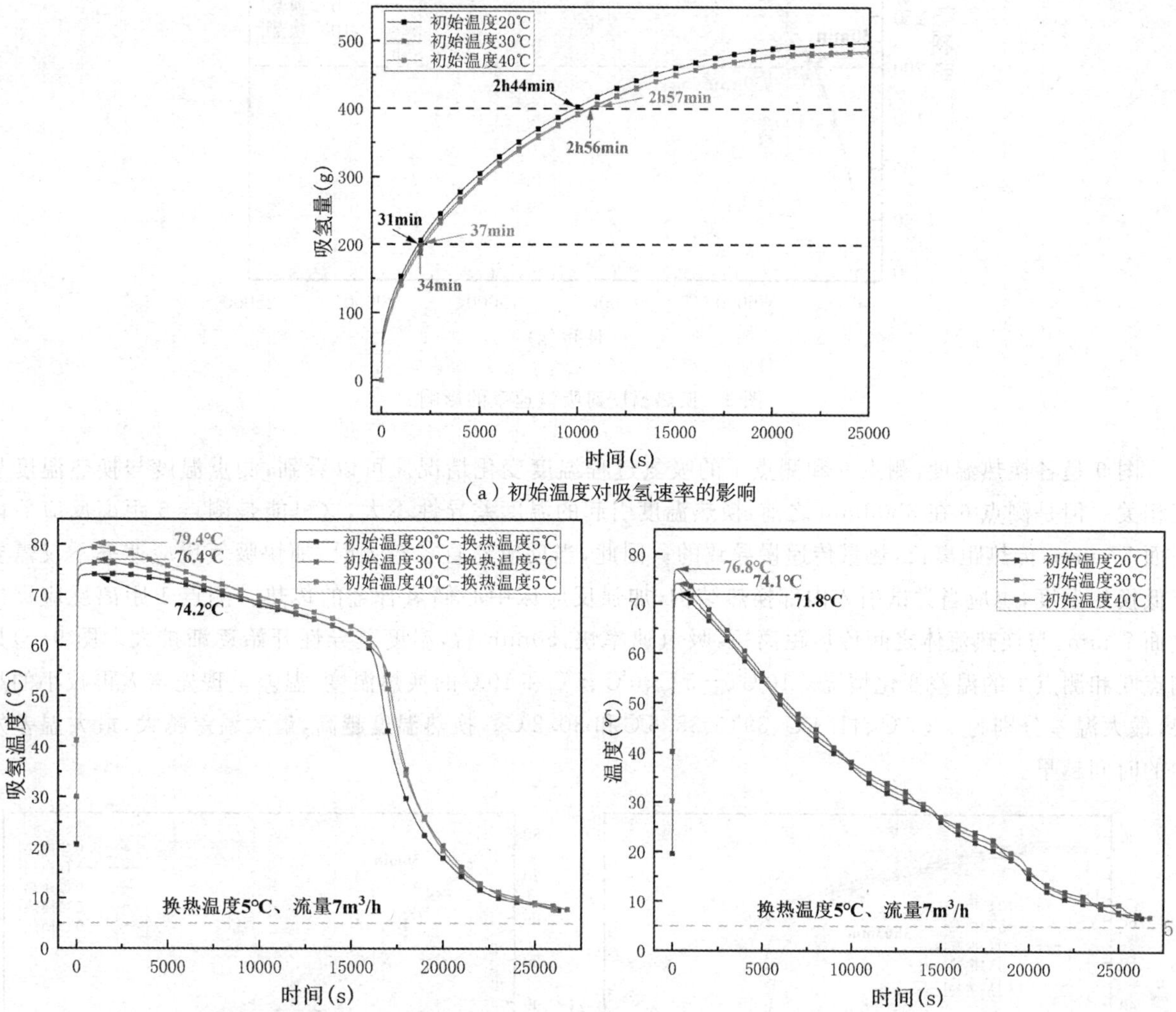

(a)初始温度对吸氢速率的影响

(b)初始温度对测点6温度的影响

(c)初始温度对测点1温度的影响

图7 初始温度对吸氢性能的影响

3.3 换热温度对吸/放氢性能的影响

3.3.1 吸氢过程

图8显示的是换热温度对吸氢速率的影响。换热温度依次设置为-10℃、-5℃、0℃、5℃和10℃。试验结果表明,各温度下吸氢200g用时在30min~39min范围内。吸氢400g用时依次为2h32min、2h39min、2h49min、2h56min和3h32min,说明吸氢速率与换热温度呈负相关。换热温度从5℃提高到

10℃,吸氢 400g 用时增加了 20.5%。而在－10～5℃范围内,温升引起的时间增加低于 5～10℃范围。因此,在实际的应用过程中,为了尽可能减小换热能耗和增大吸氢速率,建议优先将换热温度设置为 5℃。

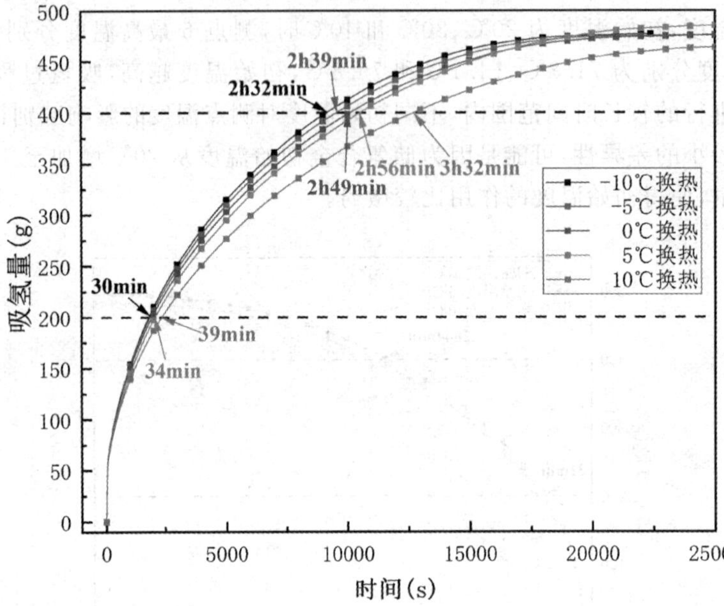

图 8　换热温度对吸氢速率的影响

图 9 是各换热温度,测点 6 和测点 1 的吸氢过程温度变化情况。可以看到,测点温度与换热温度呈正相关。但是测点 6 在 3h03min 之前,换热温度引起的温度差异性不大,这可能是测点 6 距离反应器内壁面 77 mm,传热距离长,热量传递慢导致的。因此,当反应器直径较大时,加快吸氢反应速率不仅需要降低换热温度,也应当尝试引入内部换热结构,加强反应床中心储氢合金的传热。测点 1 距离反应器内壁面 7 mm,与换热流体之间传热距离短,吸氢速率快,50min 后,温度差异性开始逐渐扩大。图 9(c)是测点 6 和测点 1 的温差变化情况。10℃、－5℃、0℃、5℃和 10℃的换热温度,温差呈现先增大再减小的趋势,最大温差分别为 43.7℃、41.4℃、39℃、35.6℃和 30.2℃。换热温度越高,最大温差越大,最大温差发生的时间越早。

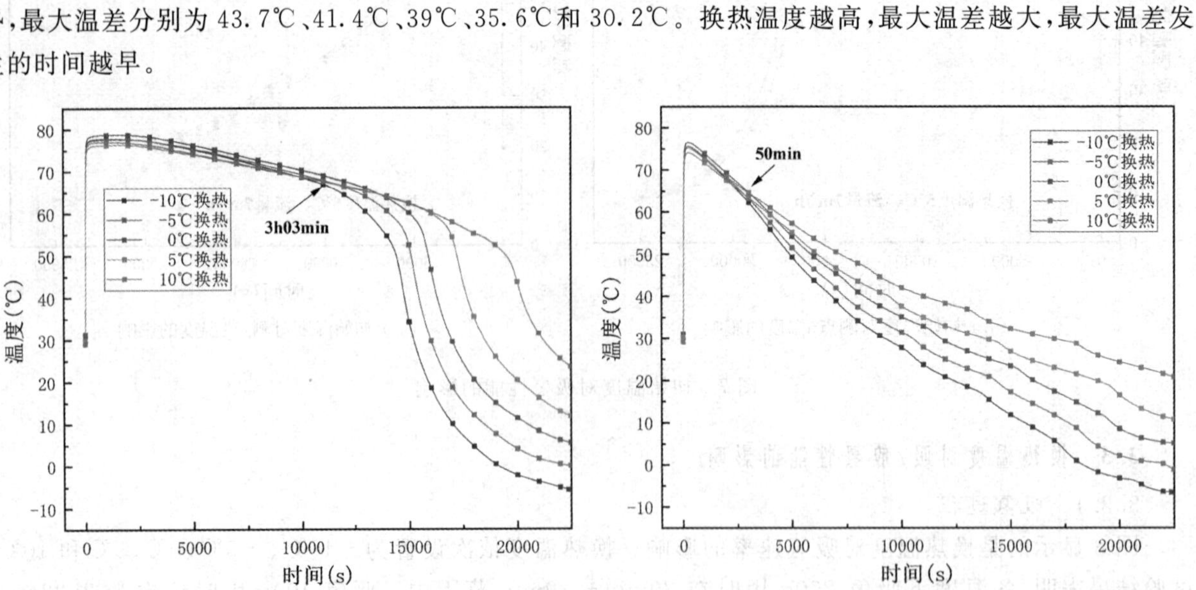

(a) 测点6温度变化　　(b) 测点1温度变化

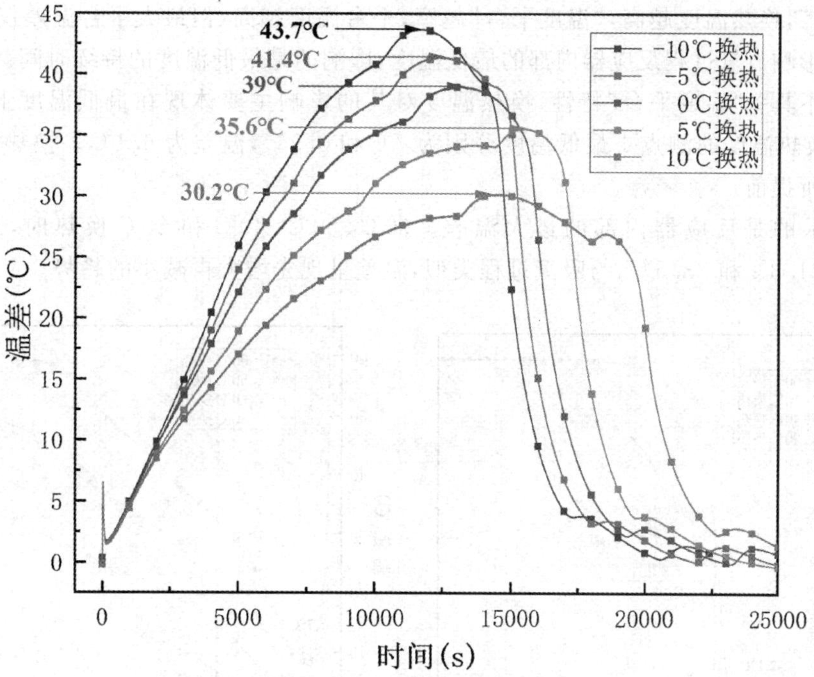

（c）测点6与测点1的温差

图 9　吸氢过程换热温度对反应器内部温度的影响

3.3.2　放氢过程

图 10 显示的是换热温度对放氢速率的影响。放氢换热温度依次设置为 60℃、50℃、40℃和 30℃。试验结果表明，各温度下放氢 200g 用时分别为 49min、1h05min、1h22min 和 1h55min。放氢 400g 用时依次为 5h37min、6h57min、8h28min 和 12h01min，说明放氢速率与换热温度呈正相关。实际应用中，应考虑换热温度、换热功耗与放氢速率的对应关系，再根据需求选择合适的换热温度。

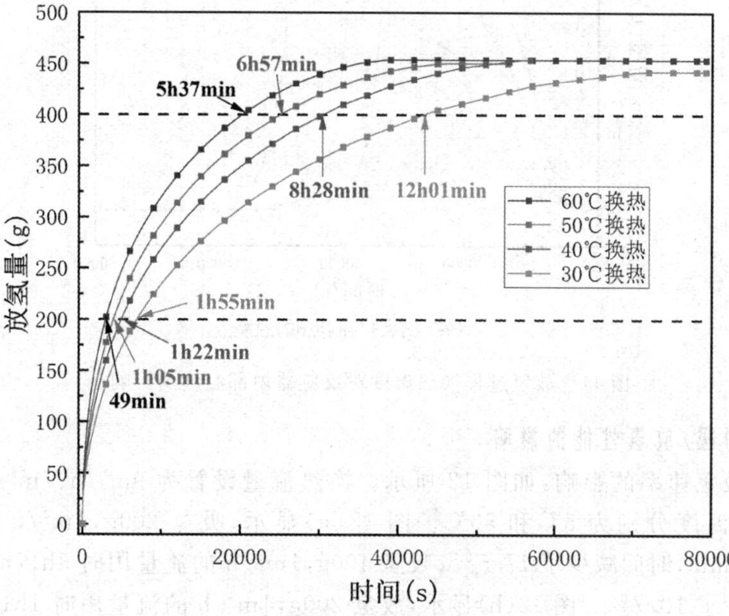

图 10　换热温度对放氢速率的影响

图 11 是各换热温度,测点 6 和测点 1 在放氢过程的温度变化情况。可以看到,换热温度主要影响测点 6 的"温度平台",换热温度越高,"温度平台"越窄,平台温度越高,但最大平台温差仅有 1.3℃,说明换热温度不能显著影响放氢过程反应器内部的最低温度,影响的是最低温度的持续时间。

由于测点 1 不具备"温度平台"特性,换热温度对其的影响主要体现在最低温度上。由图 11(b)可知,60℃和 30℃换热温度的测点 1 最低温度分别为 7℃和 0.9℃,温差为 6.1℃。换热温度越高,最低温度发生时间也有所提前。

图 11(c)显示的是反应器内部的最大温差。60℃、50℃、40℃和 30℃换热时,最大温差分别为 45.7℃、37.8℃、31.3℃和 23.5℃,与吸氢过程类似,温差呈现先增大再减小的趋势。

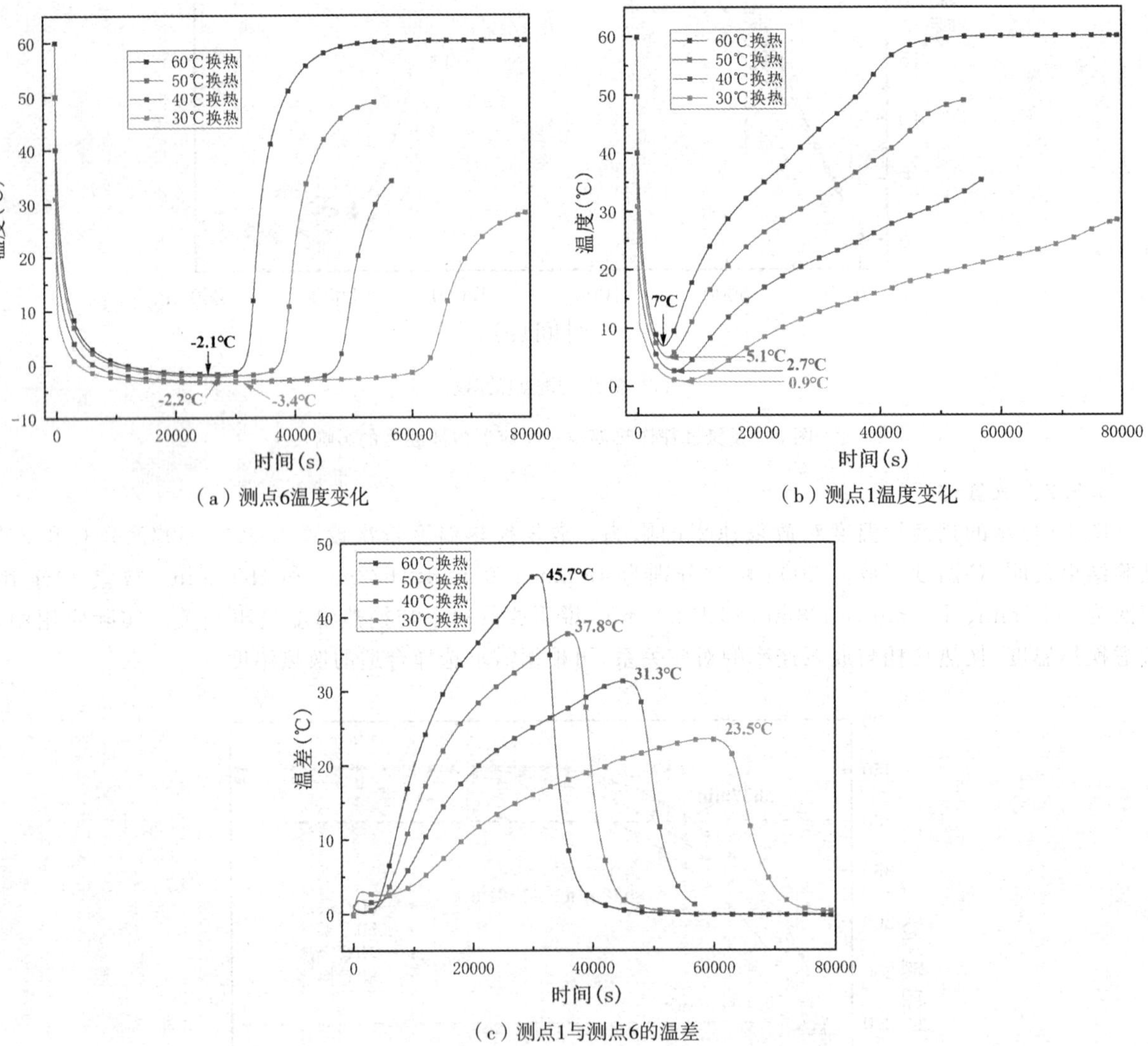

(a) 测点6温度变化

(b) 测点1温度变化

(c) 测点1与测点6的温差

图 11　放氢过程换热温度对反应器内部温度的影响

3.4　换热流量对吸/放氢性能的影响

换热流量对吸/放氢速率的影响,如图 12 所示。换热流量设置为 $9m^3/h$、$7m^3/h$、$5m^3/h$、$3m^3/h$ 和 $1m^3/h$,吸/放氢换热温度分别为 5℃和 50℃。图 12(a)显示,吸氢 200g,$1m^3/h$ 的流量用时 40min,$9m^3/h$的流量用时 33min,时间减少了 17.5%;吸氢 400g,$1m^3/h$ 的流量用时 3h17min,$9m^3/h$ 的流量用时 2h56min,时间减少了 10.7%。图 12(b)显示,放氢 200g,$1m^3/h$ 的流量用时 1h10min,$9m^3/h$ 的流量用时 1h01min,时间减少了 12.9%;放氢 400g,$1m^3/h$ 的流量用时 7h45min,$9m^3/h$ 的流量用时 6h57min,时间减少了 10.3%。换热流量越大,吸/放氢速率越快且换热流量对吸氢速率的影响要大于放氢速率。

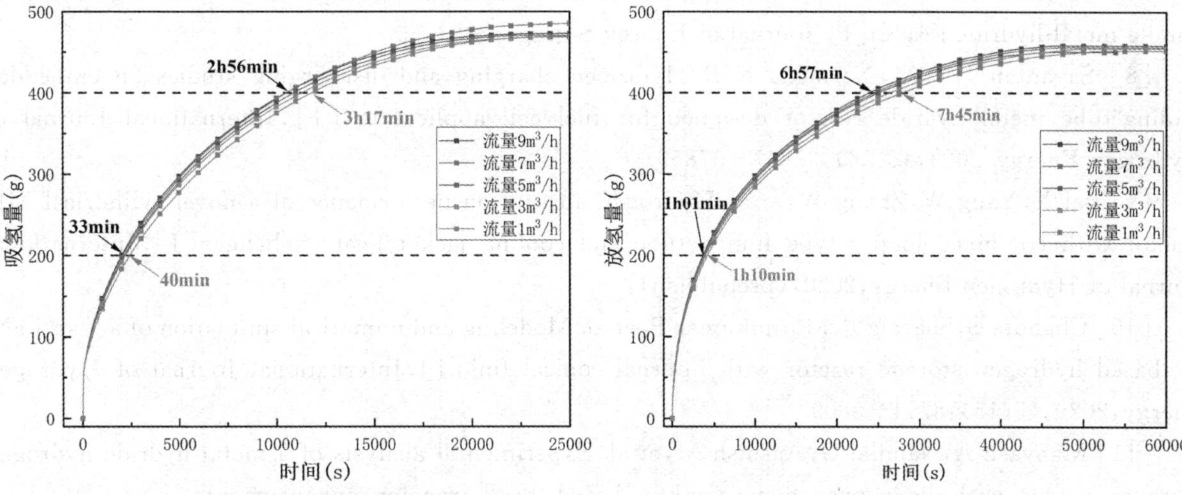

（a）换热流量对吸氢速率的影响　　（b）换热流量对放氢速率的影响

图 12　换热流量对吸/放氢速率的影响

4 结　论

(1)越靠近反应器下部和内壁面,传热速率越快,吸/放氢反应越迅速。

(2)放氢过程,反应器中心位置长期维持在最低温度,此处传热效率低,说明需要引入内部换热结构强化传热。

(3)反应器初始温度越低,吸氢速率越快,但这种趋势并不显著,尤其是当初始温度为 30℃和 40℃时,二者之间的差异性基本可以忽略。

(4)换热温度从 5℃提高到 10℃,吸氢 400g 用时增加了 20.5%,在−10～5℃范围内,温升引起的时间增加低于 5～10℃范围。在实际应用中,可以优先将换热温度设置为 5℃。

(5)换热温度主要影响放氢反应床中心的“温度平台”,换热温度越高,“温度平台”越窄,平台温度越高,但最大平台温差仅有 1.3℃,说明换热温度不能显著影响放氢过程反应器内部的最低温度,影响的是最低温度的持续时间。

(6)换热流量越大,吸/放氢速率越快且换热流量对吸氢速率的影响要大于放氢速率。

参考文献

[1] 郑津洋,马凯,叶盛,等.我国氢能高压储运设备发展现状及挑战[J].压力容器,2022,39(03):1−8.

[2] 张晓飞,蒋利军,叶建华,等.固态储氢技术的研究进展[J].太阳能学报,2022,43(06):345−354.

[3] 郑津洋.高安全低成本大容量高压储氢[J].浙江大学学报(工学版),2020,54(09):1655−1657.

[4] 徐双庆,范志超,刘孝亮.车载高压−固态复合储氢系统储氢密度的数值分析[J].压力容器,2020,37(09):24−29.

[5] 廖艺涵,王艺,郑度奎,等.金属氢化物储氢反应器的热管理研究进展[J].油气储运,2024,43(03):257−271.

[6] K. M, N. A, Pramod K, et al. Experiments on a novel metal hydride cartridge for hydrogen storage and low temperature thermal storage[J]. International Journal of Hydrogen Energy, 2022, 47(36):16144−16155.

[7] Sayantan J, P. M. Design, development and hydrogen storage performance testing of a tube bundle metal hydride reactor[J]. Journal of Energy Storage, 2023, 63

[8] Sayantan J, P. M, Narmada N R. Hydrogen charging and discharging studies on embedded cooling tube metal hydride reactor designed for fuel cell applications[J]. International Journal of Hydrogen Energy, 2023, 48(96): 37847－37859.

[9] Bai X, Yang W, Zhang W, et al. Hydrogen absorption performance of a novel cylindrical MH reactor with combined loop－type finned tube and cooling jacket heat exchanger[J]. International Journal of Hydrogen Energy, 2020, (prepublish):

[10] Chandra S, Sharma P, Muthukumar P, et al. Modeling and numerical simulation of a 5 kg LaNi 5－based hydrogen storage reactor with internal conical fins[J]. International Journal of Hydrogen Energy, 2020, 45(15): 8794－8809.

[11] Mahvash A, Nandlal G, Aashish M, et al. Experimental analysis of a metal hydride hydrogen storage system with hexagonal honeycomb - based heat transfer enhancements - part B[J]. International Journal of Hydrogen Energy, 2021, 46(24): 13131－13141.

作者简介

任兴海(1995),男,硕士,助理工程师,主要研究方向为固态储氢反应器换热结构的设计与优化,通信地址:230031 安徽省合肥市蜀山区长江西路 888 号合肥通用机械研究院有限公司,E－mail:rxh@zju.edu.cn。

固态储氢容器在充/放氢过程中温度变化及储氢性能研究

王　玺，范志超，周　煜，方王刚，程腾飞，黄　静，郭广飞，何礼青

（合肥通用机械研究院有限公司，合肥　230031）

摘　要：固态储氢容器在充/放氢过程中伴随显著热效应，其内部温度场演变直接影响反应动力学。本研究通过自主搭建的测试平台及内置热电偶的储氢容器，系统对比了未填充合金与填充 TiMn 合金工况下，压力、换热方式及添加剂对容器体温度分布与储氢性能的影响。结果表明：无论是否填充合金，充/放氢过程中容器体几何中心温度变化幅度最大，侧壁最小；换热方式优化（空气→水浴）可使吸氢量从 6.73 g 提升至 52.72 g，储氢可逆率从 88.84% 提升至 95.97%；添加 1 *wt.* % 膨胀石墨可进一步提升吸氢量至 56.95 g，但树脂添加会降低储氢效率。本研究为固态储氢容器的高效换热设计与工况优化提供了实验依据。

关键词：固态储氢容器；充/放氢；温度；储氢性能；换热

Research on temperature changes and hydrogen storage performance of solid - state hydrogen storage containers during hydrogen charging/discharging process

WANG Xi，FAN Zhichao，ZHOU Yu，FANG Wanggang，
CHENG Tengfei，HUANG Jing，GUO Guangfei，HE Liqing

（Hefei General Machinery Research Institute Co.，Ltd.，Hefei 230031，China）

Abstract：Solid state hydrogen storage containers are accompanied by significant thermal effects during the hydrogen charging/discharging process，and the evolution of their internal temperature field directly affects the reaction kinetics. This study systematically compared the effects of pressure，heat transfer mode，and additives on the temperature distribution and hydrogen storage performance of unfilled alloy and filled TiMn alloy using a self built testing platform and a hydrogen storage container with built - in thermocouples. The results show that regardless of whether the alloy is filled or not，the temperature change amplitude at the geometric center of the container body is the largest and the sidewall is the smallest during the hydrogen charging/discharging process；Optimizing the heat exchange method（air→water bath）can increase the hydrogen absorption capacity from 6.73 g to 52.72 g，and the hydrogen storage reversibility rate from 88.84% to 95.97%；Adding 1 wt.% expanded graphite can further increase the hydrogen absorption capacity to 56.95 g，but adding resin will reduce the hydrogen storage efficiency. This study provides experimental evidence for the efficient heat transfer design and operating condition optimization of solid - state hydrogen storage containers.

Keywords：solid state hydrogen storage container；charging/discharging hydrogen；temperature；hydrogen storage performance；heat transfer

0 引 言

氢气作为一种绿色、清洁的二次能源，具有燃烧热值高、无污染、利用形式多样、储量丰富且来源广泛等优点，被认为是实现“绿色能源世界”目标的有效途径[1]。因此，氢气备受世界各国关注，美国、欧盟、日本等纷纷制定中长期产业规划推动氢能技术发展，期望在 2040—2050 年实现氢能源社会[1-3]。我国也于 2022 年发布了《氢能产业发展中长期规划(2021—2035)》，旨在快速扩大氢能应用范围并推动相关产业商业化进程[4]。氢能产业涵盖氢气制备、储运和应用三个环节，其中储运环节是制约产业发展的关键瓶颈[5-6]。氢气储存方式主要包括高压气态、低温液态和固态材料储氢三类，而固态储氢因安全性高、储氢密度高、维护简便等优势，被认为最具发展潜力[7]。因此，开展满足使用条件的固态储氢研究，不仅具有重要的理论价值，更是推动氢能产业商业化进程的关键[8-9]。

固态储氢因其体积密度高、压力低、安全性高及维护简便等优点，在车载燃料电池供能系统和低压氢气储能系统等领域展现出广阔的应用前景[10]。储氢合金作为高效的氢气储运载体之一，其材料开发与产业化应用受到广泛关注[11-13]。目前，多数研究集中在实验室中对低剂量样品(克级)进行储氢合金性能测试，主要关注材料本身特性对储氢性能的影响规律[14]。然而，在实际应用中，储氢合金在吸氢过程中会放热导致温度升高，若散热不及时，吸氢速率会降低甚至停止；而在放氢过程中，储氢合金吸热，若不能及时向反应容器提供热量，放氢速率也会降低。在实验室低剂量测试中，充/放氢过程的温度变化对换热效率和粉末流动的影响不明显，但在产业化应用中，储氢容器内温度变化对装置储氢性能影响显著。因此，掌握固态储氢容器在实际应用中的真实温度变化情况，对于优化固态储氢装置的换热设计、提高能量利用效率以及推进固态储氢技术的广泛应用具有重要意义。

1 实 验

1.1 储氢容器开发

1.1.1 容器的设计与加工

根据固态储氢材料的吸氢和放氢特性，为确保储氢装置的传热性能，有效防止储氢合金的物料流动、团聚与堆积，以及由此可能引发的容器胀裂问题，本研究设计了一种封闭式圆柱形储氢容器(见图 1)。该储氢容器的外径为 114 mm，内径为 104 mm，壁厚为 5 mm，内部高度为 200 mm，容器采用 316L 不锈钢，满足 6 MPa 的承压要求。

1. 底板；2. 平盖；3. 不锈钢管；4. 法兰；5. 全螺纹螺栓；6. 螺母；7. 缠绕垫；8. 法兰盖

图 1 容器设计图

容器通过顶部法兰挤压密封圈来确保气密性。气体入/出口处采用快接阀门与供氢管路相连，便于操作和后续维护。在容器内部中心位置增设了一根导气管，以促进吸氢和放氢过程中气体的均匀传质。此外，在盖体通气孔处安装了滤网，防止储氢合金粉末堵塞出气孔，从而确保气体流通顺畅。

1.1.2 容器内部热电偶的设计

固态储氢装置在工作过程中，容器内部的温度变化情况直接影响其工作安全性和性能。因此，本研究在容器内部设计了热电偶，用于测量工作过程中的温度变化，以支持固态储氢装置充/放氢性能的优化。本研究采用 WIKA 公司的 TR55 型温度传感器，其测量温度范围为－50 ℃至500 ℃，直径为 6 mm，输出信号为 0～10 V(4～20 mA)，可在 10 MPa 的工作压力下运行。由于容器为圆柱形，根据轴对称原理，在容器体内部设置了三个温度测点，分别位于容器体几何中心、侧壁中心和底部中心(见图 1)。

1.2 合金装填

为提高固态储氢装置的工作稳定性与安全性，本研究从储氢合金装填方式入手，通过在合金中添加膨胀石墨和导热树脂，提升了固态储氢合金床体的传热效率。同时，利用树脂的粘性作用可有效减少合金受气流扰动的影响，防止合金在充/放氢过程中发生团聚和堆积。虽然增加膨胀石墨的添加量能够显著提高反应床体的有效热导率，但会降低其储氢量。在本实验中，固定添加 1 *wt.* %的膨胀石墨，并研究不同导热树脂(SilGel 612 双组分硅胶，A、B 组分应用比例为 1:1)添加比例下合金的粘连情况。储氢合金/膨胀石墨/A 型树脂/B 型树脂的配比情况如表 1 所示。将样品使用翻料机混合均匀后，置于干燥箱中 60 ℃存放 12 h。实验结果显示，①与②号样品脆性较高，易粉化；而③～⑤号样品具有弹性，符合填充实验要求。为在满足填充要求的同时尽可能提升质量储氢密度，本研究选择③号样品的混料配比作为后续填充实验的配比。

表 1 储氢合金/膨胀石墨/A 型树脂/B 型树脂配比(*wt.* %)

	储氢合金	膨胀石墨	A 型树脂	B 型树脂
①	97	1	1	1
②	95	1	2	2
③	93	1	3	3
④	91	1	4	4
⑤	89	1	5	5

1.3 测试平台的设计与构建

固态储氢装置性能测试平台的组装情况如图 2 所示。该平台主要由气体置换台、压力传感器、流量调节阀、质量流量计、真空泵及管路组成。气体置换台配备六个阀门，分别控制内部的六个气体管路，通过不同阀门的开关组合，可实现各管路之间的串联共通，从而完成对固态储氢装置的活化操作。该测试

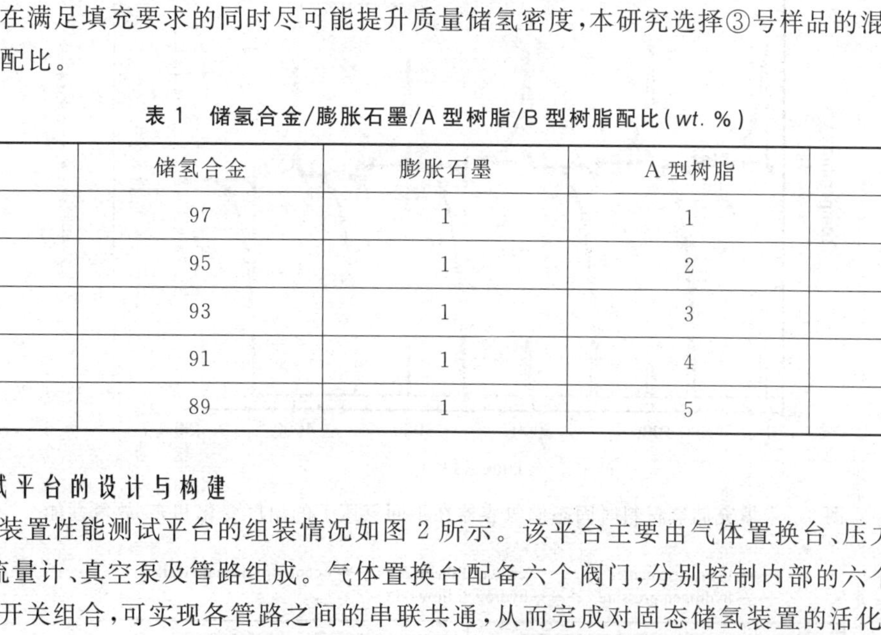

1. 真空泵；2. 气体置换台；3. 压力传感器；4. 流量调节阀；5. 质量流量计

图 2 测试平台设计图

平台选用了 E+H 压力传感器(量程 0～10 MPa)、Tescom 流量调节阀(流量范围 0～1 g/s)和 KROHNE 质量流量计(流量范围 0～0.5 g/s,工作压力 10 MPa),能够满足在高压氢气条件下的工作需求。

2 结果与讨论

2.1 空白测试

对未填充储氢合金的固态储氢装置进行了一系列充/放氢性能测试。首先,在相同流速和换热方式(空气换热)条件下,通过改变充氢压力,测试其内部温度变化,并研究其与储氢量及供氢稳定性的对应关系。随后,在相同充氢压力(5 MPa)和流速条件下,改变换热方式,测试装置的储氢量、内部温度变化以及供氢稳定性。如图 3、图 4 所示,未填充固态储氢材料时,改变压力或换热方式,充/放氢过程中容器内部的温度变化趋势一致。充氢时,容器中心温度变化幅度最大;放氢时,容器底部中心温度变化幅度最大,而侧壁温度变化幅度在充/放氢过程中始终最小。改变供氢压力时,随着压力降低,储氢量逐渐减少,但充/放氢过程中温度变化差值仅有极小幅度降低,表明压力对温度变化的影响可以忽略。改变换热方式时,由于水浴换热效果更佳,充/放氢过程中温度变化差值有明显降低,但储氢量无显著差异。

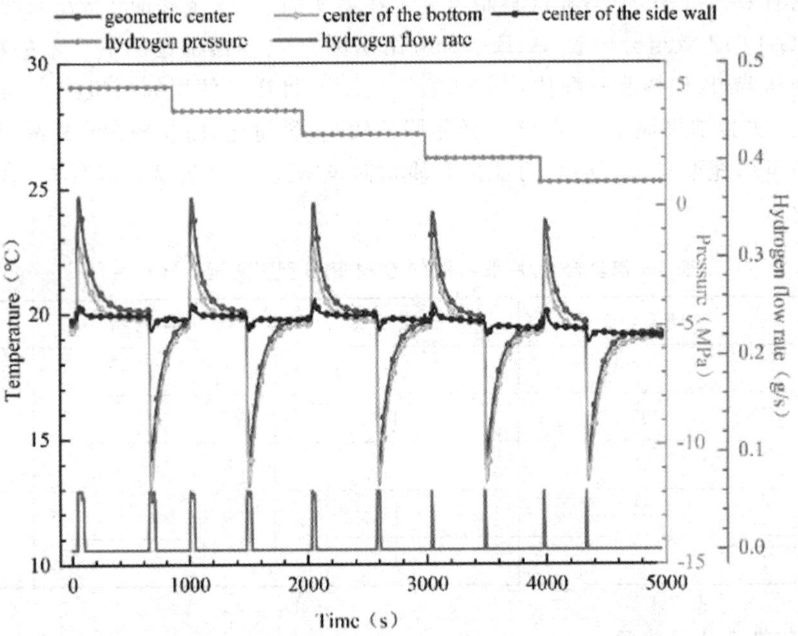

图 3 未填充储氢材料时固态储氢容器在不同氢压下的温度变化和充/放氢性能

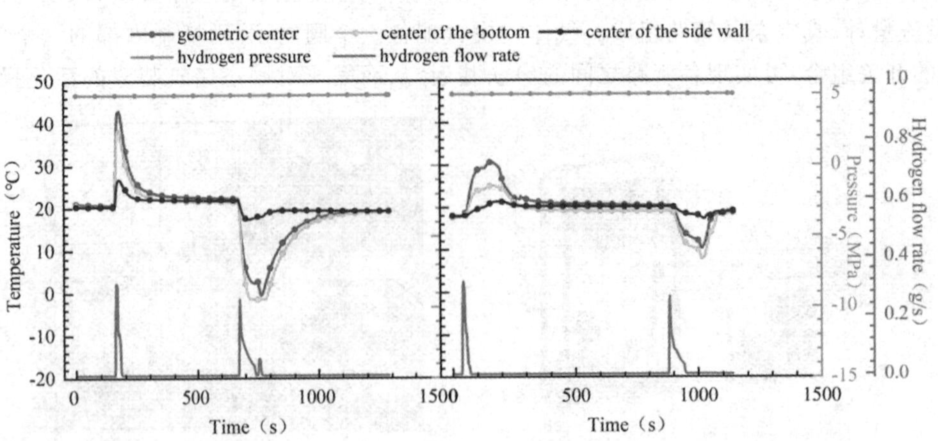

(a) 空气换热　　(b) 水浴换热

图 4 未填充储氢材料时固态储氢容器在不同换热方式下的温度变化和充/放氢性能

2.2 合金装填测试

装填纯 TiMn 合金时，采用空气换热方式，充氢时仅吸收了 6.73 g 氢气，储氢量为 0.16 *wt.* %，随后停止吸氢；放氢过程中仅释放了 5.98 g 氢气。在水浴换热条件下，由于换热效率较高，吸氢速率稳定在约 0.4 g/s，总吸氢量达到 52.72 g，储氢量约为 1.22 *wt.* %。同时，放氢速率稳定在约 0.18 g/s，放氢量为 50.60 g，可逆率为 95.97%。与空气换热相比，装置的储氢性能显著提升，供氢稳定性也大幅改善(见图 5)。这表明提高换热效率可显著提升固态储氢容器的储氢性能。

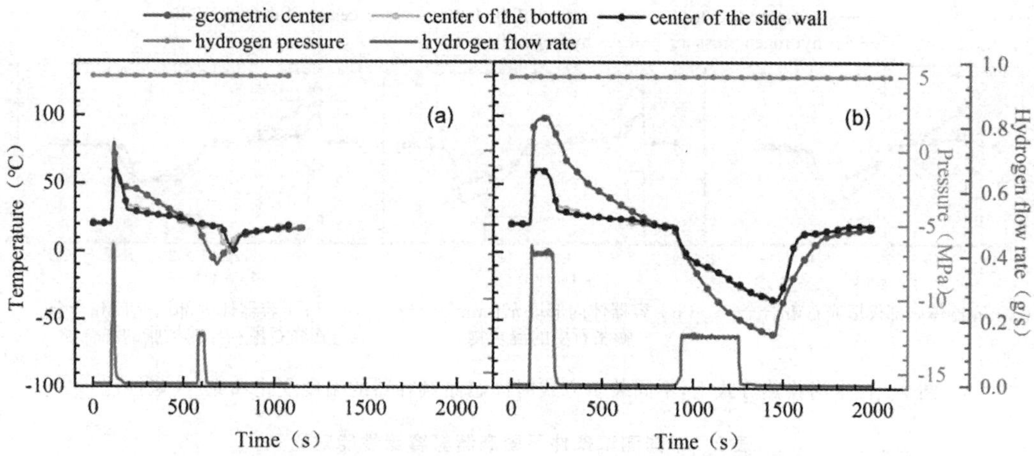

(a) 空气换热　　(b) 水浴换热

图 5　填充纯 TiMn 合金后，固态储氢容器在不同换热方式下的温度变化和充/放氢性能

鉴于水浴换热的良好效果，后续实验均在水浴换热条件下进行。当充氢压力降低至 4 MPa 时，吸氢速率仍能稳定在 0.4 g/s 左右，但吸氢平衡时间显著缩短，导致总吸氢量降至 31.27 g，储氢量约为 0.72 *wt.* %。同时，放氢速率仍能稳定在约 0.18 g/s，但放氢时间明显缩短，总放氢量为 30.85 g，可逆率提高至 98.65%(见图 6)。实验结果表明，尽管吸氢速率和放氢速率保持稳定，但降低充氢压力使吸氢平衡时间缩短，进而降低了总吸氢量和总放氢量。然而，可逆率的提高表明固态储氢容器在不同充氢压力下仍具有较高的氢气释放和吸收能力。这一发现表明，优化充氢压力对提升固态储氢容器的性能和效率具有重要意义。

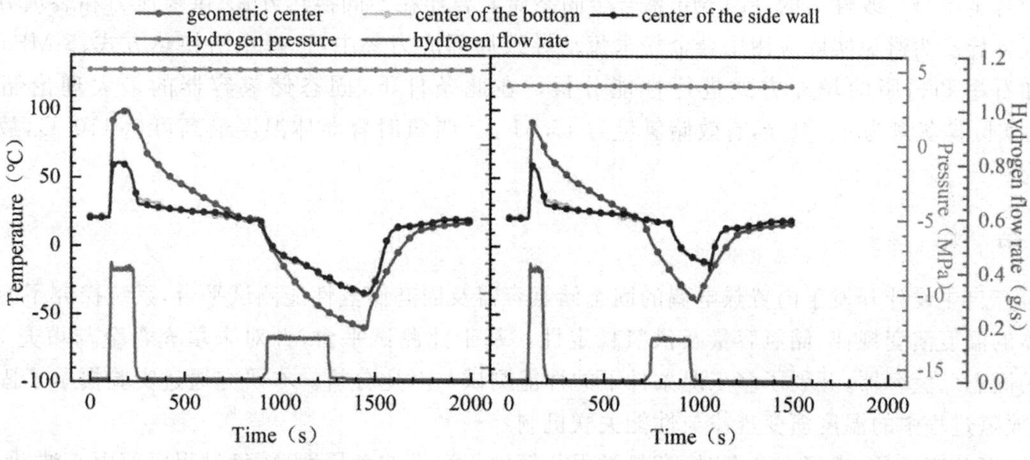

(a) 5MPa供氢压力　　(b) 4MPa供氢压力

图 6　填充纯 TiMn 合金后，在水浴换热方式下不同加氢压力时固态储氢容器的温度变化和充/放氢性能

由图 7 所示，在水浴换热和 5 MPa 供氢压力条件下，不同装填方式(不同合金配方比例)的吸氢速率

均可稳定在约 0.4 g/s,放氢速率也能保持在约 0.18 g/s,但充/放氢时间存在差异。具体而言,当装填 99 *wt.* % TiMn 合金+1 *wt.* %膨胀石墨时,吸氢量为 56.95 g,储氢量约为 1.31 *wt.* %(含石墨质量),放氢量为 56.24 g,可逆率为 98.76%。相比之下,装填 93 *wt.* % TiMn 合金+1 *wt.* %膨胀石墨+3 *wt.* % A 树脂+3 *wt.* % B 树脂时,吸氢量降至 48.48 g,储氢量约为 1.12 wt. %,放氢量为 45.51 g,可逆率为 93.87%。结果表明,增加石墨装填量可降低固态储氢容器的活化难度并提高可逆放氢量,而增加树脂装填量则会增加活化难度并降低可逆放氢量。相关测试结果见表 2。

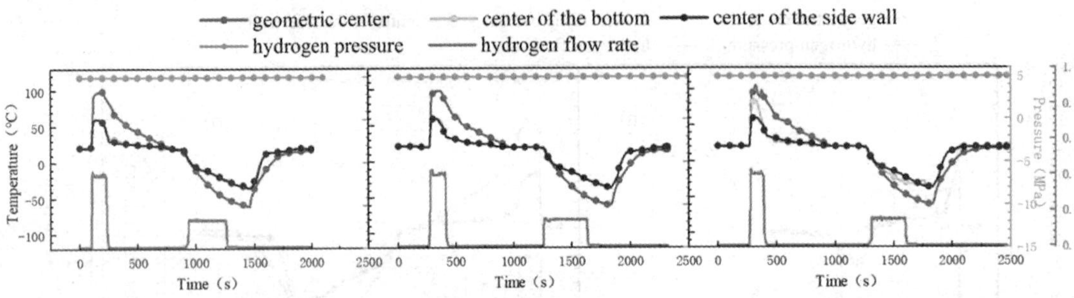

(a) 容器体内部仅填充TiMn合金　(b) 容器体内部填充TiMn合金与膨胀石墨的混合物　(c) 容器体内部填充TiMn合金、膨胀石墨和导热树脂的混合物

图 7　在水浴换热方式下,不同装填方式时固态储氢容器的温度变化和充/放氢性能

表 2　不同测试条件下固态储氢容器性能对比

	吸氢量/g	储氢量/(wt. %)	放氢量/g	可逆率/%
空气换热	6.73	0.16	5.98	88.84
水浴换热	52.72	1.22	50.60	95.97
降低压力	31.27	0.72	30.85	98.65
添加石墨	56.95	1.31	56.24	98.76
添加树脂	48.48	1.12	45.51	93.87

改性后的 Ti-Mn 系合金(添加石墨/树脂)比未改性的 Ti-Mn 系储氢合金(纯 Ti-Mn 合金)更易于使固态储氢容器活化。然而,由于规模化填充导致合金间传热和传质相互影响,固态储氢容器的活化条件高于合金本身。改性后的 Ti-Mn 系合金固态储氢容器在不同换热方式、供氢压力和装填方式下的性能表现各异。为避免实际应用中合金粉末流动导致局部应力集中,选择水浴换热方式、5 MPa 供氢压力及添加石墨和树脂的填充方式进行性能分析。在此条件下,固态储氢容器的最大理论储氢量为 72.58 g,实际储氢量为 48.48 g,有效储氢量为 45.51 g。吸氢时容器体温度最高可达 110 ℃,放氢时最低温度为-65 ℃。

3　结　论

本研究自主设计开发了内置热电偶的固态储氢容器及固态储氢性能测试平台,系统探究了容器内部反应床体的温度演变规律、储氢容量及供氢稳定性。基于此测试平台,针对未填充合金与填充 Ti-Mn 系合金的固态储氢容器,开展了多工况条件下的性能测试与对比分析。本研究通过实验揭示了固态储氢容器充/放氢过程中的温度演变规律与性能关联机制:

(1)温度分布特征:未填充合金时,充氢过程几何中心温度波动最大,放氢过程底部中心波动显著;填充 TiMn 合金后,几何中心始终为温度变化核心区域,侧壁与底部波动降低,且填充工况温度变化幅度显著大于未填充工况。

(2)换热方式的决定性作用:水浴换热较空气换热显著提升热效率,吸氢量从 6.73 g 提升至 52.72

g,可逆率从 88.84% 提升至 95.97%,表明高效散热/供热是提升储氢性能的关键。

(3)工况参数影响:供氢压力从 5 MPa 降至 4 MPa 时,吸氢量下降至31.27 g,但可逆率提升至98.65%;添加膨胀石墨可提升吸氢量至 56.95 g,而树脂填充导致储氢效率下降,需在传热优化与储氢容量间权衡。

上述研究结果表明,提高热交换效率、选择合适的供氢压力及合金添加剂对固态储氢容器的性能有显著影响。这些发现将有助于进一步促进固态储氢容器的优化设计和性能提升。

参考文献

[1] AVARGANI V M, ZENDEHBOUDI S, NOORI M C S, et al. A comprehensive review on hydrogen production and utilization in North America: Prospects and challenges[J]. Energy Conversion and Management, 2022, 269(1): 115927－115939.

[2] MARCOSD B W, FRANCESCO C, ALEXANDRE T, et al. Drop - in and hydrogen - based biofuels for maritime transport: Country－based assessment of climate change impacts in Europe up to 2050[J]. Energy Conversion and Management, 2022, 273(10): 116403－116419.

[3] YU J, HAN Y J, YANG H, et al. Promising technology analysis and patent roadmap development in the hydrogen supply chain[J]. Sustainability, 2022, 14(21): 14210－14230.

[4] 刘尚泽,于青,管健. 氢能利用与产业发展现状及展望[J]. 能源与节能,2022,11(38):18－21.

[5] ZOU C, LI J, ZHANG X, et al. Industrial status, technological progress, challenges, and prospects of hydrogen energy[J]. Natural Gas Industry B, 2022, 9(5): 427－447.

[6] 朱敏. 先进储氢材料导论[M]. 北京:科学出版社,2015.

[7] 陈军,朱敏. 高容量储氢材料的研究进展[J]. 中国材料进展,2009,5(28):2－10.

[8] HE T, PACHFULE P, WU H, et al. Hydrogen carriers[J]. Nature Reviews Materials, 2016, 1(15): 16059－16079.

[9] FILIPPOV S P, YAROSLAVTSEV A B. Hydrogen energy: Development prospects and materials[J]. Russian Chemical Reviews, 2021, 90(6): 6－24.

[10] RASUL M G, HAZRAT M A, SATTAR M A, et al. The future of hydrogen: Challenges on production, storage and applications [J]. Energy Conversion and Management, 2022, 272 (15): 116326－116340.

[11] YAO J, WU Z, WANG H, et al. Application - oriented hydrolysis reaction system of solid－state hydrogen storage materials for high energy density target: A review [J]. Journal of Energy Chemistry, 2022, 74(7): 218－238.

[12] 熊耀强,吴平,赵建平. Ⅳ型储氢气瓶内衬材料的氢渗透行为分子动力学模拟[J]. 压力容器,2023,40(7):19－28.

[13] 陈怡博,王修磊,查燕,等. Ⅳ型高压储氢瓶密封结构设计及性能仿真研究[J]. 压力容器,2023,40(9):37－44.

[14] LEE S Y, LEE J H, KIM Y H, et al. Recent progress using solid － state materials for hydrogen storage: A short review[J]. Processes, 2022, 10(2): 304－320.

作者简介

王玺(1999),男,助理工程师,主要从事固态储氢材料及装置相关研究,通信地址:030001 山西省太原市桃园南路 27 号,E－mail:8635317857@163. com。

第 6 章

失效分析、腐蚀

液氮充装软管接头开裂失效分析

孙嘉豪,王胜辉,吕华亭
(上海市特种设备监检检验技术研究院,上海 200062)

摘　要:针对液氮充装软管接头使用过程中发生开裂问题,通过宏观检查、金相分析、断口SEM和能谱、化学成分分析、对比分析等手段进行失效分析,结果表明,开裂原因主要为焊接接头晶间腐蚀,304不锈钢接管材料化学成分不符合标准要求,碳含量严重超标,在焊接热影响的作用下,热影响区发生了严重的晶间敏化进而导致焊接接头晶间腐蚀,焊接残余应力作用的应力腐蚀开裂加剧裂纹的贯穿。

关键词:液氮;不锈钢接头;失效分析;焊接接口;晶间腐蚀

Analysis of leakage failure of inlet elbow of isobutylene heat exchanger

SUN Jiahao,WANG Shenghui,LYU Huating
(Shanghai Institute of Special Equipment Inspection and Technical Research,Shanghai 200062,China)

Abstract:Aiming at the cracking problem of the liquid nitrogen filling hose joint,the failure analysis was carried out through macro inspection,metallographic analysis,fracture SEM and energy spectrum, chemical composition analysis,comparative analysis and other means. The results showed that the main reason for the cracking was for intergranular corrosion of welded joints,the chemical composition of 304 stainless steel connecting pipe materials does not meet the standard requirements, and the carbon content is seriously exceeded. Under the influence of welding heat, severe intergranular sensitization occurs in the heat－affected zone, which leads to intergranular corrosion of welded joints. Stress corrosion cracking due to welding residual stress aggravates crack penetration.

Keywords: liquid nitrogen; stainless steel joint; failure analysis; weld interface; intergranular corrosion

0　概　述

液氮是指液态的氮气,其沸点为－196 ℃,惰性、无色、无毒,在食品加工与冷冻保存[1]、实验室研究[2]、半导体制造[3]、生物与医学[4-6]等领域被广泛应用。由于液氮温度极低易挥发,其一般储存在专用容器液氮罐中,而液氮充装管是用来将液氮从储存容器输送到需要的地方的管道系统,在液氮的处理、储存和应用过程中发挥着重要作用,其宏观形貌如图1所示。

图1　充装软管宏观形貌

然而,上海化工区某企业液氮充装软管接头使用过程中发生开裂,充装软管图纸如图2所示,其中,开裂件编号为7,其公称直径为40 mm,接头材料为304不锈钢。液氮充装软管接头开裂可能会导致人员伤害、设备损坏、生产中断等弊端,因此针对液氮充装软管接头开裂失效分析具有现实需求和意义。目前国内外业界鲜有针对液氮充装软管接头的失效分析案例,笔者在本文中根据实际情况,通过宏观检查、材料金相分析、断口SEM和能谱、化学成分分析、对比分析等手段对某企业液氮充装软管接头发生开裂原因进行失效分析并得出结论。

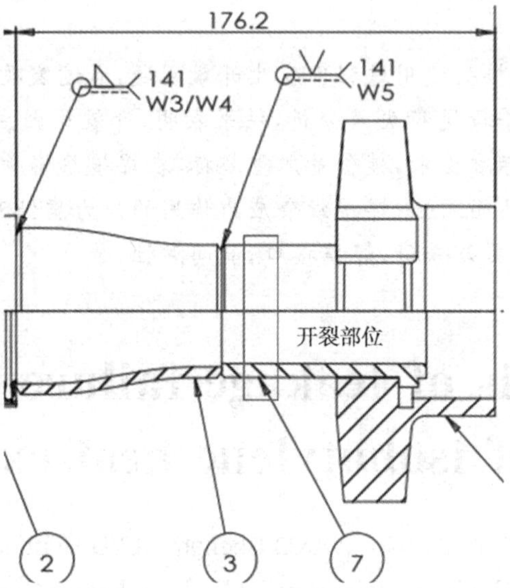

图2 充装软管图纸

1 宏观检查

通过对开裂的接头进行渗透检测实现宏观检查,其接口渗透检查结果如图3所示,从图中不难发现接头下半内外壁都出现了裂纹。

图3 接口渗透检测结果

为进一步分析开裂接口宏观形貌，将接头沿裂纹切开，断口宏观形貌如图 4 所示，裂纹起源于外壁，在热影响区附近有多条平行的裂纹，大部分断口上锈蚀严重。

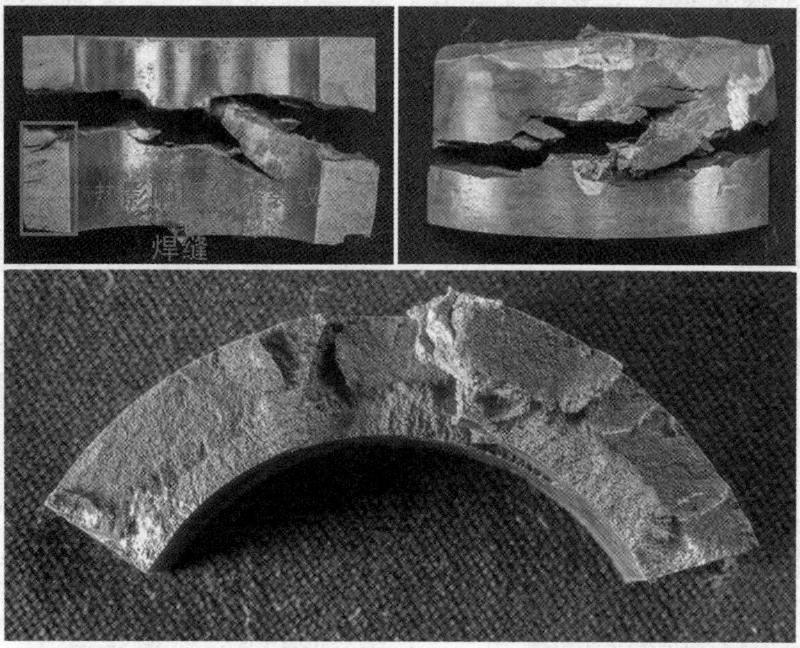

图 4　断口宏观形貌

2　金相分析

对原材料裂纹处进行取样切割，并制成金相试样，金相试样放大图如图 5 所示，观测裂纹处的微观金相组织，并查看裂纹的扩展特征。

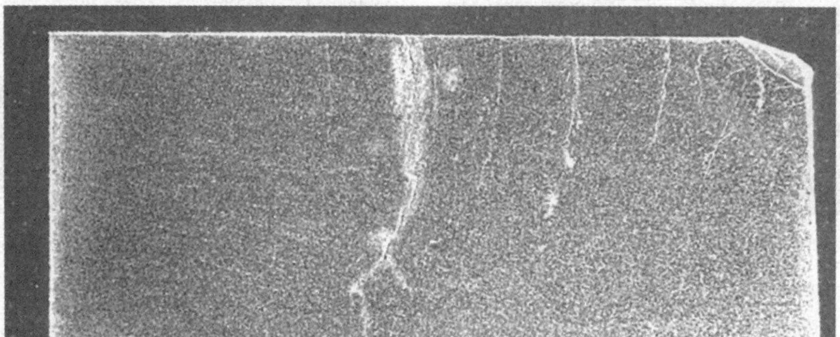

图 5　金相试样放大图

通过裂纹附近金相组织不难看出，该金相为奥氏体，晶界上有大量的碳化物，裂纹呈沿晶扩展，其裂纹附近金相组织图如图 6 所示。

取接头另一端（远离焊接区）进行对比分析，金相组织如图 7 所示，金相中显示晶界中也含有碳化物，但是碳化物的尺寸比裂纹附近的碳化物尺寸小得多，推断其产生原因主要是由于裂纹附近受到焊接的影响，在热影响区附近有更多的碳化物析出。

图 8 和图 9 为通过扫描电子显微镜（SEM）获取的金相放大形貌图，可以看出在远离焊接热影响区的地方，碳化物仅为粒状，未连接至一起，而在裂纹附近（热影响区），碳化物已经连接成一片，这说明在热影

响区碳化物的析出更为严重。

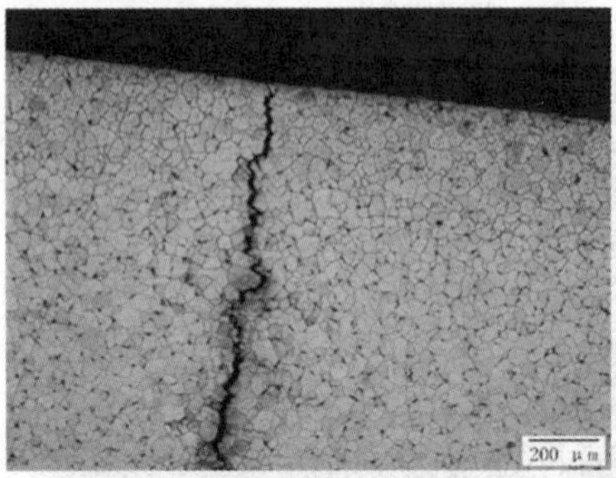

A（100×）

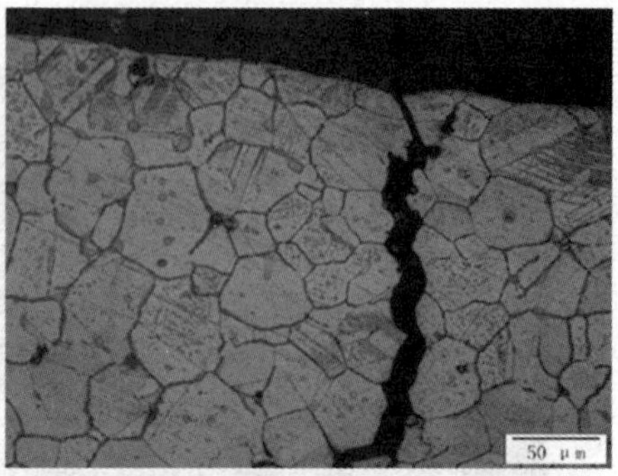

B（500×）

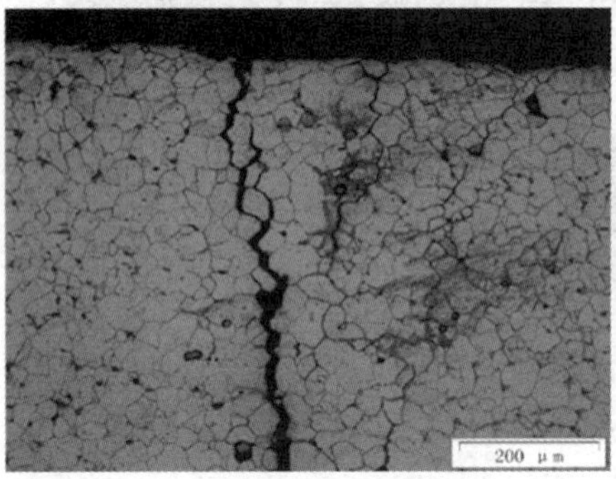

C（200×）

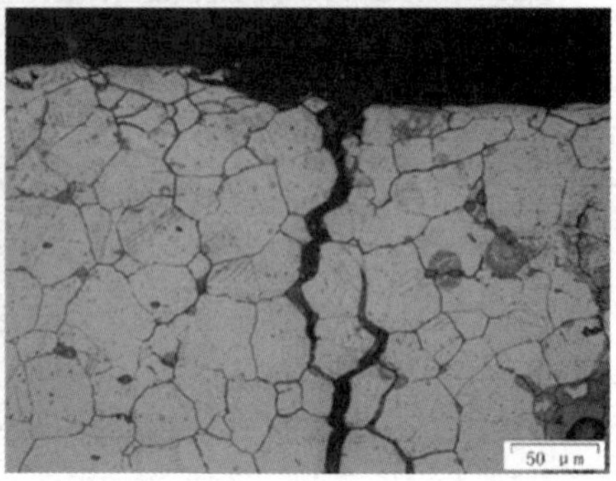

D（500×）

图 6　裂纹附近金相组织

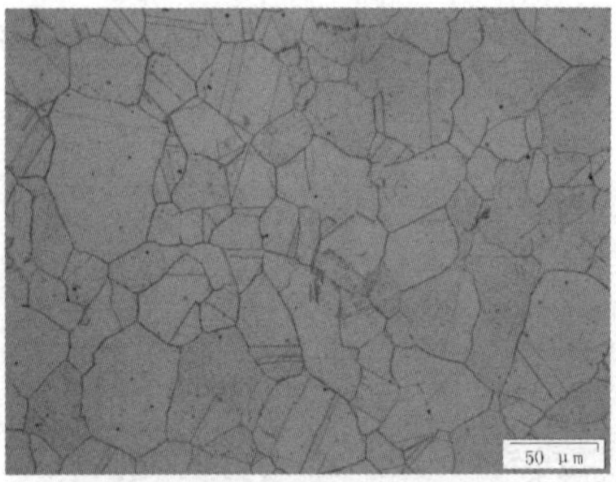

E（500X），远离裂纹处（远离热影响区）

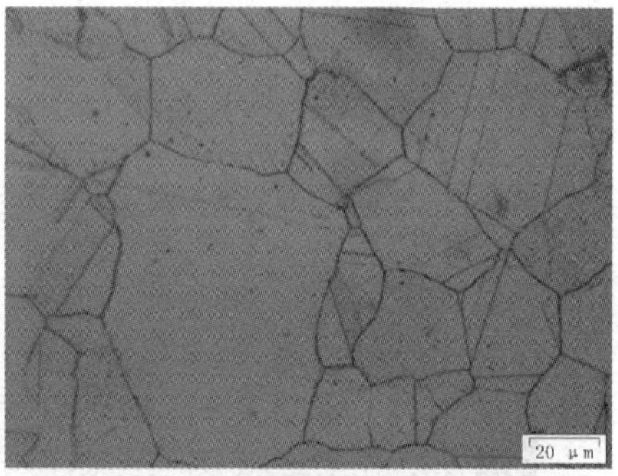

F（1000X），远离裂纹处（远离热影响区）

图 7　远离裂纹处金相组织

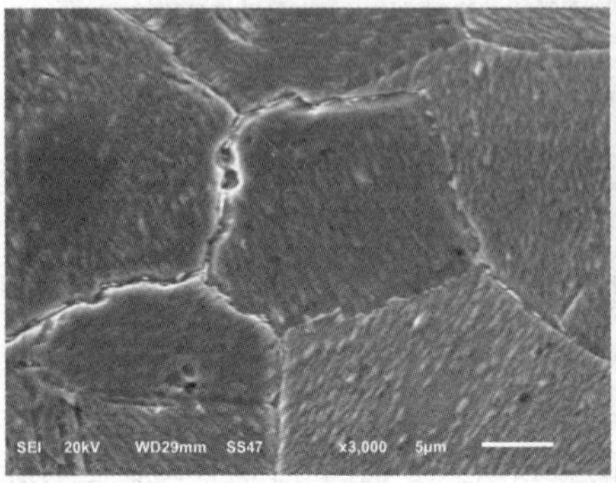

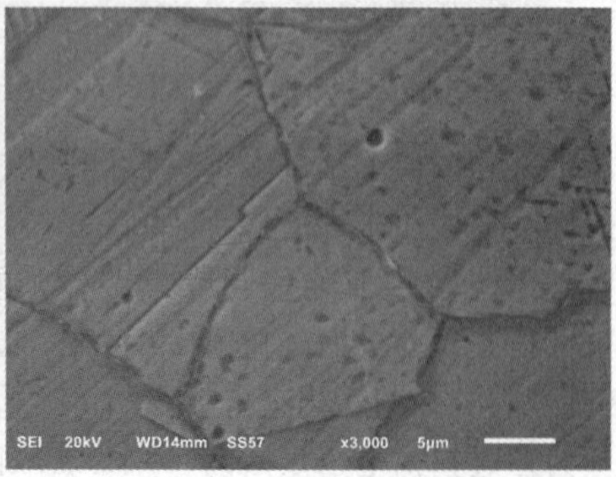

图 8　裂纹附近金相组织放大形貌(SEM)

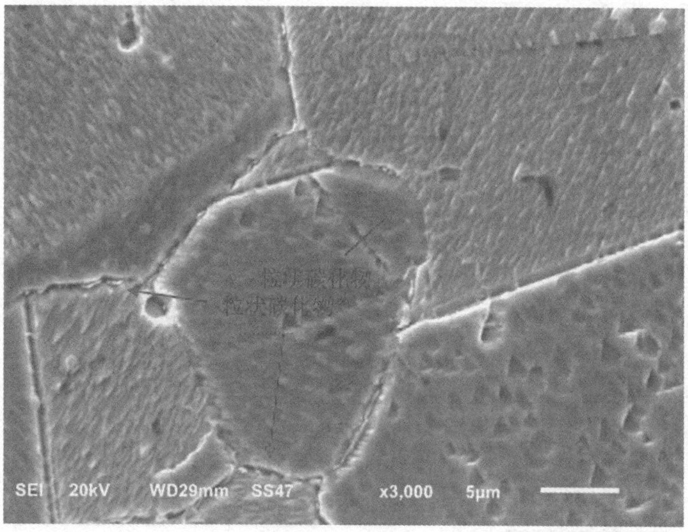

图 9　远离裂纹处金相组织放大形貌(SEM)

从接头的金相组织上看,该接头没有经过固溶处理,晶界上有碳化物析出,特别的裂纹附近受到焊接的热影响,晶界上析出的碳化物更为粗大。硬度为 HV185(GB/T 9948—2017[7] 中规定的硬度为不大于 HV220),表明材料硬度正常。

3　断口 SEM 和能谱

通过扫描电子显微镜(SEM)观测裂纹断口表面获取微观形貌,其断口 SEM 形貌图如图 10 所示,可见断口为沿晶断裂特征。

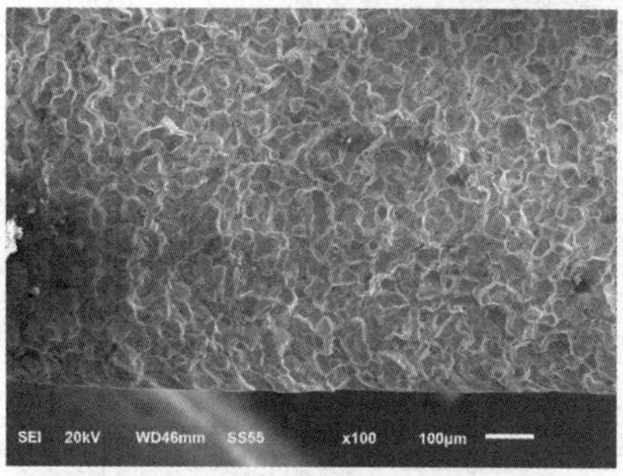

A(100X)

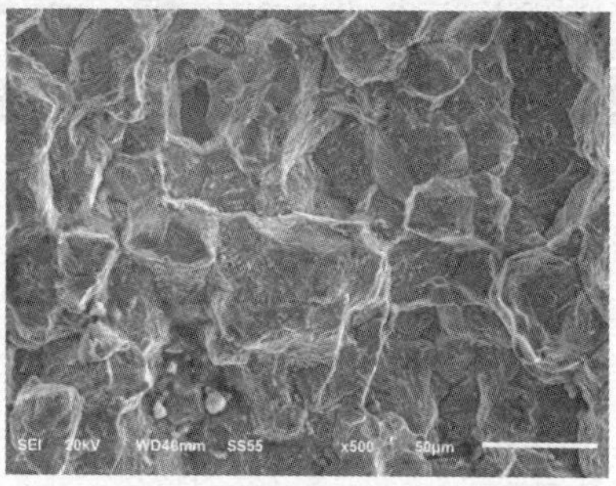

B(500X)

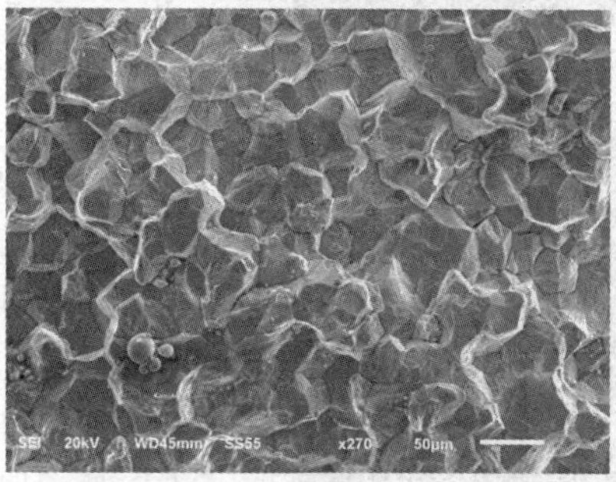

C(270X)

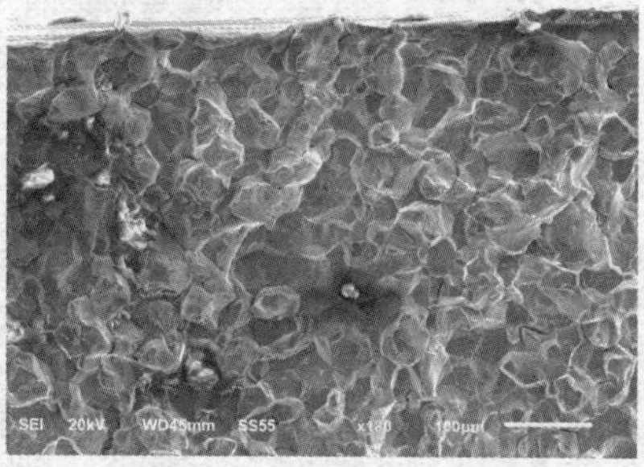

D(180X)

图 10　断口 SEM 形貌

对断口的能谱检测数据如图 11 所示,结果显示断口上有氯和硫等元素。

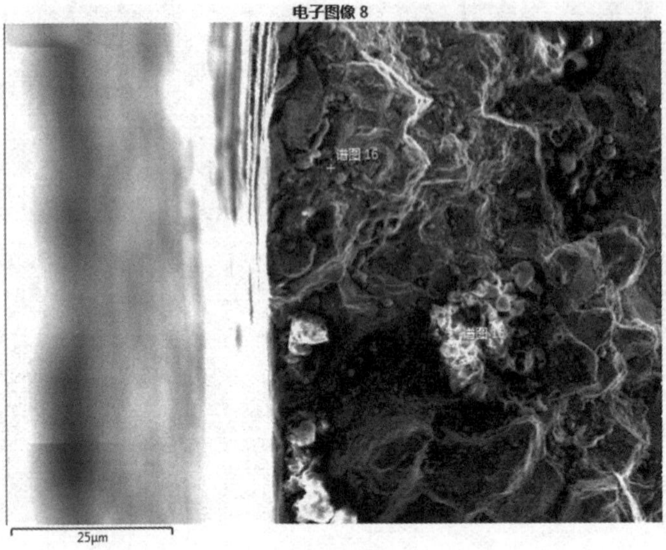

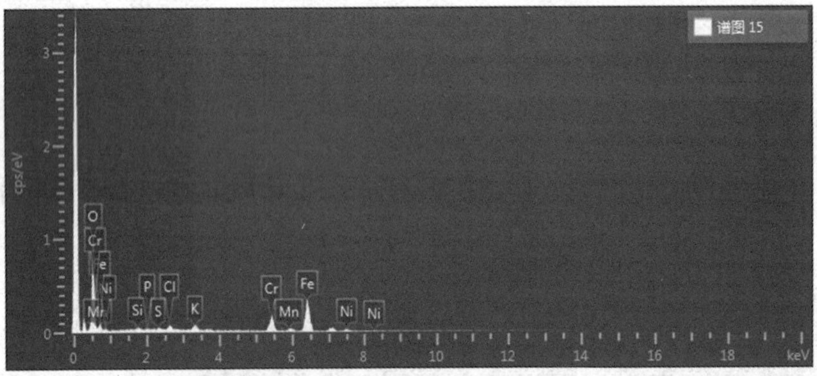

元素	重量百分比	原子百分比
Fe	30.14	12.82
Ni	2.78	1.12
Si	0.51	0.43
Mn	0.47	0.20
S	0.35	0.26
Cr	9.63	4.40
P	0.33	0.25
O	53.07	78.79
K	1.55	0.94
Cl	1.18	0.79
总量	100.00	100.00

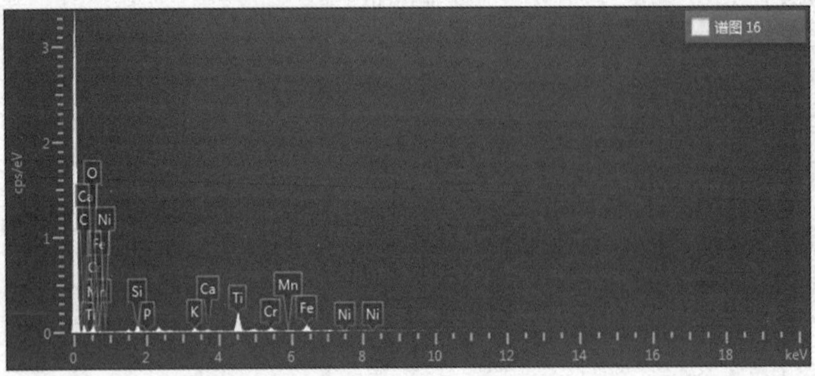

元素	重量百分比	原子百分比
Fe	10.09	3.48
Ni	1.43	0.47
Si	2.63	1.80
Mn	0.63	0.22
Cr	3.38	1.25
P	0.32	0.20
Ti	16.13	6.49
K	1.17	0.87
O	37.16	44.47
C	24.40	39.16
Al	1.19	0.85
Ca	0.90	0.43
总量	100.00	100.00

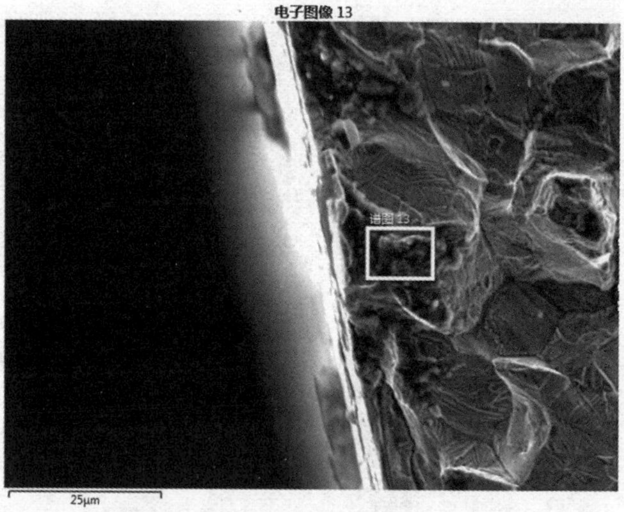

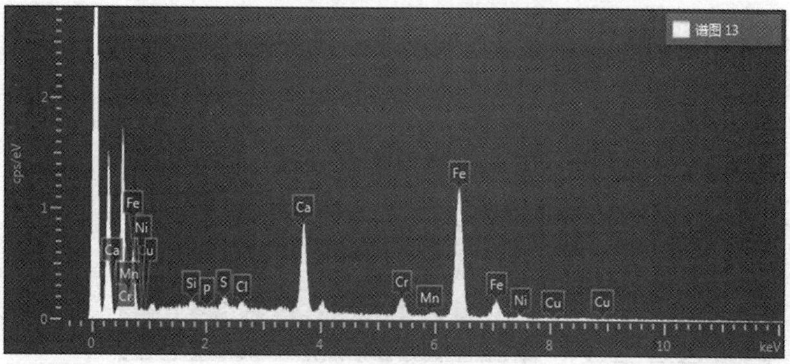

元素	重量百分比	原子百分比
Fe	69.86	63.27
Ni	1.95	1.68
Si	1.20	2.16
Mn	0.38	0.35
S	1.97	2.95
Cr	6.34	6.16
P	0.00	0.00
Ca	17.14	21.63
Cl	1.27	1.81
总量	100.00	100.00

图 11　断口能谱检测数据

4　化学成分分析

表 1 所示为该接头的化学成分分析结果，与 GB/T 9948—2017 石油裂化用无缝钢管标准中的 S30408 化学成分比较，其中 C 含量过高，化学成分不合格。

表 1　化学成分分析结果

分析部位	化学成分(wt%)						
	C	S	Si	Mn	P	Cr	Ni
接头	0.17	0.007	0.40	0.98	0.035	17.46	8.07
GB/T 13296	≤0.08	≤0.03	≤1.00	≤2.00	≤0.035	18.00～20.00	8.00～11.00

5　新接头金相及化学成分对比分析

为进行对比，选用了一个全新的接头，观察其金相并做化学成分分析。新接头的宏观形貌如图 12 所示，其金相如图 13 所示，从图中可以看出晶界上有碳化物析出。

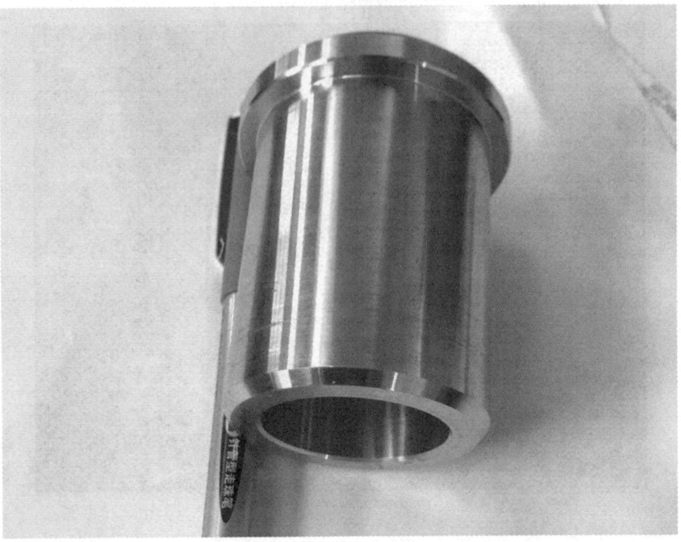

图 12　新接头宏观形貌

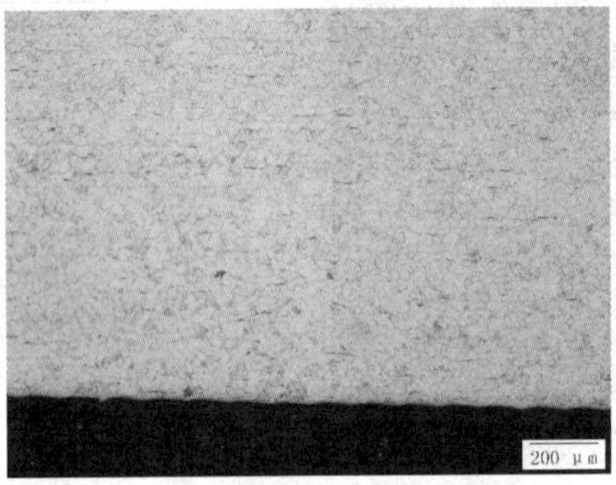

A（100x），外壁

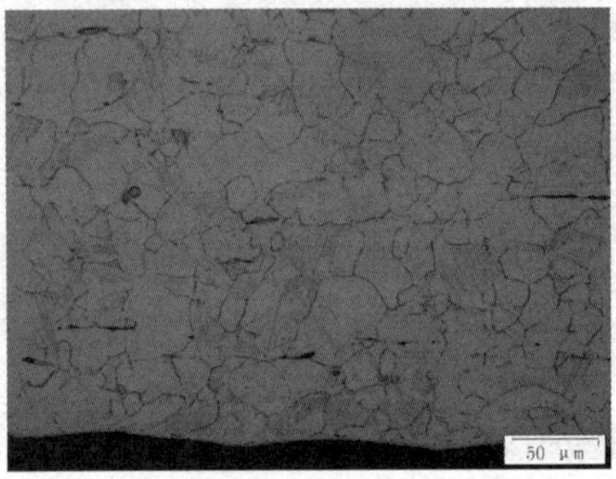

B（500x），外壁

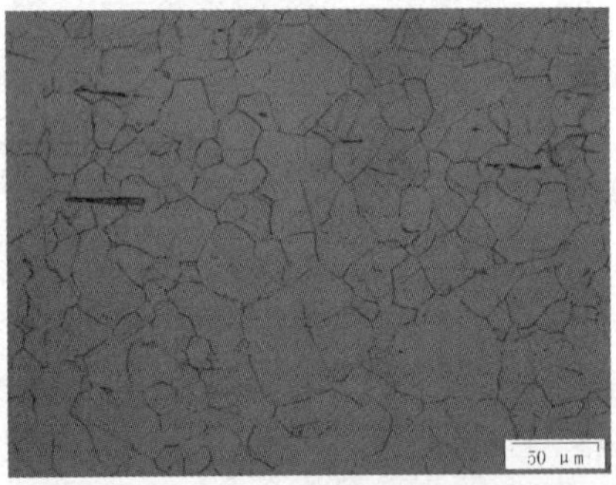

C（500x），心部

D（1000x），心部

E（100X），内壁

F（500X），内壁

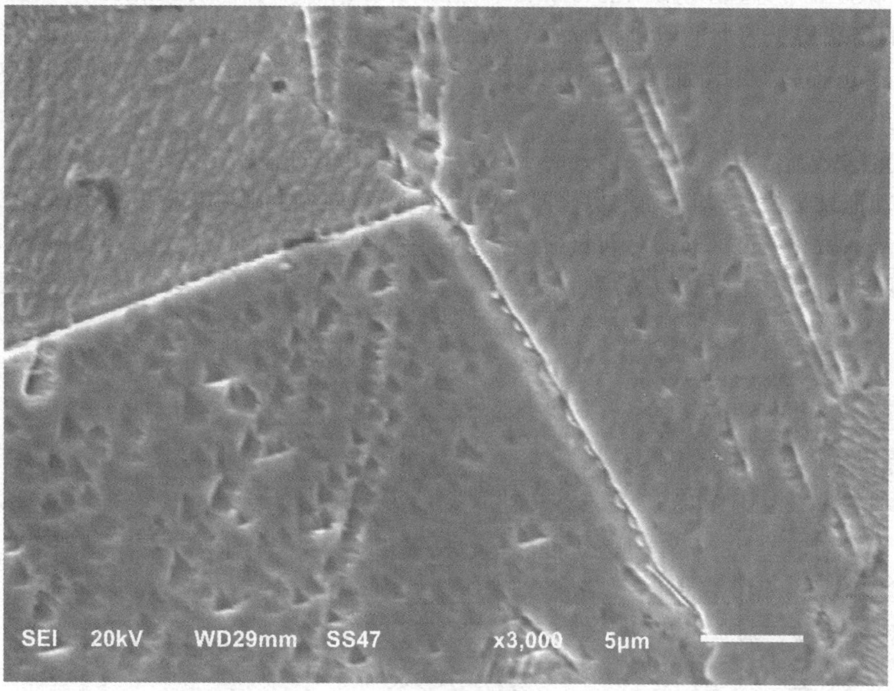

SEM，晶界上粒状碳化物

图 13 新接头金相组织图

新接头的化学成分分析结果见表 2 所列，与 GB/T 9948—2017 石油裂化用无缝钢管标准中的 S30408 化学成分比较，新接头化学成分不合格，其中 C 含量偏高，Cr 含量偏低。新接头材料硬度为 HV209，硬度正常（GB/T 9948 中规定的硬度为不大于 HV220）。

表 2 新接头化学成分分析结果

分析部位	化学成分（wt%）						
	C	S	Si	Mn	P	Cr	Ni
新接头	0.10	0.0028	0.71	1.36	0.038	17.08	8.14
GB/T 13296	≤0.08	≤0.03	≤1.00	≤2.00	≤0.035	18.00～20.00	8.00～11.00

6 讨 论

综合上述对接头宏观和微观分析结果，接管的裂纹起源于外壁，靠近焊缝位置有多条平行的裂纹，裂纹均为沿晶扩展，大部分断口区域锈蚀严重，断口是有氯、硫等元素。材料碳含量超过标准的上限值，且没有进行固溶处理，晶界上有大量碳化物析出，根据以上特征，判断本文所研究的接管开裂主要为焊接接头晶间腐蚀（Weld Decay）。

6.1 发生焊接接头晶间腐蚀的原因

失效的接管的碳含量达到了 0.17%，远远大于标准要求的 0.08%的上限，而另外一个新的接管碳含量尽管也超过标准规定的上限，但是碳含量为 0.1%，超标并不严重。碳含量越高，未固溶处理时晶界析出的碳化物越多，这样晶界附近的 Cr 含量就降低的越多（Cr 元素迁移形成碳化物，即晶界贫铬，如果在受到焊接热影响，就更容易在热影响区造成更多的晶间碳化物析出，造成不锈钢严重敏化），更容易受到焊接接头晶间腐蚀的影响。

奥氏体不锈钢在加热到 450～850 ℃时，对晶间腐蚀最敏感，此温度区间称敏化温度区。这是因为当温度低于450 ℃时,碳原子活动能力很弱,$Cr_{23}C_6$ 析出困难不会形成贫铬层;而当温度高于850 ℃时,晶粒内部的铬获得了的动能,扩展到晶界,从而使已形成的贫铬层消失;而在450～850 ℃温度区间内,既有利于 $Cr_{23}C_6$ 的析出,晶粒内部的铬原子又不能扩散到晶界,最容易形成贫铬层,对晶间腐蚀最敏感。

敏化最严重的区域是离熔合线较远处的HAZ,在图14、15的位置。这是由于靠近熔合线位置1处温度最高且冷却速度最快,冷却时通过敏化温度的时间很短,晶界上来不及析出Cr碳化物。距离熔合线比较远的位置2在敏化温度区间的时间长,有充分时间析出Cr碳化物。贫铬后,晶界相对晶粒成为阳极区,优先发生腐蚀,进而发生焊接接头晶间腐蚀。

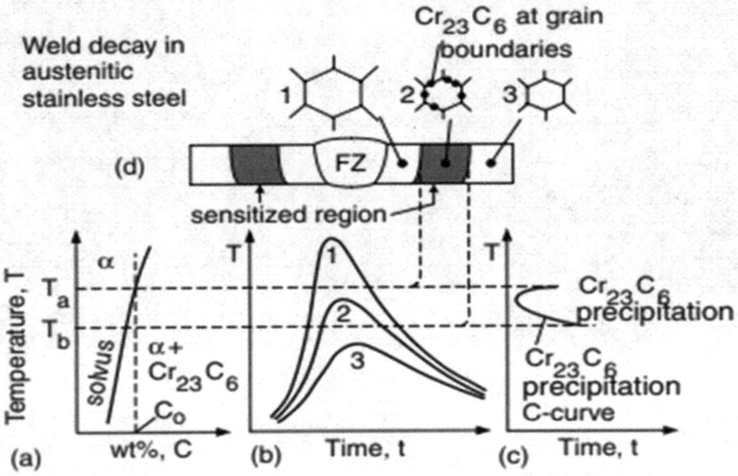

图14　不锈钢敏化示意图[8]

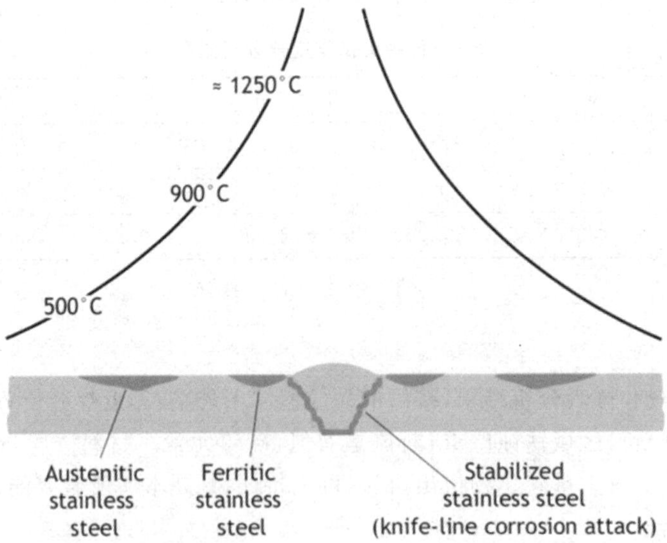

图15　最严重的敏化区距离熔合线分布情况[9]

6.2　碳含量对焊接接头晶间腐蚀的影响

碳含量越高,晶间析出碳化物所需要的时间越短,如图16所示。当碳含量降低到0.03%时,需要1 h才能发生晶间敏化,而碳含量达到0.07%时则只需要几十秒就会发生晶间敏化。因此,本案例的基体碳含量很高,只需要更短的时间热影响区就可以析出碳化物,因此敏化更为严重,发生沿晶腐蚀的风险更高。

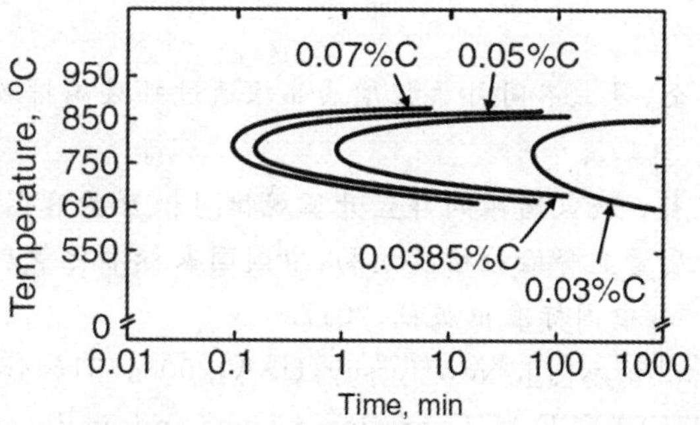

图 16　碳含量对 304 不锈钢中铬碳化物的析出等温线的影响[8]

6.3　应力腐蚀的影响

本文研究案例焊接接头有一定的残余应力，在应力的作用下，可能加剧热影响区的沿晶腐蚀并加剧贯穿接管的壁厚。

6.4　环境条件和本案例的特殊性

尽管本文案例中的焊接接头发生严重的晶间敏化现象，但仍然需要腐蚀介质才能导致热影响区产生沿晶腐蚀和应力腐蚀开裂。该接头的断口已经发生严重的锈蚀，这固然和晶界上贫铬有关，晶界上铬含量低，而断口均为沿晶，断口上的铬含量低，但也说明该接头长期在沿海潮湿环境中存放。该接管于2017 年开始服役，在最初几年，可能该接管的工作时间短、或者长期没有工作，长期处于沿海的潮湿环境中。

企业内有多个液氮充装软管（接头），经过检查，只有本例发生了开裂，其特殊性可能体现在两个方面，材料方面和环境方面。环境方面如上所述，而材料方面，失效的接管的碳含量达到了 0.17%，远远大于标准要求的 0.08%的上限，而另外一个新的接管碳含量尽管也超过标准规定的上限，但是碳含量为 0.1%，超标并不严重，进而焊接热影响区的敏化也不严重，在只有沿海潮湿环境作用下不足以导致沿晶腐蚀。

7　结　论

经过对液氮充装软管接头裂纹的宏观分析和微观分析，接管裂纹分析结论如下：

(1)开裂机理：裂纹起源于接管的外壁，在焊接接头附近有多条平行的裂纹，裂纹均为沿晶扩展，开裂机理主要为焊接接头晶间腐蚀（weld decay），应力的作用加速了这种晶间腐蚀裂纹的裂穿（应力腐蚀开裂）。

(2)开裂原因：接管材料牌号为 304 不锈钢，化学成分不符合标准要求，其碳含量严重超标，实测碳含量为 0.17%（标准规定的碳含量上限为 0.08%），且未进行固溶处理，晶界上有粗大的碳化物析出，在焊接的热影响的作用下，热影响区发生了更严重的晶间敏化进而导致焊接接头晶间腐蚀，焊接残余应力作用的应力腐蚀开裂加剧了裂纹的贯穿。导致热影响区的晶间腐蚀和应力腐蚀开裂的介质因素可能为沿海的潮湿大气介质。

参考文献

[1] 冼英华．食品检测用取样保存设施的技术设计[J]．中国新技术新产品，2021(16)：60－62.

[2] 黄中伟，武晓光，李冉等．高压液氮射流提高深井钻速机理[J]．石油勘探与开发，2019，46(4)：768－775.

[3] 丁永康，周立，谭少阳，等．超高效率 940 nm 半导体激光阵列的低温特性研究[J]．Chinese Journal of Lasers，2022，49(11)：1101004.

[4] 徐世翔,钟玲玲,张继屏. 液氮冷冻治疗慢性咽炎临床分析[J]. 江苏医药,2012,38(3):352−354.

[5] 张东许,李佳航,多英全,等. 不同补氮程度油品罐通过呼吸阀排放油气危险性研究[J]. 压力容器,2024,41(4):43−52.

[6] 许鸿昊,成清校,任宏杰. 液氢储罐的静置升压规律[J]. 压力容器,2023,40(9):1−6.

[7] 中华人民共和国国家质量监督检验检疫总局,中国国家标准化管理委员会. 石油裂化用无缝钢管:GB/T 9948—2017[S]. 北京:中国标准出版社,2017.

[8] KOU S. Welding metallurgy[J]. New Jersey,USA,2003,431(446):223−225.

[9] PEDEFERRI P,ORMELLESE M. Corrosion science and engineering[M]. Cham,Switzerland:Springer,2018.

作者简介

孙嘉豪(1998),男,硕士,助理工程师,E−mail:1254890635@qq.com。

N06022 盘管腐蚀失效分析

康治政，齐淑改，潘胜东，魏兴旺
（森松（江苏）重工有限公司，江苏如皋　226000）

摘　要：本文介绍了 N06022 盘管在酰胺溶液中的腐蚀情况，通过对取样进行化学成分、机械性能、腐蚀及微观金相分析，并结合现场的腐蚀位置，指出了引起腐蚀的主要原因是冲刷导致，并从盘管制造环节针对焊接及固溶处理给出了建议，对提高盘管在强腐蚀性介质下的使用寿命具有重要的参考价值。

关键词：腐蚀损伤；微观组织；化学成分；焊后固溶处理

Analysis of corrosion of N06022coil

KANG Zhizheng，QIShugai，PANShengdong，WEIXingwang
(Morimatsu (Jiang Su) Heavy Industry Co. ，Ltd. ，Rugao 226000，China)

Abstract：This paper introduces the corrosion situation of N06022 coil in amide solution. Through the chemical composition，mechanical properties，corrosion and microscopic metallographic analysis of the samples，combined with the corrosion location on site，it is pointed out that the main cause of corrosion is erosion，and suggestions are given for welding and solution anneal treatment in the coil manufacturing process. It has important reference value for improving the service life of the coil in strongly corrosive media.

Keywords：corrosion damage；microstructure；chemical composition；solution anneal treatment after welding

0 引　言

N06022 是一种多用途的 Ni－Cr－Mo－W 合金，整体耐腐蚀性优于 N06625，N10276 等 Ni－Cr－Mo 合金，N06022 具有优异的抗点蚀、缝隙腐蚀和应力腐蚀开裂性能，具有良好的耐氧化性和还原性混合酸环意，尤其在高温、含氯离子的复杂环境中表现突出[1－2]。酰铵溶液含硫酸、水、硫酸氢铵、丙酮、中间产物和其他有机物，是一种强腐蚀性的介质[3]，并且随温度升高，酰铵溶液中硫酸的氧化性和酸性显著增加，硫酸氢铵在高温下分解产生的硫酸会加剧酸性腐蚀，铵盐会引起应力腐蚀。所以在酰铵溶液选择的材料需要有较强的抗点蚀、缝隙腐蚀、应力腐蚀腐蚀性能，而 N06022 正是具有这种优良的抗腐蚀性能。

某公司制造的酰铵加热器盘管选用材质为 SB－619 N06022，规格为 $\varphi 114.3\times 6.02$ mm，盘管为立式结构分内圈和外圈，设计温度为 230 ℃，工作温度：进口为 105.5 ℃，出口温度为 156 ℃，盘管外侧为蒸汽，内侧为酰铵溶液，盘管在制造完毕后进行了整体固溶处理。但在盘管交付运行后不到 3 年发现内圈盘管在靠近上部位置发现 1 条焊缝泄漏，产生了腐蚀穿孔。一旦出现穿孔往往就需要更换整个盘管，一般情况下盘管使用寿命为 4 年。盘管的使用寿命与介质浓度、温度、介质流速有很大关系，在制造环节中原材料性能、焊接质量、盘管成形的应力对使用寿命也有一定的影响。

本文通过出现的腐蚀穿孔现象进行了分析，从使用和制造角度提出了改进措施。

1 现场泄露位置、取样及测厚

盘管分内圈和外圈，在使用现场发现内圈盘管从上向下数的第4圈位置的焊缝热影响区出现了两处腐蚀穿孔，在现场进行了厚度检测和取样。现场泄露位置如图1～图4(基本在盘管的水平位置)所示。

图1 内圈第四圈内泄露位置

图2 内圈第四圈盘管内侧穿孔形状

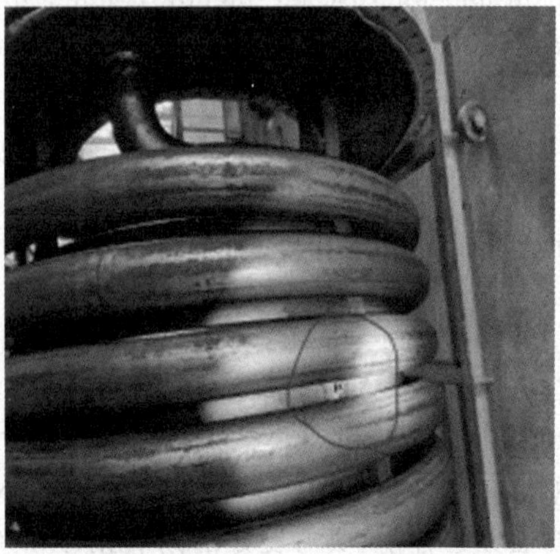

图3 内圈第四圈盘管外侧泄露位置

图4 内圈第四圈盘管外侧泄露形状

在现场对盘管整体(包括未泄漏处)进行了整体测厚，内圈盘管总体厚度为1.39～3.34 mm(原厚度为6.02 mm)，靠近内圈出口位置最薄，呈现从下(酰胺入口)向上(酰胺出口)逐渐减薄的趋势，而外圈盘管整体厚度在4.1～5.2 mm，厚度减薄量明显比内圈小。从厚度减薄量可看出，腐蚀是在整个盘管内是普遍存在的，只是不同部位腐蚀率的不同。

在内盘管远离腐蚀穿孔部位的母材进行取样，编号为1－1#，后续进行拉伸、化分、腐蚀及微观金相分析；对出现腐蚀泄漏的部位及旁边母材进行取样，后续进行微观金相和硬度试验，编号为2－1#，2－2#，取样如图5所示。

对切割试样进行了测厚，每间隔10 mm取上、下2次点，厚度分布如图6及表1所示。

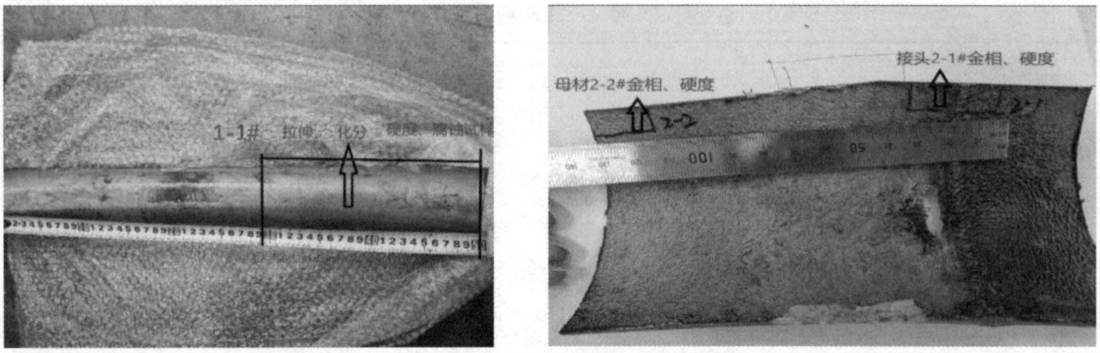

图 5　取样位置

图 6　泄漏孔附近厚度测量

表 1　管壁厚测试值(mm)

项目	1	2	3	4	5	6	7	8	9	10	11	12	13
上端	1.63	1.72	2.39	1.78	2.07	2.23	2.61	2.3	2.62	2.1	1.39	1.45	1.62
下端	1.49	1.26	1.27	1.54	2.21	1.86	1.39	1.4	1.77	1.62	1.54	1.43	1.55

注:表中数值分布按图 6 中从左至右。

2　力学性能、腐蚀及微观金相分析

对 1－1＃母材试管样进行化学成分分析见表 2,从分析结果可见,母材试管成分在标准要求范围内。

表 2　化学成分分析(wt%)

项目	C	Si	Mn	P	S	Cr	Ni	Mo	W	Fe	V
SB－619 N06022[4]	≤0.015	≤0.08	≤0.5	≤0.02	≤0.02	20.0～22.5	Rem	12.5～14.5	2.5～3.5	2.0～6.0	≤0.35
1＃试样	0.008	0.06	0.36	0.008	0.001	21.66	55.9	13.29	2.65	5.4	0.02

对 1－1＃母材试管样按照 GB/T 228.1—2021 进行了拉伸试验,结果满足标准要求。

表 3　力学性能

项目	抗拉强度/MPa	屈服强度 $R_{p0.2}$/MPa	伸长率/%
SB－619 N06022	≥690	≥310	≥45
1－1＃试样	697	371	51.5

按照 GB/T 4340.1—2009 进行维氏硬度检测,结果如下:

表 4　硬度检测

类别	HV10				
	母材	热影响区	焊缝	热影响区	母材
母材 1－1＃	172,173	—	—	—	—
2－1＃(接头)	173,171	157,161	178,192	171,161	172,175
2－2＃(母材)	175,170	—	—	—	—

对 1－1＃母材试管样按 ASTM G28A[5](同 GB/T 15260—2016 A 法)硫酸－硫酸铁溶液进行 24 h 腐蚀,腐蚀率为 0.60 mm/Y,对比原材料质保书上的腐蚀率 0.50 mm/Y 没有大的变化,说明耐腐蚀性能良好。

2－1＃接头宏观、母材、热影响区及焊缝微观金相如图 7 所示。

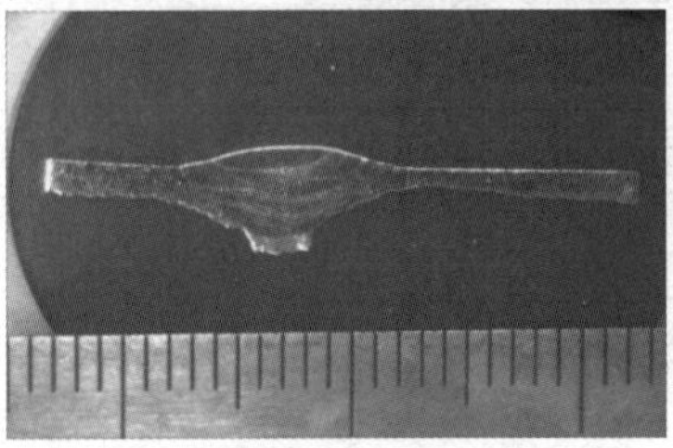

(a) 2-1#接头宏观形貌

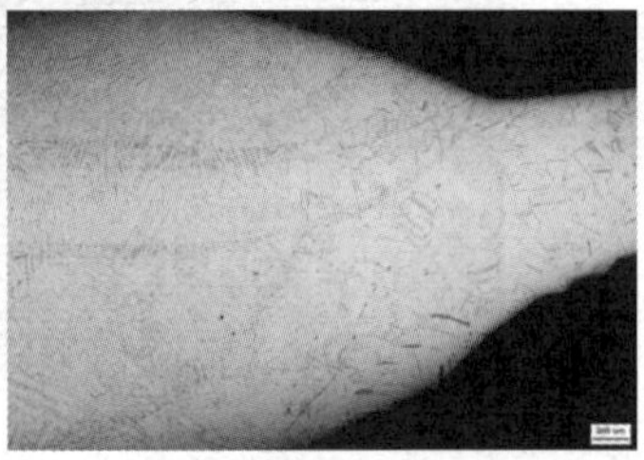

(b) 2-1#接头微观组织

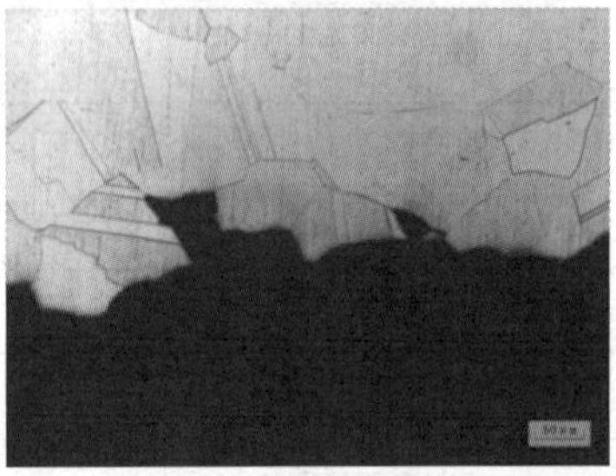

(c) 2-1#母材 200×

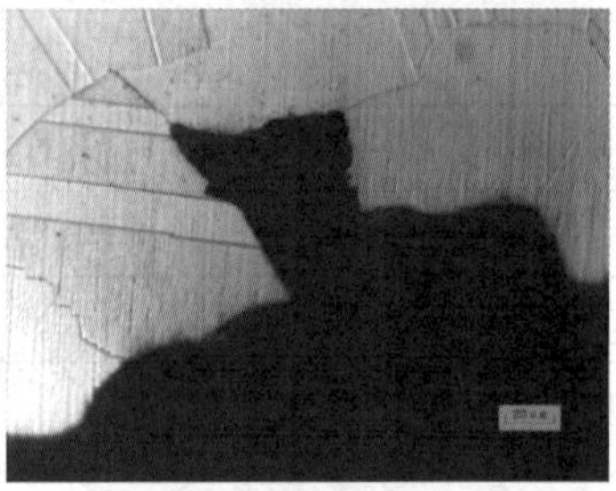

(d) 2-1#母材 500×

(e) 2-1#内壁HAZ 200×

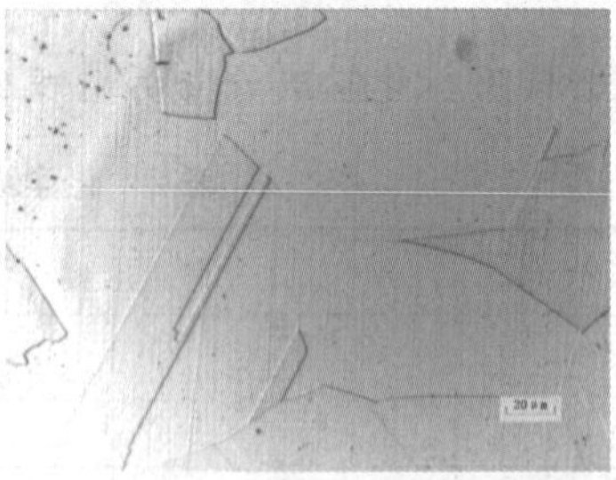

(f) 2-1#内壁HAZ 500×

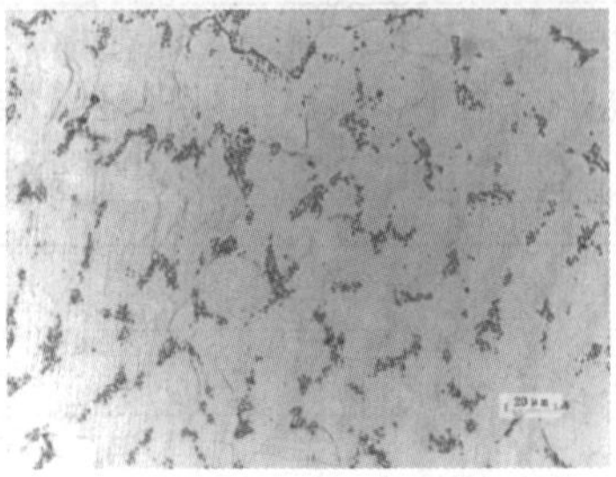

(g) 2-1#内壁焊缝200×

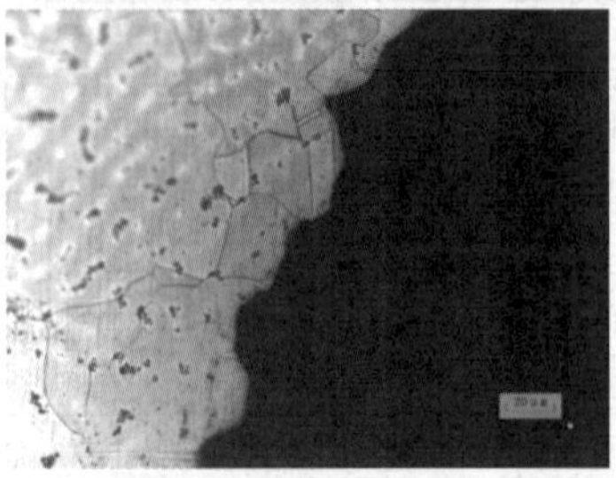

(h) 2-1#内壁焊缝500×

图 7　2－1＃接头金相组织

2—2♯母材微观如图 8 所示，组织为奥氏体，腐蚀沿晶粒边界。可以看出，母材及热影响区基本为正常的奥氏体组织，晶界无明显的析出相，其中焊缝组织为奥氏体和少量颗粒状析出物(碳化物)。

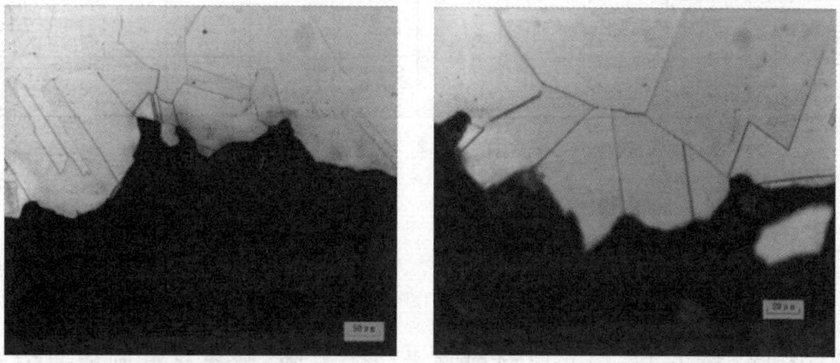

(a) 2-2#母材 200×　　(b) 2-2#母材 500×

图 8　2—2♯母材金相组织

针对管内的表面的腐蚀产物进行能谱分析，在晶界的界面上可观察到腐蚀凹坑，凹坑中有第二相[见图 9(a)]，对第二相进行能谱分析，发现第二相是富钼的镍钼相[见图 9(b)]。

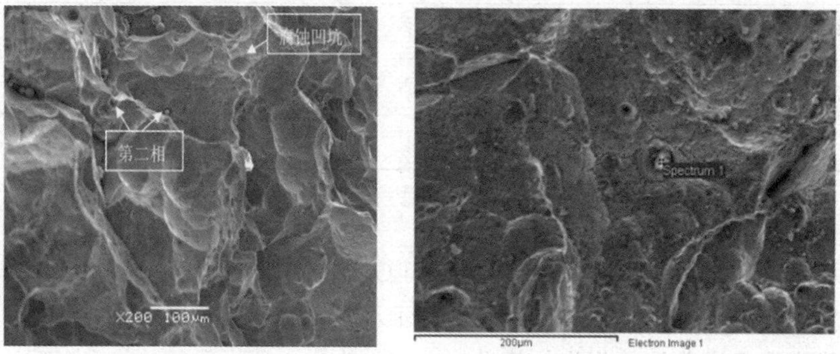

(a)腐蚀坑微区低倍形貌

Spectrum	C	0	Na	Cl	K	Cr	Fe	Ni	Mo	W	Total
Spectrum1	24.96	28.24	1.13	0.45	6.10	4.90	8.13	1.78	19.76	4.54	100.00
Mean	24.96	28.24	1.13	0.45	6.10	4.90	8.13	1.78	19.76	4.54	100.00

(b)管内表面第二相能谱分析结果

图 9　管内表面能谱分析结果

对管内壁附着物进行能谱分析，发现主要是碳、氧有机物，有机物中还有 Na,K,Al 等杂质，能谱分析见图 10。

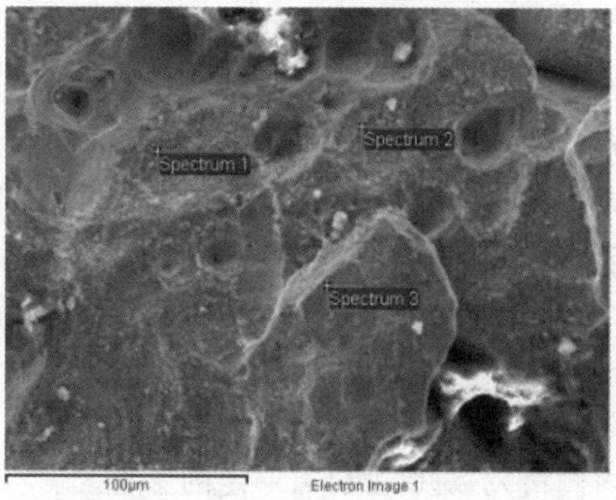

Spectrum	C	0	Na	Al	Cl	K	Ca	Cr	Mn	Fe	Ni	Mo	W	Total
Spectrum1	28.39	27.50	1.30	0.27	0.36	2.14	0.30	6.89	0.63	6.09	13.98	7.78	4.35	100.00
Spectrum2	26.99	24.62	1.10	0.38	0.40	2.29	0.38	7.25	0.66	7.01	15.70	8.09	5.12	100.00
Spectrum3	17.62	15.25	0.95			0.85		13.34	0.61	5.54	32.75	9.65	3.44	100.00

图 10　管内壁附着物能谱分析结果

3　产品制造过程

3.1　材料复验

开工前对 N06022Φ114.3×6.02 mm 原材料管进行了复验，并在盘管制造完毕后进行了整体固溶处理，对固溶处理后的试样管进行了力学性能和腐蚀试验，结果如表 5 所示，从表中可看出，盘管在进入运行状态前性能检测合格。

表 5　材料管性能对比

序号	状态	抗拉强度/MPa	屈服强度/MPa	伸长率/%	G28A 腐蚀率/(mm/Y)
1	原材料质保书	750	357	65	0.51
2	原材料复验	750	312	63	0.53
3	固溶后	720	311	65	0.81

3.2　盘管焊接过程

盘管在弯制后进行了管子间组对、焊接，焊接采用 GTAW ERNiCrMo－10Φ2.4 焊丝，焊丝合金成分与母材管相当，焊接位置属全位置焊。焊接过程采用了小热输入，并严格控制了层间温度。

3.3　盘管固溶热处理工艺及具体执行情况

盘管在制造及焊接完毕后进行了整体固溶处理，热处理温度按原材料质保书并符合标准要求，热处理炉为电炉，快速升温达到固溶温度后快速进入有循环水的大水池，入水后能迅速降温，从表 5 性能对比结果也可看出，固溶处理后材料的性能基本与原材料供货性能相当，达到较好的效果。

4　分析讨论

4.1　盘管实际运行工况分析

内圈盘管比外圈盘管温度高，上部酰胺出口比下部酰胺进口温度高，从现场实测壁厚数据呈现出的外圈腐蚀率比内圈低、上部比下部腐蚀率高的特点说明温度对腐蚀率影响很大；盘管内介质酰胺溶液存在高温稀硫酸腐蚀问题，腐蚀速率与酸的浓度、温度、压力、流速有很大关系，当介质中有氧化剂时腐蚀速率会增大。

从腐蚀穿孔现象看有 2 个特点：

(1)沿介质流动方向呈现出介质先通过一侧有穿孔或穿孔大的特点；如果盘管内介质流速较高而且是旋转流动，当到达内侧焊缝余高较大的位置时，介质流道会改变方向，形成湍流会对管壁造成冲刷导致沿流向侧腐蚀率高[6]；根据现场宏观金相看出，焊缝厚度是 6 mm 基本没有腐蚀，焊缝两侧母材明显减薄，如图 11 所示，在介质作用下在熔合线处形成沟壑，湍流程度加剧，最终造成焊缝附近的热影响区穿孔。

(2)在同一截面，外侧(2 个腐蚀穿孔)比内侧(1 个腐蚀穿孔)严重；对于盘管成形，外侧相对内侧变形大，同样应力和厚度减薄量也比内侧稍大，对腐蚀也有一定的影响。

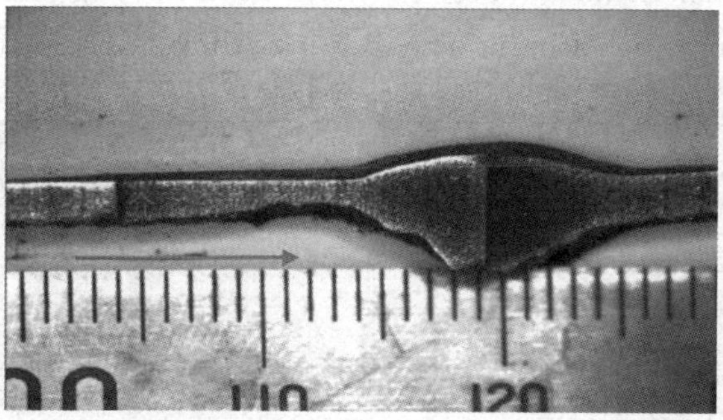

图 11　焊接接头腐蚀宏观

4.2　焊接冶金分析

热影响区在焊接热作用下，晶界易析出富含 Cr，Mo 的碳化物或金属间化合物(受热 400～1 150 ℃区间，析出 M_6C，M_2C，$M_{23}C_6$ 等碳化物和多种 Ni－Mo 金属间化合物)[7-9]，但从前面的微观金相没有发现影响腐蚀性能的析出相，这与焊接过程采用较小热输入、较低层间温度和焊后进行了整体固溶热处理有一定的关系，并且从前面的腐蚀结果也得到了印证，说明焊接过程的质量控制比较到位。

4.3　现场分析

从现场看到的穿孔位置看到正处于管子水平位置，该位置在焊接过程中有可能内侧焊缝余高比其他位置略高，介质流动时会形成湍流；从硬度结果也可发现，焊缝区的硬度比热影响区和母材硬度要高些，所以焊缝厚度没有明显的减少。

综合以上分析我们认为发生穿孔的主要原因是冲刷腐蚀造成的。

5　结　论

(1)根据上述试验验证，重新固溶后的腐蚀无法完全达到钢厂供货状态的腐蚀率，可针对固溶处理工艺再进行试验研究，选择最优的固溶处理工艺(包括温度和时间)；

(2)针对盘管呈现的上部焊缝腐蚀而下部完全的特点，固溶处理时可以通过调整入水顺序，缩短从出炉到入水时间，确保盘管上段运行温度高侧的盘管达到最佳的固溶效果；

(3)盘管制造过程中严格控制组对间隙，且间隙均匀一致，避免强力组对，以最大程度的降低应力对腐蚀性能的影响；

(4)焊接时采取更严格的焊接参数，控制内侧余高≤0.6 mm 且各方位余高均匀，焊缝与母材圆滑过渡，焊后逐根采用内窥镜进行检查，如余高超过 0.6 mm 切开后重新焊接；

(5)建议用户在使用过程中关注操作温度及操作流程。

参考文献

[1] CIESLAK M J，HEADLEY T J，ROMIG A D. The welding metallurgy of HASTELLOY alloys C－4，C－22，and C－276[J]. Metallurgical Transactions A，1986，17(11)：2035－2047.

[2] RICCOBENE E，REEVES S. Preface：Abstract State Machines，Alloy，B，VDM，and Z. Selected & extended papers from ABZ2012[J]. Science of Computer Programming，2014，94(pt. 2)：67－68.

[3] 郑启文，胡庭友，叶遥，等．哈氏合金 C22 酰胺加热器腐蚀损伤及对策[J]. 压力容器，2016，33(11)：50－58.

[4] The American Society of Mechanical Engineers. II Materials Part B，Nonferrous Material Specifications：SB－619[S]. NewYork：ASME Boiler and Pressure Vessel Committee on Materials，2023：861－868.

[5] ASTM International. Standard Test Methods of Detecting Susceptibility to Intergranular Corrosion in Wrought, Nickel - Rich, Chromium - Bearing Alloys: G28 - 02[S]. US: 2002: 1—5.

[6] 徐光远,吴岩石,王子华,等. 甲甲脂酰胺加热器螺旋盘管泄漏失效分析[J]. 压力容器,2013,30(6):44—49.

[7] 康喜范. 镍及其耐蚀合金[M]. 北京:冶金工业出版社,2016:45—191.

[8] 张蕾,刘宝剑,王军杰,等. 焊后热处理对 Alloy33 堆焊层耐蚀性的影响[J]. 压力容器,2024,41(11):19—25.

[9] 潘雪新,胡小锋,杨志荣,等. 淬火温度对气瓶用 Fe - Cr - Ni - Mo 钢组织和力学性能的影响[J]. 压力容器,2024,41(8):1—8.

作者简介

康治政(1971),男,总工程师兼质保保长,长期从事压力容器制造工作,通信地址:226000 江苏省如皋市长江镇(如皋港区)森松路 1 号,E—mail:Kang Zhizheng@mori—matsu. com。

锅炉水冷壁管爆管原因分析

刘 凯[1,2,3],尤景泽[1,2,3],孙永辉[1,2,3],于海洋[1,2,3],柳 旺[1,2,3],王汉奎[1,2,3],宋 明[1,2,3]
(1. 低碳热力发电技术与装备全国重点实验室,北京 100029;
2. 国家市场监督管理总局技术创新中心(油气管道与存储设备安全),
北京 100029;3. 中国特种设备检测研究院,北京 100029)

摘 要:本文对牌号为20G的锅炉水冷壁管爆管开裂进行了失效原因分析。通过对水冷壁管进行宏观分析、化学成分分析、硬度检测、金相检验、断口形貌分析、垢层分析,结果表明:由于管排堵塞和/或水质不合格,造成管子内壁产生垢层,造成局部过热,进而产生爆管;由于长期过热发生材质劣化一蠕变,是导致水冷壁管发生开裂的主要原因;水冷壁管内壁发生局部碱腐蚀减薄,是导致管子失效的主要原因。

关键词:20G;水冷壁管;碱腐蚀;过热;蠕变

Analysis of the reasons for boiler waterwall tube bursts

LIU Kai[1,2,3],YOU Jingze[1,2,3],SUN Yonghui[1,2,3],YU Haiyang[1,2,3],
LIU Wang[1,2,3],WANG Hankui[1,2,3],SONG Ming[1,2,3]
(1. State Key Laboratory of Low - carbon Thermal Power Generation Technology and Equipments, Beijing 100029,China;2. Technology Innovation Center of Oil and Gas Pipeline and Storage Equipment Safety,State Administration for Market Regulation,Beijing 100029,China;
3. China Special Equipment Inspection & Research Institute,Beijing 100029,China)

Abstract:This paper conducts a failure analysis on the burst pipe crack of boiler water wall tubes with the grade of 20G. Through macroscopic analysis,chemical composition analysis,hardness test, metallographic examination,fracture morphology analysis,and scale analysis,the results show that:due to blockage of the tube bundle and/or water quality failure,a scale layer forms on the inner wall of the tube,causing local overheating and eventually leading to pipe burst;long - term overheating leads to material deterioration - creep, which is the main reason for the water wall tube failure; local alkali corrosion thinning of the inner wall of the tube is the main reason for the tube failure.

Keywords:20G;water wall pipe;alkali corrosion;overheating;creep

0 引 言

水冷壁是锅炉的主要受热部分,它由数排钢管组成,分布于锅炉炉膛的四周。它的内部为流动的水或蒸汽,外界接受锅炉炉膛火焰的热量。主要吸收炉膛中高温燃烧产物的辐射热量,介质在其中作上升运动,受热蒸发。水冷壁的作用不仅仅在于产生蒸汽,它还是一个高效的热交换器。在这个过程中,水冷壁通过吸收炉膛内的热量,将水转化为蒸汽,这个过程中的能量转换效率极高。而且,由于水冷壁的存在,锅炉的燃烧室得以保持在一个相对稳定的温度范围内,这对于提高燃烧效率和减少燃料消耗具有重要意义。

(a) 1#样品　　　　(b) 2#样品

图1　失效管整体形貌

本文针对某公司型号为 WGZ220/10.3－1 的锅炉水冷壁进行失效分析，炉管牌号为 20G。该锅炉为高温高压、单锅筒、集中下降管，自然循环"Ⅱ"型布置的固态排渣煤粉炉，锅炉蒸发量为 220 t/h，出口温度 540 ℃，压力 10.3 MPa。锅炉前部为炉膛，四周布置膜式水冷壁，燃烧器采用四角布置，切圆燃烧。炉膛出口处布置屏式过热器，水平烟道装设了两级对流过热器。炉顶、水平烟道两侧及转向室设置顶棚管和包墙管。尾部自上而下交错布置两级省煤器及 3 级空气预热器。该锅炉曾发生过一次屏式过热器爆管，锅炉过热器管、省煤器管均未发生爆漏事故，但锅炉水冷壁爆管较为频繁，目前已成为锅炉非计划停运的主要原因，直接威胁主装置的长周期安全运行[2]。

本次爆管停运后进行检查，发现开裂和爆管泄漏的部位集中在燃烧器及其上、下标高为 8～20 米区域。发生爆管的水冷壁管一共有 7 根，其中如图 1(a)式的开裂水冷壁管有 5 根，其余 2 根开裂形式与图 1(b)相同。

本次分析爆管进行了取样分析。针对该管件失效特征，进行宏观分析、化学成分分析、硬度检测、金相检验、断口形貌分析、垢层分析。通过上述分析，确定失效机理，并针对性的提出改进措施。

1　试验与分析

1.1　宏观检查

为进一步观察断口和内壁情况，将 1,2 号样品如图 1 所示分别取样。从中可以看出，发生开裂的位置其内表面附近存在明显腐蚀减薄，爆裂处内壁见明显腐蚀凹坑，且减薄和裂口主要发生在内壁向火侧，向火面内壁较为粗糙，有明显的腐蚀痕迹，内表面有腐蚀产物析出；背火侧表面内壁较为光滑，无明显的腐蚀痕迹[如图 2(b)]。

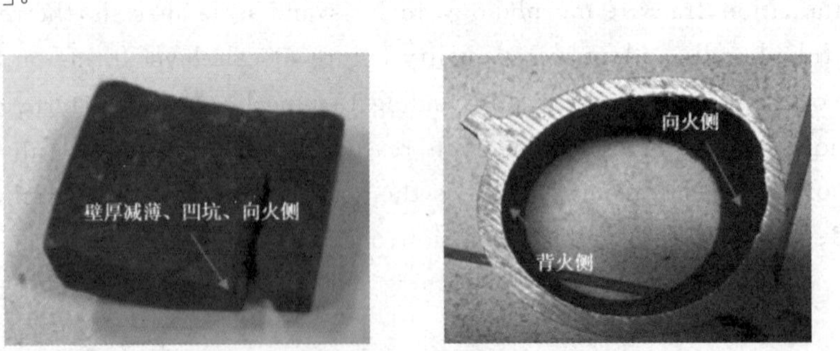

(a) 1#样品　　　　(b) 2#样品

图2　爆裂水冷壁管宏观样品

1.2　成分分析

在 1＃失效水冷壁管向火侧取样进行化学成分分析，分析得出化学成分及标准要求成分见表 1 所示。从表中可以看出，化学成分均在 GB5310 标准范围内[5]。

表 1　1＃水冷壁管向火侧化学成分(wt%)

项目	C	Si	Mn	P	S
分析结果	0.17	0.20	0.43	0.017	0.012
GB 5310 标准要求	0.17－0.23	0.17～0.37	0.35～0.65	≤0.025	≤0.015

1.3　金相分析

金相分析认为，1＃水冷壁管开裂部位附近金相组织，见图 3(a)～(c)，均为典型的铁素体＋珠光体组织，但是存在有几条细小裂纹，；图 3(d)为 1＃水冷壁管背火侧金相组织，其金相组织正常，未见有微裂纹，各位置未见明显的珠光体球化和晶粒长大现象。

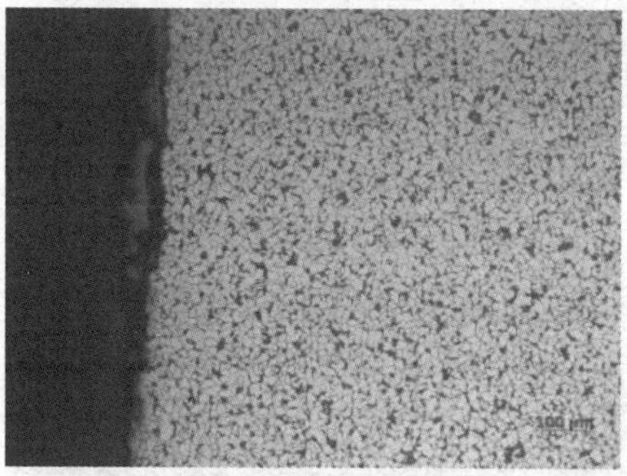

(a) 裂纹附近金相组织100×

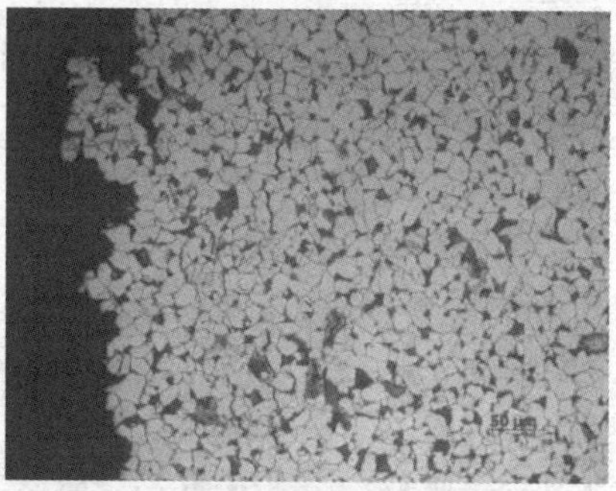

(b) 裂纹附近金相组织200×

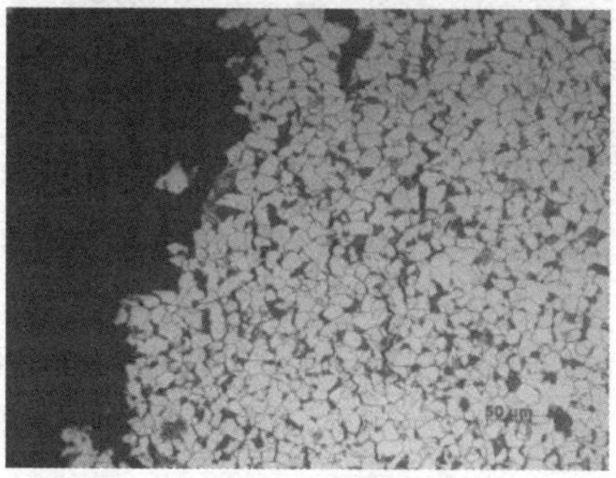

(c) 裂纹尖端金相组织200×

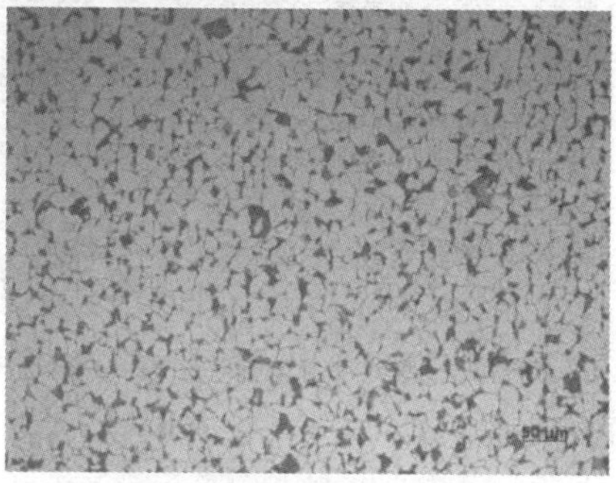

(d) 壁管背火面金相组织

图 3　1＃水冷壁管裂纹金相组织

图 4 为 2＃水冷壁管开裂位置金相组织，存在有一定的珠光体球化现象，未见有细小裂纹或微裂纹存在。

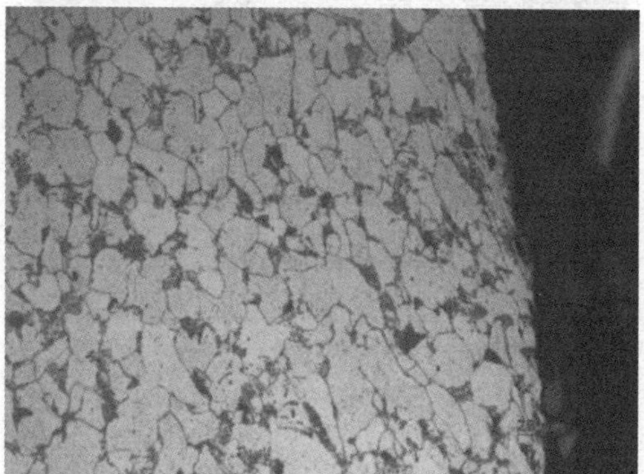

图 4　2＃水冷壁管开裂处截面金相组织 500×

1.4 硬度分析

选取1#和2#冷壁管失效位置附近向火侧和背火侧位置进行硬度分析。辅助判断向火侧是否有材质劣化现象。选取失效部位附近未发生明显减薄的部位进行硬度实验,以减小由于壁厚减薄厚度不同,对硬度值的影响。取3次测试结果平均值见表2,从表中可以看出,向火侧硬度值低于背火侧硬度值。

表2 硬度测试结果(HL)

试样编号	向火侧硬度值	背火侧硬度值
1#	295	343
2#	237	280

1.5 断口分析

从扫描电镜观察可以看出,样品断口表面凸凹不平,有大量的腐蚀产物,虽然经超声波酒精清洗,但仍效果不佳。从断口微观图片可以看出,部分位置表面腐蚀严重。发现部分裸露出的原始断面有韧窝存在,为典型韧性断口。

(a)形态1　　(b)形态2

图5 断口SEM形貌

在进行金相分析时,发现1#试样存在有细小裂纹,故通过扫描电镜对1#金相试样裂纹尖端附近进行观察,发现存在大量微裂纹,并发生有脱碳,可明显观察到空洞的存在,为典型的蠕变特征。

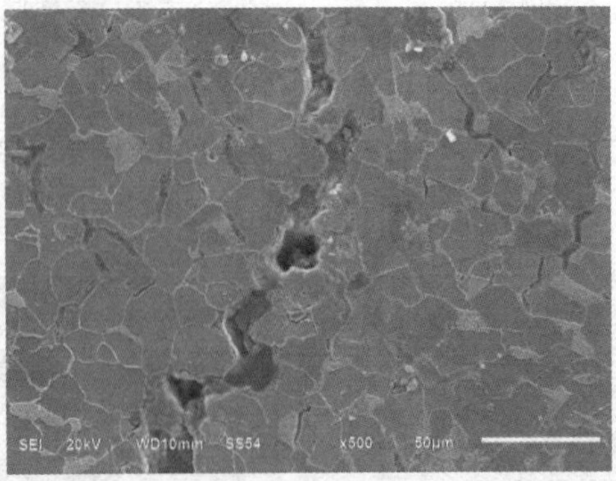

图6 裂纹尖端SEM形貌

1.6 垢层分析

1.6.1 能谱分析

对垢层进行能谱分析,分别对刮取的垢层粉末和垢层进行能谱分析。分析得垢层中存在的元素为O,Mg,Si,P,Ca,Mn,Fe,Ni,Na,AL,Cr等。垢层中主要的物质为铁的氧化物。其次含有Ca,Na,Mg,K等金属元素。

图 7　腐蚀产物能谱分析

表 3　能谱分析结果(wt%)

元素	O	Mg	Si	P	Ca	Mn	Fe	Cl	K	Na	Al	Ni	Cr
含量	13.15	0.96	0.53	3.36	4.29	—	76.24	—	—	—	0.5	—	0.98

1.6.2　物相分析

物相分析发现，垢中主要物质有 Fe_3O_4，Fe_2O_3，FeO，SiO_2，NaCl，$FeSO_4$。

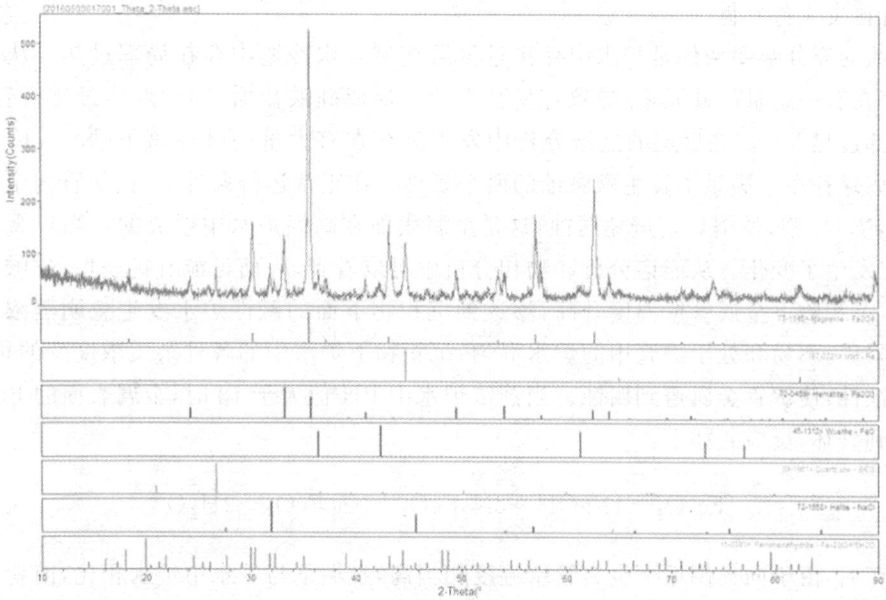

图 8　物相分析图谱

2　失效原因分析

2.1　试验结果概述

宏观检查发现，失效的水冷壁管向火侧内壁都分布着大小深浅不一的腐蚀凹坑。同时，向火侧内壁有大量腐蚀垢层，背火侧内壁未见明显腐蚀。

化学成分分析发现，对失效的水冷壁管材质进行抽样分析，其化学成分均满足 GB 5310《高压锅炉用无缝钢管》的要求。硬度检测发现水冷壁管的向火侧外壁硬度低于背火侧。

从金相分析可知,水冷壁管有脱碳现象,为典型的铁素体+珠光体组织。其中1#水冷壁管存在有大量微裂纹、空洞,为典型的蠕变组织形貌。

对垢层进行分析发现,垢层中主要元素为分别为Fe的氧化物并含有大量的碱性离子,如Na^+,K^+,Ca^{2+}等。物相分析认为,垢层中铁氧化物主要为Fe_3O_4。据文献称,生成Fe3O4是锅炉水冷壁管碱腐蚀的一个主要特征[6]。从垢层形貌上看,内壁接近基体金属的垢层有分层现象、同时在内壁可看见有明显的微观腐蚀凹坑[7],亦可见到几处明显向基体延伸的腐蚀坑。

2.2 失效原因判断

本次发生开裂的部位主要集中在南墙,而其他三面水冷壁则仅存在有一处鼓包现象,这说明水冷壁内部温度分布不均,南墙温度更高。3#炉水冷壁管采用的直流燃烧器、四角布置切圆燃烧方式,射流本身的卷吸和邻角的相互点燃特点,使直流式燃烧器四角布置、切圆燃烧方式具有良好的着火性能[1]。但是直流燃烧器作四角布置切圆燃烧时,亦使其燃烧火焰容易发生刷墙或偏斜,从本次爆管所在位置看,可能存在火焰偏斜现象的现象。

从实验结果来看,腐蚀减薄形成的局部凹坑主要发生在向火侧内壁,微变形处和开裂处均发现明显腐蚀减薄。

其中1#水冷壁管其内部向火侧存在一定的腐蚀减薄,外部存在一定的变形,但与2#水冷壁管喇叭口的开裂存在明显不同;从其金相分析可以看出,在裂纹附近有少量的裂纹;通过采用扫描电镜对金相试样进一步观察,发现其存在有大量的微裂纹和空洞,为典型的蠕变形貌,说明材质发生了材质劣化。

2#水冷壁管主要由于碱腐蚀造成其局部减薄,局部强度不足导致开裂。外壁均匀腐蚀减薄及脱碳可促进爆破的发生,但不是发生失效的主要原因。

2.3 碱腐蚀发生的原因

发生碱腐蚀的充分必要条件是炉水中存在过量游离碱且水冷壁中存在局部过热。从垢层分析结果来看,垢层中存在有一定量的硅元素,导致容易在锅炉上形成硅酸盐垢;同时发生过排污管堵塞,会造成一定程度的局部过热[8-9]。在垢层的能谱分析中发现其存在有大量的碱性离子(Na^+,K^+,Ca^{2+}等),表明炉水中有游离碱存在。满足了发生碱腐蚀的两个条件。在正常运行条件下,锅炉管内金属表面上常覆盖一层致密的Fe_3O_4膜,使锅炉管避免腐蚀,这是金属表面在高温炉水中形成的。当炉管金属表面有沉积物时,情况就发生了变化。从能谱分析和物相分析中可以看到,表面可能有钙镁垢、硅酸盐垢等。由于垢层传热性差,沉积物下金属管壁温度升高,渗透到沉积物下面的碱性炉水发生急剧蒸浓。浓缩的炉水由于沉积物的阻碍,不易和处于炉管中的炉水混匀,沉积物下炉水中的各种杂质浓度变的很高,这些浓液具有极强的侵蚀性,使炉管金属遭到腐蚀。当蒸浓炉水中PH值大于13时,金属表面的Fe_3O_4保护膜溶于溶液中而遭到破坏,反应式如下:

$$Fe_3O_4 + 4NaOH \rightarrow 2NaFeO_2 + Na_2FeO_2 + 2H_2O \tag{1}$$

保护膜破坏后,由于向火侧垢下金属管壁温度相当高,且垢下与炉水中炉水相比,前者OH^-浓度高,H^+浓度低,后者H^+浓度高、OH^-浓度低。浓度差使垢下Fe电位降低作为阳极而遭到腐蚀。式(2)为阳极反应式。生成的Fe_3O_4具有铁磁性,所以垢层中靠近基体部位具有分层的组织结构。

$$Fe + 3OH^- \rightarrow HFeO_2^- + H_2O + 2e^-$$

$$3HFeO_2^- + H^+ \rightarrow Fe_3O_4 + 2H_2O + 2e^- \tag{2}$$

炉水中NaOH来源一般有3个:(1)添加入炉水中的NaOH;(2)磷酸盐隐藏所产生的NaOH;(3)补给水中含有NaOH或碳酸盐碱度。

3 结 论

(1)由于管排堵塞和/或水质不合格，造成管子内壁产生垢层，造成局部过热，进而产生爆管，同时燃烧器四角布置、切圆燃烧的方式在可能存在一定的火焰偏斜，使得部分管子处于过热状态；

(2)1＃水冷壁管由于长期过热发生材质劣化－蠕变，蠕变是导致水冷壁管发生开裂的主要原因，内壁的局部碱腐蚀减薄、外壁腐蚀和脱碳进一步加剧的开裂的发生；

(3)2＃水冷壁管内壁发生局部碱腐蚀减薄，是导致管子失效的主要原因；外壁腐蚀及脱碳对开裂有一定的促进作用。

根据锅炉水冷壁管失效的原因，提出以下几点建议：

(1)做好水质分析，严格控制水中各种杂质含量，避免结垢，确保进入水冷壁管的水质符合相应标准，建议分析炉水中游离 NaOH 的来源，降低炉水中游离 NaOH 含量。

(2)四角布置燃烧器、切圆燃烧的方式容易发生火焰刷墙或偏斜，生产中要尽量避免发生火焰刷墙或偏斜发生。

(3)为排除事故隐患，保障锅炉长周期安全稳定运行，可在炉管腐蚀失效前期对水冷壁管进行检测，提前发现向火侧内壁腐蚀减薄并更换相应的水冷壁管子。目前行之有效的检测技术手段有以下几种：(a)超声波 A 扫/B 扫/C 扫检测。该方法可较精确地测量内壁剩余壁厚，判断是否存在壁厚减薄，检测部位需要打磨，检测标准参考 GB/T 11344《无损检测 超声测厚》[4]；(b)高频导波检测。经实测，该方法可快速地检出探头前方 2 m 范围内水冷壁管管壁上直径 5 mm、壁厚减薄量为 30％的单个腐蚀坑，仅探头放置部位需打磨；(c)远场涡流检测。该方法利用手持外置式多通道探头，从外部对水冷壁管进行扫查，可实时检测管壁内外的壁厚减薄，该方法无需打磨，且可配备管壁爬行器提高检测效率。

(4)对投用时间较长，频繁发生爆管的管子附近管段进行更换。

参考文献

[1] 姚永良，黎乃斌．660 MW 四角切圆燃烧锅炉燃烧调整策略优化[J]．电力安全技术，2022，24(10)：67－68.

[2] 要飞飞．谈锅炉爆管的问题[J]．山西建筑，2014，40(2)：235－236.

[3] 魏元生．水管热水锅炉爆管机理及处理措施[J]．设备管理与维修，2023，(1)：93－95.

[4] GB/T 11344—2021 无损检测 超声测厚[S].

[5] GB/T 5310—2023 高压锅炉用无缝钢管[S].

[6] 宫秀勉，林孟华，陈龙．锅炉水冷壁复合管内层减薄原因分析[J]．全面腐蚀控制，2025，39(4)：26－28.

[7] 张华，魏威．电厂锅炉水冷壁爆管泄漏原因与解决对策分析[J]．电力设备管理，2024，(15)：75－77.

[8] 陈静，孔范洋，许铁群，等．裂解炉稀释蒸汽管道三通开裂原因分析[J]．压力容器，2024，41(7)：56－62.

[9] 陈静，孔范洋，许铁群，等．裂解炉稀释蒸汽管道三通开裂原因分析[J]．压力容器，2024，41(7)：56－62.

作者简介

刘凯(1994)，男，工程师，从事金属材料理化性能试验、失效分析工作，通信地址：101300 北京市顺义区顺义路 1 号，E－mail：478087528@qq. com。

通信作者：宋明(1987)，男，教授级高级工程师，从事特种设备安全评估与失效分析工作，通信地址：100029 北京市朝阳区和平街西苑 2 号楼，E－mail：songm214@foxmail. com。

不锈钢 TP304H 乙烯裂解炉二次注气管道开裂失效分析

孙浩宇，柳　旺，顾宝兰，宋　明

（中国特种设备检测研究院，北京　100029）

摘　要：某不锈钢 TP304H 乙烯裂解炉二次注气管道出现开裂现象，为探究开裂原因，采用宏观形貌、化学成分、金相显微组织、硬度以及扫描电镜微观形貌等分析方法，对开裂弯头及直管段进行了失效原因分析。结果表明：在中高温环境和应力的作用下，在弯头与直管连接的环焊缝处的外壁产生了应力松弛开裂，而导致裂纹扩展并穿透壁厚的主要为从内壁产生的应力腐蚀开裂，其原因主要为在通入高温工艺气体时，使材料发生敏化，耐晶间腐蚀腐蚀能力下降，后经低温内部形成了腐蚀介质，发生了应力腐蚀开裂。

关键词：不锈钢 TP304H；乙烯裂解炉；失效分析；应力腐蚀

Crackingfailure analysis of secondary gas injection pipeline in stainless steel TP304H ethylene cracking furnace

SUN Haoyu，LIU Wang，GU Baolan，SONG Ming

(China Special Equipment Inspection & Research Institute，Beijing 100029)

Abstract：The cracking of the secondary gas injection pipe of a stainless steel TP304H ethylene cracking furnace was investigated. In order to investigate the cracking reason，the failure causes of the cracked bend and straight pipe segment were analyzed by the methods of macroscopic morphology，chemical composition，metallography microstructure，hardness and scanning electron microscopy. The results show that：Under the action of medium and high temperature environment and stress，stress relaxation cracking occurs in the outer wall of the girth weld connecting the elbow and the straight pipe，and the stress corrosion cracking caused by crack expansion and penetrating the wall thickness is mainly generated from the inner wall. The main reason is that the material is sensitized when the high temperature process gas is passed into the material，and the resistance to intergranular corrosion is reduced，and then corrosive medium is formed inside the low temperature. A stress corrosion cracking occurred.

Keywords：stainless steel TP304H；Ethylene cracking furnace；Failure analysis；Stress corrosion

0 引　言

乙烯裂解炉二次注气管道主要用于向裂解炉中注入稀释蒸汽，有助于调节裂解炉内的温度和压力，以及优化裂解反应过程。通过调节二次注气管道中的蒸汽流量，可以控制裂解炉内的裂解深度，从而影响最终产品的产量和质量。某工程质量部接到信息反馈乙烯装置裂解炉管线发现泄漏，确认该管线焊口熔合线发现约 70mm 的环向裂纹，开裂部位为弯头＋直管段上靠近直管的一侧焊缝。在随后的维修工作中，发现除上述焊口外，焊口下游的水平直管段、和直管与弯头的焊缝处均存在裂纹。而且直管段随焊接坡口加工，裂纹不断显现。现场开裂情况如图 1 所示。该二次注气管道主要用于按需求向原料气中注入工艺气（主要为非去离子的水蒸气和 DMDS）。管道规格为 $\varphi168\times7.11$，材料牌号 ASTM A312 TP304H。原料气有两种：常用的含 50ppm H_2S 的石脑油和仅投过 1～2 个周期的轻烃。投入石脑油时，二次注气阀关闭；投入轻烃时，二次注气阀打开。

本文将通过现场实际勘察取样、化学成分、金相显微组织、硬度以及扫描电镜微观形貌等方法对开裂管道进行分析，确认该二次注气管道材料满足标准要求，泄漏原因为管路材料由于高温发生敏化，耐晶间腐蚀能力下降，随后投入的石脑油原料中 S 元素与工艺气残存的水蒸气结合导致管内壁发生沿晶点蚀和应力腐蚀开裂。

（a）现场管道开裂位置

（b）现场开裂情况

图 1　现场开裂位置及开裂情况照片

1　试验过程

1.1　宏观观察

图 2 为弯头环焊缝裂纹中部的断口宏观形貌，总体上断口呈无塑性特征，且完全裂穿整个壁厚，断口面平直较少分叉，基本垂直于轴向。断口面有锈蚀颜色，局部可见弥散分布的系列反光斑点。

图 3 为一侧裂纹尖端打开后的断口，打开过程中，在直管侧内壁靠近焊缝的打磨区域可见系列张开的微裂纹。断口面可见两个区域，靠近内壁的区域颜色较深，靠近外壁的区域颜色较浅。颜色较深的区域表面可见弥散分布的反光斑点，颜色较浅的区域也可见少量的反光斑点。

从图 4 可以看出，水平直管的主裂纹打开后，可见在内壁打磨区域还存在若干分布相对随机的微裂纹，主裂纹的长度已超过壁厚的 1/2. 主裂纹断口可见弥散分布的反光斑点，而且有明显的经历过高温的痕迹。

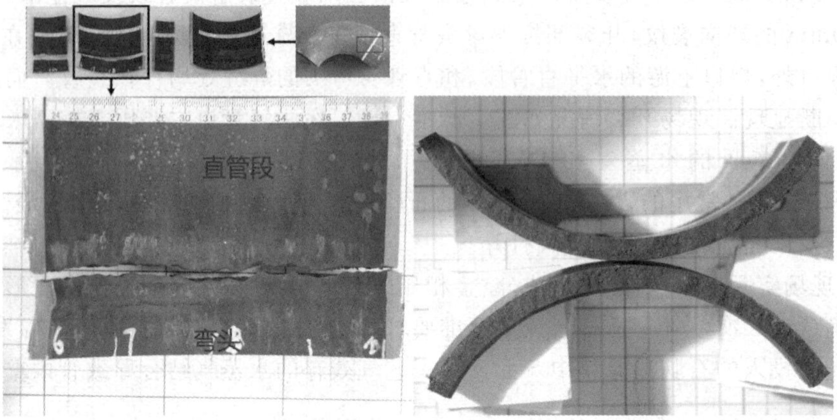

图 2　裂纹中部断口宏观形貌

图 3　裂纹尖端断口打开形貌

图 4　水平直管裂纹打开形貌

图 5 为直管环内弯和外弯后的表面形貌，其中外壁受拉的外弯样品的外壁表面相对完好，除正常的塑性变形外，未发现肉眼可见的裂纹；但内壁受拉的内弯试样的内壁表面可见微小裂纹。初步判断该裂纹可能为实验前已经存在的封闭裂纹。

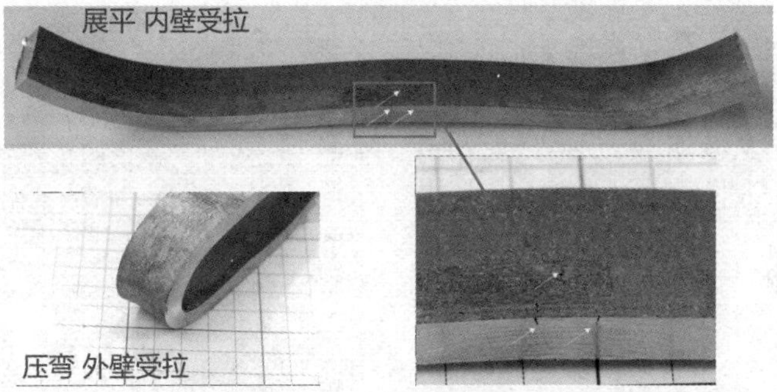

图 5　直管内弯和外弯实验后的宏观形貌

1.2　化学成分分析

依据 GBT 11170－2016《不锈钢　多元素含量的测定　火花放电原子发射光谱法(常规法)》分析弯头、直管和新管的化学成分,结果见表 1 所示。除弯头的 Ni 含量略低于标准值外,材料化学成分基本满足 ASME BPVII A 2019 SA312 中 TP304H 的要求。

表 1　各位置化学成分结果(wt%)

化学元素	C	Si	Mn	P	S	Cr	Ni
弯头侧	0.0414	0.457	1.139	0.0248	0.0024	18.31	7.91
弯头直管侧	0.0437	0.334	0.657	0.0287	0.0019	18.32	8.25
开裂直管	0.0407	0.331	0.652	0.0294	0.0026	18.34	8.17
新直管	0.0462	0.264	0.816	0.0312	0.0027	18.39	8.52
ASME BPVII A 2019 SA312	0.04－0.10	≤1.00	≤2.00	≤0.045	≤0.030	18.0－20.0	8.0－11.0

1.3　金相分析

如图 6 和 7 所示,对弯管环焊缝裂纹的中部切取垂直于环向的截面金相,可见裂纹主要沿焊缝直管侧的母材分布,而且具有典型的沿晶特征。在外壁表面,裂纹距离熔合线仅 1 个晶粒的距离,而且在裂纹扩展相当长的路径上保持着 1－3 个晶粒的距离,结合外壁沿焊趾而内壁远离焊趾分布的特征,该处裂纹自外壁起裂。此外在弯管侧的内壁距离熔合线约 1mm 的位置可见短小的沿晶裂纹,该处裂纹自内壁起裂。焊缝金属内部完好未见开裂现象。同时,还可发现直管和弯管侧的奥氏体晶粒尺寸差异较大,二者的晶粒度分析将在后面的分析中给出。

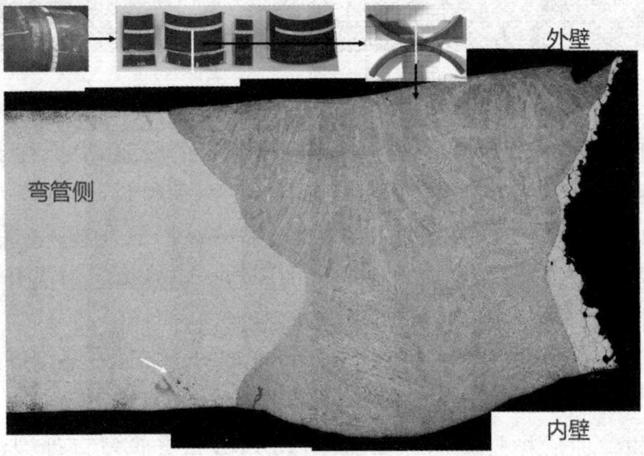

图 6　弯头焊缝裂纹中部截面金相(弯管侧)

图 7　弯头焊缝裂纹中部截面金相(直管侧)

如图 8 所示,对裂纹尖端附近的垂直环向截面的观察发现,裂纹同样位于直管侧,沿晶分布,但距离焊缝较远且与熔合线走势无关,有多条裂纹平行或分叉的特征,回溯分叉源头,判断该处裂纹自内壁起裂。

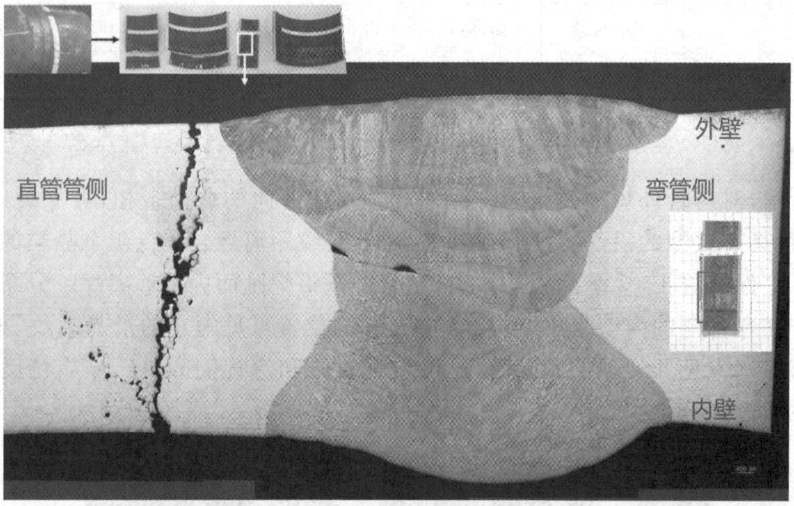

图 8　弯头焊缝裂纹裂纹尖端附近截面金相

图 9 观察的平面为自外壁向内壁观察方向。选取水平直管的裂纹,沿垂直于径向方向对裂纹进行纵剖,观察剖面金相,以确定裂纹与焊缝之间的关系。图中可见两条裂纹,左侧较大裂纹自母材延伸至焊缝金属,其特征为焊缝金属内部的裂纹尖端圆盾,且内部充满的高温氧化物,表明开裂过程发生在焊接之前;焊缝金属以外的裂纹呈沿晶特征,而且在热影响区的固溶区也发生了沿晶开裂行为,同样表明开裂过程发生在此次维修焊接之前。右侧的小裂纹整体处在固溶区内,同样沿晶分布。

图 10 为对直管裂纹的垂直于轴向的纵剖剖面金相,可见裂纹自内壁起裂,而且弥散沿晶分布,呈典型的应力腐蚀开裂形貌。

图 11 为直管内壁受拉弯曲后被打开的内壁微裂纹形貌,和直管坡口处裂纹相比,裂纹长度相对短小,但仍为沿晶分布。

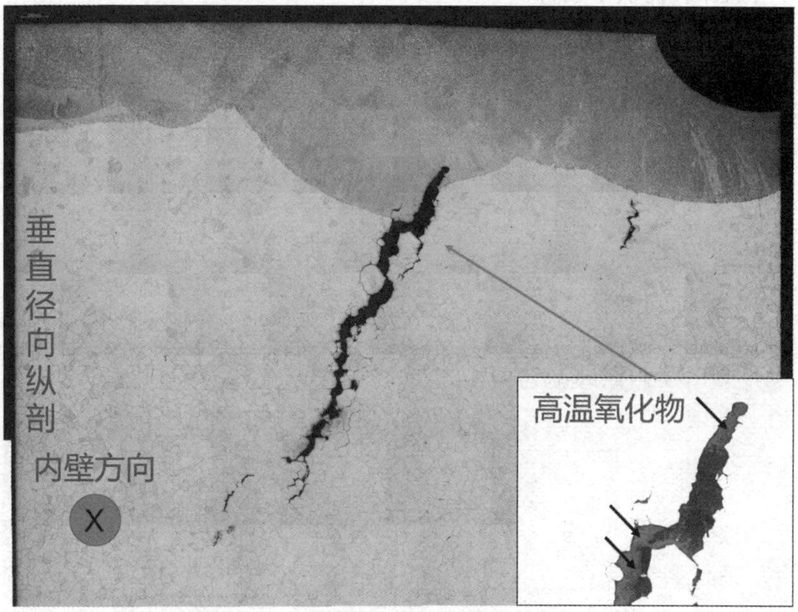

图 9　垂直径向的纵剖剖面金相

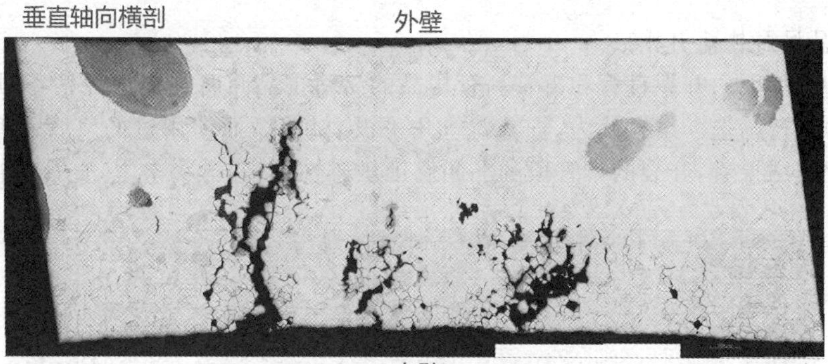

图 10　垂直轴向的纵剖剖面金相

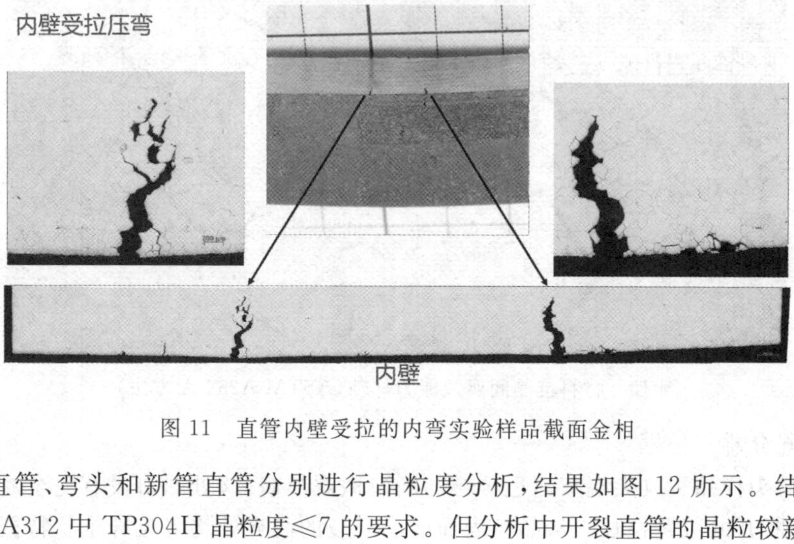

图 11　直管内壁受拉的内弯实验样品截面金相

对开裂管的直管、弯头和新管直管分别进行晶粒度分析，结果如图 12 所示。结果均满足 ASME BPVII A－2019 SA312 中 TP304H 晶粒度≤7 的要求。但分析中开裂直管的晶粒较新管和弯管明显粗大,为优先发生应力松弛开裂提供了条件。

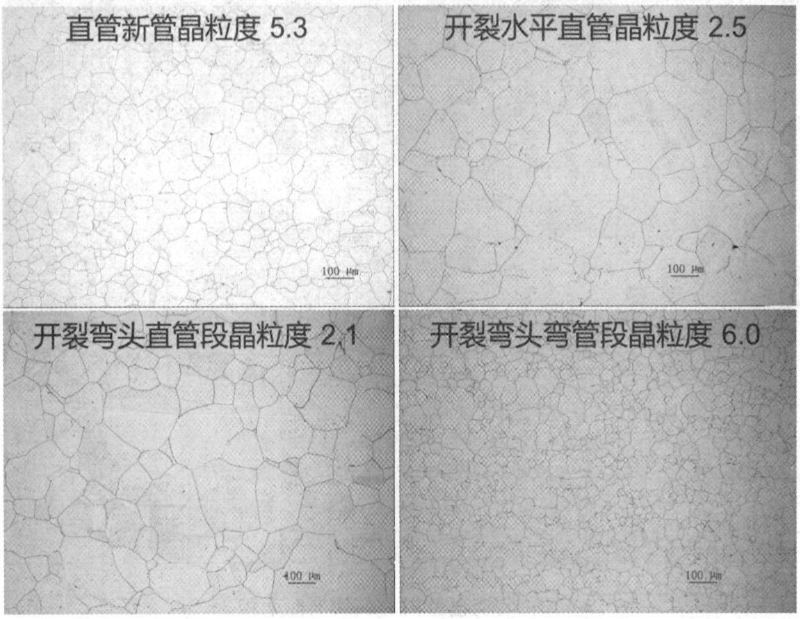

图 12　晶粒度分析结果

1.4　材料抗晶间腐蚀能力评估

图 13 给出了开裂弯头、开裂直管和直管新管样品的材料抗晶间腐蚀能力评估,采用 ASTM A262 A 方法(草酸电解法)进行筛选。结果认为,直管新管几乎没有敏化,而使用过的直管和弯头均发生了不同程度的敏化。从评级结果看,开裂的直管段的晶间腐蚀敏感性最高,弯头次之,直管新管不敏感。

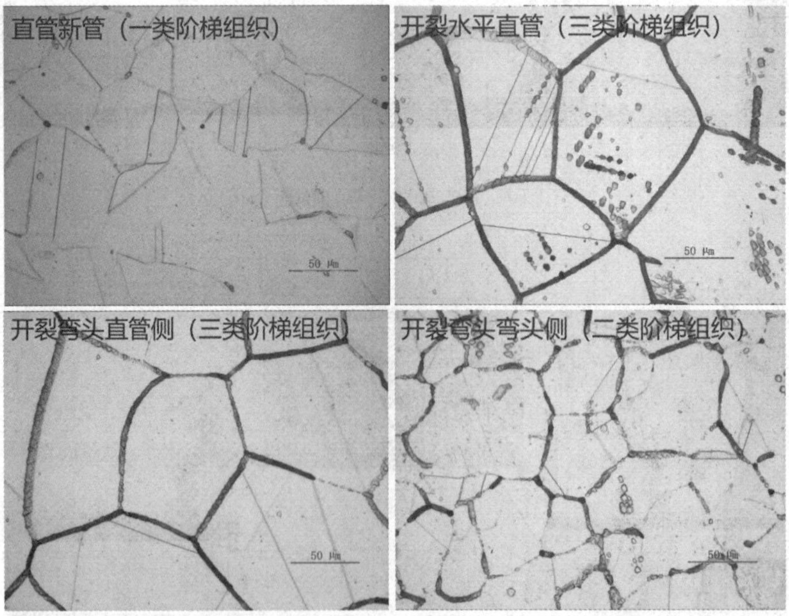

图 13　材料抗晶间腐蚀能力评估(ASTM A262 A 方法)

1.5　断口微观分析

图 14 为开裂弯头样品裂纹尖端灰白色区域的断口微观形貌,该处断口没有完全断开,因此沿晶断口的晶粒被没有完全断开的位置拉长。从晶粒表面或已开裂的晶界处均可见纤维状特征,符合应力松弛开

裂的典型形貌,EDS 成分分析表明断口除金属固有的主要元素外,无其他腐蚀性介质元素。

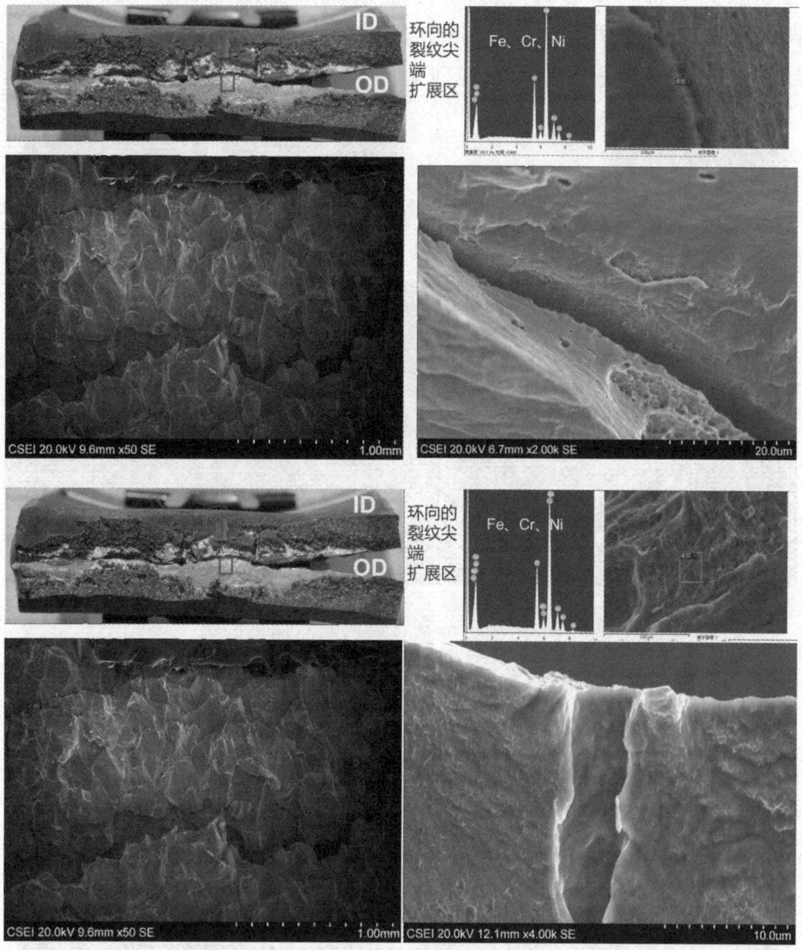

图 14　弯头环焊缝裂纹尖端灰白色区域断口微观形貌

图 15 为开裂弯头样品裂纹尖端锈蚀区域的断口微观形貌,可见断口完全呈现沿晶特征,而且很多晶粒表面有膜状或颗粒状的腐蚀产物覆盖,EDS 成分分析表明产物多出为氧化物,部分区域可发现残余的 S 元素。

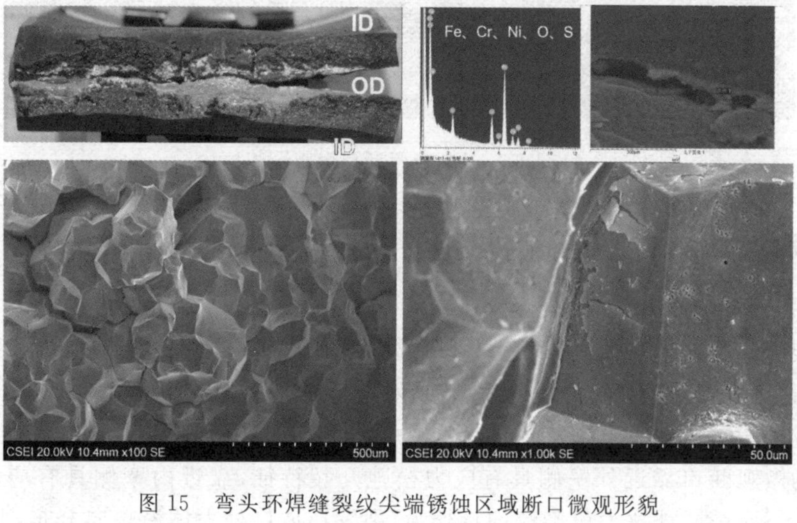

图 15　弯头环焊缝裂纹尖端锈蚀区域断口微观形貌

图 16 为开裂弯头直管侧内壁点蚀坑形貌，可见点蚀坑内部呈现典型的沿晶腐蚀形貌，晶界覆盖有腐蚀产物，EDS 成分分析表明产物多出为氧化物，部分区域可发现残余的 S 元素。

图 17 为开裂直裂纹断口的微观形貌，断口同样显示为沿晶开裂特征，晶界覆盖有腐蚀产物，EDS 成分分析表明产物多出为氧化物，部分区域可发现残余的 S 元素。

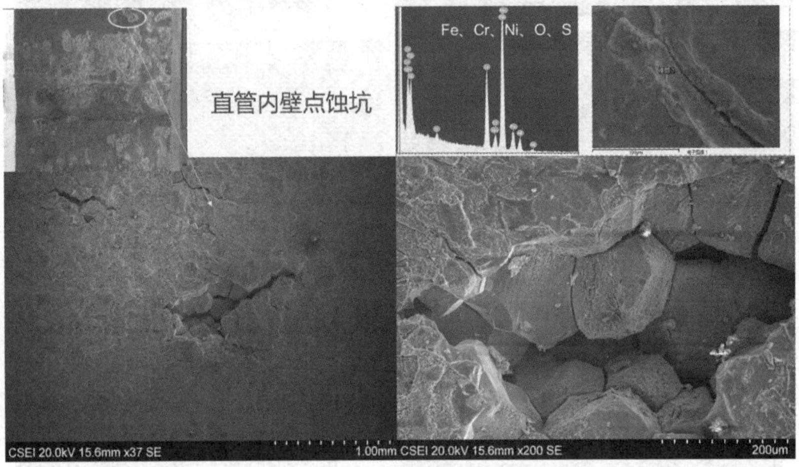

图 16　开裂弯头直管侧内壁点蚀坑形貌

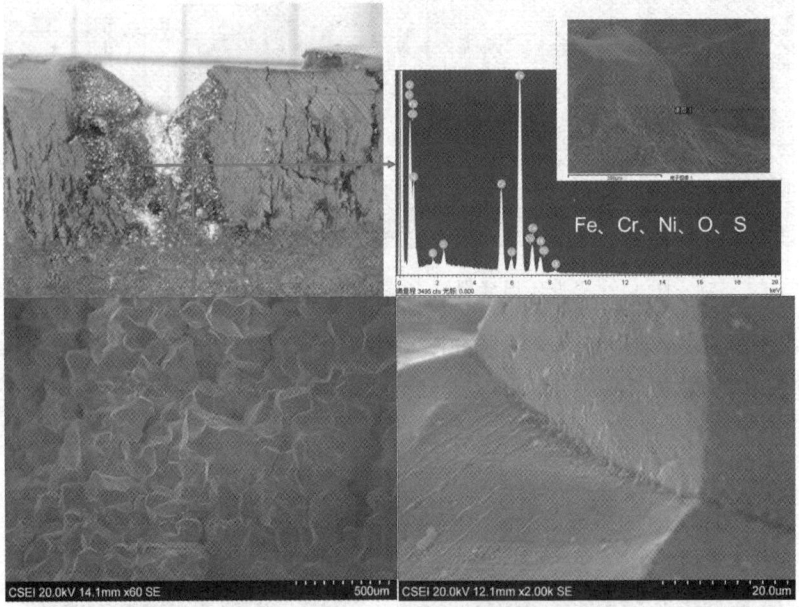

图 17　开裂直管断口微观形貌

2　分析与结论

2.1　试验结果分析

应力腐蚀开裂(SCC)是材料或零件在应力和腐蚀环境的共同作用下引起的开裂现象。本案例中产品材料基本符合指标，弯管环缝裂纹的特征为：裂纹发生于环焊缝靠近直管侧的管体上，外壁形貌为严格沿焊趾环向分布，沿晶开裂；内壁形貌为距离焊趾 1～5 mm 沿环向分布，裂纹有较明显的随机波动，沿晶开裂。裂纹尖端的微观断口靠近外壁侧具有应力松弛开裂特征，靠近内壁侧具有应力腐蚀开裂特征，EDS 分析发现残余 S 元素。水平直管裂纹的特征为：裂纹在坡口处大体沿轴向分布，并与轴向呈随机角度，多个裂纹沿环向的分布没有规律，自内壁起裂向外壁沿晶扩展。裂纹微观断口具有应力腐蚀开裂特征，EDS 分析发现残余 S 元素。弯管和直管内壁有流体流动过的痕迹，同时存在弥散分布的点蚀坑。开裂直管和弯头均发生了不同程度的敏化，而直管新管未敏化，材料抗晶间腐蚀能力随着高温使用发生了明显降低。

2.2 结　论

由以上试验可以推断弯管环缝裂纹形成原因：投入轻烃原料时，工艺气阀门打开，管路温度升高（不低于 457℃），在中高温环境＋管系热应力和焊接残余应力的作用下，首先在弯头与上游直管环缝沿处，沿环向西南角发生应力松弛开裂，同时材料发生敏化，耐晶间腐蚀能力下降；随后投入石脑油原料，工艺阀门关闭，管路温度降低（约 195℃），工艺气残存的水蒸气与扩散至注气管上游的石脑油中的含 S 物质混合后结露，导致管内壁发生沿晶点蚀和应力腐蚀开裂。直管轴向裂纹形成原因：通入轻烃原料时，工艺气阀门打开，管路温度升高，材料发生敏化，耐晶间腐蚀腐蚀能力下降；随后随后投入石脑油原料，工艺阀门关闭，管路温度降低，发生应力腐蚀开裂。

3　建议讨论

TP304H 是奥氏体耐热钢，是用于高温环境的抗蠕变钢，所以为固溶态供货。固溶态 TP304H 具有一定的应力松弛开裂敏感性；另一方面在 425℃以上高温使用后，材料发生敏化，耐晶间腐蚀能力下降是正常规律。这种材料不适用于先高温环境服役，再在含腐蚀性介质的中低温环境下服役的工况。

建议采用整体预置的经焊后稳定化处理的 TP347/347H 二次注气管代替现有材料和现场焊接。但需注意现场安装的焊缝应在合理的应力分析后，选择应力较小的位置布置；选用带直边过度的弯头，将载荷苛刻的位置与环缝位置分开；根据支吊架弹簧的实际位移情况，管路整体的位移特征，结合弹簧的弹性系数等参数，委托计算管系应力，评估管系在运行时的真实应力水平，寻找进一步优化管系应力的可能；考虑对在弯头上焊接盲管的支撑结构进行优化或换用其他非焊接支吊结构，减轻或避免在输送管体上形成局部应力集中；运行时微开注气阀有利于使管道保持高温干燥状态，减轻或避免腐蚀。建议设计单位对二次注汽线进行设计改进。内容包括考虑注汽线的操作条件及要求、管线选材、管系应力核算、单管图、管线材料请购（材料表）、施工技术要求、操作要求等。

参考文献

[1] 丁菊，朱旭晨．乙烯裂解炉 LMPH 管失效分析[J]．化工装备技术．2020(03).

[2] 谈文虎，杨飞，朱世豪．乙烯裂解炉对流段炉管破裂失效原因分析[J]．化学工程与装备．2017(08).

[3] 许可．乙烯裂解炉炉体密封问题分析及改进[J]．齐鲁石油化工．2022(02).

[4] 王立坤，王建伟，张云来，祝加轩，王波．不锈钢弯头的失效原因分析[J]．材料保护．2019(02).

[5] 陈孙艺．乙烯裂解炉对流段国产化制造技术[J]．锅炉技术．2005(03).

[6] 金沛斌，沈利民．乙烯裂解炉炉管失效形式及其原因分析研究进展[J]．化工机械．2016(03).

作者简介

孙浩宇（1996），男（汉），本科，助理工程师，中国特种设备检测研究院从事失效分析金相检验相关工作，通讯地址：101300 顺兴路 1 号中国特种设备检测研究院，E－mail：sssuuunnn88@163.com，手机：15201050175。

通讯作者：宋明（1983），男（汉），博士研究生，教授级高工，从事特种设备安全评估与失效分析工作，通讯地址：101300 顺兴路 1 号中国特种设备检测研究院，E－mail：songm214@foxmail.com。

丙烯机压力表支管焊缝开裂原因分析

柳　旺[1,2,3]，于海洋[1,2,3]，孙浩宇[1,2,3]，宋　明[1,2,3]，王汉奎[1,2,3]

（1. 低碳热力发电技术与装备全国重点实验室，北京　100029；2. 国家市场监督管理总局技术创新中心（油气管道与存储设备安全）北京　100029；3. 中国特种设备检测研究院，北京　100029）

摘　要：某丙烯机压力表支管焊缝发生了开裂，通过宏微观形貌观察、金相分析、硬度分析等手段分析了支管失效的原因，并提出了相应的改进措施。试验结果表明：断口处存在焊接未填满区域，且存在多处起裂源。焊接未填满形成了应力集中位置，存在缩短了疲劳裂纹萌生所需要的时间，是导致结构发生早期疲劳破坏的重要因素，启裂后向外表面扩展最终导致介质泄漏。

关键词：丙烯机；支管；应力集中；疲劳

Causes of weld seam cracking in the branch pipe of the pressure gauge on the propylene machine

LIU Wang[1,2,3], YU Haiyang[1,2,3], SUN Haoyu[1,2,3], SONG Ming[1,2,3], WANG Hankui[1,2,3]

(1. State Key Laboratory of Low－carbon Thermal Power Generation Technology and Equipments,, Beijing 100029, China; 2. Technology Innovation Center of Oil and Gas Pipeline and Storage Equipment Safety, State Administration for Market Regulation, Beijing 100029, China; 3. China Special Equipment Inspection & Research Institute, Beijing 100029, China)

Abstract: Crack occurred in the weld seam of the branch pipe of a propylene machine pressure gauge. The failure cause of the branch pipe was analyzed using macro and micro－morphological observation, metallographic analysis, and hardness testing, and corresponding improvement measures were proposed. The test results showed that there were areas of incomplete weld fill at the fracture surface, with multiple crack initiation sources present. The incomplete weld fill created stress concentration points, which significantly reduced the time required for fatigue crack initiation. This is an important factor leading to early fatigue failure of the structure. After initiation, the cracks propagated toward the outer surface, eventually resulting in medium leakage.

Keyword: propylene machine; branch pipe; stress concentration; fatigue

0　引　言

乙烯、丙烯等低碳烯烃作为工业基础原料，对国民经济的发展起着强大的支撑作用，同时乙烯和丙烯的产量也是衡量一个国家石化工业发展水平的重要标志，因此乙烯装置在石化工业中具有特别重要的地位[1]。某乙烯装置丙烯机四段出口管线压力表支管台焊缝发生开裂、支管脱落，管线内物料泄漏，装置紧急停工。该支管台及支管的材料为ASTM A105和ASTM A106－B，管线设计压力为2.05MPa，操作压力为1.77MPa、温度为73℃。支管台与支管采用插管焊接的方式连接。作者在现场勘察取样，通过硬度、形貌观察，金相分析等手段对支管台开裂的原因进行分析。

1 理化检验及结果

1.1 宏观断口观察

现场将接管支管台焊缝断口取下,送到实验室进行宏观形貌观察。失效断口位于接管角焊缝位置,断口整体较为平齐。焊缝外表面及接管外壁涂有油漆,如图 1(a)所示。

断口的 3、6、9、12 点位如图 1(b)所示,依据断口表面的颜色深度,断口分为深色区和浅色区两个区域,其中靠近焊缝根部的为深色区域,深色区域面积比较大,主要集中在 9 点～12 点位和 2 点～3 点位。该区域为焊接熔池金属凝固形成的弧面。焊接时,焊缝金属凝固后表面温度高形成深色的氧化层。断口浅色区比较平整,浅色区可见金属色泽,为服役过程中破坏产生的断口,由断口宏观形貌判断,浅色区破坏符合疲劳破坏特征,疲劳源为多点启裂,裂纹源主要集中在 12 点钟位置和 5 点钟位置。

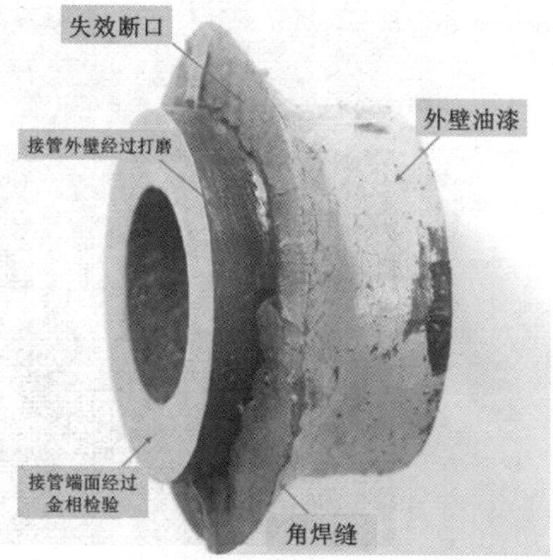

(a) 侧视图

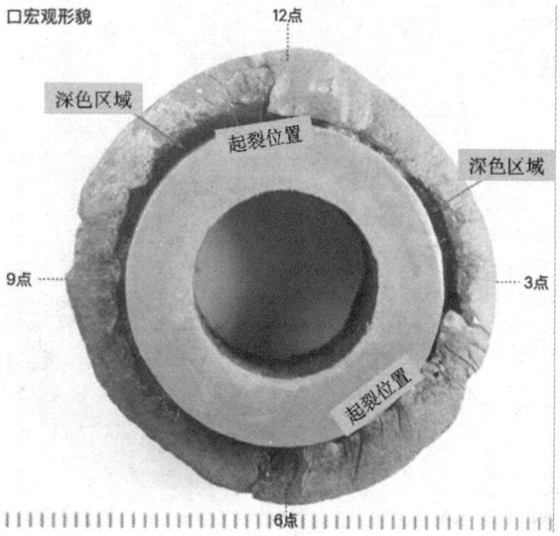

(b) 俯视图

图 1　失效样品宏观形貌

1.2 微观断口观察

利用扫描电子显微镜对断口形貌金相观察,如图 2 所示靠近焊缝外侧部分断口表面相对比较平整,为疲劳扩展区;靠近内侧部分疲劳沟线更加明显。接管外壁至启裂区之间可见弧形表面,弧形表面对应宏观断口中深色部分,由焊接时金属凝固所形成的表面。焊缝根部存在气孔、夹杂。

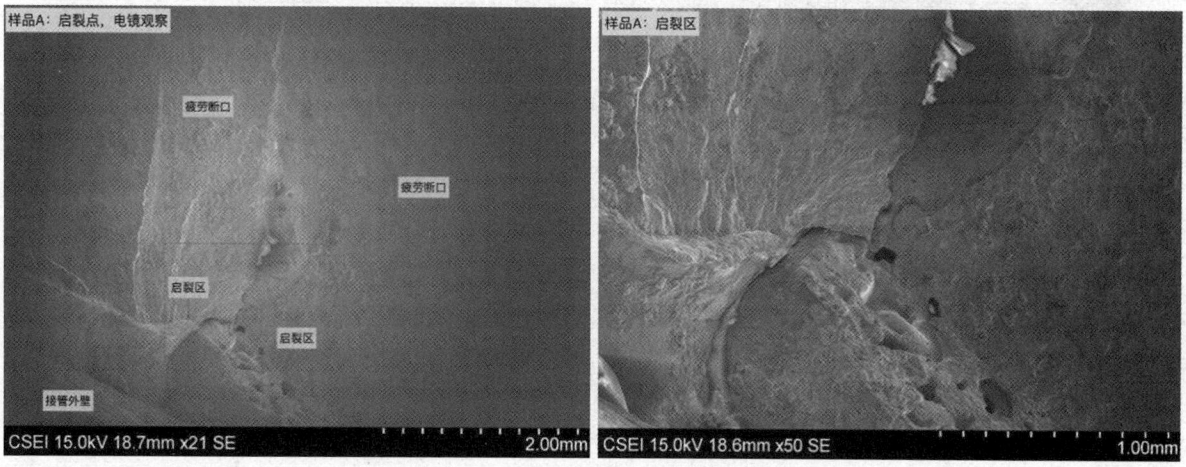

图 2　失效样品微观形貌

1.3 金相分析

沿接管纵向将失效断口进行分割并镶嵌，如图 3 所示，将试样分为区域 1 和区域 2 分别进行分析。

区域 1 的金相结果见图 4。图中增加两条白色虚线用于表示支管外壁边界线(横向)和焊缝连接工件外壁边界线(纵向)，其与焊缝根部边界组成一个五边形区域，该五边形区域为焊接未填满区。在焊接未填满区的两个顶点位置存在几何“尖点”，其中一个几何“尖点”平行于支管外壁、另外一个几何“尖点”垂直于支管外壁。当支管发生振动时，支管底部角焊缝位置承受的主应力方向平行于支管外壁，应力的大小随着支管振动而产生周期性变化，主应力方向如图 4 中红色箭头所示。垂直于支管外壁的几何“尖点”在周期性应力的作用下率先扩展，形成疲劳裂纹。图中包含两条疲劳裂纹，其中的一条疲劳裂纹与外表面完全贯穿，形成了为主断口；另外一条疲劳裂纹由几何“尖点”处启裂，向外壁扩展，尚未与外表面完全贯穿。

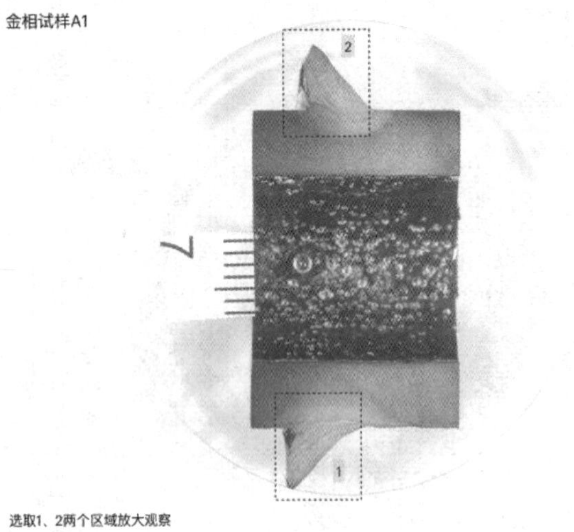

图 3　失效样品金相试样

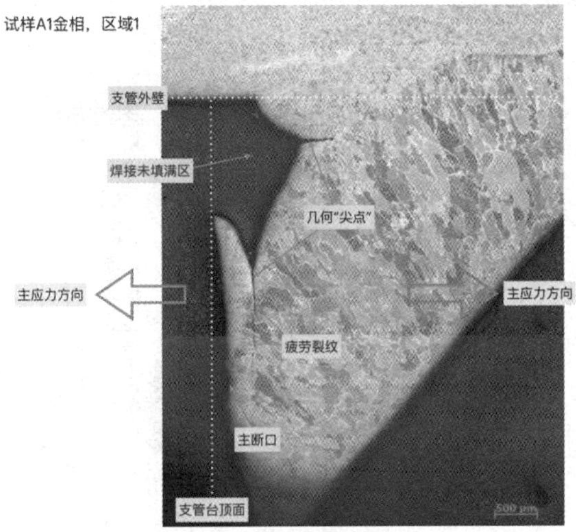

图 4　失效样品金相试样(区域 1)

由图 5(a)可见，几何“尖点”是由两组金属凝固的凸面形成。该处的疲劳裂纹由几何“尖点”处启裂，向外表面扩展。裂纹垂直于支管外壁方向，裂纹平直不分叉，裂纹特征符合疲劳裂纹特征，图 5(b)为该位置焊接未填满形成的几何“尖点”。

区域 2 的破坏特征与区域 1 的破坏特征相近似，为疲劳破坏。

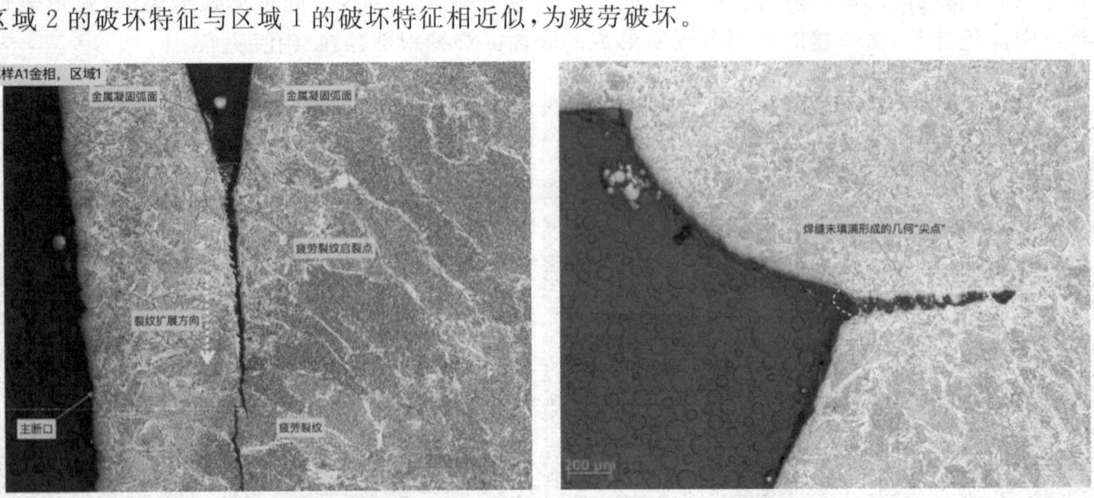

(a) 启裂位置　　(b) 未填满缺陷

图 5　失效样品金相试样(区域 1)

1.4 硬度分析

利用维氏硬度计测量失效样品的支管和焊缝位置硬度，接管的硬度为133HV10，焊缝的硬度为239HV10，结果未见异常。由于材料较少，未进行其他力学性能试验。

2 失效原因分析

由失效样品断口的宏观形貌、微观形貌及金相结果判断，样品破坏特征符合高周疲劳的破坏特征。疲劳裂纹由角焊缝根部的焊接未填满形成的几何“尖点”处启裂，启裂后沿焊缝向外表面及两侧扩展，最终导致角焊缝开裂，启裂源主要分布在12点和5点位置(图1(b)所示)。

一般认为，影响结构疲劳寿命的因素包括材料、几何结构、载荷水平等方面，以下对这几方面逐一讨论。

材料因素对疲劳性能的影响。通过对失效样品焊缝的硬度检测发现焊缝硬度高于支管材料，该结果表明焊缝材料的抗疲劳能力优于管材，金相组织未发现异常。

几何因素对疲劳性能的影响。疲劳环境下的结构件应当尽可能保证表面平缓过度、应尽量避免出现几何突变，减小结构表面的几何突变引起的应力集中，延长结构的疲劳寿命。一般认为高周疲劳断口的产生分为两个阶段，即疲劳裂纹的萌生阶段和疲劳裂纹的扩展阶段。对于结构设计合理的部件，疲劳裂纹的萌生所耗费的时间占整个部件总寿命的主要部分，疲劳裂纹的扩展所耗费的时间约占整个部件总寿命的次要部分，因此提高部件疲劳寿命最为有效的方法是提高部件的表面光滑程以延缓疲劳裂纹的启裂。

插管焊接的方式不适用于振动较大的场合。一方面，插管焊接在焊缝表面焊趾部位、焊缝根部均存在几何突变，是理想的应力集中点。插管焊接用于振动工况时，疲劳裂纹通常由焊缝表面的焊趾位置或焊缝的根部位置启裂，造成角焊缝早期失效。另一方面，插管焊接的角焊缝无损检测受到几何限制，难以有效检测出焊缝内的缺陷。失效样品焊缝根部存在未填满的焊接缺陷，焊缝未填满在焊根位置造成几何“尖点”，其中一处几何“尖点”与主应力方向垂直，是疲劳裂纹优先启裂位置，因此失效样品焊缝根部存在未填满的缺陷是导致其发生早期破坏的重要因素[2]。

3 结论与建议

失效样品的宏观、微观断口特征及金相特征符合高周疲劳破坏的特征。焊接未填满形成的几何“尖点”为应力集中位置，几何“尖点”的存在缩短了疲劳裂纹萌生所需要的时间，是导致结构发生早期疲劳破坏的重要因素。焊缝疲劳破坏由焊缝根部焊接未填满形成的几何“尖点”处多点启裂，启裂后向外表面扩展最终导致介质泄漏。

建议改变焊接结构。对于处于振动载荷工况下的焊缝，建议选用管座全焊透的结构形式进行焊接，管座与支管焊接建议采用对接焊缝，避免疲劳裂纹由焊缝处启裂。对于没有办法改变焊接结构的焊缝，进行插管焊接时，对支管台的插管表面加工小坡口，以保证焊缝根部的焊接质量。还可以通过增加焊层，增大底部面积，降低管系的振动幅度等降低载荷。

参考文献

[1] 刘曼，赖慧坚，黄肖华，等．150万t/a乙烯装置丙烯压缩机用汽轮机特点剖析[J]. 机电信息，2022,(05):62—64.

[2] 孙朋飞，姚丹丹，张鹏林，等．金属焊接接头疲劳寿命延长技术综述[J]. 材料导报，2021,35(09):9059—9068.

[3] 韦广前．基于金属结构件焊接失效的原因分析及预防措施[J]. 现代制造技术与装备，2016,(04):119—121.

[4] 王晓锋，郭长青，李子龙．循环载荷下钢结构焊接接头的疲劳失效分析[J]. 山西建筑，2009,35

(17):63－64.

[5] 赵子豪,刘德刚. 焊接结构疲劳失效的产生原因与预防措施[J]. 现代机械,2012,(01).

作者简介

柳旺(1997),汉,本科,助理工程师,主要从事金属材料理化检验和失效分析工作,通讯地址:101300 北京市顺义区顺兴路1号,E－mail:1093556240@qq.com。

煤气化装置粗煤气管道泄漏现象失效分析

郭　磊[1]，白廷廷[2]，白一飞[1]，宋　策[1]

（1. 中国特种设备检测研究院国家市场监督管理总局技术创新中心（炼油与化工装备风险防控），北京　100029；2. 陕西延长中煤榆林能源化工股份有限公司，陕西榆林　718500）

摘　要：陕西某煤化工企业在用粗煤气压力管道泄漏失效，通过壁厚测定、强度校核、光谱检测、金相硬度等检测手段，结合该工况操作特点，分析得出本次粗煤气管道的失效原因，并提出了相对应的解决措施。为类似工艺与工况特点的在役压力管道避免类似事故的发生提供参考。

关键词：粗煤气；泄漏；失效；失效原因

Failure analysis of the leakage occuring on raw gas pipe ofcoal gasification system

GUO Lei[1]，BAI Tingting[2]，BAI Yifei[1]，SONG Ce[1]

（1. Technology Innovation Center of Risk Prevention and Control of Refining and Chemical Equipment for State Market Regulation，China Special Equipment Inspection and Research Institute，Beijing 100029，China；2. Shaanxi Yanchang Zhongmei Yulin Energy and Chemical Co.，Ltd.，Yulin 718500，China）

Abstract：A coal chemical plant in Shaanxi experienced a leakage failure in its raw gas pressure pipeline. Through inspection methods such as wall thickness measurement，strength verification，spectral analysis，and metallographic hardness testing，and in combination with the operational characteristics of the working conditions，the causes of the pipeline failure were analyzed. Corresponding solutions were also proposed. This analysis provides a reference for in－service pressure pipelines with similar processes and operating conditions to prevent the occurrence of similar accidents.

Keywords：crude gas；leakage；failure；cause of failure

0　引　言

粗煤气管道是煤化工的关键工艺管道，产生粗煤气的工艺流程以煤、水、氨水、添加剂、石灰石为原料，在磨煤机中经粉碎研磨制成高浓度（58%～63%）、低粘度、稳定性好、流动性好、易于泵输送的合格水煤浆，水煤浆经加压与空分装置来纯度为99.6%以上的氧气在6.5 MPa，1 350～1 400 ℃工况下的气化炉内进行部分氧化反应，产生以CO，H_2为有效气的粗煤气[1]。2024年4月某煤化工企业中控室人员发现可燃气体报警仪频繁报警，报警值最高达到100 ppm，经现场确认为气化炉至文丘里段粗煤气管线弯管处泄漏。现场立即作出对气化炉进行减负荷的决定，同时汇报调度及前后工段进行减负荷处理，最终气化炉手动停车，后续对泄漏处弯管进行了更换。因操作人员对漏点发现及时，未造成人员伤亡。本文以在役粗煤气压力管道泄漏失效为案例，通过壁厚测定、强度校核、金相硬度等检测方法及该粗煤气管道的工艺操作特点进行分析总结，得到失效原因并提出相对应的解决措施。目前国内外少有类似煤气化装置粗煤气管道失效的案例,为相似工况的煤化工企业提供了非常宝贵的经验。

1 试验与分析

1.1 检验情况及分析

该管道于 2014 年 5 月 31 日投入使用,并按 TSG D7005—2018《压力管道定期检验规则——工业管道》[2]实施过两次停车检验,具体参数如表 1 所示。

表 1 管道基本参数

材料	介质	管道级别	长度/m	管道外径/mm	壁厚/mm	设计压力/MPa	设计温度/℃	工作压力/MPa	工作温度/℃
00Cr19Ni10	粗煤气	GC1	51.713	610	32	7.15	280	6.47	252

1.2 宏观情况

该粗煤气管道泄漏处撕裂长度约 30 mm,漏点及漏点周边切开图,见下图 1:粗煤气管道泄漏点及切开图;漏点处弯管及上侧竖管内部结垢图,见下图 2:粗煤气管道结垢图。

(a) 弯管漏点整体图　(b) 弯管漏点局部图　(c) 弯管漏点周边切开图

图 1 粗煤气管道泄漏点及切开图

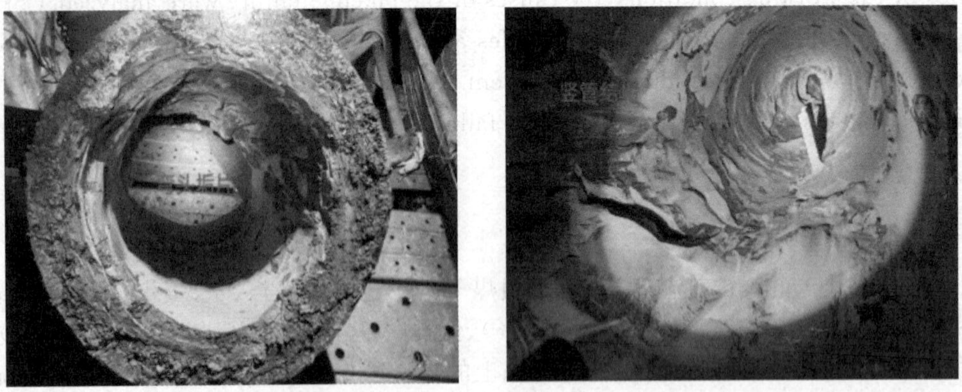

(a) 弯管漏点下侧截面图　(b) 弯管漏点上侧竖管内部结垢图

图 2 粗煤气管道结垢图

由图 1 可以看出,管道弯管泄漏处附近冲刷减薄明显,材料局部损失严重,且具有一定的方向性。由图 2 可以看出,管道内部已严重结垢,结构面积约占管径尺寸的 1/2,介质流通截面积显著减小。

1.3 壁厚测定

该管道分别于2018年5月及2020年5月实施过两次全面检验，壁厚测定结果均可接受，2020年5月漏点附近壁厚实测最小值为28.8 mm，本次泄漏点周边壁厚实测最小值为2.0 mm。在用压力管道必须满足安全使用要求，考虑管道设计压力、外部载荷和温度变化所产生的应力。并应使其小于管道、管道附件的安全承受能力，即满足强度要求，因此有必要进行强度校核。

根据GB/T 20801.3—2020《压力管道规范　工业管道》中6.1相关直管的强度计算公式[3]：

$$t_w = \frac{PD}{2\times(S\varphi W/I+PY)} \tag{1}$$

式中，t_w为计算厚度，mm；P为设计压力，MPa；D为管道外径，mm；S为许用应力，由GB/T 20801.2—2020中表A.1查取，取97.7 MPa；□为焊件的纵向焊接接头系数，按GB/T 20801.2—2020中表A.3中查取，取0.85；W为焊接接头高温强度降低系数，根据GB/T 20801.3—2020中4.2.7，取1.0；I为计算系数，根据GB/T 20801.3—2020中6.2，当计算弯管或弯头的外侧厚度时，计算得$I=0.93$；Y为计算系数，按GB/T20801.3－2020表15查取，$Y=0.4$。

经计算，$t_w=23.66$ mm，现场泄漏点附近实测最小壁厚为2.0 mm，小于管道计算厚度23.66 mm，所以不能满足强度要求而失效。

由此可知管道失效的主要原因是管道局部冲刷腐蚀减薄，开口处外翻，断口呈刃型，产生塑性变形而造成韧性破坏，因局部减薄造成应力超过材料屈服极限而发生泄漏。

1.4 硬度检测

对泄漏处附近材质进行了硬度检测，同一位置测量5次。检测位置硬度值未见异常，检测结果如表2所示。

表2　硬度值抽查结果(HB)

项目	1	2	3	4	5	平均值
位置1	155	158	155	161	160	158
位置2	162	159	161	161	157	160
位置3	161	163	156	159	157	159

1.5 光谱分析

对泄漏处附近材质进行了光谱分析，检测结果对照标准《不锈钢和耐热钢牌号及化学成分》中相关元素含量，如表3所示。

表3　光谱检测结果及标准对照(*wt*%)

元素	Cr	Ni	Mo	Mn
00Cr19Ni10标准值	16.0～18.0	10.0～14.0	2.0～3.0	≤2.0
位置1	17.91	11.20	1.27	1.23
位置2	18.91	10.13	1.47	2.14
位置3	17.87	13.01	1.55	2.06

光谱值检测结果显示，该粗煤气管道3处测量位置Mo元素含量均低于标准要求；3处测量位置Ni元素含量均在标准范围值内。位置2处Cr元素含量高于标准要求；位置2、位置3处Mn元素含量略高于标准要求。Mo及Cr元素含量不达标，会造成管道强度、硬度降低，耐冲刷腐蚀性能随之降低，Mn元素略高于标准值，对管道的强度影响不大。

1.6 金相分析

对泄漏位置附近母材选取两处进行了金相分析检测,金相组织分析结果为奥氏体,未见异常[4-5]。图 3 示出弯管漏点附近金相组织。

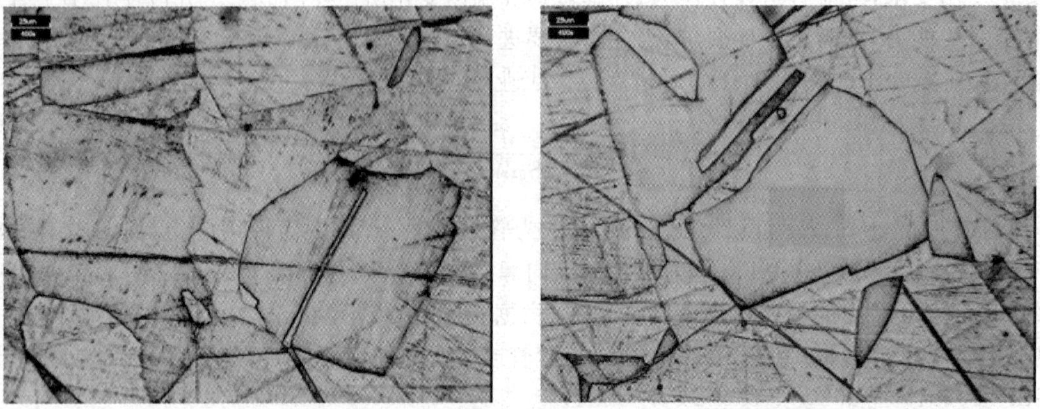

(a) 弯管漏点附近位置1　　(b) 弯管漏点附近位置2

图 3　弯管漏点附近金相图

2 失效分析

该粗煤气管道泄漏之前未出现超压现象,如图 4 所示。粗煤气采样分析判定结果为合格,具体数值见表 4 所示。

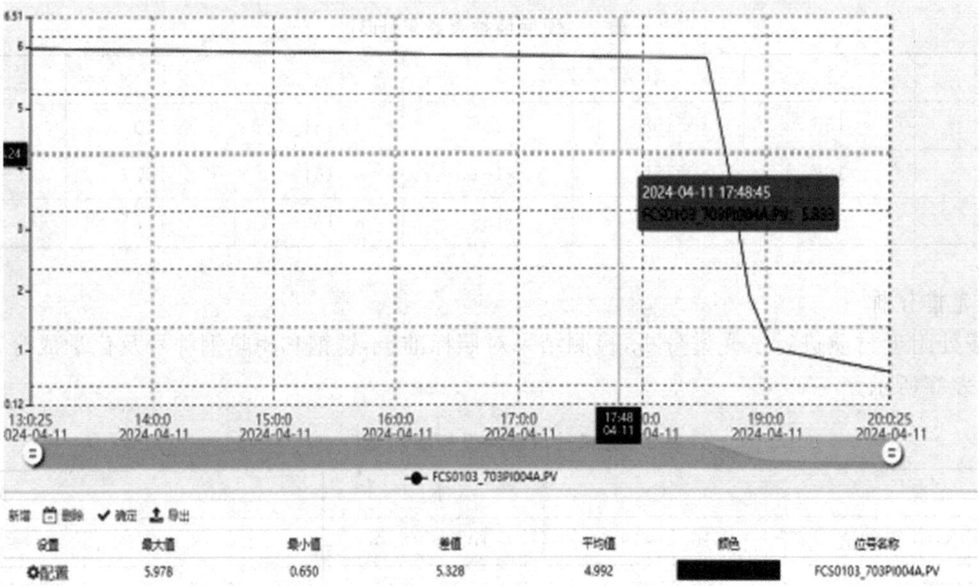

图 4　泄漏前操作压力

表 4　光粗煤气采样分析结果

采样时间	采样位号	样品名称	样品属性	$H_2S\%$ (v/v)	$H_2\%$ (v/v)	$CO\%$ (v/v)	$CH_4/$ $(mL \cdot m^{-3})$	判定结果
2024/04/06	S5-70301A	粗煤气 A	频率样	0.77	37.04	43.92	1743	合格
2024/04/06	S5-70301A	粗煤气 A	频率样	0.74	36.36	44.59	1305	合格

（续表）

采样时间	采样位号	样品名称	样品属性	H_2S% (v/v)	H_2% (v/v)	CO% (v/v)	CH_4/ ($mL\cdot m^{-3}$)	判定结果
2024/04/06	S5-70301A	粗煤气 A	频率样	0.72	36.55	44.18	1023	合格
2024/04/07	S5-70301A	粗煤气 A	频率样	0.71	36.77	44.22	1127	合格
2024/04/07	S5-70301A	粗煤气 A	频率样	0.69	36.89	44.31	1676	合格
2024/04/07	S5-70301A	粗煤气 A	频率样	0.73	37.04	44.19	1205	合格
2024/04/08	S5-70301A	粗煤气 A	频率样	0.79	36.52	44.15	1022	合格
2024/04/08	S5-70301A	粗煤气 A	频率样	0.68	37.00	44.17	1761	合格

该粗煤气管道未安装远传热电偶，通过金相分析、硬度检测等手段未见异常[6]，主要考虑该煤化工工艺造成管道内部结垢严重，导致介质流速过快，冲刷腐蚀最终导致泄漏失效，原因分析如下：

(1)该工艺运行过程中存在煤气少量带水、带渣的问题，渣水进入工艺气管线长期运行导致管道结垢；

(2)运行过程中会遇到煤浆浓度提高、煤渣中细灰增多、煤浆流速加大的运行状态，细灰进入工艺气管线，导致加快垢层增厚增多；

(3)工艺运行过程中，锁渣阀频繁故障而导致气化炉无法正常排渣，炉内的煤渣进入工艺气管线，加剧了工艺气管线结垢进程。

3 结 论

该粗煤气管道局部结垢在长周期高压工况下运行，由于内部结垢管道内流通截面积变小而使介质流速变快，对于该环境－材料组合，当流速大于临界值长时间受流体冲击造成金属损失，导致管线冲刷磨损严重而泄漏失效。由于使用单位不具备运行状态测厚条件，未能及时有效监测到该管道由于冲刷腐蚀造成弯管减薄，最终因壁厚减薄导致应力超过材料屈服极限而泄漏失效[7-10]。

针对该粗煤气管道失效原因的分析，总结出以下几点建议，举一反三，避免同样的事故再次出现：

(1)设计优化：优化避免频繁故障而导致气化炉无法正常排渣。考虑增加管道直径从而降低介质流速，亦可选用流线型弯管，增加弯管部位壁厚等措施。

(2)选材：采用硬度值更高的材质，或者管道增加耐冲刷内衬，亦可考虑进行表面强化处理等措施。

(3)工艺改进：优化煤气化工艺，优化煤气带水、带渣问题。

(4)自查自检：制定合理的测厚检测周期、检测范围，按要求自行检测并做好记录，对高温高压等重点管道定期组织在线测厚，以便及时发现、排查隐患；利用每次单系统检修、大修、抢修时间段对重点工艺气管线内部进行检查，定期组织清垢。

(5)相同工况的其他煤化工企业吸取经验教训，开展在线或停车定期自查，避免类似事故的发生。

参考文献

[1] 袁军，郭磊，宋策，等．煤气化装置气化炉衬里开裂现象失效分析[J]．中国特种设备安全，2021，37(11)：100－102.

[2] TSG D7005—2018《压力管道定期检验规则——工业管道》[S].

[3] GB/T 20801—2020《压力管道规范——工业管道》[S].

[4] 肖纪美．不锈钢的金属学问题(第二版)[M]．北京：冶金工业出版社，2006：251，252.

[5] 李炯辉，林德成．金属材料金相图谱(上册)[M]．北京：机械工业出版社，2006：930，936.

[6] 李国政，王振江，张爱庆．特种设备现场金相检验中常见异常组织及原因分析[J]．中国特种设

备安全,2020,36(11):34－39.

[7] GB/T 30579—2022《承压设备损伤模式识别》[S].

[8] 李志峰,李海涛,高广兴. 高压管道的损伤模式和检验方法[J]. 中国特种设备安全,2023,39(3):59－62.

[9] 李正驰,罗翔鹏,段成红,等. 压力容器及容器－管道系统的安定载荷计算方法对比[J]. 压力容器,2024,41(3):30－40.

[10] 马园园,张建明,苏天一,等. 内压轴向位移载荷作用下波纹管多轴疲劳寿命预测[J]. 压力容器,2024,41(4):53－59.

作者简介

郭磊(1986),男,硕士,工程师,从事金属材料理化性能试验、失效分析工作,通信地址:100029 北京市朝阳区和平街西苑 2 号楼,E－mail:guolei@csei.org.cn,手机:17701051165。

通信作者:宋策(1987),男,通信地址:100029 北京市朝阳区和平街西苑 2 号楼,E－mail:songce@csei.org.cn。

埋地 X80 管线钢开裂原因分析

顾宝兰[1,2,3],王汉奎[1],于海洋[1],宋　明[1]

(1. 中国特种设备检测研究院,北京 100029;2. 低碳热力发电技术与装备全国重点实验室,北京 100029;
3. 国家市场监督管理总局技术创新中心(油气管道与储存设备安全),北京 100029)

摘　要:通过对 X80 钢管裂纹宏观观察、微观分析、断口特征观察分析及硬度测试,结合管体综合理化性能测试结果和脆性断口模拟试验,对裂纹成因进行了系统分析。研究结果表明,失效 X80 钢管的裂纹属于脆性断裂,其形成机制为因管道受外力导致外壁防腐层破损,并在管体表面形成局部损伤凹坑,凹坑底部产生微裂纹,此处产生应力集中,成为起裂源;在低温环境下,X80 钢韧性显著降低,当再次受到快速外加载荷时,裂纹从起裂点沿近材料韧性最薄弱的方向(与轧制方向呈 45°夹角)发生脆性扩展。此外,由于管道材料强度偏高(超出标准上限值),在一定程度下增大了材料的脆性断裂倾向。

关键词:X80 管线钢;脆性断裂;韧脆转变;应力集中

Analysis of Cracking Causes of underground X80 Pipeline Steel

GU Baolan[1,2,3],WANG Hankui[1],YU Haiyang[1],SONG Ming[1]

(1. China Special Equipment Inspection and Research Institute,Beijing 100029,China;
2. State Key Laboratory of Low－carbon Thermal Power GenerationTechnology and Equipments,
Beijing 100029,China;3. Technology Innovation Center of Oil and Gas Pipeline andStorage
Equipment Safety,State Administration for Market Regulation,Beijing 100029,China)

Abstract:A systematic analysis was conducted on the causes of cracks in X80 steel pipes through macroscopic observation,microscopic analysis,observation and analysis of fracture characteristics,and hardness testing,combined with the comprehensive physical and chemical performance test results of the pipe and brittle fracture simulation test. The research results indicate that the cracks in the failed X80 steel pipe is brittle fracture,which is formed by the external load on the pipeline causing damage to the outer wall anti－corrosion layer, and forming local damage pits on the surface of the pipe. Microcracks are generated at the bottom of the pits, where stress concentration occurs and becomes the source of cracking. At low temperatures, the toughness of X80 steel significantly decreases. When subjected to rapid external loading again,cracks propagate brittle from the initiation point along the direction of the weakest material toughness(at a 45 ° angle to the rolling direction). In addition,due to the high strength of the pipeline material(exceeding the upper limit of the standard), the brittle fracture tendency of the material is increased to a certain extent.

Keywords:X80 pipe steel;brittle fracture;ductile－to－brittle transition;stress concentration

0 引 言

石油天然气管线输送是能源输运输的重要方式。随着管道系统工程技术的发展,现代油气管道朝着大口径、高压力和复杂介质输送的方向发展,这对管线钢材料的综合力学性能提出了更为严格的要求,需材料同时具备高强度、高韧性以及优异的抗氢致开裂性能[1]。采用大口径、高压输送是提升管道输送效率的有效途径。实现这一目标既可通过增加钢管壁厚,也可通过提高材料强度,其中提高强度是更为理想的技术方案。这是因为采用高强度管线钢能够在保证承载能力的前提下减小壁厚,从而显著降低材料成本和施工费用[2]。

X80 管线钢在成分上采用低碳、低硫、低磷及微合金成分设计,结合控轧控冷(TMCP)工艺,使其兼具高强度、高韧性、良好焊接性能和突出的止裂韧性等综合特性,因而在油气输送的管道工程中得到广泛应用[3-6]。管道系统的安全可靠性直接关系到能源稳定供应及公共安全,其中管体材料失效和焊接接头失效是管道失效的主要原因之一[7]。管道失效机制受多重因素影响,包括材料性能、载荷条件、输送介质特性及环境因素等[8]。通过系统分析失效原因并制定针对性改进措施,对提升管道运行安全性、优化维护策略以及实现精准防控具有重要工程价值。

1 基本情况

2021 年 11 月,某在役埋地天然气管线在例行巡检中发现泄漏点,经开挖检查,在距上游环焊缝约 3m 处的管体外壁发现防腐层破损。取出防腐层后观察发现,管体近 3 点钟位置存在一条与轴向呈 25°夹角的表面裂纹(见图 1)。该管线于 2014 年建成投产,累计服役时间约 7 年,管道规格为 φ1219 mm×18.4 mm(直径×壁厚),单管长度 11700 mm,设计压力 12 MPa。

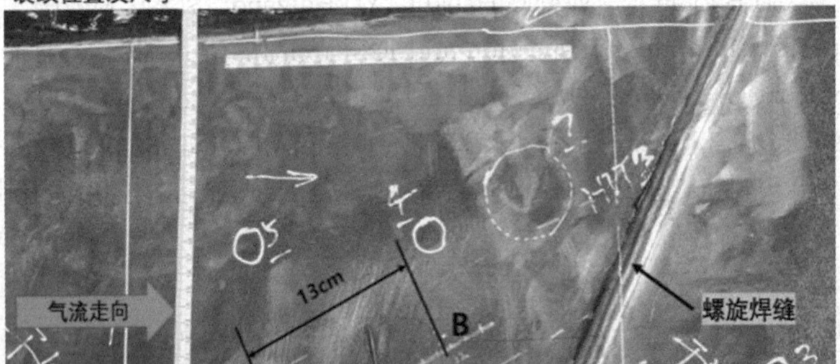

图 1 X80 钢管体外壁裂纹形貌

2 检测分析

2.1 管体材质理化性能

2.1.1 化学成分

采用光电直读光谱仪、碳硫分析仪和氧氮氢测试仪,对管体化学成分进行测试分析,结果显示,管体母材各项化学成分测试结果均满足标准 API Sepc5L—2007 对 X80 钢管的要求，见表 1。

表 1　X80 钢管体化学成分(wt. %)

元素	C	Si	Mn	P	S
实测值	0.08	0.20	1.78	0.012	0.001
标准值	≤0.12	≤0.45	≤1.85	≤0.025	≤0.015
元素	V	Nb	Ti	V+Nb+Ti	Cu
实测值	0.03	0.07	0.016	0.12	0.02
标准值	/	/	/	≤0.15	≤0.50
元素	Mo	Ni	B	Cr	CE_{Pcm}
实测值	0.26	0.07	0.0003	0.25	0.21
标准值	≤0.50	≤1.0	≤0.004	≤0.50	≤0.25

2.1.2　金相组织

对泄露管段的管体正常部位取样进行金相组织分析(见图 2)，结果显示，管体外壁因制管工艺中的表面喷砂处理形成明显的塑性变形层(见图 2(a))，而内壁防腐层保持完整(见图 2(b))。基体组织以粒状贝氏体为主，并含有一定量的多边形铁素体(见图 2(c))。

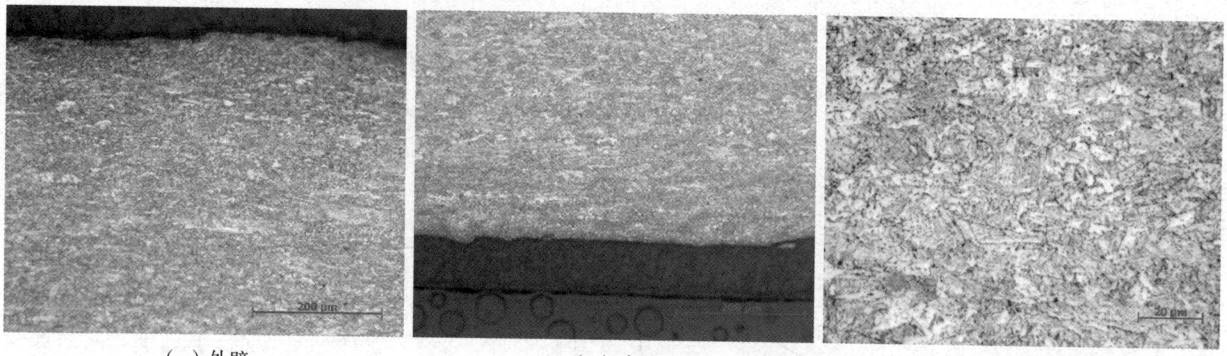

(a) 外壁　(b) 内壁　(c) 基体

图 2　X80 钢管体金相组织图

2.1.3　力学性能

管体力学性能测试按照相关国际标准进行，拉伸试样和冲击试样按照 ASTM 370 要求取样，拉伸试验按照 ASTM E8M Standard Test Methods for Tension Testing of Metallic Materials 进行，冲击试验依据 ISO 148－1:2016 Metallic materials －Charpy pendulum impact test －Part 1:Test method 实施。测试结果见表 2，可见，该钢管强度较高，屈服强度和抗拉强度均显著高于 API Sepc5L—2007 标准中对 X80 级规定的上限值；断后伸长率和屈强比满足标准要求。在－10 ℃试验温度下测得的冲击吸收能量(KV_2)优于标准规定的 0 ℃时的最低要求值。

表 2　X80 钢管体力学性能试验结果

试样编号	屈服强度 $R_{t0.5}$/MPa	抗拉强度 R_m/MPa	伸长率 A/%	屈强比 $R_{t0.5}$/ R_m	冲击吸收能量 KV_2/J	
实测值	765	865	17.0	0.884	最小值	平均值
	760	860	15.5	0.884	267(－10 ℃)	277(－10 ℃)
标准值	555～705	625～825	≥14.5	≤0.93	40(0 ℃)	

因受钢板轧制方向的影响,在不同方向上材料性能差异较大,为研究 X80 钢管各向异性对冲击韧性的影响,根据材料轧制方向分别制备了 0°(纵向)、+45°、90°(横向)和 −45°方向的夏比冲击试样。分别在 −10 ℃和 −50 ℃试验温度下进行测试,结果如表 3 所示。试验数据表明:+45°方向试样在 −50℃下的冲击吸收能量最低,表现出最差的低温韧性;−45°方向次之。值得注意的是,实际裂纹扩展方向与 +45°方向试样的缺口取向接近,这一现象证实裂纹优先沿材料冲击韧性最薄弱的方向(+45°方向)萌生和扩展。

表 3　X80 钢管体不同方向冲击性能对比结果

取样角度/(°)	试验温度/℃	冲击吸收能量/J		剪切断面率/%	
		单点值	平均值	单点值	平均值
0	−10	314\290\284	296	100\100\100	100
	−50	319\305\298	307	100\100\100	100
+45	−10	284\285\286	285	100\100\100	100
	−50	29\26\60	38	25\21\29	25
90	−10	88\249\273	203	75\100\100	92
	−50	233\260\217	237	89\100\85	91
−45	−10	271\254\284	270	100\96\100	99
	−50	49\284\144	159	33\100\69	67

2.1.4　韧脆转变温度测定

为测定管体在低温下的韧脆转变温度,进行了系列冲击试验。采用 Logistic 函数分别对冲击吸收能量和剪切断面率试验数据进行拟合分析,结果表明:基于冲击吸收能量拟合得到的韧脆转变温度为 −48.6 ℃;而根据剪切断面率拟合结果,50%剪切断面率对应的转变温度为 −51.3 ℃,85%剪切断面率对应的转变温度为 −29.9 ℃,具体如图 3 所示。

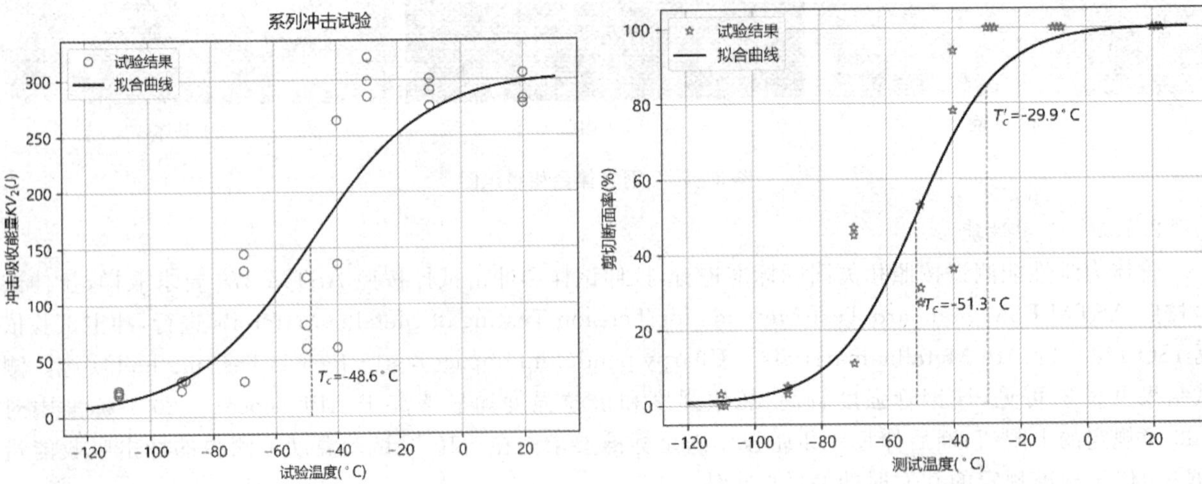

(a) 冲击吸收能量　　(b) 剪切断面率

图 3　X80 钢管体材料韧脆转变温度拟合曲线

2.2　裂纹分析

2.2.1　宏观分析

宏观观察结果显示,外壁裂纹呈平直状延伸,无明显分叉特征,总长度约 13 cm。裂纹周边未观察到显著塑性变形,但在其附近发现两处明显机械损伤缺陷(分别标记为缺陷 a 和缺陷 b)。其中,缺陷 a 呈长条状平直形貌,与裂纹方向垂直,缺陷 b 则表现为短而宽的形态,二者间距约 2 cm。值得注意的是,裂纹路径贯穿缺陷 b，具体形貌如图 4(a)所示。内壁观察结果，裂纹长度约 7 cm，形态同样保持平直，且明显短于外壁裂纹。内壁防腐层保持完整，未发现明显腐蚀迹象，(见图 4(b))。综合外壁与内壁的裂纹长度差异及损伤形貌特征，可判定裂纹起源于外壁，随后向内壁扩展并最终贯穿管壁。

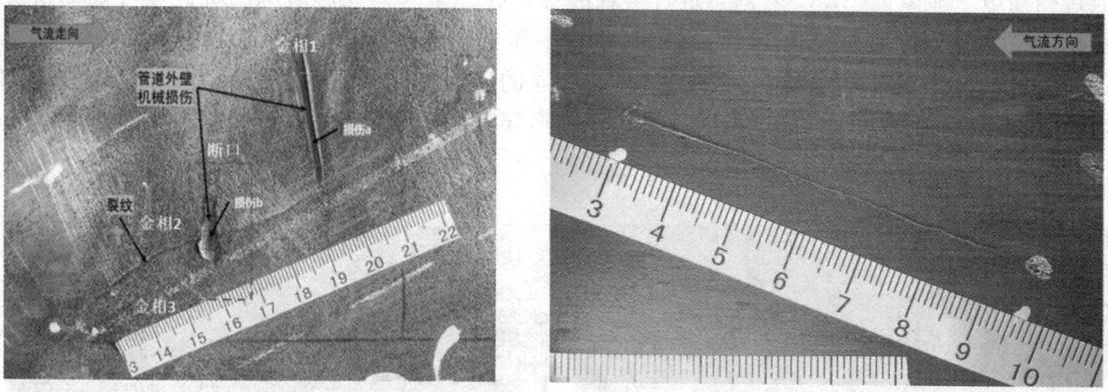

(a) 裂纹外壁　　(b) 裂纹内壁

图 4　管体裂纹外壁和内壁宏观形貌

2.2.2　裂纹断口形貌分析

在裂纹含缺陷 b 的典型位置截取断口分析试样(见图 5(a)标识区域)，通过机械方法打开裂纹后观察发现：断口表面平整，但氧化严重，根据放射状扩展纹路可判定裂纹起源于外壁，为单点起裂(见图 5(a))；侧面观察清晰显示起裂源位于外壁机械损伤形成的凹坑处，裂纹由此处同时向内壁方向和两侧轴向扩展(如图 5(b))。经清洗后的断口形貌分析显示，放射状扩展区占比超过 90%，未见明显纤维区，在靠近内壁及远离起裂源的外壁最终断裂区观察到剪切唇，其面积占比不足 10%(见图 5(c))。综合断口宏观形貌特征分析，该裂纹属于脆性断裂模式。

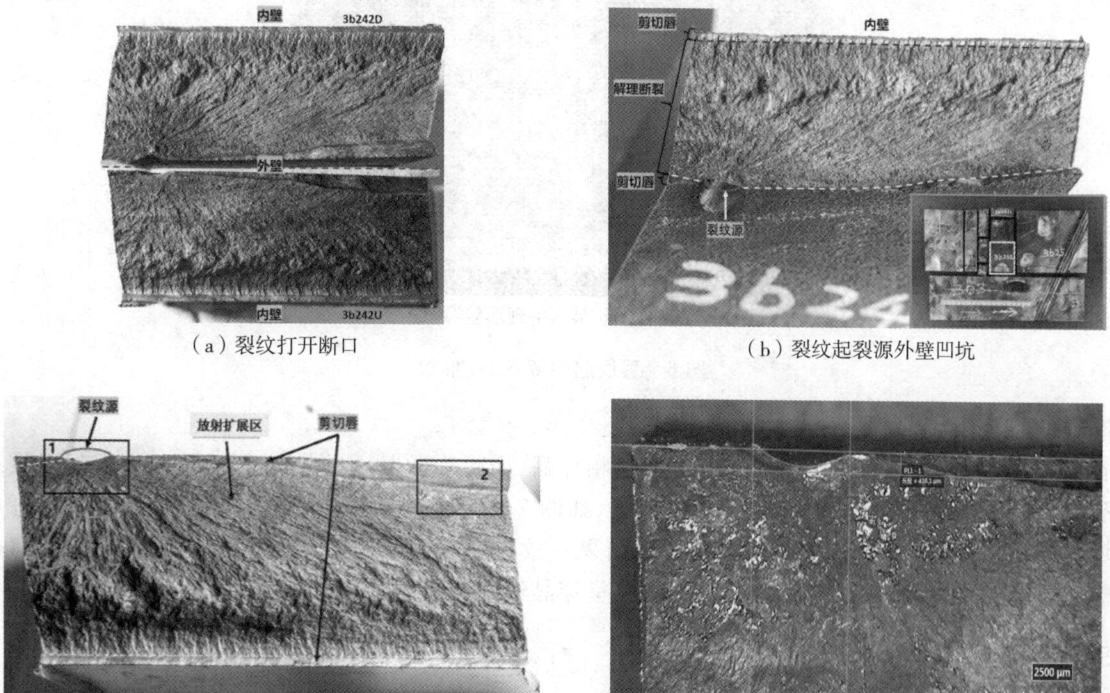

(a) 裂纹打开断口　　(b) 裂纹起裂源外壁凹坑

(c) 断口表面　　(d) 起裂源外壁凹坑

图 5　裂纹打开断口宏观形貌

采用三维体式显微镜对外壁起裂源处的机械损伤凹坑进行形貌表征和尺寸测量(如图 5(d))。测量结果显示,该凹坑呈规则圆弧形形貌,底部过渡圆滑,几何尺寸为:深度约 0.4 mm,开口宽度约 2.6 mm。结合凹坑的规则几何特征和光滑底部形貌,可推断其形成原因为钝性物体撞击所致。

通过扫描电子显微镜(SEM)对断口进行微观形貌分析(见图 6),在起裂源凹坑区域可观察到明显的金属挤压的塑性变形特征(见图 6(a));高倍观察进一步揭示该变形区内存在微米级二次裂纹(见图 6(b))。裂纹扩展区呈现典型的解理断裂形貌,具有明显的河流花样特征(见图 6(c))。综合分析表明,当材料表面遭受突发性撞击时,局部区域因过量塑性变形导致微裂纹萌生,继而引发脆性解理裂纹的快速扩展。

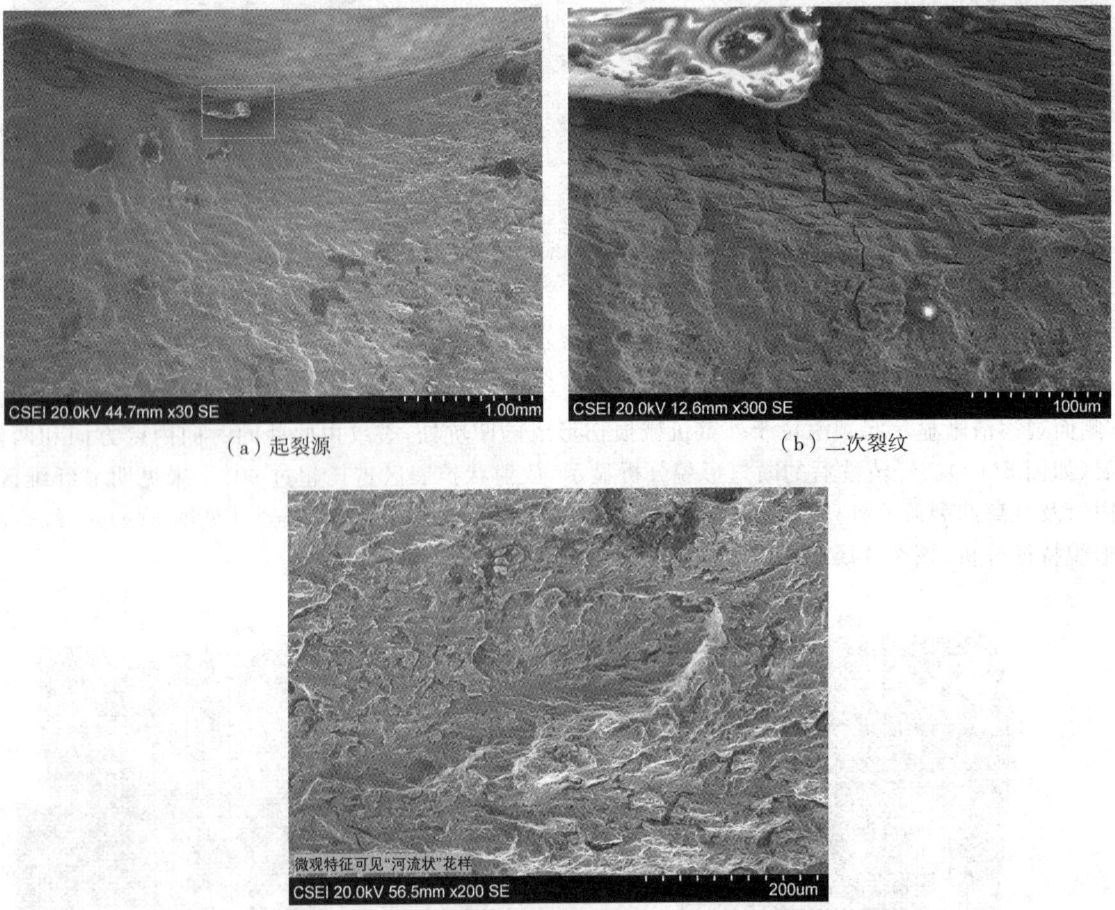

(a) 起裂源　　(b) 二次裂纹

(c) 扩展区解理形貌

图 6　裂纹起裂源 SEM 形貌

2.2.3　裂纹特征分析

在裂纹扩展区,沿垂直裂纹方向切取截面金相样品(如图 4 标识),观察结果显示,距离起裂点较近的截面裂纹穿透壁厚,在外壁和内壁均可见剪切区,如图 7(a);远离起裂点截面上裂纹在外壁区域可见较大区域的剪切区(如图 7(b)),与宏观断口观察结果一致;在剪切区可见裂纹两侧金属变形(如图 7(c)),而在裂纹扩展尖端并未发现明显塑性变形,裂纹呈穿晶形式扩展(如图 7(d))。

3　脆性断口模拟试验

通过以上对裂纹分析得出,裂纹为脆性断裂。考虑施工及运行过程中存在的低温因素、失效材料本体强度较高等因素对 X80 钢韧性的影响,进行了不同试验条件下的落锤试验,分析各种因素对其韧性的影响。

（a）近起裂位置　（b）远离起裂位置　（c）外壁　（d）裂纹尖端

图 7　裂纹截面金相组织

基于上述裂纹分析结果，可确定该失效模式为脆性断裂。为分析 X80 钢管材脆性开裂的成因机制，综合考虑实际施工运行中的低温环境以及材料高强度特性对韧性的影响，进行了不同试验条件下的落锤撕裂试验，分析各关键因素对材料韧脆转变行为的影响规律。

3.1　温度因素

管线钢在低温环境下，随温度的降低，材料的韧性显著降低[9]。为分析失效管段在低温条件下的脆性断裂行为，试验参照 GB/T 6803—2008《铁素体钢的无塑性转变温度试验方法》标准，制备了 P4 型标准试样，在试样的表面堆焊单道直焊缝，并在堆焊焊缝上机械加工预制缺口，使裂纹能够沿缺口位置扩展。落锤试验机能量为 440 J，试验温度设置为 0 ℃，－10 ℃，－20 ℃，－40 ℃和－50 ℃。为准确表征落锤试验后裂纹的扩展行为，将试验后的样品置于高温炉中进行氧化变色处理，通过表面氧化层颜色差异凸显裂纹形貌，之后将试样进行深冷处理，使其韧性降低，以便通过机械方式将裂纹打开，且确保断口表面完整性。

落锤试验断口的宏观形貌分析结果，如图 8 所示。断口表面呈明显的区域特征差异，着色区域为落锤试验形成脆性扩展区（呈现氧化色），灰白色区域为后续机械打开形成的新鲜断口。随试验温度由 0 ℃降至－50 ℃，可观察到，脆性扩展区面积显著增大。当试验温度为 0 ℃时，裂纹扩展仅在表面堆焊区及热影响区附近区域；－10 ℃时，裂纹已扩展至母材；－20 ℃时，母材上裂纹扩展的脆性区进一步增加；－40 ℃时，裂纹扩展区域已占据大部分断口；－50 ℃时，裂纹在长度方向的一侧已扩展至整个试样边缘，在厚度方向上扩展也接近试样边缘。可以看出，低温是引起 X80 钢脆性断裂的一个重要因素。

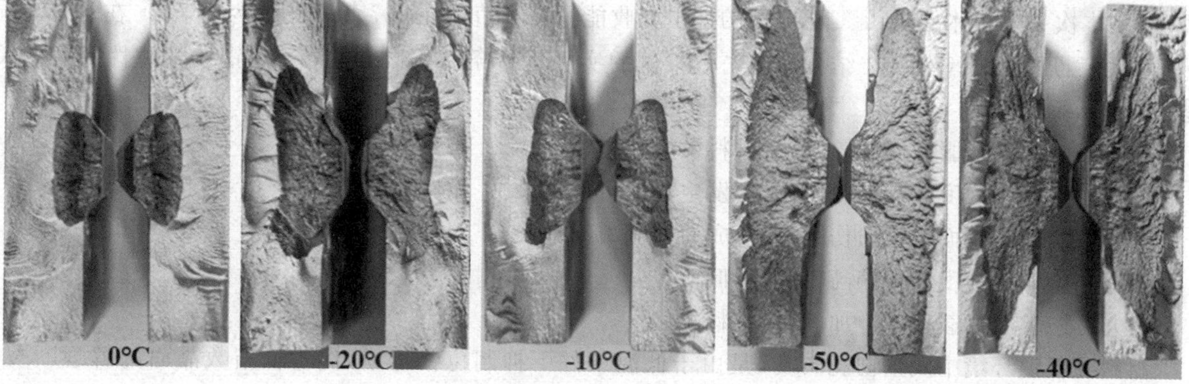

图 8　低温落锤试验样品断口形貌

3.2　强度因素

根据拉伸试验结果，可知失效 X80 管体强度较高，已超出标准要求上限（见表 2）。强度的增加会在一定程度上降低材料的韧性[10]，为验证 X80 钢强度对韧脆性的影响，选取失效的 X80 管，和另外两个不同强度的 X80 管(见表 4)，在－20 ℃下进行的落锤试验，对断口进行观察分析，如图 9 所示。从断口形貌对比结果来看，强度最高的 1＃失效样品，其脆性断面率也最大，2＃对比样品次之，3＃样品最小。强度越高，在低温下的韧性越差，越容易发生脆性断裂。

表 4 落锤试验不同对比样品

试样编号	试样尺寸/mm	屈服强度 Rel/MPa	抗拉强度 R_m/MPa
1＃(失效样)	ϕ1219×18.4 螺旋焊管	760	860
2＃(对比样)	ϕ1016×15.3 螺旋焊管	623	681
3＃(对比样)	ϕ1016×15.3 直缝管	560	640

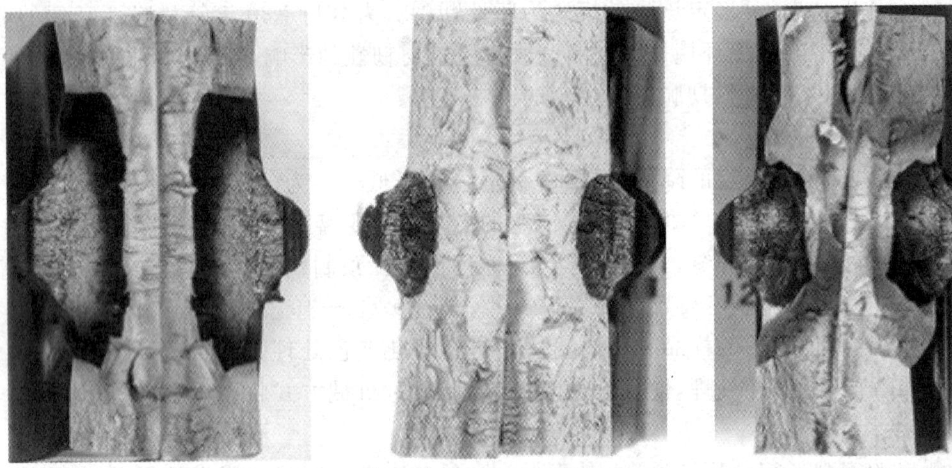

(a) 1#失效样　(b) 3#对比样　(c) 3#对比样

图 9 不同强度 X80 钢－20℃落锤试验断口形貌

4 结果讨论

综合分析结果表明，X80 管线钢裂纹失效呈现典型脆性断裂特征，裂纹起裂于外壁机械损伤形成的应力集中凹坑处，表现为单点起裂模式。一般 X80 钢具有良好的韧性，在常温下冲击吸收能量均在 200 J 以上[11]，本次失效管体的－10 ℃下测试的冲击吸收能量最小值也在 267 J，平均值为 277 J。在常规工况下发生脆性断裂的概率较低。结合本次失效案例的实际运行条件，判断导致 X80 钢发生脆性断裂的关键诱因包括：

(1)低温环境：当服役温度较低时，材料发生韧脆转变；

(2)拘束度：拘束度较大时，材料无法发生塑性变形，而发生脆性断裂；

(3)表面损伤：表面机械损伤缺陷，形成局部应力集中；

(3)材料状态：强度异常偏高，韧性降低；

(4)加载速率：加载速率增加，引起材料脆化；

材料在低温环境中发生韧脆转变，是由于低温条件下抑制位错运动，促进低指数晶面的解理断裂。本次分析的失效 X80 管线，由工程记录数据显示，在最后的施工阶段，当地最低温度在－20 ℃左右。而落锤试验数据证明，在－20 ℃时，X80 管线钢可观察到明显的脆性断口，有脆性断裂倾向。

拘束度对材料断裂行为的影响主要体现在应力状态、裂纹扩展阻力和断裂机制的变化上。大壁厚、带缺口表面和裂纹尖端等影响材料拘束度的因素，都会抑制材料的横向收缩(即塑性变形)，导致应力状态更接近平面应变，使应力三轴度显著提高，而材料的延性随应力三轴度的增加而降低[12]，增加脆性断裂倾向。根据本次裂纹断口分析结果，在裂纹扩展的最终阶段，近管外壁和内壁区域均观察到剪切区，而管壁厚中间部位呈现脆性解理断口特征。这种断裂形貌差异主要源于拘束度沿壁厚方向的梯度分布：厚度中间区域因较高的拘束度促进了脆性断裂，而近壁面区域较低的拘束度则有利于剪切断裂的形成。这一现象与 X80 钢在 −20 ℃下的韧性测试结果相印证：夏比冲击试样（尺寸较小，拘束度较低）表现为 100％剪切断口，而拘束度更高的落锤试验试样则出现显著脆性区，进一步证实了拘束度对材料断裂机制的关键影响。

在裂纹位置的管体外壁观察到明显的机械损伤凹坑，且凹坑底部存在微裂纹，该缺陷导致局部应力集中，成为裂纹的起裂源。在外载荷作用下，裂纹从该位置开始扩展。此外，快速加载也是促使裂纹呈脆性扩展的关键因素，研究表明，加载速率的提高会使 X70 钢的断口形貌由韧窝向解理转变[13]。

材料韧性不足是导致脆性断裂的重要因素之一。失效 X80 钢材料的屈服强度超过标准上限，较高的屈服强度使塑性变形能力降低，从而增加了脆性断裂倾向。落锤试验结果证实，高强度材料在失效时比低强度材料更易发生脆性断裂。此外，钢板轧制过程导致的材料性能各向异性也对断裂行为产生显著影响。在不同取向的取样测试中，＋45°方向表现出最低的低温冲击韧性，而该方向的裂纹扩展路径与实际管道裂纹方向高度吻合。这表明管道裂纹是沿着材料韧性最差的取向扩展的，进一步验证了材料性能各向异性对裂纹扩展行为的决定性作用。

5　结论与建议

综合以上分析，X80 管道外壁裂纹为脆性开裂，断裂方式为解理断裂。引起脆性断裂的原因包括：低温条件、管体外壁机械损伤缺陷引起应力集中，以及材料强度过高而使一定方向上材料韧性不足三个因素共同作用的结果。

综合以上分析，X80 管道外壁裂纹呈现典型的脆性解理断裂特征。其脆性开裂是由以下因素共同作用所致：

(1)低温环境降低了材料的韧性；

(2)管线高拘束度增加了管体脆性开裂倾向；

(3)管体外壁机械损伤缺陷形成局部应力集中，成为裂纹萌生源；

(4)材料屈服强度偏高且存在显著的各向异性，导致特定取向(＋45°方向)的韧性储备不足。当管体受到快速加载的外界载荷时，裂纹沿材料最薄弱方向发生脆性扩展。

根据上述分析结果，针对 X80 管道脆性开裂问题提出以下改进建议：

(1)加强管道施工质量控制

在管道建设过程中应严格规范作业流程，重点防止机械损伤导致防腐层的破坏或管体外壁受损等。

(2)优化钢板生产工艺控制

对于螺旋焊管用钢板的生产，应通过控制轧制工艺参数，确保材料强度控制在标准范围内，避免因强度超标导致韧性劣化。特别需要关注＋45°方向的韧性指标，以改善材料各向异性。

参考文献

[1] 刘阳，刘峻峰，张斌，等．我国长输天然气用管线钢的发展现状与趋势[J]．材料热处理学报，2024，45(3)：98−112.

[2] ZHANG J，LUO T，WANG X. Formation mechanism of nanoscale transformation twinning in ultra low carbon high strength pipeline steels[J]. Journal of Materials Science，2019，54(2)：1−11.

[3] 李秋扬，赵明华，张斌，等．2020 年全球油气管道建设现状及发展趋势[J]．油气储运，2021，40(12)：1330−1337.

[4] 冯耀荣，霍春勇，吉玲康，等．我国高钢级管线钢和钢管应用基础研究进展及展望[J]．石油科学

通报,2016,1(1):143－153.

[5] 韩涛,温晓峰,刘宇,等. X80管线钢自动焊焊缝冲击能量分配研究[J]. 压力容器,2024,41(6):30－35.

[6] 任伟,帅健,张银辉,等. X80管道环焊缝可靠性及其影响因素分析[J]. 压力容器,2024,41(7):32－39.

[7] 杨玉锋,李杨,张强等. 油气管道失效数据分析及失效原因研究[J]. 天然气与石油,2022,40(3):28－34.

[8] 付磊,蹇科,林莉,等. 核黄素加速X80管线钢SRB腐蚀和低周疲劳失效研究[J]. 钢铁研究学报,2024,36(6):752－765.

[9] 肖晓华,卢东华,王丰,等. X80钢低温焊接接头组织与性能研究[J]. 热加工工艺,2014,43(13):169－172.

[10] 肖彦忠,孔德南,王军. 冷却工艺对高强度管线钢组织和性能的影响[J] 特钢技术,2020,26(103):6－9.

[11] 李龙庆,李大东,王艳. X80管线钢螺旋埋弧焊管性能分析[J]. 电焊机,2013,43(8):64－66.

[12] 李乃贤. 考虑应力三轴度影响的X80管线钢延性断裂研究[J]. 塑性工程学报,2023,30(2):206－213.

[13] 许雁,刘永宁. 温度与加载速率对X70级管线钢韧脆转变现象的影响[J]. 理化检验一物理分侧,2010,46(1):1－3.

作者简介

顾宝兰(1982),女,高级工程师,主要从事服役过程中材料组织演化及其性能影响研究,失效分析等,通信地址:100029对北京市朝阳区和平街西苑2号,E－mail:gubaolan@163.com。

含硫天然气净化厂压力容器封头开裂原因分析

王　浩[1]，陈小飞[1]，杨　文[1]，骆登茂[1]，杜旭然[3]，郭　静[2*]

（1. 中国石油天然气股份有限公司长庆油田分公司第一采气厂，西安 750001；

2. 中国特种设备检测研究院，北京 100029；

3. 中国电子科技集团公司第十一研究所，北京 100016）

摘　要：针对某天然气净化厂酸气后冷器封头内壁出现的氢鼓包（HB）及材料内部裂纹失效问题，本研究揭示了碳钢在含硫介质中氢扩散行为与微结构缺陷的交互作用机制。通过宏观检验、化学成分分析、显微硬度测试、金相检验、微观分析、能谱分析、EBSD 晶体学表征及电化学充氢实验，结合腐蚀产物 XRD 分析和冲击试验，对失效机理进行了系统研究。结果表明：20g 钢封头材料中存在元素 Mn 超标现象，1/2 板厚处因 Mn/S 偏析形成硬质相及 MnS 夹杂；湿 H_2S 环境中因腐蚀产生的原子氢在偏析带聚集，局部氢压过高引发沿 MnS 带状组织分布的阶梯状裂纹，符合氢致开裂（HIC）的特征，裂纹形成的主要原因是由于元素偏析导致的微结构缺陷与氢协同作用。

关键词：酸气后冷器；氢致开裂；夹杂物；氢扩散

Analysis of the causes of cracking of carbon steel under the interaction of hydrogen diffusion and defects

WANG Hao[1]，CHEN Xiaofei[1]，YANG Wen[1]，LUO Dengmao[1]，DU Xuran[3]，GUO Jing[2]

（1. The First Gas Production Plant of PetroChina Changqing Oilfield Branch，Xi'an 750001，China；2. China Special Equipment Inspection & Research Institute，Beijing 100029，China；3. The 11th Research Institute of China Electronics Technology Group Corporation，Beijing 100016，China）

Abstract：Aiming at the problem of hydrogen bulging（HB）and internal material crack failure in the inner wall of the header of a sour gas aftercooler in a natural gas purification plant，this study reveals the interaction mechanism between hydrogen diffusion behavior and microstructural defects in carbon steel in sulfur － containing medium. The failure mechanism is systematically investigated through macroscopic examination，chemical composition analysis，microhardness test，metallographic examination，microanalysis，energy spectrum analysis，EBSD crystallographic characterization and electrochemical hydrogen charging experiments，combined with XRD analysis of corrosion products and impact test. The results show that：the head material 20 g steel exists Mn element exceeds the standard，1/2 plate thickness due to Mn/S segregation to form hard phase and MnS inclusions；wet H_2S environment due to corrosion of atomic hydrogen in the segregation zone aggregation，the local hydrogen pressure up to the high triggered along the MnS banding organization of the ladder crack，in line with the characteristics of the hydrogen － induced cracking（HIC），which is mainly due to the elemental segregation of the heterogeneity of the microstructure synergized with the hydrogen trap effect.

Keywords：acid gas post － cooler；HIC；inclusions；hydrogen diffusion mechanisms

0 引 言

2016 年 NACE 开展全球腐蚀调查,结果显示,全球腐蚀造成的损失估计为 2.5 万亿美元,其中油气行业占比较高[1],随着开采年限增加,天然气中 H2S 浓度越来越高,传统碳钢的服役寿命将低于设计值[2]。在含硫天然气开采与集输系统中,酸气后冷器作为关键承压设备之一,长期暴露于高浓度 H_2S/CO_2 酸性环境(H_2S 分压高于 5%以上),面临严峻的氢致失效风险[4]。H_2S 在潮湿环境下通过电化学反应释放氢原子,氢原子扩散进入金属材料内部后,在局部应力集中区域与微结构缺陷交互作用,氢在材料内部的扩散行为并非均匀线性过程,而是受微观缺陷的"氢陷阱"效应主导[5],形成局部氢富集区,导致材料塑性骤降与裂纹萌生,引发氢脆(hydrogen embrittlement,HE)或氢致开裂(hydrogen－induced cracking,HIC)。

近年来,学者针对氢脆机理提出了多种理论模型[6],包括表面吸附能理论、位错交互理论、氢化物氢脆、高压氢气理论[8]、阴极吸氢理论等,但这些理论模型对氢扩散与微结构缺陷的交互机制解释仍存在争议。氢原子在微结构缺陷处的动态行为(吸附、扩散、聚集)与局部力学响应的耦合机制尚未明确。

本文从某净化厂浮头式酸气后冷器封头开裂这一失效案例出发,研究碳钢在氢扩散与微结构缺陷交互作用下的开裂原因及机理。该酸气后冷器在运行了近 20 年的服役周期后,进行安全评估时发现其封头焊缝附近及其直管段出现内部开裂损伤,为了分析开裂的原因,对开裂位置进行宏、微观分析。

1 设备简介

酸气后冷器的工作原理为,通过两个阶段的冷却工艺,将初始温度为 99.5 ℃,压力为 0.055 MPa 的酸性气体进行梯度降温:首先经空冷器预冷至 55 ℃,随后在壳程内维持 0.065 MPa 恒定压力实施二次冷却,最终输出温度稳定于 40 ℃的气相产物至分离单元。作为天然气净化工艺系统的核心设备,承担着酸性气体热交换的关键作用。它通过将高温的酸性气体冷却至较低温度,有助于酸性气体的进一步处理或回收,同时减少对后续设备和工艺过程的不利影响。设备壳程长期处于含湿硫化氢、二氧化碳的腐蚀性介质环境中,根据 2017～2021 年腐蚀监测数据,壳程不同部位呈现明显差异的壁厚减薄:筒体区域年平均壁厚减薄量达 0.097 mm,壁厚减薄速率达到封头部位(0.053 mm/a)的 1.83 倍,为管箱筒体(0.035 mm/a)的 2.77 倍。

2 理化检验与结果

2.1 宏观观察

在净化厂现场将损伤失效封头进行切割,送到实验室进行宏观观察。由封头宏观形貌可知,封头外壁涂覆有防锈漆,未见明显腐蚀损伤痕迹,如图 1(a)(b)所示。内壁可见大量疏松铁锈状腐蚀产物,采用软毛刷去除腐蚀产物后可见内壁有明显腐蚀形貌,局部可见蜂窝状氢鼓包,如图 1(c)所示。截面分析表明,封头和筒体焊缝附近的材料在壁厚 1/2 处,有沿周向分布的裂纹,裂纹走向与轧制方向大体一致如图 2 所示。

断口切割后的轴侧宏观形貌如图 3(a)所示,断口开裂区打开后的宏观形貌如图 3(b)所示。图 3(a)中,可见裂纹沿环向的实际长度约占周长的 2/3。切割后对裂纹尖端附近的截面观察,发现裂纹从外壁起裂于过渡圆弧处,沿径向向内壁扩展,裂纹沿厚度方向总体平直,无分叉。双侧断口表面同样表现宏观平直特征,断口面基本垂直于轴向,除内壁部分区域有锈蚀特征外,大部分区域被产物覆盖。

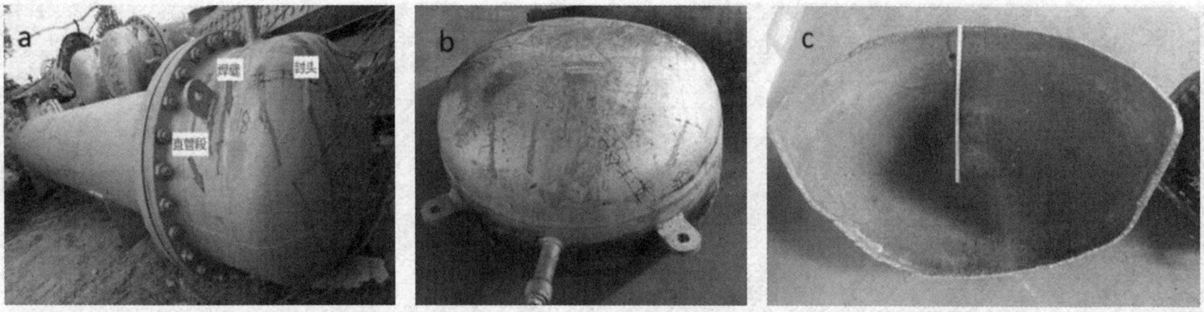

(a)　　　　(b)　　　　(c)

图 1　失效封头宏观形貌

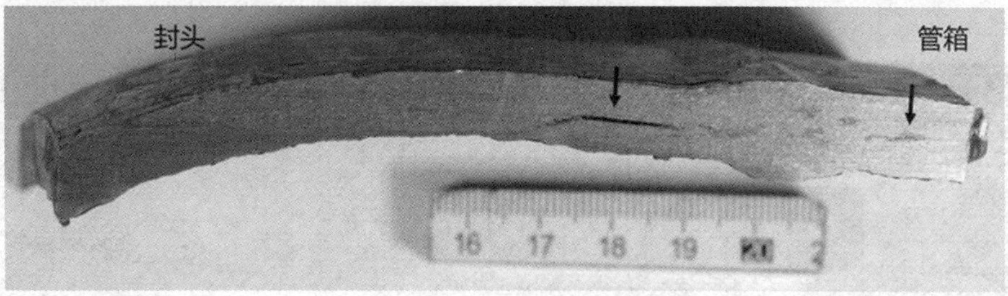

图 2　失效封头截面宏观形貌

1.2　化学成分

采用光电直读光谱仪对材料的化学成分进行分析，结果见表 1 所示。根据化学成分结果可知，该碳钢材质中 Si 和 Mn 元素含量超出标准要求的范围。

表 1　封头的化学成分(wt%)

元素	C	Si	Mn	P	S
封头	0.162	0.391	1.458	0.021 7	0.022 2
GB 713－1997	≤0.20	0.15～0.30	0.40～0.90	≤0.035	≤0.035

1.3　金相组织

在开裂损伤的位置切去试样进行金相观察，结果如图 3 至图 5 所示。由金相组织特征可知，材料显微组织呈现典型轧态铁素体一珠光体带状组织，存在明显的 Mn、S 元素显微偏析特征。裂纹主要分布在 1/2 壁厚处呈现典型的阶梯状扩展形貌，其走向与轧制带状组织一致，靠近内壁位置也有相似特征的裂纹，与内壁贯通。

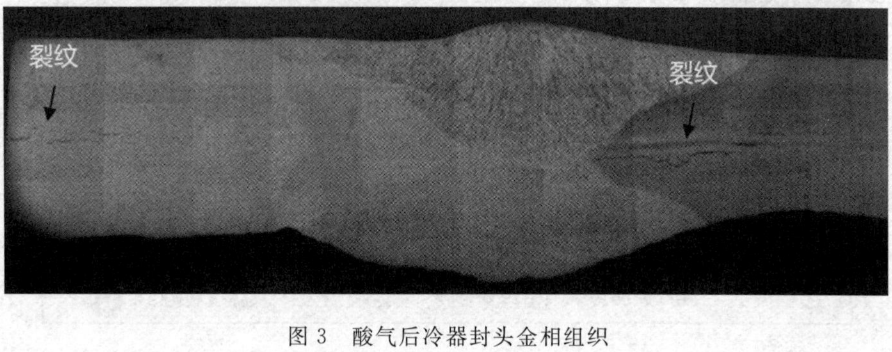

图 3　酸气后冷器封头金相组织

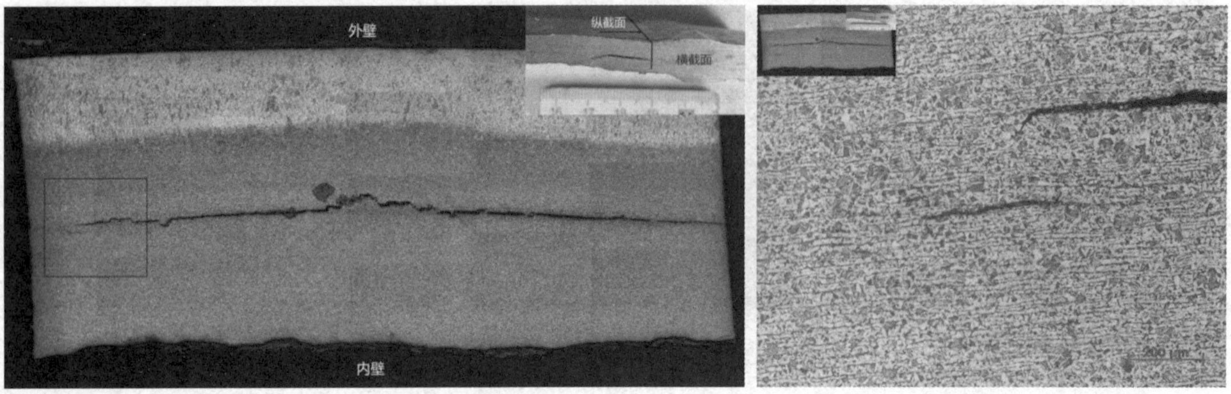

图 4　酸气后冷器封头金相组织(纵截面)

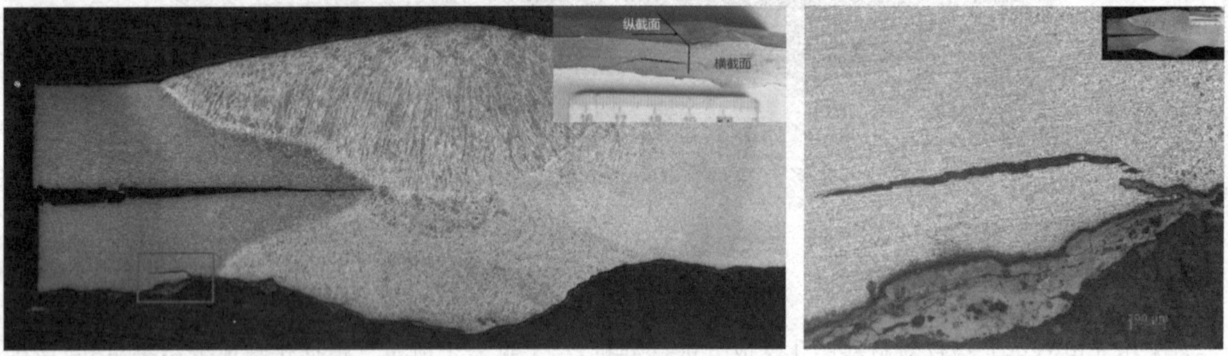

图 5　酸气后冷器封头金相组织(横截面)

1.4　微观特征

采用扫描电镜与 EDS 能谱观察断口形貌以及金相上微观形貌及成分,结果如图 6 至图 11。SEM 分析表明,断口上有大量硫化锰(MnS),截面金相微观特征与成分显示,裂纹优先形成于硫化锰夹杂处。

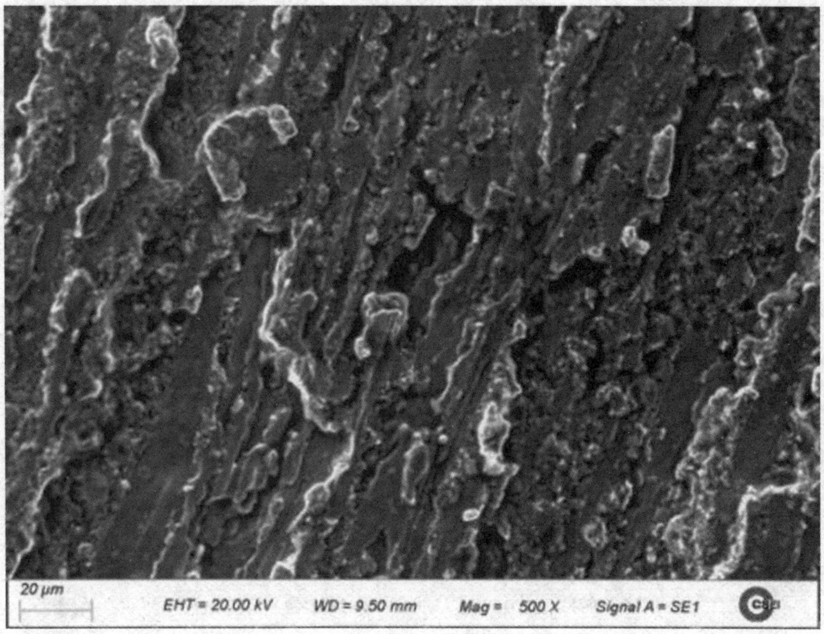

图 6　断口表面微观特征

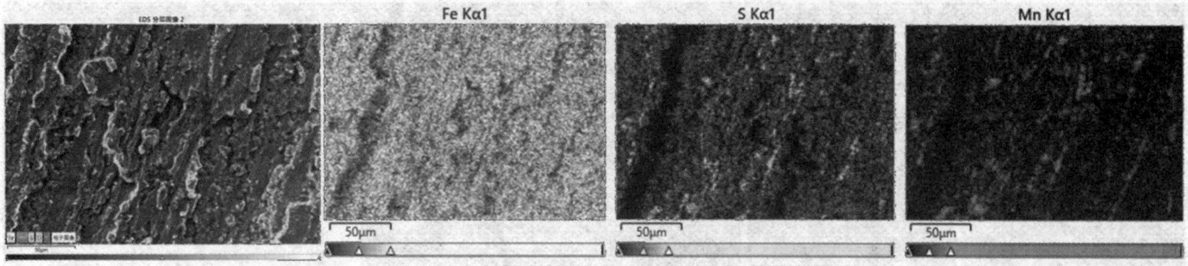

图 7　断口表面成分特征

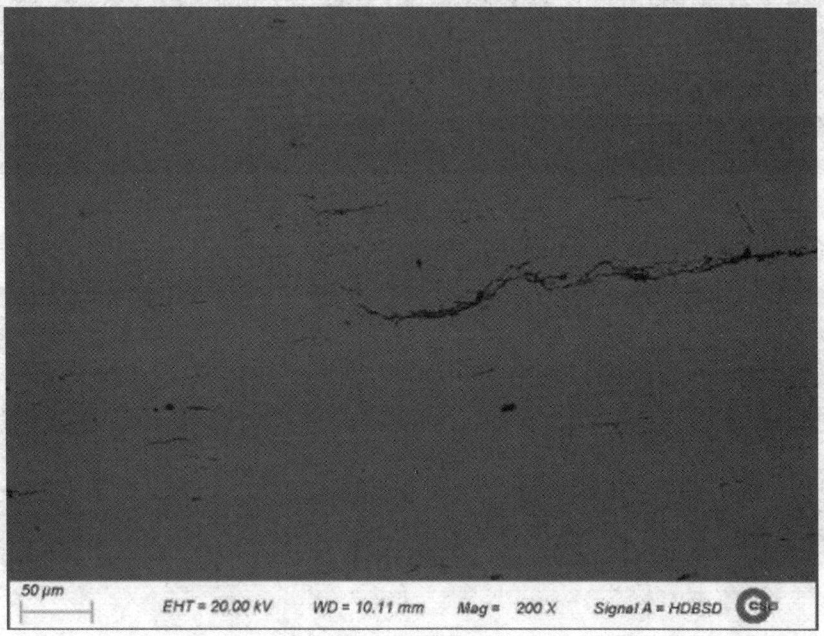

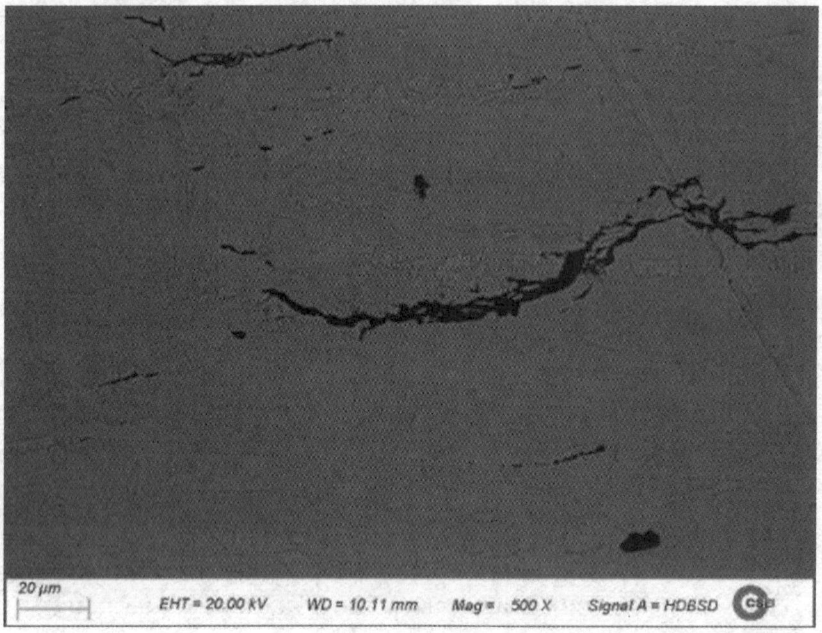

图 8　裂纹尖端微观形貌特征

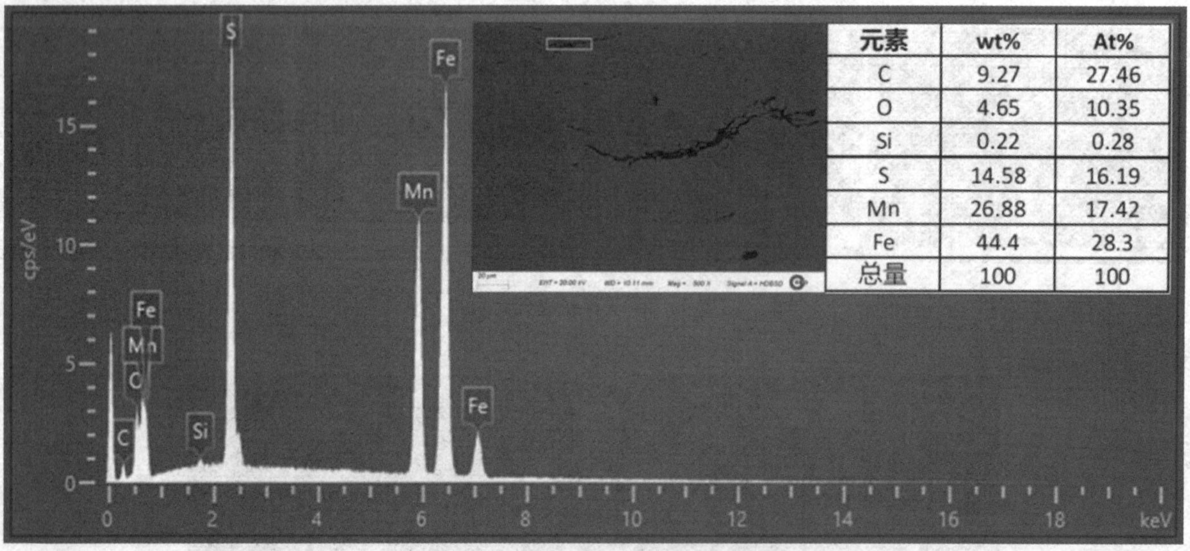

元素	wt%	At%
C	9.27	27.46
O	4.65	10.35
Si	0.22	0.28
S	14.58	16.19
Mn	26.88	17.42
Fe	44.4	28.3
总量	100	100

图 9　裂纹尖端微观成分特征

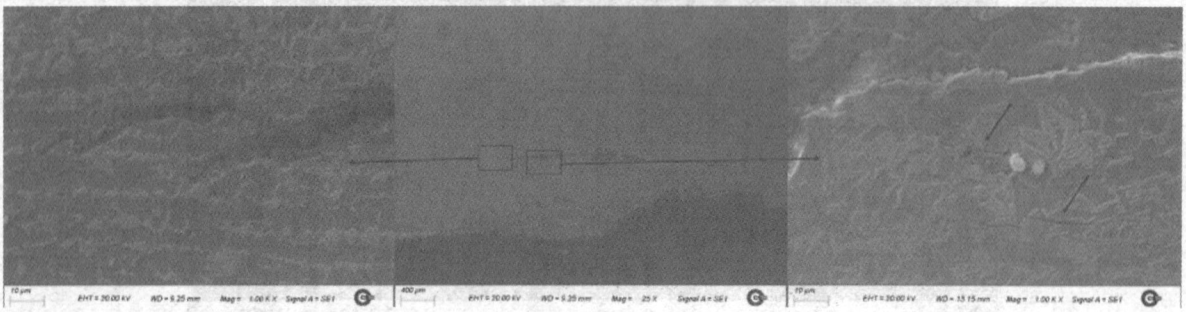

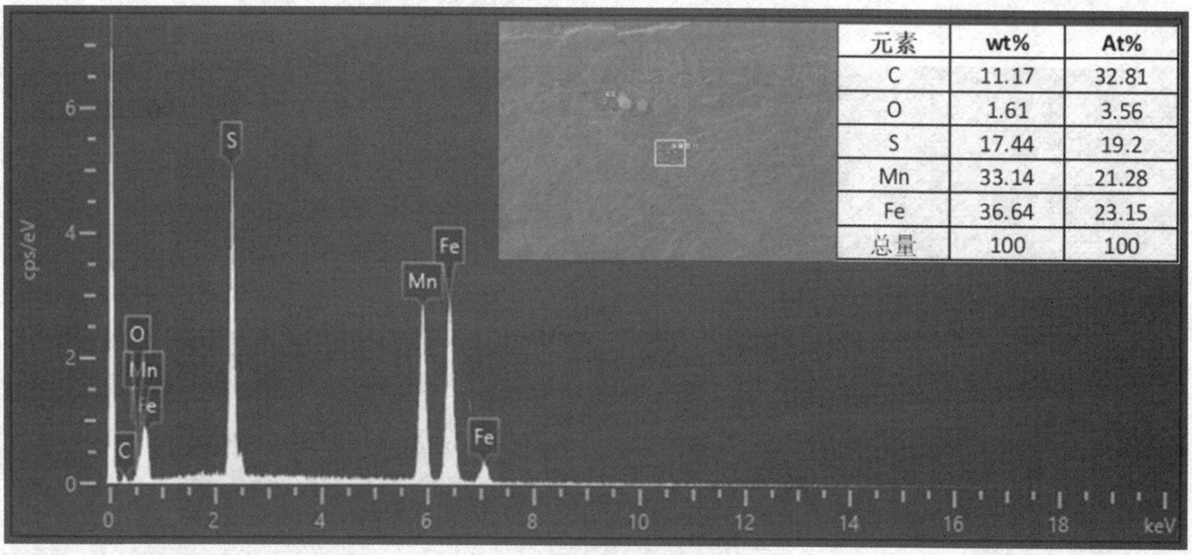

图 1　封头内壁裂纹成分特征

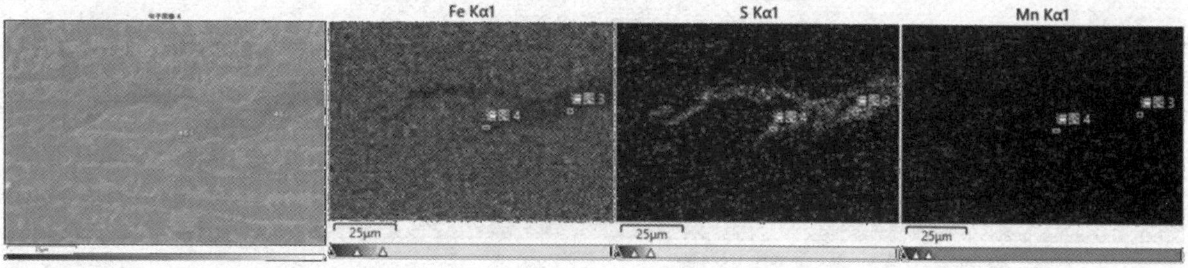

图 11　靠近内壁处裂纹尖端成分特征

1.5　EBSD 分析

采用 EBSD 方法对材料内微观裂纹处进行分析，结果显示：该封头为的晶体结构为体心立方结构(BCC)，在 1/2 壁厚处的组织具有更高的位错密度，且此区域内夹杂物浓度偏高。在壁厚 1/2 处观察到显著的织构强度梯度分布，此处晶体择优取向显著增强。从极图和反极图可知，该体心立方结构材料在 $X1$，$Y1$，$Z1$ 方向均表现出{001}面立方织构。

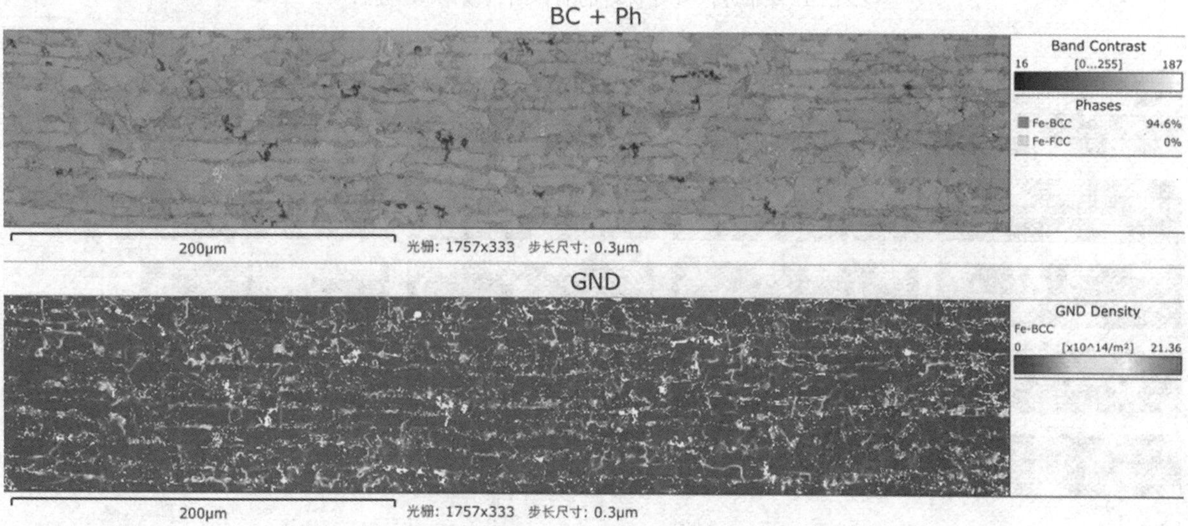

图 12　靠近外壁处材料的晶体结构及 GND 分布

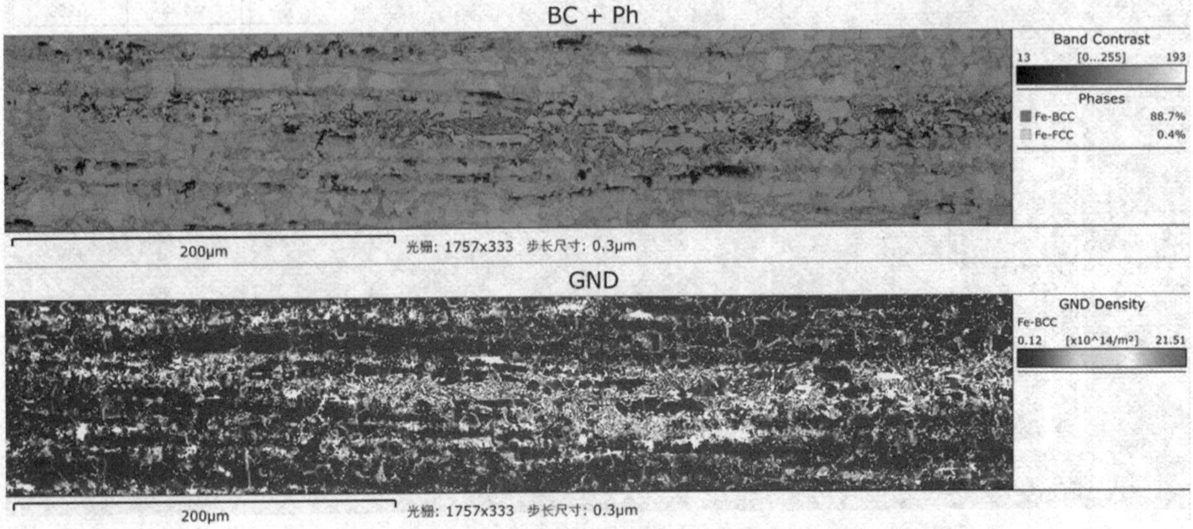

图 13　壁厚 1/2 处材料的晶体结构及 GND 分布

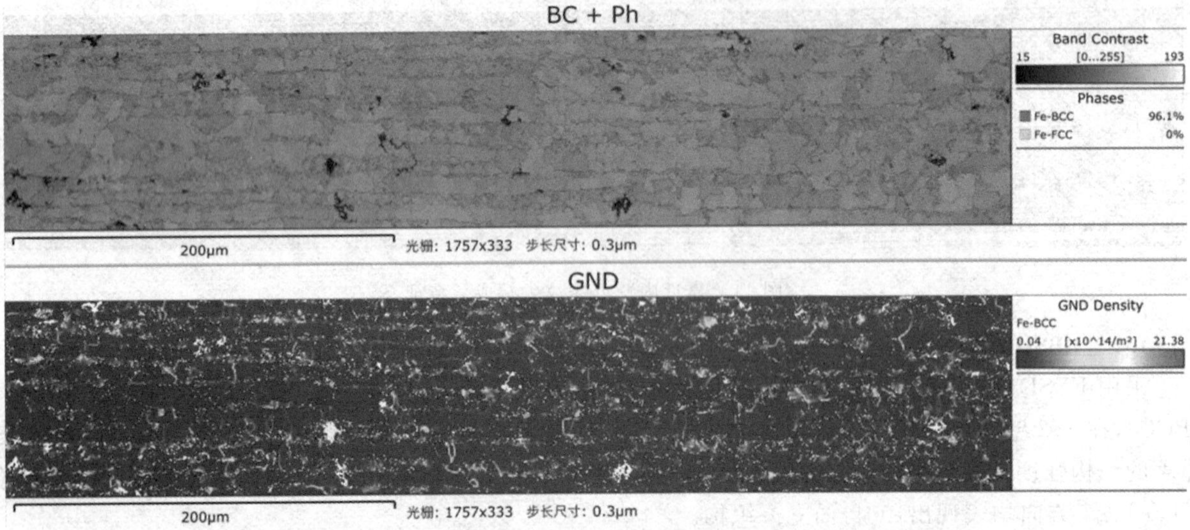

图 14　靠近内壁处材料的晶体结构及 GND 分布

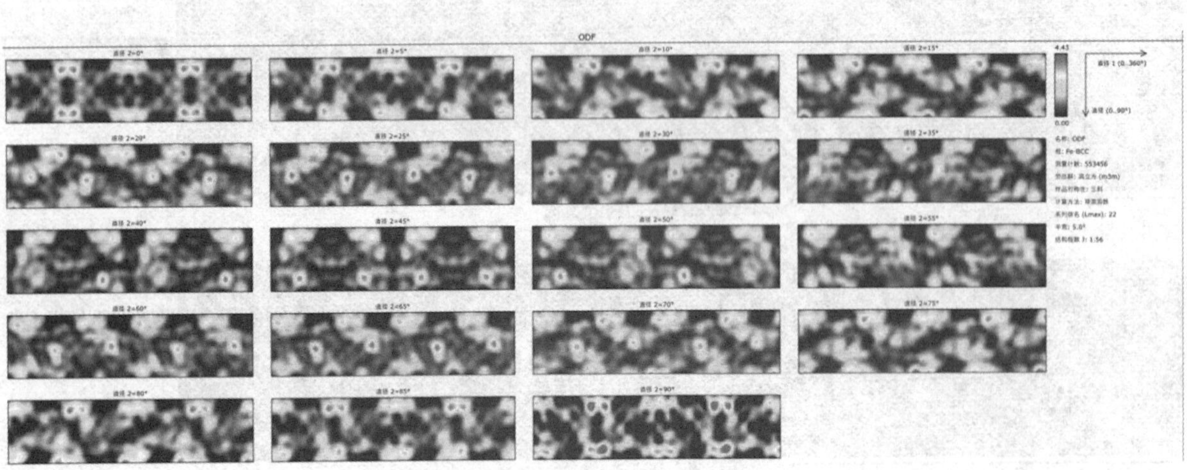

图 15　靠近外壁处材料的 ODF 分布

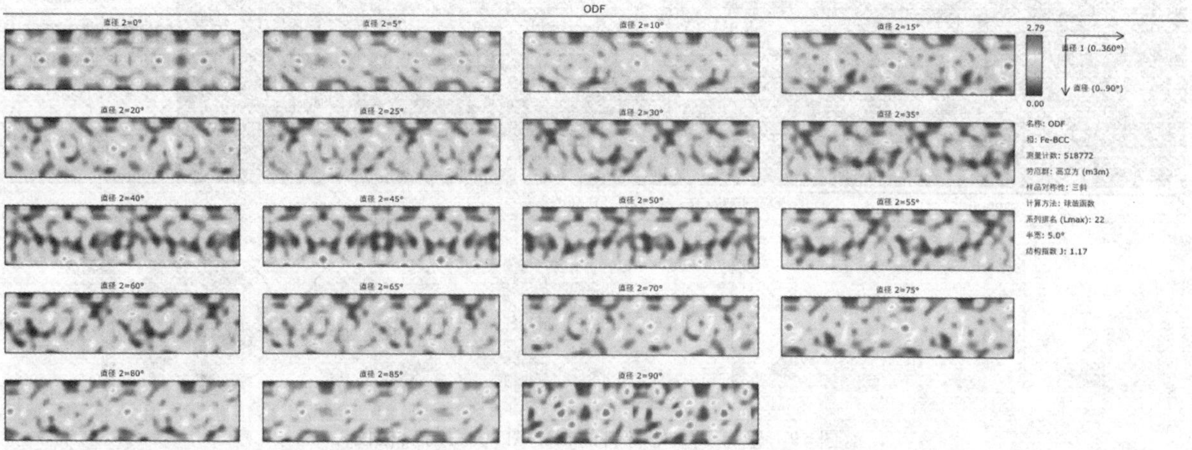

图 16　壁厚 1/2 处材料的 ODF 分布

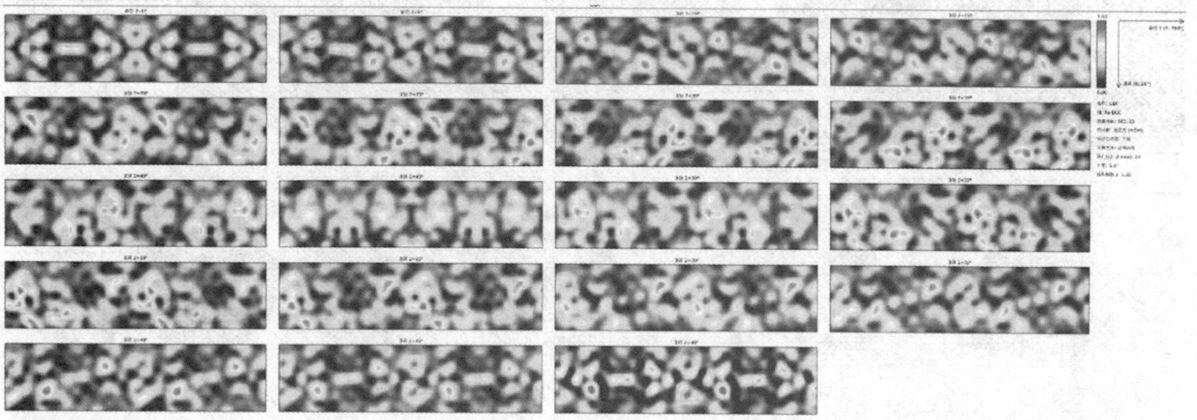

图 17　靠近内壁处材料的 ODF 分布

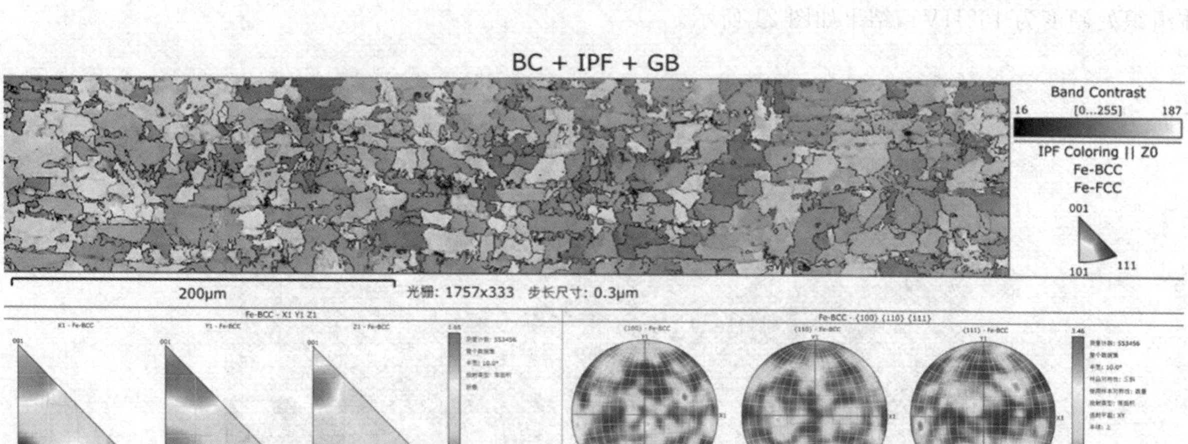

图 18　靠近外壁处材料的 IPF 图、极图与反极图

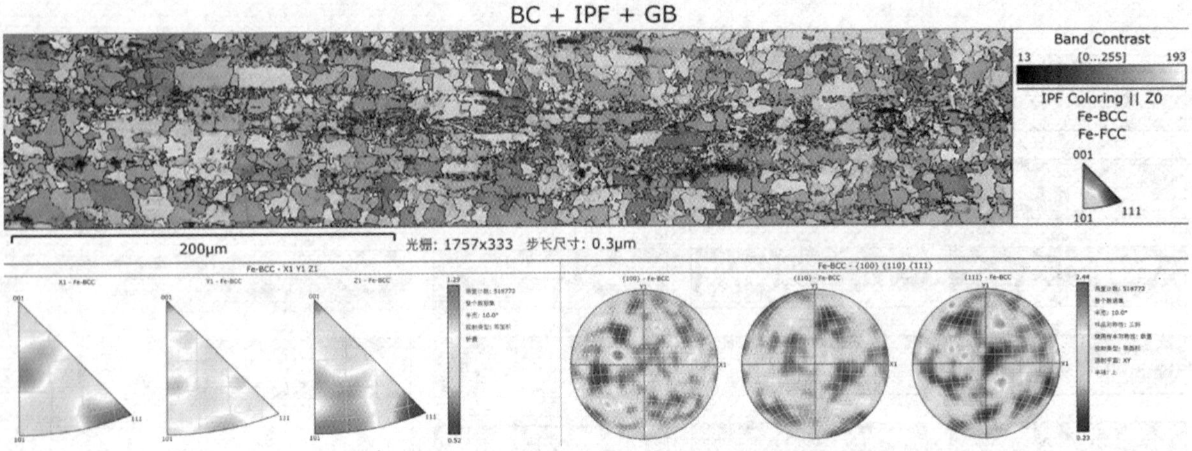

图 19　壁厚 1/2 处材料的 IPF 图、极图与反极图

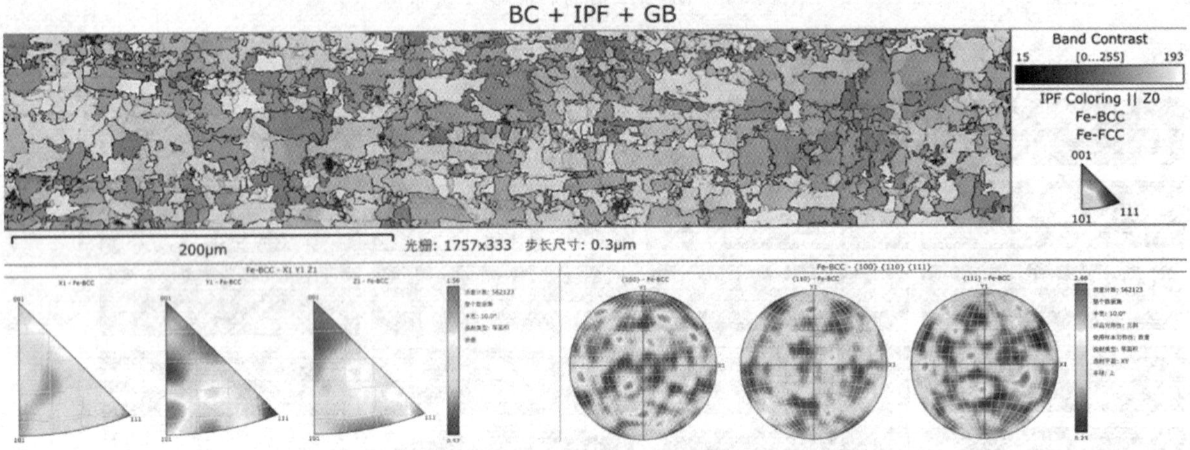

图 20　靠近内壁处材料的 IPF 图、极图与反极图

1.6　硬度测量

采用万能硬度计对试样进行显微硬度测试，结果显示，硫化锰含量较多的区域硬度为 199HV1，铁素体组织处硬度为 162HV1，结果如图 21 所示。

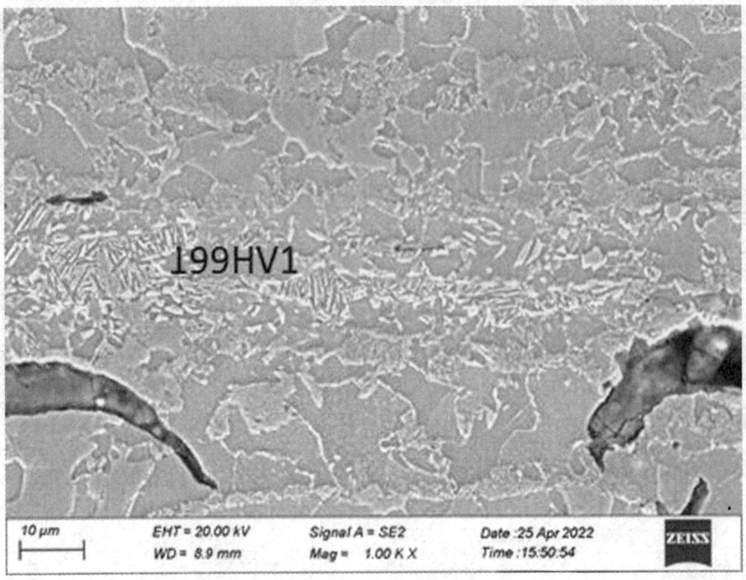

材料在壁厚 1/2 处出现沿着夹杂物分布的裂纹。

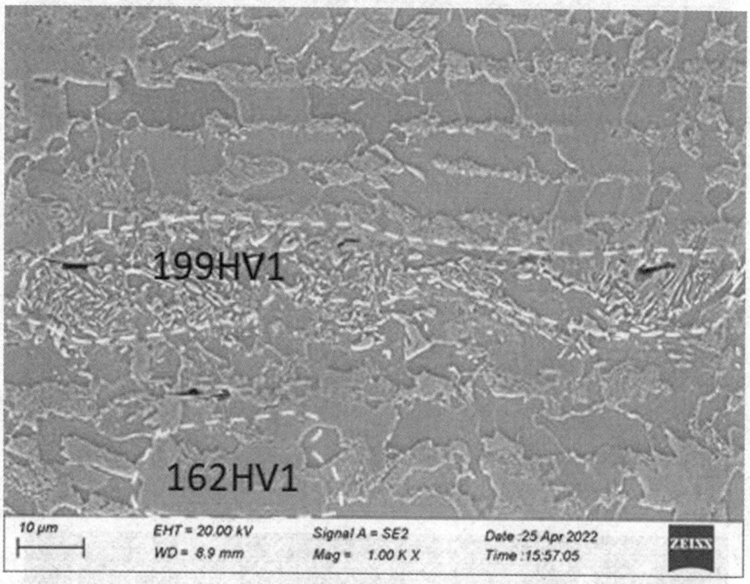

图 21　封头截面微观形貌特征

1.7　内壁腐蚀产物 XRD 分析

对封头内的产物取样进行物相分析，发现腐蚀产物主要为硫化亚铁。

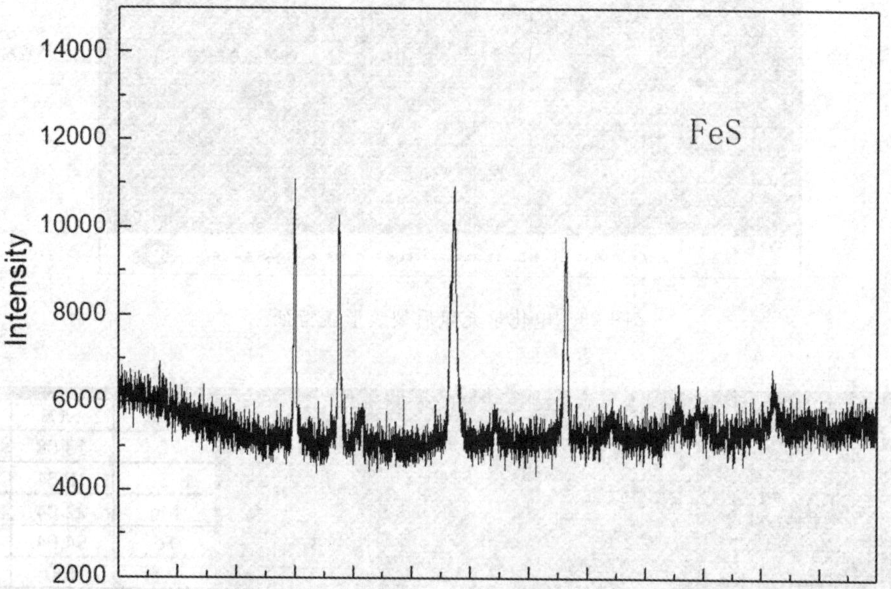

图 22　腐蚀产物 XRD 结果

1.8　电化学充氢测试

对未开裂部位的金属材料进行电化学充氢试验，电流密度为 0.1 A/cm^2，充氢 72 小时发现，充氢后金属材料在壁厚 1/2 处出现沿着夹杂物分布的裂纹，裂纹出现的位置及分布特征和失效酸气后冷器裂纹特征高度一致。

图 23　电化学充氢后裂纹形貌特征

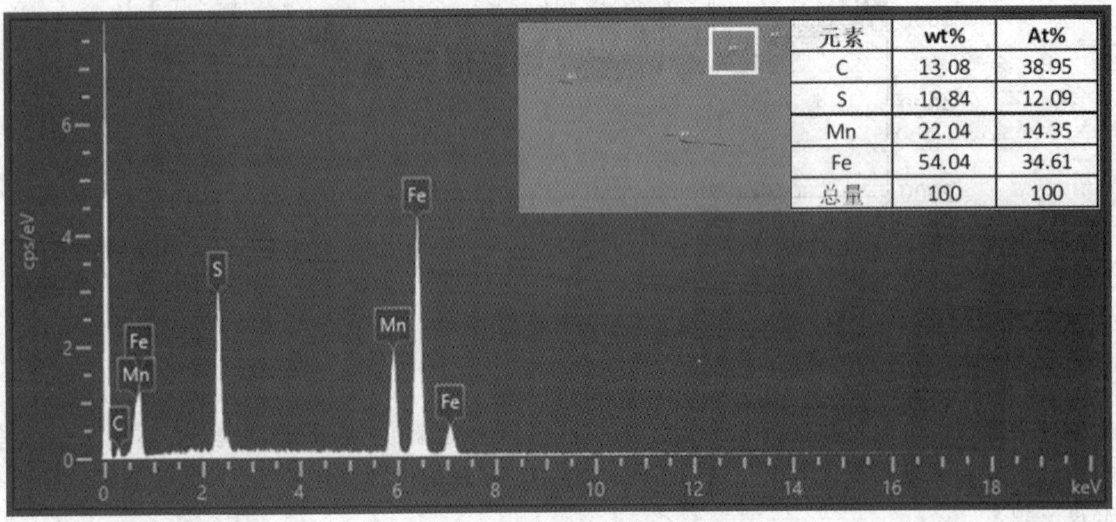

图 24　电化学充氢后裂纹成分特征

1.9 冲击性能试验

取封头和焊缝处的组织进行冲击性能测试，由结果可知，该封头的母材和焊缝韧性差异显著，母材的冲击吸收能量仅为 50 J，显著低于 20＃钢的冲击韧性均值。焊缝冲击吸收能量为 120 J，高于母材。

表 1 酸气后冷器材料冲击试验结果

设备名称	材料牌号	部位	冲击吸收能量/J	测膨胀值/mm	剪切断面率/%
酸气后冷器	20＃	封头	50	0.99	80
		焊缝	120	1.76	87

2 开裂原因分析

2.1 失效特征

开裂损伤部位的裂纹主要存在于壁厚 1/2 处，裂纹整体呈现台阶状分布，与材料带状组织走向大体一致。靠近内壁位置也有相似特征的裂纹，与内壁贯通。断口上有大量硫化锰，裂纹优先形成于硫化锰夹杂处，裂纹启裂处组织硬度较高。该裂纹特征符合氢致开裂特征。

2.2 材料敏感性影响因素

材料的显微结构对氢致开裂敏感性有很大的影响，不同微观结构具有不同的抗氢致开裂性能，现在普遍赞同的观点是钢中的珠光体条带织和硬质相具有很高的产生氢致裂纹的倾向[10]。该封头 Mn 超标导致带状组织中硬质相比例增加，硬质相与母材基体显微硬度梯度达 23%，形成应力集中与氢陷阱[12]；MnS 夹杂引发界面微裂纹，作为优先氢陷阱，促进 H 聚集[13]；带状组织引起的局部组织不均匀性导致氢扩散各向异性，加剧局部氢压积累。最终导致裂纹起源于硫化锰夹杂，沿带状组织扩展。该封头的组织为铁素体一珠光体，1/2 壁厚带状珠光体及少量贝氏体氢致开裂的性能最差，在硫化氢环境下，裂纹沿硬脆相开裂[14-17]。

2.2.1 材料因素

Mn 元素超标导致轧制过程中 Mn/S 偏析加剧，1/2 壁厚处形成珠光体（含少量贝氏体）的硬质相与铁素体软质相交替的带状组织，从显微组织形貌以及显微硬度值可以证实该封头材质在壁厚 1/2 处存在硬质相以及 MnS 夹杂。EBSD 分析表明，该区域{001}织构强度显著升高，晶体取向集中加剧了氢扩散的各向异性，该区域 GND 显著高于其他区域，高 GND 密度意味着材料中存在较多的位错，这些位错可以作为氢原子的陷阱，促进氢的局部聚集。氢原子在位错周围的聚集可能降低材料的局部韧性，导致裂纹的萌生和扩展。

2.2.2 环境因素

通过宏观观察发现，封头内壁可见大量腐蚀痕迹以及大量疏松的腐蚀产物，腐蚀产物中硫含量较高，XRD 物相分析表明，腐蚀产物主要为六方晶系的 FeS，研究发现，潮湿环境中的 H_2S 会分解出 H^+，导致金属材料处于酸性状态，其电化学反应可表示为：

$$H_2S \rightarrow H^+ + HS^- \tag{1}$$

$$HS^- \rightarrow H^+ + S^{2-} \tag{2}$$

碳钢在潮湿的 H_2S 环境下会发生以下反应[9]：

$$\text{阳极溶解：} \quad Fe \rightarrow Fe^{2+} + 2e^- \tag{3}$$

$$\text{阴极析氢：} \quad 2H^+ + 2e^- \rightarrow H_2 \tag{4}$$

S^{2-} 在反应过程中起到毒化剂的作用，它会减缓 H 原子结合成 H_2 的速度。在反应过程中，部分 H 原子会结合生成 H_2 并逸出溶液，而剩余的 H 原子则会渗入材料基体。这些渗入的 H 原子会在钢基体内的微观陷阱(如非金属夹杂物、带状组织等)处聚集并结合成氢气,从而产生氢压。一旦氢压超过金属原子间键合力的极限,就会导致 HIC(氢致开裂)裂纹的产生。

3 结 论

综上所述,封头材料存在 Si,Mn 化学元素成分超标,冲击韧性偏低的现象,微观组织呈现轧制态铁素体－珠光体带状结构,且存在 Mn,S 元素的显微偏析特征。裂纹起源于壁厚 1/2 处的硫化锰夹杂富集区,其阶梯状扩展路径与轧制带状组织一致,断口分析显示硫化锰夹杂作为裂纹优先形核点。EBSD 表征揭示该体心立方结构材料在裂纹敏感区域(1/2 壁厚处)存在显著织构异质性,表现为{001}立方织构择优取向强化,且存在高位错密度和局部硬度较高。电化学充氢实验成功复现沿夹杂物分布的裂纹特征,证实该区域在酸性湿硫化氢环境下的氢脆敏感性。所以最终失效模式为:材料冶金缺陷导致局部氢陷阱密度升高,在腐蚀介质与应力协同作用下诱发氢致开裂,裂纹沿轧制带状组织扩展。

为提升同类设备的抗 HIC 性能,建议采取以下措施:

(1)材料优化方面,控制 Mn 含量并限制 Mn/S 比以抑制偏析;

(2)检测监控层面,对同类设备在服役期间每 3 年开展壁厚测量与超声检测,对于超期服役设备缩短检验周期,同时安装腐蚀探针实时监,实现早期预警。

参考文献

[1] NACE 2016 IMPACT Report[J]. Corrosion & Materials,2016,41(2):10.

[2] Li D,Zhang L,Yang J,et al. Effect of H_2S concentration on the corrosion behavior of pipeline steel under the coexistence of H_2S and CO_2[J]. International Journal of Minerals Metallurgy and Materials,2014,21(4):388－394.

[3] 熊良淦. 高含硫气田硫化氢防护[M]. 北京:中国石化出版社,2014.

[4] 杨海维. 采油厂集输管道和设备硫化氢腐蚀评估与维护分析[J]. 中国设备工程,2024(8):180－182.

[5] 宁元星,刘翠伟,李玉星,等. 长周期临氢服役管材适应性评价[J]. 油气储运,2024,43(10):1118－1128.

[6] 吴瑕,谭旻倩,张沁蕊,等. 掺氢天然气管道本体及焊缝裂纹扩展研究进展[J]. 安全与环境学报,2024,24(8):3063－3073.

[7] 赵大朋. 阴极保护下 X80 钢及焊接影响区的氢渗透行为和氢脆敏感性研究[D]. 中国石油大学(华东),2014.

[8] Danial M,Haiyang Y,S. M M. Hydrogen embrittlement in micro－architectured materials[J]. Engineering Fracture Mechanics,2022,274:108762.

[9] Parkins R N,Blanchard Jr W K,Delanty B S. Transgranular stress corrosion cracking of high-pressure pipelines in contact with solutions of near neutral pH[J]. Corrosion,1994,50(5):394－408.

[10] Dong C F,Liu Z Y,Li X G,et al. Effects of hydrogen-charging on the susceptibility of X100 pipeline steel to hydrogen-induced cracking[J]. International journal of hydrogen energy,2009,34(24):9879－9884.

[11] Huang F,Li X G,Liu J,et al. Effects of alloying elements,microstructure,and inclusions on hydrogen induced cracking of X120 pipeline steel in wet H_2S sour environment[J]. Materials and Corrosion,2012,63(1):59－66.

[12] 李明,李晓刚,陈华. 在湿 H_2S 环境中金属腐蚀行为和机理研究概述[J]. 腐蚀科学与防护技术,2005(2):48－52.

[13] Zapffe C. Discussion of metal arc welding of steels by SA Herres[J]. Transactions,American

Society for Metals,1947,39:191－192.

[14] 刘耀恒,张忠铧,陈弘浩. 调质态抗硫无缝管线管抗HIC性能影响因素及控制研究[J],宝钢技术,2015(4):34－40.

[15] 张清清,章传国,郑磊. 热处理对X65抗酸管线钢抗HIC性能的影响[J],金属热处理,2016,41(11):123－128.

[16] 苏国庆,李彦,窦站,等. 硫回收装置余热锅炉铵盐结晶腐蚀机理研究[J]. 压力容器,2024,41(6):73－82.

[17] 刘仁杰,张盛,奚力军,等. 蜡油加氢装置主汽提塔腐蚀泄漏原因分析及预防[J]. 压力容器,2023,40(10):75－82.

作者简介

王浩(1987),男,高级工程师,主要从事管道和站场完整性管理、腐蚀与防护、天然气集输等方向的研究,通信地址:750001陕西省西安市未央区中国石油天然气股份有限公司长庆油田分公司第一采气厂,E－mail:whao4_cq@petrochina.com.cn。

通信作者:郭静(1987),女,高级工程师,主要从事金属材料腐蚀与防护研究及承压设备失效分析方向的研究,通信地址:101399北京市顺义区顺兴路1号,E－mail:guojing733@163.com。

某核电高压加热器汽侧结构件损伤原因分析及处理

王保田,沈秀波,薛　承,翟小飞

(三门核电有限公司,浙江台州 317112)

摘　要:高压给水加热器是核电站二回路重要设备。本文就某核电机组建安工程现场发现的高压加热器汽侧结构件损伤问题,从设计、制造、运输、安装和监造等方面进行了分析,得出是由于制造厂在制造期间高加筒身焊缝余高和整体圆度超差,未严格执行技术和工艺要求造成;采取对高加返厂返修并改进管束支撑的处理方案,并对高加传热管堵管的影响进行了分析,本文对避免和处理核电站同类型缺陷有参考和借鉴意义。

关键词:高压加热器;汽侧结构件;损伤;返修;分析处理

Analysis and treatment of high pressure feedwater heaters inside structure damage of certain nuclear power plant

WANG Baotian, SHEN Xiubo, XUE Cheng, ZHAI Xiaofei

(Sanmen Nuclear Power Plant Co. , Ltd. , Taizhou 317112, China)

Abstract: The high pressure feedwater heaters are important equipment in the second loop of nuclear power plant. In this paper, the damage problem of the high pressure heaters steam side structure found in the construction site of a certain nuclear power plant project. The causes of the steam side structure are analyzed from the aspects of design, manufacturing, transportation, installation and supervision, and it is caused by the high weld seam height and overall roundness deviation of the high-pressure heater cylinder during manufacturing, and the technical and process requirements are not strictly; the treatment scheme of returning the high-pressure heater to the factory for repairing and improving the tube bundle support is adopted, and the influence of the plugging heat tubes of the high-pressure heater is analyzed. This paper has guidance and reference significance for avoiding and dealing with the same type of defects in nuclear power plants.

Keywords: high pressure feedwater heater; inside structure; damage; repair; analysis and treatment

0 引　言

某核电站二期工程＃3,＃4 机组采用三代核电 CAP1000 技术,每台汽轮发电机组额定功率为 1251MW。二回路抽汽加热采用“两高四低一除氧”配置,其中高压给水加热器(下称高加)分为两列:6A/7A 高加为一列,6B/7B 高加为另一列,并配有 25%容量的高加旁路。高加采用水平布置、双程 U 形管壳式结构,由壳体、管板、水室隔板、人孔、传热管束、管束支撑板、蒸汽入口接管、给水进出口接管、疏水进出口接管等组成,如图 1 所示。每台高加传热管数量为 3 152 根,传热管为有缝管 TP304L 材质,规格 Φ15.88×1.47 mm,传热管两端与管板采用胀管连接加密封焊。在传热管管束水流方向的圆周方向布置有 6 条垫板，在垫板上焊接一定数量的支板，高加汽侧结构简图见图 2。

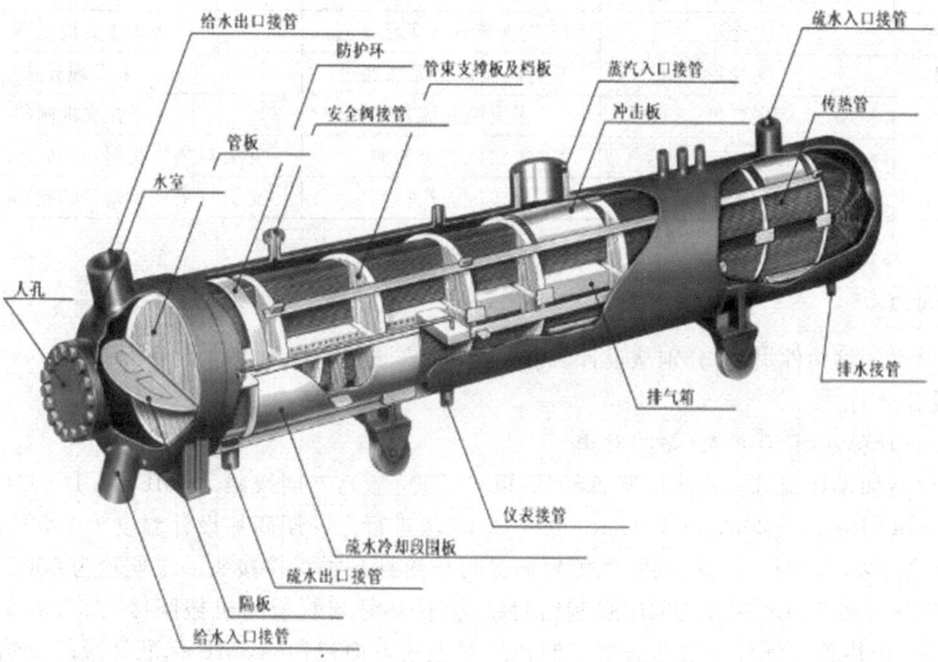

图 1　二期工程高加概览

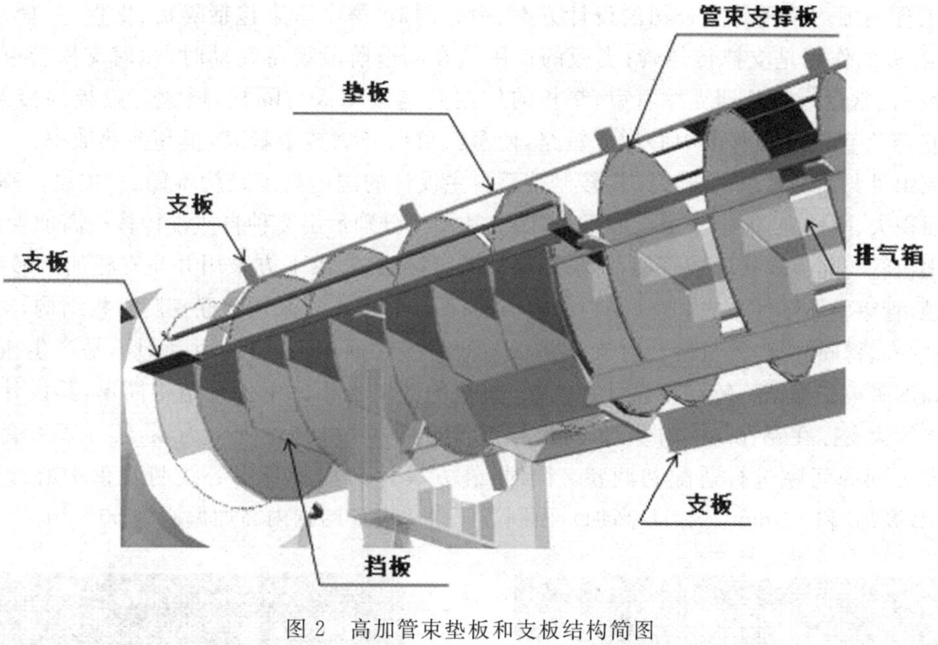

图 2　高加管束垫板和支板结构简图

1　事件情况

＃3 机组建安工程现场高加安装就位后，建安单位对 7B 高加联检，使用内窥镜从加热器下方 N－8（仪表接管）管口进行汽侧内部检查时，发现管口内部存在遮挡物，确认为高加汽侧挡板脱落遮挡管口。遂对本期工程已到现场的 5 台高加分别进行传热管内窥镜检查、传热管涡流检测、汽侧内窥镜检查，检查结果见表 1。

表1　现场5台高加检查情况

高加	传热管内窥镜检查情况	传热管涡流检测情况	汽侧内窥镜检查情况
#3机组6A	8支变形	15支涡流探头无法通过	2处支板变形
#3机组6B	2支变形	9支涡流探头无法通过	未发现异常
#3机组7A	7支变形	未实施涡流检测	1处支板倾斜
#3机组7B	66支变形,13支闭合	未实施涡流检测	支板与垫板脱落、扭转变形,挡板脱落
#4机组7B	未发现异常	未实施涡流检测	支板与垫板脱落、扭转变形,挡板脱落

2　原因分析

针对高加汽侧结构件损伤,分别从设计、制造、运输、安装和监造维度进行分析。

2.1　设计分析

2.1.1　设计标准、设计参数、结构对比

一期工程高加设计、制造、检测按照ASME Ⅷ.1(2007版),二期按照ASME Ⅷ.1(2021版),监察规程分别按照TSG R0004－2009和TSG R0004－2016版进行。一期高加设计温度为215℃,二期高加设计温度为220℃,采用材料一二期一致;壳侧短筒身与长筒身B类焊接接头一二期均为100%UT+100%RT+100%PT;一期高加水室人孔采用强制密封结构,传热管与管板为机械胀接,二期水室人孔采用自紧式密封结构,传热管与管板为液压胀接。制造厂对上述方面包括ASME标准升版的影响进行了详细的对比分析评估,认为均未对二期高加的设计、制造、检测造成影响。

2.1.2　高加管束支撑结构分析

一二期工程高加均采用外方公司的设计方案、中方制造,整个管束包括隔板、支板、垫板、挡板和传热管,见图2。隔板的作用是支撑传热管;支板的作用是在制造阶段设备转动时,短时支撑管束与筒身相对静止,并在设备正常运行时长期支撑管束;垫板的作用是连接支板与隔板,增大与隔板的接触面积;挡板的作用是防止蒸汽直接进入管束中心形成短路,使蒸汽可以充满整个管束,提高换热效率。

高加管束组件与筒身接触的支撑结构较制造厂自主设计的国内高加结构不同,自主设计高加支腿结构与筒身接触面积大、刚性强,能承受更大的重力,图3和图4分别示出2种自主设计核电高加管束支撑形式。图3管束采用粗管与隔板焊接形成管架,管子外壁与筒身接触,管束下方采用并联支腿加弧形板结构,其与筒身为面接触,管束整体刚性较大,支腿受力稳定性强;图4管束下方采用并联支腿滑板结构,支腿与隔板焊接区域大、强度高、稳固性好,筒身旋转时支腿垫板与筒身接触面积大,容易滑动但不易产生扭曲变形。而外方设计的高加管束支撑结构较自主设计在支板、垫板的数量上相比偏少且结构简单,其设计理念是六个方向的支板将管束支撑在壳程筒体内壁上,支板与壳体的间隙尺寸理论上可为零,实际管束套装过程中需对支板和外壳之间的间隙进行适配和调整。同时,外方设计高加筒身中心线与管束中心线偏心分别为95 mm(6A/6B高加)和82 mm(7A/7B高加),而制造厂自主设计的国内高加偏心为50 mm。

图3　A核电项目高加管束支撑

图4　B核电项目高加管束结构

ASME 和 GB/T 151 相关标准未对高加管束支撑结构提出具体规范，外方设计公司和国内设计制造厂均按经验进行设计。因此，外方设计的高加较国内自主设计高加的偏心尺寸大，支撑结构较自主设计结构简单，在存在周向受力时垫板与隔板连接处相对薄弱，对部件的制造公差、筒身与支板制造控制间隙和制造工艺要求较高。

2.2 制造流程分析

2.2.1 套装前分析

(1)筒身环焊缝余高控制。制造厂技术图纸和工艺流程均规定高加筒身焊缝余高≤3 mm，其中 B 类焊缝(环缝)在内壁有妨碍支板滑动的地方要充分打磨(要求打磨至与母材平齐)，以保证支板能顺利通过。制造厂对焊接后焊缝余高尺寸进行了检查，结果均合格，但未在套装前对妨碍支板滑动的筒身内表面焊缝余高进行打磨，实测制造中的♯4 机 7A 高加内壁支板滑动处环焊缝余高最大为 3 mm，不满足将支板滑动处打磨至与母材平齐的工艺要求。

(2)筒身圆度控制。高加在筒身环缝焊接、开孔、接管焊接、角缝焊接和热处理过程中均会产生变形。制造厂在筒身制造工艺要求中要求筒身校圆后圆度偏差要小于 7 mm；工艺履历卡中要求热处理前加装防变形支撑，但未规定加装支撑的具体位置和数量，实际仅在图 5 中位置 1 处加了支撑。制造厂对制造中的♯4 机组 7A 高加筒身圆度进行了测量，测量位置见图 5，测量结果见表 2。

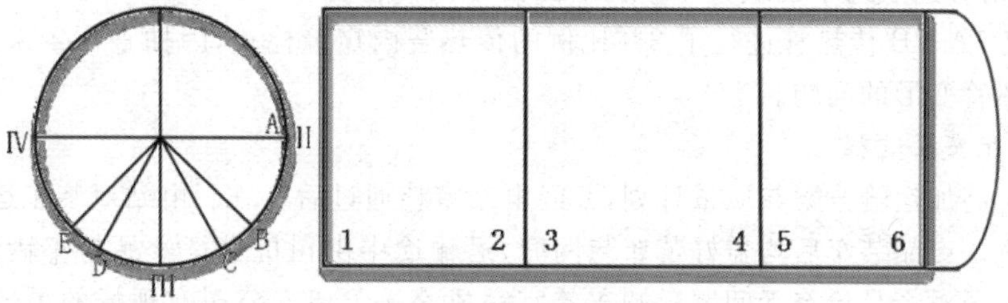

图 5 ♯4 机组 7A 高加筒身圆度测量位置

表 2 ♯4 机组 7A 筒身圆度测量结果(mm)

序号	A	B	C	D	E	最大与最小差值
1	2 350	2 348	2 345	2 345	2 351	6(加有支撑)
2	2 368	2 358	2 341	2 335	2 349	33(未加支撑)
3	2 368	2 357	2 341	2 340	2 351	28(未加支撑)
4	2 368	2 360	2 334	2 334	2 343	34(未加支撑)
5	2 369	2 359	2 333	2 329	2 338	40(未加支撑)
6	2 352	2 350	2 334	2 344	2 354	20(未加支撑)

可以看出，加装支撑部位的圆度差值最小为 6 mm，其他未加装支撑部位的圆度差值在 20～40 mm，远超要求值(≤7 mm)。因此，制造厂对高加筒身防变形支撑不足导致整体圆度存在超差，对后续管束套装工序带来不利影响。

2.2.2 套装过程分析

(1)套装工艺要求。制造厂在高加套装工艺履历卡中要求：套装时应尽量保持管束与外壳在水平方位，并对好四中心线；在套装时保证方向不错位，同时使环向基准线与管板的环向基准线平形；整个套装过程缓慢进行，不允许强力套装，应充分注意钢丝绳的张紧情况，每前进 0.5～1 m 要停止并检查修复内部表面划痕，确认牵引载荷不要过大，遇到卡住现象需停下，排除障碍后方可继续套装。

(2)套装设备。高加管束套装时使用的主要设备为吊车和卷扬机。二期高加套装时采用新采购的功率 22 kW 的卷扬机，一期卷扬机功率为 11 kW，一、二期使用的卷扬机均为单档无调节功能。二期卷扬机的功率增大为一期的 2 倍，对套装过程中遇到阻力增大时的卡顿表现不明显。

(3)套装操作过程。高加套装时,先双车将管束尾部送入外壳,管束起吊送到外壳环缝处卸下起吊圆弧板,观察单车起吊时管束状态,如目视管束平稳不塌腰,则单车配合卷扬机将管束套入外壳。卷扬机牵引点位于管束中部或底部,套装过程中遇到卡阻时抬高或降低管束高度,使 6 个方位支板与筒体间隙均匀。查看制造录像和检查♯4 机 7A 高加筒身内壁,发现存在明显划痕且划痕方位与支板方位一致,说明管束套装操作过程中存在强力套装情况。

(4)套装人员。二期高加管束套装,制造厂装配人员共 6 人,每 2 人为一个班次,不符合制造厂在工艺流程中规定的每班次配置 3 人的要求。

(5)套装质量监督。制造质量计划中的管束套装,一期工程设备监造质量控制点为现场见证 W 点,二期监造方选点为文件审核 *R* 点。管束套装属于重要过程施工,质量计划选点为文件审核 R 点,未能有效监督控制和制止强行套装行为。

2.2.3 套装后工序分析

套装后的封头总装环缝等自动焊接、无损检测、外观检查、内部清洁度、油漆包装等工序,均需产品在滚轮架上转动,转动周数大约 140 圈。高加整体重量 7A/7B 为 103 t,6A/6B 为 93 t,转动时以筒身中轴线为中心转动,由于筒体中心线与管束中心线存在 82/95 mm 的偏差,在转动过程中二者惯性不同无法同步摆动,管束相对筒身可能会发生滑移,这将加剧支板、垫板变形和扭转,甚至撕裂相关焊缝。当筒体圆度不佳时,周向滑移造成的卡涩或突然挣脱卡涩会增大伤害程度。高加出厂前验收,制造厂人员与监造代表曾对♯3 机 7A、7B 传热管进行了 2% 比例的传热管内窥镜检查,因抽查位置未包括外圈传热管,未能提前发现传热管变形的问题。

2.2.4 运输和安装过程

制造厂编制了高加运输方案与质量计划,并经电站审核通过后实施。电站对装车运输质量计划见证点进行了监督检查。产品装车后均盖好苫布与网兜,运输途中由司机进行产品与车辆检查,并在设备达到现场后由建安公司对产品检查无问题后卸车签字完成交接。建安公司在现场的吊装和托运均按批准的程序进行。运输和现场建安吊装安装未发现不符合规范情况。

3 改进与处理

经与制造厂充分分析和讨论,二期工程共 8 台高加的改进与处理情况如下:

♯3 机组 7A、7B 和♯4 机组 7B 共 3 台高压加热器返厂抽壳返修,♯3 机组 7B 传热管束整体更换,♯3 机组 7A 和♯4 机组 7B 传热管局部更换。返修方案参考国内自主设计经验对管束支撑结构进行优化:对上部 45°支板进行结构补强,增加补强板并采用滑板形式;去除 10°和 30°方向的支板,保留原垫板;在 35°方向增设滑板、加强板和肋板的组合结构;在管束下方增设支腿结构进行补强,具体见图 6。

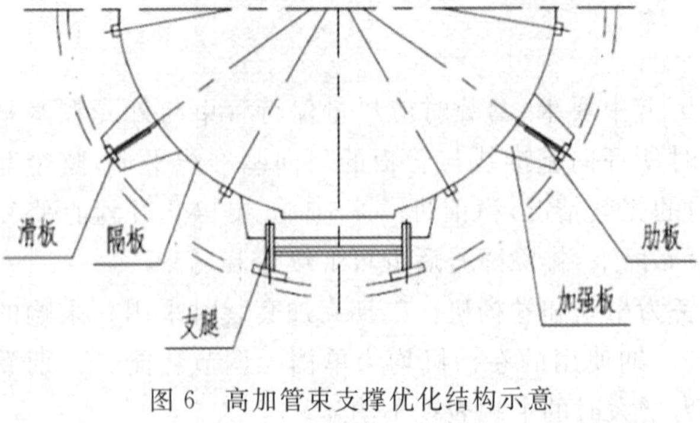

图 6 高加管束支撑优化结构示意

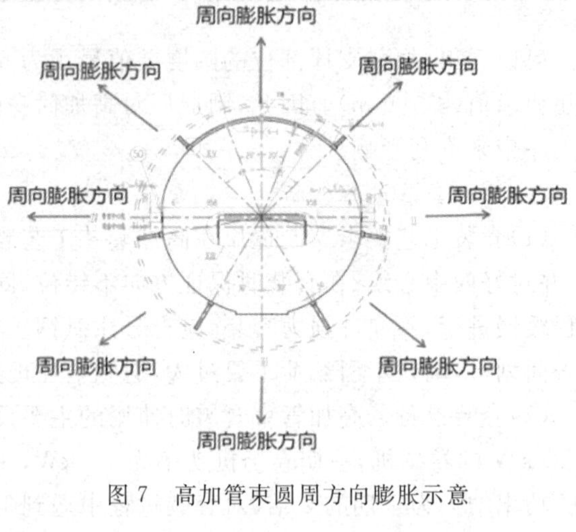

图 7 高加管束圆周方向膨胀示意

对未返厂的#3机组6A高加现场堵管15支、6B堵管10支，堵管率分别为0.48%和0.32%，允许堵管率为9.12%；堵管后传热管管内给水流速不超过HEI标准要求(3.048 m/s)，因此不会影响6A/6B高压加热器的传热性能。

针对未返厂的#3机组6A、6B高加现场，分析评估支板变形在机组启停运行工况下的安全运行和设备性能。高加设备分为三个部分，即隔板垫板与支板等零件组成的管架、换热管束、壳程筒体。管架材料均为碳钢材料，其平均线膨胀系数为12.7×10^{-6} mm/mm/℃；换热管材料为304L不锈钢，其平均线膨胀系数为17.0×10^{-6} mm/mm/℃；壳程筒体材料为碳钢，其平均线膨胀系数与管架相同。对于轴向的膨胀，如图7所示，最末端隔板距离管板距离为9 553 mm，设备壳程工作温度为205 ℃，经计算在最末端隔板处管架的轴向最大膨胀量为22.5 mm，换热管在此处的轴向最大膨胀量为30.1 mm，壳程筒体的最大膨胀量为22.5 mm。管架与壳程筒体相对位移近似为零，主要原因是管架与壳程筒体材料均为碳钢，线膨胀系数相同、温度也相近。而换热管材料线膨胀系数较大，因此其膨胀量也较大，比管架、壳程筒体多膨胀7.6 mm。由于高加属于U形管高加，隔板上管孔直径为16.30 mm，换热管直径为15.88 mm，直径方向存在0.42 mm间隙，因此换热管可以沿着隔板上的管孔在设备轴线方向自由膨胀。在圆周方向，壳程筒体与管架的膨胀量相同，因此圆周方向上不会出现筒体对支板或支板对筒体额外的力。在设备运行阶段，高加已处于稳定状态，温度波动较小，可认为各部件不再继续膨胀，而微量变形的支板仍与垫板整体相连，其位置不会产生位移，对内部的隔板、换热管不会产生其他影响。壳程工况为饱和蒸汽冷凝，其介质流速小于1 m，不会诱发管束振动。因此，启停和正常运行工况，高加变形的支板、垫板不会对高加管束和安全运行造成危害[1-4]。

制造厂对正在制造中的#4机组6A、6B、7A实施了对应的处理方案。由于二期工程高加汽侧结构件损伤事件的原因分析和改进措施充分及时，高加返工、返修和再发货，整体上对二期工程建安进度影响较小，表3汇总了8台高加的处理情况。

表3　二期工程8台高加处理情况汇总

机组号	处置意见	换热管处置	管束支撑结构
#3机组6A	现场堵管	堵管15支	照用
#3机组6B	现场堵管	堵管10支	照用
#3机组7A	返厂抽壳返修	局部更换	采用优化后结构
#3机组7B	返厂抽壳返修	管束全部更换	采用优化后结构
#4机组6A	厂内堵管	堵管1支	照用
#4机组6B	厂内抽壳返修	局部更换	采用优化后结构
#4机组7A	厂内抽壳返修	管束全部更换	采用优化后结构
#4机组7B	返厂抽壳返修	局部更换	采用优化后结构

4　结　论

综上，高加汽侧结构件损伤原因分析和处理总结如下：

(1)制造厂未严格执行技术和工艺要求，制造过程中高加筒身焊缝余高和整体圆度超差。

(2)制造厂对外方设计的高加结构特点和关键控制要求未完全理解和掌握，技术方案不完整，筒身防变形和套装过程要求不明确，制造过程按经验施工。

(3)制造厂项目整体资源配置不足，制造和检验人员不满足需求，制造厂在工作负荷高的情况下，过程控制和风险预防弱化。

(4)制造厂增大卷扬机功率，套装过程阻力卡顿表现不明显，套装过程存在强力套装，造成支板和垫板存在受力异常变形。

(5)套装后高加转动过程中,加剧了支板垫板变形、扭转、撕裂焊缝,挤压隔板造成变形,造成传热管损伤加剧。

(6)返修高加管束支撑结构进行设计优化改进,对支板补强并采用滑板形式,管束下方增设支腿结构;未返厂高加实施堵管,评估堵管率对高加性能无影响。

(7)设备监造工作存在不足和待改进环节。

参考文献

[1] 王保田. 某核电高压加热器传热管缺陷问题分析与处理[J]. 电站系统工程,2023,39(4):63—66.

[2] 王琦,缪升砣. 电站高压给水加热器换热管主要失效模式分析[J]. 电站辅机,2023,44(1):6—10.

[3] 陈孙艺. 管束的纵向损伤及其防护技术研究现状[J]. 压力容器,2024,41(11):33—42.

[4] 朱志颖,于洪杰,朱国栋,等. 管壳式换热器管束有限元模拟合理性研究及失稳分析[J]. 压力容器,2024,41(9):39—47.

作者简介

王保田(1975),男,研究员级高级工程师,主要从事核电厂调试和设备可靠性管理工作,通信地址:317112 浙江省台州市三门县三门核电有限公司,E—mail:wangbt@cnnp.com.cn,电话:13375769866。

S30408 奥氏体不锈钢无缝管泄漏失效原因分析

王贞应[1,2],陈凡虎[1],邵斌弟[1],金　乐[1],曹昕明[1]

(1. 青山钢管有限公司,浙江丽水　323900;2. 福建青山特材有限公司,福建宁德　352100)

摘　要:S30408 奥氏体不锈钢无缝管在水压检测时未发生泄漏,但是,当水压检测后放置 5 天左右进行装机试运行时便发生泄漏。通过采用宏观观察分析、化学成分分析、力学性能分析、金相分析等分析手段,发现泄漏区域裂纹呈明显的穿晶、树枝状,属于典型的应力腐蚀开裂(SCC)特征。结合管壁上残留的因水压检测后未及时清理、干燥,而后在无缝管存放过程中水分蒸发所导致的水中杂质在钢管内壁的沉淀富集(主要为含氯杂质的富集),以及开裂区域位于焊缝热影响区(HAZ)范围内,存在较大的残余应力,判定该无缝管发生了氯化物应力腐蚀开裂(CLSCC),并最终导致该无缝管泄漏失效。同时,针对应力腐蚀开裂泄漏原因文中提出了相应的预防措施。

关键词:S30408 奥氏体不锈钢;无缝管;氯化物;应力腐蚀

Analysis of leakage failure causes ofS30408 austenitic stainless steel seamless pipe

WANG Zhenying[1,2],CHEN Fanhu[1],SHAO Bindi[1],JIN Le[1],CAO Xinming[1]

(1. Tsingshan Steel Pipe Co. ,Ltd. ,Lishui 323900,China;

2. Fujian Tsingshan Special Materials Co. ,Ltd. ,Ningde 352100,China)

Abstract: The S30408 austenitic stainless steel seamless pipe showed no leakage during hydrostatic testing. However, leakage occurred during post - installation trial operation after being stored for approximately 5 days following the hydrostatic test. Through macroscopic observation and analysis, chemical composition analysis, mechanical property testing analysis, and metallographic examination and so on. It was found that the cracks in the leakage area presented obviously transgranular and dendritic characteristics, showing typical characteristics of stress corrosion cracking (SCC). Combined with inadequate cleaning and drying after hydrostatic testing - which allowed water to evaporate and impurities(primarily chloride - rich residues) to precipitate onto the inner pipe wall during storage — and the crack area located in the weld's heat - affected zone(HAZ) where existed high residual stress, it was determined that the seamless pipe had experienced chloride - induced stress corrosion cracking (CLSCC), and finally led to its leakage and failure. Meanwhile, corresponding measures for preventing stress corrosion cracking leakage are proposed in this paper.

Keywords: S30408 austenitic stainless steel; seamless pipe; chloride; stress corossion

0　引　言

S30408 奥氏体不锈钢属于 Cr—Ni 系不锈钢,在氧化性环境中其表面能形成致密的 Cr_2O_3 钝化膜,避免基体的进一步破坏，因此，在氧化性、中性环境中，S30408 具有良好的耐蚀性[1]，被广泛应用于能源、化工、石油等工业领域，但是，当管子在存在氯离子的环境下服役时，会导致 S30408 材质的应力腐蚀破裂[2]，同时，Cl 离子还会逐渐浓缩，加速 S30408 材质的腐蚀，国外某工厂 304 不锈钢管线就曾出现过因大气中氯离子含量超标导致的应力腐蚀破裂现象[3]。

某 φ57×3 mm 的 S30408 三通结构无缝管焊接完毕，进行水压检测过程中未发现存在泄漏，打水压完毕放置等待装机，5 天左右装机试运行时发现无缝管焊接区域附近发生泄漏。对此进行了系列理化检验分析，以避免类似情况的再次发生。

1 试验分析

1.1 试验设备和仪器

GS1000－II 型真空直读光谱仪，型号 MAXX LMM07，德国 OBLF 公司；金相显微镜，型号 BH200－MRT，宁波舜宇仪器有限公司；SHT4605 型微机控制电液伺服万能试验机，美斯特工业系统(中国)有限公司。

1.2 宏观观察

S30408 三通管道泄漏区域宏观形貌如图 1 所示，泄露区域位于管道最低点位置附近，部分裂纹位于焊缝热影响区范围内，且裂纹呈锯齿状，伴有二次裂纹，裂纹扩展方向为由焊缝至远离焊缝的方向。同时，内壁有打水压过程中未及时清理、干燥导致的水渍沉积。

(a) 局部切样

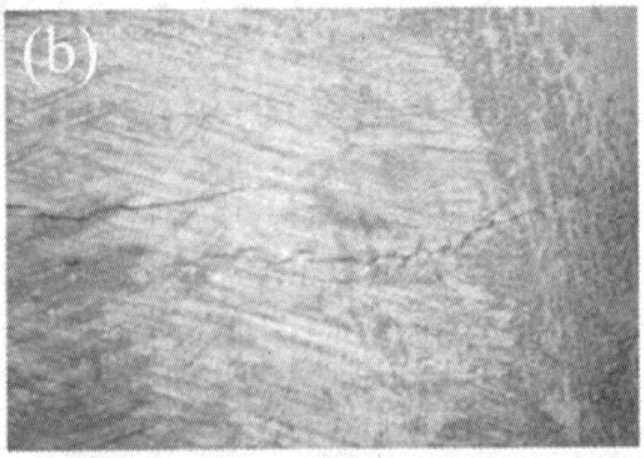

(b) 泄漏区域形貌

图 1 S30408 无缝管泄漏区域宏观形貌

1.3 化学成分分析

对泄漏样管取样按照 GB/T 11170—2008《不锈钢多元素含量的测定火花放电原子发射光谱法(常规法)》进行台式光谱仪分析，结果如表 1 所示，测量结果符合 GB/T 14976－2012《流体输送用不锈钢无缝钢管》对 S30408 材质的化学成分要求。

表 1 S30408 化学成分分析结果(质量分数，%)

项目	C	Si	Mn	P	S	Cr	Ni
GB/T 14976—2012	≤0.08	≤1.00	≤2.00	≤0.035	≤0.030	18.00－20.00	8.00－10.00
样管	0.06	0.38	1.15	0.034	0.001	18.29	8.30

1.4 压扁试验

对泄漏样管正常区域使用线切割机取样按照 GB/T 246－2017《金属材料 管 压扁试验方法》进行压扁试验，结果如图 2 所示，图(a)为压扁前试样，图(b)为压扁后试样，压扁后的试样无可见裂纹或裂口，试验结果符合 GB/T 14976－2012《流体输送用不锈钢无缝钢管》对 S30408 材质的压扁试验要求。

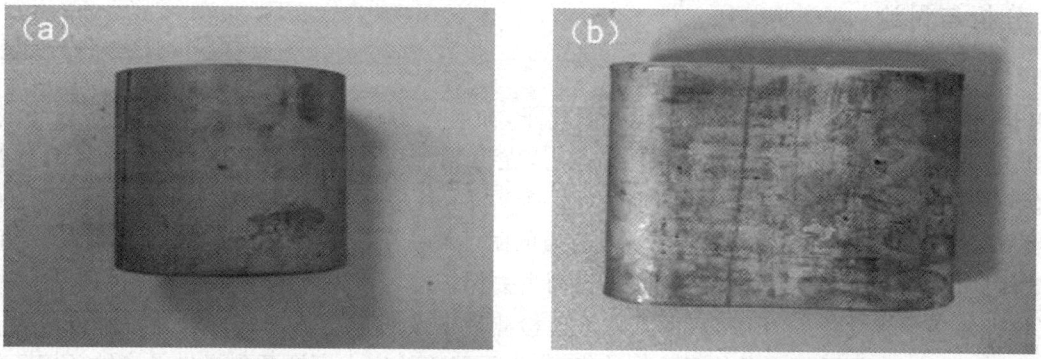

（a）压扁前试样　　（b）压扁后试样

图 2　S30408 压扁试验情况图

1.5　金相检验

对泄漏区域使用线切割机取样进行金相分析，在体式显微镜、金相显微镜下分别对试样腐蚀前、后的情况进行分析，图 3(a)所示为体视镜下裂纹缺陷形貌，可见存在多条裂纹，且裂纹均起始于管子内壁，部分已贯穿管壁。图 3(b)、(c)、(d)所示为裂纹金相形貌，可见裂纹呈明显树枝穿晶状，伴有二次、多次裂纹，基体组织、焊缝组织晶粒尺寸正常，无碳化物、σ 相等有害析出相，内壁开裂区域及附近母材区域局部存在点腐蚀现象，无晶间腐蚀倾向。

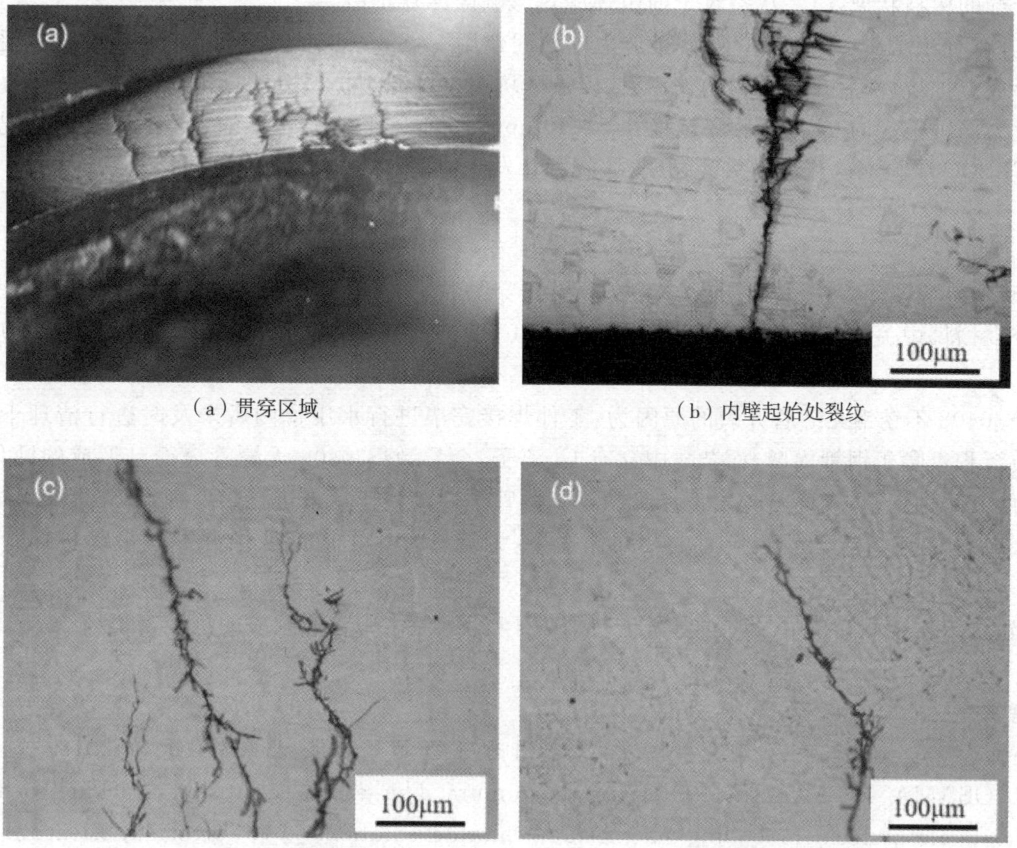

（a）贯穿区域　　（b）内壁起始处裂纹

（c）裂纹中部　　（d）裂纹末端

图 3　泄漏区域体视镜及金相检验结果

2 分析与讨论

2.1 无缝管内壁沉积物分析

通常情况下,工业用水中含有大量的无机阴离子,如氯化物、硫酸盐等,这些阴离子与设备或产品接触后,对设备和产品质量都存在着很大的影响[4],尤其对于 Cl 离子,S30408 材质对其敏感性较高,CLSCC(氯化物应力腐蚀)的应力阈值温度仅为 20 ℃左右,且从含几百万分之一氯离子直至几百分之一都有发生 CLSCC 的案例[5],这是因为 S30408 材质的耐蚀性主要来源于表面致密的 Cr_2O_3 钝化膜,而 Cl 离子会破坏钝化膜结构,使钢管表面钝化膜疏松而失去保护性。该失效无缝管打水压过程中所用水为工业纯水(设计氯离子含量≤ 50 PPM),由于打水压检测后未及时进行清理、干燥,导致水分蒸发,而水中的氯离子富集浓缩,超出了氯离子的理论设计指标,为无缝管的应力腐蚀开裂提供了腐蚀环境条件。

2.2 焊缝热影响区分析

焊接过程中,焊接接头区域受到不均匀的加热和冷却作用,而周围的母材金属则对焊接接头产生一定的刚性约束,焊后冷却时,焊缝和附近区域将产生拉应力,并最终以残余应力的形式存储于 S30408 无缝管基体中,对无缝管的疲劳强度、脆性破坏、应力腐蚀裂纹都有很大的影响,使焊接区域在服役过程中产生严重的破坏现象,因此,部分研究表明,为保证焊接后无缝管的耐蚀性能,在焊接后进行合适的热处理可使钢管内整体残余应力降低至 1/3 屈服强度以下,并且残余应力分布整体均匀化[6-7]。在本案例中,S30408 无缝管焊接后未进行焊后热处理,因此焊接后冷却过程中将产生残余应力,同时,越靠近焊缝区域,焊接时温度越高,冷却过程中产生的残余应力越大,越容易优先在该位置发生开裂,因此,S30408 无缝管管壁的树枝状裂纹、二次裂纹走向由焊缝热影响区往外扩散。

可见,在沉积水渍中的 Cl 离子、残余应力的共同作用下,S30408 不锈钢无缝管内壁首先遭受 Cl 离子的破坏形成点蚀坑,随后在拉应力的作用下,以点蚀坑为裂纹源[8]扩展造成氯化物应力腐蚀开裂(点蚀坑扩展为应力腐蚀破裂的 Cl 离子临界浓度在 5－10 ppm 之间[9],且在存在浓缩、沉积、蒸发的情况下,具有更高的 CLSCC 风险[5]),并最终贯穿管壁,导致钢管发生泄漏。

3 结 论

(1)S30408 不锈钢无缝管泄漏区域裂纹呈树枝穿晶状,与 GB/T 20801.2《压力管道规范 工业管道 第 2 部分:材料》中关于氯化物应力腐蚀开裂(CLSCC)的特征描述一致,该无缝管发生了氯化物应力腐蚀开裂。

(2)S30408 不锈钢无缝管开裂的原因为:工件焊接完毕进行水压检测后未及时进行清理干燥,导致水中杂质沉积富集于钢管内壁,而杂质中含有 Cl 离子,会导致 S30408 无缝管表面已形成的钝化膜遭受破坏,降低其耐蚀性,在表面首先发生点腐蚀,同时,管子焊接完毕后未进行热处理,导致焊接区域存在较大的残余应力,在 Cl 离子、残余应力的共同作用下,无缝管发生了应力腐蚀开裂并最终贯穿管壁,发生泄露。

(3)建议水压检测完毕后及时对管子进行清理干燥,避免水中含氯杂质的沉淀富集。

参考文献

[6] 刘青.304 不锈钢中典型夹杂物诱发腐蚀行为研究[D]. 北京:北京科技大学,2018.

[7] OSAMA M Alyousif, ROKURO Nishimura. The stress corrosion cracking behavior of austenitic stainless steels in boiling magnesium chloride solutions[J]. Corrosion Science, 2007, 49, 3040－3051.

[8] KATSUMI Yamamoto, KEIZO Hosoya. Corrosivity of Brand CI－on duplex stainless steels [J]. Materials Science and Engineering, 1995, 198:239－24.

[9] 唐丽丹. 离子色谱法测定工业水中常见阴离子的研究[D]. 湖北:武汉工程大学,2020.

[10] 国家市场监督管理总局．压力管道规范 工业管道 第2部分：材料：GB/T 20801.2—2020[S].

[11] 周金枝，钟斌．用热处理方法消除奥氏体不锈钢焊接残余应力[J]. 湖北工业大学学报，2007，22(4)：88—90，96.

[12] 刘航．工艺蒸汽管线开裂原因分析与处理[J]. 全面腐蚀控制，2018，32(11)：46—51.

[13] 周宇通，郑宏晔，胡洁梓，等．燃机电厂304不锈钢三通管应力腐蚀开裂的原因[J]. 腐蚀与防护，2018，39(3)：243—246.

[14] 李岩，方可伟，刘飞华．Cl-对304L不锈钢从点蚀到应力腐蚀转变行为的影响[J]. 腐蚀与防护，2012，33(11)：955—959.

作者简介

王贞应(1996)，男(汉)，助理工程师，学士，研发技术员，主要从事不锈钢无缝管的制造与检验、金属材料失效分析，通信地址：323900 浙江省丽水市青田县温溪镇小峙工业区青山钢管有限公司技术开发部，E—mail：910803140@qq.com，手机：18183021364。

通讯作者：曹昕明(1988)，男(汉)，高级工程师，硕士，技术研发中心主任，主要从事不锈钢无缝管的制造与检验、金属材料失效分析，通信地址：323900 浙江省丽水市青田县温溪镇小峙工业区青山钢管有限公司技术开发部，E—mail：caoxinming@163.com，手机：13333355713。

顶驱主轴开裂失效分析

刘嘉晨[1,2,3]，孙浩宇[1,2,3]，柳　旺[1,2,3]，宋　明[1,2,3]

（1. 低碳热力发电技术与装备全国重点实验室，北京 100029；2. 国家市场监督管理总局技术创新中心（油气管道与存储设备安全），北京 100029；3. 中国特种设备检测研究院，北京 100029）

摘　要：本文对某顶驱装置的顶驱主轴开裂原因进行分析，通过宏观观察、金相分析、断口微观分析及能谱分析等方法对失效主轴进行了分析，结果显示，裂纹产生于主轴的头杆过渡处，沿周向分布，从外壁多点起裂向内壁扩展。裂纹为脆性断裂，断口形貌为沿晶和准解理的混合形貌，端口表面腐蚀产物中发现有S元素，判断该主轴在含S环境下运行后，主轴在应力相对集中的过渡圆角位置，首先于外壁沿环向发生微小应力腐蚀开裂，随后以氢致开裂的形式扩展，并贯穿整个壁厚。

关键词：顶驱轴；应力腐蚀；氢致开裂；失效分析

The failure analysis for the main shaft of the top drive drilling system

LIU Jiachen[1,2,3], SUN Haoyu[1,2,3], LIU Wang[1,2,3], SONG Ming[1,2,3]

(1. State Key Laboratory of Low-carbon Thermal Power Generation Technology and Equipments, Beijing 100029, China; 2. Technology Innovation Center of Oil and Gas Pipeline and Storage Equipment Safety, State Administration for Market Regulation, Beijing 100029, China; 3. China Special Equipment Inspection & Research Institute, Beijing 100029, China)

Abstract: The main shaft of the top drive drilling system is hollow, and heavily loaded during working. High pressure slurry in running in the main shaft, and all the well pipe is hanging and driving by the shaft. One of the main shafts is cracking during drilling. Visual examination disclosed that the crack distributes along the stress-relief groove of top drive shaft thread, with a length of about 2/3 circumference, and several cracking initiation points on the outer wall can be seen. The fractography is flat with less bifurcations. Cracking initiation points and propagating areas has a mixed feature of intergranular and quasi-cleavage trans granular, and from the outer wall to the inner wall, intergranular fracture phenomena show a decreasing trend. Residual sulfur elements was found by the EDS analysis at cracking fracture. It can be deduced that the mechanism of the failure is stress corrosion cracking. In the corrosive environment containing S(possibly H_2S in the slurry) and under the axial load, stress corrosion cracks along the hoop direction on the outer wall of the stress-relief groove(corresponding to the black areas of the crack points) initiated first. This process could be slow. Then, in the acid environment and under the axial load. The initiated micro cracks propagated rapidly with mechanism of hydrogen induced cracking until break. The hardness and the chemical element of the main shaft is within the range required by the design book. To fix the problem, the high stress area should be protected from the harsh environment, especially the slurry with H2S or the heat treatment should adjust to lower the hardness of the shaft.

Keywords:top drive shaft;stress corrosion;hydrogen induced cracking;failure analysis

0 引 言

顶驱全称为顶部驱动技术,它可从井架上部空间直接旋转钻杆,沿专用导轨向下送进,完成钻杆旋转钻进,循环钻井液,接立柱,上卸扣和倒划眼等多种钻井操作。该系统显著提高了钻井作业的能力和效率,并已成为石油钻井行业的标准产品[1]。以某 34CrNi3Mo 顶驱主轴为例,在其钻井 4 755 英尺(约 1 450米)时,发现顶驱主轴与液动防喷器之间漏泥浆,拆开顶驱主轴与液动防喷器处,发现主轴公扣根部有裂纹,现场裂纹形貌如图 1(a)所示。本文将通过化学分析、宏观观察、微观、金相分析等手段对顶驱轴开裂原因进行了分析。

(a)开裂的顶驱装置　(b)主轴开裂位置　(c)开裂主轴现场裂纹形貌

图 1　现场顶驱装置及开裂位置

1 理化检验

1.1 宏观观察

送样顶驱轴总体外观完好,无明显变形特征。裂纹位于螺纹侧过渡圆角位置,沿环向分布,长度约超过了周长的 1/2,如图 2(a)显示,裂纹相对平直,沿环向分布略有波动,但无明显分叉现象。自内壁观察如图 2(b),内壁表面存在较多锈蚀形貌,与外壁相对应的位置,隐约可见环向裂纹,表明裂纹已穿透整个壁厚。内壁裂纹中部较清晰的区域同样可见裂纹沿环向平直分布,较少分叉。

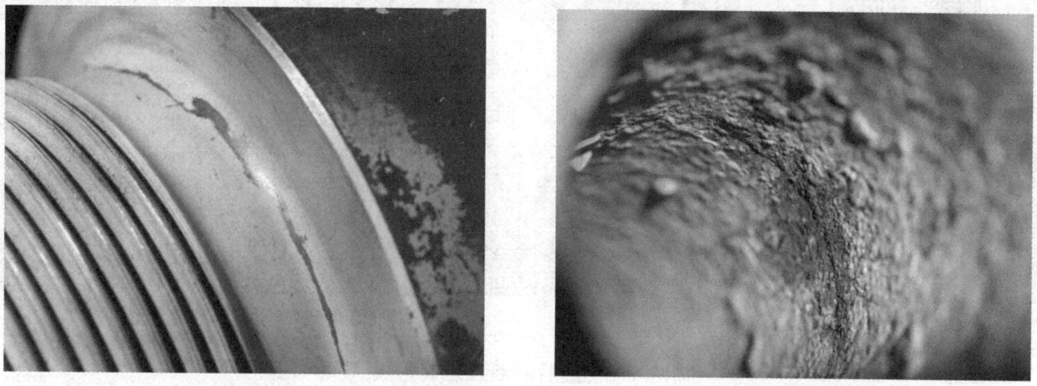

(a)外壁　(b)内壁

图 2　裂纹内外壁宏观形貌

断口切割后的轴侧宏观形貌如图 3(a)所示,断口开裂区打开后的宏观形貌如图 3(b)所示。图 3(a)中,可见裂纹沿环向的实际长度约占周长的 2/3。切割后对裂纹尖端附近的截面观察,发现裂纹从外壁起裂于过渡圆弧处,沿径向向内壁扩展,裂纹沿厚度方向总体平直,无分叉。双侧断口表面同样表现宏观平直特征,断口面基本垂直于轴向,除内壁部分区域有锈蚀特征外,大部分区域被产物覆盖。

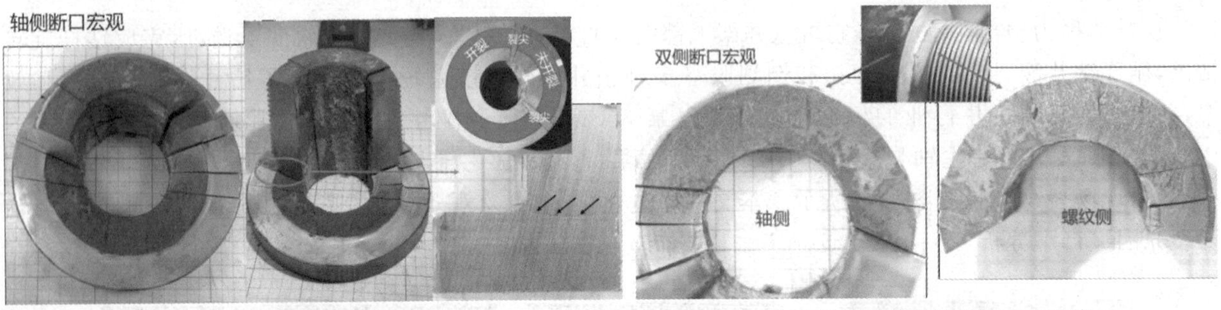

(a) 轴侧宏观形貌　　(b) 裂纹打开后双侧断口宏观形貌

图 3　断口切割后的宏观形貌(未清洗)

采用有机溶剂对轴侧断口进行超声清洗,形貌如图 4(a)所示。清洗后,除靠近内壁的少数区域外,断口面整体呈现为自外壁多点起裂向内壁扩展的脆断特征。图 4(a)中,黑色箭头指示了外壁起裂点的位置。选取外壁起裂点中的典型位置进一步放大观察,如图 4(b),可见所有的起裂位置在贴近外壁处,存在一系列微小的黑色区域,部分黑色区域伴随着黄色的锈蚀特征。陈旧的起裂点表明裂纹起裂和扩展行为发生于两个不同的时间点。

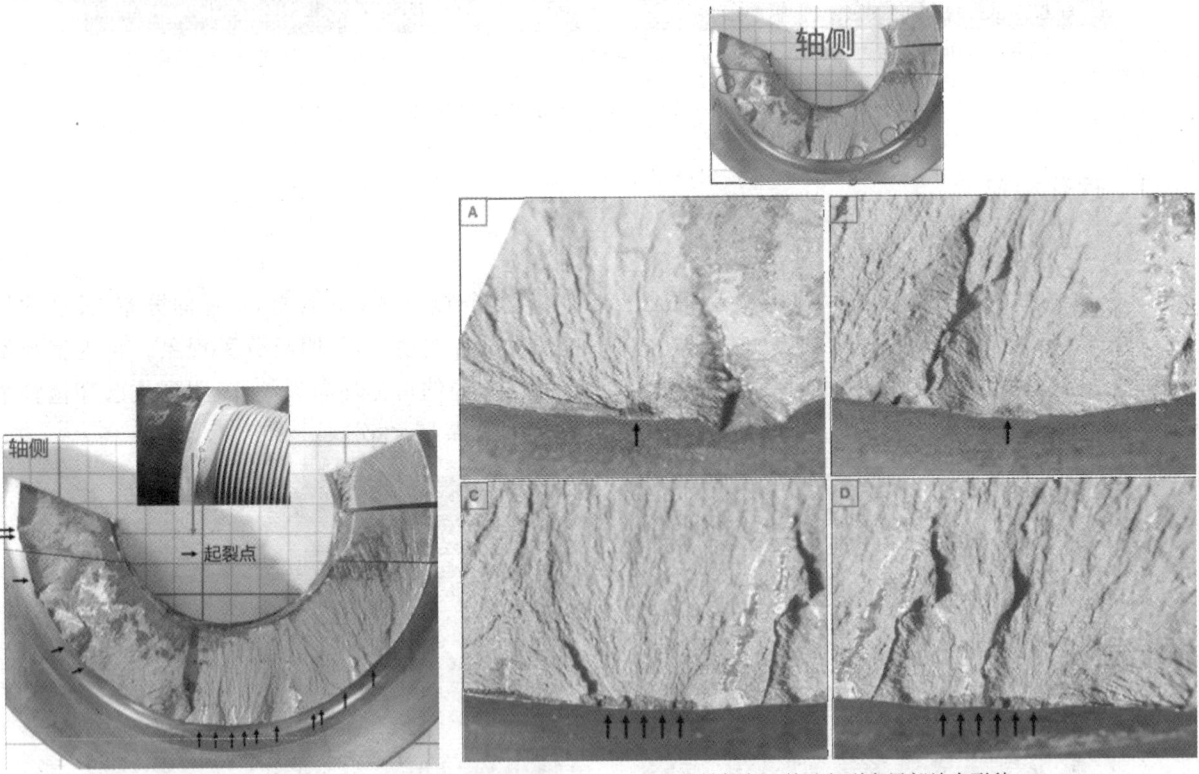

(a) 轴侧断口宏观形貌　　(b) 轴侧断口外壁起裂点局部放大形貌

图 4　清洗后的断口宏观形貌

1.2 化学成分分析

依据 GB/T 4336—2016《碳素钢和中低合金 多元素含量的测定 火花放电原子发射光谱法(常规法)》对曲轴进行化学成分分析。结果见表 1 材料化学成分满足 JB/T 6396—2006 标准要求。

表 1 化学成分(wt%)

项目	C	Si	Mn	P	S	Cr	Mo	Ni
开裂件	0.33	0.33	0.73	0.004	0.002	0.95	0.29	3.06
标准要求	0.30～0.40	0.17～0.37	0.50～0.80	≤0.035	≤0.035	0.70～1.10	0.25～0.40	2.75～3.25

1.3 金相和硬度

1.3.1 断口起裂源截面金相

对图 4(b)中的起裂点 A,按照图 5(a)中插图的红线位置对起裂点沿轴向纵剖,切取截面进行金相观察。图 5(b)显示,主裂纹宏观较平直,无分叉,走向呈圆弧状;二次裂纹整体与主裂纹平行,自外壁向内壁扩展。裂纹宏观形貌符合受应力控制的裂纹扩展特征。

图 5(b)和 5(c)为主裂纹和二次裂纹的特征局部放大,组织为回火索氏体+少量回火贝氏体。裂纹呈现大部分沿晶和少部分穿晶特征。

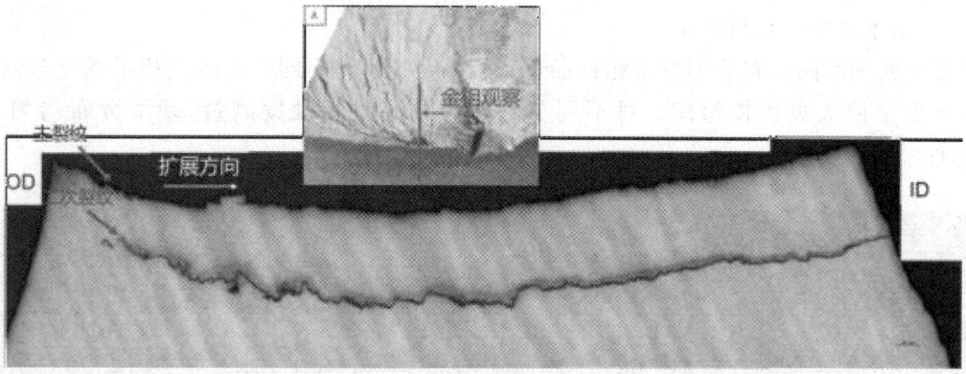

(a) 起裂点A截面宏观金相 (5% Nital)

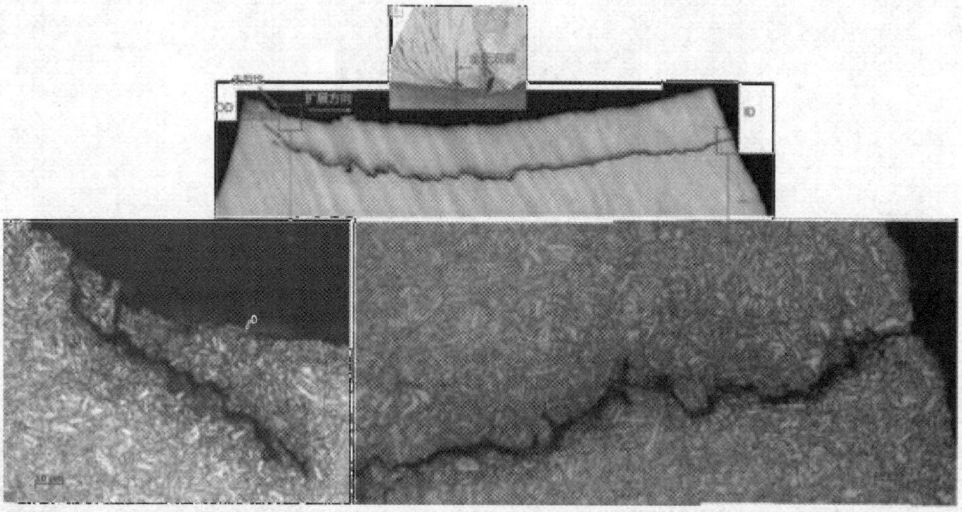

(b) 起裂点A截面主裂纹与二次裂纹局部放大金相

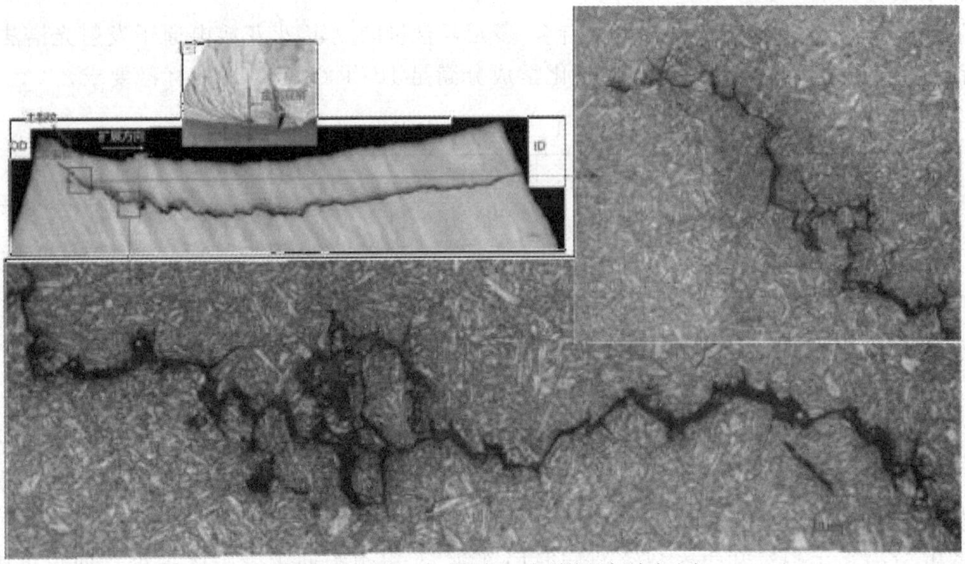

(c)起裂点A截面主裂纹与二次裂纹局部放大金相

图5　裂纹金相

1.3.2　轴主体环向金相和硬度

对远离裂纹的轴不同位置分别取金相样品，分析结果如图6，不同位置的金相组织分布较均匀，均为回火索氏体+少量回火贝氏体组织。对不同位置取样样品进行硬度测量，硬度分布均匀，硬度值在380HBW左右。

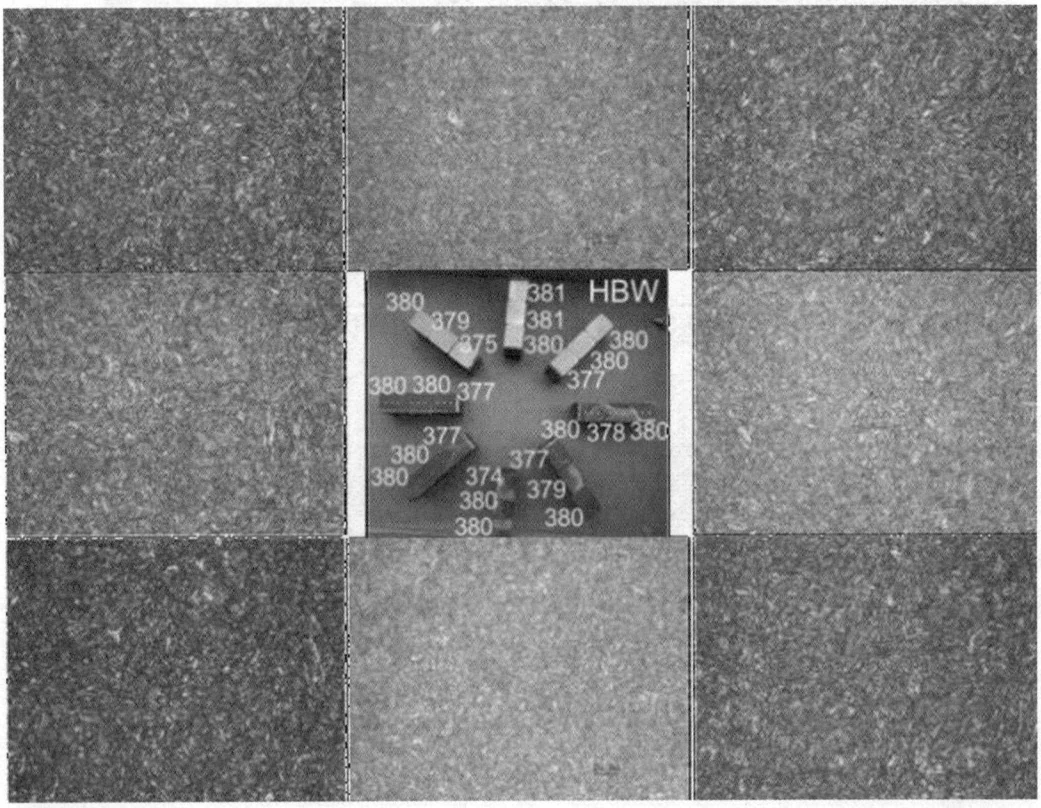

图6　轴环向金相与硬度

1.4 断口微观分析

对起裂点位置进行扫描电镜观察，均可见沿晶和准解理混合断裂的形貌。如图 7(a)，靠近内壁断口的区域，以解理形貌为主，沿晶形貌较少。起裂点 EDS 成分分析结果中均发现了 S 元素，如图 7(b)。

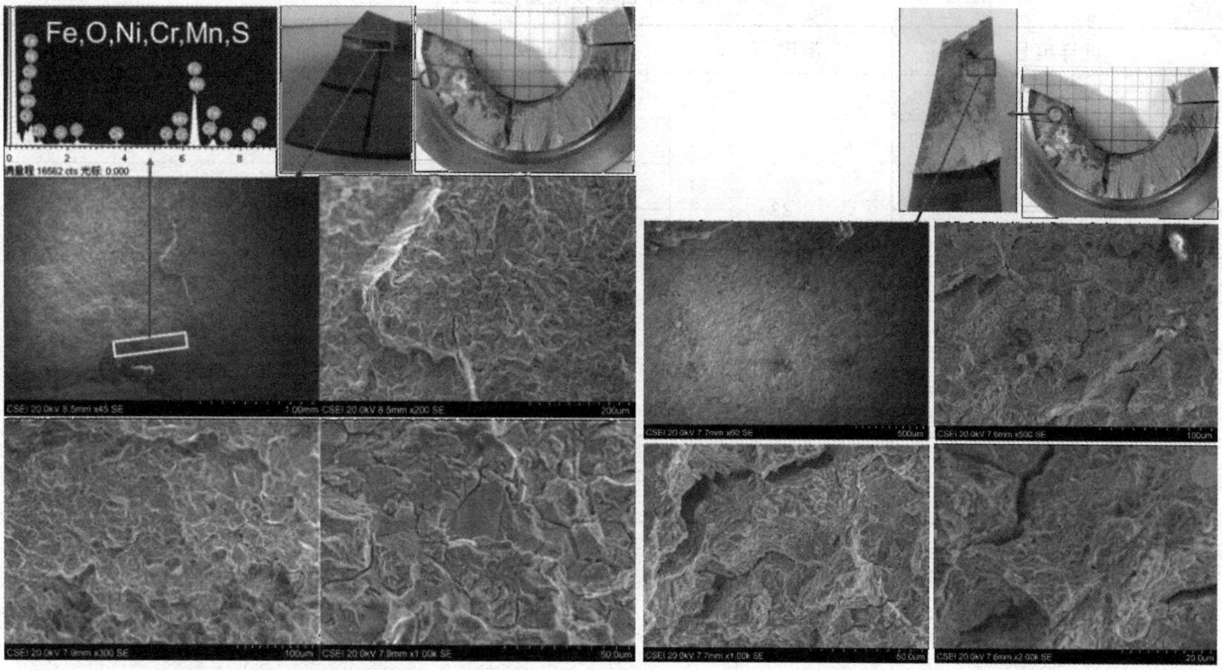

(a) 近内壁断口区域　　(b) 起裂点断口靠近内壁位置微观形貌

图 7　扫描电镜观察

1.5 力学性能

1.5.1 拉伸性能

依据 GB/T 228.1—2010《金属材料拉伸试验 第 1 部分:室温试验部分:室温试验方法》对曲轴进行拉伸性能分析，分析结果如表 2 所示。对 1/2 和 1/4 壁厚位置的取样实验数据显示，材料的拉伸试验基本满足 API－8C 的要求。

表 2　曲轴拉伸性能数据(室温)

试样编号	$R_{p0.2}$/MPa	R_m/MPa	A/%	取样位置
1/4－L1	1116	1218	15.0	1/4 壁厚轴向
1/4－L2	1109	1215	15.5	
1/4－L3	1111	1218	15.0	
1/2－L1	1110	1223	15.0	1/2 壁厚轴向
1/2－L2	1096	1213	14.0	
1/2－L3	1113	1216	15.0	
API－8C	—	—	≥14	—
产品要求	≥827	≥965	≥15	—

1.5.2 冲击性能

依据GB/T 229—2007《金属夏比缺口冲击试验方法》对曲轴开展冲击试验，样品尺寸为10 mm×10 mm×55 mm标准V型缺口样品。试验结果如表3、表4所示。材料冲击韧性总体基本满足API－8C的标准。本次试验增加了侧向冲击，即试样缺口与冲击方向垂直，结果见表5。

表3 夏比冲击吸收能量(室温)

试样编号	温度/℃	冲击吸收能量/J	备注
1/4－C1	23	62	完全断开
1/4－C2		63	完全断开
1/4－C3		63	完全断开
1/2－C1		61	完全断开
1/2－C2		60	完全断开
1/2－C3		60	完全断开
API－8C	无明确规定		
产品要求	无明确规定		

表4 夏比冲击吸收能量(低温)

试样编号	温度/℃	冲击吸收能量/J	平均值/J	备注
1/4－D－C1	－20	55	64	完全断开
1/4－D－C2		79		完全断开
1/4－D－C3		59		完全断开
1/2－D－C1		54	53	完全断开
1/2－D－C2		54		完全断开
1/2－D－C3		51		完全断开
1/4－D－C4	－45	44	42	完全断开
1/4－D－C5		42		完全断开
1/4－D－C6		41		完全断开
1/2－D－C4		42	41	完全断开
1/2－D－C5		37		完全断开
1/2－D－C6		44		完全断开
API－8C	－20 ℃下三个试样的平均冲击韧性值 A_{kv} 应不小于42 J，且单个试样冲击韧性值不低于32 J			
产品要求	－20 ℃下三个试样的平均冲击韧性值 A_{kv} 应不小于54 J，且单个试样冲击韧性值不低于47 J。－45 ℃下试验时，三个试样的平均冲击韧性值 A_{kv} 应不小于42 J，且单个试样冲击韧性值不低于32 J。			

表5 侧向冲击(室温，非标试验)

试样编号	温度/℃	冲击吸收能量/J	备注
CC1	23	149	未完全断开
说明	非标试验		

2 讨论分析

根据现场宏观拍摄的图1(c)主轴裂纹位置附近，并未发现明显撞击或变形痕迹，因此排除因磕碰导致的裂纹起裂。

虽然开裂位置设计了用于卸荷的过渡圆弧，已经释放了一部分应力，但从顶驱轴整体结构来看，圆弧过渡区属于变截面处，缩小了承载面积，依然是应力集中区域[2]。裂纹沿顶驱轴螺纹卸荷槽过渡圆弧分布，长度约1/2圆周；裂纹断口平直，较少分叉，宏观呈典型的脆性特征，从外壁多点起裂向内壁扩展，直至裂穿；裂纹起裂点可见明显的黑色区域，并伴随局部锈蚀，起裂点和扩展区断口微观形貌呈沿晶与准解理混合特征，且从外壁至内壁沿晶特征呈减少趋势；符合高强钢氢脆特征。断口起裂点EDS成分分析中发现残余S元素。

根据上文中通过对开裂附近金相观察表明，未发现变形组织。在对试样进行的冲击测试中也未发现异常，因此排除顶驱轴在服役过程中因工作压力过大或震动而产生裂纹的可能。因为顶驱轴在工作状态下是需要不断向下输送介质来平衡地下油汽压力，以防止井喷事故，因此主轴不存在高温工作环境，也排除了高温对裂纹的影响。

一般材料会随着强度、硬度的提高，应力腐蚀敏感性也会提高。试验中硬度为380HBW，说明产品对应力腐蚀的敏感性相对比较高[3]。

通常应力腐蚀的发生与其所处环境、承受的应力和材料特性有关。一般在油气田开采过程中，其开采设备通常会在潮湿环境中长期服役，而原油中可能含有的有机硫化物受热会分解出H_2S，溶解于水中，具有腐蚀性[4]，氢原子通常会自行运动到钢材内部组织当中，而且还会于晶格当中形成溶解效应，进而造成氢材料脆性提升，借助对外应力以及残余力影响，可能会形成比较显著的开裂的情况[5]。

综上所述，该轴在含有H_2S(EDS检测出S元素)的环境下，受应力(裂纹发生在应力相对集中的过度圆弧位置)和材料本身特性(材料硬度较高，对应力腐蚀敏感性高)影响，首先在卸荷槽过度圆弧外壁，沿环向多处形成微小的应力腐蚀裂纹(对应断口起裂点的黑色区域)，该过程可能较为缓慢；随后在酸性环境和较大载荷的作用下，材料以氢致开裂的形式发生扩展，扩展速度可能较快，直至裂穿整个壁厚。

3 结　论

主轴裂纹微观形貌呈沿晶与准解理混合特征，其中存在腐蚀性介质，材料本身硬度较高，判断为应力腐蚀开裂。根据以上结论建议：

(6)对主轴采用合适的热处理手段来降低其硬度，减小其应力腐蚀或氢脆敏感性

(7)减少主轴结构上的应力集中位置，或在应力集中位置增加保护措施，避免腐蚀介质的接触[6]。

参考文献

[5] 冷士华．顶部驱动钻井装置的技术应用研究[J]. 现代企业文化，2009(29)：2.

[6] 程翔，张洁，金莎莎，缪春辉．某300MW汽轮机主汽门门杆断裂原因[J]. 理化检验—物理分册，2022，58(8)：32—35.

[7] 周晓光，孟书君，周凯．液化石油气储罐表面裂纹检测与失效分析[J]. 石化技术，2022，29(5)：28—30.

[8] 闫凤芹，夏智富．硫化氢应力腐蚀原理与防护措施[J]. 炼油与化工，2009(1)：60—61.

[9] 王浩，胡硕，王瑞成，李明杰，陈光辉．在含H_2S井中油/套管的选型与应用调研[J]. 西部探矿工程，2021，33(4)：97—98.

[10] 李芳，张建军，张江江，等．塔河油田某油井管件在H_2S/CO_2/高矿化度耦合环境失效分析[J]. 热加工工艺，2022，51(6)：156—160.

[11] 艾芳芳，陈义庆，王储，等．H_2S分压对SA387M Gr. 11CL2(H)炼化管道用钢腐蚀行为的影响

[J]. 压力容器,2024,41(8):47－55.

[12] 苏国庆,李彦,窦站,等. 硫回收装置余热锅炉铵盐结晶腐蚀机理研究[J]. 压力容器,2024,41(6):73－82.

作者简介

刘嘉晨(1994),男,本科,助理工程师,从事金相检验工作,通信地址:100029 北京市朝阳区和平街西苑2号楼。

通信作者:宋明(1987),男,教授级高级工程师,从事特种设备安全评估与失效分析工作,通信地址:100029 北京市朝阳区和平街西苑2号楼,E－mail:songm214@foxmail.com。

氨水换热器小浮头螺柱断裂分析

朵志千,陆　铮,纪承祖

(中国石化股份有限公司金陵分公司,南京　210000)

摘　要:某石化公司污水汽提装置再沸器发生小浮头螺栓断裂,导致管壳程物料互窜,通过螺栓断口宏观形貌分析、材质成分分析、金相组织分析、扫描电镜观察等方法,并结合换热器实际运行的工况环境对发生断裂的螺栓进行综合分析。结果表明:造成小浮头螺栓断裂的原因为所处的壳程介质氨水中存在硫化氢,且有可能在浮头处浓缩,在拉应力和介质环境的综合作用下,导致了螺柱发生湿硫化氢应力腐蚀开裂。为避免类似的浮头螺栓断裂问题再次发生,从检修质量把控方面提出建议和措施。

关键词:污水汽提;浮头式换热器;螺栓断裂;硫化氢

5Analysis of the fracture of the small floating head screw of the ammonia water heat exchanger

DUO Zhiqian,LU Zheng,JI Chengzu

(Sinopec Jinling Branch,Nanjing 210000)

Abstract:A small floating head bolt fracture occurred in the reboiler of a certain petrochemical company's wastewater stripping unit,resulting in material interpenetration between the tube and shell sides. Through macroscopic morphology analysis of the bolt fracture,material composition analysis,metallographic structure analysis,scanning electron microscopy observation and other methods,combined with the actual operating environment of the heat exchanger,a comprehensive analysis was conducted on the fractured bolt. The results indicate that the cause of the fracture of the small floating head bolt is the presence of hydrogen sulfide in the shell side medium ammonia water,which may concentrate at the floating head. Under the combined effect of tensile stress and medium environment,the bolt undergoes wet hydrogen sulfide stress corrosion cracking. To prevent the recurrence of similar issues such as floating head bolt fracture,suggestions and measures are proposed from the perspective of maintenance quality control.

Keywords:Wastewater stripping;Floating head heat exchanger;Bolt fracture;hydrogen sulfide

1　背景介绍

1.1　换热器使用情况

某石化污水汽提装置氨水精馏塔底重沸器 E1011,在使用了 3 年后发生小浮头螺柱断裂。该重沸器规格:BES1200－2.5－388－6/25－6,管程介质为 1.0MPa 的蒸汽,入/出口温度 280℃/184℃,壳程介质为 1.5MPa 的氨水,入/出口温度 158℃/177.7℃。2023 年 12 月,发现该换热器蒸汽凝液 PH 值异常,有少量氨水夹带在蒸汽凝液中,进一步排查确认换热器管、壳程物料互窜。为消除换热器内漏问题,装置氨精馏单元停工,切出该换热器抢修消漏。换热器拆解时发现,11 根小浮头螺栓螺柱在拆除前就已断裂

(共 40 根),破坏小浮头法兰密封效果,是导致管、壳程物料互窜的主要原因。

浮头式换热器小浮头螺栓断裂会对于设备运行带来很大影响,螺栓断裂导致小浮头密封失效,引起介质的内部泄漏。内部泄漏会导致管、壳程物料互窜,将高压侧介质窜入低压侧不仅会造成介质损失,还可能引发环境污染、火灾甚至爆炸等安全问题,尤其是当介质为易燃、易爆或有毒物质时。

另一方面,小浮头泄漏会导致流体旁路,影响正常的热交换过程,降低设备的整体换热效率,增加能耗。频繁的维修堵漏不仅会对换热器所在单元的正常运转造成影响,如果没有找到造成泄漏的根本原因,频繁维修会消耗多余的修理费。

因此,需要对浮头式换热器小浮头螺栓断裂的原因进行深入分析,并采取对应预防措施,如选用合适的螺栓材料、定期检查介质成分、优化操作条件等,对于确保换热器安全生产和提高设备可靠性至关重要。

该文通过对某石化浮头式换热器小浮头螺栓断口宏观形貌分析、材质成分分析、金相组织分析、扫描电镜观察等方法,对螺栓断裂原因进行综合分析,并提出建议和预防措施,确保装置长周期稳定运行。

1.2 氨精馏单元工艺流程

V-1006/1-2 来的精氨气与氨精馏塔 T-1003 底稀氨水在混合器中混合,混合后的浓氨水经氨水冷却器 E-1009/1-2 与循环水换热至 40℃后进入循环氨水中间罐 V-1007,V-1007 内浓氨水由氨水循环泵 P-1005/1-2 抽出经氨水换热器 E-1010/1-2 壳程被换热到 114℃,进入 T-1003 的中部作为进料进行精馏。

T-1003 底部用氨水精馏塔底重沸器 E-1011 来加热,氨精馏塔塔底馏出物分两路,一路经 E-1011 加热后返回氨精馏塔塔底,另一路经 E-1010/1-2 与 E-1012/1-2 被冷却至 40℃后入混合器作为稀氨水吸收 V-1006/1-2 来的气氨。

T-1003 顶气氨进入气氨冷凝器 E-1008/1-2 与循环水换热后被冷凝成液氨,进入液氨贮罐 V-1008。V-1008 内液相经液氨输送泵 P-1007/1-2 出装置去液氨成品罐区。

2 失效分析

为查明氨水精馏塔底重沸器 E1011 小浮头螺栓断裂原因,对断裂的其中 6 根螺柱进行宏观、断口形貌、腐蚀产物、材质、硬度以及金相等分析。

2.1 宏观分析

6 根失效螺柱如图 1,从左至右依次为 1# 至 6# 样品。可以看出,有 5 个断裂位置在螺纹处,有 1 个断于双头螺柱中部的光杆处。所有样品断裂位置未见明显的变形,可以排除过载断裂的可能[1]。另外所有样品无论是断口还是侧面,均覆盖厚厚的黑色腐蚀产物,并且在断口侧面也能够见到裂纹,初步判断,断裂与腐蚀有关。为查明原因,在断口表面取腐蚀产物进行能谱分析,在 1# 和 5# 样品上取断口进行形貌分析,在 2# 样品上取金相试样进行微观组织及裂纹形态分析,见图 1。

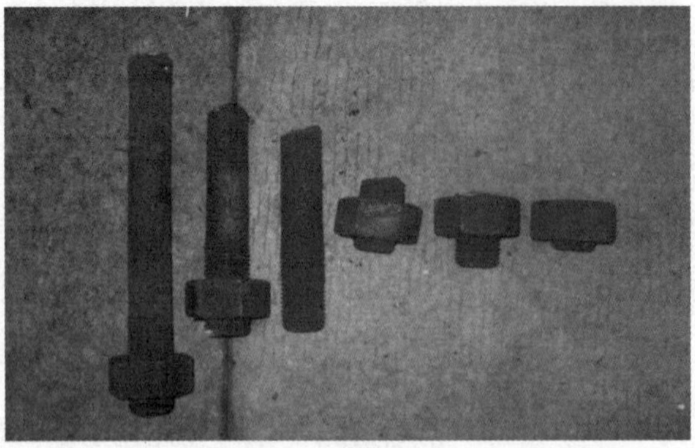

(a) 分析的6根失效螺柱

(b) 2#样品断裂位置

图 1 分析的 6 个样品宏观特征

2.2 断口腐蚀产物分析

1#样品断口表明覆盖较厚腐蚀产物，即使经过多次毛刷刷洗和多次超声波清洗，表面依然为腐蚀产物，观察不到真实的断裂特征。

5#样品相对较为干净，局部可见最终断裂时形成的新鲜断口。电镜观察表明，新鲜断口表现为韧性断裂的韧窝特征（见图2a），而且在新旧断口交界处腐蚀较轻的位置，观察到沿晶开裂的特征（见图2—b）。远离断口的位置，由于暴露在腐蚀介质中的时间较长，即使经过多次超声波清洗，表面依然覆盖着腐蚀产物，无法观察其真实断裂特征。

（a）新鲜断口上表现为韧窝特征

（b）沿晶断裂形貌2

图2　5#样品断口分析

随后对断口上的腐蚀产物进行能谱分析成分，其结果见表1。

表1　断口上腐蚀产物EDS分析结果

元素名称	Fe	S	O	C	P	Cr
原子含量(%)	33.31	32.31	20.33	12.78	0.88	0.39

从表1可以看出，腐蚀产物中主要含有Fe、S、O、C等元素(总含量超过98 at.%)，以及少量的P、Cr等元素。

5#样品的断口分析结果显示，在新旧断口交界的相对干净位置观察到沿晶断裂，腐蚀产物中含有大量的S元素，根据其与Fe的原子比(接近1∶1)，可以确定，腐蚀产物为FeS。依据换热器使用温度约130～160℃，初步确定螺栓断裂是因为发生了硫化氢引起的应力腐蚀开裂[2]。为进一步验证，随后对断口表面腐蚀产物的酸碱性进行检验。在断口表面滴5～6滴去离子水，静置5分钟，用PH试纸测试溶液酸碱性，结果如图3。

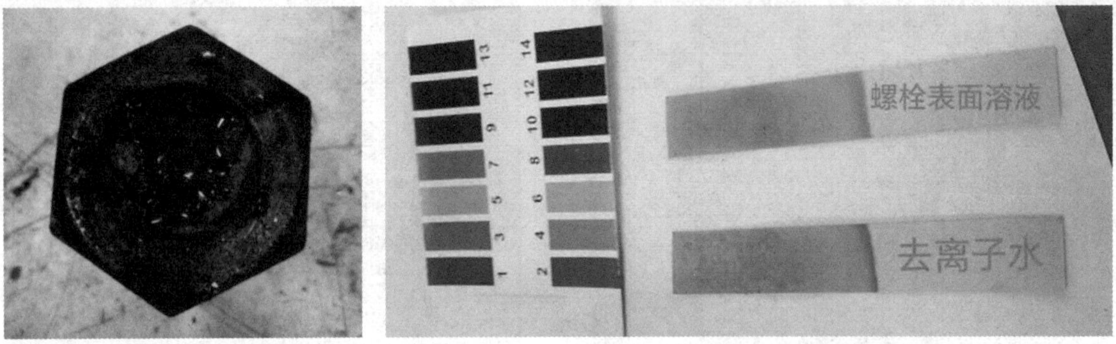

图3 腐蚀产物酸碱性检验

从PH试纸测试结果可以看出，去离子水为对比项，其PH值约为7，断口表面溶液PH值约为6，呈弱酸性，验证了分析结果，其主要腐蚀产物为FeS[3]。

2.3 金相分析

从2#螺柱上垂直于断口将螺栓沿轴线剖开，取下一块含裂纹的样品制成金相样品，如图4。采用光学金相显微镜观察断口附近纵截面的显微组织。可以宏观看出，裂纹从表面启裂，向芯部扩展。

对断口附近区域进行观察分析，如图5。可以看出，螺柱材料组织为索氏体组织，裂纹呈现出类似于河流形貌，进一步放大后可见主裂纹旁边的二次裂纹具有沿晶倾向，裂纹中充满腐蚀产物，具有硫化氢应力腐蚀开裂的特征[4]。

图4 螺柱金相样品

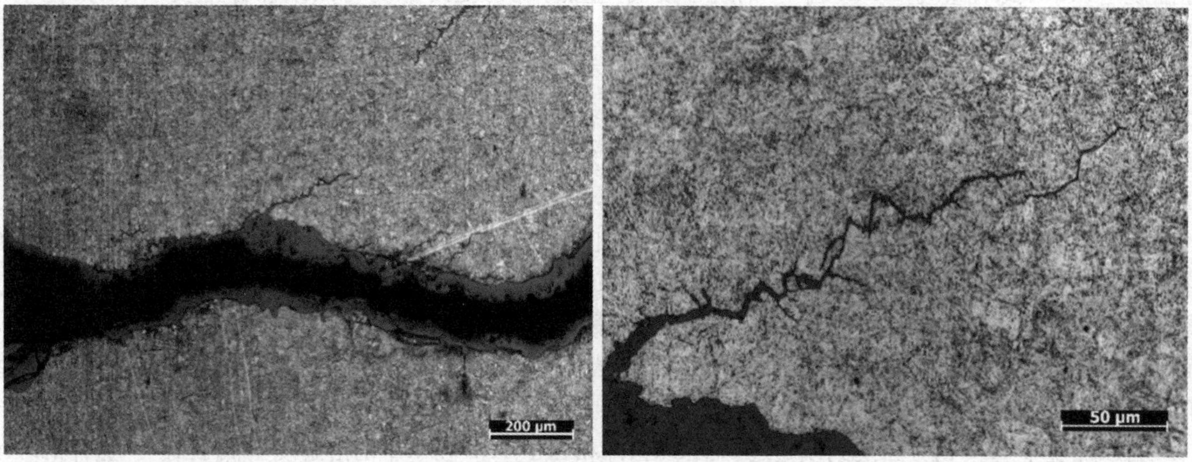

图 5　电镜下断口形态

2.4　硬度测试

随即对螺柱进行硬度测试，具体数据见表 2。

表 2　2＃样品螺柱表面附近和芯部硬度(HV10)

检测部位	1	2	3	4	5	6	均值
表面附近	295.3	317.0	298.2	332.3	320.3	319.4	313.8
芯部	315.4	325.4	301.2	295.3	299.7	313.8	308.5

结果表明其表面硬度约为 313.8HV，芯部硬度约为 308.5HV，硬度值偏高，远高于 GB/T 3077－2015 中对 40Cr 材料要求硬度≤207(HBW)[5]。

2.5　材质分析

依据图纸，浮头螺柱及螺母材料分别为 40Cr 和 45 钢。分别对其进行光谱分析，材质分析结果显示，螺母材料化学成分不符合 45 钢要求，应为 35CrMoA；螺柱材料化学成分满足 40Cr 钢的成分要求。

表 3　螺母化学成分检测结果

元素	C	Si	Mn	P	S	Cr
测定值	0.324	0.202	0.56	0.0013	0.0045	0.89
GB/T 699—2015(45 钢)	0.42～0.50	0.17～0.37	0.50～0.80	≤0.035	≤0.035	≤0.25
GB/T3077—2015(35CrMoA)	0.32～0.40	0.17～0.37	0.40～0.70	≤0.020	≤0.020	0.80～1.10

表 4　螺柱材料化学成分检测结果

元素	C	Si	Mn	P	S	Cr
测定值	0.392	0.2	0.56	<0.0005	0.0007	0.87
GB/T 3077—2015(40CrA)	0.37－0.44	0.17～0.37	0.50～0.80	≤0.020	≤0.020	0.80－1.10

3　综合分析

由材质分析结果可知：螺柱材料化学成分满足 GB/T 3077－2015 标准中 40Cr 钢的要求；螺母材料化学成分与图纸中要求的 45 钢不符，应为 GB/T 3077－2015 标准中 35CrMoA 钢。GB/T 150.2－2011

标准规定,40Cr 螺柱应与 40Mn 或 45 钢组合使用,显然,现场使用情况与图纸和标准要求不符,但不是造成螺柱应力腐蚀断裂的主要原因;

由硬度测试结果可知,螺柱表面附近实测硬度平均值为 313.8(HV10),相当于 297(HBW)。GB/T 150.2－2011 标准规定,40Cr 螺柱用钢棒的使用状态应为调质,调质回火温度≥550℃,所用材料标准 GB/T 3077－2015 中 40Cr 钢硬度≤207(HBW),显然实测硬度偏高。热处理不当会造成材料硬度值偏高,较高的硬度值增加了材料发生应力腐蚀的敏感性[6]。

由金相分析结果可知,螺柱材料为回火索氏体组织,裂纹呈现河流形貌并沿晶界扩展,裂纹中充满腐蚀产物。断口能谱分析结果表明,腐蚀产物主要为 FeS。同时腐蚀产物溶液呈弱酸性。由此可以判定,螺柱发生了硫化氢引起的应力腐蚀开裂。开裂的原因是由于螺柱在使用中承受较大的预紧力(拉应力),而所处的壳程介质氨水中存在硫化氢,且有可能在浮头处浓缩,在拉应力和介质环境的综合作用下,导致了螺柱发生湿硫化氢应力腐蚀开裂。

当水环境中 H_2S 的分压达到或超过 355Pa 时,即相当于 H_2S 在水中的溶解度不低于 10^{-6},这样的环境被界定为湿硫化氢环境。鉴于换热器的设计和操作条件,浮头部分位于换热器的末端,与含有 H_2S 的氨水介质直接接触,这意味着该处的螺栓实际上暴露于湿硫化氢环境中。金相检查显示,在螺栓断裂区域及其一侧外表面上发现了树枝状裂纹,这些裂纹主要沿垂直于轴向拉伸应力的方向发展,这与应力腐蚀裂纹的形态一致。此外,在断裂面下方,沿着分支裂纹可观察到一系列细小的阶梯状裂纹,这些特征与氢致裂纹相符。从宏观角度来看,螺栓断裂呈现出脆性断裂的特性。微观层面上,可以看到泥纹花样和阶梯状解理纹路,这些都是脆性断裂的典型特征。能谱分析进一步揭示了断裂表面存在较高浓度的硫元素,表明螺栓断裂与介质中 H_2S 的存在有直接关联。综上所述,可以推断该浮头螺栓遭受了湿硫化氢应力腐蚀开裂。

4 结束语

小浮头螺栓在换热器检修时采用定力矩紧固,定力矩紧固确保所有螺栓受到相同的预紧力,有助于均匀分布载荷,减少局部过载的风险,避免因过度拧紧或拧紧不足导致的螺栓应力不均。为了提高螺栓对硫化氢应力腐蚀的抵抗力,应在满足强度需求的前提下,选择硬度不超过 HBW207 的材料。本次检修后更新全部螺柱及螺母,浮头螺柱及螺母材料分别为 40Cr 和 45 钢,使用前检测螺柱硬度,符合材料标准 GB/T 3077－2015 中 40Cr 钢硬度≤207(HBW)。浮头法兰安装时采取定力矩紧固,自 2023 年 12 月使用至今使用正常,效果良好。

参考文献

[15] 闫红霞.低合金铬钼钢回火脆化研究[D].兰州:兰州理工大学,2016.

[16] 韩克甲,李锦锦,聂小可,等.35CrMo 钢螺栓断裂原因分析[J].热处理,2023,38(04):53－55.

[17] 周峰.湿硫化氢环境中石油化工设备的腐蚀防护[J].山西化工,2024,44(04):158－159..

[18] 乔莎莎,于广军,施亚汝.碳钢及低合金钢石化设备在湿 H2S 环境下的腐蚀机理与选材[J].化工装备技术,2023,44(04):46－50.

[19] 李慧.浅谈基于湿硫化氢应力腐蚀的压力容器设计和制造[J].中国设备工程,2023,(14):73－75.

[20] 李召东,司讷.对石油化工设备在湿硫化氢环境中的腐蚀与防护探讨[J].中国石油和化工标准与质量,2022,42(20):135－137.

作者简介

朵志千(1995),男,硕士研究生,工程师,主要从事炼油装置压力容器的使用管理工作;通讯地址:210000 江苏省南京市栖霞区甘家巷 388 号中国石油化工股份有限公司金陵分公司,E－mail:zuozhq.jlsh@sinopec.com,电话:025－58978726。

气化炉激冷室内壁应力腐蚀开裂分析及改进措施

陶昌明

(宁波市特种设备检验研究院,浙江宁波 315048)

摘　要:现役焦气化制氢装置气化炉激冷室内部衬里多采用 4 mm 厚度 316L 复合板,且介质为具有应力腐蚀开裂的诱导介质。本文针对定期检验中发现的激冷室内表面存在大量点腐蚀坑微裂纹及腐蚀坑,综合分析裂纹产生的原因,提出采用一种全新的双脉冲 MIG 熔敷技术,将一层致密、高镍铬度合金材料熔敷于气化炉激冷室内表面,形成冶金结合,重新修复防腐层,经验证防腐层具有耐腐蚀性好,浅熔深的特点,提高了气化炉运行可靠性和经济性。

关键词:气化炉激冷室;应力腐蚀开裂;点腐蚀;双脉冲 MIG 熔敷技术

Analysis and improvement measures for stress corrosion cracking of inner wall of gasifier quenching chamber

TAO Changming

(Ningbo Special Equipment Inspection and Research Institute, Ningbo 315048, China)

Abstract: The inner lining of the quench chamber of the gasifier in the existing coke gasification hydrogen production plant mostly adopts 316L composite plate with a thickness of 4mm, and the medium is the induced medium with stress corrosion cracking. In this paper, a large number of pitting corrosion pits and corrosion pits are found on the inner surface of the quench chamber during periodic inspection. The causes of the cracks are comprehensively analyzed, and a new double - pulse MIG cladding technology is proposed to deposit a dense and high nickel－chromium alloy material on the inner surface of the quench chamber of the gasifier to form a metallurgical bond, and the anticorrosion layer is repaired again. It is verified that the anticorrosion layer has the characteristics of good corrosion resistance and shallow penetration, which improves the reliability and economy of the gasifier operation.

Keywords: gasifier quench chamber; stress corrosion cracking; pitting corrosion; double pulse MIG deposition technology

0 引　言

近年来,随着制氢行业的高速发展,水煤浆加压气化制氢技术应用越来越广泛。其中,气化炉是整个焦气化装置的核心设备之一,水煤浆和空分产生的氧气在高温高压(2.5 MPa,1 400 ℃)下的气化炉内部发生部分氧化反应,生产粗煤气和固渣,后流经气化炉底部的激冷室激冷后,使气体和固渣分开,激冷室的工作温度及压力约为 160 ℃,1.4 MPa。气化炉激冷室介质:粗煤气(一氧化碳、二氧化碳、氢气、还有微量的硫化氢、氧气、氮气、甲烷、氨、氯等),黑水(含钙镁盐、煤灰、残碳、氯化物等),炉渣(钙镁盐、氧化铝、氧化铁、二氧化硅、残碳等),为应力腐蚀开裂倾向的诱导介质。面对严苛的服役环境,激冷室运行安全关乎整个装置的效益,尤其内表面衬里的腐蚀情况应该在定期检验中重点关注。

1 缺陷描述

2024 年 11 月,某大型石化企业在焦气化制氢装置气化炉切出定期检验时,发现气化炉激冷室内部复合板存在大量裂纹及点状腐蚀坑。经 PT 检测后发现激冷室内壁复合板和液相部分接管处存在大量的网状及树枝状裂纹,如图 1 所示。同时,激冷室内壁还发现大量点蚀坑微裂纹和腐蚀坑,裂纹由点蚀坑向外扩展,呈密集的树枝状,如图 2 所示。气化炉结构图详见图 3(其中红丝标注部分为气化炉激冷室),其设备主要技术参数见表 1。

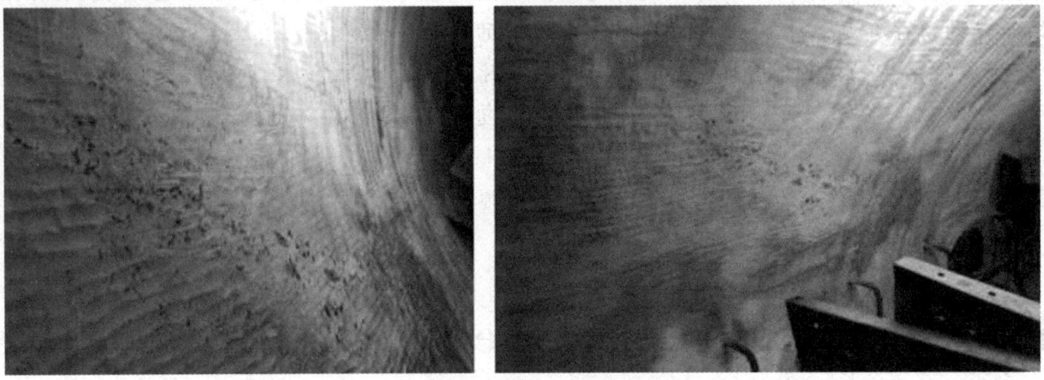

图 1　激冷室内壁裂纹的宏观形貌

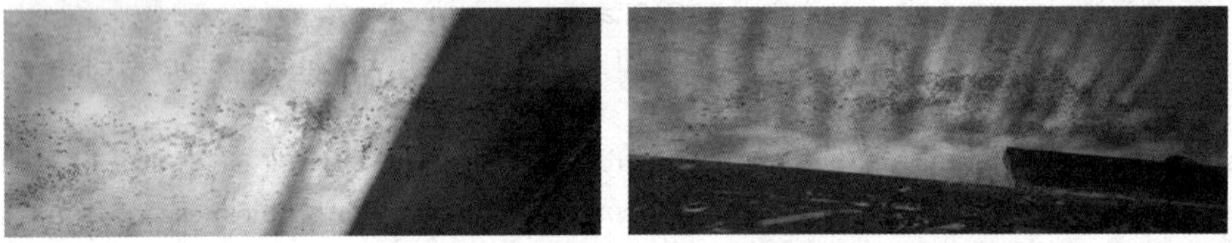

图 2　激冷室内壁腐蚀坑的宏观形貌

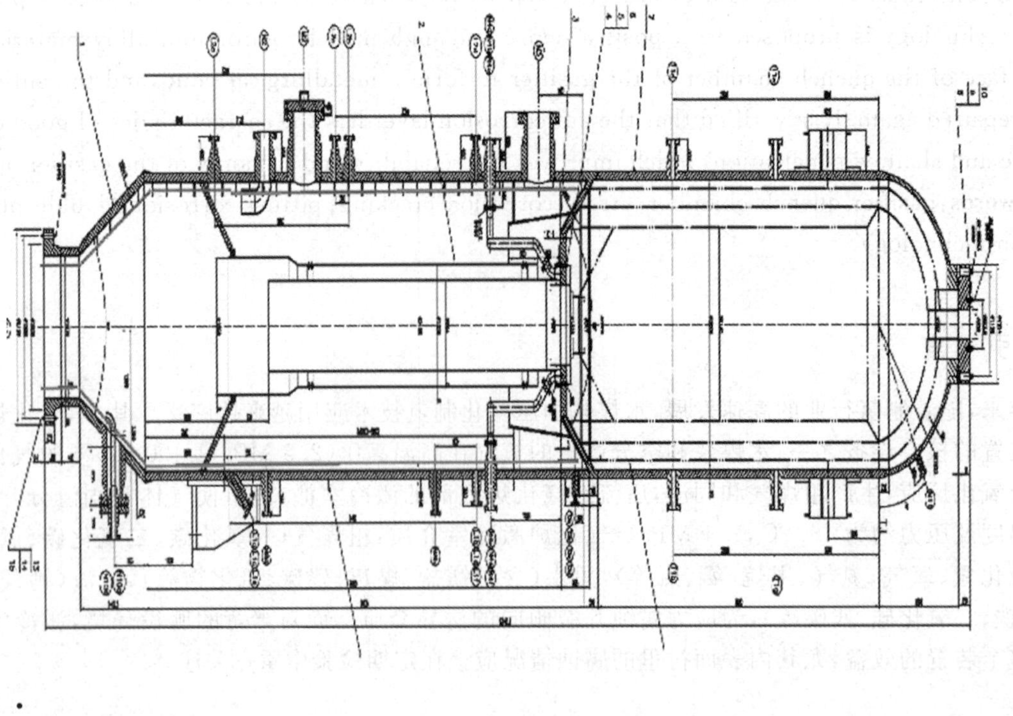

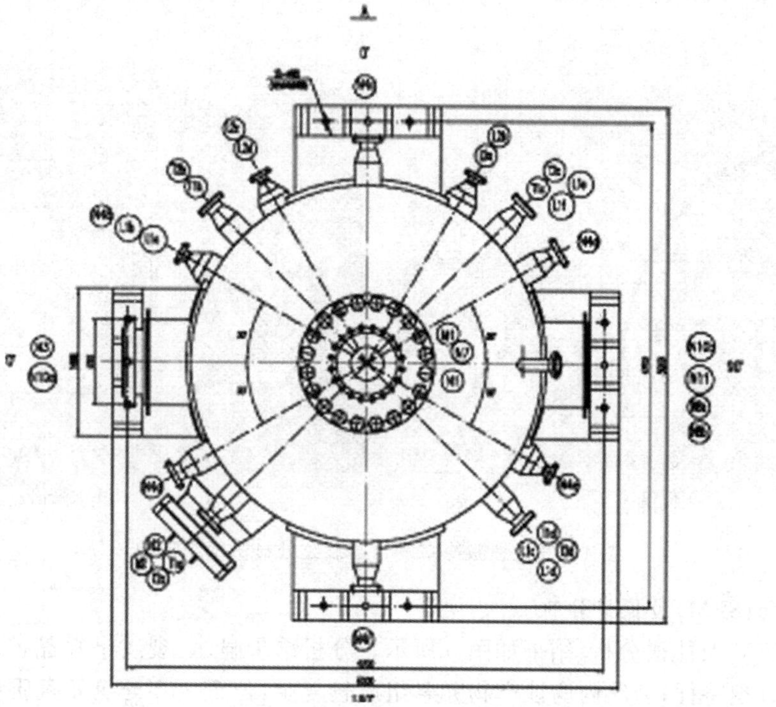

图 3 气化炉结构

表 1 设备主要技术参数

R1201A/B			
设计压力/MPa	1.9	工作压力/MPa	1.5
设计温度/℃	425	工作温度/℃	175(激冷室)
介质	高温煤气、熔渣	材质	SA－387GR11CL2＋S31603
厚度/mm	39＋4	腐蚀裕度/mm	3(激冷室)
设计使用年限	20 年	容积(m^3)/内径/长度	280/3 880/25 551
主体结构型式	单层	安装型式	立式
保温绝热方式	保温	支座型式	悬挂式

以上两台设备自 2015 年 5 月投入使用，至今已经服役近 10 年，服役环境苛刻。由操作工况及使用介质分析可知设备存在应力腐蚀开裂倾向，该分析通过大面积的表面无损检测也得到验证。

2 原因分析

2.1 水质分析

对气化炉激冷室底部的黑水取样并分析，检测试样中氯化物的含量。根据 GB/T 11896—1989《水质 氯化物的测定 硝酸银滴定法》要求对试样的氯离子浓度进行分析，结果显示氯离子浓度为 195 mg/L，表明气化炉激冷室液相介质中存在大量的氯离子，316L 复合层易发生氯化物应力腐蚀开裂。按照 GB/T 6920—1986《水质 pH 值的测定 玻璃电极法》对黑水进行检测，结果显示黑水呈酸性。

2.2 金相检验

使用砂轮机在气化炉激冷室复合层裂纹处取样，按照 GB/T 13298—2015《金属显微组织检验方法》对试样进行金相检验，结果如图 4 所示。分析结果显示：气化炉激冷室 316L 复合层材料组织为典型的奥氏体,晶粒较粗大,存在裂纹源;裂纹扩展后呈树枝状分布,有分叉,呈穿晶特征,为典型的氯化物应力腐蚀开裂裂纹。

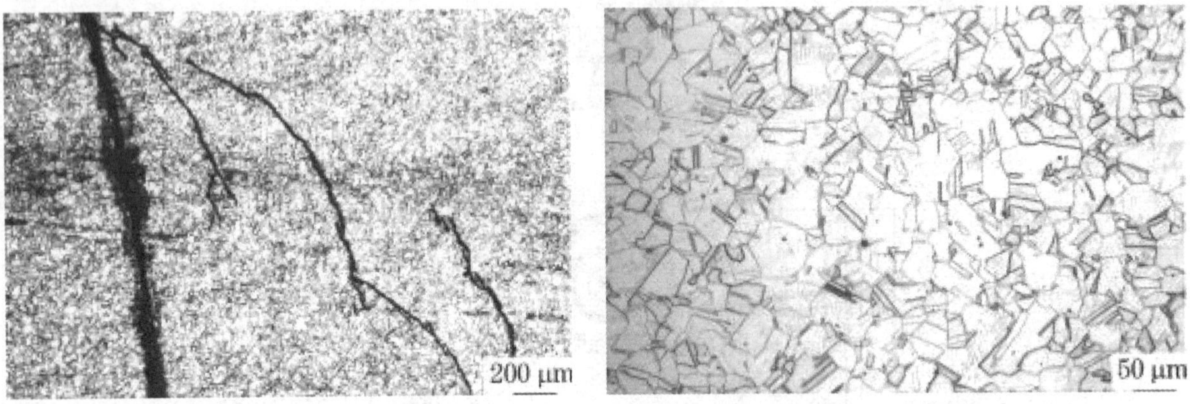

(a) 低倍　　　　(b) 高倍

图 4　气化炉激冷室复合层裂纹处显微组织形貌

2.3　扫描电镜(SEM)及能谱分析

对试样进行 SEM 及能谱分析,结果如图 5 所示。分析结果显示:裂纹呈穿晶扩展特征,裂纹末端有分叉,未发现沿晶开裂特征;裂纹内腐蚀产物元素组成较复杂,位置 1,2 处氯元素质量分数分别为 6.1% 和 5.1%,铬元素质量分数分别为 15.4% 和 13.9%,低于 GB/T 713.7—2023《承压设备用钢板和钢带 不锈钢和耐热钢》的要求(16.0%~18.0%),接近不锈钢具有耐腐蚀性要求的最低铬元素含量(质量分数为 10.5%),位置 1,2 处镍元素含量较少。因停工检修期间高压水枪对其内壁进行冲洗,大量的氯化物会被溶解冲走,故试样中实际氯元素含量可能更高。

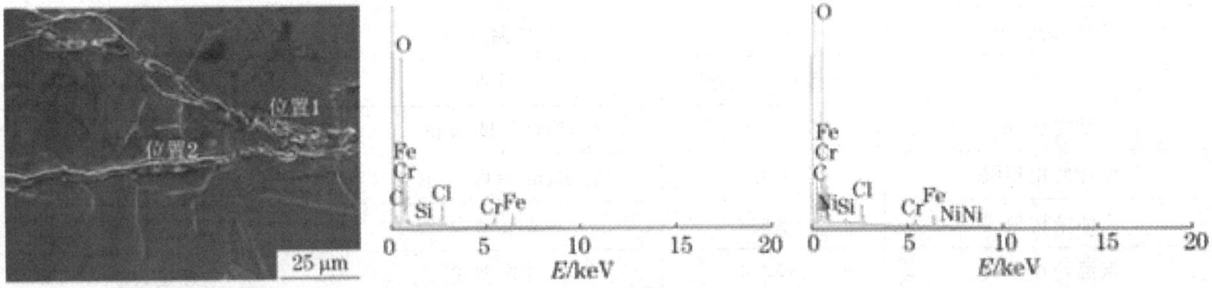

(a) SEM形貌及能谱分析位置　　(b) 位置1能谱图　　(c) 位置2能谱图

图 5　复合层裂纹处 SEM 形貌及能谱分析结果

2.4　失效原因综合分析

由气化炉激冷室 316L 复合层失效的腐蚀形态、使用介质分析、裂纹取样分析以及金相检验可以确定激冷室内表面开裂属于氯、硫离子引起的应力腐蚀开裂[1],同时存在点蚀坑微裂纹和和腐蚀坑。

2.4.1　点腐蚀

由于气化炉激冷室粗煤气介质中含有大量 H_2S,故激冷室底部黑水呈酸性。同时,激冷室内部氧气含量高,高浓度氯离子、低 pH 值、温度升高、充氧,每一因素在一定范围内都可能对点蚀有促进作用。裂纹处 Cr 元素含量较低,因为在点蚀发生后 Cr 原子被排挤,所以材料难以形成致密的保护膜,钝化膜的修复能力显著降低,316L 复合层无法依靠完整的表面钝化膜来抵御电化学腐蚀。同时,氯离子半径较小,极易从不锈钢表面的钝化膜孔隙中击穿至金属表面,并与金属原子形成可溶性氯化物,使不锈钢表面钝化膜失效。在氯离子含量较高的环境下,点腐蚀形成的内孔金属不断溶解,且酸性环境会使金属溶解进一步加快,随后经“自我催化过程”点腐蚀坑不断加深扩展。

2.4.2 应力腐蚀开裂

应力腐蚀是金属材料在应力与特定环境下的综合作用的结果。气化炉运行时，内部处于富氧状态，燃烧室气化产生的合成气中含有大量氯离子，随着气体流动，氯离子扩散至激冷室内壁，使材料形成了应力腐蚀开裂发生的外部环境条件[2]。

气化炉激冷室工作温度约为175℃，其运行过程中主要承受焊接过程中产生的残余应力、载荷作用下产生的应力以及温度变化产生的热应力等作用。此外，激冷室内表面接管焊缝焊接多为手工焊，焊接质量较差，焊接处拘束力大，焊接残余应力较高，且接管表面焊缝凹凸不平，液体流动性差，氯离子易在此处聚集，因此在接管焊缝熔合线和热影响区的裂纹较多。316L为应力腐蚀敏感材料，在腐蚀介质中，首先在表面形成一层保护膜产生钝化，使金属不进一步腐蚀，而当有应力作用时，保护膜在应力集中的局部区域开裂，并重新露出光洁的金属表面。这个新鲜表面在电解质溶液中点位相对较低，成为阳极，而其余具有保护膜的金属表面为阴极，两者组成一个腐蚀微电池，由于电化学反应作用，阳极金属变成正离子进入介质产生阳极溶解，从而在金属表面形成腐蚀腐蚀坑。在腐蚀坑或原有裂纹的尖端形成应力集中，使阳极电位降的更低，加速阳极金属的溶解，同时腐蚀产物在裂纹中的楔入作用，也会导致裂纹扩展。综上所述，激冷室内部316L复合层及接管在拉应力、氧元素和高浓度氯离子、高温的环境下运行，最终导致其发生应力腐蚀开裂。

3 改进措施

传统的裂纹缺陷修复方式为：根据探伤结果确定清除裂纹区域，使用碳弧气刨及手工打磨方式清除裂纹，然后采用316L焊条、镍基焊条或者镍铬合金焊条手工补焊[3]。但是，由于焊接电流大、焊后局部熔合性差、焊材耐腐蚀性能有限等因素，设备运行一段时间后，复合层仍然出现裂纹问题，无法彻底解决。针对该项目，提出采用一种新型修复方式。首先根据裂纹扩展深度，对筒体整体316L复合层表层通过碳弧气刨打磨等方式完全去除，再采用双脉冲MIG熔敷技术分区域对称对激冷室整体内壁整体进行熔敷施工，熔敷堆焊用焊丝为直径1.2 mm的镍基ERNiCrMo－3(Inconel 625)焊丝，最终完整的修复激冷室内壁防腐层，彻底解决裂纹再生问题。

3.1 双脉冲MIG熔敷技术原理及特点

双脉冲MIG熔敷技术是基于双脉冲焊机搭配特定的焊接程序的原理，以被熔敷工件为阴极，以金属熔丝为阳极，利用两极之间产生的双脉冲MIG弧作为热源，将金属熔丝融化产生金属熔滴，再通过熔敷机器人控制熔敷焊道的走向与叠加量在工件上熔敷特定性能材料的一种熔敷技术。具有以下特点：(1)合金熔敷层与基体为冶金结合，结合强度高，母材热影响区极小；(2)热输入量极低，可保证特定材料熔敷层具有极低的稀释率，确保材料性能；(3)结合层具有与母材浸润性好，减少熔敷缺陷和应力腐蚀、晶间腐蚀等的产生，在成熟的熔敷工艺的保障下，防腐熔敷层可长期的服役于各种苛刻腐蚀环境，保证设备长期安全运行。

3.2 双脉冲MIG熔敷技术改造后效果

经过双脉冲MIG熔敷后，在原基层上形成新的防腐复合层，如图6所示。

图6 修复后防腐复合层

新的防腐复合层合金含量大幅增加，Ni含量由12～13.5%提升到60%以上，Mo含量由2.5%提升到7.4%以上，Cr含量由19%提升到23%以上；Fe含量由60%降低到5%以下，如图7所示。

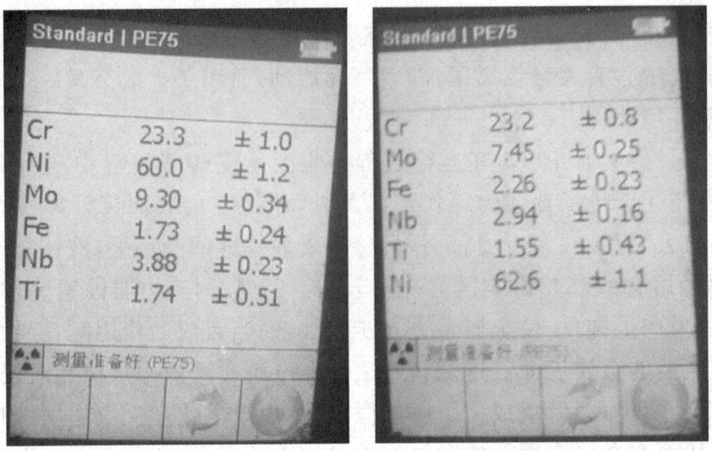

图 7　双脉冲 MIG 熔敷层光谱检测

新的防腐复合层经多次 PT 检查,完好无裂纹,如图 8 所示。

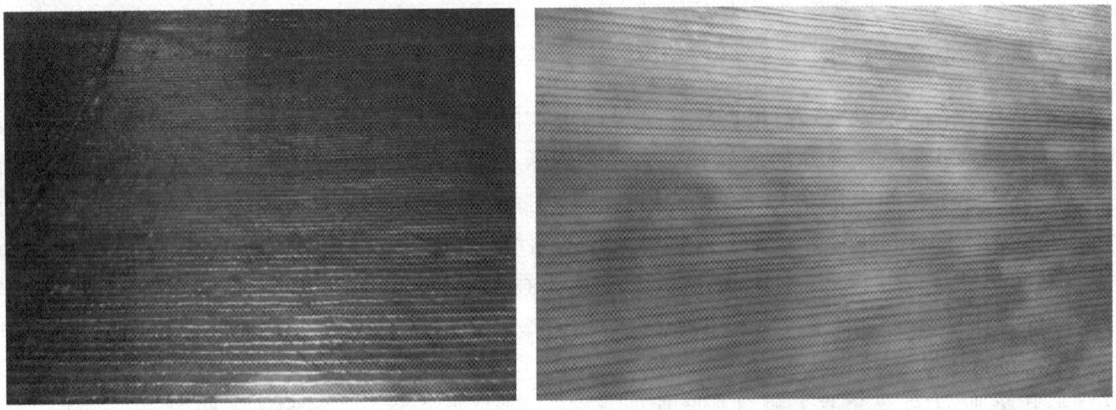

图 8　修复后防腐复合层 PT 检测

经过一段时间运行后检测双脉冲 MIG 熔敷防腐层仍然完好,没有出现裂纹。如图 9 所示。

图 9　运行一段时间后的熔敷防腐层

4　结　论

本文针对检验中发现的某大型石化企业气化炉激冷室原始材料为 Cr－Mo 合金钢基层＋316L 不锈

钢复合层，在使用过程中复合层表面反复出现点腐蚀坑和裂纹的问题，首先综合分析产生腐蚀坑和裂纹的主要原因是316L不锈钢在氯离子及特定环境下由残余应力引发的氯化物应力腐蚀开裂(CLSCC)[4-5]。考虑到温度越高，氯离子的浓缩概率越大，SCC的腐蚀速率加快，因此激冷室中上部筒体复合层失效模式多表现为CLSCC[6]，而底部点蚀的概率较高，结合现场的检测结果验证了我们的分析。其次在解决传统修复方法无法杜绝裂纹再次产生的现象时，考虑发生应力腐蚀开裂必须同时具备3个条件即表面应力、敏感材料和特定腐蚀环境(温度、氯离子、氧含量和pH值等)，消除其中任何一种因素均能有效防治应力腐蚀开裂。而对于特定工况选择不同的合金保护层是最好的解决办法，在氯化物环境中，提高合金复合层的镍含量能够防治应力腐蚀。试验表明，含镍超过45%的合金对氯化物应力腐蚀开裂免疫。因此本案例中使用双脉冲MIG熔敷技术堆焊镍基ERNiCrMo-3(Inconel 625)焊丝，使内壁复合层镍含量大于60%，从源头上消除应力腐蚀开裂的风险。最后，气化炉激冷室内壁复合层修复后，经过一段时间运行后经PT检测，验证没有再次出现新裂纹。因此，采用双脉冲MIG熔敷技术修复气化炉激冷室内壁复合层是成功的，适合以后在类似案例修复中的应用。

参考文献

[1] 王强．气化炉激冷室开裂原因分析及预防措施研究[J]．山西化工，2023，43(7)：113－114.

[2] 蒋作文，崔倩倩，沈冬奎，等．气化炉激冷室堆焊层开裂原因[J]．理化检验－物理分册，2024，60(5)：57－60.

[3] 杨美昆．气化炉激冷室内壁堆焊工艺技术[J]．中国特种设备安全，2018，34(10)：74－76.

[4] 陈静，孔范洋，许铁群，等．裂解炉稀释蒸汽管道三通开裂原因分析[J]．压力容器，2024，41(7)：56－62.

[5] 郭福平，吕运容，段志宏，等．重整装置双相不锈钢换热器腐蚀泄漏原因分析[J]．压力容器，2023，40(4)：59－66.

[6] 冯超．德士古气化炉激冷室裂纹原因分析及处理[J]．煤化工，2023，51(1)：121－124.

作者简介

陶昌明(1984)，男，高级工程师，长期从事压力容器压力管道检验技术和管理工作，通信地址：315000浙江省宁波市鄞州区江南路1588号A座宁波市特种设备检验研究院，E－mail：630504104@qq.com，电话：13858375189。

加氢装置管道的腐蚀失效分析与对策

李贵军，单广斌，刘小辉
（中石化安全工程研究院有限公司，山东青岛 266101）

摘　要：随着原油的日益劣质化，蜡油加氢处理装置原料中硫、氮、氯等腐蚀性杂质含量增加，装置腐蚀风险增大。本文分析了加氢处理装置混合氢管道的腐蚀状况，试验测定了管道所处的环境中介质的腐蚀性杂质的类型和含量，分析了管道材料的化学成分，进行了管道材料的金相组织分析，以及腐蚀穿孔部位材料的电子显微分析和微区 EDX 分析，对管道内部的流体流动状态进行了模拟计算，确定了混合氢管道三通的腐蚀失效原因，提出了防止管道腐蚀失效的技术措施。

关键词：加氢装置；混合氢；腐蚀；管道；材料；失效

Corrosion failure analysis and countermeasures of pipe in hydrogenation plant

LI Guijun, SHAN Guangbin, LIU Xiaohui
(SINOPEC Research Institute of Safety Engineering Co., Ltd., Qingdao 266101)

Abstract: As crude oil becomes increasingly inferior, the content of corrosive impurities such as sulfur, nitrogen and chlorine in the raw materials of wax oil for hydrotreating unit increases, corrosion risk will rise. In the paper, corrosion state of mixed hydrogen pipe in hydrotreating unit is described. The type and content of corrosive impurities in the medium contained in the pipe is determined by laboratory test. The metallographic structure of the pipe material was analyzed, and SEM inspection and EDX detection on micro－zone of site perforated through corrosion are carried out. The fluid flow state inside the pipe was simulated, failure reason of the reducing tee of the pipe is determined. Inhibiting measures of corrosion failure of the pipe are raised.

Keywords: hydrogenation plant; mixed hydrogen; corrosion; pipe; material; failure

0　引　言

催化裂化是炼油企业提高原油加工深度，生产高辛烷值汽油、柴油和液化气的最重要的一种重油轻质化工艺过程，在我国车用汽油中，催化裂化生产的汽油比例达到 74%左右[1-2]。随着原油的劣质化和重质化，催化裂化原料中硫、氮和重金属杂质含量增加，残炭、沥青质含量升高，影响了装置长周期运行和产品质量[3-5]。对含硫催化裂化原料的进行加氢处理，脱除大部的硫、氮化合物，降低原料中的多环芳烃含量，改善催化裂化原料的性质，从而提高催化裂化轻质油收率和改善相应的产品性质，并减少再生烟气中 SOx、NOx 的排放，是应对油品质量升级和环保要求提高的重要途径[6][7][8]。催化裂化原料加氢处理装置操作条件苛刻，高温、高压和临氢，物料中含有硫化氢、氯化物等腐蚀性介质，因腐蚀等原因造成的设备失效时有发生，影响了装置的安全稳定运行。通过对设备（构件）失效原因进行分析，找出影响因素，提出防止失效的措施，有利于保障装置的长周期安全稳定运行[9-10]。

1　混合氢管道的基本情况

某石化公司加氢处理装置2008年建成投产，年加工原料油320万吨/年，设计原料为高硫减压蜡油和焦化蜡油的混合油，其中焦化蜡油含量最高达到15%，设计加工原料油硫含量为3.19%wt、氮含量0.1%，为催化裂化装置提供脱硫原料。装置反应部分采用部分炉前混氢，热高分工艺流程。

装置混合氢与热高分气的换热流程见图1，脱硫后的循环氢经循环氢压缩机K－102升压后与来自K－101的新氢混合进入热高分气/混氢换热器壳程，与管程的热高分气换热，换热升温后的混合氢进入反应系统与原料油混合。混合氢进E－103管道设有副线，副线上设有流量控制阀，用于E－103管程出口热高分气的温度控制。E－103管程出口混合氢管道规格DN400，混合氢副线管道规格DN250，副线管道与E－103管程出口混合氢管道通过异径三通汇合，见图2。三通规格400×400×250(mm)，壁厚规格SCH160。2017年1月发现热高分气/混氢换热器E103热后混合氢和热前混合氢混合三通保温处有油烟冒出，3个小时后装置切断进料停车。拆开保温检查发现热高分气/混氢换热器E103后三通(DN400×250)泄漏，腐蚀泄漏部位位于三通底部，偏向主管流动方向下游，距支管中心线178mm。穿孔形状呈椭圆性，长轴50mm，短轴30mm如图3、图4所示。

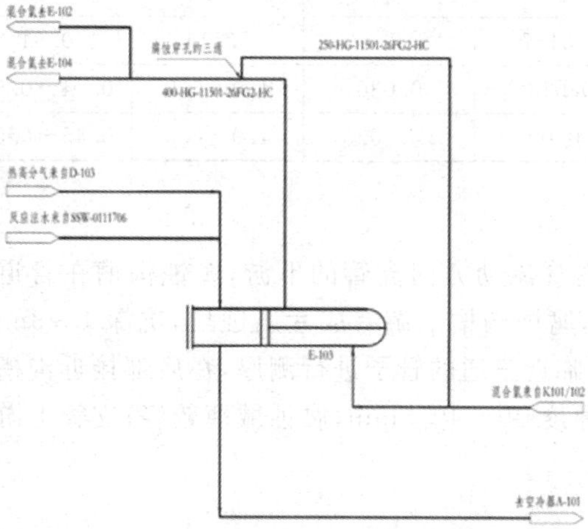

图1　混合氢与热高分气的换热流程

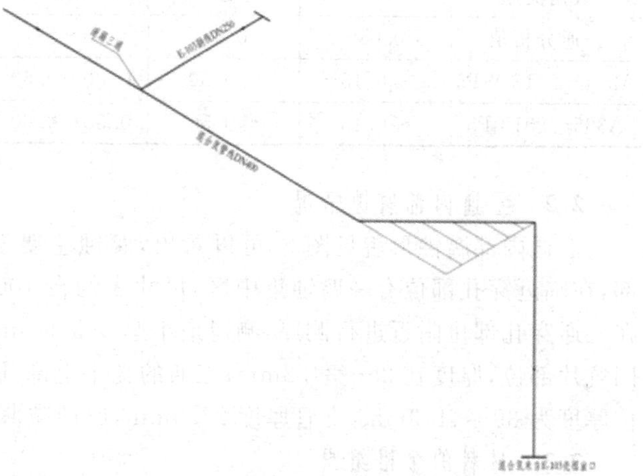

图2　混合氢管道图

图3　三通腐蚀穿孔部位图

图4　三通腐蚀穿孔尺寸图

2 三通的试验分析

2.1 化学成分分析

混合氢管道和副线管道、三通的基本情况见表1,管道介质混合氢,由本装置的脱硫后的循环氢和新氢组成,新氢来自本装置PSA单元产氢、重整装置来的补充氢和制氢装置的产氢,物料主要成分是氢气,还含有少量轻烃,及少量硫化氢、水分等杂质。采用火花光谱仪进行了三通的化学成分分析,分析结果和标准中的要求见表2,可以看出,三通的化学成分符合ASTM A234－2018中WP5的要求。

表1 管道的基本情况

管道	介质	材料	操作温度℃	操作压力MPa	流量$10^4 m^3$
主管DN400	混合氢	A335 P5	200	11.05	19
支管DN250	混合氢	A335 P5	78	11.05	3
三通	混合氢	A234 P5	183	11.05	19/22

表2 三通和管子的化学成分(%wt)

数据类型	C	Si	Mn	P	S	Cr	Mo
三通分析值	0.089	0.43	0.52	0.0147	0.0167	5.114	0.54
A234－2018 WP5	≤0.15	≤0.50	0.30－0.60	0.040	0.030	4.0－6.0	0.44－0.65
A335－2018 P5	≤0.15	≤0.50	0.30－0.60	≤0.025	≤0.025	4.0－6.0	0.45－0.65

2.2 三通内部腐蚀情况

三通内部腐蚀形貌见图5,可以看出,腐蚀主要发生主管流动方向支管的下游,腐蚀沟槽在管道底部,在临近穿孔部位有一腐蚀集中区,尺寸大约在100mm,腐蚀沟槽上游有成片腐蚀坑,坑深1～3mm。在三通穿孔部位附近进行测厚,测得最小厚度3.6mm。对临近三通的管子进行测厚,在底部接近沟槽的凹坑片部位,厚度在25～34.2mm;三通的在中上部部位,厚度39～40.8mm,腐蚀减薄较轻;支管上游部位厚度为39～41.3mm,支管厚度27.5mm,腐蚀减薄较轻。

2.3 材料的金相组织

从三通上取样,制成金相试样采用SCT－147金相显微镜进行金相组织观察和分析,显微照片见图6。可以看出,材料晶粒大小均匀,晶粒度为8级,金相组织组织为铁素体和珠光体,组织未见异常。测得硬度为HB135,符合A234－2018中要求。

图5 三通和管子的内部腐蚀情况

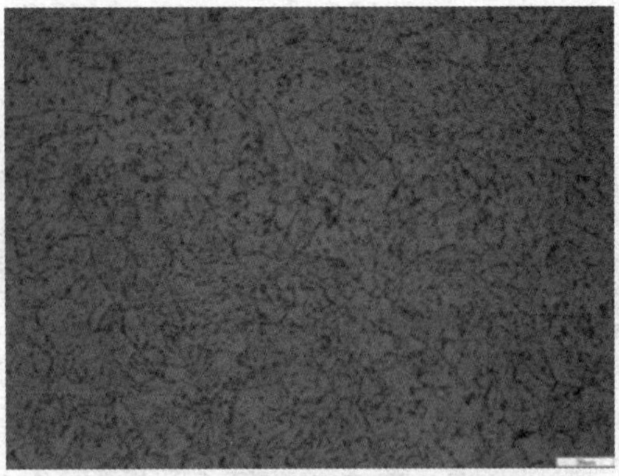

图6 三通材料的金相组织(500×)

2.4 管内凝液和垢物分析

对现场收集的管道内部凝液和垢物进行化验分析,凝液呈棕黄色,垢物呈黑色,取垢物用去离子水浸泡后进行试验分析，凝液直接进行化验分析，分析结果见表 3，从表 3 的分析结果可以看出，凝液和垢物溶液均呈酸性，氯和氨浓度很高，腐蚀性较强。

表 3　分析化验结果

样品	硫 mg/L	氨氮 mg/L	氯 mg/L	pH
凝液	1500	9500	2800	5
垢物	3230	6580	5800	5.4

2.5　电子显微分析

从三通上腐蚀穿孔部位取样进行腐蚀形貌电子显微观察和 EDX 成分分析，从图 7 的低倍照片上可以看到介质流动痕迹，EDX 微区成分分析结果见图 8 和表 4，图 8 照片上可以看到腐蚀坑形貌，可以看出，内表面主要元素构成为：C、O、Si、S、Cl、Fe、Mo 等元素，其中氯含量达到 2.36%wt。说明三通内壁垢物主要为一些氧化物、氯化物、硫化物和有机物，氯化物含量高于硫化物。

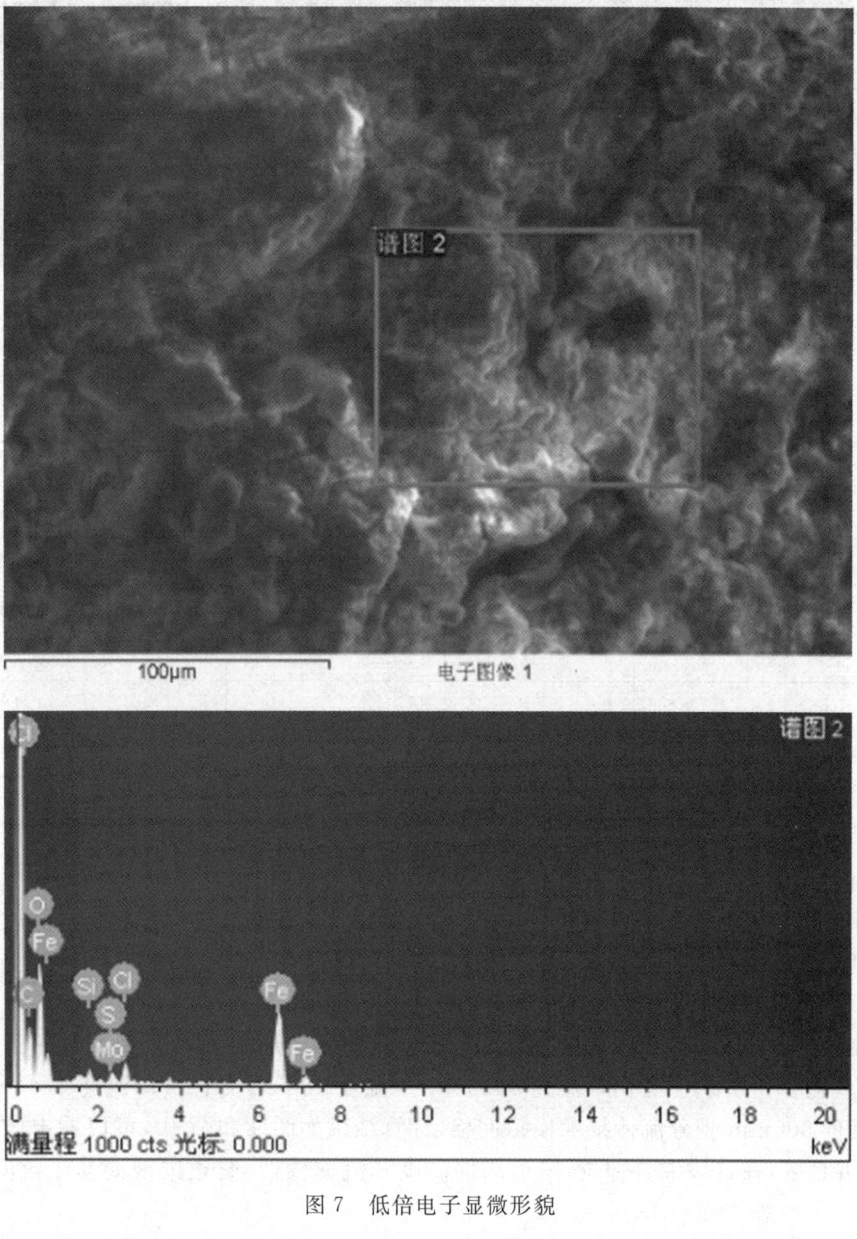

图 7　低倍电子显微形貌

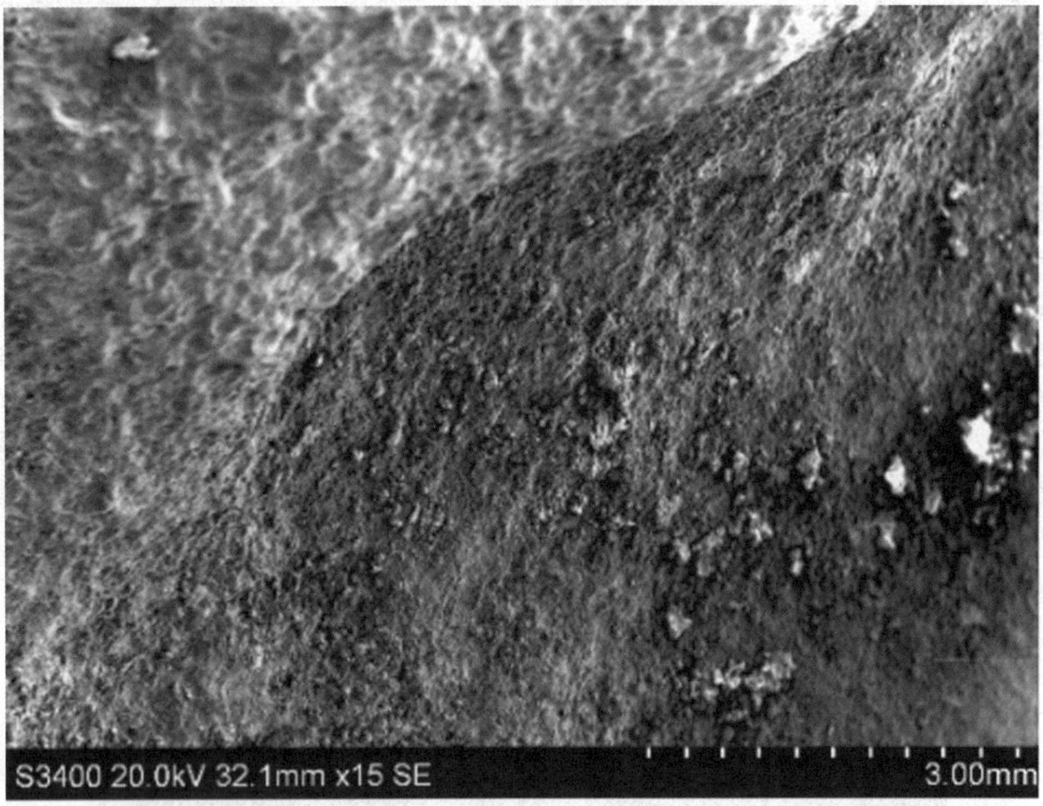

图 8　EDX 分析部位和结果

表 4　EDX 分析结果(%)

元素	Wt%	At%
C	31.83	47.25
O	38.82	42.87
Si	0.92	0.58
S	0.46	0.25
Cl	2.36	1.18
Fe	23.91	7.56
Mo	1.60	0.31

2.6　介质流动计算模拟

管道内流体流动状况不仅影响介质的混合传热、冷凝蒸发，而且影响对管道内壁的剪切应力，从而影响对管壁的冲刷磨损。通过对三通内部的流体流动进行分析计算，可以得到流体的速度分布和温度分布状况，有助于介质的腐蚀分析。

应用计算流体力学软件 ANSYS R15 进行了三通内部流场模拟计算，采用的边界条件如下：主管入口流速 8.82m/s，温度 200℃；主管出口流速 10.53m/s，温度 183℃；支管入口流速 2.41m/s，温度 78℃。从三通端面各延伸 500mm 划分流体技术模拟网格，计算结果如图 9 和图 10，可以看出，在支管流体进入后，下游有一段混合区，在这段混合部位，三通局部温度和流速较低，管道内液滴易于沉降并在管壁底部沉积。

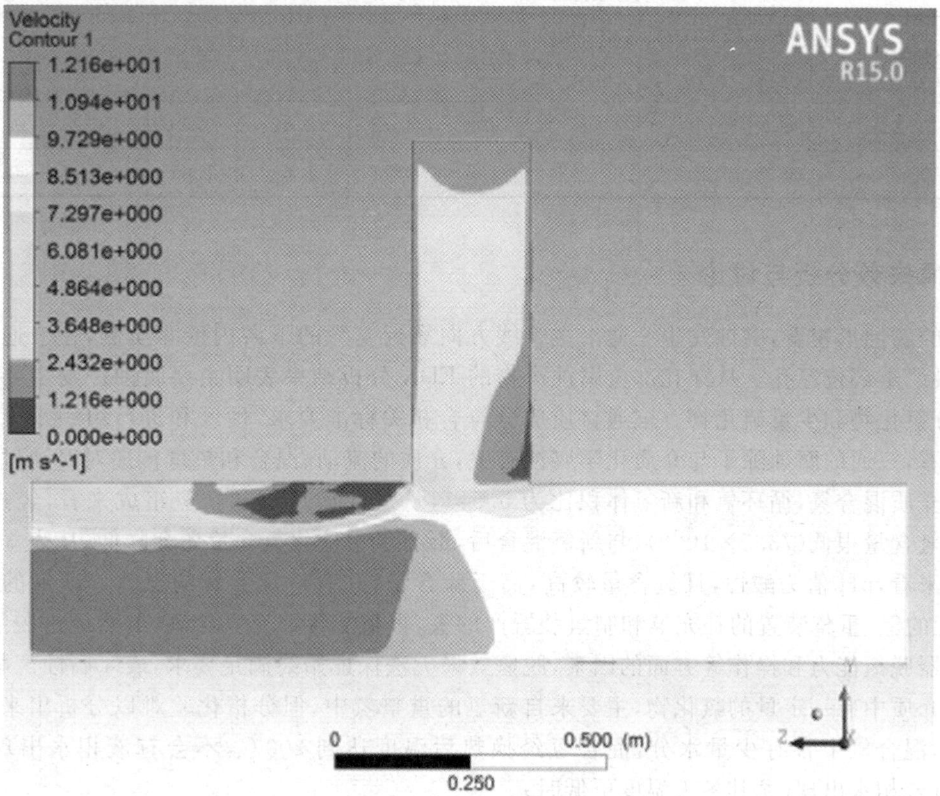

图 9　管道纵向截面的流体速度分布

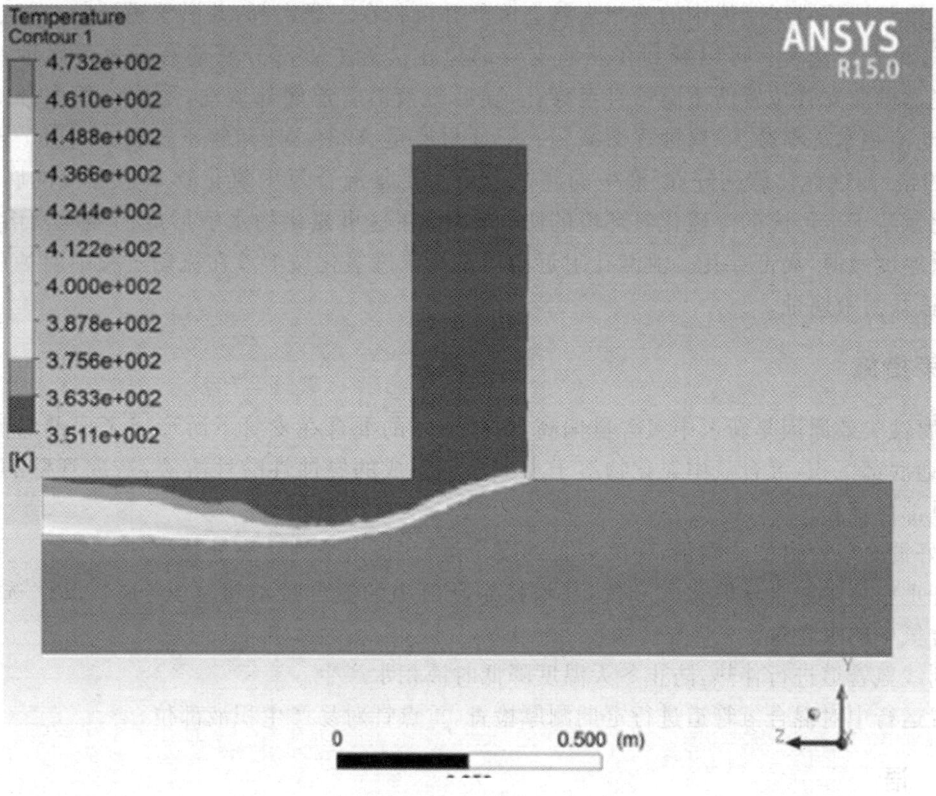

图 10　管道纵向截面的流体温度分布

表 5 循环氢和新氢中组分的体积分数

项目	氢 %	硫化氢 $\times10^{-6}$	$CO+CO_2$ $\times10^{-6}$	氯化氢 $\times10^{-6}$	C1 %	C2 %	C3 %	C4 %	C5 %
循环氢	81.4	73.5	0		9.8	5.12	2.42	0.99	0.17
新氢	92.85	0.3	32.2		1.8	2.11	1.64	1.02	0.3

3 三通失效分析与讨论

由三通的腐蚀形貌看，腐蚀发生三通沿主管线方向靠近支管的下游内壁介质侧，在三通底部有一段腐蚀沟槽，最严重部位穿孔。从穿孔部位腐蚀产物的 EDX 分析结果表明主要腐蚀产物主要为铁的氧化物，有一部分氯化物和少量硫化物。三通材质成分符合相关标准要求，硬度和进行组织未见异常。从腐蚀影响范围看，三通的腐蚀除了与介质化学腐蚀有关，介质的流动、混合和热量传递对腐蚀过程有影响。

三通内介质混合氢，循环氢和新氢体积比为 5.5:1，从表 5 循环氢和新氢组成来看，经过脱硫后，循环氢中硫化氢含量很低(73.5×10^{-6})，与新氢混合后，混合氢中硫化氢含量还会降低，从表 3 的垢物和水样分析结果来看，pH 值为酸性，且氯含量较高，高于硫含量，并有一定含量的氨氮。新氢的来源是本装置 PSA 单元的氢、重整装置的补充氢和制氢装置产的氢，重整装置补充氢含氯，虽然经过脱氯处理，但由于脱氯反应器脱氯能力和操作等方面的因素，脱氯效果无法保证始终满足要求，表 4 腐蚀产物 EDX 中的氯含量说明介质中有一定量的氯化物，主要来自新氢的重整氢中，但分析化验难以分析出来。从装置实际操作来看，混合氢中含有少量水分，混合氢经换热后温度达到 200℃，不会有液相水出现，副线温度 78℃，可能有液相水出现(尤其冬天温度更低时)。

副线管道走向是先向上再变水平，与三通的支管焊接(水平方向)。副线中的氢在进入三通后流动需要经过一段距离混合后才能达到管内流速和温度均匀，在临近三通入口区域，有一个低温区，同时有局部低速区，在这个流速停滞区副线中的液相水就会沉降并沉积在三通底部，并沿管道流动，在流动中与热的混合氢换热逐渐升温蒸发。可以看到在三通支管部位在接近主管部分底部有部分浅腐蚀坑，进入主管后，在管道底部偏向支管位置严重腐蚀直至穿孔，随后凝液沿管道底部流动，形成一段腐蚀沟槽，随着介质向下游流动液相水逐渐减少，腐蚀逐渐减轻。三通材质是 A234 WP5，管子材质为 A335 P5，材料中含有 5%左右的铬，耐蚀性比碳钢好，凝液中的腐蚀介质主要是混合氢中氯化物水解形成的腐蚀性酸性溶液，也有硫化氢溶于水形成的湿硫化氢环境的协同作用，在这里氯化物水解形成的强酸性溶液起主导作用，造成管道厚度减薄，局部穿孔。泄漏孔附近沟槽是高浓度氯化铵溶液在流动过程中腐蚀产生的，腐蚀机理是氯化铵盐溶液腐蚀。

4 对策措施

三通的腐蚀失效原因是新氢中氯含量偏高，两种流体的混合在支管下游形成了局部滞流低温区，使液相水在三通底部沉积，混合氢中氯化物溶于水中水解形成的腐蚀性酸性溶液，造成管壁的局部腐蚀减薄，腐蚀严重部位穿孔。

为了做好混合氢管道的防腐蚀，保障装置的安全运行，提出下列防腐蚀建议：

(1)做好重整氢中氯含量的化验分析，严格控制新氢中的氯含量不超过 $1\times10^{-6}wt$。选用高效除沫器，降低混合氢中的水含量。

(2)对副线氢管道进行伴热，防止冬天温度降低时液相水产生。

(3)装置运行中对混合氢管道进行定期测厚检查，重点针对易产生积液部位。

5 结 语

随着加工原料中硫、氮、氯等腐蚀性杂质含量的增加，加氢装置混合氢管道因局部温度偏低部位积水腐蚀导致失效的风险增大，需要从原料和操作条件控制，工艺防腐操作和定期腐蚀检测等方面采取应对措施，降低腐蚀失效可能性，以保障加氢装置的安全稳定运行。

参考文献

[1] 侯芙生．中国炼油技术[M]．北京：中国石化出版社，2011，5－7

[2] 陈俊武，卢悍卫．催化裂化在炼油厂中的地位和作用展望—催化裂化仍将发挥主要作用[J]．石油学报，2003，19(1)：1－11

[3] 蔡开鹏．催化裂化装置长周期运行的经验探讨 [J]．中外能源，2013，18(3)：89－95

[4] 部永先，贺振桂，李双平等．催化裂化装置长周期运行的调查 [J]．炼油设计，1998，28(2)：6－13

[5] 徐际斌．炼油装置长周期运行管理的对策[J]．石油化工设备技术，2013，34(5)：39－42＋8

[6] 张学辉．FRIPP 蜡油加氢处理技术开发及应用[J]．当代化工，2020，49(8)：1807－1811

[7] 李成刚．催化裂化装置劣质原料加工优化[J]．石油炼制与化工，2011，42(4)：14－18

[8] 杨维军，孙会东，吕清龙．炼油厂工艺装置结构调整趋势[J]．油气与新能源，2021，33(2)：116－120

[9] 徐彬．高压加氢装置长周期运行中腐蚀问题分析及解决措施[J]．石油炼制与化工，2012，43(11)：87－91

[10] 李贵军，单广斌．腐蚀失效分析与装置的安全运行[J]．安全、健康和环境，2018，18(2)：28－32

作者简介

李贵军，男，博士，高级工程师，研究方向为化工设备安全，通讯地址：266101 山东省青岛市松岭路 339 号中石化安全工程研究院有限公司设备室，E－mail：ligj.qday@sinopec.com，电话：0532－83786701。

炼化工业典型流动腐蚀失效机理及安全防护技术

金浩哲[1]，刘骁飞[1]，偶国富[2]，覃诗婷[1]，李　锐[1]

（1. 浙江理工大学 流动腐蚀研究所，杭州　310018；

2. 常州大学 机械与轨道交通学院，江苏常州　213164）

摘　要：炼化工业是我国国民经济的核心产业，其流动腐蚀问题已成为威胁企业安全生产的重大难题。本文以典型流动腐蚀失效机理及防护技术为研究对象，系统分析了露点、铵盐、冲蚀、磨损、气蚀腐蚀失效机制。基于多相多场耦合数值模拟与实验测量方法，构建了涵盖流场特性、温度场和腐蚀特征的表征预测模型，实现腐蚀位置、腐蚀速率与设备寿命等动态预测评估，并提出以在线监测和智能工艺调控为核心的安全防护技术体系。研究成果可为炼化装置的长周期安全运行提供了理论支撑与技术保障，对推动行业腐蚀防护标准化具有重大工程意义。

关键词：石油化工；煤化工；流动腐蚀；失效预测；安全防护

Typical flow corrosion failure mechanism and safety protection technology in refining industry

JIN Haozhe[1], LIU Xiaofei[1], OU Guofu[2], QIN Shiting[1], LI Rui[1]

(1. Zhejiang Sci - Tech University, FlowInduced Corrosion Institute, Hangzhou 310018;

2. Changzhou University, School ofMechanical Engineering and Rail Transit, Changzhou 213164)

Abstract: Refining and chemical industry is the core industry of China 's national economy, and its flow corrosion problem has become a major problem that threatens the safe production of enterprises. In this paper, the typical flow corrosion failure mechanism and protection technology are taken as the research object, and the failure mechanism of dew point, ammonium salt, erosion, wear and cavitation corrosion is systematically analyzed. Based on multiphase multi - field coupling numerical simulation and experimental measurement methods, a characterization and prediction model covering flow field characteristics, temperature field and corrosion characteristics was constructed to realize dynamic prediction and evaluation of corrosion location, corrosion rate and equipment life, and a safety protection technology system with on - line monitoring and intelligent process control as the core was proposed. The research results can provide theoretical support and technical support for the long - term safe operation of refining units, and have great engineering significance for promoting the standardization of corrosion protection in the industry.

Keywords: petrochemical industry; coal chemical industry; flow corrosion; failure prediction; safety protection

0 前 言

炼化工业是国家能源安全与化工产业链的核心支柱[1]。随着原油重质化、高硫化趋势加剧,生产装置长期处于高温、高压、多相流耦合的极端工况环境中,流体介质中硫化氢、氯离子等腐蚀性组分富集,叠加高速流动现象导致设备表面钝化膜持续破坏并诱发流动加速腐蚀[2,3]。流动腐蚀在炼化管道失效事故中占据主导比例,其风险呈隐蔽性、突发性与灾难性特征,是制约行业高质量发展的关键瓶颈[4,5]。

炼化加工过程中,加氢反应器、常减压塔顶冷凝系统等关键装备因露点腐蚀与铵盐腐蚀,常出现局部减薄、沟槽腐蚀及应力腐蚀开裂现象。Jin[6]等发现由于分离出的铵盐颗粒容易吸收水分,在水分存在下易潮解形成腐蚀性环境。张绍良[7]等构建腐蚀失效预测模型,通过分析系统内铵盐特性参数,明确了加氢装置换热器内主要是以 NH_4Cl 结晶沉积堵塞为主的失效模式。Liu[8]等揭示了 NH_4Cl 沉积是引起高压空冷器系统腐蚀失效的关键因素。在煤化工领域,多相流中固相颗粒的冲击动能使运输管道等设备材料表面产生微裂纹与塑性变形,加速 Cl^- 渗透并诱发点蚀萌生。金浩哲[9]等针对煤气化装置黑水阀的冲蚀磨损问题,采用 VOF 模型与 DPM 模型,研究了含固流体在流经节流区域时的损伤速率。陈志飞[10]提出了描述阀内介质闪蒸过程、颗粒运动过程和冲蚀磨损过程的模型,开展了阀内颗粒冲蚀磨损过程的数值计算。张鸣伦[11]等研究了模拟海水溶液下 316L 不锈钢的电化学腐蚀行为,发现高 Cl^- 浓度下金属表面的钝化膜更容易破裂,升高 Cl^- 浓度降低了材料的抗腐蚀性能。

本文围绕"机理－预测－防护"技术链条展开研究,在阐明炼化工业典型流动腐蚀机理基础上,通过结合实验装置和流体动力学模拟方法,构建涵盖流场、介质特性与材料性能的表征预测模型,突破传统经验模型局限性,并针对性提出状态监测防控策略,为炼化装备全生命周期完整性管理提供理论依据。

2 典型流动腐蚀失效形式及表征预测方法

2.1 露点腐蚀表征预测方法

露点腐蚀是化工生产中常见的现象,当设备表面温度低于周围气体露点温度时,气体在表面凝结成液态水,吸收腐蚀性气体。露点腐蚀表征预测方法包括工艺模拟、数值模拟和实验研究等方法。以常压塔为例,图 1 所示为常压塔顶油气混合物的冷凝曲线,在模拟结果中根据气相分率随温度的变化可得到塔顶特定位置的冷凝曲线,从而确定露点腐蚀高风险区域。

此外也可使用简化烃－水分层计算法计算水露点温度。需要假设水蒸气和气态烃的混合气体为理想气体,同时结合理想气体的道尔顿分压定律、拉乌尔定律和安托因方程,对露点温度进行试算:

$$K_i=\frac{y_i}{x_i}=\frac{P^0}{P} \tag{1}$$

$$\lg P^0=A-B/(T+C) \tag{2}$$

$$T\xrightarrow{P}K_i\rightarrow\sum\frac{y_i}{K_i}\rightarrow\sum\frac{y_i}{K_i}-1\leqslant\xi\rightarrow T_D=T,x_i=y_i/K_i \tag{3}$$

式中,T 为试算温度,P_0 为该组分的饱和蒸汽压,P 为系统的总压;x_i 为液相 i 组分的百分含量,为气相 i 组分的百分含量;ξ 为试差的允许误差,计算中一般取<0.01,达到允许误差时,所设温度即为所求的露点。

实验方法是另一重要的露点腐蚀表征预测方法。在实验装置中通入工艺系统模拟流体,通过控制温度、压力等参数可获得不同位置的腐蚀速率,确定露点腐蚀位置和程度[12]。如图 2 所示,通过进行模拟露点腐蚀环境实验获得的不同温度条件下试片腐蚀宏观形态情况。

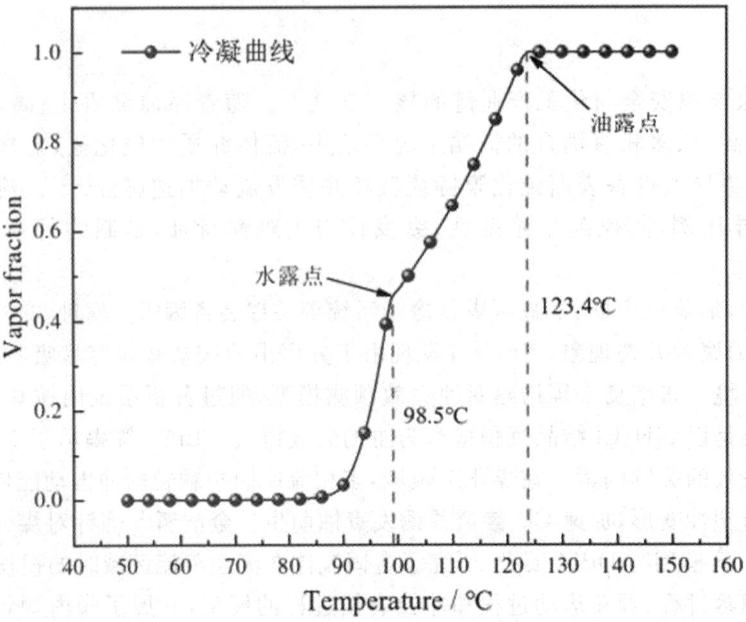

图 1 常压塔顶油气水物流的气相分率冷凝曲线

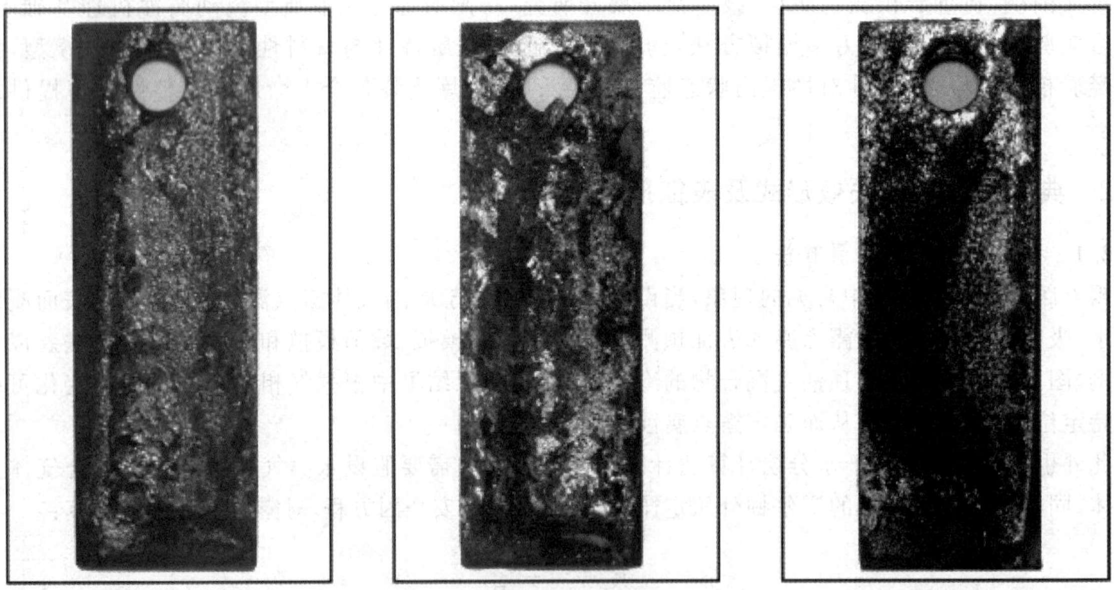

(a) (b) (c)

图 2 不同温度下露点腐蚀后的宏观形貌

2.2 铵盐腐蚀表征预测方法

铵盐腐蚀是炼化工业中由易结晶组分结晶沉积引发的材料破坏现象，多见于高温、潮湿或酸性环境，其失效机理包括电化学腐蚀、酸性腐蚀与沉积腐蚀等。对于高温、高压环境下加氢反应流出物系统冷换设备减薄，泄漏等失效现象，美国 API 协会通过收集历年失效数据，基于有限数据回归，给出了加氢反应流出物系统中铵盐结晶通用计算方法。NH_4HS 与 NH_4Cl 结晶温度可以作为判断其是否存在沉积堵塞及腐蚀风险的重要依据。API－932 标准中对加氢反应流出物系统 NH_4Cl 结晶温度计算提出了经验性公式，由下式所示：

$$T_{NH_4Cl}=\frac{-38150}{\ln(Kp\mathrm{NH_4Cl})-39.7}-460 \tag{4}$$

根据装置运行数据，建立了反应流出物空冷器系统 NH_4Cl 结晶预测模型，选取标定期间的典型工况，对 A－3101 空冷系统内的 NH_4Cl 结晶沉积风险进行分析，计算结果如图 3 所示。根据典型工况的计算结果，NH_4Cl 结晶温度为 205.9 ℃。在换热降温过程中，空冷器入口温度为 150 ℃左右，出口温度仅为 44 ℃，因此气相中的 NH_3 与 HCl 极易产生结晶反应生成 NH_4Cl 颗粒并沉积在管束内壁。

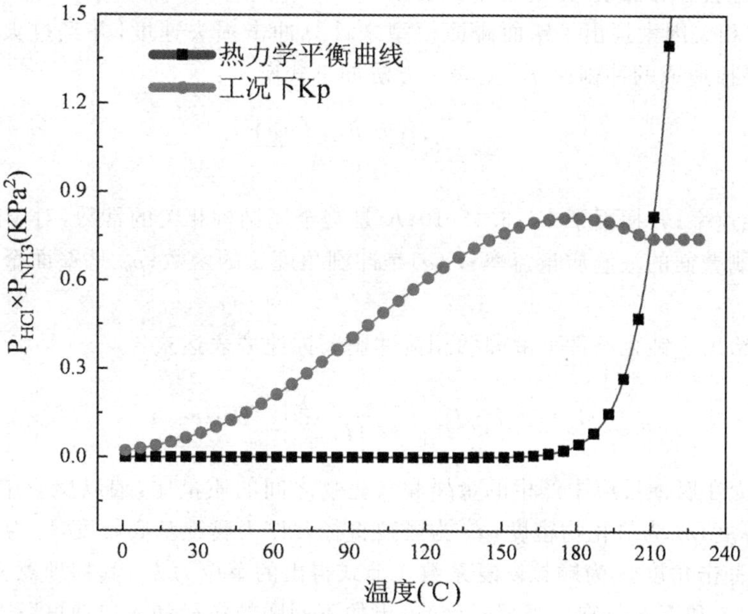

图 3　NH4Cl 结晶温度预测曲线图

对于铵盐沉积堵塞问题，可基于流体-颗粒耦合模型与腐蚀动力学方程，实现高风险区域的精准预测。如图 4 所示，CFD－DPM（计算流体力学－离散元耦合）方法可量化分析铵盐颗粒在流体中的输运、沉积及对设备表面的冲刷腐蚀行为，结合腐蚀动力学模型从而可以实现铵盐沉积－堵塞－垢下腐蚀等过程多物理场耦合定量预测。

图 4　加氢空冷器氯化铵颗粒停留时间

2.3 冲蚀腐蚀表征预测方法

冲刷腐蚀(冲蚀)是腐蚀性流体流经金属表面时对其造成损伤的过程。它从作用机理上可分为冲刷和腐蚀两部分。冲刷腐蚀造成的金属材料损伤是冲刷力学因素和腐蚀电化学因素耦合作用结果[13-15]。实际运行工程中,设备的冲刷腐蚀行为会受到外部环境、输送物质及其性质、设备自身情况等多方面的影响,且各个因素之间也会互相影响,该过程十分复杂[16-19]。

HUSER[12]结合相关因素提出了壁面碰撞模型来计算冲击损失速度,并经过大量研究工作[20-22]的应用和验证。具体碰撞造成的冲刷速率 E_R 表示方法如下式所示:

$$E_R = C\frac{Ku^n m_{drop} F(\alpha)}{\rho w A} \tag{5}$$

式中,E_R 为冲刷腐蚀速率;转换因子 $C=3.15e10$;K 是与金属结构相关的常数,对于碳钢 $K=2e-9$;u 是碰撞速度;m_{drop} 是冲刷壁面的液滴质量流率;$F(\alpha)$是冲刷角度 α 的函数;ρ_w 是壁面金属材料的密度;A 是液滴冲刷的面积。

M. M. Stack[23]给出了钝化条件下液固两相流冲刷腐蚀速率表达式:

$$M_t = \pi k_2 h \rho_f d_p^2 \left[\frac{\rho_p(1-e^2)}{6H_S}\right]^{0.5}(V\sin\alpha_1) \tag{6}$$

常数 k_2 被定义为在腐蚀反应中产生的金属和氧化物之间的质量比,乘以反应中金属的摩尔数,h 为腐蚀产物的氧化层厚度;ρ_f 为氧化物密度,d_p 为颗粒直径,H_s 为腐蚀基底硬度,V 为颗粒冲击速度,ρ_p 为颗粒密度;α_1 为颗粒冲击角度,e 为颗粒恢复系数。上式得出的单位为 k_g,其物理意义为单个颗粒冲击氧化膜的去除质量。图 5 和图 6 分别为根据式(6)得出的不同颗粒粒径和入口速度下弯头的冲刷腐蚀云图及最大冲刷腐蚀量。

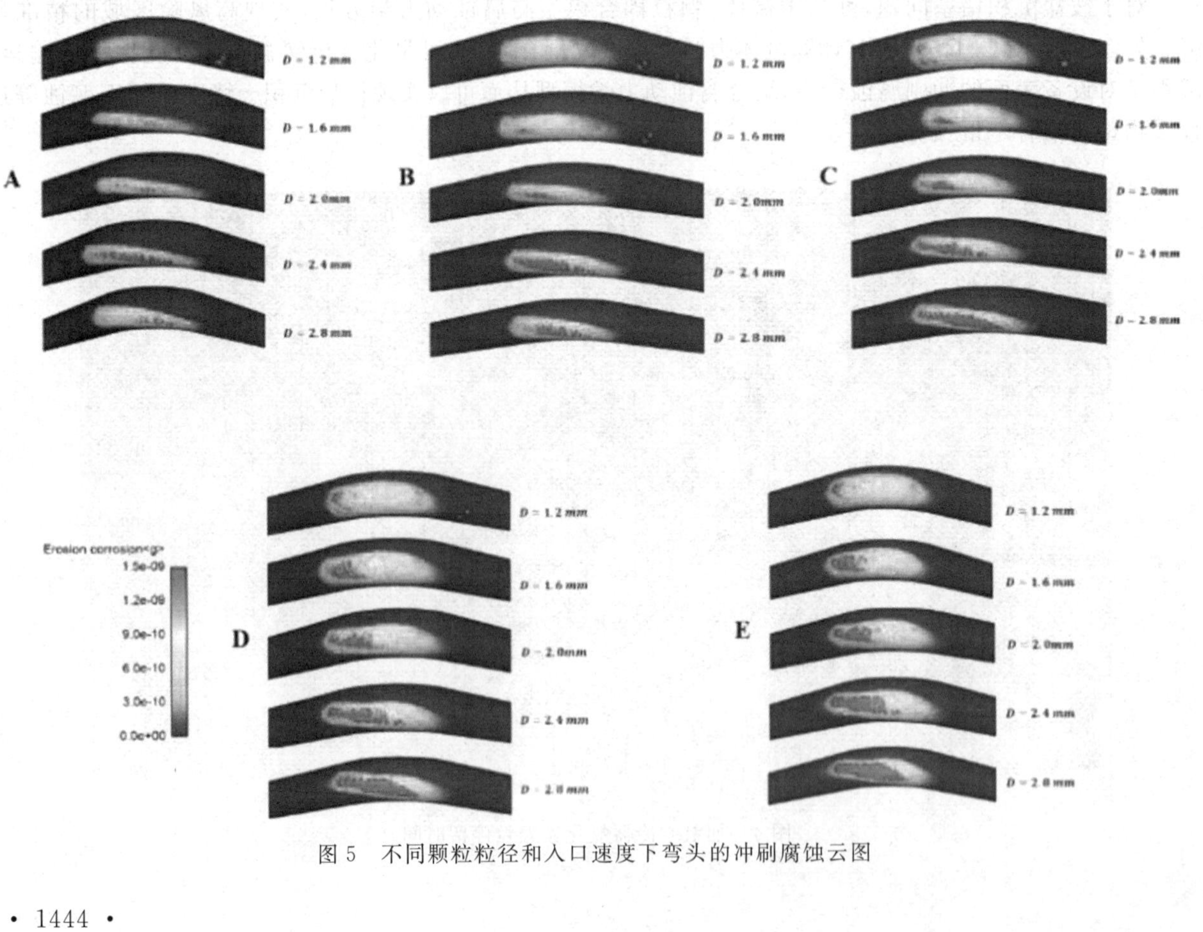

图 5 不同颗粒粒径和入口速度下弯头的冲刷腐蚀云图

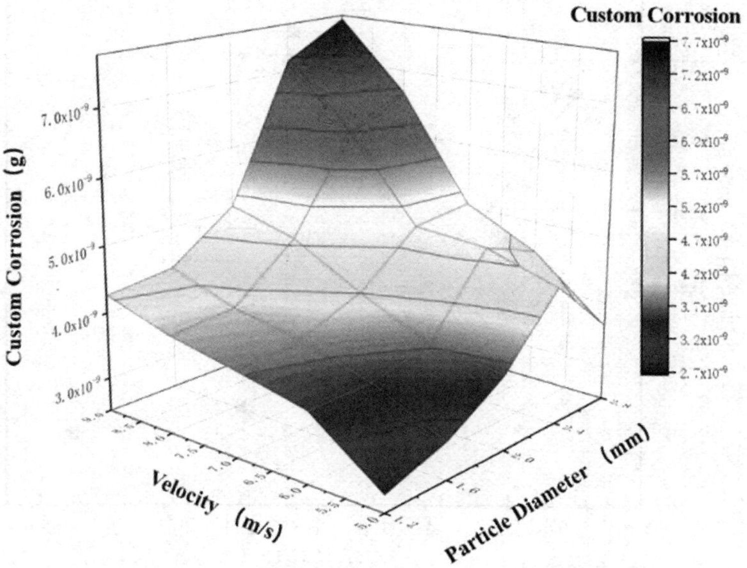

图 6　不同颗粒粒径和入口速度下弯头的最大冲刷腐蚀量

2.4　流动磨损表征预测方法

流动磨损是指材料表面因流体或含固体颗粒的流体的持续冲击、摩擦或湍流作用，导致材料逐渐损耗或破坏的现象[24]。其预测模型发展经历了从经验公式到多物理场耦合的演变。早期研究以 Finnie 模型[25]为代表，基于微切削理论提出：

$$E=KV^{n}\sin\theta(0°\leqslant\theta\leqslant45°) \tag{7}$$

式中，K 和 n 为材料常数，适用于脆性材料低角度冲击场景，但对高角度($\theta>45°$)预测误差显著。

为改进塑性材料预测精度，Bitter 模型[26]将磨损分解为切削与变形两部分：

$$E=\frac{mpV^{2}}{2H}\left(\sin^{2}\theta-\frac{H}{3\sigma_{y}}\right)(\theta<\theta_{cr}) \tag{8}$$

引入材料屈服强度 σ_y 和临界冲击角 θ_{cr}，误差降至±15%。

近年普适性更强的 Oka[27]修正模型通过无量纲化参数统一多变量影响：

$$E=K\left(\frac{V}{V_{0}}\right)^{k_{1}}\left(\frac{d_{p}}{d_{0}}\right)^{k_{2}}\left(\frac{H}{H_{0}}\right)[(sin\theta)^{n_{1}}+C(1-sin\theta)^{n_{2}}] \tag{9}$$

式中，$k_1=2.4$，$k_2=0.2$，$k_3=0.5$，$n_1=1.5$，$n_2=2.0$，$C=0.3$，覆盖粒径 1－500 μm、角度 0－90°，综合误差±10%，广泛应用于输砂管道，如图 7 所示。当前研究聚焦多尺度数值模拟(CFD－DEM)与数据驱动模型[28,29]。未来需融合介观颗粒一表面相互作用与微观材料疲劳机理，构建跨尺度预测框架。

2.5　空化气蚀表征预测方法

空化是指液体在低压区域(低于其饱和蒸气压)形成蒸气气泡的过程。空化空蚀现象常见于泵、阀、水轮机等存在节流流道的流体机械设备当中。

现有主流空化模型主要基于质量传输理论构建，根据对空化物理机制的不同描述可分为 Schneer－Sauer 模型、Singhal 全空化模型和 Zwart－Gerber－Belamri 模型。上述三种模型均基于 Rayleigh－Plesset 方程推导得到。忽略空泡与液相之间的相对滑移速度，该方程可用以下形式表示：

$$R_{B}\frac{d^{2}R_{B}}{dt^{2}}+\frac{3}{2}\left(\frac{dR_{B}}{dt}\right)^{2}=\frac{P_{B}-P}{\rho_{l}}-\frac{2\sigma}{\rho_{l}R_{B}}-\frac{4\mu_{l}}{\rho_{l}R_{B}}\frac{dR_{B}}{dt} \tag{10}$$

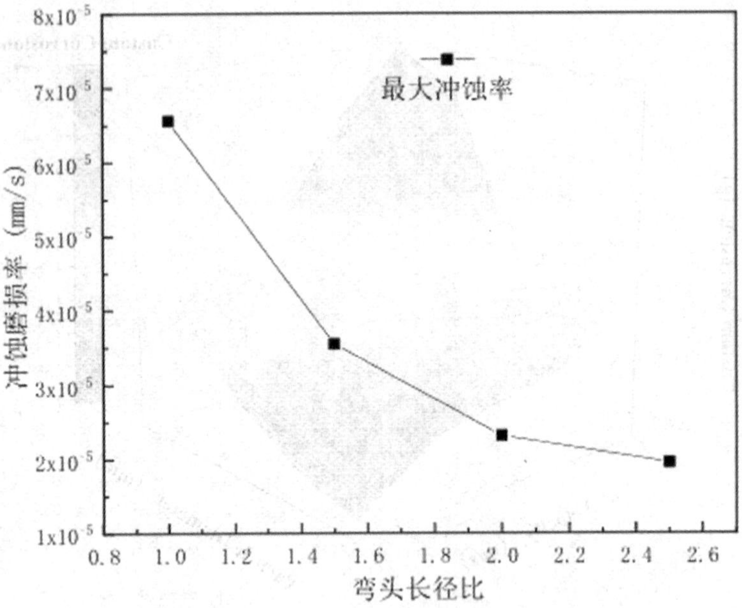

图 7 基于 Oka 模型预测弯头长径比、弯头弯曲角度与流动磨损速率的关系

Schneer - Sauer 空化模型能够准确模拟空化初生和发展的过程，适用于主相为液体，液体压力降低至饱和蒸汽压以下时发生的空化场景。该模型中蒸发相与凝结相可由下式描述：

$$R_e = \frac{\rho_v \rho_1}{\rho} a_v (1 - a_v) \frac{3}{R_B} \sqrt{\frac{2(P_v - P)}{3\rho_1}} \quad P_v > P \tag{11}$$

$$R_e = \frac{\rho_v \rho_1}{\rho} a_v (1 - a_v) \frac{3}{R_B} \sqrt{\frac{2(P_v - P)}{3\rho_1}} \quad P_v > P \tag{12}$$

式中，R_B 为气泡半径，P 为流体介质的压力，P_B 为气泡内部的压力，ρ_l 为液体密度，σ 为液体的表面张力系数。

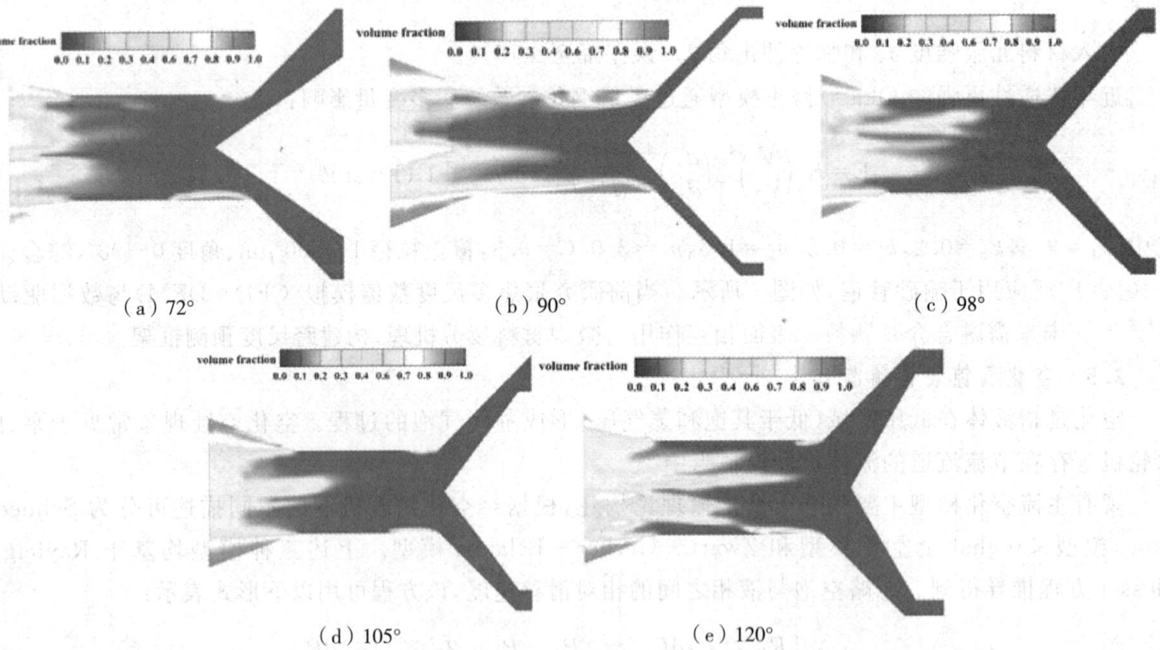

(a) 72° (b) 90° (c) 98°

(d) 105° (e) 120°

图 8 不同阀芯结构条件下阀内空化区域云图

目前，针对于空化空蚀主要是通过研究近壁面处的气液相变，通过近壁面处的气相体积分数以及流体机械内部的气体相的体积的量来表征空化空蚀的强度。以煤液化工艺流程当中的热高分液位控制阀为例，研究了不同阀芯角度条件下阀内的气相体积以及近壁面处的气相体积分数，结果如图 8 与图 9 所示。

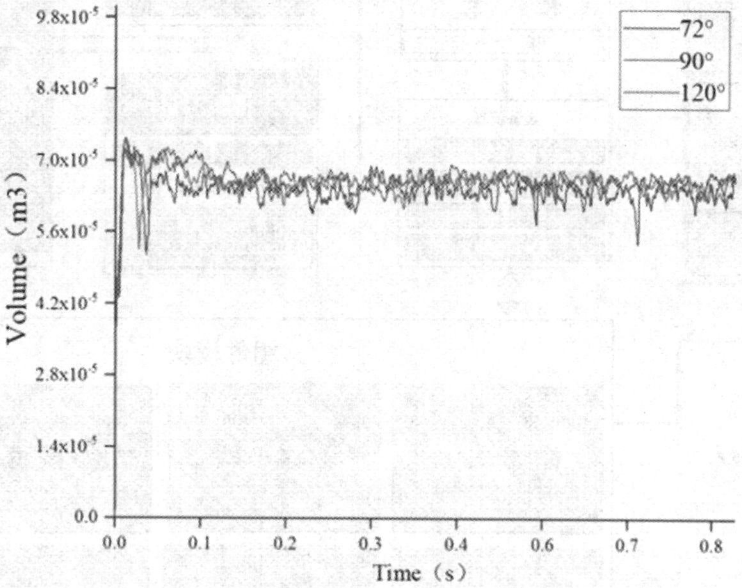

图 9　不同阀芯结构条件下阀内气相体积随时间的变化

3　流动腐蚀状态监测及防护技术

3.1　数据采集

在流动腐蚀机理监测中，数据采集是实现腐蚀防控的基础。数据采集模块通过传感器和监测设备(图 10)收集与流动腐蚀相关的数据，包括温度、压力、流速、腐蚀性离子浓度、pH 值和腐蚀速率等。

(a) 监测设备

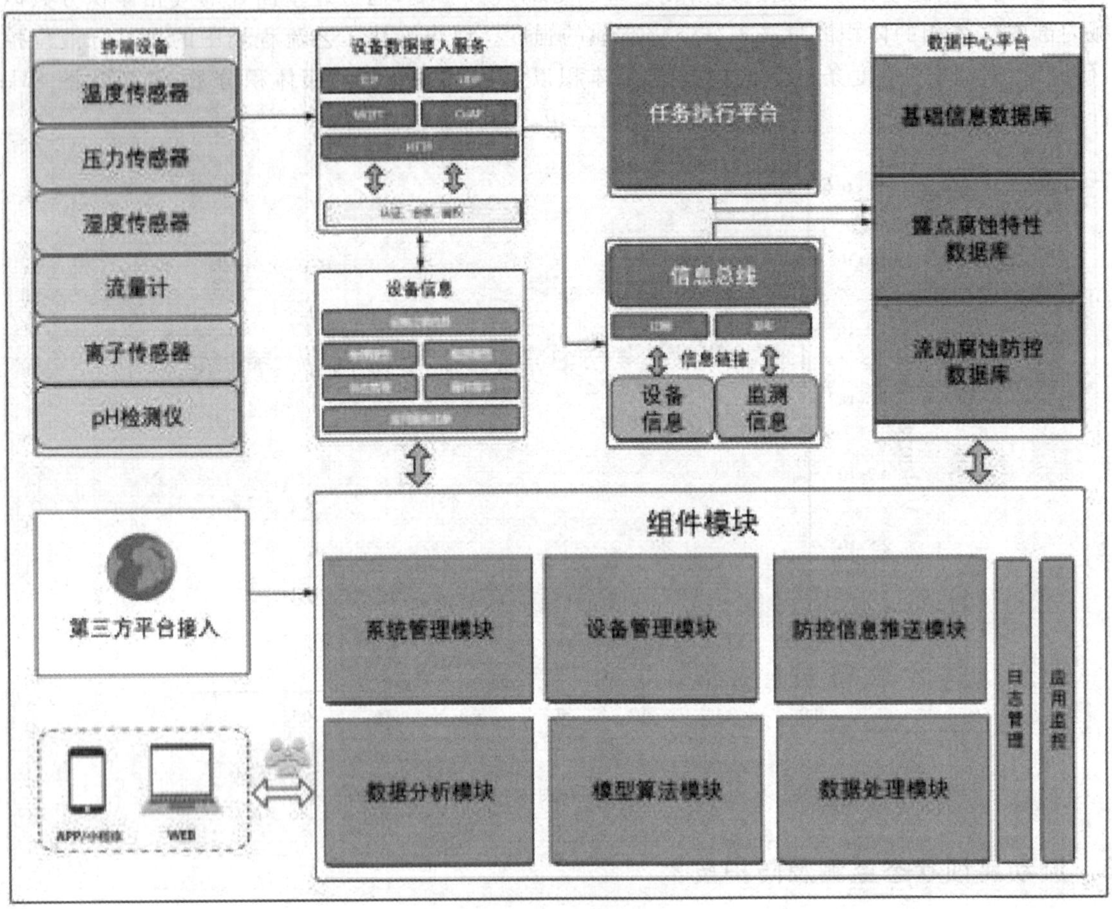

（b）物联网控制流程图

图 10　数据采集模块

这些数据通过物联网技术传输到数据中心进行存储和处理，处理后的数据信息主要分为三大数据库，分别为基础信息数据库、流动腐蚀特性数据库、流动腐蚀防控数据库。其中基础信息数据库主要存放用户信息、系统信息、菜单信息等内容；流动腐蚀特性数据库存放硬件测量参数、软测量参数、流动腐蚀临界特性数据等；流动腐蚀防控数据库主要存放流动腐蚀诊断记录、流动腐蚀预警信息、流动腐蚀防控参数等数据。

3.2　状态监测

关于露点腐蚀智能监测：以炼化工业常压塔为例，可对塔顶物流进行适当假设，通过计算塔顶蒸汽中水的分压，使用饱和蒸汽表确定含水露点温度。图 11 显示了这种露点计算方法的流程。这种方法假定塔顶物流中的所有碳氢化合物和水均以 100%蒸汽形式存在，但实际上在塔顶温度控制范围内，会有一些烃蒸气冷凝，这降低了气相中烃的摩尔分数，从而增加了气相中水蒸气的摩尔分数，导致计算的水露点温度偏高。同时塔顶油气中存在的腐蚀性介质如 HCl、NH_3、H_2S 会提高含水露点温度。因此为了精确计算塔顶的水露点温度，通过 Aspen 建立常顶回流系统模型，基于气—烃—水三相平衡计算得到水露点温度。

关于铵盐结晶特性监测：在常压塔顶多相流铵盐结晶特性的智能监测方法中还包括多相流铵盐结晶平衡曲线的绘制方法和铵盐结晶速率的监测方法两个部分。以 NH_4Cl 为例，首先建立 NH_3 与 HCl 反应生成 NH_4Cl 盐的相态平衡模型，确定多组分流体 NH_4Cl 盐反应过程的吉布斯函数；当反应温度达到平衡时，令吉布斯函数一端等于零，获得气相中 NH_3 与 HCl 分压的乘积随温度的变化关系；进一步确定

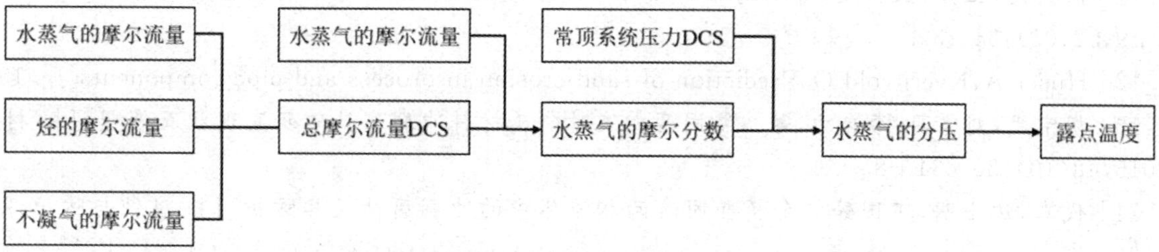

图 11　基于饱和水蒸气表的常压塔顶水露点计算流程

实际工艺温度范围内多相流气相分压的乘积 K_p 随温度的变化规律，建立纵坐标为气相分压的乘积，横坐标为温度的 K_p 曲线，该 K_p 曲线与 K_{NH4Cl} 交点对应的横坐标即为 NH_4Cl 盐结晶温度。

最后，基于流动腐蚀机理研究构建流动腐蚀特性数据库和流动腐蚀防控数据库，将化工工艺分析模型和流动腐蚀预测评估模型嵌入到流动腐蚀专家系统中，根据流动腐蚀机理或数据驱动方法确定表征参数群，选用相关流动腐蚀预测模型开展各表征参数之间的智能预测、数据分析、关联规则研究，并结合流动腐蚀临界特性数据库，对流动腐蚀状态的模式识别和诊断预警。依托 MVC 框架开发人机交互界面，将流动腐蚀监测、预测评估信息动态呈现出来。并依据不同的腐蚀机理以及不同的腐蚀高风险位置，针对性提出不同的预警值以及相应的防控策略。

4　总结与展望

本研究针对炼化工业中典型流动腐蚀失效形式提出了多维度表征与预测方法。基于定量表征模型，确定炼化工业中设备损伤的临界特性，建立典型流动腐蚀临界特性数据库，形成“机理－预测－防护”闭环解决方案，实现设备流动腐蚀动态监测并动态的提供相应防护指南，指导设备操作人员日常维护，为炼化装置在复杂流动工况下的安全运行提供了理论支撑。

参考文献

[1] 罗佐县．我国石油石化产业现代化发展路径思考[J]．当代石油石化，2023，31(08)：1－6＋16.

[2] 张泽，田江龙．煤炭产业发展现状及问题的研究[J]．内蒙古煤炭经济，2016，15：10－11.

[3] 林长平．新型煤化工正向我们走来[N/OL]．经济日报．2010－11－16.

[4] 宁哲，纪林朋，潘福生，赵艳玲．五环炉煤气化装置黑水处理系统问题分析[J]．化肥设计，2016，8：55－57.

[5] 隋光彬．GE 水煤浆气化装置在齐鲁长周期运行的实践[J]．化学工业，2013，10：29－33.

[6] Jin H Z，Chen X P，Ou G F，et al. Potential failure analysis and prediction of multiphase flow corrosion thinning behavior in the reaction effluent air cooler system[J]. Engineering Failure Analysis，2020，109：104274.

[7] 张绍良，全建勋，金浩哲等．煤柴油加氢装置热高分系统腐蚀机理与失效分析[J]．压力容器，2020，37(03)：33－40.

[8] Liu X F，Duan O Q，Quan J X，et al. A study on the corrosion failure induced by the ammonium chloride deposition in a high－pressure air cooler system[J]. Engineering Failure Analysis，2020，112：104529.

[9] 金浩哲，陈凤官，王超，等．煤气化装置黑水阀冲蚀磨损机理及智能防控研究[J]．流体机械，2023，51(10)：10－17.

[10] 陈志飞．煤气化高压黑水角阀冲蚀磨损过程数值计算[J]．煤炭科学技术，2018，46(03)：213－217＋32.

[11] 张鸣伦,王丹,王兴发,等. 海水环境中Cl^-浓度对316L不锈钢腐蚀行为的影响[J]. 材料保护,2019,52(01):34－39.

[12] Huser A,Kvernvold O. Prediction of sand erosion in process and pipe components[J]. 1998.

[13] 胡宗武,刘建国,李自力,等. 液固两相流对金属材料冲刷腐蚀的研究现状及展望[J]. 材料保护,2015,48(10):30－34＋8.

[14] 代真,沈士明,丁国铨. 金属在固液两相流体中的冲刷腐蚀及其防护[J]. 腐蚀与防护,2007,(02):86－89.

[15] 赵红烨. 常减压塔顶空冷器出口管道腐蚀失效机制研究[D]. 北京:北京化工大学,2020.

[16] 刘玉发,姚军,江枫. X80管线钢冲刷腐蚀内多因素影响研究[D]. 北京:中国石油大学(北京),2020.

[17] 王伟志,扈俊颖,钟显康. 油气生产与输送过程中冲刷腐蚀的研究进展[J]. 材料保护,2021,54(9):123－132.

[18] 何鹊,张娜,许宝善,等. 石油化工管道冲刷腐蚀失效分析与预测[J]. 化工设计通讯,2022,48(05):18－20.

[19] 朱娟,张乔斌,陈宇,等. 冲刷腐蚀的研究现状[J]. 中国腐蚀与防护学报,2014,34(03):199－210.

[20] Nukleberg L,Suntvedt T. Erosion of oil&gas industry choke valves using computational fluid dynamics and experiment[J]. 1998.

[21] 杜强,李洋,曾祥国. 数值模拟油气管线弯管处固液两相流场特性及冲刷腐蚀预测[J]. 腐蚀与防护,2017,38(10):751－755＋811.

[22] Mclaury B S,Shirazi S A. An Alternate Method to API RP 14E for Predicting Solids Erosion in Multiphase Flow[J]. Journal of Energy Resources Technology,2000,122(3):115－122.

[23] Stack M M, Abdelrahman S M, Jana B D. A new methodology for modelling erosion－corrosion regimes on real surfaces:Gliding down the galvanic series for a range of metal－corrosion systems [J]. Wear,2010,268(3):533－42.

[24] Zhou J W,Liu Y,Liu S Y,et al. Effects of particle shape and swirling intensity on elbow erosion in dilute－phase pneumatic conveying[J]. Wear,2017,380－381:66－77.

[25] Iain F. Erosion of surfaces by solid particles [J]. Wear,3(2):87－103.

[26] Bitter J G A. A Study of Erosion Phenomena [J]. Wear,1963,6(1):5－21.

[27] Y. I. Oka,Okamura K,Yoshida T. Practical estimation of erosion damage caused by solid particle impact[J]. Wear,2005,259(1－6):95－101.

[28] Wang K,Li X,Wang Y,et al. Numerical investigation of the erosion behavior in elbows of petroleum pipelines[J]. Powder Technology,2017,314:490－499.

[29] Zhou M,Kuang S,Xiao F,et al. CFD－DEM analysis of hydraulic conveying bends:Interaction between pipe orientation and flow regime[J]. Powder Technology,2021,392:619－631.

作者简介

金浩哲(1982),男(汉),浙江理工大学流动腐蚀研究所所长,教授,博士生导师,通讯地址:310018浙江杭州下沙浙江理工大学23－427室,E－mail:haozhe2007@163.com,联系电话:0571－86843348(13858069641)。

常顶回流系统露点腐蚀特性分析及预测方法研究

余志斌[1]，偶国富[2]，金浩哲[1*]
(1. 浙江理工大学机械工程学院，浙江 杭州 310018；
2. 常州大学机械工程与轨道交通学院，江苏 常州 213000)
(* 通讯作者邮箱：haozhe2007@163.com)

摘　要：针对常减压装置常顶回流系统频繁出现的露点腐蚀失效问题，本文分析了常顶回流系统内露点腐蚀的机理，对系统内的露点温度进行了预测；基于常顶回流系统 ASPEN 流程仿真模型，结合物料守恒原理对常顶回流系统的露点腐蚀进行分析计算，识别出了 S 含量、N 含量、Cl 含量、注水量、蒸汽量、操作温度及压力等关键腐蚀表征参数；构建了适用于常顶回流系统的 PSO－RBF 模型露点温度预测模型。研究结果表明：所构建的常顶回流系统 ASPEN 流程仿真模型具有较高精度，所建立的 PSO－RBF 预测模型结构设计合理，优化算法有效；模型性能指标优异：相关系数 R 为 0.9863，决定系数 R2 为 0.9728，预测误差均值为 －0.0086，标准差为 0.0448，偏度为 －0.3483，误差分布近似正态，且主要集中于 ±0.05 范围内，上述指标综合表明，该模型具有优异的预测精度、良好的泛化能力和稳定性能；不同实际工况下预测的露点温度范围为 98～113℃，位于系统操作温度区间内，经分析系统内换热器附近存在露点腐蚀风险。通过对常顶回流系统换热器的腐蚀解剖分析，验证了基于 PSO－RBF 模型的露点温度预测方法的准确性。本文可为石化企业常减压装置常顶回流系统的露点腐蚀风险分析与露点温度预测提供理论依据和支持。

关键词：常顶回流系统；露点腐蚀；露点温度；预测方法；失效解剖验证

Analysis of dew－point corrosion characteristics and prediction method of normal top reflux system

Zhibin Yu[1], Guofu Ou[2], Haozhe Jin[1] *
(1. Faculty of Mechanical Engineering & Automation, Zhejiang Sci－Tech University, Hangzhou, Zhejiang, 310018, China; 2. School of Mechanical Engineering & Rail Transit, Changzhou University, Changzhou, Jiangsu, 213000, China)
(* Corresponding Author Email: haozhe2007@163.com)

Abstract: In view of the frequent dew－point corrosion failure in the normal top reflux system of the normal pressure reducing unit, this study analyses the mechanism of dew－point corrosion in the normal top reflux system and predicts the dew－point temperature in the system; based on the ASPEN process simulation model of the normal top reflux system, combined with the principle of material conservation, the dew－point corrosion in the normal top reflux system is analysed and calculated, and key corrosion characterization parameters such as the S content, N content, Cl content, water injection, steam quantity, operating temperature and pressure, etc., are identified; a PSO－RBF model dew－point temperature prediction model applicable to normal top reflux system is built. The key corrosion parameters such as S content, N content, Cl content, injection volume, steam volume, operating temperature and pressure were identified; and the PSO - RBF model dew - point temperature prediction model was constructed for the normal top reflux system. The results show that: the ASPEN process simulation model for normal top reflux system has high accuracy, the PSO - RBF prediction model is reasonable in structure design, and the optimisation algorithm is effective; the model performance indexes are excellent: the correlation coefficient R reaches 0.9863, the coefficient of determination R2 0.9728, the mean prediction error −0.0086, the standard deviation 0.0448, the skewness −0.3483, the distribution of error −0.0086, the standard deviation 0.0448 and the distribution of error −0.3483, and the distribution of error −0.0086, 0.0448. 0.3483, the error distribution is nearly normal, and mainly concentrated in the range of ±0.05, the above indicators show that the model has excellent prediction accuracy, good generalisation ability and stability; the predicted dew - point temperatures under different actual working conditions range from 98～113℃, which is located in the operating temperature range of the system, and the analysis confirms that there is a risk of dew - point corrosion in the vicinity of the heat exchanger in the system. The analysis confirms that there is a risk of dew point corrosion near the heat exchanger in the system. The accuracy of the PSO - RBF model - based dew - point temperature prediction method is verified by the anatomical analysis of the corrosion of the heat exchanger in the normal top return system. This study can provide theoretical basis and support for dew - point corrosion risk analysis and dew - point temperature prediction of normal top reflux system in petrochemical enterprises.

Keywords: Standing top return system; Dew point corrosion; Dew point temperature; Prediction methods; Anatomical verification of failure

0 引 言

常压塔是炼油企业生产链中的核心工艺单元[1]。近年来，由于原油品质不断下降，重质化、劣质化趋势明显，严重威胁着装置的安全运行[2,3]，腐蚀失效问题也变得越来越严重，特别是常压塔的塔顶系统，该系统的设备和管线的露点腐蚀问题仍十分严重[4]，在常顶挥发线、换热器及空冷器等依然会经常出现腐蚀减薄、开裂、穿孔等问题，严重影响常压装置的长周期安全稳定运行。

由于原油成分复杂、常顶系统操作工况多变，露点腐蚀涉及到压力、温度、操作工艺等多重因素，给露点腐蚀下露点温度的预测带来巨大困难。韩磊等[5]认为只有基于气−烃−水三相平衡得出的水露点才更准确。Yao 等[6]通过仿真模拟方法研究了在常压塔中盐酸的露点腐蚀行为，研究表明露点腐蚀具有很强的腐蚀能力；Liu 等[7]通过过程分析和数值模拟揭示了常压塔顶部的腐蚀现象，表明腐蚀区域是在 $H_2O-HCl-H_2S$ 环境中发生的露点腐蚀所导致的；但研究均局限于常压塔顶部及部分管线。冷凝过程中壁面会析出小液滴，因此明确露点温度是必要的。Digvijay 等[8]根据修改了两个温度范围的 Clausius Claperson 方程，提出了确定饱和蒸汽压的方程，给出了仅使用蒸汽表就能确定露点温度的简便方法；ZareNezhad 等[9]首次提出一种通用关联式，来预测石油和天然气行业中各种酸和水蒸气浓度下的露点温度。王海博[10]等利用 Aspen Plus 软件建立离子平衡模型，实现了对常压塔顶水露点的预测。综上所述，以往对于复杂原油成分和多变操作工况下的常顶回流系统露点腐蚀规律研究尚不完善，对于露点温度的预测方法需要进一步讨论。

本文通过对露点腐蚀的机理进行研究，对常顶回流系统的露点温度及腐蚀风险进行预测。结合 ASPEN 工艺流程仿真模型，对常顶回流系统内的露点腐蚀特性与腐蚀特征因素进行了研究，构建了基于 PSO - RBF 模型的露点温度预测方法，研究成果对常顶回流系统内管线和设备的露点腐蚀风险预测具有一定指导意义。

1 常顶系统工艺过程及露点腐蚀分析

1.1 进装置原油特性及工艺过程分析

针对愈发严重的腐蚀失效问题，结合某石化企业常减压装置停工腐蚀检查报告，对该石化企业常顶回流系统的加工进料进行分析，见表1所示。常顶系统进装置原油中硫、氮、氯等介质具有强腐蚀性，本装置进料原油中，平均氯含量为25.4803 mg/kg，硫含量为1002.24 mg/kg，氮含量为884.0769 mg/kg，平均总酸值为0.0865 mgKOH/100mL，可知本装置进料油具有较强腐蚀性，常顶系统内的腐蚀风险大大增加。

表1 进装置原油特性分析

	氯含量(mg/kg)	硫含量(mg/kg)	氮含量(mg/kg)	总酸值 mgKOH/100mL
最大值	47.07	1094.9	976.86	0.1
最小值	19.66	866.7	689.9	0.06
平均值	25.4803	1002.24	884.0769	0.0865
采样次数	63	62	62	51

常压塔顶回流系统主要包括1～5层塔盘、常压塔顶的塔壁、换热器(E1002A－D)、空冷器(EC1002)、常顶回流罐(V1003A)、常顶产品罐(V1003B)、管线和常压塔塔顶注剂系统等。在该系统中，油从塔顶挥发线管道中蒸馏出来，注入水、中和剂和缓蚀剂后进入换热器(E1002A－D)冷却。冷却后的液流随后流入常顶回流罐(V1003A)进行初步相分离。分离的油相由回流泵加压，其中一部分回流到常压塔的顶部，而其余部分作为成品石脑油送出工厂。从常顶回流罐(V1003A)中分离出来的油蒸气经过空冷器(Ec1002)和热交换器(E1002E)冷却后，进入常顶产品罐(V1003B)进行进一步分离。得到的轻质油与从常顶回流罐(V1003A)分离出来的油相混合，并送出系统。

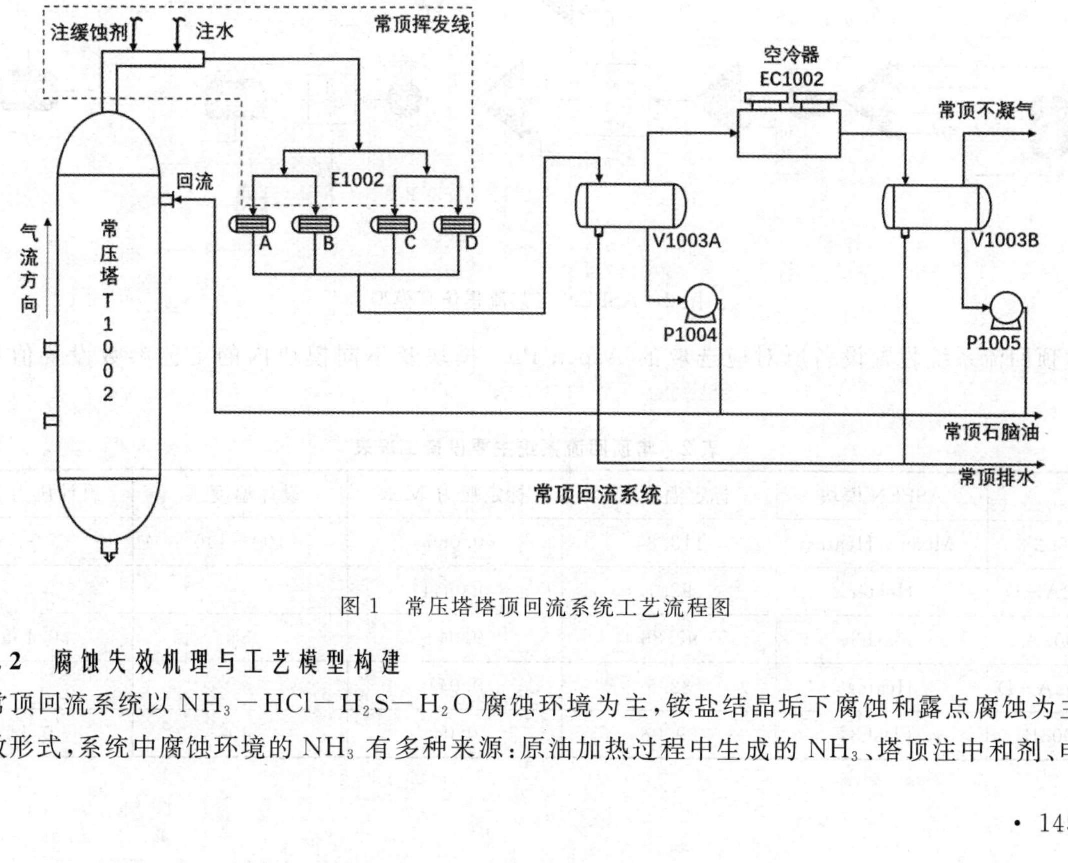

图1 常压塔塔顶回流系统工艺流程图

1.2 腐蚀失效机理与工艺模型构建

常顶回流系统以$NH_3-HCl-H_2S-H_2O$腐蚀环境为主，铵盐结晶垢下腐蚀和露点腐蚀为主要腐蚀失效形式，系统中腐蚀环境的NH_3有多种来源：原油加热过程中生成的NH_3、塔顶注中和剂、电脱盐注水带入、加氢处理单元的烃类进料物流被循环返回常减压装置中携带的高含量的氨;塔顶系统的 HCl 主要是原油中的氯化物盐高温水解而成,这些氯盐大多以 $MgCl_2$、$CaCl_2$、NaCl 的形式存在,在原油炼制过程中,这些盐在预热过程受热水解生成 HCl:

$$MgCl_2+2H_2O \rightarrow Mg(OH)_2+2HCl \tag{1}$$

$$CaCl_2+2H_2O \rightarrow Ca(OH)_2+2HCl \tag{2}$$

在常压塔出口及后续设备管线中,随着温度进一步降低,在塔顶回流系统冷凝结露出现水滴,随油气一起挥发的 HCl、H_2S 气体大量迅速溶解在液态水中,初凝区水量极少,盐酸浓缩,形成腐蚀强烈的稀盐酸腐蚀环境,进而与壁面金属反应,破坏金属表面保护膜,导致腐蚀减薄,而 H_2S 存在可加速腐蚀,反应式如下:

$$Fe+2HCl \rightarrow FeCl_2+H_2 \tag{3}$$

$$FeCl_2+H_2S \rightarrow FeS+2HCl \tag{4}$$

$$Fe+H_2S \rightarrow FeS+H_2 \tag{5}$$

$$FeS+HCl \rightarrow FeCl_2+H_2S \tag{6}$$

Cl^- 的含量决定了 HCl 的含量,HCl 含量越高,则常顶系统会造成严重腐蚀,另外,进装置原油酸值越高,则原油中氯化物水解率越大,导致腐蚀加剧。

根据常顶回流系统分离得到的各相产物,结合物料守恒原理,利用 Aspen plus 构建了常压塔顶回流系统的工艺流程仿真模型,如图 2 所示,对常顶回流系统的露点腐蚀风险进行分析计算。

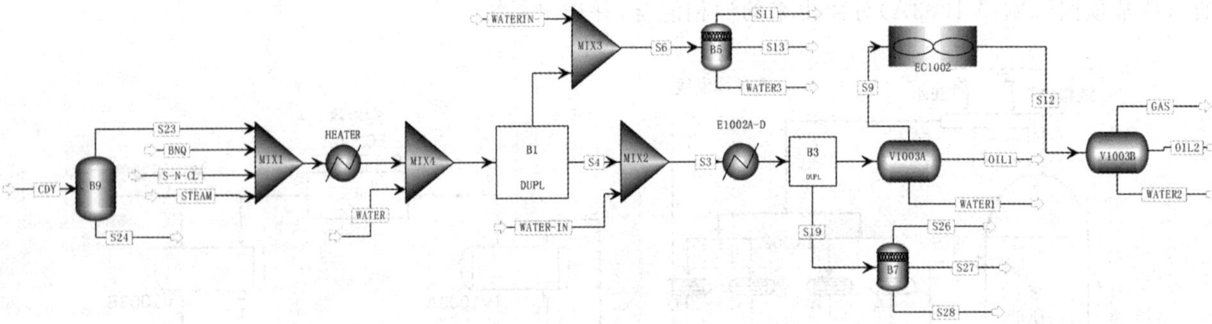

图 2 ASPEN 工艺流程仿真模型

常顶回流系统装置设备所对应选取的 Aspen Plus 模块及不同模块内的工艺参数设置值见表 2 所列。

表 2 常顶回流系统主要设备工况表

	ASPEN 模块	标定温度 ℃	标定压力 Mpa	设计温度 ℃	设计压力 Mpa
T1002	Mixer+Heater	113.84	0.065	100−140	≯0.18
E1002A-D	Heater	92.1	0.0541		
V1003A	Flash3	92.86	0.042	85	0.135
EC1002A-D	Heater	32.5	0.041		
V1003B	Flash3	29.08	0.04	40	0.11

在计算过程中，选择了 PENG－ROB 方法作为塔顶系统整体物性求解方法。鉴于油相体系的多组分异质性和分子结构复杂性特征，本文采用 ASTM D86 测得的蒸馏曲线数据作为常顶油的物性输入参数。在 20℃时，常顶油的密度为 735.57kg/m^3，常顶油的实际馏程见表 3 所列。

表 3 常顶油实际馏程表

温度(℃)	49	79.73	89.37	105.73	119.4	131.9	143.27	146.23	165.63
馏出百分比(%)	0	5	10	30	50	70	90	95	100

为了验证所构建的常顶回流系统工艺计算模型的准确性，将 ASPEN 计算结果得到的出口物料信息和相对应的实际工况下反应出口的物料信息进行对比，验证模型的准确性。图 3 为对 ASPEN 计算得到的污水组分质量流量和相对应实际工况下污水采样的物料信息进行对比。

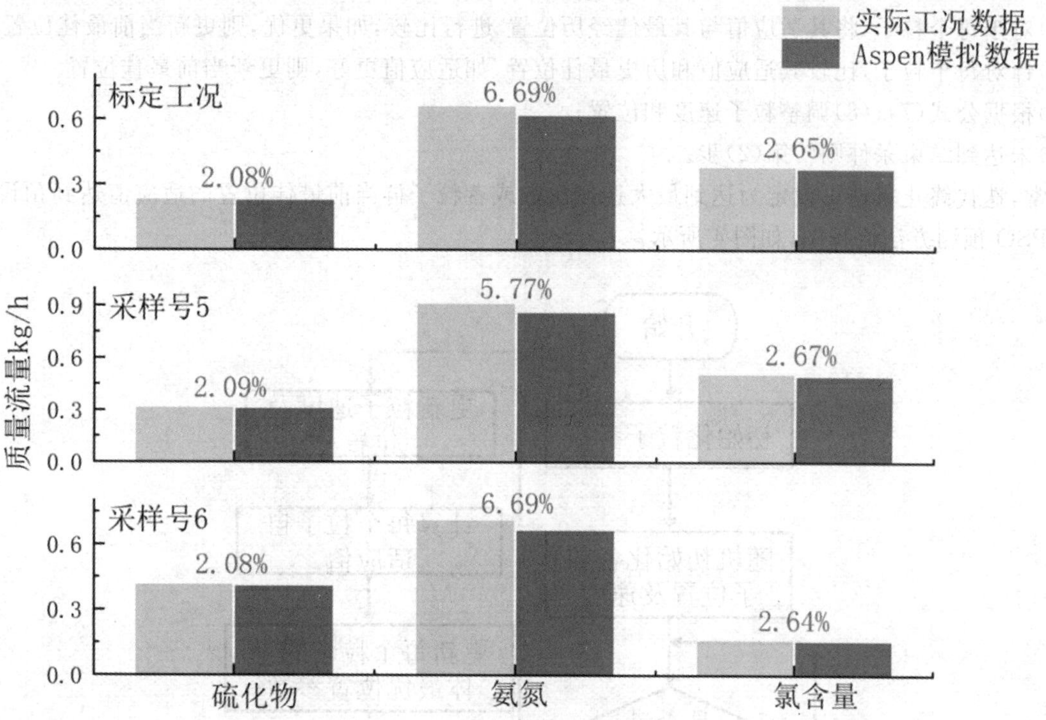

图 3 仿真模型精度验证

对比结果表明，标定工况下，ASPEN 工艺模型计算得到的物料质量流量误差分别为 2.08%、6.69% 和 2.65%，其误差主要来源于物性数据理想化的局限性和工艺仿真过程理论计算和实际反应产生的误差。不难看出，三组工艺计算模型的误差均在 7%以下，证明该模型计算的常顶回流系统具有较高精度，可以有效对系统内露点腐蚀作进一步分析。

2 PSO－RBF 模型介绍

2.1 粒子群优化算法

粒子群算法的灵感源自生物学家对自然界生物行为的研究，特别是观察鸟群迁徙和觅食的过程中保持队形的特点。在粒子群算法中，数据点被视为维度向量，算法通过迭代搜索不断更新个体极值，并在最优方向上调整粒子的位置。粒子群算法中的六个关键计算参数包括：粒子的位置、粒子的速度、粒子的最佳位置、群体的最佳位置、粒子的自适应参数和群体的自适应参数。在算法中，最重要的是粒子速度和位置的更新，粒子群算法将所有数据点看作是一个维度为的向量，每次迭代中不断更新个体极值，比较分析每个粒子的个体极值，选择最优值作为最优解方向。粒子的速度由以下公式迭代更新[11]：

$$V_{md}^{t+1}=\omega V_{md}^{t}+c_1 r_1(P_{md,pbest}^{t}-L_{md}^{t})+c_2 r_2(g_{d,pbest}^{t}-L_{md}^{t}) \tag{7}$$

其中，m 代表粒子序号；D 代表粒子维度；d 代表粒子维度序号；k 代表迭代次数；ω 代表惯性权重；c_1 代表个体学习因子；c_2 代表群体学习因子；r_1，r_2 表示一个随机数，通常是从[0,1]内产生。V_{md}^{t} 代表粒子 m 在第 t 次迭代中第 d 维的速度向量；L_{md}^{t} 代表粒子 m 在第 t 次迭代中第 d 维的位置向量；粒子的位置在每次迭代中通过以下公式更新：

$$L_{md}^{t+1}=L_{md}^{t}+V_{md}^{t} \tag{8}$$

标准的 PSO 算法流程如下：

(1)对于初始粒子群的初始化(N 为群体规模)，包括随机设置粒子的速度和位置。

(2)计算每个粒子的适应度。

(3)对于每个粒子，将其适应值与其最佳经历位置 进行比较，如果更优，则更新当前最佳位置。

(4)针对每个粒子，比较其适应值和历史最佳位置，如适应值更好，则更新当前最佳位置。

(5)根据公式(7)、(8)调整粒子速度和位置；

(6)未达到结束条件则转第(2)步。

通常，迭代终止条件可设定为达到最大迭代次数或者粒子群当前最佳位置的适应值达到预设的最小阈值。PSO 预测方法流程图，如图 4 所示：

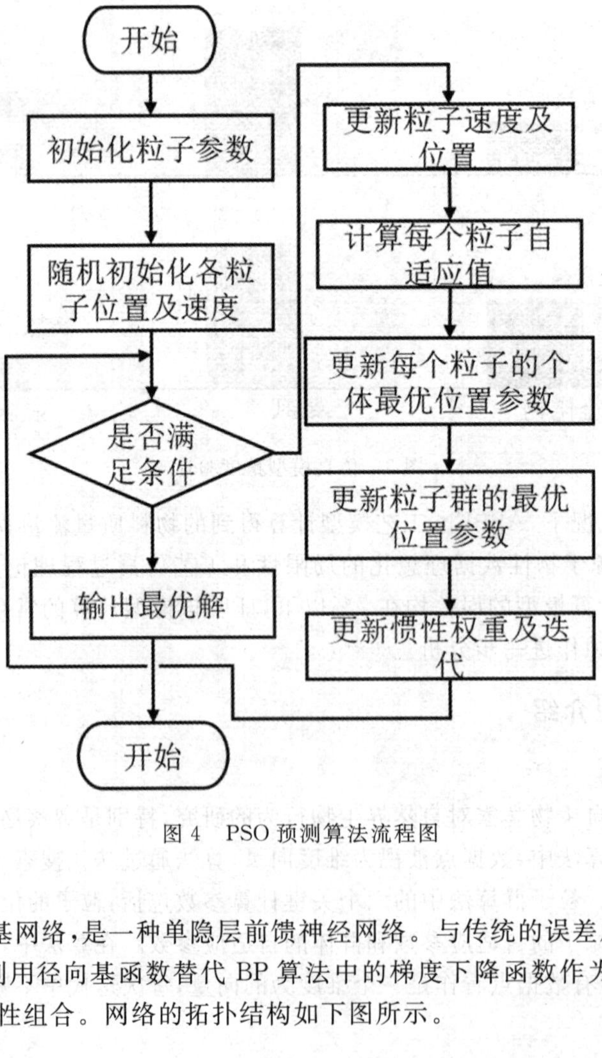

图 4　PSO 预测算法流程图

2.2　RBF 网络

RBF 网络，又称径向基网络，是一种单隐层前馈神经网络。与传统的误差反向传播(BP)神经网络有所不同，其核心概念在于利用径向基函数替代 BP 算法中的梯度下降函数作为隐层神经元的激活函数，同时输出是隐层输出的线性组合。网络的拓扑结构如下图所示。

当网络的输入是一个维度向量时，网络的输出可以表示为[12]：

$$\varphi(x)=\sum_{i=1}^{q}\omega_i\rho(x,c_i) \tag{9}$$

式中为网络隐藏层神经元个数；在 RBF 网络中，每个隐藏层神经元 对应一个中心和权值，这些中心和权值 构成了径向基函数的基础。在 RBF 中，径向基函数通常是根据某个样本与数据中心之间的欧氏距离来定义的。在使用中，它通常以高斯函数的形式表示，表示为：

$$\rho(x,c_i)=e^{-\beta_i||x-c_i||^2} \tag{10}$$

RBF 实现的一般步骤如下：

首先确定网络的输入 $X=[x_1,x_2,\cdots,x_n]^T$ 和输出 $Y=[y_1,y_2,\cdots,y_n]^T$；初始化网络权值 $\omega i_j=\min i+j\dfrac{\max i-\min i}{p+1}$ 时，根据训练集中每个输出神经元的输出值范围，设置权值范围为最小值 $\min i$ 到最大值 $\max i$；同时初始化隐藏层中每个神经元的中心参数 $c_i=[c_1,c_2,\cdots,c_n]^T$。

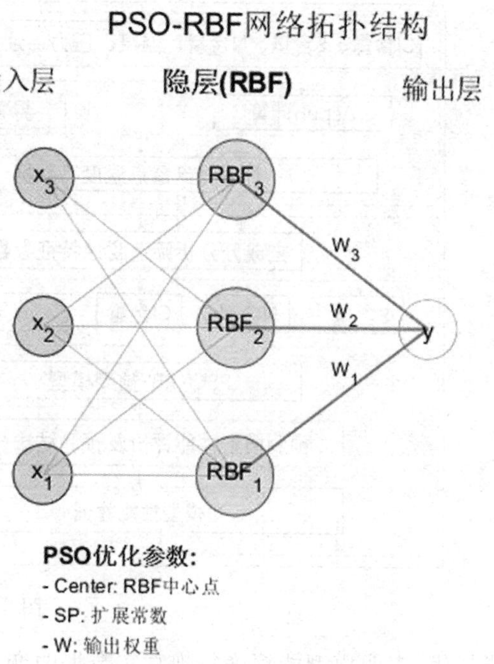

图 5　RBF 网络结构图

计算每个隐藏层神经元的输出值 $z_i=\exp\left(-\left\|\dfrac{X-C_j}{D_j}\right\|^2\right)$，$i=1,2,\cdots,q$；如果误差满足精度要求，则计算输出层神经元的输出。

权重迭代优化，计算如下：

$$W_{kj}(t)=w_{kj}(t-1)-\eta\frac{\partial E}{\partial w_{kj}(t-1)}+\alpha[w_{kj}(t-1)-w_{kj}(t-2)] \tag{11}$$

$$C_{ji}(t)=c_{kj}(t-1)-\eta\frac{\partial E}{\partial c_{kj}(t-1)}+\alpha[c_{ji}(t-1)-c_{ji}(t-2)] \tag{12}$$

$$D_{ji}(t)=d_{ji}(t-1)-\eta\frac{\partial E}{\partial d_{ji}(t-1)}+\alpha[d_{ji}(t-1)-d_{ji}(t-2)] \tag{13}$$

w_{ji} 为输出中第 k 个神经元的输出值与第 t 次迭代时隐藏层中第 j 个神经元的输出值的权重；c_{ji} 为隐含层第 j 个神经元在第 t 次迭代时的输出值和输入层第 i 个神经元的输入值的中心分量；d_{ji} 是与 c_{ji} 对应的宽度值。

2.3　PSO－RBF 模型构建

PSO－RBF 的主要作用是采用粒子群算法对 RBF 网络中的径向基函数质心位置、宽度和连接权值进行优化，提高了 RBF 网络的计算速度，同时避免了因陷入局部最优而产生的误差，克服了传统 RBF 网络对初始参数敏感、易陷局部最优的缺陷，显著提升了模型精度和泛化能力，本文构建了以 RBF 神经网络为基础的常顶回流系统露点温度预测方法，预测模型如图 6 所示：

2.4　模型评价指标

在评估预测模型的性能时，本文主要使用(MSE)、相关系数(R)、决定系数(R^2)等指标来衡量其预测准确性[13]。其中均方误差量化预测值与真实值的绝对偏差程度，直接反映预测结果的可靠性，值越小表示所构建的预测模型有更好的预测精度；相关系数表示真实值与预测值的标准化协方差，值越接近±1，

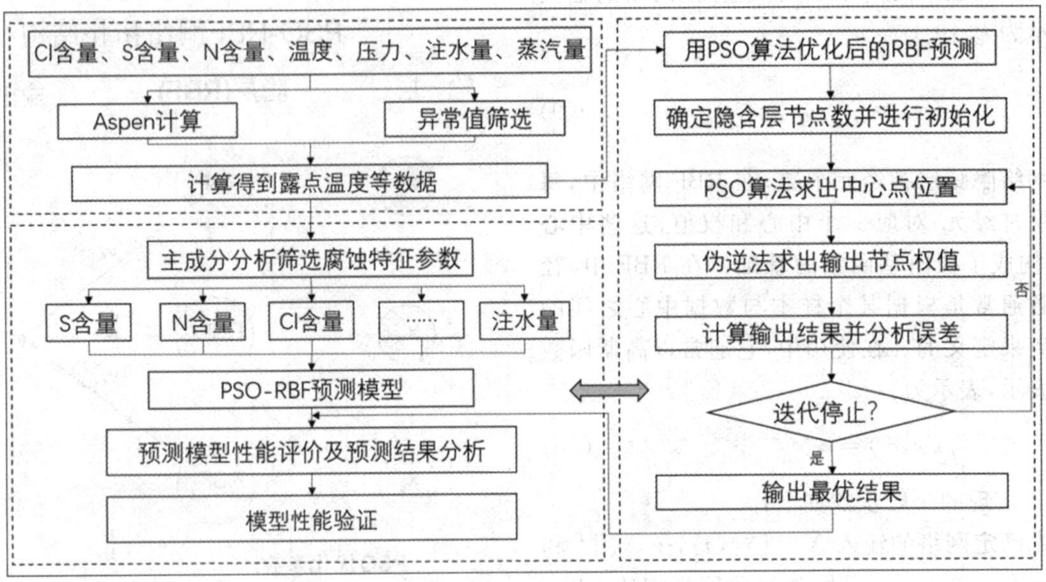

图 6 PSO - RBF 模型

性能越优,表明模型能精确复现真实数据的变动趋势。决定系数表示为真实值与预测值的平方差之和与真实值与均值的平方差之和的比值,当 R^2 越接近于 1,预测模型的拟合效果越好。

3 常顶回流系统露点预测方法

3.1 露点腐蚀风险特征数据集构建

根据道尔顿分压定律,混合物中水蒸气的分压等于系统总压乘以水蒸气的摩尔分数,露点温度直接取决于水蒸气的分压,在常顶回流系统中,水蒸气来源主要有塔顶注水、汽提蒸汽等。同时硫、氮、氯元素含量、系统操作压力以及温度均与露点温度存在显著关联,本文以这些特征参数作为核心变量变量,基于 ASPEN 仿真模拟数据构建露点温度预测数据集,其中 85%用作训练集用于模型训练,剩余的 15%则作为测试集用于验证算法并评估模型的泛化能力。为了保证训练参数的准确性和减少连续性误差,在数据选择过程中随机选择测试集数据,在数据预测前对数据集进行归一化处理,表 4 为数据集信息。

Table4 数据集信息

	输入量	输出量	数据量
训练集	S 含量、N 含量、Cl 含量、注水量、蒸汽量、温度、压力	露点温度	118
实际工况集	S 含量、N 含量、Cl 含量、注水量、蒸汽量、温度、压力	露点温度	15

3.2 基于 PSO - RBF 模型露点腐蚀预测分析

图 7 为训练过程中模型的均方误差(MSE)变化的曲线图,观察到模型训练呈现出典型的收敛特征。整个训练过程历经 100 个迭代,损失函数呈现出先快速下降后逐渐平缓的典型训练曲线特征,说明模型已达到较好的收敛状态,表明所采用的优化算法和模型设置较为合理,能够有效避免过拟合现象的发生。

图 8 展示了模型预测值与真实值之间的相关性分析结果。从统计指标来看,相关系数 R 达到 0.9863,决定系数 $R2$ 为 0.9728,线性回归方程为 $y=1.01x-0.01$,这些指标均表明模型具有优秀的预测精度。数据点分布呈现明显的线性关系,从低值区域(0~0.2)到高值区域(0.8~1.0)都紧密贴合理想线,表明模型在不同数值范围内均保持稳定的预测能力。归方程的斜率接近 1,这意味着预测值与真实值无明显的系统性偏差。拟合线与理想线几乎重合,进一步验证了模型的可靠性。总体而言,结果表明所建立的预测模型具有很高的准确性和稳定性,能够有效捕捉目标变量的变化规律

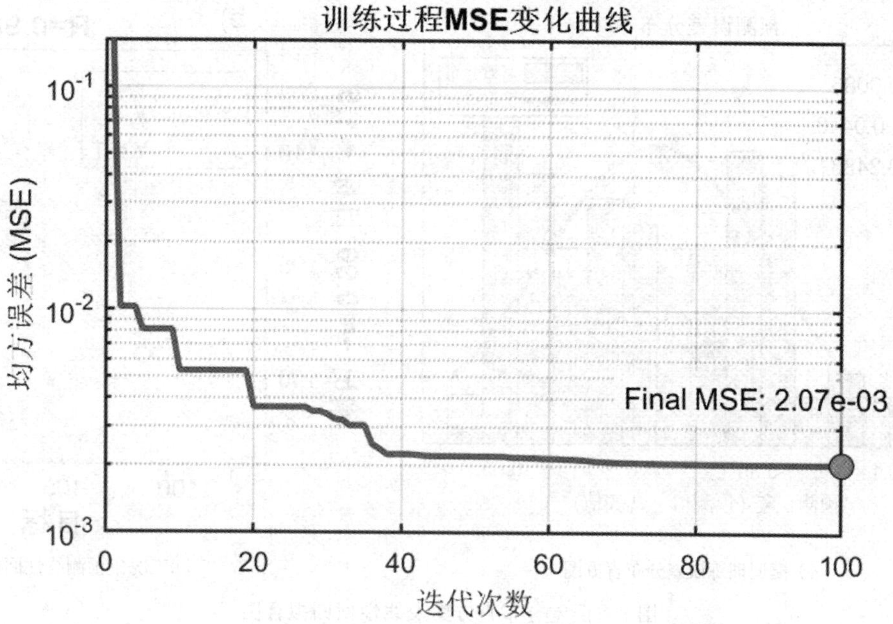

图 7　模型训练 MSE 变化曲线

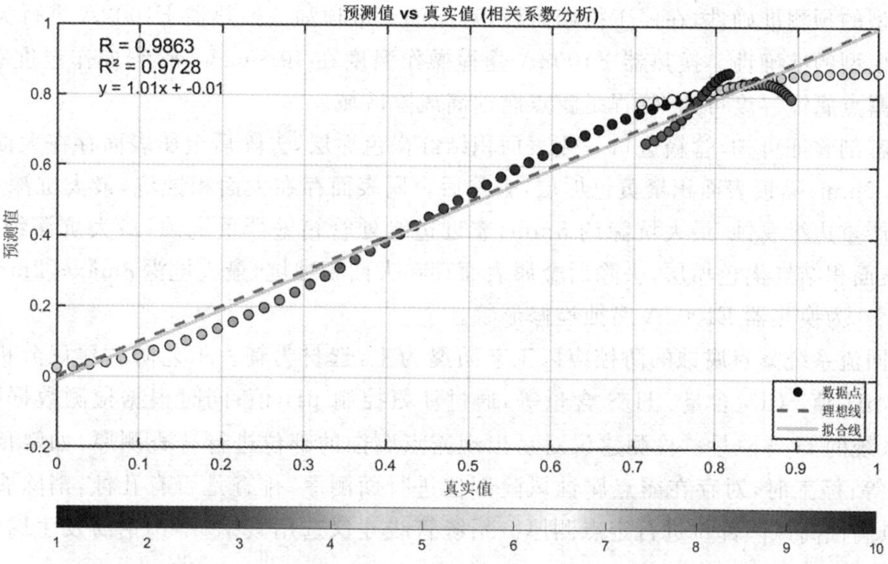

图 8　相关系数 R、决定系数 R^2 及预测对比

图 9(a)预测误差分布直方图揭示了 PSO－RBF 模型误差的统计特性。误差均值为－0.0086，表明模型无显著系统性偏差；标准差为 0.0448，说明预测误差较小且集中；偏度为－0.3483，略呈负偏分布，表明存在少数负向较大误差的异常值。误差分布近似正态分布，且主要集中在±0.05 范围内，这种分布特征表明模型具有良好的泛化能力和稳定性，预测结果可靠性高。

图 9(b)为 15 组常顶回流系统换热器附近实际工况的验证数据，根据图中所示的散点和拟合直线分析，该研究数据显示出极强的线性相关性。验证结果表明相关系数 R＝0.98245，说明预测值与目标值之间存在高度正相关关系。从散点分布来看，绝大多数数据点紧密分布在拟合直线周围，且沿着 Y＝T 参考线呈现良好的线性趋势。拟合直线几乎与理想的 Y＝T 线重合，表明模型预测结果与实际目标值高度一致，表明所建立的模型具有优秀的预测精度和可靠性。同时，预测的露点温度在 98～113℃的范围内均匀分布，处于系统内换热器工作温度区间内，表明该换热器存在露点腐蚀高风险。

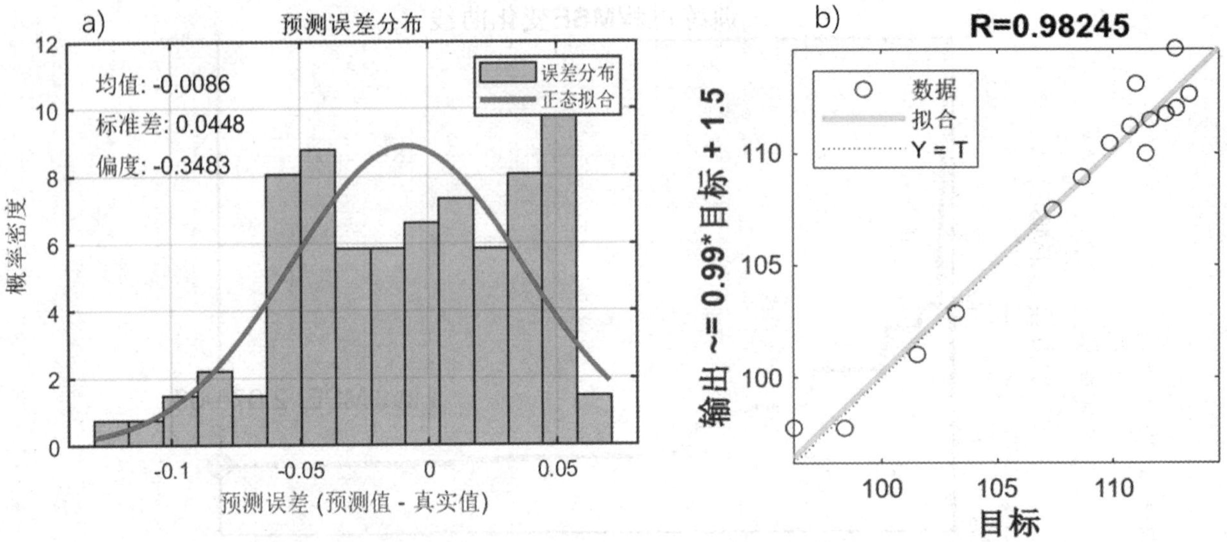

（a）模型训练误差分布直方图　　（b）实际工况集预测线性回归拟合图

图 9　误差分布直方图及线性回归拟合图

4　腐蚀检修验证及防控策略

为验证模型的预测准确性，在停工检修阶段，对原油一常顶油气换热器 E1002A 进行失效解剖，验证露点腐蚀预测模型的准确性。换热器 E1002A 壳程操作温度在 40～62℃，管程操作温度在 113～85℃，结合所预测的露点腐蚀温度可知，管程是露点腐蚀高风险区域。

通过失效解剖验证可知，管箱进口一侧表面积结红褐色垢层，去除后金属表面存在大面积蚀坑，最大坑深 $\delta max \leqslant 1.5mm$；隔板表面积聚黄色垢层，去除后金属表面存在大面积蚀坑，最大坑深 $\delta max \leqslant 2mm$；管箱边沿局部严重边缘腐蚀，最大坑深约 5mm，靠近边缘处管箱壁严重坑蚀，最大坑深约 6mm，管箱严重腐蚀；管板表面积结红褐色垢层，去除后金属表面存在大面积蚀坑，最大坑深 $\delta max \leqslant 2mm$，与模型预测结果吻合。图 10 为换热器 E1002A 腐蚀检修形貌。

针对常顶回流系统露点腐蚀的防控应以工艺防腐为主，选材为辅。工艺防腐建议分析常顶回流罐、产品罐脱水的 pH 值、Cl^{-1} 含量、H_2S 含量等，通过注氨控制 pH 值；同时根据检测数据酌情加大注氨量，减少带入系统的 H_2S 总量。检测建议对易出现露点腐蚀的部位进行普查测厚，如常顶换热器、空冷器进出口管线等；停工时，对存在露点腐蚀风险部位进行面测厚，排查是否有孔蚀，消除腐蚀隐患；对塔壁、管线等露点腐蚀高风险部位进行定点测厚。系统管线建议选用碳钢，不锈钢易发生腐蚀减薄和氯离子腐蚀开裂的问题。

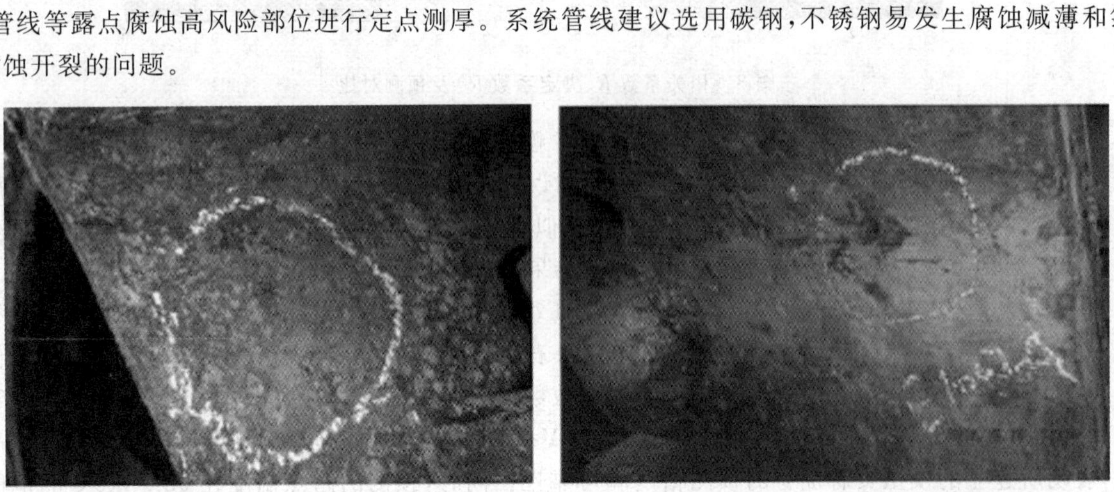

图 10　常顶回流系统换热器露点腐蚀形貌

5 总结和展望

本文对常减压装置常顶回流系统露点腐蚀特性预测方法进行了研究，首先，对常顶回流系统的工艺过程进行了分析，构建了该系统的 ASPEN 工艺流程仿真模型，研究了常顶回流系统内的露点腐蚀机理，搭建了包含 S 含量、N 含量、Cl 含量、注水量、蒸汽量、操作温度及压力等关键腐蚀表征参数的数据集，提出了基于 PSO－RBF 模型的常顶回流系统露点温度预测模型，通过数据驱动的方法对系统内露点温度及露点腐蚀风险进行了预测；经分析，所建立的 PSO－RBF 预测模型结构设计合理，优化算法有效，模型性能指标优异，具有良好的预测精度、良好的泛化能力和稳定性能，通过换热器附近实际工况预测的露点温度，发现换热器附近处于露点腐蚀高风险区。对换热器腐蚀情况进行解剖验证，发现管箱边沿局部严重边缘腐蚀，最大坑深约 5mm，靠近边缘处管箱壁严重坑蚀，最大坑深约 6mm，管箱严重腐蚀，证明了该露点腐蚀特性预测方法的准确性。

尽管本文提出了常顶回流系统露点腐蚀特性的预测方法，并通过失效分析验证了其准确性，但要从根本上解决该系统的露点腐蚀失效问题，仍需遵循“工艺防腐为主、选材为辅”的综合防控策略，加强对原料油腐蚀性介质的控制与监测，并在生产过程中严格实施工艺防护措施，通过源头控制与工艺优化相结合方式实现露点腐蚀问题的根本性治理。

6 致 谢

感谢国家重点研发计划课题(2023YFC3010501)的资助。

参考文献

[1] MOSTAFAEI A, PEIGHAMBARI S M, NASIRPOURI F. Failure analysis of monel packing in atmospheric distillation tower under the service in the presence of corrosive gases [J]. Engineering Failure Analysis, 2013, 28: 241－51.

[2] FAJOBI M A, LOTO R T, OLUWOLE O O. Corrosion in Crude Distillation Overhead System: A Review [J]. Journal of Bio－and Tribo－Corrosion, 2019, 5(3): 67.

[3] GROYSMAN A. Corrosion Problems and Solutions at Oil Refinery and Petrochemical Units [M]//GROYSMAN A. Corrosion Problems and Solutions in Oil Refining and Petrochemical Industry. Cham: Springer International Publishing. 2017: 37－99.

[4] LIU Y, ZHANG B, ZHANG Y, et al. Electrochemical polarization study on crude oil pipeline corrosion by the produced water with high salinity [J]. Engineering Failure Analysis, 2016, 60: 307－15.

[5] 韩磊，刘小辉，屈定荣．常减压装置塔顶低温腐蚀评估中的相关计算[J]．腐蚀与防护，2019，40(05)：374－378.

[6] YAO H, LI R, XIANG H, et al. Experimental study on the dew point corrosion behavior in atmospheric tower system [J]. Materials Today Communications, 2023, 36: 106829.

[7] LIU X, YAO H, WANG C, et al. Failure analysis and prediction based on corrosion thinning behaviour of atmospheric tower top and volatilization line connection area [J]. Engineering Failure Analysis, 2022, 131: 105914.

[8] SINGH D, SINGH A K, POONIA S, et al. Determination of dew－point temperature and wet－bulb temperature using the steam table on a non－scientific calculator [J]. Materials Today: Proceedings, 2023, 80: 314－9.

[9] ZARENEZHAD B. A General Correlation for Accurate Prediction of the Dew Points of Acidic Combustion Gases in Petroleum Industry [J]. Petroleum Science and Technology, 2014, 32(16): 1988－95.

[10] 王海博,李云,欧阳文彬,等. Aspen Plus 模拟预测常压塔顶冷凝系统露点及 pH 值[J]. 石油学报(石油加工),2018,34(3):5.

[11] Bi Y, Lam A, Quan H, et al. A Comprehensively Improved Particle Swarm Optimization Algorithm to Guarantee Particle Activity[J]. Russian Physics Journal, 2021, 64: 866 －875.

[12] Lee C－M, Ko C－N. Time series prediction using RBF neural networks with a nonlinear time－varying evolution PSO algorithm[J]. Neurocomputing, 2009, 73: 449－460.

[13] Huang Y, Zhou X. Research on strip crown by uncertain sampling strategy modified particle swarm optimization with RBF neural network[J]. Appl. Soft Comput., 2022, 130: 109661.

作者简介

余志斌(2000 年),男(汉族),研究生,主要从事常减压装置常顶系统的流动腐蚀分析与预测,通信地址:浙江省杭州市钱塘区浙江理工大学 23 号楼(310020),E－mail: 18358026536@163.com,手机:18358026536。

偶国富(1965 年),男(汉族),教授,博士,主要从事多相流沉积与冲蚀方面的研究,通信地址:江苏省常州市武进区科教城机械石油楼,E－mail: ougf@163.com,手机:15006127258。

通讯作者:金浩哲(1982 年),男(汉族),教授,博士,主要从事过程装备露点腐蚀//冲蚀/磨损方面的研究,通信地址:浙江省杭州市钱塘区浙江理工大学 23 号楼(310020),E－mail: haozhe2007@163.com,手机:13858069641。

TC4 钛合金/304L 不锈钢焊接接头的电偶腐蚀

常敬欢[1,2],温建锋[1],曹　睿[3]
(1. 华东理工大学承压系统与安全教育部重点实验室,上海　200237;
2. 兰州工业学院材料工程学院,兰州　730050;
3. 兰州理工大学省部共建有色金属先进加工与再利用国家重点实验室,兰州　730050)

摘　要:石油化工、海洋工程等领域异种金属焊接接头易发生腐蚀,而关于钛合金/不锈钢异种金属焊接接头的电偶腐蚀行为尚不清楚。使用浸泡腐蚀试验、X 射线光电子能谱技术和扫描开尔文探针力显微镜研究了 TC4 钛合金/304 不锈钢焊接接头在人工海水溶液中的腐蚀行为。结果表明,钛合金/不锈钢焊接接头中金属间化合物最容易腐蚀,Cu 基体没有发生明显的腐蚀。钛合金/不锈钢焊接接头发生电偶腐蚀,形成了以金属间化合物为阳极、Cu 基体和母材为阴极的多个腐蚀电偶。X 射线光电子能谱分析显示,人工海水溶液中浸泡腐蚀后的焊缝金属表面可能存在金属 Fe 以及 Cu_2O、CuO、NiO、Ni_2O_3、Al_2O_3、TiO_2、Fe_2O_3 和 FeO 氧化物。研究结果揭示了钛合金/不锈钢焊接接头的电偶腐蚀机理,为改善钛合金/不锈钢异种金属焊接接头的耐腐蚀性提供理论依据。

关键词:钛合金;不锈钢;电偶腐蚀;扫描开尔文探针力显微镜

Galvanic corrosion of TC4 titanium alloy/304L stainless steel welded joints

CHANG Jinghuan[1,2], WEN Jianfeng[1], CAO Rui[3]
(1. Key Laboratory of Pressurized System and Safety, Ministry of Education, East China University of Science and Technology, Shanghai 200237, China; 2. Lanzhou Institute of Technology, Lanzhou, 730050, China; 3. State Key Laboratory of Advanced Processing and Recycling of Non－ferrous Metal, Lanzhou University of Technology, Lanzhou 730050, China)

Abstract: The dissimilar metal welding joints in petrochemicals and marine engineering are susceptible to corrosion, while the galvanic corrosion behavior of titanium alloy/stainless steel dissimilar metal welding joints is not yet clear. We studied the corrosion behavior of TC_4 titanium alloy/304 stainless steel welded joints in artificial seawater solution using immersion corrosion test, X－ray photoelectron spectroscopy technology, and scanning Kelvin probe force microscope. The results indicate that the intermetallic compounds are most prone to corrosion in titanium alloy/stainless steel welded joints, while the Cu substrate not occurs significant corrosion. The titanium alloy/stainless steel welded joints occur galvanic corrosion, forming multiple corrosion couples with intermetallic compounds as the anode, Cu matrix and base metals as the cathode. X－ray photoelectron spectroscopy analysis shows that there may be metallic Fe, as well as Cu_2O, CuO, NiO, Ni_2O_3, Al_2O_3, TiO_2, Fe_2O_3, and FeO oxides on the surface of the weld metal after immersion corrosion in artificial seawater solution. The research results reveal the galvanic corrosion mechanism of titanium alloy/stainless steel welded joints, providing a theoretical basis for improving the corrosion resistance of titanium alloy/stainless steel dissimilar metal welded joints.

Keywords: titanium alloy; stainless steel; galvanic corrosion; scanning kelvin probe force microscopy

0 引 言

石油化工、核工业和海洋工程等领域对异种金属焊接部件的需求正在增加[1-2]。特别是,钛合金和不锈钢异种金属焊接结构因其高比强度、优异的耐腐蚀性和低成本效益被用于反应塔组件、强酸和强碱容器、核燃料后处理设备和海水冷却热交换器等[3-4]。长期服役于环境介质中的异种金属焊接接头易因其发生腐蚀而导致焊接部件失效[5-6],如图1所示。

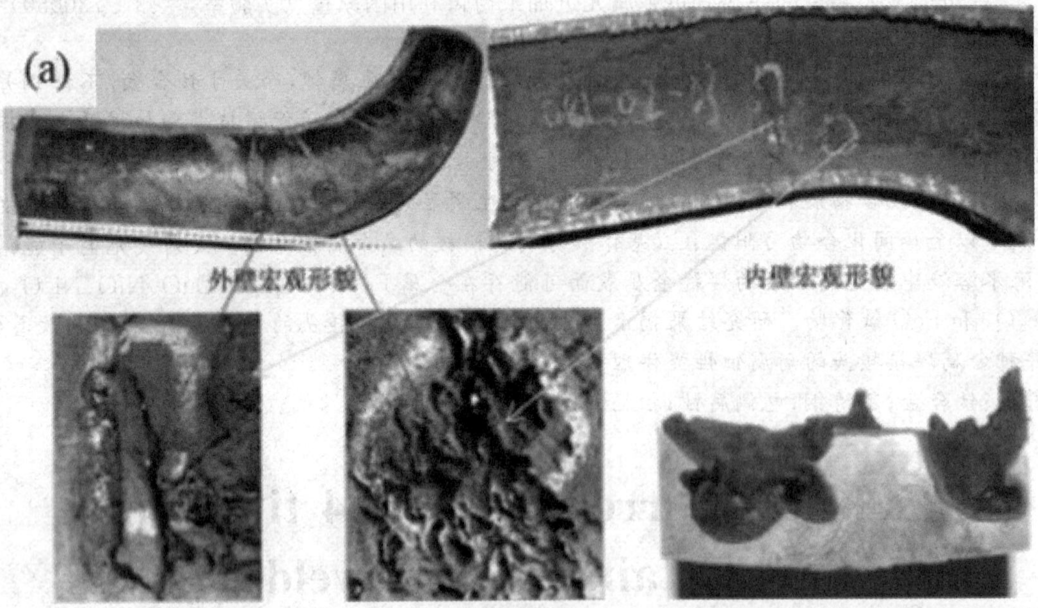

(a) 油井管线异种钢焊接接头电偶腐蚀

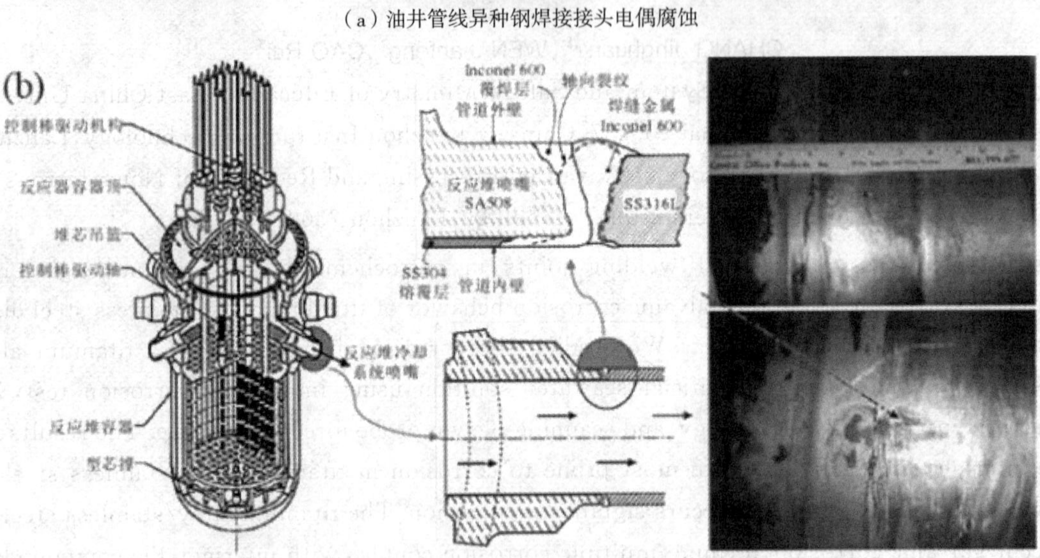

(b) 核电站异种金属焊接接头应力腐蚀

图1 异种金属焊接接头失效案例

前期研究发现,异种金属焊接接头会发生电偶腐蚀,影响其在服役环境中的应用。g-Cu和e-Cu之间的电偶腐蚀会导致铜/不锈钢焊接接头失效[7]。镁合金/铝合金焊接接头中镁合金相和其他相之间的电偶腐蚀会使得镁合金和铝合金母材金属的性能下降[8]不锈钢焊接接头中的微电偶效应会加剧焊缝金属-不锈钢界面的腐蚀[9]。由于A508-309/308L异种钢焊接接头发生点蚀和电偶腐蚀,导致反应堆压力容器钢在其服役环境中失效[10]。然而,关于钛合金/不锈钢异种金属焊接接头的电偶腐蚀行为尚不清楚。因此，研究钛合金/不锈钢异种金属焊接接头的电偶腐蚀行为非常有必要。

扫描开尔文探针力显微镜（SKPFM）结合了高灵敏度的开尔文探针技术（<1 mV）和高分辨率（至少100 nm）的原子力显微镜（AFM）[11]，用于获取金属表面的形貌和伏特电位分布，也通过测量铝合金[12]、不锈钢[13]和异种金属焊接接头[14]表面和界面的电位分布来研究其腐蚀行为。因此，本研究采用浸泡腐蚀试验、配备能谱仪（EDS）的扫描电子显微镜（SEM）、X 射线光电子能谱（XPS）和 SKPFM 研究钛合金/不锈钢焊接接头的腐蚀行为。

1　材料与方法

1.1　试验材料

CMT 焊接试验母材分别为 TC4 钛合金和 304L 不锈钢，其规格为 $100\times50\times1\ mm^3$，填充金属为镍铝青铜（ERCuNiAl）焊丝，其规格为 Φ1.2 mm，材料的化学成分如表 1 所示。

表 1　试验材料的化学成分

材料	元素（质量分数/%）							
TC4 钛合金	Al	V	Fe	C	N	H	O	Ti
	5.5～6.8	3.5～4.5	0.3	0.1	0.05	0.01	0.2	余量
304L 不锈钢	Cr	Ni	Si	Mn	C	Fe		
	18.0～20.0	8.0～12.0	1.0	2.0	≤0.03	余量		
ERCuNiAl 焊丝	Al	Ni	Fe	Pb	Mn	Cu		
	8.0	6.0	3.0	0.038	1.0	余量		

1.2　试验方法

钛合金和不锈钢异种金属 CMT 焊接示意图如图 2（a）和（b）所示，焊接装置参考作者以前的研究[15]，母材的搭接方式为不锈钢板在上钛合金板在下。焊接过程中使用高纯度氩气（15 L/min），送丝速度为 5.0 m/min，焊接速度为 8.53 mm/s。焊缝正面无明显的焊接缺陷，背面也无明显的烧损，分别如图 2（c）和（d）所示。金相试样取样位置如图 2（c）中白色矩形框所示，其先用 240#－3000#砂纸打磨，再用金刚石悬浮液抛光，最后用乙醇清洗，吹干待用。

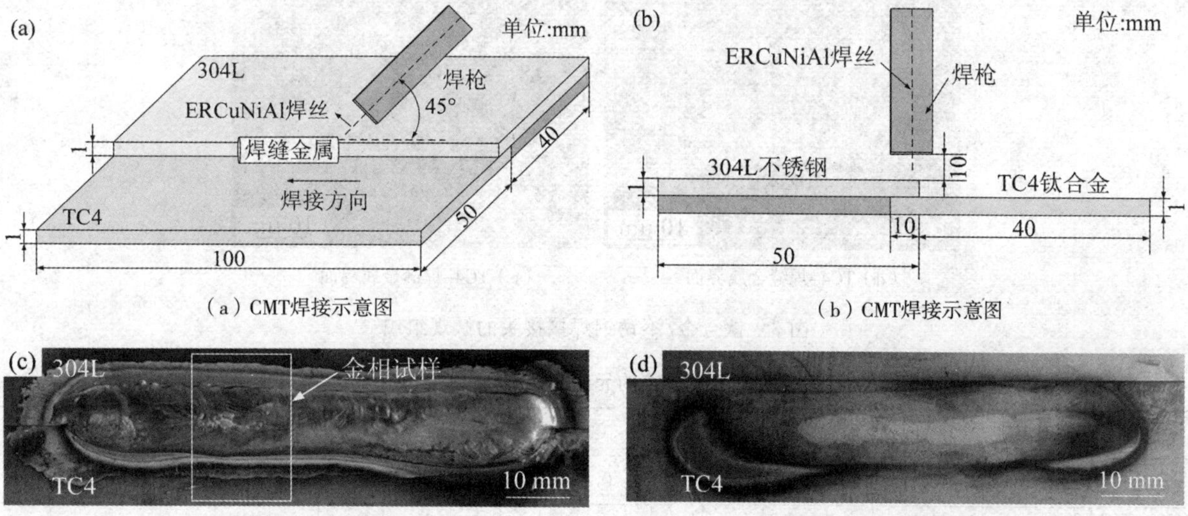

（a）CMT焊接示意图　（b）CMT焊接示意图

（c）焊缝正面　（d）焊缝背面

图 2　焊接示意图

浸泡腐蚀实验在 25 ℃的人工海水溶液中开展，浸泡时间 30 天。人工海水溶液由 0.23 g $MgCl_2$、0.33 g Mg_2SO_4、2.67 g NaCl 和 100 ml H_2O 组成[16]。采用配备 EDS 的 SEM(Quanta FEG 450)观察和分析腐蚀前后钛合金/不锈钢焊接接头的微观组织，使用 XPS(AXISSUPRAX)分析腐蚀后焊接接头中焊缝金属区域的腐蚀产物。使用表面覆盖 Pt-Ir 的硅探针的 SKPFM(Dimension FastScan)测量钛合金/不锈钢焊接接头中 304L-焊接金属界面和焊接金属区域的伏特电位。采用涂有薄 Au 层的 Al 参考样品来校准针尖。所有测量均在 25℃和 25 %左右的相对湿度下进行，扫描频率为 0.5 Hz。

2 结果和讨论

2.1 微观组织

图 3 为钛合金/不锈钢焊接接头的微观组织，图中各点的 EDS 测试结果如表 2 所示。304L-焊缝金属界面无明显反应层，浅灰色基体相由 Cu 固溶体和 a_2 组成(点 1B)，靠近 304L 母材深灰色的相推断为 Fe-Cr-Cu-Al 金属间化合物(IMCs)(点 2B)，如图 3(a)所示。图 3(b)为焊缝金属的微观组织，主要由深灰色 Cu-Al-Fe-Ni-Ti IMCs(点 3B)、浅灰色 Cu 固溶体和 a_2(点 4B)组成。TC4-焊缝金属界面的 SEM 图像如图 3(c)所示。TC4-焊缝金属界面形成明显的反应层，分为靠近 TC4 母材区域和远离 TC4 母材区域，其放大图分别如图 3(d)和 2(e)所示。靠近 TC4 母材区域由浅灰色 $AlCu_2Ti$ IMCs(点 5B)和深灰色 $CuTi_2$ 和 $AlTi_3$ IMCs(点 6B)组成。远离 TC4 母材的区域由 Cu 固溶体和 a_2(点 7B)、Cu-Ti-Al-Fe-Ni IMCs(点 8B)组成。与焊缝金属的成分相比，远离 TC4 母材的区域中深灰色的相中 Cu、Ti 和 Al 含量增加。

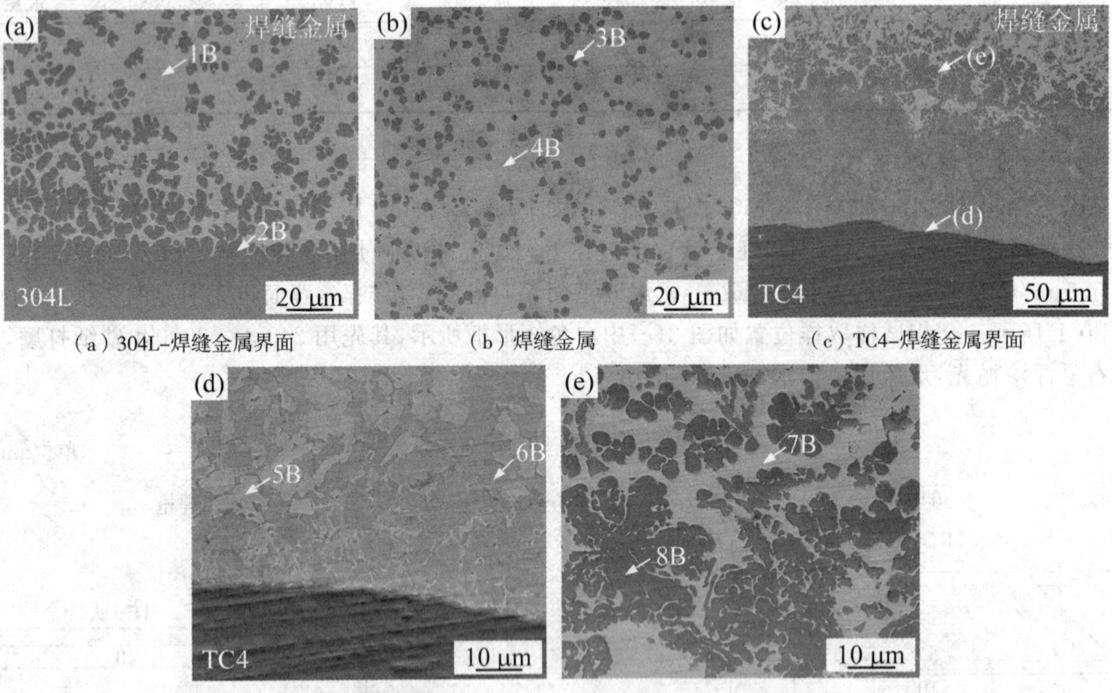

(a) 304L-焊缝金属界面　(b) 焊缝金属　(c) TC4-焊缝金属界面

(d) TC4-焊缝金属界面　(e) TC4-焊缝金属界面

图 3　钛合金/不锈钢焊接接头的微观组织

表 2　图 3 中各点的元素组成(原子分数/%)

点	Cu	Al	Fe	Ni	Cr	Ti	Si	可能的相
1B	73.0	13.5	6.2	4.8	0.9	0.7	0.9	Cu 固溶体和 a_2
2B	7.4	7.2	61.1	4.6	17.6	0.7	1.5	Fe-Cr-Cu-Al IMCs
3B	12.40	24.65	22.95	17.18	2.43	18.29	0.31	Cu-Al-Fe-Ni-Ti IMCs

（续表）

点	Cu	Al	Fe	Ni	Cr	Ti	Si	可能的相
4B	73.27	17.68	2.04	2.16	0.55	1.09	0.96	Cu 固溶体和 a_2
5B	48.5	18.8	1.5	2.6	—	28.2	0.4	$AlCu_2Ti$
6B	30.7	8.4	7.9	1.6	1.9	48.9	0.7	$CuTi_2$ 和 $AlTi_3$ IMCs
7B	80.5	13.5	2.0	1.2	1.0	1.5	0.3	Cu 固溶体和 a_2
8B	35.2	19.4	11.8	9.6	1.1	22.3	0.6	Cu－Ti－Al－Fe－Ni IMCs

2.2 腐蚀产物

图 4 为钛合金/不锈钢焊接接头在人工海水溶液中浸泡腐蚀 30 天后的微观组织。结合表 3 中的 EDS 测试结果，与浸泡腐蚀前的 SEM 图像相比，腐蚀后的 304L－焊缝金属界面中浅灰色基体相的 Cu 含量降低，O 含量增加（点 1A），深灰色的相发生了严重腐蚀，Fe、Cr 的含量变化较大（点 2A），如图 4(a)和 3(b)所示。图 4(c)为腐蚀后的焊缝金属 SEM 图像。焊缝金属中的 IMCs 由 Fe、Al、Ti、Ni、Cu 和 O（点 3A）组成，浅灰色基体相中 O 含量最低（点 4A）。图 4(d)为腐蚀后的 TC4－焊缝金属界面 SEM 图像，分为靠近 TC4 母材区域和远离 TC4 母材区域，其 SEM 图像分别如图 4(e)和 3(f)所示。靠近 TC4 母材区域中相的 O 含量（点 5A 和 6A）高于远离 TC4 母材区域中相的 O 含量（点 7A 和 8A）。远离 TC4 母材区域中浅灰色基体相的组成（点 7A）与焊缝金属中浅灰色基体相的组成（点 4A）相似。

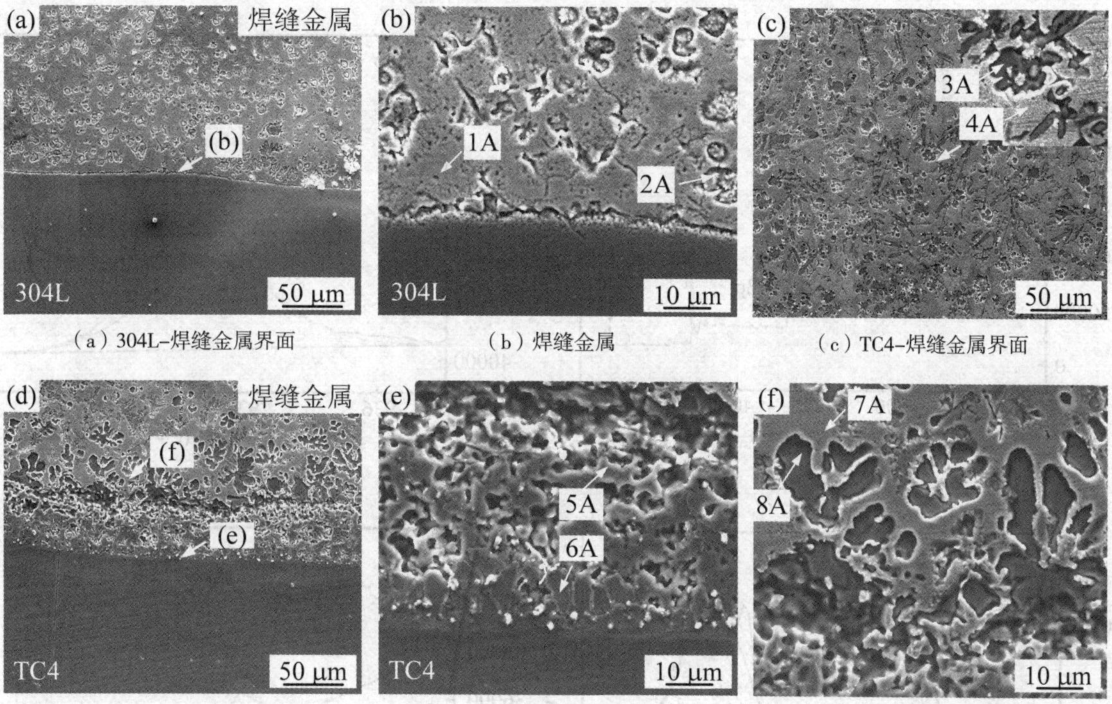

（a）304L-焊缝金属界面　（b）焊缝金属　（c）TC4-焊缝金属界面

（d）TC4-焊缝金属界面　（e）TC4-焊缝金属界面　（f）TC4-焊缝金属界面

图 4　腐蚀后的钛合金/不锈钢焊接接头的微观组织

表 3　图 4 中各点的元素组成（原子分数/%）

点	Cu	Al	Fe	Ni	Cr	Ti	O	Si
1A	54.2	14.5	2.6	2.7	0.5	1.4	22.8	0.2
2A	7.5	8.4	40.9	3.2	10.3	5.0	22.7	1.4
3A	9.9	19.3	19.7	13.2	2.1	14.9	20.0	0.5

（续表）

点	Cu	Al	Fe	Ni	Cr	Ti	O	Si
4A	66.9	16.3	3.0	2.4	0.4	0.7	8.6	0.5
5A	14.9	7.0	4.6	1.0	1.0	28.5	42.3	0.3
6A	12.1	6.9	4.3	0.8	0.9	24.1	50.3	0.4
7A	69.5	14.4	1.7	1.3	0.4	1.0	10.2	0.5
8A	17.7	14.1	9.2	6.9	0.7	16.3	34.8	0.2

进一步采用 XPS 确定腐蚀后的钛合金/不锈钢焊接接头中焊缝金属表面的腐蚀产物，XPS 谱图如图 5 所示。图 5(a)为腐蚀后焊缝金属的 XPS 全谱，其表面主要由 O、Cu、Ni、Fe、Ti 和 Al 组成。此外，XPS 全谱中没有明显的 Cr 峰，表明没有稳定的 Cr 氧化物形成。Ni 2p 和 Ti 2p 峰的强度较低，归因于 Ni 和 Ti 在不锈钢中很少被氧化[17]。Cu 2p、Ni 2p、Fe 2p、Ti 2p 和 Al 2p 的高分辨率 XPS 谱图分别如图 5(b)－4(f)所示。图 5(b)为 Cu 2p 图谱，结合能为 933.06 eV 和 933.56 eV，分别对应于 Cu 2p3/2 的 Cu^{2+}(CuO)和 Cu^{+}(Cu_2O)[18]应于 Ni 2p3/2 的 Ni^{3+} 和 Ni^{2+}，如图 5(c)所示，表明腐蚀后的焊缝金属表面会形成 NiO 或 Ni_2O_3[19]。结合能 707.72 eV、710.49 eV 和 722.43 eV 处的峰分别表示金属态 Fe^0(2p3/2)、Fe^{3+}(2p3/2)和 Fe^{2+}(2p1/2)[20]，如图 5(d)所示。Ti 2p 谱在 459.29 eV 和 464.88 eV 处显示了两个峰值，对应于 TiO_2。[21]如图 5(e)所示。图 5(f)为 Al 2p 在 74.41 eV 和 75.20 eV 处的峰值，代表 Al_2O_3。[22] 基于上述分析，腐蚀后的焊缝金属表面可能存在金属态 Fe 以及 Cu_2O、CuO、NiO、Ni_2O_3、Fe_2O_3、FeO、TiO_2 和 Al_2O_3 氧化物。

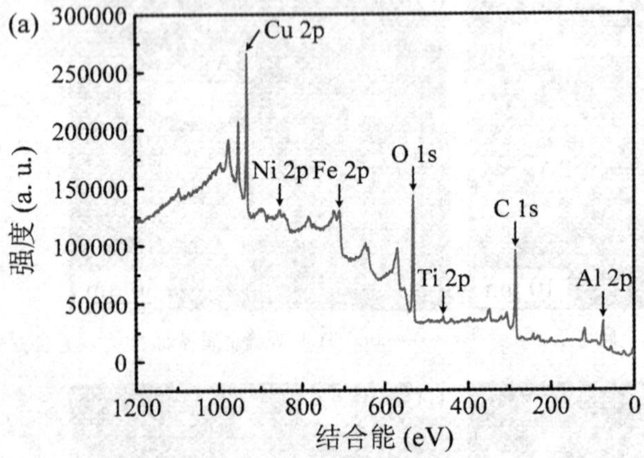

（a）全谱

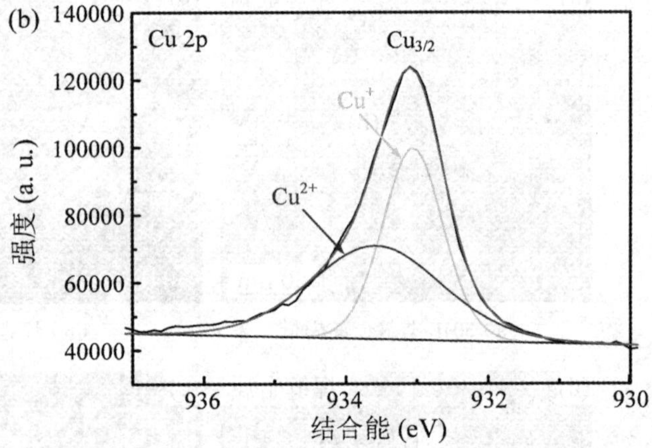

（b）Cu 2p

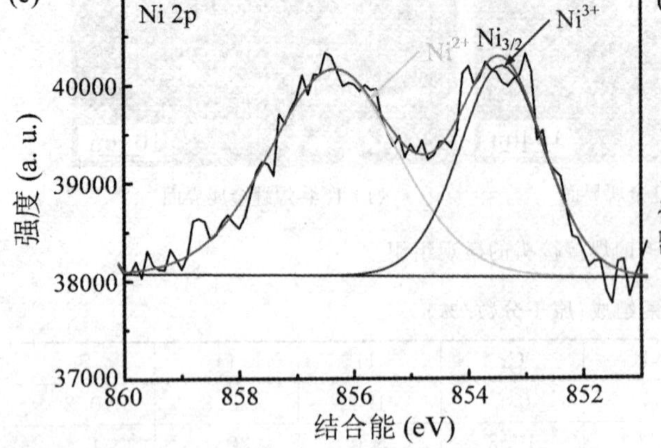

（c）Ni 2p

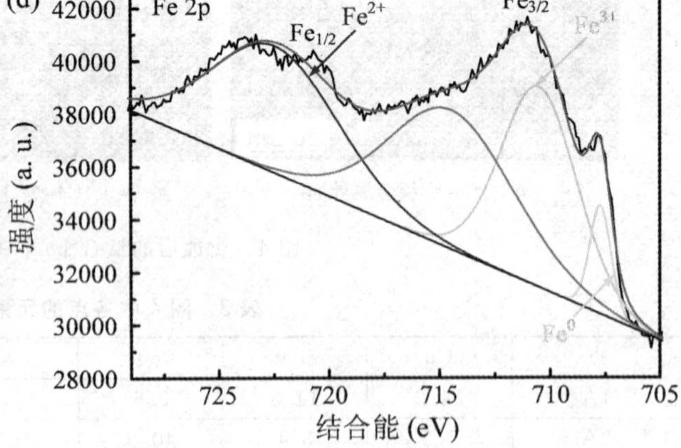

（d）Fe 2p

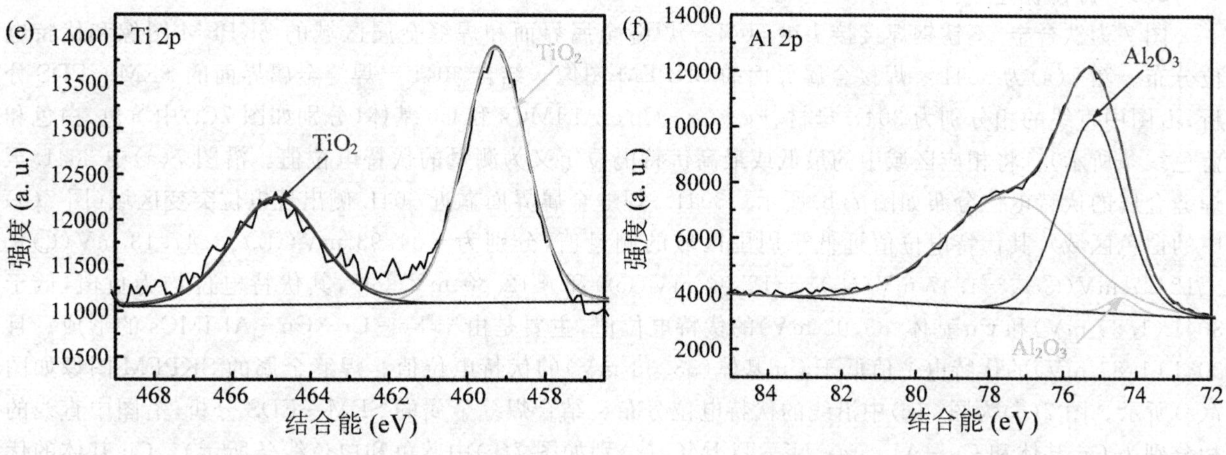

(e) Ti 2p (f) Al 2p

图 5 腐蚀后的钛合金/不锈钢焊接接头中焊缝金属表面的 XPS 图谱

钛合金/不锈钢焊接接头焊缝金属表面氧化物的形成示意图如图 6 所示。可能发生的阴极反应为氧的还原反应，如反应式(1)所示：

$$O_2 + 2H_2O + 4e^- \rightarrow 4OH^- \quad (1)$$

焊缝金属可能发生的阳极反应如反应式(2)—(4)所示：

$$W \rightarrow M^{n+} + ne^- \quad (2)$$

其中 W 表示焊缝金属，M 表示 Cu、Al、Fe、Ni 和 Ti。

随着OH^-的生成，与金属离子形成一系列氢氧化物，如反应式(3)所示[23]：

$$M^{n+} + nOH^- \rightarrow M(OH)_n \quad (3)$$

最后，氢氧化物分解，在焊缝金属表面形成金属氧化物，如反应式(4)所示[23,24]，从而形成 Cu_2O、CuO、NiO、Ni_2O_3、Fe_2O_3、FeO、TiO_2 和 Al_2O_3 氧化物。

$$2M(OH)_n \rightarrow M_2O_n + nH_2O \quad (4)$$

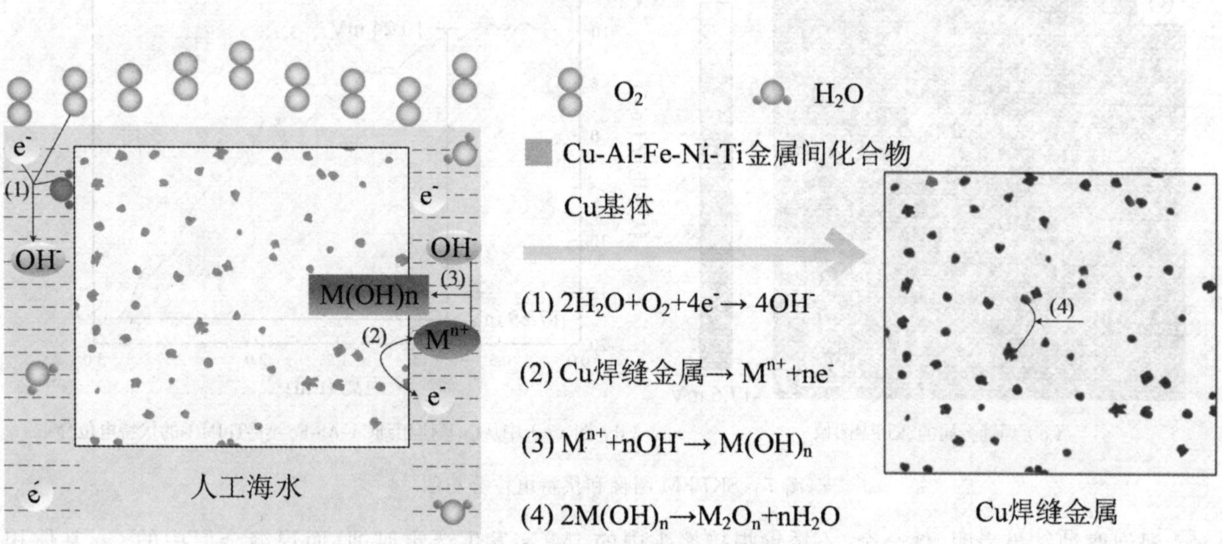

图 6 腐蚀后的钛合金/不锈钢焊接接头中焊缝金属表面氧化物的形成过程

2.3 腐蚀机理

图 7 为钛合金/不锈钢焊接接头中 304L—焊缝金属界面和焊缝金属区域的 SKPFM 图像和伏特电位分布。图 7(a)为 304L—焊接金属界面的 SKPFM 图像。结合 304L—焊缝金属界面的 SEM—EDS 分析,沿图中直线的相分别为 304L 母材、Fe－Cr－Cu－Al IMCs 和 Cu 基体(分别如图 7(a)中黄色、白色和蓝色线条所示)。将相应区域中的最低或最高伏特电位定义为测量的伏特电位值。沿图 7(a)中 304L 至焊缝金属的伏特电位分布如图 7(b)所示。304L -焊缝金属界面靠近 304L 侧出现电位突变区域(图 7(a)中的白色区域),其伏特电位值远低于周围区域的测量值,分别为－34.93 mV(①)、－47.13 mV(②)、－12.37 mV(③)、－1.47 mV(④)、－12.04 mV(⑤)和－12.80 mV(⑥),其伏特电位均为负值,低于 304L(1.83 mV)和 Cu 基体(33.03 mV)的伏特电位值,主要是由于 Fe－Cr－Cu－Al IMCs 的形成。且 304L(1.83 mV)的伏特电位值低于 Cu 基体(33.33 mV)的伏特电位值。焊缝金属的 SKPFM 图像如图 7(c)所示。图 7(d)为图 7(c)中沿线的伏特电位分布。结合焊缝金属的 SEM－EDS 分析,沿图中直线的相分别为 Cu 基体和 Cu－Al－Fe－Ni－Ti IMCs(分别如图 7(c)中蓝色和白色线条所示)。Cu 基体的伏特电位值(10.24 mV)高于 Cu－Al－Fe－Ni－Ti IMCs 的伏特电位值(－17.59 mV)。由于合金元素的影响,304L、Fe－Cr－Cu－Al IMCs、Cu－Al－Fe－Ni－Ti IMCs 和 Cu 基体区域的伏特电位变化明显[25]。

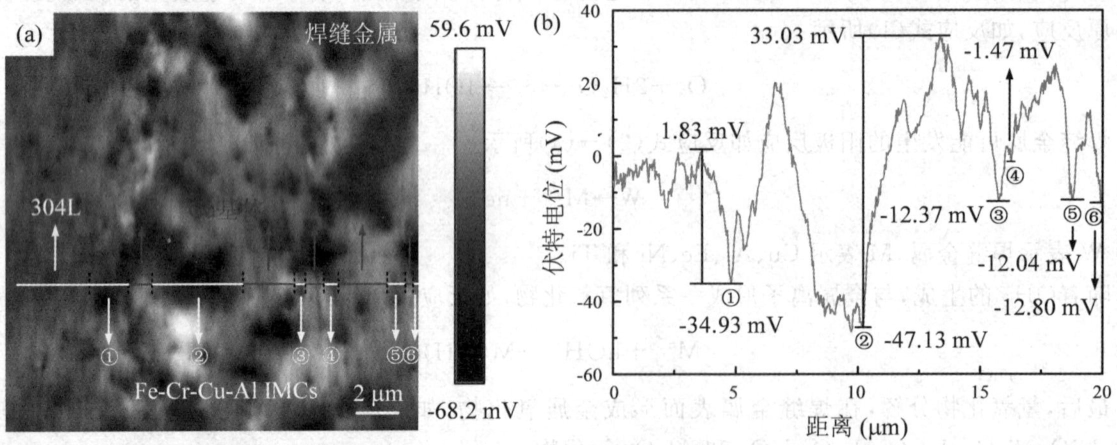

(a) 304L–焊接金属界面的SKPFM图像

(b) 图(a)中从304L到焊缝金属的伏特电位分布

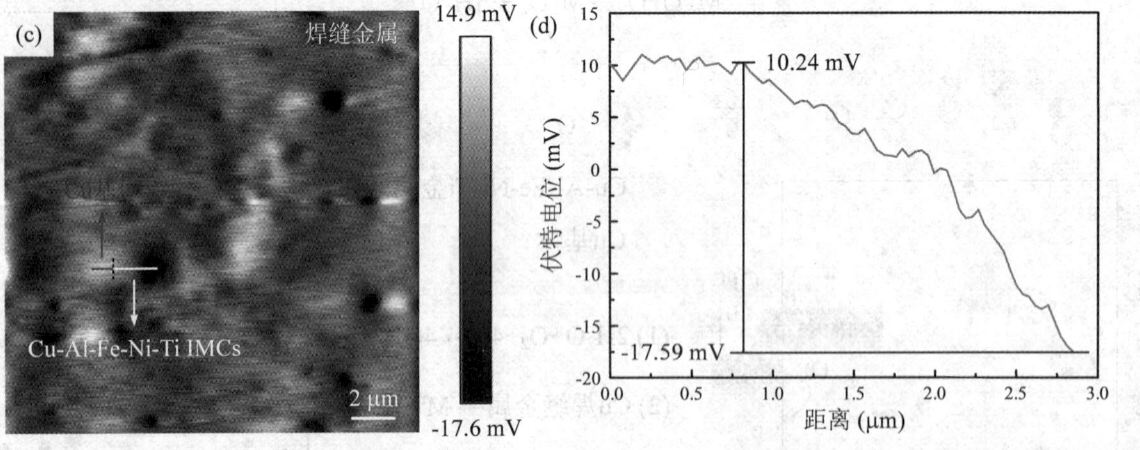

(c) 焊缝金属的SKPFM图像

(d) 图(c)中从Cu基体相到Cu–Al–Fe–Ni–Ti IMCs的伏特电位分布

图 7　SKPFM 图像和伏特电位分布图

浸泡腐蚀结果表明,钛合金/不锈钢焊接接头中的 IMCs 发生严重腐蚀,而焊缝金属中的 Cu 基体相没有发生严重腐蚀,如图 4 所示。SKPFM 结果也表明,IMCs 相具有较低的伏特电位,而 Cu 基体相具有较高的伏特电位，如图 7 所示。由于明显的电位差，在钛合金/不锈钢焊接接头中 304L一焊缝金属界面、焊缝金属和 TC4 -焊缝金属界面区域形成多个腐蚀电偶，如图 8 所示。分别是 304L/Fe - Cr - Cu - Al IMCs 腐蚀电偶①、Cu 基体/Fe - Cr - Cu - Al IMCs 腐蚀电偶②、Cu 基体/Cu - Al - Fe - Ni - Ti IMCs 腐蚀电偶③以及腐蚀电偶④和⑤。结合伏特电位图，形成了 304L（高电位）作为阴极和 Fe - Cr - Cu - Al IMCs（低电位）作为阳极的腐蚀电偶①。腐蚀电偶②和③分别是 Cu 基体（高电位）作为阴极，Fe - Cr - Cu -Al IMCs 和 Cu - Al - Fe - Ni - Ti IMCs（低电位）作为阳极。Fe - Cr - Cu - Al IMCs 和 Cu - Al -Fe - Ni - Ti IMCs 的伏特电位不同（图 7），表明 IMCs 的成分会影响其伏特电位。由此推断，TC4 -焊缝金属界面也会形成腐蚀电偶，分别为 $AlCu_2Ti$ IMCs/$CuTi_2$、$AlTi_3$ IMCs 腐蚀电偶④以及 TC4 作为阴极和 $CuTi_2$、$AlTi_3$ IMCs 作为阳极的腐蚀电偶⑤。对比腐蚀后的钛合金/不锈钢焊接接头 SEM 图像（图 4），发现腐蚀电偶中低电位相作为阳极腐蚀严重，作为阴极的高电位相未发生明显的腐蚀。综合上述分析，304L -焊缝金属界面、焊缝金属和 TC4 -焊缝金属界面容易发生电偶腐蚀[7,21]，且 IMCs 相腐蚀严重[25]。

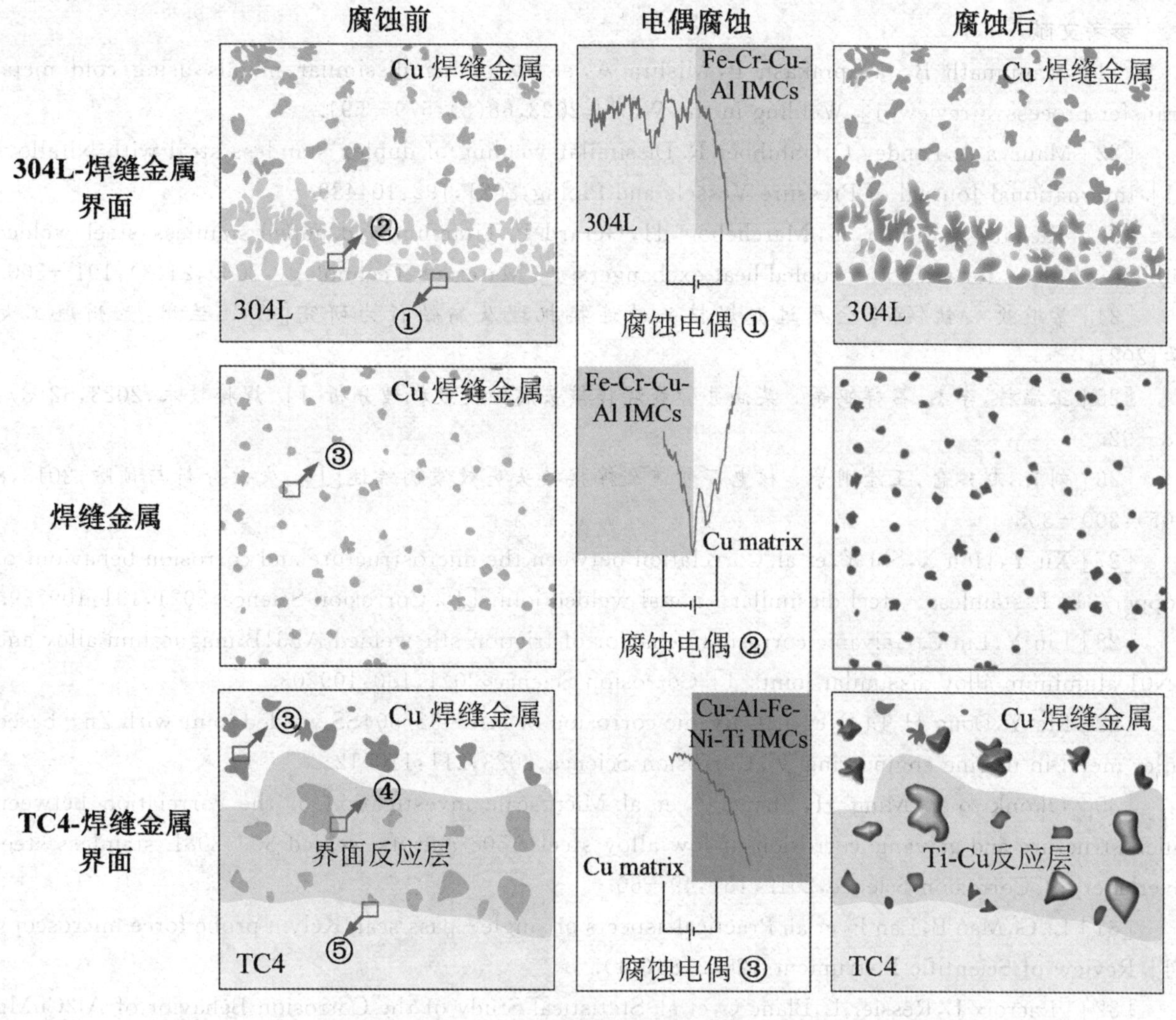

图 8　钛合金/不锈钢焊接接头的电偶腐蚀示意图

3　结　论

使用浸泡试验、X 射线光电子能谱技术和扫描开尔文探针力显微镜研究了钛合金/不锈钢焊接接头的腐蚀行为。得出以下结论：

(1)304L一焊缝金属界面、TC4一焊缝金属界面反应层和焊缝金属中的金属间化合物发生了严重腐蚀。钛合金/不锈钢焊接接头中的 Cu 基体未发生严重腐蚀。

(2)腐蚀后的焊缝金属表面可能存在金属态 Fe 以及 Cu_2O、CuO、NiO、Ni_2O_3、Fe_2O_3、FeO、TiO_2 和 Al_2O_3 氧化物。

(3)304L/Fe-Cr-Cu-Al IMCs、Cu 基体/Fe-Cr-Cu-Al IMCs 以及 Cu 基体/Cu-Al-Fe-Ni-Ti IMCs 之间存在明显的伏特电位差。钛合金/不锈钢焊接接头中 304L－焊缝金属界面和焊缝金属区域容易形成以金属间化合物为阳极、Cu 基体为阴极的腐蚀电偶，导致钛合金/不锈钢焊接接头发生电偶腐蚀。

由于母材与金属间化合物、Cu 基体与金属间化合物之间存在明显的电位差，钛合金/不锈钢焊接接头发生电偶腐蚀。均匀的微观结构可能是提高钛合金/不锈钢焊接接头耐腐蚀性的一种方法。钛合金/不锈钢焊接接头电偶腐蚀行为方面的研究结论可为石油化工、核工业和海洋工程等领域异种金属焊接构件腐蚀行为的研究提供参考。

参考文献

[21] Manjunath B, Jayaprakash P, Mishra A, et al. Joining dissimilar metals using cold metal transfer process: a review[J]. Welding in the World, 2023, 68(3): 579－591.

[22] Maurya A, Pandey C, Chhibber R. Dissimilar welding of duplex stainless steel with Ni alloys [J]. International Journal of Pressure Vessels and Piping, 2021, 192: 104439.

[23] Richaud－Minier H, Marchebois H, Gerard P. Titanium and super stainless steel welded tubing solutions for sea water cooled heat exchangers[J]. Materials Technology, 2009, 24(3): 191－200.

[24] 常敬欢．钛/钢冷金属过渡焊接头的连接机理及腐蚀行为研究[D]．兰州：兰州理工大学，2021.

[25] 王温栋，李杰，吕祥鸿等．某油井管线焊接接头腐蚀失效机理分析[J]．焊接技术，2023，52(8)：88－92.

[26] 刘肖，赵建仓，王淦刚等．核电厂管道及焊接接头失效案例综述[J]．失效分析与预防，2013，8(05)：300－305.

[27] Xu Y, Hou X, Shi Y, et al. Correlation between the microstructure and corrosion behaviour of copper/316 L stainless-steel dissimilar-metal welded joints[J]. Corrosion Science, 2021, 191: 109729.

[28] Lin Y, Lin C. Galvanic corrosion behavior of friction stir welded AZ31B magnesium alloy and 6N01 aluminum alloy dissimilar joints[J]. Corrosion Science, 2021, 180: 109203.

[29] Ma Y, Dong H, Li P, et al. Galvanic corrosion of AA5052/304SS welded joint with Zn-based filler metal in marine engineering[J]. Corrosion Science, 2023, 211: 110912.

[30] Okonkwo B, Ming H, Zhang Z, et al. Microscale investigation of the correlation between microstructure and galvanic corrosion of low alloy steel A508 and its welded 309/308L stainless steel overlayer[J]. Corrosion Science, 2019, 154: 49－60.

[31] Li G, Mao B, Lan F, et al. Practical aspects of single-pass scan Kelvin probe force microscopy [J]. Review of Scientific Instruments, 2012, 83(11).

[32] [Lacroix L, Ressier L, Blanc C, et al. Statistical Study of the Corrosion Behavior of Al2CuMg Intermetallics in AA2024-T351 by SKPFM[J]. Journal of The Electrochemical Society, 2008, 155 (1): C8.

[33] 许有伟．CF8A 不锈钢及焊接接头在模拟压水堆环境下的失效机理研究[D]．天津：天津大学，2020.

[34] Lai Z, Bi P, Wen L, et al. Local electrochemical properties of fusion boundary region in SA508－309L/308L overlay welded joint[J]. Corrosion Science, 2019, 155: 75－85.

［35］常敬欢，余刚，曹睿等．钛合金/铜—镍/不锈钢焊接接头的组织与性能［J］．焊接学报，2023，44（7）：48—55.

［36］Chang J，Wen J，Cao R，et al. Effect of lapped sequence on corrosion behavior and mechanism of pure titanium/galvanized steel joint using cold metal transfer joining technology［J］. International Journal of Pressure Vessels and Piping，2024，209：105203.

［37］Maurice V，Peng H，Klein L，et al. Effects of molybdenum on the composition and nanoscale morphology of passivated austenitic stainless steel surfaces［J］. Faraday Discuss，2015，180：151—170.

［38］Chukwuike V，Sankar S，Kundu S，et al. Capped and Uncapped Nickel Tungstate（NiWO4）nanomaterials：a comparison study for anti—corrosion of copper metal in NaCl solution［J］. Corrosion Science，2019，158：108101.

［39］John F，William F，Peter E，et al. Handbook of X-ray Photoelectron Spectroscopy［M］. USA：Perkin-Elmer Corporation，1992.

［40］Xu Y，Jing H，Xu L，et al. Effect of overload on the oxidation behavior of CF8A austenitic stainless steel in a high-temperature water environment［J］. Corrosion Science，2020，162：108219.

［41］Gao S，Li Z，Fan L，et al. Mechanism of the element microsegregation induced corrosion difference of Ti6321 weldment［J］. Corrosion Science，2023，219：111194.

［42］Li M，Cao Q，Wang X，et al. Fe61. 5Cr17. 5Ni13Al8 high-entropy alloy：a study of corrosion behavior［J］. Corrosion Science，2023，220：111302.

［43］Peng S，Xie S，Xiao F，et al. Corrosion behavior of spangle on a batch hot-dip galvanized Zn-0. 05Al-0. 2Sb coating in 3. 5 *wt*. % NaCl solution［J］. Corrosion Science，2019，163：108237.

［44］Li B，Qu H，Lang Y，et al. Copper alloying content effect on pitting resistance of modified 00Cr20Ni18Mo6CuN super austenitic stainless steels［J］. Corrosion Science，2020，173：108791.

［45］Sathirachinda N，Pettersson R，Pan J. Depletion effects at phase boundaries in 2205 duplex stainless steel characterized with SKPFM and TEM/EDS［J］. Corrosion Science，2009，51（8）：1850—1860.

［46］

作者简介

常敬欢（1992），女（汉），博士，副教授，异种金属焊接及焊接接头性能评价，通信地址：200237 上海市梅陇路 130 号，E—mail：jhchang@ecust. edu. cn，手机：18298365268。

熔融太阳盐腐蚀-蠕变作用下316L不锈钢损伤行为研究

李　恒[1,2]，王小威[1,2]，巩建鸣[1,2]
（1. 南京工业大学 机械与动力工程学院，南京 211816；
2. 江苏省承压装备可靠性制造重点实验室，南京 211816）

摘　要：本文通过所搭建的熔盐-力学耦合试验装置，研究了316L奥氏体不锈钢在565 ℃无氯（SS）及含1.4*wt*%氯离子（SS_1.4）太阳盐（60*wt*% $NaNO_3$/40*wt*% KNO_3）中的蠕变行为及微观损伤机制。结果表明，相较于空气环境，熔盐介质使316L不锈钢的蠕变寿命有所降低。相较于无应力试样，蠕变变形引起材料表面腐蚀影响区和材料内部微观组织变化，加速了材料的熔盐腐蚀。蠕变载荷下，氯离子杂质的存在促使材料表面更易发生沿晶腐蚀与开裂，熔盐腐蚀和蠕变的共同作用主导了316L不锈钢的断裂失效。

关键词：316L不锈钢；熔融太阳盐；腐蚀；蠕变

Study on the damage behavior of 316L stainless steel under the corrosion creep action of molten solar salt

LI Heng[1,2], WANG Xiaowei[1,2], GONG Jianming[1,2]
(1. School of Mechanical and Power Engineering, Nanjing Tech University, Nanjing 211816, China;
2. Jiangsu Key Laboratory of Reliability Manufacturing of Pressure Equipment, Nanjing 211816, China)

Abstract: This study investigated the creep behavior and micro－damage mechanisms of 316L austenitic stainless steel in solar salt(60*wt*% $NaNO_3$/40*wt*% KNO_3) at 565℃ under chloride-free(SS) and 1.4 wt% Cl^- containing (SS_1.4) conditions using a newly developed molten salt－mechanics coupled testing apparatus. Findings demonstrated that the molten salt environment induced a significant reduction in creep lifetime compared to air exposure. Creep deformation promoted surface corrosion-affected zones and microstructural alterations within the substrate, collectively accelerating material degradation. Under creep loading, chloride impurities facilitated pronounced intergranular corrosion and cracking. The synergistic interplay between molten salt corrosion and creep deformation governed the fracture failure of 316L stainless steel in SS_1.4.

Keywords: 316L stainless steel; molten solar salt; corrosion; creep

0　引　言

在双碳背景下，可再生能源正逐步替代传统能源用于发电。然而，风能、太阳能和潮汐能等可再生能源发电具有波动性和间歇性的特点，危险电网安全[1]。为解决能源供应的间歇性难题并实现供需平衡，熔盐基热能存储（thermal energy storage，TES）技术成为可再生能源发电和传统火电深度调峰调频不可或缺的一部分[1]。TES在储能技术中日益重要的角色凸显了其长寿命设计的必要性，而实现这一目标亟需对TES系统中熔盐装备的失效模式进行深入研究。

现有针对太阳能熔盐储热系统结构材料的腐蚀评估普遍未考虑载荷与材料变形的影响。实际上，除温度、杂质、材料组分及气氛外，高温变形是影响结构材料腐蚀行为的另一关键因素。在TES系统中，构件因温度波动约束、设备自重及流体静压等会形成复杂应力状态。在565 ℃的典型工作温度下，奥氏体不锈钢等结构材料不可避免地发生蠕变变形[2-7]。当前针对结构材料的研究已较为系统地揭示了蠕变一环境侵蚀(高温氧化与热腐蚀)的交互作用机理。氧化促进材料蠕变损伤主要通过两类机制：其一，材料表面疏松氧化层反复剥落持续缩减有效承载面积，进而缩短蠕变寿命；其二，与基底结合良好的氧化产物在蠕变载荷作用下沿晶生长，诱发沿氧化路径的裂纹萌生与扩展。值得注意的是，上述研究均未发现蠕变变形对氧化行为的显著影响。在航空发动机设计与锅炉失效分析领域，通过室温盐膜沉积预处理结合高温蠕变测试的方法，研究者对 $Na_2SO_4/NaCl/V_2O_5$ 基熔盐体系热腐蚀一蠕变交互作用已取得较深入认识。

然而，上述盐膜沉积法并不适用于材料长期全浸于熔融太阳能熔盐的工况。在实验室开展熔盐环境下腐蚀一蠕变交互试验面临熔盐密封、蠕变加载与温度控制的多重技术挑战。目前仅有少数研究探讨了该体系中两者的交互作用：GOODS[8]采用非标管状试样研究了In800合金在630 ℃熔融太阳能熔盐中的蠕变行为，发现熔盐腐蚀对蠕变特性影响甚微；PRIETO等[9]对A516钢380℃熔盐环境中的168 h恒载试验显示，短期暴露下材料力学性能退化有限。迄今尚未见有关长时(>500 h)熔盐腐蚀一蠕变耦合试验的研究报道，结构材料在TES系统中的熔盐腐蚀一蠕变交互退化机制尚不清晰，尤其是考虑氯离子杂质影响的研究鲜有报道。此外，鉴于太阳能熔盐腐蚀机理异于传统高温氧化，氧化促进蠕变的加速效应与蠕变影响氧化速率的程度可能呈现显著差异。

本文基于所搭建的高温熔盐腐蚀一蠕变测试装置，开展了316L不锈钢在含不同浓度氯离子杂质熔融太阳盐中的蠕变测试，探究了316L不锈钢在565 ℃熔融太阳能熔盐环境中的腐蚀一蠕变交互作用机制。

1 试验方法

1.1 试验材料

试验采用分析纯硝酸钠($NaNO_3$)和硝酸钾(KNO_3)(国药集团化学试剂有限公司)，其杂质含量如表1所示。按6∶4的质量比配制太阳能盐(SS，60*wt*% $NaNO_3$/40*wt*% KNO_3)，经200 ℃脱水1 h后于400 ℃熔融均质处理。为了研究熔盐中氯离子杂质对材料熔盐腐蚀一蠕变行为的影响，在SS中加入1.4*wt.*%的NaCl模拟含氯离子杂质的熔盐，将该组熔盐编号为SS_1.4。测试材料为商用316L奥氏体不锈钢(成分见表2)，广泛用于TEM系统熔盐管道制造。试样(见图1)分为两类：(1)按ASTM E8标准设计的蠕变试样(*Φ*6×30 mm)；(2)无应力对比试样(*Φ*6×5 mm)。加工后试样经800～3000目SiC砂纸逐级打磨，最终表面粗糙度 $Ra=0.5\ \mu m$。

表1 硝酸盐中的杂质含量(质量分数，*wt.*%)

杂质	SO_4^{2-}	Cl^-	NO_2^-	Mg^{2+}	Ca^{2+}	不溶物
$NaNO_3$	<0.003	<0.0015	<0.0005	—	0.005	<0.004
KNO_3	<0.003	<0.003	<0.001	<0.002	<0.004	<0.004

表2 316L不锈钢化学成分(质量分数，*wt.*%)

C	Cr	Ni	Si	Mn	Mo	Fe
0.024	17.7	10.07	0.49	1.18	2.11	Bal.

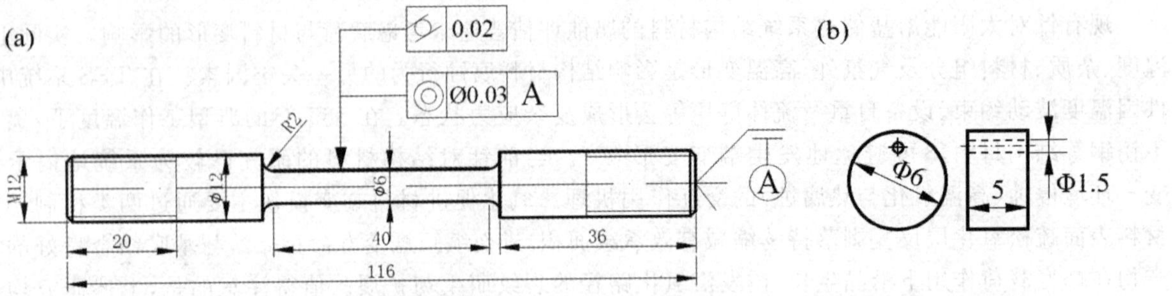

(a) 蠕变试样尺寸　　(b) 无应力试样尺寸

图1　蠕变试样和无应力试样示意

1.2　熔盐一蠕变测试方法

通过所搭建的熔盐一力学耦合试验装置开展熔盐腐蚀环境下的蠕变测试。该装置由上下夹具系统、熔盐腔、延伸测量杆及配套伸长计构成。熔盐室采用双回路水冷结构:顶部冷凝盐蒸气,底部冷却熔体以确保密封性,装置结构详情可见文献[10]。验证试验表明,当熔体液面高于试样顶端时,系统可维持试样完全浸没状态达 2000 h 以上。

温控系统配置 3 支 K 型铠装热电偶,分别布置于试样顶部、中部及底部区域,通过 AI808 温度控制器实现±1 ℃的测试精度。针对严苛环境下的变形测量技术难题,采用改进型位移采集方案:测量上下夹具相对位移,并基于夹具截面积远大于试样的几何特征(截面积比>30∶1),通过扣除弹性阶段位移后获得准静态蠕变变形数据。最终将整套熔盐一试样系统集成于标准蠕变试验机开展测试。

研究以 316L 不锈钢为对象,设定 565 ℃(当前商业化光热电站中 TES 系统的最高运行温度)为试验温度。美国可再生能源国家实验室针对熔盐热储罐的典型失效案例分析结果表明,熔盐储罐在运行过程中的最大应力远超材料的屈服强度(约 2 倍的屈服强度)[11]。为了研究结构材料在熔盐腐蚀与高应力蠕变损伤的交互作用,本文在空气与熔融太阳盐环境中对试样施加 280 MPa(565 ℃下约 2 倍的 316L 不锈钢屈服强度)的初始名义应力,另设无应力试样同步置于熔盐腔中,用以对比蠕变变形对材料熔盐腐蚀行为的影响。

1.3　微观表征

在微观结构表征前,试样经以下预处理:首先用去离子水和丙酮依次清洗熔盐环境测试后的样品以去除残留盐分,随后进行干燥。为保护腐蚀层在金相制备过程中完整,对断裂蠕变试样及无应力试样单侧实施镀镍处理。将样品环氧树脂镶嵌后依次进行 SiC 砂纸机械研磨与金刚石悬浮液分级抛光,最终制备成金相截面。试样的断裂形貌与腐蚀层结构采用蔡司 Ultra 55 场发射扫描电镜(FE－SEM)进行观测,该设备配置有能量色散光谱仪(EDS)。通过电解抛光去除表层变形区域后,使用牛津 Symmetry 探测器在 15 kV 加速电压下,以 0.3 μm 步长进行电子背散射衍射(EBSD)分析,获取变形试样的晶体学信息。

2　结果与讨论

2.1　熔盐腐蚀一蠕变曲线

如图 2 所示,316L 不锈钢在空气和含不同浓度氯离子杂质太阳盐中的蠕变曲线和蠕变性能。结果表明,无论空气或熔融盐环境,316L 钢的蠕变断裂寿命均随初始标称应力增加呈指数衰减趋势,而断裂应变在两种环境中差异未达显著水平(<5%)。在初始名义应力为 280 MPa 条件下,SS 环境中 316L 不锈钢的蠕变寿命相比于空气环境下有明显降低。当熔融太阳盐中含有 1.4wt%氯离子杂质时(SS_1.4),蠕变断裂寿命进一步降低。熔盐环境中材料更快进入第三阶段,导致了更低的蠕变寿命。然而,316L 不锈钢在不同环境下的蠕变断裂应变差别较小。

2.2　腐蚀形貌

图 3 为 316L 不锈钢在熔融太阳盐环境中的蠕变试样和无应力试样的截面形貌。结果显示,在蠕变

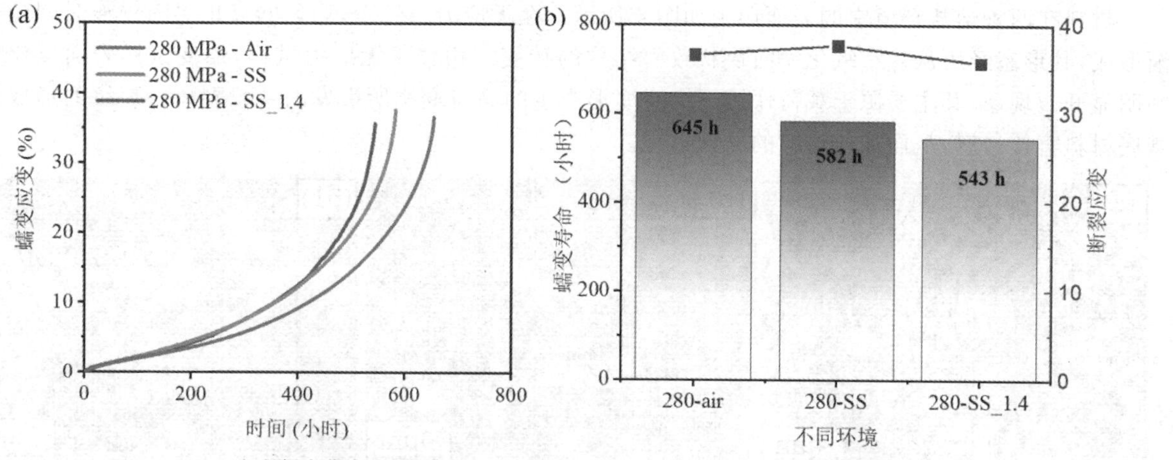

（a）蠕变曲线　　（b）蠕变性能

图 2　316L 不锈钢在不同环境下的蠕变曲线和蠕变性能

载荷条件下，材料的腐蚀层厚度比无应力试样腐蚀层更厚，且氧化层/基体界面处腐蚀更加不均匀。当氯离子杂质存在时，尽管材料在 SS_1.4 熔盐中浸泡的时间更短，其腐蚀层的厚度相比于 SS 熔盐中更厚。这是由于氯离子在熔盐环境中通过"活性腐蚀"机制加速了材料的腐蚀。氯离子在氧化层/基体界面处与金属原子生成气态的金属氯化物，其外扩散不仅加速了腐蚀，同时使得腐蚀层更加疏松多孔。由此可见，材料的高温变形能够显著加速材料的腐蚀，但现行熔盐设备腐蚀评估体系普遍缺乏应力条件考量。

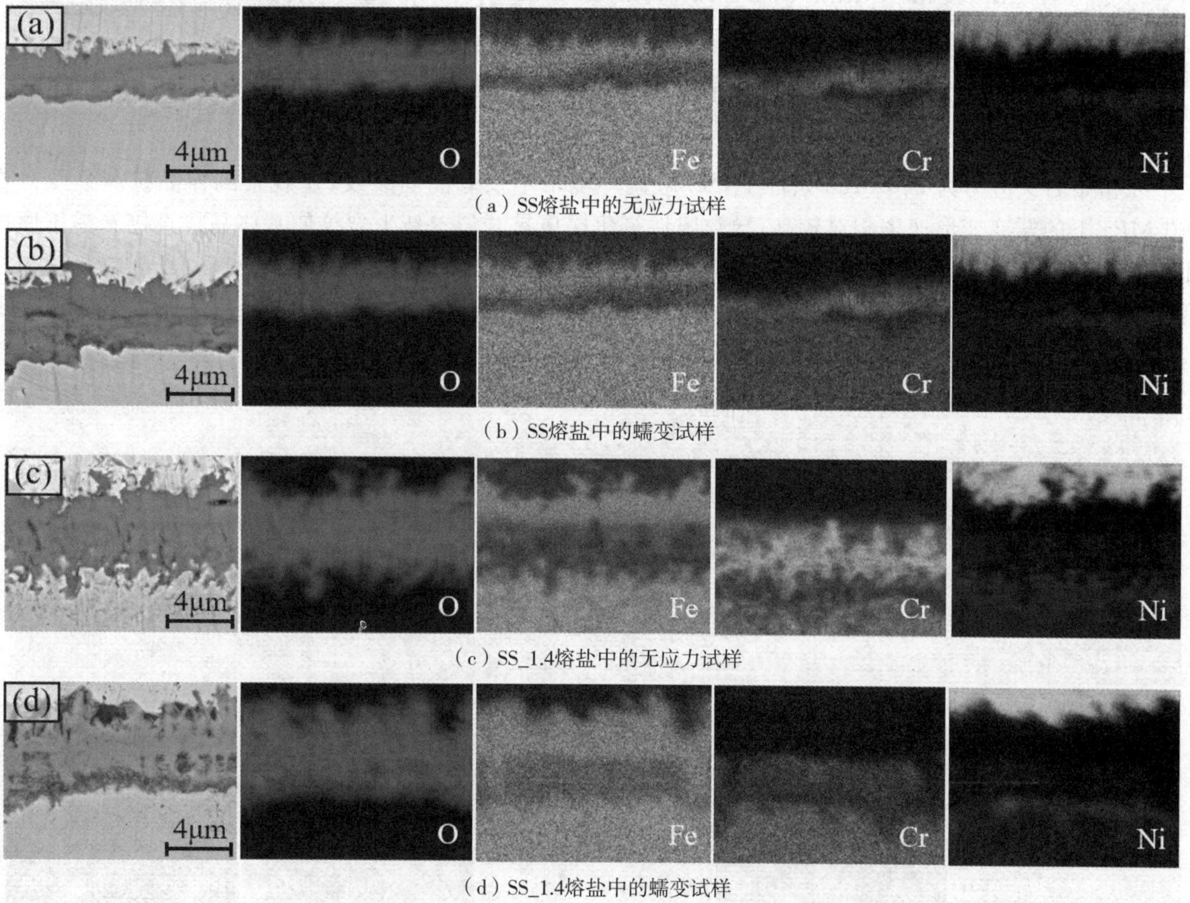

（a）SS熔盐中的无应力试样

（b）SS熔盐中的蠕变试样

（c）SS_1.4熔盐中的无应力试样

（d）SS_1.4熔盐中的蠕变试样

图 3　不同熔盐环境中 316L 不锈钢蠕变试样和无应力试样的截面形貌及元素分布图

材料在两种熔盐环境中的表面形貌如图 4 所示。在无应力条件下,均匀的氧化层随浸泡时间延长逐渐形成,其形态经历从片状氧化铁向块状致密结构的转变。相较于无应力试样,蠕变试样表面氧化层呈现明显开裂现象,其主要源于载荷作用下蠕变变形产生的高应变率所引发的层状剥离。裂纹的形成导致基底材料直接暴露,从而加速材料的腐蚀进程。

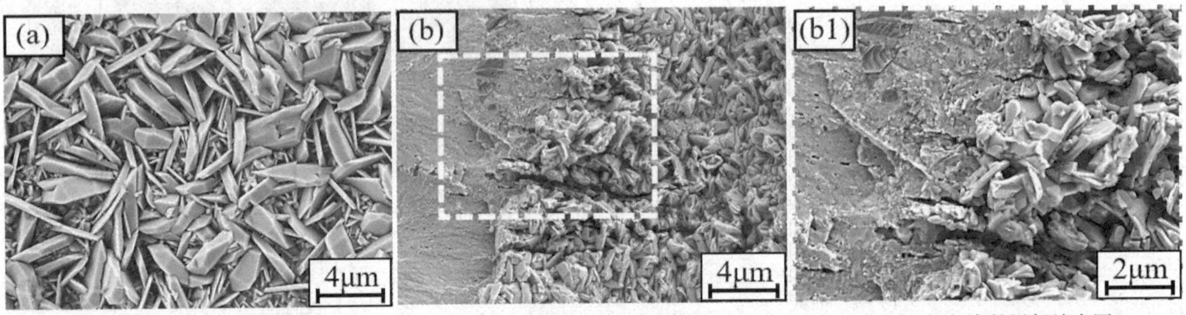

(a) SS熔盐中的无应力试样　(b) SS熔盐中的蠕变试样　(b1)(b)中的局部放大图

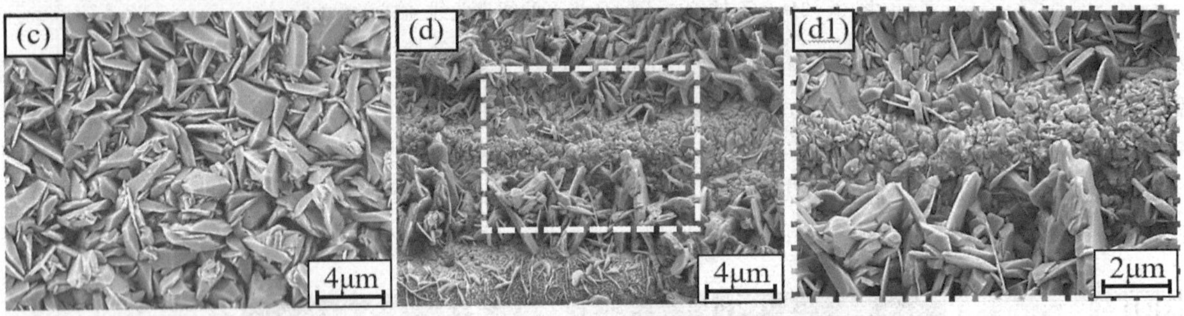

(c) SS_1.4熔盐中的无应力试样　(d) SS_1.4熔盐中的蠕变试样　(d1)(d)中的局部放大图

图 4　316L 不锈钢在不同熔盐环境中的表面腐蚀形貌

2.3　腐蚀—开裂行为

在初始名义应力为 280 MPa 条件下,SS 熔盐环境中不仅有晶间裂纹,还观察到穿晶扩展裂纹。在 280 MPa 下的蠕变变形速率相对较高,导致脆性氧化层更易开裂。新生裂纹使基体晶粒直接暴露于腐蚀环境,促使裂纹尖端进一步被腐蚀。当氯离子杂质存在时,沿晶腐蚀开裂现象更为明显,且裂纹数量与扩展深度显著高于无氯熔盐。由于氯离子加速材料腐蚀效应,晶界腐蚀进一步加重,在蠕变变形的作用下被腐蚀的晶界更易发生开裂,且沿晶腐蚀裂纹数量增多。

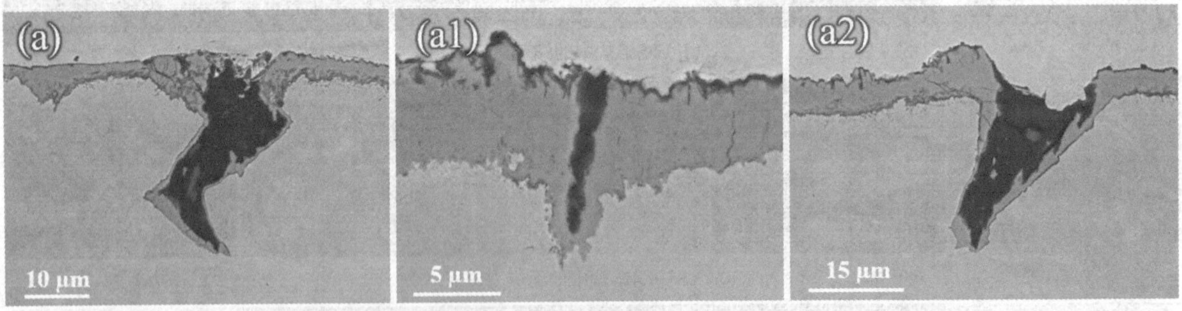

(a)-(a2) SS环境中

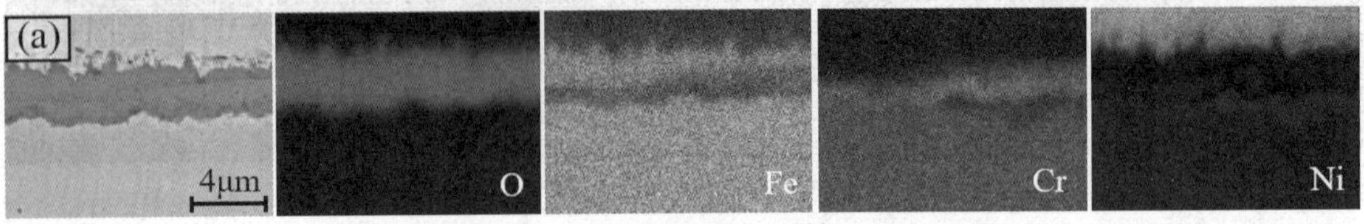

(a) SS熔盐中的无应力试样

图 5　316L 不锈在含不同浓度氯杂质太阳盐中的腐蚀开裂形貌

为探究微观结构演化与腐蚀开裂行为的关联机制，本研究对蠕变试样进行了系统的电子背散射衍射(EBSD)表征。图 6 展示不同载荷条件下试样的取向衬度图、反极图(IPF－Z)及核平均错向角(KAM)分布。在空气环境中，晶粒内部呈现显著滑移带增殖现象。IPF－Z 图反应了晶粒变形引起的晶内取向不均匀。由于晶界的阻碍作用，位错在晶界处塞积，晶界附近更高的 KAM 数值。无氯 SS 熔盐环境中，材料的表面损伤模式为穿晶裂纹主导，但裂纹尖端钝化效应显著限制其扩展。然而，1.4wt% NaCl 的加入使材料晶间开裂更为明显，其机理可归因于氯离子诱导的硝酸根分解反应(如式 1 所示[10,12])，生成的活性氧离子通过应力辅助晶界氧化(stress assisted grain boundary oxidation，SAGBO)效应[13]，加速晶界处铬元素的选择性溶解。

$$4Cl^{-} + O_2 \leftrightarrow 2O^{2-} + 2Cl_2 \tag{1}$$

蠕变变形加速了 316L 钢在熔融硝酸盐中的腐蚀，这可能是由于微观结构的变化。如图 6(b1)和(b2)所示，材料表面腐蚀层下面呈现了一层重结晶细晶层。在腐蚀影响层中形成的空隙和氧化物颗粒，诱导位错在晶界附近积聚，形成高储能区，为再结晶提供驱动力。这些细晶粒的存在增加了晶界的数量，这可以作为金属离子和氧化剂的短程扩散通道，从而加速了材料的腐蚀。这解释了图 3 中蠕变试样与无应力试样在腐蚀层厚度上的显著差异。

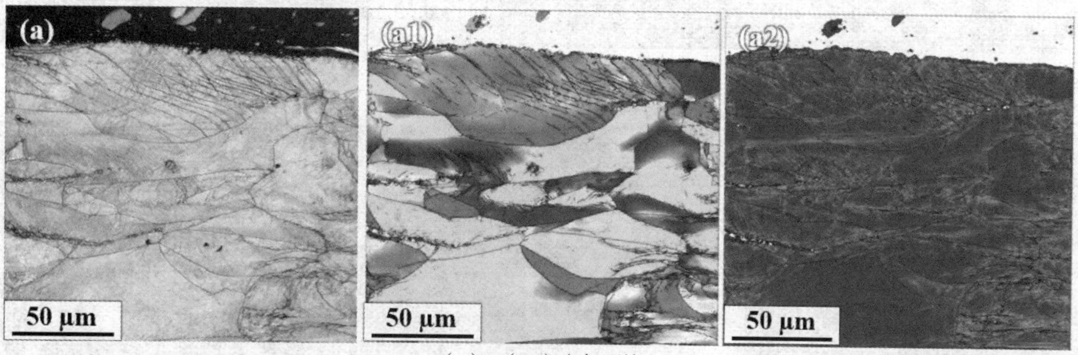

(a)～(a2)空气环境

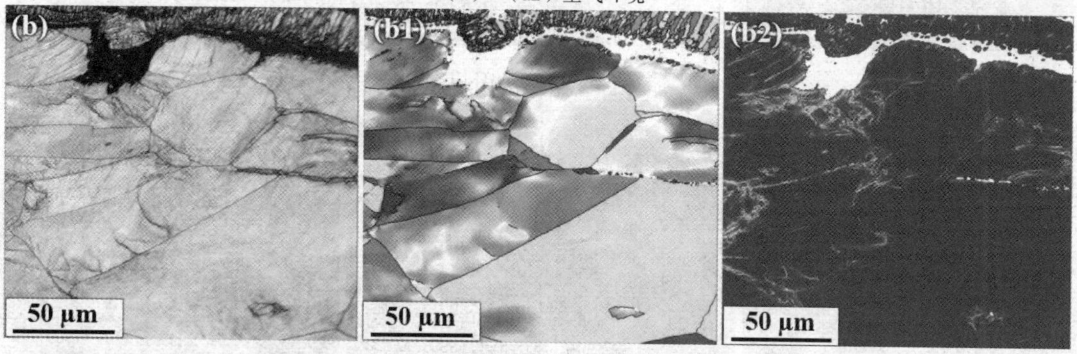

(b)～(b2)SS环境

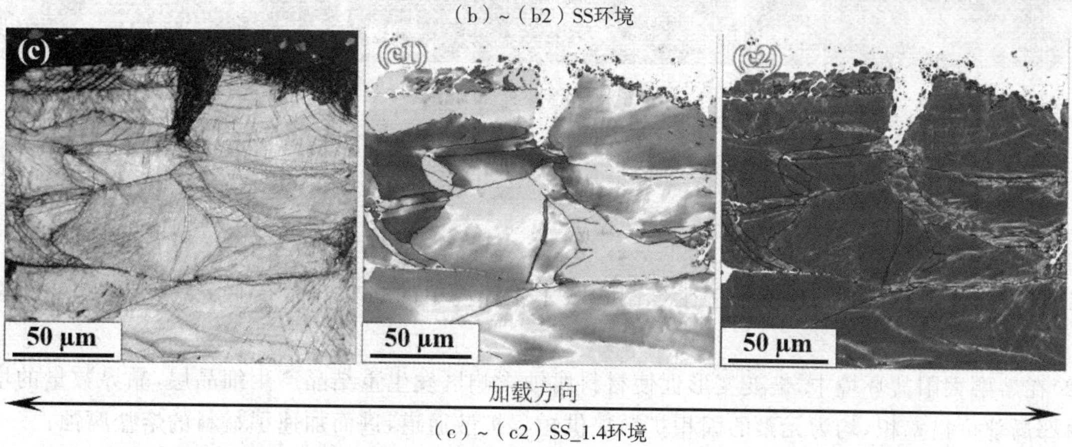

(c)～(c2)SS_1.4环境

图 6　316L 不锈钢在不同环境中的背散射衍射 BC 图、IPF－Z 图、KAM 图

2.4　断口分析

图 7 显示了 316L 不锈钢分别在空气、SS 和 SS_1.4 环境中的断口形貌。空气环境中，试样均呈现典型韧窝状断裂形貌，属典型延性断裂模式。微观分析表明，微孔优先在夹杂物处形核，随蠕变变形持续长大和聚合，最终引发局部颈缩变形，致使试样发生韧性断裂。在 SS 环境中，断口边缘的被连续的氧化层覆盖。在 SS_1.4 环境中，断口边缘处呈现明显的沿晶腐蚀开裂特征，二次裂纹更加明显。上述结果表明，蠕变变形过程中，在熔盐腐蚀的作用下，试样表面形成了腐蚀裂纹并向基体内部扩展。由于氯杂质加速熔盐腐蚀效应，腐蚀开裂更易沿晶界发生，材料的断裂由蠕变损伤和熔盐腐蚀损伤共同主导。

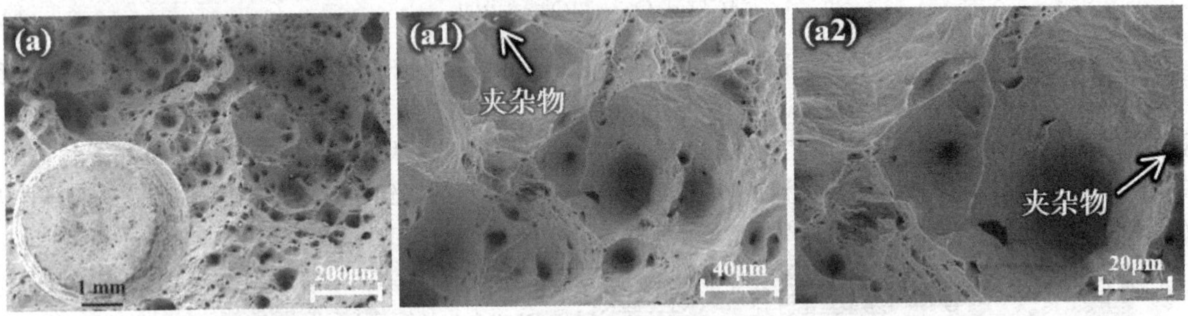

(a)~(a2) 空气环境

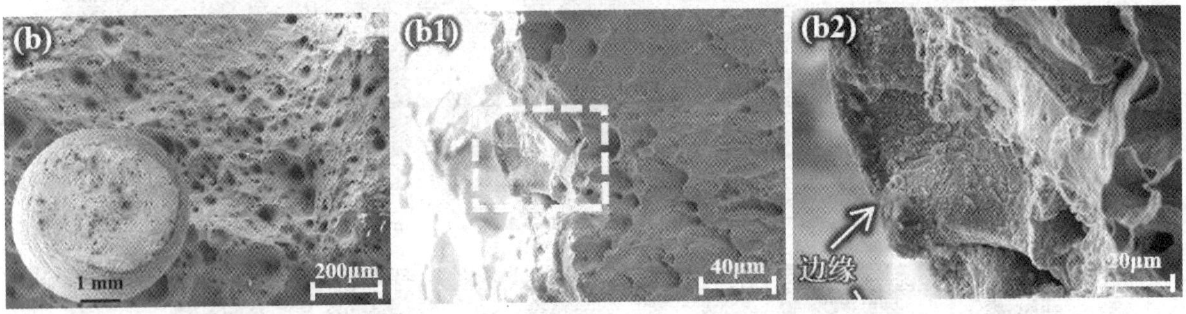

(b)~(b2) SS环境

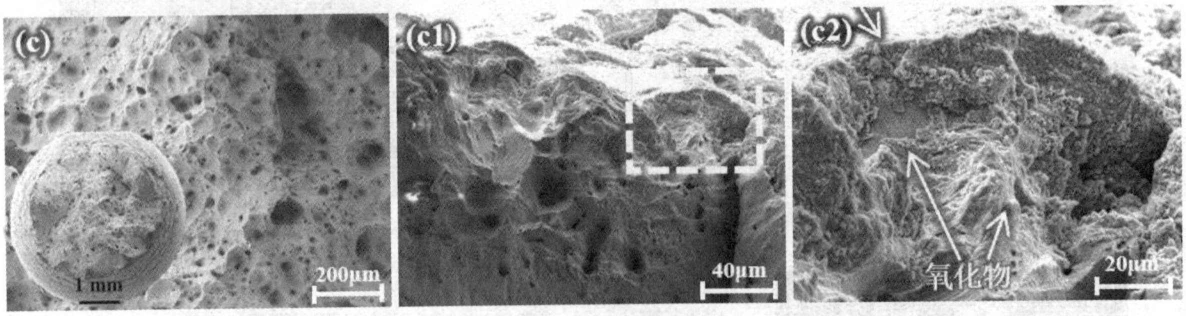

(b)~(b2) SS_1.4环境

图 7　316L 不锈钢在不同环境中的断口形貌及局部放大图

3　结　论

(1)与空气环境相比，316L 不锈钢在 SS 和 SS_1.4 环境中的蠕变寿命有一定减少，但蠕变断裂应变差别不显著；

(2)在熔融太阳盐环境中，蠕变变形促使材料腐蚀影响区发生重结晶产生细晶层，晶界数量的增多和材料内部局部位错塞积，均为元素的固相扩散提供短程扩散通道，进而加速了材料的熔盐腐蚀；

(3)氯离子杂质存在时，熔盐腐蚀和蠕变变形的共同作用使材料表面裂纹在晶界处萌生并沿晶扩展，熔盐腐蚀和蠕变的共同作用主导了 316L 不锈钢的断裂失效。

参考文献

[1] KLUGER J M, HAJI M N, SLOCUM A H. The power balancing benefits of wave energy converters in offshore wind - wave farms with energy storage[J]. Applied Energy, 2023, 331: 120389.

[2] PICKLE T, AUGUSTINE C, YU Z. Mechanical failure risk management for in - service CSP nitrate hot tanks [R]. National Renewable Energy Laboratory (NREL), Golden, CO (United States), 2024.

[3] GRAY V, TRUONG - BA H, PICOTTI G, et al. Using statistical analysis to understand creep modelling error and the ramifications for solar tower receivers[J]. Solar Energy Materials and Solar Cells, 2023, 257: 112408.

[4] GENTILE G, PICOTTI G, BINOTTI M, et al. Dynamic thermal analysis and creep - fatigue lifetime assessment of solar tower external receivers[J]. Solar Energy, 2022, 247: 408-431.

[5] MROWEC S, STOKŁOSA A. Calculations of parabolic rate constants for metal oxidation [J]. Oxidation of Metals, 1974, 8: 379-391.

[6] 侍克献,田根起,张作贵,等. 国产 P92 钢的蠕变裂纹扩展行为研究[J]. 压力容器,2023,40(6):1-6.

[7] 庚明达,邵雪娇,蒲卓,等. 类裂纹不连续区高温蠕变疲劳评价方法对比[J]. 压力容器,2023,40(10):38-46.

[8] GOODS S H. Creep and the corrosion characteristics of Incoloy Alloy 800 in molten nitrate salts[J]. Journal of Materials for Energy Systems, 1981, 3(1): 43-50.

[9] PRIETO C, BARRENECHE C, MARTÍNEZ M, et al. Thermomechanical testing under operating conditions of A516Gr70 used for CSP storage tanks[J]. Solar Energy Materials and Solar Cells, 2018, 174: 509-514.

[10] LIU B, WEI X, WANG W, et al. Corrosion behavior of Ni - based alloys in molten NaCl - CaCl2 - MgCl2 eutectic salt for concentrating solar power[J]. Solar Energy Materials and Solar Cells, 2017, 170: 77-86.

[11] OSORIO J D, MEHOS M, IMPONENTI L, et al. Failure analysis for molten salt thermal energy storage tanks for in - service CSP plants[R]. National Renewable Energy Laboratory (NREL), Golden, CO (United States), 2024.

[12] DING W, SHI H, JIANU A, et al. Molten chloride salts for next generation concentrated solar power plants: Mitigation strategies against corrosion of structural materials[J]. Solar Energy Materials and Solar Cells, 2019, 193: 298-313.

[13] EVANS H E, LI H Y, BOWEN P. A mechanism for stress - aided grain boundary oxidation ahead of cracks[J]. Scripta Materialia, 2013, 69(2): 179-182.

作者简介

李恒(1995),男,博士后,主要从事极端腐蚀环境下的结构强度研究工作,通信地址:211816 江苏省南京市江北新区浦珠南路 30 号南京工业大学,E-mail:heng_li@njtech. edu. cn。

应力梯度对熔盐腐蚀环境中 Q345R 材料应力腐蚀行为的影响研究

薄东辉,王　晶
(北京工业大学,北京 100124)

摘　要:为了阐明应力状态对 Q345R 材料高温熔盐腐蚀行为的影响 2 机理,本文以带有应力提升孔的四点弯曲试验为基础,基于 Q345R 材料的弹塑性本构模型,有限元分析了纯弯曲状态下试件表面的真实应力状态,实验研究了 Q345R 材料在 400℃熔盐腐蚀后的材料应力腐蚀行为,并以腐蚀失重、腐蚀角度及腐蚀程度评价了应力状态对熔盐应力腐蚀行为的影响。结果显示:高温熔盐环境中,Q345R 材料的腐蚀缺损并未出现在高应力区域,而是出现在高应力梯度区域,腐蚀缺损随着加载应力等级的增大而增大;腐蚀程度与应力梯度有关;腐蚀失重随应力梯度的增加而逐渐趋于稳定。

关键词:应力梯度;熔盐腐蚀;四点弯曲;应力腐蚀

Research on the influence of stress gradient on the stress corrosion behavior of Q345R material in molten salt corrosion environment

BO Donghui,WANG Jing
(Beijing University of Technology,Beijing 100124,China)

Abstract:In order to clarify the influence mechanism of stress state on the high - temperature molten salt corrosion behavior of Q345R material, based on the four - point bending test with stress lifting holes and the elastoplastic constitutive model of Q345R material, the real stress state of the specimen surface in the pure bending state was analyzed by finite element. The experiment investigated the stress corrosion behavior of Q345R material after molten salt corrosion at 400℃,and evaluated the influence of stress state on the stress corrosion behavior of molten salt in terms of corrosion weight loss,corrosion angle and corrosion degree. The results show that in the high - temperature molten salt environment,the corrosion defect of Q345R material does not occur in the high - stress area,but in the high - stress gradient area,and the corrosion defect increases with the increase of the loading stress grade. The degree of corrosion is related to the stress gradient. Corrosion weight loss gradually stabilizes with the increase of stress gradient.

Keywords:stress gradient;molten salt corrosion;four - point bend;stress corrosion

0　引　言

太阳能作为可再生能源,在能源革命中发挥着重要的作用。目前,大规模的储热技术应用主要集中在太阳能光热电站(Concentrated Solar Power,CSP)领域。CSP 电站中的熔盐多采用太阳盐(60 wt% KNO_3 +40wt% $NaNO_3$),熔盐所包含成分会对热循环系统中的设备产生腐蚀[1]。热循环系统中的熔盐常采用平底储罐储存,罐底及焊缝处存在高应力区,因此系统通常工作在高应力+高温腐蚀两种因素的耦合作用下,极端情况下会出现蓄热介质泄漏和系统短路等问题。

由于熔盐应力腐蚀实验本身的特性,国内外涉及熔盐应力腐蚀的研究较为复杂。有研究表明,应力会加快腐蚀速率[2]。其中,张素梅等[3]通过实验研究表明应力腐蚀低碳钢试件的表面形貌发展要快于相同腐蚀环境下的无应力腐蚀低碳钢试件。BELL 等[4]研究机械应力对共晶盐高温腐蚀行为的影响,结果表明,与未受应力的样品相比,对样品施加机械应力会导致更大的材料腐蚀。也有研究表明[5-7],应力导致裂纹形成,特别是在较厚的氧化层中,临时形成的氧化层容易分层,因此钝化效果的形成非常缓慢,应力使其恶化。由此可见,在单一拉伸应力状态下,应力的存在会促进腐蚀的发生。VITHALANI 等[8]采用静态浸泡测试方法,研究合金在高温和复杂应力耦合作用下与各种共晶盐的相互作用,结果表明,与样品的低应力区域相比,高应力区域的氧化形成加速了四倍,这可能是由于激发能的增加导致应力辅助氧化。LIU 等[9]研究了不同温度引起的应力梯度对 AISI 321 和合金 347 聚光太阳能电站运行过程中腐蚀特性的影响,发现界面氧化物的剥落程度与腐蚀氧化层和基底之间热膨胀特性不匹配引起的应力有关。

从以上研究中得到,应力状态是影响腐蚀的重要因素。目前的研究多注重于单一应力状态,对于复杂应力状态的研究较少。此外,针对 CSP 系统中常见的低温储罐材料 Q345R 的熔盐应力腐蚀研究也较少。因此,本文针对 Q345R 材料在复杂应力状态下的熔盐腐蚀行为进行研究,设计了四点弯曲试验,通过腐蚀失重、腐蚀角度及腐蚀程度评价了应力状态对熔盐应力腐蚀的影响,为 CSP 电站换热系统的关键部位的设计选材、安全评定提供依据。

1 材料与方法

1.1 试验材料

本文的研究对象为材料 Q345R。材料的主要化学成分见表 1,力学性能见表 2。

表 1 Q345R 材料的主要化学成分(wt%)

材料	Cr	Ni	Mo	Mn	V	Si	C	P	S	Fe
Q345R	0.03	0	0	1.47	0.1	0.65	0.15	0.012	0.005	Bal

表 2 Q345R 的基础力学性能

材料	$R_{p0.2}$/MPa	R_m/MPa	A/%	Z/%
Q345R	390	656	28.9	59.9

1.2 四点弯曲试验

为了研究熔盐环境中 Q345R 材料在存在应力梯度状态下的应力腐蚀行为规律,本文参考 GB/T 4157—2017《金属在硫化氢环境中抗硫化物应力开裂和应力腐蚀开裂的实验室试验方法》中的方法 E 进行,对含有 2 个应力提升孔的试样进行四点弯曲应力腐蚀实验研究。在四点加载模式下,内支点间的试样凸形表面区域可产生均匀的纵向拉应力场。当试样中心存在圆孔时,近孔区域出现应力集中现象,凸形表面应力分布将发生显著变化,形成特征性的应力分布。试样尺寸如图 1 所示,四点加载具体形式如图 2 所示。

设定加载时的最大名义应力,并根据式(1)计算相应的最大加载挠度。该公式是基于线弹性力学所获取的,未考虑孔附近的应力集中和试样在高应力下塑性变形的影响,故加载应力称为名义应力。

$$y=\sigma_m(3H^2-4A^2)/12Et \tag{1}$$

式中,y 为外支点间最大挠度;σ_m 为名义应力;H 为外支点间距离;A 为内支点间距离;E 为弹性模量;t 为试样厚度。

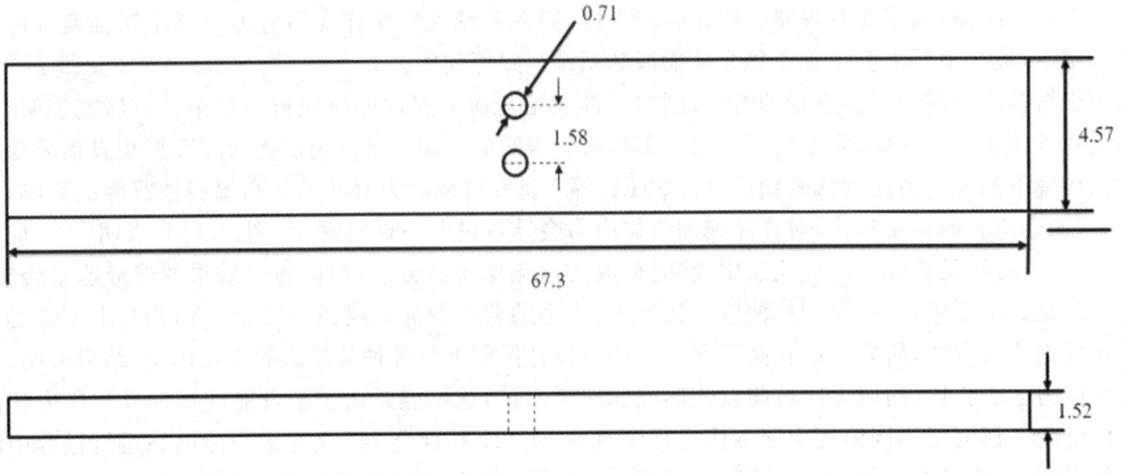

图 1　四点弯曲试样

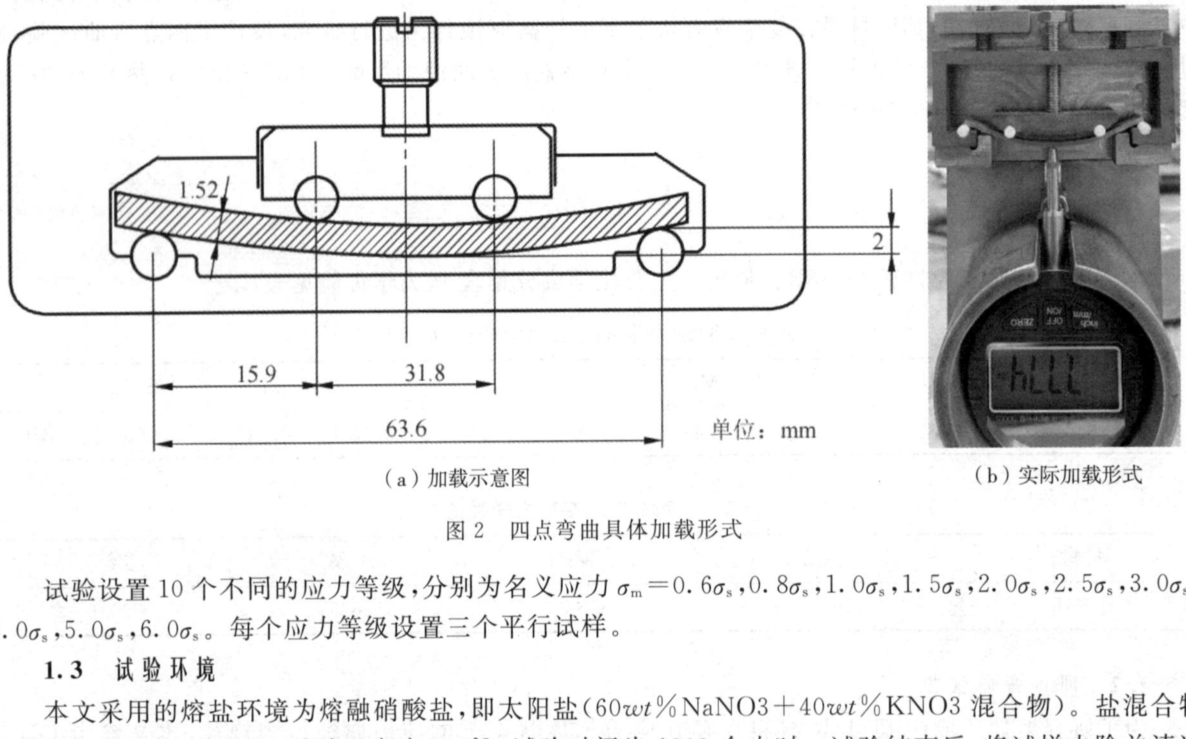

(a) 加载示意图　　(b) 实际加载形式

图 2　四点弯曲具体加载形式

试验设置 10 个不同的应力等级，分别为名义应力 $\sigma_m = 0.6\sigma_s, 0.8\sigma_s, 1.0\sigma_s, 1.5\sigma_s, 2.0\sigma_s, 2.5\sigma_s, 3.0\sigma_s, 4.0\sigma_s, 5.0\sigma_s, 6.0\sigma_s$。每个应力等级设置三个平行试样。

1.3　试验环境

本文采用的熔盐环境为熔融硝酸盐，即太阳盐(60*wt*%NaNO3＋40*wt*%KNO3 混合物)。盐混合物的杂质含量见表 3 所示。试验温度为 400℃，试验时间为 1000 个小时。试验结束后，将试样去除并清洗干净，去除腐蚀产物，观察腐蚀形貌，并记录腐蚀失重。

表 3　太阳盐的杂质含量

杂质	SO_4^{2-}	Cl^-	NO_2^-	Mg^{2+}	Ca^{2+}	不溶物
NaNO3	＜0.003	＜0.0015	＜0.0005	—	0.005	＜0.004
KNO3	＜0.003	＜0.003	＜0.001	＜0.002	＜0.004	＜0.004

2　实验结果

2.1　腐蚀失重

实验前，将打磨并清洗好的试件称重，记为 m_0。Q345R 材料在 400℃熔盐腐蚀 1000 小时后，使用化学手段去除表面腐蚀产物后，称重记为 m_1。$m_0 \sim m_1$ 即为腐蚀失重，记为 Δm。表 4 为各个名义应力等级对应的腐蚀失重数值。

表 4 不同名义应力等级下的腐蚀失重数据表

名义应力	$0.6\sigma_s$	$0.8\sigma_s$	$1.0\sigma_s$	$1.5\sigma_s$	$2.0\sigma_s$	$2.5\sigma_s$	$3.0\sigma_s$	$4.0\sigma_s$	$5.0\sigma_s$	$6.0\sigma_s$
Δm/g	0.018	0.039	0.049	0.050	0.051	0.060	0.056	0.056	0.057	0.059

2.2 宏观腐蚀形貌

Q345R 材料采用四点加载在 400℃熔盐腐蚀 1000 小时后，在光镜下放大 200 倍对最大拉应力表面的应力提升孔进行宏观腐蚀形貌观察，结果如图 3 所示。每一列为一个试件，上方为孔 1，下方为孔 2。

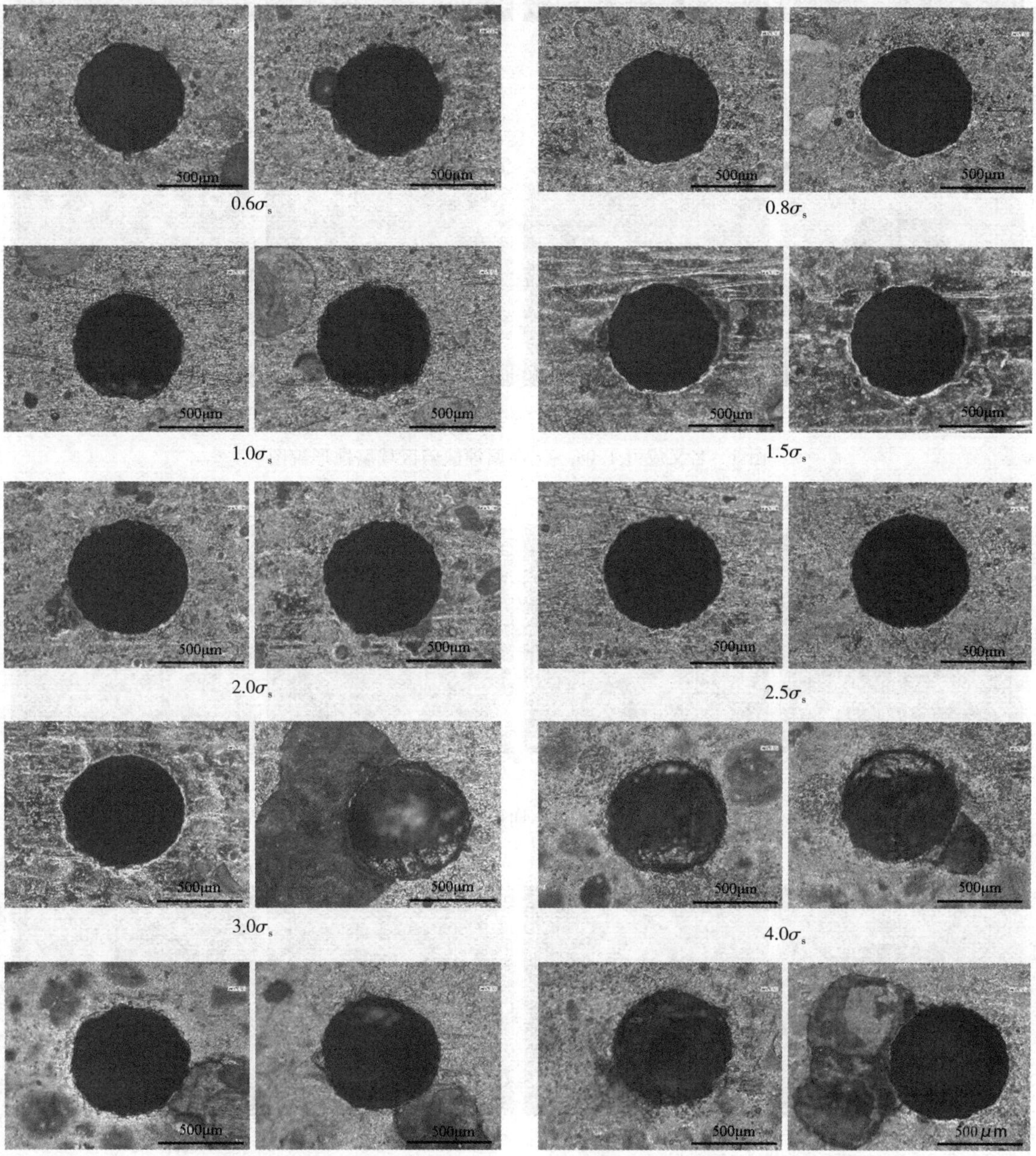

图 3 各名义应力等级对应宏观腐蚀形貌图

2.3 微观腐蚀形貌

为进一步解释宏观形貌结果，待高温腐蚀实验结束后，取清洗好的试件使用化学手段去除腐蚀产物。在最大拉应力表面内，使用 SEM 手段观察不同应力等级下应力提升孔 x 向腐蚀缺陷严重区域微观腐蚀形貌。

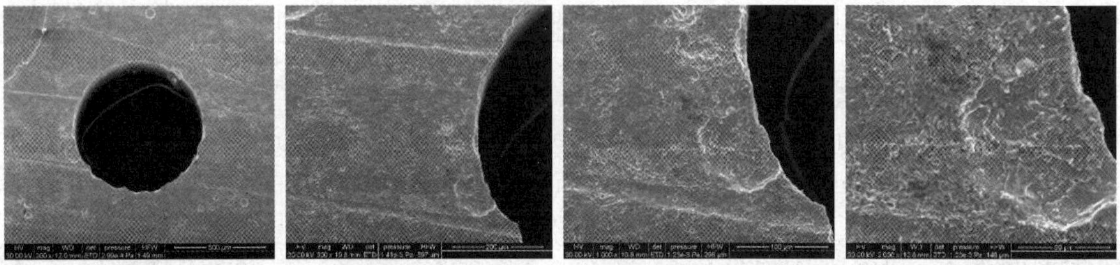

(a) 200× (b) 500× (c) 1000× (d) 2000×

图 4 名义应力 0.6σ_s～x 向腐蚀缺陷区域腐蚀形貌图

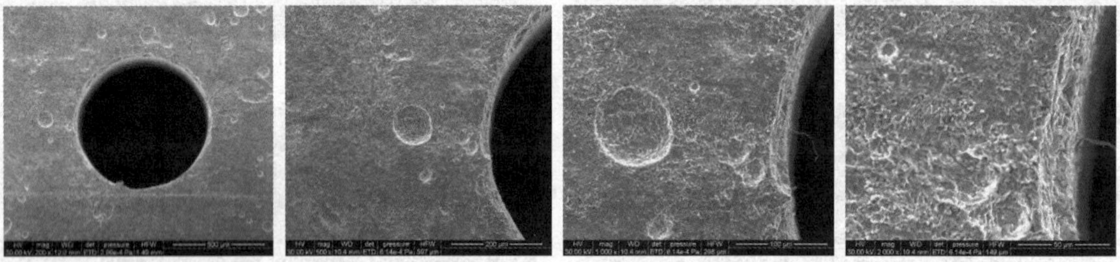

(a) 200× (b) 500× (c) 1000× (d) 2000×

图 5 名义应力 1.0σ_s～x 向腐蚀缺陷区域腐蚀形貌图

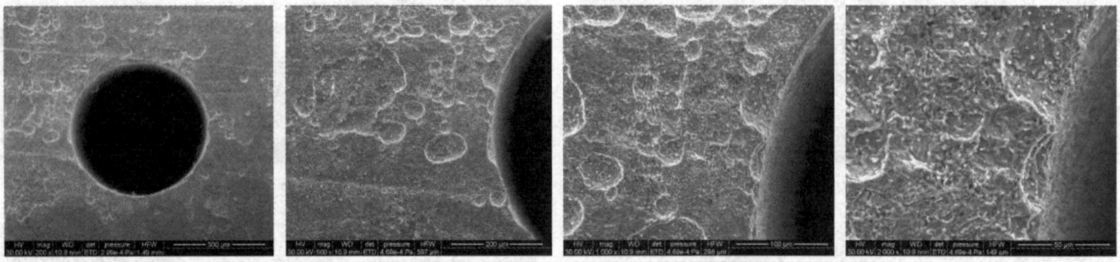

(a) 200× (b) 500× (c) 1000× (d) 2000×

图 6 名义应力 2.0σ_s～x 向腐蚀缺陷区域腐蚀形貌图

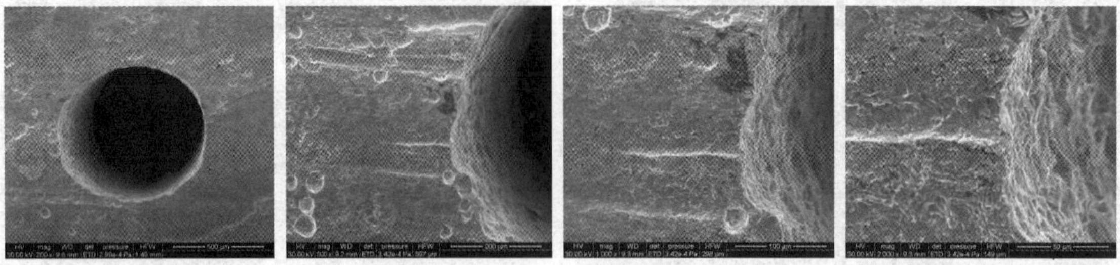

(a) 200× (b) 500× (c) 1000× (d) 2000×

图 7 名义应力 5.0σ_s～x 向腐蚀缺陷区域腐蚀形貌图

3 分析与讨论

3.1 腐蚀程度分析

图 3 为各应力等级下熔盐腐蚀 1000h 后应力提升孔边的宏观腐蚀形貌，从图中可以看出，由高温熔盐腐蚀而产生的腐蚀缺损多发生在 x 方向上，如：0.6σ_s 加载等级下孔 2 出现明显腐蚀缺陷，1.5σ_s、5.0σ_s 加载等级下孔明显呈现出椭圆形状且伴随有腐蚀缺陷存在，3.0σ_s～4.0σ_s 加载等级下试件的 x 方向出现氧化层脱落现象。图 4 为不同应力等级下腐蚀缺陷区域的微观形貌图，从图中也可以看出，在孔边 x 方向上出现了大量且密集的蚀坑，并且随着加载应力等级的增加，蚀坑的密度、深度均有所增加。为了定量分析该腐蚀缺损行为，本文定义了 2 个腐蚀评价参数，腐蚀程度 α 及腐蚀夹角 θ。

针对加载前、加载后及熔盐腐蚀后的应力提升孔，本文绘制一包络圆，使该圆将应力提升孔及腐蚀缺损完全包络，以该圆的直径变化率为参量评价腐蚀程度，腐蚀程度 α 的计算见式(2)。

$$\alpha=\frac{(d_2-d_0)-(d_1-d_0)}{d_0}\times 100\% \tag{2}$$

式中，d_0 为初始孔径；d_1 为加载并卸载保留塑性变形后的孔径；d_2 为熔盐腐蚀完成后去除腐蚀产物后的孔径。

此外，定义最大缺陷处与圆心的连线与水平轴的夹角为腐蚀夹角 θ。表 5 为不同加载条件下腐蚀程度和腐蚀夹角的数据。

表 5　不同加载等级下腐蚀程度及腐蚀夹角数据表

名义应力	0.6σ_s	0.8σ_s	1.0σ_s	1.5σ_s	2.0σ_s	2.5σ_s	3.0σ_s	4.0σ_s	5.0σ_s	6.0σ_s
α	6.04%	7.47%	9.06%	8.13%	10.1%	9.74%	10.4%	8.43%	8.11%	9.90%
θ	16.0°	18.2°	17.3°	14.9°	18.4°	16.3°	17.4°	11.8°	16.4°	13.6°

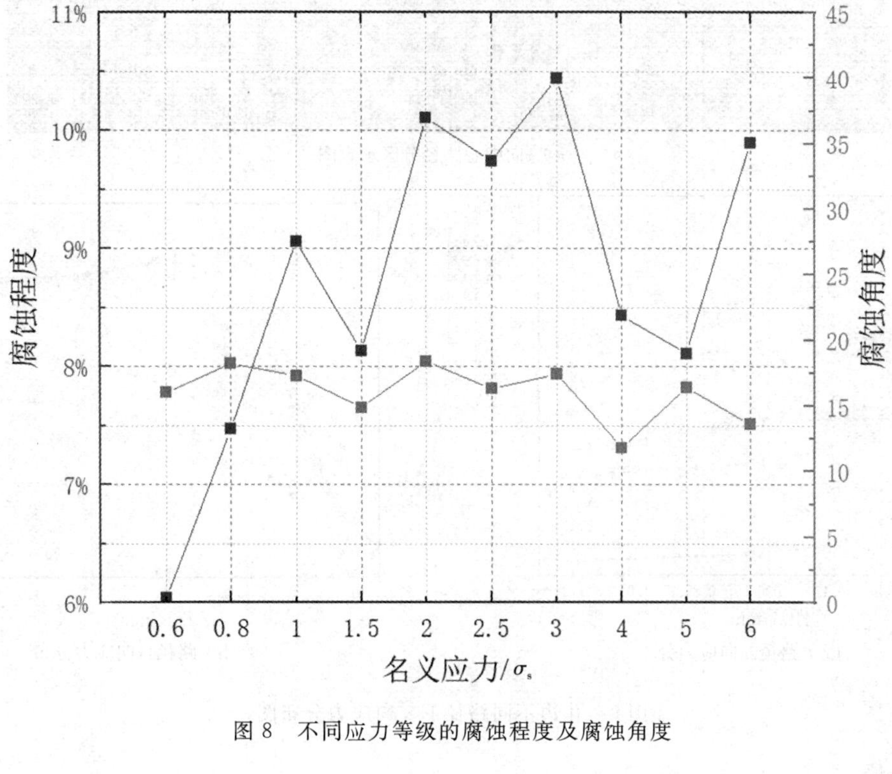

图 8　不同应力等级的腐蚀程度及腐蚀角度

图 8 为腐蚀程度 α 及腐蚀夹角 θ 随加载名义应力等级的变化规律。从图中可以看出，随着加载名义应力等级的增大腐蚀程度逐渐增大，但增长趋势逐渐趋于稳定值。然而，不同加载名义应力等级下，腐蚀角度的数值基本上趋于稳定，其平均值为 16.2°，说明腐蚀缺损多出现在 x 向的±16.2°内。结合图 4－图 7 材料去除腐蚀产物后的微观形貌，明显看出 x 向腐蚀缺损多于 y 向，进一步佐证上述结果。

由弹性力学的孔边应力分布规律可知，在四点加载条件下，孔边最大应力发生在 y 向。本实验的最大腐蚀缺损与最大应力并未发生在同一位置。为了从应力状态的角度解释这一腐蚀机理，需对四点加载条件下含应力提升孔的试样进行应力状态分析。

3.2 决定 Q345R 材料应力腐蚀行为的关键力学参量

对于四点弯曲的复杂应力状态，应用有限元仿真分析应力集中处的应力分布。建立与实验参数一致的模型，长 67.3mm，宽 2.57mm，高 1.52mm 长板模型，其中心打两个直径 0.71mm 孔。材料参数选取由拉伸实验获取的应力应变参数，采用局部加密的网格划分方法。加载与实际四点加载一致，以位移加载的方式使加载后的最大挠度与公式(1)计算结果一致。根据腐蚀发生的方位，在最大拉应力表面内，提取如图所示路径的应力分布。

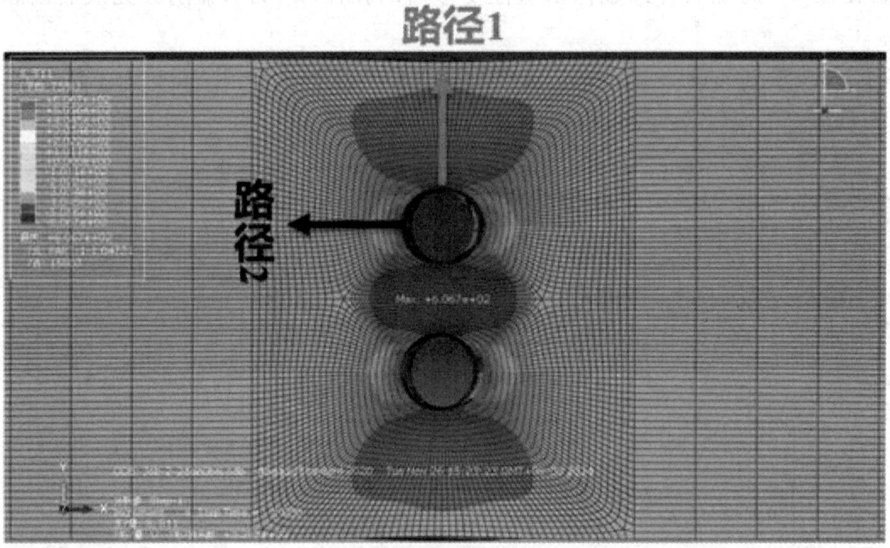

(a) x向中心路径分区示意图

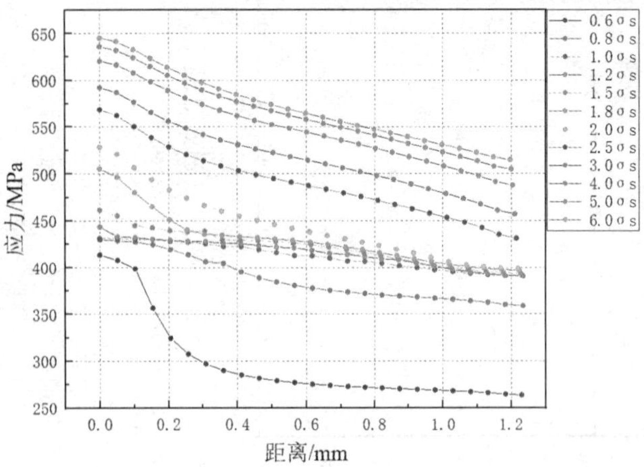

(c) 路径2x向应力分

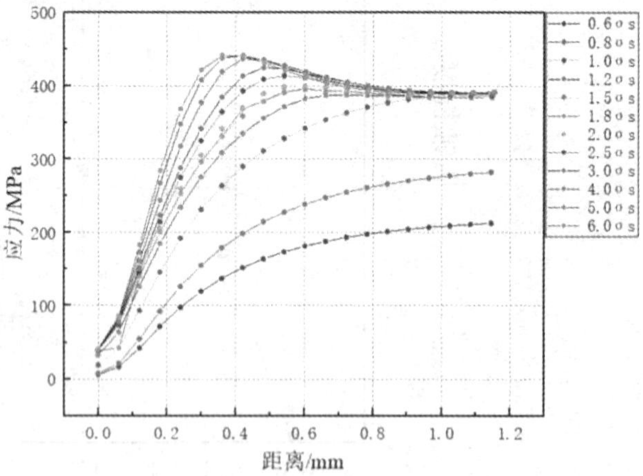

(b) 路径1x向应力分布

图 9 孔边不同路径下 x 向应力分布图

由路径 1(孔边 y 向)的应力分布图可知,孔边位置的 x 向应力大小随应力等级的增加而增大。在名义加载应力为 $0.6\sigma_s$ 时,由于应力集中效应的存在,孔边的最大应力即已达到 420MPa,超过了材料的屈服应力(390MPa)。而随着加载等级的增大,孔边最大应力进一步增大,当名义加载应力为 $6.0\sigma_s$ 时,孔边最大应力已经达到 650MPa,接近材料的抗拉强度。随着远离孔边位置,路径 1 上的 x 向应力缓慢下降。对比图 3 的腐蚀形貌可知,在最大应力作用处,试样未发生腐蚀缺损现象。

而路径 2(孔边 x 向)的应力分布图可知,最大腐蚀缺损发生位置的 x 向真实应力值为 0,但随着取点位置远离孔边,x 向应力数值在 0.4mm 的范围内迅速增大至 450MPa 左右,随后才逐渐趋于稳定。该区域存在较大的应力梯度,且应力梯度随应力等级的增加而增大。对比图 3 的腐蚀形貌可知,在较大的应力梯度作用处,多个试样发生了不同程度的腐蚀缺损。由此可知,应力梯度为影响腐蚀缺损的主要因素。

图 10 为路径 2(孔边 x 向)的应力梯度与试件内 x 向最大真实应力的关系曲线。由图可知,即使孔边应力已经进入塑性区域,试件内的应力梯度与其最大真实应力仍呈现近似线性的规律。因此,仅从数值上来看,选取最大真实应力或应力梯度为参量来评价腐蚀程度、腐蚀失重行为,其结果均会呈现类似的规律。然而,根据宏观腐蚀行为,本文认为应力梯度是评价 Q345R 材料应力腐蚀行为的合适的力学参量。

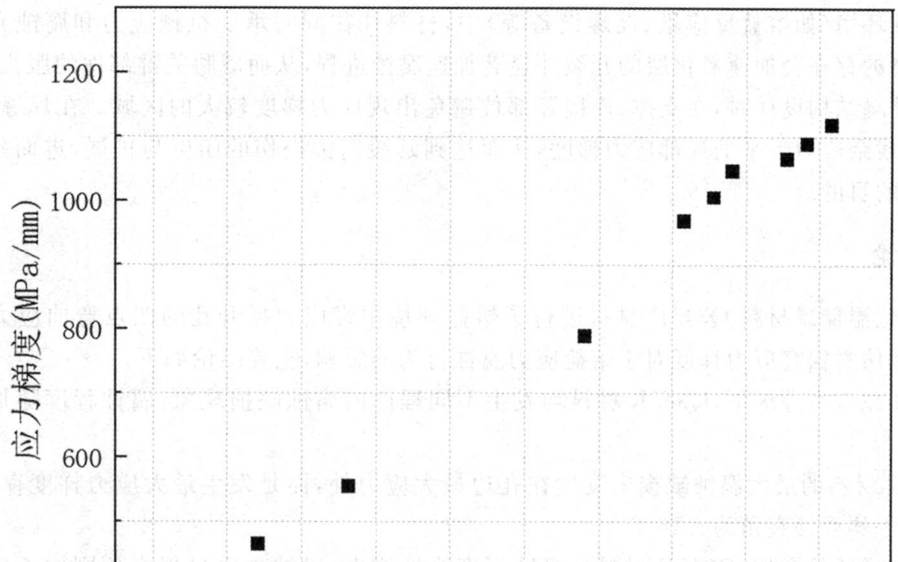

图 10　应力梯度—最大真实应力变化规律

3.3　应力梯度对 Q345R 材料腐蚀程度与腐蚀失重的影响

由图 11、图 12 分别为 Q345R 材料熔盐腐蚀后的腐蚀程度、腐蚀失重随应力梯度的变化规律。由图 11 可知,材料的腐蚀程度整体随应力梯度增大而呈现线性增大的趋势,但由于熔盐腐蚀实验影响因素众多,故腐蚀程度呈现一定的波动现象。由图 12 可知,随着应力梯度的升高,熔盐腐蚀后 Q345R 材料的腐蚀失重首先快速升高,之后逐渐趋于稳定。这是由于除了孔边的腐蚀缺损外,试件整体还存在均匀的腐蚀失重现象。随着应力梯度的不断升高,孔边高应力梯度区域的腐蚀缺损进一步加剧外,试件整体的均匀腐蚀的失重也不断增加,由此导致了该现象的发生。

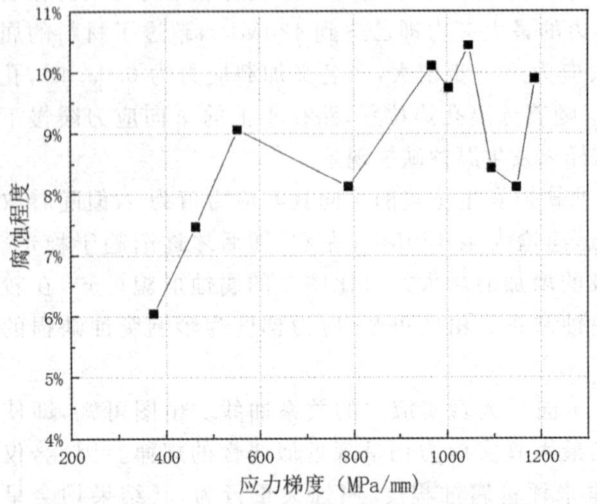

图 11　腐蚀程度—应力梯度变化规律

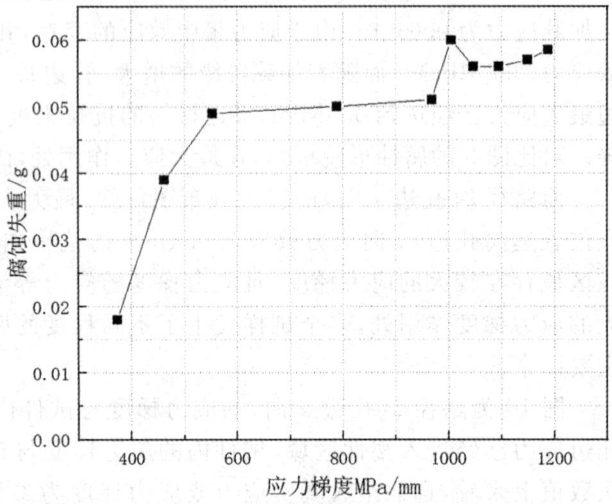

图 12　腐蚀失重—应力梯度变化规律

以上的分析及讨论表明，在 CSP 储罐的实际工况作用下，应力梯度对熔盐腐蚀行为其决定性影响。在高温、腐蚀性环境(如熔盐反应堆、储罐设备等)中，材料往往同时承受机械应力和腐蚀介质的协同作用，而应力梯度的存在会加速氧化层的开裂并显著加速腐蚀进程，从而威胁关键部件的服役安全与寿命。因此，在进行储罐结构设计时，在支撑、连接等部位避免出现应力梯度较大的区域。在焊缝区域，应尽量消除由于焊接残余应力带来的局部应力梯度，从而达到延缓腐蚀损伤的萌生与扩展，进而延长设备的安全与服役寿命的目的。

4　结　论

本文针对低温储罐材料 Q345R 材料进行了熔盐环境中带应力提升孔的四点弯曲应力腐蚀实验研究，结合有限元仿真探究应力梯度对于熔盐应力腐蚀行为的影响，主要结论如下。

(1)不同加载应力等级下，Q345R 材料均发生不同程度的腐蚀缺损现象，腐蚀程度随加载应力等级的增大而增大。

(2)Q345R 材料的最大腐蚀缺损未发生在孔边最大应力处，而是发生最大应力梯度存在区域，不同加载等级下的平均腐蚀夹角为±16.2°。

(3)随应力梯度的增加，Q345R 材料的腐蚀程度线性增大，腐蚀失重呈现先急剧增长后趋于平缓的趋势。

参考文献

[1] Fernández Á G，Cabeza L F. Molten salt corrosion mechanisms of nitrate based thermal energy storage materials for concentrated solar power plants：A review[J]. Solar Energy Materials and Solar Cells，2019，194：160－165.

[2] 邱杰．含 Cr 的镍基合金在熔盐环境中的腐蚀机理研究[D]. 北京：中国科学院大学，2015.

[3] 张素梅，陈广锐，李爱东，等．Q420qD 钢材应力腐蚀特征试验研究[J]. 建筑科学与工程学报，2022，39(1)：55－64.

[4] Bell S，Stoker D，Will G，et al. Effects of mechanical stress on high temperature corrosion in molten salt [C]// Solarpaces 2018：International Conference On Concentrating Solar Power And Chemical Energy Systems. 2019.

[5] Gurr M，Bau S，Burmeister F，et al. Investigation of the corrosion behavior of NiVAl multilayer

coatings in hot salt melts[J]. Surface and Coatings Technology,2015,279:101－111.

[6] 马彪,宫春艳,王明明,等. 乙烯裂解炉汽包接管裂纹产生原因分析及处理[J]. 压力容器,2023,40(9):69－73.

[7] 梁春雷,艾志斌,赵阁,等. 乙二醇装置奥氏体不锈钢设备应力腐蚀开裂探讨[J]. 压力容器,2023,40(11):67－74.

[8] Vithalani G, Bell S, Will G, et al. Novel method for evaluation of stress assisted corrosion through compact tension specimens to assess material compatibility in latent heat thermal energy storage systems[J]. Solar Energy Materials and Solar Cells,2024,266:112658.

[9] Liu Q, Qian J, Neville A, et al. Solar thermal irradiation cycles and their influence on the corrosion behaviour of stainless steels with molten salt used in concentrated solar power plants[J]. Solar Energy Materials and Solar Cells,2023,251:112141.

作者简介

薄东辉(2001),男,硕士研究生,主要研究方向为熔盐环境中材料的应力腐蚀行为,通信地址:100124 北京市朝阳区南磨房乡平乐园 100 号北京工业大学,E－mail:2028248781@qq. com。

[illegible] Surface and Coatings Technology, 2015, 275: 131-138.

[illegible] 2010.

[illegible]

[illegible] (2,384 [illegible]) [illegible] method for evaluation [illegible] stress [illegible] (corrosion) [illegible] thermal [illegible] heat thermal energy storage systems [J]. Solar Energy Materials and Solar Cells, 2014, 126: [illegible].

[illegible] power [illegible] thermal [illegible] cycles and their influence on the [illegible] with molten salt used in [illegible] solar power plants [J]. Solar Energy Materials and Solar Cells, [illegible].

[illegible]

[illegible] (2001 [illegible]) [illegible] Email: [illegible]

第 7 章

使用管理

石化化工工程项目中压力容器的数字化交付

陶　钧[1]，石世杰[1]，李晓波[1]，段　勇[2]，孙广来[2]，杨文庭[3]

(1. 中国寰球工程有限公司北京分公司，北京　100012；2. 中国石油天然气股份有限公司抚顺石化分公司，辽宁抚顺　113000；3. 上海高惠科技有限公司，上海　202162)

摘　要：石化化工工程项目的数字化交付是建设智能工厂和智慧工厂的基础和前提。压力容器的建造是石化化工工程项目的重要组成部分，但目前压力容器的数字化交付在工程项目的数字化交付中参与程度浅，参与范围小。本文从国家政策、标准规范和压力容器建造三个方面介绍了压力容器数字化交付的背景，从压力容器设计技术、工程项目数字化交付的实施现状、静设备专业在工程项目数字化交付中的参与程度三个方面介绍了压力容器数字化交付的现状。在此基础上，从各专业协同设计、压力容器建造过程的优化以及三维模型的应用等角度对压力容器数字化交付的前景进行了展望，指出压力容器数字化交付软件是工程项目中压力容器数字化交付的制约因素，展示了GHPV软件在数字化方面的应用实例，总结提出了数字化交付软件的研发指导思路。

关键词：石化化工工程项目；压力容器；数字化交付；展望

Digital delivery of pressure vessels in petrochemical and chemical engineering projects

TAO Jun[1], SHI Shijie[1], LI Xiaobo[1], DUAN Yong[2], SUN Guanglai[2], YANG Wenting[3]

(1. China Huanqiu Constructing & Engineering(Beijing)Co., Ltd., Beijing 100012, China;
2. PetroChina Fushun Petrochemical Company, Fushun 113000, China;
3. Shanghai Gaohui Technology Co., Ltd., Shanghai 202162, China)

Abstract: The digital delivery of petrochemical and chemical engineering projects is the foundation and prerequisite for building intelligent and smart factories. The construction of pressure vessels is an important part of petrochemical and chemical engineering projects. However, at present, the digital delivery of pressure vessels has a low level of participation and a narrow scope in the digital delivery of engineering projects. This paper introduces the background of the digital delivery of pressure vessels from three aspects: national policies, standards and norms, and pressure vessel construction. It also presents the current situation of the digital delivery of pressure vessels from three aspects: pressure vessel design technology, the implementation status of digital delivery in engineering projects, and the participation level of static equipment professionals in the digital delivery of engineering projects. On this basis, the prospects of the digital delivery of pressure vessels are explored from the perspectives of collaborative design among various specialties, optimization of the pressure vessel construction process, and application of 3D models. It is pointed out that the software for digital delivery of pressure vessels is a constraint factor in the digital delivery of pressure vessels in engineering projects. An application example of the GHPV software in digitalization is presented, and the guiding ideas for the research and development of digital delivery software are summarized.

Keywords: petrochemical and chemical engineering projects; pressure vessels; digital delivery; prospect

0 引 言

目前,越来越多的石化化工工程项目要求实现工程项目的数字化交付。石化化工工程项目的数字化交付以工厂对象为核心,依托数字化交付平台,将各专业产生的工程数据、文档、三维模型,相互之间建立关联关系,形成一个有机的整体(数字化工厂模型)后进行交付。数字化交付的内容涵盖设计、采购和施工等项目完整建设过程的设计成果和建设成果,这种交付方式是建设智能工厂和智慧工厂的基础和前提。数字化交付和智能工厂、智慧工厂之间的密切关系如图1所示,它们是石化化工行业数字化转型的重要组成部分,它们相互影响、相互促进,共同推动工程建设行业的发展。相应地,工程项目的数字化交付能力成为衡量工程公司综合实力的一部分。

压力容器的建造是石化化工工程项目的重要组成部分,但实际工程实践中,压力容器的数字化交付在工程项目的数字化交付中参与程度浅、参与范围小。随着计算机、大数据等现代信息技术与人工智能技术的快速发展,目前以二维CAD软件为核心的设计技术正向以三维模型为核心的设计技术转变,压力容器设计技术正在向数字化、绿色化、智能化方向发展[1]。如何凭借目前的压力容器设计技术努力提高压力容器数字化交付在工程项目数字化交付中的参与程度,扩大参与范围以及优化压力容器的建造过程,是压力容器建造者迫切需要探索和思考的问题。

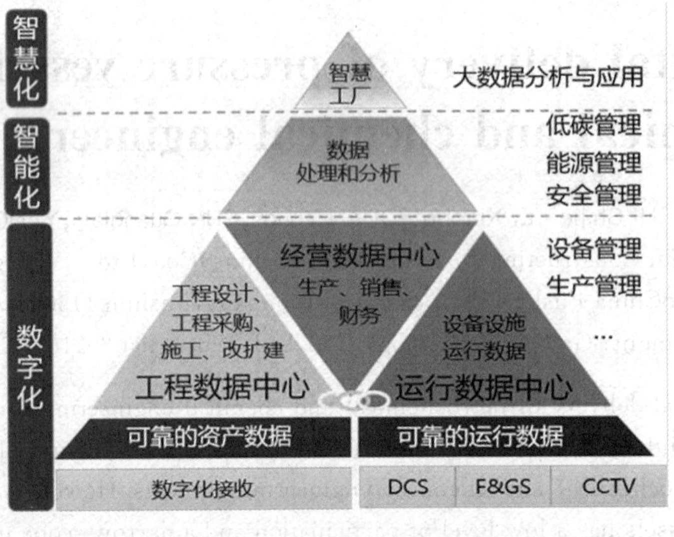

图1 数字化工厂和智能化、智慧化工厂的关系

1 压力容器数字化交付的背景

1.1 国家政策方面

二十大报告提出,“加快发展数字经济,促进数字经济和实体经济深度融合,高质量推进智能化改造、数字化转型”。工业和信息化部发布《关于“十四五”推动石化化工行业高质量发展的指导意见》,将“数字化转型”列为“五项主要目标”之一,并对推进产业数字化转型提出明确要求。

2024年工业和信息化部发布《原材料工业数字化转型工作方案(2024—2026年)》明确了原材料工业数字化转型的四大着力点:夯实数字化转型基础,深化数字技术赋能应用,加强数字化转型主体培育,完善转型支撑保障体系。上述文件所附的《石化化工行业数字化转型实施指南》为化工行业的数字化转型提供了行动指南。

1.2 标准规范方面

2018年中华人民共和国住房和城乡建设部、国家市场监督管理总监联合发布了GB/T 51296—2018

《石油化工工程数字化交付标准》，该标准明确了“数字化”“数字化工厂”“数字化交付”等一系列术语的定义，提出了工程数字化交付工作宜与工程建设同步进行以及交付信息应满足完整性、准确性和一致性的质量要求等基本规定。该标准促进了工程项目数字化交付的发展，越来越多的工程项目业主要求工程建设方提供数字化交付。

2024 年 2 月，中国石油和化工勘察设计协会发布了团体标准 T/HGJ 14240—2024《静设备专业数字化交付执行标准》，该标准明确了工程项目中在设计、采购、制造周期内数字化交付的内容、形式以及交付过程，约束了不同数字化交付方所交付数据的一致性、规范性和可维护性。

2025 年 6 月，全国锅炉压力容器标准化技术委员会发布了国家标准《压力容器数字化交付规范》的征求意见稿[2]，该标准由中国特种设备检测研究院等单位负责起草。

1.3 压力容器建造方面

由于我国压力容器的生产历史习惯等原因，目前我国的压力容器设计和制造并存以下两种模式：(1) 工程公司或设计单位进行压力容器的结构设计和强度计算，制造厂根据图纸进行加工制造；(2) 制造厂根据工程公司提出的设计条件进行压力容器的结构设计和强度计算并进行制造[3]。压力容器的设计和制造存在由不同建造单位来负责完成的情况，即压力容器的制造单位并不一定是设备的设计单位，在此情况下，两者之间的压力容器建造信息往往采用二维图纸作为载体进行传递。进一步而言，压力容器建造过程中的采购、制造、安装和运营维护各自分离，未在统一的一体化工作平台上进行，建造过程中缺少统一的数据源和数据流，建造资料管理分散，容易产生数据盲点和信息孤岛[4]。

2 压力容器数字化交付的现状

2.1 压力容器的设计技术

目前，压力容器的设计工作目前仍以传统二维设计为主，一方面，工程项目建设周期的趋短给项目的建设者带来较大的工作压力，另一方面，类似 VCAD 的计算机二维出图辅助软件和各种零部件标准施工图的应用等使压力容器的设计效率越来越高[5,6]。表 1 列举了中国寰球工程有限公司北京分公司编制的换热器类的企业级标准施工图。上述两个方面的因素对以三维模型为信息载体的设计技术来说既是机遇又是挑战。一方面，工程公司需要借助以三维模型为信息载体的设计技术来提高工作效率，满足项目数字化转型的需求；另一方面，如果基于三维模型的设计技术无法在效率方面优于基于二维图纸的设计技术从而满足工程项目趋短的建设周期，则该设计技术在推广时会面临较大的困难。

表 1 中国寰球工程有限公司北京分公司编制的换热器企业级标准施工图

换热器零部件名称	标准图图号	零部件标注示例
接地板	HQBJ－SDc－20－0222－2024	接地板 LW
拉杆	HQBJ－SDc－20－0232－2023	拉杆 ø16－2000 80
顶丝	HQBJ－SDc－20－0234－2023	顶丝 M20－60
管束防冲板	HQBJ－SDc－20－0227－2023	管束防冲板 I DN40－4
带肩双头螺柱	HQBJ－SDc－20－0233－2023	带肩双头螺柱 M48x3－510 75
防松支耳	HQBJ－SDc－20－0235－2023	防松支耳 M48x3－ø1806/ø1913/ø2009
吊环螺钉	HQBJ－SDc－20－0247－2023	吊环螺钉 M20
丝堵	HQBJ－SDc－20－0248－2023	丝堵 M20
隔冷垫木	HQBJ－SDc－20－0228－2023	隔冷垫木 BI－1 DN2000

随着三维建模等信息技术的发展，目前各工程公司都在积极探索压力容器的基于三维模型的设计技术并取得了一定成效，表 2 列出了目前市场上的几款压力容器三维设计软件[7]，但尚未有一款三维设计

软件成为传递压力容器设计信息的应用在数字化交付平台上的公认的主流软件。

表2 目前市场上的压力容器三维设计软件

序号	中文名称	英文简称	开发单位
1	AutoPIPE Vessel	APV	Bentley Systems
2	石油化工静设备三维设计系统	Xvessel/SVPV	山东山大华天软件股份有限公司
3	静设备三维智能辅助设计	SE3D	青岛软件学院
4	压力容器数字化交付软件	GHPV	上海高惠科技有限公司
5	设备智能化设计软件－PVE	PVE	北京希格玛仿真技术有限公司
6	智设静设备设计系统	DI－Equipment	海克斯康集团

2.2 石化化工工程项目数字化交付的实施现状

目前石化化工工程项目的数字化交付工作内容往往是项目合同的重要组成部分，且占有较高的合同额。工艺专业、管道专业和仪表专业已经实现了协同工作平台上的实时协作。工程项目数字化交付的实践与经验在文献中多有报道[8－15]。值得注意的是，目前部分工程项目的数字化交付并没有与工程项目的建设同步进行，往往采用后交付的模式，即数字化交付的进度滞后于工程项目的建设进度。数字化交付虽然能够实现工程项目静态数据的集成与展示，但是数字化交付过程中发现的数据完整性、正确性和一致性问题已无法反馈于设计[12]。

2.3 静设备专业在石化化工工程项目数字化交付中的参与程度

由于数字化交付平台上缺少合适的与工艺、管道和仪表专业协同设计的静设备三维设计软件，目前静设备专业(或者说压力容器设计专业)在工程数字化交付项目中的参与程度浅，且参与的工作范围小。静设备专业负责的压力容器等设备一般由管道专业负责三维模型的建立，而管道专业建立的压力容器的三维模型往往仅仅是设备外壳，该三维模型精度低，设备的很多细节信息在三维模型中并未体现。压力容器三维模型在零部件碰撞干涉检测方面的优势尚未很好的体现，尤其是在压力容器的梯子平台以及管架预焊件的碰撞干涉方面。部分工程项目的数字化交付中，对于小范围内个别结构复杂的压力容器，业主要求提供该压力容器详细的三维模型，该三维模型用于设备展示和员工培训等工作场景中。该压力容器三维模型的交付往往采用后交付的模式，在压力容器二维图纸的基础上采用建模软件建立三维模型。

3 压力容器数字化交付的前景展望

压力容器的建造和数字化交付应该在数字化交付平台上进行。数字化交付平台应该是包括前期概算、各专业协同设计、工程采购、工程安装和施工、项目开车及项目管理的涉及静设备、动设备、管道、仪表、电气和建筑物等的综合数字化集成平台。数字化交付平台的应用应贯穿压力容器的前期概算、工程设计、采购、制造、安装、改造和运维直至报废的全生命周期。

3.1 压力容器各设计专业的协同设计

数字化交付平台的应用给参与压力容器建造的各专业紧密的协同合作提供了有利的条件。图2列出了静设备专业与上下游专业的沟通协作关系。数字化交付平台应能够满足静设备专业与上下游专业的数据交互，从而使各个专业衔接更加紧密。从数据的角度来看，数字化交付平台能够将工程项目建设过程中的所有数据积累汇总，形成数据池，便于各个专业针对性地提取数据。举例说明，当工艺专业提出设备一览表条件，该条件数据流动至静设备专业，静设备专业补充设备的质量等相关信息，管道材料专业补充绝热材料工程量，概算专业从而可以从平台中提取用于项目概算的设计条件。从项目的管理角度看，数字化交付平台的应用，能够将工程项目建设过程中各个专业的工作过程都详细的记录下来，便于项目执行过程的数据追溯，这有利于项目的规范管理，进而促进工程项目的高质量发展。实际上，各个专业在压力容器建造过程中的分工和工作范围在不同的建造单位存在差异，且不同性质工程项目的执行模式和参与方也会有所差异，这对数字化交付平台的灵活性提出了较高的要求。

3.2　压力容器建造过程的优化

数字化交付平台的应用能够对压力容器的建造过程的优化提供有利的条件。这种优化体现在两个方面，一方面，该平台的应用能够使压力容器设计过程中的计算和绘图连接更加紧密。目前压力容器的计算和绘图往往采用不同的软件，完成一台压力容器的设计往往需要切换多个软件，且众多软件之间的数据互不相通，这严重限制了压力容器的设计效率。另一方面，压力容器行业数字化交付平台的应用使不同压力容器建造单位之间的连接更加紧密，压力容器三维模型作为信息载体，使设计方、采购方、制造方和施工方（或安装方）等更加紧密的联系起来，从而提高压力容器建造的质量和效率。

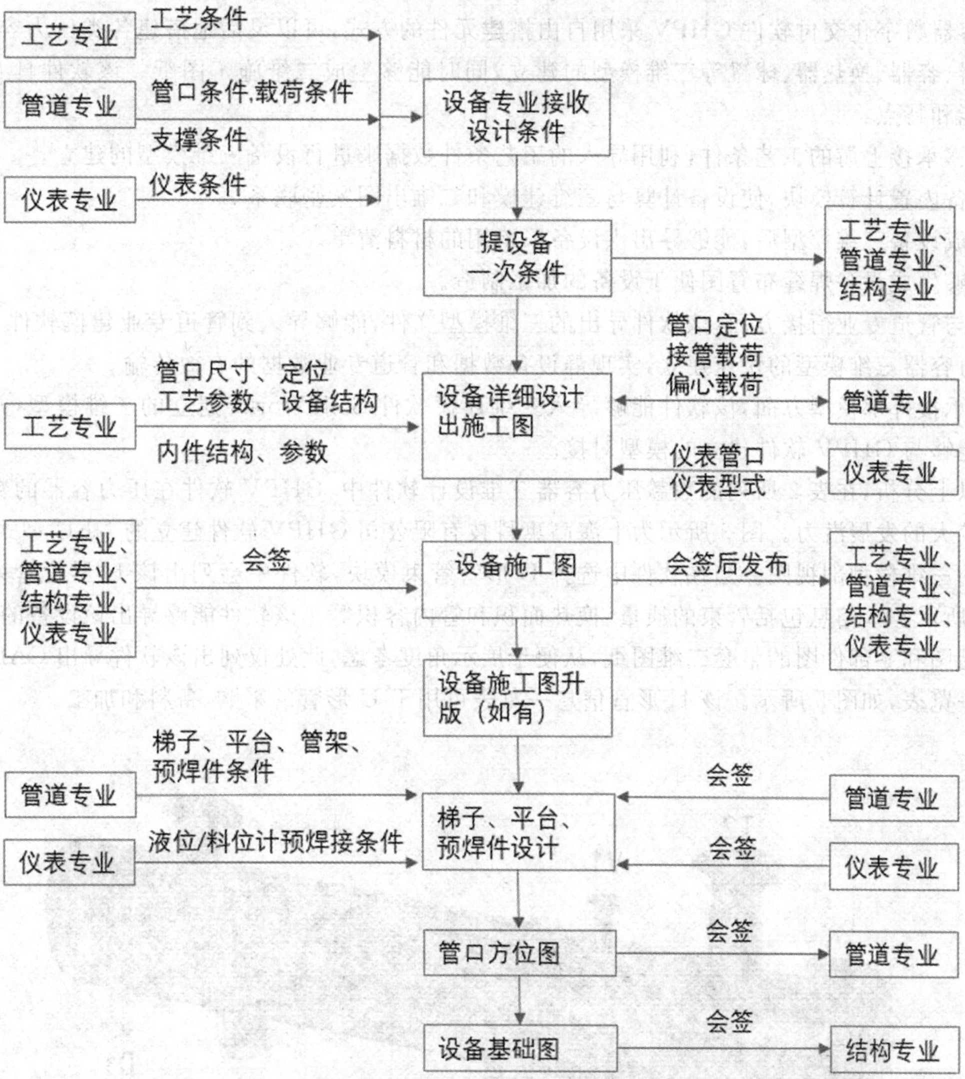

图2　静设备专业与上下游专业的沟通协作关系

3.3　三维模型的应用

压力容器三维模型的建立是工厂实现三维可视化全过程管理的基础。目前的以二维软件为核心的压力容器设计技术必然向以三维模型为核心的设计技术转变，三维模型作为设计信息的载体，是各专业协同设计的对象，未来也用于不同压力容器建造单位间的信息传递。压力容器的三维模型还是制造、安装、施工以及压力容器交付后设备运行维护的信息载体。

3.3.1 压力容器数字化交付软件的功能

根据上述分析,将采用轻量化处理技术,统一格式的三维数字化交付软件镶嵌在数字化交付平台中是压力容器数字化交付首要解决的问题。为了与数字化交付平台的功能相契合,压力容器的数字化交付软件除基本的三维建模功能外,应该尽可能多地具备压力容器全生命周期中概算、工程设计、采购、制造、安装、运维等方面的功能,或者说,压力容器的数字化交付软件应该尽可能多地具备与压力容器全生命周期中建造、运维活动对应的相关软件的扩展接口。为实现上述目标,压力容器数字化交付软件应能够对组成压力容器的所有元件进行标记和编号。在压力容器建造行业能够普遍实现应用三维模型来直接进行压力容器加工制造之前的现阶段,压力容器的数字化交付软件还应具备三维模型向二维图纸转换的功能。

3.3.2 压力容器数字化交付软件的应用示例

压力容器数字化交付软件 GHPV 采用自由搭建元件的方式,可以灵活地搭建各类压力容器,能够快速实现塔器、容器、换热器、球罐等三维模型的建立,同时能够生成二维施工图纸。该软件具有以下几个方面的功能和特点:

(1)能够承接上游的工艺条件,利用导入的工艺条件数据来进行设备三维模型的建立。

(2)设备内置计算模块,使设备计算与三维建模和二维出图紧密联系。

(3)完成设备三维模型后,能够导出供设备采购用的材料清单。

(4)能够生成设备焊缝布置图便于设备的加工制造。

(5)在与管道专业衔接方面,该软件导出的三维模型文件,能够导入到管道专业建模软件 SP3D 软件中实现压力容器三维模型的快速建立,实现静设备数据和管道专业数据的有效传输。

(6)在承接外部模型方面,该软件能够导入三维建模软件 SolidWorks 建立的三维模型,并且导入的三维模型能够与 GHPV 软件建立的模型对接。

根据以上分析,在表 2 所列的数款压力容器三维设计软件中,GHPV 软件在压力容器的数字化交付方面具有较大的发展潜力。图 3 所示为上海高惠科技有限公司 GHPV 软件建立的 NEU 型式的 U 形管式换热器的三维模型剖视图。当在软件中选择 U 形管管束模块,软件中会列出该 U 形管管束的相关信息,如图 4 所示。该信息包括管束的质量、换热面积和管内容积等。该软件能够导出该设备的 CAD 格式的包含装配图和零部件图的整套二维图纸,从便于展示角度考虑,此处仅列出该软件导出 CAD 格式的 U 形管信息一览表,如图 5 所示。该 U 形管信息一览表可用于 U 形管的采购、备料和加工。

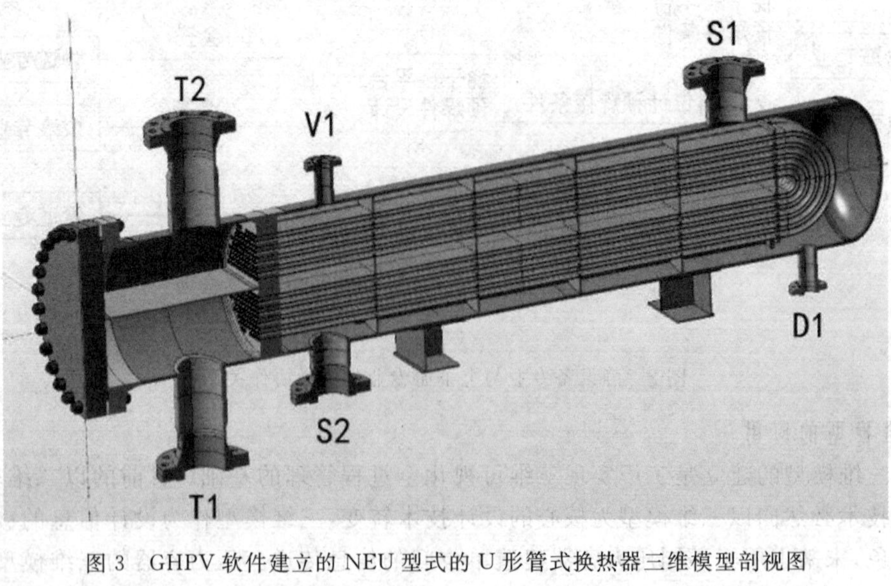

图 3 GHPV 软件建立的 NEU 型式的 U 形管式换热器三维模型剖视图

属性	
Property	Value
元件名	U形换热管
> 模型颜色	[105, 145, 45] (255)
零件名称	U形换热管
材料	S30408
密度(吨/m3)	7.93
重量(kg)	707.31
体积(m3)	0.0892
U形管直径	19
U形管厚度	2
换热管数量	155
换热管标准号	GB/T 13296-2023
换热管外表面积(m2)	49.843
换热管内表面积(m2)	39.3497
换热管内容积(m3)	0.147561
管束换热面积(m2)	47.9463
管程增加的容积(m3)	0.147425

图 4　GHPV 软件中 U 形换热管的相关信息

序 号 SERIAL	直边长度(mm) L	弯曲半径(mm) R	单根长度(mm) LENTH	数量 NO.	单根质量(kg) UNIT MASS	总质量(kg) TOTAL MASS
1	2500	40	5125.7	21	4.34	91.17
2	2500	63.3827	5199.1	20	4.4	88.08
3	2500	86.7654	5272.6	19	4.47	84.86
4	2500	110.148	5346	20	4.53	90.57
5	2500	133.531	5419.5	17	4.59	78.04
6	2500	156.913	5493	18	4.65	83.75
7	2500	180.296	5566.4	15	4.71	70.72
8	2500	203.679	5639.9	14	4.78	66.88
9	2500	227.061	5713.3	11	4.84	53.23

图 5　GHPV 软件导出的 CAD 格式的 U 形管信息一览表

4　结论和讨论

压力容器数字化交付是压力容器建造行业的发展趋势，国家政策从整体方向给出了指引，相关的标准规范也在加紧筹划和编制过程中。根据本文分析，可以得出以下结论：

(1)在石化化工工程项目的数字化交付平台上,静设备专业应该借助基于三维模型的设计技术与工艺、管道、仪表专业进行实时协同设计,实现压力容器全生命周期范围内的建造和运维的优化。

(2)目前压力容器的数字化交付仍处于起步阶段,设备专业在工程项目的数字化交付中参与程度较浅且参与范围小,属于石化化工工程项目数字化交付的薄弱环节。

(3)压力容器数字化交付软件是制约压力容器工程项目数字化交付的重要因素。

(4)压力容器数字化交付软件的研发指导思路为:应嵌入在工程项目数字化交付平台中,除具备最基本的三维建模功能外,应尽可能多地具备压力容器全生命周期中概算、工程设计、采购、制造、安装、运维等方面的功能。

(5)压力容器数字化交付软件和数字化交付平台的研发既要考虑压力容器建造者的使用需求,又需要兼顾工程项目业主在工厂运维阶段的使用需求。

(6)无论是压力容器数字化交付软件还是承载该软件的数字化交付平台的研发和完善都是一个长期的过程。这个过程中需要消化和吸纳目前已有的压力容器设计技术成果,比如,将压力容器的各种计算程序纳入到软件中以及将目前压力容器二维图纸的标准化成果转化为三维模型的标准化成果等。

参考文献

[1] 陈学东,范志超,陈永东,等. 我国压力容器设计制造与维护的绿色化与智能化[J]. 压力容器,2017,34(11):11-27.

[2] 国家市场监督管理总局 国家标准化管理委员会.《压力容器数字化交付规范》国家标准征求意见.[EB/OL] [2025-06-26]. https://cscbpv.org.cn/biaozhun

[3] 寿比南. 中、美压力容器标准的对比分析[J]. 中国锅炉压力容器安全,1999,15(1):27-29.

[4] 孙丽丽. 创新构建集成化设计与数字化交付平台助推智慧城市建设[J]. 科技进步与对策,2018,35(24):86-92.

[5] 陶钧,张运强,李小梅,等. 压力容器零部件标准化研究[J]. 压力容器,2021,38(3):60-65.

[6] 陶钧,张运强,李小梅,等. 人孔的标准化设计及工程应用研究[J]. 压力容器,2025,42(1):61-68.

[7] 蒋飞. 工程公司数字化转型战略规划与实施路径[J]. 中国勘察设计,2024(4):66-71

[8] 胡耀义,赵国洪,严紫含,等. 数字化协同设计及交付应用研究[J]. 天然气与石油,2021,39(3):125-129.

[9] 贺菲. 石化工程数字化交付中的结构研究[J]. 当代化工,2022,51(3):736-739.

[10] 罗那,张华. 全厂数字化交付项目的实践与思考[J]. 石油化工设计,2025,42(1):59-64.

[11] 邹桐. 石油化工设备数字化交付的探索与经验[J]. 石油化工设备技术,2025,46(2):7-11.

[12] 岳文瑞. 数字化交付质量控制方案研究[J]. 中国勘察设计,2022(7):81-84.

[13] 寿海涛. 数字化工厂与数字化交付[J]. 石油化工设计,2017,34(1):44-47.

[14] 李蕾,李有,高雪颖. 基于数字化交付的三维模型应用研究[J]. 乙烯工业,2024,36(2):1-5.

[15] 成戟. 静设备设计的数字化变革探讨[J]. 化工设备与管道,2023,60(6):45-52.

作者简介

陶钧(1987),男,高级工程师,主要从事压力容器常规设计、分析设计以及工程项目管理工作,通信地址:100012 北京市朝阳区来广营高科技产业园创达二路1号中国寰球工程有限公司北京分公司,E-mail:taojun01-hqc@cnpc.com.cn。

落实移动式压力容器使用管理责任的推荐做法

薛小龙

（上海市特种设备监督检验技术研究院有限公司，上海 200062）

摘　要：针对当前全社会关注的特种设备使用安全主体责任落实问题，本文以移动式压力容器为对象，对近年来上海市移动式压力容器使用单位安全管理评价中发现的问题、管理难点及原因、应对措施进行了总结，针对移动式压力容器管理责任落实中存在混淆的可能，对使用单位与充装单位进行了特征分析，提出了移动式压力容器使用单位安全管理制度建立的推荐做法，并在上海市特种设备使用单位安全管理评价工作中进行推广应用。

关键词：移动式压力容器；使用单位；使用管理；管理体系

Recommended practices for implementing the management responsibility ofTPVs

XUE Xiaolong

(Shanghai Institute of Special Equipment Inspection and Technical Research Co. ,Ltd. ,Shanghai 200062,China)

Abstract: In response to the current social concern regarding the implementation of the main responsibility for the safety of special equipment service, TPV was taken as the object in this paper. The management difficulties, causes and countermeasures found in the safety management evaluation of TPV users in Shanghai in recent years were sorts out. In view of the possibility of confusion in the implementation of the management responsibility of TPV, the characteristics of the users and filling units were analyzed. The recommended practices for the establishment of the service management system of TPV users were put forward, and were promoted in the safety management evaluation in Shanghai.

Keywords: transportable pressure vessels(TPV); users; service management; management system

0 引　言

移动式压力容器属于特种设备，同时也是一种交通运输工具，其安全运行过程涵盖充装、运输、使用、罐体或气瓶检验、车辆（底盘、框架）检验等，监管部门除了市场监管部门外，还涉及交通、公安等部门。根据职责分工，市场监管部门监管的环节主要包括充装和使用过程。2023 年 4 月 4 日，国家市场监管总局发布了《特种设备使用单位落实使用安全主体责任监督管理规定》（市场监管总局令第 74 号，以下简称 74 号令），要求使用单位（含充装单位）进一步落实安全主体责任，强化使用单位主要负责人特种设备使用安全责任，规范安全管理人员行为，实施“日管控、周排查、月调度”等措施。

74号令发布实施后，部分单位认为这是提出了新的管理体系建立要求，会加重企业的负担。笔者认为，相关规定与现行特种设备安全管理体系高度统一，但也存在一些新的要求如安全总监、安全员设置等，同时明确了罚则，加大了监管力度。对于特种设备使用单位，在贯彻实施74号令时，应当注重与《特种设备使用管理规则》(TSG 08)组合执行。实际上，TSG 08已经明确规定了使用单位的主要义务，如果执行到位，对于新颁布的74号令应当不会有太大的压力。

对于移动式压力容器使用管理的研究，部分学者对使用管理存在的问题及应对措施进行了探讨[1-6]，部分机构开展了应用信息化手段实施管理的研究[7-9]，但无论管理的方式如何，法律法规及安全技术规范的有效执行都是开展使用管理的根本遵循。

本文对近年来上海市移动式压力容器使用单位安全管理评价的情况进行了梳理，归纳总结了当前存在的问题，针对部分单位存在概念混淆的问题，对使用单位与充装单位的特征进行了分析，提出了管理责任落实的关键在于对相关规定的理解及管理制度的建立和有效实施，并依据TSG 08给出了管理制度建立的推荐做法。

1　使用管理存在的问题及对策

上海市从2017年开始对移动式压力容器使用单位开展安全管理评价，通过多年的实践，发现并解决了部分存在的问题，有效提升了使用管理水平，进一步保障了使用安全。

1.1　存在的问题

(1)使用单位主要义务的落实及管理制度的制定亟需融会贯通。使用单位特种设备安全管理制度制定及有效运行是安全运行的保障，部分单位未完全按照TSG 08的规定建立特种设备管理制度和操作规程，或缺乏针对性；落实使用单位义务的责任部门权责不明确，组织架构图与实际不符；部分单位自我定位不清，不能认清自己的责任，特别是同时为充装单位和使用单位的，会由于概念不清而导致管理混乱。

(2)接受多部门监管，表式繁多，日常维护流于形式。不同部门的监管侧重点不同，交通运输等部门的管理规定中有部分关于移动式压力容器的管理要求，但仅关注这些要求是不够的，采用这些部门的检查表式代替特种设备管理的表式，不能完全满足特种设备安全技术规范的规定。

(3)未对相关人员实施动态管理。使用单位需要设置安全管理负责人、安全管理员等管理岗位以及作业人员岗位，人员流失后，未及时采取措施以保证符合安全技术规范的规定。

(4)移动式压力容器的周期管理影响因素多。主要表现为：长管拖车和管束式集装箱的介质使用周期与检验周期可能存在冲突；部分安全附件的检验周期与移动式压力容器的检验周期不同步，导致部分(如压力表等)超期。

(5)管理人员专业知识储备不足。移动式压力容器管理人员需要掌握足够的专业知识以有效识别风险，保证设备的安全运行。在评价中发现部分新购移动式压力容器上安装的或者更换的紧急切断阀未经制造许可，不符合安全技术规范的规定，但未识别出该风险。

(6)责任边界不清。移动式压力容器的运行安全与充装单位及卸载单位密切相关，部分使用单位与卸载单位的责任边界界定不清晰，或者未考虑。对于出租或临时固定容器使用的移动式压力容器，未能有效落实使用期间的安全职责。

1.2　管理难点及原因分析

(1)由于使用单位本身无行政许可要求，无第三方评审促进管理，管理制度无统一模板，故需要使用单位有足够的管理水平。部分使用单位对相关政策学习理解不到位，只是参照其他单位的制度生搬硬抄，导致管理制度在本单位无法有效运转。

(2)管理部门多，关注点各有侧重。移动式压力容器使用单位除需要接受特种设备安全监管部门的监管外，还需要接受道路运输等部门的监管。而道路运输部门推荐使用的部分检查、记录表中关于特种设备的相关内容并不完全符合特种设备安全技术规范的规定，使用单位需分别制定相应表式，开展日常维护和检查工作。但对于使用单位来说，监管部门均为政府部门，而使用单位资源有限，只能先“应付”监管力度较大的部门的要求。

(3)人员流动较大。持证管理人员和作业人员动态变化，若存在准备不足或培训考试供给不足等情况，则可能导致人员无证上岗的情况发生。

(4)部分移动式压力容器检验周期到期时，介质仍未使用完。对于高纯介质，一般会在使用地点使用完后再进行充装，会存在超过检验周期使用的情况，而介质的使用时间长短是由下游生产单位决定的，因而受客观因素制约。

(5)安全附件与移动式压力容器检验周期不统一，如压力表的检定周期等。

(6)使用单位一般受制于设备供应商，部分单位仅认可进口部件，但部分进口产品制造单位无相应资质。

(7)前端把关不严。尽管 TSG R0005 是全国统一的要求，但仍然存在着不同机构对要求理解不一致、执行尺度不一致的情况。

1.3 应对措施

针对管理评价中发现的问题及原因分析，提出以下应对措施建议。

(1)强化法制意识，开展宣传培训和研讨，提供管理制度模板，重视单位内部针对性培训。

(2)严肃管理水平自评行为，对于管理自评价与实际评价结果差距特别大的单位，采取限制措施。

(3)重视在信息平台上报隐患，加强监管力度。

(4)根据本地实际情况研制地方标准，提升行业管理水平。

(5)向全国移动式压力容器监管信息平台提出信息(如人员持证、附件检验周期等)预警等需求。

(6)使用单位准确调度移动式压力容器，提前安排定期检验。

(7)鼓励在使用登记前委托第三方技术咨询或技术服务。

2 使用单位特征分析

2.1 使用单位与充装单位的区别

在移动式压力容器的安全运行过程中，充装和使用是两个关键环节，也是监管部门监管的重点，是落实安全主体责任的关键所在。在对使用单位的管理评价中，存在部分单位对使用和充装单位概念混淆的情况。在 74 号令中，又规定“压力容器使用单位包括使用压力容器的单位和移动式压力容器充装单位”。但充装单位和使用单位的管理要求存在着很大的差异，主要体现在以下方面：

(1)主体地位要求不同。充装单位应当经负责特种设备安全监督管理的部门许可，方可从事充装活动，并且在人员、充装设备、检测手段、场地厂房、器具、安全设施、充装管理制度、处理措施等方面有明确的要求；而使用单位是具有特种设备使用管理权，对特种设备安全运行负责的单位，市场监管部门对使用单位的设置并无前置要求。

(2)管理环节不同。与其他特种设备类似，我国对移动式压力容器同样实施全生命周期管理，在整个生命周期内，设计、制造、改造、修理、报废等要求与其他设备一致。在运行过程中，移动式压力容器又存在着其特有的特征，即存在充装、使用和运输环节，且落实责任的实际主体不同。使用单位是移动式压力容器安全使用的责任主体；充装过程的安全则由充装单位负责；有些移动式压力容器，运输过程由使用单位之外的第三方承担，因此运输过程的安全责任落实又涉及第三方。

(3)管理依据不同。充装单位的资源条件、质量保证体系等需满足《特种设备生产和充装单位许可规则》(TSG 07)的规定，其中充装工作应当符合《移动式压力容器安全技术监察规程》(TSG R0005)的规定。使用单位应当按照 TSG 08、TSG R0005 等的规定，落实使用单位的安全管理责任。

(4)管理体系要求不同。充装单位应当建立并且有效实施包括充装要素控制程序、管理制度、安全操作规程、充装工作记录和见证资料等的充装质量保证体系，一般以受控的成册《质量保证手册》等形式体现；而使用单位应当按照 TSG 08 的要求建立健全特种设备使用安全节能管理制度，履行使用单位义务。

(5)工作内容不同。对充装单位来说,移动式压力容器是充装行为的工作对象,需要保证的是行为安全;对于使用单位来说,移动式压力容器一般是其拥有产权的设备,需要保证的是设备安全。

由于以上特征,移动式压力容器在移动使用过程中,存在着明显的责任传递特征,但在传递的过程中,又存在着相互影响和干涉作用。因此使用单位实际管理中的重点应当有所侧重,监管部门的监管也应当区别对待。

2.2 移动式压力容器使用单位的特征

不同规模的移动式压力容器使用单位具有不同的特征,管理水平也不同,主要包括以下几种情况:

(1)独立的车队,有一定的规模,有专人管理,对移动式压力容器相关要求较为熟悉,管理水平较高。

(2)罐式集装箱使用单位,存在临时固定使用行为,部分单位仅关注贸易行为。

(3)使用单位兼充装单位,但由不同的部门管理。部分单位将充装单位与使用单位混为一谈,由于充装单位需要取得充装许可在,因而其管理手册相对完善,存在用充装质量保证手册代替使用管理制度的情况。

(4)挂靠管理,实际运行单位不一,需要管理单位投入足够的精力进行管理。管理人员责任心强的单位,情况较好;但仅收取管理费、管理不到位的单位,较为混乱。

(5)部分个体单位仅1～2辆移动式压力容器,规模小,管理情况与重视程度密切相关。但也有部分单位主观管理意愿较强,但不熟悉相关规定,且不知道如何获取相关规定或者对规定理解不透。

无论是何种使用模式,移动式压力容器使用的要求和标准均一致,只需要将使用管理的要求理解透彻并落实到本单位的管理中,安全运行必将得到有效保障。

3 使用管理责任落实的推荐做法

使用单位对移动式压力容器管理责任落实的关键是有效执行各项管理规定,及时消除隐患。对于使用单位的管理体系建立,并无统一的制度设计要求,但应当满足相关安全技术规范的规定。使用单位全面负责特种设备安全运行,履行特种设备安全管理主体责任的要素较多,但需要制定的管理制度仅需按照 TSG 08 规定的 9 个方面执行即可基本覆盖,使用单位主要义务中的规定均可纳入同一套管理体系中。

为了满足使用单位体系建立的要求,本文以 TSG 08 规定的使用单位主要义务为依据,以其规定的安全管理制度要求为主线,列出了使用单位安全管理基本要素及要点提示,制定了使用单位管理制度的建议格式,详见表1。使用单位可以按此顺序制定管理制度,也可以根据本单位实际情况制定管理制度,但宜参照表1的格式明确对照条款号,确保管理制度不缺项,主体责任不缺位。该推荐做法在当前上海市开展的压力容器使用单位安全管理评价工作中,得到了使用单位的好评。

表1 移动式压力容器使用单位安全管理制度建立要点

使用单位义务	TSG 08 条款	要点提示
安全管理机构设置及职责	2.6.1(1)、2.3、2.2	有实体管理部门设置及职责描述;组织架构图
岗位设置及职责	2.6.1(1)、2.4	主要负责人、安全管理负责人、(专职)安全管理员、作业人员、安全总监、安全员岗位设置及职责描述;岗位职责架构图;任命文件
经常性维护保养(日管控)	2.6.1(2)、2.7.1	可结合日管控工作,制定相应的表式,由安全员负责
定期自行检查(周排查、月调度)	2.6.1(2)、2.7.2	可结合周排查、月调度工作,制定相应的表式,分别由安全总监和主要负责人负责
使用登记	2.6.1(3)	建立特种设备台账,保存登记、停用、报废相关手续

（续表）

使用单位义务	TSG 08 条款	要点提示
定期检验	2.6.1(3)、2.10	制定并执行提前1个月申报定期检验的规定，相关信息在设备台账中体现
隐患排查治理	2.6.1(4)、2.11	针对各类检查、检验中发现的问题，建立隐患台账并实现闭环管理
人员管理和培训	2.6.1(5)	建立人员台账，制定培训计划，保存培训记录
采购、安装、改造、修理、报废等	2.6.1(6)	针对各环节制定相应的管理制度
应急救援管理	2.6.1(7)、2.12.1	制定应急救援专项预案（覆盖本单位所有移动式压力容器的品种和介质），每年开展应急演练并保存演练记录
事故报告和处理	2.6.1(8)、2.12.2	制定并执行相关规定
节能管理	2.6.1(9)	对移动式压力容器使用的不适用，若使用单位同时使用锅炉等设备，则应建立相应的制度
档案管理	2.5	将同一台移动式压力容器的出厂资料、修理改造资料、检查检验资料等保存在一起，实现一台一档
制定操作规程	2.6.2	针对本单位移动式压力容器的品种制定

表1按照移动式压力容器的要求进行设计，对于充装单位，一般拥有固定式压力容器，本身应当建立固定式压力容器使用管理制度，该制度可作为充装质量保证手册的一部分。如果充装单位同时拥有移动式压力容器（即同时为移动式压力容器的使用单位），则应当同时制定移动式压力容器的使用管理制度。

4 结 语

本文针对当前使用单位主体责任落实的要求，结合多年来移动式压力容器使用管理评价结果，开展了管理难点及对策分析。依据特种设备安全技术规范规定的使用单位主体责任落实要求，制定了推荐的移动式压力容器使用单位安全管理制度架构及管理要点，便于移动式压力容器使用单位参照使用，其他特种设备使用单位也可参照使用。

参考文献

[1] 薛小龙，汤晓英，王善江，等．汽车罐车安全监察若干问题的思考[J]．中国特种设备安全，2011，27(5)：23－25.

[2] 薛小龙，汤晓英，丁建勋．基于风险控制的汽车罐车使用管理[C]//2012年压力容器使用管理学术会议论文集．合肥：合肥工业大学出版社，2012：123－127.

[3] 薛小龙，汤晓英，王善江，等．汽车罐车安全保障及监管技术探讨[C]//特种设备安全与节能技术进展二——2014年全国特种设备安全与节能学术会议论文集（上）．北京：中国质检出版社，2015：229－234.

[4] 张兆东．关于汽车罐车使用管理及定期检验问题探讨[J]．化工装备技术，2023，44(3)：52－54.

[5] 高兆江，骆辉，刘永久，等．含缠绕层缺陷大容积缠绕气瓶安全性能与评定研究[J]．压力容器，2023，40(5)：70－78.

[6] 栗健，谭粤，郭世民，等．防波板对液氢罐式集装箱罐体结构强度的影响[J]．压力容器，2024，41(5)：58－66.

[7] 姜吉武．"互联网＋"移动式压力容器管理模式研究[J]．化工管理，2019(1)：123.

[8] 张楠楠．"互联网＋"移动式压力容器设备管理模式探讨[J]．管理观察，2019(27)：29－30.

[9] 刘三江,陈祖志,李光海．智能网联特种设备使用管理模式分析——以移动式压力容器为例[J]. 中国特种设备安全,2020,36(12):1-6.

作者简介

薛小龙(1980),男,博士,教授级高工(处长),主要从事承压设备检验检测技术及管理研究,通信地址:200062 上海市普陀区金沙江路 915 号上海市特种设备监督检验技术研究院有限公司,E-mail:xlxue21@163.com。

宁夏银川爆炸事故对移动压力容器管理的思考

田家诚[1]，马艳霞[2]，田长栓[3]

（1. 北京政大公卫社会安全防范技术研究院，北京 100016；2. 河北沧州华润燃气，河北沧州 061000；
3. 运河区长栓安全咨询设计研究中心，河北沧州 061000）

摘　要：本文以2023年宁夏银川富洋烧烤店燃气爆炸事故为研究对象，通过实地调研数据、事故技术报告及行业管理案例的交叉分析，突破传统事故报告的结论性描述，从技术、管理、制度三个维度构建“人一机一环一管”事故致因模型。研究发现，事故的核心诱因不仅包括直接操作失误，更涉及移动压力容器（液化石油气钢瓶）全生命周期管理的系统性缺陷，如设备违规改造、充装环节监管失效、使用端安全培训缺失等。基于此，本文提出移动压力容器“全链条数字孪生监管”框架，涵盖智能追溯系统、分级培训机制及跨部门协同平台，并结合瑞士奶酪模型验证了改进策略的有效性。研究成果为移动压力容器安全管理提供了可操作的优化路径，对降低类似事故风险具有重要实践意义。

关键词：移动压力容器；燃气爆炸事故；全生命周期管理；监管体系；数字孪生

Thoughts on the management of mobile pressure vessels inspired by the Yinchuan explosion accident in Ningxia

Tian Jiacheng1，Ma Yanxia2，Tian Changshuan3

（1. Beijing Zhengda Public Health and Social Security Prevention
Technology Research Institute，Beijing 100016，China；
2. Hebei Cangzhou China Resources Gas，Cangzhou 061000，China；
3. Yunhe District Changshuan Safety Consulting and Design Research Center，Cangzhou 061000）

Abstract：This paper takes the 2023 gas explosion accident at Fuyang Barbecue Restaurant in Yinchuan，Ningxia，as the research object. Through cross - analysis of on - site survey data，accident technical reports，and industry management cases，it goes beyond the conclusion—oriented descriptions of traditional accident reports and constructs a "human — machine — environment — management" accident causation model from three dimensions：technology，management，and system. The study finds that the core causes of the accident not only include direct operational errors but also involve systemic defects in the whole - life - cycle management of mobile pressure vessels（liquefied petroleum gas cylinders），such as illegal modification of equipment，ineffective supervision in the filling process，and lack of safety training at the user end. Based on this，the paper proposes a "full - chain digital twin supervision" framework for mobile pressure vessels，covering an intelligent traceability system，a hierarchical training mechanism，and an inter - departmental collaboration platform. The effectiveness of the improvement strategies is verified using the Swiss Cheese Model. The research results provide an operable optimization path for the safety management of mobile pressure vessels and have important practical significance for reducing the risk of similar accidents.

Keywords：mobile pressure vessels；gas explosion accidents；whole - life - cycle management；regulatory system；digital twin

0 引 言

移动压力容器作为危险化学品储存与运输的核心设备，广泛应用于能源、餐饮、化工等领域。2023年6月21日，宁夏银川富洋烧烤店发生特别重大燃气爆炸事故，造成31人死亡、7人受伤，直接经济损失5114.5万元。事故调查组认定，这是一起因相关企业违法违规检验、经营并配送不符合标准的液化石油气瓶，烧烤店在使用中违规操作发生泄漏爆炸，地方党委政府及其有关部门履职不到位、燃气安全失管失控导致的生产安全责任事故[1-10]。根据中燃协安全管理工作委员会2023年《全国燃气事故分析报告》，2023年全年共收集到媒体报道的国内(不含港澳台)燃气事故612起，造成77人死亡，434人受伤，其中较大事故4起，特大事故1起[14]。2024年3月18日，习近平总书记对城市管道"带病运行"问题做出重要批示，指出多年来，燃气管道泄漏导致的事故频发，造成了重大人员伤亡，成为一个突出的安全问题。要求各相关部门和地方要提高政治站位，深刻汲取教训，切实负起安全责任，就燃气管道"带病运行"开展专项治理，全面排查风险，拿出管用措施，加大老旧燃气管网改造和维护力度，及时消除安全风险隐患。要举一反三，扎扎实实把各项安全生产工作抓好，坚决杜绝形式主义。事故暴露出移动压力容器全链条管理中存在的系统性缺陷，对完善我国移动压力容器安全监管体系具有重要警示意义[14]。本文结合事故调查结果，从法规标准、技术应用、监管机制等方面展开分析，提出针对性改进建议。

现有研究多聚焦于单一环节(如充装或检验)的管理优化，缺乏对事故诱因的系统性分析。本文通过解构银川事故的深层矛盾，揭示移动压力容器从设计到报废全链条的管理漏洞，提出覆盖"生产—流通—使用—回收"全环节的改进方案，为行业安全治理提供理论支撑和实践参考。

1 宁夏银川爆炸事故原因与管理漏洞深度剖析

1.1 事故概况与技术还原

1.1.1 事故经过

2023年6月21日18时许，富洋烧烤店后厨员工发现液化石油气钢瓶(规格50kg)调压器与阀门连接处漏气，多次自行拆卸安装后仍未解决。19时30分，员工更换新调压器时误将气相阀调压器安装至液相阀，导致液化石油气以每秒0.8m3的速度泄漏。20时37分，泄漏气体与空气混合达到爆炸极限，遇热菜区天然气明火引发爆炸，爆炸冲击波峰值达0.3MPa，造成烧烤店墙体坍塌、管道燃气二次泄漏燃烧。

1.1.2 现场技术参数验证

钢瓶检测：事故钢瓶为2018年生产的"双嘴瓶"(违规改造，原设计为单阀)，瓶体壁厚实测2.8mm(标准要求≥3.2mm)，存在局部腐蚀；调压器匹配性：液相阀接口直径为25mm，气相调压器接口为20mm，强行安装导致密封失效；环境因素：后厨空间封闭(容积约30m3)，通风量仅为0.5次/h(标准要求≥3次/h)，泄漏后3分钟内燃气浓度即达爆炸下限(5%)。

1.2 事故致因的多维度分析

1.2.1 直接原因：操作失误与设备违规

人的不安全行为：员工未经过液化石油气操作培训，错误判断泄漏原因并违规拆卸调压器，在泄漏后未关闭热菜区火源(管道天然气灶)；物的不安全状态：使用改装"双嘴瓶"(违反GB 5842—2006《液化石油气钢瓶》)，且同时使用瓶装液化石油气与管道天然气(违反GB 55009—2021《燃气工程项目规范》第6.1.7条)。事故调查组通过现场勘查、模拟实验等手段，认定事故直接原因为液化石油气配送企业违规配送"双嘴瓶"，店员误将气相阀调压器接至液相阀，导致液化石油气泄漏，处置过程中误操作阀门并引燃混合气体。具体表现为：气瓶违规配送：涉事企业违反《移动式压力容器安全技术监察规程》(TSG R0005—2011)关于气瓶充装介质与使用场景匹配的规定，向无气化装置的餐饮场所配送"双嘴瓶"，为事故埋下隐患[5]。操作失误叠加：店员在未接受专业培训的情况下，擅自拆卸调压器并错误接驳，导致液相阀高压液化石油气直接泄漏。泄漏后未按应急预案关闭阀门，反而误操作扩大泄漏量，最终引发爆炸[10]。逃生通道受阻：烧烤店违规封堵二楼外窗并设置钢制广告牌，唯一楼梯通道被爆炸残骸堵塞，导致人员疏散失败，伤亡扩大[2]。

1.2.2　间接原因：管理链条断裂

基于瑞士奶酪模型分析，事故是多环节漏洞叠加的结果：充装环节：追溯显示该钢瓶由某液化气站充装，充装记录未核对瓶体检验标识（已超期 15 个月未检），属于“带病充装”；使用环节：烧烤店未建立钢瓶使用台账，近 6 个月内更换 3 次调压器均未记录，且未配备燃气浓度报警器；监管环节：属地市场监管部门 2023 年以来未对该店开展专项检查，街道办网格员巡查记录存在“零问题”造假。

1.3　系统性问题

1.3.1　法规执行流于形式

专项整治虚化：2020 年以来国务院及相关部门多次部署燃气安全专项整治，但宁夏地方政府未有效落实，50 公斤“双嘴瓶”违规问题长期未得到根治[1-10]。标准落实断档：住房城乡建设部等五部委 2021 年关于加强瓶装液化气安全管理的指导意见在宁夏未被转发或研究，导致政策执行“空转”[10]。

1.3.2　企业主体责任缺失

充装环节失控：宁夏龙江公司无从业人员资格证书却通过审批获得燃气经营许可，长期非法从事配送活动；宁夏国华公司未按规定更换“双嘴瓶”大口径液相阀，致使不符合标准的气瓶流入市场[1-10]。使用环节失管：富洋烧烤店违规使用“双气源”，未设置专用气瓶间，员工安全培训流于形式，应急处置能力薄弱[2]。

1.3.3　监管机制效能不足

多头监管协同失效：燃气管理部门仅监管合法企业，对非法配送行为视而不见；商务部门擅自缩小餐饮场所管理范围，导致 1.2 万家餐饮企业游离于监管之外。执法检查宽松软虚：银川市在全国城镇燃气安全排查整治期间仅检查 20 家燃气使用单位，行政处罚力度微弱，未能形成有效震慑[10]。

2　移动压力容器管理体系优化路径

2.1　完善法规标准体系

2.1.1　强化法规刚性约束

修订《移动式压力容器安全技术监察规程》：明确“双嘴瓶”适用场景，禁止向无气化装置的餐饮场所配送；增加气瓶充装介质与使用场景匹配性审查要求，将气瓶安全附件（如防错装接头）纳入强制标准。细化地方实施细则：借鉴宁夏修订《燃气管理条例》的经验，明确瓶装液化石油气全链条 7 部门职责，建立跨部门综合监管机制[5]。

2.1.2　健全技术标准体系

制定智能充装技术规范：推广济源示范区“阳光充装”模式，要求充装单位安装防爆摄像机、人脸识别系统和语音报警装置，实现充装过程全流程监控和数据追溯。完善应急处置标准：参考西安市移动式压力容器事故应急演练经验，制定充装泄漏、交通事故等场景的标准化应急处置流程，明确企业、政府、消防等多方协同机制[6]。

2.2　创新技术监管手段

2.2.1　构建智慧监管平台

物联网监测系统：在气瓶、槽罐车等设备上加装传感器，实时监测压力、温度、位置等参数，通过 5G 网络传输至监管平台。例如，安捷汇槽车智能监控系统可实现液位、压力、真空度等数据的远程监控，异常情况自动报警[7]。区块链存证技术：应用河南省市场监管执法区块链电子数据存取证系统，对充装记录、检验报告等关键数据进行上链存证，确保数据不可篡改，提升监管公信力。

2.2.2　推广本质安全技术

防错装技术：在气瓶阀门设计上采用差异化接口，如液相阀与气相阀口径、螺纹方向不同，防止误接；

推广智能调压器，集成泄漏检测和自动切断功能[8]。轻量化材料应用：研究高强度铝合金、碳纤维复合材料等轻量化罐体材料，在保证安全性能的前提下降低运输风险[5]。

2.3 强化全链条监管机制

2.3.1 严格市场准入

许可权限上收：借鉴宁夏将移动式压力容器、气瓶充装许可上收至省级的做法，加强源头管控，淘汰不符合安全条件的企业[10]。实施告知承诺制：对充装企业延续许可推行告知承诺制，简化审批流程，同时加强事中事后监管，对虚假承诺企业依法撤销许可[11]。

2.3.2 深化跨部门协同

建立联合执法机制：整合市场监管、住建、商务、消防等部门力量，开展燃气安全"一件事"全链条监管，定期组织联合检查和专项整治[9]。加强区域协同监管：建立跨省移动压力容器监管信息共享平台，实现充装、运输、使用数据的互联互通，打击异地违规充装行为。

2.3.3 提升应急处置能力

完善应急预案体系：企业应制定充装泄漏、交通事故等专项应急预案，定期开展演练；政府部门应建立区域应急资源数据库，加强消防、医疗等专业救援队伍建设。强化应急技术储备：配备专业应急装备，如倒罐车、防爆工具等，推广无人机、机器人等智能设备在事故现场的应用[8-10]。

2.4 落实企业主体责任

2.4.1 健全安全管理制度

加强人员培训：严格执行《特种设备作业人员监督管理办法》，确保充装、押运等人员持证上岗；定期组织安全培训和应急演练，提升员工安全意识和操作技能。完善技术档案管理：建立移动压力容器全生命周期技术档案，包括设计、制造、检验、维修等记录，实现"一台一档"动态管理[9]。

2.4.2 强化风险防控

开展安全评估：委托第三方机构对充装、运输、使用环节进行安全风险评估，运用 HAZOP 分析、LEC 法等工具识别重大危险源。加强设备维护：按照《移动式压力容器定期检验规则》要求，定期对罐体、阀门、软管等部件进行检验和维护，确保设备安全运行[12]。

3 结论与建议

6.21 宁夏爆炸事故是移动压力容器管理体系系统性失效的集中体现。为防范类似事故，需从法规标准、技术应用、监管机制、企业责任等方面综合施策：完善法规标准：修订《移动式压力容器安全技术监察规程》，明确"双嘴瓶"使用限制，细化地方监管职责。创新技术监管：推广物联网、区块链等技术，构建智慧监管平台，实现全流程可追溯。强化监管协同：建立跨部门联合执法机制，加强区域协同监管，提升应急处置能力。落实企业责任：严格人员培训，完善安全管理制度，加强设备维护和风险防控。通过以上措施，可有效提升移动压力容器安全管理水平，为燃气行业高质量发展提供坚实保障。未来需进一步研究移动压力容器智能化管理模式，推动安全监管从"被动响应"向"主动预防"转型。

参考文献

[1] 国务院事故调查组相关负责人就宁夏银川富洋烧烤店"6·21"特别重大燃气爆炸事故调查工作答记者问[EB/OL].(2024-01-30)[2025-04-15].

[2] 6·21 宁夏银川烧烤店燃气爆炸事故[EB/OL].[2025-04-15].

[3] 质检特函〔2012〕36 号. 关于《移动式压力容器安全技术监察规程》的实施意见[EB/OL].(2012-06-12)[2025-04-15].

[4] 特种设备重大事故隐患判定准则(GB45067—2024)[S]. 北京：中国标准出版社，2024.

[5] TSG R0005—2011 移动式压力容器安全技术监察规程[S]. 北京：中国质检出版社，2011.

[6] 济源示范区市场监管局."阳光充装"保"瓶"安[EB/OL].(2024-08-21)[2025-04-15].

[7] 安捷汇槽车智能远传监控[EB/OL].(2022－06－02)[2025－04－15].

[8] 移动式压力容器技术标准现状及发展[EB/OL].(2023－09－26)[2025－04－15].

[9] 中华人民共和国特种设备安全法[EB/OL].(2014－01－01)[2025－04－15].

[10] 宁夏银川富洋烧烤店"6·21"特别重大燃气爆炸事故整改和防范措施落实情况评估报告[EB/OL].(2025－02－21)[2025－04－15].

[11] 移动式压力容器安全管理[EB/OL].(2025－02－28)[2025－04－15].

[12] 田长栓;马艳霞;;我国燃气行业防雷技术应用分析与研究[A]. 中国土木工程学会城市燃气分会应用专业委员会 2010 年年会论文集[C]. 2010.

[13] 田长栓;马艳霞;;我国城镇燃气安全管理目标的分析与研究[A]. 中国城市燃气学会 LNG 专业委员会 2009 年煤层气液化主题年会论文集[C]. 2009.

[14] 中燃协安全管理工作委员会 2023 年《全国燃气事故分析报告》.

作者简介

田家诚，男，本科，助理研究员，主要从事地下油气输送管道和城镇燃气管道完整性检测与评估专业、燃气输配等。

通信作者：田长栓，男，教授级高工，运河区长栓安全咨询设计研究中心主任、北京政大公卫社会安全防范技术研究院院长，主要从事燃气安全、场站输配、燃气技术、燃气标准化、燃气事故等方面的研究，E－mail：tcs19741818@163.com，电话：18923831390。

基于氨精制塔失效的原因分析和设备管理建议

陈　铭[1]，车驾成[2]，梁建活[1]，纪艳达[1]，刘欢迎[1]

（1. 中国特种设备检测研究院，北京 100029；2. 中科（广东）炼化有限公司，广东湛江 524076）

摘　要：本文以2024年某炼化企业氨精制塔的失效案例为研究对象，针对其在湿硫化氢（H_2S）环境中投用不足4年即出现大面积氢鼓包（HB）与氢致开裂（HIC）的问题，通过检验和失效分析数据挖掘，发现了主要原因是设计选材不当，制造环节材料误用，以及超设计负荷运行导致液相区硫化氢富集等原因综合造成的湿硫化氢破坏损伤损伤。基于此，提出从设计、制造、使用及检验四方面实施全生命周期风险管控的建议，为同类设备在湿硫化氢环境中的安全运行提供实践参考。

关键词：氨精制塔；失效分析；氢鼓包（HB）；氢致开裂（HIC）；全生命周期管理

Failure cause analysis and equipment management recommendations for ammonia refining tower

CHEN Ming[1], CHE Jiacheng[2], LIANG Jianhuo[1], JI Yanda[1], LIU Huanying[1]

(1. China Special Equipment Inspection and Research Institute, Beijing 100029, China;
2. SINOPEC(Guangdong) Refining and Chemical Company Limited, Zhanjiang 524076, China)

Abstract: This article takes the failure case of an ammonia refining tower in a refining enterprise in 2024 as the research object. In response to the problem of large－scale hydrogen embrittlement(HB) and hydrogen induced cracking(HIC) that occurred in a wet hydrogen sulfide(H2S) environment after less than 4 years of use, through inspection and failure analysis data mining, it was found that the main reasons were improper design material selection, misuse of materials in the manufacturing process, and accumulation of hydrogen sulfide in the liquid phase zone caused by excessive design load operation, resulting in wet hydrogen sulfide damage and injury. Based on this, suggestions are proposed to implement full lifecycle risk management from four aspects: design, manufacturing, use, and inspection, providing practical reference for the safe operation of similar equipment in wet hydrogen sulfide environments.

Keywords: ammonia refining tower; failure analysis; hydrogen blistering(HB); hydrogen－induced cracking(HIC); lifecycle management

0　引　言

湿硫化氢（H_2S）环境下的氢鼓包（HB）和氢致开裂（HIC）是石油化工设备失效的典型模式，严重威胁压力容器的安全运行。尽管现行标准对材料选择和设计规范有明确要求，但实际工程应用中因设计缺陷、制造质量控制不足或使用管理疏漏导致的设备失效仍频发。2024年某炼化企业氨精制塔在首次定期检验发现大面积鼓包与阶梯状裂纹，最终被迫更换失效筒节。本文通过分析该案例的检验数据、失效分析数据深入分析了造成湿硫化氢破坏损伤的根本原因，提出了改进建议，为同类设备的全生命周期风险管理提供实践参考。

1 氨精制塔失效案例概述

1.1 定期检验情况概述

气提装置中的氨精制塔常被业内人戏称为“垃圾桶”，主要是因为它在氨的精制过程中承担了去除杂质和不纯物质(水分、硫化物等)的功能，确保最终产品的纯度和质量，对于炼化企业非常重要[1]。2024年4月，中国特种设备检测研究院对某炼化企业气提装置氨精制塔实施首次定期检验[2]，该设备由上下两台组成，日常为串联使用，2020年5月投入使用，相关设备参数详见表1。

表1 氨精制塔设备参数

容器类别	II类
设计压力/MPa	0.43/－0.1
工作压力/MPa	0.24
设计温度/℃	－15(120)/100
工作温度/℃	－10/0
介质	氨(3.95%*wt*)、硫化氢(3.9%*wt*)、水
主要受压元件用钢板	Q245R(正火)
钢板壁厚/mm	14(筒体)/16(封头)

经宏观检查发现该容器上塔、下塔内表面筒体存在大量鼓包缺陷，鼓包主要集中在自塔底往上约2.4 m以下的区域，两个塔均是如此，经核实该区域也是塔内液相区域，部分鼓包已经连成一片，详见图1。对鼓包部位打磨后实施磁粉检测发现多处鼓包部位都出现了开裂情况，缺陷形貌详见图2。

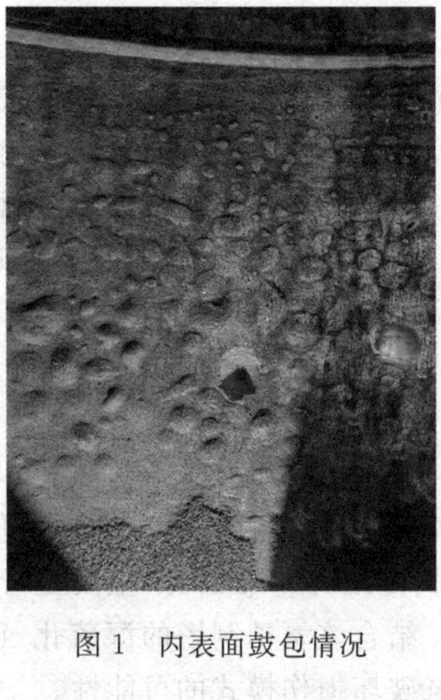
图1 内表面鼓包情况

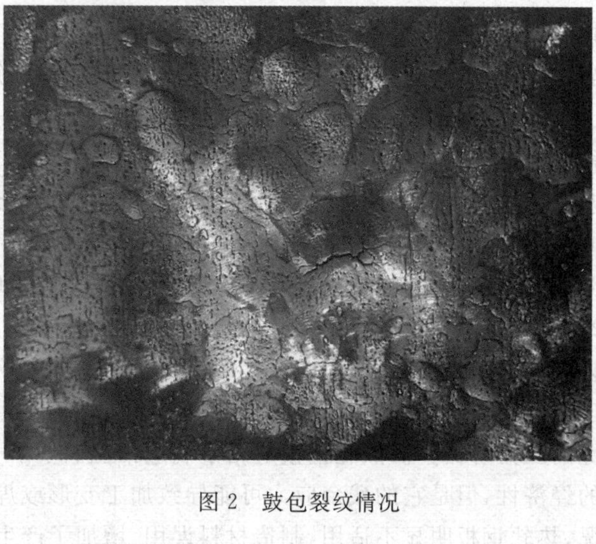
图2 鼓包裂纹情况

对氨精制塔内壁进行壁厚测定发现未出现鼓包部位壁厚值正常，鼓包部位壁厚较小，而且不同鼓包部位壁厚不均匀。以某处鼓包为例，内壁壁厚为2.3 mm，对外壁进行测量发现为12.0 mm，出现了明显的分层现象。使用单位对全部鼓包部位进行打磨，累计发现裂纹超400处，对裂纹进行打磨消除发现部分裂纹打磨深度超过1/2壁厚，修复难度极大，因此使用单位对存在鼓包的筒节进行了整体更换。

1.2 失效分析情况概述

为了确保设备正常运行，避免后续可能带来的不利影响，使用单位对氨精制塔进行了取样失效分析。

1.2.1 垢样分析

通过调研可知,运行期间氨精制塔进料负荷是原设计负荷的1.5倍,底部排液管线堵塞频繁,通过内壁面坑蚀电镜扫描分析发现内壁腐蚀产物主要腐蚀产物为硫化物,集中在底部液相区域。

1.2.2 材质分析

对氨精制塔钢板取样进行化学成分分析,分析结果见表2[3],由表可知,氨精制塔的化学成分符合Q245R材料的标准要求,但是P、S含量没有达到Q245R(HIC)材料的要求。通过对氨精制塔钢板取样进行常温机械性能和硬度检测,结果也进一步证明了该钢板为Q245R,属于湿硫化氢破坏损伤模式下的敏感材料。

表2 钢板材质及标准要求(GB/T 713—2014)

元素	C	Si	Mn	P	S	Cr	Ni	Cu
Q245R	0.2	0.35	0.5—1.1	0.025	0.01	0.3	0.3	0.3
Q245R(HIC)	0.20	0.35	0.5—1.0	0.015	0.003(熔炼分析)	0.3	0.3	0.3
氨精制塔	0.16	0.16	0.58	0.019	0.009	0.03	0.006	0.04

1.2.3 金相分析

对氨精制塔筒体母材及鼓包部位进行金相分析,分析结果可知筒体母材的金相组织为条带状铁素体+珠光体,属于热轧态钢板组织,而正火钢板的金相组织应更加均匀细小,不存在明显的带状组织,因此不符合正火钢板要求。对鼓包分层部位进行金相分析,分析结果可知钢板鼓包开裂是沿着条带状铁素体、珠光体组织的晶界开裂,裂纹呈台阶状,属于典型的氢致开裂损伤模式特征。

综上所述,初步分析该氨精制塔的失效是由于底部液相部位存在严重的湿硫化氢腐蚀环境导致产生的氢鼓包(HB)和氢致开裂(HIC)[4]。

2 基于失效案例的深层原因思考

2.1 设计选材不当

氢鼓包(HB)和氢致开裂(HIC)都是湿硫化氢破坏损伤模式的两种损伤形态,这种损伤模式主要影响碳钢、低合金钢,提高钢材纯净度能够提升钢材的抗氢鼓包(HB)和氢致开裂(HIC)的能力,对该氨精制塔进行失效分析的数据整理可以看出使用的钢板为Q245R,而不是Q245R(HIC),从设计选材角度就没有规避该损伤模式。查阅设计图纸可知该氨精制塔最低设计温度为−15 ℃,根据GB150—2011,壁厚14 mm的Q245R钢板使用温度下限为−10℃,该材质与设计工况不匹配。综上所述,设计选材不当导致钢板与介质环境不匹配,是形成氢鼓包(HB)和氢致开裂(HIC)的主要原因[5]。

2.2 制造材料误用

设计要求氨精制塔钢板应为Q245R(正火),通过失效分析发现实际使用的为Q245R(热轧),正火钢板相比于热轧钢板组织均匀性更高,焊接热影响区性能更稳定,能够减少裂纹倾向,适用于制造低温、高应力工况的压力容器。而热轧钢板适用于制造常温、低压环境的非关键压力容器部件,主要是考虑其成本较低的经济性,但是它的残余应力可能导致加工变形或焊接开裂。结合该氨精制塔的湿硫化氢环境和低温工况,热轧钢板明显不适用,制造材料误用,增加了产生湿硫化氢破坏损伤模式的可能性。

2.3 超负荷使用导致硫化氢富集

受生产等影响,该设备长期进料负荷达设计负荷1.5倍运行,超负荷使用导致设备内部硫化氢含量超标,出料堵塞加剧硫化氢富集,最终导致液相中硫化氢含量升高。根据GB/T 30579—2022溶液中溶解的硫化氢浓度大于20×10^{-6}时湿硫化氢破坏容易发生,或潮湿气体中硫化氢气相分压大于0.0003MPa时,湿硫化氢破坏容易发生,该设备正常运行工况下硫化氢浓度就达3.9%,超负荷工况下浓度会更大,因此超负荷使用导致硫化氢富集是产生湿硫化氢破坏的关键因素[6]。

3 设备管理建议

(1)从设计角度,根据GB150—2011,壁厚14 mm的Q345R钢板使用温度下限为−20℃,因此使用Q345R(HIC)能够从选材角度提高抗湿硫化氢能力,必要时候可以材质升级为不锈钢。考虑到超负荷运行工况,应该在安全允许范围内适当扩大底部管径,降低堵塞风险。

(2)从制造角度,选材标准不能低于设计标准,对于这种复杂工况的设备,必须采用正火钢板,同时要强化材料溯源机制,避免材料混用、误用情况发生。

(3)从使用角度,适当降负荷运行以降低硫化氢浓度,同时增加堵塞监控系统、介质分析系统,实时掌握设备内部状况,避免湿硫化氢富集现象发生[7-9]。

(4)从检验角度,应将液相以下区域、塔底腐蚀聚集部位、应力集中区域作为重点检验对象,应增加钢板的无损检测抽查。除常规检验手段外,应增加金相分析、硬度测试等理化检验项目,评估材料性能变化,必要时候采用相控阵超声(PAUT)、磁记忆检测(MMT)、导波检测(GW)等先进技术手段准确确定缺陷情况[10]。

4 结 论

(1)氨精制塔内部检验发现大量鼓包和裂纹的直接原因是底部液相部位存在严重的湿硫化氢腐蚀环境导致。

(2)氨精制塔内部发生湿硫化氢破坏的主要原因是设计选材不当、制造材料误用、超负荷使用导致硫化氢富集。

(3)氨精制塔建议通过材质升级、监督选材、降负荷运行、针对性检验监测等手段实施全生命周期管理。

参考文献

[1] 杜鹏. 关于含硫污水加碱脱氨的措施讨论[J]. 科技风,2020,(01):113.

[2] TSG 21—2016 固定式压力容器安全技术监察规程[S].

[3] GB/T 713—2014 锅炉和压力容器用钢板[S].

[4] 任金成,段志宏,谭税楼,等. 炼油厂酸性水汽提装置氨精制塔鼓包原因分析[J]. 广东化工,2024,51(24):87−90.

[5] GB150—2011 压力容器[S].

[6] GB/T 30579—2022 承压设备损伤模式识别[S].

[7] 刘健. 石油化工设备湿硫化氢腐蚀与防护[J]. 化工设计通讯,2017,43(10):85.

[8] 关远华. 探讨石油化工设备在湿硫化氢环境中的腐蚀与防护处理[J]. 粘接,2023,50(10):134−136+153.

[9] 李鑫波. 湿硫化氢环境中石油化工设备的腐蚀与防护[J]. 化工,2022,(11):135−138.

[10] NB/T47013 承压设备无损检测[S].

作者简介

陈铭(1989),男,工程师,主要从事特种设备风险评估和检验检测等方面的工作,通信地址:100029 北京市朝阳区和平街西苑2号楼,18301507489@163.com。

通讯作者:梁建活(1989),男,工程师,主要从事的工作方向:承压特种设备检验检测、风险评估及失效分析等,通信地址:100029 北京市朝阳区和平街西苑2号楼,441590698@qq.com。

氢气长输管道现状回顾以及挑战

魏 良，沈楚天，高睿哲，邢百汇，花争立
（浙江大学 特种装备研究所，杭州 310027）

摘 要：氢能的商业化需要完善的基础设施的支持，与如今的石油和天然气基础设施的广泛程度相当。这需要实现氢能大规模、长时间的稳定输送。目前，采用氢气长输管道是实现这一目标最经济的方式。然而相对于较为成熟的天然气管道，由于氢气与天然气在物理化学特性上存在较大不同，并且会导致材料的氢损伤，氢气长输管道的建设面临许多的挑战。本文回顾了氢气管道在材料、设计、以及天然气管道掺氢的研究现状。讨论目前氢气长输管道的研究在材料氢相容性、基于氢脆机理的设计方法和天然气管道掺氢适应性评价中的不足。

关键词：氢安全；氢气管道；氢气输送；氢脆

State of the Art and Knowledge Gaps in Gaseous Hydrogen Pipelines

WEI Liang，SHEN Chutian，GAO Ruizhe，XING Baihui，HUA Zhengli
(Institute of Advanced Equipment，Zhejiang University，Hangzhou 310027，China)

Abstract：The commercialization of hydrogen energy needs to be supported by a well－developed infrastructure，comparable to the extensive oil and gas infrastructure of today. This requires the realization of large - scale，long - duration，stable delivery of hydrogen energy. Currently，the use of long - distance hydrogen pipelines is the most economical way to achieve this goal. However，compared to the more mature natural gas pipelines，the construction of hydrogen long - distance pipelines faces many challenges due to the fact that hydrogen differs significantly from natural gas in terms of physicochemical properties and can lead to hydrogen embrittlement. This paper reviews the current status of hydrogen pipeline research in materials，design，and hydrogen doping of natural gas pipelines. It discusses the shortcomings of the current research on hydrogen pipelines in terms of material hydrogen compatibility，design methods based on hydrogen embrittlement mechanism，and evaluation of the adaptability of natural gas pipelines to hydrogen doping.

Keywords：hydrogen safety；hydrogen pipelines；hydrogen transportation；hydrogen embrittlement

0 引 言

氢能是全球能源结构转型，构建新型能源体系的重要组成部分，也是达成碳中和社会的重要能源载体[1,2]。预计 2050 年，氢作为终端能源的需求将占到 13％，以氢为基础的能源载体占到 5％[3]。目前，全球的绿氢产量不足 1 Mt，大部分氢的来源还是化石燃料，预计到 2050 年全球氢气的总产量将达到 500～800 Mt，其中 85％是通过可再生能源电解水制备的绿氢。然而，中国的可再生能源在空间分布上不均匀，西北、西南以及海上有着优质的风光资源可以用来制氢，但需要将其输送至东南沿海等地消纳，因此，我国的氢能布局整体呈现"西氢东送","海氢陆送"的趋势。因此未来将会有大量的氢需要跨区域运输。现有的输氢方式主要包括:长管拖车、液氢罐车、液氢轮船以及管道运输。其中,气态长管拖车最为成熟,但是仅适用于300～400 km以下的短途运输,随着运输距离的增加,其成本也会显著增加。将氢气转换为液态(液氢、液氨、有机氢化合物)可以显著提升氢的质量密度,从一定程度上降低长距离的公路输送所带来的成本上升问题,但是依旧难以保证每天数十吨的氢气用量。管道输氢被认为是实现大规模(kt/day)、跨区域(数千公里)、长时间(美国能源部关于氢能设施的目标中,输氢管道的寿命大于50年)输氢最经济的方式。而氢气管道的建设有两种形式,一种是新建的纯氢管道,另一种是通过现有的天然气管道实现掺氢或者纯氢输送。

目前,世界各国都在积极的部署氢气管道的建设,如图1所示。美国目前拥有超过2500 km的氢气管道,大多服务于制氢工厂以及化工厂之间,且建造时间早于ASME B31.12第一版发布(2008年)。从历史上回顾美国在氢能管道上的投入,早在1969年NASN就开始对氢环境下金属材料的氢相容性开展了系统性的研究,后续BNL与Sandia实验室也投入了相关研究。NREL[4]在2010年总结过天然气管道

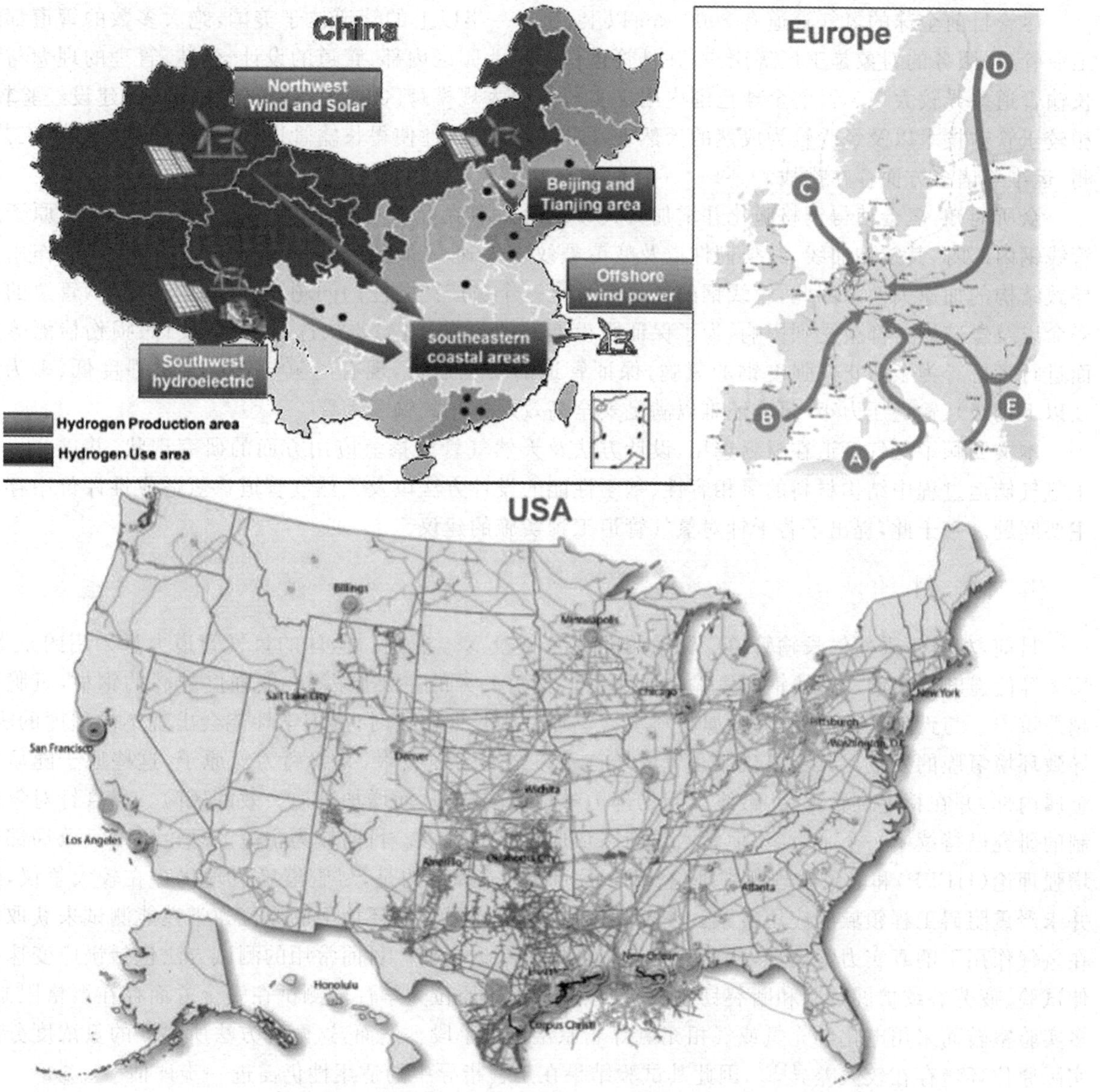

图1　中国的氢能管道规划,欧洲氢气规划,美国氢气\天然气管道现状[7,6]

掺氢的影响,结论表明20%的掺氢影响不大。近年来,为加快氢能的产业化,美国能源部成立的H2@Scale计划为氢能的生产,运输,存储的项目提供了资金支持,其中由Sandia国家实验室主导的材料氢相容性项目H-Mat与NREL主导的管道掺氢项目HyBlend受到了广泛关注。

欧洲各国为加快脱碳进程以及应对地区冲突带来的能源危机,欧盟于2022年提出了REPowerEU计划[5],加快了能源产业绿色转型的速度,其中将氢作为一种重要的能源载体。Europe Hydrogen Backbone计划[6]在2030年建成五条贯穿欧洲,连接制氢端和用氢的氢供应走廊,在2040年共建成53000km的氢气管道,其中40%为新建管道,而另外60%则计划将原有的天然气管道改造为氢气管道。通过将天然气管道转换为氢气管道可以大幅降低管道的建设成本。

目前,中国的氢气管道建设仍处于起步阶段,整体存在输送压力小,管材强度低,输送经验少的问题,仍有较大的发展空间。根据《中国氢能产业基础设施发展蓝皮书(2016)》所制定的氢能产业基础设施发展路线,到2030年,将建成3000 km以上的氢气长输管道。中国的可再生能源在空间分布上不均匀,目前,我国规划的第一条纯氢长输管道(内蒙古乌兰察布一北京燕山石化氢气长输管道)正处于设计阶段,规划长度为400 km,建成后,预计每年可以输送100,000 t氢气。

尽管目前全球的氢气管道有5000 km以上,超过一半以上的管道位于美国,绝大多数的管道都属于工业管道,服务的对象是工厂等用户,并且管道位于工业园区内部,管道的设计、建造、管理的理念与气体长输管道差异较大[8]。目前全球范围内用于实现能源大规模跨区域调度的氢气长输管道建设经验较少。相较于管输技术以及经验较为成熟的天然气,氢气独特的特性使得长输管道在材料、设计、制造、工艺、检测、运维等诸多方面存在挑战。

众所周知,氢会使得钢材脆化并增加其失效风险。氢在金属材料中以原子形式存在,当氢原子进入管线钢内部时,其拉伸曲线、断裂韧性以及疲劳裂纹扩展速率都会受到影响。原有缺陷在氢的作用下会导致结构的加速失效。因此,管线钢的氢相容性是一个被广泛关注的问题,在氢脆的作用下,管道的设计寿命以及爆破压力都会受到影响,为了保证服役期间的可靠性,需要从选材、管道设计、损伤检测等多方面进行考虑。为了防止高强度钢的氢脆,保证管道的安全运行,现有的氢气管道管材强度低(多为X52及以下钢级)、输送压力小,目前还难以满足安全高效规模化的输氢需要。

本文回顾了氢气管道在材料选用、设计方法及天然气管道掺氢应用方面的研究现状,并进一步分析了氢气储运过程中结构材料的氢相容性、基于性能的设计方法以及天然气管道掺氢适应性评价中存在的主要问题。基于此,提出了若干针对氢气管道工程实施的建议。

1 材 料

目前,相较于天然气长输管道广泛采用的X70以及X80管道。全球的氢气管道大量采用的是X42、X52等低强度管线钢。管线钢的氢脆是导致以上材料差异的主要原因,一般强度越高的钢材,氢脆现象越严重[9]。与天然气环境相比,金属材料在含氢环境中长期服役时,其力学性能会出现不同程度的劣化,导致环境氢脆的发生。其主要机制是氢分子首先在金属表面吸附,并解离为氢原子,这些原子随后渗入金属内部,并在特定位置聚集,最终引起局部力学性能下降,从而增加管道失效的风险。尽管针对氢脆机制的研究已持续了一个半世纪,但学术界尚未形成统一的认识。目前较为主流的理论包括氢致局部塑性增强理论(HELP)和氢致解理断裂理论(HEDE)[10-12]。幸运的是,尽管氢脆机理仍存在较大争议,但这并未严重阻碍工程领域的应用实践。在工程应用中,可以通过氢环境下的原位力学性能测试来获取材料在氢气作用下的真实力学表现,从而为管道设计提供数据支持。目前常用的测试方法包括慢应变速率拉伸试验、疲劳裂纹扩展试验和断裂韧性试验。然而,由于原位力学性能测试在安全方面存在严格限制,许多实验室转而采用电化学充氢或气相充氢等非原位测试手段。然而,这两种方法所建立的氢浓度分布与实际原位环境存在较大差异[13],因此其试验结果在工程指导中的适用性仍需进一步评估[14]。

大量关于管线钢氢脆的研究[15-17]表明,高压氢气对管线钢的屈服强度和拉伸强度的影响较小,但是会使得断裂韧性和开裂门槛值显著下降,以及疲劳裂纹扩展速率的大幅提升。目前普遍认为,管线钢在氢环境中的力学性能受到材料本身属性、环境以及应力水平的影响。

材料的微观组织和化学成分对其氢脆敏感性具有显著影响。目前广泛使用的管线钢，其主要微观组织为多边形铁素体或针状铁素体，相关研究已相对成熟。然而，需要特别指出的是，在长输管网中，部分设备的零部件同样暴露于氢气环境中，例如离心式压缩机的叶轮、压力表中的隔膜，以及阀门的阀座和阀杆。这些零部件采用的材料种类差异较大，从不锈钢到高合金钢不等，其氢相容性直接决定了部件的可靠性。如果在临氢部件中使用了氢相容性较差的材料，可能导致设备失效，甚至引发严重的安全事故。Hydrogen tool(https://h2tools.org/)中收录了多起由于材料氢相容性较差而引发的安全事故案例，因此，针对不同类型临氢材料开展性能测试，具有重要的工程意义和安全价值。

在掺氢天然气氢脆的研究[18,19]中，普遍采用的是模拟掺氢天然气环境，即惰性气体加氢气。但是尚娟的研究表明[20]，天然气中的复杂气体组分会对材料的氢脆现象产生影响，如图 2 所示，天然气中的二氧化碳可以降低氢原子从纯铁表面到次表面的活化能，从而增加次表面的氢原子浓度，使得材料的氢脆加剧[21]。因此，在配置试验气体环境时，应充分考虑天然气中微量杂质组分对氢脆行为的潜在影响，以获得更具保守性的材料性能参数，从而为工程应用提供更安全可靠的依据。

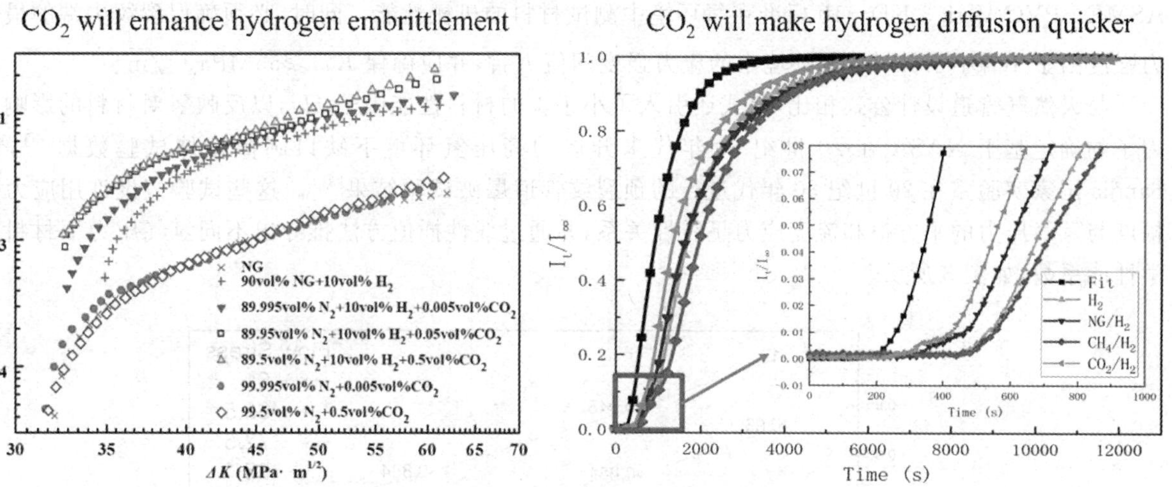

图 2　CO_2 对金属材料氢脆以及氢扩散的促进作用[21,20]

相较于管道母材区域，焊接接头一直是管道失效的主要薄弱环节。在应力集中、焊接残余应力以及氢原子的耦合作用下，焊缝及热影响区中的敏感组织和焊接缺陷部位更容易发生脆断现象[22,23]。研究表明[24,25]，焊接接头包含多个微观结构各异的区域，其氢扩散系数通常呈现以下趋势：粗晶热影响区 > 焊缝 > 细晶热影响区 > 母材。此外，实际管道焊接多采用多层多道焊接工艺，相邻焊道间的热影响区相互干扰，导致焊接接头内微观组织结构复杂，各亚区难以明确划分。Zhao 等[26]通过焊接热模拟技术研究了多层多道焊接过程中不同显微组织的氢扩散系数，其由高到低依次为：针状铁素体、粒状贝氏体、板条状贝氏体、多边形铁素体和 M－A 组分。由于焊接接头中不同组织对氢的扩散能力存在差异，易在局部区域造成氢浓度升高。同时，焊接残余应力还会进一步诱导氢扩散，促使其向残余应力集中的区域聚集。特别是对于焊接接头中某些高硬度组织（如马氏体），其氢脆敏感性较高，在残余应力与氢的共同作用下，更容易诱发裂纹萌生。

研究表明，氢脆的发生与材料的应力水平密切相关[27-29]，对于应力水平远低于屈服强度的零件，即使其氢脆敏感性较高，通常也难以发生氢脆现象。然而，目前许多管线钢的疲劳裂纹扩展试验多在较高应力强度因子范围（ΔK）下进行，而实际管道服役过程中很少出现相应工况。在氢环境中，管线钢的疲劳裂纹扩展曲线通常呈现三段式特征[11]。在较低 ΔK 下，曲线与空气环境中的基本重合，氢对裂纹扩展速率的加速作用不明显。随着 ΔK 增加至拐点 ΔK_T（通常在 15MPa·$\sqrt{m}$左右），氢开始显著加速疲劳裂纹扩展速率。当 ΔK 进一步增大时,这种加速效应逐渐减弱,且氢气压力的影响也随之减小。在裂纹扩展的生命周期中,应力强度因子低于 ΔK_T 的阶段占据了绝大部分时间,直接决定了管道的疲劳寿命。因此,精确测定拐点 ΔK_T 对于氢气管道的疲劳设计具有重要的指导意义。

2 管道设计

目前,国际上广泛采用 ASEM B31.12 中的氢气管道设计标准。其中管道的强度设计公式如下:

$$P=\frac{2St}{D_0}FE_1TH_f \tag{1}$$

式中,P 为设计压力,MPa。S 为规定的最小屈服强度,MPa。t 为公称管道壁厚,mm。Do 为公称管道外径,mm。F 为设计系数,E_1 为纵向焊缝系数,T 为温度折减系数,H_f 为材料性能系数,均可按 *ASME* 给出的附表选取。

设计系数 F 是公式中的关键安全参数。ASEM B31.12 中,A 组的最大 F 值为 0.5,采用常规设计系数,要求材料的强度和韧性满足特定标准。B 组的最大 F 值为 0.72,采用基于性能的设计方法,需按照 ASME BPVC VIII.3 KD－10 标准在氢环境中测试材料的机械性能。同时,必须确保裂纹尖端的最大应力强度因子 K_{IA} 小于材料在氢环境中的应力强度阈值 K_{IH},并应确保 $K_{IH}\geqslant 55\text{MPa}\cdot\sqrt{\text{m}}$。

与天然气管道设计公式相比,上式还引入了小于 1 的材料性能因子 H_f,以反映氢对材料的影响。该因子的确定基于 NASA 在 20 世纪 60 年代末开展的高压氢环境下缺口圆棒拉伸试验数据[30],以及 Sandia 国家实验室在 20 世纪 80 年代进行的预裂纹管道爆破试验结果[31]。这些试验假设许用应力降低幅度与氢气压力的平方根和流变应力呈线性关系,并通过线性插值方法推导出不同氢气压力下材料的力学性能系数,如图 3 所示。

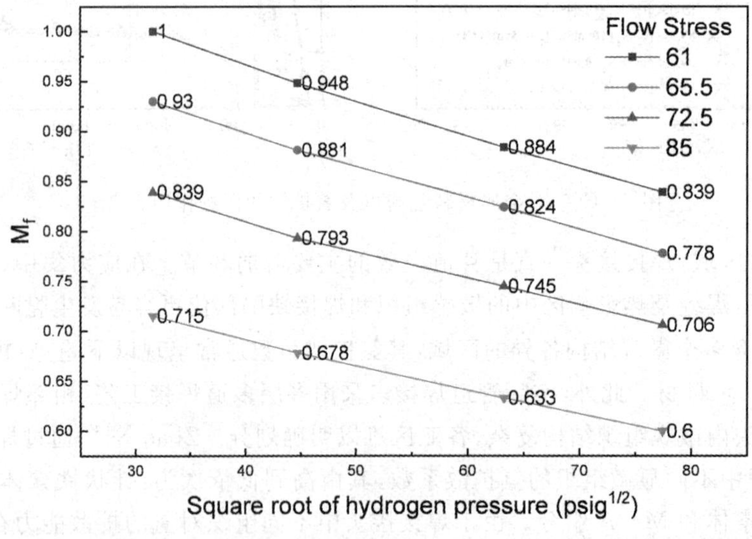

图 3 材料性能系数关于流变应力以及氢气压力平方根的线性拟合[30]

然而随着研究的深入和数据的不断积累,发现中低强度管线钢抗拉强度和屈服强度几乎不受氢气影响,但断裂韧性显著降低[31]。通过该设计方法无法直观的表现出氢对材料性能的影响,并且会导致设计出来的管道厚度相较于天然气管道大幅增加,对于 X80,在 20.7 MPa 的设计压力下,氢气管道的设计壁厚相较于天然气管道增加近一倍。目前在 ASME B31 Code Case 218 中已经考虑免除材料性能系数,通过进行焊后热处理以及无损检测,控制焊缝的残余应力,通过无损检测确保生产过程产生的裂纹尺寸小于根据 FAD 计算得出的临界裂纹尺寸,确保管道的安全。通过免除材料性能系数,可以与有效降低管道的设计壁厚。并且研究表明[32],相较于材料性能系数对管道应力水平的限制,焊后热处理可以显著提升管道的临界裂纹尺寸，保证管道运行中的安全。因此，有必要建立管道在氢环境下力学性能的退化与失效边界间的关联关系，并以此为基础，进一步发展出高压纯氢管道的基于性能设计方法，在保证管道安全的前提下，将现有壁厚减薄，进一步节省成本。

3 天然气管道掺氢评价

据 IEA 统计[33]，全球现有的天然气管道已经超过 120 万公里，另外还有 20 万公里正在建设过程中，将这些管道用于氢气输送，不仅可以大幅降低氢气输送管道的建设成本(大约 50%～80%)，同时可以避免在全面脱碳的过程中，现有的天然气管道遭到废弃的问题。

天然气掺氢输送过程如图 4 所示，现有的天然气输送资产是否适用于纯氢或者掺氢输送，需要进一步的验证以及改造，并且通过实践的检验。目前普遍认为在 20%的掺氢环境下[4]，天然气管网不需要重新改造，并且欧洲部分国家开始计划采用天然气管网输送 100%氢气。

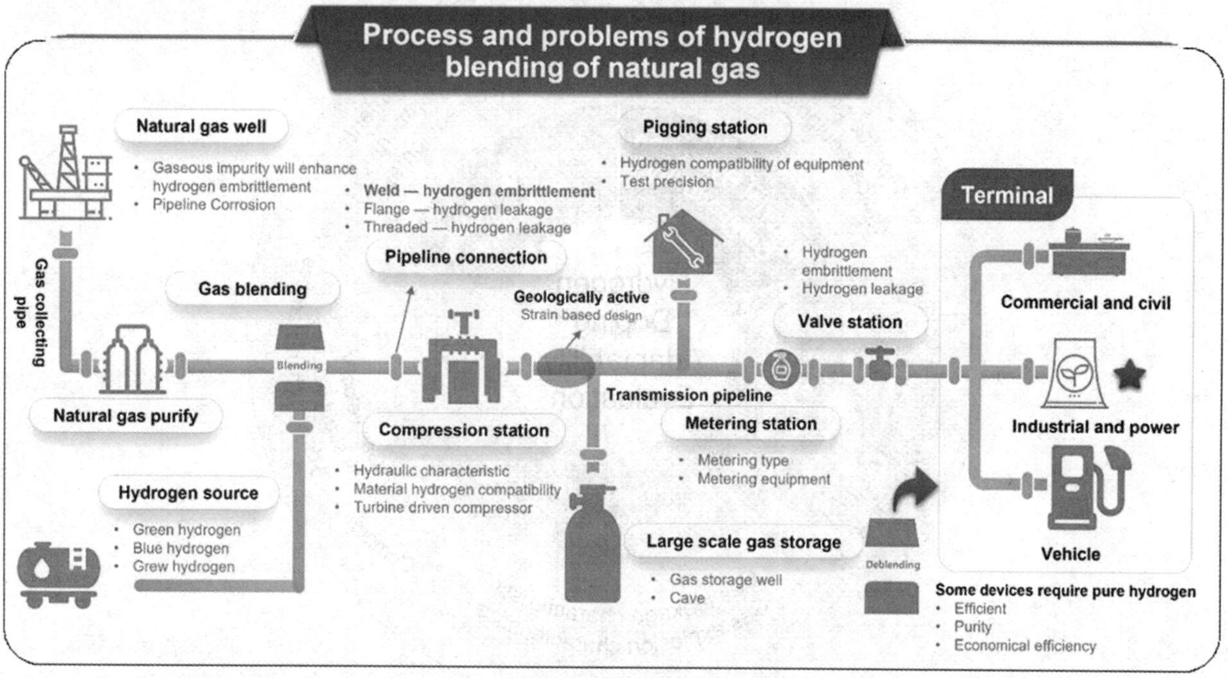

图 4 天然气掺氢输送全过程示意图[30]

将现有天然气管道改造为氢气管道需要基于收集的管道数据进行适应性评估，其中一个关键参数是掺氢比，随着掺氢比增加，氢分压增强，管线钢的氢脆会更严重[31]。此外，氢气的体积热值较低，只有天然气的三分之一，随着掺氢比的增加，混合气体的平均热值降低[34]，这可通过增加气体流速来弥补。但这两个变化存在矛盾，前者需要降低运行压力以确保管道安全运行，而后者需要更高的压力来抵消流速增加导致的压力降增加。此外，氢气的加入可能会影响某些设备的正常运行，如超声波流量计[35]、压缩机和某些电子元件[36,37]。掺氢比还受到天然气监管限制的约束。目前，各国法规中掺氢比的上限差异显著[38]，例如，德国将上限设为 10%，而日本、英国和美国加利福尼亚州则将氢混合比限制在 0.1% 以下，但随着天然气掺氢研究的进展，这一数值有望稳步提高。

目前，已有大量研究评估了掺氢对天然气管道的影响[4,39]。本文将这些影响分为五个方面：材料的氢相容性、设备功能可靠性、工艺适用性、泄漏爆炸风险和终端用氢设备的适应性，如图 5 所示。

(1)材料氢相容性：针对管材、焊缝以及关键设备中临氢部件的材料，根据其氢脆敏感性和服役工况，判断其是否适合在氢环境下运行；

(2)设备功能可靠性：氢气的掺入会导致一些计量设备的功能可靠性受到影响，如超声流量计在较高的氢气比例下的可靠性会受到显著影响;管道内检测设备中的永磁在氢环境下可能会出现损伤,从而严重影响管道内检测的效率以及准确性;并且研究表明[36,40-42],在氢环境中,一些电子元件的特性会发生一定的改变。

(3)管输工艺适用性:氢气的流动特性与天然气有着显著的不同,氢气的掺入需要改变气体的流速,用于满足终端的能量需求,会对安全性以及经济性造成影响。由于两种气体的比重相差较大,部分研究表明[43,44],管道中的混合气体可能会出现分层。此外,压缩机的效率以及适用性也需要重点考虑。

(4)泄漏爆炸危险性:评估现有管网潜在泄漏点的失效风险和后果,综合评价掺氢适应性及可接受的后果。

(5)终端用氢设备适应性:确定后续气体采用的计量方式,考虑终端使用设备的互换性参数以及使用安全性。

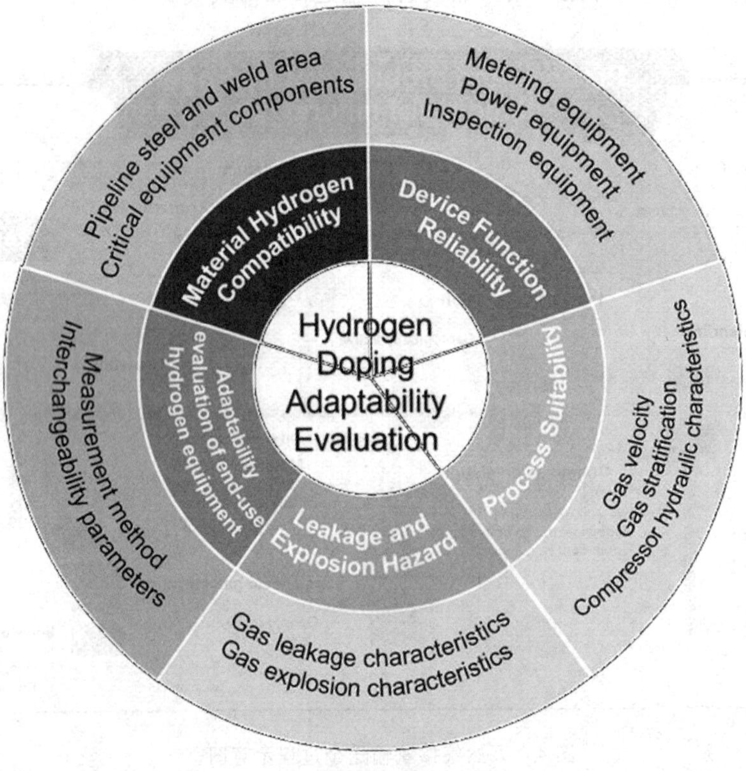

图 5 掺氢适应性评价方法[30]

4 结 论

本文从材料、管道设计、以及天然气管道再利用等方面介绍了目前氢气长输管道的发展现状与存在的部分问题:

(1)在材料方面,为了防止高强钢的氢脆,目前采用的钢材强度较低,为了提高效率,降低成本,后续应该考虑高强度钢用于氢气管道的可行性。此外,针对掺氢管道中气体杂质对于氢脆的影响还需系统的研究。管道的焊缝应着重审查,残余应力、焊接缺陷以及组织不均匀性在氢脆的作用下都会导致失效风险增大,因此针对焊接质量的控制相当重要。管网中一些关键设备临氢部件的氢相容性对于管道的安全运行相当重要,但是其涉及材料种类多、服役环境复杂,并且取样较难,需要建立一种用于评价其氢相容性的方法。

(2)在管道设计方面,目前采用的 ASME B31.12 中的方法基于材料的强度,然而氢几乎不影响管线钢的强度,因此现有方法无法直观反应出氢对材料的影响,因此,亟待提出基于材料临氢力学性能和管道失效模式的设计方法。

(3)在天然气管道再利用方面,通过从材料氢相容性、设备功能可靠性、管输工艺适用性、泄漏爆炸危险性以及终端用氢设备适应性提出天然气管道掺氢适应性评价技术,并以此形成面向掺氢的关键设备改造技术。

参考文献

[1] KOVAČA, PARANOS M, MARCIUŠ D. Hydrogen in energy transition: A review [J/OL]. International Journal of Hydrogen Energy, 2021, 46(16): 10016－10035.

[2] PENEV M, ZUBOY J, HUNTER C. Economic analysis of a high－pressure urban pipeline concept (HyLine) for delivering hydrogen to retail fueling stations [J/OL]. Transportation Research Part D: Transport and Environment, 2019, 77: 92－105.

[3] TURNER L A, DELASALLE F, KETTLEBOROUGH I, et al. Making the hydrogen economy possible: Accelerating clean hydrogen in an electrified economy [R/OL]. Energy Transitions Commission, 2021[2023－05－08].

[4] MELAINA M W, ANTONIA O, PENEV M. Blending hydrogen into natural gas pipeline networks: A review of key issues: NREL/TP－5600－51995[R]. Golden, Colorado, USA: National Renewable Energy Laboratory, 2013.

[5] REPower EU: Affordable, secure and sustainable energy for Europe[EB/OL]. (2022－05－18) [2023－05－14].

[6] ROSSUM R V, GUARDIA G L, JENS J, et al. A European hydrogen infrastructure vision covering 28 countries[R]. European Hydrogen Backbone, 2022.

[7] DOE National Clean Hydrogen Strategy and Roadmap[R]. 2022.

[8] SHARGAY C, LIVINGSTON H L, MOUKABAA H, et al. Comparison of ASME B31.12 Versus B31.3 for Hydrogen－containing piping in refinery services[C/OL]//ASME 2011 Pressure Vessels and Piping Conference. Baltimore, Maryland, USA: ASMEDC, 2011: 819－833[2023－07－02].

[9] NANNINGA N E, LEVY Y S, DREXLER E S, et al. Comparison of hydrogen embrittlement in three pipeline steels in high pressure gaseous hydrogen environments[J/OL]. Corrosion Science, 2012, 59: 1－9.

[10] YU H, DÍAZ A, LU X, et al. Hydrogen embrittlement as a conspicuous material challenge—comprehensive review and future directions[J/OL]. Chemical Reviews, 2024[2024－05－11].

[11] OGAWA Y, TAKAKUWA O, SHIBATA A. Overview of gaseous hydrogen－assisted fatigue crack growth in ferritic iron and steels: Bridging micro and macro[J/OL]. International Journal of Hydrogen Energy, 2025, 102: 1507－1529.

[12] SUN B, ZHAO H, DONG X, et al. Current challenges in the utilization of hydrogen energy—a focused review on the issue of hydrogen－induced damage and embrittlement[J/OL]. Advances in Applied Energy, 2024, 14: 100168.

[13] ZHANG R, LU C, MA K, et al. Modelling of hydrogen distribution at the fatigue crack tip of austenitic stainless steels in internal and external hydrogen tests[J/OL]. International Journal of Hydrogen Energy, 2024, 54: 780－790.

[14] 程玉峰. 高压氢气管道氢脆问题明晰[J]. 油气储运, 2023, 42(1): 1－8.

[15] SLIFKA A J, DREXLER E S, NANNINGA N E, et al. Fatigue crack growth of two pipeline steels in a pressurized hydrogen environment[J/OL]. Corrosion Science, 2014, 78: 313－321.

[16] CAPELLE J, GILGERT J, DMYTRAKH I, et al. The effect of hydrogen concentration on

fracture of pipeline steels in presence of a notch[J/OL]. Engineering Fracture Mechanics,2011,78(2):364－373.

[17] CHENG A,CHEN N Z. Fatigue crack growth modelling for pipeline carbon steels under gaseous hydrogen conditions[J/OL]. International Journal of Fatigue,2017,96:152－161.

[18] NGUYEN T T,BAE K O,JAEYEONG P,et al. Damage associated with interactions between microstructural characteristics and hydrogen/methane gas mixtures of pipeline steels [J/OL]. International Journal of Hydrogen Energy,2022,47(73):31499－31520.

[19] MENG B,GU C,ZHANG L,et al. Hydrogen effects on X80 pipeline steel in high－pressure natural gas/hydrogen mixtures[J/OL]. International Journal of Hydrogen Energy, 2017, 42(11):7404－7412.

[20] SHANG J,CHEN W,ZHENG J,et al. Enhanced hydrogen embrittlement of low－carbon steel to natural gas/hydrogen mixtures[J/OL]. Scripta Materialia,2020,189:67－71.

[21] ZHOU C, HE Y, JIANG J, et al. Hydrogen uptake induced by CO_2 enhances hydrogen embrittlement of iron in hydrogen blended natural gas[J/OL]. Corrosion Science,2022,207:110594.

[22] SHARMA S K,MAHESHWARI S. A review on welding of high strength oil and gas pipeline steels[J/OL]. Journal of Natural Gas Science and Engineering,2017,38:203－217.

[23] NGUYEN T T,HEO H M,PARK J,et al. Stress concentration affecting hydrogen－assisted crack in API X70 pipeline base and weld steel under hydrogen/natural gas mixture[J/OL]. Engineering Failure Analysis,2021,122:105242.

[24] 张体明. 高压煤制气管线X80钢焊接接头的氢致脆化研究[D/OL]. 中国石油大学(华东),2016[2023－02－28].

[25] ZHAO W,YANG M,ZHANG T,et al. Study on hydrogen enrichment in X80 steel spiral welded pipe[J/OL]. Corrosion Science,2018,133:251－260.

[26] ZHAO W, DU T, LI X, et al. Effects of multiple welding thermal cycles on hydrogen permeation parameters of X80 steel[J/OL]. Corrosion Science,2021,192:109797.

[27] AN T,PENG H,BAI P,et al. Influence of hydrogen pressure on fatigue properties of X80 pipeline steel[J/OL]. International Journal of Hydrogen Energy,2017,42(23):15669－15678.

[28] GILGERT J,CAPELLE J,PLUVINAGE G. Hydrogen effect on fatigue and fracture of pipe steels[C/OL]. International Conference on Hydrogen Safety. Hydrogen Knowledge Centre, 2009 [2023－06－02].

[29] DREXLER E S,SLIFKA A J,AMARO R L,et al. Fatigue crack growth rates of API X70 pipeline steel in a pressurized hydrogen gas environment[J/OL]. Fatigue and Fracture of Engineering Materials and Structures,2014,37(5):517－525.

[30] HUA Z,GAO R,XING B,et al. State-of-the-art and knowledge gaps in gaseous hydrogen pipelines:From the perspective of materials, design, and integrity management[J/OL]. Journal of Zhejiang University－SCIENCE A,2025,26(2):87－108.

[31] SAN M C, SOMERDAY B. Technical reference for hydrogen compatibility of materials: SAND2012－7321,1055634[R/OL]. 2012:SAND2012－7321,1055634[2023－04－03].

[32] XU K,RANA M. Technical basis of ASME B31. 12 code case 218:USE of enhanced materials performance factors(Hf and Mf)of 1. 0[C]. 2023.

[33] JULIEN A,SIMON B,TANGUY D B,et al. Global hydrogen review 2022[R]. International Energy Agency,2022.

[34] GALYAS A B,KIS L,TIHANYI L,et al. Effect of hydrogen blending on the energy capacity

of natural gas transmission networks[J]. International Journal of Hydrogen Energy, 2023, 48(39): 14795—14807.

[35] ULLMANN F. Gas quality measurement of gas mixtures containing hydrogen with ultrasonic flow metersexperiences, challenges and perspectives[C]//Proceedings of the IEEE 12th Sensor Array and Multichannel Signal Processing Workshop, 2022:51—55.

[36] BABA K, MIYAGAWA U, WATANABE K, et al. Electrical resistivity changes due to interstitial hydrogen in palladiumrich substitutional alloys[J]. Journal of Materials Science, 1990, 25(9):3910—3916.

[37] LEE E, LEE J M, KOO J H, et al. Hysteresis behavior of electrical resistance in Pd thin films during the process of absorption and desorption of hydrogen gas[J]. International Journal of Hydrogen Energy, 2010, 35(13):6984—6991.

[38] ERDENER B C, SERGI B, GUERRA O J, et al. A review of technical and regulatory limits for hydrogen blending in natural gas pipelines[J]. International Journal of Hydrogen Energy, 2023, 48(14): 5595—5617.

[39] TOPOLSKI K, REZNICEK E P, ERDENER B C, et al. Hydrogen blending into natural gas pipeline infrastructure: Review of the state of technology. technical report No. NREL/TP—5400—81704 [R]. National Renewable Energy Lab, Golden, USA, 2022.

[40] 占生根. 高压氢环境用电阻应变片的研究[D/OL]. 杭州:浙江工业大学,2015[2023—05—29].

[41] 黄淞,薛广珂,惠虎,等. 高压氢环境下储氢容器 4130X 钢力学性能的演化规律研究[J]. 压力容器,2024,41(12):8—15.

[42] 熊耀强,吴平,赵建平. Ⅳ型储氢气瓶内衬材料的氢渗透行为分子动力学模拟[J]. 压力容器,2023,40(7):19—28.

[43] LIU C, PEI Y, CUI Z, et al. Study on the stratification of the blended gas in the pipeline with hydrogen into natural gas [J/OL]. International Journal of Hydrogen Energy, 2023, 48(13):5186—5196.

[44] KONG M, FENG S, XIA Q, et al. Investigation of mixing behavior of hydrogen blended to natural gas in gas network[J/OL]. Sustainability, 2021, 13(8):4255.

作者简介

魏良(2001),男,硕士研究生,研究方向为掺氢天然气/输氢管道,通信地址:310027 浙江省杭州市西湖区浙大路 38 号浙江大学特种装备研究所,E—mail:weiliang@zju.edu.cn。

基于模糊层次分析法的埋地燃气管道风险影响因素及综合评价

吴 祥[1,2,3],程 伟[1,2,3]

(1. 合肥通用机械研究院有限公司,合肥 230031;2. 合肥通用机械研究院特种设备检验站有限公司,合肥 230031;3. 国机特种设备检验有限公司,合肥 230031)

摘 要:燃气管道主要采用埋地敷设的方式,存在第三方破坏、腐蚀与沉降、设备(装置)及人员操作、本质安全质量等20种影响因素,多层次、多种类的因数叠加了管道风险综合评价的难度,模糊层次分析法能够对诸多影响因素等模糊信息做出较为科学、合理的量化评价,解决了燃气管道风险评价的多种不确定性因素影响并作出了总体评价,评价结果与案例分析具有一致性;对于建立了燃气管道的风险评价综合模型,识别出管道风险因数,开展风险评价具有重要的工程意义。

关键词:埋地燃气管道;风险评价;事故案例

Risk influencing factors and comprehensive evaluation of underground gas pipeline based on fuzzy hierarchical analysis method

WU Xiang[1,2,3],CHENG Wei[1,2,3]

(1. Hefei General Machinery Research Institute Co.,Ltd.,Hefei 230031,China;2. Hefei General Mechanical Research Institute Special Equipment Inspection Station Co.,Ltd.,Hefei 230031,China;3. SINOMACH Special Equipment Inspection Co.,Ltd.,Hefei 230031,China)

Abstract: Gas pipeline is mainly laid underground, which is subject to 20 influencing factors, including third－party damage, corrosion and sedimentation, equipment (devices) and personnel operation, and intrinsic safety quality. The multi－level and multi－type factors add to the difficulty of comprehensive pipeline risk assessment. The fuzzy analytic hierarchy process can make a more scientific and reasonable quantitative evaluation of fuzzy information such as many influencing factors, solve the influence of various uncertain factors on the risk assessment of public pipelines and make an overall evaluation. The evaluation result has a good correlation with the verification situation. It is of great engineering significance to establish a comprehensive model of risk assessment of pipelines, identify pipeline risk factors, and carry out risk assessment.

Keywords: underground gas pipeline;risk assessment;accident cases

0 引 言

随着城市化的快速发展,燃气管网密集且主要采用埋地敷设,管网的安全运行是整个城市的生命线,安全形式严峻复杂。2021年6月13日,湖北十堰天然气中压钢管破裂,遇明火发生燃气爆炸重大事故，造成 26 人死亡，138 人受伤[1]。埋地管网存在埋深不足、占压、无明显标识以及人员安全教育不到位都会对管道造成第三方破坏，据不完全统计第三方破坏占中部某城市燃气管网抢维修的 90%及以上，第三方破坏是影响城镇管网安全运行的主要因素之一[2]。因此，在埋地管道风险影响因数的研究方面，存在第三方破坏、腐蚀等 20 种影响管道风险水平的因数，多层次、多种类的影响因数增加了管道风险综合评价的难度。模糊层次分析法是应用模糊数学，对诸多影响因素等模糊信息做出较为科学、合理的量化评价，其优点在于通过精确的数学方法处理模糊信息的评价对象，有利于对多种不确定性因素影响的结果作出总体评价。模糊层次分析法已经在多种风险管理评价中得到应用，且效果良好。杨振林等运用基于层次分析法进行特种设备风险评价体系研究[3]；张珈文运用用层次分析法进行装准备工程风险评价研究[4]；王策等运用层次分析法对石油化工企业安全标准化进行了分析研究与评估[5]。

针对埋地管道风险影响因数的不确定性问题，以燃气管道为研究对象，综合考虑第三方破坏、腐蚀与沉降、设备(装置)及人员操作、本质安全质量等多种影响因数，通过层次分析法确定各个因数的权重，再运用模糊综合评价法对风险因数进行综合评价，建立城市公用管道的风险评价综合模型，识别出管道风险因数，开展风险评价，评价结果与案例统计结果具有一致性。

1　案例分析

1.1　国外天然气管道案例分析

根据 EGIG 统计，2011 年以后欧洲天然气管道总里程超过 14 万公里，2010 年至 2019 年期间欧洲天然气管道共发生事故 184 起，如图 1 所示[6]。

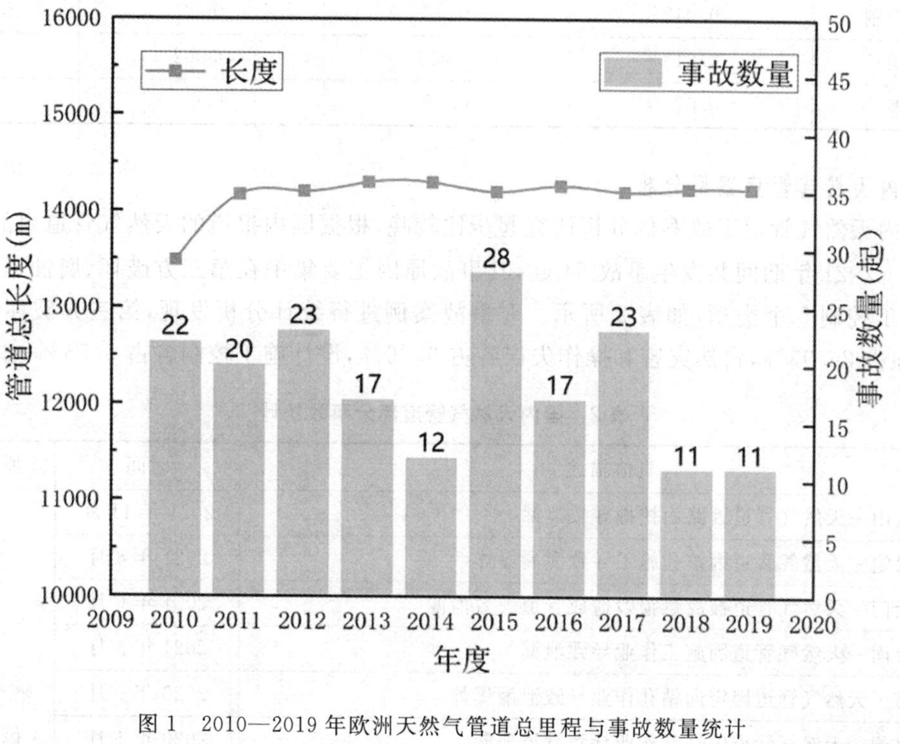

图 1　2010—2019 年欧洲天然气管道总里程与事故数量统计

通过对发生的事故原因进行统计分析，主要有以下 5 种原因：第三方破坏占管道失效的比例最高，占比 40.21%；其次是腐蚀原因，占管道失效的 26.63%；设计施工控制失效占比 15.76%；自然灾害占比 15.76%；操作失误占比 1.64%；如图 2 所示。另外，对不同时间长度上的失效频率进行研究分析，第三方破坏失效频率最高，依次是腐蚀、设计施工控制等，如表 1 所示。

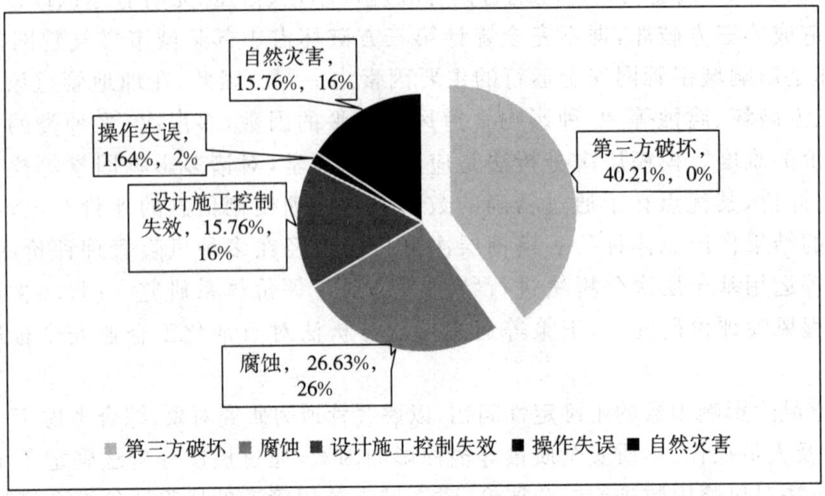

图 2　2010—2019 年欧洲天然气管道事故原因统计

表 1　不同时间长度失效频率统计

事故原因	失效频率(次/10^3km·年)			
	1970－2019	2000－2019	2010－2019	2015－2019
第三方破坏	0.156	0.069	0.052	0.060
腐蚀	0.05	0.033	0.034	0.032
设计施工控制	0.048	0.02	0.02	0.015
操作失误	0.013	0.005	0.002	0.001
自然灾害	0.025	0.02	0.02	0.017

1.2　国内天然气管道案例分析

目前，国内天然气管道事故案例分析研究起步比较晚，根据国内报道的天然气管道事故案例，不完全统计 2010 年～2021 年期间共发生事故 54 起，其事故原因主要集中在第三方破坏、腐蚀、自然灾害、操作失误、设计施工控制 5 个类型，如表 2 所示。对事故案例进行统计分析发现，第三方破坏占管道失效的 50.00%，腐蚀占 25.93%，自然灾害和操作失误各占 9.26%，设计施工控制各占 5.55%，如图 3 所示。

表 2　国内天然气管道部分事故统计

序号	具体描述	时间	原因	数量统计
1	四川乐山一天然气管道因路面挖掘导致泄漏	2021 年 11 月	第三方破坏	27
2	河北保定一天然气管道因扩孔施工导致泄漏爆炸	2021 年 8 月		
3	湖北天门一天然气管道被故意损毁造成管道失效泄漏	2021 年 6 月		
4	安徽淮南一天然气管道因施工作业导致泄漏	2021 年 3 月		
5	珠海市一天然气管道因定向钻孔作业导致泄漏爆炸	2020 年 9 月		
6	广东惠州一天然气管道因钻穿作业导致管道泄漏	2020 年 1 月		
7	贵州贵阳一天然气管道因第三方施工发生泄漏	2019 年 8 月		
8	内蒙古呼和浩特一天然气管道因施工发生泄漏	2019 年 3 月		
9	安徽六安一天然气管道因交叉作业导致管道泄漏	2018 年 12 月		
10	山东省日照一天然气管道因施工机械挖断导致泄漏	2018 年 10 月		

（续表）

序号	具体描述	时间	原因	数量统计
11	贵州晴隆一天然气管道因外界施工导致泄漏燃爆事故	2018 年 6 月		
12	陕西西安一天然气管道因施工不慎导致泄漏	2018 年 3 月		
13	深证福田一天然气阀门被故意破坏导致泄漏事故	2017 年 12 月		
14	吉林松原城市天然气管道因定向钻导致泄漏爆炸	2017 年 7 月		
15	广东东莞一小区天然气管道遭认为破坏导致泄漏	2016 年 12 月		
16	内蒙古包头市一天然气管道因附近易燃物自燃爆炸导致燃爆	2017 年 3 月		
17	西气东输二线中卫段因施工导致管道损伤泄漏	2016 年 7 月		
18	辽宁中石油辽河油田一地下天然气管道遭打孔盗气导致泄漏	2015 年 10 月		
19	昆明一中缅天然气管道因挖机施工造成泄漏事故	2015 年 6 月	第三方破坏	27
20	四川成都一天然气管道因施工不慎导致泄漏	2015 年 4 月		
21	北京通州区一天然气管道因热力施工不慎导致泄漏起火	2014 年 11 月		
22	甘肃兰州一天然气管道因挖掘施工造成泄漏	2014 年 7 月		
23	利津县孤东辛 426 管线遭打孔盗气导致泄漏	2012 年 7 月		
24	山东东营胜利油田天然气销售公司一天然气管道遭打孔盗窃导致泄漏	2011 年 9 月		
25	深圳龙岗一天然气管道因施工造成破裂	2010 年 12 月		
26	大鹏液化天然气外输管道因铁路施工发生泄漏	2010 年 12 月		
27	新疆克拉玛依一天然气管线因打孔盗气引发泄漏爆炸	2010 年 5 月		
28	内蒙古一燃气管道泄漏导致爆炸事故	2021 年 11 月		
29	山东大连一燃气管道因穿越腐蚀导致泄漏爆炸	2021 年 9 月		
30	湖北十堰一天然气管道因腐蚀破裂导致泄漏	2021 年 6 月		
31	江苏徐州一燃气管道因泄漏造成燃爆事故	2021 年 5 月		
32	辽宁大连一管道因焊缝腐蚀涂层失效导致泄漏爆炸	2021 年 1 月		
33	北京顺义一天然气管道法兰垫片腐蚀造成泄漏爆炸	2019 年 12 月		
34	江苏无锡一天然气调压设备失效导致爆炸	2019 年 10 月		
35	上海浦东一燃气管道因法兰设备损坏导致泄漏事故	2018 年 5 月	腐蚀	14
36	浙江杭州一天然气管道因管件腐蚀导致泄漏爆炸	2017 年 7 月		
37	湖北武汉一小区内天然气管道因腐蚀导致泄漏	2017 年 7 月		
38	张家口一家家属楼天然气主管道因腐蚀导致泄漏	2016 年 4 月		
39	江西分宜县一天然气管道因老化发生泄漏	2016 年 3 月		
40	青海西宁一天然气管道因老化导致泄漏	2014 年 12 月		
41	台湾高雄一天然气管道因焊缝老旧腐蚀导致泄漏	2014 年 8 月		
42	贵州黔西南管道因降雨滑坡导致泄漏爆炸	2017 年 7 月		
43	贵州省天然气管道因边坡下陷挤压泄漏燃爆	2017 年 7 月		
44	四川恩施一天然气管道因降雨诱发地质灾害造成泄漏	2016 年 7 月	自然灾害	5
45	湖北恩施一天然气管道因降雨滑坡导致泄漏燃爆	2016 年 7 月		
46	深圳“西气东输”管道因山体滑坡导致泄漏爆炸	2015 年 12 月		

(续表)

序号	具体描述	时间	原因	数量统计
47	河北邯郸一天然气管道因更换阀门操作失误发生泄漏	2021 年 10 月	操作失误	5
48	福建福州一液化气公司因排除残余可燃物失误而爆炸	2021 年 5 月		
49	广西北海一 LNG 管道因阀门误开启导致泄漏	2020 年 11 月		
50	四川成都一天然气管道因维修施工不慎导致泄漏爆炸	2017 年 6 月		
51	河北唐山一天然气管道因维修施工操作不慎引起泄漏爆炸	2014 年 10 月		
52	晴隆县中石油中缅天然气管道因焊接缺陷导致泄漏爆炸	2018 年 6 月	设计施工控制	3
53	上海浦东新区一天然气管道因阀门螺丝损坏导致泄漏	2018 年 5 月		
54	湖北武汉一天然气高压管道因弯头和弯管存在质量缺陷导致泄漏	2017 年 8 月		

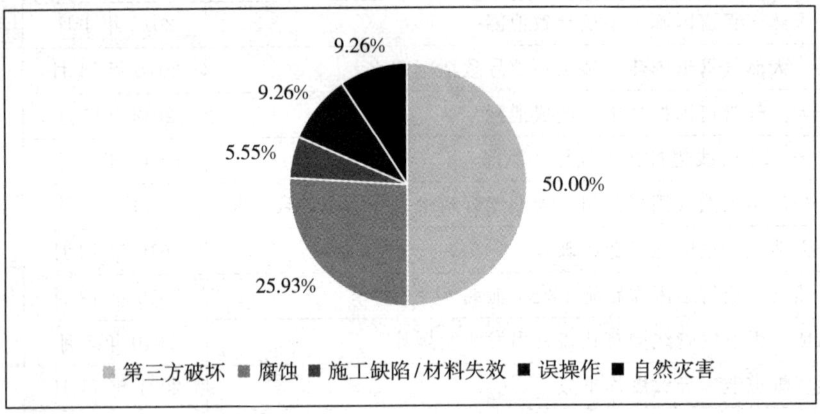

图 3　2010—2021 年国内天然气管道事故原因统计

1.3　埋地燃气管道风险影响因数

埋地管道的失效模式主要是第三方破坏、腐蚀、设计施工控制、自然灾害及操作失误等。为了便于分析，按照相关标准将影响因数划分为第三方破坏、腐蚀、设备(装置)及人员操作和本质安全 4 个一级指标[7]。其中，设计施工控制、自然灾害为本质安全的二级指标，操作失误为设备(装置)及人员操作的二级指标。另外，城市中新建地铁、高楼、高架桥在运行初期会造成地面沉降，导致附近燃气管道受力不均匀，甚至产生应力集中，导致焊缝裂纹。公路主干道车流量大，特别是重型卡车容易导致路面局部沉降甚至坍塌，造成位于主干道路面中间管线局部沉降甚至受损，沉降是影响管道安全的又一主要因素。因此，对上述埋地管道的各影响因素进行分析，得到埋地管道的影响因数的各级指标分析表，该表从从左到右分别为目标层、准测层(一级指标)及因素层(二级指标)，见表 3。

表 3　埋地管道风险影响因数层次分析表

目标层	准则层　一级指标	因数层　二级指标
风险影响因素评价 A	第三方破坏 B1	地面活动水平 C11
		埋深 C12
		地面保护装置及保护措施 C13
		占压 C14
		管道标识 C15
		巡线 C16
		公众教育 C17

（续表）

目标层	准则层　一级指标	因数层　二级指标
风险影响因素评价 A	腐蚀与沉降 B2	介质腐蚀 C21
		土壤环境腐蚀 C22
		防腐设计 C23
		阴极保护系统 C24
		沉降 C25
	设备及人员操作 B3	功能及安全质量 C31
		维护保养 C32
		操作 C33
		人员培训与考核 C34
		安全管理制度 C35
	本质安全 B4	设计施工控制 C41
		检测及评价 C42
		自然灾害及其防范措施 C43

2　埋地燃气管道风险影响因素评价模型

2.1　构建影响因数评价模型

根据表 3 中各层次因数，构建以下各层次矩阵。

准则层因素：

$$B=\{B1,B2,B3,B4\}=\{\text{第三方破坏，腐蚀与沉降，设备及人员操作，本质安全}\}$$

因素层第三方破坏：

$$B1=\{C11,C12,C13,C14,C15,C16,C17\}$$

$$=\{\text{地面活动水平，埋深，地面保护装置及保护措施，占压，管道标识，巡线，公共教育}\}$$

因素层腐蚀与沉降：

$$B2=\{C21,C22,C23,C24,C25\}=\{\text{介质腐蚀，土壤环境腐蚀，防腐设计，阴极保护系统，沉降}\}$$

因素层设备及人员操作：

$$B3=\{C31,C32,C33,C34,C35\}=\{\text{功能及安全质量，维护保养，操作，人员培训与考核，安全管理制度}\}$$

因素层本质安全：

$$B4=\{C41,C42,C43\}=\{\text{设计施工控制，检测与评价，自然灾害及其防范措施}\}$$

2.2　权重的确定

为了能够定量描述任意两个因素重要程度的相对关系，采用九标度赋值对各因素进行衡量，如表 4 所示。通过各元素之间的两两比较构建出判断矩阵 B。

$$B_{mm}=\begin{bmatrix} b11 & \cdots & b1m \\ \vdots & \ddots & \vdots \\ bm1 & \cdots & bmm \end{bmatrix}$$

其中，$b_{ij}\times b_{ji}=1$，$b_{ii}=b_{jj}=1$

$\lambda_{\max}$为矩阵 B 的最大特征值，对应的特征向量 X，则：

$$B_{mm}\cdot X=\lambda_{\max}\cdot X$$

将 X 进行归一化处理后得到权重，$Wi=[w1,w2,\cdots,wm]^T$，Wi 即为各因素在同层次中的相对权重。

表 4　标度赋值与含义

标度分值	含义
1	b_i 与 b_j 同样重要
3	b_i 比 b_j 稍微重要
5	b_i 比 b_j 明显重要
7	b_i 比 b_j 强烈重要
9	b_i 比 b_j 极端重要

注：标度 2、4、6、8 相邻标度的中间值；倒数：b_i 比 b_j 的标度为 a，b_j 比 b_i 的标度为 $1/a$。

在构建判断矩阵时，仅比较相近的两个因数，因此，可能会出现因数 a 比 b 重要，b 比 c 重要，c 又比 a 重要的情况，及矩阵 B 是非一致的，因此需要计算一致性，进行一致性检验。

$$CR=\frac{\lambda_{\max}-n}{(n-1)\times RI}$$

如果 $CR<0.1$，则认为一致性可以接受，否则需要对判断矩阵进行修改。

其中，RI 为平均随机一致性指标，取值见表 5。

表 5　平均随机一致性指标 RI

阶数	1	2	3	4	5	6	7	8	9
RI	0	0	0.58	0.90	1.12	1.24	1.32	1.41	1.45

2.3　模糊综合评价集构建

工业管道风险是由低风险、中风险、中高风险和高风险组成，将公用管道风险评价结果分为低、中、中高及高风险 4 个等级。埋地管道风险等级的划分需要通过大量的实践进行修正完善，GB/T20512 中的评分标准为 100 分，本文在区间[0,100]上进行离散，离散步长越短越精确，为了满足风险水平的划分，评价集 U={低，中，中高，高}={40,60,80,100}。在此基础上，得到总体风险指数，如表 6。

表 6　风险等级评分表

风险等级	估值	说明
低风险区	(0,40]	酌情减少检查保养
中风险区	(40,60]	应进行定期保养及检验
中高风险区	(60,80]	进行在线监测和无损检测(优化检验周期)
高风险区	(80,100)	重点加强管理，进行整改，彻底消除事故隐患

2.4　隶属度矩阵构建

根据所评某段管道的运行情况，采用问卷调查的方式对管理人员、运行维护人员及检验检测人员组成的专家组进行问卷调查，根据评价集中的 4 个等级，给每一个因素集中的评价因素打分。该隶属度矩阵中的元素表示专家在定量和定性基础上对某一评价因素进行分析，得出该因素对失效可能性的影响，

即因素层 bij 因数指标被 n 个专家评为 Up 等级的比例。即

$$r_{ij}=\frac{U_{ij}}{\sum_{s,p=1}^{n}U_{sp}}$$

所以,因素集 B 中任一评价因素 Bi 对评价集 U 中每一等级 Up 隶属度模糊关系矩阵 R:

$$R=\begin{pmatrix} r11 & \cdots & r1j \\ \vdots & \ddots & \vdots \\ ri1 & \cdots & rij \end{pmatrix}$$

2.5 模糊综合评价

建立评价模型,将权重向量 Wi,Wj 和 R 利用模糊算子 $M(\cdot,\oplus)$ 进行运算,模糊算子用ˇ表示,即综合评价关系:

$$DB=\text{Wi}ˇ\text{Wj}ˇR$$

根据埋地管道风险影响因数层次分析表因数层级,建立风险影响因数模糊综合评价流程如图 4。

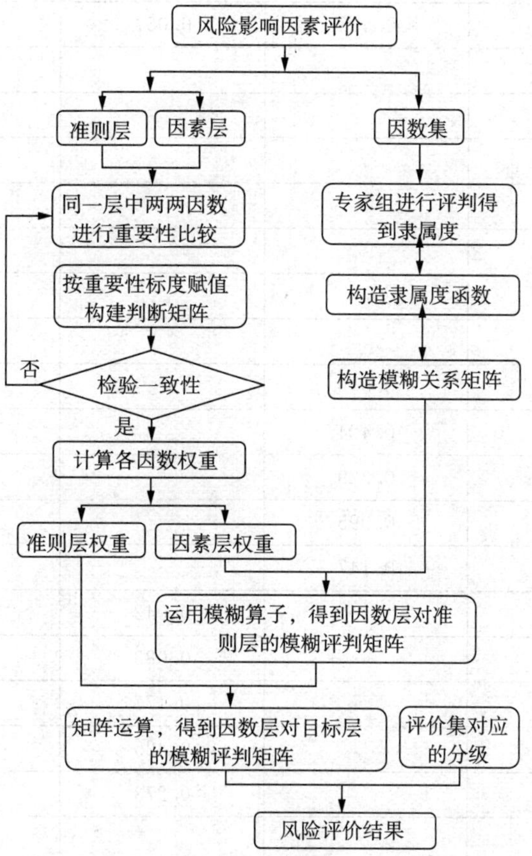

图 4　风险影响因数评价流程

3　风险综合评价

3.1　权重计算

建立城市公用管道各相关因数的重要性标度分值见表 7,通过重要性标度分值建立判断矩阵 B。

表 7　一级指标 A－B 层次分析取值

标度分值	第三方破坏	腐蚀	设备及人员操作	本质安全质量
第三方破坏	1	7	8	9
腐蚀	1/7	1	2	3
设备及人员操作	1/8	1/2	1	2
本质安全质量	1/9	1/3	1/2	1

归一化处理后,得到热力各因数权重 W_i:

$$Wi = [0.703, 0.148, 0.092, 0.057]^T$$

同理,建立二级指标判断矩阵,通过一致性检验,归一化处理后得到各准则层权重,如表 8 所示。

表 8　各准则层权重总表

指标	权重(Wi, Wj)				总权重 WiWj
	B1	B2	B3	B4	
	0.122	0.558	0.057	0.263	
C11	0.158				0.1111
C12	0.304				0.2137
C13	0.153				0.1076
C14	0.240				0.1687
C15	0.030				0.0211
C16	0.046				0.0323
C17	0.069				0.0485
C21		0.045			0.0067
C22		0.484			0.0716
C23		0.229			0.0339
C24		0.095			0.0141
C25		0.147			0.0217
C31			0.042		0.0039
C32			0.083		0.0076
C33			0.177		0.0163
C34			0.425		0.0391
C35			0.273		0.0251
C41				0.539	0.0308
C42				0.297	0.0169
C43				0.164	0.0093

3.2　综合评价

在确定各因数权重的基础上,通过对问卷调查对各因数影响的评价结果,10 位专家对风险影响因数评价集 U 的隶属度计算如表 9 所示。

表 9　隶属度评价表

因素指标集 Up	专家评价结果				隶属度矩阵 R			
	低	中	中高	高	低	中	中高	高
地面活动水平 C11	0	4	6	2	0.00	0.40	0.60	0.20
埋深 C12	0	2	7	1	0.00	0.20	0.70	0.10
地面保护装置及保护措施 C13	0	4	3	3	0.00	0.40	0.30	0.30
占压 C14	0	3	5	2	0.00	0.30	0.50	0.20
管道标识 C15	0	5	3	2	0.00	0.50	0.30	0.20
巡线 C16	0	3	6	1	0.00	0.30	0.60	0.10
公众教育 C17	0	5	4	1	0.00	0.50	0.40	0.10
介质腐蚀 C21	0	6	3	1	0.00	0.60	0.30	0.10
土壤环境腐蚀 C22	0	2	6	2	0.00	0.20	0.60	0.20
防腐设计 C23	0	4	4	2	0.00	0.40	0.40	0.20
阴极保护系统 C24	0	5	2	1	0.00	0.50	0.20	0.10
沉降 C25	0	7	4	1	0.00	0.70	0.40	0.10
功能及安全质量 C31	2	3	3	2	0.20	0.30	0.30	0.20
维护保养 C32	1	4	4	1	0.10	0.40	0.40	0.10
操作 C33	1	3	3	3	0.10	0.30	0.30	0.30
人员培训与考核 C34	1	2	5	2	0.10	0.20	0.50	0.20
安全管理制度 C35	1	3	3	3	0.10	0.30	0.30	0.30
设计施工控制 C41	1	3	4	1	0.10	0.30	0.40	0.10
检测及评价 C42	1	4	4	1	0.10	0.40	0.40	0.10
自然灾害及其防范措施 C43	3	3	2	2	0.30	0.30	0.20	0.20

综合评价关系为：

$$DB=\begin{bmatrix} 0 & 0.289 & 0.538 & 0.173 \\ 0 & 0.365 & 0.454 & 0.181 \\ 0.104 & 0.266 & 0.393 & 0.237 \\ 0.132 & 0.384 & 0.368 & 0.116 \end{bmatrix}$$

该路段埋地管道算例中第三方破坏影响因数占 70.30%，腐蚀影响因数占 14.80%，设备及人员操作因数占 9.20%，本质安全质量占 5.70%；风险计算为：Risk＝WiDBU＝74.58，由表 6 可知，管道处于中高风险区域，风险影响因数中第三方破坏占主导地位。

4　小　结

通过统计国内外天然气管道事故案例，分析事故原因及影响因数，归纳了影响埋地燃气管道风险的主要影响因数为第三方破坏、腐蚀、设备及人员操作及本质安全；建立了埋地燃气管道风险影响因数的综合评价模型，利用模糊层次分析法对评价模型中各因数并进行权重分析，制定了埋地燃气管道风险影响因数的评价方法；运用综合评价模型对埋地燃气管道风险影响因数开展了综合评价，该路段管道综合评价风险值为 74.58，位于中高风险区域，风险影响因数中第三方破坏占主导地位，占 70.30%，为埋地燃气管道风险评价提供了方法。

参考文献

[1] 湖北省应急管理厅．湖北省十堰市张湾区艳湖社区集贸市场"6·13"重大燃气爆炸事故调查报告[R]．武汉：湖北省应急管理厅，2021.

[2] 合肥通用机械研究院特种设备检验站有有限公司．某公司燃气公用管道基于风险的检验(RBI)报告[R]．合肥：2022.

[3] 杨振林，刘金兰．基于层次分析法的特种设备风险评价体系研究[J]．压力容器，2008(09)：28－33.

[4] 张珈闻．基于AHP－云模型的装备工程研制风险评价研究[J/OL]．指挥控制与仿真．https://kns.cnki.net/kcms/detail/32.1759.TJ.20220825.1359.004.html.

[5] 王策，牛建强．基于模糊层次分析法的石油化工企业安全标准化运行机制评估及分析研究[J]．化工安全与环境，2022(34)：6－9.

[6] EGIG. 11th report of the European gas pipeline incident data Group(period 1970－2019)[R]. EGIG：2020.

[7] GB/T27512—2011，埋地钢质管道风险评估方法[S].

[8] GB/T27512—2011，Risk assessment methods for buried steel pipelines[S].

作者简介

吴祥(1986)，男，高级工程师，主要从事承压设备基于风险的检验(RBI)工作，通信地址：230031 安徽省合肥市长江西路888号，E－mail：w200123@163.com。

压缩液化气体应急输转装置的研发及应用

蒋美卿，张风娟，崔敏芬，吴赛波
（浙江金象科技有限公司，浙江 东阳 322100）

摘　要：全球发生的危险化学品运输事故中液罐车事故比例占76％，在我国80％危险化学品使用液罐车通过公路运输，道路运输的压缩液化气体种类多，装载压缩液化气体的罐车、罐式集装箱或者吨瓶在道路运输中可能发生的事故情况相对复杂，有没有侧翻、泄漏、能不能封堵、临时封堵后能不能承压等等，都是事故处置中需要考虑的因素。国内尚未有用于意外情况紧急输转的装置，因此现亟需一款液化气体应急救援装备，以应对不同事故情况下的倒罐需求。依据道路运输中的实际场景进行设计，研制出一套应对事故槽车的不同受损情况的应急输转装置，将压缩机和高压泵进行了有机的整合，通过各种连接件，可以实现在三种不同的模式下运行。

关键词：压缩液化气体；罐车；应急输转装置

Research and application of emergency transmission device for compressed liquefied gas

JIANG Meiqing，ZHANG Fengjuan，CUI Minfen，WU Saibo
（Zhejiang Kin－Shine Technology Co.，Ltd.，Dongyang 322100，China）

Abstract：Liquid tanker accidents account for 76％ of hazardous chemical transportation accidents worldwide. In China，80％ of hazardous chemicals are transported by liquid tanker trucks through road transportation. There are many types of compressed liquefied gases transported by road，and the accidents that may occur in tank trucks，tank containers，or ton bottles loaded with compressed liquefied gases during road transportation are relatively complex. Factors such as overturning，leakage，whether they can be sealed，and whether they can withstand pressure after temporary sealing are all factors that need to be considered in accident disposal. There is currently no device in China for emergency transmission in case of unexpected situations，so there is an urgent need for a liquefied gas emergency rescue equipment to meet the needs of tank dumping in different accident situations. Based on the actual scenarios in road transportation，a set of emergency transmission devices has been developed to deal with different damage situations of accident tankers. The compressor and high－pressure pump are organically integrated and can operate in three different modes through various connectors.

Keywords：compressed liquefied gas；tank car；emergency transmission device

0 引　言

压缩液化气体是指临界温度高于－50 ℃的气体，这类气体再运输过程中，通过加压的方式从气态转变为液态,例如罐车、罐式集装箱、吨瓶中会同时存在两种状态的物质,即液相和气相。常见的压缩液化气体有液化石油气(LPG)、氨、氯气、含碳量不超过4个的烃类、含碳量不超过4个的氟氯烃等等。在我国有95%以上危险化学品涉及异地运输问题,其中有80%是使用液罐车通过公路运输完成的[1]。统计表明,2012年全球发生的危险化学品运输事故中液罐车事故比例占76%[2],液罐车数量多、运输距离长,且受路况、人为等客观因素的影响使其容易发生侧翻、碰撞等交通事故,其中侧翻事故占所有液罐车道路交通事故的75%[3-4]。发生侧翻交通事故时,驾驶员完全失去对车辆的操控,因此危害性非常大,如浙江温岭液化石油气罐车侧翻后爆炸事故[5-7]等,然而多数碰撞、侧翻等事故并未引起罐体泄漏,或造成人员伤亡,只是罐体会发生不同程度的变形损伤。

随着我国石油化工行业的不断发展,危险化学品的运输量也在迅速增加,汽车罐车运输在危险化学品运输中占相当大的比例,其本质安全直接影响着社会公共安全。汽车罐车一旦发生事故,其危害性不可小觑,历年来发生的特大事故,无一不证明了这一点[8]。国家市场监督管理总局印发的《特种设备安全与节能事业发展"十四五"规划》中要求持续开展危化品相关特种设备等安全隐患专项治理,要加强特种设备事故预防、调查处理、统计分析与应急能力建设[9-10]。道路运输的压缩液化气体种类多,装载压缩液化气体的罐车、罐式集装箱或者吨瓶在道路运输中可能发生的事故情况也相对复杂,有没有侧翻、泄漏、能不能封堵、临时封堵后能不能承压等等,都是处置中需要考虑的因素。国内尚未有用于意外情况紧急输转的装置,因此现亟需一款液化气体应急救援装备,以应对不同事故情况下的倒罐需求(在阀门未损坏、具备倒罐条件的情况下)。本套装备是专门针对液化气体转移而设计和研发的,具备专业的技术和功能,能够适应不同类型的危化品罐车和液化气体的转移需求。

1 三种不同的模式

在道路运输事故的处置中,最大的特点就是不确定性。发生事故的罐车是否受损、受损的位置和情况是否可以封堵、封堵完成后能否给事故罐车加压等各种情况,都是不确定。

本文的应急输转装置将压缩机和高压泵进行了有机的整合,并通过各种连接件,可以实现在三种不同的模式下运行。分别是压缩机模式、高压液泵模式和双机模式,用来应对事故罐车的不同受损情况。

压缩机模式适用于罐体状况良好,承压能力没有减弱的情况。此时,如果因为产品的危险性较高不适合排空或者是产品的价值较高原因,使用压缩机模式可以在最少装备的情况下,快速部署,实现气、液相两相的回收。在倒罐第一阶段,罐内液相比例高的时候,用压缩机增压,通过压力差实现无泵倒罐。第二阶段,大部分的液相组分已经转移。将压缩机的出入口对换,收集残余气相组分送入接受罐。压缩机模式适用于罐体结构完好的情况,通过压力差实现无泵倒罐,兼顾液相和气相的回收,尤其适用于高价值或高危介质的处置。

高压液泵模式适用于因为事故或其他原因而无法增压的罐车。直接使用液体泵连接两辆罐车的液相阀,可以把大部分的产品转移到接收罐车,快速降低现场的风险。但是单独的高压液泵模式会有罐底液相和气相的残留。高压液泵模式可在罐体无法增压时快速转移液相,降低现场风险,但需结合后续处理以解决残余气相问题。

如果事故涉及到有毒害性或者燃爆风险较大的产品,但是又无法增压的罐车,则可以使用高压液泵和压缩机配合的双机模式。先用液泵转移大部分的产品,液相倒罐完成后再用压缩机从事故罐中收集残余气相。这样在保证事故罐安全稳定的前提下,将现场的风险和残余产品降到最低。双机模式则针对高风险介质(如剧毒、易燃易爆物质)和罐体受损情况,先以液泵转移液相,再以压缩机回收气相,确保事故罐安全稳定,最大限度减少残留和次生灾害。

3种模式的具体选择流程如图1所示。

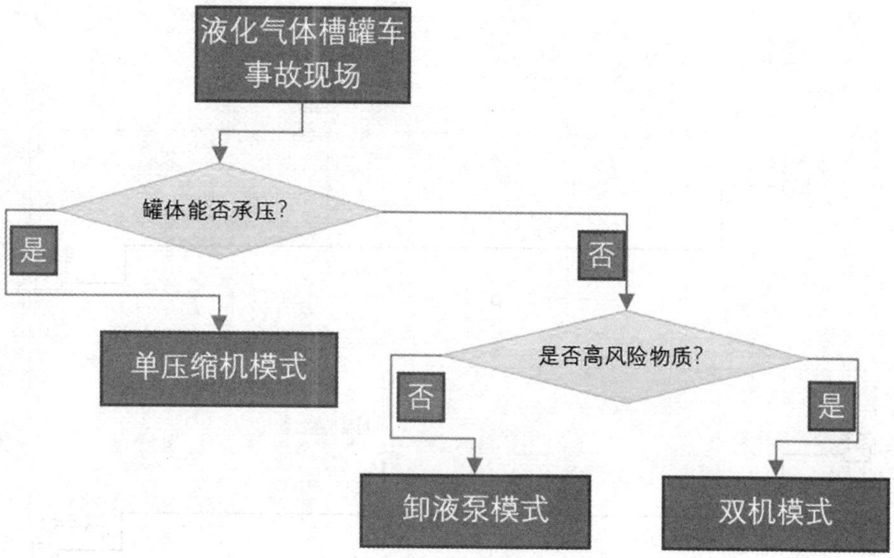

图1　3种模式流程

1.1　单压缩机模式

当事故罐车处于正常停泊状态;罐没有侧翻、倾斜,或倾斜角度不大,不会使罐车气/液相口倒转,且罐体状况良好,承压能力没有减弱的情况下使用单压缩机模式进行输转。

在倒罐第(一)阶段,罐内液相比例高的时候,用压缩机对事故罐车进行增压,使事故罐车压力大于救援罐车压力,通过压力差把事故罐车液体经过液相管到救援罐车实现无泵倒罐。增压过程中严格控制压力,避免超过罐车的安全压力范围,如图2所示。

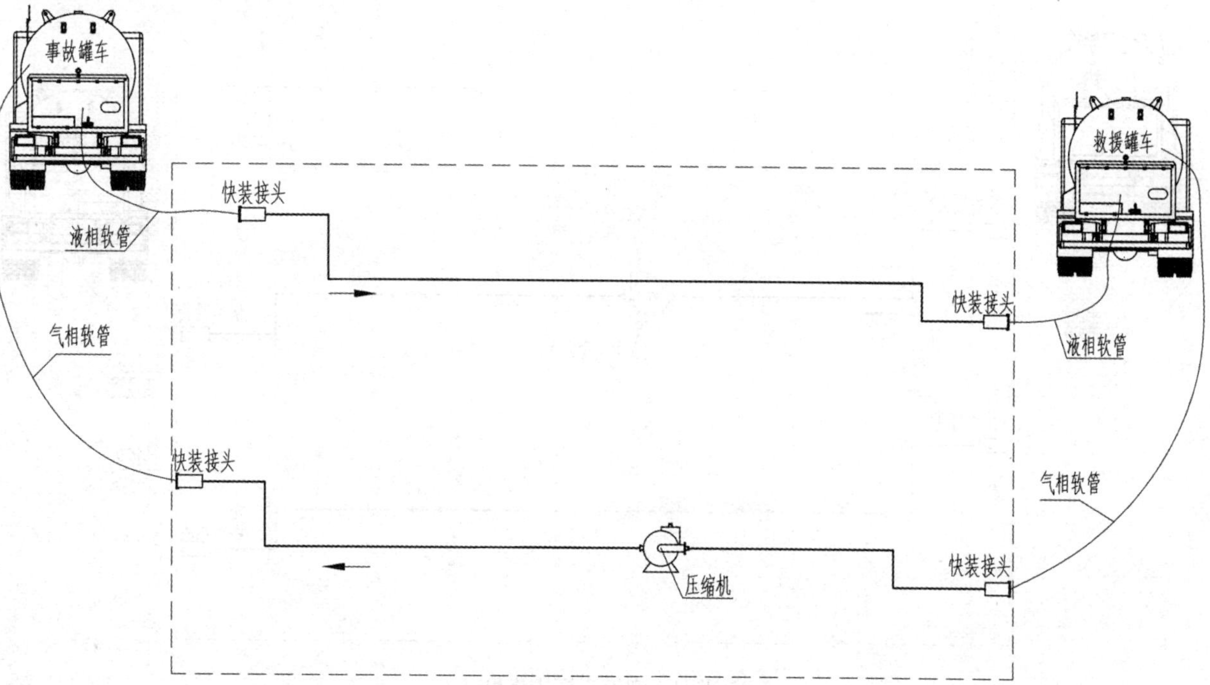

图2　压缩机增压,无泵倒罐

第(二)阶段,大部分的液相组分已经转移。通过切换压缩机四通阀手柄,收集残余气相组分送入救援罐车,如图3所示。

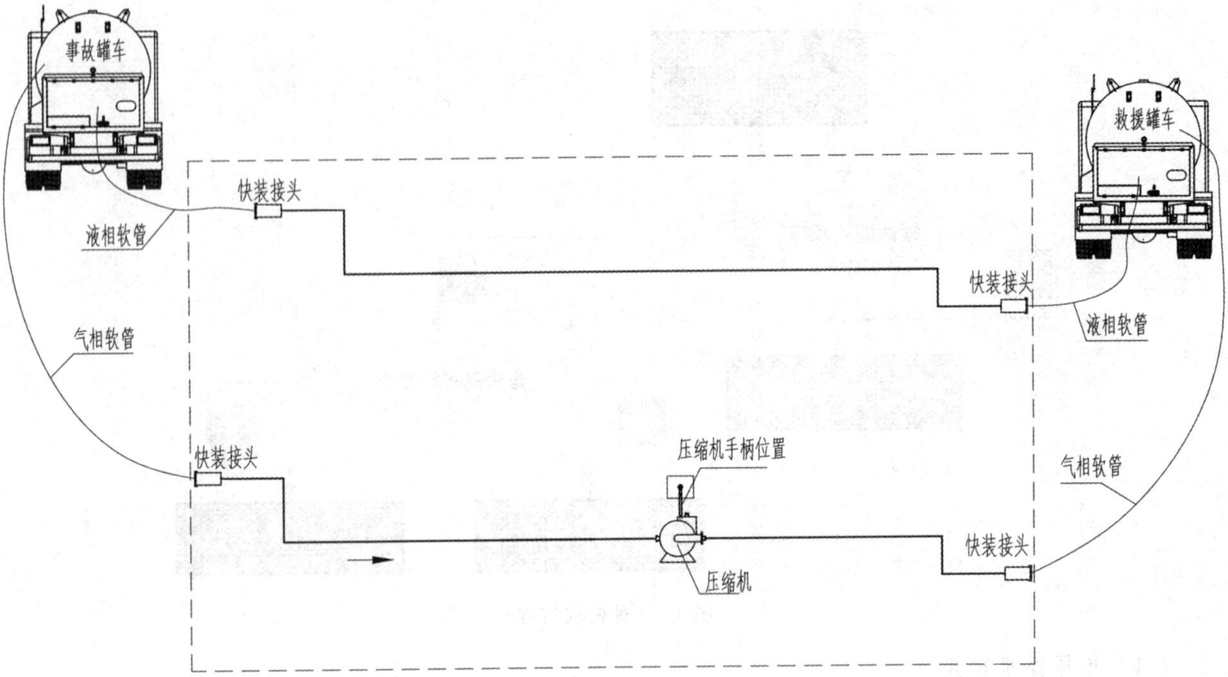

图 3　回收残余气相组分

1.2　卸液泵模式

卸液泵模式适用于因为事故或其他原因而无法增压的罐车。直接使用卸液泵连接两辆罐车的液相阀,可以把大部分的产品转移到救援罐车,快速降低现场的风险。但是单独的卸液泵模式会有罐底液相和气相的残留(适用于风险程度较低的产品),如图 4 所示。

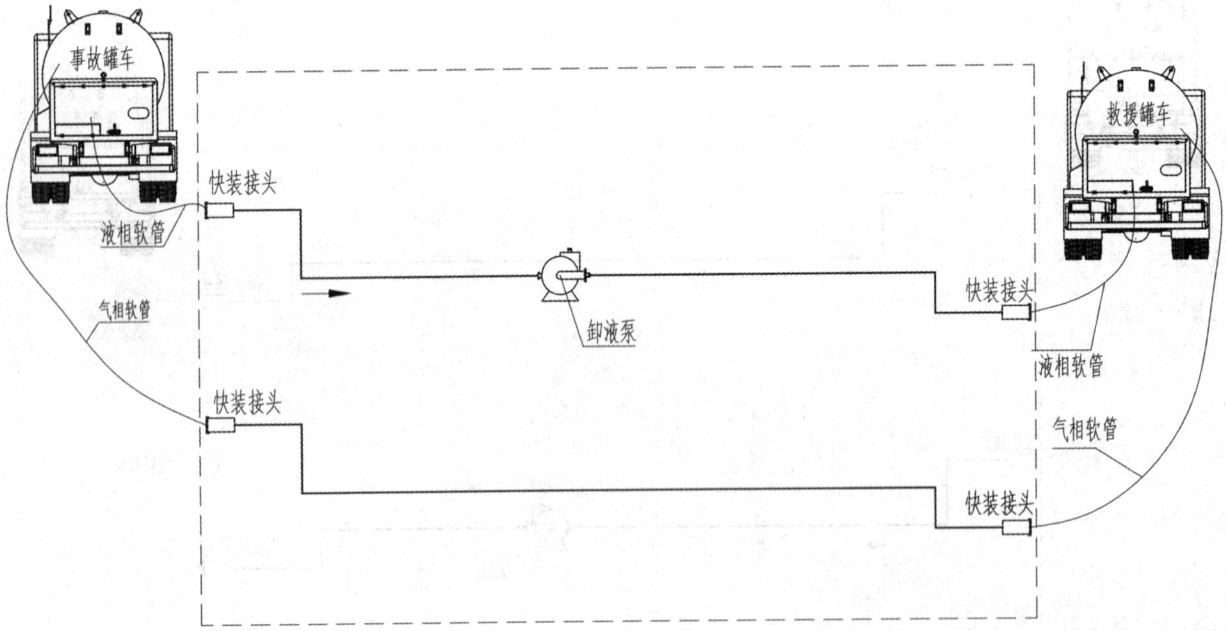

图 4　卸液泵模式流程

1.3　双机模式

当事故罐车处于侧翻或倾斜,其倾斜角度大,使罐车气/液相口倒转,承压能力减弱的情况下使用双机模式进行输转。

当事故涉及到有毒害性或者燃爆风险较大的产品，但是又无法增压的罐车，也可以使用卸液泵和压缩机配合的双机模式。

先用卸液泵转移大部分的产品，如图 5 所示。

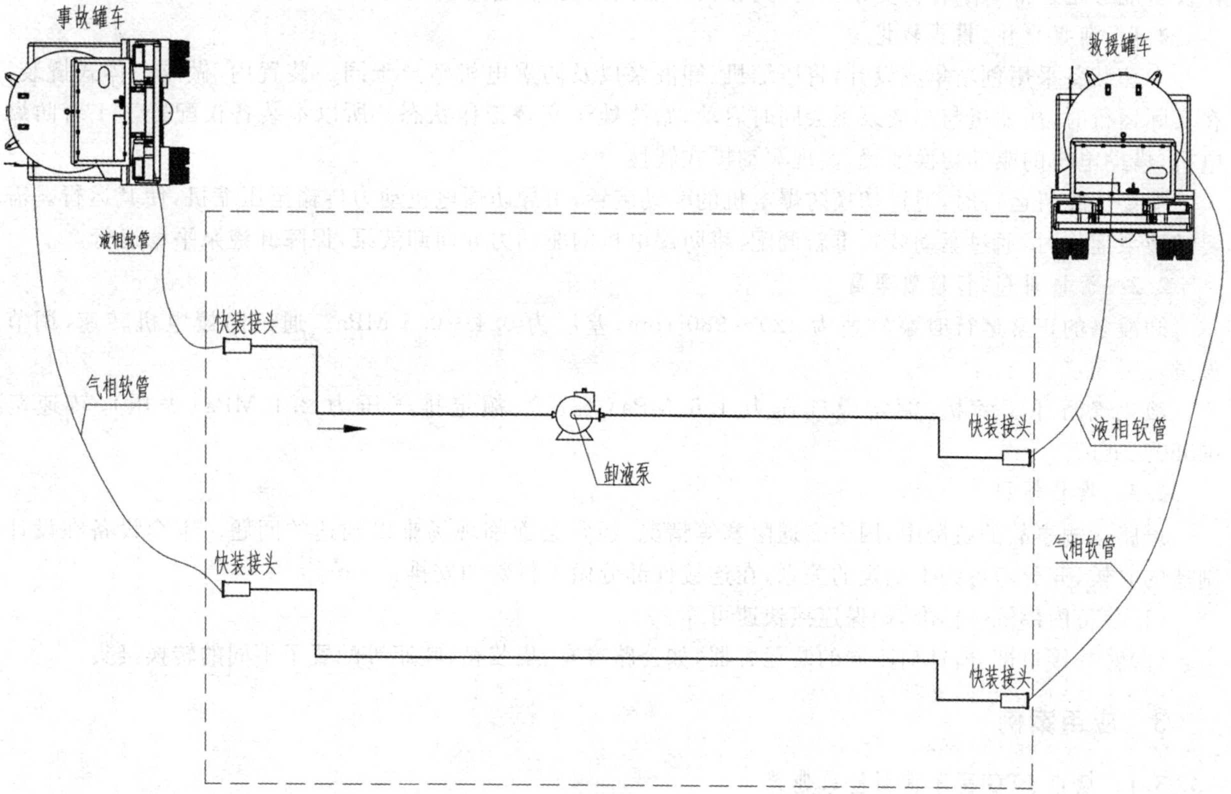

图 5　卸液泵模式流程

液相倒罐完成后再用压缩机从事故罐中收集残余气相，如图 6 所示。

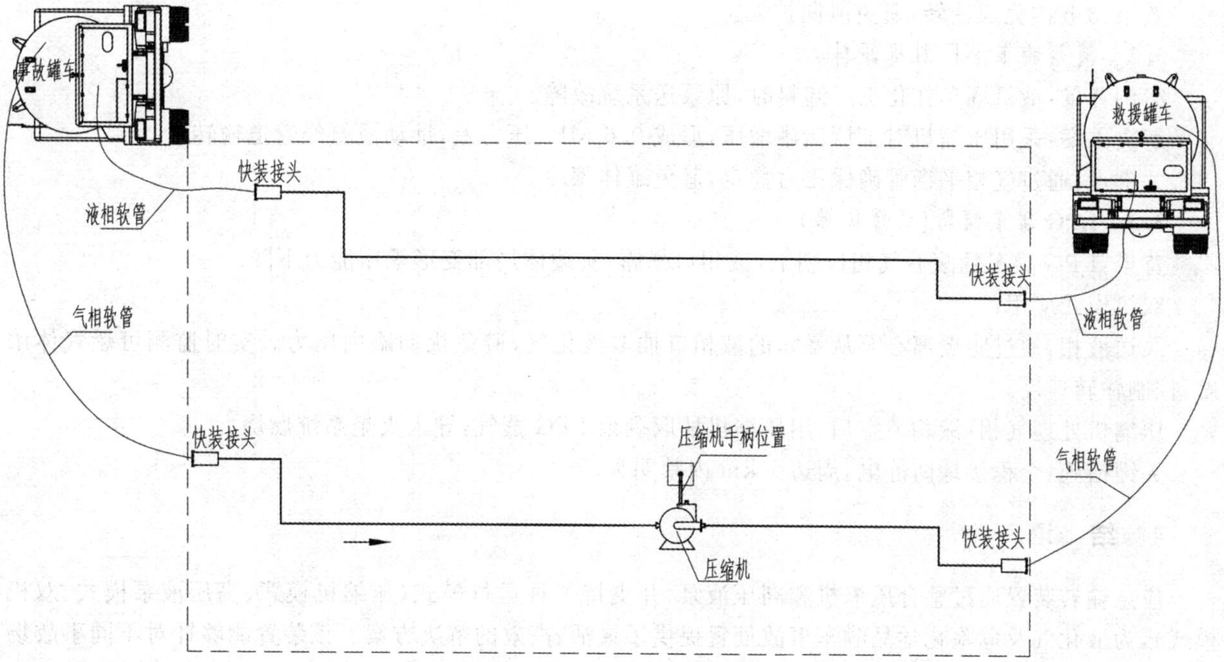

图 6　压缩机模式流程

2 安全要求

本套设备将压缩机、卸液泵、防爆电机、卷管器、仪表等核心组件有机整合，设计成一体式撬装结构。使设备能够迅速部署于各类复杂工况，为相关作业提供高效、稳定的支持。

2.1 防爆设计、模式转化

本套装备采用创新集成设计，将压缩机、卸液泵以及防爆电机整合于同一装置内，做成一体式撬装。在实际运行时，压缩机与卸液泵不会同时启动，始终处于交替工作状态。所以本装备仅配置了1台防爆电机，借助电机的驱动切换装置，实现驱动模式转换。

需要压缩机运行时，通过切换防爆电机的驱动装置，引导防爆电机动力传输至压缩机，使其运行。需要卸液泵运作时，通过驱动装置重新调配，将防爆电机的驱动力导向卸液泵，保障卸液泵平稳运行。

2.2 流量可控、传输效率高

卸液泵的正常运行时泵转速为420～980 rpm，差压为0.4～0.5 MPa。通过防爆电机转速，调节流量。

液化气循环压缩机，额定吸气压力1.6 MPa(表压)、额定排气压力2.4 MPa(表压)、转速范围550 r/min。

2.3 操作便利

道路运输事故的救援中，因为交通阻塞等情况，经常会面临现场难以到达的问题。本套设备在设计制造的时候，充分考虑到不确定的关系，在连接件部分做了特殊的安排：

(1)装备内部统一标准，确保连接快速可靠。

(2)对外接口部分，针对不同的装运容器，如公路罐车、集装箱、吨瓶等配置了不同的转换接头。

3 应用案例

3.1 城市LPG罐车泄漏应急处理

案例背景：某城市LPG(液化石油气)罐车因阀门损坏发生泄漏，罐体未倾斜且承压正常。

操作过程：通过压缩机对目标空罐增压，使压力高于事故罐(如目标罐加压至0.8 MPa，事故罐维持0.5 MPa)。利用压差将液相LPG经气相管道虹吸输转(因液相口未浸没时，气相管可抽取液相)。

效果：3 h内完成输转，避免泄漏扩大。

3.2 液氨罐车工厂对接卸料

案例背景：液氨罐车在化工厂卸料时，原泵送系统故障。

解决方案：采用压缩机对工厂储罐增压，形成0.6 MPa压力差，推动液氨经管道输转。

关键点：通过气相平衡管确保压力稳定，避免罐体骤冷。

3.3 LPG罐车倾覆(燃爆风险)

背景：LPG罐车翻滚后气相口朝下，液相口暴露，且罐体局部变形承压能力下降。

双机模式应用：

泵送液相：通过防爆离心泵从暴露的液相口抽取液化气，避免扰动罐内压力。实时监测可燃气体浓度，控制输转速度。

压缩机处理气相：液相清空后，用压缩机抽取剩余LPG蒸气，导入火炬系统燃烧。

关键措施：全程接地防静电，周边1 km内禁明火。

4 结语

应急输转装置通过整合压缩机和高压液泵，并支持三种运行模式(压缩机模式、高压液泵模式、双机模式)，为液化气及危险化学品罐车事故处置提供了灵活、高效的解决方案。该装置能够针对不同事故场景(如罐体完好、承压能力下降、严重倾斜或泄漏风险高等情况)采取最优输转策略，显著提升应急处置的安全性和效率。

未来，随着智能化监测技术和模块化装备的发展，应急输转装置可进一步优化自动化控制、远程操作和实时数据反馈功能，以适应更复杂的灾害环境。同时，加强行业标准制定和应急救援人员培训，将有助于该技术的推广和应用，为危险化学品运输安全提供更可靠的保障。

参考文献

[1] 尹洧，周小凡，李文洁．危险化学品运输的风险与对策[J]．安全，2016，37(4)：4－6.

[2] 卢均臣，王延平，袁纪武，等．2012 年全球危险化学品运输事故统计分析[J]．安全、健康和环境，2013，13(9)：7－100.

[3] ROMERO J A，RAMÍREZ O，FORTANELL J M，et al. Analysis of lateral sloshing forces within road containers with high fill levels[J]. Journal of Automobile Engineering，2006，220(3)：303－312.

[4] 闫利勇，陈永光．危险化学品公路运输事故新特点及对策研究[J]．国安全生产科学技术，2010，6(4)：65－70.

[5] 侯淑雅，王智，栾笑阳，等．浙江温岭槽罐车爆炸事故分析[J]．南京工业大学学报(自然科学版)，2021，43(2)：144－149.

[6] 岳承军，陈力，李展，等．温岭“6·13”液化石油气槽罐车爆炸事故灾害效应分析[J]．防灾减灾工程学报，2021，41(5)：928－935.

[7] 栗健，谭粤，郭世民，等．防波板对液氢罐式集装箱罐体结构强度的影响[J]．压力容器，2024，41(5)：58－66，79.

[8] 周伟明，曹广滨，肖学文，等．液化气体汽车罐车安全附件失效模式分析及结构优化[J]．压力容器，2020，37(1)：62－67.

[9] 张应龙，赵吉鹏，李俊琛，等，液罐车罐体局部碰撞变形数值分析[J]．压力容器，2023，40(11)：39－46.

[10] 冯赫驿，邓贵德，徐晓东，等．汽车罐车的罐体碰撞安全性影响因素研究[J]．中国特种设备安全，2025，41(1)：16－22.

作者简介

蒋美卿(1974)，女，高级工程师，主要从事压力容器设计工作，通信地址：322100 浙江省金华市东阳市东阳经济开发区长松岗功能区广福东街 1199 号浙江金象科技有限公司，E－mail：jmq@kin－shine. com. cn。

通讯作者：吴赛波(1996)，男，工程师，主要从事压力容器和焊接气瓶的设计工作，通信地址：322100 浙江省金华市东阳市东阳经济开发区长松岗功能区广福东街 1199 号浙江金象科技有限公司，E－mail：wsb@kin－shine. com. cn。

基于大语言模型的塔式光热系统失效知识图谱构建及应用

李秀峰[1,2],邹　萌[3],刘小炜[3],龚雪茹[1,2],谢国山[1,2],李涌泉[1,2],武　玮[3]

(1. 中国特种设备检测研究院,北京　100029;
2. 国家市场监管技术创新中心(炼油与化工装备风险防控),北京　100029;
3. 西北大学化工学院,西安　710069)

摘　要:在经济全球化和能源转型背景下,塔式光热发电技术因其大容量储能和稳定发电成为清洁能源发展的支柱,但其关键设备在高温、大温差、频繁启停工况下易发生失效,严重影响系统安全。本研究提出了一种基于知识图谱的塔式光热设备安全分析方法,首先通过构建以光热设备组件、损伤模式、故障因果链、事故后果、应急处理措施、预防措施六大关键部分为核心的各本体层。利用大语言模型从多源异构数据中提取各本体层的实体,并抽取各本体层中的实体与实体之间的关系与属性。通过将三元组转化为Neo4j可识别的Cypher语言,构建知识图谱,最终实现失效模式及后果内在关系的可视化呈现。最后,本研究以塔式光热系统失效及后果知识图谱为依托,尝试构建以开源大模型为基础的知识查询、智能问答对话框架,研究结果可为光热新系统的维护和运行提供科学的决策支持。

关键词:塔式光热系统;知识图谱;安全分析;自然语言处理技术;大语言模型

Construction andapplication of a failure knowledge graph for tower solar thermal system based on large language model

LI Xiufeng[1,2],ZOU Meng[3],LIU Xiaowei[3],GONG Xueru[1,2],XIE Guoshan[1,2],LI Yongquan[1,2],WU Wei[3]

(1. China Special Equipment Inspection and Research Institute,Beijing 100029,China;
2. Technology Innovation Center of Risk Prevention and Control of Refining and Chemical Equipment for State Market Regulation,Beijing 100029,China;3. School of Chemical Engineering,Northwest University,Xi'an 710069,China)

Abstract:In the context of economic globalization and energy transition,tower solar thermal power generation technology has become a cornerstone of clean energy development due to its large - scale energy storage capacity and stable power generation. However,key equipment is susceptible to failure under high - temperature and high - pressure conditions, posing risks to system safety. This study proposes a knowledge graph - based safety analysis method for tower solar thermal systems. First, ontology layers are constructed around six key components: solar thermal equipment parts, emergency response measures, damage modes, fault causality chains, accident consequences, and preventive measures. Then,large language models are used to extract entities from multi - source heterogeneous data and identify relationships and attributes among entities within each ontology layer. By converting triples into Cypher language recognizable by Neo4j,a knowledge graph is constructed to visualize the intrinsic relationships among damage modes. Finally,based on the failure and consequence knowledge graph of the tower solar thermal system, this study builds a knowledge query and intelligent question-answering system using the open-source large language model. This system can help identify root causes and generate preventive strategies. The results provide more scientific decision support for the maintenance and operation of emerging solar thermal systems.

Keywords: tower solar thermal system; knowledge graph; safety analysis; natural language processing(NLP); large language model(LLM)

0 引 言

光热发电(也称为“太阳能热发电”)是将太阳能转换为热能,通过热功转换过程实现发电的系统技术[1]。光热发电技术根据集热方式的不同,分为槽式、蝶式、线性菲涅尔式和塔式四种发电技术[2]。其中,塔式与槽式光热发电技术已实现规模化商业应用,但塔式光热发电技术凭借储热能力大、发电效率高、热损耗小等特点而受到了重点关注[3]。塔式光热系统因高温、大温差、频繁启停的复杂工况,其关键设备在长期运行中易因材料疲劳、熔盐腐蚀泄漏或储热系统故障等而引发安全事故[4]。这不仅影响了塔式光热系统的正常运行,对工人生命安全也造成了极大威胁,然而目前相关标准中针对系统过程安全考虑较少。因此,迫切需要提升我国塔式光热系统安全事故应急管理和降低风险的能力,从而最大程度地提升设备可用率并且降低运维成本。

为了有效应对塔式光热系统关键设备失效带来的挑战,国内外已经制定了一些预防措施。这些预防措施通常包含关键设备优化与维护、材料与防护技术创新、环境适应性措施以及应急响应与人员培训等多个方面。此外,随着科技进步和社会发展,预防措施也需要不断地更新和优化,以适应新的形势和技术要求。然而,在互联网技术迅速发展的背景下,针对光热系统关键设备失效的相关数据,其种类不断丰富、数量持续增加,这对处理复杂异构数据、进行语义推理以及实现智能优化的能力提出了更高的要求。因此,如何从海量数据中高效抽取有效知识,并基于此构建支持语义推理与模糊查询的智能服务系统,成为现今时代研究的一项重要课题。

知识图谱是一种图结构的知识管理模型,可以实现对海量数据进行表征和管理。知识图谱的基本结构为三元组(s,p,o),其中s、p、o分别表示主语、谓语和宾语,建立起实体、关系和属性之间的关联[5]。依托知识图谱在领域知识存储、推理和整合的优势,从企业技术文档、学术文献、国家标准规范及电站运行日志等多源异构数据中抽取塔式光热系统失效领域关键知识,再利用知识图谱技术将相关领域抽取的知识进行图结构化,从而提高系统事故失效应对效率,促进预防措施结构化、数字化、智能化发展。在塔式光热系统失效预防措施领域里,知识图谱的构建需要提取实体、属性和关系三类关键信息,通过相互关联的信息形成网状结构。然而,在实际的提取过程中,数据来源多样、数据领域受限、数据数量太多,限制了传统自然语言方法对三元组的提取,从而制约了知识图谱的运用。

大语言模型是一种基于深度学习的人工智能模型,专门设计用于处理和生成自然语言[6]。大语言模型首先对海量文本数据进预训练从而获得强大的语义理解和生成能力,再通过学习相关领域的大量文本来提取实体和关系。与传统的人工标注信息抽取方法相比,大语言模型可以更快速、更准确、更便利地处理复杂语境下的语言表达,提升了知识图谱的构建效率。近年来,基于大语言模型的知识图谱自动构建研究日益广泛。有研究依赖大语言模型使得三元组准确率极大提高,优化了知识图谱的构建效率[7]。有研究提出了一种大语言模型辅助的知识图谱渐进式错误修复方法,解决了知识图谱错误检测以及修正的问题,显著提升了知识图谱的推理能力[8]。因此,大语言模型在信息抽取方面展现出强大的整合、学习和表达能力,使得大语言模型可以通过少量文本的示例学习快速适应不同信息并完成抽取任务。

本研究提出基于大语言模型的塔式光热设备失效知识图谱的构建方法。利用大语言模型技术可以提取光热系统安全服役领域大量数据中的实体和关系,从而能够更好地构建塔式光热系统失效及后果知识图谱。

1 塔式光热系统失效及后果知识图谱构建

1.1 知识图谱构建流程

设备失效及后果知识图谱构建流程如图1所示。知识图谱的构建首先涉及本体层的构建，通过企业技术文档、学术文献、国家标准规范及电站运行日志等多源异构数据来定义塔式光热系统中的相关实体类别与逻辑关系。数据层方面，首先对文本进行预处理，利用DeepSeek大语言模型技术结合领域专家筛选的模式提取文本提取知识图谱数据层。最终梳理得到以光热设备核心设备及其组件、损伤模式、故障因果链、事故后果、应急处理为核心的知识体系。

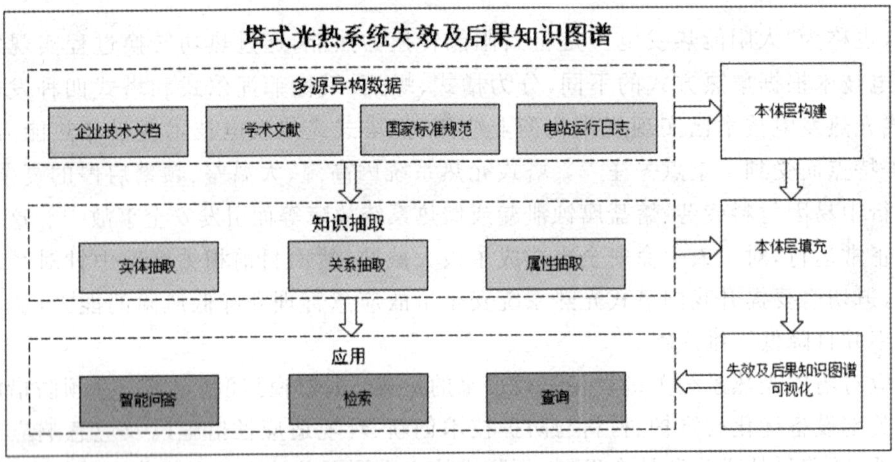

图1 失效及后果知识图谱构建流程

1.2 知识图谱本体层构建

本文采用自顶向下结合自底向上的方法构建塔式光热系统失效及后果知识图谱本体层[9]。本体层的架构如图2，本文构建了塔式光热关键设备及其组件本体、预防措施本体、损伤模式本体、故障因果链本体、事故后果本体、应急处理本体6类核心要素的系统失效及后果本体，确定了各本体之间的关系，进而确定各本体与属性的关联关系，实现自顶向下构建知识图谱模式层。知识图谱中本体和对应属性见表1。

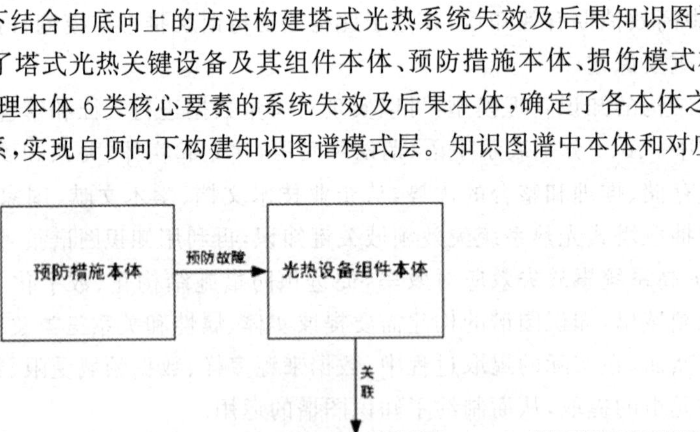

图2 光热系统失效及后果知识图谱本体设计

表 1　光热系统失效及后果知识图谱本体及对应属性

概念	对应实体举例
光热设备组件	塔式吸热器、高温熔盐罐、低温熔盐罐、熔盐泵、缓冲罐、换热器、汽轮机等
应急处理	熔盐泵紧急停机、汽轮机紧急停机、疏盐管路排空、熔盐管道伴热启动、紧急散焦等
故障因果链	高温(>450℃)→蠕变损伤→爆管、高温→熔盐过热→管道破裂、温度骤降→熔盐凝固→管道冻堵等
损伤模式	热机械疲劳、熔盐腐蚀、腐蚀疲劳、材质劣化、冲蚀等
预防措施	超声波探伤、壁厚测量、蠕变测量、电伴热系统周期性检查、维护保养、防护层设计等
事故后果	人员伤亡、吸热器爆管、压力容器爆炸、塔体结构烧损、熔盐泄漏等

1.3　基于大语言模型的数据层构建

塔式光热失效及后果知识图谱数据层构建在本体层六维模型的概念框架指导下，从相关标准规范以及领域事故案例数据源中提取、融合复杂的实体、属性及关系，并将其以"实体－关系－实体""实体－属性－属性值"的三元组形式存储到图数据库中[10]。本文利用预训练的大语言模型(如 Chat－gpt4o、DeepSeek 等)对预处理后的文本进行自动化实体识别和关系抽取。首先将源文件进行格式规范化、噪音过滤和分词处理，并设计了提示(Prompt)以提高信息提取的准确性。以下是基于 Prompt 进行的实体和关系信息抽取部分示例。表 2 是本体层关联规则。

1.3.1　实体信息抽取提示词

{提取要求}:1 拒绝识别非塔式光热系统相关实体(如光伏板、风力机)。2 必须标注参数单位(缺失时添加[单位待确认]标记)。3 对复合实体进行拆分:"吸热器出口集箱管焊缝"→[吸热器出口集箱]、[管焊缝]。请从以下文本中识别以下 6 类实体，并严格按照示例格式输出:(1)预防措施本体;(2)光热设备组件本体。3. 应急处理本体。4 故障因果链本体。5 损伤模式本体。6 事故后果本体。

输出示例:

1 光热设备组件:核心设备有吸热器管束、熔盐储罐、定日镜阵列、蒸汽发生器;部件属性有必须标注材料(如 Inconel 625 镍基合金)、温度参数(设计温度 565℃)、压力参数(工作压力 4.2MPa)。

2 损伤模式:机械损伤有蠕变断裂、疲劳裂纹、冲蚀磨损;化学损伤有熔盐腐蚀、高温氧化、应力腐蚀开裂等。

3 故障因果链:结构为初始事件→中间事件→顶事件(必须含时间序列标记)。

4 事故后果:量化指标有停机时长(72 小时)、经济损失(700 万元)、安全响(人员三级烧伤)等。

5 预防措施:技术措施有在线监测系统(如红外热像仪实时监控);管理措施有运维规程(如每季度镜面清洁规程)等。

6 应急处理:动作类型有紧急停机、熔盐排空、消防联动;资源需求有应急冷却水源、备用电源容量等。

1.3.2　关系信息抽取提示词

{提取要求}:严格按照实体内容提取以下两类关系:跨本体层关系:六大本体层之间实体的关联关系;本体层内部关系:同一本体层内实体的层级或功能关联。输出格式为三元组:(实体 1,关系,实体 2)。

关系类型定义

1 导致/引发(因果链):示例:高温(触发条件)→导致→蠕变损伤(主蒸汽管道)

2 预防/缓解(措施与风险):示例:蠕变测量(预防措施)→预防→高温→蠕变损伤→爆管(故障链)

3 属于/组成(设备层级):示例:熔盐泵密封件→属于→熔盐泵

4 触发响应(应急措施与事件):示例:熔盐泄漏→触发→疏盐管路排空(应急处理)

5 引发后果(故障与事故):示例:吸热器爆管→引发→人员伤亡(事故后果)

6 检测/监测(设备与措施):示例:红外相机→监测→熔盐吸热器温度异常

7 关联损伤模式(故障与损伤):示例:熔盐腐蚀→关联→熔盐管道内壁减薄(损伤模式)

8 依赖/控制(系统与设备):示例:DCS 系统软件→控制→调节回路

表 2 知识图谱本体层关联规则

实体所属本体层	关系类型	实体 2 所属本体层
光热设备组件本体	属于/组成	光热设备组件本体
预防措施本体	预防/缓解	故障因果链本体
应急处理本体	触发响应	故障因果链本体
损伤模式本体	引发后果	事故后果本体
故障因果链本体	导致/引发	事故后果本体
监测仪表	检测/监测	损伤模式本体

经过上述步骤,消除无关组件与繁杂内容后,最终提取出 541 个三元组,323 个塔式光热失效与后果实体,627 条塔式光热失效与后果实体之间的关系,并存储到 Excel 格式中。

1.4 知识图谱可视化

Neo4j 是一种领先的图数据库系统[11],专门用于存储和查询图结构数据。与传统的关系型数据库不同,Neo4j 采用基于图的数据模型,将数据视为由节点(Node)、关系(Relationship)以及属性(Property)组成的结构,从而能够高效地处理高度互联的数据。在得到塔式光热失效与后果实体与关系后,基于 PyCharm 开发平台将 Excel 格式的三元组数据集转换为符合 Neo4j 图数据库规范的 Cypher 查询语句,完成数据格式标准化转换;最终在 Neo4j 环境中建立分层知识图谱(如图 3)。其中,图 3(a)中可见吸热器的损伤模式包涵热冲击、熔盐腐蚀等;图 3(b)中可见塔式光热关键设备及组件有管道系统、高温熔盐罐等;图 3(c)中可见预防措施包括调节阀门、定期检查等;图 3(d)中可见故障因果链如高温→蒸汽参数异常→轴向位移增大等;图 3(e)中可见事故后果涵盖换热器堵塞、发生爆炸等;图 3(f)中可见设备因素有结构设计问题、焊接不当等。

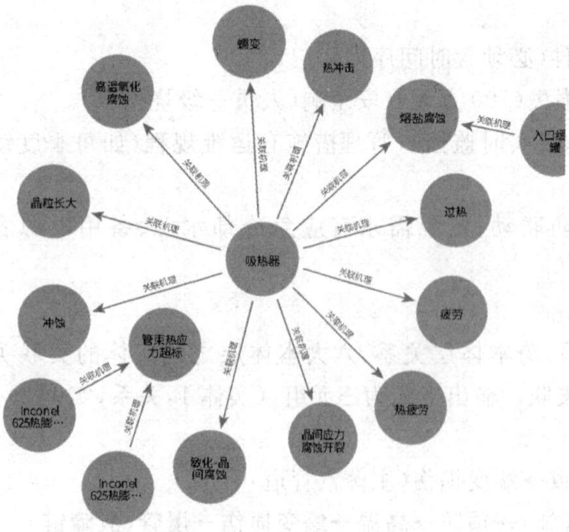

(a) 损伤模式

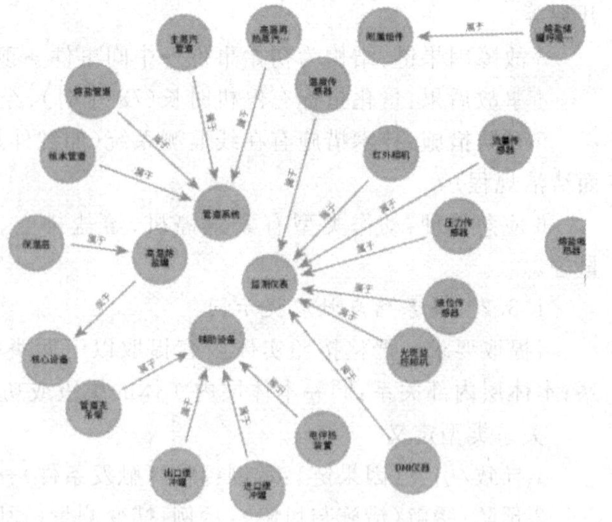

(b) 塔式光热关键设备及其组件

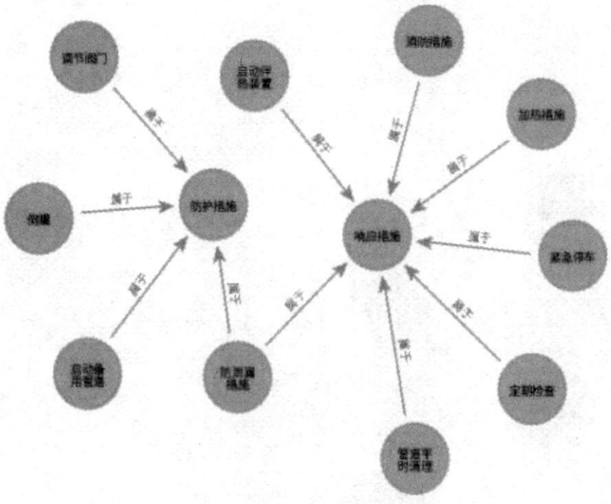

（c）预防措施

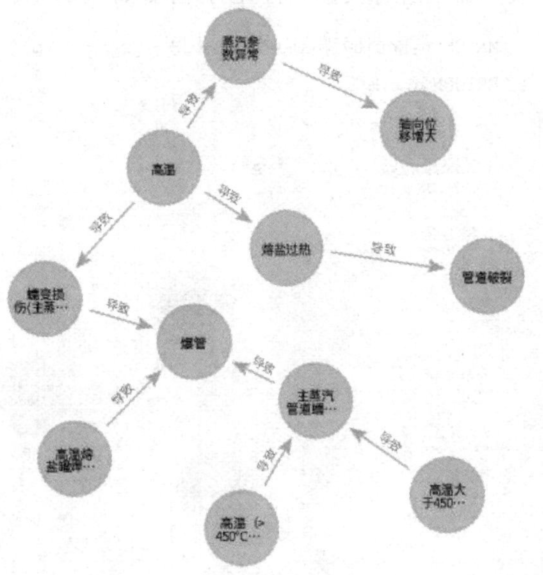

（d）故障因果链

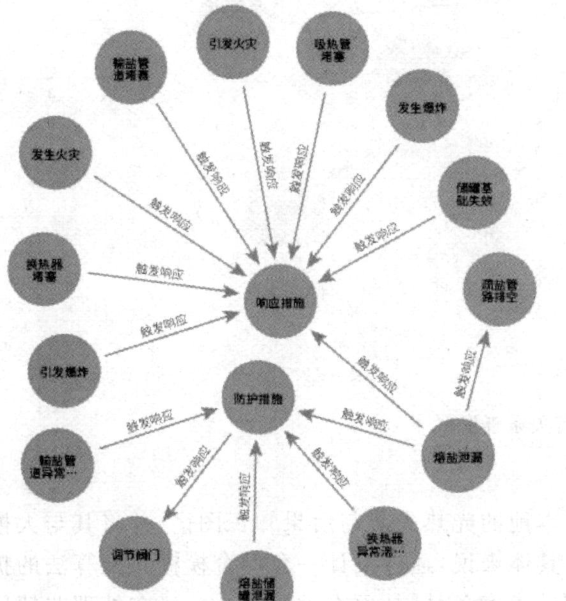

（e）事故后果

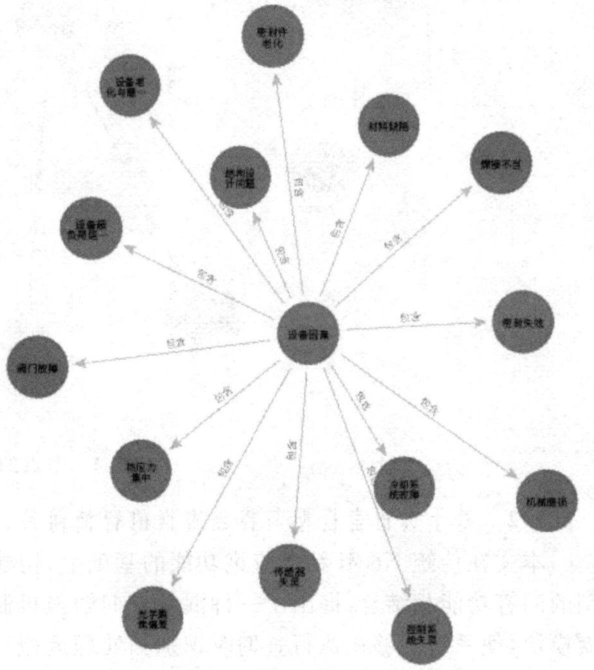

（f）故障因素

图 3　塔式光热系统知识图谱(部分)

2　知识图谱的应用

2.1　基于图数据库的精准查询

本文结合塔式光热系统相关领域数据，采用基于 Prompt 提示词的大语言模型的方法进行知识抽取，再通过知识融合与加工构建出关于塔式光热系统失效及后果的知识图谱。并将此知识图谱存入 Neo4j 图数据库中，从而更加直观地看到各种数据之间的关系。Neo4j 数据库系统中主要运用 Cypher 语言可以对某一节点、某一节点的所有关系以及两个节点之间的路径进行精准查询[12]。以对某一节点（如

“吸热器”)所有关系进行查询为例(如图 4),其 Cypher 语言如下:

```
MATCH(n:Entity{name:'吸热器'})-[r]->(m)
RETURN n,r,m
```

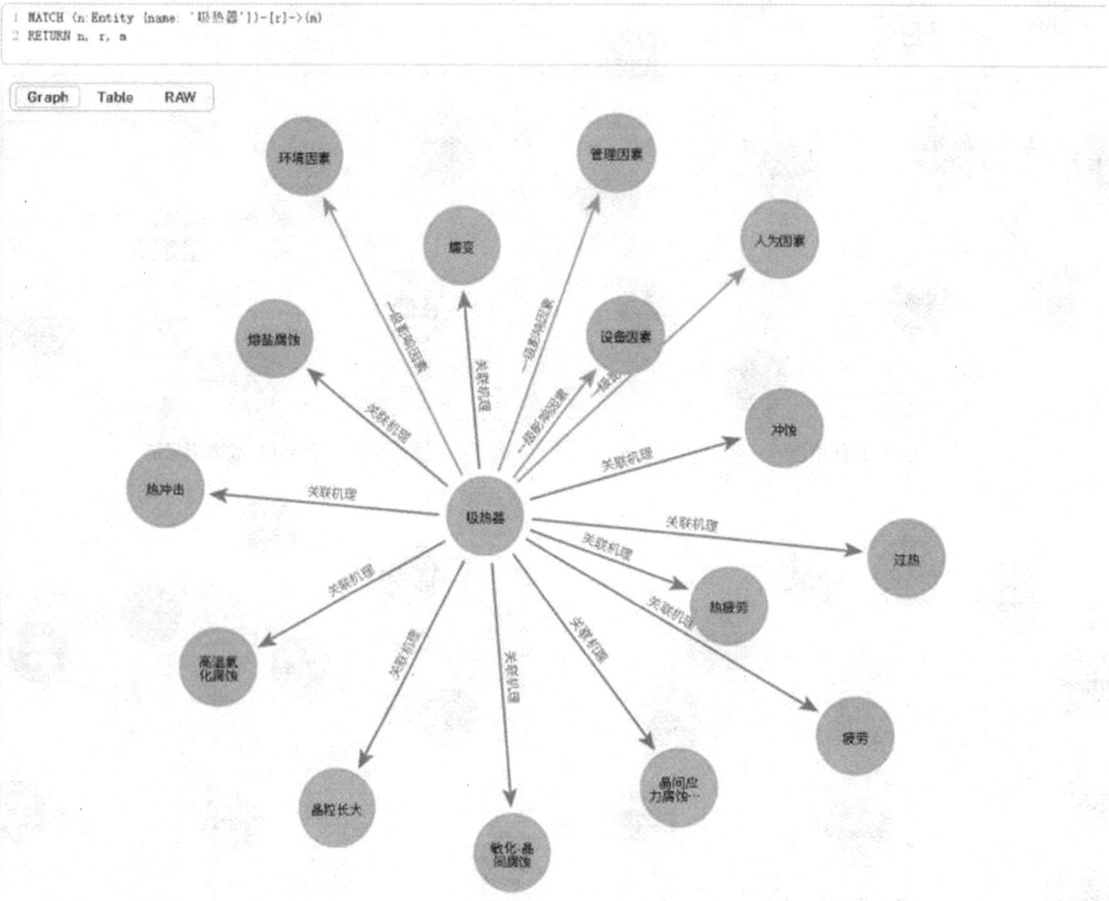

图 4　节点的所有关系查询

2.2　基于大语言模型与模糊查询的智能问答

本文在传统 Neo4j 精确查询功能的基础上,构建了本地的光热失效与后果知识图谱,并将其与大模型的问答功能相结合,提出了一种混合查询增强机制。具体来说,通过设计一套融合模糊匹配算法的扩展模块,使系统能够在执行查询时识别和处理近似匹配的查询条件,从而有效弥补 Neo4j 在处理非精确查询上的不足。同时,解决大语言模型的幻觉问题,并为用户提供更为智能和语义丰富的查询交互体验。知识问答架构设计如下:

1. 增强的 Neo4j 模糊查询模块:该模块通过与 Neo4j 数据库的连接,利用正则表达式实现模糊查询,涵盖以下三个维度:

(1)实体名称模糊匹配:采用正则表达式对实体名称进行模糊搜索,以确保即使查询词不完全精确,也能够有效召回相关实体信息。

(2)关系类型模糊匹配:通过匹配图谱中的关系类型,扩展查询的深度和广度,提升结果的完整性。

(3)路径查询:识别与查询实体相关的上下游路径,提取实体间的重要联系和路径信息,以支持复杂查询需求。

2. 预训练语言模型问答模块:查询结果作为上下文信息输入至该模块,进一步提升答案的准确性和可读性。通过 get_answer_from_deepseek 函数,系统调用 DeepSeek API,基于提供的上下文信息和用户问题生成自然语言回答。为保证回答质量，模型设置了较高的置信度参数（如 temperature、top_p 等），并引入了结果生成优化策略，以提高语义连贯性和逻辑一致性。

上述知识问答框架流程图和示例如图 4 和图 5 所示。

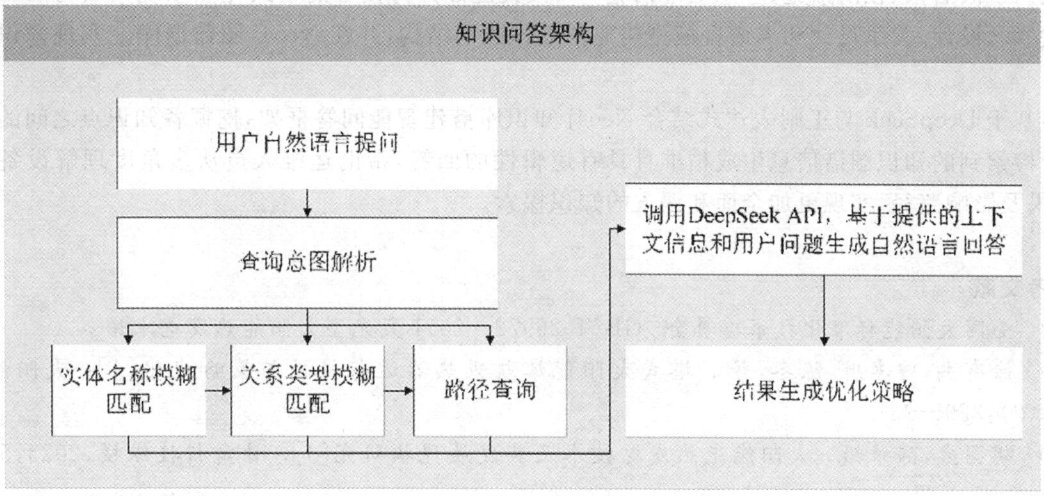

图 4　智能问答框架流程图

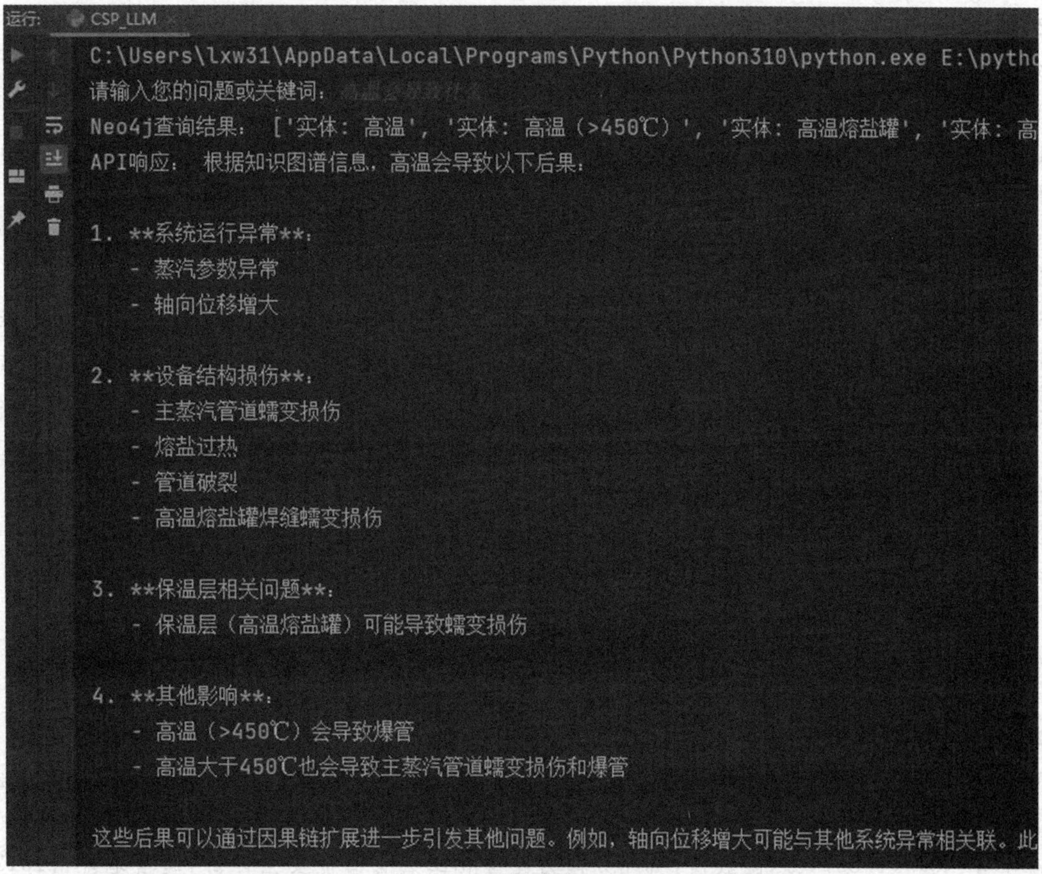

图 5　智能问答展示

3 结 论

(1)基于知识图谱构建及应用知识库技术,梳理损伤模式多源数据形成“光热设备组件、损伤模式、故障因果链、事故后果、预防措施、应急处理措施”六大关键部分为核心的塔式光热系统失效与后果知识体系,通过概念设计、关系设计和大语言模型构建了知识图谱结构,并在 Neo4j 图数据库上实现知识图谱可视化。

(2)基于 DeepSeek 与正则表达式结合 Neo4j 知识库搭建智能问答框架,挖掘各知识点之间的关联关系,基于检索到的知识图谱信息生成精准且具有逻辑性的回答,帮助运维人员从多角度理解设备失效的可能后果及影响路径,实现更加全面和深入的知识探索。

参考文献

[48] 全国太阳能标准化技术委员会 . GB/T 26972—2011 聚光型太阳能热发电术语 .

[49] 徐有杰,曾季川,陈冬,等 . 塔式太阳能熔盐吸热器运行特性与策略优化[J]. 太阳能学报,2022,43(2):329—337.

[50] 胡国武,陈维铅 . 太阳能光热发电技术及其发展现状研究[J]. 甘肃科技纵横,2023,52(11):20—25.

[51] 赵锋锋 . 太阳能光热发电系统安全风险初探[J]. 现代工业经济和信息化,2018,8(12):83—84+94.

[52] 张吉祥,张祥森,武长旭,等 . 知识图谱构建技术综述[J]. 计算机工程,2022,48(3):23—37.

[53] 徐欢,吴梦飞,孙文学 . 基于大语言模型的知识图谱构建及在灾害应急中的应用[J]. 现代信息科技,2025,9(8):146—151+156.

[54] 杨阳蕊,董方宁,王鹏斐,等 . 基于大语言模型的水利工程运行管理质量概念模型及知识图谱自动化构建[J]. 水利学报,2025,56(5):634—645.

[55] 郑旭,刘静,张栗粽,等 . 大语言模型辅助的知识图谱渐进式错误修复方法[J]. 宇航计测技术,2025,45(2):63—71+90.

[56] JIANG Yi, ZHANG Wei, WANG Pei, ZHANG Xin - Yue, MEI Hong. Knowledge graph construction method via Internet—based collective intelligence[J]. ? Journal of Software, 2021, 33(7): 2646—2666. ?

[57] 崔斌,高军,童咏昕,等 . 新型数据管理系统研究进展与趋势[J]. 软件学报,2019,30(1):164—193.

[58] Pengcheng Liu, Yinliang Huang, Ping Wang, et al. Construction of typhoon disaster knowledge graph based on graph database neo4j[C]//第 32 届中国控制与决策会议论文集(1),2020—08,中国安徽合肥:[s. n.],2020:531—535.

[59] 尚雅琪 . 煤矿事故领域知识图谱构建及应用[D]. 淮南:安徽理工大学,2021.

作者简介

李秀峰(1978),男,高级工程师,研究方向为承压设备检验检测与安全评价,通信地址:100029 北京市朝阳区和平街西苑 2 号中国特种设备检测研究院,E—mail:lixiufeng@csei. org. cn。

通信作者:武玮(1983),男,副教授,研究方向为能源化工装备智能安全评价,通信地址:710127 陕西省西安市长安区郭杜教育科技产业区学府大道 1 号西北大学化工学院,E—mail:wuwei@nwu. edu. cn。

数字孪生技术驱动的多层包扎压力容器应力预测方法

薛睿渊[1],张学宗[1],张永楠[1],张巨银[2],李林彬[1],王学平[2]

(1. 兰州理工大学 石油化工学院,兰州 730050;2. 甘肃省特种设备检验检测研究院,兰州 730050)

摘　要:针对多层包扎高压储氢容器的应力监测需求,提出了一种数字孪生技术驱动的在线应力预测方法。该方法分为离线和在线两个阶段:离线阶段利用有限元法计算全局应力,基于此训练长短期记忆网络模型,建立容器载荷-结构特征—节点坐标与应力之间的映射关系;在线阶段计算局部测点实测应力与离线阶段输出应力结果之间的偏差,利用K最邻近算法建立载荷-节点坐标与应力偏差之间的代理模型;最后以实时采集的局部测点数据作为K最邻近算法的输入,将离线、和在线阶段输出的结果进行融合计算即可得待监测容器全局的孪生应力值。为了建立准确的有限元模型,推导了利用实测数据反演多层结构层间预紧力的方法。以某多层包扎高压反应釜为对象验证了提出方法的有效性,结果证明该方法预测偏差约在0.5%～8%之间。

关键词:数字孪生;多层包扎压力容器;应力预测

Digital twin technology - driven stress prediction method for multi - layer wrapped pressure vessels

XUE Ruiyuan[1],ZHANG Xuezong[1],ZHANG Yongnan[1],ZHANG Juyin[2],LI Linbin[1],WANG Xueping[2]

(1. Lanzhou University of Technology School of Petrochemical Engineering,Lanzhou 730050,China;

2. Gansu Province Special Equipment Inspection and Testing Institute,Lanzhou 730050,China)

Abstract:Aiming at the stress monitoring requirements of multi - layer wrapped high - pressure hydrogen storage containers,an online stress prediction method driven by digital twin technology is proposed. The method is divided into two stages:an offline stage,in which the finite element method (FEM)is used to calculate global stress,and a long short - term memory(LSTM)network model is trained based on this to establish the mapping relationship among container load, structural characteristics, node coordinates, and stress; an online stage, in which the deviation between the measured stress of local measuring points and the stress results output in the offline stage is calculated, and the K - nearest neighbor(KNN)algorithm is used to establish a surrogate model for the relationship among load, node coordinates, and stress deviation. Finally, the real - time collected data of local measuring points are used as the input to the KNN algorithm,and the results output in the offline and online stages are fused to obtain the global twin stress values of the container to be monitored. To establish an accurate finite element model, a method for inversely deriving the interlayer preload of multi - layer structures using measured data is derived. The effectiveness of the proposed method is verified by taking a multi - layer wrapped high - pressure reactor as an example, and the results show that the prediction deviation of this method is approximately between 0.5% and 8%.

Keywords:digital twin;multi - layer wrapped pressure vessels;stress prediction

0 引 言

高压气态储氢是目前主流的氢能储运方式，随着储氢容器设计压力的不断升高，如何低成本的保证储氢容器长周期安全运行已经成为了氢能产业链中的瓶颈问题[1]。应力状态是评估压力容器性能和剩余寿命的核心参数。对于多层包扎容器而言，应力监测依赖于传感器，覆盖范围十分有限且受到经济性的限制。而在理论计算和模拟方面，相关研究表明由于加工公差、机械臂夹紧力难以精确控制等因素，导致多层结构层间隙、层间预紧力分布存在较大随机性，理论和模拟手段很难准确预测多层结构的应力分布状态[2-4]，而且无法体现应力状态随时间的演变过程。如果能实现多层包扎高压储氢容器全局应力状态的实时监测，将深化对储氢容器性能退化机制的认知，并提升其结构完整性评估的可靠性。

数字孪生(digital twin，DT)能够融合物联网、大数据、机器学习等现代技术理念，通过虚实交互实现物理系统的全面监测和预测性维护，陈学东院士和郑津洋院士在我国压力容器运维技术发展趋势的探讨中均指出研究基于 DT 的压力容器性能远程智能化监测技术的必要性[2,5]。DT 驱动的应力监测可分为两条技术路线，其一是准确反演设备承受的动载荷，例如海浪冲击[6]、机械振动[7]、温度梯度[8]等，然后利用数值模拟计算监测对象的应力分布，其二则是通过数值模拟得到的数据建立各部位应力分布之间的内在关系，结合局部测点应力的实时传输实现监测对象的应力重构[9-10]。多层包扎高压储氢容器主要承受高压氢气的作用，内部压力相对容易测得[11-12]，要开发其应力监测 DT 模型可以采用第二条路线。这就要求解决多层包扎容器预紧力难以计算的问题以便建立其相对准确的(finite element method，FEM)，同时建立起容器各部位应力之间的关联机制。基于此本文提出一种 DT 驱动的，融合模拟和局部实测数据的压力容器应力预测方法，为了建立多层结构相对准确的 FEM，还推导了利用实测应力反演层间预紧力的方法。然后对某多层包扎高压反应釜执行了水压梯度试验，对提出方法的可行性和有效性进行验证。

1 方法推导

1.1 DT 驱动的应力预测方法

DT 驱动的压力容器应力预测方法分为离线和在线两个阶段。离线阶段的目的是建立容器结构参数、坐标位置与应力结果的映射关系，以便快速获得全局应力结果模拟值；在线阶段则通过采集局部位置的实时应变计算应力值，评估相应测点位置模拟结果和实测结果的偏差，以局部测点应力偏差结果为输出，基于机器学习模型输出全局应力偏差；在实测结果数据实时传输的过程中，实时利用在线阶段输出的应力偏差对离线阶段应力结果进行修正，得到压力容器全局孪生应力值。该方法的物理空间包括待监测压力容器以及应变测试、传输设备；数字空间包括应力预测机器学习模拟及待监测容器的应力强度。其运行逻辑框架如图 1 所示。

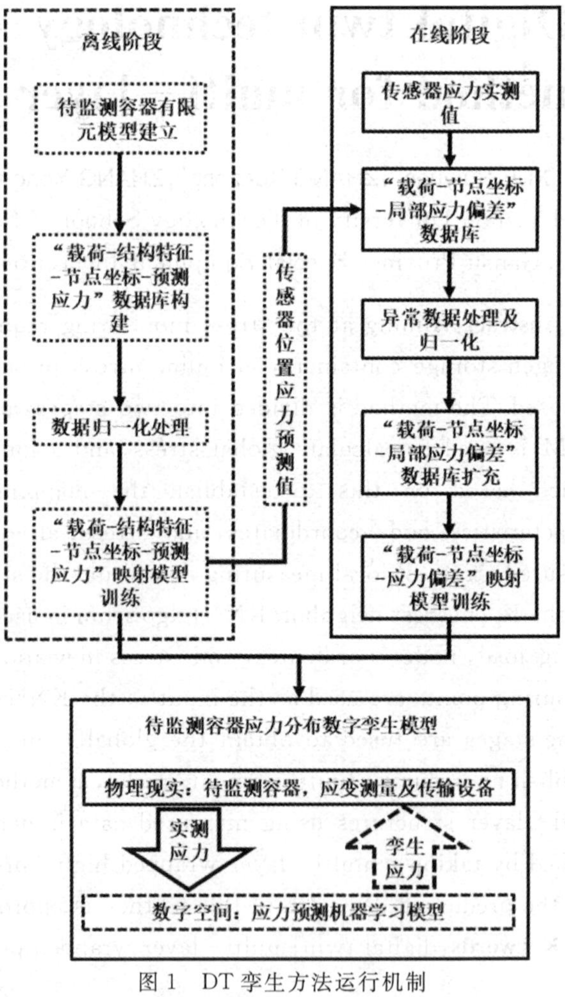

图 1 DT 孪生方法运行机制

(1)离线阶段：PSO - LSTM 应力映射模型训练

设定输入为“X+坐标位置”，输出为全局理

论应力 $\sigma_{理论}$，X 可以为载荷、壁厚、支撑等因素的组合，以提高机器学习模型的适用性。该阶段数据库由数值模拟建立，原则上数据库包含待监测容器任何位置的应力结果，因此数据量十分庞大，高效处理和利用数据成为关键。长短期记忆网络(long - short memory network，LSTM)具有较强的函数逼近能力，能够从海量数据中学习其特征和模式，因此该阶段选择 LSTM 作为载荷、结构参数、坐标信息-应力映射模型，同时为避免在实际应用中，易陷入局部最优解的困境，利用粒子群算法(particle swarm optimization，PSO)优化 LSTM 模型的最优权值和阈值，其算法流程图如图 2 所示。

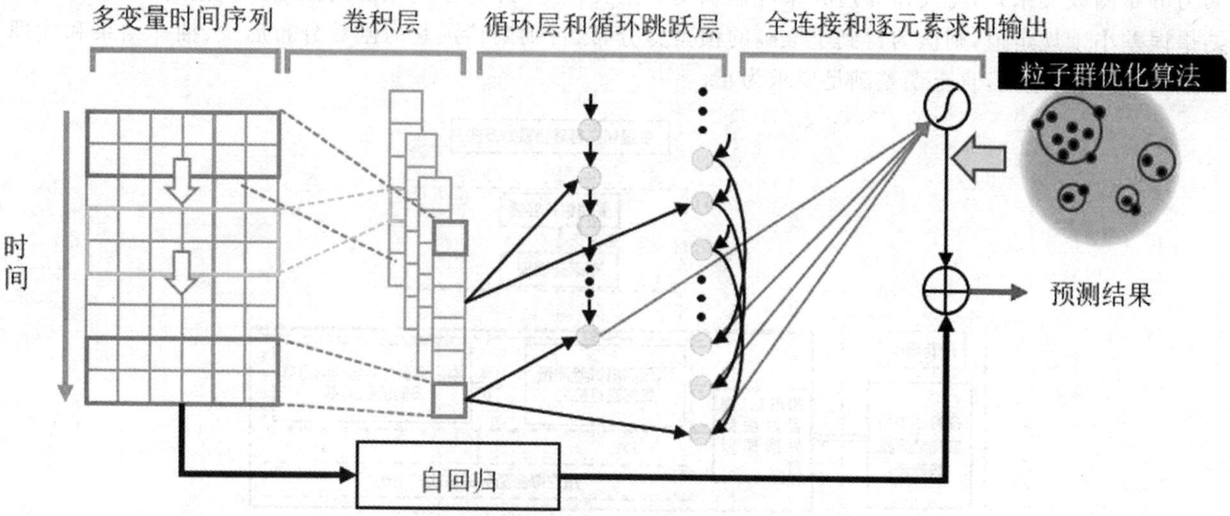

图 2　PSO - LSTM 算法流程

(2)在线阶段：KNN 应力偏差模型训练与 DT 预测

该阶段目的是通过实时传输的局部实测应力结果与理论结果的偏差衍生其他区域应力与模拟结果之间的偏差，通过与离线阶段应力结果的互相修正，实现待监测容器全局应力在时间维度和空间维度的孪生预测。定义 $\Delta\sigma_{局部}$，$\Delta\sigma_{全局}$ 分别代表测点部位理论和实测结果之差、全部坐标理论和实测结果之差。该阶段代理模型的输入为 $\Delta\sigma_{局部}$ ＋测点坐标，输出为 $\Delta\sigma_{全局}$。由于实际测点数量较少，该阶段 $\Delta\sigma_{局部}$ ＋测点坐标与 $\Delta\sigma_{全局}$ 之间的代理模型性能难以保证。而 K 最邻近(K - nearest neighborhood，KNN)模型可通过核函数或者距离权重有效捕捉稀疏数据的映射关系，此外随着压力容器运行数据的持续积累，KNN 模型可动态扩展样本而无需重新训练。因此可以采用非参数模型的 KNN 算法基于有限的试验样本进行回归预测。对于给定的数据点，选择一个合适的 K 值，利用 KNN 算法找到其在特征空间中最近的 K 个训练数据点。为了提升 KNN 算法的准确性，在训练前可对实测数据利用生成对抗网络(generative adversarial network，GAN)进行数据扩充。

完成上述两个阶段代理模型的训练后，通过实时采集的局部测点数据，融合模拟结果，基于式(1)即可得监测容器全局的应力孪生值。

$$y_{DT} = y_{LSTM}(x) + y_{KNN}(x) \tag{1}$$

式中，σ_{DT} 为容器应力孪生结果；σ_{LSTM} 为离线阶段 *LSTM* 算法输出的应力结果；σ_{KNN} 为在线阶段 *KNN* 算法输出的应力偏差值。

1.2　多层包扎结构预紧力反演

为建立多层包扎容器相对准确的 FEM，需充分考虑包扎预紧力的影响。基于有限元模型修正思想[13]，以实测和模拟的外层应力结果相吻合为目标，提出利用径向基函数-反向传播神经网络(RBF - BPNN)的多层容器包扎预紧力反算方法，其流程如图 3 所示。

如图 3 所示，该方法分为三个阶段，第一阶段以有限元模拟结果和实测结果趋势相吻合为目标，拟合多层包扎容器层间预紧力服从的基本函数关系式;第二阶段为数据库构建和代理模型训练,首先以各测点应力模拟结果包络实测结果为原则,确定第一阶段确定的函数系数的范围,并通过拉丁超立方法(latin hypercube sampling,LHS)进行抽样,构造相应组数的预紧力分布函数关系式,然后将不同的预紧力施加于有限元模型中的层板间,计算各测点的应力,建立"预紧力函数-应力"数据库;最后利用构造的数据训练"预紧力函数-应力"之间的代理模型,反复调整迭代直至代理模型输出结果的 RMSE 和 R^2 满足要求;第三阶段为包扎预紧力实际分布函数反演,将实测应力结果输入至第二阶段训练好的代理模型,得到预紧力分布函数关系式,将其作为边界条件输入到有限元模型,计算各测点的模拟应力,若模拟结果与实测结果误差小于规定值,则认为得到了准确的预紧力分布,否则调整预紧力函数分布形式、抽样结果和代理模型,重复以上过程,直至误差满足要求为止。

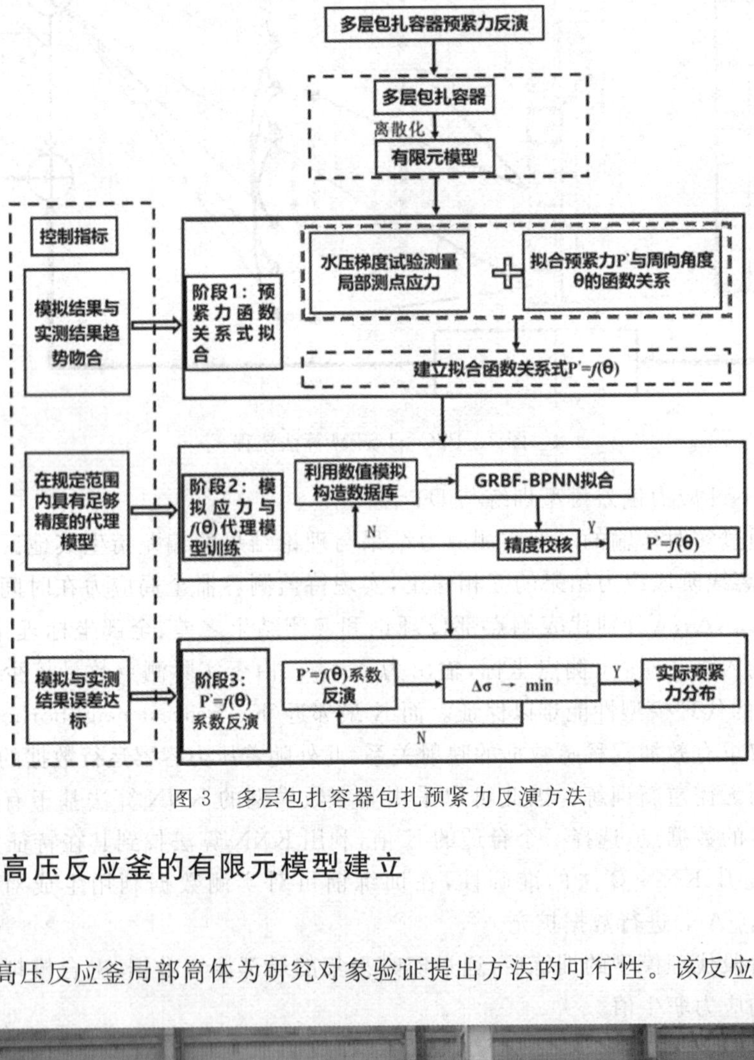

图 3 多层包扎容器包扎预紧力反演方法

2 多层包扎高压反应釜的有限元模型建立

2.1 水压试验

以某多层包扎高压反应釜局部筒体为研究对象验证提出方法的可行性。该反应釜如图 4 所示。

图 4 多层包扎高压反应釜

对其执行水压实验，在第四段筒节上布置应变测点以获取受载后的应变数据，测点布置方案和采集仪器如图 5，6 所示。各测点位置的等效应力值由应变花 0°，45°以及 90°通道测得的应变值进行计算，实验过程水压曲线和各测点应力曲线如图 7 所示。

由图 7(a)可知，水压实验过程共持续 3200 s，分别在 21.10，25.5，26 MPa 处保压，对比图 7(a)(b)，各测点等效应力随时间的变化趋势同压力变化曲线趋势一致，应力始终与压力呈强正相关，符合压力容器水压试验应力变化物理规律，这表明该反应釜包扎过程精度较高，载荷在筒体间得到了有效传递，外层筒体发挥了良好的承载作用。值得注意的是各测点等效应力存在较大偏差，表明由于加工公差、层间预紧力等因素的影响，多层包扎容器受载后筒体应力呈现明显的不连续性和非均匀性。以保压阶段测量应力结果作为后续研究的基准如表 1 所示。

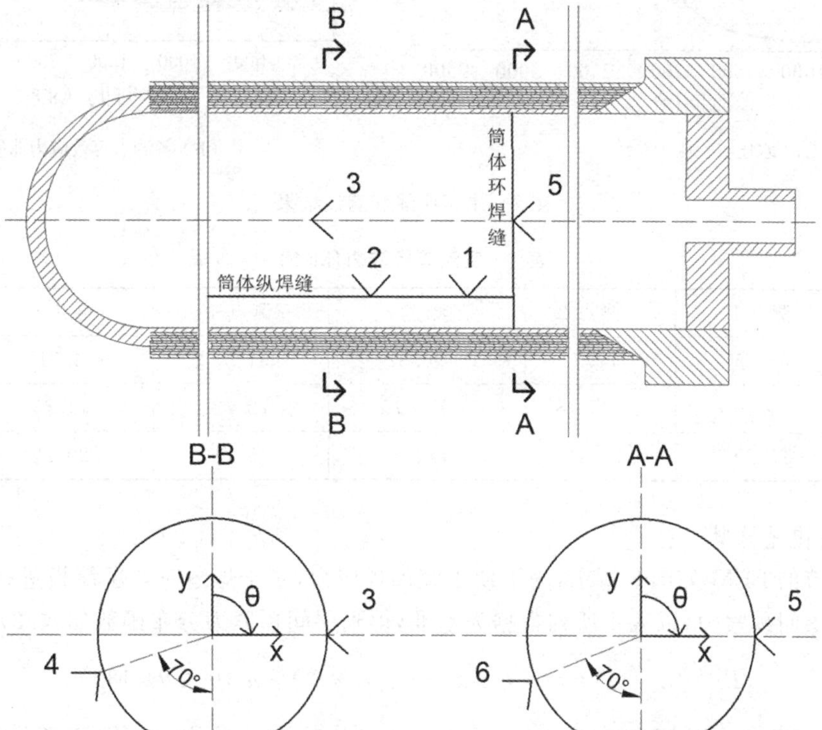

图 5　测点布置示意图

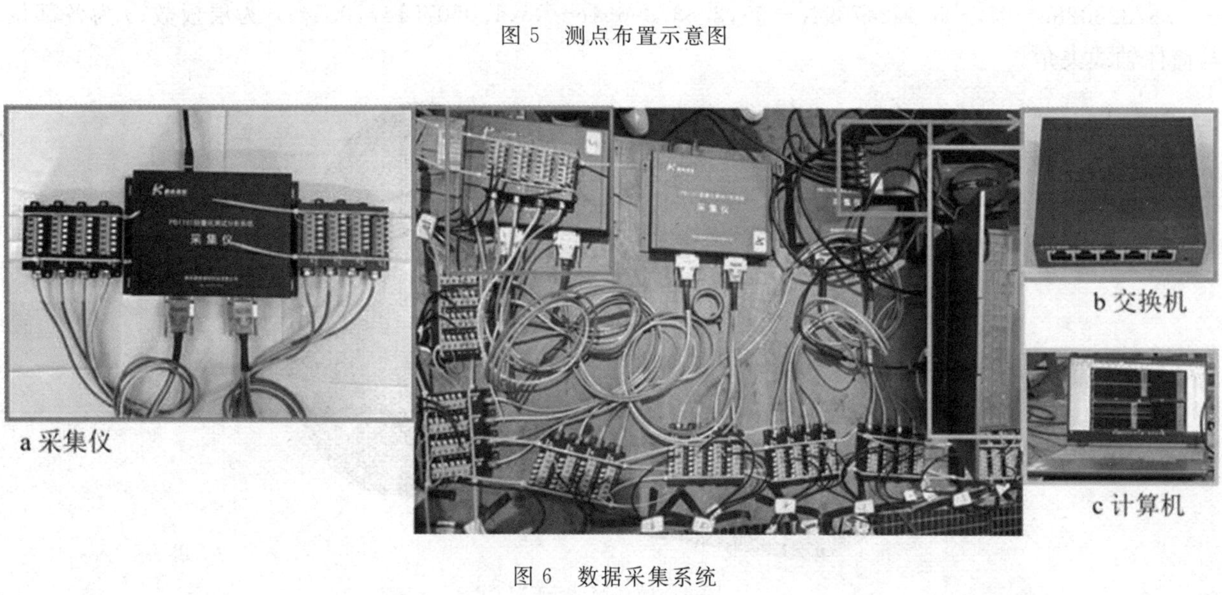

图 6　数据采集系统

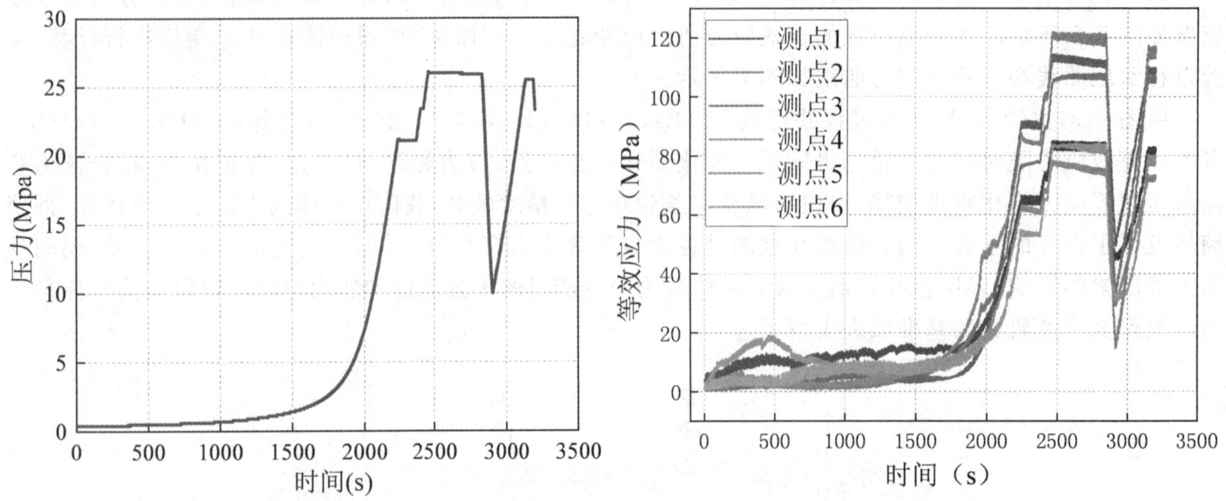

(a) 水压实验压力曲线　　(b) 各测点等效应力曲线

图 7　水压曲线和测试结果

表 1　实测等效应力(MPa)

压力	测点 1	测点 2	测点 3	测点 4	测点 5	测点 6
21.10	64.75	77.22	90.32	61.63	84.81	53.54
25.50	81.46	105.78	108.75	72.32	114.80	78.29
26.00	83.29	106.45	112.65	76.71	120.23	83.11

2.2　局部有限元模型

建立研究筒节的 FEM 如图 8 所示，为了便于施加预应力，基于焊缝对各层筒板进行切分。利用 1.2 中提出方法反演层间预紧力，以表 1 所列数据为基准，得到层间预紧力分布函数如式(2)所示。

$$P'=(a_1*\theta^3+a_2*\theta^2+a_3*\theta+a_4*\theta^3)*\mu^n, 0°\leqslant\theta\leqslant180° \tag{2}$$

式中，P' 为包扎预紧力产生的压力；a_1，a_2，a_3，a_4 分别为函数系数；μ 代表层板间预紧力衰减系数，分别等于 5.87828028e－07，－5.12347894e－05，2.83786654e－03，1.06075147，0.84；n 为层板数；θ 为各部位与筒体轴线夹角。

图 8　局部筒体 FEM

该筒节某层板预紧力施加结果如图 9 所示。

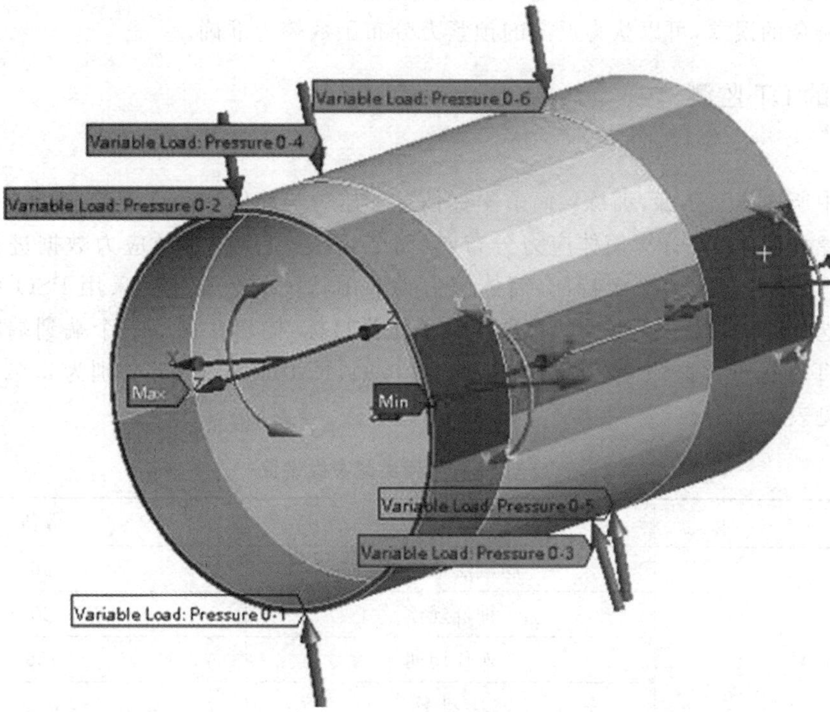

图 9　预紧力施加效果

施加 21.10 MPa、25.5MPa、26 MPa 内压后，最外层层板应力分布云图及各测点实测应力与考虑预紧力前后模拟应力对比如图 10 所示。图 10 中 σ_1、σ_2 与 σ_3 分别表示实测应力结果、不考虑包扎预紧力模拟结果与施加包扎预紧力模拟结果；图中 ε_1、ε_2 分别代表不考虑和考虑式(2)所得包扎预紧力模拟结果与

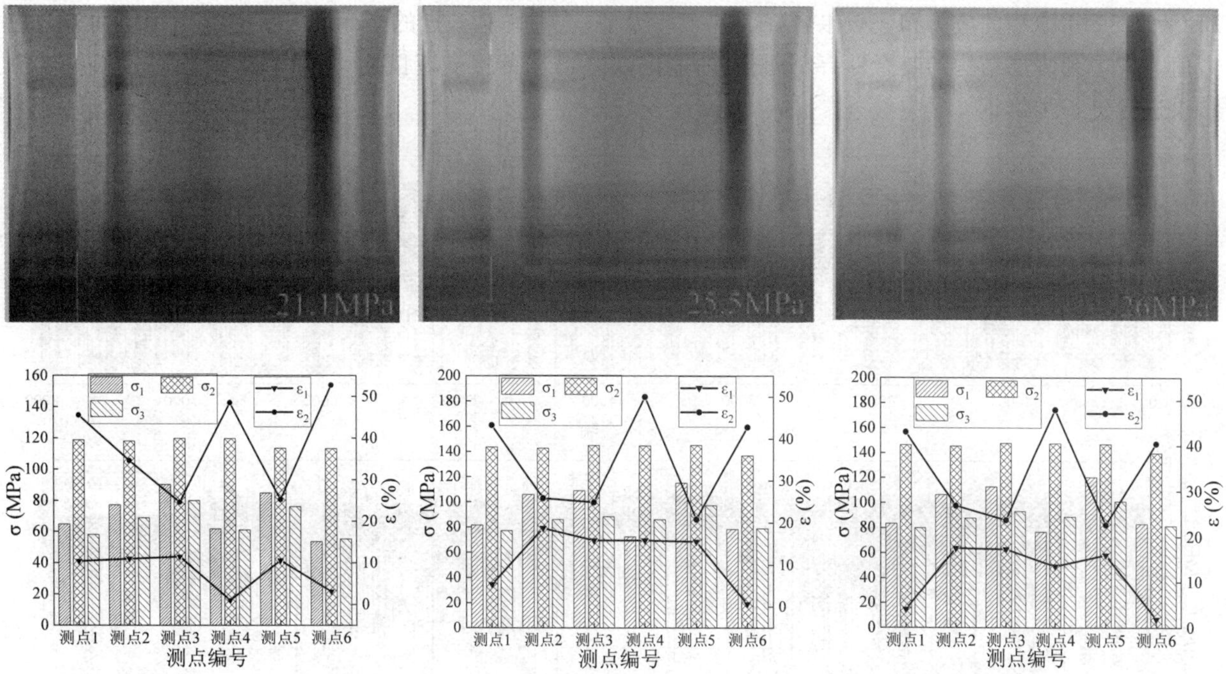

(a) 21.10 MPa　(b) 25.50 MPa　(c) 26.00 MPa

图 10　筒节应力云图

实测结果之间的误差。由图可知,将式(2)中所得预紧力分布函数作为边界条件后,模拟应力分布结果显示出与实际工况吻合的非均匀特性,各测点模拟应力误差从 20%～50%降低至 5%～15%,考虑到测量过程同样存在不可避免的误差,可以认为反演的预紧力分布函数较为准确。

3 筒体应力的 DT 监测

3.1 离线阶段

依据第 1.1 节中所述方法步骤,训练该筒节坐标信息和压力与筒体应力之间的 PSO－LSTM 的映射模型。利用 2.2 中建立的 FEM 计算筒体应力分布,对筒节内压、节点坐标及应力数据进行标准化预处理,构建以空间坐标与压力参数为输入特征、筒体应力为输出特征的数据集。采用 PSO 算法对 LSTM 的关键超参数进行迭代寻优,以 RMSE、MAE 联合最小化为目标,构建并训练一个端到端的应力预测模型。最终 PSO－LSTM 模型性能评价指标结果中 R^2 为 0.91,RMSE 与 MAE 分别为 2.92 和 2.35,对应超参数优化结果详见表 2。

表 2　PSO－LSTM 经网络超参数设置

模型	超参数	数值
PSO－LSTM	隐藏层节点数	56
	种群规模	20
	迭代周期	150
	学习率	0.2
	学习因子	2.5

图 11 展示了模型真实值与预测值的结果对比以及误差情况,其中红色为样本真实值,蓝色为模型预测值,横坐标为数据库样本编号,纵坐标为等效应力值。由图可知,训练后的 PSO－LSTM 预测值与真实值的整体分布趋势高度吻合,波动幅度处于较低水平,应力差值集中在 0 附近,显著离群点较少,表明 PSO－LSTM 模型的应力预测效果较好。基于该模型,输入任意一点的坐标则可实时输出相应的等效应力值。考虑到多层结构的复杂性,部分测点的输出误差仍在可接受范围内,后续在线阶段可以根据实测结果进行进一步修正。

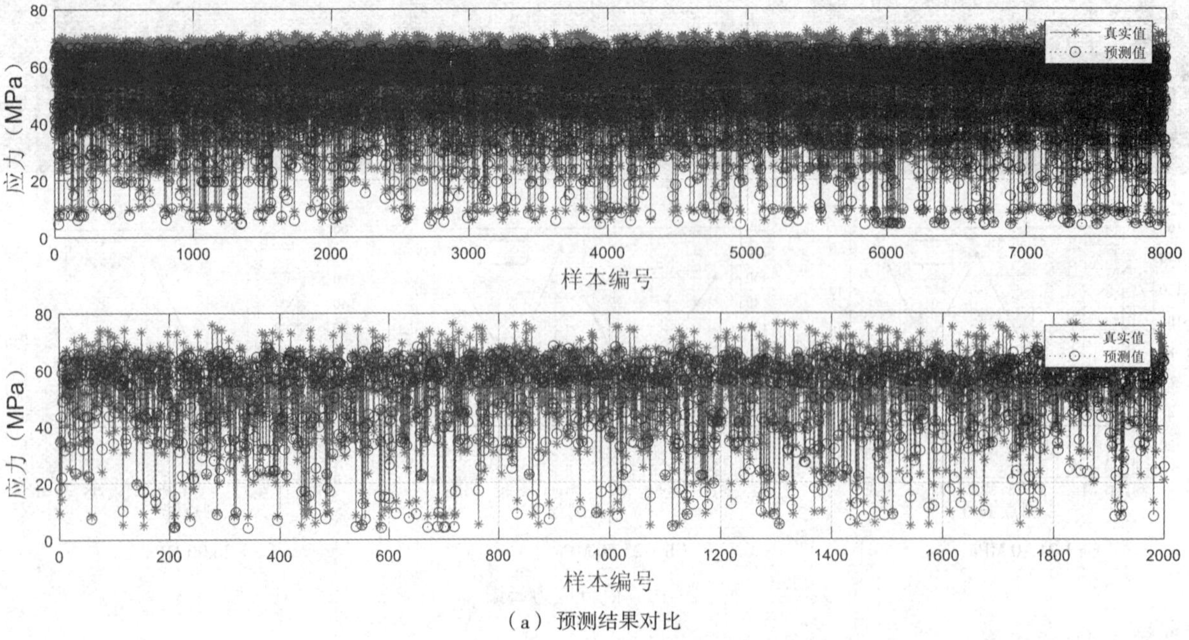

(a) 预测结果对比

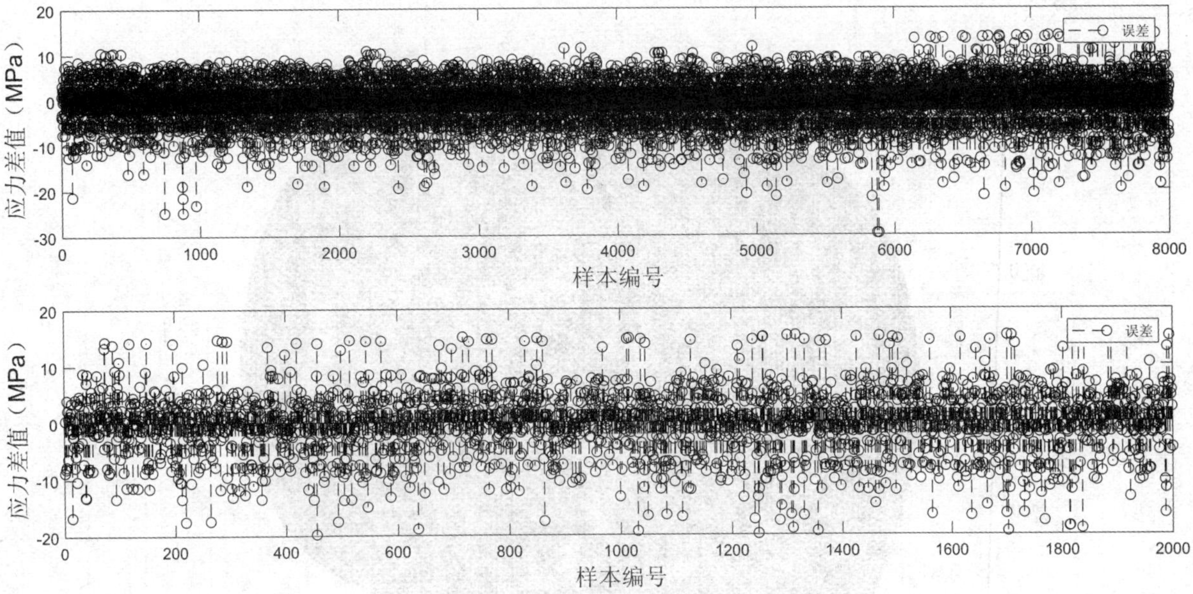

（b）应力差值

图 11　PSO－LSTM 模型预测

为了验证 PSO－LSTM 模型在离线阶段的应力预测优势，利用相同的数据库训练 GA－BPNN 模型，最终的 R^2 值为 0.84，RMSE 与 MAE 数值约为 5。由于 GA－BPNN 本质上是一个静态的前馈神经网络结构通过遗传算法优化权重和预制，无法有效的学习和利用时序影响下的数据集之间的顺序依赖关系以及其动态的演变规律，导致该模型从预测精度和鲁棒性上，相较于 PSO－LSTM 存在显著局限性。

3.2　在线阶段

首先建立各测点实测应力数据和 PSO－LSTM 模型应力预测值之间的应力偏差数据集，继而利用 GAN 差数据集进行扩充处理。GAN 由生成器（Generator Network，G）和判别器（Discriminator Network，D）组成，利用二者之间相互博弈的方式进行学习，其原理如图 12 所示。

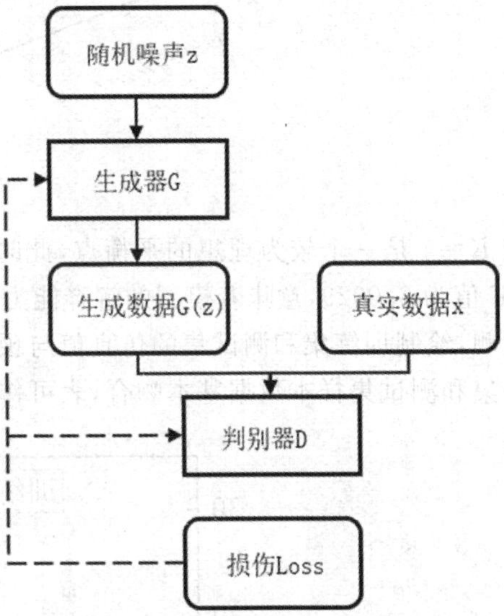

图 12　GAN 结构

若扩充倍数过大，GAN 算法生成的大量虚拟数据易偏离原始数据真实分布，干扰后续模型训练，降低模型性能与可靠性；而扩充倍数过小，KNN 模型因数据量不足，无法充分学习数据分布特征，难以建立有效模型。权衡数据准确性与 KNN 训练效果，拟定将偏差集扩充 10 倍至 60 个点，扩充效果如图 13 所示。

观察图 13，扩充后的数据点一部分围绕在真实测点附近，有助于增强模型对测点局部特征的学习。一部分在真实测点对称位置附近，是利用结构的几何对称特性，挖掘对称位置潜在相似特征，完善全局数据分布，使模型能从整体角度把握结构特征，提升对结构整体行为的理解和泛化能力，最终提高模型对结构力学行为预测的准确性与一致性。

将 GAN 扩充后的数据与初始数据库中的 6 组数据组合，在 21.2MPa 和 26.0MPa 压力等级下分别得到 66 组坐标位置与应力差值的数据，将数据进行标准归一化后形成 KNN 算法训练数据库，并按照 8：2 的比例划分训练集和测试集。然后运用网格搜索的方法寻找最优的 K 值，针对不同的 K 值构建 KNN 模型并进行仿真测试，选取欧式距离作为距离度量的标准。K 值变化时，根据 R^2 和 RMSE 的综合表现，

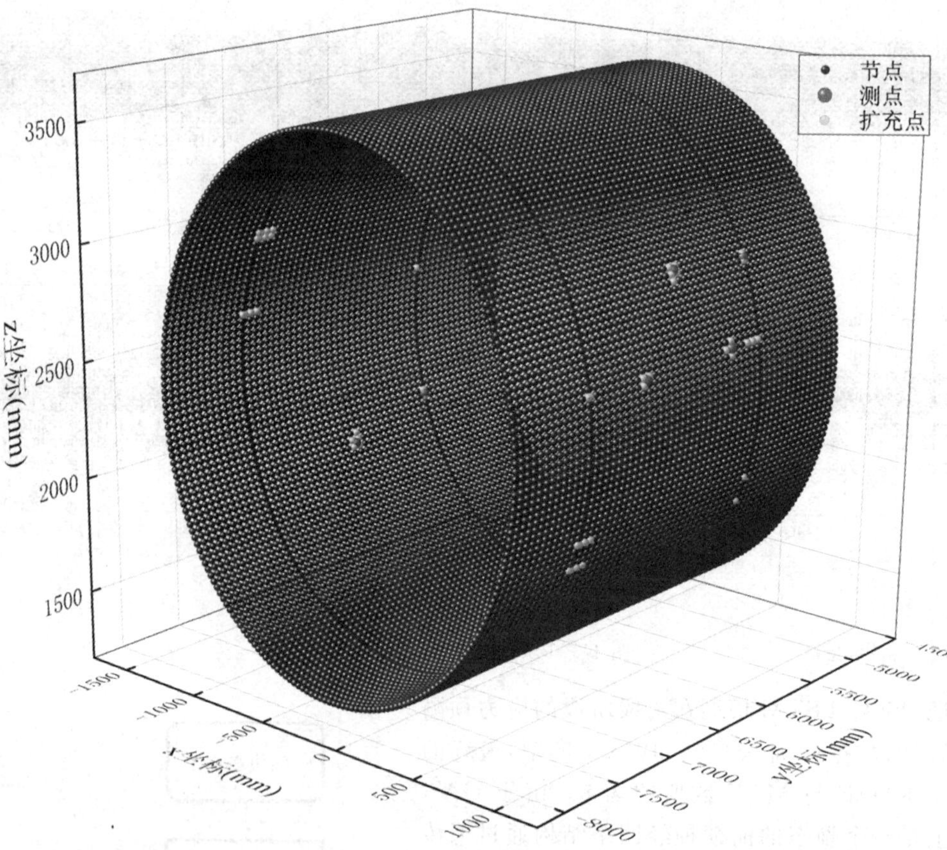

图 13 GAN 扩充效果

确定 $K=4$ 是一个较为理想的平衡点,此时 R^2 达到最高值 0.956992,RMSE 值为 2.61638,计算相应的 MAE 值为 3.0029,意味着模型的解释能力和预测精度都较好。最后采用训练好的模型对偏差数据集进行预测,绘制训练集和测试集的仿真值与预测值的对比如图 14 所示。由图 14 可知,KNN 模型预测值与训练集和测试集样本数据基本吻合,表可作为在线阶段筒体应力偏差预测模型。

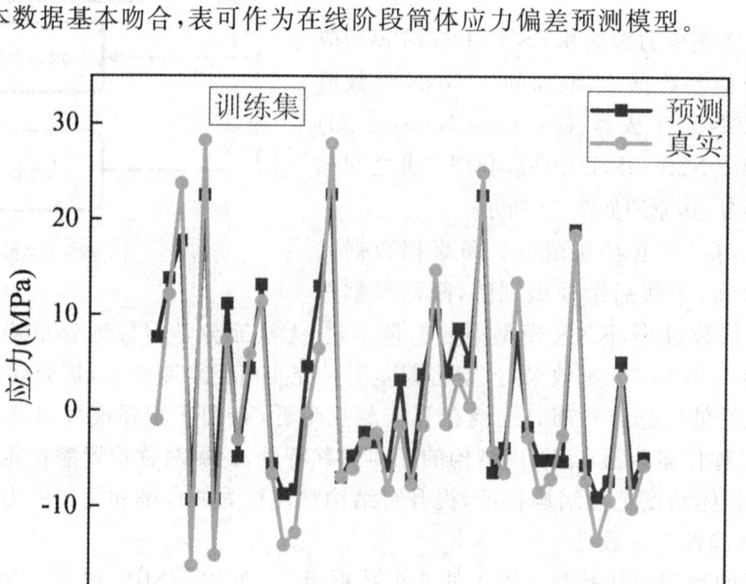

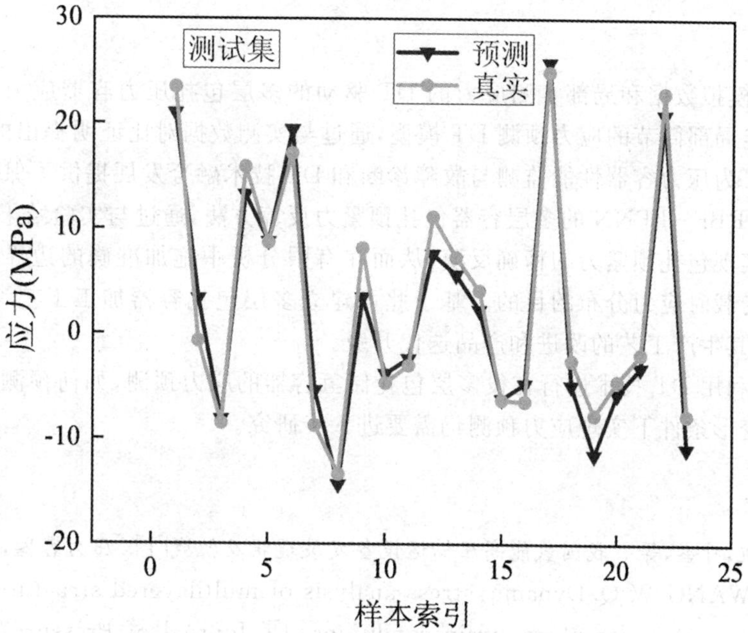

图 14 KNN 模型预测数值对比

3.3 预测结果验证

分别调用 PSO－LSTM 和 KNN 模型，构建该筒节的应力预测 DT 模型，利用式(1)即可完成任意位置的应力预测。为验证 DT 应力预测模型精度，将实测点在内压 21.10、25.50 和 26.00 MPa 下的应力实测数据与 DT 模型预测数据进行对比，误差结果见表 3 所列。

表 3 DT 与实测应力结果对比

内压(MPa)	节点	DT 预测数据(MPa)	实测数据(MPa)	误差(%)
21.10	测点 4	64.28	64.75	0.73
	测点 5	82.22	77.22	6.08
	测点 6	94.43	90.32	4.35
	测点 7	66.63	61.63	7.50
	测点 8	85.29	84.81	0.56
	测点 9	57.45	53.54	6.81
25.50	测点 4	82.77	81.46	1.58
	测点 5	111.58	105.78	5.45
	测点 6	114.20	108.75	4.77
	测点 7	76.31	72.32	5.23
	测点 8	115.78	114.80	0.85
	测点 9	83.11	78.29	5.80
26.00	测点 4	87.46	89.23	1.98
	测点 5	114.04	106.45	6.66
	测点 6	121.48	112.65	7.27
	测点 7	81.68	76.71	6.08
	测点 8	127.89	120.23	5.99
	测点 9	86.33	83.11	3.73

由表 3 可知，实测值与 DT 预测值之间的误差均在 10％以内，说明提出的 DT 驱动的应力预测方法具有较高准确性。

4 结 论

(1)提出了融合模拟数据和局部实测应力的DT驱动的多层包扎压力容器应力预测方法，建立了某多层包扎高压反应釜局部筒节的应力预测DT模型，通过与实测数据对比证明提出的方法能准确预测其受载后的应力情况。为压力容器性能监测与故障诊断和DT技术融合发展提供了保障。

(2)提出了基于RBF-BPNN的多层容器包扎预紧力反算方法，通过与实验结果对比，表明该方法可利用局部实测数据实现包扎预紧力的精确反演，从而在有限分析中施加准确的边界和载荷条件，达到复现多层包扎容器在受载时应力分布的目的。基于此可建立多层包扎容器加工工艺参数与应力分布之间的映射关系，有利于其生产工艺的改进和产品迭代升级。

(3)本研究尝试利用DT技术进行在役多层包扎储氢容器的应力预测，如何预测内部层板的应力，以及如何在存在塑性变形条件下实现应力预测仍需要进一步研究。

参考文献

[1] 郑津洋，马凯，叶盛，等．我国氢能高压储运设备发展现状及挑战[J]. 压力容器，2022，39(3)：1－8.

[2] LIU H D，WANG W Q. Dynamic stress analysis of multilayered structure with radial gaps of cylindrical pressure vessel under plane strain conditions[J]. Journal of Pressure Vessel Technology，2019，141(4).

[3] MAJUMDER T，SARKAR S，MONDAL S C，et al. Optimum design of three layer compound cylinder[J]. IOSR Journal of Mechanical and Civil Engineering，2014，11(3)：33－41.

[4] ZHEN L，JIANG N，LIU S J. Experimental study of integrated multilayer clamping high pressure vessel[J]. Journal of Pressure Vessel Technology，2011，133(6).

[5] CHEN X D，FAN Z C，XU S Q，et al. Exploration of design，manufacture and maintenance of pressure vessels in China under background of the internet[C]//Proceedings of the ASME 2023 Pressure Vessels and Piping Conference. Atlanta，Georgia，2023.

[6] LIU Y C，REN H L. Rapid acquisition method for structural strength evaluation stresses of the ship digital twin model[J]. Ocean Engineering，2023，285：115323.

[7] LEE Y，JIN C，KIM M，et al. Digital twin approach with minimal sensors for Riser's fatigue-damage estimation[J]. International Journal of Naval Architecture and Ocean Engineering，2024，16：100603.

[8] WU Y J，YANG G，SUN J G，et al. Digital twin modeling and leak diagnosis of temperature and stress fields in LNG storage tanks[J]. Measurement，2024，228：114374.

[9] 田阔，孙志勇，李增聪．面向结构静力试验监测的高精度数字孪生方法[J]. 航空学报，2024，45(7)：283－294.

[10] YAO J，WANG X L，YE C，et al. Long-term life stress mapping algorithm of the deep-sea pressurized spherical shell based on digital-twin technology[J]. Ocean Engineering，2023，286：115667.

[11] 张尚武，陈叔平，陈联，等．真空失效下变密度多层绝热传热性能试验研究[J]. 压力容器，2024，41(9)：23－30.

[12] 仇放，郭超．高真空多层绝热超低温容器漏热分析[J]. 压力容器，2023，40(8)：53－59.

[13] 薛睿渊，张永楠，张希恒，等．核电阀门管系高保真动力学模型修正技术研究[J]. 核动力工程，2024，45(1)：130－138.

作者简介

薛睿渊(1993)，男，副教授，主要从事阀门与密封技术，压力容器故障诊断相关工作，通讯地址：730050甘肃省兰州市七里河区彭家坪路36号，E－mail：xrywyy@163.com。

基于马尔科夫链-蒙特卡洛法的法兰密封面损伤评估研究

刘家璇[1,2]，陈　昇[1,2]，谢国山[1,2]

（1. 国家市场监管技术创新中心（炼油与化工装备风险防控），北京　100020；
2. 中国特种设备检测研究院，北京　100020）

摘　要：螺栓-法兰-垫片连接是石油化工装置中的关键密封部件，但现有泄漏率预测模型并未考虑由于腐蚀等因素导致的密封面损伤对泄漏率的影响，导致密封面损伤评估方法缺失。基于渗流模型建立了考虑无量纲损伤张角、损伤平均深度与无量纲损伤径向投影的泄漏率计算公式，并基于马尔科夫链-蒙特卡罗法给出了密封面损伤评估方法，所提泄漏率预测公式与实验值误差在15%以内，三组案例中评估方法给出准确评估结果的概率分别为45%，61%，58%，当考虑到高损伤水平仍可作为保守的估计结果时，三组案例的保守估计准确率可达到89%，61%，69%，尽管会出现局部收敛情况，所提基于泄漏率的法兰密封面损伤评估方法对于密封面损伤的保守评估准确率仍可达到60%以上，完善了螺栓—法兰—垫片连接结构的泄漏率预测方法，有利于保障相关设备生产安全。

关键词：泄漏率；马尔科夫链；蒙特卡洛法；损伤评估

Multi－objective optimization of energy，economy，and carbon emissions for shell－and－tube heat exchanger based on NSGA－II

LIU Jiaxuan[1,2]，CHEN Sheng[1,2]，XIE Guoshan[1,2]

（1. Technology Innovation Center of Risk Prevention and Control of Refining and Chemical Equipment for State Market Regulation，Beijing 100020，China；2. China Special Equipment Inspection & Research institute，Beijing 100020，China）

Abstract：The prediction of the leakage rate of bolt－flange－gasket connection structures is crucial for ensuring sealing performance and production safety. However，the sealing surface damage caused by corrosion have not been considered in existing models. In this study，a leakage rate calculation formula considering dimensionless damage angle，average damage depth，and dimensionless damage radial projection is established based on the seepage model，and a sealing surface damage assessment method is proposed based on Markov Chain－Monte Carlo method. The results indicate that the error between the proposed leakage rate prediction formula and experimental values is within 15%. Although there may be local convergence，the conservative accuracy of the proposed evaluation method for sealing surface damage can still reach over 60%.

Keywords：leakage rate；markov chain；monte carlo method；damage assessment

0 引 言

螺栓法兰垫片连接(BFGC)因其结构简单、组装方便,常用于压力容器的密封连接[1,2]. BFGC 的密封主要是通过在螺栓上施加预紧力使垫片与法兰表面紧密接触来实现的。大型化工企业通常需要数十万的 BFGC,考虑到石化行业 70%以上的灾难性燃烧爆炸事故是由密封失效引起的[3],因此 BFGC 密封性能的可靠性对于保障系统安全运行至关重要,引起国内外学者的广泛关注。

为了保障 BFGC 的密封性能,压力容器研究委员会(PVRC)提出考虑垫片密封系数 Gs、Gb 和 a 的密封性 TP 设计方法[4]。Sun 等人[5]基于轴向变形协调方程提出了一种考虑垫片材料退化和接触应力松弛的分析模型。理论模型与有限元法的结果吻合良好。Liao 等人[6]考虑了法兰表面的微观形貌特征,将径向和周向泄漏路径分别简化为矩形和三角形通道并推导了泄漏率计算公式。结果表明随着预加载力的增加,泄漏模式将从径向泄漏转变为周向泄漏。Zhuang 等人[7]基于螺栓力和垫片应力之间的关系得到泄漏率的计算公式,计算结果与实验具有良好的相关性。

需要注意的是,当 BFGC 面对高腐蚀性介质的工作条件时[8],垫片和法兰连接处常出现缝隙腐蚀[9]和电偶腐蚀[10]。尽管如此,现有泄漏率建模研究中通常不考虑腐蚀的影响,这主要是因为很难将腐蚀的随机性与量化的泄漏率联系起来。而概率理论对于解决这一问题显示出巨大潜力,且已被广泛应用于裂纹或腐蚀预测。如 Li 等人[11]将贝叶斯网络(BN)与层次贝叶斯分析(HBA)相结合,用于估算管道的点蚀状况。将点蚀视为随机过程,将生长模型集成到连续 BN 中,实现了概率分布和管道失效概率的计算。Lee 等人[12]通过贝叶斯规则获得了钢绞线的机械性能与坑腐蚀量之间的关系。基于马尔可夫链蒙特卡罗(MCMC)方法计算了一定力学性能下的概率腐蚀分布。腐蚀推断的准确率超过 87%。Woo 等人[13]使用贝叶斯推理从表面电压电势评估了钢筋腐蚀状态,发现能够得到较为保守的贝叶斯推理结果。

本研究首先基于渗流理论对泄漏率公式进行了修正,将密封面的形态与泄漏率联系起来,随后提出了法兰密封面的三个损伤评价指标,进一步基于 MCMC 方法提出密封面损伤的评估方法,并用实验结果进行了验证。

1 材料与方法

1.1 界面微观泄漏机理

如图 1 所示,对于 BFGC 而言,可以将密封结构接触界面的粗糙接触点或微凸体类比于多孔结构,而密封面的泄漏通道即为多孔介质的孔隙。因此通过引入渗透率 k 可以描述界面微孔结构对气体渗流的影响,并进一步建立泄漏通道与泄漏量之间的本构关系。

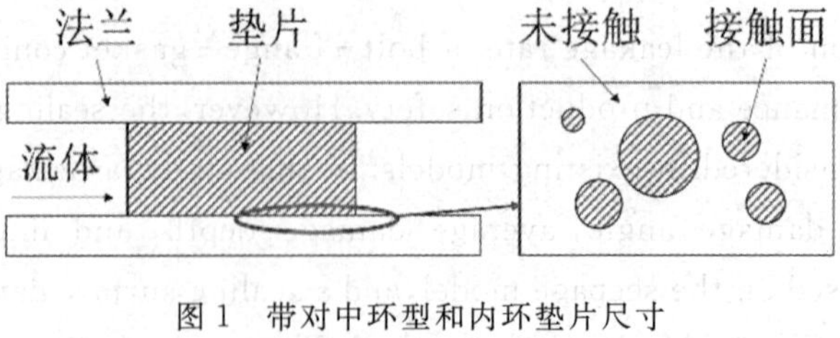

图 1 带对中环型和内环垫片尺寸

多孔介质的渗透率取决于微观细致结构的特性,通常可采用 Kozeny - Carman 公式计算:

$$k=\frac{\varepsilon^3}{c\ (1-\varepsilon)^2 s^2} \tag{1}$$

式中,ε 是多孔介质的孔隙率,c 和 s 分别为 Kozeny - Carman 常数和固体相的比表面积。

为了简化计算,假设法兰密封面的接触为一个刚性粗糙表面和一个光滑平面的接触,粗糙表面上的每一个接触点或微凸体近似为一个半径为 R 的半球形体。当其受到密封力 F 时,粗糙表面的微凸体的接触情况如图 2 所示。

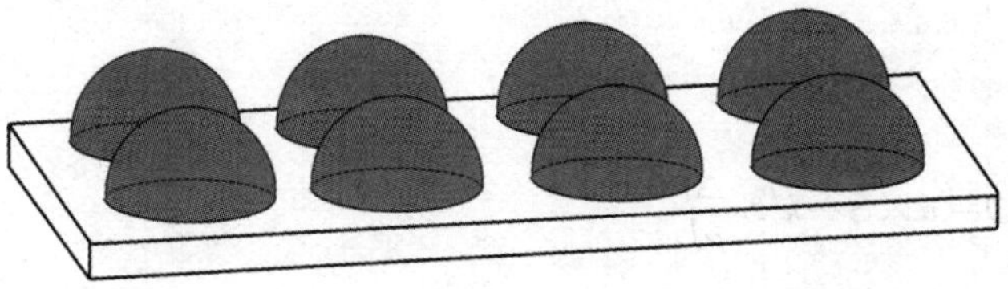
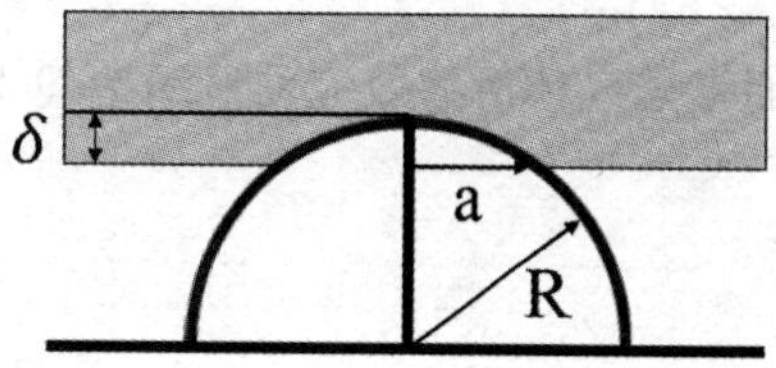

图 2　带对中环型和内环垫片尺寸

此时，微凸体与平面的接触半径 a，受压产生的变形量 δ 可应用 *Hertz* 接触力学理论求解：

$$a=\left(\frac{3FR}{4E}\right)^{1/3} \tag{2}$$

$$\delta=\left(\frac{9F^2}{10RE^2}\right)^{1/3} \tag{3}$$

式中，E 为密封材料的当量复合弹性模量，计算如下：

$$\frac{1}{E}=\frac{(1-\mu_1^2)}{E_1}+\frac{(1-\mu_2^2)}{E_2} \tag{4}$$

式中，E_1，E_2 分别为两密封表面材料的弹性模量，μ_1 和 μ_2 分别为两密封面的泊松比。

根据实际接触半径 a 和粗糙峰半径 R 可得到孔隙率 ε 如下：

$$\varepsilon=1-\frac{\pi(a^2+2R^2)}{12R^2} \tag{5}$$

将其带入到式(1)中，并采用均匀球形颗粒床的多孔介质常数，渗透率可根据下式计算：

$$k=\frac{\varepsilon^3 d^2}{180\,(1-\varepsilon)^2} \tag{6}$$

对工作状态良好的密封结构，其界面孔隙尺度通常极为细小，气体在其中的渗流速度 u 可直接应用达西定律获得，即：

$$u=-\frac{k\Delta p}{\mu L} \tag{7}$$

式中，k 为渗透率/m^2，μ 为密封介质粘度系数/Pa·s，Δp 为密封介质与外部环境的压差/Pa，L 为密封面接触宽度/m(即渗流路径长度)。

此外，考虑到气体滑移效应的影响，气体分子在孔道/管道壁面附近的速度不等于零，导致气体的表观渗透率明显大于绝对渗透率。因此，需要考虑对绝对渗透率进行修正：

$$k'=k\left(1+\frac{b}{p}\right) \tag{8}$$

$$b=\mu\sqrt{\frac{\pi R_g T}{\tau_h M}}\left(\frac{k}{\varepsilon}\right)^{-0.5} \tag{9}$$

式中，k'表示表示流体的表观渗透率，气体滑移因子 b 可以表征多孔介质中气体滑移效应的程度。R_g 为气体常数/J·mol^{-1}·K^{-1}，T 为温度/K，τ_h 代表水力优先流动路径的迂曲度因子，M 为摩尔质量/kg·mol^{-1}，S 为颗粒的比表面积，ε 为多孔介质的孔隙度。

τ_h 可采用下式计算：

$$\tau_h = \frac{\pi R_g T}{7.78 \times 10^6} \tag{10}$$

从而考虑气体滑移效应的泄漏率 Q 为：

$$Q = u \times S = k' S \frac{\Delta p}{\mu L} \tag{11}$$

式中，S 为密封界面的渗流横截面积/m^2。

1.2 泄漏率公式修正

考虑到损伤的常见形态，本研究选择无量纲损伤张角 r、损伤平均深度 $\bar{h}$ 与无量纲损伤径向投影 $\bar{L}$ 对泄漏率公式进行修正，将法兰渗流区域分为损伤区与未损伤区两个部分，示意图如图 3 所示，其中未损伤区的泄漏率按照上述公式进行计算，损伤区内通过 $1-\frac{\alpha}{\bar{h}^2}$ 及 $L-\bar{L}$ 分别修正由于损伤深度增加导致的压差降低以及径向渗流长度缩短对泄漏率的影响，泄漏速度计算公式如下，其中 α 为修正参数：

$$u_1 = -\frac{k'\left(1-\frac{\alpha}{\bar{h}^2}\right)\Delta p}{\mu(L-\bar{L})} \tag{12}$$

$$u_2 = -\frac{k'\Delta p}{\mu L} \tag{13}$$

因此总泄漏率计算如下：

$$Q = u_1 S_1 r + u_2 S_2 (1-r) + Q_c \tag{14}$$

式中引入 Q_c 表示由于法兰加工误差带来的泄漏率偏差。

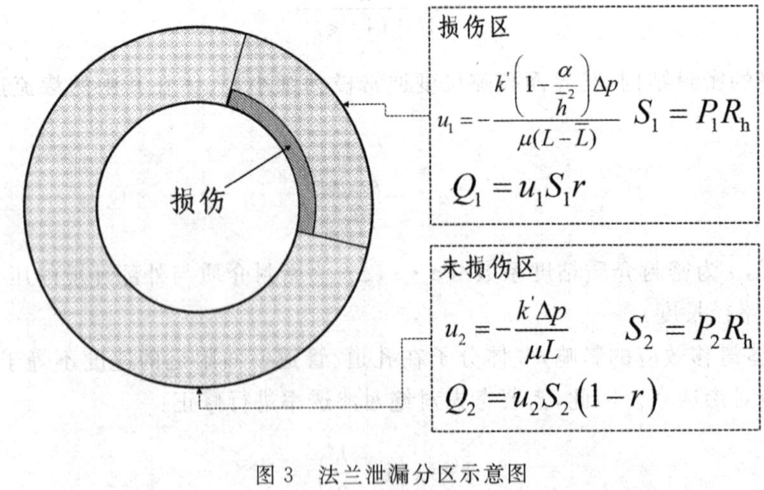

图 3 法兰泄漏分区示意图

需要说明的是，实际应用中法兰密封面由于缝隙腐蚀，会呈现出复杂的表面形貌，此时可以通过划分多个损伤区域，通过形貌扫描等技术获得区域损伤参数均值的方法沿用所提泄漏率修正公式。

1.3 法兰密封面损伤评价指标

ASME B16.5—2020 标准中对法兰密封面允许尺寸进行了规定。如表 1 所示，其允许的损伤尺寸与法兰标准管道直径相关。以标准管道直径 15～75mm 为例，本研究中采用的密封面损伤评价等级示意图如图 4 所示，其中 r、$\bar{h}$ 与 $\bar{L}$ 各分为 5 个等级，实际应用时取三个因素评级结果的最大值作为最终损伤评级。

表 1 法兰密封面损伤允许尺寸

标准管道直径	不深于底部缺陷的最大径向投影/mm	深于底部缺陷的最大径向投影/mm	深于底部缺陷的最大深度/mm
15mm～75mm	3	1.5	1.5
90mm	4.6	1.5	1.5
105mm～180mm	6.4	3	3
240mm～420mm	7.9	4.6	4.6
480	9.6	4.6	4.6
540mm～720mm	12.7	6.4	6.4

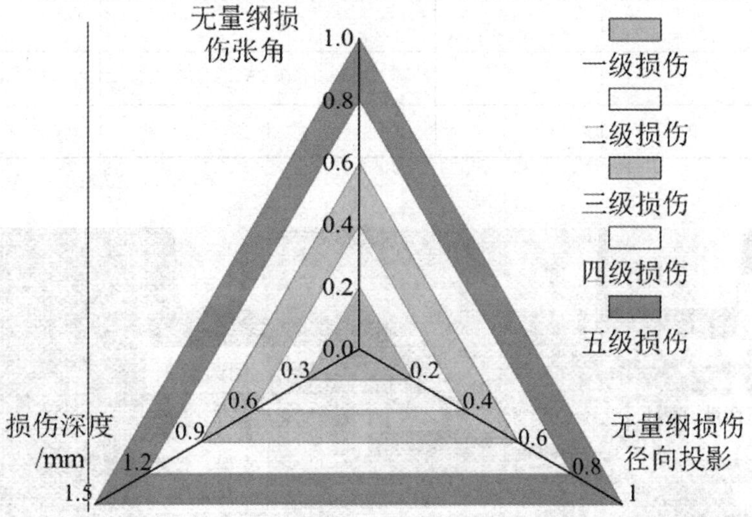

图 4 密封面损伤评价等级示意图

1.4 泄漏率实验

实验中采用的法兰直径为 40mm，因此根据表中规定，$\bar{h}$ 最大值取 1.5mm，r 与 $\bar{L}$ 的最大值均为 1，采用正交试验法设计了三因素四水平的法兰密封面损伤加工方案如表 2 所示，并采用如图 5 所示的法兰泄漏率测试实验装置开展泄漏实验，其中选用氦气作为泄漏气体，力矩测量模块用于实时反馈螺栓预紧力，温、压测量模块用于输出法兰密封腔内部的温度和压力。法兰密封腔内气体初始压力为 2MPa，在测试过程中采用 SFJ261 型号氦质谱仪实时测量泄漏率。

表 2 法兰密封面损伤加工参数

编号	无量纲损伤张角	无量纲损伤径向投影	损伤平均深度/mm
1	0.25	0.25	0.6
2	0.25	0.5	0.9
3	0.25	0.75	1.2
4	0.25	1	1.5
5	0.5	0.25	0.9

(续表)

编号	无量纲损伤张角	无量纲损伤径向投影	损伤平均深度/mm
6	0.5	0.5	0.6
7	0.5	0.75	1.5
8	0.5	1	1.2
9	0.75	0.25	1.2
10	0.75	0.5	1.5
11	0.75	0.75	0.6
12	0.75	1	0.9
13	1	0.25	1.5
14	1	0.5	1.2
15	1	0.75	0.9
16	1	1	0.6

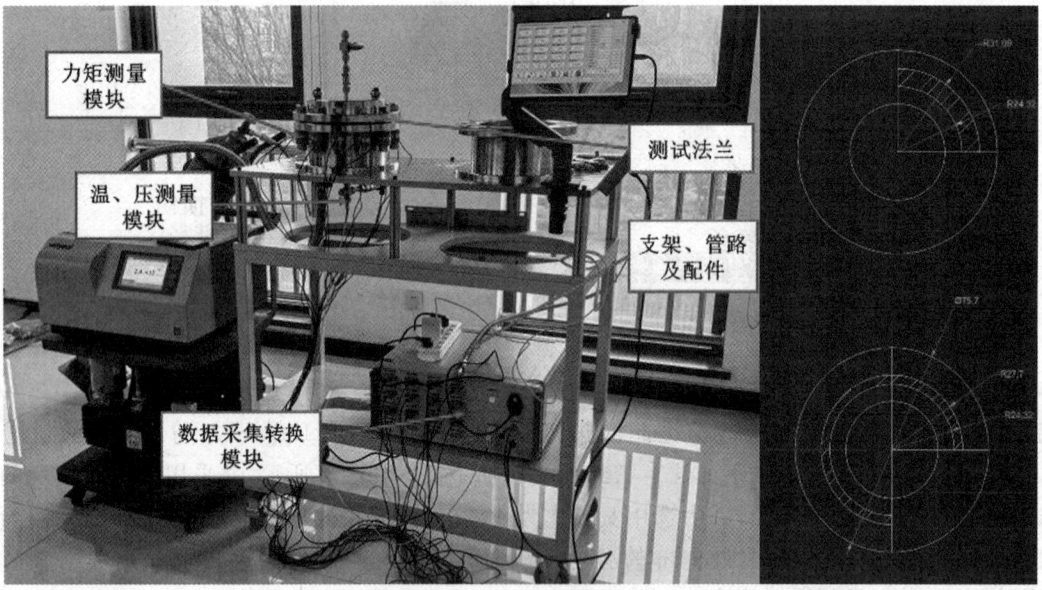

图 5　法兰泄漏率测试实验装置及法兰密封面加工方案

2　结果与讨论

2.1　泄漏率预测

如图 6 所示为不同损伤参数下的泄漏率曲线。图例数值分别代表无量纲径向投影、损伤深度以及法兰预紧力。实验过程中发现当无量纲损伤径向投影达到 1 时，法兰处于密封失效状态，因此未记录相关数据。显然法兰密封面出现损伤将会显著降低法兰的密封效果，表现为无损伤法兰泄漏率在压差 2.5MPa，螺栓预紧力为 4025N 时泄漏率为 7.83×10^{-4} Pa·m^3s^{-1}，而当无量纲损伤张角为 0.25，无量纲损伤径向投影为 0.75，损伤深度为 1.2mm 时，即使螺栓预紧力为 5038N，泄漏率在压差 2MPa 也达到了 1.31×10^{-3} Pa·m^3s^{-1}，泄漏率提高了 67%。

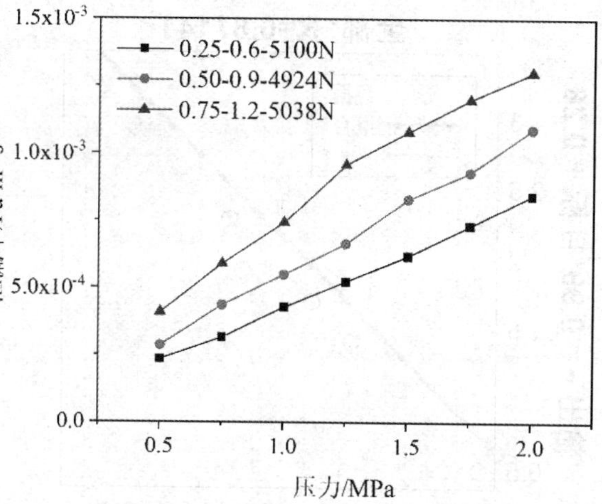

（a）无量纲损伤张角0.25

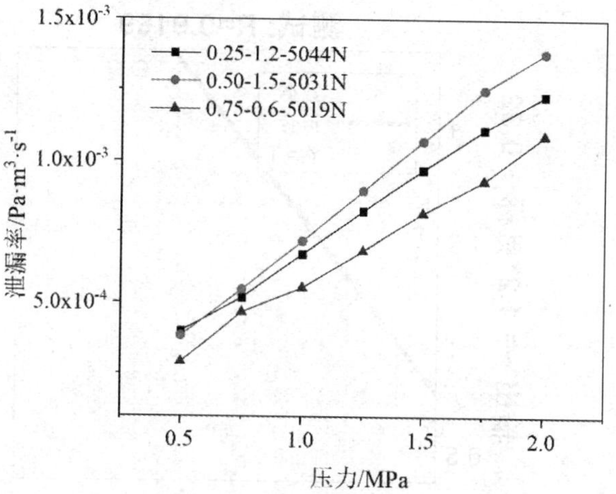

（b）无量纲损伤张角0.75

图 6　不同损伤参数下泄漏率曲线

根据实验结果对参数进行敏感性分析以评估泄漏率对密封面损伤参数的依赖性。研究中考虑在－1和＋1范围内的关联因子 γ 进行分析，γ 的绝对值越大，说明参数对泄漏率的影响越大。而 r 的正值与负值分别表示与参数与泄漏率的正相关与负相关关系。γ 的计算公式如下：

$$\gamma=\frac{\sum_{i=1}^{N}(X_{k,i}-\overline{X_k})(y_i-\bar{y})}{\sqrt{\sum_{i=1}^{N}(X_{k,i}-\overline{X_k})^2\sum_{i=1}^{N}(y_i-\bar{y})^2}} \tag{15}$$

式中，$X_{k,i}$ 为第 k 个因素第 i 次的输入值、$\overline{X_k}$ 为第 k 个因素第 i 次的输入值均值。y_i 为第 i 次的输出值，$\bar{y}$ 为第 i 次的输出值均值。计算结果表明，r、$\bar{L}$ 与 $\bar{h}$ 对应的关联因子分别为 0.12，0.41，0.63，说明密封面损伤深度对泄漏率的影响最大，其次是径向泄漏长度，最后是泄漏路径的张角。

为了得到泄漏率计算公式中的修正参数 α 与 Q_c，在 MATLAB 中对实验数据进行拟合，发现 Q_c 整体变化较小，平均值为 7.9×10^{-5} Pa・m^3s^{-1}，α 在 0.38 到 2.49 之间变化，考虑到 α 与损伤参数的非线性关系，采用 MATLAB 工具箱集成的反向传播神经网络（ANN）算法进行预测，将数据集随机分为两部分，其中 9 组数据用于 ANN 模型训练，3 组数据用于测试。ANN 模型代数设为 200，网络层数设为 15，训练结果如图 7 所示，可以看出样本拟合的 R 指数均大于 0.82，后续可基于大规模工业数据进一步扩充训练数据集，提升预测精度。

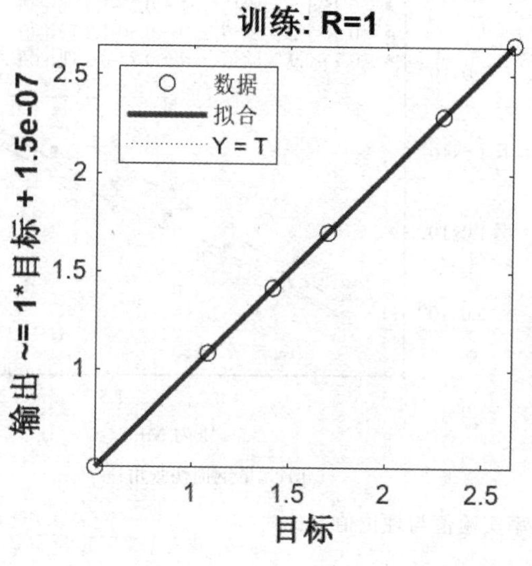

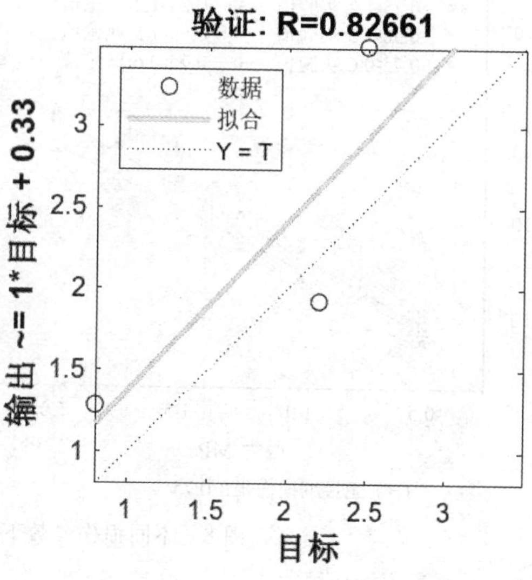

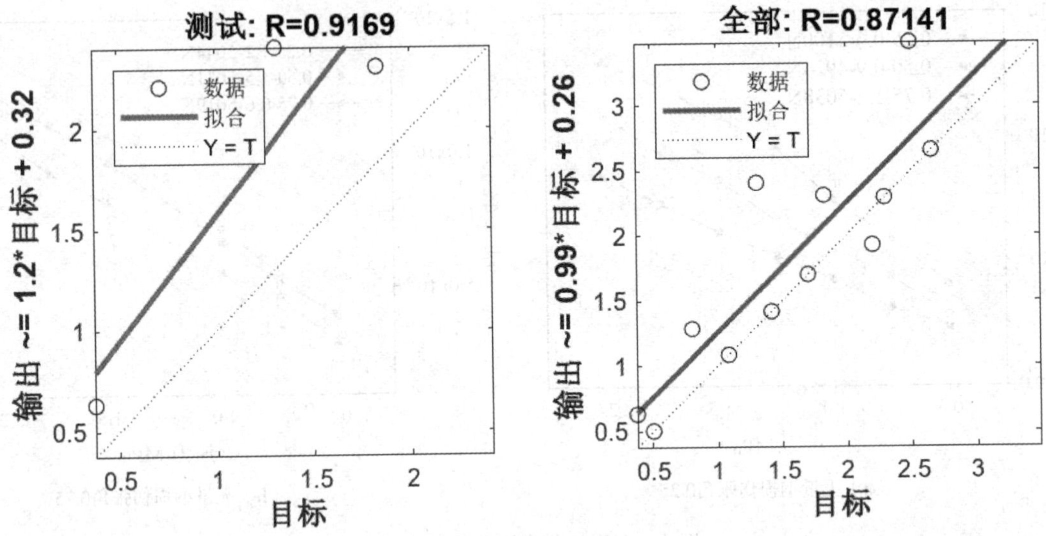

图 7　神经网络训练结果

将神经网络输出后的预测函数用于 Q 的预测，如图 8 所示为不同损伤参数下泄漏率实验值与理论值对比，可以看出实验值与理论值误差均在 15％以内，且实际泄漏速率多大于理论泄漏速率，表明所提公式所得的评估结果不会低于实际损伤等级，因此仍可用于后续法兰密封面的损伤评估。

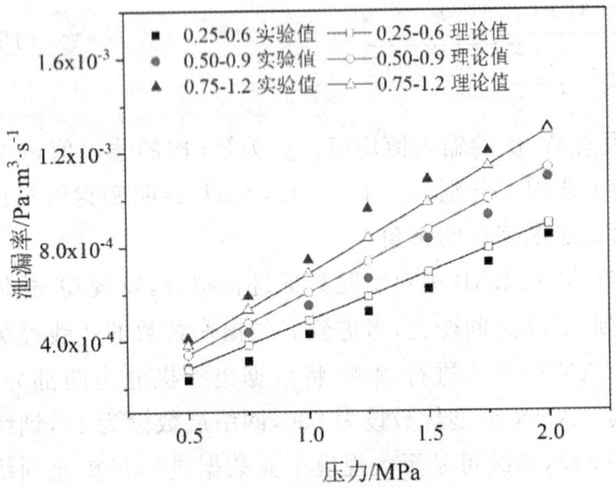

（a）无量纲损伤张角0.25

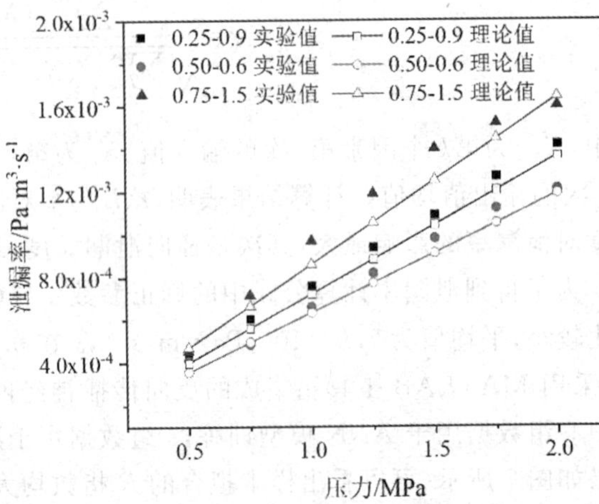

（b）无量纲损伤张角0.5

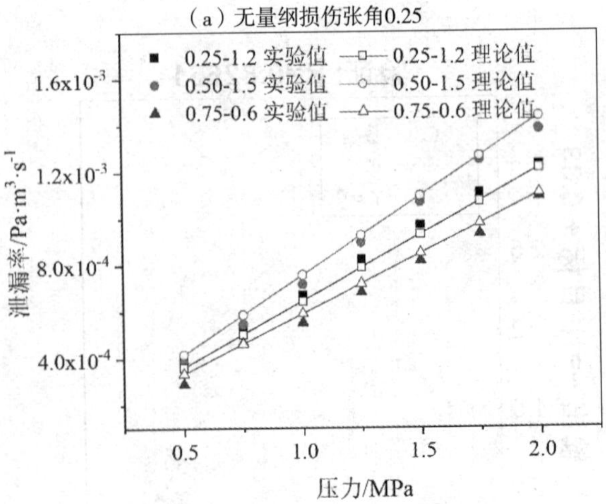

（c）无量纲损伤张角0.75

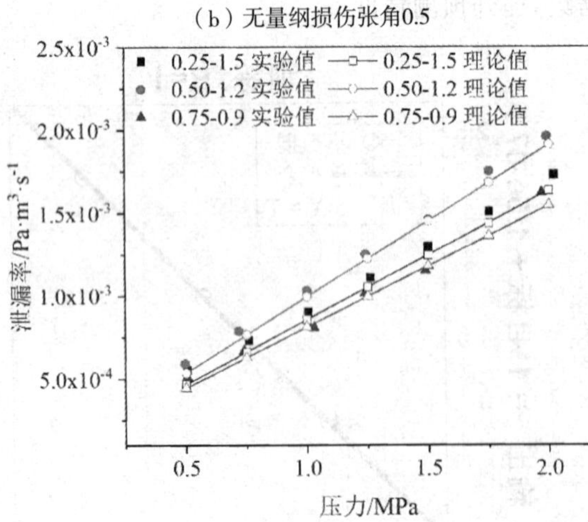

（d）无量纲损伤张角1

图 8　不同损伤参数下泄漏率实验值与理论值对比

2.2 密封面损伤评估

2.2.1 贝叶斯推理

在本项目中，贝叶斯推理的目标是推导出观察到的泄漏率 Q 以及法兰密封面损伤 d 之间的关系，推理过程可以表示为：

$$P(d \mid Q)=\frac{P(Q \mid d)P(d)}{P(Q)}=\frac{P(Q \mid d)P(d)}{\int P(Q \mid d)P(d)dd} \tag{16}$$

式中 $P(d \mid Q)$ 表示在泄漏率为 Q 的条件下法兰密封面损伤程度为 d 的概率，即后验概率；$P(d)$ 表示法兰密封面损伤程度为 d 的概率，即先验概率；$P(Q)$ 表示监测到泄漏率为 Q 的概率；$P(Q \mid d)$ 表示当法兰密封面损伤程度为 d 泄漏率为 Q 的概率，即似然概率。

贝叶斯推理中分母的积分项通常难以计算，因此可以引入如下的比例关系：

$$P(d \mid Q) \propto P(Q \mid d)P(d) \tag{17}$$

为了计算后验概率，考虑式中的每一项：$P(d)$ 为法兰密封面损伤的先验概率。由于损伤的任何信息都是未知的，考虑到密封面越接近密封流体，其损伤概率越大，因此将 $\bar{L}$ 与 $\bar{h}$ 的先验概率密度函数定义为指定区间内的正态分布，r 定义为均匀分布，$P(Q \mid d)$ 为似然函数，表示泄漏率修正模型的计算结果与实际泄漏率的拟合程度，可以简化为正态分布如下：

$$P(Q \mid d)=\frac{1}{(2\pi\sigma^2)^{n/2}}\exp\left(\sum_{i=1}^{n}\left(-\frac{(Q_i-C_i)^2}{2\sigma^2}\right)\right) \tag{18}$$

式中，Q_i 表示泄漏率的理论值，C_i 表示泄漏率的测量值，两者相乘即可得到 $P(d \mid Q)$ 的后验概率如下：

$$P(d \mid Q)=\lambda\exp\left(-\frac{(Q_i-C_i)^2}{2\sigma^2}\right)\exp\left(-\frac{\bar{h}^2}{2{\sigma_1}^2}\right)\exp\left(-\frac{\bar{L}^2}{2{\sigma_2}^2}\right) \tag{19}$$

式中，λ 为比例系数，在后续计算中并不影响结果的概率分布。

2.2.2 马尔可夫链蒙特卡罗(MCMC)法

考虑到P(d|Q)的表达式难以计算，本项目采用 MCMC 法基于概率密度函数进行抽样，以获得所需的样本分布，具体采用 Metropolis－Hastings(MH)算法，计算流程如图 9 所示，并通过 MATLAB 编程实现。

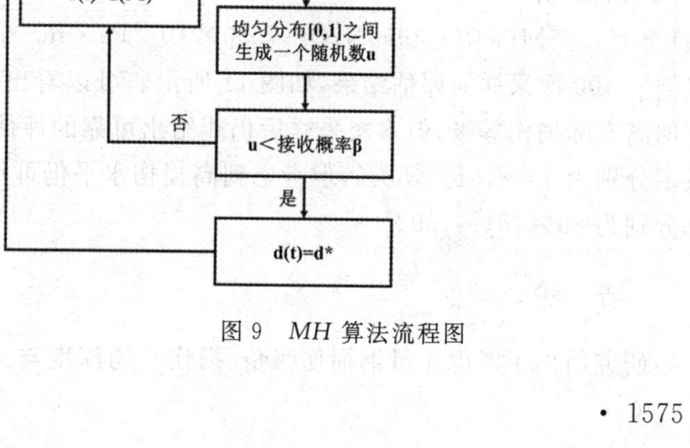

图 9　*MH* 算法流程图

2.2.3 密封面损伤评估方法验证

研究中以实验测量的法兰密封面损伤下的泄漏率为例进行验证，具体参数为 $r=0.25$，$\bar{L}=0.5$，$\bar{h}=0.9$mm，当压力 p 为 1.5MPa 时，泄漏率为 9.8×10^{-4} Pa・m³・s⁻¹，选取的马尔可夫链长度为 10000，采用直方图量化了迭代稳定后 r、$\bar{L}$ 与 $\bar{h}$ 预测值的概率分布如图 10 所示，峰值区间分别为(0.211,

0.214),(0.5170,0.5175)与(0.83,0.84),与实际损伤参数的相对误差分别为14.8%,3.4%与7.4%,考虑到密封面损伤参数与泄漏率存在显著的非线性关系,因此以上误差是可以接受的。更重要的是,依照此前所提的法兰密封面损伤评价标准,预测损伤等级与实际损伤等级均为3级,评价结果一致。

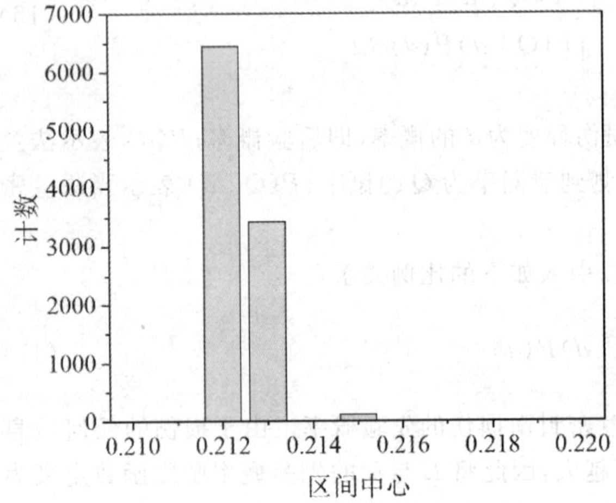

(a)无量纲损伤张角

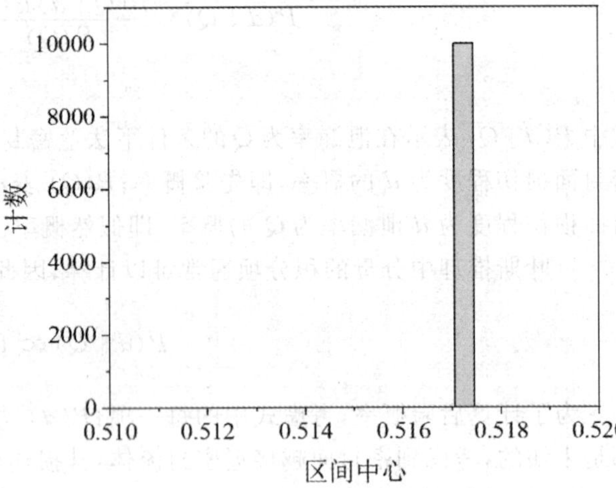

(b)无量纲损伤径向投影

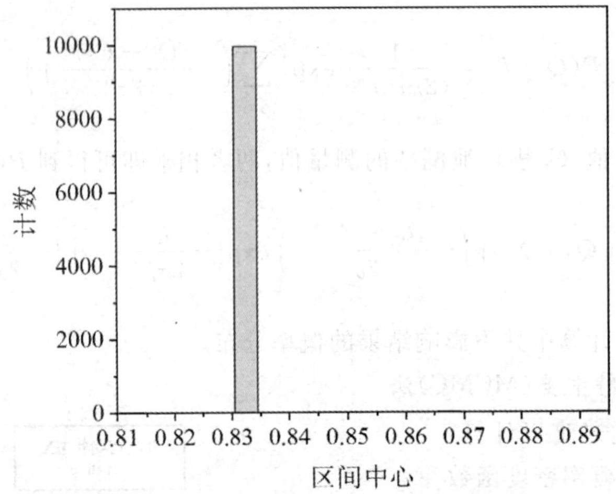

(c)损伤深度

图10　密封面损伤参数的马尔可夫链样本频率直方图

研究进一步测试了$p=1.5\text{MPa}$,$F=5019\text{N}$,$Q=9.8\times10^{-4}\text{Pa}\cdot\text{m}^3\cdot\text{s}^{-1}$(对应$r=0.5$,$\bar{L}=0.5$,$\bar{h}=0.6$,3级损伤)、$p=1\text{MPa}$,$F=5040\text{N}$,$Q=7.57\times10^{-4}\text{Pa}\cdot\text{m}^3\cdot\text{s}^{-1}$(对应$r=0.75$,$\bar{L}=0.5$,$\bar{h}=1.5$,5级损伤)、$p=1.25\text{MPa}$,$F=4990\text{N}$,$Q=7.20\times10^{-4}\text{Pa}\cdot\text{m}^3\cdot\text{s}^{-1}$($r=0.75$,$\bar{L}=0.75$,$\bar{h}=0.6$,4级损伤)三组案例下100次采样的评估结果,如图11所示。可以看出尽管单次采样时马尔可夫链可能由于局部收敛而偏离实际损伤等级,但多次采样后仍能给出可靠的评估结果,三组案例中MCMC给出准确评估结果的概率分别为45%,61%,58%,但考虑到高损伤水平仍可作为保守的估计结果,三组案例的保守估计准确率分别为89%,61%,69%。

3　结　论

本研究给出了考虑无量纲损伤张角、损伤平均深度与无量纲损伤径向投影的泄漏率计算公式,并基

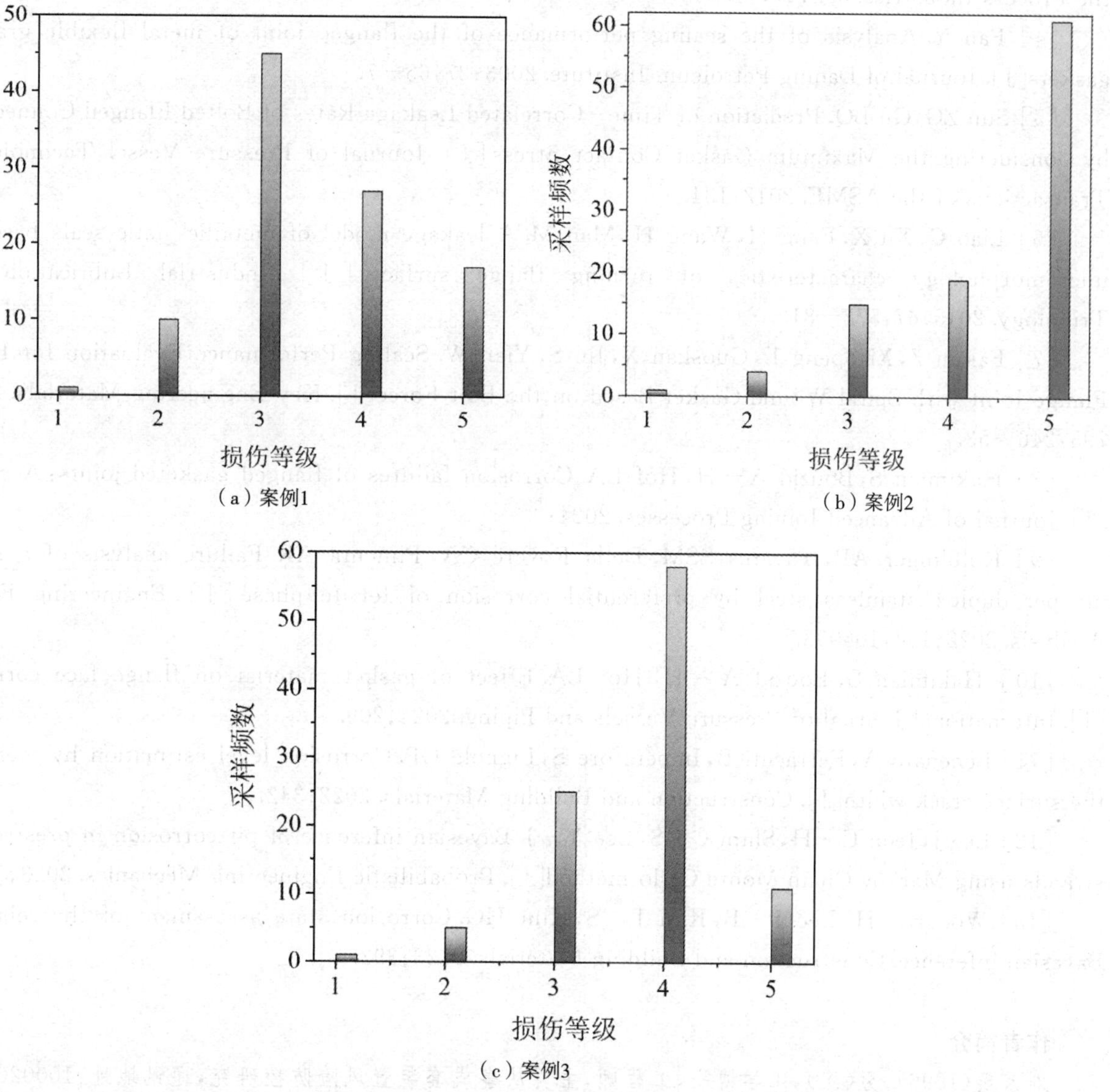

图 11　100 次采样下损伤等级评估结果

于马尔科夫蒙特卡罗法给出了密封面损伤评估方法。研究结果表明，所提泄漏率预测公式与实验值误差在 15%以内，且密封面损伤深度对泄漏率的影响最大，其次是径向泄漏长度，最后是泄漏路径的张角。对损伤评估方法的验证结果表明，尽管会出现局部收敛情况，但方法对于密封面损伤的保守评估准确率仍可达到 60%以上。

参考文献

[1] Nelson NR, Prasad NS, Sekhar AS. Structural integrity and sealing behaviour of bolted flange joint: A state of art review[J]. International Journal of Pressure Vessels and Piping. 2023; 204.

[2] Long Y, Luo J, Yue M, Wu G, Zhao M, Ji N, et al. Investigation on leakage cause of 13Cr pipe flange used for a Christmas tree in a high - pressure and high - temperature gas well[J]. Engineering Failure Analysis. 2022; 142: 106793.

[3] Zhang Z, Guo Y, Wang D, Li G, Peng D. A Noisy - OR gate based fuzzy fault tree approach for micro - leakage evaluation of bolt - gasket - flange connection (BGFC)[J]. Journal of Loss Prevention in

the Process Industries. 2021;71:104521.

[4] Fan Y. Analysis of the sealing performance of the flanged joint of metal flexible graphite gaskets[J]. Journal of Daqing Petroleum Institute. 2003;27:65－7.

[5] Sun ZG, Gu BQ. Prediction of Time-Correlated Leakage Rates of Bolted Flanged Connections by Considering the Maximum Gasket Contact Stress[J]. Journal of Pressure Vessel Technology-Transactions of the ASME. 2012;134.

[6] Liao C, Xu X, Fang H, Wang H, Man M. A leakage model of metallic static seals based on micromorphology characteristics of turning flange surface [J]. Industrial Lubrication and Tribology. 2015;67:572－81.

[7] Fakun Z, Xiaopeng L, Guoshan X, Jin S, Yian W. Sealing Performance Evaluation for Bolted Flange Joint with Spiral Wound Gasket Based on the Bolt Force[J]. Key Engineering Materials. 2019;795:246－53.

[8] Hakimian S, Bouzid A－H, Hof LA. Corrosion failures of flanged gasketed joints: A review [J]. Journal of Advanced Joining Processes. 2024;9.

[9] Kölblinger AP, Tavares SSM, Della Rovere CA, Pimenta AR. Failure analysis of a flange ofsuper duplex stainless steel by preferential corrosion of ferrite phase[J]. Engineering Failure Analysis. 2022;134:106098.

[10] Hakimian S, Bouzid A-H, Hof LA. Effect of gasket material on flange face corrosion [J]. International Journal of Pressure Vessels and Piping. 2024;209.

[11] Benenato A, Ferracuti B, Imperatore S, Lignola GP. Corrosion level estimation by means of the surface crack width[J]. Construction and Building Materials. 2022;342.

[12] Lee J, Jeon C-H, Shim C-S, Lee Y-J. Bayesian inference of pit corrosion in prestressing strands using Markov Chain Monte Carlo method[J]. Probabilistic Engineering Mechanics. 2023;74.

[13] Woo B-H, Lee J-B, Kim J-S, Kim HG. Corrosion state assessment of the rebar via Bayesian inference. Construction and Building Materials. 2023;392.

作者简介

刘家璇(1996),男(汉),工学博士,工程师,主要从事成套装置风险防控研究,通讯地址:100020 北京市朝阳区小黄庄路三条安贞中国特种设备检测研究院 B 座 516,E－mail:liujiaxuan@csei.org.cn,手机:15832221886。

最小安全稀释体积系数及其在高压储氢气瓶泄漏评价中的应用

陈昭廷[1],施建峰,韩　芳[2]

(1. 浙江大学能源工程学院,杭州 310027;2. 浙江固微科技有限公司,杭州 311100)

摘　要:高压储氢气瓶作为氢储运的核心装备之一,具有容量灵活、应用广泛的特点,可满足多元化氢能应用场景的储氢需求。氢气分子小,渗透能力强,不仅在接头、阀门等密封配合面处泄漏,还能渗透通过非金属材料。氢气的爆炸极限广(4%~75%)、点火能量极低,在受限空间中泄漏的氢气可能积聚,产生燃爆风险。目前对高压储氢气瓶出现孔洞、破裂等事故工况下的氢气泄漏的研究较多,但对储氢气瓶在正常工况下的氢气泄漏的研究较少。本文针对正常工况下高压储氢气瓶泄漏安全评价问题,基于完全混合方程与通风稀释效应,提出"最小安全稀释体积系数"和"最小安全稀释体积"概念,为受限空间中的储氢气瓶布局及储氢气瓶在正常工况下的氢气泄漏评价提供理论支撑。"最小安全稀释体积系数"定义是在储氢气瓶的漏率为标准允许最大氢气漏率(6NmL/L/h)和最差情况下(通风率 0.03ach、环境温度 55℃、气瓶处于寿命末期),将受限空间的氢气浓度控制在允许浓度(1%)时单位气瓶容积所需的最小稀释体积;"最小安全稀释体积"定义为气瓶的最小安全稀释体积系数与储氢气瓶总容积的乘积。

关键词:最小安全稀释体积系数;高压储氢气瓶;氢气泄漏;正常工况;通风情况

Minimum safety dilution volume factor and its application in leakage evaluation of high pressure hydrogen storage cylinder

CHEN Zhaoting[1], HAN Fang[2]

(1. College of Energy Engineering, Zhejiang University, Hangzhou 310027, China;
2. Zhejiang Guwei Technology Co., Ltd., Hangzhou 311100, China)

Abstract: High-pressure hydrogen storage cylinders, as one of the core pieces of equipment for hydrogen storage and transportation, offer flexible capacity and wide-ranging applications, capable of meeting the hydrogen storage needs of diverse hydrogen energy application scenarios. Hydrogen molecules are small and have strong permeation capabilities, not only leaking at sealing interfaces such as joints and valves but also permeating through non-metallic materials. Hydrogen has a wide explosive limit (4%~75%) and extremely low ignition energy. Leaked hydrogen in confined spaces may accumulate, posing a risk of combustion or explosion. While there has been extensive research on hydrogen leakage from high-pressure hydrogen storage cylinders under accident conditions such as perforation or rupture, there has been limited research on hydrogen leakage from hydrogen storage cylinders under normal operating conditions. This paper addresses the safety evaluation of hydrogen leakage from high-pressure hydrogen storage cylinders under normal operating conditions. Based on the complete mixing equation and ventilation dilution effects, it introduces the concepts of the "minimum safe dilution volume coefficient" and "minimum safe dilution volume", providing theoretical support for the layout of hydrogen storage cylinders in confined spaces and the evaluation of hydrogen leakage from hydrogen storage cylinders under normal operating conditions. The "minimum safe dilution volume coefficient" is defined as the minimum dilution volume required per unit cylinder volume to control the hydrogen concentration in a confined space to the allowable concentration (1%) when the cylinder leakage rate is the standard maximum allowable hydrogen leakage rate (6 NmL/L/h) and under the worst-case conditions (ventilation rate of 0.03 ach, ambient temperature of 55℃, and the cylinder at the end of its service life). The "minimum safe dilution volume" is defined as the product of the minimum safe dilution volume coefficient of the cylinder and the total volume of the hydrogen storage cylinder.

Keywords: minimum safe dilution volume coefficient; high-pressure hydrogen storage cylinder; hydrogen leakage; normal operating conditions; ventilation conditions

0 引 言

氢能汽车预计在不久的将来广泛应用，这涉及在受限空间中储存和使用氢气，例如车库、地下停车场等。氢气具有分子尺寸小、密度低、扩散能力强的特点，氢气能够渗透多种材料，这种特性增加了氢气泄漏的可能性。氢气可燃极限从4%～75%[1]，比大多数气体要宽得多，并且点火能量仅为0.02 mJ，比汽油蒸汽的点火能量低约10倍[2]。这些特性导致在受限空间中，氢气泄漏会迅速积聚，若被点燃，氢火焰的传播速度高，可能引发爆炸，造成严重后果。因此研究受限空间的氢气泄漏和积聚行为，进行安全评估，设计预防和缓解措施至关重要。欧盟SUSANA项目对比了不同计算流体力学(CFD)模型对低雷洛数的气体泄漏后氢气/氦气分布的预测能力，发现雷洛时均模型(RANS)和大涡模拟(LES)均表现出良好的预测能力[3]。研究人员[4-5]也在封闭空间中进行氢气/氦气释放实验，以验证模型预测结果的可靠性。

对于车载储氢气瓶，在ISO19881:2018[6]、GB/T 35544—2017[7]和GB/T 42612—2023[8]标准中均规定了，车用储氢气瓶在测试温度为15±5 ℃时，最大允许漏率为6 NmL/h/L。ISO 19881等标准规定的储氢气瓶最大允许氢气漏率参考了欧洲委员会卓越网络"Hysafe"项目的研究结论，在该项目中P. Adams等[9]分析了在欧洲的住宅车库场景和公交车库场景中储氢气瓶的最大允许氢渗透率，推荐车用储氢气瓶的最大允许氢渗透率为6 NmL/h/L。但随着氢能迅速发展，氢能应用在公共交通、物流运输、市政环卫、储能等场景。随着氢能应用场景的多元化，不同应用场景中的储氢气瓶的总容积(储氢量)、受限空间尺寸、通风条件差别较大，在某些场景中，符合标准的高压储氢气瓶在正常工况的氢气泄漏可能导致受限空间中氢气浓度超过允许值(1%)，产生安全隐患。因此亟需一种针对储氢气瓶在正常工况氢气泄漏的评价方法，为储氢气瓶布局设计及安全标准修订提供理论支撑。

当前ISO 19881:2018、GB/T 35544—2017、GB/T 42612—2023等标准中，对高压储氢气瓶的氢气泄漏控制采用"最大允许氢渗透率"指标(6 NmL/h/L)，该指标本质是针对气瓶产品的约束，即要求每升气瓶容积每小时的氢气泄漏量不超过6标准毫升(NmL/h/L)。然而，这一指标对气瓶制造商和监管单位有明确的指导意义，但未给实际应用场景的用户给出有效的安全指导，未明确给出气瓶所处的受限空间体积、通风条件等关键因素对实际空间氢气浓度的影响。

氢气泄漏后在受限空间中的浓度不仅取决于气瓶的漏率(NmL/h/L)，更与空间体积、通风率密切相关：相同漏率的气瓶，在狭小密闭空间与开阔通风空间中，氢气浓度可能存在显著差异。随着氢能应用场景的多元化(如公共交通、物流运输、市政环卫等)，不同场景下的储氢气瓶总容积、受限空间尺寸(如车库、机械停车库、卡车气瓶箱等)及通风条件(换气率)差异显著。现有标准仅通过单一的"NmL/h/L"指标约束气瓶产品，未针对不同场景提出适配的空间稀释体积或通风率要求，导致部分场景中符合标准的高压储氢气瓶在正常工况下泄漏的氢气仍可能在受限空间内积聚，使氢气浓度超过安全阈值(1%)，形成安全隐患。

本文基于气体质量守恒原理与受限空间中氢气均匀混合假设，分析氢气泄漏率、通风率与空间稀释体积的定量关系，建立最小安全稀释体积系数的理论计算模型，分析其与氢气漏率、通风率的定量关系，针对高压储氢气瓶在正常工况下的氢气泄漏，提出基于最小安全稀释体积的氢气泄漏评价方法。

1 最小安全稀释体积系数的理论模型

1.1 最小安全稀释体积系数和最小安全稀释体积的定义

最小安全稀释体积系数(V_{sd})是对于符合 ISO 19881:2018、GB/T 35544—2017、GB/T 42612—2023 等标准规定(最大允许氢渗透率为 6 NmL/h/L)的高压储氢气瓶，在最差情况(通风率 0.03 次/小时、环境温度 55℃、气瓶处于寿命末期)和 1%氢气浓度安全阈值(25%燃烧下限)约束下，单位气瓶容积所需的最小稀释体积(稀释体积=受限空间体积－非透气材料体积－气瓶体积)，单位为 L/L，为无量纲数。其物理意义为：每升气瓶容积需匹配的最小稀释体积，即在最差情况下，每升气瓶泄漏的氢气，通过稀释作用将空间内稳态平均氢气浓度控制在 1%以下所需的最小稀释体积。

不同场景中储氢气瓶的总容积有差异，因此定义最小安全稀释体积(V_d^{min})＝最小安全稀释体积系数(V_{sd})×储氢气瓶总容积(V_{hs})。若实际受限空间的稀释体积(V_d)大于或等于该场景所需的最小安全稀释体积(V_d^{min})，储氢气瓶正常工况泄漏的氢气不会导致空间内氢气浓度超标，对用户是安全的；若 $V_d < V_d^{min}$，则需通过提高通风率(如机械通风)或增大稀释体积(如扩大空间尺寸)等措施，确保氢气浓度低于 1%。

1.2 假设与参数定义

受限空间中氢气浓度与空间体积、通风条件和氢气漏率密切相关，为了研究储氢气瓶在正常工况的氢气泄漏后受限空间的氢气浓度，基于文献[9]，本文采取如下假设：

(1)储氢气瓶正常工况下泄漏的氢气在受限空间中均匀混合；

(2)受限空间中允许的氢气浓度上限为 1%(体积浓度)，即 25%燃烧下限(LFL)；

(3)受限空间的空气进气率 Q_a＝稀释体积×换气次数＝(受限空间体积－非透气材料体积－气瓶体积)×换气次数；

(4)储氢气瓶所处受限空间的最高长期温度为 55 ℃，受限空间的通风率为 0.03 次/小时(0.03 ach)，储氢气瓶处于寿命末期；

(5)老化系数 $f_a=2$，即对于新气瓶的氢气漏率以 2 的系数转换为使用寿命结束时气瓶的氢气漏率；

(6)20 ℃时测试温度系数 $f_t=3.5$，15 ℃时 $f_t=4.7$；IV 型瓶的塑料内衬的氢气渗透率随温度变化，因此对于在 20 ℃下进行的测试，使用 3.5 的系数(15 ℃时为 4.7)将测试结果转化为 55 ℃(最高长期温度)下的结果。

在真实场景中通风方式会影响氢气稀释效果，需要采取合理的通风方式避免通风短路，但本文的模型基于完全均匀混合假设，认为泄漏的氢气、通入的空气与受限空间的空气均匀混合，无通风短路，因此忽略通风方式的影响。与受限空间的空气均匀混合，无通风短路，因此忽略通风方式的影响。基于完全均匀混合方程，采用式(1)计算受限空间中稳态的氢气浓度：

$$C_{\%}=\frac{100\cdot Q_g}{Q_a+Q_g} \tag{1}$$

式中，$C_{\%}$ 为稳态氢气浓度(体积浓度)；Q_a 为空气进气率，$Q_a=V_d\times R_v$，m^3/h；Q_g 为氢气漏率，m^3/h。

对于储氢气瓶，根据文献[9] 对车用储氢气瓶的允许氢气漏率的研究，采用如下公式计算最大允许氢气漏率：

$$Q_{Px}=\frac{Q_a\cdot C_{\%}}{100-C_{\%}}\cdot\frac{10^6}{V_{hs}\cdot f_a\cdot f_t} \tag{2}$$

式中，Q_{Px} 为在测试温度为 x ℃时储氢容器的允许氢气漏率，mL/h/L；V_{hs} 为储氢气瓶的容积，L。

1.3 模型推导

根据式(1)得：

$$Q_g = \frac{Q_a \cdot C_{\%}}{100 - C_{\%}} = \frac{(R_v \cdot V_d) \cdot C_{\%}}{100 - C_{\%}} \tag{3}$$

根据式(2)(3)得：

$$Q_g = \frac{(R_v \cdot V_d) \cdot C_{\%}}{100 - C_{\%}} = Q_{Px} \cdot V_{hs} \cdot f_a \cdot f_t \cdot 10^{-6} \tag{4}$$

$$V_{sd} = \frac{V_d \cdot 10^3}{V_{hs}} = \frac{Q_{Px} \cdot f_a \cdot f_t \cdot 10^{-3}}{Q_{Vd}} = \frac{(100 - C_{\%}) \cdot Q_{Px} \cdot f_a \cdot f_t \cdot 10^{-3}}{R_v \cdot C_{\%}} \tag{5}$$

式(5)为最小安全稀释体积系数的理论计算公式，当已知储氢气瓶的老化系数、测试温度系数和受限空间的允许氢气浓度，根据式(5)可得储氢气瓶的最小安全稀释体积系数与受限空间的通风率成反比、与储氢气瓶的氢气漏率成正比。

对于具体的场景，已知受限空间的稀释体积、允许的稳态氢气浓度、储氢气瓶的容积、储氢气瓶的允许氢气漏率、老化系数、温度系数，根据式(6)得受限空间所需的最低安全通风率($R_v^{\min}$)；根据式(7)得场景下的最小安全稀释体积($V_d^{\min}$)。

$$R_v^{\min} = \frac{Q_{Px} \cdot V_{hs} \cdot f_a \cdot f_t \cdot 10^{-6} \cdot (100 - C_{\%})}{V_d \cdot C_{\%}} \tag{6}$$

$$V_d^{\min} = V_{sd} \times V_{hs} \tag{7}$$

1.4 参数敏感性分析

1.4.1 通风率对最小安全稀释体积系数的影响

根据 ISO19881:2018、GB/T 35544—2017 和 GB/T 42612—2023 规定，车用储氢气瓶的最大允许漏率为 6 NmL/h/L，将 $Q_{P15}=6$ NmL/h/L，$f_a=2$，$f_t=4.7$，$C_{\%}=1\%$带入式(5)得：

$$V_{sd} = \frac{5.5836}{R_v} \tag{8}$$

在不同通风率下，最大允许漏率为 6 NmL/h/L 的储氢气瓶(符合 ISO/GB 标准)的最小安全稀释体积系数如表 1 所示。

表 1 不同通风率下对应的最小安全稀释体积系数

通风率/(次/小时)	V_{sd}/(L/L)
0.03	186
0.1	55.8
0.5	11.2
1	5.58
2	2.79
3	1.86
4	1.40

（续表）

通风率/（次/小时）	V_{sd}/（L/L）
5	1.12
6	0.931

注：V_{sd}保留3位有效数字

1.4.2 氢气瓶氢气漏率对最小安全稀释体积系数的影响

将$R_v=0.03$ ach，$f_a=2$，$f_t=4.7$，$C_{\%}=1\%$带入式(5)得：

$$V_{sd}=31.02Q_{P15} \tag{9}$$

受限空间的最差通风时(即通风率为0.03 ach)，不同储氢气瓶最大氢气漏率对应的储氢气瓶的最小安全稀释体积系数见表2所列。

表2 不同漏率下储氢气瓶的最小安全稀释体积系数

氢气漏率/（mL/h/L）	V_{sd}/（L/L）
1	31.0
2	62.0
3	93.0
4	124
5	155
6	186

注：V_{sd}保留3位有效数字

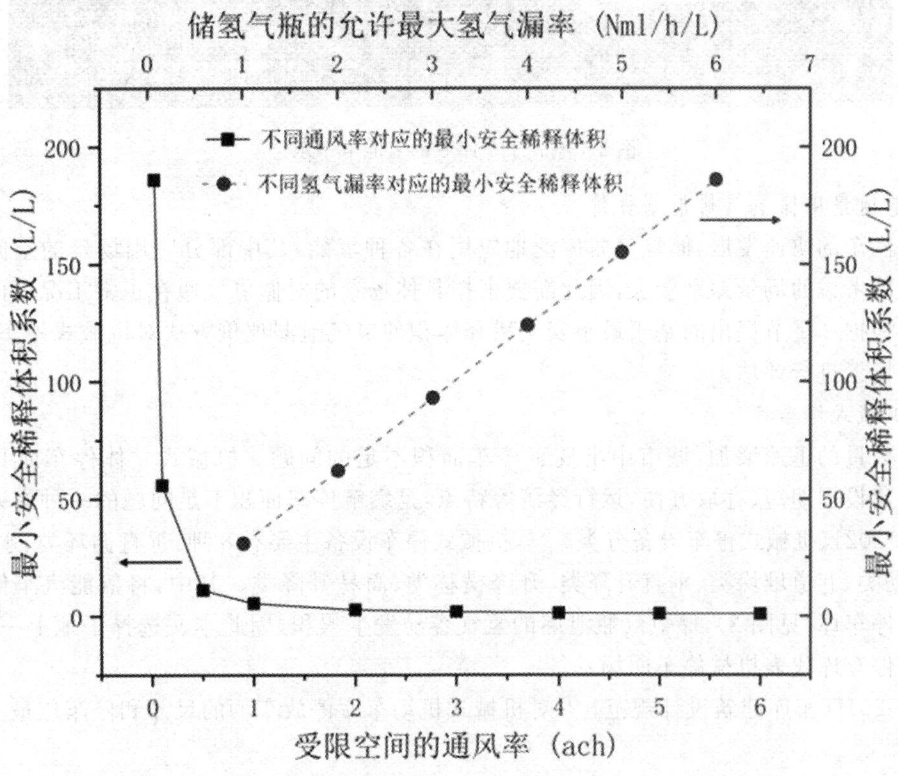

图1 不同通风率、氢气漏率对应的储氢气瓶的最小安全稀释体积系数

2 最小安全稀释体积系数的应用

2.1 储氢气瓶的氢气泄漏评价方法

以停放在车库中的氢能卡车为例,说明在正常工况下储氢气瓶的氢气泄漏评价方法。由式(5)得到储氢气瓶所需的最小安全稀释体积系数 V_{sd}(对于符合 ISO/GB 标准的储氢气瓶 $V_{sd}=186$)。氢能卡车的储氢气瓶的最小稀释体积 $V_{d}^{\min}=$储氢气瓶总容积 $V_{hs}\times V_{sd}$。卡车气瓶箱的稀释体积为 V_{d2},通常情况下 $V_{d2}<V_{sd}^{\min}$,根据式(6)计算卡车气瓶箱的最低安全通风率 $R_{v2}^{\min}$,需要采取机械通风等措施使得卡车气瓶箱的通风率 $R_{v2}\geqslant R_{v2}^{\min}$。车库的稀释体积为 V_{d1},若 $V_{d1}\geqslant V_{sd}^{\min}$,那么在最差情况下(环境温度 55 ℃,通风率为 0.03 ach,储氢气瓶处于寿命末期),储氢气瓶在正常工况下的氢气泄漏不会导致受限空间中的氢气浓度超过 1%,因此无需增加正常工况下的车库通风;若 $V_{d1}<V_{sd}^{\min}$,根据式(6)计算卡车车库的最低安全通风率,需要采取措施增强车库通风,使 $R_{v1}\geqslant R_{v1}^{\min}$。

图 2 停放于车库中的氢能卡车示意

2.2 典型场景中储氢气瓶泄漏评价

随着氢能汽车的快速发展,储氢气瓶广泛地应用在各种氢能,其中部分应用场景的空间尺寸和通风条件与现有标准考虑的场景差别较大,因此需要根据具体场景的对储氢气瓶在正常工况下的氢气泄漏进行风险评估。根据 2.1 节提出的基于最小安全稀释体积的氢气泄漏评价方法对机械式停车库、卡车车库和卡车气瓶箱场景进行评估。

2.2.1 机械式停车库

随着汽车数量的迅速增加,城市中出现了停车面积不足的问题。机械式立体停车库具有占地面积少、配置灵活、建设周期短、存取方便,运行经济等特点,是缓解停车面积不足问题的一种有效方法。根据 GB/T 26559—2021《机械式停车设备分类》[10],机械式停车设备主要有 8 种:垂直循环类、水平循环、多层循环、平面移动类、巷道堆垛类、垂直升降类、升降横移类、简易升降类。其中,将氢能汽车停在地下的简易升降类机械停车库(见图 3),储氢气瓶泄漏的氢气容易发生累积,因此本文选择了地上一层,地下一层的简易升降类停车库代表机械停车库场景。

JGJ 100—2015《车库建筑设计规范》[11]对机械式机动车库停放车辆的尺寸和停车位最小尺寸规定如表 3、表 4 所示

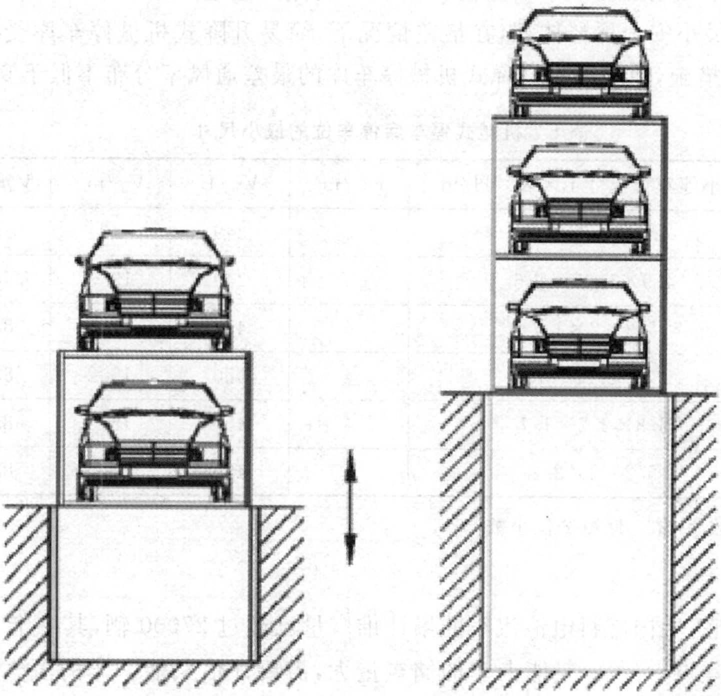

（a）地上一层，地下一层　　（b）地上一层，地下两层

图 3　简易升降类机械停车装置（地下式）[10]

表 3　机械式停车库停放车辆尺寸

组别代号	机动车 长×宽×高/m
X（小型车）	4.4×1.75×1.45
Z（中型车）	4.7×1.8×1.45
D（大型车）	5×1.85×1.55
T（特大型车）	5.3×1.9×1.55
C（超大型车）	5.6×2.05×1.55
K（客车）	5.0×1.85×2.05

表 4　机械式停车库停车位的最小尺寸

项目	最小尺寸
长	车长＋0.20 m
宽	车宽＋0.15 m
高	车高＋微升微降高度＋0.05 m，且不小于 1.60 m

由表 3 和表 4 可知不同车型对应的机械式停车库停车位的最小尺寸，为了确保安全，本文考虑最坏情况，因此假设：

（1）简易升降类的地下层停车位的最差换气率为 0.03 次/小时；

（2）X（小型车）和 Z（中型车）的不透气体积为 $2m^3$，气瓶容积分布为 249L，D（大型车）、T（特大型车）、C（超大型车）的不透气体积为 $4m^3$，气瓶容积均为 450L，K（客车）的不透气体积为 $5m^3$，气瓶容积为 450L。

简易升降类机械停车库场景的最小安全稀释体积和最低安全通风率见表5所列。简易升降式机械停车库的稀释体积小于最小安全稀释体积,在最差情况下,简易升降式机械停车库受限空间的氢气浓度超过1%,因此需要采取措施,使得简易升降式机械停车库的最差通风率分布不低于0.18ach。

表5 机械式停车库停车位的最小尺寸

组别代号	最小停车位尺寸 L×W×H/m	V_{im}/m^3	V_{hs}/L	V_d/m^3	V_d^{min}/m^3	R_v^{min}/ach
X(小型车)	4.6×1.9×1.6	2	249	12	46.3	0.12
Z(中型车)	4.9×1.95×1.6	2	249	13.3	46.3	0.10
D(大型车)	5.2×2×1.7	4	450	13.7	83.7	0.18
T(特大型车)	5.5×2.05×1.7	4	450	15.2	83.7	0.17
C(超大型车)	5.8×2.2×1.7	4	450	15.5	83.7	0.16
K(客车)	5.2×2×2.2	5	450	17.9	83.7	0.14

注:V_d^{min} 保留3位有效数字,R_v^{min} 保留2位小数

2.2.2 卡车车库

截至2024年10月底,中国燃料电池汽车的累计推广量已超过27000辆,其中卡车占比80%。氢能卡车已成为新兴市场的焦点[12-13]。氢能卡车的储氢量大,需要评估氢能卡车的氢气泄漏在车库等受限空间中的风险。根据货车的总质量可将货车分为微卡、轻卡、中卡、重卡,其气瓶容积和数量有所差别,如现代汽车的MIGHTY Fuel Cell氢燃料电池轻卡配备了2个260L或190L的氢气瓶;东风汽车的乘龙L2V氢能轻卡配置了2个270L的氢气瓶;羚牛氢能公司的氢能卡车,配备了5个410L的氢气瓶,这型卡车已经在嘉兴港口投入运营。

GB 1589—2016《汽车、挂车及汽车列车外廓尺寸、轴荷及质量限值》[14]汽车、挂车及汽车列车的宽度不超过2.55m(冷藏车不超过2.6m),对于低平板专用挂车和汽车起重机,车辆宽度不超过3.0m。根据国标对车辆尺寸、气瓶容积的限制和各类卡车的常用的气瓶组合,本文采用的各类卡车的尺寸、总质量、车辆的不透气材料体积、气瓶容积和数量见表6所列,此外本文根据表4设置卡车车库的最小尺寸。

表6 不同类型卡车的参数

卡车类型	卡车尺寸 长×宽×高/m	总质量 m/t	V_{im}/m^3	气瓶容积及数量
微卡	4.86×1.65×1.91	<1.8	3	48 L×4
轻卡	5.99×1.90×2.79	1.8<m≤6	4	270 L×2
中卡	7.45×2.55×3.98	6<m≤14	5	410 L×6
重卡	16.7×2.55×3.98	>14	8	410 L×8或450 L×10

表7 氢能卡车车库的最小安全稀释体积及最低通风率

卡车类型	最小停车库尺寸 $L\times W\times H$/m	气瓶容积×数量	V_{im}/m^3	V_d/m^3	V_d^{min}/m^3	R_v^{min}/ach
微卡	5.06×1.8×2.06	48 L×4	3	15.6	36	0.07
轻卡	6.19×2.05×2.94	270 L×2	4	32.8	100	0.09
中卡	7.65×2.7×4.13	410 L×6	5	77.9	456	0.18
重卡	16.9×2.7×4.13	410 L×8	8	177.2	610	0.10
重卡	16.9×2.7×4.13	450 L×10	8	176.0	837	0.14

注:V_d^{min} 保留3位有效数字,R_v^{min} 保留2位小数

不同类型氢能卡车对应的最小停车库的稀释体积小于所需的最小安全稀释体积，在最差情况下氢能车库的氢气浓度将超过1%，需要采取措施使得氢能卡车车库的通风率分布不低于0.18ach，以保证在正常工况下卡车车库的氢气浓度不超过1%。

2.2.3　卡车气瓶箱

氢能卡车所需功率高，耗氢量大，常使用液氢或多个高压储氢气瓶供氢，这些氢气瓶常放置于箱体中(本文称之为气瓶箱，如图4所示)。气瓶箱中有气瓶、配套管线、支架等，由于配套管线和支架等占的体积较小，因此忽略其体积，在计算稀释体积时只考虑气瓶体积。

图4　氢能卡车的氢气瓶及气瓶箱

氢能卡车气瓶箱的最小安全稀释体积及最低通风率如表8所示，卡车气瓶箱是多个气瓶集中于狭小受限空间中的场景，氢能卡车气瓶箱的稀释体积远小于其所需的最小安全稀释体积，这导致在最差情况时气瓶箱中的氢气浓度超过1%甚至4%，因此需要采取机械通风等措施，使得氢能卡车气瓶箱的通风率分布不低于8.4 ach，以保证在正常工况下卡车气瓶箱的氢气浓度不超过1%。

表8　氢能卡车气瓶箱的最小安全稀释体积及最低通风率

卡车类型	气瓶箱尺寸 L×W×H/m	气瓶容积×数量	V_d/m^3	V_d^{min}/m^3	R_v^{min}/ach
微卡	5.06×1.8×2.06	48 L×4	0.208	36	5.2
轻卡	6.19×2.05×2.94	270 L×2	0.36	100	8.4
中卡	7.65×2.7×4.13	410 L×6	2.028	458	6.8
重卡	16.9×2.7×4.13	410 L×8	2.528	610	7.2
重卡	16.9×2.7×4.13	450 L×10	3.6	837	7.0

3　结　论

(1)针对现有标准仅通过“6NmL/h/L漏率”约束气瓶产品、缺乏用户端安全指标的问题，提出“最小安全稀释体积系数”和“最小安全稀释体积”指标，建立了基于受限空间稀释体积、通风率等实际场景参数的安全评价模型。为用户端安全评估提供了量化依据，解决现有标准仅关注产品漏率、未关联实际场景的问题。

(2)通过分析典型场景发现，现有标准下符合漏率的储氢气瓶在轻卡气瓶箱等部分场景中仍存在安全隐患，需修正通风配置将通风率提升至8.4ach。修正了“符合漏率即安全”的传统认知，指出需结合场景调整通风率以满足安全要求。

(3)通过理论模型和典型场景验证，给出了具体场景的最小安全稀释体积和通风率指导值，直接支撑未来氢能应用的设计与运维。这些指标为储氢气瓶布局设计(如扩大稀释空间)、在役场景通风改造(如加装机械通风设备)提供了明确的量化指导，助力氢能应用的安全推广。

参考文献

[1] GUO L,SU J,WANG Z,et al. Hydrogen safety:An obstacle that must be overcome on the road towards future hydrogen economy[J]. International Journal of Hydrogen Energy,2024,51:1055—1078.

[2] KUMAR L,SLEITI A K. A comprehensive review of hydrogen safety through a metadata analysis framework[J]. Renewable and Sustainable Energy Reviews,2025,214:115509.

[3] GIANNISSI S G,TOLIAS I C,MELIDEO D,et al. On the CFD modelling of hydrogen dispersion at low—Reynolds number release in closed facility[J]. International Journal of Hydrogen Energy,2021,46(57):29745—29761.

[4] LIANG Z,MCKENNA A,CLOUTHIER T,et al. Experimental study on accumulation of helium released into a semi-confined enclosure with distributed leaks[J]. International Journal of Hydrogen Energy,2021,46(23):12522—12532.

[5] BRZEZIŃSKA D. Hydrogen dispersion phenomenon in nominally closed spaces[J]. International Journal of Hydrogen Energy,2021,46(55):28358—28365.

[6] ISO 19881:2018 Gaseous hydrogen — Land vehicle fuel containers[S]. 2018.

[7] GB/T 35544—2017 车用压缩氢气铝内胆碳纤维全缠绕气瓶[S]. 2017.

[8] GB/T 42612—2023 车用压缩氢气塑料内胆碳纤维全缠绕气瓶[S]. 2023.

[9] ADAMS P,BENGAOUER A,CARITEAU B,et al. Allowable hydrogen permeation rate from road vehicles[J]. International Journal of Hydrogen Energy,2011,36(3):2742—2749.

[10] GB/T 26559—2021 机械式停车设备 分类[S]. 2021.

[11] JGJ 100—2015 车库建筑设计规范[S]. 2015.

[12] 李力军,王昕雨,唐小龙,等. 燃料电池汽车氢系统泄放安全研究[J]. 压力容器,2024,41(7):1—5.

[13] 栗健,谭粤,郭世民,等. 防波板对液氢罐式集装箱罐体结构强度的影响[J]. 压力容器,2024,41(5):58—66.

[14] GB 1589—2016 汽车、挂车及汽车列车外廓尺寸、轴荷及质量限值[S]. 2016.

作者简介

陈昭廷,男,博士研究生,主要研究氢气微量泄漏的评价,通信地址:310027 浙江省杭州市西湖区浙大路 38 号,E—mail:chenzhaoting@zju. edu. cn。

超高压阀体的安全裕度分析

庞梦飞[1],惠　虎[1],耿圣陶[2],王　渭[2],黄　淞[1],薛广珂[1]

(1. 华东理工大学 机械与动力工程学院 承压系统安全教育部重点实验室,上海 200237;

2. 合肥通用机械研究院有限院公司,合肥 230031)

摘　要:针对现行超高压阀体设计方法普遍偏保守的问题,本文采用弹塑性有限元分析方法,研究不同结构参数对阀体安全裕度的影响。结果表明,按爆破安全系数 4.0 设计的阀体塑性垮塌压力为 739.64 MPa,安全裕度约为 2.79,远高于规范要求。随着阀体长度的增加,安全裕度提高;支管直径增大则导致安全裕度降低。当长度较短或支管直径过大时,安全裕度接近下限,存在失效风险。研究表明,现行设计方法在常规结构下存在较大冗余,具备减薄壁厚、优化设计的空间。但对于过短或支管过大的阀体结构,应提高安全系数或改进设计方法,以确保安全裕度。本研究结果可为超高压阀体设计优化和设计标准完善提供参考。

关键词:超高压阀体;安全裕度;爆破安全系数;有限元分析

Safety margin analysis of ultra－high pressure valve body

PANG Mengfei[1],HUI Hu[1],GENG Shengtao[2],WANG Wei[2],HUANG Song[1],XUE Guangke[1]

(1. School of Mechanical and Power Engineering, East China University of Science and Technology, Key Laboratory of Pressure Systems and Safety, Ministry of Education, Shanghai 200237, China;

2. Hefei General Machinery Research Institute Co., Ltd., Hefei 230031, China)

Abstract: To address the generally conservative nature of current ultra－high－pressure (UHP) valve body design methods, an elastic－plastic finite element analysis was conducted to investigate the influence of various structural parameters on the safety margin of valve bodies. The results revealed that a valve body designed based on a bursting safety factor of 4.0 exhibited a plastic collapse pressure of 739.64 MPa, corresponding to a safety margin of approximately 2.79, which significantly exceeds the standard requirements. It was found that the safety margin increased with valve body length, while it decreased with larger branch pipe diameters. When the body length was too short or the branch diameter excessively large, the safety margin approached the lower threshold, posing a potential risk of failure. The findings indicate that existing design methods exhibit substantial redundancy for typical structures, suggesting potential for wall thickness reduction and design optimization. However, for valve bodies with short lengths or oversized branch connections, an increased safety factor or improved design methodology is recommended to ensure sufficient safety margins. The results of this study may serve as a reference for the optimization of UHP valve body design and the refinement of relevant design standards.

Keywords: ultra－high－pressure valve body; safety margin; bursting safety factor; finite element analysis

0 引 言

超高压技术(ultra - high pressure,UHP)作为一种在极端压力环境下进行加工处理的技术,广泛应用于低密度聚乙烯生产、等静压成型、食品加工和能源开采等领域[1～6]。随着技术的不断发展,超高压工况下阀门设备的需求日益增长,特别是作为关键承载组件的超高压阀门阀体,其设计的安全性直接关系到整个系统的安全性与可靠性。

目前,超高压阀体的设计通常参考超高压容器设计标准[7],如 ASME BPVC Section VIII Div. 3—2019《高压容器建造规则》等,使用 Faupel 公式进行壁厚计算,并设定较大的爆破安全系数以覆盖阀体结构带来的不确定性因素。然而,过于保守的设计可能导致阀体壁厚过大,材料浪费严重,且不利于设备的轻量化和成本控制。

为了提升超高压阀体设计的科学性与经济性,针对现行设计方法进行安全裕度分析具有重要的工程意义。在超高压阀体设计中,合理设置安全裕度,不仅能够保证阀体在极端工况下的安全性,还能有效避免材料的浪费。

本文旨在通过有限元分析方法,研究现行超高压阀体设计方法中的安全裕度,评估阀体在不同尺寸参数下的安全裕度变化,为超高压阀体的优化设计提供了理论依据,期望为未来超高压阀门设计标准的完善与实际应用提供指导。

1 阀体壁厚确定

超高压阀门阀体通常采用六面体整体锻件[8],内部开出三通或四通型的流道,通过在阀体上埋入螺栓固定,常见的超高压阀体结构[9－10]如图 1 所示。

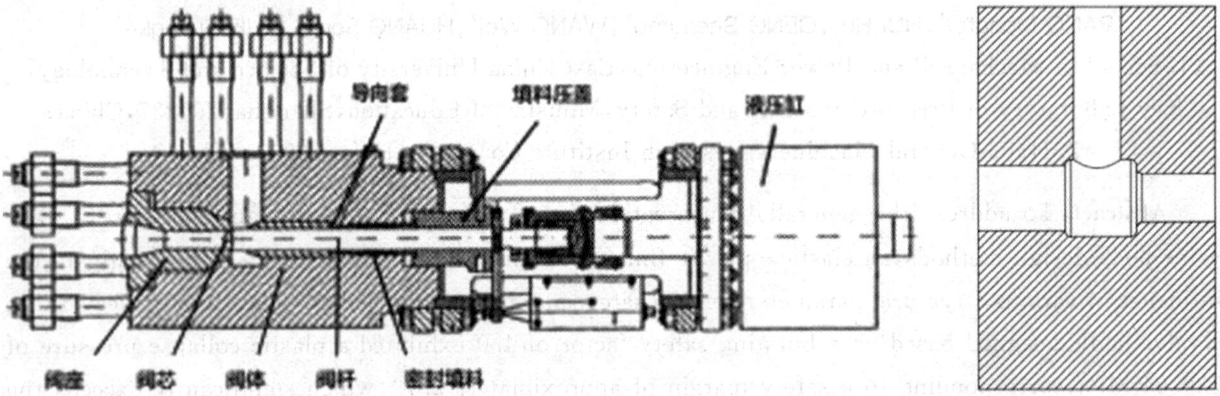

图 1 超高压阀体结构

本文研究的超高压阀门的主要设计参数见下表 1 所列,设计压力为 265 MPa,设计温度为 315 ℃。阀体为六面体结构,主管内径为 60 mm,支管内径为 36 mm。

表 1 超高压阀门主要设计参数

项目	参数
设计压力/MPa	265
设计温度/℃	315
操作压力/MPa	240
操作温度/℃	300
壳体强度试验压力/MPa	297.5
工作介质	C2H2(G)＋Polymer(L)

阀体材料选用超高压阀门常用低合金高强钢 SA 723 Gr3. Cl. 2，考虑到生产波动和批次差异产生性能差异，为确保阀体在材料性能较低时仍能满足设计要求，采用材料性能的标准下限值进行设计。根据 ASME BPVC Section Ⅱ D—2019《材料性能》标准，315 ℃温度下，SA 723 Gr. 3 Cl. 2 的屈服强度下限值为 740 MPa，抗拉强度下限值为 930 MPa。

目前国内外暂无可直接使用的超高压阀门设计标准，现行超高压阀体参照超高压容器标准进行设计，超高压阀门阀体的最小壁厚根据 Faupel 爆破压力公式进行确定。

$$P_d = \frac{2}{\sqrt{3}} R_{P0.2} \left(2 - \frac{R_{p0.2}}{R_m}\right) \ln K \tag{1}$$

考虑到阀体结构和受力情况的复杂，爆破安全系数 n 通常取 3.5～4.5[7]，取均值 4.0 计算阀体最薄弱处所需的最小壁厚。将爆破安全系数，阀体设计压力，阀体设计温度下的屈服强度和抗拉强度带入上式，计算得出阀体所需的最小壁厚为 53.8 mm，圆整到 54 mm。

2 阀体安全裕度分析

安全裕度是评估结构安全性的重要指标，它表示结构在遭遇最大载荷时的承载能力与设计载荷之间的差异。对于超高压阀体而言，安全裕度的计算通常基于阀体的极限承载力与设计压力之比，具体计算公式如下。

$$n = \frac{P_{plin}}{P_c} \tag{2}$$

式中，n 为安全裕度；P_c 为设计压力；P_{plin} 为阀体极限承载能力，一般情况下塑性垮塌压力可以代表容器的极限承载能力[11]，塑性垮塌载荷可通过弹塑性有限元分析方法确定。

2.1 阀体弹塑性有限元分析

2.1.1 有限元模型与网格划分

考虑到阀体结构和载荷的对称性，在有限元分析中，采用 1/4 模型进行分析。网格划分采用 20 节点高阶六面体单元。由于阀体三通孔相贯区为几何不连续区，存在应力集中现象，是有限元计算的重点关注区域，为了得到更加准确的有限元结果，对相贯区及附近区域的网格进行加密处理。具体的网格划分如图 2 所示。

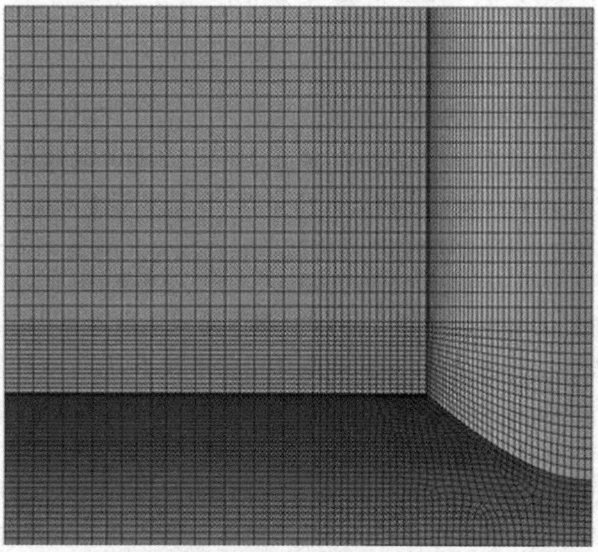

图 2 有限元模型网格划分

2.1.2　材料模型

通过弹塑性有限元方法确定阀体的塑性垮塌载荷时需要考虑材料的应变硬化和大变形,因此材料模型采用多线性各向同性强化模型。材料本构计算参照 GB/T 34019—2017《超高压容器》的附录 E[12],分析采用的真应力应变曲线如图 3 所示。

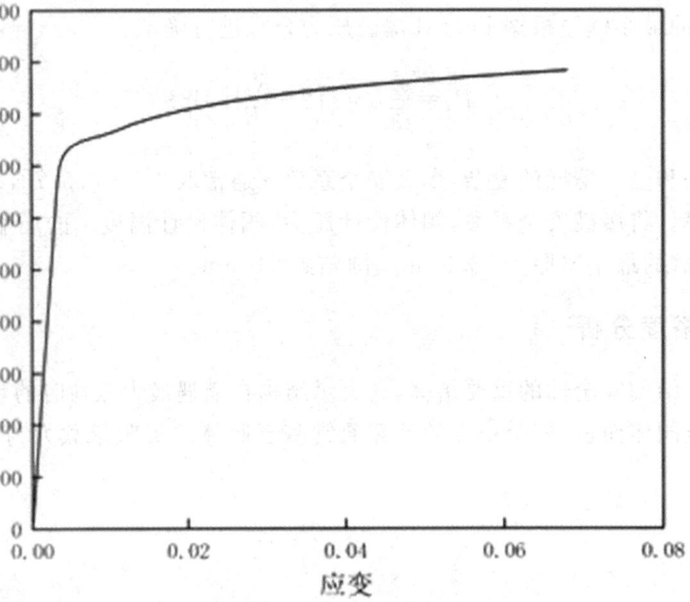

图 3　弹塑性分析用真应力-应变曲线

2.1.3　载荷和边界条件

有限元模型采用 1/4 模型,在对称面上施加对称约束,内压载荷均布于阀体内表面[13]。阀体通过螺栓固定在支架上,因此在阀体底面施加固定支撑,阀体 3 个开孔与法兰或管段相连,在开孔端面施加等效拉应力。

2.1.4　塑性垮塌载荷确定方法

在弹塑性有限元分析中,随着载荷的增加,结构逐渐发生屈服并进入塑性,当施加微小的载荷增量导致计算无法得到收敛解时,视为结构发生了塑性垮塌,最后一个收敛解对应的载荷即为塑性垮塌载荷[14]。

2.2　阀体弹塑性有限元分析结果

2.2.1　阀体工作压力下结构强度分析

超高压阀体的应力分析采用第四强度理论,阀体在工作压力下的等效应力、等效塑性应变分布如图 4 所示。阀体在工作压力下的三通孔相贯区的应力水平较高,最大的等效应力为 771.47 MPa,超过了阀体材料的屈服强度,发生了塑性变形,阀体处相贯区外的应力均小于屈服强度,处于弹性阶段。

2.2.2　阀体耐压试验下结构强度分析

耐压试验下阀体的等效应力和变形如图 5 所示。阀体在耐压试验压力下,塑性区进一步扩大,支管纵向对称面区域的阀体均发生了塑性变形,但阀体整体的变形较小,最大变形发生在相贯区腹部,变形为 0.1 mm,不影响阀体密封。

2.2.3　阀体塑性垮塌失效评定

依照 GB/T 34019—2017《超高压容器》标准[12] 对阀体进行整体塑性垮塌失效评定,将载荷放大两倍后对阀体进行弹塑性分析,经过弹塑性有限元分析,整体塑性垮塌计算结果收敛,阀体通过塑性垮塌校核。

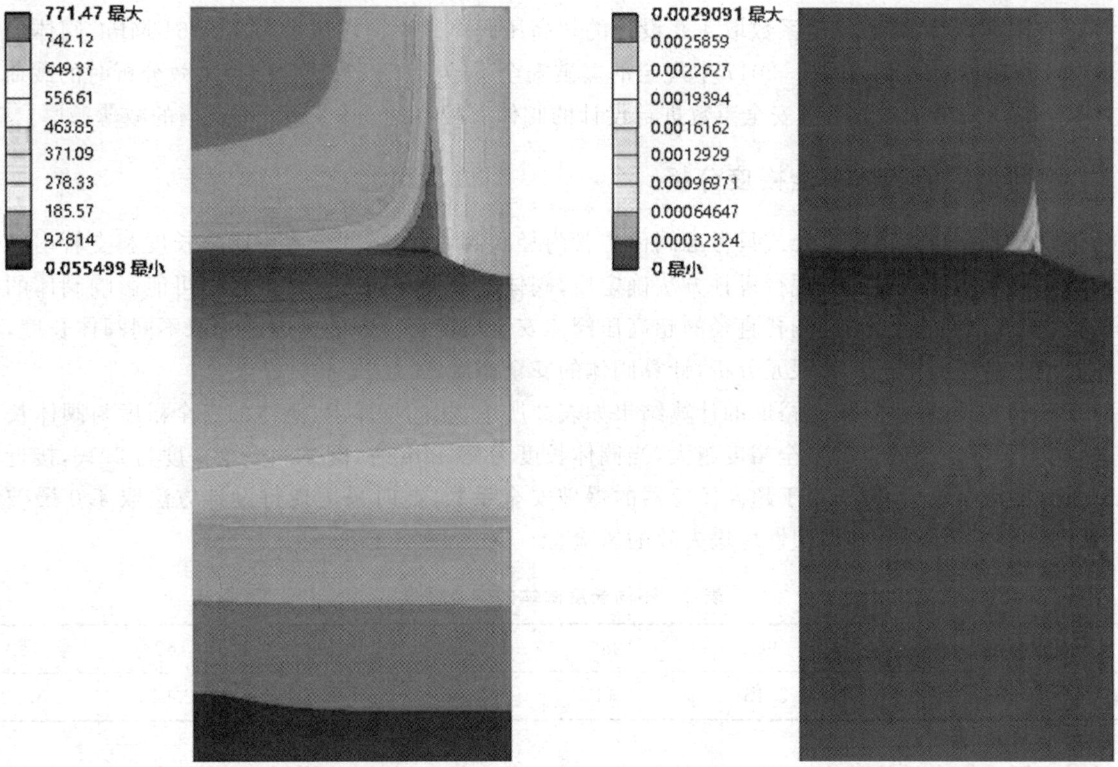

图 4　工作压力下阀体等效应力与等效塑性应变分布

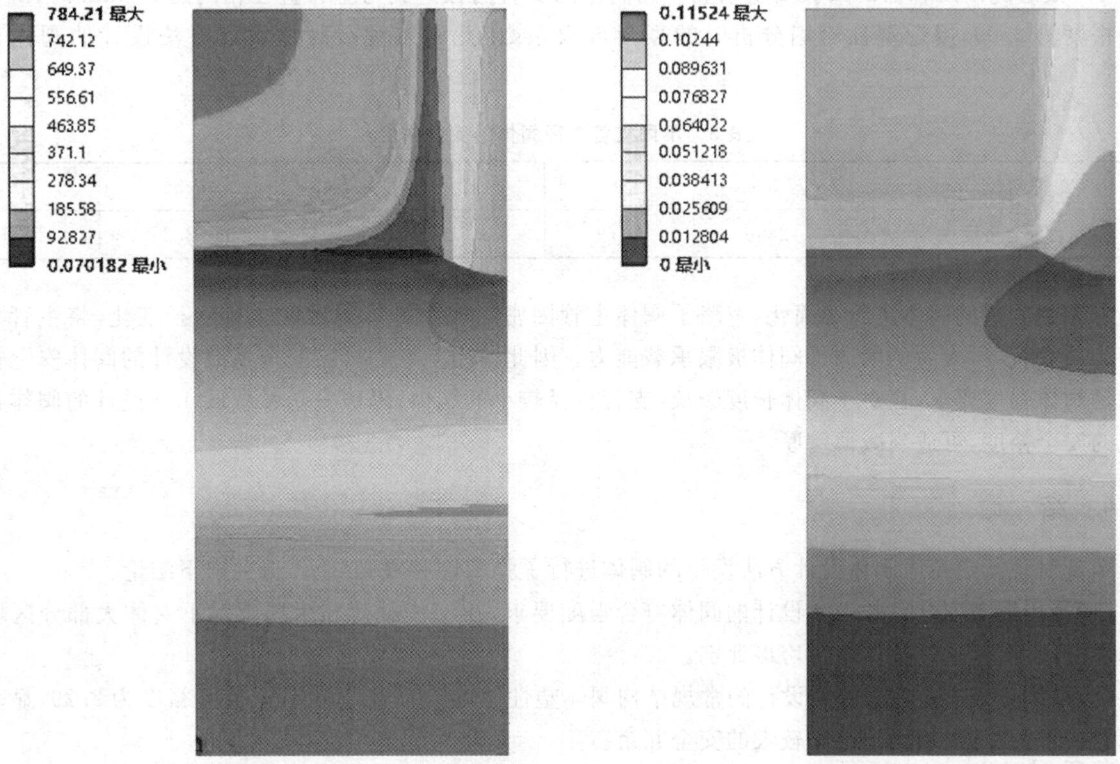

图 5　耐压工况下阀体等效应力与变形分布

2.3 阀体安全裕度

经过有限元计算,爆破安全系数取 4.0 设计的超高压阀体塑性垮塌压力为 739.64 MPa,阀体的安全裕度为 2.79,超过 GB/T 34019—2017 中规定的爆破安全系数 2.2 以及塑性垮塌失效分析时的载荷放大系数 2.0。因此采用 4.0 的爆破安全系数进行设计的阀体有较高的安全裕度,可适当的减薄壁厚。

3 不同尺寸的阀体安全裕度分析

由于现行超高压阀体设计公式只考虑阀体主管内径和阀体壁厚,并未考虑阀体长度和支管内径。当阀体主管直径和阀体壁厚通过现行设计方法确定后,阀体的长度和阀体支管内径也可能影响阀体的塑性垮塌压力,从而不同长度,不同侧孔直径的超高压阀体安全裕度可能不同。因此选取不同阀体长度,不同支管内径的超高压阀体进行有限元分析,计算阀体的安全裕度。

对于不同长度的阀体,安全裕度的计算结果如表 2 所示,相同壁厚下,阀体的安全裕度与阀体长度呈正相关,阀体长度越长阀体的安全裕度越大,当阀体长度为 90 mm 时,阀体的安全裕度为 2.16,接近塑性垮塌分析时的载荷放大系数,小于超高压容器的爆破安全系数,此时采用现行设计方法取 4.0 爆破安全系数设计的阀体可能存在整体塑性垮塌失效的风险。

表 2 不同长度阀体的安全裕度

阀体长度/mm	90	108	126	144	162	180
安全裕度	2.16	2.44	2.64	2.79	2.91	3.02

对于不同支管内径的阀体,安全裕度的计算结果如表 3 所示,相同壁厚下,阀体的安全裕度与阀体支管内径呈现负相关,支管内径越大,阀体的安全裕度越小,当阀体的支管内径为 54 mm 时,阀体安全裕度为 2.26,接近超高压容器的爆破安全系数。当阀体的支管内径达到与主管直径相同的 60 mm 时,阀体的安全裕度为 2.09,接近塑性垮塌分析时的载荷放大系数,此时按现行阀体设计方法设计的阀体存在风险。

表 3 不同支管内径阀体的安全裕度

支管内径/mm	30	36	42	48	54	60
安全裕度	2.96	2.79	2.62	2.44	2.26	2.09

考虑到分析的阀体进行了简化,忽略了阀体主管因密封或阀杆等导致的主管直径变化,将主管直径统一为最大直径,人为的削弱了阀体极限承载能力。因此使用 4.0 的爆破安全系数设计的阀体安全裕度能满足阀体强度要求,且对于阀体长度较长,支管直径较小的阀体,爆破安全系数取 4.0 设计的阀体存在一定的安全裕度,可适当减薄壁厚。

4 结 论

本文对现行超高压阀体设计方法设计的阀体进行了弹塑性有限元分析,得到以下结论:

(1)采用爆破安全系数 4.0 设计的阀体符合强度要求,在工作载荷和耐压工况下阀体大部分区域处于弹性阶段,阀体通过整体塑性垮塌评定。

(2)采用爆破安全系数 4.0 设计的常规结构阀体塑性垮塌压力为 739 MPa,安全裕度为 2.79,显著高于标准要求,在常规结构下存在较大的安全冗余。

(3)结构参数对安全裕度影响显著,阀体安全裕度随长度增加而上升,随支管直径增大而下降。短长度或大支管直径的结构安全裕度(约 2.1)接近失效判据下限,存在塑性失效风险。

参考文献

[1] 张国贤．超高压加工技术[J]．流体传动与控制，2017(3)：58－60.

[2] 姜卓钰，张朋，包建文，等．等静压技术在材料加工领域的应用现状[J]．宇航材料工艺，2017，47(1)：13－19.

[3] 甄宗圆，李志杰，梁迪，等．超高压技术在肉类杀菌及品质改善中的应用进展[J]．现代食品科技，2021，37(8)：350－356.

[4] 王勇军．四川盆地元坝深层致密砂岩气藏超高压压裂测试工艺技术探索[J]．天然气勘探与开发，2016，39(2)：4.

[5] 杨超，惠虎，骆辉，等．超高压爆破片设计爆破压力的半经验计算公式[J]．压力容器，2024，41(3)：41－48.

[6] 熊耀强，吴平，赵建平．Ⅳ型储氢气瓶内衬材料的氢渗透行为分子动力学模拟[J]．压力容器，2023，40(7)：19－28.

[7] 耿圣陶，王渭，明友，等．超高压阀门的研究进展[J]．流体机械，2023，51(10)：33－42.

[8] 超高压阀门的设计和制造[J]．化工与通用机械，1974(10)：1－10.

[9] VETTER G，LUFT G，MAIER S. Chapter 4 Design and construction of high－pressure equipment for research and production[J].

[10] Industrial Chemistry Library，2001(9)：141－242.

[11] XUE D，HUANG S. Autofrettage of ultra－high pressure valve body：Numerical and experimental study[J]. Journal of Pressure

[12] Vessel Technol，2025，147(4)：041701.

[13] 邓阳春，陈钢，杨笑峰，等．奥氏体不锈钢压力容器应变强化安全裕度分析[C]//第七届全国压力容器学术会议论文集．2009：528－531.

[14] 全国锅炉压力容器标准化技术委员会(SAC/TC 262)．超高压容器：GB/T 34019—2017[S]．中国标准出版社，2017.

[15] 耿圣陶，王渭，明友，等．超高压放空阀螺栓疲劳寿命分析[J]．流体机械，2024，52(10)：96－103.

[16] 全国锅炉压力容器标准化技术委员会(SAC/TC 262)．压力容器分析设计 第5部分 弹塑性分析方法：GB/T 4732.5—2024[S]．中国标准出版社，2024.

作者简介

庞梦飞(1996)，男，硕士研究生，主要从事压力容器设计及安全保障技术，通信地址：200237 上海市梅陇路130号华东理工大学，E－mail：pmf13771256916@163.com。

通信作者：惠虎(1974)，男，教授，主要从事压力容器设计及安全保障技术领域的教学和科研工作，通信地址：200237 上海市梅陇路130号华东理工大学402信箱，E－mail：huihu@ecust.edu.cn。

升压速率对不同材料正拱爆破片爆破性能影响研究

韩一乐，惠　虎，黄　淞
（华东理工大学 化工机械研究所 承压系统与安全教育部重点实验室，上海　200237）

摘　要：爆破片作为一种常用的安全泄放装置，保障其具备准确的爆破压力，及时泄放压力容器内部的超压是工程中十分关注的问题。本文基于自主开发的高升压速率载荷安全泄放装置平台，针对材料为Inconel600与SA316L的两种爆破片开展试验研究，对比研究高升压速率载荷下材料性能差异对爆破性能的影响。研究表明，高升压速率下材料性能变化仅影响爆破压偏差大小，不影响爆破片爆破压变化趋势与各阶段的升压速率变化区间范围。材料的塑性变形能力越强，高升压速率下的爆破压偏差值越大。

关键词：材料；升压速率；爆破片；结构参数

Study on theinfluence of pressure rise rate on the burst performance of different materials conventional simple domed rupture discs

HAN Yile，HUI Hu，HUANG Song
(Key Laboratory of Pressure Systems and Safety，Ministry of Education，Institute of Chemical Machinery，East China University of Science and Technology，Shanghai 200237，China)

Abstract：As a commonly used safety relief device，the rupture disc ensures that it has accurate burst pressure，and the ability to release the overpressure inside the pressure vessel in time is a matter of great concern in engineering. This paper is based on the self - developed overpressure relief device platform that can realize high pressure rise rate load. The experimental study on Inconel600 and SA - 316L rupture disc are carried out. The difference of material properties on burst performance are studied. The results show that the change of material properties only affects the burst pressure deviation，and does not affect the trend of burst pressure and pressure rise rate range. The stronger the plastic deformation ability of the material，the greater the burst pressure deviation at high pressure rise rate.

Keywords：material；pressure rise rate；rupture disc；structural parameters

0　引　言

爆破片广泛应用于承压设备，保护设备结构完整性，是保障工业生产安全的关键部件[1]。爆破片精确的泄放能力至关重要。然而，现有爆破片标准针对升压速率对爆破压力的影响未充分说明。API 521 - 2020[2]规定爆破片除应用于常规工况外，还可用于承压设备内部爆炸或瞬态压力波动工况。但 API 521 - 2020[2]、API 520 - 2020[3]、ISO 4126 - 2 - 2018[4]、ASME BPVC. XIII - 2023[5]、ASME BPVC. VIII. 1 - 2023[6]、GB/T 150 - 2024[7]及 GB/T 567. 1 - 2012[8]中均缺少升压速率对爆破压力影响描述，没有提及具体不同升压速率载荷会对爆破片造成何种影响与规定。

为保障压力容器结构完整性，防止由于爆破片失效爆破导致容器结构破坏，本研究以 Inconel600 与 SA－316L 为爆破片原材料，对比研究高升压速率载荷下材料性能差异对爆破性能的影响，为高升压速率工况下正拱爆破片性能研究提供参考。

1 高升压速率载荷试验平台

研究者开发的高升压速率载荷试验平台，通过水锤载荷，采用物理方法实现高升压速率载荷加载。该平台以蓄能装置为核心，以高压气体为驱动介质，通过空气压缩机充能。当气相压力达到预设值后，启动快开模块，蓄能装置内的高压气体瞬时压缩低压水腔，从而产生高升压速率载荷。夹持模块用于固定爆破片并提供压力监测接口。载荷产生的压力信号经由压力采集卡实时传输至计算机，实现压力－时间曲线的实时显示与记录。该装置能够测定安全泄放装置在不同升压速率下的性能，并具备良好的试验重复性。

2 升压速率载荷试验与结果

2.1 实测爆破压标定与预拱

本文以两种材料的正拱型爆破片为研究对象，保持结构参数相同，仅改变爆破片材料，爆破片原材料分别为 0.102mm 厚度的 Inconel600 与 0.1mm 厚度的 SA－316L。爆破片泄放口径 D_0 为 47mm；夹持口径 D 为 59mm；压环圆角半径 R' 为 1mm。慢升压速率下的爆破片实测爆破压力依据 GB/T 567.4—2012[9] 进行标定，预拱成型压力为爆破压力的 85%[10-11]。图 2 示出不同材料爆破片预拱后样貌，爆破片实测爆破压标定实验结果及预拱后相关尺寸参数列于表 1 中。

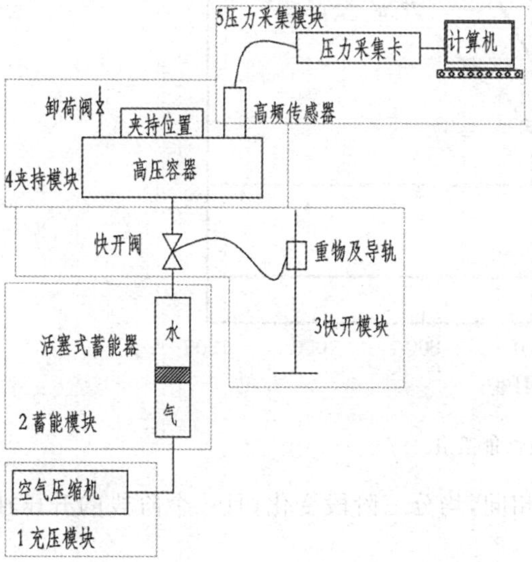

图 1 高升压速率载荷试验平台

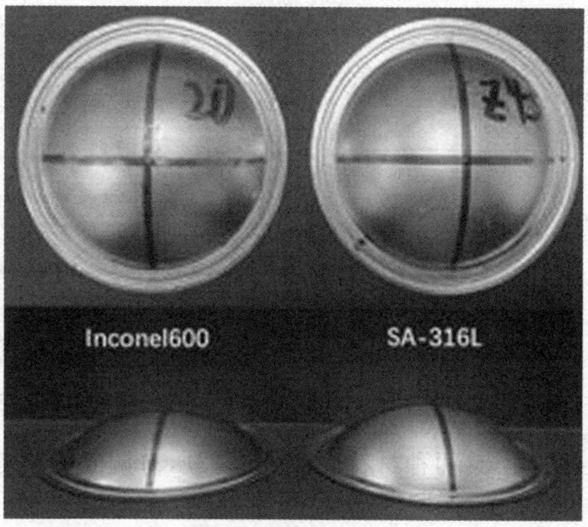

图 2 爆破片预拱后样貌

表 1 不同材料爆破片实测爆破压

Inconel600			
实测爆破压力/MPa	预拱成型压力/MPa	预拱后拱顶壁厚/mm	预拱后拱高/mm
4.89	4.16	0.073	10.83
SA－316L			
实测爆破压力/MPa	预拱成型压力/MPa	预拱后拱顶壁厚/mm	预拱后拱高/mm
5.13	4.36	0.072	13.12

试验结果表明,Inconel600 爆破片的预拱拱高明显低于 SA－316L。其原因在于,在预拱压力下,Inconel600 爆破片由板材预拱变形后拱顶的真应变为 0.754,SA－316L 爆破片真应变为 0.777,表明慢升压速率下 SA－316L 塑性变形能力强于 Inconel600,结构更接近完整圆。

2.2 不同升压速率下两种材料爆破片爆破性能变化

喻健良[12]等定义了超压倍数,即在高升压速率载荷下的爆破片爆破压力 P_b 与慢升压速率载荷下的实测爆破压力 P_j 的比值,如下式所示。

$$G=\frac{P_b}{P_j} \tag{1}$$

$G=1$ 时,表明在高升压速率下爆破片爆破压力与慢升压速率下的实测爆破压力相同。当 $G>1$ 时,表明爆破片爆破压力大于实测爆破压,爆破片延迟泄放。G 值越高,表明爆破压偏差越大。

由于材料不同,慢升压速率下爆破片的实测爆破压力也不同,为增强可对比性,对不同材料爆破片的超压倍数变化趋势开展对比分析,如图 3 所示。

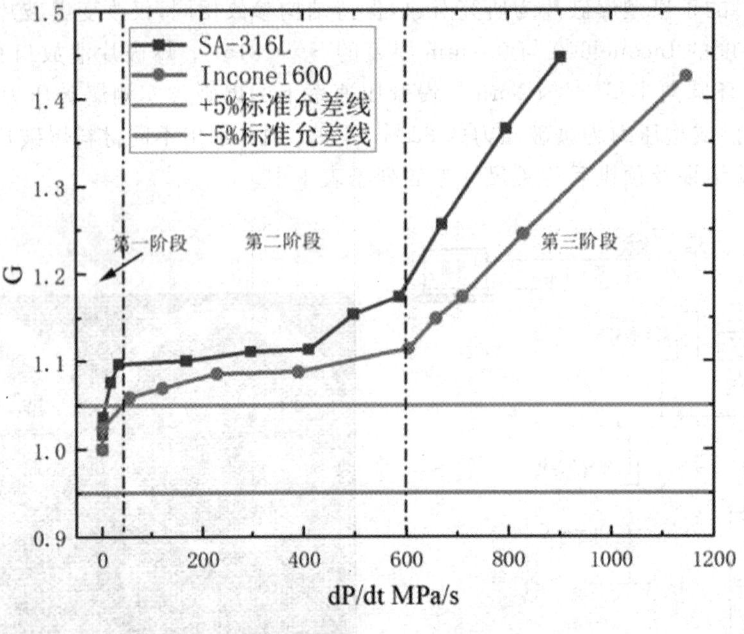

图 3 爆破片爆破性能变化

由图可知,两种材料爆破片爆破压力偏差变化趋势相同,均分三阶段变化,且三个阶段的升压速率区间范围大小无变化。

第一阶段,Inconel600 爆破片的爆破压力偏差在 5.93%以内;SA－316L 爆破片的爆破压力偏差在 9.67%以内。第二阶段,Inconel600 爆破片的爆破压力偏差在 5.93%至 11.45%以内;SA－316L 爆破片的爆破压力偏差在 9.67%至 17.4%以内。第三阶段,Inconel600 爆破片的爆破压力偏差在 11.45%至 42.54%以内;SA－316L 爆破片的爆破压力偏差在 17.4%至 44.69%以内。Inconel600 爆破片爆破压力偏差明显小于 SA－316L 爆破片。试验结果表明,慢升压速率下材料的塑性变形能力越弱,高升压速率下爆破片的爆破压偏差越小;材料性能不影响爆破片爆破压偏差变化趋势与各阶段的升压速率区间范围,仅影响爆破压偏差值的大小。

不同升压速率下两种爆破片破裂样貌如图 4 所示。

可以看出,正拱普通型爆破片的破裂位置均在拱顶,表明在高升压速率下,破裂位置不随材料的变化而变化。升压速率较低时,有明显的塑性变形,从拱顶处撕裂,呈现韧性破坏的特征。随着升压速率增大,破裂形貌逐渐剧烈,呈现出由韧性断裂趋于脆性的过程。

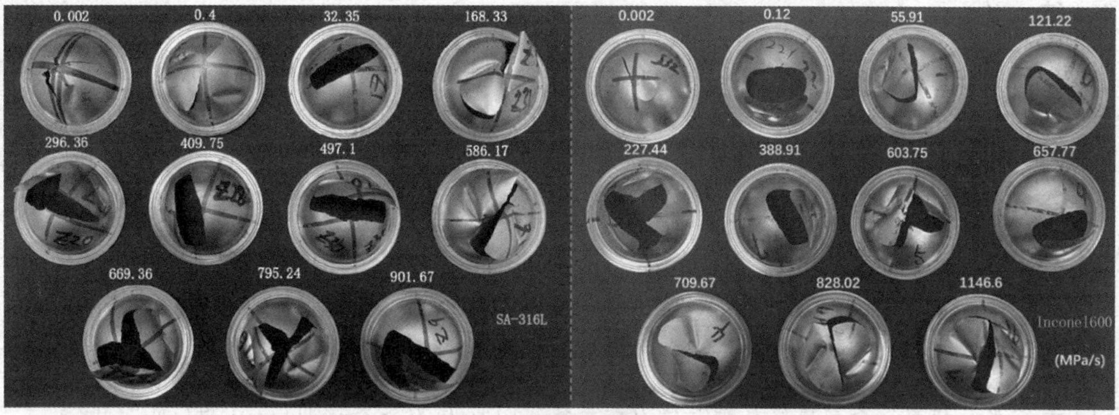

图 4　爆破片破裂样貌

3　爆破压影响因素对比分析

为对比不同升压速率下两种爆破片变形行为，对破裂后的爆破片进行参数测定。测得拱顶剩余壁厚 S 与拱高 h 变化规律。图 5 为剩余壁厚变化曲线。图 6 为爆破片极限状态拱高变化曲线。

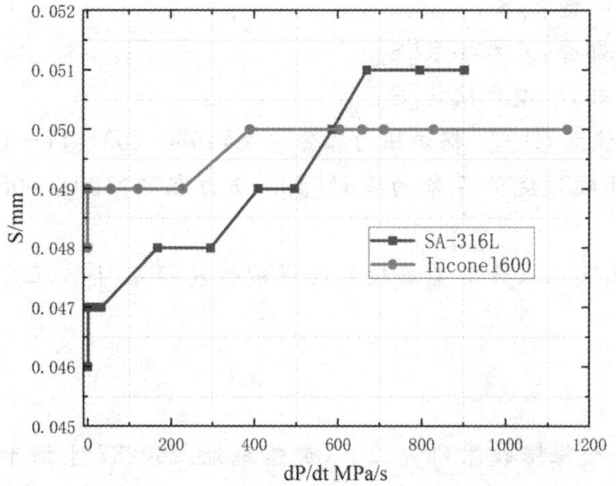

图 5　剩余壁厚

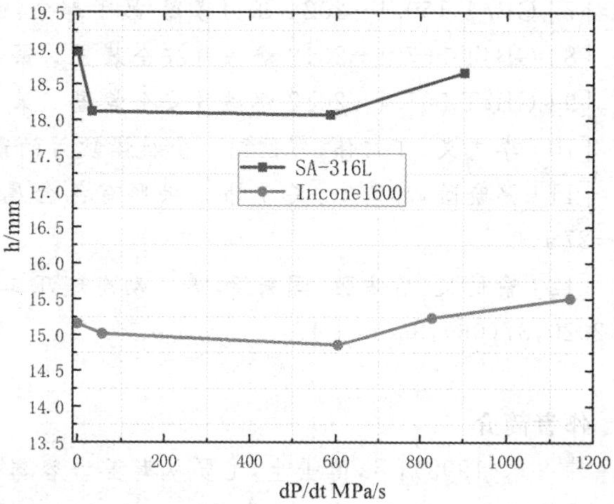

图 6　拱高

根据球形容器薄膜应力公式，可推得各个参数对爆破压力的影响公式

$$P_b = \frac{2\sigma_f S}{R} \tag{2}$$

式中，P_b 为爆破压力，S 为拱顶剩余壁厚，R 为爆破片在极限状态下拱顶位置的曲率半径，σ_f 为破坏真应力。依据公式(2)，剩余壁厚越厚，对爆破压起增强影响。拱高越高，曲率半径 R 越小，对爆破压起增强影响。

参数变化分析表明，两种爆破片的剩余壁厚、拱高变化趋势均基本一致，即高升压速率下两种爆破片的变形行为相似。第一阶段，剩余壁厚增大，对爆破压力 P_b 产生增强影响；拱高减小，爆破片曲率半径增大，对爆破压力存在降低影响；壁厚增强影响大于拱高减小影响。第二阶段，剩余壁厚增大且增大速率低于第一阶段，壁厚对爆破压力 P_b 增长影响逐渐降低；拱高减小速率变缓。第三阶段，剩余壁厚无变化，拱高 h 增加，曲率半径减小，对爆破压起增强影响。

4 结 论

本文基于自主开发的高升压速率载荷安全泄放装置平台,针对Inconel600与SA-316L爆破片开展实验研究,从爆破性能与变形行为变化,分析两种爆破片在高升压速率下的性能差异,得到如下结论:

(1)在慢升压速率下,材料塑性变形能力越强,爆破片鼓胀变形越接近完整圆形。在高升压速率下,材料性能变化仅影响爆破压偏差大小,不影响爆破片爆破压偏差变化趋势与各阶段的升压速率变化区间范围;材料的塑性变形能力越强,爆破压偏差值越大。

(2)高升压速率下不同材料爆破片变形行为相似。

参考文献

[1] 吴全龙. 压力容器与爆破片特性压力关系探讨[J]. 压力容器,2011,28(09):30—36.

[2] API 521—2020 Pressure—relieving and Depressuring Systems[S].

[3] API 520—2020 Sizing,Selection,and Installation of Pressure—relieving Devices[S].

[4] ISO 4126—2:2018 Safety devices for protection against excessive pressure—Part 2:Bursting disc safety devices[S].

[5] ASME BPVC. XIII—2023Rules for overpressure protection[S].

[6] ASME BPVC. VIII. 1—2023 Rules for constructions of pressure vessels:Division 1[S].

[7] GB/T 150.1—2024 压力容器 第1部分:通用要求[S].

[8] GB/T 567.1—2012 爆破片安全装置. 第1部分:基本要求[S].

[9] GB/T 567.4—2012 爆破片安全装置. 第4部分:型式试验[S].

[10] 李志义,丁信伟,贺匡国. 金属爆破片的最佳成形[J]. 锅炉压力容器安全,1986,(03):11—19.

[11] 葛晓陵,邱清宇,吴泽炜. 拱形有色金属爆破片疲劳寿命的探讨[J]. 压力容器,1991,(05):24—27+3.

[12] 喻健良,曾方驰,闫兴清,等. 动态超压工况下正拱开缝型爆破片的爆破性能研究[J]. 压力容器,2020,37(06):9—14+47.

作者简介

韩一乐(1998),男,博士生,主要从事压力容器安全保障技术研究工作,通信地址:200237 上海市徐汇区梅陇路130号华东理工大学,E—mail:1020328414@qq. com。

通讯作者:惠虎(1974),男,教授/博士生导师,主要从事压力容器安全保障技术相关教学和科研工作,通信地址:200237 上海市徐汇区梅陇路130号华东理工大学402信箱,E—mail:huihu@ecust. edu. cn,电话:021—64252743。

球形压痕试验准确性影响因素探析

陈国耀
（武汉工程大学 机电工程学院，武汉 430205）

摘　要：球形压痕试验作为一种无损、局部、高效的力学性能表征方法，近年来在材料力学性能尤其是局部拉伸性能的反演评估中得到广泛关注。由于该方法通过载荷-位移曲线反演获得材料参数，其测量位移常在0.1 mm量级，因此对压入深度的测量精度提出了极高要求。本文从五个方面系统分析了影响球形压痕试验误差的关键因素，包括：压头形式（碳化钨一体式与钢柱式）、传感器夹持位置、试样夹持方式、压头与试样表面的垂直度以及最大压入深度。通过理论分析和有限元模拟对试验误差进行量化，明确了各因素对力-深度曲线精度的影响规律，为后续压痕试验标准化和误差控制提供依据。

关键词：球形压痕；压入位移；试验误差；力学性能反演

Investigation of the experimental accuracy of spherical indentation testing

CHEN Guoyao
(School of Mechanical & Electrical Engineering, Wuhan Institute of Technology, Wuhan 430205, China)

Abstract: Spherical indentation testing has attracted considerable attention in recent years as a nondestructive and efficient technique for mechanical - property characterization, particularly for the inverse evaluation of local tensile behavior. Since material parameters are extracted from load - displacement curves, where the measured displacements are typically less than 1 mm, the high indentation - depth accuracy is required. This study systematically analyses the factors that govern experimental error in spherical indentation: (i) indenter type; (ii) displacement sensor mounting position; (iii) specimen clamping method; (iv) perpendicularity between the indenter and specimen surface; and (v) the indentation depth. The influence of each factor on the accuracy of the load - depth curve is quantified by combining theoretical analysis with finite - element simulation, thereby elucidating their respective contributions to measurement uncertainty and providing a foundation for subsequent standardization and error - control strategies in indentation testing.

Keywords: spherical indentation; indentation displacement; experimental error; mechanical property inversion

0　引　言

材料的力学性能参数，尤其是应力-应变关系，是结构设计与服役评估的基础。传统的单轴拉伸试验虽能提供准确的本构参数，但其破坏性强、样品需求大，且难以适用于微区或服役构件的原位测试。近年来，球形压痕试验因其非破坏性、局部性和高效性，成为获取材料力学性能参数的重要手段[1-4]。该方法通过记录加载过程中的载荷-位移曲线，结合反演算法，可在无需制备标准拉伸试样的前提下，反求出材料的杨氏模量[5-6]、屈服强度[7]、应力-应变曲线[8-9]等力学性能指标。然而压痕试验的准确性受多种因素影响,如压头形状、传感器夹持位置、压入深度等。这些因素可能导致载荷-位移曲线的偏移,从而影响反演结果的准确性。因此,系统地识别并控制试验过程中的误差源,对于提高压痕试验结果的可靠性和实用性具有重要意义。

本文通过实验设计和有限元模拟,分析和量化了压头形式(碳化钨一体式与钢柱式)、传感器夹持位置、试样夹持方式、压头与试样表面的垂直度以及最大压入深度对压痕结果准确性的因素,提出相应的误差控制方法,以期为球形压痕试验的标准化和精准化提供理论依据和技术支持。

1 球形压痕试验测试结果影响因素分析

压入测试技术的试样尺寸远小于常规标准试样,通常压头的直径在 0.5～2 mm 之间,最大压入深度在 0.05～0.3 mm 之间[10-11],因此压入测试需要依赖高精度的试验机和测试环节的误差控制。在压入测试的试验研究过程中,压头类型的选择、位移传感器的夹持位置、试样的固定方式等都会对压入曲线造成较大的影响。

球形压头常见类型有分离式和一体式两种,其结构如图 1 所示。分离式压头由珠体、压柄、和旋帽三部分构成,珠体被压柄托住,并通过带螺纹的旋帽将其固定,该压头成本低,为硬度试验常用的压头。一体式压头采用采用高精度机加工的方式在锥形尖端加工出满足要求的弧度,珠体与压柄合二为一,具有更好的刚性。对于压入测试,试验的准确性主要靠位移的准确性保证(这与硬度试验不同),如果采用分离式压头,压柄的变形会被位移传感器捕捉并记录,因此会对试验造成误差。

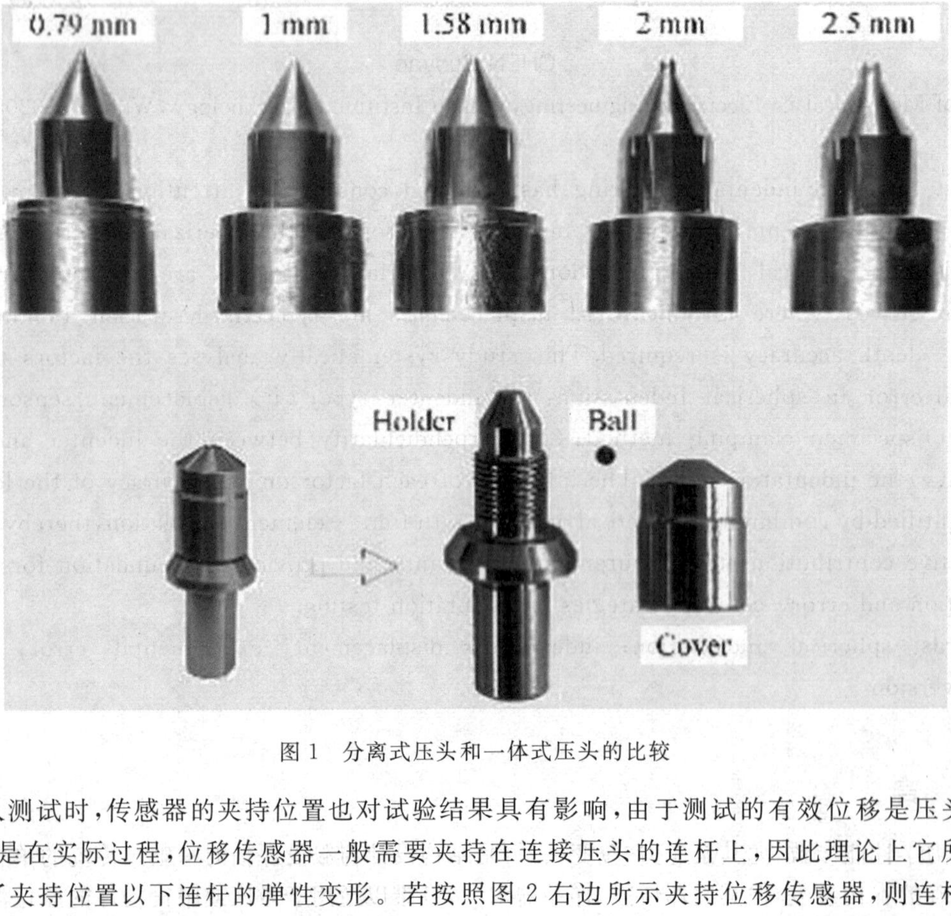

图 1 分离式压头和一体式压头的比较

在压入测试时,传感器的夹持位置也对试验结果具有影响,由于测试的有效位移是压头压入试样的位移,但是在实际过程,位移传感器一般需要夹持在连接压头的连杆上,因此理论上它所记录的位移还包括了夹持位置以下连杆的弹性变形。若按照图 2 右边所示夹持位移传感器,则连杆的弹性变形相对压入的深度是不能忽略的。本文将通过理论分析对两种不同的夹持方式对载荷-深度曲线的影响进行分析。

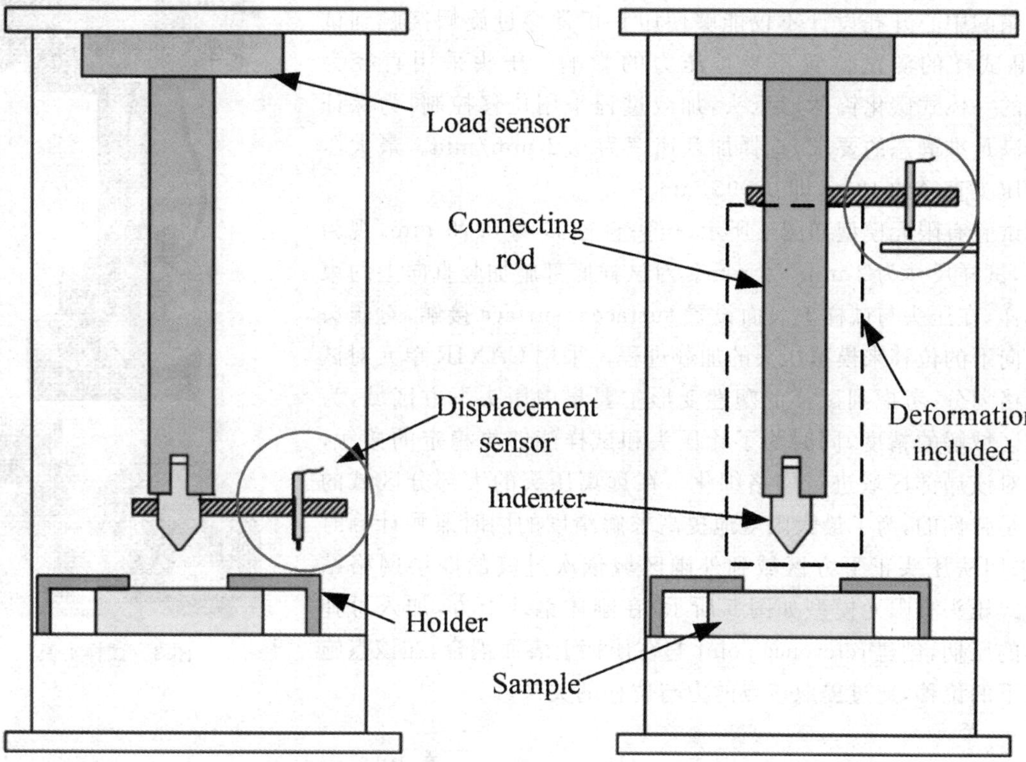

图 2　位移传感器不同夹持位置的示意

对于试样的夹持方式，现有文献对试样的夹持方法未进行明确说明，部分研究者将试样直接放在底座上，部分研究者采用预压的方式固定试样，一方面可防止试样滑动，一方面可消除试样与平台的间隙。本文通过试验对比的方式对两种不同的夹持方式进行了比较。

对于压头与试样表面垂直度，ISO 标准[12]和国内标准[13]均建议倾斜度不超过 1°。但没有对倾斜度造成的影响进行量化，因此本文通过有限元模拟的方法澄清倾斜度对是压入曲线的误差。

对于最大压入深度，GB/T 37782—2019《金属材料 压入试验 强度、硬度和应力-应变曲线的测定》规定最大压入深度 h_{max} 与压头直径 D 之间的关系应满足 $h_{max}/D \geqslant 4\%$，但是并没有推荐最佳的压入深度。现有的研究对最大压入深度的选取范围多在压头直径的 6%～30%之间，例如，JEON 等[14]在对压入法获取断裂韧度的研究中选取最大压入深度为压头直径的 30%，ZHANG 等[15-17]选取 12%对压入测试进行研究。LEE 等[18-19]试图通过较浅的压入试验（$h_{max}/D=6\%$）来获取材料的力学性能，但是后来的研究表明，存在一些材料的应力-应变曲线不同，压入曲线在压头直径的 6%之前非常重合。这说明当压入深度较小时，没法通过压入曲线准确获取材料的应力-应变曲线。另一方面，压入深度较小时，压头下方材料的塑性变形整体也较小，因此在获取大应变范围内的应力-应变曲线会存在较大的误差。增大压入深度似乎对准确获取材料的应力应变曲线有益处，但是增加压入深度又会带来新的问题。文献[20－24]表明随着压入深度的增加，压头与试样表面的摩擦系数对试验曲线的影响会扩大。本文对压入深度为 $h_{max}/\mathrm{D}=36\%$，不同的摩擦系数对压痕曲线进行了分析。

2　试验设计与有限元模型

压入试验在本课题组改进的试验机上进行，搭载高精度 LVDT 位移传感器，测量范围为 0～5 mm，分辨率为 0.1 μm，其夹持位置直接与压柄相连。试样尺寸为 20 mm×20 mm×10 mm 的立方块，采用螺纹式的夹具对试样的上表面进行预压固定，夹具由底座和旋帽组成，如图 3 所示。试验时将试样放在底座上,并通过旋帽对其进行压紧,压头穿过旋帽中间的小孔与试样接触。旋帽的中心开孔设计不仅能够使压头正常穿过旋帽接触到试样,还使得试样的测试位置不受预压力的影响。压头采用直径为0.79 mm的一体式碳化钨球形压头,加载过程采用位移控制,为保证加载速率满足准静态的要求,选择加载速率为0.2 mm/min。最大压入深度为压头直径的12%,即0.095 mm。

压入试验有限元模型如图4所示,压头直径 D 为0.79 mm,视为解析刚体,试样尺寸为2 mm×2 mm。对试样底部施加竖直向上约束以固定试样,在压头与试样上表面设置 surface−surface 接触,对压头施加竖直向下的位移来模拟压头的加载过程。采用CAX4R单元对试样进行网格划分,考虑到试样的塑性变形主要集中压头下方区域,为了提高该区域解的精度,同时为了让压头和试样能够更稳定的接触,因此需要对该局部区域进行网格细化。在远离压头的大部分区域的变形几乎是弹性的,为了最大限度地提高求解精度的同时兼顾计算时长,本文采用从压头正下方区域到外围区域依次过渡的四层网格结构。分离式压头有限元模型如图5所示,在刚体钢珠上方,加入可弹塑性变形的压柄,创建 reference point 与在压柄上表面耦合,在该点施加竖直向下的位移,通过提取该点的力与位移的关系。

图3 试样夹具

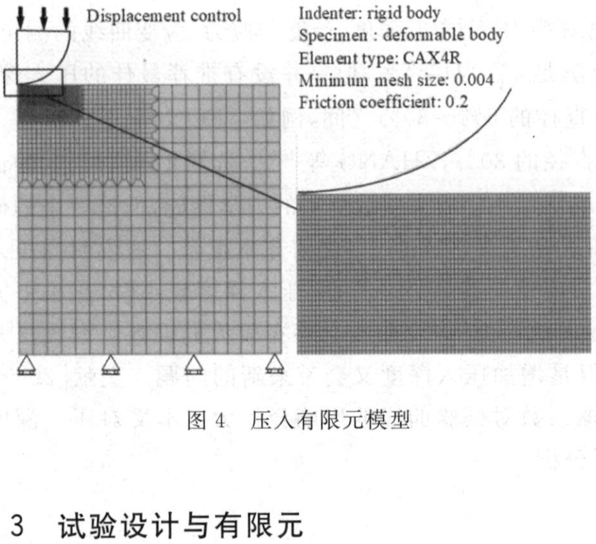

图4 压入有限元模型

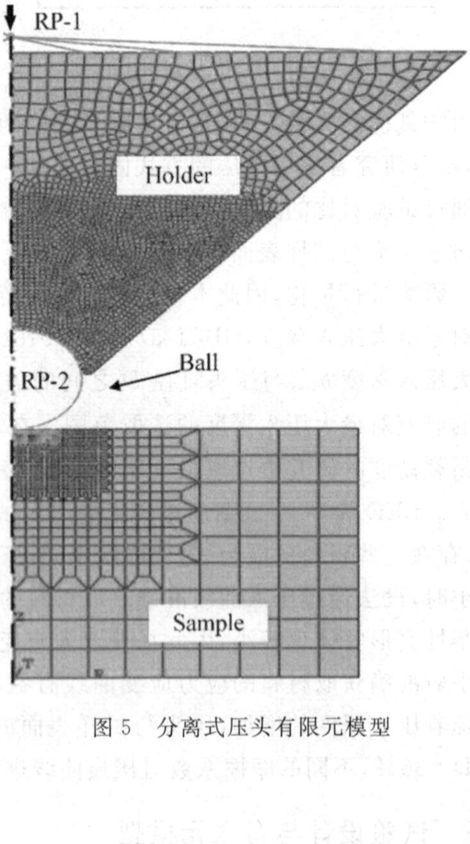

图5 分离式压头有限元模型

3 试验设计与有限元

3.1 载荷-深度曲线的对比分析

图基于有限元模拟,分析了分离式压头与一体式压头对载荷-深度曲线的影响,压柄材质分别选用经过调制处理的45号钢和屈服强度达到1 000 MPa以上的硬质合金,试样材质选用A508钢。输出RP−1

点的位移代表使用分离式压头，输出 RP-2 点的位移代表使用一体式压头，其模拟结果如图 6 所示，在相同载荷下，分离式压头的位移明显偏大，这是因为位移包括了压柄的变形。使用 45＃钢材质作为压柄时，曲线相比于一体化压头的误差为 10.7%，即使使用屈服强度达到 1 000 MPa 的硬质合金作为压柄，曲线的误差仍然有 8.8%。

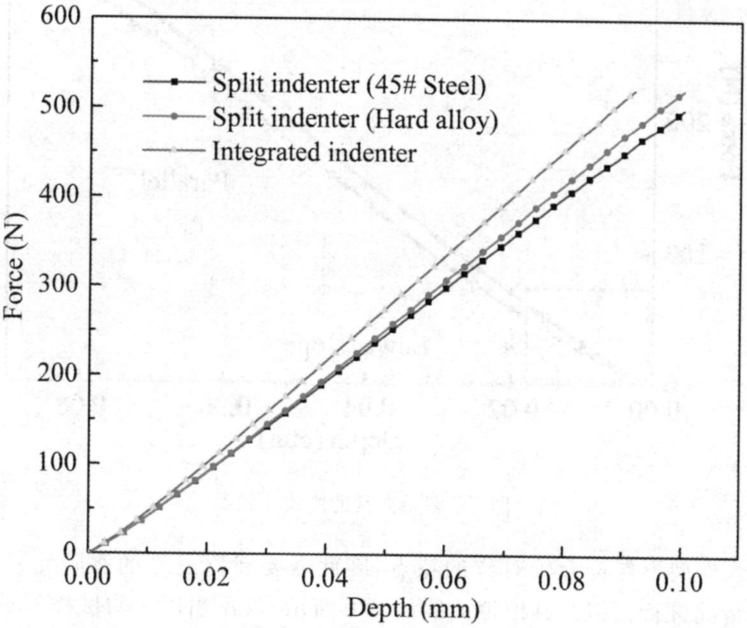

图 6　2 种类型压头的模拟曲线比较

基于弹性应变理论计算传感器不同夹持方式对载荷-深度曲线的影响，假设连杆直径为 $D=10$ mm，当载荷 $F=1\ 000$ N 时，根据：

$$P=\frac{4F}{\pi D^2} \tag{1}$$

得到连杆承受压力 $P=12$ MPa，若连杆的弹性模量为 $E=210$ GPa，根据：

$$\varepsilon=\frac{P}{E} \tag{2}$$

得到连杆的弹性应变 $\varepsilon=0.000\ 06$，假设位移传感器的夹持位置距离压头为 $L=100$ mm，则夹持位置以下的连杆变形位移如式(3)所示：

$$\Delta L=L\varepsilon \tag{3}$$

计算得到 $\Delta L=0.006$ mm。此时若压入深度为 0.1 mm，那么因为连杆的变形导致的测量误差将达到 6%。

通过试验对比分析了试样有无夹具的试验曲线，试验结果如图 7 所示，可以看到当未对试样进行预压紧时，试验曲线的斜率初始时总会经历由小都到大的过程后才逐渐恢复至正常水平(以未预压紧试验为参考)，并保持与正常水平的斜率一致。这是因为在初始时，试样与底座之间存在间隙，这个间隙在压头力的作用下会迅速消除并被传感器所记录，导致初始段斜率很低并逐步增大。当间隙消除后，斜率逐渐稳定并与材料的响应保持一致。

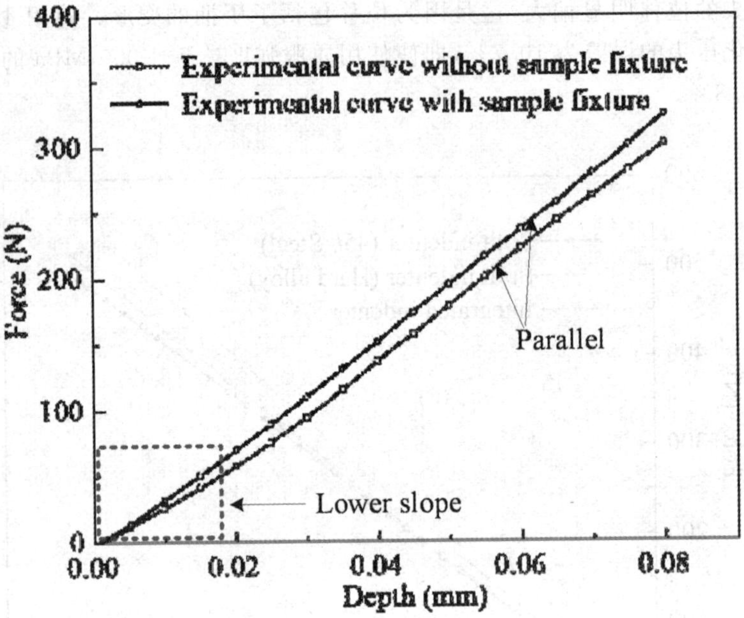

图 7　有无夹具的曲线比较

试样倾斜后，压入模型不再符合轴对称的特点，因此需要建立三维的有限元模型，分别对倾斜度为0.5°，1°，3°和5°四种情况进行模拟。其模拟曲线如图8所示，可见当压头与试样不垂直时，曲线会比真实情况偏低，当垂直度误差低于3°时，曲线的误差很小，当垂直度误差增加至5°时，曲线的误差变的明显，其误差接近7%。因此压入试验机在装配时应该进行竖直度的校核，并且保证在试验过程中不会出现变形导致压入方向产生倾斜。

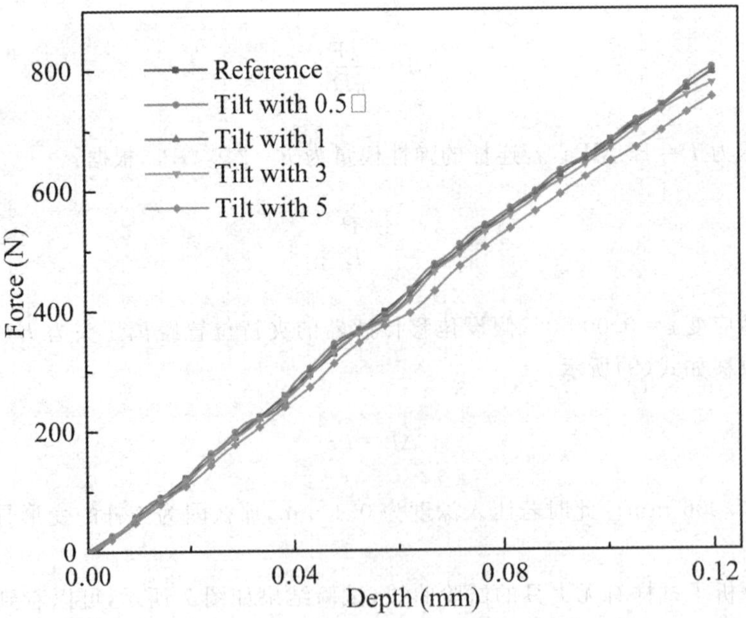

图 8　不同倾斜角时压入模拟曲线

图9为不同摩擦系数时的模拟曲线，结果表明，当压入深度小于压头直径的6%时，摩擦系数对曲线的影响不大，当压入深度超过压头直径的12%时，摩擦系数对曲线的影响逐渐变大。这是因为当压头压

入较浅时，压头与试样的接触角不大，压头对与试样的作用力主要表现为正应力(切应力不明显)，因此摩擦系数发挥的作用不大，但是随着压入深度的增加，压头与试样的接触角变大，切应力也逐渐增大，摩擦系数发挥的作用也逐渐增加。在真实的压入试验中，压头与试样之间的摩擦系数难以准确测量，因此在最大压入深度的取值时，因尽量避免摩擦系数对曲线的影响，压入深度太小时，其变形不足以反映大应变范围的本构关系，压入太大又会因为摩擦导致试验误差，因此本文综合考虑取最大压入深度为压头直径 D 的 12%。

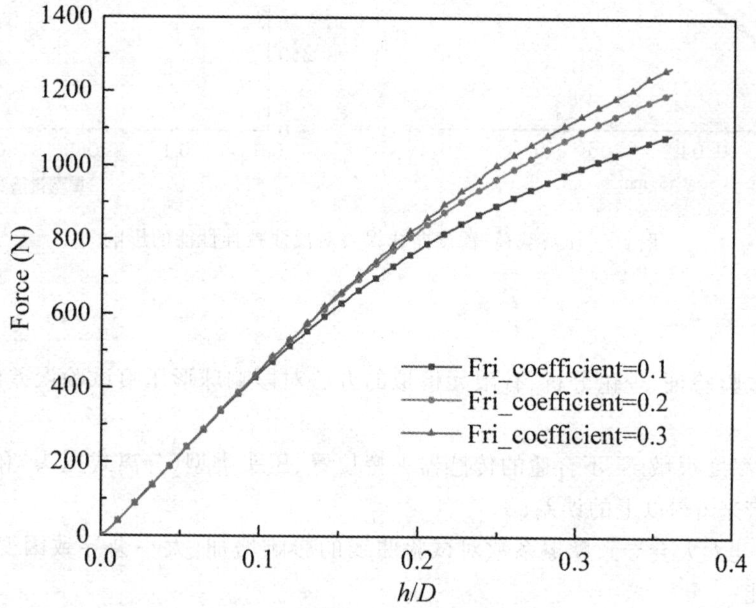

图 9　摩擦系数对压入曲线的影响

3.2　对反演拉伸性能的影响评估

选取误差为 2% 和 1% 的压入载荷-深度曲线，通过数据库方法反演对应的真应力-塑性应变曲线，其结果如图 10 所示。可知当误差 $f=2\%$ 时，其反求的真应力应变曲线其最大误差为 18.3%，当误差 $f=1\%$ 时，求得的真应力应变数，最大误差为 8.7%。此时压入曲线误差已经较小，视觉上较为重合，但是其反演的真应力-塑性应变曲线仍然有较大的误差。其原因可能是压入法载荷位移曲线不存在明显的特征点，载荷随着压入深度的增加，近似呈线性增加。而压入试样的变形受到周围材料约束，大部分变形区处于一种高约束的压缩应力状态。

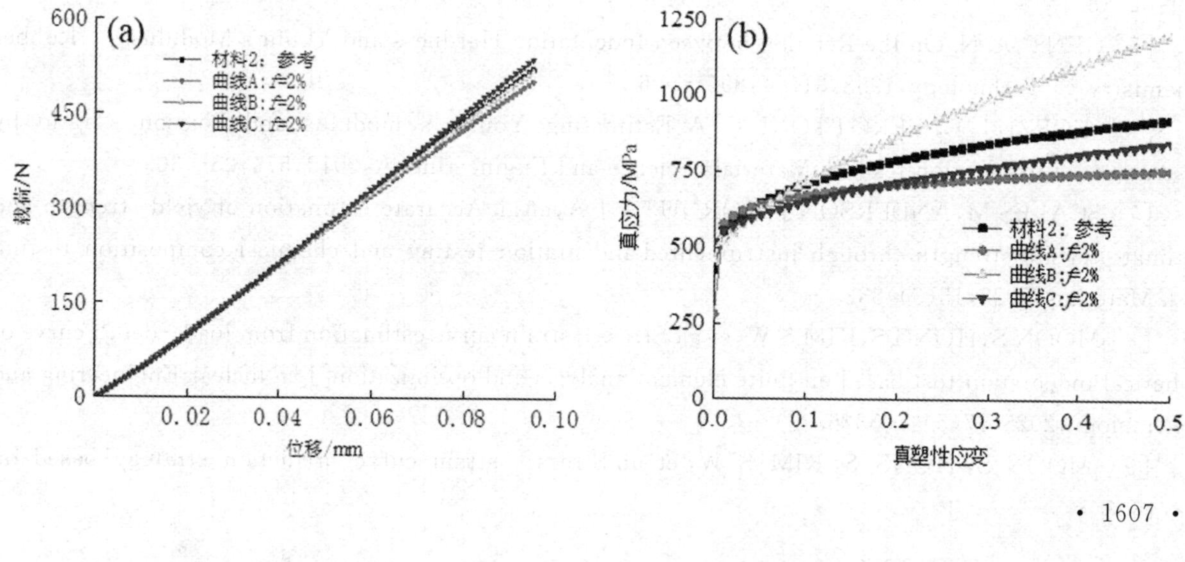

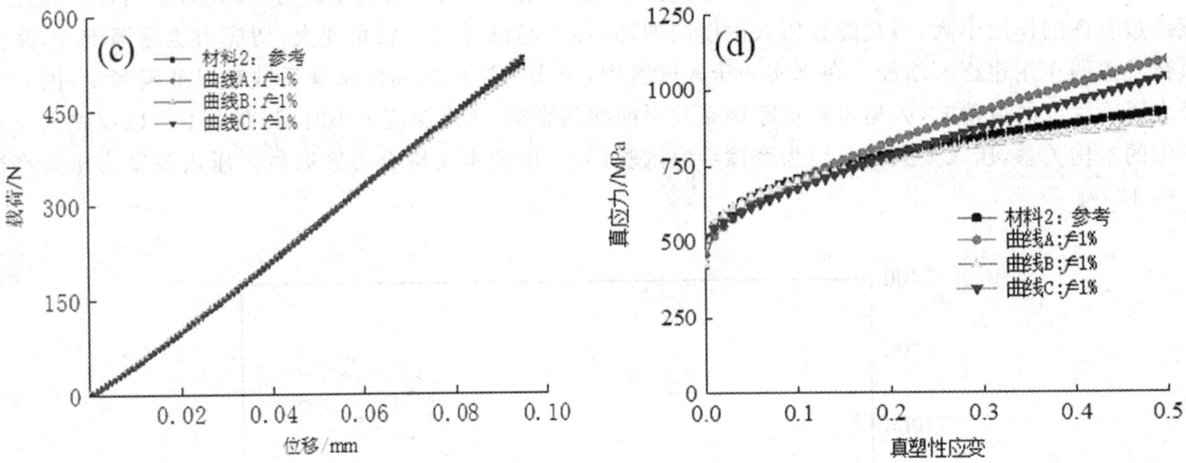

图 10　压痕载荷-深度曲线误差对反演拉伸性能的影响

4　结　论

本文综合运用试验验证、理论分析、有限元模拟的方法对影响球形压痕试验误差的因素进行了分析，得到的结论如下：

(1)压入测试对深度很敏感，不合适的传感器夹持位置、压头类型(分离式压头)和试样夹持方式均会对深度的测试结果带来 6%以上的误差；

(2)最大压入深度太大会导致摩擦系数对试验曲线的影响增加，太小会导致因变形不足而无法准确反映材料的力学性能；

(3)通过压入法反演真应力-塑性应变曲线时，较小的压入曲线误差会导致反演结果较大的变化。

参考文献

[1] 郭宇，高雄雄，徐华天，等．仪器化压痕拉伸性能测试技术发展现状与展望[J]．石油管材与仪器，2025，11(2)：9－15.

[2] 瞿力铮，吴益文，单清群，等．连续球压痕法表征幂硬化金属材料拉伸性能的有限元模拟[J]．机械工程材料，2019，43(11)：47－52.

[3] 伍声宝．连续球压痕法表征金属材料拉伸性能的研究[D]．华东理工大学，2016.

[4] 伍声宝，徐彤，喻灿，等．采用球压痕法测 16MnR 钢的拉伸性能[J]．机械工程材料，2015，39(1)：82－85.

[5] GENT，A. N. On the Relation between Indentation Hardness and Young's Modulus[J]. Rubber Chemistry & Technology，1958，31(4)：896－906.

[6] ZORZI J E，PEROTTONI C A. Estimating Young's modulus and Poisson's ratio by instrumented indentation test[J]. Materials Science and Engineering：A，2013，574：25－30.

[7] SCALES M，ANDERSON J，KORNUTA J A，et al. Accurate estimation of yield strength and ultimate tensile strength through instrumented indentation testing and chemical composition testing [J]. Materials，2022，15(3)：832.

[8] MOON S，HONG S，KIM S W，et al. Stress－strain curve estimation from load－depth curve of spherical indentation test based on finite element analysis and optimization[J]. Nuclear Engineering and Technology，2025，57(5)：103326.

[9] MOON S，HONG S，KIM S W，et al. Stress － strain curve prediction strategy based on

instrumented indentation test using master curve of SS316 stress - strain curve[J]. Nuclear Engineering and Technology,2025,57(5):103349.

[10] DAVID G,PASCAL O,PATRICK L,et al. A new approach to estimate the fatigue limit of steels based on conventional and cyclic indentation testing[J]. Metals,2022,12(7):1066.

[11] GUOYAO C,XIAOCHENG Z,JIRU Z,et al. New inverse method for determining uniaxial flow properties by spherical indentation test[J]. Chinese Journal of Mechanical Engineering,2021,34(1):1-9.

[12] ISO 14577 - 2015, Metallic materials - Instrumented indentation test for hardness and materials parameters,2015.

[13] GB/T 39635—2020,金属材料 仪器化压入法测定压痕拉伸性能和残余应力[S].

[14] JEON S W,LEE K W,KIM J Y,et al. Estimation of fracture toughness of metallic materials using instrumented indentation:critical indentation stress and strain model[J]. Springer US,2016,57(7):1013-1025.

[15] ZHANG T, WANG S, WANG W. A comparative study on fracture toughness calculation models in spherical indentation tests(SITs)for ductile metals[J]. International Journal of Mechanical Sciences,2019,160:114-128.

[16] ZHANG T, WANG S, WANG W. A comparative study on uniaxial tensile property calculation models in spherical indentation tests (SITs) [J]. International Journal of Mechanical Sciences,2019,155:159-169.

[17] ZHANG T, WANG S, WANG W. A constitutive model independent analytical method in determining the tensile properties from incremental spherical indentation tests(ISITs)[J]. International Journal of Mechanical Sciences,2018,148:9-19.

[18] LEE H,LEE H J,PHARR M G. A numerical approach to spherical indentation techniques for material property evaluation [J]. Journal of the Mechanics and Physics of Solids, 2005, 53(9):2037-2069.

[19] LEE H J,KIM T,LEE H. A study on robust indentation techniques to evaluate elastic-plastic properties of metals[J]. International Journal of Solids and Structures,2009,47(5):647-664.

[20] ANTUNES J, MENEZES L, FERNANDES J. Three-dimensional numerical simulation of vickers indentation tests[J]. International Journal of Solids and Structures,2005,43(3):784-806.

[21] WANG Y. Effects of indenter angle and friction on the mechanical properties of film materials[J]. Results inPhysics,2016(6):509-514.

[22] ZHANG T,WANG S,WANG W. Method to determine the optimal constitutive model from spherical indentation tests[J]. Results in Physics,2018(8):716-727.

[23] 薛河,路景智,贾宇磊,等. 基于压痕载荷的幂硬化金属材料力学性能确定方法[J]. 压力容器,2022,39(7):7-14.

[24] 孙永辉,尤景泽,刘凯,等. 高钢级管线环焊缝强度匹配的仪器化压痕法测试研究[J]. 压力容器,2023,40(11):26-32.

作者简介

陈国耀,E-mail:guoyao_chen@outlook.com。

基于最优加权组合模型的承压设备剩余壁厚准确预测

刘娟波，韩志远，谢国山

（国家市场监管技术创新中心（炼油与化工装备风险防控）中国特种设备检测研究院，北京 100029）

摘　要：压力容器与压力管道等承压设备广泛应用于石化、煤化工、电力等行业。剩余壁厚对腐蚀速率和剩余寿命的计算至关重要，剩余壁厚的监检测是评估承压设备安全状态的重要方法。然而，通过测量或监测获得壁厚的成本大，且受到操作条件的限制。因此，有必要提出一种剩余壁厚的准确预测方法。灰色系统预测理论针对部分信息已知和部分未知的信息系统，而剩余壁厚预测是典型的灰色系统。通过考虑剩余壁厚单调下降、时间序列和饱和趋势的变化特征，本文提出了一种基于灰色系统预测理论的剩余壁厚精确预测方法。该方法通过建立 GM(1,1)和 Verhulst 的灰色模型以及非线性拟合模型，进一步整合各单一模型来构建最优加权组合模型（OWCM）。最后，本文采用管道弯头的工程应用案例验证了方法的适用性。结果表明，每个模型的平均误差小于 2%，特别是最优加权组合模型的误差最小，小于 1%。本研究将有助于剩余壁厚的准确预测，并为承压设备的安全评估提供直接参考。

关键词：承压设备；剩余壁厚预测；GM(1,1)模型；Verhulst 模型；非线性拟合；最优加权组合模型

Accurate prediction for wall thickness of pressure equipment with optimal weighted combined model

LIU Juanbo, HAN Zhiyuan, XIE Guoshan

(Technology Innovation Center of Risk Prevention and Control of Refining and Chemical Equipment for State Market Regulation, China Special Equipment Inspection & Research Institute, Beijing 100029, China)

Abstract: Pressure equipment includes pressure vessel, pressure pipeline etc., which is widely used in industries such as petrochemical, coal - chemical and electric power. The wall thickness is critical to the calculation of corrosion rate and residual life as well as the fitness - for - service, and its measuring or monitoring is the most important way to assess the safety state of pressure equipment. However, obtaining wall thickness with measurement or monitoring is cost enormous and limited with the operation condition. Thus, it is necessary to propose an accurate prediction method. The grey system prediction theory is aimed at poor information system with the features of partially known and partially unknown, while the prediction of wall thickness is the typical grey system. By considering variation features of monotonic descent, time - series and saturation tendency, this article proposes an accurate prediction method with grey system prediction theory. Firstly, the grey models of GM(1,1) and Verhulst as well as nonlinear fitting model are established. Then, an optimal weighted combined model (OWCM) is constructed by integrating various single model to achieve high precision. Finally, for an engineering application case of pipe elbow, the results indicate that average error of each model is less than 2%, especially the error of optimal weighted combined model is minimum and is less than 1%. This research will facilitate the accurate prediction for wall thickness and provide direct reference to the safety assessment of pressure equipment.

Keywords: pressure equipment; wall thickness prediction; GM(1,1) model; verhulst model; nonlinear fitting model; optimal weighted combined model(OWCM)

0 引 言

压力容器和压力管道等承压设备极其广泛地应用于石油化工、煤化工、核电、电力等行业中[1]。剩余壁厚是评估承压设备安全状态的关键参量，TSG 21－2016《固定式压力容器安全技术监察规程》[2]和TSG D7005－2018《压力管道定期检验规则－工业管道》[3]均规定，壁厚测定是定期检验期间的主要项目。通过壁厚数据计算腐蚀速率、剩余寿命以及进行合于使用评价，是确保承压设备安全运行的重要手段。由于能源化工行业的承压设备量大面广，通过壁厚测定或在线监测的方式获取壁厚数据，一方面需要大量的检验监测资源，另一方面受温度、压力和施工条件限制，只能在特定的时间如定期检验期间进行。因此，形成剩余壁厚的高精度预测方法对评估承压设备的安全运行状态具有重要意义。

灰色系统理论专门研究"部分信息已知、部分信息未知"的贫信息系统预测问题[4－5]，而剩余壁厚预测正是典型的灰色系统预测问题。一方面可以明确，设备的剩余壁厚与操作温度、操作压力、介质特性、材质类型、设备结构、运行时间等密切相关，受多种因素综合影响，剩余壁厚数值随着时间是单调递减的，具有典型的时间序列特征。另一方面，上述参数具体如何影响剩余壁厚，各参数与剩余壁厚的关联关系难以确定，构建基于上述影响因素的预测模型，特别是具有普适性、精度高、能用于工程实际的预测模型困难大。抛开上述各参数的复杂影响作用，根据已有检验监测壁厚数据，基于灰色系统理论建立壁厚预测模型是一条可行路径。

目前已有文献采用灰色系统理论进行剩余壁厚预测，主要通过经典灰色GM(1,1)模型实现预测[6]。另一种预测方法是直接对壁厚历史数据进行数值拟合与回归分析。现有方法多基于原始数据的单一特征，采用单一模型进行预测。考虑到壁厚预测具有多因素影响和复杂性的特点，单一模型收到预测精度限制，而最优加权组合模型(OWCM)通过充分利用各单一模型的有效特征，可显著提升预测精度。

本文提出一种承压设备剩余壁厚的高精度预测方法。该方法首先建立灰色GM(1,1)模型、Verhulst模型以及非线性拟合模型等单一预测模型，进而构建最优加权组合模型，实现壁厚的高精度预测。最后以实际工业管道剩余壁厚为案例，验证该方法在工程中的应用。

1 方法与模型

根据灰色系统预测理论，承压设备壁厚数据是一个典型的时间序列，随时间连续递减，表现出单调变化特征，灰色模型GM(1,1)很好地捕捉到了这一特征[7－8]。同时，壁厚与腐蚀速率直接相关，腐蚀速率通常是非线性的，并显示出饱和特征，因此可以使用灰色Verhulst模型[9－12]。此外，直接非线性拟合壁厚历史变化数据是工程中的一种常见方法。基于上述三个单一模型，建立最优加权组合模型[13－14]。图1显示了OWCM用于壁厚预测的建模过程。

步骤1：获取承压设备剩余壁厚随时间序列变化的历史数据。时间序列历史数据的变化周期与预测模型的变化周期一致。如历史数据是每月的，则预测模型结果也是每月的，历史数据是年度的，则预测模型结果也是年度的。

步骤2：构建剩余壁厚的GM(1,1)单一预测模型。根据灰色系统预测理论，假设剩余壁厚原始序列为 $X^{(0)}=[X^{(0)}(1),X^{(0)}(2),X^{(0)}(3),\cdots,X^{(0)}(n)]$，为消除原始序列 $X^{(0)}$ 的随机性，累加生成序列 $X^{(1)}$。记序列 $X^{(1)}=[X^{(1)}(1),X^{(1)}(2),\cdots,X^{(1)}(n)]$，则序列 $X^{(1)}$ 的生成如下所示，式中 $X^{(0)}(i)$ 为原始序列的第 i 个数值。

$$X^{(1)}(k)=\sum_{i=1}^{k}X^{(0)}(i),k=2,3,\cdots,n \tag{1}$$

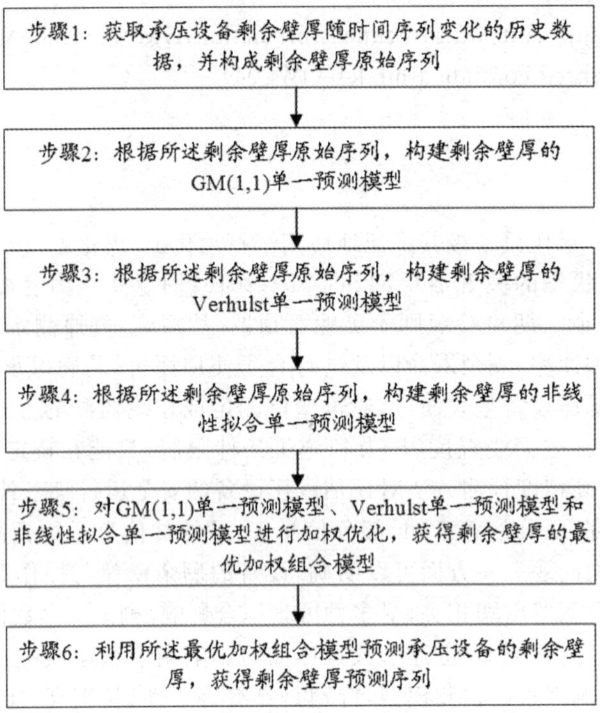

图 1　承压设备壁厚预测的建模过程

进一步生成 $X^{(1)}$ 对应的紧邻均值生成序列 $Z^{(1)}=[Z^{(1)}(1),Z^{(1)}(2),Z^{(1)}(3),\cdots,Z^{(1)}(n)]$。其中

$$Z^{(1)}(k)=0.5X^{(1)}(k)+0.5X^{(1)}(k-1) \tag{2}$$

按照灰色预测理论，构建累加生成序列 $X^{(1)}(k)$ 关于时间 t 的一阶微分方程，

$$\frac{\mathrm{d}x^{(1)}(k)}{\mathrm{d}t}+ax^{(1)}(k)=b \tag{3}$$

其中，a 为发展系数，b 为灰作用量，参数 a 和 b 以最小二乘法求得。构造数据矩阵 Y_N 与 B。其中，

$$Y_N=[X^{(0)}(2),X^{(0)}(3),\cdots X^{(0)}(n)]^T, B=\begin{bmatrix}-Z^{(1)}(2) & 1\\ -Z^{(1)}(2) & 1\\ \vdots & \vdots\\ -Z^{(1)}(k) & 1\end{bmatrix} \tag{4}$$

于是由最小二乘法求得参数 a 与 b：

$$[a,b]^T=(B^TB)^{-1}B^TY_N \tag{5}$$

求解 $X^{(1)}(k)$ 关于时间 t 的一阶微分方程，获得微分方程的解：

$$\hat{X}^{(1)}(k+1)=\left(X^{(0)}(1)-\frac{b}{a}\right)e^{-ak}+\frac{b}{a} \tag{6}$$

对序列 $X^{(1)}(k)$ 做累减还原得到原始序列的预测值：

$$\hat{X}^{(0)}(k+1)=\hat{X}^{(1)}(k+1)-\hat{X}^{(1)}(k), k=1,2,3,\cdots,n \tag{7}$$

步骤 3：构建剩余壁厚的灰色 Verhulst 单一预测模型。需要说明的是，Verhulst 的建模过程与 GM(1,1) 模型相似，两种模型的主要区别在于微分方程的形式及其对应的解。在 Verhulst 模型的建模

过程中，如果原始数据显示 S 形饱和度特征，则可以将原始数据序列视为 $X^{(1)}$，进行一次累减生成 $X^{(0)}$，建立 Verhulst 模型，直接对 $X^{(1)}$ 预测得到预测值。灰色 Verhulst 模型采用原始数据序列 $X^{(1)}$ 构建的微分方程形式为，

$$\frac{\mathrm{d}x^{(1)}}{\mathrm{d}t} - ax^{(1)} = b(x^{(1)})^2 \tag{8}$$

该微分方程的解为：

$$\hat{x}_{k+1}^{(1)} = \frac{ax_1^{(1)}}{bx_1^{(1)} + (a - bx_1^{(1)})e^{ak}} \tag{9}$$

步骤4：构建剩余壁厚非线性拟合单一预测模型。考虑到剩余壁厚数据通常单调变化，指数函数对其具有较好的预测能力，采用如下指数函数拟合，其中 A、C 和 y_0 为根据原始序列非线性拟合获得的参数：

$$y(k) = Ae^{-\frac{k}{C}} + y_0 \tag{10}$$

步骤5：构建剩余壁厚的最优加权组合模型。设共有 m 个单一模型，每个模型有 n 个预测值，第 i 个模型在 t 时刻的预测值记为 $\hat{y}_{it}$，对应的实际值记为 y_{it}，则第 i 各模型在 t 时刻的误差 e_{it} 如下所示：

$$e_{it} = y_{it} - \hat{y}_{it}, i = 1, 2, \cdots, m; t = 1, 2, \cdots, n \tag{11}$$

由各模型的误差构成拟合误差矩阵 E。式中 e_{mt} 为第 m 个模型在 t 时刻的误差。

$$E = \begin{bmatrix} \sum_{t=1}^{n} e_{1t}^2 & \sum_{t=1}^{n} e_{1t}e_{2t} & \cdots & \sum_{t=1}^{n} e_{1t}e_{mt} \\ \sum_{t=1}^{n} e_{2t}e_{1t} & \sum_{t=1}^{n} e_{2t}^2 & \cdots & \sum_{t=1}^{n} e_{2t}e_{mt} \\ \cdots & \cdots & \cdots & \cdots \\ \sum_{t=1}^{n} e_{mt}e_{1t} & \sum_{t=1}^{n} e_{mt}e_{2t} & \cdots & \sum_{t=1}^{n} e_{mt}^2 \end{bmatrix} \tag{12}$$

求解组合模型的权重系数。设各模型的权重系数向量为 $W = (w_1, w_2, \cdots, w_m)$，组合模型对权重的求解是使目标函数误差平方和最小，记目标函数为 Q，以最小二乘原理求解，目标函数与约束条件表示为：

$$\begin{cases} \min Q = \sum_{t=1}^{n} e_t^2 \\ st \sum_{i=1}^{m} w_t = 1 \end{cases} \tag{13}$$

以 R 表示分量全为1的列向量，即 $R = [1, 1, \cdots, 1]^T$，根据约束条件权重系数为1，上式可表示为：

$$\begin{cases} \min Q = \sum_{t=1}^{n} e_t^2 = W^T E W \\ st \sum_{i=1}^{m} R^T W = 1 \end{cases} \tag{14}$$

对该式用拉格朗日乘子法求得最优权重向量和目标函数的最小值：

$$W = \frac{E^{-1}R}{R^T E^{-1} R}, \min Q = \frac{1}{R^T E^{-1} R} \tag{15}$$

根据权重系数，获得组合模型预测结果：

$$\hat{Y} = w_1 \hat{y}_1 + w_2 \hat{y}_2 + \cdots + w_m \hat{y}_m = \sum_{i=1}^{m} w_i \hat{y}_i \tag{16}$$

步骤6:对各模型预测结果进行评价。对各模型预测结果以平均相对误差MRE、平方和误差SSE与标准误差MSE等指标对进行评价。MRE、SSE与MSE误差计算公式如下:

$$\mathrm{MRE}=\frac{1}{N}\sum_{i=1}^{N}\left|(y_i-\hat{y}_i)/y_i\right| \tag{17}$$

$$\mathrm{SSE}=\sum_{i=1}^{N}(y_i-\hat{y}_i)^2 \tag{18}$$

$$\mathrm{MSE}=\frac{1}{N}\sqrt{\sum\nolimits_{i=1}^{N}(y_i-\hat{y}_i)^2} \tag{19}$$

2 承压设备剩余壁厚预测应用

为验证上述方法的适用性和准确性,本节采用一个工程案例展示方法的具体应用。应用对象为国内某石化公司原油蒸馏装置常压塔顶换热器入口的管道弯头。该管道弯头直径219 mm,壁厚9 mm,材料为20#碳钢,每隔1个月测厚获得一组数据、每次测量4条数据,获得的剩余壁厚随时间序列变化的历史数据如表1所示。以剩余壁厚的平均值进行建模预测,壁厚单位为mm。

表1 某企业管道弯头处剩余壁厚随时间序列变化历史数据

序列/K	壁厚1/mm	壁厚2/mm	壁厚3/mm	壁厚4/mm	平均值/mm
1	8.80	8.90	8.80	8.80	8.83
2	8.80	8.80	8.70	8.50	8.70
3	8.80	8.00	8.20	8.70	8.43
4	8.70	8.80	8.20	7.90	8.40
5	8.30	8.50	7.80	7.60	8.05
6	8.30	7.80	7.60	7.30	7.75
7	7.80	7.60	7.90	7.40	7.68
8	7.60	7.50	7.10	7.00	7.30
9	7.50	7.40	7.00	7.10	7.25
10	7.10	6.80	7.20	7.80	6.98
11	7.50	6.80	6.30	6.70	6.83
12	7.30	6.50	6.30	6.50	6.65
13	7.00	6.20	6.50	6.30	6.50
14	6.60	6.20	6.30	6.00	6.28
15	6.20	5.80	6.00	5.70	5.93
16	5.80	5.30	5.60	5.60	5.58
17	5.60	5.20	5.00	5.40	5.30
18	4.80	5.30	5.00	5.10	5.05

对单一GM(1,1)模型预测,根据前述建模过程求得参数a和b的计算结果分别为0.0312和9.2685,则累加序列X(1)预测式如下,根据式(7)进行序列还原获得原始序列$X(0)$的预测值。具体预测结果见表2。

$$\hat{X}^{(1)}(k+1)=-288.241e^{-0.0312k}+299.071 \tag{20}$$

对单一灰色 Verhulst 建模，参数 a 和 b 的计算结果分别为 0.0915 和 0.0086。求解 $X^{(1)}(k)$关于时间 t 的一阶微分方程(8)，得到原始序列的预测式如下。具体结果见表 2。

$$\hat{X}^{(1)}(k+1)=\frac{0.826}{0.018e^{0.0935k}+0.759} \tag{21}$$

对于非线性拟合建模，根据方程(10)对参数 A、C 和 y_0 进行回归分析。指数函数的非线性拟合结果如下，具体预测结果见表 2。

$$\hat{X}^{(1)}(k+1)=-6.958e^{\frac{k}{40.586}}+15.948 \tag{22}$$

对最优加权组合建模，每个模型的计算权重向量为 $W=[-0.027,-0.585,1.612]$，则剩余壁厚预测式如下，具体预测结果见表 2。

$$\hat{y}_0(k)=-0.027\,\hat{y}_1(k)-0.585\,\hat{y}_2(k)+1.612\,\hat{y}_3(k) \tag{23}$$

表 2 各模型预测结果

序列 k	原始数据	GM(1,1)预测	Verhulst预测	拟合预测	组合模型预测	GM(1,1)误差	Verhulst误差	拟合预测误差	组合模型误差
1	8.83	8.83	8.83	8.82	8.81	0.00%	0.00%	0.15%	0.25%
2	8.7	8.85	8.67	8.64	8.61	1.77%	0.34%	0.71%	0.99%
3	8.43	8.58	8.50	8.46	8.43	1.81%	0.85%	0.31%	0.04%
4	8.4	8.32	8.32	8.27	8.24	0.97%	0.91%	1.56%	1.95%
5	8.05	8.06	8.14	8.08	8.04	0.16%	1.08%	0.34%	0.08%
6	7.75	7.82	7.94	7.88	7.85	0.84%	2.46%	1.70%	1.27%
7	7.68	7.58	7.74	7.68	7.65	1.36%	0.74%	0.00%	0.39%
8	7.3	7.34	7.52	7.47	7.45	0.58%	3.07%	2.38%	2.03%
9	7.25	7.12	7.30	7.26	7.24	1.83%	0.74%	0.17%	0.10%
10	6.98	6.90	7.08	7.05	7.03	1.17%	1.37%	0.94%	0.75%
11	6.83	6.69	6.84	6.82	6.82	2.10%	0.17%	0.09%	0.19%
12	6.65	6.48	6.60	6.60	6.60	2.54%	0.72%	0.81%	0.81%
13	6.5	6.28	6.36	6.36	6.37	3.35%	2.20%	2.11%	2.02%
14	6.28	6.09	6.11	6.12	6.13	3.04%	2.73%	2.49%	2.33%
15	5.93	5.90	5.86	5.88	5.89	0.47%	1.23%	0.86%	0.66%
16	5.58	5.72	5.60	5.63	5.64	2.52%	0.42%	0.85%	1.06%
17	5.3	5.55	5.35	5.37	5.38	4.62%	0.94%	1.32%	1.46%
18	5.05	5.37	5.10	5.11	5.11	6.43%	0.91%	1.12%	1.09%

图 2 是每个模型的预测结果的比较。结果表明，四种模型预测的剩余壁厚与原始数据吻合均良好。表 3 进一步显示了每种模型的各类误差的比较。结果表明，每个模型的平均相对误差 MRE 都小于 2%，四个模型都具有较高的准确性，特别是最优加权组组合模型的平均相对误差 MRE 小于 1%的最优加权组合模型具有最高的预测准确性。该方法将有助于在工程应用中准确预测壁厚。

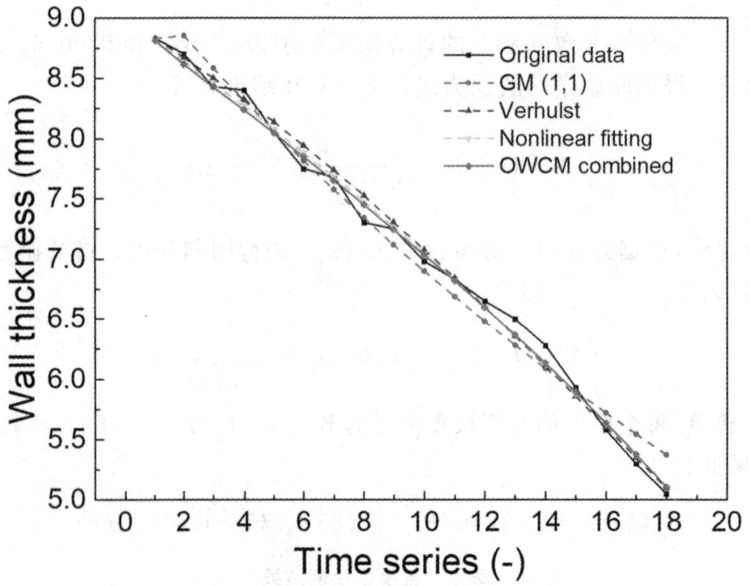

图 2　各模型预测结果对比

表 3　各模型预测结果误差对比

各模型误差	GM(1,1)	Verhulst	非线性拟合	组合模型
平均相对误差 MRE	1.98%	1.16%	1.00%	0.97%
平方和误差 SSE	41.42%	18.40%	13.36%	12.59%
标准误差 MSE	3.58%	2.38%	2.03%	1.97%

3　结　语

剩余壁厚是评估承压设备安全状态的关键参数,当前剩余壁厚主要通过监检测方式获得,受操作条件的限制。本文建立了一种基于最优加权组合模型的剩余壁厚预测方法。该方法首先建立灰色 GM(1,1)和 Verhulst 模型以及非线性拟合模型等单一预测模型,然后构建最优加权组合模型实现高精度预测。本文以实际工业管道为例,展示了该方法的具体应用过程。结果表明,每个模型的平均相对误差小于 2%,特别是最优加权组合模型的误差最小并小于 1%。本研究将有助于剩余壁厚的准确预测,并为承压设备的安全评估提供直接参考。

参考文献

[1] JU L Y,WANG C H. Effects of thickness profile and inner/outer of localized thin area defects on the remaining strength of pressure equipment[J]. Journal of Loss Prevention in the Process Industries,2023,84:105132.

[2] 中华人民共和国质量监督检验检疫总局. 固定式压力容器安全技术监察规程:TSG 21—2016[S]. 2016.

[3] 中华人民共和国质量监督检验检疫总局. 压力管道定期检验规则—工业管道:TSG—D7005—2018[S]. 2018.

[4] YIN M S. Fifteen years of grey system theory research:A historical review and bibliometric analysis[J]. Expert Systems with Applications,2013,40:2767—2775.

[5] WANG S W,WANG P,ZHANG Y F. A prediction method for urban heat supply based on

grey system theory[J]. Sustainable Cities and Society,2022,52:101819.

[6] 王正方．基于灰色系统理论的压力容器安全运行研究[D]. 青岛:中国石油大学(华东),2008.

[7] LI P,XU X S,YANG S R,et al. Open circuit fault diagnosis strategy of PMSM drive system based on grey prediction theory for industrial robot[C]//2022 9th International Conference on Power and Energy Systems Engineering,Energy Reports 9,2023:313－320.

[8] QIAN N,FU Y C,JIA J J,et al. Thermal performance analysis of axial－rotating oscillating heat pipe and its prediction model based on grey system theory[J]. Thermal Science and Engineering Progress,2022,29:101210.

[9] EVANS M. An alternative approach to estimating the parameters of a generalized Grey Verhulst model: An application to steel intensity of use in the UK [J]. Expert Systems with Applications,2014,41:1236－1244.

[10] LI H,LIU Y M,LUO X L,et al. A novel nonlinear multivariable Verhulst grey prediction model:A case study of oil consumption forecasting in China[J]. Energy Reports,2022,8:3424－3436.

[11] 尧全恒,朱明亮,轩福贞．CrMoV 钢近门槛值区疲劳裂纹扩展评价模型准确性分析[J]. 压力容器,2024,41(3):1－7.

[12] 高宁,徐刚,张亮,等．核电站常用管道材料 J－C 本构模型参数识别及验证[J]. 压力容器,2024,41(6):8－15.

[13] 门东坡,王金力,何超平,等．基于最优加权组合模型的煤炭消费结构预测[J]. 煤炭该工程,2021,53(3):190－196.

[14] 张新生,叶晓艳．最优加权组合模型在管道腐蚀预测中的应用[J]. 中国安全生产科学技术,2019,15(5):68－73.

作者简介

刘娟波(1989),男,博士,高级工程师,主要从事成套装置风险防控研究,通信地址:100029 北京市朝阳区和平街西苑 2 号中国特种设备检测研究院,E－mail:liujuanbo@csei. org. cn。

通信作者:韩志远(1984),男,博士,正高级工程师,主要从事成套装置合于使用评价及风险智能化防控研究,通信地址:100029 北京市朝阳区和平街西苑 2 号中国特种设备检测研究院,E－mail:hanzhiyuan@csei. org. cn。

O型密封圈在液化石油气环境下老化性能研究与寿命预测

王柯卿[1,2]，何宇航[1,3]，戚亮亮[3]，施建峰[1,3]，郑津洋[1,3]

（1. 浙江大学 氢能研究院，杭州 310027；2. 浙江大学 工程师学院，杭州 310015；

3. 浙江大学 特种装备研究所，杭州 310027）

摘　要：针对液化石油气(LPG)气瓶长寿命密封圈的老化问题展开了系统的原位加速老化试验。通过对比丁腈橡胶(NBR)与氢化丁腈橡胶(HNBR)在LPG介质中的老化行为，研究了不同温度和老化时间对密封圈压缩永久变形率的影响。实验结果表明，随着温度和老化时间的增加，密封圈的压缩永久变形率呈现显著上升趋势。尤其在较高温度条件下，改性HNBR的性能衰退速度较NBR更为缓慢，表明其具有更优的高温抗老化能力和更长的使用寿命。通过基于Arrhenius方程的寿命预测，评估了两种材料在LPG气瓶常温下的使用寿命。预测结果表明，改性HNBR的使用寿命为46.3年，显著高于NBR的6.4年。研究表明，改性HNBR在长期老化过程中表现出优越的耐久性和稳定性，因此，推荐在LPG气瓶长寿命瓶阀的密封圈选材中优先考虑改性HNBR，以提升气瓶的寿命和长期可靠性。

关键词：丁腈橡胶；液化石油气；加速老化；寿命预测

Aging performance and lifetime prediction of rubber sealing rings in liquefied petroleum gas environment based on compression set

WANG Keqing[1,2], HE Yuhang[1,3], QI Liangliang[3], SHI Jianfeng[1,3], ZHENG Jinyang[1,3]

(1. Institute of Hydrogen Energy, Zhejiang University, Hangzhou 310027, China;

2. Polytechnic Institute, Zhejiang University, Hangzhou 310015, China;

3. Institute of Advanced Equipment, Zhejiang University, Hangzhou 310027, China)

Abstract: This study systematically conducted in - situ accelerated aging tests to investigate the aging performance of long - life sealing rings for liquefied petroleum gas (LPG) cylinders. By comparing the aging behaviors of nitrile rubber (NBR) and hydrogenated nitrile rubber (HNBR) in an LPG environment, the effects of different temperatures and aging durations on the compression set of the sealing rings were examined. Experimental results indicated that the compression set increased significantly with rising temperature and prolonged aging time. Particularly under elevated temperature conditions, modified HNBR exhibited a slower rate of performance degradation compared to NBR, demonstrating superior high - temperature aging resistance and a longer service life. Service life predictions based on the Arrhenius equation were carried out to assess the performance of both materials under ambient LPG cylinder conditions. The prediction results showed that the service life of modified HNBR was 46.3 years, significantly higher than the 6.4 years observed for NBR. The findings suggest that modified HNBR exhibits excellent durability and stability during long - term aging, and it is therefore recommended as the preferred material for sealing rings in long - life LPG cylinder valves to enhance the cylinder's service life and long - term reliability.

Keywords: nitrile rubber; liquefied petroleum gas; accelerated aging; lifetime prediction

0 前 言

液化石油气(LPG)具有高热值，易点燃与便于操作的特点，已成为主要的工业与民用燃料之一[1-2]。此外，LPG 在大气压下的液膨胀比高达 270：1，便于在有限空间内高效压缩储存。因此，通常采用气瓶对 LPG 进行储存与使用。目前，国内主要使用钢制气瓶(I 型瓶)储存 LPG，但钢瓶存在重量大、易生锈和寿命短等问题[3]。近年来，国内多次发生因 LPG 泄漏引发的爆炸事故，造成严重的人员伤亡和经济损失[4-5]，因此，轻质、高强度、长使用寿命以及在火烧条件下不爆炸的 LPG 气瓶对保障 LPG 的安全使用至关重要。纤维增强复合材料气瓶凭借低重量与高强度的优势，逐渐成为 LPG 输运与储存的优选方案。特别是配备高密度聚乙烯(HDPE)内胆的 IV 型气瓶，展现出良好的应用前景。与传统钢瓶相比，纤维增强复合材料气瓶采用缠绕复合材料作为承压结构，在减轻自重的同时，提高了承压能力[6]。此外，该类气瓶具有爆破前先泄漏(Leak Before Burst, LBB)的疲劳失效模式及更长的使用寿命，整体安全性更高[7]。研究 LPG IV 型气瓶关键部件的失效模式并开展寿命预测，对于提升其使用安全性具有重要意义。

LPG IV 型气瓶的密封性能主要由瓶阀决定，其中密封圈是关键组成部分。丁腈橡胶(NBR)与氢化丁腈橡胶(HNBR)因其良好的耐热性、耐油性和耐老化性，适合作为 LPG 气瓶密封圈材料[8-9]。然而，由于 NBR 与 HNBR 的主链中含有不饱和键，其耐老化性能对温度和介质极为敏感。高温[10]、低温[11]以及含氧环境[12]等均会对密封圈的耐老化性能产生显著影响。同时，密封圈材料在长期接触 LPG 过程中易发生交互作用，进一步加速老化，导致变形、龟裂及脆化等失效模式，严重降低气瓶的密封性能，并引发 LPG 泄漏，造成重大安全隐患。由于在气瓶常规服役温度下橡胶老化过程极为缓慢，传统试验方法难以有效捕捉其降解行为。因此，亟需开展密封圈在实际介质环境中的原位加速老化试验，以在较短周期内获得橡胶老化特性，从而实现对密封圈原位老化寿命的准确预测与评估，提升 LPG 气瓶整体运行安全性与可靠性。

多年来，诸多学者针对 NBR 和 HNBR 的老化机理及寿命预测开展了大量研究。大多数研究聚焦于橡胶的加速老化行为，通过在不同温度与介质(如空气、油)条件下进行加速老化试验，探究其老化机理，并依据 Arrhenius 公式进行寿命预测[13-18]。DE RUIJTER P Q 等人[13] 研究了 NBR 与 HNBR 在 80 ℃至 170 ℃范围内长达 60 天的老化行为，并根据时间—温度叠加法(TTS)与 Arrhenius 曲线对垫圈寿命进行预测。结果表明，在热氧化条件下，NBR 的硬度、压缩永久变形及交联密度变化速率均高于 HNBR，后者具有更长的使用寿命并能承受更高的温度。ZANZI M S 等[15]提出了一种基于现场参数与实际尺寸确定垫片寿命的方法，通过在不同温度热氧化循环条件下测量硬度、压缩永久变形及压痕模量，结合密封测试、TTS 与 WLF 方程确定寿命终止标准，结果显示温度为影响 NBR 老化行为的决定性因素，高温条件下材料的不均匀氧化改变了扩散受限氧化(DLO)效应，进而影响老化行为，同时，过高的温度也导致基于压缩永久变形的 Arrhenius 曲线出现偏差。LOU W 等[17]研究了 HNBR 在高温空气与液压油环境中压缩过程的降解行为，比较了两种环境下的压缩永久变形、重量变化及断口形貌，结果表明，O 型密封圈在液压油中重量下降更明显且断口缺陷更多，而机械性能在空气中退化更为严重，因此，橡胶在不同介质中的老化行为存在显著差异，针对特定介质环境开展老化性能研究对于实际应用具有重要意义。此外，一些研究通过设计适用于特定介质的测试容器[19]、延长老化测试周期[20]以及结合应变行为提出时间—温度—应变叠加方法(TTSSP)[21]，为深入理解 NBR 与 HNBR 老化机理及实现更准确的寿命预测提供了新的思路。尽管已有诸多文献对 NBR 与 HNBR 在不同温度与介质(空气、液压油)条件下的老化行为进行了较为系统的研究，但目前尚未有关于 NBR 与 HNBR 在 LPG 介质中老化性能与寿命预测的公开报道。

为保障 LPG IV 型气瓶在服役过程中的密封可靠性，本文基于气瓶实际服役介质与压力条件，选用

NBR与HNBR制备O型密封圈，开展了在50 ℃至89 ℃ LPG介质环境中的加速老化试验，研究NBR与改性HNBR的老化性能演化规律。通过测量试样的压缩永久变形，并参考相关标准，结合Arrhenius公式对不同温度下材料的老化寿命进行评估，进一步预测了在25 ℃条件下NBR与改性HNBR的使用寿命，为LPG IV型气瓶O型密封圈材料的选择提供了参考依据。

1 试验方案

1.1 试样材料

LPG气瓶O型橡胶密封圈的主要材料为NBR和HNBR。因此，本研究选用了NBR和改性HNBR制备O型密封圈试样，其中NBR作为对比材料，以比较评估改性HNBR的性能。

1.2 老化设置

LPG的主要成分为丙烷和丁烷，当老化温度超过丙烷的临界温度时，会增加LPG与橡胶发生反应的风险。因此，本研究结合实际应用条件，将老化温度设定为50 ℃、63 ℃、76 ℃和89 ℃。同时，针对不同温度设置了3至126天的老化试验周期，以观察O型密封圈的老化性能变化。具体老化参数见表1，每组试验条件选取6个试样进行测试，以确保测试数据的有效性。

表1 试验在不同温度的加速老化时间选取

材料	老化温度/℃	老化时间/d					
NBR	50	21	42	63	84	105	126
	63	14	21	42	63	84	105
	76	7	14	21	42	63	84
	89	3	7	14	21	42	63
HNBR	50	21	42	63	84	105	126
	63	14	21	42	63	84	105
	76	7	21	42	63	84	92
	89	7	14	21	42	63	84

1.3 压缩永久变形

压缩永久变形反映了O型密封圈经老化试验后的永久变形率，与密封力密切相关且易于测量，与气瓶的密封性能具有直接关联。因此，本研究采用压缩永久变形作为老化性能指标，评估O型密封圈的老化特性。压缩永久变形的计算公式如下：

$$C_1=\frac{d_1-d_2}{d_1-h_s}\times 100 \tag{1}$$

式中，C_1为加速老化试验后的压缩永久变形率，%；d_1为试样初始轴向截面直径(各温度下不压缩达到饱和状态下的试样)，mm；d_2为试样恢复后的轴向截面直径，mm；h_s为限制器的高度，mm。

压缩永久变形为0表示O型密封圈在压缩后恢复到原始高度。根据GB/T 2941—2006测量O型圈轴向截面直径，将试样放入充有LPG的容器中夹紧，在老化烘箱中压缩指定老化时长，随后将试样置于环境温度下恢复30 min，测量6个试样的压缩永久变形算术平均值作为测量结果。依据ISO 11346的规定，对于静态密封应用，通常选择原始性能的70%作为加速老化试验的阈值。

1.4 老化装置

考虑到本研究单次试验使用六个样品进行老化压缩永久变形测试，试验设计中使用了一套包含6个夹具的压缩永久变形装置。为满足试验需求，总计设计并使用了4套压缩永久变形装置，如图1所示。

为了探究O型密封圈在LPG介质中的原位老化性能变化，本研究设计了一种特定的介质充装容器

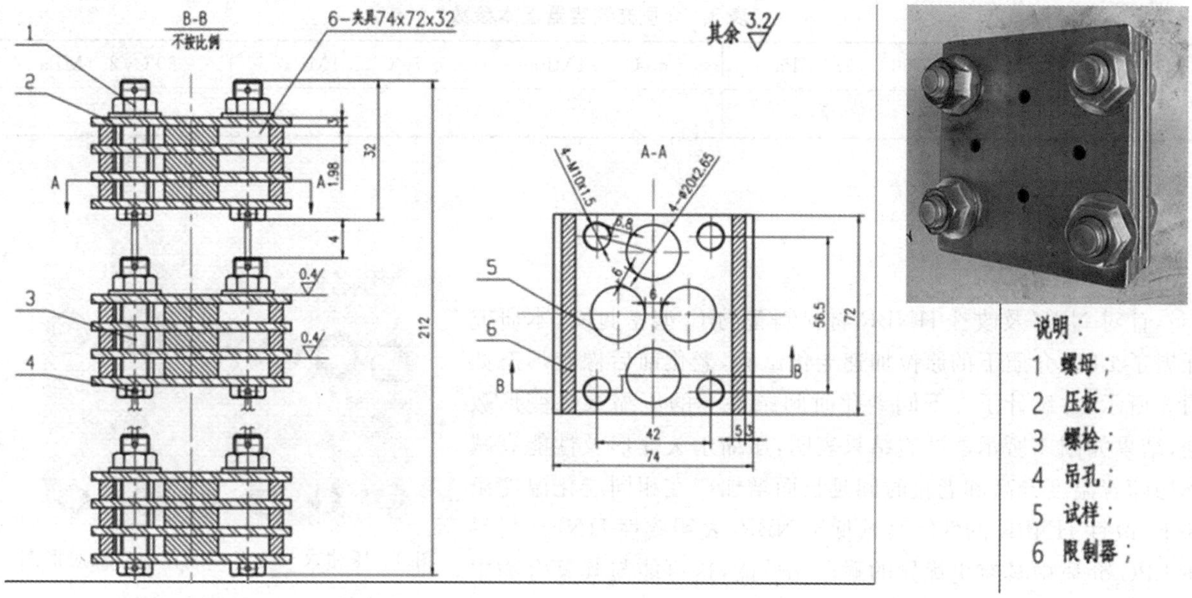

图 1　本试验测量压缩永久变形装置

高温高压反应釜，以便于开展实际 LPG 介质中的加速老化试验。其基本结构如下图 2 所示。

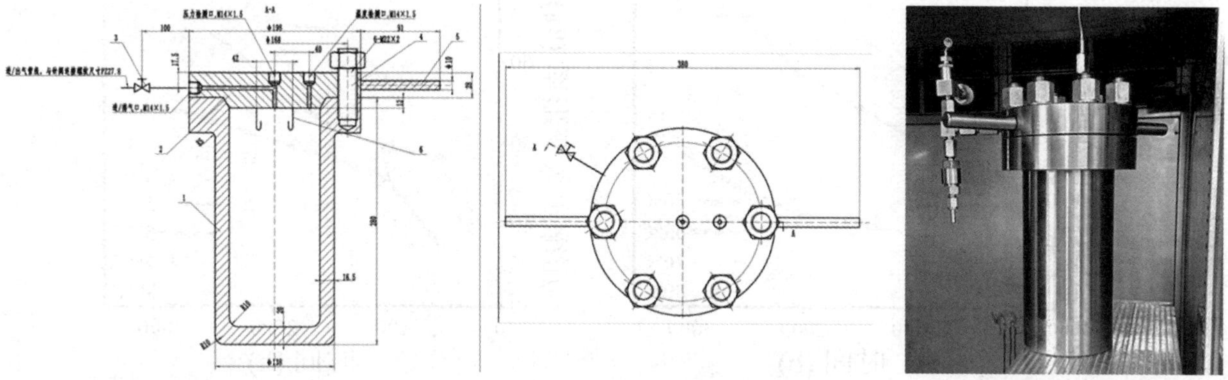

图 2　介质充装容器基本结构及实物图

为了降低液体受热膨胀带来的潜在风险，并确保 O 型密封圈老化过程中容器内维持气体环境，需控制容器内部最大压力不超过丁烷的临界压力 3.8 MPa。基于气体状态方程与质量守恒原理，计算了容器在常温常压条件下的适宜充装量，以确保试验过程的安全性与可靠性。相关介质充装容器的基本参数如表 2 与表 3 所示。

表 2　介质充装容器基本参数

设计内容	设计参数	设计内容	设计参数
设计压力/MPa	5.0	设计温度	95
工作压力/MPa	4.1	工作温度/℃	89
材质	304 不锈钢	工作介质	LPG
有效容积/L	2	筒体内直径/mm	φ105
筒体内高度/mm	260	筒体壁厚/mm	16.5
平盖厚度/mm	46.2	密封方式	金属密封

表 3　介质充装容器基本参数

温度(℃)/压力(MPa)	50℃/2.1MPa	63℃/2.1MPa	76℃/2.1MPa	89℃/2.1MPa
充装量(g)	90.7	87.2	84	80.9

2　结果与讨论

2.1　压缩永久变形

针对 NBR 及改性 HNBR 材料制备的 O 型密封圈，本研究开展了 LPG 介质下的原位加速老化试验，老化前后橡胶形态如图 3 所示，并统计了在不同老化时间条件下的压缩永久变形数据，结果如图 4 所示。试验结果表明，压缩永久变形及性能衰减率均随着温度升高和老化时间延长而增加。在相同老化温度条件下，改性 HNBR 的性能衰减低于 NBR，表明改性 HNBR 材料在 LPG 介质中具有更优异的耐老化性能，这可能与其聚合物主链中的不饱和度较低有关。

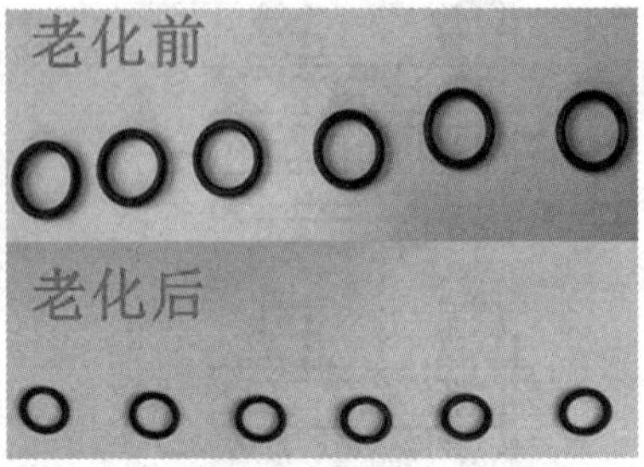

图 3　压缩永久变形率老化前后橡胶形态

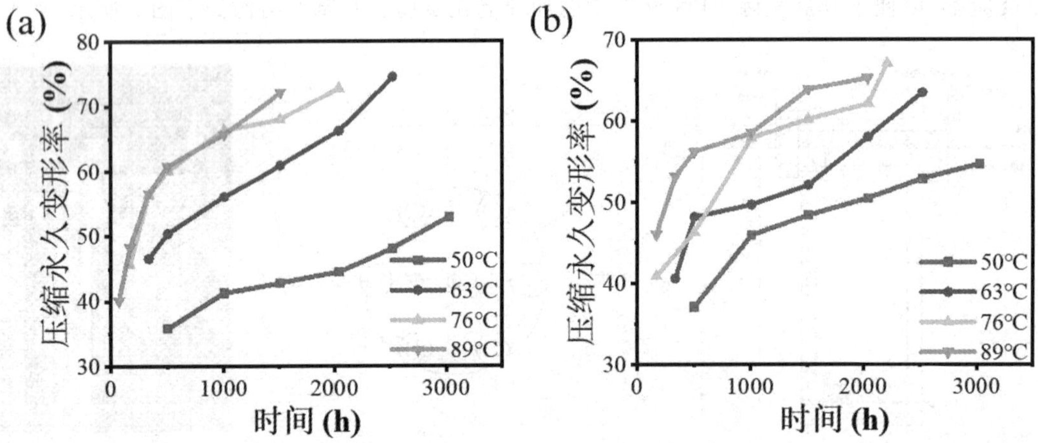

(a) NBR橡胶　　(b) HNBR橡胶

图 4　压缩永久变形率随时间变化趋势

2.2　O 型圈使用寿命预测

2.2.1　Arrhenius 曲线

Arrhenius 曲线绘制了每个老化温度下随时间变化的性能变化率曲线，并进行了最佳拟合。拟合曲线主要采用对数函数：$P=a\cdot\ln(t)+b$ 或幂函数 $P=a\cdot tb$。随后，绘制了反应速率对数与绝对温度倒数的关系图，并构建了拟合曲线。其计算公式为：

$$\ln K(T)=\ln\left(\frac{1}{t}\right)=-\frac{E_a}{R}\cdot\frac{1}{T}+A \tag{2}$$

式中，$K(T)$ 为反应速率常数或衰减速率常数，单位为 $\min^{-1}$；t 为老化时间，单位为 min；A 为常数；E_a 为活化能，单位为 J/mol；R 是气体常数；T 是老化温度，单位为 K。

2.2.2　寿命预测

本研究首先对不同温度下的性能衰减率进行拟合，并根据拟合曲线计算出性能衰减率达到 70% 时的老化寿命。根据上述结果，基于 Arrhenius 曲线对温度与老化寿命进行拟合，从而外推得到在 25℃条件下的老化寿命。图 5 展示了 NBR 与改性 HNBR 密封圈在不同温度下的橡胶性能衰减随时间变化预测曲线。可以看出拟合曲线 R2 值均大于 0.93，表明曲线的拟合程度较高。

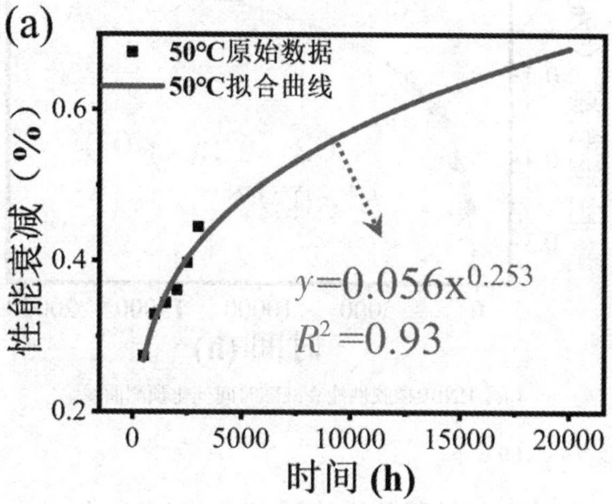

（a）NBR橡胶性能衰减随时间变化预测曲线

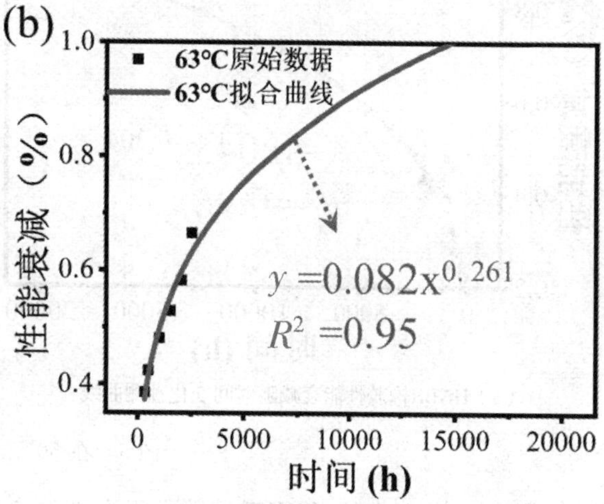

（b）NBR橡胶性能衰减随时间变化预测曲线

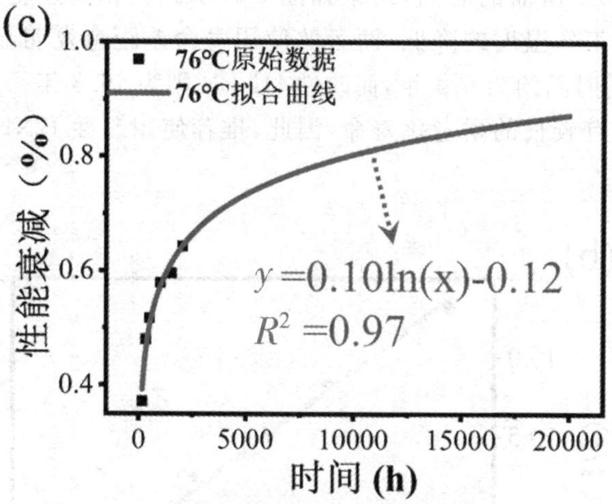

（c）NBR橡胶性能衰减随时间变化预测曲线

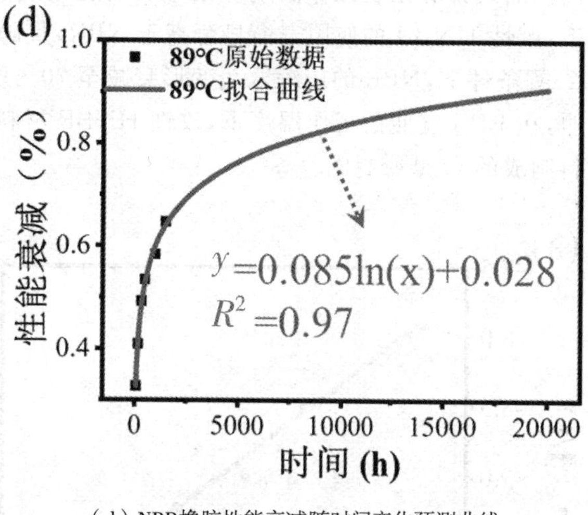

（d）NBR橡胶性能衰减随时间变化预测曲线

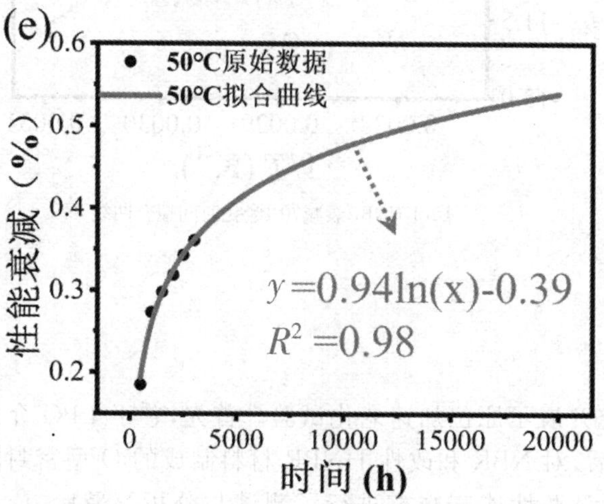

（e）HNBR橡胶性能衰减随时间变化预测曲线

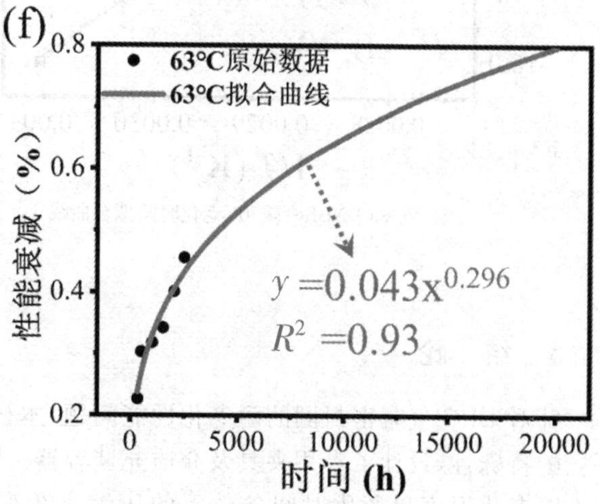

（f）HNBR橡胶性能衰减随时间变化预测曲线

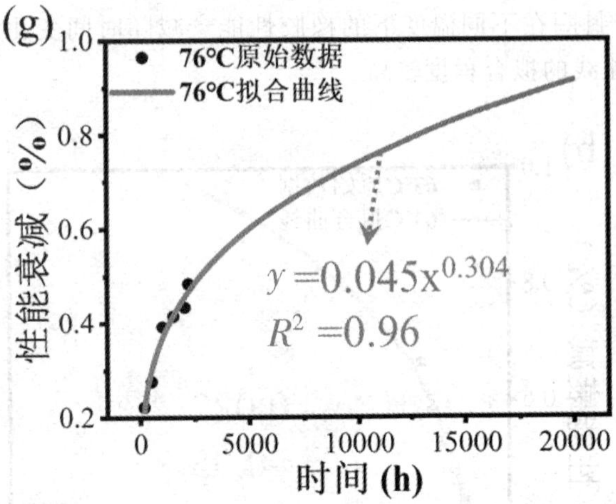

（g）HNBR橡胶性能衰减随时间变化预测曲线

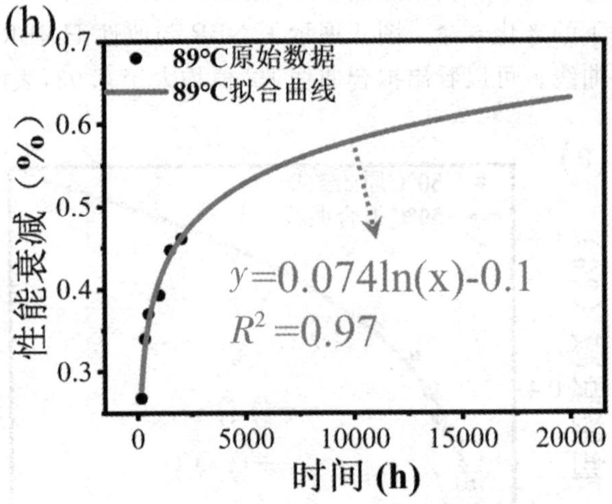

（h）HNBR橡胶性能衰减随时间变化预测曲线

图 5　在 50℃、63℃、76℃、89℃下

根据上述拟合曲线，利用反函数求得在性能衰减率达到 70％时所需的时间，进而通过 Arrhenius 拟合回归曲线计算出在工作温度(25℃)下性能衰减至 70％所需的时间，结果如图 6 所示。在相同温度条件下，改性 HNBR 的使用寿命显著高于 NBR，且随着工作温度的降低，两者的使用寿命差距愈发明显。在 25℃条件下，NBR 的压缩永久变形衰减至 70％所需时间约为 6.4 年，而改性 HNBR 则为 46.3 年。这表明，在 LPG 气瓶的工作温度下，改性 HNBR 材料具有较长的耐老化寿命，因此，推荐使用改性 HNBR 材料制成的 O 型密封圈。

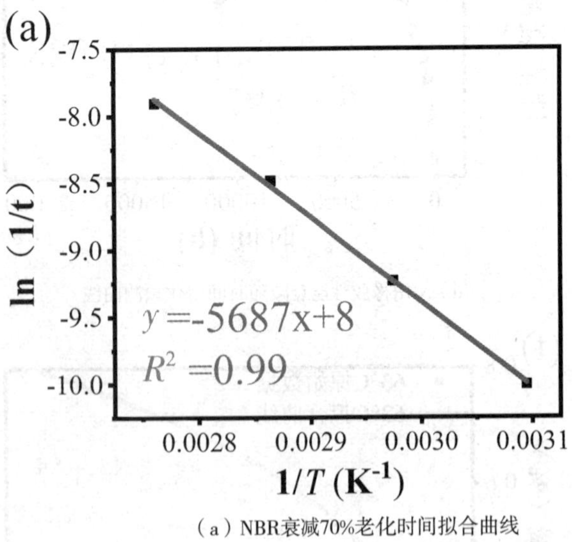

（a）NBR衰减70%老化时间拟合曲线

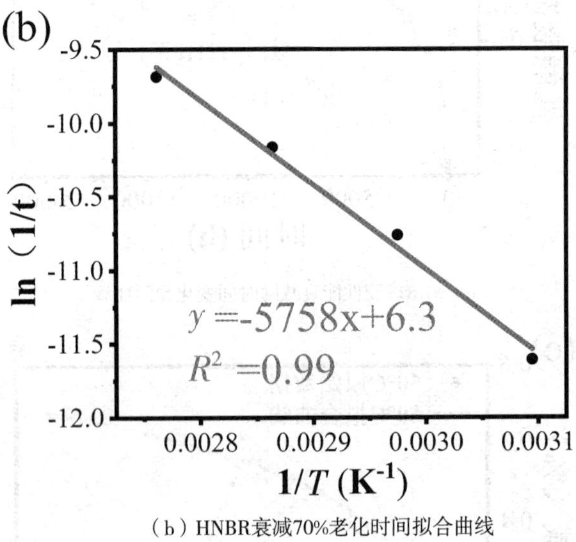

（b）HNBR衰减70%老化时间拟合曲线

图 6

3　结　论

针对 LPG 气瓶密封圈的耐老化性能问题，本研究开展了原位加速老化试验。首先，鉴于 LPG 介质环境的特殊性，设计了专用夹具及介质充装容器。随后，对 NBR 和改性 HNBR 材料制成的 O 型密封圈在不同老化温度和老化时间条件下的压缩永久变形量及性能衰减率进行了测试与分析。最后，依据 Arrhenius 曲线拟合并预测了两种材料在 LPG 气瓶工作温度下的使用寿命。结果表明，由改性 HNBR

制成的O型密封圈在LPG介质中具有更长的使用寿命。因此，基于上述结果，本文进行了如下讨论：

(1)温度对压缩永久变形率的影响

随着温度的升高，无论是NBR橡胶还是改性HNBR橡胶，其压缩永久变形率均呈现显著上升趋势。特别是在较高温度(76 ℃和89 ℃)条件下，压缩永久变形率迅速增加，表明橡胶材料在高温作用下内部结构更易发生不可逆的塑性变形。

(2)NBR与HNBR的性能对比

在初始阶段，改性HNBR橡胶的柔性性能略低于NBR，但其压缩永久变形率的增长速率较慢，说明其在长期老化过程中弹性保持更加稳定。结果表明，改性HNBR具有优异的耐高温性与抗老化性能，尤其适用于高温环境下长期服役的应用需求。

(3)基于Arrhenius方程的寿命预测

根据Arrhenius方程的寿命预测结果，在常温条件下(25 ℃)，改性HNBR橡胶压缩永久变形率衰减至70%所需时间约为46.3年，而传统NBR橡胶的使用寿命约为6.4年。该结果表明，改性HNBR橡胶的长期耐老化性能显著优于传统NBR橡胶。

(4)综合评价

综合试验结果显示，改性HNBR橡胶不仅在常温条件下表现出优异的耐久性能，同时在高温及复杂介质环境中亦能保持良好的性能稳定性。上述结果为改性HNBR材料在长寿命瓶阀应用领域的推广提供了坚实的理论支撑和实践依据。

参考文献

[1] AJUKA L O, KAZEEM R A, KUTI O A, et al. Decarbonized automotive fuel: Liquefied petroleum gas biosynthesis, benefits and drawbacks [J]. Results in Engineering, 2024, 21, 101889.

[2] YE J, SHI S, YU T, et al. Emissions of formaldehyde and nitrogen dioxide from liquefied petroleum gas combustion [J]. Process Safety and Environmental Protection, 2023, 177: 1225－33.

[3] WEN A, SHEN C, HAO C, et al. Experimental Investigation on Burst Pressure and Fatigue Life of Type IV LPG Cylinders [C]// SME 2020 Pressure Vessels & Piping Conference, 2020: 21264.

[4] WANG X, SHEN X, QIAN X, et al. Case study of fire and explosion accident based on damage consequence and numerical results: Explosion medium traceability [J]. Case Studies in Thermal Engineering, 2023, 49.

[5] LYU S, ZHANG S, HUANG X, et al. CFD simulations of instantaneously released liquefied gas in urban areas: A case study of LPG tank truck accident in Wenling, China [J]. Sustainable Cities and Society, 2023, 94.

[6] BARTHELEMY H, WEBER M, BARBIER F. Hydrogen storage: Recent improvements and industrial perspectives [J]. International Journal of Hydrogen Energy, 2017, 42(11): 7254－7262.

[7] HUA T Q, ROH H－S, AHLUWALIA R K. Performance assessment of 700－bar compressed hydrogen storage for light duty fuel cell vehicles [J]. International Journal of Hydrogen Energy, 2017, 42(40): 25121－25129.

[8] AHMED F S, SHAFY M, ABD EL－MEGEED A A, et al. The effect of γ－irradiation on acrylonitrile－butadiene rubber NBR seal materials with different antioxidants [J]. Materials & Design (1980－2015), 2012, 36: 823－828.

[9] HU G, DENG J, WANG G, et al. Experimental and Simulation Study on Fatigue Damage Characteristics of HNBR by HTHP Aging in Oil - Based Mud Environment [J]. Fatigue & Fracture of Engineering Materials & Structures, 2024, 48(3): 1151－1165.

[10] LIU J, LI X, XU L, et al. Investigation of aging behavior and mechanism of nitrile－butadiene

rubber(NBR)in the accelerated thermal aging environment [J]. Polymer Testing,2016,54:59—66.

[11] JAUNICH M,STARK W,WOLFF D. Comparison of low temperature properties of different elastomer materials investigated by a new method for compression set measurement [J]. Polymer Testing,2012,31(8):987—992.

[12] KöMMLING A, JAUNICH M, WOLFF D. Effects of heterogeneous aging in compressed HNBR and EPDM O－ring seals [J]. Polymer Degradation and Stability,2016,126:39—46.

[13] DE RUIJTER P Q,DE BITTENCOURT RIBEIRO E,ZANZI M D S,et al. HNBR and NBR gasket rubbers for plate heat exchangers: Thermo － oxidative aging and service lifetime prediction [J]. Journal of Applied Polymer Science,2023,141(10).

[14] ZHAO J,YANG R,IERVOLINO R,et al. The effect of thermo－oxidation on the continuous stress relaxation behavior of nitrile rubber [J]. Polymer Degradation and Stability,2015,115:32—37.

[15] ZANZI M S, DE SOUZA E L, DUTRA G B, et al. Service lifetime prediction of nitrile butadiene rubber gaskets used in plate heat exchangers [J]. Journal of Applied Polymer Science,2022,139(28).

[16] KöMMLING A,JAUNICH M,POURMAND P,et al. Analysis of O－Ring Seal Failure under Static Conditions and Determination of End － of － Lifetime Criterion [J]. Polymers, 2019, 11(8): 1251—1251.

[17] LOU W,ZHANG W,LIU X,et al. Effects of medium phases on the thermal degradation of hydrogenated nitrile rubber O － rings under compression [J]. Journal of Applied Polymer Science, 2017,135(7).

[18] ZAGHDOUDI M,KöMMLING A,JAUNICH M,et al. Scission,Cross－Linking,and Physical Relaxation during Thermal Degradation of Elastomers [J]. Polymers,2019,11(8):1280—1280.

[19] ZHANG W, LOU W, LIU X, et al. The Effect of Accelerated Aging on the Properties of Nitrile Butadiene Rubber (NBR) O － Rings [J]. Journal of Testing and Evaluation, 2019, 47(2): 1533—1550.

[20] KöMMLING A,JAUNICH M,GORAL M,et al. Insights for lifetime predictions of O－ring seals from five－year long－term aging tests [J]. Polymer Degradation and Stability,2020,179.

[21] ZHU Z,JIANG C,CHENG Q,et al. Accelerated aging test of hydrogenated nitrile butadiene rubber using the time－temperature－strain superposition principle [J]. RSC Advances,2015,5(109): 90178—90183.

作者简介

王柯卿(2002),男,硕士研究生,主要从事低温高压储氢容器用材料开发及测试研究工作,通信地址:310027 浙江省杭州市浙大路38号浙江大学玉泉校区氢能研究院103,E－mail:wangkeqing@zju.edu.cn,联系电话:17686152080。

临氢橡胶表面阻氢耐磨涂层的制备与性能研究

黄跃峰，周池楼，黄炎磊
（华南理工大学 机械与汽车工程学院，广州　510641）

摘　要：针对氢动力密封环境中橡胶密封件因磨损与氢渗透协同作用引发的失效问题，本研究通过浸涂法在丁腈橡胶表面构建 MXene/环氧树脂/端羟基聚二甲基硅氧烷复合涂层。研究显示：含 0.2 份 MXene 的涂层（NBR - MX0.2）使摩擦系数在氢暴露前从原丁腈橡胶的 0.854 降至 0.116（降幅 86.4%），暴露后从 0.929 降至 0.151（降幅 83.7%），磨损体积减少超 99%；同时将氢透过率降低了 67.9%。机制分析表明：MXene 的自润滑特性显著改善摩擦性能，其与氢原子形成的 Ti - H 键协同致密化涂层结构及二维阻隔效应，有效抑制氢扩散。该涂层通过物理屏障与化学吸附的协同机制，为同步攻克磨损加剧和氢渗透双重难题提供思路，为氢能基础设施高压密封件的长寿命设计提供创新解决方案。

关键词：氢气密封；丁腈橡胶；复合涂层；阻氢渗透；摩擦磨损

Preparation and performance of hydrogen－barrier，wear－resistant coatings on hydrogen－exposed rubber surfaces

HUANG Yuefeng，ZHOU Chilou，HUANG Yanlei
（School of Mechanical and Automotive Engineering，South China University of Technology，Guangzhou 510641，China）

Abstract：To address the failure of rubber seals in hydrogen - powered sealing environments due to the synergistic effects of wear and hydrogen penetration，this study constructed a MXene/epoxy/terminated hydroxy polydimethylsiloxane composite coating on the surface of nitrile rubber by dip - coating method. The study showed that the coating containing 0.2 parts of MXene（NBR - MX0.2）reduced the coefficient of friction from 0.854 to 0.116（86.4% reduction）for the original NBR before hydrogen exposure，and from 0.929 to 0.151（83.7% reduction）after the exposure，with a reduction of wear volume by more than 99%；and the hydrogen permeation rate was also reduced by 67.9%. Mechanistic analysis shows that the self - lubricating property of MXene significantly improves the friction performance，and its Ti - H bond formation with hydrogen atoms synergistically densifies the coating structure and the two - dimensional barrier effect to effectively inhibit hydrogen diffusion. Through the synergistic mechanism of physical barrier and chemical adsorption，the coating provides an idea to simultaneously overcome the dual problems of wear aggravation and hydrogen permeation，and offers an innovative solution for the long - life design of high - pressure seals for hydrogen energy infrastructure.

Keywords：hydrogen sealing；nitrile butadiene rubber；composite coating；hydrogen permeation resistance；friction and wear

0 引 言

氢被广泛认为是未来有前途的能源载体[1-2]。目前,高压气体储存仍然是储存氢的主要方法。橡胶密封是氢气基础设施的关键组成部分,也是导致氢气泄漏的最薄弱环节[3-4]。高压氢气引起的渗透泄漏和与金属表面往复运动引起的磨损泄漏是橡胶密封面临的两大挑战。此外,橡胶密封件容易受到氢致损坏,例如在高压氢快速降压过程中的体积膨胀和气泡破裂[5-6]。氢渗透和摩擦磨损性能是评价橡胶密封件氢相容性的关键指标,因此提高橡胶密封材料的抗氢渗透和耐磨性能至关重要[7]。目前,大多数旨在改善橡胶密封件氢相容性的研究集中在橡胶复合材料的设计和制造上。这些工作主要包括将功能性填料(如炭黑、二氧化硅、滑石)加入橡胶基质中,以增强其氢阻隔或耐磨性能[8]。然而,由于橡胶复合材料是通过将填料与基质共混来制备的,因此填料在提高橡胶抗磨性能方面的有效性是有限的。

在橡胶表面构建兼具阻氢性和耐磨性的防护涂层是一个值得探索的方向。迄今为止,报道的氢阻隔涂层主要沉积在硬质塑料表面上,例如聚对苯二甲酸乙二醇酯(PET)或尼龙 6,而不是软橡胶表面上[9-12]。这些涂层已显示出有希望的氢阻隔性能,但它们对橡胶表面的适用性仍有待研究,特别是在大橡胶变形下的结合强度方面。值得注意的是,只有很少的研究报道了橡胶表面上同时具有阻气性和耐磨性的涂层。CADAMBI 等[13]在氢化丁腈橡胶表面沉积了一层碳化钨涂层,使基体的透气性降低了 25.6%,耐磨性提高了 42.6%。另外,ZHOU 等[14]采用溶胶-凝胶法在丁腈橡胶表面制备了纳米石墨片/有机硅复合涂层。与基体相比,含 6 mg/mL 石墨的复合涂层的 COF 和透氢系数分别降低了 90.8% 和 51%。

具有氢阻隔和抗磨减摩性能的涂层组件需要具有大的比表面积、自润滑和高硬度特性。近年来,过渡金属碳化物、氮化物和碳氮化物(MXenes)作为一类新的二维材料出现,在能量储存、防腐蚀和电磁屏蔽等多个领域显示出非凡的潜力[15],但在氢阻隔领域研究较少。MXenes 的高比表面积使其成为增强涂层氢阻隔性能的有前途的候选材料。SEO 等[16]将 MXene($Ti_3C_2T_x$)与 GO 结合后分散到聚(乙烯-共聚-丙烯酸)(EAA)中,随后将其涂覆到尼龙 6 基材上,涂层表现出优异的氢阻隔性能。将 MXene 结合到高硬度材料中被认为有利于开发兼具氢阻隔能力和优异耐磨性的功能涂层。环氧树脂(EP)是一种热固性聚合物,以其高强度、硬度和强粘合性而闻名,广泛用于密封剂、涂料和粘合剂[17]。然而,EP 往往在固化过程中形成微裂纹和微孔,固化后表现出较低的断裂韧性。AN 等[18]将 MXene 结合到 EP 基体中,并将其涂覆在 Q235 钢的表面上,表现出低至 0.008 的 COF。遗憾的是,EP/PDMS-OH 体系的耐磨性和阻气性仍有待进一步研究。

本研究将 MXene 的阻隔性和自润滑性分散到固化剂甲基四氢苯酐(MTHPA)中,形成 MTHPA-MXene 分散体。随后,在硅烷偶联剂的存在下用 PDMS-OH 对 EP 进行改性以提高其韧性。最后,将 MTHPA-MXene 分散体与 EP/PDMS-OH 体系共混形成复合涂层,通过浸涂法将其沉积在预处理过的橡胶表面。研究了 MXene 含量对复合涂层微观结构、结合力、抗磨减摩性能、阻氢性能的影响。该研究为氢基础设施橡胶密封件表面防护涂层的开发提供了思路。

1 材料制备

1.1 丁腈橡胶基材的预处理

将清洗过的丁腈橡胶基材浸入 5 mol/L H_2SO_4 溶液中 12 小时,之后使用去离子水漂洗以除去残留的硫酸并在 50 ℃的烘箱中干燥过夜。随后,将基底浸入无水乙醇、KH550、去离子水和 HCl 的混合溶液中 5 小时,并在 50 ℃的烘箱中干燥过夜。

1.2 MXene 的制备

将 LiF 加入到 9 mol/L HCl 溶液中,并在室温下搅拌 30 min 以形成蚀刻溶液。随后,将 Ti_3AlC_2

粉末缓慢添加到蚀刻溶液中，并在室温下进行反应 48 h。在蚀刻完成后，用去离子水洗涤悬浮液，直到 pH 为约 6。紧接着，将悬浮液加入到含有 LiCl 的 100 mL 水溶液中，并将溶液在 35 ℃下搅拌 18 h。在反应结束时，用去离子水洗涤溶液三次。最后离心收集上清液，并冷冻干燥以获得固体 MXene 粉末。

1.3 MXene/EP/PDMS-OH 复合涂层的制备

在 EP 中加入一定比例的端羟基聚硅氧烷(PDMS-OH)、KH550 和二月桂酸二丁基锡，并在 80 ℃下搅拌，以形成 EP/PDMS-OH 混合物。将 0 g、0.2 g、0.4 g MXene 分散到一定质量的甲基四氢邻苯二甲酸酐(MTHPA)中，搅拌 1 h 并超声处理以获得 MTHPA-MXene 分散体。此外，将分散体和 DMP-30 加入到 EP/PDMS-OH 混合物中，在超声搅拌 30 分钟后进行真空消泡，形成复合溶液。最后将预处理后的 NBR 基体浸入不同 MXene 含量的复合溶液中，浸泡 1 min 后以 100 mm/min 的速度提拉，制得的涂层样品命名为 NBR-MX0、NBR-MX0.2、NBR-MX0.4，复合涂层制备过程如图 1 所示。

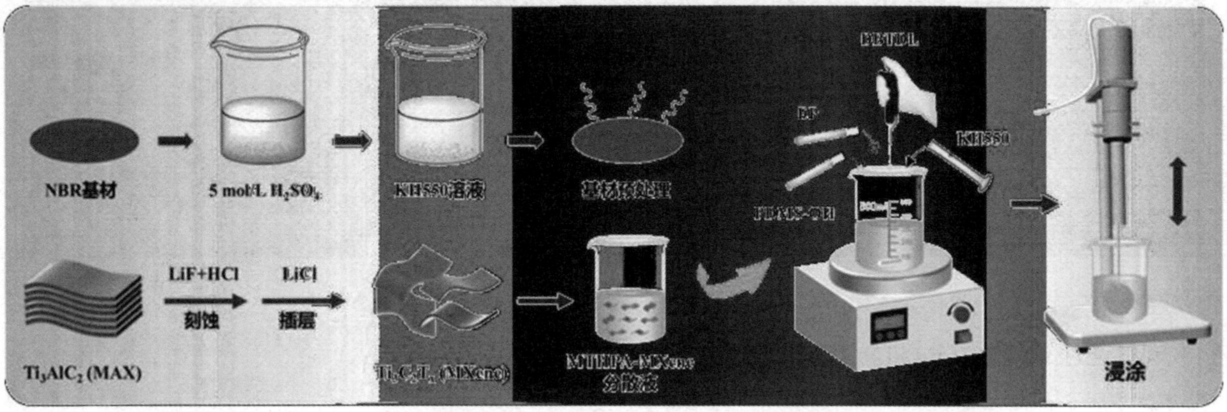

图 1　复合涂层制备示意图

2 实验测试

2.1 涂层结构表征

傅里叶变换红外光谱仪，对 MXene 以及复合涂层各个组分的表面官能团展开表征，进一步对其化学结构进行分析验证，，以揭示复合涂层的形成机制，测试过程中红外光波数范围为 500－4000 cm^{-1}。

使用扫描电子显微镜观察不同 MXene 掺杂量下制备的 MXene/改性环氧树脂复合涂层的表面和截面的微观形貌表征，旨在分析 MXene 掺杂量对涂层表面和截面微观形貌的影响并揭示其对涂层形貌的影响规律。

2.2 涂层结合力测试

根据 GB/T 9286－2021《色漆和清漆 划格试验》规定，涂层与基材之间的结合力采用划格法进行测试。涂层的结合力通过涂层被胶带剥落面积和整个网格之比进行确定，最终根据得出涂层的结合力等级。

2.3 氢暴露实验

采用定制的高压釜进行高压氢气暴露试验，在氢气暴露试验前，将用于摩擦磨损测试的橡胶基材和涂层样品被放入高压釜中，然后用固定螺栓压紧密封。排除其余气体后，向高压釜内充入氢气并通过氢气增压系统加压至 20 MPa 并保压 24 h。保压结束后，在 1 min 中内快速泄放釜内压力至大气压。排空气体后开釜取出样品，并在泄压后 1 h 内完成摩擦磨损测试。

2.4 摩擦学性能测试

采用德国 Bruker 生产的 UMT TriboLab 多功能摩擦磨损试验机对丁腈橡胶基材和不同含量

MXene 掺杂的涂层样品在氢暴露前后进行旋转式摩擦测试。试验载荷为 5 N，旋转速度为 200 rpm。

2.5 氢渗透性能实验

氢渗透的测试原理是由试样分隔开高压腔室和低压腔室，在压力梯度的作用下，高压腔室中的高压氢气透过试样进入到低压腔室中，通过压力传感器监测低压腔室压力随时间的变化，进而测得试样的氢气透过率和氢渗透系数。压差法氢气渗透测试装置的氢渗透主体装置、低压腔室和高压腔室如图 2 所示，详情见本团队前期工作[19]。

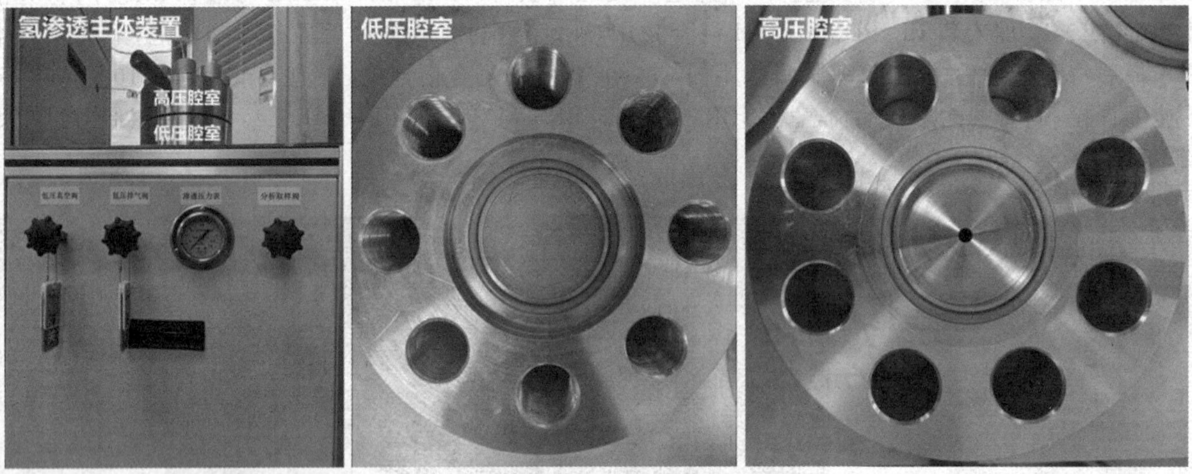

图 2　70 MPa 高压氢气渗透原位测试装置

氢气透过率(H_2GTR)和氢渗透系数(P)分别按照以下公式进行计算：

$$\mathrm{H2GTR}=\frac{Vc}{R\times T\times p\times A}\times\frac{\mathrm{d}p}{\mathrm{d}t}$$

$$P=\mathrm{H2GTR}\times d$$

式中，H2GTR 为氢气透过率，$\mathrm{mol\cdot m^{-2}\cdot s^{-1}\cdot Pa^{-1}}$；$Vc$ 为低压腔室的体积，$\mathrm{m^3}$；R 为气体常数，8.31 $\mathrm{m^3\cdot Pa\cdot K^{-1}\cdot mol^{-1}}$；$T$ 为试验温度，K；p 为高压腔室的试验压力，Pa；A 为气体透过面积 $\mathrm{m^2}$；dp/dt 为低压腔室单位时间内的压力变化，Pa/s；P 为氢渗透系数，$\mathrm{m\cdot mol\cdot m^{-2}\cdot s^{-1}\cdot Pa^{-1}}$；$d$ 为试样的厚度，m。

3　结果与讨论

3.1　复合涂层的表征

如图 3 所示，分析了 EP、EP/PDMS－OH、MXene、MTHPA 和 MTHPA－MXene 的 FTIR 光谱。与 EP[20] 相比，EP/PDMS－OH 的新出现特征峰在 3450 $\mathrm{cm^{-1}}$（—OH 拉伸）、804 $\mathrm{cm^{-1}}$（Si－C）、1090 $\mathrm{cm^{-1}}$（不对称 Si－O－Si 拉伸）和 1260 $\mathrm{cm^{-1}}$（Si－C）处，证明 EP 树脂的官能团与 PDMS－OH 的缩合反应[21,22]。由于硅烷偶联剂 KH550 含有氨基和烷氧基，在 DBTDL 的催化作用下，KH550 通过氨基与 EP 反应，并通过烷氧基与 PDMS－OH 反应，这促进了 EP/PDMS－OH 共混物的形成[23]，如图 4。此外，MXene 在 3450 $\mathrm{cm^{-1}}$ 和 1630 $\mathrm{cm^{-1}}$ 处表现出吸收峰，这对应于 MXene 表面上的羟基[24]。对于 MTHPA，特征官能团之一主要是位于 1850 $\mathrm{cm^{-1}}$ 和 1780 $\mathrm{cm^{-1}}$ 的羰基。与 MTHPA 相比，MTHPA－MXene 在 3610 $\mathrm{cm^{-1}}$ 和 2970 $\mathrm{cm^{-1}}$ 处的吸收峰的强度显著增加，这可以被识别为羧基[25]。羧基的形成不仅促进了 MXene 在 MTHPA 中的分散，而且间接增强了其在 EP 中的分散。

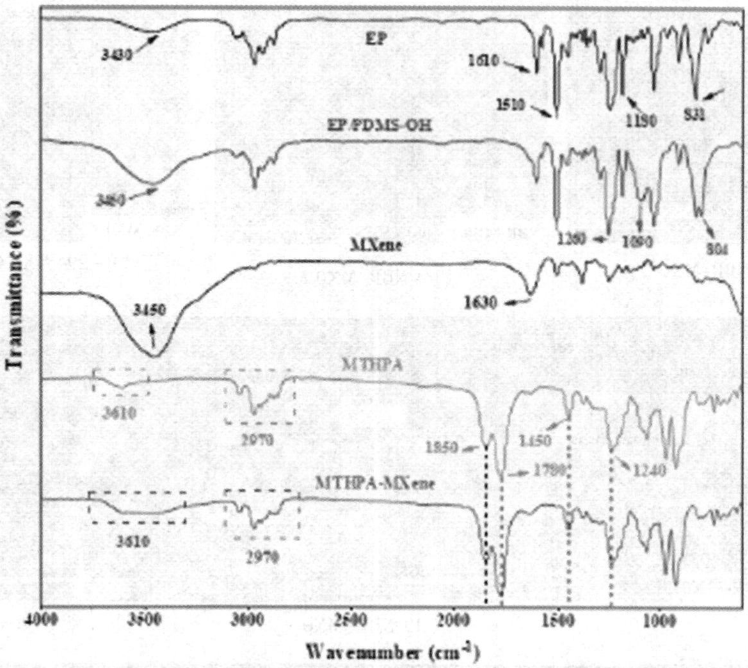

图 3　EP,EP/PDMS－OH,MXene,MTHPA 和分散在 MTHPA 中的 MXene 的 FTIR 光谱

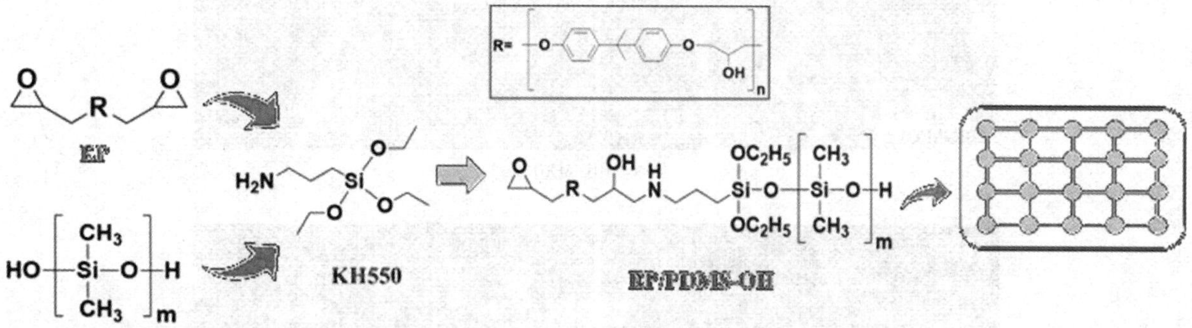

图 4　EP/PDMS－OH 体系的反应示意图

3.2　复合涂层的微观形貌

图 5(a)～(c)显示了在相同放大倍数下观察到的不同涂层样品的表面微观结构。如图 5(a)所示,NBR－MX0 表面呈现出几个被裂纹包围的孔,这可能是由 EP 固化过程中的收缩引起的。NBR－MX0.2 表面显示出轻微的波动,但没有明显的孔或裂纹,表明更高的致密化(见图 5(b))。这种改善可能是由于 MXene 的引入,它有效地填充了 EP 固化过程中产生的孔隙。然而,NBR－MX0.4 表面(见图 5(c))显示出许多孔、凹陷和长裂纹,可能归因于过量负载的 MXene 的聚集,这加剧了固化过程中的缺陷形成和分散。图 5(d)～(f)描绘了涂层样品的横截面形貌。NBR－MX0 涂层的横截面(见图 5(d))显示出一些台阶状或波状褶皱,但没有明显的缺陷。NBR－MX0.2 涂层(图 5(e))显示出光滑、直的河流状形态,也没有明显的缺陷,表明 MXene 片和 EP/PDMS－OH 体系之间具有优异的相容性。然而,NBR－MX0.4 涂层的横截面(见图 5(f))显示出大量的孔、由过量的填料结合引起的块状结构,减少了填料和聚合物之间的界面相互作用,这不利地影响了整体涂层性能。

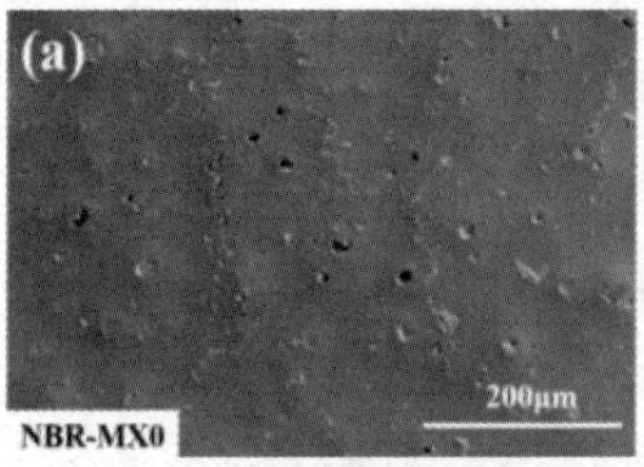

(a) NBR-MX0

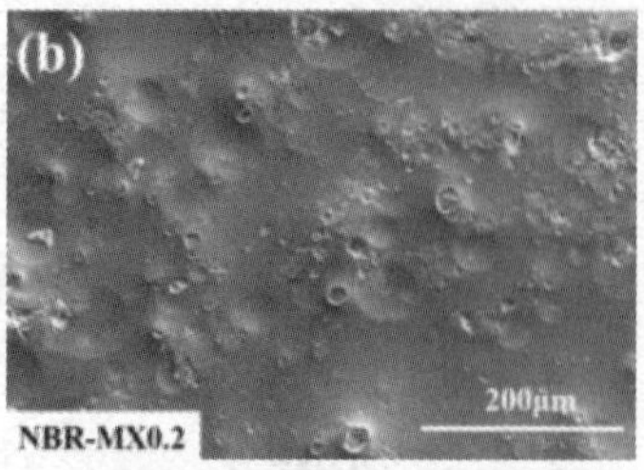

(b) NBR-MX0.2

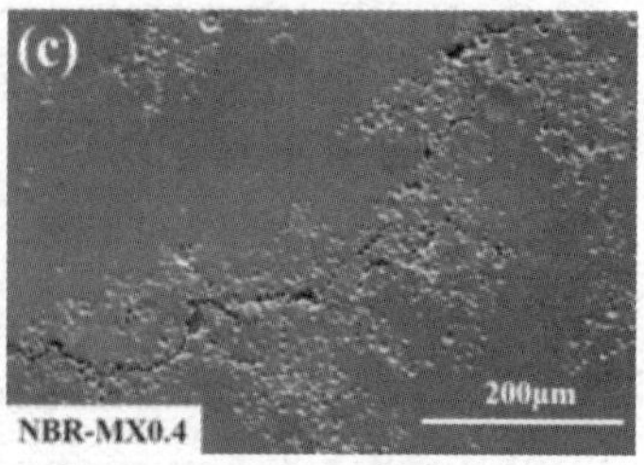

(c) NBR- 294 MX0.4的表面微观形态

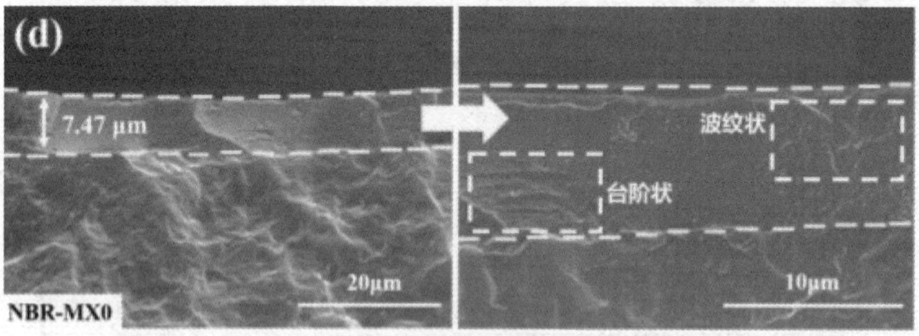

(d) NBR-MX0

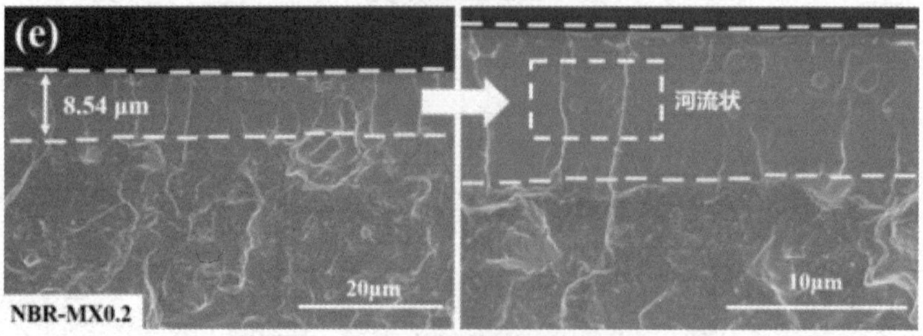

(e) NBR-MX0.2

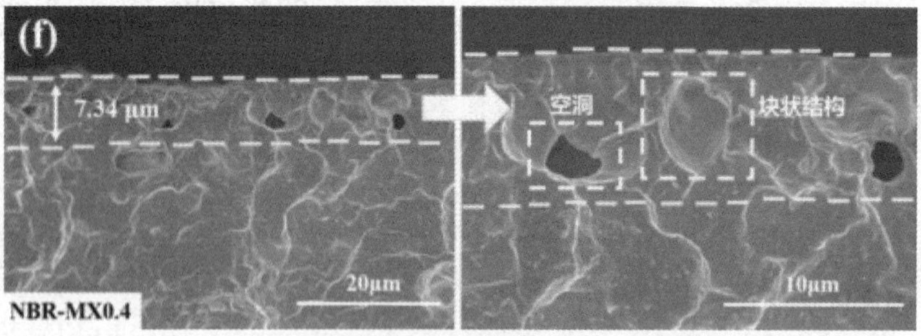

(f) 295 NBR-MX0.4的横截面微观形态

图 5

3.3 复合涂层的结合力

根据 GB/T 9286—2021《色漆和清漆 划格试验》,进行涂层试样的划格试验,以评估涂层与基材之间的结合力。如图 3~9 所示,NBR - MX0 试样(见图 6(a))的表面有轻微破损,在切口边缘和网格交叉处观察到明显的脱落。相比之下,NBR - MX0.2 试样(见图 6(b))和 NBR - MX0.4 试样(见图 6(c))的表面几乎没有涂层脱落,所有切口的边缘都光滑整齐。这表明,MXene 的引入增强了涂层与基材之间的附着力。观察图 6(d)发现,NBR - MX0.2 试样表现出了显著的柔韧性,即使在较大的弯曲变形情况下,涂层也没有出现开裂或脱落。这一结果可归因于柔性 PDMS - OH 链在刚性 EP 中的成功嵌入。

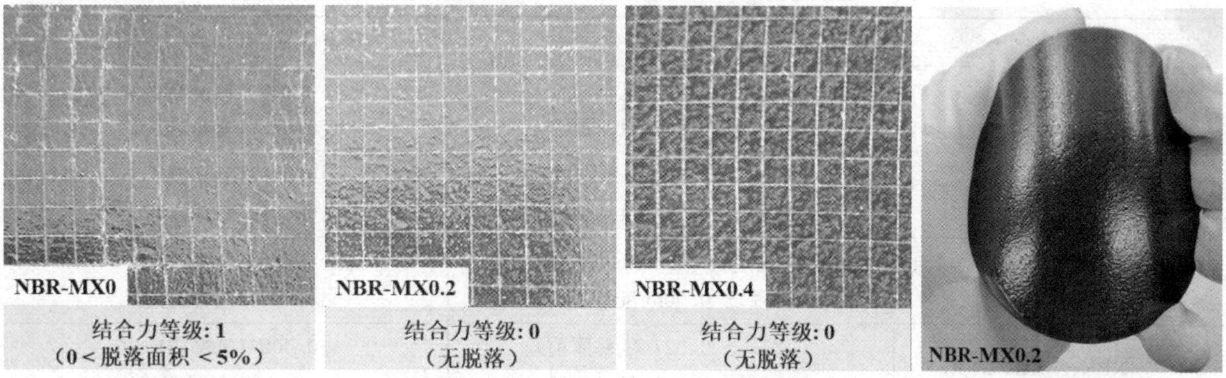

(a) NBR-MX0　(b) NBR-MX0.2　(c) NBR-MX0.4　(d) 弯曲状态

图 6　交叉试验后复合涂层的数码照片

3.4　复合涂层的摩擦磨损性能

图 7(a)(b)显示了 NBR 基材和涂层试样在干摩擦条件下氢暴露前后的摩擦系数变化趋势。

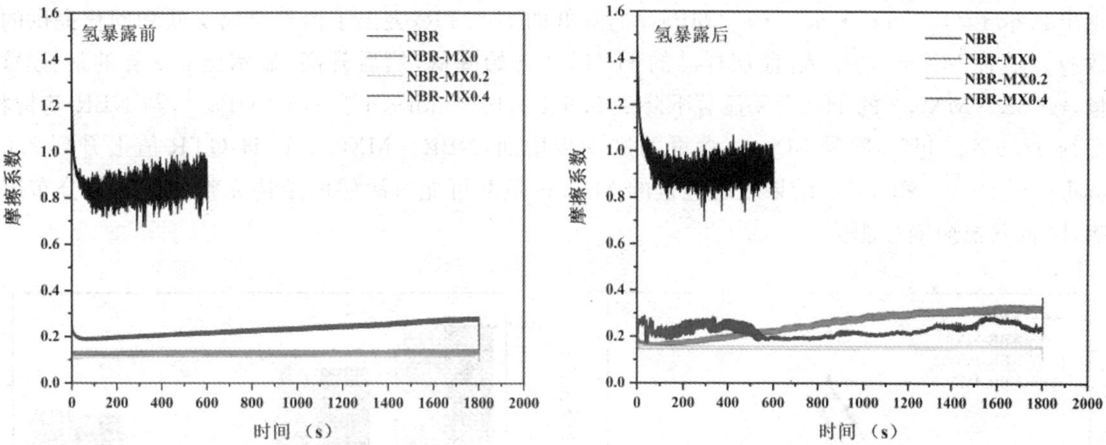

(a) 氢暴露前　(b) 氢暴露后

图 7　NBR 基材和涂层试样在氢暴露前后的摩擦系数曲线

在氢暴露前后，随着 MXene 含量的增加，基材和涂层试样的摩擦系数均表现出先降低后升高的趋势，其中 NBR - MX0.2 试样均表现出最低的摩擦系数。对于氢气暴露前，NBR - MX0 和 NBR - MX0.2 试样的摩擦系数曲线始终保持平稳，而 NBR - MX0.4 试样的摩擦系数随时间逐渐增大，这与 MXene 含量过多引起的涂层表面缺陷相关。对于氢暴露后，NBR - MX0 和 NBR - MX0.4 试样的摩擦系数曲线出现较大波动，NBR - MX0.2 试样的摩擦系数曲线依旧保持平稳。

氢暴露前后，NBR 的摩擦系数和磨损率见表 1。NBR - MX0.2 的摩擦系数和磨损率较 NBR 基材分别降低了 86.4%和 99.27%。在氢气暴露后，NBR - MX0.2 的摩擦系数和磨损率略有增加，但仍维持在很低水平，分别比 NBR 基材降低 83.7%和 99.32%。这是由于 MXene 片具有易剪切特征和自润滑特性，其容易在摩擦面形成润滑层[24]。对于 NBR - MX0.2 试样，其涂层在磨损过程中只出现浅浅的划痕，MXene 片未完全暴露出摩擦面，只发挥了少量润滑作用。在高压氢暴露后，NBR - MX0.2 试样发生了体积膨胀，试样与对磨球的接触更加紧密，MXene 片在摩擦过程中充分暴露在对磨表面，形成了大量的润滑层，减少了钢球与涂层之间的直接接触。综上，复合涂层能够有效地降低摩擦和磨损，突显了其在氢气环境下提升橡胶材料耐久性的潜在应用价值。

表 1　氢暴露前后 NBR 基材和涂层样品的摩擦系数和磨损率

样品	平均摩擦系数	磨损率/($mm^3 \cdot N^{-1} \cdot m^{-1}$)
NBR	0.854 ± 0.037(氢暴露前) 0.929 ± 0.082(氢暴露后)	0.0591(氢暴露前) 0.0737(氢暴露后)
NBR - MX0	0.127 ± 0.01(氢暴露前) 0.255 ± 0.055(氢暴露后)	0.0005(氢暴露前) 0.0006(氢暴露后)
NBR - MX0.2	0.116 ± 0.003(氢暴露前) 0.151 ± 0.006(氢暴露后)	0.00043(氢暴露前) 0.0005(氢暴露后)
NBR - MX0.4	0.231 ± 0.027(氢暴露前) 0.229 ± 0.032(氢暴露后)	0.0006(氢暴露前) 0.00067(氢暴露后)

3.5　复合涂层的阻氢性能

如图 8 所示,采用压差法在 0.1 MPa 和 25 ℃下测量 NBR 基材和涂覆样品的 H_2GTR 和氢渗透系数。结果表明,丁腈橡胶基材在最短的时间内达到渗透稳定性,表明其具有较高的透氢性。丁腈橡胶基体的 H_2GTR 为 2.999×10^{-6} mol · m^{-2} · s^{-1} · MPa^{-1}。主要由 EP/PDMS - OH 组成的 NBR - MX0 涂层表现出 2.655×10^{-6} mol · m^{-2} · $s^{-1}$$MPa^{-1}$的降低的 H_2GTR,突出了由聚合物交联和固化提供的物理屏障效应。随着 MXene 的引入,涂层样品的 H_2GTR 开始降低,然后升高,显示出 0.2 g 的最佳 MXene 负载量。NBR - MX0.2 的 H_2GTR 显著下降到 9.615×10^{-7} mol · m^{-2} · $s^{-1}$$MPa^{-1}$,与 NBR 基材相比,下降了约 67.9%。相反,随着 MXene 含量的进一步增加,NBR - MX0.4 的 H_2GTR 值上升到 2.031×10^{-6} mol · m^{-2} · $s^{-1}$$MPa^{-1}$。结果表明过量的 MXene 负载可能对涂层的结构完整性或均匀分布产生负面影响,降低其氢阻隔性能。

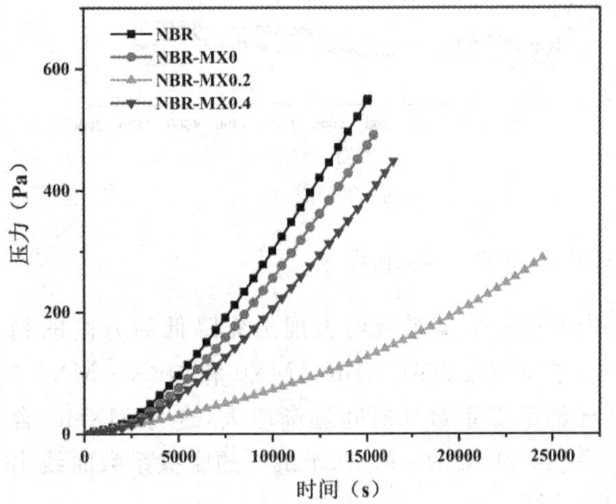

(a) 氢气透过曲线

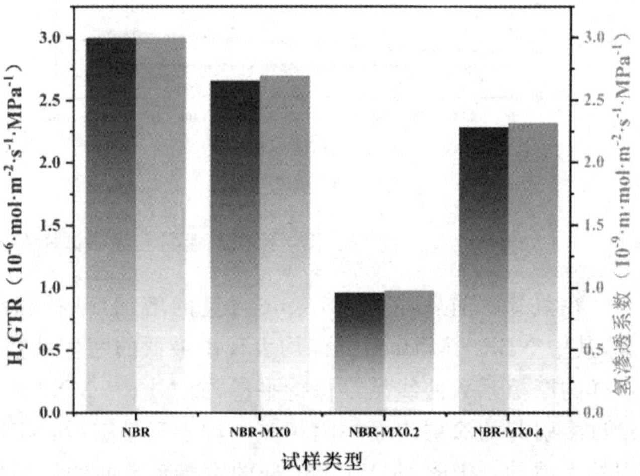

(b) H_2GTR值及对应的氢气渗透系数

图 8　NBR 基材和涂层试样的氢渗透测试结果

为了评估复合涂层在高压氢气下的阻隔性能,以 NBR 基材和 NBR - MX0.2 试样为例,分别开展了 2,4,6,8 MPa 下基材和涂层试样的氢渗透测试。根据氢气透过曲线计算得到基材和涂层试样的 H_2GTR 和氢渗透系数,如图 9 所示。相比于 NBR 基材,涂层试样的 H_2GTR 的分别降低 25%,30.6%,20.1%和 33.3%,氢渗透系数分别降低 24.7%,30%,19.6%和 33%。以上结果表明,即便是在高压氢气渗透下,涂层试样仍具备一定的氢气阻隔性能。

复合涂层的氢阻隔机理与 MXene 的材料性质和涂层结构密切相关。在 NBR - MX0.2 的情况下,适

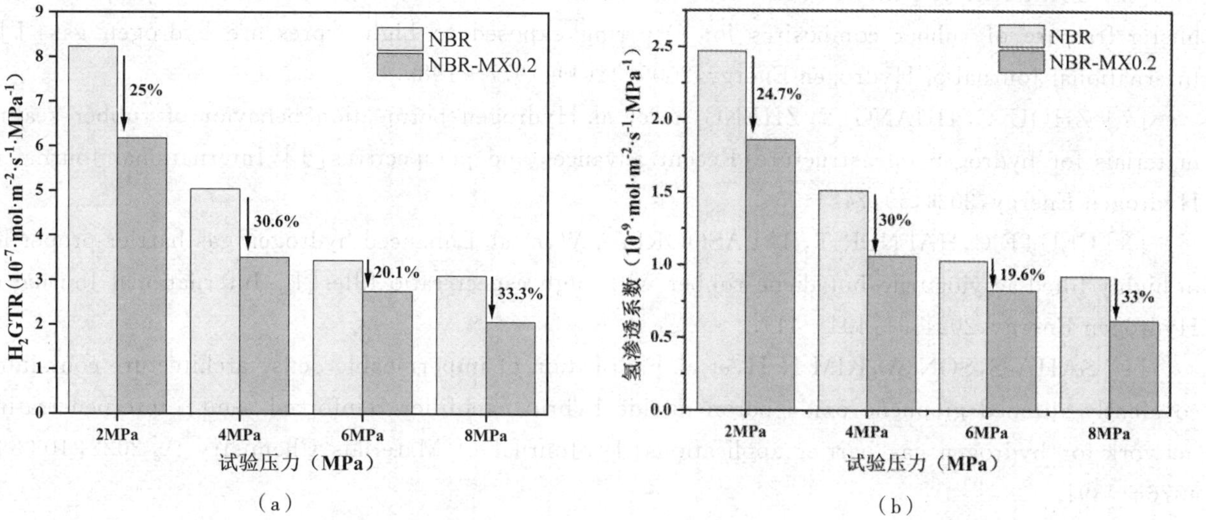

图 9　不同压力下 NBR 基材和 NBR－MX0.2 试样的 H2GTR 和氢渗透系数

量 MXene 的引入减少了涂层的内部缺陷，并导致更致密的结构。涂层的高密度结构是阻止氢扩散的重要屏障。此外，当扩散的氢分子与 MXene 片接触时，它们离解成氢原子并被 MXene 表面上的吸附位点捕获，形成稳定的 Ti－H 化学键，构成了阻止氢渗透的第二道屏障[26,27]。对于 NBR－MX0.4，大量缺陷的存在形成了氢分子的快速扩散路径，降低了涂层的阻隔性能。

4　结　论

采用浸涂法在丁腈橡胶基体表面成功制备了具有优异耐磨性和阻氢性能的 MXene/EP/PDMS－OH 复合涂层，该复合涂层与基体具有良好的结合强度。柔性 PDMS－羟基链与刚性环氧树脂的结合赋予了涂层优异的韧性。与基材相比，NBR－MX0.2 样品在氢暴露前后都表现出较低的摩擦系数。氢渗透结果显示，与基材相比，NBR－MX0.2 的氢透过率降低了 67.9%。MTHPA－MXene 的形成诱导 MXene 参与 EP 树脂的固化反应，增强了 MXene 与 EP 之间的界面相容性和涂层结构的致密化。此外 MXene 在吸附捕获氢分子的同时，延长了剩余氢分子的扩散路径，进而起到阻碍氢渗透的作用。该研究为设计和开发具有优异氢相容性的橡胶密封件提供了思路。

参考文献

[1] 张杰，蒋文杰，杨锐，等．70 MPa 碳纤维缠绕储氢气瓶结构设计与力学性能研究[J]．压力容器，2023，40(3)：28－37.

[2] 杨超，张来明，江一凡，等．Ⅳ型储氢气瓶塑料内胆材料厚度对渗透性能的影响及渗透参数计算方法研究[J]．压力容器，2025，42(1)：54－60.

[3] ZHOU C，CHEN G，XIAO S，et al. Study on fretting behavior of rubber O－ring seal in high－pressure gaseous hydrogen[J]. International Journal of Hydrogen Energy，2019，44(40)：22569－22575.

[4] ZHOU C，ZHENG I，GU C，et al. Sealing performance analysis of rubber O－ring in high－pressure gaseous hydrogen based on finite element method[J]. International Journal of Hydrogen Energy，2017，42(16)：11996－12004.

[5] FUJIWARA H，ONO H，NISHIMURA S. Effects of fillers on the hydrogen uptake and volume expansion of acrylonitrile butadiene rubber composites exposed to high pressure hydrogen：－Property of polymeric materials for high pressure hydrogen devices (3)[J]. International Journal of Hydrogen Energy，2022，47(7)：4725－4740.

[6] YAMABE J, NISHIMURA S. Influence of fillers on hydrogen penetration properties and blister fracture of rubber composites for O - ring exposed to high - pressure hydrogen gas[J]. International Journal of Hydrogen Energy,2009,34(4):1977—1989.

[7] ZHOU C, HUANG Y, ZHENG Y, et al. Hydrogen permeation behavior of rubber sealing materials for hydrogen infrastructure: Recent advances and perspectives[J]. International Journal of Hydrogen Energy,2024,59:742—754.

[8] CLUTE C, HAFNER T, BALASOORIYA W, et al. Enhanced hydrogen gas barrier properties in highly filled acrylonitrile butadiene rubber with high aspect ratio filler[J]. International Journal of Hydrogen Energy,2024,91:404—411.

[9] SAHA S, SON W, KIM N H, et al. Fabrication of impermeable dense architecture containing covalently stitched graphene oxide/boron nitride hybrid nanofiller reinforced semi - interpenetrating network for hydrogen gas barrier applications[J]. Journal of Materials Chemistry A, 2022, 10(8): 4376—4391.

[10] BANDYOPADHYAY P, NGUYEN T T, LI X, et al. Enhanced hydrogen gas barrier performance of diaminoalkane functionalized stitched graphene oxide/polyurethane composites[J]. Composites Part B: Engineering,2017,117:101—110.

[11] LI P, CHEN K, ZHAO L, et al. Preparation of modified graphene oxide/polyethyleneimine film with enhanced hydrogen barrier properties by reactive layer - by - layer self - assembly[J]. Composites Part B: Engineering,2019,166:663—672.

[12] LIU H, BANDYOPADHYAY P, KSHETRI T, et al. Layer - by - layer assembled polyelectrolyte - decorated graphene multilayer film for hydrogen gas barrier application[J]. Composites Part B: Engineering,2017,114:339—347.

[13] CADAMBI R M, GHASSEMIEH E. Hard coatings on elastomers for reduced permeability and increased wear resistance[J]. Plastics, Rubber and Composites,2012,41(4—5):169—174.

[14] ZHOU C, HUANG Y, LIU X, et al. Functionalized graphite nanosheet/organosilicon composite coatings with soft - hard structures: Excellent wear resistance and hydrogen barrier properties[J]. Surface and Coatings Technology,2025,496:131684.

[15] LI X, HUANG Z, SHUCK C E, et al. MXene chemistry, electrochemistry and energy storage applications[J]. Nature Reviews Chemistry,2022,6(6):389—404.

[16] SEO O B, SAHA S, KIM N H, et al. Preparation of functionalized MXene - stitched - graphene oxide/poly(ethylene - co - acrylic acid) nanocomposite with enhanced hydrogen gas barrier properties[J]. Journal of Membrane Science,2021,640:119839.

[17] LIU J, FANG Y, OU Y, et al. Synergistic anti - corrosion and anti - wear of epoxy coating functionalized with inhibitor - loaded graphene oxide nanoribbons[J]. Journal of Materials Science & Technology,2025,220:140—149.

[18] AN D, WANG Z, QIN L, et al. Preparation of MXene/EP coating for promising anticorrosion and superlow friction properties[J]. Progress in Organic Coatings,2023,183:107779.

[19] ZHOU C, YAN X, ZHENG Y, et al. Hydrogen permeation behavior and mechanisms in nitrile butadiene rubber composites for hydrogen sealing [J]. Polymer Degradation and Stability, 2024, 229:110969.

[20] VERMA S, DAS S, MOHANTY S, et al. A facile preparation of epoxy - polydimethylsiloxane (EP - PDMS) polymer coatings for marine applications[J]. Journal of Materials Research,2019,34(16): 2881—2894.

[21] ZHAO F, SUN Q, FANG D P, et al. Preparation and properties of polydimethylsiloxane - modified epoxy resins[J]. Journal of Applied Polymer Science, 2000, 76(11): 1683-1690.

[22] LI X, ZENG C, FAN G. MAGNETIC RuCo nanoparticles supported on two - dimensional titanium carbide as highly active catalysts for the hydrolysis of ammonia borane[J]. International Journal of Hydrogen Energy, 2015, 40(30): 9217-9224.

[23] JAQUES N G, PEREIRA BARROS J J, Dayane dos Santos Silva I, et al. New approaches of curing and degradation on epoxy/eggshell composites[J]. Composites Part B: Engineering, 2020, 196: 108125.

[24] LIU L, YING G, WEN D, et al. Aqueous solution - processed MXene(Ti3C2Tx) for non - hydrophilic epoxy resin - based composites with enhanced mechanical and physical properties[J]. Materials & Design, 2021, 197: 109276.

[25] HE X, LI S, WU J, et al. One - Pot Fabrication of an MXene - ZrP@PDA Heterojunction for Enhanced Corrosion/Wear Resistance of Waterborne Epoxy Coatings[J]. Industrial & Engineering Chemistry Research, 2022, 61(34): 12576-12589.

[26] 胡帅成,程宏辉,韩兴博,等. 二维材料 MXene 在储氢领域的应用研究[J]. 功能材料,2022,53(05):5160-5172.

[27] ZHENG B, LI T, LI J, et al. Unravelling the effects of surface functional groups on hydrogen adsorption inside multilayered Ti2CTx MXene[J]. Materials Today Communications, 2025: 112618. ZHENG B, LI J, WANG L, et al. Hydrogen storage in MXenes: Controlled adjustment of sorption by interlayer distance and transition metal elements[J]. International Journal of Hydrogen Energy, 2024, 50: 1555-1561.

作者简介

黄跃峰(1998),男,博士生,主要研究方向为高压氢橡胶密封技术,通信地址:510641 广东省广州市天河区五山路 381 号华南理工大学五山校区机械与汽车工程学院工业装备与控制工程系,E-mail:962849851@qq.com。

通信作者:周池楼,男,副教授/博导,主要研究方向为先进储能及氢能源安全技术,通信地址:510641 广东省广州市天河区五山路 381 号华南理工大学五山校区,E-mail:mezcl@scut.edu.cn。

S－Zorb 装置吸附剂管线冲刷分析及解决方案

刘小锋

（中国石油化工股份有限公司镇海炼化分公司，浙江宁波，315200）

摘　要：某公司 S－Zorb 装置自从投产以来，由于吸附剂冲刷的原因，局部吸附剂提升管线磨损严重，特别是斜插口、弯管及斜管等特殊部位，冲刷最严重部位仅用 7 个月就将 13.49 mm 管线磨穿，贴板补强后经过 4 个月再度将 8.56 mm 补强层磨穿，腐蚀速率达到 24～26 mm/a。通过对冲刷部位及冲刷原因进行分析。发现主要冲刷原因是在底部吸附剂与氮气相交处底部水平管段的上方及弯头弯管外侧部位，流体和颗粒会与管壁发生碰撞，导致底部水平管段上方、弯管外侧及弯管后部斜管部位容易发生冲刷腐蚀。采取壁厚加厚、测厚及涡流检测等监测手段方式能降低腐蚀穿孔速率，但无法从根本上解决问题。通过使用双金属复合管耐磨技术及高熵合金耐磨技术能从根本上提高管线耐磨性能，彻底解决吸附剂管线易冲刷磨损穿孔问题，有效保障装置长周期稳定运行。

关键词：S－Zorb；吸附剂；P11；高熵合金；高铬铸钢

Analysis and solution of adsorbent pipeline scour in S－Zorb device

LIU Xiaofeng

（SINOPEC Zhenhai Refining & Chemical Company，Ningbo 315200，China）

Abstract：Since the S－Zorb unit of a certain company was put into operation，due to the erosion of the adsorbent，the local adsorbent lifting pipeline has been severely worn，especially in special parts such as inclined sockets，bends，and inclined pipes. The most severely eroded part only took 7 months to wear through the 13.49 mm pipeline，and after 4 months of plate reinforcement，the 8.56 mm reinforcement layer was worn through again，with a corrosion rate of 24～26 mm/a. Analyze the location and causes of erosion. The main reason for erosion is found to be above the horizontal pipe section at the intersection of the bottom adsorbent and nitrogen gas，as well as on the outer side of the bent pipe. Fluid and particles collide with the pipe wall，causing erosion and corrosion to occur above the horizontal pipe section at the bottom，on the outer side of the bent pipe，and at the inclined pipe section at the rear of the bent pipe. Adopting monitoring methods such as wall thickness thickening，thickness measurement，and eddy current testing can reduce the corrosion perforation rate，but cannot fundamentally solve the problem. By using bimetallic composite pipe wear－resistant technology and high entropy alloy wear－resistant technology，the pipeline wear resistance can be fundamentally improved，completely solving the problem of easy erosion，wear and perforation of adsorbent pipelines，and effectively ensuring the long－

term stable operation of the device.

Keywords:S－Zorb;adsorbent;P11;high－entropy alloy;high－chromium cast steel

0 引 言

催化汽油脱硫技术(S－Zorb 技术)是中石化 2007 年从 ConocoPhillips 石油公司整体收购的专利技术,该技术采用吸附的原理脱除催化汽油中的硫,汽油产品含硫低、辛损小、液收高,技术比较先进而且该技术在世界上已有成熟的工业化装置运行经验,该技术具有脱硫率高(可将硫脱至 10 mg/kg 之下)、辛烷值损失小、操作费用低的优点[1]。

某公司第一套 S－Zorb 装置(1＃S－Zorb)于 2009 年建成,设计规模为 1.5 Mt/a;第二套 S－Zorb 装置(2＃S－Zorb)于 2014 年建成,设计规模 0.9Mt/a,自从投产以来,由于吸附剂流化冲刷的原因,局部吸附剂提升管线严重冲刷,特别是斜插口、弯管及斜管等特殊部位,冲刷最严重部位仅用 7 个月就将 13.49 mm 管线磨穿,贴板补强后经过 4 个月再度将 8.56 mm 补强层磨穿,腐蚀速率达到 24～26 mm/a。

因吸附剂泄漏时会引起吸附剂循环中断,处理故障一般需要 4 h 以上。但是,由于 S－Zorb 装置的工艺特点,即便短时间处理好管道泄漏,完全恢复正常生产往往还需要 4 h 者更长的时间。若氢气提升的管线,泄漏造成的后果更为严重,由于氢气泄漏而着火停工,存在较大的安全隐患。因此,吸附剂管线冲刷腐蚀会严重影响装置安全生产和正常操作。

1 冲刷部位分析

通过对近年冲刷磨损情况及同类装置运行情况进行分析[2-3],发现主要冲刷腐蚀的管线为再生器底部转剂线及再生器进料线,冲刷部位类似,均位于提升氮气与吸附剂连接的斜插口及提升后的弯管斜管部位,这些部位位于吸附剂循环方向变化部位,斜插口冲刷部位为斜插口后部朝天方向,其余均位于弯管外缘及其连接斜管同一方向,目前两套装置在以往出现过泄漏的地方更换管线时都预防性贴好板,包括 R102 底部转剂线线斜插口及弯管,R102 进料线斜插口及弯管,D110 入口斜管等,但即使贴板使用时间一长依然会出现管线磨穿的现象。开工近年以来吸附剂管线泄漏情况详见表 1 及图 1(注:1＃S－Zorb 装置 2022 年 3 月开工,2＃S－Zorb 装置 2020 年 4 月开工)。

表 1 吸附剂管线磨损情况

时间	泄漏情况
2021－01－29	2＃S－Zorb R102 底部提升线泄漏
2021－04－16	2＃S－Zorb R102 进料线二层弯头涡流检测减薄处预防性贴板
2021－04－16	2＃S－Zorb R102 底部提升线进 2－D110 八层斜管涡流检测减薄处预防性贴板
2021－05－16	2＃S－Zorb R102 底部提升线至 2D110 管线磨穿
2021－05－19	2＃S－Zorb R102 进料线涡流检测减薄处预防性贴板
2021－05－19	2＃S－Zorb R102 底部提升线涡流检测减薄处预防性贴板
2021－08－23	2＃S－Zorb R102 进料线减薄处预防性贴板
2021－08－05	2＃S－Zorb R102 进料线斜插口附近穿孔
2022－10－23	1＃S－Zorb R102 底部提升线进 2－D110 七层斜管部位磨穿
2023－02－12	1＃S－Zorb R102 底部提升线进 2－D110 七层斜管部位磨穿(同一部位)

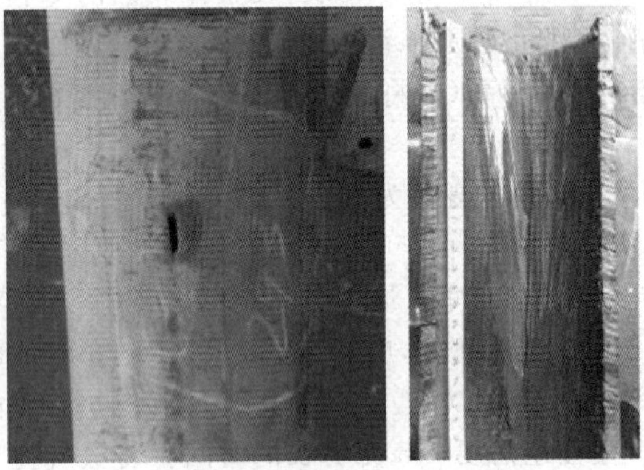

图 1　吸附剂管线冲刷情况

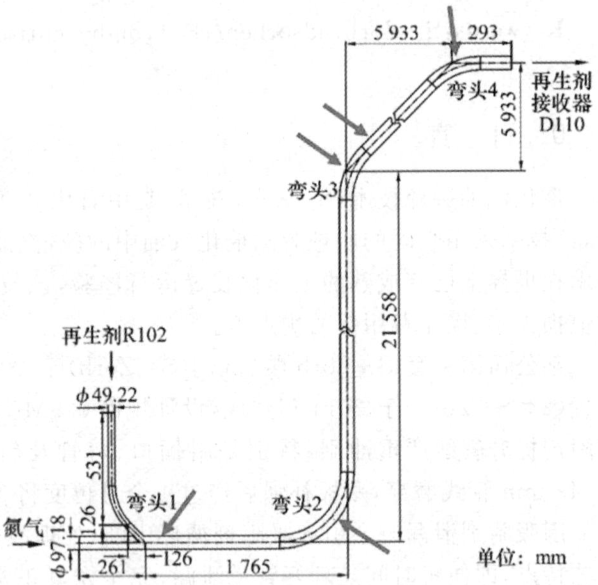

图 2　吸附剂管线冲刷部位示意图

2　冲刷原因分析

因吸附剂管线温度在 440 ℃上下，对管线材质的要求很高，在这种高温环境下，吸附剂管线采用 P11 低合金钢，通过对该管线化学成分及机械性能进行分析，详见表 2～表 3。该管线含有少量的 Si(0.5～1)、Mn(0.3～0.6)、Cr(1～1.5)、Mo(0.44～0.65)等合金元素，这些合金元素能提升管线高温蠕变性能，但是对硬度提升有限，该管线硬度最该只有 163 HB。通过对吸附剂成分性能的研究[4]，吸附剂成分较为复杂，含有氧化铝(莫氏硬度 9，仅次于金刚石)、氧化镍等高硬度颗粒，高速冲刷下容易使管线磨损，详见表 4。

此处管线为气固两相流，固体颗粒与管道内壁存在强烈摩擦和撞击所造成的磨损是输送管道失效的重要原因固体颗粒对壁面的冲击有垂直方向冲击和斜方向冲击。有表面疲劳磨损和磨粒磨损等多种表现，表面疲劳磨损是由于固体颗粒在壁面的滚动和滑动而引起的，表面疲劳磨损可以发生在输送系统中任何固体颗粒与壁面有接触的地方及管道内壁。磨粒磨损主要是由于硬质固体颗粒的不规则形状而引起[5]。

而判断管线是否冲刷除了化学成分与机械性能外，还与流体的流速及流动状态有关，根据相关研究[6]及 FLUENT 软件模拟结果[7]，在吸附剂与氮气相交处底部水平管段的上方，流速急剧降低，出现明显的低速区，最低<1 m/s，而水平管段下方区域为高流速区，管道中各个弯头的内侧速度均较高，能达到 4 m/s 以上，而弯头外侧的流速均稍低于弯头内侧处的流速。吸附剂底部水平管段下方的流体流动的速度方向几乎与管壁平行，整体呈层流状态，流体和颗粒几乎不会与管壁发生碰撞，因此虽然水平管段下方流速较大，并不会导致底部水平管段下方的严重冲刷腐蚀。流体流经弯头时，几乎不与弯管内侧进行碰撞，而弯管外侧则直接受到来流方向流体的撞击，更容易发生冲刷腐蚀，实践证明，出现冲刷的部位均位于气固两相交汇处及弯头拐弯处及拐弯后斜管部位，长竖管则无明显冲刷，与该研究结果高度一致。详见图 3—图 4。

表 2　P11 合金钢化学成分表

组分	Si	C	Mn	P	S	Cr	Mo
含量/%	0.5～1	0.05～0.15	0.3～0.6	0.025	0.025	1～1.5	0.44～0.65

表 3　P11 合金钢机械性能表

抗拉强度/MPa	屈服强度/MPa	伸长率/%	硬度/HB
≥415	≥205	≥30	≤163

表 4　吸附剂化学成分表

组分	Al_2O_3	SiO_2	Cl	K_2O	CaO	TiO_2	Fe_2O_3	NiO	ZnO
含量/%	12.3	7.8	0.06	0.75	0.11	0.2	0.28	24.3	54.1

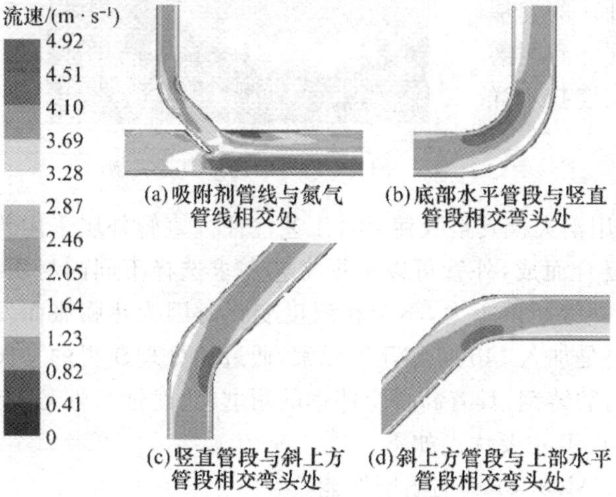

图 3　管道几何不连续部位流速分布图

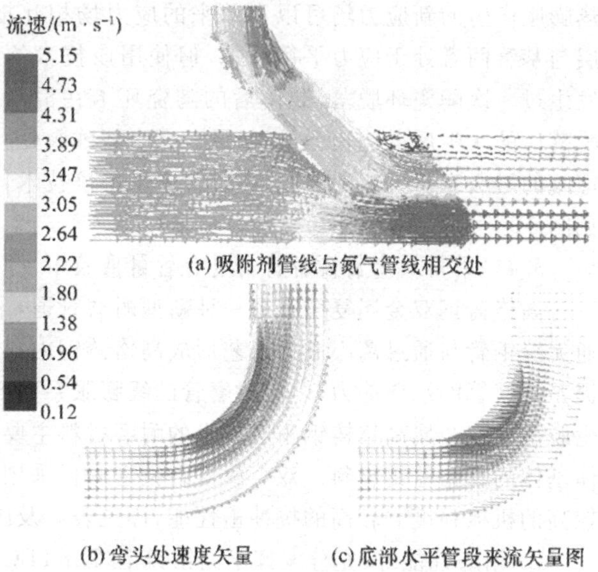

图 4　几何不连续区域的速度矢量图

通过以上分析可知，吸附剂提升管线冲刷腐蚀，是由于材料表面与吸附剂颗粒碰撞造成的，一般情况下，吸附剂在流体输送下为层流状态，不会与管道发生碰撞，冲刷概率较低，但由于弯头、斜管及斜插口部位的存在，在这些部位流体方向发生变化，造成局部吸附剂在管线中撞击管线内壁，时间一长就出现冲刷穿孔现象。

3　防冲刷措施分析

3.1　管线壁厚监测

通过定期超声波在线测厚技术及脉冲涡流技术，及早知悉管线壁厚减薄情况及趋势，在泄漏前予以干预，防止泄漏。

两项技术各有优缺点，超声波在线测厚技术只能精确测量局部一点的厚度，而冲刷腐蚀部位会发生漂移，导致定点测厚往往不能捕捉到最薄点，监测效果不理想；涡流检测给出的是检测线圈作用区域的平均壁厚值，而不是某一点的厚度值，因此检测精度低于超声波测厚，不适于局部腐蚀（尤其是点蚀或坑蚀）的测量，但非常适合检测 S－Zorb 装置吸附剂管线的大面积冲刷腐蚀[8]。因此在 S－Zorb 装置通常采用两种技术结合的方式来了解管线冲刷腐蚀情况，预判管道穿孔时间，在腐蚀穿孔前进行预防性修补。

3.2　壁厚升级及提前贴板补强

对于冲刷腐蚀严重的管线 进行壁厚升级，将壁厚等级 由 Sch80 升 级 到 Sch160。公称直径 DN100 的管线，壁厚由 8.56 mm 升级到 13.49 mm；公称直径 DN80 的管线，壁厚由 7.62 mm 升级到 11.12 mm；公称直径 DN50 的管线，壁厚由 5.54 mm 升级到 8.74 mm。同时针对往年腐蚀部位，在更换管子时提前做好贴板补强,增加腐蚀余量,这些管线在停工检修期间全部予以更换,避免在运行阶段腐蚀穿孔。

通过提前干预,吸附剂管线腐蚀穿孔的频率大幅下降,但未能从根本上解决磨损问题。

3.3 采用衬陶瓷耐磨技术

对兄弟单位的调研显示,国内 S-Zorb 装置在吸附剂管线上采用过不同的耐磨工艺来防止冲刷[9],内衬陶瓷管为早期使用的一种耐磨材质,陶瓷内衬成型方法为干压浇筑烧结成型,内衬陶瓷与基材结合层采用特种纤维+耐高温媒体层(高温硅胶)缓冲,内衬层莫氏硬度大于 9 级,经过调研后发现,虽然理论上热膨胀产生的新应力场可以和原来的应力场相互抵消,使陶瓷层与基管两者处于应力平衡状态,但使用该技术的管线曾经经发生过一次陶瓷环脱落,脱落后的陶瓷环卡在滑阀处。陶瓷层脱落后的次生后果比较严重,如果卡在耐磨球阀处,会导致耐磨球阀的Ⅵ级密封失效。因此,本装置未采用该技术,陶瓷技术详见图 5。

图 5 内衬陶瓷耐磨管实物图

3.4 采用双金属高铬铸钢复合管耐磨技术

高铬铸钢双金属复合管是一种新型耐磨管道,采用消失模真空吸铸复合工艺浇注。直管外层采用普通无缝钢管与通过离心成型工艺形成高铬铸钢内衬复合而成,外管可以根据工艺需求选择不同的材质,提升耐磨管的承压能力,内层耐磨管的线膨胀系数与外管相差不大,不会在温度变化时因为热膨胀而发生脱落。双金属高铬铸钢耐磨技术的耐磨材料主要要是加入 Mo、Cr、Ni 等元素,通过热处理获得的马氏体基体的高铬铸钢材料。双金属复合钢管内衬采用耐磨铸钢,具有高合金铸钢的耐磨、耐腐蚀特性,又有较高的机械强度和较高的抗冲击性能,详见表 5 及图 6,其主要优点如下:

① 耐磨性能好,充分发挥了高铬铸钢(KmTBCr26Mo3CuRe)的耐磨性能。

② 承压高,可适用于任意压力等级。使用内衬,同外层结合紧密,保证内外层不分离。

③ 具有良好的抗机械冲击、热冲击性能。

④ 安装连接方便,可任意切割、焊接。内管根据需求预留一定长度,外管可焊接可法兰连接。

⑤ 双金属的热敏性比陶瓷内衬更好,一般情况下不会脱落,及时脱落时也是局部小块脱落,不像非金属内衬一样大块脱落,容易堵塞后路。

表 5 双金属复合管机械性能表

抗拉强度 MPa	抗弯强度 MPa	冲击韧性 J/cm^2	硬度 HRC
415	610	5	≥55

但高铬铸钢双金属复合管相较于普通管线壁厚增厚一倍,管线重量也增加一倍,对装置管系承重量要求较高,且同样外径的情况下管线内径变小影响物料输送,为保证管线内径一致就需要扩大外径,从而导致管线重量更重。因此,该类管线只能在局部腐蚀及其严重的部位使用,无法大范围推广。

2#S-Zorb 装置在 2022 年 10 月在再生器底部转剂线易冲刷部位使用了两处高铬铸钢双金属复合管,使用 1 年以来,因双金属层中间有空隙,无法监测内管磨损情况,通过对外管进行定点测厚,未发现减薄情况,说明该技术针对局部严重磨损效果显著。

图 6 双金属复合管实物图

3.5 采用高熵合金耐磨技术

高熵合金耐磨技术是将涂层通过高温融合在金属母材上，涂层本质上是一种特殊的冶金钎焊。与常规钎焊不同的是，涂层材料由两部分组成：一部分是低熔点固溶体多元合金粉末，该粉末成分属于 NiCoCrMoBCuAlSi 多元高熵固溶体合金粉末，其具有宽泛的固液相线（150 ℃宽度），它的熔化温度较低，通称低熔点组分；另一部分是熔点高的硬质合金粉末，其成分属于 WCrMoC 型复合金属碳化物高硬度粉末，通称高熔点难熔组分，它在涂层中不熔化起着骨架耐磨作用。涂层经过高温 1 000 ℃左右烧结炉处理后，其硬度可达到 HRC69，贴合强度为 400 MPa，耐磨性能得到大幅度提升，且高温下硬度和强度衰减较少（800 ℃开始出现衰减），涂层厚度一般为 0.4～1.0 mm 左右，较原管线重量变化不大，可全管线使用，详见图 7。

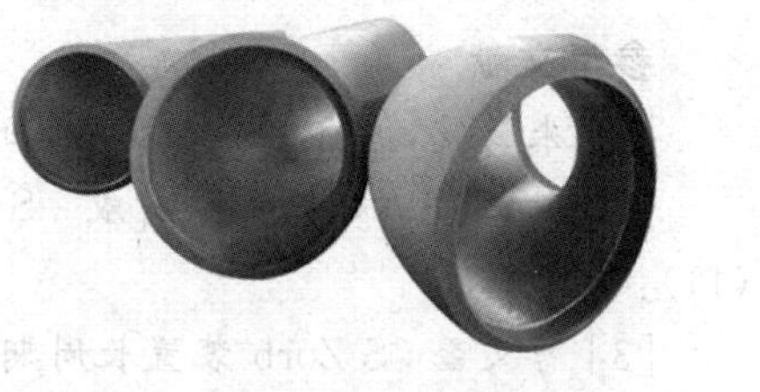

图 7　高熵合金耐磨实物图

涂层组材料中既包括了耐蚀性优异的非晶固溶体金属的组分，保证了涂层在金属基体上充分地润湿和铺展，从而完成与基体的冶金结合，同时又包括了硬质合金组分，确保涂层具有优异的硬度和韧性匹配，具有非常优异的耐冲蚀性能，涂层材料与母材之间不存在热膨胀差距。另外，涂层采用烧结方式融合在母材上，较常规的衬陶瓷环、喷镀陶瓷技术具有更高的抗冲击性。

但该技术无法在长管线上增加耐磨涂层，只能将管子截取成 1 m 长的短管，分别增加耐磨涂层后再焊接使用，大大增加了管线焊缝数量，该管线主管 P11 为低合金铬钼钢，焊缝部位无耐磨涂层，使用中要重点关注焊缝部位，防止这些盲区出现腐蚀，对同类材质压力容器用钢 14Cr1MoR 的研究显示[10]，不同热处理工艺下，14Cr1MoR 钢的力学性能差异较大，此处焊接接头必须严格按照焊接工艺，开展焊前预热+焊后热处理，以获得优良的耐腐蚀性，避免焊缝处冲刷泄漏。

2#S-Zorb 装置在 2021 年 10 月将再生器进料线更换为高熵合金耐磨管，使用三年以来多次涡流检测均未发现母管有减薄迹象，管线寿命大幅提升，有效解决了长期以来困扰 S-Zorb 装置的吸附剂管线易磨损泄漏难题，但是在 1#S-Zorb 装置再生器至再生器接收器斜管上 2023 年 5 月采用该技术 1 年后发现母管有冲刷情况，同一批次其他管线还未发现问题，说明该处涂层已失效，此技术还无法保证每根管线的涂层质量一致，存在局部缺陷的情况，该涂层厚度最多仅有 1 mm，其质量缺陷很难发现，一旦出现问题涂层很容易贯穿失效，因此对厂家的技术水平要求极高。相比而言，双金属耐磨层厚度通常达 10 mm以上，采用离心铸造的方式生产，及时有局部缺陷也不会出现贯穿损伤，对使用寿命影响小，因此，对于冲刷极其严重的地方还是采用双金属耐磨材料更可靠。

4　结　论

通过对近年来吸附剂管线冲刷磨损情况进行分析，发现主要冲刷腐蚀的管线为再生器底部转剂线及再生器进料线，且两条吸附剂管线冲刷部位类似，均位于提升氮气与吸附剂连接的斜插口及提升后的弯管斜管部位。在底部吸附剂与氮气相交处底部水平管段的上方及弯头弯管外侧部位，流体和颗粒会与管壁发生碰撞，导致底部水平管段上方、弯管外侧及弯管后部斜管部位容易发生冲刷腐蚀。

针对冲刷腐蚀，通常采用管壁加厚的方式增加腐蚀余量来应对冲刷腐蚀，在易腐蚀穿孔的部位提前贴板补强，但该方法并不能从根本上解决问题。因此引入定点测厚及涡流扫查的方式来跟踪管线壁厚变化，提早干预，有效降低泄漏频次，但需要经常拆装保温，工作量较大，也有检测间隙泄漏的情况。

在 2#S-Zorb 装置试用了两项新技术：双金属高铬铸钢复合管耐磨技术及高熵合金耐磨技术，这两项技术能大幅提高管线本身的硬度，抵抗吸附剂的撞击。通过长时间的使用，得出采用耐磨管线技术能真正提高吸附剂管线使用寿命，彻底解决管线易冲刷腐蚀穿孔的问题。但双金属高铬铸钢复合管较原管线重量增加较多，使用时要注意核算现有管系承重情况，通常不能全管线更换，只能在局部使用。高熵合金耐磨技术无法在长管线上增加耐磨涂层，只能将管子截取成 1 m 长的短管，分别增加耐磨涂层后再焊接使用,大大增加了管线焊缝数量,焊缝部位无耐磨涂层,使用中要重点关注,防止这些盲区出现腐蚀,除此之外,在耐磨线使用前期要加强涡流检测,防止出现耐磨涂层局部损坏导致泄漏。

通过采用双金属高铬铸钢复合管耐磨技术及高熵合金耐磨技术能有效解决吸附剂管线易磨损穿孔问题,每项技术都有优缺陷,实际使用中要根据不同部位的实际情况采用不同的技术,多技术联合使用后能从根本上保障装置长周期稳定运行。

参考文献

[1] 朱云霞,徐惠.S Zorb技术的完善及发展[J].炼油技术与工程,2009,39(8):7-12.

[2] 段玉亮,刘锋,尹威威.S Zorb装置长周期运行分析[J].石油炼制与化工,2015,46(11):46-50.

[3] 曹文磊.S Zorb装置长周期生产低硫含量汽油的影响因素及对策[J].石油炼制与化工,2014,45(2):74-78.

[4] 范强.S Zorb吸附剂长周期优化运行方案[J].石油化工设计,2017,34(1)20-22.

[5] 王中营,张海红,武文斌.物料颗粒在弯管内的摩擦磨损与运动分析[J].粮食与饲料工业,2014(12):15-17.

[6] 毕兆吉.S Zorb装置吸附剂提升管线的冲刷腐蚀与防护[J].石油化工腐蚀与防护,2018,35(8):21-26.

[7] 中国特种设备检测研究院,中国石油化工股份有限公司镇海炼化分公司.含固体颗粒装置管道冲刷腐蚀预测方法研究报告[R].北京:中国特种设备检测研究院,2018:121-129.

[8] 赵亮,陈登峰,卢英,等.脉冲涡流在金属厚度检测中的应用研究[J].测控技术,2007,26(12):22-24.

[9] 李辉.S Zorb装置再生系统转剂线泄漏原因及对策[J].炼油技术与工程,2016,46(10)19-23.

[10] 王储,孙绍广,高强,刘晨希,贾春堂.热处理工艺对14Cr1MoR钢组织性能及腐蚀行为的影响[J].压力容器,2023,40(6):7-13.

作者简介

刘小锋(1991),男(汉),工程师,主要从事石化设备运行管理及检维修工作,通信地址:315200 浙江省宁波市镇海区蛟川街道中国石化镇海炼化分公司炼油四部,E-mail:liuxiaofeng.zhlh@sinopec.com。

压力介入调控 CO_2 电催化还原制备 C_1 产物

刘明辰，贾岩松，郑少帅，李　洋

（浙江大学 氢能研究院，杭州　310027）

摘　要：基于可再生能源驱动的电催化 CO_2 还原反应（ECO_2RR）被视为获得高附加值化学品、缓解温室效应的有效途径。然而传统 ECO_2RR 面临着常压 CO_2 溶解度低、复杂多电子－质子转移、竞争性析氢副反应等瓶颈。本研究基于压力 ECO_2RR 电化学反应器，探究了压力对 ECO_2RR 电化学性能和产物选择性的影响。实验结果表明，压力介入可优化 CO_2 传质过程，抑制析氢反应，提升对 C_1 产物的选择性。在低电解电压区间，随着压力的升高，催化剂对 C_1 产物（CO、CH_4）的选择性有所提高。在 10 bar 的加压情况下，CO 的法拉第效率为 43.13％，CH_4 的法拉第效率为 35.25％，分别为常压条件下的 5 倍和 28 倍，体现了压力对电催化还原 CO_2 体系的高效调控。

关键词：加压电化学反应器；二氧化碳还原；甲烷；一氧化碳

Pressuremodulation regulates electrocatalytic CO_2 reduction for the preparation of C_1 products

LIU Mingchen，JIA Yansong，ZHENG Shaoshuai，LI Yang

（Institute of Hydrogen Energy，Zhejiang University，Hangzhou 310027，China）

Abstract：The electrocatalytic CO_2 reduction reaction（ECO_2RR），driven by renewable energy，is regarded as a promising approach to produce high－value chemicals and mitigate the greenhouse effect. However，conventional ECO_2RR systems face challenges such as limited CO_2 solubility at ambient pressure，complex multi－electron－proton transfer processes，and competing hydrogen evolution reactions（HER）. This study investigates the impact of pressure on the electrochemical performance and product selectivity of ECO_2RR using a pressurized electrochemical reactor. Experimental results reveal that elevated pressure optimizes CO_2 mass transfer，suppresses HER，and enhances selectivity toward C_1 products. Under low applied voltages，increasing pressure significantly favors the formation of C_1 products（CO and CH_4）. At 10 bar，the Faradic efficiencies for CO and CH_4 reach 43.13％ and 35.25％，respectively，representing 5－fold and 28－fold enhancements compared to ambient conditions. These findings highlight the critical role of pressure in efficiently regulating the ECO_2RR system.

Keywords：Pressurized electrochemical reactor；CO_2 reduction；methane；carbon monoxide

0　引　言

当前，全球能源供应任依赖化石燃料，由此产生的过量 CO_2 排放是气候变化的主要原因，致使环境问题日益严重。2025 年 3 月 24 日，国际能源署（IEA）发布《全球能源评论 2025》报告中指出 2024 年全球

CO_2 排放量比上年增长 0.8%,达到 378 亿吨,创历史新高[1]。因此,节能减排是应对全球气候变化的重要措施,也是促进经济可持续发展的必然要求。基于此,CO_2 的捕集及其高附加值应用被认为是缓解大气中 CO_2 积累的有效途径[2-3]。目前,光催化[4-5]、热催化[6-7]、生物转化[8-9]以及电催化[10-11]等是将 CO_2 转化为燃料或其他化学原料的主要技术路线,其中利用电催化还原 CO_2(Electrocatalytic CO_2 Reduction Reaction, ECO_2RR)因操作简便、绿色环保,近年来受到了越来越多的关注。与其他技术相比,电催化还原 CO_2 主要利用可再生的清洁能源生产高附加值的碳氢化合物,其生成产物可控,反应条件温和,具有规模化生产的优点,为解决当前全球能源短缺和建立可持续的碳中和提供了解决方案。

现有 ECO_2RR 的研究多数基于常温常压的反应条件,而工业生产排放的 CO_2 废弃气流的压力往往比较高(1～20 bar)[12],因此基于直接工业高压 CO_2 废气流的利用,有必要开展压力电化学合成气研究,探究压力对于催化性能的影响。由于电催化还原 CO_2 所使用的电解液通常为水溶液,常温常压下 CO_2 在水中的溶解度较低(0.0347 mol/L),增压可以提高 CO_2 在电解液中的溶解度,提高反应物的浓度,优化反应传质效率。其次,压力增加可调控催化剂对 CO_2 的吸附能力,从而抑制对 H^+ 的吸附[13]。此外,高压条件可调控关键中间体的吸附能,也能通过改变局部电场强度影响质子耦合电子转移过程(表 1),从而调控反应路径[14,15],提高电解过程的稳定性[16,17]。因此,开展加压 ECO_2RR 研究,分析压力对电催化性能的影响以及产物选择性调控情况是有必要的。

表 1 电催化还原 CO_2 制 C_1 产物及其对应电子转移数

反应式	电子转移数
$CO_2+2H^++2e^-\rightarrow CO(g)+H_2O$	2
$CO_2+2H^++2e^-\rightarrow HCOOH(aq)$	2
$CO_2+6H^++6e^-\rightarrow CH_3OH(aq)+H_2O$	6
$CO_2+8H^++8e^-\rightarrow CH_4(g)+2H_2O$	8

1 实验系统与方法

1.1 加压电催化系统及测试流程

本研究以聚四氟乙烯(PTFE)材质制成的电解槽置于高压反应釜作为加压 ECO_2RR 电解槽,以 30 mL 0.5 mol/L 的 $KHCO_3$ 溶液为电解质。加压电催化实验系统如图 1a 所示,CO_2 气源经气瓶减压阀调压后通过质量流量控制器(Mass Flow Controller, MFC)向压力 CO_2 电解槽内持续通入流速可控的 CO_2 气体,通过调节电解槽出口连接的背压阀开度,设定电解槽内的压力值,反应产出的气相产物利用气相色谱仪(Gas Phase Chromatography, GC)进行定性、定量检测。电解反应之前,利用 pH 计测试 CO_2 饱和前后的电解液 pH 值。参比电极为 Ag/AgCl 电极,将测试电势(vs. Ag/AgCl)转化为可逆氢电极电势(vs. RHE),转化公式如公式(1)所示:

$$E_{vs.\,RHE}=E_{vs.\,Ag/AgCl}+0.198+0.05916\times pH$$

三电极反应体系中的工作电极为商业泡沫 Cu 基双金属催化电极(尺寸为 10 mm×20 mm),将电解槽上盖板安装固定并确保气密性。电化学测试开始之前,电解槽内持续通入 30 min 的 CO_2 气体,吹扫电解液溶液和电解室中空气,也使电解液中的 CO_2 达到饱和状态。在加压条件下,通过调节背压阀使得压力 CO_2 电解槽中的压力稳定并保压 30 min 之后开始进行电化学测试。首先进行电化学阻抗谱(Electrochemical Impedance Spectroscopy, EIS)测试,确保体系阻抗稳定后进行线性扫描伏安法分析(Linear Sweep Voltammetry, LSV)。随后,持续通入 CO_2 吹扫反应体系,待电解质溶液 CO_2 饱和及电解室气相充满 CO_2 之后进行恒电位电解,电解时长为 30 min,气相产物通入 GC 进行检测,每隔 10 min 进气检测一次,并取三次分析结果的平均值用于结果分析,电解结束之后更换电解液重复上述步骤调整电解电压和环境压力后进行测试。

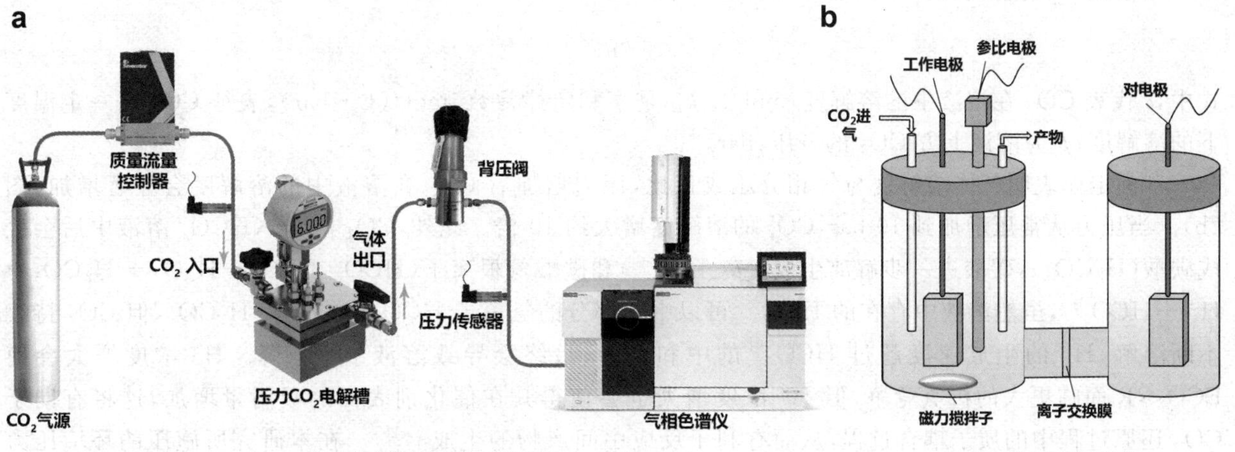

(a) 加压实验系统示意图　　(b) H型电解槽示意图

图 1　实验系统

1.2　ECO₂RR 电化学性能及产物分析方法

气相产物通至气相色谱仪 GC－2014C(SHIMADZU CO. ,LTD.)进行检测。热导检测器(Thermal Conductivity Detector,TCD)用于定量检测 H_2,火焰离子化检测器(Flame Ionization Detector,FID)用于定量检测 C_1 产物。

产物的摩尔数通过式(2)计算:

$$n_p = c_p \times \frac{Q}{V_m} \times T$$

式中,c_p 为产物的浓度,mol/L;Q 为 CO_2 的体积流量,L/min;V_m 为摩尔体积(取 24.47 L/mol,25℃);T 为电解时间,min。

根据生成各种产物需要转移的电子的摩尔数和总的电子转移摩尔数,按式(3)计算不同产物的法拉第效率(Faradic Efficiency,FE):

$$FE = \frac{n_p \times ce}{n_e}$$

式中,n_p 为产物的摩尔数,mol;ce 为生成产物转移的电子数;n_e 为流过电极的电子摩尔总数,mol。

2　结果与讨论

1.3　压力对催化性能的影响

CO_2 电催化还原反应主要分为三个步骤:(1)CO_2 在催化剂表面吸附并活化形成中间体;(2)经过质子耦合、电子转移、C—C 耦联等步骤生成最终产物;(3)最终产物从催化剂表面脱附。电催化还原 CO_2 制 C_1 产物主要包括 CO、CH_4、HCOOH 等。其中 CO 和 HCOOH 仅涉及 $2e^-$ 转移,反应步骤较少,反应机理较简单,CH_4 需要经历 $8e^-$ 转移,反应机理相对复杂(图 2a)。CO_2 首先在催化剂表面吸附生成 $*CO_2^-$,$*CO_2^-$ 经过质子耦合电子转移过程生成关键中间体 *COOH,*COOH 发生质子耦合电子转移生成 *CO,*CO 在催化剂表面脱附生成 CO。*COOH 的生成过程存在中间体 $*COO^-$,该过程的发生需要合适的电位[18]。*CO 未及时脱附也可能会继续发生质子耦合电子转移生成 CH_3OH 或者 CH_4 等。所以催化剂对中间体 *COOH、*CO、*COH 的吸脱附能力和选择性是影响 CO_2 还原产物的关键。

CO_2 在常温常压条件下在水中的溶解度较小,如果对溶液上方气体施加一定的压力则可以提升 CO_2 在溶液中的溶解度,即亨利定律(图 2c):

$$c=k_H\times p$$

式中,c 代表 CO_2 在溶液中的溶解度,mol/L;k_H 是亨利定律常数,mol/(L·bar),表征 CO_2 在一定温度下的溶解度;p 为溶液上方 CO_2 的分压,bar。

亨利定律表明气体溶解度与气相分压成正比,压力增加后 CO_2 在溶液中的溶解度会显著增加(图 2b)。当压力从常压增加到 10 bar,CO_2 的溶解度增大约 10 倍。此外,CO_2 溶入 $KHCO_3$ 溶液中后会生成碳酸(H_2CO_3),碳酸进一步解离生成氢离子(H^+)和碳酸氢根离子(HCO_3^-)$CO_2+H_2O \rightleftharpoons H_2CO_3 \rightleftharpoons H^+ + HCO_3^-$,虽然溶液中存在的 HCO_3^- 可以中和部分的氢离子 $HCO_3^- + H^+ \rightarrow H_2CO_3$,但 CO_2 持续不断溶解,H^+ 的生成速度超过 HCO_3^- 的中和能力,最终会导致溶液 pH 下降。H^+ 浓度增大会使 ECO_2RR 面临更大的析氢竞争,但 H^+ 浓度增大也会使得其在催化剂表面的吸附量增加,这将有助于 CO_2 还原过程中的质子耦合过程,从而有利于反应中间产物的生成[19,20]。在本研究所施压的环境压力条件下(0~10 bar),电解质溶液的 pH 值保持在 6.0~7.5 之间,呈中性偏酸性环境,避免发生因电解质溶液酸性过强而促进 HER 过程。

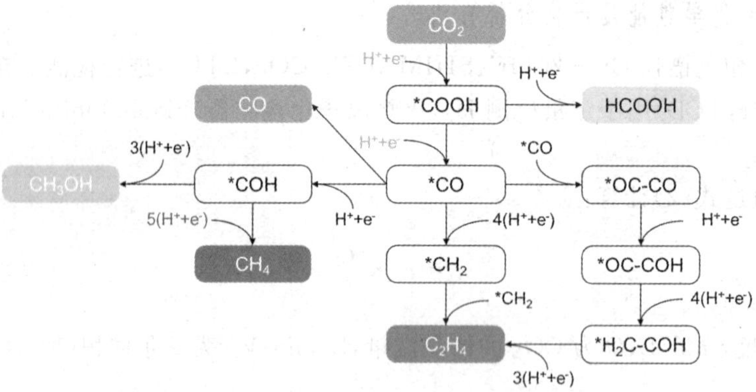

(a) CO_2RR反应路径示意图

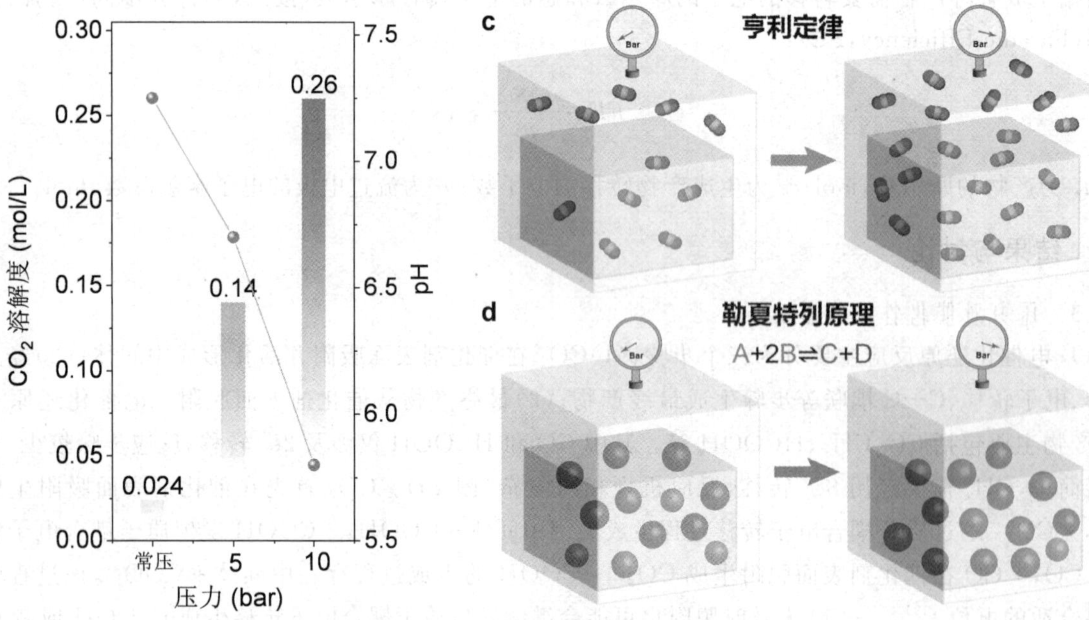

(b) 不同压力CO_2在0.5 mol/L $KHCO_3$溶液中的溶解度随压力变化及溶液pH变化

图 2　压力调控 CO_2RR 原理

此外，根据勒夏特列原理(图 2d)，虽然压力升高对气体物质的量无直接影响，但电解质溶液中 CO_2 浓度上升，平衡向生成物方向移动，促进 CO 的生成。而对于析氢反应，压力升高会抑制气体产物的生成，平衡往逆向移动，减少氢气生成。

在进行恒电位电化学测试之前，先对工作电极进行 LSV 分析(图 3a)。结果显示，随着压力的增加，电流密度相应的减小。图 3b 给出了不同恒电位测试 30min 后经过电极表面的总电荷数 Q，可以看出压力提升后，反应的总电荷数呈现减少的趋势。值得注意的是，在 0.3 V(vs. RHE)即发生了 ECO_2RR 过程(图 4a 和图 4b)，随着电位的提升 ECO_2RR 和 HER 均得到促进，说明电催化还原 CO_2 生成 C_1 产物在较低的过电位就已经进行，这将有助于实现高性能 CO_2RR 过程。

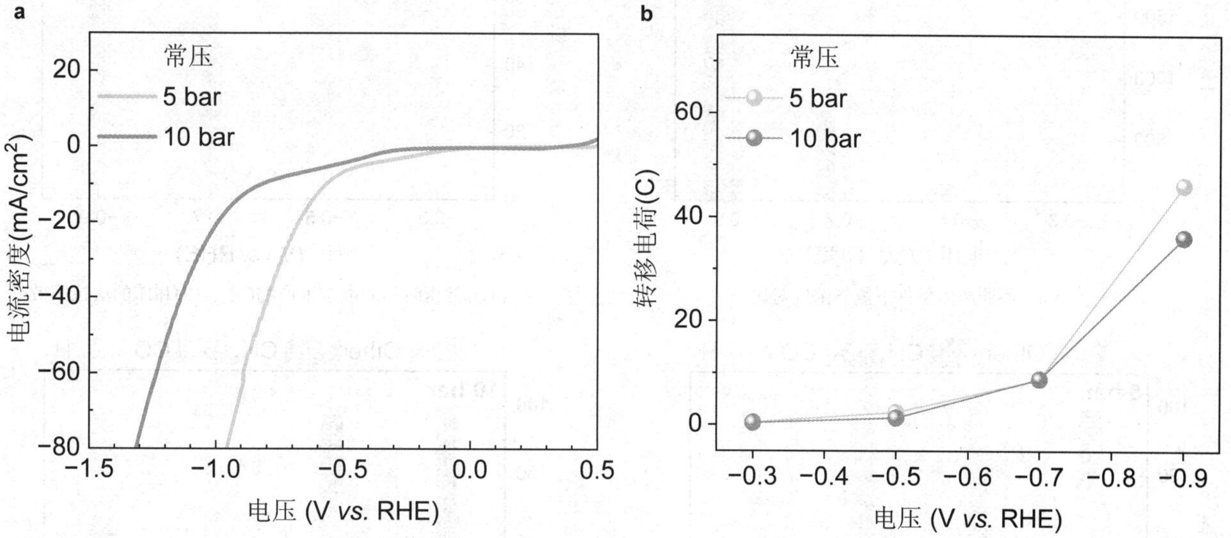

(c) 亨利定律示意图　　(d) 勒夏特列原理示意图

图 3　压力对催化性能的影响

1.4　压力对产物分布的影响

在常压电催化体系为时，析氢反应和 CO_2 反应的启始电位较低，两者反应相互竞争。虽然在该电催化体系中还原 CO_2 生成 C_1 产物的反应在−0.3 V(vs. RHE)也开始发生，但是电极对氢气的选择性更高(图 4a 和图 4b)。随着过电位的提升，析氢反应与 ECO_2RR 逐渐增强，但析氢反应在−0.3 V(vs. RHE)和−0.5 V(vs. RHE)条件下均占据主导地位，产物氢气具有更高的法拉第效率。电位从−0.3 V(vs. RHE)到−0.7 V(vs. RHE)，碳还原产物的选择性持续升高，但在−0.9 V(vs. RHE)时，电解液中 CO_2 的传质效率受限，CO_2 气体无法及时到达电极活性位点发生反应，C_1 产物选择性降低，C_1 产物的法拉第效率下降。

电催化体系加压至 5 bar 时(图 4c)，CO_2 在电解质溶液中溶解度显著增大(约为常压时的 6 倍)，反应物浓度提升使得反应速率加快，且高压优化了 CO_2 在溶液中和催化剂表面的传质过程，在−0.3 V(vs. RHE)时表现出优于常压条件的 CO 转化效率(FE_{CO}=15.71%，FE_{CH_4}=15.71%)。随着电位提升，得益于压力对 CO_2 传质的优化，碳还原产物的法拉第效率之和持续提升，在−0.7 V(vs. RHE)时达到峰值，CO 的法拉第效率达到 51.54%。电位提升到−0.9 V(vs. RHE)时，因 CO_2 的传质的限制，碳还原产物的法拉第效率下降，氢气的法拉第效率提升。

在电催化体系压力提升至 10 bar 后(图 4d)，在−0.3V(vs. RHE)电位下，电极表现出对 CO 和 CH_4 优异的选择性，CO 和 CH_4 的法拉第效率分别为 43.13%和 35.25%，为常压条件下的 5 倍与 28 倍，体现了体系在加压条件下的高性能还原过程。但是电位从−0.5 V(vs. RHE)到−0.7 V(vs. RHE)，碳还原产物的法拉第效率下降，高压下 CO、CH_4 等气相产物从电极表面的脱附过程受阻[21]，而氢气直径小易从电极表面脱附，此时析氢反应加剧，表现为氢气的法拉第效率提升。在－0.9 V(vs. RHE)时，C_1 产物的选择性下降，催化剂对中间体的脱附能垒发生改变，＊CO、＊COH 未及时脱附，继续发生质子耦合电子转移生成非气相(C_1 或 C_{2+})产物[22]。

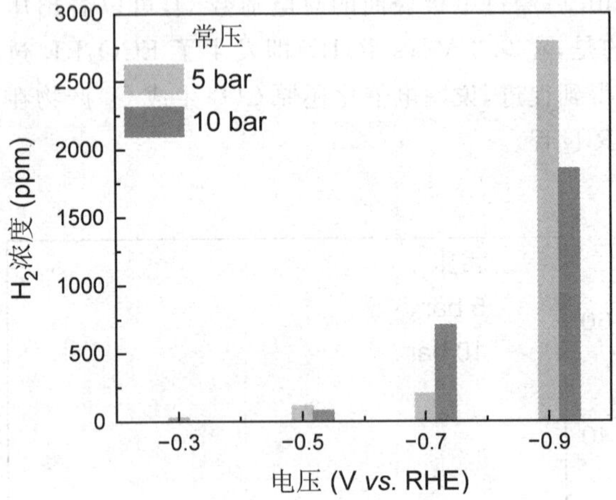

(a) 不同压力条件下氢气浓度对比

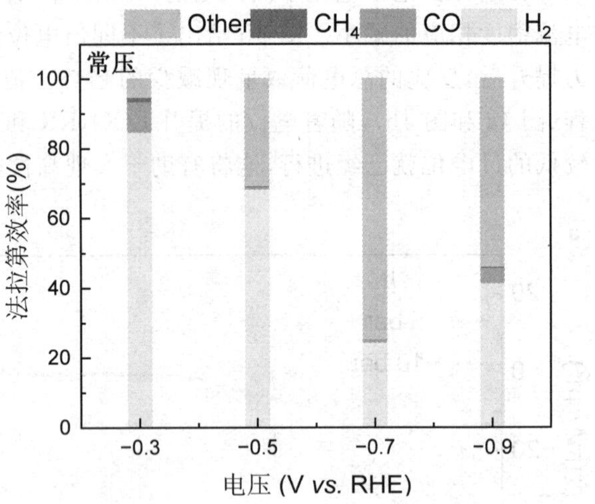

(b) 常压时不同电位下产物CH_4、CO和H_2的法拉第效率

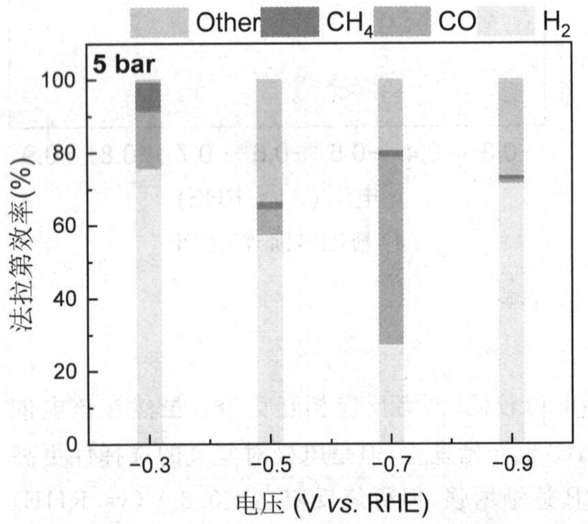

(c) 5 bar时不同电位下产物CH_4、CO和H_2的法拉第效率

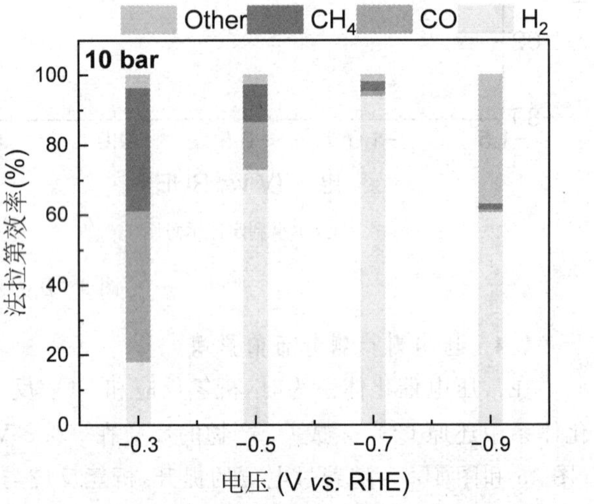

(d) 10 bar时不同电位下产物CH_4、CO和H_2的法拉第效率

图 4　产物分布图

(注：图中 Other 代表生成的其他非气相产物的法拉第效率)

3 结　论

(1)使用加压电化学反应槽进行电催化 CO_2 还原反应，基于压力调控将 CO_2 反应压力从常压提升至 10 bar，CO_2 电解液溶解度提高了～10 倍，对 ECO_2RR 产物(包括 H_2 和 C_1)的分布调控明显。

(2)常压下 CO_2RR 产物主要以 H_2 为主，压力介入优化了 CO_2 传质过程并调控了 CO_2 的反应路径，提升催化剂对 C_1 还原产物的选择性。随着 CO_2 压力的升高，5 bar 的压力下，产物 CO 增多；增压到 10 bar时，发生了 $8e^-$ 转移反应，部分电位下有 CH_4 的生成。

(3)在低过电位下－0.3 V(vs. RHE)，压力提升至 10 bar，催化剂对 CO 和 CH_4 具有优异的选择性，CO 的法拉第效率可以达到 43.13％，CH_4 的法拉第效率可达到 35.25％，分别为常压条件下的 5 倍和 28 倍，体现了压力对电催化还原 CO_2 体系的高效调控。

参考文献

[1] IEA(2025), Global Energy Review 2025, IEA, Paris https://www.iea.org/reports/global-energy-review-2025, Licence: CC BY 4.0[J].

[2] JIANG M, WANG H, ZHU M, et al. Review on strategies for improving the added value and expanding the scope of CO_2 electroreduction products [J]. Chemical Society Reviews, 2024, 53(10): 5149-89.

[3] KIM Y, NAMDARI M, JEWLAL A M L, et al. Economic Viability of Integrated CO_2 Capture and Conversion [J]. ACS Energy Letters, 2025, 10(1): 403-9.

[4] LI T, WANG P, HE M, et al. Metal-organic frameworks for photocatalytical carbon dioxide reduction reaction [J]. Coordination Chemistry Reviews, 2024, 521: 216179.

[5] ZHOU Y, WANG Z, HUANG L, et al. Engineering 2D Photocatalysts toward Carbon Dioxide Reduction [J]. Advanced Energy Materials, 2021, 11(8): 2003159.

[6] SHI Z, LI C, HUANG N, et al. Highly selective formation of CO from domestic wastewater with Zero CO_2 emissions through solar energy catalysis [J]. Applied Catalysis B: Environmental, 2024, 343: 123542.

[7] LIN F, ROTHENSTEINER M, ALXNEIT I, et al. First demonstration of direct hydrocarbon fuel production from water and carbon dioxide by solar-driven thermochemical cycles using rhodium-ceria [J]. Energy & Environmental Science, 2016, 9(7): 2400-9.

[8] HU L, YANG J, XIA Q, et al. Chemico-biological conversion of carbon dioxide [J]. Journal of Energy Chemistry, 2024, 89: 371-87.

[9] BHATIA S K, BHATIA R K, JEON J-M, et al. Carbon dioxide capture and bioenergy production using biological system-A review [J]. Renewable and Sustainable Energy Reviews, 2019, 110: 143-58.

[10] JORDAAN S M, WANG C. Electrocatalytic conversion of carbon dioxide for the Paris goals [J]. Nature Catalysis, 2021, 4(11): 915-20.

[11] SEGER B, ROBERT M, JIAO F. Best practices for electrochemical reduction of carbon dioxide [J]. Nature Sustainability, 2023, 6(3): 236-8.

[12] PROIETTO F, CAMMISA G, CONTINO M, et al. Cathodic Conversion of Pressurized CO_2 at Silver Cathodes: What are the Optimal Values of Pressure and Current Density? [J]. ChemSusChem, 2024, 17(20).

[13] CHEN B, FENG M, CHEN Y, et al. Performing electrocatalytic CO_2 reduction reactions at a high pressure [J]. Carbon Neutrality, 2024, 3(1).

[14] HARA K, KUDO A, SAKATA T. Electrochemical reduction of carbon dioxide under high pressure on various electrodes in an aqueous electrolyte [J]. Journal of Electroanalytical Chemistry, 1995, 391(1-2): 141-7.

[15] HUANG L, GAO G, YANG C, et al. Pressure dependence in aqueous-based electrochemical CO_2 reduction [J]. Nature Communications, 2023, 14(1).

[16] LHOSTIS F, TRAN N-H, ROUSSE G, et al. Promoting selective CO_2 electroreduction to formic acid in acidic medium with low potassium concentrations under high CO_2 pressure[J]. ChemElectroChem, 2024, 11(7): e202300799.

[17] QIU R, JIA J, PENG L, et al. Enhanced electroreduction of CO_2 to ethanol via enriched intermediates at high CO_2 pressures [J]. Green Chemistry, 2023, 25(2): 684-91.

[18] HANSEN H A, VARLEY J B, PETERSON A A, et al. Understanding trends in the

electrocatalytic activity of metals and enzymes for CO_2 reduction to CO [J]. Journal of Physical Chemistry Letters, 2013, 4(3): 388－92.

[19] GABARDO C M, SEIFITOKALDANI A, EDWARDS J P, et al. Combined high alkalinity and pressurization enable efficient CO_2 electroreduction to CO [J]. Energy & Environmental Science, 2018, 11(9): 2531－9.

[20] VERMA S, LU X, MA S, et al. The effect of electrolyte composition on the electroreduction of CO_2 to CO on Ag based gas diffusion electrodes [J]. Physical Chemistry Chemical Physics, 2016, 18 (10): 7075－84.

[21] LU S, WANG Y, XIANG H, et al. Mass transfer effect to electrochemical reduction of CO_2: electrode, electrocatalyst and electrolyte [J]. Journal of Energy Storage, 2022, 52: 104764.

[22] LI J, KUANG Y, MENG Y, et al. Electroreduction of CO_2 to Formate on a Copper-Based Electrocatalyst at High Pressures with High Energy Conversion Efficiency [J]. Journal of the American Chemical Society, 2020, 142(16): 7276－82.

作者简介

刘明辰(2002)，男(汉)，博士研究生，主要从事二氧化碳高效转化为工业原料和燃料的研究工作，通信地址：310027 浙江省杭州市浙大路 38 号浙江大学玉泉校区氢能研究院，E－mail: mitchell6@zju. edu. cn。

压力容器先进技术

——第十一届全国压力容器学术会议论文集

（上）

中国机械工程学会压力容器分会
合肥通用机械研究院有限公司　编

合肥工业大学出版社

图书在版编目(CIP)数据

压力容器先进技术．第十一届全国压力容器学术会议论文集/中国机械工程学会压力容器分会，合肥通用机械研究院有限公司编．-- 合肥：合肥工业大学出版社，2025. -- ISBN 978-7-5650-7220-8

Ⅰ．TH49-53

中国国家版本馆 CIP 数据核字第 2025WW4733 号

压力容器先进技术

——第十一届全国压力容器学术会议论文集

中国机械工程学会压力容器分会
合肥通用机械研究院有限公司　编

责任编辑　马成勋

出　版	合肥工业大学出版社	版　次	2025 年 9 月第 1 版
地　址	合肥市屯溪路 193 号	印　次	2025 年 9 月第 1 次印刷
邮　编	230009	开　本	889 毫米×1194 毫米　1/16
电　话	理工图书出版中心：15555129192	印　张	104.25
	营销与储运管理中心：0551-62903198	字　数	3200 千字
网　址	press.hfut.edu.cn	印　刷	安徽联众印刷有限公司
E-mail	hfutpress@163.com	发　行	全国新华书店

ISBN 978-7-5650-7220-8　　定价：500.00 元(上、下)

前　言

中国机械工程学会压力容器分会成立于1980年。作为是全国性的学术性群众团体，四十多年来压力容器分会始终立足“三型组织”职责，始终坚持“四为服务”宗旨，努力把全国压力容器学术会议建设成为全国性行业技术交流平台。

2025年9月15日至17日在安徽合肥隆重举行第十一届全国压力容器学术会议。本次会议由中国机械工程学会和合肥通用机械研究院有限公司共同主办，由中国机械工程学会压力容器分会和国家压力容器与管道安全工程技术研究中心承办，由浙江大学、华东理工大学、南京工业大学、中国特种设备检测研究院、浙江锦敦气体装备制造股份有限公司、江阴兴澄特种钢铁有限公司、武汉海王机电工程技术有限公司、宁波天生密封件有限公司、山东恒通膨胀节制造有限公司、国镓芯科（池州）半导体科技有限公司、湘潭钢铁集团有限公司、青岛信力通工业有限责任公司等单位共同协办。

本次会议论文征集通过广泛宣传动员、重点组织落实，共征集到210篇学术论文，经专家评审共收录176篇，分材料、设计、制造焊接、使用管理等7个分篇。论文集集中反映了我国压力容器行业近四年来发展最新动向和最新成果，既有行业老专家的宝贵经验,亦有青年工作者的独特见解;既有高校师生的理论和试验研究,亦有科研院所人员的技术探索、一线企业科技工作者的技能创新。论文集内容翔实、实用性强,论文集的出版将对于我国压力容器技术创新和行业整体水平提升具有较好的借鉴和指导意义。

论文集的出版得到了合肥工业大学出版社有限责任公司的积极配合和帮助,在此表示衷心感谢!

编 者

2025年9月

目　录

第1章　材　料

第2章　设计、断裂力学

第3章　制造焊接

第 1 章

材　料

12Cr2Mo1VR 钢熔敷金属不同热处理状态下力学性能试验

刘宝剑,邱伏礼,范西斌,王天先,类成龙
(青岛兰石重型机械设备有限公司,山东青岛 266426)

摘　要:本文通过对 12Cr2Mo1VR 钢埋弧焊熔敷金属在不同热处理状态下室温拉伸强度、-30 ℃ KV_2 低温冲击韧性和硬度的检测,对比分析熔敷金属力学性能与不同热处理制度之间的变化趋势。结果表明:拘束度大的焊缝焊后不能用后热消氢来代替中间消除应力热处理,当等效热处理工艺相同时应提高 ISR 热处理温度缩短 ISR 热处理时间以降低制造过程中回火脆化的影响。

关键词:力学性能;后热消氢;消除应力热处理;Larson - Miller

Mechanical property of 12Cr2MolVR steel weld metal under different heat treatment states

LIUBaojian, QIU Fuli, WANG Tianxian, LEI Chenglong
(Qingdao LS Heavy Machinery Equipment Co. , Ltd. , Qingdao 266426, China)

Abstract: By studying the tensile strength of 12Cr2Mo1VR steel SAW deposited metal at room temperature, low $-$ temperature impact at -30 ℃ and hardness under different heat treatment conditions, analyzing the changes in mechanical properties of weld deposited metal with different heat treatment, and using experimental data to DHT cannot replace ISR for welds with high constraint, when the equivalent heat treatment process is the same, a solution should be chosen to increase the ISR heat treatment temperature and shorten the ISR heat treatment time.

Keywords: 12Cr2MolVR; mechanical property; DHT; ISR; Larson - Miller

0　引　言

近年来国内外石油化工、煤化工中不断出现的新工艺,随着炼油石化装置向大型化、高参数化发展,要求加氢设备用材料应能够适应更高温度、更高压力的临氢环境,加 V 临氢 Cr - Mo(即 12Cr2Mo1VR)钢被广泛应用。Cr,Mo 可以提高钢的淬透性,保证钢板较强度和韧性,V 是钢中强碳化物形成元素,增加钢的热强性和蠕变抗力。由于其钢板强度较高,其焊缝在焊接热循环的影响下,可形成对裂纹敏感的显微组织;同时,由于反应器在高温、高压及临氢的环境下长期运行会产生回火脆化倾向[1-12]。

鉴于 12Cr2Mo1VR 钢的特性,采用该材料制造的拘束度高的焊缝,如大型厚壁容器接管与筒体、人孔与封头及铬钼钒钢支撑圈(凸台)等焊接接头,焊缝金属在冷却时受到周围未经组织变化母材的约束,在焊缝金属内部产生较大的组织应力,为降低焊缝及热影响区硬度、改善焊接接头组织和综合性能以及防止焊接接头开裂并稳定焊件尺寸,通用的工艺措施为焊接预热、焊后热消氢及焊后热处理[2-13]。

本文通过对 12Cr2Mo1VR 钢焊缝金属在不同热处理状态下各项综合性能的检测,对比分析焊缝金属各项性能与不同热处理温度之间的变化趋势,为制定合理的焊后热处理工艺提供参考,确保焊接接头的焊接质量。

1 试验材料及方法

1.1 试验材料

试验母材采用舞阳钢厂 148 mm 厚的 12Cr2Mo1VR 钢板,其化学成分见表 1。试验焊材采用神钢埋弧焊焊材 US－521H(焊丝)＋PF－500(焊剂),熔敷金属焊丝化学成分见表 2。

表 1 母材化学成分

材料	C	S	P	Si	Mn	Cr	Ni	Mo	Cu	As	Sn	Sb	V	Ti	Nb	Fe
12Cr2Mo1VR	0.14	0.002	0.008	0.08	0.53	2.39	0.04	1.02	0.05	0.006	0.003	0.001	0.28	0.001	0.033	余量

表 2 熔敷金属焊丝化学成分(wt%)

材料	C	S	P	Si	Mn	Cr	Ni	Mo	Cu	As	Sn	Sb	V	Ti	Nb	Fe
US－521H＋PF－500	0.06	0.002	0.004	0.09	1.13	2.43	0.03	0.97	0.11	0.005	0.004	0.003	0.28	0.001	0.013	余量

1.2 12Cr2Mo1VR 钢的焊接性

由于 12Cr2Mo1VR 钢具有一定的淬硬性,焊接接头的脆性大,为减少淬硬组织和裂纹的产生,在焊接过程严格控制焊接工艺参数,并在焊前控制预热温度、焊接过程中层间温度、后热消氢(DHT)、中间消应力热处理(ISR)和最终焊后热处理(PWHT)。

(1)预热:焊接前对母材进行加热,焊前预热温度≥180 ℃,为避免淬硬组织的出现,从而有利于焊缝金属中氢的逸出。

(2)后热消氢:温度和时间(350～400)℃×4 h。

(3)焊后热处理:根据 API934－A－2019《高温高压临氢条件下 2.5Cr－1Mo,2.25Cr－1Mo－0.25V,3Cr－1Mo 及 3Cr－1Mo－0.25V 钢材料和制造技术规范》,12Cr2Mo1VR 钢最小焊后热处理(Min. PWHT)规范:保温温度 705 ℃,保温时间 8 h;该材料模拟最大焊后热处理(Max. PWHT)规范:根据 GB150.4—2024 中 Max. PWHT 定义及 Cr－Mo－V 钢制造过程中高于 490 ℃且不高于最终焊后热处理温度的热处理,可使用 Larson－Miller 公式计算等效保温时间”的要求,12Cr2Mo1VR 的 Max. PWHT 规范为:保温温度 705 ℃,保温时间(26～32)h。

1.3 试验方案

12Cr2Mo1VR 钢焊缝熔敷金属分别在焊态、400 ℃×4 h、620 ℃×4 h、650 ℃×4 h、650 ℃×40 h、650 ℃×80 h、680 ℃×40h、690 ℃×8 h、690 ℃×32 h、705 ℃×8 h、705 ℃×32 h 十一种热处理状态下进行如下试验:试板厚度 T/2 处焊缝区取熔敷金属室温圆拉试样测量 R_m 值;试板厚度 T/2 焊缝区处取 3 件低温冲击韧性进行－30 ℃ KV_2 测试;试板厚度 T/2 焊缝区处 HV10 硬度测试。

对于上述热处理状态高于 490 ℃且不高于最终焊后热处理温度的热处理按 Larson－Miller 公式等效为 705 ℃的保温时间见表 3。

Larson－Miller 公式为:

$$LMP = T\times(20+\log t) \tag{1}$$

式中,T 为开尔文温度,K;t 为保温时间,s。等效保温时间公式为:

$$t_{eqi} = 10^{T_i/T_{eqi}\times(20+\log t_i)-20} \tag{2}$$

式中,t_{eqi} 为等效保温时间,s;T_i 为实际开尔文温度,K;T_{eqi} 为等效开尔文温度,K;t_i 为实际保温时间,s。

表 3　Larson－Miller 公式等效保温时间

实际状态	Larson－Miller 等效
620 ℃×4 h	705 ℃×0.065 h
650 ℃×4 h	705 ℃×0.28 h
650 ℃×40 h	705 ℃×2.44 h
650 ℃×80 h	705 ℃×4.69 h
680 ℃×40 h	705 ℃×11.22 h
690 ℃×8 h	705 ℃×3.82 h
690 ℃×32 h	705 ℃×14.98 h

试件采用机加工方式制备试件坡口如图 1 所示，并按表 4 焊接工艺规范进行焊接。

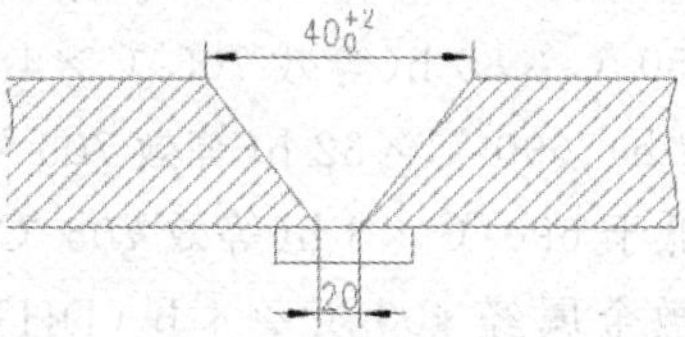

图 1　试件坡口示意

表 4　焊接工艺规范

焊接电流 I/A	焊接电压 U/V	焊接速度 v/(mm·min^{-1})	道间温度/℃	干伸长度/mm	电源种类及极性
·	30/32	≥450	180～250	25～35	交流

2　试验结果与分析

2.1　熔敷金属强度试验

12Cr2Mo1VR 钢熔敷金属经在不同热处理状态下的室温强度测试结果见表 5 及如图 2 所示。

表 5　不同热处理状态下熔敷金属抗拉强度

热处理状态		抗拉强度 R_m/MPa
实际状态	Larson－Miller 等效	
焊态	—	920
400 ℃×4 h	—	1 012
620 ℃×4 h	705 ℃×0.065 h	957
650 ℃×4 h	705 ℃×0.28 h	864
650 ℃×40 h	705 ℃×2.44 h	721
650 ℃×80 h	705 ℃×4.69 h	636
680 ℃×40 h	705 ℃×11.22 h	677
690 ℃×8 h	705 ℃×3.82 h	739
690 ℃×32 h	705 ℃×14.98 h	662
705 ℃×8 h	—	684
705 ℃×32 h	—	623

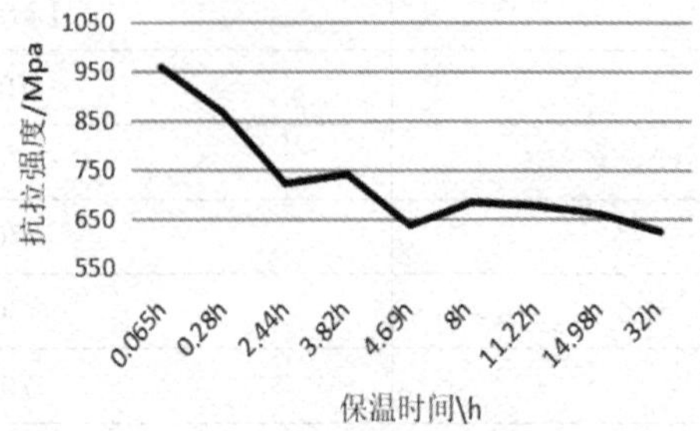

图 2 等效 705 ℃抗拉强度随保温时间变化趋势

可以看出,12Cr2Mo1VR 钢熔敷金属抗拉强度随着中间消应力热处理温度的提高而降低,随着中间消应力热处理时间的增加而降低,因此,为了使焊缝的强度下降及应力释放,应提高中间消应力热处理的温度或者增加中间消应力热处理的时间;按 Larson - Miller 等效 705 ℃保温时间后,抗拉强度整体趋势随等效保温时间的增加而降低;但在 650 ℃×80 h(等效 705 ℃×4.69 h)状态下抗拉强度低于 705 ℃×8 h、680 ℃×40 h(等效 705 ℃×11.22 h)、690 ℃×32 h(等效 705 ℃×14.98 h)等状态,在 650 ℃×40 h(等效 705 ℃×2.44 h)状态抗拉强度低于 690 ℃×8 h(等效 705 ℃×3.82 h)状态。

从表 5 可知,12Cr2Mo1VR 钢熔敷金属经 400 ℃×4 h (DHT)后抗拉强度比焊态下抗拉强度高 92 MPa。出现该种现象的原因:其一,熔化的焊缝金属内溶解了一定量的氢,DHT 的过程中溶解在晶格内的氢扩散到显微组织的空隙处聚集起来,促使焊缝金属塑性变形能力降低,在焊缝金属进行产生塑性变形时使焊缝金属变脆,即所谓的氢脆;其二,焊缝金属 DHT 后冷却速度较快,析出硬脆的碳化物,减弱了焊缝晶界间强度,导致焊缝金属变脆。

因此,为了防止焊缝 DHT 后硬脆碳化物析出造成强度过高而使焊接接头开裂,12Cr2Mo1VR 焊后不能用后热消氢(DHT)来代替中间消应力热处理(ISR);同时实际生产过程中要控制(ISR)的累积时间。

2.2 熔敷金属低温冲击试验

12Cr2Mo1VR 钢焊缝金属在不同热处理状态下的硬度测试结果见表 6 及如图 3 所示。

表 6 不同热处理状态下熔敷金属低温冲击韧性

热处理状态		KV2 冲击功 (—30 ℃)J	
实际状态	Larson - Miller 等效		
焊态	—	5.5/5.5/5.5	5.5
400 ℃×4 h	—	5.5/4.5/5.0	4.8
620 ℃×4 h	705 ℃×0.065 h	9/4.5/5.0	6.2
650 ℃×4 h	705 ℃×0.28 h	5.5/8.5/8.0	7.3
650 ℃×40 h	705 ℃×2.44 h	39.5/31.0/12.5	15.8
650 ℃×80 h	705 ℃×4.69 h	66.0/82.0/150	99.3
680 ℃×40 h	705 ℃×11.22 h	128/46.5/73.5	82.7
690 ℃×8 h	705 ℃×3.82 h	15.5/21.5/31	22.7
690 ℃×32 h	705 ℃×14.98 h	121/93/131	115
705 ℃×8 h	—	115/168/81	121
705 ℃×32 h	—	156/159/162	125.7

从表 6 可以看出,12Cr2Mo1VR 钢熔敷金属经 400 ℃×4 h (DHT)后低温冲击韧性略低于焊态下,

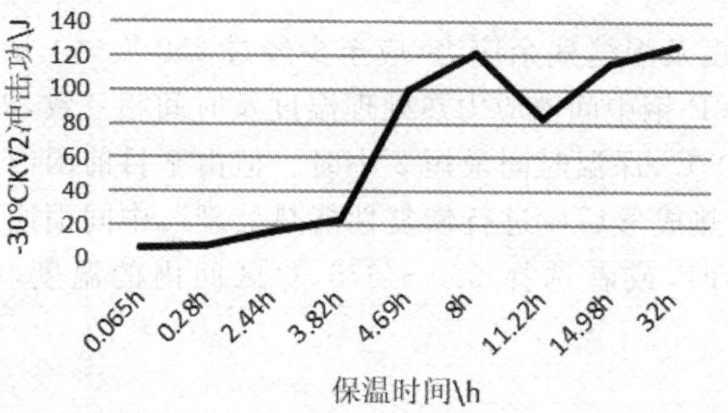

图 3 等效 705 ℃低温冲击韧性随保温时间变化趋势

原因如上文所述:DHT 的过程中氢扩散到组织的空隙处引起的氢脆,另焊缝金属 DHT 后冷却速度较快,析出硬脆的碳化物导致焊缝金属变脆。

从表 6 及图 3 可以看出,12Cr2Mo1VR 钢熔敷金属低温冲击韧性随着 ISR 温度的提高而提高,随着 ISR 时间的增加而提高,这主要与焊缝金属经过 ISR 后产生了组织回火软化,使焊缝金属韧性提高明显。因此,为了使焊缝的韧性提高及应力释放,必须提高 ISR 的温度或者增加 ISR 的时间;按 Larson - Miller 等效 705 ℃保温时间后,低温冲击韧性整体变化随等效保温时间的增加而提高;但低温冲击韧性在 650 ℃×80 h(等效 705 ℃×4.69 h)状态高于 680 ℃×4 h (等效 705 ℃×11.22 h)状态,低于 705 ℃×8 h、690 ℃×32 h(等效 705 ℃×14.98 h)状态,低温冲击韧性在 680 ℃×40h 状态低于 690℃×32h 状态,说明热处理温度超过 690 ℃后,温度对于该材料的低温冲击韧性的影响更为明显。

因此,通过低温冲击韧性试验分析,12Cr2Mo1VR 焊后不能用后热消氢(DHT)来代替中间消应力热处理(ISR);在实际生产过程中,当等效终热处理制度相同时,宜采用较高温度较短时间的方式提高制造过程中的低温冲击韧性。

2.3 熔敷金属显微硬度分析

12Cr2Mo1VR 钢焊缝金属在不同热处理状态下的硬度测试结果见表 7 及如图 4 所示。

表 7 不同热处理状态下熔敷金属硬度平均值

热处理状态		HV10
实际状态	Larson - Miller 等效	
焊态	—	330
400 ℃×4 h	—	313
620 ℃×4 h	705 ℃×0.065 h	313
650 ℃×4 h	705 ℃×0.28 h	297
650 ℃×40 h	705 ℃×2.44 h	258
650 ℃×80 h	705 ℃×4.69 h	210
680 ℃×40 h	705 ℃×11.22 h	216
690 ℃×8 h	705 ℃×3.82 h	250
690 ℃×32 h	705 ℃×14.98 h	230
705 ℃×8 h	—	215
705 ℃×32 h	—	194

可以看出,12Cr2Mo1VR 钢熔敷金属硬度随着 ISR 温度的提高而降低,随着 ISR 时间的增加而降低,说明焊缝金属经过 ISR 后产生了组织回火软化。2Cr2Mo1VR 钢熔敷金属硬度在 650 ℃×80 h(等效 705 ℃×4.69 h)状态低于 705 ℃×8 h、680 ℃×40 h(等效 705 ℃×11.22 h)、690 ℃×32 h(等效 705 ℃×14.98 h)状态,在 650 ℃×40 h 状态(等效 705 ℃×2.44 h)硬度低于 690 ℃×8 h(等效 705 ℃×3.82 h)

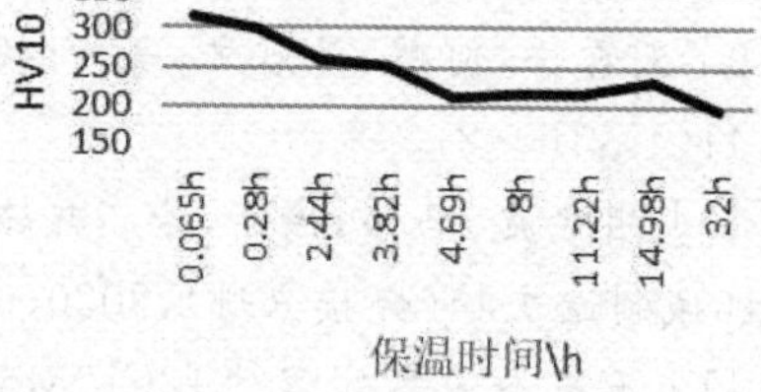

图 4 等效 705 ℃硬度随保温时间变化趋势

状态，与抗拉强度检测结果相一致。

因此，对于12Cr2Mo1VR钢熔敷金属为了降低硬度及焊缝残余应力，应至少经过650 ℃×4 h的中间消应力热处理，这也与API934A推荐的12Cr2Mo1VR钢中间消应力热处理温度及时间相一致，即：温度最低650 ℃，保温时间最短4小时或者温度最低680 ℃，保温时间最短2小时。但由于目前国内技术文件有时要求“经过温度超过675 ℃热成形的元件，在热成形后应进行恢复性能热处理”，中间消应力热处理通常采用温度最低650 ℃，保温时间最短4小时，或者选择650～675 ℃区间内的温度，并按Larson－Miller公式计算最短等效保温时间。

3 结 论

(1)对于12Cr2Mo1VR钢为了使熔敷金属的强度下降及应力释放，必须采用中间消除应力热处理，且最低中间消应力热处理工艺为650 ℃×4 h；由于中间消应力热处理累计时间较长会较大降低强度降，因此当等效热处理工艺相同时应提高ISR热处理温度缩短ISR热处理时间。

(2)对于12Cr2Mo1VR钢熔敷金属，应经中间消应力热处理(即650 ℃×4 h)来使焊缝金属产生回火软化，以保证焊缝金属具有较好的低温韧性；当等效热处理工艺相近时应提高ISR热处理温度缩短ISR热处理时间的来提高低温冲击韧性。

(3)为了降低焊接接头硬度及焊缝残余应力，保证焊缝金属的综合性能，应至少经650 ℃×4 h的中间消应力热处理，当等效热处理工艺相同时应提高ISR热处理温度缩短ISR热处理时间。

(4)对于12Cr2Mo1R钢为了防止焊缝后热消氢(DHT)时产生的氢脆或者硬脆碳化物析出造成强度及硬度过高而使焊接接头开裂，焊缝焊后不能用后热消氢(DHT)来代替中间消除应力热处理(ISR)；当等效热处理工艺相同时应提高ISR热处理温度缩短ISR热处理时间，以降低制造过程中回火脆化的影响。

参考文献

[1] 胡昕明，王储，张健，等．临氢设备用12Cr2Mo1VR(H)钢板的研制[J]．压力容器，2017，34(10)：75－80.

[2] 张晓广．12Cr2Mo1R/12Cr2Mo1VR临氢钢热处理工艺及组织性能研究[D]．东北大学，2019.

[3] 赵国昌，胡宗鹤，侯敬超，等．热处理工艺对12Cr2Mo1VR钢板抗拉强度的影响[J]．宽厚板，2017，23(4)：1－4.

[4] 徐琛，张计谋，张勇伟，等．大厚度临氢设备用12Cr2Mo1VR钢板的研制[C] //中国机械工程学会压力容器分会．压力容器先进技术——第十届全国压力容器学术会议论文集(上)，2021：8.

[5] 柳曾典，陈进，卜华全，等．2.25Cr－1Mo－0.25V钢加氢反应器开发与制造中的一些问题[J]．压力容器，2011，28(5)：33－40.

[6] 尹卫江，袁忠业，吴艳阳，等．加氢反应器用大厚度12Cr2Mo1VR钢板的研制开发[J]．宽厚板，2016，22(5)：1－5.

[7] 杨阳，李忠波，别佳保．200 mm厚度加氢反应器用特厚板12Cr2Mo1VR(H)的开发[J]．特殊钢，2024，45(2)：24－29.

[8] 赵春尧．石化加氢反应器用12Cr2Mo1VR特厚钢板组织性能调控[D]．东北大学，2021.

[9] 王雪骄，何鹏，晏君文，等．12Cr2Mo1V钢凸台附加填充丝埋弧堆焊工艺研究[J]．压力容器，2024，41(4)：16－21.

[10] 胡晓波，冯伟，徐锴，等．热输入及热处理对12Cr2Mo1R钢埋弧焊熔敷金属组织和性能的影响[J]．机械制造文摘(焊接分册)，2020(6)：7－12.

[11] 王玉杰．热处理对12Cr2Mo1VR焊接接头残余应力及力学性能的影响机理研究[D]．中国石油大学(华东)，2022.

[12] 门三庆，董杰，刘长军．API/ASME 规范中由 2.25Cr－1Mo 钢的 J 系数预测在用加氢反应器 FATT 方法的适用性分析[J]. 压力容器，2024，41(12)：44－50.

[13] 王军杰，王天先，刘宝剑，等．12Cr2Mo1R 钢焊缝金属不同热处理状态下各项性能试验[J]. 中国化工装备，2024，26(4)：3－7.

作者简介

刘宝剑(1988)，男，高级工程师，主要从事压力容器焊接热处理方面的工作，通信地址：266426 山东省青岛经济技术开发区红石崖镇昆仑山北路 601 号，E－mail：liubaojian@lshec. com。

低温压力容器用 Q580DR 钢板的开发

刘晨希[1,2]，欧阳鑫[1,2]，邢梦楠[1,2]，白云峰[1,2]，胡昕明[1,2]

（1. 海洋装备用金属材料及其应用全国重点实验室，辽宁鞍山 114009；

2. 鞍钢集团钢铁研究院，辽宁鞍山 114009）

摘　要：通过对低温压力容器用 Q580DR 钢的化学成分、轧制及热处理工艺的合理设计，对生产过程参数进行严格控制，成功开发出厚度为 50 mm 的低温压力容器用 Q580DR 钢板。结果表明，Q580DR 钢板的交货态性能优异，具有良好的强韧性匹配；Q580DR 钢板的金相组织为回火贝氏体组织，晶粒尺寸均匀、细小，且钢质纯净度良好；Q580DR 钢板具有良好的低焊接裂纹敏感性，能够满足新一代承压设备的使用要求。

关键词：Q580DR 钢；承压设备；低焊接裂纹敏感性；回火贝氏体组织；力学性能

Development of Q580DRsteel plate for low – temperature pressure vessels

LIU Chenxi[1,2]，OUYANG Xin[1,2]，XING Mengnan[1,2]，BAI Yunfeng[1,2]，HU Xinming[1,2]

（1. State Key Laboratory of Metal Material for Marine Equipment and Application，Anshan 114009，China；

2. Iron & Steel Research Institute，China Ansteel Group Co.，LTD.，Anshan 114009，China）

Abstract：Through the reasonable design of the chemical composition，rolling and heat treatment process of Q580DR steel for low temperature pressure vessel，the production process parameters were strictly controlled，and the Q580DR steel plate with thickness of 50mm for low temperature pressure vessel was successfully developed. The results show that the Q580DR steel plate has excellent as delivered properties and good strength toughness matching；The metallographic structure of Q580DR steel plate is tempered bainite structure，the grain size is uniform and fine，and the purity of steel is good；Q580DR steel plate has good low welding crack sensitivity and can meet the requirements of the new generation of pressure equipment.

Keywords：Q580DR steel；pressure equipment；low welding crack sensitivity；tempered bainite structure；mechanical properties

0 引　言

承压设备包括锅炉、压力容器、压力管道等，广泛应用在国民经济的各个方面，涉及国家的生产安全和国民的生命安全，一旦发生事故危害性极大。2020 年后，世界各国关系变幻莫测，石油战略储备问题已经成为世界各国关注的焦点，并且在平衡供需、抑制油价、保障安全等方面起着重要作用，石油化工储备主要依靠球形储罐，钢板是承压设备制造的关键材料[1-2]。随着中国“十四五”规划的推进，我国对能源的需求量逐年增大，每年需建造大量的球形储罐和原油储罐。承压设备用钢是重大技术成套装备制造的关键材料，是承压设备安全运行的基本保障。目前承压设备向大型化、轻量化、高参数的方向发展，要求钢板具有良好的强韧性匹配、优异的焊接性能、满足严酷的使用环境;同样大型承压设备的安全性、可靠性开始受到人们的重视,设备大型化对钢板的性能需求越来越高[3-6],促使承压设备用高强钢的开发与应用,使得更大容积的球罐或原油储罐的建造成为可能。因此承压设备用钢成为制约压力容器行业发展的重要因素之一,研制和开发出更高性能的承压设备用钢板成为行业未来面临的重大难题。

Q580DR 作为 GB/T 713.6—2023《承压设备用钢板和钢带 第 6 部分:调质高强度钢》中的新牌号,由 07MnNiMoDR 转变而来,在原有基础上提高了性能要求,采用抗拉强度 610 MPa 以上的 07MnNiMoDR 钢板将无法满足大型乙烯球罐的生产,因此探究抗拉强度 690 MPa 级 Q580DR 钢板具有重要意义[7-8]。张莉芹等[9]研究了不同回火温度对抗拉强度 690 MPa 级低焊接裂纹敏感性钢板的组织及力学性能的影响,并利用焊接热模拟技术对钢板的焊接性能进行了评估。兰亮云等[10]为优化高强度低焊接裂纹敏感性钢的力学性能,对其热轧态钢板进行了不同温度的回火实验,并结合相应检测手段分析了不同回火温度下显微组织与力学性能的关系。魏慧慧等[11]利用 100 kg 真空感应炉进行试验钢冶炼,在 TMCP 及调质的工艺下在实验室研制 800 MPa 级水电工程用低焊接裂纹敏感性钢,并分析其力学性能和显微组织。目前关于 Q580DR 钢的相关的文献报道依旧很少,因此本文结合生产实际,成功研发 Q580DR 对我国压力容器用钢行业的发展有重大意义。

1 Q580DR 的技术条件

根据 GB/T 713.6—2023 标准和国内行业对低温压力容器用 Q580DR 钢的技术要求,制定了技术规范。Q580DR 钢板的交货态为淬火+回火。

1.1 化学成分

Q580DR 钢板成品的化学成分范围见表 1 所列。

表 1 Q580DR 成品的化学成分(*wt*%)

C	Si	Mn	P	S	Ni	V	Nb
<0.09	0.20~0.30	1.20~1.60	<0.005	<0.005	<0.70	0.04~0.06	0.04~0.06

在成分设计上,添加微合金元素 Nb、V,通过微合金化使钢发生析出强化、细晶强化方式,通过析出物以细化晶粒,提高钢的强度与淬透性;添加 Ni 元素含量在 0.70%以下,保证钢的强韧性匹配,细化晶粒,同时 Ni 的晶格常数与 γ—Fe 相近,与 Fe 以固溶的方式存在于奥氏体和铁素体中,形成连续的固溶体,改善钢的低温冲击韧性明显降低韧脆转变温度[11]。同时在钢的冶炼过程中要严格控制有害气体的含量,保证钢中的[H],[O],[N] 含量低于 20 PPM;减少其他有害元素含量,以提高钢质的纯净度。

1.2 力学性能

Q580DR 钢板交货态的力学性能见表 2 所列。

表 2 Q580DR 的力学性能

厚度/mm	下屈服强度 R_{eL}/MPa	抗拉强度 R_m/MPa	断后延伸率/%	−50 ℃冲击功 KV_2/J	侧膨胀量/mm
10~50	≥580	690~820	≥16	≥80	≥0.64

2 Q580DR 的生产工艺研制

2.1 工艺流程

60 mm 的 Q580DR 钢板生产工艺流程为:转炉→LF+RH 炉→连铸→铸坯检验、入库→加热→高压水除磷→轧制→热矫→堆垛→探伤→抛丸→热处理→质量判定→定尺、入库。

2.2 轧制工艺与热处理工艺的控制

板坯经过加热炉升温,保证板坯的加热温度和保温时间,以保证板坯温度与组织的均匀性。之后板坯经过 5 500 mm 轧机进行控制轧制，通过采用大压下量轧制，保证板坯的压缩比大于 3，使板坯内部晶粒细化，消除板坯内部缺陷。轧后钢板进行堆垛缓冷 48 h 以上，保证钢板内部的有害气体得以扩散。

钢板表面经过抛丸处理后，进行淬火＋回火热处理工序。保证钢板经淬火＋回火热处理后获得充足的回火贝氏体组织。如图 1 所示为 Q580DR 钢的连续冷却转变曲线，根据对其连续冷却转变曲线的研究，相变温度 A_{c1} = 660 ℃，A_{c3} = 870 ℃，制定钢板的淬火温度与回火温度。

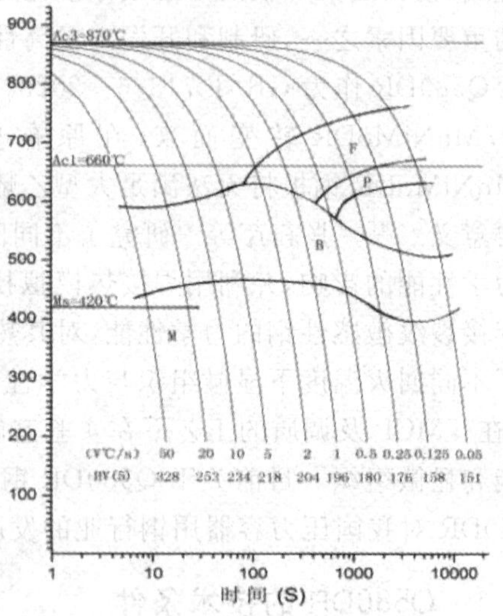

图 1　Q580DR 钢的连续冷却转变曲线

3　试验结果与讨论

对 60 mm 的 Q580DR 钢板进行取样，在试样钢板板厚 1/4 处和 1/2 处进行取拉伸试样和夏比冲击试样，在 ZWICK600 电子拉伸材料试验机和 ZBC2602 全自动冲击试验机上分别进行室温拉伸实验和 −50 ℃低温冲击实验，在 FV－300 维氏硬度试验机上硬度检测；制取金相并利用 Axio Observer7 光学显微镜与 SUPRA55 场发射扫描电镜进行金相组织观察。

3.1　力学性能

Q580DR 钢的力学性能见表 3 所列。

表 3　Q580DR 钢的力学性能

取样位置	$R_{p0.2}$/MPa	R_m/MPa	A/%	−50 ℃KV_2/J	布氏硬度/HBW
板厚 t/4	653	747	18.0	287,284,279	274,276,275
板厚 t/2	619	728	19.0	253,255,213	262,268,263

由表 3 可见，60 mm 的 Q580DR 钢板板厚不同位置的强度富余量充足，富余量≥30 MPa；钢板的 −50 ℃冲击韧性也表现优异，有足够的冲击性能富余量。因此，Q580DR 的力学性能均满足 GB/T 713.6 中规定的技术要求。对 Q580DR 钢进行布氏硬度试验，由表 3 可见钢板厚度的变化对硬度的影响不大，说明钢板厚度方向硬度均匀，且布氏硬度适中，利于后续钢板的加工。

3.2　显微组织

对 60 mm 的 Q580DR 钢进行显微组织观察，显微组织与夹杂物如图 2 所示。Q580DR 显微组织为回火贝氏体组织＋少量的铁素体组织，晶粒对为 9.0 级，热处理后的组织晶粒细小均匀。然后对其进行夹杂物检验，钢板中没有观察到 A 类、B 类、C 类夹杂物，仅有 D 类夹杂物为 0.5 级，说明 Q580DR 钢板的钢质洁净度良好。

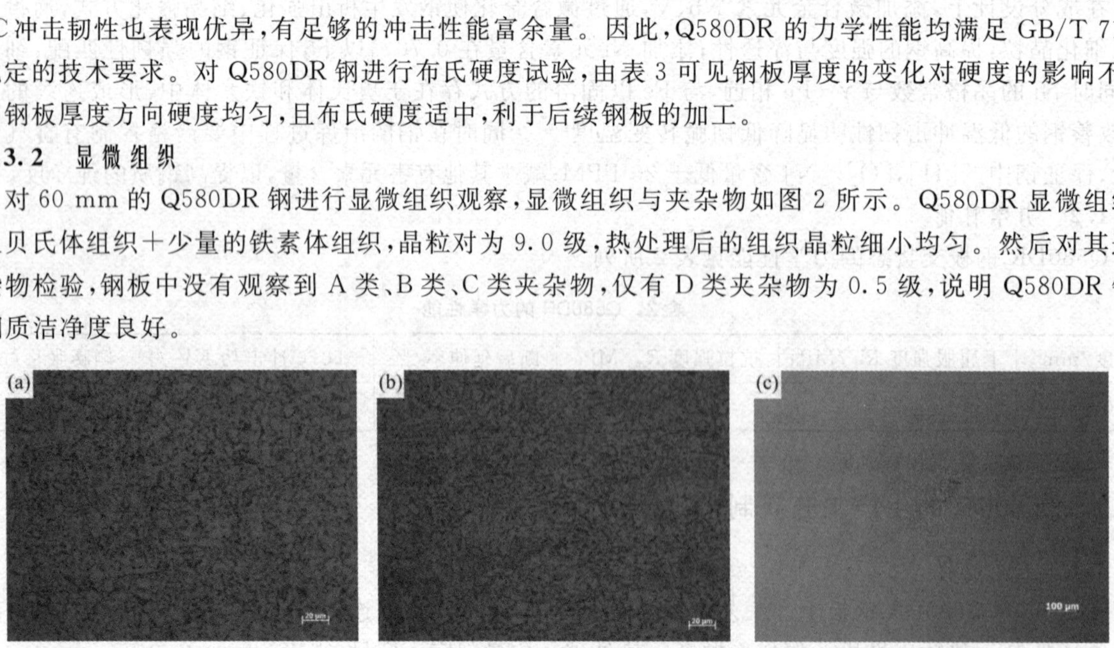

（a）板厚t/4　　（b）板厚t/2　　（c）夹杂物

图 2　Q580DR 钢的显微组织与夹杂物

对 Q580DR 钢的显微组织金相进一步观察，SEM 组织如图 3 所示。可见金相组织为回火贝氏体组织＋铁素体，组织中的铁素体是由于组织遗传性被保留下来的，淬火组织经回火热处理后未被分解完全而剩余的铁素体，保证钢板具有良好的韧性。回火后 Q580DR 钢的组织均匀性较好，回火贝氏体组织的生成，使晶粒中的大角度晶界增多，能够抑制晶内裂纹的扩展；同时沿着晶界有析出物生成，能够保证钢板具有足够的强度与低温冲击韧性。因此 Q580DR 钢具有良好的低焊接裂纹敏感性和优异的力学性能。

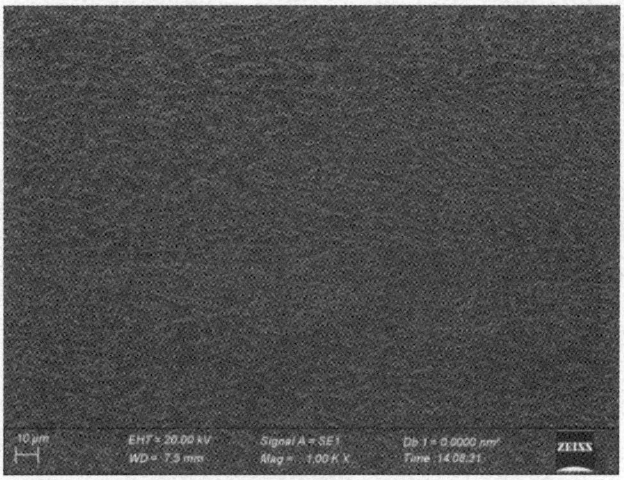

图 3　Q580DR 钢的 SEM 组织

4　结　论

通过对 Q580DR 钢进行合理的成分及生产工艺设计，成功研制出低温压力容器用 Q580DR 钢板，其综合力学性能优异。结果如下：

(1)所研制的 Q580DR 钢采用生产工艺 1：转炉→LF＋RH 炉→连铸→铸坯检验、入库→加热→高压水除磷→轧制→热矫→堆垛→探伤→抛丸→热处理，所研制厚度为 60 mm 的 Q580DR 钢板具有良好的综合力学性能，能够满足 GB/T 713.6 中 Q580DR 的各项力学性能要求；

(2)所研制的 Q580DR 钢的显微组织主要由回火贝氏体组织＋少量铁素体组织组成。显微组织分布均匀，晶粒细小，存在大量的大角度晶界，且沿着晶界有析出物生成，能够有效抑制裂纹的扩展。保证钢板具有良好的低焊接裂纹敏感性，满足钢板所使用的服役环境。

参考文献

[1] 余国，陆如泉，刘佳，等．新形势下的能源转型与能源合作——“2022 年国际能源发展高峰论坛”综述[J]．国际石油经济，2023，31(2)：23－29.

[2] 江慧丰．我国压力容器用低合金调质高强度钢板的现状与发展趋势[J]．热加工工艺，2015，44(4)：16－19.

[3] 王成，易勋，梁宝珠，等．调质高强度压力容器用 07MnNiMoDR 钢板轧钢工艺探索及低温韧性研究[J]．中国金属通报，2020(5)：107－108.

[4] 陈学东，范志超，崔军，等．我国压力容器高性能制造技术进展[J]．压力容器，2021，38(10)：1－15.

[5] 蒋军，房务农，童天旺．07MnNiMoDR 制－50 ℃乙烯球罐用焊条研制及应用[J]．焊接，2020(10)：43－48.

[6] 韩力强．07MnNiMoDR 压力容器用钢生产工艺与组织性能研究[D]．东北大学，2020.

[7] 张计谋，王振，汪后明，等．热处理对 07MnNiMoDR 中厚钢板硬度均匀性的影响[J]．压力容

器,2023,40(11):10－17.

[8] 陈旭鹏,张计谋,汪后明,等. 差温轧制对07MnNiMoDR中厚板变形均匀性的影响[J]. 压力容器,2023,40(2):80－86.

[9] 张莉芹,袁泽喜. 回火温度对690MPa级低焊接裂纹敏感性钢组织和性能的影响[J]. 武汉科技大学学报(自然科学版),2007(5):477－479.

[10] 兰亮云,邱春林,赵德文等. 低焊接裂纹敏感性钢回火组织及力学性能研究[J]. 材料科学与工艺,2011,19(2):42－46.

[11] 魏慧慧,白海瑞,杨雄等. 低焊接裂纹敏感性钢板组织和性能研究[J]. 包钢科技,2022,48(3):43－47.

作者简介

刘晨希(1994),男,工程师,主要从事压力容器用钢领域方向的研究,通信地址:114001辽宁省鞍山市五一路63号,E－mail:794419216@qq.com。

舞钢大厚度专用钢板芯部性能稳定性提升研究

李样兵，吴艳阳，武　杰，王少义
（河钢集团舞钢公司，河南舞钢 462500）

摘　要：舞钢大厚度专用钢板芯部性能总体在国内处于领先地位，但与国外产品相比，芯部性能稳定性较差，低温冲击韧性时有波动。本文针对上述现状，以舞钢大厚度专用钢板为对象，开展芯部性能稳定性提升研究。结果表明：舞钢利用现有装备技术优势，通过工艺和工序创新，大厚度专用钢板全厚度组织一致性良好，芯部性能稳定性显著提升，成本明显下降，进一步增强了舞钢大厚度专用钢板的市场竞争力，继而奠定了舞钢在大厚度专用钢板领域的持续领先地位。

关键词：钢板；热处理；组织；性能

Research on improving the stability of core performance of high thickness special steel plateof Wugang

LI Yangbing，WU Yanyang，Wu Jie，WANG Shaoyi
（HBIS Group Wuyang Iron and Steel Co. ，Ltd. ，Wugang 462500，China）

Abstract：The core performance of Wugang's thick specialized steel plate is generally leading in China，but compared with foreign products，the stability of the core performance is poor，and the low－temperature impact toughness fluctuates. This article focuses on the above－mentioned situation and conducts research on improving the stability of core performance of thick specialized steel plates at Wugang. The results show that by utilizing the existing equipment technology advantages and innovating processes and procedures，Wugang has achieved good consistency in the full thickness microstructure of thick specialized steel plates，significantly improved core performance stability，and significantly reduced costs，further enhancing the market competitiveness of Wugang's thick specialized steel plates and laying the foundation for Wugang's sustained leading position in the field of thick specialized steel plates.

Keywords：plate；heat treatment；microstructure；properties

0　引　言

20 世纪 80 年代以前，我国石油化工、煤化工行业以及超高强海工钢领域用钢一直依赖进口的 ASME 或 ASTM 材料[1－3]。主要原因在于上述规范是当时世界公认、最具权威性的规范之一，按照 ASME 规范制造的压力容器用钢、海工钢质量稳定，运行安全可靠，世界各国多按照 ASME 或 ASTM 规

基金项目：2024 年中信金属－CBMM R&D 铌技术合作项目“含铌 14Cr1MoR 钢板开发”（2024FWNB－30163）

范订购钢板。但是进口钢板价格过于昂贵且设备制造周期过长。为解决上述难题,舞钢依托自身装备先进、齐全的生产线和技术优势,在引用 ASME 标准的基础上,20 世纪 80 年代起率先研发出多品种替代进口钢板,开启了钢板的国产化进程[4]。如今,经过多年的快速发展和技术沉淀,舞钢研发的大厚度专用钢板已被广泛用于制造国内外多个重点项目的设计和建造[5-6]。

近年来,我国上述行业的高速发展对大厚度专用钢板的内外在性能和服役性能提出了更高要求。基本均在常规标准要求的基础上附加芯部性能检验,部分用户甚至还要求检验钢板高温长时模焊后的拉伸、低温冲击等芯部性能,使该类钢的生产难度逐渐加大[7-11]。舞钢通过装备和技术升级,尽管满足了用户要求,但与国外产品相比,芯部性能稳定性仍相对较差。本文正是在上述背景下开展芯部性能稳定性研究,进而提高舞钢大厚度专用钢板的市场竞争力。

1 舞钢大厚度专用钢板生产难点及现状

舞钢大厚度专用钢板生产难点突出表现在如下几个方面:

(1)钢板芯部高温长时模焊后强度不合或-10 ℃及以下低温冲击韧性波动

14Cr1MoR 和 15CrMoR 类钢板,当订货厚度≥70 mm,且技术要求检验长时模焊(680±10 ℃×10～28 h)处理后≤-10 ℃低温冲击时,钢板模焊态 1/2 处冲击性能出现较大波动,个别用户要求模焊温度达到 691 ℃,随着钢板厚度逐渐增加,性能波动倾向也随之增加。

大厚度 12Cr2Mo1VR 类,当厚度≥100 mm,要求检验长时模焊后板厚 1/2 处抗拉强度时,钢板强度富余量较小,尤其是经过 690～705 ℃保温 28～34 h 模焊处理后抗拉强度出现低于标准下限的情况,保证板厚 1/2 处强度生产难度较大。

(2)热处理成本偏高、效率偏低,产品竞争力低下

由于设计院和制造厂针对高韧特厚铬钼钢板的订货规格(主要指厚度和单重)、技术指标(尤指模焊制度、低温冲击韧性)进一步加严,采用常规的热处理工艺已不能满足性能要求,需要特殊工艺来进行保证。但因热处理工艺复杂造成成本偏高,导致市场竞争力不强。与此同时,由于竞争对手的不断壮大,持续冲击我公司市场地位,研发高端低成本特厚精品钢板,需保持我公司在国内宽厚板市场领先优势,维护在重点用户中的企业形象。

(3)海工钢有低屈强比要求,100 mm 以上淬透效果差,芯部冲击功不稳定

由于船级社标准变化,除了 ABS 外,其他船级社均要求 100 mm 以上增加 1/2 拉伸,50 mm 以上增加 1/2 冲击,VL 和 LR 还有低屈强比要求。从实际生产性能来看,≤50 mm 以下薄板的要求没有变化,生产难度在于低屈强比要求,100 mm 以上锭材要求 1/4 和 1/2 冲击功,由于厚度效应,1/2 淬透效果差,以粒状组织为主,体现为板厚 1/2 处冲击功不稳定。

大厚度容器钢及海工钢平均合格率仅为 82%,突出表现在性能不均匀,冲击韧性偏差,尤其板厚 1/2 处(芯部)冲击均值只能达到板厚 1/4 处的 60%,板厚 1/2 处的屈服强度和抗拉强度仅为板厚 1/4 处的 70%左右,迫切需要提高钢板芯部性能。

2 舞钢大厚度专用钢板生产工艺创新

2.1 容器钢

(1)结合铬钼钢开展了全流程工序优化试验,重点开发了专有的窄成分窗口+减少偏析+低有害元素冶炼工艺、高渗透低返红的专有轧制工艺以及临界点淬火的热处理(单淬)工艺创新。

炼钢工艺方面,由于大厚度专用钢板厚度较厚,要达到各厚度位置性能均匀一致,必须保证钢板基体组织致密无缺陷,这就要求钢材在冶炼时具有非常高的纯净度,有害元素必须控制在较低的含量才能保证钢板基体的质地均匀。在冶炼过程中,采用有害和残余元素含量动态监测匹配独特的 UTPS 精炼技术,实现钢水纯净度质的提升。

连铸工艺方面,为进一步减少夹杂物和芯部偏析,引入中间包均质器和结晶器稳定控制技术,大幅提

升临界压缩比钢板的冶金质量。同时,为保证铸坯厚度方向性能偏差尽可能小,稳定控制合理的钢水过热度、采用恒拉速浇注、投用并优化电磁搅拌、优化轻压下功能减少连铸坯中心疏松和偏析。同时为充分利用铸坯高温余热和出连铸机后芯部温度较高的有利条件,尽快将切割后的铸坯热送至加热炉,并根据现场情况改造加热炉前辊道,优化铸轧界面衔接制度,缩短出连铸机至进轧机的总时间,不仅充分利用铸坯温度,减少热量损失,且可充分利用铸坯芯部温度较高的条件,实现芯部的高渗透性轧制。

轧钢工艺方面,充分发挥轧机潜力,适时调整轧制压下力,实现各道次压下量最大化,确保在高温Ⅰ阶段轧制时锭/坯有较大的变形量,使锭/坯芯部达到细化晶粒的目的。在Ⅱ阶段轧制时,每个道次有足够变形量,尤其针对终轧前一道次,采用大压下量确保锭/坯内部晶粒有足够的变形量,为原始晶粒细化提供保证。在进行Ⅱ型控轧时,Ⅱ阶段的开轧温度控制在再结晶温度以下。确保合适的晾钢厚度和温度,确保表面温度与心部温度相比低 200～250 ℃,以保证轧制过程中,钢板有足够的变形渗透动力,使钢板表面变形尽量向钢板内部渗透,提高钢板的变形渗透能力。晾钢后的锭/坯表面温度应保证在一定范围内,即保证轧制过程中坯料仍然处于高塑性温度区,在保证变形渗透能力的条件下,确保轧件的变形抗力呈曲线增加。轧后利用 ACC 装置实现钢板轧后快冷,有效改善内部组织均匀性,细化钢板内部组织,尤其是对于 1/2 处组织,可以为后续热处理建立良好的组织遗传优势,提高钢板厚度方向组织的均匀性,细化稳定钢板 1/2 处组织结构。

热处理工艺方面,结合控轧控冷工艺,利用轧后快冷获得的基体组织优势,改善内部组织构成,采用动态加热结合高低压冷却水精确配比、阶梯正火的热处理工艺,调整组织为贝氏体加少量铁素体,正火保温后在冷却过程中组织中含一定比例的未溶 F,由于 F 属于软韧相,B 加上少量的 F 有助于改善钢板的冲击韧性,尤其是可以显著提高钢板 1/2 处的冲击性能,不断地优化热处理工艺,低回火参数回火控制组织稳定性,研究组织构成对钢板冲击性能的影响规律,贝氏体加铁素体的复相组织作为性能提高的研究方向,保证钢板 1/2 处具有较好的强韧性配合。

(2)开发出高温退火+淬火创新热处理工艺。

为减少双淬批量生产时带来的长时模焊后低温冲击性能不合或波动,以车底炉高温退火工艺替代淬火机一次淬火工艺,可使合金元素充分固溶后在基体均匀弥散分布,辅以后续的淬火工艺可获得最佳的组织匹配,在提高钢板性能的同时大幅降低淬火成本。

(3)开发出加钒钢类钢板的专有电渣生产工艺。

舞钢采用独有的电渣锭五元渣系匹配气体保护技术、电渣锭控制冷却技术、高渗透轧制技术、深冷一体化热处理工艺开发的电渣成材加钒钢具有高纯净性、高致密性、高均匀性等特点,在降低厚度成分偏析的同时,相比传统工艺生产的加钒钢芯部性能更加优良,实现了芯部 1/2 性能的大幅提升。

2.2 海工钢

在炼钢过程中,通过工艺控制,将 P,S,N 等元素的含量控制在较低水平,改善内部质量,高温深脱氧、10+5+5 min 抽真空模式、保护浇铸。依托低 P,S 洁净钢技术、高温深脱氧技术、多真空加料技术从根本上改善钢锭内部偏析和夹杂。

轧钢工艺采用粗轧高温大压下工艺、精轧单道弛豫工艺减少混晶,不同厚度原始奥氏体晶粒均匀化。通过设置两个保温平台优化高合金钢锭阶梯加热工艺,降低加热过程中产生的温度应力与组织应力,防止产生裂纹。同时利用热胀冷缩原理,在均热保温段出钢前 1～2 小时小幅度升温,使粘性较大的氧化铁皮易于脱落,提高钢板表面质量。粗轧机采用高温大压下,充分拉长晶粒,进行力矩渗透,改善板厚 1/2 位置晶粒度。精轧机低温控轧,板厚 1/4 位置温度明显低于板厚 1/2 位置,利用板厚 1/4 位置完成晶粒回复时机进行大扭矩压下,改善板厚 1/2 偏析和中心疏松等芯部缺陷。不同厚度组织致密度一致,全厚度方向晶粒度一致。通过控制轧制时晾钢和水冷措施,形成由表及里的温度梯度,利用有限元模拟,当晾钢厚度为 2～3 倍板厚,表面温度保证在 900～950 ℃时,保证轧制过程中增加钢板心部变形量。

热处理采用梯度两次淬火获得理想的原始马氏体组织,为钢板后续回火做足准备。通过设置两个保温平台优化高合金钢阶梯淬火工艺,第一个淬火保温平台主要是消除带状组织和偏析,第二个淬火保温平台稳定度相对较低,能避免奥氏体长大,辅以充分的保温时间,保证晶粒均匀,避免出现混晶。钢板淬火充分发挥舞钢 300 mm 级淬火机的淬火能力,对一淬进行水量、水温、空燃比控制、燃气压力控制等措施提高厚板淬火能力,对钢板进行一次淬火处理。结合 LOI 淬火机进行二淬处理,充分发挥 LOI 淬火机无氧化环境,进行低温保温,不破坏晶粒组织,完成二次组织细化,调节复相组织比例,大大改善全厚度组织均匀性。

3 舞钢大厚度专用钢板性能实施效果

3.1 舞钢大厚度专用钢板实物质量

从图 1 可以看出,"单淬"以及"高温退火+淬火"两种新型热处理工艺三种状态下的冲击功均值与现行热处理工艺相当,长时模焊后－20℃冲击稳定性更优。大厚度铬钼钢厚度 1/2 处性能提升效果如图 2 所示。其中,针对 14Cr1MoR 类和 15CrMoR 类钢板,开发出专有的低有害元素冶炼+低返红高渗透的专有轧制工艺+临界点淬火的热处理工艺,所得综合性能合格率提高至 95.2%,较实施前提高 5.2%,可承接钢板的最低冲击温度由－20 ℃下探至－34 ℃,钢板 1/2 处的晶粒度得到细化,其中 70～90 mm 钢板由攻关前的平均 6.5 级提高至 7 级以上,累计创效超 600 万元。专门针对板厚≥100 mm 的 14Cr1MoR 类钢板,开展现场高温退火+淬火创新热处理工艺,该工艺相比常规工艺生产的钢板组织更加均匀,未出现粗大的相间沉淀高温组织,实现了大厚度钢板 0 ℃及以下长时模焊冲击性能的稳定提升。开发出加钒钢专有电渣生产工艺,在降低厚度成分偏析的同时,实现了芯部 1/2 性能的大幅提升,综合性能合格率由 90%提升至 98.45%,实现了交货态抗拉强度≤830 MPa,同时可承接钢板的厚度由 142 mm 提高至 193 mm。

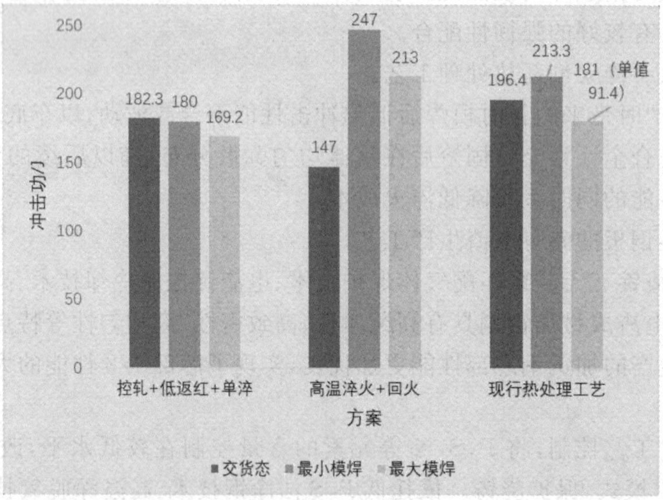

图 1 14Cr1MoR 钢新旧热处理工艺条件下芯部－20 ℃冲击韧性均值对比

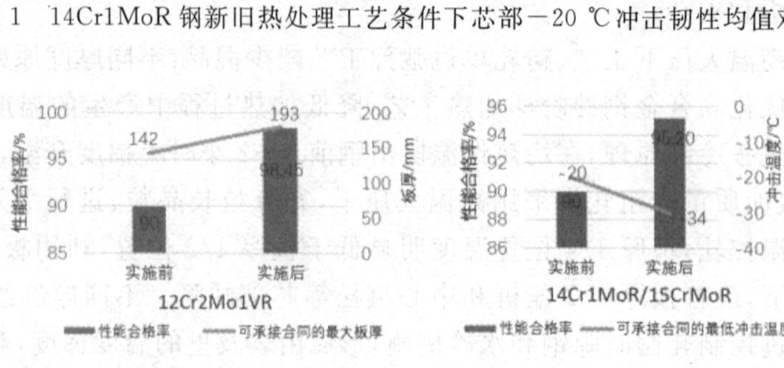

图 2 大厚度铬钼钢厚度 1/2 处性能提升效果

大厚度专用钢板芯部组织如图 3 所示。经过工艺攻关,大厚度 15CrMoR(H)芯部为贝氏体+少量

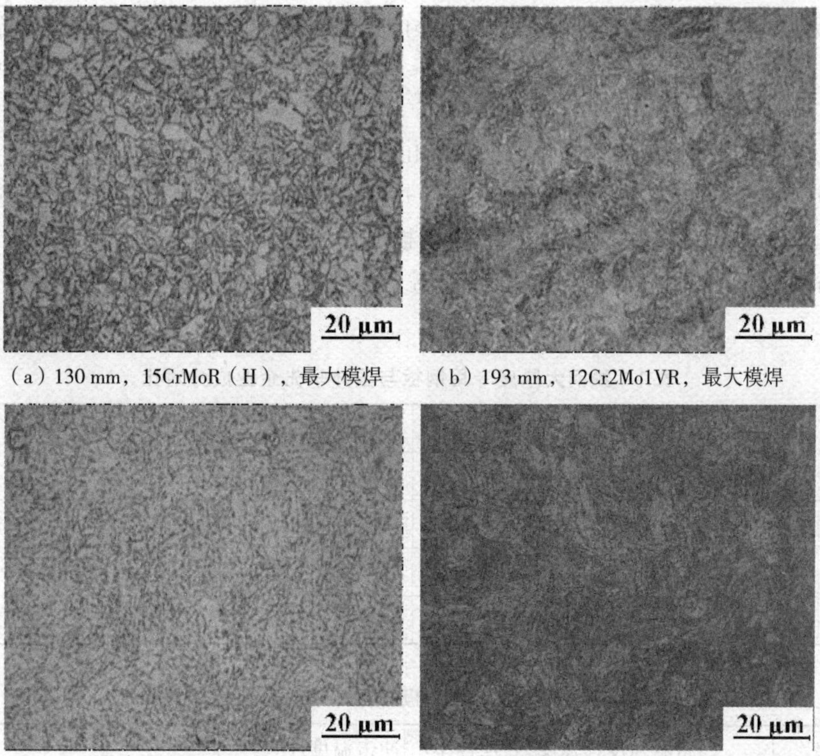

（a）130 mm，15CrMoR（H），最大模焊　（b）193 mm，12Cr2Mo1VR，最大模焊

（c）158mm，14Cr1MoR，最大模焊　（d）177?8 mm CCS/EH690，交货态

图 3　大厚度专用钢板芯部组织

铁素体复相组织，既保证强度又保证低温冲击韧性；大厚度 12Cr2Mo1VR 芯部为完全淬透的细化贝氏体组织，晶粒度可保 6.5 级以上；大厚度 14Cr1MoR 钢板为典型贝氏体组织，均匀细密；大厚度 CCS/EH690 组织为回火马氏体，晶粒度 5 级以上。其中，铬钼钢在保证钢板 1/2 性能提升的同时，实现单淬工艺钢板吨钢降低淬火成本 400 元/吨。CrMo 钢总体合格率达到 95.2%，较攻关前提高 11.2%。交货态板厚1/2 处与 1/4 处屈服强度比、抗拉强度比、韧性比分别达到 97.85%、96.54%、90.52%，模焊态板厚 1/2 处与 1/4 处屈服强度比、抗拉强度比、韧性比分别达到 97.3%、97.7%、83.9%海工钢总合格率达到 95.8%，较攻关前提高 15.8%。海工钢钢板交货态屈服强度比、抗拉强度比、交货态韧性比分别达到 98.7%、97.4%、80.2%。攻关前交货态和模拟焊后态，板厚 1/2 处与 1/4 处性能，强度比＞85，冲击韧性均值比＞80。交货态板厚 1/2 处与 1/4 处屈服强度比、抗拉强度比、韧性比分别达到 97.85、96.54、90.52；模焊态板厚 1/2 处与 1/4 处屈服强度比、抗拉强度比、韧性比分别达到 97.3、97.7、83.9，攻关效果见图 4。

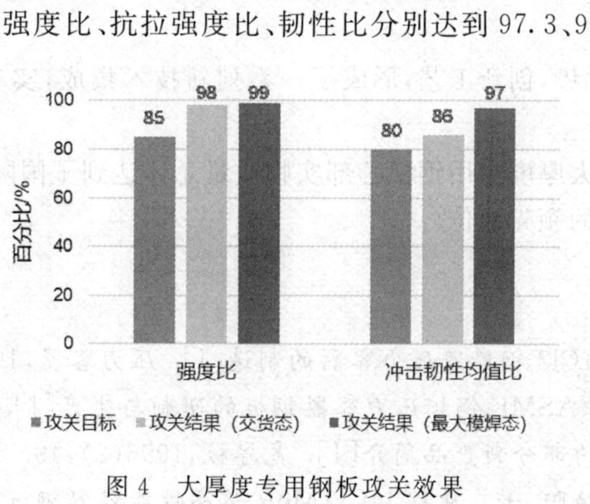

图 4　大厚度专用钢板攻关效果

3.2 舞钢与国外宽厚板领先企业大厚度专用钢板实物质量对比

舞钢研发的大厚度专用钢板钢质纯净、成分均匀，具有有害元素及残余元素低等特点。其中[P]≤0.007%、[S]≤0.002%、[N]≤50×10^{-6}、[O]≤15×10^{-6}、[H]≤2×10^{-6}，钢中夹杂物总量≤20×10^{-6}。

法国阿赛洛、日本新日铁、德国迪林根、印度 Industeel 是长期生产特厚钢板的专业厂家，产品实物质量代表国际先进水平，本项目以高强海工钢为例，就开发的同钢种相近规格、技术要求钢板进行了主要指标对比。舞钢与国外宽厚板领先企业大厚度专用钢板成分、性能对比分别见表 1、表 2。通过对比可以发现，舞钢研发的高强海工钢板与对标厂商钢板成分控制水平相当，强韧性匹配更加优良，总体达到了国际一流水准。

表 1 舞钢大厚度专用钢板与国外领先企业成分对比

项目	C	Si	Mn	P	S	Ni	Cr	Cu	Al	Mo	V	Nb	Ceq
舞钢	0.13	0.28	0.95	0.006	0.001 8	1.86	0.77	0.18	0.02	0.474	0.041	0.018	0.68
新日铁	0.12	0.24	1.1	0.006	0.001	2.45	0.57	0.27	0.06	0.53	0.037	0.003	0.71
迪林根	0.13	0.25	1.1	0.006	0.001	2.42	0.53	—	0.075	0.58	0.002	0.02	0.74
Industeel	0.13	0.18	1.21	0.007	0.001	1.81	0.52	0.1	0.05	0.56	0.015	0.001	0.69

表 2 舞钢大厚度专用钢板与国外领先企业性能对比

项目	规格/mm	位置	屈服强度/MPa	强度/MPa	延伸率/%	冲击温度/℃	方向	板厚位置	KV_2/J			硬度
舞钢	177.8	1/4	754	827	20.5	−40	横	1/2	175	160	162	258
						−40	纵	1/4	224	218	222	
新日铁	177.8	1/4	830	900	20	−27	纵	1/2	133	125	143	280
						−37	纵	1/4	125	105	106	
迪林根	177.8	1/4	725	835	21	−27	纵	1/2	134	148	122	260
						−37	纵	1/4	129	115	133	
Industeel	177.8	1/4	820	900	22	−27	纵	1/2	107	105	110	286
						−37	纵	1/4	120	118	109	

4 结 论

(1)舞钢利用现有技术优势，创新工艺，形成了一系列新技术集成，实现了大厚度专用钢板芯部性能的大幅提升。

(2)经过工艺攻关，舞钢大厚度专用钢板芯部实物质量总体达到了国际一流水准，进一步奠定了舞钢公司在容器钢和海工钢领域的领先地位。

参考文献

[1] 何伏明．SA387Gr11Cl2 钢厚壁压力容器的制造[J]．压力容器，1991(1)：74－79.

[2] 王祖芳，王青．舞钢 ASME 锅炉压力容器钢板的研制与生产[J]．宽厚板，1996(2)：27－29.

[3] 方晓彬．舞钢开发的部分新产品简介[J]．宽厚板，1996(2)：49.

[4] 李样兵，曾小峰，吴艳阳，等．舞钢 14Cr1MoR 类高性能容器钢板的研发历程[J]．宽厚板，2021，27(5)：30－33.

[5] 吴艳阳,龙杰,李样兵．舞钢石油化工和煤化工用高性能容器钢板的生产[C]//中国金属学会．第十二届中国钢铁年会论文集——6. 先进钢铁材料．舞阳钢铁有限责任公司;,2019:287—293.

[6] 李样兵,李杰,龙杰,等．氨合成塔外壳用特厚电渣板的研制开发[J]. 中国冶金,2019,29(8):71—75.

[7] LU Z,CHEN X,FAN Z,et al. Thermomechanical fatigue damage behavior and deformation mechanism of coke drum with Cr—Mo steel. Mater. High. Temp,2022,40,24—35.

[8] 王百森．Cr-Mo 钢承压设备焊后热处理工艺的探讨[J]. 石油化工设备技术,2009,30(4):48—51.

[9] 王晓刚,李海滨．大厚度临氢 SA387Gr11CL2 钢板冲击性能不合的组织分析[J]. 宽厚板,2015,21(2):34—37.

[10] 王鹏春,吴琼,马豪杰．核电用大厚度低合金钢焊缝全位置机械 TIG 焊远程化控制工艺[J]. 压力容器,2024,41(12):75—82.

[11] 王洪涛,吴伟,王祖悦,等．超限厚度嵌入式焊缝超声相控阵检测仿真与实现[J]. 压力容器,2024,41(3):72—80.

作者简介

李样兵(1985),男,高级工程师,硕士,从事压力容器用钢开发,通信地址:462500 河南省舞钢市湖滨大道西段,E-mail:wgkjblyb@163.com。

高压氢环境下PA6材料渗透性能试验研究

薄　柯[1,2,3,4],周忠警[4],刘　旭[1,3],戚亮亮[2],杨　超[1,3]
(1. 中国特种设备检测研究院,北京 100029;2. 浙江大学 化工机械研究所,杭州 310027;
3. 国家市场监管重点实验室(氢能储运装备安全),北京 100029;
4. 嘉兴市长三角氢安全研究中心,浙江嘉兴 314000)

摘　要:聚酰胺6(PA6)材料是塑料内胆高压储氢气瓶广泛使用的塑料内胆材料,高压环境下内胆材料氢渗透性能是塑料内胆储氢气瓶安全使用的重要指标,但国内缺少PA6材料的氢渗透试验数据。为研究压力对PA6材料氢渗透性能的影响规律,本文选取气瓶内胆截取的全壁厚试样和实验室制样两种样品,开展在不同压力下材料氢渗透试验,获得不同压力下材料氢渗透系数、溶解系数和扩散系数的变化规律。试验结果表明,随着压力增加,PA6材料氢渗透系数整体呈下降趋势。

关键词:塑料内胆高压储氢气瓶;聚酰胺6;氢渗透性能

Experimental study on permeability of PA6 materials in high - pressure hydrogen environment

BO Ke[1,2,3], ZHOU Zhongjing[4], LIU Xu[1,3], QI Liangliang[2], YANG Chao[1,3]
(1. China Special Equipment Inspection and Research Institute, Beijing 100029, China;
2. Institute of Process Equipment, Zhejiang University, Hangzhou 310027, China;
3. Key Laboratory of Safety of Hydrogen Energy Storage and Transportation Equipment for State Market Regulation, Beijing 100029, China;
4. Yangtze River Delta Hydrogen Safety Research Center, Jiaxing 314000, China)

Abstract: Polyamide 6 (PA6) material serves as the prevalently utilized plastic liner material for high - pressure hydrogen storage cylinders featuring plastic inner tanks. The hydrogen permeation performance of the liner material under a high - pressure environment constitutes a crucial index for the safe application of hydrogen storage cylinders with plastic liners. Nevertheless, in China, hydrogen permeation test data for PA6 material are scarce. To investigate the influence law of pressure on the hydrogen permeation performance of PA6 material, in this paper, two types of samples, namely full—wall— thickness samples excised from the inner tank of the gas cylinder and laboratory— prepared samples, are selected to conduct hydrogen permeation tests under diverse pressures, thereby obtaining the variation regulations of the hydrogen permeation coefficient, solubility coefficient, and diffusion coefficient of the material under different pressures. The test outcomes indicate that as the pressure rises, the hydrogen permeation coefficient of PA6 material exhibits an overall downward trend.

Keywords: high pressure hydrogen storage cylinder in plastic liner; polyamide 6; hydrogen permeability

0 引 言

氢能具有燃烧值高、清洁、可再生等优点，是当今最具发展潜力的清洁能源之一[1]。塑料内胆储氢气瓶由于储氢密度高，抗疲劳性能好等特点在国际氢能源汽车储氢系统上得到广泛应用，其塑料内胆多选择 PA6 作为内胆材料[2-3]。另一方面，塑料内胆相对于金属内胆致密性较弱，氢气分子在高压环境下会透过塑料内胆渗透到大气中，如果内胆材料氢渗透量过大，氢气在密闭空间聚集，存在氢气燃爆的风险；因此开展非金属材料在高压下的氢渗透试验，获得内胆材料在不同压力下的氢渗透数据，探究压力对材料氢渗透性能的影响规律，对塑料内胆选材和塑料内胆高压储氢气瓶安全使用具有重要意义[4]。

在材料高压氢渗透试验研究方面，国际开展了相关研究工作。九州大学 FUJIWARA[5] 开发了 100 MPa 的非金属材料氢渗透试验装置，并开展了 10～90 MPa 压力下 6 种聚乙烯材料试验，试验结果表明，材料的氢渗透量随着压力的增加而增大，但氢渗透系数、溶解系数和扩散系数随着压力的增加而降低；扩散系数的降低量高于溶解系数的降低，即说明在高压环境下，材料氢渗透主要由扩散主导，这与 STERN[6] 在低压试验得出的渗透由溶解主导有较大区别。针对上述试验结果，FUJIWARA 认为，内胆材料中的自由体积是影响气体渗透的主要因素，由于试验压力增加，材料的自由体积被压缩，降低了溶解和扩散系数，也就导致了渗透系数的降低。同济大学 SUN[7] 针对 PA6 材料开展了 25，35，50 MPa 氢渗透试验，结果表明氢渗透系数随压力增加和降低，其结论与 FUJIWARA 基本相同。但目前研究大多基于实验室制作的 0.1～3.0 mm 厚度的圆片试样，采用气瓶塑料内胆成品上截取试样并开展试验研究的数据较少。

本研究针对 PA6 材料，选取气瓶内胆截取的全壁厚试样和实验室制样两种样品，分别在 20，30，40，50，70 MPa 压力下开展材料氢渗透试验，获得了塑料内胆材料氢渗透系数、氢扩散系数和氢溶解系数，并通过数据分析得到不同试验压力对材料氢渗透的影响规律，为 70 MPa 塑料内胆高压储氢气瓶内胆材料开发和选型提供数据支撑。

1 试 验

1.1 试样制备

试样选取两种形式：一是直接从注塑工艺制备的成品塑料内胆上截取全壁厚试样；二是采用注塑机注塑为矩形试样后再进行加工。

1.1.1 气瓶内胆上取样

塑料内胆采用注塑工艺制作，采取两环一纵结构形式，对同一个内胆在一个截面处沿环向每隔 120° 取 4 个氢气渗透试样，截面间距大于 200 mm。圆形试样的尺寸为 Φ78 mm，取样位置如图 1 所示。

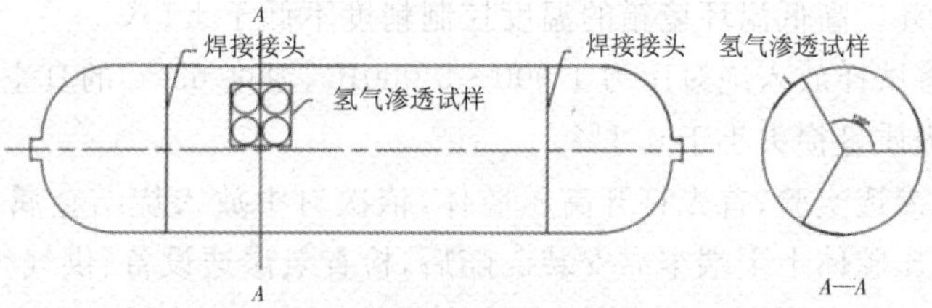

图 1 氢渗透试样取样位置

1.1.2 注塑成型

采用注塑机进行注塑成型工艺以制备矩形试样。首先，将 PA6 粒状材料通过注塑机料斗送入料筒，并在规定温度下加热至流动状态；其次，通过注塑机螺杆的推动，将 PA6 聚合物熔体注入封闭模具中，在一定压力下充满模具型腔，并经过冷却成型形成所需的形状；最后，从模具中取出样品，完成制样过程。具体注塑加工设备如图 2 所示。

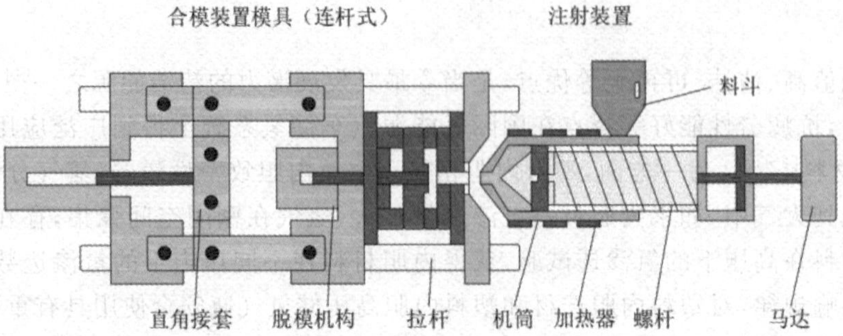

图 2　注塑加工设备

根据上述工艺，制备尺寸为 150×150 mm，厚度分别为 1.6，2.0，3.2，4.0，5.0mm 的方形试样，如图 3(a)所示。随后从方形试样中间切取 Φ78 mm 的试样以开展试验，如图 3(b)所示。

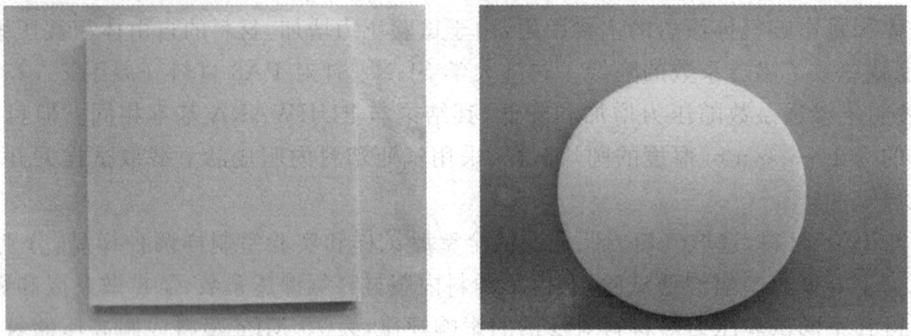

（a）方形试样　　（b）圆形试样

图 3　注塑成型样品

1.2　试验方法

试验设备采用中国特种设备检测研究院自主研发的试验装置，如图 4。试验装置主要由高压测试夹具、供氢系统和置换模块、高低温环境箱以及智能软件控制系统等组成。试验方法参考 GB/T 42610—2023《高压氢气瓶和塑料内胆氢相容性试验方法》[8]。

其中高压测试夹具包括高压测试装置、低压测试装置、密封圈、烧结金属支撑件、金属丝筛网、紧固螺栓等。高低压的测试装置选取 316L 材料，其中材料中镍含量>12%，镍当量>28.5%。烧结金属支撑件的开孔率≥40%。金属丝筛网的网孔尺寸≤0.15 mm，筛分面积百分率≥35%。供氢系统的压力控制精度不低于实验压力的±1%。高低温环境箱的温度控制精度不低于±1 ℃。

在实验开展之前需将试样放入绝对压力 1 000～5 000Pa，温度 65 ℃的真空干燥箱中，对试样进行烘干，保证试样在 24 小时内质量损失小于 0.1%。

烘干试样后，开展氢渗透实验，首先打开高压腔体，依次对中放入烧结金属支撑件、金属丝筛网及试样，并紧固螺栓以确保高压腔体上下端牢靠安装。随后，检查氢渗透设备、供气气瓶、标气气瓶、压力管线等设备的布置情况，确认数据采集系统正常后，人员从设备现场进入防爆远程操控间，进行远程操作。

首先，利用低压氮气对高压供气管路及试验高压腔体进行吹扫，吹扫完成后，通入低压氢气对试验试样的高压侧进行置换，同时使用质谱仪/色谱仪监测管路内的气体成分，直至试验系统中氧气含量≤1×10^{-6}，水含量≤5×10^{-6}。随后开启高低温试验箱，在箱内温度达到试验所需温度后，启动氢气增压泵，以约 1 MPa/s 的增压速率对试样高压侧进行增压，直至达到试验压力。同时，在试样低压侧通入恒定流速的氮气载气，并实时监测低压侧样品气中的氢气浓度，判断试验氢气渗透是否达到稳定。试验数据稳定达到 24 h 后缓慢泄压，然后用氮气置换高压侧管路。

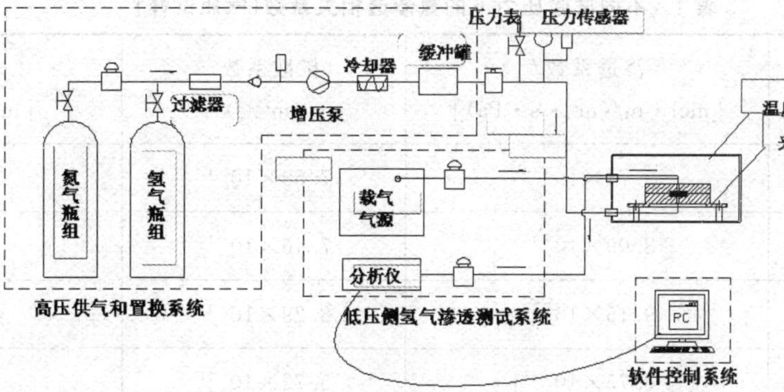

图 4　氢渗透试验装置示意

1.3　计算方法

氢渗透系数 P、氢扩散系数 D 和氢溶解系数 S 之间的关系遵从 Fick 定律和 Henry 定律[9]，见公式(1)：

$$P=DS \tag{1}$$

通过计算得到氢渗透系数 P，mol·m/(m^2·s·Pa)；见公式(2)：

$$P=\frac{\Delta Q}{\Delta t}\times\frac{B}{S\Delta p} \tag{2}$$

式中，$\Delta Q/\Delta t$ 为氢气稳定渗透时气体的传输速率，mol/s；B 为试样厚度，m；S 为试样的实验表面积，m^2；Δp 为试验时试样高压侧与低压侧的压力差，Pa。

通过时间滞后法计算氢气在试样中的扩散系数 D[10-11]，m^2/s；计算公式如下：

$$D=\frac{d^2}{6\,\theta_0} \tag{3}$$

式中，θ_0为高真空下达到平衡状态时的滞后时间，s。

获得氢渗透系数 P 和氢扩散系数 D 后，根据式(1)计算氢溶解系数 S，mol·m/(m^2·s·Pa)。

2　试验结果与分析

2.1　氢渗透—时间曲线

2.1.1　气瓶全壁厚试样

为探究不同压力对 PA6 材料渗透结果的影响，本文选取了 5 个试样进行试验。试样的厚度控制在 4.1 mm 左右，厚度误差不超过 5%，以尽可能排除试样厚度因素对试验结果的干扰。在稳定的温度条件下，分别采用 20，30，40，50，70 MPa 的试验压力进行试验，从而探究压力变化对渗透行为的具体影响，不同压力下氢渗透实验得到的氢浓度数据见图 5。

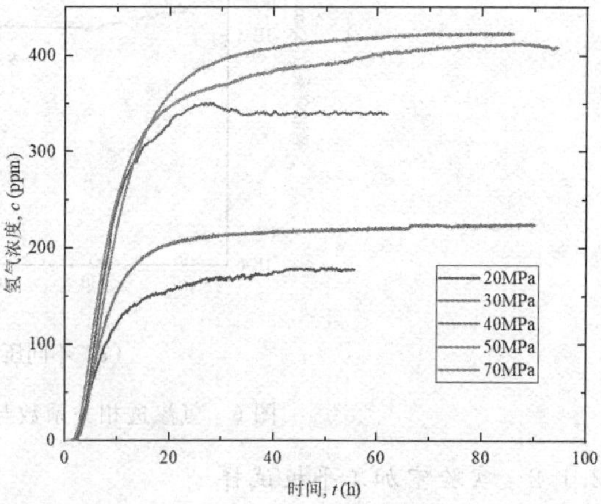

图 5　不同压力下氢气浓度-采样时间(气瓶试样)

由图 5 中的不同压力氢浓度数据，计算得到不同压力下材料的氢渗透系数 P、氢扩散系数 D 和氢溶解系数 S，计算结果见表 1，并将结果绘制成曲线，见图 6。

表 1　不同试验压力下的氢渗透相关系数(气瓶试样)

试验压力/MPa	渗透系数/[mol·m/(m²·s·Pa)]	扩散系数/(m²/s)	溶解系数/[mol/(m³·Pa)]
20	9.74×10^{-16}	7.50×10^{-11}	1.30×10^{-5}
30	8.09×10^{-16}	7.46×10^{-11}	1.08×10^{-5}
40	9.15×10^{-16}	8.29×10^{-11}	1.10×10^{-5}
50	8.75×10^{-16}	5.72×10^{-11}	1.53×10^{-5}
70	6.58×10^{-16}	6.10×10^{-11}	1.08×10^{-5}

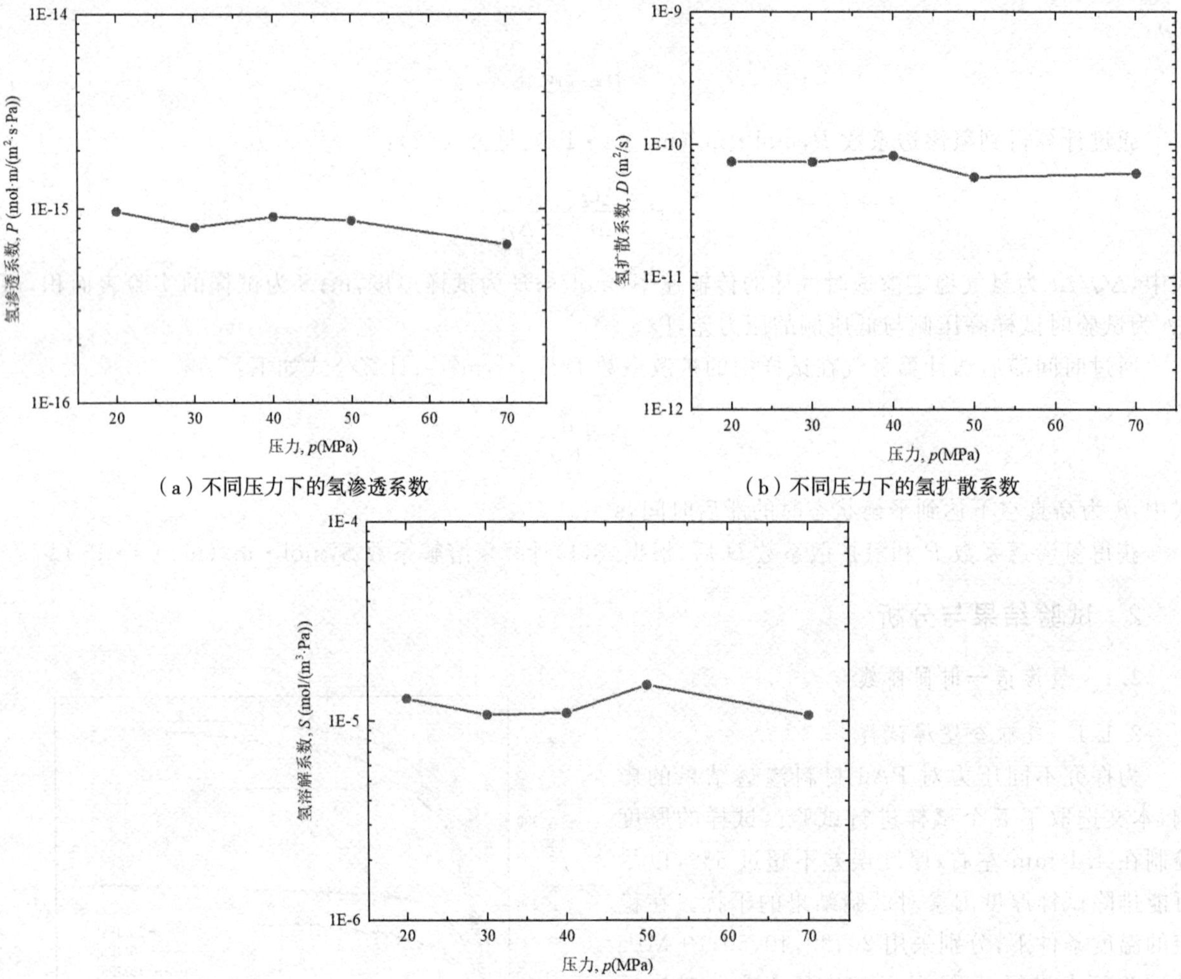

(a) 不同压力下的氢渗透系数

(b) 不同压力下的氢扩散系数

(c) 不同压力下的氢溶解系数

图 6　氢渗透相关系数与试验压力的关系(气瓶试样)

2.1.2　实验室加工平板试样

同气瓶全壁厚试样选取，选取 5 个 PA6 板材试样，在选取试样时，同样确保试样厚度误差不超过 5%。之后在稳定的温度条件下分别在 20，30，40，50，70 MPa 的不同压力下进行氢渗透试验，得到的氢渗透数据绘制成曲线，见图 7。

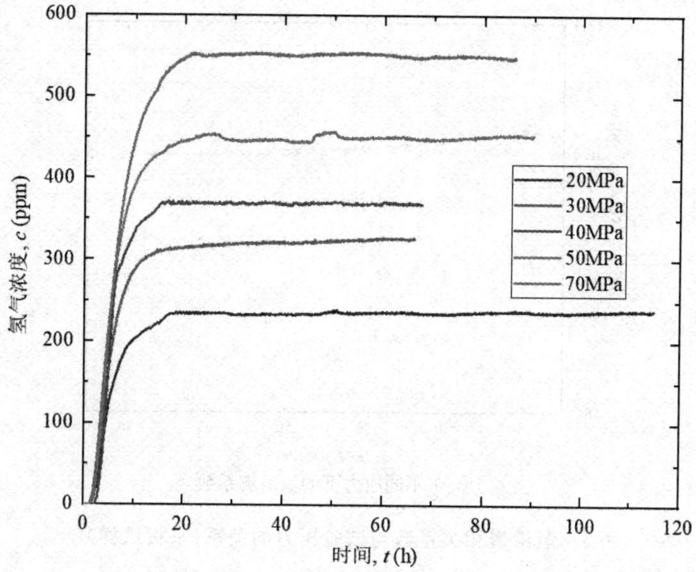

图 7　不同压力下氢气浓度－采样时间(平板试样)

由图 7 中的不同压力氢浓度数据，计算得到不同压力下材料的氢渗透系数 P、氢扩散系数 D 和氢溶解系数 S，计算结果见表 2，并将结果绘制成曲线，见图 8。

表 2　不同试验压力下的氢渗透相关系数(平板试样)

试验压力/MPa	渗透系数/[mol·m/(m²·s·Pa)]	扩散系数/(m²/s)	溶解系数/[mol/(m³·Pa)]
20	1.03×10^{-15}	7.14×10^{-11}	1.44×10^{-5}
30	9.33×10^{-16}	7.5×10^{-11}	1.24×10^{-5}
40	8.00×10^{-16}	7.37×10^{-11}	1.08×10^{-5}
50	7.96×10^{-16}	8.02×10^{-11}	9.93×10^{-6}
70	6.83×10^{-16}	7.23×10^{-11}	9.45×10^{-6}

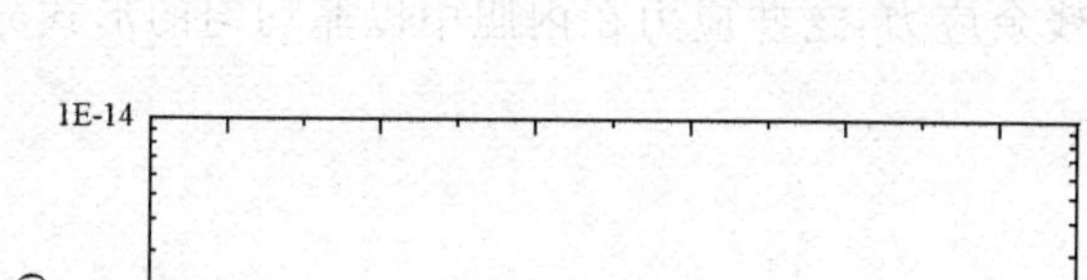

(a) 不同压力下的氢渗透系数

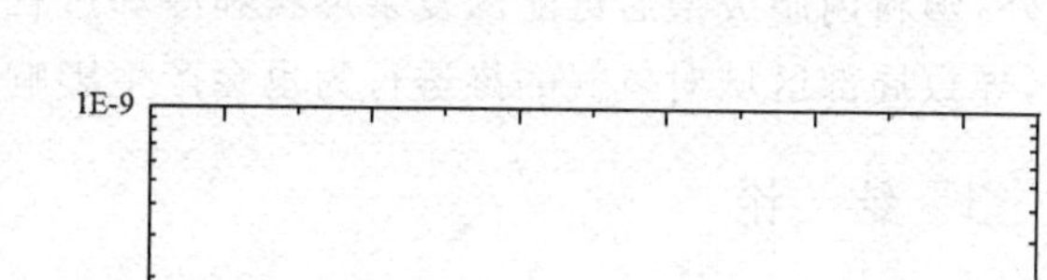

(b) 不同压力下的氢扩散系数

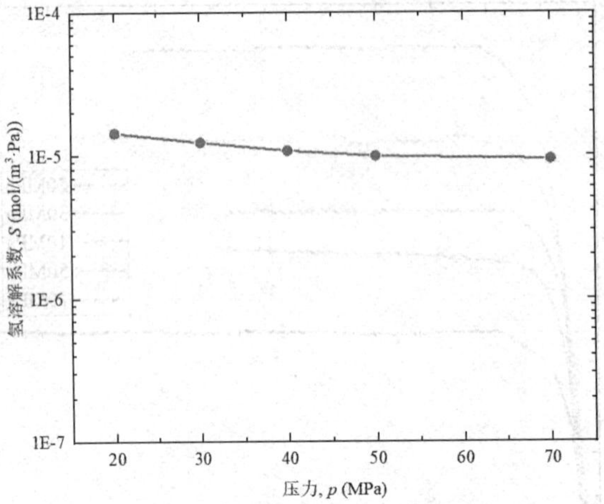

(c) 不同压力下的氢溶解系数

图 8　氢渗透相关系数与试验压力的关系(平板试样)

2.2　试验结果分析

根据全壁厚试样和实验室加工试样结果可知,氢渗透系数随压力增加,整体呈下降趋势。这一现象主要有两方面原因导致:首先,随着压力升高,材料内部的自由体积被压缩,材料的致密化程度提高,从而降低氢气在材料中的溶解度,直接导致氢渗透系数下降。其次,高分子材料的渗透性与聚合物链段的运动性密切相关。高压力条件下,会限制链段的运动,聚合物链的排列趋于紧密,降低了氢气分子在聚合物基体中的自由扩散能力,从而导致渗透系数的下降。此外,随着压力的增加,氢气与聚合物基体之间的相互作用可能会增强,导致氢气分子更容易被“捕获”,而非顺利扩散过材料,将会进一步影响渗透系数的下降。

针对全壁厚试样,尤其在 30 MPa 压力下,其氢渗透系数存在一定波动,这可能受到多种因素的影响。例如,内胆成形加工工艺中注塑成型模具的预热是否均匀、注塑前粒料是否经过充分的真空烘干处理等,均可能影响试样的结构均匀性和最终性能[12]。此外,内胆长期暴露在大气环境中可能吸收水分,导致局部区域发生老化降解,这种不均匀的老化效应也可能显著影响渗透性能。加工工艺中的微小差异、试样放置条件的变化以及内胆材料在高压环境下的微观结构调整,均可能对试验结果产生综合影响。此外,塑料内胆成型后可能因复杂形状和冷却过程产生残余应力,这些应力在内胆中以非均匀的形式分布,导致局部区域对氢气的渗透行为也会产生影响。

3　结　论

本文为研究 PA6 材料在高压环境下,氢渗透对储氢气瓶的影响因素,分别选取气瓶内胆截取的全壁厚试样和实验室制样两种样品,开展在不同压力下材料氢渗透试验,获得不同压力下材料氢渗透系数、氢溶解系数和氢扩散系数的变化规律,结果显示随着压力的增加,氢渗透系数呈下降趋势。从内胆上截取试样的氢渗透系数受内胆成形加工工艺、放置条件等多方面因素影响,在 30 MPa 下其渗透系数有波动。为接下来研究储氢气瓶在高压环境下的使用提供理论依据。

参考文献

[1] 万燕鸣,熊亚林,王雪颖. 全球主要国家氢能发展战略分析[J]. 储能科学与技术,2022,11(10):3401－3410.

[2] 王贺武,欧阳明高,李建秋,等. 中国氢燃料电池汽车技术路线选择与实践进展[J]. 汽车安全与节能学报,2022,13(2):211－224.

[3] 王庚,孙永伟,邓欣. 高压大容积碳纤维全缠绕气瓶铝内胆的设计研究[J]. 材料开发与应用,2023,38(2):63—66.

[4] 张林海,丁学强,张新,等. 储氢技术研究现状及进展[J]. 中外能源,2024,29(4):17—27.

[5] Fujiwara H, Ono H, Onoue K, et al. High - pressure gaseous hydrogen permeation test method - property of polymeric materials for high - pressure hydrogen devices (1)[J]. International Journal of Hydrogen Energy,2020,45(53):29082—29094.

[6] Stern S A, Mullhaupt J T, Gareis P J. The effect of pressure on the permeation of gases and vapors through polyethylene. Usefulness of the corresponding states principle[J]. AIChE Journal,1969,15(1):64—73.

[7] Sun Y, Lv H, Zhou W, et al. Research on hydrogen permeability of polyamide 6 as the liner material for type Ⅳ hydrogen storage tank[J]. International Journal of Hydrogen Energy,2020,45(46):24980—24990.

[8] 中华人民共和国国家质量监督检验检疫总局,中国国家标准化管理委员会高压氢气瓶塑料内胆和氢气相容性试验方法:GB/T 42610—2023[S]. 北京:中国标准出版社,2023.

[9] Shengping Ding, William T. Petuskey. Solutions to Fick's second law of diffusion with a sinusoidal excitation[J]. Solid State Ionics 109(1998) 101—110.

[10] Hirotada Fujiwara, Hiroaki Ono, Kiyoaki Onoue et al. High - pressure gaseous hydrogen permeation test method — property of polymeric materials for highpressure hydrogen devices[J]. International Journal of Hydrogen Energy,2020,45(53):29082—29094.

[11] 熊耀强,吴平,赵建平. Ⅳ型储氢气瓶内衬材料的氢渗透行为分子动力学模拟[J]. 压力容器,2023,40(7):19—28.

[12] 刘雨薇,王修磊,查燕,等. Ⅳ型储氢瓶内胆滚塑成型设计尺寸一致性保持方法[J]. 压力容器,2023,40(11):33—38.

作者简介

薄柯(1979),男,正高级工程师,主要从事氢能储运装备的检验检测和安全性能研究工作,通信地址:100029 北京市朝阳区和平街西苑 2 号楼,E—mail:boke2@163. com,电话:010—59068216。

23Cr2Ni4MoV 高强钢的常温高压氢脆敏感性研究

杨　浩，周　煜，陈学东，范志超，张　强，姜　恒，李　月
（合肥通用机械研究院有限公司，合肥 230031）

摘　要：以往研究表明，在常温高压氢气环境下 Q345R、30CrMo 及 X80 等常用氢能储运装备用钢均表现出良好的抗氢脆性能，但用于制造超高压容器的高强度材料的常温高压氢脆敏感性鲜有报道，能否用更高强度的材料储存超高压氢气，目前尚不清楚。本文以 23Cr2Ni4MoV 钢为研究对象，开展了常温、不同氢气压力条件下的长时充氢试验研究，利用热脱附法测量了 23Cr2Ni4MoV 钢中的氢浓度，分析了 23Cr2Ni4MoV 钢的氢陷阱类型和结合能，并利用改进楔形张开加载（WOL）试样研究了其抗氢致开裂性能。结果表明，在常温、35 MPa 氢气环境下，氢难以侵入 23Cr2Ni4MoV 钢；当氢气压力升高至 70 MPa 时，氢显著侵入 23Cr2Ni4MoV 钢，氢渗透量约为 3.41 ppm；随着氢气压力升高至 110 MPa，氢渗透量进一步增加至 4.45 ppm。热脱附试验结果表明 23Cr2Ni4MoV 钢中存在三种氢陷阱，陷阱结合能由低到高依次为 10.24 kJ/mol，19.93 kJ/mol 和 34.57 kJ/mol，常温高压氢环境下侵入 23Cr2Ni4MoV 的氢主要被结合能为 10.24 kJ/mol 的较浅的氢陷阱捕获。在常温 110 MPa 氢气环境下，23Cr2Ni4MoV 钢的氢致开裂应力强度因子门槛值较低，当外加应力强度因子超 58 MPa·$m^{1/2}$ 时，WOL 试样均发生了明显开裂。综合来看，23Cr2Ni4MoV 钢不适宜作为常温超高压储氢容器用钢。

关键词：常温高压氢；高强钢；氢脆；氢浓度；氢致开裂

Study on the hydrogen embrittlement sensitivity of 23Cr2Ni4MoV high - strength steel under room temperature and high - pressure gaseous hydrogen environment

YANG Hao，ZHOU Yu，CHEN Xuedong，FANZhichao，ZHANG Qiang，JIANG Heng，LI Yue
(Hefei General Machinery Research Institute Co.，Ltd.，Hefei 230031，China)

Abstract: Previous studies show good resistance to hydrogen embrittlement of steels such as Q345R，30CrMo and X80 commonly used for hydrogen energy storage and transportation equipment under room temperature and high - pressure gaseous hydrogen environment. However，the hydrogen embrittlement sensitivity of high - strength material used for manufacturing ultra - high pressure vessels under room temperature and high pressure gaseous hydrogen environment has rarely been reported. Whether materials with much higher strength can be used for storing ultra - high pressure hydrogen is unknown. In this paper，hydrogen charging under room temperature and gaseous hydrogen environment with different pressures，and subsequent thermal desorption spectrum (TDS) analysis were carried out on the 23Cr2Ni4MoV high - strength steel. The hydrogen concentrations，the hydrogen traps and the corresponding binding energies are analyzed through TDS method. In addition，the hydrogen induced cracking property of the 23Cr2Ni4MoV high - strength steel was evaluated through modified wedge open loading (WOL) specimen. The results show that it is difficult for hydrogen to penetrate into the 23Cr2Ni4MoV steel under 35 MPa gaseous hydrogen environment，while significant hydrogen penetration with 3.41 ppm and 4.45 ppm was observed when the hydrogen pressure reaches 70 MPa and 110 MPa, respectively. TDS results show that there are three kinds of hydrogen traps in the 23Cr2Ni4MoV steel, with the binding energies of 10.24 kJ/mol, 19.93 kJ/mol and 34.57 kJ/mol, respectively. Under room temperature and high - pressure gaseous hydrogen environment, the penetrated hydrogen inside 23Cr2Ni4MoV is mainly captured by the shallow hydrogen trap with the binding energy of 10.24 kJ/mol. Under room temperature and 110 MPa gaseous hydrogen environment, the threshold value of stress intensity factor for hydrogen - induced cracking of 23Cr2Ni4MoV high - strength steel is less than 58 MPa · $m^{1/2}$, indicating poor resistance to hydrogen - induced cracking. In summary, 23Cr2Ni4MoV high - strength steel is not suitable for application in high -pressure hydrogen storage vessels at room temperature.

Keywords: room - temperature and high - pressure gaseous hydrogen environment; high - strength steel; hydrogen embrittlement; hydrogen concentration; hydrogen - induced cracking

0 引 言

氢能安全高效储运是氢能产业规模化发展的关键，常温高压气态氢仍是当前氢能储运的主流技术路线。由于氢能储运装备的氢气压力高、充放频繁且存在氢脆风险，一旦发生失效，可能会引发泄漏、燃烧和爆炸等事故，所以人们十分关注氢能储运装备的常温高压氢脆敏感性问题。为此，国际上对氢能储运装备用钢如 SA372[1-2]，4130X[3-5]，SCM435[6-7]，Q345R[8-9]，X70[10-12]及 X80[13-14]等氢脆问题开展了大量研究，但许多研究因采用了不恰当的研究方法而高估了金属的常温高压氢脆敏感性，导致目前钢制压力容器与管道选材及建造要求被盲目提升，氢能储运装备的经济性差[15-17]。

近年来，合肥通用机械研究院有限公司（简称合肥通用院）针对我国氢能储运装备常用钢（如 30CrMo，Q345R 和 X80 等）开展了大量的常温高压氢脆敏感性研究，包括常温高压充氢及氢浓度测量、改进型慢应变速率拉伸试验、氢致开裂应力强度因子门槛值试验等，研究结果表明，在常温高压氢气环境下 Q345R，X80 及 30CrMo 钢等材料均表现出良好的抗氢脆性能[18]。但是，对用于制造超高压容器的高强度材料的常温高压氢脆敏感性却鲜有报道，它能否适用于常温超高压储氢场景，有效降低储氢容器壁厚或提高设计压力，受到工程界的高度关注[19-20]。

为此，本文以 23Cr2Ni4MoV 钢为研究对象，开展了常温、不同氢气压力条件下的材料充氢试验研究，利用热脱附法测量了 23Cr2Ni4MoV 钢中的氢浓度，分析了 23Cr2Ni4MoV 钢的氢陷阱种类和陷阱结合能；此外，利用改进楔形张开加载（wedge open loading，WOL）试样，开展了常温、超高压氢气环境下的氢致开裂应力强度因子门槛值试验研究，研究了其抗氢致开裂性能，并分析了 23Cr2Ni4MoV 钢作为常温超高压储氢容器用钢的适用性。

1 试验方法

23Cr2Ni4MoV 钢是一种可用于制造超高压容器的高强度材料，其显微组织以回火索氏体为主，并包含少量回火贝氏体。但 23Cr2Ni4MoV 钢能否用于制造常温高压/超高压储氢容器，还需要明确其常温超高压氢环境下氢损伤敏感性。

1.1 常温高压充氢测试

为了研究常温高压氢环境下 23Cr2Ni4MoV 高强钢的氢侵入行为，利用如图 1 所示的超高压充氢装置开展常温充氢试验研究。充氢试样采用尺寸为 Φ7 mm×25 mm 的圆柱试样，在充氢之前分别用 0.2 MPa、纯度为 99.999%的氮气和氢气对超高压充氢装置内腔吹扫 5 次，以保证充氢后内腔的氢气纯度。然后对充氢装置进行逐级加压充氢，直至压力达到测试压力后保持稳定。为研究充氢压力对氢侵入的影响，本文采用了三种不同的氢气压力，即 35，70，110 MPa，并保持充氢时间恒定（480 小时）。在充氢结束后,将样品快速取出并采用液氮保存。

1.2 热脱附(TDS)分析

基于热脱附(TDS)原理,采用氢含量分析仪(HTDS－004)测量充氢前后 23Cr2Ni4MoV 钢的氢浓度。在开展 TDS 分析之前,采用 LECO 公司提供的标准充氢试样评估 HTDS－004 分析仪的测试稳定性和准确性。随后,从常温开始将待测试样缓慢升温至 600 ℃,使样品中的氢逐渐脱附出来,通过四级杆质谱仪每隔 5 s 进行采样分析,得到氢脱附速率随温度的变化关系,进而通过积分的方式得到试样中的氢含量。

图 1 超高压充氢装置

图 2 基于热脱附原理的氢含量分析仪(HTDS－004)

1.3 氢致开裂应力强度因子门槛值测试

金属材料的抗氢致开裂性能对于高压储氢容器来说至关重要。为此,本文根据 GB/T 15970.6—2007《金属和合金的腐蚀 应力腐蚀试验 第 6 部分:恒载荷或恒位移下的预裂纹试样的制备和应用》,采用 WOL 试样和恒位移加载方法开展了 23Cr2Ni4MoV 高强钢在常温、110 MPa 超高压氢气环境下的氢致开裂应力强度因子门槛值测试,取样方法及 WOL 试样尺寸如图 3 所示。通过疲劳加载预制裂纹后,在断裂韧性以下施加不同载荷水平,根据公式(1)计算对应的应力强度因子 K_{app},然后将恒位移加载的 WOL 试样放置图 3(c)所示的超高压储氢容器中 360 小时以上,观察裂纹是否发生扩展。

$$\left\{\begin{aligned} K_{app} &= \frac{YP}{B\sqrt{a}} \\ Y &= 30.96\left(\frac{a}{W}\right) - 195.8\left(\frac{a}{W}\right)^2 + 730.6\left(\frac{a}{W}\right)^3 - 1186.3\left(\frac{a}{W}\right)^4 + 754.6\left(\frac{a}{W}\right)^5 \end{aligned}\right. \tag{1}$$

式中,P 为施加载荷,a,B 和 W 均为 WOL 试样尺寸参数。

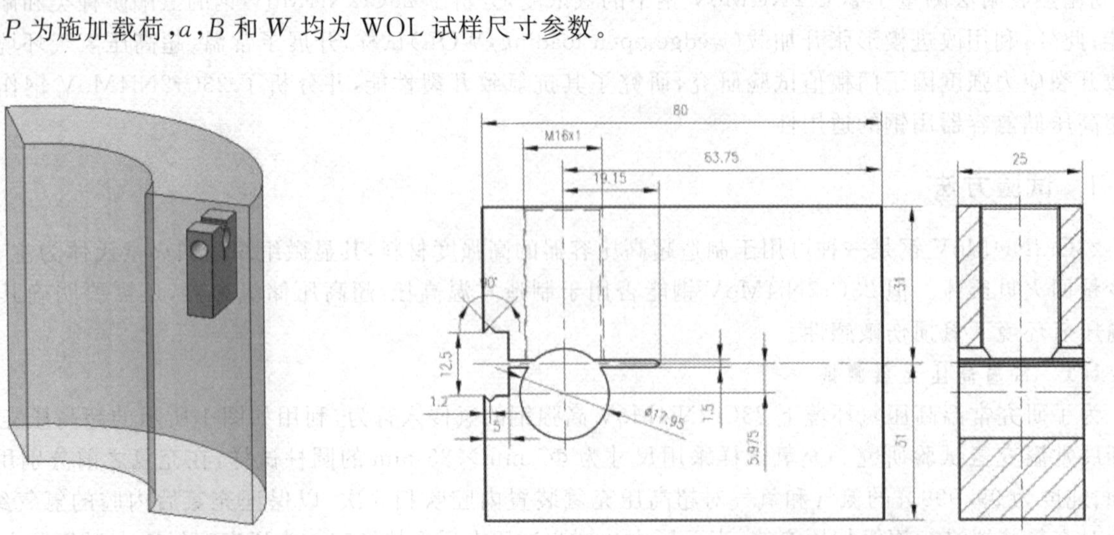

(a) WOL试样取样位置 (b) WOL试样尺寸(单位:mm)

（c）140MPa超高压储氢容器

图 3　氢致开裂应力强度因子门槛值测试示意

2　试验结果

2.1　氢含量分析仪测试稳定性

图 4 所示为由标准 LECO 试样测得的热脱附曲线，由图可见，三个标准 LECO 试样的氢浓度测试结果非常接近，均在标准值 2.2±0.7 ppm 范围内，且标准差仅为 0.03 ppm，表明 HTDS－004 氢含量分析仪测试结果准确，测试稳定性好。

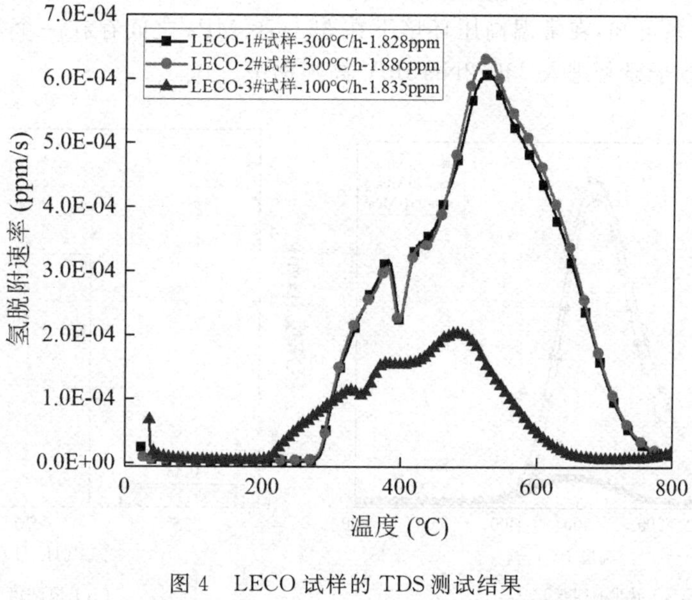

图 4　LECO 试样的 TDS 测试结果

2.2　充氢前后 23Cr2Ni4MoV 高强钢的氢浓度

图 5(a)(b)分别显示了充氢处理前 23Cr2Ni4MoV 高强钢的 TDS 曲线和每个脱附峰对应的氢浓度。由图可见，随着温度的不断增加，被材料氢陷阱所捕获的氢逐渐脱附出来；当温度达到 311 ℃时，出现第一个脱附峰 Peak1，通过积分计算得到相应的氢浓度约为 0.24 ppm；当温度升高至 413 ℃时，出现第二个脱附峰 Peak2，但该氢陷阱的峰强度较弱，计算得到的氢浓度仅为 0.02 ppm。因此，在充氢前，23Cr2Ni4MoV 高强钢的初始氢浓度约为 0.26 ppm。

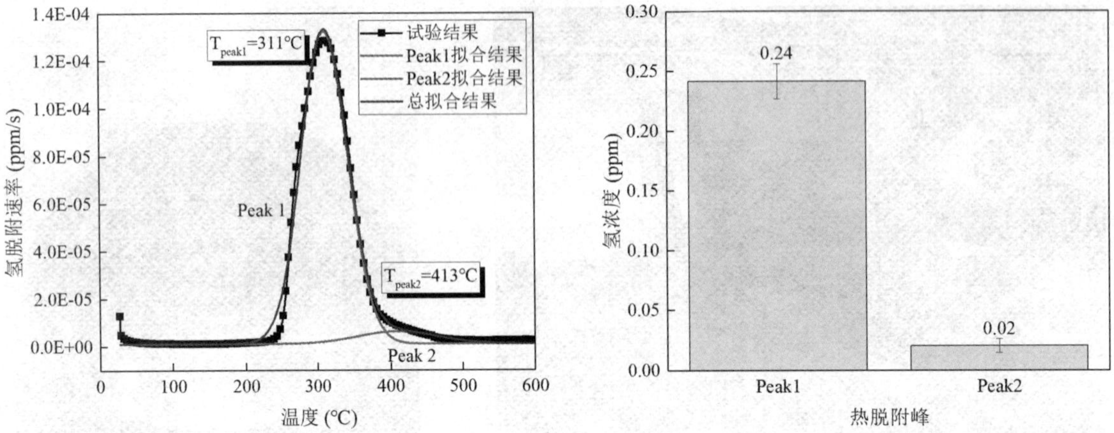

（a）热脱附曲线　　（b）不同脱附峰的氢浓度

图 5　充氢前 23Cr2Ni4MoV 高强钢性能

图 6(a)显示了常温 35，70，110 MPa 条件下充氢后 23Cr2Ni4MoV 高强钢试样的热脱附曲线。由图可见，虽然充氢压力不同，但经充氢处理的 23Cr2Ni4MoV 高强钢的脱附峰值温度较为接近，均在 300 ℃左右。随着氢气压力的增加，氢热脱附速率也相应增大，由此得到的氢脱附峰的面积也增大，这也意味着通过常温充氢侵入 23Cr2Ni4MoV 高强钢中的氢浓度增加。图 6(b)所示为不同充氢压力下 23Cr2Ni4MoV 高强钢中的氢浓度变化。相比于 0.26 ppm 的初始氢浓度，当充氢压力为 35 MPa 时，23Cr2Ni4MoV 高强钢的氢浓度增加较小，仅有 0.07 ppm，表明此时氢难以侵入 23Cr2Ni4MoV 高强钢中；当充氢压力增加至 70 MPa 时，氢明显进入了 23Cr2Ni4MoV 高强钢内部，侵入量约为 3.41 ppm；当进一步提高充氢压力到 110 MPa 时，氢侵入量继续增加至 4.45 ppm，但增速明显减缓。此外，根据氢浓度与氢气压力的变化关系可知，在常温高压环境下在 35～70 MPa 之间存在一个氢压门槛值，当氢气压力超过该门槛值时，氢原子显著进入 23Cr2Ni4MoV 高强钢中。

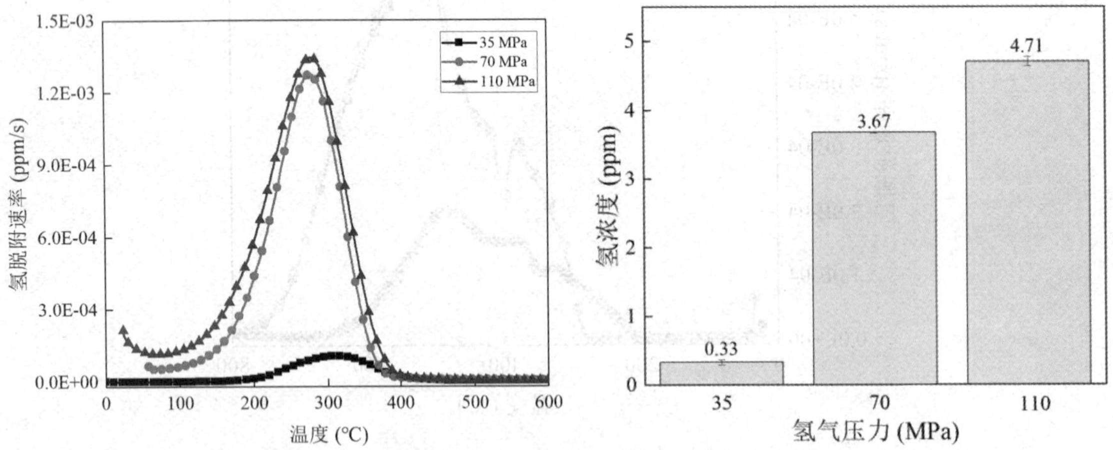

（a）热脱附曲线　　（b）氢浓度

图 6　充氢后 23Cr2Ni4MoV 高强钢性能

2.3　常温 110 MPa 氢气环境下 23Cr2Ni4MoV 高强钢的氢致开裂行为

图 7 所示为 23Cr2Ni4MoV 高强钢在常温 110 MPa 氢气环境下的抗氢致开裂性能测试结果。可以看出，当外加应力强度因子不高于 50 MPa・$m^{1/2}$ 时，WOL 试样裂纹不会发生扩展；而当外加应力强度因子增加至 58 MPa・$m^{1/2}$ 及以上后，WOL 试样均在常温超高压氢气环境下发生了裂纹扩展，表明常温高

压氢环境能显著促进 23Cr2Ni4MoV 高强钢的裂纹扩展；而且，随着外加应力强度因子的进一步增大，裂纹扩展方向由单一路径转变为双路径，例如，当外加应力强度因子在 58～66 MPa · $m^{1/2}$ 范围内时，WOL 试样裂纹沿单一路径扩展；而当外加应力强度因子达到 75 MPa · $m^{1/2}$ 时，裂纹则沿双路径扩展。

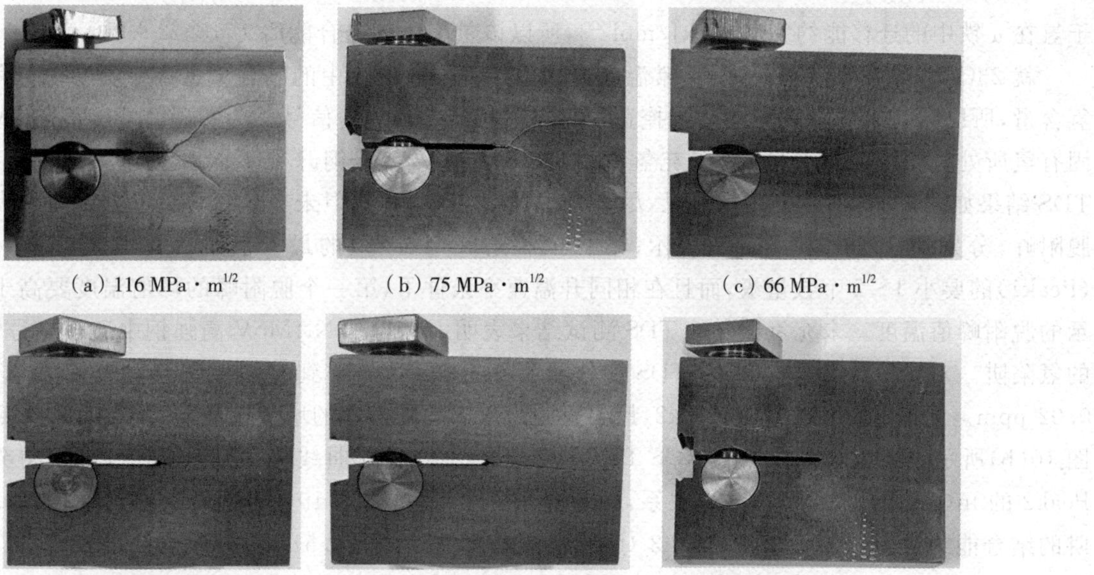

(a) 116 MPa · $m^{1/2}$　(b) 75 MPa · $m^{1/2}$　(c) 66 MPa · $m^{1/2}$

(d) 62 MPa · $m^{1/2}$　(e) 58 MPa · $m^{1/2}$　(f) 50 MPa · $m^{1/2}$

图 7　常温 110MPa 氢气压力条件下 23Cr2Ni4MoV 高强钢氢致开裂应力强度因子门槛值测试结果

3　结果讨论

氢原子侵入 23Cr2Ni4MoV 高强钢后在金属晶格中扩散，并被晶格间隙、位错、晶界等氢陷阱捕获。当对充氢试样进行加热时，由于外界能量的输入，这些被捕获的氢原子逐渐摆脱氢陷阱的束缚并发生迁移和扩散。其中，氢原子摆脱氢陷阱所需的能量称为氢陷阱结合能 E_b(binding energy)，摆脱氢陷阱束缚的氢原子在晶格间隙之间迁移所需的能量称为迁移能 E_m(migration energy)，氢陷阱结合能和迁移能共同组成了氢原子脱附所需的能量，即脱附能 E_d(desorption energy)[21]，如图 8 所示。

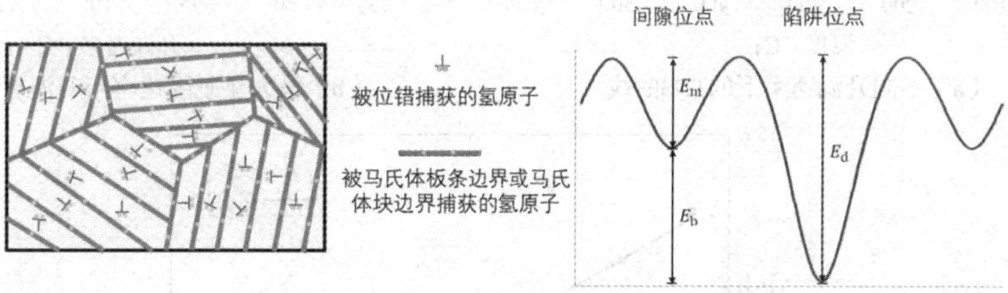

图 8　金属材料中氢发生迁移所需不同能量的示意

一般来说，氢陷阱的脱附能可通过不同升温速率下热脱附峰值温度来确定[22]：

$$\frac{\partial \ln(\Phi/T_p^2)}{\partial(1/T_p)}=-\frac{E_d}{R} \tag{2}$$

式中，Φ 为加热速率，T_p 为热脱附峰值温度。

如图 9(a)所示为不同升温速率条件下(50，75，100，125，150 ℃/h)经充氢处理的 23Cr2Ni4MoV 高强钢的热脱附曲线，充氢条件为常温 110 MPa、充氢 480 小时。由图可见，随着升温速率的增加，热脱附峰的宽度相应增大，最大氢脱附速率所对应的温度也相应增加，即在 TDS 曲线上表现为 TDS 峰逐渐向高温侧偏移。当温度升高到一定值后,陷阱中的氢获得了足够的能量后就能摆脱氢陷阱的束缚从而扩散并溢出金属,所以尽管升温速率不同,发生氢脱附的起始温度基本相同(100 ℃左右)。最大氢脱附速率随升温速率的增加而增大,如图 9(b)所示。图 9(c)绘制了不同升温速率条件下 TDS 曲线峰值温度,可见 $\ln(\Phi/T_p^2)$与 $1/T_p$之间近似呈线性关系。根据式(1),可计算得到该氢陷阱的脱附能E_d约为 15.93 kJ/mol。由于氢在 α 铁中的迁移能约为 5.69 kJ/mol[23],所以该氢陷阱的结合能E_b为 10.24 kJ/mol。

就 23Cr2Ni4MoV 高强钢而言,常温超高压条件下侵入材料中的氢含量远高于材料未充氢前的初始氢含量,所以图 9(a)中氢的热脱附峰掩盖了材料固有氢的热脱附信号。为明确 23Cr2Ni4MoV 高强钢中固有氢所处氢陷阱的结合能,对未充氢的 23Cr2Ni4MoV 高强钢开展不同升温速率下的热脱附分析,TDS 结果如图 10(a)所示。由图可见,尽管升温速率各不相同,但未充氢试样的热脱附曲线均存在两个脱附峰,分别用 Peak1 和 Peak2 表示;第二个脱附峰(Peak2)的最大氢脱附速率要比第一个脱附峰(Peak1)的要小 1～2 个数量级,而且在相同升温速率条件下,第一个脱附峰的峰值温度要高于图 9(a)所示的脱附峰值温度。未充氢试样的 TDS 测试结果表明,在 23Cr2Ni4MoV 高强钢中还存在另外两种类型的氢陷阱。对 Peak1 和 Peak2 的 TDS 曲线进行积分,可计算得到它们的氢含量分别为 0.24 ppm 和 0.02 ppm。无论是 Peak1 还是 Peak2,最大氢脱附速率均随温度的增加逐渐增大,且近似呈线性关系,如图 10(b)所示。根据不同加热速率下 Peak1 和 Peak2 热脱附曲线峰值对应温度,分别得到 Peak1 和 Peak2 的 $\ln(\Phi/T_p^2)$与 $1/T_p$的对应关系,均近似呈线性关系,如图 10(c)所示。根据式(1),Peak1 对应陷阱的结合能约为 19.93 kJ/mol,Peak2 对应陷阱的结合能约为 34.57 kJ/mol。综上所述,23Cr2Ni4MoV 高强钢存在三种氢陷阱,但需开展更深入的研究才能明确其氢陷阱特征。

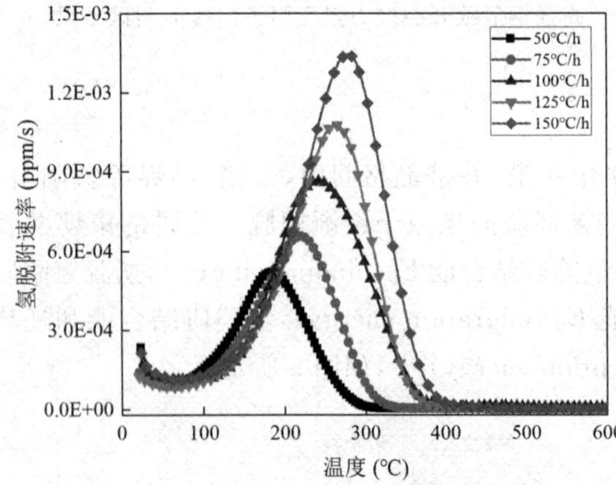

(a) 不同升温速率下的TDS曲线

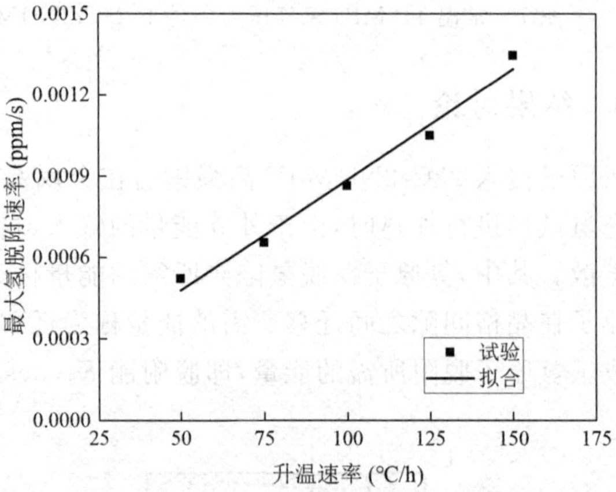

(b) 最大氢脱附速率与升温速率的关系

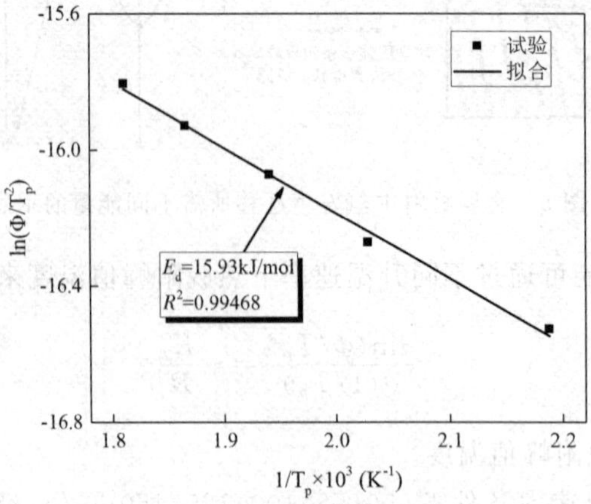

(c) $\ln(\Phi/T_p^2)$ 随$1/T_p$变化

图 9 23Cr2Ni4MoV 高强钢充氢后性能

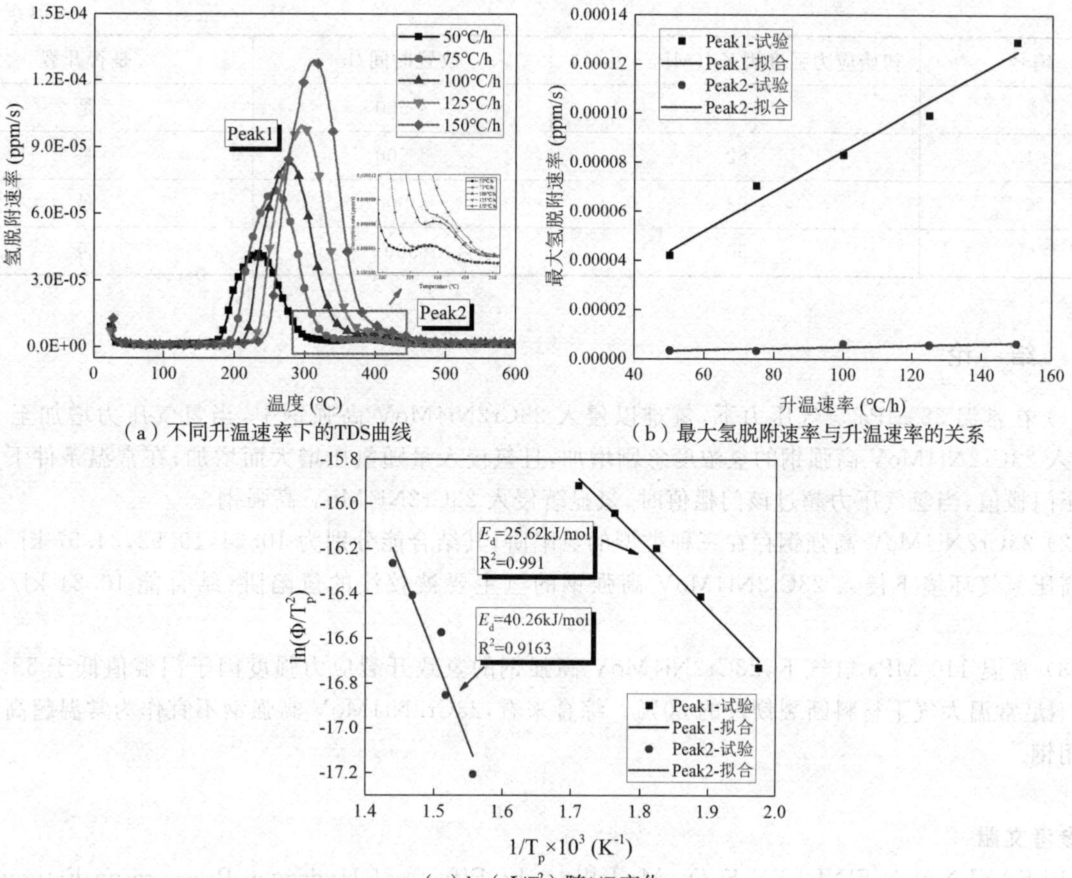

（a）不同升温速率下的TDS曲线

（b）最大氢脱附速率与升温速率的关系

（c）$\ln(\Phi/T_p^2)$ 随 $1/T_p$ 变化

图 10　23Cr2Ni4MoV 高强钢充氢前性能

可以看出，在常温高压充氢条件下进入到 23Cr2Ni4MoV 高强钢中的氢主要是被结合能为 10.24 kJ/mol的氢陷阱所捕获。有研究指出[24]，结合能＜30 kJ/mol 的这类较浅的陷阱为可逆氢陷阱，氢容易摆脱这类陷阱的束缚并在材料中迁移。考虑到常温 110 MPa 氢气环境下，30CrMo 钢的氢侵入量只有不到 0.4 ppm[18]，而相同条件下 23Cr2Ni4MoV 高强钢的氢侵入量却高达 4.45 ppm，是前者的 10 倍以上，相比而言，23Cr2Ni4MoV 高强钢更有可能发生常温高压氢损伤。

另一方面，在常温 110 MPa 氢气环境下的 WOL 试验结果表明，23Cr2Ni4MoV 高强钢的氢致开裂应力强度因子门槛值低于 58 MPa・$m^{1/2}$，不足常温大气环境下所测断裂韧性（≥200 MPa・$m^{1/2}$）的 30%，表明其抗氢致开裂性能较差。此外，前期在采用改进型慢拉伸试验方法开展 23Cr2Ni4MoV 高强钢在常温高压氢气环境下的抗氢脆性能研究时也发现，23Cr2Ni4MoV 高强钢的慢拉伸断口呈现脆性断裂特征[25]，且试样表面出现环向开裂现象[26]。而对于具有相近断裂韧性的 30CrMo 钢，在相同常温充氢条件下氢却难以进入 30CrMo 钢，在常温高压氢环境下的拉伸断口也呈现延性断裂特征，常温 110 MPa 氢气环境下的氢致开裂应力强度因子门槛值超过 103 MPa・$m^{1/2}$[18]。在中低压条件下，采用 23Cr2Ni4MoV 这种可焊性差的材料制造压力容器没有必要；在超高压力条件下，材料在氢气环境下的适应性更差。综上所述，23Cr2Ni4MoV 钢不适宜作为常温超高压储氢容器用钢。

表 1　常温 110 MPa 氢气环境下 23Cr2Ni4MoV 高强钢氢致开裂测试结果

编号	初始应力强度因子/(MPa・$m^{1/2}$)	放置时间/h	是否开裂
1	116	1 000	是
2	75	360	是

(续表)

编号	初始应力强度因子/(MPa·$m^{1/2}$)	放置时间/h	是否开裂
3	66	4 500	是
4	62	4 500	是
5	58	4 500	是
6	50	360	否

4 结 论

(1) 在常温 35 MPa 氢气压力下,氢难以侵入 23Cr2Ni4MoV 高强钢中,当氢气压力增加至 70MPa 时,进入 23Cr2Ni4MoV 高强钢的氢浓度急剧增加,且氢侵入量随氢压增大而增加;在常温条件下存在一个氢压门槛值,当氢气压力超过该门槛值时,氢显著侵入 23Cr2Ni4MoV 高强钢。

(2) 23Cr2Ni4MoV 高强钢存在三种类型的氢陷阱,其结合能分别为 10.24,19.93,34.57 kJ/mol;在常温高压氢气环境下侵入 23Cr2Ni4MoV 高强钢的氢主要被较浅的氢陷阱(结合能 10.24 kJ/mol)所捕获。

(3) 常温 110 MPa 氢气下,23Cr2Ni4MoV 高强钢的氢致开裂应力强度因子门槛值低于 58 MPa·$m^{1/2}$,不足常温大气下材料断裂韧性的 30%。综合来看,23Cr2Ni4MoV 高强钢不宜作为常温超高压储氢容器用钢。

参考文献

[1] SAXENA A,FINDLEY K O. Modelling the Effects of Hydrogen Pressure on Fatigue Crack Growth Behavior in SA372 Pressure Vessel Steels; proceedings of the ASME 2022 Pressure Vessels & Piping Conference,F,2022 [C]. V04BT06A026.

[2] HUANG S,HUI H. Predictive environmental hydrogen embrittlement on fracture toughness of commercial ferritic steels with hydrogen - modified fracture strain model [J]. International Journal of Hydrogen Energy,2022,47(19):10777-87.

[3] MA K,ZHENG J,HUA Z,et al. Hydrogen assisted fatigue life of Cr - Mo steel pressure vessel with coplanar cracks based on fatigue crack growth analysis [J]. International Journal of Hydrogen Energy,2020,45(38):20132-41.

[4] MA K,HUA Z,GU C,et al. Effects of crack position on fatigue life of large seamless storage vessels made of 4130X for hydrogen refueling station [J]. International Journal of Hydrogen Energy,2019,44(40):22559-68.

[5] NIBUR K A,SAN MARCHI C,SOMERDAY B P. Fracture and Fatigue Tolerant Steel Pressure Vessels for Gaseous Hydrogen; proceedings of the ASME 2010 Pressure Vessels and Piping Division/K - PVP Conference,F,2010 [C].

[6] MATSUOKA S,MATSUNAGA H,YAMABE J,et al. Various strength properties of SCM435 and SNCM439 low - alloy steels in 115 MPa hydrogen gas and proposal of design guideline,F,2017 [C].

[7] MATSUNAGA H,YOSHIKAWA M,KONDO R,et al. Slow strain rate tensile and fatigue properties of Cr - Mo and carbon steels in a 115 MPa hydrogen gas atmosphere [J]. International Journal of Hydrogen Energy,2015,40(16):5739-48.

[8] DAI H,TANG J,SHI S,et al. Effects of pre - strain on hydrogen - induced stress corrosion

cracking behavior of Q345R steel in hydrofluoric acid vapor environment [J]. Corrosion Communications,2024.

[9] TANG J, SHI S, DAI H, et al. On the role of hydrogen in the stress corrosion cracking behavior of Q345R steel in HF vapor environment [J]. International Journal of Hydrogen Energy, 2023,48(73):28549−66.

[10] DEPRAETERE R, DE WAELE W, CAUWELS M, et al. Influence of stress triaxiality on hydrogen assisted ductile damage in an X70 pipeline steel [J]. Materials Science and Engineering: A, 2023,864:144549.

[11] CAUWELS M, DEPRAETERE R, DE WAELE W, et al. Effect of stress triaxiality on the hydrogen embrittlement micromechanisms in a pipeline steel evaluated by fractographic analysis [J]. Materials Science and Engineering: A, 2023,886:145689.

[12] YADAV S, ACEROS CABEZAS J F, ZADEH DAVANI R K, et al. Synergistic effect of different testing environments on the hydrogen-induced mechanical degradation to establish the role of microstructural features on the failure of X70 pipeline steel [J]. International Journal of Hydrogen Energy, 2023,48(94):36866−82.

[13] PENG S, ZHANG Y−H, CHAI C, et al. Characterization of quasi-cleavage fracture of pre-strained X80 pipeline steel subjected to SSRT tests in gas hydrogen [J]. International Journal of Pressure Vessels and Piping, 2025,214:105448.

[14] MORO I, BRIOTTET L, LEMOINE P, et al. Hydrogen embrittlement susceptibility of a high strength steel X80 [J]. Materials Science and Engineering: A, 2010,527(27−28):7252−60.

[15] ABE J O, POPOOLA A P I, AJENIFUJA E, et al. Hydrogen energy, economy and storage: Review and recommendation [J]. International Journal of Hydrogen Energy, 2019,44(29):15072−86.

[16] REVINOVA S, LAZANYUK I, GABRIELYAN B, et al. Hydrogen in Energy Transition: The Problem of Economic Efficiency, Environmental Safety, and Technological Readiness of Transportation and Storage [J]. Resources, 2024,13(7):92.

[17] ALI M S, HOSSAIN KHAN M S, TUHIN R A, et al. Chapter 9 − Hydrogen energy storage and transportation challenges: A review of recent advances [M] //KHAN M M K, AZAD A K, OO A M T. Hydrogen Energy Conversion and Management. Elsevier. 2024:255−87.

[18] CHEN X, FAN Z, ZHOU Y, et al. Research on the mechanical behavior of commonly used steels for pressure vessels and pipelines in China under ambient temperature and high−pressure hydrogen environment; proceedings of the ASME 2025 Pressure Vessels & Piping Conference, F, 2025 [C]. July 20−25, 2025, Montreal, Quebec, Canada.

[19] CHEN X, FAN Z, XU S, et al. Technological Progress on Safety Assurance for Hydrogen Storage and Transportation Pressure Equipments in China; proceedings of the ASME 2022 Pressure Vessels & Piping Conference, F, 2022 [C]. V001T01A071.

[20] CHEN X, FAN Z, CHEN Y, et al. Development of Lightweight Design and Manufacture of Heavy-Duty Pressure Vessels in China; proceedings of the ASME 2018 Pressure Vessels and Piping Conference, F, 2018 [C]. V01BT01A023.

[21] RAINA A, DESHPANDE V S, FLECK N A. Analysis of thermal desorption of hydrogen in metallic alloys [J]. Acta Materialia, 2018,144:777−85.

[22] CHOO W Y, LEE J Y. Effect of cold working on the hydrogen trapping phenomena in pure iron [J]. Metallurgical Transactions A, 1983,14(7):1299−305.

[23] KIUCHI K, MCLELLAN R B. OVERVIEW NO. 27 − THE SOLUBILITY AND

DIFFUSIVITY OF HYDROGEN IN WELL－ANNEALED AND DEFORMED IRON [M] //ASHBY M F,HIRTH J P. Perspectives in Hydrogen in Metals. Pergamon. 1986:29－52.

[24] FERNáNDEZ－SOUSA R, BETEGóN C, MARTíNEZ－PAñEDA E. Analysis of the influence of microstructural traps on hydrogen assisted fatigue [J]. Acta Materialia, 2020, 199: 253－63.

[25] YANG H,CHEN X,FAN Z,et al. Effect of Hydrogen Pressure on Hydrogen Embrittlement Behavior of 23Cr2Ni4MoV High Strength Steel; proceedings of the ASME 2024 Pressure Vessels & Piping Conference,F,2024 [C]. July 29－August 2,2024,Bellevue,Washington.

[26] LV S,CHEN X,FAN Z,et al. Modified Slow－Strain－Rate Tensile Testing Method for Evaluation of Room－temperature Hydrogen Embrittlement Susceptibility and Its Application to 23Cr2Ni4MoV Steel [J]. Chinese Journal of Mechanical Engineering,2024,37(1):133.

作者简介

杨浩(1992),男,工程师,博士,主要从事金属材料常温高压氢脆与塑性成形研究,通信地址:230031 安徽省合肥市蜀山区长江西路 888 号,E－mail:swordyh1992@163.com。

钛合金氢致损伤机理与性能劣化规律研究进展

周美飒[1]，周笑靥[1]，路笃辉[2]，王目凯[2]

（1. 深圳北理莫斯科大学，广东深圳，518000；2. 中国特种设备检测研究院，北京，100029）

摘　要：核能因其清洁高效特性，成为全球能源结构转型的重要选择，核电站建设的安全性与可靠性至关重要。核电站管道系统运行环境极为恶劣，管道材料的可靠性与耐久性直接关乎核电站的安全运行。钛合金因其优异的力学特性和高温稳定性，在核电站管道系统领域展现出巨大的应用潜力。然而，在含氢环境中，钛合金极易遭受氢致损伤，威胁核电站安全。鉴于此，本文系统梳理核电站管道用钛合金管的主要类型，探讨氢在钛合金中的存在形式、氢致损伤机理及性能劣化规律，并综述氢致损伤防护策略，以期为核电管道用钛合金的优化设计提供理论参考。

关键词：核电用管道；钛合金；氢致损伤；劣化规律

Research progress on hydrogen - induced damage mechanisms and performance degradation of titanium alloys for nuclear applications

ZHOU Meisa[1]，ZHOU Xiaoye[1]，LU Duhui[2]，WANG Mukai[2]

(1. Shenzhen MSU - BIT University，Shenzhen 518000，China；

2. China Special Equipment Inspection and Research Institute，Beijing 100029，China)

Abstract：Due to its clean and efficient characteristics，nuclear energy has become a crucial option for the transformation of the global energy structure，and the safety and reliability of nuclear power plant construction are of paramount importance. The operating environment of the pipeline system in nuclear power plants is extremely harsh，and the reliability and durability of pipeline materials directly impact the safe operation of nuclear power plants. Titanium alloys exhibit significant application potential in the pipeline system of nuclear power plants owing to their excellent mechanical properties and high - temperature stability. However，in hydrogen - containing environments，titanium alloys are highly susceptible to hydrogen - induced damage，posing a threat to the safety of nuclear power plants. In view of this，this paper systematically reviews the main types of titanium alloy tubes used in nuclear power plant pipelines，explores the existence forms of hydrogen in titanium alloys，the mechanisms of hydrogen - induced damage，and the laws of performance degradation. Additionally，it summarizes the protection strategies against hydrogen - induced damage，aiming to provide a theoretical reference for the optimal design of titanium alloys used in nuclear power pipelines.

Keywords：pipelines for nuclear power；titanium alloy；hydrogen - induced damage；degradation laws

0 引 言

在全球能源需求持续攀升的大背景下，核能以其清洁、高效、优质的显著特性，成为世界各国竞相关注的能源形式[1]。根据国际原子能机构的统计数据，2050 年全球核能将突破 11 亿千瓦，因此核电站建设是缓解能源危机、推动低碳转型的关键战略举措。核电站的管道系统运行环境极为恶劣，需长期承受高温、高压以及腐蚀性介质的共同作用[2]。在此情况下，管道结构材料的可靠性与耐久性对核设施安全稳定运行至关重要。

钛合金因比强度高、耐腐蚀性好和高温稳定性佳，在核电站管道领域应用潜力可观[3]。然而，在含氢环境中，钛合金易受氢致损伤[4]，导致力学性能大幅衰退，威胁核电站安全。近年来，核反应堆正朝着更高参数的方向发展，超临界水冷堆、聚变堆等新型堆型不断涌现。在此背景下，氢致损伤问题愈发凸显，深入探究其微观机理与性能演化规律已成为核能领域亟待解决的当务之急。本文概述了钛合金在核电站中的应用现状，重点分析了钛合金氢致损伤机理、钛合金氢致性能劣化规律等方面的研究进展，并探讨了钛合金的抗氢致损伤的相关措施。

1 核电站管道用钛合金管概述

核电站按照反应堆形式的不同可分为压水堆型核电站(PWR)、沸水堆核电站(BWR)、高温气冷堆(HTGR)、重水堆型核电站(PHWR)和快中子增殖型核电站(FBR)等。其中 PWR 技术成熟，安全性高，是目前全球最主流的商用核电堆型[5]。PWR 主要由核岛和常规岛组成，核岛的核心部件包括堆芯、蒸汽发生器、稳压器、主泵和主管道，常规岛包含主蒸汽管道和给水管道两个主要的管道系统，PWR 的内部结构如图 1 所示[6]。

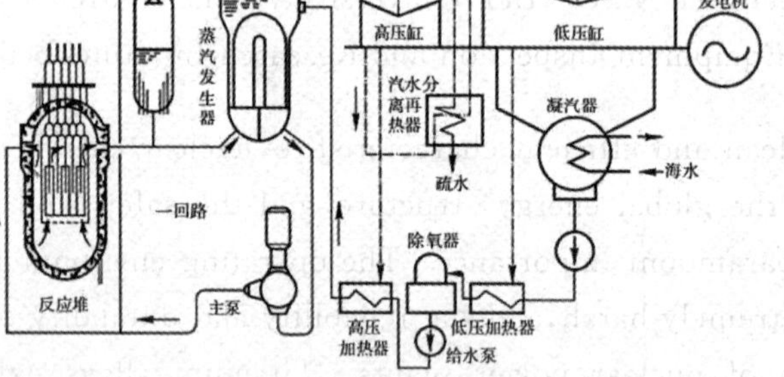

图 1 压水堆核电站工作原理[6]

核电站运行系统对管道材料性能的要求极为严格，这主要源于核燃料的放射性特质以及不同系统面临的严苛服役环境。核岛一回路作为直接接触核燃料的核心区域，其所有承压管道均属核一级材料，部分蒸汽管道则根据安全等级选用核二级或核三级材料[7]。在长时间服役过程中，管道材料会面临着多重挑战，例如，一回路系统因长期处于高温高压水环境，辐照作用会促使冷却水分解产生大量氢气、氢离子等活性物质；二回路系统同样处于高温高压工况，且部分区域存在流动加速腐蚀问题等。这些因素的共同作用会导致氢致损伤成为核电站管道系统的普遍威胁。因此，随着新型反应堆对材料性能要求的不断提升，如何优化核电站管道选材已成为保障核电站长期安全运行的关键挑战。

俄罗斯国家原子能机构的研究表明，钛合金在 250～400 ℃温度下抗辐射能力强，具有低活化、辐射肿胀倾向低及诱导放射性快速衰减的特性。同时，在反应堆辐照环境以及温度高达 400 ℃的水蒸气中，钛合金表现出卓越的耐腐蚀性[8]。在核电站一回路和二回路水中高达 350 ℃的高温下也保持良好的力学性能[9]。因此，钛合金被视为新一代核电材料，在国内外核电领域得到日益广泛地应用。在俄罗斯，已开发出包括 Ti－Al－V，Ti－Al－V－Zr，Ti－Al－Zr－Mo，Ti－Al－V－Mo 及 Ti－Al－V－Mo－Zr 等系列的 α 和近 α 钛合金，并成功应用于传热管、核动力装置及高接触压力阀门等关键结构部件[10-12]。在国内，西北有色金属研究院自主研发的核用 Ti35 合金表现突出，基于该合金制备的耐腐蚀极薄壁钛无缝管材，成功解决了核乏燃料后处理穿地阀波纹管在严苛工况下使用寿命短的技术难题[13]。目前，TA16，TA17，TA7，PT－7M，PT－3V 和 BT5－1 等牌号钛合金已在核电管道系统中实现工程应用，表 1 列出了这些牌号钛合金的化学成分及力学性能参数。

表 1　核电用管道材料成分及力学性能[14-16]

合金牌号	名义化学成分	化学成分含量/%					抗拉强度/MPa	伸长率/%
		Ti	Al	V	Zr	Sn		
TA16(中国牌号) PT－7M(俄罗斯牌号)	Ti－2Al－2.5Zr	余	2.3	—	2.5	—	500～650	22～30
TA17(中国牌号) PT－3V(俄罗斯牌号)	Ti－4Al－2V	余	4.5	2.0	—	—	560～590	10～11
TA7(中国牌号) BT5－1(俄罗斯牌号)	Ti－5Al－2.5Sn	余	5.5	—	—	2.5	958	16

2　钛合金氢致损伤机理

由于核电运行环境的复杂性，尤其是在高温高压水环境及辐照条件下氢的侵入，核电用钛合金在服役过程中面临氢致损伤的严重威胁[17-18]，氢致损伤会导致钛合金管道材料的塑性急剧下降，严重威胁核电设备的安全服役。为准确评估钛合金在核电环境中的使用寿命并确保核电站的安全稳定运行，系统研究核电用钛合金的氢致损伤机理具有重要的理论价值和工程意义。

2.1　氢在钛合金中的行为

2.1.1　氢在钛合金中的存在形式

氢在钛合金中主要以固溶氢和氢化物这两种形式存在，且这两种存在形式均有可能引发氢致损伤[19]。常温下氢在 α－Ti 中溶解度极低，过量的氢则会以氢化物的形式析出。α－Ti 中可形成三种特征氢化物：在低氢浓度时，会从过饱和 α－Ti 基体中析出具有面心四方(FCT)结构的亚稳态 γ－氢化物(γ－TiH)；随着氢含量增加，会形成面心立方(FCC)结构的 δ－氢化物(δ－TiHx，$1.5 \leqslant x \leqslant 1.99$)；以及 ε－氢化物(ε－TiH2)。随着温度升高，氢在钛合金中的扩散速率显著提升，同时其固溶度极限也随之增大。氢同时是一种 β 稳定元素，可以大幅降低 β 相转变温度[20]。而当降温时，高温下溶解在 β－Ti 中的固溶氢则会逸散或以氢化物的形式析出。

2.1.2　氢在钛合金中的扩散与分布

由于氢原子的半径极小，与钛的亲和力很强，很容易扩散到钛基体中。如图 2 所示，在实际的钛及钛合金中往往会存在一定的晶体缺陷(空位、位错以及界面)和夹杂物等，这些位置作为氢陷阱对氢在合金中的固溶会起到较大的影响。低温下，合金中的氢陷阱会对氢原子起到一定的陷阱作用从而阻碍氢原子的扩散；高温下，氢原子能从氢陷阱中脱附出来，因此对扩散影响不大。进入钛及钛合金的氢原子在浓度梯度、温度梯度和应力梯度作用下会向温度低、应力高的方向扩散、迁移和富集。

氢在金属中的扩散行为可划分为正常扩散与异常扩散两大类别。正常扩散表现为氢原子在金属晶格的间隙位置间进行跃迁迁移；异常扩散则包含晶界扩散、位错管道扩散以及隧道扩散等多种具体形式。晶界与位错区域因其结构疏松或存在晶格畸变，能够为氢原子构建快速扩散的通道。氢在钛合金中扩散速率的大小，取决于钛的纯度或合金成分，以及微观结构是 α 还是 β 相。扩散系数可通过方程式(1)表示[21]：

$$D=D_0\exp\left(-\frac{Q}{kT}\right) \tag{1}$$

其中,D 是扩散系数;T 是热力学温度;Q 是扩散激活能;D_0是扩散常数;k 为玻尔兹曼常数。在相同温度条件下,氢在 $\beta-Ti$ 中的扩散系数显著高于其在 $\alpha-Ti$ 中的扩散系数。刘松等[22]通过第一性原理计算,将氢原子分别置于 $\alpha-Ti$ 和 $\beta-Ti$ 的八面体间隙(O)和四面体间隙(T)位点进行研究。结果表明:在 $\alpha-Ti$ 晶格中,氢原子沿 $O-T-T-O$ 路径扩散所需的激活能较低;而在 $\beta-Ti$ 晶格中,氢原子沿 $T-T$ 路径扩散的激活能更低,扩散过程更易进行。此外,氢原子在 $\beta-Ti$ 晶格中沿 $T-T$ 路径迁移所需克服的能量势垒明显小于其在 $\alpha-Ti$ 晶格中沿 $O-T-T-O$ 路径迁移的势垒,这进一步证实了氢原子在 $\beta-Ti$ 中具有更优异的扩散性能。

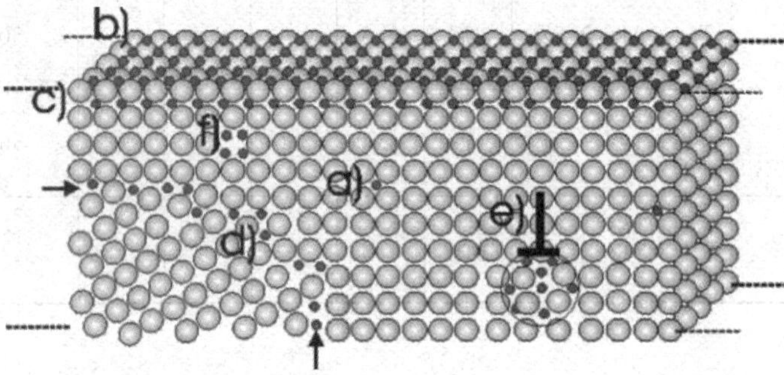

(a)间隙位 (b)表面捕获 (c)次表层捕获 (d)晶界捕获 (e)位错 (f)空位陷阱

图 2 材料中的氢陷阱[23]

关于钛合金中氢化物的分布,研究发现当足够高浓度的氢溶解在相邻的 β 相中时,氢化物会优先在 α/β 界面形成[24]。在 α-Ti 中,氢化物与 α-Ti 常有三种位相关系:基面、柱面,以及介于两者之间的锥面位相关系。LI 等[25]在热锻造的纯钛样品中观测到 δ 氢化物和 γ 氢化物同时存在,通过选择区域电子衍射斑点发现,δ 氢化物与基体之间的取向关系为$<110>_{FCC}//<11-20>_{HCP}$和$<111>_{FCC}//<0001>_{HCP}$,γ 氢化物与基体之间的取向关系为$<110>_{FCT}//<11-20>_{HCP}$和$<001>_{FCT}//<0001>_{HCP}$。

2.2 氢致损伤的主要类型

2.2.1 氢化物形成与断裂(HFF)

1969 年,WESTLAKE[26]提出的氢化物诱导脆性断裂理论,该理论基于金属氢化物相的局部形成及其引发的脆性断裂行为。氢化物的形成与裂纹扩展过程可分为 4 个典型阶段[27]:(1) 氢原子在裂纹前端静水压力驱动下扩散富集;(2) 达到临界氢浓度时氢化物形核并长大;(3) 氢化物尺寸达到临界值时发生解离开裂;(4) 上述裂纹扩展—氢化物形核—长大—解理过程循环进行。钛由于其高化学反应性和较强的与氢结合的键能,是容易形成脆性氢化物的体系,因此 HFF 机理适用于这类体系[28]。

2.2.2 氢促局部塑性变形理论(HELP)

1972 年,基于对氢致开裂断口的仔细观察,BEACHEM 首次提出氢致断裂现象实际上与裂纹尖端促进的局部塑性变形有关[29]。从 20 世纪 80 年代开始,BIRNBAUM[30]及其同事推广了这一观点,如图 3 所示[31]。HELP 理论认为材料的开裂是因为局部的塑性变形而非简单的原子键的断裂。氢扩散到裂尖前端的局部区域是内氢和环境氢促进局部塑性变形机制的必要条件,裂纹路径可能是穿晶或沿晶的,这取决于局部高浓度氢是存在于晶粒内部还是晶界附近。

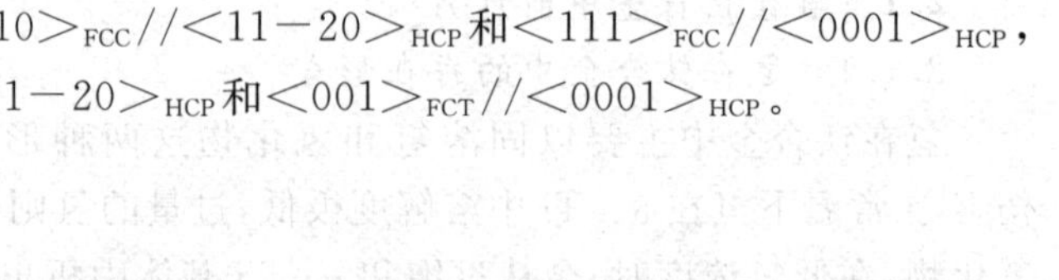

图 3 氢促局部塑性变形理论原理[31]

2.2.3 氢致弱键理论(HEDE)

1926 年,PFEIL[32]首次提出了氢致弱键理论,他认为氢减弱了解理面或晶界的结合能。氢致弱键理论包括电荷转移和原子间键的削弱,认为原子的拉伸分离优先于滑移发生。Troiano 认为,与未施加载荷的区域相比,溶解在材料中的氢在较高的拉应力区域开始富集,在高应力区形成高浓度的氢环境,削弱了金属原子之间的内聚力。ORIANI[33]等定量地发展了弱键理论,在应力辅助扩散过程中,氢倾向于在晶格间隙和裂纹尖端处富集。当晶界处的氢浓度达到临界值时,氢原子会干扰金属原子的电子云分布,削弱原子间的键合作用,导致晶界结合强度下降。此时,施加的拉应力会优先破坏这些弱化的金属键,如图 4 所示,会进一步引发解理裂纹的形核与扩展,从而加速材料的开裂过程[34]。LI[35]等借助原子模拟技术发现,氢原子吸附在钛表面时,其 1s 电子很容易与邻近 Ti 的 p 轨道和 d 轨道电子杂化形成 Ti—H 共价键,且与氢原子越近的 α 钛原子失去电子越多,显正电性绝对值越大,故钛原子间相互排斥作用加强,原子间结合力降低。HAN 等[36]通过第一性原理计算证明,氢的引入会降低 α - Ti 和 β - Ti 晶体中单个金属原子的平均结合能。

2.2.4 氢诱导位错发射理论(AIDE)

1975 年,CLUM[37]基于场离子显微镜的观察,提出氢吸附可能促进位错在表面成核。1976 年,LYNCH[28]首次提出了氢吸附导致位错发射(AIDE)的氢脆机理,在随后的研究中,该机理得到了进一步的发展。如图 5 所示,AIDE 机制结合了 HELP 和 HEDE 两大机制的主要原理,与 HELP 机制考虑溶质氢在基体中可以加速位错的运动不同,AIDE 提出吸附的氢不仅造成裂纹尖端表面处位错的运动,且裂纹尖端处吸附的氢会进一步激发位错发射,并留下空洞[38]。

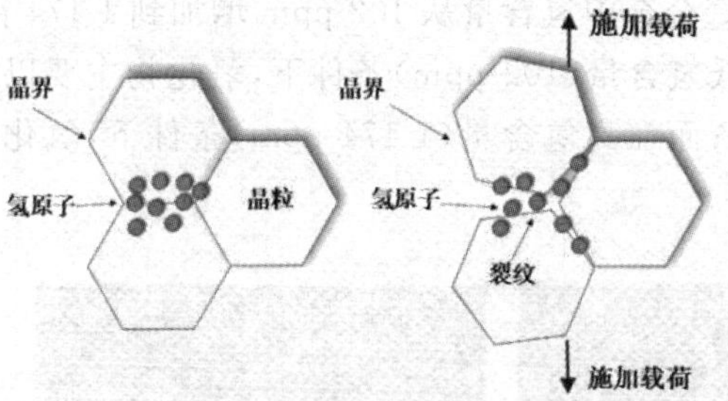

图 4 氢致弱键理论原理[34]

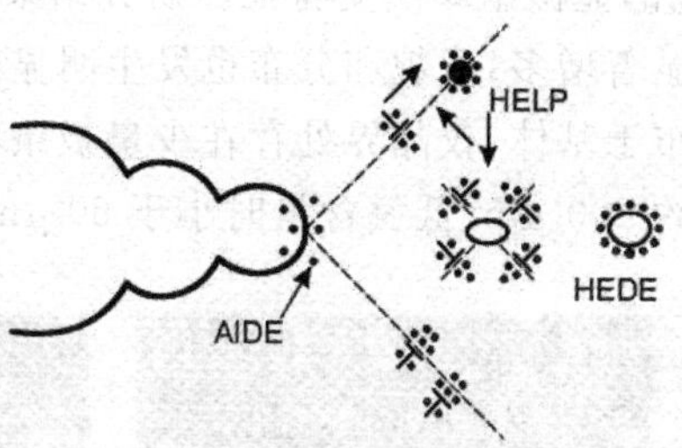

图 5 氢吸附诱导位错发射理论原理[31]

2.2.5 核用钛合金氢致性能劣化规律

俄罗斯是较早开展核用钛合金氢脆研究的国家,普罗米修斯中央研究院为研究钛合金在蒸汽发生器中的应用,对在 250 ℃温度下于核动力船上服役了约 6.5 万小时的 PT - 7M 材料,在试验温度为 20 ℃时,进行了冲击韧性与氢气含量的关系的研究。表 2 中给出了冲击韧性与 PT - 7M 钛中氢含量的关系,发现随着氢含量的增加,合金的冲击韧性急剧下降,显著损害 PT - 7M 合金的塑性[39]。

表 2 冲击韧性与钛中氢含量的关系[39]

编号	氢含量 (*wt*%)	冲击韧性/($J\cdot cm^{-2}$)
1	0.003	1.30
2	0.010	0.30
3	0.025	0.15

何晓沈等[40]等研究系统考察了氢含量对两种新型核电用钛合金(Ti - 2Al - 2.5Zr 与 Ti - 4Al - 2V)力学性能的影响,发现氢元素对 α 型钛合金(Ti - 2Al - 2.5Zr)强度影响有限,但可使 α+β 型钛合金(Ti - 4Al - 2V)强度显著提升 16%;随着氢含量增加,两类合金的断面收缩率均呈现下降趋势,其中当氢含量

超过150 ppm时,Ti-4Al-2V合金表现出更显著的氢脆敏感性,其氢脆行为与晶界氢化物析出直接相关。氢含量对Ti-2Al-2.5Zr合金拉伸性能的影响如图6所示[41],在氢含量30 ppm(原始试样)至1 100 ppm范围内,氢含量的提高使试样的极限抗拉强度和屈服强度均提高,而延伸率则随氢含量的提高而显著降低。在相同温度下,原始试样的延伸率为30%,含1 000 ppm的氢的延伸率为8.5%,氢致塑性损失明显,试样中的氢或氢化物增加了Ti-2Al-2.5Zr合金的脆性。

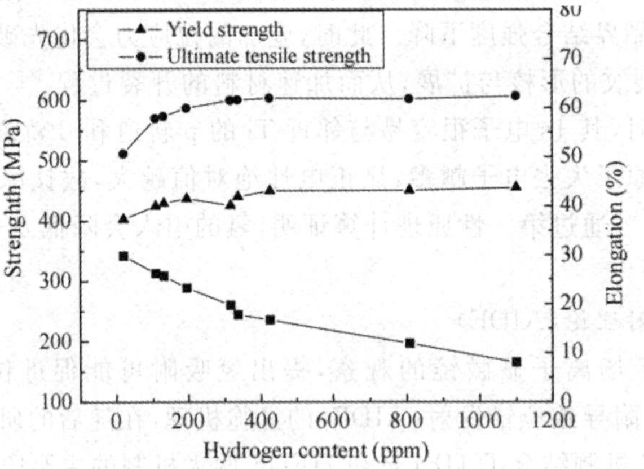

图6　氢含量对Ti-2Al-2.5Zr试样拉伸性能的影响[41]

KIM等[42]对含氢的PT-7M钛合金管的微观结构进行观测,如图7所示,显示了不同氢含量PT-7M钛合金的显微组织演变特征。研究结果表明,随着合金中氢含量从102 ppm增加到1 174 ppm,氢化物的数量显著增多,形貌和分布也发生明显变化:在低氢含量(102 ppm)条件下,氢化物主要以细小弥散颗粒状分布于基体,仅晶界处存在少量板条状氢化物;而在高氢含量(1 174 ppm)条件下,氢化物尺寸显著增大至约200 μm(低氢含量时小于60 μm)。

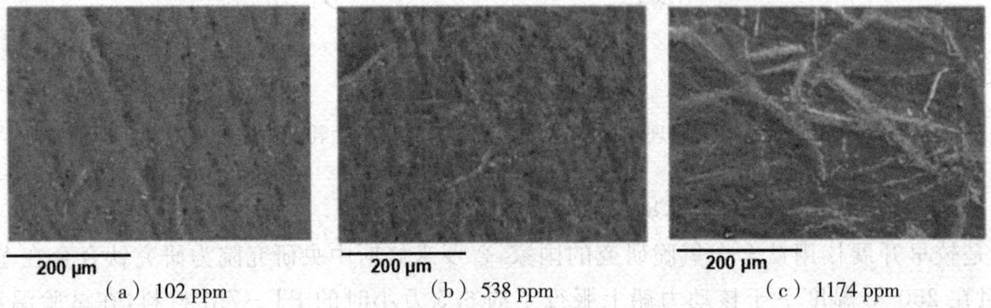

(a) 102 ppm　　(b) 538 ppm　　(c) 1174 ppm

图7　充氢PT-7M钛合金微观结构[42]

SHEN等[43]研究发现氢含量对Ti-2Al-2.5Zr合金疲劳裂纹扩展速率的影响因阶段而异:稳定扩展阶段影响较小,而失稳快速断裂阶段显著加速扩展。随氢含量增加,快速断裂的临界应力强度因子范围(ΔK)降低;高氢含量因氢化物择优开裂导致韧性下降,更易在低ΔK下发生快速断裂。WILLIAMS[44]针对Ti-5Al-2.5Sn钛合金的裂纹生长速率展开研究,发现高应力强度下裂纹扩展由常规体失效机制(如微孔聚合等)主导;中应力强度下氢原子沿α-β相界的扩散输运过程成为裂纹扩展速率的控制因素;低应力强度下氢在相界处形成应变诱导氢化物,通过限制裂纹尖端塑性流动而促进裂纹扩展。

4　改善措施

通过采用表面处理(涂层/改性)和工艺优化等途径可实现核电用管道钛合金抗氢致劣化性能的提

升。表面涂层技术通过在合金表面涂覆其他材料来降低氢渗透率。PRYADKO[45]选用等离子体溅射法制备的 AlN 涂层作为阻氢屏障层,该防护涂层在高温强腐蚀性氢环境中仍表现出卓越的稳定性,可显著降低钛表面催化活性,使氢渗透率降低达一个数量级。此外,非金属类涂层 CrN,TiN,ZrN 和 TiC 以及氧化基微晶玻璃涂层都对钛合金抑制氢脆具有显著效果[46,-47]。表面改性技术则是通过物理、化学或机械方法改变材料表面的组成和结构以优化其性能。激光喷丸技术是较常用到的一种表面改性方法,经喷丸处理的 TC4 钛合金试样在充氢后,虽然显微硬度有所降低,但延伸率明显提高,这表明激光喷丸处理能有效降低其氢脆敏感性[48]。

此外,在金属的冶炼、热处理、酸洗和电镀等加工环节,氢往往会不可避免地进入金属内部,因此需严格控制原料,优化工艺参数以控制钛合金的氢脆敏感性。例如,在惰性气氛或真空保护下进行焊接;热处理中避免还原气氛;在钛合金加工完成后,可采用真空脱氢或焊后退火的方法进行去氢化处理[49-51],都可有效降低钛合金的氢脆风险。

5 结　论

钛合金作为新一代核电材料,在管道系统中具备显著的应用潜力。然而,氢致损伤问题已然成为其安全服役的关键阻碍。本文系统地剖析了核电管道用钛合金氢致损伤的微观机理,重点探讨了氢在钛合金中的存在形式、分布位置以及扩散规律和氢致损伤的主要类型。现有研究表明,随着氢含量增加,氢化物的生成会显著降低钛合金的韧性。基于此,本文总结了当下常用的钛合金改善氢脆方法。展望未来,应着重聚焦于材料微观结构设计,优化晶体结构与组织以抑制氢原子的渗透与聚集;同时构建完善的质量控制与评价标准体系,从而研发出抗氢致损伤性能更优的核电管道用钛合金材料。

参考文献

[1] Knapp V, Pevec D. Promises and limitations of nuclear fission energy in combating climate change [J]. Energy Policy, 2018, 120: 94－9.

[2] Allen T, Busby J, Meyer M, et al. Materials challenges for nuclear systems [J]. Materials today, 2010, 13(12): 14－23.

[3] Gilbert J. The uses of titanium [J]. Materials Science and Technology, 1985, 1(4): 257－62.

[4] Tal－Gutelmacher E, Eliezer D. The hydrogen embrittlement of titanium－based alloys [J]. Jom, 2005, 57: 46－9.

[5] 张禄庆. 压水堆技术发展趋势概述[J]. 中国核电, 2008, (1): 4.

[6] 陈君,康凯,冯钜,等. 压水堆核电站结构材料的腐蚀行为研究进展[J]. 西华大学学报(自然科学版), 2020, 39(3): 104－12.

[7] 成海涛,郭元蓉. 核电用管现状及国产化进展[D], 2008.

[8] Tebus V, Alekseev É, Bobkov Y V, et al. Influence of both reactor irradiation and helium isotopes upon the mechanical properties of titanium and α－titanium alloys [J]. Soviet Atomic Energy, 1982, 53(4): 690－7.

[9] Oryshchenko A, Kudryavtsev A, Mikhailov V, et al. Titanium alloys for shipbuilding and nuclear power engineering [J]. Inorganic Materials: Applied Research, 2012, 3: 497－506.

[10] 赵彬,赵永庆,罗媛媛,等. Cr 含量对核用近 α 钛合金组织与性能的影响[J]. 稀有金属材料与工程, 2019, 48(8): 7.

[11] Chuvil'deev V, Berendeev N, Murashov A, et al. Corrosion－Fatigue Fracture of the Ultrafine－Grained PT－7M Titanium Alloy Fabricated by Rotary Forging [J]. Russian Metallurgy (Metally), 2020, 2020: 767－78.

[12] 张勋业,张秋光,林盼盼,等. Ti 2 AlNb 合金与钛基复合材料的低温固相扩散连接机理[J]. 材

料工程,2021,49(1):95－103.

[13] Xu J, Liu C, Wu J, et al. Three－dimensional microstructure and texture evolution of Ti35 alloy applied in nuclear industry during plastic deformation at various temperatures [J]. Materials Science and Engineering: A, 2021, 819: 141508.

[14] Хлыбов А, Рябов Д, Пичков С, et al. Разработка акустического метода определения степени наводороживания в конструкциях из титановых сплавов [J]. Дефектоскопия, 2019, (4): 8－14.

[15] 黄学伟,蔡力勋,梁波. 基于单轴缺口试样的一种低周疲劳测试方法与应用[J]. 中国测试,2009,35(5):4.

[16] Sun Q, Gu H. Tensile and low－cycle fatigue behavior of commercially pure titanium and Ti－5Al－2.5 Sn alloy at 293 and 77 K [J]. Materials Science and Engineering: A, 2001, 316(1－2): 80－6.

[17] Hua F, Pasupathi P, Mon K, et al. Modeling the hydrogen－induced cracking of titanium alloys in nuclear waste repository environments [J]. JOM, 2005, 57: 20－6.

[18] Hua F, De G C, Gordon G M, et al. Hydrogen induced cracking of titanium alloys in environments anticipated in Yucca Mountain nuclear waste repository [J]. Nace Corrosion, 2005: NACE－05582.

[19] Chang Y, Breen A J, Tarzimoghadam Z, et al. Characterizing solute hydrogen and hydrides in pure and alloyed titanium at the atomic scale [J]. Acta Materialia, 2018, 150: 273－80.

[20] Ilyin A, Kollerov M Y, Mamonov A, et al. Hydrogen influence on martensitic transformation and shape memory effect in titanium alloys [J]. Journal de Physique IV, 1995, 5(C8): C8－1145－C8－50.

[21] Yexin C. Kinetics of hydrogen diffusion in Ti－6Al－4V alloy [J]. Rare Metal Materials and Engineering, 2015, 44(3): 553－6.

[22] 刘松,王寅岗. 氢在钛晶体中扩散行为的第一性原理[J]. 中国有色金属学报,2015,(11):7.

[23] Pundt A, Kirchheim R. Hydrogen in metals: microstructural aspects [J]. Annu Rev Mater Res, 2006, 36(1): 555－608.

[24] Nelson H G. A film－rupture model of hydrogen－induced, slow crack growth in acicular alpha－beta titanium [J]. Metallurgical transactions A, 1976, 7: 621－7.

[25] Xu X, Shi S, Tang Y, et al. Growth of NiAl－layered double hydroxide on graphene toward excellent anticorrosive microwave absorption application [J]. Advanced Science, 2021, 8(5): 2002658.

[26] Westlake D. Generalized model for hydrogen embrittlement [R]: Argonne National Lab., Ill., 1969.

[27] Bloch J, Mintz M H. Kinetics and mechanisms of metal hydrides formation—a review [J]. Journal of Alloys and Compounds, 1997, 253: 529－41.

[28] Lynch S. Mechanisms of hydrogen assisted cracking－a review [J]. Hydrogen effects on material behaviour and corrosion deformation interactions, 2003: 449－66.

[29] Beachem C D. A new model for hydrogen－assisted cracking (hydrogen "embrittlement") [J]. Metallurgical and Materials Transactions B, 1972, 3: 441－55.

[30] Birnbaum H K, Sofronis P. Hydrogen－enhanced localized plasticity—a mechanism for hydrogen－related fracture [J]. Materials Science and Engineering: A, 1994, 176(1－2): 191－202.

[31] Lynch S. Hydrogen embrittlement phenomena and mechanisms [J]. Corrosion reviews, 2012, 30(3－4): 105－23.

[32] Pfeil L B. The effect of occluded hydrogen on the tensile strength of iron [J]. Proceedings of

the Royal Society of London Series A, Containing Papers of a Mathematical and Physical Character, 1926, 112(760): 182—95.

[33] Oriani R. A mechanistic theory of hydrogen embrittlement of steels [J]. Berichte der Bunsengesellschaft für physikalische Chemie, 1972, 76(8): 848—57.

[34] Del—Pozo A, Villalobos J C, Serna S. A general overview of hydrogen embrittlement [J]. Current Trends and Future Developments on (Bio—) Membranes, 2020: 139—68.

[35] Miaoquan L, Xiaoyan Y. Electronic Structure of alpha - Titanium with Hydrogen Using First - Principles [J]. RARE METAL MATERIALS AND ENGINEERING, 2013, 42(5): 925—30.

[36] Han X, Wang Q, Sun D, et al. First—principles calculation of crystal structures and energies of Ti—H system [J]. CHINESE JOURNAL OF NONFERROUS METALS, 2008, 18(3): 523.

[37] Clum J A. The role of hydrogen in dislocation generation in iron alloys [J]. Scripta Metallurgica, 1975, 9(1): 51—8.

[38] Lynch S P. Mechanisms and kinetics of environmentally assisted cracking: current status, issues, and suggestions for further work [J]. Metallurgical and Materials Transactions A, 2013, 44(3): 1209—29.

[39] Верховский А, Гаджиев К, Уртенов Д, et al. Влияние наводороживания и температуры на служебные характеристики титанового сплава [J]. Международный научно — исследовательский журнал, 2021, (1—1 (103)): 57—60.

[40] 何晓沈，曹建玲，邱绍宇，等．氢对两种新型钛合金强度和塑性的影响[J]. 稀有金属材料与工程，2003，(05)：390—3.

[41] Wang L, Luo Q, Liu Y Z, et al. Studies on Hydrogen Embrittlement of Ti—2Al—2.5 Zr Alloy; proceedings of the Materials Science Forum, F, 2009 [C]. Trans Tech Publ.

[42] Kim T—K, Baek J—H, Jeong Y—H, et al. Effect of hydride on the mechanical property of PT—7M titanium alloy; proceedings of the Proceedings of the Korean Nuclear Society Conference, F, 2001 [C]. Korean Nuclear Society.

[43] Zhiping T, Chufeng P, Xiao H, et al. Effect of hydrogen on fatigue crack propagation rate of Ti—2Al—2.5 Zr titanium alloy [J]. Nuclear Power Engineering, 2003, 24.

[44] Williams D P, Nelson H G. Gaseous hydrogen—induced cracking of Ti—5Al—2.5 Sn [J]. Metallurgical Transactions, 1972, 3: 2107—13.

[45] Pryadko T, Dekhtyarenko V, Bondarchuk V, et al. Complex Approach to Protecting Titanium Constructions from Hydrogen Embrittlement [J]. Metallophysics & Advanced Technologies/Metallofizika i Novejsie Tehnologii, 2020, 42(10).

[46] Sarkar S, Datta S, Das S, et al. Hydrogen permeation resistant glass—ceramic coatings for gamma—titanium aluminide [J]. Surface and Coatings Technology, 2009, 204(3): 391—7.

[47] Lee S—C, Ho W—Y, Huang C—C, et al. Hydrogen embrittlement and fracture toughness of a titanium alloy with surface modification by hard coatings [J]. Journal of materials engineering and performance, 1996, 5: 64—70.

[48] Wang X, Zhou J, Huang S, et al. Effect of Laser Peening on Hydrogen Embrittlement Resistance of TC4 Titanium Alloys [J]. Acta Optica Sinica, 2018, 37(9): 0914006.

[49] Гольцова М. Водородные технологии в литье и металлургии: настоящее и будущее (обзор) [J]. Литьё и металлургия, 2018, 4 (93): 45—54.

[50] 王储，孙绍广，高强，等．热处理工艺对 14Cr1MoR 钢组织性能及腐蚀行为的影响[J]. 压力容器，2023，40(6)：7—14.

[51] 刘娟波,成雷,白学刚,等. 超温处理对加氢反应器短时力学性能与长期服役性能的影响[J]. 压力容器,2023,40(10):17-27.

作者简介

周美飒(1997),女,工程师,主要从事钛合金氢脆行为方向的研究,通信地址:518000 广东省深圳市国际大学园路 1 号深圳北理莫斯科大学,E-mail:zzjy0518@163.com。

掺氢天然气中$CO+O_2$协同增强抑制X80管线钢氢脆机制研究

邢百汇[1],高睿哲[1],郑津洋[1,2],花争立[1,2]

(1. 浙江大学 特种装备研究所,杭州 310027;2. 浙江大学 氢能研究院,杭州 310027)

摘　要:气体抑制剂是缓解材料氢环境氢脆的有效途径之一。本文开展了掺氢天然气中$CO+O_2$组合对X80管线钢氢脆耦合抑制作用机制研究,结果表明:总浓度相同时,与CO或O_2单独作用相比,氢环境下掺杂$CO+O_2$具有“1+1>2”的耦合增强抑制氢脆作用,$CO+O_2$能明显提高氢加速疲劳裂纹扩展速率拐点值,拓宽临氢承载件安全使用的应力强度因子范围,显著降低X80钢临氢疲劳裂纹扩展速率,提高X80钢临氢断裂韧度;通过原子尺度计算发现,$CO+O_2$组合使多组分更易进入铁表面势场并形成高覆盖率预吸附分子,从而增强组分对氢在Fe(110)表面上吸附、解离和渗透行为的影响。当氢环境下掺入1 000 vppm CO+1 000 vppm O_2,在$\Delta K<28$ MPa·$m^{1/2}$时抑制疲劳裂纹扩展速率效果达99%以上,并能将X80钢临氢环境断裂韧度提高3~5倍,在服役应力水平下可作为优良的氢脆气体抑制剂。

关键词:管道输氢;氢脆;疲劳裂纹扩展速率;断裂韧性;气体竞争吸附

Study on mechanism of synergistic enhancement of $CO+O_2$ in hydrogen - enriched natural gas for suppressing hydrogen embrittlement in X80 steel

XING Baihui[1],GAO Ruizhe[1],ZHENG Jinyang[1,2],HUA Zhengli[1,2]

(1. Institute of Special Equipment,Zhejiang University,Hangzhou 310027,China;
2. Hydrogen Energy Research Institute,Zhejiang University,Hangzhou 310027,China)

Abstract: Gas inhibitors serve as an effective approach to mitigate hydrogen environment embrittlement (HE) in materials. This study investigates the synergistic inhibition mechanism of $CO+O_2$ mixtures on HE in X80 pipeline steel under hydrogenated natural gas conditions. The results demonstrate that,at equivalent total concentrations,the combination of CO and O_2 exhibits a "1+1>2" coupling - enhanced inhibitory effect compared to individual CO or O_2. The $CO+O_2$ mixture significantly elevates the threshold value of hydrogen - accelerated fatigue crack growth rate (FCGR), broadens the safe applied stress intensity factor (ΔK) range for hydrogen - exposed load - bearing components,and markedly reduces the FCGR of X80 steel in hydrogen environments while enhancing its hydrogen - resistant fracture toughness. Atomic - scale calculations reveal that the $CO+O_2$ combination facilitates the penetration of multi - component molecules into the iron surface potential field,forming densely pre - adsorbed molecular layers with high coverage. This mechanism amplifies the influence of these components on hydrogen adsorption,dissociation,and permeation behaviors on the Fe (110) surface. Under a hydrogen environment with 1000 vppm CO+1 000 vppm O_2,the FCGR inhibition efficiency exceeds 99% at $\Delta K<28$ MPa·$m^{1/2}$,and the fracture toughness of X80 steel increases by 3 ～ 5 times. This combination demonstrates exceptional performance as a hydrogen embrittlement gas inhibitor under service stress conditions.

Keywords: hydrogen transportation pipelines; hydrogen embrittlement; fatigue crack growth rate; fracture toughness; gas competitive adsorption

0 引 言

安全、经济、高效的氢能输送是氢能产业链的重要环节，与其他方法相比，掺氢天然气输送提供了高效可行的输氢方案[1]. 目前大多数天然气管道使用碳钢和管线钢，掺氢后容易产生材料氢脆[2]，主要表现为疲劳裂纹扩展加速和断裂韧性降低[3]。此外，天然气中含有少量的杂质气体，如 O_2，CO，H_2S 和 CO_2 等[4]，掺氢输送时，这些杂质会影响氢的吸附、解离及氢原子侵入，进而影响管材氢脆程度[5]。现有研究表明，CO_2 和 H_2S 会加剧氢脆[6-7]，许多研究者也注意到 O_2 和 CO 对氢脆的抑制作用[8-9]。目前，CO 和 O_2 对氢脆影响的研究主要集中在单组分上，RYOSUKE 等[10]研究发现，向 H_2 中加入 CO 可以抑制氢加速疲劳裂纹扩展。WANG 等[8]计算发现，CO 在 Fe(110)表面预吸附对氢的吸附有显著影响，基于此，STAYKOV 等[11]进行了机制分析，发现 CO 抑制了 H_2 在 Fe(110)面的解离，促进了 H 原子的侵入。许多学者也探讨了 O_2 对钢铁氢脆的影响机制：SOMERDAY 等[9]发现，在 10～1 000 vppm O_2 杂质的 H_2 中，管材裂纹扩展速率减缓，因为 O_2 可以钝化裂纹尖端。然而，随着裂纹扩展，新的裂纹尖端表面无法完全钝化，导致 O_2 对氢脆的抑制作用减弱。STAYKOV 等[12]通过原子尺度分析发现，与 H_2 相比，O_2 分子对铁表面的吸引力较强，导致 O_2 和 H_2 在铁表面争夺吸附位点，O_2 阻碍了 H_2 在铁表面的解离，这可能是 O_2 对氢脆抑制作用的重要原因。由此可知，当 CO 和 O_2 单独作用时，抑制氢损伤机制不同。然而，在掺氢天然气中，这两种气体可能是共存的，单组分研究难以准确描述实际对氢脆的作用机制。

本文探讨了 CO＋O_2 组合下对 X80 管线钢临氢性能的影响，主要开展以下研究：在不同 H_2＋CO＋O_2 气体组分环境下，开展了疲劳裂纹扩展速率和断裂韧度测试，探究了 CO＋O_2 协同作用下对 X80 管线钢临氢力学性能影响作用规律，并通过扫描电子显微镜(SEM)进行了显微表征分析；在微观尺度上，通过分子动力学分析揭示了多组分气体对 Fe(110)表面的竞争机制；最后根据作用规律开展了组合抑制剂应用分析。本文创新思路已获得发明专利“利用一氧化碳和氧气耦合增强抑制管道氢脆系统和方法”授权，CO＋O_2 在服役应力水平下可作为优良的氢脆气体抑制剂。

1 试验和模拟参数

1.1 材料与试样

本研究所用 X80 管线钢取自西气东输三线管道，化学成分见表 1。通过金相显微镜所观察到的金相组织如图 1(a)所示，主要由多边形铁素体和粒状贝氏体组成。

表 1 X80 管线钢化学成分(*wt*%)

元素	C	Si	Mn	P	S	Cr	Mo	Ni	Cu
含量	0.06	0.21	1.77	0.006	0.002	0.26	0.25	0.02	0.01

1.2 疲劳裂纹扩展速率试验

X80 管线钢的疲劳裂纹扩展速率测试气体环境见表 2 所列。试样为缺口(CT)试样，如图 1(b)所示，避开焊缝位置取样，厚度为 12.5 mm，宽度为 60 mm。根据 ASTM 标准 E647－05 对裂纹扩展测试分为两个阶段：预裂 3 mm 裂纹阶段加载频率为 5 Hz，应力比为 0.1；正式实验过程加载频率为 1 Hz，应力比为 0.1。每种测试条件下进行三组平行测试。

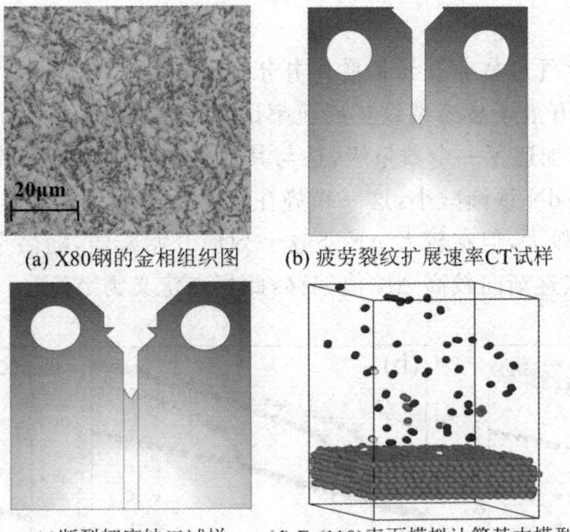

(a) X80钢的金相组织图　(b) 疲劳裂纹扩展速率CT试样

(c)断裂韧度缺口试样　(d) Fe(110)表面模拟计算基本模型

图 1　X80 金相组织、试样形状及模拟模型

表 2　试验气体成分

序号	气体组分(体积比)	符号
1	N_2+20% H_2	C_{H2}
2	N_2+20% H_2+0.05% CO	$C_{(CO)1}$
3	N_2+20% H_2+0.10% CO	$C_{(CO)2}$
4	N_2+20% H_2+0.20% CO	$C_{(CO)4}$
5	N_2+20% H_2+0.05% O_2	$C_{(O2)1}$
6	N_2+20% H_2+0.10% O_2	$C_{(O2)2}$
7	N_2+20% H_2+0.20% O_2	$C_{(O2)4}$
8	N_2+20% H_2+0.05% O_2+0.05% CO	$C_{(CO+O2)1}$
9	N_2+20% H_2+0.10% O_2+0.10% CO	$C_{(CO+O2)2}$
10	N_2	C_{N2}

1.3　断裂韧度试验

断裂韧度采用 J 积分(JIC)方法测量,按照 ISO 12135 中的阻力曲线法进行,CT 试样如图 1(c)所示,有效宽度为 30 mm,厚度为 15 mm。试样预制裂纹阶段预裂长度与处理裂纹长度之和与试样宽度的比值约为 0.56(约 5.5 mm)时,结束预裂过程;正式测试过程采用增量位移法进行测试,加载速率为 0.04 mm/min,卸载速率为 0.8 mm/min。每种测试条件下进行三组平行测试。

1.4　原子尺度计算方法

通过 LAMMPS[13] 软件探究了 H_2 在 Fe(110)面的动态特性,采用 ZOU 等[14] 开发的 ReaxFF 反应力场来描述 Fe、C、O 和 H 原子之间的相互作用。该力场经过大量量子力学计算和实验数据校准,能够有效描述 H_2 在 Fe 表面上的吸附和解离。使用 Material Studio 软件构建模型,模型总高度为 81 Å,真空层高度约为 68 Å,如图 1(d)所示。在 Fe 表面设置了七层吸附面,底层 Fe 原子固定。为确保足够大的表面,系统中共放置 2 800 个 Fe 原子。时间步长为 0.5 fs,模拟在 300 K 下持续 5 ns。

2 结果与讨论

2.1 X80 钢在含氢混合气中疲劳裂纹扩展行为分析

在表 2 所列实验环境中开展了疲劳裂纹扩展速率试验，结果如图 2 所示，与氮气环境相比，氢环境中的疲劳裂纹扩展速率 da/dN 加速了一个数量级，这与其他研究者的结论一致[15]。图 2(a)显示，与 C_{H2} 环境相比，随 CO 含量增加，da/dN 逐渐减小，这一趋势在较小 ΔK 下更为明显。图 2(b)显示，当 ΔK 较小时，O_2 对 da/dN 的抑制作用较大，但在较大 ΔK 下这一效应开始减弱，随微量杂质气体加入，曲线出现拐点，随着 O_2 浓度的增加，拐点逐渐向较高 ΔK 值偏移，此拐点定义为 ΔK_{IP}。

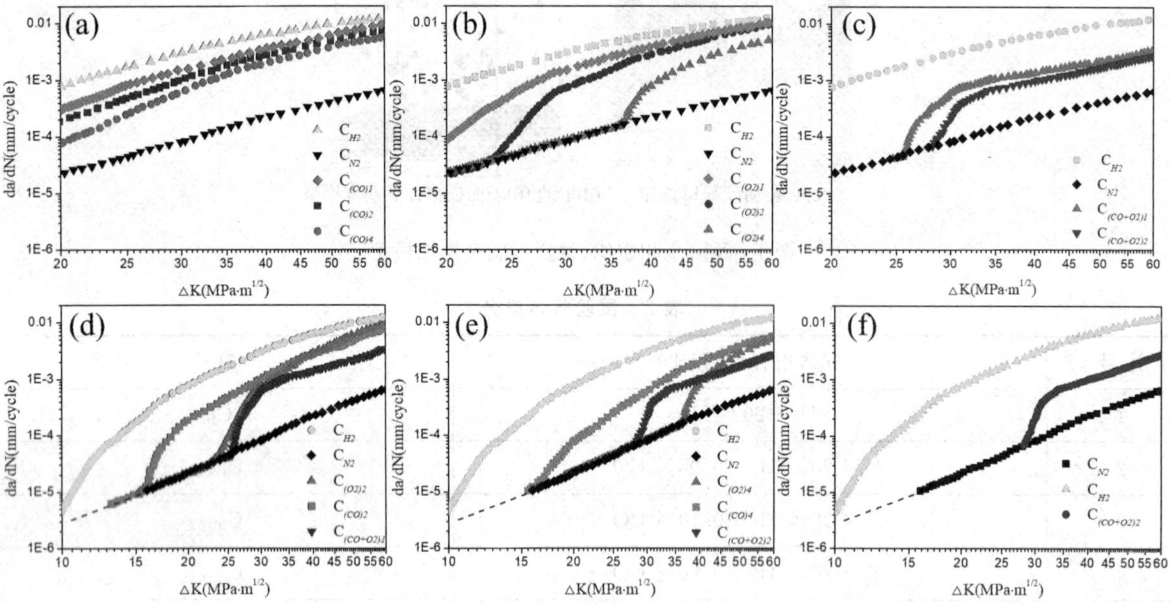

图 2 不同测试条件下 X80 钢材的 da/dN 与 ΔK 的关系

在含 CO 混气中，与 ΔK 的关系最显著特点是 CO 对氢加速裂纹扩展速率的抑制作用。在含 O_2 混气中，da/dN 与 ΔK 的关系的最显著特点是 O_2 对加速裂纹扩展拐点的影响，这与文献[9]的结论一致。随着 O_2 浓度增加，氢加速裂纹扩展的起点向更高的 ΔK 移动。如图 2(c)所示，当 CO 和 O_2 共同作用时，在较高 ΔK 值下，两者共同作用的抑制效应强于单独作用时的抑制效果。图 2(f)显示，当 $\Delta K <$ 28.0 MPa · $m^{1/2}$ 时，在 $C_{(CO+O2)2}$ 环境中，da/dN 被抑制到接近 C_{N2} 的水平。图 2(d)和(e)显示，在相同的杂质浓度下，混合 CO+O_2 对 da/dN 的抑制作用更强。例如，与 C_{H2} 相比，在 $\Delta K=$ 28.0 MPa · $m^{1/2}$ 时，1 000 vppm的 CO 杂质将 da/dN 降低了 70.3%，1 000 vppm 的 O_2 杂质则将 da/dN 降低了 83.2%，而 500 vppm CO + 500 vppm O_2 条件下 da/dN 降低了 89.4%。在表 2 中描述的实验组中，CO+O_2 混合气体对高 ΔK 下的 da/dN 的抑制效应最强。

在不含杂质的氢环境中 ΔK_{IP} 约为 9.0 MPa · $m^{1/2}$，掺入 1000 vppm CO 将 ΔK_{IP} 提高到约 17.4 MPa · $m^{1/2}$，当1 000 vppm O_2 引入氢环境时，ΔK_{IP} 提高到约 23.2 MPa · $m^{1/2}$。拐点受 O_2 浓度的显著影响，随着 O_2 浓度的增加，ΔK_{IP} 也大幅增加，CO 浓度梯度对拐点的影响较小。对于 ΔK_{IP}，CO 和 O_2 的组合没有显著的协同抑制增强效应，因为拐点主要由 O_2 浓度控制。然而，对于 da/dN，CO+O_2 的协同抑制增强效应更加显著，特别是在较高 ΔK 时，这将在图 3 中进一步分析。

根据图 2 中数据，在 $\Delta K=28\sim50$ MPa · $m^{1/2}$ 的范围内以 8 MPa−20% H_2 环境下 da/dN 为基准，定义气体组分对氢加速疲劳裂纹扩展速率抑制程度为 Inf(K)，如下式：

$$\mathrm{Inf}(K)=\frac{da/dN_{(C_{H2})}-da/dN_{(C)}}{da/dN_{(C_{H2})}-da/dN_{(C_{N_2})}} \tag{1}$$

如图 3 所示，随 CO 和 O_2 浓度增加，对 da/dN 的抑制作用逐渐加强。在相同总浓度下，CO 和 O_2 的组合作用下表现出显著更强的抑制效果。例如，在 $\Delta K = 50$ MPa · $m^{1/2}$ 时，$C_{(CO)2}$ 环境中 da/dN 的抑制效果为 50%，$C_{(O2)2}$ 环境为 40.1%，而 $C_{(CO+O2)1}$ 环境为 81%，说明总浓度相同情况下，CO＋O_2 组合能够对 da/dN 有更明显的抑制作用。

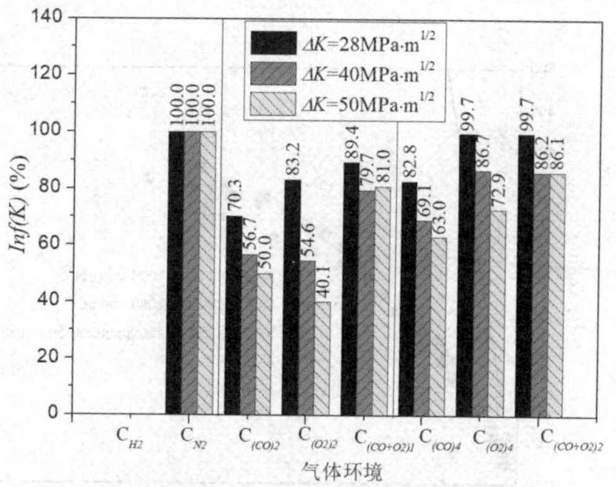

图 3　不同气体组分对氢加速疲劳裂纹扩展速率抑制程度

如图 4 所示，试样断面形貌通过扫描电子显微镜（SEM）观察，裂纹扩展方向为观测区域从上到下的方向。图 4(a)显示了 X80 钢在 C_{N2} 环境中的断面特征，高密度滑移带的出现意味着材料经历了显著的塑性变形，这种变形通常与材料受到循环载荷作用有关，尤其在疲劳裂纹扩展的早期阶段，裂纹尖端的塑性区会不断加大，形成连续的滑移带并伴随有疲劳条纹的产生，表明该环境中 da/dN 保持在相对较低水平，反映出韧性断裂模式主导着该环境下的裂纹扩展行为。

在 C_{H2} 环境中，出现了多个二次裂纹和复杂断裂面，这表现出一种典型的准劈裂断裂模式，这与氢诱发的脆性断裂相关联。在图 4(c) (d)所示的环境中，也可见到类似的断裂模式，包括河流状图案和弯曲撕裂脊的形成。由于 CO 和 O_2 的共同作用，材料的断裂过程呈现出混合的断裂行为，撕裂脊的出现可能为主裂纹的扩展提供了重要的驱动力，随环境条件变化，二次裂纹长度和深度逐渐减小，表明裂纹扩展抑制作用增强。结合图 4(a)和(e)发现，CO＋O_2 组合气体环境下断口形貌更接近于氮气环境下韧性断裂模式，说明 CO 与 O_2 的联合作用能够有效地抑制氢引起的脆性断裂。

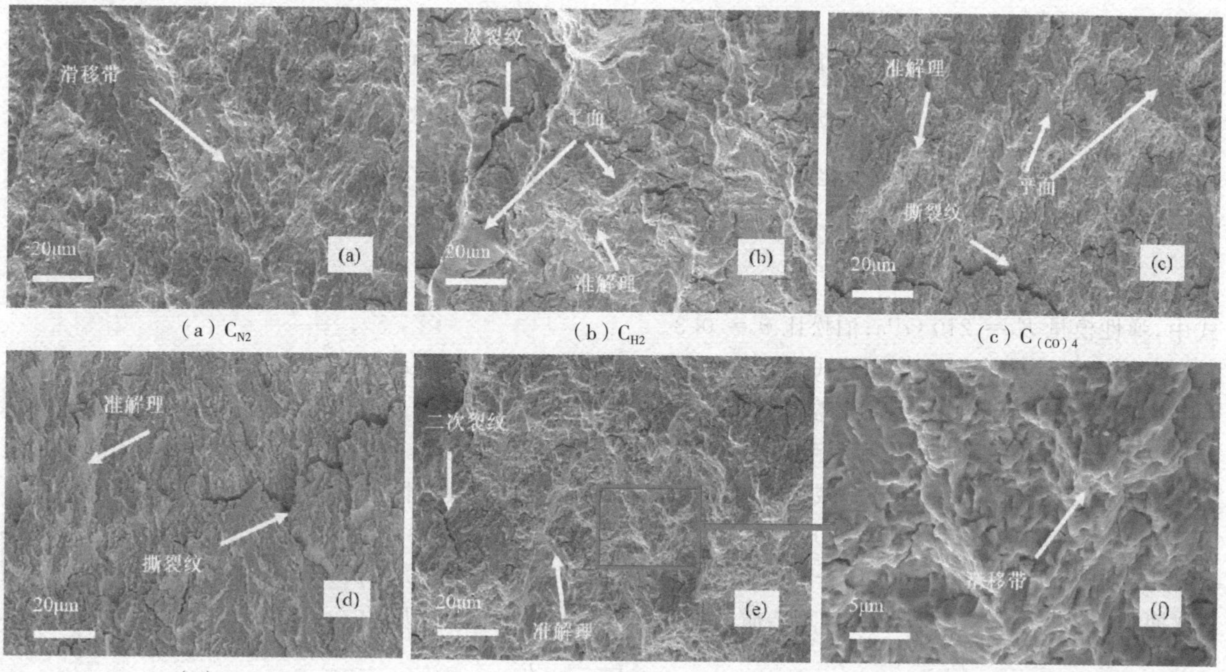

(a) C_{N2}　(b) C_{H2}　(c) $C_{(CO)4}$

(d) $C_{(O2)4}$　(e) $C_{(CO+O2)4}$　(f) 图5 (e) 中标记区域在 $\Delta K = 50$ MPa · $m^{1/2}$时的放大图

图 4　各掺杂气体环境下裂纹扩展试样断面 SEM 形貌图

2.2　X80 钢在含氢混合气中断裂韧性演化规律

图 5 给出了不同气体环境中 J 积分与裂纹长度增量之间的关系。图 5(a)和(b)中曲线与 0.2 mm 偏

置钝化线的交点纵坐标为 J_{IC} 值,横坐标为 X_J 值,试样处于平面应变状态。

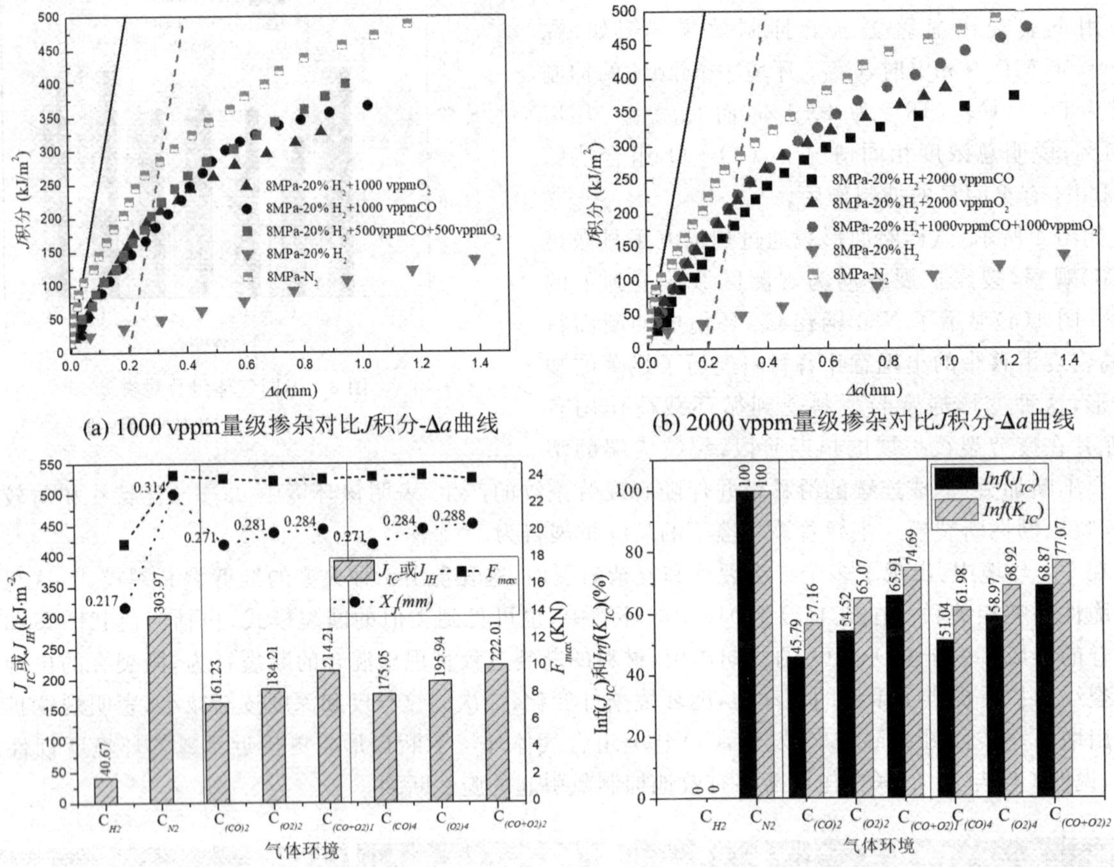

(a) 1000 vppm量级掺杂对比 J 积分-Δa 曲线

(b) 2000 vppm量级掺杂对比 J 积分-Δa 曲线

(c) J_{IC} 或 J_{IH}, $F_{\max}$, X_J 参数对比

(d) $\mathrm{Inf}(J_{IC})$ 和 $\mathrm{Inf}(K_{IC})$ 程度对比

图 5 X80 在不同浓度 CO 和 O_2 混氢环境中的断裂韧度测试

图 5(c) (d)给出了各参数变化规律和影响程度。K_{IC} 通过公式(2)计算:

$$K_{IC}=\sqrt{\frac{E J_{IC}}{1-v^2}} \tag{2}$$

式中,弹性模量 $E = 210$ GPa;泊松比 $v = 0.3$。

如图 5 所示,与氮气环境相比,C_{H2} 环境中断裂韧度明显下降,J_{IC} 值从 303.97 kJ/m2 降至 40.67 kJ/m^2,$F_{\max}$ 从 24.17 kN 降至 19.10 kN,裂纹开口位移 X_J 从 0.314 mm 降至 0.217 mm。在 C_{N2} 环境中,随载荷增加,裂纹经历了显著的钝化和应变硬化,需要更多能量来激活裂纹。相比之下,在 C_{H2} 环境中,氢在裂纹尖端的积累加速了裂纹张开并减缓了裂纹钝化,从而降低了断裂韧性[16]。

如图 5(a)和(b)所示,引入 CO 和 O_2 后,在 2 000 vppm 量级掺杂中,抑制氢降低断裂韧度过程作用效果强弱顺序为:1 000 vppm CO+1 000 vppm O_2 抑制效果>2 000 vppm O_2 抑制效果>2 000 vppm CO 抑制效果。通过公式(3)(4)计算杂质的抑制程度 $\mathrm{Inf}(J_{IC})$ 和 $\mathrm{Inf}(K_{IC})$:

$$\mathrm{Inf}(J_{IC})=\frac{J_{IC-C}-J_{IC-C_{H2}}}{J_{IC-C_{N2}}-J_{IC-C_{H2}}} \tag{3}$$

$$\mathrm{Inf}(K_{IC})=\frac{K_{IC-C}-K_{IC-C_{H2}}}{K_{IC-C_{N2}}-K_{IC-C_{H2}}} \tag{4}$$

式中,J_{IC-C} 和 K_{IC-C} 是不同气体环境下的 J_{IC} 和 K_{IC} 试验值,如图 5(d)所示,此处定义氮气环境中的抑制效果为 100%。

在 $C_{(CO+O_2)2}$ 环境中，CO 和 O_2 能显著抑制氢引起的断裂韧性下降，J_{IC} 抑制效果达 68.87%，K_{IC} 抑制效果达 77.07%。CO 或 O_2 在裂纹尖端的预吸附可能影响氢的渗透和积聚，从而产生一定的裂纹尖端钝化。图 5(c) (d)显示，$C_{(CO+O_2)1}$ 和 $C_{(CO+O_2)2}$ 的 J_{IC}，F_{max}，X_J 参数明显高于相同总浓度下单一组分掺杂结果。这表明，在总浓度相同条件下，CO 和 O_2 的协同作用在抑制断裂方面比单独的 CO 或 O_2 更有效，CO 和 O_2 对 X80 管线钢断裂韧度具有耦合抑制增强作用。

2.3 $CO+O_2$ 组分对氢脆"1+1>2"作用规律微观机制

在 2.1—2.2 节中疲劳裂纹扩展和断裂韧度试验均显示出相同规律：在相同总浓度下，CO 和 O_2 的联合作用强于 CO 或 O_2 单独作用，在本节中，进行了微观机制分析。在 Fe(110)表面模型中，设定了 1.6 MPa 的 H_2，并建立了 4 个计算系统：$Fe+H_2$、$Fe+6CO+H_2$、$Fe+6O_2+H_2$ 和 $Fe+3CO+3O_2+H_2$。图 6 给出了 Fe(110)表面第一个 H_2 吸附、第一个 H_2 解离和 5 ns 后的表面状态。

图 6(a) (b) (c)显示，在无杂质表面上，一个氢分子在 0.20 ps 内吸附，并且第一个氢分子在 1.35 ps 内解离。如图 6(d) (e) (f)和(g) (h) (i)所示，当 CO 和 O_2 分子存在时，它们优先吸附在铁表面。这是因为与 H_2 相比，CO 和 O_2 分子在表面上具有更稳定的吸附能量[17]。然而，图 6(e) (h)显示，表面的 CO 和 O_2 分子可能已经达到饱和，有些分子仍然处于自由状态。吸附的 CO 和 O_2 分子延迟了第一个氢分子吸附和解离的过程，意味着 CO 和 O_2 的存在抑制了 H_2 的吸附和解离过程。图 6(j) (k)显示，当 CO 和 O_2 共同作用时，CO 和 O_2 都没有达到饱和，因此两种气体都完全吸附到表面，形成了更多的预吸附分子，这种效应也延长了第一个氢分子吸附和解离的时间。这与 2.1—2.2 节中观察到结果一致，CO 和 O_2 共吸附增加了表面饱和度是 CO 和 O_2 联合作用表现出更强抑制效应的主要原因。

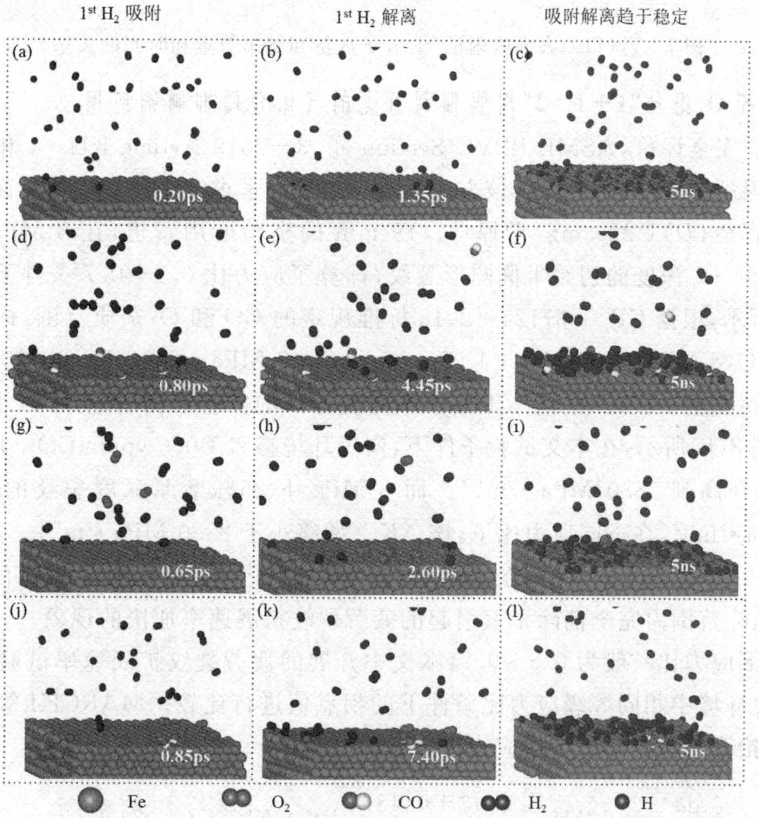

(a)(b)(c) $Fe+H_2$ (d)(e)(f) $Fe+6CO+H_2$

(g)(h)(i) $Fe+6O_2+H_2$ (j)(k)(l) $Fe+3CO+3O_2+H_2$

图 6 不同系统中 H_2 分子的动态行为

图 7 是图 6 计算过程氢气分子和氢原子量随时间变化规律。图 7(a)表明,表面吸附 H_2分子数量随时间先增加后减少,这是因为 H_2分子吸附速率和 H_2分子解离速率不同,吸附的 H_2分子在解离之前会随着时间的推移累积,然后逐渐达到相对平衡状态。在 C_{H2}系统中,表面吸附的 H_2分子在 202 ps 后达到峰值,表面吸附的 H_2分子数量为 37 个。将 CO 或 O_2引入系统后,吸附的 H_2分子数量的峰值增加,达到峰值的时间也有所延迟。这表明,尽管 CO 和 O_2分子抑制了 H_2分子在表面的解离,但也增加了吸附的 H_2分子的积累。在 C_{CO+O2}系统中,H_2分子吸附的峰值最高,这表明 CO+O_2的协同效应可以增强 H_2解离的抑制,从而在表面上积累更多的吸附氢分子。图 7(b)显示了表面上解离的氢原子数量随时间变化的情况,CO+O_2环境下氢解离速率最慢,因此在相同时间内吸附氢原子量最小。

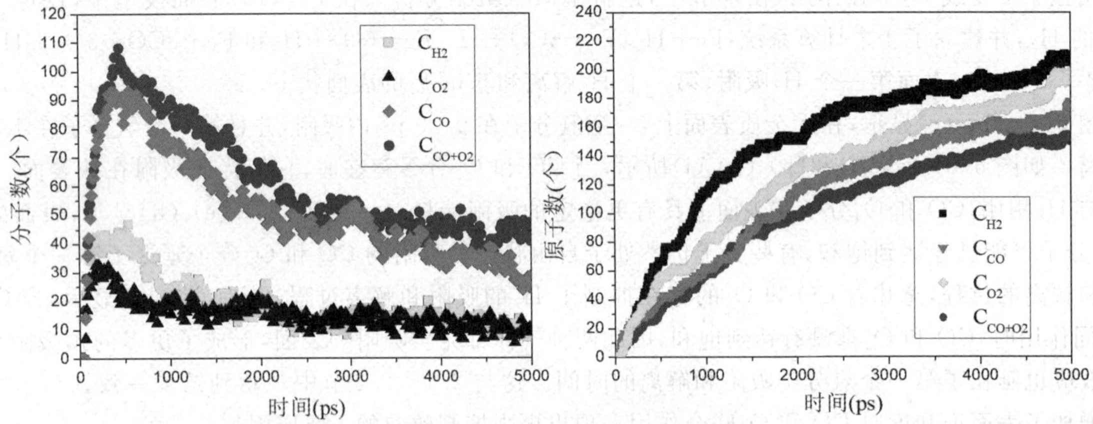

(a) Fe(110)表面吸附H_2分子数-时间关系　　(b) Fe(110)表面吸附H原子数-时间关系

图 7　Fe(110)表面吸附的 H_2分子数量和解离数量和时间的关系

2.4　基于 CO 和 O_2组分"1+1>2"增强抑制氢脆的气体介质抑制剂应用

对于天然气管道安全评价,ASME BPVC Section Ⅷ.3—2019 Article KD—4 和 API 579 中建立了基于断裂力学的容限裂纹尺寸评估方法,该方法通过弹塑性力学求解内压圆柱内表面轴向裂纹应力强度因子。本研究基于直径(D)1 219 mm 壁厚(l_0)19 mm 的实验所用管道,在 8 MPa 服役环境下,预设 1 mm,10%·l_0,25%·l_0深度的初始半椭圆形裂纹,计算了应力比 0.1~0.7 条件下的裂纹尖端应力强度因子,如图 8(a)所示,根据 GB/T 37124—2018 标准规定的 CO 和 O_2杂质范围,标记了 8 MPa—20% H_2+1 000 vppm CO,8 MPa—20% H_2+1 000 vppm O_2,8 MPa—20% H_2+1 000 vppm CO+1 000 vppm O_2环境中的拐点值 ΔK_{IP}。根据 2.1 节中不同组分下的实验数据,拟合了以上组分环境下的 da/dN—ΔK 曲线,如图 8(b)所示,在本文试验条件下,向氢环境掺入 1 000 vppm CO+1 000 vppm O_2时,引起的重合拐点 ΔK_{IP}升高到 28.0 MPa·$m^{1/2}$。而 8 MPa 下 25%壁厚深度裂纹的尖端应力强度因子 ΔK_{max}为 25.96 MPa·$m^{1/2}$,在不同应力比下,该 ΔK_{max}始终小于 28.0 MPa·$m^{1/2}$。分析图 8(b)可知,掺入 1 000 vppm CO+1 000 vppm O_2时,在 ΔK<28.0 MPa·$m^{1/2}$范围内,混氢环境下的 da/dN 与氮气环境下的近似,在该 ΔK 范围内完全消除了氢引起的疲劳裂纹扩展速率加快的现象。

管道服役环境下应力比一般为 0.5~0.7,本文中开展的疲劳裂纹扩展速率试验均为应力比 0.1,因此,需要用管道服役环境中相同等级应力比条件下的拐点值进行比较。MARCHI 等[18]针对管线钢疲劳裂纹扩展速率曲线抬升阶段提出了考虑应力比变化的 da/dN—ΔK 的关系公式:

$$\frac{\mathrm{d}a}{\mathrm{d}N}=3.5\times10^{-14}\times\left(\frac{1+0.43R_0}{1-R_0}\right)\times\Delta K^{6.5}\times(0.071P^{0.51})\tag{5}$$

利用公式(5)对图 8(b)中开始抬升阶段的曲线进行修正,代入不同应力比 0.3~0.7,并与应力比 0.1 条件下数据进行对比计算,得到不同应力比下的 ΔK_{IP}修正值如表 3 所示。

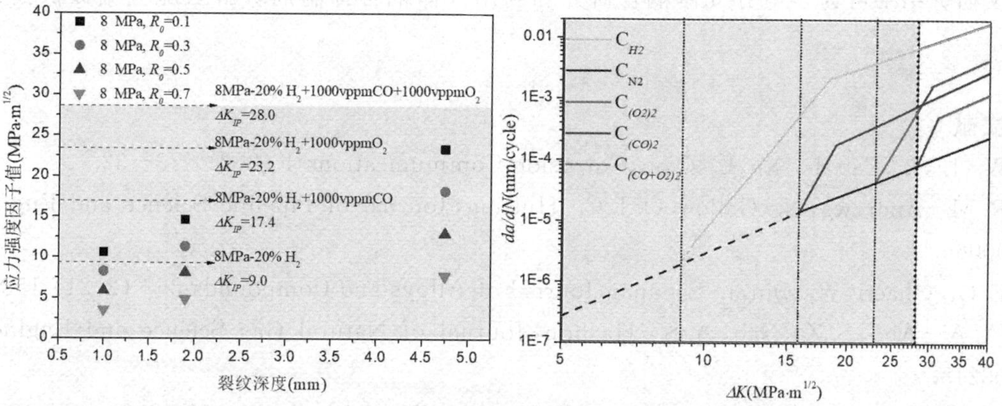

(a) 直径1219mm管道不同初始裂纹尺寸的应力强度因子　　(b)不同组分环境下的da/dN-ΔK拟合曲线

图 8　管道材料应力强度因子-初始裂纹尺寸曲线和 da/dN-ΔK 拟合线

表 3　不同环境和应力比条件下 ΔK_{IP}修正值

项目	不同气体环境	应力比 R_0			
		0.1	0.3	0.5	0.7
ΔK_{IP}/ ($MPa\cdot m^{1/2}$)	8 MPa~20% H_2	9.0	8.9	8.7	8.5
	8 MPa~20% H_2+1 000 vppm CO	17.4	17.1	16.8	16.3
	8 MPa~20% H_2+1 000 vppm O_2	23.2	22.9	22.4	21.8
	8 MPa~20% H_2+1 000 vppm CO+1 000 vppm O_2	28.0	27.6	27.0	26.3

可以发现,ΔK_{IP}随应力比变大逐渐变小,但影响程度较小,在应力比 0.5~0.7 范围内,初始裂纹尖端应力强度因子仍然在修正后的 ΔK_{IP}范围内。结合图 8 可以推断,在该应力比范围内,掺入 1 000 vppm CO 微量抑制剂就能够覆盖该管道 25%以下壁厚深度裂纹引起的应力集中风险。断裂力学进行疲劳寿命计算时需要确定初始裂纹尺寸,该裂纹尺寸一般被认为是容器制造过程中无损检测所能检测的最小裂纹尺寸[19-20]。根据 NB/T 47013.3—2023 和 KHKS 0220 等标准的相关规定,16 mm<壁厚<51 mm 的管道所能检测到的最小初始裂纹深度为 1.1 mm。根据图 8 和表 3 可知,在此裂纹深度下,当管道服役环境下应力比 0.5~0.7 时,裂纹尖端最大应力强度因子在 5~10 $MPa\cdot m^{1/2}$,可能会超过氢环境下的 ΔK_{TH},但掺入 1 000 vppm CO+1 000 vppm O_2后,ΔK_{IP}可以完全覆盖这一范围,在该环境下满足了安全使用寿命设计条件。

3　结　论

本研究探讨了 CO 和 O_2协同作用下对 X80 钢氢脆的抑制作用机制研究,具体结论如下:

(1)总浓度相同时,与 CO 或 O_2单独作用相比,掺杂 CO+O_2对 X80 钢氢脆具有"1+1>2"的耦合抑制增强作用。CO 和 O_2能明显提高氢加速疲劳裂纹扩展速率拐点值,拓宽临氢承载件安全使用的应力强度因子范围,显著降低疲劳裂纹扩展速率,提高断裂韧性。

(2)微观分子动力学计算揭示了 CO+O_2的联合作用能够实现更高的杂质分子覆盖。在 CO+O_2的联合作用下,更容易形成高浓度的预吸附分子覆盖,从而增强了组分对氢分子解离和氢原子渗透的抑制作用。

(3)当 ΔK<28 $MPa\cdot m^{1/2}$时,在 8 MPa-20% H_2环境中引入 1 000 vppm CO+1 000 vppm O_2可以完全消除氢对 X80 管线钢疲劳裂纹扩展速率的影响,此时 da/dN 曲线与氮气环境中的曲线一致,该 ΔK 涵盖了裂纹深度达到管道壁厚 25%时(直径 1 219 mm,壁厚 19 mm 管段)的应力集中程度。

本论文研究结果可为多组分气体耦合研究和利用气体耦合抑制剂缓解氢脆应用提供技术和理论支撑。

参考文献

[1] W. Li,R. Cao,L. Xu,L. Qiao,Corrosion Communications 4 (2021) 23－32.

[2] R. M. Andrews,N. Gallon,O. J. C. Huising,Journal of Pipeline Science and Engineering 2 (2022) 100066.

[3] E. G. Ohaeri,W. Qin,J. Szpunar,Journal of Alloys and Compounds 857 (2021) 158240.

[4] A. A. Abd,S. Z. Naji,A. S. Hashim,Journal of Natural Gas Science and Engineering 76 (2020) 103218.

[5] W. K. Kim,S. U. Koh,B. Y. Yang,K. Y. Kim,Corrosion Science 50 (2008) 3336－3342.

[6] C. Zhou,Y. He,J. Jiang,K. Zhang,D. Tang,H. Zhu,J. Shang,G. Sun,M. Wang,L. Zhang,M. Wu,J. Zheng,Corrosion Science 207 (2022) 110594.

[7] Y. Long,W. Song,A. Fu,J. Xie,Y. Feng,Z. Bai,C. Yin,Q. Ma,N. Ji,X. Kuang,Corrosion Science 194 (2022) 109926.

[8] T. Wang,X. Tian,Y. Yang,Y. －W. Li,J. Wang,M. Beller,H. Jiao,Catalysis Today 261 (2016) 82－92.

[9] B. P. Somerday,P. Sofronis,K. A. Nibur,C. San Marchi,R. Kirchheim,Acta Materialia 61 (2013) 6153－6170.

[10] R. Komoda,K. Yamada,M. Kubota,P. Ginet,F. Barbier,J. Furtado,L. Prost,International Journal of Hydrogen Energy 44 (2019) 29007－29016.

[11] A. Staykov,R. Komoda,M. Kubota,P. Ginet,F. Barbier,J. Furtado,J. Phys. Chem. C 123 (2019) 30265－30273.

[12] A. Staykov,J. Yamabe,B. P. Somerday,International Journal of Quantum Chemistry 114 (2014) 626－635.

[13] Y. Arman,B. S. Nugroho,J. Phys. :Conf. Ser. 1816 (2021) 012084.

[14] C. Zou,A. C. T. Van Duin,D. C. Sorescu,Top Catal 55 (2012) 391－401.

[15] J. Shang,W. Chen,J. Zheng,Z. Hua,L. Zhang,C. Zhou,C. Gu,Scripta Materialia 189 (2020) 67－71.

[16] Yuhei Ogawa,Osamu Takakuwa,Akinobu Shibata,International Journal of Hydrogen Energy 102 (2025) 1507－1529.

[17] B. Xing,R. Gao,H. Wei,J. Shang,Z. Hua,International Journal of Hydrogen Energy 54 (2024) 729－739.

[18] San Marchi C,Ronevich J A,Pressure Vessels and Piping Conference,2024,88506.

[19] 刘镇溪,周少坤,徐辉,等. 国产超高压爆破片静载及疲劳寿命试验研究[J]. 压力容器,2024,41(11):12－18.

[20] 韩涛,温晓峰,刘宇,等. X80管线钢自动焊焊缝冲击能量分配研究[J]. 压力容器,2024,41(6):30－35.

作者简介

邢百汇,男,主要从事氢能储运及氢安全、掺氢天然气方向的研究,通信地址:310027 浙江省杭州市西湖区浙江大学玉泉校区特种装备楼,E－mail:bhxing@zju. edu. cn,电话:15868844628。

低温气体渗碳对增材制造316L不锈钢力学与摩擦学性能的影响研究

赵贞旭,冯雅健,彭亚伟,巩建鸣
(南京工业大学 机械与动力工程学院,南京 211816)

摘　要:本研究采用低温气体渗碳技术对增材制造316L不锈钢进行表面强化,系统评估其力学性能与摩擦学行为的变化。结果表明,低温气体渗碳于试样表面形成高硬度、高压缩残余应力的强化层。该强化层对力学性能影响不显著,小幅提升屈服强度与抗拉强度,延伸率略有降低。摩擦试验结果显示,渗碳后磨损率降低一个数量级,磨损机制发生转变。进一步分析表明,该性能提升主要归因于渗碳层引入的高硬度以及随之改变的磨损机制。

关键词:增材制造;低温气体渗碳;摩擦磨损;力学性能

Effectof low－temperature gaseous carburizing on mechanical and tribological properties of additively manufactured 316L stainless steel

ZHAO Zhenxu,FENG Yajian,PENG Yawei,GONG Jianming
(School of Mechanical and Engineering,Nanjing Tech University,Nanjing 211816,China)

Abstract:In this study, low - temperature gaseous carburizing was applied to surface－harden additively manufactured (AM) 316L stainless steel, and its effects on mechanical properties and tribological behavior were systematically evaluated. The results show that the treatment forms a hardened layer with high hardness and compressive residual stress on the surface. This strengthened layer exhibited negligible impact on mechanical properties, with minor increases in yield and tensile strength and a slight reduction in elongation. Wear tests reveal that the wear rate decreases by an order of magnitude after carburizing, accompanied by a change in wear mechanism. Further analysis attributes the performance improvement to the increased surface hardness and the altered wear mechanism induced by the carburized layer.

Keywords: Additive manufacturing; low－temperature gaseous carburizing; friction and wear; mechanical property

0 引　言

增材制造(additive manufacturing,AM)技术凭借其在复杂结构成形与材料利用率提升方面的独特优势,已在航空航天、能源装备等领域展现出广泛应用前景[1-2]。AM能够突破传统制造工艺在结构设计与加工精度方面的限制,实现高复杂度、高集成度零部件的一体化制造,有效降低材料浪费与生产成本,正逐步成为高端制造领域技术发展的关键支撑。

316L不锈钢由于在AM过程中经历快速熔凝成形,有效抑制了δ-铁素体及碳化物析出,具有优异的成形稳定性,同时形成纳米氧化物沉淀强化[3-4],因此被认为是最适合增材制造的材料之一。其优秀耐腐蚀性能与良好生物相容性,使其在海洋工程与医疗器械领域展现出重要应用价值[5]。此外,增材制造技术赋予316L不锈钢极高的结构设计自由度,使其能够实现传统加工方法难以制备的复杂几何结构。然而AM 316L不锈钢较低的表面硬度,导致其在摩擦磨损服役环境下应用受到显著制约[6]。因此,发展有效的表面强化技术以提升其摩擦学性能,已成为当前增材制造316L不锈钢研究的重要方向之一。

低温气体渗碳表面强化作为针对奥氏体不锈钢最有效的表面强化方式之一,在传统制造的奥氏体不锈钢材料中得到了广泛运用。低温气体渗碳表面强化是指在温度低于500 ℃,通过活化处理去除不锈钢表面Cr_2O_3,再进行气体渗碳,得到过饱和碳含量的膨胀奥氏体相(S相)。其表面硬度与杨氏模量均显著高于奥氏体相[7-8],相较于传统的热化学表面处理(如900 ℃以上高温渗碳、高温渗氮),更为重要的是其耐蚀性能非但未发生显著衰减,反而呈现出一定程度的提升[9-11]。在增材制造奥氏体不锈钢的表面强化领域,低温气体渗碳技术相较于传统制造材料展现出更优的适配性。这主要归因于其基于气体扩散的强化机制,能够有效克服增材制造零部件复杂几何形貌带来的表面处理均匀性问题,尤其适用于具有三维网状结构或内部腔体等特征构件的表面强化需求。

目前国内外研究学者对于AM 316L的热化学表面强化工程开展了初步研究,包括高温溶氮(HTSN)、低温气体渗氮(LTGN)以及HTSN与LTGN和低温气体渗碳的组合[12-13]。FENG等[14]首次低温气体渗碳(未经过HTSN)直接应用于AM 316L不锈钢,发现引入了超高压缩残余应力,且渗碳层硬度相较于基体大幅提高。然而目前未有就低温气体渗碳表面强化对AM 316L不锈钢力学性能的研究,增材制造独有的微观组织结构对渗碳后其力学性能的影响未见报道。另一方面,对于低温气体渗碳表面强化对增材制造摩擦磨损性能的提升以及耐磨性能提高的机理解释仍属空白。因此,研究低温气体渗碳表面强化对增材制造316L不锈钢力学与摩擦学性能的影响有重要意义。

本工作通过对低温气体渗碳表面强化前后的增材制造316L不锈钢进行拉伸试验与摩擦磨损实验,研究了微观组织影响下,低温气体渗碳表面强化前后的力学性能差异,以及渗碳前后摩擦学性能的影响,并对渗碳后摩擦性能提升机理进行分析。

1 试验方法

SLM 316L不锈钢粉末使用气体原子化制备,特定尺寸范围为10～45 μm。316L不锈钢钢粉的化学成分如表1所示。AM 316L样品是在99.999%氩气气氛中使用商用SLM-125HL增材制造设备制造的。构建方向、工艺参数、层厚、切片和支撑结构以及扫描策略由magic软件设计。主要制造参数如下:激光功率200 W,扫描速度800 mm/s,层厚30 μm,在相邻打印层之间旋转67°。低温气体渗碳表面强化试验的渗碳温度为470 ℃,渗碳气体为CO,H_2和N_2的混合气体,渗碳时间为30 h,具体低温气体渗碳表面强化工艺见文献[15]。

表1 增材制造316L不锈钢粉末元素组成(*wt*%)

C	Cr	Mn	Mo	Ni	N	P	S	Fe
0.023	18.59	0.74	2.39	12.56	0.054	0.025	0.012	Bal.

针对渗碳后的试样,利用Axio Imager. Alm型光学显微镜对试样进行金相分析。对试样用树脂镶嵌好后使用W3.5型抛光膏进行抛光,最后用Marble溶液进行侵蚀,侵蚀完成后用清水冲洗掉表面残留溶液,再用酒精冲洗并用冷风吹干。

使用Ixrd Combo型X射线应力分析仪测量试样的残余应力,在每个试样上选取5个不同的点进行残余应力测试,最后选取其平均值作为该试样残余应力值。通过Hysitron TI Premier纳米压痕测试仪获得渗碳表面的硬度深度剖面。纳米压痕测试选用Berkovich金刚石压头,可加载最大载荷为11 000 μN,每次加载—保载—卸载时间为5 s—2 s—5 s。为获得准确的实验结果,在渗碳层同一深度上打五个点并取平均值作为该深度上的纳米硬度。采用岛津公司生产的 EPMA－1720 型电子探针显微分析仪(EPMA)沿渗碳层深度方向线扫描测量 C 浓度的变化趋势。

为了评估 AM 316L 在低温气体渗碳前后的室温拉伸性能，室温试验在 SUNS UTM5504－G 电子万能试验机上进行，应变速率控制在 $1\times10^{-3}\ s^{-1}$，参照 GB/T 228—2010 标准，试样尺寸如图 1 所示。

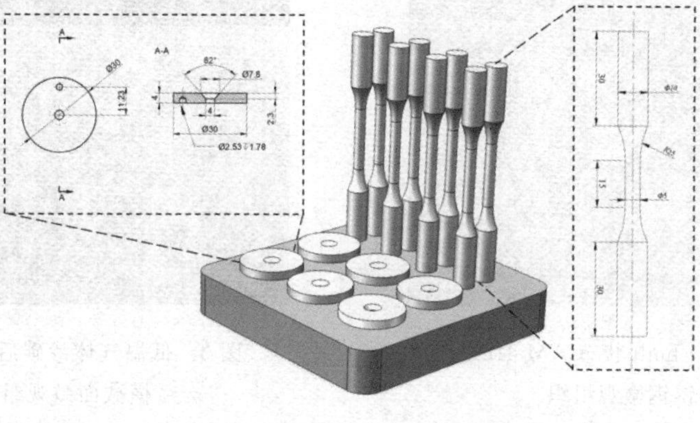

图 1　试样成型示意及几何尺寸

基于 ASTM G99－23 标准，采用圆盘形摩擦试样，尺寸如图 1 所示。对试样表面进行 400～2 000 砂纸研磨后，采用 0.04 μm 悬浮液抛光。在室温条件下，对渗碳前后试样使用 Rtec MFT－5000 多功能摩擦磨损试验机对试样进行旋转销一盘滑动摩擦试验。在所有试验中，采用直径为 6 mm、维氏硬度约为 1650 的氧化铝球，法向载荷 5 N，磨损半径为 8 mm，转速 120 r/min，摩擦时间 30 min。在磨损测试结束后，在超声波浴中用丙酮清洁 5 分钟，清除表面磨屑。使用 Zeiss Sigma 360 扫描电子显微镜(SEM)和 sensofar 3D 光学轮廓仪观测未渗碳样品和渗碳样品的磨损表面，以评估磨损机制。

2　试验结果与分析

2.1　AM 316L 不锈钢微观组织

由于增材制造逐层成形的工艺特点，AM 316L 有着独特的微观组织特征。图 2 为 As－built 状态下 AM 316L 的金相组织。金相照片显示出明显的分层特征和交替的“鱼鳞状”熔池形貌。这是由于 AM 316L 独特的加工工艺所造成的，逐层进行粉末熔化造就了微观组织的分层特征。虽然 AM 316L 成形方式不同于传统制造的 316L 不锈钢，AM 316L 依然是由奥氏体相组成，其晶粒呈柱状晶的形态沿着竖直建造方向生长，柱状晶可以跨几个熔池，穿过熔合线生长。此外，AM 316L 存在着比柱状晶粒尺寸更细小的亚结构。这是由于在加工过程中存在极高的冷却速率，因此在晶粒内部形成了这种细小的亚结构[16]。

2.2　低温气体渗碳试样表征

图 3 示出低温气体渗碳后 AM 316L 横截面的微观组织形貌，图中均匀的白色区域即为渗碳强化层。AM 316L 的渗碳层深度约为 30 μm，与 As－built 状态相比，基体的微观组织未有明显变化，胞状结构与柱状晶形貌未发生改变。值得注意的是，渗碳层与基体在 Marble 试剂中的蚀刻反应存在明显差异，渗碳层并未发生腐蚀，表明其耐腐蚀性能相较基体有所提升。

图 4(a)给出了低温渗碳表面强化后 AM 316L 不锈钢碳浓度沿深度的分布。显然，低温渗碳表面强化可以在 AM 316L 表面形成一层具有高碳浓度的梯度强化层，厚度约为 30 μm 与金相观察一致，碳浓度在试样表面达到最大(约为 2.5 wt%)。

图 4(b)展示了经低温气体渗碳表面强化后，AM 316L 不锈钢试样中硬度与残余应力沿深度方向的分布特征。由于试样表层渗入过饱和的间隙碳原子，表层形成了一层高硬度、高压缩残余应力的强化层，且(纳米)硬度和压缩残余应力均在试样表面处最大，分别为 12.5 GPa 和－2.5 GPa 左右，经过低温气体

渗碳后,AM 316L 表面硬度最大提升 3 倍。更值得注意的是,在强化层厚度(约 30 μm)以外的基体区域,其残余应力并未趋于 0,而是存在约 500 MPa 残余拉应力,这主要归因于增材制造过程中局部热输入会造成不均匀的温度场进而引起局部热效应,进而产生较大的拉伸残余应力。

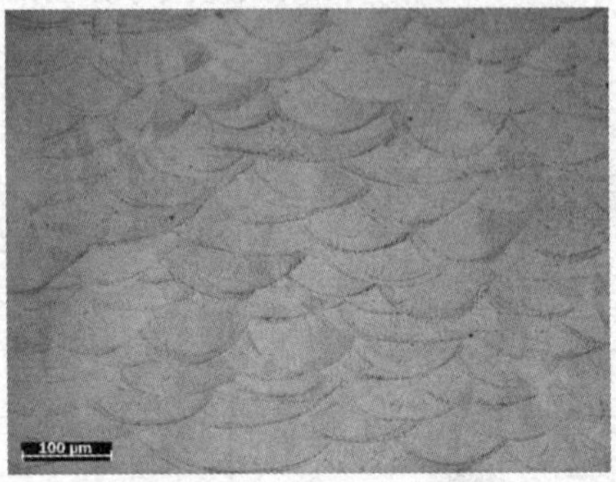

图 2　As-built 状态 AM 316L 不锈钢微观组织

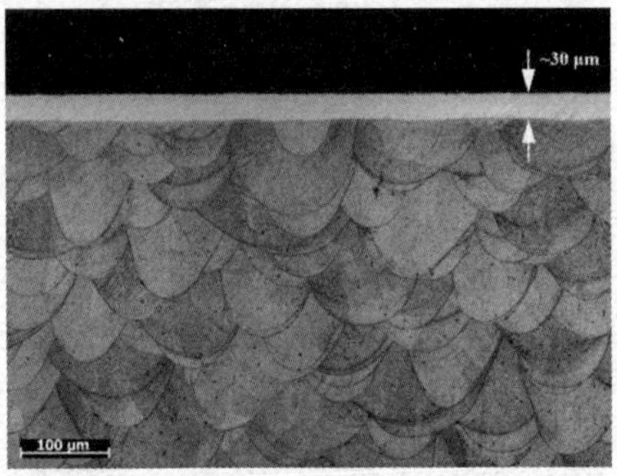

图 3　低温气体渗碳后 AM 316L 横截面微观组织

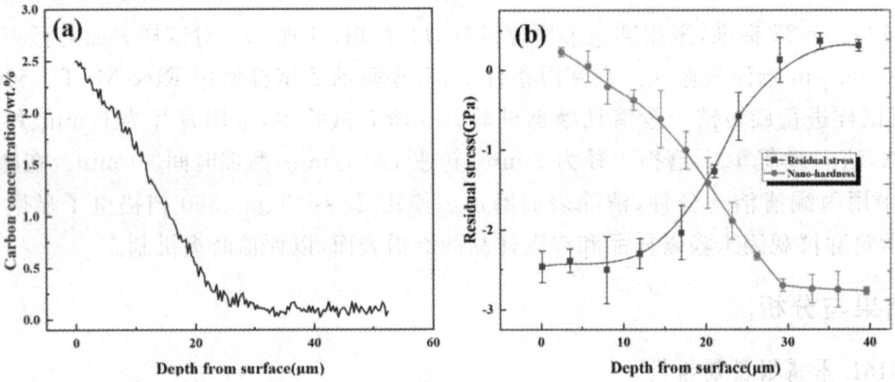

图 4　渗碳试样中(a)碳浓度沿深度分布;(b)硬度和残余应力沿深度分布

2.3　渗碳前后试样的力学性能

图 5 给出了渗碳前后 AM 316L 不锈钢单轴拉伸工程应力应变曲线。从图中可以看出 AM 316L 展现出与传统制造 316L 不锈钢截然不同的拉伸性能,其屈服强度远高于传统制造 316L 屈服强度,达到 530 MPa,且几乎没有硬化现象。这是由于在增材制造独特的加工成型过程中,位错大量缠结、钉扎,形成胞状亚结构,极大地提高了抗塑性变形能力[17-19]。渗碳强化后 AM 316L 不锈钢屈服强度和抗拉强度均有不同程度提升,屈服强度达到 546 MPa,抗拉强度从 568 MPa 提升至 600 MPa,塑韧性则有所下降。

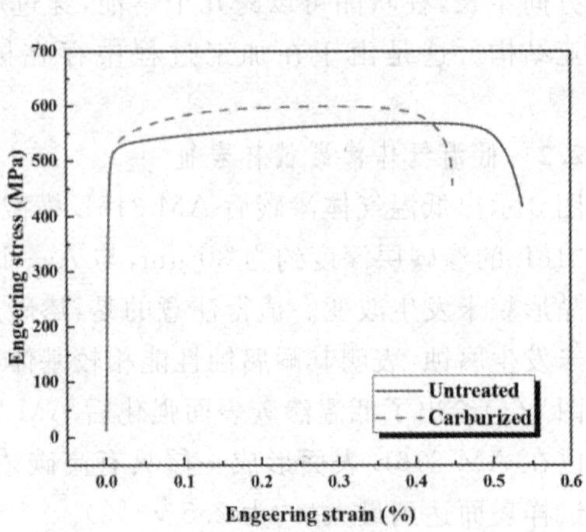

图 5　低温气体渗碳前后 AM 316L 不锈钢工程应力应变曲线

2.4　摩擦系数

AM 316L 不锈钢的典型摩擦系数曲线如图 6 所示。从图中可见,渗碳前后 AM 316L 不锈钢的典型摩擦系数曲线由初期的“跑合”阶段和磨损的“稳态”阶段构成,渗碳后试样的跑合期更短,更快进入了稳态磨损阶段。这可能是渗碳后表面脆性更高,在初始摩擦过程中更容易被剪切或磨平,从而更快形成光滑接触面。总体来看，摩擦系数都出现了一定程度的波动。稳态阶段的摩擦系数统计如图 6(b)所示，渗碳前后 AM 316L 不锈钢的摩擦系数几乎相同。

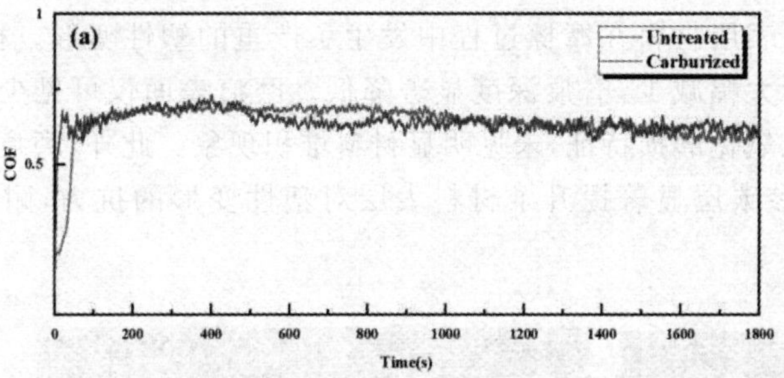

图 6　低温气体渗碳前后 AM 316L 不锈钢摩擦系数

2.5　磨痕三维形貌和体积磨损率

图 7 展示了 AM 316L 不锈钢试样渗碳前后的三维磨损形貌。观察图中磨痕形貌，可以发现其中心区域磨痕较深，而两侧相对较浅。经过低温气体渗碳处理的试样磨痕尺寸明显小于未渗碳试样，无论是磨痕宽度还是深度，均显著减小，这表明低温气体渗碳工艺通过提高了 AM 316L 不锈钢的表面硬度，从而改善了其摩擦磨损性能。

如图 8 所示示出磨痕截面轮廓图及 AM 316L 不锈钢的体积磨损率。数据显示，未渗碳试样的体积磨损率为 3.0×10^{-4} $mm^3\cdot N^{-1}\cdot m^{-1}$，而经渗碳处理的试样体积磨损率则显著降低至 2.6×10^{-5} $mm^3\cdot N^{-1}\cdot m^{-1}$，相较于未渗碳试样，降低了一个数量级。表明经过渗碳处理后，316L 不锈钢的耐磨性显著提高，在摩擦磨损过程中所造成的磨损损失更小。

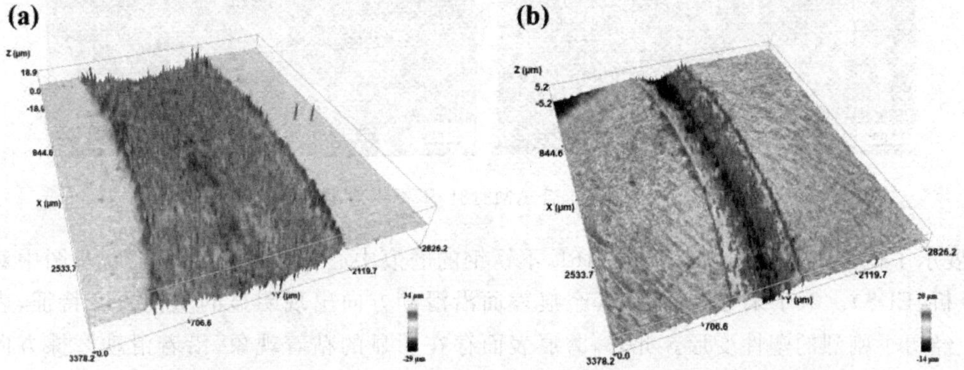

（a）渗碳前　　（b）渗碳后

图 7　AM 316L 不锈钢三维磨痕形貌

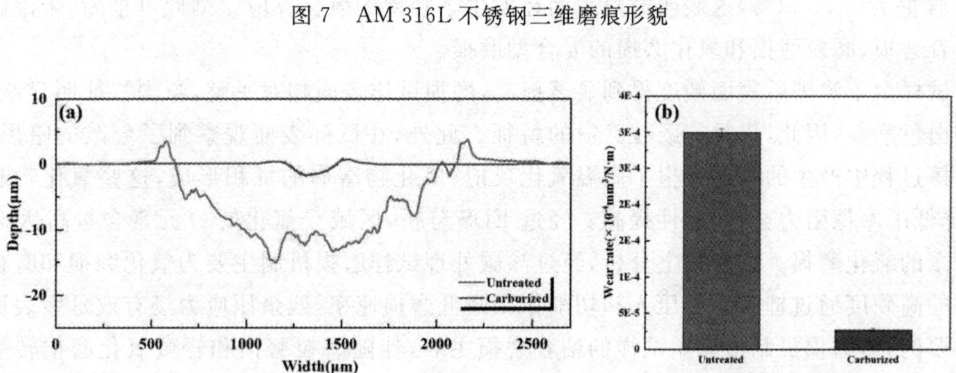

（a）磨痕截面　　（b）体积磨损率

图 8　低温气体渗碳前后 AM 316L 不锈钢

2.6 磨痕微观形貌和磨损机理分析

渗碳前后 AM 316L 不锈钢的磨痕边缘区域的微观形貌如图 9 所示。对于未渗碳试样,磨痕边缘处存在明显的材料堆积现象,与磨痕截面轮廓分析结果高度一致。此外,磨痕边缘区域存在由接触应力与摩擦力引起的塑性剪切带和滑移线,表明表层材料在摩擦过程中发生了严重的塑性变形。相比之下,经低温气体渗碳处理后,试样的体积磨损量大幅减少,磨痕深度显著降低。磨痕表面仅可见少量由磨粒磨损导致的犁沟形貌,以及分布有限的暗色氧化磨损特征,未见明显材料堆积现象。此外,磨痕边缘亦未观察到滑移线或其他塑性变形迹象,说明渗碳层显著提升了材料表层对塑性变形的抗力,耐磨性能大幅提升。

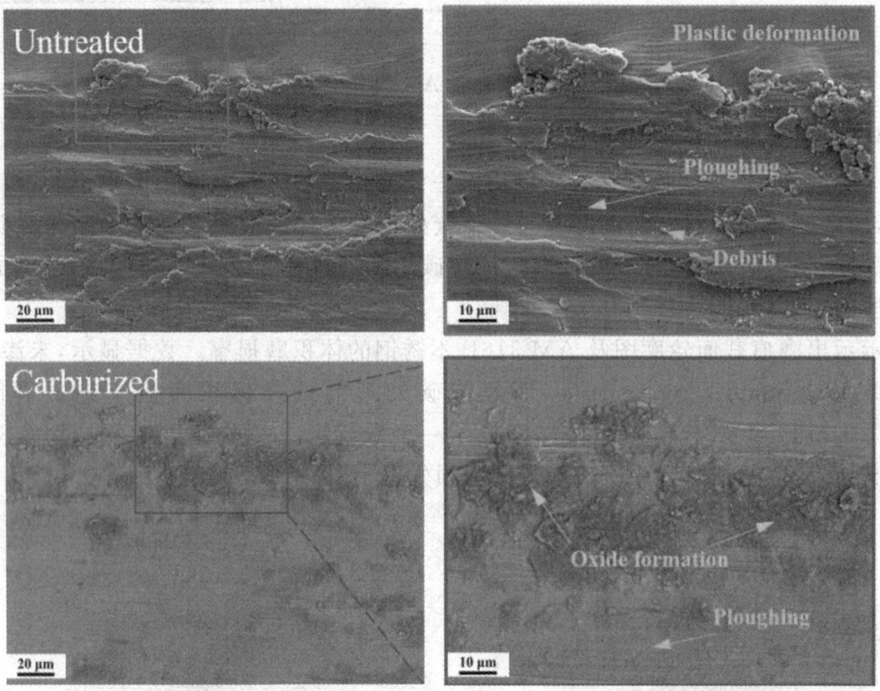

图 9 低温气体渗碳前后 AM316L 不锈钢磨痕边缘微观形貌

图 10 展示了低温气体渗碳前后 AM 316L 不锈钢的磨痕中心区域的微观形貌以及图中对应区域的元素能谱分析(EDS)。对于未渗碳样品,其磨痕表面沿滑动方向出现明显的塑性流变特征,表明材料在摩擦过程中经历了剧烈的塑性变形。此外,磨痕表面存在明显的粘着现象,沿着滑动摩擦方向还存在深而长的犁沟,且局部区域存在脱落的白色细小磨粒,呈现典型的磨粒磨损特征。从 EDS 分析来看,区域 B 处 O 元素含量为 15.3 at%,这表明磨痕表面还发生了轻微的氧化反应。据此可推断,未渗碳试样的磨损机制为粘着磨损、磨粒磨损和氧化磨损的混合型磨损。

渗碳后试样由于渗碳后表面硬度得到显著提高,磨损试样表面相对平整,犁沟特征明显减少,但仍能观察到些许白色磨粒,因此,仍具有磨粒磨损的特征。此外,在试样表面观察到了分散的暗黑色氧化层,这是由于摩擦过程中产生的磨屑发生了高温氧化反应,氧化物磨屑的堆积形成,这些氧化物起到润滑作用,有效地降低了摩擦阻力,使耐磨性提高。经过 EDS 分析,区域 C 氧化处 O 元素含量高达 64.57 at%,证明存在严重的氧化磨损。综合以上分析,经过渗碳处理试样磨损机制主要为氧化磨损和磨粒磨损。

渗碳层的高硬度通过抑制磨粒压入和切削作用降低磨损速率,残余压应力场有效延缓表面微裂纹萌生。更为重要的是,磨损机制由原始试样的粘着磨损主导,伴随磨粒磨损和轻微氧化磨损转变为渗碳试样氧化磨损与磨粒磨损的协同作用模式,磨屑尺寸显著细化且氧化程度提高,从而显著提高 AM 316L 不锈钢抗摩擦磨损性能。

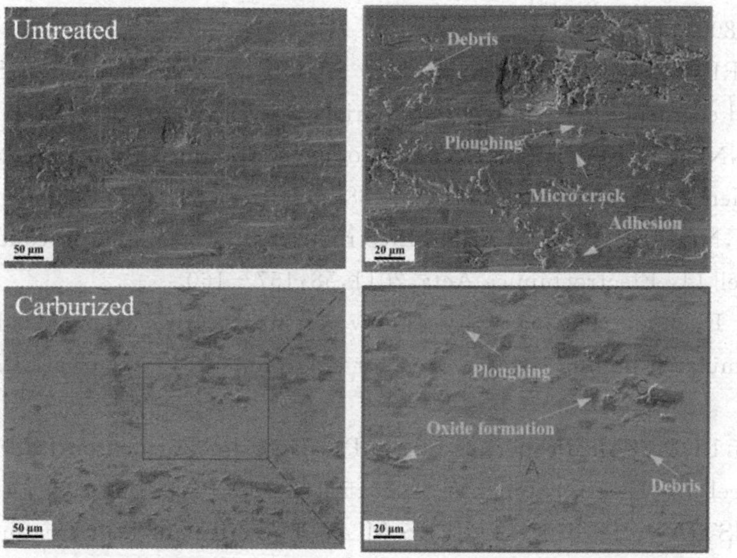

元素	at.%（区域A）	at.%（区域B）	at.%（区域C）
O	-	15.30	2.20
Al	-	0.65	0.12
Fe	63.84	54.58	64.47
Ni	12.22	9.83	10.71

元素	at.%（区域A）	at.%（区域B）	at.%（区域C）
O	-	55.21	64.57
Al	-	2.07	2.57
Cr	19.54	8.62	6.51
Fe	63.99	27.31	20.94
Ni	12.14	5.06	3.96

图10　渗碳前后AM316L不锈钢磨痕中心微观形貌及EDS分析

3　结　论

本研究通过单轴拉伸试验和摩擦磨损试验，系统研究了低温气体渗碳表面强化技术对增材制造316L不锈钢力学性能和摩擦学行为的影响机制，并阐述了低温渗碳表面强化对摩擦磨损性能提高的机理，主要结论如下：

(1)低温气体渗碳可以在AM 316L不锈钢表面形成高硬度和高压缩残余应力的强化层，且不影响芯部微观组织；

(2)低温气体渗碳略微提高AM 316L不锈钢屈服强度与抗拉强度，塑性有所下降；

(3)低温气体渗碳显著提高了AM 316L不锈钢的抗磨损性能，体积磨损率较未渗碳试样下降了一个数量级；

(4)低温气体渗碳表面强化后AM 316L不锈钢抗磨损性能显著提高，主要归功于渗碳层本身的高硬度以及磨损机制的改变。

参考文献

[1] 杨凯，王磊，汤永凯，等．面向高端装备的金属激光增材制造技术发展与应用[J]．中国机械工程，2025[2025-05-01]．

[2] 杨旭东，周俊，焦自贤，等．增材制造技术在空间推进领域的应用[J]．中国航天，2023(11)：80-87．

[3] KONG D，DONG C，NI X，et al．Mechanical properties and corrosion behavior of selective laser melted 316L stainless steel after different heat treatment processes[J]．Journal of Materials Science & Technology，2019，35(7)：1499-1507．

[4] KURZYNOWSKI T，GRUBER K，STOPYRA W，et al．Correlation between process parameters，microstructure and properties of 316 L stainless steel processed by selective laser melting[J]．Materials Science and Engineering：A，2018，718：64-73．

[5] 张勇，王斌斌，刘琛，等．增材制造金属材料在海洋环境下的耐蚀性能——综述[J]．材料导报，2024，38(23)：155-165．

[6] SHIN W S，SON B，SONG W，et al．Heat treatment effect on the microstructure，mechanical

properties, and wear behaviors of stainless steel 316L prepared via selective laser melting[J]. Materials Science and Engineering: A, 2021, 806: 140805.

[7] CESCHINI L, CHIAVARI C, LANZONI E, et al. Low - temperature carburised AISI 316L austenitic stainless steel: Wear and corrosion behaviour[J]. Materials & Design, 2012, 38: 154-160.

[8] BALIJEPALLI S K, DONNINI R, KACIULIS S, et al. Young's Modulus Profile in Kolsterized AISI 316L Steel[J]. Materials Science Forum, 2013, 762: 183-188.

[9] HEUER A H, KAHN H, NATISHAN P M, et al. Electrostrictive stresses and breakdown of thin passive films on stainless steel[J]. Electrochimica Acta, 2011, 58: 157-160.

[10] NIU W, LI Z, ERNST F, et al. The passivity of low - temperature carburized austenitic stainless steel AISI - 316L in a simulated boiling - water - reactor environment[J]. Journal of Nuclear Materials, 2020, 537: 152197.

[11] NIU W, LILLARD R S, LI Z, et al. Properties of the Passive Film Formed on Interstitially Hardened AISI 316L Stainless Steel[J]. Electrochimica Acta, 2015, 176: 410-419.

[12] VALENTE E H, CHRISTIANSEN T L, SOMERS M A. The effect of heat treatment and surface hardening of 3D printed austenitic stainless steel AISI316L on corrosion and wear properties [C]//ESSC & DUPLEX 2019. Austrian Society for Metallurgy and Materials, 2019: 42-52.

[13] FUNCH C V, MISHIN O V, CHRISTIANSEN T L, et al. Influence of heat treatment and thermochemical surface engineering on the hierarchical microstructures of 3d printed austenitic stainless steel[C] //ESSC & DUPLEX 2019. Austrian Society for Metallurgy and Materials, 2019: 22-31.

[14] FENG Y, DUAN H, ZHAO Z, et al. Anisotropic response of additively manufactured 316 L stainless steel towards low-temperature gaseous carburization[J]. Surface and Coatings Technology, 2023, 470: 129874.

[15] PENG Y, GONG J, JIANG Y, et al. The effect of plastic pre-strain on low-temperature surface carburization of AISI 304 austenitic stainless steel[J]. Surface and Coatings Technology, 2016, 304: 16-22.

[16] PHAM M S, DOVGYY B, HOOPER P A, et al. The role of side - branching in microstructure development in laser powder - bed fusion [J]. Nature Communications, 2020, 11 (1): 749.

[17] FU J, QU S, DING J, et al. Comparison of the microstructure, mechanical properties and distortion of stainless steel 316 L fabricated by micro and conventional laser powder bed fusion[J]. Additive Manufacturing, 2021, 44: 102067.

[18] 陈旭鹏,张计谋,汪后明,等. 差温轧制对07MnNiMoDR中厚板变形均匀性的影响[J]. 压力容器,2023,40(2):80-86.

[19] 黄羚惠,崔强,张伯君,等. 送粉式激光增材制造工艺修复钛-不锈钢复合板的研究[J]. 压力容器,2024,41(6):1-7.

作者简介

赵贞旭,男,博士研究生,主要从事不锈钢材料表面强化研究,通信地址:211816 江苏省南京市浦口区浦珠南路30号南京工业大学,E-mail:zzx@njtech.edu.cn,电话:13655167998。

双态组织 TC4－ELI 钛合金腐蚀疲劳小裂纹扩展行为研究

常　乐[1,2]，李录山[1,2]，谢鸿鹏[1,2]，周昌玉[1,2]

（1. 南京工业大学 机械与动力工程学院，南京 211816；

2. 南京工业大学 高端装备可靠性制造研究院，南京 211816）

摘　要：随着深海装备对材料性能提出更高要求，具备优异耐蚀性和高比强度的 TC4－ELI 钛合金逐渐成为关键结构首选。然而，腐蚀环境与交变载荷的共同作用显著影响材料的疲劳裂纹扩展行为。本文搭建了腐蚀疲劳小裂纹扩展实验装置，基于不同应力比（$R=-0.1, 0.1, 0.3$）与恒定腐蚀电流（0.05 mA）条件，系统研究了双态组织 TC4－ELI 钛合金在腐蚀环境下的小裂纹扩展行为。结果表明：在低应力比条件下，裂纹尖端钝化抑制了裂纹扩展，反而延长了疲劳寿命；而在高应力比下，腐蚀加剧裂尖溶解，显著加快裂纹扩展速率。此外，疲劳裂纹扩展路径及断口形貌均体现出明显的环境效应与微观组织依赖性。

关键词：TC4－ELI 钛合金；腐蚀疲劳；小裂纹扩展；应力比

Study on corrosion fatigue small crack propagation behavior of TC4－ELI titanium alloy with bimodal microstructure

CHANG Le[1,2], LI Lushan[1,2], XIE Hongpeng[1,2], ZHOU Changyu[1,2]

(1. School of Mechanical and Power Engineering, Nanjing Tech University, Nanjing 211816, China;

2. Institute of Reliability Centered Manufacturing (IRcM), Nanjing Tech University, Nanjing 211816, China)

Abstract: As deep－sea equipment demands increasingly higher material performance, TC4－ELI titanium alloy, known for its excellent corrosion resistance and high specific strength, has become a preferred choice for critical structural components. However, the combined effects of corrosive environments and cyclic loading significantly influence the fatigue crack propagation behavior of this material. In this study, a corrosion fatigue small crack propagation testing system was designed. Under different stress ratios ($R=-0.1, 0.1, 0.3$) and a constant corrosion current (0.05 mA), the small crack growth behavior of bimodal TC4－ELI titanium alloy in a corrosive environment was systematically investigated. The results show that under low stress ratios, crack tip passivation suppressed crack growth and unexpectedly prolonged fatigue life. In contrast, under high stress ratios, corrosion accelerated crack tip dissolution, significantly increasing the crack growth rate. Moreover, both the crack propagation paths and fracture morphologies revealed clear environmental effects and microstructural dependence.

Keywords: TC4－ELI titanium alloy; corrosion fatigue; small crack growth; stress ratio

0 引 言

随着海洋工程装备向深海化、大型化方向发展，TC4 - ELI 钛合金因其优异的耐蚀性、高比强度及低温性能，成为深海装备关键结构的理想材料。然而，在腐蚀环境与循环载荷共同作用下，TC4 - ELI 钛合金会发生疲劳失效。早在 2005 年，LIETCH 等[1]学者发现海水对 TC4 钛合金的低周疲劳寿命有不利影响。BARAGETTI[2]通过研究发现腐蚀环境下，TC4 钛合金的疲劳寿命会明显下降，在 3.5% 的 NaCl 溶液中，TC4 钛合金的疲劳寿命会减少 20%，而在 95% 的甲醇溶液中，TC4 钛合金的疲劳寿命减少 56%。ZHAO[3]通过电化学装置对腐蚀进行等效加速，研究了不同电流强度下 TC4 - ELI 钛合金的腐蚀疲劳裂纹扩展行为，首次观察到 TC4 - ELI 钛合金在腐蚀疲劳测试中裂纹扩展速率呈现“先减速后加速”的趋势，他认为这种减速是由于裂纹尖端钝化导致的。此外，腐蚀电流强度对裂纹扩展速率有显著影响，不同电流下裂纹扩展速率的变化趋势不同[4]。

目前对于腐蚀环境下 TC4 - ELI 钛合金的疲劳裂纹扩展行为已经有了一定程度的研究，但关于腐蚀对小裂纹阶段扩展行为的影响却很少有人关注。本文以 TC4 - ELI 钛合金为研究对象，通过设计腐蚀环境下的疲劳小裂纹扩展实验，旨在研究腐蚀条件及应力比对 TC4 - ELI 钛合金疲劳小裂纹扩展行为的影响规律，阐明腐蚀一力学耦合作用下的裂纹尖端损伤机制和失效机理。

1 试验方法

1.1 腐蚀试验装置

本文将腐蚀环境与疲劳小裂纹扩展实验结合，设计了 TC4 - ELI 钛合金腐蚀疲劳裂纹扩展实验装置。图 1(a)为腐蚀疲劳裂纹扩展试样装夹图，图中的白色容器为腐蚀槽。实验过程中，腐蚀槽中充满 3.5% 的 NaCl 溶液以模拟海水环境，采用图 1(b)中的循环装置对腐蚀槽中的 NaCl 溶液进行更新，以保证 NaCl 溶液浓度保持稳定。实验过程中，采用电化学装置来进行腐蚀加速，利用图 1(b)中的可调直流稳压电源提供稳定电流，电源正极接实验试样作为电解池阳极，电源负极接铂片电极作为电解池阴极。在接通电源后，试样表面发生电化学反应，使 TC4 - ELI 钛合金试样失去电子生成可溶于水的氯盐。腐蚀速率的大小与电化学腐蚀装置的电流大小有关。通过疲劳实验机与以上腐蚀装置共同作用，可模拟 TC4 - ELI 钛合金构件在服役时受到的交变载荷与腐蚀环境的协同作用。

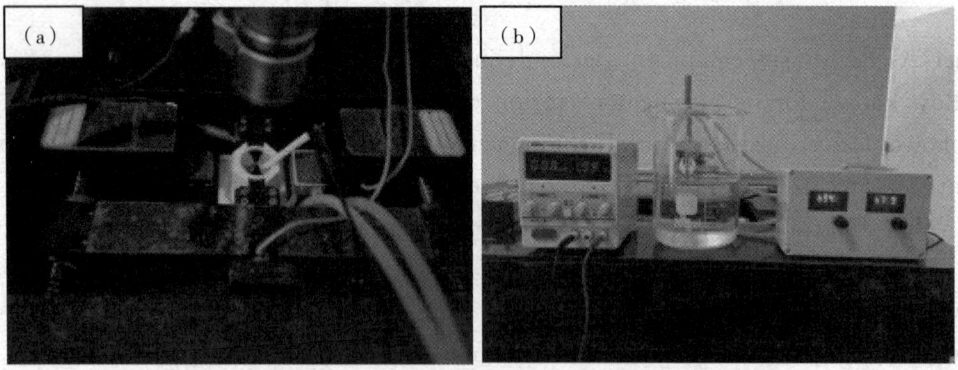

(a) 腐蚀槽　　(b) 电化学装置

图 1 腐蚀疲劳试验装置

1.2 试验方案

实验中所使用的 TC4 - ELI 钛合金为宝钛公司提供的 Ti - 6Al - 4V 双相超低间隙元素钛合金。板材的化学成分如表 1 所示，经固溶和时效处理后得到双态组织。双态组织主要由等轴 α_p 晶粒和 $\alpha+\beta$ 片层区域组成，其中 $\alpha+\beta$ 片层区域由 β 变体组织(β_{trans})和长条状的次生 α 晶粒(α_s)构成，如图 2 所示。

表 1　TC4－ELI 钛合金的主要化学成分(wt%)

Ti	Al	V	Fe	C	N	H	O
Bal.	6.1	4.1	0.15	<0.01	<0.01	0.001	0.09

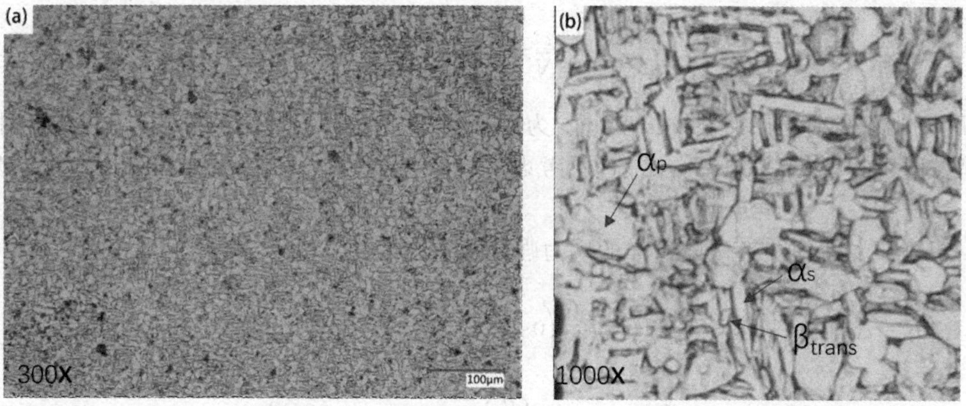

(a) 250倍　　(b) 1000倍

图 2　不同放大倍数下双态组织的微观结构

腐蚀疲劳小裂纹扩展试验的试样尺寸如图 3 所示。在腐蚀电流 $I=0.05$ mA 条件下，分别在应力比 $R=-0.1, 0.1, 0.3$ 下开始腐蚀疲劳小裂纹扩展实验。实验在室温环境下进行，加载波形为正弦波，加载频率为 0.25 Hz(周期为 4 s)，峰值载荷为 3 200 N，试样的终止条件为试样断裂，此时的循环周次为试样的疲劳寿命。具体的加载条件见表 2，表中给出了腐蚀条件下的腐蚀疲劳寿命 N_{cf} 和空气环境下试样的纯疲劳寿命 N_f。

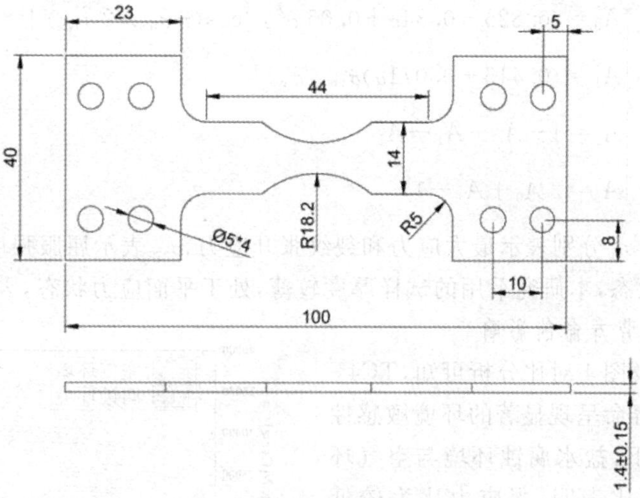

图 3　狗骨状试样的形状和尺寸

表 2　试验参数和疲劳寿命汇总

试样编号	微观组织	应力比 R	腐蚀电流/mA	纯疲劳寿命 N_f/次	腐蚀疲劳寿命 N_{cf}/次
5	双态组织	－0.1	0.05	13 217	16 210
6	双态组织	0.1	0.05	19 806	25 600
7	双态组织	0.3	0.05	35 694	29 537

2 试验结果及讨论

2.1 疲劳裂纹扩展速率和等效应力强度因子的计算

在本文研究中，裂纹的初始长度为初始缺陷的直径，裂纹扩展长度为垂直于加载方向的裂纹投影长度，对先萌生疲劳裂纹的一侧进行观测。利用割线法计算疲劳裂纹的扩展速率，计算公式如下：

$$\frac{dc}{dN}=\frac{c_{i+1}-c_i}{N_{i+1}-N_i} \tag{1}$$

式中，c_i为循环周次N_i时记录的裂纹长度，c_{i+1}为循环周次N_{i+1}时记录的裂纹长度。当裂纹扩展过程中出现二次裂纹时，在其与主裂纹汇合之前，不考虑在裂纹长度的计算中，测量裂纹长度时只测量主裂纹长度。

NEWAN 等[5]给出了中心缺陷试样的应力强度因子的计算方法：

$$\Delta K=\Delta\sigma\sqrt{\Delta\frac{a}{Q}}F\left(\frac{a}{w},\frac{a}{c},\frac{c}{b},\varphi\right),\left(0<\frac{a}{c}\leqslant 1.0,0\leqslant\frac{a}{w}<1.0,\frac{c}{b}<0.5,0\leqslant\varphi\leqslant\Delta\right) \tag{2}$$

$$Q=1+1.464\left(\frac{a}{c}\right)^{1.65},\left(0<\frac{a}{c}\leqslant 1.0\right) \tag{3}$$

式中，a是表面裂纹的深度，c为表面裂纹半长度，$\Delta\sigma$是名义应力幅值，$2b$和w分别是试样的宽度和厚度，ϕ是角函数。裂纹形状为半圆形，即a/c比值为1。考虑到裂纹闭合效应，等效应力强度因子可以表示为：

$$\Delta K_{\mathrm{eff}}=[(1-\sigma_{\mathrm{op}}/\sigma_{\max})/(1-R)]\Delta K \tag{4}$$

$$\frac{\sigma_{\mathrm{op}}}{\sigma_{\max}}=A_0+A_1R+A_2R^2+A_3R^3 \tag{5}$$

$$\begin{cases}A_0=(0.825-0.34\alpha+0.05\alpha^2)\left[\cos(\pi\sigma_{\max}/2\sigma_{\mathrm{ave}})\right]^{1/\alpha}\\A_1=(0.415-0.071\alpha)\sigma_{\max}/\sigma_{\mathrm{ave}}\\A_2=1-A_0-A_1-A_3\\A_3=2A_0+A_1-1\end{cases} \tag{6}$$

式中，R为应力比，$\sigma_{\max}$和σ_{op}分别表示最大应力和裂纹张开应力，σ_{ave}表示屈服强度和拉伸强度极限的平均值。α反映试样的应力状态，本研究采用的试样厚度较薄，处于平面应力状态，因此取α值为1。

2.2 腐蚀环境对疲劳寿命的影响

基于表2实验数据及图4对比分析可知，TC4-ELI钛合金试样的疲劳寿命呈现显著的环境敏感性特征。在相同载荷条件下，盐水腐蚀环境与空气环境中的疲劳寿命数据对比表明：当应力比为较低($R=-0.1,0.1$)时，试样在腐蚀环境中的疲劳寿命均出现反常升高现象，这种反常现象可能与腐蚀介质导致的裂纹尖端钝化效应有关[6]。值得注意的是，当应力比提升至$R=0.3$时，腐蚀环境作用呈现反向趋势。此时腐蚀环境疲劳寿命均低于空气环境。这种应力比对环境敏感性的调节作用，揭示了腐蚀介质与交变载荷的协同损伤机制。

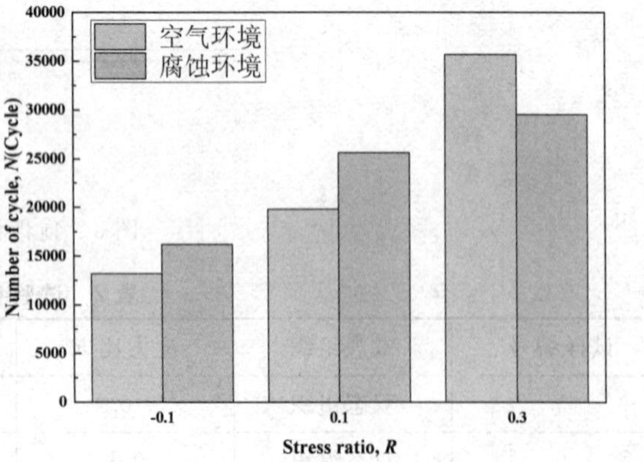

图4 不同环境下的疲劳寿命对比

2.3　腐蚀环境对双态组织疲劳小裂纹扩展行为的影响

图 5 为双态组织试样在不同环境及应力比条件下，疲劳小裂纹长度与循环周次的关系曲线。通过对曲线走势的分析可知，腐蚀环境下双态组织在最终断裂前所测得的裂纹长度更大。

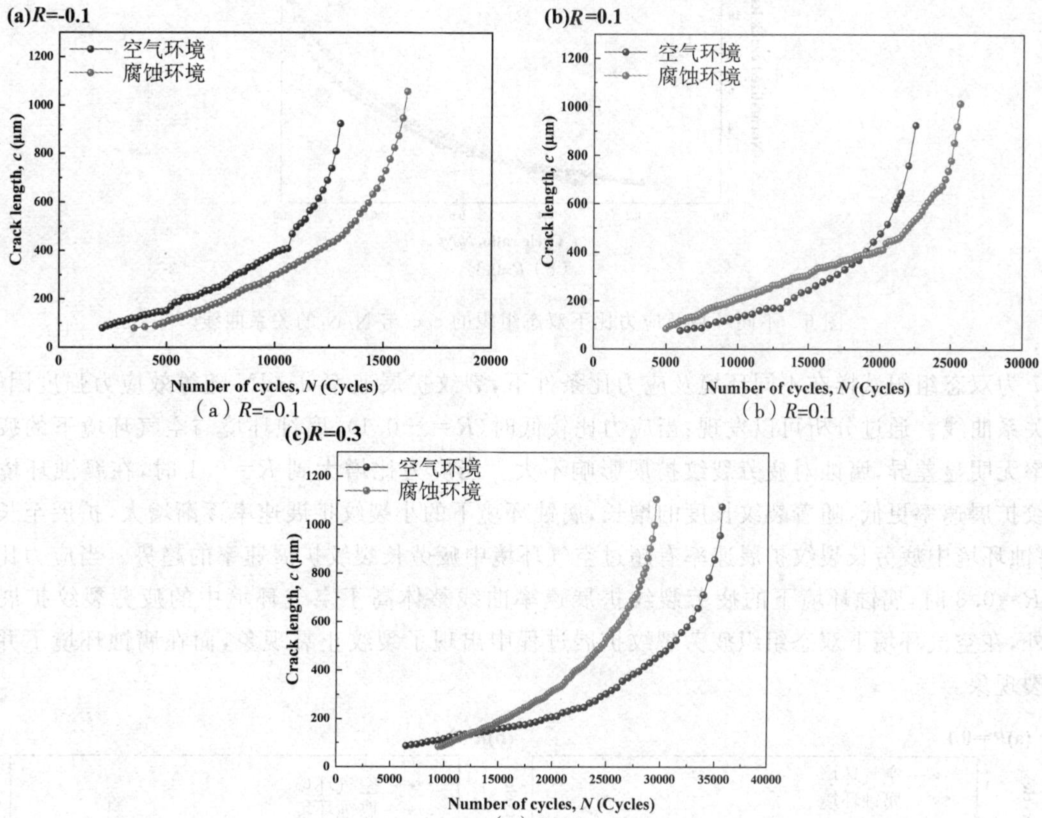

（a）R=−0.1　（b）R=0.1

（c）R=0.3

图 5　不同环境及应力比下双态组织的疲劳裂纹长度与循环周次的关系曲线

图 6 为双态组织试样在不同环境及应力比条件下，归一化裂纹长度（c/c_0）与疲劳寿命比（N/N_f）的关系曲线。应力比 $R=-0.1$ 时，空气与腐蚀环境下的裂纹长度变化曲线呈现高度重合性，表明裂纹扩展行为主要受力学载荷参数主导，受环境与微观组织的影响较小。当应力比 $R=0.1$ 时，腐蚀环境对双态组织的疲劳裂纹扩展产生了一定程度的影响，在腐蚀环境下疲劳小裂纹阶段占据疲劳寿命的比例增大。当应力比 $R=0.3$ 时，腐蚀环境下曲线的平均斜率大于空气环境，说明腐蚀加快了小裂纹扩展速率。

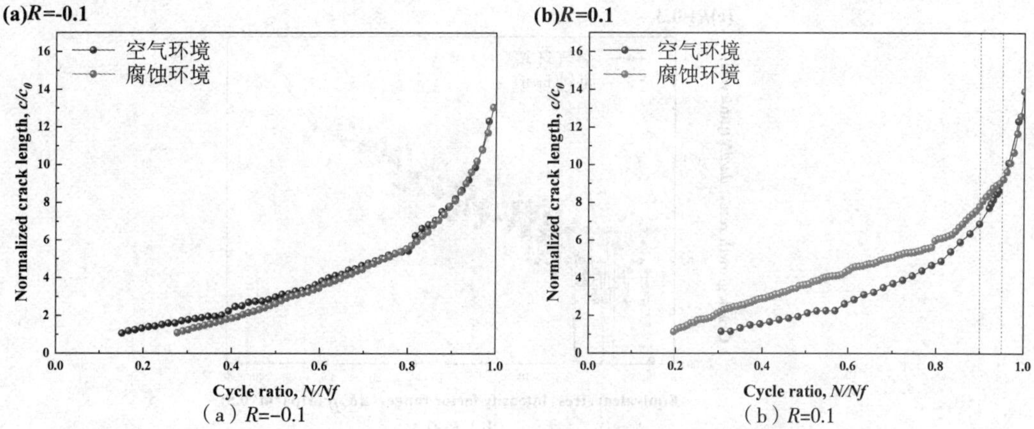

（a）R=−0.1　（b）R=0.1

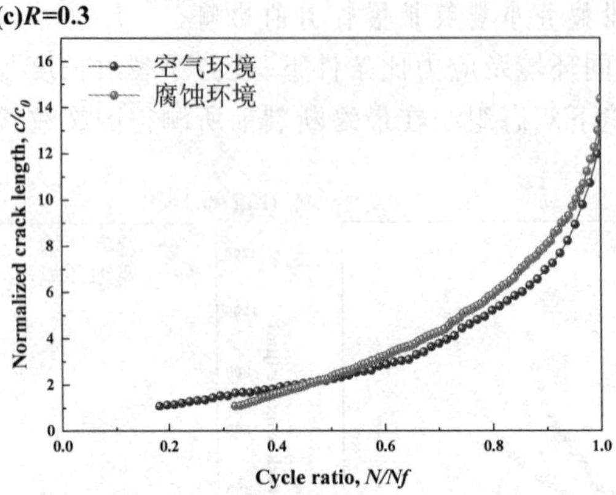

(c) R=0.3

图 6　不同环境及应力比下双态组织的 c/c_0 与 N/N_f 的关系曲线

图 7 为双态组织试样在不同环境及应力比条件下，裂纹扩展速率 dc/dN 随等效应力强度因子 ΔK_{eff} 变化的关系曲线。通过分析可以发现：当应力比较低时($R=-0.1$)，腐蚀环境与空气环境下的疲劳裂纹扩展速率无明显差异，腐蚀对疲劳裂纹扩展影响不大。当应力比增大到 $R=0.1$ 时，在腐蚀环境下的疲劳小裂纹扩展速率更低，随着裂纹长度的增长，腐蚀环境下的小裂纹扩展速率逐渐增大，扩展至长裂纹阶段时，腐蚀环境中疲劳长裂纹扩展速率有超过空气环境中疲劳长裂纹扩展速率的趋势。当应力比进一步增大到 $R=0.3$ 时，腐蚀环境下的疲劳裂纹扩展速率曲线整体高于空气环境中的疲劳裂纹扩展速率曲线。此外，在空气环境下双态组织疲劳裂纹扩展过程中出现了裂纹止裂现象，而在腐蚀环境下并未出现裂纹止裂现象。

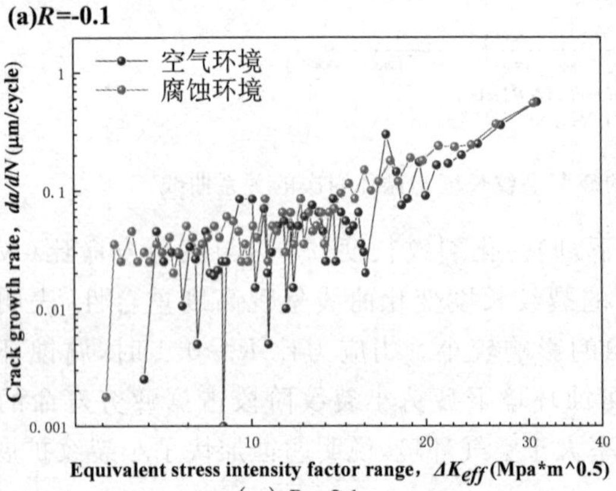

(a) R=-0.1

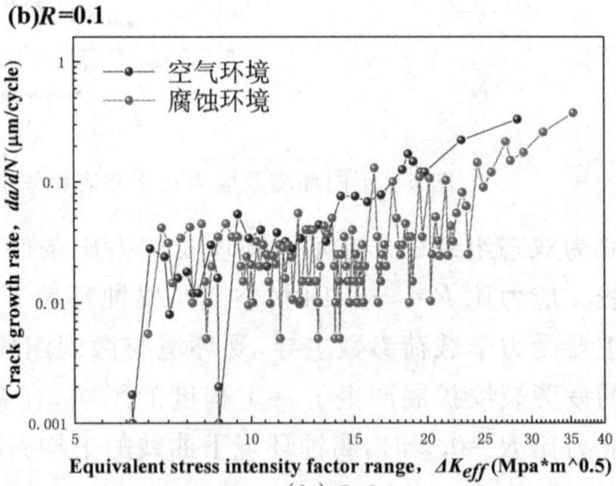

(b) R=0.1

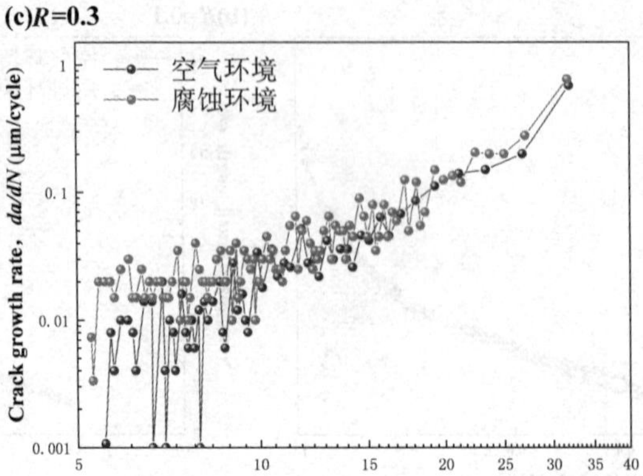

(b) R=0.3

图 7　不同环境及应力比下双态组织的 dc/dN 与 ΔK_{eff} 的关系曲线

图 8 展示了空气环境和腐蚀环境下双态组织的疲劳裂纹扩展路径。通过观察可以发现，空气环境下双态组织的疲劳裂纹扩展方式主要为沿晶开裂，裂纹在扩展过程中会发生偏折避开等轴状的初生 α 相。因此，空气环境下的疲劳裂纹扩展路径较为曲折，如图 8(a)、(e)所示。遇到片层状 α 相时，由于片层状 α 相厚度小、长度短，裂纹会穿过片层状 α 相。当裂纹发生穿晶开裂时，由于晶界的显著阻碍作用，导致空气环境下会出现裂纹止裂现象[7－9]。与空气环境相比，应力比 $R=0.1$ 时，腐蚀环境下双态组织中裂纹偏折效应下降，试样表面由于腐蚀产物堆积呈现橙黄色，如图 8(b)所示。对比图 8(c)、(d)可以发现，裂纹尖端在腐蚀环境下会发生钝化现象导致疲劳裂纹扩展速率下降。当应力比增加到 0.3 时，疲劳裂纹扩展路径更为平直，裂纹扩展路径上有明显的点蚀痕迹，如图 8(f)所示。

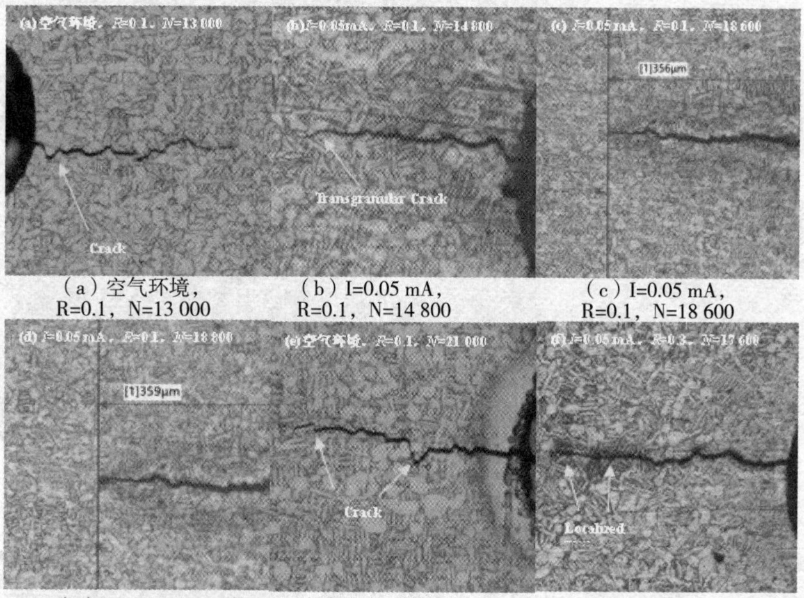

(a) 空气环境，R=0.1，N=13 000
(b) I=0.05 mA，R=0.1，N=14 800
(c) I=0.05 mA，R=0.1，N=18 600
(d) I=0.05 mA，R=0.1，N=18 800
(e) 空气环境，R=0.3，N=21 000
(f) I=0.05 mA，R=0.3，N=17 600

图 8　不同加载条件下双态组织的疲劳裂纹扩展特征

综上所述，双态组织的疲劳裂纹扩展速率演化受腐蚀－疲劳协同作用调控，其作用机制呈现显著的应力比依赖性。在低应力比条件下，初期裂纹闭合效应主导裂纹尖端物理状态，腐蚀介质难以充分渗入裂纹尖端区域，导致局部溶解速率受限。此时裂尖钝化效应占优，裂纹扩展速率较空气环境显著降低。当裂纹扩展进入中后期(长裂纹阶段)，闭合效应衰减使裂尖电化学活性区域暴露度提升，腐蚀－力学交互作用引发加速效应，裂纹扩展速率明显加快。而在高应力比工况下，裂纹尖端张开程度增大，腐蚀介质更易侵入裂纹尖端，裂尖溶解速率显著增强，裂尖材料持续溶解造成的体积缺失主导扩展进程，裂纹扩展速率显著提升。

2.4　腐蚀环境对疲劳断口特征的影响

断口分析是推测疲劳断裂机理的重要依据，本节通过扫描电子显微镜(SEM)对断口表面进行观察，图 9 和图 10 为不同环境下应力比 $R=0.3$ 时 TC4－ELI 钛合金的断口形貌图。从图中可以观察到，空气环境下的断口表面呈现出明显的塑性变形特征，片层状 α 晶粒清晰可见，且疲劳辉纹分布较为明显，如图 9(b)和(c)所示。在腐蚀环境下，由于电化学腐蚀作用下裂纹尖端会产生氢，导致氢脆现象的发生，从而显著降低材料的塑性。因此，腐蚀环境下的断口表面几乎观察不到塑性变形，如图 10(b)所示。此外，由于腐蚀作用导致的腐蚀产物堆积，腐蚀环境下片层 α 相晶粒与疲劳辉纹特征都变得模糊，如图 10(b)和(c)所示。空气环境与腐蚀环境下试样的瞬断区没有明显差异，瞬断区表面分布大量韧窝。

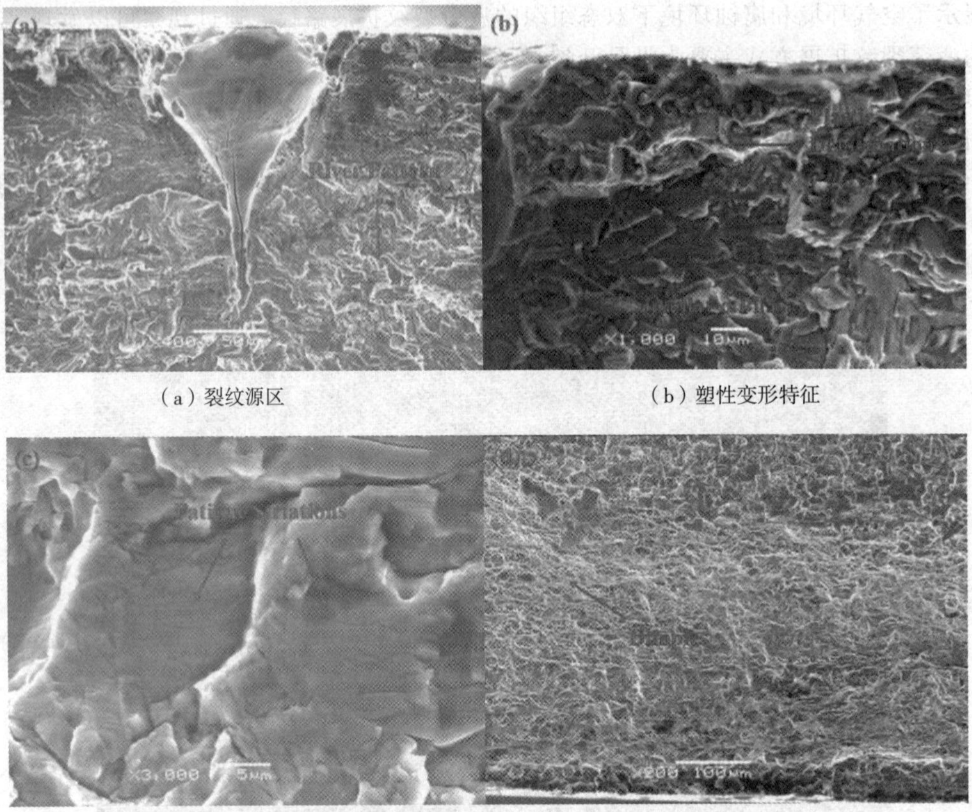

(a) 裂纹源区　　(b) 塑性变形特征

(c) 裂纹扩展区　　(d) 瞬断区

图 9　空气环境下应力比 $R=0.3$ 双态组织的微观断口形貌

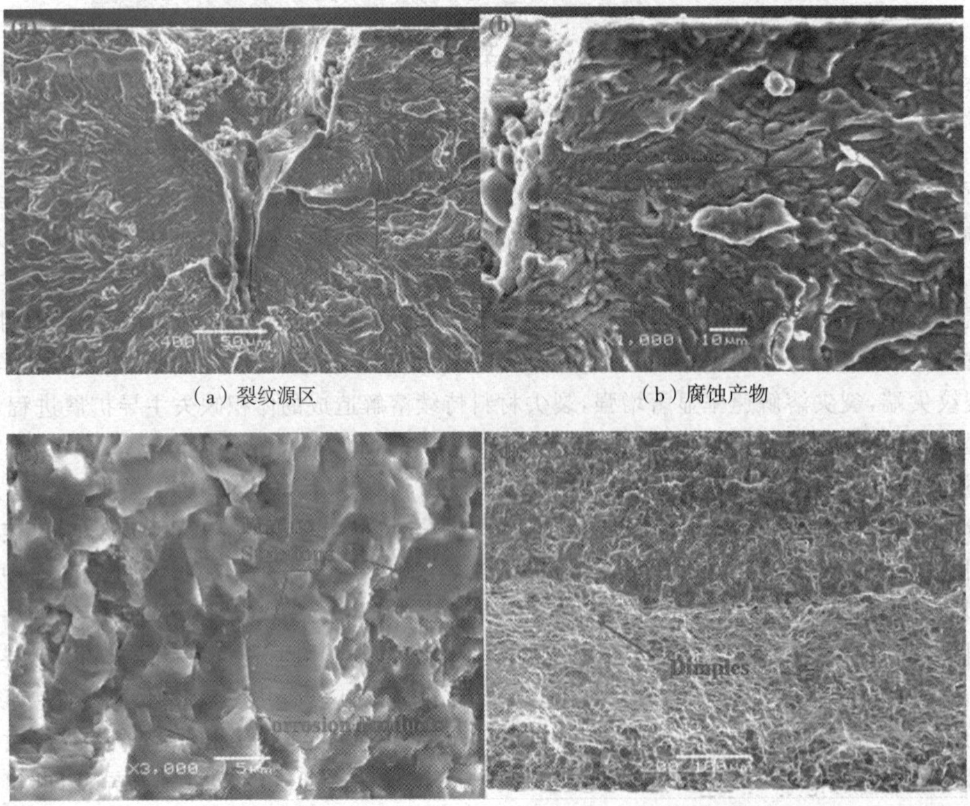

(a) 裂纹源区　　(b) 腐蚀产物

(c) 裂纹扩展区　　(d) 瞬断区

图 10　腐蚀环境下应力比 $R=0.3$ 双态组织的微观断口形貌

3 结 论

本文开展了环境－疲劳载荷耦合作用下的小裂纹扩展实验，分析了不同应力比下腐蚀环境对疲劳小裂纹扩展行为的影响，主要结论总结如下：

(1)在 $R = -0.1, 0.1$ 的低应力比条件下，腐蚀环境中裂纹尖端的钝化作用减缓了小裂纹扩展速率，试样寿命较空气环境下反而延长；而在 $R = 0.3$ 的高应力比下，裂纹张开程度增加，腐蚀介质更易侵入裂尖区域，引发加速溶解和裂纹扩展，寿命明显下降。

(2)腐蚀环境下裂纹扩展路径更为平直，点蚀坑加速了裂纹的穿晶扩展；相比之下，空气环境中裂纹偏折明显，并可能出现裂纹止裂现象。

(3)小裂纹阶段受裂尖钝化主导，扩展速率较慢；进入长裂纹阶段后，腐蚀效应增强，扩展速率明显提升，尤其在高应力比条件下更为显著。

(4)SEM 观察发现，腐蚀环境中断口缺乏塑性撕裂特征，断口表面腐蚀产物堆积，而空气环境下则保留较多塑性韧窝与疲劳辉纹特征。

参考文献

[1] Lietch L C, Lee H, Mall S. Fretting fatigue behavior of Ti－6Al－4V under seawater environment[J]. Materials Science and Engineering: A, 2005, 403(1－2): 281－289.

[2] Baragetti S, Arcieri E V. Corrosion fatigue behavior of Ti－6Al－4V: Chemical and mechanical driving forces[J]. International Journal of Fatigue, 2018, 112: 301－307.

[3] Zhao Y, Yu P, Wu L, et al. Corrosion－induced deceleration－to－acceleration of fatigue crack growth for deep－sea Ti6Al4V ELI titanium alloy[J]. Engineering Fracture Mechanics, 2023, 281: 109160.

[4] Kovalov D, Fekete B, Engelhardt G R, et al. Prediction of corrosion fatigue crack growth rate in alloys. Part II: effect of electrochemical potential, NaCl concentration, and temperature on crack propagation in AA2024－T351[J]. Corrosion Science, 2019, 152: 130－139.

[5] Newman J, Raju I, Lewis J, et al. Stress－intensity factor equations for cracks in three－dimensional finite bodies[J]. Nasa Technical Memorandum, 1984.

[6] Flanagan W F, Bastias P, Lichter B D. A theory of transgranular stress－corrosion cracking [J]. Acta metallurgica et materialia, 1991, 39(4): 695－705.

[7] Tao Z, Chang L, Li J, et al. In－situ experimental investigation of the small fatigue crack behavior in CP－Ti: The influence of micronotch size[J]. International Journal of Fatigue, 2023, 175: 107755.

[8] 侍克献，田根起，张作贵，等．国产 P92 钢的蠕变裂纹扩展行为研究[J]. 压力容器，2023，40(6)：1－6.

[9] 刘兰舟，高怡斐，张志玮．1Cr11Ni2W2MoV 钢疲劳裂纹闭合与试样类型的相关性[J]. 压力容器，2023，40(1)：1－9.

作者简介

常乐(1991)，男，副研究员，工学博士，主要从事结构完整性方向的研究，通信地址：211816 江苏省南京市江北新区浦珠南路 30 号，E－mail：chellechang@163.com。

不同应变幅值下 Inconel 706 高温低周疲劳行为研究

陈伟杰[1],王宇轩[2],陈正宗[3],张　威[1],周昌玉[1]

(1. 南京工业大学 机械与动力工程学院,南京 211816;2. 合肥通用机械研究院有限公司,合肥 230031;
3. 钢铁研究总院有限公司,北京 100081)

摘　要:通过 650 ℃下的应变控制低周疲劳试验,研究 Inconel 706 镍基高温合金在不同应变幅值(0.4%～0.8%)下的高温低周疲劳行为。结果表明,高温下 Inconel 706 表现出明显的循环软化现象,且疲劳寿命随应变幅增大显著降低。高温低周疲劳过程中,背应力始终大于摩擦应力,并且主导材料的循环软化,应变幅值增加显著增大了背应力,但摩擦应力对应变幅值变化不敏感。随着应变幅值的增大,非弹性应变和非弹性应变能增加,但材料的不对称变形行为显著增加。最后通过 Manson－Coffin 方程对实验数据进行拟合,发现 Manson－Coffin 方程可以较好地描述 Inconel 706 镍基高温合金疲劳寿命与应变幅值的关系。进一步对比 Inconel 706 和 Inconel 718 的疲劳寿命,发现 Inconel 706 的高温低周疲劳寿命与 Inconel 718 的相近,在较低的应变幅值下,Inconel 706 的疲劳寿命更长。

关键词:Inconel 706;应变幅值;高温低周疲劳;循环软化

Study on high－temperature low－cycle fatigue behavior of Inconel 706 under different strain amplitudes

CHEN Weijie[1],WANG Yuxuan[2],CHEN Zhengzong[3],ZHANG Wei[1],ZHOU Changyu[1]

(1. School of Mechanical and Power Engineering,Nanjing Tech University,Nanjing 211816,China;
2. Hefei General Machinery Research Institute Co.,Ltd.,Hefei 230031,China;
3. Central Iron and Steel Research Institute Co.,Ltd.,Beijing 100081,China)

Abstract: Through strain－controlled low－cycle fatigue testing at 650 ℃, the high－temperature low－cycle fatigue behavior of Inconel 706 nickel－based superalloy under various strain amplitudes (ranging from 0.4% to 0.8%) was systematically investigated. The results indicate that Inconel 706 exhibits pronounced cyclic softening at elevated temperatures, with fatigue life decreasing markedly as strain amplitude increases. During the high－temperature low－cycle fatigue process, the back stress consistently exceeds the frictional stress and plays a dominant role in inducing cyclic softening. An increase in strain amplitude leads to a significant rise in back stress, whereas the frictional stress remains relatively insensitive to changes in strain amplitude. As strain amplitude increases, both inelastic strain and inelastic strain energy increase; however, the material's asymmetric deformation behavior becomes more pronounced. Ultimately, experimental data were fitted using the Manson－Coffin equation, which effectively describes the relationship between fatigue life and strain amplitude for Inconel 706 nickel－based superalloy. A comparative analysis of the fatigue lives of Inconel 706 and Inconel 718 revealed that the high－temperature low－cycle fatigue performance of Inconel 706 is comparable to that of Inconel 718, with Inconel 706 exhibiting a longer fatigue life under lower strain amplitudes.

Keywords: Inconel 706; strain amplitude; high - temperature low - cycle fatigue; cyclic softening

0 引 言

作为压力容器中的前沿设备，反应釜通常用于各种化学反应，其内部状态对整个系统的影响非常大。高温超高压反应釜对材料方面有很高的要求，其筒壁厚，工作条件苛刻，常用的一些材料难以满足使用需求。Inconel 706 是一种沉淀强化的 Ni - Fe - Cr 基合金，它具有合理的化学配比、冶金缺陷少、成分偏析低、加工性能优异等特点，因而用它能够生产出大尺寸及超大尺寸的高温合金产品以满足工业生产的需要[1]。Inconel 706 能够在极高的温度下保持良好的强度和韧性，而广泛应用于高温高压环境。高温超高压反应釜在实际服役过程中，极易发生高温低周疲劳损伤。因此，研究 Inconel 706 镍基高温合金的高温低周疲劳性能具有重要意义。

Inconel 706 镍基高温合金的低周疲劳行为很少被国内外研究。目前，有关 Inconel 706 合金性能的研究工作主要集中在微观组织及热处理时效对其寿命的影响方面，其高温下的低周疲劳行为鲜有报道。工业制备的 IN706 锻造盘的显微组织由 γ''（Ni3Nb）、针状 δ（Ni3Nb）相、针状 η（Ni3Ti）相以及 TiC 和 NbC 簇状物组成。LEE 等[2]研究发现 650 ℃时 LCF 寿命较低的 IN706 试样在裂纹扩展区 η 析出相沿线性排列，并出现很多的解理断裂。对于 LCF 寿命较高的试样，η 析出物的数量几乎可以忽略，裂纹扩展断裂模式主要是沿晶断裂。TAKAHASHI 等[3]发现稳定化后的 706 合金析出的针状和胞状相在晶界处形核，并在特定的晶内方向生长，导致晶界呈波浪状，有助于通过钉扎机制防止晶界滑动，从而提高了合金的断裂延展性和断裂寿命。ZHANG 等[4]对 Inconel 706 合金进行了三种稳定化温度（800，845，880 ℃）的热处理，随着稳定化温度的升高，晶界处 η 相数量增加，η 相呈粒状、棒状或针状，材料的应力断裂性能得到改善。KANG 等[5]研究表明，η 相的含量会影响 Inconel 706 合金的抗拉强度和塑性，而矩阵中非致密的 γ'/γ''共析出组织降低了蠕变寿命。

本文针对 Inconel 706 在 650 ℃下开展不同应变幅值的低周疲劳试验，研究其疲劳性能变化规律，并将 Inconel 706 的疲劳寿命与 Inconel 718 进行对比。

1 试样材料及试验方法

1.1 材料及试样尺寸

试验材料为锻造 Inconel 706 镍基高温合金，冶炼方式为真空感应熔炼＋电渣重熔＋真空自耗重熔。对合金进行固溶＋时效热处理，图 1 为热处理后合金的强化相。处理后材料的平均晶粒度为 6 级，其化学成分如表 1 所示，力学性能如表 2 所示。Inconel 706 高温低周疲劳试验采用圆棒试样，试样尺寸如图 2 所示。

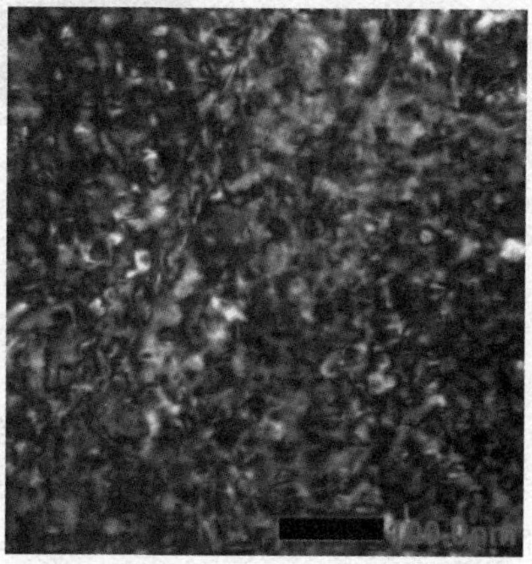

图 1 Inconel 706 热处理后的强化相

表 1 Inconel 706 合金的化学成分（wt%）

元素	C	Cr	Ti	Al	Nb＋Ta	Ni＋Co	B	Fe
含量	0.017	16.06	1.76	0.245	2.972	42.386	0.0035	余量

表 2 Inconel 706 力学性能

抗拉强度 R_m/MPa	屈服强度 $R_{p0.2}$/MPa	伸长率 A/%	断面收缩率 Z/%	布氏硬度/HBW	断裂韧性 K_{Ic}/（MPa·$m^{1/2}$）
1004	904	29.3	42	384	≥163

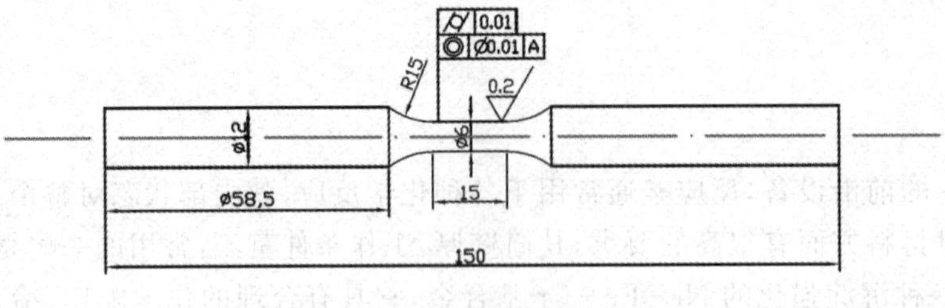

图 2　疲劳试样尺寸

1.2　试验方法

试验采用 MTS809 试验机进行高温低周疲劳试验，试验装置如图 3 所示。在试验过程中，采用中频感应闭环系统对试样标距段进行加热，使用 K 型热电偶对加热温度进行实时监测，当加热温度达到 650 ℃后保持 20 min，随后进行高温低周疲劳试验。疲劳试验加载波形为三角波，控制方式为机械应变控制，温度为 650 ℃，应变速率为 $1\times10^{-3}\ s^{-1}$，应变幅值分别为 0.4%，0.5%，0.6%，0.7%，0.8%，试样失效(峰值应力下降 50%)或断裂即停止试验，此时的寿命定义为疲劳寿命。

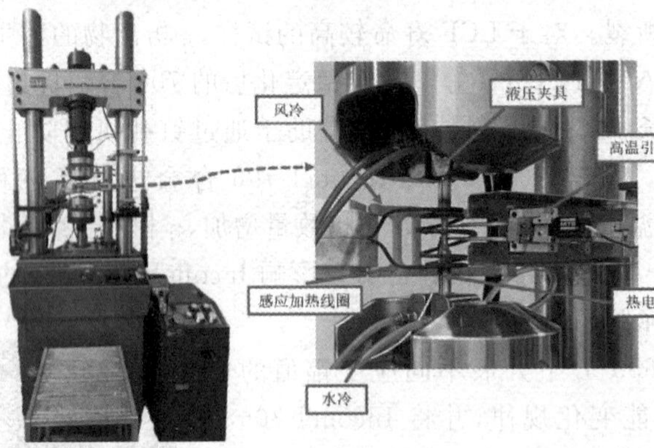

图 3　MTS809 试验机

2　结果与讨论

图 4 为 Inconel 706 试样在 650 ℃、$R=-1$ 条件下的循环峰值应力响应曲线。可以看出，在不同应变幅值下，材料随疲劳循环表现为逐渐软化，值得注意的是，当应变幅值较小时(0.4%，0.5%)，材料在整个周期有循环稳定阶段。众所周知，由于短程有序破坏，滑移带在加载的前几个循环中形成[6-7]。在镍基高温合金中，滑移带的数量随着应变幅值的增加而增加，有序的 γ′相增加了滑移带的数量[8-9]。在 γ′和 γ″相强化的镍基高温合金中通常形成平面滑移带。这导致了这些析出相的剪切，并促进了在滑移带附近产生应变局部化。由于在较高的应变幅值下形成更多的滑移带，因此剪切更多的 γ′和 γ″导致高程度的软化。FOURNIER 等[10]提出与 Inconel 706 显微组织相似的 IN718 合金的循环软化就是由于 γ″析出物的剪切作用。在较低的应变幅值下，γ″相的剪切作用可能不够活跃，导致循环软化不太明显。

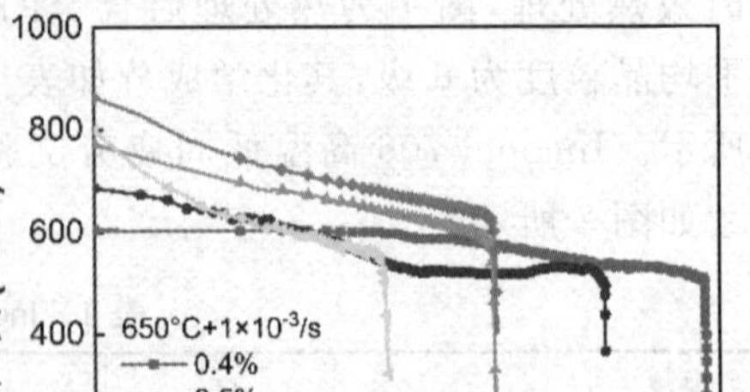

图 4　Inconel 706 在 650 ℃，$R=-1$ 的循环应力响应曲线

为了进一步描述材料的循环软化现象，引入循环软

化率的概念，公式如下：

$$r=\left|\frac{\sigma_H-\sigma_1}{\sigma_1}\right| \tag{1}$$

式中，σ_1与σ_H分别代表第一圈与半寿命处的应力幅值。将循环软化率与应变幅之间的关系作出，如图 5 所示。可见随着应变幅值的增大，循环软化水平显著升高。

根据 COTTRELL 提出的方法将流动应力划分为背应力(σ_b)和摩擦应力(σ_f)[11]，如图 6 所示。背应力(σ_b)是一种与材料基体内不同长度尺度上的集体位错和变形不相容有关的长程应力。摩擦应力(σ_f)是局部应力，反映了单个位错运动的短程障碍，这与材料基体内的外来原子、碳化物、晶格摩擦等位错有关。不同应变幅值下内应力变化曲线如图 7 所示，可以发现，背应力始终大于摩擦应力，随着循环加载的持续进行，背应力逐渐降低，摩擦应力基本保持不变。随着应变幅值的增大，两种应力分量的差值也越来越大。为讨论应变幅值对背应力和摩擦应力的影响，图 8 示出不同应变幅值下的背应力和摩擦应力变化情况，可以发现，背应力值对应变幅值有明显的依赖性，背应力随应变幅值的增大而增大。然而，随着应变幅值的增加，摩擦应力基本保持不变。因此，可认为背应力分量的演化行为主导了不同应变幅值下循环应力响应的差异。

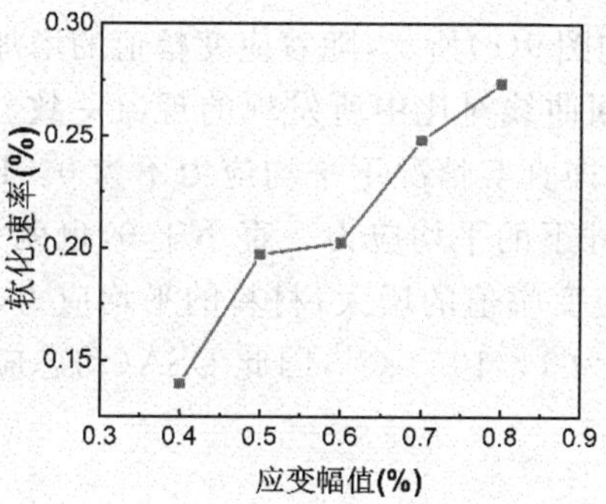

图 5　循环软化率与应变幅值间的关系

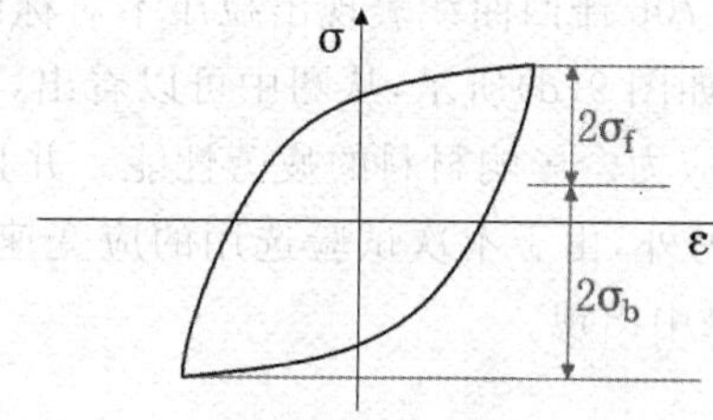

图 6　滞回曲线上背应力(σ_b)和摩擦应力(σ_f)的定义

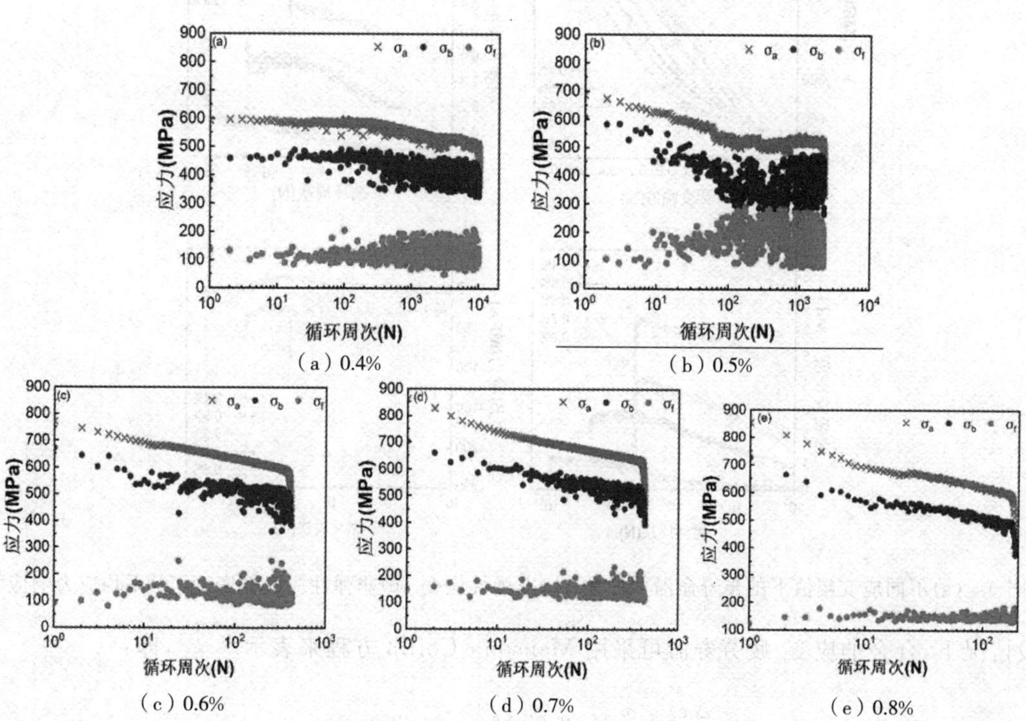

(a) 0.4%　(b) 0.5%

(c) 0.6%　(d) 0.7%　(e) 0.8%

图 7　不同应变幅值下的内应力变化曲线

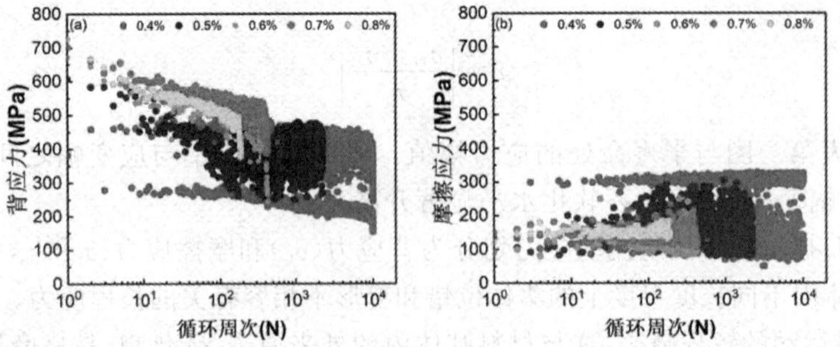

(a)背应力　　(b)摩擦应力

图 8　背应力和摩擦应力在不同应变幅值下的比较

图 9(a)描述了 Inconel 706 合金在 650℃下不同应变幅下的半寿命滞回曲线,可以看出,随着应变幅值的增大,滞环曲线的宽度随之增大,即塑性应变幅值增加。一般情况下,塑性应变对于材料低周疲劳寿命具有重要影响,因此可以定性地解释由于塑性应变增加导致了材料低周疲劳寿命下降[12]。非弹性应变逐渐增大,如图 9(b)所示,这与图 9(a)得出的塑性应变增大的结论一致。同时,塑性应变能随应变幅值增大而逐渐上升,循环加载中累积塑性应变能增大。如图 9(c)所示,随着应变幅值的增加,材料的循环塑性应变能逐渐上升,这一结论与不同应变幅值下的滞回曲线对比中所发现的现象一致。从图 9(a)可以看出,Inconel 706 滞回曲线表现出拉压不对称的现象,即真实情况下平均应力不为 0。Inconel 706 的平均应力响应,如图 9(d)所示,从图中可以看出,不同条件下的平均应力一直小于 0,也就是平均压应力的状态,平均压应力会影响材料的疲劳性能。并且随着应变幅值的增大,材料的平均应力水平表现得更加不对称[13]。另外,由于本次试验选用的应变速率较大为 $1\times10^{-3}\ s^{-1}$,因此 DSA(动态应变时效)并未在本次试验结果中出现。

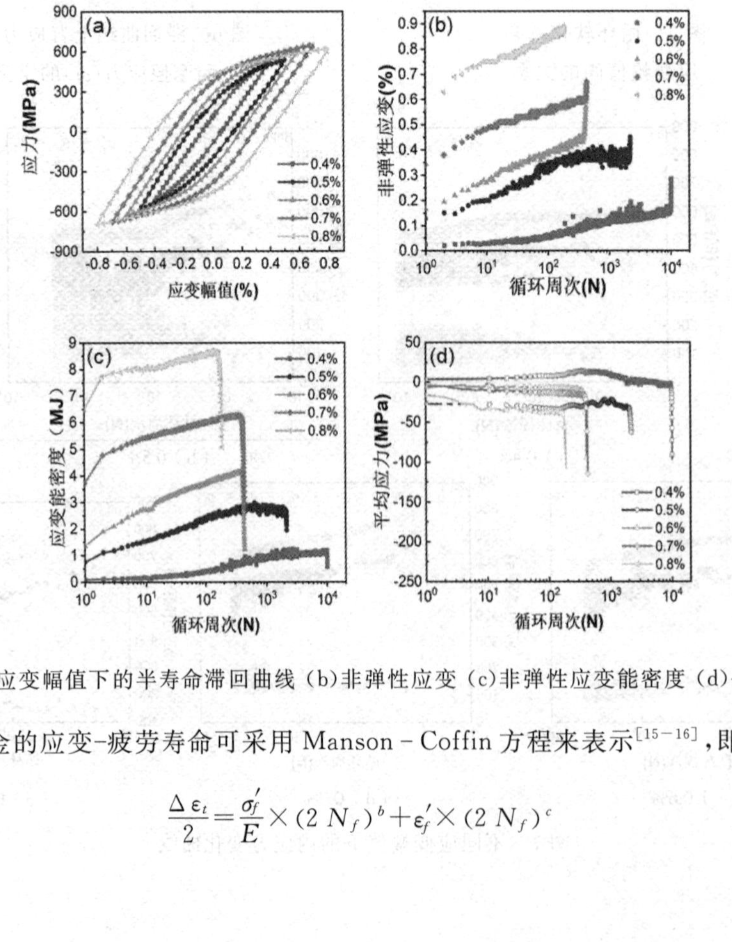

图 9　(a)不同应变幅值下的半寿命滞回曲线 (b)非弹性应变 (c)非弹性应变能密度 (d)平均应力响应

一般情况下,合金的应变-疲劳寿命可采用 Manson - Coffin 方程来表示[15-16],即:

$$\frac{\Delta \varepsilon_t}{2}=\frac{\sigma_f'}{E}\times(2N_f)^b+\varepsilon_f'\times(2N_f)^c \tag{2}$$

式中，右边第一项为弹性部分，反映了弹性应变幅与寿命之间的关系，其中 σ_f'为疲劳强度系数，b 为疲劳强度指数。右边第二项为塑性部分，反映塑性应变幅与寿命之间的关系，其中 ε_f'疲劳延性系数，c 为疲劳韧性指数。N_f为失效时的转向次数。对棒材的低周疲劳应变—寿命试验数据进行拟合，得到材料的应变—疲劳特性参数如表 3。

表 3　Inconel 706 在 650 ℃条件下的疲劳参数

σ_f'/MPa	b	ε_f'	c
1130	−0.055	0.236	−0.66

根据上述方程形式可以得到，弹性应变幅与疲劳转向数和塑性应变幅与 2 倍疲劳寿命在双对数坐标下均呈现线性关系（见图 10）。通过拟合可以分别得到弹性应变幅与塑性应变幅跟疲劳转向数之间的关系，即

$$\Delta\varepsilon_t/2=0.005\,53\times(2N_f)^{-0.045}+0.236\times(2N_f)^{-0.66} \qquad (3)$$

由图 10 可知，Inconel 706 的高温低周疲劳寿命与 Inconel 718 的相近，且在较低的幅值下，Inconel 706 的疲劳寿命更长。

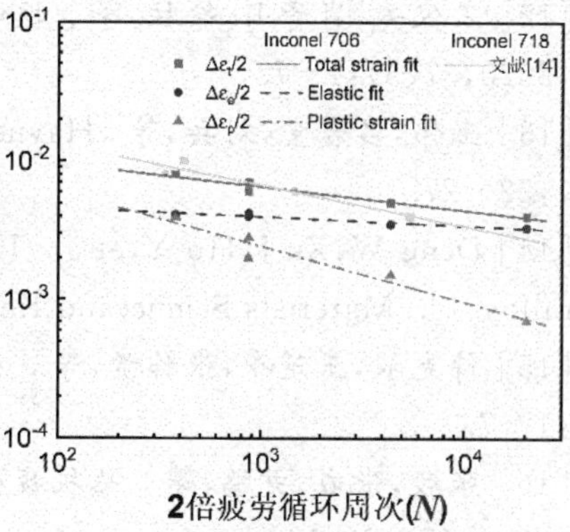

图 10　总应变幅、弹性以及塑性应变幅与疲劳寿命的关系

3 结　论

（1）Inconel 706 镍基高温合金在高温低周疲劳载荷下表现出明显的循环软化现象，且疲劳寿命随应变幅增大显著降低。随着应变幅值的增大，非弹性应变和非弹性应变能增加，但材料的不对称变形行为显著增加。

（2）高温低周疲劳过程中，背应力始终大于摩擦应力，并且主导材料的循环软化，应变幅值增加显著增大了背应力，但摩擦应力对应变幅值变化不敏感。

（3）Manson－Coffin 方程可以较好地描述 Inconel 706 镍基高温合金疲劳寿命与应变幅值的关系。Inconel 706 与 Inconel 718 的疲劳寿命相近，且在较低的幅值下，Inconel 706 的疲劳寿命更长。

参考文献

[1] 龙正东．国外 Inconel706 合金的研究进展[J]．材料导报，1995(5)：14－19.

[2] Lee J，Kim K，Kim J G，et al. Effect of microstructure on low cycle fatigue behavior of Inconel 706 at 650 ℃ [J]. Fatigue & Fracture of Engineering Materials & Structures，2024，47(2)：72－83.

[3] Takahashi T，Ishiguro T，Orita K，et al. Effects of grain boundary precipitation on creep rupture properties of alloys 706 and 718turbine disk forgings[J]. Superalloys，1994，718：625－706.

[4] Zhang S，Jia D，Zhao D，et al. Influence of stabilization heat treatment temperature on microstructure and stress ruptureproperties of Inconel 706 superalloy[J]. Journal of Materials Research and Technology，2023，27：7998－8007.

[5] Kang S H，Kim H，Yoon Y E，et al. Re－heat treatment effect on the microstructure and mechanical properties of the Inconel 706alloy for repair [J]. Journal of Materials Research and Technology，2024，31：2193－2201.

[6] H. F. Merrick. The low cycle fatigue of three wrought nickel－base alloys[J]. Metallurgical

Transactions,1974,5:891—897.

[7] K. B S. Rao H S,H. Schuster,H. Nickel. Influence of Time and Temperature Dependent Processes on Strain Controlled LowCycle Fatigue Behavior of Alloy 617[J]. Metallurgical Transactions A,1988,19(A):13.

[8] Dudova N,Mishnev R,Kaibyshev R. On the microstructural evolution in a 10% Crmartensitic steel during interrupted low cyclefatigue testing at 650 ℃[J]. International Journal of Fatigue,2023,175:107806.

[9] G. Chen,Y. Zhang,D. K. Xu,et al. Low cycle fatigue and creep - fatigue interaction behavior of nickel— base superalloy GH4169 at elevated temperature of 650 ℃[J]. Materials Science and Engineering A,2016,655(FEB. 8):175—182.

[10] Fournier D,Pineau A. Low cycle fatigue behavior of Inconel 718 at 298 K and 823 K[J]. Metallurgical Transactions A,1977,8:1095—1105.

[11] Beranger A S,Feaugas X,Clavel M. Low cycle fatigue behavior of an α+β titanium alloy: Ti6246[J]. Materials Science &Engineering A,1993,172(1):31—41.

[12] 王仪美,肖青山,徐柱,等．核电用接管安全端308L焊缝金属高温低周疲劳性能研究[J]．压力容器,2020,37(5):1—7.

[13] 王伟,吕春堂,刘兵,等．Haynes 230镍基超合金高温低周疲劳寿命预测[J]．压力容器,2018,35(5):22—27.

[14] Deng W,Xu J,Hu Y,et al. Isothermal and thermomechanical fatigue behavior of Inconel 718 superalloy[J]. Materials Scienceand Engineering:A,2019,742:813—819.

[15] 侍克献,王延峰,张作贵,等．核电主管道316LN不锈钢的组织和性能[J]．压力容器,2024,41(12):1—7.

[16] 张毅,张威,尹鹏,等．热机疲劳加载后316L拉伸性能与剩余疲劳寿命预测方法[J]．压力容器,2023,40(5):8—18.

作者简介

陈伟杰(2000),男,硕士研究生,从事高温材料强度研究。通信地址:211816 江苏省南京市江北新区浦珠南路30号南京工业大学机械与动力工程学院,E—mail:chenweijie@njtech.edu.cn,电话:18961075320。

通信作者:张威(1992),男,博士(后),副教授,硕士生导师,致力于高温结构的蠕变、疲劳与结构完整性研究,通信地址:211816 江苏省南京市江北新区浦珠南路30号南京工业大学机械与动力工程学院,E—mail:zhang_wei@njtech.edu.cn,电话:18251915483。

共晶高熵合金 $AlCoCrFeNi_{2.1}$ 中滞弹性回复对循环蠕变行为的影响规律

闫川阳，王铿锵，高增梁

（浙江工业大学 机械工程学院 化工机械设计研究所，杭州 310032）

摘　要：针对高温设备结构材料在低频调峰载荷下的循环蠕变与滞弹性回复难题，以 $AlCoCrFeNi_{2.1}$ 共晶高熵合金(EHEA)为研究对象，通过 800 ℃变应力(SV)循环蠕变试验引入滞弹性应变，并与恒应力(SC)蠕变试验对比，结合扫描电子显微镜(SEM)、电子背散射衍射(EBSD)和透射电子显微镜(TEM)，系统研究滞弹性回复对合金微观组织演变及循环蠕变行为的影响。研究发现：在 SV 试验中，稳态蠕变速率随循环次数和谷应力增大显著加快，断裂寿命较 SC 试验缩短；滞弹性回复促使 B2 相低角度晶界比例从 93%提升至 98%，位错运动从 $L1_2$ 相扩展至 B2 相。基于背应力理论分析表明，滞弹性应变由谷应力保持阶段的位错反向运动引发，通过促进 B2 相亚晶界形成与位错缠结，削弱位错强化效应，加速蠕变损伤。本研究揭示了双相高熵合金中滞弹性回复与循环蠕变的交互作用机制，深化了对双相 EHEA 高温变形机制的认知。

关键词：共晶高熵合金；循环蠕变；滞弹性恢复；微观结构演化；位错运动

Effect of anelastic recovery on cyclic creep behaviors in eutectic high - entropy alloy $AlCoCrFeNi_{2.1}$

LU Chuanyang，WANG Kengqiang，GAO Zengliang

（Institute of Process Equipment and Control Engineering，College of Mechanical Engineering，Zhejiang University of Technology，Hangzhou 310032，China）

Abstract：To investigate the influence of anelastic recovery on the microstructure and cyclic creep behavior of $AlCoCrFeNi_{2.1}$ eutectic high - entropy alloy (EHEA) under the low - frequency peak - shaving loading conditions，the stress - varying (SV) tests at 800 ℃ are conducted to introduce the anelastic strain for comparison with the stress - constant (SC) test. The effects of anelastic recovery on the microstructural evolution and cyclic creep behavior are systematically studied using scanning electron microscopy (SEM)，electron backscatter diffraction (EBSD)，and transmission electron microscopy (TEM). The results show that in SV tests，the steady - state creep rate (SSCR) is accelerated significantly with the increasing cycle number and valley stress，while the fracture life is shortened compared to SC results. The proportion of low - angle grain boundaries in the B2 phase is increased from 93% to 98% and the dislocation motion is spread from the $L1_2$ phase to the B2 phase by anelastic recovery. Based on back stress theory，the anelastic strain is induced by the reverse dislocation movement during valley - stress holding stage. The dislocation strengthening mechanism is weakened due to the sub - grain boundary formation and dislocation tangling in the B2 phase，thus accelerating creep damage. This study elucidates the interaction mechanism between nelastic recovery and cyclic creep and deepens the understanding of high - temperature deformation mechanisms in dual - phase

EHEAs.

Keywords: eutectic high－entropy alloy; cyclic creep; anelastic recovery; microstructural evolution; dislocation motion

0 引　言

随着能源装备向高温化、高效化发展，结构材料在复杂载荷下的高温损伤机制与服役寿命评估成为制约装备可靠性的关键问题[1]。如图1所示，高温设备在不同载荷模式下的损伤机制存在显著差异：传统蠕变设备(如蒸汽管道)承受恒定应力作用，疲劳载荷(如往复机械部件)表现为周期性应力循环，而蠕变－疲劳交互作用常见于启停频繁的化工装置[2-3]。以热太阳能电站的中央接收器为例，其受时变太阳辐射影响，需承受低频长周期波动载荷，这种载荷条件下材料的变形行为被称为“循环蠕变”，即峰值应力保持阶段产生蠕变变形，卸载至谷值应力保持时引发滞弹性恢复，形成时间相关的反向变形[4]。

现有研究表明，滞弹性恢复可通过加速稳态蠕变速率(SSCR)、降低断裂延性等方式影响材料寿命[5-6]。例如，9%～12% Cr钢在循环蠕变试验中，滞弹性应变在初始循环阶段显著变化，随后进入饱和状态[9]；奥氏体钢的滞弹性行为被认为与位错线卸载后的重新分布和弓出有关[5,10,11]。然而，这些研究多集中于传统钢铁材料，对于近年来兴起的高熵合金(HEA)，尤其是共晶高熵合金(EHEA)，其滞弹性恢复机制及对循环蠕变的影响仍缺乏系统研究。

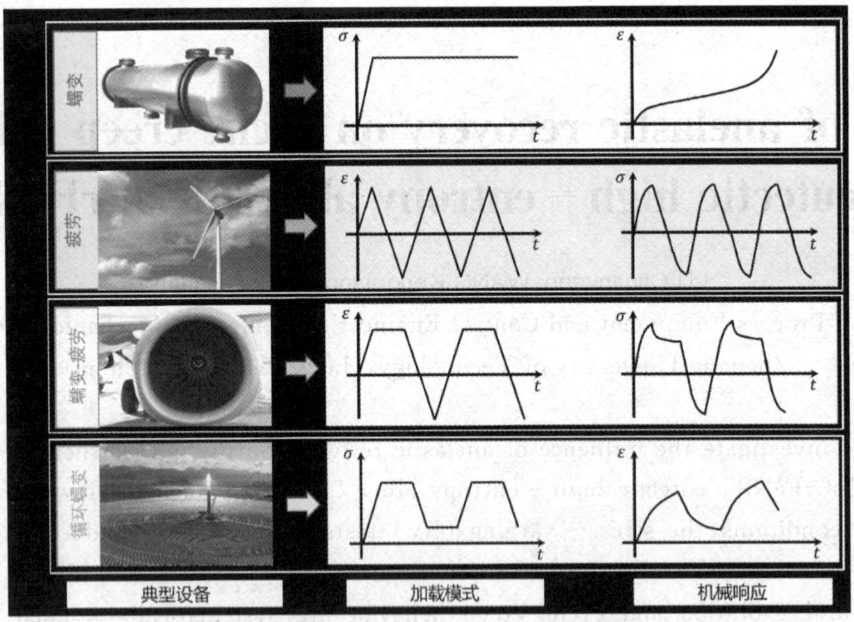

(a)蠕变　(b)疲劳　(c)蠕变－疲劳交互作用　(d)循环蠕变

图1　典型设备、加载曲线与机械响应示意

高熵合金因多主元固溶强化、优异的高温强度－塑性匹配等特性，成为高温结构材料的候选之一[14-17]。其中，$AlCoCrFeNi_{2.1}$ EHEA兼具$L1_2$和B2双相结构，通过定向凝固可形成{100}织构，在800 ℃下仍保持237 MPa的屈服强度和13%的延伸率[18-19]。前期研究已揭示该合金在恒温蠕变条件下的微观结构演化规律[20-23]，但低频调峰载荷下滞弹性恢复如何调控双相组织的位错运动、晶界演化及蠕变损伤累积，仍是制约其工程应用的关键科学问题。

为此，本研究通过800 ℃应力变化(SV)循环蠕变试验，引入不同程度的滞弹性应变，并与应力恒定(SC)试验对比，结合电子背散射衍射(EBSD和透射电镜(TEM)表征，系统性分析滞弹性恢复对$AlCoCrFeNi_{2.1}$ EHEA微观结构和循环蠕变行为的影响，以期为高温设备用双相高熵合金的寿命评估与设计提供理论依据。

1　材料与方法

1.1　高熵合金 $AlCoCrFeNi_{2.1}$

$AlCoCrFeNi_{2.1}$ 共晶高熵合金(EHEA)的化学成分为 17.06 Co－8.68 Al－16.62 Cr－18.55 Fe－39.09 Ni(*wt.* %)。该合金采用电弧熔炼结合定向凝固真空铸造工艺制备，以纯度大于 99.9%(*wt.* %)的 Al,Co,Cr,Fe,Ni 单质为原料，经二次熔炼后在 6 mm/min 的恒定速率下定向凝固，获得 Φ50 mm×500 mm 的合金棒材。

$AlCoCrFeNi_{2.1}$ EHEA 的显微组织由面心立方($L1_2$)相和体心立方(B2)相组成，如图 2a 的扫描电镜(SEM)图像所示。进一步通过电子背散射衍射(EBSD)分析发现，合金因定向凝固形成显著的{100}织构。图 2b 的逆极图显示，$L1_2$ 和 B2 相的{100}方向强度(MUD)分别达 38.36 和 34.50，显著高于{110}和{111}织构(如图 2c)。

800 ℃下的拉伸试验结果表明(表 1)，该合金的弹性模量为 50 GPa，屈服强度 237 MPa，断后延伸率 13%，抗拉强度 357 MPa。值得注意的是，当温度超过 800 ℃时，合金屈服强度下降趋势趋缓，这归因于 $L1_2$ 基体中 $B2_{II}$ 析出相的沉淀强化效应补偿了高温软化作用[24]。

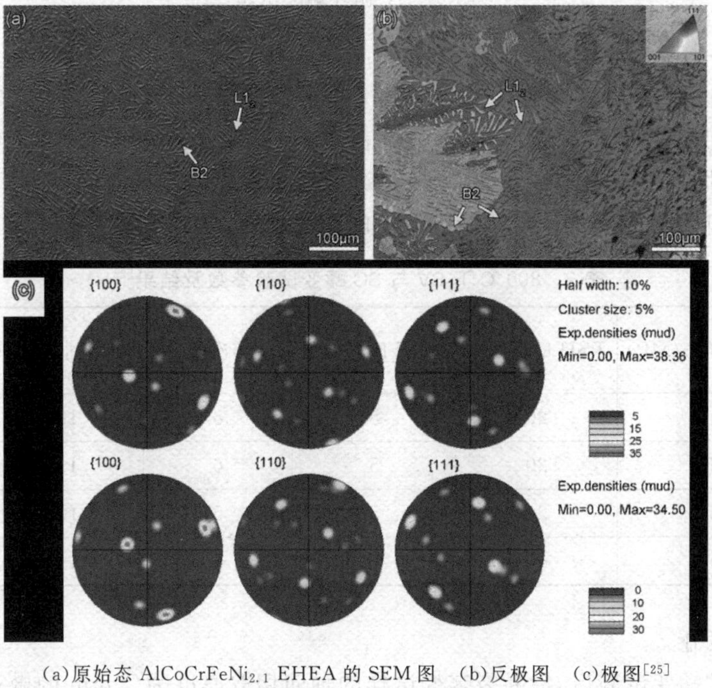

(a)原始态 $AlCoCrFeNi_{2.1}$ EHEA 的 SEM 图　(b)反极图　(c)极图[25]

图 2　$AlCoCrFeNi_{2.1}$ 共晶高熵合金的显微组织与织构特征[24]

表 1　$AlCoCrFeNi_{2.1}$ EHEA 在 800 ℃下的拉伸性能

温度/℃	弹性模量/GPa	拉伸延伸率/%	屈服强度/MPa	抗拉强度/MPa
800	50	13	237	357

1.2　循环蠕变试验

循环蠕变试验在 800 ℃环境下进行，采用 100 KN 伺服机电万能试验机(RPL 100)加载，加载速率为 20 MPa/s。应变测量通过安装在试样标距段的高温引伸计完成，引申计标距长度为 25 mm。为确保温度均匀性，试样以 10 ℃/min 的速率升温至目标温度后，保温 30 min，并用三支 S 型热电偶监测试样上、中、下三部位的温度梯度[24]。

1.2.1 应力变化(SV)与应力恒定(SC)试验设计

SV 试验采用双应力水平循环加载,峰值应力(σ)固定为 50 MPa,谷应力(σ)分别设为 0,10,15 MPa,以引入不同程度的滞弹性应变。每个循环包括 PSH:持续 20 h,诱发蠕变变形;VSH:持续 5 h,引发滞弹性恢复。

为避免塑性变形,σ 和 σ 均低于合金在 800 ℃的屈服强度(237 MPa)[26]。SC 实验作为对照组施加恒定应力 50 MPa,持续至试样断裂,用于获取基准蠕变寿命。具体某个循环的加载模式和应变-时间曲线如图 3 所示。

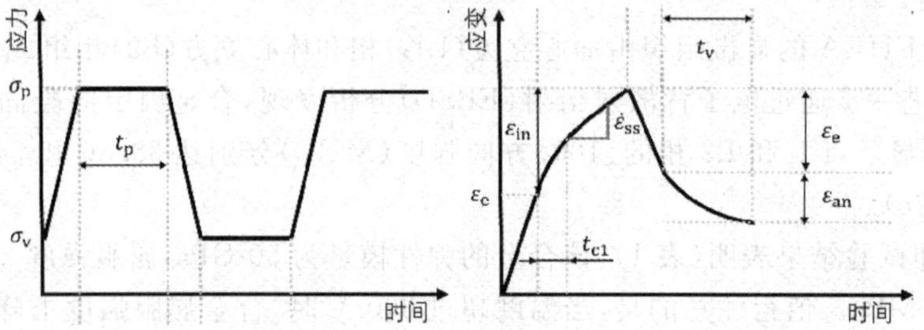

(a) 应力-时间 (b) 应变-时间

图 3 SV 循环蠕变试验

1.2.2 试样制备与试验参数

试验采用圆柱形试样,标距段尺寸为 Φ6 mm×30 mm,符合 GB/T 43103—2023 标准要求[27]。每组试验至少重复 2 次以保证数据可靠性,具体参数见表 2。试验中实时记录应力-应变曲线,主要关注以下指标:初级蠕变阶段时间(t_{c1});稳态蠕变速率(SSCR,·);累积峰值保持时间(t_{cr})。其中累积峰值保持时间为各循环 PSH 时间之和,用于和 SC 试验的断裂时间对比。

表 2 800 ℃下 SV 与 SC 蠕变试验参数及结果[25]

谷应力 σ/MPa	峰值应力 σ/MPa	PSH 时间 t/h	VSH 时间 t/h	循环次数 N	断裂时间 t_f/h	累积峰值保持时间 t_{cr}/h
0	50	20	5	8	186	151
10	50	20	5	6	139	114
15	50	20	5	5	106	86
—	50	—	—	—	141	141

1.3 微观结构表征

在完成 SV 和 SC 蠕变试验后,沿断裂蠕变试样的轴向切取厚度为 2 mm 的微观结构试样,以开展微观结构演变分析。采用配备牛津电子背散射衍射(EBSD)系统的 ZEISS LEO 1530 VP 扫描电子显微镜(SEM)进行微观结构表征和晶界(GB)分析。对于 EBSD 试样,先使用 400～2 000 目砂纸进行机械研磨,再用 0.5 μm 金刚石浆料振动抛光 2 小时,以消除表面应力。SEM 检测的工作电压为 20 kV,电流 100 mA,EBSD 扫描的步长设置为 0.5 μm。每个试样的 SEM 和 EBSD 测量均至少在三个不同区域进行,相关数据通过 ATEX 软件自动计算。

借助 FEI Tecnai G2 F30 透射电子显微镜(TEM)对蠕变试样中的位错行为进行观察。沿加载轴方向从断裂蠕变试样上切割出直径 3 mm 的 TEM 样品,每个 SC 或 SV 的试样均制备两个 TEM 样品用于位错观察。先将 TEM 样品机械研磨至约 50 μm 厚度,再通过离子减薄技术进行处理(电压 3 keV,入射角度 10°,处理时间 180 min)。减薄后的 TEM 薄膜采用亮场像和选区电子衍射(SAED)模式进行观察。

2 结 果

2.1 应力变化蠕变力学性能

2.1.1 滞弹性应变累积与断裂寿命

在 800 ℃下进行的 SV 试验中，$AlCoCrFeNi_{2.1}$ 共晶高熵合金（EHEA）在 VSH 阶段表现出显著的滞弹性应变（ε_{an}）累积。如图 4a 所示，各谷应力（0，10，15 MPa）条件下，ε_{an} 随循环次数增加而递增，但应变率随保持时间延长而单调递减。所有试样均在 PSH 阶段失效，表明蠕变变形主要发生于 PSH 阶段。

对比 SC 试验（50 MPa），SV 测试的断裂寿命（t_f）显著缩短（图 4b）。当 σ_v = 0 MPa 时，SV 测试的累积 PSH 时间（t_{cr} = 151 h）与 SC 测试的 t_f（141 h）接近；而 σ_v = 10 MPa 和 15 MPa 时，t_{cr} 分别降至 114 h 和 86 h，较 SC 测试降低约 20%～40%。同时，SV 试样的断裂延展性较 SC 试样明显下降，说明 VSH 阶段的引入加速了材料损伤。

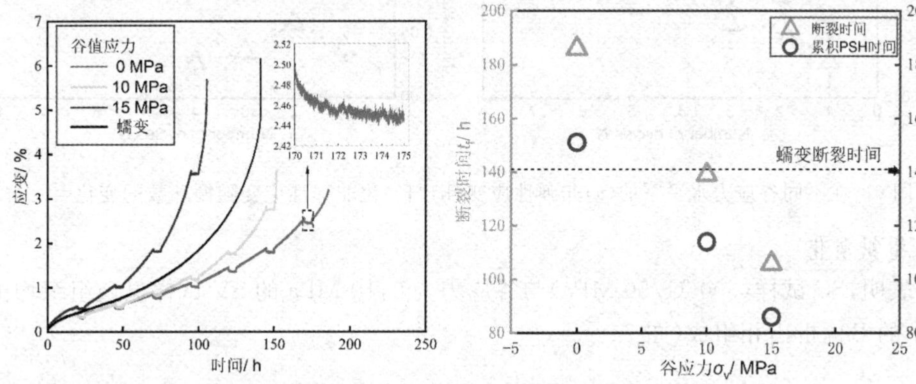

图 4 (a)典型的应变一时间曲线(b)从不同谷应力水平的 SV 测试中获得的断裂时间和累积 PSH 时间

2.1.2 蠕变阶段演化与稳态蠕变速率

SV 试验中，PSH 阶段的蠕变行为呈现独特的阶段性特征。如图 5a 所示，初次 PSH 循环的初生蠕变阶段时间（t_{c1}）约为 6～8 h，随循环次数增加，t_{c1} 逐渐缩短至 2～4 h，表明应变硬化效应随滞弹性回复累积而减弱。稳态蠕变速率则随循环次数增加而显著加快：σ_v = 15 MPa 时，第 1 次循环的[redacted] · [redacted]约为 0.02%/h，第 5 次循环时增至 0.18%/h，增速达 9 倍（见图 5b）。

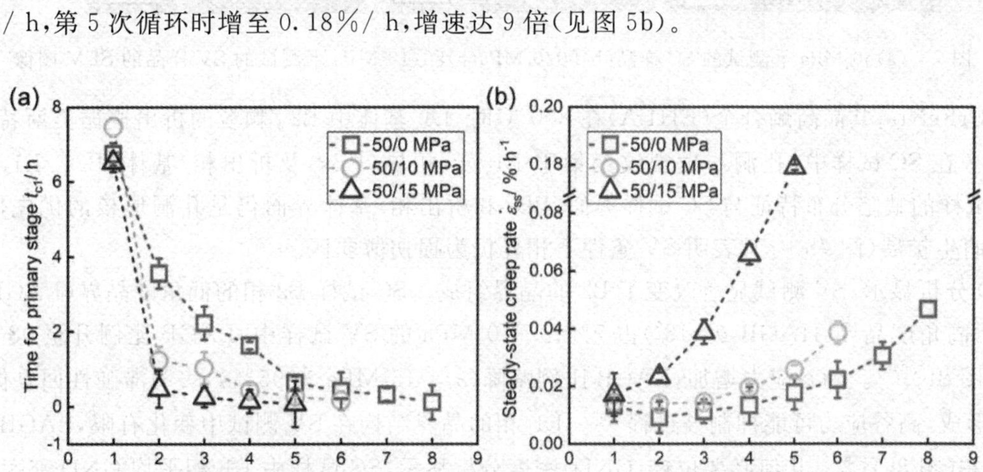

图 5 (a)初级阶段的时间(b)从具有不同谷应力水平的每个 PSH 循环中获得的稳态阶段的 SSCR[25]

测量每个 VSH 循环期间产生的非弹性应变以进行 SV 测试，如图 6a 所示。预期对于 0 MPa 谷应力的第二个周期和 15 MPa 的第四个周期，具有相同谷应力的周期的非弹性应变大致相同，结果如图 6a 所示。谷应力对[redacted]·[redacted]的影响具有显著性：相同循环次数下，σ_v越大，[redacted]·[redacted]增速越快。例如，第3次循环时，$\sigma_v=15$ MPa 时的[redacted]·[redacted]较 $\sigma_v=0$ MPa 时高约100%。这一现象与滞弹性应变的归一化分析结果一致如图6b所示，$\sigma_v=0$ MPa 时归一化滞弹性应变($\varepsilon_{an}/\varepsilon_{in}$)最大值达0.20，即约20%的非弹性应变在VSH阶段回复，而 $\sigma_v=15$ MPa 时该值降至0.10以下，表明高谷应力抑制了滞弹性回复效应，进而加速了蠕变变形。

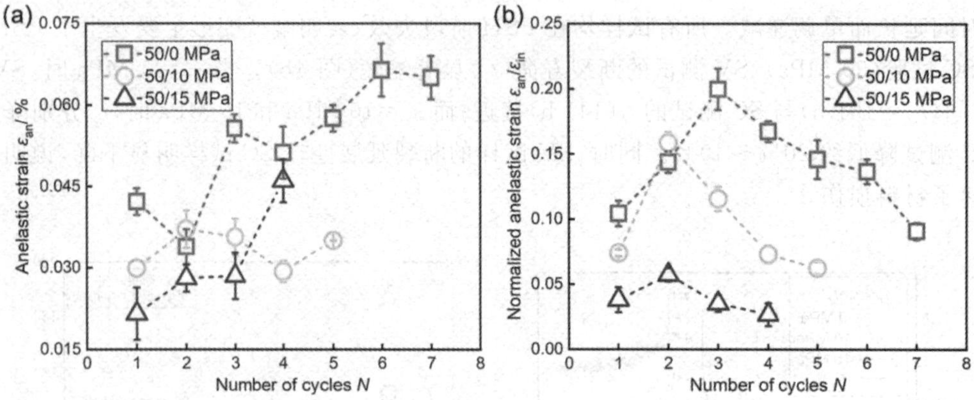

图6　在不同谷应力水平下的(a)非弹性应变(b)归一化非弹性应变随循环数的变化[25]

2.2　显微组织演化

SEM观察表明，SC试样(800 ℃/50 MPa)与谷应力为0，10 MPa的SV试样显微组织均由$L1_2$相、B_2相及$L1_2$基体中的$B2_{II}$析出相组成(图7a～c)。

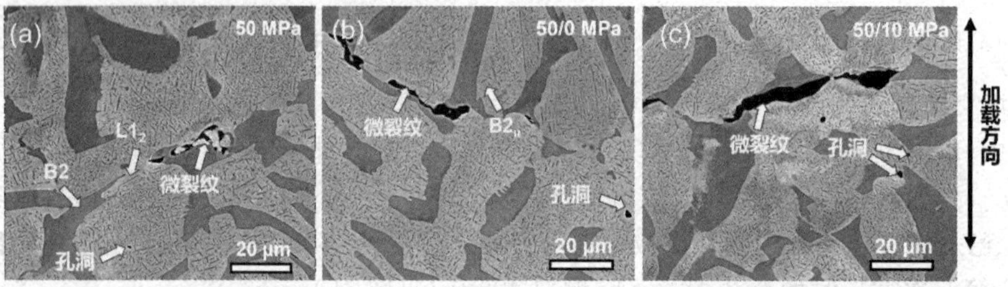

图7　(a)50 MPa下测试的SC样品(b)50/0 MPa(c)50/10 MPa下测试的SV样品的SEM图像

$AlCoCrFeNi_{2.1}$共晶高熵合金(EHEA)在800 ℃时，$L1_2$基体中$B2_{II}$颗粒的析出遵循奥斯特瓦尔德熟化机制[24]。在SC试样中，孔洞与微裂纹聚集于$L1_2/B_2$相界(PBs)及析出相/基体($B2_{II}/L1_2$)界面(图7a)。SV试样的缺陷分布特征与SC试样类似，PBs和析出相/基体界面仍是孔洞形核的优先位置，微裂纹沿PBs萌生扩展(图7b～c)，表明SV条件下相界仍为损伤薄弱区。

EBSD分析显示，SV测试显著改变了B2的晶界组成。SC试样B2相的低角度晶界(LAGB，$\theta<15°$)占比93%，高角度晶界(HAGB，$\theta\geq15°$)占7%；$\sigma_v=0$ MPa的SV试样中，LAGB比例升至98%，HAGB降至2%(图8b)[24]。随谷应力增加，LAGB比例略降($\sigma_v=15$ MPa为95%)，表明滞弹性回复促进B2相亚晶界的形成，高谷应力可能抑制该过程[24]。$L1_2$相的晶界结构在SV测试中变化有限，LAGB比例维持在94%左右(图8a)[24]。几何必要位错(GND)密度分析显示，SC试样中$L1_2$相平均GND密度为$7.28\times10^{13}\ m^{-2}$，B2相为$3.23\times10^{13}\ m^{-2}$；SV测试中B2相GND密度随谷应力增至$2.54\times10^{13}\ m^{-2}$，$L1_2$相密度无显著变化，印证滞弹性回复主要影响B2相位错组态[24]。

TEM观察表明，SC试样中$L1_2$相存在大量位错缠结，B2相仅有少量孤立位错(图9a～b)。在图9c，f给出了$L1_2$和B2相位的相应SAED模式。位错线和缠结集中在$L1_2$相，B2相只有少数孤立的位错，这说明在恒定拉伸应力条件下，位错优先在 $L1_2$ 相成核和增殖。$\sigma_v=10$ MPa 的 SV 试样中，B2 相出现明显位错缠结与亚结构（图 9d～e），表明滞弹性回复激活了 B2 相的位错运动[26]。

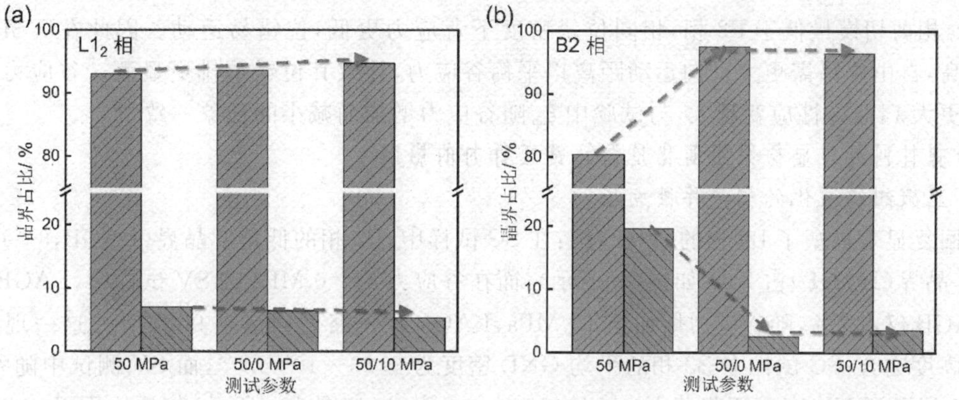

图 8 (a)$L1_2$(b)B2 在合金中的 GB 取向差分布，以及在 50 MPa、50/0 MPa、50/10 MPa 和 50/15 MPa 下测试的试样[25]

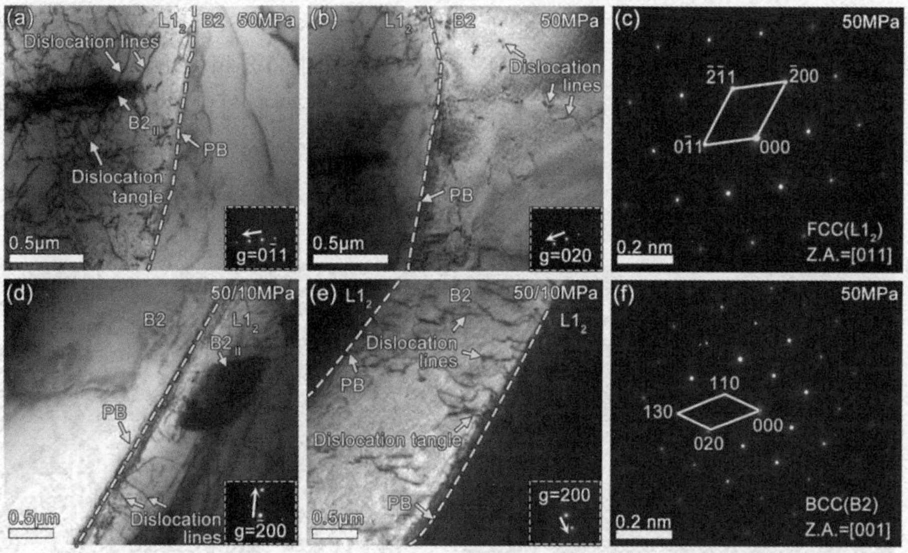

图 9 (a,b)在 50 MPa 下测试 SC 样品的明场 TEM 图像(c,f)$L1_2$ 和 B2 相的相应 SAED 图谱(d,e)在 50/10 MPa 下测试的 SV 样品的明场 TEM 图像[25]

3 讨 论

3.1 $AlCoCrFeNi_{2.1}$ EHEA 滞弹性回复机制

$AlCoCrFeNi_{2.1}$ EHEA 在 800 ℃时的应力指数为 4.10[24]，以位错蠕变（滑移＋攀移）为主，其中位错滑移起控制作用。透射电镜观察显示，位错难以攀移相界和析出相等障碍，故滑移为主要变形方式。

而在 PSH 阶段，位错在 $L1_2$ 相优先运动并在相界堆积，产生背应力 τ_{ig}，其表达式为：

$$\tau_{ig}=\frac{nGb}{2\pi(1-\nu)\lambda}\ln\left(\frac{\lambda}{nb}\right) \tag{1}$$

式中，n 为位错数量；G 为剪切模量；b 为 Burgers 矢量；λ 为位错源与障碍物间距；ν 为泊松比。

有效应力如下：

$$\tau_{eff}=\tau-\tau_{ig} \tag{2}$$

式中，τ_{eff}为有效应力；τ为施加的应力。

当应力降至谷应力τ_v时，若$\tau_{eff}<0$，自由位错反向运动以增大λ，重建$\tau_{eff}=0$的平衡，形成滞弹性回复。

由于$L1_2$相剪切模量低于B2相，相同位错密度下背应力更低，位错易运动。因此在VSH阶段，B2相因背应力高，自由位错需更大反向运动距离以平衡谷应力，导致其位错重排更显著。谷应力越低，τ_v与τ_{ig}的平衡需更大λ，滞弹性应变越大，与试验中ε_{an}随谷应力增加而减小的现象一致。

3.2 滞弹性回复对显微组织演化及循环蠕变行为的影响

3.2.1 显微组织演化的相特异性响应

滞弹性回复显著重塑了B2相的微观结构：在SC试样中，B2相的低角度晶界(LAGB，$\theta<15°$)占比为93%，高角度晶界(HAGB)占7%(如图8b所示)；而在谷应力$\sigma_v=0$ MPa的SV试样中，LAGB比例骤升至98%，HAGB仅占2%，随谷应力增加至15 MPa，LAGB比例略微回落至95%[24]。这一现象与GND密度的演化高度吻合：SC试样中B2相的平均GND密度为$3.23\times10^{13}\ m^{-2}$，而SV测试中随谷应力从0 MPa增至15 MPa，GND密度逐步降至$2.54\times10^{13}\ m^{-2}$[26]。(如图10c所示)相比之下，$L1_2$相的晶界结构在SV测试中表现出良好的稳定性，LAGB占比始终维持在94%左右，GND密度($7.28\times10^{13}\ m^{-2}$)未随谷应力显著变化(见图8a和图10c)，表明滞弹性回复对双相组织的作用具有明显的相选择性[26]。

TEM观察进一步揭示了位错行为的差异：正如图9d,e所示，在SC试样中，位错缠结主要集中在$L1_2$相，B2相内仅有零星孤立位错；而在$\sigma_v=10$ MPa的SV试样中，B2相内出现明显的位错缠结与亚结构，且位错在$L1_2$/B2相界(PBs)处的堆积更为密集[24]。这与电子背散射衍射(EBSD)测得的局部取向差数据相互印证，在SV试样中B2相的高局部取向差区域($\theta>5°$)比例较SC试样增加约30%，且主要分布于相界附近(见图11b～d)[26]。

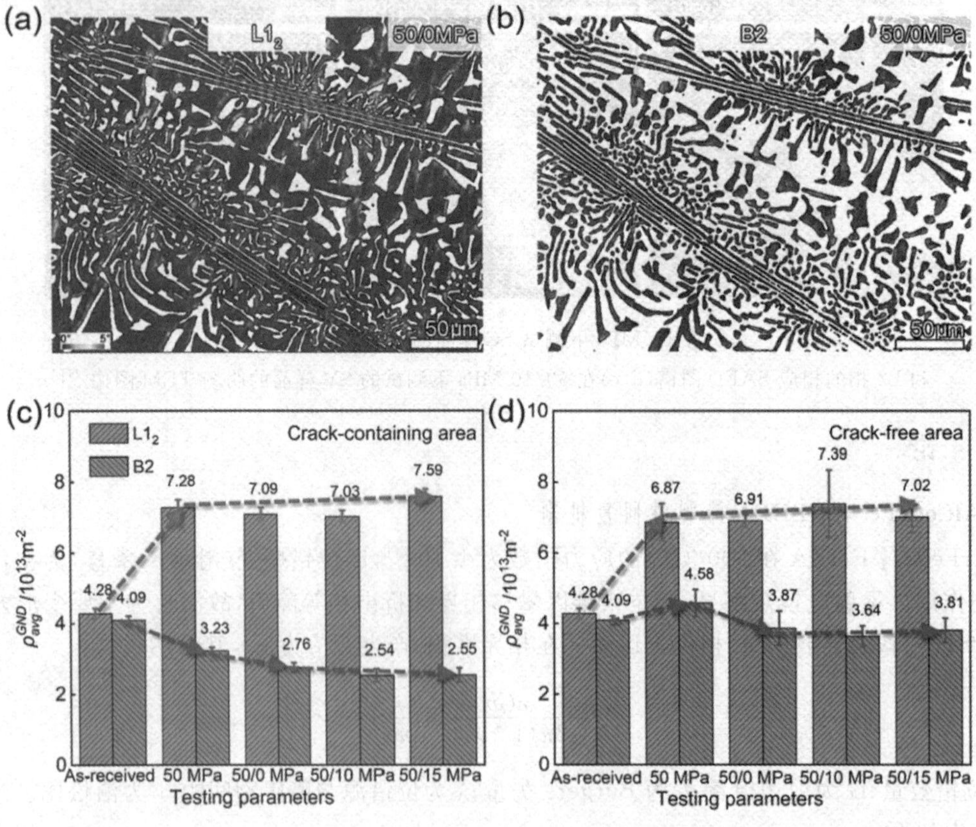

图10 (a,b)$L1_2$和B2相的局部取向差图(c,d)$L1_2$和B2相的平均GND密度[25]

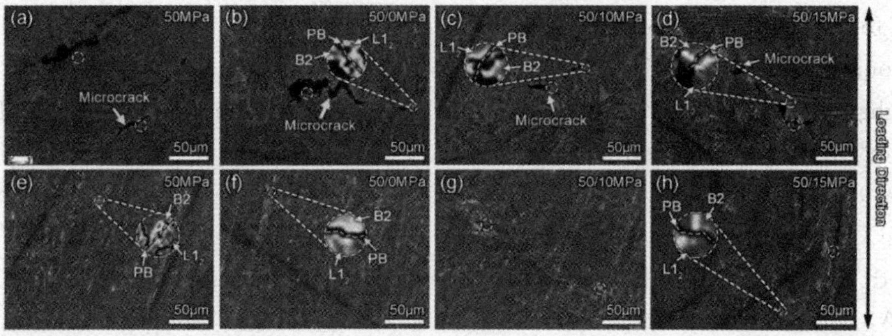

图 11 (a,e)在 50 MPa 下测试的 SC 试样 (b,f) 50/0 MPa 的 SV 试样局部取向差图 (c,g)50/10 MPa 的 SV 试样局部取向差图(d,h) 50/15 MPa SV 试样局部取向差图[25]

3.2.2 显微结构演化对循环蠕变行为的调控机制

B2 相 GND 密度降低直接削弱了位错硬化效应,导致 SSCR 随循环次数增加而显著加速。如图 5 所示,σ_v=15 MPa 时,第 1 次 PSH 循环的 SSCR 为 0.02%/ h,第 5 次循环时已增至 0.18%/h,增速达 9 倍[24]。谷应力对 SSCR 的影响呈正相关性:同一循环次数下,σ_v=15 MPa 的 SSCR 较 σ_v=0 MPa 高约 100%,这与归一化滞弹性应变($\varepsilon_{an}/\varepsilon_{in}$)的演化趋势一致,当 σ_v=0 MPa 时 $\varepsilon_{an}/\varepsilon_{in}$ 最大值为 0.20,而 σ_v=15 MPa 时该值降至 0.10 以下(见图 7b),表明高谷应力抑制了滞弹性回复对蠕变变形的缓冲作用[24]。

从断裂行为看,SV 测试的累积 PSH 时间随谷应力增加而显著缩短:σ_v=0 MPa 时 t_{cr} 为 151 h,接近 SC 测试的断裂寿命(141 h);σ_v=10 MPa 和 15 MPa 时,t_{cr} 分别降至 114 h 和 86 h,降幅达 20%~40%[26](数据见表 2),这归因于 SV 条件下相界处的位错堆积更为严重。SC 试样中,位错主要从 $L1_2$ 相单侧堆积于相界;而 SV 试样中,B2 相的位错运动被激活,导致相界两侧均出现位错聚集,加速了孔洞形核与裂纹扩展[26-31]。TEM 观察发现,SV 试样的相界处微裂纹密度较 SC 试样增加约 40%,且裂纹扩展路径更倾向于沿 $L1_2$/B2 相界延伸[26]。

4 结 论

本研究通过力学测试与微观结构表征,系统揭示了 $AlCoCrFeNi_{2.1}$ EHEA 中滞弹性回复的微观机制及其对循环蠕变行为的影响,主要结论如下:

(1)SV 循环蠕变条件下的累积 PSH 时间和断裂延性均低于 SC 蠕变条件下的累积 PSH 时间和断裂延性。SSCR 随着循环数和谷应力的增加而加速。

(2)SV 测试中的滞弹性回复显著改变了 B2 相中 LAGB 和平均 GND 密度的比例。在 B2 相中,LAGB 的比例随着谷应力的增加而降低,而平均 GND 密度的变化并不明显依赖于谷应力的幅度。此外,在 SC 条件下主要发生在 $L1_2$ 相内的位错运动,在 SV 条件下也出现在 B2 相中。

(3)在 VSH 阶段,自由位错的反向运动会诱导滞弹性回复的反向应变,以便在施加的应力(与峰/谷应力相关)和背应力(与位错堆积相关)之间建立新的平衡。

(4)由于位错密度的降低,在滞弹性回复过程中发生位错缠结和湮灭会削弱位错硬化效果。因此,在 SV 循环蠕变测试中,SSCR 随着循环而加速。此外,由滞弹性回复引发的 B2 相位错运动促进了 PB 处的位错堆积,导致 SV 条件下双相 EHEA 的晶间孔洞和过早失效。

参考文献

[1] Li K S, Wang R Z, Zhang X C, et al. Creep-fatigue damage mechanisms and life prediction based on crystal plasticity combined with grain boundary cavity model in a nickel-based superalloy at 650 ℃[J]. International Journal of Plasticity, 2023, 165: 103601.

[2] Douzian G, Mur′ansky O, Kruzic JJ, Wright RN, Payten W. Assessment of modelling methodologies for prediction of high－temperature creep－fatigue behaviour of Alloy 617[J]. International Journal of Pressure Vessels and Piping,2020,187:104150.

[3] Sarvghad M, Delkasar Maher S, Collard D, Tassan M, Will G, Steinberg TA. Materials compatibility for the next generation of Concentrated Solar Power plants[J]. Energy Storage Mater, 2018,14:179－198.

[4] Zheng X T,Xuan F Z,Zhao P. Ratcheting－creep interaction of advanced 9－12% chromium ferrite steel with anelastic effect[J]. International journal of fatigue,2011,33(9):1286－1291.

[5] Rao A,Bouchard P J,Fitzpatrick M E. Anelasticity in Austenitic Steels[J]. Advances in Materials Science for Environmental and Nuclear Technology,2010,222:133－143.

[6] Hu X,Zhang Q,Jiang Y,et al. The effect of cyclic loading on the creep fatigue life and creep strength of a DS superalloy:Damage mechanism and life modeling[J]. International Journal of Fatigue, 2020,134:105452.

[7] Nardone V C,Matejczyk D E,Tien J K. A model for anelastic relaxation controlled cyclic creep [J]. Metallurgical Transactions A,1985,16:1117－1122.

[8] Jiang H,Ogunmola O,Zhao ZZ,et al. Cyclic Creep Behavior and Modified Life Prediction of Bainite 2.25 Cr－1Mo Steel at 455 ℃[J]. Metals,2020,10:1486.

[9] Zhang S－L,Xuan F－Z,Guo S－J,Zhao P. The role of anelastic recovery in the creep－fatigue interaction of 9－12% Cr steel at high temperature[J]. International Journal of Mechanical Sciences, 2017,122:95－103.

[10] McLean M. Friction stress and recovery during high－temperature creep:interpretation of creep transients following a stress reduction[J]. Proceedings of the Royal Society of London. A. Mathematical and Physical Sciences,1980,371(1745):279－294.

[11] Li X,Holdsworth S R,Mazza E,et al. Comparison of primary creep regeneration and anelastic recoverybehaviour of 316H austenitic and 10% Cr martensitic steels[J]. Mechanics of Materials,2020, 148:103474.

[12] Gibeling J G,Nix W D. A numerical study of long range internal stresses associated with subgrain boundaries[J]. Acta Metallurgica,1980,28(12):1743－1752.

[13] Chen B,Flewitt P E J,Cocks A C F,et al. A review of the changes of internal state related to high temperature creep of polycrystalline metals and alloys[J]. International Materials Reviews,2015, 60(1):1－29.

[14] Zhang W,Liaw P K,Zhang Y. Science and technology in high－entropy alloys[J]. Science China－Materials,2018,61(1):2－22.

[15] Jayaraj J,Thirathipviwat P,Han J,et al. Microstructure,mechanical and thermal oxidation behavior of AlNbTiZr high entropy alloy[J]. Intermetallics,2018,100:9－19.

[16] Li Z,Pradeep K G,Deng Y,et al. Metastable high－entropy dual－phase alloys overcome the strength－ductility trade－off[J]. Nature,2016,534(7606):227－230.

[17] Lei Z,Liu X,Wu Y,et al. Enhanced strength and ductility in a high－entropy alloy via ordered oxygen complexes[J]. Nature,2018,563(7732):546－550.

[18] Bueno L O,Bell R L. Anelastic creepbehaviour of RR－58 aluminum alloy at 180 ℃: Phenomenological aspects and analysis based on the unbowing of dislocation segments[J]. Materials Science and Engineering:A,2005,410:72－78.

[19] Li X,Holdsworth SR,Kal′acska S,Balogh L,Park J－S,Dasilva YAR,et al. In－situ and

ex－situ microstructure studies and dislocation－based modelling for primary creep regeneration response of 316H stainless steel[J]. Acta Materialia,2021,216:117130.

[20] He L,Wu S,Dong A,et al. Selective laser melting of dense and crack－free $AlCoCrFeNi_{2.1}$ eutectic high entropy alloy: synergizing strength and ductility[J]. Journal of Materials Science & Technology,2022,117:133－145.

[21] Huang L, Sun Y, Chen N, et al. Simultaneously enhanced strength － ductility of $AlCoCrFeNi_{2.1}$ eutectic high－entropy alloy via additive manufacturing[J]. Materials Science and Engineering:A,2022,830:142327.

[22] Dong J,Wu H,Chen Y,et al. Study on self－lubricating properties of $AlCoCrFeNi_{2.1}$ eutectic high entropy alloy with electrochemical boronizing[J]. Surface and Coatings Technology, 2022, 433:128082.

[23] Guo Y,Su H,Zhou H,et al. Unique strength－ductility balance of $AlCoCrFeNi_{2.1}$ eutectic high entropy alloy with ultra－fine duplex microstructure prepared by selective laser melting[J]. Journal of Materials Science & Technology,2022,111:298－306.

[24] Li Y,Zhou J,Liu Y,et al. Microstructural evolution and mechanical characterization for the $AlCoCrFeNi_{2.1}$ eutectic high - entropy alloy under different temperatures[J]. Fatigue & Fracture of Engineering Materials & Structures,2023,46(5):1881－1892.

[25] Lu C,Wang P,Luo S,et al. Influence of anelastic recovery on the cyclic creep behavior of $AlCoCrFeNi_{2.1}$ eutectic high－entropy alloy[J]. International Journal of Fatigue,2024,180:108111.

[26] Li Y,Chen W,Lu C,et al. Microstructural evolution mediated creep deformation mechanism for the $AlCoCrFeNi_{2.1}$ eutectic high－entropy alloy under different testing conditions[J]. Materials Science and Engineering:A,2022,857:144100.

[27] GB/T 43103－2023,Metallic materials－Methods for creep－fatigue damage assessment and life prediction. 2023.

[28] GB/T 42903－2023,Metallicmaterials－Testing methods for creep crack and creep－fatigue crack growth rates. 2023

[29] Li X,Holdsworth S R,Kalácska S,et al. Primary creep regeneration in 10% Cr martensitic steel:In－situ and ex－situ microstructure studies[J]. Materials & Design,2021,199:109405.

[30] 谈熙明,李智,高付海,等. ASME 高温规范中蠕变断裂应力最小值和平均值的关系及理论公式的探讨[J]. 压力容器,2023,40(5):62－69.

[31] 何思翱,彭恒,史力,等. 基于 ASME Ⅲ－5 中 800H 合金材料数据的高温部件非弹性分析评价方法[J]. 压力容器,2023,40(10):28－37.

作者简介

闫川阳(1991),男,副教授,博士研究生,主要从事高温装备结构完整性研究,通信地址:310023 浙江省杭州市西湖区留和路 288 号浙江工业大学,E－mail:cylv@zjut. edu. cn,电话:0571－8832320763。

考虑变载荷历程的16MND5钢蠕变行为及寿命预测研究

徐　谴[1]，蔡金晨[1]，毛剑峰[1,2]

（1. 浙江工业大学 机械工程学院，杭州 310032；2. 浙江工业大学 台州研究院，浙江台州 318014）

摘　要：反应堆压力容器（reactor pressure vessel，RPV）在极端事故工况下，由于采取堆芯熔融物滞留（in－vessel retention，IVR）措施，下封头会承受超高温，此时，内压的变化会对RPV的结构完整性产生显著影响。对RPV材料16MND5钢进行了600，700 ℃下的变载荷蠕变性能研究。分析了高温下载荷变化对蠕变速率和寿命的影响，并基于非线性蠕变损伤累积模型（nonlinear creep damage accumulation，NCDA）对变载荷蠕变寿命进行了预测。变载荷前应力水平的高低对损伤的影响更大；变载荷后的应变变化量包含弹性应变和滞弹性应变，滞弹性应变的存在使得蠕变曲线在载荷变化后重新调整到一个新的典型的三阶段蠕变行为；NCDA模型能够更准确的预测变载荷后的蠕变应变增量及蠕变剩余寿命。

关键词：16MND5钢；变载荷；蠕变；寿命预测

Study on creepbehaviour and life prediction of 16MND5 steel considering variable－load history

XU Qian[1]，CAI Jinchen[1]，MAO Jianfeng[1,2]

（1. Institute of Process Equipment and Control Engineering，
Zhejiang University of Technology，Hangzhou 310014，China；
2. Taizhou Institute，Zhejiang University of Technology，Taizhou 318014，China）

Abstract: The lower head of reactor pressure vessel（RPV）will be subjected to ultra－high temperatures under extreme accident conditions due to the implementation of In－Vessel Retention（IVR）mitigation measures，and the change in internal pressure in this case can have a significant impact on the structural integrity of the RPV. The creep performance of the RPV material 16MND5 steel was investigated at 600 ℃ and 700 ℃ under variable loads. The effect of load change on creep rate and life at high temperature was analyzed，and the variable－load creep life was predicted based on the nonlinear creep damage accumulation（NCDA）model. It is found that the higher or lower stress level before the variable－load has a greater impact on the damage; the amount of strain change after the variable load contains elastic and hysteretic strain，and the existence of hysteretic strain makes the creep curve re－adjust to a new typical three－stage creep behaviour after the load change; the NCDA model is able to more accurately predict the incremental creep strain and the residual creep life after the variable load.

Keywords: 16MND5 steel; variable－load; creep; life prediction

0 引 言

16MND5钢作为制造反应堆压力容器(reactor pressure vessel,RPV)的重要材料,已在中国第三代核反应堆上使用[1]。因此,对16MND5钢开展力学性能研究是保障核电厂安全运行的重要手段。堆芯熔融物滞留(in-vessel retention,IVR)是核电站严重事故的缓解措施,广泛应用于第三代压水堆[2]。当发生严重的堆芯熔毁事故时,堆芯熔融物会沉积在RPV中,RPV下封头会承受500～1 200 ℃高温[3],从而导致热失效;福岛核事故表明,除高温梯度外,RPV还存在内压[4],材料会承受蠕变和较大的塑性变形。在这两个因素的作用下,RPV会出现严重的蠕变损伤,因此蠕变失效成为IVR工况下RPV的主要失效模式[5]。在严重事故工况下,内压的波动将会对RPV的蠕变行为产生显著影响,可能导致灾难性后果[6],但现有的研究主要集中在高温恒载荷条件下。为了防止RPV在严重事故情况下发生蠕变失效,保证一回路压力边界的完整性,需要考虑16MND5钢的高温变载荷蠕变性能。

国内外学者已对RPV用钢的高温蠕变性能进行了大量研究。VILLANUEVA等[7]开展了严重事故工况下RPV下封头高温蠕变行为研究。法国原子能委员会的SAINTE等[8]对RCC-M标准中的RPV用16MND5钢的高温蠕变性能进行了测试,温度范围达到600～1 300 ℃,获得了高温下16MND5材料的拉伸性能和蠕变性能。SARKAR等[9]研究了Mn-Mo-Ni型RPV钢的蠕变行为,发现在900 ℃时,Mn-Mo-Ni型RPV钢的蠕变性能急剧退化,位错的运动是Mn-Mo-Ni型钢中潜在的蠕变机制。MAO等[10]通过有限元分析对严重事故工况下的RPV下封头高温蠕变变形和损伤进行了深入研究,并基于线性损伤规则对RPV材料进行蠕变寿命预测。但是,当前针对RPV材料的变载荷蠕变性能的研究较少,且对于蠕变寿命的预测方法多数基于线性损伤规则。据报道,一些对于镍基合金的研究考虑了变载荷蠕变性能,JIANG等[11]提出了一种基于时间分数模型的蠕变寿命预测新模型,并通过对镍基高温合金FGH96的试验,验证了该模型的有效性。CHENG等[12]研究了镍基单晶高温合金变载荷条件下的损伤积累,蠕变试验结果表明,镍基单晶合金的损伤积累行为不符合线性损伤规则。LIANG等[13]基于晶体塑性理论和热力学损伤理论,建立了梯度加载条件下镍基单晶的耦合蠕变模型。另一项研究从位错机理的角度对超超临界机组中的P91钢进行了变载荷蠕变性能研究[14]。当前,相当一部分的变载荷蠕变试验发现蠕变损伤的积累是非线性的[15-16],基于线性损伤规则的损伤评估来预测可变载荷条件下材料的蠕变寿命可能是危险的。考虑到极端事故工况下,RPV内部存在诸多不确定因素,如内压的波动等,对16MND5钢开展变载荷蠕变性能研究显得尤其必要。本文根据BATSOULAS[17]提出的考虑应变历程的非线性蠕变损伤累积(nonlinear creep damage accumulation,NCDA)模型进行16MND5钢的寿命预测研究,与常规NCDA模型相比,该模型适用于变荷载和变温度条件下的蠕变损伤累积预测,同时还考虑了损伤历程以及加载顺序。

为此,本文开展了16MND5钢在600 ℃以及700 ℃下的变载荷蠕变试验,探究载荷变化对材料蠕变性能的影响,并根据NCDA模型预测变载荷蠕变寿命。相关研究结果可以为IVR策略实施提供理论参考,保障核电厂在严苛事故工况下的安全。

1 试验材料和方法

1.1 试验材料

本试验的试件取自中广核集团提供的16MND5钢锻件,如图1(a)所示。16MND5钢的化学成分见表1。根据RCC—M规范中的RPV钢取样规定,进行蠕变试样的取样,沿锻件的锻造方向、距离两锻造面T/4处进行线切割,制备蠕变试样,如图1(b)所示。蠕变试样尺寸为$\Phi 5\times 74$ mm,标距段长为25 mm,变形区为半径为3.25 mm的圆弧,两端采用M12螺纹设计,如图1(c)所示。

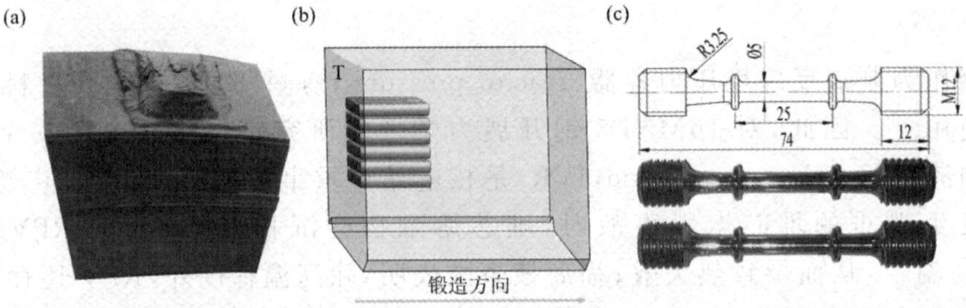

图1 (a)16MND5 钢锻件;(b)取样位置;(c)试样尺寸

表1 16MND5 钢化学成分(*wt*%)

元素	C	Mn	Mo	Ni	Cr	Si	P	S	Cu	Al	Fe
含量	0.17	1.48	0.48	0.82	0.12	0.19	0.003	0.002	0.01	0.01	余量

1.2 蠕变试验

表2 蠕变试验参数

试验类型	试样组别	温度/℃	载荷/MPa	初始载荷保载时间/h
恒载荷	1	600	90	—
	2		100	—
	3		120	—
	4	700	30	—
	5		35	—
	6		40	—
变载荷	7	600	90—100	65
	8		90—120	65
	9		120—100	20
	10	700	30—35	25
	11		30—40	25
	12		35—30	16

蠕变试验参照 GB/T 2039—2012《金属材料单轴拉伸蠕变试验方法》进行,在 600,700 ℃下对 16MND5 钢进行恒载荷和变载荷蠕变试验。开展变载荷蠕变试验前先进行同样应力水平下的恒载荷蠕变实验,根据恒载荷蠕变试验所得的蠕变曲线确定变载时间,选择为恒载荷蠕变寿命的 1/3～1/2 之间,以保证变载前后具有明显稳态蠕变阶段,试验参数见表 2。

2 试验结果和分析

2.1 恒载荷蠕变试验结果

16MND5 在不同温度以及应力条件下都经历了初始蠕变、稳态蠕变和加速蠕变三个阶段,表现为典型的三阶段蠕变行为。在初始蠕变阶段,由于变形抗力小,材料的变形速率较大,但初始蠕变阶段持续时间较短,如图 2 所示。随着试验的进行,材料变形抗力增大,变形引起材料硬化,蠕变速率逐渐降低,随后进入稳态蠕变阶段,该阶段占据蠕变寿命的大部分时间,达到了蠕变寿命的 60%以上。此时,蠕变速率达到稳态值,表明材料硬化速率与软化速率达到了平衡。加速蠕变过程中,蠕变速率快速增大,金属内部会出现大量孔洞，孔洞不断集聚形成微裂纹，并在试样局部发生应力集中，随着蠕变实验过程中损伤的累积，最后造成试样的塑性失稳直至断裂。

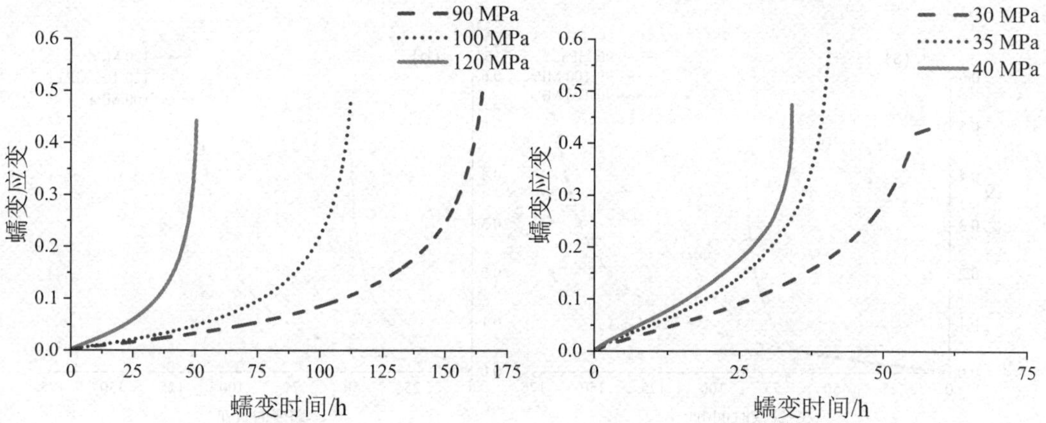

（a）600 ℃　（b）700 ℃

图 2　16MND5 钢恒载荷蠕变曲线

从表 3 的恒载荷蠕变实验结果可知，温度和应力对材料的蠕变寿命有很大的影响。试样的蠕变断裂时间随着温度和应力的提高而大幅缩短。1 号试样组得蠕变寿命为 166.8 h，而温度达到 700 ℃时，即使应力水平有了大幅度降低，蠕变寿命也降至 34～59.4 h。另外，在 600 ℃高温情况下，应力的小幅度变化，所引起的蠕变寿命变化也较为显著，600 ℃下应力水平从 90 MPa 升至 100 MPa 时，蠕变寿命从 167 h 缩短至 113.5 h，降幅约为 32%。稳态蠕变速率与应力之间表现出了很强的正相关关系，应力越大，对应的稳态蠕变速率也越大。蠕变过程中的稳态蠕变速率在很大程度上决定了蠕变寿命的长短，由表 3 试验结果可知，稳态蠕变速率与蠕变寿命近乎成反比例关系。

表 3　16MND5 钢恒载荷蠕变试验结果

试样组别	温度/℃	应力/MPa	蠕变寿命/h	稳态蠕变速率/h^{-1}
1	600	90	166.8	0.000 8
2		100	113.5	0.001 1
3		120	50.5	0.002 4
4	700	30	59.4	0.003 7
5		35	40.9	0.005 1
6		40	34.0	0.006 6

2.2　变载荷蠕变试验结果及分析

图 3 示出 16MND5 钢在 600 ℃及 700 ℃下变载荷蠕变曲线。在载荷变化之前，试样的蠕变应变保持相对的恒定速度增长，表明蠕变已经进入稳态蠕变阶段。当载荷增加后，蠕变曲线出现了明显的拐点，随后进入新的稳态蠕变阶段，在对应的稳态速率下变形较短时间后，蠕变速率迅速增大，很快进入加速蠕变阶段，如图 3(a)(c)所示。与恒载荷相比，增加载荷会使得蠕变曲线更早地进入加速蠕变阶段，并且随着损伤的累积，试样很快发生断裂。蠕变应变速率的增大程度与变载幅度成正比，对比不同变载条件后的蠕变曲线，可以看出，在蠕变过程中载荷增加幅度越大，蠕变速率增加得越快，如图 3(a)中的 90～120 MPa 蠕变曲线，载荷变动后，蠕变曲线几乎直接进入加速蠕变阶段，而图 3(c)中的蠕变曲线进入加速蠕变阶段的速度稍慢。

当载荷减少后，同样可以观察到蠕变曲线出现了明显的拐点，如图 3(b)(d)所示，拐点的变动幅度与载荷减小幅度成正比。载荷减小后,蠕变速率也有明显地减小,同时进入新的稳态蠕变阶段。与升载荷实验不同的是,降载荷会明显延缓蠕变进入加速蠕变阶段,一定程度减缓损伤的累积,延迟试样断裂的发生。

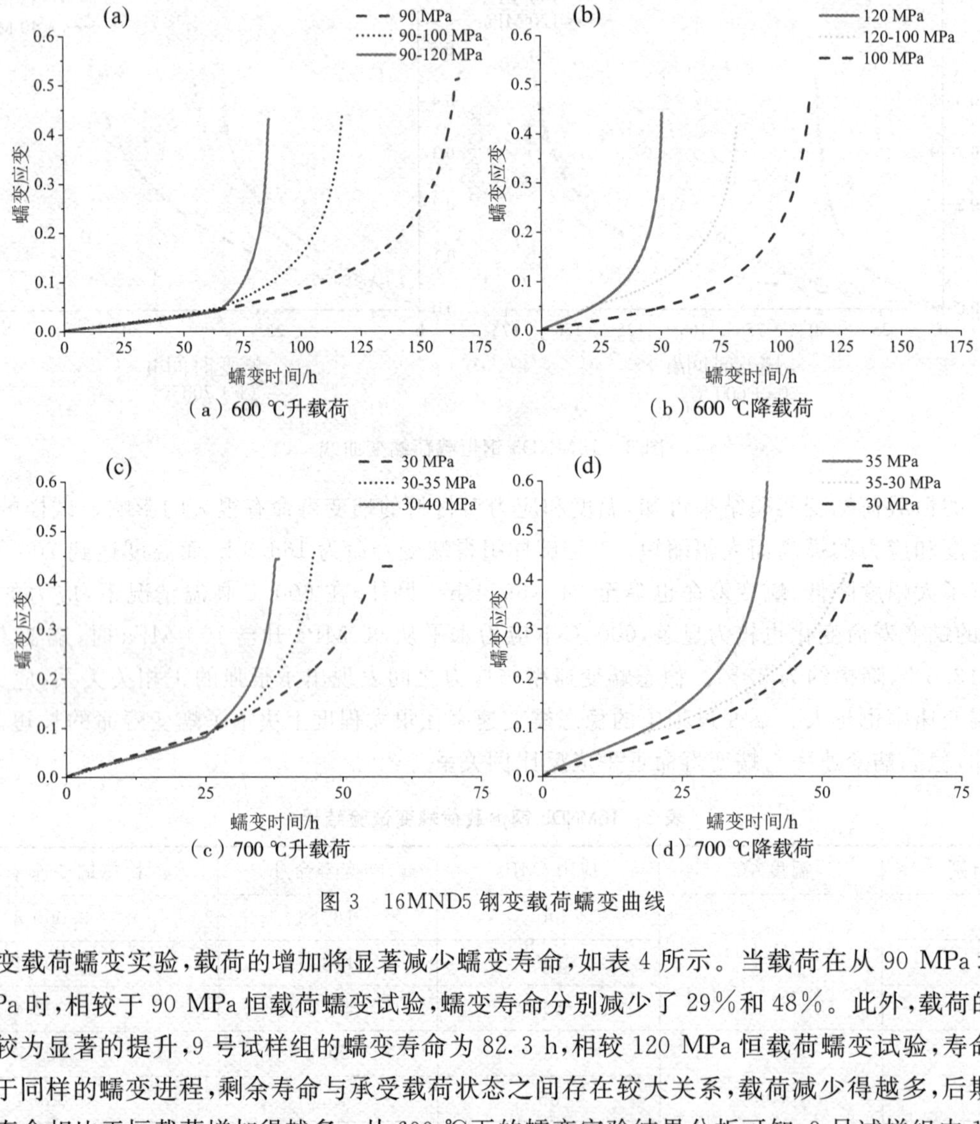

(a) 600 ℃升载荷　(b) 600 ℃降载荷

(c) 700 ℃升载荷　(d) 700 ℃降载荷

图 3　16MND5 钢变载荷蠕变曲线

对于变载荷蠕变实验,载荷的增加将显著减少蠕变寿命,如表 4 所示。当载荷在从 90 MPa 增加至 100 和 120 MPa 时,相较于 90 MPa 恒载荷蠕变试验,蠕变寿命分别减少了 29%和 48%。此外,载荷的减小对蠕变寿命有较为显著的提升,9 号试样组的蠕变寿命为 82.3 h,相较 120 MPa 恒载荷蠕变试验,寿命提升了约 63%。对于同样的蠕变进程,剩余寿命与承受载荷状态之间存在较大关系,载荷减少得越多,后期蠕变过程中材料的寿命相比于恒载荷增加得越多。从 600 ℃下的蠕变实验结果分析可知,9 号试样组中 120 MPa 的保载时间仅为 20 h,远低于 8 号试样组中 90 MPa 的 65 h 的保载时间,但 9 号试样组的蠕变寿命要低于 8 号试样组,可以认为变载荷蠕变实验中,变载前应力水平的高低对材料损伤的影响更大。

表 4　16MND5 钢变载荷蠕变试验结果

试样组别	温度/℃	应力/MPa	蠕变寿命/h
7	600	90—100	118.66
8		90—120	86.82
9		120—100	82.32
10	700	30—35	45.75
11		30—40	38.59
12		35—30	56.00

3 讨论

3.1 变载荷蠕变行为分析

为详细分析载荷变化前后 16MND5 钢蠕变行为差异，截取变载荷前后的局部蠕变曲线，如图 4 所示。载荷变化前后，蠕变曲线包括三部分：变载前的稳态蠕变阶段、中间的过渡阶段以及变载后新的蠕变阶段。在加载蠕变中，载荷的增加会导致蠕变应变迅速增加，即试样会发生瞬时应变，瞬时增加的应变包括两部分：弹性应变和滞弹性应变。由图 4(a)(b)分析可知，载荷增加越多，过渡阶段的弹性应变越大。随着蠕变的进行，材料的弹性性能会相对发生变化。从变载荷前后局部蠕变曲线图中可知，弹性应变是突变应变数据偏离原先蠕变曲线的部分，弹性应变可以由胡克定律得到；滞弹性变形可以由蠕变变形量减去弹性变形得到。在加载后的短时间变形过程中，应变速率首先迅速增加，随后逐渐减小，在原先的应变基础上继续增长。

载荷减小后，材料的应变迅速减小，材料在瞬间降载后会发生明显的收缩现象，这种应变收缩称为回蠕变。载荷降低后材料的应变收缩量中也包含有弹性应变和滞弹性应变，降载荷蠕变实验中，材料的断面收缩率和延伸率均随应力变化而线性减少。文献[20] 中 CM186LC 的降载荷蠕变实验也具有本研究相近的试验结果，即降载荷后蠕变变形速率会迅速降低，减小到一个极小值，然后再逐渐增加到新的稳定值。进一步证明，金属材料在承受高温时，所受应力的变化将会显著影响其蠕变行为。载荷滞弹性的存在使蠕变曲线在载荷变化后重新调整到一个新的典型的三阶段蠕变行为，从图 4(a)(b)(d)中可以看到，变载后的蠕变曲线具有第一蠕变阶段的特征。

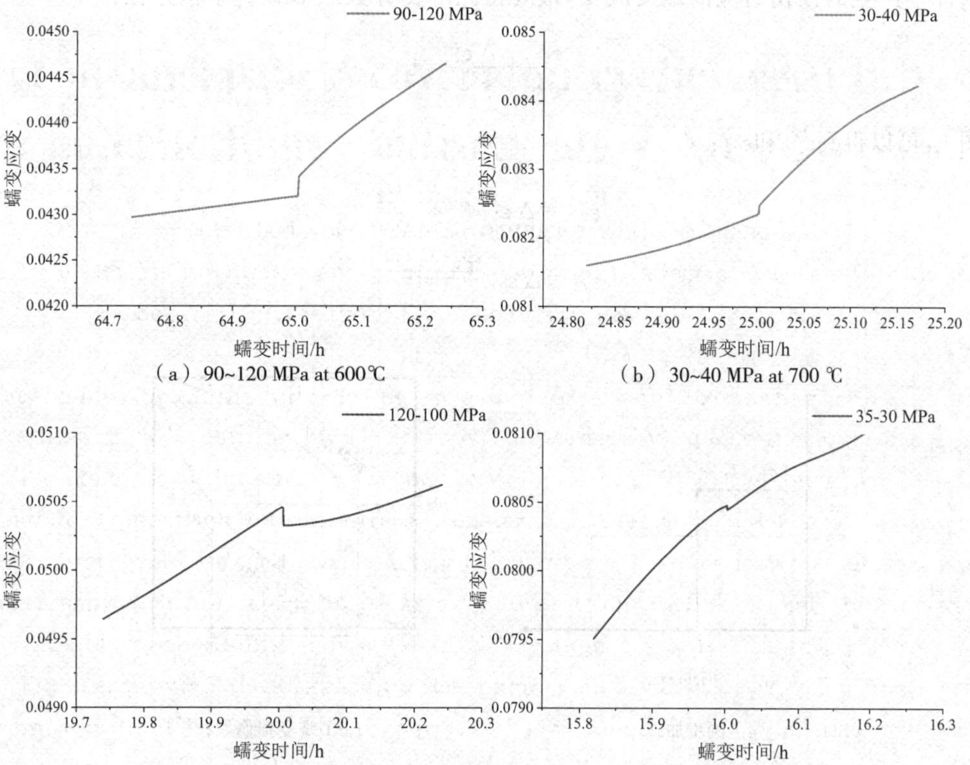

（a）90~120 MPa at 600℃　（b）30~40 MPa at 700 ℃

（c）120~100 MPa at 600 ℃　（d）35~30 MPa at 700 ℃

图 4　变载荷前后局部蠕变曲线

3.2 蠕变寿命预测分析

在材料的剩余寿命预测中，线性断裂法把损伤看作线性累积过程，认为每个载荷阶段的损伤是相互独立的，与加载顺序无关。但前文的研究中认为每个载荷阶段的损伤与每个阶段的应力水平相关，且加载顺序对蠕变寿命影响较大,因此线性断裂法则的可靠性较低。

因此,BATSOULAS[17]提出的考虑应变历程的NCDA模型,在任何情况下,该模型都将蠕变应变积累考虑在内,它与蠕变损伤积累直接相关。该方法将蠕变损伤演化方程定义为:

$$\frac{\mathrm{d}\omega}{\omega}=\varphi(t,\sigma,T)\frac{\mathrm{d}\,\varepsilon^{c}}{\varepsilon^{c}} \tag{1}$$

式中,ω是蠕变损伤,ε^{c}是蠕变应变,$\varphi(t,\sigma,T)$是时间、应力和温度的函数。从式(1)的积分可以导出损伤分数:

$$\frac{\omega}{\omega_{f}}=\left[\frac{\varepsilon^{c}}{\varepsilon_{f}^{c}(\sigma,T)}\right]^{\varphi(t,\sigma,T)} \tag{2}$$

式中,ω_{f}是ω在材料蠕变失效时的临界值,其值一般取为1;ε_{f}^{c}是蠕变断裂应变。考虑到图5所示的两步加载条件,损伤累积方程可以表示为:

$$\left(\frac{\Delta\,\varepsilon_{1}^{c}}{\varepsilon_{f1}^{c}}\right)^{\varphi_{1,2}}+\frac{\Delta\,\varepsilon_{2}^{c}}{\varepsilon_{f2}^{c}}=1 \tag{3}$$

式中,$\Delta\,\varepsilon_{i}^{c}$为第$i$级加载步产生的蠕变应变;$\varepsilon_{fi}^{c}$为第$i$级加载下对应的蠕变断裂应变,$\varphi_{1,2}=\varphi(\Delta t_{1},\sigma_{1},T_{1})/\varphi(\Delta t_{2},\sigma_{2},T_{2})$,可以从图6导出。

由于断裂应变的自然对数和载荷因子Φ的自然对数之间呈线性相关,需重新定义蠕变损伤为等损伤线斜率与蠕变断裂线斜率之比。通过引入一个等效蠕变应变参数ε^{c},即第二级加载条件下产生的等于第一级加载条件下产生的损伤对应的蠕变应变,最终得到应变分数法形式的累积方程:

$$\frac{\varepsilon_{2}^{*c}}{\varepsilon_{f2}^{c}}+\frac{\Delta\,\varepsilon_{2}^{c}}{\varepsilon_{f2}^{c}}=1 \tag{4}$$

根据图6,可以得到ε_{2}^{*c}和ε_{f2}^{c}:

$$\varepsilon_{2}^{*c}=\Delta\,\varepsilon_{1}^{c\,\frac{\ln\Delta t_{2}+A\sigma_{2}+BT_{2}}{\ln\Delta t_{1}+A\sigma_{1}+BT_{1}}} \tag{5}$$

$$\varepsilon_{f2}^{c}=\Delta\,\varepsilon_{f1}^{c\,\frac{\ln\Delta t_{2}+A\sigma_{2}+BT_{2}}{\ln\Delta t_{1}+A\sigma_{1}+BT_{1}}} \tag{6}$$

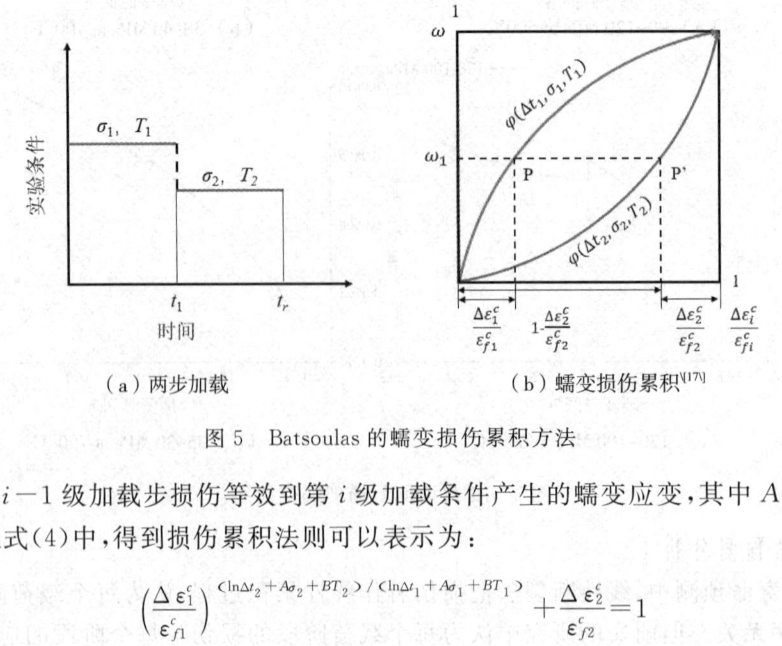

(a)两步加载　　(b)蠕变损伤累积[17]

图5　Batsoulas的蠕变损伤累积方法

式中,ε_{i}^{*c}为前$i-1$级加载步损伤等效到第i级加载条件产生的蠕变应变,其中A和B是材料常数。将式(5)和(6)带入式(4)中,得到损伤累积法则可以表示为:

$$\left(\frac{\Delta\,\varepsilon_{1}^{c}}{\varepsilon_{f1}^{c}}\right)^{(\ln\Delta t_{2}+A\sigma_{2}+BT_{2})/(\ln\Delta t_{1}+A\sigma_{1}+BT_{1})}+\frac{\Delta\,\varepsilon_{2}^{c}}{\varepsilon_{f2}^{c}}=1$$

与式(3)相比,可得如下形式的损伤指数:

$$\varphi_{1,2}=\frac{\ln\Delta t_2+A\sigma_2+BT_2}{\ln\Delta t_1+A\sigma_1+BT_1} \tag{8}$$

根据最小二乘法,采用拟合式(8)中的参数 A 和 B,拟合得到的参数为:$A=0.043\ 7$,$B=-0.046\ 8$,拟合置信度达到 0.95。根据式(7)可计算出各阶段的蠕变损伤值,见表 5 所列,可以看出变,载荷后的损伤值更高,这是由于变载荷后,蠕变阶段大部分为加速蠕变阶段。当第一阶段应力从 90 MPa 变为 120 MPa 时,第一阶段损伤值变化幅度分别为 34%和 51%;相比之下,第二阶段损伤值变化幅度分别为 1%和 5%,700 ℃的试验结果也有相同的趋势,因此,从理论上验证变载前应力水平的高低对材料损伤的影响更大。

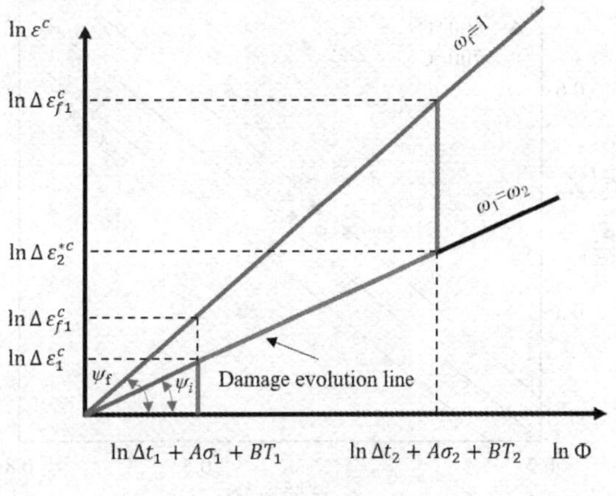

图 6 蠕变应变与加载条件的关系[17-19]

表 5 基于 NCDA 模型的分段蠕变损伤预测结果

试样组别	第一阶段损伤值	第二阶段损伤值
7	0.097	0.903
8	0.086	0.914
9	0.130	0.870
10	0.195	0.805
11	0.191	0.809
12	0.099	0.901

根据式(7)可以导出第二段载荷所产生的蠕变应变增量,并通过第二段的温度和应力得到的材料蠕变曲线,可以计算出试样变载荷后的剩余寿命。预测结果见表 6,并将预测结果绘制成误差带图,如图 7 和图 8 所示。除试样组别 10 外,蠕变应变的预测误差均在 1.15 倍误差左右,而剩余寿命预测误差均在 1.5 倍误差左右。

与常规非线性损伤模型相比,该模型能够考虑到载荷变动情况,更好地反映试样在实际加载历程下的损伤。NCDA 模型在预测第二段载荷的蠕变应变增量和剩余寿命时结果较为理想,并且可以推广到更多级的变载荷工况,更适用于核电厂在严苛工况下 RPV 内压不稳定条件下结构剩余寿命的预测。

表 6 基于 NCDA 模型的蠕变应变增量和剩余寿命预测结果

试样组别	试验蠕变应变增量	预测蠕变应变增量	应变预测误差	试验剩余寿命/h	预测剩余寿命/h	剩余寿命预测误差
7	0.392 7	0.429 7	9.4%	53.66	37.23	−30.6%
8	0.387 8	0.404 3	4.3%	21.82	19.15	−12.2%
9	0.365 9	0.413 9	13.1%	62.32	29.75	−52.3%
10	0.372 4	0.683 3	83.5%	20.75	11.40	−45.1%
11	0.360 7	0.386 0	7.0%	13.59	8.50	−37.5%
12	0.335 2	0.386 0	15.2%	40.00	32.42	−19.0%

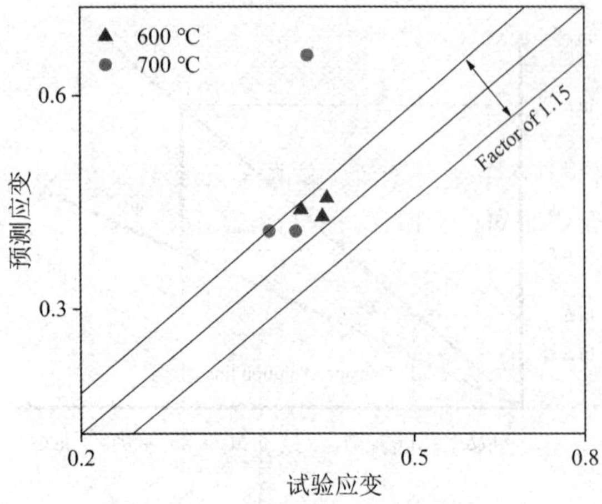

图 7　NCDA 模型的变载荷剩余应变增量预测误差带图

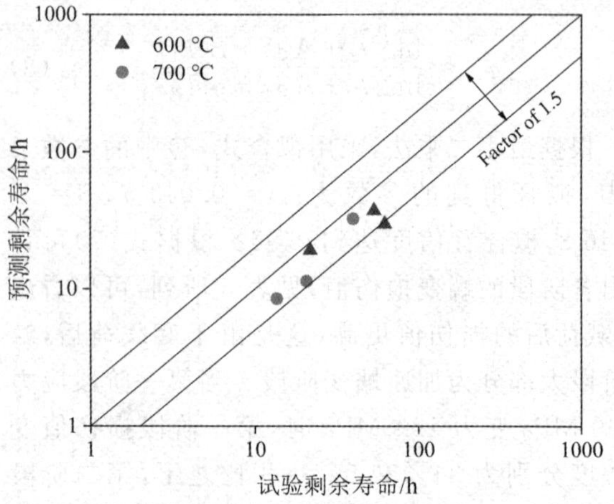

图 8　NCDA 模型的变载荷剩余蠕变寿命预测误差带图

4　结　论

本文通过高温条件下变载荷蠕变试验和寿命预测方法,深入探究了 16MND5 钢在载荷变动条件下的蠕变行为及损伤演化规律,得出主要结论如下：

(1)载荷的变化会显著改变蠕变速率和寿命,变载前应力水平的高低对材料损伤的影响更大。

(2)载荷变化后应变变化包含有弹性应变和滞弹性应变,滞弹性应变的存在使蠕变曲线在载荷变化后重新调整到一个新的典型的三阶段蠕变行为。

(3)NCDA 模型预测蠕变寿命具有较为理想的精度,能够预测第二阶段的蠕变应变和寿命,根据需求可拓展到更复杂的变载荷蠕变历程。

参考文献

[1] 苏东川,张瀛,杜娟,等. 国产反应堆压力容器用 16MND5 钢的蠕变损伤本构模型研究[J]. 核动力工程,2022,43(1):232－237.

[2] W. M. Ma,Y. D. Yuan,B. R. Sehgal. In－vessel melt retention of pressurized water reactors: historical review and future research needs[J]. Engineering,2016,2(1):103－111.

[3] B. R. Sehgal, R. R. Nourgaliev, T. N. Dinh. Characterization of heat transfer processes in a melt pool convection and vessel - creep experiment[J]. Nuclear Engineering Design, 2002, 211: 173－187.

[4] J. Mao,L. Hu,S. Bao,et al. Investigation on the RPV structural behaviors caused by various cooling water levels under severe accident[J]. Engineering Failure Analysis,2017,79:274－284.

[5] A. Liao,J. Yang,T. Jin,et al. Study on structural integrity of reactor pressure vessel with various ablation under core meltdownaccident[J]. Nuclear Engineering Design,2022,399:111999.

[6] H. Wang,W. Villanueva,Y. Chen,et al. Thermo - mechanical behavior of an ablated reactor pressure vessel wall in a Nordic BWRunder in－vessel core melt retention[J]. Nuclear Engineering Design,2021,379:111196.

[7] W. Villanueva,C. －T. Tran,P. Kudinov. Coupled thermo - mechanical creep analysis for boiling water reactor pressure vessel lower head[J]. Nuclear Engineering and Design, 2012, 249: 146－153.

[8] J. Devos, C. Sainte Catherine, C. Poette, et al. CEAprogramme to model the failure of the lower head in severe accidents[J]. Nuclear Engineering and Design, 1999, 191(1): 3-15.

[9] A. Sarkar, S. Sunil, B. Kumawat, et al. High temperature creep behavior of a low alloy Mn-MoNi reactor pressure vessel steel[J]. Journal of Nuclear Materials, 2021, 557: 153293.

[10] J. Mao, J. Zhu, S. Bao, et al. Creep deformation and damage behavior of reactor pressure vessel under core meltdown scenario[J]. International Journal of Pressure Vessels and Piping, 2016, 139: 107-116.

[11] R. Jiang, X. Yang, J. Huang, et al. A novel creep life prediction model for variable loads considering the sequence effect[J]. International Journal of Pressure Vessels and Piping, 2023, 206: 105062.

[12] M. Cheng, D. Shi, X. Yang, et al. Investigation of creep damage accumulation under variable loading conditions in nickel-basedsingle crystal superalloys[J]. Materials Science and Engineering A, 2024, 914: 147164.

[13] J. Liang, J. Wang, D. Zhang, et al. Coupling model for the gradient loading creep behavior of nickel-based single-crystalsuperalloys[J]. Engineering Fracture Mechanics, 2023, 294: 109688.

[14] 李文兴. P91 钢的变载荷蠕变性能研究[D]. 华北电力大学(北京), 2021.

[15] D. G. Pavlou. Creep life prediction under stepwise constant uniaxial stress and temperature conditions[J]. Engineering Structures, 2001, 23: 656-662.

[16] D. S. Wei, J. L. Wang, Y. R. Wang, et al. Experimental and numerical investigation of the creepbehaviour of Ni-based superalloy GH4169 under varying loading[J]. Fatigue Fracture Engineering, 2018, 41: 1146-1158.

[17] N. D. Batsoulas. Creep damage assessment and lifetime predictions for metallic materials under variable loading conditions in elevated temperature applications[J]. Steel Research International, 2009, 80: 152-159.

[18] 于少博, 戴守通, 王田静, 等. 基于 ASME Ⅲ-5 规范和 R5 规程的高温非弹性蠕变疲劳损伤评价方法研究[J]. 压力容器, 2023, 40(1): 68-74.

[19] 谈熙明, 李智, 高付海, 等. ASME 高温规范中蠕变断裂应力最小值和平均值的关系及理论公式的探讨[J]. 压力容器, 2023, 40(5): 62-69.

[20] M. Maldini, V. Lupinc. Modelling creep of single crystal CM186LC alloy under constant and variable loading[J]. Materials Science Engineering A, 2005, 408: 169-175.

作者简介

徐遣(2001),男,硕士研究生,主要从事承压结构完整性方向的研究,通信地址:310032 浙江省杭州市西湖区留下街道留和路 288 号浙江工业大学,E-mail:211123020144@zjut. edu. cn。

贝氏体型2.25Cr1Mo耐热钢蠕变过程的微观机理研究

刘慧斌[1],张汉谦[1],龚　敏[1],方　健[1],李金富[2]

(1. 宝山钢铁股份有限公司 中央研究院,上海 201900;

2. 上海交通大学 材料科学与工程学院 金属基复合材料国家重点实验室,上海 200240)

摘　要:2.25Cr1Mo钢在高温下的蠕变强度可显著受到碳化物沉淀的影响。因此,碳化物的热力学稳定性和生长动力学对于确保由这种钢制成的高温设备的安全性至关重要。在本研究中,使用光学显微镜、扫描电子显微镜和透射电子显微镜,研究了贝氏体型2.25Cr1Mo耐热钢蠕变过程中的碳化物演变。根据碳化物形成的热力学,退火态钢含有亚稳态的M_2C,M_3C,M_7C_3和稳定的$M_{23}C_6$(M = Fe,Cr和Mo)碳化物。随着蠕变过程的进行,M_3C的数量减少,而M_2C和M_7C_3的数量增加。在所有类型的碳化物中,$M_{23}C_6$的相对重量分数最大,基本上保持不变。蠕变应力通过加速Cr和Mo向碳化物晶格的扩散促进了碳化物的演变动力学。

关键词:2.25Cr1Mo钢;蠕变;碳化物;沉淀行为

Study of the microstructural mechanism in bainitic 2.25Cr1Mo heat resistant steel during creep

LIU Huibin[1], ZHANG Hanqian[1], GONG Min[1], FANG Jian[1], LI Jinfu[2]

(1. Central Research Institute, Baoshan Iron & Steel Co., Ltd., Shanghai 201900, China;

2. State Key Laboratory of Metal Matrix Composites, School of Materials Science and Engineering, Shanghai Jiao Tong University, Shanghai 200240, China)

Abstract: The creep strength of 2.25Cr1Mo steel at elevated temperatures can be significantly enhanced by the presence of fine carbides. As such, their thermodynamic stability and growth kinetics are pivotal in ensuring the safe service life of high temperature equipment made of this steel. In this study, the evolution of carbides in bainitic 2.25Cr1Mo steel plate subjected to creep test under the stresses of 124～280 MPa at 530 ℃ was investigated by using optical microscopy, scanning electron microscopy and transmission electron microscopy. As determined by their formation thermodynamics, the as-tempered steel contains M_2C, M_3C, M_7C_3 and $M_{23}C_6$ (M = Fe, Cr and Mo) carbides. A linear relationship between the logarithm of the creep stresses and Larson - Miller parameters can be established from the rupture life of the steel. As the creep proceeds, the relative quantity of M_3C decreases, while the quantities of M_2C and M_7C_3 increase. The quantity of $M_{23}C_6$, which is the most abundant among all types of carbides, remains essentially unchanged. This study clarifies that the application of creep stresses to the steel promotes the evolution of carbides and accelerates the diffusion of Cr and Mo into the carbide lattices.

Keywords: 2.25Cr1Mo steel; creep deformation; carbides; precipitation behavior

0 引 言

在过去的几十年中，由于成本低廉、热导率高以及在 450～550 ℃温度范围内具有出色的蠕变、疲劳和耐腐蚀性能，2.25Cr1Mo 钢已广泛用于高温设备和石化装备。2.25Cr1Mo 钢通常有两种微观组织类型：一种通过退火处理获得的铁素体＋珠光体组织，另一种通过正火和回火处理获得的贝氏体组织[1]。贝氏体型 2.25Cr1Mo 耐热钢的蠕变性能在设计高温应用的反应器容器时至关重要，这与 Mo 和 C 的固溶强化、晶界强化以及尤其是细小碳化物的沉淀强化有关。碳化物析出相作为障碍物，阻碍了高温下位错的运动，从而增强了抗变形能力[2-3]。因此，理解碳化物的析出、生长、溶解和粗化（Ostwald 熟化）对准确评估和预测 2.25Cr1Mo 钢在服役条件下的蠕变性能至关重要。

1 试验方法

本研究使用 45 mm 厚 2.25Cr1Mo 耐热钢板，由宝山钢铁股份有限公司生产。钢板经过 930 ℃的正火处理 90 分钟，然后在 730 ℃下回火 130 分钟。其化学成分，结果列于表 1。

从钢板的 1/4 厚度处取样，制备了直径为 10 mm、长度为 50 mm 的圆柱形拉伸蠕变样品，加载方向与轧制方向垂直。根据中国国家标准 GB/T 2039—2012《金属材料单轴拉伸蠕变试验方法》[4]，在 530 ℃下，分别在 124，150，220 和 280 MPa 的 4 个应力水平下进行了蠕变试验。在 124，150，220 和 280 MPa 的应力下，蠕变断裂时间分别为 18 800，8 131，655 和 116 小时。试验过程中，蠕变变形发生在平行段，而夹持段则经历了一个等温时效过程。为了研究蠕变应力的影响，本文详细比较了两部分的微观组织[17-18]。

表 1 2.25Cr1Mo 钢板化学成分

元素	Fe	Cr	Mo	Mn	Si	C	P	S
含量（wt%）	Bal.	2.40	1.00	0.40	0.10	0.13	0.007	0.008

2 结果与讨论

2.1 基体微观组织

图 1 展示了回火态 2.25Cr1Mo 钢板和 124 MPa 下蠕变 18 800 小时后平行段的微观组织。图 1(a)和(b)分别展示了蠕变前后的微观结构，均由颗粒状贝氏体组成，但由于蠕变后的回复，金相图片变得更亮。每个完整的奥氏体晶粒被奥氏体晶界（PAGB，图中以红线标记为例）所包围，由几个由蓝线标记的 block 组成。黑色斑点状的碳化物分散在基体和晶界上。在贝氏体转变过程中，由于更多的碳原子扩散到相邻 block 中，形成了一些无碳化物的 block[6]。从图 1(c)和(d)的 SEM 图像中可以看出，碳化物的数量密度明显增加，其中一些在长期蠕变后粗化。比较图 1(e)和(f)，进一步发现贝氏体晶片，以绿色虚线标记为例，在蠕变变形期间明显变宽，基体发生了显著的回复。然而，在蠕变变形期间，奥氏体晶粒和贝氏体块的平均尺寸基本上保持不变。

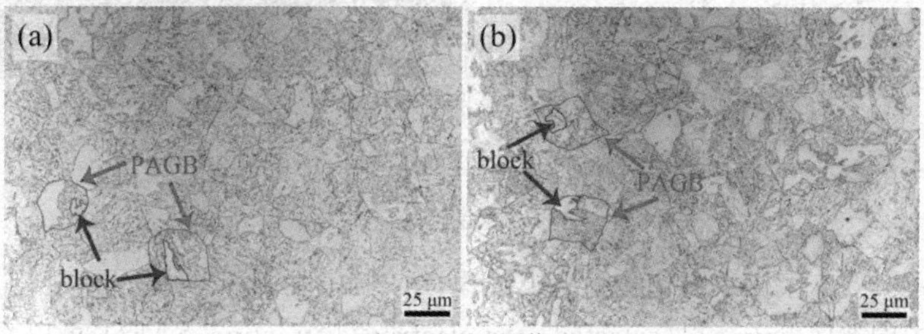

（a，b）OM图像

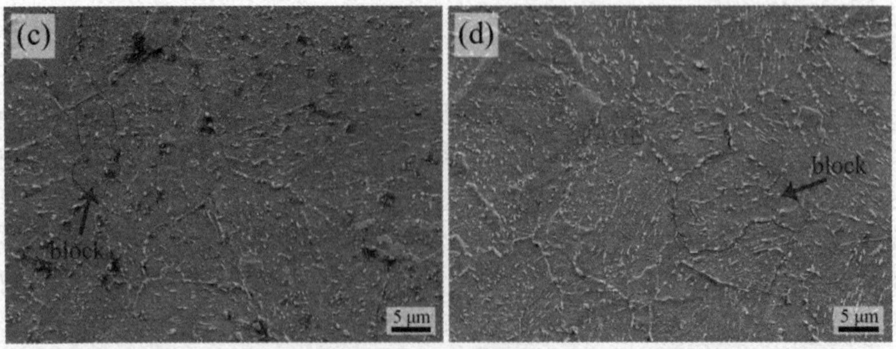

(c，d) SEM图像

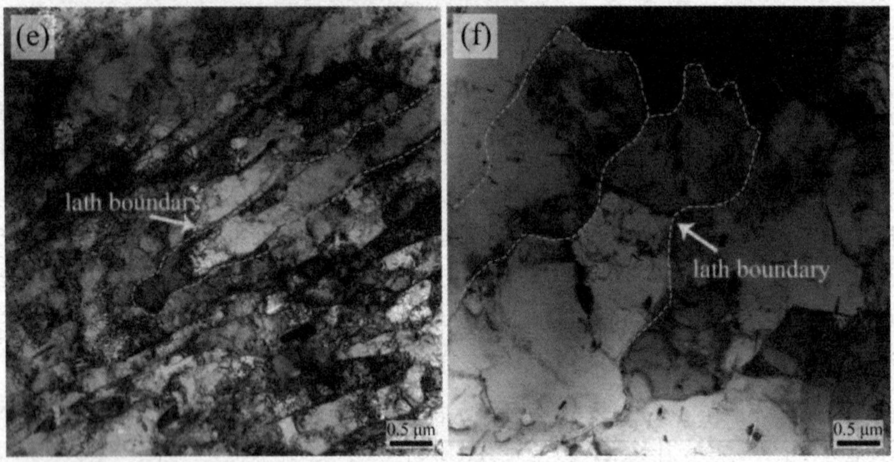

(e，f) TEM图像

图 1 回火态钢板的微观组织(第一列)和 124 MPa－18 800 小时平行段微观组织(第二列)

2.2 碳化物

2.2.1 回火态钢板中的碳化物

回火态钢中碳化物如图 2 所示，主要由 M_2C，M_3C，M_7C_3 和 $M_{23}C_6$ 组成。值得注意的是，在 XRD 图中没有观察到 M_6C 的衍射峰。图 2 中显示的形貌图表明碳化物分别以球形、针状、片状和棒状存在。

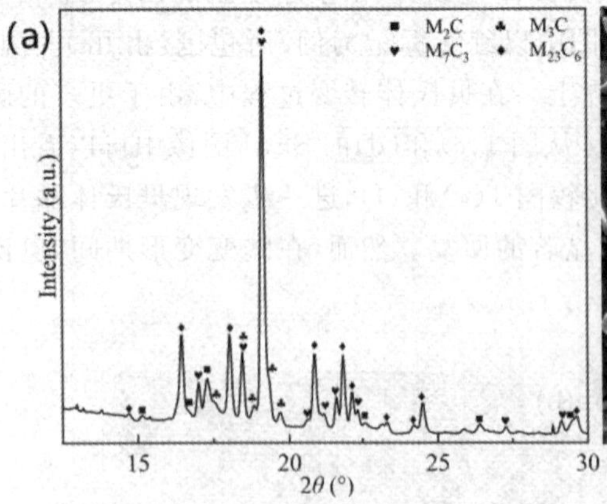

(a) XRD线谱

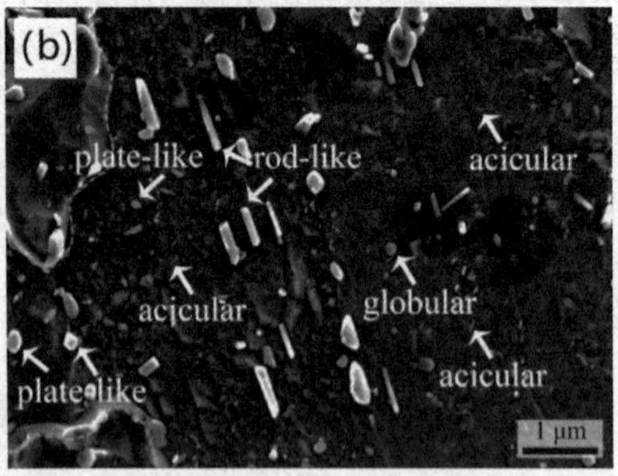

(b) 形貌

图 2 回火态钢中的碳化物

使用 TEM 进一步观察了回火态钢板的微观结构，结果如图 3 所示。图 3(a)中用黄线标记的碳化物呈针状，从图 3(b)中的选区电子衍射(selected area electron diffraction，SAED)可以看出，其结构为密排六方。EDS〔见图 3(c)〕表明，该碳化物为 Fe 为基析出相，并含有较多的 Mo，而 Cr 含量非常低。由此确定，该碳化物为确定该碳化物为 M_2C，通过 Image Pro Plus 软件进行一次测量，发现其等效圆直径(ECD)约为 75 nm。图 3(d)中显示的颗粒状碳化物与图 3(g)中在晶片边界处沉淀的片状碳化物具有相同的晶体结构〔见图 3(e)〕，均为正交结构，但它们的晶格参数不同。结合图 3(f)和(i)中显示的 EDS 结果，可以推断它们分别是 M_3C 和 M_7C_3，其中 M_3C 含有更多的 Mo，而 M_7C_3 含有更多的 Cr。它们的 ECD 分别确定为约 82 nm 和 163 nm。在图 3(j)中，沿长轴平行排列的棒状碳化物，根据图 3(k)中的 SAED 花样，确定该碳化物为面心立方的 $M_{23}C_6$，它们比其他碳化物含有更少的 Cr 和 Mo〔见图 3(l)〕。它们的 ECD 约为 230 nm。总的来说，TEM 观察结果与 HRSD 结果和文献中的数据一致[7-9]。

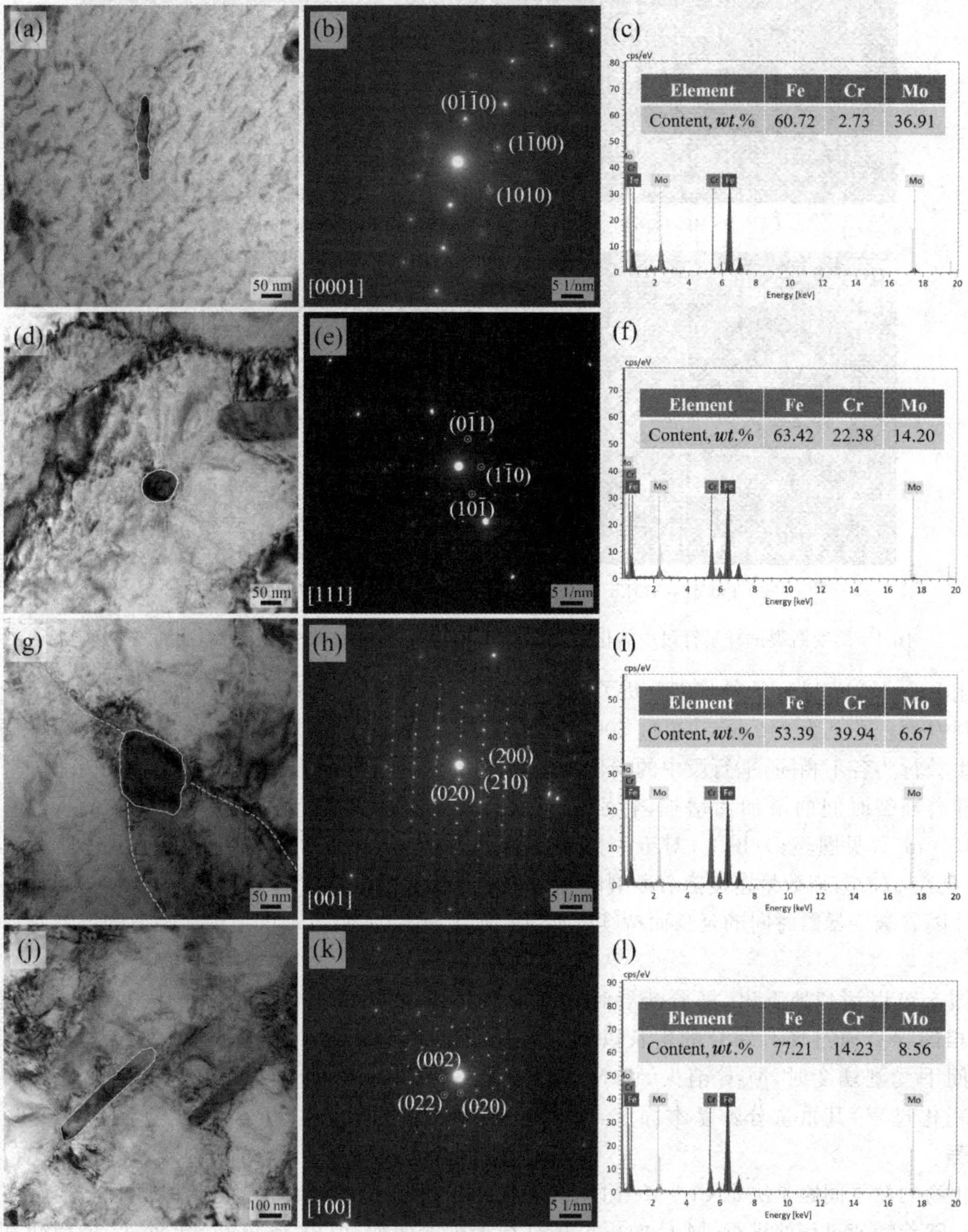

图 3 回火态钢板中(a,b,c) M_2C,(d,e,f) M_3C,(g,h,i) M_7C_3 和(j,k,l) $M_{23}C_6$ 的形貌（第一列），SAED(第二列）和 EDS(第三列)

2.2.2 碳化物尺寸和数量的变化

图4显示了在不同应力下断裂后样品标尺部分的碳化物形态的SEM图像。随着蠕变时间的增加，$M_{23}C_6$的尺寸逐渐变大，M_2C的数量显著增加，这与其衍射强度的变化一致。在150 MPa应力下蠕变8 131小时后，棒状的$M_{23}C_6$似乎正在吸收邻近的小沉淀物，如图4(c)中的黄色虚线圈所示，该相的聚集在图4(d)中用黄色实心圆标记。

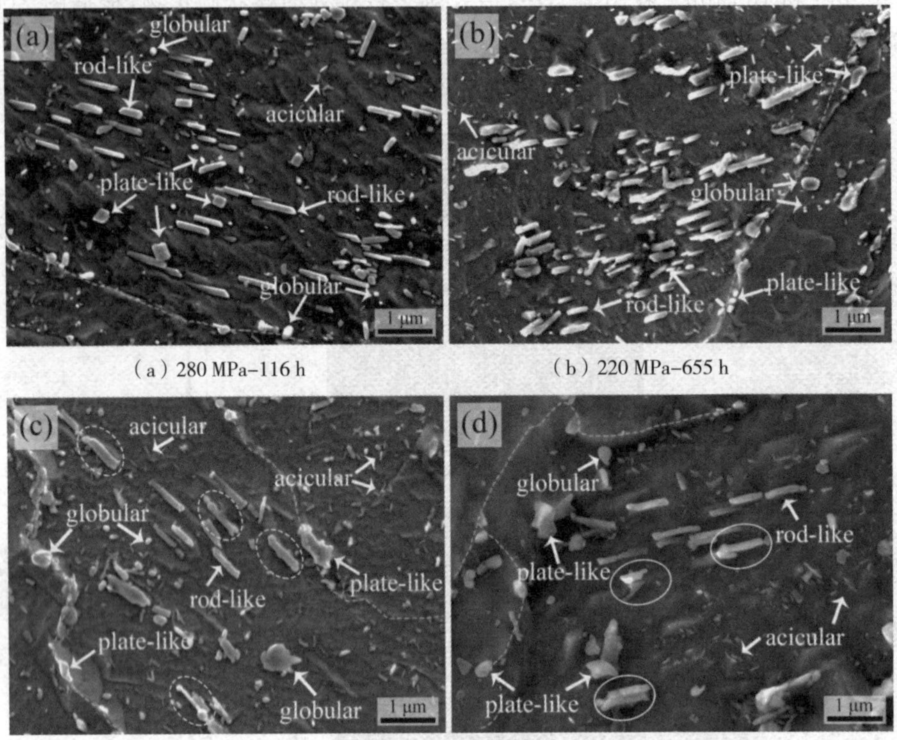

(a) 280 MPa–116 h　(b) 220 MPa–655 h

(c) 150 MPa–8131 h　(d) 124 MPa–18 800 h

图4　蠕变断裂试样平行段中碳化物的SEM微观图片(绿色虚线所示为PAGB/block边界)

使用Image Pro Plus软件仔细分析了蠕变断裂样品中每种碳化物的ECD和数量密度的变化。每个样品的观察面积总共为240 μm^2，超过500个颗粒。图5展示了测量体视学数据。整体上，不同类型碳化物的生长行为各不相同，平行段中的碳化物平均ECD略大于夹持段部分。对于M_2C，平均ECD和数量密度随着断裂时间的增加而增加，特别是在平行段部分，数量密度从$0.44\times10^{12}\ m^{-2}$显著增加到$1.42\times10^{12}\ m^{-2}$〔见图5(a)(b)〕。对于$M_3C$和$M_7C_3$，其平均尺寸在220 MPa下655小时前减小，然后逐渐增加〔见图5(c)〕，而数量密度随着断裂时间的增加持续减少〔见图5(d)〕。如图5(e)所示，M23C6的平均尺寸随着蠕变暴露时间的延长而持续增加，而$M_{23}C_6$颗粒的数量密度呈现出轻微的下降趋势〔见图5(f)〕。

从图5可以清楚地看出，随着断裂时间的增加，M_2C的数量、平均尺寸和数量密度同时增加，表明这一相的含量通过现有颗粒的生长以及大量新颗粒的形核而增加。当钢在低应力下但足够长的断裂时间下受到蠕变时，M_3C消失，而M_7C_3通过已有颗粒的生长而增加。$M_{23}C_6$在蠕变试验期间经历了粗化过程，其重量分数基本固定，数量密度下降。施加的应力的影响似乎随着蠕变时间的延长而增强。

碳化物的粒子间距是决定Cr－Mo耐热钢蠕变抗力的重要微观结构参数[10]。间距越小，钢的蠕变抗力越大。随着蠕变过程的进行，M_2C的析出将有利于抗力增加，但由于M_7C_3和$M_{23}C_6$的粗化和数量密度的减少，蠕变抗力会发生恶化。这为准确评估由2.25Cr1Mo钢建造的SG的使用性能提供了重要参考。

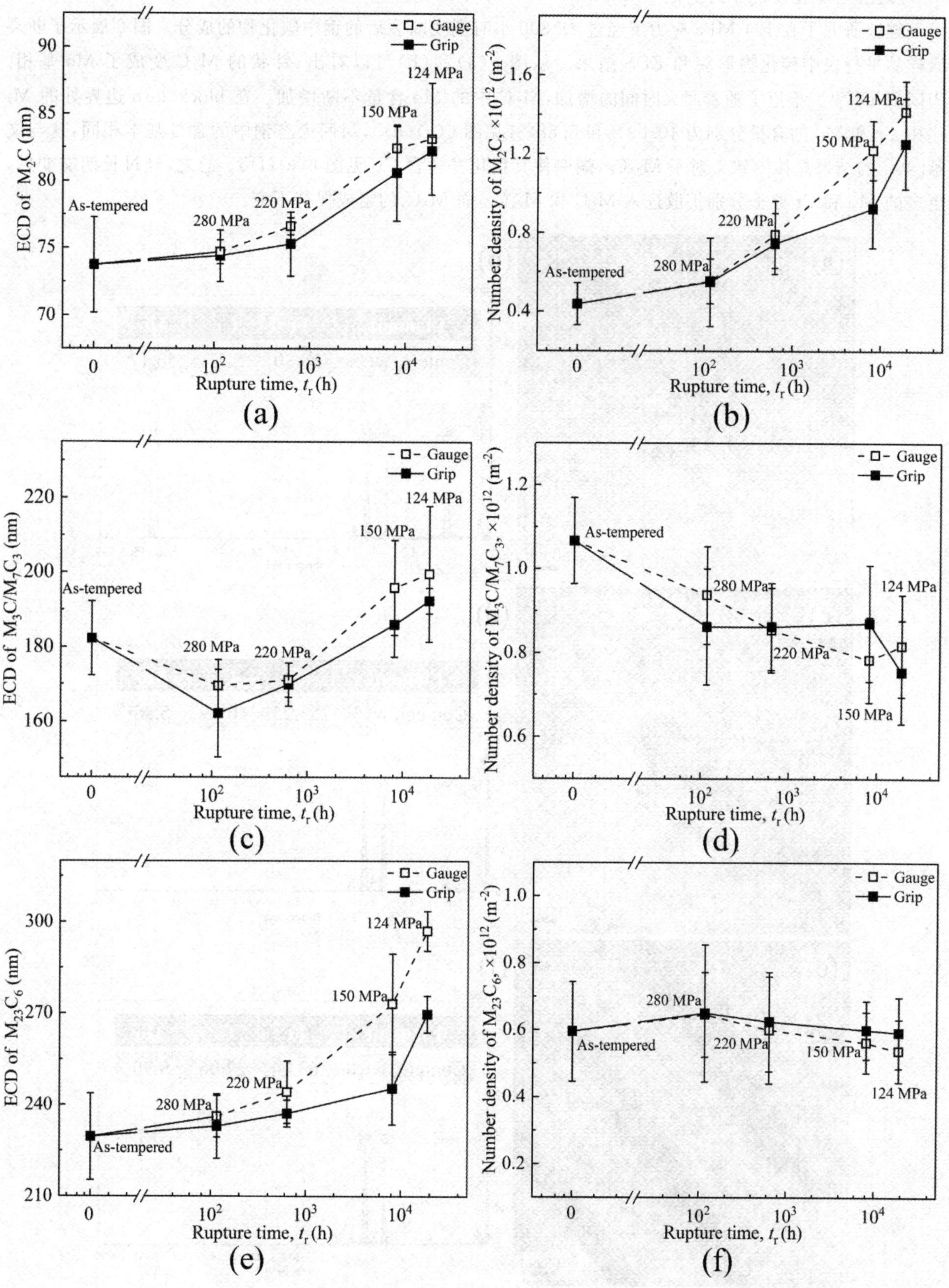

图 5　贝氏体 2.25Cr1Mo 钢蠕变过程中碳化物(a,c,e)ECD 和(b,d,f)数密度的演变

2.2.3　碳化物成分的变化

继续研究了在 124 MPa 应力下经过 18 800 小时蠕变断裂后的钢中碳化物的成分。图 6 展示了断裂后样品平行段中碳化物形貌和 EDS 结果。从图 6(a)和(b)可以看出,针状的 M_2C 变成了 Mo 基相。PILLING 等[37]报道了随着回火时间的增加,M_2C 中的 Mo 含量不断增加。在 block/lath 边界处的 M_7C_3 中 Cr 和 Mo 的含量分别为 40.89%和 5.88%〔见图 6(c)(d)〕,与回火态钢中的含量基本相同,这与文献[40] 的结果总体一致。对于 $M_{23}C_6$,蠕变使其粗化并富含 Cr〔见图 6(e)(f)〕。总之,经过长期蠕变后,更多的 Mo 和 Cr 原子分别扩散进入 M_2C 和 $M_{23}C_6$,而 M_7C_3 的组成保持不变。

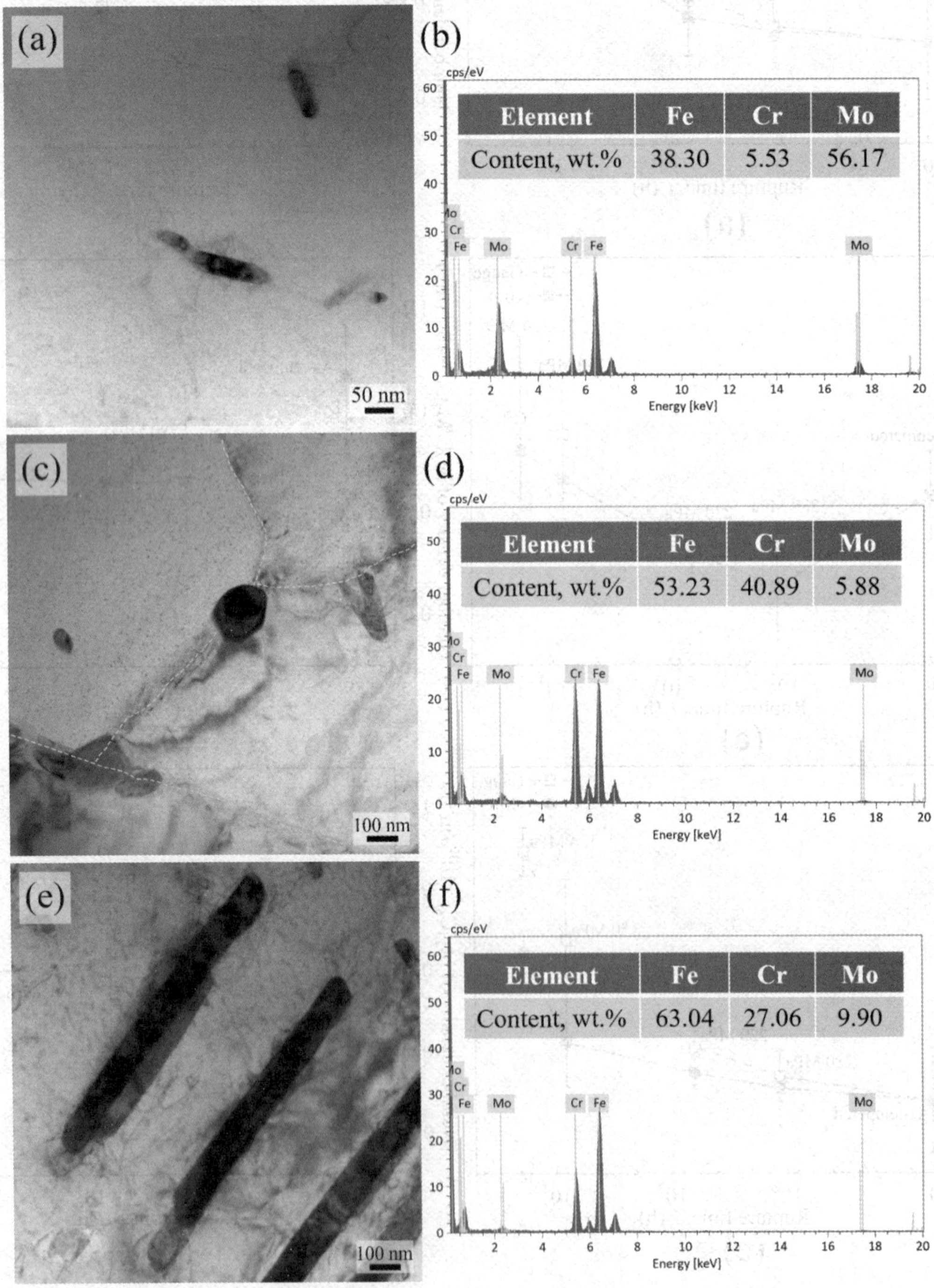

图 6　124 MPa－18 800 h 试样平行段中(a,b)M_2C,
(c,d)M_7C_3 和(e,f)$M_{23}C_6$ 的形貌和 EDS 分析结果(虚线所示为 block/lath 边界)

3 析出机制

先前的研究表明,2.25Cr1Mo 钢中碳化物的析出行为可能受到各种因素的影响,例如合金元素、保温温度、时效时间和蠕变应力[7-9,11,12]。这些因素影响碳化物的热力学驱动力和合金原子的扩散动力学[13-17]。

由于 Mo 原子的扩散缓慢和热力学形成驱动力较小,M_6C 的形核和生长需要更长的时间,并且以牺牲 M_2C 和 M_7C_3 为代价,正如其他研究所证实的[8,11]。因此,本研究中没有检测到 M_6C。

在 730 ℃下回火 130 分钟后,M_3C 的含量达到 12.34%。这种碳化物在早期回火阶段被报道在 PAGB/block 和 lath 边界处大量存在[7-9]。EDS 分析和成分计算结果表明,这种碳化物是 Fe 基的,如图 4(f)所示。据推测,M_3C 的形核和生长通过准平衡机制进行,这是由 C 原子的快速扩散所致[13-14]。在蠕变试验期间,M_3C 溶解,为其他具有更高热力学形成驱动力的碳化物的形成提供了条件。

在检测到的 4 种碳化物中,M_7C_3 在蠕变试验期间的析出量 增加最为显著,这可以归因于其最大的热力学形成驱动力。M_7C_3 的成分保持一致,表明 M_7C_3 的生长主要由热力学驱动力控制。此外,研究发现该碳化物可以直接在基体与渗碳体界面处形核,通过吸收从 M_3C 溶解中释放的 Fe,Cr 和 C 原子[7,15]。

碳化物的沉淀行为可以总结如下:M_3C 的析出是一个准平衡过程,Mo 的扩散决定着 M_2C 的形成,热力学驱动力控制 M_7C_3 和 $M_{23}C6$ 的析出,而 M_6C 的析出则有热力学驱动力和 Mo 的扩散共同决定。

4 结 论

系统地研究了贝氏体型 2.25Cr1Mo 耐热钢在 530 ℃,应力范围为 124~280 MPa 的条件下,蠕变过程中碳化物的演变行为,深入讨论了试验结果,得出的主要结论如下:

在 730 ℃下回火 130 分钟后,贝氏体 2.25Cr1Mo 钢中碳化物由针状 M_2C、棒状 $M_{23}C_6$ 以及球状和片状 M_3C 和 M_7C_3 组成。在 4 种碳化物中,除 $M_{23}C_6$ 外,它们都是亚稳态的。当回火后的钢进一步在 530 ℃下进行蠕变时,M_3C 逐渐熔解。相反,M_2C 和 M_7C_3 通过现有晶体的生长和新沉淀物的形成而增加。M_7C_3 的增加最为显著,这是通过现有颗粒的生长促进的。尽管与其他碳化物相比具有更高的重量分数,但在整个蠕变期间,$M_{23}C_6$ 的相对数量基本保持不变。在蠕变过程中,断裂试样夹持段和平行段的每种碳化物都遵循类似的演变模式。然而,蠕变应力通过促进合金原子扩散进入碳化物,加速了 M_2C,M_7C_3 和 $M_{23}C_6$ 的沉淀以及 M_3C 的溶解。

参考文献

[1] R. L. Klueh:Nucl. Technol.,1982,vol. 57,pp. 114-24.

[2] P. Mehrotra,N. Kumar,A. George,K. C. Sahoo,V. Ganesan,M. R. Ahmadi,S. Trivedi,and S. D. Yadav:Mater. Today Commun.,2022,vol. 32,pp. 104128.

[3] R. L. Klueh:Mater. Sci. Eng.,1978,vol. 35,pp. 239-53..

[4] GB/T 2039:金属材料单轴拉伸蠕变试验方法,2012,pp. 1-40.

[5] M. Hillert,L. HöGlund,and J. Ågren:Acta Metall. Mater.,1993,vol. 41,pp. 1951-7.

[6] S. Dépinoy,C. Toffolon-Masclet,S. Urvoy,J. Roubaud,B. Marini,F. Roch,E. Kozeschnik, and A. F. Gourgues-Lorenzon:Metall. Mater. Trans. A,2017,vol. 48,pp. 2164-78.

[7] D. J. Chu,H. Y. Kim,J. Lee,and W. S. Jung:Mater. Charact.,2020,vol. 164,pp. 110328.

[8] J. Pilling and N. Ridley:Metall. Trans. A,1982,vol. 13,pp. 557-63.

[9] Y. Katsumi,I. Masaaki,M. Seiichi,and A. Fujio:ISIJ Int.,2001,vol. 41,pp. 116-20.

[10] R. Baker and Nutting:J. Iron Steel Inst.,1959,vol. 192,pp. 257-68.

[11] M. A. M. Alshahrani, S. W. Ooi, M. Hörnqvist Colliander, G. M. A. M. El - Fallah, and

H. K. D. H. Bhadeshia:Metall. Mater. Trans. A,2022,vol. 53,pp. 4221－32.

[12] A. Bjärbo and M. Hättestrand:Metall. Mater. Trans. A,2001,vol. 32,pp. 19－27.

[13] A. Schneider and G. Inden:Acta Mater. ,2005,vol. 53,pp. 519－31.

[14] M. Hillert and J. Ågren:Scr. Mater. ,2004,vol. 50,pp. 697－9.

[15] B. A. Senior:Mater. Sci. Eng. A,1988,vol. 103,pp. 263－71.

[16] 潘雪新,胡小锋,杨志荣,等. 淬火温度对气瓶用 Fe－Cr－Ni－Mo 钢组织和力学性能的影响[J]. 压力容器,2024,41(8):1－8.

[17] 王明涛,毕学文,王东,等. 乙烯装置裂解炉废热锅炉封头法兰失效原因分析[J]. 压力容器,2024,41(12):51－59.

作者简介

刘慧斌,男,博士,正高级工程师,从事核电和压力容器用钢的研究和开发,通信地址:上海市宝山区富锦路 889 号,E－mail:liuhuibin@baosteel. com,电话:021－26641023。

基于柔度曲线和 BEREMIN 模型韧脆过渡区间对 16MnDR 钢断裂韧性预测

丁　宇[1]，刘长军[1]，陈文飞[2]

（1. 华东理工大学 承压系统与安全教育部重点实验室，上海 200237；
2. 宁波市特种设备检验研究院，浙江宁波 315048）

摘　要：Beremin 模型是韧脆过渡区间预测压力容器钢断裂韧性的一种方法，由双参数（m,σ_u）的精度确定，但在标定参数的过程中需要大量的数学计算和断裂韧性数据。本文在此基础上通过有限元分析确定钢材的柔度曲线，确定钢材可能发生的最低断裂韧性和非尺寸变形量 M 确定可能发生的最大断性，并结合 Beremin 模型来确定双参数（m,σ_u），结合 16MnDR 钢的断裂韧性数据进行了验证。结果表明，所预测的结果具有一定的精度，而且大大地减小了数学计算量，可以作为工程上一种保守的方法快速确定断裂韧性一失效概率之间的关系。

关键词：有限元；Beremin 模型；断裂韧性；参数标定

Fracture toughness prediction of 16MnDR steel based on flexibility curve and BEREMIN model tough - brittle transition interval

DING Yu[1], LIU Changjun[1], CHEN Wenfei[2]

(1. Key Laboratory of Pressure System and Safety, Ministry of Education,
East China University of Science and Technology, Shanghai 200237, China;
2. Ningbo Research Institute of Special Equipment Inspection, Ningbo 315048, China)

Abstract: The Beremin model is a method for predicting the fracture toughness of pressure vessel steels in the tough - brittle transition interval, as determined by the accuracy of the two - parameter (m, σ_u), but it requires a large number of mathematical calculations and fracture toughness data in the process of calibrating the parameters. In this paper, the flexibility curve of the steel is determined by finite element analysis to determine the minimum possible fracture toughness and non - dimensional deformation of the steel M to determine the maximum possible fracture, and the Beremin model is used to determine the two - parameter (m,σ_u), which is verified in conjunction with the fracture toughness data of 16MnDR steel. The results show that the predicted results have a certain degree of accuracy and greatly reduce the amount of mathematical calculations, which can be used as a conservative method in engineering to quickly determine the relationship between fracture toughness - failure probability.

Keywords: finite element; beremin model; fracture toughness; parametric calibration

0 引 言

Beremin模型是一种常用于描述钢铁等脆性材料在低温环境下的断裂行为的统计模型，在断裂力学中。该模型基于断裂力学和统计学的原理，用于预测材料在特定条件下发生断裂的概率[1-2]。Beremin模型是韧脆过渡区间判断材料是否发生破坏失效的重要方法，尤其是在航空航天、核电、石油化工等高要求的行业。许多金属材料在低温环境下容易发生断裂，而传统的断裂力学方法在这些情况下不够精确[3-7]。Beremin模型基于最弱链理论，认为材料内部超过临界应力，裂纹就会发生扩展，KOBAYASHI等[2,8-9]的研究表明对于延塑性较好的金属材料，可以采用柔度变化率法(Compliance Changing Rate method，CCR)来快速准确地确定裂纹起裂点，根据Beremin模型原理此时材料发生失效破坏，而对于固定尺寸材料的最大J积分理论上取决于非尺寸变形值M，根据大量的研究表明M值一般取30，这样便已经确定了断裂韧性的取值范围。根据以上理论依据，通过对材料模型的有限元分析，在起裂点和最大J积分间选取数据，为了保持数据的合理性可以采用距离逐步增加选取数据，进行Beremin标定直至得出形状参数m。

1 基本理论公式和方法

Beremin模型可表示为公式(1)[1]。

$$Pf(\sigma w)=1-\exp\left[-\left(\frac{\sigma w}{\sigma u}\right)^{m}\right] \tag{1}$$

式中，m为形状参数；尺度参数σu表示累积失效概率为63.2%时的威布尔应力；σw为威布尔应。

σw可以用方程(2)描述[1]：

$$\sigma w=\sqrt[\frac{1}{m}]{\frac{1}{v0}\int_{v}\sigma 1^{m}dv}=\sqrt[\frac{1}{m}]{\sum_{i=1}^{n}\frac{vi}{v0}\sigma 1,i^{m}} \tag{2}$$

式中，V为断裂过程区的体积，通常定义为模型中最大主应力超过屈服强度λ倍的部分，即$\sigma 1\geqslant\lambda\cdot\sigma 0$；$\lambda$通常为1；$\sigma 1$为质心处的最大主应力；$V_i$为每个单元的体积；$V_0$为参考体积。

2 实验数据和有限元仿真模型

2.1 实验数据

16MnDR钢在国产压力容器钢常用钢材之一，它在低温下仍能保持很好的力学性能，在-60℃，-70℃和-80℃下的断裂韧性数据如表1所示，其所需的真应力－真应变数据如图1所示。试样类型为三点弯曲试样，裂纹和韧带比为1∶1，跨距S为宽度W的4倍，宽度W为厚度B的2倍，具体尺寸比例如图2所示。

表1 16MnDR钢断裂韧性数据

试样类型	厚度	温度	断裂韧性
16MnDR[10]	SE(B)－15 mm	－60 ℃	125.3，161.3，186.8，221.4，251.4，266.1
		－70 ℃	116.7，151.3，189.1，204.4，231.5，259.6，276.6
		－80 ℃	90.7，105.1，108.8，129.2，133.8，148.6，176.2

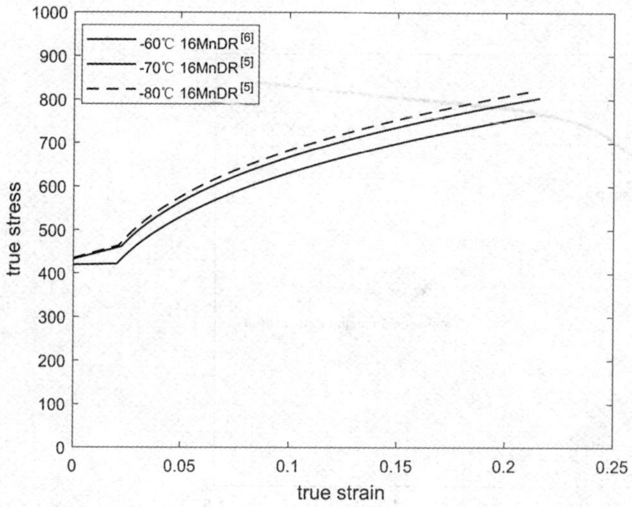

图 1　16MnDR 钢真应力－真应变数据

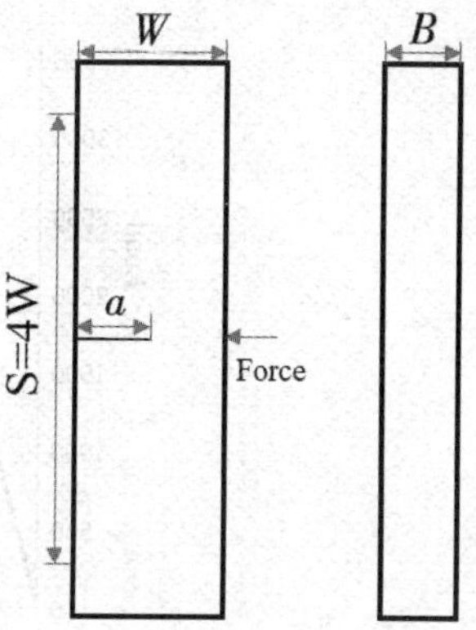

图 2　16MnDR 钢尺寸比例

2.2　有限元仿真软件

图 3 所示为进行有限元仿真的 1/4 模型。其中厚度为 15mm，共有 40482 个元素，元素类型为八节点线性六面体元素，与高度平行方向有一 45°侧槽。裂纹尖端大小为 0.0025mm.

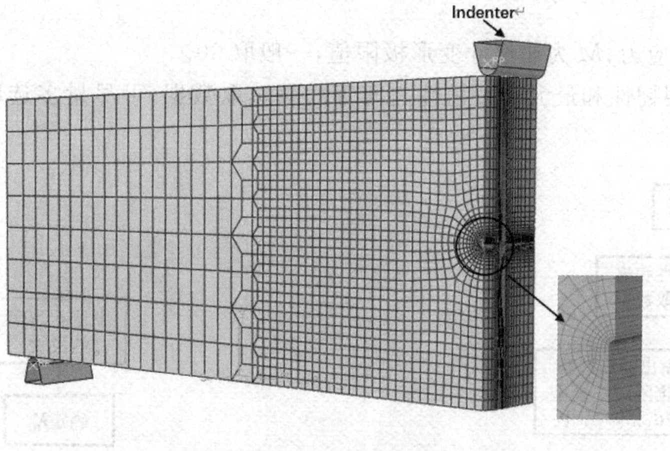

图 3　有限元仿真模型

3　标定步骤

Step1：对试样进行有限元仿真获得载荷一位曲线，确定以下参数

$$C=VLL/P \tag{3}$$

式中，P 为载荷；V_{LL} 为对应的位移。

$$\mathrm{Cel}=1/Slope \tag{4}$$

式中，$Slope$ 为弹性阶段的斜率。

$$\frac{\Delta C}{C}=\frac{C-\mathrm{Cel}}{\mathrm{Cel}} \tag{5}$$

式中，$\Delta C/C$ 表示为载荷柔度曲线，可通过载荷柔度曲线确定起裂载荷 P_{int}，如图 4 所示。确定起裂断裂

韧性 $K_{Jc,int}$。

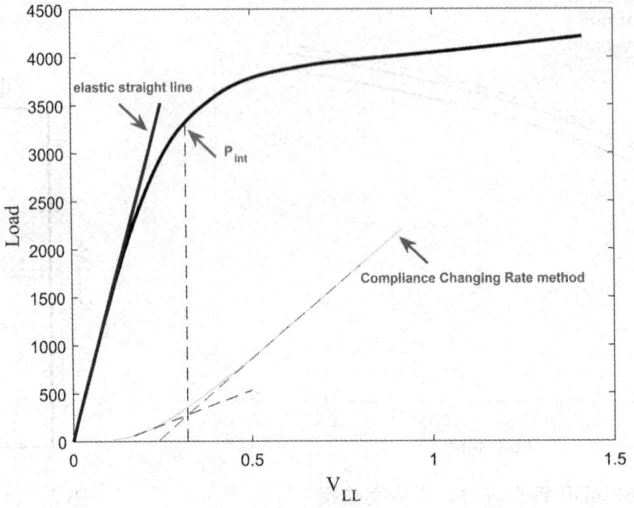

图 4　载荷—斜率曲线

Step2:通过确定最大 J 积分,可通过下式表示:

$$J_{\max}=\frac{b0\sigma_{ys}}{M} \tag{6}$$

式中,σ_{ys} 为材料的屈服应力;M 为非尺寸变形极限值,一般取 30。

Step3:在起裂断裂韧性和最大断裂韧性之间等间隔选取数据,可尽量多选取多一些,按照图 5 的标定步骤确定参数。

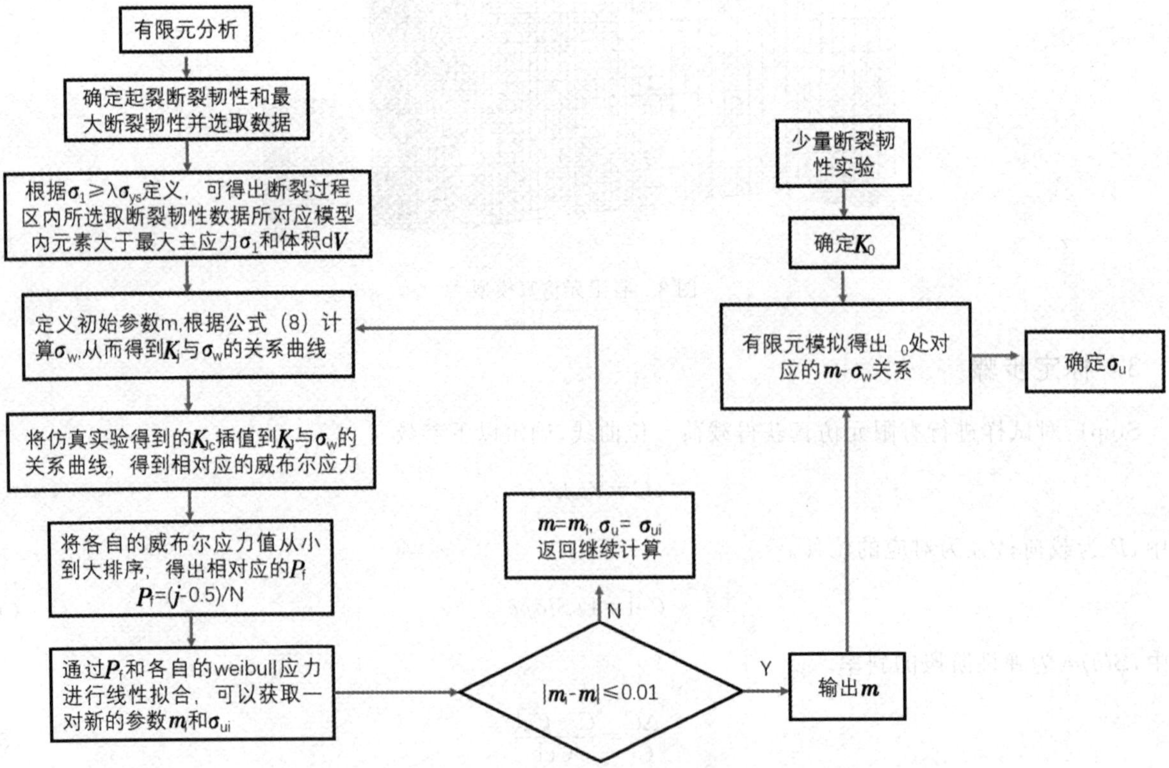

图 5　参数 m 和 σ_u 的确定

4 结果验证

按照第 4 节中标定步骤，在起裂断裂韧性和最大断裂韧性之间等均匀选取 21 个数据后的结果，而且只需要进行一次标定就可确定参数(m，σ_u)的精度。图 6 为所预测的断裂韧性—失效概率曲线和实验数据之间的关系图。按照图 5 的步骤确定好参数 m，然后将等均匀选取的数据进行威布尔应力和断裂韧性进行拟合确定各自之间的关系，如图 6 所示。然后根据断裂韧性数据确定 K_0 处各自的 $\sigma_w - m$ 之间关系，由第 4 节中的标定步骤确定参数 σ_u，然后便可根据 Beremin 模型确定断裂韧性—失效概率曲线。从预测结果来看，在不同温度下 16MnDR 钢所预测结果来看具有一定的精度。综合以三种环境温度下的验证结果，证明这种方法具有一定的应用意义。

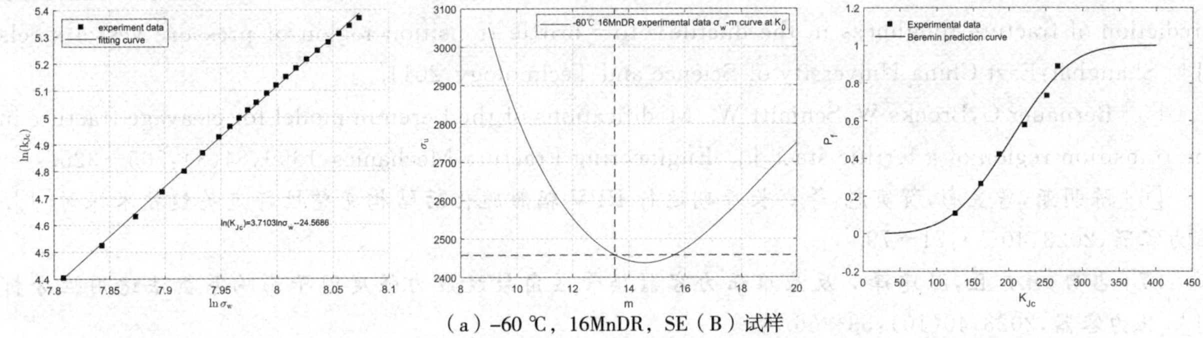

(a) -60 ℃, 16MnDR, SE (B) 试样

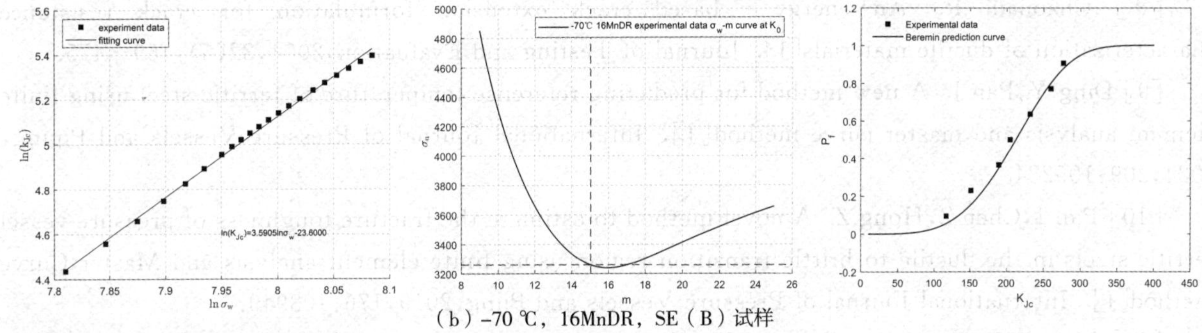

(b) -70 ℃, 16MnDR, SE (B) 试样

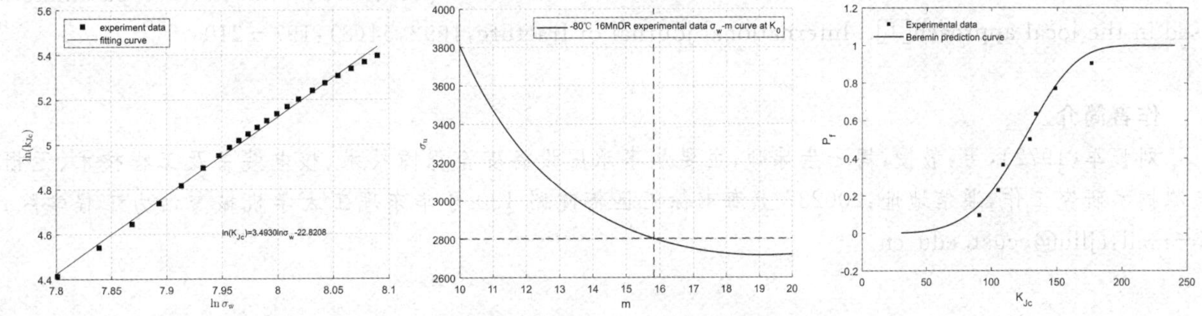

(c) -80 ℃, 16MnDR, SE (B) 试样

图 6 各个温度下的预测结果

5 结 语

可以通过有限元仿真确定柔度曲线确定解理断裂过程中的裂纹起裂点和非尺度参数 M 确定最大断裂韧性，在这两者之间均匀选取数据，进行 Beremin 模型参数标定便可确定参数 m。只需要一次保定便可确定，大大减少了数学计算量。从预测结果来看，这种方法对于 16MnDR 钢具有高度的适用性，预测结果很好。

参考文献

[1] Beremin F M, Pineau A, Mudry F, et al. A local criterion for cleavage fracture of a nuclear pressure vessel steel[J]. Metallurgical transactions A, 1983, 14(11): 2277－2287.

[2] Kobayashi T, Yamamoto I, Niinomi M. Introduction of a new dynamic fracture toughness evaluation system[J]. Journal of testing and evaluation, 1993, 21(3): 145－153.

[3] Gao X, Ruggieri C, Dodds Jr R H. Calibration of Weibull stress parameters using fracture toughness data[J]. International Journal of Fracture, 1998, 92(2): 175－200.

[4] Yupeng Cao, Prediction of Fracture Toughness in the Ductile－To－Brittle Transition Region of Pressure Vessel Steels, East China University of Science and Technology, Shanghai, 2011. Cao Y P. Prediction of fracture toughness in the ductile－to－brittle transition region of pressure vessel steels [J]. Shanghai: East China University of Science and Technology, 2011.

[5] Bernauer G, Brocks W, Schmitt W. Modifications of the Beremin model for cleavage fracture in the transition region of a ferritic steel[J]. Engineering Fracture Mechanics, 1999, 64(3): 305－325.

[6] 陈明亚，曹昱澎，贺寅彪，等．长寿期运行RPV辐照脆化后结构完整性评定关键技术探讨[J]. 压力容器，2023，40(2)：71－79.

[7] 占勇，焦广臣，温建锋．反应堆压力容器接管区角裂纹应力强度因子影响系数法适用性分析[J]. 压力容器，2023，40(10)：58－66.

[8] Chaouadi R. An energy－based crack extension formulation for crack resistance characterization of ductile materials[J]. Journal of Testing and Evaluation, 2004, 32(6): 469－475.

[9] Ding Y, Pan J. A new method for predicting reference temperature of ferritic steel using finite element analysis and master curve method[J]. International Journal of Pressure Vessels and Piping, 2024, 209: 105224.

[10] Pan J, Chen Z, Hong Z. A novel method to estimate the fracture toughness of pressure vessel ferritic steels in the ductile to brittle transition region using finite element analysis and Master Curve method[J]. International Journal of Pressure Vessels and Piing, 2019, 176: 103949.

[11] Minami F, Brückner－Foit A, Munz D, et al. Estimation procedure for the Weibull parameters used in the local approach[J]. International journal of fracture, 1992, 54(3): 197－210.

作者简介

刘长军(1972)，男，教授，博士生导师，主要从事承压设备安全保障技术、核电装备及工程技术、无损检测技术研究工作，通信地址：200237上海市徐汇区梅陇路130号华东理工大学机械与动力工程学院，E－mail：cjliu@ecust. edu. cn。

基于小冲杆测试方法确定材料断裂韧度的研究

李　昌,钟继如,关凯书

(华东理工大学 机械与动力工程学院,上海 200237)

摘　要:断裂韧性是核反应堆、承压设备安全评估、寿命预测以及含缺陷承压设备风险评估中最重要的参考指标。传统的力学试验试样需要大量的材料,不能在服役的承压设备上进行,而小冲杆试验(SPT)试样比传统的小得多,可以从承压设备表面微损取样,取样后不需进行修补,从试验的载荷—位移曲线可以确定材料的许多力学性能参数。本文提出了利用反向有限元法从小冲杆试验中获取了WELDOX 900 钢的真应力应变曲线、GTN 参数和断裂韧度值的方法。反向有限元法的结果与常规试验结果对比发现 $J_{0.2}$ 的数值误差约 10%。

关键词:小试样;小冲杆试验;断裂韧度;反向有限元法

Study on the determination of fracture toughness of materials based on the small punch bar test method

LI Chang,ZHONG Jiru,GUAN Kaishu

(School of Mechanical and Power Engineering,East China University of Science and Technology,Shanghai 200237,China)

Abstract:Fracture toughness is the most important reference index in the safety assessment,life prediction and risk assessment of nuclear reactors and pressure equipment. Conventional mechanical test specimens require large quantities of material and cannot be performed on pressurized equipment in service. The small punch test (SPT) specimens are much smaller than the traditional ones,and can be sampled from the surface of the pressure equipment without repair,and many mechanical properties of the material can be determined from the load - displacement curve of the test. In this paper,a method is proposed to obtain the true stress - strain curve,GTN parameters and fracture toughness values of WELDOX 900 steel from the small punch bar test by using the reverse finite element method. Compared with the results of the conventional test,the numerical error of $J_{0.2}$ is about 10%.

Keywords: small specimens; small punch bar test; fracture toughness; reverse finite element method

0 引　言

在核电工业中,有许多承压部件在不利的运行环境中服役[1]。在这种情况下,由于韧性不足而引起的脆性断裂是受压构件常见的失效形式。材料的力学性能可以通过常规的力学试验得到准确的结果,但需要消耗大量的材料来制备试样。对于在役设备,由于取样材料有限,无法进行常规的力学性能试验,小冲杆试验(SPT)在评价材料力学性能方面具有不可替代的优势[2-4]。

有学者对小冲杆试验获取断裂韧度做了相关研究。LI 等[5]提出用“两步法”来获得材料的平面应变断裂韧度 K_{IC}，但是此方法中用到的经验关联系数对于每种材料都不一样，而且很难从试验中获取准确值。MAO 等[6-7]提出了用“JAERI”方法确定断裂韧度值 K_{IC}，但小冲杆试验的断裂时间还没有准确的测量手段，该方法中的等效断裂应力值或等效断裂应变值大多是估算得到，所以该方法并不能有效地保证断裂韧度的精度。FOULDS 等[8]提出“连续体材料韧性”的方法，该方法从断裂的能量角度出发，获取小试样在启裂时刻裂纹尖端的应变能密度并以此作为断裂韧度值，但在试验中启裂时刻依然很难确定。BULLOCH 等[9]定义了一个新的参数来表征小冲杆试验获取的断裂韧度，该参数由小冲杆试样断后的形貌特征决定。但断裂形貌的微观差别无法直接反映在这个参数上。

反向有限元法从试验结果曲线出发，通过数据库对比识别技术获取材料参数，再用这些材料参数进行常规有限元模拟计算得到相应的力学性能指标[10-11]。小冲杆反向有限元法提出以前，小冲杆试验主要采用经验关联法获取材料的屈服强度和抗拉强度。若要保证拟合的准确性，需要进行不同材料的小冲杆试验和常规力学性能试验，工作量大，效率低。断裂韧度参数涉及的影响因素较为复杂，很难进行经验关联，小冲杆反向有限元方法的出现弥补了经验关联法的不足。

因此，本文以低合金高强钢 WELDOX 900 为研究对象，对利用反向有限元法从小冲杆试验中获取 WELDOX 900 钢的真应力应变曲线、GTN 参数和断裂韧度值的方法进行研究。

1 试验方法

1.1 材料选择

本文以低合金高强钢 WELDOX 900 为研究对象，在开展断裂韧度试验前，对该材料进行化学成分测试，测试结果如表 1 所示，符合 EN 10025 标准对相应等级钢材的质量要求。断裂韧度试验需要已知金属材料的屈服强度和抗拉强度，故取样进行单轴拉伸试验，得到 WELDOX 900 钢的屈服强度 $R_{p0.2}$ 为 890 MPa，抗拉强度 R_m 为 950 MPa。

表 1 WELDOX 900 钢的化学成分 (wt%)

元素	C (max)	Si (max)	Mn (max)	P (max)	S (max)	Cr (max)	Mo (max)
实测值	0.20	0.21	1.37	0.01	0.002	0.25	0.52
标准值	0.20	0.51	1.60	0.02	0.01	0.70	0.70
元素	Ni (max)	Al (min)	Cu (max)	V (max)	Ti (max)	Nb (max)	B (max)
实测值	0.05	0.058	0.01	0.02	0.001	0.017	0.0013
标准值	2.0	0.018	0.30	0.06	0.04	0.04	0.05

1.2 小冲杆试验

小冲杆试样直径为 10 mm，厚度为 0.5 mm，表面用 1 200 目砂纸打磨光滑。试验装置如图 1 所示，试验在型号为 SPT－10 的微试样测试机上进行，试验加载速率为 0.2 mm/min。试验过程中，通过压杆下压直径为 2.5 mm 的钢珠对试样中心施加向下的位移直至破裂，上压杆的压力传感器记录载荷值，下压杆的位移传感器记录挠度值。

图 1 小冲杆试验设备

2 反向有限元法获取材料参数

2.1 材料真应力应变曲线的获取

2.1.1 参数的确定

Johnson 和 Cook 提出了 Johnson－Cook (J－C)本构关系，因其形式

简单被多次应用于冲击分析中[12]。BØRVIK 等[13]在此基础上进行修改，得到了适用于准静态拉伸环境的本构模型，如式(1)所示。该模型给出了等效应力与等效应变的关系，同时考虑了温度和应变率的影响。本文中这两项均可视为固定参数，将模型进一步简化，得到式(2)。

$$\sigma_{eq}=(A+B\varepsilon_{eq}^{n})(1+\varepsilon_{eq}^{*})^{C}(1-T^{*m}) \tag{1}$$

式中，σ_{eq}为等效应力；ε_{eq}为等效塑性应变；ε_{eq}^{*}为等效应变率；T^{*}为相变温度；A,B,C,n,m为五个材料参数。

$$\sigma_{eq}=A^{*}+B^{*}\varepsilon_{eq}^{n} \tag{2}$$

式中，A^{*}，B^{*}，n是拟合参数。

用该简化模型拟合 WELDOX 900 钢真应力应变曲线，拟合效果如图 2 所示。曲线的前半段，拉伸试样未发生颈缩，等效应力与真应力相等，所以拟合效果很好。当发生颈缩之后，真应变大于等效应变，这与曲线拟合结果一致，在颈缩之后，真应力和真应变的关系趋于线性，所以曲线的后半段可以采用线性拟合。

由此，将整条真应力应变曲线分为三段进行函数构造，如公式(3)所示：

$$\sigma_P=\begin{cases}E\varepsilon_P & \varepsilon_P\leqslant\varepsilon_{ey}\\ B\varepsilon_P^{n} & \varepsilon_{ey}<\varepsilon_P<\varepsilon_{neck}\\ G\varepsilon_P+C & \varepsilon_P\geqslant\varepsilon_{neck}\end{cases} \tag{3}$$

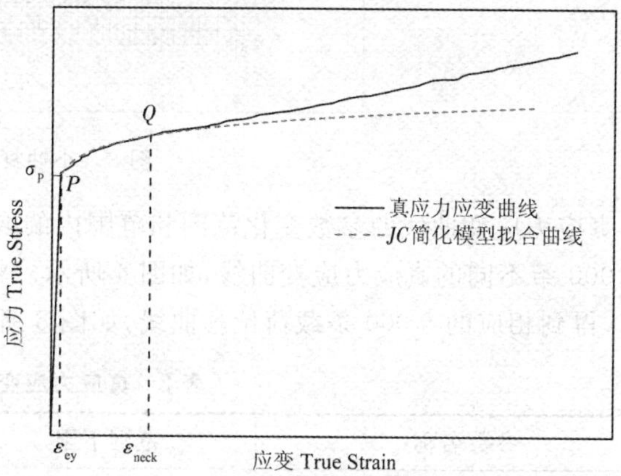

图 2　J－C 简化模型的拟合效果

式中，σ_P为比例极限；ε_{ey}为弹性段结束时的真应变；ε_{neck}为开始颈缩时的真应变；E为弹性模量；B,G,C,n为拟合参数。

上述八个参数中有很多参数是非独立的，可将ε_{ey}，B,G,C分别表达为σ_P，E，ε_{neck}和n的函数，如公式(4)～(7)所示：

$$\varepsilon_{ey}=\frac{\sigma_P}{E} \tag{4}$$

$$B=E\left(\frac{\sigma_P}{E}\right)^{1-n} \tag{5}$$

$$G=E\varepsilon_{neck}^{n-1}\left(\frac{\sigma_P}{E}\right)^{1-n} \tag{6}$$

$$C=E\varepsilon_{neck}^{n-1}(\varepsilon_{neck}-n)\left(\frac{\sigma_P}{E}\right)^{1-n} \tag{7}$$

2.1.2　有限元仿真

本文选用 ANSYS 有限元软件对小冲杆试验进行模拟。由于圆片试样及试验装置都是轴对称，且在中心施加载荷，所以选择平面轴对称建模方式。试样的单元为 PLANE 183，用刚性体模拟钢珠压头，与试样上表面之间建立接触单元 TARGET169。在试样边缘施加固支约束模拟上下夹具，同样采用刚性体模拟下夹具的倒角，与试样下表面建立接触单元 CONTACT172。在试样中心位置，是主要变形区域，划分为较细的网格，边缘位置的网格较大。建立相应的有限元模型如 3 所示。

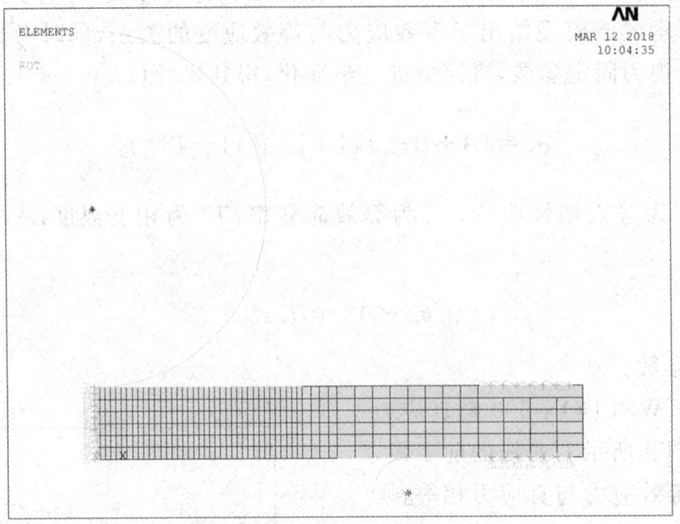

图 3　小冲杆试验有限元模型

真应力应变曲线的参数变化范围和范围内的取点个数如图 2 所示,对不同取值的参数进行组合,得到 5 000 条不同的真应力应变曲线,如图 4 所示。将构造的 5 000 条真应力应变曲线作为材料特性进行计算,得到相应的 5 000 条载荷位移曲线,如图 5 所示。

表 2　真应力应变曲线的参数变化范围

参数名称	范围下限	范围上限	取点数
摩擦系数μ_f	0.2	—	1
泊松比 μ	0.3	—	1
弹性模量 E/MPa	190 000	210 000	5
比例极限σ_P/MPa	800	1 000	10
颈缩应变ε_{neck}	0.004	0.1	10
材料参数 n	0.01	0.08	10

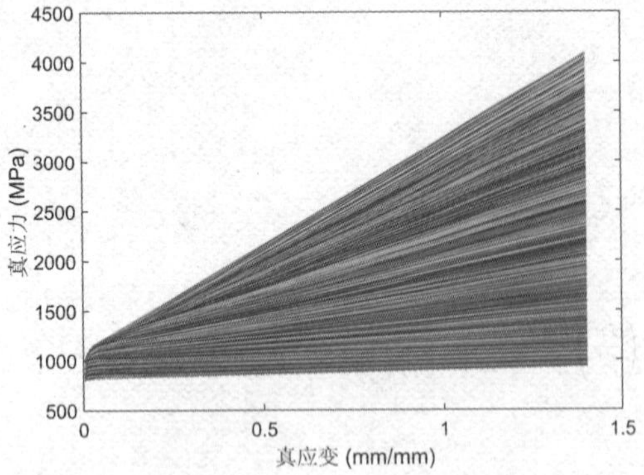

图 4　5 000 条真应力应变曲线

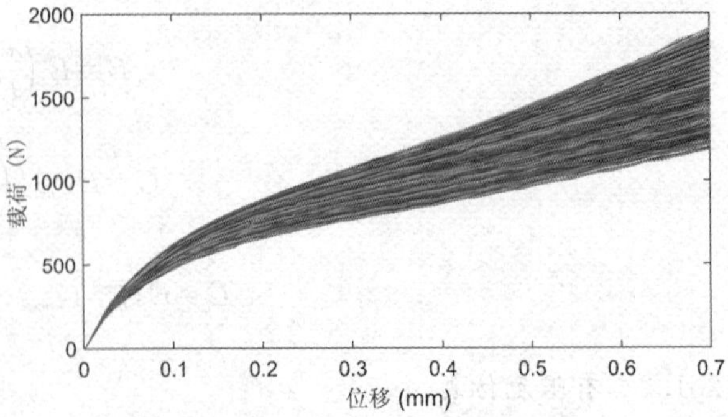

图 5　模拟得到的载荷位移曲线

2.1.3　训练神经网络

在获取真应力应变曲线过程中,BP 神经网络的训练参数见表 3 所列。本文根据经验对隐层节点数选取一个较大的范围值,即 5～18,每一种都进行训练,然后根据误差选用合适的网络。因为神经网络的训练具有波动性，所以对每一个层数节点数都进行 10 次训练，最后一共得到 140 个网络。样本总数为 5 000 对，选取其中 80%用于训练，另外 20%用于计算网络的误差。

表 3 神经网络训练参数设置

项目	数值模拟	参数名称	数值
输入样本	5 000 条载荷位移曲线	最大学习次数	500
输出样本	5 000 条真应力应变曲线	学习率	0.01
传递函数	Logsig(S 型传递函数)	训练精度	0.000 1
训练算法	Trainlm 算法	隐层数量	1 层
学习函数	Learngdm 函数	隐层节点数	5～18

2.2 材料 GTN 参数的获取

GURSON[14] 在 1975 年提出 GTN 模型，TVERGAARD[15] 对原始模型进行修正和完善，GTN 模型的屈服函数如式(8)所示。

$$\varphi=\left(\frac{\sigma_{eq}}{R_{eL}}\right)^2+2q_1f^*\cosh\left(-q_2\frac{3R_{eH}}{2R_{eL}}\right)-(1+q_3f^{*2})=0 \tag{8}$$

式中，q_1，q_2，q_3 为材料参数；σ_{eq} 为宏观等效应力(*Mises* 应力)；R_{eL} 为基体材料的屈服应力；f^* 为当前孔隙率；R_{eH} 为静水压力。

GTN 模型参数包含 9 个参数，对于金属材料，其中 5 个参数可以取定值，分别是：$q_1=1.5$，$q_2=1$，$q_3=q_1^2=2.25$，孔洞形核的平均应变 $\varepsilon_n=0.3$，ε_n 的标准差 $S_N=0.1$。初始孔隙率 f_0 是材料本身的孔洞缺陷，有研究提出根据材料的化学成分来大致计算初始孔隙率的公式，如式(9)所示，计算得到 $f_0=0.000\ 068\ 58$。剩下三个参数材料临界孔隙率 f_c、材料失去承载能力时的孔隙率 f_F 和可以发生形核的所有二项粒子的体积分数 f_n 由反向有限元法求得，基本步骤与获取真应力应变曲线相同。需要注意的是，此处设定 GTN 参数变化范围没有参考依据，大致确定各自的变化范围，如表 4 所示。

$$f_0\approx 0.054\left[S(\%)-\frac{0.001}{Mn(\%)}\right] \tag{9}$$

表 4　GTN 参数变化范围

参数名称	范围下限	范围上限	取点数
q_1	1.5	—	1
q_2	1	—	1
q_3	2.25	—	1
初始空隙率 f_0	0.000 068 58	—	1
形核第二相粒子数 f_n	0.06	0.08	5
形核平均应变 ε_n	0.01	—	1
临界孔隙率 f_c	0.16	0.32	10
断裂孔隙率 f_F	0.25	0.35	10

按表中设置的数据点进行 ANSYS 有限元模拟，模型与求取真应力应变时使用的相同，唯一区别在于材料参数加入了 GTN 模型参数，得到的是全程的载荷位移曲线，一共获取 500 条模拟结果。按照 2.1.3 节的方法再次训练 BP 神经网络，然后以整段载荷位移曲线为输入，通过已训练好的神经网络识别

出对应的 GTN 模型参数。

3 数值模拟获取材料的断裂韧度

3.1 有限元模型建立

在有限元数值模拟过程中,首先建立 CT 试样的三维模型。模型尺寸如图 6 所示,宽度 $W=50$ mm,厚度 $B=16$ mm,初始裂纹长度 $a_0=0.5W$。

由于紧凑拉伸试样具有平面对称性,为减少网格数量节省计算时间,试样只建立 1/4 模型。整体网格划分效果如图 7 所示,有限元单元类型为三维缩减积分单元(C3D8R),离裂尖较远的位置适当采用粗网格,裂尖网格细分效果如图 8 所示。采用 Coupling 耦合方式实现加载,如图 7 所示,设定圆心为参考点与孔的内表面进行耦合,然后对该参考点进行加载即可实现与试验加载相同的效果。

研究的材料是 WELDOX 900 高强钢,由相关试验发现,在裂纹扩展区域表现为弹塑性,所以采用弹塑性模型,为了模拟裂纹的扩展,定义试样的损伤模型为 GTN 模型。通过反向有限元法得到了 WELDOX 900 钢的真应力应变曲线和 GTN 参数,$E=195\,508$,$\sigma_P=793$ MPa,$\varepsilon_{neck}=0.041\,3$,$n=0.0443$,$f_n=0.71173$,$f_c=0.242078$,$f_F=0.30912$。将这组参数重新输入有限元模型中再次计算,得到模拟结果与小冲杆试验曲线如图 9 所示。可以看出小冲杆试验得到的曲线与反向有限元识别模拟得到的曲线重合度很高。

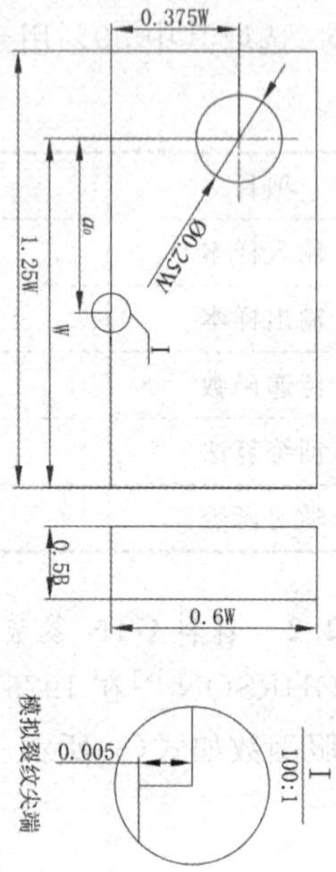

图 6 CT 试样模型尺寸图

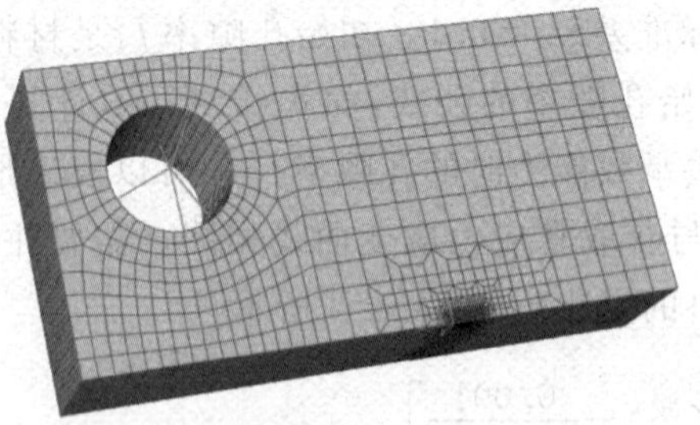

图 7 整体网格划分及耦合点设置

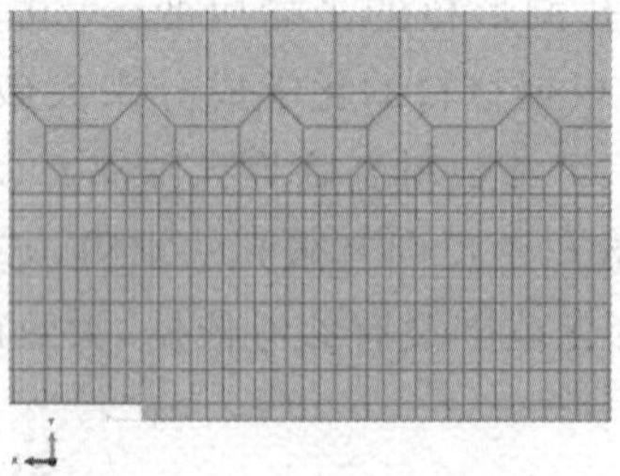

图 8 裂纹尖端网格划分

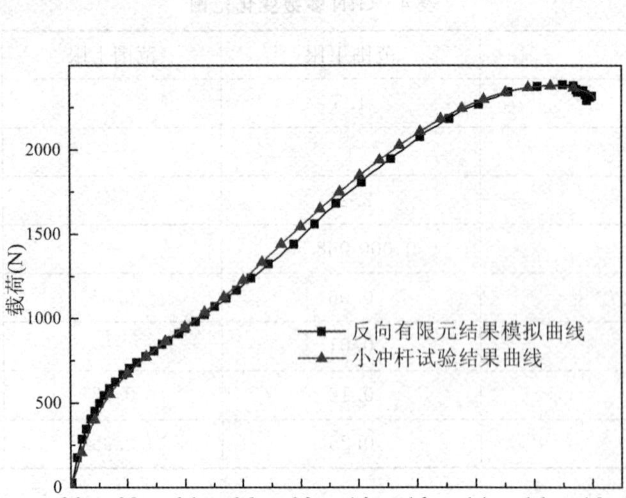

图 9 反向有限元结果和试验结果曲线对比

3.2 数值方法求解 *J* 积分

在有限元模拟中,可由计算结果文件实时看到每个输出状态的试样变形和各节点信息,因此直接用数值解法即可得到 *J* 积分,采用等效积分区域法进行求解 J 积分。等效区域划分方法如图 10 所示,等效积分区域由 49 个单元组成,每个单元 4 个节点,共 100 个节点。按照逆时针顺序对每个单元进行积分,最后将这 49 个积分值相加然后乘以 2,即可得到 J 积分值。

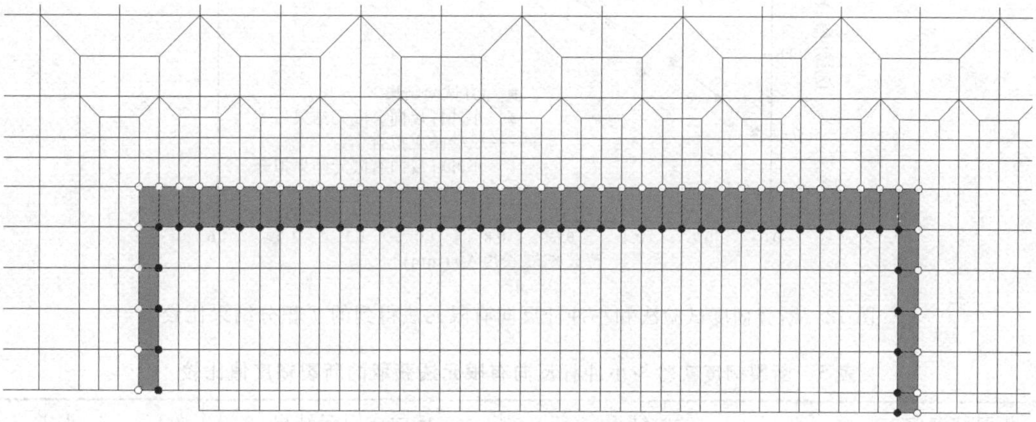

图 10 等效积分区域划分方法

需要说明的是,等效积分区域法得到的是二维平面的 *J* 积分,三维模型的处理办法是在试样厚度方向设定合适的层数,然后对各层分别计算 *J* 积分,从章骁程[16]的研究中发现,各层的 *J* 积分值差别并不大,而王鹏[17]的研究发现中间对称面的 *J* 积分的变化规律与试验值基本吻合。所以为缩减计算量,本文采用中间对称面的计算值作为整个试样的 *J* 积分值。

3.3 紧凑拉伸试验

同一尺寸试样($B=16$ mm,$W=50$ mm)进行紧凑拉伸试验,试验选用如图 11 所示的 INSTRON - 8801 电液伺服疲劳试验机进行,试验机通过夹具和加载销对试样进行固定和加载,加载模式为准静态。采用 COD 规测量裂纹张开嘴或加载线的位移。本研究采用单试样卸载柔度法对不同尺寸的 CT 试样进行断裂韧度试验,试验机按照设定程序完成加载和卸载步骤,并记录载荷和 COD 规数据。试验结束后采用九点法得到裂纹长度,根据国标 GB/T 21143—2014《金属材料准静态断裂韧度的统一试验方法》,进行 J 积分的计算[18-19]。

图 11 紧凑拉伸试验设备

3.4 结果对比

反向有限元法和断裂韧度试验法得到的 *J* 积分结果如图 12 所示,可以看出试验法和反向有限元法得到 J_R 阻力曲线趋于一致,小冲杆反向有限元法得到的结果略低于试验结果。从阻力曲线中获取的断裂韧度值 $J_{0.2}$ 如表 5 所示,试验得到的断裂韧度值为 180.45 KJ/m^2,反向有限元法得到的断裂韧度值为 162.82 KJ/m^2,相对误差 9.7%,整体判断该误差在可接受范围内。

产生误差的原因可能有以下两点:反向有限元法大量的模拟工作使用的是 ANSYS 软件,在模拟弹塑性材料损伤行为解决非线性问题存在一定的局限性;断裂韧度试验中实际的初始裂纹长度比模拟中设定的长度略低,使得模拟得到的断裂韧度偏低。

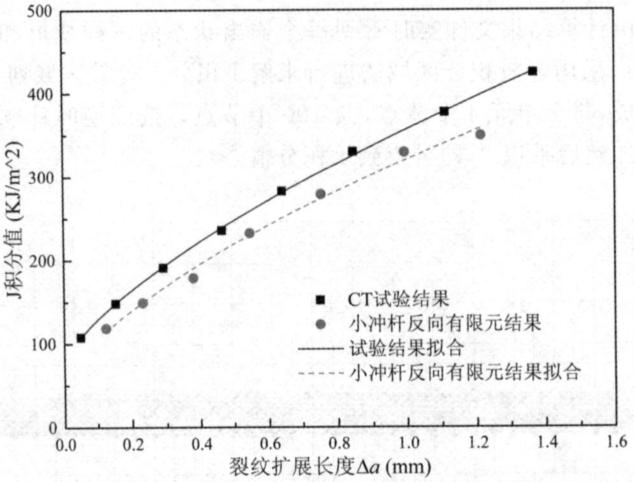

图 12　断裂韧度试验法和小冲杆反向有限元法得到的 J 积分结果比较

表 5　断裂韧度实验与小冲杆反向有限元法获取的断裂韧度值比较

断裂韧度值	试验结果	反向有限元结果	误差
$J_{0.2}$/(KJ·m^{-2})	180.45	162.82	−9.7%

4　结　论

本文介绍了小冲杆试验方法,并利用小冲杆试验结果结合反向有限元方法获取了 WELDOX 900 钢的真应力应变曲线、GTN 模型参数和断裂韧度。首先通过调查研究对 WELDOX 900 的真应力应变曲线进行函数化构造并通过假设各参数变化范围和有限元计算建立数据库,通过 BP 神经网络从数据库中识别与试验结果对应的真应力应变曲线。随后采用同样的方法得到了 GTN 模型参数。最后基于获取的参数模拟得到该材料的断裂韧度,与试验值比较发现断裂韧度值 $J_{0.2}$的误差为 9.7%,精度较高。

参考文献

[1] Li M,Chaouadi R,Noels L,et al. Effect of pre-crack non-uniformity for mini-CT geometry in ductile tearing regime[J]. Theoretical and Applied Fracture Mechanics,2023,126:103946.

[2] Baykal B,Spätig P. Analysis of crack front loading to improve reliability of fracture toughness calculations based on miniaturized CT specimens[J]. Procedia Structural Integrity, 2022, 42: 1350—1360.

[3] Kondryakov E,Kravchuk A,Kharchenko V,et al. Experimental and calculation methods for fracture toughness estimation using different types of CT specimens[J]. Procedia Structural Integrity, 2024,59:50—57.

[4] Kulkarni DM,Prakash R,Talan P,et al. The effect of specimen thickness on the experimental and finite element characterization of CTOD in extra deep drawn steel sheets[J]. Sadhana-Acad P Eng S,2004,29:365—80.

[5] Yingzhi LI,Roger H,Karel M,et al. New approach to determine fracture toughness from the small punch test [J]. Fatigue & Fracture of Engineering Materials & Structures,2010,35(5):441—50.

[6] Mao X,Takahashi H,Kodaira T. Estimation of mechanical properties of irradiated nuclear pressure vessel steel by use of subsized CT specimen and small punch specimen[J]. Scripta

Metallurgica Et Materialia,1991,25,11(11):2487－90.

[7] Mao X,Saito M,Takahashi H. Small punch test to predict ductile fracture toughness J IC and brittle fracture toughness K IC[J]. Scripta Metallurgica Et Materialia,1991,25(11):2481－5.

[8] Foulds JR,Woytowitz PJ,Parnell TK,et al. Fracture Toughness by Small Punch Testing[J]. Journal of Testing & Evaluation,1995,23(1):3－10.

[9] Bulloch JH. The small punch toughness test:some detailed fractographic information[J]. International Journal of Pressure Vessels & Piping,1995,63(2):177－94.

[10] 秦炎锋,冯相赛,关凯书. 小冲杆法确定蠕变 Norton 参数[J]. 华东理工大学学报(自然科学版),2015,41(4):569－574.

[11] 张国强,张宪龙,姜兴东. 利用反向有限元方法测定高能重离子辐照反应堆压力容器钢的本构关系[J]. 兰州大学学报(自然科学版),2023,59(6):824－829.

[12] Johnson GR,Cook WH. A constitutive model and data for metals subjected to large strains, high strain rates and high temperatures,1983.

[13] Børvik T,Hopperstad OS,Berstad T. On the influence of stress triaxiality and strain rate on the behaviour of a structural steel. Part II. Numerical study[J]. European Journal of Mechanics － A/Solids,2003,22(1):15－32.

[14] Gurson AL. Continuum Theory of Ductile Rupture by Void Nucleation and Growth:Part I—Yield Criteria and Flow Rules for Porous Ductile Media[J]. Journal of Engineering Materials & Technology,1977,99(1):297－300.

[15] Tvergaard V. Influence of voids on shear band instabilities under plane strain conditions[J]. International Journal of Fracture,1981,17(4):389－407.

[16] 章骁程. 用反向有限元法从小冲杆试验中获得材料的断裂韧度参数[D]. 上海:华东理工大学,2014.

[17] 王鹏. 紧凑拉伸试件动态断裂韧度试验研究[D]. 哈尔滨:哈尔滨工程大学,2015.

[18] 李一义,王芳,黄逸,等. 残余应力对 P91 钢断裂行为的影响[J]. 压力容器,2024,41(2):28－36.

[19] 黄建伟,唐鹏飞,潘栋,等. 基于多试样法的 PVC 塑料 J－R 阻力曲线的简便测量方法[J]. 压力容器,2024,41(7):25－31.

作者简介

李昌(1998),男,主要从事微小试样测试技术、设备失效分析与安全评定,通信地址:200237 上海市徐汇区梅陇路 130 号华东理工大学,E－mail:y15240006@mail. ecust. edu. cn。

通信作者:关凯书(1962),男,教授,博士生导师,主要从事微小试样测试技术、设备失效分析与安全评定,通信地址:200237 上海市徐汇区梅陇路 130 号华东理工大学,E－mail:guankaishu@ecust. edu. cn。

高温环境下 316H 不锈钢焊接接头的原位力学性能研究

顾珈源,黄　峰,王小威*,巩建鸣*

(南京工业大学 机械与动力工程学院,南京 211816)

摘　要:核电是目前唯一能够大规模替代煤炭,并为电网提供稳定可靠的清洁低碳电力源。316H 奥氏体不锈钢因其优异的高温抗氧化性和机械性能,被广泛应用于核电、化工和高温设备制造中。在核电结构中,焊接是必不可少且常见的工艺。焊接过程会引起焊接接头区域微观组织的显著变化,特别是在高温服役环境下,焊缝区(WM)、热影响区(HAZ)及母材(BM)的组织与性能差异对服役寿命和安全性产生重要影响。研究高温条件下焊接接头各区域的力学性能变化,对于焊接工艺优化与设备服役安全评估具有重要意义。本研究以核电领域常用的 316H 不锈钢为研究对象,采用原位试验技术进行高温拉伸试验,为设备寿命评估与可靠性设计提供理论支持。

关键词:316H 不锈钢;焊接接头;高温;原位试验

In - situ investigation of the mechanical properties of 316H stainless steel welded joints at high temperature

GU Jiayuan,HUANG Feng,WANG Xiaowei*,GONG Jianming*

(School of Mechanical and Engineering,Nanjing Tech University,Nanjing　211816,China)

Abstract:Nuclear power is currently the only viable large - scale alternative to coal that can deliver stable and reliable low - carbon electricity to the grid. Among candidate structural materials for high - temperature nuclear applications,316H austenitic stainless steel has garnered considerable attention due to its superior high - temperature oxidation resistance and mechanical properties. It has been extensively employed in nuclear power systems,petrochemical processing,and the fabrication of high - temperature equipment. In nuclear power plants,welding is an indispensable fabrication technique,yet it inevitably introduces pronounced heterogeneity in the welded joints. The thermal cycle associated with welding leads to significant microstructural alterations across the weld metal (WM), heat - affected zone (HAZ), and base metal (BM). Under high - temperature service conditions, these microstructural and mechanical disparities can critically influence the long - term structural integrity, reliability,and safety of welded components. Therefore,elucidating the evolution of microstructure and mechanical properties in these distinct regions is essential for the development of advanced welding procedures and accurate service life prediction methodologies. This study focuses on 316H stainless steel,widely adopted in the nuclear energy sector, and employs in - situ high - temperature tensile testing techniques to systematically investigate the deformation behavior of welded joints. Investigating the high - temperature mechanical behavior of various regions within welded joints is essential for optimizing welding procedures and evaluating the structural integrity of service components. This study focuses on 316H austenitic stainless steel, a material commonly used in the nuclear power industry. High-temperature in-situ tensile tests are conducted to characterize the mechanical response of the welded joints, providing theoretical support for service life assessment and reliability-based design.

Keywords: 316H stainless steel; welded joint; high-temperature; in-situ experimental techniques

0 引 言

316H奥氏体不锈钢因其优异的高温抗氧化性与力学性能，被广泛应用于第四代钠冷快堆等先进核能系统中的关键结构部位。在服役过程中，该材料常长期暴露于500 ℃以上的高温环境，并同时承受辐照与腐蚀等多场耦合作用，其焊接接头作为构件中的典型薄弱区域，易出现强度匹配不良、塑性削弱及局部失稳等问题，进而对反应堆运行的安全性构成潜在威胁[1-2]。尽管已有大量关于316H母材力学性能的研究，但针对其焊接接头在复杂热力条件下的高温力学行为，仍缺乏系统性的实验与机制分析。

近年来，原位测试技术，特别是原位力学试验与微观结构演化同步观测，在材料科学领域得到了广泛应用。与传统宏观力学测试相比，原位试验在试样制备、加载控制及结构保持方面更具灵活性，尤其适用于焊接接头等尺寸受限且异质性显著的区域。通过制备小尺寸原位试样，不仅能够在受限空间内实现精确加载，还能结合同步观测手段(如原位SEM、原位EBSD、原位CT等)，实时捕捉微观组织在受力过程中的演化行为，从而揭示传统宏观测试中难以观测到的局部力学响应与失效机制[3-5]。此外，原位测试在保持材料原有微观结构特征的前提下，能够有效避免大尺寸试样加工过程中引入的额外缺陷，为准确表征材料本征性能提供了重要手段。因此，原位测试技术已成为探索材料细观力学行为和失效机理的重要实验平台。

目前，国内外已经对316H不锈钢进行了许多研究，但其焊接接头在高温服役条件下的力学响应规律尚缺乏深入探讨。为此，本文基于原位试验技术，开展316H焊接接头不同区域在高温环境下的力学性能研究，分析其力学行为差异及潜在失效模式。研究结果将为核用不锈钢焊接结构的寿命预测模型建立提供实验依据，同时也为焊接工艺优化与反应堆关键部位的安全评估提供技术支撑。

1 316H焊接接头组织结构分析

1.1 母材尺寸及坡口设计

选用宝钢集团生产的316H奥氏体不锈钢钢板作为实验用材，钢板尺寸为800 mm×380 mm×50 mm。为保证试验材料质量，在焊接前对母材进行了化学成分分析和金相组织复验，其结果分别如表1和图1所示。成分检测结果显示，该材料化学成分符合316H不锈钢的标准规范要求；其微观组织主要为奥氏体基体，局部可见孪晶结构。

表1 原始316H不锈钢化学成分(*wt*%)

元素	C	Mn	Si	Cr	Ni	P	S	Mo	Fe
含量	0.05	1.78	0.18	17.06	12.37	0.018	0.001	2.60	Bal

采用线切割方式将原始钢板加工为6块110 mm×380 mm×16 mm的板材，制备适用于高温原位试验的小尺寸焊接试样，其加工示意如图2所示。随后选取其中两块进行对接焊接。

考虑到板材厚度为16 mm，本研究采用单边V型坡口设计进行对接，坡口角为45°，焊接间隙设定为3 mm，顿边高度为2 mm。该设计依据国家标准GB/T 985.1—2008《气焊、焊条电弧焊、气体保护焊和高能束焊的推荐坡口》执行。该坡口形式不仅可保证焊接质量，同时便于后续进行高温原位拉伸及疲劳试样的精确取样。坡口结构如图3所示。

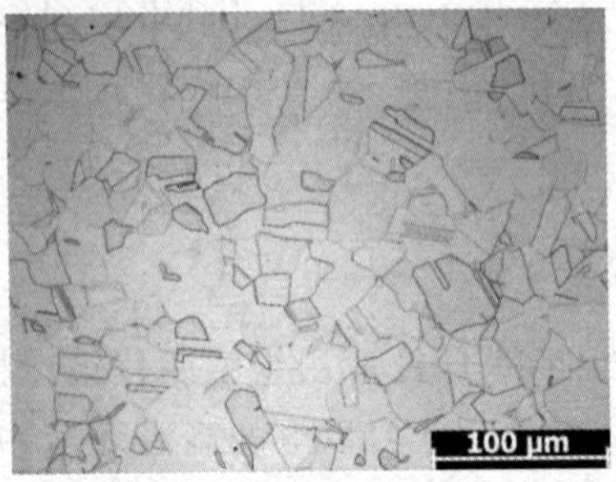

图 1　316H 原始微观组织

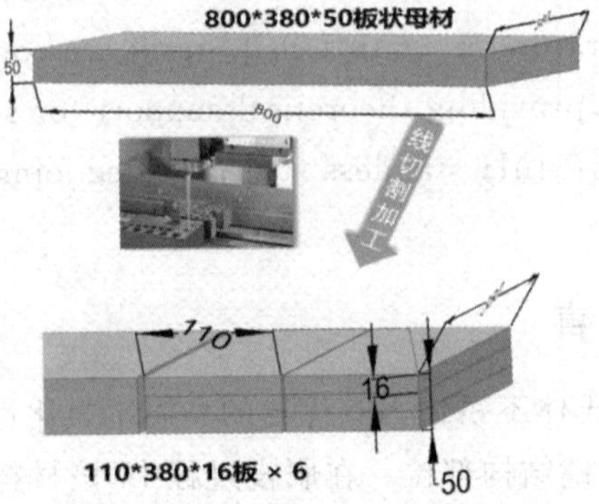

图 2　316H 焊接板材取样方式示意

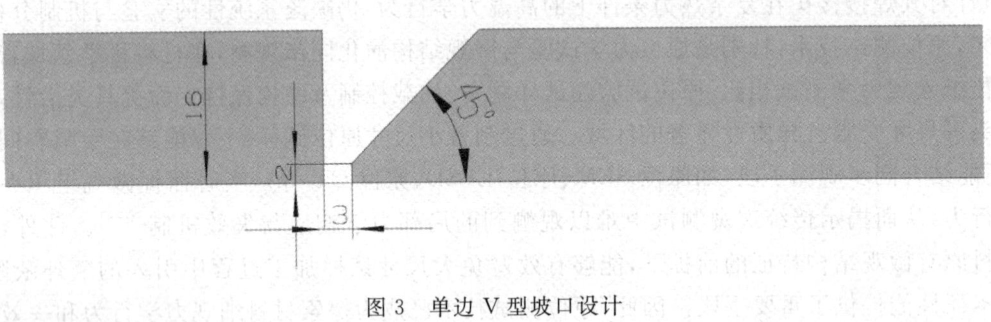

图 3　单边 V 型坡口设计

1.2　焊接工艺及实施方案

为实现对接板材的充分熔合，确保焊缝区性能与母材匹配，避免因化学成分或组织差异导致的焊缝脆化或开裂风险，本研究选用与316H奥氏体不锈钢化学成分接近、力学性能相容的核级焊丝 SFA－5.9 E16－8－2 作为填充金属，采用手工钨极氩弧焊(GTAW)方法完成焊接。所用焊丝直径为2.4 mm，其化学成分如表2所示。

表 2　核级焊丝 SFA－5.9 E16－8－2 化学成分(*wt*%)

元素	C	Mn	Si	Cr	Ni	P	S	Mo	Fe
含量	0.1	1.6	0.4	16.4	9.4	0.03	0.03	1.9	Bal

奥氏体不锈钢焊接接头在特定温度区间长期服役时，可能发生2类典型的脆化现象，即475 ℃脆化与σ相析出脆化[6-7]。前者主要发生于450～25 ℃范围内，Fe－Cr合金或含δ铁素体的焊缝在此温度区间长期热暴露后，硬度升高、冲击韧性显著下降，尤其在焊缝中δ铁素体含量较高时更易发生。后者则指在650～850 ℃持续加热条件下，奥氏体钢或焊缝金属中析出硬脆的σ相金属间化合物，常分布于晶界位置，严重降低接头的冲击韧性，尤其在多层连续焊接的316H接头中易于形成。为降低上述脆化风险，焊接过程中需控制较低的焊接线能量，以加快焊缝冷却速率、缩短高温停留时间[8-10]。焊接线能量的控制范围一般为5 000～25 000 J·cm⁻¹，其计算公式如下：

$$Q=\frac{IU}{v} \tag{1}$$

式中，Q 为焊接线能量，$J\cdot cm^{-1}$；I 为电流，A；U 为电压，V；v 为焊接速度，$cm\cdot s^{-1}$。根据工艺要求与焊材性能，推荐的焊接参数见表3。焊接采用多层多道工艺，并对各层焊缝位置进行错缝布置，以避免焊接热输入局部叠加，同时通过层间温度控制(≤120 ℃)防止高温累积效应。对焊缝表面进行打磨和抛光处理，并对其宏观形貌进行观察，如图4所示。结果未发现明显裂纹、夹渣等典型焊接缺陷，表明焊接接头质量较高，满足后续原位力学试验要求。

表 3　推荐焊接参数

电流/A	电压/V	焊接速度(cm・min^{-1})	线能量(J・cm^{-1})
130	15	10	12 187

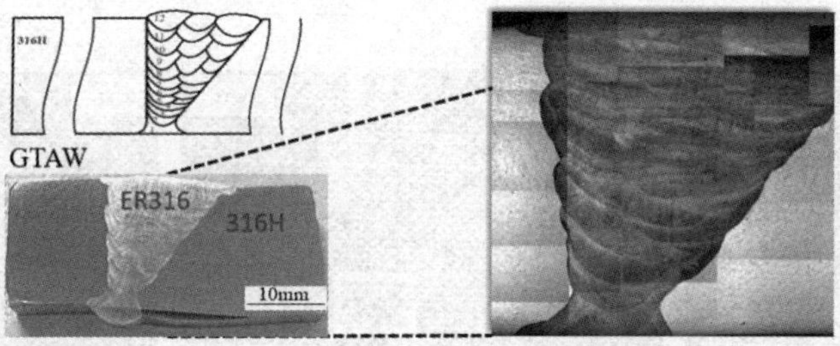

图 4　多层多道焊接方案示意图及镜像组织

1.3　焊接接头各区域组织分析

为进一步评估焊接工艺的可靠性并分析焊接接头各区域的组织结构特征，本研究采用光学显微镜对 316H 不锈钢焊接接头的典型区域进行金相观察，以揭示其焊缝区凝固组织特征及接头各区域的组织演化规律。试样制备过程中，首先在磨样机上依次使用不同粒度的砂纸对样品进行打磨，砂纸粒度从低目数逐步提高至 2 000 目，确保样品表面平整。随后对打磨后的样品进行抛光处理，直至获得镜面状表面。抛光后的样品使用不锈钢专用电解液进行电解腐蚀处理，其中腐蚀条件为：电解时间 120 s，电流密度 0.14 A/cm^2。腐蚀后采用无水乙醇和超声波清洗机对样品表面残液进行清洗，最后使用热风枪吹干完成制样。

典型的奥氏体不锈钢焊接接头通常包括焊缝金属（WM）、熔合区、热影响区（HAZ）和母材（BM）等组成部分。为明确焊接接头各区域（的位置划分及其结构特征，本研究结合宏观形貌观察与硬度分布曲线进行综合判定。图 5 所示的显微硬度－位置分布曲线揭示了硬度在横向截面上的变化规律：焊缝金属区具有最高硬度，热影响区处于中间过渡，母材硬度最低。通过微硬度数值变化趋势可较为清晰地区分三个区域的边界，其中：焊接过程中局部加热与冷却速率迅速，焊缝区由熔化后凝固的熔池形成；热影响区虽未完全熔化，但在焊接热源作用下其组织发生了不同程度的演变，且该区域内存在明显的热影响梯度；熔合区位于焊缝与热影响区之间，为两者之间的过渡区域，通常在光学显微镜下表现为一条清晰界限的窄带，常被称为“熔合线”[11-12]。本研究选取焊接接头典型位置 A，B，C 点（具体位置如图 6 所示）进行金相观察。观察结果如图 7 所示，分别对应母材、热影响区和焊缝区域的微观组织特征。进一步对图 7(b) 与图 7(c) 中热影响区与焊缝区的特定区域进行高倍放大观察，结果如图 8(a)(b) 所示，显示出不同区域的晶粒尺寸、形貌及组织过渡特征。

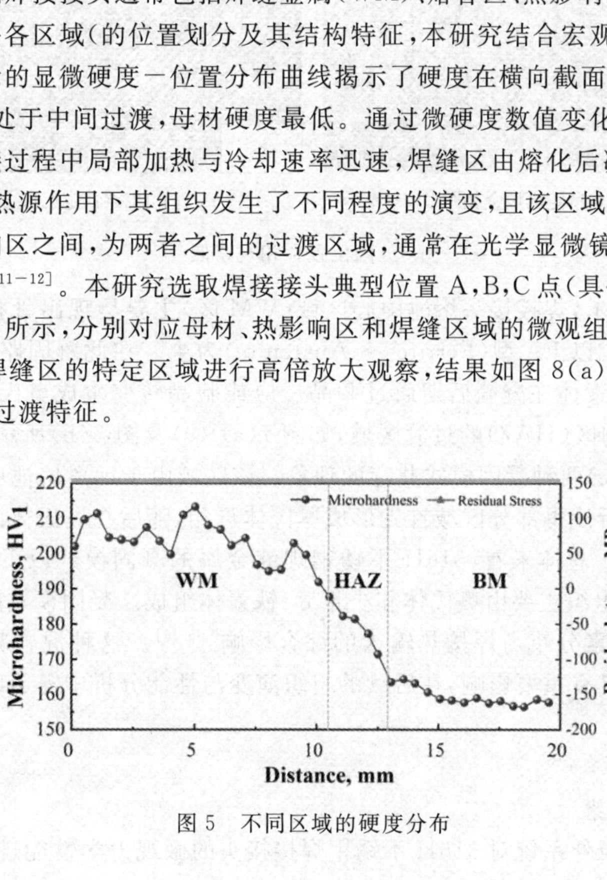

图 5　不同区域的硬度分布

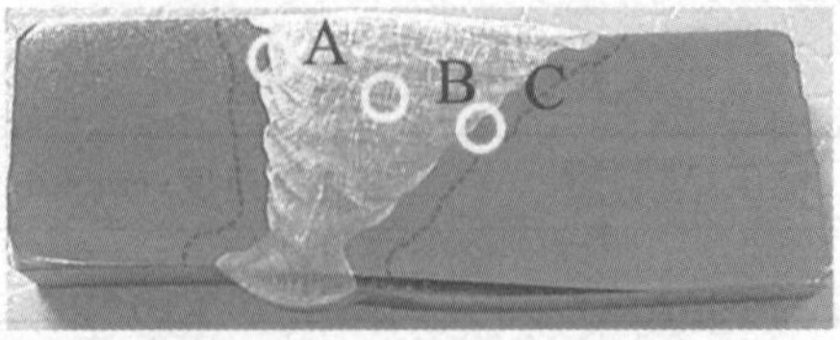

图 6　焊接接头晶粒特征分析取样点示意

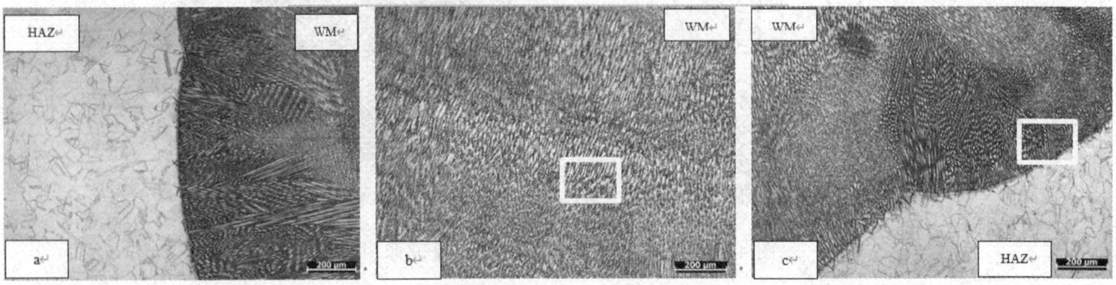

(a) A点处熔合线位置金相图　(b) B点处熔池中心位置金相图　(c) C点处熔合线位置金相图

图 7　焊接接头晶粒特征分析取样位置金相图

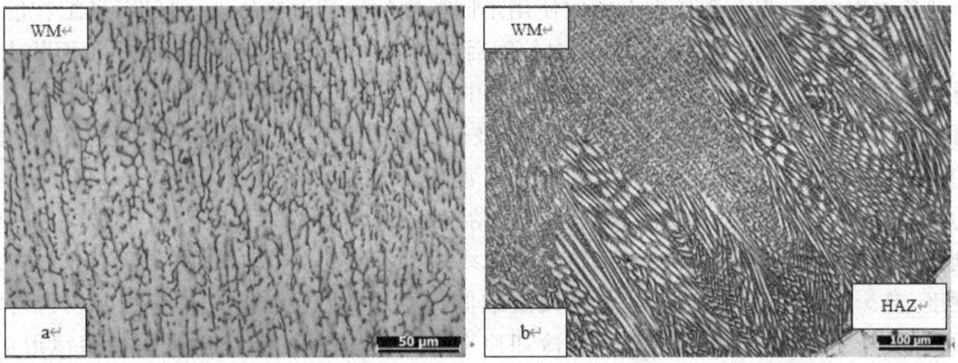

(a) B点特定区域金相图　(b) C点特定区域金相图

图 8　同位置金相观察图

如图 7(b)及图 8(a)所示,焊接接头熔池中心区域(WM 区)主要呈现出骨状 δ-铁素体的组织形貌,表明该区域金属的凝固模式以 FA 型(Ferrite → Austenite)为主。在此凝固路径下,熔池首先以铁素体相形核与长大,随后部分铁素体在凝固后期通过共晶反应或胞晶转变生成奥氏体。而在靠近焊缝边缘,即焊缝金属(WM)与热影响区(HAZ)的过渡区域,如图 7(a) (c)及图 8(b)所示,同时观察到了 FA 型与 AF 型(Austenite → Ferrite)两种凝固模式共存的现象。该区域由于远离熔池中心,冷却速率相对较低,局部过热和合金元素的偏析使得部分区域首先形成奥氏体母相,随后在奥氏体晶界析出少量 δ-铁素体,从而形成 AF 凝固特征[13]。总体来看,316H 不锈钢焊缝金属的凝固模式以 FA 型为主,局部区域可见 AF 型共存,导致焊缝室温组织主要由奥氏体和少量 δ-铁素体组成。凝固模式的差异不仅与局部热循环条件密切相关,也受合金元素分布与焊接热输入的综合影响[14-16]。这种混合凝固路径对焊缝金属的力学性能和后续组织稳定性具有重要影响,在后续的组织演变与性能分析中需予以关注。

2　原位拉伸试验

2.1　原位拉伸设备介绍

本研究采用高温原位拉伸系统对 316H 不锈钢焊接接头的微观力学性能进行测试,试验平台主要由

Zeiss Sigma 360 型扫描电子显微镜(SEM)、kW 原位拉伸加载台以及高温加热模块组成,如图 9 所示。SEM 配备 Oxford EBSD(电子背散射衍射)、EDS(能谱分析)及 BSE(背散射电子)探头,可实现材料微观组织结构、元素成分及相界特征的原位观测与分析。原位拉伸加载系统安装于 SEM 样品腔内部底部,配备集成式加热模块,具备精准控温能力,可满足高温服役环境下的实验需求。冷却系统则采用水冷与铜导线传热相结合的方式,对 kW 加载台进行有效降温,从而确保试验过程的热稳定性与系统安全性。该原位系统能够实现加载、加热与微观表征的同步操作,为焊接接头高温力学行为的可视化研究提供了强有力的技术支撑。

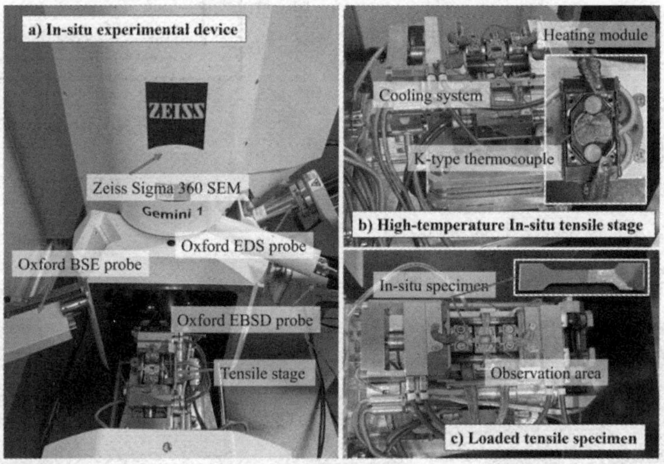

图 9 高温原位测试装置

2.2 原位试样取样方式

为研究 316H 不锈钢焊接接头不同区域在高温服役环境下的力学性能差异,本研究设计并开展了高温原位拉伸试验。试样沿焊接方向(welding direction,WD)截取,涵盖焊缝金属区(weld metal,WM)、热影响区(heat - affected zone,HAZ)以及母材区(base metal,BM)三类典型区域。试验设定温度为 600 ℃,加载应变速率为 $2\times10^{-1}\ s^{-1}$,以模拟焊接接头在高温服役条件下的受力响应行为。焊接接头构件的取样位置为图中红框所示,具体试样尺寸在图 10 中给出。

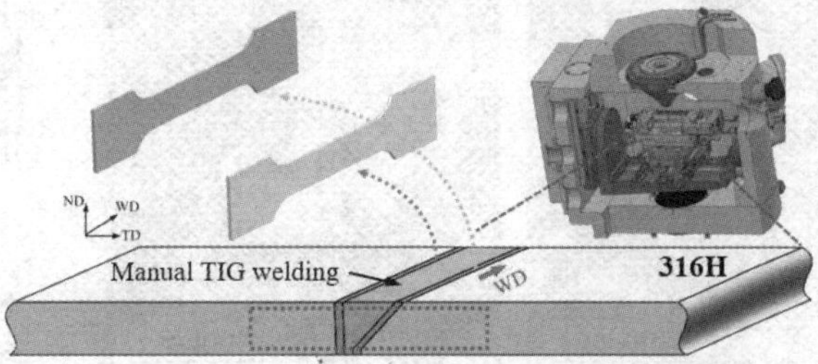

图 10 高温原位试样取样方式

3 原位拉伸试验结果

3.1 316H 焊接接头不同区域的高温原位拉伸试验结果分析

从图 11 所示的工程应力-应变曲线可见,焊缝金属(WM)表现出最高的屈服强度(328.2 MPa)和较高的抗拉强度(401.1 MPa),但其断后延伸率仅为 7.6%,远低于热影响区(HAZ)和母材(BM)。如图 12 所示,焊缝金属因含有细小弥散分布的 δ-铁素体,相界强化效应显著,通过阻碍位错运动提升了屈服强度和抗拉强度。然而,受限于 δ/γ 界面引起的塑性不均匀性,焊缝金属整体延展性受限,成为焊接接头整体延伸能力的潜在薄弱区。

热影响区(HAZ)在拉伸过程中展现出最优的抗拉强度(412.8 MPa),断后延伸率达19.8%,略低于母材(24.3%)。如图13所示。通过EBSD发现,HAZ区域晶粒尺寸(60.6 μm)略大于母材(53.9 μm),代表其强化机制并不是由于晶粒细化带来。但位错密度显著升高,KAM值整体高于母材。结合组织演变特征,HAZ强度提升主要源于应变硬化效应。由于316H不锈钢为典型硬化型奥氏体材料,焊接过程中热循环诱发冷却收缩残余塑性变形累积,形成密集位错结构,促使HAZ区域发生典型的应变硬化行为,从而显著提高屈服强度与抗拉强度[17]。

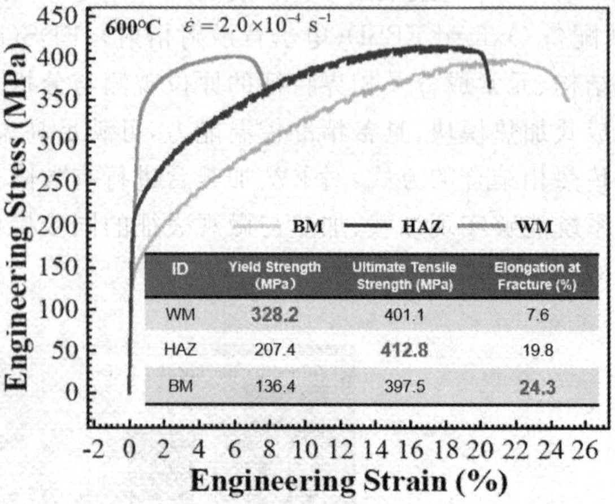

图11 焊接接头不同区域的工程应力-应变曲线

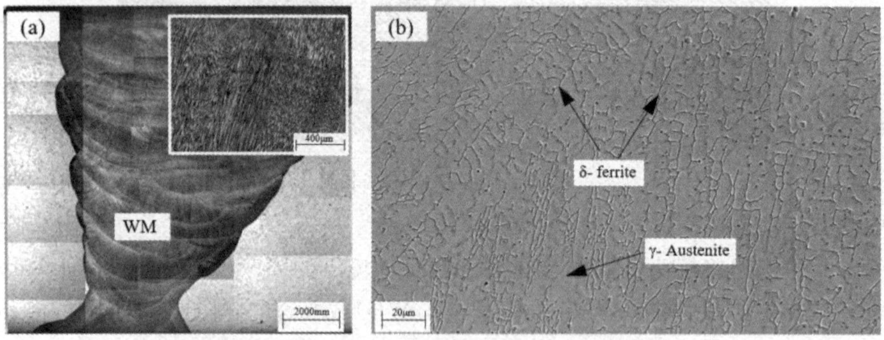

(a) OM　　(b) SEM

图12 焊接接头焊缝金属微观形貌

(a) BM　　(b) HAZ

图13 焊接接头不同位置处的EBSD形貌和KAM值

3.2 316H焊接构件高温原位拉伸结果

图14给出了不同厚度下的316H焊接接头构件600 ℃拉伸下的工程应力应变曲线。结果表明:三种厚度试样的屈服强度均基本一致(均约60～70 MPa),随厚度变化不显著;而极限抗拉强度和断后伸长率随厚度增加显著提高。如图中工程应力-应变曲线所示,0.5 mm试样的极限抗拉强度约为280 MPa,断后伸长率约8%,而1.1 mm试样的极限抗拉强度约为420 MPa,断后伸长率约13%。随着试样厚度由0.5 mm增至1.1 mm,抗拉强度和断后总伸长率均显著增大,如图15所示,表明较厚试样在颈缩阶段表现出更强的塑性变形能力和更高的延展性。

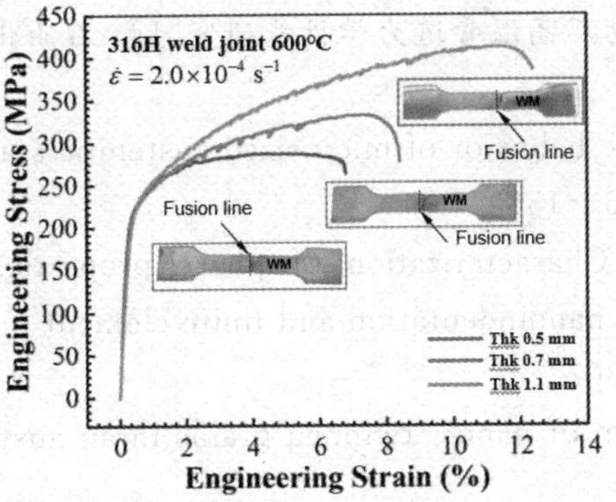

图14　焊接接头构件的工程应力－应变曲线

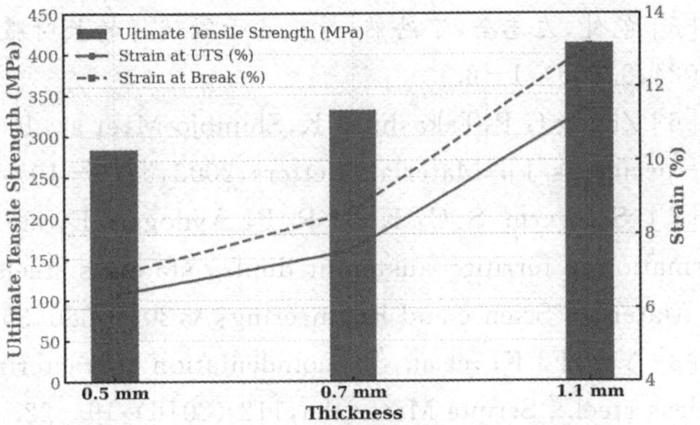

图15　焊接接头构件不同厚度的材料参数

这一趋势与文献报道的结果一致:矩形截面试样的极限抗拉强度及颈缩后伸长率均随着试样厚度增加而增大;增加厚度可使应力－应变曲线中的应变硬化阶段和颈缩阶段延伸到更高应变,从而提高整体断裂延展性[18]薄规格试样的尺寸效应较为明显。几何体积较小的0.5 mm试样在拉伸过程中更易出现局部应变集中和早期颈缩现象,导致其断后伸长率和高温塑性显著降低。实验观察到0.5 mm试样在拉伸后段出现明显局部颈缩,而1.1 mm试样则表现出较为均匀的颈缩变形过程。文献指出,由于较厚试样拥有更大的有效材料体积,在颈缩阶段对裂纹扩展的抵抗能力更强[19－21],因此厚试样能够获得更高的总伸长率和塑性变形能力。相反,薄试样因体积和面积受限,对裂纹萌生和扩展的约束不足,导致更早发生颈缩,从而低估了材料的塑性和断裂韧性.

目前针对高温原位拉伸试样尚无统一的几何尺寸标准,尤其是小尺寸试样的厚度设计缺乏统一规范。由于试样厚度对拉伸性能影响显著,为保证不同试验间结果的可比性,应严格控制试样厚度一致。例如,本研究中不同厚度条件下的拉伸曲线和力学参数差异明显,因此在进行高温力学性能对比时,应在相同厚度条件下开展试验。

4　结　论

本研究以核电典型结构材料316H奥氏体不锈钢为对象,围绕焊接接头的组织结构特征及高温力学响应开展系统研究,主要结论如下:

(1)通过光学显微镜对焊接接头各区域进行组织观察,结果表明:焊缝金属区(WM)主要呈柱状组织形貌,热影响区(HAZ)和母材区(BM)保持典型奥氏体组织,未有明显的组织改变。进一步分析表明,焊缝金属的凝固模式以FA型(Ferrite → Austenite)为主,局部区域存在FA与AF共存的现象。

(2)高温原位拉伸试验结果显示,焊缝金属区在600 ℃下具有最高的屈服强度和抗拉强度,但其塑性最差,断裂应变最低,是构件拉伸过程中潜在的失效起始区;热影响区表现出最优的综合力学性能,强度和延展性兼具;母材则具有最高的延伸率。不同区域力学性能的差异与其微观组织结构密切相关。

(3)焊接构件不同厚度试样的高温拉伸结果表明,试样厚度对高温力学性能存在显著影响。随厚度增加,材料表现出更高的抗拉强度和延展性,薄规格试样更容易出现应变集中和早期颈缩现象。结果强调了在进行小尺寸原位试验时对试样厚度规范化设计的重要性。

参考文献

[1] 莫亚飞,杜柔,马寒松,等.核用钢高温力学性能及本构模型综述[J].力学与实践,2022,44(3):564－575.

[2] 王琪玉.核级奥氏体不锈钢中δ-铁素体对相关性能影响的研究[D].中国科学技术大学,2022.

[3] 杨文科.小微试样疲劳性能尺寸效应与寿命预测研究[D].中国科学技术大学,2023.

[4] 樊育东.微小型试样的材料力学性能研究[D].河北工程大学,2022

[5] 包健,左志全,丁浩然,等.基于微试样的长时服役电厂高温管道力学性能研究[J].石油化工设备,2024,53(05):1－6.

[6] Zhang G P,Takashima K,Shimojo M,et al. Fatigue behavior of microsized austenitic stainless steel specimens[J]. Materials Letters,2003,57(9－10):1555－1560.

[7] Schwarm S C, Kolli R P, Aydogan E, et al. Characterization of phase properties and deformation in ferritic－austenitic duplex stainless steels by nanoindentation and finite element method [J]. Materials Science and Engineering:A,2017,680:359－367.

[8] Yan,F. K. ,et al. "Nanoindentation characterization of nano－twinned grains in an austenitic stainless steel." Scripta Materialia,112 (2016):19－22.

[9] 陶平,刘红梅,彭剑,等.基于纳米压痕试验的氢致双相不锈钢微力学性能变化[J]. Journal of Changzhou University (Natural Science Edition)/Changzhou Daxue Xuebao (Ziran Kexue Ban),2024,36(4).

[10] Wu S, Xu T, Song M, et al. Mechanical properties characterisation of welded joint of austenitic stainless steel using instrumented indentation technique [J]. Materials at High Temperatures,2016,33(3):270－275.

[11] 郭素娟,史艳茹,贾云飞,等. Nanoindentation experiment and finite element characterization of the cyclic deformation behavior of duplex stainless steel[J]. Journal of Mechanical Engineering, 2020,56(22):90－100.

[12] 王赵鑫,赵宏伟.微纳米压痕测试技术:发展与应用[J].航空学报,2021,42(10):137－156.

[13] Fortan M,Dejans A,Karabulut B,et al. On the strength of stainless steel fillet welds[J]. Journal of Constructional Steel Research,2020,170:106081.

[14] Kumar A,Chaitanya G M S K,Goyal S,et al. Assessment of notch effect based on finite element analysis and digital image correlation technique[J]. steel research international,2021,92 (2):2000376.

[15] 张健.304奥氏体不锈钢低周疲劳及疲劳裂纹扩展规律研究[D].江苏理工学院,2021.

[16] 彭勃.基于DSI/DIC的奥氏体/铁素体型异种钢焊接接头局部力学行为研究[D].浙江大学,2023.

[17] Madec R,Kubin L P. Dislocation strengthening in FCC metals and in BCC metals at high temperatures[J]. Acta Materialia,2017,126:166－173.

[18] Zvirko O. Specimen size effect on the tensile properties of rolled steel of long－term－operated portal crane. Materials,16 (3017)[EB/OL].(2023)

[19] Kumar K,Pooleery A,Madhusoodanan K,et al. Optimisation of thickness of miniature tensile specimens for evaluation of mechanical properties[J]. Materials Science and Engineering:A,2016,675:32－43.

[20] 罗翔鹏,李正驰,段成红,等.基于弹塑性分析的局部过度应变评定方法及其应用[J].压力容

器,2023,40(6):33－39.

[21] 高宁,徐刚,张亮,等. 核电站常用管道材料J－C本构模型参数识别及验证[J]. 压力容器,2024,41(6):8－15.

作者简介

顾珈源,男,博士研究生,主要从事高温力学性能研究,通信地址:211816 江苏省南京市浦口区浦珠南路30号南京工业大学,E－mail:gerry@njtech. edu. cn,联系电话:15262902689。

基于仪器化压痕法的氢致4130X钢力学性能变化规律研究

高振华,王　晶
(北京工业大学,北京 100124)

摘　要:氢能作为理想清洁能源,事关引领产业变革、再生能源的关键。4130X材料作为高压氢气气瓶的主要用钢,在高压氢气的作用下,易发生氢脆,进一步影响材料的力学性能,威胁设备安全。为了解决在役状态下实际工程结构的力学性能评估难题,本文首先基于不同材料的仪器化压痕曲线,确定关联参数,建立氢腐蚀后4130X钢力学性能及本构参数的测定方法。其次,通过仪器化压痕试验,研究了氢腐蚀对4130X钢力学性能及本构参数的影响,获取了不同氢腐蚀条件下4130X材料的关键力学性能及本构关系演化规律。结果显示,氢腐蚀后4130X材料的屈服强度上升11%,抗拉强度无显著变化;硬化系数、硬化指数随氢浓度的升高而显著降低。

关键词:仪器化压痕法;4130X;氢腐蚀;力学性能;本构参数

Study on change law of mechanical properties of 4130X steel induced by hydrogen corrosion based on instrumented indentation method

GAO Zhenhua, WANG Jing
(Beijing University of Technology, Beijing 100124, China)

Abstract: As an ideal clean energy, hydrogen energy is crucial for leading industrial transformation and supporting renewable energy development. 4130X steel, the primary material used in high - pressure hydrogen gas cylinders, is prone to hydrogen embrittlement under the action of high - pressure hydrogen. This further impairs the mechanical properties of the material and endangers the safety of equipment. To address the challenges in evaluating the mechanical performance of in - service engineering structures, this study first establishes a method for determining the mechanical properties and constitutive parameters of hydrogen - corroded 4130X steel based on instrumented indentation method by identifying correlation parameters of instrumented indentation curves. Secondly, instrumented indentation tests were conducted to investigate the effects of hydrogen corrosion on the mechanical properties and constitutive parameters of 4130X steel, and the change law of the key mechanical properties and constitutive relationship of 4130X steel under different hydrogen corrosion conditions were obtained. The results show that the yield strength of 4130X increases by 11% after hydrogen corrosion, and the tensile strength has no significant change. The hardening coefficient and hardening exponent decrease significantly with the increase of hydrogen concentration.

Keywords: instrumented indentation method; 4130X; hydrogen corrosion; mechanical properties; constitutive parameters

0 引言

氢能作为清洁能源及能源转型核心方向，其规模化应用依赖加氢站等基础设施的安全运行，而高压储氢容器是加氢站的核心设备。牌号为4130X的Cr－Mo钢制造由于具有高强度、高韧性的特点，目前常应用于高压氢气气瓶等容器[1]。加氢站中的氢气通常以高压气体的形式储存于压力容器中，在高压氢气环境中，由于氢原子的渗透、扩散，会导致材料发生氢脆及氢致开裂。因此，获取氢腐蚀后材料的力学性能及本构参数，对气瓶的安全评价、寿命评估，是保证人身安全、经济可持续发展的关键问题。

为了探究氢对金属材料强度性能的影响，学者们进行了大量的工作。现有的研究结果表明，氢的存在使材料的塑性指标[2-4]显著降低，然而针对工程界较为关心的强度指标，不同的材料则呈现不同的变化规律。SIDDIQUI等[5]研究了充氢时间对0.31%碳钢力学性能的影响，结果表明，随充氢时间的增加，屈服强度不断增大。白光乾等[6]通过动态充氢慢拉伸试验研究氢对X52线管钢拉伸性能的影响，结果表明，随着充氢电流密度的增加，材料的屈服强度有所上升，最大增幅为9.8%。YU等[7-9]采用三种不同组织结构的低合金钢，研究不同温度下氢对屈服强度的影响，结果显示，氢使屈服强度升高不超过10%。然而，充氢导致屈服强度下降的案例也有很多。孙永伟[10]研究了阴极充氢条件下0Cr16NiSMo钢的力学性能，结果显示屈服强度随充氢电流的增加逐渐下降。COSTIN等[11]的研究也发现充氢使材料的屈服强度下降。MA等[12]在空气、45 MPa氢气和100 MPa氢气中分别对不同缺口尺寸的缺口试件4130X钢进行了SSRT。结果表明，无论在空气还是在氢气中，随着应力三轴度的增加，材料的延展性都会降低，强度则会增加，而且高压氢会降低不同应力状态下4130X的延展性。WANG等[13]在不同掺氢比例的高压气体中的慢拉伸实验显示：高压氢气对屈服强度、抗拉强度和颈缩之前应变强化行为无太大影响，而颈缩后的失效应变、延伸率和断面收缩率均发生了明显的下降。

仪器化压痕法作为新兴的材料性能测试方法，将压痕试验过程中特定压头下被测材料不同变形瞬间对应的载荷－位移变化高精度地记录下来，提供更多被测材料的力学性能信息，近些年得到了学术界的广泛关注。OLIVER等[14]共同提出了著名的Oliver－Pharr法，该法通过仪器化压痕试验可以直接测得材料弹性模量和硬度值等力学性能。王彤等[15]研究了Oliver－Pharr压入硬度与材料单轴强度间的关系，结果显示材料屈服强度和拉伸强度之和与Oliver－Pharr压入硬度之比近似为压入弹性功与压入总功之比。我国于2019年颁布了GB/T 37782—2019《金属材料 压入试验 强度、硬度和应力-应变曲线的测定》[16]，规定了基于压入曲线获取材料的强度指标及本构关系曲线的测试方法及计算流程[17-18]。

因此，为了全面判定高压天然气气瓶材料4130X钢在氢腐蚀环境中的关键力学性能演化规律，本文基于仪器化压痕法提出了适用于氢腐蚀后材料特点的力学性能及本构参数的测定方法。以此方法为基础，对不同氢腐蚀条件下4130X钢的关键力学性能及本构参数进行研究，获取该材料的强度指标及本构曲线的变化规律，为工程应用提供安全保障。

1 适用于氢腐蚀后材料特点的仪器化压痕测试方法及参数选择

按照国标GB/T 37782—2019《金属材料 压入试验 强度、硬度和应力-应变曲线的测定》的规定，在进行仪器化压痕试验时，可根据所得载荷-深度曲线加载段确定被测材料的参考屈服应力σ_y和Hollomon本构模型中的硬化指数N，并通过式(1)的Hollomon模型还原被测材料应力-应变曲线，进而确定材料抗拉强度。

$$\sigma=\begin{cases}E\varepsilon & (\sigma\leqslant\sigma_y)\\ K\varepsilon^N & (\sigma>\sigma_y)\end{cases}\tag{1}$$

式中，σ为应力，MPa；ε为应变；E为弹性模量，GPa；N为硬化指数；K为硬化系数，GPa；$K=E^N\sigma_y^{1-N}$。

试验采用球形压头，且最大压入深度h_m与压头直径D应满足式(2)的要求：

$$\frac{h_m}{D} \geqslant 0.04 \tag{2}$$

在 $h/D \leqslant 0.04$ 的范围内对载荷－深度($P-h$)曲线的加载段按式(3)拟合：

$$P = Ch^m \tag{3}$$

获取的拟合系数 C 和指数 m 后，可通过迭代的方法确定材料的塑性参数 σ_y 和 N。设定参考屈服应力的迭代初值 $\sigma_{y(i)}$，进而得到参考屈服应变 $\varepsilon_{y(i)} = \sigma_{y(i)}/E$，代入式(4)分别求得硬化指数 $N_{(i)}$ 和参考屈服应力 $\sigma_{y(i+1)}$。

$$\begin{cases} N_{(i)} = 2m_c - 2.2 \\ \sigma_{y(i+1)} = \left[\dfrac{C(1+N_{(i)})}{6.88(1+m_c)\left(\dfrac{E}{5}\right)^{N(i)} D^{2-m}} \right]^{\frac{1}{1-N_{(i)}}} \end{cases} \tag{4}$$

若 $\left| \dfrac{\sigma_{y(i+1)} - \sigma_{y(i)}}{\sigma_{y(i)}} \right| \leqslant 0.002$，则 $\sigma_{y(i)}$ 和 $N_{(i)}$ 为所求材料塑性参数；若 $\left| \dfrac{\sigma_{y(i+1)} - \sigma_{y(i)}}{\sigma_{y(i)}} \right| > 0.002$，则将 $\sigma_{y(i+1)}$ 作为新的迭代数值，重复迭代计算，直至满足条件。

在确定被测材料的弹性模量 E，和材料塑性参数 σ_y 和 N 后，即可根据式(1)还原出被测材料的应力－应变曲线。抗拉强度 R_m 可根据式(5)进行计算：

$$R_m = E^N \sigma_y^N \left(\frac{N}{\mathrm{e}}\right)^N \tag{5}$$

式中，e 为自然常数。

为满足国标要求，针对 4130X 材料，应采用硬质合金压头($D=1$ mm)，试验规格选取 HBW1/30，即试验力 294 N，对材料进行仪器化压痕测试以获取相应的力学性能。然而，经实际测试发现，在 HBW1/30 的测试条件下最大压痕深度达到 50 μm。现有文献表明，针对一般的碳钢类工程材料，在本文同等充氢条件下，氢脆影响层厚度约为 150～300 μm 左右。因此，若选用 HBW1/30 为测试参数进行测试，在压入过程中产生的局部硬化等现象，会使得获取的 $P-h$ 曲线无法准确地反映氢对材料力学性能的影响。

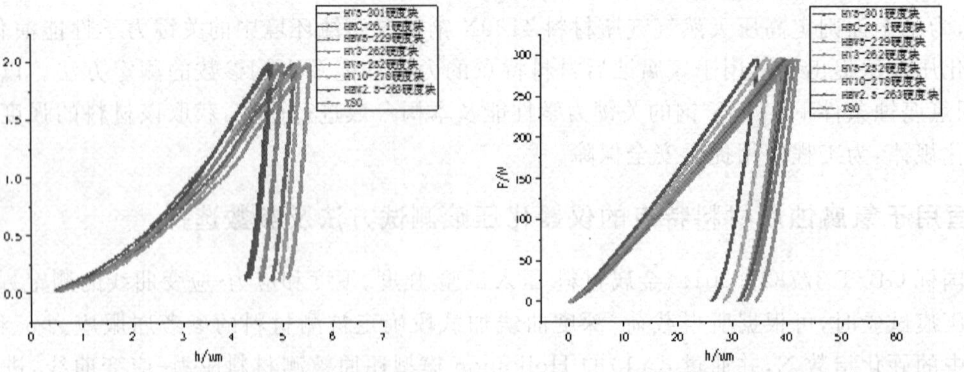

(a) HBW1/30条件下8种不同材料仪器化压痕曲线　(b) HV0.2条件下8种不同材料仪器化压痕曲线

图 1　不同测试条件下 4130X 材料的仪器化压痕曲线

HV0.2(即试验力为 1.961 N)的仪器化压痕试验最大压痕深度为 5 μm，避免了压痕深度过深对试验的影响，而且可以直接得到材料弹性模量、塑性功等力学指标。故此本文选用 HV0.2 的仪器化压痕试验作为衡量试件本构参数变化的主要试验方法。HV0.2 压头为四棱锥压头而非国标中推荐的球形压头，无法直接应用 HV0.2 的仪器化压痕曲线获取材料的力学性能及本构参数。为此，本文针对 8 种材料进行了 HBW1/30 仪器化压痕试验与 HV0.2 仪器化压痕试验，通过对比加载阶段的压入载荷-深度曲线，建立拟合参数 C 和 m 之间的关联系数，提出适用于氢腐蚀后 4130X 钢的力学性能及本构参数变化规律的方法。

表 1　8 种材料 HBW1/30、HV0.2 仪器化压痕试验下 C 和 m

材料	HV0.2 仪器化压痕试验		HBW1/30 仪器化压痕试验	
	C_1	m_1	C_2	m_2
HBW5-229 硬度块	14 956.21	1.151 537	12 300.08	1.151 737
X80 钢	15 184.65	1.150 691	12 349.39	1.150 691
HV5-252 硬度块	15 571.92	1.150 362	12 350.42	1.149 862
HV3-262 硬度块	15 701.54	1.149 338	12 290.81	1.149 278
HV10-278 硬度块	16 054.94	1.148 705	12 383.14	1.149 170
HV5-301 硬度块	16 624.33	1.147 951	12 457.78	1.147 951
HBW2.5-263 硬度块	16 938.52	1.147 181	12 450.96	1.147 281
HRC-26.1 硬度块	17 865.56	1.146 498	12 528.26	1.147 898

最终，拟合得到：

$$C_{\mathrm{HBW1/30}} = 11106.52616 + 0.07959 C_{\mathrm{HV0.2}} \tag{6}$$

$$m_{\mathrm{HBW1/30}} = 1.07463 + 0.04507 m_{\mathrm{HV0.2}} \tag{7}$$

由此，可针对氢腐蚀后的 4130X 材料，在试验力为 1.961N 的条件下进行仪器化压痕测试，并将所获取的 $P-h$ 曲线转换为 HBW1/30 条件下的 $P-h$ 曲线，并以此为基础进行力学性能参数的计算。

2　试验材料与试验方法

2.1　试样材料

本文的研究对象为压缩天然气瓶用材 4130X 钢。材料主要化学成分见表 2，基本力学性能参数见表 3。

表 2　主要化学成分

牌号	C	Si	Mn	Cr	Mo	P,S	Cu	Ni
4130X	0.26～0.34	0.17～0.37	0.40～0.70	0.80～1.10	0.15～0.25	≤0.035	≤0.30	≤0.30

表 3　材料力学性能

材料	R_m/MPa	$R_{P0.2}$/MPa	E/GPa	A/%	Z/%
4130X	777	624	209	14.23	52.38

2.2　试样尺寸

试验选用圆柱形试样，如图 2 所示，试样直径 d=18 mm，试样高度 h=12 mm。试样表面利用砂纸进行打磨，砂纸的粒度由 400，800，1 200，2 000 目逐渐变化，以保证试样表面的平坦与光滑。进行氢腐蚀试验时，提前对试样表面用丙酮除油+酒精清洗。

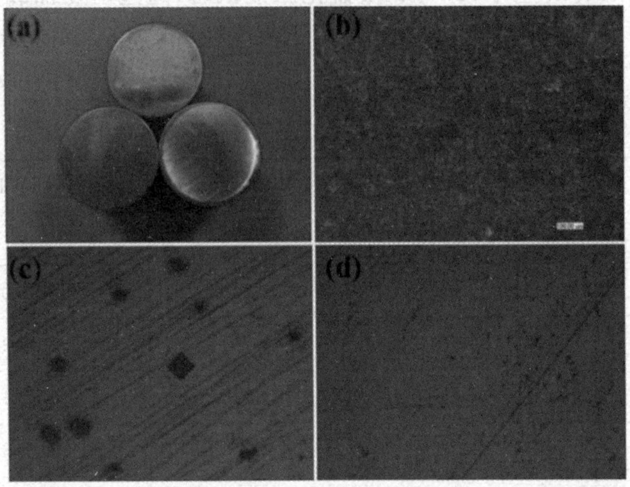

图 2　仪器化压痕法试样

2.3　试验环境及分组

本试验选取 200,800,1 600 ppm 三种不同 H2S 浓度以验证浓度对 4130X 钢力学性能的影响;选取 24,48h 两个时间梯度研究时间对 4130X 钢力学性能的影响。根据不同浓度、不同时间的选择进行组合试验,共需进行 6 组试验,试验安排如表 4 所示。

表 4　腐蚀试验安排

试验安排		H_2S 溶液浓度水平 A		
		1(200 ppm)	2(800 ppm)	3(1 600 ppm)
腐蚀时间 B	1(24 h)	A1B1	A2B1	A3B1
	2(48 h)	A1B2	A2B2	A3B2

3　试验结果

3.1　仪器化压痕试验结果

HV0.2 仪器化压痕试验获得的原始状态下的加载段载荷-深度曲线和不同浓度、不同腐蚀时间后氢致应力极层的加载段载荷-深度曲线,如图 3 所示。

3.2　不同氢腐蚀条件下 4130X 的力学性能及本构参数

将不同氢腐蚀条件下,通过 HV0.2 测试参数获取的 $P-h$ 曲线代入到式(6)(7)中,转换为 HBW1/30 所对应的 C 和 m 后,根据式(1)至式(5),计算不同氢腐蚀条件下 4130X 材料的屈服强度 σ_y、抗拉强度 R_m 及本构参数 K 和 N,结果见表 5 所列。

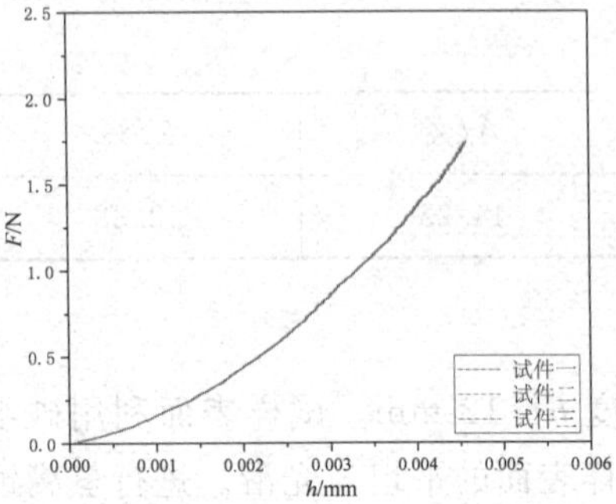

(a) 原始环境

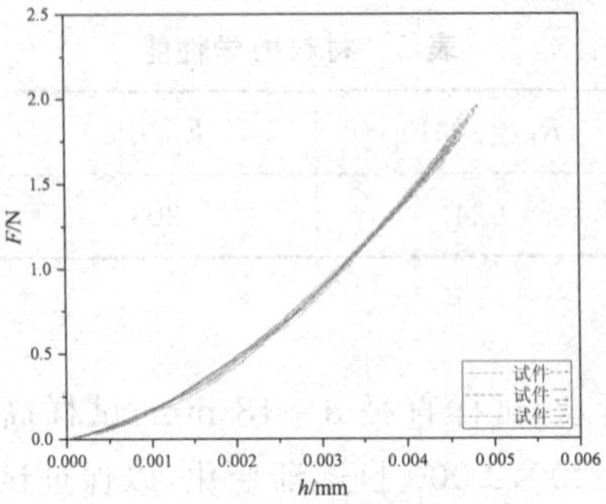

(b) 200 ppm +24 h

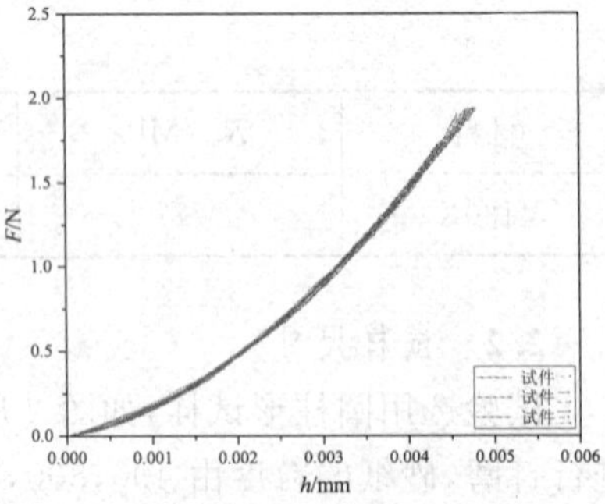

(c) 200 ppm+48 h

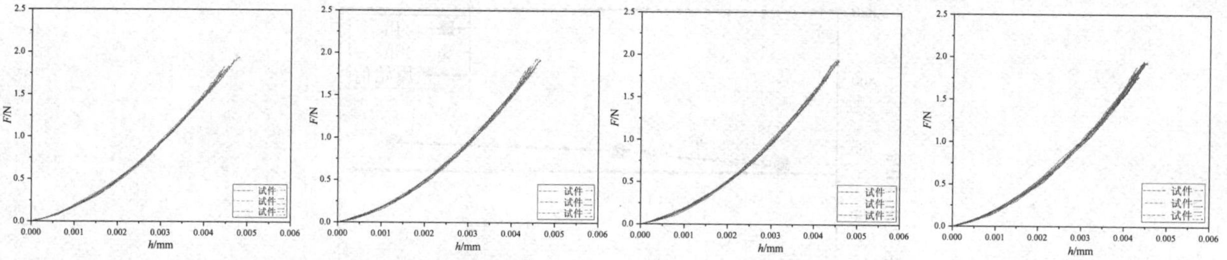

（d）800 ppm+24 h （e）800 ppm+48 h （f）1 600 ppm+24 h （g）1 600 ppm+48 h

图 3 不同氢腐蚀条件下氢致应力极层的 HV0.2 加载段的载荷－深度曲线

表 5 不同氢腐蚀环境下 4130X 材料的力学性能及本构参数

项目	原始	200 ppm		800 ppm		1 600 ppm	
		24 h	48 h	24 h	48 h	24 h	48 h
$C_{HV0.2}$	14 995.53	15 259.38	15 370.32	15 499.23	15 626.13	15 740.72	15 743.11
$m_{HV0.2}$	1.683 38	1.674 73	1.670 10	1.665 64	1.661 19	1.656 76	1.657 87
$C_{HBW1/30}$	12 300.02	12 321.02	12 329.85	12 359.33	12 359.52	12 371.01	12 371.00
$m_{HBW1/30}$	1.150 52	1.150 11	1.149 90	1.149 72	1.149 51	1.149 30	1.149 35
K	1 067.24	1 049.78	1 039.03	1 024.25	1 026.09	1 011.05	1 008.79
N	0.097 1	0.089 1	0.084 3	0.077 1	0.073 5	0.071 1	0.070 1
σ_y/(MPa)	609.69	629.62	641.56	660.76	669.26	676.11	678.48
R_m/(MPa)	772.28	774.11	775.22	778.30	778.91	780.43	780.69

4 分析与讨论

4.1 氢腐蚀前后仪器化压痕曲线的变化规律

图 4 为 4130X 钢在不同浓度、不同时间 H_2S 溶液浸泡后，HV0.2 加载条件下的 $P-h$ 曲线。从图中可以明显看出，氢腐蚀后的 $P-h$ 曲线与原始状态下的有很大差异。随着腐蚀浓度和腐蚀时间的增加，$P-h$ 曲线的上升速率也在增加，最大压入深度不断减小，说明氢的进入使得 4130X 材料产生了硬化现象。由于最大压入深度仅 5μm 左右，压入过程中受到影响的材料可被认为全部位于氢致影响层中，且可认为在小范围内氢的浓度较为均匀，故可认为氢使得 4130X 的力学性能及本构参数均发生改变。

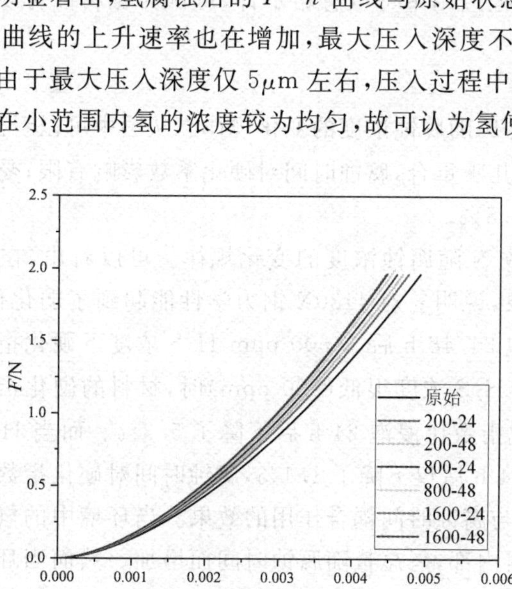

图 4 不同氢腐蚀环境下的 $P-h$ 曲线

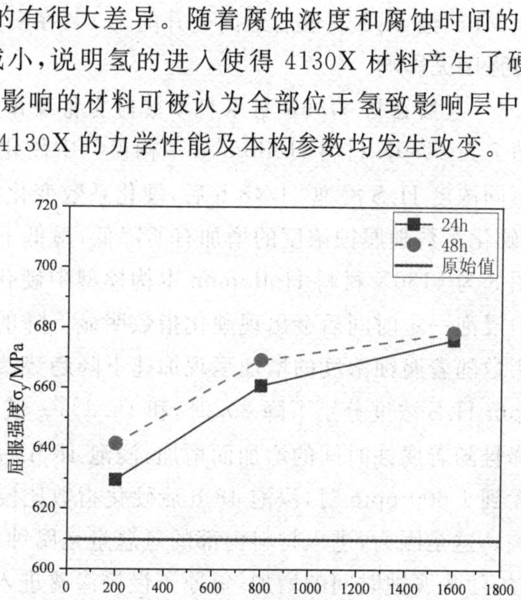

图 5 氢腐蚀对屈服强度的影响

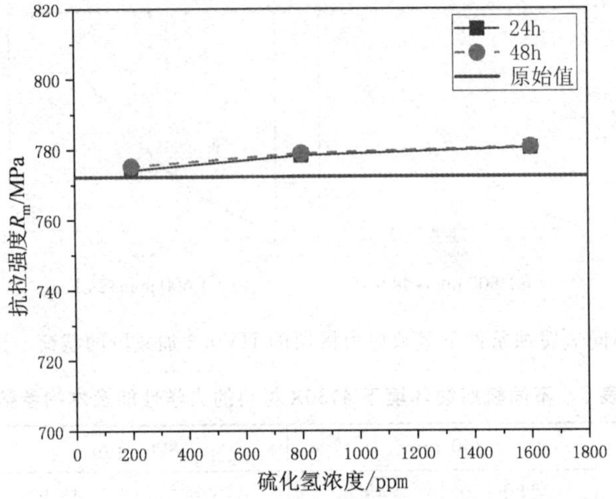

图 6　氢腐蚀对抗拉强度的影响

4.2　氢腐蚀后 4130X 钢强度指标的变化规律

图 5 为不同腐蚀试件下屈服强度随腐蚀浓度的变化规律。可以看出,4130X 钢在 H_2S 溶液中浸泡 24 h 后即会出现屈服强度上升的现象,且随着腐蚀浓度的增加而增加。不同的浸泡时间下,屈服强度随腐蚀浓度变化趋势几乎相同,沿腐蚀浓度方向上升较快,说明腐蚀浓度对屈服强度的影响尤为明显。在腐蚀浸泡环境为 200 ppm 时,浸泡 24/48 h 后屈服强度比原始值分别上升 3.3%和 5.1%;800 ppm 时,浸泡 24/48 h 后屈服强度比原始值上升 7.8%左右。1 600 ppm 时,浸泡 24/48 h 后屈服强度比原始值上升 10.8%左右;随着腐蚀时间的增加,屈服强度变化较小,腐蚀时间对屈服强度影响小于腐蚀浓度。总体来看,4130X 钢经过氢腐蚀后屈服强度上升,且不超过 11%。该结果与文献[6] 的报道十分相似。总体来看,屈服强度小于 700 MPa 的低碳钢,充氢会使金属的屈服强度升高。

图 6 为不同腐蚀试件下抗拉强度随腐蚀浓度的变化规律。该图可以看出:4130X 材料在不同浓度 H_2S 溶液中浸泡 24/48 h 后,抗拉强度随浓度变化曲线几乎重合,腐蚀时间对抗拉强度的影响较小。受氢腐蚀后,抗拉强度随腐蚀浓度的增加略有上升,最高上升 1.1%。由于未受腐蚀的 4130X 钢抗拉强度为 770 MPa,经 H_2S 腐蚀后最高上升的 1.1%在实际工程应用中可以忽略不计,可认为氢腐蚀对 4130X 钢抗拉强度无影响。

4.3　氢腐蚀后 4130X 钢本构参数的变化规律

图 7 为 4130X 材料 Hollomon 本构模型中硬化系数 K 随腐蚀浓度的变化规律。从图中可以看出:材料经不同浓度 H_2S 浸泡 24/48 h 后,硬化系数变化曲线几乎重合,腐蚀时间对硬化系数影响有限;受氢腐蚀后,硬化系数随腐蚀浓度的增加有所降低,最低下降 5.5%。

图 8 为 4130X 材料 Hollomon 本构模型中硬化指数 N 随腐蚀浓度的变化规律。可以看出,在 H_2S 溶液中浸泡一定时间后会出现硬化指数明显下降的现象,说明氢对 4130X 钢力学性能起到了弱化作用。硬化指数随着腐蚀浓度的增加呈现加速下降趋势。浸泡 24/48 h 后,1 600 ppm H_2S 浓度下硬化指数比 200 ppm H_2S 浓度分别下降 20.2%和 16.8%。试样在 H_2S 浓度很低(200 ppm)时,材料的硬化指数大幅下降且随着腐蚀时间的增加而增加,浸泡 48 h 后硬化指数比浸泡 24 h 后下降了 5.3%。而当 H_2S 浓度增大到 1 600 ppm 时,浸泡 48 h 后硬化指数比浸泡 24 h 后仅下降了 1.4%,腐蚀时间对硬化指数几乎无影响。这是因为,进入材料内部的氢总量是腐蚀浓度与腐蚀时间耦合作用的效果。当环境中的氢浓度较小时,随着腐蚀时间的增加,氢原子慢慢渗透进入材料内部,氢总量随腐蚀时间而增加。然而当环境中的氢浓度很大时,在很短的时间内进入材料内部的氢原子便达到饱和状态,在此之后试件内部的氢总量便不再变化,与时间无关。腐蚀总体来看,腐蚀浓度为影响硬化指数的主要影响因素。

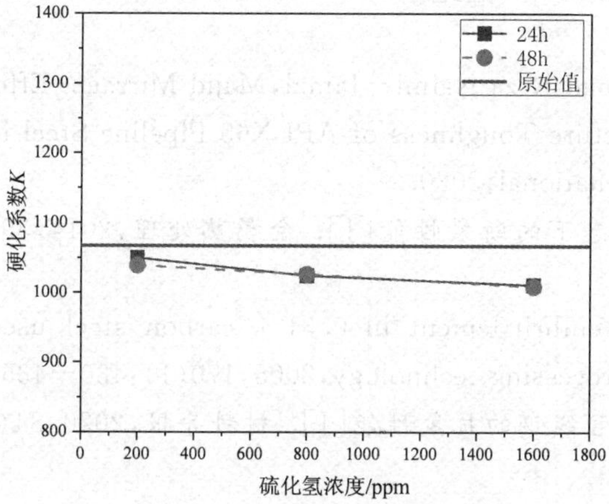

图 7　氢腐蚀对硬化系数 K 的影响

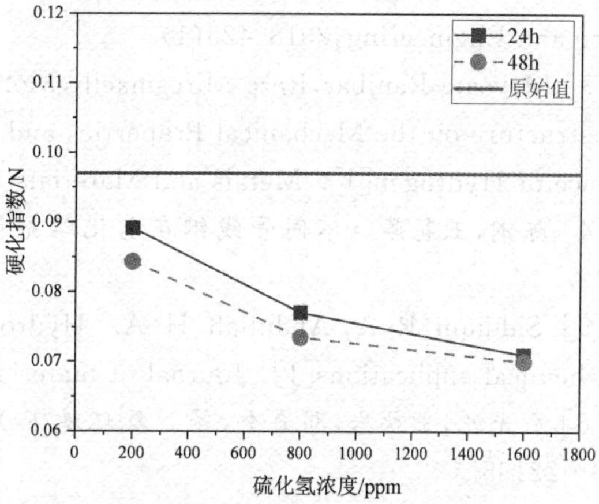

图 8　氢腐蚀对硬化指数 N 的影响

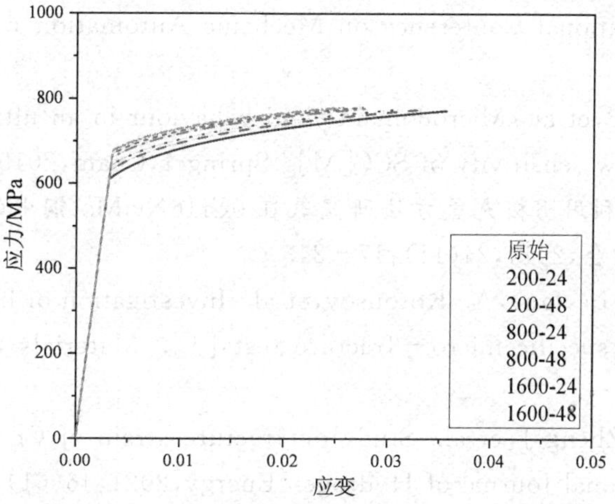

图 9　不同氢腐蚀环境下的 4130X 本构曲线

根据实验获取的硬化系数 K 及硬化指数 N，可以拟合得到不同氢腐蚀条件下的 Hollomon 模型如图 9 所示。可以很明显地看出，腐蚀后 4130X 钢的塑性行为发生了显著的变化，材料的屈服应力逐渐上升，强化阶段逐渐上移，而曲线长度逐渐变短。由此可见，应用仪器化压痕法，可以敏锐地获取氢对材料关键力学性能及本构曲线的影响规律。

5　结　论

(1)针对氢腐蚀后 4130X 的氢致影响层较小的特点，本文提出了 HV0.2 和 HBW1/30 载荷－深度曲线的关联参数，建立了氢腐蚀后 4130X 钢力学性能及本构参数的测定方法。

(2)4130X 钢的屈服强度主要受腐蚀浓度的影响，当材料内的氢浓度达到饱和时，屈服强度最大上升 11%。氢腐蚀后，4130X 的抗拉强度几乎不变。

(3)氢腐蚀对 4130X 钢硬化系数及硬化指数影响较大，两个参数均随浓度的上升呈现下降趋势。腐蚀时间对硬化系数影响有限，随着腐蚀浓度的升高，不同腐蚀时间下获取的硬化指数趋向稳定。

参考文献

[1] 郑津洋，马凯，周伟明，等．加氢站用高压储氢容器[J]. 压力容器，2018，35(9)：35－42.

[2] Liang Xiaoming，Gao Xinxin，Yang Hualina，Yu Lihua. Effect of static hydrogen charging on

corrosion and hydrogen embrittlement of High strength steel[J]. IOP Conference Series: Materials Science and Engineering, 2018, 423(1).

[3] Meysam Ranjbar, Reza Miresmaeili, Mohammad Reza Naimi-Jamal, Majid Mirzaei. Effect of Microstructure on the Mechanical Properties and Fracture Toughness of API X65 Pipeline Steel in the Presence of Hydrogen[J]. Metals and Materials International, 2020.

[4] 陈钢,王莉萍. 不同管线钢在电化学充氢状态下的断裂性能[J]. 金属热处理,2014,39(7):47-49.

[5] Siddiqui R A, Abdullah H A. Hydrogen embrittlement in 0.31% carbon steel used for petrochemical applications[J]. Journal of materials processing technology, 2005, 170(1): 430-435.

[6] 白光乾,王秋岩,邓海全,等. 氢环境下 X52 管线钢的抗氢性能[J]. 材料导报,2020,34(22):22130-22135.

[7] Yu Q B. Effect of ferrite grain size on the yield-strength ratio of low-carbon alloy steel[J] Advanced Materials Research, 2012, 535: 545-548.

[8] Liu X, Yuan W, Tian H, et al. Effect of the strain rate on tensile behaviors of high strength low alloy steel[C]. International Conference on Mechanic Automation & Control Engineering, 2012 (3), 2617-2619

[9] Yin J, Tao A, Xu P, et al. Microdomain yield behaviour in an ultra-high strength low alloy steel for marine use with low sensitivity of SCC[M]. Springer, Cham, 2015: 1079-1086.

[10] 孙永伟,陈继志. 利用阴极充氢方法研究氢在 0Cr16Ni5Mo 钢中的扩散行为及其对钢性能的影响[J]. 中国腐蚀与防护学会,2014,24(11):17-24.

[11] W. L. Costin, O. Lavigne, A. Kotousov, et al. Investigation of hydrogen assisted cracking in acicular ferrite using site-specific micro-fracture tests[J]. Materials Science and Engineering A, 2016, 651: 859-868.

[12] Ma K, Peng W, Zheng J, et al. Study on fracture strain of Cr-Mo steel in high pressure hydrogen[J/OL]. International Journal of Hydrogen Energy, 2021, 46(61): 31501-31509.

[13] Wang C, Zhang J, Liu C, et al. Study on hydrogen embrittlement susceptibility of X80 steel through in-situ gaseous hydrogen permeation and slow strain rate tensile tests[J/OL]. International Journal of Hydrogen Energy, 2023, 48(1): 243-256.

[14] Oliver WC, Pharr GM. An improved technique for determining hardness and elastic modulus using load and displacement sensing indentation experiments[J]. Journal of Materials Research. 1992, 7(6): 1564-1583.

[15] 王彤,马德军,苏力刚. Oliver&Pharr 压入硬度与材料单轴强度关系的研究[J]. 机械工程师,2008(11):32-34.

[16] GB/T 37782-2019,金属材料 压入试验 强度、硬度和应力-应变曲线的测定[S].

[17] 车荣杰,吕加华,刘宏业,等. X80 管线钢半自动焊环焊缝强度匹配特征分析[J]. 压力容器,2025,42(1):19-25.

[18] 孙永辉,尤景泽,刘凯,等. 高钢级管线环焊缝强度匹配的仪器化压痕法测试研究[J]. 压力容器,2023,40(11):26-32.

作者简介

高振华(2002),男,硕士研究生,主要研究方向为氢腐蚀对材料力学行为的影响,通信地址:100124 北京市朝阳区平乐园 100 号,E-mail:2821002209@qq.com。

微试样液压鼓胀法及单轴拉伸法测试 Q420 钢的力学性能

张连旺[1,2],宋　明[1],王汉奎[1],孙　超[1],禹　婷[1]

(1. 中国特种设备检测研究院,北京 101300;2. 天津工业大学,天津 300387)

摘　要:微试样测试技术是一种通过采用小体积的金属样品来获得金属材料的力学性能的技术,本文通过微试样液压膨胀试验测试常温环境下 Q420 钢的力学性能,并得到压力-位移曲线,利用二倍斜率法解算压力-位移曲线获得屈服强度,利用理论推导的方式解算其抗拉强度,并通过常规单轴拉伸方式获得 Q420 钢的屈服及抗拉强度,对以上两种方式获得的 Q420 钢的力学性能进行对比。结果显示:液压鼓胀试验得到的屈服强度的偏差率为 3.08%,抗拉强度的偏差率为 6.93%,表明微试样液压鼓胀法可以较准确地求解 Q420 钢的力学性能。

关键词:微试样;液压鼓胀;单轴拉伸;Q420 钢

The research on mechanical properties of Q420 steel tested by hydraulic bulging test and uniaxial tensile test

ZHANG Lianwang[1,2], SONG Ming[1], WANG Hankui[1], SUN Chao[1], YU Ting[1]

(1. China Special Equipment Inspection and Research Institute, Beijing, 101300, China;

2. School of Mechanical Engineering, Tiangong University, Tianjin, 300387, China)

Abstract: Micro - sample testing technology is a method to obtain the mechanical properties of metal materials by using small volume metal specimens. In this study, the mechanical properties of Q420 steel at room temperature were tested by micro - sample hydraulic bulging method, and the pressure - displacement curves were obtained. Using double slope method to get the yield strength by solving the pressure - displacement curves, and the tensile strength was calculated by theoretical derivation. Furthermore, the yield strength and tensile strength of Q420 steel were obtained by conventional uniaxial tensile test method. Eventually, we compared the properties of Q420 steel obtained by the above two methods. The results show that the deviation rate of yield strength and tensile strength obtained by hydraulic bulging test is 3.08% and 6.93%, indicating that the micro - sample hydraulic bulging method can accurately solve the mechanical properties of Q420 steel.

Keywords: micro—specimen; hydraulic bulging test; uniaxial tensile test; Q420 steel

0 引　言

随着我国经济的发展及科技水平的日益提升,石化、能源类装置追求大型化、高参数化,此类装置服役工况严苛、设备造价昂贵,该类装置的安全性对国计民生有重要影响。用于制造该类装置的材料经过长时间服役后会出现材料损伤和劣化等,影响设备的安全运行。当前对于大多数特种设备采取定期检验的方法来检查一个周期内设备安全状况,一般采用无损检测的方法来发现大型设备壁厚减薄或者宏观裂纹,除了表面硬度分析外,在设备材料本征力学性能上无有效手段进行检测或者评估。传统的宏观试验需要从设备上取样,会破坏设备完整性,造成长期非计划停车或者设备直接报废,因此许多研究者提出采用微损或无损测试的方法测试材料性能[1-3]。

微试样测试技术是一种通过采用小体积的金属样品来获得金属材料的力学性能的技术,作为微损测试领域中的重要技术,其通常用于所获得的材料体积小,无法采用常规测试方法进行测试的场合[4-5]。现有的微损测试技术包括小冲杆技术、液压鼓胀试验技术及气压鼓胀实验技术。其中,液压鼓胀试验技术较小冲杆技术出现时间略晚。小冲杆技术具有精度高、调速范围宽、结构紧凑、操作方便、性能稳定等优点。通常只需要相应的夹具及部分附加装置就可以进行小冲杆试验,且整个试验过程自动化程度高。到目前为止,小冲杆试验仍存在小冲头与小样品之间摩擦系数的问题,小球与试样之间存在的摩擦力使他们之间不能发生相对滑动,导致钢珠周围区域的试样受到拉伸应力的作用。随着加载的进行,该区域达到加载失稳[6-7],试样开始发生颈缩减薄的现象,随后试样在此处破裂,这也决定了小冲杆试样的断裂位置不是在中心位置,而是在距离试样中心位置的一定位置的环形区域中。相反,液压鼓胀试验技术则不存在此类问题。液压鼓胀试验技术利用高压油(或水)对试样施加均布载荷,通过伺服压力发生器对高压油进行加压,整个过程受到压力传感器的控制,使油(或水)压随时间线性增加,而压力传感器得到的载荷参数是对油压测试的结果。由于小试样受到均布载荷作用,鼓胀后变形部分近似可看作一个球缺,且样品爆破位置多存在于球缺顶部[8-11]。

本文主要研究了利用高压油在室温条件下使 Q420 微试样变形进而解算材料力学性能的液压鼓胀试验方法。首先,试验过程不存在小冲杆试验中的球与样品的摩擦问题,因为加压介质高压油与样品直接接触,且高压为流体,而不是固体冲杆件。其次,力学变形可通过数学模型来描述[10]。因此,抗拉强度的解算是建立在实体力学方程上的,而方程中只考虑试样的厚度和夹具的尺寸。本研究通过小体积的 Q420 钢来了解耐用金属材料的力学性能,并与传统的室温环境下的拉伸试验结果进行对比,结果表明:利用液压鼓胀试验方法得到相对可靠的实验结果,在工程上对室温环境下金属材料的损伤评估具有实际意义。

1 材料和方法

1.1 材料

本文研究了常温环境下压力容器中使用的典型钢材 Q420,其化学元素组成见表 1 所列。

表 1 Q420 钢的化学元素组成(*wt*. %)

元素	C	Si	Mn	P	S	V	Nb	Ti
Q420	0.151	0.374	1.520	0.014	0.002	0.029	0.047	0.026

1.2 液压鼓胀试验

液压鼓胀试验原理图如图 1 所示。液压鼓胀测试系统由储油箱、增压泵、液压鼓胀装置、压力测量装置、位移测量系统和数据采集装置组成。该液压鼓胀装置由底座、橡胶密封圈、压盖及上夹具组成。其中压盖中心孔直径为 6 mm,对应的倒角半径为 0.8 mm。压力测量装置为压力传感器,其量程为 0~250 MPa,测量精度为 0.1 MPa。位移测量采用非接触测量方式,对应的装置

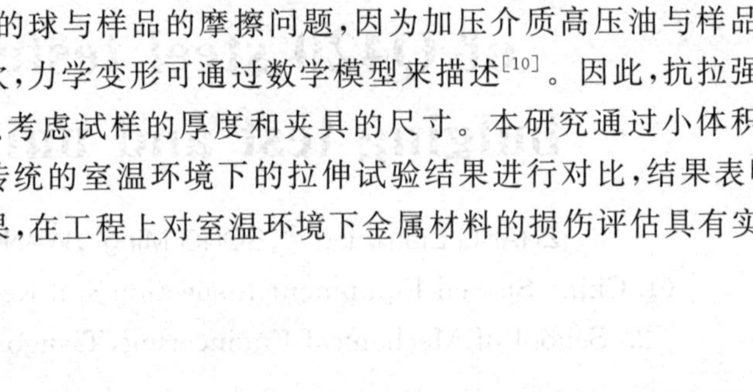

图 1 液压鼓胀试验原理图

为视频引伸计，其测量精度为 0.05 μm。

图 2(a)为液压鼓胀装置及位移测量系统仪器图。图 2(b)为微试样样品形貌图，其边长为 10 mm，厚度为 0.5 mm。采用线切割将每个样品切制 0.6 mm 的厚度，研磨机研磨后用 1000＃、1200＃、2000＃砂纸逐级打磨，再对其表面进行抛光，保证厚度均匀。采用精度为 0.001mm 的千分尺在距离样品中心的一定距离测量样品的厚度，保证厚度均匀。当样品在规定范围内达到目标厚度误差范围为 0.5±0.02 mm 后，可进行液压鼓胀测试。

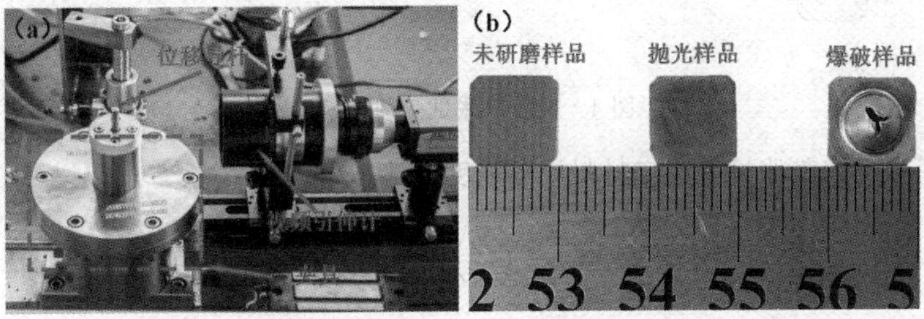

(a) 液压鼓胀装置及位移测量系统　　(b) 鼓胀实验前后样品

图 2　鼓胀试验装置及其试验样品图

在液压鼓胀装置底座卡槽中放置橡胶密封圈，将制备好的样品放置于橡胶密封圈上部，再将压盖置于样品上部，后将上夹具与夹具底座利用螺纹旋紧，保证压盖、试验样品、橡胶密封圈之间紧密接触。开启位移测量系统后利用增压泵通过高压管以 0.5 MPa/s 加压速率向夹具端注入高压油，直至样品破裂。压力一位移曲线通过压力测量系统（压力传感器）和位移测量系统（视频引伸计）获得。每种材料进行三组重复试验，以确保实验数据的可靠性。试验完成后采用扫描电镜（Zeiss，Sigma500）观察其断口形貌，利用 python 编程对其实验结果进行解算，得到其屈服强度及抗拉强度，液压鼓胀试验流程见图 3。

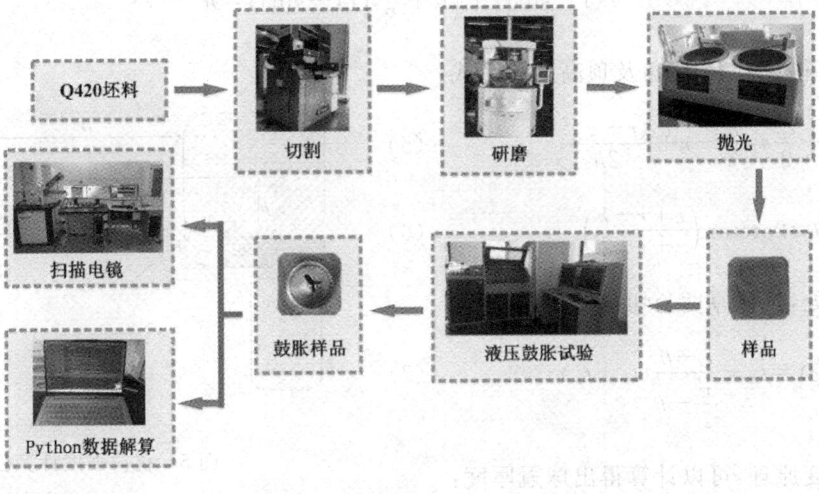

图 3　液压鼓胀试验流程图

1.2.1　理论推导

1.2.1.1　屈服强度解算方法

液压鼓胀试验在初始变形时，力学模型可以近似为固支圆平板受均布外压的作用，其实受力的情况与力学简化模型如图 4 所示。

假设为理想塑性材料，即可计算得出固支圆板的极限载荷公式：

$$q=\alpha\sigma_s\left(\frac{t}{D}\right)^2 \tag{1}$$

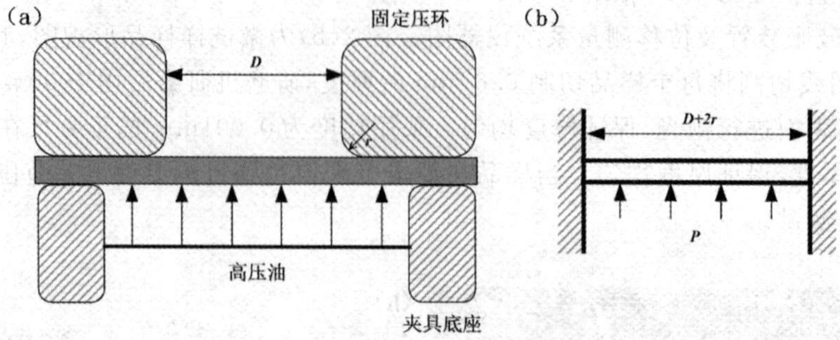

图 4　液压鼓胀试验理论模型

由以上公式可以得出鼓胀试验确定材料屈服强度的计算公式[10]：

$$\sigma_s=\left(\frac{1}{\alpha}\right)\left(\frac{D}{t}\right)^2 q \tag{2}$$

式中，D 为固支圆板的等效直径；t 为固支圆板的厚度；q 为由试验确定的极限载荷；α 为固定参数，为极限载荷系数，只与材料的强度准则选择有关，通常情况下取值范围为 11.26～12.54，取决于材料屈服准则的选择，本研究中 $\alpha=12.54$。

1.2.1.2　抗拉强度解算方法

液压鼓胀试验在变形末期时，试样在内压作用下变形为球冠，此时假设球冠厚度处处相等，见图 5。因此，变形几何关系：

$$r\cos\theta+\left(R+\frac{t_p}{2}\right)\cos\theta=r+\frac{D}{2} \tag{3}$$

$$r(1-\sin\theta)+\left(R+\frac{t_p}{2}\right)(1-\sin\theta)=h \tag{4}$$

求解该式，可得球冠 R、切角及顶高的关系式：

$$R+\frac{t_p}{2}=\frac{h}{2}-r+\frac{(r+z)^2}{2h} \tag{5}$$

$$\theta=2\arctan\left(\frac{z+r-h}{z+r+h}\right) \tag{6}$$

假设在倒角处，试样厚度与切角的关系：

$$t(\varphi)=t_p+\frac{\varphi-\theta}{\frac{\pi}{2}-\theta}(t_0-t_p) \tag{7}$$

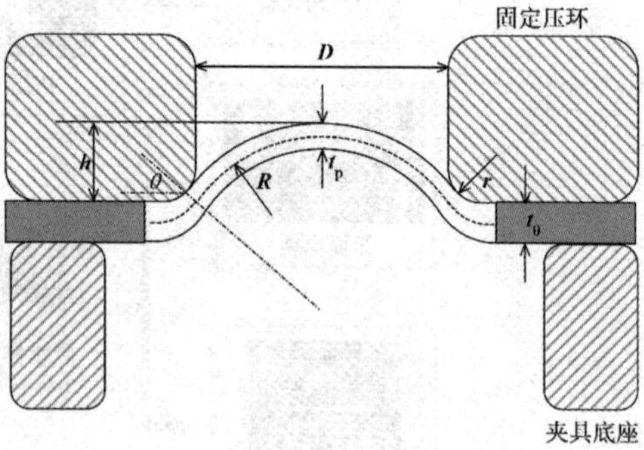

图 5　抗拉强度计算公式

利用体积不变原理，可以计算得出球冠厚度：

$$t_p=\frac{p-\pi\,(r+z)^2}{2\pi\left(\sin\left(2\arctan\left(\frac{r-h+z}{r+h+z}\right)\right)-1\right)\left(\frac{h}{2}-r+\frac{(r+z)^2}{2h}\right)-p}t_0 \tag{8}$$

其中：

$$p=\pi r(r+z)\left(\frac{\pi}{2}-2\arctan\left(\frac{r-h+z}{r+h+z}\right)\right)+\pi r^2\left(\sin\left(2\arctan\frac{r-h+z}{r+h+z}\right)-1\right)$$

为便于表达，记球冠厚度为函数：

$$t_p = f(h, z, r) t_0 \tag{9}$$

式中，h 为顶高，其随内压的增加而增加；Z，r 为夹具尺寸量。

利用球冠受内压时，应力分式可以计算得出球冠内应力、应变：

$$\sigma = \frac{PR}{2t_p} \tag{10}$$

$$\varepsilon = \ln(t_0 / t_p) \tag{11}$$

材料抗拉强度（即塑性失稳公式）：

$$\sigma_T = \frac{\delta\sigma_T}{\delta\varepsilon_T} \tag{12}$$

计算求解对应液压鼓胀试验材料失稳压力：

$$\frac{\mathrm{d}P_c}{\mathrm{d}h_c} = KP_c \tag{13}$$

其中：

$$K = \frac{1}{h} - \frac{2(h-z)}{h^2 + r^2 + z^2 - 2r(h-z)}$$

此时，球冠内所对应的应力即为材料抗拉强度[10]：

$$R_m = \frac{P_c R_c}{2t_p}\left(1 + \ln\left(\frac{t_0}{t_p}\right)\right) \tag{14}$$

1.3 单轴拉伸试验

利用电火花线切割切取拉伸试样，采用立式铣床进行精加工，加工过程中需要注意避免剪切影响区域无法完全去除、试样的直线度不合格、开肩不对称等问题。最后对样品进行表面处理，制备好的拉伸样品尺寸如图 6(b)所示。采用拉伸试验机（Zwick Roell Z250）对制备好的棒状拉伸样品进行拉伸性能测试，如图 6(a)所示，拉伸速率为 0.2 m/min，拉伸试验完成后样品形貌图如图 6(c)所示，进行三次拉伸测试后记录测试结果，试验完成后，采用扫描电镜（Zeiss，Sigma500）观察并分析样品断口形貌。

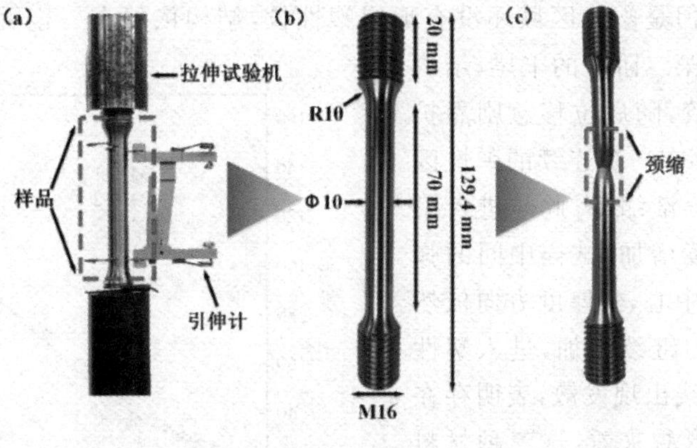

图 6 棒状拉伸样品尺寸及样品实物

2 实验结果

2.1 Q420 钢的显微组织形貌

图 7 为 Q420 板材沿厚度方向界面的显微组织图。

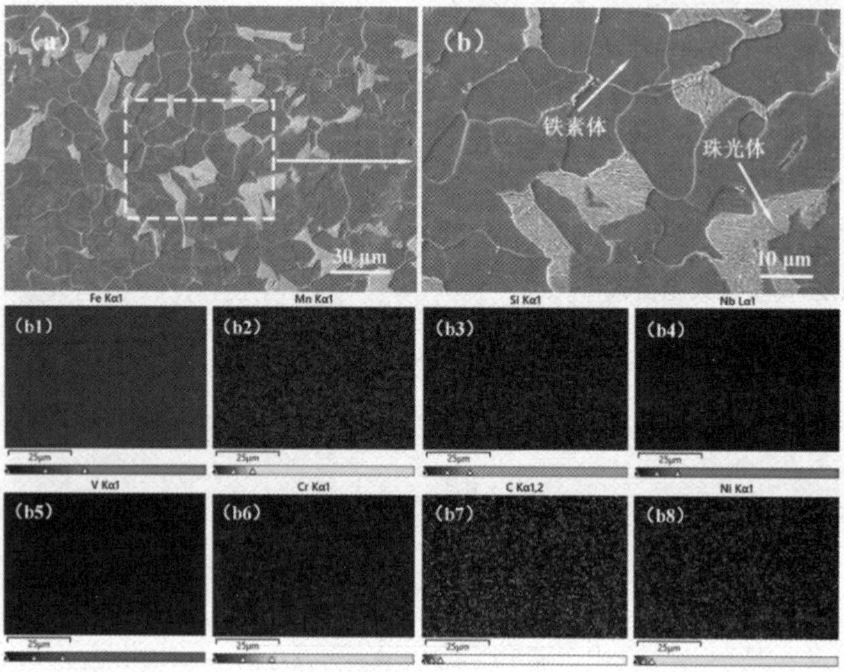

图 7　Q420 钢显微组织形貌

可以发现,Q420 钢显微组织主要由白色珠光体和黑色铁素体组成,铁素体晶粒尺寸粗大,约为 20～30 μm,且多为等轴晶。珠光体以不规则形状呈片层分布在晶间。板材显微组织并不均匀,珠光体区域性聚集严重,其主要原因为连铸坯在凝固过程中形成晶粒偏析,Mn 元素的偏析是影响珠光体区域性聚集组织形成的主要因素,在热变形加工过程中延伸成珠光体与铁素体的区域性分散聚集。珠光体的区域性聚集使钢板的力学性能呈各向异性,使材料屈服及抗拉性能降低。

2.2　液压鼓胀测试结果

Q420 钢的液压鼓胀压力位移测试曲线如图 8 所示,相同材料不同试样所测得曲线高度重合,表明实验数据的可靠性。曲线的第一阶段为材料的完全弹性区域,所有的材料均在弹性范围内变形,材料无任何位置屈服。随着压力的增加,部分材料进入塑性区,进入第二阶段,试样的正中心以及试样固支上下表面几乎同时进入塑性区,但是塑性区域还没有形成塑性铰,结构依然有一定的承载能力,随着载荷的增加,塑性区域在扩大。在第二阶段的末尾,结构首次在固支处形成塑性铰,随后位移急剧烈扩大,但在试样中心,依然存在一个连续的弹性区域,随着加载,弹性区域逐渐缩小,此时进入第三阶段。随着压力的继续增加,试样中间的弹性区收缩,但在试样的正中心,沿厚度方向依然存在弹性区域。随着压力继续增加,进入塑性不稳定阶段,压力位移曲线出现发散,表明存在塑性失稳现象。从断裂形貌来看,这三种材料断裂方式都为韧性断裂,沿球周方向撕裂,具有明显的分层断裂现象。表 2 列出了 Q420－1、Q420－2、Q420－3 屈服强度及抗拉强度解算结果,对三次实验结果取平均值,可得 $Q420_{Yield}$＝423.098 MPa,$Q420_{Tensile}$＝588.550 MPa。

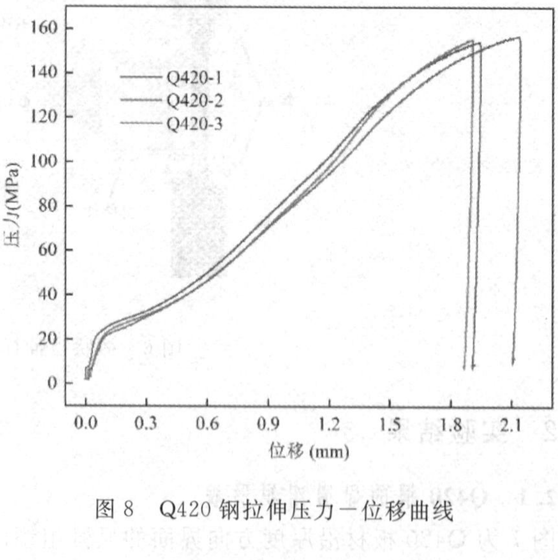

图 8　Q420 钢拉伸压力－位移曲线

表 2　Q420 液压鼓胀试验屈服强度及抗拉强度解算

样品		屈服强度/MPa		抗拉强度/MPa	
材料	厚度/mm	P_{lim}/MPa	屈服强度/MPa	P_c/MPa	抗拉强度/MPa
Q420-1	0.499	23.931	419.960	140.679	590.667
Q420-2	0.499	24.365	427.576	140.800	597.961
Q420-3	0.505	23.634	421.759	140.042	577.022

2.3　单轴拉伸性能测试结果

为了和液压鼓胀试样测的结果做对比，同时进行了 Q420 钢棒状试样单轴拉伸试验，其应力-应变曲线如图 9 所示。试样测试曲线表现出典型的金属的塑性变形特征，材料拉伸开始瞬间发生弹性变形，当达到弹性变形极限后，应力-应变的线性关系被破坏，应变显著增大，应力先减小后微幅波动，曲线上靠近水平线处出现细小的锯齿线段，即典型的屈服平台，这主要是由于金属中晶体的滑移引起的。当应力超过屈服强度后，试样发生显著且均匀的塑性变形，当达到最大应力后，试样的均匀变形阶段结束，试样开始不均匀变形，应力迅速下降，形成颈缩，直至试样断裂。

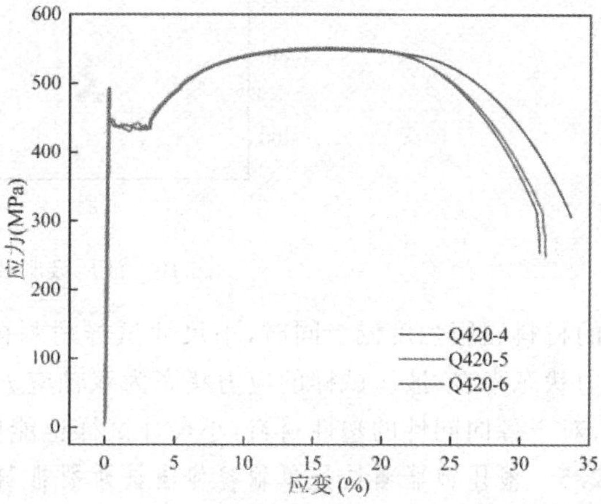

图 9　Q420 钢拉伸应力－应变曲线

表 3 列出了 Q420 的力学性能参数，包括屈服强度和极限抗拉强度。结果表明，Q420 的屈服强度最低为 433.525 MPa，极限抗拉强度最高为 551.491 MPa，表明 Q420 在较低的应力下开始发生塑性变形，但能承受住更高的最大应力，表现出优异的延展性和塑性变形特征。对三次实验结果取平均值，可得 $Q420_{Yield}$ = 436.577 MPa，$Q420_{Tensile}$ = 550.374 MPa。

表 3　Q420 单轴伸试验力学性能

材料	屈服强度 R_{el}/MPa	抗拉强度 R_m/MPa
Q420-4	437.918	548.614
Q420-5	438.288	551.019
Q420-6	433.525	551.491

2.4　液压鼓胀测试及单轴拉伸测试结果比较

由液压鼓胀试验及单轴拉伸结果绘制两种测试方式得到的屈服强度及抗拉强度结果图如图 10 所示，同时，可以得到三次屈服强度解算平均值 $Q420_{Yield}$ = 423.098 MPa，三次抗拉强度解算平均值 $Q420_{Tensile}$=588.550 MPa。由常规拉伸试验结果我们可以得到三次屈服强度解算平均值 $Q420_{Yield}$ = 436.577 MPa，三次抗拉强度解算平均值 $Q420_{Tensile}$=550.374 MPa。

对比上述实验结果可以发现液压鼓胀试验测试 Q420 屈服强度测试偏差率为 3.08%，抗拉强度测试偏差率为 6.93%。从上述结果中可以得出，微试样液压鼓胀测试技术能够较准确地测试 Q420 的力学性能。但是，利用液压鼓胀法测得屈服强度都低于标准拉伸试验结果，测得的抗拉强度都高于标准拉伸试验结果，这是由试样的尺寸效应及试样所受的应力状态决定的。从试样尺寸来看，液压试验的试样尺寸小于拉伸试验的试样尺寸。由于受材料拘束状态的不同，小尺寸试样受材料的拘束小，因此小尺寸试样

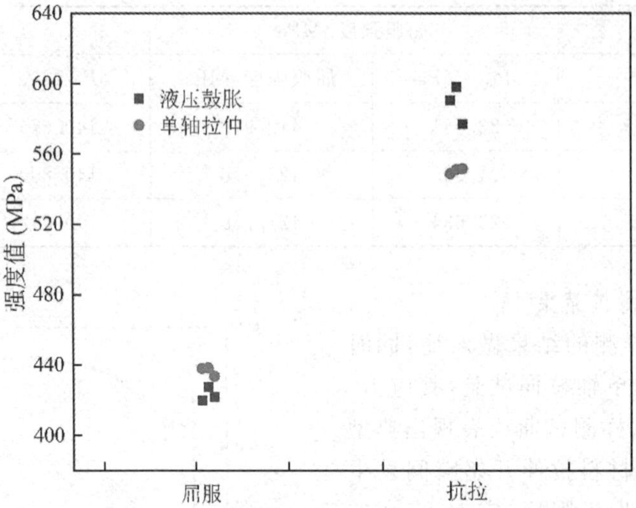

图 10　液压鼓胀及单轴拉伸测试结果比较

获得的材料屈服强度低。同时,小尺寸试样材料内缺陷数量小,所获得的抗拉强度要高于大尺寸试样。从应力状态来看,液压试样的应力状态为双轴应力,而拉伸试样为单轴受力,所测得结果会有区别,但整体上,对于各向同性的塑性材料,小尺寸试样也能反映材料性能。

2.5　液压鼓胀测试及单轴拉伸测试断裂机制分析

Q420 钢单轴拉伸和液压鼓胀断裂形貌如图 11 所示。

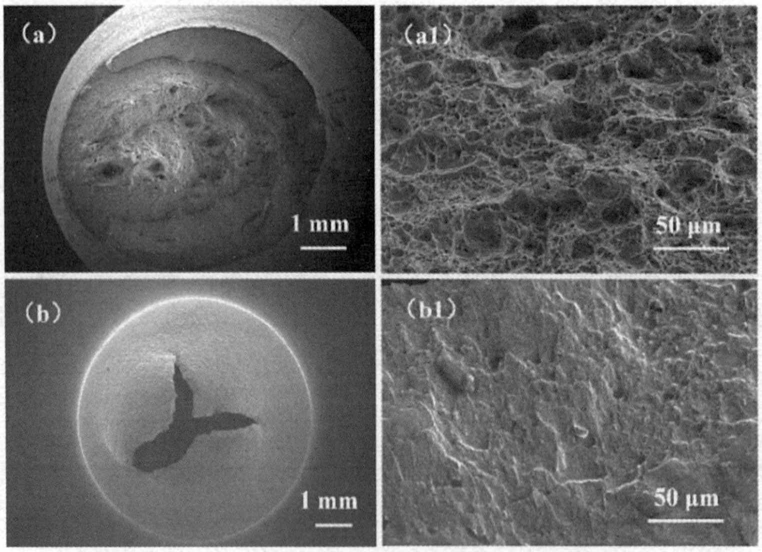

图 11　Q420 钢单轴拉伸和液压鼓胀断裂形貌比较

图 11(a)为 Q420 拉伸断口宏观形貌图,试样出现明显的颈缩现象。图 11(a1)为 Q420 钢单轴拉伸断口微观形貌图,断口呈典型的韧窝状,韧窝深度和密度相对较高,表明材料在拉伸断裂前所受应力超过其抗拉强度进而经历明显的塑性变形,且单轴应力状态下塑性变形明显,为典型的韧性断裂模式。图 11(b)为样品利用液压鼓胀方式爆破后的宏观形貌图,呈典型的撕裂型裂纹特征,对应的微观断口形貌如图 11(b1)所示,相较于单轴拉伸断口形貌,鼓胀断口表面同样出现了明显的韧窝,但韧窝的深度和密度相对较低,说明双轴应力状态下相较于单轴应力状态下塑性变形能力相对较弱。表明拉伸断裂形貌不仅和金属材料相关,还和材料所受应力状态相关。

3 结 论

本文利用液压鼓胀试验及单轴拉伸试验对 Q420 钢进行力学性能测试,并对其试验结果进行力学性能解算,观察其断口形貌,得出以下结论。

(1)液压鼓胀试验得到的压力一位移曲线解算出的屈服强度偏差率为 3.08%,抗拉强度偏差率为 6.93%,两种力学性能测试方式具有良好的一致性,表明利用液压鼓胀试验在评估金属材料力学性能的有效性。

(2)液压鼓胀试验与单轴拉伸试验得到的 Q420 钢拉伸断口均呈典型的韧性断裂。单轴拉伸试验得到的断口韧窝较小且更为密集,液压鼓胀试验得到的拉伸断口由于受到两相应力而得到的韧窝较为稀疏,且呈明显的分层断裂形式。

参考文献

[1] Duarte V R, Rodrigues T A, Machado M A, et al. Benchmarking of nondestructive testing for additive manufacturing[J]. 3D Printing and Additive Manufacturing, 2021, 8(4): 263－270.

[2] Kumpati R, Skarka W, Ontipuli S K. Current trends in integration of nondestructive testing methods for engineered materials testing[J]. Sensors, 2021, 21(8): 6175－6175.

[3] Peng J. Small specimen technology for revealing mechanical properties of alloys, 3D－printing metals and welding Joints[J]. Materials, 2023, 16(20).

[4] 万云杰,郭旭阳,周帼彦,等. 应力状态对三点弯曲小试样蠕变性能评价的影响[J]. 压力容器, 2024, 41(4): 34－42.

[5] 龙乔涵,钟继如,关凯书. 试样厚度对小冲杆试验力与材料强度相关性的影响[J]. 压力容器, 2024, 41(5): 21－28.

[6] Xun W, Lian Yong X, Lei Z, et al. Evaluation of defect－related fatigue performance of additive manufacturing GH4169 via small punch test[J]. Theoretical and Applied Fracture Mechanics, 2023, 128, 104162.

[7] Arunkumar S. Overview of small punch test[J]. Metals and Materials International, 2019, 26(6): 719－738.

[8] 邹建胜,王汉奎,凌祥,等. 液压鼓胀试验技术和小冲孔试验技术对比研究[J]. 石油化工设备, 2018, 47(6): 1－8.

[9] Jian B, Hao Ran D, Zhi Quan Z, et al. Exploring mechanical properties using the hydraulic bulge test and uniaxial tensile test with micro－samples for metals[J]. Metals, 2024, 14(8): 917－917.

[10] Han Kui W, Tong X, Bi Nan S. Determination of material strengths by hydraulic bulge test[J]. Materials, 2016, 10(1): 23－23.

[11] Boyer A, Demazel N, Coër J, et al. A novel hydraulic bulge test in hot Forming conditions[J]. Journal of Materials Processing Tech, 2023, 316, 117917.

作者简介

张连旺(1995),男,博士研究生,助理工程师,主要从事液压鼓胀及增材制造方面的研究工作,通信地址:101300 北京市朝阳区和平街街道和平街西苑 2 号楼 C318 材料研究所,E－mail: songm214@foxmail.com。

基于安全系数和概率的高温材料蠕变强度参量确定方法及关联原理

侯鑫阳,宫建国*,付金辉,高　阳,轩福贞

(华东理工大学机械与动力工程学院,上海 200237)

摘　要:最小蠕变断裂应力S_r是高温材料蠕变断裂强度的重要表征参量,通常采用安全系数或概率方法进行定义,但现有研究缺乏两种确定方法的关联策略。基于此,本研究采用617合金平均蠕变断裂寿命数据,结合基于安全系数和概率的最小蠕变断裂应力确定方法,建立了两种确定方法的关联原理。分析了最小蠕变断裂应力准则失效概率与温度和安全系数的关系,以及给定失效概率下安全系数与温度和应力的关系。结果表明:对于特定的安全系数,失效概率随温度升高而增大,随安全系数变大而减小,而与应力水平无关;失效概率恒定时,安全系数随温度升高而变大。研究结果可为617合金蠕变强度参量的概率评估提供理论依据。

关键词:617合金;最小蠕变断裂应力;安全系数;失效概率

The determination method and correlation principle of creep strength parameters of high – temperature materials based on safety factor and probability

HOU Xinyang, GONG Jianguo *, FU Jinhui, GAO Yang, XUAN Fuzhen

(School of Mechanical and Power Engineering, East China University of Science and Technology, Shanghai 200237, China)

Abstract: The minimum creep rupture stress S_r serves as a critical parameter for characterizing creep rupture strength in elevated temperature materials, typically defined through either safety factor or probabilistic methods. However, existing studies lack the correlation strategy of the two determination methods. Based on this, the data of the average creep rupture life of 617 alloy was adopted, combined with the determination method of the minimum creep rupture stress based on safety factor and probability, and the correlation principle of the two determination methods was established in this study. The relationship between the failure probability of the minimum creep rupture stress criterion and the temperature and safety factor, as well as the relationship between the safety factor and the temperature and stress under the given failure probability was analyzed. The results show that for a specific safety factor, the failure probability increases with the rise of temperature, decreases with the increase of the safety factor, and is independent of the stress level. When the failure probability is constant, the safety factor increases with the rise of temperature. The study results can provide a theoretical basis for the probabilistic evaluation of creep strength parameters of 617 alloy.

Keywords: alloy 617; minimum creep rupture stress; safety factor; failure probability

0 引 言

近年来，新一代核电系统受到了国内外科学与工程界的广泛关注。这些核能系统的运行温度远超传统压水堆[1-3]，例如，超高温堆的运行温度为900℃、钠冷快堆服役温度为550℃[4-7]。在新的核能系统场景下，核能结构材料选型是面临的突出问题。以617合金为代表的镍基合金具有优异的抗蠕变性能，是核能系统高温部件的重要候选材料。由于核能装备的设计寿命长、服役温度高，需要重点关注617合金的蠕变断裂强度。

最小蠕变断裂应力S_r是高温材料蠕变断裂强度的重要表征参量。在ASME设计规范体系中[8]，最小蠕变断裂应力S_r被定义为平均蠕变断裂数据的95%下限值，即该值对应的失效概率为5%。而在RCC-MRx规范中[9]，最小蠕变断裂应力通常取平均值的80%，对应安全系数为1.25。HOU等[10]提出了一种基于概率的蠕变强度参量评估方法，量化了ASME规范中316和304奥氏体不锈钢最小蠕变断裂应力的失效概率，分析了温度和安全系数对概率评估结果的影响以及现有规范设计方法的保守性。FU等[11]针对316奥氏体不锈钢，构建了可靠性与安全系数的关联模型，分析了不同规范中最小蠕变断裂曲线的定义方法。发现高温低应力下，ASME规范中最小蠕变断裂曲线显著低于RCC-MRx中(安全系数1.25)的结果，提出需结合应力和温度优化安全系数，以解决过度保守设计问题。考虑到不同定义方式所涵盖的保守性存在差异，为阐明该差异，需要建立基于安全系数与概率两种定义方式的关联方法。

本研究基于617合金平均蠕变断裂寿命数据[12]，关联基于安全系数与概率的两种定义方式，建立了最小蠕变断裂应力准则失效概率分析方法，计算617合金最小蠕变断裂应力准则的失效概率，讨论温度和安全系数对失效概率的影响，分析给定失效概率下安全系数与温度和应力的关系。

1 最小蠕变断裂应力准则失效概率分析方法

针对617合金开展最小蠕变断裂应力准则失效概率评估，蠕变试验数据来源于已发表的报告[12]。使用Larson-Miller方程表示617合金的平均蠕变断裂寿命，如式(1)所示：

$$y_1=\log t_1=\frac{a_0+a_1\times\log(\sigma_1)+a_2\times(\log(\sigma_1))^2}{T}-C \tag{1}$$

式中，t_1为平均蠕变断裂寿命，a_0，a_1，a_2，C为材料参数；σ_1为平均蠕变断裂应力；T为温度。

平均蠕变断裂寿命是材料性能的一个基本变量，体现了材料在特定应力和温度下的承载能力。最小蠕变断裂应力准则与平均蠕变断裂寿命数据的关联方法如图1所示[10,13-14]。引入新项$k_0\times SEE$确定特定失效概率下的蠕变断裂应力下限〔见式〕，在*ASME*规范中，最小蠕变断裂应力S_r定义为蠕变断裂寿命数据的95%下限，对应$k_0=-1.65$。

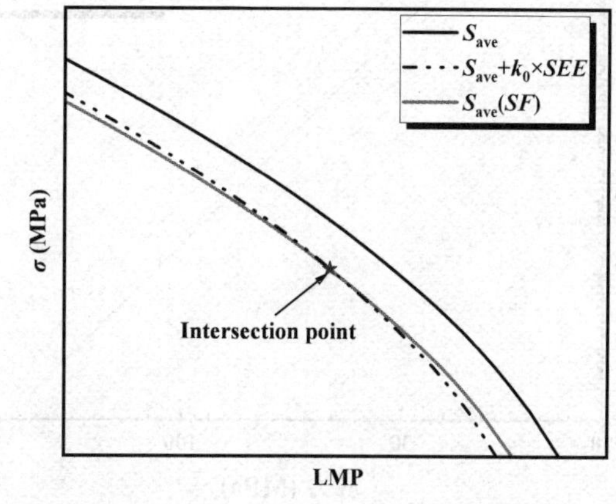

图1 最小蠕变断裂应力准则与平均蠕变断裂寿命的关联方法[10]

$$y_2=\log t_2=\frac{a_0+a_1\times\log(\sigma_2)+a_2\times(log(\sigma_2))^2}{T}-C+k_0\times SEE \tag{2}$$

式中,t_2为蠕变断裂寿命下限;a_0,a_1,a_2,C 为材料参数;SEE 为对数蠕变断裂寿命估计标准差;σ_2为蠕变断裂应力下限;T 为温度;k_0为概率参数。

在 RCC-MRx 规范中,最小蠕变断裂应力取平均值的 80%,对应安全系数为 1.25。安全系数 SF[11]定义为:

$$SF=\frac{\sigma_1}{\sigma_2} \tag{3}$$

式中,σ_1为平均蠕变断裂应力;σ_2为蠕变断裂应力下限;SF 为安全系数。

联立式(1)~(3),推导 k_0的表达式,如式(4)所示,可计算任意 Larson-Miller 参数(即温度和蠕变断裂寿命的组合)下的失效概率。其中,k_0是应力、安全系数 SF、温度和标准差的函数[10-11]。

$$k_0=\frac{(a_1+2a_2\times\log\sigma)\times\log(SF)-a_2\times(\log(SF))^2}{T\times SEE} \tag{4}$$

式中,k_0为概率参数;a_0,a_1,a_2,C 为材料参数;SEE 为对数蠕变断裂寿命估计标准差;σ 为应力;T 为温度,SF 为安全系数。617 合金 Larson-Miller 方程相关参数见表 1。

表 1 617 合金 Larson-Miller 方程相关参数[12]

项目	数值
a_0	32 976.41
a_1	−5 908.10
a_2	0
C	16.73
SEE	0.34

基于 ASME 和 RCC-MRx 规范中的定义方式,绘制了考虑安全系数和概率的最小蠕变断裂曲线,如图 2 所示。可以看出,最小蠕变断裂曲线与安全系数和概率相关,在本研究中,617 合金基于安全系数和概率定义方式得到的最小蠕变断裂曲线差异较小。

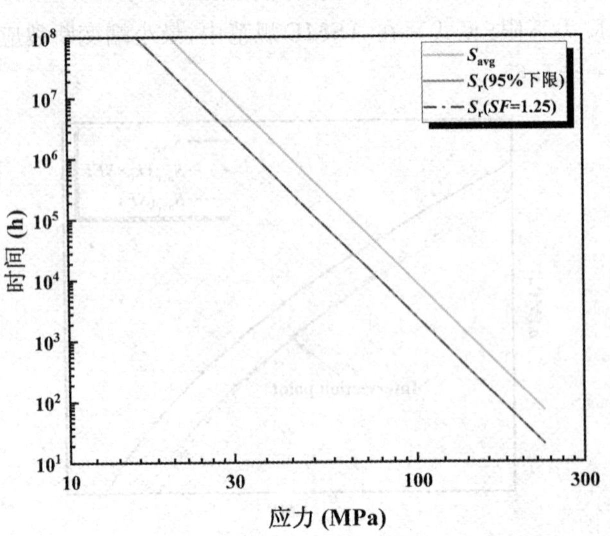

图 2 617 合金最小蠕变断裂应力S_r曲线(750℃)

617 合金的蠕变断裂寿命近似服从对数正态分布，其概率密度函数和失效概率可由式(5)和式(6)积分计算：

$$f(y)=\frac{1}{S\sqrt{2\pi}}\exp\left[-\frac{(y-\mu)^2}{2S^2}\right] \tag{5}$$

$$F(y)=\int_{-\infty}^{y}f(t)\,dt \tag{6}$$

式中，$f(y)$ 为概率密度函数；S 是标准差；μ 为均值；$F(y)$ 为概率分布函数；y 是积分上限。

2 最小蠕变断裂应力准则失效概率分析结果

2.1 温度和安全系数对失效概率分析结果的影响

采用前述方法对 617 合金 750，850，950 ℃最小蠕变断裂应力进行概率评估，安全系数 SF 包括 1.0，1.25 和 1.5，失效概率分析结果如图 3 所示。以 750 ℃为例，安全系数为 1.0 时，失效概率恒定为 5%。这是因为最小蠕变断裂应力 S_r 在 ASME 规范中定义为 95%下限应力，对应失效概率为 5%。安全系数大于 1.0 时，如 1.25 和 1.5，失效概率仍然是恒定值，分别为 0.049%和 0.00017%。从式中可以看出：若参数 a_2 不等于 0，系数 k_0 与温度、安全系数和应力相关。617 合金报告中仅给出了一阶 Larson－Miller 方程参数($a_2=0$)，系数 k_0 与应力无关，失效概率仅为温度和安全系数的函数，当温度和安全系数确定后，失效概率为恒定值。当安全系数大于 1.0 时，失效概率随温度升高而变大。

图 4 显示了 617 合金在 750，850，950 ℃时失效概率随安全系数的变化情况。可以看出：随着安全系数变大，各温度下最小蠕变断裂应力准则的失效概率均呈现减小的趋势；当安全系数确定时，最小蠕变断裂应力准则的失效概率随温度升高而增大。式中系数 a_2 为 0，a_1 为负值，k_0 随安全系数增加而减小，随温度升高而增大，由于式中 k_0 为积分上限，所以失效概率随 k_0 减小而降低，这与上述结论一致。

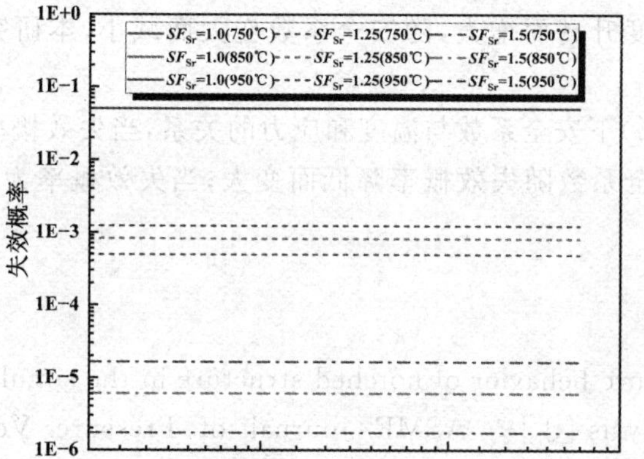

图 3　617 合金最小蠕变断裂应力失效概率与应力水平和安全系数的关系

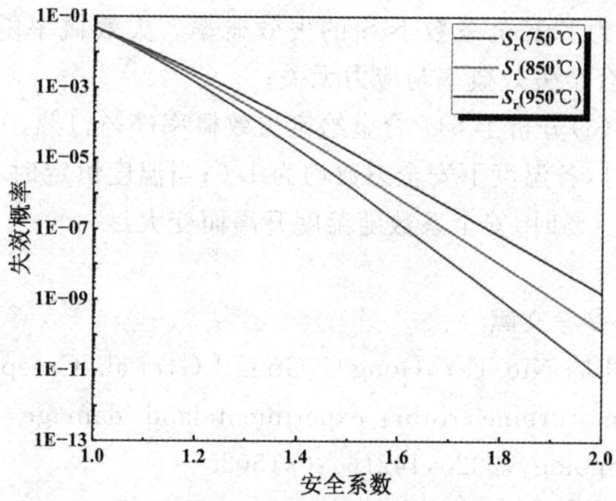

图 4　617 合金失效概率与安全系数的关系

2.2 特定失效概率下安全系数分析

图 5 为给定失效概率(5%，1%，0.1%)时，617 合金在 750，850，950 ℃时安全系数随应力的变化情况。可以看出：当失效概率为 5%时，式中 $k_0=-1.65$，各温度下安全系数 SF 均为 1.0；当失效概率为 1%时，750，850，950 ℃下安全系数 SF 分别为 1.098、1.108 和 1.118；当失效概率为 0.1%时，750，850，950 ℃下安全系数 SF 分别为 1.216、1.239 和 1.263。当温度恒定时，安全系数 SF 随失效概率降低而变大；当失效概率为 1%和 0.1%时，安全系数 SF 随温度升高而变大。

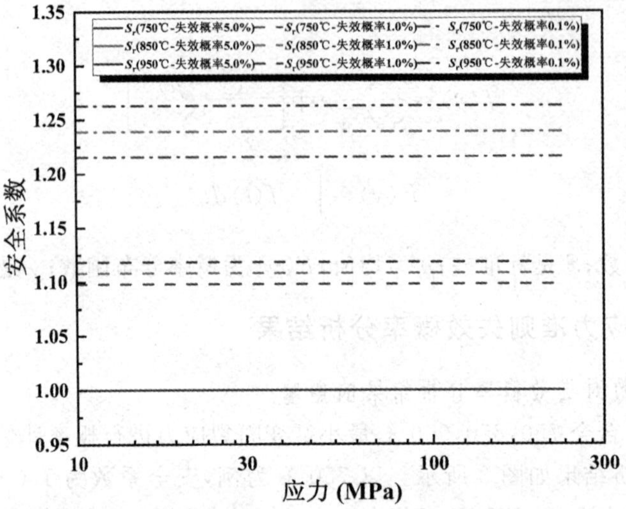

图 5　617 合金在不同温度、应力和失效概率下所需安全系数

3　结　论

基于 617 合金平均蠕变断裂寿命数据，关联基于安全系数与概率的最小蠕变断裂应力定义方式，引入安全系数和概率参数 k_0，构建了最小蠕变断裂应力准则失效概率计算框架，分析了 750，850，950 ℃下 617 合金最小蠕变断裂应力准则失效概率与温度、应力和安全系数的关系。结论如下：

(1)基于 ASME 与 RCC－MRx 规范中基于安全系数和概率的最小蠕变断裂应力定义方式，所得 617 合金得到的最小蠕变断裂曲线差异较小；

(2)基于构建的最小蠕变断裂应力准则失效概率分析方法，计算了 617 合金在 750，850，950 ℃时不同应力和安全系数下 S_r 的失效概率。失效概率随温度升高而增大，随安全系数变大而减小，本研究中 617 合金失效概率与应力无关；

(3)分析了 617 合金给定失效概率(5%，1%，0.1%)下安全系数与温度和应力的关系，当失效概率为 5%时，各温度下安全系数均为 1.0；当温度恒定时，安全系数随失效概率降低而变大；当失效概率为 1%和 0.1%时，安全系数随温度升高而变大。

参考文献

[1] Niu T Y, Gong C, Gong J G, et al. Creep failure behavior of notched structure in the simulated steam turbine rotor: experimentaland damage analysis [J]. ASME Journal of Pressure Vessel Technology, 2020, 142(6): 061502.

[2] Gong J G, Xia Q W, Xuan F Z. Evaluation of simplified creep design methods based on the case analysis of tee joint at elevatedtemperature[J]. Journal of Pressure Vessel Technology, Transactions of the ASME, 2017, 139(4): 041412.

[3] Zhao P, Xuan F Z, Wang C. A physically－based model of cyclic responses for martensitic steels with the hierarchical lathstructure under different loading modes[J]. Journal of the Mechanics and Physics of Solids, 2019, 124: 555－576.

[4] Hayner G O, Bratton R L, Mizia R E, et al. Next generation nuclear plant materials research and development program plan [R]. Idaho National Laboratory, 2006, INL/EXT－06－11701, Revision 3.

[5] 轩福贞，宫建国．基于损伤模式的压力容器设计原理[M]．北京：科学出版社，2020.

[6] Lückemeyer N. Structural mechanics design concepts for large 700 ℃ steam turbine components in MPA[D]. Stuttgart (Germany):The University of Stuttgart,2012.

[7] Tu S T,Xuan F Z,Wang W Z. Some critical issues in creep and fracture assessment at high temperatures[J]. Acta MetallurgicaSinica,2009,45(7):781-787.

[8] ASME. ASME Boiler and Pressure Vessel Code,Section Ⅲ,Division 1,Subsection HBB Class 1,Components in elevatedtemperature service[S]. 2015.

[9] RCC-MRx. Design and construction rules for mechanical components of nuclear installations: high temperature,research andfusion reactors[S]. 2015.

[10] Hou X Y,Fu J H,Gong JG,et al. A probabilistic evaluation method on temperature and time-dependent stress intensity limit Stin creep assessment of components at elevated temperatures [J]. Journal of Pressure Vessel Technology,2025,147(1):011702.

[11] Fu J H,Zhu K P,Gong J G,et al. Correlation between reliability and safety factor based methods in characterizing uncertainty ofcreep rupture properties [J]. International Journal of Pressure Vessels and Piping,2023,206:105068.

[12] Wright R. Draft ASME Boiler and Pressure Vessel Code Cases and technical bases for use of alloy 617 for constructions ofnuclear component under Section III,Division 5[R]. Idaho National Laboratory,2021,INL/EXT-15-36305,Revision 2.

[13] 于少博,戴守通,王田静,等.基于ASME Ⅲ-5规范和R5规程的高温非弹性蠕变疲劳损伤评价方法研究[J]. 压力容器,2023,40(1):68-74.

[14] 谈熙明,李智,高付海,等.ASME高温规范中蠕变断裂应力最小值和平均值的关系及理论公式的探讨[J]. 压力容器,2023,40(5):62-69.

作者简介

侯鑫阳(2000),男,博士研究生,主要从事高温结构完整性研究,通信地址:200237 上海市徐汇区梅陇路130号,E-mail:Y12242129@mail. ecust. edu. cn,电话:13849947818。

通信作者:宫建国(1988),男,副教授,博士,主要从事高温结构完整性研究,通信地址:200237 上海市徐汇区梅陇路130号,E-mail:jggong@ecust. edu. cn,电话:021-64251623。

厚度对碳纤维复合材料层合板单轴压缩性能的影响机理研究

秦子兴[1],丁会明[2,3],朱时洋[4],金　灿[2],王　健[3],王　晗[1]

(1. 浙江大学 机械工程学院,杭州 310027;2. 浙江大学 能源工程学院,杭州 310027;
3. 东海实验室,浙江舟山 316021;4. 武汉第二船舶设计研究所,武汉 430205)

摘　要:复合材料壳板压缩性能对耐压结构深海承载安全至关重要,大潜深、大尺寸等极端条件导致复合材料壳板厚度增加,而复合材料压缩性能存在厚度效应。为了进一步揭示大厚度复合材料层合板压缩性能下降机理,以三种厚度层合板为对象,系统开展了单轴压缩试验、层间剪切试验、面外拉伸试验和宏—微观损伤表征试验。结果表明:当厚度由 2mm 增加到 12mm,复合材料层合板内部孔隙率由 0.53%增加到 2.72%,层合板压缩强度、层间剪切强度和面外拉伸强度分别降低 10.3%、12.7%和 23.6%,均呈现显著下降趋势。随着层合板厚度增加,压缩试样由强度损伤主导的压溃失效转变为分层主导的压溃失效,面外拉伸试样断口也呈现层间界面剥离与纤维断裂混合模式转变为层间界面剥离主导模式。层间剪切强度和面外拉伸强度的降低,导致厚层合板在正应力与剪切应力作用下容易发生分层失效,厚层合板单轴压缩性能降低。本文研究可为大厚度复合材料层合板压缩性能调控和复合材料深海耐压结构服役安全提供支撑。

关键词:碳纤维复合材料;耐压结构;厚层合板;压缩性能;层间性能;面外拉伸性能

Mechanistic study on the effect of thickness on the uniaxial compressive properties of carbon fiber reinforced composite laminate

QIN Zixing[1], DING Huiming[2,3], ZHU Shiyang[4], JIN Can[2], WANG Jian[3], WANG Han[1]

(1. School of Mechanical Engineering, Zhejiang University, Hangzhou 310027, China;
2. College of Energy Engineering, Zhejiang University, Hangzhou 310027, China;
3. Donghai Laboratory, Zhoushan 316021, China; 4. Wuhan Second Ship Design And Research Institute, Wuhan 430205, China)

Abstract: The compressive performance of carbon fiber reinforced composite (CFRP) laminated plates is crucial for the deep-sea load-bearing safety of pressure hull structures. Extreme conditions such as great diving depths and large structure dimensions lead to increased thickness of CFRP laminates, while the compressive properties of CFRP laminates exhibit thickness effects. To further reveal the mechanism behind the degradation of compressive performance in thick CFRP laminates, systematic uniaxial compression tests, interlaminar shear tests, out-of-plane tensile tests, and macro-microscopic damage characterization experiments were conducted on three different thickness CFRP laminates. Results indicate that as thickness increases from 2mm to 12mm, the internal porosity of CFRP laminates rises from 0.53% to 2.72%, accompanied by reductions of 10.3%, 12.7%, and 23.6% in compressive strength, interlaminar shear strength, and out-of-plane tensile strength respectively, which showing a significant downtrend. With increasing laminate thickness, the failure mode of compression specimens transitions from strength - damage - dominated crushing mode to delamination - dominated crushing mode, while the fracture surfaces of out - of - plane tensile specimens shift from a mixed mode of interlaminar interface peeling and fiber fracture to a predominantly interfacial peeling mode. The decreased interlaminar shear strength and out - of - plane tensile strength render thick CFRP laminates more prone to delamination failure under combined normal stress and shear stress, ultimately leading to reduced uniaxial compressive performance. This study provides theoretical support for regulating compressive properties of thick CFRP laminates and ensuring service safety of CFRP composite deep - sea pressure hull structures.

Keywords: CFRP; Pressure hull structure; thick CFRP laminate; compressive properties; inter - laminar properties; out - of - plane tensile properties

0 引 言

碳纤维增强复合材料(CFRP)具有高模量、高比强度、耐腐蚀性、抗疲劳以及优异的抗冲击性能[1-5]，成为实现深海耐压结构轻量化的重要组成方式[6-8]，如无人潜航器[9]及水下滑翔机[7,10]均采用了CFRP圆柱壳。而面对极端海洋环境服役的要求，潜航器等深海装备呈现大尺寸、大潜深的发展趋势[11]，对CFRP耐压结构的外压承载能力提出了更高要求，同时CFRP耐压结构壳板厚度增加。然而，CFRP层合板存在厚度效应，对比薄层合板，厚层合板会在更低应力水平下发生破坏，表现出更低的压缩强度[11-16]。因此，科学理解厚度变化对CFRP抗压性能和失效行为，对CFRP耐压结构或其他海洋装备结构安全设计具有重要意义。

目前，国内外学者通常将厚层合板定义为厚度不低于6mm的层合板[17]。GAO等[18]通过40～70mm厚度CFRP层合板单轴压缩试验发现，对比40mm厚度层合板，70mm厚度层合板压缩强度下降了10%，存在显著厚度效应，与层合板内部的孔隙缺陷、横向剪切效应相关，建立了CFRP层合板压缩强度与厚度的指数经验关系；CHEN等[19]则开展了30mm与40mm层合板单轴压缩试验，层合板厚度增加后压缩强度下降了6%；LIU等[20]针对3mm、6mm和9mm三种厚度CFRP层合板开展了相关试验，发现随着厚度的增加，相比3mm层合板，6mm和9mm层合板压缩强度分别下降了7.05%和10.31%；HAO等[21]开展了6mm到20mm厚度单向玻璃纤维增强环氧树脂基复合材料层间剪切试验，发现厚度增加后层合板层间剪切强度下降了15.7%，且用Weibull模型定量表征厚度对性能分散性的影响；GAO等[22]发现通过具有不同铺层的31mm超厚CFRP层合板压缩试验发现，超厚层合板在单轴压缩载荷下基本呈现“先分层后压溃”的失效过程，超厚层合板的分层与外面拉伸强度下降相关，实测面外拉伸强度下降了44%。

厚度的增加往往导致CFRP在固化成型过程中出现不均匀的热场分布和压力传导，导致厚度截面上树脂固化度不同步性增加[23-24]，在结构中部更容易形成孔隙、气孔等细观结构缺陷[19,25]，进而导致层合板层间界面和层内强度降低[26-29]，在面外应力和横向剪切应力等作用下，更容易引起层间失效[30-31]。由于层间性能的下降，随着厚度增加，CFRP层合板在压缩载荷下的失效特征发生转变。在压缩载荷下，薄层合板首先发生面内剪切断裂，剪切裂纹主要在中心层附近形成，而厚层合板则会因为过早发生分层现象进而导致局部失稳引起整体失效[19,22]。因此，为了深入揭示CFRP厚层合板压缩强度下降机制，需要系统探究厚层合板压缩强度与层间剪切强度和面外拉伸强度的关联关系，这也是当前研究存在的短板。

本文以三种厚度CFRP层合板对象，系统开展了单轴压缩试验、层间剪切试验、面外拉伸试验、宏—微观损伤表征和渐进损伤FEM计算分析，探究了厚层合板的压缩失效机理，并初步建立了压缩强度与层间剪切强度、面外拉伸强度经验关系，为CFRP厚层合板压缩性能调控及CFRP深海耐压结构服役安全提供了理论基础和试验数据。

1 试验方案

1.1 试样准备

本研究采用威海光威复合材料有限公司提供的碳纤维/环氧 CFRP 预浸料 USN25000F－7901,标称厚度为 0.25mm,纤维质量分数为 65%。利用该预浸料分别制备了三种不同厚度(2mm,6mm,12mm)的层合板,其中单轴压缩试样和面外拉伸试样采用准各向同性铺层,层间剪切试样采用单向铺层。层合板制备采用热压罐工艺,首先以 2℃/min 从室温升温到 80℃,保温 30 min;然后以 2 ℃/min 升温到 120℃,保温 120 min;最后以 1.5℃/min 降温至室温,热压罐内施加 0.6MPa 压力。

1.2 试验方法

1.2.1 单轴压缩试验

目前 CFRP 薄层合板压缩性能测试主要参照 ASTM D6641、ASTM D3410、GB/T 1448 等标准,而厚度不低于 12mm 的层合板已超出上述标准适用范围,需要设计适用于 12mm 厚度层合板的压缩试样。压缩试样要在发生欧拉屈曲前发生强度失效,标距段不能过长[32];压缩试样两端加强片通过纯剪切传递的载荷不低于极限压缩载荷;压缩试样标距段不能过短,要考虑加强片边缘效应影响,有合适的应力均匀区。结合式(1)～(3),最终确定了三种厚度层合板压缩试样尺寸(见表 1)。两端加强片与试验件采用 Araldite 420A/B 粘接。

$$\sigma_{cr} \leqslant \frac{0.67k\pi^2(EI)}{AL^2} \tag{1}$$

$$I = wt^3/12 \tag{2}$$

$$L_{\max} \leqslant \pi t\sqrt{\frac{0.67kE}{12\sigma_{cr}}} \tag{3}$$

式中,σ_{cr} 为极限抗压强度;E 为材料的杨氏模量;I 为截面惯性矩;A 为试样的横截面积;L 为标距段长度;w 为试样横截面宽度;t 为试样横截面厚度。

表 1 压缩试验试样尺寸

试样厚度 t/mm	试样总长度 L/mm	试样标距长度 L_0/mm	试样宽度 w/mm	加强片厚度 t_1/mm
2	140	13	13	1.5
6	140	13	13	1.5
12	140	15	15	4

压缩试验采用毅测 ED25.305 万能试验机,最大载荷为 300kN,加载速度为 1.3mm /min。2mm 和 6mm 层合板试样采用 ASTM D6641 标准,通过组合加载方式对试样进行夹持;12mm 层合板则通过液压驱动夹持试验件,采用轴向压缩与剪切载荷混合加载,将压缩载荷传递到试样标距段(见图 1(b))。

1.2.2 层间剪切试验

层间剪切试验参照 ASTM D2344 标准,层间剪切试样见图 1(a)。采用 INSTRON 34TM－50 试验机,最大载荷为 50kN,配备短梁剪切试验工装,加载速度为 1mm/min,试验示意图见图 1(c)。

1.2.3 面外拉伸试验

面外拉伸试验参照 ASTM D7291 标准,面外拉伸试样见图 1a。采用 INSTRON 8500 试验机,最大载荷为 100kN,加载速率为 0.1 mm/min。面外拉伸试样上下粘贴拉块,与试验夹具连接,试验夹具可以实现自适应对中,试验示意图见图 1(d)。

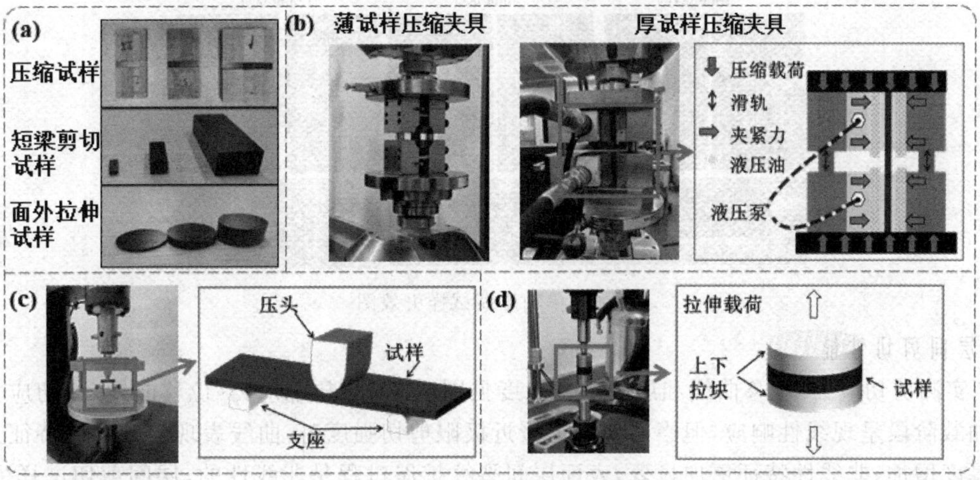

图 1 (a)待测试样实物图;(b)单轴压缩试验系统原理图;(c)层间剪切试验系统原理图;(d)面外拉伸试验系统原理图

1.2.4 宏一微观表征试验

采用金相试验和 Olympus 光学显微镜,观察层合板内部孔隙率;在日立 S－3400N 电子扫描显微镜(SEM)上,开展试样断口特征分析。

2 结果讨论与分析

2.1 压缩性能

CFRP 实测压缩应力-位移曲线和压缩强度见图 2。

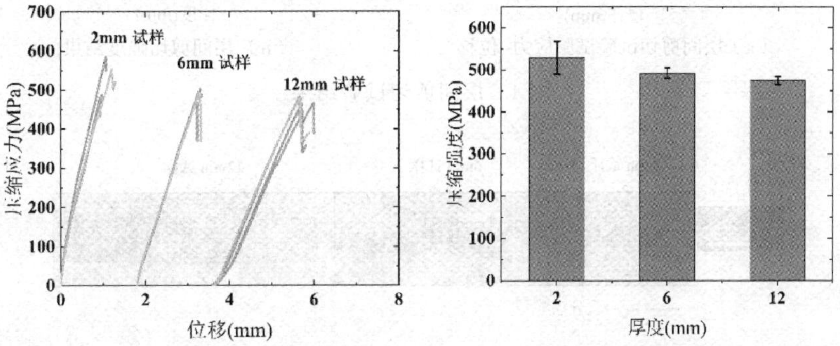

(a) 压缩试验应力-位移　　(b) 压缩强度结果

图 2 压缩试验结果

压缩应力-位移曲线基本呈现线性响应特征,直至试样最终发生压缩失效。2mm 和 6mm 层合板试样在极限载荷处发生整体强度破坏的失效特征,而 12mm 层合板部分试样呈现了“先分层后压溃”的失效过程,在试样分层位置会存在曲线波动。三种厚度层合板实测压缩强度的最大离散系数为 7.8%,未超过 10%,试验结果具有较好的一致性。当试样厚度从 2 mm 增加到 6 mm 和 12mm 时,压缩强度从 528.7 MPa 下降到 491.4MPa 和 474.1MPa,分别下降了 7.1%和 10.3%。随着层合板厚度增加,CFRP 层合板压缩强度呈现下降趋势,表明压缩性能存在显著厚度效应。

三种厚度 CFRP 单轴压缩试样失效图见图 3,2mm 和 6mm 层合板试验断口呈现明显的纽结带断裂和分层失效混合特征,12mm 层合板试样断口主要呈现分层失效和局部强度破坏特征。在三种试样的强度破坏位置,同时存在基体开裂与纤维断裂。随着层合板厚度增加,压缩试样由强度损伤主导的压溃失效转变为分层主导的压溃失效。

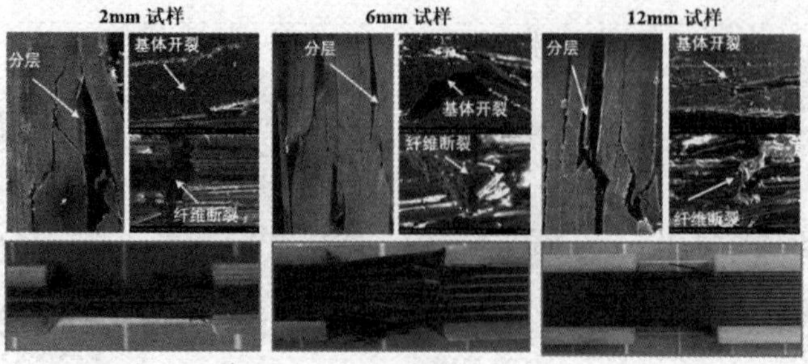

图 3　单轴压缩试样失效图

2.2　层间剪切性能

CFRP 实测剪切应力-位移曲线和层间剪切强度见图 4。对比压缩应力-位移曲线，剪切应力-位移曲线在初始加载阶段呈现线性响应，但当剪切应力接近极限剪切强度时，曲线表现出非线性特征。同时，随着层合板厚度增加，非线性特征更加显著，表面层间裂纹扩展过程是非线性的，层间剪切试样失效如图 5 所示。

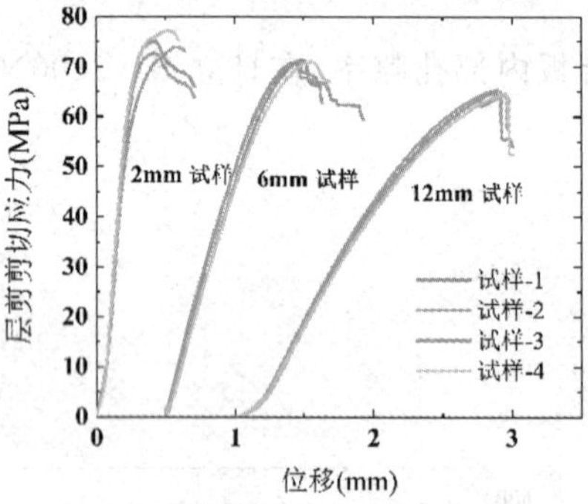

(a) 层间剪切试验试验应力-位移

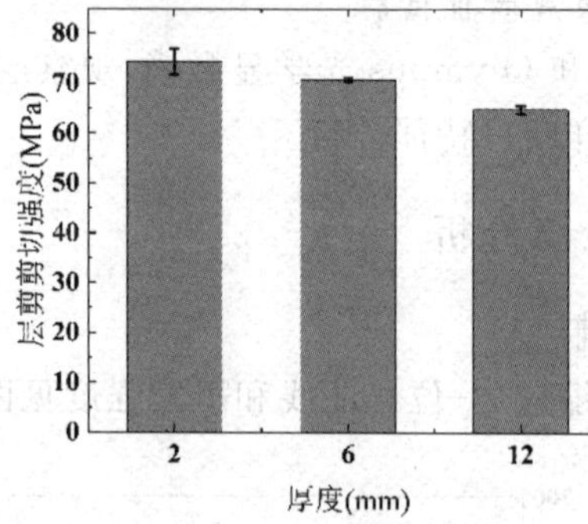

(b) 层间剪切强度结果

图 4　层间剪切试验结果

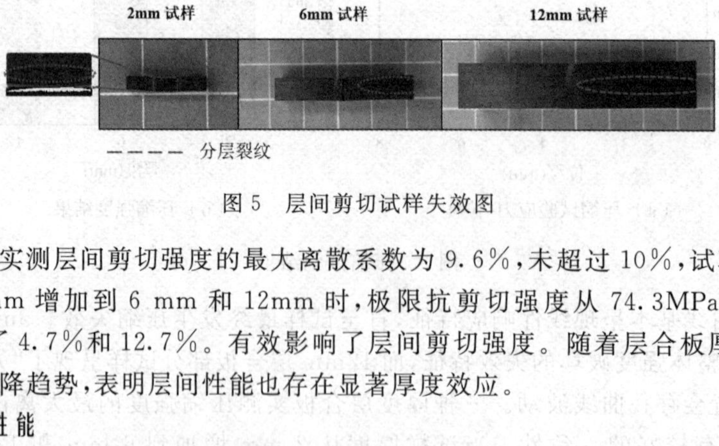

图 5　层间剪切试样失效图

三种厚度层合板实测层间剪切强度的最大离散系数为 9.6%，未超过 10%，试验结果具有较好的一致性。当试样从 2 mm 增加到 6 mm 和 12mm 时，极限抗剪切强度从 74.3MPa 下降到 70.8MPa 和 64.9MPa，分别下降了 4.7% 和 12.7%。有效影响了层间剪切强度。随着层合板厚度增加，CFRP 层合板层间强度也呈现下降趋势，表明层间性能也存在显著厚度效应。

2.3　面外拉伸性能

CFRP 实测面外拉伸应力-位移曲线和面外拉伸强度见图 6。对比压缩应力-位移曲线，面外拉伸应力-位移曲线也基本呈现线性响应，直至试样发生最终破坏。三种厚度层合板实测面外拉伸强度的最大离散系数为 2.0%，未超过 10%，试验结果具有较好的一致性。当试样从 2 mm 增加到 6 mm 和 12mm 时，面外拉伸强度从 29.0MPa 下降到 28.1MPa 和 23.6MPa，分别下降了 3.1% 和 18.6%。随着层合板厚度增加，CFRP 层合板面外拉伸强度也呈现下降趋势，表明外面性能也存在显著厚度效应。对比压缩强度和层间剪切强度，12mm 层合板的面外剪切强度下降幅度最大。面外拉伸强度下降，一方面表明厚层合板层间性能降低，与厚板层间剪切试验结果抑制；另一方面表明面外正应力 S33 对厚层合板单轴压缩失效的影响程度加深。

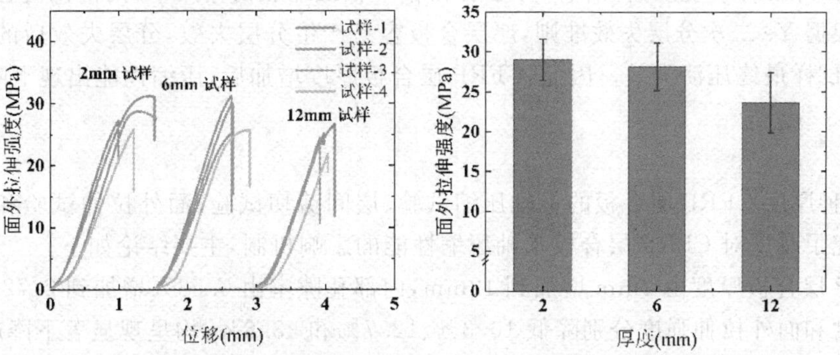

（a）面外拉伸试验应力-位移　　（b）面外拉伸强度结果

图 6　面外拉伸试验结果

对比不同厚度 CFRP 面外拉伸试样断面（见图 7），2mm 层合板试样断裂面上存在大面积的纤维断裂和少量的层间界面剥离，6mm 层合板试样断裂面上则存在较大面积层间界面剥离和少量的纤维断裂，而 12mm 层合板试样断裂面上基本只存在层间界面剥离。随着层合板厚度增加，面外拉伸断裂失效模式由纤维断裂与层间剥离混合失效模式转变为层间剥离模式。

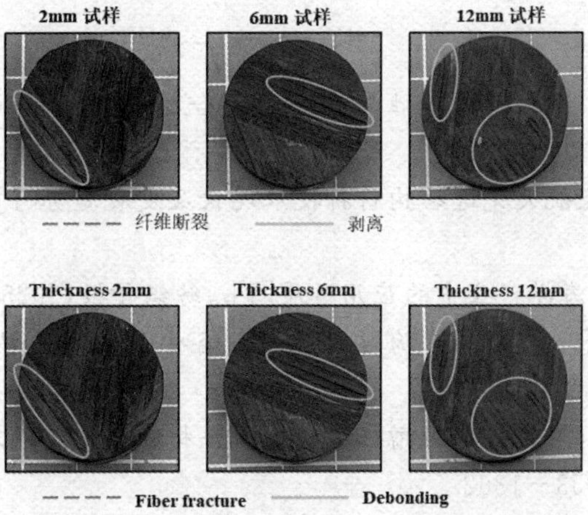

图 7　不同厚度面外拉伸试样断面损伤图

2.4　孔隙率

随着层合板厚度由 2mm 增至 6mm 和 12mm，孔隙率由 0.53％增长至 1.15％和 2.72％（见图 8），孔隙含量显著增加，且大孔径孔隙含量也显著提升。随着层合板厚度增加，厚层合板固化过程中容易因传热不均产生温度梯度[33]，造成树脂的流动性差异，树脂固化过程非均匀，中心气体不能有效排出，从而厚层合板内部容易形成树脂富集区和孔隙缺陷集聚。

2.5　厚层合板压缩性能下降机理分析

在深海外压环境下，CFRP 耐压结构内部处于双向压缩载荷状态，CFRP 层合板压缩性能直接决定了耐压结构外压承载能力。结合上述试验结果发现，随着 CFRP 层合板厚度增加，层合板固化过程中结构内部温度场非均匀性增加，厚度方向上存在固化梯度不均匀，中部温度高，固化

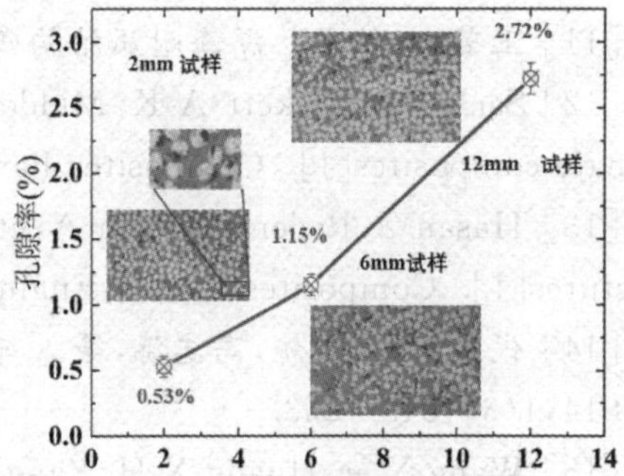

图 8　不同厚度试样的孔隙分布

速度快,产生的气体不容易向两侧排出,容易形成孔隙等缺陷。孔隙率增加后,厚层合板层间性能降低,层间剪切强度和面外拉伸强度显著降低。厚层合板在单轴压缩载荷作用下,内部同时存在法向正应力和横向剪切应力,根据 Ye 二次分层失效准则,厚层合板容易产生分层失效,分层失效后的子层板因刚度降低发生屈曲引起试样最终压溃失效。因此,CFRP 层合板厚度增加后,压缩性能出现下降。

3 结 论

本文基于三种厚度 CFRP 层合板的单轴压缩试验、层间剪切试验、面外拉伸试验和宏一微观损伤表征试验,系统探究了厚度对 CFRP 层合板单轴压缩性能的影响机制,主要结论如下。

(1)当 CFRP 层合板厚度由 2mm 增加到 12mm,内部孔隙率由 0.53%增加到 2.72%,层合板压缩强度、层间剪切强度和面外拉伸强度分别降低 10.3%、12.7%和 23.6%,均呈现显著下降趋势;

(2)随着层合板厚度增加,层间剪切强度和面外拉伸强度的降低,导致厚层合板在正应力与剪切应力作用下容易发生分层失效,层合板由强度损伤主导的压溃失效转变为分层主导的压溃失效,表现为单轴压缩性能降低;

(3)CFRP 深海耐压结构主要利用了厚层合板的压缩性能,本文研究工作对 CFRP 厚层合板性能调控和深海耐压结构安全设计具有重要应用价值;

(4)本文采用不同试验方法对厚层合板压缩性能机理进行了探究,如何基于试验结果建立 CFRP 厚层合板压缩性能数值模型或理论模型,还需要继续开展深入研究。

参考文献

[1] 曹维宇,杨学萍,张藕生. 我国高性能高分子复合材料发展现状与展望[J]. 中国工程科学,2020,22(5):112－120.

[2] 张国庆,滕超逸. 航空航天先进结构材料技术现状及发展趋势[J]. 航空材料学报,2024,44(2):1－12.

[3] 罗益锋. 纤维材料在海洋产业中的应用进展[J]. 纺织导报,2025(3):32－38.

[4] 张玉,邓欣,张飞凡,等. 碳纤维在海洋结构与装备中的应用与挑战[J]. 力学与实践,2022,44(2):249－257.

[5] 王登霞,孙岩,谢可勇,等. 碳纤维增强树脂基复合材料模拟海洋环境长期老化及失效行为[J]. 复合材料学报,2022,39(3):1353－1362.

[6] 齐肖. 碳纤维增强环氧树脂基复合材料的耐湿热性能研究[D]. 哈尔滨工业大学,2023.

[7] 唐琳. "海翼"号下潜 6329 米刷新世界纪录[J]. 科学新闻,2022,24(3):21.

[8] 沈允生,刘涛,张文忠. 小型观察型载人潜水器技术现状[J]. 江苏船舶,2008(4):13－17.

[9] 王毅,李更占. 支撑无人潜航器发展的三大关键技术[J]. 科学 24 小时,2025(3):11－13.

[10] 宋雨. 深海水下滑翔机复合材料耐压舱研究[D]. 天津大学,2022.

[11] 王芳,崔维成. 深海耐压结构研究现状和发展趋势[J]. 船舶工程,2021,43(2):21－27.

[12] Sachse R, Pickett A K, Middendorf P. Simulation of impact and residual strength of thick laminate composites[J]. Composites Part B: Engineering, 2020, 195: 108070.

[13] Hasan Z, Rader J, Olson A, et al. Design, analysis and fabrication of thick co－cured wing structures[J]. Composites Part B: Engineering, 2019, 177: 107335.

[14] 代志双,宋平娜,高志涛,等. 纤维复合材料在海洋油气开发中的应用[J]. 海洋工程装备与技术,2014,1(3):249－253.

[15] Wang X er, Huang X H, Yang J, et al. Experimental and analytical study on the pre－crack impact response of thick multi－layered laminated glass under hard body impact[J]. International Journal of Mechanical Sciences, 2021, 206: 106613.

[16] Xu M,Zeng B,An Z,et al. Experimental and Numerical Investigation on Fatigue Properties of Carbon Fiber Cross—Ply Laminates in Hygrothermal Environments[J]. Polymers,2022,14(9):1857.

[17] Djabali A,Toubal L,Zitoune R,et al. Fatigue damage evolution in thick composite laminates: Combination of X—ray tomography,acoustic emission and digital image correlation[J]. Composites Science and Technology,2019,183:107815.

[18] Gao Y,Zhu S,Ding H,et al. Thickness variation effect on compressive properties of ultra—thick CFRP laminates[J]. International Journal of Mechanical Sciences,2023,253:108390.

[19] Chen Y,Liang X,Wang B,et al. An experimental investigation of the compressive failure in quasi—isotropic ultra—thick CFRP laminates[J]. Composite Structures,2025,354:118818.

[20] Liu Y,Wang H,Zhang F,et al. Experimental and simulation study on compressive failure evolution of multidirectional laminates with different dimensions[J]. Engineering Failure Analysis, 2023,154:107633.

[21] Hao Z,Wang X,Ke H,et al. Experimental and numerical investigation on the size effect of interlaminar shear strength for thick composites[J]. Composite Structures,2025,353:118710.

[22] Gao Y,Wang J,Song X,et al. Investigation on the compressive mechanical properties of ultra—thick CFRP laminates[J]. International Journal of Mechanical Sciences,2023,241:107966.

[23] Maes V K,Potter K,Kratz J. Features and defects characterisation for virtual verification and certification of composites:A review[J]. Composites Part B:Engineering,2022,246:110282.

[24] 汪赫男,张佐光,顾轶卓,等．环氧复合材料层板热压成型孔隙缺陷影响因素[J]．复合材料学报,2007(5):55—60.

[25] 张立功,张佐光．先进复合材料中主要缺陷分析[J]．玻璃钢/复合材料,2001(2):42—45,55.

[26] 王旭康．碳纤维增强聚醚醚酮复合材料构件层间性能增强方法研究[D]．华中科技大学．

[27] 陈霏．孔隙影响碳纤维复合材料层合板力学性能研究[D]．大连:大连理工大学,2017.

[28] 刘颖红林,李伟,蒋鹏,等．基于声发射检测的能量释放率预测多向复合材料层合板的分层机理[J]．压力容器,2023,40(8):1—11.

[29] 王斌华,王泽锟,房宣衡,等．表面浅裂纹损伤后碳纤维增强树脂复合材料层合板断裂强度研究[J]．压力容器,2023,40(12):10—21.

[30] Behera A,Dupare P,Thawre M M,et al. Effects of hygrothermal aging and fiber orientations on constant amplitude fatigue properties of CFRP multidirectional composite laminates [J]. International Journal of Fatigue,2020,136:105590.

[31] 朱洪艳,李地红,张东兴,等．孔隙率对碳纤维/环氧树脂复合材料层合板湿热性能的影响[J]．复合材料学报,2010,27(2):24—30.

[32] Lee J,Soutis C. A study on the compressive strength of thick carbon fibre—epoxy laminates [J]. Composites Science and Technology,2007,67(10):2015—2026.

[33] Yuan Z,Tong X,Yang G,et al. Curing Cycle Optimization for Thick Composite Laminates Using the Multi—Physics Coupling Model[J]. Applied Composite Materials,2020,27(6):839—860.

作者简介

秦子兴(2001),男,工学硕士,主要从事碳纤维复合材料压缩失效机制研究,通信地址:310027 浙江大学开物苑,E—mail:22325207@zju. edu. cn。

通信简介:丁会明(1990),男,副研究员,主要从事深海复合材料承压结构设计与安全研究,通信地址:310027 浙江大学特种装备楼,E—mail:pangding@zju. edu. cn。

第 2 章

设计、断裂力学

一种新型高压容器自适应增强密封设计

刘建平

（中国工程物理研究院化工材料研究所，四川绵阳 621900）

摘　要：从广义上讲压力容器包括所有能够承受压力载荷的密闭容器，其密封关键技术的应用范围极其广泛。为解决高压容器的密封难题，本文基于专利成果，提供一种新型径向高压容器端部环面自适应补偿增强密封设计，瞄准大、中型高压或超高压容器的端部环面动态、静态密封需求，在保证密封性能的前提下，通过优化的密封部件结构，实现根据容器内部的压力变化，自适应动态调整密封部件的预紧力。在容器端部装配时，允许存在一定的初始装配间隙，可明显降低装配难度，并能很好地解决密封部件密封的可靠性与零部件装配预紧状态拆装困难的一对矛盾难题。

关键词：高压容器；自适应；径向密封

Design for a novel self - adaption enhanced High - pressure Vessel seal

LIU Jianping

(Institute of Chemical Materials, China Academy of Engineering Physics, Mianyang 621900, China)

Abstract: In a broad sense, pressure vessels include all closed vessels that can withstand pressure loads, and the key sealing technologies are widely applied in industry. In order to efficiently solve the sealing problem of high - pressure vessels, a new type of adaptive compensation enhanced radial sealing design for the end face of high - pressure vessels is provided. The design is especially suitable for either static or dynamic sealing requirments of the end face of large and medium - sized high - pressure or ultra - high - pressure vessels. By optimizing the structure of the sealing components, using the internal pressure of the container to enhance the pre - tightening of the sealing components in an adaptive manner, the sealing performance is successfully improved. Furthermore, a certain assembly gap is allowed during the initial assembling of the end of pressure vessels, which can effectively resolve the dilemma between the reliability of the sealing components and the complexity during assembly and disassembly.

Keywords: high - pressure vessels; self - adaption; radial seal

0 引　言

从广义上讲，压力容器包括所有能够承受压力载荷的密闭容器，其用途广泛，在工业、民用、军工等许多部门以及科学研究的许多领域具有重要的地位和作用；其中高压容器的密封结构是整个高压设备中一个重要的组成部分，设备能否正常运行在很大的程度上取决于密封结构的完善性[1-2]。近年来，随着化工等有关工业部门对超高压容器的密封结构提出了更多的、新的要求，诸如容器的大型化，要求密封口径越来越大；容器开启频繁，要求结构轻巧装拆方便；容器内往往是易燃易爆介质，密封可靠性要求特别高等,促使超高压容器的密封技术迅速发展。

目前,高压容器的密封结构按其结构原理可分为强制性密封、自紧式密封等多种类型,其典型结构如:C形环、B形环、Bridgman密封等。一方面,强制密封依赖于螺栓的拉紧来保证顶盖、密封元件和筒体端部之间有一定的接触压力,以达到密封效果,难以适用于高压容器的密封;另一方面,由于现有轴向自紧式密封的局限,其进一步发展是容器向大直径、高压力发展的必然趋势。新型径向自紧式密封与强制性密封不同,当压力升高后,由于其结构特点,密封元件与顶盖、筒体之间的接触力加大,密封更有效;压力越高,密封效果越好。安装螺栓仅需用于保证初始密封所需的力,因此为简化容器顶部的结构,减小几何尺寸提供了可能性。

衡量超高压密封结构的优劣,主要依据以下几个原则[3]:

(1)在正常操作和压力、温度波动的情况下,都能保证容器的密封;

(2)结构简单,装拆和检修方便;

(3)加工制造方便;

(4)密封结构紧凑,密封元件少,占有高压空间小;

(5)所需的紧固件简单轻巧,以减少锻件吨位和尺寸;

(6)能多次重复使用。

通常密封失效判定是以O形橡胶圈是否被挤出到密封间隙中为准则[4]。本设计针对现有密封技术存在的不足,基于专利技术成果,提供一种新型高压容器端部环面自适应补偿增强密封设计,瞄准大、中型高压或超高压容器的端部环面动态、静态密封需求,通过自适应补偿增强技术原理并优化的设备构件密封结构,利用压力容器内部压力,自适应动态补偿密封部位的间隙和预紧力,以更好地提升密封性能。在容器端部装配时,鉴于其允许存在一定的初始装配间隙,可明显降低装配难度,并能更好地解决密封部件密封的可靠性与零部件装配预紧状态拆装困难的一对矛盾难题。

1 新型密封结构设计及其功能原理

一种新型高压容器端部环面自适应补偿增强密封设计,主要包括密封端盖,具体为:在该盖体上,其塞体部位的下部增设拱形腔,塞体的外部安装有密封防护套,密封防护套下端的外壁上开有环形的楔形槽,在该楔形槽内匹配安装有楔形密封环,在密封防护套的楔形槽处设有顶持楔形密封环的刚性压环,楔形密封环和刚性压环之间设置有软质(如纤维橡胶等)密封圈和密封压环,具体如图1[5]。

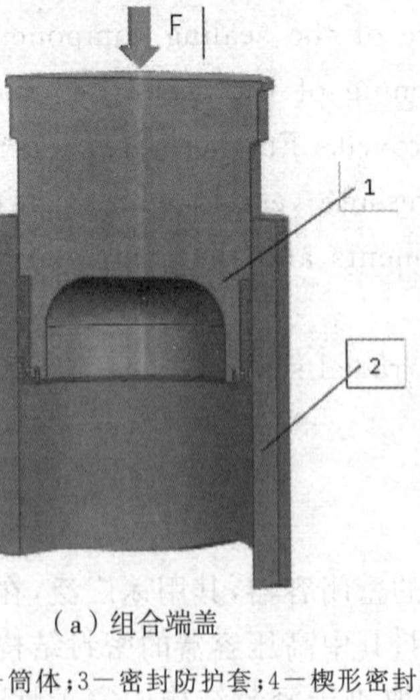

(a) 组合端盖

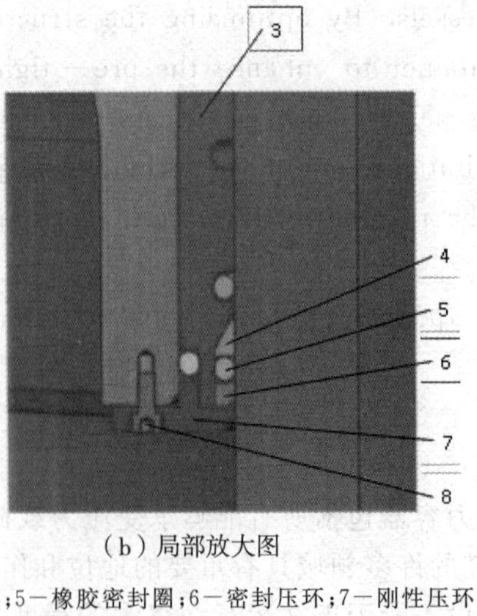

(b) 局部放大图

1—塞体;2—筒体;3—密封防护套;4—楔形密封环;5—橡胶密封圈;6—密封压环;7—刚性压环;8—螺钉

图1 组合端盖密封示意图

进一步说明,为了更好地实现密封效果,所述刚性压环与楔形密封环之间安装有密封压环;所述刚性压环与密封防护套的下端端部之间安装有橡胶密封圈;所述密封压环与楔形密封环之间安装有橡胶密封圈,该橡胶密封圈与高压容器的筒壁紧密作用,橡胶密封圈由于预压缩而产生预紧力,在高压容器低压作业时段时,该预紧力能实现容器的密封作用。所述拱形腔整体结构呈球拱形或圆柱拱形或台阶拱形等。所述密封防护套和楔形密封环一般推荐采用铜材料制造而成。

本密封设计相关效果实现的功能原理如下:

(1)利用容器内部压力驱动塞体筒壁的弹性变形,消除端盖塞体与容器筒体间的装配间隙;

(2)软质密封圈起到低压升压阶段的初始密封,提供塞体筒壁弹性变形所需内压力;

(3)软质密封圈同时推动楔形密封环实现密封预紧,实现高压阶段的更可靠密封。

基于上述三项结构功能联动组合,可达到更可靠密封的效果,尤其适用于大尺寸、高压或超高压容器的密封,同时也适用于特定容器塞体的轴向动密封工况需求。

2 端盖及其连接方式

本新型高压容器自适应增强密封设计相关端盖及其连接方式依旧可采取压力容器原有连接方式,无论是螺栓还是卡箍连接,但显然又存在其必然的区别。

以常见的螺栓法兰连接方式为对比示例,如图 2 所示,基于本新型密封设计的螺栓连接仅需克服内部压力产生的轴向推力,而无需再担心密封元件的预紧和松弛风险,即压力容器端盖微量的轴向位移不影响密封效果,而且是内部压力越高,随着原有间隙的减小并最终消除,其密封的可靠度及性能会更高。

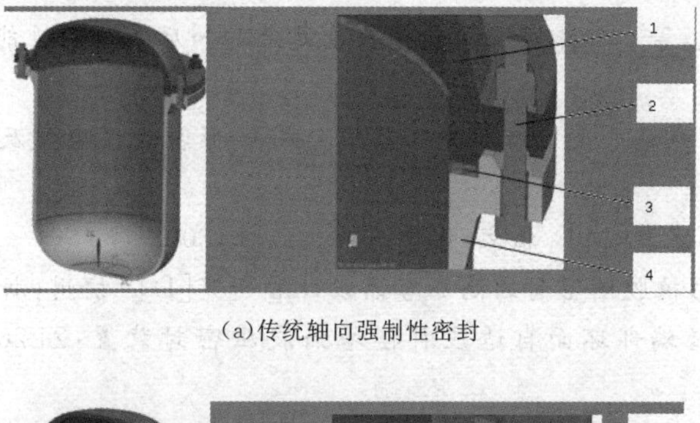

(a)传统轴向强制性密封

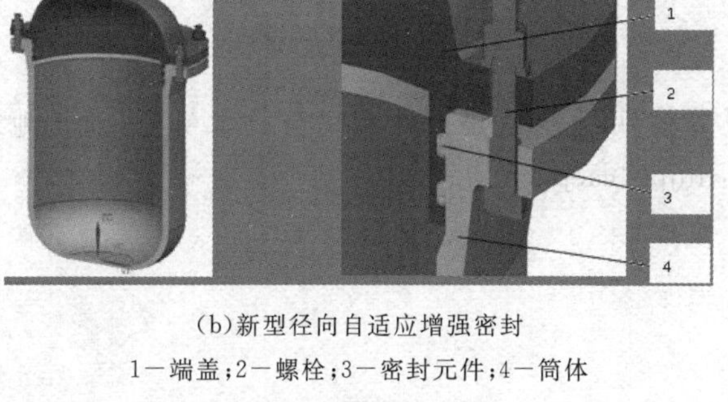

(b)新型径向自适应增强密封

1—端盖;2—螺栓;3—密封元件;4—筒体

图 2 密封结构对比

3 密封性能对比分析

基于虎克定律,利用压力容器端盖在内部承压下的弹性变形,将压力容器的端盖设计拱形结构并部分伸入筒体内,从而使端盖和筒体间形成一个环带层叠(搭接),从结构上表现为环带上的密封圈式密封,其优点在于:

(1)对比国标《压力容器》(GB 150.1~150.4—2011)密封结构,区别于传统的压力容器端面(垫片)轴向强制压紧式密封,本密封设计避免了在内部压力作用下随着螺栓等的弹性变形使轴向压紧力逐渐减小而导致密封失效;

(2)对比 Bridgman 密封等轴向自紧式密封，由于在内部压力作用下，其容器筒体会受力膨胀，原有密封缝隙增大，可能导致原有密封元件损坏而失效。本密封设计采取径向自紧式密封原理，通过端盖拱形腔结构设计，并使两零部件在密封部位形成“搭接”，从而形成压力容器构件级径向自适应补偿增强，在此微间隙(甚至“0”间隙)的状态下，可优化密封工况条件，降低对密封元件的依赖，大幅度提高密封元件的使用寿命，和整体密封性能。

4 结 论

新型径向高压容器自适应增强密封设计，瞄准大、中型高压或超高压容器的端部环面静态(或动态)密封需求，通过优化的密封部件结构，实现高压容器径向自适应动态补偿密封部件的间隙或预紧力，大幅提升其密封性能；其结构简洁明了，有效缓解密封的可靠性与零部件拆装(或检修)方便的一对矛盾难题。

新型径向高压容器自适应增强密封设计技术进一步的核心意义在于：动态诠释密封功能实现的演变机理，即：基于压力容器等主体构件的弹性匹配设计原理，以动态自适应增强密封的观点，从纯粹对密封元件(如：密封圈、环、垫等)的依赖，提升到设备构件级的(同步弹性形变＋重叠搭接)密封功能协同，其结构紧凑，无论内部压力高低变化都能大幅度消除密封间隙量，有效降低密封元件工况的恶劣程度和对密封材料的严苛要求，及时避免内部压力波动对密封性能的影响，以实现更可靠，更高效、更经济(全寿命周期)的应用效果。

参考文献

[1] 单涵，高连新，王成，等．特殊螺纹油管接头重复上卸扣后的密封性能研究[J]．压力容器，2023，40(5)：25－33.

[2] 段成红，刘玮琦，罗翔鹏．反应堆压力容器用金属 C 形密封环力学及密封特性研究[J]．压力容器，2024，41(12)：23－31.

[3] 邵国华等．超高压容器[M]．北京：化学工业出版社，2002.

[4] 蒋伟华．基于 O 形橡胶圈密封的高压容器设计和研究[D]．杭州：浙江大学，2006.

[5] 刘建平．高压容器端部环面自适应补偿增强液压密封装置：ZL201210583802.0[P]．2015－09－23.

作者简介

刘建平(1972)，男，高级工程师，主要从事火炸药成型技术研究，通讯地址：621900 四川省绵阳市游仙区绵山路 64 号，E－mail：liujp@caep.cn。

带方形切向接管内压圆筒的极限承载能力计算

陈　伟，于洪杰，吴志伟，钱才富
（北京化工大学机电工程学院 北京 100029）

摘　要：压力容器方形切向接管开孔结构存在较大的结构不连续性，在结构不连续区域产生高应力，并且目前没有适用的圆柱壳切向接管结构常规设计方法。本文采用极限载荷分析法，探讨针对不同方形切向接管的3个无量纲参数（即宽径比W/D_i、径厚比D_i/T、厚度比t/T）对承压圆柱壳极限承载能力的影响，并定义基于无接管圆柱壳体的强度削弱系数。结果表明，这W/D_i、D_i/T和t/T等3个无量纲参数均对圆柱壳方形切向接管强度存在显著影响，当W/D_i和D_i/T增大、t/T减小时，强度削弱系数增大，说明方形切向接管对圆柱壳的削弱程度增大。在大量数值计算基础上，对强度削弱系数进行回归分析，得到回归方程，为带方形切向接管内压圆筒结构的强度设计提供参考。

关键词：方形切向接管；圆柱壳；极限载荷分析；回归方程

Limit - load - bearing capacity calculation of cylindrical shells with square tangential nozzles under internal pressure

CHEN Wei, YU Hongjie, WU Zhiwei[1], QIAN Caifu
(College of Mechanical and Electrical Engineering, Beijing University of Chemical Technology, Beijing 100029, China)

Abstract: The square tangential nozzle opening structure of pressure vessels exhibits significant structural discontinuity, leading to high stress concentrations in the discontinuous regions. Currently, there is no applicable conventional design method for cylindrical shell tangential nozzles. This study performed limit load analysis to investigate the influence of three non - dimensional parameters (namely width - to - inner - diameter ratio, inner - diameter - to - thickness ratio and thickness ratio) on the ultimate load - carrying capacity of pressurized cylindrical shells with square tangential nozzles. A strength reduction coefficient based on the unnoticed cylindrical shell was defined. The results indicate that these three factors significantly affect the strength of the square tangential nozzle in cylindrical shells. Specifically, as (W/Di) and (Di/T) increase, and (t/T) decreases, the strength reduction coefficient increases, indicating a greater degree of structural weakening due to the square tangential nozzle. Based on extensive numerical calculations, regression analysis was performed on the strength reduction coefficient, and a regression equation was obtained that provides a reference for the strength design of internally pressurized cylindrical shells with square tangential nozzles.

Keywords: square tangential nozzle, cylindrical shell, Limit - load capacity, regression equation

0 引 言

在核工业和石化工业生产过程中,如旋风器,由于工艺和实际应用需求,必须在压力容器上设置方形切向接管。由于方形切向接管与圆筒连接区域几何不连续,破坏原有应力分布并引起应力集中,在筒体与接管连接区有局部高应力[1],容易使设备损坏。因此对方形切向接管做详细的应力分析和强度评定是十分必要的。目前,针对正交接管的应力分析和强度计算,国内外已经有很多研究[2-4],而对方形切向接管的研究较少,这种在圆筒上设置方形切向接管的结构没有适合的设计规范,也难以按照 GB/T150—2024《压力容器》进行精确设计。

有限元技术的发展为解决复杂工程分析设计问题提供了有力的工具,目前国内外学者多采用有限元分析方法对接管进行应力分析和强度设计。郭崇志等[5]针对带有径向平齐接管的大开孔结构在和椭圆封头连接处产生的边界效应提出理论解析方法,并采用某核能容器实例通过有限元数值仿真分析进行比较计算,验证了该解析方法的精度和可靠性。周岩等[6]使用 ANSYS 与 MATLAB 优化内压作用下偏心锥壳大开孔接管的尺寸和几何形状等参数。应力分析结果表明,最大应力点在连接处的内表面,锥壳与接管开孔相贯区会产生较明显的应力集中现象,且靠近锥壳大端的区域应力要比靠近小端的大。

在径向接管参数化分析方面,董乃逸等[7]对外压作用下球形封头径向开孔接管的屈曲特性进行研究,结果显示,随着接管和封头厚度比的增加,结构的失稳位置会由接管转移到封头上,随后对不同结构参数对临界失稳压力 Pcr 的影响进行了探讨,并拟合了临界失稳压力削弱系数 K 的分段公式。王志亮等[8]、唐清辉等[9]都采用极限载荷法对内压和接管纵向弯矩共同作用下的圆柱壳径向接管进行参数化分析,并由回归分析法得到该工况下极限载荷关系的经验方程,还通过电测法进行试验,验证公式的准确性。段成红等[10]采用弹性分析设计方法研究了单开孔和双开孔大直径径向接管结构在高压容器筒体上的应力分布情况,并根据参数化模型仿真结果探讨直径比、厚度比、径厚比、焊缝圆角尺寸、双开孔接管之间的角度和距离等因素对应力集中系数 K 的影响。古晋斌等[11]对某旋风分离器上的矩形正交接管进行极限载荷法参数化分析。结果表明,采用极限载荷法计算出的矩形接管厚度相对于弹性应力分析显著减小。矩形接管折边过渡圆角、矩形长短边与筒体轴线的相对位置都会显著影响矩形接管的极限载荷。张晋武等[12]采用有限元非线性分析方法,研究了结构参数对外压作用下正交各向异性钛制圆柱壳开孔接管结构的临界失稳问题。结果表明,$\delta et/\delta e$, $D/\delta e$, L/D 越小,开孔率 ρ 对圆柱壳 Pcr 的削弱程度越大,并进行回归分析得到其临界失稳压力 Pcr 的回归方程。Xue 等[13]建立了 47 个模型考察各种接管几何参数(d/D、D/T、t/T)与爆破压力之间的关系并拟合相关方程,还使用了四种不同的材料来验证所提出的方程。结果表明,参数化分析得到的方程可用于预测大范围几何比圆筒交叉点的静爆压。Dekkera[14]选择了几种不同的计算方法,包括 BS550 规范、荷兰 D1141 规范、德国 AD-MerkblattS316 规范,以及 Decock 提出的新方程。这些方法都旨在计算由于内部压力引起的接管处的应力集中因子(SCF)。使用这些方法计算了不同几何参数(如 R/T、t/T 和 d/D)下的 SCF,并绘制了相应的曲线图。结果表明,不同的计算方法在不同的几何参数下有不同的表现,但没有一种方法在所有情况下都是最优的。因此,设计人员在选择计算方法时需要根据具体情况进行判断,并确保所选方法能够经受住审查,以避免设计失败的风险。赵晓凤等[1]提出基于有限元极限载荷分析的强度设计方法,定义了强度削弱系数 K,建立 120 个模型研究各种切向接管几何参数(d_0/Di、Di/T、t/T)对圆筒强度削弱情况影响并拟合了回归方程,为带圆形切向接管内压圆筒结构的强度设计提供参考。

鉴于方形切向接管在工程上应用较广,而目前没有合适的设计规范,本文采用有限元极限载荷分析法,对长宽比为 2 的圆柱形筒体方形切向接管结构承载能力进行计算,探讨相关几何参数的影响。定义基于无接管圆柱壳体的强度削弱系数,并对强度削弱系数进行回归分析,得到圆柱形筒体方形切向接管承载能力计算式。

1 有限元模型的建立

1.1 几何模型

本文中所分析结构由圆柱形筒体和方形切向接管组成,圆柱形筒体材料为 Q345R,方形切向接管材料为 16Mn,具体的材料性能见表 1[15],材料的应力-应变曲线见图 1。极限载荷分析的本构模型一般采用理想弹塑性模型,本文中有限元法采用 Ansys Workbench 中的双线性等强向强化(BISO)模型,圆柱形筒体材料屈服强度为 283.5MPa,方形切向接管屈服强度为 271.5MPa[16],切向模量设置为 0[17]。采用全模型建模结构,圆柱形筒体和方形切向接管的伸出长度远大于 $2.5\sqrt{RT}$[18],满足边缘应力衰减长度要求,其中 R 为圆柱形筒体半径,T 为圆柱形筒体有效厚度。

在本文研究中,保持方形切向接管长宽比为 2 且恒定不变,且接管长度方向沿圆柱形筒体轴向。本文分析的有限元几何模型如图 2 所示。

表 1 材料属性

材料	厚度/mm	设计温度/℃	许用应力/MPa	屈服强度/MPa	切向模量/MPa	切向模量/GPa	泊松比	密度/(kg·m^{-3})
Q345R	3～16	100	189	283.5	0	197	0.3	7850
16Mn	≤16	100	181	271.5	0	197	0.3	7850
	>16～40	100	181	271.5	0	197	0.3	7850

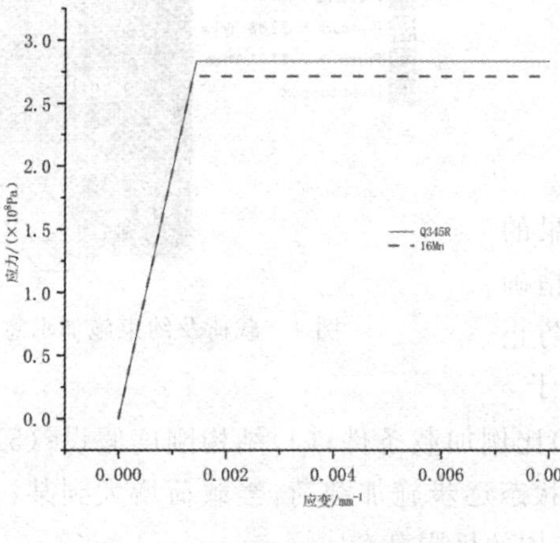

图 1 材料应力-应变曲线

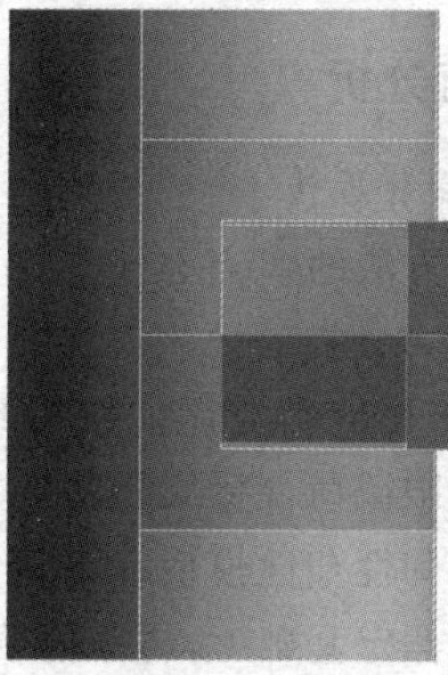

图 2 带方形切向接管圆柱壳结构三维几何模型

保持圆柱形筒体内径 $Di=1000$mm 不变,定义 3 个无量纲参数:方形接管宽度与圆柱形筒体宽径比 W/Di、方形接管与圆柱形筒体厚度比 t/T、圆柱形筒体直径和厚度比 Di/T(其中,Di 为圆柱形筒体壳内径;T 为圆柱形筒体厚度;W 为接管宽度,t 为接管壁厚),无量纲参数取值见表 2 所列,由此建立 120 个有限元模型。

表 2 有限元模型中结构无量纲参数取值

项目	数值
宽径比 W/Di	0.10,0.15,0.20,0.25,0.30
厚度比 t/T	0.50,0.75,1.00,1.25,1.50,1.75
筒体径厚 Di/T	71.43,83.33,100.00,125.00

1.2　网格模型

极限载荷分析为材料非线性问题,并且考虑到方形切向接管连接部位结构出现显著的几何变化,为了保证数值解的稳定性,对网格划分要求较高,选用高阶有限元单元类型(Solid 186 单元),同时在几何不连续区域(应力集中区域)进行局部网格加密,以提高数值模拟精度,网格模型($W/Di=0.3$,$t/T=1$,$Di/T=100$)如图 3 所示。

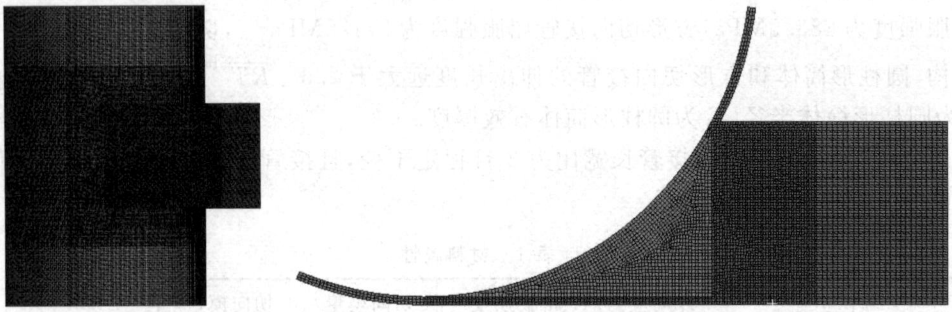

(a) 整体　　(b) 局部

图 3　带方形切向接管圆柱壳有限元网格模型

1.3　载荷及约束

在圆柱壳下端施加固定载荷约束,在几何模型内表面施加压力载荷,在圆柱壳上端施加等效轴向拉应力,方形切向接管端部施加等效接管力,如图 4 所示。

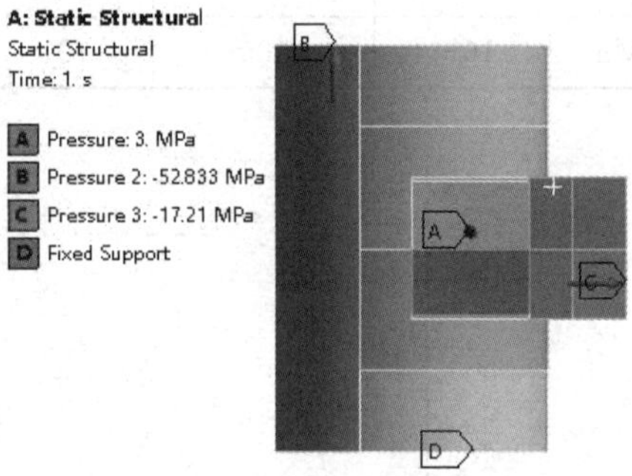

图 4　载荷及约束施加示意图

2　极限载荷分析

2.1　极限载荷分析法

极限载荷分析方法的优点在于在评定准则和结果的准确性方面优于应力分类法。该方法能够提供更为精确的分析结果,有助于更准确地评估结构的承载能力,防止出现塑型垮塌。极限载荷分析属于塑性力学问题,基于 5 个假设:(1)理想的弹性塑性模型;(2)小变形假设;(3)比例加载条件;(4)结构刚度假设;(5)屈服准则和流动规则。在上述假定基础上,将几何结构从零应力状态逐步施加载荷,当载荷增大到某一极限值时发生塑性垮塌,从而丧失承载能力,该极限值即为几何结构的极限载荷[19]。

2.2　极限载荷分析结果

通过有限元计算得到 4 组无接管圆柱壳模型极限载荷,见表 3 所列,表中还列出了在极限状态下由第四强度理论计算得到的 Mises 应力值[20]。比较结果可知,Mises 计算应力十分接近有限元模型屈服强度,相对误差小于 2%,表明极限载荷计算结果的准确性。

表 3　无接管圆柱壳极限载荷值

Di/T	71.43	83.33	100.00	125.00
极限载荷	9.020	7.750	6.470	5.190
Mises 计算应力/MPa	287.47	286.94	286.22	285.42

图 5 为带方形切向接管圆柱壳的极限载荷随结构参数的变化,从图中看出,方形切向接管的直径越大、壁厚越薄,圆柱壳的极限载荷越小。作为实例,图 6 为某一结构参数($W/Di=0.3$,$t/T=1$,$Di/T=100$)极限载荷分析过程中的载荷—位移曲线。图 7 展示出该结构在极限载荷作用下的 von Mises 应力

云图。从图中可以看出，最先发生屈服的区域为在圆柱壳内表面并靠近方形切向接管和圆柱壳的连接部位。

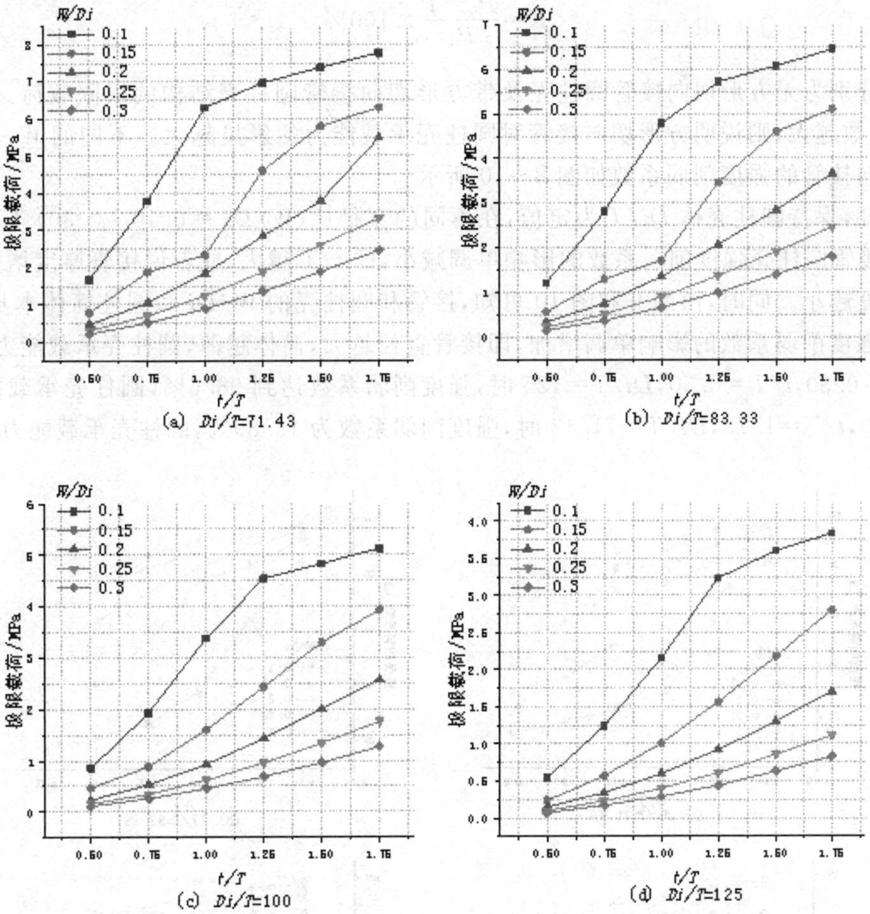

图 5　带方形切向接管圆柱壳极限载荷随 t/T 变化关系曲线

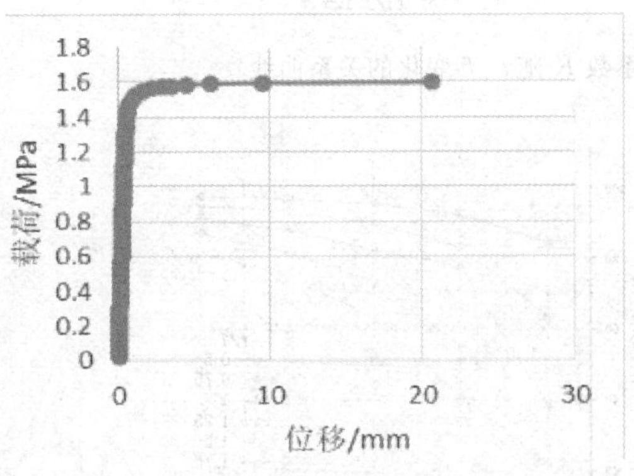

图 6　带方形切向接管圆柱壳极限载荷分析载荷-位移曲线

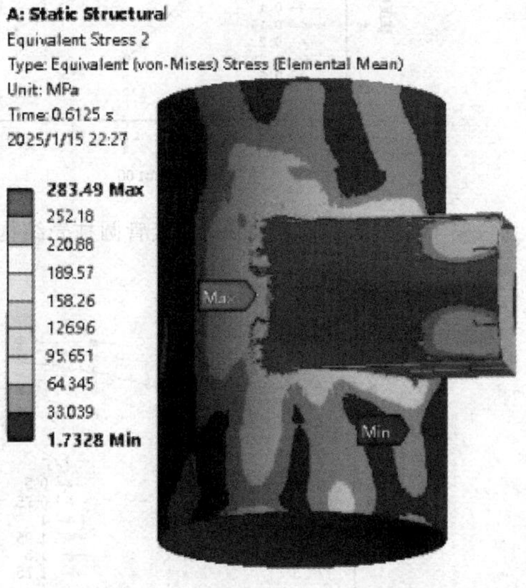

图 7　极限载荷作用下带切向接管圆柱壳 von Mises 应力分布

2.3 强度削弱系数定义及其随结构参数影响

为定量表征方形切向接管对圆柱壳极限承载能力的影响，引入强度削弱系数：

$$K=\frac{P_0-P}{P_0}\times 100\% \tag{1}$$

式中，Po 和 P 分别为无方形切向接管圆柱壳及带方形切向接管圆柱壳结构的极限载荷。从定义可以看出，强度削弱系数越大，则说明方形切向接管对圆柱壳承载能力的影星越大。不同的 W/Di、t/T、Di/T，圆柱壳方形切向接管的强度削弱系数如图 8～10 所示。

由图 8 可知，保持圆柱壳体 Di/T 为定值，在不同的宽径比(W/Di =0.10～0.30)条件下，相对厚度 t/T 对带切向接管圆柱壳强度削弱系数的影响单调减小，即 t/T 越大，或者说接管厚度增大，圆柱壳承载能力下降的幅度越小。同时，由图 9 和图 10 可知，接管和圆柱壳的 W/Di 和圆柱筒体本身 Di/T 对带切向接管圆柱壳强度削弱系数的影响单调增加，即接管直径越大，筒体越薄，圆柱壳承载能力下降的幅度越大。当 W/Di=0.30，t/T=0.50，Di/T=125 时，强度削弱系数达到 98.6%，圆柱壳承载能力明显下降；当 W/Di=0.10，t/T=1.75，Di/T=71.43 时，强度削弱系数为 13.89%，圆柱壳承载能力减小较少。

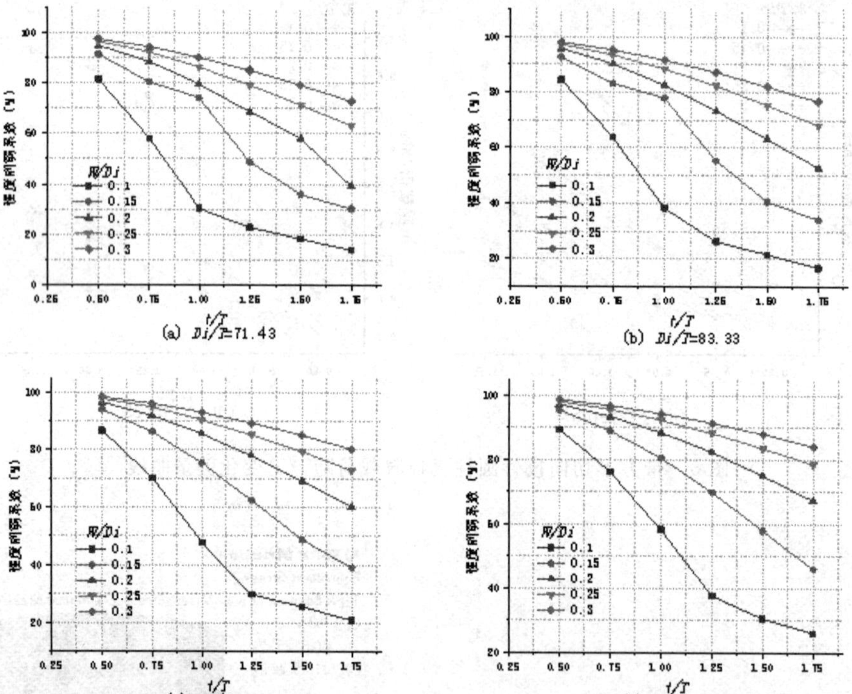

(a) Di/T=71.43　(b) Di/T=83.33

(c) Di/T=100　(d) Di/T=125

图 8　带切向接管圆柱壳结构强度削弱系数 K 随 t/T 变化的关系曲线

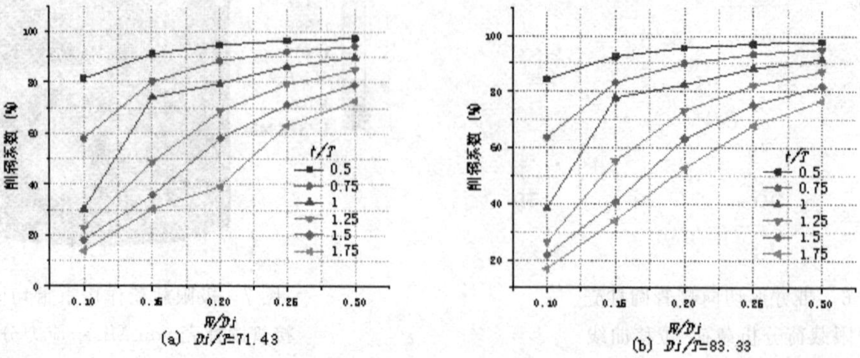

(a) Di/T=71.43　(b) Di/T=83.33

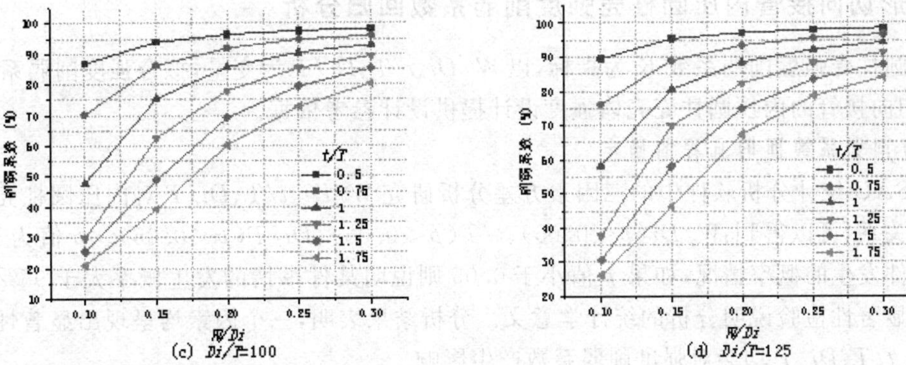

图 9 带切向接管圆柱壳结构强度削弱系数 K 随 W/Di 变化的关系曲线

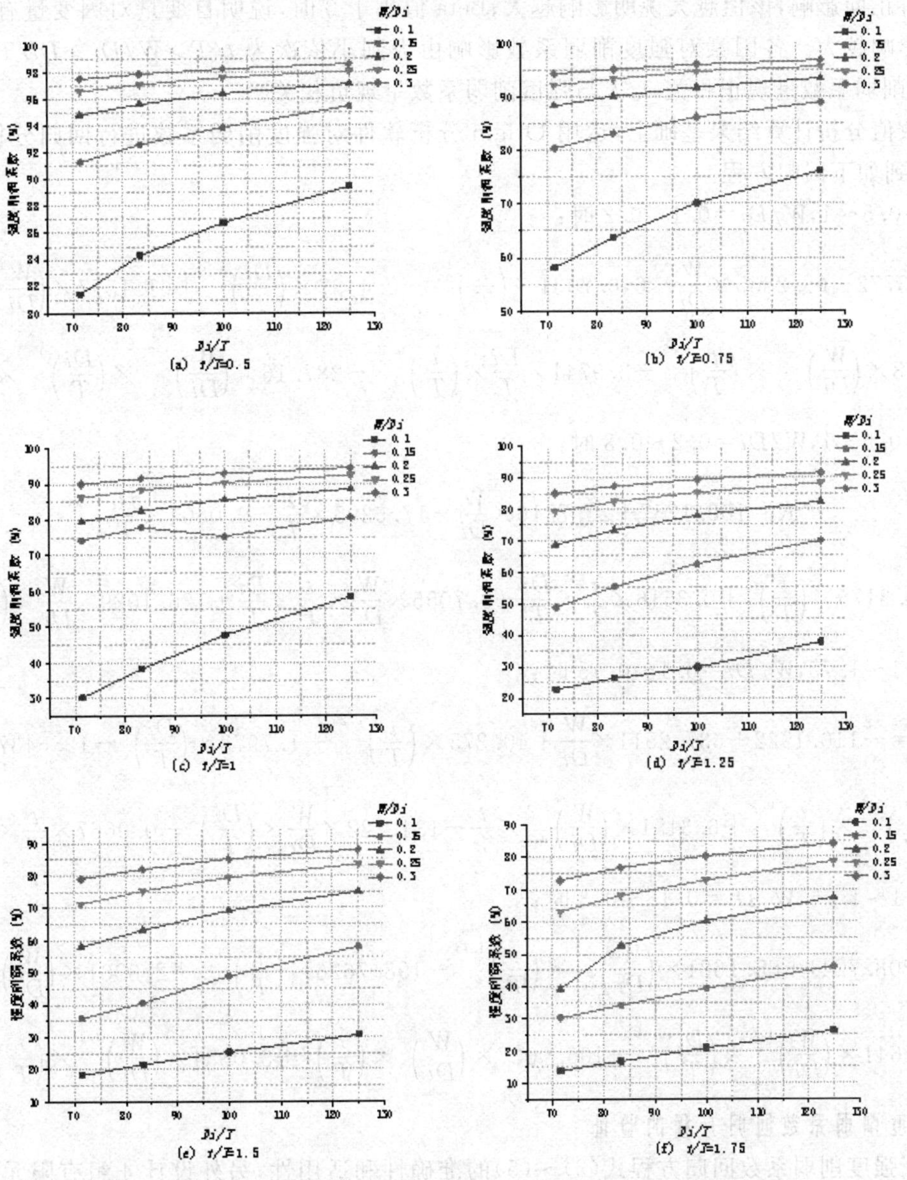

图 10 带切向接管圆柱壳结构强度削弱系数 K 随 Di/T 变化的关系曲线

3 带方形切向接管内压圆柱壳强度削弱系数回归分析

本节将以圆柱壳强度削弱系数 K 为指标,以 W/Di、t/T、Di/T 为变量,拟合强度削弱系数 K 的关联式,为带方形切向接管的内压圆柱壳壳体强度设计提供设计参考依据。

3.1 强度削弱系数回归方程的确定

运用 SPSSAU 统计分析软件中的三因素方差分析研究 W/Di、t/T、Di/T 对内压圆柱壳壳体强度削弱系数的影响关系,可以得到:$W/Di(p<0.05)$、$t/T(p<0.05)$、$Di/T(p<0.05)$。p 值为显著性值,用于描述某件事件发生的概率情况,如果 p 值小于 0.05 则说明某件事情的发生概率大于 95%。大部分分析都需要通过显著性检验说明分析的统计学意义。分析结果表明,三个因素均呈现出显著性。说明主效应存在,W/Di、t/T、Di/T 均会对强度削弱系数产生影响。

运用 SPSSAU 的回归分析得到三个自变量 W/Di、t/T、Di/T 的标准化系数($Beta$)值分别为 0.571,−0.643,0.178。Beta 值可以用来对比自变量对因变量的影响大小。Beta 值大于 0 时,说明自变量对因变量有正向影响,该值越大说明影响越大;Beta 值小于 0 时,说明自变量对因变量有负向影响,该值越小说明影响越大。各因素对强度削弱系数影响由大到小依次为 $t/T>W/Di>Di/T$,且 W/Di 和 Di/T 与强度削弱系数呈现正相关,t/T 与强度削弱系数呈现负相关。

在大量数值分析计算结果基础上,运用 Origin 分析软件对强度削弱系数进行回归分析。经过多种模型比较,得到如下回归方程。

当 $t/T=0.5\sim1$,$W/Di=0.1\sim0.2$ 时:

$$K=91.3772-68.2835\times\frac{W}{Di}-640.7031\times\left(\frac{t}{T}\right)^{1.5}-0.4437\times\left(\frac{Di}{T}\right)^{1.3}+61.1577\times\left(\frac{W}{Di}\right)^{3.5}\times\frac{Di}{T}$$
$$+1190.3\times\left(\frac{W}{Di}\right)^{0.35}\times\left(\frac{t}{T}\right)^{1.6}+2.9741\times\frac{Di}{T}\times\left(\frac{t}{T}\right)^{0.25}-287.16\times\left(\frac{W}{Di}\right)^{1.75}\times\left(\frac{Di}{T}\right)^{0.5}\times\left(\frac{t}{T}\right)^{1.25} \quad (2)$$

当 $t/T=0.5\sim1$,$W/Di=0.2\sim0.3$ 时:

$$K=100.1257+23.7216\times\frac{W}{Di}-17.6295\times\frac{t}{T}-0.0604\times\frac{Di}{T}$$
$$-42.3175\times\left(\frac{t}{T}\right)^{2}+0.3516\times\frac{t}{T}\times\frac{Di}{T}-0.7055\times\frac{W}{Di}\times\frac{t}{T}\times\frac{Di}{T}+126.1029\times\frac{W}{Di}\times\left(\frac{t}{T}\right)^{2} \quad (3)$$

当 $t/T=1\sim1.75$,$W/Di=0.1\sim0.15$ 时:

$$K=-110.1922+637.2511\times\frac{W}{Di}+40.275\times\left(\frac{t}{T}\right)^{0.25}+1.7973*\left(\frac{Di}{T}\right)^{3}-12.6437\times$$
$$\left(\frac{W}{Di}\right)^{0.5}\times\left(\frac{t}{T}\right)^{0.5}+6.3151\times\left(\frac{W}{Di}\right)^{1.5}\times\frac{t}{T}-134.422\times\frac{W}{Di}\times\left(\frac{Di}{T}\right)^{2}-0.0667\times\frac{t}{T}\times\frac{Di}{T} \quad (4)$$

当 $t/T=1\sim1.75$,$W/Di=0.15\sim0.3$ 时:

$$K=208.7241+85.1681\times\left(\frac{W}{Di}\right)^{0.5}\times\left(\frac{t}{T}\right)^{1.75}-198.7626\times\left(\frac{t}{T}\right)^{0.75}+2.3301\times\left(\frac{W}{Di}\right)^{1.1}\times$$
$$\frac{Di}{T}-1.2641\times\left(\frac{W}{Di}\right)^{1.7}\times\left(\frac{Di}{T}\right)^{1.4}-106.0027\times\left(\frac{W}{Di}\right)^{3}\times\left(\frac{t}{T}\right)^{3}+3.0854\times\left(\frac{W}{Di}\right)^{1.1}\times\left(\frac{t}{T}\right)^{0.5}\times\frac{Di}{T} \quad (5)$$

3.2 强度削弱系数回归方程的验证

为了验证强度削弱系数回归方程式(2)~(5)的准确性和适用性,另外设计 4 组有限元模型,分别采用回归方程和有限元极限载荷分析法进行计算,结果见表 4,可以看出,回归方程和有限元计算结果基本吻合,相对误差均在合理范围内。

表 4 回归方程验证

W/Di	t/T	Di/T	极限载荷 P/MPa	强度削弱系数 K 有限元解(%)	强度削弱系数 K 公式解(%)	相对误差(%)
0.12	0.7	90.91	1.44	79.79	79.915	0.13
0.18	0.7	111.11	0.45	92.29	93.06	0.77
0.23	1.6	90.91	2.11	70.37	68.78	1.59
0.28	1.6	111.11	1.01	82.75	83.57	0.82

综上所述,可以用回归方程来预测带方形切向接管圆柱壳在内压作用下的强度削弱系数。

3.3 壳体直径的影响

前面的有限元分析和极限载荷计算都是基于圆柱壳直径 $Di=1000$mm,但是由于采用无量纲参数,其结果依然适用于其他壳体直径。表 5 表示出保持 W/Di、t/T、Di/T 相同,但壳体直径为 500,1000 和 1500 的计算结果,可以看出,对于无接管圆柱壳,保持宽厚比 Di/T 不变而改变直径 Di 时,极限载荷值均为 6.47MPa,保持不变;对于带方形切向接管的圆柱壳,当 W/Di、t/T、Di/T 均相同时,改变壳体直径 Di,其极限载荷和强度削弱系数也基本相同,且强度削弱系数有限元解和公式解的相对误差均在 3%以内,属于合理范围。因此,对于不同壳体直径切向接管结构,当 W/Di、t/T、Di/T 三个变量均在本文取值范围内时,该强度设计方法同样适用。

表 5 相同参数下不同壳体直径 Di 的圆柱壳结构极限载荷和强度削弱系数

$d0/Di$	t/T	Di/T	Di/mm	T/mm	带切向接管圆筒极限载荷 P/MPa	圆筒极限载荷 Po/MPa	强度削弱系数 K 有限元解(%)	强度削弱系数 K 公式解(%)	相对误差(%)
0.1	0.5	100	500	5	0.87	6.47	86.48	87.33	0.85
0.1	0.5	100	1000	10	0.86	6.47	86.76	87.33	0.57
0.1	0.5	100	1500	15	0.91	6.47	85.87	87.33	1.46
0.15	0.75	100	500	5	0.86	6.47	86.79	87.36	0.66
0.15	0.75	100	1000	10	0.89	6.47	86.21	87.36	1.33
0.15	0.75	100	1500	15	0.98	6.47	84.88	87.36	2.92
0.25	1.25	100	500	5	0.92	6.47	85.77	83.67	2.44
0.25	1.25	100	1000	10	0.96	6.47	85.23	83.67	1.83
0.25	1.25	100	1500	15	1.05	6.47	83.79	83.67	0.13
0.3	1.5	100	500	5	0.95	6.47	85.38	83.97	1.65
0.3	1.5	100	1000	10	0.96	6.47	85.12	83.97	1.35
0.3	1.5	100	1500	15	1.00	6.47	84.48	83.97	0.61

4 结 论

(1)对于带方形切向接管圆柱壳结构强度设计,鉴于没有适用的常规设计方法,本文提出基于有限元极限载荷分析的强度设计方法;

(2)定义带方形切向接管对内压圆柱壳极限承载能力的削弱程度为强度削弱系数,研究 W/Di、t/T、Di/T 三因素对强度削弱系数的影响规律。发现随着 W/Di、Di/T 的增大以及 t/T 的减小,强度削弱系数增大,即圆柱壳的极限承载能力下降;

(3)对内压作用下长宽比为2的切向接管圆柱壳极限承载能力进行了数值模拟和参数分析，得到其强度削弱系数回归方程，并对回归方程进行了数值验证，证明了回归方程的精确性；

(4)由于采用无量纲参数，回归方程适用于不同壳体直径切向接管结构。强度削弱系数回归方程为带切向接管圆柱壳结构的强度设计提供了参考。

参考文献

[1] 赵晓凤，钱才富，吴志伟．带切向接管内压圆筒的极限承载能力计算[J]．压力容器，2024,41(02):49－57.

[2] Mershon J L, Mokhtarian K, Ranjan G V, et al. Local stresses in cylindrical shells due to external loadings on nozzles－supplement to WRC Bulletin No. 107[J]. WRC Bulletin, 1984:297.

[3] 陆明万，桑如苞，丁利伟，等．压力容器圆筒大开孔补强计算方法[J]．压力容器，2009,26(03):10－15.

[4] 薛明德，李东风，黄克智．支管外力矩作用下带径向接管的圆柱壳的局部应力分析[J]．压力容器，2004,(01):18－23.

[5] 郭崇志，许乐，杨卫国．椭圆封头容器大开孔平齐接管边界效应分析[J]．广州化工，2004,(04):37－39.

[6] 周岩，郑广强．基于ANSYS与Matlab的偏心锥壳大开孔接管优化设计[J]．化工机械，2018,45(04):501－506.

[7] 董乃逸，贺小华．球形封头开孔接管结构屈曲特性研究[J]．压力容器，2021,38(01):38－46.

[8] 王志亮，桑芝富，吴本华．圆柱壳开孔接管结构极限载荷的参数化分析[J]．机械设计与制造，2006,(08):1－3.

[9] 唐清辉，刘坤，桑芝富，等．复合载荷圆柱壳径向接管极限载荷参数化分析[J]．化工机械．2020,47(02):192－200.

[10] 段成红，王福军，罗翔鹏，等．高压筒体大直径双开孔补强分析及优化设计[J]．压力容器，2023,40(02):27－34.

[11] DUAN C H, WANG F J, LUO X P, et al. Reinforcement analysis and optimization design of large diameter double－opening structure of high－pressure vessel cylinder[J]. Pressure Vessel Technology, 2023, 40(2):27－34.

[12] 古晋斌，宫建国，惠虎．基于极限载荷法的矩形接管结构设计及参数化分析[J]．压力容器，2017,34(04):19－25.

[13] GU J B, GONG J G, HUI H. Structural design and parametric analyses for a rectangular nozzle based on limit load method [J]. Pressure Vessel Technology, 2017. 34(4):19－25.

[14] 张晋武，贺小华．正交各向异性钛制圆柱壳接管结构临界失稳压力研究[J]．压力容器，2020,37(12):20－26.

[15] ZHANG J W, HE X H. Research on critical buckling pressure of orthotropic titanium cylindrical shell with nozzle structure[J]. Pressure Vessel Technology, 2020. 37(12):20－26.

[16] XUE L, WIDERA G E O, SANG Z. Parametric FEA study of burst pressure of cylindrical shell intersections[J]. Journal of Pressure Vessel Technology, 2010, 132(3):031203.

[17] Dekker C J, Stikvoort W J. Pressure stress intensity at nozzles on cylindrical vessels: a comparison of calculation methods[J]. International Journal of Pressure Vessels and Piping, 1997, 74(2):121－128.

[18] 中华人民共和国国家质量监督检验检疫总局，中国国家标准化管理委员会．压力容器 第2部分：材料：GB150.2—2024[S]．北京：中国标准出版社，2025.

[19] General Administration of Quality Supervision, Inspection and Quarantine of the People's Republic of China, Standardization Administration of the People's Republic of China. Pressure vessels Part 2: Materials: GB 150.2—2024[S]. Beijing: Standards Press of China, 2025.

[20] 左安达. 基于 ANSYS 的极限载荷分析评定方法与结果讨论[J]. 化工设备与管道,2020,57(03):1—7.

[21] 白海永,方永利. ANSYS 极限载荷分析法在压力容器设计中的应用[J]. 压力容器,2014,31(06):47—50.

[22] NADARAJAH C, MACKENZIE D, BOYLE J T. Limit and shakedown analysis of nozzle/cylinder intersections under internal pressure and in—plane moment loading[J]. International Journal of Pressure Vessels & Piping, 1996, 68(3): 261—272.

[23] 王小敏,闫东升,夏少青,等. 极限载荷法在应力分析中的应用——压力容器应力分析设计中的六个重要问题(四)[J]. 石油化工设备技术,2016,37(05):1—5.

[24] 文华斌,付磊,杨海栗,等. 带有异形切向接管的压力容器的稳定性分析[J]. 四川理工学院学报(自然科学版),2013,26(03):54—57.

作者简介

陈伟(1993),男,主要研究方向为压力容器有限元分析和计算机辅助工程,通信地址:100029 北京市朝阳区北三环东路 15 号北京化工大学东校区,E—mail:1732542462@qq.com。

通信作者:吴志伟(1992),男,博士,主要从事压力容器分析设计等工作,通信地址:100029 北京市朝阳区北三环东路 15 号北京化工大学东校区,E—mail:zwzhiweiwu@163.com。

带波纹管夹套的预变位优化分析

李志海[1,2],陈孙艺[3]

(1. 广东石油化工学院 省市共建石化装备智能安全广东省重点实验室,广东茂名 525000;
2. 广东石油化工学院 能源与动力工程学院,广东茂名 525000;
3. 茂名重力石化装备股份公司,广东茂名 525024)

摘　要:针对传统预变位夹套管与波纹管夹套管的结构特性差异,本研究提出一种融合两者优势的新型预变位波纹管夹套复合结构。为验证特殊夹套或管道波纹管预变位技术的可靠性,基于有限元分析法构建三维数值模型,通过网格无关性验证和加载方式优化确保计算精度。以应力最小化为优化目标,系统研究预位移载荷对波纹管应力分布的影响规律,建立位移参数与应力响应的定量关系模型。研究提出的预变位优化方法为工程应用中波纹管预变形量的准确确定提供了理论依据,为多波节波纹管的设计和制造提供参考。

关键词:波纹管;预变位;波节;细长夹套管;有限元分析

Pre - displacement optimization analysis of bellows jacket

LI Zhihai[1,2],CHEN Sunyi[3]

(1. Guangdong Provincial Key Laboratory of Petrochemical Equipment Fault Diagnosis, Guangdong University of Petrochemical Technology,Maoming 525000,China;
2. School of Energy and Power Engineering,Guangdong University of PetrochemicalTechnology,Maoming 525000,China;
3. The Challenge Petrochemical Machinery Corporation of Maoming,Maoming 525024,China)

Abstract:In view of the structural differences between traditional pre - displacement jacketed pipe and bellows jacketed pipe,this study proposes a novel pre - displacement bellows jacketed pipe that integrates the advantages of both. To verify the reliability of pre - displacement technology for special jacket or pipe with bellows,a three - dimensional numerical model is established based on the finite element analysis method,and the calculation accuracy is ensured through grid independence verification and loading optimization. Taking stress minimization as the optimization objective, this research systematically investigates the influence patterns of pre - displacement loads on bellows stress distribution,and establishes a quantitative relationship model between displacement parameters and stress response. The pre - displacement optimization method proposed in this paper provides a theoretical basis for accurate determination of the pre - displacement of bellows in engineering application and a reference for the design and manufacture of Multi - wave bellows.

Keywords:bellows;pre—displacement;wave joint;thin and long jacket;finite element analysis

0 引 言

文献[1]对某换热器三波薄壁波纹管结构质量超差的适用性分析中，根据客观参数和 24 种工况应用 SW6－2011 软件进行波纹管校核和分析，其中带位移的 14 种运行工况的计算结果中有 6 种无法通过评定，采用把波纹管预张开(3 波×3.33mm/波≈)10 mm 组装到换热器上，在 20 mm 的轴向位移区间内满足应力校核要求，这一被动应用于设备中的预应力波纹管技术实现了该超差波纹管的回用。工程结构中，有些夹套或管道由于运行工况恶劣，变形协调中需求的位移补充量较大，需要波纹管的波节数较多，这类结构建造中存在三方面困难：一方面带来多波节一起整体液压鼓胀成形中结构容易出现壳壁减薄超标的质量问题，波形容易碰凹或开裂，如图 1 所示。另一方面也带来波纹管运行工况下的结构稳定性问题。如果把多波节分开两段波纹管来建造，以减少每一段波节的数量，提高波纹管的稳定性，又因为增加了中间的连接管而增加了两条环焊缝，给产品制造质量及运行可靠性带来隐患，如图 2 所示。第三方面，如果采用预应力技术建造这类夹套或管道，存在一定的施工难度。如何减少这类夹套或管道中波纹管的波节数，也是一个现实工程需要解决的问题。从工程技术的角度来说，给波纹管预加位移后再组装到夹套或管道中是值得主动借鉴的方法。对于管道波纹管设计，标准 GB/T 12777—2019[2]中 F.2.4 条指出，波纹管轴向预变位可在制造单位或安装现场进行，因此探讨夹套或管道预应力设计制造方法技术与波纹管结构技术的结合，综合两种技术的优点到一起，具有理论意义和工程意义。有限元分析方法在波纹管设计中较多的应用[3-8]。

图 1　某波纹管端部波形开裂

本文建立有限元分析模型，计算不同预加位移载荷下波纹管的应力，通过预变位改善波纹管在不同工况下的受力情况，为多波节波纹管的设计和制造提供参考。

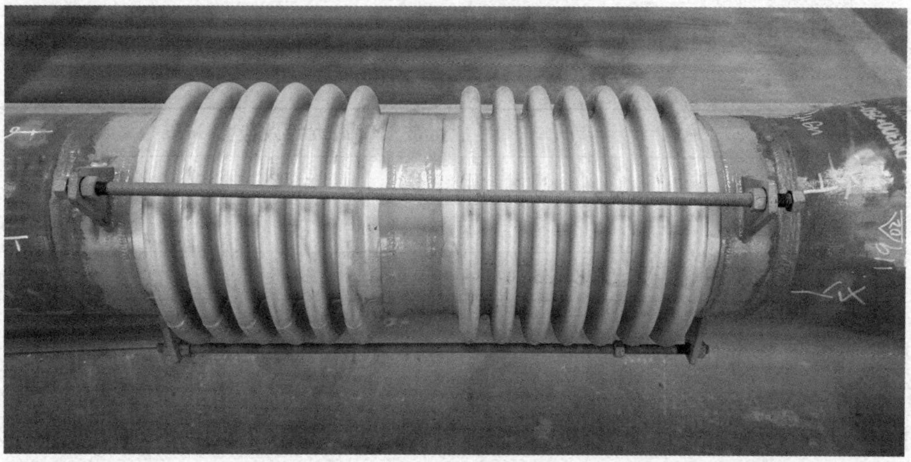

图 2　分成两段的波纹管

为分析预变位技术对波纹管结构应力的影响，建立两个分析模型。第一个模型是短粗模型，用于分析单个膨胀节情况，同时由于整体模型较小用来进行网格无关性分析、加载方法的比较分析等。第二个是细长模型，用来分析多波节的细长夹套管。

1 短粗模型

1.1 几何模型和有限元模型

建立一个短粗模型,如图 3 所示。该模型由内管、顶板、套管组成,套管上装有 1 个波纹管。内管内径 650mm,总长 1000mm,波纹管公称直径 760mm,波高 180mm,波长 280mm,共 1 个波节。其网格模型如图 4 所示,采用壳单元 SHELL 181 进行分析。Shell 181 适用于薄到中等厚度的壳结构,该单元有四个节点,单元每个节点有六个自由度,具有应力刚化及大变形功能。该单元有强大的非线性功能,并有截面数据定义,分析,可视化等功能。

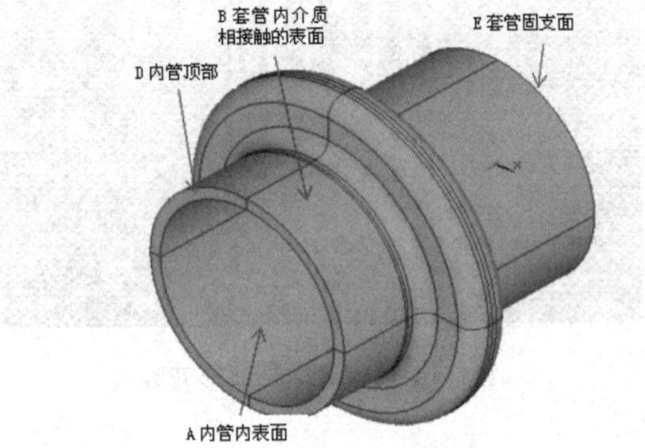

图 3 波纹管分析模型

图 4 波纹管网格分析模型

载荷加载如图 3 所示。整个模型主要有四个载荷,A. 内管内表面受到内部介质的内压;B. 与套管内介质相接触的表面受到套管内压;C. 内管和套管赋值不同的温度,受到温度载荷;D. 内管顶部受到内压作用相对应的拉伸载荷。在支座处(如图 3 中 E 处)内管和套管加载位移约束载荷。

首先进行网格无关化分析,划分不同大小的网格,在相同的约束条件下和载荷作用下,计算得到波纹管最大的 Von Mises 等效应力(下面称作等效应力),分别如表 1 所示。模型 2 与模型 1 节点和单元数量增加近四倍,波纹管最大等效应力变化为 0.93%。网格进一步加密,节点单元数量增加近 5 倍,得到模型 3,波纹管最大等效应力变化为 0.2%。根据计算时间和内存要求,可采用模型 2 网格大小进行分析,其计算结果相差很小,后面模型均采用该网格大小进行分析。

表 1 网格无关化分析

	节点	单元	波纹管最大等效应力 MPa	相差
模型 1	7 084	7 040	97.2	
模型 2	27544	27 456	98.1	0.93%
模型 3	133 300	133 128	98.3	0.20%

1.2 模型工况及边界条件

根据设计计算,波纹管主要进行两种工况的分析,工况 1 的计算载荷如下:A、内管受到内部介质的内压为 5.6MPa;B、内管与套管组成的夹套内表面受到内压为 1.0MPa;C、内管顶部受到与内压作用相对应的等效拉伸载荷,对应为 910000N/m。在支座处(如图 3 中 E 处)内管和套管加载位移约束载荷。

工况 2 的计算载荷如下:A、内管受到内部介质的内压为 5.6MPa;B、内管与套管组成的夹套内表面受到内压为 1.0MPa;C、内管顶部受到与内压作用相对应的等效拉伸载荷,对应为 910000N/m;D、内管和套管赋值不同的温度,内管温度为 90℃,套管和顶板温度为 35℃。在支座处(如图 3 中 E 处)内管和套管加载位移约束载荷。与工况 1 相比增加了温度载荷。

1.3 波纹管预变位两种实现方法及其比较

第一种方法是将波纹管所在的支座处(图 3 中 E 处)加载轴向位移约束。轴向约束位移为正时,波纹管受到预压缩,轴向约束位移为负时,波纹管受到预拉伸,轴向约束位移为零时,波纹管未进行预变位。实际制造过程,在波纹管所在的套管与对应的内管相差一定距离。第二种方法,是建模时套管与内管相差一定位移,然后在支座施加位移约束,使套管和内管底座轴向位置相同。

采用不同的分析方法,在相同的载荷的作用下,计算得到波纹管最大等效应力都为 97.2MPa。对应的等效应力云图如图 5 所示。从图中可以看出,两种分析方法得到结果基本一致,所以采用这两种分析方法都可以。由于第一种分析方法,在分析计算时不需要重新建立几何模型和划分网格,相对更简便些,本文后面分析均采用第一种分析方法。

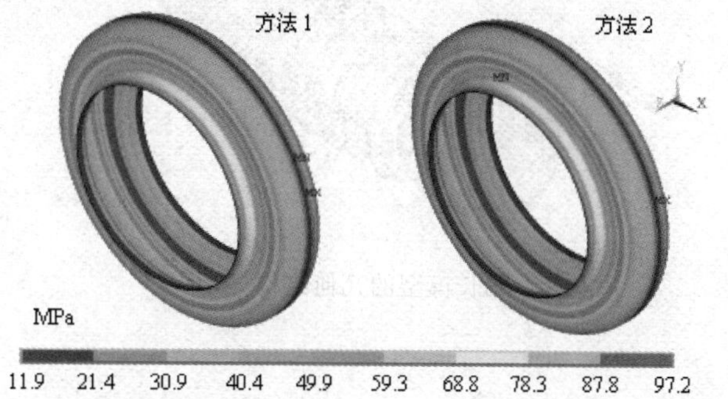

图 5 不同分析方法对应的等效应力云图

1.4 短粗模型的计算结果分析

(1)预压缩分析。短粗模型几何结构如图 3 所示,采用分析方法 1 分别计算工况 1 和工况 2 下,不同预变位下,波纹管的应力。得到波纹管的最大等效应力见表 2 所列。

表 2 短粗模型下波纹管最大等效应力

工况 1 预变位/mm	工况 1 波纹管最大等效应力/MPa	工况 2 预变位/mm	工况 2 波纹管最大等效应力/MPa
3	162	3	130
1	93.4	2	93.5
0.687	89.5	1	90.4
0	93.4	0	110
−1	127	−1	158
−3	224	−3	256

表 2 中预变位为正值时表示为波纹管预压缩,即内管流过冷介质的工况;预变位为负值时表示为波纹管预拉伸,即内管流过热介质的工况(下同)。从表 2 中可以看出,随着预变位量不断减小,工况 1 和工况 2 对应波纹管最大等效应力都从大到小再变大,对应有个最小值,也就是此时波纹管对应的受力状况最佳。从而说明通过预变位设计,可以改善波纹管在工况 1 和工况 2 的受力情况。

(2)预拉伸分析。如表 2 所示,预变位为负值时表示为预拉伸,随着拉伸量增加,即预变位量的减小,波纹管受到最大等效应力逐步增大。因为在工况 1 和工况 2 作用下,波纹管是通过拉伸来补充载荷和温差的作用,当预变位为拉伸时,增大了波纹管在工况 1 和工况 2 下总的变形,其受到最大等效应力也增大。

2 细长模型的计算分析

假设某具有多波节波纹管的细长夹套管,建立其几何模型如图 6 所示。套管内径 650 mm,总长 460 000 mm,膨胀节公称直径 760 mm,波高 180 mm,波长 280 mm,共 6 个波纹节。与短粗模型类似,选择相同的单元和材料属性,建立其网格模型,加载类似的边界条件和载荷条件,对应工况 1 和工况 2 进行分析计算。膨胀节在工况 1 和工况 2 预压缩为 27 mm 时的等效应力云图如图 7 所示。

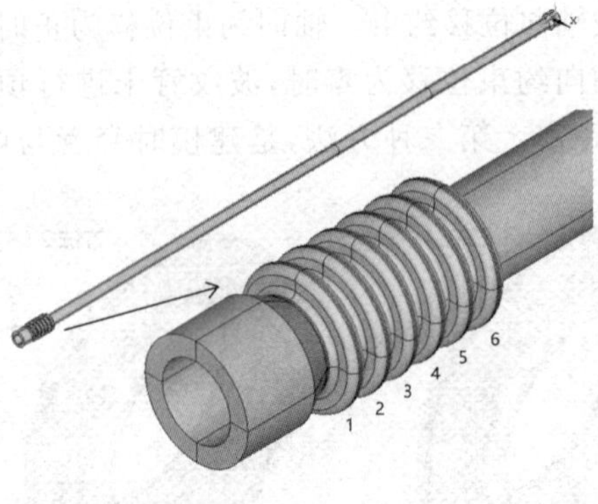

图 6　细长模型的几何结构

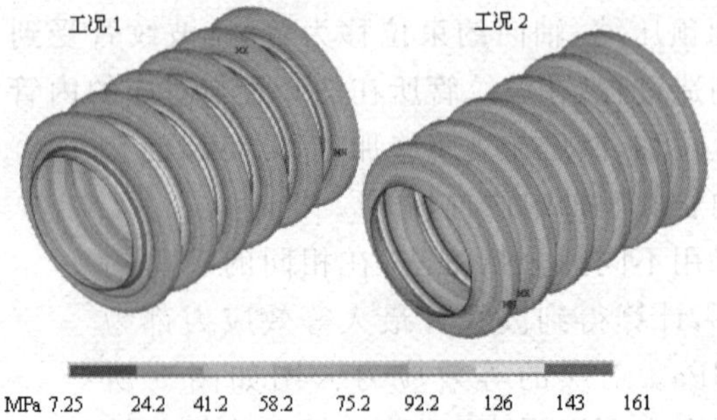

图 7　波纹管在工况 1、工况 2
预压缩为 27mm 时的等效应力云图

2.1　预压缩分析

细长模型在工况 1 和工况 2 下,不同预变位量时波纹管的最大等效应力如表 3 所示。从表 3 中可以看出,随着预压缩量不断减小,对于细长模型工况 1 和工况 2 对应波纹管最大等效应力同样从大到小再变大,对应有个最小值。从而说明通过预变位安置波纹管,可以改善波纹管在工况 1 和工况 2 的受力情况。特别是对工况 2,波纹管承受较大载荷时,预压缩到 36mm 时与没有预压缩相比,波纹管的最大等效应力降为原来的 27.6%。

表 3　细长模型下波纹管的最大等效应力

工况 1 预变位 mm	工况 1 下波纹管最大等效应力 MPa	工况 2 预变位 mm	工况 2 下最大等效应力 MPa
36	228	60	190
27	160	48	105
24	139	36	95.4
18	101	24	167
9	92.4	27	145
0	131	18	211
−9	196	0	346

对比表 2 和表 3 可以看出,细长模型下波纹管的应力改善更大一些。波纹管受到载荷的作用后,发生变形,利用预变位的方法可使工作时波纹管的总变形减小,从而改善波纹管应力状况。当波纹管在载荷作用下受到拉伸作用时,在安装时通过预压缩进行安装,这样在工作时波纹管先释放预压缩量,再发生拉伸变形,其总的拉伸变形量减小,其所受的应力也得到改善。工作时波纹管变形量越大(如细长模型,温差影响更大需要补偿更大的膨胀差),预变位可消除变形量也越大,其所受的应力也改善越大。如表 2 所示,工况 1 下,短粗模型无预压缩,与有预压缩情况相比,波纹管最大等效应力最大减少不到 4.2%,而细长模型有预压缩比没有预压缩,波纹管最大等效应力减少了 29.5%。对于考虑温度差影响的工况 2,则效果更明显。短粗模型无预压,与有预压情况相比,波纹管最大等效应力最大减少 17.8%,而细长模型有预压比没有预压,波纹管最大等效应力减少了 72.4%。所以对于细长模型可以考虑采用预变位进行安装,从而减低实际工况下波纹管的应力。

另外对带波纹管细长模型进行预变位设计安装时,需要综合考虑其可能受到的工况,如本文分析的工况 1、工况 2。如表 3 所示,在不同的预变位下,工况 1 和工况 2 对应波纹管最大等效应力的共同最大值也是不同的,在预压缩 27mm 时,其波纹管共同的最大等效应力为 160MPa,此时相对其他预变位值为最小值。

2.2 预拉伸分析

同理如表 3 所示，预变位为负值时表示为预拉伸。因为在工况 1 和工况 2 作用下，波纹管是通过拉伸来补充载荷和温差的作用，当预变位为拉伸时，增大了波纹管在工况 1 和工况 2 下总的变形，其受到应力也增大。细长模型受到温差变形量更大，波纹管受到的应力也更大。

2.3 各波节受力差异性分析

波纹管在工况 1、工况 2 预压缩为 27mm 时的各波节的最大等效应力分布如图 8 所示，图中横坐标的波节序号对应图 6 中的波节编号。

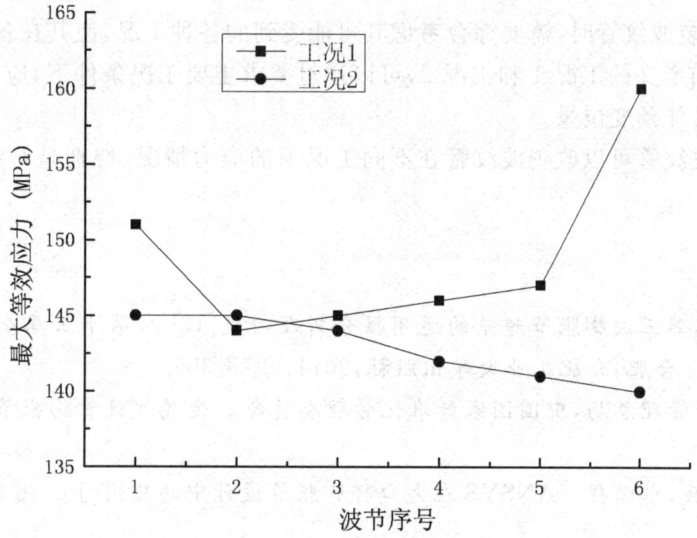

图 8　波纹管各波节的最大等效应力

从图 7、图 8 中可以看出：最大等效应力随各个波节的分布状况是不同的。工况 2 下最大等效应力分布趋于一条直线。工况 1 下最大等效应力分布表现出两端高中间低，而且一端比另一端高的船形曲线，这一结果与工程实践中多波节波纹管常见故障是端部波形较早失效的现象相符，如图 1 的开裂和图 9 的最右端波纹泄漏所示。分析这一现象的成因，工程中的位移载荷通常由内管与夹套的热膨胀差异引起，首先作用在 6 号波节上，然后在依次沿着 5 号、4 号、3 号和 2 号波节的载荷传输过程中受到波形柔性结构的消减而弱化，当传输到 1 号波节时，后面再没有波节接受位移载荷的传输，载荷受到反力的作用而使 1 号波节的最大等效应力水平略有提高。

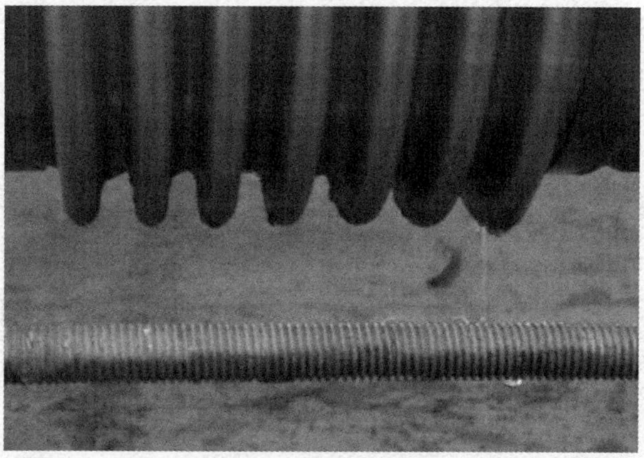

图 9　7 个波节的波纹管右端波节泄漏

最大等效应力的位置在不同工况下也是不同。在工况 1 下,最大等效应力的位置位于 6 号波节,大致在波谷的位置外表面。在工况 2 下,最大等效应力的位置为 1 号波节,大致在波峰的位置内表面。

3 结 论

本文采用有限元分析方法分析预变位对多波节波纹管受力的影响。通过分析得到下面结论。

(1)通过预变位安装夹套或管道中的多波节波纹管,可以改善波纹管在不同工况下的受力情况,与粗短模型相比,细长模型下波纹管获得的应力改善效果更大一些。

(2)考虑内管与夹套温度差影响的工况时,通过预变位安装波纹管,可以使波纹管受力得到更大的改善。

(3)进行预变位安装波纹管时,需要综合考虑其可能受到的各种工况,使其在各种工况下的受力都满足应力强度要求。比如本文的工况 1 和工况 2,可以通过要求主要工况条件下,应力最小,其他工况下都满足强度要求来确定最佳预变位量。

通过预变位安装波纹管可以改善波纹管在不同工况下的应力情况,特别是对细长结构,可明显减小工作时最大等效应力。

参考文献

[1] 陈孙艺. 换热器三波膨胀节超差的适用性分析及对策[C] //第十三届全国膨胀节学术会议论文集 膨胀节技术进展. 合肥:合肥工业大学出版社,2014:297-305.

[2] 国家市场监督管理总局,中国国家标准化管理委员会. 金属波纹管膨胀节通用技术条件:GB/T 12777—2019[S]. 2019.

[3] 孙瑞晨,潘兹兵,水鹏程. ANSYS 在大口径膨胀节设计中的应用[J]. 化工设备与管道,2022,59(1):16-22.

[4] 杨玉强,王首宝,张道伟,等. 基于 ANSYS 的膨胀节结构件设计优化[C] //第十六届全国膨胀节学术会议. 辽宁大连,2021:120-125.

[5] 宓乐峰,孙丹,王旭,等. 基于正交试验的波纹管结构参数优化及疲劳寿命分析[J]. 压力容器,2023,40(3):38-46.

[6] 马园园,张建明,苏天一,等. 内压轴向位移载荷作用下波纹管多轴疲劳寿命预测[J]. 压力容器,2024,41(4):53-59.

[7] LI Liejun. Journal of Physics:Conference Series 2819[C] //WAN Tian,BAI Jinchuan,CHEN Deqi,et al. Stress and fatigue analysis of bellows with volume defects. Guangzhou:IOP Publishing Ltd,2024:012053.

[8] ZHAO Yanling,SHENG Fuzhen,YANG Bin. Failure analysis of a bellows expansion joint in flue gas pipeline of catalytic cracking unit[J]. Engineering Failure Analysis,2023,153:107622.

作者简介

李志海,男,湖南安仁人,博士,副教授,主要研究方向:化工设备的设计和优化、有限元分析和装置维护策略分析等。

通信作者:陈孙艺,男,工学博士,教授级高级工程师,国务院政府特殊津贴专家,主要从事承压设备建造技术管理工作,通信地址:525024 广东省茂名市环市西路 91 号茂名重力石化装备股份公司,E-mail:sunyi_chen@sohu.com。

高压套筒式减压阀的结构设计与应力评定

汪栩涵[1]，马哲辉[1]，王照彤[1]，田捍卫[2]，李文庆[1]，金志江[1]，钱锦远[1]

（1. 浙江大学 特种装备研究所，杭州 310027；2. 河南航天液压气动技术有限公司，郑州 451191）

摘　要：针对高压工况下套筒式减压阀的强度失效问题，设计了某双层套筒式减压阀的阀体壁厚和压力自密封结构。通过 ASME B16.34－2020 标准确定了阀体壁厚参数，基于 EN 12516－2:2014 标准完成压力自密封结构四开环关键尺寸计算及强度校核。为避免阀门整体强度失效，采用流固耦合方法进行应力评定，分析表明：在 45 MPa 入口压力下，内套筒节流孔处最大等效应力达 323.21 MPa，虽超过材料 1Cr5Mo 弹性失效许用应力，但经应力线性化评定显示阀体、套筒等一次局部薄膜应力及一次薄膜＋弯曲组合应力均低于许用极限。研究验证了该结构在高压工况下的可靠性，为高压阀门工程设计提供了参考。

关键词：减压阀；高压；结构设计；流固耦合；应力评定

Structural design and stress evaluation of sleeve－type high－pressure reducing valves

WANG Xuhan[1]，MA Zhehui[1]，WANG Zhaotong[1]，TIAN Hanwei[2]，LI Wenqing[1]，JIN Zhijiang[1]，QIAN Jinyuan[1]

（1. Institute of Advanced Equipment，Zhejiang University，Hangzhou 310027，China；

2. Henan Aerospace Hydraulic and Pneumatic Technology Co.，Ltd.，Zhengzhou 451191，China）

Abstract：To address strength failure concerns of sleeve－type pressure reducing valves under high－pressure conditions，this study designs the wall thickness of the valve body and the pressure self－sealing structure for a dual－sleeve－type pressure reducing valve. The valve body wall thickness is determined in accordance with ASME B16.34－2020，while critical dimensions and strength verification of the quad－opening ring in the pressure self－sealing structure are completed based on EN 12516－2：2014. To prevent global structural failure，stress evaluation is conducted using the fluid－structure interaction（FSI）method. Analysis reveals that under a 45 MPa inlet pressure，the maximum equivalent stress（323.21 MPa）at the throttle holes of the inner sleeve exceeds the allowable stress of 1Cr5Mo under the elastic failure criterion. However，stress linearization evaluation demonstrates that both the primary local membrane stress and the combined primary membrane plus bending stress in the valve body and sleeves remain below the allowable limit. This work validates the structural reliability under high－pressure conditions and provides critical references for the design of high－pressure valves.

Keywords：pressure reducing valve；high－pressure；structural design；fluid－structure interaction；stress evaluation

0 引　言

减压阀广泛应用在各种工业领域，用于控制管道系统中介质的压力，确保下游设备或系统的安全稳定运行[1]。随着现代工业不断朝着高温、高压、大流量等复杂工况条件发展,压力控制设备在液压装备[2]、能源电力[3-4]、航空航天[5]等领域的核心作用日益凸显,减压阀面临着更高的工作压力和更大的流量需求[6]。套筒式减压阀凭借其结构紧凑、调节精度高、稳定性好等优势,逐渐成为高压流体控制系统中的主流选择[7]。然而,受内部流体介质作用,减压阀的内应力越来越逼近材料的屈服极限,安全隐患日益增多,结构设计日益困难,这对减压阀的结构完整性和长期服役性能提出了严峻挑战[8-9]。由于结构设计不合理[10]、材料强度不合格[11]等因素,导致减压阀失效乃至阀体爆裂的情况时有发生。因此,在减压阀结构设计中,必须进行应力校核与安全评定,以降低事故风险[12]。

在常温工况下,阀内流场分布会极大地影响减压阀的内应力,这涉及到多物理场耦合问题。流固耦合(fluid-structure interaction,FSI)常被用于研究变形固体在流场作用下的各种行为[13,-14]。盛侃等[15]采用单向瞬态流固耦合分析了调节阀流致振动与进出口压差的关系。陶勇等[16]研究了多路阀受高压流体作用产生的应力场和应变场分布。AISSA-BERRAIES 等[17]研究了较高压差下控制阀膜片的变形,探究合适的驱动方式。DUAN 等[18]研究了隔膜旋塞阀开启过程应力集中情况。BUCZKOWSKI 等[19]构建了基于流固耦合的减震器活塞阀性能预测模型。王斌斌等[20]以流固耦合的手段研究了高压蒸汽调节阀开度变化对阀门与管道内部压力波动的影响,发现波动压力载荷下易引起螺纹齿面磨损并导致疲劳失效。王艳召等[21]针对双滑阀副活门的卡滞现象,应用流固耦合的仿真方法分析了双滑阀副活门的内部流动和关键零件的受力。张长帅等[22]研究了航空气动安全阀内流场对阀门形变的影响。张伟政等[23]以流固耦合的手段针对大口径闸阀流致振动问题进行结构优化。刘家宾等[24]采用双向流固耦合对膜塞阀的膜片进行多目标优化。黄之敏等[25]以流固耦合分析压缩机排气舌簧阀的阀片运动特性,得到了舌簧阀高周疲劳运动下的失效率。张晓宇等[26]优化了阀芯旋转式高速开关阀的结构,显著降低了该阀受内部流体作用产生的内应力。张道军等[27]分析了高温放料阀在不同工况下与内部流体介质之间的换热情况。王宁等[28]探究了 LNG 深冷调节阀在正常工作时阀杆受流体作用发生振动的规律。张秋伟等[29]对气动高速开关阀压电元件流固耦合问题进行分析,优化了阀的关键结构参数。由此可知,流固耦合方法在探究阀门与内部流体介质的相互作用关系方面的应用已经比较成熟。

本文提出了一种应用于高压工况下的双层套筒式减压阀,针对该阀进行结构设计[30],并基于流固耦合的方法,对减压阀的阀体、外套筒、内套筒等重要部件进行应力分析,以评估其工作安全性。

1 减压阀结构设计

某 DN50 套筒式减压阀的剖视图如图 1 所示。减压阀采用双层套筒,节流孔直径为 1 mm,外套筒按 10×16 排列,内套筒按 3×16 进行排列,每行节流孔的间距为 1.5 mm,内套筒与外套筒的节流孔之间留有 0.5 mm 的间隙,用于二级减压。材料选用 1Cr5Mo,20 ℃下许用应力为 219 MPa,正常工作时,内部介质为常温下的氦气,入口压力 45 MPa,出口压力 35 MPa,取介质密度为 59.993 kg/m^3。为了确保减压阀在高压工况下工作的安全性,需要依据相关标准对阀体的壁厚等结构进行设计。

减压阀阀体三维模型如图 2 所示。虽然减压阀公称直径为 50 mm,但阀体内部流道最小直径仅有 30 mm。根据 ASME B16.34-2020[31]规定,流道最小直径为 30 mm,Class4500 时,阀门壳体的最小壁厚为 26.9 mm(取标准中内流道最小直径为 31 mm 的数值),因此本文取阀体的壁厚为 30 mm,留出一定的安全裕量。

除此以外,还需要确定阀体与阀盖的连接形式。对于较低压力工况下的减压阀来说,阀体与阀盖往往采用螺栓螺母进行连接。然而,本文研究的减压阀,最大工作压力达到了 45 MPa,常规的螺栓螺母连接无法确保阀体与阀盖的连接,必须采用压力自密封的连接形式,压力自密封结构如图 3 所示。使用时,将牵制螺栓旋紧,施加预紧力,使牵制螺栓所连接的外套筒上移,将楔形压垫压在四开环上,提供初始密封比压。当阀内通过高压气体时,在气体介质的压力作用下,外套筒会进一步上压,增大楔形压垫上的压力,密封比压随之增大。这种通过介质自身压力完成密封的结构即压力自密封结构。

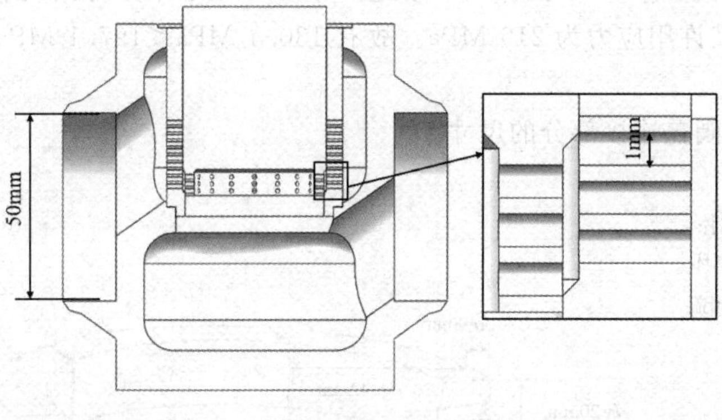

图 1　DN50 套筒式减压阀剖视图

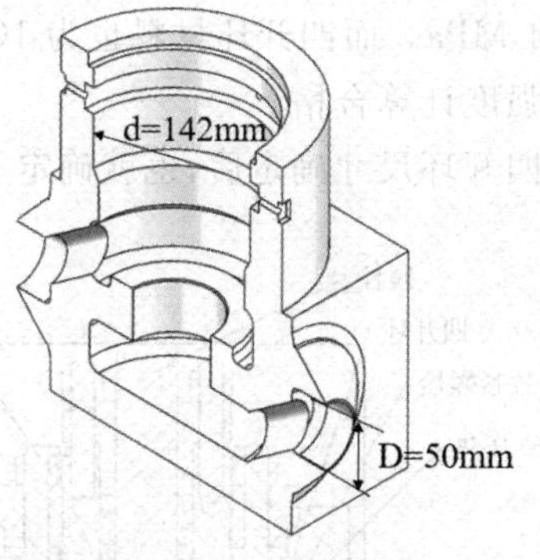

图 2　阀体三维模型

本文按照 EN 12516－2:2014[32] 对压力自密封结构进行设计计算。对于压力自密封结构而言，其结构上最薄弱的截面是四开环的横截面。因此，为了确保密封结构的安全性，有必要对最重要的四开环尺寸进行计算。

首先，对于四开环的最小受力宽度 a，有：

$$a=\frac{F_B+F_Z}{\pi d 1.5 f} \tag{1}$$

$$F_B=p\frac{\pi}{4}d^2 \tag{2}$$

$$F_Z=3.14 d q_1\frac{\sin(\alpha+\rho)}{\cos\rho} \tag{3}$$

式中，F_B 为轴向力，N；F_Z 为螺栓预紧力，N；设计压力 $p=67.5$ MPa；连接处内径 $d=142$mm；线密封比压 $q_1=300$N/mm；密封环圆锥角 $\alpha=30°$；摩擦角 $\rho=8.5°$；f 为四开环材料许用应力，本文选用 X20CrMoV121，其许用应力 $f=291.7$MPa。

计算得到：$F_B=1\ 068\ 982$ N，$F_Z=84\ 195$ N，$a=5.9$ mm。

对于四开环的压环最小宽度 b，有：

$$b=\frac{F_B+F_Z}{\pi d_b 1.5 f} \tag{4}$$

其中，压环中径 $d_b=134$ mm。

计算得到 $b=6.25$ mm。

由此得到四开环的最小宽度 $a+b=12.15$ mm，取宽度为 16 mm，其中 $a=b=8$ mm。

对于四开环的最小高度 h，有：

$$h=\frac{2(F_B+F_Z)}{\pi d f}=17.7\text{mm} \tag{5}$$

因此取四开环的高度为 20 mm。四开环结构随之确定，如图 4 所示。

为防止工作过程中密封力过大把密封面压溃，依据 GB/T 150《压力容器》[33] 对四开环的强度进行校核。

对于 $a-a$ 环向截面切应力 τ_a，有：

$$\tau_a=\frac{F+F_a}{3.14 D_a h_1-0.785 n d_k^2}\leqslant 0.9[\sigma]^t \tag{6}$$

其中,$D_a=142$ mm,取拉紧螺栓直径 $d_k=5$ mm,拉紧螺栓数量 $n=4$。由此计算得到切应力为 130.4 MPa。而四开环材料也为1Cr5Mo,其许用应力为 219 MPa。故有 130.4 MPa<197.1 MPa,四开环的强度计算合格。

四开环尺寸确定后,也就确定了阀体与阀盖连接部分的尺寸。

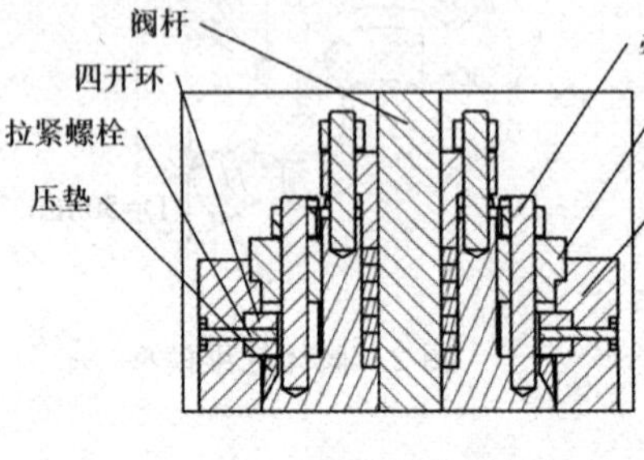

图3　压力自密封结构

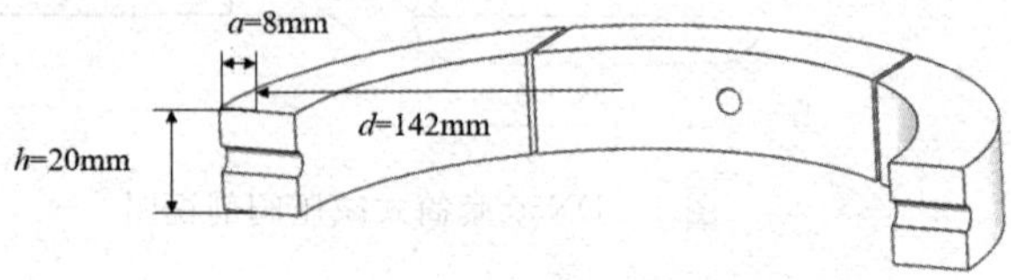

图4　四开环三维模型

2　应力分析与安全评定

在关键结构参数确定之后,还需要对在正常工作情况下的减压阀整体进行应力评定,以确保安全性。本文采用单向流固耦合的方式计算减压阀的应力分布情况,以进行应力评定。

2.1　应力分布计算

该减压阀内部介质为常温下的氦气,入口压力为 45 MPa、出口压力为 35 MPa,壁面设置静止壁面无滑移。考虑到结构上的对称性,为了计算与分析的简便,对流体域和固体域均采取沿中轴面截去一半的模型进行仿真模拟,并且设置对称面为 symmetry 类型。详细的流体域数值仿真模型以及流场计算结果在先前的研究中已经说明[34-36],本文只具体说明固体域数值仿真模型的构建,固体域模型与施加的载荷如图5所示,阀体的进出口延长以施加切向约束,并且在对称面上施加零位移约束。

在计算时,为了避免网格数量对结果产生影响,需要进行网格敏感性分析。本文设置了三种不同数量的网格方案,以减压阀最大 Von Mises 等效应力为评价指标,结果如下表1所示。可以发现,粗糙网格与精细网格相比,最大等效应力计算结果变化较为明显,粗糙网格误差较大;中等网格与精细网格最大等效应力的计算结果几乎一致,中等网格的误差已经可以忽略不计。综合考虑计算精度和成本,采用中等网格方案,网格数量 2 811 173,平均质量 0.83 586。

表1　网格敏感性分析

网格方案	网格数量	最大等效应力/MPa	相对误差
粗糙	1 922 392	299.48	7.92%
中等	2 811 173	323.21	0.00%
精细	3 902 522	323.21	—

图6为流固耦合仿真计算得到的减压阀整体应力分布结果。从图中可知,减压阀最大应力为 323.21 MPa,出现在内套筒上的节流孔处,这超出了内套筒材料 1Cr5Mo 的许用应力 219 MPa,也就意味着在内套筒上可能存在一定的安全性问题。这是弹性失效的计算结果,对于应力分布不均匀的构件而言,由于材料韧性较好,当危险点(内壁)发生屈服时,其余各点仍处于弹性状态,故不会导致整个截面的屈服,因而构件仍能继续承载。在这种情况下,弹性失效设计准则就显得有些保守,因此更适合采用以整个危险面屈服作为失效状态的设计准则,即塑性失效准则。为确保安全,需要对危险点进行应力线性化处理,判断该点的屈服是否会导致整个截面的屈服。

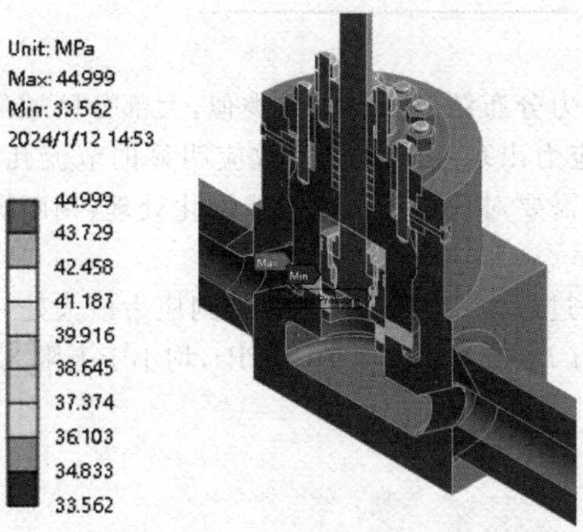

图 5　流固耦合分析固体区域模型及施加载荷

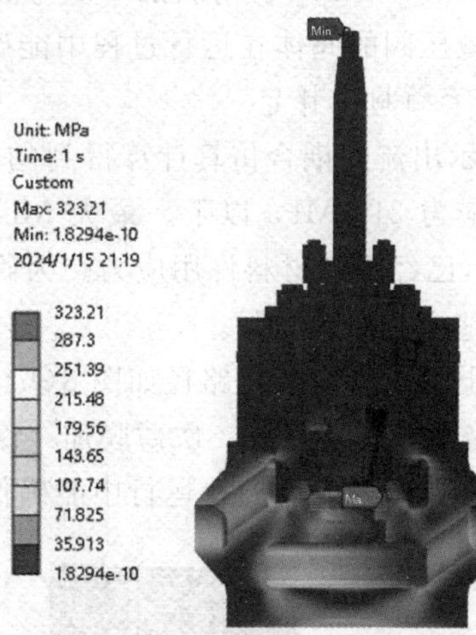

图 6　减压阀整体应力分布结果

按 GB/T 4732.4—2024《压力容器分析设计 第 4 部分：应力分类方法》[37] 规定，各项应力强度值应满足下列要求：

(1)一次局部薄膜应力 $P_L \leqslant KS_{PL}$；

(2)一次薄膜加一次弯曲应力强度 $P_L + P_b \leqslant KS_{PL}$。

其中 K 为载荷组合系数，由于本文涉及的工况下不存在风载荷与地震载荷，所以 $K=1.0$。S_{PL} 为应力许用极限，此处取设计温度下材料许用应力 219 MPa 的 1.5 倍，计算可得，应力线性化后应力上限值 KS_{PL} 为 328.5 MPa。

为确保安全，需要采用塑性失效准则对阀体、外套筒、内套筒这 3 个主要承压部件进行应力分析，评估其工作安全性。

2.2　阀体应力评定

图 7(a)所示为流固耦合仿真计算得到的减压阀阀体应力分布结果，大部分区域的应力都较低，能保持在材料许用应力 219 MPa 以下。最大 Mises 等效应力出现在减压阀中腔的底部，大小为 263.01 MPa，该应力大小已经超过材料许用应力，是阀体结构的危险点。为确保安全，需要对该点进行应力线性化处理，判断该点的屈服是否会导致整个截面的屈服。

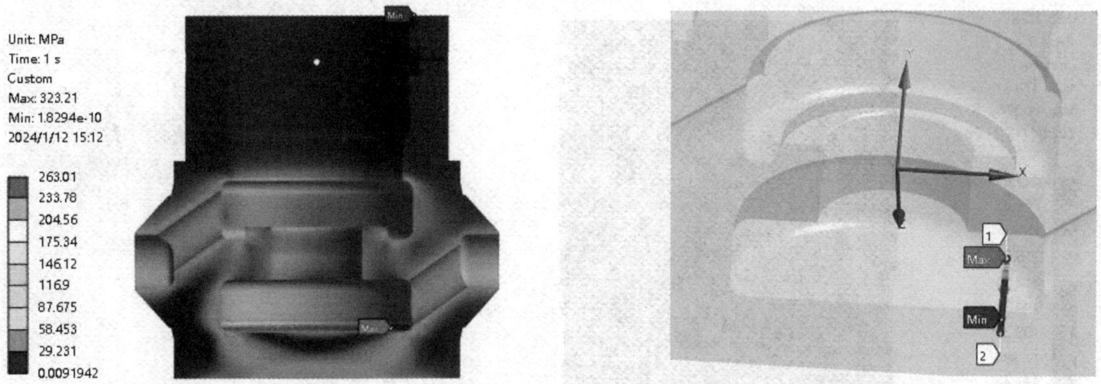

（a）阀体应力分布结果　　（b）阀体应力线性化路径

图 7　阀体应力评定

阀体应力线性化路径如图 7(b)所示。经过应力线性化后，计算得到应力最大处的一次局部薄膜应

力 P_{L1} 为 62.348 MPa，一次薄膜加一次弯曲应力 $P_{L2}+P_{b2}$ 为 134.69 MPa，两者均小于上限 328.5 MPa，故可判断该减压阀的阀体在运行过程中能确保安全。

2.3 外套筒应力评定

图 8(a)示出流固耦合仿真计算得到的外套筒应力分布结果。与阀体类似，大部分区域的应力保持在材料许用应力 219 MPa 以下。最大 Mises 等效应力出现在应力集中效应明显的节流孔处，大小为 314.87 MPa，已经超过材料许用应力。为确保安全，需要对该点进行应力线性化处理，判断该点的屈服是否会导致整个截面的屈服。

外套筒上的应力线性化路径如图 8(b)所示。经过应力线性化后，计算得到应力最大处一次局部薄膜应力 P_{L2} 为 30.040 MPa，一次薄膜加一次弯曲应力 $P_{L2}+P_{b2}$ 为 73.103 MPa，均小于上限 328.5 MPa，故可判断该减压阀的外套筒在运行中能确保安全。

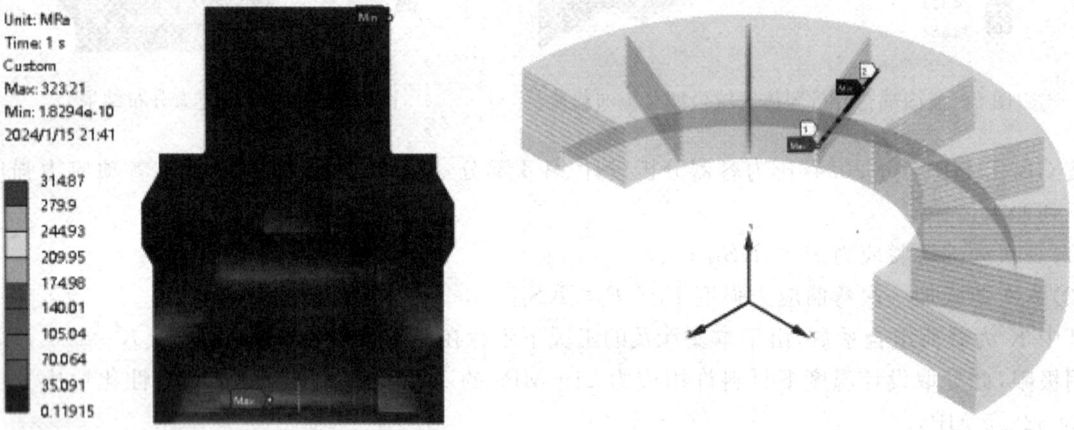

(a) 外套筒应力分布结果　　(b) 外套筒应力线性化路径

图 8　外套筒应力评定

2.4 内套筒应力评定

图 9(a)所示为流固耦合仿真计算得到的内套筒应力分布结果。类似地，内套筒大部分区域的应力也都能保持在材料许用应力 219 MPa 以下。最大 Mises 等效应力位置与外套筒对应，也出现在应力集中效应明显的节流孔处，大小为 323.21 MPa，已经超过材料许用应力。为确保安全，需要对该点进行应力线性化处理，判断该点的屈服是否会导致整个截面的屈服。

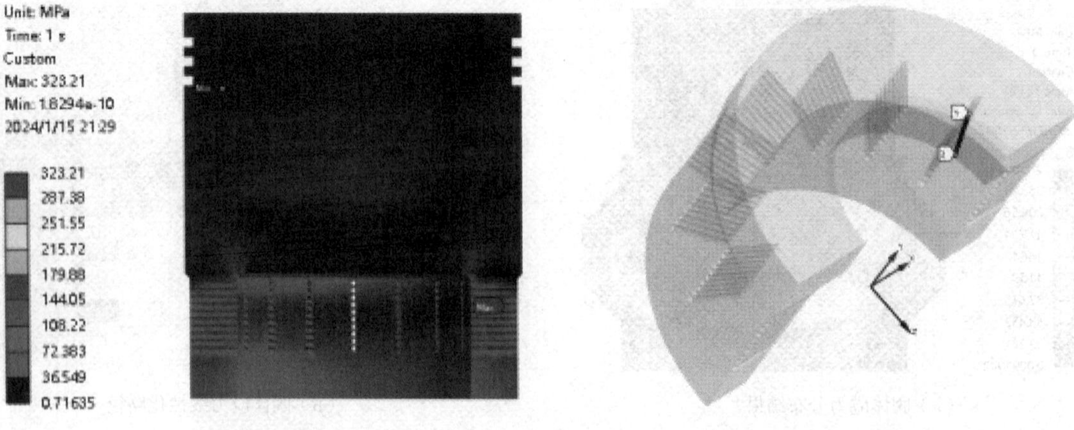

(a) 内套筒应力分布结果　　(b) 内套筒应力线性化路径

图 9　内套筒应力评定

内套筒上的应力线性化路径如图 9(b)所示。得到应力最大处一次局部薄膜应力 P_{L3} 为

51.003 MPa，一次薄膜加一次弯曲应力 $P_{L3}+P_{b3}$ 为 99.612 MPa，均小于上限 328.5 MPa，故可判断内套筒在运行过程中能确保安全。

2.5 减压阀应力评定结果

经过以上分析计算，减压阀阀体、内外套筒的应力评定结果如下表 2 所示，阀体、外套筒、内套筒安全评定全部通过，该减压阀在设计工况下不会出现强度失效。

表 2 减压阀安全评定结果

部位	应力强度及组合应力强度	应力强度计算值/MPa	应力强度许用极限/MPa	评定结论
阀体	一次局部薄膜应力强度 P_{L1}	62.348	328.5	通过
	一次+二次应力强度 $P_{L1}+P_{b1}$	134.69		通过
外套筒	一次局部薄膜应力强度 P_{L2}	30.040		通过
	一次+二次应力强度 $P_{L2}+P_{b2}$	73.103		通过
内套筒	一次局部薄膜应力强度 P_{L3}	51.003		通过
	一次+二次应力强度 $P_{L3}+P_{b3}$	99.612		通过

3 结 论

本文提出了一种双层套筒式减压阀，针对高压工况下的强度失效问题，设计了减压阀的阀体壁厚和压力自密封结构，随后基于流固耦合的方法，计算该套筒式减压阀的阀体、外套筒、内套筒等重要部件的应力分布，依据 GB/T 4732.4—2024 标准，结合塑性失效准则和应力线性化方法对危险点进行应力安全评定，得出以下结论：

(1)基于 ASME B16.34－2020 标准确定了阀体壁厚为 30 mm；

(2)基于 EN 12516－2:2014 标准完成压力自密封结构四开环关键尺寸计算，强度校核合格；

(3)减压阀最大应力为 323.21 MPa，出现在内套筒上的节流孔处，超出了材料 1Cr5Mo 的许用应力，不符合弹性失效设计准则；

(4)依据塑性失效设计准则，分别对减压阀的阀体、外套筒、内套筒的危险点进行应力线性化，发现其一次局部薄膜应力和一次薄膜+一次弯曲应力均小于应力许用极限，该减压阀在设计工况下不会出现强度失效。

本文验证了该高压套筒式减压阀结构在高压工况下的可靠性，为高压阀门工程设计和应用提供了参考。

参考文献

[1] 钱锦远．阀门设计与选用基础[M]．杭州：浙江大学出版社，2020.

[2] 艾超，黄科雨，马德江，等．比例减压阀控制器硬件性能的影响因素和优化设计[J]．液压与气动，2025，49(1)：76－89.

[3] YU L，YANG X，ZHANG Z，et al. Parametric analysis on throttling elements of conical throttling valve for hydrogen decompression in hydrogen fuel cell vehicles[J]. Journal of Energy Storage，2023，65：12.

[4] 韩兴海，孙治谦，徐晓刚，等．燃料电池供氢系统减压阀研究进展[J]．化工机械，2025，52(1)：1－7.

[5] 孙占恒，肖为，陈志雄．氢气减压阀动态特性对氢燃料航空发动机起动供氢影响分析[J]．中国机械，2025(4)：23－26.

[6] 徐毅翔，钱锦远，陈立龙，等．减温减压装置的过去、现在与未来[J]．机电工程，2021，38(9)：

1081－1090.

[7] 蒋永兵,侯聪伟,郝娇山,等. 套筒开孔对双层套筒阀流动特性的影响[J]. 排灌机械工程学报,2022,40(7):687－692.

[8] WANG T,QI Q,ZHANG H,et al. Investigation on dynamic stress of the discharge valve in the transcritical CO 2 compressor[J]. Renewable Energy,2024,220.

[9] WANG C,XU D,HUANG K,et al. Multi－objective optimization of a triple－eccentric butterfly valve considering structural safety and sealing performance[J]. Isa Transactions,2024,155:295－308.

[10] 程明辉,张晓萌,刘杰. 工业蒸汽管道减压阀爆炸失效分析[J]. 工业锅炉,2023(5):49－51.

[11] 李文利,潘伟亮,钟丰平,等. 蒸汽管道用先导式减压阀阀体爆裂分析[J]. 管道技术与设备,2020(6):34－36.

[12] 王建业,史进渊,朱志劼,等. 燃气轮机气体燃料控制阀阀壳结构强度分析与改进[J]. 热能动力工程,2025,40(1):27－33.

[13] 叶正寅. 流固耦合力学基础及其应用[M]. 哈尔滨:哈尔滨工业大学出版社,2016.

[14] 钱锦远,杨佳明,吴嘉懿,等. 阀门流固耦合的研究进展[J]. 流体机械,2021,49(2):57－65.

[15] 盛侃,刘闯,张深哲,等. 单座调节阀流致振动仿真模拟分析[J]. 阀门,2024(9):1109－1113.

[16] 陶勇,郭铁虎,马焱森,等. 采用单向流固耦合法的高压多路阀变形分析[J]. 太原科技大学学报,2024,45(2):172－175.

[17] AISSA－BERRAIES A,van BRUMMELEN E H,AURICCHIO F. Numerical investigation of fluid－structure interaction in a pilot－operated microfluidic valve[J]. Journal of Fluids and Structures,2025,132.

[18] DUAN Z,JIA Y,REN X,et al. Analysis of fluid－structure interaction in diaphragm plug valves for filling electrolyte in lithium－ion battery cells[J]. Flow Measurement and Instrumentation,2024,98.

[19] BUCZKOWSKI D,NOWAK G. Modelling the shock absorber piston valve using 2－way fluid－structure interaction[J]. Transport Problems,2021,16(4):45－57.

[20] 王斌斌,王丹. 核电厂蒸汽高压调节阀流固耦合特性及疲劳机制研究[J]. 核科学与工程,2025,45(1):155－163.

[21] 王艳召,李博海,王洋,等. 双滑阀副活门卡滞分析与试验验证[J]. 燃气涡轮试验与研究,2024,37(6):40－47.

[22] 张长帅,陈星,王岩,等. 考虑流固耦合作用的航空气动安全阀动态特性分析[J]. 液压与气动,2024,48(12):32－38.

[23] 张伟政,黄文彬,张俊涛. 基于流固耦合方法的大口径闸阀减振分析[J]. 甘肃科学学报,2024,36(6):144－152.

[24] 刘家宾,段振亚,贾颜骏,等. 基于流固耦合的膜塞阀多目标优化设计[J]. 化学工程,2024,52(11):55－59.

[25] 黄之敏. 压缩机排气舌簧阀的可靠性设计[J]. 制冷技术,2024,44(4):60－65.

[26] 张晓宇,王鹤,刘晋沛,等. 基于流固耦合的阀芯旋转式高速开关阀结构优化[J]. 机床与液压,2024,52(14):167－172.

[27] 张道军,陈昌华,李威,等. 高温放料阀流固耦合传热过程分析[J]. 阀门,2024(4):460－465.

[28] 王宁,王若凡,冯浩,等. LNG深冷调节阀结构强度及阀杆振动分析[J]. 仪器仪表用户,2023,30(2):35－41.

[29] 张秋伟,孙中圣,黄新燕. 基于压电双晶片的气动高速开关阀研究[J]. 压电与声光,2022,44

(5):758－764.

[30] 陆培文. 实用阀门设计手册[M]. 北京:机械工业出版社,2020.

[31] ASME B16.34－2020,Valves－flanged,threaded,and welding end[S]. New York:2020.

[32] EN 12516－2:2014,Industrial valves － Shell design strength － Part 2:Calculation method for steel valve shells[S]. Brussels:2014.

[33] GB/T 150—2024,压力容器[S]. 北京:中国标准出版社,2024.

[34] 田捍卫,马哲辉,钱锦远,等. 高压差大流量工况下套筒式减压阀的减压过程研究[J]. 阀门,2024(9):1092－1096.

[35] 栗健,谭粤,郭世民,等. 防波板对液氢罐式集装箱罐体结构强度的影响[J]. 压力容器,2024,41(5):58－66.

[36] 王丹,李家港,潘康,等. 基于遗传算法的非对称翼形翅片印刷电路板式换热器优化设计[J]. 压力容器,2023,40(7):36－46.

[37] GB/T 4732.4—2024,压力容器分析设计 第4部分:应力分类方法[S]. 北京:中国标准出版社,2024.

作者简介

汪栩涵(2001),男,硕士研究生,主要从事特种阀门结构设计与振动分析,通信地址:310027 浙江省杭州市西湖区浙大路38号浙江大学玉泉校区特种装备楼224,E－mail:wangxh6@zju.edu.cn。

超高压管式反应器自增强厚壁弯管有限元计算及实验研究

张　朝，轩福贞，王学生
（华东理工大学 承压系统与安全教育部重点实验室，上海 200237）

摘　要：自增强厚壁弯管是超高压管式反应器的重要组成部分，厚壁管弯制加工引起的截面几何尺寸偏差会对自增强厚壁弯管应力分布产生影响。本文针对厚壁弯管的非理想截面形状，将管弯制带来的截面几何形状改变及相应的尺寸变化简化为截面的椭圆化和偏心化现象，提出了一种面向不规则截面的超高压管式反应器厚壁弯管有限元计算建模方法，并对有限元计算结果与实验结果进行了对比。结果表明，提出的面向不规则截面的厚壁弯管有限元计算建模方法能够有效提高其自增强残余应力的计算精度。

关键词：超高压管式反应器；自增强；厚壁弯管；有限元；建模方法

Finite element calculation and experimental study of the autofrettaged thick - walled bent tube in ultra - high pressure tubular reactor

ZHANG Zhao，XUAN Fuzhen，WANG Xuesheng
（Key Laboratory of Pressure System and Safety，Ministry of Education，
East China University of Science and Technology，Shanghai 200237，China）

Abstract：The autofrettaged thick - walled bent tube is an important part of the ultra - high pressure tubular reactor，and the deflection of cross - section geometry caused by bending of the thick - walled tube affects its stress distribution. Aiming at the non - ideal cross - section geometry of the thick - walled bent tube，a finite element modeling method considering irregular cross - section of the thick - walled tube bending in ultra - high pressure tubular reactor was proposed，as the geometric shape change and the corresponding size variation of the section caused by tube bending was simplified to the phenomenon of ellipse and eccentricity，and the finite element calculation results were compared with that of the autofrettage experiment. The results show that the proposed finite element modeling method for the thick - walled bent tube with irregular cross - section can effectively improve the calculation accuracy of the autofrettage residual stress.

Keywords：ultra - high pressure tubular reactor；autofrettage；thick - walled bent tube；finite element method；modeling method

0　引　言

LDPE/EVA 超高压管式反应器承受超高压载荷的部件主要为超高压反应管，通常分为厚壁直管和厚壁弯管两种类型。目前研究主要针对自增强厚壁直管的应力分布及其计算方法，但作为超高压管式反

应器的重要组成部分，针对自增强厚壁弯管的研究则相对匮乏[1-4]。

作为一种空间回转结构，厚壁弯管的应力分布特征与普通弯头管件存在一定相似性，但也存在明显差异。弯头的内径与外径比值远低于超高压管式反应器中的厚壁弯管，且普通弯头的成形减薄率及椭圆度要求均比超高压厚壁弯管宽松，同时弯头一般也不需要进行自增强处理。目前存在一些针对内压载荷下中低压薄壁弯头应力分布的研究，但由于应力分布的复杂性，现有研究主要依赖于有限元计算和实验方法[5-7]。也有研究通过拟合等方法得到了内压载荷下厚壁弯头应力分布的近似力学解析式，但其内外径比远小于超高压厚壁弯管[8]。关于超高压厚壁弯管的研究相对较少，且仅限于探讨其在弹性范围内的应力分布，或仅通过有限元方法研究其自增强处理压力的选择[9-10]。同时，有研究证明，弯制加工带来的弯头几何形状变化会影响内压弯头的应力分布[11-13]。也有文献针对自增强厚壁弯管回转半径对其应力分布的影响进行了有限元研究，发现回转半径与厚壁管外径的比值会显著影响其应力分布均匀性[14]。目前未发现有针对厚壁管弯制加工引起的截面几何尺寸偏差对自增强厚壁弯管应力分布影响的相关研究。超高压反应管的内外径比较大，厚壁反应管的弯制成形会导致其截面几何形状发生改变。非理想的截面形状会影响自增强厚壁弯管的应力分布，因此有必要在厚壁弯管有限元计算建模中考虑到弯制加工对其截面几何形状的改变及相应的尺寸变化。

1 面向不规则截面的厚壁弯管有限元计算建模假设

目前生产中对厚壁管弯制成形质量的检验主要针对椭圆度、壁厚减薄率和内径流通量三个方面，其中椭圆度和壁厚减薄率的测量结果可用于对厚壁弯管截面的建模。椭圆度检验通常针对厚壁弯管的外表面进行，使用游标卡尺测量厚壁弯管不同位置截面的外表面直径，根据测量结果计算每个测量截面的椭圆度，要求椭圆度不超过 2.0%。壁厚减薄率 C_t 的检测一般采用超声测厚仪进行，由于厚壁弯管不同位置的壁厚减薄率有所不同，在实际生产中通常选择多个截面进行测量，并在每个截面上取 4 个位置测量壁厚，要求壁厚减薄量不超过 5.0%。

仅凭上述检验手段无法准确绘制出厚壁弯管的截面形状，但可以在厚壁弯管椭圆度和壁厚减薄率检验结果的基础上，提出一种面向不规则截面的厚壁弯管有限元计算建模方法。对于冷弯成形的大回转半径厚壁弯管($R/D_o \geqslant 10$)，虽然其截面为复杂的不规则形状，但其截面形状的变化存在两种趋势，分别为内外表面的椭圆化变形趋势和靠近回转轴一侧壁厚增大而远离回转轴一侧壁厚降低的趋势。因此，可以将厚壁弯管截面几何形状的改变简化为截面的椭圆化和偏心化现象。具有椭圆化和偏心化现象的厚壁弯管截面示意图如图 1 所示。

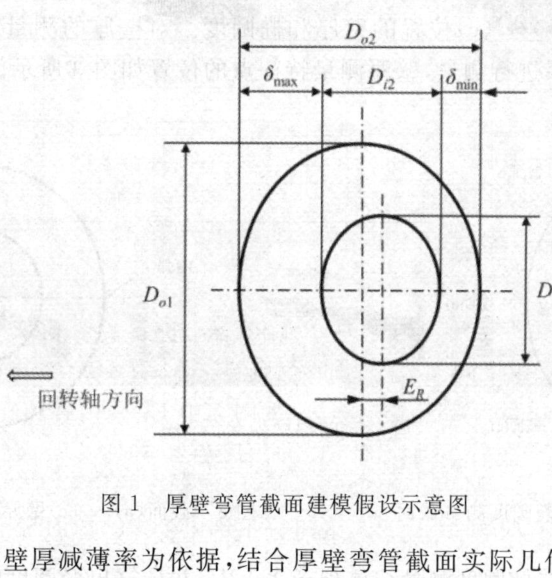

图 1　厚壁弯管截面建模假设示意图

以厚壁弯管的椭圆度和壁厚减薄率为依据，结合厚壁弯管截面实际几何形状的简化假设，即可得到厚壁弯管建模需要的各项参数。如图 1 所示,厚壁管外表面的椭圆长轴直径 D_{o1} 为外表面垂直方向直径,短轴直径 D_{o2} 为外表面水平方向直径,假设长轴直径 D_{o1} 和短轴直径 D_{o2} 与外径 D_o 差的绝对值相等,那么可以通过式(1)根据已知的外径 D_o 和椭圆度 Δ 计算出外表面椭圆的长轴直径 D_{o1} 和短轴直径 D_{o2}。

$$\begin{cases} D_{o1}-D_o=D_o-D_{o2} \\ \Delta=\dfrac{D_{o1}}{D_{o2}}-1 \end{cases} \tag{1}$$

内表面椭圆长轴直径 D_{i1} 和短轴直径 D_{i2} 的计算方法与外表面椭圆一致,见式(2)。

$$\begin{cases} D_{i1}-D_i=D_i-D_{i2} \\ \Delta=\dfrac{D_{i1}}{D_{i2}}-1 \end{cases} \tag{2}$$

厚壁弯管成形后,通常外表面距离回转轴最远位置的壁厚为最小壁厚 $\delta_{\min}$,而距离回转轴最近位置的壁厚为最大壁厚 $\delta_{\max}$。因此,壁厚减薄率 C_t 可以通过式(3)计算。

$$C_t=\frac{\delta-\delta_{\min}}{\delta} \tag{3}$$

对于冷弯成形的大回转半径厚壁弯管($R/D_o\geqslant 10$),通常在同一截面上的壁厚增大量和壁厚减小量接近,因此建模中可以假设最大壁厚 $\delta_{\max}$ 和最小壁厚 $\delta_{\min}$ 与名义厚度 δ 差的绝对值相等。基于此假设,建模中截面外表面和内表面的偏心量 E_R 可以表示为:

$$E_R=\delta-\delta_{\min} \text{ 或 } E_R=\delta_{\max}-\delta \tag{4}$$

2 厚壁弯管试件壁厚和椭圆度测量

为了验证提出的面向不规则截面的厚壁弯管有限元计算建模方法的正确性,有必要开展厚壁弯管液压自增强处理实验。实验所用的厚壁弯管试件与某 LDPE 装置超高压反应管的尺寸和规格一致,外径 $D_o=88$ mm,内径 $D_i=40$ mm,回转半径 $R=1100$ mm,厚壁弯管试件的回转半径与弯管外径比值 $R/D_o=12.5$。为保证测量结果的准确性和稳定性,选择了厚壁弯管试件弯管部分的 3 个截面进行壁厚和椭圆度测量,其中截面(a)位于厚壁弯管的对称截面,截面(b)和截面(c)分别位于两侧,并且与截面(a)的夹角为 45°。截面(a)~(c)的具体位置如图 2 所示。

测量厚壁弯管试件截面(a)~(c)位置的壁厚和椭圆度。对壁厚的测量中,需要分别对各个截面四个壁厚测量特征点的实际壁厚进行测量,壁厚测量特征点的位置如图 3 所示。

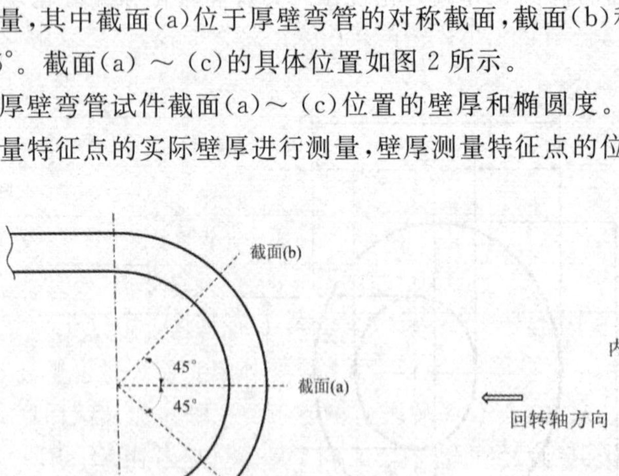

图 2 厚壁弯管试件壁厚和椭圆度测量截面

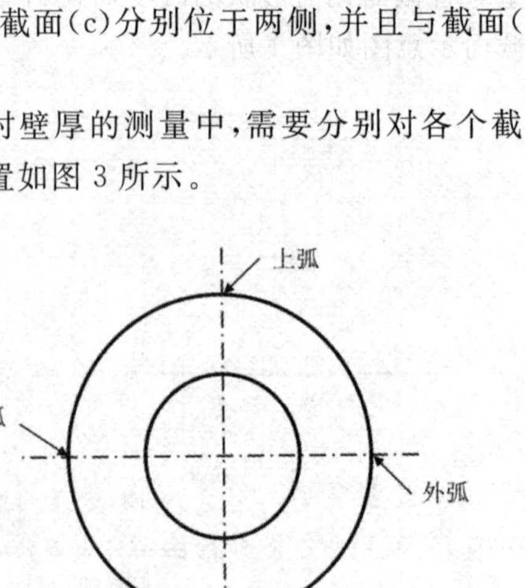

图 3 截面(a)~(c)壁厚测量特征点位置

将截面(a)~(c)的壁厚与椭圆度测量结果列于表 1 中,并计算出椭圆度的平均值和不同壁厚测量特征点位置壁厚的平均值。表 1 中列出的测量结果显示，厚壁弯管试件的壁厚减薄率和椭圆度均满足厚壁管弯制的成形质量控制要求。厚壁弯管试件在内弧位置壁厚有所增加，而外弧位置则有所减小，且内弧位置壁厚增量与外弧位置壁厚减小量接近，这一现象与截面偏心化假设相符。试件的上弧壁厚和下弧壁厚均略大于名义厚度，这可能是由偏心化引起的外表面顶点位置壁厚小幅增大。同时，椭圆度测量结果表明，截面(a)～(c)的椭圆度差距不大。

表 1　截面(a)～(c)壁厚及椭圆度测量结果

项目	厚度/mm					壁厚减薄率 C_t	椭圆度 Δ
	名义厚度	上弧厚度	外弧厚度	下弧厚度	内弧厚度		
截面(a)	24	24.26	23.61	24.12	24.37	1.63%	1.72%
截面(b)	24	24.26	23.63	24.26	24.41	1.55%	1.81%
截面(c)	24	24.17	23.60	24.14	24.44	1.67%	1.87%
平均值	24	24.23	23.61	24.17	24.41	1.63%	1.80%

3　厚壁弯管自增强处理实验

厚壁弯管液压自增强处理实验装置由超高压液压实验系统、厚壁弯管试件、端部密封系统、内部填充物、应变测量系统等部分组成，图 4 为厚壁弯管自增强处理实验现场。实际工程中，对厚壁弯管进行自增强处理时一般采用与厚壁直管相同的自增强处理压力。根据文献中给出的厚壁直管最佳自增强压力计算方法，确定本文研究中的厚壁弯管自增强处理压力为 631 MPa[14]。实验过程中，压力载荷首先升高到一个确保试件所有位置均未进入塑性的压力后保压，该压力取 300 MPa，随后将内压载荷提高到厚壁弯管试件的自增强处理压力 631 MPa 后保持该压力，最后将内压卸载到 0。厚壁弯管自增强处理实验中的压力载荷变化如图 5 所示。

图 4　厚壁弯管自增强处理实验现场

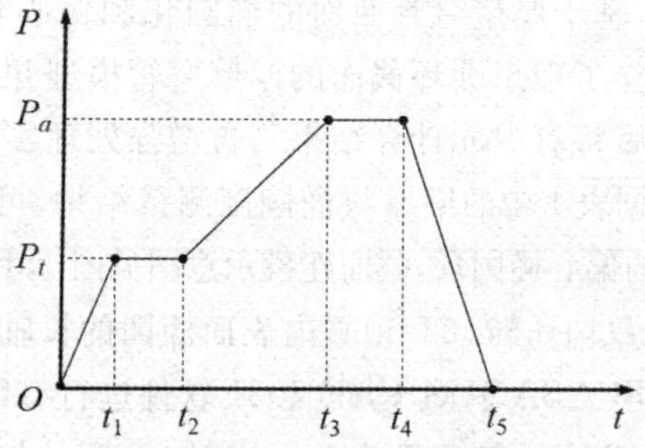

图 5　厚壁弯管自增强处理实验压力变化示意图

由于难以直接测量厚壁弯管在自增强处理中的应力分布，因此实验中测量厚壁弯管外表面的应变变化，间接表征其应力分布的变化。为保证测量结果的准确性，实验过程中对图 3 中截面(a)～(c)的外表面应变进行了测量。由于厚壁弯管试件的弯管部分为空间回转结构且上下对称，因此其应力分布具有对称性，实验中仅需测量试件上半部外表面的应变。在截面(a)～(c)的上半部外表面沿环向均匀布设 7 个 BFH120－80AA－D150 型电阻应变片，每个电阻应变片之间的夹角为 30°，具体位置如图 6 所示。所有电阻应变片的应变测量方向均为该截面的环向方向和轴向方向。为消除环境温度变化对测量结果的影响，在一块

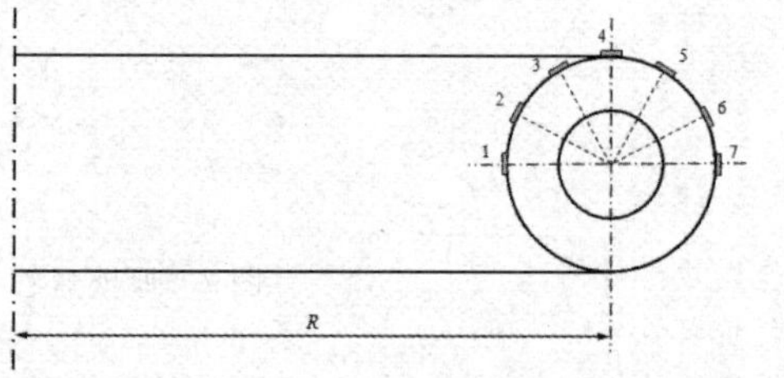

图 6 截面(a)～(c)电阻应变片布置图(不按比例)

不受外界载荷的同材质金属块上布设了温度补偿片。

在厚壁弯管自增强处理实验中，需要检测3个状态下的外表面环向应变 ε_θ 和轴向应变 ε_z，分别为全弹性状态(内压300 MPa)、自增强处理压力状态(内压631 MPa)和自增强处理结束状态，用于表征全弹性状态、自增强处理压力状态和自增强处理后的厚壁弯管应力分布。对截面(a) ~ (c)中各个测量位置的外表面应变测量结果分别取平均值，将结果记录于表2中。

从表2中的厚壁弯管外表面应变测量结果可以看出，不同位置的外表面环向应变 ε_θ 和轴向应变 ε_z 测量值存在显著差别，直接证明了自增强厚壁弯管与自增强厚壁直管的应力分布存在明显差异。同时发现自增强处理后的厚壁弯管外表面靠近回转轴位置出现了轴向压应力，这一现象可能与厚壁弯管的空间回转结构及其弹塑性应力分布有关。

表2 厚壁弯管自增强实验应变记录表

压力/MPa	应变/10^{-6}	应变片位置编号						
		1#	2#	3#	4#	5#	6#	7#
300	ε_θ	740.0	668.7	615.1	553.3	598.6	669.1	725.7
	ε_z	130.4	133.8	139.2	157.9	164.7	171.5	174.1
631	ε_θ	1693.4	1554.4	1372.9	1220.3	1311.6	1549.9	1734.7
	ε_z	260.9	277.8	297.3	334.1	343.5	361.0	385.2
0	ε_θ	120.6	85.0	58.1	11.9	49.7	83.2	114.4
	ε_z	−9.6	−3.7	−0.8	1.5	3.1	3.3	7.9

4 面向不规则截面的厚壁弯管有限元计算建模方法的验证

为了验证提出的厚壁弯管有限元计算建模方法的正确性，以厚壁弯管试件的壁厚和椭圆度测量结果为基础，基于厚壁弯管截面的椭圆化和偏心化假设，建立厚壁弯管试件的有限元计算模型并进行计算。同时建立了理想圆环截面的厚壁弯管模型并进行有限元计算，用于与提出的建模方法的计算结果进行对比。最后将有限元计算结果与自增强处理实验结果进行对比。

根据表1中的壁厚与椭圆度测量结果，可以将厚壁弯管试件截面简化为偏心量为0.4 mm，椭圆度为1.80%的偏心椭圆环，截面建模示意图见图1，其中 $E_R = 0.4$ mm，外表面椭圆的长轴直径 $D_{o1} = 88.78$ mm，短轴直径 $D_{o2} = 87.22$ mm，内表面椭圆的长轴直径 $D_{i1} = 40.36$ mm，短轴直径 $D_{i2} = 39.64$ mm。

使用ABAQUS/CAE 2021软件进行有限元计算。首先建立三维模型，根据厚壁弯管中心回转结构的特点，建立回转角度为90°的三维模型，同时考虑到结构的对称性，以水平中间截面为对称面建立1/2模型。自增强厚壁弯管有限元计算模型及其载荷与约束条件如图7所示，压力载荷变化情况与图5相同。

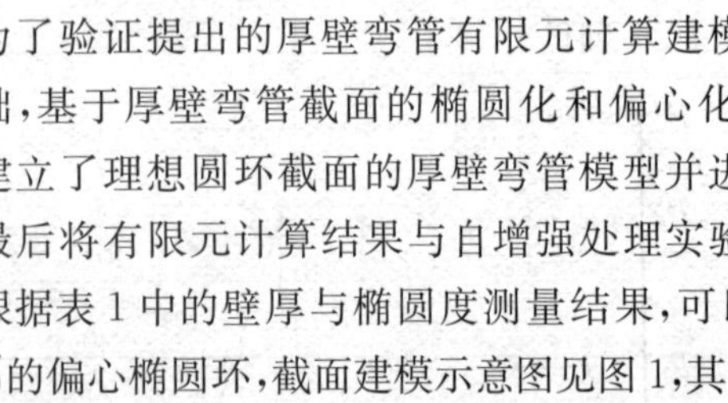

在C−C'−D'−D表面施加均布压力，$P_a = 631$ MPa。

约束条件：

A−B−C−D表面，$U_Y = 0$；

A'−B'−C'−D'表面，$U_X = 0$；

A−A'−D'−D和B−B'−C'−C表面，$U_Z = 0$。

图7 厚壁弯管有限元计算模型的约束和载荷条件

对建立的厚壁弯管试件模型划分网格，网格类型为C3D8R，通过定义每条边上的节点数控制网格总数。经过多次划分网格并分析计算结果，验证所划分的网格可以满足网格无关性要求，最终确定壁厚方向划分 33 个网格，半圆周方向划分 24 个网格，回转方向划分 100 个网格，共计划分 79200 个网格。厚壁弯管试件有限元模型的网格划分情况如图 8 所示。

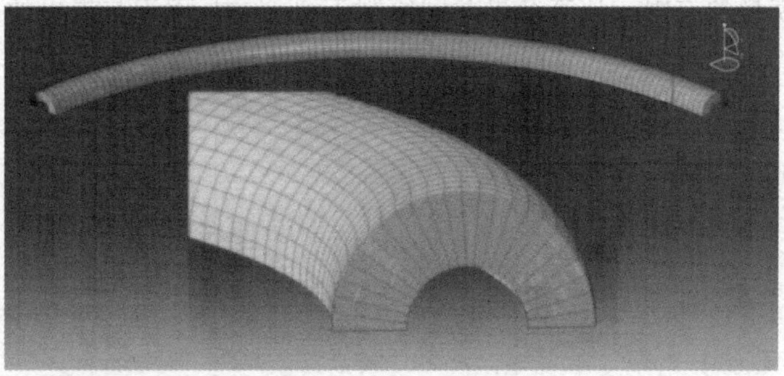

图 8　厚壁弯管有限元模型网格图

在自增强厚壁弯管的有限元计算中，材料模型采用基于可变材料属性法的 35CrNi3MoVR 钢拉伸一压缩弹塑性本构模型，使用 Fortran 语言开发相应的 UMAT 子程序[15]。

通过有限元计算得到自增强厚壁弯管在不同状态下的 von Mises 应力分布，结果如图 9 所示。从应力分布情况可见，如果采用理想圆环截面假设，不考虑弯制成形带来的截面几何储存偏差误差，那么自增强厚壁弯管在各个状态下的应力分布均呈接近圆环形分布，略有向远离回转轴方向偏离的趋势。然而，若考虑到厚壁管弯制加工引起的截面几何尺寸偏差，那么自增强厚壁弯管在各个状态下的应力分布均呈明显的椭圆化趋势，且有一定程度地向远离回转轴方向的偏离趋势，同时内表面椭圆长轴顶点处的超应变度明显升高。通过对比自增强残余应力可以发现，如果采用理想圆环截面假设，自增强残余 von Mises 应力的最大值和最小值分别为 237.7 MPa 和 12.4 MPa；而若考虑到厚壁管弯制加工引起的截面几何尺寸偏差，自增强残余 von Mises 应力的最大值和最小值则分别为 281.9 MPa 和 1.1 MPa。综上可知，是否在建模中考虑厚壁弯管的截面几何尺寸偏差将显著影响自增强残余应力的计算结果，采用理想圆环截面假设会低估自增强残余应力的不均匀性。

(a)P_a= 300 MPa

(b)P_a= 631 MPa

(c)P_a= 0

(Ⅰ) 考虑截面几何形状改变　　(Ⅱ) 理想圆环截面假设

图 9　厚壁弯管试件截面 Mises 应力分布(单位:MPa)

通过实验测量得到的不同状态下厚壁弯管外表面环向应变 ε_θ 和轴向应变 ε_z 与有限元计算结果进行对比，验证提出的面向不规则截面的厚壁弯管有限元计算建模方法的正确性，并将结果绘制于图 10 中。同时，将理想截面圆环模型的有限元计算结果共同绘制于图 10 中，用于与提出的有限元计算建模方法进行对比。

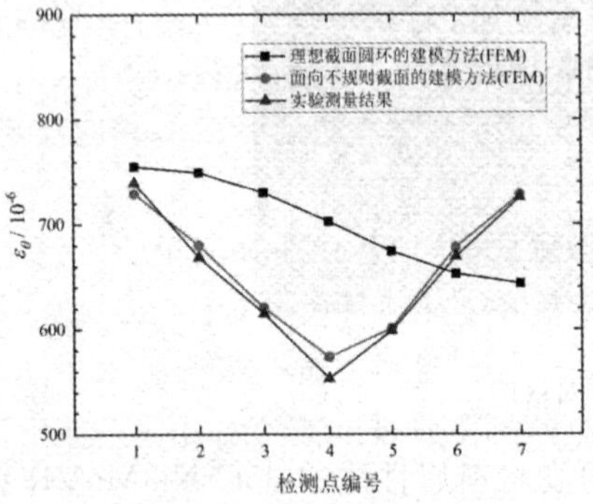

(a)ε_θ(P_a= 300 MPa)

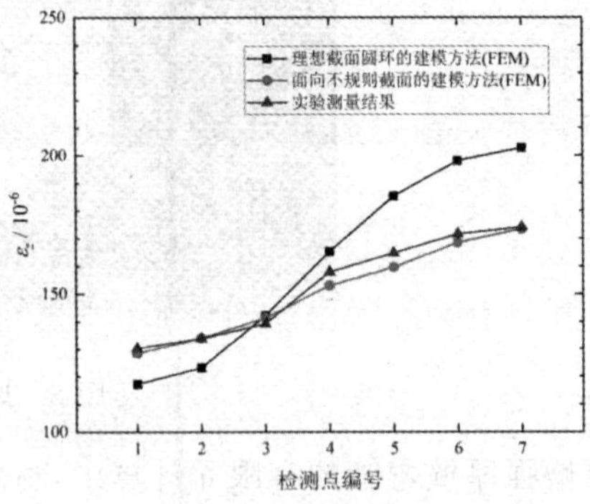

(b)ε_z(P_a= 300 MPa)

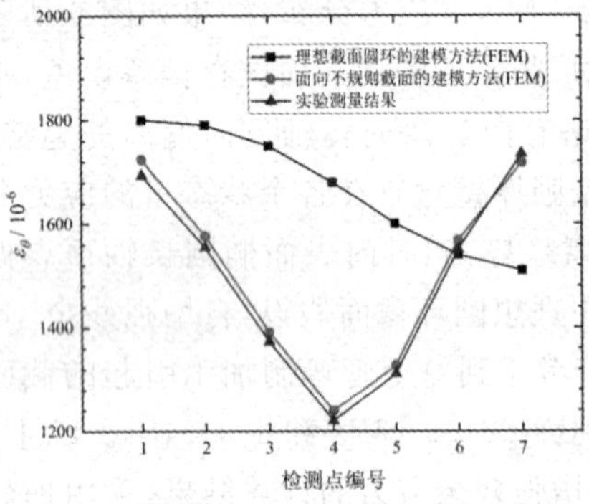

(c)ε_θ(P_a= 631 MPa)

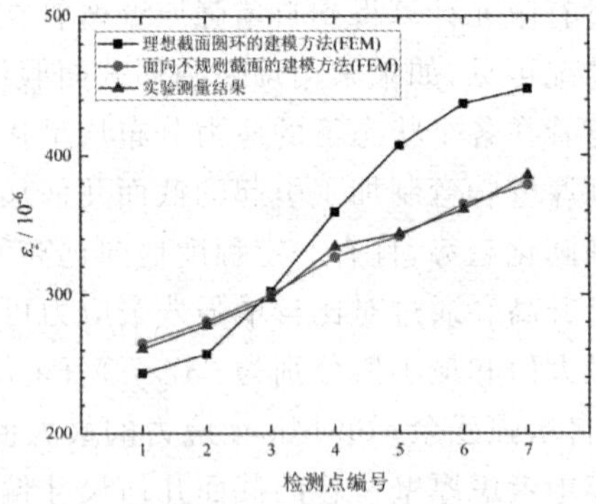

(d)ε_z(P_a= 631 MPa)

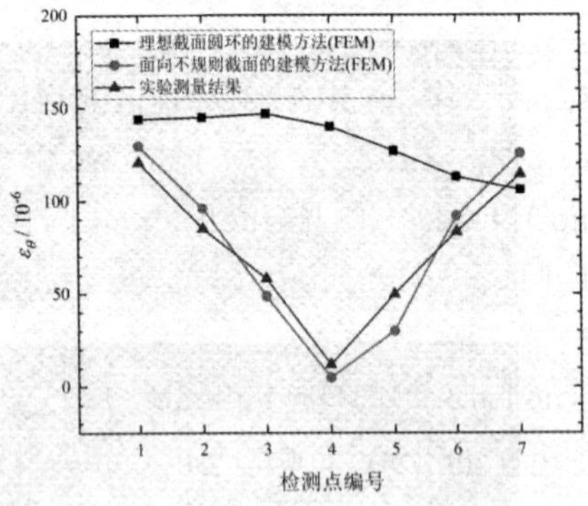

(e)ε_θ(P_a= 0)

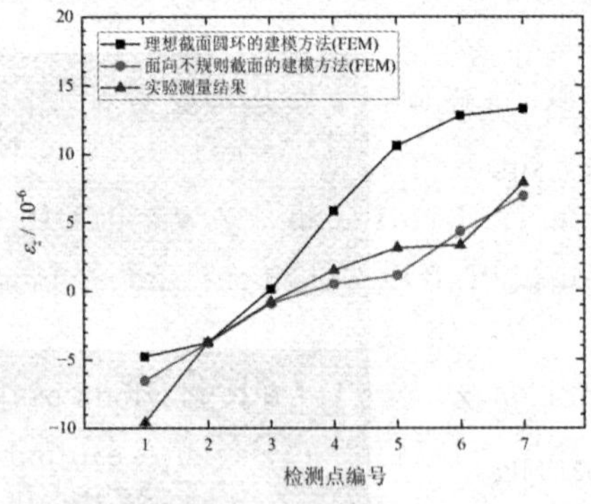

(f)ε_z(P_a= 0)

图 10　厚壁弯管自增强处理实验外表面应变测量结果与有限元计算结果对比

图 10 中的实验测量结果表明，各个状态下厚壁弯管外表面不同位置的应变存在明显差异，进一步证明了厚壁弯管的应力分布存在明显的不均匀现象。通过将实验测量结果与两种有限元计算模型的结果进行对比，发现基于面向不规则截面的厚壁弯管有限元计算建模方法计算得到的外表面应变与实验测量结果的吻合程度较好，精度明显优于理想截面圆环建模方法的计算结果，说明本研究提出的建模方法更适合实际自增强厚壁弯管的有限元计算。

基于面向不规则截面的厚壁弯管有限元计算建模方法得到的结果与实验测量结果的吻合度较高，但仍存在一定偏差。造成这一偏差的直接原因可能是截面椭圆化和偏心化假设未能充分反映实际厚壁弯管的不规则截面形状。此外，材料弹塑性本构模型的拟合误差和应变检测系统的测量误差也可能对有限元计算结果和实验测量结果造成一定影响。然而，从整体对比情况分析，本研究提出的面向不规则截面的厚壁弯管有限元计算建模方法仍然是一种较为理想的建模方法，该方法的应用能够显著提高厚壁弯管自增强残余应力有限元计算的精确度。

5 结 论

本文研究针对厚壁管弯制带来的截面几何形状改变及相应的尺寸变化，将厚壁弯管的截面几何尺寸偏差简化为椭圆化和偏心化现象，提出了一种面向不规则截面的厚壁弯管有限元计算建模方法。同时开展了厚壁弯管自增强处理实验研究，并将实验结果与有限元计算结果进行了对比。本文研究得到了以下结论。

(1)将厚壁弯管的截面几何尺寸偏差简化为椭圆化和偏心化现象，是一种能够有效反映截面几何尺寸偏差的厚壁弯管有限元计算建模方法。

(2)厚壁弯管自增强有限元计算中，是否在建模中考虑截面几何尺寸偏差将显著影响自增强残余应力的计算结果，采用理想圆环截面假设会低估自增强残余应力的不均匀性。

(3)通过实验结果与有限元计算结果的对比，证明了提出的面向不规则截面的厚壁弯管有限元计算建模方法能够有效提高厚壁弯管自增强残余应力的计算精度。

参考文献

[1] 侯健，冯广斌，韩育礼．自增强圆筒强度的计算方法及试验研究[J]．南京理工大学学报，2000(6):536－539.

[2] 袁格侠，刘宏昭，范彩霞，等．自增强超高压容器残余应力分析[J]．中国机械工程，2011，22(5):536－540.

[3] Huang X P. A general autofrettage model of a thick－walled cylinder based on tensile－compressive stress－strain curve of a material[J]. The Journal of Strain Analysis for Engineering Design,2005,40(6):599－607.

[4] Hosseinian E, Farrahi G H, Movahhedy M R. An analytical framework for the solution of autofrettaged tubes under constant axial strain condition[J]. Journal of Pressure Vessel Technology, 2009,131:061201.

[5] Li X H. Hoop membrane stress analysis of elbow－pipe under single internal pressure[J]. Applied Mechanics and Materials,2012,130－134:1785－1788.

[6] Jaćimović N, Ivančić Z, Ivošević M. Finite element analysis of 90 degree pipe elbow sustained stress indices[J]. International Journal of Pressure Vessels and Piping,2021,192(1):104401.

[7] Hong S－P, An J－H, Kim Y－J, et al. Approximate elastic stress estimates for elbows under internal pressure[J]. International Journal of Mechanical Sciences,2011,53(7):526－535.

[8] 刘帅，郭亮．承压设备中厚壁弯头的强度分析[J]．内燃机与配件，2018(6):89－92.

[9] 邓夕胜，陶春达，王作文．超高压弯管的弹性有限元分析[J]．森林工程，2009,25(1):37－39.

[10] 邓夕胜，陶春达．自增强超高压弯管最佳超应变研究[J]．石油机械，2009,37(8):45－47.

[11] Veerappan A R, Shanmugam S. Stress analysis of pipe bends subjected to internal fluid pressure using the finite element technique[J]. The Journal of Strain Analysis for Engineering Design, 2006,41(8):561－573.

[12] 毛苗，江楠．90°厚壁弯管的应力分析与试验研究[J]．压力容器，2010,27(7):5－8.

[13] 段金尧,钟婷,赵一桦,等．交流电磁场应力测量法在管道应力内检测中的应用[J]. 压力容器,2024,41(5):1—11.

[14] 张朝,王学生,徐辉,等．超高压自增强厚壁弯管应力分析[J]. 压力容器,2023,40(7):47—54.

[15] Zhang Z, Wang X, Chen Q. Elastoplastic Mechanical Properties and Kinematic Hardening Model of 35CrNi3MoVR[J]. Materials. 2024,17(13):3223.

作者简介

张朝(1992),男,博士研究生,主要从事压力容器分析设计及其先进设计技术的研究工作,通信地址:200237 上海市徐汇区梅陇路 130 号华东理工大学徐汇校区,E—mail:zzhang1992@126.com。

大型塔器的轻量化设计策略

杨良瑾,谢智刚
(中国石化工程建设有限公司,北京 100101)

摘　要:随着炼油、石油化工及煤化工等装置持续向大型化发展,其核心工艺设备——塔器也呈现大型化、重型化趋势。这一趋势对塔器的设计、制造、运输、吊装以及内件安装等环节构成了严峻挑战,进一步凸显了大型塔器轻量化设计的迫切需求与重要性。本文聚焦大型塔器轻量化设计的关键目标,从塔体结构优化、高性能材料选用和合理设计方法应用三个维度开展研究。基于大量工程实践数据,研究论证了采用高效塔内件、高强度材料以及精细化设计方法可显著降低塔器整体质量,并有效克服由此带来的制造、运输和吊装等工程难题。针对大型塔器轻量化设计,本文提出以下策略:塔体结构优化(采用高性能塔内件,减小塔器整体结构尺寸;制定合理的压力试验方案;实施塔器分段设计;进行关键区域的局部应力分析设计);高性能材料应用(选用更高强度材料;基于材料性能,合理选用 $R_{p1.0}$ 规定塑性延伸强度进行设计);塔内件与附件轻量化(优化塔盘或填料层的厚度设计;改进塔内件支撑结构设计;对吊装附件进行专项应力分析设计)。本大型塔器轻量化设计策略,对提升装置经济性与市场竞争力、突破大型设备工程能力的瓶颈限制、缩短项目建设周期、提升 HSE 标准以及推动低碳减排目标的实现具有重要意义。

关键词:大型塔器;轻量化;高效塔内件

Strategies analysis of weight - reduced design for large - scale tower equipment

YANG Liangjin, XIE Zhigang
(SINOPEC Engineering Incorporation, Beijing 100101, China)

Abstract: As refining, petrochemical, and coal chemical facilities continue to scale up, their core process equipment—towers—are trending toward larger dimensions and heavier weights. This poses significant challenges for tower design, manufacturing, transportation, lifting, and internal component installation, further underscoring the critical need for lightweight design in large - scale towers. This study focuses on key objectives for lightweight tower design, conducting research across three dimensions: structural optimization, selection of high - performance materials, and application of rational design methodologies. Based on extensive engineering practice, the research demonstrates that adopting efficient internals, high - strength materials, and refined design methods can significantly reduce overall tower mass while effectively overcoming associated engineering challenges in manufacturing, transportation, and lifting. The following strategies are proposed for lightweight design of large towers: Structural optimization (Implement high - performance internals to reduce overall dimensions; Develop rational pressure testing schemes; Apply segmented tower design; Conduct localized stress analysis for critical areas; High - Performance Material Application (Select higher - strength materials; Employ $R_{p1.0}$ proof strength based on material properties); Lightweighting internals and attachments (Optimize tray/packing layer thickness; Improve support structure design for internals; Perform specialized stress analysis for lifting attachments). These lightweight design strategies for large towers hold significant importance for enhancing facility economics and market competitiveness, overcoming engineering bottlenecks for oversized equipment, shortening project timelines, elevating HSE standards, and advancing low - carbon emission reduction goals.

Keywords: large - scale tower; weight - reduced; high - performance tower internals

0 引 言

塔器作为炼油、石油化工及煤化工等领域的核心工艺设备,承担着物系分离的关键功能,对生产效率和产品质量具有决定性影响。近年来,随着装置规模持续大型化(如 2000 万吨/年炼油、160 万吨/年乙烯、2400 万吨煤化工等装置相继投产),千吨级以上超大型塔器的应用日益广泛,其单体质量与数量不断刷新纪录。典型案例如下:(1)抽余液塔[1]:净质量 3940 吨,规格 Φ13800/Φ12500/Φ9900×116075×145/100/90/75 mm;(2)二甲苯塔[2]:净质量 3684 吨,规格 Φ9800/10600/11800×126450×86/96/114/118/130/138 mm;(3)常压塔:净质量 2252 吨,规格 Φ12000×112560 mm;(4)丙烷脱氢分离塔:净质量 2558 吨,规格 Φ10800×138600 mm。

塔器的大型化与重型化趋势,对设计、制造(涉及厂房、起重、检验、热处理及压力试验能力)、运输、吊装以及内件安装等环节提出了严峻挑战。据统计,在以大型塔器为主的常减压、催化裂化、乙烯、二甲苯等装置中,塔器钢材消耗占比高达 45%~70%。以百万吨乙烯装置为例,塔器耗材占比约 45%,其他大塔占比约 33%[3]。

在此背景下,在确保塔器本质安全的前提下,通过优化设计实现大型塔器的轻量化,具有显著的工程必要性与战略价值,主要表现为:(1)提升经济性与竞争力:直接降低制造成本;(2)突破工程能力瓶颈:缓解制造、运输、吊装等环节的资源与能力限制;(3)缩短建设周期:降低重型塔器带来的建造复杂性,加速项目进度;(4)提升 HSE 标准:降低施工风险,改善作业安全与环境友好性;(5)响应低碳减排趋势:减少资源消耗与碳排放,符合可持续发展要求。

本文结合近年来在石油化工装置中积累的大量工程实践经验,围绕塔体、塔内件和塔附件三个组成部分,在保障塔器工艺性能的前提下,系统探讨了旨在减小塔体结构尺寸、减薄塔体元件厚度以实现大型塔器轻量化的设计策略。

1 塔体的轻量化措施

1.1 采用高性能塔内件,减小塔器整体结构尺寸

在保证满足塔器工艺性能前提下,通过采用更高效塔盘的方式,实现更小的塔器直径、高度和壁厚,从而实现大型塔器的轻量化。

(1)多降液管塔盘

多降液管塔盘,是一种高效塔板结构,主要通过增加降液管数量来优化气液传质过程,尤其适用于处理大液气比工况,具有处理能力大,板间距小,操作弹性大等特点。在液相负荷超大时;设计压力较高,塔壳体的重量占比较大时;塔盘数非常多,塔切线长度非常高时,具有较好的技术经济性:[4]。目前比较有代表性的多降液管塔盘包括 UOP 公司的 MD、ECMD 塔盘和 SULZER /SHELL 的 HiFi、HiFi PLUS 塔盘,以及其他的一些专利塔盘[4]。在过往国内的一些大型乙烯扩能改造中主要是更换高效或高通量塔盘,如 UOP 的 MD 或 ECMD 塔盘[5-6],很好地解决了塔体不变扩能带来的改造瓶颈问题。近年,在多套 150 万级/年乙烯装置建设中,乙烯精馏塔、C3 汽提塔和丙烯精馏塔直接采用了 MD、ECMD 或 HiFi Plus 多降液管塔盘代替传统多溢流塔盘,实现了新建装置中大型塔器轻量化(直径、高度、壁厚均变小)。据不完全统计,目前国内采用 MD/ECMD 或 HiFi/HiFi plus 多降液管塔盘的大型塔器已有数十台的成功运用。某 1000 kt /a 对二甲苯的芳烃联合装置,其二甲苯塔采用进一步加压操作方案,采用多降液管塔盘

技术比采用常规四溢流塔盘技术塔体总质量减少 1500 t,综合考虑设备的安装、运输吊装、以及土建基础费用,总投资可减少 17%[4]。

(2)六溢流塔盘

四溢流广泛应用于大直径或高液相负荷的塔,在乙烯装置中丙烯精馏塔和芳烃装置中的二甲苯塔采用多溢流塔盘时基本上选用四溢流塔盘[4]。但六溢流塔盘具有更高的液相处理能力,可以缩短塔板流道长度,有效减小塔板上的液面落差,从而使塔板操作更加稳定。六溢流塔板结构复杂,较难实现气液两相在塔板上的均匀分配,如果设计不合理,将导致塔板传质效率降低[7-8]。在某 120 万吨/年乙烯装置中丙烯精馏塔,通过成功采用六溢流塔盘代替四溢流塔盘方案,使塔体质量减少了 27%,同时使得制造厂整体制造、整体运输和整体吊装的设想得以实现,取得了千万级的经济效益,见表 1。经过近 10 年的发展,六溢流塔盘在国内的石油化工、煤化工等行业中大型塔器中取得了更多的成功运用。

表 1　四溢流和六溢流塔盘技术对比

项目	方案 1	方案 2
塔盘型式	四溢流塔盘	六溢流塔盘
塔器规格/mm	Φ10 500	Φ8 800
塔体切线长度/mm	113 300	102 150
塔盘间距/mm	550/600	450/550
塔盘数量/层	178	179
塔盘估重/t	1 370	820
塔体重量/t	2 860	2 100

1.2　采用高强度材料,减小塔体质量

塔体通过采用高强度材料,致使塔器壳体设计壁厚减薄,塔体质量减小,从而实现大型塔器的轻量化设计。

(1)−100～−70 ℃时 3.5Ni 低温钢代替不锈钢

3.5Ni(08Ni3DR,SA 203 Gr.E)材料与 S30408 材料相比,其低温许用应力提高约 30%,对于−100℃～−70℃下的低温塔器,通过采用 3.5Ni 材料代替 S30408 材料,将极大减小塔器的质量,可实现塔器的轻量化设计。虽然在 1977 年,国内成功制造了进口 3.5Ni 材料低温设备,用于低温甲醇洗、液氮洗等装置;在 1998 年,SEI 在设计的大庆石化公司 48 万吨/年乙烯装置中,将进口 3.5Ni 低温材料压力容器用于乙烯装置。但此后,由于 3.5Ni 材料配套困难、制造难度大等原因,国内乙烯装置中−100℃～−70℃的低温压力容器采用 S30408 等不锈钢材料。2014 年,SEI 设计某 120 万吨/年乙烯装置中的预脱甲烷塔,最大直径 φ5700,设计条件 4.55MPa@−70℃。若采用专利商指定的 S30408 材料,其封头下料厚度需 114mm,筒体和封头设计厚度均远超国内材料制造厂的制造能力和性能保证水平。但若采用国外进口的不锈钢材料,存在价格高、订货周期长影响工程进度等问题,是业主无法接受的。在业主的坚定支持下,SEI、钢板制造方、塔体制造方经过联合攻关,实现了国内首台套国产化 08Ni3DR 大厚板(90mm)在乙烯装置中大型塔器的成功建造使用[9-11]。

(2)S30408/S30403 等双牌号代替 S30403

S30408 与 S30403 相比,具有更高的许用应力,即其设计的设备壁厚更薄,更具"经济性";S30403 与 S30408 相比,由于更低的含碳量,具有更好的耐晶间腐蚀,更好的冷加工和焊接性能等特点,即更具有"安全性"。双牌号 S30408/S30403,具有 S30408 的力学性能,和 S30403 的化学成分,从而实现了"经济

性”和“安全性”并重。目前国内对于板、管、锻的双牌号供货,不存在难度,且价格与超低碳不锈钢相差不大。因此,对于工程设计中要求采用超低碳不锈钢材料时,宜考虑采用双牌号不锈钢来替代,尤其对于大型塔器,可实现轻量化设计。SEI 联合多家单位开展的“炼化装置用双牌号系列不锈钢工程技术开发及应用”,取得了系列技术成果,并在中国石化、中国石油和中国石油等 19 个炼油和化工企业中数十台塔器中成功应用,设备壁厚及制造成本降低 20%左右[12]。

(3)其他

大连金重制造了材质为 Q370R 的丙烯精馏塔 φ7200x86000mm,设计条件 2.3MPa@80℃,封头厚度 50mm[13]。Q370R 是在 Q345R 的基础上,通过添加微量 Ni、Nb、V 等合金元素,提高钢强度和硬度,同时改善焊接性能,与 Q345R 相比,Q370R 材料使用可使容器壁厚减少 12%~15%。

太钢开发的含氮奥氏体不锈钢 304N 得到低温压力容器行业的认可,在国内多家低温容器制造企业获得批量应用。含氮奥氏体不锈钢 304N 具有高的强度和优异的低温性能,可以满足低温压力容器轻量化的要求,是替代传统 304 的理想材料之一[14]。

1.3 采用更高屈服强度 $R_{p1.0}$ 确定许用应力

奥氏体不锈钢、镍等面心立方晶格的材料屈强比低,塑性变形性能好,在确定许用应力时主要以屈服强度 R_p 为控制因素,欧盟等对奥氏体不锈钢已规定依据 $R_{p1.0}$ 确定许用应力,比采用 $R_{p0.2}$ 确定的许用应力提供按 12%~43%,绝大部分提高按 20%~35%[15]。通过工业规模的 18-8 型奥氏体不锈钢制压力容器的爆破试验,发现采用 $R_{p1.0}$ 屈服强度后,强度裕度在 3.62~4.57 之间,仍能满足工程应用的要求[16]。奥氏体不锈钢低温强化效应显著,随着温度降低奥氏体不锈钢的屈服强度和抗拉强度有明显增加趋势,低温强化效应显著,但 GB/T 150.2—2024[17] 规定,设计温度低于 20 ℃时,采用 20 ℃的许用应力。因此,对于低温工况,工程中可通过采用 $R_{p1.0}$ 确定奥氏体不锈钢许用应力,实现大型塔器的轻量化设计。在某 120 万吨/年乙烯装置的碳二洗涤塔,S30403 材料采用 $R_{p1.0}$ 的许用应力,塔器质量减少约 24%。

1.4 精细化设计

(1)选择合理的压力试验方法

耐压试验方法包括:液压试验、气压试验和气液组合试验。但基于气压试验相对更高的安全风险和压力容器使用后定期检验再次进行压力试验的可能性,通常设计中采用液压试验。据 GB/T 150.1—2024[18] 规定,对于立式容器采用卧置进行液压试验时,试验压力应计入立置试验时液注静压力。对于大型塔器,正是由于卧置试验压力计入的液柱静压力,从而造成满足塔器试验压力需要的塔器设计厚度超过塔器的设计温度、设计压力、地震作用和风载等设计条件决定的设计厚度。若塔器采用卧置液压试验决定的设计厚度,将造成塔器质量的增加,从而带来塔器的制造、运输、吊装和土建基础等环节费用及建造周期的增加。这时,如果考虑采用气液组合的压力试验代替液压试验,一方面可避免因压力试验提高了塔器的设计厚度,另一方面可尽可能地减小了试验时的气相空间,从而减小压力试验时的安全风险。工程中乙烯装置的丙烯精馏塔、乙烯精馏塔通常可以考虑气液组合试验,避免因采用液压试验增加塔器设计厚度。某乙烯装置中的乙烯塔 Φ6000×78000mm,设计条件 1.2MPa@-80/65℃,材质为 S30408,容积约 2270m³。采用气液组合试验后,节省 S30408 不锈钢约 110 吨[19]。某项目丙烯丙烷塔 Φ9600×87500mm,设计条件 0.95MPa@-4/120℃。采用气液组合试验后,比液压试验节省材料约 170 吨[20]。

国外某炼油项目的冷却塔 Φ12500/18000×57800×26/30/35/45mm,设计条件 0.35MPa@350℃,材质为 SA-516 Gr.70,容积约 6650m³ 属于大型薄壁容器,如进行水压试验,其设备充水后的总重量约 8150 吨,需开展适应塔体外形和外部预焊件限制的复杂的水压试验支承鞍座布置、数量、结构的设计计算以及塔体局部应力、基础承载力校核,复杂的设计和大量的试验工装将大大增加设计/制造成本和建造周期,故最终辅以严格的气压试验安全措施,采用气压试验方案[21]。本案例根据设备本身特点,选择气压试验，实现了安全与经济的统一。某百万吨/年乙烯装置的汽油分馏塔 Φ13200×65800×34/30mm、急冷水塔 Φ11400×60525×34 mm[22]都是乙烯装置中典型塔器，与前述冷却塔同属低压大直径薄壁容器，过往工程中制造厂往往进行卧置气压试验，但其设计厚度仍满足在装置现场基础上的立置水压试验要求。某低温二氧化碳吸收塔 Φ9000×68810×62/64/74/76 mm，在现场具备立置水压试验条件下，采用在设备基础上整体进行立置水压试验，节省约 20 吨材料[23]。

(2)沿塔器高度分段设计

介质在塔器传质传热过程中，造成沿塔器高度上操作温度、操作压力不同，以及可能造成的腐蚀性差异，因此可以对塔器进行分段设计。对于每段塔体采取设定不同的设计温度、计算压力和腐蚀裕量；根据温度不同，可以采取不同的材料。通过对塔器分段精细化设计，实现更优经济性和轻量化的目的。

某低温二氧化碳吸收塔 Φ9000x68810mm，设计压力：2MPa，设计温度：80/－46℃（下部），80℃（上部），下部处于湿 H_2S 应力腐蚀环境，其分段设计方案见表 2[23]。

表 2　二氧化碳吸收塔器分段设计方案

自下向上筒体分段	计算压力/MPa	设计温度/℃	长度/mm	材料	壁厚/mm
筒体 1	2.10	－46/80	16750	09MnNiDR	76
筒体 2	2.09	80	2000	Q345R	74
筒体 3	2.085	80	40400	Q345R	64
筒体 4	2.02	80	10260	Q345R	62

某变化气吸收塔 Φ5100x75730mm，分两段设计，上段：设计条件 4MPa@80/－45℃，采用 09MnNiDR 材料；下段设计条件 4MPa@－70℃，采用 SA203 Gr. E，其中 09MnNiDR 材料净质量约 470 吨，占塔器总质量的 58%。某回收塔 Φ2400/Φ6600/Φ5600x47950mm，设计条件 0.7/F. V. MPa@300/220℃，从介质腐蚀性和经济性考虑，塔体分段采用 S31603，S31603＋Q345R，Q345R 三种材料。

(3)局部的应力分析设计。

装置规模大型化后，大直径工艺管道对于塔器的设计影响需要着重考虑。某乙烯装置汽油分馏塔 Φ13200×65800×34/30mm 底部设置有 2 根平行的 DN3000mm 的乙烯裂解气进口管，管道传至塔器上的附加外力达 210kN，附加弯矩达 1670kN·m，通过采用 ANSYS 软件进行局部应力分析设计，在入口管根部加立筋，塔体内部入口管上下设加强圈，在 120°范围局部加厚筒节，详细分析各部位受力情况，从而达到既满足受力要求，又避免整取筒节加厚，最终实现材料节省[22]。

2　塔内件的轻量化措施

随着塔器的大型化，塔内件的总质量也已达到数百吨甚至千吨以上，因此开发使用更高效的分离塔盘、填料及填料塔分布器，开展塔内件的轻量化设计具有重要意义。

2.1　塔盘的合理厚度

标准 NB/T 10557—2021[24]和 SH/T 3088—2012[25]中规定了塔盘零部件的最小厚度：浮阀、筛板的塔盘板，碳钢最小厚度 3.5mm，不锈钢最小厚度 2mm。这些规定与国外的知名工程公司大体一致。但国内实际工程中，许多项目执行了碳钢最小厚度 4mm 和不锈钢最小厚度 3mm 的要求，有些甚至规定此厚度不含负偏差，这个要求也往往高于国外项目有关塔盘最小厚度的要求。同时国内大型化工项目中亦有执行碳钢最小厚度 3mm/3.5mm，不锈钢最小厚度 2mm 的多个全厂运用，另一些国外专利塔盘，执行力碳钢 3mm，甚至马氏体不锈钢 1.5mm（波纹塔盘）的塔盘厚度。塔盘厚度的差异，往往造成塔内件质量约 30～45%的差异，对于大型化工项目的上百台塔器来说，塔内件的轻量化显得尤为必要。工程中，常常诟病的“塔盘”吹翻的理由来由塔盘厚度来承担是不合理的。我们完全可以通过着重对与气相进料口相近几层塔盘的重点加固,采取设置“安全泄放通道板”、提高塔盘的刚度和强度、增加紧固件数量等针对性措施,以应对开车或临时停车时气相不稳定对塔盘的冲击吹翻事故,而非泛泛增加全塔塔盘厚度来防止塔盘吹翻,造成不必要的塔盘“重型化”。

2.2 散规填料和规整填料的合理厚度

工程中常用不锈钢金属矩鞍环散堆填料的厚度为0.25～0.5mm;不锈钢孔板波纹规整填料厚度为0.1～0.2mm。在确定填料厚度时,除考虑正常安装高度下填料的机械强度要求,还应考虑支撑格栅、液体分布器、介质不稳定的冲击载荷对填料承载的要求和影响,同时考虑来自生产实践中得到的填料使用数据,综合决定采取一个安全经济的填料厚度。

2.3 内件支撑装置的优化设计

大型塔器的内件支撑装置的优化可实现塔器内件的轻量化。散装填料或规整填料的支撑装置应采用穿流式支撑件,其主梁、栅梁或复合桁架梁优于工字钢梁;龟甲网/栅板复合支撑优于驼峰支撑。工字钢梁不宜于支撑塔盘,适于支撑槽式液体分布器、盘式液体分布器、管式液体分布器、喷嘴式液体布器及盘槽式液体分布器等。大型塔盘多采用桁架梁或者复合式桁架梁,既可以1梁托1盘,也可以1梁托2盘或1梁托 N 盘($N \geqslant 3$)。与降液管平行的主梁模式优于与降液管垂直的主梁模式[26-27]。目前,工程中大型塔器多采用桁架梁,如乙烯装置的汽油分馏塔、丙烯精馏塔采用一托二双效桁架支撑梁,支撑梁占据的高度降低,从而可降低全塔的高度[22]。

3 附件的轻量化

大型塔器的吊尾耳及支撑可到达数十吨,往往由于过大的轴向吊耳及其加强圈尺寸,易造成其与梯子平台、附塔管架或壳体的纵焊缝的干涉,给塔器的制造及安装造成障碍。因此对于大型塔器的吊尾耳结构宜开展FEA应力分析的精细化计算和设计,从而实现吊尾耳的结构尺寸和重量的减小。某丁烯塔φ6000×100000(总高)×24/60/28/34/40mm,净质量1260吨,设计中开展了塔器整体吊装的轴耳、尾耳及其连接的壳体的FEA应力分析,为广大工程设计人员进行此类塔器的分析提供有益参考[28-30]。

4 结论和建议

(1)随着炼油、石油化工及煤化工等装置持续向大型化发展,其核心工艺设备—塔器也呈现大型化、重型化趋势,对设计、制造(涉及厂房、起重、检验、热处理及压力试验能力)、运输、吊装以及内件安装等环节提出了严峻挑战。因此,积极开展塔器的轻量化设计研究,对提升经济性与竞争力、突破工程能力瓶颈、缩短建设周期、提升HSE标准以及推动低碳减排目标的实现具有重要意义。

(2)基于大量成功工程实践,本文聚焦大型塔器轻量化设计的关键目标,从塔体优化结构、高性能材料选用和合理设计方法应用三个维度提出了切实可行的轻量化策略:①在满足塔器工艺性能的前提下,通过采用高性能塔内件(如多降液管塔盘、六溢流塔盘等),实现塔整体结构尺寸直径和高度的减小;②根据塔器设计条件,采用更高强度材料(如3.5Ni、双牌号不锈钢、Q370R、含氮奥氏体不锈钢等),实现塔器壳体厚度的减薄;③对于不锈钢塔器,通过采用 $Rp1.0$ 屈服强度确定材料许用应力,实现塔器壳体厚度的减薄;④基于安全保障,通过采用气液组合压力试验或气压试验+液压试验组合的试验方式,最大化实现塔器壳体厚度的减薄;⑤根据塔器的设计条件,采用分段设计方法,可实现塔器材料的优化和厚度的减薄;⑥对于塔器上的超大直径工艺管道,通过FEA分析,可实现优化设计,节省材料;⑦依托国内外成熟工程实践,合理选择塔盘及填料的结构和厚度,是提升塔器轻量化的重要举措;⑧通过塔内件桁架梁等支撑的优化设计,可实现塔器的轻量化;⑨通过对塔器开展整体吊装的FEA分析,即保证了塔器吊装的安全性,又优化了吊耳、尾耳及其支撑结构的设计。

(3)在工程设计中,对于大型塔器可进一步开展FEA设计方法、时程分析法抗震验算方法、大型薄壁塔器取消运输临时支撑等可能性轻量化方法和措施的研究。

参考文献

[1] 朱慧君，王家璐，王博．4000 吨级超大型塔器主吊耳组装和焊接[J]．石油化工建设，2021：144－145.

[2] 景卫东．超大型厚壁塔器的制造[J]．石油化工设备技术，2013，34(4)：4－7.

[3] 徐钢．中国石化压力容器发展史 [M]．北京：中国石化出版社，2020.

[4] 姜晓花．芳烃联合装置二甲苯塔提压操作和塔盘技术的经济性比较[J]．炼油技术与工程，2017，47(9)：56－59.

[5] 刘永莉．顺序流程乙烯装置冷区扩能改造方案探讨[J]．乙烯工业，2021，33(1)：29－37.

[6] 俞晓梅，需崇嗣，朱锦忠．MD 型塔板及其改进型的研究和应用[J]．化工设计，1994(6)：17－20.

[7] 刘萌萌．六溢流塔板气液流场模拟[J]．化工时刊，2022，36(10)：7－10.

[8] 刘朋标，何丽娟．六溢流塔盘工艺计算优化[J]．化工设计，2018，28(4)：11－13.

[9] 杨良瑾，王全光．大厚度 08Ni3DR 钢板在大型乙烯装置中的研制及应用[C] //炼油与石化工业技术进展．北京：中国石化出版社，2018：270－274.

[10] 庞辉勇，车金锋，罗应明，等．大厚度预脱甲烷塔和乙烯精馏塔用 08Ni3DR 钢板的研制开发[C] //压力容器先进技术．合肥：合肥工业大学出版社，2017：59－64.

[11] 佟存锁，乔问良，朱宝宇．08Ni3DR 钢制厚壁预脱甲烷塔的制造[J]．化工装备技术，2017，38(4)：53－56.

[12] 李书涵．炼化装置用双牌号系列不锈钢工程技术开发及应用”科技成果鉴定会顺利召开[J]．石油化工腐蚀与防护，2024，41：38.

[13] 李玉虎，卜繁煜，刘杨，等．丙烯精馏塔封头制造[J]．中国化工装备，2025，27(1)：15－20.

[14] 李筱，王志斌，李国平．低温压力容器用含氮奥氏体不锈钢 304N 宽幅热轧卷板的开发[C] //压力容器先进技术．合肥：合肥工业大学出版社，2017：43－48.

[15] 黄嘉琥，王为国，寿比南，等．各国压力容器用材确定许用应力方法的比较[J]．压力容器，2008，25(4)：38－44.

[16] 郑津洋，缪存坚，寿比南．轻型化——压力容器的发展方向[J]．压力容器，2009，26(9)：42－48.

[17] 全国锅炉压力容器标准化技术委员会．压力容器 第 2 部分：材料：GB/T 150.2－2024 [S]．北京：中国标准出版社，2024.

[18] 全国锅炉压力容器标准化技术委员会．压力容器 第 1 部分：通用要求：GB/T 150.1－2024 [S]．北京：中国标准出版社，2024.

[19] 郭雪华，许蕾．大型塔器在现场立置条件下的气液组合试验设计[J]．化工设计，2024，34(5)：30－33.

[20] 白建涛，车达．丙烯丙烷分离塔耐压试验方案比选[J]．山西化工，2022，201(5)：126－127.

[21] 康治政．超大直径薄壁塔设备的整体制造技术[J]．压力容器，2017，34(7)：66－72.

[22] 谢智刚．大型乙烯装置的静设备特点综述[J]．石油化工设备技术，2011，32(5)：6－9.

[23] 尤国荣．大型塔器的设计与探讨[J]．大氮肥，2017，40(3)：160－165.

[24] 全国锅炉压力容器标准化技术委员会．板式塔内件技术规范：NB/T 10557－2021 [S]．北京：北京科学技术出版社，2021.

[25] 中国石油化工集团公司设备设计技术中心站．石油化工塔盘技术规范：SH/T 3088－2012 [S]．北京：中国计划出版社，2012.

[26] 赵汝文．大型塔器支撑装置的优化设计(上) [J]．化学工程，2009，37(1)：75－78.

[27] 赵汝文．大型塔器支撑装置的优化设计(下) [J]．化学工程，2009，37(2)：75－78.

[28] 朱国栋．压力容器筒体在计及轴向力或弯矩作用下开孔补强方法[J]．压力容器，2023，40(2)：35－45.

[29] 陈孙艺．聚烯烃串管反应器运输吊装的组装技术[J]．压力容器，2023，40(5)：79－86.

[30] 刘庆荣，王振伟，张强．大型塔器整体吊装吊耳的有限元分析[J]．化工与医药，2024，45(6)：65－72.

作者简介

杨良瑾(1973)，男，工学硕士，正高级工程师，主要从事压力容器设计工作，E－mail：yanglj.sei@sinopec.com。

基于垫片相对压缩变形量的螺栓法兰连接泄漏率改进预测方法

高炳军,张澳晴,余雏麟,董俊华

(河北工业大学 化工学院,天津 300130)

摘　要:在基于非金属垫片相对压缩变形量的法兰连接泄漏率预测模型基础上,提出针对垫片蠕变变形与棘轮应变的修正计算方法。通过垫片性能试验获取了PTFE垫片压缩回弹曲线、基本泄漏率模型参数及其与压紧面粗糙度的关系。对内压与循环弯矩作用下的法兰连接结构进行了泄漏测试,并对法兰连接进行了有限元计算,获取了垫片预紧、内压与弯矩同时作用时的垫片变形,通过蠕变分析与循环塑性分析获取垫片在内压以及循环弯矩作用下的蠕变变形与棘轮应变,利用所提出的泄漏率修正计算模型计算了法兰连接结构的泄漏率,预测值与试验值能够较好地吻合。

关键词:螺栓法兰连接;垫片;泄漏率;预测

An improved leakage rate prediction method for bolted flange based on gasket relative compression deformation

GAO Bingjun, ZHANG Aoqing, YU Chulin, DONG Junhua

(School of Chemical Engineering and Technology,

Hebei University of Technology, Tianjin 300130, China)

Abstract: Based on the existing leakage rate prediction model for bolted flange with gasket relative compression deformation, an improved model has been proposed to tackle with gasket with creep deformation and ratcheting deformation. Through gasket performance testing, the compression–recovery curve of the PTFE gasket, the parameters of the basic leakage rate model, and their relationship with the surface roughness of the sealing faces were obtained. Leakage tests were conducted on flange connections subjected to internal pressure and cyclic bending moments. Finite element calculations were performed on the flange connections to determine the gasket deformation under the combined action of bolt pretension, internal pressure, and bending moments. Creep analysis and cyclic plastic analysis were used to obtain the creep deformation and ratcheting strain of the gasket under internal pressure and cyclic bending moments. Using the proposed modified leakage rate calculation model, the leakage rate of the flange connection structure was calculated, and the predicted values showed good agreement with the experimental results.

Keywords: bolted flange; gasket; creep; ratchet; leakage rate; prediction

0　引　言

应用于过程工业的法兰连接需满足密封性能要求。法兰连接的泄漏率影响因素复杂,与垫片性能、法兰刚度、预紧力大小及均匀程度、操作压力与温度等有关。对于非金属垫片以及金属与非金属组合垫片,由于垫片应力取决于预紧载荷与操作介质压力,不同预紧载荷与操作压力下得到相同的垫片应力并不具有相同的泄漏率,垫片应力与泄漏率不具有一一对应关系[1-3]。研究表明垫片压缩变形量与泄漏率具有一一对应关系[4],笔者[5]曾提出一种基于垫片压缩相对变形量的泄漏率预测方法,并通过“流导”积分,解决不均匀垫片压缩变形情况下泄漏率的预测问题。对于非金属垫片,蠕变与循环塑性变形也会增加法兰连接的泄漏率。为此,本文在原有工作的基础上,提出考虑垫片蠕变以及循环塑性变形的修正计算方法,并进行了试验验证。

1 泄漏率预测方法

1.1 基于垫片相对压缩变形量的螺栓法兰连接泄漏率预测模型

1.1.1 均匀压紧状态下基于垫片相对压缩变形量的螺栓法兰连接基本泄漏率

均匀压紧状态下基于垫片相对压缩变形量的螺栓法兰连接基本泄漏率模型为:

$$L_s=\frac{\alpha}{\eta l}\left(\frac{\delta_a}{T_a}\right)^{-n} p_m(p_i-p_o)\frac{d_o-d_i}{d_i}=\frac{2\alpha}{\eta d_i}\left(\frac{\delta_a}{T_a}\right)^{-n} p_m(p_i-p_o) \tag{1}$$

式中,d_a 为垫片的压缩量平均值;T_a 为垫片厚度的平均值;p_i,p_o 为内、外口压力;p_m 为内、外平均压力;d_i,d_o 分别为垫片压紧内径与外径;h 为介质的动力黏度;l 为垫片压紧宽度;按式(2)计算,a,n 为待定常数,根据垫片性能试验数据,通过最小二乘法拟合确定。

$$l=\frac{d_o-d_i}{2} \tag{2}$$

1.1.2 非均匀压紧状态下基于垫片相对压缩变形量的螺栓法兰连接泄漏率计算模型

非均匀压紧法兰连接泄漏率 L 为:

$$L=C(p_i-p_o)=\frac{\alpha p_m(p_i-p_o)}{2\pi\eta}\int_0^{2\pi}\frac{d\theta}{\dfrac{1}{\left(\dfrac{\delta_a}{T_a}\right)^{-n}}\displaystyle\int_{r_i}^{r_o}\frac{dr}{\left(\dfrac{\delta_r}{\delta_a}\right)^{-n}}} \tag{3}$$

式中,d_a/T_a 为dq 范围内垫片压缩变形量的平均值/该范围内的垫片厚度的平均值;d_a 可认为是圆周角θ 的函数,为计算方便,可取某角度范围内的垫片压缩变形量的平均值;T_a 垫片厚度为平均测量值,在计算中始终取固定值;d_r 为半径为 r 位置的垫片压缩变形量;C 为流导常数。

1.1.3 考虑垫片蠕变及棘轮应变对泄漏率预测模型的修正

考虑棘轮效应与蠕变现象叠加对垫片变形进行修正,垫片非均匀压紧状态下的泄漏率计算模型为:

$$L=C(p_i-p_o)=\frac{\alpha p_m(p_i-p_o)}{2\pi\eta}\int_0^{2\pi}\frac{\mathrm{d}\theta}{\dfrac{1}{\left(\dfrac{\delta_a-\delta_{ac}-\delta_{ar}}{T_a}\right)^{-n}}\displaystyle\int_{r_i}^{r_o}\frac{\mathrm{d}r}{\left(\dfrac{\delta_r-\delta_{rc}-\delta_{rr}}{\delta_a}\right)^{-n}}} \tag{4}$$

式中,d_{ac} 为dq 范围内垫片蠕变变形量的平均值;d_{rc} 为半径为 r 位置处的垫片的蠕变变形量;d_{ar} 为dq 范围内垫片棘轮应变变形量的平均值;d_{rr} 为半径为 r 位置处的垫片在棘轮效应中产生的棘轮应变。

2 基于垫片相对变形量泄漏率预测模型参数的确定

均匀轴向载荷作用下垫片的密封性能试验装置(见图1)由4个部分组成,分别为加载台、供气装置、泄漏率测量装置和试验力加载装置。加载台(见图1(c))由上、下加载台和密封套筒组成,密封套筒与上下加载台、O型圈之间形成一个密闭的泄漏介质存储空腔。上、下加载台之间放置垫片,由于加载台刚度足够大,可认为能够对垫片均匀压紧。试验时,介质通过供气装置进入加载台的密封腔,并与泄漏率测量装置连通。供气装置由氦气瓶、减压阀及其相连接的输气管组成，试验介质为 99.9%工业纯氦。采用气泡检漏法进行检漏，检漏装置为皂泡流量计，其量程为 0.1～100 ml/min。通过 WE－300C(A)脉动疲劳试验机对垫片施加压缩载荷。

为了分析密封面粗糙度对垫片密封性能影响，选择表面粗糙度不同(0.8，1.6，3.2，6.3，8.6 μm)加载台进行试验。垫片采用 3 mm 的 PTFE，内径 d_i＝61 mm 和外径 d_o＝92 mm。

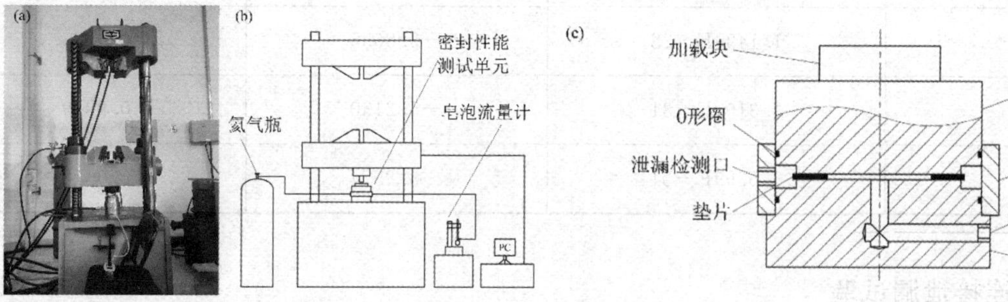

(a) 实物　　(b) 示意图　　(c) 加载台

图 1　试验装置

按照图 2 所示加卸载步骤进行试验，加载至指定力大小并保持恒定 15 min 后记录位移值与泄漏率。不同压紧面粗糙度下垫片的压缩回弹曲线如图 3 所示，基本泄漏率与相对压缩变形量的关系如图 4 所示，可见在相同压紧面粗糙度下泄漏率与垫片相对压缩变形量之间存在一一对应关系。基本泄漏率参数见表 1。

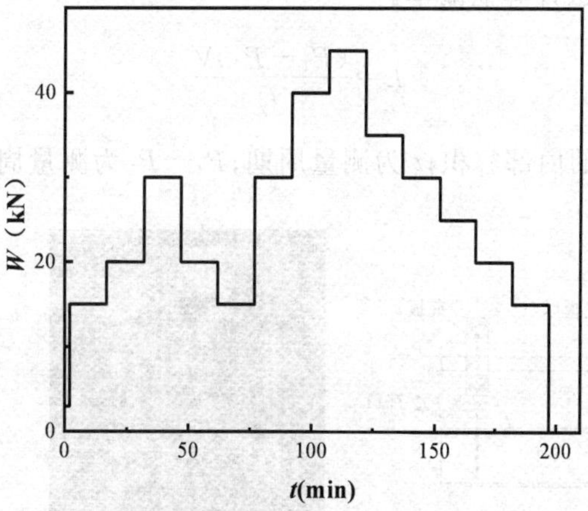

图 2　试验加载步骤

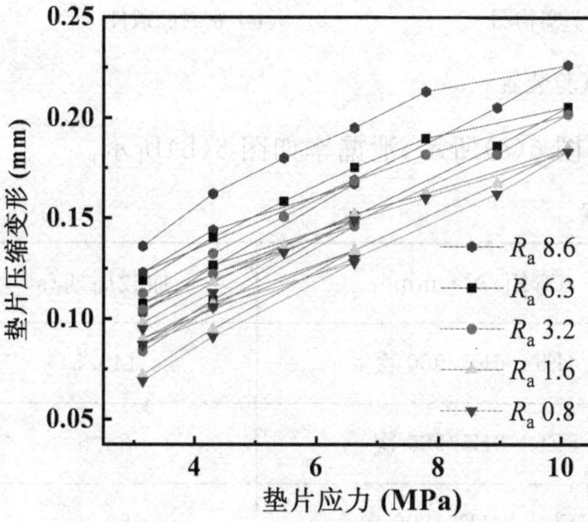

图 3　不同粗糙度下垫片压缩变形量－垫片应力

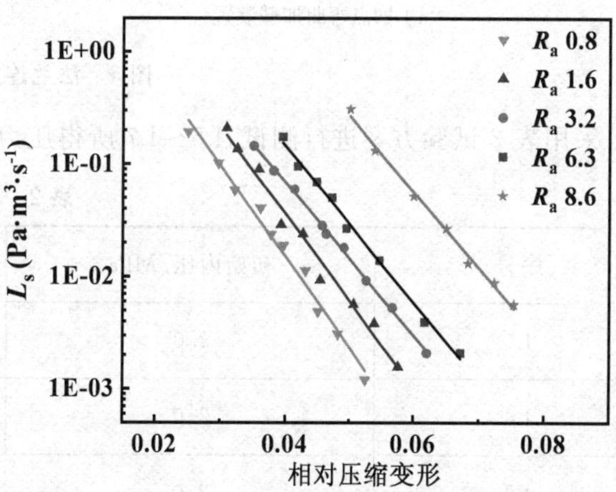

图 4　基本泄漏率与垫片相对压缩变形量关系

表 1　不同压紧面粗糙度下基本泄漏率参数

粗糙度/μm	α	n	R^2
0.8	2.0684E−24	−2.5553	0.9940
1.6	2.5342E−25	−3.1514	0.9785
3.2	1.1439E−28	−3.8635	0.9933
6.3	8.3108E−31	−5.2130	0.9819
8.6	8.5399E−31	−5.8574	0.9612

3　法兰连接泄漏试验

设计加工了如图 5 所示四点弯曲法兰连接泄漏试验装置。装置装卡于 WE-300C(A)脉动疲劳试验机上下夹头内，利用试验机的脉动加载实现对法兰连接结构的循环弯曲。采用标准 DN65 突面带颈对焊法兰、3 mm PTFE 垫片、35CrMoA 螺栓，法兰、密封腔锻件以及直管均采用不锈钢 S30408。密封腔锻件与法兰及直管对接焊接。密封腔内装填聚四氟乙烯填充件，密封腔有效容积 $V=1.08\times10^{-3}$ m^3。密封腔利用氦气瓶充压至 2 MPa，利用精密压力传感器(PCM300，量程 0～2.5 MPa，精度 0.5%FS)检测密封腔压力变化，按式(5)利用降压法计算泄漏率。

$$L=\frac{(P_1-P_2)V}{t} \tag{5}$$

式中，L 为泄漏率；V 为密封腔的内部容积；t 为测量周期；P_1-P_2 为测量周期内的压降值。

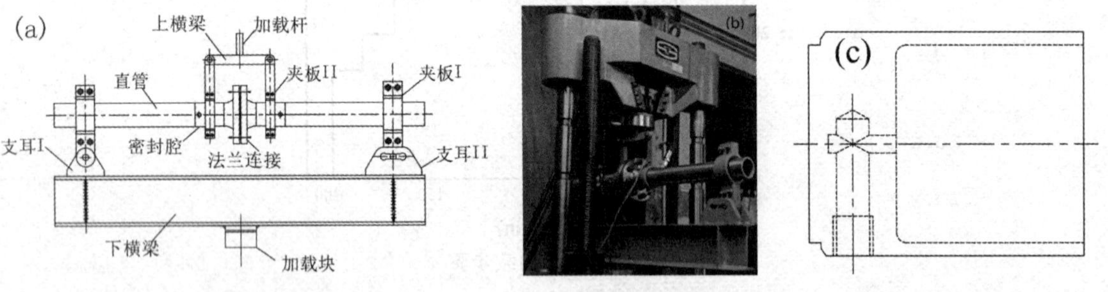

(a) 四点弯曲加载装置　　(b) 实物图　　(c) 密封腔锻件

图 5　法兰连接泄漏试验装置

采用表 2 试验方案进行测试，L5～L7 所得压力变化如图 6(a)所示，泄漏率如图 6(b)所示。

表 2　试验方案

序号	初始内压/MPa	弯矩/N·mm	加载周期/s
L5	2.0	4E5−6E5/900 次	145.5
L6	2.0	5E5−9E5/900 次	85.5
L7	2.0	6E5−1.1E6/900 次	82.4

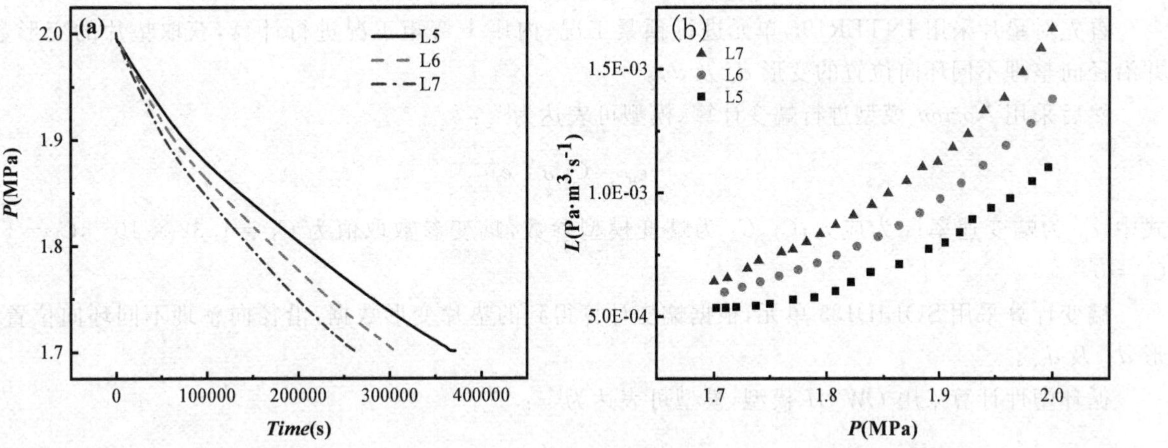

（a）内压-时间　　（b）泄漏率-内压

图 6　循环弯矩作用试验数据

4　法兰连接泄漏预测

螺栓法兰垫片模型的尺寸与法兰连接泄漏试验中所用相同。选取 1/2 螺栓法兰接头建立有限元模型，模型包括接管、上下法兰盘、垫片、螺栓螺母，接管长度 $L \geqslant 2.5\sqrt{RT}$，取为 31 mm。由于仅需考察垫片变形，因此模型中忽略了密封腔锻件的具体形状，仅代之以一段接管。采用六面体网格对结构进行剖分，共剖分 77508 个单元，满足网格无关性要求，网格剖分情况如图 7(b)所示。垫片与法兰压紧面之间设置摩擦接触，摩擦系数取 0.04。螺母与法兰盘之间设置摩擦接触，摩擦系数取 0.3。不同材料的弹性参数见表 3。

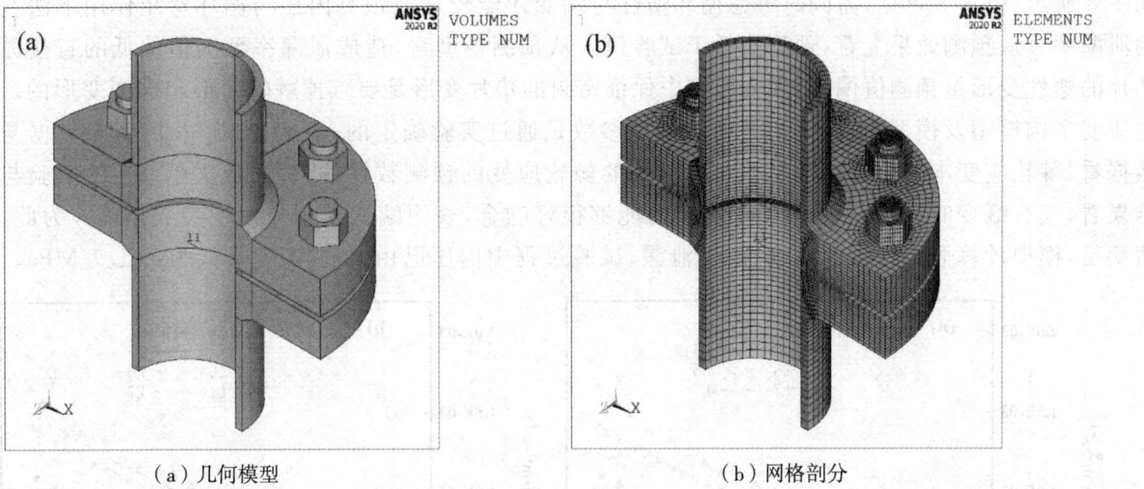

（a）几何模型　　（b）网格剖分

图 7　有限元模型

表 3　材料的弹性参数

部件	弹性模量/MPa	泊松比 μ
垫片	185	0.4
法兰与接管	195000	0.3
螺栓螺母	212000	0.3

采用 PRETS179 单元实现螺栓预紧，每根螺栓的预紧力为 18.2 kN。

首先对垫片采用 INTER195 单元进行预紧工况、内压＋弯矩工况进行计算，获取垫片的变形数据，并沿径向整理不同环向位置的变形 d_a 及 d_r。

然后采用 *Norton* 模型进行蠕变计算，模型可表达为[6]：

$$\varepsilon_{cr} = C_1 \sigma^{C_2} e^{\frac{-C_3}{T}} \tag{6}$$

式中，ε_{cr} 为蠕变速率；s 为应力；C_1，C_3 为蠕变模型参数，蠕变参数取值为 $C_1 = 1.32 \times 10^{-9}$，$C_2 = 5.04$，$C_3 = 0$[8]。

蠕变计算采用 SOLID185 单元，根据蠕变计算得到的垫片变形数据，沿径向整理不同环向位置的变形 d_{ac} 及 d_{rc}。

循环塑性计算采用 *OW_II* 模型，模型可表达为[7]：

$$\alpha = \sum_{i=1}^{M} \alpha_i \tag{7}$$

$$d\alpha_i = \frac{2}{3} C_i d\varepsilon^p - \gamma_i H(f_i)\left(d\varepsilon^p : \frac{\alpha_i}{\overline{\alpha_i}}\right)\alpha_i \tag{8}$$

式中，α_i 为背应力分量；$\overline{\alpha_i}$ 是背应力分量的模量，且 $\overline{\alpha_i} = \left(\frac{2}{3}\alpha_i : \alpha_i\right)^{0.5}$，取 $M=6$，OW－II 模型参数为 $C_{1-6} =$ 134，94，37，9，4，0.9，$\gamma_{1-6} = 67，27，15，8，4，1.7$，$m_i = 9$[8]。

循环塑性计算采用 *SOLID*185 单元，根据循环塑性计算得到的垫片变形数据，沿径向整理不同环向位置的变形平均值 d_{ar} 及 d_{rr}。

DN65 法兰压紧面粗糙度 10.86 mm，由表 1 数据非线性外推得到垫片均匀压紧时基本泄漏率模型参数 a＝ 6.76E－38，n＝－7.05。将相关数据代入式(4)可实现法兰连接结构泄漏率的预测，预测结果如图 8 所示，由图 8 可见，需同时考虑循环塑性与蠕变才能较好地预测内压与循环弯矩作用下法兰结构的泄漏率。从预测效果上看，预测值低于试验值。从预测模型看，造成泄漏率预测值偏低的直接原因是垫片的塑性变形量预测值偏低，因为模型中保证密封的垫片变形是要减掉棘轮变形和蠕变变形的。而棘轮应变本构模型及模型参数、蠕变模型及模型参数是通过实验确定的[8]，从文献[8]的实验数据与预测数据看，棘轮应变本构模型在常温下对 PTFE 的棘轮应变的预测数据偏大，而从文献[9]的实验与预测结果看，仅有蠕变时，泄漏率预测值与实验值能够很好吻合，表明蠕变模型与模型参数正确。为此，一种猜测是，模拟计算假定内压恒定，但由于泄漏，试验过程中内压已由 2.0 MPa 降低为约 1.7 MPa。内压

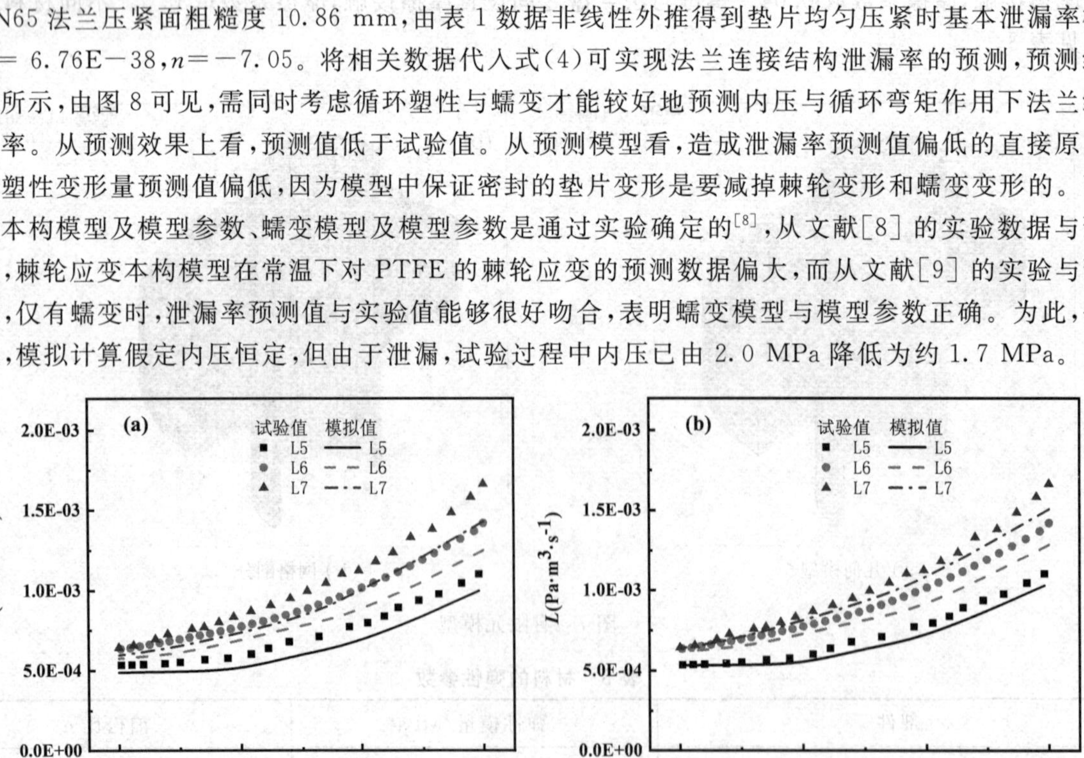

(a) 循环塑性修正　　(b) 蠕变叠加循环塑性修正

图 8　泄漏率预测效果

降低时,垫片剩余压紧力增大,引起的 PTFE 垫片的蠕变变形会增大,进而造成泄漏率增大。实际上,上述本构模型支持考察压力变化与波动对垫片塑性变形的影响,可以尝试假定介质压力随泄漏量的变化规律,对模拟结果进一步修正,相关内容有待进一步研究。

5 结 语

在基于垫片压缩相对变形量的泄漏率预测方法的基础上,引入垫片的蠕变与棘轮应变,修正了法兰连接非均匀压紧垫片泄漏率预测模型。通过垫片性能试验,确定了 PTFE 垫片压缩回弹曲线、基本泄漏率预测模型参数及其与压紧面表面粗糙度的关系。通过法兰连接结构内压及循环弯曲作用下的泄漏试验,验证了修正后的泄漏率预测方法,发现泄漏率预测结果能够与试验值较好地吻合。

参考文献

[1] 刘炎,陈学东,范志超,等. 基于泄漏率的法兰密封结构垫片参数试验研究[J]. 机械工程学报,2020,56(21):168－176.

[2] 李科,包健,高志刚,等. 基于泄漏率的垫片参数测试方法优化研究[J]. 压力容器,2024,41(3):59－66.

[3] 朱国栋. 高参数圆形平盖中心开孔计算方法及密封刚度失效准则[J]. 压力容器,2023,40(12):59－70.

[4] Japanese Standards Association. Test method for sealing behavior of gaskets for pipe flange: JIS B 2490[S]. Toyko,Japanese Standards Association,2008.

[5] 高炳军,李岩,张彬,等. 一种基于垫片相对压缩变形量的螺栓法兰连接泄漏率预测方法[C] // 压力容器先进技术——第十届全国压力容器学术会议论文集(上). 中国机械工程学会压力容器分会,合肥通用机械研究院有限公司,杭州,2021.

[6] LI Y,SHI Z,LIN J,et al. Extended application of a unified creep－ageing constitutive model to multistep heat treatment of aluminium alloys[J]. Materials & design,2017,122:422－432.

[7] OHNO N,WANG J D. Kinimatic hardening rules with critical state of dynamic recovery Part I:Formulation and basic features for ratcheting behavior[J]. International Journal of Plasticity,1993,9(3):375－391.

[8] 卢堃. 聚四氟乙烯衬里管的变形与失效分析[D]. 天津:河北工业大学,2022.

[9] GAO B J,LIU J L,ZHANG A Q,et al. A leakage rate prediction model for flange connections based on the relative deformation of gaskets[J]. ASME Journal of Pressure Vessel Technology,2025,147:041702.

作者简介

高炳军(1966),男,教授,博士,主要研究方向为过程及装备 CAE,通讯地址:300130 天津市北辰区西平道 5340 号河北工业大学北辰校区化工学院,E－mail:bjgao@hebut. edu. cn。

横风共振下塔器振动疲劳设计方法研究

朱秀栋，丁振宇，高增梁
（浙江工业大学 化工机械设计研究所，杭州 310023）

摘　要：针对塔器在横风向涡激共振作用下易引发疲劳失效问题，开展了塔器振动疲劳设计方法研究。首先，通过对比国内外标准中横风共振响应的理论计算方法，发现计算结果差异明显，分析各设计规范中关键系数的取值差异及其与实际工程响应不符的原因，探讨其合理性与适用性；其次，基于实时振动监测数据与 CFD 流场仿真，对关键参数升力系数和阻尼比等进行修正，并对横风共振过程进行有限元模拟。最后，根据 SH/T 3098—2025 标准中附录 F 给出的适用于横风振动作用下的疲劳评定方法，评价加装调谐质量阻尼器前后塔设备的疲劳寿命，为高耸塔设备在风致共振工况下的安全运行提供技术支撑。

关键词：横风共振；升力系数；阻尼比；疲劳寿命；调谐质量阻尼器

Research on Vibration Fatigue Design Method of Towers under Crosswind Resonance

ZHU Xiudong[1], DING Zhenyu[1], GAO Zengliang[1]
(Institute of Process Equipment and Control Engineering,
Zhejiang University of Technology, Hangzhou 310023, China)

Abstract: To address the issue that towers are prone to fatigue damage under crosswind vortex-induced resonance, a study on the vibration fatigue design method for towers is conducted. First, by comparing the theoretical calculation methods of crosswind resonance response in domestic and foreign standards, it was found that there were significant differences in the calculation results. The differences in the values of key coefficients across design codes and the causes for their inconsistency with actual engineering responses are analyzed, with their rationality and applicability discussed. Second, based on real-time vibration monitoring data and CFD flow field simulations, key parameters such as the lift coefficient and damping ratio are corrected, and finite element analysis of the crosswind resonance process is performed. Finally, in accordance with the fatigue assessment method for vortex-induced vibration specified in Appendix F of the SH/T3098 standard, the fatigue lives of tower equipment without and with a tuned mass damper (TMD) are evaluated respectively, providing technical support for the safe operation of tall tower equipment under wind-induced resonance conditions.

Keywords: crosswind resonance; lift coefficient; damping ratio; fatigue life; tuned mass damper

0 引　言

随着全球能源消费结构的转变和环保要求的提高，炼化行业正加速向一体化、集约化、高端化、低碳化、智能化和绿色化发展。高塔作为化工行业的重要设备，具有结构柔、阻尼小、易振动的特点，随着设计高度不断提高，也给高塔设计提出了更高的挑战。横风振动导致塔设备的损坏案例频发造成巨大的损失：2014年，神化包头煤化工有限责任公司已投入使用的脱除塔在风荷载的作用下发生剧烈的横风向振动，振幅为0.3～0.6 m，最大时达0.8 m[1]。2021年，天津某乙烯精馏塔发生横风共振，振幅约为0.5 m。2024年，宁波某石化脱异丁烷塔，在空塔状态发生横风共振，振幅超0.8m；连云港的某脱除塔分别在裸塔、空塔横风向共振的幅度达到了0.8 m左右，于2025年2月检维修时发现裙座和封头连接焊缝出现疲劳失效，裂纹长度约6米。横风共振导致设备的失效形式为疲劳失效，与设备的服役时间成正相关，装置长周期运行下随着结构疲劳损伤累积，存在严重的工程安全隐患。

国内外的塔设备设计标准主要包括NB/T 47041—2014、ASME STS－1－2021、BS EN 1991－1－4—2005等标准。元少昀等[1]认为除计算顺风和横风弯矩外，因增加横风振动引起的疲劳校核。赵耿等[2]分析了按NB/T 47041—2014计算与实际振幅误差较大的现状，探讨了振动设计的要点要素，基于气动阻尼理论计算，提出采用ASME STS－1—2021中的阻尼比来代替国标中的阻尼比。KE等[3]分析在冷却塔结构风致振动受其本身原因和外部干扰的影响，并研究了在动力特性和阻尼比不同的情况下，对冷却塔模型做了风振响应和风振系数等一系列数值计算，并探讨了该塔在周边干扰下的风振机理。牛伟建[4]采用流固耦合方法研究了塔横风振动的动力响应，结果表明：随着风速的提高，塔器横向力的幅值和频率的变化增大从而影响设备振幅变化。

抗风振是在准确分析高塔设备横风共振特性后亟待解决的工程问题。传统的方法主要有设置破风圈、塔架和拉索等方法，这些方法各有缺陷且难以在设计过程中对其作用进行量化。阻尼器是新型的塔设备减振方法，包含调谐质量阻尼器、调谐液体阻尼器和摩擦阻尼器。谭蔚[5]等针对塔器振动，设计出一种摩擦阻尼器，以某化工塔为原型，设计出相对应的实验模型，结果表明该阻尼器可以使塔顶的最大振幅降低23.44％。GERGES[6-9]等通过风洞实验研究分析了非线性TMD对结构横向振动的减振效果，采用钢丝绳代替了典型系统所需的弹簧与阻尼器，在振动台上对单自由度的摆锤型TMD系统进行了实验，通过分析实验结果，对与钢丝绳隔振器幅值相联系的有效刚度和等效阻尼比的数值做了确定。高增梁[9]等对非线性调谐质量阻尼器的减振性能进行研究，结果表明该阻尼器在主系统共振区附近减振性能优良，振幅降低幅度可达86.05％。KAREEM等[11]基于深水TLD模型做了大量的算例分析，结果表明TLD的频率与主结构的低阶固有频率接近时，结构的振动响应得到明显的控制。饶同[12]通过对一实际结构使用调谐液体阻尼器并进行风振响应计算，研究调谐液体阻尼器对结构风振响应的减振效果，减振率为33.25％。CHRISTENSEN[13]等对安装TMD的高耸设备和安装有TLSD的高耸设备的属性进行了比较，结果说明，两者在阻尼效率方面相当。

本文针对上述问题首先研究了多台已知发生了横风向共振且振幅较大的塔设备，根据国标、欧标、美标的理论计算方法的最终振幅计算结果，并且进行对比。此外，还分析了不同标准与实际计算结果差距较大的原因，探讨各系数取值的合理性。然后通过实地振动数据监测与有限元流场仿真对存疑系数进行分析计算，以此设计出横风向共振有限元仿真模拟办法。最后根据有限元分析结果，设计横风向共振疲劳评定方法，对于无法通过疲劳评定的设备，本文计划采用带钢丝绳隔振器的TMD对其进行减振，并通过试验设计了TMD的最优性能参数。

1　塔设备横风共振设计方法研究

目前，国内外的大部分标准是通过计算横风振幅校核横风弯矩的静力分析方法，但国内外标准计算得到的振幅也存在巨大差异。国标NB/T 47041—2014、美标ASME STS－1—2021、欧标BS EN 1991－1－4—2005的计算方法如表1所示。各计算方法中主要参数为阻尼比和升力系数，阻尼比反应了结构系统消耗振动能量的能力，对振幅大小、共振风险以及疲劳寿命有重要的影响。一般来说，阻尼越小，振幅越大，疲劳更严重；阻尼越大，能量消耗越快，振幅越小。升力系数C_L是一个根据雷诺数Re取值，描述风对结构在横风向产生作用力强度的一个无量纲参数，升力系数越大，横向力越大，振幅越大。

表 1　不同标准振幅计算方法

标准	计算方法	主要参数说明	
		阻尼比	升力系数
NB/T 47041—2014	$Y_{Ti}=\frac{C_L\,D_o\,\rho_a\,V_{ci}^{\ 2}\,H^4\,\lambda_i}{49.4G\,\zeta_i\,E^t I}\times 10^{-9}$	0.01～0.03	依据雷诺数取值
EN 1991—1—4—2005	$\frac{y_{F,\max}}{b\,\frac{1}{St^2}\,\frac{1}{Sc}_{w\,lat}}$	0.002～0.006	依据雷诺数取值
ASME STS—1—2021	$\tilde{a}_M=\overline{D}\left(\frac{-(1-A_2)+\sqrt{(1-A_2)^2+16A_1^2A_2}}{8A_2}\right)^{1/2}$	0.002～0.006	无

对于高耸设备涡激共振最大振幅的计算方法，国标 NB/T 47041—2014 依据塔设备振动的区域共振系数、升力系数、阻尼比和固有频率等参数，确定振幅计算方法。v_{ci} 为临界风速，是指来流风速等于结构自振频率所对应漩涡脱落频率时的风速，也是发生涡激共振的条件，可用式(1) 计算。St 为衡量非定常流动的周期性的重要参数，表示流体中周期性扰动的频率与来流速度和特征尺度之间的比值，St 在欧标计算方法中也有体现。

$$v_{ci}=\frac{D_0}{T_i\cdot St} \tag{1}$$

欧标 EN 1991—1—4—2005 提出了用于描述结构抗涡激振动能力的振动灵敏度的概念，用斯柯顿数 Sc 来表示。斯克顿数值越大，表示结构越不容易发生涡激共振响应，如式(2) 所示。

$$Sc=\frac{2\cdot\delta_s\cdot m_{i,e}}{\rho\cdot b^2} \tag{2}$$

式中，δ_s 为结构阻尼，有效相关长度系数 K_w 用于考虑涡激力在结构上沿高度方向的相干性衰减，从而修正实际总响应振幅的系数，可根据式(3) 计算。振型系数是结构某点在某阶振型下的相对位移值，对该类型塔设备振型系数 K 一般均取 0.13。

$$K_w=3\cdot\frac{L_j/b}{\lambda}\cdot\left[1-\frac{L_j/b}{\lambda}+\frac{1}{3}\left(\frac{L_j/b}{\lambda}\right)^2\right] \tag{3}$$

美标 ASME STS－1—2021 中提出了简化的通用塔顶动态振幅计算方法见表 1，该计算方法不仅可以简化计算独立塔设备的涡激共振最大振幅，还可以计算并排塔器的振动情况。式中各系数的计算方法如下：

$$A_1=C_1\,C_M/\,m_r\sqrt{\beta_s\lambda} \tag{4}$$

$$A_2=C_2/\,m_r\,\beta_s \tag{5}$$

其中，标准规定对于独立的高耸设备各系数 C_1 取值为 0.12，C_2 取值为 0.6，模态形状常数 C_M 取值为 2。其中无量纲质量 m_r 计算方法如式(6)。

$$m_r=\frac{m_e}{\rho\cdot D^2\,g_c} \tag{6}$$

对比 NB/T 47041—2014 与欧标 EN 1991－1－4—2005 可以发现，两者的计算理论基础相同，计算结果不同的主要原因是各参数取值不同。首先是阻尼比的取值，国标规定的阻尼比为 0.01～0.03，这远大于欧标与美标中的取值，前者的阻尼比取值约为后者的 2π 倍。此外，各个标准升力系数取值也不同：GB 50135—2019、50009—2012 的升力系数取值为 0.25，NB/T 47041—2014 的升力系数依据雷诺数 Re

确定,欧标与之相近。

分别采用以上 3 种标准的振幅计算方法,针对多台典型高塔设备进行横风向共振振幅计算,各设备设计参数如表 2 所示,横风共振计算结果见表 3 所列。

表 2　典型高塔设备参数表

	T－4101	T－0304	T－4102	T－8601	T－1040	T－2302
内径/mm	4200	4800	4200	3400	3400	3200
基本风压/MPa	550	750	630	500	450	550
壳体厚度/mm	30/26/24/22/20/18	32/28/24	18/16/14	38	16/14/12/10/8	24
保温层厚度/mm	100	60	140	100	100	100
高度/mm	85000	94000	68000	98500	70000	75800

表 3　不同标准设备振幅计算结果　/mm

	NB/T 47041—2014	EN 1991－1－4—2005	ASME STS－1—2021
T－4101	130.1	220.1	1286.7
T－0304	61.8	164	141.4
T－4102	25.1	318	1795
T－8601	26.7	227	69.7
T－1040	73.8	101	59.3
T－2302	33.2	79	52.5

根据上述计算结果可得出以下结论:国标计算得到的横风向振幅明显低于欧洲标准和美标,欧标和美标的计算结果约为国标的 2～10 倍,这一计算结果差距巨大。根据计算公式得到美标计算的横风向振幅在很大程度上受到塔设备无量纲质量与高径比的影响,且不同工况下塔设备等效质量差异较大,质量的波动导致了美标计算结果的差异较大。对比发现不同标准计算结果的不同主要由于阻尼比与升力系数取值的差距,本研究设计了实地的塔器横风向振动数据检测与有限元流场分析相结合的方法,用以重新测定结构的阻尼比与升力系数。

2　塔器横风向振动数据监测与仿真模拟

为研究高耸塔设备在横风向作用下的振动响应特性,得到实际塔器在横风向振动时的结构阻尼,本研究以 T－4101 设备为例,在塔体顶部布设振动监测装置。监测系统可提取塔设备的主振动频率、阻尼特性及振动振幅,为风致振动评估、涡激共振判别以及等效风载荷建模提供基础实验数据支撑。将得到的 X,Y 方向振动加速度数据进行两次积分得到振动位移数据,得到 T－4101 设备在检测期间最大振幅可达 850.8 mm。根据表 3 理论计算结果,国标、欧标、美标的理论计算远小于 T－4101 设备实际振幅,误差分别为 84.7%,74.1%,50.5%,均存在较大误差。

2.1　对数衰减法求解阻尼比

当结构受到扰动后开始自由振动,在理想情况下,系统为自由衰减的简谐振动,振幅呈现指数衰减。塔横风向振动可以简化为一个线性低阻尼单自由度系统,故使用对数衰减法识别系统的阻尼比,对数衰减法计算阻尼比如式(7)所示。

$$\delta=\frac{1}{2\pi\cdot N}\ln\left(\frac{y_0}{y_N}\right) \tag{7}$$

对原始振动响应曲线进行初步观察,识别系统外部激励终止后的自由衰减段。在整个响应数据中,选取两段具有代表性的自由衰减振动区间如下图所示,利用信号处理方法提取各区间中的峰值点,根据式(8)拟合峰值曲线得到对数衰减阻尼比。得到其中两段实验数据的阻尼比平均值约为0.0026。

$$y_N = y_0 \cdot e^{-2\pi \cdot N \cdot \delta} \tag{8}$$

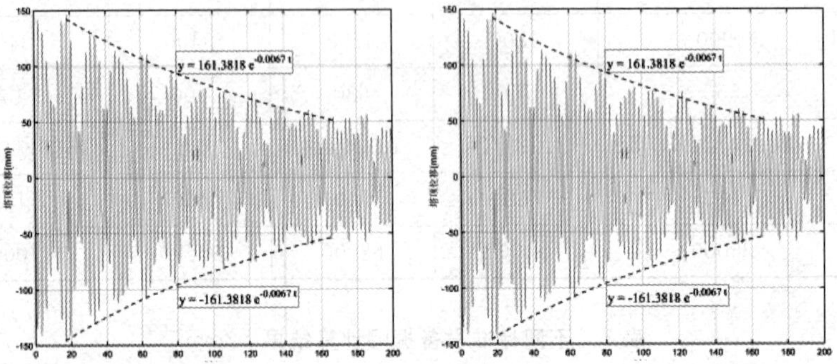

图1 振动监测数据

监测数据表明,塔设备实际的结构阻尼比远远小于NB/T 47041—2014标准中规定的0.01~0.03。这一结果说明国标对于阻尼比的取值存在一定的高估,这会导致结构横风向共振振幅计算结果偏于不保守,这也是国标理论计算结果总体偏小的重要原因之一。美标与欧标中对于结构阻尼比取值与接近实际监测数据较为接近。为校核升力系数的准确性,黄楠[14]统计了几乎所有的实测文献[15-16],发现绝大部分的实测文献的升力系数取值均小于GB 50009—2012中规定的0.25。采用二维流场模型对T-4101设备进行双自由度流场仿真模拟,使用UDF编译龙格-库塔法进行数值计算以获得任意时刻的近似值,最后得到升力系数随时间变化趋于稳定时,其最大值为0.18,仿真结果小于依据标准雷诺数确定的升力系数。这一结果表明国标振幅计算结果危险并不是升力系数取值过小造成,依据NB/T 47041—2014标准中的升力系数确定方法仍然是可行的。

2.2 基于有限元分析的振幅计算方法

为更准确地评估塔设备在横风共振作用下的响应幅值,基于有限元分析方法建立塔器结构的动力模型,模拟其在横风向共振激励下的振动响应过程。通过考虑结构实际尺寸、材料参数、阻尼比及风荷载时程特性等因素,实现对共振振幅的精细化仿真计算,为后续疲劳应力评估与设计方法优化提供可靠基础。

跨临界强风共振在某高度处的等效风载荷可以按照标准GB 50009—2012中通过计算系数与振型系数得到并施加于结构的横风向以模拟侧向力,如式(9)所示。振型系数的取值可依据第一节中一阶模态分析所得到的相对高度-位移关系,通过拟合仿真数据获得振型系数如式(10)。

$$w = \frac{|\lambda_j| v_{cr}{}^2 \varphi(z)}{12800\, \zeta_j} \tag{9}$$

$$\varphi(z) = \left(\frac{z}{H}\right)^{1.88} \tag{10}$$

规范中所规定的阻尼比取值偏小,存在一定的安全隐患。本文基于振动监测数据得到该设备的实际阻尼比为0.0026。根据该阻尼比值进行数值模拟,得到塔器的振幅响应为763.4 mm。与实测振幅结果相比,误差为10.3%。

当气流绕过圆柱体时,由于漩涡交替脱落而在沿风向的垂直方向产生周期性变化的推力称为升力。这种升力会对圆柱体产生周期性的横向激励,引发涡激振动。当漩涡脱落的频率接近结构的固有频率时,会引发涡激共振。由升力引起的周期性变化的压力大小可由式(11)确定。

$$P = C_L \rho\, v^2 \sin(2\pi f t)/2 \tag{11}$$

对设备进行谐响应分析，所采用的阻尼比取值为 0.0026，与静载荷分析保持一致。分析结果表明，设备在一阶固有频率的情况下发生共振，一阶共振振幅为 859.1 mm，与实际塔器振幅误差仅为 0.98%，十分接近实际值。

3 横风向共振疲劳评定

按 NB/T 47041—2014 判定塔器存在横风向共振风险时，由于横风共振可能导致结构在风载激励下产生较大幅值的周期性振动，因此需要根据 SH/T 3098—2025 标准中附录 F 给出的适用于横风振动作用下的疲劳评定方法对塔器在横风向振动下进行疲劳评定。该方法基于共振工况下的当量应力幅，综合考虑了环境风速概率与风向概率以及疲劳累积损伤原理，能够在识别共振风险的基础上，对结构在横风向振动作用下的应力幅值与疲劳寿命进行定量分析。以 T－4101 设备为例，通过有限元分析方法得到该塔器某工况下的交变应力幅，应用所提出的方法开展横风向共振疲劳校核，验证其适用性与工程可行性。

使用 ANSYS 有限元分析软件得到上节示范塔器在横风共振振幅下塔体的交变应力幅值云图如下图所示，得到最大的应力幅为 709.4 MPa，位于裙座与筒体连接处。相较于理想试样的疲劳性能下降，考虑设备疲劳削弱。对于焊接结构、应力集中的严重部位取疲劳削弱系数为 1.5。得到交变应力幅为 1064.4 MPa。根据 SH/T 3098—2025 疲劳评定方法计算该设备的许用循环次数与预计循环次数，其中风速概率取位于 0.9～1.3 倍共振风速范围内的概率，风向概率保守取为 0.5。最终得到该设备的横风共振疲劳评定结果如下表 4 所示。很明显该设备无法满足疲劳寿命要求。

表 4 横风向共振疲劳评定结果

设备名称	交变应力幅S_a/MPa	许用循环次数	预计循环次 n	结论
T－4101	1064.4	117	660744	$n>N$ 不满足寿命要求

当经过常规理论计算与有限元仿真模拟得出塔器无法满足运行的疲劳寿命要求，对塔设备采取减振措施十分必要。采用标准中推荐的调谐质量阻尼器方法进行减振设计。

3.1 调谐质量阻尼器性能研究

以某工程项目中的精馏塔为基础搭建了塔体试验平台，接下来的试验研究采用此塔体试验平台。塔体所受的外界载荷通过激振发生装置来实现。

图 3 试验装置

为研究激振力对于TMD减振性能的研究,对实验设备使用不同大小的激振力进行激振,同样用该组力对装有质量比与刚度的隔振器组成的TMD减振装置的实验塔器进行激振,分别采集实验塔器顶部的加速度幅值,并计算出其减振率,数据见表5所列。

表5 有无TMD减振装置时不同激励下的加速度幅值

激励/N	有TMD加速度幅值/(m/s²)	无TMD加速度幅值/(m/s²)	减振率/%
40	4.84	2.33	51.8
60	5.59	2.47	55.8
80	6.27	2.60	58.5
100	6.96	2.77	60.2
120	7.89	2.90	63.2
140	8.14	3.19	60.8

根据试验结果可见调谐质量阻尼器能够有效地减小塔设备的振动。其次在激振力从40 N增加至120 N的过程中,其减振率逐渐变高,当激振力为140 N时,减振效果差于120 N激振力时。说明当钢丝绳隔振器的变形在允许范围内,随着激振力的增大,其减振效果增强。

四个钢丝绳隔振器相隔90°安装在塔箍与质量环之间。研究了隔振器相对于激振力方向不同的角度对于TMD减振性能的影响。实验中对钢丝绳隔振器安装与激振力方向分别成0°,22.5°,45°以及67.5°位置进行实验,含钢丝绳隔振器的TMD减振装置不同安装角度的减振率如图4,得出结论在不同安装角度的TMD减振装置均能起到减振效果,而且TMD减振装置安装角度为0°(90°)时,其减振效果最佳。

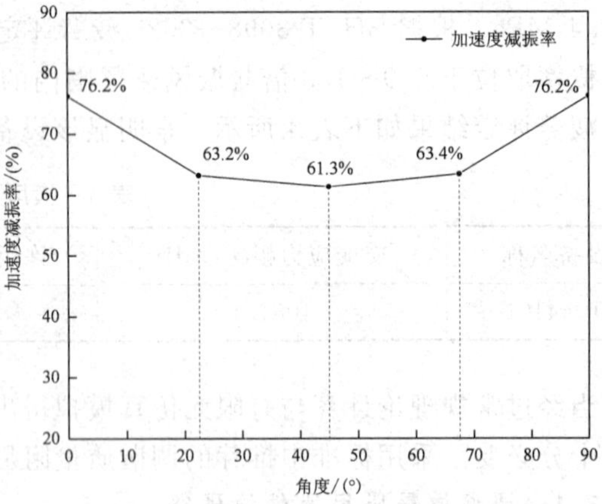

图4 不同安装角度的减振率

为了研究不同质量比对于TMD减振性能的研究,试验保持其在不同激振力下不同质量比的减振效果。得到不同参数TMD减振装置的减振性能,如表6所示,结果表明更大质量的TMD减振性能更加优良。此外,当TMD质量较大时,即使在较小的激振力下,也会发挥良好的减振作用。

表6 不同质量TMD的减振性能

力/N	减振率(2%质量比)	减振率(1.5%质量比)	减振率(1%质量比)
30	55.80%	46.68%	32.89%
40	60.84%	50.53%	38.70%
50	63.98%	53.78%	40.42%
60	66.25%	56.02%	36.85%

此外,TMD的刚度变化也会较大的影响其减振性能,本文研究了隔振器的刚度对于减振性能的影响,得到结果如下表所示。当TMD质量确定时,TMD的刚度较为接近设计刚度时,TMD的减振性能十分优良,当结构在外界激励下发生共振时,TMD的减振率基本保持在70%以上,当外界激振力合适,TMD完全发挥其减振性能时减振效率可达80%以上。

表 7　不同刚度 TMD 的减振性能

力/N	减振率(2%质量比)	减振率(1.5%质量比)	减振率(1%质量比)
30	55.80%	75.89%	74.71%
40	60.84%	79.07%	76.21%
50	63.98%	80.32%	74.49%
60	66.25%	81.71%	72.67%

3.2　安装 TMD 后的振动监测与疲劳校核

通过性能试验得到了 TMD 的最佳设计参数，对设备 T－4101 安装调谐质量阻尼器后的振动数据进行长期监测。监测期间最大振幅结果如图 5 所示。发现该设备的最大振幅减小至 92.5，减振率达到 89.1%，减振效果优异。

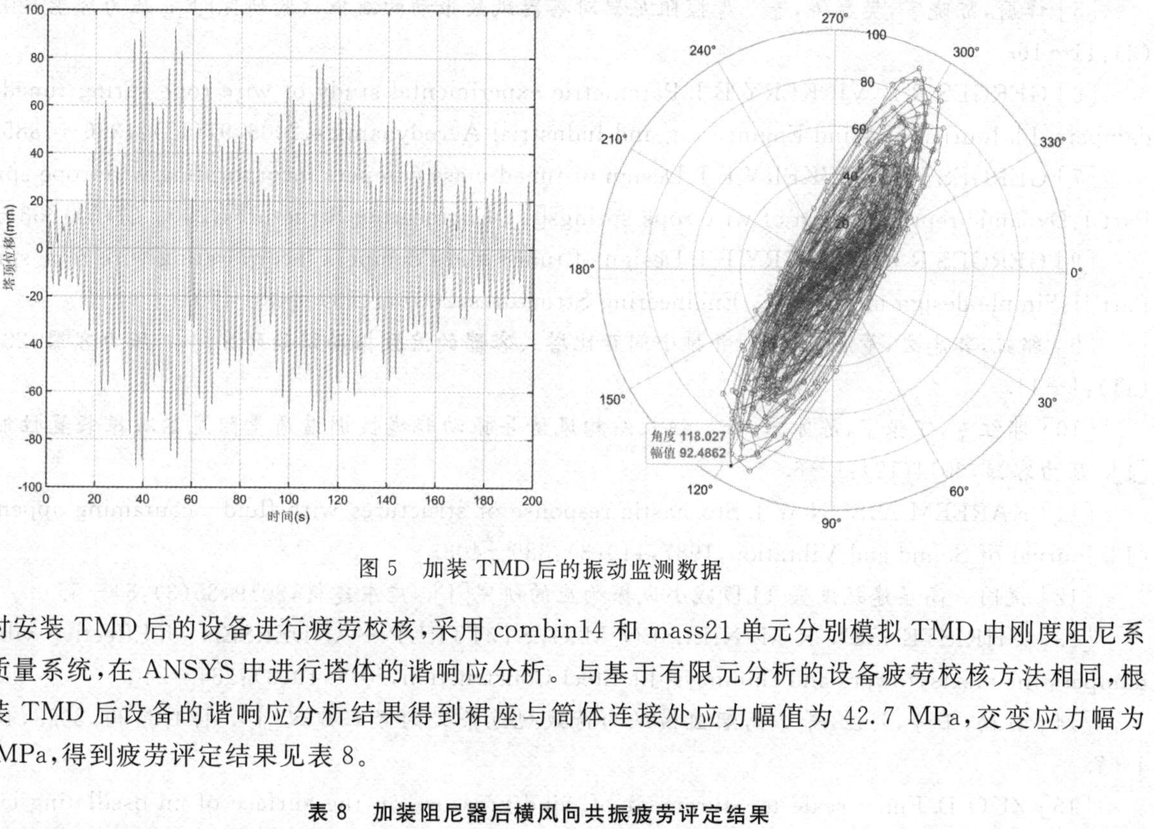

图 5　加装 TMD 后的振动监测数据

对安装 TMD 后的设备进行疲劳校核，采用 combin14 和 mass21 单元分别模拟 TMD 中刚度阻尼系统和质量系统，在 ANSYS 中进行塔体的谐响应分析。与基于有限元分析的设备疲劳校核方法相同，根据安装 TMD 后设备的谐响应分析结果得到裙座与筒体连接处应力幅值为 42.7 MPa，交变应力幅为 64.1 MPa，得到疲劳评定结果见表 8。

表 8　加装阻尼器后横风向共振疲劳评定结果

设备名称	交变应力幅S_a/MPa	许用循环次数	预计循环次 n	结论
T－4101	64.1	6.7×10^8	660744	n<N 满足寿命设计要求

4　结　论

针对塔设备的横风向振动特性，研究了国内外塔设备设计标准、有限元振动分析方法、横风共振疲劳评定方法和调谐质量阻尼器的减振性能，得到结论如下：

(1)国内外不同计算标准对于塔设备横风向振幅的计算有较大差异，计算结果不同主要由于阻尼比、升力系数和等效质量的计算有关。

(2)结合实测阻尼比的有限元仿真模拟方法得到的横风向振幅响应值与实际振幅十分接近，误差仅为0.98%。

(3)针对塔设备发生横风向振动情况,加装调谐质量阻尼器前后采用SH/T 3098—2025标准中的疲劳评定方法对塔器是否能够满足设备疲劳寿命要求的评定方法切实可行,具有很大工程价值。

参考文献

[1] 元少昀,段瑞. 塔器、烟囱等高耸结构风诱导共振的判定准则及振动分析的相关问题[J]. 石油化工设备技术,2010,31(1):13—18.

[2] 赵耿,赵云浩. 空塔横风向振动分析讨论[J]. 石油化工设备,2023,52(1):40—45.

[3] KE S T,GE Y J. The influence of self—excited forces on wind loads and wind effects for super—large cooling towers[J]. Journal of Wind Engineering & Industrial Aerodynamics,2014,132:125—135.

[4] 牛伟建. 高耸板式塔的风振响应分析[D]. 秦皇岛:燕山大学,2015.

[5] 谭蔚,陈晓宇,樊显涛,等. 摩擦阻尼器对塔器风致振动的减振试验研究[J]. 压力容器,2020,37(2):11—16.

[6] GERGES R R,VICKERY B J. Parametric experimental study of wire rope spring tuned mass dampers[J]. Journal of Wind Engineering and Industrial Aerodynamics,2003,91(12):1366—1385.

[7] GERGES R R,VICKERY B J. Design of tuned mass dampers incorporating wire rope springs: Part I:Dynamic representation of wire rope springs[J]. Engineering Structures,2005,27(5):653—661.

[8] GERGES R R,VICKERY B J. Design of tuned mass dampers incorporating wire rope springs: Part II:Simple design method[J]. Engineering Structures,2007,14(3):448—470.

[9] 郭凯,郭志文,董温哲,等. 并排小间距比塔式容器的流致振动试验研究[J]. 压力容器,2024,41(11):1—11.

[10] 郎红专,丁振宇,陈冰冰,等. 细长结构风诱导振动非线性调谐质量阻尼器减振装置性能试验[J]. 压力容器,2014(12):1—6.

[11] KAREEM A,SUN W J. Stochastic response of structures with fluid—containing appendages[J]. Journal of Sound and Vibration,1987,119(3):389—408.

[12] 饶同. 高层建筑设置TLD减小风振响应的研究[J]. 广东建材,2019,35(3):54—55.

[13] CHRISTENSEN R M, NIELSEN M G, STØTTRUP—ANDERSEN U. Effective vibration dampers for masts,towers and chimneys[J]. Steel Construction,2017,10(3):234—240.

[14] 黄楠,王峥,刘佳,等. 高烟囱横风向荷载规范条文的修正建议[J]. 特种结构,2023,40(1):1—7.

[15] ZUO D. Full—scale measurement of wind pressure on the surface of an oscillating circular cylinder[J]. Journal of Wind Engineering and Industrial Aerodynamics,2014,133:65—79.

[16] 赵林,刘晓鹏,高玲,等. 大型冷却塔表面脉动风压原型实测与分布准则[J]. 土木工程学报,2017,50(1).

作者简介

朱秀栋(2000),男,硕士研究生,通讯地址:310023 浙江省杭州市西湖区留下街道留和路288号浙江工业大学,E-mail:1364437338@qq.com。

防容器局部超温破坏的温控型安全泄放阀门的研制

高川川，惠　虎，黄　淞
（华东理工大学 机械与动力工程学院 承压系统安全教育部重点实验室，上海 200237）

摘　要：合适的安全泄放系统是保证大规模氢气罐区安全运行的重要组成部分，在局部喷射火工况下，局部持续受热会导致受火部位材料强度降低而造成破裂，这种破裂发生时，由于容器内体积巨大整体升压较慢，常规的超压泄放装置如安全阀还未达到整定压力无法泄放。本文开发了适用于局部火灾工况的温控型安全泄放装置，给出了温控型安全泄放装置的结构设计方案，并在此基础上通过理论计算和缩小试验验证了温控型安全泄放装置的密封性能和气驱泄放可行性，经过测试，当温敏元件熔化，气源断开时，安全泄放装置的打开、关闭动作稳定，通过理论计算与试验验证，安全泄放装置设计合理，性能指标满足使用要求。

关键词：大型储氢容器；局部喷射火；安全泄放；温敏元件

Development of temperature - controlled safety relief valve for preventing local over - t emperature damage of container

GAOChuanchuan，HU Hui，HUANG Song
(School of Mechanical and Power Engineering，
East China University of Science and Technology，Key Laboratory of
Pressure Systems and Safety，Ministry of Education，Shanghai 200237，China)

Abstract：Appropriate safety relief system is an important part to ensure the safe operation of large - scale hydrogen tank farm. Under the condition of local jet fire，local continuous heating will lead to the decrease of material strength at the fire site and cause rupture. When this rupture occurs，due to the huge volume in the container，the overall pressure rise is slow，and the conventional overpressure relief device such as the safety valve has not reached the setting pressure and cannot be released. In this paper，a temperature - controlled safety relief device suitable for local fire conditions is developed，and the structural design scheme of the temperature - controlled safety relief device is given. On this basis，the sealing performance of the temperature - controlled safety relief device and the feasibility of gas - driven relief are verified by theoretical calculation and reduction test. After testing，when the temperature - sensitive element is melted and the gas source is disconnected，the opening and closing actions of the safety relief device are stable. Through theoretical calculation and experimental verification，the design of the safety relief device is reasonable and the performance index meets the use requirements.

Keywords：large hydrogen storage container；local jet fire；safety relief；temperature sensitive element

0 引 言

氢能作为深度脱碳的必要选项,在全球能源的转型过程中扮演重要的角色[1]。目前,世界范围内正在开展大量的绿氢储运项目,重点是开发大规模的绿色储氢技术[2-3]。而大型储氢容器往往面临更高的安全风险,输氢管道在工作过程可能会出现泄漏,氢气泄漏容易引发喷射火,火焰喷射到储氢容器时,由于储氢容器内部容积大,压力变化无法及时传导至常规安全泄放装置,即无法实现安全泄放,这也增加了容器破裂的风险[4-7]。因此,需要有效的安全泄放装置来应对可能的过压或过温情况。

为了保证大型储氢容器的安全,大型储氢球罐的安全泄放装置的设计显得尤为重要。在现有安全泄放策略下,安全泄放装置难以在火灾时有效动作,因此,急需要结合火灾中大型储氢球罐的热力学响应特点,研究基于温度敏感的安全泄放策略及装置,实现火灾下大型储氢球罐的有效超压泄放。

在上述背景下,本文基于大型储氢球罐的特点,提出温控型安全泄放装置设计方案,并对其性能进行计算校核,最后通过缩小尺寸试验验证设计的密封性能和动作性能。

1 安全泄放装置设计

1.1 安全泄放装置结构

本文中的活塞安全阀核心组件为活塞及密封圈、阀座、阀体,通过气控系统实现活塞的往复运动与密封,其结构如图1所示。采用上下双活塞结构,上阀体和输气管道连接,通过输入气体压缩活塞实现密封,当输气管道断开或者气控系统自主关闭,活塞向上移动,安全泄放通道开始泄放。当气源恢复,活塞进行往复运动,再次实现密封。

本装置的温敏元件选择响应速度快的密封塞式易熔塞,温敏元件和输气管道连接,合金熔点为250 ℃。温控型安全泄放装置有两个关键部分组成,负责和保护设备直接连接的安全泄压阀以及安装在输气管道中的温敏元件,位置1处为气源入口,位置2为介质压力入口整体结构示意图如图2所示:

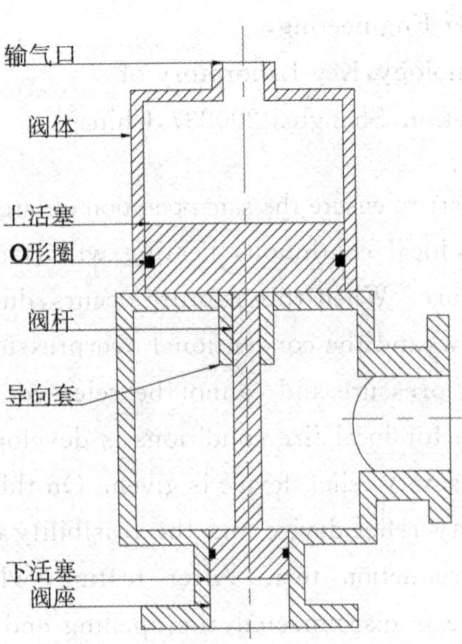

图1 双活塞安全泄放装置结构

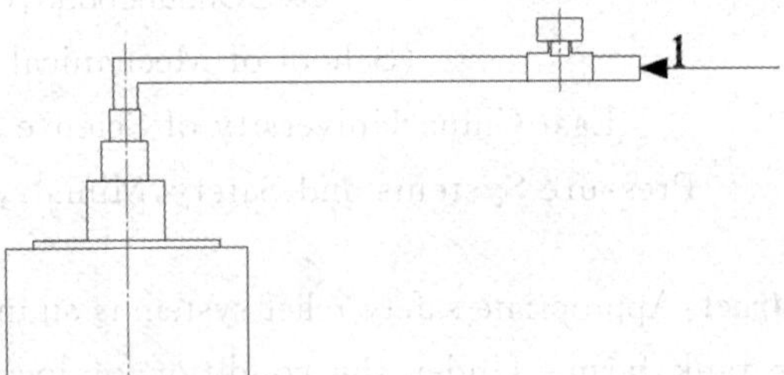

图2 温控型安全泄放装置结构示意图

1.2 安全泄放量计算

以工作压力为1.5 MPa的2000 m^3储氢球罐为研究对象对安全泄放装置进行设计,球罐基本参数如表1所示。

表1 球罐基本参数

参数	数值	参数	数值
工作温度/℃	−6.6～50	罐体直径/mm	15700
工作压力/MPa	1.5	罐体厚度/mm	35
设计压力/MPa	1.6	公称容积/m^3	2000
罐体材料	Q370R	环境温度/K	300

喷射火导致局部壁面高温，开展安全泄放量计算的基础条件是在火灾工况下容器壁面不发生强度破坏，因此需要对喷射火工况下壁面的失效时间进行进一步计算，以保证泄放需求能满足在球罐破裂后不因罐内气体而发生爆炸。

工作情况下球罐内相关参数结果如表2所示。

表2 工作工况下球罐内氢气质量

工作温度 T_0/K	气体常数 $R/(J \cdot mol^{-1} \cdot K^{-1})$	氢气摩尔质量 $M/(kg \cdot mol^{-1})$	球罐容积 V/m^3	氢气质量 m_0/kg
300	8.314	0.002	2000	2560

在喷射火灾发生时，由于持续的热输入导致罐壁直射处温度快速上升，同时热量快速在罐壁积聚，球罐存在破裂风险，为了保护暴露在火灾中的容器，对最危险工况进行分析，保证罐内气体泄放带来的降压效率高于爆破压下降速率。

根据API 521中提到的25.4 mm碳钢失效时间为5 min，据此设定球罐失效时间t为300 s，即在最危险情况下需要将球罐内固定质量的氢气在300 s内泄放完成。根据此条件及相关标准[7]及文献[9]，计算得到阀的泄放直径应为132 mm。

1.3 缩小实验装置

由于等比模型试验存在实施难度大、成本高及安全风险较高等问题，本研究采用缩比模型试验方法。为了证明在实际工作压力下阀门能正常密封和动作，整套安全泄放系统在温敏元件被烧穿时能够触发启动，特开展此缩比实验，接下来通过阀门设计确定缩比实验装置尺寸，搭建整个安全泄放系统。泄放装置选用全启式结构，确定试验装置泄放直径为Ø20 mm，基于此泄放直径开展缩比试验。

2 试验验证

2.1 摩擦试验

在实验过程中摩擦力的大小决定了安全泄放装置的动作压力，本装置在实验过程中主要由三个力控制，分别是连接介质端泄放入口的正常工作压力，活塞密封O形圈的摩擦力，气源端的密封压力，三者在正常工作工况时保持力系平衡，只有确定O形圈的静摩擦力才能计算活塞两端的对应力，并由设计活塞的尺寸，进一步优化温控型安全泄放装置的结构。

图3 O形圈摩擦试验

活塞行程根据阀门开度要求来确定行程，为应对制造误差、热膨胀等因素，通常增加10%～20%的安全余量。通过活塞上下力平衡以及压杆稳定性校核计算可以得到相关数据表。

表3　运动元件相关参数

参数	设计值	参数	设计值
下活塞直径/mm	20	活塞行程/mm	12
下活塞厚度/mm	12	阀杆直径/mm	30
上活塞直径/mm	40	阀杆长度/mm	35
上活塞厚度/mm	14		

本次试验分别测量了直径为40 mm的单活塞O形圈摩擦力数据以及上活塞直径40 mm、下活塞直径20 mm双活塞O形圈摩擦力数据，O形圈根据试验条件选定以及密封压力选定。

O形圈的摩擦力随位移变化产生的变化数据见下图，取10 mm的位移作为本次试验的检测数据，试验所测数值为3次重复实验对应数据。

表4　安全泄放装置启动摩擦力数据

O形圈线径	3.55 mm	2.65 mm
O形圈内径	33.5	15.5
最大静摩擦力/N	82	90
摩擦力增量/N	/	170
启动摩擦力/N	82	260

研究表明在工作压力下的增量为170 N，最大静摩擦力约为342 N，当容器处在工作压力时推力为471 N，大于摩擦力，当上端气压温敏元件被触发时，安全阀能正常动作。

2.2　动作性能试验

首先在未通气源的情况下模拟火灾实现易熔塞融化这一动作，保证后续试验的安全性并为温控型安全泄放装置的安全泄放提供数据支持。酒精灯火焰相对易熔塞的高度会对熔化时间产生影响，试验中关闭室内门窗，减少空气流动，在试验周围放置挡风纸板进一步阻隔气流。在试验前将酒精灯放置在合适的位置后通过观察火焰高度调节易熔塞合适高度，调节到合适高度后，点燃酒精灯，试验过程示意图如图4所示。

通过测温枪对易熔塞整个融化过程进行温度测量，测温枪测温范围为－50～600 ℃，存在一定误差，每30 s记录一次，根据测量数据记录数据，并根据3次重复试验插入误差棒，生成温度时间变化曲线(见图5)。

图4　易熔塞融化试验

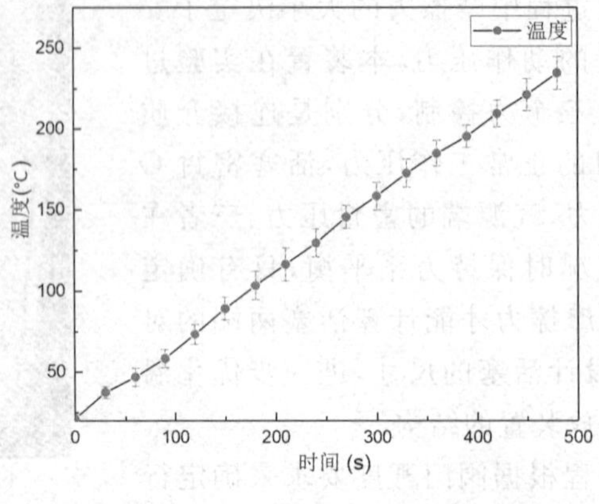

图5　易熔塞温度—时间曲线

为了避免实验中环境因素的影响，进行三次重复实验，易熔塞熔化图片如图 6 所示，经测试，易熔塞在 400 s 时开始出现表面局部融化，480 s 时完全融化。从开始加热到完全融化耗时 480 s，响应时间用于支持下一步试验，本次试验表明，材料性能稳定，融化过程均匀，所选易熔塞能够满足火灾安全保护的需求。经测定，易熔合金初始温度约为 293.15 K。

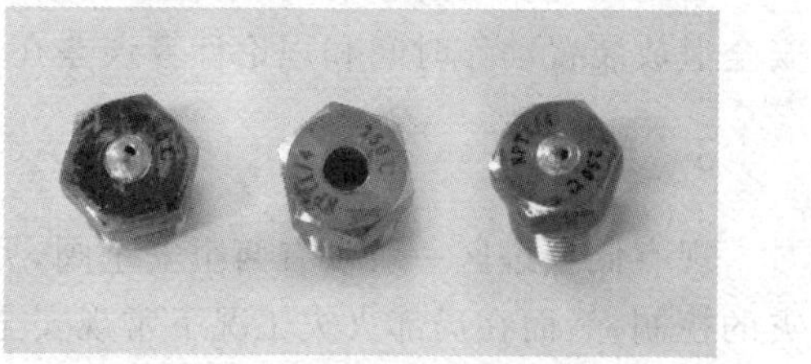

图 6　易熔塞融化结果

为验证温控型安全泄放装置的动作压力，进对其动作压力试验测试，在安全阀液压试验平台上修改测试口的尺寸，并在测试口处接入了压力传感器和压力信号记录仪作为压力信号采集系统，建立了温控型安全泄放装置动作压力试验平台，箭头所指红色区域为温敏元件布置点，为了稳定且安全的热输入，放置于近地点，如图 7 所示。

在进行火灾以及限位装置尺寸试验前需要对安全泄放装置的密封性进行测试，在保证安全泄放装置的密封性情况下才可以开展后续实验。在对安全泄放装置进行密封性实验前，根据摩擦实验通过对进行往复运动的活塞 O 形圈摩擦力计算方法计算出来的摩擦力对气源压力进行初步的假设，在大容积储氢容器的正常工作压力为 1.5 MPa 时，气源压力为 0.4 MPa 即能完成密封，通过观测安全泄放装置动作时的压力变化分析动作性能。在正式实验开始前进行试点火，确认酒精灯点火无异常并检查燃烧排、气瓶、测温测压装置安装无误后，打开高清摄像机记录火烧实验过程，

打开气源端保证安全泄放装置密封后进行打压，保证相对稳定的加压速率使下端压力达到工作压力，由于电压作用，压力出现上下波动，波动值在 0.1 MPa 以内，重点对易熔塞熔化时间进行讨论。

通过理论计算使用热流密度为 30 kW/m^2 的酒精灯开展试验时，通过理论计算可得从点火到易熔塞熔化动作的时间约为 487 s，如图 8 所示，在进行安全泄放装置火灾模拟试验时，环境温度约为 293.15 K，安全泄放装置动作时间如下表 5。

图 7　安全泄放装置泄压试验

图 8　安全泄放装置动作示意图

表 5　安全泄放装置动作试验数据

设计参数	第一次	第二次	第三次
环境温度/K	293.15	293.15	293.15
加压时间/s	40	30	50
安全泄放装置动作时间/s	555	500	530
理论融化时间差值/s	28	17	7

受到环境因素的影响,易熔塞三次融化时间有所不同,和理论计算中的数据上下波动在 30 s 以内,安全泄放装置动作时间和理论计算误差在 10%以内,结果比较可靠。

3 结 语

现有储氢罐区一般设有两个安全阀,另安装有主动排放排气阀,通过电信号实现远程控制,完成对火灾的控制,然而在局部火灾工况下常规安全泄放装置无法通过压力的变化及时响应。因此本文以大型储氢球罐为研究对象设计了适用于发生局部火灾情况下温控型安全泄放系统,给出了结构设计方案;通过缩小试验装置进行了摩擦力试验以及动作性能试验,探索了温控型安全泄放装置的稳定性和动作性能,分析研究表明安全泄放装置整体方案设计可行,温敏元件动作灵敏,整体方案可行,可在局部火灾下完成泄放。

参考文献

[1] 张嘉欣,姜雅宁,孔祥领,等. 氢安全风险评价技术发展现状与展望[J]. 前瞻科技,2024,3(4):91-104.

[2] 牛天钰,蒋焱. 基于氢储能系统储氢压力优化的大规模储氢经济性分析[J]. 洁净煤技术,2024,30(S2):613-617.

[3] PREUSTER P,ALEKSEEV A,WASSERSCHEID P. Hydrogen storage technologies for future energy systems[J]. Annual Review of Chemical and Biomolecular Engineering,2017,8:445-471.

[4] 杨子杰. 大型储氢球罐喷射火热响应数值模拟及其安全性研究[D]. 上海:华东理工大学,2024.

[5] ZHOU C,ZHANG Y,LIN H,et al. Study on heat transfer characteristics and mechanical properties degradation of hydrogen storage cylinders under fire conditions[J]. Energy,2025,319:135020.

[6] 韩冰,戴行涛,闫兴清,等. API 521—2020 火灾环境下气体压力容器安全泄放量计算讨论[J]. 压力容器,2024,41(7):49-55.

[7] 吴全龙,史斐菲,徐维普,等. 火灾工况充装压缩气体容器超压泄放装置尺寸计算解析[J]. 压力容器,2023,40(11):62-66.

[8] 王报春,丁梅峰,徐兴文,等. 大规模氢气罐区安全泄放量计算方法研究[J]. 炼油技术与工程,2025,55(1):56-60.

[9] 徐辅仁. 对 O 形密封圈引起的摩擦力的计算[J]. 石油机械,1989,(8):9-10.

作者简介

高川川(1999),女,硕士研究生,主要从事压力容器设计及安全保障技术,通信地址:200237 上海市梅陇路 130 号华东理工大学,E-mail:GCC0711@outlook.com。

通讯作者:惠虎(1974),男,教授,主要从事压力容器设计及安全保障技术领域的教学和科研工作,通信地址:200237 上海市梅陇路 130 号华东理工大学 402 信箱,E-mail:huihu@ecust.edu.cn。

165MN 预应力钢丝缠绕机架轻量化缠绕技术研究

顾玉钢，张雨晨，周秀芝，陈永东

（合肥通用机械研究院有限公司，合肥 230031）

摘　要：针对热等静压炉用预应力钢丝缠绕机架结构的变缠绕方法，探讨钢丝工作应力内外层的不均匀性对变张力缠绕工艺的影响，以设计内压为 210 MPa，缸体内径为 1000 mm 的某型热等静压炉用 165MN 机架设计为例，优化后变张力缠绕工艺相较于等张力缠绕可节约扁钢丝材料近 30%。同时建立考虑层间摩擦滑移、结构几何不连续建模特征与动态变张力缠绕工艺的数值仿真模型，以期突破传统解析方法对界面滑移效应和变张力缠绕工艺参数协同作用机制的表征局限，对预应力钢丝缠绕机架结构优化和轻量化设计具有重要的理论意义和工程应用价值。

关键词：热等静压，预应力，钢丝缠绕，轻量化，机架

Research on lightweight winding technology for 165MN pre－stressed steel wire－wound frame

GUYugang，ZHANG Yuchen，ZHOU Xiuzhi，CHEN Yongdong

（Hefei General Machinery Research Institute Co. ，Ltd. ，Hefei 230031，China）

Abstract：This study investigates the variable－tension winding method for pre－stressed steel wire－wound frames in hot isostatic press（HIP）furnaces，focusing on the impact of non－uniform working stress distribution between inner and outer wire layers on the variable－tension winding process. Taking the design of a 165MN frame for a HIP furnace with a design internal pressure of 210 MPa and a cylinder inner diameter of 1000 mm as an example，the optimized variable－tension winding process achieves a material saving of nearly 30% for steel wires compared to the constant－tension winding process. Additionally，a numerical simulation model is established to account for interlayer friction and slip，structural geometric discontinuities，and dynamic variable－tension winding processes. This model aims to overcome the limitations of traditional analytical methods in characterizing the synergistic effects of interfacial slip and variable－tension winding parameters. The research provides significant theoretical insights and engineering application value for the structural optimization and lightweight design of pre－stressed steel wire－wound frames.

Keywords：hot isostatic pressing；prestress；steel wire winding；lightweight；frame

0　引　言

热等静压（Hot Isostatic Pressing，HIP）技术通过高温高压环境实现材料致密化、缺陷修复及性能提

基金项目：中国机械工业集团有限公司科研专项（ZDZX2024－36）

升,是航空航天、核能、医疗、半导体、增材制造等高端制造领域的核心工艺[1~6]。

近年来,热等静压设备的工作参数呈现“高温化、高压化、长时化”的显著发展趋势[7-8],以满足尖端材料和结构的极限需求。传统等静压设备机架设计中存在过度保守、材料冗余、结构笨重等问题,通过基于精准力学模型的设计、先进材料与制造工艺、结构创新与数值仿真等技术路径进行系统性优化,可实现机架结构的轻量化及综合性能的显著提升。

本文以某型热等静压炉 165MN 机架结构为研究对象,针对设计内压 210 MPa、缸体内径 1000 mm 的工况条件,开展预应力钢丝缠绕层间应力分布特性及其对传统缠绕工艺影响机制的系统研究。通过建立考虑层间耦合效应和接触滑移行为的精细化数值模型,对机架结构的预应力缠绕工艺参数优化与轻量化设计进行深入分析。研究成果不仅揭示了多层级钢丝缠绕体系的摩擦对应力传递的影响,更为热等静压炉用机架结构设计提供了重要的工程实践参考。

1 165MN 机架结构

1.1 主要设计参数与几何尺寸

热等静压炉的预应力缠绕机架以框架式为主流,主体由立柱和半圆梁组成,其具有高承载性能、模块化架构和本质安全的显著优势。某型热等静压炉及预应力钢丝缠绕机架主要设计参数见表 1,机架结构主要几何尺寸如图 1 所示。

表 1 热等静压炉及机架主要设计参数

参数	数值
设计压力/MPa	210
工作压力/MPa	<210
设计温度/℃	80
工作温度/℃	<80
介质名称	高纯氩气(99.99%)
机架额定载荷	165MN
炉体材料	35CrNi3MoVR
机架材料	35CrMo
缠绕扁钢丝材料	65Mn-1.5×6.0-WUF-YB/T 4295—2012

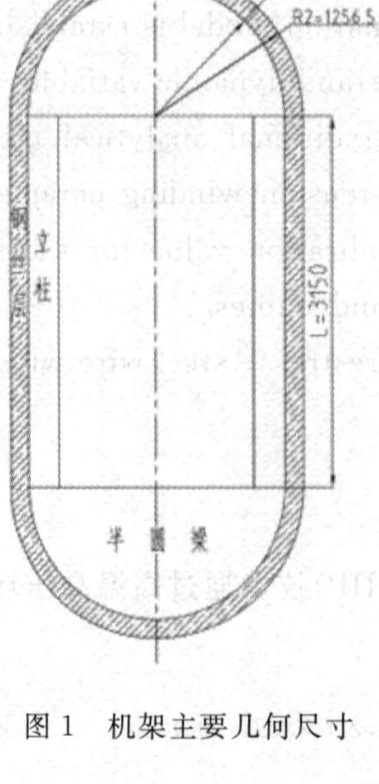

图 1 机架主要几何尺寸

1.2 主要力学性能参数

该机架采用缠绕钢丝材料为 65Mn 扁钢丝，机架材料为 35CrMo 锻件，主要力学性能指标见表 2 所列。

表 2 机架及扁钢丝材料主要力学性能

参数	数值	
弹性模量 $E/\times10^3$ MPa	200	
波松比 μ	0.3	
抗拉强度 R_m/MPa	35CrMo	≥440
	65Mn	≥1070
屈服强度 $R_{p0.2}$/MPa	35CrMo	≥620
	65Mn	≥960

2 预应力钢丝缠绕

机架预应力钢丝缠绕工艺包含等张力缠绕和变张力缠绕，变张力钢丝能够使钢丝层的强度设计接近等强设计，充分发挥钢丝的强度潜力，是机架轻量化设计的重要途径。

2.1 等张力缠绕(Ⅰ型)

以不变的张力对机架进行缠绕成为等张力缠绕，等张力缠绕是变张力缠绕的基础。预应力缠绕的一层钢丝对立柱的压力为p_c，对已缠绕钢丝产生的压力为p_w，则有

$$\begin{cases} p_c+p_w=mT_z\text{（力平衡）} \\ -\dfrac{p_c}{E_cF_c}=\dfrac{p_w}{mZfE_w}\text{（变形协调）} \end{cases} \tag{1}$$

式中，m 为每层钢丝的根数；T_z 为每根直边钢丝的张力；Z 为缠绕层数；E_w 为钢丝的弹性模量；f 为钢丝的截面积；E_c 为立柱的弹性模量；F_c 为立柱的截面积。

一根支柱上的预紧力为：

$$P_c=\frac{T}{C}\ln(1+mZC) \tag{2}$$

缠绕钢丝总层数：

$$Z_o=\frac{e^{CTP_c}-1}{mC} \tag{3}$$

缠绕张力为：

$$\sigma_0=\sigma_{0c}=\frac{P_cC}{f\ln(1+mZ_oC)} \tag{4}$$

本文机架若采用等张力缠绕，该机架结构需缠绕 132 层，缠绕张力为 588 MPa，各钢丝缠绕层预应力、缠绕初张力及工作应力如图 2 所示。

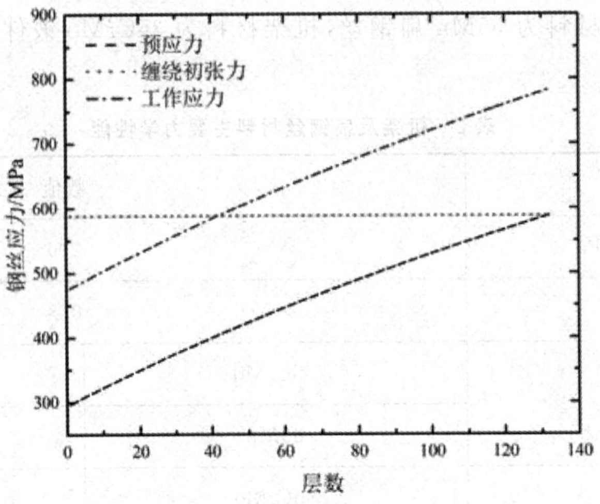

图 2　各钢丝层预应力、缠绕初张力及工作应力(*I* 型)

2.2　忽略工作应力内外层不均匀性的变张力缠绕(II 型)

在忽略钢丝工作应力σ_p内外层的不均匀性，以机架缠绕层的平均工作应力σ_{pcp}代替σ_p，单根立柱的预紧力为：

$$P_c=\sigma_g m Z_o f \tag{5}$$

则钢丝预紧力：

$$\sigma_g=\frac{-iCP_c+i[\sigma]'-CP\pm\sqrt{(iCP_c-i[\sigma]'+CP)^2+4fi^2[\sigma]'CP_c}}{2if} \tag{6}$$

其中：

$$Z_o=\frac{4P_c}{m(-iCP_c+i[\sigma]'-CP\pm\sqrt{(iCP_c-i[\sigma]'+CP)^2+4fi^2[\sigma]'CP_c})} \tag{7}$$

将σ_g带入即可获得缠绕张力σ_0：

$$\sigma_0=\sigma_g\frac{1+mZ_oC}{1+mZC} \tag{8}$$

根据上述公式，对本文机架若采用Ⅱ型变张力缠绕，缠绕安全系数取 1.8，钢丝许用应力$[\sigma]'$为 783.3 MPa。该机架结构需缠绕 103 层，各钢丝缠绕层预应力、缠绕初张力及工作应力如图 3 所示。缠绕首层缠绕张力值最大，为 864.42 MPa，最外层缠绕张力最小，为 576.91 MPa。

2.3　考虑工作应力内外层不均匀性的变张力缠绕(III 型)

考虑工作应力内外层不均匀性，则单根立柱的预紧力为：

$$P_c=\frac{1}{2}(\sigma_{go}+\sigma_{gzo})mZ_of=\frac{1}{2}\left[2[\sigma]'-\frac{CP}{i(1+mZ_oC)f}(k_1+k_2)\right]mZ_of \tag{9}$$

式中，k_1，k_2分别为机架直边钢丝的最内层的工作应力σ_{p0}、最外层的工作应力σ_{pz}与直边钢丝的平均应力σ_{pcp}的比值，针对本文机架结构$k_1=1.03$，$k_2=0.97$；Z_o为变张力缠绕的总层数，在考虑工作应力内外层不均匀性的情况下，无法通过解析方法直接求解，需通过迭代试算结合数值模拟进行优化。

经过迭代试算选取$Z_o=91$，根据上述公式对该机架进行变张力缠绕，各钢丝缠绕层预应力、缠绕初张力及工作应力如图 4 所示。缠绕首层缠绕张力值最大，为 814.9 MPa，最外层缠绕张力最小，为

575.1 MPa。

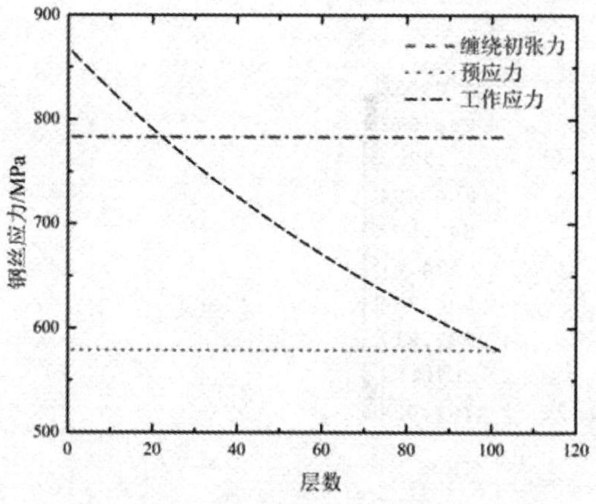

图 3 各钢丝层预应力、缠绕初张力及工作应力(II 型)

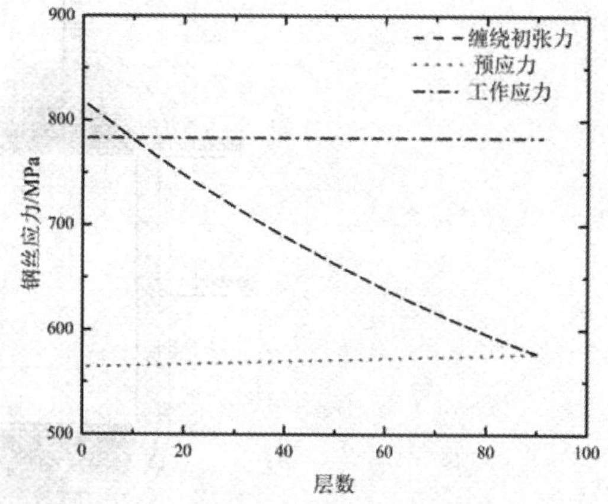

图 4 各钢丝层预应力、缠绕初张力及工作应力(III 型)

2.4 对比分析

等张力缠绕以其工艺简单性在传统领域仍具优势,但其应力均匀性低、材料利用率低,而变张力缠绕通过智能控制与高精度张力缠绕,显著提升了应力均匀性、材料利用率及结构的可靠性。

针对本文机架,III 型变张力缠绕工艺相较于 I 型等张力缠绕工艺可节约扁钢丝材料近 31%,III 型变张力缠绕工艺相较于 II 型变张力缠绕工艺可节约扁钢丝材料近 12%。通过梯度张力设计减少冗余钢丝层数,是机架轻量化设计的关键。

3 预应力钢丝缠绕机架有限元分析

预应力钢丝缠绕机架展现出多界面非线性耦合力学特性,本文建立了考虑层间摩擦滑移、结构几何不连续建模特征与动态变张力缠绕工艺的数值仿真模型,以期突破传统公式解析方法对界面滑移效应和变张力缠绕工艺参数协同作用机制的表征局限。

3.1 有限元模型建立

采用全结构模型进行有限元分析,如图 5 所示。选用的单元类型有:SOLID186,TARGE170,CONTA174。共计 104178 个单元,共计 718749 个节点。本模型经过网格无关性验证,计算精度满足工程要求。

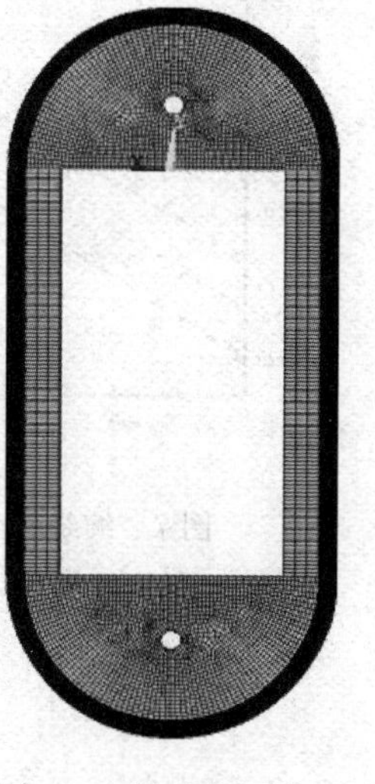

图 5 有限元分析模型

3.2 缠绕钢丝层间耦合及接触滑移效应影响

钢丝缠绕层的初张力施加方式如图 4 所示,分别考虑层间摩擦系数为 0.1、0.2、0.3 三种工况。其中,摩擦系数 0.3 时机架的 von Mises 应力分布如图 6 所示。选取 3 个关键机架缠绕截面进行预应力分析,各截面层间钢丝预应力分布如图 7~图 9 所示。

支柱中央截面(图 7):该区域预应力分布较为均匀,但由于层间摩擦的影响,从内层到外层呈现一定的应力梯度。最外层钢丝预应力最大,内层最小,整体应力梯度较小。

支柱一半圆梁转角截面(图 8):该区域预应力分布发生显著突变,应力梯度较大,最内层钢丝预应力最大,外层最小,且最大预应力值与理论值偏差较大。由于层间接触压力的存在,绕丝层间产生较高的接触应力,摩擦作用导致钢丝同时承受 轴向和环向作用力,进而影响预应力分布。此外,结构不连续性会加剧绕丝层的非均匀变形,导致产生局部环向或轴向应力强化效应,需重点关注。

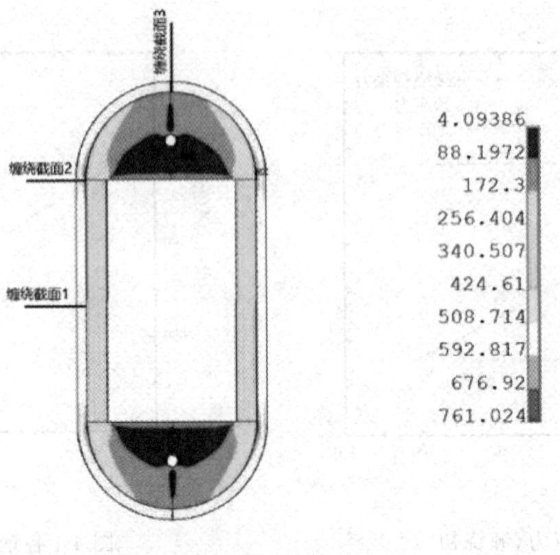

图 6　机架 von Mises 应力分布云图($\mu=0.3$)

半圆梁中央截面(图 9):该区域预应力较小,分布较为均匀,从内层到外层呈现一定的应力梯度,整体应力梯度较小。

针对不同的钢丝层间摩擦系数,摩擦系数越小,层间预应力值也相对越小,可见钢丝层间的摩擦滑移效应影响应力传递,尤其对于结构不连续局部,传统解析模型因忽略接触摩擦的影响导致一定预测误差。

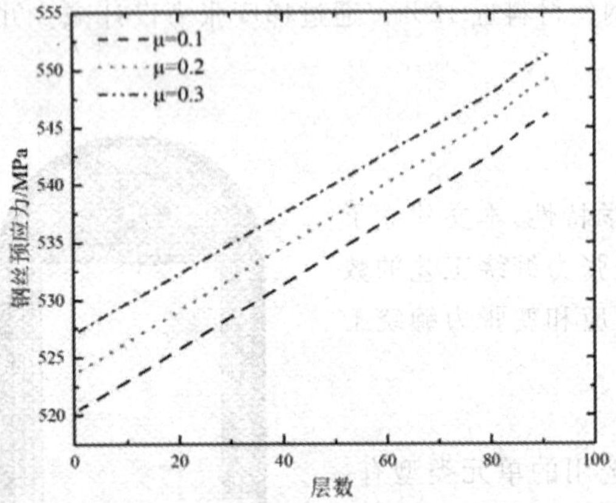

图 7　缠绕截面 1 钢丝预应力分布

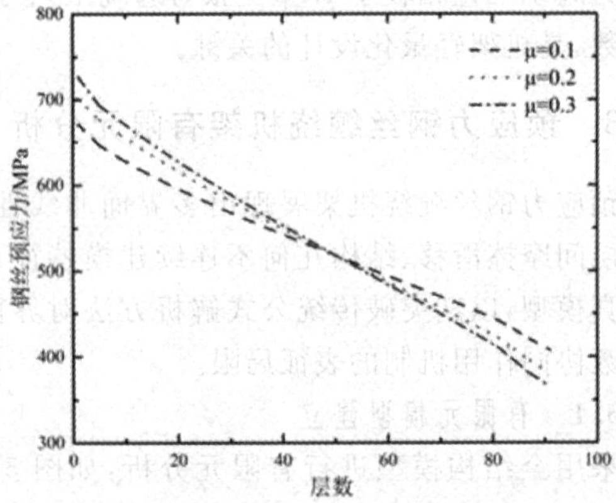

图 8　缠绕截面 2 钢丝预应力分布

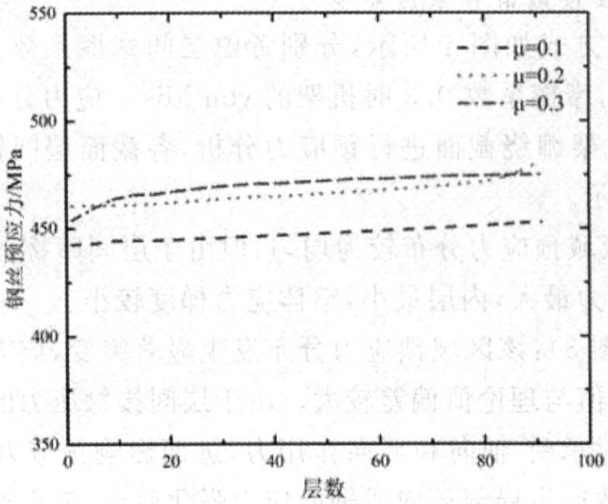

图 9　缠绕截面 3 钢丝预应力分布

3.3 公式解析法计算精度

图10给出了摩擦系数选取为0.3时有限元数值仿真法与公式解析法的结果对比分析，机架主体支柱部分(缠绕截面1)缠绕钢丝预应力分布的相对误差在10%以内，且为负值，满足工程精度要求。

半圆梁部分(缠绕截面2)缠绕钢丝预应力分布的相对误差在20%以内，因其较公式解析值小，即公式解析法更为保守，仍然是安全的。

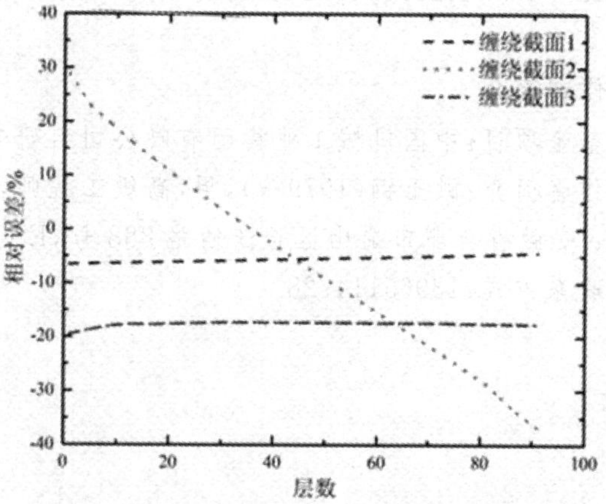

图10　数值仿真值与公式解析值之间的相对误差($\mu=0.3$)

值得注意的是，在机架半圆梁和直段过渡区(缠绕截面3)出现的误差峰值，其主要原因可归结为层间接触滑移的非线性效应和边界条件理想化假设，受摩擦系数影响较大。虽然该处平均预应力值仍然比公式解析值低，"理论上"公式解析法仍然是安全的。当机架是由非整体和半圆梁组成时，建议能够留有设计载荷裕量，以防止半圆梁和支柱机械脱离和缠绕钢丝层应力过载的现象发生。

4　结　论

(1)预应力钢丝缠绕层间应力分布特性对传统张力缠绕工艺轻量化的影响较大；

(2)考虑缠绕钢丝内外层工作应力的不均匀性的变张力缠绕工艺可节省钢丝材料自重10%～30%；

(3)预应力钢丝变张力缠绕工艺的理论解析法进行机架设计，可满足安全要求；

(4)在机架结构的半圆梁与支柱直段过渡区域，缠绕钢丝层的预应力分布出现显著的应力梯度特征，其与理论解析值之间的相对误差达到峰值，主要归因于曲率突变导致的层间接触滑移非线性效应及理论解析值边界条件理想化假设的局限性，建议在后续结构优化中予以重点考量。

(5)当机架是由非整体和半圆梁组成时，建议能够留有设计载荷裕量，以防止机架在苛刻工况下半圆梁和支柱机械脱离和缠绕钢丝层应力过载的现象发生。

参考文献

[1] 施辉献，谢刚一，和晓才，等．热等静压技术的若干应用及发展趋势[J]．云南冶金，2013(5)：52－58.

[2] 王春发．超高压热等静压机容器首次检验方法[J]．特种设备安全技术，2021(3)：8－9.

[3] THAKUR A，GANGOPADHYAY S. State－of－the－art in surface integrity in machining of nickel－based super alloys[J]. International Journal of Machine Tools and Manufacture，2016，100：25－54.

[4] 郝铭淞，刘丽荣，李金国，等．热处理对激光熔化沉积成形GH3536合金组织演变的影响[J]．铸造，2021，70(11)：1295－1301.

[5] 黄羚惠，崔强，张伯君，等．送粉式激光增材制造工艺修复钛－不锈钢复合板的研究[J]．压力容器，2024，41(6)：1－7.

[6] 于永旺，李景瑞，武靖伟，等．稳定化处理工艺对UNS N08810合金性能的影响[J]．压力容器，2024，41(1)：18－24.

[7] 宋富阳，张剑，郭会明，等．热等静压技术在镍基铸造高温合金领域的应用研究[J]．材料工程，2021(1)：65－74.

[8] CHANG L T，SUN W R，CUI Y Y，et al. Microstructure，tensile properties，and hot working

characteristics of a hot isostatic－pressed powder metallurgy superalloy[J]. Metallurgical and Materials Transactions A,2017,48(3):1273－1287.

作者简介

基金项目:中国机械工业集团有限公司科研专项(ZDZX2024－36)

作者简介:顾玉钢(1979—),男,高级工程师,主要研究方向为压力容器与管道结构设计和研发,通信地址:安徽省合肥市蜀山区长江西路 888 号,E－mail:guyugang@sina. com。

联系方式:13965114728

纤维缠绕复合材料压力容器的渐进化设计方法

顾付伟[1],朱晓磊[2]

(1. 江苏理工学院 机械工程学院,江苏常州 213001;
2. 南京工业大学 机械与动力工程学院,南京 210009)

摘　要:提出了一种复合材料压力容器的渐进化设计方法,首先通过网格理论初步确定气瓶的缠绕制度;而后通过建立的 Lekhnitskii 三维弹塑性理论,对气瓶瓶身首层失效强度进行校核,用于优化缠绕层制度;最后基于 Python 的二次开发,建立变角度、变厚度气瓶封头的精细化有限元计算模型,用于校核瓶身、过渡区及封头的损伤与失效模式及其临界爆破强度,用于对封头的补强设计。该渐进式设计方法通过逐级优化缠绕层参数,降低试验试错成本。

关键词:复合材料压力容器;三维弹性理论;首层失效强度;有限元

Aprogressive design method for filament winding composite pressure vessels

GU Fuwei[1], ZHU Xiaolei[2]

(1. School of Mechanical Engineering, Jiangsu University of Technology, Changzhou, 213001, China;
2. College of Mechanical and Power Engineering, Nanjing Tech University, Nanjing, 210009, China)

Abstract: This study proposed a progressive design method for filament - wound composite pressure vessels. Firstly, the fiber winding angles and layer counts of the cylinder were determined by grid theory. Subsequently, Lekhnitskii's three - dimensional elastoplastic theory was employed to verify the failure strength of the cylinder's initial layer and optimize the winding layer configuration. Furthermore, a refined finite element model for the vessel's head incorporating variable angles and thickness was developed through Python - based secondary development. The model enabled validation of damage and failure modes in the bottle body, transition zone, and head, along with their critical burst strengths, and for the reinforcement design of the head. The progressive design approach enables layer - by—layer optimization of winding parameters, minimizing experimental iteration expenses.

Keywords: COPV; theory; first layer failure strength; FEM

0　引　言

对于纤维缠绕复合材料压力容器或气瓶的设计,气瓶的刚度、强度、损伤及失效模式需满足相应标准规范的要求。气瓶的设计标准通常规定较高的安全系数以及规定气瓶的具体失效位置以保证气瓶的使用安全,如美国交通运输部所制定的 DOT—CFFC—2007[1] 标准要求气瓶的爆破位置应当出现在瓶身,气瓶在封头处爆破,爆炸喷出物会造成严重的人身安全事故。同时,为了提升气瓶的纤维层利用率,该标准还规定了气瓶的纤维应力比不得低于 10/3,这些要求对于纤维缠绕气瓶结构的具体设计提出了较大的挑战。随着氢能源的快速发展,我国先后制定了Ⅲ型和Ⅳ型气瓶标准:GB/T 35544—2017 [2] 和 GB/T

42612—2023[3],该类标准对Ⅳ型气瓶的整体设计生产有着重要的指导意义,但是,不同于钢制压力容器的设计标准(如 GB 150 和 JB 4732),储氢气瓶相关标准未给出具体的设计方法与分析方法。

随着相关理论方法的突破与数值计算模型的不断成熟,研究人员针对气瓶的缠绕工艺与结构优化、损伤与失效机理开展了大量的研究工作。在理论方面,复合材料厚壁管的三维弹性理论方法主要包括以[4-6]为代表的柔度法和以祖磊等[7]为代表的刚度法。相比刚度法,柔度法通过引入应力函数来获得系统的偏微分方程组,并已被工程界广泛采用[8]。JOLICOEUR 等[9]在 LEKHNITSKII 双应力函数法的基础上,通过引入两个函数之间的联系参数,获得了多层螺旋纤维缠绕管的纯弯曲问题和轴对称问题的解,而当厚壁管内存在 0°缠绕层或者各向同性材料层时,该两种特殊层都会出现奇异参数,使得该理论的应用范围受到了很大程度的限制,顾付伟等[10]讨论了特殊层存在奇异参数的原因,并对这类参数进行连续性分析和极限计算,从而解决了参数奇异的问题,使 LEKHNITSKII 理论的应用范围扩展到任意缠绕角的复合材料厚壁管。在缠绕工艺与结构优化方面,合肥工业大学团队[11-13]开展了大量的研究工作,为气瓶结构和缠绕工艺的优化设计路径提供了参考。

在气瓶的数值计算方法方面,气瓶的数值验证模型通常基于商业插件,如 WCM[14] 以及 WOUNDSIM[15]等 ABAQUS 插件辅助设计与计算,此类型插件未向用户开源,难以反映不同缠绕工艺对封头厚度的影响,且封头部位纤维缠绕层的变角度特征主要通过转轴公式,采用变化的材料参数来代替变化的缠绕角度,无法获悉材料点的主轴方向这为封头部位的损伤演化计算带来麻烦。综上所述,目前纤维缠绕复合材料压力容器设计方法有待完善。本文尝试建立一种气瓶的渐进化设计思路,以期帮助降低气瓶的设计周期。

1 基于网格理论的纤维缠绕制度

网格理论作为一种理想化理论,可作为气瓶初始设计的一种方法。通常认为,当螺旋与环向纤维达到等应变状态$\sigma_{fa}=\sigma_{f\theta}=\sigma_f$时,纤维材料利用率最高,此时螺旋向与环向纤维的厚度比如式(1)所示。

$$h_{f\theta}/h_{fa}=3\cos^2 a-1 \tag{1}$$

式中,h_{fa}为螺旋缠绕纤维厚度;$h_{f\theta}$为环向缠绕纤维厚度;α为筒身段螺旋缠绕角。

上述公式构成了纤维螺旋—环向的力学平衡准则。其中,为实现缠绕过程中纤维—内胆界面的缠绕稳定性,工程实践中多采用测地线缠绕模式,其缠绕角度计算公式为:$\alpha=\arcsin\left(\frac{R_0}{R}\right)$,其中,$R_0$为极孔半径,$R$为筒身半径。

对于等应变状态,假设纤维螺旋缠绕方向与环向缠绕方向纤维的极限拉伸强度相同,均为σ_{fb},则筒身螺旋及环向缠绕层厚度分别如式(2)和(3)所示。

$$h_{fa}=\frac{R\times p_b}{2\,\sigma_{fb}\cos^2 a} \tag{2}$$

$$h_{f\theta}=\frac{R\times p_b}{2\,\sigma_{fb}}(2-tg^2 a) \tag{3}$$

式中,p_b为爆破压力;σ_{fb}为纤维实际强度,即$\sigma_{fb}=K*\sigma_{db}$;$\sigma_{db}$为纤维单丝强度;$K$为纤维发挥系数,根据经验取值。

通过以上公式初步获得了纤维缠绕的环向缠绕层厚度、螺旋缠绕层厚度以及对应的缠绕角度。

2 基于 Lekhnitskii 三维弹性理论的瓶身首层失效压力

通过网格理论初步确定气瓶的缠绕制度,还需结合气瓶真实的应力应变响应以及能够描述各类损伤机理的本构模型,准确预测气瓶损伤模式及临界压力,从而有针对性地对网格理论计算结果的修正。

2.1 复合材料厚壁圆管轴对称问题的三维弹性理论

对于承受轴对称载荷的多层复合厚壁圆筒，其可表示为由 N 层碳纤维按不同螺旋角度缠绕而成，如图1所示。

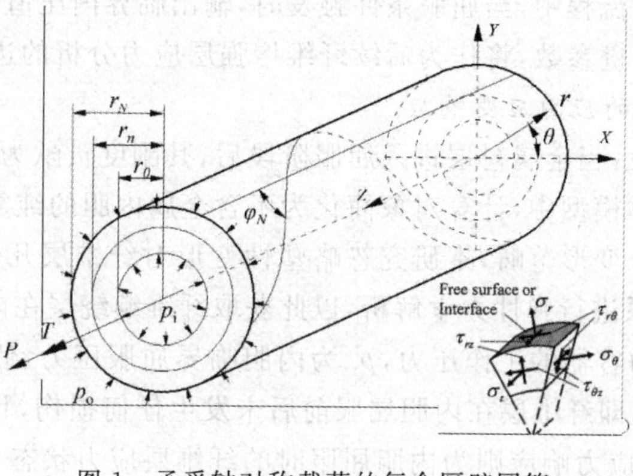

图 1 承受轴对称载荷的复合厚壁圆筒

JOLICOEUR 和 CARDOU 等在 LEKHNITSKII 理论的基础上，通过引进联系参数建立起双应力函数之间的桥梁，得到了应力函数 $f(r)$ 和 $\psi(r)$ 的通解，并最终获得了如式(4) 所示的多层厚壁管轴对称应力分量表达式。

$$\left\{\begin{aligned} \sigma_r &= \sum\nolimits_{i=1}^{2} K_{i,n}\, r^{m_{i,n}-1} + \mu_{1,n}\vartheta r + \mu_{3,n}\varepsilon \\ \sigma_\theta &= \sum\nolimits_{i=1}^{2} K_{i,n}\, m_{i,n}\, r^{m_i-1} + 2\,\mu_{1,n}\vartheta r + \mu_{3,n}\varepsilon \\ \tau_{r\theta} &= 0;\tau_{rz} = 0 \\ \tau_{\theta z} &= -\sum\nolimits_{i=1}^{2} K_{i,n}\, g_{i,n}\, r^{m_{i,n}-1} - \mu_{2,n}\vartheta r - \left(\mu_{3,n}\frac{\beta_{14,n}+\beta_{24,n}}{\beta_{44,n}} + \frac{C_{34,n}}{C_{33,n}\beta_{44,n}}\right)\varepsilon \\ \sigma_z &= \frac{1}{C_{33,n}}(\varepsilon - C_{13,n}\,\sigma_r - C_{23,n}\,\sigma_\theta - C_{34,n}\,\tau_{\theta z}) \end{aligned}\right. \tag{4}$$

式中，σ_z 为第 n 层的轴向应力分量；σ_r，σ_θ 和$\tau_{r\theta}$ 为平行于横截面的应力分量；$\tau_{\theta z}$ 和τ_{rz} 为垂直于横截面的应力分量；r 为厚壁管某一材料点所处的半径，由 r 即可判断该材料点所处层的位置n，进而可以根据第 n 层的材料种类，确定其在柱坐标系下的柔度矩阵C_n；$C_{ij,n}$ 为该柔度矩阵中的柔度系数；$K_{1,n}$ 和$K_{2,n}$ 为待求常数；$m_{1,n}$ 和$m_{2,n}$ 为与各层材料相关的特征参数；$g_{1,n}$ 和$g_{2,n}$ 为联系参数；$\beta_{ij,n}$ 为缩减弹性系数；$\mu_{1,n}$，$\mu_{2,n}$ 和$\mu_{3,n}$ 为与材料相关的系数；ε 和 ϑ 表示厚壁管在轴对称载荷作用下的轴向应变和扭曲率(rad/mm)[10] 响应值。

顾付伟等[10] 针对由碳纤维、玻璃纤维以及各向同性层所组成的混杂管开展理论计算，并于数值仿真模型进行对比，结果表明，该理论能够真实地反映各材料层在轴对称载荷作用下的应力与应变响应。

2.2 含金属内胆复合材料筒身的三维弹塑性理论计算方法

鉴于压力容器金属内胆层普遍选用铝合金、不锈钢及钛合金等延展性材料，此类材料塑性变形区应力具有平滑过渡特性，且其切线模量值较弹性模量呈现量级差异。结合纤维缠绕层在复合结构中为主要承载层，可对金属内胆材料作出理想弹塑性简化假设。该简化方法有效规避了硬化参数迭代计算的复杂性，同时与工程实际中纤维增强层主导承压的物理本质相符。

2.2.1 金属内胆临界屈服内压

基于三维弹性理论方法，首先限定金属内胆处于线弹性变形阶段以表征其对筒体刚度的贡献机制。据式(5) 所示的 *Mises* 等效应力准则进行屈服状态判别。

$$\sqrt{\frac{1}{2}\left[(\sigma_r-\sigma_\theta)^2+(\sigma_\theta-\sigma_z)^2+(\sigma_r-\sigma_z)^2+6(\tau_{\theta z}^2+\tau_{rz}^2+\tau_{r\theta}^2)\right]}>\sigma_s \tag{5}$$

根据塑性屈服由内胆内壁向外壁的渐进扩展特性，可将内胆中间截面应力状态达到屈服临界值作为整体屈服判据。图2所示计算流程中，当屈服条件触发时，输出临界内压值 p_i 及其对应的系数矩阵 K、轴向应变 ε 和筒体扭曲率 ϑ 等关键参数，将作为后续纤维增强层应力分析的边界参数。

2.2.2　金属内胆屈服后的应力应变响应

基于理想弹塑性材料假设，当金属衬层进入屈服阶段后，其刚度贡献为零，后续施加载荷将完全由纤维增强层独立承载。在此力学模型中，计算对象简化为不含金属内胆的纯复合材料缠绕结构。由于金属衬层屈服时产生的应变属于小变形范畴，本研究忽略塑性变形对纤维层几何尺寸的累积影响，继续沿用初始几何参数及材料本构关系进行弹性力学解析，以此获取纤维缠绕层在内压 $p_i=p_w-p_s$ 条件下的应力响应，其中 p_w 为复合材料压力容器的工作压力，p_s 为内胆临界屈服压力，假设复合材料压力容器最小爆破压力 $p_{b\min}$ 大于工作压力 p_w，即纤维层在内胆屈服前后未发生任何损伤，且都为弹性变形，此时，纤维层在工作压力 p_w 的作用下总的应力响应则为内胆屈服时的纤维层应力状态与纤维缠绕层仅在内压？$p_i=p_w-p_s$ 条件下的应力状态的叠加(满足线性定常系统的叠加原理)。

纤维层在工作压力 p_w 的作用下的应力响应具体计算方法如图3所示的流程图所示。

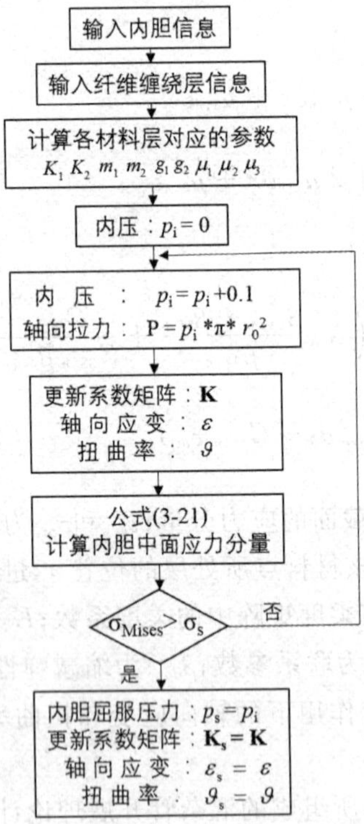

图2　金属内胆屈服时的临界内压计算流程图

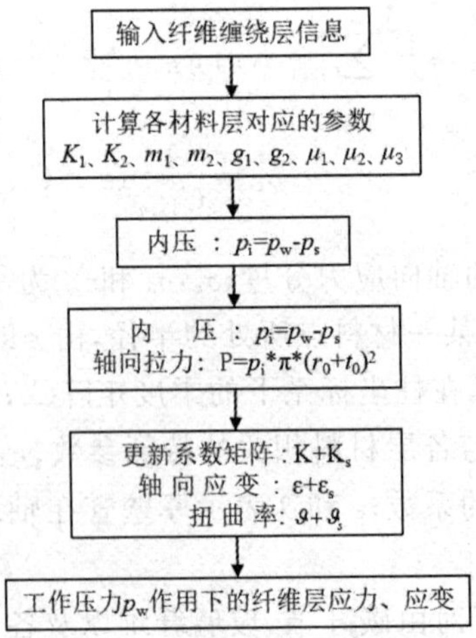

图3　工作压力 p_w 作用下的纤维层应力计算流程图

2.2.3　金属内胆复合材料筒身的首层失效内压强度

气瓶发生初始损伤时的压力(即首层失效压力)是评价气瓶性能的一项重要指标，基于上述建立的气瓶瓶身三维弹塑性理论计算方法，得到不同内压条件下的瓶身各材料层在柱坐标系下的应力响应 $[\sigma]_{r,\theta,z}$，即可根据公式(6)计算材料主方向的应力响应 $[\sigma]_{1,2,3}$，而后根据不同强度准则判断不同损伤判据(通常由四个关键参数构成：f_f^T(纤维拉伸)、f_f^C(纤维压缩)、f_m^T(基体拉伸)、f_m^C(基体压缩))的大小，当其中某个判据值超过临界阈值1时，即可判定首层失效位置、失效模式与首层失效内压强度。

$$\begin{Bmatrix} \sigma_1 \\ \sigma_2 \\ \sigma_3 \\ \sigma_{23} \\ \sigma_{13} \\ \sigma_{12} \end{Bmatrix} = T \begin{Bmatrix} \sigma_r \\ \sigma_\theta \\ \sigma_z \\ \sigma_{\theta z} \\ \sigma_{rz} \\ \sigma_{r\theta} \end{Bmatrix} \tag{6}$$

GU 等[18]基于 LEKHNITSKII 三维弹性理论的瓶身首层失效压力计算方法，通过开展碳纤维缠绕金属内胆复合材料管的制备与液压爆破试验，论证了该理论方法具有较高的预测精度。

3　基于 Python 二次开发的气瓶 ABAQUS 精细化有限元计算模型

经三维弹塑性理论方法校核得到的气瓶仅关注瓶身，对于气瓶封头（关键区域），则需通过精细化气瓶有限元计算模型，需结合相关损伤本构模型，对封头过渡区及封头部位的层内、层间进行损伤演化过程仿真，从而整体评估前两个阶段的设计参数是否合理。

3.1　复合材料压力容器的封头厚度预测模型

气瓶封头厚度的准确预测能够帮助建立精细化的数值计算模型，如图 3 所示，顾付伟等[16]基于投影法推导了封头厚度计算公式，并基于矫维成等[17]所提出了三次样条函数，考虑纤维层在封头基础处的纤维堆积现象，提出了纤维堆积度的概念，有效预测了封头及距离极孔两个纱宽范围内纤维厚度沿平行圆半径的变化规律。

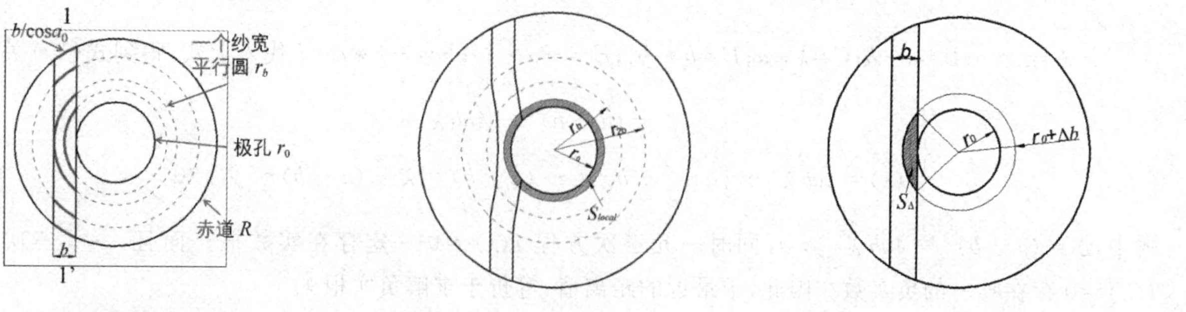

(a)纤维丝束在封头不同平行圆上的投影　(b)纤维丝束在极孔处的堆积现象　(c) 单个纤维束的极孔局部堆积面积示意图

图 3　封头部位的纤维丝束的投影及堆积现象[14]

3.2　气瓶封头纤维角度与其所处位置的关系

因封头部位纤维方向存在变角度分布规律，不同平行圆半径对应的材料主方向各不相同，可通过遍历封头网格的坐标信息，来判断当前网格应有的材料主方向角度，并赋予在各个网格上。由于封头部位划分网格较为精细导致网格数量较多且材料法向方向无法用手动赋予，因此采用 ABAQUS 开发角度赋予脚本的方式对所有网格遍历赋予材料主方向。网格主方向赋予步骤如下：

(1) 使用 ABAQUS 内置语言得到当前遍历网格所包含的八个节点坐标数据组，通过数学关系求得网格中心坐标值 $M(x_0, y_0, z_0)$。

(2) 通过当前网格中心坐标值 $M(x_0, y_0, z_0)$ 求得到封头椭圆外轮廓线的最短距离。封头外轮廓椭圆方程通过点 $M(x_0, y_0, z_0)$ 的法线与内胆外轮廓的交点为 $N(x', y', z')$。则线段 MN 之间的距离为椭圆外轮廓线的最短距离。

将椭球外任意一点 $M(x_0,y_0,z_0)$ 转换到如图4所示的新坐标轴中，成为点 $M'(r_0,y_0)$，椭球外一点到椭球表面的最小值等价为点 M' 距离椭圆的最小值。

由几何关系可以得到，点 M' 必在点 N' 的法线上，通过点 $N'(r',y')$ 的法线解析式为：$b*r'*y-a*y'*r+(a-b)r'*y'=0$，因 $M'(r_0,y_0)$ 点也在法线上，带入坐标 $b*r'*y_0-a*y'*r_0+(a-b)r'*y'=0$ 此为双曲线表达式，把得到的两个方程组成式(7)方程组形式：

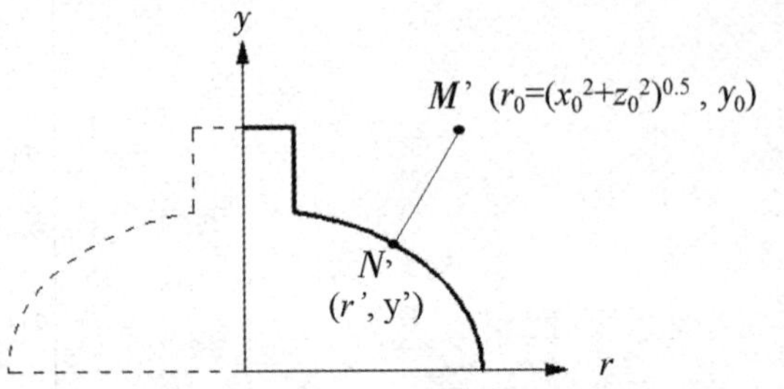

图4　$r-y$ 坐标系中单元中心与封头内胆的最近距离

$$\begin{cases} f(x)=b*r^2+a*y^2-a*b=0\,(a>b>0) \\ g(x)=(a-b)*r*y+by_0*r-a*r_0*y=0\,(r_0>0,y_0>0) \end{cases} \tag{7}$$

借助椭圆与双曲线交点的二次曲线系的方法进行求解，计算过程如下：

$$h(x)=\lambda f(x)+g(x)=\lambda b*r^2+(a-b)*r*y+\lambda a*y^2+by_0*r-a*r_0*y-\lambda a*b=0 \tag{8}$$

令 $A=\lambda*b;B=a-b;C=\lambda*a;D=b*y_0;E=-a*r_0;F=-\lambda*a*b$，则 $h(x)=A*r^2+B*r*y+C*y^2+D*r-E*y-F=0$ 是二次曲线，该曲线在实数域中可退化为两条直线的充分必要条件如式(9)所示。

$$\begin{cases} \Delta=B^2-4AC\geqslant 0 \\ B*D*E-AE^2-CD^2-FB^2+4ACF=0 \end{cases} \tag{9}$$

令 $A=\lambda*b;B=a-b;C=\lambda*a;D=b*y_0;E=-a*r_0;F=-\lambda*a*b$ 代入上式，得到式(10)关系。

$$\begin{cases} \Delta=(a-b)^2-4ab\lambda^2 \\ I(\lambda)=4ab\lambda^3+[ar_0^2+by_0^2-(a-b)^2]\lambda+(a-b)r_0y_0=0 \end{cases} \tag{10}$$

式中，$\Delta=(a-b)^2-4ab\lambda^2\geqslant 0$，同时一元三次方程 $I(\lambda)=0$ 一定存在实数根。而且，一元三次方程 $I(\lambda)=0$ 存在唯一的负实数。因此，求最近的距离值，等价于求解负实根 λ。

当满足 $\Delta=(a-b)^2-4ab\lambda^2\geqslant 0$ 以及 $I(\lambda)=0$ 存在实数根，函数 $h(x)$ 在实数范围能退化为两条直线，通过求解出 λ，$A=\lambda*b;B=a-b;C=\lambda*a;D=b*y_0;E=-a*r_0;F=-\lambda*a*b$ 都是已知参数，同时记 $\Delta'=D^2-4AF\geqslant 0,\Delta''^2$，在此情况下，二次曲线 $h(x)$ 可以转换为两个互相平行的直线。联立直线方程与椭圆方程求解交点值，便能得出在第一象限中距离点 M' 最近的点 $N'(r',y')$ 为：

(1) 点 $M'(r_0,y_0)$ 位于直线 $y=\frac{\sqrt{a}}{\sqrt{b}}r$ 上区域：

$$\begin{cases} r'=\dfrac{\sqrt{\Delta''}+E}{2*B}\left[-1+\sqrt{1-\dfrac{4*B*E}{(B+\sqrt{\Delta})(\sqrt{\Delta''}+E)}}\right] \\ y'=\dfrac{\sqrt{\Delta'}-D}{2*B}\left[1+\sqrt{1+\dfrac{4*B*D}{(B-\sqrt{\Delta})(\sqrt{\Delta'}-D)}}\right] \end{cases} \tag{11}$$

(2) 点 $M'(r_0,y_0)$ 位于直线 $y=\frac{\sqrt{a}}{\sqrt{b}}r$ 的下区域：

$$\begin{cases} r' = \dfrac{\sqrt{\Delta''}+E}{2*B}\left[-1+\sqrt{1-\dfrac{4*B*E}{(B-\sqrt{\Delta})(\sqrt{\Delta''}+E)}}\right] \\ y' = \dfrac{\sqrt{\Delta'}-D}{2*B}\left[1+\sqrt{1+\dfrac{4*B*D}{(B+\sqrt{\Delta})(\sqrt{\Delta'}-D)}}\right] \end{cases} \tag{12}$$

最终求得 $M'N'$ 的两点之间的长度值表达如式(24) 所示。

$$d=\sqrt{(r_0-r')^2+(y_0-y')^2} \tag{13}$$

(3) 通过步骤二计算出的椭圆轮廓上点 $N'(r',y')$？以及 $M'N'$ 长度，分别确定点 N' 对应平行圆的纤维缠绕角 φ_r，以及 M' 点所在纤维层厚度的位置，φ_r 通过测地线缠绕公式求解得出：$\varphi_r=arcsin(R*sin\varphi_R/r')$，其中，$R$ 为内胆外半径，$\varphi_R=arcsin(r_0/R)$ 为筒身纤维缠绕角度。$M'N'$ 的长度则用于确定当前网格点所在的具体层数，进而确定纤维缠绕角的正负情况。

(4) 通过编写的 ABAQUS 二次开发脚本，综合 1～3 步骤中的求解过程，从而通过遍历，逐个为网格赋予材料主方向。

3.3 气瓶精细化有限元计算模型

如图 5(a)所示的一种分体式阀座四型瓶塑料内胆及其尺寸，其缠绕制度为[$90°_2/\pm17.46°/90°_2/\pm17.46°/90°_2/\pm17.46°/90°$]，其纤维缠绕层厚度轮廓如图 5(b)所示。根据纤维缠绕角的方法，编写 Python 脚本，建立 ABAQUS 气瓶封头纤维缠绕层材料主方向赋予脚本对封头处的网格进行遍历。封头纤维缠绕层赋予角度后的主方向变化如图 6 所示，其中 1 方向代表纤维的主方向也就是纤维实际缠绕方向，在封头与筒身连接的赤道位置角度为 17.46°，在封头靠近极孔处的网格主方向角度为 90°，经过验证，封头材料主方向的缠绕角，从筒身的 17.46°随着平行圆半径的变化，逐渐变为极孔处的 90°，能够真实反映纤维缠绕层的变厚度及变角度变化规律。

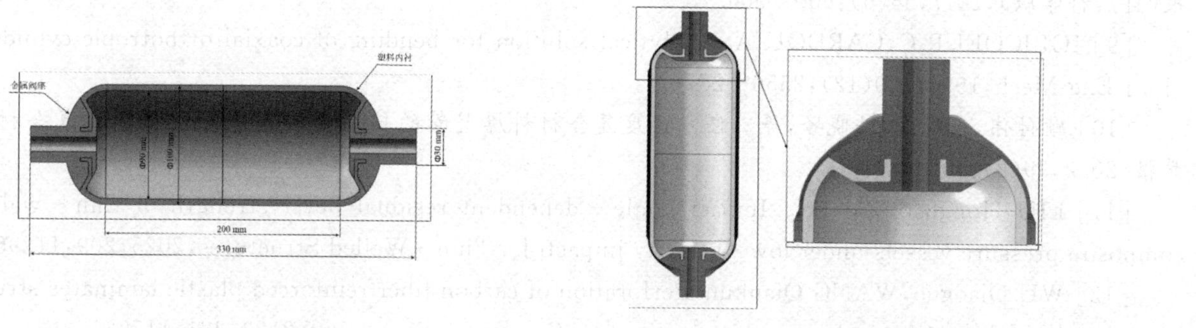

(a)分体式阀座塑料内胆　　(b)气瓶纤维缠绕层轮廓

图 5　Ⅳ型瓶数值模型

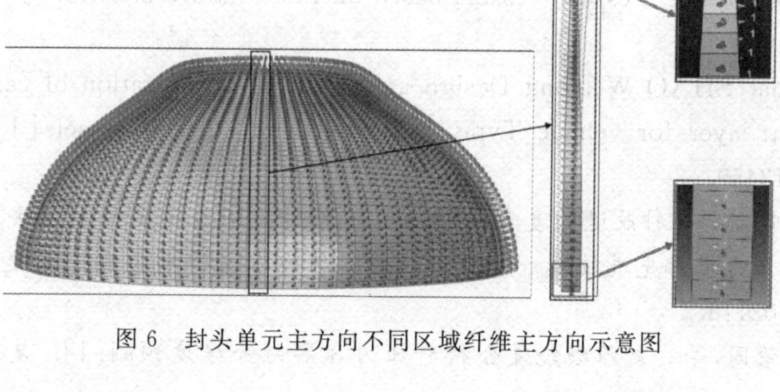

图 6　封头单元主方向不同区域纤维主方向示意图

基于该精细化有限元计算模型,考虑能够描述纤维增强树脂基复合材料强度准则(如 Puck、Hashin、Chang－Chang 等)以及损伤演化模型(如基于能量法的双线性本构、指数退化模型等),从而帮助预测气瓶的初始损伤与最终失效模式及其临界爆破压力。

4 结 语

本文基于作者前期研究工作,创新地提出了一种复合材料压力容器的渐进化设计方法,重点介绍了网格理论、LEKHNITSKII 三维弹塑性理论以及精细化气瓶有限元模型的主要原理及其作用,该渐进化设计方法通过逐级优化缠绕层参数,以期帮助降低气瓶的设计周期。

参考文献

[1] DOT－CFFC—2000. 铝内胆全缠绕碳纤维增强复合气瓶的基本要求[S].

[2] GB/T 35544—2017. 车用压缩氢气铝内胆碳纤维全缠绕气瓶[S].

[3] GB/T 42612—2023. 车用压缩氢气塑料内胆碳纤维全缠绕气瓶[S].

[4] LEKHNITSKII S. G. Theory of elasticity of an aniso－tropic elastic body. [M]. Moscow:Mir Publishers,1981.

[5] 卢军,徐亮,刘彪,等. 脱胶缺陷尺寸对塑料内胆纤维缠绕气瓶传热影响及显著性分析[J]. 压力容器,2024,41(11):26－32.

[6] 张杰,蒋文杰,杨锐,等. 70 MPa 碳纤维缠绕储氢气瓶结构设计与力学性能研究[J]. 压力容器,2023,40(3):28－37.

[7] ZU Lei,WANG Jihui. Analysis of multi－layered thick－walled filament－wound hydrogen storage vessels[J]. International Journal of Hydrogen Energy,2014,39(36):21083－21096.

[8] 张灿辉,张建霖,柯森宏,等. 采用独立双应力函数分析纯弯曲复合材料厚壁管[J]. 厦门大学学报(自然科学版),2017,56(6):900－906.

[9] JOLICOEUR C,CARDOU A. Analytical solution for bending of coaxial orthotropic cylinders [J]. J Eng Mech,1994,120(12):2556－2574.

[10] 顾付伟,朱晓磊,陆晓峰,等. 任意角度复合材料厚壁管的轴对称问题分析方法[J]. 复合材料学报,2022,39(2):802－811.

[11] LIU Honghao,ZU Lei. Impact angle－dependent residual burst strength of thin－walled composite pressure vessels under low－velocity impact[J]. Thin－Walled Structures,2025,209:112963.

[12] WU Qiaoguo,WANG Qiankun. Perforation of carbon fiber reinforced plastic laminates struck transversely by hemispherical－nosed projectiles[J]. Composite Structures,2023,321:117235.

[13] ZU Lei,XU Hui. Multi－objective optimization of different dome reinforcement methods for composite cases[J]. Chinese Journal of Aeronautics,2023,36(4):299－314.

[14] JEBELI M A,HEIDARI R M. Development of Abaqus WCM plugin for progress IV failure analysis of type IV composite pressure vessels based on Puck failure criterion[J]. Engineering Failure Analysis,2022,131:105851.

[15] HU Donghai,SHAO Weidong. Design and material optimization of carbon fiber composite winding reinforcement layer for vehicle Type－IV hydrogen storage vessels[J]. Journal of Energy Storage,2024,100:113459.

[16] 顾付伟,朱晓磊. 一种改进的复合材料压力容器封头纤维厚度预测方法[C] //中国机械工程学会压力容器分会. 压力容器先进技术——第十届全国压力容器学术会议论文集(上). 中国机械工程学会压力容器分会,2021:8.

[17] 矫维成,王荣国,等. 纤维缠绕复合材料压力容器封头厚度预测[J]. 复合材料学报,2010,27

(05):116～121.

[18] GU Fuwei, WANG Hao, CAO Zhongliang, et al. Theoretical study on 3D elastic response and first layer failure strength of composite cylinders subjected to axisymmetric loadings[J]. International Journal of Pressure Vessels and Piping, 2024:105245.

作者简介

顾付伟(1992)，男，讲师，主要从事先进轻量化储氢容器的线型一结构一工艺一体化分析设计方向，通信地址：213001 江苏常州中吴大道 1801 号江苏理工学院，E－mail：gufuwei12321@163.com

基于多尺度方法的二维三轴编织复合材料拉伸性能研究

金君杭,段成红,吴港本,梁文硕,罗翔鹏*

(北京化工大学 机电工程学院,北京 100029)

摘　要:二维三轴编织复合材料(2DTBC)因其优异的力学性能已广泛应用于航空航天等诸多领域,其力学响应及损伤破坏不仅仅受加载和约束等宏观因素的影响,也与编织工艺参数等细微观性能有关。为了掌握细微观结构对宏观性能的影响,本文基于微观—细观—宏观多尺度分析方法对2DTBC拉伸性能及其损伤进行研究。研究结果表明:微观尺度纤维束有限元模型预测结果与Chamis公式计算结果吻合度较高,其预测误差均小于12%;细观尺度上明晰了编织工艺参数对材料等效工程常数的影响规律且与实验结果一致,其中纵向参数影响较为明显;宏观拉伸试件在未达到断裂应变前,其应力应变关系表现为线性关系,编织角与拉伸强度呈负相关。

关键词:编织复合材料;二维三轴;多尺度分析;等效工程常数;损伤破坏

Researchon tensile properties of two - dimensional triaxially braided composite materials based on multi - scale methods

JIN Junhang, DUAN Chenghong, WU Gangben, LIANG Wenshuo, LUO Xiangpeng*

(College of Mechanical and Electrical Engineering,

Beijing University of Chemical Technology, Beijing 100029, China)

Abstract: Two - dimension triaxially braided composite (2DTBC) have been widely used in many fields such as aerospace due to their excellent mechanical properties. Its mechanical response and damage and failure are not only affected by macro factors such as loading and constraints, but also related to micro and meso properties such as component properties. In order to understand the influence of its micro and meso structure on its macro properties, we studied the tensile properties and damage of 2DTBC by using the multi - scale analysis method. The research results indicate that the prediction results of the micro - scale fiber bundle finite model are in good agreement with the results calculated by the Chamis formula, with prediction errors less than 12%. On the meso - scale, we clarified the influence rules of braiding process parameters on the equivalent engineering constant, which is consistent with the experimental results. And longitudinal parameters exhibit a more pronounced effect. On the macro - scale, the stress and strain of the tensile specimen shows a linear relationship before the specimen reaches the failure strain. Additionally, the braiding angle is inversely correlated with the tensile strength.

Keywords: braided composites; two - dimensional triaxially; multi - scale analysis; equivalent engineering constant; damage and failure

0 引 言

复合材料是指由两种及两种以上不同性质材料在宏观(微观)上组成的具有新性能的材料,一般是由增强相和基体相两部分组成,已在航空、航天、汽车、机械、建筑等诸多行业得到广泛应用[1-2]。为满足我国航空航天、国防事业的高速发展,优化飞行器结构、提升性能,采用复合材料结构取代传统金属结构将成为一种趋势[3],其中波音 787 客机碳纤维复合材料的用量已达到整机重量的一半左右[4]。作为一种新型的复合材料,二维三轴编织复合材料(Two - dimension triaxially braided composite,2DTBC)内部结构较为复杂,其轴向纤维束与偏轴向纤维束(经纱、纬纱)相互交织,形成基本的编织结构。与其他二维编织复合材料相比受力更加均匀,有望在航空航天等其他领域得到更为广泛和深入地应用。为了更加安全、高效和经济地使用编织复合材料,深入探究其力学性能和损伤破坏十分必要。

近年来,国内外学者对编织类复合材料的力学性能[5]、损伤破坏[6-7]及细观结构[8-9]等分别在理论和实验方面进行了深入的研究,取得了一定的研究成果,并逐渐发展成热点研究课题。编织复合材料力学响应及损伤破坏不仅仅受边界条件、加载和约束等宏观因素的影响,也与各组分性能、编织工艺参数、增强相体积分数、纱线截面形状及分布等细微观性能有关。掌握其细微观结构对其宏观性能的影响规律具有重要的科学和工程意义,故需要开展编织复合材料的多尺度研究。多尺度方法将微观、细观、宏观尺度耦合成为一个整体,分别研究不同尺度上的特性,与单一精细化建模相比,极大地减少了计算量[5]。多位学者[10-11]是通过构建代表性体积单元(Representative volume element,RVE)(见图 1)预测其等效工程常数,进而完成全尺度模型的建立,以此对结构的宏观力学性能进行分析。LIU[12]利用有限元方法,建立多尺度模型探究了三维编织复合材料薄壁圆柱体受轴向压缩载荷下的主要破坏模式。SONG[13]等学者通过多尺度方法,对存在缺口的三维四轴编织复合材料管道在轴向压缩载荷作用下的屈曲与断裂行为进行了研究。但目前研究的多数的模型未考虑扭结等缺陷。

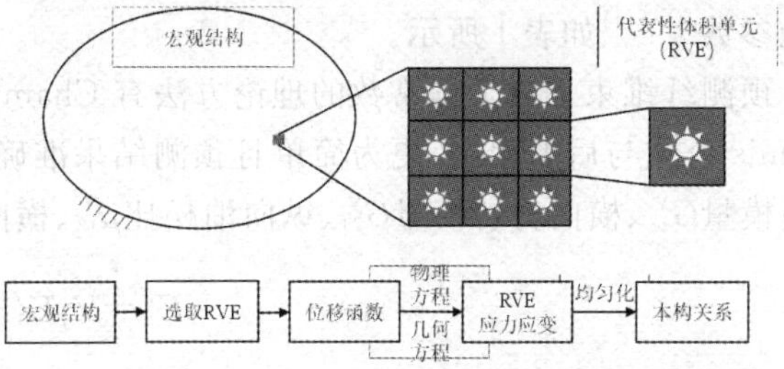

图 1 通用 RVE 模型分析示意图

本文以 2DTBC 为研究对象,基于连续损伤力学(Continuous damage mechanics,CDM),采用多尺度分析方法对其拉伸性能及损伤破坏进行研究。

1 微观尺度纤维束力学性能及损伤

微观尺度纤维束分析是 2DTBC 力学性能及损伤多尺度分析的必要步骤,其中起重要作用的是纤维束的等效工程常数和强度参数,预测方法主要是有限元法和理论公式。

1.1 纤维束等效工程常数分析

表 1 纤维束材料组分性能参数

T700S 碳纤维		E862 环氧树脂	
E_1^f/GPa	230	E^m/GPa	2.7
$E_2^f=E_3^f$/GPa	15	—	—
$G_{12}^f=G_{13}^f$/GPa	24	G^m/GPa	1
G_{23}^f/GPa	5.03	—	—
$\mu_{12}^f=\mu_{13}^f$	0.27	μ^m	0.35

(续表)

T700S 碳纤维		E862 环氧树脂	
μ_{23}^{f}	0.49	—	—
T^{f}/MPa	4900	T^{m}/MPa	80
C^{f}/MPa	2470	C^{m}/MPa	241
$S^{f}/(N\cdot mm^{-1})$	12.5	$S^{m}/(N\cdot mm^{-1})$	60
$\rho^{f}/(g\cdot cm^{-3})$	1.8	$\rho^{m}/(g\cdot cm^{-3})$	1.2

一般认为纤维束是由纤维和基体组成,纤维和基体界面黏结完好且协调变形,纤维视为均质横观各向同性线弹性材料,基体视为均质各向同性材料,由 5 个独立的工程常数组成,本文研究的材料各组分的性能参数[14-16]如表 1 所示。

预测纤维束等效工程常数的理论方法有 Chamis 公式、Hashin - Rosen 同心圆柱模型、桥联模型等。Chamis 公式与后者相比,更为简单且预测结果准确率高。其中纵向拉伸模量E_1^Y、横向拉伸模量E_2^Y、纵向剪切模量G_{12}^Y、横向剪切模量G_{23}^Y、纵向泊松比μ_{12}^Y、横向泊松比μ_{23}^Y表达式分别为:

$$E_1^Y=V_fE_1^f+(1-V_f)E^m \tag{1}$$

$$E_2^Y=\frac{E^m}{1-\sqrt{V_f}\,(1-E^m/E_2^f)} \tag{2}$$

$$G_{12}^Y=\frac{G^m}{1-\sqrt{V_f}\,(1-G^m/G_{12}^f)} \tag{3}$$

$$G_{23}^Y=\frac{G^m}{1-\sqrt{V_f}\,(1-G^m/G_{23}^f)} \tag{4}$$

$$\mu_{12}^Y=V_f\mu_{12}^f+(1-V_f)\mu^m \tag{5}$$

$$\mu_{23}^Y=\frac{E_2^Y}{2\,G_{23}^Y}-1 \tag{6}$$

结合表 1,计算得到纤维束等效工程常数为$E_1^Y=188.328$ GPa,$E_2^Y=E_3^Y=10.426$ GPa $G_{12}^Y=G_{13}^Y=7.465$ GPa,$G_{23}^Y=3.642$ GPa,$\mu_{12}^Y=\mu_{13}^Y=3.624$,$\mu_{23}^Y=0.439$,并将该计算结果与有限元计算结果进行对比分析。

1.2 纤维束强度分析

目前对于复合材料强度预测还没有统一的理论公式,本文采用由 NASA 的 Lewis 研究中心提出的经验公式进行分析。

$$X_T^Y\approx V_fT^f \tag{7}$$

$$X_C^Y\approx V_fC^f \tag{8}$$

$$Y_T^Y=(1-(\sqrt{V_f}-V_f)(1-E^m/E_2^f))T^m \tag{9}$$

$$Y_C^Y=(1-(\sqrt{V_f}-V_f)(1-E^m/E_2^f))C^m \tag{10}$$

$$S_{12}^Y=(1-(\sqrt{V_f}-V_f)(1-G^m/G_{12}^f))S^m \tag{11}$$

$$S_{23}^{Y}=[(1-\sqrt{V_f}(1-G^m/G_{23}^f))/(1-V_f(1-G^m/G_{23}^f))]S^m \quad (12)$$

式中，X_T^Y为纤维束纵向拉伸强度；X_C^Y为纤维束纵向压缩强度；Y_T^Y为纤维束横向拉伸强度；Y_C^Y为纤维束横向压缩强度；S_{12}^Y为纤维束 1—2 截面剪切强度；S_{23}^Y为纤维束 2—3 截面剪切强度；T^f为单根纤维纵向拉伸强度；C^f为单根纤维纵向压缩强度；T^m为基体拉伸强度；C^m为基体压缩强度；S^m为基体剪切强度。

代入相关材料参数，纤维束强度计算结果为$X_T^Y=4\ 001.67$ MPa，$X_C^Y=2\ 017.17$ MPa，$Y_T^Y=74.29$ MPa，$Y_C^Y=238.80$ MPa，$S_{12}^Y=55.00$ MPa，$S_{23}^Y=47.90$ MPa。

1.3 纤维束有限元分析

考虑到纤维束及纤维真实分布情况，本文基于多尺度非线性复合材料建模平台 DIGIMAT 建立了考虑随纤维路径产生扭结缺陷的椭圆形截面纤维束，其长轴长 6 mm、短轴长 3 mm。并基于随机算法建立纤维束微观 RVE 模型，如图 2(f)所示，其大小为 35 μm×35 μm×35 μm，体积分数 $V_f=81.67\%$。采用六面体网格(voxel)，划分完成后，节点数共计 531 441，单元数共计 512 000。

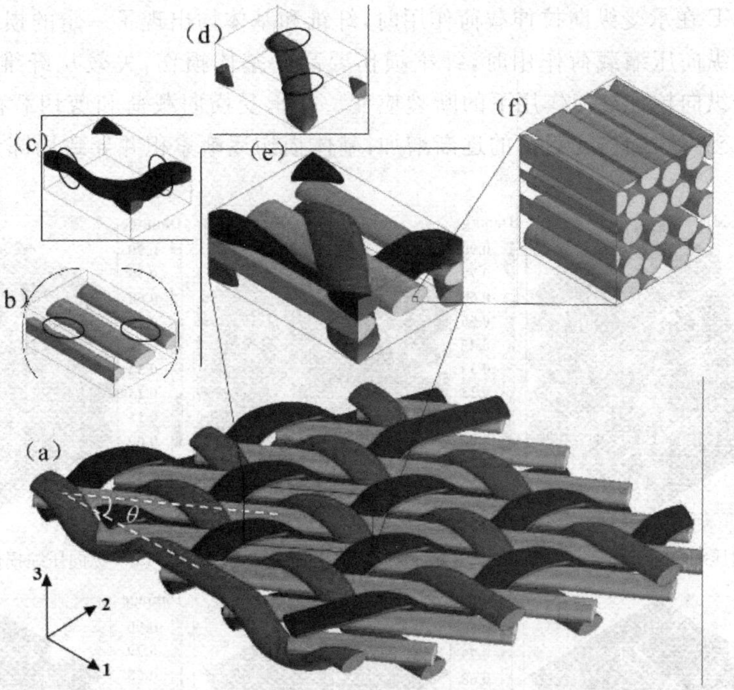

(a)2DTBC 结构，(b)轴向纱，(c)经纱，(d)纬纱，(e)RVE 模型，(f)纤维束 RVE 模型

图 2　2DTBC 示意

均匀化理论应用的前提是纤维束 RVE 符合周期性边界条件，在受到外载荷的作用下，相邻的两个 RVE 边界处需要满足应力和位移连续的条件，且不能出现嵌入或者分离的现象。图 2(f)所示的 RVE 模型在空间上满足三个方向上的周期性，易于施加周期性边界条件，在加载模块中将边界条件类型设置为 Periodic(周期性)。加载方式为准静态加载，加载方向如图 3 所示。

本文采用的失效指标为多分量 HASHIN 3D 模型，强度参数见 1.2 节，其中包含纤维拉伸失效、纤维压缩失效、基体拉伸失效和基体压缩失效四种失效模式。一旦失效指标达到给定的阈值，材料的刚度会根据计算的损伤变量进行退化，直到材料发生破坏。

1.4 结果分析与讨论

有限元预测结果如表 2 所示，从预测的结果可以看出，纵向力学性能误差相对较小，横向力学性能误差相对较大，这主要是由于纤维随机分布及微观力学模型中完美的界面假设造成的。但整体相对误差均小于 12%，证明了本文建立的有限元分析模型是较为准确的，可以采用该有限元模型预测纤维束 RVE

在不同加载情况下的应力分布及其强度。

表 2 纤维束工程常数预测

工程常数	有限元结果	Chamis 公式	相对误差
E_1^Y/GPa	188.330	188.328	0.001%
$E_2^Y=E_3^Y$/GPa	9.730	10.426	6.676%
$G_{12}^Y=G_{13}^Y$/GPa	7.043	7.465	5.653%
G_{23}^Y/GPa	3.403	3.624	6.098%
$\mu_{12}^Y=\mu_{13}^Y$	0.282	0.285	1.053%
μ_{23}^Y	0.491	0.439	11.845%

纤维束 RVE 在拉伸、压缩和剪切载荷作用下的应力/损伤云图如图 3 所示，云图中灰色单元表示失效单元。纤维束 RVE 在承受纵向拉伸载荷作用时，纤维和基体均出现了一定的损伤，其主要失效形式为纤维的断裂；在承受纵向压缩载荷作用时，纤维损伤要高于基体损伤，失效从纤维与基体交界处开始扩展，其断裂应变低于纵向拉伸载荷作用下的断裂应变。在承受横向载荷和剪切载荷作用时，损伤主要出现在纤维与基体的交界处，随应变载荷的逐渐增加，基体损伤逐渐累积并导致局部失效。

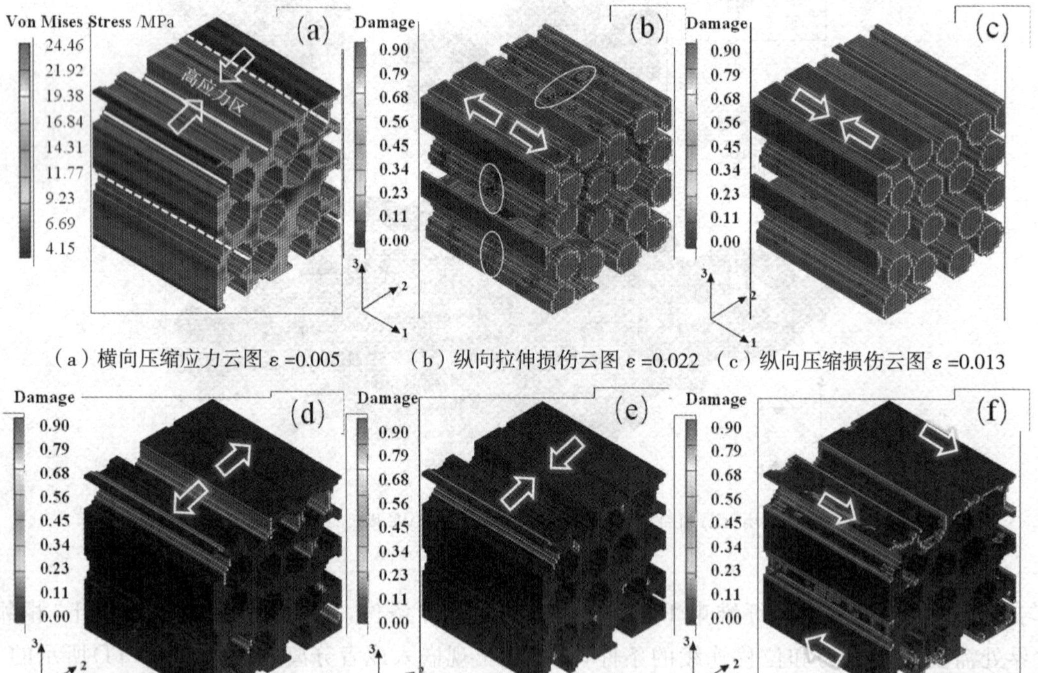

(a) 横向压缩应力云图 ε =0.005 (b) 纵向拉伸损伤云图 ε =0.022 (c) 纵向压缩损伤云图 ε =0.013

(d) 横向拉伸损伤云图 ε =0.009 (e) 横向压缩损伤云图 ε =0.05 (f) 剪切损伤云图 ε =0.01

图 3 纤维束 RVE 应力/损伤云图

2 细观尺度 2DTBC 力学性能分析

2.1 有限元模型

2DTBC 内部结构较为复杂，但在细观尺度上具有一定的周期性分布。基于 DIGIMAT 建立 RVE 模型，该模型由经纱、纬纱、轴向纱及基体组成，体积分数为 35.27%，编织角 θ 为 30°，尺寸为

2.86 mm×1.65 mm×0.9 mm。此外，DIGIMAT 建立 RVE 模型时，还考虑了纱线随编织路径产生扭转，以及纱线间相互挤压产生的变形缺陷。如图 2(b)(c)(d)所示，椭圆标注处是明显的纱线挤压变形缺陷。对 RVE 模型施加周期性边界条件，并采用六面体网格(voxel)进行单元划分，共计划分 192 000个网格单元。

2.2　等效弹性性能

对于 2DTBC 来说，编织工艺参数直接会影响或控制材料的宏观力学性能，其中编织角和体积分数的影响尤为明显。因此，研究编织角和体积分数对材料等效工程常数的影响具有非常重要的工程意义。

有限元模型计算时，太大或太小的编织角可能会导致纱线相互嵌入，导致计算无法收敛，故本节选取了 15°，19°，23°，27°，30°，35°，37°，41°，45°和 47°等 10 种不同编织角和 22%，24%，27%，30%，32%和 35%等 6 种不同体积分数的结构，分析其对等效工程常数的影响规律。在计算过程中假设仅存在 1 个变量，其他参数不发生变化。

等效工程常数随编织工艺参数变化规律分别如图 4—图 6 所示，可以看出，随着编织角的逐渐增加，纵向拉伸模量 E_1 和横向泊松比 μ_{23} 逐渐减小、横向拉伸模量 E_2 和横向剪切模量 G_{23} 逐渐增大、纵向剪切模量 G_{12} 和纵向泊松比 μ_{12} 先增大后减小。随着体积分数的逐渐增加，拉伸模量 E_1 和 E_2、剪切模量 G_{12} 和 G_{23} 以及横向泊松比 μ_{23} 逐渐增加，其中纵向拉伸模量 E_1 和纵向剪切模量 G_{12} 增幅较大，横向拉伸模量 E_2 增幅很小，基本不发生变化、纵向泊松比 μ_{12} 逐渐减小。上述本文得出的规律与文献[4] 中通过实验方法得出的规律一致。

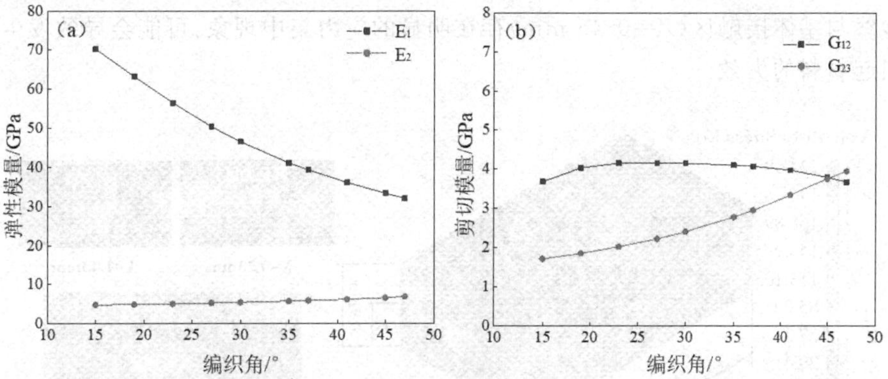

(a) 弹性模量　　(b) 剪切模量

图 4　模量随编织角变化曲线

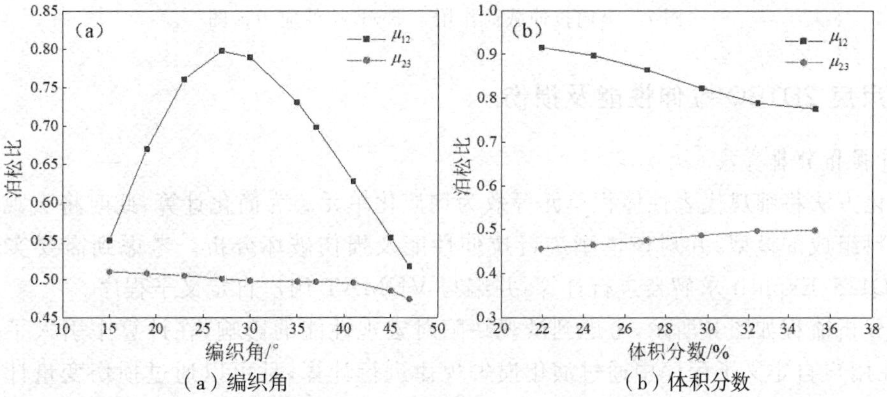

(a) 编织角　　(b) 体积分数

图 5　泊松比随编织参数变化曲线

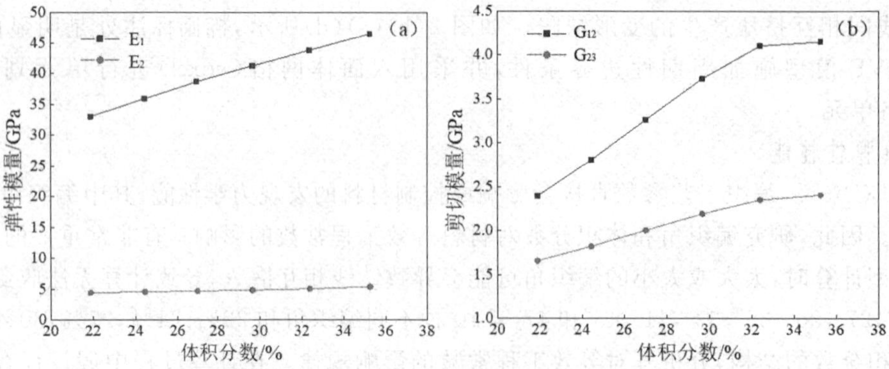

(a)弹性模量　　　(b)剪切模量

图 6　模量随体积分数变化曲线

2.3　拉伸性能分析

基于 DIGIMAT-FE 模块,对 2DTBC RVE 模型施加 0.5%的应变载荷,加载模式为静态加载,应力云图如图 7 所示。从应力云图中可以看出,整体应力分布并不均匀,应力峰值往往出现在纱线处,应力谷值则出现在基体上,纱线的应力明显高于基体应力,两者接触区存在较大的应力梯度。这主要是因为在纵向拉伸载荷作用下,轴向纤维束承受绝大部分载荷,经纱和纬纱也承受了一部分载荷,而基体基本不承受载荷作用,经纱和纬纱改善了材料纵向的承载能力,使结构承受载荷更加均匀。纱线相互扭结区(X=0.53 mm)和纱线与基体接触区(Z=0.45 mm)存在明显的应力集中现象,可能会导致发生局部变形及裂纹扩展,进而引起材料的失效。

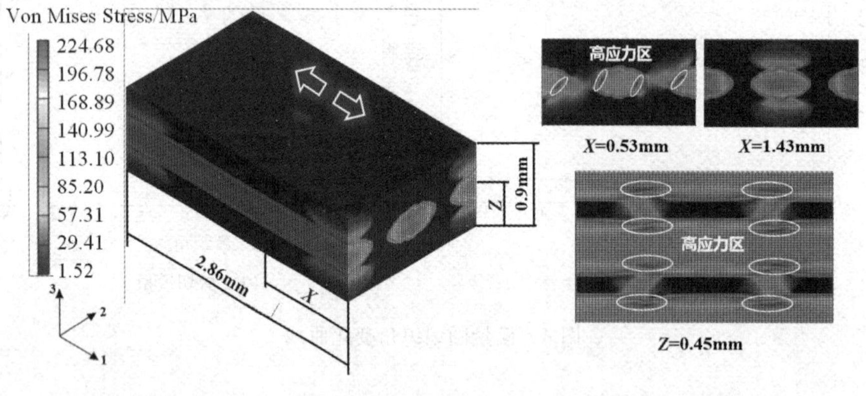

图 7　纵向拉伸载荷作用下 RVE 拉伸应力云图

3　宏观尺度 2DTBC 拉伸性能及损伤

3.1　渐进损伤分析方法

采用均匀化方法将细观代表性体积单元等效为均质化单元。为简化计算,此时将宏观模型视作由横观各向同性材料组成的模型,并对该模型进行拉伸性能及损伤破坏分析。考虑到需要实现单元删除操作,选用 ABAQUS/Explicit 求解器进行计算,并编写 VUMAT 用户自定义子程序。

渐进损伤分析流程如图 8 所示,考虑到微观缺陷对宏观性能的影响,在计算中引入了损伤变量的概念,损伤变量在用户自定义子程序中通过演化损失规律进行计算,且可以通过损伤变量计算退化后刚度及名义应力。首先在子程序中定义好材料的本构关系、损伤准则判据及材料刚度退化方案(本节中计算所使用的材料参数由第 2 节针对 RVE 模型的计算获得);其次通过增量迭代获得单元的应力,以此应力与子程序中定义的损伤准则进行对比计算,判断宏观模型中损伤是否出现。如果不出现损伤,将会增加

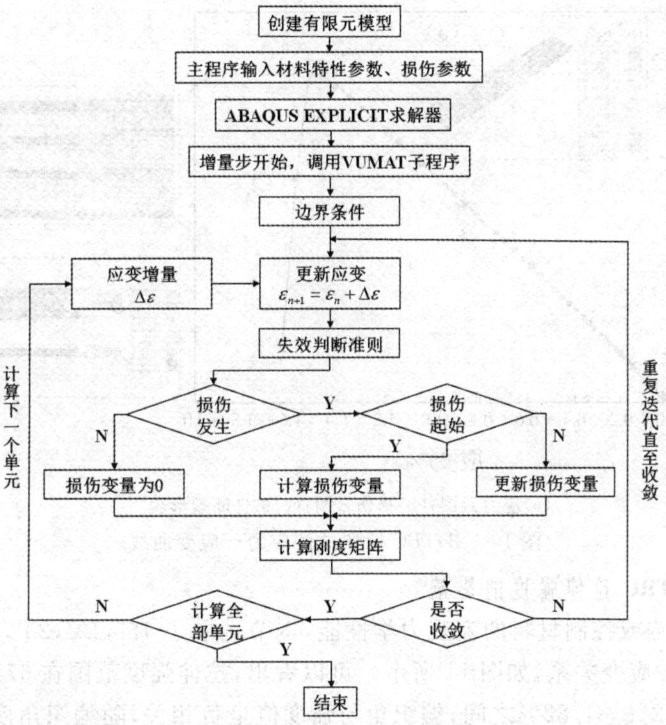

图 8　渐进损伤分析流程

应变增量继续计算；如果出现损伤，将根据演化损伤规律去计算单元的损伤变量，按照相应的失效模式进行刚度折减，并更新计算新的刚度矩阵，继续进行迭代直至收敛。最终计算至结构全部失效。

3.2　2DTBC 拉伸强度分析

基于 GB/T 33613—2017 和文献[17] 中的拉伸试件尺寸，建立模型。考虑到加强片与试件的接触以及计算准确性等问题，在有限元模型中对试件进行了简化处理，将试件两端的加强片省略。有限元模型尺寸为 120 mm×20 mm×5 mm，采用 C3D8R 实体单元，共计划分 45 000 个网格单元。模型左端面进行固定约束，右端面与作用点 RF－1 建立耦合接触，并对作用点 RF－1 施加 X 向位移约束。如图 9 所示。

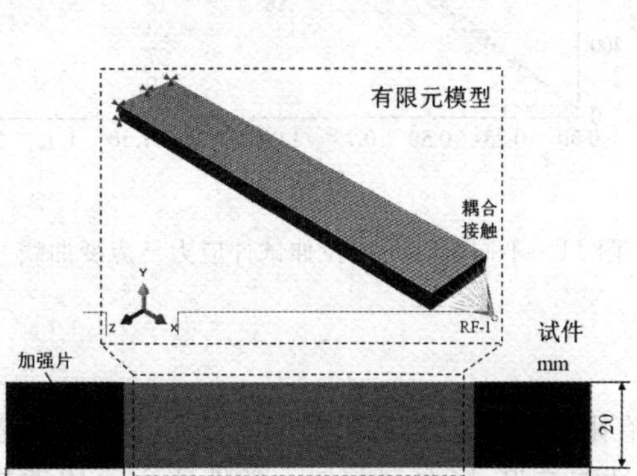

图 9　2DTBC 拉伸试件有限元模型

2DTBC 拉伸试件应力-应变曲线如图 10 所示，从图中可以发现在达到断裂应变前，应力-应变曲线表现为良好的线性关系，其拉伸强度值为 671.87 MPa。图 10(b)为损伤云图，从图中可以发现在纵向拉伸载荷作用下模型断口较为平整，断成三份，与文献[17] 实验断裂形貌相似。

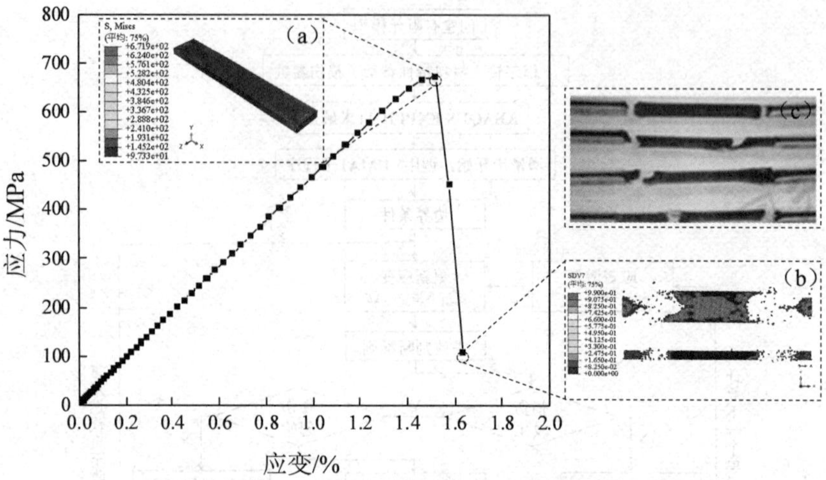

(a)应力云图;(b)损伤云图;(c)试件断裂形貌[17]

图 10　2DTBC 拉伸试件应力－应变曲线

3.3　编织角对 2DTBC 拉伸强度的影响

编织角可以直接影响或控制材料的宏观力学性能,本节选取了 15°,19°,23°,27°和 30°等 5 个编织角度,研究 2DTBC 的应力-应变关系,如图 11 所示。可以看出,拉伸强度范围在 671.87～1 256.76 MPa 之间,断裂应变范围在 1.52%～1.82%之间;编织角与强度值呈负相关,随编织角度的逐渐增加,强度值逐渐降低;编织角度在 23°,27°,30°时,断裂应变相差很小。

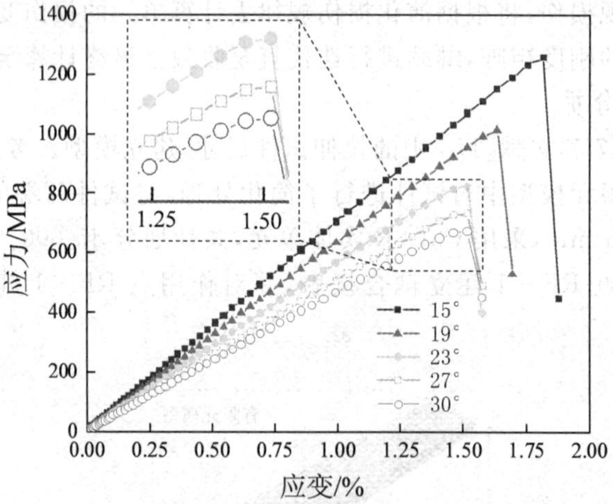

图 11　不同编织角度拉伸试件应力－应变曲线

4　结　论

(1)在微观尺度上,纤维束有限元模型预测结果与 Chamis 公式计算结果吻合度较高,其预测误差均小于 12%。纤维束的纵向力学性能较强,横向和剪切力学性能主要依靠基体的性能,损伤主要集中在纤维与基体的接触区,并沿纤维边缘进行扩展。

(2)在细观尺度上,明晰了编织工艺参数对材料等效工程常数的影响规律。随着编织角的逐渐增加,纵向拉伸模量 E_1 和横向泊松比 μ_{23} 逐渐减小、横向拉伸模量 E_2 和横向剪切模量 G_{23} 逐渐增大、纵向剪切模量 G_{12} 和纵向泊松比 μ_{12} 先增大后减小;随着体积分数的逐渐增加,拉伸模量 E_1 和 E_2、剪切模量 G_{12} 和 G_{23} 以及横向泊松比 μ_{23} 逐渐增加,其中纵向拉伸模量 E_1 和纵向剪切模量 G_{12} 增幅较大,横向拉伸模量 E_2 增幅很小,基本不发生变化、纵向泊松比 μ_{12} 逐渐减小。此外预测了 RVE 应力分布,发现整体应力分布并不均匀，纱线相互扭结区和纱线与基体接触区有明显的应力集中现象，为宏观尺度渐进损伤分析提供基础。

(3)在宏观尺度上，试件在纵向拉伸载荷作用下在未达到断裂应变前，其应力应变关系表现为线性关系；此外编织角与拉伸强度呈负相关。

参考文献

[1] LI D S，HAN W F，JIANG L，et al. Fatigue behavior and failure of three－dimensional six－directional braided composites under tension[J]. Materials Letters，2023(332)：133471－133474.

[2] 段成红，吴港本，罗翔鹏．三维机织复合材料力学性能的研究进展[J]. 毛纺科技，2022，50(11)：101－107.

[3] 赵振强．二维三轴编织复合材料的动态力学行为与失效机理[D]. 西北工业大学，2019.

[4] 葛佳，傅国宇，邹云鹤，等．碳纤维增强树脂基复合材料特种加工综述[J]. 机械工程学报，2025，61(7)：77－97.

[5] 翟军军．基于多尺度理论的三维编织复合材料力学性能研究[D]. 哈尔滨理工大学，2018.

[6] TAN H C，LIU L L，GUAN Y P，et al. A simplified delamination modelling methodology for triaxial braided composites with macro－scale solid finite－element models[J]. International Journal of Crashworthiness，2018(56)：1－17.

[7] DANG H Y，ZHAO Z Q，LIU P，et al. A new analytical method for progressive failure analysis of two－dimensional triaxially braided composites[J]. Composites Science and Technology，2020(186)：107936－107948.

[8] SUN M Y，ZHANG D T，QIANG K. Visualization and quantification of low－velocity impact damage of three－dimensional braided CFRP composites by micro－computed tomography[J]. Heliyon，2022(8)：12110－12115.

[9] XIN J，FANG Z，YAO Y S. Influence of meso－scale material properties on macro－mechanical behavior of three－dimensional four－directional braided composites under uniaxial tensile load[J]. Journal of Ceramic Science and Technology，2022，13(2)：83－98.

[10] LIU Y T，HOU Y L，SAPANATJAN THANESHAN，et al. Multiscale modeling of the mechanical behavior of 3D braided CFRP composites under uniaxial tension[J]. Composite Structures，2023(306)：116601－116616.

[11] ZHANG N，GAO S，SONG M L，et al. A multiscale study of CFRP based on asymptotic homogenization with application to mechanical analysis of composite pressure vessels[J]. Polymers，2022(14)：2817－2840.

[12] LIU Y T，HOU Y L，SAPANATJAN THANESHAN，et al. A multiscale strategy for exploring the mechanical behavior of 3D braided composite thin－walled cylinders[J]. Thin－Walled Structures，2024(198)：111705－111720.

[13] SONG H，XU H J，WANG Y T，et al. Buckling and fracture analysis of three－dimensional four－directional braided composite tubes with cutouts under axial compression[J]. Composites Part B：Engineering，2025(305)：112680－112692.

[14] 张松俊．基于多尺度模型的二维三轴编织复合材料的损伤破坏机理研究[D]. 湖南大学，2018.

[15] 王斌华，王泽锟，房宣衡，等．表面浅裂纹损伤后碳纤维增强树脂复合材料层合板断裂强度研究[J]. 压力容器，2023，40(12)：10－21.

[16] 刘颖红林，李伟，蒋鹏，等．基于声发射检测的能量释放率预测多向复合材料层合板的分层机

理[J]. 压力容器,2023,40(8):1—11.

[17] 刘刚. 2.5D碳/环氧编织复合材料的细观结构及弹性性能研究[D]. 哈尔滨:哈尔滨工业大学,2014

作者简介

金君杭(2001),男,主要研究方向为压力容器有限元仿真及分析设计工作,通信地址:100029 北京市朝阳区北三环东路15号北京化工大学,E—mail:15088700229@163.com。

通信作者:罗翔鹏(1987),男,博士,副教授,硕士研究生导师,主要研究方向为先进有限元技术及计算机辅助工程、承压装备及管道设计与分析和金属增材激光与激光制造科学与工程,通信地址:100029 北京市朝阳区北三环东路15号北京化工大学,E—mail:xpluo@mail. buct. edu. cn。

高压大容积Ⅳ型复合材料储氢瓶缠绕层结构轻量化设计

查 燕[1]，王修磊[1,2]，刘雨薇[1]，李建祯[1]，杨卫民[1,3]，焦向东[4]，谢鹏程 *[1,3]

(1. 北京化工大学 机电工程学院 北京 100029；2. 合肥通用机械研究院有限公司 合肥 230031；
3. 北京化工大学有机无机复合材料国家重点实验室 北京 100029；
4. 北京石油化工学院 北京 102617；* 通讯作者：xiepc@mail. buct. edu. cn)

摘 要：围绕高压大容积Ⅳ型复合材料储氢瓶开展缠绕层结构的轻量化优化设计。构建了考虑变角度与变厚度分布的有限元模型，对不同纤维铺层方案在工作压力和爆破压力下的力学响应开展系统评估。研究发现，初始缠绕层设计难以满足最小爆破压力要求，尤其在封头区域存在明显的应力集中。为此，提出了一种优化设计策略，综合调整螺旋与环向层数、缠绕角度序列，并引入局部加固补片。优化后配置在保持整瓶强度的同时，将爆破模式成功转移至筒体段，实现结构安全性提升。有限元模拟结果表明，优化设计将碳纤维用量减少 68.4 kg，爆破压力达到 158.4 MPa，氢气储存密度由 5.0 wt%提升至 5.37 wt%。本研究提出的结构优化与局部加固策略为大容积Ⅳ型储氢瓶的工程设计与轻量化开发提供了解决方案。

关键词：大容积Ⅳ型储氢瓶；复合材料；缠绕层优化；有限元分析；轻量化设计

Rotational Molding Process and Equipment for High - pressure and Large - capacity Type IV Hydrogen Storage Tank Liner

WANG Xiulei[1,2] YANG Weimin[1,4] XIE Pengcheng [1,3,4] *

(1. College of Mechanical and Electrical Engineering, Beijing University of Chemical Technology, Beijing 100029, China; 2. Hefei General Machinery Research Institute Co., Ltd., Hefei 230031, China; 3. State Key Laboratory of Organic - Inorganic Composites, Beijing University of Chemical Technology, Beijing 100029, China; 4. Beijing Institute of Petrochemical Technology, Beijing 102671, China; * Corresponding Author E - mail: xiepc@mail. buct. edu. cn)

Abstract: Lightweight optimization of filament - wound structures for high - pressure large - volume Type IV composite hydrogen storage vessels was achieved by developing a variable - angle and variable - thickness finite element model to evaluate fiber layup performance under operational and burst pressures. The initial design failed burst pressure requirements due to dome stress concentration, prompting an optimized strategy adjusting helical/hoop layer counts, winding sequences, and local reinforcement patches. This reconfigured design shifted failure to the cylindrical section while maintaining strength, reducing carbon fiber usage by 68.4 kg, achieving 158.4 MPa burst pressure, and increasing hydrogen storage density from 5.0 wt% to 5.37 wt%, providing a practical solution for engineering lightweight large - volume Type IV vessels.

Keywords: Large - volume Type IV hydrogen storage vessel; Composite materials; Fiber winding optimization; Finite element analysis; Lightweight design

0 引 言

随着全球氢能产业的加速发展,Ⅳ型储氢瓶因其优异的质量—强度比和耐腐蚀性能,已成为氢气储运系统中的核心装备之一[1—5]。然而Ⅳ型储氢瓶在服役过程中,极性开口及圆顶—筒体过渡区域易发生应力集中,进而诱发结构早期失效[6—8],严重影响瓶体安全性与服役寿命。因此,实现结构高可靠性、高强度与轻量化的协同设计,已成为Ⅳ型储氢瓶研发中的关键科学问题。

在纤维增强复合材料压力容器中,缠绕层承担几乎全部的内压载荷,其铺层结构对瓶体强度、安全性及爆破模式起决定性作用。陈汝训[9]提出的网格理论为纤维缠绕压力容器设计提供了简明方法,广泛应用于螺旋和环向纤维层的厚度计算。Guo 等[10]基于非测地线理论,实现了圆柱段与圆顶区域之间的缠绕角度连续过渡,有效缓解了极性重叠问题。Guillon 等[8]通过爆破试验对测地线缠绕圆顶的结构性能进行了验证,发现尽管其应变响应随时间演化相对平稳,但在 1,586 bar 高压下仍会发生结构失效。为改善封头段的受力特性,Leh 等[11]采用替代建模策略调整铺层顺序,成功将爆破起始点从圆顶转移至筒体区域,提高了整瓶的结构稳定性。上述研究为Ⅳ型储氢瓶的结构优化提供了理论支撑,但大多集中在中小容积瓶体,尚难直接适用于更大容积、更高内压的大型储氢系统。

随着氢能基础设施不断向规模化、重载化演进,大容积Ⅳ型储氢瓶的结构设计与制造技术亟待突破。一方面,大容积结构导致封头段与筒身段长度比值明显增大,传统螺旋缠绕策略在极孔区域易出现纤维堆积和局部加厚现象。另一方面,目前主流轻量化设计多聚焦于车载储氢瓶,常通过优化缠绕角度和铺层顺序实现材料减重[12—16],而对大容积瓶体在封头过渡区域的应力演化规律、非均匀铺层效应等研究仍较匮乏。此外,现有网格理论在建模过程中常以内胆外径为参考半径,忽略缠绕层厚度对结构刚度与爆破压力的影响,难以准确预测大容积结构的极限承载能力。

本研究针对大容积Ⅳ型储氢瓶在高压服役工况下的强度与轻量化双重需求,基于内胆成型精度保障的前提,开展纤维缠绕层结构设计与性能优化研究,提出针对大容积气瓶的局部加固策略,构建多工况下的结构分析模型,形成一套兼顾结构强度、安全性与材料利用效率的大容积Ⅳ型储氢瓶优化设计方法。

1 大容积Ⅳ型储氢瓶的缠绕层设计

本研究基于 ISO 11515:2022 标准,针对管束集装箱用大容量Ⅳ型储氢瓶(设计参数:工作压力 52 MPa,水容积 1750 L)开展结构完整性分析。如图 1 所示,储氢瓶筒体段几何尺寸为长度 4910 mm、外径 676 mm、壁厚 8 mm,聚合物内胆作为纤维缠绕层的成型芯模,其尺寸精度直接影响缠绕层设计及整瓶性能[17]。

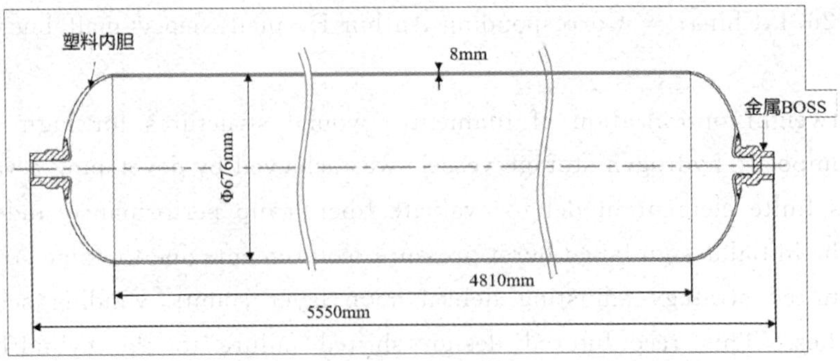

图 1 Ⅳ型储氢瓶塑料内胆结构尺寸示意图

1.1 网格理论

根据网格理论，以极孔半径 $r_0=57.15$ mm、筒体半径 $R=338$ mm 为输入参数，可计算出筒体段螺旋缠绕角 α：

$$\alpha=\arcsin\frac{r_0}{R}=\arcsin\frac{57.15}{338}\approx 10^{\circ} \tag{1}$$

根据标准要求，气瓶公称工作压力不得超过水压试验压力的 2/3，最小爆破压力不得小于水压试验压力的 2 倍。本研究取气瓶水压实验压力为工作压力的 2 倍，最小爆破压力为水压的 2 倍。结合纤维应力一应变关系及极限强度条件，可推导缠绕层厚度计算公式：

$$\begin{cases} t_{f\alpha}=\dfrac{RP_b}{2K\sigma_{fb}\cos^2\alpha}=18.32mm \\ t_{f\theta}=\dfrac{RP_b}{2\sigma_{fb}}(2-\tan^2\alpha)=24.48\text{mm} \end{cases} \tag{2}$$

式中，$t_{f\theta}$、$t_{f\alpha}$ 分别为环向和螺旋向的纤维缠绕层厚度，P_b 为设计爆破压力，σ_{fb} 为纤维极限强度，K 表示螺旋缠绕的应力平衡系数，本文中取 0.7。取纤维层单层厚度 $=0.3\ mm$，则缠绕层数配置为螺旋缠绕层 62 层外加环向缠绕层 82 层。

1.2 扩孔缠绕设计

针对极孔处纤维堆积导致的纱片滑移问题，会降低纤维强度利用率，提出分级扩孔方案，选择 1.5 倍带宽进行 5 次扩孔，扩孔缠绕后铺层方案如表 1 所示。

表 1 扩孔缠绕后铺层方案

缠绕角度/°	10	15	20.3	25.9	31.7	38	90
层数/层	24	8	8	8	8	6	82

通过三次样条函数对高压大容积Ⅳ型储氢瓶扩孔方案封头段纤维厚度进行预测，由图 2 可以看出，极孔附近纤维堆积现象得到明显缓解，扩孔后的封头段厚度分布均匀，相比扩孔前纤维缠绕层厚度峰值减少了 97.2 mm。

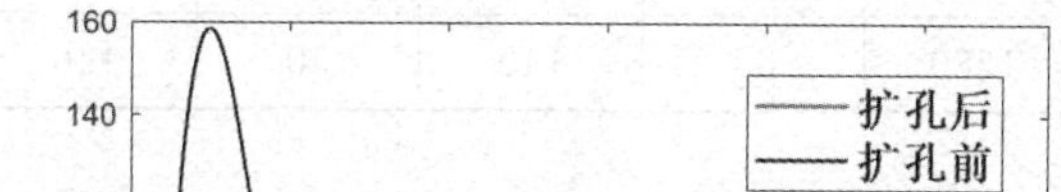

图 2 扩孔后封头段缠绕层厚度

1.3 有限元模型构建

纤维增强复合材料层采用 ABAQUS 软件的 WCM 插件进行建模，该模块支持在封头区域定义连续变化的厚度，如图 3 所示。大容积Ⅳ型储氢瓶的塑料内胆材料为高密度聚乙烯(HDPE)，金属阀座材料为不锈钢(S31603),其主要性能如表 2 所示,高压大容积Ⅳ型储氢瓶碳纤维缠绕层的材料为 T700/环氧树脂复合材料,其材料性能见表 3、表 4 所示[18]。

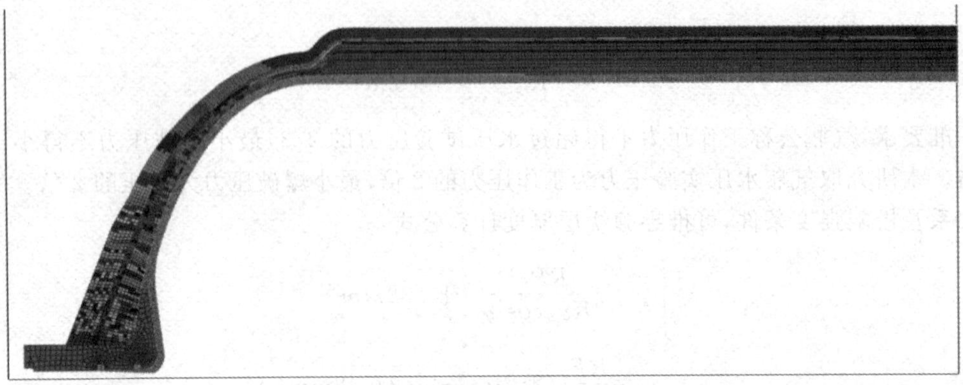

图 3　封头段变厚度、变角度模型示意图

表 2　内衬材料性能参数

材料	弹性模量/MPa	泊松比	抗拉强度/MPa	屈服强度/MPa
HDPE 高密度聚乙烯	900	0.47	25	22.98
S31603 不锈钢	193000	0.31	565	252

表 3　T700/环氧树脂复合材料力学性能

复合材料	E_1 /MPa	E_2 /MPa	E_3 /MPa	υ_{12}	υ_{23}	υ_{13}	G_{12} /MPa	G_{23} /MPa	G_{13} /MPa
T700/环氧树脂	145000	8200	8200	0.32	0.3	0.32	4500	3500	4500

表 4　T700/环氧树脂复合材料强度参数

复合材料	X_T /MPa	X_C /MPa	Y_T /MPa	Y_C /MPa	Z_T /MPa	Z_C /MPa	S_{12} /MPa	S_{23} /MPa	S_{13} /MPa
T700/环氧树脂	2120	1280	33	140	30	140	100	100	100

纤维缠绕层的铺层方案扩孔后纤维缠绕层铺层方案进行建模,具体铺层方案见表 5 所列。

表 5　初始铺层方案

缠绕角度/°	±10	90	±10	90	±15	90	±20.3	90
层数/层	2×4	10	2×4	10	2×4	10	2×4	10
缠绕角度/°	±25.8	90	±31.7	90	±38	90	±10	90
层数/层	2×4	11	2×4	11	2×3	11	2×6	11

在高压大容积Ⅳ型储氢瓶的有限元分析中,塑料内胆、金属阀座及碳纤维缠绕层均采用 C3D8R 八节点线性六面体缩减积分单元(带沙漏控制)进行建模。其中塑料内胆与金属阀座的单元尺寸设为 2mm,碳纤维缠绕层单元尺寸设为 3mm. 针对大容积Ⅳ型储氢瓶的几何特征,建立了 1/36 对称段有限元模型,在所有对称面上施加周期性对称边界条件,并在主对称面施加周向对称约束,如图 4 所示。

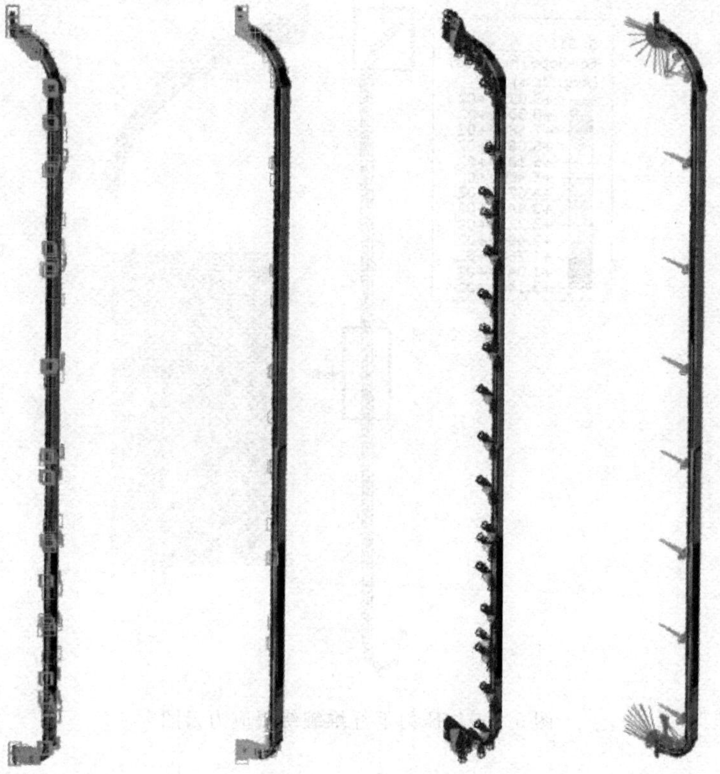

(a) (b) (c) (d)

图 4 边界条件示意图;(a)周期性对称边界(b)界面接触(c)周向对称约束(d)载荷条件

2 大容积Ⅳ型储氢瓶的强度分析

2.1 强度分析

基于有限元模型,本研究系统评估了大容积Ⅳ型储氢瓶在 52 MPa 工作压力和 156 MPa 爆破压力下的力学响应。使用较为常见的最大应变理论判断缠绕层初始损伤位置,进而确定爆破位置与爆破压力。当缠绕层纤维方向应变大于极限应变时,则认为缠绕层失效。研究表明,环向缠绕层与螺旋缠绕层的极限应变分别为纯纤维的 85%与 75%,本研究中纯纤维极限应变为 0.0169,则环向与螺旋缠绕层的极限应变分别为 0.0144 与 0.0127,当其在承压时,最大应变大于上述极限应变值时,则认为纤维失效,发生爆破。分析结果表明:在 52 MPa 工作压力下,储氢瓶的纤维缠绕层应力分布如图 5 所示。筒体段由环向和螺旋缠绕层组成,其中螺旋缠绕层承受的应力较小,主要由环向缠绕层承担内压载荷。筒体段的纤维应力分布均匀,最内层的最大应力为 903 MPa,沿厚度方向逐渐减小。封头段仅有螺旋缠绕层,且应力分布不均,螺旋缠绕层首层最大应力为 813.6 MPa。52 MPa 工作压力下,纤维缠绕层的最大应力为 903 MPa,低于纤维缠绕层的极限强度(2120 MPa),符合设计要求。当内压增加至 123.5 MPa 时,封头段螺旋缠绕层应变超过纤维极限应变,环向缠绕层的最大应变为 0.0121,低于纤维极限应变,表明封头段已发生失效。由于封头段强度决定爆破模式,若爆破发生在封头段,则属于危险模型,不符合设计要求。

继续增加内压至 156 MPa,分析缠绕层应变分布如图 6 所示。在封头段与筒体段过渡处,螺旋缠绕层的首层和末层应变超过纤维极限应变,表明封头段完全失去承载能力。在环向缠绕层中,首层应变超过纤维极限应变,末层未超限。因此,在 156 MPa 下,储氢瓶除封头段完全失效外,筒体段也发生部分失效。

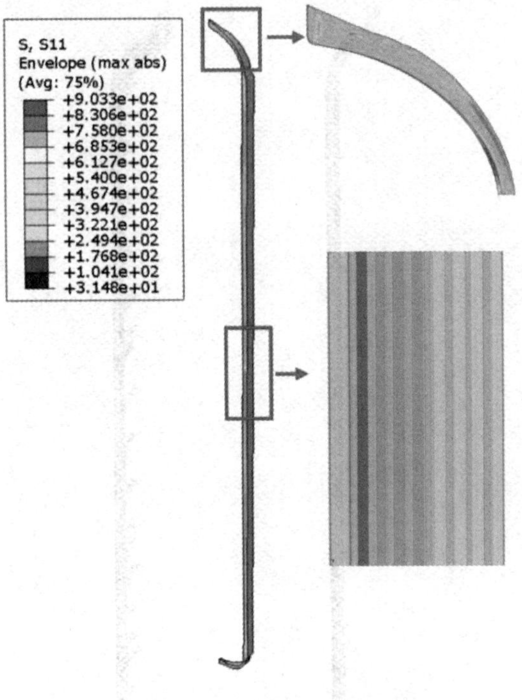

图 5　工作压力下纤维缠绕层应力云图

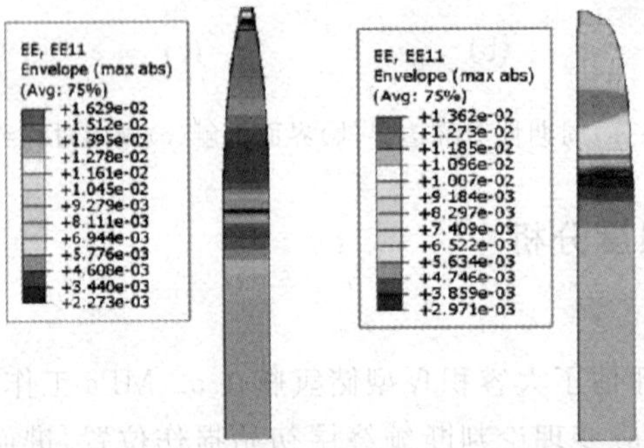

a. 螺旋缠绕层首层　　　　b. 螺旋缠绕层末层

(1) 螺旋缠绕层纤维方向应变分布

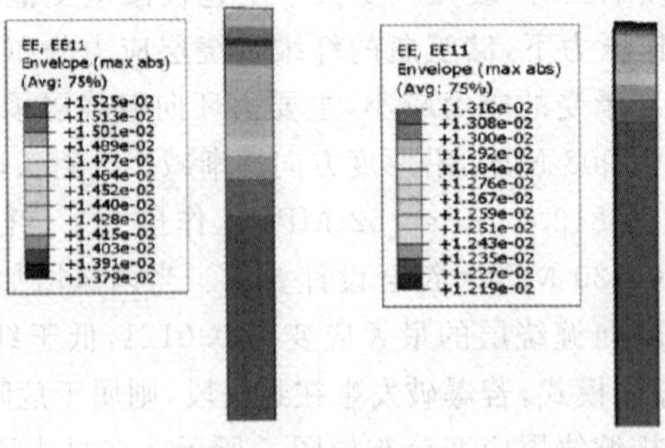

a. 环向缠绕层首层　　　　b. 环向缠绕层末层

(2) 环向缠绕层纤维方向应变分布

图 6　爆破压力下纤维方向应变分布

2.2 结构优化

基于2.1节失效分析结论(封头段强度不足导致危险失效模式),对纤维缠绕层进行结构优化,优化方案如表6所示,螺旋缠绕层从62层增加至78层(增强封头段强度),环向缠绕层从82层增加至88层(提升筒体段承载)在增加内压至156 MPa时,优化后纤维缠绕层的应变分布如图7所示。螺旋缠绕层的最大应变为0.0122,末层螺旋层最大应变为0.01214,未超过极限应变,表明封头段强度满足设计最小爆破压力。环向缠绕层的最大应变为0.01332和0.01171,均低于纤维极限应变,筒体段未发生破坏。在继续增加载荷至158.8 MPa时,筒体段发生失效,符合复合材料压力容器的设计标准。

表6 优化后纤维缠绕层铺层方案

缠绕角度/°	±10	90	±10	90	±15	90	±20.3	90
层数/层	2×6	11	2×6	11	2×5	11	2×5	11
缠绕角度/°	±25.8	90	±31.7	90	±38	90	±10	90
层数/层	2×4	11	2×4	11	2×3	11	2×6	11

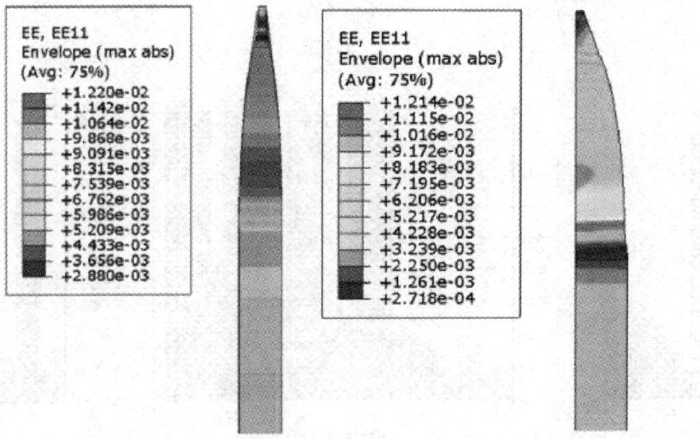

a. 螺旋缠绕层首层　　b. 螺旋缠绕层末层

(1) 螺旋缠绕层纤维方向应变分布

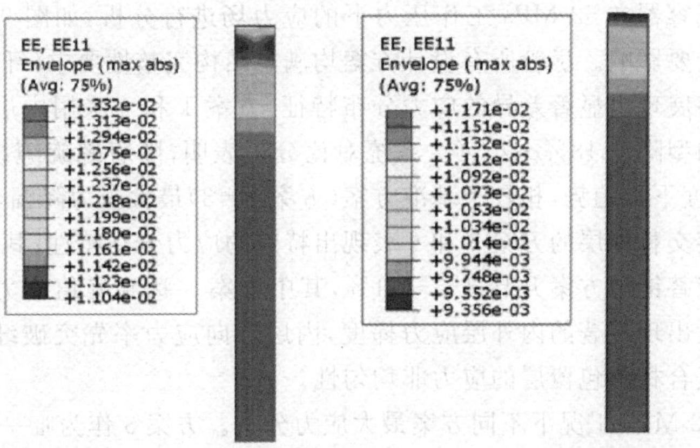

a. 环向缠绕层首层　　b. 环向缠绕层末层

(2) 环向缠绕层纤维方向应变分布

图7 爆破压力下纤维方向应变分布

2.3 铺层构型对气瓶强度的影响

为了研究纤维铺层顺序对大容积Ⅳ型储氢瓶强度的影响，根据上述结构优化结果，在保持缠绕层数和缠绕角度不变的情况下，仅改变纤维铺层顺序。针对 1750L 的大容积Ⅳ型储氢瓶，设计了六种不同的铺层方案，环向缠绕层和螺旋缠绕层交替分布，具体铺层方案如图 8 所示。针对每种方案，调整有限元模型，使内部压力从工作压力 52MPa 逐步增加到公称爆破压力 156MPa，最大施加压力可达 180MPa。

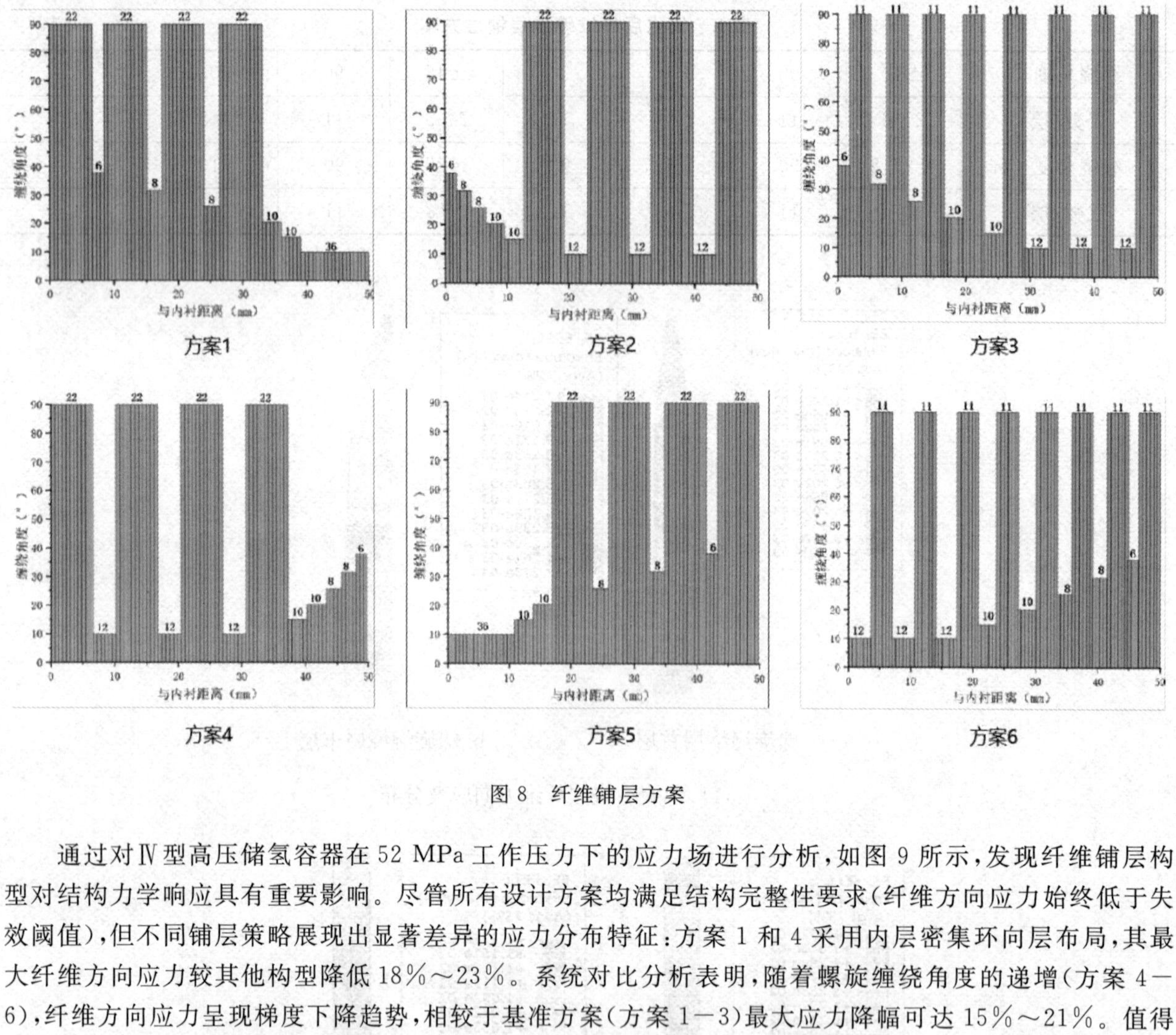

图 8　纤维铺层方案

通过对Ⅳ型高压储氢容器在 52 MPa 工作压力下的应力场进行分析，如图 9 所示，发现纤维铺层构型对结构力学响应具有重要影响。尽管所有设计方案均满足结构完整性要求(纤维方向应力始终低于失效阈值)，但不同铺层策略展现出显著差异的应力分布特征：方案 1 和 4 采用内层密集环向层布局，其最大纤维方向应力较其他构型降低 18%～23%。系统对比分析表明，随着螺旋缠绕角度的递增(方案 4－6)，纤维方向应力呈现梯度下降趋势，相较于基准方案(方案 1－3)最大应力降幅可达 15%～21%。值得关注的是，采用环向/螺旋交替铺层的方案 3 和 6 表现出特殊的应力分布特性：其环向层离散化分布导致最大纤维方向应力较非交替铺层方案升高 3%～11%，其中方案 3 达到峰值应力状态。失效分析表明，交替铺层结构在破坏阶段出现显著的内外层应力梯度，内层环向应力率先突破纤维许用应力阈值，这证实交替铺层策略会加剧复合材料包覆层的应力非均匀性。

表 7 数据显示了在 52 MPa 工况下不同方案最大应力分布。方案 3 作为唯一在封头区域出现应力峰值的特例(相较其他方案最大应力均集中于筒体段)，其异常应力分布源于特殊的螺旋缠绕角度递减分布(38.0°至 10.0°)。这种高角度螺旋层内移的构型，由于径向约束能力随层位内移而衰减，导致封头区域增强效果弱化，由此产生的该区域的应力集中现象。

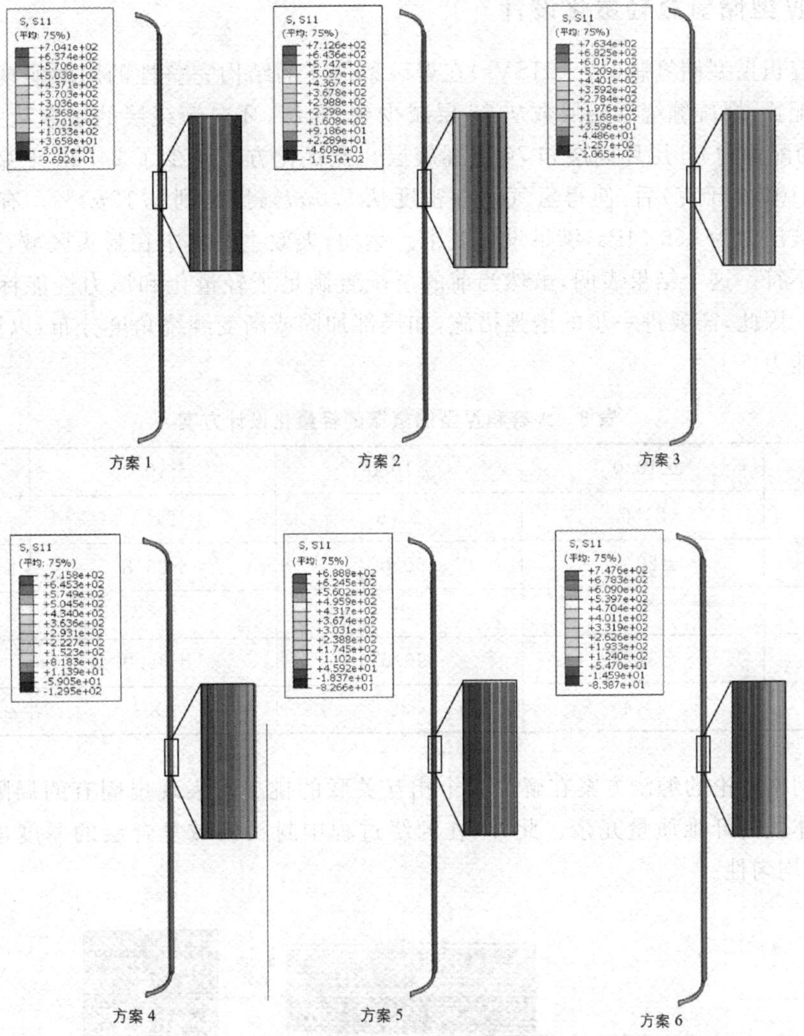

图 9　工作压力下不同铺层方案纤维方向应力分布

表 7　工作压力下不同铺层方案下筒体段和封头段最大应力

方案	筒体段最大应力	封头段最大应力
1	704.1MPa	633.4 MPa
2	712.6 MPa	619.7 MPa
3	728.1 MPa	763.4 MPa
4	715.8 MPa	683.3 MPa
5	688.8 MPa	676.1 MPa
6	747.6 MPa	736.6 MPa

六种纤维铺层配置的预测最大爆破压力总结如下：163.9 MPa（方案 1）、163.6 MPa（方案 2）、158.2 MPa（方案 3）、164.0 MPa（方案 4）、168.4 MPa（方案 5）和 156.0 MPa（方案 6）。值得注意的是，方案 5 表现出优异的性能，最高爆破压力达 168.4 MPa。结构完整性的增强可归因于优化的纤维取向配置，其中螺旋缠绕层策略性地位于内部，缠绕角度逐渐增加（从 10°到 38°）。这种设计优化促使复合材料压力容器轴向和周向的应力分布更加均匀，有效平衡方向承载要求，同时最大限度地减少应力集中效应。

3 大容积Ⅳ型储氢瓶轻量化设计

为了确保大容积Ⅳ型储氢瓶(IV-HSVs)在爆破条件下的结构完整性的同时实现轻量化设计,通过逐步调整缠绕层配置,螺旋缠绕层的层数从78层减少到76层,环向缠绕层的层数从88层优化到86层(见表8)。最终的配置为86层环向层和76层螺旋层。此优化方案减少了24.28千克的碳纤维用量,并在结合内胆质量(101.2千克)后,使得氢气储存密度从5.0*wt*%提高到5.12*wt*%。有限元分析表明,优化结构的预测爆破压力为156 MPa,满足设计要求。然而,失效主要集中在封头区域,这与预期的失效模式(筒体段失效)不符。这个结果表明,虽然当前的层配置满足了轻量化和压力性能标准,但它导致了封头区域应力集中。因此,需要进一步的增强措施,如局部加固或渐变缠绕角度分布,以重新平衡封头与筒体段之间的承载能力。

表8 大容积Ⅳ型储氢瓶的轻量化设计方案

缠绕角度	±10.0°	±10.0°	±10.0°	±15.0°
层数	2×6	2×6	2×5	2×5
缠绕角度	±20.3°	90.0°	±25.8°	90.0°
层数	2×5	22	2×4	22
缠绕角度	±31.7°	90.0°	±38.0°	90.0°
层数	2×4	22	2×3	20

传统的基于网格理论的缠绕方案在解决两个相互关联的挑战时表现出固有的局限性:(1)封头区域强度不足,(2)筒体段的纤维质量冗余。此外,在缠绕过程中封头区域复合层的厚度累积导致固化不完全,影响了结构的均匀性。

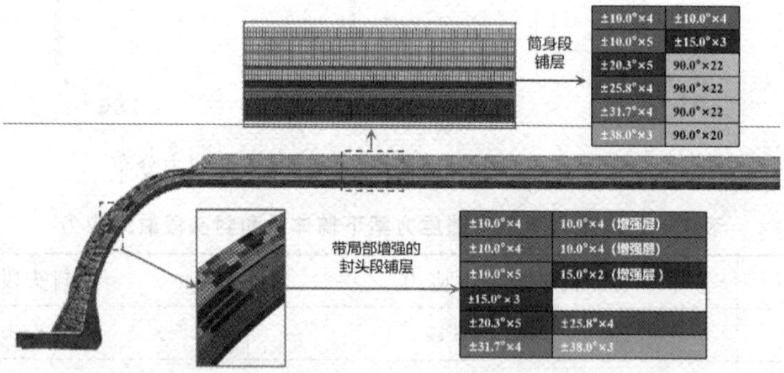

图10 Ⅳ型储氢瓶局部增强的有限元模型

对局部加固结构进行有限元分析表明,在工作压力52 MPa下,纤维加固层保持了结构的完整性。筒体段和封头段的最大应力分别为749 MPa和536.17 MPa,最大应力出现在筒体区域。在爆破压力156 MPa(见图11)时,第一层环向缠绕层沿筒体段均匀分布的纤维方向应力为2250 MPa,与非加固配置一致。螺旋层的筒体区域应力均匀为60 MPa,与封头区域的2,250 MPa的过渡性峰值应力形成鲜明对比。局部加固策略在平衡结构完整性和轻量化目标方面展现了卓越的效果。有限元分析确认,在158.4 MPa的爆破压力下,筒体段保持了完整的结构稳定性,失效起始点集中在筒体区域——这与设计要求中优先考虑筒体失效而非封头破裂的目标一致。通过将螺旋缠绕层数从76层减少到64层,同时保留86层环向层,优化后的配置实现了68.4公斤碳纤维质量的减少。与此同时,氢气储存密度从5.12*wt*%提高到5.37*wt*%,反映出材料的优化分布增强了机械强度和能量储存效率。这一结果强调了局部加固方法的双重优势:减轻了高风险区域的应力集中,同时通过层次优化实现了显著的重量节省。

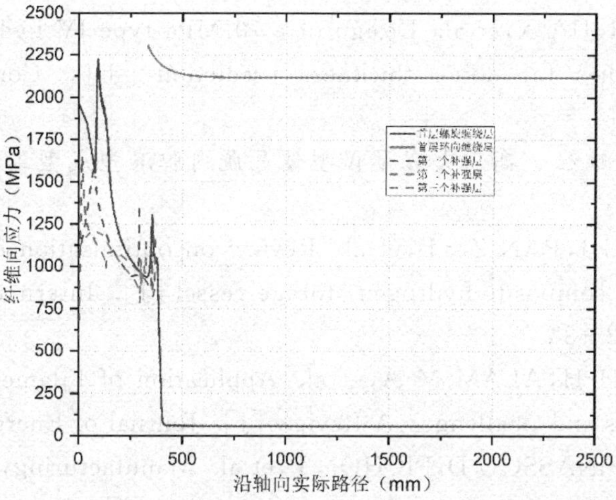

图 11　局部增强方案缠绕层沿实际轴向路径的应力分布

4　结　论

针对大容积Ⅳ型储氢瓶缠绕层结构的强度与质量优化问题，结合网格理论与有限元仿真，系统分析了不同纤维铺层构型对爆破性能与应力分布的影响，并提出了适用于高压、大容积应用场景下的轻量化设计策略。主要结论如下：

(1)在初始设计中，爆破失效首先发生于封头区域，属于危险模式，表明封头段强度不足，需优化设计以实现预期的筒体段安全爆破模式。

(2)通过增加螺旋与环向缠绕层数，优化铺层顺序与角度分布，爆破压力由原始设计的 156 MPa 提升至 158.4 MPa，失效位置成功转移至筒体段，符合安全设计要求。

(3)通过分析铺层构型对结构性能有显著影响，结果表明角度递增的螺旋缠绕策略有助于减小应力集中，提升结构均匀性，其中最优方案的爆破压力可达 168.4 MPa，显示出纤维取向与序列优化对整体性能提升的关键作用。

(4)通过局部区域嵌入增强层，在不增加筒体厚度的前提下，有效缓解了封头段的应力集中问题，使碳纤维用量减少 68.4 kg，氢气储存密度提升至 5.37 wt%，兼顾了强度、安全性与材料利用率。

综上所述，复合材料铺层优化与局部增强策略可为Ⅳ型复合材料储氢瓶提供一套可行的结构设计方法，为进一步提升Ⅳ型储氢瓶的整瓶强度和服役可靠性，后续研究应不仅聚焦于铺层结构的优化，还需深入开展缠绕成型工艺参数对结构性能的影响机制研究。

致谢：本研究受到国家重点研发计划“大容量塑料内胆可靠性设计技术、可控成型与焊接工艺研究”课题支持(资助号：2020YFB1506102)，以及北京市自然科学基金(3242010)的资助。

参考文献

[1] SHIN H K，HA S K. A review on the cost analysis of hydrogen gas storage tanks for fuel cell vehicles [J]. Energies，2023，16(13)：5233.

[2] MAGLIANO A，PEREZ CARRERA C，PAPPALARDO C M，et al. A Comprehensive Literature Review on Hydrogen Tanks：Storage，Safety，and Structural Integrity [J]. Applied Sciences，2024，14(20).

[3] WANG X，TIAN M，CHEN X，et al. Advances on materials design and manufacture technology of plastic liner of type Ⅳ hydrogen storage vessel [J]. International Journal of Hydrogen

Energy,2022,47(13):8382－408.

[4] ZHANG Q,XU H,JIA X,et al. Design of a 70 MPa type IV hydrogen storage vessel using accurate modeling techniques for dome thickness prediction [J]. Composite Structures, 2020, 236:111915.

[5] 王修磊,杨卫民,谢鹏程. 高压大容量Ⅳ型储氢瓶内胆滚塑成型工艺及装备 [J]. 压力容器, 2022,39(12):1－9.

[6] ZHOU W,WANG J,PAN Z－B,et al. Review on optimization design,failure analysis and non－destructive testing of composite hydrogen storage vessel [J]. International Journal of Hydrogen Energy,2022,47(91):38862－83.

[7] AZEEM M,YA H H,ALAM M A,et al. Application of Filament Winding Technology in Composite Pressure Vessels and Challenges:A Review [J]. Journal of Energy Storage,2022,49.

[8] GUILLON D,ESPINASSOU D,PICHON P,et al. Manufacturing,burst test and modeling of high pressure thermoplastic composite overwrap pressure vessel [J]. Composite Structures,2023,316.

[9] 陈汝训. 纤维缠绕壳体设计的网格分析方法 [J]. 固体火箭技术,2003,(01):30－2.

[10] GUO K,WEN L,XIAO J,et al. Design of winding pattern of filament－wound composite pressure vessel with unequal openings based on non－geodesics [J]. Journal of Engineered Fibers and Fabrics,2020,15:1558925020933976.

[11] LEH D,MAGNEVILLE B,SAFFRé P,et al. Optimisation of 700 bar type IV hydrogen pressure vessel considering composite damage and dome multi－sequencing [J]. international journal of hydrogen energy,2015,40(38):13215－30.

[12] HUA T Q,ROH H－S,AHLUWALIA R K. Performance assessment of 700－bar compressed hydrogen storage for light duty fuel cell vehicles [J]. International Journal of Hydrogen Energy,2017,42(40):25121－9.

[13] CHO S－M,KIM K－S,LEE S－K,et al. Effect of dome curvature on failure mode of type4 composite pressure vessel [J]. International Journal of Precision Engineering and Manufacturing,2018, 19(3):405－10.

[14] ROH H,HUA T,AHLUWALIA R. Optimization of carbon fiber usage in Type 4 hydrogen storage tanks for fuel cell automobiles [J]. International Journal of Hydrogen Energy,2013,38(29): 12795－802.

[15] 朱宁. Ⅳ型高压储氢气瓶结构设计及优化研究 [D],2023.

[16] YAMASHITA A,KONDO M,GOTO S,et al. Development of high－pressure hydrogen storage system for the Toyota "Mirai" [R]:SAE Technical Paper,2015.

[17] 刘雨薇,王修磊,查燕,et al. Ⅳ型储氢瓶内胆滚塑成型设计尺寸一致性保持方法 [J]. 压力容器,2023,40(11):33－8＋54.

[18] 栗红飞. 公路运输用大容量Ⅳ型储氢瓶抗弯性能研究 [D],2023.

作者简介

查燕(1998),女,主要研究方向为动力工程及工程热物理,功能复合材料结构设计及成型,通讯地址:100029 北京市朝阳区北三环东路15号北京化工大学机电工程学院,E－mail:zxy_21193587@163.com。

谢鹏程,男,1979年出生,教授。主要研究方向为聚合物加工原理及装备,模塑成型装备。通信地址:北京市朝阳区北三环东路15号 北京化工大学 机电工程学院 100029。E－mail:xiepc@mail.buct.edu.cn。

大容量Ⅳ型储氢气瓶过渡区域的分层失效行为研究

张云霄[1]，范志超[1]，王　哲[1]，曹文红[2]，徐　鹏[1]，吕炎峰[2]，李雨阳[3]

（1. 合肥通用机械研究院有限公司，合肥　230031；2. 浙江蓝能氢能科技股份有限公司，浙江绍兴 312300；3. 东华大学 材料科学与工程学院，上海　200000）

摘　要：针对内径330mm设计压力52MPa大容量Ⅳ型储氢气瓶连接封头与筒身段的过渡区分层失效行为，基于多尺度仿真与内聚力界面层的损伤演化，分析了过渡区复合材料层的层内及层间失效机理，研究了分层损伤对结构强度的影响，通过参数分析给出了可能的设计及工艺优化方法。结果表明，结构几何不连续引起的弯曲应力、局部缠绕设计导致的厚度与刚度突变以及层间性能差异等因素是造成大容量Ⅳ型储氢气瓶过渡区分层失效的主要原因，分层起始发生在较低压力（78MPa）下，最终理论分层区域面积约为 h^2，研究成果为复合材料储氢气瓶强度校核与设计优化提供了新思路。

关键词：大容量；Ⅳ型储氢气瓶；过渡区；分层失效

Investigation into the delamination of the transition in large - capacity type Ⅳ hydrogen storage cylinders

ZHANG Yunxiao[1]，FAN Zhichao[1]，WANG Zhe[1]，CAO Wenhong[2]，XU Peng[1]，LYV Yanfeng[2]，LI Yuyang[3]

（1. Hefei General Machinery Research Institute Co.，Ltd.，Hefei 230031，China；

2. Zhejiang Blue Hydrogen Technology Co.，Ltd.，Shaoxing 312300，China；

3. School of Materials Science and Engineering，Donghua University，Shanghai 200000，China）

Abstract：This study focuses on the delamination failure of the transition region connecting the dome and cylindrical section of a large - capacity Type Ⅳ hydrogen storage cylinder with an inner radius of 330mm and design work pressure of 52MPa. Based on multi - scale simulation and cohesive zone modeling for interfacial damage evolution，the intralaminar and interlaminar failure mechanisms of the composite layers in the transition region were analyzed，and the influence of delamination damage on structural strength was investigated. Parametric analysis was also conducted to propose potential methods for design and manufacturing optimization. The results indicate that the main causes of delamination failure in the transition region of a large - capacity Type IV hydrogen storage cylinder are bending stress induced by geometrical discontinuity of the structure，abrupt changes in thickness and stiffness due to local winding design，and differences in interlaminar properties. The delamination initiates under a pressure load of 78MPa and the limited failure area is about h^2. The research findings provide new insights for the strength prediction and design optimization of composite hydrogen storage cylinders.

Keywords：large - capacity；type Ⅳ hydrogen storage cylinder；transition；delamination

0 引 言

氢能作为一种清洁高效、来源广泛的能源,正逐渐成为全球能源转型的重要载体。氢能有望在未来替代部分化石能源,助力于我国实现碳中和目标。氢能产业链包含制、储、加、用等环节,其中储运技术是制约氢能应用推广的关键环节,因此实现安全高效、经济可靠的氢能储运技术成为当前的研究热点[1]。目前,高压气态储氢技术相对成熟,70MPa 车载复合材料(Ⅳ型)储氢气瓶[2]和用于公路长途运输的52MPa 大容量Ⅳ型管束瓶已经研制成功。随着日益增长的氢能储运需求,高压储氢技术正向着更高压力更大容量的方向发展,准确可靠的强度分析对保证结构的完整与安全性具有重要意义[3]。

Ⅳ型储氢气瓶由金属阀座(Boss)、塑料内胆和碳纤维缠绕层组成。其中,内压载荷主要由复合材料层承担,而内胆起到密封氢气的作用[4]。尽管树脂基碳纤维复合材料(CFRP)具有较高的比强度、比刚度等优势,但其各向异性的力学性能以及复杂的层内、层间失效机制给缠绕设计带来的巨大的挑战。近些年来,数值仿真逐渐被应用于复合材料气瓶的受力分析,众多学者通过考虑复合材料的纤维断裂等失效模式,成功预测了爆破压力[3,5-7]。纤维缠绕是常见的复合材料储氢容器制造工艺,目前应用广泛的网格理论[8]假设了纤维承担所有的载荷而忽略了树脂基体的作用,基于设计爆破压力下的筒身段薄膜应力状态提出了相应的平衡方程,并最终给出环向缠绕和螺旋缠绕层的厚度。对于气瓶两端封头及过渡区域,变角度、变厚度的缠绕方式、局部弯曲应力等因素引起的复杂应力状态并未考虑,因此,网格理论只适用于气瓶的初步设计[9]。通常通过增加螺旋缠绕层的方式保证封头的强度,并采用扩孔缠绕的工艺改善封头附近纤维堆积的问题[10]。然而,连接封头与筒身的过渡段作为整个气瓶的薄弱区域,并未受到足够重视。在内压载荷作用下,尤其对尺寸更大的大容量储氢气瓶而言,该区域承受薄膜应力及显著的弯曲应力,复合材料的各向异性等因素加剧了局部应力集中,因此易提前发生分层并可能引发强度失效,但目前分层失效机理尚不明晰,缺乏针对性的设计优化方法,这不利于Ⅳ型储氢气瓶的高可靠性、稳定性设计制造。

本工作基于大容量Ⅳ型储氢气瓶的有限元模型,考虑了复合材料的层内及层间复杂失效模式,针对性分析了连接封头一筒身段的过渡区域内的结构失效机理,并提出了潜在的解决办法和研究思路。

1 多尺度模型建立

1.1 复合材料 RVE 模型

为了快速获得储氢气瓶缠绕用的 T700 级碳纤维复合材料的力学性能,采用随机顺序扩展(RSE)算法[11]来生成复合材料的代表体积单元(RVE)细观模型,树脂基体中的碳纤维随机分布,三维 RVE 模型尺寸为 $60\mu m \times 60\mu m \times 5\mu m$,纤维直径 $7\mu m$,纤维体积分数为 0.6,通过 Python 脚本建立模型后,分别赋予碳纤维及环氧树脂材料参数(表 1),网格类型为六面体单元为主,采用扫略方式划分网格,单元数量为 180640,施加周期性边界条件后[12],基于均匀化理论计算获得 T700 级碳纤维复合材料的力学性能(表 2)。

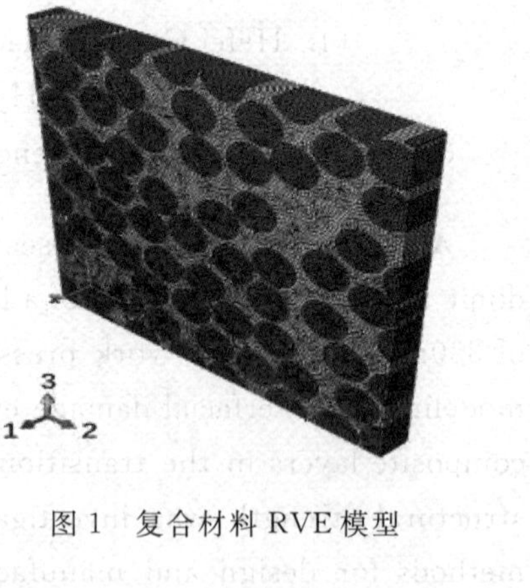

图 1 复合材料 RVE 模型

表 1 T700 碳纤维和环氧树脂材料属性

T700 碳纤维		环氧树脂	
E_{f11}	230GPa	E_m	3.2GPa
E_{f22}/E_{f33}	28GPa		
υ_{f12}/ν_{f13}	0.23	ν_m	0.35
υ_{f23}	0.3		
G_{f12}/G_{f13}	50GPa	G_m	1.17GPa
G_{f23}	10GPa		

1.2 大容量Ⅳ型储氢气瓶模型

如图2所示，储氢气瓶宏观模型全长2100mm，内径330mm，塑料内胆厚度为8mm。基于网格理论和扩孔设计初步确定了复合材料缠绕层为48层环向缠绕层及40层螺旋缠绕层，总厚度为41.584mm，铺层方案具体为 $12_4/90_8/12_2/15_2/18_2/90_8/23_2/30_2/36_2/90_8/12_4/15_2/18_2/90_8/23_2/30_2/36_2/90_4/12_2/24_2/90_4/29_2/38_2/90_4/12_2/90_4$。塑料内胆和金属Boss分别由高密度聚乙烯(HDPE)和316L不锈钢制成，其杨氏模量分别为0.84GPa和200GPa。T700碳纤维/环氧树脂复合材料的材料力学性能通过RVE模型确定，如表2所示。

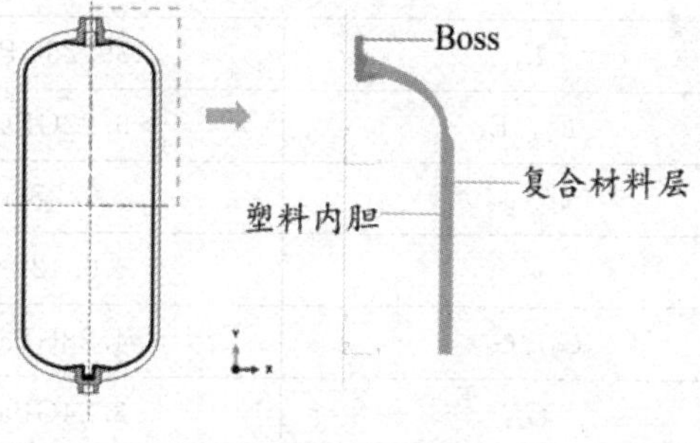

图2 大容量Ⅳ型储氢瓶结构示意图与有限元模型

在商业有限元软件Abaqus中建立气瓶的二维轴对称模型，内表面承受内压载荷P，底面施加轴对称约束，内胆与复合材料层绑定。通过逐层建模的方式得到复合材料缠绕层几何并进行网格划分，采取的网格类型为CAX4单元，网格数量为143616。复合材料的纤维断裂和树脂基体损伤通过经典的Hashin准则[13]进行预测，其中

$$纤维拉伸失效:F_f^t=\frac{\sigma_{11}^2}{X_T^2}+\alpha\cdot\frac{\sigma_{12}^2}{S^2}\leqslant 1,(\sigma_{11}\geqslant 0) \tag{1}$$

$$纤维压缩失效:F_f^c=\frac{\sigma_{11}^2}{X_c^2}\leqslant 1,(\sigma_{11}\leqslant 0) \tag{2}$$

$$树脂拉伸失效:F_m^t=\frac{\sigma_{22}^2}{Y_T^2}+\frac{\sigma_{12}^2}{S^2}\leqslant 1,(\sigma_{22}\geqslant 0) \tag{3}$$

$$树脂压缩失效:F_m^c=\left(\frac{\sigma_{22}}{2S_t}\right)^2+\left[\left(\frac{Y_c}{2S_t}\right)^2-1\right]\cdot\frac{\sigma_{22}}{Y_c}+\frac{\sigma_{12}^2}{S^2}\leqslant 1,(\sigma_{22}\leqslant 0) \tag{4}$$

上述式中 F 为损伤因子，X_T、X_c、Y_T 及 Y_c 分别表示复合材料在纤维方向和垂直于纤维方向的拉伸及压缩强度，分别取值2400MPa、1400MPa、72MPa及160MPa。S和 S_T 表示复合材料纵向和横向剪切强度，取值均为65MPa。黏性参数 α 取1.0。然后在不同角度的复合材料层之间插入零厚度的内聚力层，用来模拟层间的失效行为，共计生成了40810个COHAX4内聚力单元(CE)，相应的材料属性如表2所示，其本构关系通过牵引一分离准则描述，损伤起始判据为最大应力准则即

$$\max\left\{\frac{\sigma_n}{N},\frac{\sigma_s}{S_s},\frac{\sigma_T}{T_s}\right\}=1 \tag{5}$$

式中，N 为拉伸强度，S_S 和 T_s 为剪切强度，然后基于能量计算考虑损伤演化过程并对彻底失效单元进行删除。通过 BK 准则[14,15]来综合考虑拉剪不同失效模式的影响，则等效断裂韧性 G_c 为

$$G_c=G_{Ic}+(G_{IIc}-G_{Ic})\left(\frac{G_{IIc}+G_{IIIc}}{G_{Ic}+G_{IIc}+G_{IIIc}}\right)^\eta \tag{6}$$

式中，G_{IC} 为 I 型断裂韧性，G_{IIC} 和 G_{IIIC} 为 II 型和 III 型断裂韧性，这里二者取值相同。在隐式分析中，材料的软化行为或刚度退化行为可能会造成切线刚度矩阵非正定，使得求解过程收敛困难。因此，这里引入黏性正则化，黏性系数为 10^{-4}，可以适当减缓界面损伤的扩展速度，改善了模型的计算稳定性和收敛性。

表 2　T700 复合材料和内聚力单元[16]的材料属性

T700 复合材料		内聚力单元	
E_1	139.26GPa	E_0	3.0GPa
E_2 / E_3	9.22GPa	ν	0.35
ν_{12}/ν_{13}	0.27	N	60 MPa
ν_{23}	0.42	$S_s=T_s$	85 MPa
G_{12}/G_{13}	4.28GPa	G_{IC}	0.28 N/mm
G_{23}	3.24GPa	G_{IIC}	0.79 N/mm

2　数值仿真结果分析

2.1　基于传统方法的气瓶强度校核

传统的薄壁(h/2R≤0.1,h、R 分别为壁厚和半径)分析主要针对容器的直筒段,对于球形或圆柱形薄壁壳体,施加在容器内表面的压力载荷会在壳体上产生较高的环向应力和轴向应力。这些主应力始终是拉伸的薄膜应力,并且被认为在厚度方向上是恒定不变的。径向应力则是压缩应力,其值从容器内表面的内压 P 向容器外表面一侧逐渐减小至 0。目前广泛使用的网格理论就是基于这种简化的复合材料压力容器的薄膜应力分析建立的。基于本缠绕设计的仿真结果如图 3 所示,默认层间强度无限大即不会发生分层失效,在内压载荷下,复合材料层内纤维应力分布不均,筒身段环向缠绕层应力最高且由内层向外层递减,封头处内层应力也较高。而气瓶的爆破失效主要由纤维的应力损伤决定,当内压载荷达 156MPa 且模型不包含内聚力界面层时,可见复合材料层基本无纤维损伤,仿真结果表明根据网格理论所设计的缠绕方案基本满足设计要求,即爆破压力应不低于 156MPa,且潜在爆破位置应位于直筒段。

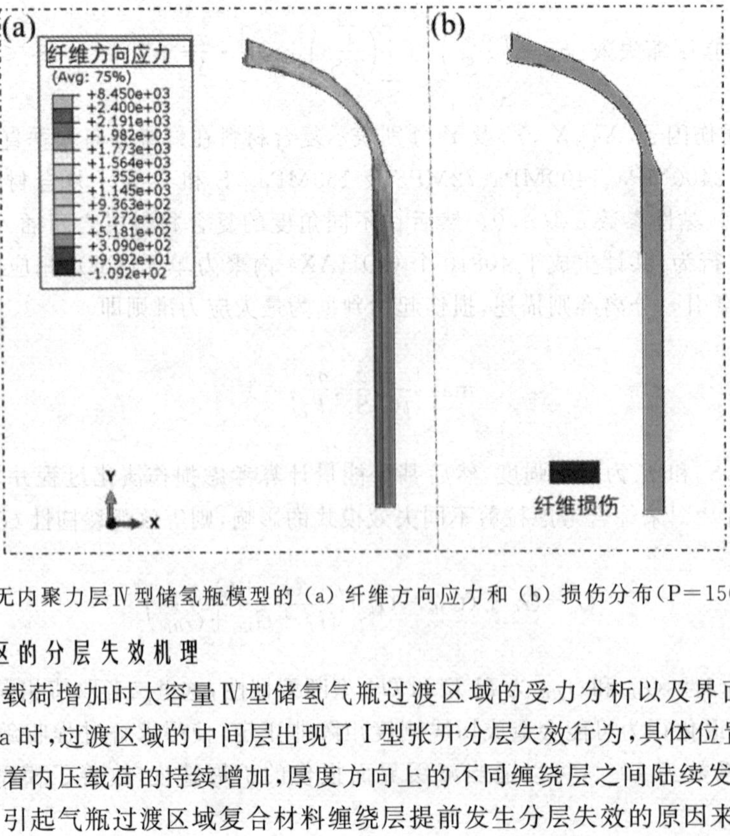

图 3　无内聚力层Ⅳ型储氢瓶模型的 (a) 纤维方向应力和 (b) 损伤分布(P=156MPa)

2.2　气瓶过渡区的分层失效机理

图 4 展示了内压载荷增加时大容量Ⅳ型储氢气瓶过渡区域的受力分析以及界面层失效的结果。在内压 P 增加至 78MPa 时,过渡区域的中间层出现了 I 型张开分层失效行为,具体位置为第二个环向缠绕层落纱点的前端。随着内压载荷的持续增加,厚度方向上的不同缠绕层之间陆续发生分层,并且分层面积在层间持续扩大。引起气瓶过渡区域复合材料缠绕层提前发生分层失效的原因来自于多个方面。

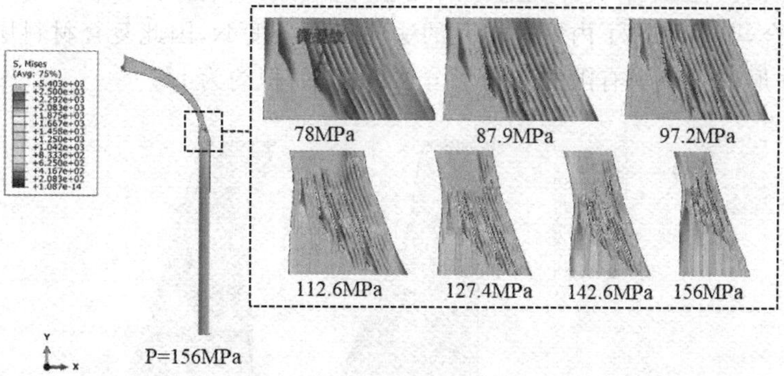

图 4　不同内压载荷下气瓶缠绕层的 Mises 应力和层间损伤状态

首先是宏观结构层面，一个储氢压力容器由两个椭球形封头与一个圆柱形筒体组成，这两种几何具有不同的曲率半径并在连接处过渡(图 5)。当容器承受一个较高的内压载荷时，筒体一侧边缘因膨胀趋势而向外变形，封头一侧边缘则倾向于向内收缩变成“球形”，为了协调两部分在连接处的变形趋势使其满足变形连续性条件，复合材料层内局部会产生一对剪力 Q 和弯矩 M，导致该区域出现较高的弯曲应力。陈汝训[17]认为该弯曲应力取决于变曲率连接处的内力且正比于$Pm^2\sqrt{Rh}$，其中，m 为封头椭球比。有学者[18]基于弯曲理论和薄壁理论建立了针对复合材料压力容器过渡区域的封闭式解析方法，并指出过渡区域因几何不连续而产生了弯曲效应，由此导致的应力集中水平显著高于薄膜应力。并且壁厚越小，结构刚度越低，局部弯曲效应越明显，而降低封头的椭球比可以有效缓解这种效应。总之，储氢压力容器因几何不连续而产生的二次应力与内压载荷引起的薄膜应力一同导致了过渡区域内较高的应力水平。

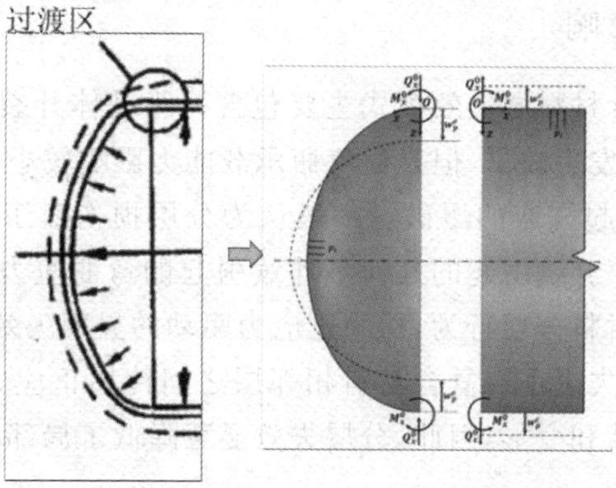

图 5　为协调封头与直筒段变形而产生了剪力与弯矩[18]

其次是局部结构层面，复合材料的缠绕设计和材料属性特征加剧了过渡区域内的应力集中效应。一方面所有的环向层落纱点均位于这个部位，环向缠绕的终止导致过渡区域内复合材料层厚度和结构刚度的突变，特别是环向刚度的突然缺失，尽管合理的环向层落纱点分布设计可以在一定程度上缓解这种突变；另一方面碳纤维复合材料正交各向异性的特点以及不同缠绕角度的铺层方式使得局部特别是层间的应力分布状态更加复杂且不均匀。如图 6a 所示，尽管目前从薄壁理论的角度开展复合材料储氢容器的设计研究，但是实际上氢能储运领域日益增加的储氢压力和容量的需求对复合材料缠绕层的厚度设计提出了更高要求，而复合材料层的应力状态在厚度方向上存在一定梯度，这种分布不均主要来源于厚壁效应和复合材料层间的性能差异。特别地，环向缠绕层落纱点前端存在一个低应力区，实际上该位置是环向层与螺旋层的交错区域，螺旋缠绕时纤维束可能在此处被环向层架空，从而形成富脂区，降低局部性能，本模型中未考虑。如图 6b 所示，在 156MPa 内压载荷下过渡区域的复合材料层出现沿厚度方向的较

高的正应力 σ_z，该应力在其他区域均为压应力，因此它对结构的影响往往被忽略，而 σ_z 为拉应力的区域与分层失效区域高度重合，其值超过了内聚力单元的法向拉伸强度 N，因此复合材料层间的界面层发生了 I 型张开型强度失效，并形成了一个有限的三角形分层区域，面积约为 h^2。

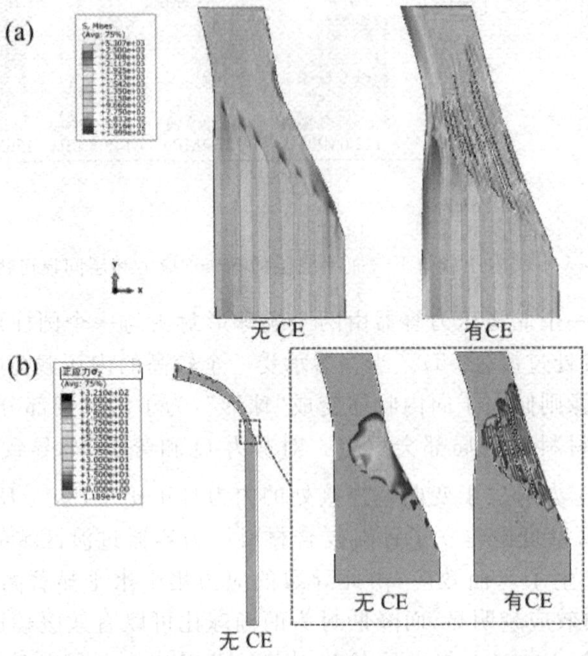

图 6 过渡区域复材层内 (a) mises 应力和 (b) 厚度方向上正应力分布图

3 过渡区分层失效的影响

大容量Ⅳ型储氢气瓶的复合材料层失效模式主要包含树脂基体开裂、纤维断裂及分层损伤，大多数研究针对前两者，其中树脂损伤发生较早，但是对气瓶承载能力影响较小，而纤维断裂发生较晚但是影响很大，很少量的纤维断裂可能引起气瓶的爆破。一般认为分层损伤对于受内压载荷的薄壳结构并不重要，事实上，本研究表明由变曲率缠绕引起的几何不连续引起的弯曲应力及局部材料性能差异性引起的应力集中造成了过渡区的复合材料分层行为，层间正应力驱动的界面失效反过来降低了三角形分层区域内的应力水平。但是，层间树脂失去了在复合材料相邻层之间传递正应力和剪切应力的媒介作用，复合材料无法作为一个整体承受载荷和变形，因此，分层失效显著降低了局部材料刚度，增加了该部位的结构变形量。

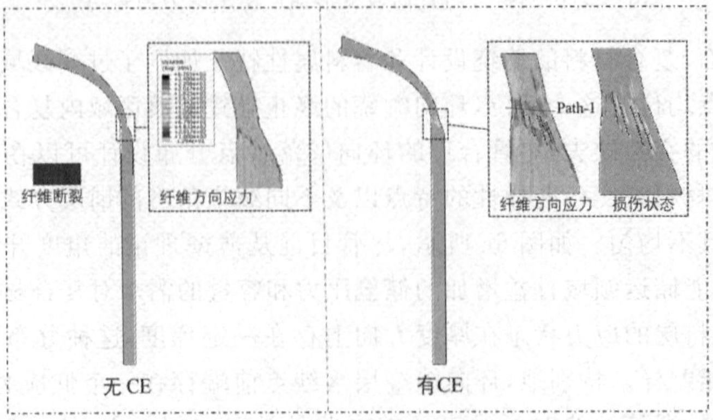

图 7 纤维方向应力与损伤状态对比

同时，层间树脂的失去作用也引起了复合材料层内应力重新分配，在弯曲效应的影响下，分离的复合材料单层在外侧产生了显著的应力集中。从图7可以看出，不考虑分层时，内压127.4MPa作用下，复合材料层内不会发生纤维损伤，过渡区域内的纤维应力水平大约只有拉伸强度的一半。当考虑分层时，主导复合材料层失效的纤维应力因重新分配而分布极为不均，如图8所示，沿着图7中复合材料层厚度方向路径path－1由内向外，许多层的纤维应力大小都超过了2400MPa，并且内侧复合材料层的纤维应力水平增长更为显著，约为不考虑分层时的2至3倍。

因此，内压载荷作用下的大容量Ⅳ型储氢气瓶的过渡区内较早发生分层失效并逐步扩展，它对结构的局部刚度和强度都会产生很大削弱，无法有效地限制过渡区域乃至封头的塑料内胆材料的变形，纤维的断裂和演化会很快地导致气瓶的爆破，并且爆破位置就位于过渡区域，局部的损伤累积对较低压力下的压力循环试验也极为不利。目前，已通过水压爆破试验得到本铺层设计的大容量储氢气瓶爆破压力为132.1MPa，且半椭球形封头沿过渡区撕裂开(图8)，与上面的分析结果相符。然而，目前的文献中复合材料储氢气瓶的分析优化主要针对圆柱形筒体[19]，先后基于网格理论、有限元计算验证以及反复的水压爆破、循环等试验来迭代设计，缺乏对复合材料储氢气瓶力学行为的全面理解，薄弱位置失效行为认识不清，往往造成设计制造的气瓶性能离散性大，而有针对性地研究和优化有助于复合材料储氢气瓶的轻量化、高强度、稳定性设计制造。

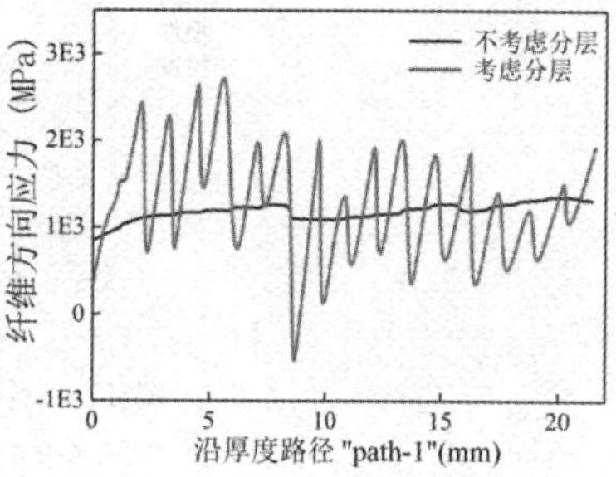

图8　复材层纤维方向应力沿厚度分布规律对比

图9　水压爆破试验前后的大容量Ⅳ型储氢气瓶

4　参数分析与讨论

图10展示了不同模型参数下大容量Ⅳ型储氢气瓶过渡段的位移大小和分布。不考虑分层时，复材层位移分布均匀连续，分层损伤降低了该区域材料刚度进而增加了位移大小。仿真结果发现，提升层间界面的断裂韧性 G_{IC} 和 G_{IIC}，位移大小增加幅度明显降低。且根据图11可以看出，同时增加拉伸和剪切断裂韧性比只增加拉伸断裂韧性对阻碍分层扩展效果更为显著，说明过渡段复材的分层行为是I、II、III混合型失效，由层间正应力主导，剪切应力共同作用。实际上经缠绕固化后，复合材料储氢气瓶过渡段复

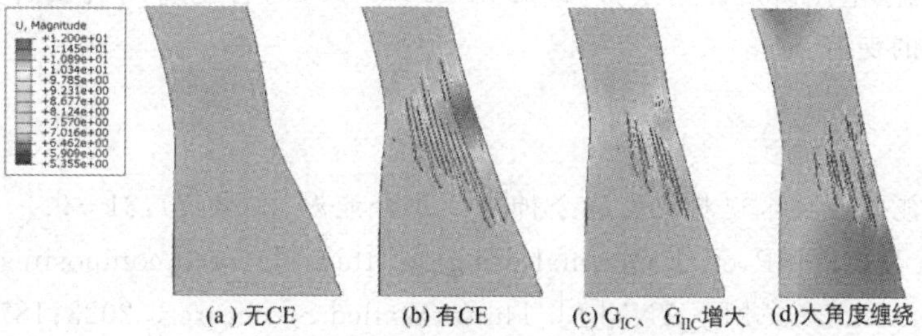

图10　不同模型参数下气瓶过渡区的位移云图

材层内可能出现大量原始界面缺陷[20]，大大降低了界面的强度和韧性，促使过渡区在更低的内压载荷下出现损伤，进而造成内胆和复材层在爆破和疲劳试验中的提前失效，偏离设计值。当将原铺层设计中的6层环向缠绕层变更为45°大角度螺旋层时，即使仍发生了分层，但是局部形变得到了非常有效的限制(图10d)。

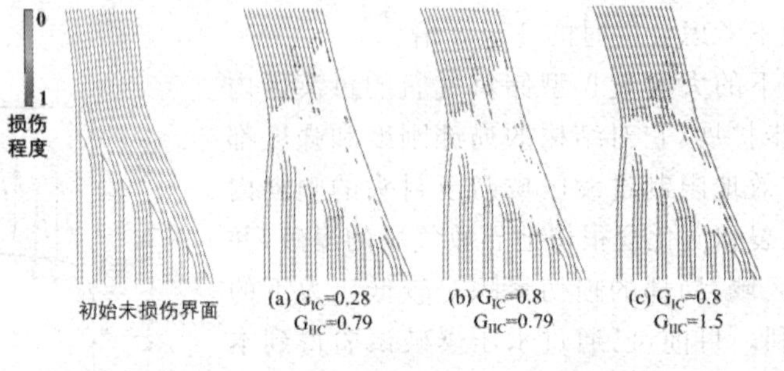

图11　不同界面断裂韧性参数下过渡区的界面失效情况

(中间白色区域为删除的彻底失效的界面单元)

考虑到目前复合材料储氢气瓶大容量、高压力的发展方向，针对变曲率缠绕的过渡区的优化研究意义会逐步凸显。设计上，在缠绕工艺允许的基础上，优化封头形状以降低弯曲应力，如合理降低椭球比，多使用大角度缠绕代替环向缠绕层并合理布局环向层落纱位置，避免过渡区内环向刚度锐减和厚度突变，减少应力集中，通过铺层优化降低层间应力，通过树脂增韧延缓层间裂纹扩展。制造工艺上，通过展纱、线型规划等技术优化减少纤维架空及树脂富集区的形成，基于缠绕张力及复合材料固化制度等的调整减少树脂孔隙及层间缺陷的产生，或者通过干法缠绕等方式实现过渡段的增厚补强。基于以上建议的改进方法，有望进一步提升复合材料储氢气瓶的性能和稳定性。

5 结　语

本文基于内径330mm设计压力52MPa大容量Ⅳ型储氢气瓶的有限元模型，深入探究了连接封头与筒身段的过渡区域内复合材料的层内及层间损伤机理，并提出了潜在的优化思路。通过多尺度仿真与参数分析，本文取得了以下主要结论：

(1)复合材料层间零厚度内聚力单元的损伤演化可以较好地体现内压载荷下大容量Ⅳ型储氢瓶过渡区的分层行为，造成该有限区域内(面积约为h^2)分层失效的主要因素包括：由宏观结构几何不连续引起较高的弯曲应力，局部缠绕设计导致的厚度突变与环向刚度锐减，复合材料层间性能差异等。

(2)复合材料储氢气瓶的过渡区分层会引起局部刚度、强度降低，缠绕层分离后应力集中水平显著升高，127.4MPa内压载荷下，分层后应力水平为不考虑分层时的2至3倍，进而引起该部位提前失效。

(3)通过优化封头形状、增加大角度缠绕、铺层优化、树脂增韧、工艺控制等措施可进一步提升复合材料储氢气瓶的性能和稳定性。

致谢：作者感谢国家重点研发计划项目(2020YFB1506100)与合肥通用机械研究院有限公司博士科技基金(2023010789)的支持。

参考文献

[1] 崔振莹．氢能储运技术现状及发展分析[J]．中外能源，2024(7)：31－9.

[2] Li FD，Chen X D，Xu P，et al. Optimal design of thin－layered composites for type IV vessels：Finite element analysis enhanced by ANN[J]. Thin－Walled Structures. 2023；187：110752.

[3] ZhangM，Lv H，Kang H R，et al. A literature review of failure prediction and analysis methods for composite high－pressure hydrogen storage tanks[J]. International Journal of Hydrogen Energy.

2019;44:25777－99.

[4] Wang XL, Tian M M, Chen X D, et al. Advances on materials design and manufacture technology of plastic liner of type Ⅳ hydrogen storage vessel[J]. International Journal of Hydrogen Energy. 2022.

[5] LinS, Yang L Q, Xu H, et al. Progressive damage analysis for multiscale modelling of composite pressure vessels based on Puck failure criterion[J]. Composite Structures. 2021;255:113046.

[6] WangL, Zheng C X, Wei S, et al. Micromechanics－based progressive failure analysis of carbon fiber/epoxy composite vessel under combined internal pressure and thermomechanical loading[J]. Composites Part B: Engineering. 2016;89:77－84.

[7] Nebe M, Soriano A, Braun C, et al. Analysis on the mechanical response of composite pressure vessels during internal pressure loading: FE modeling and experimental correlation[J]. Composites Part B: Engineering. 2021;212:108550.

[8] 赫晓东，王荣国，娇维成，等．先进复合材料压力容器[M]. 2016;44－45.

[9] Jebeli M, Heidari－Rarani M. Development of Abaqus WCM plugin for progressive failure analysis of type IV composite pressure vessels based on Puck failure criterion[J]. Engineering Failure Analysis. 2022;131:105851.

[10] 鄗家乐，陈学东，范志超，等．70MPa 车载Ⅳ型储氢气瓶铺层设计与实验验证[J]. 西安交通大学学报．2022;56(10):71－80.

[11] HayderH, Afrasiab H, Gholami M. Efficient generation of random fiber distribution by combining random sequential expansion and particle swarm optimization algorithms[J]. Composites Part A: Applied Science and Manufacturing. 2023;173:107649.

[12] Omairey S L, Dunning P D, Sriramula S. Development of an ABAQUS plugin tool for periodic RVE homogenization[J]. Engineering with Computers. 2019;35:567－77.

[13] Hashin Z, Rotem A. A fatigue failure criterion for fiber reinforced materials[J]. Journal of Composite Materials. 1973;7(4):448－64.

[14] Williams J, Hadavinia H, Kinloch A. Cohesive zone models in the characterisation of toughness[J]. Composite Science and Technology. 2005;3.

[15] Ghadirdokht A, Heidari－Rarani M. Delamination R－curve behavior of curved composite laminates[J]. Composites Part B: Engineering. 2019;175:107139.

[16] WangL, Zheng C X, Luo H Y, et al. Continuum damage modeling and progressive failure analysis of carbon fiber/epoxy composite pressure vessel[J]. Composite Structures. 2015;134:475－82.

[17] 陈汝训．复合材料天然气气瓶设计的几个问题[J]. 宇航材料工艺．2001;31(5):55－7.

[18] BelardiVG, Ottaviano M, Vivio F. Bending theory of composite pressure vessels: A closed－form analytical approach[J]. Composite Structures. 2024;329:117799.

[19] WangQ, Qin H, Jia L, et al. Failure prediction and optimization for composite pressure vessel combining FEM simulation and machine learning approach [J]. Composite Structures. 2024;337:118099.

[20] 时岩，沈子韬，滕国阳，等．储氢气瓶缠绕层缺陷的多尺度工业 CT 检测及其成因分析[J]. 无损检测．2024;46(11):5－11.

作者简介

张云霄(1994)，男，助理研究员，主要从事复合材料储氢气瓶结构与工艺设计，通信地址：230031 安徽省合肥市蜀山区长江西路 888 号合肥通用机械研究院有限公司，E－mail: yzhangge@connect. ust. hk。

基于能量壁垒理论的薄壁圆柱壳结构弹塑性屈曲设计方法研究

焦 鹏,许混洋,陈志平

(浙江大学 能源工程学院 特种装备研究所,杭州 310027)

摘 要:众所周知,轴压薄壁圆柱壳对初始缺陷高度敏感。围绕此问题,过去数十年间国内外已提出多种考虑轴压薄壁圆柱壳高缺陷敏感性的屈曲设计方法。能量壁垒方法(energy barrier approach, EBA)作为一种近年来新兴的基于壳体能量亚稳态的方法,在预测轴压圆柱壳屈曲载荷方面展现出了较高的精度。然而,迄今仍缺乏基于EBA考虑缺陷敏感性的轴压圆柱壳屈曲设计方法系统性研究。基于此,提出了一种基于EBA的轴压弹塑性圆柱壳下限屈曲设计新方法,首次阐明了EBA在轴压圆柱壳屈曲载荷预测中的局限性,并通过对比现有公开文献报道的试验结果,验证了新方法在纯弹性壳体与弹塑性壳体屈曲临界载荷预测方面的精度和在设计方面的可靠性。结果表明,提出的新方法在保证设计安全性的前提下,能够有效提升轴压圆柱壳的屈曲设计载荷,并具有减小壳体壁厚的潜力,这对未来大型薄壁圆柱壳结构的轻量化设计具有优势。

关键词:薄壁圆柱壳结构;设计方法;弹塑性屈曲;能量壁垒理论;缺陷敏感性

Research on elastoplastic buckling design method for thin - walled cylindrical shell structures based on energy barrier approach

JIAO Peng, XU Huangyang, CHEN Zhiping

(Institute of Advanced Equipment, College of Energy Engineering, Zhejiang University, Hangzhou 310027, China)

Abstract: As is well established, thin - walled cylindrical shells under axial compression exhibit high sensitivity to initial imperfections. In this context, numerous buckling design methodologies considering the high imperfection sensitivity of axially compressed thin - walled cylindrical shells have been proposed globally over the past decades. The energy barrier approach (EBA), an emerging methodology based on shell energy metastability in recent years, has demonstrated superior accuracy in predicting buckling loads of axially compressed cylindrical shells. Nevertheless, systematic research on EBA - based buckling design methods for imperfection - sensitive axially compressed cylindrical shells remains notably absent. To address this gap, a novel lower - bound buckling design method for axially compressed elastoplastic cylindrical shells based on EBA has been developed. This work first elucidates the limitations of EBA in predicting buckling loads of axially compressed cylindrical shells, and validates the accuracy in critical buckling load prediction and design reliability for both purely elastic and elastoplastic shells through comparative analysis with experimentally measured results reported in existing open literature. The results demonstrate that the proposed method effectively enhances the buckling design load of axially compressed cylindrical shells while ensuring design safety, with demonstrated potential for reducing shell wall thickness. This advancement offers significant advantages for future lightweight design of large-scale thin-walled cylindrical shell structures.

Keywords: thin-walled cylindrical shell structure; design method; elasto-plastic buckling; energy barrier theory; imperfection sensitivity

0 引 言

薄壁圆柱壳是航空航天、石油化工、核电等领域中重要的基础承载件[1]。对于此类结构，屈曲通常是其在轴向压缩载荷作用下的主要失效模式。同时，受轴压作用的薄壁圆柱壳结构对初始缺陷具有高度敏感性[2]，这会导致圆柱壳在远低于理论预测值的轴向承载能力下发生屈曲失稳。因此，过去数十年间，国内外越来越多的研究者致力于开发能够精准考虑高初始缺陷敏感性的薄壁圆柱壳屈曲设计方法[3-6]。

为量化初始缺陷对圆柱壳临界屈曲载荷的削弱效应，通常采用折减因子(KDF)表征初始缺陷的具体影响程度[7]。其中，NASA SP-8007是最具代表性的经典方法之一，该方法通过提出不同径厚比圆柱壳的屈曲载荷下包络线，为工程实践提供了设计依据。然而，随着现代制造技术的快速发展和材料工艺的持续进步，20世纪60年代提出的NASA SP-8007经验性设计方法已被证明过度保守[8]，亟须建立新的轴压圆柱壳设计方法。

鉴于实际测量圆柱壳结构初始缺陷面临着效率低、成本高的问题，探究能够等效替代真实初始几何缺陷影响的数值构造方法近年来逐渐成为研究热点[9-11]。迄今为止，已发展出多种表征初始缺陷对轴压圆柱壳屈曲影响的设计方法。例如，HüHNE等[12]提出的单扰动载荷法(SPLA)，其假设单点凹坑缺陷可视为轴压圆柱壳的真实且最不利的缺陷模式。在此基础上，ARBELO等[13]建立了多点扰动载荷法(MPLA)以解决SPLA的非保守性问题。WANG等[14]提出了最不利多点扰动载荷法(WMPLA)以捕捉壳体全范围实际缺陷的影响。除聚焦单点/多点凹坑缺陷的等效模拟方法外，CROLL等[15]提出了等效刚度折减法(RSM)，将初始几何缺陷的影响等效为圆柱壳刚度的折减。此外，WAGNEr等[16]则通过在圆柱壳顶部边界引入扰动，发展出了单边界扰动法(SBPA)以表征真实缺陷效应，并基于扰动方法提出了阈值折减因子(TH)的概念[17]。MEURER等[18]发展了概率扰动载荷法(PPLA)用于概率分析。ZHANG等[19]建立了概率随机扰动载荷法(PRPLA)以确定圆柱壳屈曲载荷下界。进一步地，考虑到实际缺陷的随机性，相关学者建议在壳体屈曲设计中引入概率方法[20]，一阶二次矩法或蒙特卡洛法便是其中最著名的概率方法之一，可用于生成多种初始缺陷并确定屈曲载荷的概率特性。

除上述典型方法外，能量壁垒方法(EBA)[21]作为一种可用于预测圆柱壳轴压屈曲载荷的非破坏性测试技术，近年来受到国内外相关领域的广泛关注。EBA通过探针法测量能量壁垒与稳定性图谱，无需完整掌握初始缺陷信息即可预测圆柱壳临界载荷[22]，为屈曲设计提供了新方向。基于EBA等[23]研究了局部扰动下轴压圆柱壳的后屈曲行为。HORAK等[24]探索了轴压薄壁圆柱壳屈曲需克服的最小能量壁垒。THOMPSON等[25]通过横向探针加载结合能量壁垒原理，研究了轴应力下圆柱壳的冲击敏感性。VIROT等[26]则通过施加横向探针载荷实验表征了圆柱壳稳定性图谱，建立了不同轴压工况下的力-位移曲线并绘制了对应的稳定性示意图。FAN等[27]基于EBA分析了凹痕尺寸、压头尺寸及探针位置对轴压圆柱壳临界屈曲载荷预测的影响，并在后续研究[28]中建立了EBA设计准则并与其他准则进行对比。ABRAMIAN等[29]指出，圆柱壳稳定性图谱脊线的识别可为无创屈曲载荷估计提供可行方法，尤其是在屈曲起始位置已知时。YADAV等[30]通过试验与数值模拟系统研究了含凹坑缺陷的轴压圆柱壳探针技术。

综上所述，尽管能量壁垒方法(EBA)已被证明是精准预测圆柱壳屈曲载荷最具应用前景的方法之一，但迄今为止，针对轴压作用下缺陷敏感圆柱壳的EBA屈曲设计方法仍缺乏系统性研究。此外，现有EBA相关文献仍集中于弹性壳体，而考虑工程实际应用的弹塑性圆柱壳设计方法研究甚少。受现有研究启发，本文旨在开发一种基于能量壁垒方法的轴压弹塑性圆柱壳屈曲设计方法，以提高设计过程的预测精度与可靠性。本文第 2 章首先阐述了能量壁垒方法的基本原理及局限性,其次在第 3 章提出了弹塑性屈曲下限设计方法,然后在第 4 章通过与现有设计方法的对比分析验证了所提方法的有效性与精度,最后给出了本文的结论。

1 能量壁垒方法

1.1 基本原理

能量壁垒方法的核心原理在于评估圆柱壳在局部探针作用下的非线性响应,其能量壁垒值可通过探针加载过程中产生的载荷一位移曲线下方包围的面积量化。该能量壁垒表征了外部扰动触发壳体屈曲所需跨越的阈值。为直观阐述能量壁垒方法,本文以一个各向同性圆柱壳模型(半径 $R=500$ mm、长度 $L=600$ mm、厚度 $t=1$ mm、弹性模量 $E=210$ GPa、泊松比 $v=0.3$、屈服强度 $R_{eL}=300$ MPa)为例,如图 1 所示。采用 ABAQUS 6.14-4 进行能量壁垒分析,网格单元选用 S4R 壳单元。圆柱壳下端边界施加全约束(限制所有六个自由度:三个平动位移与三个转动位移),上端边界限制径向与环向位移以及所有转动自由度,同时通过中心参考节点(RF)实现上边缘节点的轴向位移同步加载。

基于能量壁垒方法预测临界屈曲载荷时,通常以位移控制模式通过探针对圆柱壳进行加载(图 1(a)(b))。采用理论刚性探针评估圆柱壳能量壁垒,探针与壳体间的接触行为采用基于有限滑动公式的面一面接触模型描述。通过逐步增大轴向载荷 N,可获取不同轴压工况下探针加载点处径向载荷 F_p 与径向位移 u_p 的响应曲线(图 1(c))。提取各 F_p-u_p 曲线中峰值点 F_p-u_p,并将其与对应轴压 N 以散点图形式关联(图 1(d)),最终可通过线性外推可确定 $F_p^{max}=0$ 时对应的 N 值,即为圆柱壳的屈曲载荷。

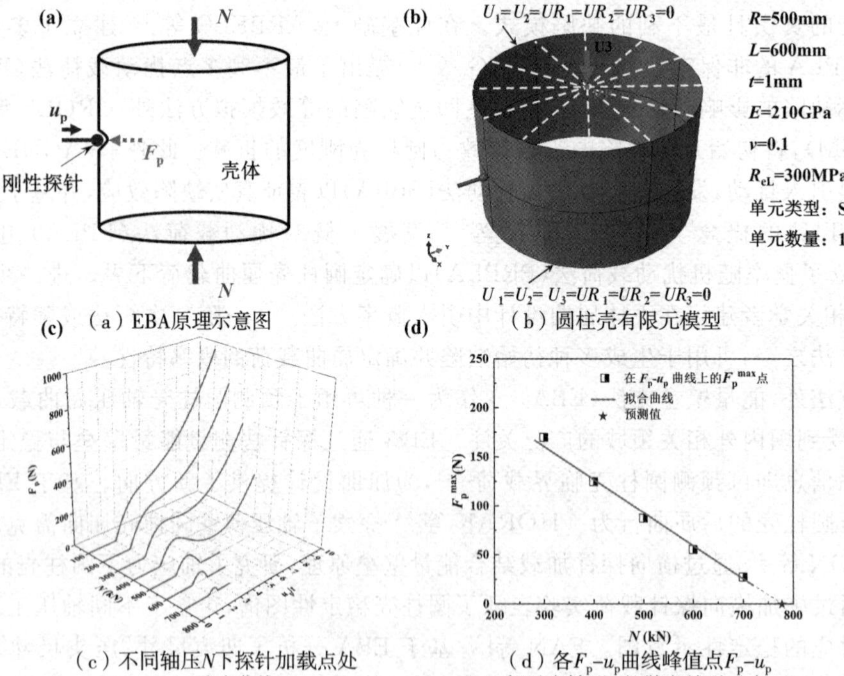

(a) EBA原理示意图

(b) 圆柱壳有限元模型

(c) 不同轴压N下探针加载点处 F_p-u_p 响应曲线

(d) 各 F_p-u_p 曲线峰值点 F_p-u_p 与对应轴压N的散点关联示意

图 1 基于 EBA 的屈曲载荷预测基本原理($R=500$ mm,$L=600$ mm,$t=1$ mm,$E=210$ GPa,$v=0.3$,$R_{eL}=300$ MPa)

能量壁垒方法能有效预测圆柱壳屈曲载荷,原因在于轴压壳体在屈曲前/后状态间存在能量阈值。该阈值是外部扰动触发屈曲过程需克服的能量壁垒,可视为影响圆柱壳平衡态迁移的固有能量障碍。其数值反映含缺陷轴压圆柱壳的结构失稳难度,主要受轴压载荷与初始缺陷影响:当轴压较小或缺陷较轻微时,能量壁垒较高,壳体不易屈曲;反之,能量壁垒随轴压增大或缺陷加剧而降低,壳体屈曲倾向显著增加。当能量壁垒降为零时,壳体进入临界屈曲状态,对应轴压即为临界屈曲载荷 N_{cr}。

1.2 EBA 的局限性

尽管通过能量壁垒方法预测轴压圆柱壳屈曲载荷具有清晰的物理意义，但该方法仍存在一定局限性。为直观阐明其局限性，图 2 展示了不同材料屈服强度 R_{eL} 下轴压圆柱壳屈曲载荷的预测结果。为便于对比，屈曲载荷已通过除以相应的经典理论屈曲载荷 $N_{cr}^{cl}=\frac{2\pi E t^2}{\sqrt{3(1-v^2)}}$ 转化为无量纲参数。圆柱壳的结构特征、材料参数及有限元设置均与第 2.1 节所述一致。

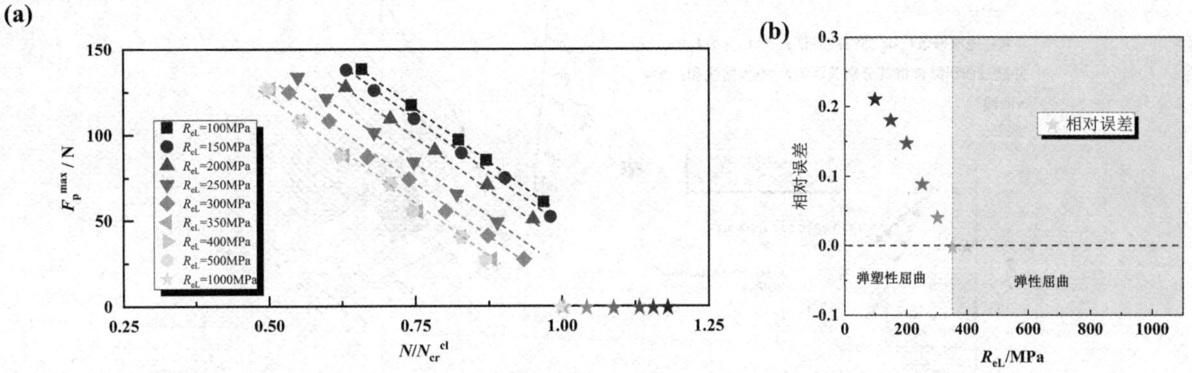

（a）不同材料屈服强度下基于EBA的圆柱壳屈曲载荷预测结果　（b）预测相对误差与屈服强度之间的变化关系

图 2　不同材料屈服强度 R_{eL} 下轴压圆柱壳屈曲载荷的预测结果

从图 2 可见，当 R_{eL} 大于圆柱壳理论屈曲应力 $\sigma_{cr}^{cl}=\frac{1}{\sqrt{3(1-v^2)}}E\frac{t}{R}=254.1$MPa 时，EBA 始终能以较高的精度预测壳体屈曲载荷。但当 R_{eL} 逐渐降低时，该方法的预测精度逐渐下降。例如，当 $R_{eL}=100$ MPa 时，预测误差将超过 20%，这是不可接受的。造成此现象的根源在于，随着 R_{eL} 降低，圆柱壳的失效模式逐渐从弹性屈曲转变为弹塑性屈曲。当发生弹塑性屈曲时，材料塑性的存在会抵消部分能量壁垒。特别是当 R_{eL} 远小于 σ_{cr} 且发生塑性屈曲时，其 F_p-u_p 曲线与横坐标轴无交点，此时能量壁垒方法无法准确预测屈曲载荷。换言之，材料的塑性加速了轴压圆柱壳克服能量壁垒的进程，使得圆柱壳平衡态迁移的障碍减小，相应的屈曲载荷降低。由于材料塑性的存在，圆柱壳可能在能量壁垒完全降至 0 之前失稳，且材料塑性越高，屈曲发生时残余能量壁垒越大。

2　基于 EBA 的轴压圆柱壳下限屈曲设计方法

2.1　方法原理及流程

如前所述，基于 EBA 构建合理的轴压圆柱壳下限屈曲设计方法需要仔细考虑不同的屈曲失效模式。由于 F_p-u_p 曲线可视为轴压圆柱壳在 EBA 中的固有属性，当作用于壳体的轴压 N 逐渐增大时，F_p-u_p 曲线的形态也持续变化，其最显著特征是曲线上逐渐出现峰值和谷值，如图 1(c)所示。峰值和谷值的出现一方面表明探针加载点反力 F_p 的变化，更重要的是反映了圆柱壳屈曲变形行为。正如 F_p-u_p 曲线峰值 F_p^{max} 的变化，谷值 F_p^{min} 的变化同样蕴含圆柱壳屈曲行为的内在特性。基于此，本文提出一种新的轴压圆柱壳屈曲下限设计方法，如图 3 所示。

结合图 3，提出的新设计方法的应用流程可分为五步：

(1)首先对圆柱壳施加轴向压缩载荷 N。为使 F_p-u_p 曲线呈现明显的谷值特征，需保证 $N< N_{per}$，其中 N_{per} 为对应理想圆柱壳的轴压屈曲载荷；

(2)保持 N 恒定，对圆柱壳中高度施加径向位移载荷 u_p(通常设置为壳体厚度的 5 倍或 10 倍)进行扰动探测，获取该轴压 N 下的 F_p-u_p 曲线；

(3)依次增大 N 值，重复第一步和第二步，获取不同轴压 N 下圆柱壳的 F_p-u_p 曲线簇；

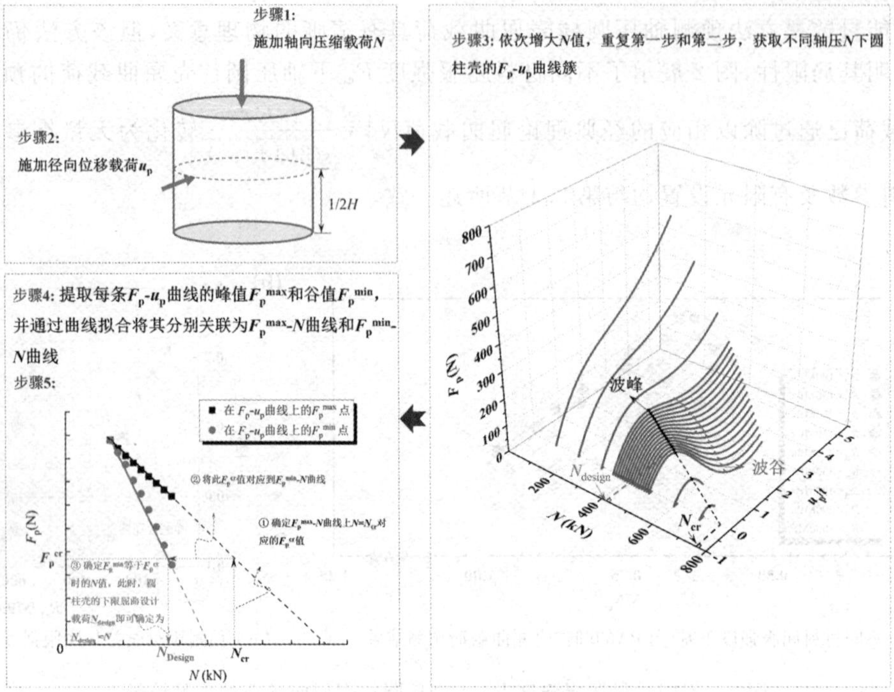

图 3　轴压圆柱壳屈曲下限设计新方法

(4) 提取每条 F_p-u_p 曲线的峰值 F_p^{max} 和谷值 F_p^{min}，并通过曲线拟合将其分别关联至 $F_p^{max}-N$ 曲线和 $F_p^{min}-N$ 曲线；

(5)确定 $F_p^{max}-N$ 曲线上 $N=N_{cr}$ 时对应的 F_p^{cr} 值(N_{cr}为数值计算所得理想圆柱壳屈曲载荷)，并将此 F_p^{cr} 值对应到 $F_p^{min}-N$ 曲线，确定 F_p^{min} 等于 F_p^{cr} 时的 N 值。此时，圆柱壳的下限屈曲设计载荷 N_{design} 即可确定为 $N_{design}=N$。

2.2　新方法的物理意义

本节将阐明新方法的物理意义，按弹性屈曲和弹塑性屈曲两类失效模式展开。

2.2.1　纯弹性屈曲

对于纯弹性屈曲，如第 2 节所述，能量壁垒方法通常能准确地预测轴压圆柱壳的屈曲临界载荷。屈曲发生时，能量壁垒 E_p 或 F_p-u_p 曲线的峰值 F_p^{max} 恰好为零。因此，结合新方法的步骤 5)，当 $N=N_{cr}$ 时对应的 F_p^{cr} 值恰好为零，对应到 $F_p^{min}-N$ 曲线即 $F_p^{min}=0$。此时，不同轴压 N 下 F_p-u_p 曲线的变化通常如图 4 所示。图 4 还展示了弹性圆柱壳在 $F_p=F_p^{max}$ 和 $F_p=F_p^{min}$ 时不同阶段的屈曲模态，以便更清晰地理解新方法。

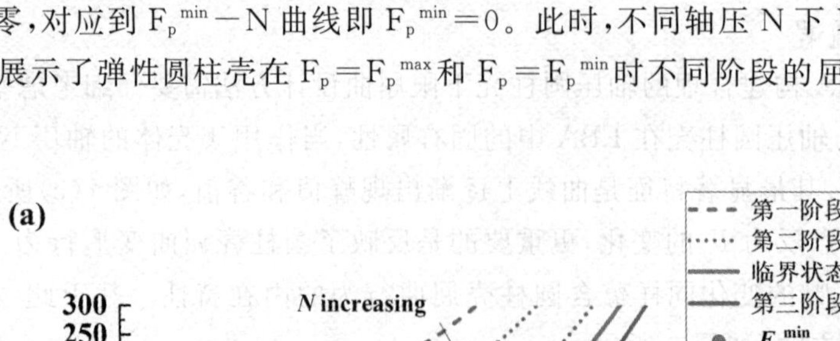

(a)不同轴压 N 下 F_p-u_p 曲线演变

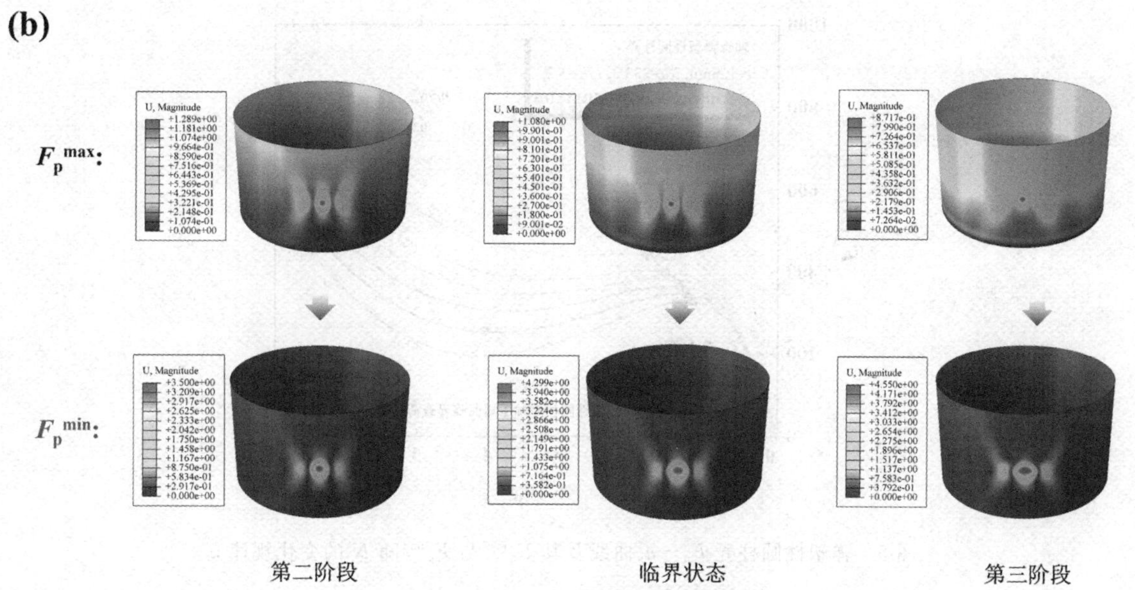

(b) $F_p = F_p^{max}$ 与 $F_p = F_p^{min}$ 时不同阶段的屈曲模态

图 4　纯弹性屈曲下新方法的物理意义

随着 N 逐渐增大，$F_p - u_p$ 曲线的变化主要经历三个阶段。在第一阶段，当 N 较小时，$F_p - u_p$ 曲线呈单调变化且无谷值特征。在第二阶段，随着 N 逐渐增大，$F_p - u_p$ 曲线开始呈现谷值特征且愈发明显。同时，$F_p - u_p$ 曲线逐渐逼近横轴，直至波谷最低点与横轴相切。在第三阶段，N 继续增大，$F_p - u_p$ 曲线与横轴相交直至峰值 F_p^{max} 降至零。可以发现，在第一和第二阶段，$F_p - u_p$ 曲线与横轴无交点。由于施加的轴压载荷较小，此时能量壁垒 E_p 自然较高，圆柱壳几乎不可能发生屈曲失效。仅在第三阶段，$F_p - u_p$ 曲线可与横轴形成闭合区域，这意味着此时圆柱壳的能量壁垒 E_p 可被定量表征。换言之，只有在此情况下，圆柱壳才可能发生屈曲。假设初始缺陷等外部扰动能够克服圆柱壳的能量壁垒，屈曲失效的发生将不可避免。

关于第三阶段，当 $F_p - u_p$ 曲线的谷底恰好与横轴相切时，壳体能量壁垒值为最高。最高能量壁垒意味着圆柱壳失稳需要最大的外部扰动。也就是说，此时该圆柱壳能够承受更严重的初始缺陷扰动。随着 N 进一步增大，$F_p - u_p$ 曲线与横轴围成的闭合区域面积逐渐减小，表明能量壁垒 E_p 逐渐减小。在更高的 N 值下，此时外部扰动更容易克服能量壁垒，圆柱壳更易发生屈曲。

因此，对于纯弹性屈曲，第二阶段与第三阶段的转折点（即 $F_p - u_p$ 曲线谷底与横轴恰好相切的时刻）可被视为轴压圆柱壳下限屈曲设计载荷对应的临界状态。越过该临界状态，由于初始缺陷扰动的影响，圆柱壳更易屈曲，此时给出的下限屈曲设计载荷将趋于冒进。而早于该临界状态时，外部扰动的影响将被高估，圆柱壳的承载能力将被低估，屈曲设计载荷将趋于保守。

2.2.2　弹塑性屈曲

对于弹塑性屈曲，不同轴压下 $F_p - u_p$ 曲线的变化通常如图 5 所示。$F_p - u_p$ 曲线的最低位置（峰值和谷值降至最低值）或称为极限形态通常可用红色曲线表示，对应壳体的临界屈曲状态。在此情况下，$F_p - u_p$ 曲线的波谷未与横轴相切或相交。与纯弹性屈曲相比，可以发现弹塑性屈曲状态下 $F_p - u_p$ 曲线的峰值 F_p^{max} 始终无法降至零。造成此现象的原因在于，当圆柱壳发生弹塑性屈曲时，壳体内必然存在残余材料塑性或塑性能量累积。这种塑性变形不可逆，将导致壳体形状发生永久改变且承载能力下降。若仍按第 3.2.1 节所述纯弹性屈曲下的方法确定屈曲下限设计载荷，所给出的设计载荷将大于理论结果，这是不可接受的。因此，在确定弹塑性屈曲情况下轴压圆柱壳的屈曲设计载荷时，需调整相关步骤或方法。

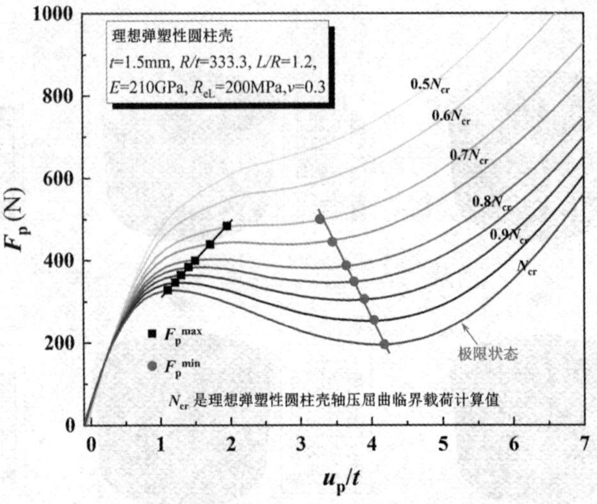

图 5　弹塑性圆柱壳 F_p-u_p 曲线及其 $F_p{}^{max}$ 与 $F_p{}^{min}$ 随 N 的变化规律.

图 6 进一步给出了弹塑性圆柱壳在极限状态下的 F_p-u_p 曲线及对应的 F_p-N 图中 $F_p{}^{max}$ 和 $F_p{}^{min}$ 点分布。

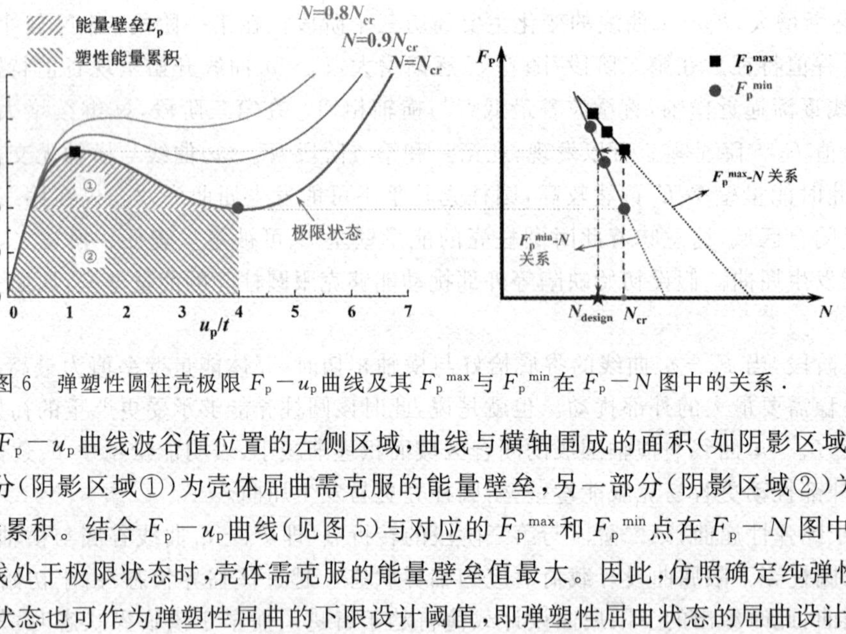

图 6　弹塑性圆柱壳极限 F_p-u_p 曲线及其 $F_p{}^{max}$ 与 $F_p{}^{min}$ 在 F_p-N 图中的关系.

可以看出,在 F_p-u_p 曲线波谷值位置的左侧区域,曲线与横轴围成的面积(如阴影区域所示)通常可分为两部分:一部分(阴影区域①)为壳体屈曲需克服的能量壁垒,另一部分(阴影区域②)为材料塑性引起的壳体塑性能量累积。结合 F_p-u_p 曲线(见图 5)与对应的 $F_p{}^{max}$ 和 $F_p{}^{min}$ 点在 F_p-N 图中的变化趋势,显然当 F_p-u_p 曲线处于极限状态时,壳体需克服的能量壁垒值最大。因此,仿照确定纯弹性屈曲设计载荷的方法,此极限状态也可作为弹塑性屈曲的下限设计阈值,即弹塑性屈曲状态的屈曲设计载荷 N_{design} 可通过此时 $F_p{}^{min}-N$ 图上的 N 值确定,其中 $F_p{}^{min}$ 恰好等于 $N=N_{cr}$ 时对应的 $F_p{}^{max}$ 值。

3　验证与讨论

为进一步验证所提出的下限屈曲设计方法的有效性和合理性,基于现有文献试验结果,本节将通过对比不同失效模式下现有典型方法给出的轴压圆柱壳屈曲设计载荷,进一步讨论该方法的优势。

3.1　弹性屈曲

对于纯弹性屈曲,从已发表文献中选取 12 个轴压圆柱壳,其结构参数、材料参数及对应屈曲载荷试验结果列于表 1。与此同时,本文还选取了三种典型的轴压圆柱壳屈曲载荷设计方法(均考虑初始缺陷影响):NASA SP-8007、单扰动载荷法(SPLA)和基于单边界扰动法(SBPA)的 TH 方法来进行对比讨论。

表 1　已发表文献中受轴向压缩弹性圆柱壳的结构参数、材料性能以及相应的屈曲载荷试验值

No.	Source	Label	R/mm	L/mm	t/mm	R/t	L/R	E/GPa	R_{eL}/MPa	σ_{cr}/MPa	N_{exp}/kN
1	Ref.[31]	TA01	1219	1711	3.38	360.7	1.40	75.842	455	127.23	3060.0
2	Ref.[32]	W3	500	600	1.5	333	1.20	76.169	340	138.25	373.4
3		W4	500	600	1.5	333	1.20	76.407	356	138.68	381.8
4	Ref.[33]	Hu	500	600	1.2	416.7	1.20	201.5	355.7	292.58	563.7
5	Ref.[34]	Wang	500	600	1.5	333.3	1.20	70.0	315	127.05	482.2
6	Ref.[35]	200_0.5_F1	200	350	0.5	400.0	1.75	216.06	404	326.78	108.7
7	Ref.[36]	Full－scale shell	2250	2200	4.43	508	0.98	70.0	350	83.38	3151
8	Ref.[37]	N6	101.6	196.85	0.0986	1030	1.94	172.4	200*	101.22	2.7
9		N9	101.6	196.85	0.0975	1042	1.94	172.4	200*	100.09	3.0
10		N11	101.6	196.85	0.0978	1039	1.94	172.4	200*	100.40	3.9
11		B1	101.6	196.85	0.2050	496	1.94	106.5	350*	130.01	11.3
12		B4	101.6	140.97	0.2634	386	1.39	106.5	350*	167.04	16.7

不同方法给出的设计值与试验结果的相对误差如图 7 所示。由图 7 可见，对于弹性屈曲，本文方法给出的设计值相较于其他设计方法优势明显。对于经典设计指南 NASA SP－8007，该方法给出的设计值不出意料地远小于试验结果，如前所述，NASA SP－8007 由于年代久远已被证明过于保守，不太适合继续作为当今工程薄壳结构的轻量化设计准则；对于 SPLA 给出的折减因子 ρ_{SPLA}，可发现有很大比例的设计值要大于对应的试验值，这表明基于 SPLA 设计的轴压圆柱壳结构是偏于冒进的；而 TH 法作为 Wagner 于 2018 年提出的一种基于 SBPA 的设计方法，尽管在弹性屈曲情况下对于个别轴压圆柱壳中已显示出较高的设计精度，如试件 W3 和 W4，TH 法给出的设计值小于且非常接近于试验结果，但与本文新方法相比，TH 法的稳健性相对较差，对于不同的轴压圆柱壳结构，其给出的设计值相较于试验值的波动性较大，可观察到 TH 方法给出的设计值有时甚至大于试验结果，如 Hu 试验结果。

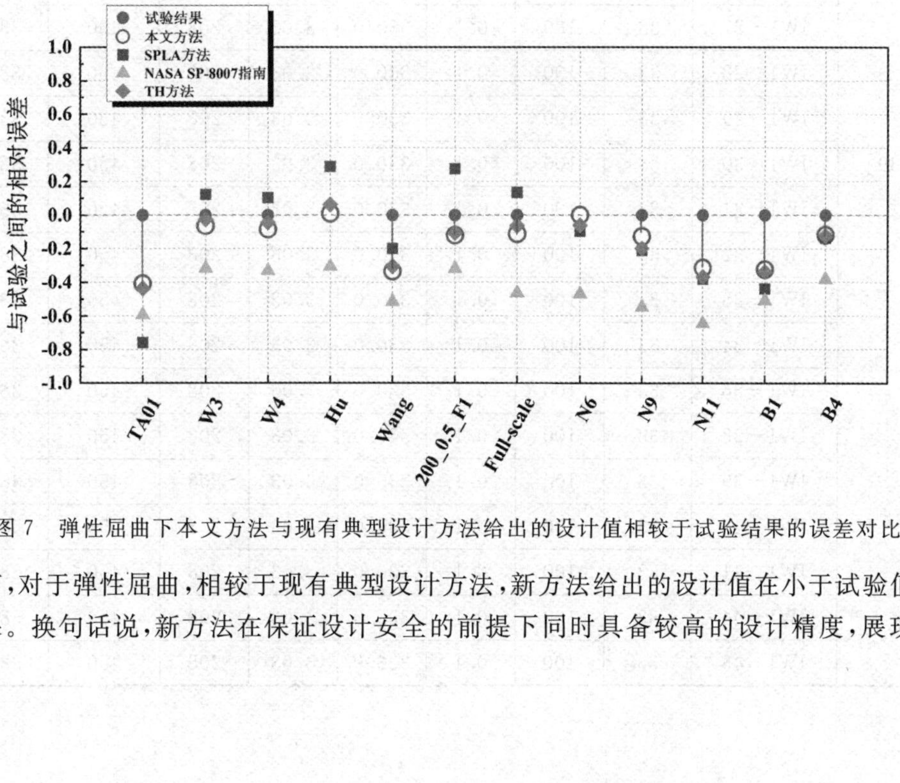

图 7　弹性屈曲下本文方法与现有典型设计方法给出的设计值相较于试验结果的误差对比

总体而言，对于弹性屈曲，相较于现有典型设计方法，新方法给出的设计值在小于试验值的同时更加接近试验结果。换句话说，新方法在保证设计安全的前提下同时具备较高的设计精度，展现出了一定的先进性。

3.2 弹塑性屈曲

前已提及,本文新方法的主要优势在于当轴压圆柱壳发生弹塑性屈曲时,能够更准确且安全地给出屈曲载荷下限设计值,减少设计冗余。对于弹塑性屈曲情况,与第 4.1 节相同,本节仍采用现有文献公开报道的 35 个弹塑性圆柱壳试件试验结果作为基准。这些轴压圆柱壳具体的结构参数、材料性能及屈曲载荷试验结果列于表 2。

表 2 已发表文献中受轴向压缩弹塑性圆柱壳的结构参数、材料性能以及相应的屈曲载荷试验值

No.	Source	Label	R/mm	L/mm	t/mm	R/t	L/R	E/GPa	R_{eL}/MPa	σ_{cr}/MPa	N_{exp}/kN
1	Ref.[37]	ST－1	117.86	148.6	0.456	258.2	1.26	180.6	180	423.1091	56.1
2		ST－2	118.36	148.6	0.453	261.5	1.26	180.6	180	417.8137	48.5
3		ST－3	117.91	148.6	0.46	256.3	1.26	180.6	180	426.2656	46.8
4		ST－4	118.49	148.6	0.455	260.2	1.25	180.6	180	419.9373	51.4
5		ST－5	118.49	148.6	0.457	259.4	1.25	180.6	180	421.1361	49.9
6		ST－6	117.86	148.6	0.454	259.4	1.26	180.6	180	421.2549	41.7
7	Ref.[38]	$1^{\#}$	400	560	1.19	336.1	1.40	210	280	377.9738	594.1
8		$2^{\#}$	450	560	1.21	371.9	1.24	210	280	341.6233	638.7
9		$3^{\#}$	500	560	1.2	416.7	1.12	210	280	304.92	679.4
10	Ref.[39]	IW1－18	101.6	196.85	0.0975	1042	1.94	172.4	200^{*}	100.09	3.0
11		IW1－19	101.6	196.85	0.0978	1039	1.94	172.4	200^{*}	100.40	3.9
12		IW1－20	101.6	196.85	0.2050	496	1.94	106.5	350^{*}	130.01	11.3
13		IW1－21	101.6	144.78	0.1852	549	1.43	106.5	350^{*}	117.45	7.2
14		IW1－22	101.6	140.97	0.2634	386	1.39	106.5	350^{*}	167.04	16.7
15		IW1－23	33	100	0.1	330.0	3.03	208	450	381.3	4.50
16		IW1－24	33	100	0.1	330.0	3.03	208	450	381.3	4.51
17		IW1－26	33	100	0.1	330.0	3.03	208	450	381.3	3.89
18		IW1－27	33	100	0.1	330.0	3.03	208	450	381.3	4.01
19		IW1－28	33	100	0.1	330.0	3.03	208	450	381.3	3.82
20		IW1－29	33	100	0.1	330.0	3.03	208	450	381.3	4.50
21		IW1－30	33	100	0.1	330.0	3.03	208	450	381.3	4.27
22		IW1－31	33	100	0.1	330.0	3.03	208	450	381.3	3.99
23		IW1－32	33	100	0.1	330.0	3.03	208	450	381.3	4.16
24		IW1－33	33	100	0.1	330.0	3.03	208	450	381.3	4.24
25		IW1－34	33	100	0.1	330.0	3.03	208	450	381.3	4.49
26		IW1－36	33	100	0.1	330.0	3.03	208	450	381.3	4.46
27		IW1－38	33	100	0.1	330.0	3.03	208	450	381.3	4.20
28		IW1－39	33	100	0.1	330.0	3.03	208	450	381.3	4.00
29		IW1－40	33	100	0.1	330.0	3.03	208	450	381.3	4.08
30		IW1－41	33	100	0.1	330.0	3.03	208	450	381.3	4.03
31		IW1－44	33	100	0.1	330.0	3.03	208	450	381.3	4.23
32		IW1－45	33	100	0.1	330.0	3.03	208	450	381.3	3.99

（续表）

No.	Source	Label	R/mm	L/mm	t/mm	R/t	L/R	E/GPa	R_{eL}/MPa	σ_{cr}/MPa	N_{exp}/kN
33	Ref.[35]	150_1_D1	150	350	1	150.0	2.33	216.21	768	872.1	371.8
34		150_1_D2	150	350	1	150.0	2.33	216.21	768	872.1	387.6
35	Ref.[40]	SST－1	250	500	0.5	500.0	2.00	193	215	233.5	70.2

对于弹塑性屈曲，前述三种具有代表性的设计方法（NASA SP－8007、SPLA 和 TH）仍与本文方法进行对比，如图 8 所示。从图中可以发现，本文方法给出的折减因子 ρ_{KDF} 数据点始终位于等值线的下方，即新方法给出的设计结果始终低于相应的试验结果，这表明新方法以安全性为首要考虑，本质上是偏于安全的。相比之下，基于 SPLA 方法给出的轴压圆柱壳弹塑性屈曲载荷设计值大多高于试验结果，这表明 SPLA 方法对于弹塑性屈曲可能已不适用。而对于 TH 和 NASA SP－8007 两种方法而言，尽管两方法给出的设计结果均远离图中的等值线，表明也能给出安全的轴压圆柱壳弹塑性屈曲设计载荷，但两类方法给出的设计值与试验值之间的误差要明显大于本文方法，这也证明了当轴压圆柱壳发生弹塑性屈曲时，TH 方法和 NASA SP－8007 相较于新方法更为保守，本文方法具有更高的设计精度。

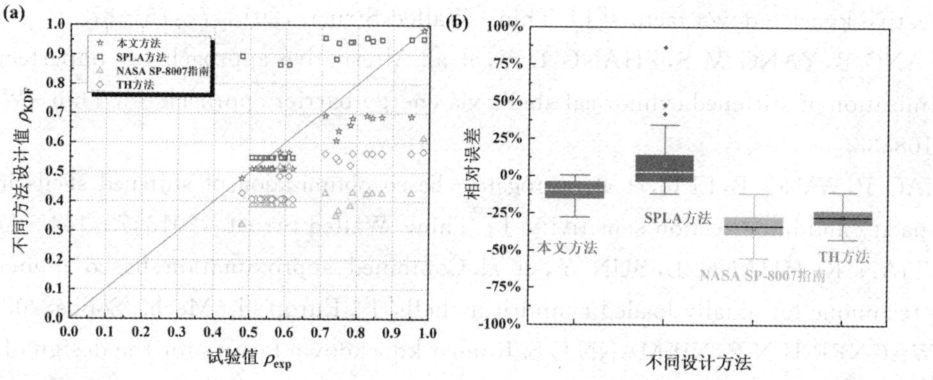

图 8　弹塑性屈曲下本文方法与现有典型设计方法给出的设计值相较于试验结果对比与误差分析

4　结　语

本文建立了基于能量壁垒理论的轴压弹塑性圆柱壳屈曲下限载荷设计方法，并通过与现有文献中公开报道的试验结果进行了对比，验证了其有效性和可靠性。主要结论如下：

(1)能量壁垒方法在预测轴压圆柱壳屈曲载荷方面存在一定局限性。当壳体发生弹性屈曲时，EBA 通常具有较高预测精度，一旦壳体发生弹塑性屈曲，EBA 往往难以准确预测出轴压圆柱壳的屈曲临界载荷。

(2)F_p-u_p 曲线谷底与横轴恰好相切时对应的轴压载荷具有明确的物理意义，可作为弹性圆柱壳屈曲载荷的下限预测值。此时壳体的能量壁垒值最大，意味着圆柱壳屈曲需要更大的外部扰动，且圆柱壳能够承受更严重初始缺陷的扰动。

(3)对于发生弹塑性屈曲的轴压圆柱壳，其屈曲发生时能量壁垒并未完全降至 0，表现为 F_p-u_p 曲线上峰值 $F_p^{max}\neq 0$，能量壁垒为 0 时壳体屈曲的结论仅适用于弹性屈曲。

(4)本文提出的新方法在保证设计安全性的前提下，新方法能有效提升轴压圆柱壳的屈曲设计载荷，并具有减小壳体壁厚的潜力，这对未来大型薄壁圆柱壳结构的轻量化设计具有优势。

参考文献

[1] WAGNER H N R，HüHNE C，ELISHAKOFF I. Probabilistic and deterministic lower－bound

design benchmarks for cylindrical shells under axial compression[J]. Thin - Walled Struct. ,2020,146:106451.

[2] FAN H G. Critical buckling load prediction of axially compressed cylindrical shell based on non-destructive probing method[J]. Thin - Walled Struct. ,2019,139:91—104.

[3] WAGNER H N R,HüHNE C. Robust knockdown factors for the design of cylindrical shells under axial compression:Potentials,practical application and reliability analysis[J]. Int. J. Mech. Sci. ,2018,135:410—430.

[4] DEGENHARDT R,CASTRO S G P,ARBELO M A,et al. Future structural stability design for composite space and airframe structures[J]. Thin - Walled Struct. ,2014,81:29—38.

[5] 王庆,范海贵,侯怡航,等．基于局部探测法的外压球壳屈曲载荷设计方法研究[J]. 压力容器,2024,41(4):22—33.

[6] 刘佳锋,向志海,薛明德．内压与轴向拉力作用下锥壳与圆筒连接结构的屈曲分析[J]. 压力容器,2023,40(4):21—29.

[7] CASTRO S G P,ZIMMERMANN R,ARBELO M A,et al. Exploring the constancy of the global buckling load after a critical geometric imperfection level in thin - walled cylindrical shells for less conservative knock - down factors[J]. Thin - Walled Struct. ,2013,72:76—87.

[8] WANG B,YANG M S,ZHANG D Y,et al. Alternative approach for imperfection - tolerant design optimization of stiffened cylindrical shells via energy barrier approach[J]. Thin - Walled Struct. ,2022,172:108838.

[9] HAO P,WANG B,LI G,et al. Surrogate - based optimization of stiffened shells including load - carrying capacity and imperfection sensitivity[J]. Thin - Walled Struct. ,2013,72:164—174.

[10] TIAN K,HUANG L,SUN Y,et al. Combined approximation based numerical vibration correlation technique for axially loaded cylindrical shells[J]. Europ. J. Mech. Solids,2022,93:104553.

[11] WAGNER H N R,NIEMANN C S. Robust knockdown factors for the design of axially loaded cylindrical and conical composite shells - Development and validation[J]. Composite Struct. ,2017,173:281—303.

[12] HüHNE C,ROLFES R,BREITBACH E,et al. Robust design of composite cylindrical shells under axial compression - Simulation and validation[J]. Thin - Walled Struct. ,2008,46:947—962.

[13] ARBELO M A,DEGENHARDT R,CASTRO S G P,et al. Numerical characterization of imperfection sensitive composite structures[J]. Compos. Struct. ,2014,108:295—303.

[14] WANG B,HAO P,LI G,et al. Determination of realistic worst imperfection for cylindrical shells using surrogate model[J]. Struct. Multidiscip. Optim. ,2013,48(4):777—794.

[15] CROLL J G A. Towards a rationally based elastic - plastic shell buckling design methodology [J]. Thin - walled Structures,1995,23(1):67—84.

[16] WAGNER H N R,HüHNE C,ROHWER K,et al. Stimulating the realistic worst case buckling scenario of axially compressed unstiffened cylindrical composite shells [J]. Composite Structures,2017,160:1095—1104.

[17] WAGNER H N R,HüHNE C,NIEMANN S. Robust knockdown factors for the design of axially loaded cylindrical and conical composite shells - Development and validation[J]. Composite Structures,2017,173:281—303.

[18] MEURER A,KRIEGESMANN B,DANNERTM,et al. Probabilistic perturbation load approach for designing axially compressed cylindrical shells[J]. Thin - Walled Structures,2016,107:648—656.

[19] ZHANG D, CHEN Z, LIY, et al. Lower - bound axial buckling load prediction for isotropic cylindrical shells using probabilistic random perturbation load approach[J]. Thin - Walled Structures, 2020, 155: 106925.

[20] KEPPLE J, HERATH M T, PEARCE G, et al. Stochastic analysis of imperfection sensitive unstiffened composite cylinders using realistic imperfection models[J]. Composite Structures, 2015, 126: 159—173.

[21] HUTCHINSON J W, THOMPSON J M T. Imperfections and energy barriers in shell buckling[J]. Int. J. Solids Struct., 2018, 148: 157—168.

[22] GERASIMIDIS S, VIROT E, HUTCHINSON J W, et al. On establishing buckling knockdowns for imperfection - sensitive shell structures[J]. J. Appl. Mech., 2018, 85(9): 091010.

[23] EVKIN A Y, KRASOVSKY V, LYKHACHOVA O V, et al. Local buckling of axially compressed cylindrical shells with different boundary conditions[J]. Thin - Walled Struct., 2019, 141: 374—388.

[24] HORÁK J, LORD G J, PELETIER M A. Cylinder buckling: the mountain pass as an organizing center[J]. SIAM J. Appl. Math., 2006, 66(5): 1793—1824.

[25] THOMPSON J M T, SIEBER J. Shock - sensitivity in shell - like structures: with simulations of spherical shell buckling[J]. Int. J. Bifurcation & Chaos, 2016, 26(2): 1630003.

[26] VIROT E, KREILOS T, SCHNEIDER T M, et al. Stability landscape of shell buckling [J]. Phys. Rev. Lett., 2017, 119(22): 224101.

[27] FAN H. Critical buckling load prediction of axially compressed cylindrical shell based on non - destructive probing method[J]. Thin - Walled Struct., 2019, 139: 91—104.

[28] FAN H, GU W, LI L, et al. Buckling design of axially compressed cylindrical shells based on energy barrier approach[J]. Int. J. Struct. Stab. Dyn., 2021: 2150165.

[29] ABRAMIAN A, VIROT E, LOZANO E, et al. Nondestructive prediction of the buckling load of imperfect shells[J]. Phys. Rev. Lett., 2020, 125: 225504.

[30] YADAV K K, CUCCIA N L, VIROT E, et al. A nondestructive technique for the evaluation of thin cylindrical shells' axial buckling capacity[J]. J. Appl. Mech., 2021, 88(5).

[31] WAGNER H N R, HüHNE C, NIEMANN S, et al. Buckling of launch - vehicle cylinders under axial compression: A comparison of experimental and numerical knockdown factors[J]. Thin - Walled Struct., 2020, 155: 106931.

[32] WANG B, DU K, HAO P, et al. Experimental validation of cylindrical shells under axial compression for improved knockdown factors[J]. Int. J. Solid Struct., 2019, 164: 37—51.

[33] HU F Q, LI P F, HE Z. Buckling impact analysis of cylinderial shells with opening and reinforcement under axial compression[J]. South. Eng. Constr., 2018, 5(4): 60—65.

[34] WANG B, ZHU S, HAO P, et al. Buckling of quasi - perfect cylindrical shell under axial compression: a combined experimental and numerical investigation[J]. Int. J. Solid Struct., 2018, 130: 232—247.

[35] GORBACHOV A, STRANGHÖNER N, ROTTER J M. Buckling behaviour of axially compressed cylindrical shells made of stainless steel[J]. Ce/Pap, 2017, 1: 828—837.

[36] WANG B, DU K, HAO P, et al. Numerically and experimentally predicted knockdown factors for stiffened shells under axial compression[J]. Thin - Walled Structures, 2016, 109: 13—24.

[37] ARBOCZ J, ABRAMOVICH H. The initial imperfection data bank at the Delft university of technology, Part 1: Department of aerospace engineering[R]. Delft University of Technology, 1979.

[38] JIAO P, CHEN Z, TANG X S W, et al. Design of axially loaded isotropic cylindrical shells using multiple perturbation load approach - simulation and validation[J]. Thin - Walled Struct. ,2018, 133:1—16.

[39] VERDUYN W D, ELISHAKOFF I. A testing machine for statiscial analysis of small imperfect shells: Part 1[R]. Delft University of Technology, Department of Aerospace Engineering, Delft, Netherlands, 1982.

[40] KALNINS K, ARBELO M A, OZOLINS O, et al. Degenhardt, Experimental nondestructive test for estimation of buckling load on unstiffened cylindrical shells using Vibration Correlation Technique[R]. Shock Vib. ,2015.

作者简介

焦鹏(1993),男,副研究员,博士,主要从事薄壳结构强度与稳定性研究,通信地址:310027 浙江省杭州市西湖区浙大路 38 号浙江大学玉泉校区特种装备研究所,E—mail:jiaop@zju. edu. cn。

局部轴压下非均匀分布加筋圆柱壳的优化设计

许滉洋，焦　鹏，朱　政，许炎伟，陈志平
（浙江大学 能源工程学院 特种装备研究所，杭州　310027）

摘　要：加筋圆柱壳因其优秀的承载性能而广泛应用于工程领域。现有研究主要针对均匀轴压下加筋圆柱壳的轻量化设计，而对于壳体顶端局部受压的局部轴压工况缺少研究。本文针对局部轴压载荷下薄壁加筋圆柱壳的屈曲优化问题，提出了一种基于深度学习技术的非均匀分布加筋圆柱壳的智能优化框架。通过设计非均匀分布的加筋路径，利用灰度图像表征加筋路径，完成局部轴压薄壁加筋圆柱壳的有限元建模。在此基础上，建立了包含非均匀加筋的图像数据集。使用CNN模型构建了代理模型并结合优化算法建立优化框架，进行了非均匀加强筋的布局优化。优化结果表明，在考虑加强筋非均匀分布的情况下，结构的临界屈曲载荷提升为9.55％，为实际工程应用中加筋圆柱壳的结构设计和分析提供了一定的参考价值。

关键词：优化设计；加筋圆柱壳；深度学习；屈曲分析；局部轴压

Optimized design of non－uniformly distributedstiffenered cylindrical shells under local axial load

XU Huangyang，JIAO Peng，ZHU Zheng，XU Yanwei，CHEN Zhiping
（Institute of Advanced Equipment，College of Energy Engineering，
Zhejiang University，Hangzhou 310027，China）

Abstract：Stiffenered cylindrical shells are widely used in engineering fields due to their excellent load－carrying capacity. Current research mainly focuses on the lightweight design of stiffenered cylindrical shells under uniform axial load，while there is a lack of research on the localized axial load condition in which the top of the shell is locally pressurized. In this paper，an intelligent optimization framework for non－uniformly distributed stiffenered cylindrical shells based on deep learning technology is proposed for the buckling optimization of thin－walled stiffenered cylindrical shells under localized axial compressive loads. The finite element modeling of thin－walled stiffenered cylindrical shells under local axial load is completed by designing non－uniformly distributed stiffener paths and characterizing the stiffener paths using grayscale images. On this basis，an image dataset containing non－uniform stiffener is established. The CNN model was used to construct a proxy model and combined with an optimization algorithm to establish an optimization framework for the layout optimization of non－uniform stiffener. The optimization results show that the critical buckling load of the structure is improved to 9.55％ under the consideration of the non－uniform distribution of stiffener，which provides a certain reference value for the structural design and analysis of stiffenered cylindrical shells in practical engineering applications.

Keywords：optimized design；stiffenered cylindrical shell；deep learning；buckling analysis；local axial pressure

0 引 言

加筋圆柱壳由圆柱壳蒙皮和筋条组成,具有较高的比强度和刚度。加筋能够大大提高结构的承载能力。因其在抵抗轴向压缩载荷的结构优势,加筋圆柱壳被广泛应用于航天航空、海洋船舶等领域[1-2]。在航空航天工程领域,加筋圆柱壳结构作为典型的薄壁 承力结构,常常用作运载火箭的各承力部段[3-5]。在运载火箭发射和飞行过程中,箭体需要承受巨大的轴压载荷,因此网格加筋筒壳的主要工况为承受轴向压力。当承受轴压时,屈曲失稳是加筋圆柱壳的主要失效形式[6-7]。

为了让加筋圆柱壳在尽可能轻量化的同时具有高承载能力,建立经济效益的最大化,轴向压缩下加筋圆柱壳的屈曲优化也就成了备受关注的研究主题。设计者通常需要在保证足够承载能力的同时尽可能地减轻航天器的结构重量,特别强调找到最小重量或最大性能设计[8-9]。因此,如何提高加筋结构的承载效率成为研究的热点[10]。

代理模型常被用于加筋壳的优化,以减少优化过程中因结构分析而产生的负担。荣运高等[11]提出了一种新型的非均匀截面的加筋圆柱壳结构设计方法,通过 90 组样本建立了 Kriging 代理模型,进行加筋圆柱壳结构优化设计,结果证明对于三种不同规格尺寸,该设计方法使结构的承载效率分别提升了 31.5%、27.0%、24.1%。郝鹏等[12]提出了一种有效的加筋壳切口加固优化框架,基于混合模型的新型双层策略对曲线加筋进行优化,采用径向基函数模型结合多岛遗传算法对加筋壳进行优化,寻求全局最优设计,实现了曲线加劲下 16%极限载荷的增加。

近年来,作为一种数据驱动的方法,深度学习方法在解决复杂非线性关系问题中受到了广泛的关注。因此,深度学习模型被用作解决高维非线性问题的替代模型。这些模型为降低结构分析和优化成本以及增强结构设计的有效性提供了巨大的潜力。王俊逸等[13]通过训练 ResNet 神经网络对加筋圆柱壳失稳模态图像进行识别,对加筋圆柱壳进行精细化优化设计,使加筋壳平均减重约 7.06%。针对带切口的加筋板,Peng Hao 等[14]提出了一种非均匀布局变厚度曲线加筋板的优化方法,他们利用卷积神经网络建立了由流函数定义的曲线加筋路径结构特征与结构承载性能之间的非线性关系。

尽管取得了这些重大成就,但在加筋圆柱壳的优化设计方面仍然存在挑战。在实际应用场景中,薄壁圆柱壳结构更容易受到外部相邻结构或装置引起的不均匀轴向压缩载荷。在运载火箭的发射过程中,贮箱筒段等关键承力结构会受到沿圆周方向的不均匀轴向压缩[15]。其中局部轴向压缩载荷,最常见的非均匀轴向压缩载荷之一。针对局部轴向压缩载荷工况,需要引入非均匀的设计理念与方法。在这样的背景下,亟需研发创新高效的优化设计方法以充分发挥加筋圆柱壳的结构优势。

为此,本文提出了一种局部轴压下非均匀分布网格加筋圆柱壳的智能优化框架。该框架构建了非均匀分布的直线加筋的图像数据集,利用 CNN 构建代理模型,并通过优化算法来进行迭代优化。

1 非均匀分布网格加筋的分布表示方法

在以往的研究中,针对均匀轴压,直型网格加筋板的构型局限于一些常见的形式,如正格栅、等格栅和 kagome 构型等[16]。对于局部轴向载荷,非均匀分布的直型网格加筋可能更具优势,但是,缺乏高效的布局表示方法。相比考虑布局参数,将图像数据作为设计变量参数能够直接反映出结构布局的分布规律。通过图像数据驱动方法进行结构优化已成为近些年研究的重点。因此,本文针对非均匀分布的直线型网格加筋板的布局设计,提出了较为新颖的分布表示方法。

与直接在空间曲面上进行设计相比,在平面上设计加筋路径难度较小。因此,可以在二维平面中进行加筋分布的定义。非均匀直线加筋形式分为周向和轴向两种,每根筋条均仅由直线的节点确定,并且同种筋条曲线的节点均处于设计平面边界上。对于加筋节点可以通过数组$[x_1, x_2, \cdots, x_n]$进行定义,其中 n 为加强筋的数量,x_i 表示第 i 个加强筋的节点位置。选择以同种分布(轴向 / 周向)筋条为单位同时定义多根筋条。对于一组分布类型相同(轴向 / 周向)的直线加筋的节点分布,采用如式(1)分布函数进行描述，其中 a 和 b 是待确定的参数。

通过调整不同的 a、b 取值和加强筋数量，可以进行不同加筋路径的设计。以某单调递增函数 $f(x)$ 为例，将函数对应到点的分布上，节点分布可按照式(2)(3)(4) 以及图 1 获得，其中 n 代表相同类型的筋数量，$L(i)$ 代表第 i 条线段长度占区域总长度的比例。如此，在生成一组分布类型相同(轴向 / 周向) 的直线加筋的节点分布时，仅需要确定控制分布函数的参数 a、b，以及控制节点数量的参数 n 三个值即可。

$$f(x) = x^a (1-x)^b \tag{1}$$

$$l(i) = f\left(\frac{i}{n+2}\right) \tag{2}$$

$$L = \sum_{i=1}^{n+1} l(i) \tag{3}$$

$$L(i) = l(i)/L \tag{4}$$

式中，$f(x)$ 为加强筋的分布函数；a、b 为分布函数中的可调参数；$l(i)$ 为第 i 个节点的权重；n 为加强筋数量；L 为所有节点的总体权重；$L(i)$ 为第 i 个节点间距占总体的权重。

为了防止出现过于极端或无意义的加筋节点分布，增大设计的差异性与适用性，提高设计效率，在采样时对参数 a、b 的取值进行了限制。将 a、b 的采样范围设置在区间[−1,1]，且两者最大差值为 0.5，这样能够较为合理切实际地表现所设想的不同分布形式。

对轴向加筋和周向加筋两个加筋方向，都进行了上述的加筋设计，因此用于加强筋设计的参数为[n_1,n_2,t_r,h,a_1,b_1,a_2,b_2]，其中 n_1、n_2 分别为周向加筋和轴向加筋数量，t_r、h 为加强筋的厚度与高度，a_1，b_1 为周向分布函数参数，a_2，b_2 为轴向分布函数参数。例如设计参数为[8.0,11.0,4.0,20.0,−1.0,−0.52,−0.83,−0.35] 的加强筋分布图像如图 2 所示。

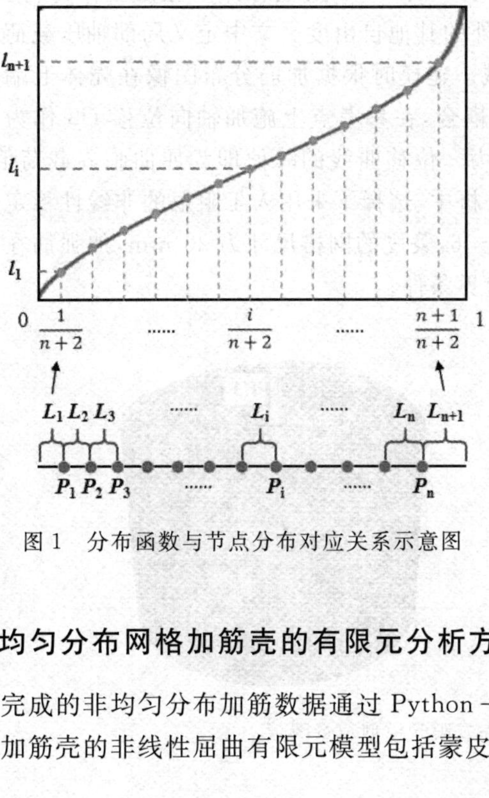

图 1　分布函数与节点分布对应关系示意图

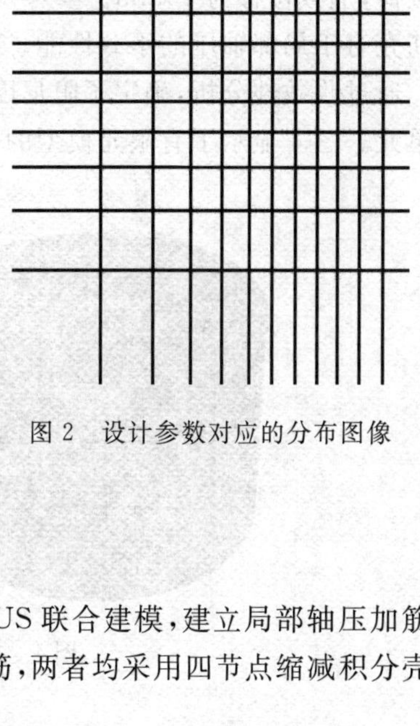

图 2　设计参数对应的分布图像

2　非均匀分布网格加筋壳的有限元分析方法

将设计完成的非均匀分布加筋数据通过 Python - ABAQUS 联合建模，建立局部轴压加筋壳有限元分析模型。加筋壳的非线性屈曲有限元模型包括蒙皮和加强筋，两者均采用四节点缩减积分壳层单元—

S4R 单元。为了简化描述与定位，拟采用基于平面网格弯曲的方法对加强筋进行建模[17-18]。

基于平面网格弯曲的方法首先在二维平面上对加强筋的分布形式进行建模，再通过 Wrapmesh 插件将筋条组卷成圆柱形，筋条网格的卷曲通过程序插件实现，如图 3 所示。假设圆柱壳内径 r，平面筋条上有一点 (x,z)，绕 y 轴进行卷曲后对应于点 (x',z')，附着在半径为 $r-x$ 的圆柱面上，对于平面筋条上 z 坐标相同的点，卷曲后对应 θ 值相同，均为 z/r。加强筋卷曲后的坐标可以根据几何关系按照式(5)(6)计算得到。该建模方法简单有效，可以考虑将其应用于未来更加复杂的加筋构型的构造。

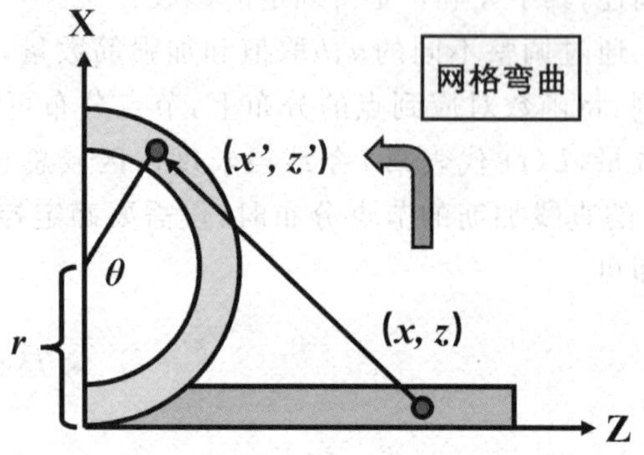

图 3　平面网格弯曲与筋条坐标变换原理示意图

$$x'=r-(r-x)\cos\theta=r-(r-x)\cos\frac{z}{r} \tag{5}$$

$$z'=(r-x)\sin\theta=(r-x)\sin\frac{z}{r} \tag{6}$$

式中，x、z 为平面筋条上点的坐标；x'、z' 为卷曲后筋条上点的坐标；r 为卷曲圆柱壳的半径；θ 为卷曲对应的角度

考虑到局部轴向载荷和圆柱壳结构的对称性，为简化设计模型，本文考虑了载荷形式为等距对称分布的 4 部分局部载荷条件，并取 1/8 圆柱壳进行加筋路径的设计。以图中设计的曲线组分布(1/8 圆柱壳)为例，在 ABAQUS 中筋条建模和卷曲时以设计加筋路径过程整体(1/8 圆柱壳)为一个基本块，其余通过对称阵列的形式生成，以提高建模效率，最后筋条与圆柱壳通过绑定束连接。该模型为后续的屈曲行为分析和路径优化设计奠定了基础。

设计模型的结构参数和材料参数根据研究，见表 1 所列，采用理想弹塑性模型作为材料本构模型。结构下端施加固支约束，上端面约束除轴向位移以外的其他自由度。文中定义局部轴压载荷的施加范围为壳体顶部四个对称分布，圆心角为 30°的扇形区域。建模时根据加筋分布图像在壳体上端面划分 4 个 30°的圆弧，并将加载区域的所有节点与参考点 RP 耦合，在参考点上施加轴向位移 U3 作为位移控制的轴向压缩载荷，加载位移为 10mm。参考点的支反力—位移曲线的峰值即为屈曲临界载荷值，表示该薄壁圆柱加筋壳对于局部轴压的承载性能。在屈曲分析中，选择了采用人工阻尼的非线性稳定算法进行有限元计算。通过收敛性分析，确定了阻尼因子为 1e−6，蒙皮的网格尺寸为 20 mm，加强筋在高度方向上具有 2 个单元。图 4 显示了有限元模型的网格和边界条件。

图 4　加筋圆柱壳有限元模型示意图

表 1　加筋圆柱壳有限元模型的尺寸及材料参数

参数	数值
半径 R/mm	1500.0
高度 L/m	2000.0
壁厚 t_s/mm	2.0
弹性模量 E/GPa	70
泊松比 v	0.33
屈服强度 σ_s/MPa	410
密度 ρ/kg/mm^3	2.7×10^{-6}

3　基于 CNN 模型和智能优化算法的优化框架

加筋路径图像数据以及加强筋高度厚度数据在形状上有很大差异，使用常规神经网络很难有效地从两者中提取特征。因此提出了结合 CNN 代理模型和智能优化算法的新型优化框架，用于非均匀分布网格加筋壳的设计。首先，采用 CNN 卷积神经网络模型，使用不同子结构网络从创建的图像数据和加强筋结构参数中提取重要信息，与加筋壳非线性屈曲载荷建立了非线性映射关系。最后，基于 CNN 代理模型采用智能优化算法寻求限定质量下最大屈曲载荷的加强筋布局设计。

3.1　CNN 模型结构

根据数据维度的不同，将输入数据分为两类，即二维加筋路径灰度图像和包含加强筋厚度高度的一维几何特征。模型的架构如图 5 所示。选择整流线性单元(ReLU)激活函数和均方误差(MSE)损失函数进行优化。为了避免过度拟合，模型采用了 L2 正则化处理。

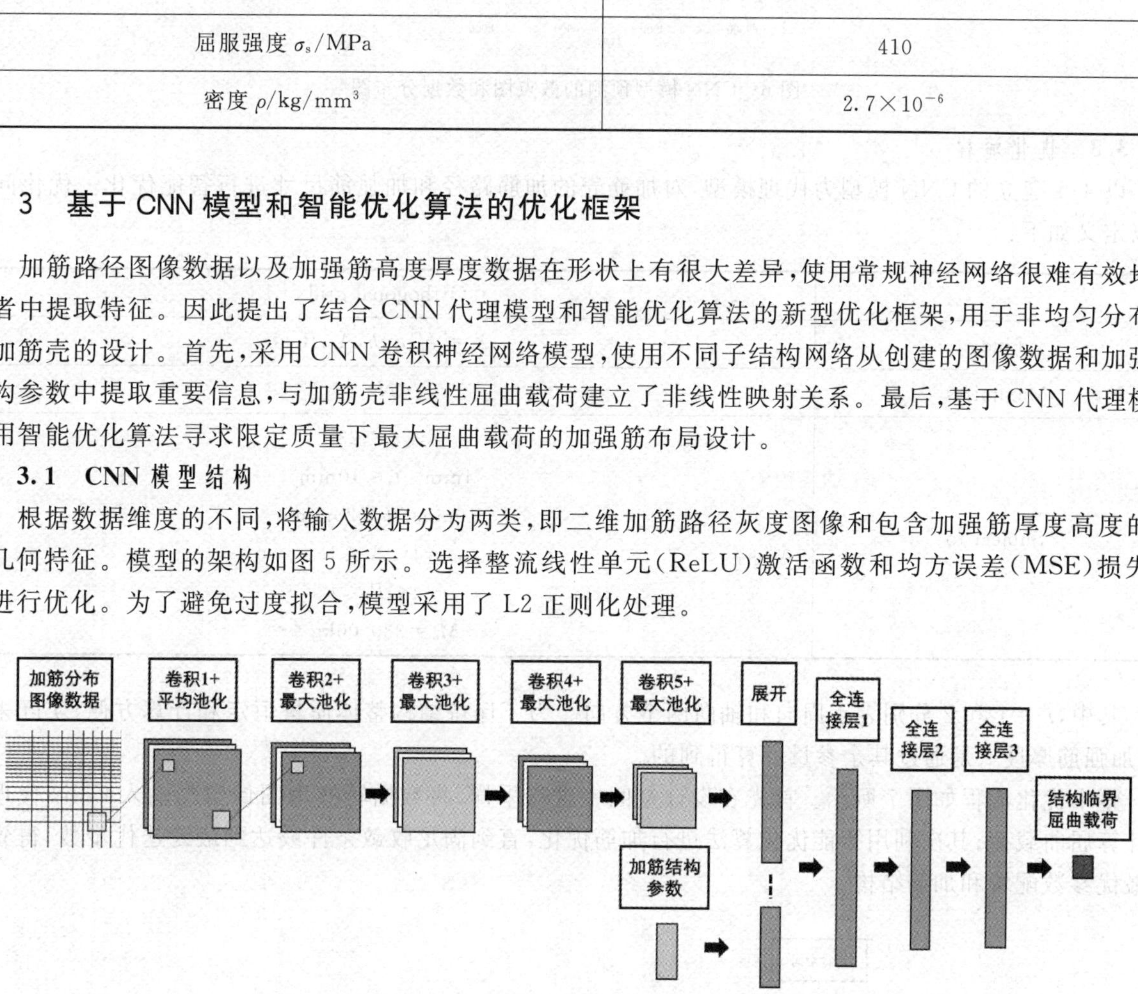

图 5　加筋圆柱壳 CNN 预测模型的基本架构

3.2　模型训练与评价

利用 500 组数据对 CNN 模型进行训练与测试，并选择均方根误差(RMSE)和决定系数(R^2)这两个主要指标作为评估模型预测精度的指标。

如图 6 所示，加筋壳的局部轴压临界屈曲载荷 N 预测结果和真实值的拟合点集中分布在 $y=x$ 直线上，代表模型具有较高的回归精度，同时训练集与测试集相似的分布趋势也佐证了数据集划分的合理性。对于红点表示的训练数据集，$RMSE$ 和 R^2 分别为 2.49%和 99.2%，对于蓝点表示的测试数据集，$RMSE$ 和 $R2$ 分别为 3.58%和 98.10%，这些指标表明所建立的 CNN 代理模型能够准确地反映加筋结构特征与屈曲载荷之间的非线性关系。

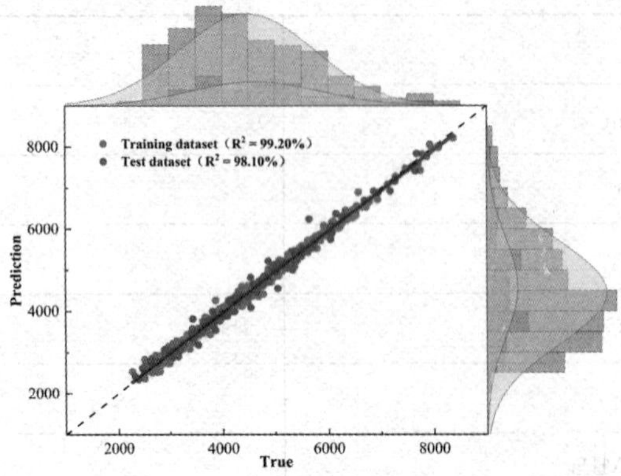

图 6　CNN 模型预测的散点图和数据分布图

3.3　优化流程

以 4.1 建立的 CNN 模型为代理模型，对加筋壳的加筋路径和加强筋尺寸进行智能优化。优化问题可以定义如下：

	Orthogonal grid
Find:	$X=[n_i, t_r, h, A_i, B_i]$
Maximizes	N
Subject to	$8\leqslant n_i\leqslant 23$ $4\text{mm}\leqslant t_r\leqslant 10\text{mm}$ $10\text{mm}\leqslant h\leqslant 20\text{mm}$ $-1\leqslant A_i\leqslant 1$ $-1\leqslant B_i\leqslant 1$ $M_0=330.00\text{kg}$

其中，$i=1$ 和 2 分别表示周向和轴向两个方向。为了保持结构整体质量恒定和计算方便，实际采样时，加强筋厚度 t_r 是通过其余参量计算得到的。

整个优化流程如图 7 所示。首先在设计空间中进行采样，将数据转换为图像数据输入 CNN 代理模型计算屈曲载荷；其次利用智能优化算法进行加筋优化，直到满足收敛条件或达到最终迭代步数，得到全局最优参数配置和加筋结构。

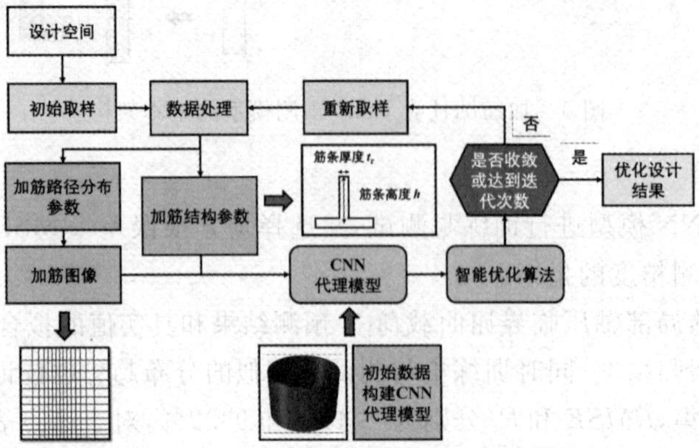

图 7　加筋圆柱壳屈曲优化的框架

4 优化结果

加强筋设计的参数变量优化结果为[20,10,6.13,20.00,−1.00,−0.58,−0.70,−0.22],结构的临界屈曲载荷为7166.85,有限元非线性计算的结果为6782.36kN,预测误差在5.67%。将该加筋优化结果与同等质量光滑圆柱壳和同等配置下均匀正交加筋圆柱壳进行了比较,比较结果如表2所示。相比均匀正交加筋,非均匀分布加筋的结构临界屈曲载荷分别有约9.55%的提升。

表2 局部轴压下不同承载结构屈曲载荷的比较

	Ortho−grid	Non−uniformly
Buckling load(kN)	6190.9	6782.36
Layout	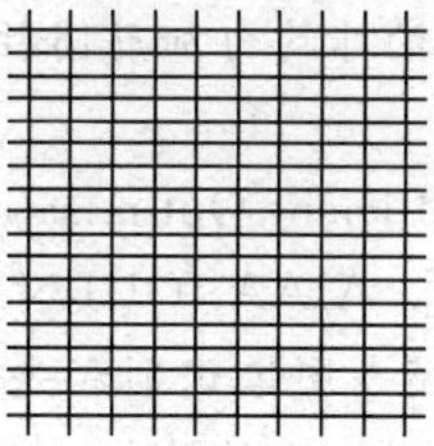	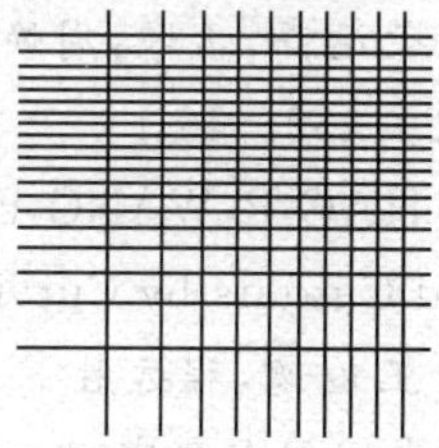
Mass(kg)	349.84	349.84

5 结 论

本文基于局部轴压载荷下薄壁加筋圆柱壳的屈曲优化问题开展研究。

主要思想在于基于幂指数函数设计加筋路径,建立基于CNN的代理模型,在此基础上进行非均匀直筋的分布与结构优化,获得最优加筋结构。与有限元计算结果相比,临界屈曲载荷的预测误差为5.67%,与均匀加筋结构相比,临界屈曲载荷提升了9.55%。

在后续研究中,可以考虑曲线加强筋在提升结构屈曲载荷的优越性能,进一步挖掘加筋圆柱壳的承载潜力。与此同时,实际工况下,加筋圆柱壳结构的承载能力会受到其初始缺陷影响,对于如何设计具有低缺陷敏感度的非均匀轴压加筋圆柱壳结构,仍需较为深入的研究。

参考文献

[1] HAO P,WANG B,TIAN K,et al. Fast procedure for Non−uniform optimum design of stiffened shells under buckling constraint[J]. STRUCTURAL AND MULTIDISCIPLINARY OPTIMIZATION,2017,55(4):1503−1516.

[2] MENG Z,HAO P,LI G,et al. Non−probabilistic reliability−based design optimization of stiffened shells under buckling constraint[J]. THIN−WALLED STRUCTURES,2015,94:325−333.

[3] WAGNER H N R,HUEHNE C,ELISHAKOFF I. Probabilistic and deterministic lower−bound design benchmarks for cylindrical shells under axial compression[J]. THIN−WALLED STRUCTURES,2020,146:22.

[4] 王金明,鲍国苗,刘勇,等. 新型运载火箭结构优化设计与试验验证[J]. 上海航天(中英文),2021,38(3):134−146.

[5] HILBURGER M W,LINDELL M C,WATERS W A,et al. Test and Analysis of Buckling−Critical Stiffened Metallic Launch Vehicle Cylinders[C] //,Kissimmee,2018:4160−4188.

[6] 张守宇,曹景乐,王会平,等. 几何参数对加筋圆柱壳轴压屈曲折减因子的影响[J]. 兵器装备工程学报,2024,45(8):60−66.

[7] LI Z,PASTERNAK H,JAEGER－CANAS A. Buckling of ring－stiffened cylindrical shell under axial compression:Experiment and numerical simulation[J]. Thin－Walled structures,2021,164(Jul.):107881－107888.

[8] BO W,PENG H,GANG L,et al. Optimum design of hierarchical stiffened shells for low imperfection sensitivity[J]. Acta Mechanica Sinica,2014,30(3):391－402.

[9] LV H,CHEN B,SHI S,et al. Minimum mass optimization of curved grid－honeycomb sandwich panels with cutouts under buckling constraints[J]. STRUCTURES,2024,63:14.

[10] ZHAO Y,CHEN M,YANG F,et al. Optimal design of hierarchical grid－stiffened cylindrical shell structures based on linear buckling and nonlinear collapse analyses[J]. THIN－WALLED STRUCTURES,2017,119:315－323.

[11] 荣运高,孟增,周焕林. 考虑几何缺陷的非均匀加筋圆柱壳结构优化设计[J]. 应用力学学报,2021,38(2):458－464.

[12] HAO P,WANG B,TIAN K,et al. Efficient Optimization of Cylindrical Stiffened Shells with Reinforced Cutouts by Curvilinear Stiffeners[J]. AIAA JOURNAL,2016,54(4):1350－1363.

[13] 王俊逸,程远胜. 基于 ResNet 失稳模态图像识别和先验知识的加筋圆柱壳精细化优化设计[J/OL]. 中国舰船研究,1－10[2025－04－17]. https://doi. org/10. 19693/j. issn. 1673－3185. 04365.

[14] HAO P,ZHANG K,LIU D,et al. Intelligent design and buckling experiment of curvilinearly stiffened thin－walled structures[J]. INTERNATIONAL JOURNAL OF SOLIDS AND STRUCTURES,2024,293:16.

[15] 郝鹏,王博,李刚,等. 基于代理模型和等效刚度模型的加筋柱壳混合优化设计[J]. 计算力学学报,2012,29(4):481－486.

[16] HAO P,WANG B,LI G,et al. Hybrid optimization of hierarchical stiffened shells based on smeared stiffener method and finite element method[J]. THIN－WALLED STRUCTURES,2014,82:46－54.

[17] ALHAJAHMAD A,MITTELSTEDT C. Minimum weight design of curvilinearly grid－stiffened variable－stiffness composite fuselage panels considering buckling and manufacturing constraints[J]. THIN－WALLED STRUCTURES,2021,161:17.

[18] ALHAJAHMAD A,MITTELSTEDT C. Design tailoring of curvilinearly grid－stiffened variable－stiffness composite cylindrically curved panels for maximum buckling capacity[J]. THIN－WALLED STRUCTURES,2020,157:20.

作者简介

许涀洋(2000),男(汉),博士生,主要从事薄壁结构稳定性研究,通信地址:310027 浙江省杭州市西湖区浙大路 38 号,E－mail:3190102950@zju. edu. cn,手机 19883150740。

机载液氢储罐多级变密度加筋外壳抗屈曲轻量化设计

李克明[1,2,3]，付 杰[1]，郭 晓[1]，林张昊[1]

(1. 浙江大学 特种装备研究所，杭州 310027；2. 高压过程装备与安全教育部工程研究中心，杭州 310027；3. 能源高效清洁利用全国重点实验室，杭州 310027)

摘 要：随着氢能航空的发展，机载液氢储罐的安全与经济性成为关键问题。储罐常采用内压承载力高、漏热损失小的双层球形容器，而外层球壳维持真空绝热环境，并采用加筋结构抵抗外界大气压力。但球壳在真空外压作用下容易发生屈曲失稳，加之传统加筋方式难以满足机载储罐高质量分数的轻量化需求。为此，本文提出一种多级变密度加筋球壳结构，构建了加筋球壳参数化建模与屈曲分析模型，研究了含凹坑缺陷加筋球壳的屈曲行为及其影响因素，在最不利凹坑缺陷时结合代理模型与遗传算法以质量最小为优化目标对球壳径厚比、筋条尺寸进行了优化设计。优化后的加筋球壳质量比光滑球壳减少40.3%，提供了机载液氢球罐抗屈曲轻量化设计方法。

关键词：液氢储罐；加筋球壳；屈曲行为；代理模型；缺陷敏感性；优化设计

Lightweight design for preventing buckling of hierarchial variable - density stiffened spherical shells for airborne liquid hydrogen storage tanks

LI Keming[1,2,3], FU Jie[1], GUO Xiao[1], LIN Zhanghao[1]

(1. Institute of Special Equipment, Zhejiang University, Hangzhou 310027, China; 2. Engineering Research Center for High Pressure Process Equipment and Safety of Ministry of Education, Hangzhou 310027, China; 3. State Key Laboratory of Clean Energy Utilization, Hangzhou 310027, China)

Abstract: With the development of hydrogen - powered aviation, the safety and economy of airborne liquid hydrogen storage tanks have become key issues. The tanks commonly use double - layer spherical containers with high internal pressure resistance and low heat loss, with the outer shell maintaining a vacuum - insulated environment and reinforced structures to resist atmospheric pressure. However, the spherical shell is prone to buckling instability under vacuum external pressure, and traditional rib reinforcement methods are insufficient to meet the lightweight requirements for high - quality mass fractions in airborne tanks. To address this, this paper proposes a multi - stage variable - density reinforced spherical shell structure. A parametric modeling and buckling analysis model for the reinforced spherical shell is developed, studying the buckling behavior and influencing factors of reinforced spherical shells with pit defects. Using surrogate models and genetic algorithms, the radius - to - thickness ratio and rib dimensions of the shell are optimized with the goal of minimizing mass, considering the most unfavorable pit defect. The optimized reinforced spherical shell reduced its mass by 40.3% compared to a smooth spherical shell, providing a method for the lightweight design of airborne liquid hydrogen tanks with anti－buckling features.

Keywords: liquid hydrogen storage tanks; stiffened spherical shells; buckling behavior; surrogate models; defect sensitivity; optimization design

0 引 言

氢能航空的快速发展，使其凭借高能量密度和零排放特性成为未来飞机技术的关键研究方向。作为氢动力飞机的重要组成部分，储罐常采用内压承载力高、漏热损失小的双层球形容器，而外层球壳维持真空绝热环境，并采用加筋结构抵抗外界大气压力。然而，真空球罐在真空压力外压作用下发生屈曲失稳的风险严重阻碍了其轻量化设计。铝合金球形真空储罐因其密度低、成形性好而被广泛应用，但传统的加强方法，例如单向或简单的网格加强，往往导致刚度分布不均匀，增加了局部屈曲失效的风险[1]。此外，目前 NASA 和波音研制的机载液氢储罐储氢质量分数在 60％～70％，而国内仍低于 30％，需要提高重量性能比，研究先进的加筋球壳设计策略[2]。

加筋球壳的几何缺陷会严重影响壳体的屈曲承载能力。罗珊等[3－5]人研究了含一阶或 N 阶缺陷模态深潜耐压球壳的临界屈曲载荷，结果表明，外压球壳对缺陷较敏感，相较于理想结构承载能力随缺陷幅值增大而逐渐降低。Wagner 等[6]分析了模态缺陷、凹坑缺陷以及切口缺陷影响下的折减因子，在正交网格加筋球壳中，采用切口缺陷法得到的预测结果与实验值误差＜5％，且折减因子比 NASA SP－8032 现有设计准则高 18％。Pedro 等[7]－[9]在含凹坑缺陷的外压球壳敏感性方向系统研究了含独立凹坑缺陷的半球壳、全球壳和浅球壳的屈曲行为。这些研究强调了将缺陷敏感性纳入设计和优化过程的必要性，以提高实际条件下加筋球壳的结构安全性和可靠性。

加筋球壳的优化设计，也已成为一个备受关注的研究领域。然而，目前的优化方法仍存在一些问题尚未解决，尤其是在平衡结构减重与承载能力方面。传统方法严重依赖高精度有限元分析，计算成本高且耗时长。Zeng 等[10]使用了基于响应面模型和等效刚度方法的混合代理模型实现了弧形加筋壳体的轻量化设计。Li 等[11]提出使用替代模型和遗传算法来优化球壳的质量和抗屈曲性能，从而减少对昂贵的有限元模拟的依赖。尽管取得了这些进展，但目前的方法仍然难以有效处理缺陷敏感性和多级加筋结构带来的复杂性。

本研究提出一种多级变密度加筋球壳，构建了加筋球壳参数化建模与屈曲分析模型，研究了含凹坑缺陷加筋球壳的屈曲行为及其影响因素，将缺陷敏感性考虑因素融入优化过程，通过结合代理模型和遗传算法，以质量最小为目标给出加筋球壳优化设计结果，为机载液氢储罐抗屈曲轻量化设计提供解决方案。

1 加筋球壳参数化建模与屈曲分析模型

本研究提出了铝合金双层球罐低温液氢储存系统，并采用高真空多层绝热技术降低液氢蒸发率。储罐外层球壳直径设计为 $R=2000$mm，设计载荷 0.1MPa，选定相对 NASA 和航空飞机较高的安全系数 2.0[12]－[13]，则考虑缺陷敏感性的屈曲载荷为 0.2 MPa。

1.1 变密度加筋结构参数化建模

通过调整径向筋条的数量分布，并结合多级加筋方式来优化筋条的密度分布，以此探索轻量化设计方法[14]。多级变密度加筋球壳的设计采用逐渐减小的环向网格单元宽度，具体为赤道位置的环向初始宽度为 w，但当纬度达到 60°时，宽度缩减为 $w/2$。因此，可在 60°纬度处调整网格布局，将相邻两个网格单元合并为一个新单元，使其宽度恢复为 w；类似地，当纬度延伸至 75.52°、82.5°时，环向宽度再次减半至 w/2，此时需二次、三次合并两个网格单元以维持网格均匀性。通过上述方式，经线方向可划分为四个特征区域，且该球壳环向为周期性结构，每个周期都是包含四个特征区域的扇形结构，单个周期内环向网格数量随纬度梯度变化，分别为 8/4/2/1 逐层减半，球壳全模型见图 1。建模方法上采用壳单元对筋条与壳体建模，通过几何合并合为一体。基于 ABAQUS 的二次开发平台，开发了面向加筋球壳屈曲研究的参数化建模及分析 Python 代码实现了前处理和求解全流程，并采用批处理在后台运行有限元模型提高效率。

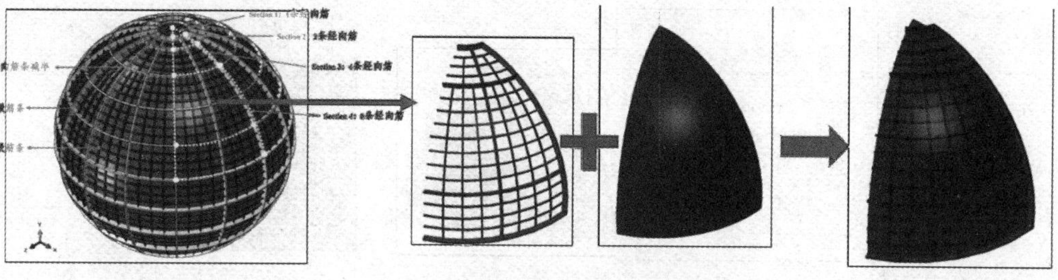

图 1　多级变密度加筋球壳模型

1.2　有限元模型及方法

Al 2024－T81 铝合金材料模型采用通用的 Von Mises 屈服准则，结合各向同性强化法则与增量理论模拟材料加载的非线性行为，性能参数见表 1，真实应力应变曲线见图 2。

表 1　Al 2024－T81 铝合金材料性能参数

材料	密度 ρ(kg/m^3)	弹性模量 E(GPa)	泊松比 υ	屈服强度 R_{eL}(MPa)	抗拉强度 R_m(MPa)
Al 2024－T81	2780	73	0.33	290	395

在有限元模型中，边界条件设置为：储罐底部端点采用完全固定约束，以模拟其固定于机身或机翼结构的工况；球壳顶部端点约束水平与周向平动自由度及全部旋转自由度，同时允许轴向运动以避免应力集中。屈曲分析时，外表面施加 1MPa 均布外压载荷，见图 3。

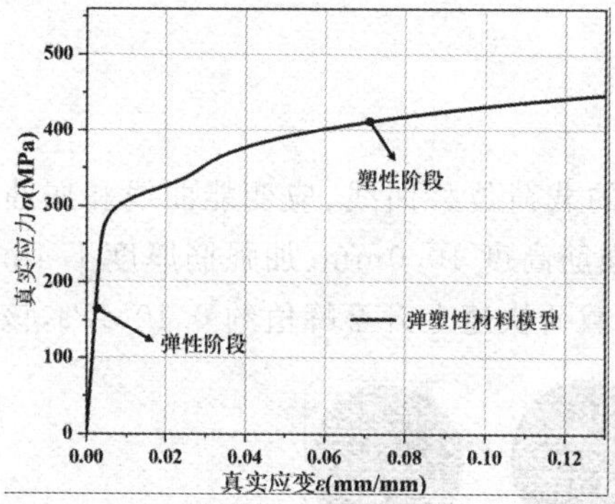

图 2　Al 2024－T81 铝合金真实应力应变曲线

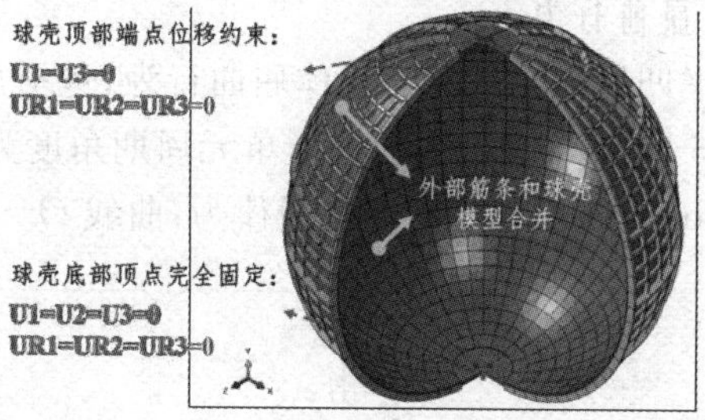

图 3　加筋球壳有限元模型边界条件设置

采用 S4R 四节点减缩积分壳单元对加筋球壳进行网格划分，结合“沙漏控制”选项有效抑制大变形后屈曲分析中可能出现的沙漏模式。网格划分采用以四边形为主的结构化策略，通过沿筋条连接处拆分加强筋、全局布种结合局部加密的方式设置网格尺寸，并约束相邻筋条间网格种子数目为整数值以维持协调性。网格单元尺寸为 1/8 筋条间距，网格总数控制在 10 万～30 万。加筋球壳屈曲采用弧长算法，模拟屈曲行为和计算屈曲压力。

1.3　凹坑缺陷的施加

在实际工程场景里，薄壁球壳构件常因碰撞冲击等外部机械作用，出现不同程度的局部凹陷型几何缺陷。凹坑作为这类典型的初始几何缺陷形式，已成为众多研究的焦点。引入凹坑缺陷的流程图见图 4。采用的凹坑缺陷数学表达式，借鉴了 Tennyson 和 Muggeridge 提出的余弦函数形式[15]。该函数基于余弦分布规律,能够生成平滑过渡的凹坑形态,凹坑中心深度最深,随着向边缘延展,深度逐渐衰减至零。相比复杂的三维凹陷缺陷模型,公式(1)和(2)通过简化处理,实现了轴对称缺陷的参数化描述,在球壳、圆柱壳等旋转对称结构的缺陷敏感性分析中具有良好的适用性。

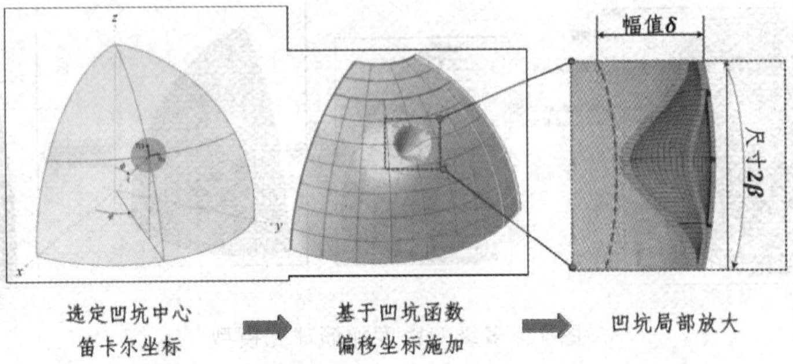

图 4　加筋球壳凹坑缺陷

$$\Delta Z(\delta,\beta)=\frac{\delta}{2}\left[1-\cos\left(\frac{\pi}{d_r}d_s\right)\right] \tag{1}$$

$$d_r=\sqrt{2r^2(1-\cos\beta)} \tag{2}$$

式中,ΔZ 为缺陷引起的节点坐标偏移量(mm);δ 为缺陷幅值(mm);β 为缺陷角度(°);r 为加筋球壳的半径(mm);d_r 为缺陷距离凹坑中心最远尺寸范围(mm);d_s 为球壳上任一点与凹坑中心的距离,其取值范围为 $0\leqslant d_s\leqslant d_r$(mm);

对于凹坑缺陷的施加,通过 Python 脚本定义凹坑中心坐标、幅值和尺寸范围等几何参数,用节点偏移函数计算偏移量,创建以凹坑中心为极轴的球坐标系,最后通过脚本遍历所有节点对处在凹坑内的节点施加径向位移实现凹坑缺陷的施加。

2　加筋球壳屈曲行为及影响因素

2.1　屈曲行为

在考虑凹坑缺陷后壳筋总体屈曲行为,包括加筋球壳的载荷位移曲线、应变能曲线和屈曲变形演化流程见图 5,模型参数为加筋扇形单元周期角度为 45°、加强筋高度 10.0mm、加强筋厚度 1.4mm 和球壳厚度 1.9mm。屈曲模式的演化规律为:曲线 $O-A$ 段显示载荷快速上升至峰值约 0.10MPa,该点为加筋

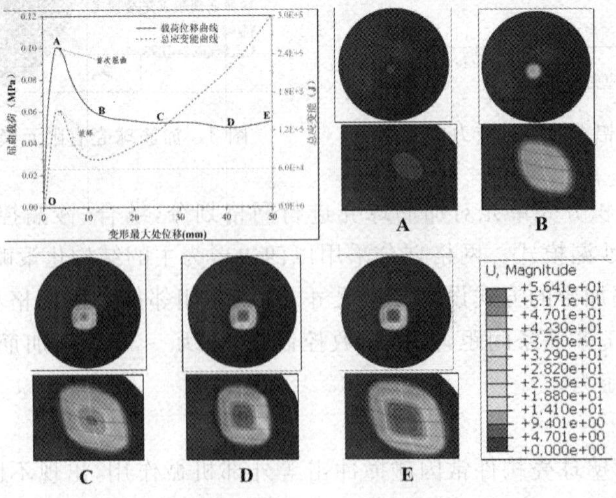

图 5　加筋球壳载荷位移曲线、应变能曲线和屈曲变形演化流程

球壳的首次屈曲点，此时应变能也达到初始峰值；A 点后，载荷急剧下降至 B 点约 0.06MPa，表明结构发生了屈曲失稳，同时应变能也下降。BE 段载荷变化相对平缓，但应变能呈上升趋势，特别是 C 点后应变能增长加速，表明结构在吸收能量并发生大变形。右侧位移云图清晰展示了屈曲模式的演化：OA 段开始出现局部变形，主要集中在中心区域，AB 点局部凹陷进一步发展，BE 段屈曲区域逐渐扩大并增强，变形幅度增大。

2.2 屈曲影响因素

为探究加筋球壳对凹坑缺陷的缺陷敏感性行为及规律，对不同尺寸的球壳为覆盖可能出现缺陷敏感性情况，凹坑缺陷角度范围取 4～20°，并通过参数化代码动态调整缺陷角度、幅值和缺陷位置，系统分析不同凹坑缺陷下多级变密度加筋球壳的承载能力，其对凹坑缺陷的屈曲响应变化规律如图 6：

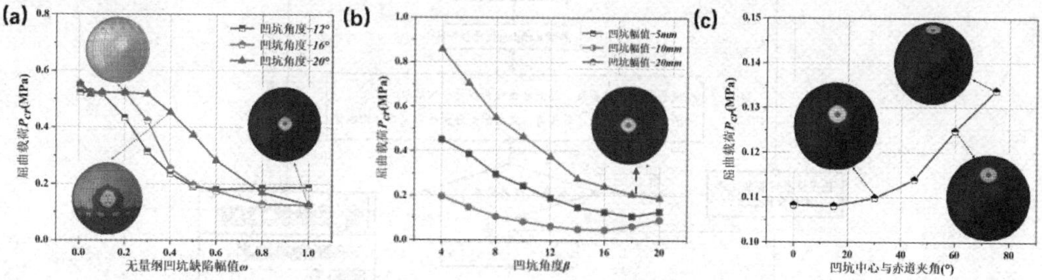

图 6　加筋球壳对凹坑缺陷的屈曲响应：(a)不同凹坑角度下加筋球壳屈曲载荷随凹坑幅值的变化；(b)不同凹坑幅值下加筋球壳屈曲载荷随凹坑角度的变化；(c)含 $\omega=1.0$ 和 $\beta=18°$凹坑缺陷加筋球壳屈曲载荷随凹坑位置的变化

分析发现，屈曲载荷随无量纲缺陷幅值 ω 的增大呈现非线性衰减趋势，并最终趋于稳定下限平台，表明缺陷幅值显著削弱了结构的承载能力；且凹坑角度的增大会显著改变缺陷的空间分布范围，进而影响结构的临界承载能力；屈曲载荷随凹坑角度 β 增大呈现先下降后又逐渐上升的非单调规律，且凹坑缺陷在 $\omega=1.0$ 和 $\beta=18°$时对应的屈曲载荷"最低点"反映了缺陷深度与面积的最危险组合，缺陷深度通过局部应力集中削弱局部刚度，而缺陷角度则扩展了影响区域；当凹陷位于赤道附近时，且随着夹角的增大，屈曲载荷显著上升，当缺陷位于靠近赤道区域时，结构表现出较高的缺陷敏感性，因此该位置的缺陷是最不利的缺陷。综上所述，在后续优化过程中只需考虑最大幅值与临界覆盖面积的凹坑进行缺陷敏感性分析，即可获得加筋球壳的承载能力下限值。

3　加筋球壳优化设计

3.1 基于代理模型和遗传算法的优化方法

基于 ISIGHT 软件平台进行多级变密度网格加筋球壳的轻量化优化，选取加强筋截面厚度、高度和球壳厚度作为设计变量，以结构总质量最小为目标函数，同时满足加筋球壳屈曲载荷小于等于设计要求的屈曲载荷，优化列式如下：

$$\begin{aligned} &\text{Find} \quad t_1, t_2, h \in R \\ &\text{Min} \quad m(t_1, t_2, h) \\ &s.t. \quad P_{\sigma} \geqslant P_0 \\ &\qquad \underline{t} \leqslant t_i \leqslant \bar{t}, i=1,2 \\ &\qquad \underline{h} \leqslant h \leqslant \bar{h} \end{aligned} \tag{3}$$

式中，t_1 为加强筋截面的厚度；t_2 为球壳厚度；h 为加强筋截面的高度；m 为目标函数，表示加筋球壳的结构质量；p_{σ} 为优化后加筋球壳的屈曲载荷；p_0 为加筋球壳设计要求的屈曲载荷，取 $0.2MPa$；t,h 为优化变量上限取值,筋条厚度、高度及壳厚分别为 0.5mm、10.0mm 和 1.0mm;$\underline{t}$,$\underline{h}$为优化变量下限取值,筋条厚度、高度及壳厚分别为 4.0mm、40.0mm 和 10.0mm。

基于 Kriging 模型与多岛遗传算法(MIGA)相结合的优化策略,通过优化拉丁超立方抽样(OLHS)方法生成样本空间,结合参数化建模与屈曲分析代码,获取初始样本集;随后,利用 Kriging 代理模型替代高成本的有限元分析,建立设计变量与响应变量之间的近似关系;最后,借助遗传算法在代理模型中进行全局搜索,寻求最优解,流程如图 7[16]。

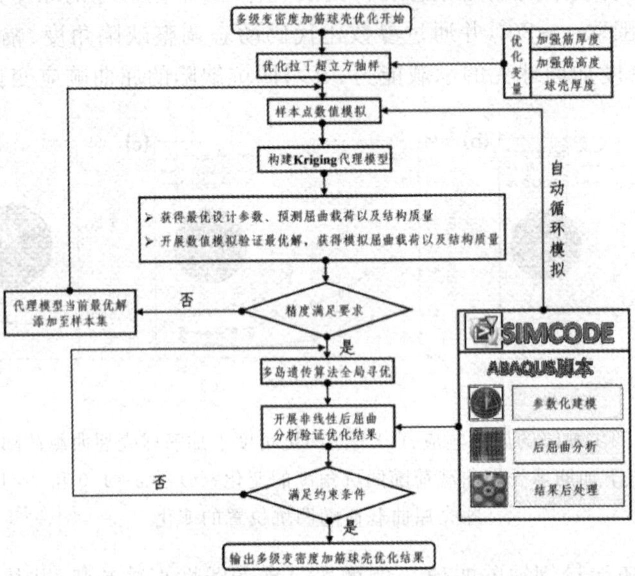

图 7　基于代理模型的加筋球壳优化流程

3.2　优化结果

去除代理模型中的中间样本点,仅保留了各岛屿进化过程中优化解的变化,优化迭代过程见图 8。结果表明结构质量随迭代次数增加显著下降,并逐渐趋于稳定,显示了优化算法良好的全局搜索能力和收敛效率。分析显示:在 0.1 MPa 设计载荷下,按 ASME BPVC VIII-2 设计的光滑球壳的参考质量为 147.2 kg,而优化后加筋球壳质量降至 87.9 kg,减重幅度为 40.3%,设计结果比较见表 2。

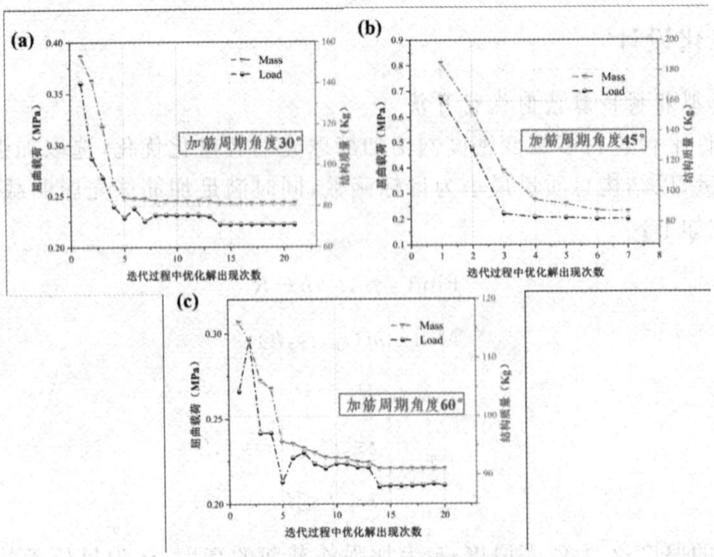

图 8　加筋球壳屈曲载荷与结构质量优化迭代历史

表 2 加筋球壳优化设计结果

球壳类型	筋条高度 h/mm	筋条厚度 t_1/mm	球壳厚度 t_2/mm	屈曲载荷/MPa	质量/kg
光滑球壳	—	—	4.2	—	147.2
加筋球壳	29.2	2.3	1.3	0.211	87.9

4 结 论

本文基于 ABAQUS－Python 二次开发建立的多级变密度加筋球壳参数化模型，研究含凹坑缺陷加筋球壳屈曲行为及其影响因素，并利用代理模型和遗传算法建立的优化模型对加筋球壳屈曲进行了研究，结论如下：

(1)考虑缺陷敏感性后，屈曲载荷随缺陷幅值的增大呈现非线性衰减趋势，并最终趋于稳定下限平台；随凹坑角度增大先下降后又逐渐上升；当凹陷位于赤道附近时随着夹角的增大，屈曲载荷显著上升；

(2)考虑缺陷敏感性的加筋球壳最佳设计参数组合为：扇形加筋周期为 45°时，加强筋高度为 29.2mm，筋厚为 2.3mm，球壳厚度为 1.3mm。在屈曲载荷≥0.2 MPa 的约束条件下，优化后的加筋球壳质量相比光滑球壳减少 40.3%。

参考文献

[1] 庞福振，姚熊亮，缪旭弘，等．加筋球壳结构稳定性及其优化研究[J]．机械强度，2012，34(03)：342—350.

[2] Millis M G，Robert T，Jurns J M，et al. Hydrogen fuel system design trades for high－altitude long－endurance remotely operated aircraft. Nasa/tm，2009：215521

[3] 罗珊，王纬波．基于模态缺陷的受压球壳屈曲特性研究[J]．计算力学学报，2019，36(04)：498—504.

[4] 熊志鑫，黄志权，张道兵，等．模态缺陷条件下的深潜耐压球壳极限强度[J]．哈尔滨工程大学学报，2020，41(01)：76—80.

[5] 石佳睿，唐文勇．载人深潜器钛合金耐压球壳极限强度可靠性分析[J]．船海工程，2014，43(02)：114—118.

[6] Wagner H N R，Hühne C，Niemann S. Robust knockdown factors for the design of spherical shells under external pressure：Development and validation[J]．International Journal of Mechanical Sciences，2018，141：58—77.

[7] Marthelot J，Jimenez，et al. Technical Brief：Knockdown Factor for the Buckling of Spherical Shells Containing Large－Amplitude Geometric Defects[J]．Journal of Applied Mechanics Transactions of the ASME，2017，84(3)：034501.

[8] Arefeh A，Fani D，and Pedro M R. Comparing the buckling strength of spherical shells with dimpled versus bumpy defects[J]．Journal of Applied Mechanics－Transactions of the ASME，2023，90(6)：061008.

[9] Fani D，Arefeh A，Pedro M. Reis Defect－Defect Interactions in the Buckling of Imperfect Spherical Shells[J]．Journal of Applied Mechanics－Transactions of the ASME，2025，92(4)：041003.

[10] Meng Z，Luo X H，Zhou H L. Lightweight design of arcuately stiffened cylindrical shells based on smeared stiffener method and active learning strategy[J]．Thin－Walled Structures，2022，174：109167.

[11] Li Y，Wang Y，Ma R，et al. Improved reliability－based design optimization of non－uniformly

stiffened spherical dome[J]. Structural and Multidisciplinary Optimization,2019,60(2):375－392.

[12] NASA - STD - 5001 Structural Design and Test Factors of Safety for Spaceflight Hard ware [S]. 2022.

[13] 牛春匀. 实用飞机结构应力分析及尺寸设计[M]. 北京,航空工业出版社,2009.

[14] 张坤鹏,郝鹏,段于辉,等. 基于深度学习的多级曲线加筋壁板布局优化设计[J]. 中国舰船研究,2021,16(04):86－95.

[15] MUGGERIDGE D B, TENNYSON R C. Buckling of axisymmetric imperfect circular cylindrical shells under axial compression[J]. AIAA Journal,1969,7(11):2127－2131.

[16] Jin R,Chen W,Simpson T. Comparative studies of metamodeling techniques under multiple modeling criteria. Structural and Multidisciplinary Optimization,2001,23(1):1－13.

作者简介

李克明(1988),男,吉林扶余人,副研究员,从事极端承压设备等研究,通讯地址:310027 浙江省杭州市浙江大学特种装备研究所,E－mail:likeming@zju. edu. cn。

球罐有限元分析中拉杆等效模型的对比研究

马忠明,李　刚,张海军
(聊城市鲁西化工工程设计有限责任公司,山东 聊城 252000)

摘　要:介绍了 GB/T 12337《钢制球形储罐》标准的修订动态和修订方向,以一台 $3000m^3$ 的丙烯球罐为例,讨论在 ANSYS Workbench 中进行整体分析时拉杆的建模策略,在整体建模时,分别采用 LINK 单元和 COMBIN 单元建立拉杆模型,对两种单元的参数设置方式、计算结果导出方法和使用过程中的注意事项进行了详细的介绍,并对两种模型的计算精度进行对比分析,对比结果表明,在参数设置正确的前提下,LINK 单元与 COMBIN 单元的计算精度相当,均可用于球罐的工程设计。

关键词:球罐;有限元;模型;ANSYS;拉杆

Comparative study on equivalent model of tie rod in finite element analysis of spherical tank

MA Zhongming,LI Gang,ZHANG Haijun
(Liaocheng Luxi Chemical Engineering Design Co. ,Ltd,Liaocheng 252000,China)

Abstract:This article introduces the revision dynamics and directions of the GB/T 12337 ″Steel Spherical Storage Tanks″ standard. Taking a $3000m^3$ propylene spherical tank as an example, the modeling strategy of the tie rod in ANSYS Workbench for overall analysis is discussed. In the overall modeling, LINK element and Combine element are used to establish the tie rod model, and the parameter setting method, calculation result export method, and precautions during use of the two elements are introduced in detail. The calculation accuracy of the two models is compared and analyzed. The comparison results show that under the premise of correct parameter setting, the calculation accuracy of LINK element and Combine element is equivalent, and both can be used for the engineering design of spherical tanks.

Keywords:Sphere; Finite element method; Model; ANSYS; Pull rod

0　引　言

GB/T 12337－2014《钢制球形储罐》[1]标准自 2015 年 2 月 1 日实施,至今已十年有余,该标准统一了球形储罐的设计、制造、检验与验收要求,为工程设计提供了科学依据和技术保障,提升了球形储罐在复杂工况下的安全性与可靠性[2]。此外,标准引入的规范性附录 D“应力分析设计球罐”,推动了有限元法在球形储罐工程设计中的应用和发展,为化工、能源领域球形储罐的应力分析设计提供了权威指导[3]。

2025 年 2 月 28 日,国家标准化管理委员会下达了 GB/T 12337—2014《钢制球形储罐》的修订计划,全国标准信息公共服务平台对计划修订的内容进行了公示,主要计划修订的技术内容包括:适用设计压力上限的调整、双层球形储罐结构的引入、不锈钢及其复合板材料牌号的扩充、新型无损检测技术的应用以及安全专项技术要求等，计划修订内容虽未提及规范性附录 D，但 GB/T 4732—2024《压力容器分析设计》标准已于 2024 年 7 月 24 日发布实施，GB/T 12337 在修订过程中，必定会将新标准的先进分析设计方法和理念融汇于新版的《钢制球形储罐》标准中。

对于室温下的抗拉强度，分析设计标准采用了更低的安全系数，而作为储存容器的球形储罐，其操作温度一般不大于 50 ℃，因此，对相同结构尺寸和操作条件的球形储罐，采用分析设计方法，其球壳的总重量通常可减轻 8%～10%左右，在球形储罐向着大型化发展的背景下[4]，其工程应用的经济优势日益突出。

在球形储罐的分析设计中，对于可调式拉杆结构的简化，工程中主要有两种等效模型，即 LINK 单元和 COMBIN 单元[5-6]，本文即以某工程项目中 3000m^3 的球形储罐为例，对两种拉杆等效模型及其计算结果的可靠性进行对比分析。

1 设计参数、结构尺寸及材料特性

1.1 球形储罐设计条件及主体结构

结合化工工艺过程需求，参照 GB/T 17261—2011《钢制球形储罐型式与基本参数》[7-8]，采用混合式三带十支柱结构[9]，其基本设计参数见表 1，主体结构及外形尺寸见图 1。

表 1 基本设计参数

公称容积/m^3	充装系数	直径/mm	支柱数量	设计压力/MPa	设计温度/℃	介质密度/kg · m^{-3}
3000	0.9	18000	10	2.16	−35/50	480
腐蚀裕量/mm	基本风压/Pa	基本雪压/Pa	抗震设防烈度	壳体材质	上支柱材质	下支柱材质
1.0	450	350	7	15MnNiNbDR	15MnNiNbDR	Q345D

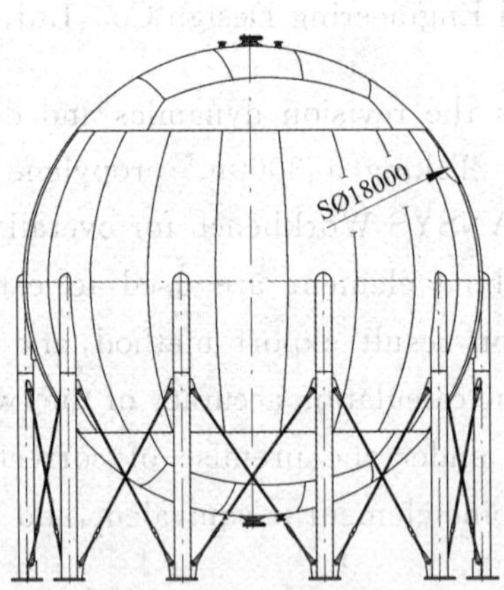

图 1 主体结构及外形简图

1.2 材料特性参数

为了保证计算结果的可比性，两种分析设计计算模型采用相同的材料特性参数，其主要材料特性参数见表 2，当温度处于表中列出的两个温度之间时，通过线性插值的方法求取所需温度下的材料特性参数。

表 2 材料特性参数

钢材类别	温度/℃	弹性模量/GPa	泊松比
非合金钢、碳锰钢	20	201	0.3
	100	197	0.3

2 载荷参量及中间过程参数

按照 GB/T 12337—2014《钢制球形储罐》中第 6 章的规则设计方法确定应力分析计算过程中的基本载荷参数，以此作为分析设计两种拉杆等效模型对比分析的设计输入基准，限于篇幅，本文仅列出主要载荷参数，主要载荷参数及中间过程参数列于表 3。

表 3 主要载荷参数及中间过程参数

拉杆腐蚀裕量/mm	拉杆影响系数	风载系数	风振系数	风压高度变化系数
3.0	0.304	1.718	1.601	1.039
水平风力/N	基本自振周期/s	最大操作质量/kg	地震影响系数	水平地震力/N
9.418e+04	1.02	1766250	0.075	1289360

3 数值分析

相较于现行标准 GB/T 12337—2014《钢制球形储罐》附录 D，GB/T 4732.4—2024《压力容器分析设计 第 4 部分：应力分类法》[10] 中的相关要求更为系统和具体，按照前文的总体设想，本文参照 GB/T 4732.4—2024《压力容器分析设计 第 4 部分：应力分类法》中的线弹性方法，分别按照两种方案建立拉杆等效模型，对该球形储罐进行应力分析。

3.1 载荷及工况分析

球形储罐的外壁设有绝热层，各部位的温差很小，因此不考虑温差应力的影响。耐压试验时，球形储罐底部的压力超过了按标准公式计算的耐压试验压力的 6%，因此按照 GB/T 4732.1—2024[11] 的要求应对耐压试验工况进行强度校核和评定。

基于以上分析，根据 GB/T 4732.4—2024 第 4 章表 2 的规定，设计条件下需要考虑的载荷组合分别为 $p+p_s+D$ 和 $p+p_s+D+WE$，耐压试验条件下需要考虑的载荷组合为 $p_T+p_{st}+D_t+W_{pt}$，

式中，p/p_T——内压；

p_s/p_{st}——由液体或内装物料引起的静压力，MPa；

D/D_t——容器及附属物的自重，包括绝热层、防火层、支撑、附件和附属设备静反力等；

W/W_{pt}——风载荷，W_{pt} 取 0.3W；

E——地震载荷；

注：WE 为风载荷与地震载荷的组合，取 W 和 $0.25W+E$ 两者中可产生最不利结果的值。

在球形储罐各工况的设计计算中，拉杆仅在地震载荷工况下发挥作用，本文讨论研究的重点是拉杆等效模型对计算结果的影响及对比，因此本文后续章节，仅展示地震载荷工况的计算结果。

3.2 有限元模型

3.2.1 总体要求

根据球形储罐的几何结构特征和承载特性，利用 ANSYS Workbench SCDM 建模工具，采用 N－mm－MPa单位制，建立球形储罐主体、支柱和拉杆的全模型。计算模型的金属截面厚度均采用有效厚度，即在名义厚度的基础上扣除了厚度附加量(即腐蚀裕量和厚度负偏差)。

3.2.2 拉杆等效模型

分别采用杆单元和弹簧单元建立拉杆模型。杆单元选择 2 节点的 LINK180，在线体模型属性中对其截面属性、单元类型和初始预紧力进行定义。理想状态下，当拉杆的轴向压应力达到临界值时会发生屈曲失效，但现实中，拉杆在重力作用下会产生弯曲，加之压力偏心、材料的不均匀性等因素的综合影响，其临界压应力会大打折扣远低于理想计算值，从工程的角度可以忽略不计，因此标准规定在地震载荷工况下可调式拉杆可近似认为仅能承受拉力，定义其刚度属性时，设定为只受拉不受压，受压时其刚度

为 0[12-16]。

在 ANSYS Workbench 中,弹簧连接可通过 Connections 模块中的“Spring”功能实现,其本质是基于 APDL 经典 COMBIN 单元的封装,相较于 APDL 界面其操作方法更趋于图形化。进入 Model 模块,右键点击 Connections → Insert → Spring,分别选择上下耳板销轴孔的几何形心作为弹簧端点,弹簧类型选择纵向弹簧,弹簧属性同样定义为只受拉,弹簧轴向刚度应根据拉杆的材料参数和结构尺寸进行计算,轴向刚度的物理意义为使杆件产生单位轴向变形 ΔL 所需施加的力 F,假定轴向刚度为 k,则二者的关系表达式可标记为:$F=k\cdot\Delta L$,下面给出其推导过程:

根据胡克定律,材料在弹性范围内的应力 σ 与应变 ε 满足:

$$\sigma = E\cdot\varepsilon$$

式中:

$$\sigma = F/A(\text{应力}=\text{轴向力}/\text{杆件横截面积})$$

$$\varepsilon = \Delta L/L(\text{应变}=\text{轴向变形量}/\text{杆件原始长度})$$

将应力与应变代入胡克定律表达式:

$$F/A = E\cdot\Delta L/L$$

整理得:

$$F=(EA/L)\cdot\Delta L$$

则杆件轴向刚度的表达式为:

$$k=EA/L$$

式中:

E——拉杆金属材料常温下的弹性模量,MPa;

A——拉杆横截面积,mm^2;

L——拉杆总长度,mm。

代入相关参数求得,拉杆的轴向刚度为 82050N/mm。

两种拉杆的等效模型分别见图 2 和图 3。

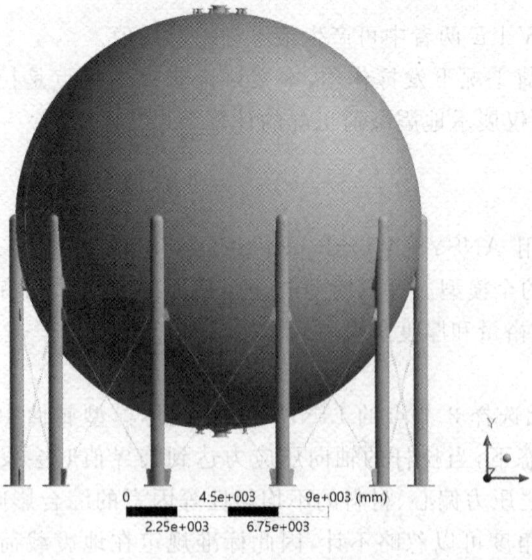

图 2　杆单元等效模型

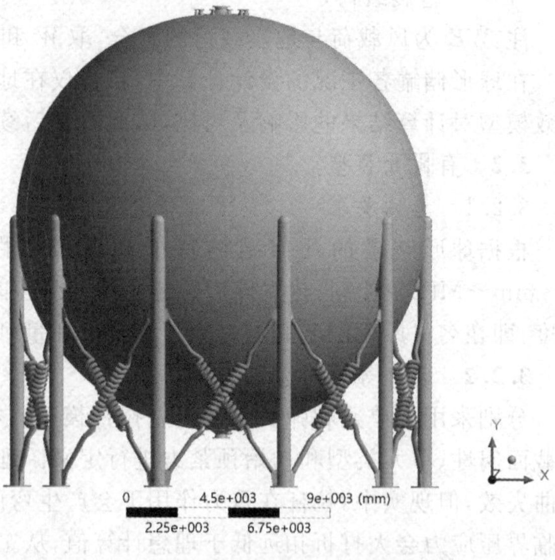

图 3　弹簧单元等效模型

3.3 网格划分

因整体模型尺寸较大，综合考虑计算效率和计算精度，球形储罐壳体、接管、法兰、上支柱及托板等部件采用8节点三维实体单元SOLID 185进行网格划分，除拉杆以外的其他部件采用壳单元SHELL 181进行网格划分，壳单元SHELL 181与实体单元SOLID 185之间以MPC多点约束的方式实现连接[17]，总体网格划分和局部网格划分见图4和图5。

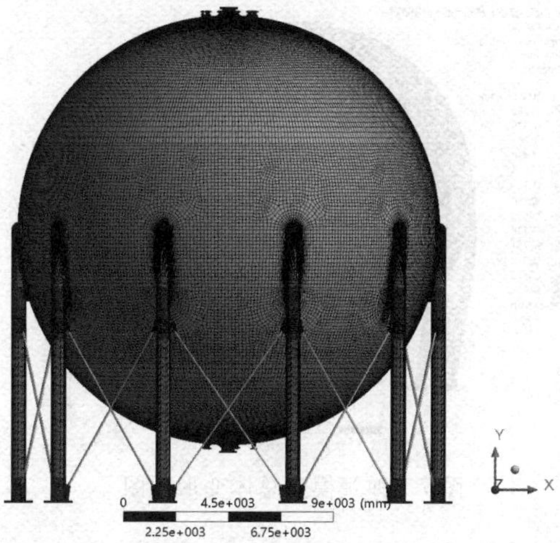

图4 总体网格划分

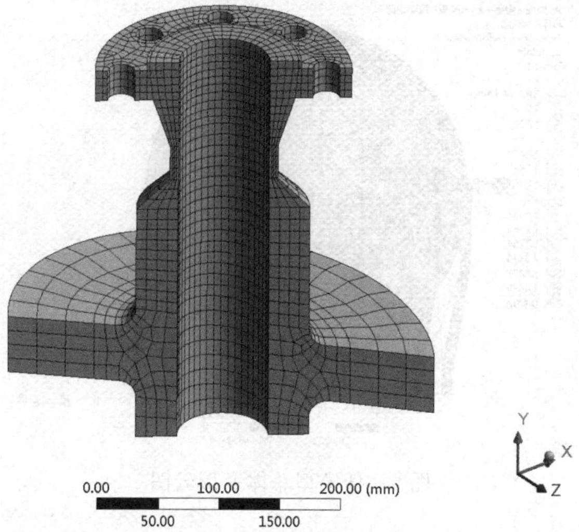

图5 局部网格划分

模型单元数量为580636，节点数量为755518，需进行评定的危险截面、重点关注区域及结构不连续部位的网格适当予以加密，控制网格质量参数，保证所有网格具有良好的形态，为确保计算精度，适当增加沿金属截面厚度方向的单元层数，所有承压部件沿厚度方向的单元层数不少于4层。

3.4 边界条件

3.4.1 位移边界条件

对球形储罐所有支柱底板施加固定约束。

3.4.2 载荷边界条件

在标准规定的必须考虑的载荷组合工况中，拉杆仅在地震载荷工况下起作用，因此本文将该工况作为对比研究的重点，经试算，确定其具体载荷组合方式为：内压＋自重＋25％风载＋地震载荷，各载荷的具体施加方式如下：

（1）内压垂直于壁面法向施加于壳体、接管及法兰内壁，内装介质及附件质量采用等效密度的方法等效施加到球壳中，模拟最大操作质量，对球形储罐总体施加重力加速度，用以模拟重力载荷。

（2）地震载荷是球形储罐的最大操作质量在地震加速度的作用下产生的惯性载荷，在地震载荷工况下，水平地震力对球形储罐的破坏起决定作用，本文未计及垂直地震力的影响，通过对球形储罐整体施加水平等效地震加速度模拟地震载荷。

（3）风载荷以水平风力的方式施加在顺风向的半球壳外表面上，考虑最为保守的载荷组合，所施加风力的方向与水平地震力的方向相同。

以上载荷的施加方法在球形储罐的工程设计中已相当成熟，且加载边界条件的简化并非本文讨论研究的重点，限于篇幅，在确保披露信息完整性的前提下，本文未给出加载示意图。

3.5 求解计算

用于求解的计算机内存大小足以应对本案例的计算规模，为提高计算效率，求解时求解器采用稀疏矩阵的直接法，进行核内求解，为真实模拟拉杆的变形过程，求解前打开软件求解控制选项中的大变形开关,在杆单元等效模型的求解过程中,结合 LINK 单元的特性,采用了较大的初始子步数和最大子步数,以确保计算过程的收敛性[18]。

分别进行求解,得到两种拉杆等效建模方案的计算结果,总体变形云图分别见图 6 和图 7,总体应力分布云图分别见图 8 和图 9,支柱及托板与球壳连接区的应力分布云图分别见图 10 和图 11,杆模型的轴向力云图见图 12。

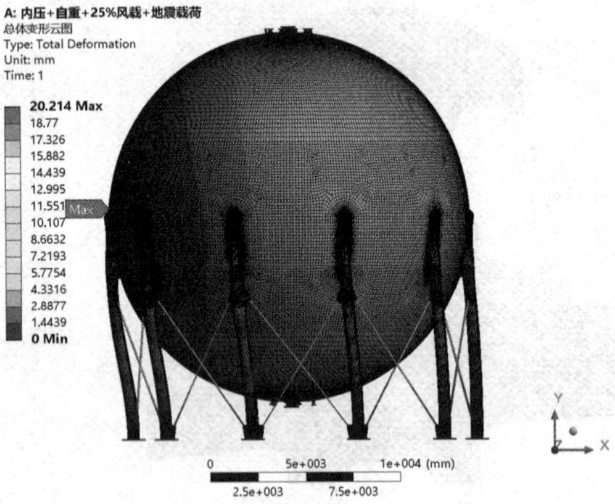

图 6 杆模型总体变形云图

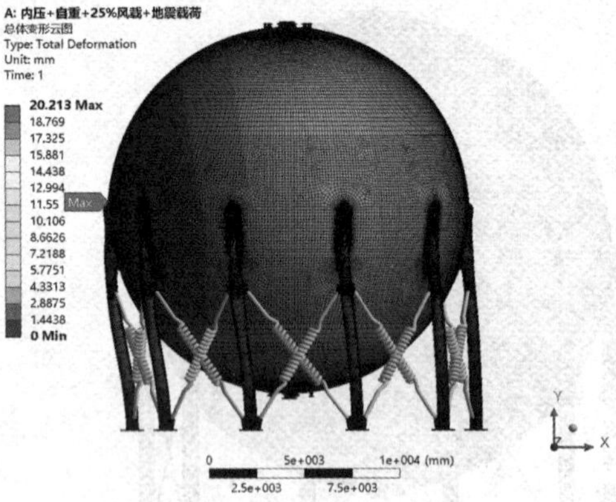

图 7 弹簧模型总体变形云图

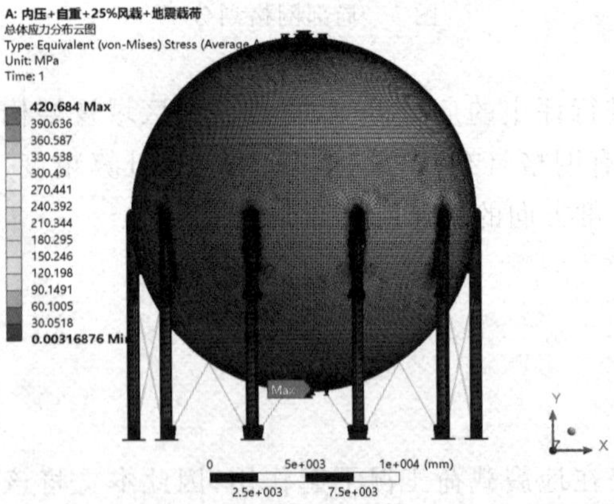

图 8 杆模型应力分布云图

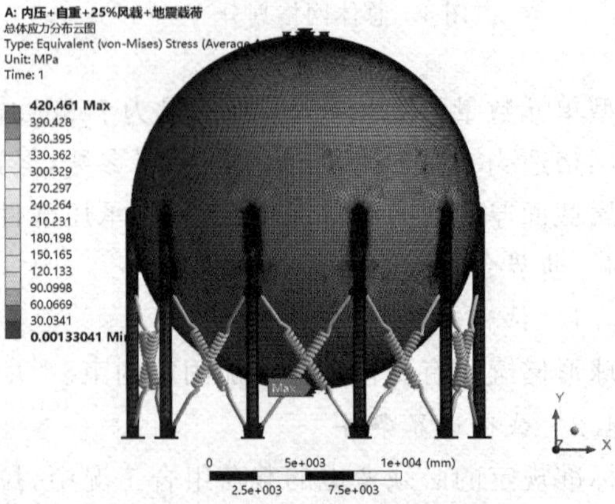

图 9 弹簧模型应力分布云图

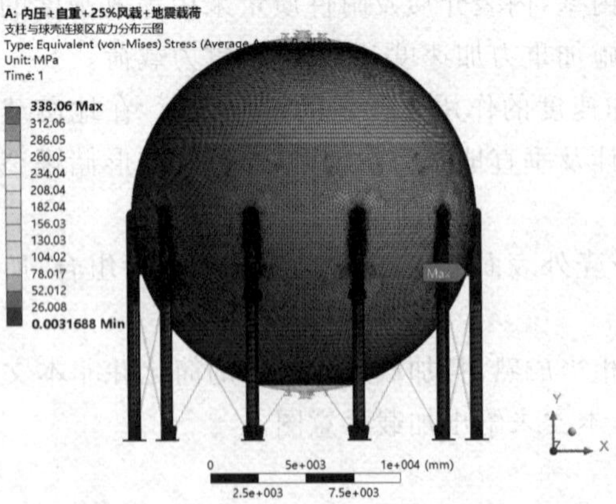

图 10 杆模型连接区应力分布云图

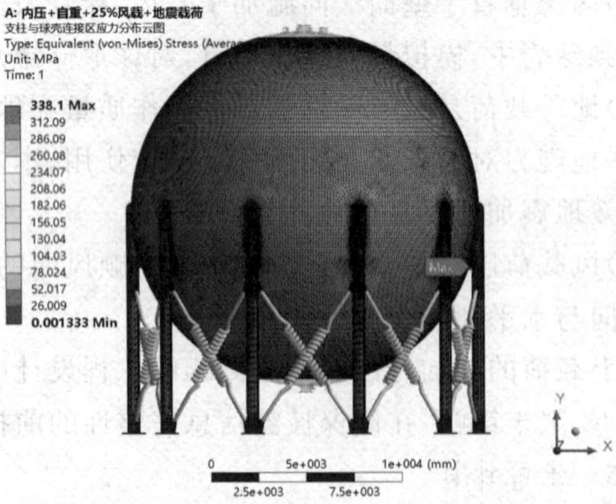

图 11 弹簧模型连接区应力分布云图

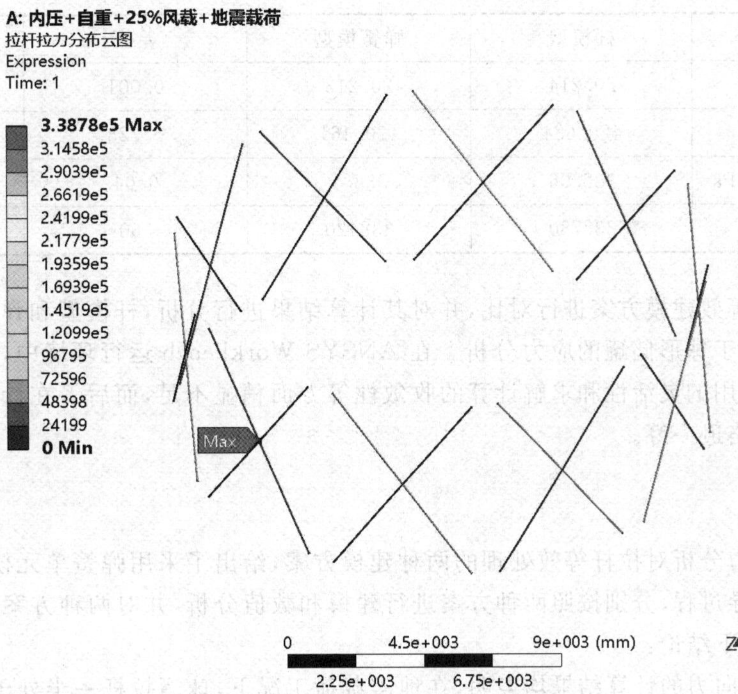

图 12　杆模型轴向力分布云图

利用 ANSYS Workbench 软件后处理模块的弹簧探针工具，逐一导出各弹簧单元的轴向力，为提高计算结果的导出效率，也可在 ANSYS Workbench 软件后处理模块的“Solution”分支下，右键点击 → Insert → Commands(APDL)，通过插入 APDL 命令片段，运行求解获取所有弹簧单元的轴向力，实现弹簧单元轴向力的批量读取和导出。

鉴于加载方向和计算模型的对称性，球形储罐拉杆的轴向力沿支柱对中均布模型对称分布，因此本文仅将对称轴单侧的弹簧轴向力导出并列于表 4 中。

表 4　弹簧轴向力

弹簧单元编号	1	2	3	4	5
轴向力/N	46848	0	2.5843e+5	0	3.3842e+5
弹簧单元编号	6	7	8	9	10
轴向力/N	0	2.7032e+5	0	74559	0

4　对比分析及讨论

采用数值分析方法，按照不同的建模方案，对球形储罐的拉杆进行等效处理，按照前言的总体设想，采用相同的加载方案分别进行应力分析计算，杆模型的轴向力分布云图和弹簧模型的弹簧轴向力导出结果均表明，在地震载荷作用下，其中一半拉杆处于张紧状态，而另一半拉杆处于松弛状态。

为更加直观的进行对比分析，对本文第 3 章的计算结果进行整理列于表 5。从表 5 列出的计算结果中可以看出，采用杆单元和弹簧单元，对模型的总体变形、支柱与球壳连接区的应力及拉杆轴向力略有影响，但其差值远小于 5%，影响甚微，从工程的角度可以忽略不计；采用不同的等效模型对总应力无影响，主要是因为最大应力点位于下极开孔接管内壁的圆角处，该部位的应力由内压产生，而地震载荷属于惯性载荷，主要作用于球形储罐部件之间存在连接约束的区域。

表5 两种模型计算结果对比

对比项目	杆模型	弹簧模型	差值	百分比
总体变形/mm	20.214	20.213	0.001	0.049%
总应力/MPa	420.684	420.461	0.223	0.053%
支柱与球壳连接区应力/MPa	338.06	338.1	0.04	0.0118%
拉杆轴向力/N	338780	338420	360	0.1063%

通过对拉杆的两种等效建模方案进行对比,并对其计算结果进行分析,杆模型和弹簧模型具有近乎相同的计算精度,均可用于球形储罐的应力分析。在 ANSYS Workbench 运行环境中,前者在前处理参数设置的复杂性、单元调用的灵活性和求解计算的收敛性等方面稍显不足,而后者在计算结果后处理的便捷性和直观性等方面略逊一筹。

5 结 论

介绍了球形储罐应力分析对拉杆等效处理的两种建模方案,给出了采用弹簧单元模拟拉杆时,弹簧轴向刚度计算公式的推导过程,分别按照两种方案进行建模和数值分析,并对两种方案的计算结果进行对比分析和讨论,得出以下结论:

(1)两种计算模型轴向力的计算结果均表明,在地震载荷工况下,球罐拉杆一半处于张紧状态,一半处于松弛状态,这与标准中的计算模型及标准释义给出的算例是一致的。

(2)杆模型不仅需要编制 APDL 命令定义截面属性和初始预紧力,还需要通过试算调整初始子步数和最大子步数确保其收敛性,而弹簧模型单元间的连接设置方式简单,求解计算收敛性好,工程实用性强。

(3)在确保使用方法正确、参数设置准确的前提下,杆单元和弹簧单元具有相同的计算精度和收敛性,在工程设计中均可用于球形储罐的应力分析。

参考文献

[1] 全国锅炉压力容器标准化技术委员会(SAC/TC 262). 钢制球形储罐:GB/T 12337—2014[S]. 中国标准出版社,2014.

[2] 张春贵,刘福录,朱保国,等. GB 12337—2014《钢制球形储罐》简介[J]. 石油化工设备,2016,45(2):50—55.

[3] 马忠明,肖光,张明慧,等. 球罐抗震设计计算方法的对比研究[C] //压力容器先进技术——第十届全国压力容器学术会议论文集(上),2021:364—372.

[4] 齐大伟,潘伍覃,吕德润,等. 大型真空球罐制造及安装关键技术研究[J]. 化工设备与管道,2022,59(6):47—51.

[5] 万兴,张群,向玲. 以 Workbench 进行球罐设计的建模分析方案[J]. 化工装备技术,2015,36(2):35—40.

[6] 杨国强. 基于 ANSYS/Workbench 软件的球罐有限元分析[J]. 钢结构,2015,30(7):64—69.

[7] 全国锅炉压力容器标准化技术委员会(SAC/TC 262). 钢制球形储罐型式与基本参数:GB/T 17261—2011[S]. 中国标准出版社,2011.

[8] 刘福录,张春贵. GB/T 17261—2011《钢制球形储罐型式与基本参数》标准的新发展[J]. 石油化工设备,2013,42(1):57—59.

[9] 师家安. 钢制球形储罐设计中球壳板分片计算方法实践[J]. 有色金属设计,2020,47(4):37—40.

[10] 全国锅炉压力容器标准化技术委员会(SAC/TC 262). 压力容器分析设计 第4部分:应力分类方法:GB/T 4732.4—2024[S]. 中国标准出版社,2024.

[11] 全国锅炉压力容器标准化技术委员会(SAC/TC 262). 压力容器分析设计 第1部分:通用要求:GB/T 4732.1—2024[S]. 中国标准出版社,2024.

[12] 刘福录,杨国义,朱保国. GB/T 12337—2014《钢制球形储罐》标准释义及算例[M]. 新华出版社,2015.

[13] 李永泰,黄金国,潭继锦,等. 球罐整体结构水平刚度及支柱拉杆应力分析[J]. 压力容器,2006,23(3):19—24.

[14] 郭春光,李永泰,黄金国,等. 球罐整体结构自振周期计算及地震响应分析[J]. 压力容器,2012,29(7):28—32.

[15] 张浩然,陈振恒,张骞,等. 覆土球罐土压力计算方法研究[J]. 压力容器,2024,41(9):31—38.

[16] 董宏斌,张涛,张建辉,等. 3000 m^3 不锈钢复合板球罐的制造与安装[J]. 压力容器,2023,40(1):82—88.

[17] 马庆生,李栋,郭亮,等. 3000 m^3 液态二氧化碳球形储罐设计[J]. 石油化工设备,2024,53(1):33—39.

[18] 朱巧家,王文江,仲照毅,等. 4000 m^3 国内最厚液氨球形储罐分析设计[J]. 石油化工设备,2018,47(2):25—30.

作者简介

马忠明(1986),男,高级工程师,主要从事化工静设备常规设计(含石墨制压力容器)和分析设计的研究工作,通信地址:252000 山东聊城高新区顾官屯镇鲁西新材料产业园,E-mail:mazhongming1@sinochem.com。

4000 立方 CO_2 球罐结构抗震分析研究及球罐标准的修改建议

李永泰，陈梦真，戴兴旺，符敏博

（合肥通用机械研究院有限公司，合肥 230031）

摘　要：本文对 4000 立方的 CO_2 球罐分别按地震设防烈度：7 度 0.1G、0.15G、8 度 0.2G、0.3G、9 度 0.4G，采用三种方法：GB12337 标准方法、文献[5] 的方法 、有限元进行分析计算法，对支柱、拉杆、销子（满足耳板、销子与拉杆等强度设计）、地脚螺栓等结构部件的应力进行计算和稳定性及强度校核，比较三种方法的计算结果，发现 GB12337 标准计算结果与有限元分析计算结果相差较大，文献[5] 计算结果与有限元分析计算结果相近，刚好满足 GB12337 标准要求的结构，按文献[5] 和有限元计算所有结构支柱应力不满足强度和稳定性要求，有限元计算比许用值大 15.7%～39.2%（文献[5] 比许用值大 14.5%～41.4%），球罐下极水平位移 14.1～32.7（文献[5] 计算值 12.05～20.31，GB12337 计算值 12.94～39.99）mm，整体转角 0.002618～0.009598（文献[5] 计算值 0.001253～0.0049，是有限元计算的一半左右）度，介质进出口管线的设计要有足够的柔度，可以吸收球罐上或下极的水平位移及转角。目前球罐标准正在修改，建议球罐标准这次修改采用更精确的计算方法，确保按标准设计的球罐在各种情况的安全。

关键词：球罐；球壳；支柱；拉杆；销子；地脚螺栓；地震载荷；风载荷；地震设防烈度；自振周期

Seismic analysis and research on 4 000 cubic CO_2 spherical tank structure and suggestions for modifying the spherical tank standard

LI Yongtai，CHEN Mengzhen，DAI Xingwang，FU Minbo

（Hefei General Machinery Research Institute Co. Ltd.，Hefei 230031，China）

Abstract：This study analyzes a 4000m^3 CO_2 tank under seismic fortification intensities：7－degree (0.1G，0.15G)，8－degree (0.2G，0.3G)，and 9－degree (0.4G) using three methods：current GB12337，reference [5] methodology，and finite element analysis (FEA). Perform stress calculations and stability and strength checks for structural components such as pillars，tie rods，dowel (with the requirement of equal strength design for lug plates，dowel，and tie rods)，anchor bolts，etc. By comparing the calculation results of the three methods，it was found that the calculation results based on the current GB12337 standard differ significantly from those obtained through FEA. The calculation results of the reference [5] are similar to those of the FEA，just meeting the structural requirements of the GB12337 standard，both the reference [5] and FEA methods indicate that the stress in all structural pillars does not meet the requirements of strength and stability，The finite element calculations exceed allowable values by 15.7% to 39.2%（reference [5] calculations exceed allowable values by 14.5% to 41.4%），and the horizontal displacement of the lower pole of the spherical tank is 14.1～32.7 (the upper pillar of spherical shell in reference [5] is regarded as a rigid body for 12.05～20.31, and GB12337 is regarded as a transverse shear beam for 12.94～39.99) mm, The overall rotational angle is 0.002618～0.009598 (the upper pillar of spherical shell in reference [5] is regarded as a rigid body for 0.001253～0.0049) degrees, and the medium inlet and outlet pipeline must have a certain flexibility to absorb horizontal displacements and rotations at both polar regions. As the spherical tank standard is currently under revision, it is recommended that more precise computational methods be adopted in this revision to ensure the safety of standard-designed spherical tanks under all operating conditions.

Keywords: spherical tank; spherical shell; pillar; tie rod; dowel; anchor bolt; seismic load; wind load; seismic fortification intensity; natural vibration period

0 引 言

CO_2气体比空气重，如果地震引起球罐或进出料管道断裂，会使得几平方公里的区域地表面沉积着CO_2气体，在区域内的人会窒息死亡，为了确保地震球罐区域及附近的人民生命安全，对 4000 立方液态CO_2球罐进行精确的结构抗震分析研究很有必要。GB12337—《钢制球形储罐》是我国球罐设计制造的现行标准，主要是以常规设计为基础编制，只是在附录 D 中增加了按分析设计的许用应力(降低了材料安全系数，提高了许用应力)及提高了一些制造和检验的要求，而对于地震和风水平载荷作用下，球罐整体结构水平刚度和自振周期、地震和风响应载荷及支柱和拉杆等部件的应力计算仍沿用 2014 版以前的方法。是按所有支柱受水平力弯曲变形相同考虑，考虑为支柱下端固定、上端无转角的悬臂梁，球罐整体结构按一次超静定考虑(实际上拉杆的空间方位不同，对支柱的加强作用不同，各支柱的受水平力弯曲变形不同，球罐整体结构是 $7n-6$ 次超静定)。计算支柱和拉杆的应力时，认为水平载荷完全由拉杆承受(实际上水平载荷是由支柱和拉杆共同承受)，按支柱上段受横力弯曲，支柱下段受纯弯曲考虑(弯矩为 M_0/n，见编制说明(15)式总弯矩为 M_0)。因上支柱与球壳焊接抗弯刚度大大增加，其抗弯刚度远大于支柱自身刚度，文献[5] 按刚体考虑。标准计算模型把支柱上段算弱，支柱下段算强，没有考虑支柱承受的水平载荷(有些大型重介质球罐支柱承受 30%～40%)。球罐自振周期计算只与支柱尺寸有关，与拉杆尺寸无关，在球罐设计条件相同，标准计算支柱选的越粗越厚，自振周期越小，地震响应加速度和响应水平力越大，要求的拉杆直径越大，显然这是不合理的结论，实际上支柱越粗越厚抗弯刚度越大，承受水平载荷能力越大，虽地震响应力增加了些，支柱承受了更大的水平力，拉杆受力不会增加(文献[5] 计算结果已验证)。

另外，在标准编制说明中，计算球罐整体结构水平柔度推导过程中，地震和风水平载荷在每根支柱下段弯矩 $M_0=\frac{F_{max}L^2}{2nH_0}$(见文献[3](式 15)总弯矩$\frac{F_{max}L^2}{2H_0}$)，在标准正文计算支柱应力时未考虑此项弯矩产生的弯曲应力，设防烈度高于 8 度 0.2G 时，该项应力已接近或超过标准中考虑的内压膨胀和偏心弯曲应力之和。对于地脚螺栓不仅有剪切应力(标准中支柱下部支承力按球罐最小空罐质量计算，不是操作情况真实支承力，支柱下部支承力是结构和介质重力载荷加上上耳板连接的受拉拉杆的压力减去下耳板连接的受拉拉杆的提力，计算地脚螺栓是否受剪，应按静摩擦力考虑，计算剪切力应按动摩擦力考虑)。支柱受弯支柱下部有翘脚的趋势，地脚螺栓有受拉的可能，应按地脚螺栓的拉应力和剪应力的当量应力进行强度校核。设防烈度低于 8 度时，基本上地脚螺栓无拉伸和剪切(标准计算偏保守)，不低于 8 度 0.3G 时，地脚螺栓有拉伸的可能(标准计算偏冒进)。按标准设计 4000 立方的 CO_2 球罐，球罐的支柱、拉杆、地脚螺栓(高设防烈度)没有足够的余量，遇设计设防地震时安全是没有保障的，支柱有失稳变形、拉杆和地脚螺栓和销子有断裂的可能(文献[8] 汶川地震 1000m^3液氨球罐破坏失效分析说明这一问题)。总的来说，标准球罐整体结构水平刚度计算偏小(算柔)，自振周期计算偏长，地震和风载荷响应水平力计算偏小，所有情况支柱应力均计算偏小。

合肥通用机械研究院在本世纪初对球罐整体结构的水平刚度、自振周期、地震响应力和支柱、拉杆等部件应力的计算方法做了大量的研究工作,推导出一套球罐整体结构水平刚度、自振周期、地震响应力分析及支柱和拉杆应力的计算方法文献[5],并开发编制了计算软件,二十几年做了大量球罐分析设计工作,通过上千台球罐的验证其计算结果与有限元分析相差基本上在15%以内,其中80%的实例误差在10%以内,另外,本文计算结果给出球罐上下极的水平位移和球罐整体转角,供管道设计参考。文章对4000立方的CO2球罐分别按地震设防烈度:7度0.1G、0.15G 、8度0.2G、0.3G、9度0.4G,采用三种方法(现行GB12337标准,文献[5]的方法,有限元分析计算法),对其结果进行分析对比。

1 球罐的结构尺寸及操作设计参数

球罐的结构尺寸及操作设计参数由表1给出。

表1 球罐的结构尺寸及操作设计参数

设计计算采用标准	JB4732-95《压力容器-分析设计》 GB12337-1998《钢制球形储罐》			支柱结构形式	赤道正切b型
设计压力MPa	2.2	公称容积 m^3	4000	操作介质	液态 CO_2
设计温度℃	-45/-15	球壳内径mm	19700	球壳焊缝系数	1
工作温度℃	-29--20	工作压力MPa	1.4~1.9	装量系数	0.9
介质重度 kg/m^3	1075	球壳厚度mm	49	球壳、上支柱材料	Q490DR
球壳腐蚀裕度mm	1.5	压力试验类型	水压	下支柱材料	Q370R
类场地土	Ⅲ	试验压力MPa	2.75	拉杆、销子材料	Q345D
地震设防烈度	7(0.15g)	地区类	B	基本风压 N/m^2	400
设计地震组别	第二组	支柱外径mm	800	基本雪压 N/m^2	300
设计支柱厚度mm	20	地脚螺栓材料	30CrMo	底板材料	Q345D
支柱线与拉杆线交点高度mm	9290	支柱个数	12	翼板、耳板材料	Q345R
支柱高度mm	12800	上支柱高度mm	3500	底板腐蚀裕度mm	3
地脚螺栓腐蚀裕度mm	3	拉杆腐蚀裕度mm	2	支柱腐蚀裕度mm	1

注*介质重度按最低温度考虑,压力取最高温度饱和压,终设计支柱尺寸 $\varphi800\times20$,拉杆直径 $\varphi100$,下支柱、拉杆等结构件工作温度——常温。

2 按标准GB12337的计算(以下简称方法1)

球罐标准GB12337计算支柱应力时,考虑了介质和结构重力的压应力,压力膨胀支柱的弯曲应力和压力膨胀支柱偏心弯矩的弯曲应力,地震和风水平载荷产生的总体弯矩在支柱上引起的拉和压应力(在震向后支柱受拉、前支柱受压应力最大),拉杆的拉应力在支柱上引起的压应力(在震向两侧拉杆的拉应力最大,与此拉杆连接的支柱引起的压应力最大),标准中将不在同一支柱上的两项压应力相加计算作为同一支柱的应力(支柱的平均压应力算大),忽略了水平载荷在支柱产生的弯曲应力,文中按标准计算模型给出该项计算值 $\sigma_0=\dfrac{F_{\max}L^2d_0}{4nH_0I}$,没有计算球罐下极(球心)水平位移 $\delta=\dfrac{F_{\max}H_0^3\xi}{12nE_sI}$。计算自振周期,只考虑支柱的弯曲刚度,与拉杆与支柱连接方式及拉杆尺寸无关。地脚螺栓只考虑剪切应力,没考虑拉伸应力。按球罐最小质量(空罐)计算支柱底板支撑力,地脚螺栓剪切应力计算按静摩擦系数考虑(应该是判断是否有剪切力按静摩擦系数计算,按动摩擦系数计算剪力)。图7示l应为拉杆中心线与支柱中心线交点至底板下表面距离,按现标准符合说明公式(30)、(31)是有问题的(分母的半径与SIN的乘积要减去销子到支柱中心线的距离)。以下对4000立方液态CO2球罐的结构分别按设防烈度:7度0.1G、0.15G,8度0.2G、0.3G、9度0.4G进行设计计算,计算满足标准要求的球罐结构的自振周期、地震响应水平载荷、总设计水平载荷、支柱当量应力、销子和地脚螺栓的直径。根据设计总水平载荷和水平柔度给出球罐水平位移及水平载荷引起的支柱弯曲应力(标准未考虑),满足标准要求的最小支柱、拉杆截面尺寸的计算结果见表2。

计算结果,对于设防烈度于7度0.15G,支柱尺寸取φ800×13,要求拉杆直径105,支柱尺寸取φ800×20,要求拉杆直径115,支柱取的越厚,要求拉杆直径越大,这是完全不合理的结论(实际上支柱和拉杆共同承受水平载荷,当支柱加厚,自振周期减小,虽地震响应水平力增加,但支柱加厚抗弯刚度增加,支柱承受水平载荷比例上升,故拉杆直径不应该增大,方法2、3的计算数据说明这一问题),这是标准不足之处之一(原因是认为水平载荷完全由拉杆承受,支柱加厚,自振周期减小,地震响应水平力增加,拉杆受力增加,拉杆直径增大)。标准中未考虑水平载荷的弯曲应力19.5~54.26MPa,设防烈度高于8度0.15G时,该项应力已接近或超过标准中考虑的内压膨胀和偏心弯曲应力之和。球罐下极水平位移12.94~39.99mm,考虑适当的动荷放大系数供管道设计予以考虑。地脚螺栓的设置和直径计算,支柱下端水平力取的是拉杆最大拉力的分力,支柱底板支撑力是按空罐计算(与介质质量无关),设防烈度低于8度时是保守的。SW6软件销子与拉杆非等强度设计,因拉杆设计是隐式应力强度校核,销子是显式直径计算,拉杆应力强度可能余量很大,销子应力强度无余量,是不合理的,采用等强度设计销子直径为:$d_p=0.912d_T\sqrt{R_{eLT}/R_{eLp}}$。

3 球罐按文献[5]的方法计算(以下简称方法2)

按满足标准GB12337要求的最小支柱和拉杆结构尺寸,利用文献[5]计算结果见表2,自振周期均小于GB12337计算值,是标准计算值的61.11%~95.5%,地震响应水平力均大于GB12337的计算值,是标准计算值的104.38%~144.69%,支柱应力均大于GB12337的计算值,是标准计算值的124.45%~151.86%,所有支柱应力均不满足要求(除注*最终设计结构,不是满足GB12337标准要求的最小尺寸)。设防烈度7度0.1G,拉杆直径相对较小,拉杆对自振周期的影响较小,两种方法计算的自振周期和水平地震力相差较小,随着设防水平加速度的增加,拉杆直径加大,拉杆对自振周期和地震响应的影响增加,设防水平加速度0.3G和0.4G时,拉杆直径145和180mm,文献[5]计算的自振周期是标准计算值的67.2%和61.11%,水平地震力是标准计算值1.45和1.42倍,支柱当量应力是标准计算值1.5和1.52倍,均远大于其许用值,已接近屈服应力。拉杆应力均小于标准计算值,拉杆承受的水平力的比例66.34%~86.95%,低设防烈度,拉杆直径相对较小,拉杆承受的水平力的比例小,随设防烈度的增加,拉杆尺寸加大,拉杆承受的水平力的比例上升,拉杆应力增加。球罐自振周期与拉杆尺寸有关,拉杆直径增加,自振周期减小,地震响应水平力增加。因支柱应力不满足要求,需要增加支柱直径或厚度使得满足要求,自振周期还要减小,地震响应水平力进一步加大,拉杆承受的水平力的比例会进一步减小。球罐下极水平位移12.05~20.31mm,均小于标准模型计算值,与标准计算的比为0.5059~0.9359,同样是设防烈度越高差距越大,球罐整体转角0.001253~0.0049度。设防烈度7度0.1G、0.15G,地脚螺栓无拉伸、无剪切,设防烈度8度0.2G、0.3G,地脚螺栓无拉伸、有剪切,设防烈度9度0.4G,地脚螺栓有拉伸、有剪切,设防加速度0.3G、0.4G地脚螺栓计算直径已大于标准计算值。

4 球罐的有限元分析计算(以下简称方法3)

地震和风水平载荷作用下球罐的有限元分析计算,不考虑疲劳问题,球壳和支柱及耳板、筋板可采用板壳单元,考虑疲劳问题,采用实体单元,拉杆采用绳索单元,由于结构和受力的对称性可取半个球罐为分析模型。支柱的最大应力发生在震向前支柱(正压球罐,负压在后),模型按A向或B向取半个球罐,拉杆的最大应力发生在侧边拉杆(所在平面与地震力平行或接近平行),支柱数是四的整数倍,B向地震拉杆应力最大,要计算 A 向和 B 向两种结构,支柱数是偶数,非四的整数倍只计算 A 向结构(可得支柱和拉杆的最大应力)。球罐球心的水平刚度(或柔度)通过有限元计算(施加一水平加速度,计算球罐上下极点平均水平位移为球心位移,总水平力除以球心水平位移),结合球罐总质量计算其自振周期,参照 GB12337 标准按设防烈度和场地类型计算地震水平加速度和水平力,地震水平加速度处理为水平重力加速度,介质水平惯性力处理为球壳内壁的水平方向静压力(广义地讲,重力也是一种惯性力),介质压力和结构重力及介质重力与正常操作工况相同。铅垂方向重力加速度 $g=9.81\text{m/s}^2$,水平方向地震响应加速度 a,合成为斜向重力 G(球壳内壁的静压力为斜向变化的静压力)。水平风载荷考虑风振系数和体形系数等量的加在球罐迎风外表面(也可以等值转化为球壳水平方向加速度)。球罐内表面施加设计压力,指定球罐结构温度为操作温度,球罐结构对称面约束法向位移,支柱(底板)下表面约束所有位移。应按设计工况拉杆无应力,设置拉杆预应变。

按表 2 的支柱和拉杆尺寸建立 6 个球罐有限元分析模型,施加设计压力和指定球罐结构温度,计算球罐结构的自振周期、地震响应水平加速度、风载荷,分别按施加设防烈度 7 度 0.1G、0.15G、0.15G,8 度 0.2G、0.3G,9 度 0.4G 相应的地震水平载荷和风载荷考虑。计算支柱上下端当量应力、拉杆应力、销子应力、地脚螺栓应力、球罐上下极水平位移、球罐整体转角。

有限元分析计算,自振周期基本上小于 GB12337 的计算值,地震响应水平力基本上大于 GB12337 的计算值,支柱应力均大于 GB12337 的计算值,所有支柱应力均不满足要求(除注 * 最终设计结构,不是满足 B12337 标准要求的最小尺寸)。设防水平加速度 0.1G,拉杆直径相对较小,拉杆对自振周期的影响较小,两种方法水平地震力相差最小,随着设防水平加速度的增加,拉杆直径加大,拉杆对自振周期和地震响应的影响增加,设防水平加速度 0.3G 和 0.4G 时,拉杆直径 145 和 180mm,有限元计算的自振周期是标准计算值的 84.1% 和 82.55%,水平地震力是标准计算值 1.18 和 1.20 倍,支柱当量应力是标准计算值 1.434 和 1.494 倍,均远大于其许用值,均已接近屈服应力。拉杆应力均小于标准计算值,拉杆承受的水平力的比例 64.6%~78.9%,低设防烈度,拉杆直径相对较小,拉杆承受的水平力的比例小,随设防烈度的增加,拉杆尺寸加大,拉杆承受的水平力的比例上升,拉杆应力增加。球罐自振周期与拉杆尺寸有关,拉杆直径增加,自振周期减小,地震响应水平力增加。因支柱应力不满足要求,需要增加支柱直径或厚度使得满足要求,自振周期还要减小,地震响应水平力进一步加大,拉杆承受的水平力的比例会进一步减小。球罐下极水平位移 14.1~32.7mm,基本上小于标准模型计算值,与标准计算的比 0.8177~1.1081,设防烈度较低时,拉杆直径较小,拉杆承受的水平力的比例较小,会大于标准模型计算值(标准考虑拉杆承受所有水平力算强);设防烈度高时,拉杆直径较大,拉杆承受的水平力的比例较大,设防烈度高越差距较大,球罐整体转角 0.001253~0.0049 度。设防烈度 7 度 0.1G、0.15G,地脚螺栓无拉伸、无剪切,设防烈度 8 度 0.2G、0.3G,地脚螺栓无拉伸、有剪切,设防烈度 9 度 0.4G,地脚螺栓有拉伸、有剪切,设防加速度 0.3G、0.4G 地脚螺栓计算直径已大于标准计算值。

5 结果分析

有限元分析计算与标准 GB12337 计算的比较,有限元计算的自振周期是 GB12337 计算值的 82.55%~101.22%,地震响应水平力是 GB12337 计算值的 94.69%~119.96%,支柱当量应力是 GB12337 计算值的 123.76%~149.44%。地震设防烈度较低时,拉杆直径较小,支柱承受水平力的比例较大(非标准认为拉杆承受所有水平力),支柱下段也属横力弯曲(非标准考虑的纯弯曲),GB12337 中下支柱算强的影响大于上支柱算弱的影响,使得 GB12337 计算的自振周期略小于有限元计算值,GB12337 计算的地震响应水平力略大于有限元计算值。地震设防烈度较高时,拉杆直径较大,拉杆承受的水平力的比例较大,GB12337 中下支柱算强的影响小于上支柱算弱的影响,GB12337 计算的自振周期大于有限元计算值,GB12337 计算的地震响应水平力小于有限元计算值,地震设防烈度越高,拉杆直径越大,差距越大。有限元计算支柱应力全部不满足要求(除最终设计结构是有限元计算,不是满足 GB12337 标准要求的最小尺寸),最大值已接近屈服应力,同样是地震设防烈度越高,差距越大,其原因一是有限元计算的地震响应水平力大于 GB12337 计算的地震响应水平力，二是 GB12337 没有考虑地震水平力在支柱上产生的弯曲应力。相同的水平力有限元计算的拉杆应力均小于 GB12337 计算值，原因是支柱承担了部分水平力。球罐自振周期和地震响应系数及风振系数与拉杆尺寸有关，拉杆直径越大，球罐整体结构水平刚度越大，自振周期越小，地震响应系数及风振系数越大，设计最大水平力差距越大。设防烈度较低时，支柱厚度和拉杆直径相对较小，有限元和标准计算的球罐整体结构水平刚度相近，计算的球罐下极水平位移差距不大。设防烈度较高时，支柱厚度和拉杆直径较大，有限元计算的球罐整体结构水平刚度小于 GB12337 计算值，有限元计算的球罐下极水平位移小于 GB12337 模型计算值，球罐整体转角较小，可以不予考虑。

文献[5] 计算与有限元分析计算的比较，文献[5] 计算的自振周期是有限元计算值的 74.03%～94.06%，文献[5] 计算的地震响应水平力是有限元计算值的 108.86%～123.01%，文献[5] 计算的总水平力是有限元计算值的 103.97%～122.36%，文献[5] 计算的支柱上端当量应力是有限元计算值的 103.97%～117.39%，文献[5] 计算的支柱下端当量应力是有限元计算值的 98.37%～100.79%。文献[5] 计算的下极水平位移是有限元计算值的 62.11%～85.46%，文献[5] 计算的球罐整体转角是有限元计算值的 46.53%～65.99%，文献[5] 计算的拉杆应力是有限元计算值的 89.27%～116.45%。文献[5] 与有限元计算差别的原因是文献[5] 把球壳处理为刚体，刚化了球壳和支柱焊接的上段，球罐结构水平刚度计算偏大、自振周期计算偏小、地震响应水平载荷计算偏大，计算结果是偏保守的。支柱上端当量应力偏差较大，也是由于球壳变形有限元计算偏差，支柱下端当量应力两种计算方法误差在 2%之内，文献[5] 计算已相当精确。文献[5] 计算下极水平位移是有限元计算值的 62.11%～85.46%，文献[5] 计算球罐整体转角是有限元计算值的 46.53%～66.99%，文献[5] 较有限元偏刚，两种计算方法的偏差原因同样是球壳变形。文献[9] 利用有限元计算刚化球壳（弹性模量上了两个数量级），证明两种方法计算误差大大减小，说明文献[5] 的正确性。

总之，球罐的地震和风水平载荷，并非完全由拉杆承受，而是由拉杆和支柱共同承受，球罐直径越大、支柱数越多，支柱的直径和壁厚越大，支柱越高（拉杆变陡），支柱承受的水平载荷的比例越大。水平载荷在支柱产生弯曲应力，是地震时影响球罐结构安全的重要因素之一。球罐的自振周期和地震响应水平载荷与拉杆连接结构和拉杆尺寸密切相关。对于液态 CO_2（或更重的氟利昂）球罐，操作介质密度超过水的密度，考虑介质装量系数操作状态球罐的质量接近或超过水压试验，按现行球罐标准设计的球罐，正常操作状态支柱应力没有大的余量时，遇设计设防烈度的地震时球罐的安全是没有问题的，有支柱变形失稳、拉杆变形、销子和地脚螺栓及进出口管线断裂的可能。

表 2　球罐结构满足现标准要求的最小支柱、拉杆方法 1、2、3 计算结果

设防烈度水平加速度(m/s^2)	计算方法	7 度 0.1G	7 度 0.15G	7 度 0.15G *	8 度 0.2G	8 度 0.3G	9 度 0.4G
支柱尺寸(mm×mm)		φ800×12	φ800×13	φ800×20	φ800×14	φ800×16	φ800×20
拉杆直径(mm)		φ80	φ105	φ115/100	φ120	φ145	φ180
不同方法计算自振周期 T(s)	1	1.0105	0.9739	0.7972	0.941	0.8853	0.8005
	2	0.962	0.7833	0.7613	0.7009	0.5949	0.4892
	3	1.0228	0.8875	0.8347	0.8264	0.7445	0.6608
不同方法计算自振周期的比	2/1	0.9520	0.8043	0.9550	0.7449	0.6720	0.6111
	3/1	1.0122	0.9113	1.047	0.8782	0.841	0.8255
	2/3	0.9406	0.8826	0.9121	0.8481	0.7991	0.7403

(续表)

设防烈度水平加速度(m/s^2)	计算方法	7 度 0.1G	7 度 0.15G	7 度 0.15G＊	8 度 0.2G	8 度 0.3G	9 度 0.4G
不同方法计算水平地震力(N)	1	2194710	3415120	4129860	4709000	7504970	11061500
	2	2297570	4181190	4310580	6192460	10858800	15678100
	3	2078177	3611814	3959693	5223208	8827324	13269421
不同方法计算水平地震力的比	2/1	1.1067	1.2243	1.0438	1.3150	1.4469	1.4174
	3/1	0.9469	1.0576	0.9588	1.1092	1.1762	1.1996
	2/3	1.1056	1.1576	1.0886	1.1856	1.2301	1.1815
总水平力(N)	1	2217920	3438220	4152420	4732000	7527800	11084000
	2	2320630	4203700	4333020	6214730	10955700	15699700
	3	2232000	3808800	4047600	5437800	8954000	13329400
标准未考虑支柱弯曲应力(MPa)	19.5	27.43	20.33	34.57	47.14	54.26	
标准支柱应力/许用值(MPa)	230.6/246.7	230.8/246.7	163.4/240	232/246.7	236.5/246.7	223.5/240	
不同方法计算支柱上端应力(MPa)	2	274.4	292.6	210.5	313.2	353.6	339.4
	3	275	278.1	195.6	282.6	301.2	298.8
不同方法计算支柱下端应力(MPa)	2	282.4	294.5	216.5	311.1	339.5	328.3
	3	285.4	299.4	217.4	313.6	339.1	334
不同方法计算支柱最大应力的比(2/3 上行上端,下行下端)	2/1	1.2245	1.2761	1.3252	1.3398	1.495	1.5186
	3/1	1.2376	1.2972	1.3305	1.3517	1.4338	1.4944
	2/3	0.9978	1.0523	1.0762	1.1081	1.2142	1.1359
	2/3	0.9894	0.9837	0.9960	1.0079	1.0013	0.9829
不同方法计算支柱最大应力与许用值的比	1	0.9347	0.9355	0.68	0.9404	0.9587	0.9313
	2	1.145	1.194	0.903	1.269	1.433	1.414
	3	1.157	1.214	0.906	1.271	1.375	1.392
不同方法计算下极水平位移(mm)	1	12.94	18.59	14.98	23.85	33.44	39.99
	2	12.05	14.34	14.02	16.88	21.09	20.31
	3	14.1	17.8	16.6	21.9	28.75	32.7
不同方法计算下极水平位移的比	2/1	0.9313	0.7714	0.9359	0.7078	0.6307	0.5079
	3/1	1.0896	0.9580	1.1081	0.9182	0.8597	0.8177
	2/3	0.8546	0.8056	0.8446	0.7708	0.7336	0.6211
不同方法计算整体转角(度)	2	0.00125	0.00288	0.00135	0.00284	0.00430	0.00490
	3	0.00262	0.00436	0.00291	0.00524	0.00771	0.00960
不同方法整体转角的比	2/3	0.4786	0.6599	0.4653	0.5415	0.5577	0.5105
方法 1 拉杆计算直径(mm)	71.45	98.51	98.63	105.15	133.51	159.87	

（续表）

设防烈度水平加速度(m/s^2)	计算方法	7 度 0.1G	7 度 0.15G	7 度 0.15G＊	8 度 0.2G	8 度 0.3G	9 度 0.4G
不同方法计算拉杆应力(MPa)	2	109	130	127	153	192	186
	3	117	130	142	145	165	161
方法 2、3 计算拉杆应力比	0.9317	1.0009	0.8927	1.058	1.1645	1.1526	
不同方法计算拉杆承受水平力比例％	2	68.18	77.42	66.34	80.66	84.27	86.95
	3	64.9	72.0	64.6	74.3	77	78.9
不同方法计算销子计算直径(mm)	1	68.1	84.8	93.2	99.51	130.5	151.34
	2、3	72.96	95.76	91.2	109.44	132.24	173.28
不同方法地脚螺栓计算直径(mm)	1	29.6	39.4	44	47.6	58.9	75.7
	2	/	/	/	36	80	110
	3	/	/	/	/	72	95
不同方法计算地脚螺栓剪切应力(MPa)	2	无	无	无	135.93	193.49	191.81
	3	无	无	无	无	125.9	128.2
不同方法计算地脚螺栓拉伸应力(MPa)	2	无	无	无	无	无	15.03
	3	无	无	无	无	无	无

注＊最终分析设计支柱尺寸 $\varphi800\times20$，拉杆直径 $\varphi100$，按标准计算要求拉杆直径 $\varphi115$。

6 球罐标准修改建议

(1)球罐支柱应力计算要考虑球壳温度变化径向位移引起的弯曲应力

碳钢和低合金钢球壳操作温度变化达到 60 度时，径向热位移已接近或超过压力膨胀的位移，不锈钢球壳操作温度变化达到 30 度时，径向热位移已接近或超过压力膨胀的位移，高低温球罐要考虑球壳温度变化引起的弯支柱矩应力。

(2)球罐支柱应力计算要考虑水平载荷引起的弯曲应力

在标准编制说明中，在计算球罐整体结构水平柔度推导过程中，水平载荷在每根支柱下段弯矩 $M_{01}=\frac{F_{\max}L^2}{2nH_0}$ $\left(见编制说明式(15)总弯矩\frac{F_{\max}L^2}{2H_0}\right)$，是按每根支柱受力相同考虑的，实际上由于拉杆空间方位不同，对支柱的加强作用不同，各支柱所受弯矩不同，支柱最大弯矩比前式要大，再由于拉杆只承受部分水平力(非标准考虑承受全部水平力)，支柱最大弯矩还要大，考虑拉杆对自振周期的影响，自振周期比现标准计算值要小，地震和风水平力比现标准计算值要大，按上式考虑是偏小的，对地震工况是偏冒进。

标准中图 7 所示，l 应为拉杆中心线与支柱中心线交点至底板下表面距离，按现符合说明公式(30)、(31)是有问题的(在分母的半径与 sin 的乘积要减去销子到支柱中心线的距离)。

(4)给出球罐下极的水平位移，供管道设计参考

球罐下极的水平位移：$\delta=\frac{F_{\max}H_0^3\xi}{12nE_sI}$(考虑大于 2 的动荷放大系数)。

(5)a 点组合应力计算的修改

常规设计按第三强度理论计算组合当量应力。

$$\sigma_{o\alpha}=\sqrt{\sigma_{o1}^2+4\tau_o^2}$$

分析设计按第四强度理论计算组合当量应力。

$$\sigma_{o\alpha}=\sqrt{\sigma_{o1}^2+3\tau_o^2}$$

(6)地脚螺栓计算剪切应力的修改

精确每根支柱的支撑力,水平力;在判断地脚螺栓有无剪切应力应按静摩擦系数考虑,计算剪切应力应按动摩擦系数考虑,计算校核每根支柱地脚螺栓的剪切应力。

(7)球罐安装技术文件中增加球罐安装完成热处理后调正支柱,塞钢板消除底板靠近支柱侧地脚螺栓与底板的间隙(地脚螺栓才能剪切力)。

7 结 论

(1)按标准 GB12337 设计的 4000 立方 CO_2 球罐是偏冒进,遇设计设防烈度的地震支柱当量应力不满足强度和稳定性要求,设防烈度越高,差距越大,球罐壳体和介质进出口管道有开裂的可能,支柱有失稳的可能性。

(2)球罐的自振周期和地震响应载荷及风振载荷均与拉杆连接结构及拉杆尺寸有关,球罐相隔支柱设置拉杆,大的拉杆直径,其水平刚度比相邻支柱设置可调小直径拉杆的水平刚度大,自振周期小,地震响应载荷及风振载荷大,支柱和拉杆等部件的应力都不同程度的增加。

(3)现标准中未考虑水平载荷的弯矩 M_0 的弯曲应力,设防烈度高于 8 度 0.15G 时,该项应力已接近或超过标准中考虑的内压膨胀和偏心弯曲应力之和,本次标准修改应予考虑。

(4)本文几种计算方法都给出球罐下极的水平位移,因地震属动载荷,应考虑动荷放大系数,按现标准计算取虑动荷放大系数 1.5,按文献[5] 计算取虑动荷放大系数 3,按有限元计算取虑动荷放大系数 2,球罐设计给出下极的水平位移供管道设计参考,对现已运行的球罐按地震设防烈度计算下极的水平位移,校核管道应力强度,如不满足要求,在停车检修时考虑进出口管道的改造(最后动荷放大系数的选取由行业确定)。

(5)设防烈度低于 8 度时,基本上地脚螺栓无拉伸应力、无剪切应力,判断有无剪切应力按静摩擦系数考虑,计算剪切应力按动摩擦系数考虑。当计算有剪切应力时,球罐安装完成后在底板地脚螺栓靠近支柱侧的间隙应塞钢板消除(地脚螺栓才能抗剪切)。

(6)文献[5] 与有限元计算差别的原因是文献[5] 把球壳处理为刚体,刚化了球壳和支柱上段,球罐水平刚度算大、自振周期算小、地震响应水平载荷算大,计算结果是偏保守的,文献[9] 有限元计算刚化球壳(弹性模量上了两个数量级),两种方法计算误差大大减小。

(7)一般液化烃的密度是水一半左右,球罐操作重量是水压试验 50%~70%,支柱的结构尺寸由水压试验确定,正常操作工况支柱强度和稳定性有一定的余量,地震烈度不是很高时,按标准 GB12337 设计地震工况支柱应力可满足要求,地震烈度 8 度 0.3G 或 9 度 0.4G 时,支柱同样有失稳的可能性。

参考文献

[1]《钢制压力容器—分析设计标准》,GB/T 4732—2024,中国标准出版社.

[2]《钢制球形储罐》,GB 12337—2014,中国标准出版社.

[3]《钢制球形储罐》编制说明,GB12337—2014,中国标准出版社.

[4] 李永泰,黄金国. 球形储罐的分析设计. 压力容器. 2003,20 (5):34—36.

[5] 李永泰,黄金国,等. 球罐整体结构水平刚度及支柱拉杆应力分析. 压力容器. 2006,23 (3):19—24.

[6] 郭春光,李永泰,等. 球罐整体结构自振周期计算及地震响应分析. 压力容器. 2012,29(7):

28－32

[7] 李永泰，黄金国，等．球罐结构支柱拉杆应力分析计算．压力容器．2012，29(12)：41－46.

[8] 李永泰，顾永干，等．$1000m^3$ 液氨球罐地震失效分析．压力容器．2014，31(1)：56－61.

[9] 李永泰，张雨晨，等．固定拉杆球罐整体结构水平刚度及自振周期分析计算．压力容器．2025，42(03)：37－43.

作者简介

李永泰(1956)，男，教授级高级工程师，主要从事石化设备和通用机械的强度分析、球罐和换热器管板应力分析等，通信地址：230031 安徽省合肥市长江西路 888 号合肥通用机械研究院有限公司，E－mail：li－yongtai@163.com，电话：13956991997。

封头形状对固定式Ⅲ型储氢容器强度和疲劳寿命影响的数值研究

欧海洋，焦 鹏，李新爽，杨 杰，徐龙旺，陈志平
（浙江大学 能源工程学院 化工机械研究所，杭州 310027）

摘 要：固定式储氢容器是加氢站以及氢气固定站点储存氢气的必要设备，与氢能产业发展息息相关。在储氢压力不断提高的背景下，传统 I/II 型铬钼钢内胆的储氢容器面临氢脆效应显著、壁厚过大导致的制造和热处理工艺困难等问题，而随着碳纤维材料成本下降和纤维缠绕工艺的成熟，Ⅲ型储氢容器的商业化应用前景日益广阔。本研究针对固定式储氢容器强度失效和疲劳失效这两种主要的失效模式，针对内胆结构设计，采用数值仿真方法系统分析了不同椭球比的椭圆形封头对容器力学性能的影响。通过对比研究封头形状与容器强度、疲劳特性的关联规律，为储氢容器的优化设计提供了理论依据和技术参考。

关键词：Ⅲ型储氢容器；强度；疲劳寿命；封头形状

Numerical investigation of dome shape effects on strength and fatigue life in Type III hydrogen storage vessels

OU Haiyang，JIAO Peng，LI Xinshuang，YANG Jie，XU Longwang，CHEN Zhiping
(Institute of Chemical Machinery，College of Energy Engineering，
Zhejiang University，Hangzhou 310027，China)

Abstract：Stationary hydrogen storage vessels are critical for hydrogen refueling stations and stationary hydrogen storage facilities，playing a crucial role in hydrogen energy development. With the continuous increase in hydrogen storage pressure，traditional Type I/II chromium－molybdenum steel liner hydrogen storage vessels face challenges such as significant hydrogen embrittlement effects，as well as manufacturing and heat treatment difficulties caused by excessive wall thickness. As carbon fiber material costs decrease and winding filament technology matures，the commercial potential of Type III hydrogen storage vessels continues to expand. This study focuses on the two primary failure modes of stationary hydrogen storage vessels：strength failure and fatigue failure. Taking the liner structure as the key design element，numerical simulation methods were employed to systematically analyze the influence of different ellipsoidal ratios in Ellipsoidal heads on the performance properties of the vessel. By investigating the relationship between dome shape and the vessel's strength and fatigue characteristics，this research provides a theoretical foundation and technical reference for optimizing hydrogen storage vessel design.

Keywords：type Ⅲ hydrogen storage vessel；strength；fatigue life；dome shape

0 引 言

氢能凭借其清洁无碳、绿色高效、可再生、应用场景丰富等特性，已成为全球能源转型中极具前景的清洁能源载体。欧美日等国家很早就开始布局氢能产业，中国在“十四五”期间也密集颁布了多项氢能产业政策，相继出台《氢能产业发展中长期规划（2021－2035年）》等系列政策文件，推动氢能全产业链发展[1-2]。在交通领域，氢燃料电池技术已实现重大突破，其应用场景从乘用车逐步拓展至城市公交、物流运输、重型卡车乃至轨道交通等多元化领域。据国际能源署最新统计数据显示，截至2023年底，全球氢燃料电池汽车保有量已突破7万辆，配套加氢站网络建设同步推进，总数达1 200余座，其中中国建成加氢站数量位居全球前列。随着绿氢制备技术的突破和基础设施的完善，氢能产业正迎来前所未有的发展机遇，预计到2030年全球氢能市场规模将突破万亿美元，成为推动全球能源结构转型的重要引擎[3]。

固定式储氢容器作为加氢站及氢气固定站点的核心设备，需要满足大容量、高工作压力以及长疲劳寿命等严苛技术要求[4-5]。目前广泛采用的I/II型铬钼钢内胆储氢容器在高压氢气环境下暴露出明显的局限性：一方面铬钼钢固有的氢脆敏感性导致容器在长期服役过程中易产生氢致裂纹；另一方面为满足强度要求而采用的超大壁厚设计不仅大幅增加了材料成本和制造难度，还对热处理工艺提出了极高要求[6-10]。相比之下，复合材料全缠绕储氢容器虽然在移动式储氢领域凭借其优异的储氢效率占据了主导地位，但固定式应用场景中却长期面临经济性和技术性的双重制约。但是，近年来随着碳纤维原材料价格持续走低、储氢压力的不断提升以及自动化纤维缠绕工艺的突破性进展，复合材料全缠绕压力容器在固定式储氢系统中的商业化应用正逐渐成为可能。

在固定式复合材料全缠绕压力容器的设计中，内胆参数与复合层参数共同决定了容器的整体性能。具体而言，内胆的结构特性主要影响容器的疲劳寿命，而复合层参数则主导容器的承载强度。其中，封头部位作为容器的关键结构区域，其设计尤为重要：一方面，该区域的几何形状突变和厚度过渡导致显著的应力集中现象；另一方面，复杂的曲面几何特征使得纤维缠绕过程中易出现堆积缺陷和强度分布不均等问题。值得注意的是，封头部位的应力状态不仅直接影响容器的极限承载能力，还会显著影响其循环载荷下的疲劳性能，因此优化封头形状是容器结构设计的关键环节[11-12]。

本研究采用数值分析方法，针对固定式III型储氢容器开展系统性研究。通过建立具有不同椭球比（即长轴与短轴之比）的椭圆形封头有限元模型，重点考察了封头几何形状对容器力学性能的影响规律。研究内容主要包括：(1)基于应力分析评估不同封头形状下的强度性能；(2)通过疲劳分析预测容器的循环寿命特性。研究结果可为高压储氢容器的封头优化设计提供理论依据和技术指导，对提升储氢容器的安全性和可靠性具有重要意义。

1 有限元模型的建立

根据设计要求和实际的生产制造水平确定了容器内胆的基本参数，如图1所示，容器外径为457mm，厚度为20mm，极孔半径为127mm，容器总长约7980mm，水容积超过$1m^3$。

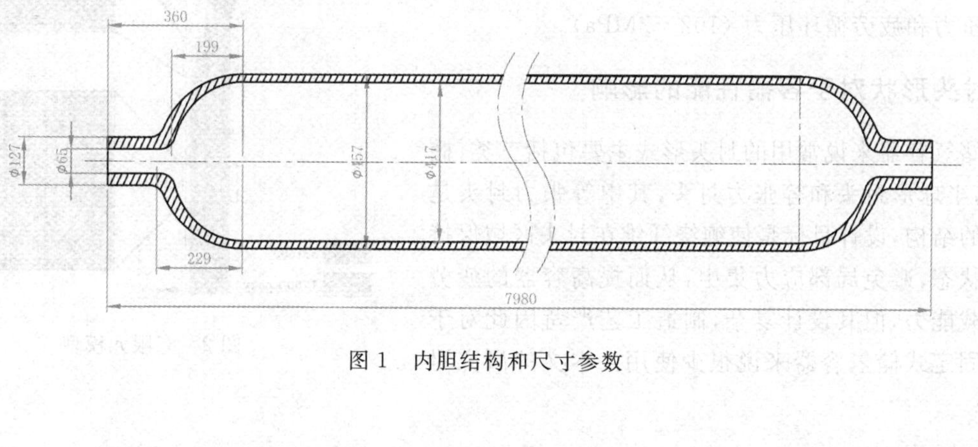

图1 内胆结构和尺寸参数

基于网格理论计算复合层的厚度,其计算公式如下:

$$\alpha_0=\arcsin(r_0/R) \tag{1}$$

$$t_{fa}=\frac{RP_b}{2K\sigma_b\cos^2\alpha_0} \tag{2}$$

$$t_{f\theta}=\frac{RP_b}{2\sigma_b}\left(2-\frac{1}{K}\tan^2\alpha_0\right) \tag{3}$$

式中,r_0 为极孔外径,mm;R 为筒体外径,mm;α_0 为缠绕角度,°;t_{fa} 为螺旋层厚度,mm;$t_{f\theta}$ 为环向层厚度,mm;P_b 为设计爆破压力,MPa;K 为应力平衡系数;σ_b 为复合层强度。

将相关参数带入式中可得环向层层数为 54 层,螺旋层层数为 44 层,总厚度分别为 20.844mm 和 16.984mm。根据设计经验确定了复合层的铺层方案,螺旋层从小到大排列并进行了 4 次扩孔以减小极孔周围的纤维堆积,螺旋层和环向层交替排布:$[(90°)_8/(\pm16.2°)_3/(90°)_8/(\pm16.2°)_3/(90°)_8/(\pm16.2°)_4/(90°)_6/(\pm26.9°)_3/(90°)_6/(\pm35.7°)_3/(90°)_6/(\pm45.7°)_3/(90°)_6/(\pm57.8°)_3/(90°)_6]$。

对于复合材料全缠绕压力容器而言,强度主要由复合层承担,内胆主要满足气密性和疲劳性能的要求,因此可以专注于材料的抗氢脆性能而不是强度,此外对于固定式储氢容器而言重量也不是其限制要求,因此可以选择金属内胆而不是复合材料内胆,后者的制造工艺还不够成熟,在这种背景下,铝合金以及高镍含量的奥氏体不锈钢是最常见的选择,二者强度性能相差不大,且都具有良好的抗氢脆性能[13-15],但考虑到后者的疲劳性能更好且制造工艺更加成熟,因此内胆材料选用了高镍的 316L 不锈钢,复合层材料为 T700 碳纤维和树脂,其材料参数见表 1-2 所列。

表 1 316L 不锈钢力学性能参数

弹性模量 E/GPa	泊松比 ν	屈服强度 σ_y/MPa	抗拉强度 σ_u/MPa	密度 ρ/g·cm^{-3}
200	0.3	279	548	7.98

表 2 复合层力学性能参数

E_1/GPa	$E_{2,3}$/GPa	$\nu_{12,13}$	ν_{23}	$G_{12,13}$/MPa	G_{23}/MPa
134	7.42	0.28	0.3	3.71	4.79

基于上述信息建立了容器的轴对称实体有限元模型如图 2 所示,相较于三维实体有限元模型其计算量显著降低但二者应力和变形的差异很小,网格划分使用 CAX4R 单元,边界条件参照容器的实际工作环境,内表面施加内压,一端固定,一端只能沿轴向滑动并施加等效拉应力,计算强度时施加设计爆破压力(253MPa),计算疲劳寿命时施加自紧压力和疲劳循环压力(102-2MPa)。

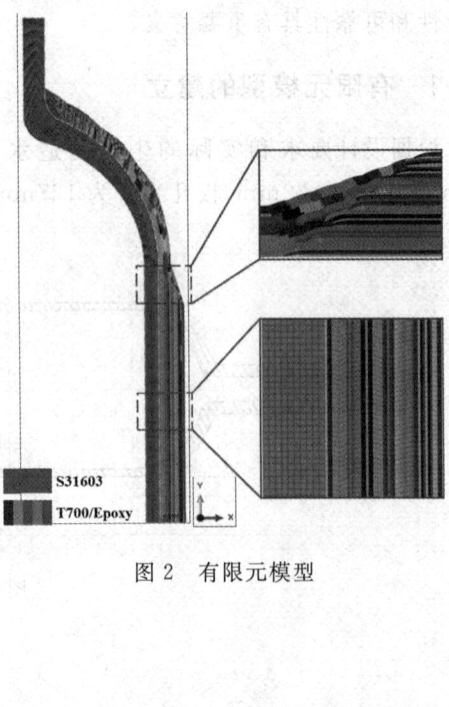

图 2 有限元模型

2 封头形状对于容器性能的影响

对于储氢容器来说常用的封头形式主要包括三类:椭圆形封头,半球形封头和等张力封头,其中等张力封头是一种理想的结构,设计目标是使缠绕纤维在封头区域保持均匀受力状态,避免局部应力集中,从而提高容器的疲劳寿命和承载能力,但其设计复杂,制造工艺严苛因此对于大容量的固定式储氢容器来说很少使用。本文的研究对象是椭圆形封头，通过控制其椭球比(封头截面轮廓长轴和短轴的比值)即可改变封头的形状，当椭球比为1时即为半球形封头。

对于封头椭球比分别为2.0,1.8,1.6,1.5,1.4,1.2,1.0的储氢容器建立了有限元模型并计算了其强度和疲劳寿命，封头形状改变时其他所有设计参数都保持相同如前文所述。对于金属内胆全缠绕储氢容器来说，其疲劳性能表现出显著的层间差异性，其中复合材料层具有卓越的抗疲劳性能，而金属内胆则存在明显劣势，主要受到高压氢气环境以及累计塑性变形的影响特别是在筒体封头过渡区等应力集中部位，因此整个容器的疲劳失效主要由内胆主导。考虑到高镍含量的316L不锈钢具有优异的抗氢脆性能，因此计算内胆疲劳寿命时使用了316L在空气中的S－N曲线数据[16]，储氢容器内胆在循环充放氢过程中承受典型的多轴高疲劳载荷，基于疲劳裂纹萌生与扩展理论发展的临界面方法，通过综合考虑应变状态、临界平面取向及方向性因素，可准确预测复杂应力状态下的疲劳行为，其中经过Morrow平均应力修正的Brown－Miller方程被广泛使用，其计算公式如下[17]：

$$\frac{\nabla\gamma_{max}}{2}+\frac{\nabla\varepsilon_n}{2}=1.65\,\frac{(\sigma_f'-\sigma_{n,m})}{E}(2N_f)^b+1.75\varepsilon_f'(2N_f)^c \tag{2}$$

式中，$\nabla\gamma_{\max}$为最大剪应变范围；$\nabla\varepsilon_n$为最大剪应变平面上的法向应变范围；σ_f'为疲劳强度系数；ε_f'为疲劳延性系数，MPa；$\sigma_{n,m}$为平均正应力，MPa；E为弹性模量，MPa；N_f为以循环数表示的疲劳寿命；b为疲劳强度系数；c为疲劳延性指数。

设计爆破压力下，不同封头形状的容器的首层螺旋层和首层环向层的纤维方向应力分布如图3和图4所示。

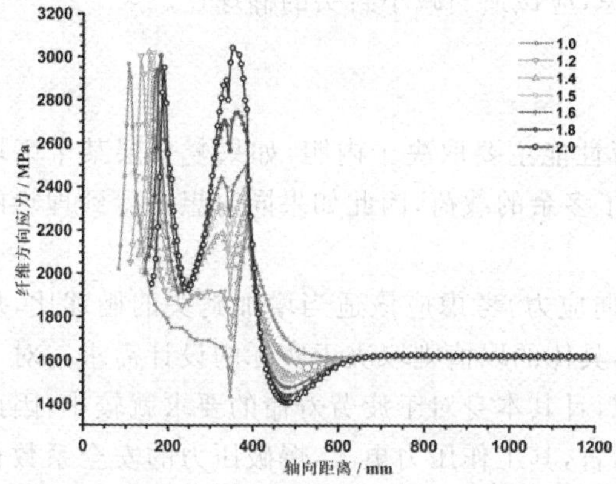

图3　不同封头椭球比下首层螺旋层的纤维方向应力分布

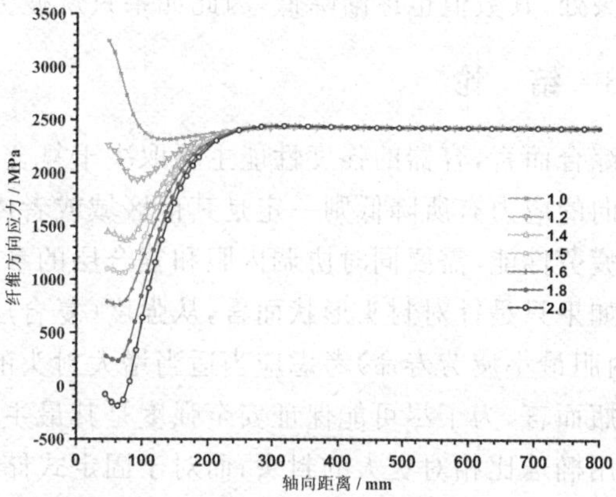

图4　不同封头椭球比下首层环向层的纤维方向应力分布

从图3和图4中可以看出由于只有封头形状发生了变化其他设计参数都保持相同因此首层螺旋层和首层环向层在筒身部分的应力都基本相同。就首层环向层的应力而言，随着封头椭球比的增大其在筒身和封头的连接处的应力会显著减小，当椭球比为1.0时其过渡区域的最大应力能达到3244.8MPa，显著超过了筒身段的应力，但是当椭球比达到2.0时其过渡区域的最大应力会逐渐减小到负值。就首层螺旋层的应力而言，其在靠近瓶颈的起始段所有封头形状的应力分布都是类似的，都存在一个初始的峰值且数值也都基本相同，但在封头的中段的应力分布存在显著的差别，随着封头椭球比的增加，其在封头中部的应力会更大而在封头和筒身的过渡区域的应力会更小。综合而言，考虑到封头和筒身的过渡区域是整个容器的薄弱部位，为了减小该部位处的应力集中现象，避免强度失效发生在此处而导致不安全的失效形式，应该适当增大封头的椭球比。

循环载荷下，不同封头形状的容器的内胆疲劳寿命分布如图5所示。

从图5中可以看出由于只有封头形状发生了变化其他设计参数都保持相同因此内胆内表面的疲劳

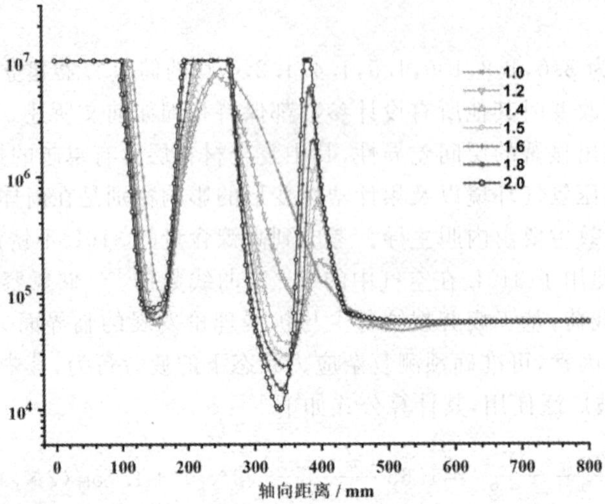

图 5　不同封头椭球比下内胆内表面疲劳寿命分布

寿命在瓶颈以及筒身部位都基本相同,只有封头段出现了显著变化。随着封头椭球比的增大,内胆在封头中部疲劳寿命逐渐降低但在封头和筒身过渡区域的疲劳寿命逐渐增加。这和前面复合层的纤维方向应力分布是相对应的,复合层应力降低或增加则相应位置的内胆就会更多或更少地承担内部压力,因此导致了其疲劳寿命的变化。但是当封头椭球比超过 1.4 时,内胆最小疲劳寿命的位置就从筒身部位转移到封头处,其数值也逐渐降低,因此如果只从疲劳寿命考虑,应该适当减小封头的椭球比。

3　结　论

综合而言,容器的强度性能主要取决于复合层而疲劳性能主要取决于内胆,如果复合层某个区域纤维方向的应力有所降低则一定是其他区域或者内胆承受了多余的载荷,因此如果同时想要得到理想的强度和疲劳性能,需要同时协调内胆和复合层的参数。

如果只是针对封头形状而言,从强度(复合层纤维方向应力)考虑应该适当增加封头的椭球比,从疲劳(内胆最小疲劳寿命)考虑应当适当增大封头的椭球比,具体的取值则取决于实际的设计需求。对于车载气瓶而言,为了尽可能保证安全强度是其最主要的考虑,且其本身对于疲劳寿命的要求就较小,因此可以使用椭球比相对更大的封头;而对于固定式储氢容器而言,其工作压力更大,爆破压力的安全系数也更高,且其发生强度失效的可能性也更低,因此疲劳寿命是其主要的设计约束,因此需要使用椭球比相对更小的封头。

参考文献

[1] 胡晓雨,曹伟炜,余浩,等. 中国氢能产业链发展现状[J]. 电力勘测设计,2024(3):12－17.

[2] 施昱萱,张志全. 国内外氢能产业发展实践对比及对我国的启示[J]. 应用化工,2023,52(8):2377－2380.

[3] 王守信,马娜,秦凡. 中国氢能产业有序发展面临的挑战与对策[J]. 现代化工,2023,43(9):1－5.

[4] 郑津洋,马凯,叶盛,等. 我国氢能高压储运设备发展现状及挑战[J]. 压力容器,2022,39(3):1－8.

[5] 段志祥,黄强华,薄柯,等. 我国固定式储氢压力容器发展现状综述[J]. 中国特种设备安全,2022,38(4):5－10.

[6] HUA Z,GAO W,CHI S,et al. Development status and challenges of high－pressure gaseous

hydrogen storage vessels and cylinders in China[J]. Renewable and Sustainable Energy Reviews, 2025, 214:115567.

[7] HUA Z, ZHANG X, ZHENG J, et al. Hydrogen - enhanced fatigue life analysis of Cr - Mo steel high - pressure vessels [J]. International Journal of Hydrogen Energy, 2017, 42(16): 12005—12014.

[8] MIN LEE S, PARK S Y, BONG BAEK U, et al. Evaluation of the residual fatigue lifetime of a semi - elliptical crack of a Low - Alloy steel pressure vessel under High - Pressure gaseous hydrogen [J]. International Journal of Fatigue, 2023, 176:107875.

[9] NGUYEN T T, PARK J, BAE K O, et al. Hydrogen - related degradation of fracture properties and altered fracture behavior of Cr - Mo steel used in hydrogen stationary vessels [J]. International Journal of Hydrogen Energy, 2024, 53:1009—1024.

[10] ZHANG R, MA K, PENG W, et al. Effects of hydrogen pressure on hydrogen - assisted fatigue crack growth of Cr - Mo steel [J]. Theoretical and Applied Fracture Mechanics, 2024, 129:104202.

[11] SHARMA P, SHARMA S, BERA T, et al. Effects of dome shape on burst and weight performance of a type - 3 composite pressure vessel for storage of compressed hydrogen[J]. Composite Structures, 2022, 293:115732.

[12] ZHANG Y, GU J, PAN S, et al. Numerical study on the influence of liner geometry and lay - up sequence on the fatigue life of composite hydrogen storage vessel[J]. International Journal of Pressure Vessels and Piping, 2023, 205:104986.

[13] MATSUOKA S, YAMABE J, MATSUNAGA H. Criteria for determining hydrogen compatibility and the mechanisms for hydrogen - assisted, surface crack growth in austenitic stainless steels[J]. Engineering Fracture Mechanics, 2016, 153:103—127.

[14] OHMIYA S, FUJII H. Effects of Ni and Cr Contents on Fatigue Crack Growth Properties of SUS316 - based Stainless Steels in High - pressure Gaseous Hydrogen[J]. ISIJ International, 2012, 52(2):247—254.

[15] OGAWA Y, KIM D, MATSUNAGA H, et al. Evaluation of the Compatibility of High - Strength Aluminum Alloy 7075 - T6 to High - Pressure Gaseous Hydrogen Environments [C] // Volume 6B: Materials and Fabrication. Prague, Czech Republic: American Society of Mechanical Engineers Digital Collection, 2018.

[16] MOHAMMAD K A, ALI A, SAHARI B B, et al. Fatigue behavior of Austenitic Type 316L Stainless Steel[J]. IOP Conference Series: Materials Science and Engineering, 2012, 36(1):012012.

[17] WU E, ZHAO Y, ZHAO B, et al. Fatigue life prediction and verification of high - pressure hydrogen storage vessel[J]. International Journal of Hydrogen Energy, 2021, 46(59):30412—30422.

[18]

作者简介

欧海洋(2000),男(汉),博士生,复合材料储氢容器仿真计算,通信地址:310027 浙江省杭州市西湖区浙大路 38 号,E—mail:12227043@zju. edu. cn,手机:18888915956。

碱性电解槽有限元模拟和自动分析软件开发

李金泽，于洪杰，吴志伟，钱才富
（北京化工大学机电工程学院，北京　100029）

摘　要：本文首先对端压板直径为 900 mm 的碱性电解槽进行了有限元模拟，得到了端压板的 von-Mises 应力、法向变形量、中间垫片的轴向应力、竖直方向变形量及螺栓中间截面的轴向应力等关键结果，为碱性电解槽的强度和密封设计奠定了基础。其次开发了一款基于 Python 语言与 ANSYS Workbench 的碱性电解槽有限元自动分析软件，并运用该软件对端压板直径为 1500mm 的碱水电解槽进行模拟计算，结果表明该软件能够实现对碱性电解槽的自动化有限元分析过程，包括自动建模、网格划分、边界条件设置、求解及结果提取等，显著减小了分析难度，提高了计算效率。

关键词：碱性电解槽；有限元分析；软件开发

Finite element simulation and development of auto-analysis software for alkaline electrolytic cells

LI Jinze, YU Hongjie, WU Zhiwei, QIAN Caifu
(College of Mechanical and Electrical Engineering,
Beijing University of Chemical Technology, Beijing 100029, China)

Abstract: In this paper, the finite element simulation of the alkaline electrolytic cell with a diameter of 900 mm was carried out. The von-Mises stress, normal deformation, axial stress of the intermediate gasket, vertical deformation and axial stress of the middle section of the bolt were obtained, which laid the foundation for the strength and sealing design of the alkaline electrolytic cell. Secondly, an automatic finite element analysis software for alkaline electrolytic cell based on Python language and ANSYS Workbench was developed, and the software was used to simulate the alkaline water electrolytic cell with an end plate diameter of 1500 mm. The results show that the software can realize the automatic finite element analysis process of alkaline electrolytic cell, including automatic modeling, meshing, boundary condition setting, solution and result extraction, which significantly reduces the difficulty of analysis and improves the calculation efficiency.

Keywords: alkaline electrolytic cell; finite element analysis; software development

0　引　言

碱性电解槽作为氢气生产的关键设备，凭借其低成本、成熟工艺及大规模应用等优势，在电解水制氢领域占据了重要地位。随着氢能产业的快速发展，电解槽在效率、稳定性及经济性方面的要求也日益提升[1]。但碱性电解槽结构复杂，当前尚没有针对碱性电解槽的强度设计规范，一般采用有限元分析方法来进行强度计算和设计。郑津洋等[2]采用有限元方法对电解槽端压板、极板及垫片等关键部件的应力与变形进行了整体分析，并结合分析设计方法对结构应力进行约束，从而确定出在满足安全性能的前提下具有良好经济性的端压板厚度。马潮[3]通过研究电解槽的结构与制备方法，归纳了电解小室数量、有效电解半径等参数之间的关系并简化了设计算法，探讨了极板、电极等关键部件的结构与工艺，为碱性电解槽优化提供了参考。张璇[4]基于传统碱性电解槽设计原则，对阴离子交换膜（AEM）电解槽进行设计，并利用有限元方法对端压板在特定载荷下的应力与变形特性进行分析，获得其最大变形量与 Mises 等效应力分布，再通过对比不同材质与密封结构尺寸，验证了电解槽密封结构的稳定性。郭育菁等[5]系统介绍了碱性水溶液制氢电解槽的结构组成及工作原理，详细阐述了极板与端压板的设计流程，并对电解小室数量、总电流与总电压等关键参数进行了计算，提供了一套较为完整的电解槽设计方法，为后续相关研究提供了参考。HAMMOUDI 等[6]在 Matlab Simulink 环境下开发了用于碱性电解槽设计与诊断的多物理场模型及仿真工具。该模型综合考虑了结构参数（如几何尺寸、材料属性）与操作参数（如温度、压力、浓度）对电解性能的影响，并通过实验验证了模型的准确性，结果表明该仿真工具具有较高的精度和实用性。DANJI 等[7]建立了碱性电解槽的三维数值模型，模型考虑了工业碱性水电解设备的结构设计，并揭示了结构设计中引入的电流效应对模型的影响，该模型有望推动水电解技术的进一步发展，并为工业 AWE 电解槽的设计提供指导。

有限元分析需建立集合模型、网格划分、加载及设定边界条件，过程比较复杂，对分析设计人员要求较高，若能开发一款能对碱性电解槽进行自动有限元分析的软件，则能显著提高计算效率，有较大的工程应用价值。本文首先以某碱性电解槽为研究对象，采用 ANSYS Workbench 软件进行有限元模拟计算，得到端压板的等效（von Mises）应力、法向变形量、中间垫片的轴向应力、竖直方向变形量及螺栓中间截面的轴向应力等关键结果。其次，开发了一款基于 Python 语言与 ANSYS Workbench 平台的碱性电解槽有限元自动分析软件，该软件具备自动建模、自动加载、自动分析、自动生成有限元报告等优点。其核心功能包括结构强度安全性评估、密封系统可靠性分析及结构优化设计，可广泛应用于电解槽结构设计与性能改进，具有良好的工程实用性与较大的推广价值。

1　碱性电解槽有限元分析

本节围绕端压板直径为 900mm、极板数量为 14 个的碱性电解槽进行了有限元静力分析，旨在计算其在工作压力与螺栓预紧力作用下的结构应力和变形。需要说明的是，鉴于目前尚无针对碱性电解槽的专用强度与密封评定标准，本节未对计算结果进行明确的合规性校核。但分析所得的应力与变形结果可为后续与用户协商制定评定准则、或依据现有相关标准开展强度校核与密封性设计提供有效参考和技术支撑。

圆形碱性电解槽主要结构示意图如图 1 所示，设计参数见表 1，几何参数见表 2～5（极板数量 14 个），材料参数见表 6。

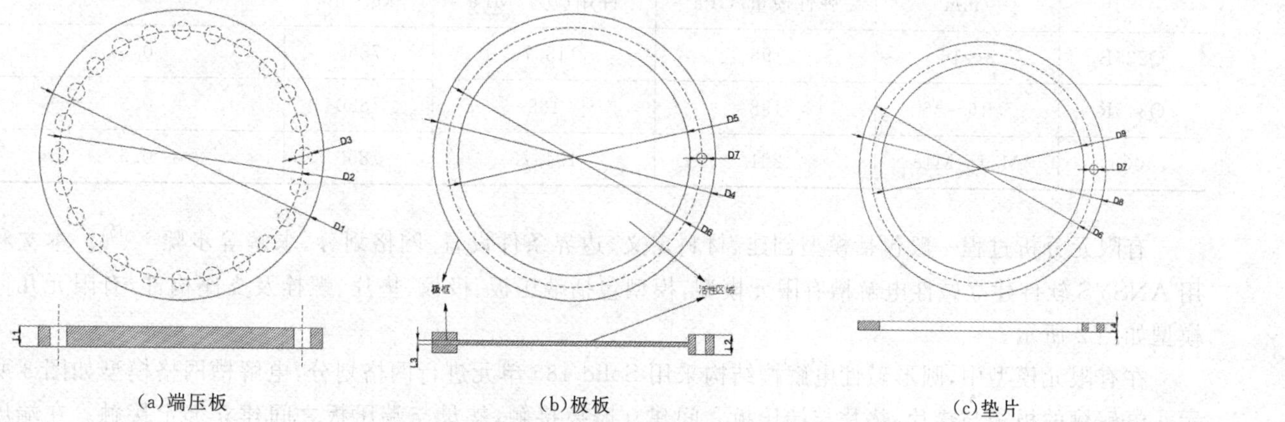

(a)端压板　(b)极板　(c)垫片

图 1　碱性电解槽主要结构示意图

表1　电解槽设计参数

项目	参数
系统压力/MPa	3.2
设计温度/℃	80
介质	KOH溶液、氢气、氧气
主要材料	Q235B,Q345R,40Gr

表2　端压板尺寸参数

材料	端压板直径 $D1$/mm	螺栓孔定位圆直径 $D2$/mm	螺栓孔直径 $D3$/mm	端板厚度 $L1$/mm
Q345R	900	819	28	48

表3　极板尺寸参数

材质	极框外径 $D4$/mm	活性区直径 $D5$/mm	圆孔定位圆直径 $D6$/mm	圆孔直径 $D7$/mm	极框厚度 $L2$/mm	活性区厚度 $L3$/mm
Q235B	770	710	740	10	5	1

表4　垫片尺寸参数

材质	垫片外径 $D8$/mm	垫片内径 $D9$/mm	垫片厚度 $L4$/mm
聚四氟乙烯	765	715	3

表5　螺栓尺寸参数

材质	数量	规格
40Gr	32	M24

表6　材料参数

材料	公称厚度/mm	设计温度下的弹性模量/GPa	设计温度下的许用应力/MPa	密度/kg·m^{-3}	泊松比
Q235B	3～16	198	113.75	7850	0.3
Q345R	＞16～36	198	185	7850	0.3
40Gr	M24～M48	201	194.75	7850	0.3

有限元分析过程一般包括模型创建、材料定义、边界条件设置、网格划分、求解等步骤[8-10]。本文利用ANSYS软件建立碱性电解槽有限元模型,模型包括端压板、极板、垫片、螺栓及支座构件,有限元几何模型如图2所示。

在有限元模型中,圆形碱性电解槽结构采用Solid 185单元进行网格划分,电解槽网格模型如图3所示。电解槽的极板与垫片、垫片与端压板之间建立摩擦接触,螺母与端压板之间建立绑定接触。在端压板内侧施加压力,在螺栓上施加螺栓预紧力,如图4所示。在边界约束方面,在电解槽的两个支座底部分别添加固定支撑和滑动位移约束,如图5所示。

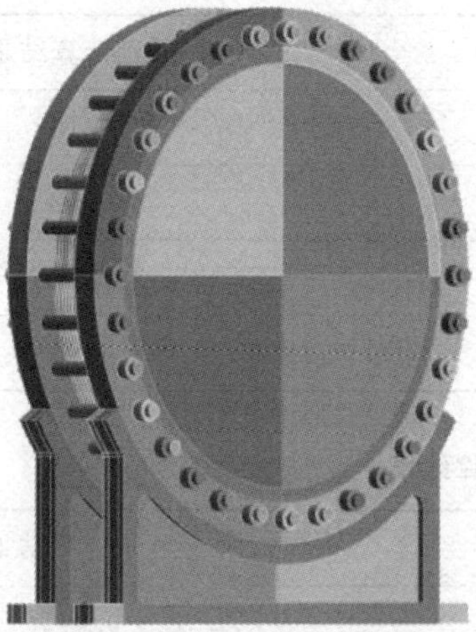

图 2　碱性电解槽几何模型

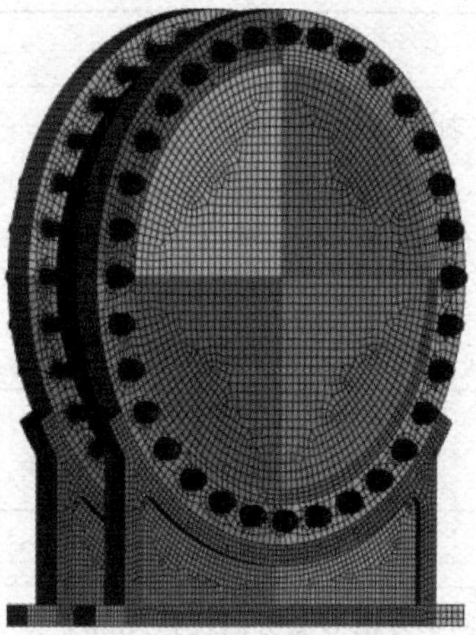

图 3　碱性电解槽网格模型

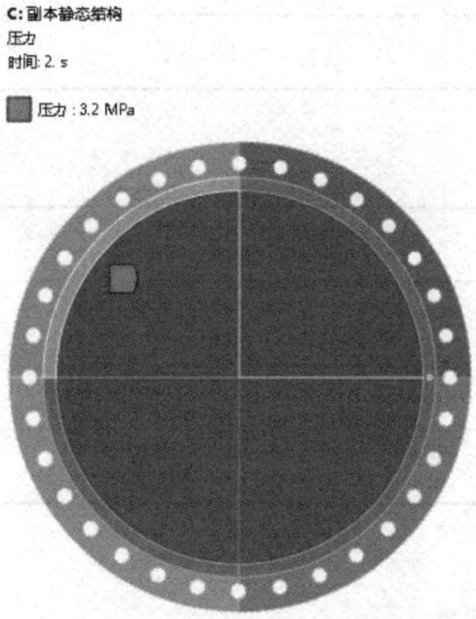

(a)碱性电解槽内压施加示意图

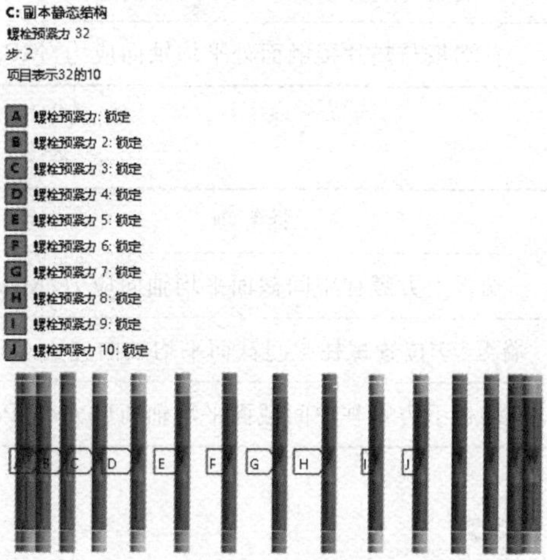

(b)碱性电解槽螺栓预紧力施加示意图

图 4　碱性电解槽内压和螺栓预紧力施加示意图

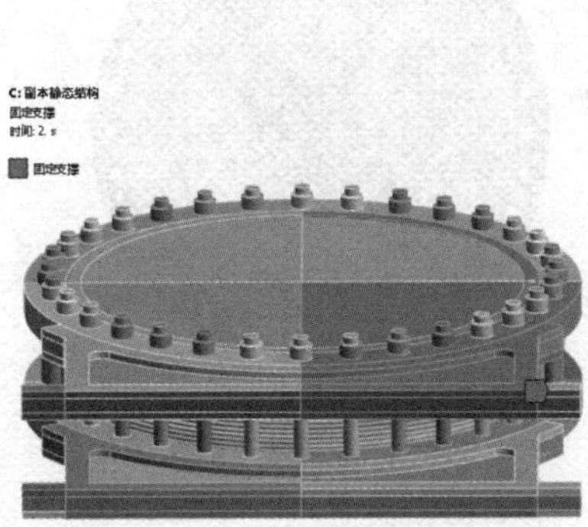

(a)支座底部固定支撑施加示意图

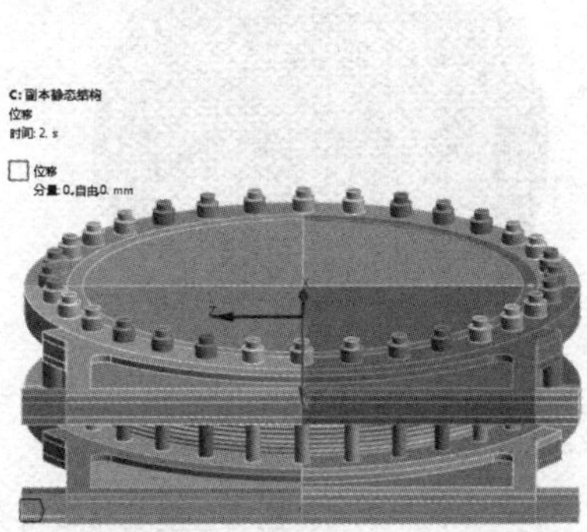

(b)支座底部滑动位移约束施加示意图

图 5　碱性电解槽支座底部固定支撑和滑动位移约束施加示意图

有限元计算结果包括碱性电解槽端压板的 von Mises 应力、法向变形，电解槽中间垫片轴向应力、竖直方向变形，螺栓中间截面轴向应力，具体结果见表 7～9，主要部件应力或变形分布云图如图 6～8 所示。

表 7　端压板有限元分析结果

计算项	有限元计算结果
左端压板最大等效应力/MPa	328.15
左端压板法向最大位移/mm	－0.52
右端压板最大等效应力/MPa	332.25
右端压板法向最大位移/mm	－4.05

表 8　垫片静力计算结果

计算项	有限元计算结果
中间垫片沿竖直方向位移/mm	－0.075
中间垫片与极板接触面处平均轴向应力/MPa	－16.76
左端板与垫片接触面处平均轴向应力/MPa	－16.42
右端板与垫片接触面处平均轴向应力/MPa	－16.42

表 9　螺柱静力计算结果

计算项	有限元计算结果
端板上方螺柱中间截面平均轴向应力/MPa	155.26
端板 90°位置螺柱中间截面平均轴向应力/MPa	151.67
端板下方螺柱中间截面平均轴向应力/MPa	137.89

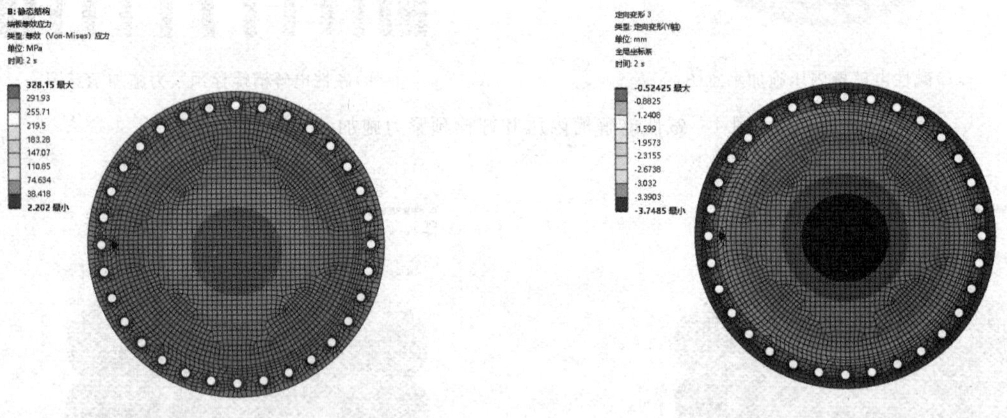

(a)左端压板当量应力分布云图　　(b)左端压板法向位移云图

图 6　左端压板等效应力分布云图和法向位移云图

从图 6(a)可以看出,压板最大应力出现在压板中心,是弯曲应力,这是平板受横向压力作用的结果;图 6(b)是端压板法向位移云图,中心和周边位移之差便是端压板在压力作用下的法向变形,最大变形也是在压板中心。根据图 6(a)的结果,采用合适的强度准则便可以对端压板进行强度设计。

图 7(a)显示了中间垫片法向应力分布,该应力均为负值,为压应力,这是保持密封所必须的。能否可靠密封,取决于垫片材料以及螺栓预紧力及内压力的大小。图 7(b)为中间垫片竖直方向的位移,可反

映下沉量的大小。

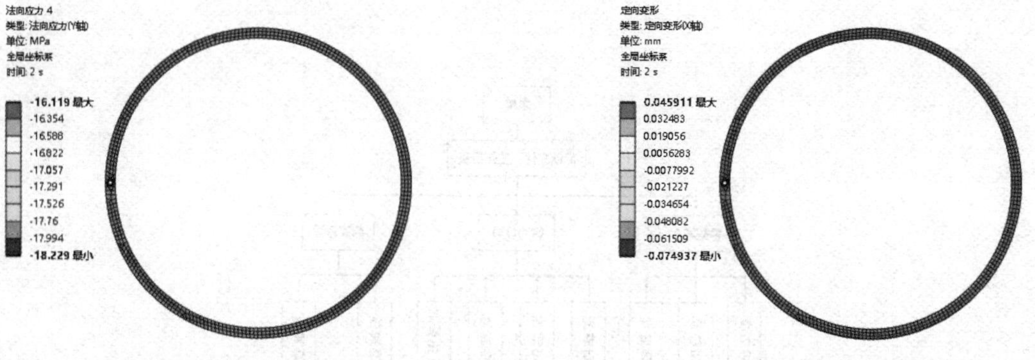

(a)中间垫片法向应力分布云图　　(b)中间垫片竖直方向位移云图

图 7　中间垫片法向应力分布云图和竖直方向变形云图

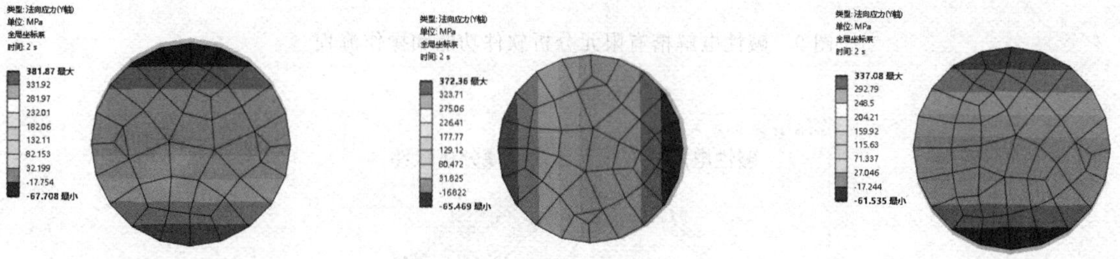

(a)端板上方螺柱　　(b)端板 90°位置螺柱　　(c)端板下方螺柱

图 8　螺柱中间截面轴向应力云图

图 8 显示了三个典型位置处螺柱中间截面轴向应力分布，可以看出，除承受表 9 列出的平均应力外，还承受了较大的弯曲应力。

2　碱性电解槽有限元分析软件的设计依据及功能

2.1　ANSYS 二次开发功能

ANSYS 二次开发是指通过使用 ANSYS 提供的编程接口和工具，定制、扩展和自动化 ANSYS 软件的功能，以满足特定工程需求或提高分析效率的过程。这种开发通常涉及 ANSYS 的自动化、优化和定制化功能，使得用户可以通过编程来增强其仿真能力、操作流程或与其他软件的集成。其中 ANSYS Workbench 提供了一些应用程序接口（API，Application Programming Interface），用户可以通过编写 Python 脚本来控制 Workbench 环境中的组件。这些 API 允许用户：实现自动化任务（例如模型生成、网格划分、求解过程等）、控制分析过程中的每一个环节、通过脚本与 Workbench 中的其他模块进行交互。

2.2　碱性电解槽有限元自动分析软件功能

针对碱性电解槽有限元分析流程，开发了一款包含参数化自动建模、静力分析、结果处理、报告打印等功能于一体的碱性电解槽有限元自动分析软件。该软件主要包含四个窗口，包括菜单窗口、模型参数输入窗口、结构静力计算窗口、计算结果查看窗口。该软件功能和操作流程如图 9 所示，菜单窗口如图 10 所示。在菜单窗口，用户必须先进行启动设置和工作目录的选择，才能进行其他操作。点击菜单窗口的“参数输入”按钮即可进入模型参数输入窗口，用户需要在该窗口进行材料的定义以及各构件尺寸参数的输入，如图 11 所示。点击菜单窗口的“静力计算”按钮即可进入模型参数输入窗口，用户需要在该窗口进行网格设置、接触设置、边界条件设置等，如图 12 所示。点击菜单窗口的“结果查看”按钮即可进入计算结果查看窗口,用户可以在该窗口查看有限元计算结果和相关云图,如图13所示。当采用碱性电解槽有限元分析软件计算结束后,用户可以在菜单窗口生成有限元分析报告,该报告会自动保存到工作目录中。

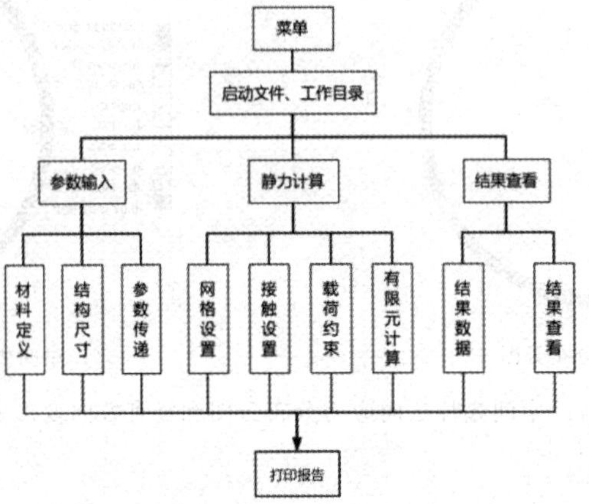

图9　碱性电解槽有限元分析软件功能和操作流程

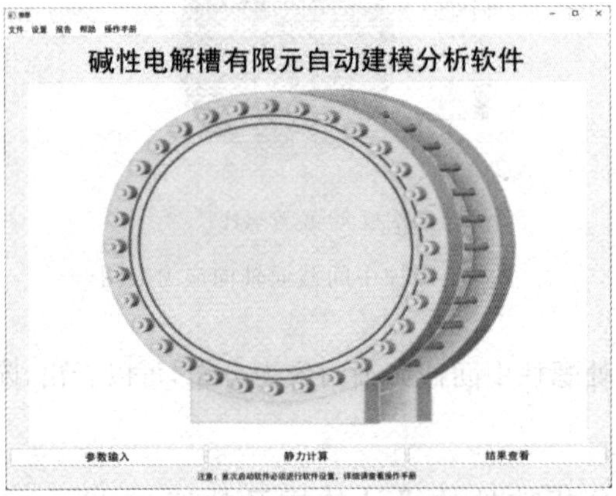

图10　碱性电解槽有限元分析软件菜单窗口

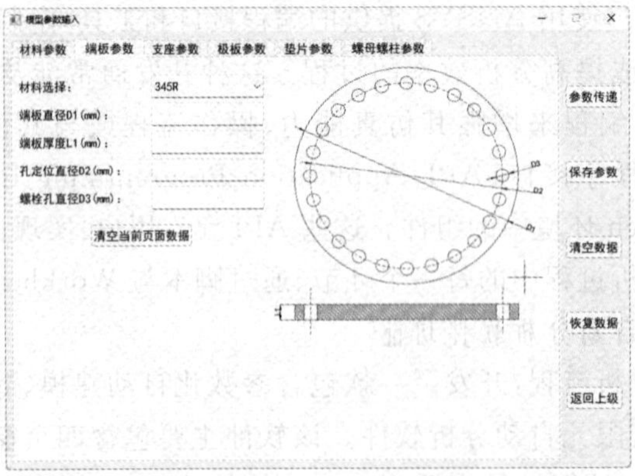

图11　碱性电解槽有限元分析软件模型参数输入窗口

从通用性角度分析,该软件并非针对某一单一结构尺寸进行等比例建模,而是具备较强扩展性的参数化分析平台。用户可通过参数输入界面灵活设置端压板直径、极板数量、螺栓规格、垫片尺寸等关键结构参数,系统可根据输入的参数自动生成三维几何模型,完成接触关系设定、网格划分、边界条件配置和载荷施加。经验证，该软件适用于不同尺寸规格和结构布置形式的碱性电解槽有限元静力分析。同时，软件在结果输出方面可实现应力、位移等分析结果的图形化展示与自动化报告生成，便于工程技术人员开展结构分析与设计。整体而言，该分析软件具备良好的工程适用性和通用性。

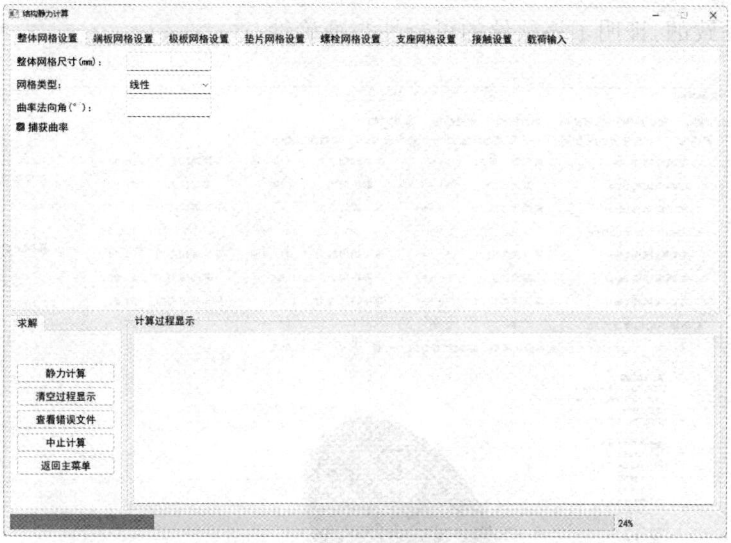

图 12　碱性电解槽有限元分析软件结构静力计算窗口

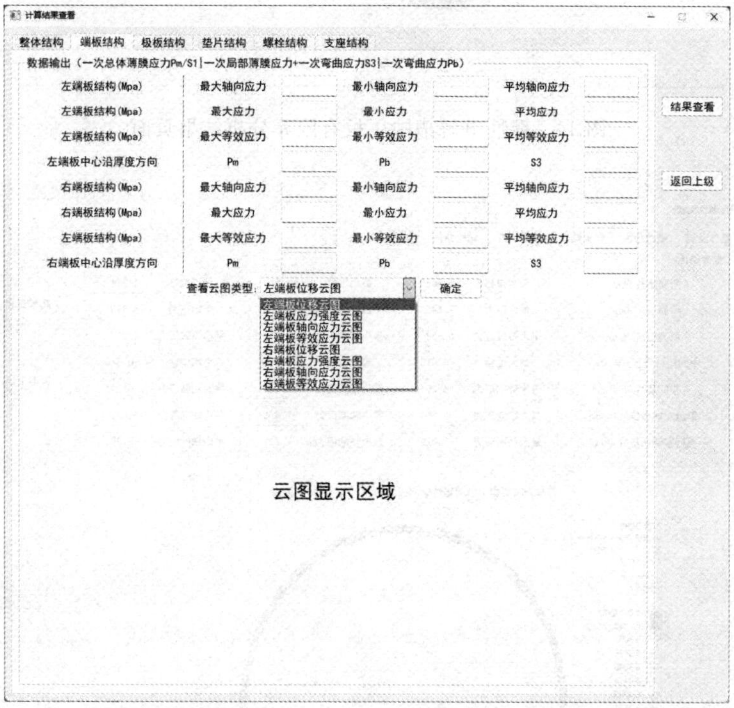

图 13　碱性电解槽有限元分析软件计算结果查看窗口

3　碱性电解槽有限元自动分析软件应用实例

本节采用碱性电解槽有限元自动分析软件对端压板直径为 1500mm、极板数量为 50 个的碱性电解槽进行模拟计算，并读取结果数据。

在图 11 模型参数输入窗口中进行材料参数和几何参数的定义与输入。在图 12 结构静力计算窗口进行网格设置、接触设置、边界条件设置,然后点击该窗口的"静力计算"按钮开始计算。计算结束后,软件读取的计算结果数据可以在图 13 计算结果查看窗口进行查看,碱性电解槽端压板、垫片、螺栓有限元分析结果页面如图 14～16 所示。此案例运行证明,软件从参数输入到结果提取,操作过程简易,这极大地降低了碱性电解槽有限元分析难度,提高了工作效率。同时,利用该软件计算和直接采用 ANSYS 进行分析,发现结果是一致的,证明了该软件的可行性与准确性。

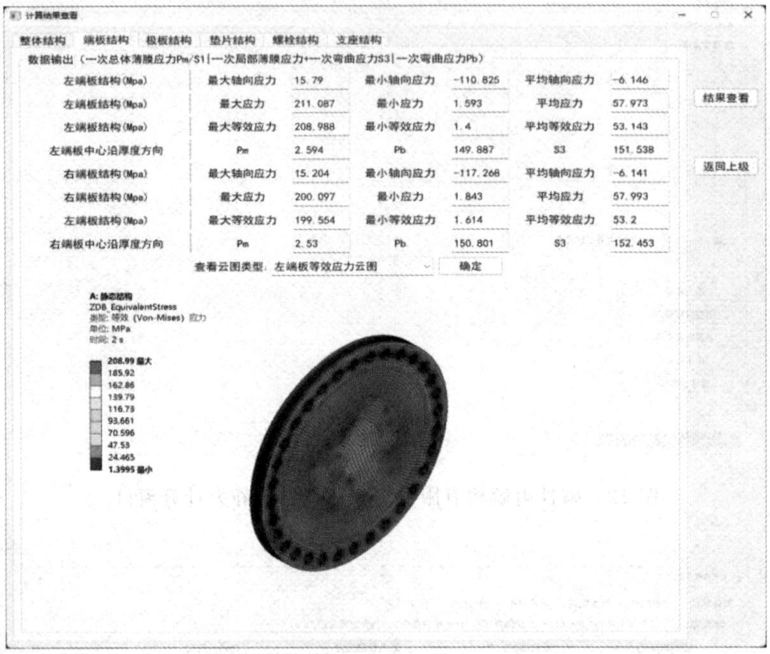

图 14　碱性电解槽端压板有限元分析结果页面

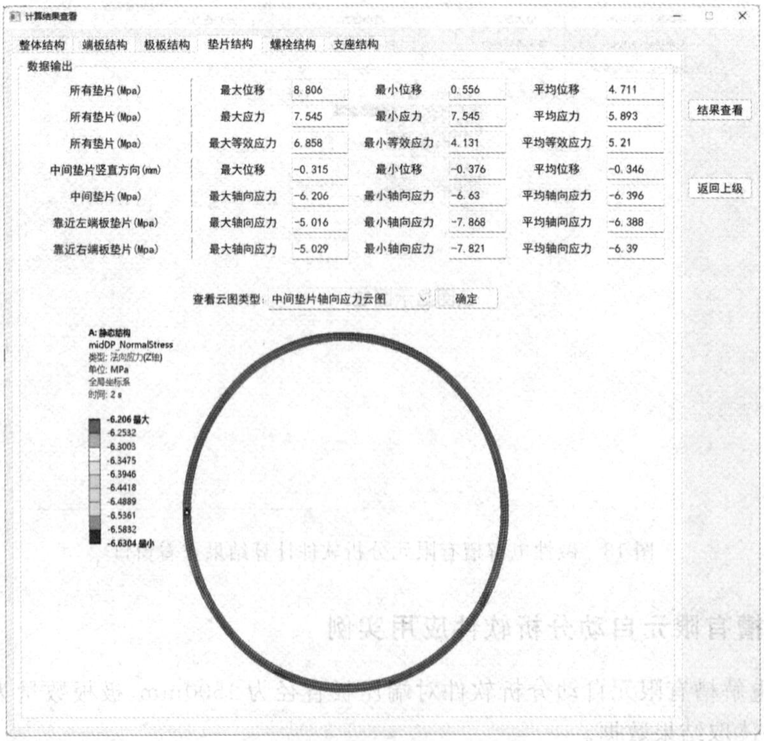

图 15　碱性电解槽垫片有限元分析结果页面

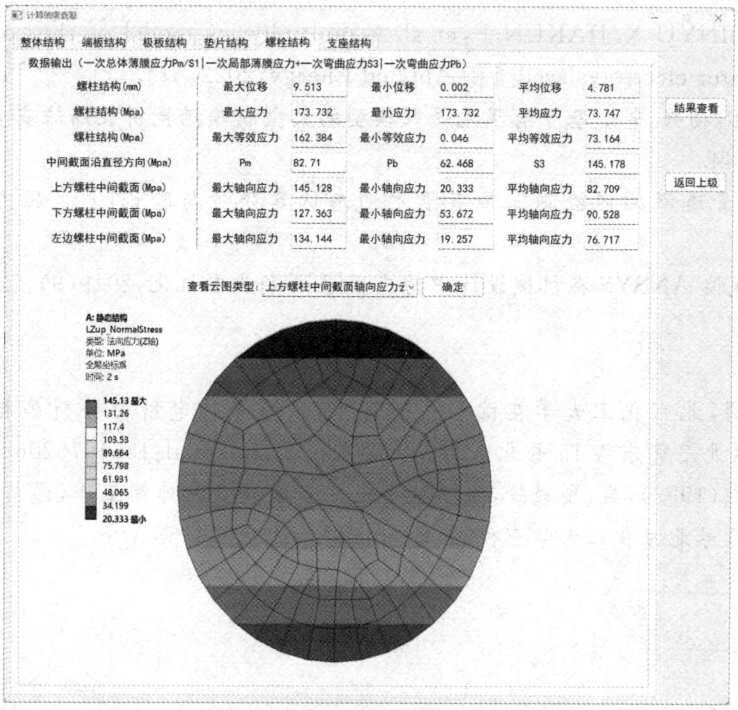

图 16　碱性电解槽螺栓有限元分析结果页面

4　结　论

(1)本文首先对端压板直径为 900mm 的碱性电解槽进行了有限元模拟，得到了端压板的 von-Mises 应力、法向变形量，中间垫片的轴向应力、竖直方向变形量及螺栓中间截面的轴向应力，为碱性电解槽的强度和密封设计奠定了基础。

(2)开发了一款基于 Python 语言与 ANSYS Workbench 的碱性电解槽有限元自动分析软件，并运用该软件对端压板直径为 1500mm 的碱水电解槽进行分析。该软件具有以下特点和功能：①能够实现对碱性电解槽的自动化有限元分析，包括自动建模、网格划分、边界条件设置、求解及结果提取等；②用户只需通过简单的数据输入，软件便会自动处理并执行必要的计算分析，这极大地降低了分析难度，提高了工作效率，同时也减少了因分析过程不当而产生的潜在错误；③核心功能包括结构强度安全性评估、密封系统可靠性分析及结构优化设计，可广泛应用于电解槽结构设计与性能改进，具有良好的工程实用性与较大的推广价值。

参考文献

[1] 尹诗斌，蒋文杰，文欢．碱性电解槽制氢技术的研究现状及发展趋势[J]. 西华大学学报（自然科学版），2025，44(1)：168－180.

[2] 郑津洋，孙国有．电解槽端压板的结构改进及强度分析[J]. 化工机械，1997，(05)：29－32.

[3] 马潮．碱性电解槽的结构研究及制备方法[J]. 石油工程建设，2025，51(01)：64－67.

[4] 张璇．新型 AEM 电解槽设计及数值模拟优化[D]. 北京化工大学，2024.

[5] 郭育菁，慕秀松，周俊波，等．中小型工业化碱性水溶液制氢电解槽设计[J]. 化学工程，2020，48(9)：70－73.

[6] HAMMOUDI M, HENAO C, AGBOSSOU K, et al. New multi-physics approach for modelling and design of alkalineelectrolyzers[J]. International Journal of Hydrogen Energy, 2012, 37

(19):13895－13913.

[7] DANJI H,BINYU X,JIAKUN F,et al. A multiphysics model of the compactly - assembled industrial alkaline water electrolysiscell[J]. Applied Energy,2022,314.

[8] 赵檀,李双喜,杨兴,等. 基于有限元等效模型的大型膜顶搪瓷拼装储罐安全性分析[J]. 压力容器,2024,41(1):33－44.

[9] 赵番. 油气管道漏磁内检测三维有限元动态仿真分析与验证[J]. 压力容器,2024,41(9):77－86.

[10] 郭新宇. 浅谈 ANSYS 在机械设计中的应用[J]. 湖北农机化,2019(9):72.

作者简介

李金泽(2000),男,北京化工大学在读硕士研究生,从事碱性电解槽分析等相关研究,通信地址:100029 北京市朝阳区北三环东路 15 号北京化工大学东校区,E - mail:15516702068@163. com。

通信作者:吴志伟(1992),男,副教授,主要从事压力容器分析设计等工作,通信地址:100029 北京市朝阳区北三环东路 15 号北京化工大学东校区,E - mail:zwzhiwu@163. com。

超高压自紧式"B"型环密封结构有限元分析及试验研究

孟凡澳[1],惠　虎[1],伍　云[2],秦宗川[3],黄　淞[1]

(1. 华东理工大学 机械与动力工程学院 承压系统安全教育部重点实验室,上海　200237;

2. 二重(德阳)重型装备有限公司,四川德阳　618000;

3. 合肥通用机械研究院有限公司,合肥　230031)

摘　要:自紧式"B"型环作为超高压聚乙烯反应器中的密封结构元件,通过过盈配合来实现初始密封需求,然而针对"B"型环的设计分析以及试验研究工作较少。本文针对超高压自紧式"B"型环,通过数值模拟和试验验证的方法,进行了"B"型环的结构强度分析研究、密封性能分析研究工作,并设计开展了超高压液压环境下"B"型环的密封性能测试试验工作。结果表明,设计的"B"型环在260MPa的工作载荷作用下,其结构强度满足需求;且能够顺利完成260MPa下的密封效果,未见明显的介质外漏,为今后"B"型环的研究工作提供数据支持。

关键词:超高压;自紧式密封;"B"型环

Finite element analysis and experimental study on ultra - high pressure self - tighteningB - ring seal structure

MENG Fanao[1], HUI Hu[1], WU Yun[2], QIN Zongchuan[3], HUANG Song[1]

(1. School of Mechanical and Power Engineering, East China University of Science and Technology, Key Laboratory of Pressure Systems and Safety, Ministry of Education, Shanghai 200237, China;

2. Erzhong (Deyang) Heavy Equipment Co., Ltd., Deyang, Sichuan 618013, China;

3. Hefei General Machinery Research Institute Co. Ltd., Hefei 230031, China)

Abstract: The self - energizing Type B - ring serves as a critical sealing structural component in ultra - high pressure polyethylene reactors, achieving initial sealing requirements through interference fit. However, there has been limited design analysis and experimental research focused on Type B - ring. This paper conducts a comprehensive study on the structural strength and sealing performance of ultra - high pressure self - energizing Type B - ring using a combined approach of numerical simulation and experimental validation. Additionally, sealing performance testing of the Type B - ring under ultra - high pressure hydraulic conditions was designed and executed. The results demonstrate that the designed Type B - ring meets structural strength requirements under a working load of 260 MPa. It successfully achieves sealing effectiveness at 260 MPa, with no observable medium leakage, thereby providing valuable data support for future research on Type B - ring.

Keywords: ultra - high pressure; self - tightening seal; B - ring

0 引 言

聚乙烯、聚氯乙烯、聚丙烯、聚苯乙烯以及ABS塑料作为全球通用五大通用树脂,以各种形式出现在人们的日常生活中。其中,低密度聚乙烯(又称为高压聚乙烯、High Pressure Low Density Polyethylene、HP—LDPE、简写为LDPE)作为聚乙烯树脂中最轻的品种,凭借其良好的柔软性、耐低温性、延伸性、电绝缘性、透明性、易加工性以及优秀的化学稳定性已经成为世界上产量最大、用途最广泛的通用塑料之一[1-8]。作为低密度聚乙烯的生产装置,超高压釜式反应器也面临着从国外进口转为国产化这一挑战,密封结构作为釜式反应器当中一个重要的组成部分,其结构强度和密封性能决定了该反应器能否正常进行生产。原进口管式反应器中采用金属"B"型环进行密封,该密封是一种径向自紧式密封结构,其密封原理是依靠"B"型环的波峰与筒体以及顶盖之间的径向过盈来实现初始密封,并在后续的工作载荷中通过内部介质压力的作用促使"B"型环向外扩张,从而增大密封接触界面的接触压力。金属"B"型环密封结构具备以下特点:(1)由于存在径向自紧作用,对连接结构的刚度要求较低,即使顶盖与筒体在轴向发生位移,也能实现密封,因此适用于压力及温度变化较大的工况;(2)压力越高,密封性能越好;(3)加工精度和光洁度要求高;(4)对装拆过程要求严格,防止擦伤密封面从而影响密封性能,所以,密封环的重复使用性能差。然而,原进口反应器当中的金属"B"型环在长期的服役过程中,在开车和停车过程中都曾发生不同程度的密封泄漏的情况,这给安全生产带来了极大的威胁,这也逐渐成为超高压聚乙烯反应器国产化当中的一个重要科研攻关研究方向,在之后的时间里,国内外相关研究学者对"B"型环相继开展了部分研究工作。

波兰学者Andrzej Trojnacki[9-12]在前期对透镜垫密封理论研究基础上,对"B"型环提出了一种类似简支梁(假设"B"型环的简支位于密封接触表面)的等平均厚度的圆柱壳简化模型,在原有尺寸参数的基础上进行了无量纲分析,确定了结构尺寸参数的容许范围,并根据使用的工况对"B"型环的制作材料以及硬度提出了建议。Xu Xiaobing[13]在进行泵头的超高压自增强试验装置的柱塞孔、液体出口的密封设计时分别选用了Bridgman和"B"型环两种密封形式,并对两种结构进行了有限元的分析的理论计算研究,结果表明,在使用"B"型环密封结构时,内部压力越高,液体出口的密封效果越好、可靠性越高,同时也观察到"B"型环使用过后发生严重变形导致不能重复使用。Bogdan Szybiński[14]通过设计"B"的夹持装置,并采用"B"型环内部粘贴电阻丝应变片的方式,开展了不同厚度和过盈量的"B"型环在装配条件下的试验研究,并进行了理论及有限元的验证对比分析。Bingjun Gao[15-17]等对"B"型环的非金属垫片开展了试验研究,对比分析了两种不同材料的垫片的不同温度下的压缩回弹性能,得出结论密封圈的密封性能不仅受非金属垫片老化的影响,同时也与装配的间隙及过盈有关。Bingjun Gao基于弹性变形分析建立了"B"型环的变形协调方程,并基于现有工况对反应器装置进行了瞬态温度场分析,研究了不同结构参数及不同材料下的密封泄漏率。

综上所述,前人虽然对"B"型环开展了各种理论的分析工作,但对某一具体尺寸的"B"型环的设计以及实际的试验测试比较缺少。本文针对超高压自紧式"B"型环,通过数值模拟和试验验证的方法,进行了"B"型环的结构强度分析研究、密封性能分析研究工作,并设计开展了超高压液压环境下"B"型环的密封性能测试试验工作,为今后"B"型环的研究工作提供数据支持。

1 "B"型环密封结构的数值模拟分析

1.1 材料本构模型的建立

有限元模型中,金属"B"型环采用35号钢,B型环的尺寸参数如图1所示。其余部件采用40CrMo钢。自紧式"B"型环在承压过程中,涉及到几何、材料等双重非线性问题。对于材料的非线性,从试样局部发生塑性应变开始,材料的应力—应变的关系便不再属于线弹性本构方程,因此必须采用非线性的弹塑性本构关系。针对材料的非线性,在ABAQUS中输入金属"B"型环材料的弹性模量和泊松比时,还要录入材料的真应力—塑性应变曲线。材料的真应力—塑性应变曲线利用公式(1)获得,有限元模型材料参数如表1所示，金属“B”型环35号钢的弹塑性本构曲线如图2所示。

$$\sigma_t=\sigma_n(1+\varepsilon_n)\varepsilon_t=\ln(1+\varepsilon_n)+ \tag{1}$$

式中，σ_n：名义应力；σ_t：真实应力；ε_n：名义应变；ε_t：真实应变。

表1 有限元模型材料弹性参数

内容	35号钢		40CrMo钢	
参数	弹性模量 E/MPa	泊松比 υ	弹性模量 E/MPa	泊松比 υ
室温	201000	0.3	204000	0.3

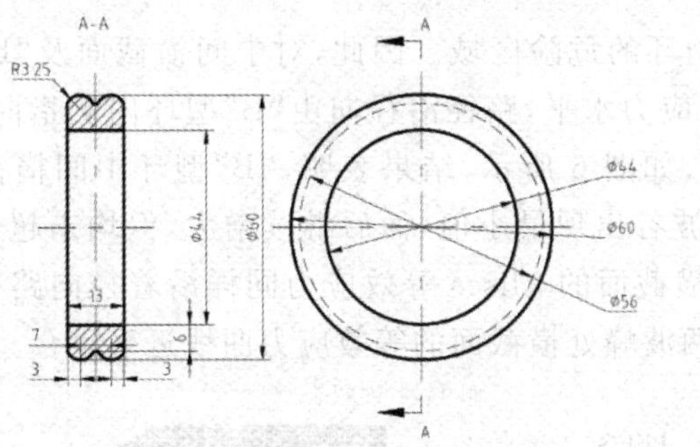

图1 B型环尺寸参数

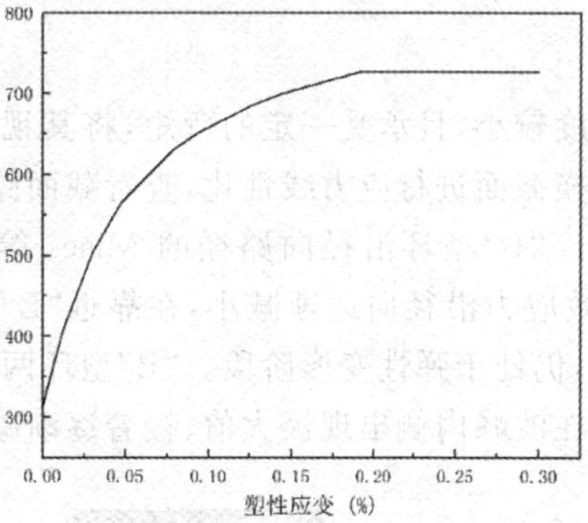

图2 B型环材料本构关系

1.2 非线性力学分析模型

考虑到自紧式金属“B”型环密封结构为轴对称结构，结构的载荷及边界约束等条件也为轴对称结构，因此，在进行有限元建模分析时将三维模型简化为二维轴对称模型，如图2所示。在划分单元时，考虑到存在大量接触以及大变形问题，采用二维八节点轴对称缩减积分单元CAX8R，共46715个节点，27173个单元。有限元模型当中存在一定的相互接触，为了避免主从接触面之间发生网格穿透，采用增广拉格朗日法设置法向接触属性，由于金属“B”型环的加工精度要求高，因此将切向接触属性当中设置0.15的摩擦系数。将压紧螺母与套筒之间设置绑定(Tie)约束，其他部件之间采用库伦摩擦接触。

1.3 载荷及边界条件设置

整个装置在模拟过程中，为防止其发生较大的刚性位移，且根据实际当中结构的安装方式，限制结构下夹具的下端截面的Y轴方向的自由度，并对模型当中与介质相接触的区域施加工作载荷，如图3所示。此外，对于金属“B”型环与上端盖、下夹具之间的过盈配合，通过对B型环施加初始位移方式设置0.04 mm的初始过盈量。

1.2 有限元计算结果分析

1.2.1 预紧载荷下结构强度与密封性能分析

(1)预紧载荷下结构强度分析

自紧式金属“B”型环的应力分析根据第四强度理论，运用Mises等效应力进行分析。预紧载荷下，金属“B”型环的等效应力、等效塑性应变如图4所示。结果表明，应力水平较高的地方出现在“B”型环与上端盖、下夹具产生接触的波峰区域，上下两侧的最大Mises等效应力分别为532.58MPa、559.85MPa，如图4(a)所示。此时，波峰处的应力超过材料的屈服强度，致使“B”型环已发生局部的塑性变形，材料首先在“B”型环的密封接触区域进入屈服阶段，而后逐渐向周围扩散，最大塑性应变值达到0.024，而其他区域仍处于弹性变形阶段，整体未进入塑性状态，如图4(b)所示。此外，对于“B”型环的中间横截面区域，

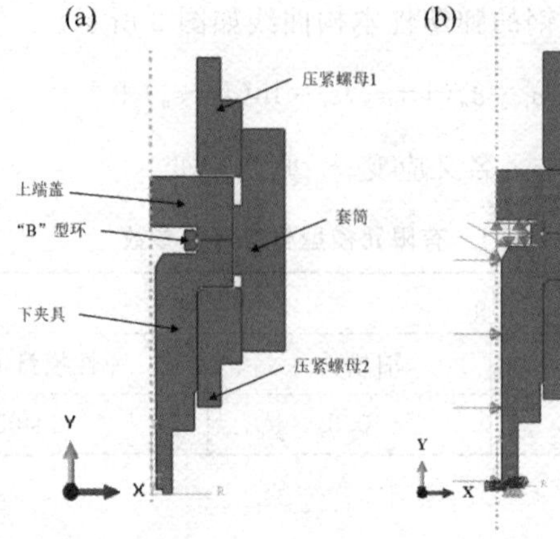

图 3　有限元模型

由于其厚度较小，且承受一定的弯矩，将其视为“B”型环的危险区域。因此，对中间横截面及“B”型环两端的波峰横截面进行应力线性化，查看截面路径上的应力水平，路径沿径向由“B”型环内侧指向外侧，如图 5 所示。“B”型环沿径向路径的 Mises 等效应力，如图 6 所示，结果表明，“B”型环中间横截面上的 Mises 等效应力沿径向逐渐减小，在靠近“B”型环的波谷出现最小值，而后继续增大，但均未超过材料的屈服强度，仍处于弹性变形阶段。“B”型环两侧波峰横截面的 Mises 等效应力同样沿着径向路径先逐渐减小而后在波峰内侧出现极大值、接着逐渐减小，且两波峰处横截面的等效应力曲线近乎重合。

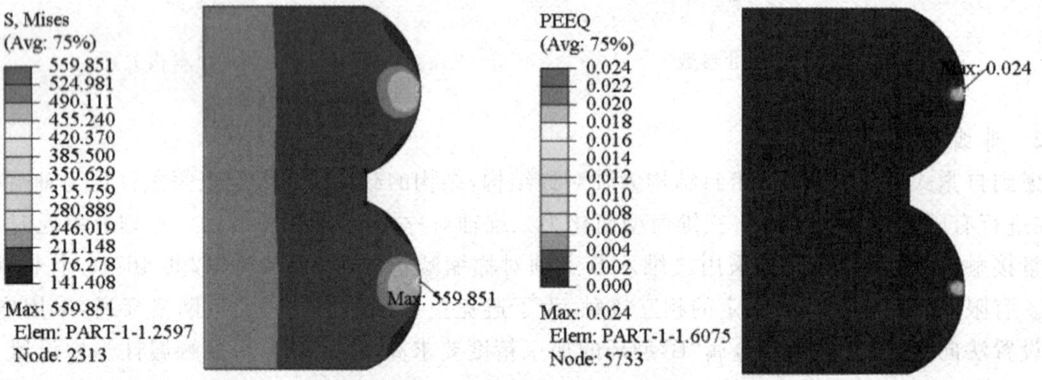

（a）Mises等效应力云图（$P=0$MPa）　（b）Mises等效塑性应变云图（$P=0$MPa）

图 4　预紧载荷下“B”型环等效应力、等效塑性应变云图

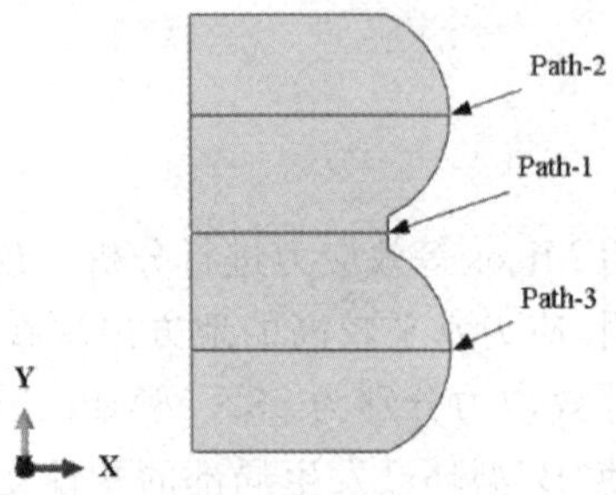

图 5　应力线性化路径

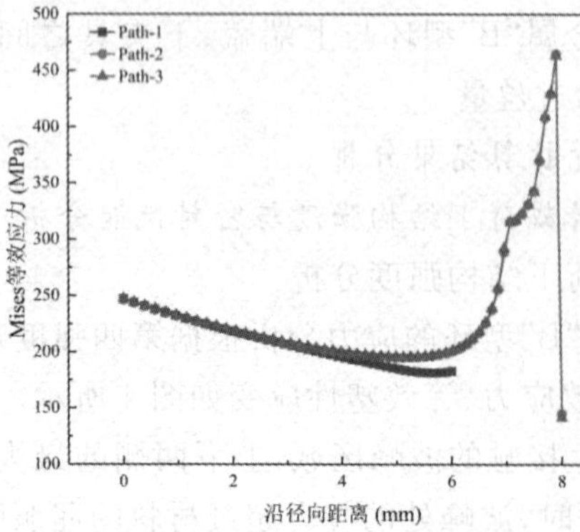

图 6　预紧载荷下，“B”型环沿径向路径 Mises 等效应力

(2)预紧载荷下密封性能分析

本节将研究自紧式金属“B”型环的密封接触界面最大接触压力的分布规律。由于密封接触界面的接触压力为一对作用力与反作用力，因此，本节均表示密封环上与接触界面的接触压力。此外，鉴于“B”型环为金属材料，且具有一定的自紧作用，采用最大接触压力判据来反映密封接触界面的密封效果好坏的判断依据。最大接触压力的判据如下：

$$Q > P \tag{2}$$

式中，Q：最大接触压力，MPa；P：内部介质压力，MPa。

预紧载荷下“B”型环的接触压力云图如图 7 所示，结果表明，接触压力在波峰及其附近区域出现最大值，并向远离波峰的区域逐渐减弱，在不发生接触的区域，接触压力为 0。此外，建立路径提取“B”型环上下两侧的接触压力，路径如图 8 所示，接触压力分布曲线如图 9 所示，结果表明，接触压力在波峰附近出现极小值点，这是因为，此处材料发生塑性应变，造成接触压力的下降。在未发生塑性变形的区域接触压力较大，此后沿着波峰向两端减小，在未发生接触的区域降为 0。

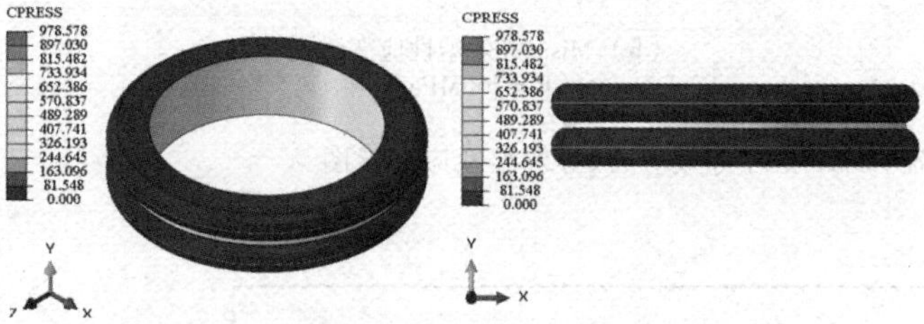

图 7　预紧载荷，“B”型环界面接触压力云图

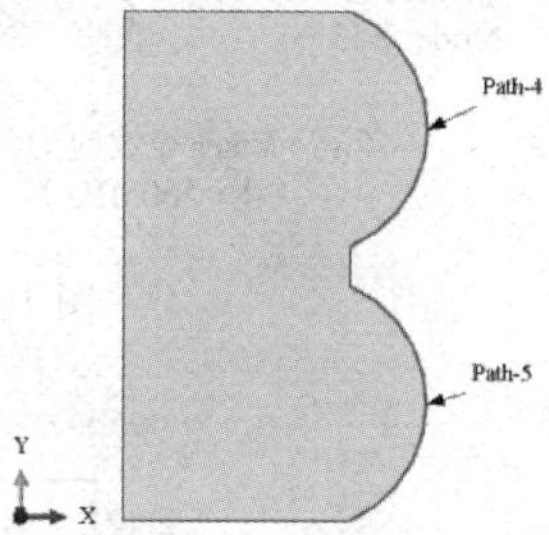

图 8　“B”型环接触界面路径

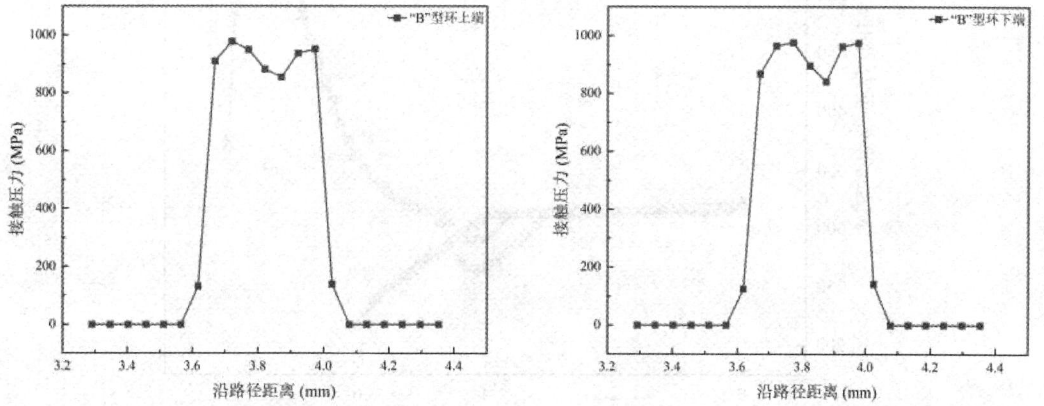

(a)“B”型环上侧
(P = 0 MPa)

(b)“B”型环下侧
(P = 0 MPa)

图 9　预紧载荷，“B”型环界面接触压力分布

1.2.2　工作载荷下结构强度和密封性能分析

(1)工作载荷下“B”型环结构强度分析

工作载荷下，结构内部承受 260MPa 的压力载荷，此刻金属“B”型环的应力应变云图如图 10 所示。结果表明，在 260MPa 的内压载荷作用下，金属“B”型环整体的应力水平相较于预紧载荷下有较大的提高，应力最大值仍出现在密封接触区域的波峰处，上下两侧的最大 Mises 等效应力分别为 724.33MPa、698.22MPa，如图 10(a)所示。此时，施加了内压载荷后，金属“B”型环的塑性应变范围扩大，从波峰处向周围扩散，最大值达到 0.09，其他区域的塑性应变整体较小，如图 10(b)所示。同理，沿上述路径提取“B”

型环中间横截面及两侧波峰横截面路径上的应力，如图 11 所示。结果表明，中间横截面上沿径向方向 Mises 等效应力逐渐减小，仅在靠近"B"型环的内部区域应力超过其材料的屈服强度(312MPa)从而产生塑性变形。此外，两侧波峰横截面沿径向路径的等效应力呈现先减小后增大、在波峰附近达到最大值后逐渐减小，且两侧波峰横截面等效应力曲线近乎重合。

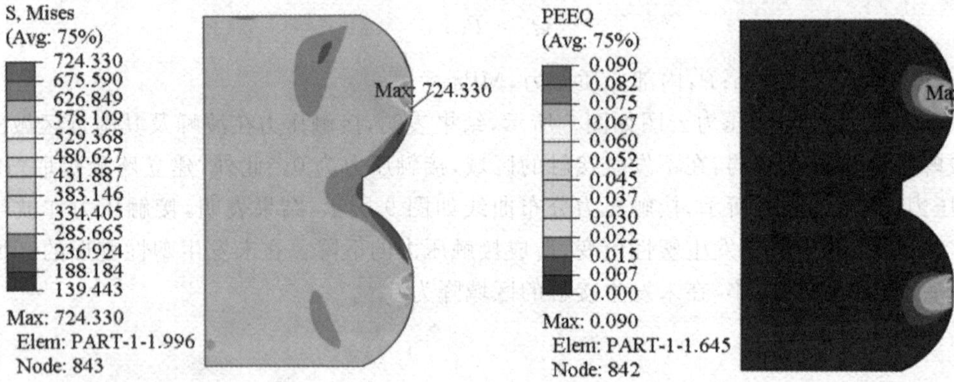

（a）Mises等效应力云图（P = 260MPa）　（b）Mises等效塑性应变云图（P = 260MPa）

图 10　工作载荷下"B"型环等效应力、等效塑性应变云图

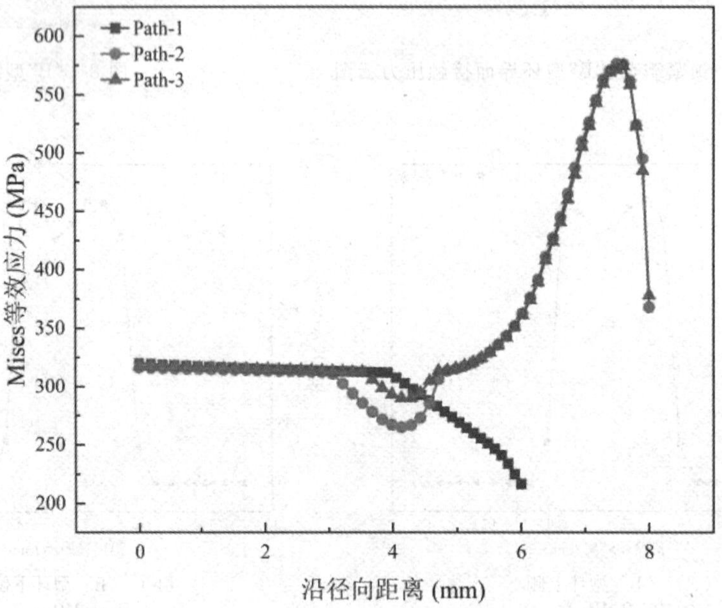

图 11　工作载荷下"B"型环中间横截面沿径向 Mises 等效应力

(2)工作载荷下"B"型环的密封性能分析

工作载荷下"B"型环的接触压力云图如图 12 所示，结果表明，接触压力的最大值同样出现在波峰附近区域，向远离波峰的区域逐渐减弱，在不发生接触的区域，接触压力为 0。沿图 8 路径提取"B"型环上下两侧的接触压力，其分布曲线如图 13 所示。从图中可以看出，接触压力的分布同样在波峰附近出现了极小值点，最大值则出现在波峰两侧，此时，波峰接触区域已经发生较大的塑性变形，致使接触压力较低。此外，从图中可知，工作载荷作用下，密封接触界面的最大接触压力大于介质内压，证明此刻密封效果良好，未发生泄漏情况。

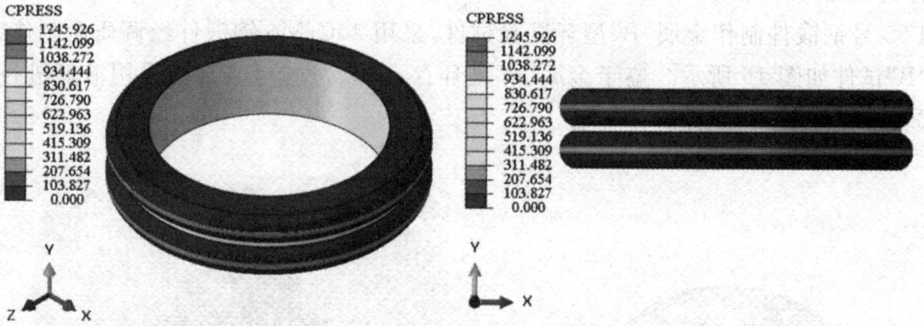

图 12　工作载荷下,"B"型环接触压力云图

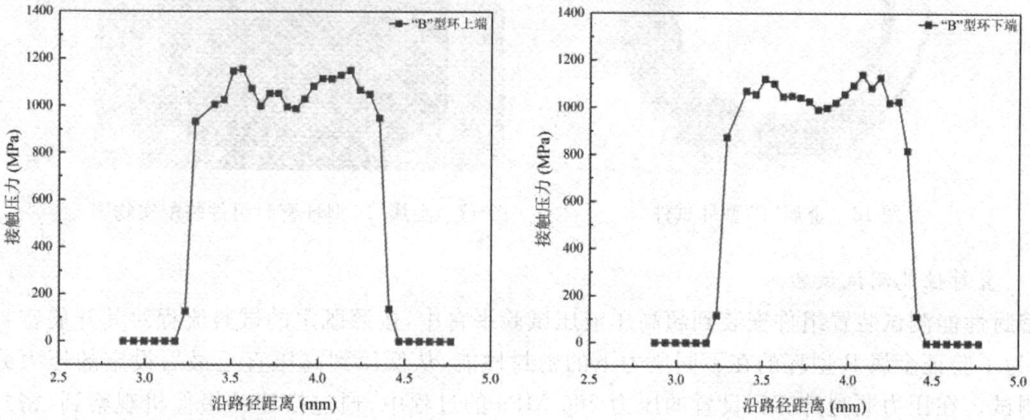

（a）"B"型环上侧
（P = 260MPa）

（b）"B"型环下侧
（P = 260MPa）

图 13　工作载荷,"B"型环界面接触压力分布

2　超高压自紧式金属 B 型环密封的试验研究

本节开展相应的超高压液压室温环境下的密封性能测试试验研究,来验证"B"型环的实际密封性能。

2.1　试验平台的搭建

本试验采用超高压液压试验平台,采取气动液体增压泵实现介质水的压力提升,试验平台如图 14 所示,其结构原理如图 15 所示。该设备具备输出压力高、流量大、实验平台结构紧凑等特点,其主要的技术参数为:试验机型号:TPU - 400;试验压力范围:0 ～ 400 MPa;气源驱动压力:0.2 MPa ～ 1 MPa;气源流量:0.6 m^3/min;试验介质:水。

图 14　超高压液压试验平台

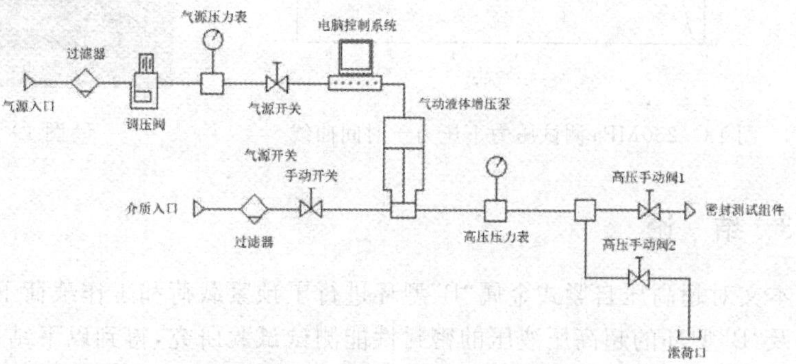

图 15　超高压液压试验平台结构原理图

2.2　试件的制备

本文采用35号钢锻件制作金属“B”型环试验试件，采用40CrMo钢锻件经调质后制作密封装置的其他组件，金属“B”试件如图16所示。鉴于金属“B”型环存在初始过盈量，试验采用液氮进行过盈装配，装配完成的测试装置组件如图17所示。

图16　金属“B”型环试件

图17　金属“B”型环密封组件装配实物图

2.3　密封性能测试试验

将密封性能测试装置组件安装到超高压液压试验平台中，按照既定的试验流程对其开展密封性能试验工作，为了验证金属B型环的在不同压力下的密封性能，从低压到高压直至最后设定的压力分多次进行升压测试。在压力顺利升高到设置的压力260 MPa的过程中，通过搭建的摄像机观察到，密封组件在测试试验升压过程中全程未发生明显泄漏情况，密封组件周围未见明显的水流喷出，其中260 MPa介质压力下的保压曲线如图18所示，由此可证明设计的金属B型环的密封效果良好。试验结束后，取出的金属B型环如图19所示，观察波峰区域发现，接触区域发生明显的塑性变形，并呈现出两条明亮的环状接触带。

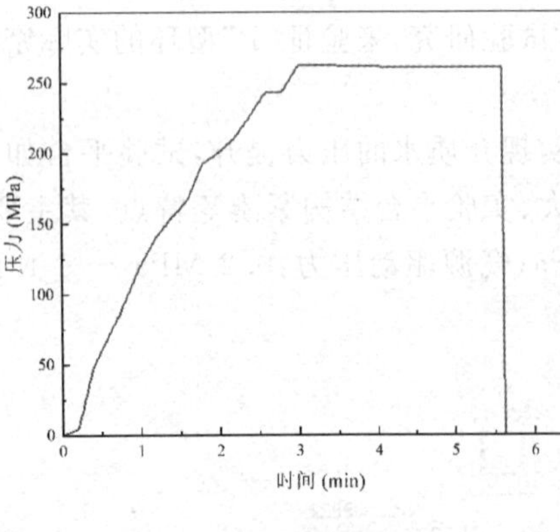

图18　260MPa测试压力下压力－时间曲线

图19　试验后的金属B型环

3　结　论

本文对超高压自紧式金属“B”型环进行了预紧载荷和工作载荷下结构强度和密封性能的模拟仿真分析以及“B”型环的超高压液压的密封性能测试试验研究，得到以下结论：

(1)借助ABAQUS有限元分析软件，采用数值模拟的方法验证了自紧式金属“B”型环结构强度和密封性能。结果表明，设计的“B”型环强度满足260MPa的设计需求。按照最大接触压力判据，设计的“B”

型环满足 260MPa 的密封需求，工作载荷下的最大接触压力大于介质压力，能够实现密封的目的。

(2)设计了金属“B”型环密封性能测试试件，并借用超高压液压试验台进行了“B”型环的密封性能测试试验，结果表明，测试装置未发生明显介质泄漏，“B”型环顺利达成预期的密封效果。

参考文献

[1] 陈艳龙．线型低密度聚乙烯生产和工艺技术新进展 [J]. 石化技术，2019，26(02)：318＋320.

[2] 崔丙刚，宋晓芬．聚乙烯在体育器材领域的应用研究进展 [J]. 合成树脂及塑料，2019，36(04)：102－105.

[3] 段欣瑞．我国线性低密度聚乙烯行业分析 [J]. 广东化工，2022，49(19)：98－101.

[4] 郭传贺．线性低密度聚乙烯性能研究及质量改进 [D]. 黑龙江省：哈尔滨工程大学，2023.

[5] 李浩，张孝真，李佩，等．线型低密度聚乙烯生产工艺进展 [J]. 化学工程与装备，2022，(09)：253－254＋263.

[6] 梁胜彪．我国线性低密度聚乙烯的市场分析 [J]. 石化技术，2022，29(01)：25－26＋29.

[7] 张雪丽．低密度聚乙烯在新型建材中的应用研究进展[J]. 合成树脂及塑料，2024，41(03)：79－82＋86.

[8] 高家驹．国内外超高压容器的研究动向[J]. 压力容器，1994，(06)：25－27.

[9] Trojnacki A，Szybiński B. Investigations of strength and leak tightness of wave - ring gaskets [C]，2015：143－163.

[10] Trojnacki A，Szybiński B. Investigations of structural strength and operating properties of wave - ring gaskets[C]，2015：527－544.

[11] Ry ś J. S B，Trojnacki A. Model obliczeniowy metalowej wysokoci śnieniowej uszczelki typu ″B″ [J]. Czasopismo Techniczne Mechanika，2006，R. 103，z. 11－M：63－87.

[12] Ry ś J. S B，Trojnacki A. Computational model of metal high - pressure wavering gasket [J]. Technical Transactions，series Mechanics，2006，11：63－87.

[13] Xu B X，Zhu L. The Application of Bridgman's Seal and B - Ring Seal in the Process of Pump Head Auto - Frettage[J]. Applied Mechanics and Materials，2013，2400(318－318)：130－133.

[14] Szybinski B，Trojnacki A. Analytical And Numerical Solutions Of Metal High - Pressure Wave - Ring Gasket And Comparison With Experimental Results [J]. Archive of Mechanical Engineering，2015，62(1)：156－163.

[15] 高焓．高压法聚乙烯反应釜自紧密封结构及性能研究[D]. 河北：河北工业大学，2022.

[16] Bingjun G，Han G，Junhua D，et al. Analysis of Sealing Performance of Metal B - ring Self - Tightening Structure[J]. Processes，2022，10(6)：1084－1084.

[17] Bingjun G，Botao L，Chuanzhi W，et al. Leakage analysis of B shape ring self - energized seal in high pressure polythene polymerizer due to the aging of its nonmetallic ring[J]. International Journal of Pressure Vessels and Piping，2021，194(PB).

作者简介

孟凡澳(1997)，男(汉)，研究生，主要从事压力容器设计及安全保障技术的学习研究，通信地址：200237 上海市梅陇路 130 号华东理工大学，E - mail：mfa18336129808@163. com，手机：18336129808。

通讯作者：惠虎(1974)，男(汉)，教授，主要从事压力容器设计及安全保障技术领域的教学和科研工作，通信地址：200237 上海市梅陇路 130 号华东理工大学，E - mail：huihu@ecust. edu. cn，手机：021－64252743。

八角垫法兰密封性能研究及螺栓预紧力确定

管陈锋[1,2]，颜孙挺[1,2]，唐　萍[1,2]，陈永贵[1,2]，章芳芳[1,2]，程　茂[1,2]，鲁显京[1,2]

（1. 浙江省特种设备科学研究院，杭州 310020；

2. 浙江省特种设备安全检测技术研究重点实验室，杭州 310020）

摘　要：八角垫密封是一种常用的密封型式，其密封效果较好，被广泛地应用于高温高压的压力容器设备中。为确定合理的螺栓预紧力，保证八角垫法兰密封结构满足密封性能与强度要求，本文开展了法兰梯形槽开裂失效的有限元分析，研究了螺栓预紧力、系统压力、温度对法兰密封结构完整性与密封性能的影响，为制定合理的螺栓预紧力施加方案提供可靠依据。研究结果表明，螺栓预紧力在一定范围内，八角垫的弹塑性变形能增强法兰系统的密封效果，而过大的螺栓预紧力会导致八角垫产生过量塑性变形，降低法兰密封性能。综合分析法兰、八角垫、螺栓的材料性能、结构尺寸以及系统压力、温度的影响，当螺栓预紧力大约为螺栓材料屈服强度的40％时，结构达到最佳密封效果。

关键词：八角垫；法兰；密封面比压力；螺栓预紧力；开裂失效

Research on thesealing performance of octagonal gasket flanges and determination of bolt preload

GUANChenfeng[1,2]，YAN Sunting[1,2]，TANG Ping[1,2]，CHEN Yonggui[1,2]，ZHANG Fangfang[1,2]，CHENG Mao[1,2]，LU Xianjing[1,2]

（1. Zhejiang Academy of Special Equipment Science，Hangzhou 310020，China；

2. Key Laboratory of Special Equipment Safety Testing Technology of Zhejiang Province，Hangzhou 310020，China）

Abstract：Octagonal gasket sealing is a widely used sealing method known for its effective sealing capabilities，particularly in high－temperature and high－pressure vessel equipment. To establish an appropriate bolt preload and ensure that the octagonal gasket flange sealing structure meets both sealing performance and strength requirements，this paper conducts a finite element analysis of the cracking failure in the flange's trapezoidal groove. The study examines the effects of bolt preload，system pressure，and temperature on the integrity and sealing performance of the flange sealing structure，providing a reliable foundation for developing a suitable bolt preload application scheme. By comprehensively analyzing the material properties，structural dimensions of flanges，octagonal gaskets and bolts，as well as the influences of system pressure and temperature，the structure achieves the best sealing effect when the bolt preload is approximately 40％ of the yield strength of the bolt material.

Keywords：octagonal ring；flange；sealing pressure ratio；bolt preload；cracking failure

0 引 言

螺栓预紧力的大小是影响法兰密封性能的首要因素。分析螺栓最小屈服强度、法兰强度、垫片强度、系统压力、温度以及法兰与垫片的形状尺寸等参数共同作用下能否产生足够的密封比压力，实现无泄漏密封，并在长期运行条件下保持密封是一项非常复杂的工作。国内外学者对影响法兰密封性能的因素进行了大量的研究。WANG[1]通过仿真发现，在内压作用下螺栓预紧力和垫片密封面接触应力呈对数增长。NAGATA[2]通过有限元仿真研究了温度变化对螺栓载荷和垫片载荷的影响，研究发现，温度的波动会导致螺栓预紧力变化，在进行法兰垫片密封系统设计时，应该考虑法兰与螺栓的塑性变形和热膨胀差的影响。梁奇[3]通过理论计算和仿真分析发现温度升高会导致螺栓预紧力的下降，法兰的密封性能也因此有所下降。DAVID[4]提出了一种计算八角垫垫片应力的方法，在考虑八角垫圆弧半径(即图3中的r角)的影响后，计算得到的垫片应力比一些行业标准中方法的计算结果高出27%。陈靖轩[5]研究了金属材料布氏硬度与密封性能系数之间的关系，发现布氏硬度与密封性能系数近似呈线性关系，表明在法兰与垫片均不发生强度失效的前提下，布氏硬度越大，密封效果越好。CHIEN[6]通过数值模拟的方式研究了螺栓预紧力对螺栓式质子交换膜燃料电池(PEMFC)气体扩散层(GDL)性能的影响，预紧力过大会导致PEMFC的效率降低，为获得最优的GDL性能，螺栓预紧力的最佳值为4 MPa。目前还没有足够的数据来制定一个全面的密封方案，确定合适的螺栓预紧力大小，为各种常见的密封圈材料产生适当的垫圈应力目标，并在加压和非加压状态下实现所需的泄漏性能。采用有限元方法确定螺栓预紧力是一种简单有效的手段[7-9]。

由于法兰梯形槽和八角垫密封面之间无法实现绝对平行和光滑，同时由于加工和安装操作对法兰密封性能的影响，为了保证法兰密封系统的密封效果，在法兰垫片密封系统的施工安装过程中，通常以螺栓屈服强度值的30%～50%换算成等效作用力来施加螺栓预紧力[10]，但是，按照此方式施加的螺栓预紧力，仅考虑螺栓不发生屈服的情况，而未考虑八角垫的压溃极限和法兰强度，可能导致螺栓预紧力施加过大，造成法兰密封面损坏[11-15]。

为了获得法兰八角垫密封系统的螺栓预紧力的指导数值，本文结合法兰失效案例并运用理论计算和有限元分析方法对影响螺栓预紧力的因素开展综合分析：主要分析了系统温度、压力对法兰密封比压力的影响，研究了螺栓预紧力与密封比压力之间的关联，建立了螺栓最小屈服强度与密封系统所能承受的最大密封比压力之间的关系，确定密封系统的许用最大螺栓预紧力。本研究有望指导工程中螺栓预紧力施工方案的制定。

1 螺栓预紧力与密封比压力理论计算

失效分析案例：某热高压分离器的反应产物进口法兰梯形槽发生开裂失效现象，该设备的操作压力为15.9 MPa，操作温度为430 ℃，设备于2022年5月投入使用，运行至2024年12月出现开裂，介质成分有氢气、硫化氢、轻油气、重油等；开裂位置包括八角垫圆角与梯形槽接触处和梯形槽底部圆弧过渡处，如图1所示。初步判断失效原因为预紧力过大，八角垫圈与密封面局部接触应力过高，梯形槽底部圆弧拐角处应力过大，导致在高温硫化物腐蚀环境中产生应力腐蚀开裂和阳极溶解型扩展。

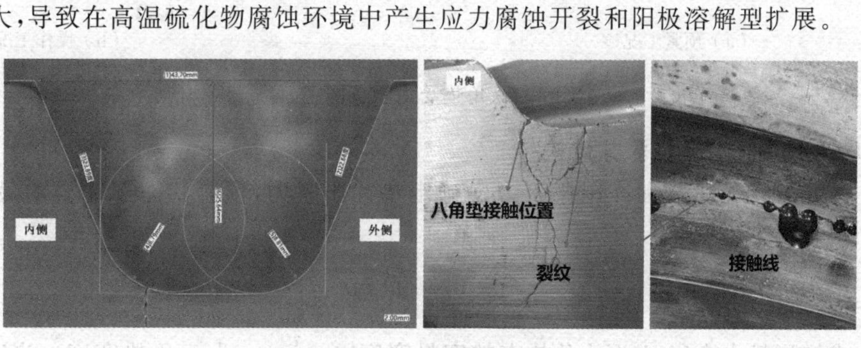

图1 法兰梯形槽开裂失效

法兰和八角垫的尺寸数据如图2、图3和表1所示，采用20个M90螺栓固定。

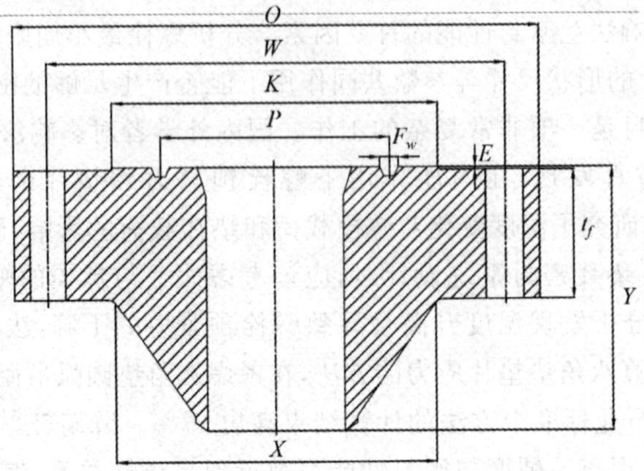

图2 法兰外形结构

表1 八角垫及法兰尺寸数据

尺寸	DN	O	W	K	P	F_w	E
数据/mm	600	1340	1165	850	660.4	42.86	6
尺寸	t_f	Y	X	H	C	A	r
数据/mm	315	610	850	50.8	28.96	41.28	2.3

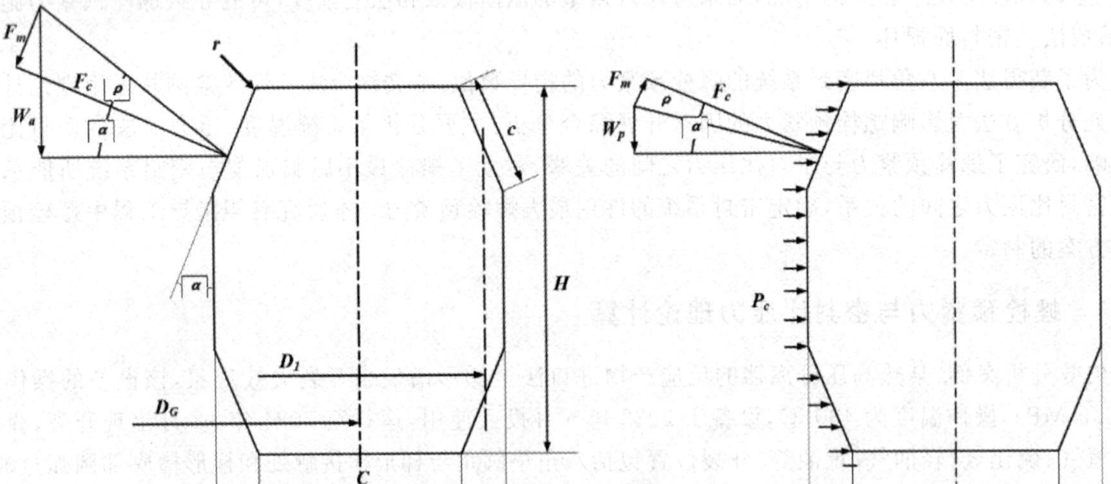

图3 八角垫受力示意图[16]

1.1 依GB/T 150的螺栓预紧力计算

GB/T 150使用垫片系数m和许用比压力y确定垫片压紧力，预紧状态下需要的最小垫片压紧力F_a为[17]：

$$F_a = 3.14\, D_G b y \tag{1}$$

式中，D_G为垫片或梯形槽中直径；b为八角垫有效密封宽度$b_0=\dfrac{w}{8}$（w为八角垫宽度），当$b_0 \leqslant 6.4\text{mm}$时，

$b=b_0$；当$b_0\geqslant 6.4$mm 时，$b=2.53\sqrt{b_0}$，许用比压力 y 取 179.3 MPa。

操作状态下需要的最小垫片压紧力F_p为[17]：

$$F_p=0.785\,D_G^2 p_c+2\pi b\,D_G m\,p_c \tag{2}$$

式中，p_c为操作工况下的介质压力，垫片系数 m 取 6.5。

1.2 依 EN 13445 附录 G 的螺栓预紧力计算

与 GB/T 150 类似，EN 13445 引入了垫片有效宽度b_{Ge}的概念，$Q_{0,\min}$为满足密封要求的最小垫片应力，根据附录 G 取 250 MPa。八角垫的有效宽度如图 3 所示，预紧工况下垫片最小压紧力为[18]：

$$F\,G_{Ge\,0,\min G0,\min} \tag{3}$$

其他工况下垫片最小压紧力为：

$$F_{\max}\{A_{Ge}QQ\,I_{RI\,I,\min}\{\}\}_{GI,\min} \tag{4}$$

$$A_{Ge}=\pi\,D_G b_{Ge} \tag{5}$$

式中，A_{Ge}为垫片的有效面积；I 表示不同的工况条件，当 $I=0$ 时即为预紧工况；F_{RI}为考虑外载荷的合力；F_{QI}为[18]：

$$F_{QI}=\frac{\pi}{4}D_G^2 P_I。 \tag{6}$$

此外 EN 13445 还考虑了垫片不被压溃时的最大垫片应力 $Q_{\max}$，根据 EN 13445 附录 G，430 ℃下取 408.5 MPa。此时预紧工况下垫片应力将 $Q_{\max}$代入式(3)进行计算。

1.3 垫片密封面比压力计算

预紧时，八角垫密封面受垂直方向上的压紧力与平行于密封面上的摩擦力，两者合力的轴向分力即为与螺栓载荷平衡的反力，记为预紧力W_a，八角垫在预紧工况和操作工况下的受力如图 3 所示。预紧时密封面上的比压力 q 为[19]：

$$q=\frac{W_a\cos\rho}{2\pi\,D_G c\sin(\alpha+\rho)} \tag{7}$$

式中，ρ 为摩擦角，钢与钢接触时，$\rho=8°30'$；α 为八角垫斜面与竖直方向的倾角，$\alpha=23°$。

预紧后，设备在操作压力p_c作用下，介质压力通过封头传递给螺栓，使螺栓载荷增大，螺栓长度伸长，因而导致密封面上原有的密封比压力降低；同时，由于螺栓伸长，八角垫回弹变形产生了回弹力；八角垫内侧受到介质压力作用，八角垫径向扩张产生自紧比压。操作工况下八角垫的受力如图 3 所示，操作工况下密封面上的比压力 q 为[19]：

$$q=\frac{[W_a-Q_1\tan\beta/(\tan\theta+\tan\beta)]\cos\rho}{2\pi\,D_G\sin(\alpha+\rho)}+\frac{pH\cos\rho}{2c\cos(\alpha-\rho)} \tag{8}$$

$$Q_1=\frac{\pi\,D_1^2}{4}p_c \tag{9}$$

$$\tan\beta=\frac{E_G F_G}{H} \tag{10}$$

$$\tan\theta=\frac{E_B F_B}{L_B} \tag{11}$$

式中，D_1为八角垫密封面的中径；E_B为螺栓的弹性模量；E_G为垫片的弹性模量；F_B为螺栓横截面积；F_G为八角垫横截面积；H 为八角垫高度；L_B为螺栓长度；Q_1为介质通过封头传递给螺栓的载荷；$\tan\beta$ 为八角垫的刚度；$\tan\theta$ 为螺栓的刚度。

2 密封特性数值计算方法

2.1 材料性能

法兰密封系统采用的八角垫片材料为 0Cr13，法兰材料为 TP347，螺栓材料为 25Cr2MoVA，对法兰梯形槽母材和八角垫片取样、制样，分别开展 430 ℃下的拉伸试验，得到有限元仿真中需要的材料真实应力-应变曲线，其中，材料力学性能见表 1，材料的真实应力-应变曲线如图 4 所示。

表 1 430 ℃下材料的力学性能

结构	材料	屈服强度 S_y/MPa	抗拉强度 S_u/MPa	弹性模量 E/GPa	热膨胀系数 α_t，10^{-6}/K
八角垫	0Cr13	270	344	1.67e5	11.41
法兰	TP347	355	432	1.70e5	16.17
螺栓	25Cr2MoVA	570	688	1.76e5	13.6

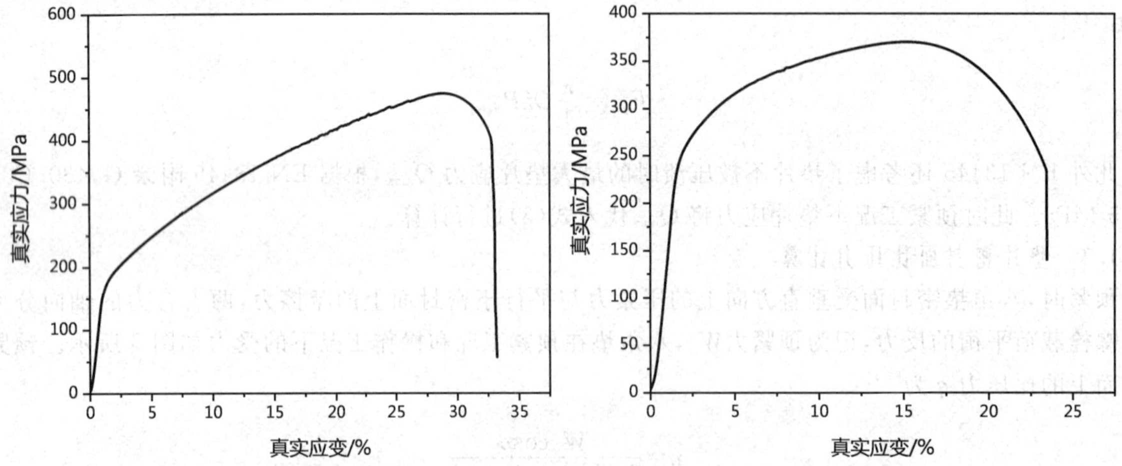

(a) 法兰母材　　(b) 八角垫

图 4 真实应力-应变曲线

2.2 有限元模型

由于结构的周期对称性，建立 1/20 模型以减少计算量。采用 ABAQUS 软件开展仿真计算，设置网格类型为八节点六面体热－结构耦合缩减积分单元(C3D8RT)。细化垫片与法兰梯形槽接触区域的单元，并进行网格无关性验证，最终结构整体划分为 172991 个单元，192781 个节点。

针对八角垫和法兰预紧的操作工况，开展热固耦合的弹塑性有限元分析。分析过程共分为四个载荷步：第一个载荷步对应于螺栓的预紧过程，共创建 4 组接触对，分别为上螺母(从面)与上法兰(主面)接触，下螺母(从面)与下法兰(主面)接触，八角垫(从面)与上法兰梯形槽(主面)接触，八角垫(从面)与下法兰梯形槽(主面)接触，采用 ABAQUS 中的罚函数考虑接触约束，并将接触面的切向摩擦系数设置为 0.2，法向采用硬接触，接触之后允许分离，在下管口施加轴向方向约束，上管口施加管口等效载荷，对称面施加对称约束，螺栓中面施加螺栓载荷(bolt load)；在第二个载荷步中锁定螺栓预紧长度；在第三个载荷步中，施加内压和法兰接管端部等效拉力；第四个载荷步施加系统温度。即第一个载荷步和第二个载荷步计算的是预紧工况，第三和第四个载荷步计算的是操作工况。图 5 为八角垫与法兰的有限元模型。

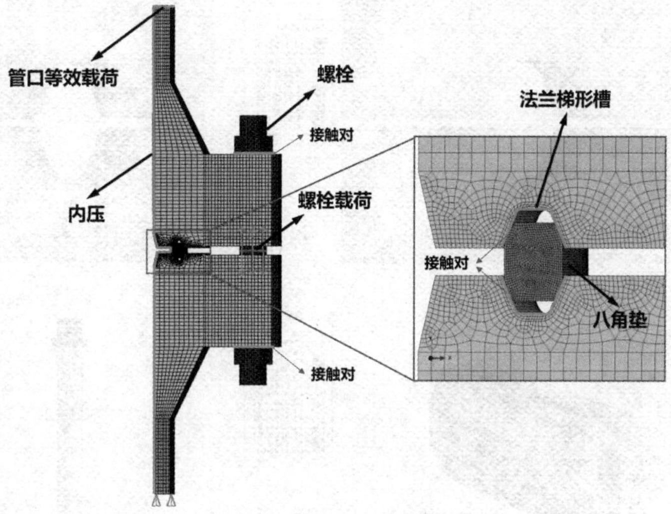

图 5　八角垫法兰密封系统有限元模型

3　结果分析与讨论

3.1　螺栓预紧力计算

按照 GB/T 150 和 EN 13445 附录 G 计算的单个螺栓预紧力、该法兰密封系统的设计螺栓预紧力、实际采用的螺栓预紧力如表 2 所示。该热高压分离器的操作压力为 15.9 MPa，设计压力为 19.5 MPa，考虑水压试验的试验压力为 29.25 MPa，设计所采用的最小螺栓预紧力按照水压试验压力计算：单个螺栓预紧力的最小值为 704.5 kN，最大值为 816419 N。但是，该设备实际采用的螺栓预紧力为 1550 kN，螺栓预紧力大小约为设计值的 2 倍。按照标准中的计算方法，EN 13445 附录 G 计算的最小垫片压紧力超过了八角垫的压溃预紧力，该标准已不再适用，而 GB/T 未给出螺栓预紧力加载的上限值。因此需要通过有限元分析的方法确定螺栓预紧力的合理范围。

表 2　单个螺栓预紧力(单位 N)

工况	GB/T 150	EN 13445 附录 G	设计预紧力	实际预紧力
预紧工况	95926	—	704495	—
操作工况	704137	—	816419	1550000
最小垫片压紧力	—	500956	—	—
压溃预紧力	—	471643	—	—

3.2　法兰密封结构强度分析

施加 1550 kN 的螺栓预紧力以及操作温度 430 ℃和操作压力 15.9 MPa，对法兰梯形槽、八角垫及螺栓开展有限元分析。法兰接头各元件的应力如图 6(a)(c)所示，可见法兰梯形槽圆弧过渡位置与八角垫 r 角位置的应力水平较大，均接近各自材料的屈服强度，图 1 中法兰梯形槽与八角垫接触位置有明显的由塑性变形产生的接触线，表明强度较大的梯形槽也发生了塑性变形。图 6(b)为法兰梯形槽 S11 应力分量的云图(沿 X 轴方向)，可见，法兰梯形槽与八角垫接触的位置受最大压应力作用，梯形槽底部受最大拉应力作用。图 6(d)为螺栓的应力分布云图，螺柱的局部最大 Mises 应力为 406.8 MPa，达到了螺柱屈服强度的 71.4%，位于螺母锁紧位置，螺柱中间位置的 Mises 应力为 273.5 MPa，达到了螺柱屈服强度的 48.0%。因此，在高温、湿硫化氢、高应力水平作用下，八角垫与法兰接触区域、法兰梯形槽圆弧过渡区域极有可能发生高温硫化物应力腐蚀。

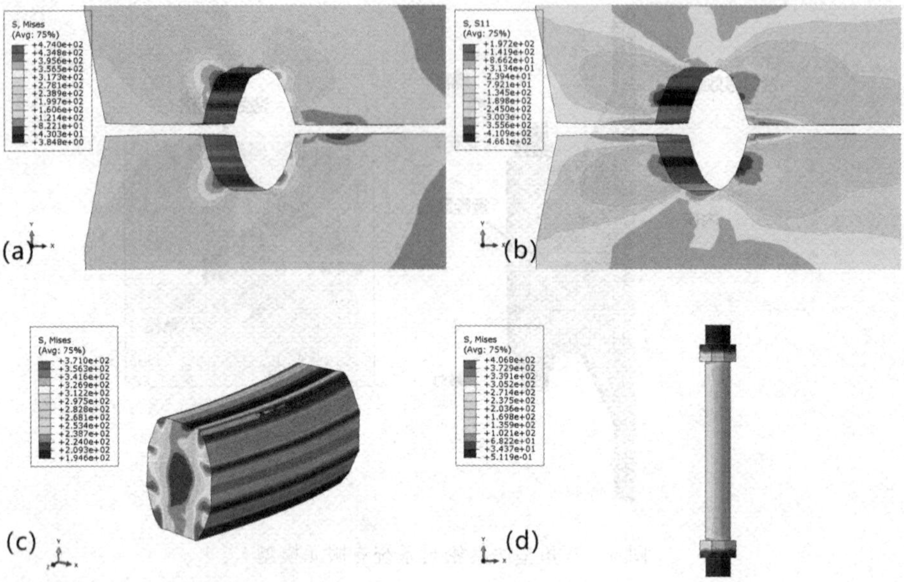

图 6　实际螺栓预紧力加载下八角垫法兰密封系统应力分布云图

3.3　螺栓预紧力对法兰密封系统的影响

预紧工况下密封面比压力的理论值与有限元计算的密封面比压力平均值(密封面比压力平均值=密封面节点上的比压力/节点数量,后文提及的密封面比压力均为有限元计算得到的密封比压力平均值)如图 7 所示。可以看出,螺栓预紧力在 0～F_{a1}之间时(F_{a1}对应于预紧力 742 kN)理论值与有限元计算值符合良好,密封面比压力随预紧力线性增长。采用完全弹性的材料本构计算法兰密封结构的密封面比压力,对比了采用弹性分析与弹塑性分析的计算结果,表明螺栓预紧力小于 F_{a1}时八角垫与法兰整体处于弹性变形阶段。

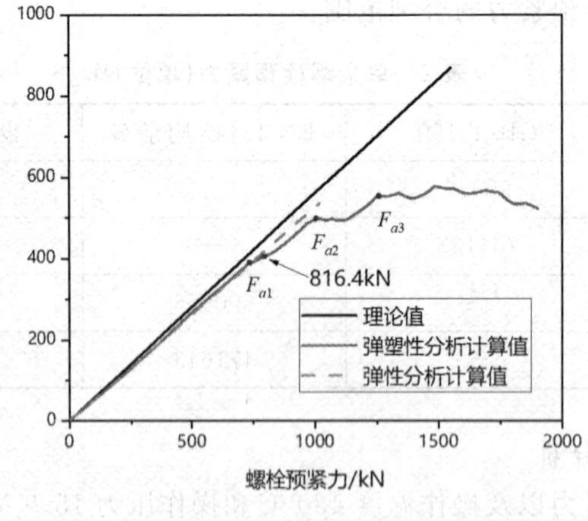

图 7　密封面比压力与螺栓预紧力的关系

当螺栓预紧力增加至 F_{a2}(对应的预紧力大小为 1019 kN)时,有限元计算的密封面比压力非线性增加,并且密封面比压力已经小于理论值,这是因为八角垫与法兰梯形槽发生塑性变形。图 8 和图 9 分别为预紧力 F_{a1}点和 F_{a3}点时八角垫的密封面比压力和等效塑性应变云图,可见,预紧力越大八角垫 r 角区域的等效塑性应变越大,F_{a3}点时八角垫的 r 角区域发生了明显的塑性变形,八角垫的轮廓发生了改变;继续增加螺栓预紧力,当预紧力大于 F_{a3}(对应的预紧力大小为 1265 kN)后,密封面比压力几乎不再随螺栓预紧力的增大而增加,表明增大螺栓预紧力已经不再对密封效果起正向作用,随着螺栓预紧力继续增加,密封面比压力逐渐降低,增大螺栓预紧力反而使法兰的密封效果降低。

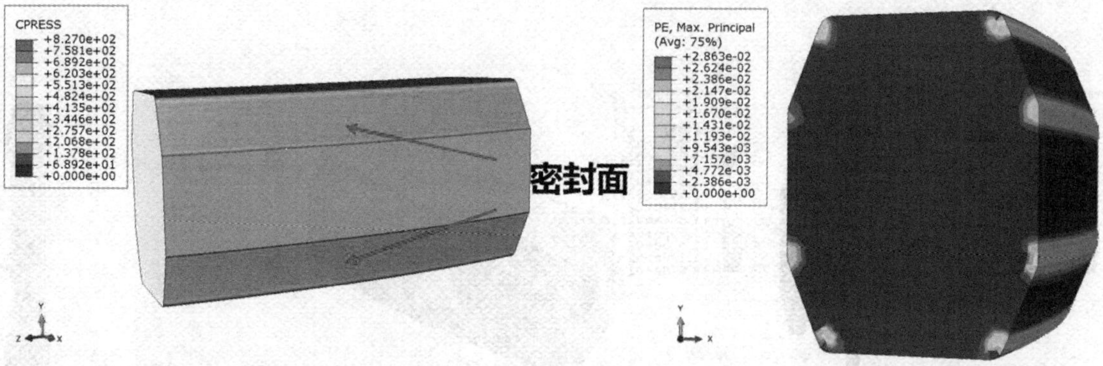

（a）八角垫密封面比压力　　（b）八角垫等效塑性应变

图 8　螺栓预紧力 Fa1 点

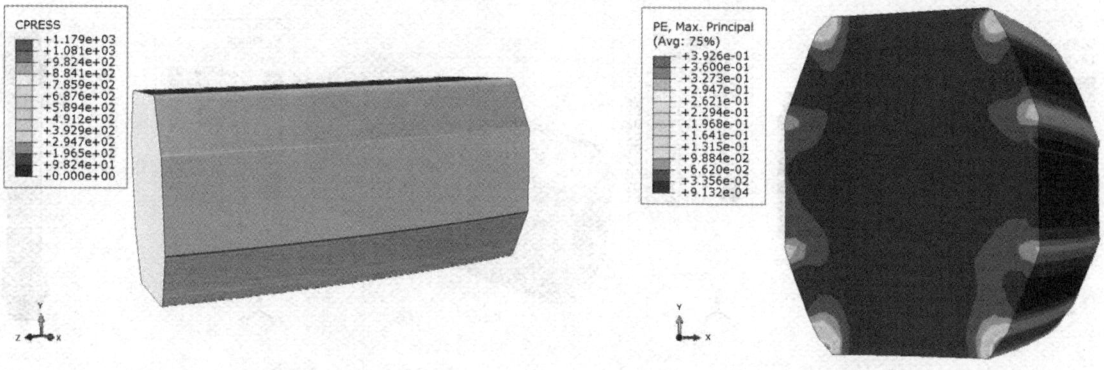

（a）八角垫密封面比压力　　（b）八角垫等效塑性应变

图 9　螺栓预紧力 Fa3 点

由式(8)可知，密封面比压力随着螺栓预紧力线性增长，因此，增大螺栓预紧力有可能实现更好的密封效果，八角垫通过变形补足与梯形槽之间的间隙与粗糙表面使密封结构更加严密。但实际上，螺栓预紧力过大，八角垫会产生过大的塑性变形，甚至压溃变形，降低密封效果、引发泄漏，并且螺栓预紧力过大会造成法兰变形甚至发生开裂行为。因此需要通过有限元分析方法确定密封系统许用的最大螺栓预紧力。

3.4　系统压力、温度对法兰密封性能的影响

为了确定密封系统最佳螺栓预紧力，需要研究系统压力和温度对密封面比压力的影响。图 10～12 分别给出了螺栓预紧力 816.4 kN 时，在预紧工况(如图 10)、加载系统压力(如图 11)以及同时加载系统压力和温度条件(如图 12)下的法兰整体、八角垫以及螺柱的 von Mises 应力分布云图。对比图 10 和图 11 可以看出，在预紧工况下八角垫为主要受力元件，应力最大；加载系统压力后，螺栓为主要受力元件，螺栓承载的作用力增大，应力最大，且由于法兰张开，八角垫的应力减小；同时加载系统压力和温度后，如图 12 所示，因法兰密封系统整体膨胀，结构受到热应力作用，八角垫与法兰的应力均为三个工况最大，且螺栓承载的作用力进一步增大。

预紧工况下法兰密封面的密封面比压力为 407.9 MPa，而依式(7)计算得到的密封比压力值为 457 MPa；加载系统压力后，密封面比压力为 366.4 MPa，而依式(8)计算得到的密封比压力值为 325.3 MPa。理论结果与有限元分析结果在弹性阶段的密封面比压力符合良好，表明了有限元模型的可靠性；顺序加载系统压力和温度后密封面的平均比压力值为 364.9 MPa，温度对密封面比压力的影响很小，这是因为法兰、螺栓、八角垫是由不同的材料制成，材料在 430 ℃下的热膨胀速率不同，热膨胀对密封面比压力的

影响视三者的热膨胀系数而定,因此会出现加载温度载荷后应力增大,而密封面比压力值基本不变的现象。

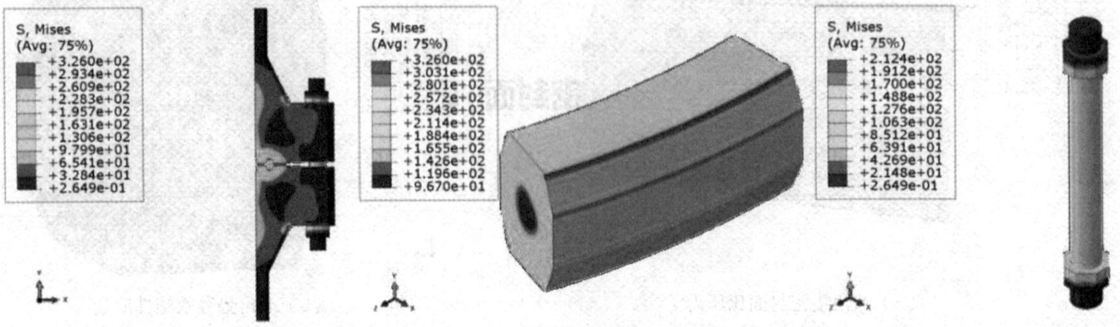

图 10 预紧工况下法兰整体(左)、八角垫(中)、螺柱(右)von Mises 应力云图

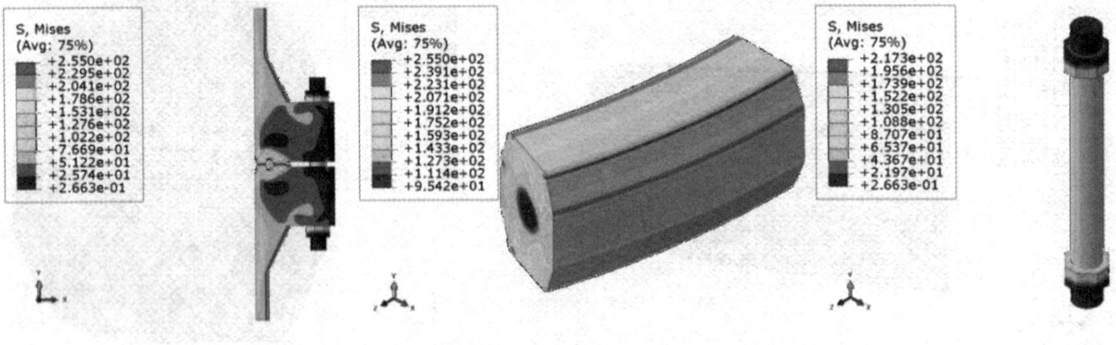

图 11 加载系统压力后法兰整体(左)、八角垫(中)、螺柱(右)von Mises 应力云图

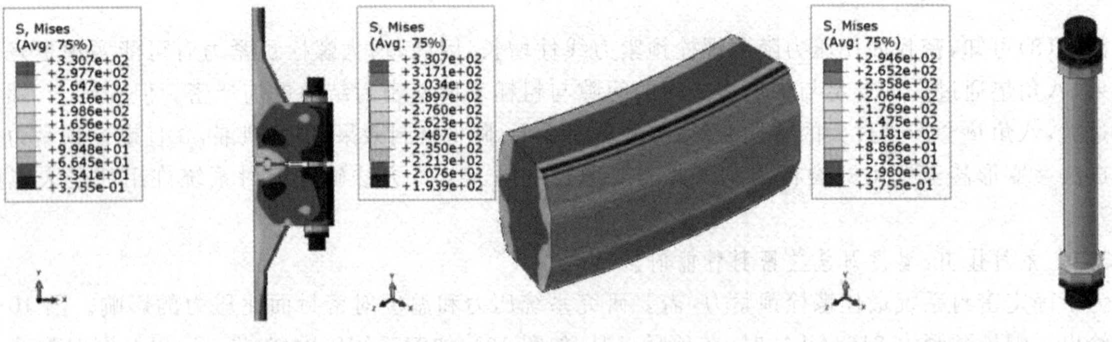

图 12 加载系统压力、温度后法兰整体(左)、八角垫(中)、螺柱(右)von Mises 应力云图

图 13(左)为螺栓预紧力为 816.4 kN 时,系统压力增大时密封面比压力、螺栓预紧力、垫片压紧力的变化曲线,可见密封面比压力随系统压力升高而降低,按照许用密封面比压力值 $y=179.3$ MPa,当前螺栓预紧力在预紧工况下可以承受最大的系统压力为 43 MPa。垫片压紧力随系统压力的升高而降低,螺栓上的轴向力缓慢升高后降低。造成密封面比压力降低的主要原因是系统压力使法兰张开,此时八角垫通过弹性回复实现密封,而八角垫内压自紧作用对法兰密封性能的提升作用很小[20],随着系统压力升高,法兰张开与八角垫弹性回复同时进行,当弹性回复后的密封比压力小于许用密封面比压力时,泄漏率不满足密封性能要求,法兰密封失效。

图 13(右)为系统压力(15.9 MPa)一定时,螺栓预紧力与密封面比压力的变化曲线。在螺栓预紧阶段,密封面比压力随着螺栓预紧力增大不断增加,当螺栓预紧力超过 1550 kN 后,密封面比压力随着螺栓

预紧力的增大而减小。继续加载系统压力后，密封面比压力的变化趋势与预紧工况相同，比压力值减小。同时加载系统压力和温度后，随着螺栓预紧力的升高，热膨胀对密封面比压力的削弱作用越发明显，这是因为螺栓预紧力越大，八角垫与法兰梯形槽的塑性变形量越大，在施加温度载荷后，由于整体膨胀，导致密封面间隙约大，导致密封面比压力降低。在操作工况下，即同时加载系统操作压力和操作温度时，施加1265 kN和施加1700 kN实现的法兰密封效果基本相同，此时螺柱上的应力分别为螺栓材料屈服强度的40.2%和58.2%。因此，考虑法兰、螺栓、八角垫总体强度以及密封系统的密封性能，建议法兰、螺栓、八角垫材料强度和尺寸条件下，螺栓预紧力控制在螺柱材料屈服强度的40%，以达到最佳的法兰强度与密封效果。

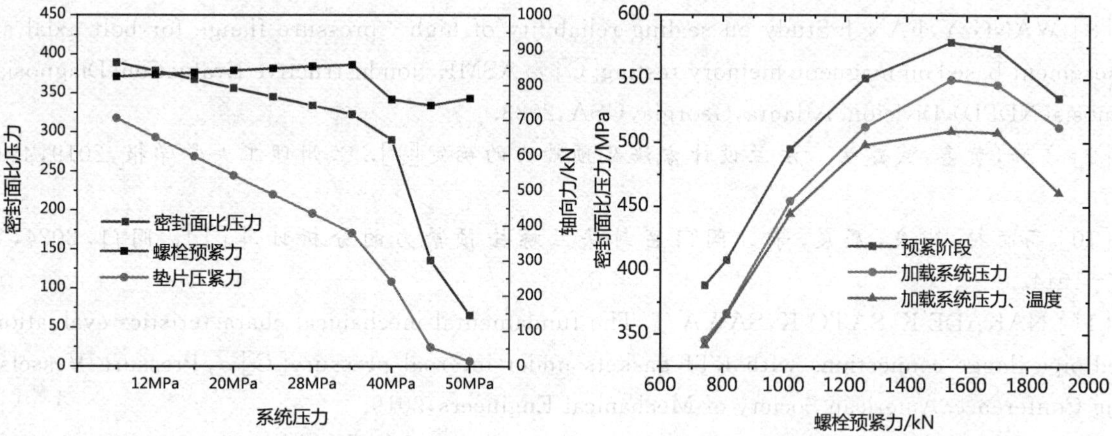

（a）同一系统压力下，增加螺栓预紧力　　（b）同一系统压力、温度下，增加螺栓预紧力

图13　系统压力、温度对法兰密封面比压力的影响

4　结　论

（1）通过理论分析和数值模拟分析了预紧工况和操作工况下法兰密封系统的密封性能，理论结果与有限元分析结果在弹性阶段的密封面比压力符合良好，在一定程度上验证了有限元模型的可靠性。

（2）螺栓预紧力在一定范围内时，八角垫的弹性变形和塑性变形有助于增强法兰系统的密封效果，而螺栓预紧力过大会造成八角垫产生过量塑性变形，造成法兰密封性能降低。因此需要根据法兰、八角垫、螺栓的材料性能、尺寸等关键影响因素确定合适的螺栓预紧力大小。

（3）通过研究螺栓预紧力、系统温度、压力与法兰密封面比压力之间的对应关系，给出了当前法兰密封结构的最大许用螺栓预紧力，在此螺栓预紧力下，可以实现最佳的密封效果。为了满足法兰密封系统的密封性能，保证法兰强度要求，在该法兰、八角垫、螺栓材料及尺寸下，螺栓预紧力在螺栓材料屈服的40%时达到密封效果最佳状态。

参考文献

[1] WANG Y, FAN J. Study on sealing reliability of high - pressure flange for bolt axial stress measurement based on magnetic memory testing [C] //Pressure Vessels and Piping Conference. American Society of Mechanical Engineers, 2023, 87509: V007T09A007.

[2] NAGATA S, SAWA T. Effects of temperature change on bolt load and gasket load of bolted flange connection with ring type joint gasket[C] //ASME Pressure Vessels and Piping Conference, 2008, 48258: 69－74.

[3] 梁奇，姜峰，成栋才．温度变化对法兰螺栓预紧力影响研究[J]．化工机械，2023，50(6)：863－868.

[4] CLOVER D. A simple method for calculating accurate gasket stresses for octagonal ring joints [C] //Pressure Vessels and Piping Conference. American Society of Mechanical Engineers, 2024, 88476:V001T02A005.

[5] 陈靖轩,姜峰,梁奇,等. 金属八角垫泄漏率与螺栓预紧力的关系研究[J]. 化工机械,2024,51(5):774－779.

[6] CHIEN C H,HU Y L,SU T H,et al. Effects of bolt pre－loading variations on performance of GDL in a bolted PEMFC by 3－D FEM analysis[J]. Energy,2016,113:1174－1187.

[7] 段成红,刘玮琦,罗翔鹏. 反应堆压力容器用金属C形密封环力学及密封特性研究[J]. 压力容器,2024,41(12):23－31.

[8] WANG Y,FAN J. Study on sealing reliability of high－pressure flange for bolt axial stress measurement based on magnetic memory testing[C] //ASME Nondestructive Evaluation,Diagnosis and Prognosis(NDPD) Division. Atlanta,Georgia,USA,2023.

[9] 姜峰,黄鑫,武建生. 法兰设计方法及预紧力的确定[J]. 兰州理工大学学报,2019,45(4):67－73.

[10] 高丽艳,张良,屈晨,等. 阀门密封法兰螺栓预紧力的分析计算[J]. 阀门,2024,(8):1008－1014.

[11] NAKADE K,SATO K,SAWA T. The fundamental mechanical characteristics evaluation for bolted pipe flange connections with RTJ gaskets under internal pressure[C] //Pressure Vessels and Piping Conference. American Society of Mechanical Engineers,2019.

[12] 胡建洲. 高温高压设备梯形槽法兰密封失效分析与研究[D]. 西北大学,2012.

[13] 高楠,田继平,敬大伟. 加氢反应器法兰安装密封技术[J]. 石油化工设备,2024,53(5):66－69.

[14] 王明涛,毕学文,王东,等. 乙烯装置裂解炉废热锅炉封头法兰失效原因分析[J]. 压力容器,2024,41(12):51－59.

[15] 胡大芬,杨景超,刘言午,等. 新型反应堆压力容器主螺栓螺纹副性能试验研究[J]. 压力容器,2024,41(3):24－29.

[16] 庞冠. 金属八角垫与CL2 500管法兰的设计及标准化[J]. 化工设备与管道,2021,58(4):85－91.

[17] GB 150—2024,压力容器[S].

[18] BS EN 13445:2021 Unfired pressure vessels[S].

[19] 王尚武. 高压容器八角垫密封分析[J]. 石油化工设备,1988,(2):12－15.

[20] 王智加. 八角垫法兰连接系统密封性能评价及失效分析[D]. 大连理工大学,2017.

作者简介

管陈锋(1996),男,硕士研究生,主要从事特种设备数值仿真工作,通讯地址:310020 浙江省杭州市上城区凯旋路211号浙江省特种设备科学研究院,E－mail:gcfeng2021@163. com

基于流固耦合方法的密相 CO_2 管道碳纤维止裂器性能分析

刘镇溪[1]，陈　磊[2]，乔帆帆[1]，闫兴清[1]，于　帅[1]，喻健良[1]

（1. 大连理工大学 化工学院，辽宁大连 116024；2. 新疆大学 化工学院，乌鲁木齐 830017）

摘　要：密相/超临界二氧化碳（CO_2）管道是大规模、长距离运输 CO_2 的首选方式。然而，管道断裂后高压 CO_2 减压形成较长的压力平台，裂尖压力难以释放，易导致裂纹长程扩展，引发严重的安全隐患。本研究采用流固耦合方法（fluid - structure interaction，FSI），定量评估了碳纤维复合材料止裂器对密相 CO_2 管道裂纹扩展控制的效果。基于 Abaqus 软件，构建了含初始裂纹的 Q355 B 钢管有限元模型，结合 CEL 方法模拟 CO_2 与裂纹扩展的相互作用。通过 Johnson - Cook 损伤模型来模拟管道材料的断裂行为，采用 GERG－2008 状态方程来描述 CO_2 的减压行为。结果表明，数值模拟得到的断裂速度与试验值吻合良好，外部安装的碳纤维复合材料止裂器能显著限制管道的裂纹扩展速度并缩短裂纹扩展距离。本文提出的建模方法和研究结果可为 CO_2 管道的断裂控制提供有效的技术支撑和设计参考。

关键词：CO_2 管道；流固耦合；动态裂纹扩展；断裂控制；碳纤维复合材料止裂器

Performanceanalysis of carbon fiber arrestors in dense phase CO_2 pipelines based on fluid - structure interaction method

LIUZhenxi[1]，CHEN Lei[2]，QIAO Fanfan[1]，YAN Xingqing[1]，YU Shuai[1]，YU Jianliang[1]

（1. Shcool of Chemical Engineering，Dalian University of Technology，Dalian 116024，China；
2. School of Chemical Engineering and Technology，Xinjiang University，Urumqi 830017，China）

Abstract：Dense - phase or supercritical carbon dioxide（CO_2）pipelines are the preferred method for large - scale，long - distance CO_2 transportation. However，pipeline rupture can lead to a rapid depressurization of high - pressure CO_2，resulting in an extended pressure plateau during which the crack tip pressure cannot be effectively relieved. This condition promotes long - distance crack propagation and poses serious safety risks. In this study，a fluid - structure interaction（FSI）approach was employed to quantitatively assess the effectiveness of carbon fiber composite crack arrestors in controlling crack propagation in dense - phase CO_2 pipelines. A finite element model of a Q355B steel pipe containing an initial crack was developed using Abaqus software，and the interaction between CO_2 decompression and crack propagation was simulated via the Coupled Eulerian - Lagrangian（CEL）method. The Johnson - Cook damage model was used to describe the fracture behavior of the pipe material，while the GERG - 2008 equation of state was applied to model the decompression behavior of CO_2. The results demonstrate that the simulated crack propagation velocities agree well with experimental measurements. Furthermore，externally mounted carbon fiber composite crack arrestors significantly reduced both crack propagation speed and crack growth length. The proposed modeling approach and findings provide effective technical support and design guidance for fracture control in CO_2 pipelines.

Keywords: CO_2 pipeline; fluid - structure interaction; dynamic crack propagation; fracture control; carbon fiber composite arrestors

0 引 言

碳捕集、利用与封存(CCUS)技术是全球对抗气候变化、实现碳中和的重要手段之一[1]。在 CCUS 链中,二氧化碳(CO_2)的有效运输尤为关键,其中通过密相/超临界状态的管道运输因其高效性和经济性而成为最优方案。全球对 CO_2 管道的需求预计将显著增长,国际能源署预测到 2050 年,全球 CO_2 管道长度将增至 95,000 至 550,000 公里[2]。

管道在运营中可能因机械损伤、腐蚀或材料缺陷引起长距离的裂纹扩展。由于 CO_2 减压过程产生压力平台,一旦发生裂纹,裂纹尖端压力无法释放,会导致裂纹迅速扩展,增加了大规模泄漏的风险,对沿线的公共安全构成严重威胁[3]。因此,发展有效的管道止裂技术是确保管道安全的关键。半经验的 Battelle 双曲线方法是当前管道设计中最常用的计算断裂控制的方法[4-5]。该方法假定断裂速度与减压过程是独立的,当断裂速度小于减压波速时,管道止裂。全尺寸爆破试验是验证管道止裂的最直接方法,但试验成本高昂,准备周期长,风险较大,全球范围目前仅进行 12 组,因此难以广泛应用于实际工程[6]。

传统的止裂措施,如增加管壁厚度、使用高韧性管材或在管道上焊接钢制止裂环等[7],虽有一定效果,但这些方法往往成本高昂、施工复杂。碳纤维/环氧树脂复合材料因其高比强度、高韧性和优异的耐腐蚀性能,已被认为是外部止裂器的有效新方案[8]。与传统金属止裂环相比,复合材料止裂器更轻、施工更灵活,对管道的正常运营影响较小,具有显著的工程应用潜力[9]。然而,目前关于复合材料止裂器在 CO_2 断裂控制方面的研究较少,试验开展难度大,数值模拟需要同时考虑管道-复合材料- CO_2 流体的复杂耦合效应。现有研究成果不足以充分说明其止裂能力[8]。

因此,本研究旨在通过数值模拟和实验研究,深入探讨碳纤维复合材料止裂器在高速裂纹扩展中的作用机制。通过 Abaqus 软件构建了一个密相 CO_2 管道的流固耦合模型,管道材料采用 Q355B 钢,基于 Voce 硬化模型和 Johnson - Cook 损伤模型来模拟管道材料的弹塑性本构关系和损伤行为。利用 GERG - 2008 状态方程和一维等熵假设建立了纯 CO_2 减压过程的模拟,同时采用 Hashin 损伤模型评估复合材料止裂器的性能。最后,将模拟结果与自主设计的 CO_2 管道断裂试验结果进行对比,验证了模型的准确性。本研究可为新型止裂技术理论和实验研究提供重要依据,为 CO_2 管道的安全输运提供重要参考。

1 数值模型建立

1.1 几何模型、网格及边界条件

为研究碳纤维复合材料止裂器在控制 CO_2 管道裂纹扩展的作用,本文利用 Abaqus 有限元分析软件建立了一个包含初始裂纹的管道模型。裂纹沿管轴向中心线布置,来模拟可能存在的裂纹形态。

1.1.1 模型构建

为了提高计算效率,本文建立了管道和止裂器的 1/4 对称模型。在对称边界施加相应的约束条件。模型主要由 4 个部分组成:管道、止裂器、CO_2 域和空气域。管道材料采用 Q355B,止裂器材料为碳纤维复合材料。

止裂器由 15 层碳纤维布构成,每层厚度为 0.167 mm,总厚度为 2.505 mm。由于止裂器的径厚比大于 10,将止裂器简化为正交各向异性壳单元模型。止裂器与裂纹起始端的距离为 1.5 倍管道外径,模拟试验中止裂器的安装位置。复合材料铺层排列为$[0/90]_{15}$。模型关键尺寸见表 1。

表 1　模型关键尺寸参数/mm

管道外径	管道壁厚	管道长度	裂纹长度	裂纹宽度
114.3	4.16	1143	114.3	0.5

复合材料止裂器与钢管外壁通过共节点实现连接。这种连接方式可以保证在裂纹扩展过程中，止裂器与钢管能够共同承受受力和变形，符合真实情况。

1.1.2　网格划分

为精确捕捉裂纹尖端的应力集中现象，在裂纹起始区域进行了网格加密处理。整个模型的网格数量为 451776，节点数为 502321。网格类型及单元数量见表 2。

表 2　网格属性

	网格类型	单元数
管道	C3D8R	314040
欧拉体	EC3D8R	132756
止裂器	S4R	4980

有限元模型采用显式动力学求解，时间设置为 0.1 s。有限元模型见图 1。

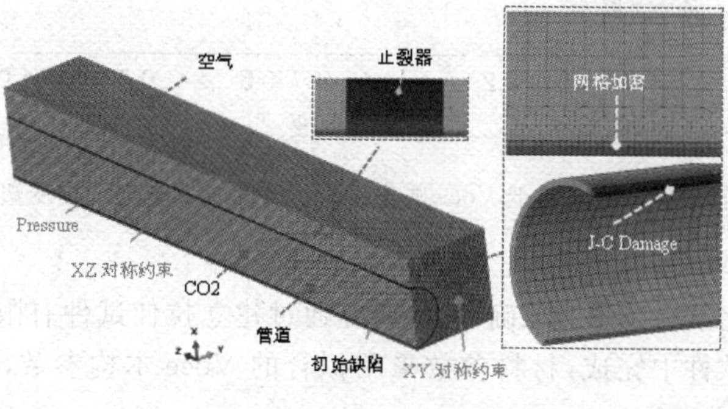

图 1　CO_2—管道流固耦合仿真模型

1.2　材料属性

1.2.1　管道材料本构关系建立

材料力学性能的准确性对仿真结果有决定性影响。为获取准确材料属性，按照 GB/T 228.1—2010《金属材料 拉伸试验 第 1 部分：室温试验方法》的规定，从实际管道材料中取样，制作了标准拉伸试件进行室温下的准静态拉伸试验。通过单轴拉伸试验，获得了材料应力—应变曲线。将单轴拉伸得到的工程应力应变按照公式(1)和公式(2)转化为真实应力应变曲线[10]。

$$\varepsilon_{true}=\ln(1+\varepsilon_{eng}) \tag{1}$$

$$\sigma_{true}=\sigma(1+\varepsilon_{eng}) \tag{2}$$

式中，ε_{eng} 为工程应变；ε_{true} 为真实应变；σ_{true} 为真实应力。

Q355B 材料参数见表 3。

表 3　Q355B 力学性能参数

弹性模量/MPa	泊松比	屈服强度/MPa	极限强度/MPa
210985	0.3	395	560

材料半经验硬化模型，如 Ludwik，Hollomon，Swift，Voce 等[11-12]，是分析金属塑性变形和硬化行为的常用模型。为进一步研究材料在颈缩后的真实应力-应变行为，本文采用 Voce 塑性模型对真实应力-应变曲线进行拟合。Voce 模型以其形式简单和参数少的优点，适合描述金属材料在塑性变形初期至中期的硬化行为。模型公式如式(3)：

$$\sigma=\sigma_V+(\sigma_0-\sigma_V)\cdot\exp\left(-\frac{\varepsilon}{\varepsilon_C}\right) \tag{3}$$

式中，σ 为应力；ε 为真实应变；σ_0 为屈服应力；σ_V 为饱和应力；ε_C 为松弛应变。

Q355B 塑性本构及基于 Voce 硬化模型外推结果如图 2。

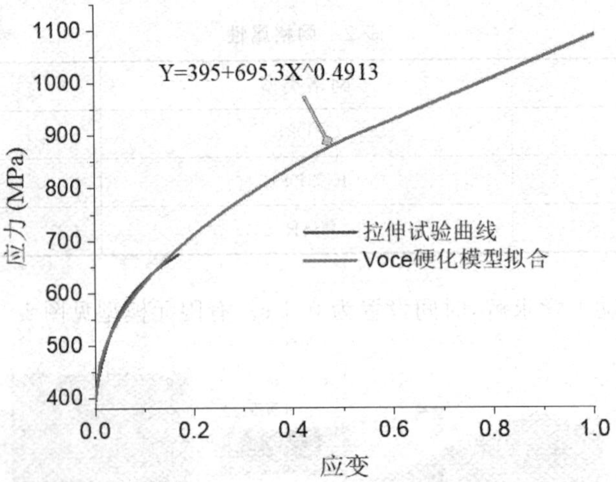

图 2　单轴拉伸试验及基于 Voce 硬化模型拟合的真实应力—应变塑性段外推

1.2.2　本构模型验证

为确保上述 Voce 硬化本构关系的准确性，本研究通过建立拉伸试件有限元模型进行验证。模型的建立和分析都在 Abaqus 软件中完成，材料参数采用拟合的 Voce 本构参数，边界条件与实际拉伸试验相同。

将仿真得到的载荷位移曲线与实验测得的曲线进行比较(如图 3)。分析结果表明，仿真曲线与实验曲线具有较好的一致性，验证了 Voce 本构模型的适用性。

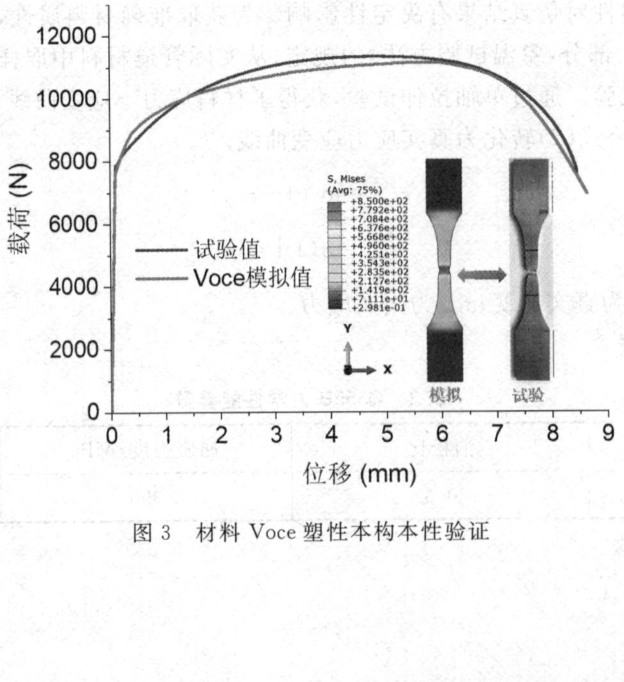

图 3　材料 Voce 塑性本构本性验证

试件颈缩区域发生断裂时最大 Mises 应力达到 850 MPa，与软件中参数设置相符。且断裂模式和位置与实验一致[13]。因此，后续管道和止裂器仿真分析，采用基于此 Voce 本构模型描述 Q355B 材料的弹塑性行为[14]。

1.2.3　管道 Johnson - Cook 损伤模型

为精确模拟 CO_2 管道在高速断裂条件下的行为，本研究采用 Johnson - Cook（$J-C$）损伤准则描述钢材在高速断裂条件下的行为[15]。$J-C$ 模型广泛应用于描述材料在动态加载条件下的损伤和失效，综合考虑了应力三轴度、应变率和温度的影响，表达式如式(4)：

$$\varepsilon_{ef}^{p}=\left[D_1+D_2\exp\left(D_3\eta\right)\right]\left[1+D_4\ln\left(\frac{\dot{\varepsilon}_e}{\dot{\varepsilon}_{ref}}\right)\right]\left[1+D_5\left(\frac{T-T_r}{T_{melt}-T_r}\right)\right] \tag{4}$$

式中，D_1，D_2，D_3 为与应力三轴度相关损伤参数；D_4，D_5 为与应变率和温度相关的损伤系数；ε_{ef}^{p} 为断裂时等效塑性应变；η 为应力三轴度；$\dot{\varepsilon}_e$ 为应变率；$\dot{\varepsilon}_{ref}$ 为参考应变率；T_{melt} 为融化温度；T 为试样温度；T_r 为参考温度。

应力三轴度公式如下：

$$\eta=\frac{\sigma_m}{\sigma_{eq}} \tag{5}$$

式中，σ_m 为平均应力，$\sigma_{kk}/3$；σ_{eq} 为 von Mises 等效应力，$\sqrt{3J_2}$；J_2 为偏应力张量第二不变量。

该模型可以考虑应变速率和温度对材料强度和断裂的影响，但本研究主要关注常温下的动态断裂，故忽略应变率和温度效应，J - C 损伤模型可以简化为式(6)[16]。

$$\varepsilon_{ef}^{p}=\left[D_1+D_2\exp\left(D_3\eta\right)\right] \tag{6}$$

通过 Abaqus/Standard，建立了不同应力三轴度的试件模型，包括平板拉伸试件、剪切试件、中心圆孔试件、颈缩试件、缺口圆棒 $R3/R1.5$ mm 试件。通过对上述模型进行的仿真，提取最大塑性应变下单元的应力三轴度与对应的断裂应变的关系。应用最小二乘法对这些数据进行拟合，得到了 $J-C$ 损伤模型的参数。通过拟合得到的 Johnson - Cook 损伤参数见表 4。

表 4　$J-C$ 损伤模型参数

D_1	D_2	D_3	D_4	D_5
0.3724	0.6907	3.694	0	0

不同试件的载荷-位移结果如图 4，等效塑性应变云图如图 5 所示。

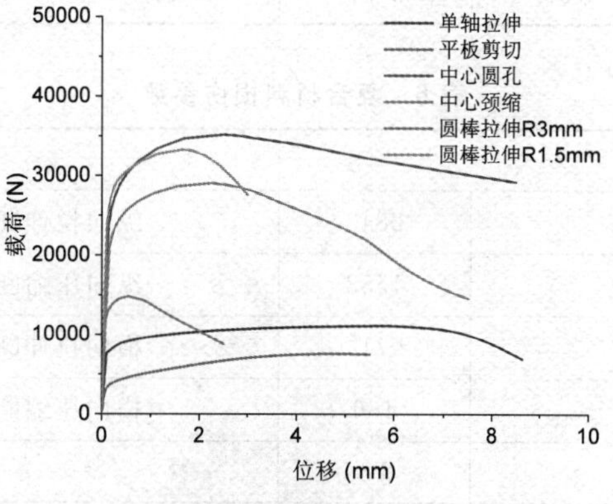

图 4　不同应力三轴度试件载荷位移曲线

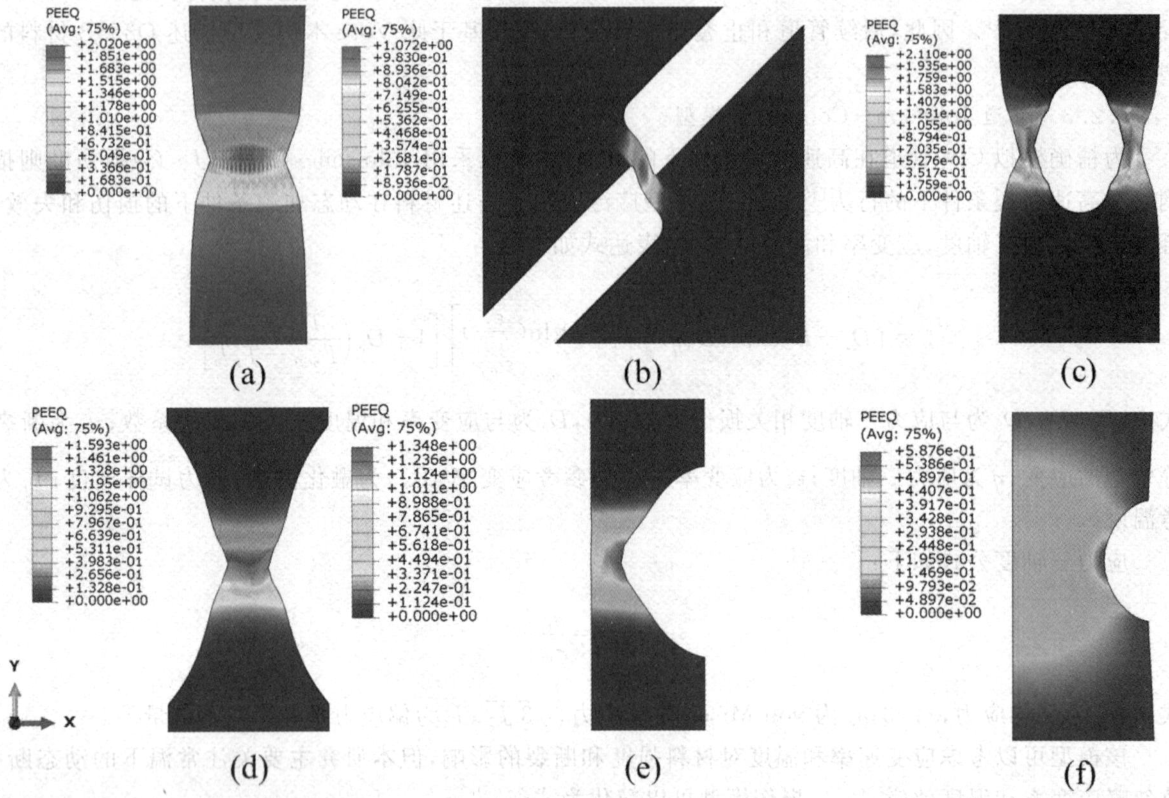

图 5　不同试件断裂时等效塑性应变

1.2.4　复合材料止裂器材料设置

复合材料弹性材料属性，如各方向的弹性模量、剪切模量和强度等，根据试验确定。由于复合材料的损伤行为较传统金属结构复杂，需要采用渐进损伤方法评估其可靠性。本文采用 Hashin 损伤准则作为复合材料的失效判据，区分纤维拉伸、纤维压缩、基体拉伸和基体压缩四种主要失效模式。在仿真过程中，启用损伤演化和单元删除功能，当单元满足 Hashin 判据且损伤变量演化至临界值时，进行单元失效处理以模拟材料的破坏。这种方法可以有效模拟止裂器在裂纹顶端的受力破坏过程。复合材料弹性参数和损伤参数见表 5 和表 6[17-18]。

表 5　复合材料弹性参数

密度/(kg·m⁻³)	$E1$/GPa	$E2$/GPa	$Nu12$	$G12$/GPa	$G13$/GPa	$G23$/GPa
1600	160	8.97	0.28	6.21	6.21	3.45

表 6　复合材料损伤参数

损伤起始		损伤演变	
纵向拉伸强度/MPa	2843	纵向拉伸断裂能 kJ/m²	91.6
纵向压缩强度/MPa	1553	纵向压缩断裂能 kJ/m²	79.9
横向拉伸强度/MPa	71	横向拉伸断裂能 kJ/m²	0.22
横向压缩强度/MPa	166	横向压缩断裂能 kJ/m²	1.1
纵向剪切强度/MPa	73	—	
横向剪切强度/MPa	50	—	

1.3 CO_2减压模型

管道发生断裂后,CO_2会经历迅速的绝热减压过程,对裂纹扩展行为起着决定性影响[19-21]。为模拟这一过程,本文在 Abaqus 中建立了 CEL 流固耦合模型,采用欧拉域描述 CO_2流体的动力学行为。欧拉方程用于描述高雷诺数条件下的无分离理想流体流动条件,适合捕捉断裂初期高速流动特性。为准确反映 CO_2在减压过程的热力学状态变化,采用一维等熵假设,认为 CO_2在减压过程中熵值保持不变。考虑到断裂过程持续时间极短,忽略了热传导和黏性摩擦效应[22]。

初始条件设置参考了管道断裂试验中的压力-温度数据,CO_2初始状态设定为温度 30 ℃,压力 10 MPa,对应的熵值设定为 1.222 kJ/(kg·K)。采用 GERG－2008 状态方程(EOS),建立 CO_2的压力-体积-温度(PVT)关系[23]。上述初始状态及物性参数赋予欧拉域中 CO_2流体单元,以准确预测裂纹扩展过程中管内的压力衰减和流固耦合作用。CO_2状态方程参数曲线见图 6。

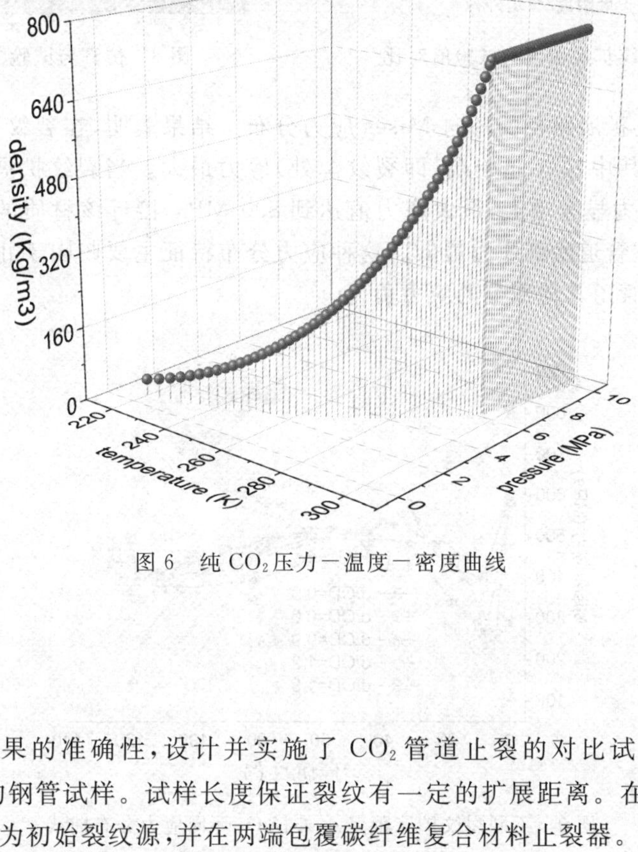

图 6　纯 CO_2压力－温度－密度曲线

2　结果与讨论

2.1　断裂速度

为验证数值模拟结果的准确性,设计并实施了 CO_2管道止裂的对比试验。试验采用公称直径 DN100、材质为 Q355B 的钢管试样。试样长度保证裂纹有一定的扩展距离。在管段中部沿轴向预制了一定长度的纵向狭缝,作为初始裂纹源,并在两端包覆碳纤维复合材料止裂器。试验前,向管道内充入液态 CO_2。当管内 CO_2达到预定的密相压力和温度条件,通过双模爆破片的方式引爆预制裂纹,诱发管道的瞬时断裂。裂纹扩展速度通过管道上的漆包线测量得出。

图 7 展示了试验过程中测得的裂纹扩展速度与数值模拟结果进行的对比。从图中可以观察到,随着裂纹的扩展,断裂速度逐渐增高。当裂纹扩展到距离约为 1.5 倍管道外径时,裂纹到达止裂器的位置。此时断裂速度有所增加,但随后在扩展了大约 0.5 倍外径(O_d)后达到止裂。在裂纹扩展约 1 倍管道外径,数值模拟的断裂速度为 47 m/s,与实验值相差小于 10 %,因此验证了构建的数值模型精度。

2.2　管道应力分析

图 8 展示了试验与模拟的管道止裂后形貌。如图所示,通过采用流固耦合模型模拟得到的断后形态与实际试验结果吻合较好。在碳纤维复合材料止裂器的位置,模拟得到的最大 Mises 应力达到了 2892 MPa,表明该位置的材料已经达到其最大拉伸强度,符合预期的断裂行为。

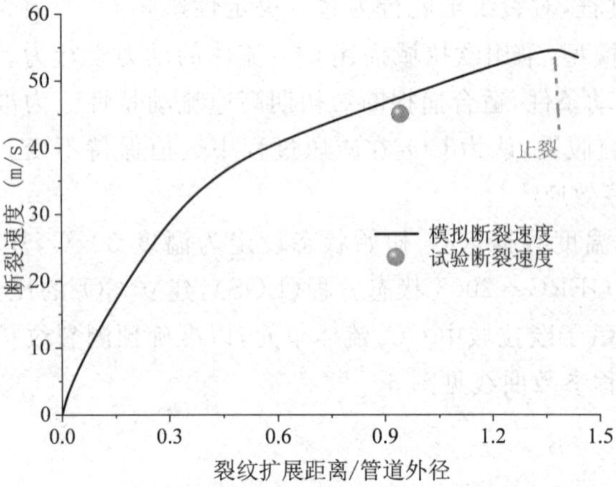

图 7　模拟的裂纹扩展速度与试验值对比

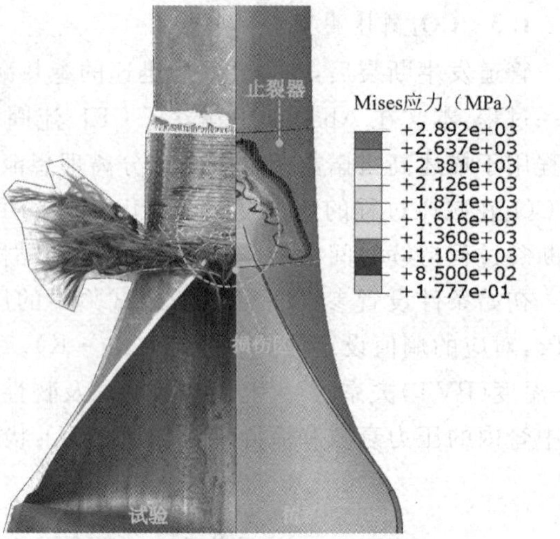

图 8　仿真与试验断裂后形貌对比

图 9 展示了管道裂纹扩展路径的环向 Mises 应力分布。结果表明，在裂纹到达止裂器之前，应力沿环向先减小然后再增加，其中在 0°起始端(即裂纹源处)应力最大。当裂纹扩展到止裂器位置(d/O_D 为 1.5 时)，该区域的管道应力显著增大，最大应力值达到 800 MPa，接近该材质的极限强度。沿环向角度增加时，应力逐渐减小，在管道底部应力最低。这种应力分布特征主要归因于止裂器有效地吸收了大部分断裂能量，从而减轻了管道其他部分的应力负荷。

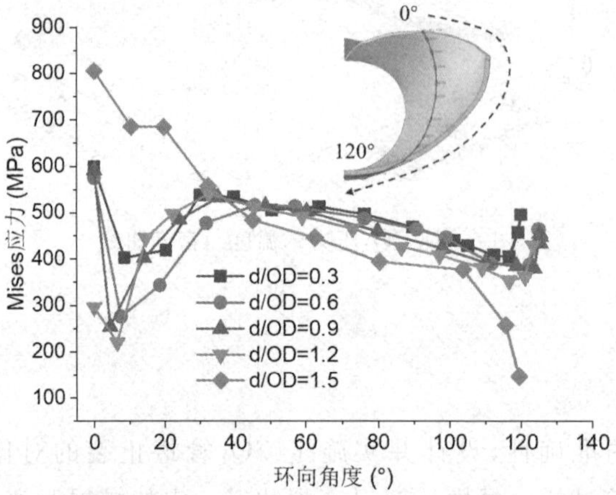

图 9　不同裂纹扩展距离 d/外径 O_D 环向应力分布曲线

2.3　止裂器受力

图 10 展示了碳纤维复合材料止裂器中的 hashin 损伤起始情况。图 10(a)为纤维拉伸损伤起始，图 10(b)为纤维压缩损伤起始。在图 10(a)中，止裂器在管道裂纹扩展路径上，纤维出现大面积拉伸损伤，损伤起始值达到峰值，这表明主要的受力集中在这些区域。这种损伤模式通常发生在外部拉伸载荷作用下，纤维方向与加载方向一致。图 10(b)中，止裂器底部小范围内发生了纤维压缩损伤，表明纤维方向受到相反方向的压缩力的作用。

这两种损伤起始情况说明止裂器在阻止裂纹进一步扩展发挥了作用，吸收了大量的断裂能量。纤维压缩损伤则可能是由于局部不均匀载荷引起的，这需要在设计中注意力的均衡分配，以避免过早的材料失效。

图 11 为碳纤维复合材料止裂器中不同纤维铺层的损伤演变。从图 11(a)中可以看出，红色区域表示

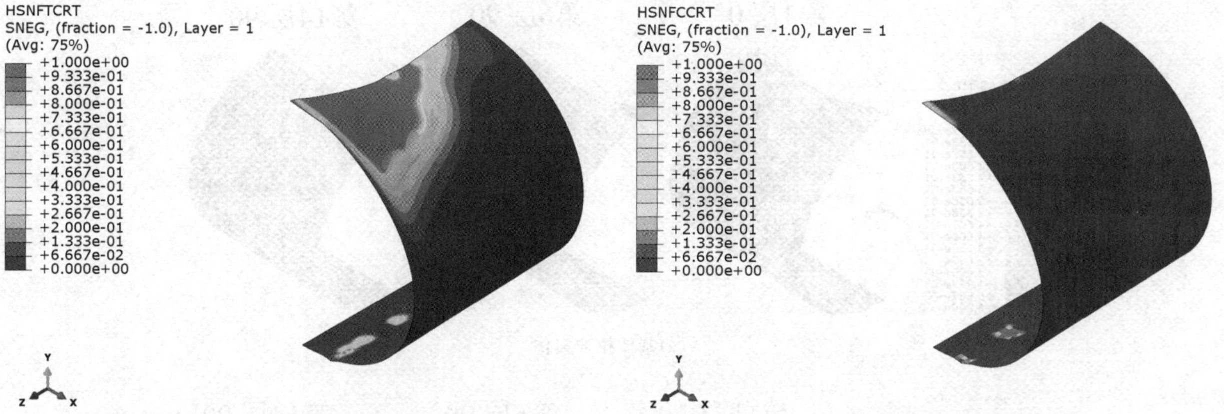

（a）纤维拉伸损伤起始　　（b）纤维压缩损伤起始

图 10　纤维拉伸损伤起始

复合材料已经完全损伤，这通常发生在受到最大拉伸载荷的区域。在 0°铺层方向（X 方向），纤维拉伸损伤最为明显，这是由于裂纹在此方向上的扩展速度较高，导致纤维应力超过其极限强度。90°铺层方向（Z 方向）的损伤则相对较少，这表明止裂器在这一方向上的受力较小。图 11(b)中，纤维压缩损伤主要集中在管道底部，这是由于管道顶部纤维拉伸，管道的底部纤维受到约束，产生压缩引起的。与实际情况相符。

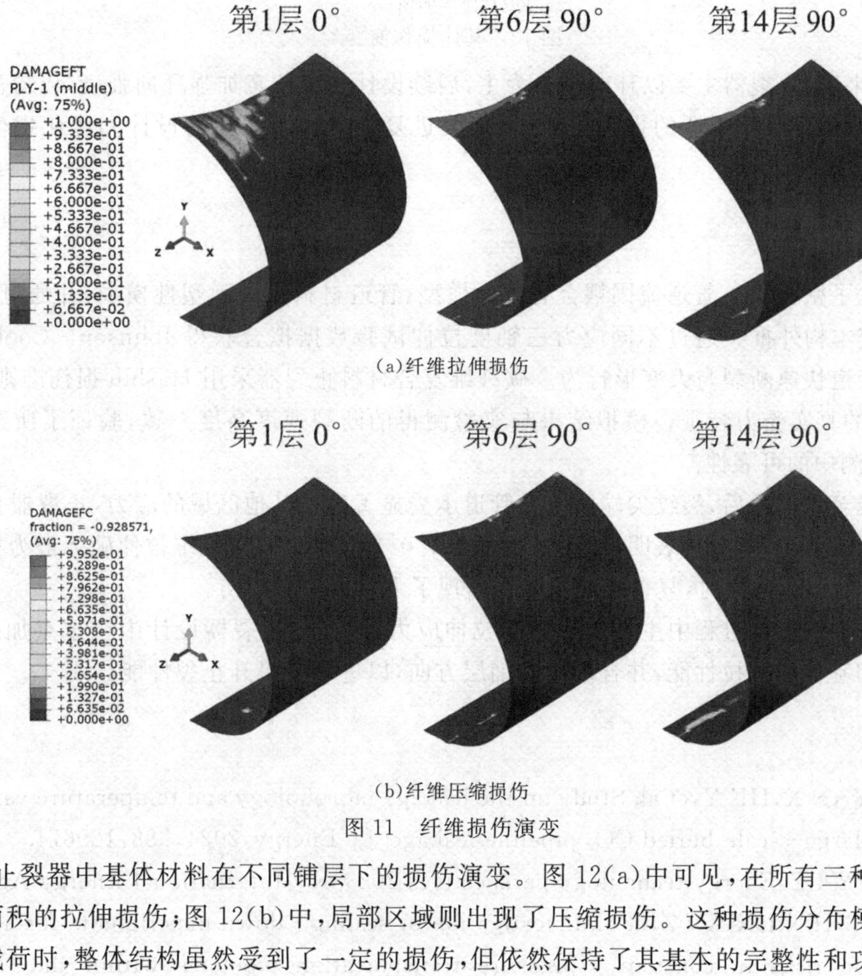

图 11　纤维损伤演变

图 12 为止裂器中基体材料在不同铺层下的损伤演变。图 12(a)中可见，在所有三种铺层中，基体普遍发生了大面积的拉伸损伤；图 12(b)中，局部区域则出现了压缩损伤。这种损伤分布模式表明，止裂器在承受环向载荷时，整体结构虽然受到了一定的损伤，但依然保持了其基本的完整性和功能性。

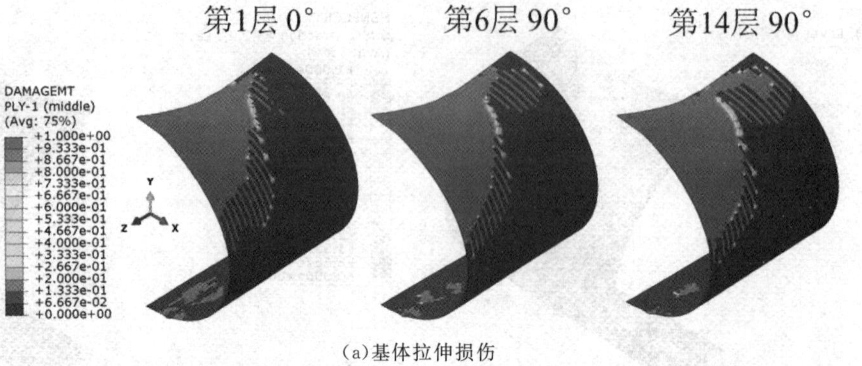

(a)基体拉伸损伤

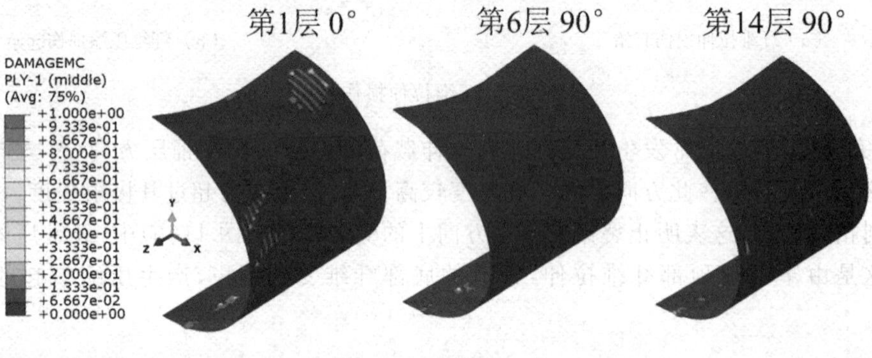

(b)基体压缩损伤

图 12　基体损伤演变

从以上结果来看,止裂器主要以环向受力为主,后续设计中应注意加强环向强度,以提高止裂器的整体性能和耐久性。通过对止裂器的损伤分析,可为改进复合材料止裂器的设计和优化提供重要的参考依据。

3 结　论

(1)本文建立了密相 CO_2 管道流固耦合有限元模型,管道材料采用弹塑性模型,并通过 Voce 硬化关系进行应力-应变本构外推。通过不同应力三轴度拉伸试验数据拟合获得 Johnson - Cook 损伤模型参数,准确模拟了管道快速断裂与大变形行为。碳纤维复合材料止裂器采用 Hashin 损伤准则建模,以描述其在裂纹冲击下的真实受力特征。模拟结果与实验测得的断裂速度高度一致,验证了所建模型在密相 CO_2 管道止裂预测中的可靠性。

(2)裂纹扩展至止裂器后,裂纹尖端区域的管道承受显著高于其他区域的应力,止裂器在裂纹扩展控制中发挥了关键作用。损伤分析表明,碳纤维止裂器中 0°方向(*X* 方向)纤维拉伸破坏最为集中,而 90°方向(*Z* 方向)纤维损伤较小;同时,复合材料基体也出现了大范围拉伸损伤。

(3)止裂器在裂纹扩展过程中主要承受环向拉伸应力,因此在止裂器设计中应重点加强 X 方向(纤维主方向)纤维和基体的抗拉性能,并合理优化铺层方向,以进一步提升止裂性能。

参考文献

[1] YU S,YAN X,HE Y,et al. Study on the leakage morphology and temperature variations in the soil zone during large - scale buried CO_2 pipeline leakage[J]. Energy,2024,288:129674.

[2] AGENCY I E. Energy technology perspectives 2023[R]:International Energy Agency,2023.

[3] HU Y,CHEN L,CAO Z,et al. Investigation of scaling - down experiments for accidental CO_2 leakage dispersion risks in constant - pressure transportation pipelines within the CCUS process

[J]. Process Safety and Environmental Protection,2024,190:746—759.

[4] ZHOU W,GHORAISHI P,HU J,et al. Probabilistic assessments of running ductile fractures in dense - phase and supercritical CO_2 pipelines[J]. Process Safety and Environmental Protection,2024,191:2034 - 2043.

[5] CHEN L,HU Y,YANG K,et al. Experimental study of decompression wave characteristics and steel pipe applicability of supercritical CO_2 pipeline [J]. Gas Science and Engineering,2024,121:205203.

[6] ZHANG D,WANG R,OUYANG X,et al. Experimental study of the full - scale burst failure behavior of carbon dioxide steel pipeline [J]. Journal of Pipeline Science and Engineering,2025,5(1):100221.

[7] ZHANG D,LIU X,FU Y,et al. Investigation on crack propagation and reasonable wall thickness of supercritical CO_2 pipeline[J]. Engineering Fracture Mechanics,2024,298:109951.

[8] REBROV K,WILSON J,BARANIECKI K. Evaluation of composite crack arrestor design for running ductile fractures on high pressure pipelines[C] //Proceedings of the 2024 15th International Pipeline Conference,F,2024.

[9] SUN D,CHEN Y,JIANG J,et al. Numerical design of composite material crack arrestors for long - distance gas pipelines[J]. Engineering Fracture Mechanics,2024:307.

[10] LIU Z,ZHOU D,XU H,et al. Experimental and numerical investigation of burst characteristics of ultra - high pressure rupture discs [J]. International Journal of Pressure Vessels and Piping,2025,215:105455.

[11] JANKOWSKI A F. On the origin of stress - strain relationships,the evaluation of softening coefficients,and mechanistic models for work hardening[J]. Materials Science and Engineering:A,2023,882:145472.

[12] ANGELLA G,DONNINI R,MALDINI M,et al. Combination between Voce formalism and improved Kocks - Mecking approach to model small strains of flow curves at high temperatures [J]. Materials Science and Engineering:A,2014,594:381—388.

[13] MANDAL S,GOCKEL B T,BALACHANDRAN S,et al. Simulation of plastic deformation in Ti - 5553 alloy using a self - consistent viscoplastic model[J]. International Journal of Plasticity,2017,94:57—73.

[14] PATIL C S,CHAKRABORTY S,NIEZGODA S R. Comparison of full field predictions of crystal plasticity simulations using the Voce and the dislocation density based hardening laws [J]. International Journal of Plasticity,2021,147:103099.

[15] CHAKRABORTY P,KUMAR R,TIWARI V. Parametric optimization of constitutive and failure model to numerically simulate the dynamic fracture response of AA7475 - T7351 under extreme thermomechanical loading[J]. Engineering Fracture Mechanics,2024,298:109930.

[16] GÖÇMEN Y,ERDOGAN C,YALÇINKAYA T. A numerical ballistic performance investigation of Armox 500T steel through ductile damage models[J]. Engineering Fracture Mechanics,2023,292:109658.

[17] SHI Y,SWAIT T,SOUTIS C. Modelling damage evolution in composite laminates subjected to low velocity impact[J]. Composite Structures,2012,94(9):2902—2913.

[18] RHYMER J,KIM H,ROACH D. The damage resistance of quasi - isotropic carbon/epoxy composite tape laminates impacted by high velocity ice[J]. Composites Part A: Applied Science and Manufacturing,2012,43(7):1134—1144.

[19] ELSHAHOMI A,LU C,MICHAL G,et al. Decompression wave speed in CO_2 mixtures:CFD modelling with the GERG-2008 equation of state[J]. Applied Energy,2015,140:20—32.

[20] 陈磊,孙明,常泽亮,等. 温度对CO_2-SRB腐蚀体系下L245钢的腐蚀行为影响研究[J]. 压力容器,2024,41(10):59—69.

[21] 欧阳欣,李鹤,闫锋,等. 密相/超临界CO_2管道止裂韧性计算分析[J]. 压力容器,2023,40(9):62—68.

[22] MUNKEJORD S T,HAMMER M. Depressurization of CO_2-rich mixtures in pipes:Two-phase flow modelling and comparison with experiments[J]. International Journal of Greenhouse Gas Control,2015,37:398—411.

[23] CHEN L,HU Y,LIU Z,et al. Experimental research on the fracture and arrest process of supercritical CO_2 pipelines[J]. International Journal of Pressure Vessels and Piping,2024,212:105314.

作者简介

刘镇溪(1997),男,博士研究生,主要从事CO_2管道输运及压力容器安全相关研究,通信地址:116024 辽宁省大连市甘井子区凌工路2号,E-mail:liuzhenxi2333@163. com。

通信作者:喻健良,男,教授,博士生导师,主要从事化工过程及装备安全教学及科研工作,通信地址:116024 辽宁省大连市甘井子区凌工路2号,E-mail:yujianliang@dlut. edu. cn。

液氢气瓶加注特性数值模拟研究

陈　旭[1]，宋继田[1]，李　翔[2,3]，郭　勇[4,5]，黄小宇[4,5]，王　璇[4,5]，李介普[2,3,6]

（1. 天津科技大学 机械工程学院 天津市轻工与食品机械装备集成设计与在线监控重点实验室，天津 300457；2. 国家市场监督管理总局重点实验室(氢能储运装备安全)，北京 100029；3. 中国特种设备检测研究院，北京 100029；4. 天津市特种设备监督检验技术研究院，天津 300192；5. 国家市场监督管理总局重点实验室(特种设备数字孪生共性技术)，天津 300192；6. 中特检验集团有限公司，北京 100029）

摘　要：为研究液氢气瓶加注过程的特性及关键参数影响规律，本研究基于计算流体力学(CFD)方法，建立了液氢气瓶底部无排气加注的二维轴对称瞬态模型。采用 VOF 多相流模型追踪气液相界面，结合 Lee 相变模型及用户自定义函数(UDF)嵌入闪蒸效应，通过 NASA 液氢加注实验数据验证模型准确性。仿真分析了进液流量、进液温度、初始压力和初始填充率对加注过程的影响，结果表明：进液流量是影响加注压力的主要因素；加注相同时间，液氢体积分数随着进液温度的升高而降低；初始压力与液氢填充效率呈现负相关；初始注液相占比从 0 增至 40%使最终压力上升 15.2%，充填时间缩短 38%。得到加注过程中贮箱内压力分布与相分布随时间的变化情况，为液氢无排气加注工艺优化提供指导和参考。

关键词：液氢气瓶；加注；计算流体力学 CFD；数值模拟

Numerical Analysis of Liquid Hydrogen Cylinder Filling Characteristics

CHEN Xu[1]，SONG Jitian[1]，LI Xiang[2,3]，GUO Yong[4,5]，HUANG Xiaoyu[4,5]，WANG Xuan[4,5]，LI Jiepu[2,3,6]

(1. Tianjin Key Laboratory of Integrated Design and On – In Monitoring for Light Industry & Food Machinery and Equipment, College of Mechanical Engineering, Tianjin University of Science and Technology, Tianjin 300222, China; 2. Key Laboratory of Safety of Hydrogen Energy Storage and Transportation Equipment, State Administration for Market Regulation, Beijing 100029, China; 3. China Special Equipment Inspection and Research Institute, Beijing 100029, China; 4. Tianjin Special Equipment Inspection Institute, Tianjin 300192, China; 5. Key Laboratory of Digital Twin Generic Technology in Special Equipment, State Administration for Market Regulation, Tianjin 300192, China; 6. China Special Equipment Inspection Group Co, Ltd, Beijing 100029, China)

Abstract: To investigate the characteristics of the liquid hydrogen (LH_2) filling process in storage cylinders and the influence of key parameters, a two – dimensional axisymmetric transient model was developed based on computational fluid dynamics (CFD) to simulate bottom – filling without venting. The Volume of Fluid (VOF) multiphase model was employed to capture the gas – liquid interface, coupled with the Lee phase change model and a user – defined function (UDF) to incorporate flash evaporation effects. The model's accuracy was validated against experimental data from NASA's LH_2 filling tests. Numerical simulations were carried out to analyze the effects of inlet flow rate, inlet temperature, initial pressure, and initial filling ratio on the filling process. The results show that the inlet flow rate is the dominant factor affecting the pressure rise during filling; at a constant filling duration, the LH_2 volume fraction decreases with increasing inlet temperature; a negative correlation exists between the initial pressure and the LH_2 filling efficiency. Increasing the initial liquid - phase ratio from 0% to 40% leads to a 15.2% increase in final pressure and a 38% reduction in filling time. The simulations also reveal the temporal evolution of pressure and phase distributions within the storage cylinder during the filling process, providing guidance and reference for optimizing LH_2 non - venting filling procedures.

Keywords: liquid hydrogen cylinder; filling; computational fluid dynamics (CFD); numerical simulation

0 引 言

随着全球能源结构向低碳化转型加速,氢能作为清洁二次能源载体,在航天推进、重载交通及绿色化工等领域展现出不可替代的战略价值[1]。液氢(LH_2)凭借其高能量密度(单位体积氢含量为气态氢的800倍以上)与零碳排放特性,成为大规模氢储运与加注的首选形式[2]。然而,液氢在−253℃超低温环境下的物理特性(如低粘度、高挥发性)导致其加注过程面临相变剧烈、热应力集中、两相流不稳定性等复杂热力学问题[3-4]。2021年11月GB/T 40045—2021《氢能汽车用燃料液氢》[5]、GB/T 40060—2021《液氢贮存和运输技术要求》[6]和GB/T 40061—2021《液氢生产系统技术规范》[7]3项国家标准正式颁布实施,在大流量加注场景下,流量动态波动引发的闪蒸现象与管路气阻效应显著加剧,直接影响加注系统安全性、效率与设备寿命。因此,发展高精度、低损耗的液氢大流量加注策略,是突破氢能规模化应用瓶颈的关键技术挑战。

自20世纪80年代起,NASA逐步构建了CCL、K - site及SMIRF等专用实验平台,系统推进无排气加注技术的理论探索与工程验证。MORAN等[8-10]通过实验研究了加注条件对液氢气瓶的影响。MA等[11]对比常重力与微重力下液氢体积分布和温度分层差异。KANG等[12]指出壁面热边界条件对加注效率的显著影响。HE等[13]提出通过优化入口管径可提升加注效率。LIU等[14]发现高流量工况下气液相界面失稳现象加剧。王彩莉等[15]以液氮为介质开展对比实验,证实无排气加注相较于传统排气模式可降低压力波动幅度达40%。ZHU等[16-17]通过实验研究了低温储瓶在采用不同填充速率和填充方法下,储瓶内部的冷却性能和瞬态热应力。马原等[18]分析了液氢加注时的蒸发和冷凝等相变过程。李建立等[19]通过CFD仿真,模拟了液氢顶部加注。液氢加注过程中,其物态变化会显著影响流体的关键物性参数[20]。液氢在加注过程中由于液态氢的复杂物理特性,加注时液氢和气氢的多相流过程尚不明确[21-23]。

本文基于Fluent软件,采用VOF多相流模型追踪气液相界面,结合Lee相变模型及用户自定义函数(UDF)嵌入闪蒸效应,建立了液氢气瓶底部加注的二维轴对称几何模型,通过NASA液氢加注实验数据验证模型准确性。仿真分析了进液流量、进液温度、初始压力和初始填充率对加注过程的影响,得到加注过程中贮箱内压力分布与相分布随时间的变化情况。

1 仿真模型及验证

1.1 模型假设

采用二维轴对称结构,忽略三维几何效应。忽略加注管路、支撑结构等外部组件的影响。加注口设置挡板简化液氢流动路径,避免直接冲击底部。储罐内胆为刚性容器,体积恒定。气态氢遵循理想气体状态方程。液态氢密度仅依赖温度(Boussinesq 假设),忽略压力对液氢密度的影响。

1.2 几何模型

图 1 所示为液氢储罐内胆的几何模型,其主体由 S30408 不锈钢构成,依据文献[7] 设定内径为 318 mm,壁厚 3 mm,总高度 514 mm。底部中心处设有直径 10 mm 的加注口,液氢注入后沿径向扩散。本研究聚焦内胆液氢加注过程的 CFD 仿真,几何模型中仅保留内胆与底部加注结构,未包含管路、支撑组件及安全附件。基于储罐与加注口的轴对称特征,采用二维轴对称模型以降低计算资源消耗。

1.3 CFD 数值模型

本文采用 Fluent Workbench 软件,气瓶固体域和流体域均使用结构化三角形和四边形网格进行划分,气瓶网格如图 2 所示。通过充装前 20 s 的绝对压力作为网格独立性的验证准则,验证结果见表 1。考虑计算精度和时间成本,选择单元数量为 32122 的网格类型。

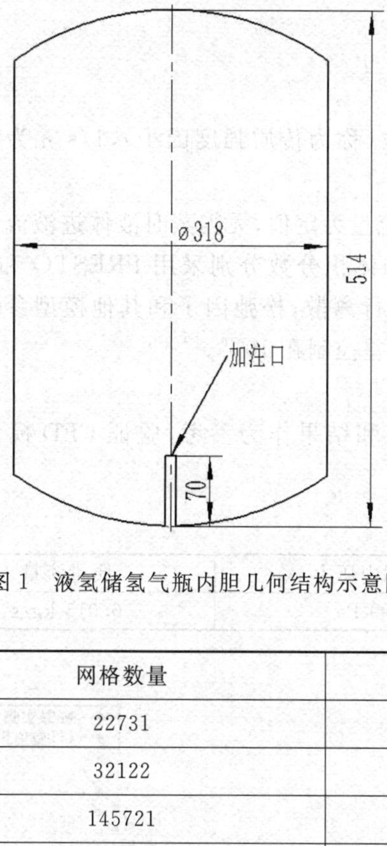

图 1　液氢储氢气瓶内胆几何结构示意图

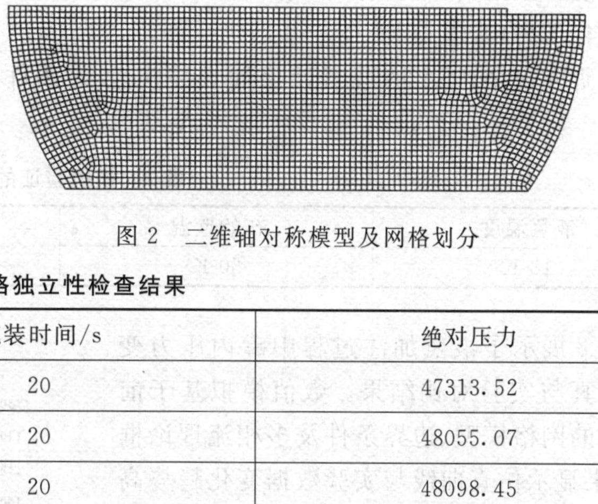

图 2　二维轴对称模型及网格划分

表 1　网格独立性检查结果

网格数量	充装时间/s	绝对压力
22731	20	47313.52
32122	20	48055.07
145721	20	48098.45
328394	20	48062.26

数值模拟中采用以下设定:储氢气瓶内胆视为刚性定容边界;采用 VOF 多相流模型追踪气液相界面,Lee 模型用于描述蒸发和冷凝,闪蒸现象由用户自定义函数 UDF 解决,$k-\omega$ 湍流模型描述流动特性;气态氢采用理想气体状态方程,液态氢密度则通过 Boussinesq 假设简化为温度的单值函数(压力影响可忽略),其余物性参数(热导率、比热容等)采用温度分段线性函数迭代更新[25]。

相变动力学过程,本文采用 Lee 模型[24] 计算蒸发/冷凝效应,并通过用户自定义函数(UDF)嵌入闪蒸模型。当进口液氢的饱和压力高于罐内初始压力时 $p_0 < p_{sat}$,初始加注阶段将触发闪蒸现象,其强度由闪蒸系数 β 定量表征(式 1),此时气液两相质量变化速率分别由式 2、式 3 动态求解[18]。

$$\beta=\begin{cases}0, & p_0 \geqslant p_{sat} \\ \dfrac{h_{in}-h_{1,sat}}{h_g}, & p_0 < p_{sat}\end{cases}$$

$$\hat{g}=\beta \hat{m}_{in}$$

$$m_1=(1-\beta)m_{in}$$

式中,h_{in}为加注液体焓,J/(kg·K);$h_{l,sat}$为罐内压力下对应的饱和液体焓,J/(kg·K);h_{fg}为罐内压力下对应的汽化潜热,J/(kg·K);m_g为气体质量变化率,kg/s;m_{in}为液氢加注质量流量,kg/s。

对于蒸发和冷凝问题,假设相变发生在恒压和准热平衡状态,主要取决于饱和温度。根据 Lee 模型通过比较单元内温度 T 和对应压力下的饱和温度T_{sat},判定是发生蒸发还是发生冷凝。如果 $T>T_{sat}$,液体蒸发,否则蒸汽冷凝。蒸发和冷凝过程的传质过程可通过式(4)进行求解:

$$S_m=\begin{cases} r_1\alpha_1\rho_1\dfrac{(T-T_{sat})}{T_{sat}} & (T\geqslant T_{sat}) \\ r_g\alpha_g\rho_g\dfrac{(T_{sat}-T)}{T_{sat}}, & (T<T_{sat}) \end{cases}$$

式中,S_m为气液相变产生的质量源项,kg/(m^3·s);r 为经验参数(称为传质强度因子),1/s;α 为流体体积分数;ρ 为流体密度,kg/m^3;下标 l 和 g 为液相和气相。

入口边界选择质量流量,发生闪蒸时,气相和液相入口进液流量为定值,无闪蒸时液体进液流量为定值。采用 PISO 算法来求解半隐式压力修正方程。梯度、压力和体积分数分别采用 PRESTO 和 Geo - Reconstruct schemes 进行离散。其余项均采用二阶迎风格式进行离散,松弛因子和其他模型参数均采用默认值。根据实际收敛性能,时间步长取 0.001 s,收敛准则残差控制在 10^{-6}。

1.4 CFD 模型验证

本研究以 NASA 的液氢无排气加注实验[10]条件(见表 2)和结果作为参考,验证 CFD 模型的正确性。

表 2 模型验证的实验数据

液氢温度	初始壁温	初始罐内压力	质量流量
18 K	60 K	26889 Pa	0.015 kg/s

图 3 展示了液氢加注过程中罐内压力变化的仿真与实验对比结果。数值模拟基于前文建立的网格模型、边界条件及多相流理论框架,结果显示仿真曲线与实验数据变化趋势高度一致(最大偏差<8%),验证了模型的可靠性。具体而言,仿真值整体略低于实测值,主要源于以下三类系统误差:(1)数值模型中假设入口流量恒定,而实际管路存在流量波动;(2)仿真中罐壁设为绝热条件,但实验存在环境漏热导致的额外能量输入;(3)采用理想气体状态方程描述氢气,未考虑真实气体效应对压缩功的影响。

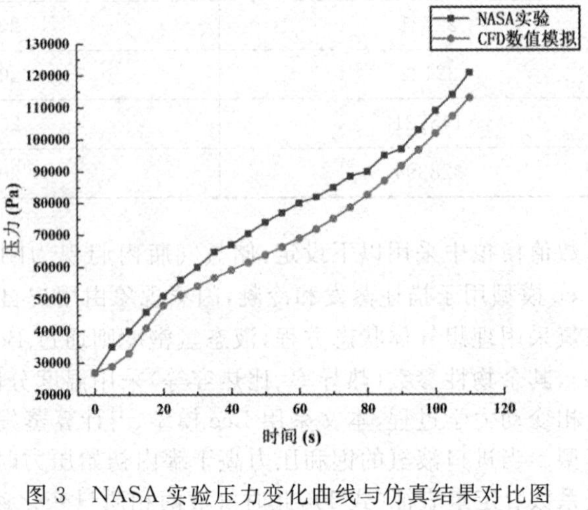

图 3 NASA 实验压力变化曲线与仿真结果对比图

2 液氢储氢气瓶加注仿真

采用不同容积的液氢储罐开展液氢加注相关实验研究时,进液温度多设定在 17~22 K 范围内,对于进液流量的设定,加注时间足够短很重要[10]。因此液氢储罐容积越大,允许的进液流量上限越大。初始壁温与进液温度之差一般被限制在 40～100 K 之间。进液温度对应的饱和压力与初始压力之差控制在 20～100 kPa 范围内。如表 3 所示,本文确定了 15 组加注工艺组合,设置压力达到 0.9 MPa 或填充率达到 92%时停止加注。

表 3　数值仿真参数

序号	质量流量/kg・s^{-1}	进液温度/K	初始压力/MPa	初始气相温度/K	初始液氢填充率
1	0.02	18	0.10	20	0%
2	0.03	18	0.10	20	0%
3	0.04	18	0.10	20	0%
4	0.07	18	0.10	20	0%
5	0.02	18.5	0.10	20	0%
6	0.02	19	0.10	20	0%
7	0.02	19.5	0.10	20	0%
8	0.02	18	0.03	20	0%
9	0.02	18	0.11	20	0%
10	0.02	18	0.12	20	0%
11	0.02	18	0.13	20	0%
12	0.02	18	0.10	20	10%
13	0.02	18	0.10	20	20%
14	0.02	18	0.10	20	30%
15	0.02	18	0.10	20	40%

3　仿真结果分析

3.1　液氢气瓶加注特性

图 4 所示为按照表 1 所列参数进行液氢充装时,液氢气瓶内压力随加注时间变化曲线。可将低温液氢的无排气加注过程分为 3 个阶段:初始快速升压阶段(持续时间为 20 s)、平稳上升阶段(持续时间为 70 s)和快速升压阶段(持续时间为 70 s)。在加注初期,如果罐内压力低于进液温度对应的饱和压力会发生闪蒸;另一方面,新注入的液氢与温度相对较高的“热壁面”接触而沸腾汽化,这两方面原因共同导致罐内压力快速上升。随着加注过程的持续,罐内压力不断升高,闪蒸效应迅速减弱,当罐内液体达到加注口上端时,压力响应过渡到第 2 阶段。在平稳上升阶段,液氢液面淹没加注口,减少了刚加注的液氢与气态氢的接触面积,罐内气态氢气处于物理压缩过程,导致压力上升。随着加注过程持续,液氢的淹没高度不断增大,内胆壁及其内部空间持续趋冷,使得内胆中的部分气态氢有机会重新冷凝成液滴,导致压力降低。还有一小部分液氢随着加注过程不断蒸发,引起压力上升。随着液氢加注量的增多,气相空间不断被挤压,当液氢体积分数达到 92%时,瓶内压力达到 0.194 MPa。

图 5 所示为加注过程中不同时刻液氢相分布云图。由图 5 可知,随着加注的进行,液相空间逐渐增大,气液界面持续升高且渐趋稳定。在不同时刻,罐内的瞬时相分布表现出不同的特点。加注在 20 s 之前时,气相空间范围大且温度高于液氢的温度,液氢在加注过程中受周围气态氢的对流加热和内胆壁面辐射加热的联合作用,部分汽化,气体初始压力低于液氢饱和蒸气压,加注时会发生闪蒸,压力迅速上升。当加注到 20 s 时,体系整体温度进一步降低,液氢没过加注口,液相与气相交互减小,压力上升以物理压缩为主,小部分通过热辐射蒸发。当加注时间为 80 s 时,气相空间被挤压,温度上升,与液相交互导致液

氢蒸发加快,引起压力加快上升。

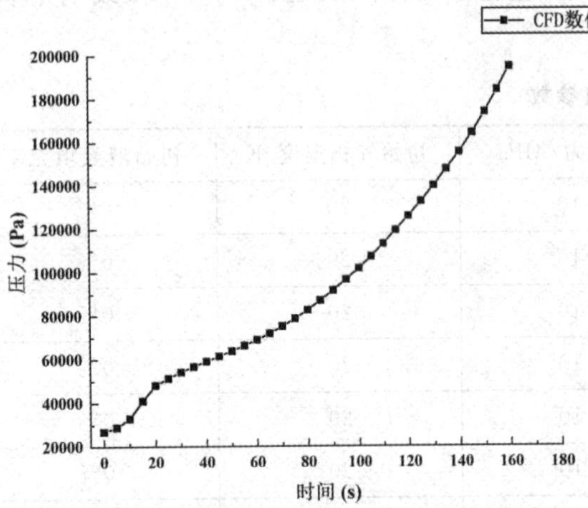

图 4　液氢气瓶内压力随加注时间变化

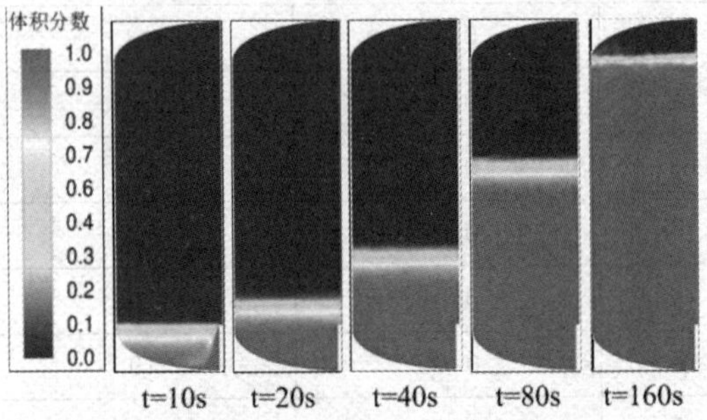

图 5　液氢气瓶加注过程中液相分布云图

3.2　进液流量对加注的影响

本研究设置 0.02,0.03,0.04,0.07 kg/s 四组充注速率进行仿真分析,如图 6 所示不同进液流量下液氢储氢气瓶压力随时间的变化曲线。液氢质量流量为 0.02 kg/s 加注到 160 s 时,瓶内压力为 0.339 MPa;质量流量为 0.03 kg/s 加注到 105 s 时,瓶内压力为 0.326 MPa;质量流量为 0.04 kg/s 加注到 78 s 时,瓶内压力为 0.321 MPa;质量流量为 0.07 kg/s 加注到 44 s 时,瓶内压力为 0.311 MPa。如图 7 所示,液氢质量流量为 0.02 kg/s 加注到 160 s 时,液氢占比达到 92.3%;质量流量为 0.03 kg/s 加注到 105 s 时,液氢占比达到 92.8%;质量流量为 0.04 kg/s 加注到 78 s 时,液氢占比达到 92.7%;质量流量为 0.07 kg/s 加注到 44 s 时,液氢占比达到 92.3%。

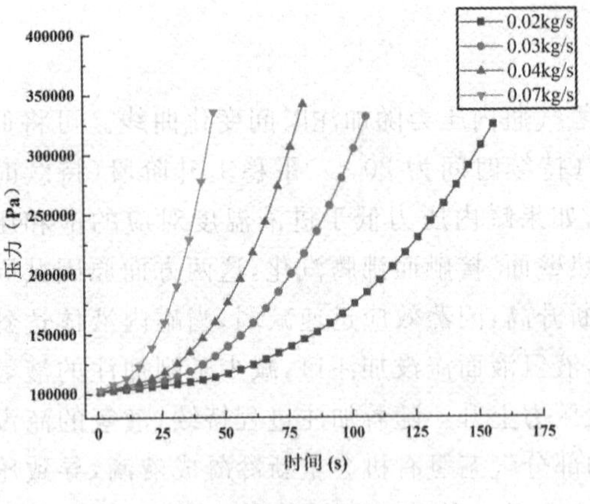

图 6　不同质量流量对应的压力随加注时间的变化

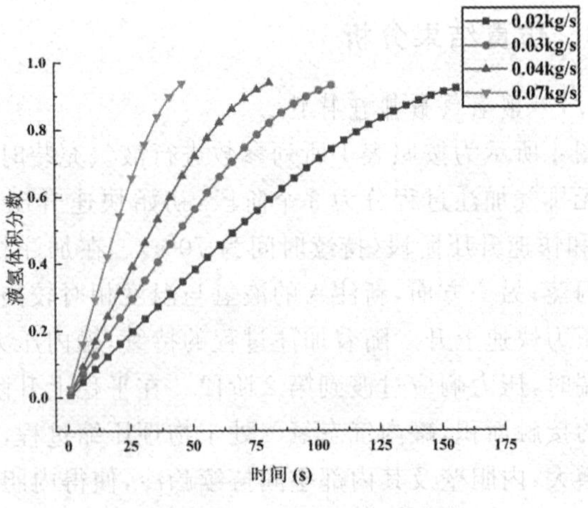

图 7　不同质量流量对应的液氢体积分数随加注时间的变化

3.3　进液温度对加注的影响

在液氢加注过程中,进液温度是一个重要的工艺参数。图 8 所示为不同进液温度下液氢储氢气瓶压力随时间的变化曲线。液氢进液温度为 18 K,加注 160 s 时,瓶内压力为 0.339 MPa;液氢进液温度为 18.5 K,加注 160 s 时,瓶内压力为 0.365 MPa;液氢进液温度为 19 K,加注 160 s 时,瓶内压力为 0.392 MPa;液氢进液温度为 19.5 K,加注 160 s 时,瓶内压力为 0.423 MPa。图 9 所示为不同进液温度下液氢体积分数随时间的变化曲线。液氢进液温度为18 K，加注160 s时，液氢体积分数为92.9%；液氢进液温度为18.5 K，加注160 s时，液氢体积分数为90.1%；液氢进液温度为19 K，加注160 s时，液氢体积分数为87.4%；液氢进液温度为19.5 K，加注160 s时，液氢体积分数为84.6%。随着进液温度升高，罐内压力增加，加注160 s时绝对压力从0.324 MPa(18 K)升至0.404 MPa(19.5 K)，升幅约24.7%。

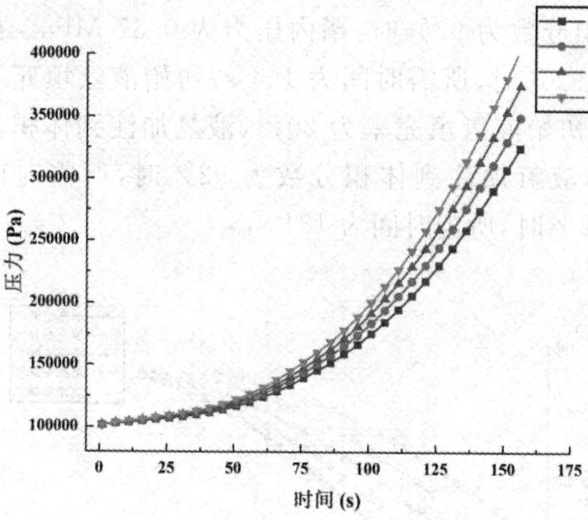

图8 不同进液温度对应的压力随加注时间的变化

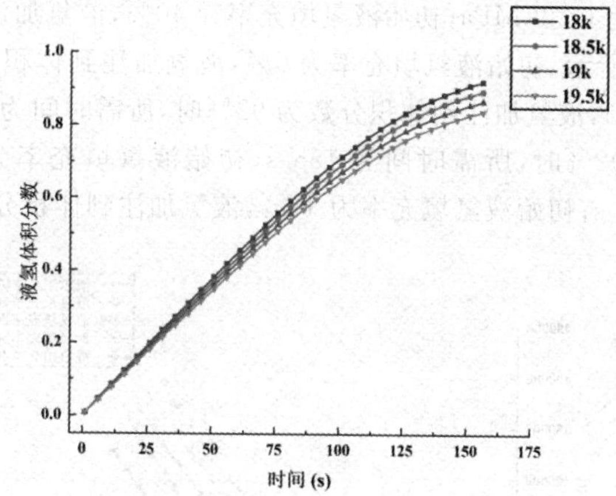

图9 不同进液温度对应的液氢体积分数随加注时间的变化

3.4 初始压力对加注的影响

图10给出了罐内初始绝对压力分别为0.03，0.10，0.11，0.12和0.13 MPa时加注过程中罐内压力随时间的变化情况，其他条件设置如表2所示。如图10所示，初始压力为0.03 MPa，加注160 s时，罐内压力为0.21 MPa；初始压力为0.10 MPa，加注160 s时，罐内压力为0.32 MPa。初始压力为0.11 MPa，加注160 s时，罐内压力为0.34 MPa；初始压力为0.12 MPa，加注160 s时，罐内压力为0.37 MPa；初始压力为0.13 MPa，加注160 s时，罐内压力为0.38 MPa。如图11所示，初始压力为0.03 MPa，加注160 s时，罐内液氢体积分数为91.1%；初始压力为0.10 MPa，加注160 s时，罐内液氢体积分数为92.1%；初始压力为0.11 MPa，加注160 s时，罐内液氢体积分数为90.3%；初始压力为0.12 MPa，加注160 s时，罐内液氢体积分数为88.5%。初始压力为0.13 MPa，加注160 s时，罐内液氢体积分数为86.6%。在加注时，不同的初始压力对罐内压力变化影响较大，当初始压力低于液氢的饱和压力时，加注时会发生闪蒸。当初始压力大于液氢的饱和蒸汽压时，在加注时不发生闪蒸效应，即无闪蒸加注。

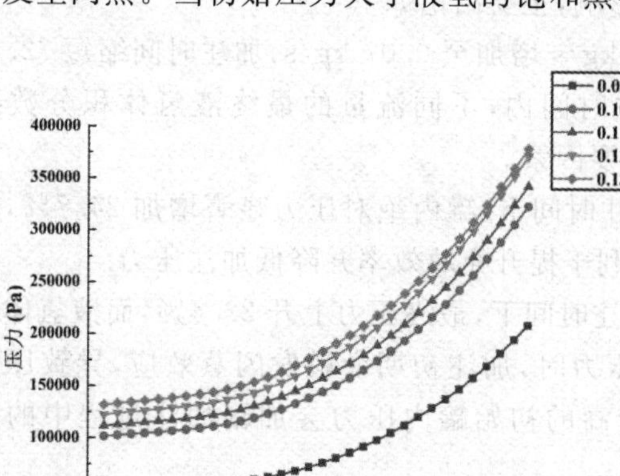

图10 不同初始压力对应的压力随加注时间的变化

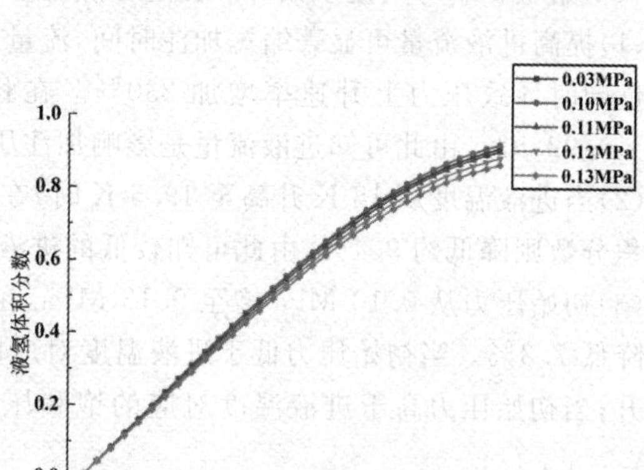

图11 不同初始压力对应的液氢体积分数随加注时间的变化

3.5 初始填充率对加注的影响

图 12 给出了罐内液态氢初始填充率分别为 0%,10%,20%,30%,40%时的压力变化曲线。如图 12 所示,初始液氢填充率为 0%,液氢加注到体积分数为 92%时,罐内压力为 0.34 MPa;初始液氢填充率为 10%,液氢加注到体积分数为 92%时,罐内压力为 0.39 MPa;初始液氢填充率为 20%,液氢加注到体积分数为 92%时,罐内压力为 0.40 MPa;初始液氢填充率为 30%,液氢加注到体积分数为 92%时,罐内压力为 0.39 MPa;初始液氢填充率为 40%,液氢加注到体积分数为 92%时,罐内压力为 0.37 MPa。如图 13 所示,初始液氢填充率为 0%,液氢加注到体积分数为 92%时,所需时间为 164 s;初始液氢填充率为 10%,液氢加注到体积分数为 92%时,所需时间为 160 s;初始液氢填充率为 20%,液氢加注到体积分数为 92%时,所需时间为 155 s;初始液氢填充率为 30%,液氢加注到体积分数为 92%时,所需时间为 145 s;初始液氢填充率为 40%,液氢加注到体积分数为 92%时,所需时间为 131 s。

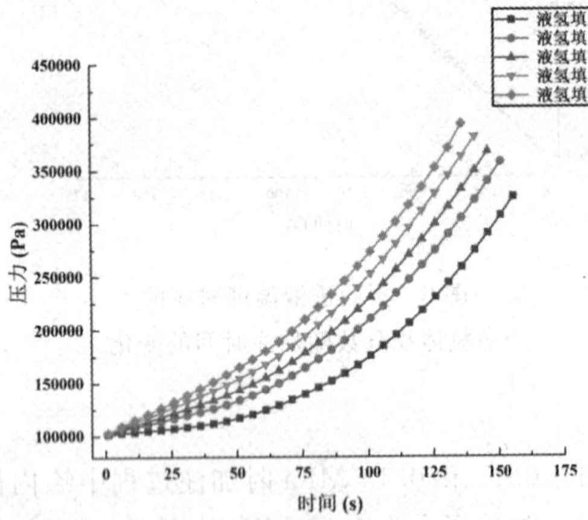

图 12 不同初始填充率对应的压力随加注时间的变化

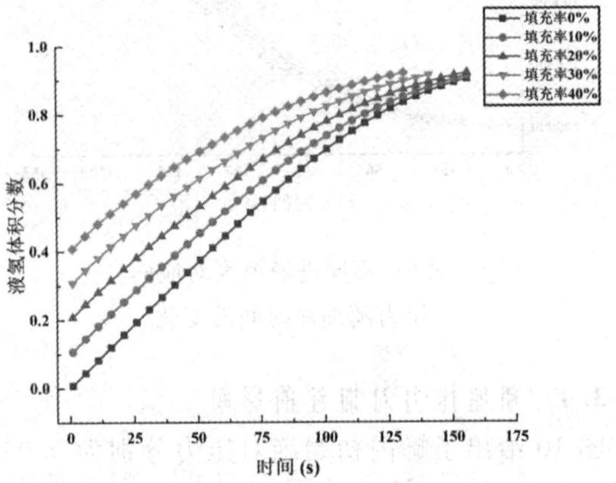

图 13 不同初始填充率对应的液氢体积分数随加注时间的变化

4 结 论

本研究基于计算流体力学(CFD)方法,建立了液氢储罐底部无排气加注的二维轴对称瞬态模型,采用 VOF 多相流模型追踪气液相界面,结合 Lee 相变模型并嵌入用户自定义函数(UDF)以描述闪蒸效应,并通过 NASA 液氢加注实验数据验证了模型的准确性。系统模拟分析了进液流量、进液温度、初始压力和初始填充率等关键参数对加注过程热力学行为的影响,主要结论如下:

(1)提高进液流量可显著缩短加注时间,流量从 0.02 kg/s 增加至 0.07 kg/s,加注时间缩短 72.5%,高流量同时导致压力上升速率增加 230%。在相同加注时间内,不同流量的最终液氢体积分数接近 92.3%~92.8%,由此可知进液流量是影响加注压力的主要因素。

(2)当进液温度从 18 K 升高至 19.5 K 时,在相同加注时间下,罐内绝对压力显著增加 24.7%,而液氢体积分数则降低约 9.4%,由此可知较低的进液温度有利于提升充填效率并降低加注压力。

(3)初始压力从 0.10 MPa 增至 0.13 MPa,在相同加注时间下,最终压力上升 22.4%,而液氢体积分数则降低 7.3%。当初始压力低于进液温度对应的饱和压力时,加注初期会触发闪蒸效应,导致压力快速上升;当初始压力高于进液温度对应的饱和压力时,较高的初始罐内压力会加剧加注过程中的压力上升。

(4)初始填充率从 0%增至 40%,加注时间缩短 38%。然而,初始填充率也影响最终压力,当填充率从 0%增至 20%时,最终压力上升约 15.2%,但继续增至 30%~40%时压力略有下降。这表明存在一个优化的初始填充率区间,可在缩短加注时间与避免过高压力之间取得良好平衡。

参考文献

[1] 凌文,刘玮,李育磊,等. 中国氢能基础设施产业发展战略研究[J]. 中国工程科学,2019,21(3):76—83.

[2] 林文胜,刘洪茹,许婧煊. 液氢和液态有机氢载体的氢运输链能效及碳排放[J]. 天然气工业,2023,43(2):131—138.

[3] HASSAN Q,SAMEEN A Z,SALMAN H M,et al. Hydrogen energy future:Advancements in storage technologies and implications for sustainability[J]. Journal of Energy Storage,2023,72:108404.

[4] SUN Z Y. 11—Hydrogen energy[M]. New York:Academic Press,2021:339—365.

[5] GB/T 40045—2021,氢能汽车用燃料 液氢[S].

[6] GB/T 40060—2021,液氢贮存和运输技术要求[S].

[7] GB/T 40061—2021,液氢生产系统技术规范[S].

[8] MORAN M E,NYLAND T W,PAPELL S S. Liquid transfer cryogenic test facility:Initial hydrogen and nitrogen no-vent fill data [R]. 1990.

[9] MORAN M E,NYLAND T W,DRISCOLL S L. Hydrogen no-vent fill testing in a 1.2 cubic foot (34 liter) tank [R]. 1991.

[10] MORAN M E,NYLAND T W,DRISCOLL S L. Hydrogen no-vent fill testing in a 34 liter tank:thermal behavior and phase evolution analysis[J]. Advances in Cryogenic Engineering,1992,37B:1257—1264.

[11] CHATO D J. Ground testing on the nonvented fill method of orbital propellant transfer:results of tests for a 71 cubic foot tank[C] //29th Joint Propulsion Conference and Exhibit. Monterey:AIAA,1993.

[12] KANG D,YUN S,KIM B-K,et al. Numerical investigation of initial charging process of vehicle liquid hydrogen tank [J]. Energies,2022,16(1):38.

[13] HE M,LV C,GONG L. The design and optimization of a cryogenic compressed hydrogen refueling process[J]. International Journal of Hydrogen Energy,2021,46(41):29391—29399.

[14] LIU Z,YANG Y,LIU Y. Effect of gas injection mass flow rates on the thermal behavior in a cryogenic fuel storage tank[J]. International Journal of Hydrogen Energy,2022,47(57):14703—14713.

[15] 王彩莉. 低温液体无排放加注特性的理论与实验研究[D]. 上海:上海交通大学,2012.

[16] ZHU K,LI Y Z,MA Y,et al. Influence of filling methods on the cool down performance and induced thermal stress distribution in cryogenic tank[J]. Applied Thermal Engineering,2018,141:1009—1019.

[17] ZHU K,LI Y Z,MA Y,et al. Experimental study on cool down characteristics and thermal stress of cryogenic tank during LN2 filling process[J]. Applied Thermal Engineering,2018,130:951—961.

[18] 马原,朱康,厉彦忠. 薄壁低温容器加注过程降温及热应力特性研究[J]. 低温工程,2020,(3):31—36.

[19] 李建立,耿银良,李敬法,等. 液氢无排气加注特性模拟研究[J]. 太阳能学报,2024,45(11):747—754.

[20] 刘柏文,徐元元,雷刚,等. 典型低温推进剂的热力学性能参数评估[J]. 火箭推进,2023,49(1):44—53.

[21] 王朝,邹宏伟,陈甲楠,等. 液氮、液氢加注系统数值仿真与试验研究[J]. 太阳能学报,2022,43(11):460—465.

[22] 黄淞,薛广珂,惠虎,等. 高压氢环境下储氢容器 4130X 钢力学性能的演化规律研究[J]. 压力

容器,2024,41(12):8-15.

[23] 李力军,王昕雨,唐小龙,等.燃料电池汽车氢系统泄放安全研究[J].压力容器,2024,41(7):1-5,55.

[24] LEE W H, KHARANGATE C R, MASCARENHAS N. Experimental and computational investigation of vertical down flow condensation[J]. International Journal of Heat and Mass Transfer, 2015,85:865-879.

[25] BRACKBILL J U, KOTHE D B, ZEMACH C. A continuum method for modeling surface tension[J]. Journal of computational physics1992,100(2):335-354.

作者简介

陈旭(2001),男,硕士,主要从事氢能储运装备安全研究工作,通信地址300457 天津市滨海新区经济技术开发区第十三大街9号12号楼401,E-mail:1958506586@qq. com。

通信作者:李介普(1992),男,博士,工程师,主要研究方向为压力容器(气瓶等储氢容器)安全,通信地址:101399 北京市顺义区顺兴路1号,E-mail:lijiepu@csei. org. cn。

气液固多相流三通变径管冲蚀场降阶仿真研究

穆丽静[1]，何圣煊[2,1]，邓贵德[1]，张冲冲[1]，陈锡忠[3]，刘岑凡[1]

（1. 国家市场监督管理总局重点实验室（特种设备安全与节能）中国特种设备检测研究院，北京 100029；
2. 中国石油大学（北京）机械与储运工程学院 中国石油大学（北京）重质油全国重点实验室，北京 102249；
3. 上海交通大学化学化工学院 化学生物协同物质创制国家重点实验室，上海 200240）

摘 要：冲蚀减薄穿孔作为工业管路中最常见的破坏失效形式之一，针对其开展快速预测研究，可为压力管路冲蚀部位预测、数字检测监测、损伤防控工作提供重要支撑。本文在传统 CFD 仿真方法基础上，将降阶重构模型与复杂压力管路冲蚀现象相结合，开展三通变径管冲蚀场快速预测研究。首先，对降阶模型在管路冲蚀预测方面的可行性进行验证；其次，研究设计点和模态数对降阶模型预测精确度的影响；最后，实现了三通变径管流场和冲蚀场的准实时高精度预测。相较于传统仿真方法，冲蚀场降阶模型大幅缩短了仿真计算时间，同时保证了冲蚀场的预测精度，有利于保障工业管路安全运行和事故预防，具有重要的经济和社会意义。

关键词：降阶模型；三通变径管路冲蚀；气液固多相流；计算流体力学；数值模拟

Reducedorder method simulation research of three - way pipeline erosion field with gas - liquid - solid multiphase flow

MU Lijing[1], HE Shengxuan[2,1], DENG Guide[1], ZHANG Chongchong[1], CHEN Xizhong[3], LIU Cenfan[1]

(1. Key Laboratory of Special Equipment Safety and Energy - saving, State Administration for Market Regulation, China Special Equipment Inspection & Research Institute, Beijing 100029, China;
2. State Key Laboratory of Heavy Oil Processing, China University of Petroleum, Beijing 102249, China; 3. Department of Chemical Engineering, School of Chemistry and Chemical Engineering, Shanghai Jiao Tong University, Shanghai 200240, China)

Abstract: Erosion is one of the most common failure forms in industrial pipelines. The rapid prediction of erosion will provide important support for the prediction of erosion phenomena of pressure pipelines, digital detection and monitoring, and damage prevention and control. Based on the traditional CFD simulation method, this work combines the Reduced Order Model with the erosion phenomenon of complex pressure pipelines to carry out the rapid prediction research on the erosion field. Firstly, the feasibility of the reduced - order model in pipeline erosion prediction was verified. Secondly, the influence of design points and the number of modes on the prediction accuracy of the reduced - order model was investigated. Finally, the accuracy of the reduced - order prediction results of the erosion field was verified. The erosion reduced - order model would greatly shorten the simulation time, whilst the prediction accuracy was ensured. There is great economic and social significance for ensuring the safe operation of industrial pipelines and preventing accidents.

Keywords: reduced order model; three - way reducing pipeline erosion; gas - liquid - solid multiphase flow; computational fluid dynamics; numerical simulations

0 引 言

工业管路作为煤化工、石化及化工等行业工业生产中的重要输运设备[1-3]，其安全运行直接关系到整个工业生产系统的正常稳定运转。管路内复杂的多相流介质环境引发的冲蚀失效[4]，一直以来都是威胁工业安全生产的重大隐患之一[5-8]。

随着计算技术的发展，计算流体力学(CFD)模拟方法逐渐成为研究管路冲蚀现象的重要方式[9-11]，其通过模拟管路内多相流的流动状态以及颗粒与管路壁面间碰撞，从而得到管路冲蚀场分布，预测冲蚀易发生位置和冲蚀速率[12-13]。但 CFD 模拟由于计算周期长、计算成本高，在解决工业规模问题时仍存在局限性。为了解决这一问题，降阶模型(ROM)作为可以实现多参数工况快速预测的机器学习方法，已被广泛应用于各工业领域。QUAINI 等[14]将大涡模拟(LES)与 ROM 结合，开展了空间滤波处理对流主导流体的非线性效应研究；BATH 等[15]通过构建倾转旋翼飞机飞行力学耦合 ROM，实现了单周期矩阵稳定性分析的高效计算；王新越[16]基于奇异值分解(SVD)方法构建了核电厂全厂断电事故的 ROM，将热工水力仿真时间从 14 h 缩短至 32 min；许依凡等[17]采用动态模式分解控制(DMDc)，建立了直流蒸汽发生器的输入输出 ROM。在以上研究中，降阶模型在提升计算效率方面表现优异，然而，对于将降阶模型与管路冲蚀场预测相结合方面的研究仍相对欠缺。

因此，本研究将采用基于 POD - Kriging 算法的降阶模型方法，针对三通变径管路的流场和冲蚀场，开展快速仿真预测研究。首先，通过与传统 CFD 仿真结果进行对比验证了冲蚀场降阶预测结果的可行性，并开展了设计点选取和模态数优化对降阶预测结果精度的影响分析；最终，对冲蚀场降阶预测结果的准确性进行了验证。本研究在保证预测精度的前提下，将计算效率提升了 3 个数量级，为复杂管路冲蚀现象的实时监测与安全评估提供了一种高效解决方案。

1 数学模型

1.1 气液固多相流模型

计算流体动力学(computational fluid dynamics，CFD)-离散单元法(discrete element method，DEM)耦合模型是基于 HOOMANS 等[18]工作，针对气-固相系统建立的理论模型，在此基础上，本研究中额外添加液相作为连续相介质之一。因此气体和液体作为两个连续相介质，颗粒相作为模型中的离散相介质，连续相和颗粒的主要控制方程如式(1)～(4)所示，其中连续相分别为气体($a=g$)和液体($a=l$)。

连续相连续性方程：

$$\frac{\partial(\varepsilon_a \rho_a)}{\partial t}+\nabla\cdot(\varepsilon_a \rho_a u_a)=0 \tag{1}$$

连续相动量守恒方程：

$$\frac{\partial(\varepsilon_a \rho_a u_a)}{\partial t}+\nabla\cdot(\varepsilon_a \rho_a u_a u_a)=-\varepsilon_a \nabla P-\nabla\cdot(\varepsilon_a \tau_a)-S_u+\varepsilon_a \rho_a g \tag{2}$$

其中，S_u 为气相 / 液相和颗粒之间动量传递产生的源项：

$$S_u=\frac{1}{V_{cell}}\sum_{i=1}^{N_p}\frac{\beta V_p}{1-\varepsilon_a}(u_a-v_p)\delta(r-r_p) \tag{3}$$

式中，V_{cell} 为计算网格体积；β 为连续相－颗粒离散相间的曳力系数，本研究中选用 *GIDASPOW*[19] 曳力。

颗粒离散相的运动符合牛顿第二运动定律，其质量守恒方程为：

$$m_p\frac{d^2 r_p}{d t^2}=\frac{\beta V_p}{1-\varepsilon_a}(u_a-v_p)-V_p\nabla P+m_p g+F_{contact,p} \tag{4}$$

1.2 冲蚀模型

多相流介质在管路输运过程中,颗粒－颗粒、颗粒－壁面间会发生碰撞,从而导致管路冲蚀现象,颗粒运动轨迹和冲击能量的改变,影响冲蚀速率。基于此,*Oka* 冲蚀模型[20] 考虑了颗粒的反弹和破碎等因素,引入了与颗粒浓度比相关的函数,能够较好地描述高浓度颗粒情况下颗粒之间的相互作用以及颗粒与壁面多次碰撞对冲蚀的影响[21-23]。

Oka 模型的公式如下:

$$E(\theta) = (\sin\theta)^{n1}\left(1 + Hv\left(1 - \sin\theta\right)^{n2}\right)E_{90} \tag{5}$$

$$E_{90} = 65\,(Hv)^{-0.12}\left(\frac{V_p}{V^*}\right)^{k}\left(\frac{D_p}{D^*}\right)^{0.19} \tag{6}$$

$$n1 = 0.71Hv^{0.14},\ n2 = 2.4Hv^{-0.94},\ k = 2.3Hv^{0.038} \tag{7}$$

式中,$E(\theta)$ 为冲击角为 θ 的冲蚀损伤;E_{90} 为冲击角为 90° 的冲蚀损伤;V_p 和 V^* 分别为颗粒冲击速度和参考冲击速度;D_p 和 D^* 分别为颗粒直径和参考直径;Hv 是管路材料的维氏硬度。

1.3 降阶模型 ROM 及其设计点和模态

本文采用一种基于 POD－Kriging 的降阶模型,通过机器学习方法实现模型降阶与简化。利用本征正交分解(proper orthogonal decomposition,POD)方法,提取气固液多相流复杂模型物理场关键信息,结合 Kriging 算法构建低阶替代模型。Kriging 方法指的是每个实现值(奇异值分解值)都表示为一组趋势函数和残差组合的插值方法,并被用于在整个参数空间上对降阶系数进行插值,其具体如下所述。

$$X[v_1, v_2, \cdots, v_n] = [u_1, u_2, \ldots, u_n]\begin{pmatrix}\sigma_1 & \cdots & 0\\ \vdots & \ddots & \vdots\\ 0 & \cdots & \sigma_n\end{pmatrix}\begin{pmatrix}v_1^T\\ \vdots\\ v_n^T\end{pmatrix} = U\sum V^T \tag{8}$$

式中,u_i 为数据集 X 的第 φ_i 模态。

在基函数 $\varphi = \{\varphi_1, \varphi_2, \cdots, \varphi_n\}$ 基础上,得到与 x 相关的 POD 系数 $\alpha(x) = \{\alpha_1(x), \alpha_2(x), \cdots, \alpha_n(x)\}$,并与每个新设计点对应。

$$\alpha(x) = \mu(x) + z(x) \tag{9}$$

式中,$\mu(x)$ 为低阶多项式回归趋势函数模型;$z(x)$ 残差由高斯过程建模。

POD 提取模型的关键信息,需收集不同颗粒速度和浓度等工况下的冲蚀数据,包括冲蚀速率、速度场和压力场等信息。设计点作为不同工况参数空间中的样本点,通过特定参数组合定义原始复杂模型的工况配置。在训练阶段,基于合理选取的设计点集求解高保真模型,其结果构成 ROM 的基础数据集,用于捕捉系统在多工况下的行为特征;在预测阶段,ROM 模型将通过映射关系,快速输出目标工况的预测结果。设计点的选取策略将直接决定 ROM 的工况覆盖范围与预测精度——优化的设计点分布和数量可在保证计算精度的前提下,显著降低计算成本。

模态作为 ROM 中通过奇异值分解等方法提取的特征模态,其物理意义为近似原始系统动态所需的有效基函数。模型构建时通常依据能量截断准则或误差分析确定模态数,使系统响应表示为模态的线性组合。模态数的选取需平衡精度与效率:过多模态会增加计算复杂度,丧失降阶优势;过少则可能遗漏关键动力学特征,导致预测偏差。因此,需通过模型验证确定临界模态数,确保 ROM 在保证精度条件下实现高效计算。

2 CFD 和 ROM 数值模拟模型

2.1 管路模型介绍

本文模拟的三通变径管路模型如图 1 所示,管路模型由主管(包含变径管的直管)和支管(90°弯管)

两部分构成,其中,主管入口 1 和出口管路内径 D 为 125 mm,支管入口 2 管路内径 d 为 80 mm。该模型及其几何尺寸均来自于某煤化工企业实际管路中的典型易发生冲蚀管段。

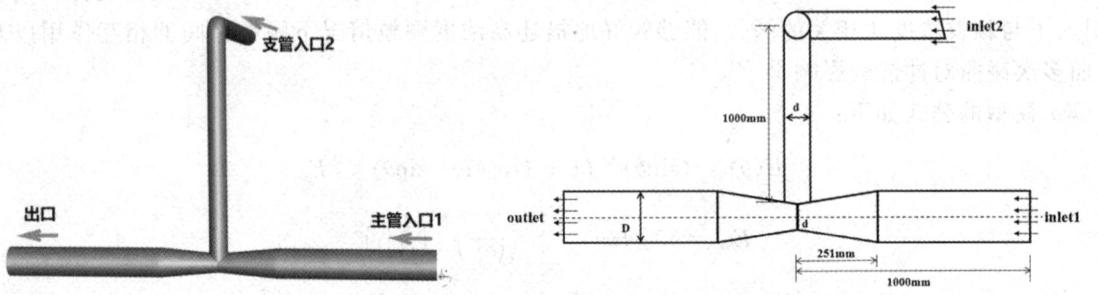

图 1　三通变径管路模型图

管路内介质为煤化工气液固三相黑水,气液两相流体携带煤粉颗粒从两个入口同时进入,流经变径管段和弯头,从出口流出该管路系统。本研究参照高乾峰[24]的黑水介质物性参数,对管路流场和冲蚀场进行 CFD 数值仿真。其中,气相密度为 4.56 kg/m3,液相密度为 680.9 kg/m3,颗粒粒径为 150μm,详细的多相流黑水介质属性如表 1 所示。

表 1　三通管内多相流介质属性[22]

介质相态	变量	参数
气相	介质密度/ kg/m^3	4.56
	介质黏度/ Pa? s	1.503×10^{-5}
液相	介质密度/ kg/m^3	680.9
	介质黏度/ Pa? s	1.39×10^{-4}
	质量流量/ kg/h	224155
颗粒相	颗粒密度/ kg/m^3	1774
	颗粒粒径/ μm	150
	颗粒浓度	6%

2.2　CFD 数值模拟设置

本研究采用 Spaceclaim 软件进行三通变径管路构件建模,采用 Fluent Meshing 软件对管路模型进行网格划分,通过精细划分网格实现管路冲蚀场的高精度 CFD 模拟,兼顾计算效率。网格划分策略为全局采用较粗的结构化网格,在靠近管壁的区域进行局部网格加密。为了进一步验证网格无关性,采用不同网格数量(100 000～400 000)进行仿真计算,并分别对主管段和支管段的压力分布情况展开分析,如图 2 所示。分析结果表明,网格数量对两个管段的压力分布有所影响,同时过多的网格量会增加计算时间,降低计算效率,因此在综合考虑计算精度和计算效率的基础上,本研究将采用 400 000 网格量进行管路冲蚀场仿真模拟。

本研究采用 ANSYS Fluent 进行管路冲蚀 CFD 稳态计算。入口边界条件为速度入口,出口边界条件为压力出口,冲蚀模型选用 Oka 模型,动量项的离散格式为一阶迎风,湍动能的离散形式为二阶迎风。图 3 为冲蚀速率分布云图,结果表明主要冲蚀区域分布在管路的变径处和三通管的交汇区域,这些区域被红色圆圈重点放大细节,并围绕易发生冲蚀部位设置了 12 个监测点,如图中绿色标注所示。在管道渐缩处,由于结构改变导致介质的流动方向发生改变,颗粒与壁面间碰撞加剧,因此靠近管壁外侧的区域冲

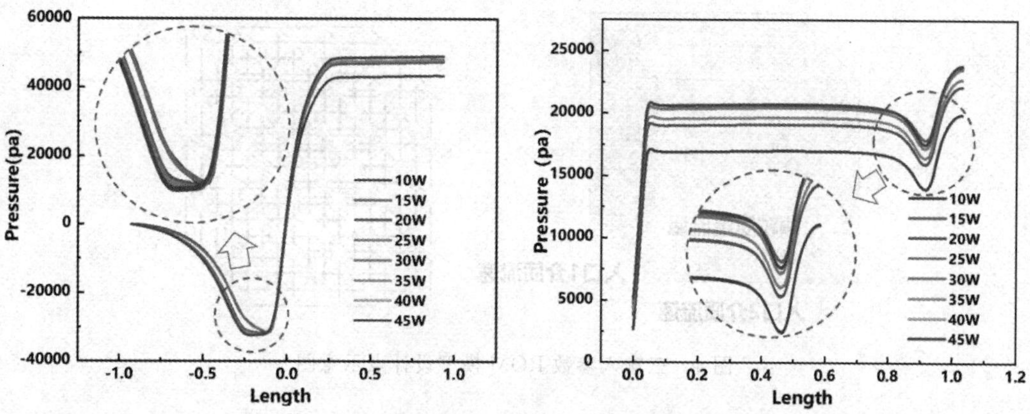

图 2　三通管路主管段(左)、支管段(右)的网格无关性验证

蚀现象明显;在三通管交汇处,流体运动方向发生改变以及不同运动方向的颗粒间发生碰撞,形成复杂的多相流湍流和涡流,导致对管壁的冲击力增大,从而造成该区域的冲蚀加剧。以上易发生冲蚀现象的区域与预期保持一致,因此证明了本研究所采用的CFD模拟参数设置的合理性。

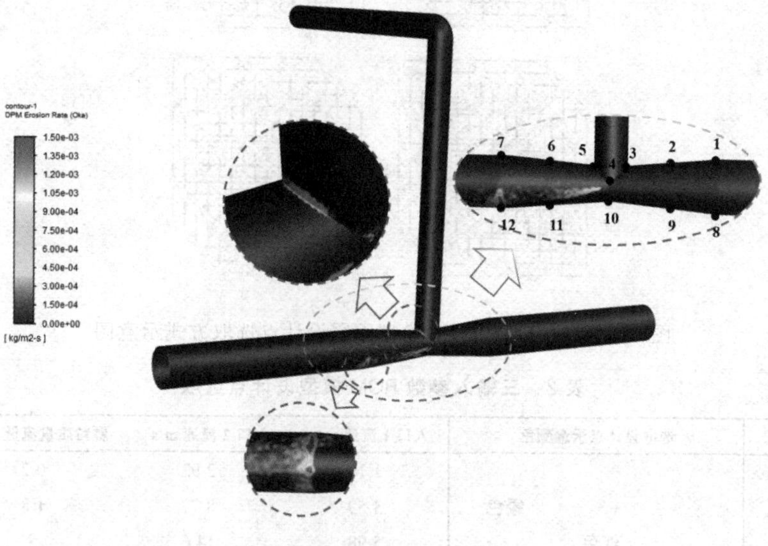

图 3　三通管路 CFD 冲蚀分布及监测点示意图

2.3　降阶模型设置

本研究采用 Workbench 中的 ROM 模块,耦合管路冲蚀 CFD 数值仿真,开展冲蚀降阶模型快速预测研究。ROM 模型的输出参数方面,本研究选取冲蚀速率来表征管路的冲蚀现象,选取静压来表征多相流的流体动力学特征。ROM 模型的输入参数方面,由于入口流体速度和颗粒质量流量对冲蚀有显著影响[21],因此本研究将三通管的两个入口流体速度分别设置为 ROM 模型的两个输入参数,将颗粒总质量流量设置为第三个输入参数;并对三个输入参数的取值区间进行了界定,其中,主管入口流体速度取值区间为 1.19 m/s 至 5.98 m/s,支管入口流体速度取值区间为 2.92 m/s 至 14.6 m/s,颗粒质量流量由入口流量和颗粒浓度共同影响,其取值区间为 0.2 kg/s 至 5 kg/s。

ROM 模型的设计点选取方面,如图 4 所示,在三个输入参数的取值区间内分别均匀选取 5 个节点,共 125 个可选节点,每个节点代表一个特定设计点选项。为了进一步研究不同设计点选取方式对降阶预测结果的影响,本研究通过对选取的设计点进行不同颜色标注,来区分三组规律选取设计点选取方式(绿色、红色、黄色)和一组随机选取设计点选取方式(橙色),具体选取方式和数据如图 5 和表 2 所示。

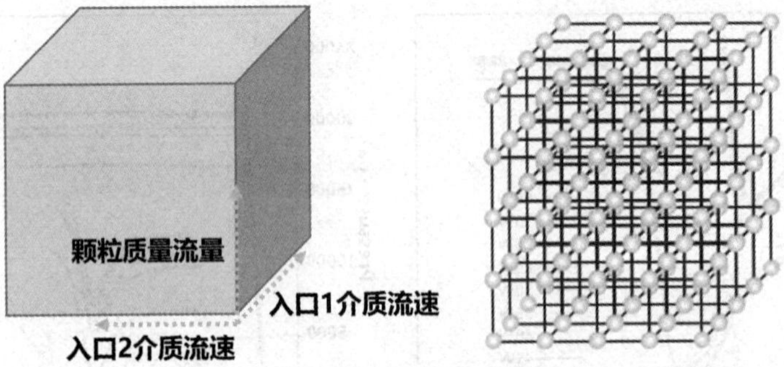

图 4　三输入参数 ROM 模型设计点示意图

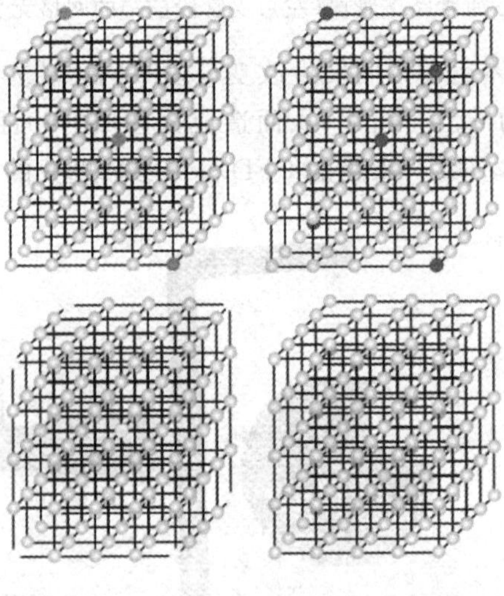

图 5　三输入参数 ROM 模型不同设计点选取方式示意图

表 2　三输入参数 ROM 模型设计点选取

序号	选取设计点示意颜色	入口 1 流速 m/s	入口 2 流速 m/s	颗粒质量流量 kg/s
1		1.19	2.92	0.2
2	绿色	3.59	8.77	1.8
3	红色	5.98	14.6	5
4		1.19	2.92	5
5	黄色	5.98	14.6	0.2
6		1.19	14.6	0.2
7		1.19	14.6	5
8		5.98	2.92	0.2
9		5.98	2.92	5
10		2.38	2.92	0.2
11		2.38	5.84	0.8
12		4.76	8.77	1.8
13		3.59	11.68	0.8
14	橙色	4.76	5.84	0.8
15		1.19	14.6	0.2
16		2.38	11.68	0.2
17		3.59	8.77	5
18		4.76	2.92	1.8

3　模拟结果和分析

3.1　ROM 在管路冲蚀预测中的可行性分析

图 6 为本管路模型中易发生冲蚀区域的静压和冲蚀速率的 ROM 预测结果与 CFD 仿真结果的云图对比。由图可见，静压以及冲蚀速率分布的 ROM 预测结果均与 CFD 仿真结果接近，因此，在计算精度方面，管路冲蚀的 ROM 预测结果得到了验证。在计算效率方面，针对本文中的三通管模型，CFD 传统仿真时间为 18 219 s，而 ROM 模型在完成训练（训练时间为 17 220 s）后的预测时间为 9 s，计算效率提升了三个数量级，实现了静压和冲蚀速率的准实时预测。为了进一步提升 ROM 预测精度，后续将对设计点和模态对 ROM 预测结果的影响展开研究。

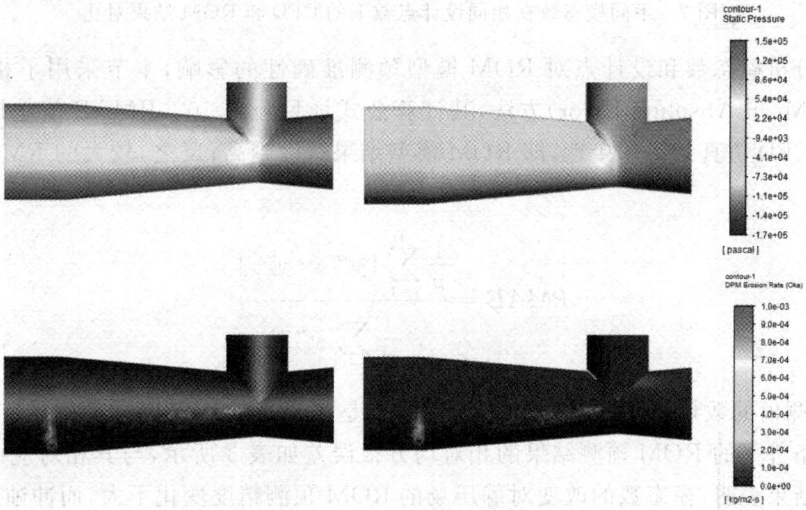

图 6　静压（上）和冲蚀速率（下）的 ROM 预测结果（右）和 CFD 结果（左）对比

3.2　设计点和模态数对 ROM 预测结果的影响

在完成了对 ROM 预测结果精确性的可行性研究之后，接下来本节将分别针对不同模态数、设计点选取方式以及设计点数对管路易发生冲蚀区域的静压和冲蚀速率 ROM 预测结果的影响规律开展进一步研究。

3.2.1　模态数对 ROM 预测结果的影响

图 7 展示了五组不同模态数条件下的 ROM 预测结果与 CFD 仿真结果的对比情况，其中左图横坐标对应的是图 3 中 1－7 监测点，右图横坐标对应的是图 3 中 8－12 监测点。结果显示，随着模态数增加，ROM 冲蚀速率预测结果与 CFD 仿真结果偏差逐渐减小，ROM 静压预测结果则变化不大。因此，在设计点不变的情况下改变模态数会对 ROM 预测精度产生显著影响。

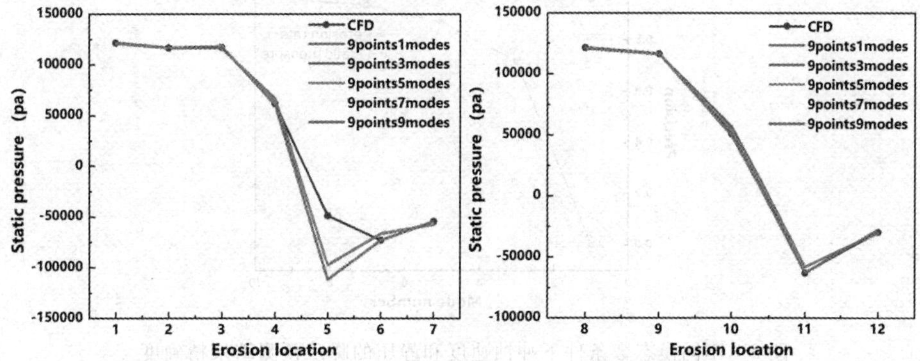

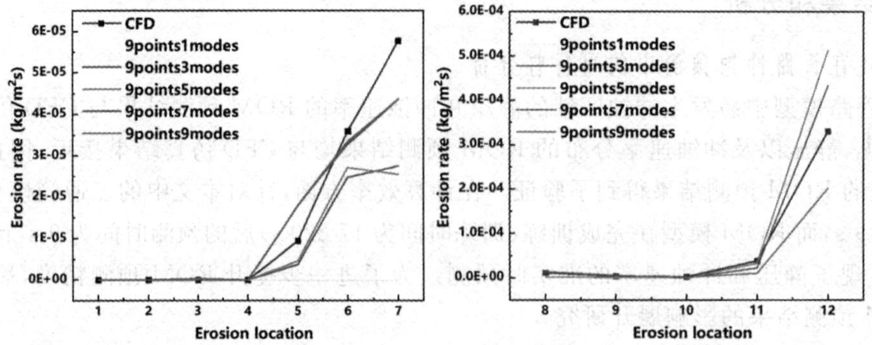

图 7　不同模态数在相同设计点数下的 CFD 和 ROM 结果对比

为了进一步分析模态数和设计点对 ROM 模型预测准确性的影响，本节采用了相对平均绝对误差 RMAE(Relative Mean Absolute Error)方法，其计算公式详见公式 10。RMAE 值越接近 0，表示 ROM 模型预测结果与 CFD 仿真结果越接近，即 ROM 模型结果精度越高；反之，较大的 RMAE 值表示模型的预测效果较差。

$$RMAE=\frac{\frac{1}{n}\sum_{i=1}^{n}\left|y_i^{obs}-y_i^{true}\right|}{\frac{1}{n}\sum_{i=1}^{n}y_i^{true}} \tag{10}$$

式中，n 是观测值的数量；y_i^{obs} 是第 i 个观测值；y_i^{true} 是第 i 个真实值。

不同模态数条件下的 ROM 预测结果的相对均方根误差如表 3 所示，与其相对应的 ROM 预测精确度如图 8 所示。结果表明，模态数的改变对静压场的 ROM 预测精度变化不大，而冲蚀速率的 ROM 预测精度则随着模态数增加而提高。模态数的变化并不会显著影响 ROM 的训练时长，因此后续建议模态数的选取与设计点数保持一致，以提高 ROM 预测结果的精确度。后续将进一步研究在改变设计点的条件下此结论是否仍然适用。

表 3　ROM 预测结果在不同模态数下的相对均方根误差

模态数	RMAE(Pressure)	RMAE(Erosion rate)
1mode	0.039	0.999
3modes	0.037	0.283
5modes	0.037	0.131
7modes	0.037	0.062
9modes	0.037	0.041

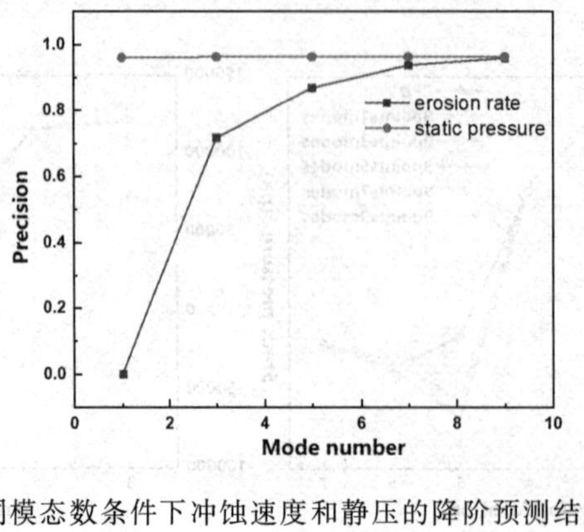

图 8　不同模态数条件下冲蚀速度和静压的降阶预测结果精确度

3.2.2　设计点对 ROM 预测结果的影响

设计点作为获取模型多工况行为特征的关键参数,本节采用了设计点规律选取和随机选取两种方式,研究不同设计点选取方式对静压和冲蚀速率 ROM 预测结果的影响,ROM 预测和 CFD 仿真结果的对比如图 9 所示。结果表明,相较于随机选取设计点,在规律选取设计点条件下的静压和冲蚀速率 ROM 预测结果均与 CFD 仿真结果更接近。

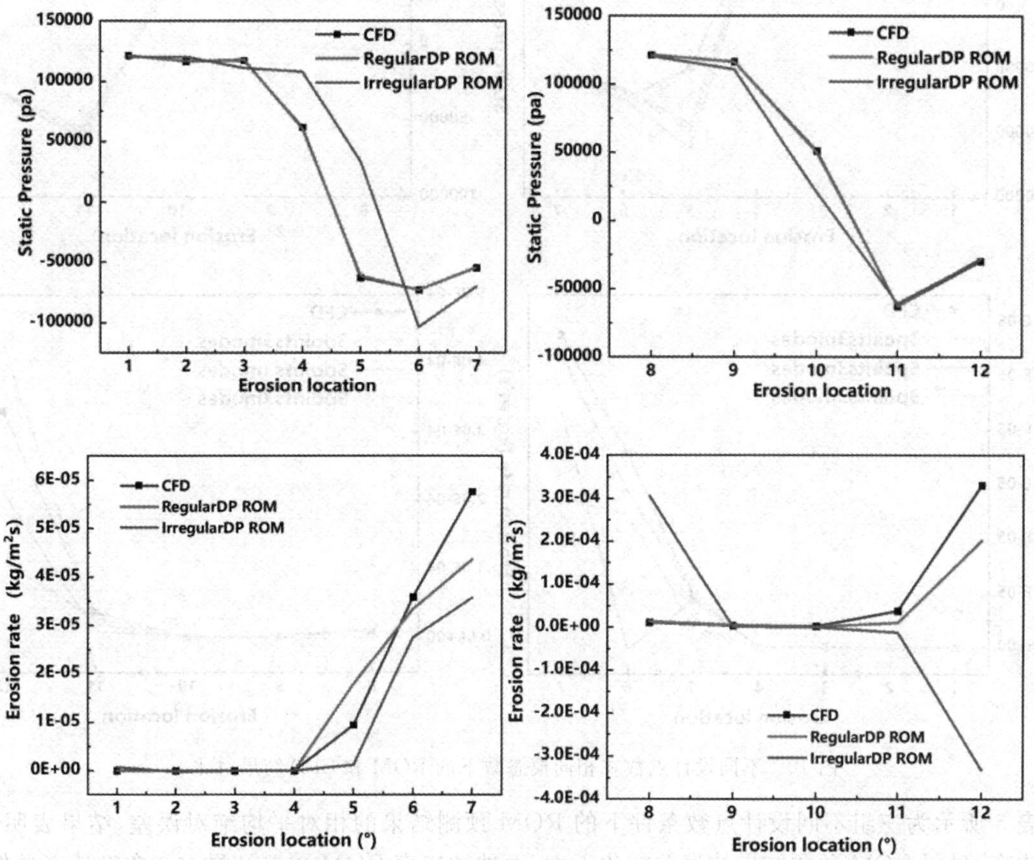

图 9　不同设计点选取方式下的 ROM 预测结果和 CFD 仿真结果的对比

ROM 预测结果在不同设计点选取方式条件下的相对平均绝对误差如表 4 所示,结果表明在随机选取设计点条件下的静压和冲蚀速率 ROM 预测结果的误差均明显高于规律选取设计点条件,因此,本研究后续将采用规律设计点选取方式。

表 4　不同设计点选择方式下 ROM 预测结果的相对平均绝对误差

设计点选取方式	RMAE(Pressure)	RMAE(Erosion rate)
Regular	0.005	0.021
Irregular	0.164	0.866

接下来,在进一步改变设计点数条件下,对静压和冲蚀速率 ROM 预测结果和 CFD 仿真结果进行对比,如图 10 所示。其中,不同设计点数选取的具体情况详见表 3。结果表明,在监测点 1—7 的静压 ROM 预测结果随设计点数的增加愈发趋近于 CFD 模拟结果。这一现象表明,增加设计点的数量能够显著提高静压力的预测准确性。然而,相比于在监测点 8—12 的冲蚀速率 ROM 预测结果,其在监测点 1—7 的预测结果并未随设计点数量的改变呈现出明显的改善趋势。这一结果表明了冲蚀速率 ROM 预测的复杂性,以及需同时考虑设计点和模态数对 ROM 预测结果精确度影响的必要性。

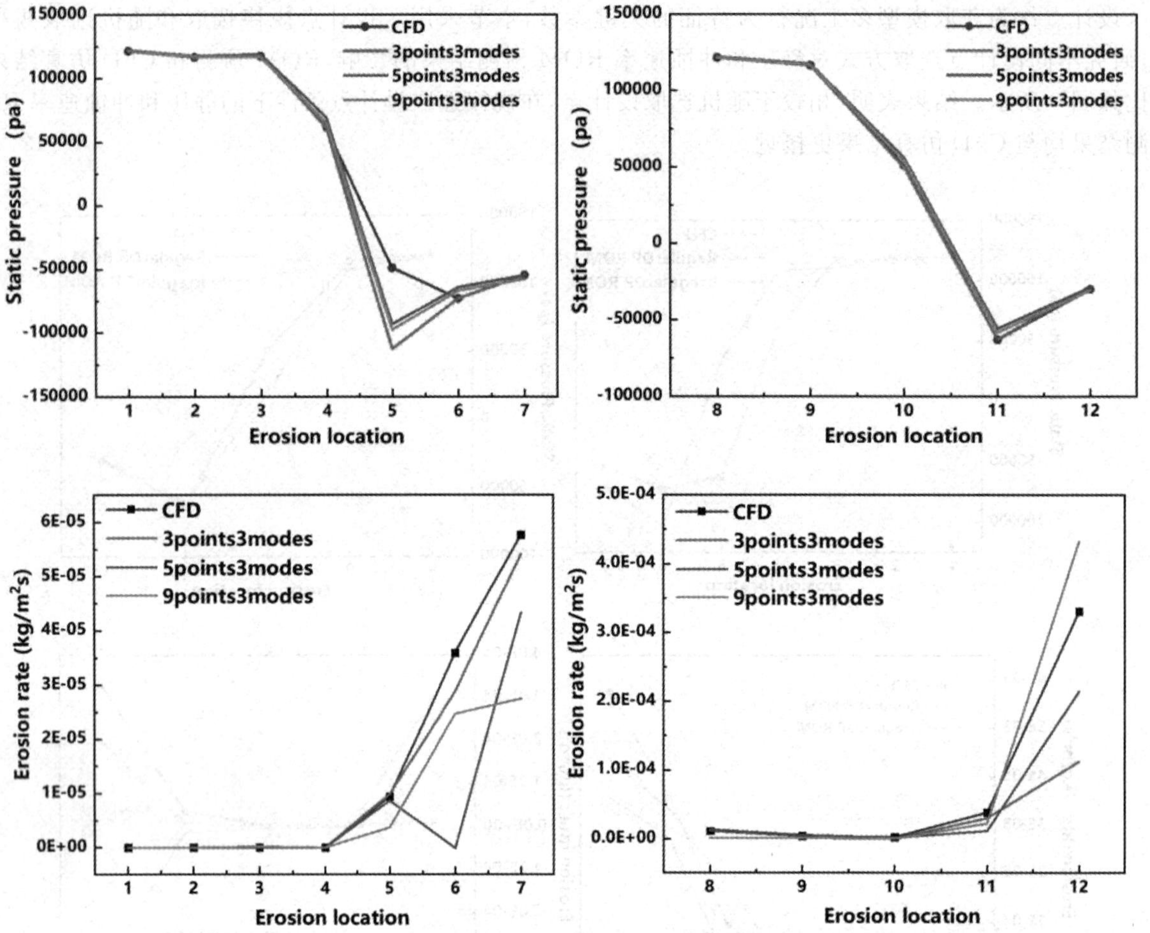

图 10 不同设计点数在相同模态数下的 ROM 和 CFD 结果对比

如表 5 所示为三组不同设计点数条件下的 ROM 预测结果的相对平均绝对误差,结果表明,随着设计点数改变,静压 ROM 预测结果的误差变化不大;而冲蚀速率 ROM 预测结果在 3 个设计点条件下的误差最小,设计点继续增加反而会降低冲蚀速率 ROM 预测结果精确度。这是由于在 3 个模态数的约束条件下,多设计点(如 5 个设计点、9 个设计点)条件下模型的多工况行为特征无法被完整表征。因此,接下来将进一步研究同时改变设计点数和模态数条件下的 ROM 预测精确度。

表 5 ROM 预测结果在不同设计点数工况下的相对均方根误差

设计点数	RMAE(Pressure)	RMAE(Erosion rate)
3points	0.043	0.283
5points	0.037	0.551
9points	0.037	0.297

3.2.3 不同设计点数在最大模态数条件下对 ROM 预测结果的影响

不同设计点数在最大模态数下的 ROM 预测结果和 CFD 结果对比如图 11 所示。在同时改变设计点和模态数的条件下,静压的 ROM 预测结果精确度变化在 0.1%以内,冲蚀速率的预测精度随着设计点/模态数的增加而明显提高,与小节 3.2.1 的结论保持一致。

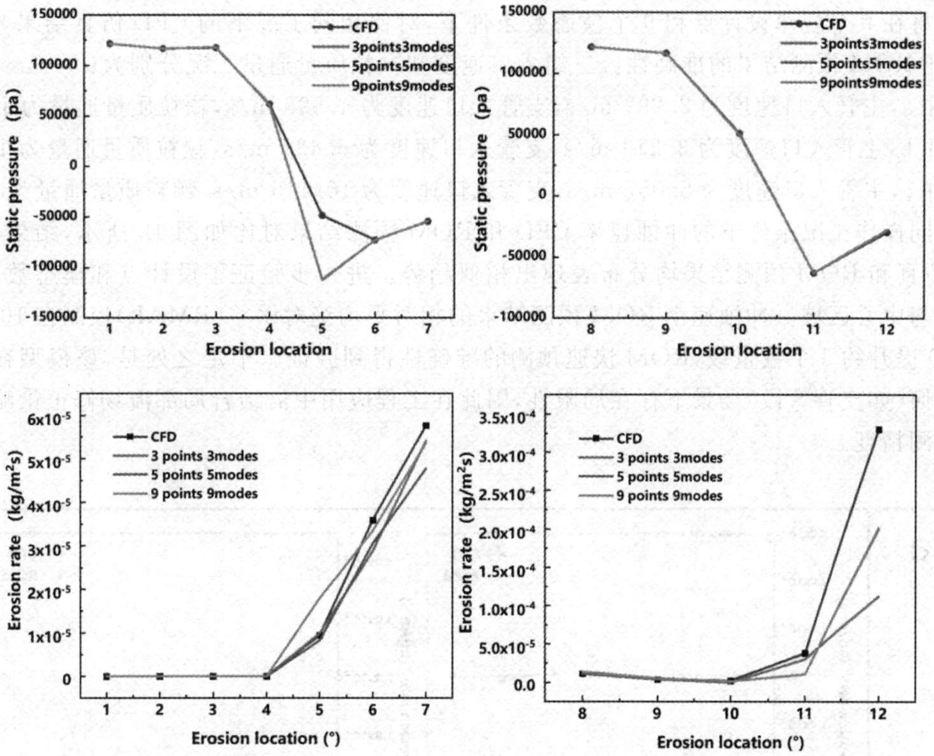

图 11　不同设计点数在最大模态数下的 CFD 和 ROM 结果对比

三组不同设计点/模态数条件下的 ROM 预测结果的相对平均绝对误差如表 6 所示，与其相对应的 ROM 预测精确度如图 12 所示。结果表明，在同时改变设计点和模态数的条件下，ROM 预测结果的预测精度显著提高，其中最低精确度为 71.7%，最高精确度为 95.8%。随着设计点/模态数的增加，冲蚀速率的 ROM 预测结果精度得到明显提升。

表 6　三种不同设计点数目在最大模态数下的相对均方根误差

设计点和模态	RMAE(Pressure)	RMAE(Erosion rate)
3points3modes	0.043	0.283
5points5modes	0.042	0.081
9points9modes	0.042	0.041

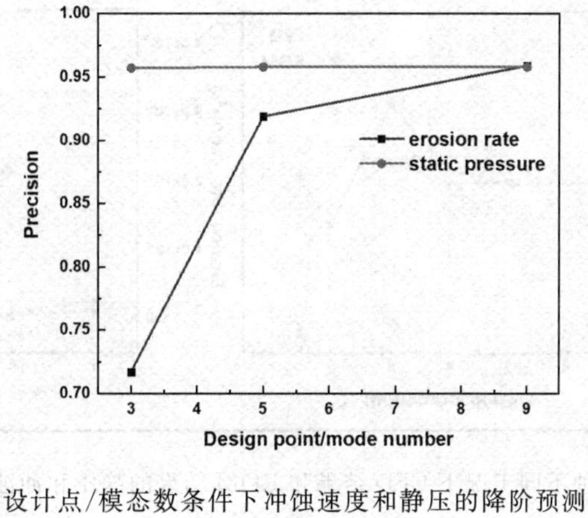

图 12　不同设计点/模态数条件下冲蚀速度和静压的降阶预测结果精确度

3.3 ROM预测结果的准确性研究

本小节将在9个规律设计点和9个模态数条件下，对比相同工况下的CFD仿真结果与ROM预测结果，来验证ROM预测结果的准确性。三组入口速度和颗粒质量通量工况分别为：

(1)条件a，主管入口速度为2.299 m/s，支管入口速度为4.598 m/s，颗粒质量通量为1 kg/s；

(2)条件b，主管入口速度为3.218 m/s，支管入口速度为6.437 m/s，颗粒质量通量为1.4 kg/s；

(3)条件c，主管入口速度为5.057 m/s，支管入口速度为10.115 m/s，颗粒质量通量为2.2 kg/s。

三组不同操作工况条件下的冲蚀速率CFD和ROM预测结果对比如图13所示，结果表明，冲蚀速率的CFD仿真和ROM预测结果均分布表现出相似趋势。进一步验证了设计点和模态数的选取，应覆盖参数边界与中心区域。冲蚀速率ROM预测结果的相对平均绝对误差(RMAE)控制在10%以下，计算效率较CFD提升约3个数量级，ROM快速预测的准确性得到验证。不足之处是，该模型在高流速梯度区和复杂几何(如支管弯段)场景下存在局限性，因此在工程应用中需结合局部流场修正策略以提升特殊条件下的预测精度。

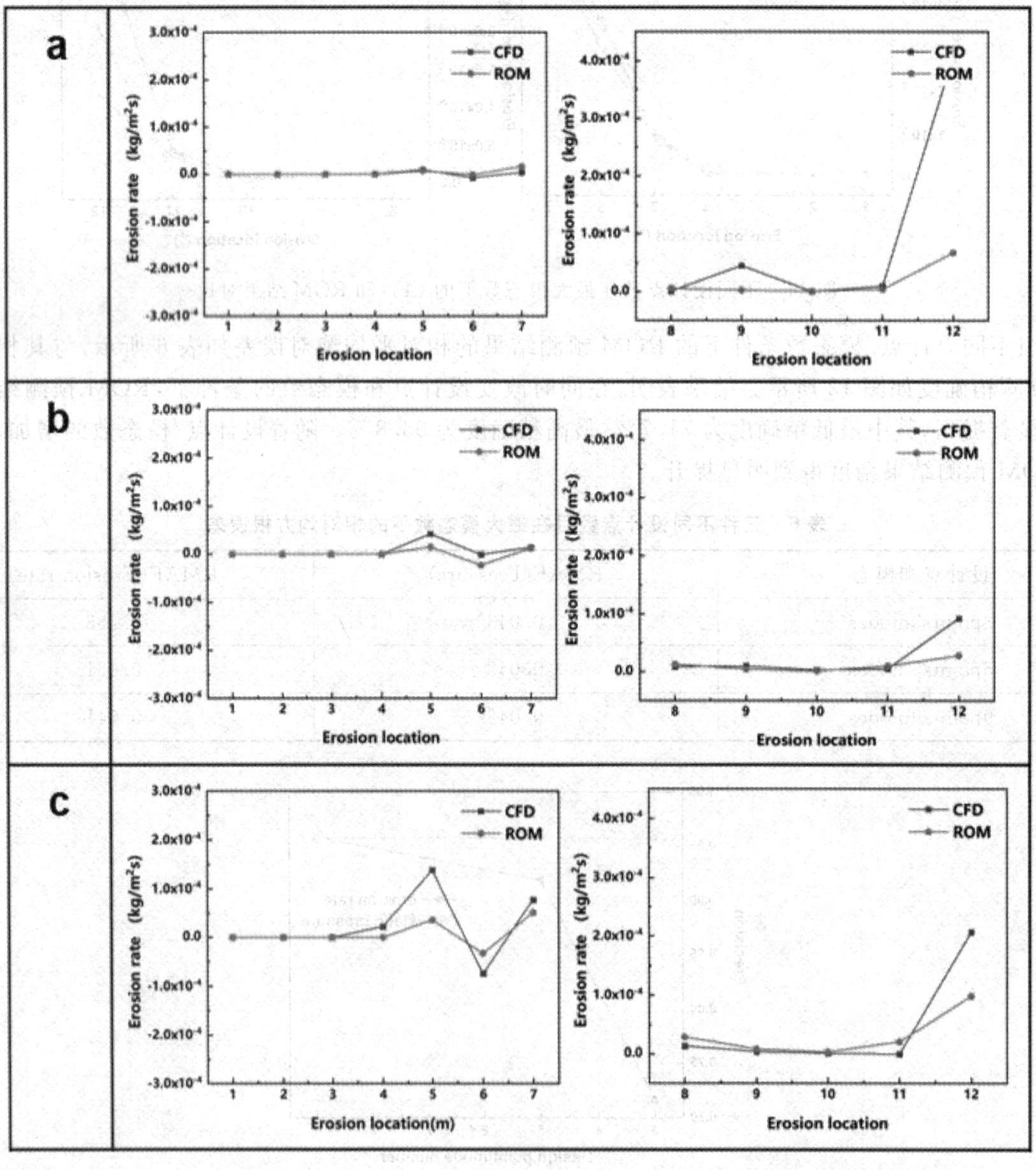

图13 3种不同工况下CFD结果和ROM结果的静压和冲蚀速率分布

4 结 论

针对三通变径管路气液固多相流冲蚀场的快速预测问题，本文基于 POD－Kriging 算法构建降阶模型(ROM)，通过设计点选取策略与模态数优化，实现了三通变径管内流场和冲蚀场的准实时高精度预测，得出以下具体结论：

(1)设计点规律性对预测精度影响显著。设计点规律选取(如均匀覆盖参数空间边界与中心区域)可大幅提升预测稳定性，其压力与冲蚀速率的相对平均绝对误差(RMAE)分别低至 0.5%与 2.1%；而不规则设计点会导致误差激增(RMAE 最高达 86.6%)，表明规律设计点选取方式是保证模型精度的关键前提。

(2)模态数直接影响冲蚀场预测精度。随模态数增加(1－9)，冲蚀速率 RMAE 从 99.9%逐步降至 4.1%，其中前 5 个模态对精度提升贡献最显著(误差从 28.3%降至 6.2%)，后续模态影响趋缓；而静压场预测精度受模态数影响较小(误差稳定在 3.7%左右)，表明模态数优化对复杂冲蚀特征的提取尤为重要。

(3)设计点数量需与模态数匹配。当设计点数量从 3 增加至 9 时，若模态数同步增加，冲蚀速率预测误差将从 28.3%降至 4.1%，说明确定的设计点数结合对应模态数可有效捕捉多参数耦合效应；但固定低模态数(如 3 个)时，增加设计点数量反而导致精度下降，证明设计点和模态数需协同考虑。

参考文献

[1] 陈学东，崔军，章小浒，等．我国压力容器设计、制造和维护十年回顾与展望[J]. 压力容器，2012，29(12)：1－23.

[2] 周兵超，王红梅，王建军，等．煤炭地下气化节流工具冲蚀磨损研究[J]. 石油机械，2024，52(3)：45－51.

[3] 黄小辉．高速二相流压力管道流场仿真及其对弯头冲蚀的影响机理[D]. 华南理工大学，2019.

[4] 邓智强．输油压力管道冲蚀仿真与试验系统设计研究[D]. 中国计量学院，2015.

[5] YU H，LIU H，ZHANG S，et al. Research progress on coping strategies for the fluid－solid erosion wear of pipelines[J]. Powder Technology，2023，422：118457.

[6] ZOLFAGHARNASAB M H，SALIMI M，ZOLFAGHARNASAB H，et al. A novel numerical investigation of erosion wear over various 90－degree elbow duct sections[J]. Powder Technology，2021，380：1－17.

[7] MU L，HE S，CHEN S，et al. Prediction of bend - pipeline erosion field based on CFD and reduced order method[J]. Chemical Engineering and Processing - Process Intensification，2025，213：110320.

[8] OKA Y I，YOSHIDA T. Practical estimation of erosion damage caused by solid particle impact[J]. Wear，2005，258(1－2)：148－154.

[9] NANDRE B D，DESALE G R. Role of particle shape on slurry erosion wear of AA6063[J]. Tribology in Industry，2023，45(2)：123－132.

[10] 彭方现．三通管道冲蚀泄漏流场数值模拟分析研究[D]. 中北大学，2020.

[11] 张子龙，周鸿翔，王进卿，等．液固流异径管弯管连接管路冲蚀磨损研究[J]. 石油机械，2025，53(3)：123－131.

[12] ASHRAFIZADEH H，ASHRAFIZADEH F. A numerical 3D simulation for prediction of wear caused by solid particle impact[J]. Wear，2011，271(1－2)：302－310.

[13] LI Y，ZHOU Y，XIAO Y，et al. Study of gas - solid two - phase flow in pipeline elbows using an LES - DPM coupling method[J]. Powder Technology，2022，413：118012.

[14] QUAINI A, SAN O, VENEZIANI A, et al. Bridging large eddy simulation and reduced-order modeling of convection-dominated flows through spatial filtering: review and perspectives[J]. Fluids, 2024, 9: 178.

[15] BATH P E, GAITONDE A, JONES D P. Reduced order aerodynamics and flight mechanics coupling for tiltrotor aircraft stability analysis[C]//AIAA SciTech Forum. San Diego, California, USA, 2022: 1—12.

[16] 王新越. 基于奇异值分解的核电厂 SBO 事故 ROM 建模方法研究[D]. 哈尔滨工程大学, 2023.

[17] 许依凡, 彭敏俊, 夏庚磊. 基于动态模式分解的直流蒸汽发生器降阶建模[J]. 核动力工程, 2024, 45(2): 45—51.

[18] HOOMANS B P B, KUIPERS J A M, BRIELS W J, et al. Discrete particle simulation of bubble and slug formation in a two-dimensional gas-fluidised bed: A hard-sphere approach[J]. Chem. Eng. Sci, 1996, 51(1): 99—118.

[19] GIDASPOW D. Multiphase flow and fluidization: continuum and kinetic theory descriptions[M]. Boston: Academic Press, 1994: 274—294.

[20] OKA Y I, MIHARA S, YOSHIDA T. Impact-angle dependence and estimation of erosion damage to ceramic materials caused by solid particle impact[J]. Wear, 2009, 267(1—4): 129—135.

[21] MU L, HE S, DENG G, et al. Numerical study of erosion wear in elbow under the action of gas-solid flow[J]. The Proceeding of 14th International Conference on Quality, Reliability, Risk, Maintenance, and Safety Engineering (QR2MSE 2024), 2024: 86—91.

[22] 王华昆, 王彤瑶, 余杨. 高压异径管应力-冲蚀耦合损伤特性及结构优化[J]. 压力容器, 2023, 40(10): 47—57.

[23] 于美琪, 王博尧, 张红升, 等. 不同温度下 Inconel 690TT 换热管的冲击微动磨损特征研究[J]. 压力容器, 2024, 41(6): 23—29.

[24] 高乾峰. 含固多相流对煤化工控制阀门冲蚀磨损的研究[D]. 宁夏大学, 2022.

作者简介

穆丽静(1989), 女, 博士, 工程师, 研究方向为管路冲蚀模拟与机器学习优化技术开发, 通信地址: 100000 北京市朝阳区和平街西苑 2 号楼, E-mail: mulijing@csei.org.cn。

通信作者: 刘岑凡(1987), 男, 博士, 高级工程师, 研究方向为特种设备安全与节能相关的多相流实验与仿真, 通信地址: 100000 北京市朝阳区和平街西苑 2 号楼, E-mail: liucenfan@csei.org.cn。

外部爆炸载荷下加氢站典型储氢容器抗爆性能对比研究

刘元琦[1]，杜　洋[1]，刘宝庆[2]

（1. 中国石油大学（华东）机电工程学院，山东青岛 266580；

2. 浙江大学 化工过程机械研究所，杭州 310027）

摘　要：近年来加氢站安全事故频发，储氢容器服役中面临潜在的燃爆载荷威胁。本文以三种典型的 50 MPa 级旋压无缝储氢容器、整体包扎式储氢容器和钢带错绕式储氢容器为研究对象，构建了流-固耦合有限元模型，并基于美国国防部 UFC 3－340－02《抵抗爆炸效应结构》中定义的变形准则对抗爆性能进行了评估。结果显示，钢带错绕式容器可承受的最大单位面积冲量达 6213 Pa・s，优于其余两种结构。为排除材料、尺寸差异带来的影响，进一步建立了统一参数的简化柱壳模型，分析了三种结构在不同爆炸强度下的等效塑性应变、振动响应及能量演化过程。研究发现，两种多层结构在塑性应变分布和振动响应方面均显著优于单层结构；其中钢带错绕结构等效塑性应变增长趋势最缓，表现出"延迟变形"能力。其能量耗散比例高于层板包扎结构，动能与内能比值更低，内能增长过程更平稳，整体抗爆性能最优。

关键词：钢带错绕式储氢容器；整体包扎式储氢容器；旋压无缝储氢容器；爆炸

Comparative investigation on explosion resistance of typical hydrogen storage vessels in hydrogen refueling station under external blast loads

LIU Yuanqi[1], DU Yang[1], LIU Baoqing[2]

(1. College of Mechanical and Electric Engineering, China University of Petroleum (East China), Qingdao 266580, China;

2. Institute of Process Equipment, Zhejiang University, Hangzhou 310027, China)

Abstract: Hydrogen storage vessels in refueling stations may fail under the blast loads caused by nearby accidental explosions. In this study, finite element models incorporating fluid－structure coupling approach were developed for three typical 50MPa vessels: A spinning formed seamless vessel, an integrally wrapped layered vessel, and a steel ribbon wound vessel. Blast resistance was evaluated using the deformation criteria specified in the U.S. department of defense UFC 3－340－02. The steel-ribbon wound vessel demonstrated the highest blast resistance, withstanding a maximum impulse per unit area of 6213 Pa・s. To isolate the effects of material and geometric variations, simplified cylindrical shell models with unified parameters were subsequently established. The equivalent plastic strain, vibration response, and energy evolution of the three structures under various blast intensities were analyzed. Results show that two multilayered shells outperformed the single-layer shell in both plastic strain distribution and vibration attenuation. The steel-ribbon wound shell showed the slowest growth in equivalent plastic strain, indicating a delayed deformation mechanism. It also exhibited the greatest proportion of energy dissipation, the lowest kinetic - to - internal energy ratio, and the most stable internal energy evolution, confirming its superior overall blast performance.

Keywords: steel ribbon wound vessel; integrally wrapped layered vessel; spinning formed seamless vessel; blast loading

0 引 言

氢能作为一种零碳能源，具有来源多样、利用高效、清洁环保等特点，是全球能源转型升级的重要方向。进入21世纪以来，美国等主要发达国家氢能产业发展进程进一步加速。我国近年也出台了一系列政策，2024年氢能首次作为前沿新兴产业被写入《政府工作报告》[1]。同年颁布的《中国能源法》在法律层面明确了氢能的能源地位。

氢能产业链包括制氢、储氢、运氢及用氢[2-3]，其中加氢站是连接产业链上下游，为下游产业链提供氢气的关键基础设施[4]。加氢站用储氢容器主要包括储氢瓶式容器组、层板包扎式储氢容器与钢带错绕式储氢容器[5-6]。近年来国际范围内加氢站安全事故频发，且在地缘政治冲突背景下(如俄乌冲突)，关键基础设施面临定向攻击风险[7]，加之储存介质本身的易漏易燃易爆特性，使加氢站储氢容器服役中面临潜在的燃爆载荷威胁[8-9]。因此进行爆炸载荷下承压容器与结构的动力响应与损伤失效研究，是保障设施安全的重要问题。

针对多层复合结构在爆炸载荷作用下的响应机制已有大量研究。ZHENG[10-13]，CHENG[14]，DENG[15]等结合理论方法研究了多层钢带错绕柱壳在内部分布载荷作用下的弹性动力响应，并开展了内爆载荷下多层钢带错绕柱壳燃爆试验，发现钢带以较小的角度缠绕可有效提升结构的抗爆能力。DU[16]，LIU[17-18]等构建了爆炸流场－结构耦合的钢带错绕式储氢容器数值分析模型并开展了50 MPa级容器外爆加载试验，研究探明了在外爆加载下钢带错绕式结构存在钢带翘曲与界面分层等关键失效行为。LIU等[19]针对多层圆柱容器内部爆炸条件下的动态响应进行研究，指出椭球端盖极点因冲击波聚焦和应变集中作用成为结构薄弱区。HUANG等[20]则从吸能角度出发，比较了带有T形与O形加强筋的双层圆柱壳的抗爆效果，发现后者可产生更大的塑性变形，从而增强能量吸收能力。

近年来，关于多层复合结构在爆炸载荷下的响应机制研究不断深入。YIN[21]等基于水－结构耦合模型研究了双壳体在水下爆炸作用下的冲击响应，发现降低连接结构的刚度可有效削弱冲击波向内层结构的传递，降低内壳内能与塑性应变。WANG[22]与LI[23]分别针对不同类型的三明治壳体结构开展了抗爆性能研究。前者研究了夹层结构、爆炸当量与纤维铺层角度对壳体的动态响应和抗爆性能的影响。结果表明多层结构壳体最大承载能力为传统单层壳体的20倍；后者利用多目标遗传算法对三明治壳体的壳厚分布与芯层梯度进行优化，优化后结构在能量吸收效率、质量与变形控制之间实现了良好的综合平衡。

对于单层圆柱壳的爆炸响应特性也有学者展开了相关研究。如ZHOU[24]，LI[25]，DENG[26]等通过试验和数值模拟研究了圆柱壳在爆炸载荷下的弹塑性响应，探讨了不同荷载参数对变形模式、损伤机制与能量演化过程的影响。MIRZAEI[27]与RAMEZANI[28]则从应力波传播角度研究了不同边界条件下圆柱壳的动态响应特征。BARBOSA[29]比较了金属与复合材料容器的内部爆炸响应差异，指出钢制容器因各向同性材料属性而表现出更小的整体变形。

尽管已有大量研究关注承压结构在爆炸载荷下的响应规律，但目前尚缺乏对储氢瓶式容器、层板包扎式容器与钢带错绕式容器在相同爆炸条件下的系统性抗爆性能对比。为此，本文构建三类典型储氢容器在外部爆炸载荷下的流－固耦合数值分析模型，引入UFC 3－340－02《抵抗爆炸效应结构》中定义的变形准则对容器抗爆能力进行定量评估。为排除材料、尺寸差异带来的影响，进一步构建统一参数模型，深入对比三种容器结构在不同爆炸强度下的塑性应变、振动响应及能量演化过程。研究结果有望为高安全性储氢容器的结构优化设计与抗爆性能评估提供参考。

1 研究方法

1.1 变形评定准则

美国国防部(department of defense,DoD)制定的 UFC 3－340－02《抵抗爆炸效应结构》[30](Structures to Resist the Effects of Accidental Explosions)是关于抗爆设计和爆炸效应分析的重要技术规范。DOD UFC 3－340－02 中提出了变形准则(Deformation Criteria),适用于设计能够承受单次爆炸的结构。对于承受多次爆炸的结构,也可以通过限制设计变形来确保结构在事故后仍具备修复和再利用的能力。变形准则中对梁、框架、栅、板等结构的变形分别给出了不同的限制值。其中具有理想化边界条件的板的变形准则,可以近似用于评定承压设备壳体的截面的变形[31－32](可将容器顶端与底端视作为壳体提供了边界条件)。

DOD UFC 3－340－02 中定义的两个核心准则分别为延性比(Ductility ratio,μ)与支撑转角(Support rotation,θ)。延性比(μ)定义为结构最大挠度(X_m)与屈服时的挠度(X_E)之比,而支撑转角(θ)定义为连接结构两端的弦与结构上挠度最大的点之间的夹角,见图 1 所示。

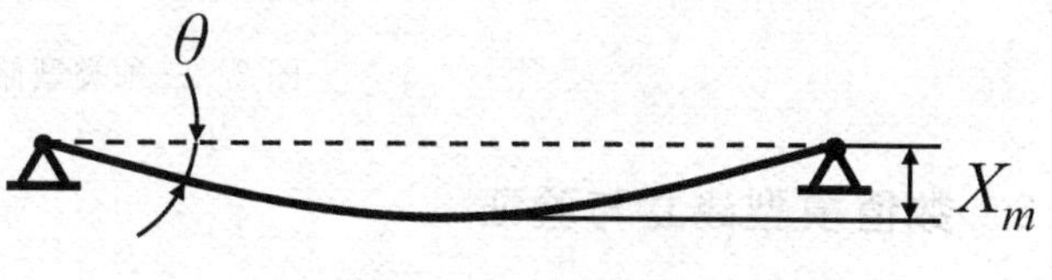

图 1 延性比(μ)与支撑转角(θ)[30]

DOD UFC 3－340－02 中对防护等级作了如下定义:

Ⅰ级防护:保护人员免受危险物质(包括有毒化学品、放射性物质或生物活性物质)非受控释放的危害;将爆炸压力和结构响应降低到符合人员承受能力的水平;为人员提供防护,以免受到初级和次级碎片冲击或结构/设备坠落的伤害。

Ⅱ级防护:保护设备、存储物料等免受碎片冲击、爆炸冲击波和结构响应的影响。

表 1 不同防护等级下承压设备壳体的变形准则[30]

防护等级	延性比(μ)允许变形量	支撑转角(θ)允许变形量
Ⅰ	10	2°
Ⅱ	20	12°

首先确定容器所需达到的防护等级,再根据爆炸载荷下容器动力响应分析计算得到的延性比与支撑转角,与变形准则规定的允许变形量比较(见表 1),可以评定承压设备损伤与安全状态。

1.2 研究对象与参数设定

旋压无缝储氢容器组如图 2(a)所示,其单瓶水容积 500 L,设计压力 50 MPa,公称外径 485 mm,壁厚 34.3 mm,容器总长度 8400 mm。容器组共由 6 台单个瓶式容器组成,主体材质为 4130X。

整体包扎式储氢容器如图 2(b)所示,主要结构为内筒、层板、左右半球形封头。在内筒外表面使用层板进行包扎,将每层层板两端与球形封头和加强箍焊接。容器水容积 500 L,设计压力 50 MPa,内筒内径 500 mm,壁厚 15 mm,内筒外表面共使用 8 层层板包扎,每层厚 8 mm,容器总长为 3146.8 mm。内筒与封头材质为奥氏体不锈钢 S31603,层板为碳钢 HP345 制成,鞍座为 Q235。

钢带错绕式储氢容器如图 2(c)所示,主要结构为内筒、钢带缠绕层、左右半球形封头。在内筒外表面错绕若干层扁平钢带,钢带与筒体环向成一定倾角,相邻层钢带绕向相反,且将每层钢带两端与半球形封头和加强箍焊接。容器通过鞍座与地面固定。容器容积 500 L,设计压力 50 MPa,内筒内径 500 mm,壁厚 15 mm,容器总长为 3167 mm。内筒外表面错绕 14 层扁平钢带,每层包含 8 条钢带(宽 80 mm,厚 6 mm)。内筒与封头材质为奥氏体不锈钢 S31603,缠绕层为碳钢 HP345 制成,鞍座为 Q235。

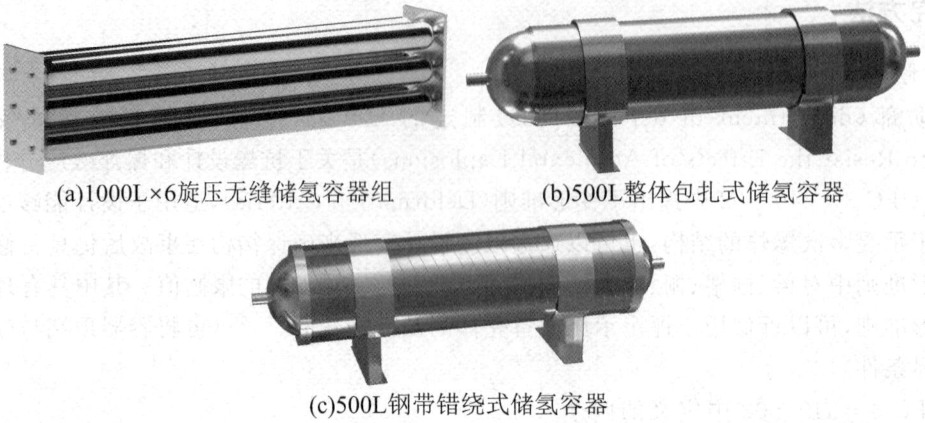

(a)1000L×6旋压无缝储氢容器组　(b)500L整体包扎式储氢容器

(c)500L钢带错绕式储氢容器

图 2　三种类型储氢容器

2　数值模型建立与验证

2.1　有限元模型建立

建立的有限元模型由容器、鞍座、地面、容器内压缩氢气、环境空气与 TNT 药柱组成,见图 3(a)(c)所示。球形 TNT 正对于容器中部,炸药的起爆点位于质心。容器与鞍座使用拉格朗日单元离散。模型中拉格朗日单元尺寸均在 8～10 mm 范围内,单元尺寸足以满足计算精度要求。模型中压缩氢气、空气与 TNT 使用欧拉单元离散,并使用 S-ALE 结构化求解器自动生成欧拉单元。模型中单元类型均为 LS-DYNA8节点实体单元(solid164)。

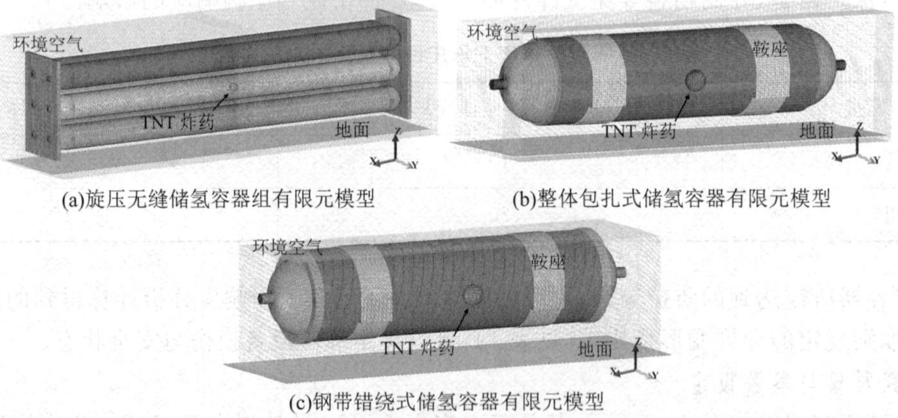

(a)旋压无缝储氢容器组有限元模型　(b)整体包扎式储氢容器有限元模型

(c)钢带错绕式储氢容器有限元模型

图 3　三种类型储氢容器有限元模型

在模型中设置容器内充装压力 50 MPa。在容器与鞍座间施加接触,鞍座底端由固定约束完全固定。空气域外表面施加无反射边界条件。模型中考虑摩擦力的作用,静摩擦系数与动摩擦系数均取 0.3。使用多层结构稳定固连接触算法[33]实现瞬态载荷下储氢容器中不同层板间的接触与碰撞行为。采用保守性建模方法[32],忽略材料断裂与损伤机制,要求爆炸能量完全通过塑性变形耗散。

计算模型中,TNT 炸药爆轰采用 JWL(Jones-Wilkens-Lee)状态方程描述,方程形式如下:

$$p=\nu\left(1-\frac{\omega}{1-R_1V}\right)e^{-R_1V}+\kappa\left(1-\frac{\omega}{1-R_2V}\right)e^{-R_2V}+\frac{\omega E_S}{2V} \tag{1}$$

式中:$\nu,\kappa,R_1,R_2,\omega$ 为待定常数;V 为相对比容;E_S为以初始体积表示的能量密度。

TNT 质量密度为 1.58 g/cm³,模型中所用参数见表 2。

表 2　TNT 炸药参数[34]

爆速 D/(cm/μs)	爆压 P_{CJ}/GPa	爆热 Q_v/(J/g)	ν/GPa	κ/GPa	R_1	R_2	ω
0.693	21.0	4294.5	371.2	3.2306	4.15	0.95	0.30

模型中使用 Johnson - Cook 热黏塑性本构模型描述材料动态变形行为：

$$\sigma_{eq}=(A+B\varepsilon_{eq}^{n})\left(1+C\ln\frac{\dot{\varepsilon}}{\dot{\varepsilon}_0}\right)(1-T^{*m}) \tag{2}$$

式中，σ_{eq} 为等效应力，MPa；ε_{eq} 为等效塑性应变；$\dot{\varepsilon}$ 为应变率；A,B,C,n,m 为材料常数；$\dot{\varepsilon}_0$ 为参考应变率。

模型中主要材料的本构模型参数参考文献[33-36]，见表 3。

表 3　主要材料参数

材料	A/MPa	B/MPa	C	n	m	$\dot{\varepsilon}_0$(s^{-1})
4130X	792	51	0.26	0.147	1.03	1.0
HP345	340	620	0.045	0.40	0.66	2.5×10^{-4}
S31603	305	1161	0.010	0.61	0.85	2.5×10^{-4}
Q235B	245	400	0.039	0.36	—	0.1

由于三种全尺寸储氢容器在材质、壁厚和长度上存在差异，为了聚焦结构形式对抗爆性能的影响，研究构建了材质、壁厚与长度均一致的简化柱壳模型，如图 4(a)(c)所示，旋压无缝储氢容器对应单层圆筒柱壳，整体包扎式储氢容器对应层板包扎柱壳，钢带错绕式储氢容器对应钢带错绕柱壳。三种柱壳均采用内径 250 mm、总壁厚 31.5 mm、全长 1100 mm 的几何尺寸。其中层板包扎柱壳的内筒壁厚 7.5 mm，外侧包裹 8 层 3 mm 厚层板；钢带错绕柱壳的内筒同样厚 7.5 mm，外表面错绕 8 层扁平钢带，每层包含 8 条钢带(宽 40 mm、厚 3 mm)。

模型包括柱壳、环境空气与球形 TNT，球形 TNT 正对于容器中部，球心距柱壳外壁 17 cm，起爆点位于球心。所有单元网格尺寸约 5 mm。柱壳内部压力通过在内壁面施加 50 MPa 压力边界条件实现。在柱壳一端施加轴向位移固定边界条件，避免固定所有自由度造成刚度过高导致模型失真。在空气域外表面施加无反射边界条件。层板包扎和钢带错绕柱壳的内外层接触设置静摩擦系数及动摩擦系数均为 0.3。

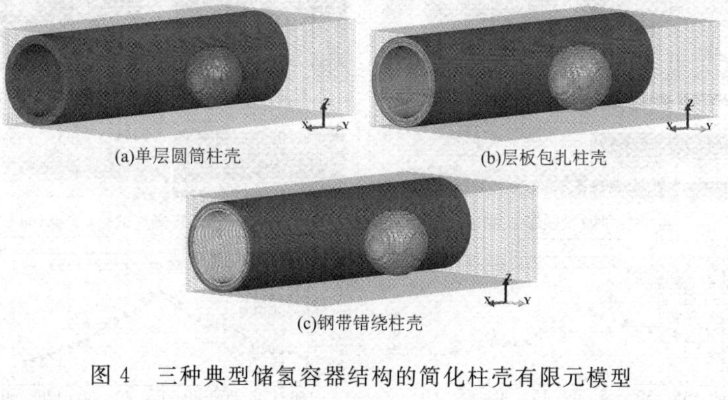

(a)单层圆筒柱壳　(b)层板包扎柱壳　(c)钢带错绕柱壳

图 4　三种典型储氢容器结构的简化柱壳有限元模型

为排除材料性能差异的影响，柱壳统一采用理想弹塑性材料模型，其屈服强度取自 S31603、HP345 和 4130X 的平均值。考虑到 Johnson - Cook 本构模型参数繁多，选用 Cowper - Symonds 弹塑性模型描述柱壳的材料变形行为：

$$\sigma_y^{dyn}=\sigma_y ? \left(1+\left(\frac{\varepsilon}{D}\right)^{\frac{1}{q}}\right) \tag{3}$$

式中，σ_y^{dyn} 为动态屈服强度；σ_y 为材料屈服强度，取 479 MPa；D，q 为材料系数，$D=40\ s^{-1}$，$p=5$；ε 为爆炸冲击引起的应变率。

设计了 4 组仿真工况以研究三种柱壳在不同爆炸强度下的抗爆性能(见表 4)，爆炸强度使用比例爆距 Z 表征：

$$Z=\frac{R}{\sqrt[3]{M}} \tag{4}$$

式中，Z 为比例爆距，m/kg$^{1/3}$；R 为测点与爆心间距，m；M 为 TNT 当量，kg。

表 4　三种柱壳的仿真工况

序号	TNT 当量 M/kg	比例爆距 Z/（m/kg$^{1/3}$）
1	5.0	0.099
2	7.5	0.087
3	10.0	0.079
4	15.0	0.069

2.2　模型验证

之前的工作中，开展了 50 L 钢带错绕式储氢容器外部接触爆炸加载试验与非接触爆炸加载试验，并进行了外爆载荷下储氢容器动力学响应规律及损伤失效模式研究[16]。试验中采用圆柱形 TNT 炸药进行爆炸加载，接触爆炸加载试验采用 157 g TNT 施加爆炸载荷。非接触爆炸加载试验 TNT 当量为 4 kg，容器中充装压力至 6 MPa。将试验测得的储氢容器残余凹陷变形与模型计算结果进行对比(见图 5)，模型最大误差为 10%，说明模型具有较高准确性。因此将建模方法应用至 500L 钢带错绕式储氢容器、整体包扎式储氢容器与旋压无缝储氢容器，也能有效模拟后两者储氢容器在外部爆炸载荷下的动力响应行为。

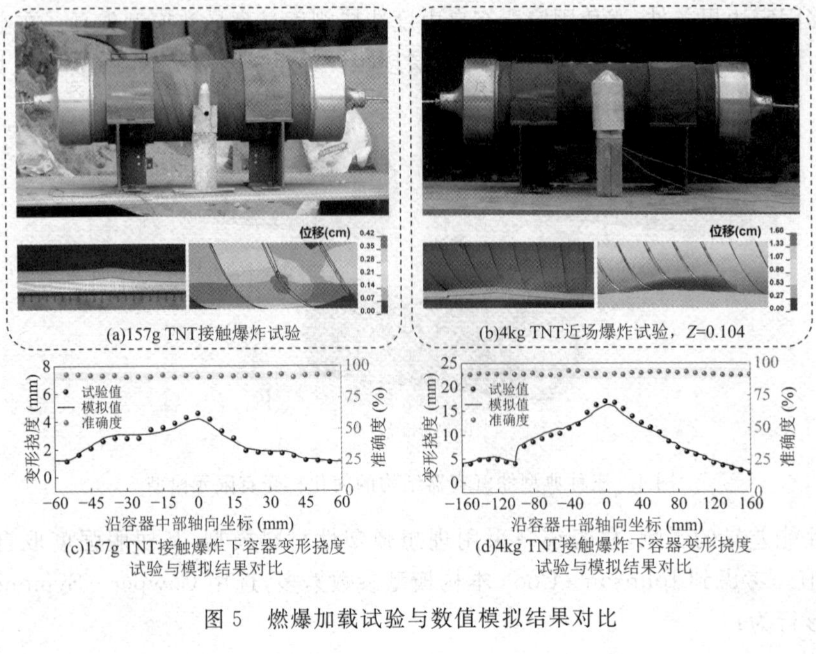

图 5　燃爆加载试验与数值模拟结果对比

3　结果与讨论

3.1　全尺寸储氢容器抗爆性能评估

针对三种不同结构形式的储氢容器，施加了不同强度的爆炸荷载（TNT 当量 4～20 kg，爆心距 $R=15$ cm），并提取了容器达到最大变形时的位移云图。图 6 给出了三种结构储氢容器在 15kg TNT 爆炸加载下的位移分布情况。由图可见，旋压无缝储氢容器组主要在正对炸药方向的气瓶部位发生严重变形，最大位移达到 21 cm；而整体包扎式储氢容器与钢带错绕式储氢容器的最大位移量显著降低，分别为 3.20 cm 和 2.92 cm。进一步对比发现，尽管两种复合结构容器的总体最大变形量接近，但其内筒的最大位移存在明显差异：整体包扎式储氢容器内筒最大位移为 3.20 cm，而钢带错绕式储氢容器为 2.14 cm。由于内筒作为容器的关键承压部件，其变形水平直接关系到整体结构的安全性与服役性能，因此有必要对不同结构的内筒安全裕度进行定量评估。

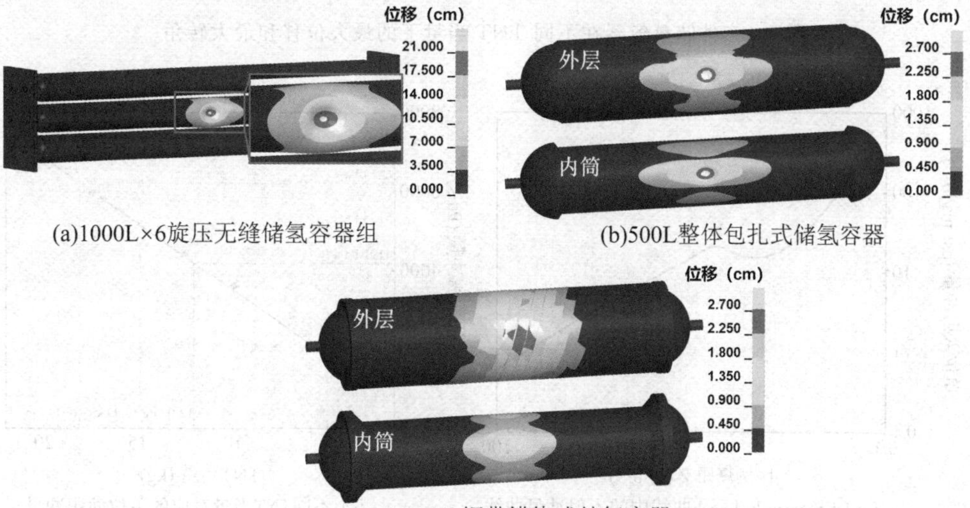

(a)1000L×6旋压无缝储氢容器组　(b)500L整体包扎式储氢容器

(c)500L钢带错绕式储氢容器

图 6　三种储氢容器在 15 kg TNT 爆炸加载下的最大位移（$Z=0.061$）

基于此采用变形准则对三种容器的内筒安全性进行分析。延性比（μ）定义为结构最大挠度（X_m）与屈服时的挠度（X_E）之比，在本研究中 X_E 被确定为内筒内表面首次达到 0.2% 塑性应变时所对应的挠度值。当旋压无缝储氢容器组、整体包扎式储氢容器与钢带错绕式储氢容器内表面塑性应变分别达到 0.2% 时，其对应的 X_{E1}、X_{E2}、X_{E3} 分别为 0.84，0.15 和 0.136 cm，根据 DOD UFC 3－340－02 中对 Ⅱ 级防护的规定，延性比（μ）的允许限值为 20，即结构最大挠度（X_m）不得超过 X_E 的 20 倍。因此三种容器的最大容许挠度 X_{m1}、X_{m2}，X_{m3} 分别为 16.8，3.0 和 2.7 cm。

使用二阶多项式函数对不同 TNT 当量加载下的容器最大变形量进行拟合，结果如图 7 所示。根据图 7(a)，当三种容器分别达到其对应的最大容许挠度时，对应的 TNT 当量分别为 12.07 kg（旋压无缝容器组）、14.90 kg（整体包扎式容器）和 18.11 kg（钢带错绕式容器）。图 7(b) 给出了三种结构储氢容器在不同 TNT 当量加载下的最大转角拟合曲线。依据 Ⅱ 级防护要求，支撑转角（θ）应不超过 12°。从拟合结果可知，在达到最大容许挠度时，三种结构的转角均远小于该限值，表明其满足规范要求。基于 Kingery－Bulmash 曲线[34]中关于入射冲量与比例爆距 Z 的关系（见图 8(a)），以延性比准则中规定的最大容许挠度作为判据，计算出三种容器所能承受的最大单位面积冲量（见图 8(b)）。结果显示，旋压无缝储氢容器组的可承受最大单位面积冲量为 4191 Pa·s；整体包扎式储氢容器的可承受最大单位面积冲量为 5138 Pa·s；而钢带错绕式储氢容器可承受 6213 Pa·s 的单位面积冲量。由此可见钢带错绕式储氢容器所能承受的爆炸载荷最高，具备最优的抗爆性能。

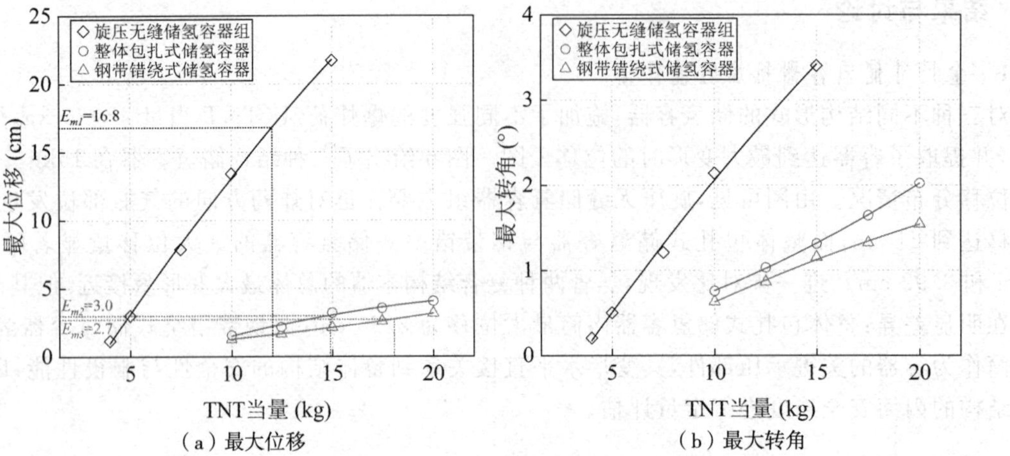

（a）最大位移　　（b）最大转角

图 7　三种储氢容器在不同 TNT 当量下的最大位移和最大转角

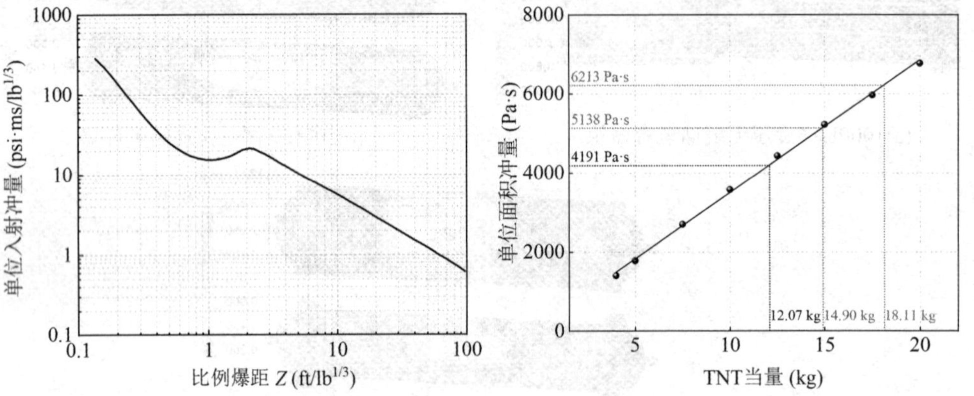

（a）Kingery-Bulmash曲线中的入射冲量曲线　　（b）不同TNT当量对应的单位面积冲量

图 8　Kingery-Bulmash 曲线中的入射冲量曲线和不同 TNT 当量对应的单位面积冲量[37]

3.2　统一参数模型的抗爆性能对比

为研究三种结构柱壳在外部爆炸作用下的等效塑性应变分布规律，以柱壳内壁迎爆面为 0°基准，沿圆周逆时针方向每隔 45°确定一条测量线(依次为 0°，45°，90°，135°，180°)，见图 9 所示。在每条测量线沿轴向每隔 5 cm 均匀选取测点提取内表面的等效塑性应变分布数据，绘制出三种结构柱壳在不同比例爆距(Z=0.099～0.069)下的等效塑性应变分布图，见图 10 所示。

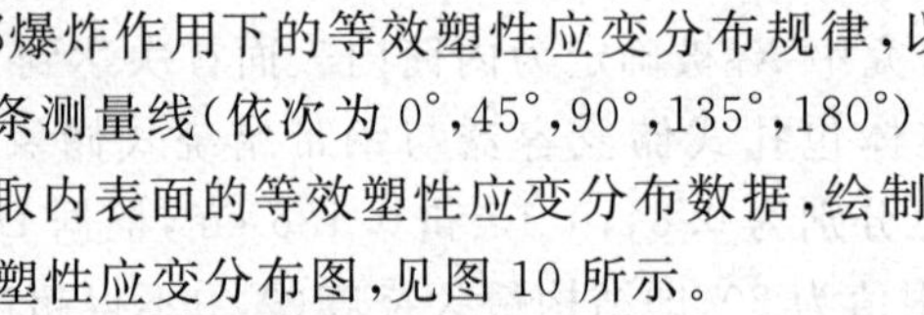

图 9　柱壳内表面等效塑性应变提取位置

从图 10(a)中可以看出，当比例爆距 Z=0.099 时，三种柱壳在 0°位置的塑性应变大小及分布相近。然而，在 45°至 180°方向，单层圆筒柱壳的塑性应变整体高于层板包扎柱壳与钢带错绕柱壳。进一步观察图 10(b)(d)，单层圆筒柱壳仍表现出最高的整体塑性应变水平，且主要集中在柱壳迎爆面与背面中部；0°位置处层板包扎柱壳的塑性应变次之，而钢带错绕柱壳塑性应变最小，且其分布更为均匀和分散；但在其

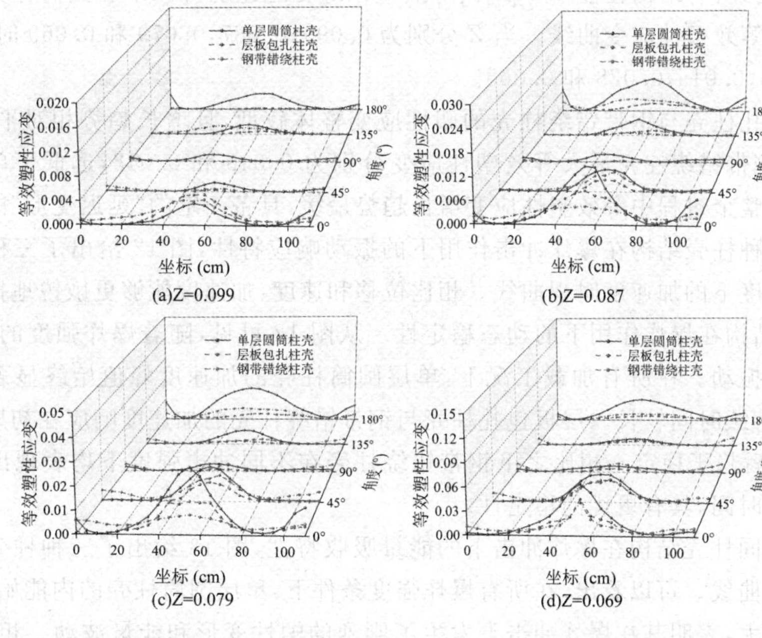

图 10　三种柱壳在不同爆炸强度下内表面等效塑性应变分布规律

余方向钢带错绕柱壳的塑性应变略高于层板包扎柱壳。综上所述，随着爆炸强度的增强（Z 值减小），单层圆筒柱壳始终表现出最高的塑性应变水平，且变形区域集中，易发生局部失效；在高强度爆炸下，层板包扎柱壳在迎爆面与钢带错绕柱壳应变相当，但后者整体上呈现出更为分散的塑性变形特征。

前文通过对柱壳内壁不同位置等效塑性应变分布的分析表明，随着爆炸强度的增强，单层圆筒柱壳在各角度均呈现出较高的塑性应变水平，而层板包扎柱壳和钢带错绕柱壳则通过复合结构有效分散冲击载荷，整体塑性应变较低。为了进一步探究冲击载荷作用下不同结构的等效塑性应变演化规律，图 11 展示了三种柱壳结构内壁迎爆面中心位置在不同爆炸强度下的等效塑性应变时程响应。

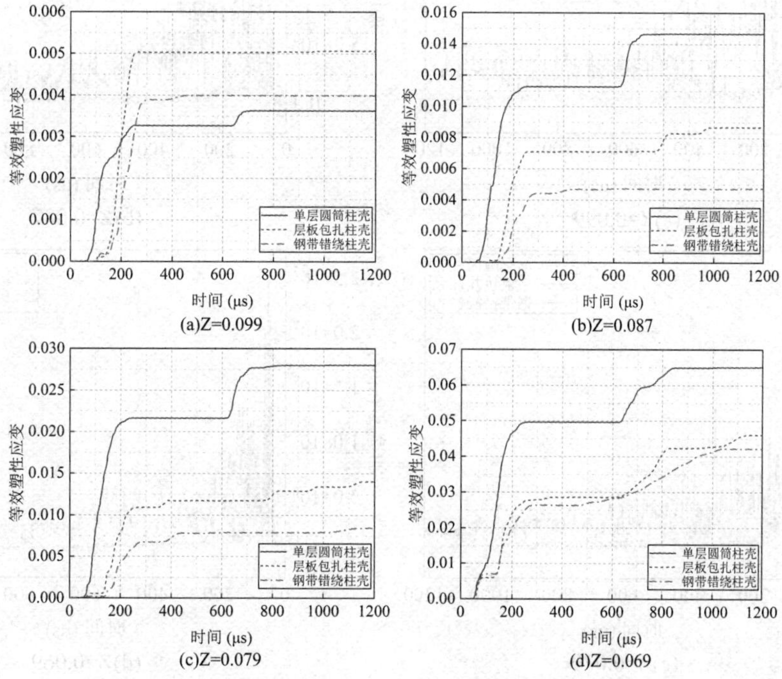

图 11　三种柱壳内表面迎爆面中心在不同爆炸强度下的等效塑性应变时程曲线

从图 11 可以看出,所有结构在前 300 μs 内等效塑性应变迅速上升。单层圆筒柱壳在各工况下均表现出"跳跃式"增长的等效塑性应变曲线。当 Z 分别为 0.099,0.087,0.079 和 0.069 时,最大等效塑性应变值分别达到 0.0036,0.015,0.028 和 0.065。

相比之下层板包扎柱壳与钢带错绕柱壳的塑性应变整体较低,且增长趋势相对平缓。当 $Z=0.069$ 时,层板包扎柱壳与钢带错绕柱壳最大等效塑性应变分别为 0.046 和 0.042,远低于单层结构(0.065)。其中钢带错绕柱壳在整个过程中等效塑性应变增长趋势最缓,具备一定的"延迟变形"能力。

为进一步揭示三种柱壳结构在爆炸冲击作用下的振动响应特性,图 12 给出了三种柱壳内侧迎爆面中心点在不同爆炸强度下的加速度时程曲线。相比位移和速度,加速度能够更敏锐地捕捉瞬时高频响应特征,更适用于分析结构在爆炸作用下的动态稳定性。从图 12 可见,随着爆炸强度的增强,三种结构在初始阶段均出现剧烈振动。在所有加载工况下,单层圆筒柱壳的加速度峰值始终显著高于其他两种结构,振动响应剧烈且持续时间较长。层板包扎柱壳与钢带错绕柱壳的加速度响应在初期快速上升后迅速衰减,并在约 400 μs 后趋于稳定。相比之下钢带错绕柱壳在不同冲击强度下均表现出较低的加速度幅值与较短的振动持续时间,具有更优的稳定性。

为进一步揭示不同柱壳结构在爆炸冲击下的能量吸收特性,图 13 给出了三种柱壳在不同爆炸强度下的内能随时间演变曲线。可以看出,在所有爆炸强度条件下,单层圆筒柱壳的内能始终保持最高,且演变过程中振荡幅度较大,表明其在爆炸冲击下发生了剧烈的塑性变形和能量波动。相比之下,钢带错绕柱壳的最大内能高于层板包扎柱壳,但在内能演变过程中,钢带错绕柱壳的能量振荡幅度最低,内能演变过程最为平稳,反映出更优的结构稳定性和较强的能量耗散控制能力。层板包扎柱壳的最大内能水平在三种结构中最低,表明其通过塑性变形吸收的冲击能量最少,爆炸冲击效应对其整体破坏范围相对较小。

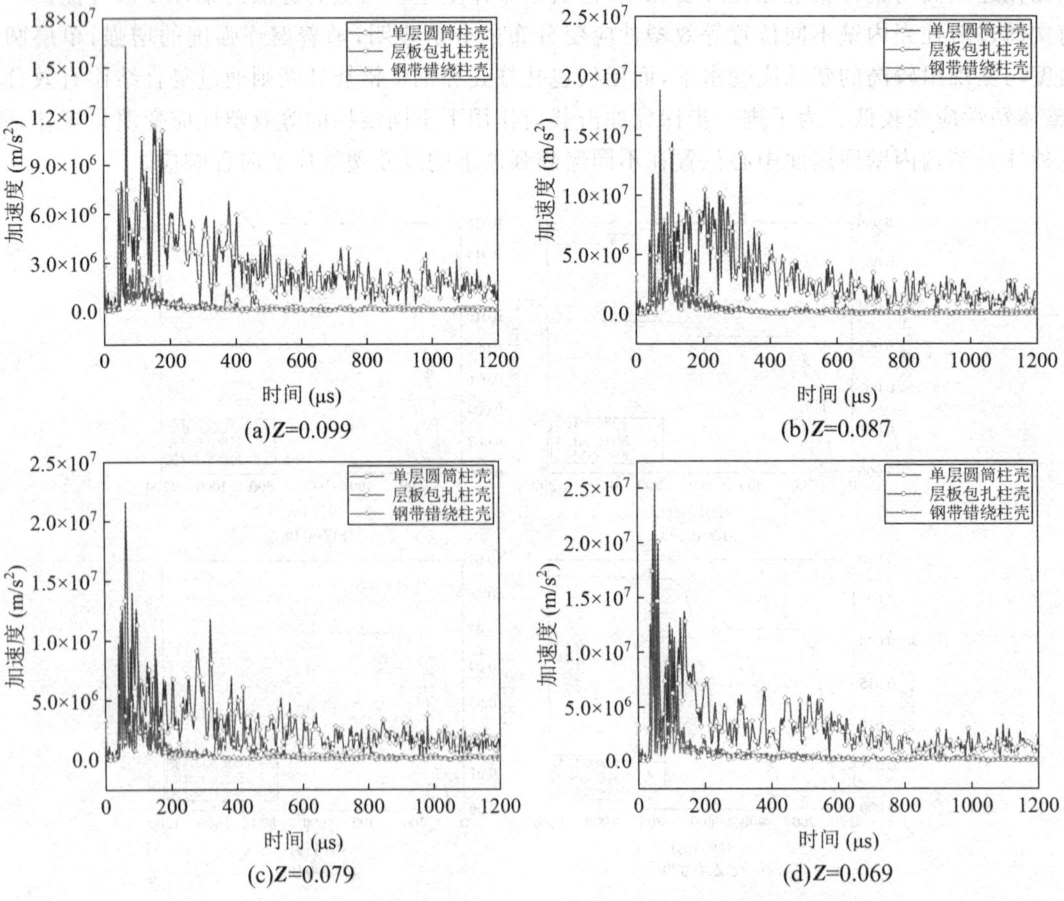

图 12　三种柱壳内表面迎爆面中心在不同爆炸强度下的加速度时程曲线

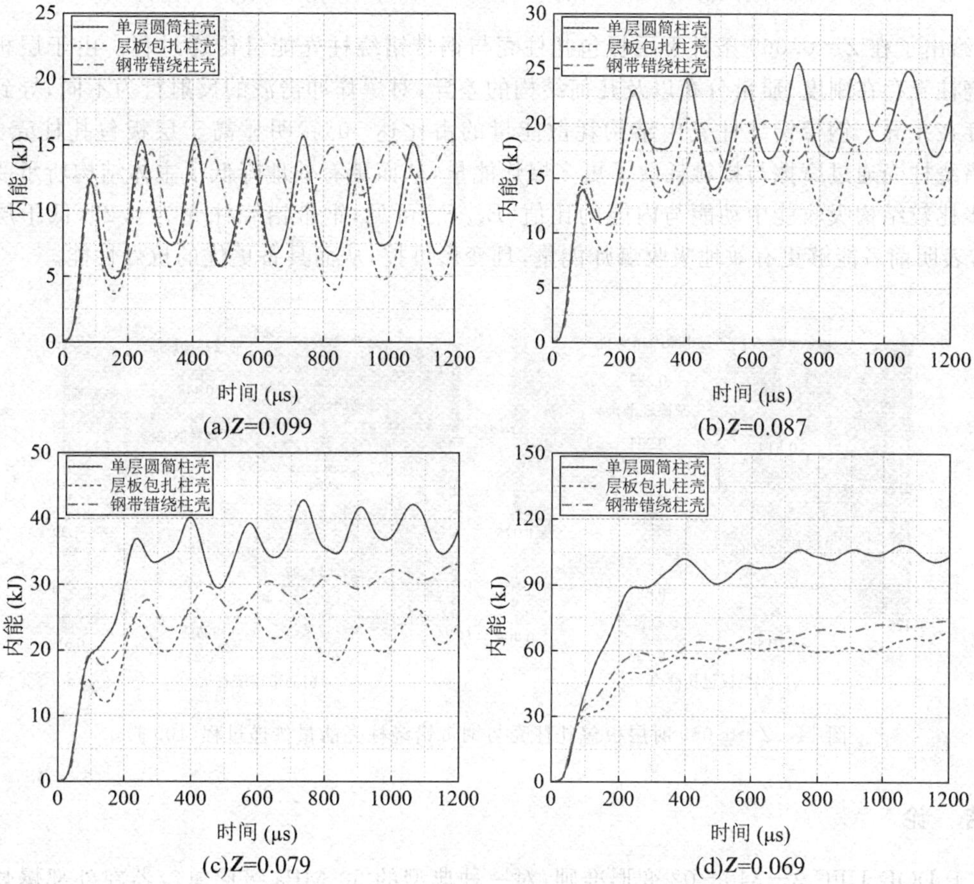

图 13 三种柱壳在不同爆炸强度下的内能演变规律

为进一步研究层板包扎柱壳与钢带错绕柱壳在爆炸荷载作用下的能量传递过程，对层板包扎柱壳与钢带错绕柱壳的能量传递过程进行了对比分析。基于能量守恒原理，流经柱壳的总能量E_{total}可表示为结构吸收能E_{abs}与结构耗散能E_{dis}之和：

$$E_{total}=E_{abs}+E_{dis} \tag{5}$$

结构吸收能量E_{abs}可分为结构动能E_k与结构内能E_i：

$$E_{abs}=E_k+E_i \tag{6}$$

动能和内能进一步分配到柱壳外层(O)与内筒(I)：

$$E_k=E_{k,O}+E_{k,I}$$

$$E_i=E_{i,O}+E_{i,I} \tag{7}$$

结构耗散能量E_{dis}包括摩擦耗散能量E_f和非摩擦接触能量E_c：

$$E_{dis}=E_f+E_c \tag{8}$$

摩擦耗散能量和非摩擦接触能量进一步分配到柱壳外层与内筒：

$$E_f=E_{f,O}+E_{f,I}$$

$$E_c=E_{c,O}+E_{c,I} \tag{9}$$

最终完整的能量流动路径可表示为：

$$E_{total} \rightarrow (E_{k,O}+E_{k,I}+E_{i,O}+E_{i,I})+(E_{f,O}+E_{f,I}+E_{c,O}+E_{c,I}) \quad (10)$$

图 14 给出了在 $Z=0.069$ 条件下层板包扎柱壳与钢带错绕柱壳能量传递过程。由于层板包扎柱壳与钢带错绕柱壳存在刚度、质量分布以及几何结构的差异，对爆炸冲击波的反射行为不同，导致流经柱壳的总能量存在差异。钢带错绕柱壳中结构耗散能量的占比达 50%，明显高于层板包扎柱壳的 35.9%。表明钢带错绕柱壳通过摩擦与接触耗散了更多爆炸能量，从而更有效地降低了主体结构所承受的能量负荷。进一步比较结构吸收能中动能与内能的比值(E_k/E_i)可见，钢带错绕柱壳为 0.29，低于层板包扎柱壳的 0.33，表明前者能够更有效地吸收爆炸能量，且变形可控，从而具备更优的抗爆性能。

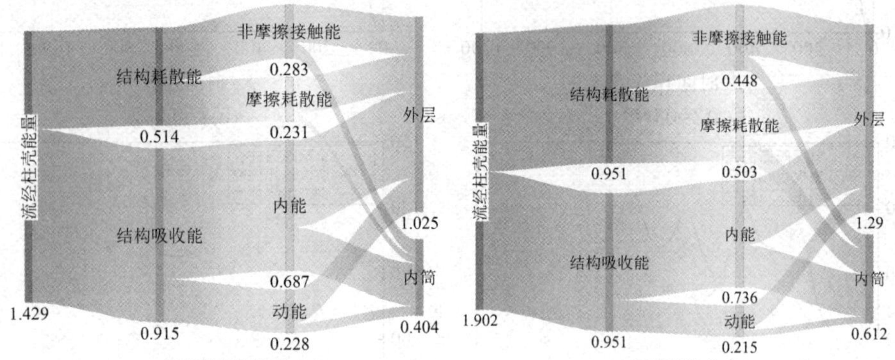

图 14　Z=0.069 时层板包扎柱壳与钢带错绕柱壳能量传递过程(105 J)

4　结　论

(1)基于 DOD UFC 3－340－02 变形准则，对三种典型的 50 MPa 级储氢容器在外部爆炸载荷下的抗爆性能进行了评估。结果表明，旋压无缝储氢容器的抗爆性能显著低于另外两种多层复合结构容器，其可承受最大单位面积冲量为 4191Pa·s；钢带错绕式储氢容器表现最优，可承受单位面积冲量达 6213Pa·s，较整体包扎式容器提升约 20.9%。

(2)为进一步排除材料、尺寸差异带来的影响，构建了三类容器的统一参数简化柱壳模型。研究发现多层结构有助于爆炸载荷的耗散。单层圆筒柱壳在爆炸荷载下振动剧烈、持续时间较长，且其等效塑性应变曲线呈"跳跃式"增长。而两种多层结构的塑性应变分布更低，振动响应迅速衰减。钢带错绕结构等效塑性应变增长趋势最缓，表现出"延迟变形"能力。

(3)对比了层板包扎与钢带错绕结构的能量传递过程。由于二者在刚度、质量分布及几何结构上的差异，对爆炸冲击波的反射行为不同，导致钢带错绕柱壳的总输入能量略高。然而钢带错绕结构通过摩擦与接触耗散的能量占比高于层板包扎结构，且动能与内能比值(E_k/E_i)更低，内能增长过程更平稳，具备更优的抗爆性能。

参考文献

[1] 中国政府网.《政府工作报告:2024 年 3 月 5 日在第十四届全国人民代表大会第二次会议上》[R/OL].,2024[2024－11－21]. https://www.gov.cn/yaowen/liebiao/202403/content_6939153.htm.

[2] 郑津洋，胡军，韩武林，等. 中国氢能承压设备风险分析和对策的几点思考[J]. 压力容器. 2020,37(06):39－47.

[3] 郑津洋，马凯，叶盛，等. 我国氢能高压储运设备发展现状及挑战[J]. 压力容器. 2022,39(03):1－8.

[4] Manoharan Y, Hosseini S E, Butler B, et al. Hydrogen Fuel Cell Vehicles; Current Status and

Future Prospect[J]. Applied Sciences. 2019,9(11):2296.

[5] Zheng J, Liu X, Xu P, et al. Development of high pressure gaseous hydrogen storage technologies[J]. International Journal of Hydrogen Energy. 2012,37(1):1048－1057.

[6] 段志祥,黄强华,薄柯,等.我国固定式储氢压力容器发展现状综述[J].中国特种设备安全.2022,38(04):5－10.

[7] 卢浩,陈丹鹤,邓树新,等.重大工程设施抗爆韧性设计的思考[J].同济大学学报(自然科学版).2023,51(06):864－873.

[8] Tapeinos I G, Rajabzadeh A, Zarouchas D S, et al. Evaluation of the mechanical performance of a composite multi－cell tank for cryogenic storage: Part II－Experimental assessment[J]. International Journal of Hydrogen Energy. 2019,44(7):3931－3943.

[9] Zhou W, Wang J, Pan Z, et al. Review on optimization design, failure analysis and non－destructive testing of composite hydrogen storage vessel[J]. International Journal of Hydrogen Energy. 2022,47(91):38862－38883.

[10] Zheng J, Chen Y, Deng G, et al. Dynamic Elastic Responses of Orthotropic Double－Layered Cylinders under Dynamic Loading[C]. ASME Pressure Vessels and Piping Conference. 2006.

[11] Zheng J, Chen Y, Deng G, et al. Dynamic elastic response of an infinite discrete multi－layered cylindrical shell subjected to uniformly distributed pressure pulse[J]. International Journal of Impact Engineering. 2006,32(11):1800－1827.

[12] Zheng J, Deng G, Chen Y, et al. Experimental investigation of discrete multilayered vessels under internal explosion[J]. Combustion, Explosion, and Shock Waves. 2006,42(5):617－622.

[13] Zheng J, Deng G, Chen Y, et al. Experimental investigation on multilayered explosion containment vessels[C]. ASME Pressure Vessels and Piping Conference. 2006.

[14] Chen Y, Wu X, Zheng J, et al. Dynamic responses of discrete multi－layered explosion containment vessels with the consideration of strain－hardening and strain－rate effects[J]. INTERNATIONAL JOURNAL OF IMPACT ENGINEERING. 2010,37(7):842－853.

[15] 邓贵德,郑津洋,陈勇军,等.离散多层爆炸容器的抗爆性能和尺寸效应[J].爆炸与冲击.2010,30(02):215－219.

[16] Du Y, Liu Y, Zhang Z, et al. Experimental investigation on the deformation and damage of steel ribbon wound vessel for hydrogen storage under external impact and blast loading[J]. International Journal of Hydrogen Energy. 2024,55:1017－1027.

[17] Liu Y, Du Y, Zhou F, et al. Deformation and Dynamic Response of Steel Belt Staggered Multilayer Cylindrical Shell Under External Blast Loading[J]. Journal of Pressure Vessel Technology. 2023,145(5).

[18] Liu Y, Du Y, Zhang Z, et al. Dynamic response and vibration modes of multi－layer wound cylindrical shell for hydrogen storage under external blast loading[J]. International Journal of Hydrogen Energy. 2024,54:1242－1250.

[19] Liu X, Gu W B, Liu J Q, et al. Dynamic response of cylindrical explosion containment vessels subjected to internal blast loading[J]. International Journal of Impact Engineering. 2020,135:103389.

[20] Huang S, Jin Z, Chen Y. Underwater blast resistance of double cylindrical shells with circular tube stiffeners[J]. Ocean Engineering. 2021,238:109691.

[21] Yin C, Lei Z, Jin Z, et al. Effects of Connecting Structures in Double－Hulled Water－Filled Cylindrical Shells on Shock Wave Propagation and the Structural Response to Underwater Explosion [J]. Journal of Marine Science and Engineering. 2024,12(11):1949.

[22] Wang Z,Chen H,Yuan Q,et al. Anti - explosion performance and dynamic response of an innovative multi - layer composite explosion containment vessel[J]. Defence Technology. 2024,36:105—121.

[23] Li Z,Zhang T,Tang B,et al. Blast response and optimization of cylindrical sandwich shells with toroidal tubular cores[J]. International Journal of Impact Engineering. 2025,196:105157.

[24] Zhou Y,Ji C,Long Y,et al. Experimental studies on the deformation and damage of steel cylindrical shells subjected to double - explosion loadings[J]. Thin - Walled Structures. 2018,127:469—482.

[25] Li H,Shen C,Lu G,et al. Response of cylindrical tubes subjected to internal blast loading [J]. Engineering Structures. 2022,272:115004.

[26] Deng G,Xu P,Zheng J,et al. Numerical Simulation of Blast Loadings on a Thick - Walled Cylindrical Vessel[C]. ASME Pressure Vessels and Piping Conference. 2007.

[27] Mirzaei M. On amplification of stress waves in cylindrical tubes under internal dynamic pressures[J]. International Journal of Mechanical Sciences. 2008,50(8):1292—1303.

[28] Ramezani H,Mirzaei M. Transient elastodynamic behavior of cylindrical tubes under moving pressures and different boundary conditions[J]. Applied Mathematical Modelling. 2020,77:934—949.

[29] Barbosa L G,Gomes G F. Numerical simulation of pressure vessel explosions using metallic and composite materials:A comparative study[J]. International Journal of Hydrogen Energy. 2024,58:289—301.

[30] DoD. UFC 3 — 340 — 02 Structures to Resist the Effects of Accidental Explosions[S]. Department of Defense,USA,2008.

[31] Slovenec D E,Wood J,Kummari S R,et al. Blast - Induced Failure Analysis of Liquid Ammonia Storage Tank[C]. ASME Pressure Vessels and Piping Conference. 2024.

[32] 田立智,张亚军,范诚,等．含金属内衬复合材料抗爆容器的初始设计方法[J]．压力容器，2024,41(5):50—57.

[33] Du Y,Liu Y,Zhou F,et al. Investigation on Dynamic deformation and Damage of Steel Ribbon Wound Vessel for Hydrogen Storage Under Fragment Impact Loading[J]. Journal of Pressure Vessel Technology. 2025:1—19.

[34] Giam A,Toh W,Tan V B C. Numerical Review of Jones - Wilkins - Lee Parameters for Trinitrotoluene Explosive in Free - Air Blast[J]. Journal of Applied Mechanics. 2020,87(5).

[35] 李丽锋,罗金恒,张超,等．CNG 储气瓶物理爆炸裂纹动态扩展特性[J]．油气储运．2022,41(10):1181—1188.

[36] 林莉,支旭东,范锋,等．Q235B 钢 Johnson - Cook 模型参数的确定[J]．振动与冲击．2014,33(09):153—158.

[37] Rodriguez E A,Romero C. Hydrodynamic Modeling of Detonations for Structural Design of Containment Vessels[C]. ASME Pressure Vessels and Piping Conference. 2006.

作者简介

刘元琦(1999),男,博士研究生,主要从事能源储输装备与安全研究,通信地址:266580 山东省青岛市黄岛区长江西路 66 号中国石油大学,E—mail:liuyuanqi@s. upc. edu. cn。

晶体塑性框架下考虑陷阱的氢扩散行为模拟研究

邓力升[1,2],赵晨宇[1,2],吴炜杰[1,2],巩建鸣[1,2]

(1. 南京工业大学 机械与动力工程学院,南京 211816;

2. 江苏省能源动力制造装备及可靠性技术重点实验室,南京 211816)

摘　要:氢脆现象与氢扩散及陷阱效应密切相关。本研究基于晶体塑性理论,构建了晶格氢—陷阱氢平衡的多场耦合模型,通过有限元模拟实现跨尺度模拟。结果表明:氢陷阱显著抑制晶格氢扩散深度;晶粒细化因静水应力增强提高晶格氢浓度,但对陷阱氢分布无显著影响。揭示了局部应力场对氢扩散的驱动机制及晶粒尺寸的调控作用,为氢致失效预测提供了理论支持。该模型弥补了传统方法在微观组织—应力场耦合分析中的不足。

关键词:晶体塑性;氢扩散;氢陷阱;多场耦合

Simulation study of hydrogen diffusion behavior considering traps in the crystal plasticity framework

DENG Lisheng[1,2],ZHAO Chenyu[1,2],WU Weijie[1,2],GONG Jianming[1,2]

(1. School of Mechanical and Engineering,Nanjing Tech University,Nanjing　211816,China;

2. Jiangsu Province Key Laboratory of Reliability - centered Manufacturing of Energy Power Equipment,Nanjing　211816,China)

Abstract:The hydrogen embrittlement phenomenon is closely related to hydrogen diffusion and trap effects. In this study,a multi - field coupling model of lattice hydrogen - trap hydrogen equilibrium is constructed based on crystal plasticity theory,and cross - scale simulation is achieved by finite element simulation. The results show that: hydrogen trapping significantly inhibits the lattice hydrogen diffusion depth; grain refinement increases the lattice hydrogen concentration due to hydrostatic stress enhancement,but has no significant effect on the trap hydrogen distribution. The driving mechanism of local stress field on hydrogen diffusion and the modulation of grain size are revealed,which provides theoretical support for the prediction of hydrogen - induced failure. The model makes up for the shortcomings of traditional methods in the coupled microstructure - stress field analysis.

Keywords:crystal plasticity; hydrogen diffusion; hydrogen trapping; multi - field coupling

0　引　言

氢脆现象源于氢原子在金属材料中的扩散行为,而微观氢陷阱的作用机制尚不明确。传统实验手段难以直接观测微观氢分布,因此需通过数值模拟构建多物理场耦合模型[1-3],揭示氢扩散与陷阱的相互作用机制。

在金属材料的氢扩散过程中,氢原子呈现两种典型赋存状态:溶解于晶格间隙位置的晶格氢,以及被氢陷阱捕获的陷阱氢。氢陷阱本质上由材料微观缺陷构成,其类型可系统分为:

(1)晶体缺陷类(如空位、置换/间隙原子、位错、晶界);

(2)第二相界面(析出相/夹杂物界面);

(3)料加工成型过程中出现缺陷(划痕/微裂纹)。这些氢陷阱的存在会影响氢在材料中的扩散行为进而影响氢在材料中的分布[4-5]。

现有商业有限元软件可模拟晶格氢的浓度、应力及温度梯度驱动扩散[6-8],但缺乏陷阱氢计算模块,需通过热一质扩散类比开发子程序。传统宏观本构难以描述位错等微观陷阱及晶间应力场对氢扩散的影响,导致跨尺度耦合缺失和预测偏差。为此,本文构建了融合晶体塑性理论与氢平衡的多场耦合模型,引入位错密度演化方程及陷阱结合能参数,实现氢扩散一微观组织一应力场三者的耦合下的氢扩散行为和应力应变相应的模拟和预测,讨论了不同晶粒尺寸对氢扩散的影响,为氢致失效机理研究提供理论基础。

在本文的研究中,我们借助 ABAQUS 有限元软件,引入了考虑晶格氢和陷阱氢平衡的氢扩散模型,同时考虑了唯象的晶体塑性本构模型描述材料的变形行为,使用用户子程序 UMAT 和 UMATHT 以实现晶体塑性框架下考虑陷阱的氢扩散行为的模拟,对材料中的氢扩散行为进行更准确地预测。

1 理论与方法

1.1 陷阱氢晶格氢浓度平衡理论

在扩散模型中,材料中的总氢浓度(C_{Total})是由位于正常晶格点位上可以自由扩散的晶格氢浓度(C_L)和被困在内部缺陷中的陷阱氢浓度(C_T)组成:

$$C_{Total}=C_L+C_T \tag{1}$$

其中晶格氢 C_L[9] 和陷阱氢 C_{Trap} 可以通过下式计算得到:

$$C_L=\alpha\theta_L N_L \tag{2}$$

$$C_T=\beta\theta_T N_T \tag{3}$$

式中,α 为每个金属原子的间隙点位数量,对于奥氏体不锈钢通常取 1;θ_L 为氢在金属原子间隙中的占用率;N_L 为金属原子的数量;β 为每个陷阱的氢原子点位,在我们的研究中取 1[10-11];θ_T 为陷阱点位的占用率;N_T 为单位体积晶格中的陷阱的数量(氢陷阱密度)。

N_L,N_T 可以分别通过以下公式计算:

$$N_L=\frac{\rho_{Fe}N_A}{A_{Fe}} \tag{4}$$

$$N_T=\frac{\rho_d}{d} \tag{5}$$

式中,ρ_{Fe} 为铁的密度;N_A 为阿伏伽德罗常数;A_{Fe} 为原子序数;ρ_d 为位错密度;d 通过晶格常数计算得到。

Oriani 提出的陷阱氢与晶格氢平衡关系理论认为材料中的晶格氢和陷阱氢维持着某种平衡关系:

$$\frac{1-\theta_L}{\theta_L}=K_T\,\frac{1-\theta_T}{\theta_T} \tag{6}$$

式中,K_T 为平衡常数,可以通过陷阱结合能计算得到:

$$K_T=-e^{-\Delta E_T/RT} \tag{7}$$

式中,ΔE_T 为陷阱的结合能,取决于材料的种类和陷阱的类型;R 为气体常数;T 为开氏温度。

联立公式(2)、(3) 和(6) 可以得到陷阱氢的计算公式:

$$C_T = \frac{C_L N_T K_T}{C_L N_T + N_L} \tag{8}$$

1.2 位错密度及氢陷阱

为了描述氢陷阱对扩散的影响，需要计算前面公式中提到的氢陷阱密度 N_T。目前最常用的两种考虑氢陷阱密度的方法分别由Kumnick等和Sofronis等提出。Kumnick等[12] 对纯铁进行了氢渗透测试，发现随着变形的增加纯铁中氢陷阱密度先急剧增加随后趋于饱和。根据他们的实验数据，得到的与塑性应变 ε^p 相关的描述公式为：

$$\log N_T = 23.26 - 2.33\exp(-5.5)\varepsilon^p \tag{9}$$

$$N_T = 10^{23.26-2.33\exp(-5.5)\varepsilon^p}\ \text{sites/m}^3 \tag{10}$$

Sofronis等[13] 提出的计算方法为：

$$N_T = \sqrt{2}\ \frac{\rho}{a} \tag{11}$$

$$\rho = \begin{cases} \rho_0^d + \gamma\varepsilon_p & \varepsilon_p \leqslant 0.5 \\ 10^{16} & \varepsilon_p > 0.5 \end{cases} \tag{12}$$

式中，ρ 为位错密度，单位为 site/m^2；a 为晶格常数，对于奥氏体不锈钢 $a=3.59\times10^{-10}$ m；$\rho_0^d=10^{10}\,\text{m}^{-2}$，为初始位错密度；$\gamma=2\times10^{16}\,\text{sites/m}^2$；$\varepsilon^p$ 为塑性应变。

在我们的研究中，采用了Kumnick等的研究。

1.3 质量扩散理论及与传热方程的类比

根据质量守恒定律，质量扩散的控制方程为：

$$\frac{\partial C}{\partial t} + \nabla \cdot J_m = 0 \tag{13}$$

式中，C 为氢浓度；J_m 为扩散通量。

扩散通量 J_m 是指扩散发生的驱动力，包括浓度梯度、应力梯度和温度梯度，可以通过下式描述：

$$J_m = -D\left[\frac{\partial C}{\partial x} + \kappa\frac{\partial(\ln)K}{\partial x} + \kappa\frac{\partial\sigma_h}{\partial x}\right] \tag{14}$$

式中，D 为物质的扩散系数；κ_s 为温度梯度驱动扩散因子，K 为绝对温度（开尔文温度）；κ_p 为应力梯度驱动扩散因子，用于描述静水压力对扩散的驱动作用；σ_h 为静水压力，$\sigma_h=-(\sigma_{11}+\sigma_{22}+\sigma_{33})/3$。

在我们的研究中的充氢均是在室温下进行，有研究表明此种温度条件对氢扩散的影响可以忽略不计，因此在我们的研究中并未考虑温度对氢扩散的驱动作用。此时联立方程(13)和方程(14)，得到应力梯度和浓度梯度驱动下的控制方程为：

$$\frac{\partial C}{\partial t} = D\nabla^2 C + \frac{DV_H}{RT}(\nabla C \cdot \nabla\sigma_h + C\nabla^2\sigma_h) \tag{15}$$

在Abaqus中，由于没有直接用于计算陷阱氢的扩散分析，需要我们自行编译子程序。传热的控制方程如公式(16)所示，可以发现质量扩散和传热方程具有相似的形式，假设材料密度 ρ_M 和材料的比热 C_p 数值为1，同时用浓度 C 替换温度 T，则式(16)变为式(13)。

$$\rho_M C_p\frac{\partial T}{\partial t} + \nabla \cdot J_q = 0 \tag{16}$$

式中，ρ_M 为材料密度；C_p 为材料比热；T 为温度；J_q 为热扩散通量。

有限元软件 Abaqus 中为用户提供了可以用于热一力耦合子程序 UMATHT(User subroutine to define a simple thermal constitutive behavior)。由于传热的控制方程和质量扩散的方程具有相似性,因此可以通过 UMATHT 子程序实现对扩散本构的编译。表1展示了编译过程中所要用到的相关变量。

表 1 物质扩散分析与传热分析变量的类比

Variable	Heat transfer	Mass diffusion
U	U_q	$C_{total=C_L+C_T}$
DUDT	$\frac{\partial U_q}{\partial T}$	$\frac{\partial(C_L+C_T)}{\partial C_L}=1+\frac{N_T N_L K_T}{(N_L+C_L(K_T-1))^2}$
DUDG	$\frac{\partial U_q}{\partial \nabla T}$	0
FLUX	$J_q(T,\nabla T)$	$J_m(C_L,\nabla C_L)=-D_L\nabla C_L+\frac{D_L C_L V_H}{RT}\nabla\sigma_h$
DFDT	$\frac{\partial J_q}{\partial T}$	$\frac{\partial J_m}{\partial C_L}=\frac{D_L V_H}{RT}\nabla\sigma_h$
DFDG	$\frac{\partial J_q}{\partial \nabla T}$	$\frac{\partial J_m}{\partial \nabla C_L}=-D_L I$
TEMP	T	C_L

1.4 晶体塑性理论

金属材料的塑性变形主要是由于金属材料中线缺陷(位错)的运动引起的。传统的晶体塑性理论是由 TAYLOR[14] 提出的。在此基础上,HILL 等[15-17] 对晶体的几何和运动行为进行了准确的数学描述。Asaro 和 RICE 等[18-19] 对其进行了进一步的分析论证。基于他们的理论,晶体塑性本构将金属材料总变形梯度 F 表示为:

$$F=F^e F^p \tag{17}$$

式中,F^e 表示由晶格弹性变形和旋转引起的变形梯度;F^p 是表示材料剪切滑移的塑性变形梯度。

塑性速度梯度可表示为:

$$L^p=\dot{F}^p(F^p)^{-1}=\sum_{\alpha=1}^{N}\dot{\gamma}^\alpha s^\alpha\otimes n^\alpha \tag{18}$$

式中,$\dot{\gamma}^\alpha$ 为滑移系 α 上的晶体塑性滑移率;s^α 和n^α 为滑移系上的滑移方向和滑移面法线方向;N 为所研究材料的滑移系总数,对于具有 FCC 晶体结构的 $316L$ 而言 N 取值为 12;符号 $\otimes$ 为张量的并矢积。

根据Schmid定律,滑移系上的滑移率$\dot{\gamma}^\alpha$ 取决于解析剪切应力τ^α,而解析剪切应力可由基尔霍夫应力表示为:

$$\tau^\alpha=(s^\alpha\otimes n^\alpha):\sigma \tag{19}$$

根据 HUTCHINSON[20] 提出的黏性正则化法则,激活滑移系上的滑移率$\dot{\gamma}^\alpha$ 与解析剪切应力τ^α 的关系可表示为:

$$\dot{\gamma}^\alpha=\dot{\gamma}_0^\alpha\left|\frac{\tau^\alpha-\chi^\alpha}{g^\alpha}\right|^n \operatorname{sgn}\left(\frac{\tau^\alpha-\chi^\alpha}{g^\alpha}\right) \tag{20}$$

式中,$\dot{\gamma}_0^\alpha$ 为 α 滑移系上的参考滑移率;χ^α 为 α 滑移系上的背应力;g^α 为 α 滑移系上的滑移阻力,可表示为:

$$\dot{g}^\alpha=\sum_\beta h_{\alpha\beta}\dot{\gamma}^\beta \tag{21}$$

式中，$h_{\alpha\beta}$ 为硬化模量，表示第 β 滑移系对第 α 滑移系的硬化作用。

这里$h_{\alpha\alpha}$ 和$h_{\alpha\beta}$ 分别叫作自硬化模量和潜硬化模量，可表示为：

$$\begin{cases} h_{\alpha\alpha} = h(\gamma) = h_0 \operatorname{sech}^2 \left| \dfrac{h_0 \gamma}{\tau_s - \tau_0} \right|, \alpha = \beta \\ h_{\alpha\beta} = qh(\gamma), \alpha \neq \beta \end{cases} \tag{22}$$

式中，h_0，τ_s 和τ_0 分别为初始硬化模量、饱和应力和初始临界解析剪切应力；q 为材料常数；γ 为所有滑移系上的累积剪切应变，表示为：

$$\gamma = \sum_\alpha \int_0^t |\dot{\gamma}^\alpha| dt \tag{23}$$

式(20)中的背应力演化遵从 Armstrong－Frederick($A-F$)硬化定律，是由 MERIC 等[21] 首次引入到晶体塑性本构中，表示为：

$$\dot{\chi}^\alpha = C\dot{\gamma}^\alpha - D\chi^\alpha |\dot{\gamma}^\alpha| \tag{24}$$

式中，C 和 D 为和硬化率相关的材料参数。

2 虑及晶粒尺寸的氢扩散分析

2.1 有限元分析思路

为了对不同晶粒尺寸下的氢扩散行为进行讨论，需要进行收敛性分析(包括代表性体积单元包含晶粒个数及网格划分密度的讨论)，并确定晶体塑性相关的参数。

值得注意的是，为了实现用微观的局部力学行为预测材料宏观尺度下的力学响应，要求我们建立具有代表性体积单元(Representative Volume Element，RVE)的有限元模型[22]。本章节中生成的具有晶粒结构的模型是通过 Voronoi Tessellation(VT)[23] 模拟自然结晶过程实现的。为了更准确地实现从微观力学行为到宏观力学响应的映射，需要对 RVE 模型时间周期性边界条件(Periodic Boundary Condition，PBC)[24]。周期性边界条件可以使 RVE 模型能够在周期性重复排列，实现从力学行为从微观尺度向宏观尺度的传递[25]。图 1 展示了本章使用的 RVE 模型，图中 U、D、L、R 分别对应有限元模型中上、下、左、右的四个边界；1 ～ 4 对模型中的四个角点，则周期性边界条件可以用以下方程描述为：

$$X_U - X_D = X_4 - X_1 \tag{25}$$

$$X_R - X_L = X_2 - X_1 \tag{26}$$

$$X_3 - X_2 = X_4 - X_1 \tag{27}$$

式中，X_U，X_D，X_R 和 X_L 分别对应边$\overline{43}$，$\overline{12}$，$\overline{14}$ 和$\overline{23}$ 边在自己法线方向的位移，X_1，X_2，X_3 和 X_4 表示节点 1 ～ 4 在 x 方向的位移。

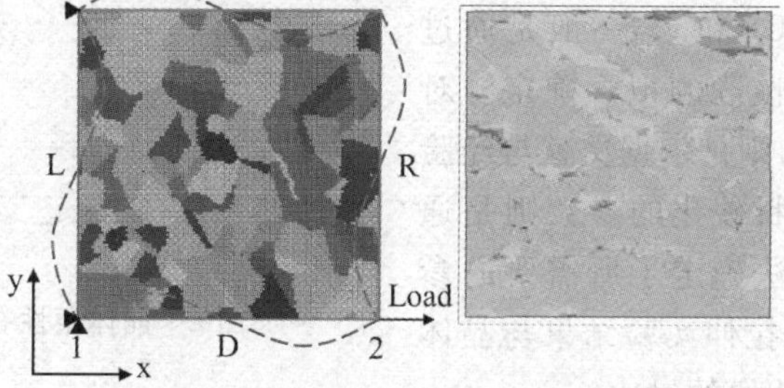

图 1　RVE 模型和周期性边界条件

此外为了限制 RVE 模型的整体运动,还需要在节点 1 处施加 x 和 y 两个方向的固定约束,在节点 2 处施加 y 方向的位移约束,在节点 4 处施加 x 方向的位移约束;而最终的力或者位移载荷则是在节点 2 处朝 x 的方向施加。

2.2 晶粒个数和网格敏感性分析

此外需确定 RVE 模型的晶粒数量及匹配晶粒尺寸的网格划分精度。研究表明,20～100 晶粒模型模拟应力应变时存在分散性[26],且网格尺寸显著影响计算精度。本文建立 50,100,200 和 400 晶粒模型(网格尺寸均为 0.002),单轴拉伸模拟(见图 2)表明:晶粒数≥100 时曲线趋于稳定,100/200/400 晶粒模型结果重合。为平衡计算效率与精度,选定 100 晶粒模型用于后续分析。

基于 100 晶粒(35μm)的 RVE 模型,对比 0.002,0.0035 和 0.005 三种网格尺寸(对应网格数 30625,10000,4900)对计算精度的影响。拉伸曲线(见图 3)显示不同网格尺寸下宏观响应一致,但微观应力应变及氢扩散预测需更高分辨率(氢扩散系数低)。最终选择 0.0035 网格(晶粒尺寸/网格尺寸=10000),其他模型按此标准调整(0.0025 和 0.0015),兼顾计算精度与效率。

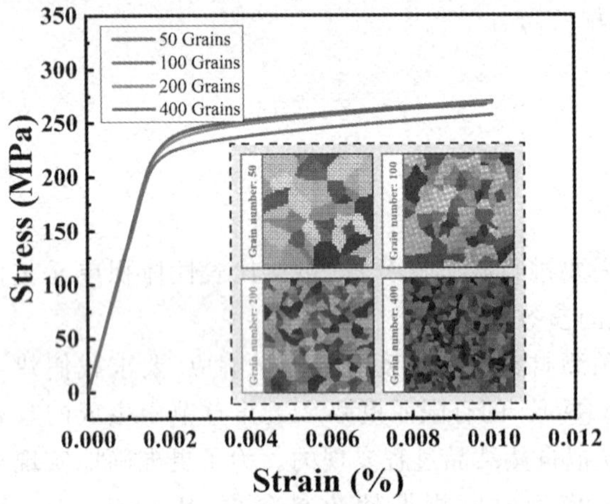

图 2 四组具有不同晶粒数量模型的拉伸曲线模拟结果

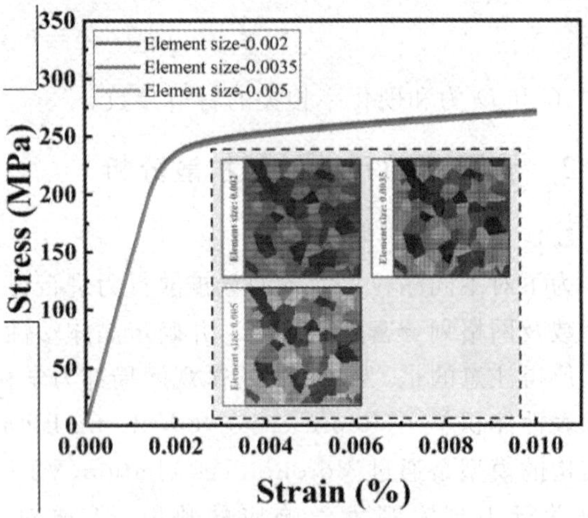

图 3 三种网格尺寸模型的拉伸曲线模拟结果

2.3 有限元模型及材料参数

确定 RVE 模型中的晶粒数、划分网格的尺寸以及边界条件以后,对不同晶粒尺寸材料进行了建模。不同晶粒尺寸的包含 100 个晶粒的 RVE 模型晶粒尺寸依次为 35 μm,25 μm 和 15 μm,对应的模型大小依次为 0.35 mm×0.35 mm,0.25 mm×0.25 mm 和 0.15 mm×0.15 mm,对应的划分网格尺寸为 0.0035,0.0025 和 0.0015,如图 4 所示。

本章所用到的晶体塑性模型总共用到了 13 个参数,这些参数大致可以分为三类:(1)各向异性的弹性常数,(2)流动率相关的参数以及(3)硬化参数。各向异性弹性常数 C_{11},C_{12} 和 C_{44} 一般是通过拉伸曲线或者滞回曲线的弹性段的拟合确定。对于流动率相关的参数 $\dot{\gamma}_0^a$ 和 n,则是依据文献与经验值进行确定。剩余的控制材料硬化的参数则是通过试错法来确定。基于此方法确定了所需要的参数,如表 2 所示。图 5 展示了拉伸实验结果与晶体塑性有限元模拟得到的拉伸曲线的对比。

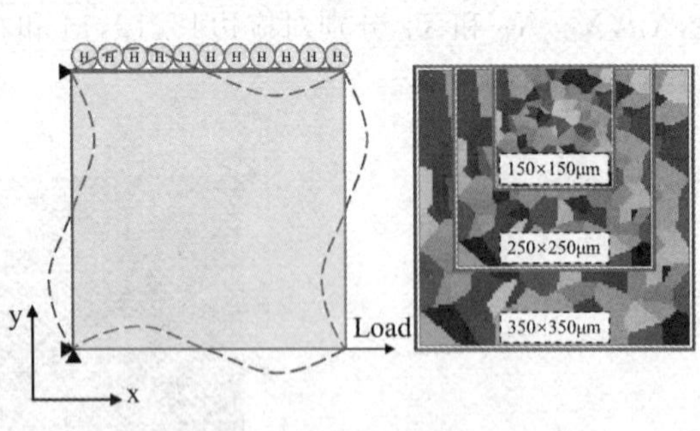

图 4 晶体塑性有限元模型及边界条件

表 2　316L 空气中拉伸的晶体塑性材料参数

	参数	单位	35 μm	25 μm	15 μm
弹性常数	C_{11}	GPa	206	206	206
	C_{12}	GPa	133	133	133
	C_{44}	GPa	119	119	119
流动率参数	$\dot{\gamma}_0^a$	s^{-1}	0.001	0.001	0.001
	n	/	80	80	80
硬化参数	h_0	MPa	35.56	35.56	35.56
	τ_s	MPa	130.56	130.56	130.56
	τ_0	MPa	85.56	88.56	140.56
	C	MPa	1300	1300	1000
	D	/	8.5	8.5	10.5

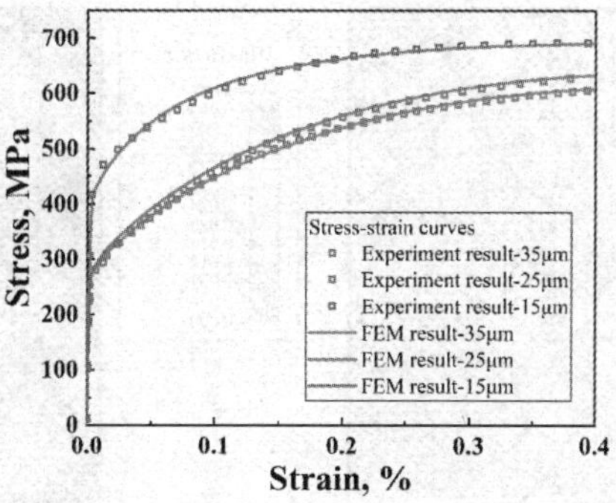

图 5　实验得到的应力应变曲线与晶体塑性模拟提取的应力应变曲线

3　模拟结果与讨论

3.1　考虑陷阱氢与不考虑陷阱的扩散结果比较

前人研究表明，位错等缺陷作为氢陷阱可抑制氢扩散。基于晶格氢和陷阱氢平衡理论，本研究通过对比含/不含陷阱氢的有限元模型（晶粒尺寸 35μm），揭示其影响。模拟结果（图 6、图 7）显示，陷阱氢显著抑制扩散深度，因位错等缺陷吸附氢原子。

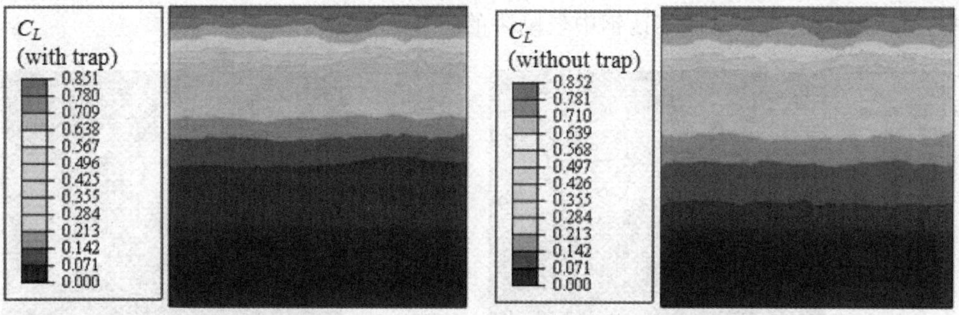

（a）考虑陷阱氢　　　　（b）不考虑陷阱氢

图 6　晶格氢浓度的分布

氢扩散受浓度梯度、应力及氢陷阱影响，但本研究为常温状态故未考虑温度的影响。模拟结果表明，多晶材料的不同晶粒内部的取向差异，而变形往往沿着固定的滑移系，这会导致应力/应变分布不均匀（见图 8），进而导致与宏观扩散模型中完全不同的氢扩散行为。

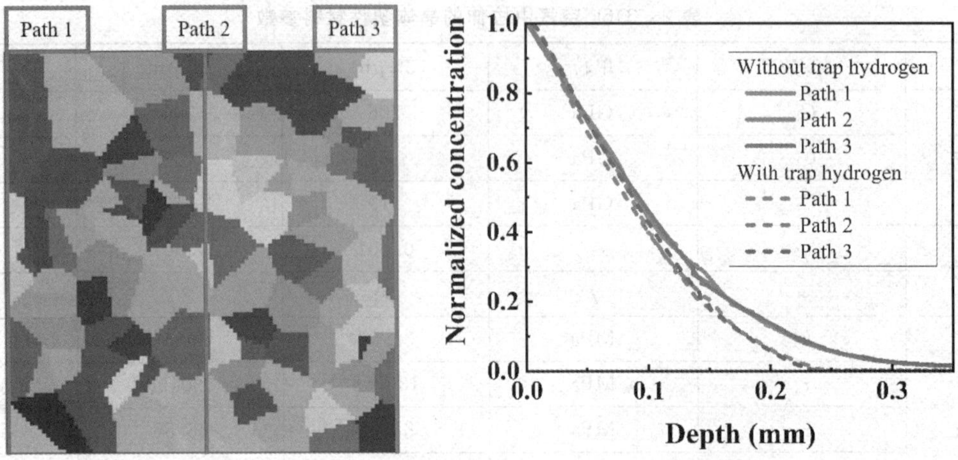

(a) 晶格氢浓度的提取路径　　　　(b) 对应路径的晶格氢浓度

图 7　晶格氢浓度的提取路径与对应路径的晶格氢浓度

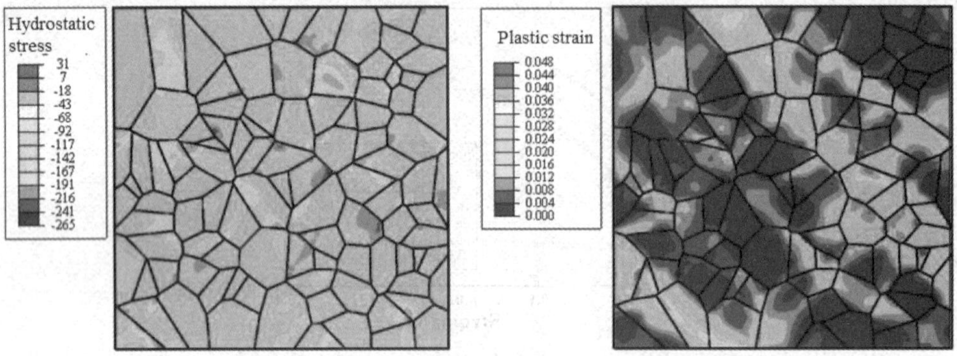

(a) 静水应力　　　　(b) 塑性应变

图 8　晶体塑性模型计算结果

图 9 为考虑晶格氢和陷阱氢平衡关系的晶体塑性模型计算得到的晶格氢与陷阱氢浓度的分布。模拟结果(见图 9(a)、图 10)表明,静水应力会驱动氢扩散:负应力促进富集,正应力抑制富集,导致晶界处氢偏析与浓度突变(模型中未预设晶界特性)。

从图 9(b)可知,对于陷阱氢来说,其分布的位置与轮廓与塑性应变的分布情况相似。在前人对裂纹尖端氢扩散分析[27]中就已经观察到了这种相似性。此外,对比图 9(a)和(b)可知,陷阱中的氢浓度显著低于晶格中的氢浓度。这与奥氏体不锈钢中氢陷阱的特性相关[28-30]。

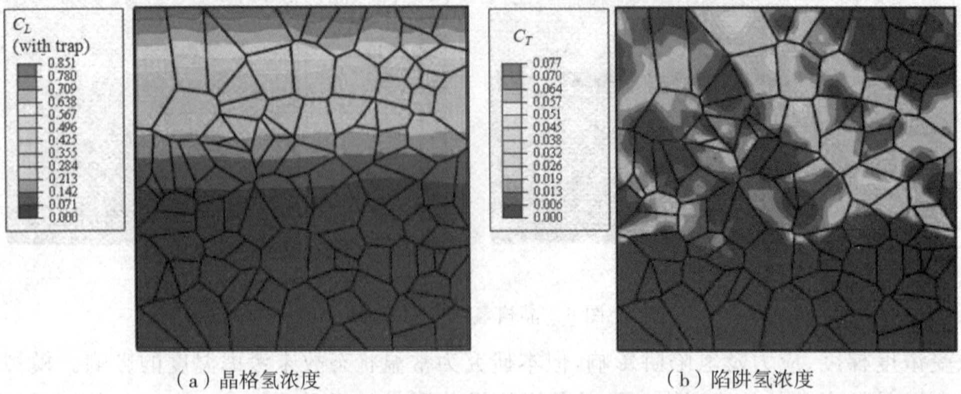

(a) 晶格氢浓度　　　　(b) 陷阱氢浓度

图 9　晶体塑性模型计算结果

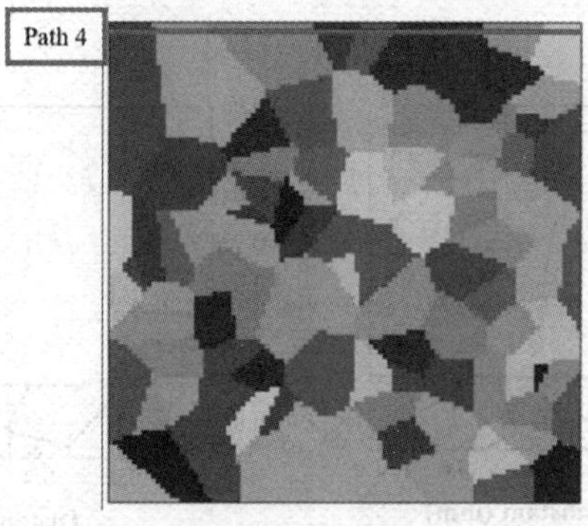

图 10　晶格氢与陷阱氢的提取路径 Path 4

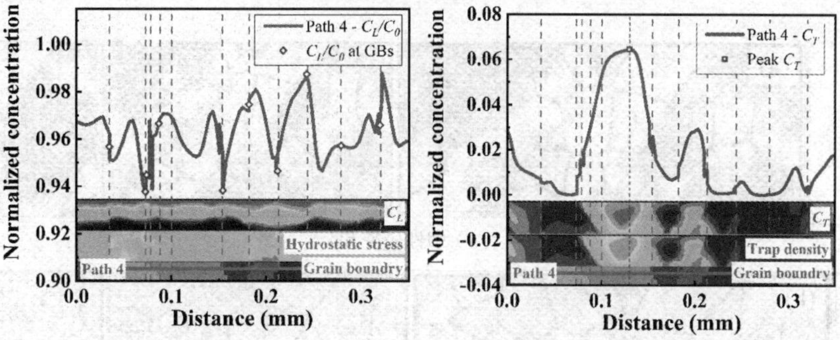

(a)　　　　　　　　　　　　(b)

图 11　Path 4 上晶格氢和陷阱氢浓度的分布

3.2　晶粒尺寸对氢扩散的影响

基于位移控制的晶体塑性多场耦合模型，本研究系统探讨了晶粒尺寸(35 μm，25 μm，15 μm)对氢扩散行为的调控机制。通过路径 5 的归一化数据分析(图 12、图 13)，发现晶粒细化(35 μm→15 μm)显著提升晶格氢浓度，与 REZA 等[18]的研究一致；而陷阱氢分布不随晶粒尺寸变化，因其浓度由塑性应变主导(公式 8)。进一步分析表明：在应变相同的边界条件下(位移边界控制)，不同晶粒尺寸模型的塑性变形程度相近(图 14(a))，导致陷阱氢浓度无显著差异；晶格氢主要受初始氢浓度 C_0、温度和静水应力的影响，但本模型不考虑温度的影响且氢浓度边界条件一致，故晶格氢分布差异源于静水应力场的调控作用——晶粒细化引发材料硬化，需更大应力驱动变形。图 14(b)展示了不同晶粒尺寸模型中静水应力的分布情况，当静水应力为正时氢扩散被抑制，静水应力为负时氢扩散不促进，晶粒尺寸越小静水应力的负峰值越大，对氢扩散的促进作用越强。

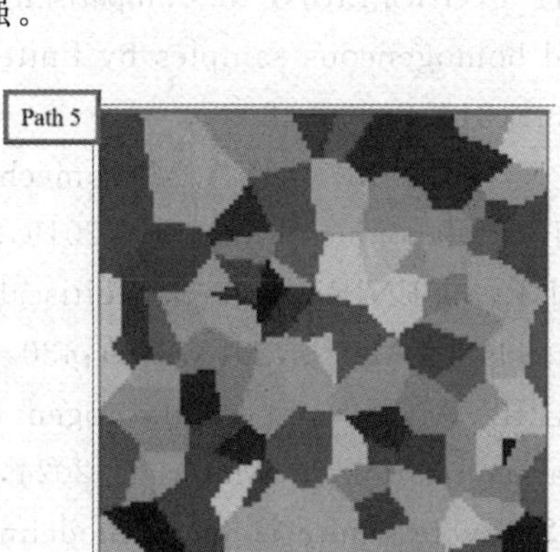

图 12　路径 5 位置

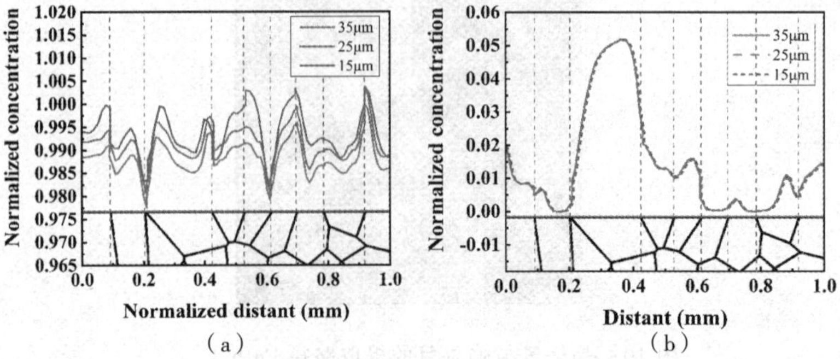

图 13　路径 5 上晶格氢和陷阱氢的分布

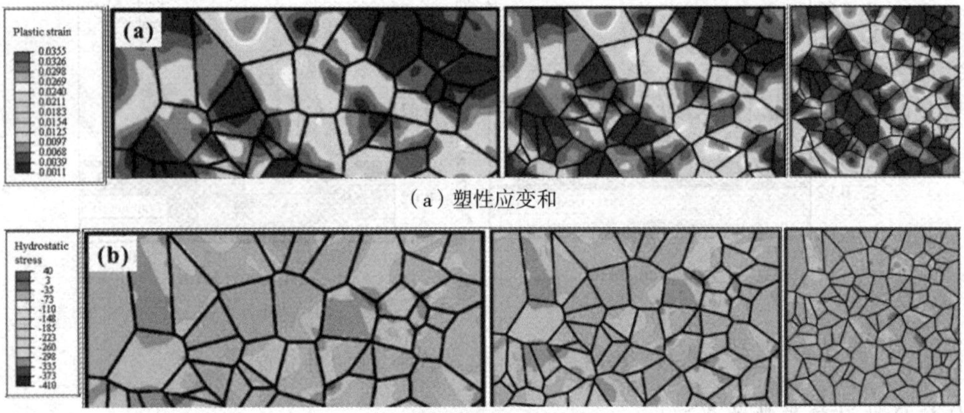

(a) 塑性应变和

(b) 静水应力的分布情况

图 14　不同晶粒尺寸

4　结　语

陷阱氢显著抑制氢扩散的扩散深度,降幅约 30%左右;应变控制下晶粒尺寸从 15 μm 提升到 35 μm 时,由于静水应力的增大,平均晶格氢浓度可提升约 1%,而陷阱氢浓度基本不变。

参考文献

[1] CHARLES Y, NGUYEN H T, GASPÉRINI M. Comparison of hydrogen transport through pre-deformed synthetic polycrystals and homogeneous samples by finite element analysis[J]. International Journal of Hydrogen Energy, 2017, 42(31): 20336-20350.

[2] HASSAN H U, GOVIND K, HARTMAIER A. Micromechanical modelling of coupled crystal plasticity and hydrogen diffusion [J]. Philosophical Magazine, 2019, 99(1): 92-115.

[3] HüTER C, SHANTHRAJ P, MCENIRYE, et al. Multiscale modelling of hydrogen transport and segregation in polycrystalline steels[J]. Metals, 2018, 8(6): 430.

[4] LIQ, GHADIANI H, JALILVAND V, et al. Hydrogen impact: A review on diffusibility, embrittlement mechanisms, and characterization[J]. Materials, 2024, 17(4): 965.

[5] ZHANGJ, CHENG Y F. Study by finite element modeling of hydrogen atom diffusion and distribution at a dent on existing pipelines for hydrogen transport[J]. Journal of Cleaner Production, 2023, 418: 138165.

[6] ELMUKASHFIE,TARLETON E,COCKS A C. A modelling framework for coupled hydrogen diffusion and mechanical behaviour of engineering components[J]. Computational Mechanics,2020,66(1):189—220.

[7] NEGIA, ELKHODBIA M, BARSOUM I, et al. Coupled analysis of hydrogen diffusion, deformation,and fracture:A review[J]. International Journal of Hydrogen Energy,2024,82:281—310.

[8] FERNÁNDEZ - SOUSAR, BETEG ó N C, MART í NEZ - PA N EDA E. Analysis of the influence of microstructural traps on hydrogen assisted fatigue [J] . Acta Materialia, 2020, 199: 253—263.

[9] SOFRONISP,MCMEEKING R M. Numerical analysis of hydrogen transport near a blunting crack tip[J]. Journal of the Mechanics and Physics of Solids,1989,37(3):317—350.

[10] KROM AH, KOERS R W, BAKKER A. Hydrogen transport near a blunting crack tip [J]. Journal of the Mechanics and Physics of Solids,1999,47(4):971—992.

[11] NOVAKP,YUAN R,SOMERDAY B,et al. A statistical,physical - based,micro - mechanical model of hydrogen - induced intergranular fracture in steel[J]. Journal of the Mechanics and Physics of Solids,2010,58(2):206—226.

[12] KUMNICKA,JOHNSON H. Deep trapping states for hydrogen in deformed iron[J]. Acta Metallurgica,1980,28(1):33—39.

[13] GILMAN J J. Micromechanics of flow in solids[J]. 1969.

[14] TAYLOR G I. Plastic Strain in Metals[J]. Ourinstmetals,1938.

[15] HILL R. Generalized constitutive relations for incremental deformation of metal crystals by multislip[J]. Journal of the Mechanics & Physics of Solids,1966,14(2):95—102.

[16] HILLR, RICE J R. Constitutive analysis of elastic - plastic crystals at arbitrary strain [J]. Journal of the Mechanics & Physics of Solids,1972,20(6):401—413.

[17] RICE J R. Inelastic constitutive relations for solids: An internal - variable theory and its application to metal plasticity[J]. Journal of the Mechanics & Physics of Solids,1971,19(6):433—455.

[18] ASARO RJ,RICE J. Strain localization in ductile single crystals[J]. Journal of the Mechanics and Physics of Solids,1977,25(5):309—338.

[19] ASARO R J. Micromechanics of crystals and polycrystals [J] . Advances in Applied Mechanics,1983,23:1—115.

[20] HUTCHINSONJ W. Bounds and self - consistent estimates for creep of polycrystalline materials[J]. Proceedings of the Royal Society of London A Mathematical and Physical Sciences,1976, 348(1652):101—127.

[21] ME′ RICL, POUBANNE P, CAILLETAUD G. Single crystal modeling for structural calculations:Part 1—model presentation[J]. 1991.

[22] JIANGM, ALZEBDEH K, JASIUK I, et al. Scale and boundary conditions effects in elastic properties of random composites[J]. Acta Mechanica,2001,148(1—4):63—78.

[23] SINGHK, SADEGHI F, CORRENS M, et al. A microstructure based approach to model effects of surface roughness on tensile fatigue[J]. International Journal of Fatigue,2019,129:105229.

[24] SLUIS O VD, SCHREURS P J G, BREKELMANS W A M. Overall behaviour of heterogeneous elastoviscoplastic materials: Effect of microstructural modelling [J] . Mechanics of Materials,2000,32(8):449—462.

[25] SMIT R JM,BREKELMANS W A M,MEIJER H E H. Prediction of the mechanical behavior of nonlinear heterogeneous systems by multi - level finite element modeling[J]. Computer Methods in

Applied Mechanics & Engineering,1998,155(1-2):181-192.

[26] HENNINGM, VEHOFF H. Statistical size effects based on grain size and texture in thin sheets[J]. Materials Science and Engineering:A,2007,452:602-613.

[27] MIRESMAEILIR, SAINTIER N, NOTSU H, et al. One - way coupled crystal plasticity - hydrogen diffusion simulation on artificial microstructure[J]. Journal of Computational Science & Technology,2010,4(2):105-120.

[28] 熊耀强,吴平,赵建平.Ⅳ型储氢气瓶内衬材料的氢渗透行为分子动力学模拟[J]. 压力容器,2023,40(7):19-28.

[29] 李力军,王昕雨,唐小龙,等.燃料电池汽车氢系统泄放安全研究[J]. 压力容器,2024,41(7):1-5.

[30] 吴炜杰.2205双相不锈钢的氢扩散与氢致开裂研究[D]. 北京:北京科技大学,2023.

作者简介

邓力升,男,硕士研究生,主要从事金属材料阻氢性能方面研究,通信地址:211816 江苏省南京市浦口区浦珠南路30号南京工业大学,E-mail:dls@njtech.edu.cn。

热-力-氢扩散多场耦合作用下橡胶动密封磨损性能研究

左邱铨,周池楼

(华南理工大学 机械与汽车工程学院,广州 510641)

摘　要:在动密封条件下,橡胶密封件与相邻部件之间产生相对滑动,容易发生摩擦磨损失效。在高压氢气中,橡胶密封件受到氢浓度场、结构应力场以及温度场的耦合作用,导致吸氢膨胀、挤出变形甚至材料氢损伤,严重影响密封性能。本研究基于 Archard 磨损模型,开发了联合子程序,建立了热一力一氢扩散多场耦合作用下橡胶动密封有限元模型,探究了高压氢气下橡胶密封件的动密封特性及其摩擦磨损行为。

关键词:氢气;动密封;橡胶 O 型圈;多场耦合;力学性能;磨损;数值模拟

Study on the wear performance of rubber dynamic seal under multi - field coupling of thermal - mechanical - hydrogen diffusion

ZUOQiuquan, ZHOU Chilou

(School of Mechanical and Automotive Engineering,
South China University ofTechnology, Guangzhou 510641, China)

Abstract: Under dynamic sealing conditions, the relative sliding between the rubber seal and the neighboring parts is very prone to friction and abrasion loss of efficiency. Under high pressure hydrogen, rubber seals are very susceptible to the influence of hydrogen concentration, pressure and temperature, resulting in hydrogen expansion, deformation and even material degradation, seriously affecting the sealing performance. Based on the Archard wear model, this study developed a coupled subroutine to establish a finite element model for the dynamic sealing of rubber under thermo - mechanical - hydrogen diffusion multi - field coupling, and the dynamic sealing performance and friction and wear behaviors of rubber seals in high - pressure hydrogen environments was investigated.

Keywords: hydrogen; dynamic seal; rubber O - ring; multi - field coupling; mechanical properties; wear; numerical simulation

0　引　言

氢能由于其高储能密度、清洁、高效、零碳排放和可持续利用等特点,在如今提倡绿色环保的背景下具有显著的优势[1]。然而,氢能的利用是一个庞大的系统工程,包含氢气的生产、运输、储存、加注等环节。在氢系统的各个环节中,装置之间的连接及其内部结构通常需要使用多种密封件,这些密封件长期暴露在波动温度和高压氢环境中,面临着严峻的考验[2]。作为高压氢系统中的关键部分,橡胶密封部件往往是最薄弱的环节,其密封失效常常成为制约氢能装备工作压力提升的症结所在[3-5]。在高压氢环境中,橡胶动密封件面临高压氢浓度场、结构应力场以及温度场的耦合作用,容易发生摩擦磨损失效,进而影响密封性能。

国内外有学者对橡胶密封件的多场耦合密封性能进行了研究，MA 等[6]提出了一种用于静密封分析的多场耦合有限元模型；LI 等[7]提出了一种用于密封件磨损预测的热结构耦合有限元分析方法，该方法采用迭代磨损预测程序，根据磨损模型逐步改变接触界面的几何形状；王丹等[8]运用 ABAQUS 有限元软件对 O 形橡胶密封圈进行热应力分析，通过对比不同仿真结果得出应力与温度的关系。虽然前人对橡胶密封性能展开了系列研究，但鲜有综合考虑温度场、应力场与氢浓度场耦合作用下的动密封磨损性能研究。

鉴于摩擦生热与吸氢膨胀在高压临氢动密封系统中具有重要影响作用，本文基于 Archard 磨损模型，使用商用有限元软件 ABAQUS，开发了联合子程序，建立了热-力-氢扩散多场耦合作用下橡胶动密封有限元模型，探究了高压氢气下橡胶密封件的动密封特性及其摩擦磨损行为，研究结果可为高压氢系统橡胶动密封结构设计与性能预测提供理论依据和技术支撑。

1 理论模型

1.1 氢扩散模型

氢气首先与橡胶表面接触并吸附在橡胶表面，然后在压力、温度和浓度的共同作用下扩散并溶解到橡胶内部，直至达到浓度分布平衡的稳定阶段[9]。

在 ABAQUS 中，扩散计算基于 Fick 定律，允许基体材料的溶解度不均匀。基本变量为“归一化浓度”，$\varphi=c/S$，其中 c 表示氢浓度，S 表示氢溶解度，ppm。引入归一化浓度作为基本变量，可以模拟氢在溶解度变化的非均匀材料中的扩散。

根据 Fick 定律及广义扩散定律，氢扩散通量不仅受氢浓度梯度的驱动，还受静水压力和温度梯度的驱动，氢扩散通量可表示为[10]：

$$\vec{J}=-sD\cdot\{\nabla\varphi+k_s\nabla ln(T-T^z)+k_p\nabla p\}$$

式中，D 表示扩散系数，mm^2/s；T 表示热力学温度，K；T^z 表示绝对零度，K；k_s 表示温度梯度驱动扩散“Soret 效应”系数，1/K；k_p 表示静水压力驱动扩散系数，$N/m^{1/2}$；p 表示负的静水压力，$p=\frac{-\mathrm{trace}(\sigma)}{3}$，$\mathrm{trace}(\sigma)$ 是应力张量的迹，σ 表示应力，MPa。

1.2 橡胶本构模型

橡胶材料是一种具有很强非线性的材料，正确定义橡胶材料的本构模型是准确描述橡胶动密封性能的前提。通常，使用应变能函数来表征其力学特性[11]：

$$W=W(I_1,I_2,I_3)$$

式中，I_1，I_2，I_3 是描述橡胶材料力学性能的三个不变量，由于橡胶是近似不可压缩的超弹性材料，所以 $I_3=0$。

本文使用 RIVLIN[12]提出的经典超弹性模型 Mooney - Rivlin 模型来描述橡胶的力学特性。不可压缩橡胶材料的 Mooney - Rivlin 模型的表达式为：

$$W=\sum_{i+j=1}^{N}C_{ij}\ (I_1-3)^i\ (I_2-3)^j$$

式中，N 为应变能函数的阶数，C_{ij} 是模型中未确定的参数，可通过应力-应变测试曲线拟合获得。

1.3 热分析

动密封过程中，橡胶密封圈与密封杆存在相对滑移，在滑动接触区域出现摩擦生热现象，且由于橡胶的导热性较差，热量容易聚集在 O 型圈中，影响材料性能。

在分析中，摩擦产生的热流率可表示为[13]：

$$Q = FHTG \times \tau \times v$$

式中，$FHTG$ 为摩擦生热能量转化因子；Q 为总热流率，mW；τ 为切向应力，MPa；v 为密封杆与橡胶密封圈的相对滑动速度，mm/s。

再者，需要对总热流率进行分配。总热流率可被分解为：

$$Q = Q_a + Q_b + Q_s$$

式中，Q_a 为流入 O 型圈的热流率，Q_b 为流入盖板的热流率，Q_s 为散失的热流率。

研究表明，热流率散失较微弱，可忽略不计，其中，热流率分配系数为：

$$m = \frac{Q_a}{Q_b} = \sqrt{\frac{k_a \rho_a c_a}{k_b \rho_b c_b}}$$

式中，k_a，k_b 为导热系数，mW/(mm·K)；ρ_a，ρ_b 为密度，ton/mm^3；c_a，c_b 为比热容，mJ/(ton·K)。

另外，由于氢在橡胶中的扩散速度远小于热传导速度，且热量聚集效应显著，假设热流率不变，并固定周围温度，使用稳态热传导控制方程描述温度场：

$$k_a \nabla^2 T = -Q$$

1.4 应变分析

在高压氢气下工作的橡胶密封圈直接与氢气接触，氢气易扩散并溶解于橡胶密封圈中，引起体积膨胀，导致吸氢膨胀效应，进而产生氢致应变。动密封过程中产生的摩擦热会滞留在橡胶密封圈中，进而引发热膨胀，产生温致应变。基于上述观点，认为应变由三部分组成：

$$\varepsilon_{ij} = \varepsilon_{ij}^{e} + \varepsilon_{ij}^{H} + \varepsilon_{ij}^{T}$$

式中，ε_{ij} 为总应变；ε_{ij}^{e} 为超弹性应变；ε_{ij}^{H} 为氢致应变；ε_{ij}^{T} 为温致应变。

氢致应变和温致应变分别与氢浓度和温度成正比[14]，分别表示为：

$$\varepsilon_{ij}^{H} = \alpha_H \Delta c\, \delta_{ij}\ \varepsilon_{ij}^{T} = \alpha_T \Delta T$$

式中，α_H 为氢膨胀系数；Δc 为氢浓度变化量；δ_{ij} 为Kronecker符号；α_T 为热膨胀系数；ΔT 为温度变化量。

1.5 Archard 磨损模型

Archard 磨损模型是描述材料磨损的经典模型，同时也是当前应用最广泛的磨损模型[15]。Archard 模型的一般表达式如下：

$$k_H = \frac{V}{F_n \cdot N \cdot D}$$

式中，k_H 代表表面损伤和磨损系数，mm/(MPa·mm/s·s)；V 代表总磨损体积，mm^3；F_n 代表法向载荷，N；N 代表循环次数；D 代表滑动位移，mm。

本文的研究对象为二维实体，需要将总磨损体积转化为总磨损深度。由 $V = Ah$，$\frac{F_n}{A}$ 表示接触应力 p，可将 Archard 模型转化为：

$$h = N \cdot k_H \cdot p \cdot D$$

式中，A 为实际接触面积，mm^2；h 为磨损深度，mm。

对于发生磨损的任一节点 i，其第 $j+1$ 增量步的磨损深度的变化为：

$$\Delta h_i = N k_H \int_{t_j}^{t_{j+1}} p(i,t) D(i,t)\, dt$$

2 有限元模型建立

2.1 基本假设

(1)由于实际的密封结构具有轴对称特性，故将密封结构建模为二维轴对称模型。

(2)鉴于沟槽与盖板的材质均为低合金钢，而橡胶密封件材料的弹性模量远低于低合金钢，故将沟槽与盖板建模为解析刚体。

2.2 几何模型

橡胶 O 型圈密封结构如图 1 所示。密封结构尺寸如下：O 型圈直径 D_O 为 5.30 mm，沟槽宽度 b 为 9.00 mm，沟槽深度 h 为 4.05 mm，沟槽内圆角半径 R_2 为 0.10 mm，靠近橡胶 O 型圈的沟槽内圆角半径 R_1 为 0.50 mm。

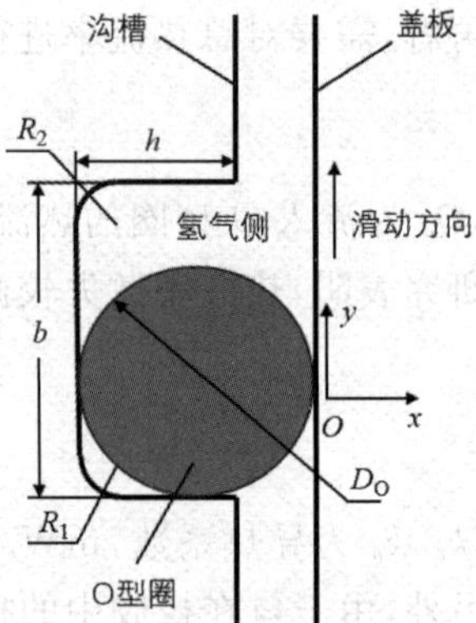

图 1 橡胶 O 形圈密封结构示意图

2.2 网格划分

经反复调整测试以及网格敏感性分析，橡胶 O 型圈的网格划分如图 2 所示。由于橡胶 O 型圈的近似不可压缩性，将橡胶 O 型圈的网格单元设置为 CAX4H，网格整体尺寸为 0.08 mm，单元总数为 7066 个。用于氢扩散分析和热传导分析的网格单元设置为 DCAX4。

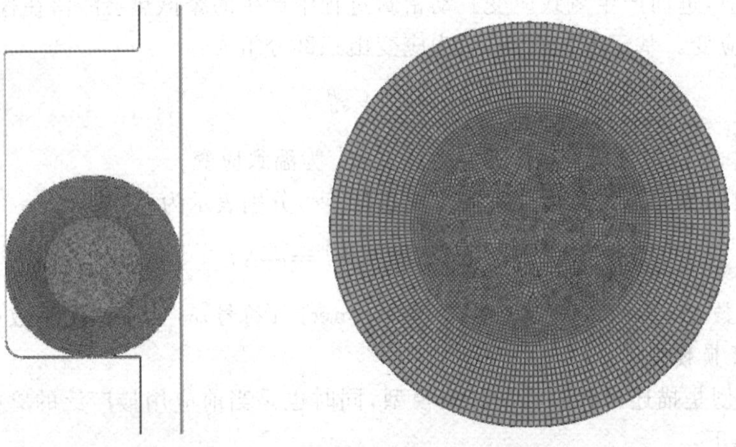

(a) 整体网格划分　　(b) 局部网格划分

图 2 橡胶 O 形圈密封结构网格划分

2.3 材料属性

鉴于本文研究的是密封件在高压氢气下的动密封行为，橡胶 O 型圈的硬度需要达到优异水平。本文的橡胶 O 型圈的材料数据引用了 MA 等[6]测定的丁腈橡胶(NBR)材料参数，见表 1 所列。

表 1 不同温度下的材料参数

温度/K	C_{01}	C_{10}	C_{11}
298.15	−1.67	4.48	0.33
323.15	−1.9	3.96	0.36
358.15	−1.11	3.1	0.3

同时，结合得到的氢扩散特性曲线，根据 Arrhenius 方程推导出溶解度和扩散系数分别与温度的函数：

$$S=(1.56\times10^{-5})\exp(-900/RT_i)D=(8.12\times10^{-6})\exp(-2580/RT_i)$$

根据本团队的前期研究[14]，橡胶材料中的氢膨胀系数$\alpha_H=5\times10^{-5}$。另外，橡胶O型圈的导热系数k_a设置为0.1465mW/(mm·K)，热膨胀系数α_T设置为0.00017 K^{-1}[8]。

2.4 接触定义

密封结构中包含两个接触对，分别为“O形圈与沟槽”“O形圈与盖板”，后者为主面。

在接触属性设置模块，“切向行为”选用罚函数接触法，并设置摩擦系数为0.05。

2.5 边界条件与求解步骤

模型共设置了7个加载步骤：

(1)对轴施加沿x轴负方向的固定位移，实现O形圈的预压缩；

(2)在O形圈与氢气接触的工作表面施加氢气压力；

(3)进行稳态氢扩散分析；

(4)根据上一步获得的氢分布计算氢致应变；

(5)进行稳态热传导分析；

(6)根据上一步获得的温度分布计算温致应变以及材料参数改变引起的浓度场、应力场变化；

(7)对盖板施加沿y轴正方向的滑动位移，滑移距离为8 mm，滑动速度恒为1 mm/s，用于模拟动密封过程。

本研究在第七步加入UMESHMOTION子程序，并设置表面损伤和磨损系数[16]，放大倍数N=100，用于实现磨损的模拟。

2.6 分析方法与计算过程

在ABAQUS中，可以使用基于FORTRAN语言开发的用户自定义子程序UMESHMOTION(用户自定义网格移动)并联合ALE自适应网格实现磨损的模拟。具体磨损模拟流程如下：在每个增量步收敛后，UMESHMOTION会提取每一个节点的接触力学数据，自动计算磨损量，并将每个增量步的接触应力、滑移增量、磨损量写入文档；ALE自适应网格会根据磨损量和磨损方向将网格节点移动到新的坐标，从而模拟真实磨损过程。不断循环以上过程，直到完成所有分析步。

整个热—力—氢扩散耦合分析流程如下：首先，在ABAQUS中对密封件进行纯应力分析。随后，把分析结果导入氢扩散模块进行应力诱导稳态氢扩散分析。接着，进行耦合氢致应变的动密封分析，输出结果用于稳态热传导分析，并输出温度场结果。最后，进行温度与应力共同诱导的氢扩散分析，更新氢浓度场与温度场，输出结果并用于热—力—氢扩散多场耦合作用下的动密封分析。

2.7 模型验证

为了验证多场耦合作用下的磨损结果正确性，本研究参考DURANTY等[16]的高压氢气环境下橡胶材料原位摩擦磨损实验，构建了与实验尺寸一致的球盘磨损模型。磨损最严重位置与周围磨痕的高度差对比：实验值为1.17 mm，模拟值为1.01 mm，误差仅为9.3%。因此，模型的可行性得到了验证。

3 结果与讨论

3.1 接触应力与磨损深度

接触应力是评判密封结构密封性能的重要指标。目前的O型圈密封理论指出，密封面上接触应力大于介质压力的区域被定义为有效密封区域[17]。因此，研究盖板与O型圈直接接触区域(后文简写为主密封区域)的接触应力的大小分布具有重要意义。

鉴于接触应力与磨损深度具有相互影响作用，本小节将对两者对比研究。图4(a)所示的是主密封区域在磨损前后的接触应力分布，图4(b)是主密封区域的磨损深度分布。由图可知，在接触应力相对较大的区域，磨损深度更大；在磨损深度较大的区域，接触应力减小的幅度较大。最大接触应力下降幅度约为4.89%。但无论磨损前后在主密封区域总是有一段连续的有效密封区域，这表明即使磨损会导致密封性能下降,橡胶O型圈在动密封过程中仍可以发挥其密封作用。同时,可以观察到接触宽度为0～0.5 mm的区域出现接触应力略微攀升的现象,这可能是因为此区域的磨损深度相对较小,从而形成凸起,造成应力集中现象,导致磨损后接触应力提高。

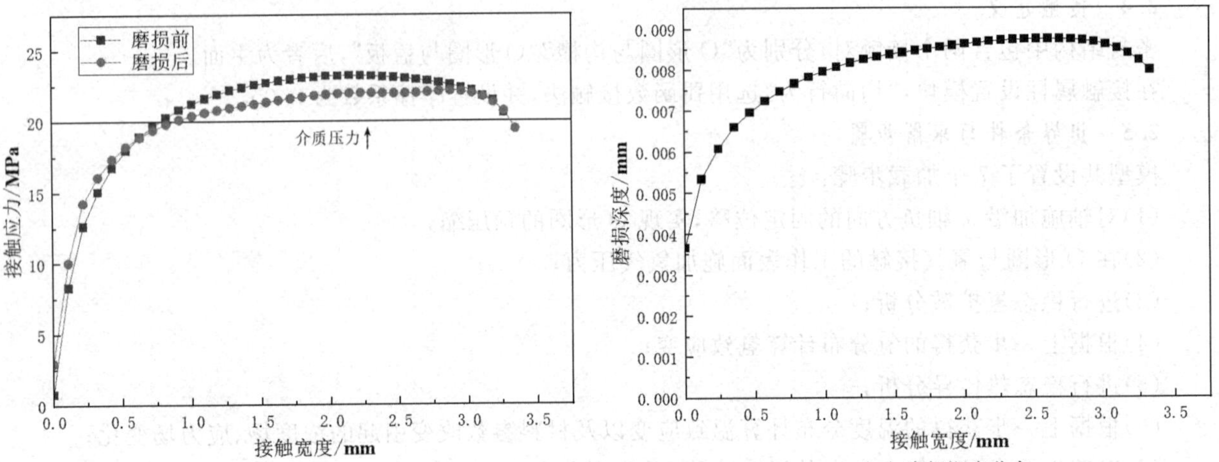

(a) 磨损前后接触应力分布　　(b) 磨损深度分布

图4　接触应力与磨损深度分布

为了进一步研究氢气和温度对接触应力与磨损深度的影响,图5展示了纯应力分析、应力－氢扩散耦合分析、热-力-氢扩散耦合分析磨损前的接触应力分布和最大磨损深度。由图可知,相较于纯应力分析,应力-氢扩散耦合分析中整体接触应力有所提升,这是由于吸氢膨胀效应导致的体积膨胀受到密封结构的限制,产生相应的约束应力,提高了接触应力的同时,接触宽度也有所提升。相较于前两种分析,热-力-氢扩散耦合分析中大部分区域的接触应力有所减小,这是因为温升造成材料软化,弹性下降,进而导致接触应力下降。尽管温升也会产生热膨胀效应,但材料硬度下降所产生的影响高于因体积膨胀产生的约束作用。与此同时,由于温升的软化作用与膨胀效应,接触宽度有所增大,并导致在接触边缘位置的接触应力有所回升。

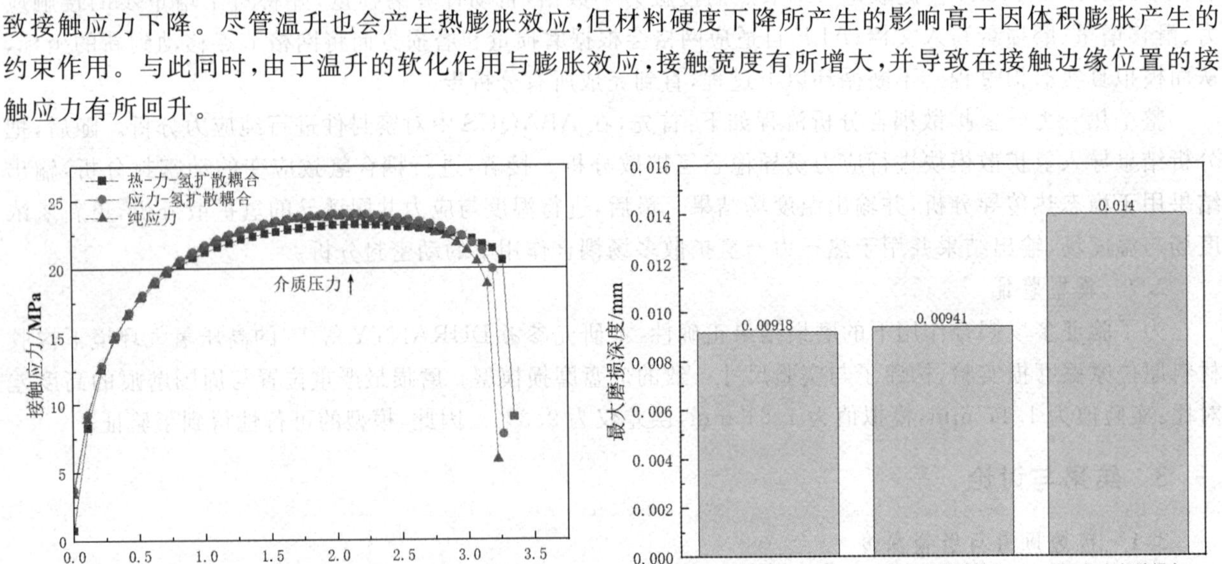

图5　不同耦合条件下接触应力分布与最大磨损深度

进一步对比三者的最大磨损深度可以发现,相较于纯应力分析,由于应力-氢扩散耦合分析中接触应力较大,其最大磨损深度也越大;相较于前两种分析,热-力-氢扩散耦合分析中尽管其接触应力普遍偏小,但由于橡胶软化及力学性能劣化,导致其更容易发生材料剥落与磨损,故其最大磨损深度值最高。

3.2 Mises 应力

Mises 应力综合反映了三个方向的主应力情况，该值越大，橡胶 O 型圈越容易出现材料失效乃至密封失效现象。具有峰值 Mises 应力的部位往往是材料中最容易出现失效的部位。因此，动密封过程中的峰值 Mises 应力值得作为考察对象。同时，引入新参量“归一化峰值 Mises”来表征 O 型圈发生断裂的可能性，其中归一化峰值 Mises 应力是指峰值 Mises 应力与当前温度下 O 型圈的抗拉强度的比值。

表 2 展示了峰值 Mises 应力数值。由表可知，氢浓度场的加入模拟了吸氢膨胀效应，吸氢膨胀效应加剧了应力集中现象，导致峰值 Mises 应力增加。温度场的引入模拟了因摩擦导致的温升，尽管引入温升会促进氢气的溶解，致使氢致应变进一步提高，并且温致膨胀也会加剧应力集中，但温升会导致材料软化，缓解材料内部应力集中现象——显然软化效应占主导作用。通过横向对比，磨损后橡胶内部出现了不同程度的应力集中现象，猜测是由于磨损导致密封圈边缘几何不规则度激增，进而导致动密封过程中应力集中以及峰值 Mises 增大。同时，可以发现尽管考虑温升时应力集中数值相对减弱，但其归一化峰值 Mises 应力相对最大（越接近 1，越容易发生断裂），意味着橡胶密封件发生断裂的风险相对最高。

表 2　不同条件下磨损前后峰值 Mises 应力数值

耦合条件	磨损前峰值 Mises 应力/MPa	磨损后峰值 Mises 应力/MPa	磨损后归一化峰值 Mises 应力
纯应力	9.370	18.21	0.674
应力-氢扩散耦合	9.495	18.34	0.679
热-力-氢扩散耦合	8.565	15.07	0.837

3.3 氢浓度场与温度场

图 6 展示了热-力-氢扩散耦合作用下的氢浓度场与温度场分布。分析温度场可知，摩擦产生的生热率集中在主密封区域，则此区域的温度最高，且因为材料的导热系数较低，热量滞留在 O 型圈内，温度场从右到左呈梯度分布，最低温度(313.01 K)高于环境温度(298.15 K)。分析浓度场可知，与氢气直接接触的 O 型圈表面氢浓度最高(290.5 ppm)，且从上到下呈梯度分布，均匀递减。显然，浓度梯度在应力梯度、温度梯度中起到主导作用。

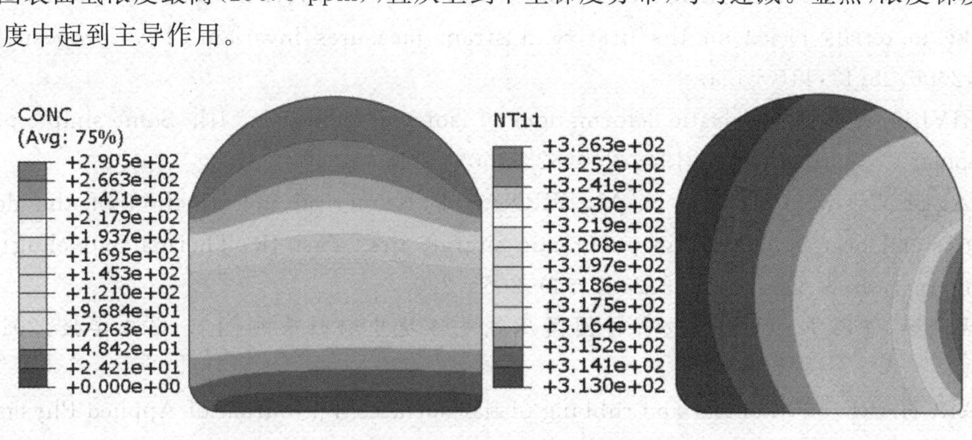

图 6　氢浓度场与温度场分布图

4 结论

(1)建立了基于 Archard 磨损模型的热-力-氢扩散多场耦合橡胶动密封有限元模型，综合考量了吸氢膨胀、摩擦生热对高压氢环境下橡胶密封结构动密封性能的影响。

(2)吸氢膨胀效应加剧了应力集中现象；温度的升高使材料软化，接触应力下降，降低了动密封性能。

(3)摩擦热导致的温升与吸氢膨胀效应将会导致橡胶O型圈磨损加剧以及断裂风险增加,在设计高压氢气动密封结构时应综合考虑温升效应与吸氢膨胀效应。

参考文献

[1] KAMRAN M,TURZYŃSKI M. Exploring hydrogen energy systems:A comprehensive review of technologies,applications,prevailing trends,and associated challenges[J]. Journal of Energy Storage,2024,96:112601.

[2] BROWNELL M, FRISCHKNECHT A L, WILSON M A. Subdiffusive high - pressure hydrogen gas dynamics in elastomers[J]. Macromolecules,2022,55(10):3788-3800.

[3] 周池楼.140 MPa高压氢气环境材料力学性能测试装置研究[D]. 杭州:浙江大学,2015.

[4] 陈怡博,王修磊,查燕,等.Ⅳ型高压储氢瓶密封结构设计及性能仿真研究[J]. 压力容器,2023,40(9):37-44.

[5] 单涵,高连新,王成,等.特殊螺纹油管接头重复上卸扣后的密封性能研究[J]. 压力容器,2023,40(5):25-33.

[6] MA Y,WU L,LI C,et al. Thermal - mechanical - diffusion multi - field coupling behavior of rubber seals in high - pressure hydrogen environment[J]. International Journal of Hydrogen Energy,2025,112:333-346.

[7] XIN L,GAO L P,ZHE L. Prediction of seal wear with thermal - structural coupled finite element method[J]. Finite Elements in Analysis & Design,2014,83(6):10-21.

[8] 王丹,韩磊,陈加鑫.基于ABAQUS的O形橡胶密封圈热应力分析[J]. 橡胶科技,2013,11(6):18-21.

[9] KLOPFFER M,FLACONNECHE B. Transport properties of gases in polymers:Bibliographic review [J]. Oil & Gas Science and Technology,2001,56(3):223-244.

[10] SYSTèMES D. Abaqus analysis user's guide [J]. Waltham, Massachusetts: Dassault Systèmes,2016.

[11] BECHIR H,CHEVALIER L,CHAOUCHE M,et al. Hyperelastic constitutive model for rubber - like materials based on the first Seth strain measures invariant [J]. European Journal of Mechanics,2006,25(1):110-124.

[12] RIVLIN R S. Large elastic deformations of isotropic materials. III. Some simple problems in cylindrical polar Co - ordinates[J]. 1948,240(823):509-525.

[13] ALLEN J M, CUITI O A M, SERNAS V. Numerical investigation of the deformation characteristics and heat generation in pneumatic aircraft tires Part II. Thermal modeling[J]. Finite Elements in Analysis & Design,1996,23(2-4):265-290.

[14] 周池楼,陈国华.O型橡胶密封圈高压氢气环境中特性表征[J]. 化工学报,2018,69(8):3557-3564.

[15] ARCHARD J F. Contact and rubbing of flat surfaces[J]. Journal of Applied Physics,1953,24(8):981-988.

[16] DURANTY A, ROOSENDAAL P, SIMMONS B. Preliminary test methodology for linear reciprocating ball - on - flat in situ friction and wear studies of polymers in high pressure hydrogen [R]. Richland:Pacific Northwest National Laboratory,2016.

[17] 张建,熊庆辉,冀宏,等.基于Abaqus/CAE的格莱圈参数化建模及密封性能分析[J]. 液压气动与密封,2017,37(01):35-38.

作者简介

左邱铨(2003),男,硕士生,主要研究方向为高压氢橡胶密封技术,通信地址:510641 广东省广州市天河区五山路 381 号华南理工大学五山校区,E-mail:869739130@qq.com。

通讯作者:周池楼(1987),男,副教授/博导,主要研究方向为先进储能及氢能源安全技术,通信地址:510641 广东省广州市天河区五山路 381 号华南理工大学五山校区,E-mail:mezcl@scut.edu.cn。

微量氢气泄漏自相似性模型及其实验验证

刘雨欣，施建峰，郑津洋
（浙江大学 能源工程学院，杭州 310027）

摘　要：本研究聚焦于受限空旷空间内微量氢气泄漏问题，构建自相似性模型以探究微量氢气泄漏后的扩散规律。通过构建包含归一化距离、时间和浓度的参数体系，结合数值模拟与实验验证，深入剖析微量氢气泄漏后的扩散过程。研究发现，在受限空旷空间中，微量氢气泄漏扩散受顶层阻挡后，其浓度场会呈现出中心对称的近似高斯分布特征。同时，不同泄漏流量下氢气扩散具有显著自相似性，微量氢气泄漏后在受限空间顶层的报警浓度前沿的扩散距离与时间满足幂律关系。该自相似性模型能够较准确地预测实际场景中的氢气扩散行为，为微量氢气泄漏检测中泄漏源定位算法的开发提供了可靠的理论基础，有助于提升涉氢场景的安全性。

关键词：微量氢气泄漏；自相似性模型；扩散规律；受限空间

Self - similaritymodel of trace hydrogen leakage and its experimental verification

LIU Yuxin, SHi Jianfeng, ZHENG Jinyang
(College of Energy Engineering, Zhejiang University, Hangzhou310027, China)

Abstract: This study focuses on the problem of trace hydrogen leakage in confined open spaces, and constructs a self - similarity model to explore the diffusion law after trace hydrogen leakage. By establishing a parameter system including normalized distance, time and concentration, combined with numerical simulation and experimental verification, the diffusion process after trace hydrogen leakage is analyzed in depth. It is found that in confined open spaces, after the diffusion of trace hydrogen leakage is blocked by the top layer, the concentration field shows the characteristics of approximately Gaussian distribution with central symmetry. Meanwhile, hydrogen diffusion under different leakage rates has significant self - similarity, and the diffusion distance of the alarm concentration front at the top of the confined space after trace hydrogen leakage satisfies a power - law relationship with time. The self - similarity model can accurately predict hydrogen diffusion behavior in actual scenarios, providing a reliable theoretical basis for the development of leakage source localization algorithms in trace hydrogen leakage detection and helping to improve the safety of hydrogen - related scenarios.

Keywords: trace hydrogen leakage; self - similarity model; diffusion law; confined space

0 引　言

随着全球对清洁能源的需求不断增长，氢能作为一种绿色、可再生能源，受到了广泛关注。氢气易泄漏扩散[1-3]、点火能量低[4]，在意外释放时会迅速分散，并且在遇到点火源时容易燃烧[5]。在通风不足的封闭空间内泄漏氢气可能导致爆炸事故[6]。

相较于大规模泄漏事件的直观危害，微量氢气泄漏往往因初期浓度低、扩散缓慢而难以被及时察觉，但其在受限空间内持续累积可能导致潜在爆炸风险，对人员安全和设备稳定运行构成重大威胁。近年来，国内外学者针对氢气泄漏扩散开展了大量研究[7-13]，多聚焦于中高流量泄漏场景，对微量氢气泄漏的扩散规律、浓度演变特征及预测方法的研究相对不足。微量氢气泄漏具有扩散速率低、浓度梯度变化缓慢、受环境因素影响显著等特性，其扩散行为与大规模泄漏存在本质差异，亟需建立针对性的理论模型进行系统研究。

传统的氢气泄漏扩散研究多采用基于有量纲参数的实验和数值模拟方法，不同研究因实验条件、设备参数的差异导致数据缺乏通用性，难以建立普适性的扩散规律。无量纲化处理通过将物理量转化为相对值，消除了量纲和尺度的影响，能够提炼出扩散过程的本质特征。

为此，本研究提出一种适用于微量氢气泄漏场景的自相似性模型，通过引入归一化距离、时间和浓度等无量纲参数，系统分析微量氢气在受限空旷空间内的扩散行为。结合数值模拟与实验验证，研究揭示了微量氢气泄漏扩散的自相似特性，建立了泄漏源定位算法的理论基础。该模型不仅为微量氢气泄漏的实时监测与风险评估提供了有效的技术手段，也为涉氢场所的安全设计和应急预案制定提供了重要的理论依据，对推动氢能产业的安全发展具有重要的现实意义。

1 数值模拟微量氢气泄漏扩散

本研究借助数值模拟探究微量氢气泄漏扩散的特性，通过解流体动力学方程和浓度输运方程，模拟氢气在受限空旷空间内的流动和扩散过程，总结氢气泄漏扩散规律。在数值模拟时，假设泄漏源为点源形式，环境条件(如温度、压力)均匀稳定，忽略外界强扰动的影响。

1.1 模型设置

1.1.1 几何模型与计算域

本研究采用商业 CFD 软件 ANSYS FLUENT 进行数值模拟。采用三维模型来模拟受限空间内氢气泄漏扩散过程，设定计算域尺寸为 1.0 m×0.8 m×0.8 m，尺寸设定便于计算，且能较好地模拟实际受限空间的情况。氢气泄漏的入口和出口均设置在模型下壁面，氢气从入口释放，释放方向正向上，其中蓝色箭头为速度入口，红色箭头为压力出口，其余边界均设置为壁面条件。计算过程中，采用多面体网格划分技术以提高计算精度和效率，直观展示入口速度的设置及整体模型结构，为气体扩散特性及算法开发提供了精确的数值支持。

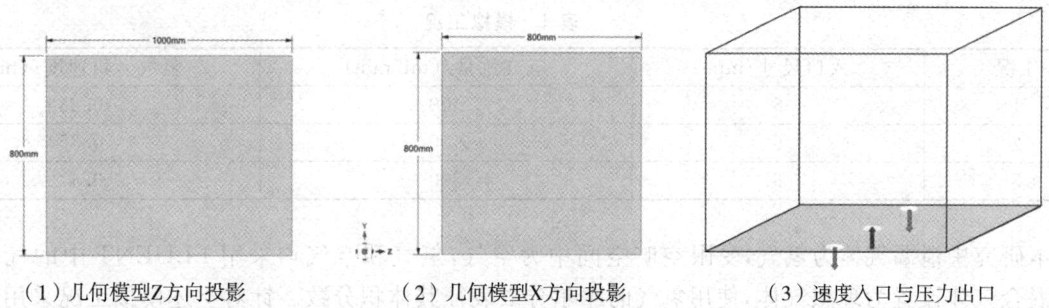

(1) 几何模型Z方向投影　(2) 几何模型X方向投影　(3) 速度入口与压力出口

图 1　测试系统几何模型

1.1.2 湍流模型与组分输运方程

选用 k－epsilon Realizable 湍流模型来描述流体的湍流特性[14]。该模型在处理浮力驱动流等复杂流动情况时具有较好的准确性，能够合理地模拟微量氢气泄漏后的湍流扩散过程。同时，采用 species transport 模块求解组分输运方程，以追踪氢气在空气中的浓度分布变化。在模拟过程中，考虑氢气与空气的相互作用，以及浮力对流场的影响，假设气体为理想气体，符合常见的工程计算假设。

1.1.3 边界条件与工况设置

根据 Non-Boussinesq 羽流理论，当理查德森数$\Gamma=1$时为纯羽流[15-16]，$\Gamma<1$时流动逐渐过渡为射流。通过以下公式[17]计算理查德森数，能够确定气流的性质及扩散模式：

$$\hat{G}=2\pi\int_0^{\infty}\rho_{H_2}(r,z)\omega(r,z)rdr \tag{1}$$

式中，$\hat{G}$为质量通量，kg/s；ρ_{H_2}为氢气密度，kg/ m³；r为径向坐标，m；z为高度坐标，m。

$$\hat{M}=2\pi\int_0^{\infty}\rho_{H_2}(r,z)\,\omega^2(r,z)rdr \tag{2}$$

式中，$\hat{M}$为动量通量，m·kg/ s²。

$$\hat{F}=2\pi\int_0^{\infty}g'(r,z)\omega(r,z)rdr \tag{3}$$

式中，$\hat{F}$为浮力通量，m⁴/s³；g'为约化重力，m/s²。

代入计算理查德森数：

$$\Gamma=\frac{5\sqrt{\rho_{air}}\,\hat{G}^2\,\hat{F}}{8\sqrt{2}\alpha\hat{M}^{5/2}} \tag{4}$$

式中，Γ为理查德森数；A为羽流系数。

氢气泄漏口选取常见的橡胶软管，其直径为 6 mm。环境空气密度为 1.225 kg/m³，氢气密度为 0.0899 kg/m³，重力加速度为 9.81m/s²，羽流系数α取 0.1[18-19]，管子横截面积$A=\pi(D/2)^2=2.827\times10^{-5}\text{m}^2$。

当氢气泄漏口直径为 6 mm 时，为使得泄漏的氢气形成羽流，即理查德森数大于等于 1，计算得到氢气的流量最大为 1500 ml/min。模拟中分别选取 400 ml/min、600 ml/min 和 800 ml/min 三种微量氢气泄漏流量进行仿真，以模拟不同流量条件下的泄漏，便于研究不同氢气流量对算法定位结果的影响，设置 3 种模拟工况，见表 1。

表 1 模拟工况

工况	入口尺寸/mm	氢气流量/(ml/min)	氢气入口速度/(m/s)
1	6	400	0.236
2	6	600	0.354
3	6	800	0.472

本研究中泄漏气体为氢气，受限空旷空间中为空气，氢气和空气均采用 FLUENT 中的气体物性参数。混合气体设置为理想气体，使用氢气的摩尔分数表征其体积分数。针对上述模拟工况采用的边界条件见表 2。数值模拟为瞬态过程。

表 2 边界条件设置

边界名称	边界类型
入口	速度入口
出口	压力出口
壁面	绝热壁面

1.2 网格划分与无关性验证

对几何模型进行网格划分，采用非结构化网格以适应复杂的几何形状。在全局网格划分的基础上，对氢气泄漏入口 20 mm×20 mm×50 mm 区域进行局部加密，以提高该区域的计算精度，总网格数量为 147 万。

(a) 全局网格划分

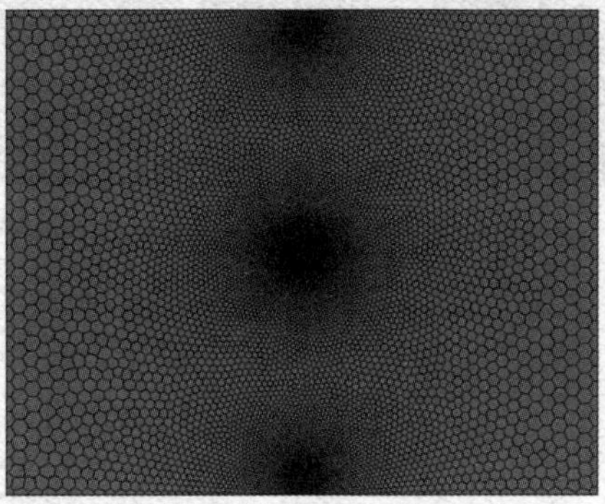

(b) 局部网格划分

图 2 网格划分

以氢气泄漏孔径 6 mm、泄漏流量 800 ml/min、泄漏时间 8 s 的工况对网格进行无关性验证。分别对 142 万、147 万和 274 万 3 种网格数量进行模拟，其中 142 万为粗网格，147 万的网格为入口处局部加密，274 万的网格为细网格。在计算达到收敛后，142 万网格计算的气体速度大小在距泄漏源 0.6～0.8 m 的范围内与其他网格的计算结果存在明显差异，147 万网格和 274 万网格的气体速度大小变化趋势相同。因此为节约计算时间，选择 147 万的网格数量展开后续模拟。

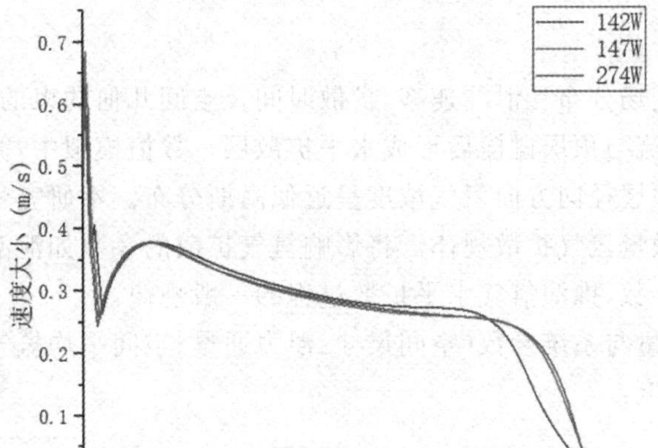

图 3 网格无关性验证

1.3 模拟结果

数值模拟结果展示了氢气以 800 ml/min 的泄漏流量从底部正中央孔径 6 mm 的泄漏源泄漏后，氢气浓度的时空演化过程。当氢气抵达顶层时，受顶层阻挡，羽流由垂直运动转为水平扩散，并在泄漏源正上方形成局部高浓度区，浓度场以投影点为中心呈轴对称分布，浓度随距离增加呈快速衰减。随着时间推移，氢气扩散范围逐渐扩大，浓度梯度逐渐降低。顶层浓度变化过程可分为两个阶段：阶段一为垂直上浮阶段，由浮力主导，氢气快速上升至顶部形成局部高浓度区域；阶段二为水平扩散阶段，在顶部边界限制下，氢气沿水平方向扩散，扩散过程具有各向同性，水平扩散过程浓度分布近似高斯分布。

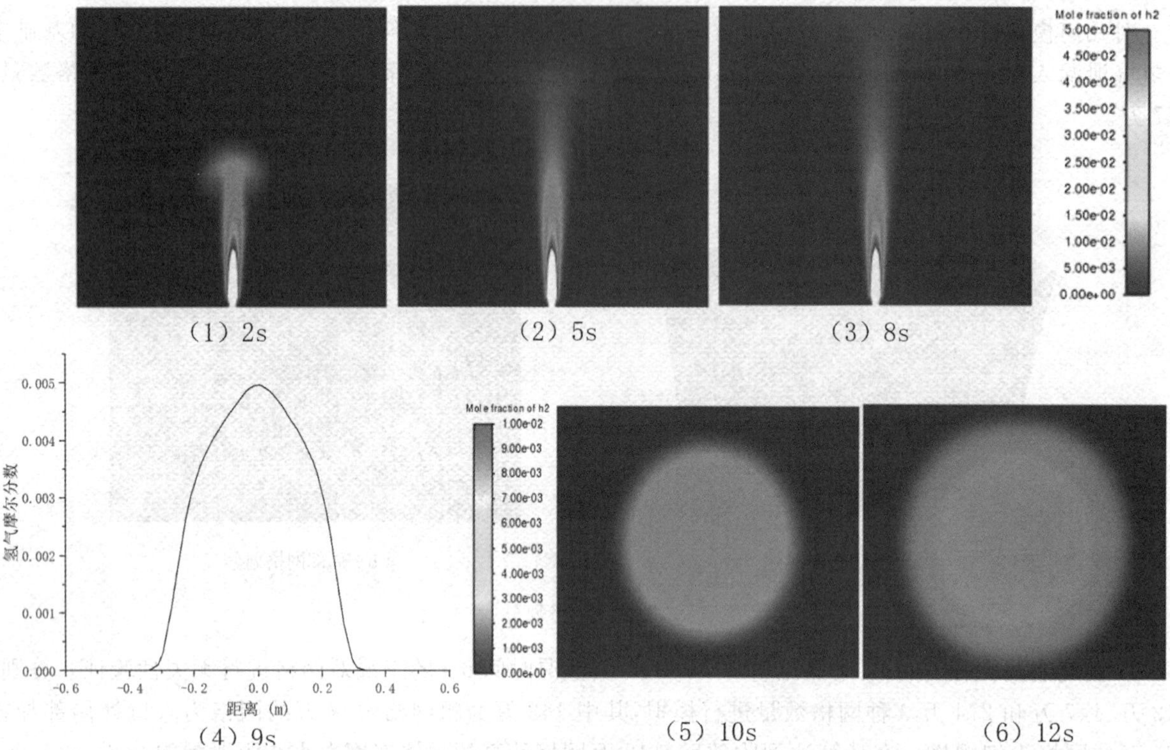

(1)(2)(3)垂直方向浓度云图；(4)顶层氢气摩尔分数与距泄漏源水平距离的关系；(5)(6)顶层水平方向浓度云图

图 4　数值模拟结果

2　微量氢气扩散的自相似分析模型

2.1　自相似性模型

微量氢气泄漏后，其浓度场分布受泄漏速率、扩散时间及空间几何约束的共同影响。在受限空间中，浮力驱动的微量氢气上升气流与顶层碰撞后形成水平扩散层。数值模拟中，微量氢气泄漏的水平扩散过程浓度分布具有各向同性，顶层径向方向氢气浓度呈近似高斯分布。本研究将根据微量氢气的自相似扩散特征，进一步推演顶层的微量氢气扩散规律。将影响氢气扩散的参数如泄漏速度、扩散时间、空间尺寸组合成无量纲数，降低变量个数，推演氢气水平扩散过程的一般规律。

将扩散过程的关键物理量与系统参数(空间尺寸、浮力通量、空间平均氢气浓度)关联，通过齐次性原则构建归一化距离、时间、浓度：

$$L^{*}=L/H \tag{5}$$

$$t^{*}=H^{2/3}A^{-1}B_0{}^{1/3}t \tag{6}$$

$$C^{*}=C/C_{avg} \tag{7}$$

式中，L^{*}为归一化距离；L为扩散前沿到泄漏点顶层投影的水平距离，m；H为受限空旷空间高度，m；t^{*}为归一化时间；A为空间水平投影面积，m^2；B_0为浮力通量，m^4/s^3；t为泄漏时长，s；C^{*}为归一化浓度；C为空间中一点的氢气浓度，%；C_{avg}为空间中平均氢气浓度，%。

以空间尺寸 1.0 m×0.8 m×0.8 m、泄漏流量 800 ml/min 的泄漏模拟为例，定义泄漏源在顶层的正投影为位置原点。通过归一化参数，将原始顶层氢气浓度数据 $C(L,t)$转化为$C^{*}(L^{*},t^{*})$，分别以归一化后的距离与时间作为变量，验证不同流量下扩散过程的自相似性。

以时间为自变量，在不同泄漏流量条件下，原点处的浓度随时间变化关系经归一化处理后具有相似性。当 $0.2<t^*<0.4$，氢气上升至顶部后沿水平方向扩散且未达到稳定状态时，不同泄漏流量条件下的归一化浓度随时间的变化曲线基本重合。

以与原点距离为自变量，在 $0.2<t^*<0.4$ 范围内，同一时刻不同泄漏流量下，氢气在顶层的归一化浓度随距离的变化曲线基本重合，表现出不同时间点的浓度分布可通过标度变换重合[20-21]的自相似性。

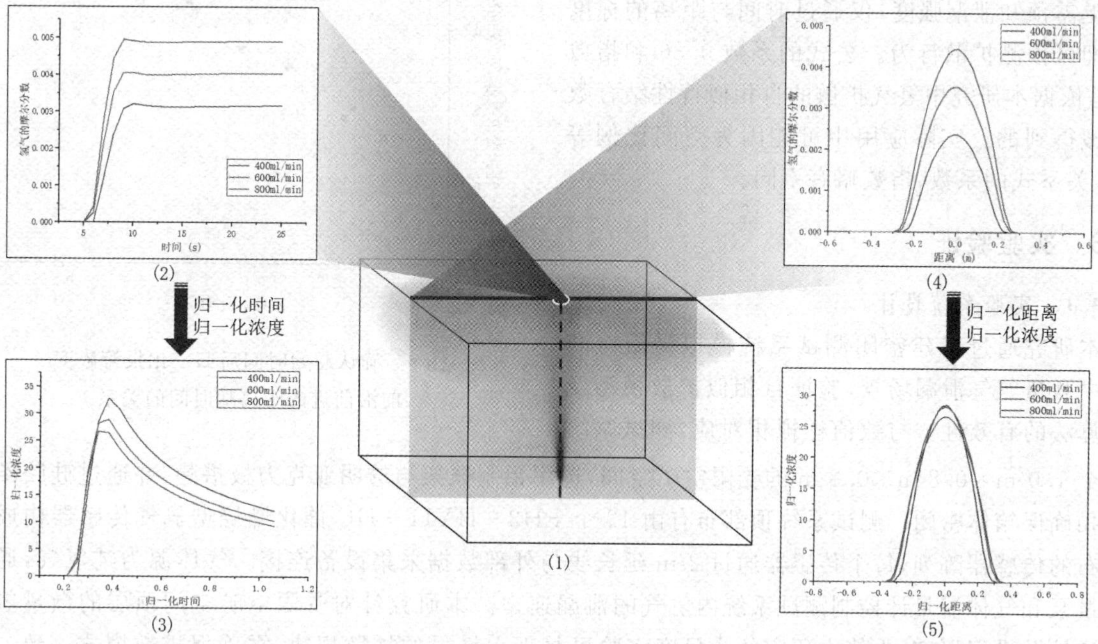

(1)数值模拟氢气云图模型；(2)原点处氢气摩尔分数与时间关系图；(3)原点处归一化浓度与归一化时间关系图；(4)$t^*=0.34$ 时氢气摩尔分数与距原点距离关系图；(5)$t^*=0.34$ 时归一化浓度与归一化距离关系图

图 5　自相似分析模型

2.2　报警浓度前沿的扩散规律

2.2.1　报警浓度前沿的设定依据

微量氢气泄漏扩散规律的研究可为氢气泄漏检测提供理论支撑。本研究尝试依据自相似性推导微量氢气在顶层的报警浓度前沿的距离随时间变化公式。GB/T 50493—2019《石油化工可燃气体和有毒气体检测报警设计标准(正式版)》[22]的第 5.5.2 条规定，可燃气体的一级报警设定值应小于或等于 25％LEL。氢气的爆炸下限(LEL)为 4.00％Vol，按国标文件的要求设定，一级报警设定值为 1.00％Vol[23]，即 10000 ppm，在本研究中，报警阈值设置为 1000 ppm。氢气浓度恰好达到报警阈值(1000 ppm)时，随时间动态推进的水平边界界线为报警浓度前沿，其前进距离反映了达到危险氢气浓度的扩散距离随时间的变化。

2.2.2　幂律关系的推导与拟合

经归一化方法处理后，不同泄漏流量条件下的氢气浓度分布，特别是氢气上升至顶部后沿水平方向扩散过程的浓度分布，表现出相同的规律，呈现近似高斯分布的特征。将结果推广至全流量范围，不同泄漏流量下，氢气扩散至顶层后，沿水平方向扩散过程的浓度分布经归一化可以用同一条曲线描述。

借助自相似性，统计各泄漏流量条件下报警浓度前沿前进的距离与泄漏时间的关系。对扩散距离和扩散时间进行归一化处理后，不同泄漏流量下的数据均落在同一条曲线附近。泄漏流量不同时，通过归一化处理的报警浓度前沿前进的距离与时间的关系也可以用同一条曲线表达，证实了微量氢气泄漏扩散的自相似性可用于微量氢气泄漏检测中泄漏源的定位分析。

定义报警浓度前沿从原点出发的时间为起始时间，归一化报警浓度前沿前进的距离随时间的幂律拟合曲线的无量纲关系式可写为：

$$L^{*}=0.86t^{*0.5} \tag{8}$$

通过引入归一化参数,可将多变量整合为单一特征尺度,消除流量差异对扩散模式的影响,证实不同流量下的扩散过程本质上遵循同一物理规律。因而无需预知泄漏强度,仅通过时间与距离的标度变换即可预测扩散行为。公式的系数 0.86 和指数 0.5 是依据本研究中氢气扩散的自相似特性结合数值模拟得到的。实际应用中可能因为空间比例等原因,关系式的系数、指数略有不同。

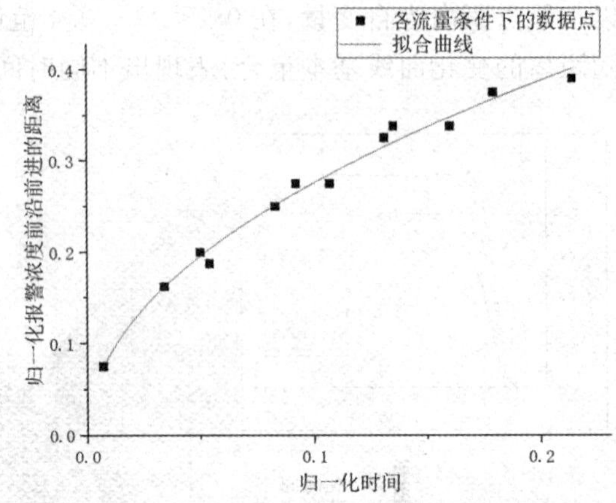

图 6　确认起始时间后归一化报警浓度前沿前进的距离随时间的关系

3　实验验证

3.1　实验系统设计

本研究通过搭建密闭测试系统模拟受限空旷空间中微量氢气泄漏场景,验证自相似扩散模型及定位算法的有效性。与数值模拟相对应,测试系统是一个 1.0 m×0.8 m×0.8 m 的受限空旷空间,选用铝制框架与透明亚克力板搭建,并通过硅胶条和固定卡扣确保箱体密闭。测试系统顶部布有由 12 个 FH2 - HY11 - HC 催化燃烧型氢气传感器构成的均匀分布的传感器阵列,每个传感器通过 2 m 延长线与外部数据采集设备连接。气体源为纯氢气,通过气体流量泵和气体流量计控制测试系统内氢气的泄漏速率。本研究针对受限空旷空间顶层的微量氢气泄漏羽流扩散进行研究,为使本研究的小尺度实验可复现大场景的扩散规律,需确保扩散模式一致。在氢气泄漏为羽流的情况下,选取 200 ml/min、400 ml/min、600 ml/min 和 800 ml/min 四种泄漏流量进行实验。通过内径 6 mm 橡胶管将氢气运输至位于箱体中心点(300,0)的泄漏口,形成点源泄漏,传感器阵列实时读取各点浓度数据并且记录。

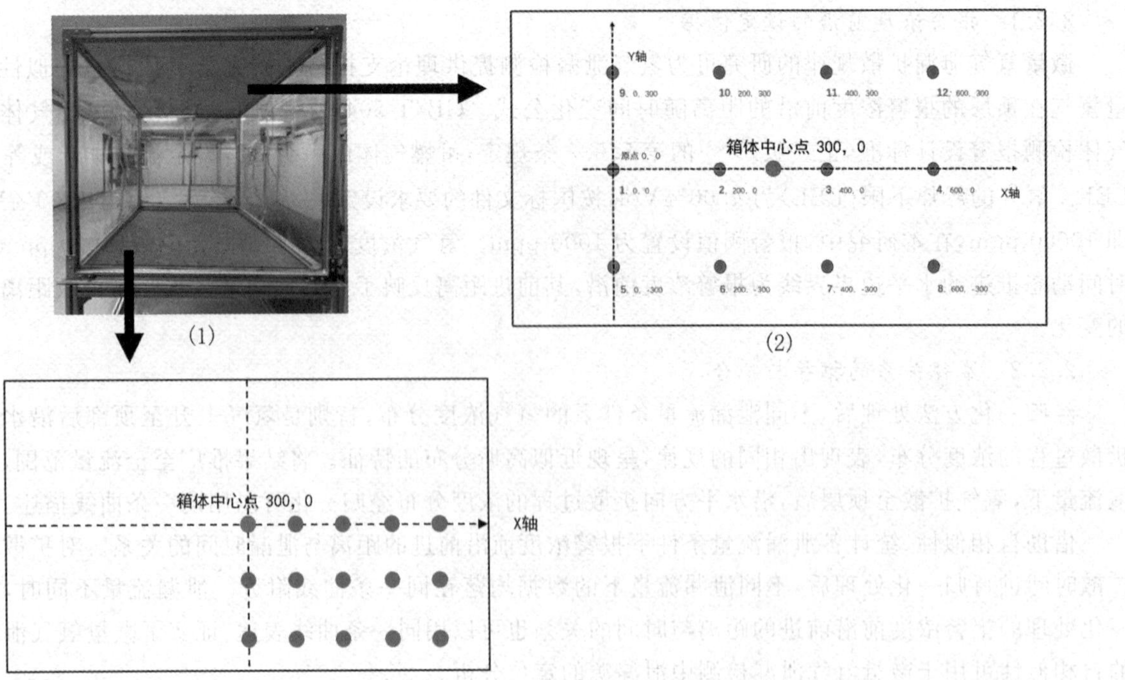

(1)　(2)　(3)

(1)测试系统右视图;(2)测试系统顶部传感器布置点图;(3)测试系统底部泄漏口位置设计图

图 7　测试系统

3.2 自相似性验证

为了定量分析微量氢气扩散规律，并验证其自相似性特征，将实验数据经归一化处理消除不同实验条件下的差异，便于进行比较和分析。

在时间维度的验证中，以归一化时间作为自变量，分析原点处氢气浓度的动态变化规律。研究发现，不同泄漏流量条件下的归一化浓度－归一化时间曲线呈现显著的相似性。特别是在 $0<t^*<0.15$ 区间内，氢气完成垂直上升过程并开始水平扩散，尚未达到测试系统侧壁面时，各泄漏流量下的归一化浓度随时间变化曲线近乎完全重合，证实了该阶段氢气扩散过程的自相似特征。

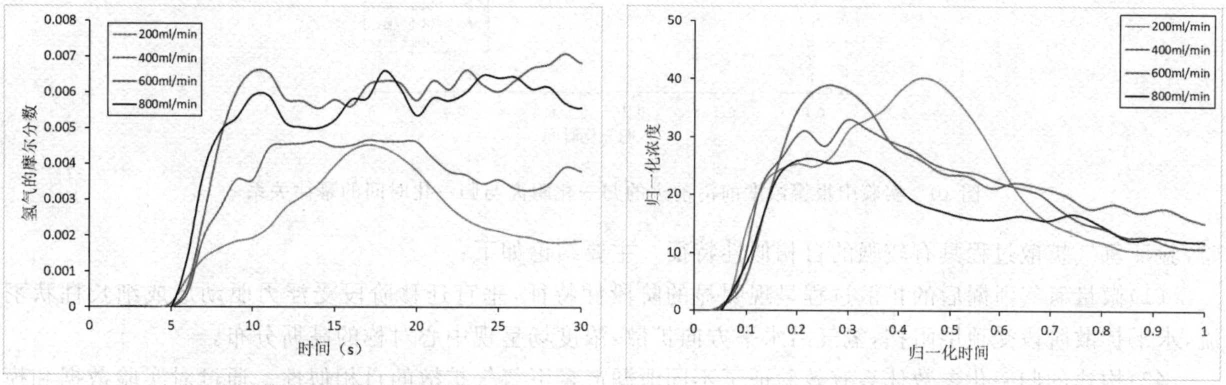

（a）不同泄漏流量测试系统顶部中心处氢气摩尔分数与时间关系　（b）归一化处理后的曲线图

图 8　浓度-时间验证实验

在空间维度的验证方面，选取归一化时间 $t^*=0.12$ 作为特征时刻，以归一化距离■为自变量，探究氢气在测试系统顶部（见图 7X 轴上）的水平浓度分布特性。实验结果表明，同一时刻下，不同泄漏流量工况下的氢气归一化浓度随距离的变化曲线基本吻合，再次验证了氢气扩散过程在空间分布上的自相似性。

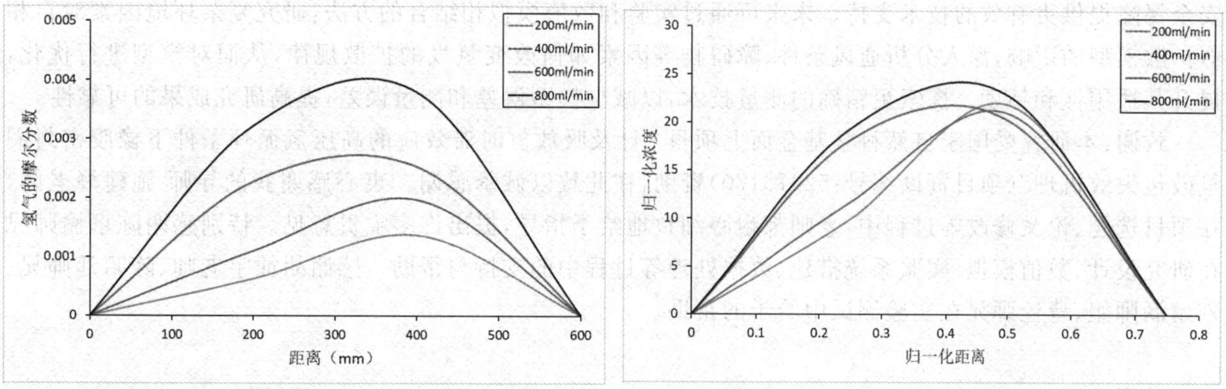

（a）不同泄漏流量测试系统顶部氢气摩尔分数与距离关系　（b）归一化处理后的曲线图

图 9　浓度-距离验证实验

实验结果中，不同微量氢气泄漏流量下氢气报警浓度前沿前进的归一化距离随归一化时间的变化规律呈现出一致的趋势，在式(8)曲线附近分布，如图 10，验证了前文推导的微量氢气自相似性扩散规律。

4　结论与展望

4.1　结论

本研究围绕受限空旷空间顶层的微量氢气自相似扩散规律展开，提出氢气自相似扩散模型。通过实

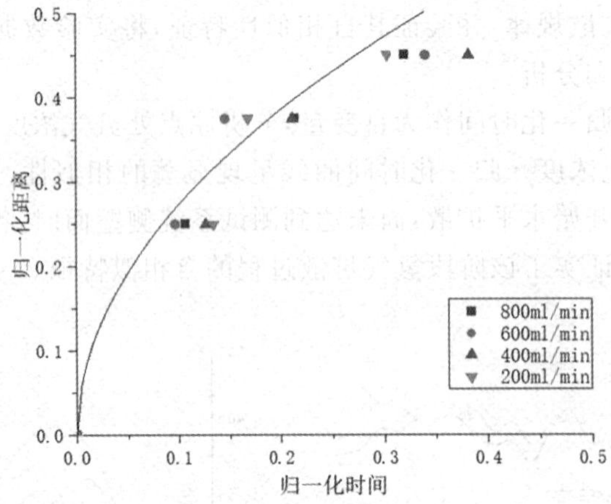

图 10　实验中报警浓度前沿前进的归一化距离与归一化时间的幂律关系

验，验证氢气扩散过程具有较强的自相似性特征。主要结论如下：

(1)微量氢气泄漏后的扩散过程呈现明显的阶段性特征，垂直迁移阶段受浮力驱动形成细长柱状羽流，水平扩散阶段受顶层阻挡，氢气沿水平方向扩散，浓度场呈现中心对称的高斯分布。

(2)构建的归一化参数体系有效验证了不同泄漏流量下氢气扩散的自相似性。通过对实验数据和模拟结果的分析，发现归一化后的浓度、距离和时间关系在不同泄漏流量下具有一致性，报警浓度前沿的扩散距离与时间满足幂律关系。

(3)自相似性模型在预测实际场景中的氢气扩散行为方面具有较高的可靠性。基于该模型，可以为泄漏源定位算法的开发提供有力的理论依据，有助于实现对氢气泄漏源的快速、准确定位，提高涉氢场所的安全性。

4.2　未来研究方向

基于微量氢气泄漏自相似性模型，可以进一步构建微量氢气泄漏的检测与定位系统，为涉氢行业的安全保障提供更有效的技术支持。未来可通过实验和数值模拟相结合的方法，研究复杂环境因素对自相似扩散模型的影响，深入分析通风条件、障碍物等因素如何改变氢气的扩散规律，从而对模型进行优化，提升其适用性和精度。探索更精确的测量技术，以减少模型误差和测量误差，提高研究成果的可靠性。

致谢：本研究受国家自然科学基金面上项目“计及吸放氢时滞效应的高压氢循环条件下橡胶密封圈氢鼓包失效机理”(项目资助编号：52475170)资助，在此致以诚挚感谢。衷心感谢我的导师 施建峰老师，在项目选题、论文修改等过程中，老师都耐心细致地给予指导，提出许多宝贵意见。特别感谢陈卓愉师兄在研究设计、数值模拟、实验系统搭建、数据处理等过程中的支持与帮助。感谢胡征宇老师、陈昭廷师兄、刘婧涵师姐、曹铨师兄在实验测试中给予的帮助。

参考文献

[1] 郑津洋，刘自亮，花争立，等．氢安全研究现状及面临的挑战[J]．安全与环境学报，2020，20(1)：106－115.

[2] 郑津洋，刘延雷，徐平，等．障碍物对高压储氢罐泄漏扩散影响的数值模拟[J]．浙江大学学报(工学版)，2008，42(12)：2177－2180.

[3] SWAIN M R，FILOSO P，GRILLIOT E S，et al. Hydrogen leakage into simple geometric enclosures[J]. International Journal of Hydrogen Energy，2003，28(2)：229－248.

[4] LIANG Y. The simulation and analysis of leakage and explosion at a renewable hydrogen refuelling station[J]. International Journal Hydrogen Energy，2019，44(40)：8－19.

[5] KANG Y, MA S Y, SONG B X, et al. Simulation of hydrogen leakage diffusion behavior in confined space[J]. International Journal of Hydrogen Energy, 2024, 53: 7585.

[6] LI Y. Modeling and analysis of hydrogen diffusion in an enclosed fuel cell vehicle with obstacles [J]. International Journal Hydrogen Energy, 2022, 47(9): 45—56.

[7] CARCASSI M, SCHIAVETTI T, PINI T. Non - homogeneous hydrogen deflagrations in small scale enclosure[J]. International Journal of Hydrogen Energy, 2018, 43(41): 293—304.

[8] BRZEZIŃSKI D. Hydrogen dispersion phenomena in nominally closed spaces[J]. International Journal of Hydrogen Energy, 2021, 46(55): 58—65.

[9] LI Y, JIANG J, YU Y, et al. Numerical simulation of dispersion and distribution behaviors of hydrogen leakage in the garage with a crossbeam[J]. Simulation, 2019, 95(12): 1229—1238.

[10] HUANG T, ZHAO M, BA Q, et al. Modeling of hydrogen dispersion from hydrogen fuel cell vehicles in an underground parking garage[J]. International Journal of Hydrogen Energy, 2022, 47(1): 686—696.

[11] 辛杰. 受限空间氢气泄漏扩散特性及其浓度时空分布研究[D]. 合肥: 中国科学技术大学, 2023.

[12] 熊耀强, 吴平, 赵建平. Ⅳ型储氢气瓶内衬材料的氢渗透行为分子动力学模拟[J]. 压力容器, 2023, 40(7): 19—28.

[13] 李力军, 王昕雨, 唐小龙, 等. 燃料电池汽车氢系统泄放安全研究[J]. 压力容器, 2024, 41(7): 1—5.

[14] 徐平, 刘鹏飞, 刘延雷, 等. 高压储氢罐不同位置泄漏扩散的数值模拟研究[J]. 高校化学工程学报, 2008, 22(6): 921—926.

[15] CAULFIELD C X X P, WOODS A X X W. Plumes with non - monotonic mixing behaviour [J]. Geophysical & AMP, Astrophysical Fluid Dynamics, 1995, 79(1—4): 173—199.

[16] G M, O V. Solutions for turbulent buoyant plumes rising from circular sources[J]. Physics of fluids, 2008, 20(6): 66601.

[17] BILYAZ S, EZEKOYE O A. Modeling the dispersion and mixing of light gases in enclosed spaces using the method of moments[J]. Journal of Loss Prevention in the Process Industries, 2022, 80: 104877.

[18] MORTON B R, TAYLOR G I, TURNER J S. Turbulent gravitational convection from maintained and instantaneous sources [J]. Proceedings of the Royal Society of London. Series A, Mathematical and physical sciences, 1956, 234(1196): 1—23.

[19] TURNER J S, TURBULENT E. The development of the entrainment assumption, and its application to geophysical flows[J]. Journal of Fluid Mechanics, 1986, 173: 431—471.

[20] 黄腾. 大型地下车库内氢气泄漏与扩散研究[D]. 山东: 山东大学, 2021.

[21] MURAKAMI M. Self - similar hydrodynamics with heat conduction[M]. 2011.

[22] 石油化工可燃气体和有毒气体检测报警设计标准: GB/T 50493—2019[S]. 2019.

[23] 气态氢燃料站 第 9 部分: 燃料质量分析取样第一版: ISO 19880—9—2024[S]. 2024.

作者简介

刘雨欣(2004), 女, 主要研究氢气泄漏分析与氢安全领域, 通信地址: 310027 浙江省杭州市西湖区浙大路 38 号, E - mail: liu_yuxin@zju. edu. cn。

基于捆绑塔器的双圆柱耦合风致振动研究

杨何伟[1,2]，唐博文[1,2]，谭　蔚[1,2]

(1. 天津大学 化工学院，天津　300072；2. 天津大学 浙江研究院，浙江宁波　315000)

摘　要：近年来，煤化工生产中出现了一种将放空筒与塔器通过多个钢支架连接的捆绑塔器。在风载作用下，捆绑塔与放空筒间耦合振动复杂，尚无适用的设计标准，风致振动响应难以评估。本文基于捆绑塔器开展了不等直径双圆柱在弹性支撑与框架约束下的风致振动风洞试验，研究其在不同流速下的振动响应特性。结果表明，弹性支撑下，小圆柱在中等流速区表现出类涡激特性，大圆柱在高流速下产生频率反馈干扰，结构整体存在一定程度的振动耦合。相比之下，在框架约束下，非线性耦合与碰撞机制对结构动力特性影响显著，其风致振动响应更为复杂，表现出由独立振动、间歇碰撞到整体同步振动的多阶段演化过程。

关键词：捆绑塔器；风致振动；耦合振动

Coupled wind - induced vibrations of dual cylinders based onbundled tower configurations

YANG Hewei[1,2], TANG Bowen[1,2], TAN Wei[1,2]

(1. School of Chemical Engineering andTechnology, Tianjin University, Tianjin 300072, China;

2. Zhejiang Research Institute, Tianjin University, Ningbo 315000, China)

Abstract: In recent years, a bundled tower structure—comprising a vent stack and a main tower connected by multiple steel supports—has been increasingly adopted in coal chemical engineering. Under wind loads, the coupled vibration between the tower and the vent stack becomes highly complex, making existing design standards difficult to apply and the wind - induced response hard to assess. In this study, wind tunnel experiments were conducted on unequal - diameter tandem cylinders under both elastic support and frame constraint conditions, based on the bundled tower configuration. The results indicate that under elastic support conditions, the small cylinder exhibits vortex - induced - like vibration characteristics in the moderate flow velocity range, while the large cylinder induces frequency feedback at higher velocities, reflecting a degree of dynamic coupling within the system. In contrast, under frame constraint, nonlinear coupling and collision mechanisms have a significant impact on the structural dynamic behavior. The wind - induced vibration response is more complex, exhibiting a multi -stage evolution from independent vibration to intermittent collisions and ultimately synchronized motion.

Keywords: bundled tower; wind - induced vibration; coupled vibration

0 引 言

塔器是石油化工生产中的关键设备,其安全可靠运行对于整个工艺生产至关重要。伴随产能的提升和设备大型化需求,为了减少设备投资和节省占地面积,煤化工生产中出现了一种将放空筒与塔器通过多个钢支架连接的捆绑塔结构,如图1所示。在风载荷作用下,捆绑塔与放空筒之间的载荷传递呈现非定向、多点不均匀特点,呈现复杂的耦合振动,其动力响应难以评估,国内塔器相关设计标准已不适用于这种特殊结构塔器的设计,导致捆绑塔器的风致振动设计无据可依。因此,开展捆绑塔器的风致振动特性研究具有工程应用价值,对于捆绑塔器的结构设计与安全评估具有重要的理论意义和工程指导意义。

忽略塔器的附加管线和操作平台,仅考虑塔器和放空筒,可以将捆绑塔简化为不等直径双圆柱结构。双圆柱作为一个经典的简化模型,目前有许多学者做了相应的研究[1-3]。樊显涛等[4]对并排塔器的研究发现,当间距比较小时,塔器之间的耦合作用将会变得非常复杂,塔器振动响应也会变得复杂。LI等[5]数值模拟研究了在亚临界雷诺数下间距比对两自由度圆柱涡激振动的影响,结果表明随着间距的增加,二者可能相互干扰也可能相互独立。郭凯等[6]在直径比 $d/D=0.4\sim1.0$ 范围内对 $L/D=1.5$ 条件下不等直径并排塔器的风致振动响应进行了数值研究,发现当直径比发生变化时,会导致上游塔器的遮蔽作用发生变化,下游塔器的振动响应和锁定区都会随之发生变化。秦斌[7]在 $L/D=2.0$ 时研究了大圆柱在上游静止小圆柱中的横流向振动情况,表明两圆柱在不同风速下会产生不同的相互干扰。SONG等[8]对不同直径比的两自由度串列圆柱进行了数值模拟,研究发现直径比对下游圆柱的振动幅值和频率有重要影响。芮照贤[9]对不同自由度圆柱模型的涡激振动数值模拟研究,结果表明顺流向自由度会对横流向无因次振幅产生较大影响。ZHAO等[10]在直径比为0.5条件下对小圆柱在大圆柱尾迹中产生的尾迹诱发振动进行了数值研究,发现在 $L/D=2.0$ 时小圆柱对大圆柱的振动状态和涡脱特性有显著影响。ASSI[11]研究了不等直径串列双圆柱的驰振响应,结果表明圆柱的直径比和间距比对耦合振动行为具有显著影响,改变间距和尺寸配比可引发不同的响应幅值和振动模式。及春宁等[12-14]研究了上游圆柱固定与两圆柱均可横向自由振动的串列双圆柱流致振动特性。结果表明:无论上游圆柱是否振动,下游圆柱的横流向最大振幅均显著大于单圆柱,且在两圆柱均自由振动时,下游圆柱的振幅最大,上下游圆柱之间相互调节与尾流重附着增强了耦合作用。ZHU等[15-16]对两个不等直径的刚性耦合串联圆进行研究,识别出延伸体、回附与同涡脱落三种典型流场特征,研究表明,不同的间距比与流速条件下,耦合结构将进入不同流场主导区,显著改变振动幅值、频率。

图1 捆绑塔器现场图

目前已有的研究大都是针对两个单独圆柱或者刚性连接的圆柱开展的,缺少针对捆绑塔器这种具有框架约束的多圆柱结构的研究。本文以某捆绑塔器的参数为依据,将塔器简化为柔性圆柱,设计了不等直径双圆柱风洞试验,在亚临界雷诺数和间距比为 $L/d=2.0$ 的条件下探究框架约束对不等直径塔器的风致振动响应的影响,旨在为捆绑塔器的振动分析和设计计算提供依据和参考。

1 风洞试验设计

试验所用低湍流度直流式风洞装置(包括直流式风洞、顺排试验模型、数据采集系统)如图2所示,主要由收缩段、试验段和稳流段三部分构成。收缩段前装有蜂窝器,以实现气流的整流效果,保证试验段内气流稳定,风机安装于稳流段后用以带动空气产生风速。表 1 列出了风洞的各项参数,其中试验段尺寸为 0.5 m×0.5 m×1.1 m,额定风速范围为 0.5~30 m/s,流场稳定性和均匀性均小于 2%,流场品质较好。

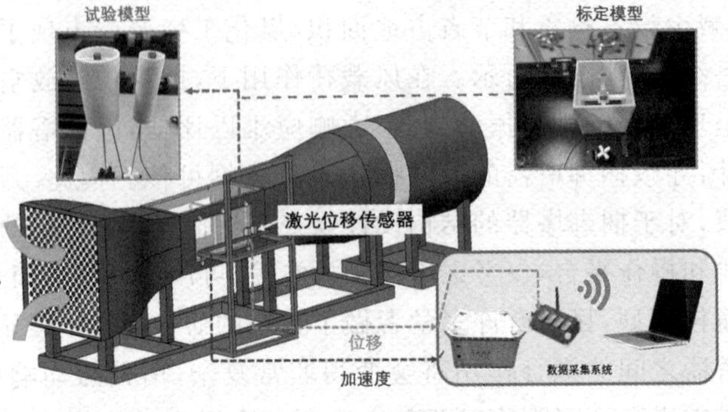

图 2　风洞试验系统

表 1　低湍流度直流式风洞性能参数

参数	数值
外廓(宽×高×长)/m	1×1.5×5
试验段(宽×高×长)/m	0.5×0.5×1.1
额定风速/($m \cdot s^{-1}$)	0.5~30
均匀性/%	≤2.0
稳定性/%	≤2.0
气流偏角/(°)	≤1
噪声/dB	<100
风机额定功率/kW	5.5

考虑关键的几何外形和动力学参数,基于几何相似和弹性相似理论,采用外形和刚度分离的方法设计了自支撑气弹性试验模型[4]。该模型是柔性多自由度结构,可在顺流向和横流向同时自由振动;模型的中心杆为不锈钢材料,提供刚度以确保试验模型具有柔性和气动弹性。带支架的圆柱形壳体通过 3D 打印技术制造,提供与塔器相似的外形。

为对比分析,在框架约束试验的基础上,同时开展了弹性支撑下的光滑圆柱试验。图 3 给出了弹性支撑和框架约束下的试验模型示意图。大圆柱直径为 $D=54$ mm,小圆柱直径为 $d=30$ mm,圆柱之间的中心距为 $L=2d$。

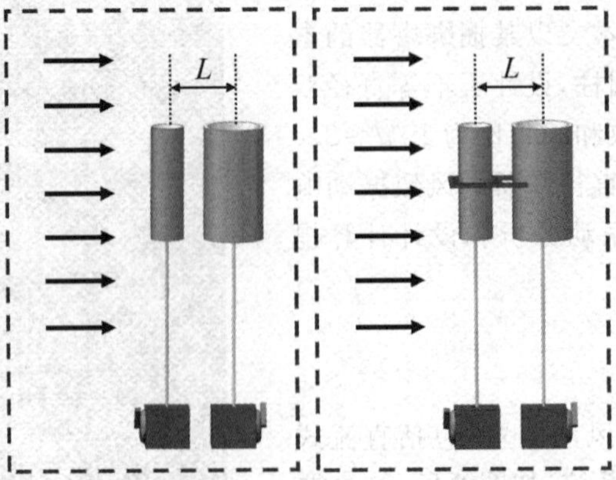

(a) 弹性支撑　　(b) 框架约束

图 3　试验模型示意

在保证不对流场产生影响的前提下，在模型顶端的内部设置一个支架，用于放置三轴加速度传感器，进而同时获取圆柱顺流向和横流向的加速度时程位曲线。试验开始之前，通过如图 2 右上角所示一个方形柱体用激光位移传感器对三轴加速度传感器积分结果进行标定。利用加速度传感器测得加速后，通过两次积分后得到位移，其结果与激光位移传感器基本一致，标定后的结果如图 4 所示。本文后续试验通过三轴加速度传感器获取各模型的振动情况，同时以激光位移传感器对加速度传感器积分结果进行校准。

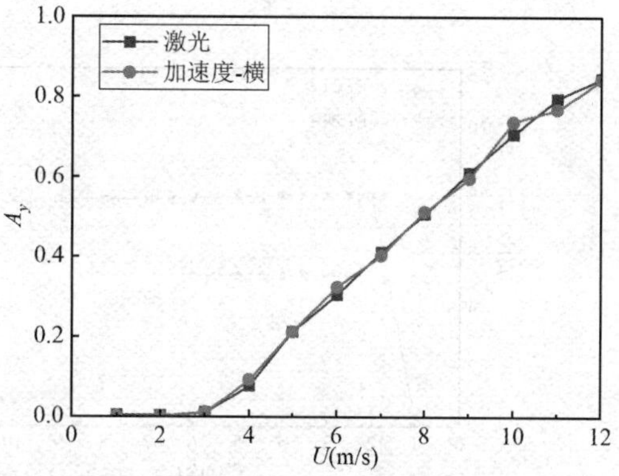

图 4　激光位移传感器对三轴加速度传感器标定结果

在试验进行之前，首先对试验模型的模态参数进行测定。在固定好模型之后，给模型一个初始位移，令其发生自由衰减振动。通过快速傅立叶变换对自由衰减信号进行处理获得固有频率，并计算与大圆柱固有频率的频率比，各模型的参数见表 2。

表 2　试验模型参数

参数	直径 d(D)/mm	质量 m/g	固有频率 f_n/Hz	固有频率比	阻尼比 ζ
筒	30	50.91	5.05	—	0.0051
塔	54	105.6	7.71	0.655	0.0042

2　不同排布下圆柱的振动响应

为方便分析，以圆柱位移均方根的有效值来表示振幅，并将其无量纲化，以大圆柱为例，其顺流向和横流向均方根计算公式分别为 $A_y=\sqrt{2}\,y_{rms}/D$，$A_x=\sqrt{2}\,(x_{rms}-\bar{x})/D$，其中：$A_y$，$A_x$ 分别为圆柱的横流向和顺流向振幅；y_{rms}，x_{rms} 分别为横风向和顺风向时域响应的均方根值；$\bar{x}$ 为顺流向的平均振幅；D 为大圆柱直径。

2.1　弹性支撑

图 5 为弹性支撑下圆柱振动位移随流速变化图，并通过傅里叶变换和小波分析对振动频率进行了分析，如图 6 和图 7 所示。

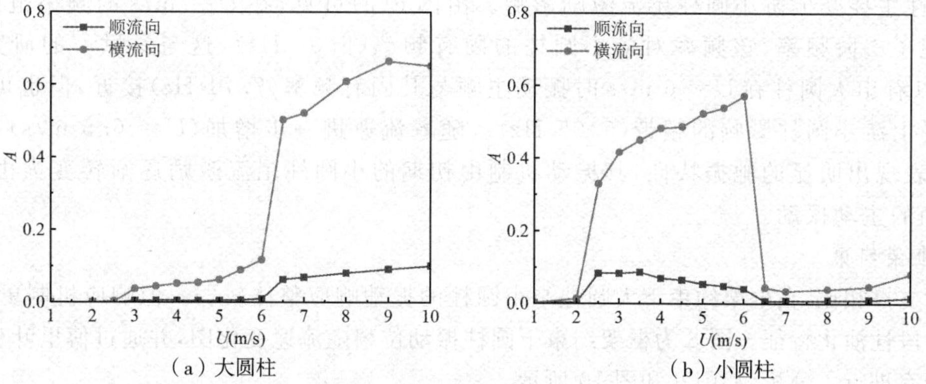

图 5　弹性支撑下圆柱振动位移随流速变化图

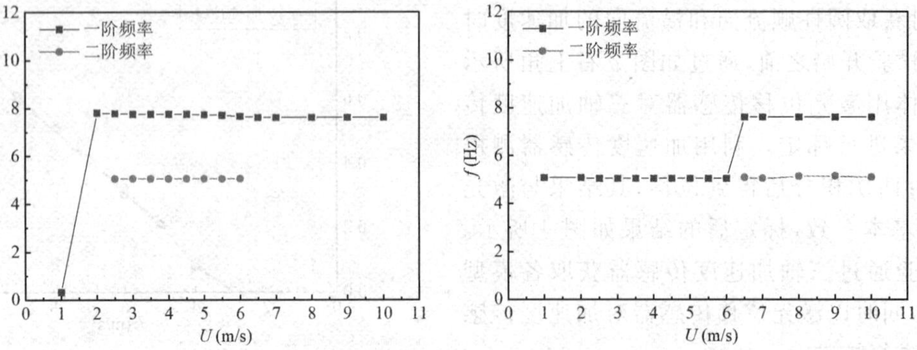

(a)大圆柱　　(b)小圆柱

图6　弹性支撑下圆柱横流向振动频率随流速变化图

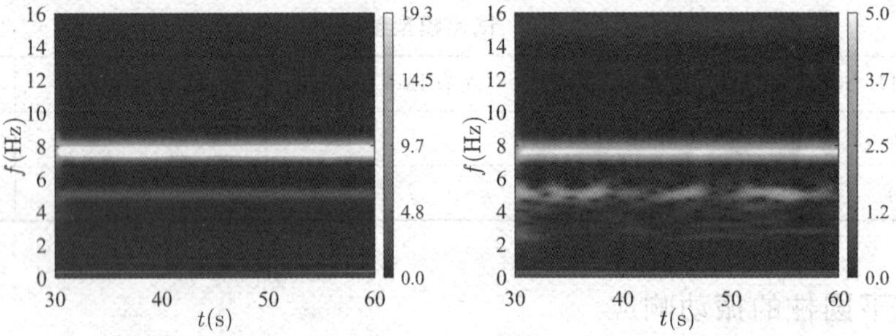

(a)大圆柱(U=6 m/s)　　(b)小圆柱(U=8 m/s)

图7　弹性支撑下圆柱横流向振动的小波分析图

在弹性支撑下,大圆柱与小圆柱在顺流向和横流向的振动响应总体趋势相似。图5(a)中小圆柱的横流向振幅随流速增加迅速上升,在U= 2～6 m/s范围内达到峰值,随后振幅趋于稳定,呈现类似于涡激振动的特性。在较大流速(U= 6.5～10 m/s)下,图6(b)小圆柱频谱中出现了多阶频率,并且一阶频率接近大圆柱的固有频率(7.71 Hz),表明此阶段下游大圆柱的振动反过来对上游小圆柱产生了干扰作用,表现出一定程度的振动反馈耦合现象。并且在图7(b)中可以看到7.71 Hz的频带强度明显大于5.05 Hz。相比之下,图5(b)大圆柱在U= 2～6 m/s区间的振动响应较弱,动力特性主要受上游小圆柱尾流激励影响。由图6(a)可见,在U= m/s的频率范围内,大圆柱频谱中出现了二阶频率,该频率对应小圆柱的固有频率(5.05 Hz),这与秦斌[7]的研究结果一致。图7(a)可以看出大圆柱在U= 6 m/s时振动主频与其固有频率(7.71 Hz)接近,但也可以观察到比较微弱的受上游小圆柱影响的频带(5.05 Hz)。随着流速进一步增加(U= 6.5 m/s),大圆柱振幅迅速增大,表现出明显的驰振特性,其振动机制由初期的小圆柱尾流激励逐渐转变为由自身气动不稳定性驱动的主动振动。

2.2　框架约束

与弹性支撑相比,在框架约束下大圆柱与小圆柱的振动响应整体较弱。但响应机制更为复杂,呈现出明显的阶段性演化特征。图8为框架约束下圆柱振动位移随流速变化图,并通过傅里叶变换和小波分析对振动频率进行了分析,如图9和图10所示。

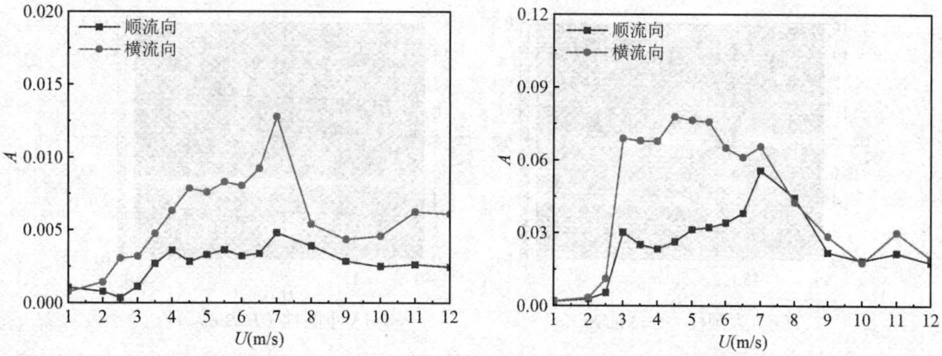

（a）大圆柱　　（b）小圆柱

图 8　框架约束下圆柱振动位移随流速变化图

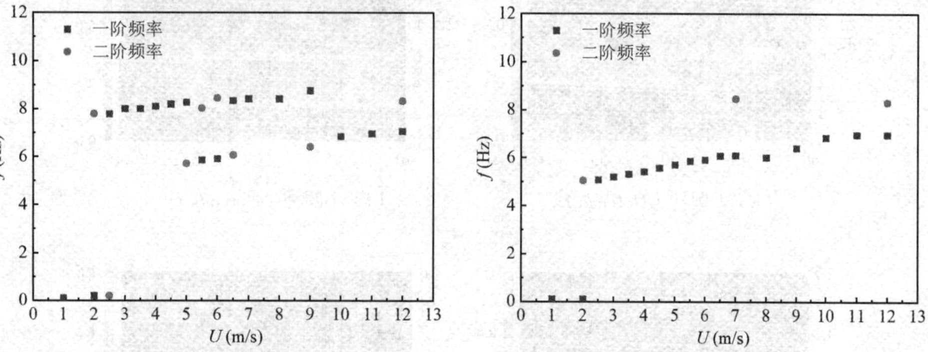

（a）大圆柱（横流向）　　（b）小圆柱（横流向）

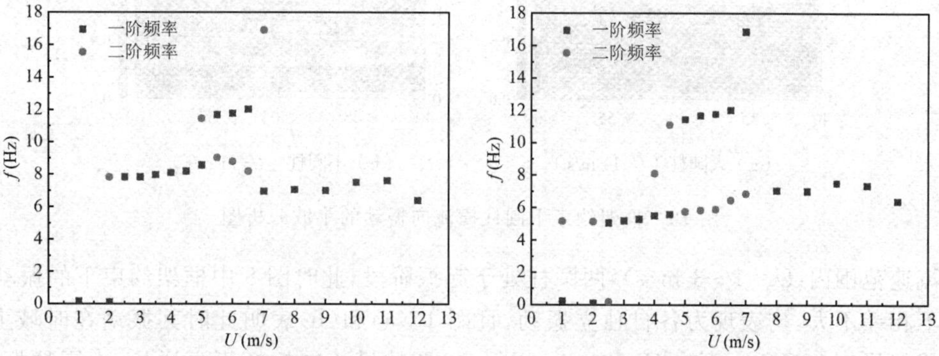

（c）大圆柱（顺流向）　　（d）小圆柱（顺流向）

图 9　框架约束下圆柱振动频率随流速变化图

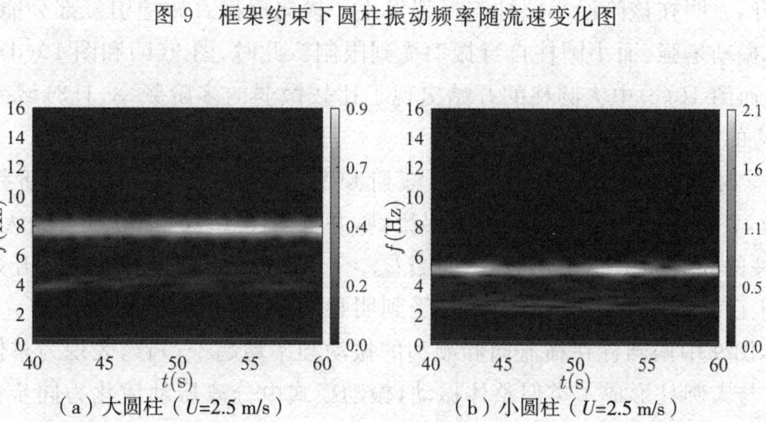

（a）大圆柱（U=2.5 m/s）　　（b）小圆柱（U=2.5 m/s）

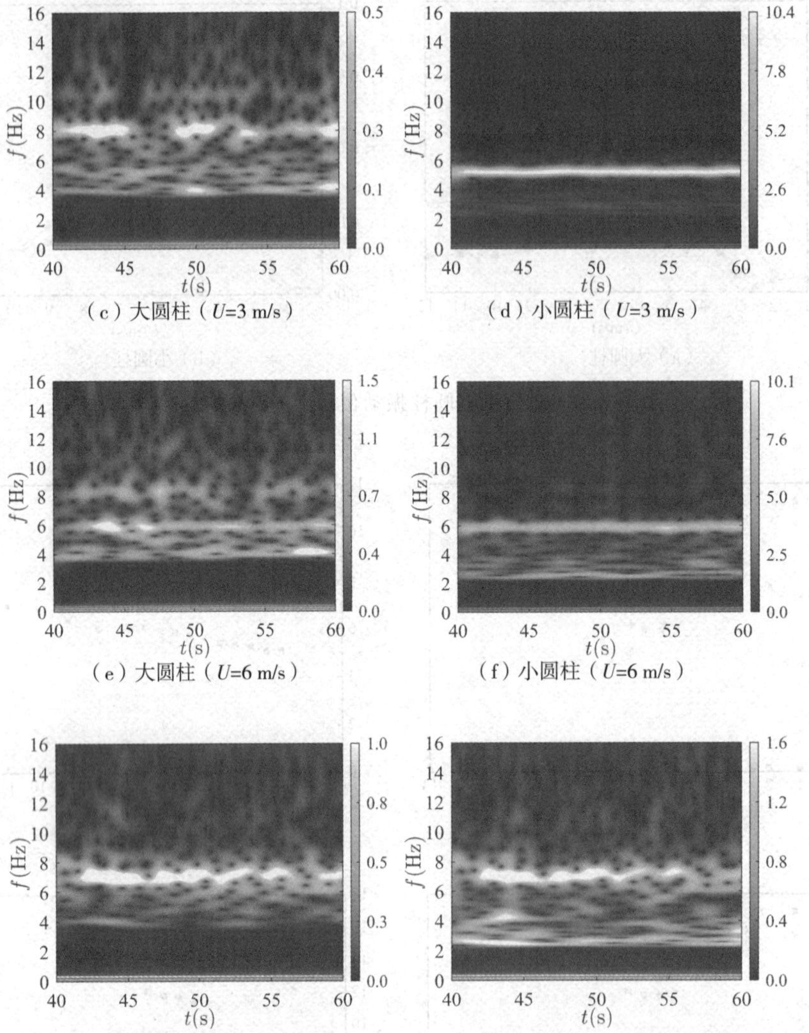

(c) 大圆柱 (U=3 m/s)　(d) 小圆柱 (U=3 m/s)

(e) 大圆柱 (U=6 m/s)　(f) 小圆柱 (U=6 m/s)

(g) 大圆柱 (U=11 m/s)　(h) 小圆柱 (U=11 m/s)

图 10　框架约束下圆柱横流向振动的小波分析图

在较小流速范围内(U=1～3 m/s),两圆柱处于起振阶段,此时图 8 中框架约束下的振动幅值与图 5 中弹性约束下相差不大,均表现为各自独立振动,且图 10(a)和(b)表明此时其振动在时域上比较稳定,未出现干扰或能量耦合现象。而当U>3 m/s 以后,小圆柱横流向振幅不再增长,大圆柱振幅则较弹性支撑下开始显著上升,表明在该阶段小圆柱与框架发生了横向碰撞。碰撞引发部分能量通过刚性框架传递至大圆柱,致使其振动增强,而小圆柱自身振动受到限制。此时,图 9(b)和图 10(d)小圆柱的频谱中并未观察到多阶频率,而图 10(c)中大圆柱的开始出现了比较微弱的多阶频率,且时域变得不稳定,验证了能量传递与耦合效应的初步出现。

在U=5～7 m/s 时,图 9(a)(c)(d)中出现了多阶频率,并且顺流向振动的一阶频率持续上升,偏离固有频率(5.05 Hz),表明此阶段碰撞已成为主要激励,并且由图 10(e)中可以看到大圆柱横流向的振动主频带接近于小圆柱的固有频率(5.05 Hz)。而当U>7 m/s 之后,两圆柱的振动开始减弱,表明此时开始小圆柱在顺流向上已经初步靠在框架上,振动受到明显抑制,但仍存在相对滑动。随着流速的进一步增大(U>10 m/s),图 9 中两圆柱在横流向和顺利的振动频率均趋于一致,表现为整体振动,此时小圆柱靠在框架上,小圆柱与大圆柱形成了类似整体振动,振动模式由分离振动演化为同步整体振动,图 10(g)(h)中两圆柱的时域响应逐渐稳定。

3 结 论

本文针对捆绑塔器，分别开展了弹性支撑与框架约束条件下的不等直径双圆柱风致振动风洞试验，系统获取了不同流速条件下的振动响应特征，主要结论如下。

(1)在弹性支撑条件下，两圆柱在顺流向与横流向的振动响应总体趋势相似。小圆柱在 $U = 2\sim 6$ m/s范围内表现出类似于涡激振动特点，横流向振幅随流速增加迅速上升并达到峰值。随着流速增大($U = 6.5\sim 10$ m/s)，小圆柱频谱中出现了大圆柱的固有频率，大圆柱振动对小圆柱产生了反馈干扰。频谱能量分布显示，在高流速区，大圆柱固有频率对应的频带能量明显增强，顺流向振动特性逐渐由涡激振动向驰振过渡，振动机制由被动受激转变为主动气动不稳定性主导。

(2)在框架约束条件下，低流速阶段($U=1\sim 3$ m/s)两圆柱均表现为各自独立振动；$U > 3$ m/s 后，小圆柱在横流向上与框架发生间歇性碰撞，能量传递至大圆柱引发其振幅上升；$U = 5\sim 7$ m/s 阶段，两圆柱顺流向频率偏离固有频率，横流向响应出现频率耦合，表明碰撞激励与耦合干扰共同作用；随着流速进一步增大($U > 7$ m/s)，两圆柱振动逐渐减弱并趋于同步，最终在 $U > 10$ m/s 时振动频率完全一致，此时小圆柱靠在框架上，系统进入整体振动状态。

(3)相较于弹性支撑结构，捆绑塔器在框架约束下呈现更复杂的风致振动响应，表现出由独立振动、局部碰撞到整体同步振动的多阶段演化过程。其振动模式与激励机制受非线性碰撞和结构耦合显著影响，工程设计中应充分考虑其非线性耦合振动特性及其演化规律。

参考文献

[1] 谭蔚，王中辰，曾万川，等．并排塔器耦合流场特性研究 [J]．压力容器，2019，36(03)：27－34.

[2] BEARMAN P W. Circular cylinder wakes and vortex - induced vibrations [J]. J Fluids Struct，2011，27(5/6)：648－58.

[3] TANG B，FAN X，WANG J，et al. Energy harvesting from flow - induced vibrations enhanced by meta - surface structure under elastic interference [J]. Int J Mech Sci，2022，236.

[4] 樊显涛，唐博文，谭蔚．并排塔器流致振动特性及预测模型研究[J]．压力容器，2022，39(2)：1－10.

[5] LI T，ISHIHARA T，YANG Q，et al. Numerical study on flow - induced vibration of two - degree - of - freedom staggered circular cylinders at subcritical Reynolds numbers [J]. Ocean Eng，2023，273.

[6] 郭凯，程雨轩，蒋建旭，等．不等直径并排塔器风致振动特性分析 [J]．压力容器，2022，39(9)：56－63.

[7] 秦斌．两个串列圆柱的横向流致振动实验研究 [D]．深圳：哈尔滨工业大学，2018.

[8] SONG Z，SHEN Y，DUAN M，et al. Numerical investigation on the effect of diameter ratio on wake induced vibrations of tandem cylinders [J]. Ocean Eng，2022，264.

[9] 芮照贤．基于不同维度模型的圆柱结构涡激振动数值模拟研究 [D]．长沙：中南大学，2022.

[10] ZHAO M，CUI Z，KWOK K，et al. Wake - induced vibration of a small cylinder in the wake of a large cylinder [J]. Ocean Eng，2016，113：75－89.

[11] ASSI G R S. Wake - induced vibration of tandem and staggered cylinders with two degrees of freedom [J]. J Fluids Struct，2014，50：340－57.

[12] 及春宁，陈威霖，黄继露，等．串列双圆柱流致振动的数值模拟及其耦合机制[J]．力学学报，2014，46(06)：862－870.

[13] 郭凯，程雨轩，谭蔚，等．不等频率比转置三角形管束流体弹性失稳试验研究[J]．压力容器，2023，40(4)：1－7＋44.

[14] 郭凯,郭志文,董温哲,等. 并排小间距比塔式容器的流致振动试验研究[J]. 压力容器,2024,41(11):1－11.

[15] ZHU H,TAN X,GAO Y,et al. Two－degree－of－freedom flow－induced vibration of two rigidly coupled tandem cylinders of unequal diameters [J]. Ocean Eng,2020,216.

[16] PING H,ZHU H,ZHANG K,et al. Vortex－induced vibrations of two rigidly coupled circular cylinders of unequal diameters at low Reynolds number [J]. Phys Fluids,2021,33(10).

作者简介

杨何伟(1999),男,博士研究生,研究方向为塔器、风致振动研究,通信地址:300072 天津市津南区雅观路 135 号天津大学北洋园校区,E－mail:heweiyang@. tju. edu. cn。

氢在奥氏体-铁素体双相不锈钢内弯曲扩散模拟研究

吴炜杰[1,2],王小威[1,2],巩建鸣[1,2]
(1. 南京工业大学 机械与动力工程学院,南京 211816;
2. 承压装备可靠性制造江苏省重点实验室,南京 211816)

摘　要:采用虑及氢陷阱效应的修正非均匀溶解度模型研究双相钢中的氢传输。通过基于双相不锈钢细观组织的有限元模型,系统研究了膜片厚度、氢陷阱及显微组织参数对氢渗透的影响。模拟获得的奥氏体-铁素体双相钢表观氢扩散系数与文献数据吻合。结果表明:双相钢氢渗透动力学特征源于两相氢传输性能差异,并受膜层厚度、氢陷阱及微观组织因素调控。当膜层较厚且奥氏体晶粒细小时,奥氏体呈现常规氢陷阱特征,此时表观扩散系数为微观组织的弯曲系数、铁素体相中氢陷阱及奥氏体体积分数的函数。

关键词:氢扩散;氢陷阱;双相不锈钢

Simulation study on hydrogen zigzag diffusion in austenitic – ferritic duplex stainless steel

WU Weijie[1,2],WANG Xiaowei[1,2],GONG Jianming[1,2]
(1. School of Mechanical and Power Engeering,Nanjing Tech University,
Nanjing 211816,China; 2. Jiangsu Key Lab of Reliability centered
Manufacturing of Pressure Equipment,Nanjing 211816,China)

Abstract:A modified non – uniform solubility model considering hydrogen trapping effect was developed to investigate hydrogen transport in two – phase steels. A mesoscale microstructure – based finite element model for duplex stainless steels (DSS) was employed to study the influence of membrane thickness,hydrogen traps and microstructure parameters on hydrogen permeation. The simulated apparent diffusivity of austenite + ferrite two – phase steels is in consistent with literature. The results demonstrate that hydrogen permeation kinetic of two – phase steel originates from the difference of hydrogen transport properties between austenite and ferrite,and is affected by membrane thickness,hydrogen traps and microstructure factors. If membrane thickness is thick and austenite grains are small,then austenite acts like normal hydrogen trap,and the apparent diffusivity is a function of microstructure characterized by a tortuosity factor,traps in ferrite and the fraction of austenite.

Keywords:hydrogen diffusion,hydrogen traps,duplex stainless steel

0 引　言

双相不锈钢(Duplex Stainless Steel,DSS)由体心立方铁素体(α)与面心立方奥氏体(γ)以近似等体积分数构成,兼具高强度、耐腐蚀和良好焊接性,广泛应用于石化与海洋工程[1-4]。氢原子可通过电化学或非电化学过程(焊接、氢气暴露)侵入材料,引发塑韧性骤降[3,5],即氢脆(Hydrogen Embrittlement,HE)。

氢脆是环境-力学-材料多因素耦合作用的结果[6-8],具体表现为:1) 材料因素:晶体结构、相组成与缺陷分布;2) 氢行为:氢摄取/扩散动力学、陷阱相互作用及局域浓度演化;3) 环境载荷:多尺度应力场与应变速率效应。铁素体与奥氏体在氢传输特性上存在显著差异[9-11]:α 相氢扩散系数比 γ 相高 4~5 个量级,而 γ 相氢溶解度比 α 相高 2~3 个量级。这种差异显著影响微观组织内氢传输,进而影响氢脆敏感性,成为双相钢氢脆研究的关键科学问题。

电化学渗透是研究氢传输的主要实验手段[12]。现有工作表明表观氢扩散系数(D_{app})随 α 相体积分数增加而升高,但受晶粒尺寸、相界及组织形貌显著影响[9,13-15]。例如,冷变形通过增加位错密度降低 2205 钢的 D_{app}[16],而相界作为强陷阱可解释细晶材料氢扩散速率减缓现象[9]。值得注意的是,Olden 等[4]发现双相钢 D_{app} 与 γ 相含量呈函数关系,但数据离散度高,显示多相体系氢扩散机制尚未明晰。

在理论方面,经典多相扩散模型基于稳态菲克定律与等效平均假设,但忽略氢陷阱与瞬态效应[17-20,14,15]。Turnbull 等[9,21]引入弯曲系数与奥氏体陷阱模型,成功描述 Uranus B50 钢氢渗透行为,但有效介质理论框架难以解析微观氢扩散规律。非均匀溶解度(Non-Uniform Solubility,NUS)模型通过独立求解各相扩散方程部分克服此局限[22,23],但未考虑相界陷阱。有限元模拟虽能研究组织形貌影响[23,14,24,25],但综合考虑氢陷阱动力学与多参数协同作用的系统研究仍匮乏。

本文针对 $\alpha+\gamma$ 双相钢提出改进 NUS 模型,系统研究膜厚、陷阱密度与组织参数对氢渗透的影响,以期为 DSS 氢脆预测提供理论支撑。

1 耦合氢陷阱及溶解度的氢扩散模型

α 与 γ 的氢溶解度(s)及扩散系数(D)差异导致相界处氢浓度不连续。根据局部平衡假设,氢化学势在相界处保持连续,即界面两侧相的氢化学势相等[26],此为 NUS 模型的核心原则[22]。本文沿用该模型框架,通过独立处理各相氢传输行为消除浓度不连续性。为引入氢陷阱效应,采用 Oriani 提出的局部平衡模型[27]。并假设各相内氢传输性质均匀各向同性,暂忽略相界陷阱效应。

2.1 氢浓度、化学势及溶解度

多相合金中氢浓度分为晶格氢(C_L)与陷阱氢(C_T)。晶格氢浓度(mol/m³)可表示为:

$$C_L = \theta_L \beta N_m \tag{1}$$

其中,θ_L 为晶格位点氢占据率,$N_m=\rho/M$ 为单位体积溶剂原子摩尔数(ρ 为密度,M 为摩尔质量),β 为晶格位点数(与晶体结构相关)。陷阱氢浓度(C_T)则表达为:

$$C_T = \theta_T N_T \tag{2}$$

式中,θ_T 为陷阱位点占据率,N_T 为陷阱密度。基于金属(Me)-氢气系统平衡反应:

$$Me + \frac{x}{2} H_2 \rightleftharpoons Me H_x \tag{3}$$

化学势平衡条件给出金属氢的化学势 μ_{LH} 与气态氢化学势 μ_g 的关系[28]:

$$\frac{1}{2} \mu_g = \mu_{LH} \tag{4}$$

$$\mu_g = \mu_{g0} + k_B T \ln V \frac{f}{p_0} \tag{5}$$

$$\mu_{LH} = \mu_{LH0} + k_B T \ln \frac{C_L}{\beta N_m - C_L} \tag{6}$$

其中，$\mu_{g0}(p_0, T)$ 是气体的参考化学势，$k_B = 1.38 \times 10^{-23}$ J/k 表示玻尔兹曼常数，$p_0 = 1$ atm 是参考压力，f(单位：atm) 是逸度。

结合方程式(4－6)，晶格氢浓度与氢逸度之间的关系为：

$$\frac{C_L}{\beta N_m - C_L} = \sqrt{\frac{f}{p_0}} \exp\left(-\frac{\Delta \mu}{k_B T}\right) \tag{7}$$

式中，$\Delta \mu = \mu_{LH0} - \frac{1}{2}\mu_{g0}$。考虑到低氢浓度，即$\theta_L \ll 1$，则方程(4) 简化为 Sieverts 定律[29]：

$$C_L = \varphi s \tag{8}$$

其中，$\varphi \overset{\text{def}}{=\!=} C_L / s = \sqrt{f / p_0}$ 称为归一化晶格氢浓度(Normalized Lattice Hydrogen Concentration, NLHC)[4]，$s = \beta N_m exp(-\Delta\mu / k_B T)$ (单位：mol/m^3) 是与p_0 和 T 对应的氢溶解度常数。根据式(1)、(4) 和(9)，用 φ 表示氢化学势很方便：

$$\mu_{LH} = \frac{1}{2}\mu_{g0} + k_B T \ln\varphi \tag{9}$$

由于界面处各相的晶格氢化学势相同，α/γ 界面处晶格氢的局部平衡可以解释为φ_α(interface) = φ_γ(interface)，因此 NLHC φ 在相界上是连续的。

2.2 氢陷阱局部平衡理论

正如 Oriani[27] 所指出的，陷阱位点和晶格位点之间的氢交换可以用局部平衡来处理。氢陷阱与晶格氢的反应是：

$$[H]_{\text{lattice}} + \text{trap} \rightleftharpoons [H]_{\text{trap}} \tag{10}$$

氢在陷阱位点和晶格位点的化学势是相等的，因此我们有

$$\mu_{\text{LH}} = \mu_{\text{TH}} \tag{11}$$

其中，μ_{TH} 是陷阱处的氢化学势。根据 Fisher 等[30] 的研究，μ_{TH} 可写成：

$$\mu_{\text{TH}} = \mu_{\text{LH0}} + \Delta E + k_{\text{B}} T \ln \frac{C_{\text{T}}}{N_{\text{T}} - C_{\text{T}}} \tag{12}$$

式中，ΔE 被称为陷阱结合能，取决于微观缺陷的类型。通过将方程式(6) 和(12) 插入式(11) 中，我们可以得到以下方程式[31]：

$$\frac{\beta N_{\text{m}} - C_{\text{L}}}{C_{\text{L}}} \cdot \frac{C_{\text{T}}}{N_{\text{T}} - C_{\text{T}}} = \exp\left(-\frac{\Delta E}{k_{\text{B}} T}\right) = K_{\text{e}} \tag{13}$$

式中，K_{e} 为平衡常数。在低晶格氢浓度(即$\theta_{\text{L}} \ll 1$) 的情况下，C_{T} 可以用 NLHC φ 表示：

$$C_{\text{T}} = \frac{\varphi s\, N_{\text{T}}\, K_{\text{e}}}{\beta N_{\text{m}} + \varphi s\, K_{\text{e}}} \tag{14}$$

2.3 氢扩散通量及控制方程

在局部平衡模型的假设下，总氢通量 J 是晶格氢通量J_{L} 和氢通量J_{T}^{i} 的总和，上标 i 表示 i 型陷阱[30]，即 $J = J_{\text{L}} + \sum_{\text{i}} J_{\text{T}}^{\text{i}}$。陷阱氢通量$J_{\text{T}}^{\text{i}}$ 可能是由位错和晶界等快速扩散路径引起的，然而当前存在争议[4,32]，因此忽略此项。那么总氢通量约等于晶格氢通量，即 $J \approx J_{\text{L}}$。氢的晶格扩散是由化学势梯度驱

动的,有:

$$J=-\frac{DC_{\mathrm{L}}}{k_{\mathrm{B}}T}\nabla\mu_{\mathrm{LH}} \tag{15}$$

将式(9) 代入式(15) 得到:

$$J=-Ds\nabla\varphi \tag{16}$$

总氢浓度是晶格和陷阱氢浓度的总和,即 $C=C_{\mathrm{L}}+\sum_{\mathrm{i}}C_{\mathrm{T}}^{\mathrm{i}}$。根据质量守恒定律氢浓度需满足:

$$\frac{\partial C_{\mathrm{L}}}{\partial t}+\sum_{\mathrm{i}}\frac{\partial C_{\mathrm{T}}^{\mathrm{i}}}{\partial t}=-\nabla J \tag{17}$$

在恒温条件下,根据式(8),可以很容易地推导出以下关系:

$$\frac{\partial C_{\mathrm{L}}}{\partial t}=s\frac{\partial\varphi}{\partial t} \tag{18}$$

结合方程(14－18),最终得到单相氢扩散的控制方程:

$$\frac{sD}{D_{\mathrm{app}}}\frac{\partial\varphi}{\partial t}=\nabla(Ds\nabla\varphi) \tag{19}$$

其中,表观氢扩散速率D_{app}:

$$D_{\mathrm{app}}=D\left[\sum_{\mathrm{i}}\frac{N_{\mathrm{T}}^{\mathrm{i}}\beta N_{\mathrm{m}}K_{\mathrm{e}}^{\mathrm{i}}}{(\beta N_{\mathrm{m}}+\varphi sK_{\mathrm{e}})^{2}}+1\right]^{-1} \tag{20}$$

如果只考虑一种类型的陷阱,则方程式(20) 变为:

$$\left[\frac{sN_{\mathrm{T}}\beta N_{\mathrm{m}}K_{\mathrm{e}}}{(\beta N_{\mathrm{m}}+\varphi sK_{\mathrm{e}})^{2}}+s\right]\frac{\partial\varphi}{\partial t}=\nabla(Ds\nabla\varphi) \tag{21}$$

在本研究中,采用代表性体积元方法模拟 $\alpha+\gamma$ 两相钢中的氢渗透。如图 1*b* 所示,为了简单起见,α/γ 晶粒被建模为大小为d_{g} 的正方形,并且随机分布。微观结构模型的几何配置由 *Matlab* 脚本生成。模型的几何形状为矩形,长度 L(50～800 μm),宽度 w(200 μm) 足够大,可以消除统计效应(见下文)。该模型由尺寸为 1 μm 的四节点双线性单元进行网格划分(图 1d),这足以进行精确的扩散分析。该模型最初氢含量为零。根据渗透试验期间的恒电位或恒电流充氢,在模型的左侧应用规定 NLHC φ_0 的常数,而右侧设置为零[12,33,34]。根据 Liu 等[34] 的研究,φ_0 的值被设定为 31.6(氢逸度 f＝1000 atm),对应于中等充氢条件。奥氏体和铁素体在存在侧(图 4b) 的氢通量 J 不同,根据以下公式,它是边界处所有相的贡献之和:

$$J=\frac{\sum_{\mathrm{i}}\int_{\partial l}J_{\mathrm{exit}}^{\mathrm{i}}\cdot n_{\mathrm{v}}\mathrm{d}l}{\sum_{\mathrm{i}}l_{\mathrm{e}}^{\mathrm{i}}} \tag{22}$$

其中,n_{v} 是边界的法向量,J_{exit}^{i}、∂l 和l_{e}^{i} 分别是边界处元素 i 的通量、边界线和长度。

表观扩散率可以根据渗透曲线(图 1c)基于时滞法(D_{lag})或突破时间法(D_{b})计算[12,33,34]:

$$D_{\mathrm{lag}}=\frac{L^{2}}{6\,t_{\mathrm{lag}}} \tag{23}$$

$$D_{\mathrm{b}}=\frac{L^{2}}{15.3\,t_{\mathrm{b}}} \tag{24}$$

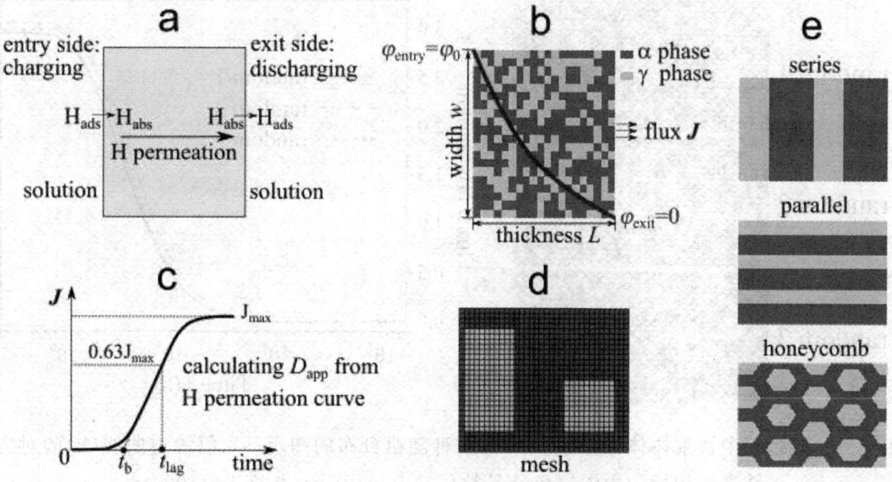

图 1　(a)氢气电化学渗透试验原理示意图;(b)$\alpha+\gamma$两相钢中氢渗透的 REV 模型说明;(c)氢渗透曲线图和表观扩散率D_{app}的计算方法;(d)有限元模型的网格细节;(e)两相微观结构的三种模式示意图,即串联、并联和蜂窝

其中,t_b是突破时间,t_{lag}是滞后时间,通过记录$J=0.63\ J_{max}$的时间获得,J_{max}是稳态渗透率。

表 1 收集了铁素体相和奥氏体相的氢传输相关性能。γ 相中的氢陷阱被忽略了,因为由于陷阱结合能非常低,它对奥氏体中氢渗透的影响可以忽略不计[35-36]。

表 1　用于模拟的氢传输参数

参数	α 相	γ 相
D (m²/s)	3.80×10−10[35]	3.20×10−16[11]
s (mol/m³)	4.64×10−3[10,23]	10.29[35]
ρ (g/cm³)	7.9[11]	7.9[11]
M (g/mol)	55[11]	55[11]
β	6[9,31]	1[9,31]
ΔE (kJ/mol)	36[37-39]	13.5[36]
N_T (mol/m3)	0 ～ 1000[10,39-41]	0

2　结　果

结果通常包括:结果的介绍(指出结果在哪些插图、表格或相关表述中列出);结果的描述(描述重要的试验或观测结果);结果的评论(对结果的说明、解释,以及与模型或他人结果的比较)。结果的规范写作应遵循以下原则:

2.1　微观组织随机性的影响

为了评估随机分布对渗透的影响,模拟了含有 60 vol.%铁素体的两相钢的随机几何构型的三种情况(图 2a)。如图 2b 所示,稳态通量和曲线形状的差异很小。三种随机情况的提取扩散率(分别对应于图 2a 中的情况 1、2 和 3,分别为 8.30×10^{-14} m²/s,9.11×10^{-14} m²/s 和 9.76×10^{-14} m²/)在 10%以内具有可接受的波动。因此,在接下来的研究中,每种情况只模拟了一个随机案例。

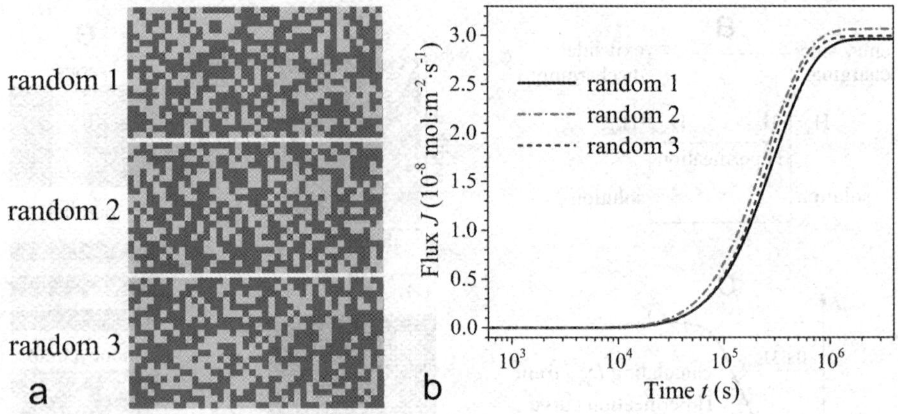

图 2 α+γ两相钢中铁素体体积分数 60%的三种随机分布的图示(a);氢渗透曲线(b)的对应图。铁素体相标记为深绿色。晶粒尺寸d_g=10 μm,长度 L=400 μm

2.2 膜片厚度的影响

图 3a 显示了不同膜厚度下的氢渗透曲线。厚度小于 0.2 mm 的渗透曲线在接近稳态之前显示出一个长斜率(图 3a 中用箭头标记)。这是由于在早期阶段,铁素体相为氢提供了快速扩散路径,导致渗透速率迅速增加[42]。但随着时间的推移,奥氏体缓慢地从铁素体中吸收氢。换句话说,膜厚度放大了奥氏体和铁素体之间的扩散率差异。图 3b 中绘制了提取的扩散率与膜厚度的函数关系,与参考文献[42]中的实验结果显示了相同的趋势。发现D_b大于D_{lag},与文献[1,43,16,42]一致。D_{lag}和D_b之间的差异随着厚度的增加而减小,这与参考文献[42]一致。与参考文献[42]中的结果相比,计算出的扩散率较低,因为在参考文献[42]中,氢通量是沿着准平行铁素体晶粒引导的。

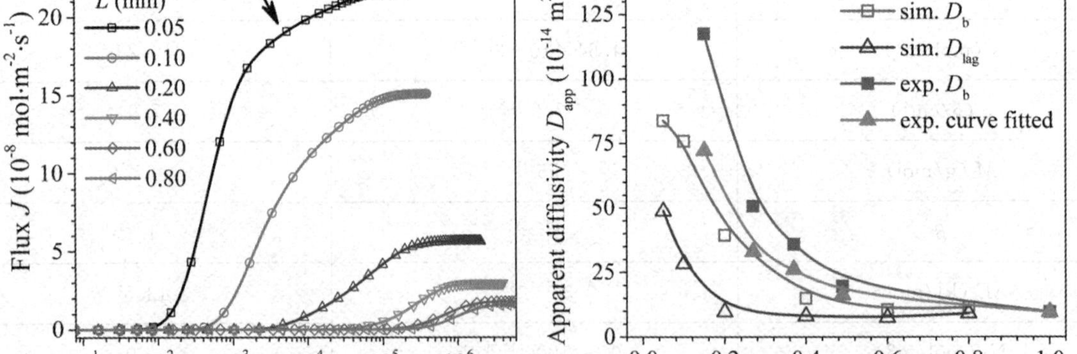

图 3 (a)膜厚度对含 60 vol. %铁素体的 α+γ两相钢氢渗透曲线的影响;(b)表观扩散率与膜厚度的函数图,其中晶粒尺寸设定为d_g=10 μm

2.3 晶粒尺寸的影响

通过穿透时间计算的表观扩散率随着晶粒尺寸的减小而逐渐减小到一定水平(1.15×10^{-13} m^2/s),而D_{lag}则显示出相反的趋势(图 4a)。考虑到参考文献[43]中较少的铁素体(58 vol. %),d_g=10 μm 的计算扩散率(8.11×10^{-14} m^2/s)与 Chou 和 Tsai[43]的结果(d_g=7.59 μm 的 3.58×10^{-14} m^2/s 和d_g=13.89 μm 为 4.78×10^{-14} m^2/s)相当。有趣的是,与d_g=10μm 的情况相比,d_g=5 μm 的 NLHC 分布更均匀(图 4b)。这一现象表明,渗透过程中 DSS 中铁素体相和奥氏体相中的氢之间没有达到整体平衡,特别是在晶粒尺寸较大的情况下[44]。

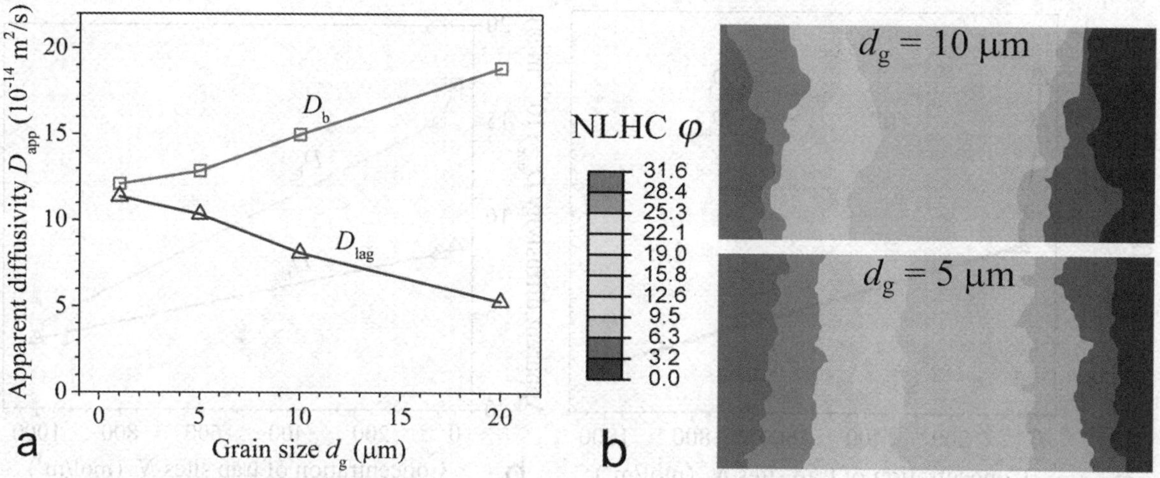

图 4 (a)表观扩散率与晶粒尺寸的函数关系；(b)稳态下 NLHCφ 的等值线图。铁素体的体积分数为 60%

2.4 微观组织分布的影响

模拟了含有 60 vol.%铁素体的两相微观结构的四种分布模式，即平行、串联、蜂窝和随机(图 1e)。在四种情况下，γ 相的晶粒尺寸和试样长度分别为 10 μm 和 400 μm。如图 5 所示，以并联或串联模式组织的 α+γ 微观结构显示出达到稳态的下限和上限时间。并联、串联、蜂窝和随机情况下的计算 D_{lag} 分别为 2.34×10^{-13} m²/s，1.82×10^{-15} m²/s，1.68×10^{-13} m²/s 和 8.11×10^{-14} m²/s，表明几何构型的影响很大。并行和随机情况的模拟结果表明，D_b 和 D_{lag} 之间存在相当大的差异，这反映在 D_b/D_{lag} 之比上(并行、随机、串行和蜂窝分别为 3.08、1.84、1.04 和 1.18)。

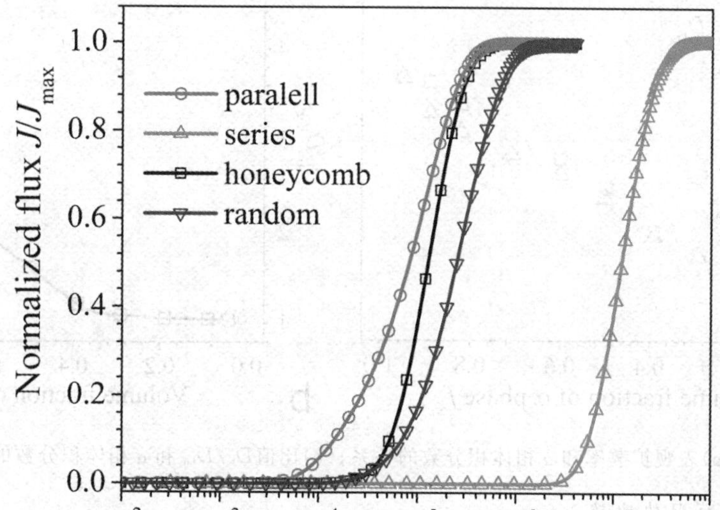

图 5 微观组织分布对含 60 vol.%铁素体的 α+γ 两相钢渗透曲线的影响

2.5 氢陷阱的影响

图 6 显示了纯铁和 60 vol.α 相的两相钢的表观扩散率与陷阱密度之间的关系。观察到氢陷阱在纯铁中比含有 60 体积%铁素体的两相钢更显著地降低了表观扩散率。此外，陷阱密度对纯铁的 D_b 和 D_{lag} 之间的差异影响可以忽略不计，而陷阱密度的增加使两相钢的 D_b/D_{lag} 比值从 1.98 降低到 1.20。

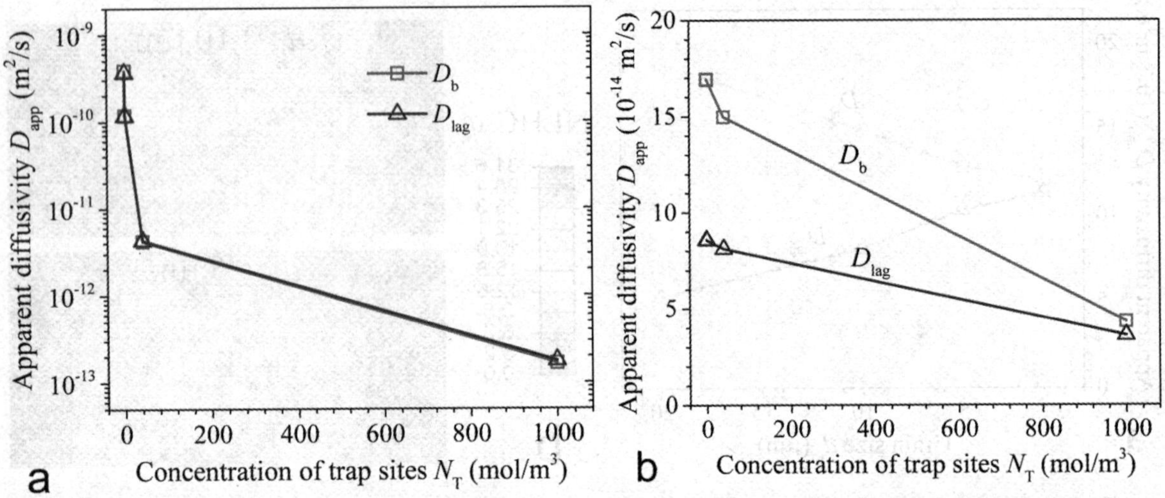

图 6　表观扩散率与陷阱位点浓度的函数图:(a)纯 α 相;(b)含有 60 vol.%随机分布 α 相两相钢

2.6　相比例的影响

图 7a 绘制了表观扩散率随 α 相体积分数的变化。图 7b 显示了D_b/D_{lag}比值与 α 相体积分数的函数关系。很明显,两相钢的表观扩散率随着铁素体体积分数的增加而增加。另一方面,D_b/D_{lag}比值在 $0.29<f_\alpha\leqslant 0.89$ 时显著增加,但在$f_\alpha>0.89$ 时迅速降至约 1.0。这表明相分数对两相钢的扩散动力学有很大的影响。

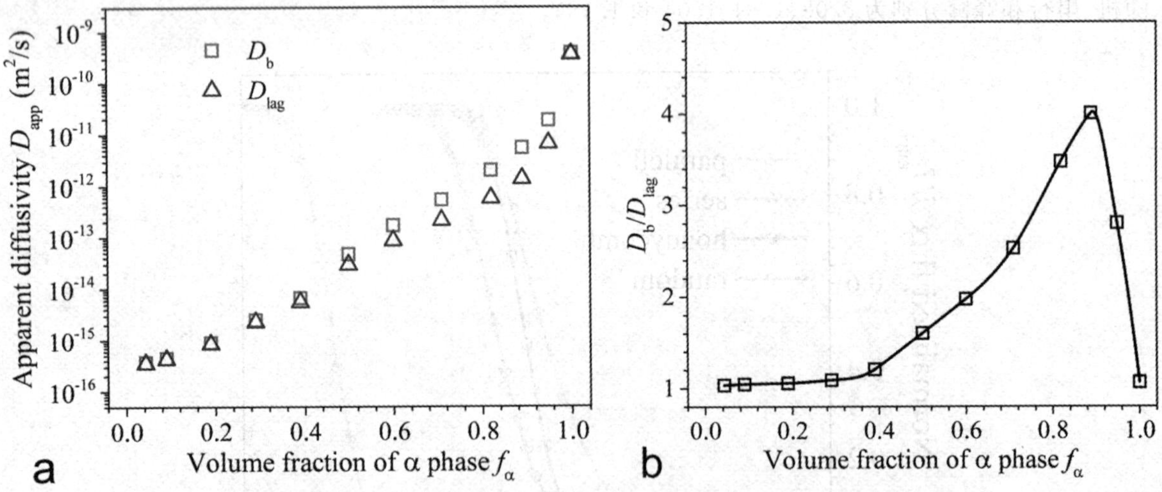

图 7　(a)表观扩散率和 α 相体积分数的关系;(b)比值D_b/D_{lag}和 α 相体积分数的关系

2.7　与文献报道数据的比较

图 8 绘制了模拟结果与报告的 α+γ 两相钢的实验扩散率的比较。报告的数据涉及不同种类的两相钢[43,9,45-47,41,15,35,48]。虽然合金成分、显微组织和氢陷阱非常不同,但大多数报告钢中的奥氏体相在铁素体基体中随机分布。如图 8 所示,模拟结果与实验结果之间存在良好的一致性。此外,模拟结果清楚地表明,由于陷阱密度的变化,表观扩散率的差异随着铁素体分数的增加而增加。在奥氏体分数较低的情况下,氢陷阱似乎对分散的实验数据(图 8)起着重要作用。对于$f_\alpha<0.4$ 的情况,数据是从具有应变诱导 α′马氏体的 AISI 300 系列不锈钢中提取的。α′马氏体可能形成快速扩散路径的空间网络[14,15],导致更高的表观扩散率。本模型在预测两相钢的氢扩散率方面表现良好。

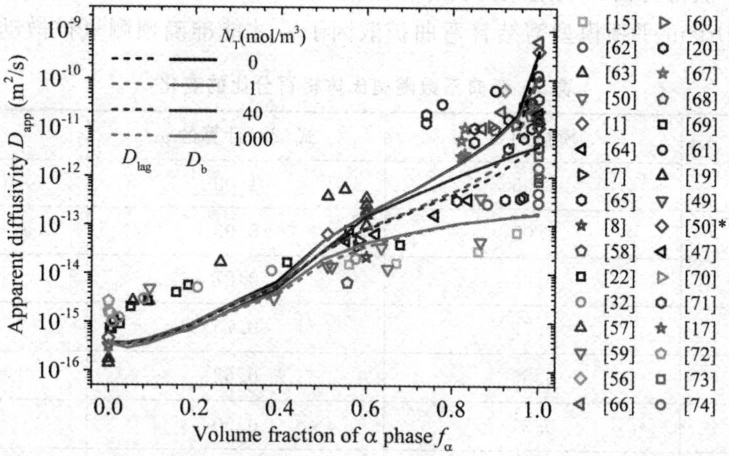

图 8α＋γ 两相钢的模拟表观扩散率(D_b：连续线；D_{lag}：虚线)与文献测试值[43,9,45－47,41,15,35,48](温度范围 293～303K，包括D_b和D_{lag}，空心符号)的比较

3 讨 论

两相钢氢扩散动力学机制可概括为三个关键因素：扩散路径几何效应、奥氏体含量阈值和氢陷阱效应。首先，氢沿 α 相快速扩散路径长度必须超过材料厚度，氢优先通过最短路径导致初期穿透时间缩短。随着厚度增加，路径长度趋近统计平均值，表观扩散率趋于稳定，扩散系数差异(D_b/D_{lag})减小(图 3b)。路径宽度增大时，核心区域与界面区域的扩散梯度差被放大，导致D_b/D_{lag}比值上升，这与晶粒尺寸影响直接相关(图 4a)。

奥氏体－铁素体比例对扩散网络连续性存在双重阈值效应(图 7b)：当奥氏体体积分数$f_\gamma \leqslant 0.40$时，呈现铁素体连续基体包裹奥氏体的结构；而当$f_\gamma \geqslant 0.95$时，奥氏体网络占主导。中间区域($0.4 < f_\gamma < 0.95$)呈现典型的"平行扩散"特征，此时路径宽/长比值达到峰值。铁素体相中的氢陷阱通过增加有效扩散路径长度，使得D_b/D_{lag}比值显著降低(图 6)。

本文的随机微观结构的有效氢扩散系数可用修正 Maxwell－Garnett 方程描述[17]：

$$D_{app}=\frac{D_\alpha^e}{1-f_\gamma+\mu f_\gamma}\left[\frac{2D_\alpha^e+\mu D_\gamma+2(\mu D_\gamma-D_\alpha^e)f_\gamma}{2D_\alpha^e+\mu D_\gamma-(\mu D_\gamma-D_\alpha^e)f_\gamma}\right] \tag{25}$$

$$D_\alpha^e=D_\alpha\left(1+\frac{N_T}{\beta N_m}K_e\right)^{-1} \tag{26}$$

$$s_\alpha^e=s_\alpha\left(1+\frac{N_T}{\beta N_m}K_e\right) \tag{27}$$

式中 $\mu=s_\gamma/s_\alpha^e$。因为$D_\gamma \ll D_\alpha$，且 $\mu \gg 1$，式(27)可以简化为

$$D_{app}=\omega D_\alpha\left(1+\frac{N_T}{\beta N_m}K_e+f_\gamma\frac{s_\gamma}{s_\alpha}\right)^{-1} \tag{28}$$

$$\omega=\frac{2-2f_\gamma}{2+f_\gamma} \tag{29}$$

方程式(28)类似于 Oriani 的局部平衡模型[27]和 Turnbull 和 Hutchings 提出的模型[9]，该模型表明奥氏体充当"氢陷阱"，ω 表征两相钢微观结构对氢扩散路径的影响。有限元模拟验证了该模型的有效性：当$f_\gamma \leqslant 0.40$时计算误差＜15％，证实了奥氏体主要起常规氢陷阱作用，奥氏体对表观扩散率的影响权重是铁素体相中陷阱密度的 2000 倍以上。

综上,两相钢氢扩散行为由微观组织几何参数主导,而非单纯的陷阱密度。特别是在高奥氏体含量时($f_\gamma>0.40$),传统 Oriani 平衡模型需结合弯曲扩散因子 ω 才能准确预测氢扩散动力学特征。

表 3 弯曲系数随奥氏体相百分比的变化

f_γ	模拟的 ω	式(29)计算的 ω	报道的 ω[9,49]
0.00	1.05	1.00	1.00
0.05	1.03	0.93	0.90
0.11	0.90	0.87	0.80
0.18	0.79	0.75	0.75 ($f_\gamma=0.14$)
0.29	0.55	0.62	0.50 ($f_\gamma=0.33$)
0.40	0.31	0.50	0.25 ($f_\gamma=0.44$)
0.40 *	0.45 *	0.50 *	/
* honeycomb			

4 结 论

通过改进 UNS 模型结合中尺度有限元分析表明,两相钢氢渗透动力学受 α/γ 相氢传输特性强烈影响。当奥氏体体积分数<40%时,铁素体形成连续快速扩散通道,而>95%时转为奥氏体主导结构。晶粒细化、铁素体陷阱密度增加和膜厚度提升均使 D_b/D_{lag} 比值下降 37%,系因有效扩散路径长度增加。临界条件下(膜厚>200 μm、γ 晶粒<5 μm),奥氏体仅作为常规陷阱存在,表观扩散率由弯曲系数 ω 与相分数共同决定。本研究构建了兼具微观结构修正项的氢扩散本构方程,修正了传统 Oriani 模型对高奥氏体含量区的预测局限。

致谢:本研究受到国家自然科学基金(52405157)及国家资助博士后研究人员计划(GZC20231115)的资助。

参考文献

[1] LUU W C, LIU P W, WU J K. Hydrogen transport and degradation of a commercial duplex stainless steel[J]. Corrosion Science, 2002, 44(8): 1783-1791.

[2] YOUNG M C, CHAN S L I, TSAY L W 等. Hydrogen-enhanced cracking of 2205 duplex stainless steel welds[J]. Materials Chemistry and Physics, 2005, 91(1): 21-27.

[3] DA SILVA B R S, SALVIO F, DOS SANTOS D S. Hydrogen induced stress cracking in UNS S32750 super duplex stainless steel tube weld joint[J]. International Journal of Hydrogen Energy, 2015, 40(47): 17091-17101.

[4] OLDEN V, THAULOW C, JOHNSEN R. Modelling of hydrogen diffusion and hydrogen induced cracking in supermartensitic and duplex stainless steels[J]. Materials and Design, 2008, 29(10): 1934-1948.

[5] ELHOUD A M, RENTON N C, DEANS W F. Hydrogen embrittlement of super duplex stainless steel in acid solution[J]. International Journal of Hydrogen Energy, 2010, 35(12): 6455-6464.

[6] TURNBULL A. Modelling of environment assisted cracking[J]. Corrosion Science, 1993, 34(6): 921-960.

[7] DJUKIC M B, BAKIC G M, SIJACKI ZERAVCIC V 等. The synergistic action and interplay

of hydrogen embrittlement mechanisms in steels and iron: Localized plasticity and decohesion[J]. Engineering Fracture Mechanics,2019,216:106528.

[8] ROBERTSON I M,SOFRONIS P,NAGAO A 等. Hydrogen Embrittlement Understood[J]. Metallurgical and Materials Transactions A,2015,46(6):2323-2341.

[9] TURNBULL A,HUTCHINGS R B. Analysis of hydrogen atom transport in a two - phase alloy[J]. Materials Science and Engineering A,1994,177(1-2):161-171.

[10] KIUCHI K,MCLELLAN R B. The solubility and diffusivity of hydrogen in well - annealed and deformed iron[J]. Acta Metallurgica,1983,31(7):961-984.

[11] MARCHI C S,SOMERDAY B P,ROBINSON S L. Permeability,solubility and diffusivity of hydrogen isotopes in stainless steels at high gas pressures[J]. International Journal of Hydrogen Energy,2007,32(1):100-116.

[12] DEVANATHAN M A V,STACHURSKI Z. The adsorption and diffusion of electrolytic hydrogen in palladium[J]. Proceedings of the Royal Society of London. Series A. Mathematical and Physical Sciences,1962,270(1340):90-102.

[13] FIELDING L C D,SONG E J,HAN D K. Hydrogen diffusion and the percolation of austenite in nanostructured bainitic steel[J]. Proceedings of the Royal Society A:Mathematical,Physical and Engineering Sciences,2014,470(2168):20140108.

[14] WANG Y, WU X, WU W. Effect of α′ Martensite Content Induced by Tensile Plastic Prestrain on Hydrogen Transport and Hydrogen Embrittlement of 304L Austenitic Stainless Steel[J]. Metals,2018,8(9):660.

[15] WANG Y,WU X,LI X. Combined effects of prior plastic deformation and sensitization on hydrogen embrittlement of 304 austenitic stainless steel[J]. International Journal of Hydrogen Energy, 2019,44(13):7014-7031.

[16] CHEN S S,WU T I,WU J K. Effects of deformation on hydrogen degradation in a duplex stainless steel[J]. Journal of Materials Science,2004,39(1):67-71.

[17] KALNIN J R,KOTOMIN E A,MAIER J. Calculations of the effective diffusion coefficient for inhomogeneous media[J]. Journal of Physics and Chemistry of Solids,2002,63(3):449-456.

[18] MCLACHLAN D S. Equations for the conductivity of macroscopic mixtures[J]. Journal of Physics C:Solid State Physics,1986,19(9):1339-1354.

[19] NIELSEN L E. The Thermal and Electrical Conductivity of Two - Phase Systems[J]. Industrial and Engineering Chemistry Fundamentals,1974,13(1):17-20.

[20] HASSELMAN D P H,JOHNSON L F. Effective Thermal Conductivity of Composites with Interfacial Thermal Barrier Resistance[J]. Journal of Composite Materials,1987,21(6):508-515.

[21] TURNBULL A. Perspectives on hydrogen uptake,diffusion and trapping[J]. International Journal of Hydrogen Energy,2015,40(47):16961-16970.

[22] LEBLOND J B,DUBOIS D. A general mathematical description of hydrogen diffusion in steels—I. Derivation of diffusion equations from boltzmann - type transport equations[J]. Acta Metallurgica,1983,31(10):1459-1469.

[23] OLDEN V,SAAI A,JEMBLIE L. FE simulation of hydrogen diffusion in duplex stainless steel[J]. International Journal of Hydrogen Energy,2014,39(2):1156-1163.

[24] TOHME E,BARNIER V,CHRISTIEN F. SKPFM study of hydrogen in a two phase material. Experiments and modelling[J]. International Journal of Hydrogen Energy,2019,44(33): 18597-18605.

[25] WANG Y, LI X, DOU D. FE analysis of hydrogen diffusion around a crack tip in an austenitic stainless steel[J]. International Journal of Hydrogen Energy, 2016, 41(14): 6053-6063.

[26] SHEWMON P. Diffusion in solids[M]. Springer, 2016.

[27] ORIANI R. The diffusion and trapping of hydrogen in steel[J]. Acta Metallurgica, 1970, 18(1): 147-157.

[28] FUKAI Y. The metal-hydrogen system: basic bulk properties: 卷 21[M]. Springer Science & Business Media, 2006.

[29] SIEVERTS A. Die aufnahme von gasen durch metalle[J]. Zeitschrift für Metallkunde, 1929, 21: 37-46.

[30] FISCHER F D, SVOBODA J, KOZESCHNIK E. Interstitial diffusion in systems with multiple sorts of traps[J]. Modelling and Simulation in Materials Science and Engineering, 2013, 21(2): 25008.

[31] SOFRONIS P, MCMEEKING R M. Numerical analysis of hydrogen transport near a blunting crack tip[J]. Journal of the Mechanics and Physics of Solids, 1989, 37(3): 317-350.

[32] OUDRISS A, CREUS J, BOUHATTATE J. Grain size and grain-boundary effects on diffusion and trapping of hydrogen in pure nickel[J]. Acta Materialia, 2012, 60(19): 6814-6828.

[33] FALLAHMOHAMMADI E, BOLZONI F, LAZZARI L. Measurement of lattice and apparent diffusion coefficient of hydrogen in X65 and F22 pipeline steels[J]. International Journal of Hydrogen Energy, 2013, 38(5): 2531-2543.

[34] LIU Q, ATRENS A D, SHI Z. Determination of the hydrogen fugacity during electrolytic charging of steel[J]. Corrosion Science, 2014, 87: 239-258.

[35] TSONG-PYNG P, ALTSTETTER C J. Effects of deformation on hydrogen permeation in austenitic stainless steels[J]. Acta Metallurgica, 1986, 34(9): 1771-1781.

[36] MINE Y, NARAZAKI C, MURAKAMI K. Hydrogen transport in solution-treated and pre-strained austenitic stainless steels and its role in hydrogen-enhanced fatigue crack growth[J]. International Journal of Hydrogen Energy, 2009, 34(2): 1097-1107.

[37] TURNBULL A, CARROLL M W, FERRISS D H. Analysis of hydrogen diffusion and trapping in a 13% chromium martensitic stainless steel[J]. Acta Metallurgica, 1989, 37(7): 2039-2046.

[38] WANG S, MARTIN M L, ROBERTSON I M. Effect of hydrogen environment on the separation of Fe grain boundaries[J]. Acta Materialia, 2016, 107: 279-288.

[39] CASTA NO RIVERA P, RAMUNNI V P, BRUZZONI P. Hydrogen trapping in an API 5L X60 steel[J]. Corrosion Science, 2012, 54(1): 106-118.

[40] ARAúJO D F, VILAR E O, PALMA CARRASCO J. A critical review of mathematical models used to determine the density of hydrogen trapping sites in steels and alloys[J]. International Journal of Hydrogen Energy, 2014, 39(23): 12194-12200.

[41] LIU Q, VENEZUELA J, ZHANG M. Hydrogen trapping in some advanced high strength steels[J]. Corrosion Science, 2016, 111: 770-785.

[42] OWCZAREK E, ZAKROCZYMSKI T. Hydrogen transport in a duplex stainless steel[J]. Acta Materialia, 2000, 48(12): 3059-3070.

[43] CHOU S L, TSAI W T. Effect of grain size on the hydrogen-assisted cracking in duplex stainless steels[J]. Materials Science and Engineering A, 1999, 270(2): 219-224.

[44] ZAKROCZYMSKI T, OWCZAREK E. Electrochemical investigation of hydrogen absorption

in a duplex stainless steel[J]. Acta Materialia,2002,50(10):2701－2713.

[45] DA SILVA B R S, SALVIO F, DOS SANTOS D S. Hydrogen Embrittlement in Super Duplex Stainless Steel Tubes UNS S32750 Under Mechanical Stress[C] //International Hydrogen Conference (IHC 2012). 2014:245－254. https://doi.org/10.1115/1.860298_ch26.

[46] ALSARRAF J. Hydrogen embrittlement susceptibility of super duplex stainless steels[D]. Cranfield University,2010. dspace.lib.cranfield.ac.uk/handle/1826/4562.

[47] SOJKA J, VÁ ŇOVÁ P, VODÁREK V. Diffusion of Hydrogen in the TRIP 800 Steel[J]. Procedia Materials Science,2016,12:66－71.

[48] DU Y, GAO X, LAN L. Hydrogen embrittlement behavior of high strength low carbon medium manganese steel under different heat treatments[J]. International Journal of Hydrogen Energy,2019,44(60):32292－32306.

[49] HINDS G, ZHAO J, GRIFFITHS A J. Hydrogen diffusion in super 13% chromium martensitic stainless steel[J]. Corrosion,2005,61(4):348－354.

[50]

作者简介

吴炜杰(1992),男(汉),博士,副教授,主要从事氢脆与可靠性制造技术研究,通信地址:211800 江苏省南京市江北新区浦珠南路30号,E－mail:weijie_wu@njtech.edu.cn。

金属氢化物高压储氢容器的循环应力特性及疲劳寿命分析

吴 震,郭天磊,张早校

(西安交通大学 化学工程与技术学院 化工过程机械研究所,西安 710049)

摘 要:以 $LaNi_5$ 为代表的金属氢化物储氢材料在吸/放氢过程中会发生明显的体积膨胀与收缩作用,导致储氢容器受到循环性的高膨胀应力,严重影响储氢容器的安全使用。本文从内部化学吸附体积膨胀应变与外部物理约束的角度,建立了四种约束下膨胀压力的数值模型。基于储氢容器的应变实验值推导内部膨胀压力,发现实际情况中储氢容器受到的最大膨胀压力普遍在 22~40 MPa,模拟与实验结果之间具有良好的一致性。对承受脉冲式载荷的储氢容器进行了疲劳寿命评估,结果表明其运行寿命满足设计要求。该研究可为固态储氢容器的结构优化、安全使用及成本控制提供了有益的思路和指导。

关键词:固态储氢容器;膨胀压力;循环应力;疲劳寿命

Cyclic stress characteristics and fatigue life analysis of metal hydride high - pressure hydrogen storage vessel

WU Zhen,GUOTianlei,ZHANG Zaoxiao

(Institute of Chemical Process Machinery,School of Chemical Engineering and Technology, Xi'an Jiaotong University,Xi'an 710049,China)

Abstract: Hydrogen storage materials represented by $LaNi_5$ - based metal hydrides undergo significant volumetric expansion and contraction during hydrogen absorption and desorption processes. This cyclic volumetric change imposes high expansion stresses on the hydrogen storage vessel,severely affecting its operational safety. In this paper,numerical models for expansion pressure under four different constraint conditions were developed,considering the internal chemical expansion strain and external physical constraints. Based on experimental strain data from hydrogen storage vessels,the internal expansion pressure was derived,revealing that the actual maximum expansion pressure typically ranges from 22 to 40 MPa,and the agreement between the simulation results and the experimental results is good. A fatigue life assessment was conducted on the hydrogen storage vessel subjected to pulsating cyclic loading,and the results indicated that its service life meets the specified design requirements. This study provides valuable insights and guidance for solid - state hydrogen storage systems' structural optimization,safe operation,and cost control.

Keywords:solid - state hydrogen storage vessel; expansion pressure; cyclic stress; fatigue life

0 引 言

随着全球能源危机和环境污染的加剧,发展清洁的氢能是一种有效的解决方案[1]。由于氢气具有潜在危险性,开发安全且高效的氢气储存技术对于促进氢能的广泛应用至关重要[2-3]。以 $LaNi_5$ 为代表的金属氢化物储氢材料因吸/放氢温度和压力低，在氢能技术中备受关注[4]。然而，在吸/放氢的过程中，金属氢化物床层会发生周期性的体积膨胀与收缩，导致储氢容器受到反复的膨胀应力，从而直接影响储氢装置的安全性和使用寿命[5]。

目前，固态储氢容器的研究主要集中在传质和传热强化方面。然而，关于固态储氢容器的循环应力与疲劳寿命方面的研究仍然缺乏。NASAKO 等[5-7]测量了固态储氢容器的应变值，并总结了膨胀应变与吸氢分数、初始装载分数、循环次数、反应器结构等因素的关系，但缺乏对应变数据的深入研究。TRAN 等[8]采用金属氢化物的体积膨胀系数等效为热膨胀系数的方法，模拟了垂直放置固态储氢容器的膨胀应力分布。然而，未能从机理上建立化学吸附体积膨胀应变一应力的数值模型。

本文从内部化学吸附体积膨胀应变与外部物理约束的角度，建立膨胀压力的数值模型并探讨了约束条件、体积膨胀率、孔隙率等因素对膨胀压力的影响规律。基于对储氢容器应变实验测量值的分析推导内部膨胀压力，并对数值模拟结果进行了验证，以确保与实验结果的一致性。使用有限元软件仿真模拟储氢容器的应力分布，评定设备的疲劳寿命。

1 建立模型

1.1 几何模型

使用 CFD 和 ANYSY 软件模拟分析固态储氢容器的应力和疲劳寿命。建立了一个内径为 20 mm 的储氢容器，具体的结构尺寸和有限元模型如图 1 所示。储氢容器内部填充了 70% 的 $LaNi_5$，储氢材料的使用寿命为 1 000 次吸放氢循环。建立的有限元网格类型以六面体为主，并对面进行尺寸调整和剖分，最终网格的单元数为 291 534 个，节点数为 1 250 750 个。储氢容器材质、氢气和储氢材料的热物性参数及相关反应参数见表 1 所列。

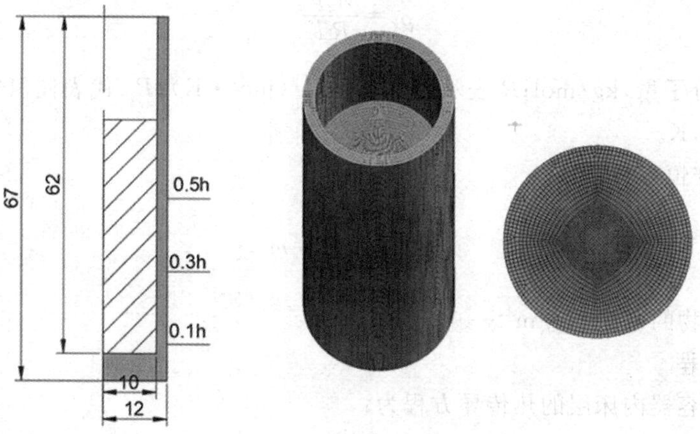

图 1　储氢容器的结构及有限元模型

表 1　材料的物性参数[7,9-12]

物理性质	$LaNi_5$		氢气	不锈钢
密度 ρ/kg · m^{-3}	初始密度，ρ_a	8400	ρ_g，0.0838	ρ_{316}，8000
	饱和密度，ρ_{sat}	8527		
定压热容 C_p/(J · kg^{-1} · K^{-1})	$C_{p,s}$，419		$C_{p,g}$，14.890	$C_{p,316}$，468
反应焓 ΔH/(kJ · mol^{-1})	30.1			
导热系数 λ/(W · m^{-1} · K^{-1})	λ_s，1.24		λ_g，0.1825	λ_{316}，13.4
吸氢活化能 E_a/(J · mol^{-1})	21170			

(续表)

物理性质	$LaNi_5$	氢气	不锈钢
放氢活化能 $E_d/(J\cdot mol^{-1})$	16420		
吸氢速率常数 C_a/s^{-1}	59.187		
放氢速率常数 C_d/s^{-1}	9.57		
杨氏模量 E/GPa	E_s,140		E_{316},205
床层孔隙率 φ	0.5		
泊松比 μ	μ_s,0.31		μ_{316},0.3
热膨胀系数/$(mm^{-1}\cdot K^{-1})$	α_t,1.23×10^{-5}		α_{316},1.8×10^{-5}
颗粒膨胀比 α	0.27		
屈服强度/MPa			220

1.2 质量守恒方程

吸/放氢过程中氢气的质量守恒方程[9]为:

$$\varphi\frac{\partial\rho_g}{\partial t}=-\dot{m} \tag{1}$$

式中,$\dot{m}$ 表示单位体积和时间吸放的氢气的质量,$kg/(m^3\cdot s)$,文中符号解释见表 1。

氢气被视为理想气体,其公式如下:

$$\rho_g=\frac{M_g p_g}{RT} \tag{2}$$

式中,M_g 表示氢气的分子量,kg/mol;R 表示气体常数,$J/(mol\cdot K)$;P_g 代表储氢容器内部的氢气压力,Pa;T 表示床层的温度,K。

金属氢化物质量守恒方程为:

$$(1-\varphi)\frac{\partial\rho_s}{\partial t}=m \tag{3}$$

式中,ρ_s 表示金属氢化物的密度,kg/m^3。

1.3 能量守恒方程

柱坐标系下,储氢容器内床层的热传导方程为:

$$(\rho c_p)_{eff}\frac{T}{t}=\lambda_{eff}\frac{1}{r}\cdot\frac{}{r}\left(r\frac{T}{r}\right)+\lambda_{eff}\frac{^2T}{z^2}+\dot{m}[\Delta H+T(c_{p,g}-c_{p,s})] \tag{4}$$

式中,λ_{eff} 表示金属氢化物床层的有效导热系数,$W/(m\cdot K)$;$(\rho c_p)_{eff}$ 表示有效热容,$J/(kg\cdot K)$。

金属氢化物床层的有效热容和有效导热系数表示如下:

$$(\rho c_p)_{eff}=\varphi\rho_g c_{p,g}+(1-\varphi)\rho_s c_{p,s} \tag{5}$$

$$\lambda_{eff}=\varphi\lambda_g+(1-\varphi)\lambda_s \tag{6}$$

1.4 反应动力学方程

对于金属氢化物床层,吸放氢动力学由单位体积氢气吸收和释放质量速率表示[12]:

$$m_a=-C_a\exp\left(-\frac{E_a}{RT}\right)\ln\left(\frac{p_g}{p_{eq}}\right)(\rho_{sat}-\rho_s) \tag{7}$$

$$m_d = C_d \exp\left(-\frac{E_d}{RT}\right)\left(\frac{P_g - P_{eq}}{P_{eq}}\right)(\rho_s - \rho_a) \quad (8)$$

式中，P_{eq} 表示平衡压力，可以通过 Van't Hoff 方程计算。

$$\ln \frac{p_{eq}}{p_{ref}} = A - \frac{B}{T} \tag{9}$$

参考压力 P_{ref} 取 1 MPa，其中 A 和 B 是 $LaNi_5$ 金属氢化物的常数。

1.5 膨胀压力方程

氢化过程储氢材料晶格增大，产生较大的体积膨胀[13-15]。例如，$LaNi_5$ 的体积膨胀率约为 27%[13]，Mg_2Ni 合金的体积膨胀率为 28%～32%[14]，Ti－Cr－Mn 基合金的体积膨胀率为 9%～23%[15]。粉末状储氢材料为球状颗粒，已知储氢材料颗粒的体积膨胀率，由下式求得每个方向上的线体积膨胀系数。氢化物的体积膨胀随氢浓度[16]线性增加，同时，由于吸氢过程放出热量，储氢材料产生热膨胀。通过式(12)将氢化过程中合金颗粒的热膨胀和体积膨胀等效为有效膨胀系数。

$$\frac{4}{3}\pi(r_0 \cdot (1+\beta))^3 = (1+\alpha)\frac{4}{3}\pi r_0^3 \tag{10}$$

$$\beta = \alpha^{\frac{1}{3}} - 1 \tag{11}$$

$$\delta_s = \alpha_t \Delta T + \beta\left(1 - \frac{\rho_{sat\Delta} - \rho_s}{\rho_{sat} - \rho_a}\right) \tag{12}$$

式中，β 表示线体积膨胀系数；r_0 表示有效粒径，对于球形颗粒，它表示球体半径；δ_s 表示有效膨胀系数；ΔT 表示温度差。

粉末状储氢材料以多孔状态的形式填充在储氢容器内，床层状态下的膨胀应变 δ 由下式求得：

$$\delta = \delta_s(1-\varphi) \tag{13}$$

依据金属氢化物在容器内的填充状态将储氢材料受到的约束分为三维约束、二维约束、一维约束、自由膨胀。当储氢容器内部完全填充储氢材料时，床层内金属氢化物的体积膨胀都受到三维约束。氢化过程中储氢材料的体积膨胀率超过 20%，且膨胀源自化学吸附。因此，其化学吸附膨胀过程中的应力－应变关系更接近于拉伸过程中的弹塑性阶段。由于各个方向的膨胀应变和其方向膨胀应力所引起的弹性应变和为零，储氢容器受到的膨胀压力 p_{swell} 由下式推导得出：

$$E_0 = kE_s \tag{14}$$

$$\frac{1}{E_0}(\sigma_x^{mh} - \mu\sigma_y^{mh} - \mu\sigma_z^{mh}) + \delta = 0 \tag{15}$$

$$\frac{1}{E_0}(\sigma_z^{mh} - \mu\sigma_x^{mh} - \mu\sigma_y^{mh}) + \delta = 0 \tag{16}$$

$$\frac{1}{E_0}(\sigma_y^{mh} - \mu\sigma_z^{mh} - \mu\sigma_x^{mh}) + \delta = 0 \tag{17}$$

$$p_{swell} = \frac{E_0\delta}{1-2\mu} \tag{18}$$

式中，σ_x^{mh}，σ_y^{mh}，σ_z^{mh} 分别是 x，y，z 方向上的膨胀应力；k 表示杨氏模量系数。

当金属氢化物床层的上部预留有自由膨胀空间，但其高度与直径之比超过 3.3[9]，床层底部的金属氢化呈现三维约束状态。当床层高度与直径比较小,金属氢化物可沿垂直方向向上膨胀,呈现二维约束状态。此时,储氢容器所承受的膨胀压力可表示为:

$$\frac{1}{E_0}(\sigma_x^{mh}-\mu\sigma_y^{mh})+\delta=0 \tag{19}$$

$$\frac{1}{E_0}(\sigma_y^{mh}-\mu\sigma_x^{mh})+\delta=0 \tag{20}$$

$$P_{swell}=\frac{E\delta}{1-\mu} \tag{21}$$

若金属氢化物的体积膨胀只受到一维约束,由下式求得膨胀压力。当没有约束,金属氢化物可以自由膨胀,则储氢容器受到的膨胀压力为零。

$$\frac{1}{E_0}\sigma_x^{mh}+\delta=0 \tag{22}$$

$$P_{swell}=E\delta \tag{23}$$

由 HAQUE[17] 给出的颗粒材料团聚密度与施加在材料上的垂直载荷之间的关系推导出孔隙率在床层高度上的分布。

$$\rho_z=\rho_0\left[1+\theta(1-\mathrm{e}^{-\tau z})\right] \tag{24}$$

$$\varphi_z=\varphi_0\mathrm{e}^{-\tau z} \tag{25}$$

式中:ρ_z、φ_z 分别表示床层高度为 z 时的密度和孔隙率,ρ_0、φ_0 分别表示床层表面的密度和孔隙率,τ、θ 分别表示压实系数和体积常数。

1.6 初始和边界条件

床层和容器的初始温度与外界周围温度相等为 298 K。吸氢压力均匀且恒定为 3 MPa,放氢压力均匀且恒定为 0.1 MPa。储氢容器的外壁面与传热系数为 h 的外界热交换表示为:

$$-k\frac{\partial T}{\partial n}=h(T-T_0) \tag{26}$$

储氢容器底面各个方向上固定约束,顶面和侧面设置为自由边界,轴对称面设置为无摩擦支持和绝热,储氢容器内壁面受到氢气压力和膨胀压力。

2 应力分析

2.1 热应力分析

由图 2 可知,吸氢过程中,金属氢化物释放大量热量,导致储氢容器内壁温度迅速升高。在反应开始后的前 4 秒内,容器内外壁的温差迅速达到最大值,对应的热应力达到 20.5 MPa。由于不锈钢的导热系数明显高于 $LaNi_5$ 床层的导热系数,内壁面的温度能够迅速传递给外壁面。自第 4 秒起,内外壁面温差和热应力值迅速降低,并最终趋于零。在放氢反应开始的前 3 秒内,容器内外壁的温差迅速达到最大值,对应的热应力为 4.0 MPa。此后,内外壁之间的温差和热应力值迅速降低,最终趋于零。因此,热应力主要集中在吸放氢反应的初期阶段,在其他时段,薄壁储氢容器的热应力可以忽略不计。

2.2 膨胀应力分析

大量文献[6-7,18-21]通过实验测量和分析了金属氢化物体积膨胀所引起的固态储氢容器周向应变,普

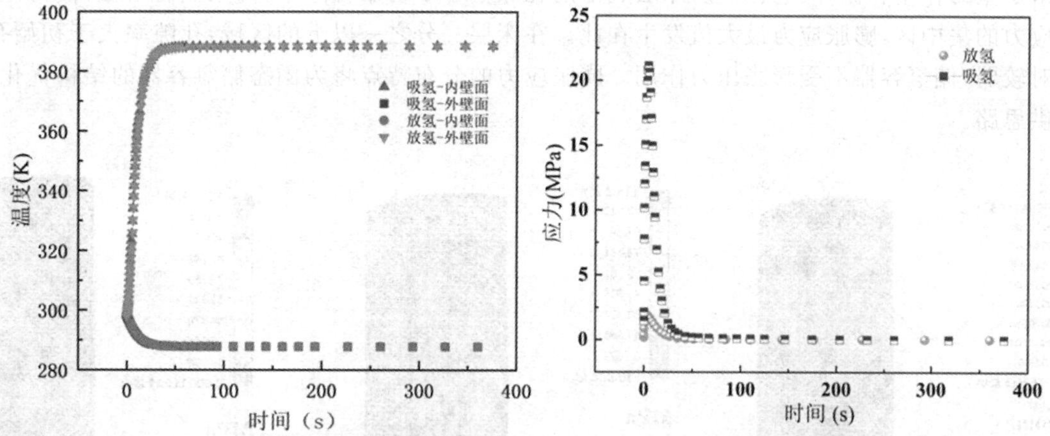

（a）内外壁温度随吸/放氢时间的变化　　（b）热应力随吸/放氢时间的变化

图 2　储氢容器的内外壁温度和热应力随吸/放氢时间的变化

遍认为内部膨胀压力的变化趋势与应变变化一致。然而，在实际情况下，固态储氢容器的应力已超过材料的屈服强度，导致应变进入塑性阶段。在弹性阶段，容器的应力可以用平衡方程、应变一位移关系和本构方程来描述。在塑料阶段，采用 Ramberg－Osgood 材料模型将周向塑性应变转换为周向应力。然后，通过平衡方程式(27)或式(28)推导容器内部的膨胀压力。例如，将文献[7]中储氢容器不同高度的应变实验数据转化为相应的膨胀应力和膨胀压力，如图 3 所示。

$$\varepsilon_{316}=\frac{\sigma}{E_{316}}+0.002\left(\frac{\sigma}{\sigma_{0.2}}\right)^{N} \tag{27}$$

$$p_{swell}=\frac{D}{2t}E_{316}\varepsilon_{316}-p_{g} \tag{28}$$

$$p_{swell}=\frac{R_2^2-R_1^2}{2R_1^2}E_{316}\varepsilon_{316}-p_{g} \tag{29}$$

式中，σ 表示储氢容器的应力；N 为应变硬化指数；D 为储氢容器的内径；t 为壁厚；R_1 为内半径；R_2 为外半径。

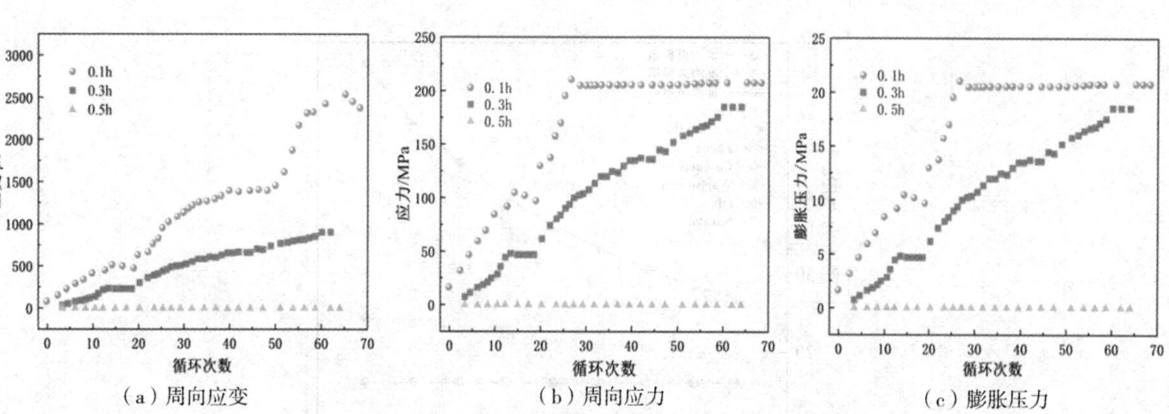

（a）周向应变　　（b）周向应力　　（c）膨胀压力

图 3　储氢容器的周向应变、周向应力和膨胀压力随循环次数的变化

如图 3(c)所示，根据膨胀压力随吸放氢循环次数的变化情况将循环分为增长期和稳定期。当循环达到一定次数时，金属氢化物床层的堆积状态趋于稳定，膨胀压力也随之稳定并达到最大值，此时是储氢容器最危险的阶段。在稳定期完全氢化时，模拟仿真储氢容器在膨胀压力作用下的应力、应变分布，如图 4

所示。由于重力作用和循环压实效应,床层底部的孔隙率小于初始孔隙率,约束显著增强,使得该区域成为膨胀应力的集中区,膨胀应力最大值发生在此。在床层二分之一以上的区域,孔隙率大于初始孔隙率,约束相对较弱,储氢容器不受膨胀压力作用。膨胀应力的分布特点将为固态储氢容器的结构优化和安全设计提供思路。

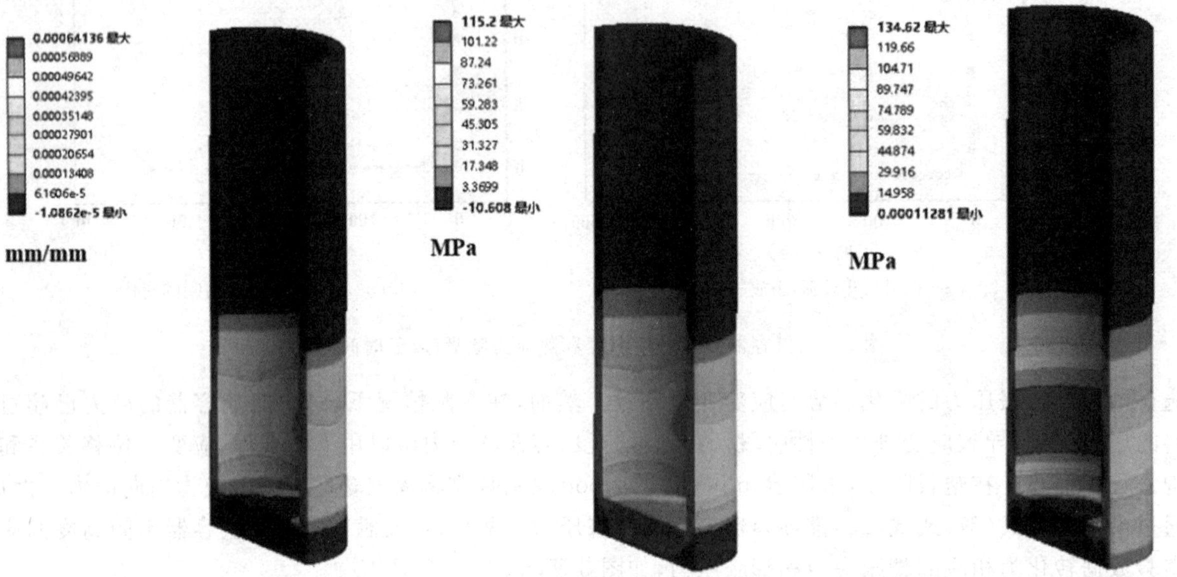

(a) 周向应变　　(b) 周向应力　　(c) 等效压力

图 4　储氢容器的周向弹性应变、周向应力和等效应力云图

通过对储氢容器的实验应变数据和相关文献中的实验数据[6,11,18−23]进行分析,推导内部膨胀压力。分析结果表明,膨胀压力峰值普遍在 22～40 MPa,如图 5 所示。将二维约束和三维约束数值模型的模拟结果与实验数据进行对比,最大误差在 5%以内,二者具有良好的一致性,从而验证了所建立模型的有效性。随着储氢材料泊松比的增加,膨胀压力逐渐增大,不同维度约束下膨胀压力的比值也随之增大。在三维、二维和一维刚性约束下,膨胀压力比值为 2.50∶1.43∶1.00。如图 6 所示,膨胀压力随着体积膨胀率的增加呈近似线性增长。当体积膨胀率增大 4 倍时,膨胀压力大约增加 3 倍。由于金属氢化物床层的有效膨胀应变随着孔隙率的减少而增大,孔隙率减少时,膨胀压力显著增加。

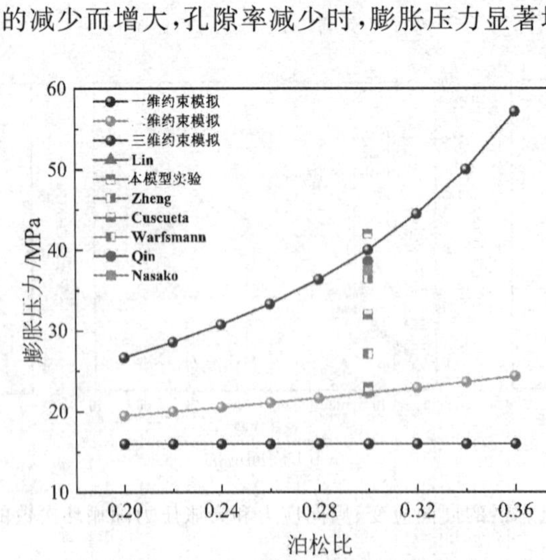

图 5　数值模拟与实验测量的膨胀压力峰值结果对比

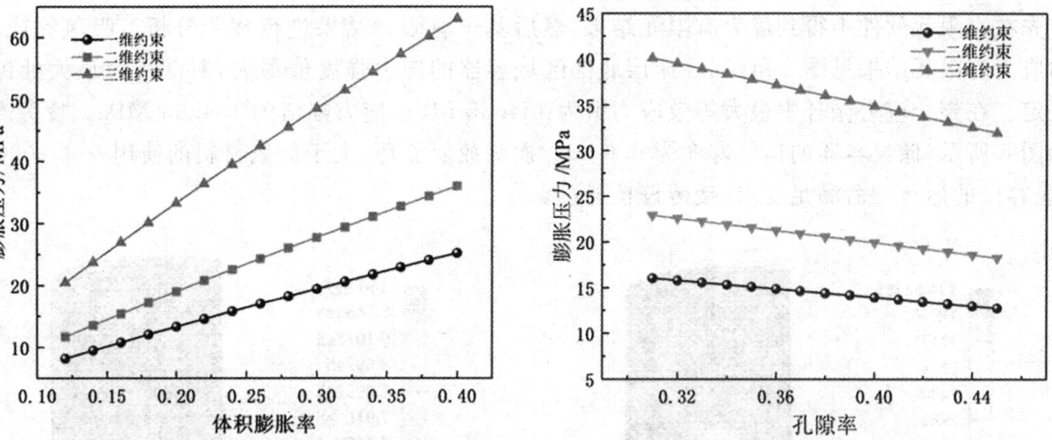

(a) 体积膨胀率对膨胀压力的影响　　(b) 孔隙率对膨胀压力的影响

图 6　膨胀压力的影响因素分析

3　疲劳寿命分析

3.1　循环特性

储氢容器受到的载荷施加过程可以简化为氢气压力-氢气压力加膨胀压力峰值-零为一个工作循环。由于膨胀压力增长期在总循环次数中占比小,以膨胀压力稳定期为研究目标。载荷循环特性用式(30)表示,吸放氢循环中循环特性如 7 所示。吸氢时,储氢容器受到恒定的氢气压力和随反应逐渐增加的膨胀压力。放氢时,储氢容器受到放氢压力和随反应逐渐降低的膨胀压力。放氢结束时,膨胀压力为零,储氢容器的应力最小为零。因此,储氢容器的应力比 R 为零,循环载荷类型属于脉冲循环。由于膨胀压力与吸放氢的反应分数线性相关,每个周期内应力随反应分数线性变化。此外,应力幅值是疲劳分析的关键影响因素,需要重点关注储氢容器最大应力的位置及数值[24]。

$$R=\frac{\sigma_{\min}}{\sigma_{\max}} \tag{30}$$

式中,$\sigma_{\max}$ 表示最大应力;$\sigma_{\min}$ 表示最小应力。

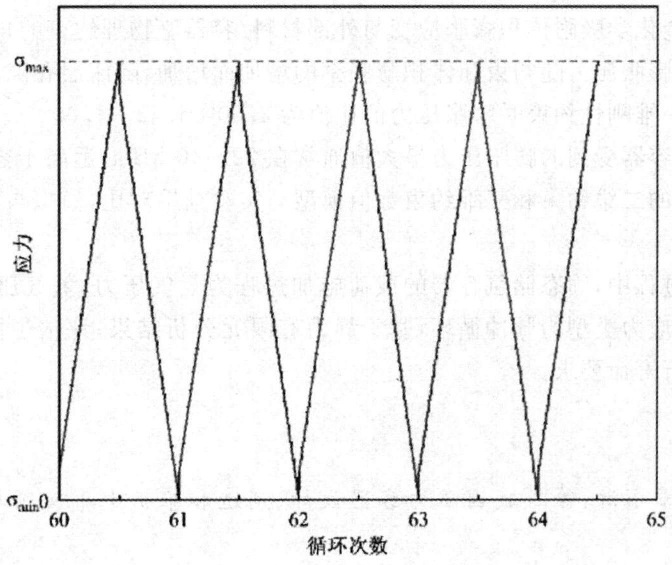

图 7　吸放氢循环的载荷特性

3.2 疲劳寿命评定

首先在有限元软件中得到静力有限元结果，然后基于有限元结果进行疲劳分析。吸氢完成时，储氢容器的应力有限元结果见图 8 所示，在床层底部区域容器的应力强度值最大，对此应力最大处进行疲劳寿命评定。在整个应力循环中最大等效应力值为 154.35 MPa，应力幅值为 154.35 MPa。疲劳寿命仿真结果如图 8 所示，储氢容器的运行寿命为 6.6×10^5 次吸放氢循环，大于储氢材料的使用寿命 1000 次。因此，储氢容器的运行寿命满足要求，疲劳校核通过。

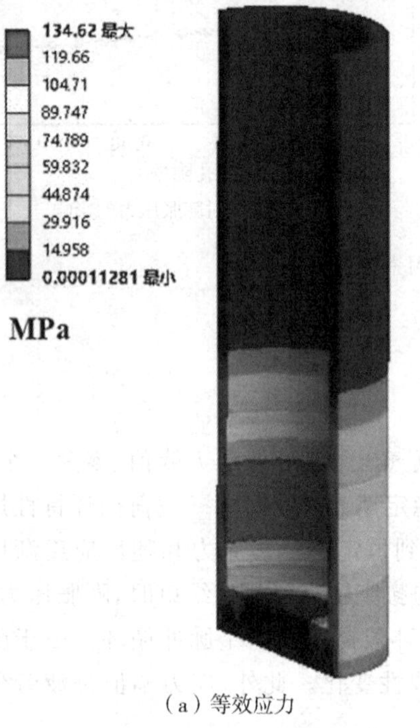

(a) 等效应力

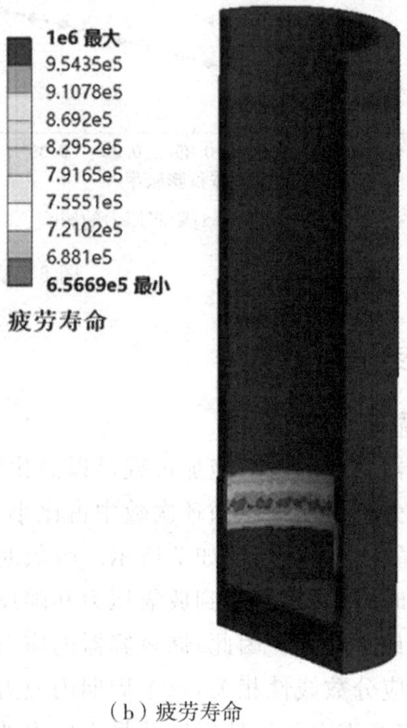

(b) 疲劳寿命

图 8 储氢容器的等效静应力和疲劳寿命云图

4 结 论

本研究中对 $LaNi_5$ 固态储氢容器的循环应力及疲劳寿命分析，得出如下结论。

(1)本文从内部合金化学吸附体积膨胀应变与外部材料/容器壁物理约束的角度，建立了不同约束下膨胀压力的数值模型。膨胀压力随约束和体积膨胀率的增加而增加，随床层孔隙率的增加而降低。储氢材料处于三维、二维和一维刚性约束时膨胀压力的比值为 2.50∶1.43∶1.00。

(2)研究表明，储氢容器受到的膨胀压力最大值通常在 22～40 MPa，远高于氢气压力，是固态容器的主导压力。将膨胀压力的二维约束和三维约束数值模型与实验结果对比，模拟与实验结果之间具有良好的一致性。

(3)在吸放氢循环过程中，固态储氢容器的载荷施加过程为氢气压力-氢气压力加膨胀压力峰值-零压力。储氢容器的循环应力类型为脉冲循环，基于静力有限元分析结果，评估了固态储氢容器的疲劳寿命，满足储氢容器的运行寿命要求。

参考文献

[1] 陈学东，崔军，章小浒，等．我国压力容器设计、制造和维护十年回顾与展望[J]．压力容器，2012，29(12)：1－23.

[2] 张晓飞，蒋利军，叶建华，等．固态储氢技术的研究进展[J]．太阳能学报，2022，43(6)：

345—354.

[3] Joubert J M, Paul - Boncour V, Cuevas F, et al. $LaNi_5$ related AB_5 compounds: Structure, properties and applications [J]. Journal of Alloys and Compounds, 2021, 862: 158163.

[4] Ao B Y, Chen S X, Jiang G Q. A study on wall stresses induced by $LaNi_5$ alloy hydrogen absorption - desorption cycles[J]. Journal of alloys and compounds, 2005, 390(1—2): 122—126.

[5] Nasako K, Ito Y, Hiro N, et al. Stress on a reaction vessel by the swelling of a hydrogen absorbing alloy[J]. Journal of Alloys and Compounds, 1998, 264(1—2): 271—276.

[6] Borzenko V I, Romanov IA, Dunikov D O, et al. Hydrogen sorption properties of metal hydride beds: Effect of internal stresses caused by reactor geometry[J]. International Journal of Hydrogen Energy, 2019, 44(12): 6086—6092.

[7] Lin C K, Chen Y C. Effects of cyclichydriding - dehydriding reactions of LaNi5 on the thin - wall deformation of metal hydride storage vessels with various configurations[J]. Renewable energy, 2012, 48: 404—410.

[8] Tran D P, La M P, Lototskyy M V. Stress analysis of cyclic sorption - desorption in metal hydride vessels[J]. Journal of Energy Storage, 2024, 98: 112868.

[9] Matsushita M, Monde M, Mitsutake Y. Predictive calculation of the effective thermal conductivity in a metal hydride packed bed[J]. International journal of hydrogen energy, 2014, 39(18): 9718—9725.

[10] Askri F, Jemni A, Nasrallah S B. Study of two - dimensional and dynamic heat and mass transfer in a metal - hydrogen reactor[J]. International Journal of Hydrogen Energy, 2003, 28(5): 537—557.

[11] Matsushita M, Monde M, Mitsutake Y. Experimental formula for estimating porosity in a metal hydride packed bed[J]. International journal of hydrogen energy, 2013, 38(17): 7056—7064.

[12] Dinachandran L, Mohan G. Numerical simulation of the parametric influence on the wall strain distribution of vertically placed metalhydride based hydrogen storage container[J]. International Journal of Hydrogen Energy, 2015, 40(16): 5689—5700.

[13] Song J, Wang Y, Li S, et al. Numerical and experimental study of La - Nihydriding kinetics based on the varying - size model[J]. Chemical engineering science, 2018, 176: 580—599.

[14] Lan C, Xiao X, Su X, et al. Effect of doping with aluminium on the electronic structure and hydrogen storage pproperties of Mg_2Ni alloy [J]. Acta Physico - Chimica Sinica, 2012 (8), 28: 1877—1884.

[15] Kojima Y, Kawai Y, Towata S, et al. Development of metal hydride with high dissociation pressure[J]. Journal of alloys and compounds, 2006, 419(1—2): 256—261.

[16] Joubert J M, Černy R, Latroche M, et al. Compressibility and thermal expansion of LaNi5 and its substitutional derivatives (LaNi5 - xMx; M = Mn, Al, Co) [J]. Intermetallics, 2005, 13 (2): 227—231.

[17] Haque E. Void fraction as a function of depth and pressure drops of packed beds of porous media formed by granular materials[J]. Transactions of the ASABE, 2011, 54(6): 2239—2243.

[18] Cuscueta D J, Silin N, Melnichuk M. Stress reduction in a hydride container by the addition of a glidant agent[J]. International Journal of Hydrogen Energy, 2020, 45(51): 27452—27456.

[19] Warfsmann J, Puszkiel J A, Passing M, et al. Applying wash coating techniques for swelling - induced stress reduction and thermal improvement in metal hydrides [J]. Journal of Alloys and Compounds, 2023, 950: 169814.

[20] Zheng X, Kong H, Chu D, et al. Stress Reduction of a V - Based BCC Metal Hydride Bed Using Silicone Oil as a Glidant[J]. Inorganics, 2022, 10(10): 167.

[21] Qin F, Guo L H, Chen J P, et al. Pulverization, expansion of La0. 6Y0. 4Ni4. 8Mn0. 2 during hydrogen absorption - desorption cycles and their influences in thin - wall reactors[J]. International Journal of Hydrogen Energy, 2008, 33(2): 709-717.

[22] 熊耀强,吴平,赵建平.Ⅳ型储氢气瓶内衬材料的氢渗透行为分子动力学模拟[J]. 压力容器, 2023,40(7):19-28.

[23] 陈怡博,王修磊,查燕,等.Ⅳ型高压储氢瓶密封结构设计及性能仿真研究[J]. 压力容器, 2023,40(9):37-44.

[24] 郑津洋,桑芝富. 过程设备设计[M]. 第五版. 北京:化学工业出版社,2021.

作者简介

吴震(1988),男,博士,教授/博导,西安交通大学化工机械所副所长,国家重点研发计划项目首席科学家,主要从事固态储氢压力容器氢—热—力耦合方面研究工作,通信地址:710100 陕西省西安市西咸新区沣西新城中国西部科技创新港,wuz2015@mail. xjtu. edu. cn。

2.25Cr-1Mo-0.25V 钢加氢反应器筒体环焊缝焊接残余应力数值模拟

张　颖[1]，章　霖[1]，张雪姣[2]

（1. 一重集团大连核电石化有限公司，辽宁大连　116113；

2. 一重集团天津重型装备工程研究有限公司，天津　300450）

摘　要：为探究 2.25Cr-1Mo-0.25V 钢加氢反应器筒体环焊缝焊后残余应力分布情况，以热—弹塑性理论为基础，利用 ABAQUS 有限元软件，针对不同尺寸规格的 2.25Cr-1Mo-0.25V 钢加氢反应器筒体环焊缝焊接残余应力进行了模拟计算。结果表明，不同壁厚和内径的筒体环焊缝焊后残余应力分布和大小基本一致，轴向残余应力和环向残余应力的最大值均位于距离焊缝外表面 10%壁厚左右的位置，研究结果具有一定的工程应用价值。

关键词：2.25Cr-1Mo-0.25V；加氢反应器；环焊缝；焊接残余应力；数值模拟

Numerical simulation of residual stress inshell to shell girth weld of 2.25Cr-1Mo-0.25V stress hydrogenation reactor

ZHANG Ying[1], ZHANG Lin[1], ZHANG Xuejiao[2]

(1. China First Heavy Industry Dalian Nuclear Power and Petrochemical Co., Ltd., Dalian116113, China;

2. China First Heavy Industry Tianjin Heavy Equipment Engineering Research Co., Ltd., Tianjin 300450, China)

Abstract: To investigate the residual stresses in the girth welds of 2.25Cr-1Mo-0.25V steel hydrogenation reactor cylinders, based on thermo - elastoplastic theory, ABAQUS finite element software was used to simulate and calculate the residual stresses in the girth welds of 2.25Cr-1Mo-0.25V steel hydrogenation reactor cylinders of different dimensions. The results show that the distribution and magnitude of residual stresses after welding of girth welds with different thicknesses and inner diameters are basically the same. The maximum values of axial residual stress and circumferential residual stress are located at a distance of about 10% from the outer surface thickness of the weld. This research has some engineering application value.

Keywords: 2.25Cr-1Mo-0.25V; hydrogenation reactor; the girth weld; the welding residual stress; numerical simulation

0　引　言

加氢反应器是石油炼制的关键设备，它在 10～25 MPa 高压、400～480 ℃高温、临氢及硫化氢等条件下工作[1]。加氢反应器设计要求高，制造工艺复杂，对材料、焊接技术和焊接质量都有很高要求。加氢反应器常用材料为 2.25Cr-1Mo-0.25V 钢，筒体壁厚范围一般为 100～350 mm，工程实际中主要采用窄间隙埋弧焊进行焊接[2-4]。近年来，在加氢反应器大型化发展的过程中，材料、焊接、热处理等技术方面均取得了较多成果，但对产品结构焊接应力方面的研究比较少，主要原因为加氢反应器为大型厚壁焊接结构，数值分析计算量庞大，而采用破坏性方法在产品中进行残余应力测试又很难实现。

针对这一问题，本文在验证模拟计算方法正确性的基础上，针对不同规格的 2.25Cr-1Mo-0.25V 钢加氢反应器筒体环焊缝焊后残余应力场进行数值分析，获得了筒体环焊缝焊后残余应力分布的一般规律，为产品制造、焊接结构设计和服役性能评估提供了参考和依据，具有一定的工程应用价值。

1 模拟计算方法的验证

1.1 验证模型的建立

图 1(a)是文献[5] 中的几何模型及其网格划分，由于结构的对称性，计算中采用轴对称广义平面应变模型，第一层一道，其余每层两道，共 75 道，焊缝处网格细化，约 0.5mm，远离焊缝处网格逐步粗化至 25mm，节点数 7 197，单元量 7 273；图 1(b)是本文建立的二维轴对称模型，母材和焊缝的尺寸与图 1(a)一致，同时按照论文的网格划分规律完成网格划分，节点数为 7 799，单元数为 7 699。材料参数、热源模型和边界条件均采用与文献一致的条件。

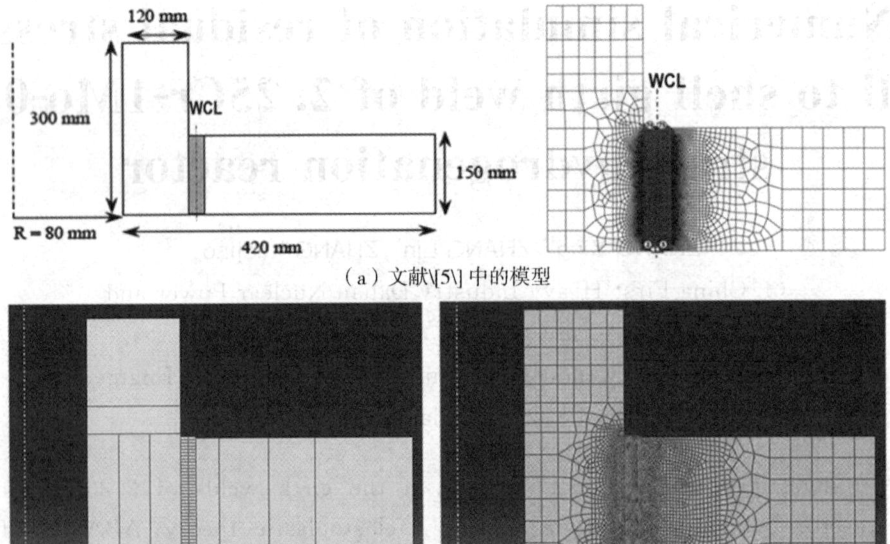

(a) 文献\[5\] 中的模型

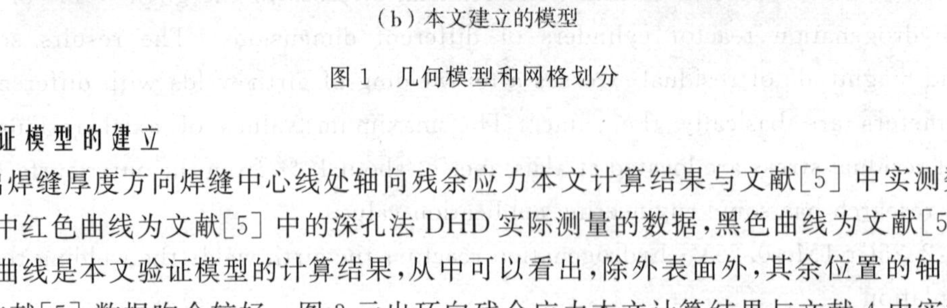

(b) 本文建立的模型

图 1 几何模型和网格划分

1.2 验证模型的建立

图 2 示出焊缝厚度方向焊缝中心线处轴向残余应力本文计算结果与文献[5] 中实测数据及模拟数据的对比，其中红色曲线为文献[5] 中的深孔法 DHD 实际测量的数据，黑色曲线为文献[5] 中的模拟计算数据，蓝色曲线是本文验证模型的计算结果，从中可以看出，除外表面外，其余位置的轴向残余应力分布和数值与文献[5] 数据吻合较好。图 3 示出环向残余应力本文计算结果与文献 4 中实测数据及模拟数据的对比情况，同样地，可以看出，除外表面处数据差异较大外，其余位置的环向残余应力的计算值与文献 4 中的计算值和实测值具有较好的一致性。

综上，通过重复文献[5] 的计算过程，获得了与文献基本一致的计算结果，验证了本文所采用的计算方法的正确性，为后续采用该方法开展不同规格的加氢反应器焊接残余应力计算奠定了基础。

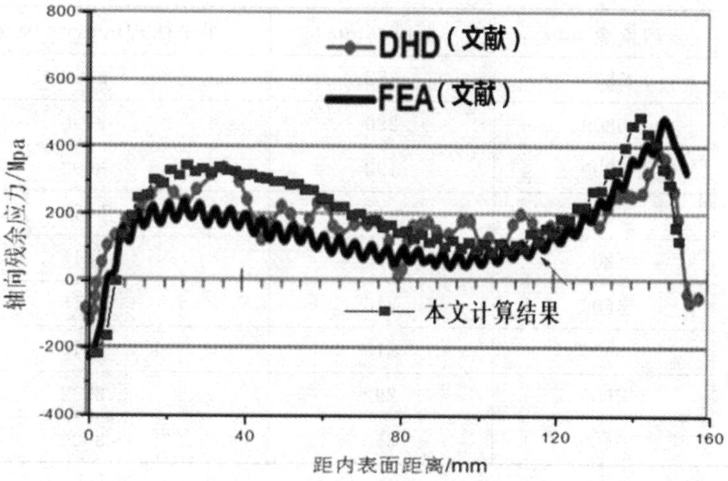

图 2　接管焊接接头的轴向残余应力情况

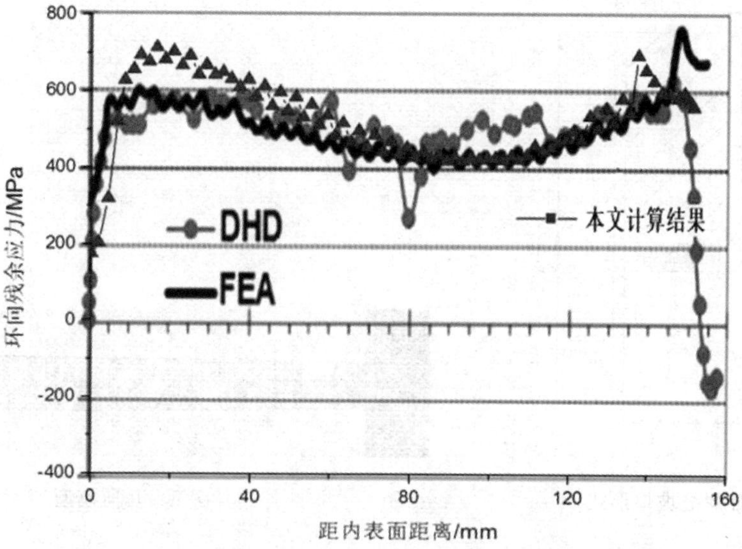

图 3　接管焊接接头的环向残余应力情况

2　有限元模型的建立

2.1　几何模型

根据相关文献[6-7]，加氢反应器筒体环焊缝的焊接残余应力分布与 r/t（筒体半中径/壁厚）、焊接热输入量、焊缝坡口形式有关。生产中，不同规格加氢反应器筒体焊缝焊接时坡口形式均为窄间隙坡口，焊接工艺参数基本一致，故 r/t 成为影响筒体环焊缝焊后残余应力分布的主要因素。而筒体半中径 r 和壁厚 t 取决于加氢反应器设计温度、设计压力和制造能力，很难确定出 r/t 的具体范围。为此，结合作者所在单位　多年来 2.25Cr-1Mo-0.25V 钢加氢反应器的制造业绩，选取覆盖 r/t 值较大范围的加氢反应器规格作为研究对象开展焊后残余应力模拟计算，如表 1 所示，共确定了 9 个算例。

加氢反应器筒体环焊缝坡口形式如图 4 所示，根据产品结构特点，采用轴对称模型建立几何模型，坡口尺寸按产品实际工艺执行，焊道排布为首层一道，其余每层两道，盖面焊道为 3 道，根部焊后气刨清除，几何模型如图 5 所示。

表 1　筒体环焊缝模拟算例的规格尺寸

序号	类型	内径 Φ/mm	壁厚 t/mm	半中径 r/mm($r=0.5\Phi+t$)	r/t
1	锻焊	5800	352	3252	9.2
2		5800	290	3190	11.0
3		5800	192	3092	16.1
4		5600	216	3016	14.0
5		5200	216	2816	13.0
6		4600	216	2516	11.6
7		3400	216	1916	8.9
8		4600	292	2592	8.9
9		5460	350	3080	8.8

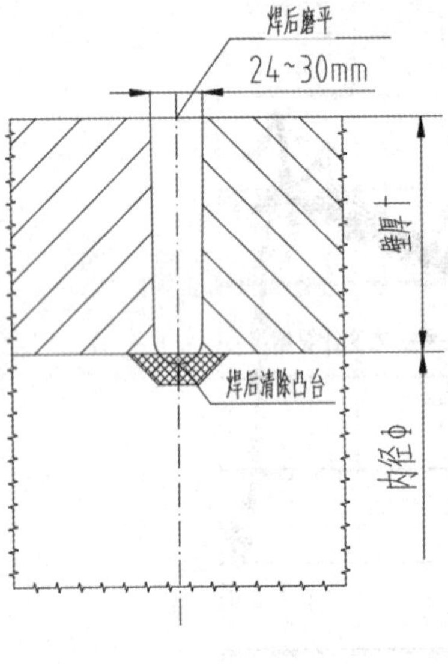

图 4　筒体环焊缝坡口形式

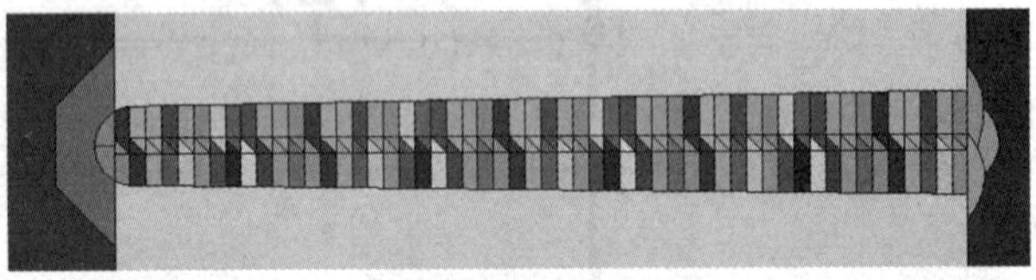

图 5　几何模型

2.2　有限元模型

采用 ABAQUS 软件的热弹塑性有限元模块，开发顺序耦合的多层多道焊焊接残余应力有限元计算程序。采用平面应变模型，网格划分如图 6 所示，在焊缝附近网格划分较密，远离焊缝网格划分较疏。

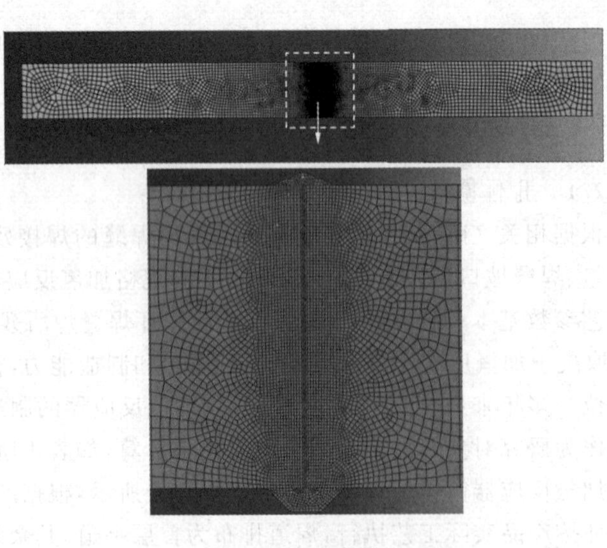

图 6　网格划分

计算中采用 2.25Cr-1Mo-0.25V 钢热物性材料参数，除屈服强度外，母材和焊缝均采用相同的热物性参数，并考虑了材料参数随温度的非线性变化，设定熔池熔化潜热值为 254J/g，材料热物性参数如图 7 所示。焊接传热分析中，由于加氢反应器环焊缝的焊接方法为埋弧焊，因此热源模型选用的是比较适合埋弧焊的双椭球热源模型。焊接热源的加载利用 ABAQUS 软件的 DFLUX 子程序实现。利用牛顿法则和玻尔兹曼定律考虑试板表面和坡口内壁与外界环境的对流和辐射，通过 ABAQUS 软件的 FILM 子程序实现加载。焊接应力分析中，采用位移约束建立筒体力学边界条件。

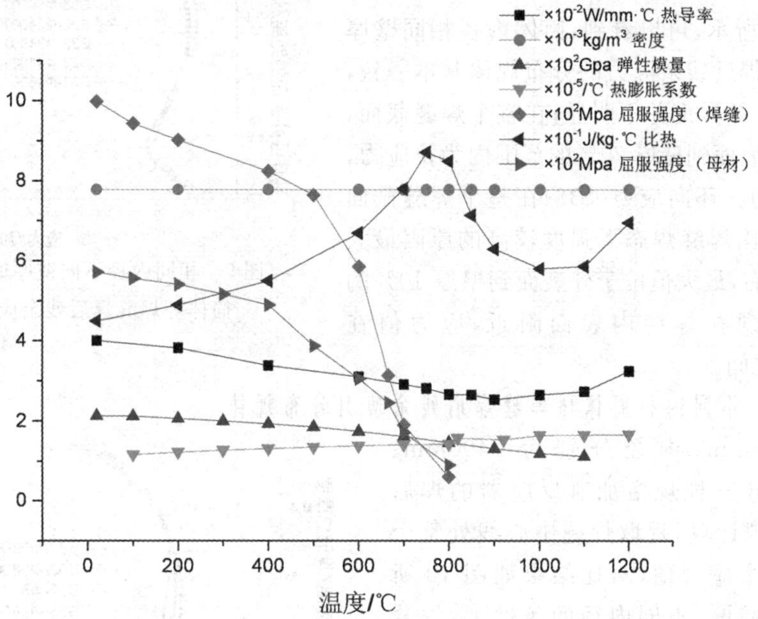

图 7　2.25Cr-1Mo-0.25V 钢热物性材料参数

3　计算结果及分析

3.1　筒体环焊缝焊后残余应力分布规律

内径 5600mm，壁厚 216mm 的加氢反应器筒体环焊缝焊后残余应力分布云图如图 8 所示，可以看到，在整个焊缝厚度截面，残余应力呈现典型的弯曲效应分布状态，焊缝外表面的轴向应力为拉应力，内表面为压应力；环向残余应力在焊缝及其两侧 20mm 范围内均呈现拉应力，随着远离焊缝中心，拉应力逐渐转变为压应力。

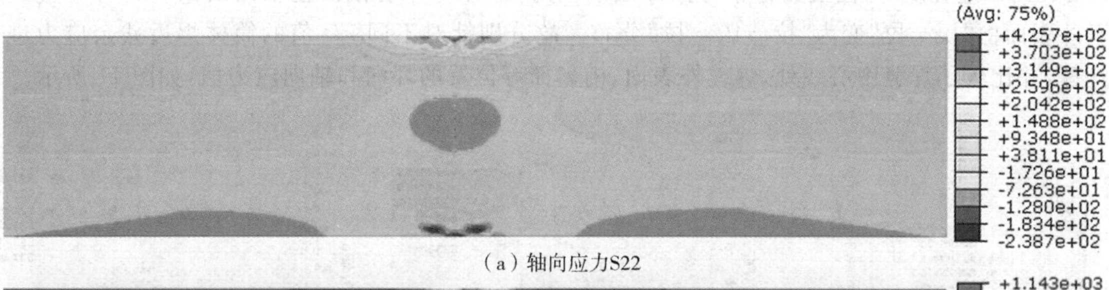

（a）轴向应力S22

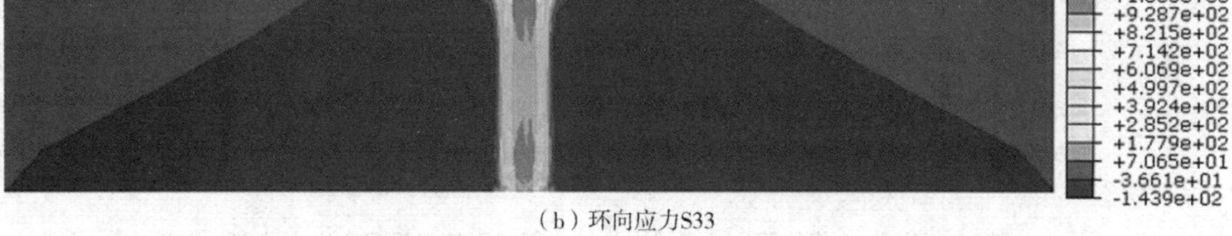

（b）环向应力S33

图 8　模型 φ5600/T216 残余应力分布云图

3.2 相同内径、不同壁厚筒体环焊缝焊后残余应力分布规律

对内径为5800mm，壁厚分别为192mm、285mm和350mm三种规格筒体环焊缝焊后残余应力进行了模拟计算，提取焊缝中心线处整个壁厚范围的等效残余应力值，对比结果如图9所示，可以看到，筒体内径相同壁厚不同的条件下，焊缝焊后残余应力的分布规律基本一致，并且残余应力数值上差异也并不明显；在整个焊缝截面，轴向应力(S22)从外表面到壁厚20%的范围内为拉应力，其余位置呈现压应力。环向应力(S33)在整个焊缝截面均为拉应力，应力值因焊缝焊态下强度较高的原因最大值达到1100MPa左右，最大值位于外表面到壁厚10%的范围内，最小值出现在焊缝内表面附近，应力值在800MPa－900MPa之间。

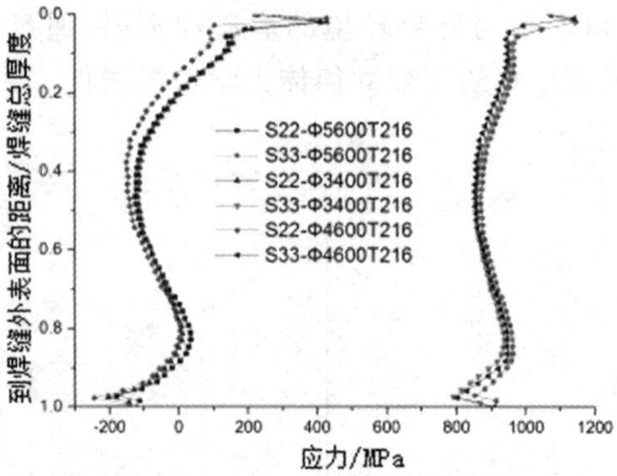

图9 相同内径不同壁厚锻焊加氢反应器筒体环焊缝焊后残余应力分布对比

3.3 相同壁厚、不同内径筒体环焊缝焊后残余应力分布规律

对壁厚为216mm，内径分别为3400mm、4600mm和5600mm三种规格加氢反应器的焊后残余应力进行了模拟计算，提取焊缝中心线处整个壁厚范围的等效残余应力值，对比结果如图10所示，可以看到，相同壁厚、不同内径的条件下，焊缝焊后残余应力的分布规律基本一致且残余应力数值上差异也并不明显；轴向残余应力(S22)峰值出现在近外表面处，约480MPa，从外表面到壁厚20%的范围内为拉应力，其余位置基本呈现压缩应力；环向残余应力(S33)峰值也位于近外表面，约1100MPa，在整个焊缝截面均为拉应力。

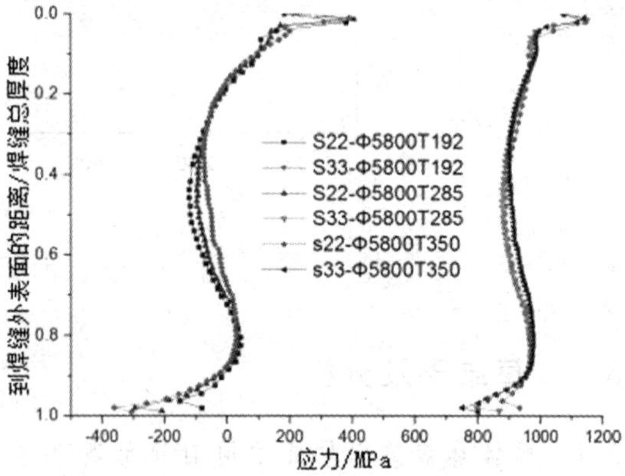

图10 相同壁厚不同内径锻焊加氢反应器筒体环焊缝焊后残余应力分布对比

3.4 不同 r/t 值筒体环焊缝焊后残余应力分布规律

根据文献[6-7]，对于管道和压力容器环缝等，随着 r/t 的增大，内表面压缩应力逐步向拉伸应力转变，当 r/t 增大到一定程度时，内表面分布为拉伸残余应力，即在全厚度截面上轴向残余应力分布形式自内表面至外表面由“压－拉”变为“拉－压－拉”分布。故分别针对不同 r/t 值的筒体焊后残余应力进行了模拟计算，并比较了焊缝中心线处、焊缝外表面、内表面等位置的环向和轴向应力值，如图11所示。

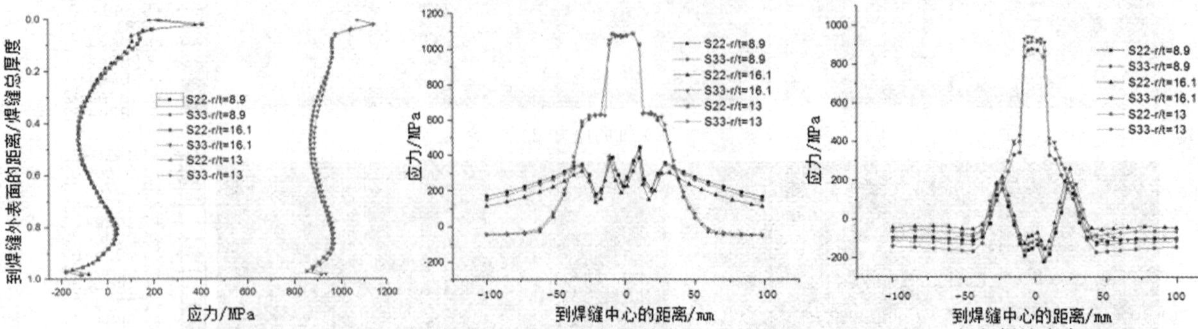

(a) 焊缝中心线处　(b) 焊缝外表面　(c) 焊缝内表面

图11 不同r/t值的筒体环焊缝在焊缝不同位置的焊后残余应力分布

可以看出，焊缝中心线处的轴向残余应力由内表面至外表面呈现拉应力－压应力－拉应力的分布趋势，在内外表面，焊缝中心区表现为较小的轴向拉应力，由焊缝向两侧先增大再逐渐降低为较小值；而焊缝处的环向残余应力在整个壁厚上均表现为拉应力，在内外表面上向远离焊缝的两侧逐渐降低，直至由拉应力转变为压应力；不同 r/t 的筒体模型之间应力分布规律并无差异，应力数值也仅有较小差异。这说明加氢反应器筒体 r/t 值范围跨度较小，r/t 这一参数对加氢反应器筒体环缝焊后残余应力的分布影响较小。

4 结 论

(1)2.25Cr-1Mo-0.25V 钢加氢反应器筒体环焊缝焊后残余应力分布呈现典型的弯曲效应分布状态，焊缝外表面的轴向应力为拉应力，内表面为压应力；环向残余应力在焊缝及其两侧 20mm 范围内均呈现拉应力，随着远离焊缝中心，拉应力逐渐转变为压应力。

(2)不同壁厚和内径的加氢反应器筒体环焊缝焊后残余应力分布和大小基本一致，焊缝处轴向残余应力和环向残余应力的最大值均位于距离焊缝外表面壁厚 10%左右的位置。

(3)不同 r/t 值的筒体环焊缝焊后残余应力分布规律并无差异，应力数值也仅有较小差异。这说明加氢反应器筒体 r/t 值范围跨度较小，r/t 这一参数对加氢反应器筒体环缝焊后残余应力的分布影响较小。

参考文献

[1] 俞树荣．压力容器设计制造入门与精通[M]．北京：机械工业出版社，2012：2－3.

[2] 白崇晖，白崇阳，张正棠．2.25Cr-1Mo-0.25V 钢加氢反应器制造特点[J]．辽宁化工，2021，50(2)：247－249.

[3] 刘娟波，成雷，白学刚，等．超温处理对加氢反应器短时力学性能与长期服役性能的影响[J]．压力容器，2023，40(10)：17－27.

[4] 门三庆，董杰，刘长军．API/ASME 规范中由 2.25Cr-1Mo 钢的 J 系数预测在用加氢反应器 FATT 方法的适用性分析[J]．压力容器，2024，41(12)：44－50.

[5] Shaopin Song, Pingsha Dong, Xianjun Pei. A full - field residual stress estimation scheme for fitness - for - service assessment of pipe girth welds: Part Ⅰ Identification of key parameters[J]. International Journal of Pressure Vessels and Piping, 2015, 126－127: 58－70.

[6] Shaopin Song, Pingsha Dong, Jinmiao Zhang. A Full - Field Residual Stress Profile Estimation Scheme for Pipe Girth Welds[C]//2012 ASME Pressure Vessels and Piping (PVP2012) division conference, July 15－19, 2012, Toronto, Ontario, Canada.

[7] Pingsha Dong, Shaopin Song, Jinmiao Zhang, Myung H. Kim. On residual stress prescriptions for fitness for service assessment of pipe girth welds[J]. International Journal of Pressure Vessels and Piping, 2014, 123－124: 19－29.

作者简介

张颖(1983)，女，高级工程师，一级研究员，硕士研究生，主要从事石化容器焊接技术方面的工作，通信地址：116113 辽宁省大连市甘井子区大连湾前盐中国一重，E－mail：zhangying@cfhi.com。

ASME与PNAE核电设备设计规范中防脆断准则方法的解析与对比研究

任千一[1],刘方威[1],谈建平[1],付一鸣[2],高付海[2],齐 敏[2],杜 柔[3],刘长军[1]
(1. 华东理工大学 机械与动力工程学院,上海 200237;2. 中国原子能科学研究院,北京 102413;
3. 中国科学院力学研究所,北京 100190)

摘 要:反应堆运行环境会导致材料在辐照、热老化等因素的影响下出现脆化现象,为保证反应堆设备安全可靠运行,国际上有多个核电设备设计规范都提供了防脆断分析方法。为给国内四代堆防脆断准则的建立提供参考,本文针对美国ASME第III卷非强制性附录G和俄罗斯PNAE G-7-002-86的防脆断准则部分,从基本原理和具体防脆断分析方法等方面进行了对比分析工作。分析表明:两套防脆断准则的基本原理相同,虽然在假想裂纹尺寸、应力强度因子计算、断裂韧度曲线和安全系数等方面存在一定差异,但总体上两套防脆断准则的本质相似。

关键词:ASME-III非强制性附录G;俄罗斯PNAE G-7-002-86;防脆断方法;对比分析

Analytical andcomparative study of brittle fracture criteria methods based on ASME and PNAE nuclear power equipment design specifications

REN Qianyi[1], LIU Fangwei[1], TAN Jianping[1], FU Yiming[2], GAO Fuhai[2], QI Min[2], DU Rou[3], LIU Changjun[1]
(1. School of Mechanical and Power Engineering, East China University of Science and Technology, Shanghai 200237, China;
2. China Institute of Atomic Energy, Beijing 102413, China;
3. Institute of Mechanics, Chinese Academy of Sciences; Beijing 100190, China)

Abstract: The operating environment of a nuclear reactor can cause materials to become brittle due to factors such as irradiation and thermal ageing. To ensure the safe and reliable operation of reactor equipment, several international nuclear power equipment design codes provide methods for brittle fracture analysis. To provide reference for the establishment of brittle fracture criteria for domestic fourth-generation reactors, this paper compares and analyses the brittle fracture criteria sections of the non-mandatory Appendix G of the American ASME Section III and the Russian PNAE G-7-002-86, focusing on basic principles and specific brittle fracture analysis methods. The analysis indicates that the fundamental principles of the two sets of brittle fracture criteria are the same. Although there are some differences in aspects such as the assumed crack size, stress intensity factor calculation, fracture toughness curve, and safety factor, the two sets of brittle fracture criteria are essentially similar in nature.

Keywords: ASME-III nonmandatory appendix G; Russia PNAE G-7-002-86; brittle fracture resistance method; comparative analysis

0 引 言

核反应堆堆芯结构材料长期受到高温、高压及中子辐照等的作用，运行环境恶劣。在以液态金属作为冷却剂的四代堆中，还会受到液态重金属腐蚀的影响。严苛的服役环境会使结构材料面临辐照脆化[1-2]、热老化脆化[3]及液态金属脆化[4]等问题，导致材料韧性下降。如果反应堆结构存在裂纹类缺陷，则可能在工况载荷作用下发生脆断事故。为此，为防止设备脆断事故的发生国际上已有多个核电设备规范提供了相应的防脆断准则，如美国 ASME 规范第 III 卷[5]和第 XI 卷[6]，法国的 RCC－M[7]，俄罗斯的 PNAE G－7[8]，日本的 JSME[9]，以及我国的 NB/T 20440—2017“压水堆核电厂反应堆压力容器防止快速断裂评定准则”[10]等。

目前美国与俄罗斯已有相关的四代堆运行经验，技术水平较为先进，其核电设备规范中的防脆断准则具有重要的参考价值[11-12]。为此本文将针对美国 ASME 第 III 卷的非强制性附录 G(以下简称“ASME 标准”)和俄罗斯 PNAE G－7－002－86(以下简称“俄罗斯标准”)两套核电设备设计规范中的防脆断准则，进行防脆断方法的解析和对比研究，旨在通过对比总结两套准则的异同点，为建立适用于我国四代堆的防脆断准则提供参考。

1 防脆断方法基本原理

ASME 标准与俄罗斯标准中防脆断分析方法的基本思路相似，都是采用线弹性断裂力学方法，假定核电设备存在一个裂纹形式的缺陷，计算服役条件下该裂纹尖端的 I 型应力强度因子 K_I，并与结构材料的断裂韧度 K_{Ic} 做比较，满足断裂力学判据(1)即认为设备具有足够的抗脆性破坏能力。本质上两套防脆断准则都是对设备材料韧性作出要求，当材料断裂韧度满足要求时，在容许缺陷既定的情况下，即可确保实际载荷工况下裂纹尖端的应力强度因子 K_I 不超过 K_{Ic}，设备也就不会因为裂纹的失稳扩展而发生脆断。

$$K_I \leqslant K_{Ic} \quad (1)$$

在进行防脆断分析的计算时，两套准则都需要确定下列参量：

(1)假想裂纹尺寸；

(2)裂纹尖端的应力强度因子 K_I；

(3)材料的断裂韧度 K_{Ic}；

(4)适用于设计工况的安全系数。

此外，俄罗斯标准中还增加了防脆断分析的豁免条件，而 ASME 标准未提供，但本文定位于两套标准中关于上述 4 个参量的假设和计算方法的解析，分析与对比两套标准具体防脆断评价流程和结果的差异。

2 美俄防脆断方法解析

解析对比了 ASME 标准与俄罗斯标准在进行防脆断分析的计算时，在假想裂纹尺寸、裂纹尖端的应力强度因子 K_I、材料的断裂韧度 K_{Ic}、安全系数四个参量的异同点。

2.1 假想缺陷尺寸的确定

ASME 标准与俄罗斯标准中的假想缺陷形状均为半椭圆形表面裂纹，具体裂纹尺寸规定见表 1。

表 1 ASME 标准与俄罗斯标准中的假想裂纹尺寸

标准	壁厚 t/mm	裂纹深度 a/mm	裂纹长度 $2c$/mm
ASME	＜100	25	150
	100～300	0.25t	6a
	＞300	75	450
俄罗斯	/	0.25t	3a

关于两套准则中对假想裂纹尺寸的规定，形式上虽有所不同，但本质上还是极为相似的，都是主要以 1/4 的壁厚作为假想裂纹深度。这一假想裂纹深度的确定普遍认为是受到早期无损检测水平和先漏后爆(LBB)概念的影响[13-15]，并且焊接研究委员会(WRC)175 公告[16]中也提到，当时对核电设备壁厚的主要考虑范围是 100 mm(4 in.)到 300 mm(12 in.)，而 1/4 壁厚对应的裂纹深度 25 mm(1 in)和 75 mm(3 in)也处在早期无损检测技术的可检测范围内，同时材料断裂韧性测试取样的位置和结构辐照损伤计算的位置都是在结构的 1/4 壁厚处，为保证统一性，因此将假想裂纹深度定为 1/4 倍的壁厚。

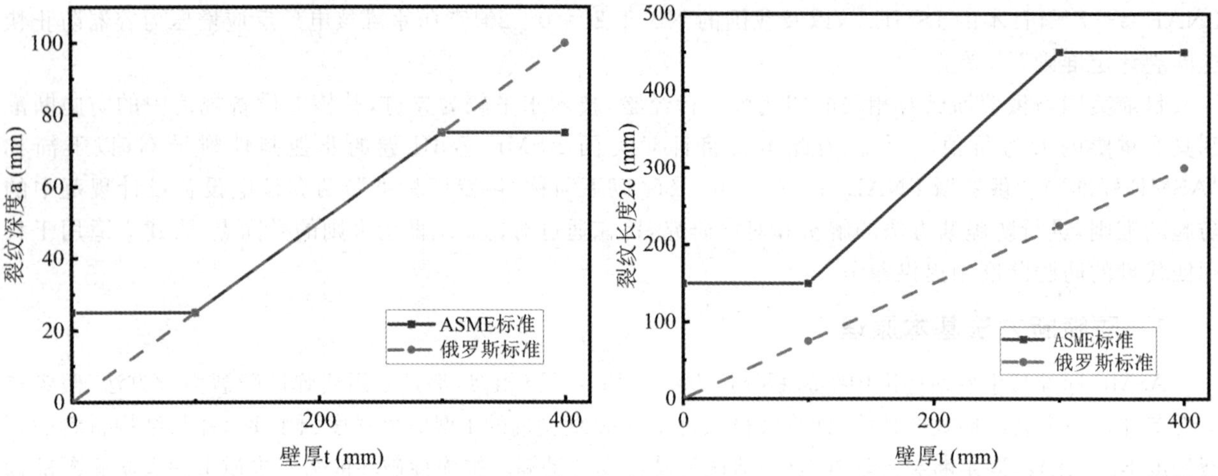

图 1 ASME 标准与俄罗斯标准的假想裂纹深度 a 和裂纹长度 2c 对比示意图

而对于假想裂纹长度的规定，有文献指出根据对早期压力容器脆断事故的分析，发现在压力容器内部可能存在大型缺陷，因此 ASME 标准假设裂纹长度为 6 倍裂纹深度是合理且保守的。俄罗斯 PNAE G—7 系列的标准在制定时，参考了 1977 版和 1980 版的 ASME 规范[17]，因而俄罗斯标准裂纹深度的假设与 ASME 标准同为 1/4 壁厚，虽然假想裂纹的长度为 ASME 标准的 1/2，但防脆断方法中主要考虑的是裂纹最深处的应力强度因子，因此总体而言，两套准则对假想裂纹尺寸的规定有着相近的保守性。

2.2 应力强度因子计算方法

ASME 标准根据不同的应力类型，给出了相应的应力强度因子简化计算公式，包括内压引起的薄膜应力的应力强度因子 K_{Im}(式(2))、弯曲应力的应力强度因子 K_{Ib}(式(3))以及温度应力的应力强度因子 K_{It}(式(4))。与 ASME 标准不同，俄罗斯标准则是提供了一个应力强度因子计算通式(式(7))。两套准则中应力强度因子的具体计算公式列于表 2。

表 2 ASME 标准与俄罗斯标准中的应力强度因子计算公式

标准	K_I 计算公式	编号	备注
ASME 标准	$K_{Im}=M_m\times(PR_i/t)$	(2)	薄膜应力
	$K_{Ib}=M_b\times$最大弯曲应力	(3)	弯曲应力
	$K_{It}=M_t\times\Delta T_W$	(4)	热应力
	$K_{It}=0.579\times10^{-6}\times CR\times t^{2.5}$	(5)	
	$K_{It}=0.458\times10^{-6}\times HU\times t^{2.5}$	(6)	
俄罗斯标准	$K_I=\eta(\sigma_p M_p+\sigma_q M_q)\left(\pi\frac{a}{10^3}\right)^{1/2}/Q$	(7)	计算通式

注：M_m、M_b 为壁厚相关系数，$m^{1/2}$；t 为壁厚，mm；P 为内压，MPa；R_i 为筒体内径，mm；M_t 为壁厚相关系数，

$MPa\cdot m^{1/2}$/℃；ΔT_w为壁厚温差，℃；CR 为冷却速率，℃/h；HU 为升温速率，℃/h；η 为考虑应力集中影响的系数；M_p 为薄膜应力的修正系数；M_q 为弯曲应力的修正系数；σ_p 为薄膜应力分量，MPa；σ_q 为弯曲应力分量，MPa；a 为裂纹深度，mm；Q 为缺陷的形状系数。

ASME 标准采用 WRC 175 公告中提供的简化应力强度因子计算公式，以计算薄膜应力和弯曲应力下的应力强度因子 K_{Im} 和 K_{Ib}。公式的主要简化思路为将裂纹尺寸 $a=1/4t$，$a/c=1/3$ 分别代入薄膜应力和弯曲应力的原始计算公式，将与裂纹尺寸相关的参数简化为与壁厚 t 相关的系数 M_m 和 M_b。同时将内压产生总体一次薄膜应力用 $\sigma=PR_i/t$ 表示，K_{Im} 和 K_{Ib} 的简化计算公式的最终形式如(2)和(3)所示。

考虑温度载荷作用时，ASME 标准采用 WRC 175 公告提供的应力函数法来求解由壁厚温差引起的温度应力的应力强度因子 K_{It}，计算公式如(4)所示。当升温或降温速率在 0～56℃/h 之间时，该方法求得的 K_{It} 是足够保守的。由于在降温工况下，容器内表面温度较外表面更低，内表面将承受拉应力，故内表面缺陷在降温工况下更加危险，升温工况则相反。因此 ASME 标准在后续发展中，给出了降温工况下计算内表面缺陷最大 K_{It} 的解析式(式(5))，以及升温工况下计算外表面缺陷最大 K_{It} 的解析式(式(6))。此外，ASME 标准也提供了 K_{It} 计算的另一种方法，即基于多项式拟合的影响函数法，这里不再赘述。

俄罗斯标准提供的计算通式在使用时需要工程人员分析不含缺陷的设备在设计工况下的应力分布，获得假想裂纹尖端处的薄膜应力分量 σ_p 和弯曲应力分量 σ_q，根据裂纹深度 a 与长度 $2c$ 确定薄膜应力修正系数 M_p、弯曲应力修正系数 M_q、和缺陷形状系数 Q，再依据裂纹所在位置的应力集中效应确定系数 η 的值，最后计算得到假想裂纹尖端在设计工况下的应力强度因子 K_I，其中参数 η、M_p、M_q、Q 可以通过公式计算或查找图表得到。

ASME 标准 K_I 的计算方法虽然简单且便于工程人员使用，但仅能用于 $a=1/4t$，$a/c=1/3$ 的假想裂纹，无法用于其他尺寸的假想裂纹，俄罗斯规范提供的为计算通式，可以用于不同尺寸的假想裂纹，但使用时需要明确在设计工况下设备的应力分布，使用较复杂。

2.3 材料断裂韧度曲线的选取

ASME 标准提供了一条通用的断裂韧度 K_{Ic} 曲线，如图 1 所示，其公式如式(8)所示。K_{Ic} 曲线是基于大量压力容器用铁素体钢材料的准静态断裂韧度 K_{Ic} 数据和材料的参考无延性转变温度 RT_{NDT} 拟合而成，形成(K_{Ic}，$T-RT_{NDT}$)数据点的下包络线。由于断裂韧度数据大多来自 350 MPa 强度级别的铁素体钢，因此 K_{Ic} 曲线原本不适用于屈服强度超过 350 MPa 的材料，但考虑到辐照会导致材料硬化，屈服强度上升，ASME 规定 K_{Ic} 曲线适用的最高屈服强度可以达到 620 MPa，但需要保证至少三炉钢(包括焊缝和热影响区)的断裂韧度数据在考虑温度范围内落在 K_{Ic} 曲线上方。使用 K_{Ic} 曲线时，首先按照 ASME 第 III 卷 NB－2331 要求，通过落锤试验和夏比冲击试验确定材料的初始参考温度 RT_{NDT0}，再计入辐照脆化导致的温度偏移量 ΔRT_{NDT} 后，得到 $RT_{NDT}=RT_{NDT0}+\Delta RT_{NDT}$，最后根据设计温度 T 得到($T-RT_{NDT}$)，通过 K_{Ic} 曲线获得材料的断裂韧度。

$$K_{Ic}=36.5+22.78\exp[0.036(T-RT_{NDT})] \tag{8}$$

俄罗斯标准提供的断裂韧度曲线是$[K_I]_i$曲线，取决于分析的具体工况和材料类型。在俄罗斯标准中，$[K_I]_i$定义为许用应力强度因子，代表材料发生开裂的 K_I 临界值，实际上就是材料的断裂韧度 K_{Ic}。基于容器钢及其焊缝样品不同温度下的 K_{Ic} 数据，通过冲击试验得到的材料初始临界脆性温度 T_{k0}，在计入辐照、热老化、疲劳导致的温度偏移量 ΔT_F、ΔT_T、ΔT_N 后，得到 $T_k=T_{k0}+\Delta T_T+\Delta T_N+\Delta T_F$，将 K_{Ic} 数据与($T-T_k$)做归一化处理，数据点的下包络线就是材料的初始 K_{Ic}－温度曲线。俄罗斯标准首先根据材料类型，共设置了 4 组$[K_I]_i$曲线，$[K_I]_i(A)$、$[K_I]_i(B)$、$[K_I]_i(C)$和$[K_I]_i(D)$(为方便表述，这里将 4 组曲线对应的 4 类材料用 A、B、C、D 表示)。在材料分类的基础上，对每组$[K_I]_i$曲线，又根据工况分为 3 条曲线，$[K_I]_1$、$[K_I]_2$和$[K_I]_3$曲线，$[K_I]_1$对应于正常工况，$[K_I]_2$对应于液压(气压)试验和异常工况，$[K_I]_3$对应于紧急工况，A 组材料的$[K_I]_i$曲线如图 2(a)所示。每类材料不同工况的$[K_I]_i$与($T-T_k$)的关系曲线由初始的 K_{Ic}－温度曲线决定的两条曲线的包络线制定而成。其中一条曲线通过将

初始 K_{Ic} 曲线的纵坐标除以安全系数 n_k 得到,而另一条曲线则是将初始 K_{Ic} 曲线沿 x 轴右移 ΔT 而得到,ΔT 是考虑了各种材料性能退化因素温度裕度。

每类材料不同工况的 $[K_I]_i$ 曲线考虑了不同的安全系数和温度裕度。具体设置如下:

(1)正常工况,安全系数 $n_k = 2$,温度裕度 $\Delta T = 30$ ℃,记为 $[K_I]_1$;

(2)液压(气压)试验和异常工况,安全系数 $n_k = 1.5$,温度裕度 $\Delta T = 30$℃,记为 $[K_I]_2$;

(3)紧急工况,安全系数 $n_k = 1$,温度裕度 $\Delta T = 0$ ℃,记为 $[K_I]_3$。

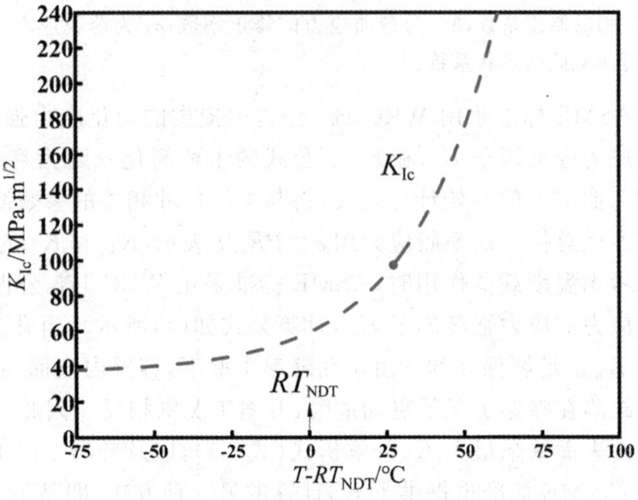

图 2 ASME 标准的 KIc 曲线[5]

根据 ASME 发布的规范对比报告 STP－NU－051－1[18],可以假设材料的 $RT_{NDT} = T_k$,故将 ASME 标准的 K_{Ic} 曲线与俄罗斯标准的 $[K_I]_3$ 曲线绘制于同一幅图中进行对比,如图 3(b)所示。可以发现,在 $RT_{NDT} = T_k$ 的条件下,K_{Ic} 曲线的下限值与 $[K_I]_3(A)$、$[K_I]_3(C)$ 曲线相似,但低于 $[K_I]_3(B)$ 曲线;在低温时 K_{Ic} 曲线更加保守,随着温度上升,K_{Ic} 曲线的保守性逐渐下降,当 $T - RT_{NDT}(T - T_k)$ 超过 40℃时,$[K_I]_3(A)$ 和 $[K_I]_3(B)$ 曲线比 K_{Ic} 曲线更加保守,$[K_I]_3(C)$ 曲线始终位于 K_{Ic} 曲线上方,保守性不如 K_{Ic} 曲线。由于美俄两国的材料制造标准不同,且制定断裂韧度曲线时选取的测试材料性能也有差别,这可能导致了两套准则的断裂韧度曲线存在些许差异,但整体上比较接近,在 $T - RT_{NDT}(T - T_k)$ 低于 40℃时,ASME 的 K_{Ic} 曲线更保守,在 $T - RT_{NDT}(T - T_k)$ 高于 40℃时,俄罗斯标准的 $[K_I]_3$ 曲线更保守。

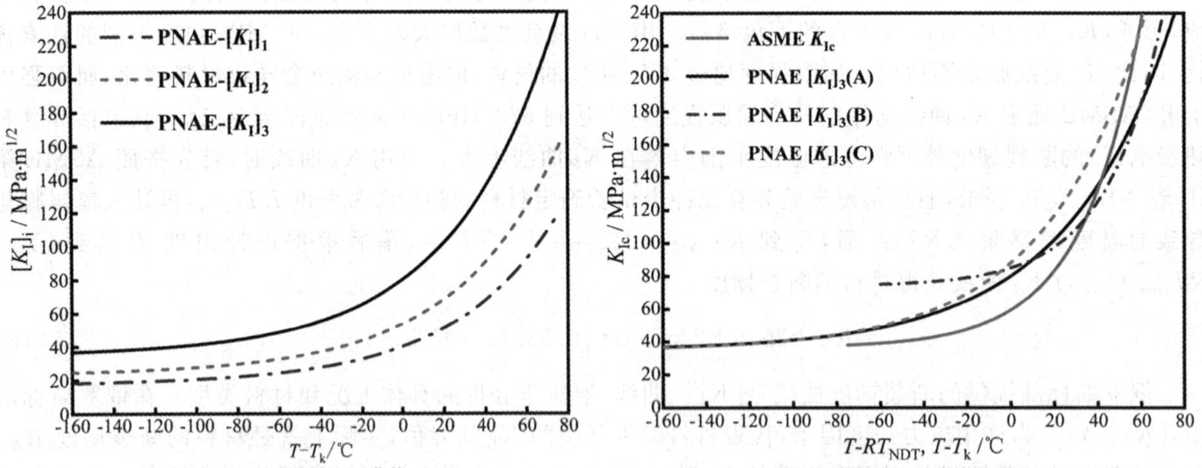

(a) A组材料的$[K_I]_i$曲线　　(b) K_{Ic}曲线与$[K_I]_3$曲线的对比

图 3 A 组材料的 $[K_I]_i$ 曲线和 K_{Ic} 曲线与 $[K_I]_3$ 曲线的对比

2.4 安全系数的选取

安全系数选取方面,ASME 标准是在应力强度因子处施加相应的安全系数,而俄罗斯标准则是根据工况的不同对断裂韧度曲线施加安全系数。

ASME 标准根据不同的应力类型,对计算的应力强度因子施加相应的安全系数,如一次应力 K_I 的安全系数取 2,二次应力 K_I 的安全系数取 1,热应力 K_I 的安全系数取 1,因此在材料的断裂韧度处没有考虑安全系数。在远离不连续区的壳体及封头区域，主要考虑容器内压的一次薄膜应力和开停堆期间的热应力，因此防脆断分析的判别式由式(1)转换为式(9)；在接管、法兰及几何不连续区等位置，弯曲应力对 K_I 的计算有较大影响，热应力视为二次应力，判别式转变为(10)；在水压试验时，一次应力的 K_I 安全系数变为1.5，二次应力的 K_I 仍取1的安全系数，判别式转变为(11)。

$$2K_{Im}+K_{It}\leqslant K_{Ic} \tag{9}$$

$$2(K_{Im}+K_{Ib})+(K_{Im2}+K_{Ib2})\leqslant K_{Ic} \tag{10}$$

$$1.5(K_{Im}+K_{Ib})+(K_{Im2}+K_{Ib2})\leqslant K_{Ic} \tag{11}$$

式中，K_{Im} 为一次薄膜应力的应力强度因子；K_{It} 为热应力的应力强度因子；K_{Ib} 为一次弯曲应力的应力强度因子；K_{Im2} 为二次薄膜应力的应力强度因子；K_{Ib2} 为二次弯曲应力的应力强度因子。

相反的，俄罗斯标准则是根据不同的工况，对断裂韧度曲线施加安全系数，而在计算裂纹尖端的 K_I 时没有考虑安全系数，因此俄罗斯标准的防脆断分析判别式如式(12)所示。

$$\begin{aligned} &K_I\leqslant[K_I]_1 \quad \text{正常工况} \\ &K_I\leqslant[K_I]_2 \quad \text{液压实验(异常)工况} \\ &K_I\leqslant[K_I]_3 \quad \text{紧急工况} \end{aligned} \tag{12}$$

综上，两个标准的安全系数取值接近，只是考虑位置有所不同，可以认为两套准则的安全系数设置有着相似的保守性。

3 结 论

本文对美国 ASME 第 III 卷附录 G 与俄罗斯 PNAE G－07－002－86 标准 5.8 节的防脆断方法进行了解析与对比研究，发现两套防脆断准则的基本原理是一致的，都是线弹性断裂力学，虽然在具体的分析步骤中存在一定的不同，但其基本思想和方法有很大的相似性，主要观点如下：

(1)两套准则的假想缺陷都是半椭圆形的表面裂纹，考虑的裂纹深度都是1/4壁厚，有着相似的保守性。

(2)ASME 标准根据应力类型，提供了不同的 K_I 简化计算公式，便于使用，但仅适用于 $a=1/4t$，$a/c=1/3$ 的假想裂纹。俄罗斯标准则提供了一个计算通式，可以用于不同尺寸的裂纹，但使用较复杂。

(3)俄罗斯标准根据材料类型和不同工况提供了多条断裂韧度曲线，ASME 标准只提供一条通用的断裂韧度曲线。当 $T-RT_{NDT}$($T-T_k$)低于40 ℃时，ASME 的 K_{Ic} 曲线更保守，$T-RT_{NDT}$($T-T_k$)高于40 ℃时，俄罗斯标准的$[K_I]_3$曲线更保守，总体来看保守性接近；ASME 标准的温度参量 RT_{NDT} 仅考虑了辐照因素，而俄罗斯标准的温度参量 T_k 考虑了辐照、热老化和疲劳因素，更加全面。

(4)两套准则的安全系数取值接近，但俄罗斯标准是通过对初始 K_{Ic}－温度曲线取不同的安全系数，得到多条断裂韧度曲线用于获取材料的断裂韧度，而美国 ASME 标准将安全系数取在应力强度因子处，即在计算应力强度因子时通过添加不同的安全系数，得到不同保守度的应力强度因子计算结果用于防脆断评定；

(5)俄罗斯标准中加入了免于防脆断分析条件，依据线弹性断裂力学原理，对设备的材料种类和结构壁厚作出要求，美国 ASME 标准中未给出免于防脆断分析的条件。

参考文献

[1] 饶德林，莫家豪，高建波，等．反应堆压力容器钢韧性评价及韧脆转变机理的研究进展[J]．机械工程材料，2021，45(7)：7－11.

[2] 林虎，钟巍华，佟振峰，等．国产反应堆压力容器的辐照脆化行为及预测[J]．原子能科学技术，

2021,55(7):1170－1176.

[3] 李世伟,余伟炜,蒙新明,等．热老化对 AP1000 主泵泵壳动态断裂韧性影响研究[J]. 中国测试,2014,40(5):130－134.

[4] 李骥,何西扣,许斌,等．铅铋堆用 T91 钢耐腐蚀性能及脆化现象研究进展[J]. 金属功能材料,2021,28(4):35－41.

[5] ASME BPVC Section III,Rules for construction of nuclear facility components[S]. New York:ASME,2015.

[6] ASME BPVC Section XI,Rules for inservice inspection of nuclear power plant components[S]. New York:ASME,2015.

[7] RCC－M,Design and construction rules for mechanical components of PWR nuclear islands[S]. Paris:ACFEN,2007.

[8] PNAE G－7－002－86,Code for strength calculations of components and piping in nuclear power plants[S]. Moscow,

Energoatomizdat Publishing House,1989.

[9] JSME,Rules on design and construction for nuclear power plants[S]. Tokyo:JSME,2012.

[10] 核工业标准化研究．压水堆核电厂反应堆压力容器防止快速断裂评定准则:NB/T 20440—2017[S]. 北京:原子能出版社,2017.

[11] 陈明亚,曹昱澎,贺寅彪,等．厚壁反应堆压力容器中裂纹启裂、止裂与撕裂评定研究进展[J]. 压力容器,2023,40(12):50－58.

[12] 于少博,戴守通,王田静,等．基于 ASMEⅢ－5 规范和 R5 规程的高温非弹性蠕变疲劳损伤评价方法研究[J]. 压力容器,2023,40(1):68－74.

[13] 丁伯民．各有关规范防脆断措施的比较和合理性分析[J]. 化工设备设计,1997,34(3):8－18.

[14] GRANDEMANGE J M, GUICHHARD D, KEIM E, et al. European comparison of fast fracture analysis rules. Application of PWR reactor pressure vessel case[C]//The 14th International Conference on Structural Mechanicsin Reactor Technology(SMiRT 14). Lyon:IASMiRT,1997.

[15] RICCARDELLA P C,YUKAWA S. Twenty years of fracture mechanics and flaw evaluation applications in the ASME nuclear code[J]. Journal of Pressure Vessel Technology, 1991, 113(2): 145－153.

[16] PVRC Recommendations of Toughness Requirements for Ferritic Materials[R]. Welding Research Council,New York,August 1972.

[17] 张凯军．轨道火车及高速轨道火车紧急安全制动辅助装置:201220158825.2[P]. 2012－04－05.

[18] Code Comparison Report for Class 1 Nuclear Power Plant Components[R/OL]. New York:ASME,LLC,2012.

作者简介

任千一,女,硕士研究生,研究领域为核电设备的概率断裂力学评价,通信地址:200237 上海市徐汇区凌云街道梅陇路 130 号华东理工大学机械与动力工程学院,E－mail:rqy18263390168@163.com。

基于应力补偿法的压力容器棘轮分析

陈泽睿[1]，彭　恒[2]，刘应华[1]

（1. 清华大学 工程力学系，北京 100084；2. 清华大学 核能与新能源技术研究院，北京 100084）

摘　要：棘轮失效是压力容器常见的失效模式，棘轮分析为压力容器的分析、设计和优化提供重要的依据。本文提出了基于应力补偿法框架的结构棘轮分析算法，详细介绍了算法原理和具体实施过程。由弹塑性有限元增量分析和已有文献中的结果验证了本文算法的精确性和有效性。载荷乘子演化图表明计算过程稳定、高效。利用本文提出的算法分析了承受内压和温度梯度载荷厚壁管道的棘轮边界，揭示了结构设计参数对于棘轮边界的影响。本文提出的算法为结构棘轮分析提供了有力工具，有利于推动压力容器设计标准中弹塑性分析方法的工程实践。

关键词：热应力棘轮；分析设计；应力补偿法；棘轮边界

Ratcheting analysis of pressure vessel based on stress compensation method

CHEN Zerui[1], PENG Heng[2], LIU Yinghua[1]

(1. Department of Engineering Mechanics, AML, Tsinghua University, Beijing 100084, China;
2. Institute of Nuclear and New Energy Technology, Tsinghua University, Beijing 100084, China)

Abstract: Ratcheting is a common mode of failure in pressure vessels. Ratcheting analysis provides essential guidance for the analysis, design, and optimization of pressure vessels operating at elevated temperatures. This paper presents a structural ratcheting analysis algorithm based on the Stress Compensation Method framework, with a detailed description of the algorithm's principles and implementation. The accuracy and effectiveness of the proposed algorithm are validated through incremental elastic - plastic finite element analyses and comparisons with results from the literature. The evolution plots of the load multiplier demonstrate that the computation is stable and efficient. The algorithm is then applied to determine the ratcheting boundary of a thick - walled cylinder subjected to internal pressure and thermal gradients, revealing the influence of key design parameters on the ratcheting limit. The proposed algorithm offers a powerful tool for structural ratcheting analysis and supports the practical implementation of elastic - plastic analysis methods in pressure vessel design codes.

Keywords: thermal stress ratcheting; design by analysis; stress compensation method; ratchet boundary

0 引　言

在核能、化工等工业领域中，压力容器与承压部件广泛应用于高温、高压等极端载荷环境中，其结构完整性对于设备安全运行至关重要[1-2]。在复杂的力一热循环载荷作用下，结构中常出现逐步累积的塑性变形，进而发生棘轮失效[3-4]。因此，分析计算结构在服役载荷条件下的棘轮极限边界，对于保障设备长期服役安全具有重要意义[5-6]。

现行的设计与评定标准对于防止棘轮失效给予了高度重视,严格限定压力容器在循环力一热载荷作用下的塑性变形累积。例如,ASME VIII-2[7]中针对热应力棘轮提出了三种校核程序,分别基于 $3S_m$ 法、Bree 图法和弹塑性分析方法评估压力容器在不同载荷工况下的棘轮极限;我国标准 GB/T 4732 [8]也对多载荷组合工况下的安定与棘轮评定过程给出明确规范和校核方法。在这些设计标准给出的评定方法中,弹塑性分析方法能更全面准确地反映结构的循环塑性响应,其判定结果相较于简化方法具有更高的准确性,但也因此带来了更高的计算代价[9]。亟需发展既能保证精度又具备高效性的棘轮分析理论和算法[10-13]。

长期的理论研究中,学者们对包括结构棘轮在内的弹塑性稳定循环响应进行了充分研究[10,14],提出了用于结构棘轮分析的扩展安定定理[15-16],以期通过对弹塑性稳定循环性质的掌握和利用加速棘轮分析的计算过程[17-18]。根据这些定理,学者们已经提出了线性匹配法[11,19]、混合流程[20]等直接法。

应力补偿法(stress compensation method,SCM)是近年发展起来的一种结构极限与安定分析方法[21-24]。该方法通过构造和优化满足自平衡条件的残余应力场,并迭代优化载荷乘子,实现对结构极限与安定边界的快速计算。应力补偿法具有数值实现简洁、计算效率高、收敛性强等优点,已在工程实践中取得良好效果。鉴于其良好的数值特性与理论基础,应力补偿法展现出在棘轮分析中进一步推广应用的潜力。

基于上述背景,本文建立了一种基于应力补偿法框架的棘轮分析算法,适用于计算恒定载荷与循环载荷组合工况下承压部件棘轮边界。通过标准算例验证了所提出算法的有效性与准确性,并进一步将该方法用于分析承受内压与温度梯度载荷的厚壁圆管结构,揭示了结构设计参数对棘轮边界的影响。本文的研究为棘轮极限边界的高效分析提供了一种新的数值方法,为相关设计标准的实施和工程实践提供了有力的技术支撑。

1 基于应力补偿法的棘轮分析算法

1.1 用于棘轮分析的扩展安定下限定理

由满足 Drucker 公设的材料所构成的结构在循环载荷作用下将趋近于稳定循环状态。即结构中的应力 $\sigma(x,t)$、应变率 $\dot{\varepsilon}^p(x,t)$ 趋于以加载周期 T 循环变化,即

$$\sigma(x,t)=\sigma(x,t+T),\dot{\varepsilon}^p(t)=\dot{\varepsilon}^p(x,t+T) \tag{1}$$

其中稳定循环应力解 $\sigma(x,t)$ 可以进一步分解为虚拟弹应力场 $\sigma^E(x,t)$,恒定的残余应力场 $\bar{\rho}(x)$ 及在每个加载周期内变化的残余应力场 $\rho_r(x,t)$,即

$$\sigma(x,t)=\sigma^E(x,t)+\bar{\rho}(x)+\rho_r(x,t) \tag{2}$$

虚拟弹性应力场 $\sigma^E(x,t)$ 是结构在所施加载荷作用下的弹性应力场。残余应力场 $\bar{\rho}(x)$ 和 $\rho_r(x,t)$ 满足如式(3)所示的自平衡条件。

$$\nabla\cdot\rho=0\ in\ V,\rho\cdot n=0\ on\ S_t \tag{3}$$

此外,根据式(1)和式(2),残余应力场 $\rho^r(x,t)$ 还需满足式(4)所示的稳定循环条件。

$$\rho_r(x,t)=\rho_r(x,t+T),\rho_r(x,0)=0 \tag{4}$$

求解结构棘轮边界需要首先借助如式(5)所示的载荷分解,将载荷历史分为循环和恒定两个部分,再分两个步骤分别求解残余应力场 $\rho_r(x,t)$ 和 $\bar{\rho}(x)$。

$$P(x,t)=\bar{P}(x)+P_r(x,t) \tag{5}$$

式中 $P(x,t)$ 表示总载荷,$\bar{P}(x)$ 和 $P_r(x,t)$ 分别表示恒定的和交变的载荷。我们可以进一步将载荷 $\bar{P}(x)$

和 $P_r(x,t)$ 分别作用下结构的虚拟弹性应力场记作 $\bar{\sigma}^E(x)$ 和 $\sigma_r^E(x,t)$。

第一步,求解循环载荷 $P_r(x,t)$ 下结构的稳态弹塑性动力响应,从而获得周期变化的残余应力场 $\rho_r(x,t)$。第二步,调整恒定载荷 $\bar{P}(x)$ 的载荷乘子大小,对于不同的载荷乘子求解使得总应力处处不违反屈服条件的恒定残余应力场 $\bar{\rho}(x)$,即

$$f(\lambda\bar{\sigma}^E(x)+\sigma_r^E(x,t)+\bar{\rho}(x)+\rho_r(x,t))\leqslant\sigma_y \tag{6}$$

如果恒定载荷的载荷乘积过大,则不存在满足式(6)的残余应力场 $\bar{\rho}(x)$。由残余应力场 $\bar{\rho}(x)$ 存在与否的临界条件可确定棘轮极限载荷乘子。将式(6)中的虚拟弹性应力场和交变残余应力场之和看作广义的弹性应力场,上述的第二步过程可被视作修正的安定分析。用于棘轮分析的扩展安定定理可以表述为如式(7)所示的数学规划格式。

$$\begin{aligned}&\max\lambda\\&s.t.\quad f(\lambda\bar{\sigma}^E(x)+\sigma_r^E(x,t)+\bar{\rho}(x)+\rho_r(x,t))\leqslant\sigma_y\end{aligned} \tag{7}$$

1.2 基于应力补偿法的棘轮分析数值实现过程

根据 2.1 节中介绍的棘轮分析扩展安定定理,结构棘轮边界的确定可以归结为求解交变载荷下的稳定循环状态和执行扩展安定分析两个步骤。在本文中,我们通过商业有限元中成熟的稳定循环分析功能获取结构在循环载荷 $P_r(x,t)$ 下的交变残余应力场 $\rho_r(x,t)$,利用应力补偿法构造恒定残余应力场 $\bar{\rho}(x)$,并最终求解式(7)所示的最优化问题。

为了适应棘轮分析对于捕捉塑性应力累积和结构总体破坏的特点,需要对经典的应力补偿法进行修正。经典的应力补偿法需要执行内外两层循环。算法在内层循环中不断优化恒定自平衡应力场,使结构进入稳定循环状态;而在外层循环控制载荷乘子变化,使其稳定地收敛到目标值。补偿系数 $\xi^{(n)}(x)$ 是应力补偿法中内外层迭代的核心控制参数,其定义如式(9)所示,表示当前状态下总应力超出屈服面的程度。在经典的应力补偿法中,将补偿系数的全场最大值 $\xi_{max}(x)$ 作为迭代的控制参数。以内层循环两次相邻计算的 $\xi_{max}(x)$ 之差小于某容差作为内层循环终止的准则,以 $\xi_{max}(x)$ 的绝对值小于某容差作为外层循环也即整个计算流程终止的准则。这种设计使得应力补偿法可以准确高效地求解结构安定分析问题。然而,对于棘轮分析问题,加载条件更加极端、苛刻,交变塑性机制主导的局部破坏与棘轮机制主导的全局破坏相互耦合。继续使用由 $\xi_{max}(x)$ 主导的迭代控制策略将造成算法收敛的困难。因此,在修正的应力补偿法中采用如下的迭代控制策略。以下将内层迭代次数记为 n,将外层迭代次数记为 k。

(1)计算载荷角点 t_i 的总应力 $\sigma^{(n)}(x,t_i)$。

$$\sigma^{(n)}(x,t_i)=\lambda^{(k)}\bar{\sigma}^E(x)+\sigma_r^E(x,t_i)+\rho_r(x,t_i)+\bar{\rho}(x,t_i) \tag{8}$$

(2)计算补偿系数 $\xi^{(n)}(x,t_i)$ 和补偿应力 $\sigma^{C(n)}(x,t_i)$。

$$\begin{aligned}&\sigma^{C(n)}(x,t_i)=\xi^{(n)}(x,t_i)\cdot\sigma^{(n)}(x,t_i)\\&\xi^{(n)}(x,t_i)=\begin{cases}\dfrac{\bar{\sigma}^{(n)}(x,t_i)-\sigma_y}{\sigma_y} & (\bar{\sigma}^{(n)}(x,t_i)>\sigma_y)\\ 0 & (\bar{\sigma}^{(n)}(x,t_i)\leqslant\sigma_y)\end{cases}\end{aligned} \tag{9}$$

(3)计算一个加载循环内的补偿应力累积值 $\sigma_{total}^{C(n)}(x)$,式(10)中 NV 是载荷角点数目;

$$\sigma_{total}^{C(n)}(x)=\sum_{i=1}^{NV}\sigma^{C(n)}(x,t_i) \tag{10}$$

(4)由式(11)和式(12)计算棘轮分析迭代控制系数 η,式(11)中 $\bar{\sigma}_{total}^{C(n)}(x)$ 是补偿应力累积值 $\sigma_{total}^{C(n)}(x)$ 的 Mises 等效应力,式(12)中 Ω 表示模型所占据的空间区域,V 表示模型的体积。

$$\zeta^{(n)}(x)=\frac{\bar{\sigma}_{total}^{C(n)}(x)}{\sigma_y} \tag{11}$$

$$\eta=\frac{1}{V}\int_{\Omega}\zeta^{(n)}(x,t_R)d\Omega \tag{12}$$

将应力补偿法中的迭代控制参数 $\xi_{max}(x)$ 替换为由式(12)定义的参数 η,有利于算法高效稳定地收敛到精确的棘轮极限载荷乘子。修正后的算法的有效性在第3节和第4节展示的案例分析中得到验证。

2 算法验证

中心带孔方板结构的棘轮分析问题是验证棘轮分析算法有效性的标准算例。在本节中,我们利用第2节中提出的算法计算得到了带孔方板分别在纯机械载荷下和力一热载荷共同作用下的棘轮边界。通过与现有文献中计算结果的比较验证了算法的有效性。

2.1 受双轴拉伸载荷的带孔方板

受双轴拉伸载荷中心带孔方板的几何模型如图1(a)所示。圆孔直径 D 与板边长 L 之比为0.2。该带孔方板由满足 von Mises 屈服准则的理想弹塑性材料构成,弹性模型 E=200GPa,泊松比 ν=0.3,屈服应力 σ_y=360MPa。由于结构和载荷的对称性,如图1(b)所示,只需要取1/4模型进行有限元分析。考虑到板较薄且所有载荷皆为面内载荷,建立了平面应力模型。

如图1(a)所示,带孔方板受到了双轴拉伸载荷 P_1 和 P_2 的联合作用。我们考察的两种加载形式如图2所示。在加载形式 I 下,P_1 恒定而 P_2 在零和最大值之间循环变化。在加载形式 II 下,P_1 恒定而 P_2 在最大值及其相反数之间循环变化。

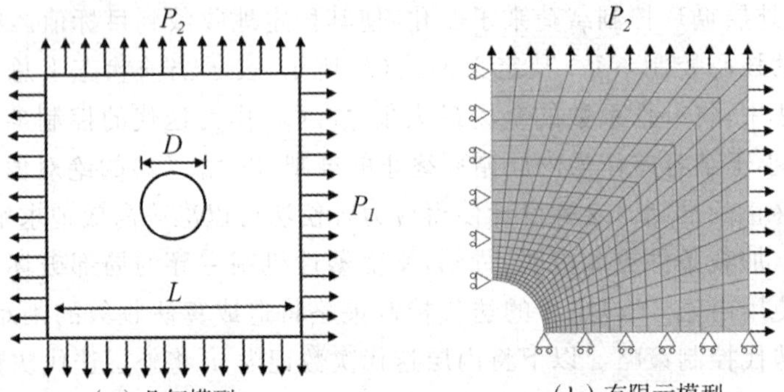

(a)几何模型　　(b)有限元模型

图1　受双轴拉伸载荷的带孔方板

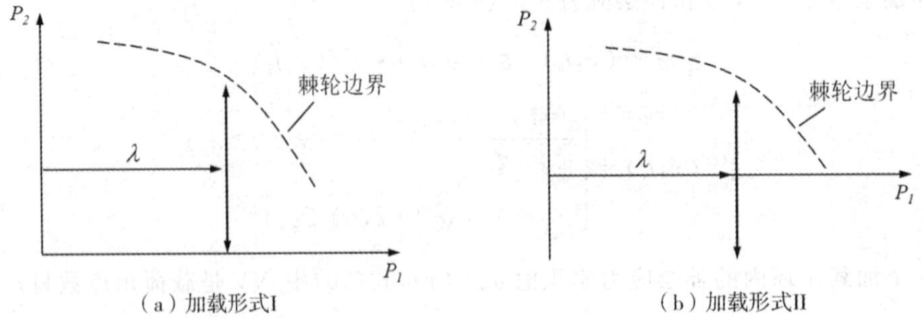

(a)加载形式I　　(b)加载形式II

图2　双轴拉伸加载的2种加载形式

采用第2节中提出的算法计算结构在两种加载形式下的棘轮极限载荷乘子。考虑 P_1 和 P_2 之间不同的载荷比,可以得到完整的结构棘轮边界,如图3所示。为了比较,在图中也给出了对应载荷形式下的安定边界。其中,标注“本文算法”的是本文算法在图 1(b)所示网格下的计算结果,标注“相同网格”的是本文算法在文献[11]网格下的计算结果。

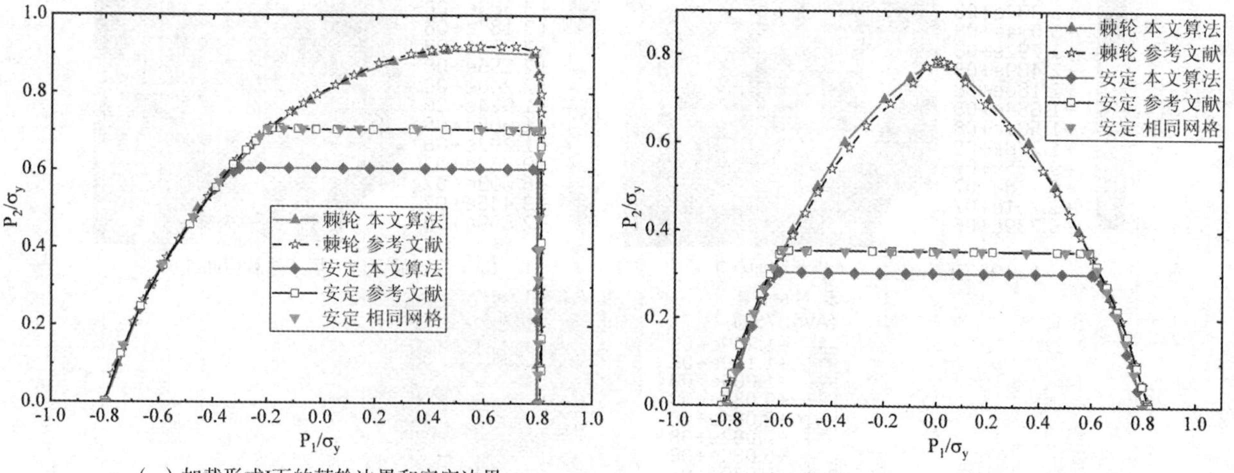

(a) 加载形式I下的棘轮边界和安定边界　　(b) 加载形式II下的棘轮边界和安定边界

图 3　中心带孔方板在双轴拉伸载荷下的棘轮边界和安定边界

从图 3 中可以看出,第 2 节中提出的棘轮分析算法得到的棘轮边界与文献[11]得到的棘轮边界吻合良好,这验证了棘轮分析算法的准确性。由应力补偿法计算得到的安定边界与文献中结果有比较明显的差异。本文通讯作者[22]在以前的论文中分析了差异产生的原因在于计算模型有限元网格的差异。图中两种方法计算的安定边界的差异出现在由交变塑性机制控制的区段。而交变塑性的发生取决于结构局部最大应力,因此对于网格构型敏感。如图 3 所示,当有限元模型网格与参考文献一致时,本文算法得到的安定分析结果与文献吻合良好。对于棘轮分析而言,网格的差异没有造成计算结果的明显差异。这提示我们在确定交变塑性控制的安定边界时,需要对局部最大应力处的网格进行加密,而对结构进行棘轮分析时,可适当降低网格规模以减少不必要的计算代价。

2.2　受力-热载荷作用的带孔方板

受力热载荷作用的带孔方板的几何构型和材料属性与 3.1 节中受双轴拉伸载荷的带孔方板一致。材料的热膨胀系数为 5×10^{-5}℃$^{-1}$。如图 4 所示,结构受到恒定的单轴拉伸载荷和循环的热载荷。热载荷由如式所示非均匀分布温度场决定。

$$\theta=\theta_0+\Delta\theta\frac{\ln(5D/2r)}{\ln(5)} \tag{13}$$

式中,r 为板上的某点到圆孔中心的距离;θ_0 为板边缘中点的温度,如图 4 所示;$\theta_0+\Delta\theta$ 为孔边缘温度。在本算例中取 $\theta_0=0$,$\Delta\theta$ 在 0 和最大值之间循环变化。

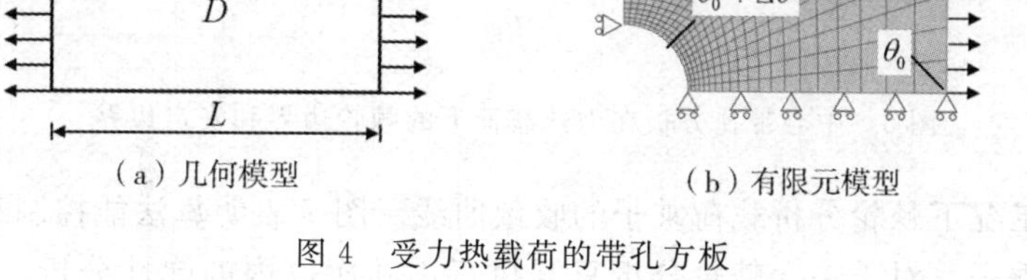

(a) 几何模型　　(b) 有限元模型

图 4　受力热载荷的带孔方板

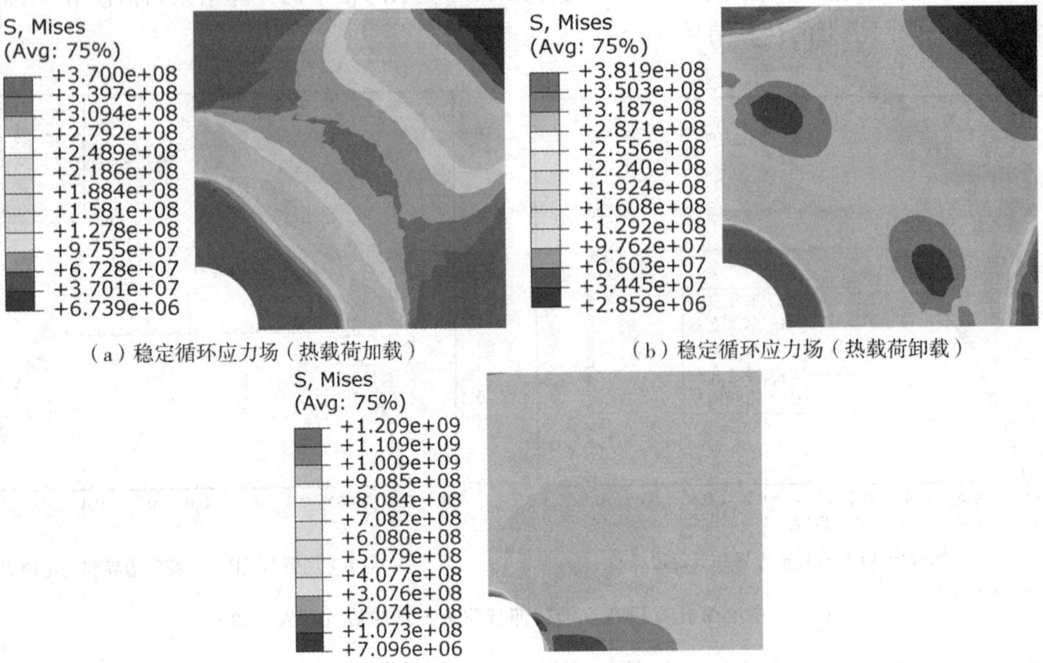

(a)稳定循环应力场(热载荷加载)　(b)稳定循环应力场(热载荷卸载)

(c)恒定机械载荷下的虚拟弹性应力场

图 5　带孔方板在循环热载荷下的稳定循环应力场和恒定机械载荷下的虚拟弹性应力场

上述带孔方板在循环热载荷下的弹塑性稳定循环应力场和恒定拉伸载荷下的虚拟弹性应力场如图 5 所示。由本文中提出的棘轮分析算法得到的棘轮边界与参考文献中给出的数值解在图 6 中进行比较。同时,在图 6 中还给出了分别由应力补偿法和文献中的方法计算得到的安定边界。图中的横纵坐标分别由屈服应力 $\sigma_y=360\text{MPa}$ 和基准温度变化 $\Delta\theta_0=100℃$ 归一化。图 6 中由应力补偿法计算得到的棘轮边界和安定边界与参考文献[11]给出的数值解吻合良好。受热力载荷作用的带孔方板棘轮分析问题涉及到力一热联合加载和复杂多轴应力状态,该问题是棘轮分析算法的标准考题。图 6 中的数值结果进一步验证了本文中所提出算法的有效性。

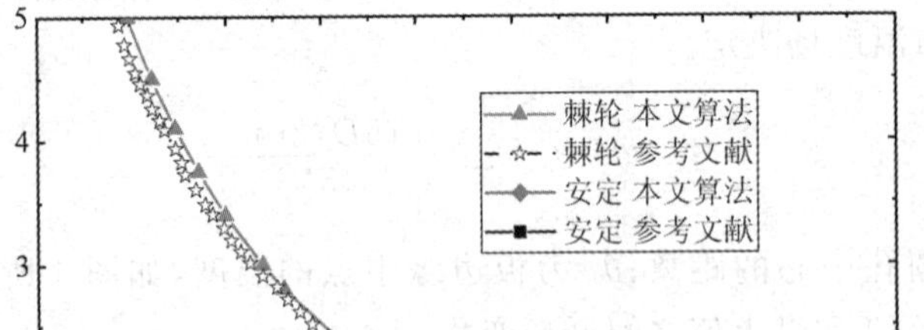

图 6　中心带孔方板在力热载荷下的棘轮边界和安定边界

图 7 给出了典型工况下棘轮分析载荷乘子的收敛曲线。图 7 表明算法能控制载荷乘子单调、稳定地收敛到棘轮极限载荷乘子。对于一次棘轮分析只需执行 100 次以内的弹性分析。并且由于应力补偿法

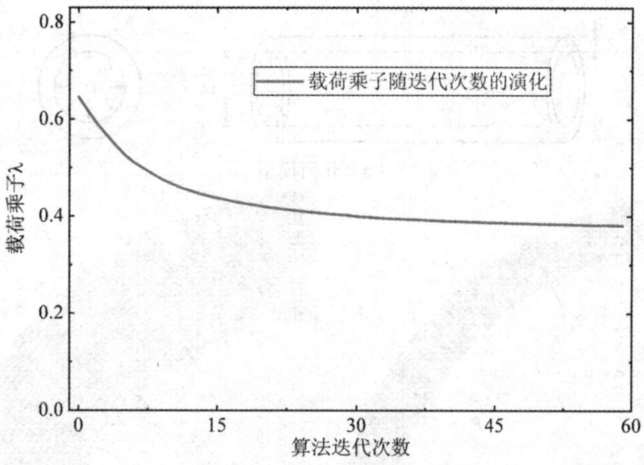

图 7　$\Delta\theta/\Delta\theta_0=2.0$ 时，棘轮分析载荷乘子的收敛曲线

的计算中总体刚度阵不发生变化，只有第一次弹性分析需要进行矩阵分解，后续的弹性分析中只需执行载荷回代。因此，应力补偿法的求解过程是稳定高效的，而且当有限元模型的自由度数越大，应力补偿法相比与弹塑性逐步分析等传统方法在计算效率方面的优势越明显。

3　力-热载荷下厚壁管道的棘轮分析

厚壁管道是核电、化工等领域中广泛存在的承压部件。分析力—热载荷下厚壁圆管的棘轮边界对于结构的安全评估和设计优化有重要意义。本研究建立了不同径厚比的厚壁圆管二维模型，利用本文中提出的算法计算结构的棘轮边界。通过弹塑性有限元增量计算验证了计算结果的准确性。同时，我们还将计算得到的棘轮边界与 Bree 基于薄壁假设推导的棘轮边界[3]进行了比较。

厚壁圆管的几何模型如图 8(a)所示，其中 D 表示管道的内直径，t 表示管道的壁厚。我们分析了厚径比 $t_1/D_1=60/800$ 和 $t_2/D_2=100/400$ 两种规格的厚壁管道。构成管道的材料是满足 von Mises 屈服准则的理想弹塑性材料，弹性模型 $E=200\text{GPa}$，泊松比 $\nu=0.3$，屈服应力 $\sigma_y=360\text{MPa}$，材料的热膨胀系数为 $5\times10^{-5}℃^{-1}$。厚壁圆管承受恒定的内压和沿壁厚方向循环变化的热梯度载荷。热载荷由式(14)所示的不均匀温度场确定。

$$\theta=\theta_0+\Delta\theta\frac{\ln((D+2t)/2r)}{\ln((D+2t)/D)} \tag{14}$$

其中，r 为管道上的某点到管道中轴线的距离；θ_0 为管道外表面温度；$\theta_0+\Delta\theta$ 为管道内表面温度。在本算例中取 $\theta_0=0$，$\Delta\theta$ 在 0 和最大值之间循环变化。

如图 8(b)所示，根据几何模型建立了不同厚径比管道的二维有限元模型。其中厚径比为 $t_1/D_1=60/800$ 的二维模型包含 1 200 个 CPS8 单元。厚径比为 $t_1/D_1=100/400$ 的二维模型包含 780 个 CPS8 单元。我们所建立的平面应力模型保留了 Bree 问题的忽略轴向应力假设，其与 Bree 问题的差异在于考虑了厚径比对棘轮边界的影响。

应用本文提出的棘轮分析算法确定了上述不同厚径比的管道的棘轮边界，如图 9 所示。图中的横坐标为无量纲环向应力，纵坐标为无量纲温度应力。横纵坐标按照式(15)进行归一化，式中 $R_m=(D+t)/2$。

$$\bar{\sigma}_p=\frac{PR_m}{\sigma_y t},\bar{\sigma}_\theta=\frac{E\alpha\Delta\theta}{2\sigma_y} \tag{14}$$

从图 9 中可以看出，计算得到的棘轮边界曲线光滑，表明计算结果精度好、稳定性高。在图 10 中对

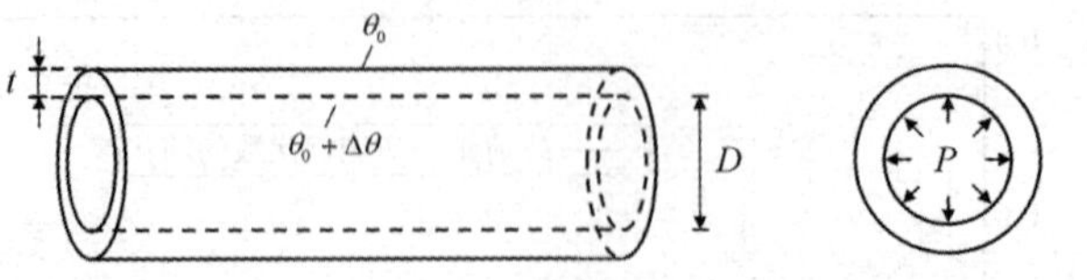

（a）几何模型

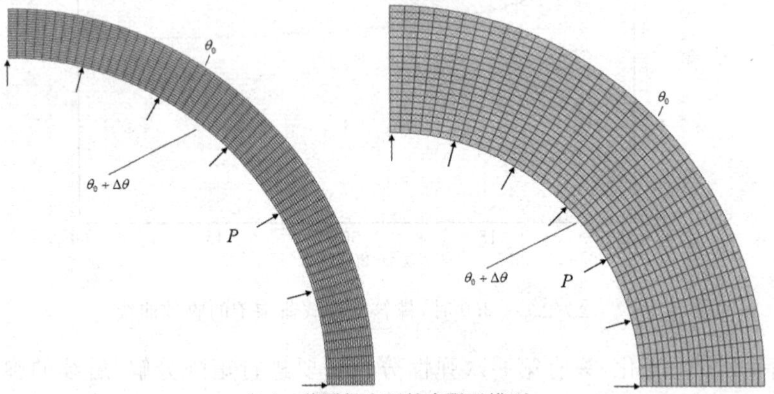

（b）2种厚径比下的有限元模型

图 8　厚壁圆管的几何模型和有限元模型

于厚径比为 $t_1/D_1=200/600$ 的二维模型给出了弹塑性增量有限元分析对于所获得棘轮边界的验证。当表示载荷工况的点位于图 9 中棘轮边界的内部时，结构发生交变塑性或安定；而恰当载荷点超出棘轮边界，结构发生棘轮破坏，这进一步证明了算法的准确性和有效性。此外，从图 10 中还可以看出，厚壁圆管的真实棘轮极限载荷高于 Bree 给出的理论解，且随着厚径比的增大，二者之间的差距更加明显。

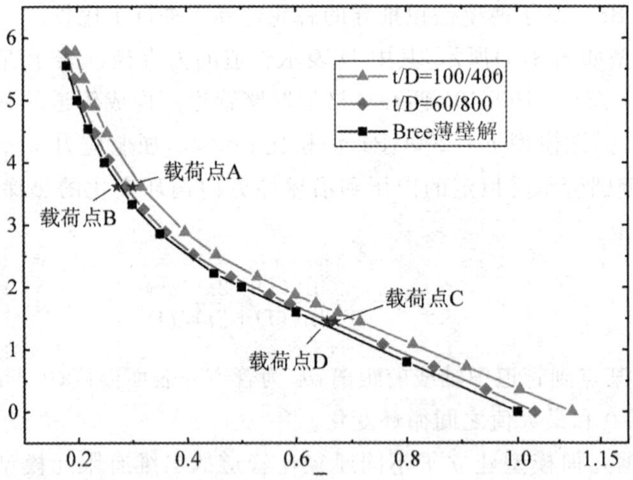

图 9　不同厚径比的厚壁管道在力热载荷下的棘轮边界

4　结　论

本文提出了基于应力补偿法的棘轮分析算法，为承压部件在循环力一热载荷下的结构完整性分析提供了有效的数值工具。本文介绍了棘轮分析的基本过程及本文所提出算法的原理和数值格式。通过对标准算例的分析验证了算法的有效性。最后，利用所提出的算法分析了承受内压和温度梯度载荷的厚壁圆管的棘轮边界，讨论模型几何参数对计算结果的影响。主要结论如下：

(1)本文提出了恒定载荷和循环载荷组合作用下基于应力补偿法框架的结构棘轮分析算法，该算法

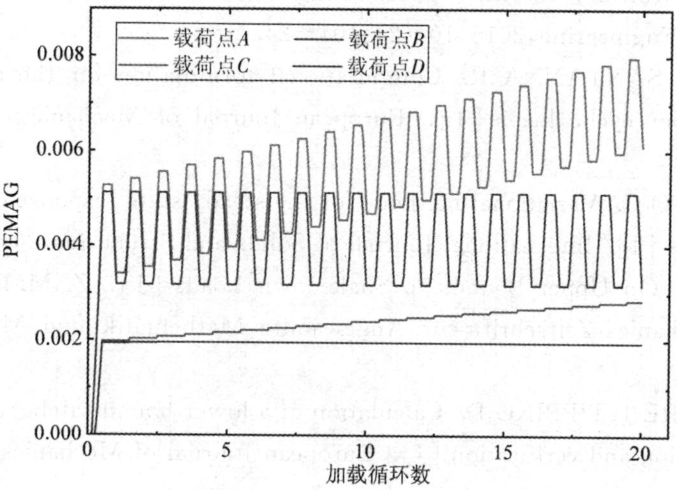

图 10　棘轮边界的弹塑性有限元增量分析验证

具有计算效率高、精度好、稳定性高等优点；

(2)相比安定分析，棘轮分析的网格敏感性较低，进行棘轮分析时可适当降低模型自由度规模，以减少不必要的计算量；

(3)本文所提出的算法可以有效地对厚壁圆管等压力容器进行棘轮分析。厚壁圆管在恒定内压和循环温度梯度下的棘轮极限载荷高于Bree基于薄管假设给出的理论预测值，真实棘轮边界与Bree棘轮边界的差距随着所研究管道厚径比的增大而增大。

参考文献

[1] 陆明万，沈鋆，王汉奎．压力容器分析设计——理论和释义[M]．北京：清华大学出版社，2024.

[2] 涂善东．高温结构完整性原理[M]．北京：科学出版社，2003.

[3] BREE J. Elastic - plastic behaviour of thin tubes subjected to internal pressure and intermittent high - heat fluxes with application to fast - nuclear - reactor fuel elements [J]. Journal of strain analysis，1967，2(3)：226－38.

[4] 轩福贞，郑小涛．承压设备安定性分析与设计[M]．北京：科学出版社，2020.

[5] 陈小辉．循环载荷作用下压力管道棘轮效应及安定性研究[D]．天津；天津大学，2013.

[6] 付仁．核动力工程压力管道的热棘轮边界研究[D]．成都；西南交通大学，2013.

[7] ENGINEERS A S O M. ASME Boiler and Pressure Vessel Code：Section VIII，Division 2 — Alternative Rules：[S]. New York，NY：ASME Press，2024：

[8] 中国特种设备检测研究院，浙江大学，清华大学，等．压力容器分析设计 第5部分：弹塑性分析方法[Z]．国家市场监督管理总局；国家标准化管理委员会．2024：44

[9] 沈鋆，栗雨平，陈志伟，等．GB/T 4732—2024《压力容器分析设计》中棘轮评定方法的解读及应用[J]．压力容器，2024，41(7)：40－48.

[10] PONTER A R S，CHEN H. A minimum theorem for cyclic load in excess of shakedown，with application to the evaluation of a ratchet limit [J]. European Journal of Mechanics — A/Solids，2001，20(4)：539－53.

[11] CHEN H，PONTER A R S. A method for the evaluation of a ratchet limit and the amplitude of plastic strain for bodies subjected to cyclic loading [J]. European Journal of Mechanics — A/Solids，2001，20(4)：555－71.

[12] LYTWYN M，CHEN H F，PONTER A R S. A generalised method for ratchet analysis of

structures undergoing arbitrary thermo－mechanical load histories [J]. International Journal for Numerical Methods in Engineering,2015,104(2):104－24.

[13] ZOUAIN N, SANTANNA R. Computational formulation for the asymptotic response of elastoplastic solids under cyclic loads [J]. European Journal of Mechanics － A/Solids, 2017, 61: 267－78.

[14] POLIZZOTTO C. Variational methods for the steady state response of elastic－plastic solids subjected to cyclic loads [J]. International Journal of Solids and Structures,2003,40(11):2673－97.

[15] KöNIG J A. On Upper Bounds to Shakedown Loads [J]. ZAMM － Journal of Applied Mathematics and Mechanics/Zeitschrift für Angewandte Mathematik und Mechanik, 1979, 59 (8): 349－54.

[16] CHEN H,URE J,TIPPING D. Calculation of a lower bound ratchet limit part 1 － Theory, numerical implementation and verification [J]. European Journal of Mechanics － A/Solids,2013,37: 361－8.

[17] ZOUAIN N, SANTANNA R. Computing the asymptotic cyclic response of elastoplastic solids with nonlinear kinematic hardening [J]. European Journal of Mechanics － A/Solids,2018,72: 120－34.

[18] MARTIN M. Application of Direct Cyclic Analysis to the Prediction of Plastic Shakedown of Nuclear Power Plant Components [Z]. 2008:265－75. 10. 1115/PVP2008－61067

[19] LYTWYN M, CHEN H, MARTIN M. Comparison of the Linear Matching Method to Rolls－Royce's Hierarchical Finite Element Framework for ratchet limit analysis [J]. International Journal of Pressure Vessels and Piping,2015,125:13－22.

[20] JAPPY A,MACKENZIE D,CHEN H. A Fully Implicit,Lower Bound,Multi－Axial Solution Strategy for Direct Ratchet Boundary Evaluation: Implementation and Comparison [J]. Journal of Pressure Vessel Technology,2013,136(1).

[21] PENG H,LIU Y,CHEN H. A numerical formulation and algorithm for limit and shakedown analysis of large－scale elastoplastic structures [J]. Computational Mechanics,2019,63(1):1－22.

[22] PENG H, LIU Y, CHEN H, et al. Shakedown analysis of engineering structures under multiple variable mechanical and thermal loads using the stress compensation method [J]. International Journal of Mechanical Sciences,2018,140:361－75.

[23] 彭恒,刘应华. 应力补偿法在压力容器安定分析中的应用[C]//中国机械工程学会压力容器分会. 第十届全国压力容器学术会议——压力容器先进技术(上). 合肥:合肥工业大学出版社,2021: 473－488.

[24] 李正驰,罗翔鹏,段成红,等. 压力容器及容器－管道系统的安定载荷计算方法对比[J]. 压力容器,2024,41(3):30－40.

作者简介

陈泽睿(2000),男,硕士研究生,主要从事安定分析与棘轮分析研究,通信地址:100084 北京市海淀区清华大学蒙民伟科技大楼,E－mail:czr22@mails. tsinghua. edu. cn,电话:18726100853。

通信作者:彭恒(1992),男,副研究员,博士,主要从事承压设备力学分析与结构完整性研究,通信地址:100084 北京市海淀区清华大学核能与新能源技术研究院,E－mail:peng_h@tsinghua. edu. cn,电话:13121116374。

基于广义载荷工况三参数Bree问题的棘轮评定方法研究

鲍宏琛[1],彭　恒[1],史　力[1],刘应华[2]

(1. 清华大学 核能与新能源技术研究院,北京 100084;2. 清华大学 航天航空学院力学系,北京 100084)

摘　要:对于承受循环热机械载荷工况的压力容器和管道系统,进行安定分析和棘轮评定是承压部件结构完整性评价的关键环节。目前基于规范的常见棘轮评定方法有3S准则和热应力棘轮评定,本文系统分析讨论了这两类方法存在的不匹配性及实际应用中的局限性。基于广义载荷工况下的三参数Bree问题安定边界,本文新提出了一种完整的弹性棘轮评定方法,通过一个ASME规范热应力棘轮评定的标准结构算例验证了新方法的有效性和适用性。新方法可以扩展规范棘轮评定方法的工况适用范围,对结构局部棘轮行为的预测更为有效,从而可以为工程设计和规范修订提供一定指导。

关键词:压力容器;Bree问题;热应力棘轮;3S准则;广义载荷工况

Study on the ratcheting assessment method based on the three - parameter Bree problem under generalized loading conditions

BAO Hongchen[1], PENG Heng[1], SHI Li[1], LIU Yinghua[2]

(1. Institute of Nuclear and New Energy Technology, Tsinghua University, Beijing 100084, China;

2. Department of Engineering Mechanics, AML, Tsinghua University, Beijing 100084, China)

Abstract: For pressure vessels and piping systems subjected to cyclic thermo - mechanical loads, shakedown analysis and ratcheting assessment are key steps in evaluating the structural integrity of pressure bearing components. At present, the common ratcheting assessment methods based on Codes include 3S criteria and thermal stress ratcheting assessment. This article systematically analyzes and discusses the mismatches and limitations of these two methods in practical applications. Based on the shakedown boundary of the three - parameter Bree problem under generalized loading conditions, this paper proposes a complete elastic ratcheting assessment method. The effectiveness and applicability of the new method are verified through a standard structural example of ASME thermal stress ratcheting assessment. The new method can expand the scope of application of the standardized ratcheting assessment method, and predict the local ratcheting behavior of the structure more effectively, thus providing certain guidance for engineering design and specification revision.

Keywords: pressure vessel; Bree problem; thermal stress ratcheting; 3S criterion; generalized loading conditions

0 引　言

ASME锅炉和压力容器规范第III节NB－3200[1]和第Ⅷ－2节[2]的5.5.6至5.5.7分别给出了压力容器结构在循环热机械载荷工况下防止热应力棘轮变形失效的评价方法。热应力棘轮评价的核心思想是采用经典 Bree 图的安定/棘轮边界公式判断材料在循环加载下的弹塑性力学行为，其中经典 Bree 图横纵坐标分别为弹性分析计算得到的恒定的机械薄膜应力和循环的热弯曲应力范围。

在 2013 年之前版本的 ASME 规范中，热应力棘轮评定中并不包含对热薄膜应力范围的限制。2008 年，REINHARDT[3]采用非循环方法首次推导建立了同时包含热薄膜应力、热弯曲应力和机械薄膜应力的三维棘轮边界理论，即在经典 BREE[4]问题理论的基础上额外引入了热薄膜应力范围的影响，从而经典的 Bree 棘轮边界成为 Reinhardt 三维棘轮边界的一条边线。Reinhardt 基于三维棘轮边界的近似简化，在保留之前版本 ASME 规范热应力棘轮评定公式的基础上，额外增加了一个评定公式，即对热薄膜应力范围的限制，从而消除了高热薄膜情形下原始评定方法可能存在的不保守性。2014 年，MCKILLOP 等[5]基于弹性分析和理想弹塑性分析对核电站典型带喷嘴的球形封头结构进行了热应力棘轮分析评定，考虑了核电站运行典型的压力和温度循环载荷工况，研究结论证实了新提出的热应力棘轮评价方法在高热薄膜情形下的有效性。MCKILLOP 等[5]的研究表明，REINHARDT[3]提出的热应力棘轮评价方法可以有效防止核电站典型结构在典型运行负载工况下的棘轮。

目前规范的热应力棘轮评定公式中，一次应力参数只包含恒定的一次薄膜应力，通常假设承压部件的压力载荷工况是恒定的，然而在工程实践中，压力可以是随时间变化的，一次应力也可以是一个波动的范围值，规范热应力棘轮评定方法在广义热机械载荷工况下应用会存在很大的局限性。因此有必要发展可以适用于广义热机械载荷工况(压力和温度均可以循环变化)的棘轮评定方法。2021 年，BAO 等[6]首次将热应力棘轮评定基于的三参数 Bree 问题从经典 Bree 型工况扩展到一般性的热机械载荷工况，建立了三参数 Bree 问题在广义热机械载荷工况下的安定域及边界方程。近年来，本文作者及合作者首次系统发展了四参数 Bree 问题理论，并开展了广义载荷工况下的安定分析，提出了一种统一的四参数安定评定方法[7-8]。此外，作者等还针对 ASME 高温规范发展了适用于蠕变棘轮和蠕变疲劳损伤评价的同相及异相工况有效蠕变应力参数图[9]。基于以上研究工作基础，本文针对广义载荷工况下的三参数 Bree 问题提出了一种新的弹性棘轮评价方法[10-11]，并基于 MCKILLOP 等[5]采用的研究算例对新方法开展了适用性验证。

1 基于广义工况三参数 Bree 问题的弹性棘轮评价方法

目前基于 ASME 规范Ⅷ－2 的热应力棘轮评定条款(5.5.6.3)规定如下：

X＝由压力引起的最大总体薄膜应力 P_m 除以屈服强度 S_y；

Y'＝在弹性基础上计算的二次热薄膜加热弯曲当量应力范围 ΔQ_{mb} 除以屈服强度 S_y；

Z＝在弹性基础上计算的二次热薄膜当量应力范围 ΔQ_m 除以屈服强度 S_y；

对于温度通过壁面线性分布的情形，为避免棘轮，Y' 和 Z 的值需要按照以下式子进行限制：

$$Y' \leqslant \left| \begin{array}{l} \dfrac{1}{X}, if\ X \leqslant 0.5 \\ 4(1-X)\ if\ 0.5 < X < 1 \end{array} \right. \tag{1}$$

$$Z \leqslant 2(1-X) \tag{2}$$

针对 Reinhardt 给出的修正棘轮评价准则，需要同时满足式子(1)和式子(2)，即在原始评价准则的基础了增加了式子(2)，体现了增加对热薄膜应力的限制。

注意在以上式子中压力导致的机械薄膜应力是恒定的，而由循环温度场引起的热应力其实是应力范围的概念，即 Bree 和 Reinhardt 建立的理论事实只考虑了一类经典载荷工况。在 ASME 规范中，弹性棘轮分析方法(即 3S 准则)使用一次膜加弯膜加二次膜加弯当量应力范围值来防置棘轮，而对热应力棘轮评定而言，一次应力参数 X 是由恒定的一次薄膜应力来计算的，且不包含机械弯曲的影响。因此，3S 准则和热应力棘轮评定在考虑的应力类型数量和载荷工况方面是存在不匹配性的。目前考虑载荷工况修正的三参数棘轮边界理论一直未得到系统发展。2021 年，BAO 等[6]首次构建了三应力参数(机械膜、热弯曲、热薄膜)Bree 问题在经典工况及广义载荷工况下的安定域及参数方程。通过对比 3S 准则面及对应工况下的三维安定域，研究发现除了同相工况外，3S 准则并不代表完整的安定域[6]，图 1 在三类工况下对比了相应的 3S 准则面和对应的三维安定域，证明了这一论断，因此只有将 3S 准则和对应工况下的安定/棘轮边界结合使用才能完全避免棘轮。

在满足 3S 准则的前提下，本文提出了应用广义载荷工况下安定边界参数方程进行弹性棘轮分析评定的方法。新提出的评定方法流程图(图 2)及具体执行条款如下所示。

(1)ΔX_{pm}＝由压力引起的最大总体薄膜应力范围 ΔP_m 除以屈服强度 S_y；

(2)Y'＝在弹性基础上计算的二次当量热应力的最大允许范围 ΔQ_t 除以屈服强度 S_y；

(3)Z＝在弹性基础上计算的热薄膜应力范围 ΔQ_{tm} 除以屈服强度 S_y；

(4)确定二次膜弯比，$R_2=\Delta Q_{tm}/(\Delta Q_t-\Delta Q_{tm})=Z/(Y'-Z)$，根据式子(3)计算 3S 准则保守临界值 $[\Delta X_{pm}]$。

$$[\Delta X_{pm}]=\begin{cases}\dfrac{2}{2+R_2}, & for\ R_2\geqslant 1\\[2ex] \dfrac{2+4R_2-2R_2^2}{3+4R_2-R_2^2}, & for\ 0\leqslant R_2\leqslant 1\end{cases} \tag{3}$$

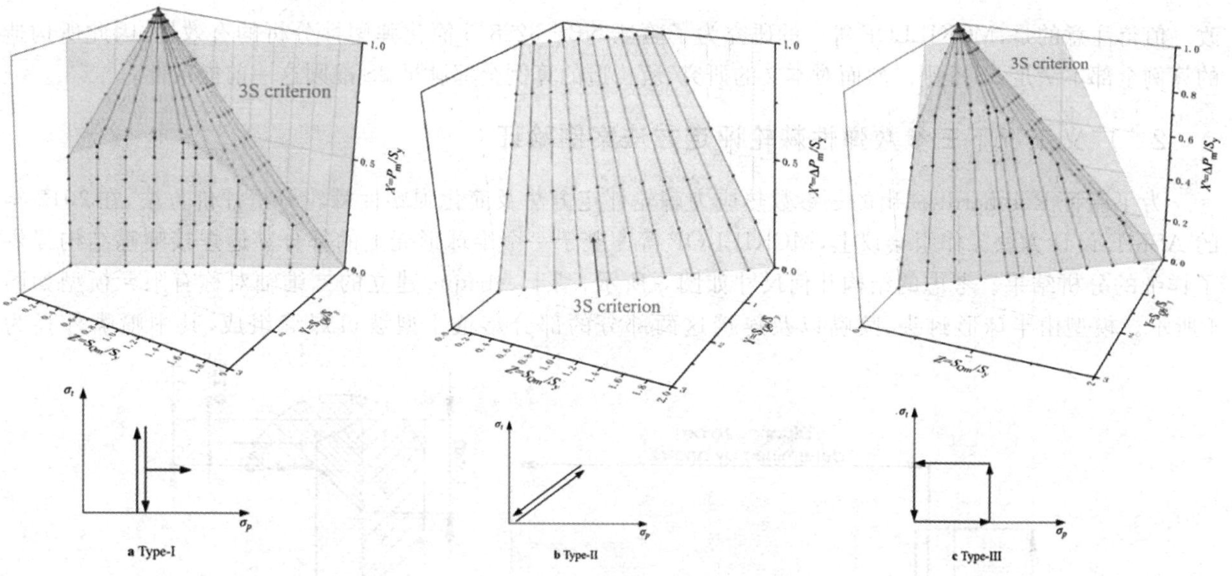

图 1　三类载荷工况(经典 Bree、同相、广义载荷工况)下 3S 准则面与对应三维安定域的对比[6]

式(3)表示广义载荷工况下 3S 准则面与对应的三应力参数(机械膜、热弯曲、热薄膜)安定边界的交点坐标，根据以上流程计算得到 ΔX_{pm}、Y'、Z、R_2、$[\Delta X_{pm}]$ 之后，则弹性棘轮评定步骤如下：

① 当 $\Delta X_{pm}\leqslant[\Delta X_{pm}]$时，3S 准则，即 $\Delta X_{pm}+Y'\leqslant 2$，是保守的，即弹性棘轮评价通过；

② 当 $R_2\geqslant 1$ 且 $\Delta X_{pm}>2/(2+R_2)$时，仅满足 3S 准则存在发生渐增塑性变形的风险，应依照安定边界参数方程增加安定评定条件即：$Y'=2(1+1/R_2)(1-\Delta X_{pm})$，也即 $Z=2(1-\Delta X_{pm})$，称为补充评定条件 1；

③ 当 $0\leqslant R_2\leqslant 1$ 且 $\Delta X_{pm}>(2+4R_2-2R_2^2)/(3+4R_2-R_2^2)$时，3S 准则用于弹性棘轮评定是不保守的，需要按安定边界参数方程补充评定，即 $Y'=4(1-\Delta X_{pm})(1+R_2)/(1+R_2^2)$，称为补充评定条件 2。

为了验证以上提出的弹性棘轮评价方法的适用性，以及与 MCKILLOP 等[5]的结果进行对比，本文采用了与其相同的算例开展数值分析研究。MCKILLOP 等[5]考虑的算例为核电站典型承压结构，且考虑的循环热机械载荷工况具有典型性。本文采用了完全相同的结构几何参数，对温度和压力运行参数进行了适当修

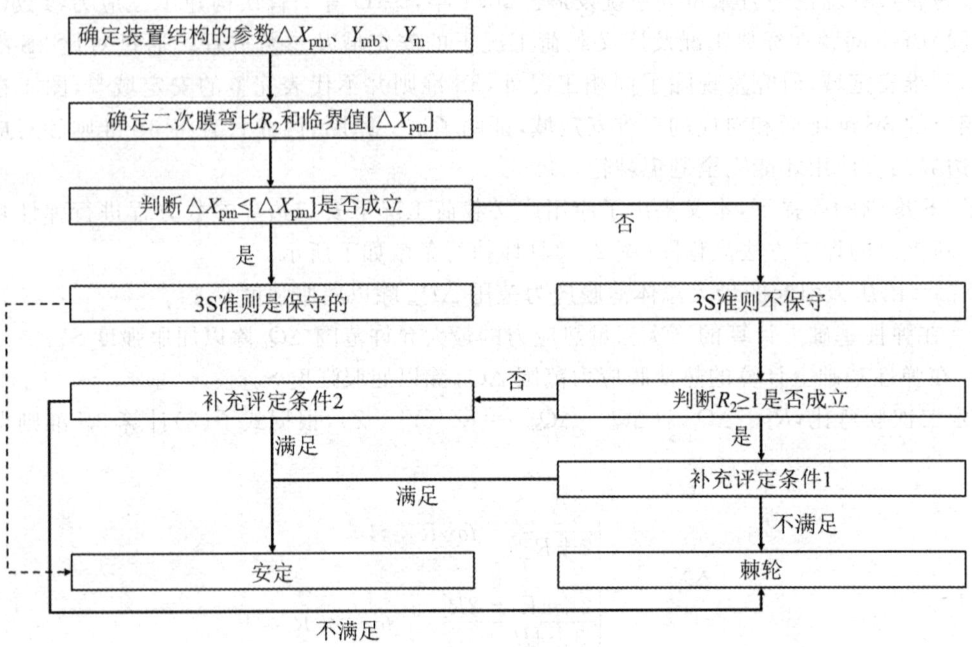

图 2 广义载荷工况下完整的弹性棘轮评定方法流程图

改。值得注意的是,MCKILLOP 等[5]的研究为了验证 NB－3228.5 简化弹塑性分析的有效性,因此所构造的算例全部不满足 3S 准则。然而对本文的研究,所构造的算例全部满足 3S 准则这一前提条件。

2 广义工况下三参数弹性棘轮评定方法案例验证

为了验证 Reinhardt 提出的三参数热应力棘轮评定方法及简化弹塑性棘轮分析评价方法,在 2012 年的 ASME 设计方法工作组会议上,MCKILLOP 等[5]基于一个半球形壳上的部分穿透焊接喷嘴结构提供了详细的分析结果。考虑的结构几何尺寸如图 3 所示,基于 Abaqus 建立的二维轴对称有限元模型如图 4 所示。模型由半球形封头、喷嘴以及连接这两部分的部分熔透 J 型坡口焊缝组成,其中喷嘴外径为

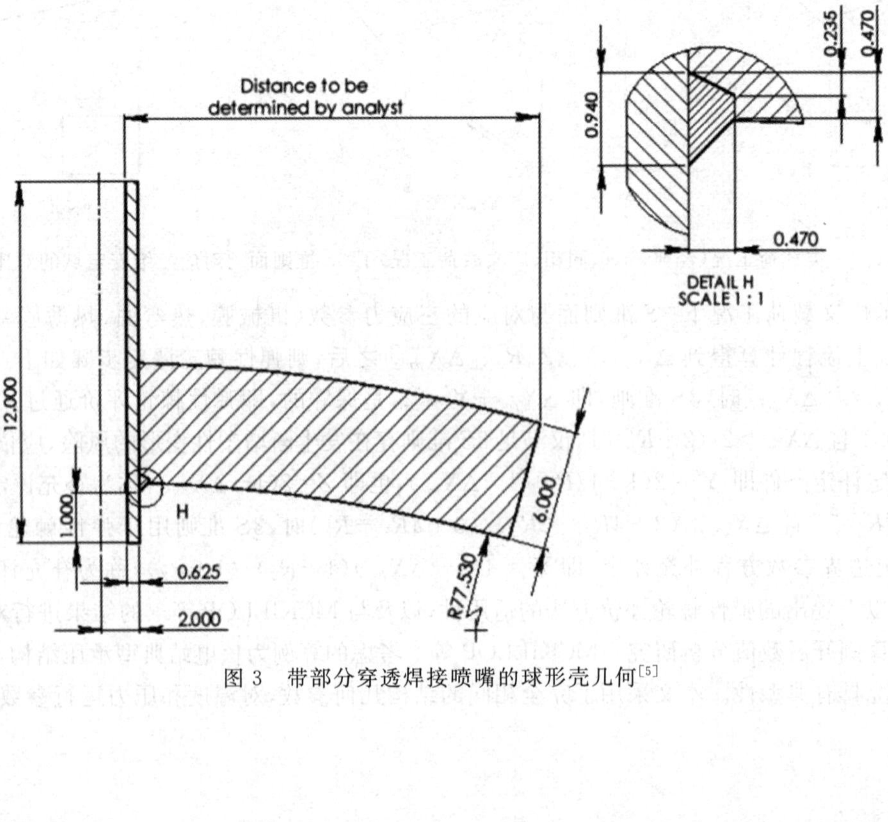

图 3 带部分穿透焊接喷嘴的球形壳几何[5]

102mm，壁厚为 15.9mm，喷嘴总长度为 304.8mm，焊缝位置距离喷嘴底部距离为 25.4mm。球形封头内径为 1970mm，壁厚为 152.4mm。J 型坡口焊缝宽为 11.9mm，高为 23.9mm。此外，喷嘴和封头间还考虑了过盈配合，焊接部分与封头和喷嘴部分采用绑定连接。封头材料为 SA－508 Grade 3，Class 1。喷嘴和焊缝材料为 SA－813 Type 304。材料参数取自 2013 版 ASME 规范 D 篇。在计算分析中，除了传热系数和密度在考虑的温度范围内假设为恒定外，其余材料特性均是温度相关的。材料性能参数如表 1、表 2 所示。模型采用了四边形轴对称单元 CAX4T，模型共包含 25081 个单元，25586 个节点。基于瞬态热结构模型开展了弹性分析和弹塑性分析(EPP)研究，其中弹性分析用于评价所提出的新的弹性棘轮评定方法，弹塑性分析(EPP)用于评估各种瞬态条件下的安定状态。事实上，理想弹塑性本构模型(EPP)是经典 Bree 问题和 Bree 图的基本假设，也是 ASME 规范简化非弹性分析方法的理论基础。

图 4　带部分穿透焊接喷嘴的球形壳有限元模型

表 1　SA－508 Grade 3，Class 1 材料特性

温度/℃	热膨胀系数 *TE*/(10^{-6}℃$^{-1}$)	热导率 *TC*/W/(m·℃)	比热/……(J·kg^{-1}·℃$^{-1}$)	弹性模量/(×10^3 MPa)	屈服强/MPa	泊松比	密度/(kg·m^{-3})
21.1	11.52	41	446.7	191.7	344.7	0.3	7750
93.3	12.06	40.8	479.8	186.8	324	0.3	7750
148.9	12.42	40.5	504.9	184.1	313.7	0.3	7750
204.4	12.78	39.9	527.5	180.6	304.7	0.3	7750
260	13.14	39.3	550.1	177.2	297.9	0.3	7750
315.6	13.32	38.4	571.9	173.1	290.3	0.3	7750

表 2　SA－813 Type 304 材料特性

温度/℃	热膨胀系数/(10^{-6}℃$^{-1}$)	热导率/(W·m^{-1}·℃$^{-1}$)	比热/(J·kg^{-1}·℃$^{-1}$)	弹性模量/(×10^3 MPa)	屈服强度/MPa	许用应力/MPa	泊松比	密度/(kg·m^{-3})
21.1	15.3	14.8	492.8	195.1	206.8	138	0.3	7750
93.3	16	16.1	515.8	189.6	172.4	138	0.3	7750
148.9	16.6	17	530	186.1	154.4	138	0.3	7750
204.4	17.1	18	545.5	182	142.7	128.2	0.3	7750
260	17.5	18.8	558.1	178.6	133.8	120.7	0.3	7750
315.6	17.8	19.6	561.9	174.4	126.9	114.5	0.3	7750

通过六个算例来验证拟议新规则在广义载荷工况下的弹性棘轮评定方法的适用性,其中算例 1 和算例 2 为文献[5]中考虑的算例,本文首先对其进行了复现,以验证模型的有效性。算例 3－5 为本文新构造的算例,用于揭示本文拟议新方法的适用范围及相比现行方法的优越性。

对于本文的分析,喷嘴和封头被建模为过盈配合,两者之间不交换热量,同时加载时也不考虑结构或热接触。本文考虑的热机械载荷为压水堆核电站典型的压力和温度瞬态数据以及可能出现的载荷工况。表 3 列出了本文所有案例考虑的载荷数据,图 5 给出了案例 1 温度和压力随时间变化瞬态图。对于所有案例,不考虑非轴对称载荷的影响,压力和温度施加在模型的内表面,模型外表面假设为完全绝热的,封头末端具有无摩擦边界条件。为了模拟喷嘴上盖子的影响,在所有案例中喷嘴顶部均施加了一个向下的载荷(blowoff load)。

表 3　所有案例的温度和压力瞬态数据

时间/s	案例 1&2 压力/MPa	案例 3 压力/MPa	案例 4&6 压力/MPa	案例 5 压力/MPa	盖子载荷/MPa	案例 1 温度/℃	案例 2 温度/℃	案例 3 温度/℃	案例 4 * 温度/℃	案例 5 温度/℃	案例 6 温度/℃
0	2.7	2.7	2.7	2.7	－2.4	48.9	48.9	48.9	48.9	48.9	48.9
1	2.7	2.7	2.7	2.7	－2.4	48.9	48.9	48.9	48.9	48.9	48.9
10512	2.7	2.7	2.7	2.7	－2.4	48.9	48.9	48.9	48.9	48.9	48.9
24660	2.7	2.7	2.7	2.7	－2.4	157.2	157.2	157.2	157.2	157.2	157.2
27108	3.6	3.6	3.6	3.6	－3.2	300	221.1	195	190	210	200
34380	17.7	17.7	17.7	17.7	－15.9	300	221.1	195	190	210	200
41730	17.7	17.7	17.7	17.7	－15.9	300	221.1	195	190	210	200
42230	10.3	15	13.7	9.5	－9.2	178.3	178.3	178.3	178.3	178.3	178.3
60000	10.3	15	13.7	9.5	－9.2	178.3	178.3	178.3	178.3	178.3	178.3
70400	2.7	2.7	2.7	2.7	－2.4	48.9	48.9	48.9	48.9	48.9	48.9

注:喷嘴外壁 CD 在各瞬时下温度设置为恒定值 60 ℃。

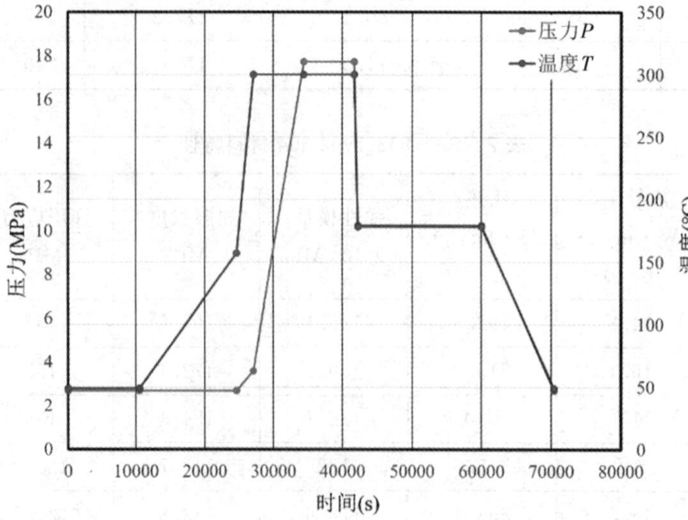

图 5　案例 1 的温度和压力瞬态数据

3 有限元分析结果

本节对上节介绍的热力耦合模型开展了弹性分析及理想弹塑性分析。图 6 和图 7 给出了案例 1 在弹性分析时 $t=42230$s 和 $t=27108$s 瞬时的温度分布,图 8 给出了案例 1 在弹性分析时 $t=42230$s 瞬时的应力强度分布。通过与文献[5]中的相同算例进行对比,可以发现本文模型在相同瞬时的温度场分布和应力强度云图分布模式与文献中的结果基本吻合,从而证实了本文模型的准确性和有效性。

同文献[5]中一样,用于弹性分析应力分类的路径位于焊接部位的喷嘴壁厚上,应力路径位置及局部网格图如图 9 所示。应力强度范围的计算瞬时取为 $t1=27108$s 和 $t2=42230$s,这两个瞬时对应最大的应力强度范围。应力分类所得的结果如表 4 所示。

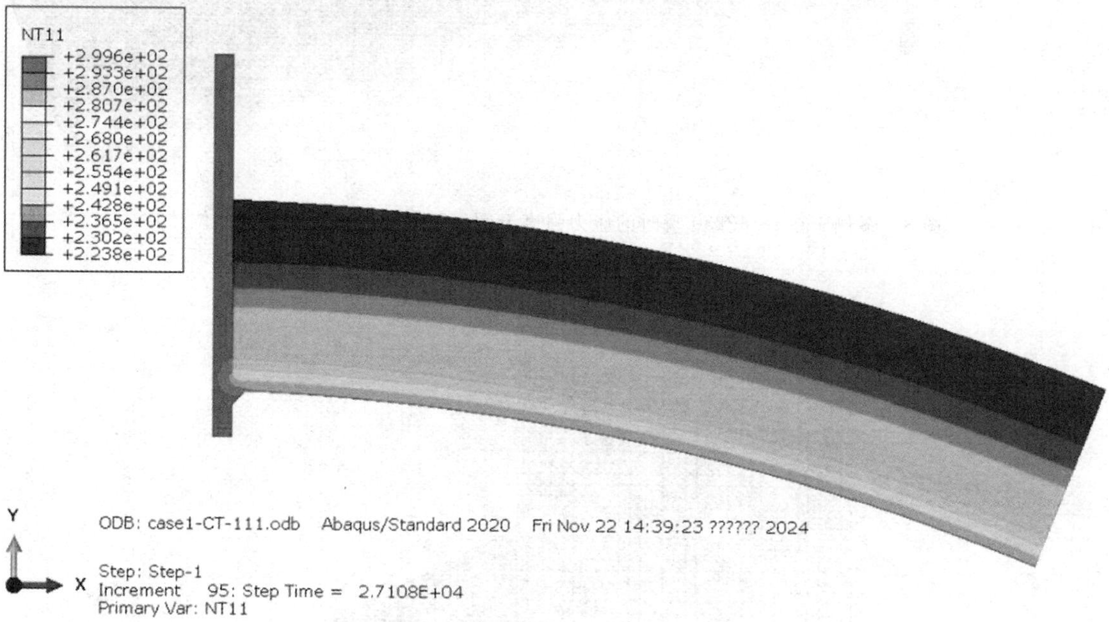

图 6 案例 1 在 $t=27108$ 瞬时的温度场分布(℃)

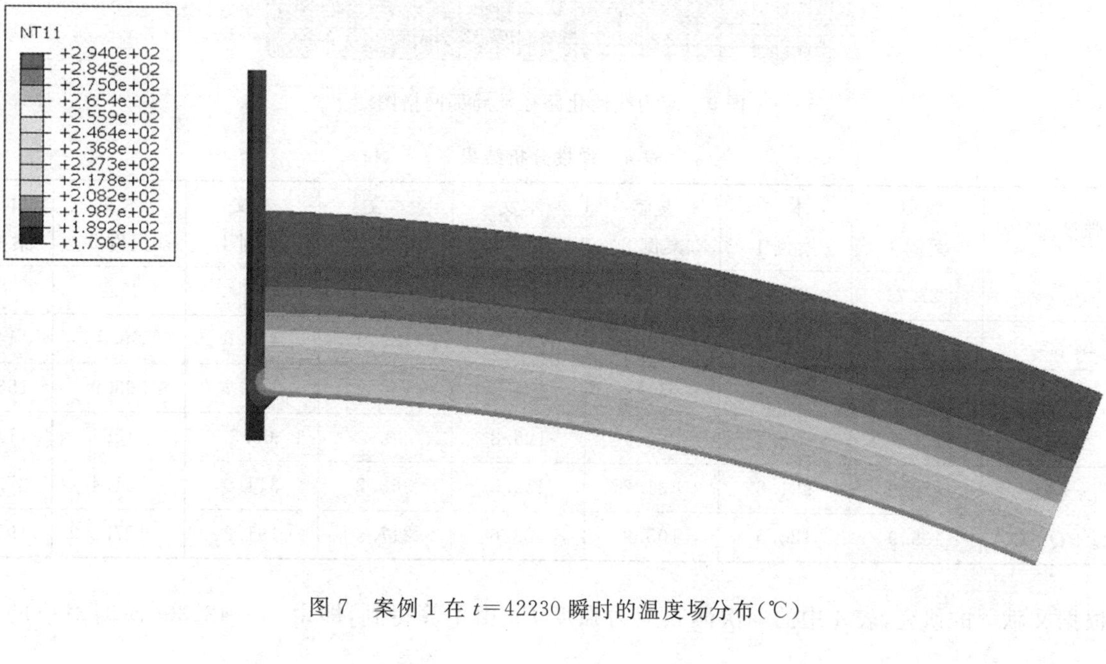

图 7 案例 1 在 $t=42230$ 瞬时的温度场分布(℃)

图 8　案例 1 在 $t=42230$ 瞬时的应力强度云图(MPa,不考虑应力集中部位)

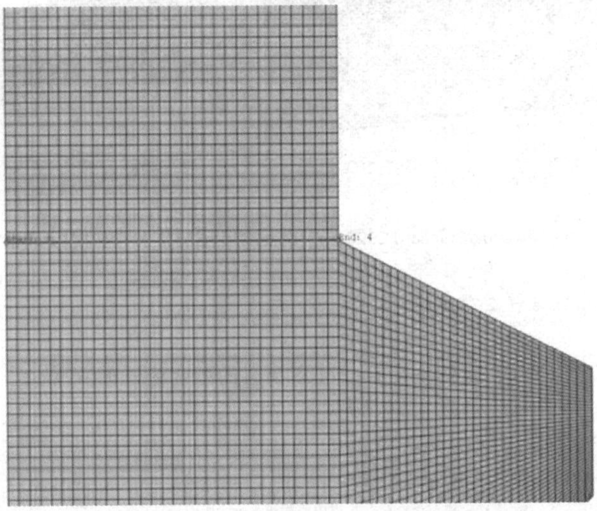

图 9　应力线性化路径及局部网格图

表 4　弹性分析结果

应力强度/MPa	文献案例 1	本文案例 1	文献案例 2	本文案例 2	本文案例 3	本文案例 4	本文案例 5	本文案例 6
P_m	27.7	27.7	27.7	27.7	40.5	37	25.7	37
ΔP_m	/	74.32	/	74.32	129.9	114.6	66.2	114.6
ΔQ_{mb}	818.6	864.4	314	324.8	166.2	140.7	263.9	198.7
ΔQ_m	576.7	528.3	220.9	195.8	90.4	66.3	155	111.8
$\Delta(P_{mb}+Q_{mb})$	928.6	961.8	421.2	450.3	363.2	311.9	361.4	373.5
$\Delta(P_{mb}+Q-Q_t)$	105.9	123.6	105.9	123.6	217.5	191.8	107.2	191.8

根据文献[5]的研究,表 4 中的一次薄膜应力强度 P_m 由手算得到,即由 $t_2=42230s$ 瞬时对应的压力

P_{42230}计算喷嘴的环向应力得到，$P_m=(P_{42230}*r_m)/t$，其中 r_m 为喷嘴的平均半径，t 为喷嘴壁厚。表 4 中的其他 Δ 量均是基于 $t_1=27108s$ 和 $t_2=42230s$ 两个瞬时的计算结果得到。

对比表 4 中案例 1 和案例 2 的计算结果和文献中给出的结果，可以发现本文的计算结果与文献中给出的结果基本吻合。表 5 列出了表 4 所有算例无量纲化的结果。温度循环对应于从 $t_1=27108s$ 到 $t_2=42230s$ 瞬时的载荷历程。分析中采用的最高温度对应于 $t_1=27108s$ 瞬时，最低温度对应于 $t_2=42230s$ 瞬时。

表 5　基于弹性分析的棘轮评估结果

	文献 案例 1	本文 案例 1	文献 案例 2	本文 案例 2	本文 案例 3	本文 案例 4	本文 案例 5	本文 案例 6
S_{y-Tmax}/MPa	128.8	128.8	140	140	144.7	145.7	141.8	143.6
S_{y-Tmin}/MPa	148.2	148.2	148.2	148.2	148.2	148.2	148.2	148.2
S_{m-Tmax}/MPa	115.7	115.7	125.6	125.6	130	130.7	127.4	129
S_{m-Tmin}/MPa	132.8	132.8	132.8	132.8	132.8	132.8	132.8	132.8
$\max[2S_{y-Tmax}, 3S_{m-Tmax}]$	347.1	347.1	376.7	376.7	390	392.1	382.2	387
$X_{max}=P_m/S_{y-Tmax}$	0.22	0.22	0.2	0.2	0.28	0.25	0.18	0.26
$\Delta X_{max}=\Delta P_m/S_{y-Tmax}$	—	0.58	—	0.53	0.9	0.79	0.47	0.8
$Y'_{max}=\Delta Q_{mb}/S_{y-Tmax}$	6.36	6.71	2.24	2.32	1.15	0.97	1.86	1.38
$Z_{max}=\Delta Q_m/S_{y-Tmax}$	4.48	4.1	1.58	1.4	0.62	0.46	1.09	0.78
$[Y'_{max}]=1/X_{max}$	4.65	4.65	5.05	5.05	3.57	3.94	5.51	3.88
$[Z_{max}]=2(1-X_{max})$	1.57	1.57	1.6	1.6	1.44	1.49	1.64	1.48
$X_{min}=P_m/S_{y-Tmin}$	0.19	0.19	0.19	0.19	0.27	0.25	0.17	0.25
$\Delta X_{min}=\Delta P_m/S_{y-Tmin}$	—	0.5	—	0.5	0.877	0.77	0.45	0.77
$Y'_{min}=\Delta Q_{mb}/S_{y-Tmin}$	5.52	5.83	2.12	2.2	1.122	0.95	1.78	1.34
$Z_{min}=\Delta Q_m/S_{y-Tmin}$	3.89	3.56	1.49	1.32	0.61	0.45	1.05	0.75
$[Y'_{min}]=1/X_{min}$	5.35	5.35	5.35	5.35	3.7	4	5.77	4
$[Z_{min}]=2(1-X_{min})$	1.63	1.63	1.63	1.63	1.46	1.5	1.65	1.5
R_2	—	—	—	—	1.19	0.89	1.42	1.29
$[Y'_{min}]$=补充评定条件 1 或 2	—	—	—	—	0.45	0.97	—	0.82

表 4,5 的评估结果显示，案例 1 不满足 3S 准则（$\Delta(P_{mb}+Q_{mb})>3S_m$）且不满足热应力棘轮评定（$Y'>[Y']$ 且 $Z>[Z]$），评估结果为结构随载荷循环会发生棘轮变形。案例 2 同样不满足 3S 准则但满足热应力棘轮评定，评估结果为结构在载荷循环下会保持安定。其余案例可以类似分析。

为了验证弹性分析棘轮评定的结果，采用逐循环理想弹塑性分析对结构在循环载荷下的弹塑性行为进行评估。对于逐循环分析，采用 KALNINS[12] 提出的"JPVRC"安定判断准则，即所有塑性应变增量的历史表现为减小趋势，且等效塑性应变增长比前一个周期达到小于 10^{-4} 的增量。选取喷嘴顶部的点 A 和内壁应力线性化路径的端点 B(如图 4 所示)作为感兴趣的棘轮校核点。A 点的轴向位移代表了喷嘴结构的总体棘轮行为，而 B 点的应力强度和局部塑性应变值较大，体现了局部棘轮行为。对于 A 点和 B 点，定义轴向应变 ε_{axial} 作棘轮校核，如式(4)所示，其中 u_y 为棘轮校核点轴向位移，t 为喷嘴壁厚。此外，还选取了棘轮校核常用的等效塑性应变作为对比，以便对比不同棘轮校核量的有效性以及结构总体和局部棘轮的差异。

$$\varepsilon_{ratchet}=\varepsilon_{axial}=\frac{u_y}{t} \tag{4}$$

图 10 和图 11 分别给出了案例 1 在棘轮校核点 A 和 B 的喷嘴轴向应变 ε_{axial} 和等效塑性应变 PEEQ 随时间的变化曲线，弹塑性分析共考虑十个载荷循环。如果以轴向应变作为棘轮判断标准，则 A 点和 B 点都发生了棘轮。然而，如果以等效塑性应变作为棘轮判断标准，则 B 点发生了棘轮，而 A 点保持安定。

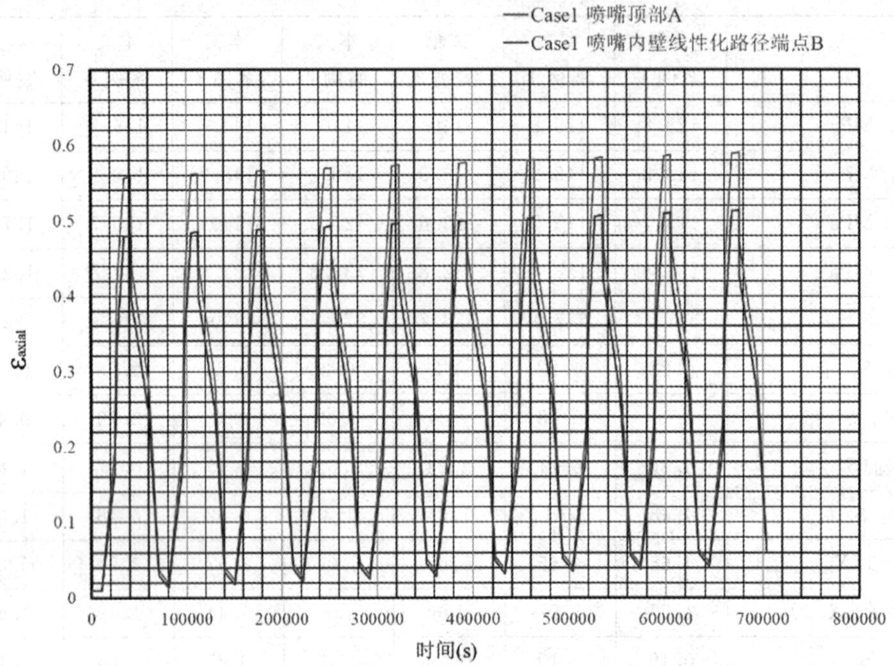

图 10　案例 1 棘轮校核点轴向应变随载荷时间变化曲线

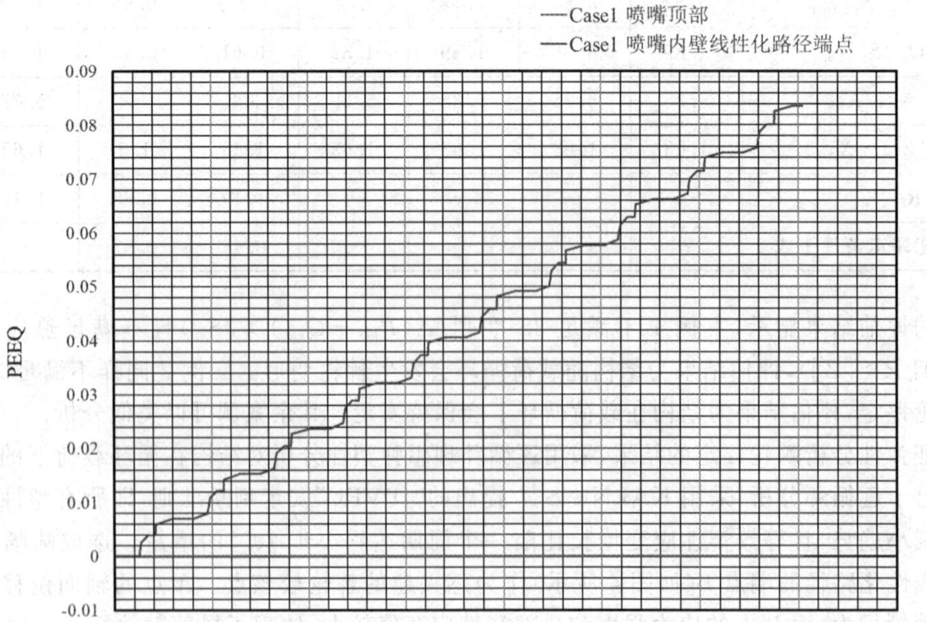

图 11　案例 1 棘轮校核点等效塑性应变随载荷时间变化曲线

值得注意的是，在棘轮评定中，最大位移点和最大塑性应变点通常不在同一位置。判断结构是否达到安定或发生棘轮变形取决于我们更关注结构的全局变形行为还是局部塑性变形。由于棘轮校核点和判定标准的不同，有可能出现结构全局安定，同时局部的塑性应变逐渐累积出现棘轮的情形。在文献[5]中的研究中，选取了喷嘴顶部的轴向应变作为棘轮判断标准，即认为安定或棘轮在更全局的水平上考虑，而不仅仅是关注一个局部位置上最严重的塑性应变增量。图 10 和图 11 的结果显示，喷嘴在案例 1 循环载荷工况下发生了全局棘轮。

同理分析可知，喷嘴在案例 2 载荷工况下实现了全局安定，但发生了局部棘轮，表 5 中基于 X 的弹性分析的判定结果与结构全局行为一致，但对于局部棘轮无法预测。案例 1 和案例 2 的弹塑性分析结果对喷嘴全局变形行为的验证与弹性分析棘轮评定结果一致，验证了规范评定方法的有效性。然而，结构局部棘轮行为应该与局部区域的 ΔX 更直接相关而不是 X。本文之后的算例在热应力棘轮评定中考虑一次薄膜应力强度范围 ΔX_{pm} 的影响，从而验证本文方法的有效性。

图 12 在 Bree 图中汇总展示了本文研究的所有算例，其中恒坐标为横定的一次薄膜应力 X 或一次薄膜应力强度范围 ΔX，纵坐标为二次热应力强度范围。图中与 X 相关的结果用红色图标表示，与 ΔX 相关的结果用绿色图标表示。圆形图标代表棘轮校核点 A 和 B 均进入棘轮，称为总体棘轮。三角形图标表示棘轮校核点 A 和 B 均达到安定状态，称为总体安定。正方形图标代表 A 点为安定状态，而 B 点达到了棘轮，称为总体安定，局部棘轮。综合所有结果可以发现，每个算例的 ΔX 均明显大于 X，基于 X 的热应力棘轮评定对于结构总体的棘轮行为预测是有效的，而基于 ΔX 的热应力棘轮评定对于结构局部的

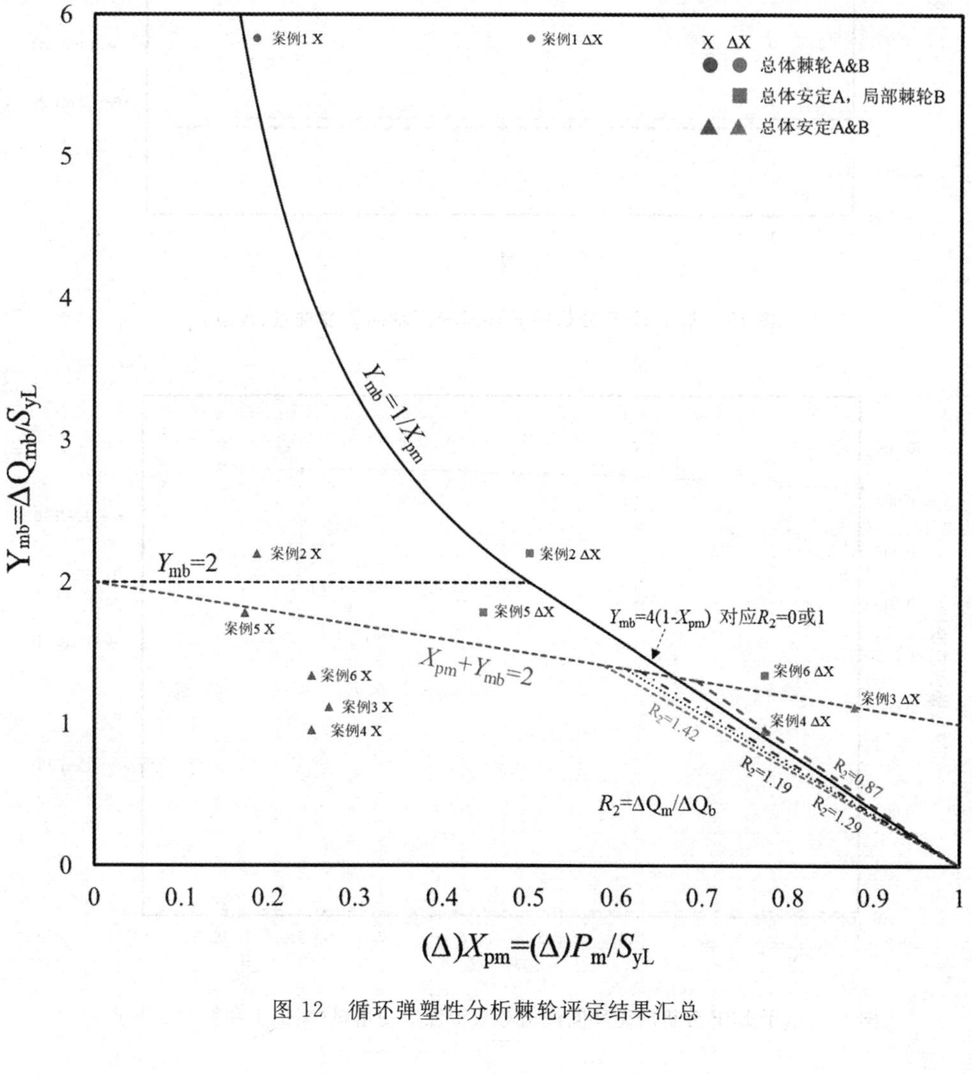

图 12　循环弹塑性分析棘轮评定结果汇总

棘轮行为预测是更有效的。对于案例 1,由于红点和绿点本身都处于棘轮区,因此两种评定方式会得到相同的结论。而对于案例 2 和案例 5,考虑 X 的校核点和考虑 ΔX 的校核点位于 Bree 图的不同区域,两种评定方式会得到不同的评定结果。对于案例 3、4、6,红色校核点位于传统理解上完全安全的区域,而绿色校核点已经落入了棘轮风险区域,因此采用图 12 中右下角不同颜色的虚线进行补充棘轮评定就显得非常有必要。

图 13 给出了本文所有案例在棘轮校核点 A 的轴向应变增量(peak - to - peak)随载荷循环的变化曲线,图 14、图 15 给出了本文所有案例在棘轮校核点 B 的等效塑性应变增量(peak - to - peak)随载荷循环的变化曲线。在图 13～15 中,应变增量 10^{-4} 作为安定和棘轮的判定标准,小于 10^{-4} 判断为安定,大于 10^{-4} 判断为棘轮。

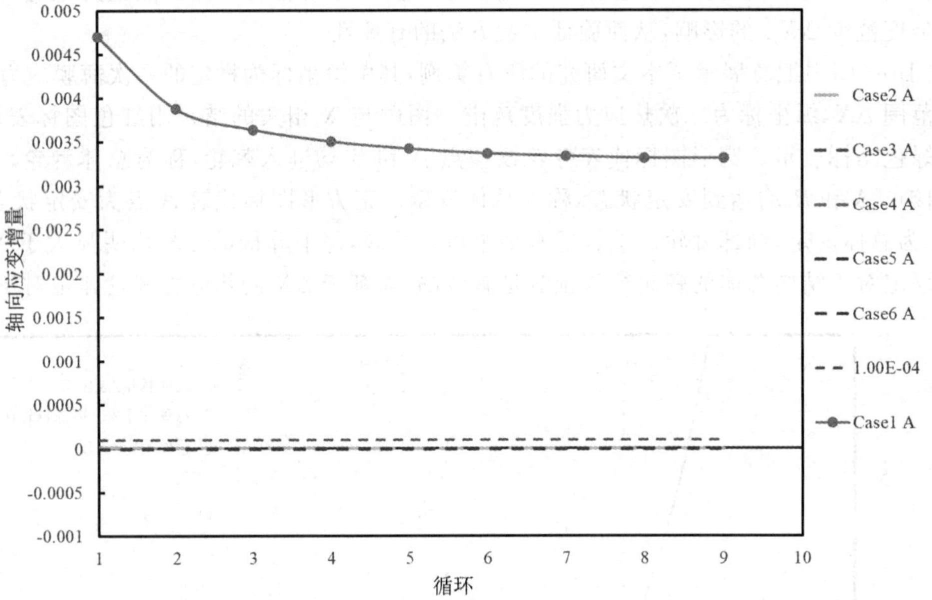

图 13　基于 EPP 分析的循环间峰值轴向应变增量(A 点)

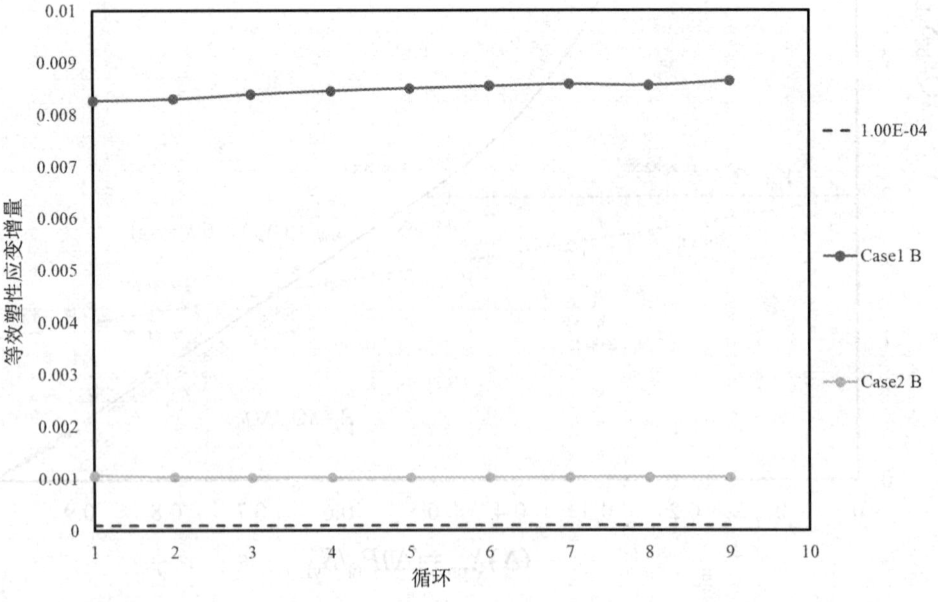

图 14　基于 EPP 分析的循环间峰值等效塑性应变增量(案例 1 和案例 2,B 点)

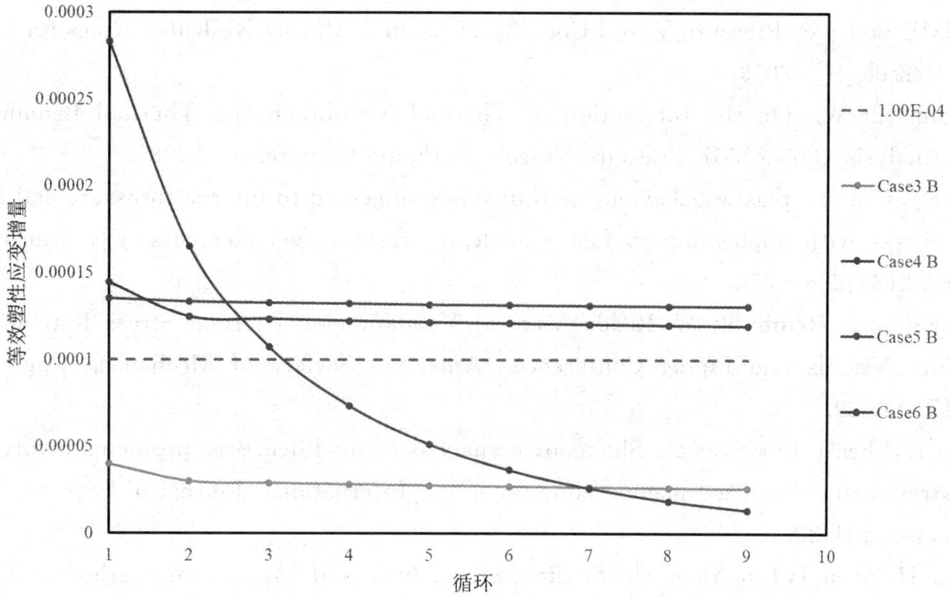

图 15　基于 EPP 分析的循环间峰值等效塑性应变增量(案例 3 到案例 6,B 点)

4　结　论

本文基于一个焊接到容器封头上的喷嘴结构算例对新提出的广义载荷工况下的三应力参数 Bree 问题弹性棘轮评定方法开展了验证。有限元模型考虑了核电站典型的温度和压力瞬态载荷工况,对六个具有不同瞬态热-机械载荷工况的算例开展了分析验证。基于线弹性分析得到应力分类结果,基于 EPP 瞬态热力耦合循环分析对安定或棘轮的结果进行判定。基于 EPP 分析的棘轮判定结果与提出的弹性棘轮评定方法进行了对比验证。本文的研究结论如下。

(1)经典的热应力棘轮评定方法只能考虑恒定的一次薄膜应力 X,基于 X 的热应力棘轮评定对结构总体棘轮行为的预测是有效的。新提出的弹性棘轮评定方法可以考虑广义载荷工况下任意两个瞬态下导致的一次薄膜应力强度范围 ΔX,基于 ΔX 的弹性棘轮评定对结构局部位置的棘轮行为的预测是更有效的。

(2)3S 准则可以考虑广义载荷工况下所有的一次和二次应力强度范围,但 3S 准则不是完整的弹性安定边界。由于 $3S_m$ 和 $2S_y$ 的取值差异性以及 3S 准则的不完整性,在满足 3S 准则的情形下,结构仍有发生棘轮的风险。新提出的弹性棘轮评定方法是 3S 准则的补充,可以消除 3S 准则的不完备性。

(3)新的弹性棘轮评定方法考虑了热膜弯曲比($R_2 \geqslant 0$)的影响,而规范的热应力棘轮评定公式本质上只考虑了纯热弯曲应力($R_2=0$)和纯热薄膜应力($1/R_2=0$)情形对应的棘轮边界公式形式。新的弹性棘轮评定方法相比规范评定公式要更为精细准确,当 $1/R_2=0$ 或 $R_2=0$ 时,补充评定公式 1 或 2 可以退化到规范热应力棘轮评定公式形式。此外,新的评定方法也没有增加规范评定方法的复杂度,是对规范 3S 准则和热应力棘轮评定方法的有益补充。

新方法的工程应用范围为需要满足 3S 准则这一前提条件,但一次薄膜应力范围值超出式(3)给定的临界范围值,通常对应于一次薄膜应力范围值较大和二次应力范围值较小的组合情形,如本文图 12 中 Bree 图右下角所示区域。对于具体的压力和温度范围值,需要结合具体算例在温度和压力瞬态载荷工况下的计算结果分析,表 3 给出的温度压力瞬态载荷工况可作一定的参考。

参考文献

[1] ASME Boiler & Pressure Vessel Code, III Division 1—Subsection NB, Rules for Construction

of Nuclear facility components[S]. 2015.

[2] ASME Boiler & Pressure Vessel Code, Ⅷ Division 2 Alternative Rules, Rules for Construction of Pressure Vessels[S]. 2019.

[3] Reinhardt W. On the Interaction of Thermal Membrane and Thermal Bending Stress in Shakedown Analysis[C]//ASME Pressure Vessels & Piping Conference. 2008.

[4] Bree J. Elastic - plastic behaviour of thin tubes subjected to internal pressure and intermittent high - heat fluxes with application to fast - nuclear - reactor fuel elements[J]. Journal of strain analysis, 1967, 2(3): 226-238.

[5] McKillop S, Reinhardt W, Reddy V, et al. Validation of Thermal Stress Ratcheting Criteria [C]//Pressure Vessels and Piping Conference. American Society of Mechanical Engineers, 2014, 45981: V001T01A069.

[6] Bao H, Shen J, Liu Y, et al. Shakedown analysis of modified Bree problems involving thermal membrane stress and generalized loading conditions[J]. International Journal of Pressure Vessels and Piping, 2021, 192: 104432.

[7] Bao H, Shen J, Liu Y, et al. Shakedown analysis and assessment method of four - stress parameters Bree - type problems[J]. International Journal of Mechanical Sciences, 2022, 229: 107518.

[8] 鲍宏琛,沈鋆,刘应华. 基于四参数棘轮理论的压力容器安定分析[J]. 压力容器,2021,38(11): 36-43.

[9] Bao H, Shen J, Peng H, et al. Elastic core concept for modified Bree problems considering in - phase and out - of - phase loading conditions[J]. International Journal of Pressure Vessels and Piping, 2023, 202: 104913.

[10] 沈鋆,粟雨平,陈志伟,等. GB/T 4732—2024《压力容器分析设计》中棘轮评定方法的解读及应用[J]. 压力容器,2024,41(7):40-48.

[11] 秦晨,晁龙,陈凡,等. 4130X 钢非对称非比例载荷下双轴低周疲劳行为[J]. 压力容器,2024,41(8):9-20.

[12] Kalnins A. Shakedown and ratcheting directives of ASME B&PV code and their execution [C]//ASME Pressure Vessels and Piping Conference. 2002, 46504: 47-55.

作者简介

鲍宏琛(1990),男,助理研究员,博士,主要从事压力容器分析设计和高温结构完整性研究相关工作,通信地址:100084 北京市海淀区清华大学能科楼 B 座,E-mail: baohongchen@163. com。

压力容器分析设计中三种棘轮评定方法的探讨与对比

左安达[1]，刘建新[2]，李　翔[3]，鲁　越[3]

（1. 惠生工程（中国）有限公司，上海 201210；2. 中国石油大学（北京）机械与储运工程学院，北京 102249；
3. 上海第二工业大学 资源与环境工程学院，上海 201209）

摘　要：我国 GB/T4732 标准正式发布，并更新和引进了两种新的棘轮分析和评定方法，对新标准中三种棘轮评定方法的正确认识有助于将来在工程设计中的合理利用。本文从材料的力学行为、理论原理出发，结合工程实例结构，通过有限元计算对三种方法的评定结果进行了对比分析，并得出了若干探讨性的结论：循环的热应力和机械应力对弹性、简化的弹塑性两种棘轮分析方法的评定结果有重要影响，热应力和机械应力成分的比重、应力值的叠加或抵减会造成两种方法评定结果或保守或冒进的情况，建议针对不同的载荷条件、不同的结构进行具体的分析和判断，合理选取评定方法。而弹塑性分析理论更先进，且不受应力影响，是一种更为严密、准确的计算和评定方法。

关键词：棘轮分析；有限元；热应力；机械应力；弹塑性分析

Discussion and comparison of three ratcheting evaluation methods in pressure vessel analysis design

ZUO Anda[1], LIU Jianxin[2], LI Xiang[3], LU Yue[3]

(1. Wison Engineering Ltd., Shanghai 201210, China;
2. College of Mechanical and Transportation Engineering, China University of Petroleum－Beijing, Beijing 102249, China;
3. School of Resources and Environmental Engineering, Shanghai Polytechnic University, Shanghai 201209, China)

Abstract: GB/T4732 standard has been officially released, and two new ratcheting analysis and evaluation methods are updated and introduced. The correct understanding of the three ratcheting evaluation methods in new standard will be helpful to rational using in engineering design in the future. In this paper, based on the mechanical behavior and theoretical principles of materials, combined with engineering examples, the evaluation results of the three methods were compared and analyzed by finite element calculation, and obtaining some exploratory conclusions. The cyclic thermal stress and mechanical stress have important influence on the evaluation results of elastic and simplified elastic－plastic ratcheting analysis methods. The specific gravity of thermal stress and mechanical stress, also the superposition or subtraction of stress will result in conservative or aggressive assessment results of the two methods. It is suggested that specific analysis and judgment should be carried out according to different load conditions and structures, and finally select reasonable evaluation methods. The theory of elastic－plastic analysis is more advanced, and will not be affected by stress, so it is a more rigorous and accurate calculation and evaluation method.

Keywords: ratcheting analysis; finite element; thermal stress; mechanical stress; elastic－plastic analysis

0 引 言

压力容器在运行过程中往往会承受循环的机械载荷、循环的热载荷或两者同时作用的工况，对于此类承受复杂循环载荷的压力容器，在设计过程中不仅要考虑载荷一次加载时的静力强度问题，更要考虑在循环载荷作用下结构的安全性问题，棘轮便是在循环载荷下可能会发生的一种重要失效模式，需要重点关注[1]。基于一次加载的规则设计方法显然无法满足设计要求，需采用分析设计方法对循环载荷单独作用或共同作用时可能会发生的棘轮失效的机理和模式进行合理的分析和评定。我国 JB 4732—1995(2005 年确认)标准中规定了基于应力分类法的评定准则，通过限制一次加二次应力小于等于于 $3S_m{}^t$，将材料控制在弹性安定范围内以防止棘轮失效。除此之外，对于有循环热载荷的工况，还规定了一种简化的弹塑性分析方法来防止热应力棘轮失效[2]。美国 ASME Ⅷ－2 标准中，除上述两种方法之外，还提供了一种更为严谨和准确的弹塑性棘轮分析和评定方法[3]。我国新版分析设计标准 GB/T 4732—2024 在此次修订和更新中便引进了基于各种失效模式的弹塑性分析和评定方法，为我国压力容器设计人员提供了先进的、与国际接轨的设计理念、设计方法和设计依据，有助于将国内分析设计的水平提升到一个更高的台阶，并将指导压力容器分析设计未来一段时间的发展趋势[4]。国内已有多篇文献结合工程实例对棘轮的弹塑性分析方法从结构响应、安定判据、强化模型、评定流程、评定准则等多方位进行了一定的探讨[5]，但鉴于 GB/T4732 正式发布不久，棘轮的弹塑性分析和评定方法在国内还未大量见诸于工程实际应用中。本文基于国内、外标准，分别对基于弹性分析和弹塑性分析的三种棘轮评定方法从多角度进一步的探讨，并结合工程实例对评定结果进行对比分析，以便直观地对这三种方法有个清晰的认识，同时以期能为棘轮的弹塑性分析和评定方法在未来国内的工程应用中提供一定的参考价值。

1 循环载荷下材料的力学行为

对材料在循环载荷下的力学行为有一定的了解，才能更好地对压力容器在循环载荷下的失效模式进行更为准确的分析、判断，并基于不同的失效模式进行针对性的评定。在循环载荷作用下，材料有以下几种力学行为[6]。

(1)完全弹性：在结构中的任一位置，所有载荷引起的总应力小于材料的屈服强度，此时结构处于完全弹性状态，任一位置均不会发生塑性变形。

(2)弹性安定：结构除在初始阶段少数几个载荷循环中会产生一定的塑性变形外，在继续施加的循环外载荷作用下不会再发生新的塑性变形，整个结构仍为循环的弹性响应，此时结构处于弹性安定状态，仅出现微量的塑性变形，不会累积形成过大的塑性变形。

(3)塑性安定(也称为交替塑性)：结构在继续施加的循环载荷作用下会不断产生新的塑性变形，但发生塑性变形并不意味着一定失效，塑性变形是一个累积的过程，刚开始只发生在局部区域，而其他区域仍处于弹性状态，只要载荷循环次数不超过一定值，便可将塑性变形控制在局部区域而其他大部分区域仍为弹性状态的另一个安定的状态，此时塑性变形也不再累积增大，形成稳定的交替塑性，称之为塑性安定性。

(4)棘轮现象(也称为递增塑性)：结构在反复的循环载荷作用下且加载到一定次数时，塑性变形会不断增加，出现渐增性的塑性变形且逐渐累积增大，当塑性变形由局部区域逐渐递增扩展直至贯穿整个横截面时，结构会完全丧失弹性状态，出现递增塑性变形失效，即棘轮失效。

(5)塑性垮塌：在单调加载或循环加载条件下，当载荷值足够高时，结构产生过量的塑性变形，发生无限制的塑性流动，最终导致结构丧失承载能力出现塑性垮塌破坏。

基于以上对于材料力学行为的理解和分析，结构无论处于弹性安定状态或塑性安定状态，均不会发生棘轮现象，仅当结构超过安定状态后，才可能会发生棘轮现象。棘轮失效是压力容器在循环载荷作用下不可忽视的一种重要的失效模式，需要对该失效模式进行详细的分析和评定，以确保设备运行的安全性。

2 三种棘轮评定方法的实例分析

2.1 棘轮的载荷组合工况分析及评定方法

结构在循环载荷下会产生循环的应力，循环应力按载荷的不同可分为：由机械载荷引起的循环机械应力和由热载荷引起的循环热应力；按应力性质可分为：循环的一次应力、循环的二次应力、循环的峰值应力。其中，一次应力是为平衡外载荷所必须的，没有自限性，一旦平衡不了外载荷便会直接造成结构破坏失效，对于循环载荷也只与最大载荷引起的最大一次应力有关，而与循环过程中其他载荷引起的一次应力无关，故"循环"二字对一次应力来说其实是无意义的。二次应力是为满足外部约束条件或自身变形协调所必须的应力，是一个自平衡力系，具有自限性，循环的二次应力是产生塑性变形的重要原因，在棘轮失效中起着重要作用。峰值应力因具有局部性和自限性，仅对疲劳和脆断的失效模式起作用，对棘轮失效并不起作用，故棘轮评定无需考虑。综上所述，笔者认为，对于棘轮现象的严格定义应为：当构件经受载荷引起的一次应力和循环的二次应力（包括机械载荷引起的循环二次应力、热载荷引起的循环二次应力或两者兼有）共同作用时，产生逐次递增的非弹性变形现象。表 1 对各载荷组合工况下是否会发生棘轮现象进行了更为直观的对比表述。

ASME Ⅷ－2 规范中对于免除棘轮评定的表述是：当载荷引起的应力仅为一次应力而无任何循环的二次应力时，则无需进行棘轮评定。表 1 等同于 ASME Ⅷ－2 规范中表述的反义，对载荷组合工况进行了细分表述，其本质和结论是一致的。对于不能免除棘轮评定的结构，ASME Ⅷ－2 规范中提供了三种棘轮分析及评定方法：弹性分析、简化的弹塑性分析和弹塑性分析。我国 JB4732－1995(2005 年确认)版本中有前两种分析评定方法，无弹塑性分析及评定方法，此次修订的新版标准 GB/T4732－2024 中引进了 ASME Ⅷ－2 规范中棘轮的弹塑性分析及评定方法。

表 1 载荷组合工况下的棘轮分析

载荷种类	应力性质	失效模式
恒定的机械载荷	一次应力＋恒定的二次应力（仅机械应力）	不会发生棘轮，无需棘轮评定
循环的机械载荷	一次应力＋循环的二次应力（仅机械应力）	可能会发生棘轮，需要棘轮评定
恒定的热载荷	恒定的二次应力（仅热应力）	不会发生热应力棘轮，无需热应力棘轮评定
循环的热载荷	循环的二次应力（仅热应力）	可能会发生热应力棘轮，需要热应力棘轮评定
恒定的机械载荷＋恒定的热载荷	一次应力＋恒定的二次应力（含机械应力和热应力）	不会发生热应力棘轮，无需热应力棘轮评定
恒定的机械载荷＋循环的热载荷	一次应力＋恒定的二次应力（仅机械应力）＋循环的二次应力（仅热应力）	可能会发生热应力棘轮，需要热应力棘轮评定
循环的机械载荷＋恒定的热载荷	一次应力＋循环的二次应力（仅机械应力）＋恒定的二次应力（仅热应力）	可能会发生热应力棘轮，需要热应力棘轮评定
循环的机械载荷＋循环的热载荷	一次应力＋循环的二次应力（含机械应力和热应力）	可能会发生热应力棘轮，需要热应力棘轮评定

注：当仅有循环机械应力而无热应力时称之为"棘轮"；当有热应力时，称之为"热应力棘轮"。

下文结合具体的工程实例结构，通过有限元计算对上述三种棘轮分析及评定方法进行探讨和对比，针对不同的分析方法分别采用稳态或瞬态温度场分析，并将分析结果作为热载荷条件进行热－机械耦合分析。结构主要设计参数为:筒体内压力波动为 0～2.4MPa、夹套内压力波动为 0～1.0MPa、筒体内温度波动为 50～80℃、夹套内温度波动为 20～300℃,筒体和夹套壳体材料均为 Q345R,接管材料为 16Mn 锻件。筒体、夹套内压力和温度随时间循环的变化曲线见图 1;有限元建模结构尺寸见图 2。

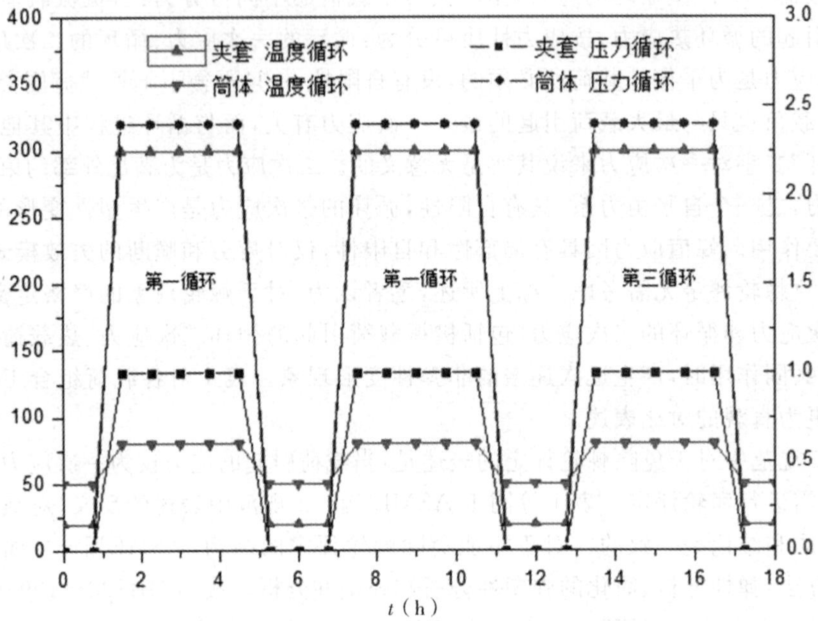

图 1 压力和温度随时间的循环变化曲线

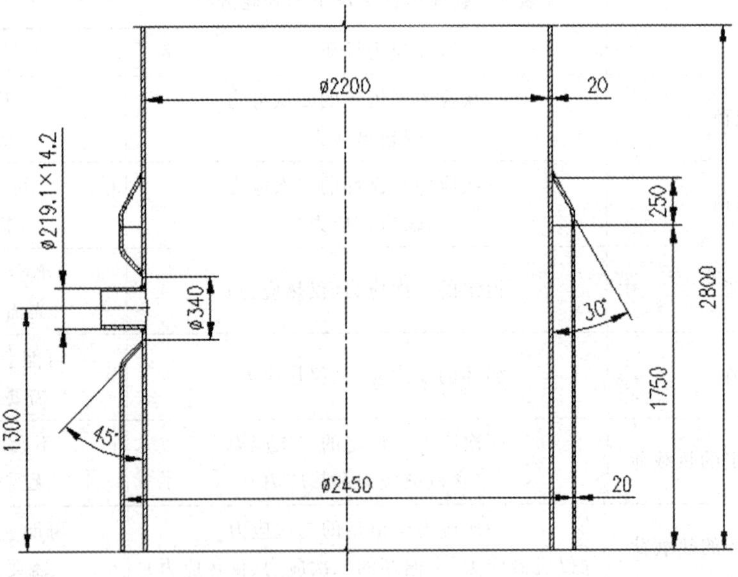

图 2 结构几何尺寸和有限元模型

2.2 弹性分析及评定方法

弹性分析基于应力分类法,对于棘轮的评定准则是:将各种不同循环载荷下由工作载荷引起的一次加二次应力范围的当量应力 $S_{Ⅳ}$ 限制在小于等于 $3S_m^t$,其本质是将材料控制在弹性安定区以防止棘轮失效。各国标准规范均提供了该弹性分析和评定方法。多年来,因操作的便利性和可实现性,工程设计中一直采用该方法进行棘轮的分析和评定。该结构选取压力和温度最为苛刻的工况进行稳态温度场分析,然后进行热一机械耦合分析,温度场分析和有限元应力分析结果分别如图 3、图 4 所示。根据应力线性化路径的选择原则，结合本结构模型，定义 8 条路径（如图 5 所示）提取应力计算结果进行棘轮评定。

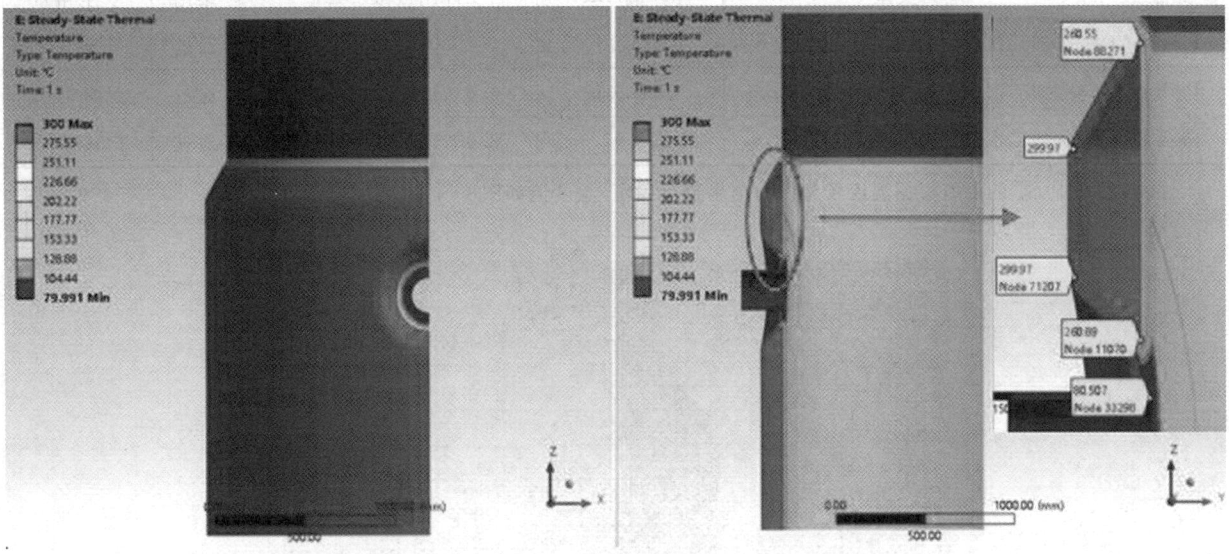

图 3　温度场分析结果

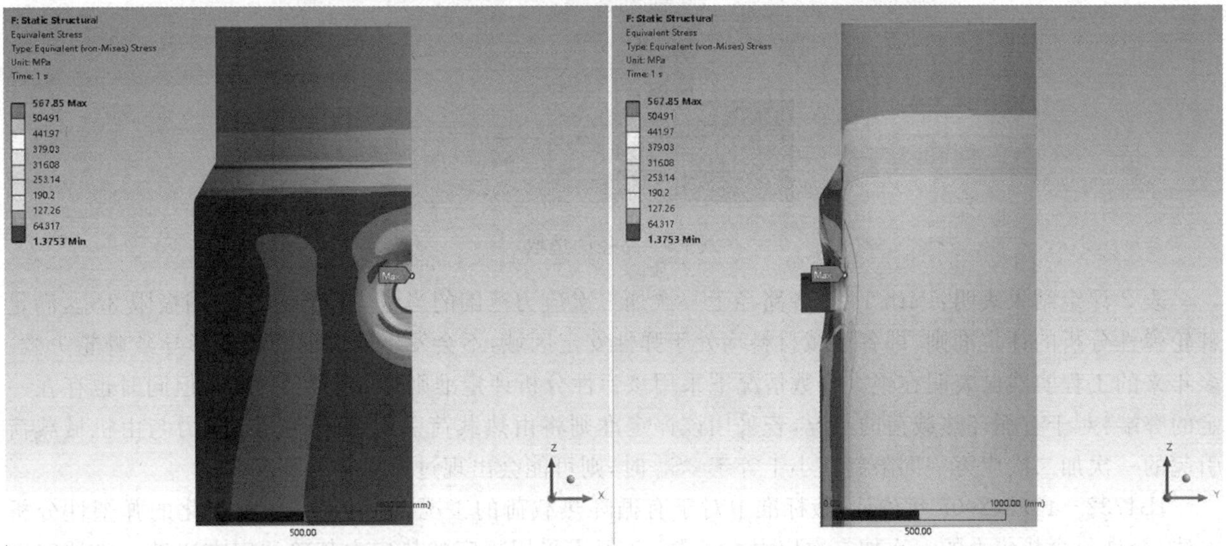

图 4　有限元当量应力计算结果

由图 3 可看出，最大当量应力出现在接管根部位置，值为 567.85MPa。在总体结构不连续的高应力区域路径上的提取的一次加二次应力范围的当量应力及评定结果汇总表 2。

表 2　棘轮的弹性分析及评定结果

路径	应力类型	计算值/MPa	许用极限/MPa	结论	安全裕量
Path 1	一次加二次应力范围的当量应力 S_{IV}	285.37	3.0×199.75=599.25	通过	110%
Path 2	一次加二次应力范围的当量应力 S_{IV}	564.53	3.0×199.75=599.25	通过	6.2%
Path 3	一次加二次应力范围的当量应力 S_{IV}	440.15	3.0×199.75=599.25	通过	36.1%
Path 4	一次加二次应力范围的当量应力 S_{IV}	262.56	3.0×153.92=461.76	通过	75.9
Path 5	一次加二次应力范围的当量应力 S_{IV}	103.71	3.0×153.92=461.76	通过	345%

（续表）

路径	应力类型	计算值/MPa	许用极限/MPa	结论	安全裕量
Path 6	一次加二次应力范围的当量应力 $S_{Ⅳ}$	233.13	3.0×143=429	通过	84%
Path 7	一次加二次应力范围的当量应力 $S_{Ⅳ}$	234.46	3.0×153.92=461.76	通过	96.9%
Path 8	一次加二次应力范围的当量应力 $S_{Ⅳ}$	92.97	3.0×153.92=461.76	通过	397%

注：各路径上 S_m^t 的取值根据温度场分析的结果进行确定，温度值如图 4 所示。

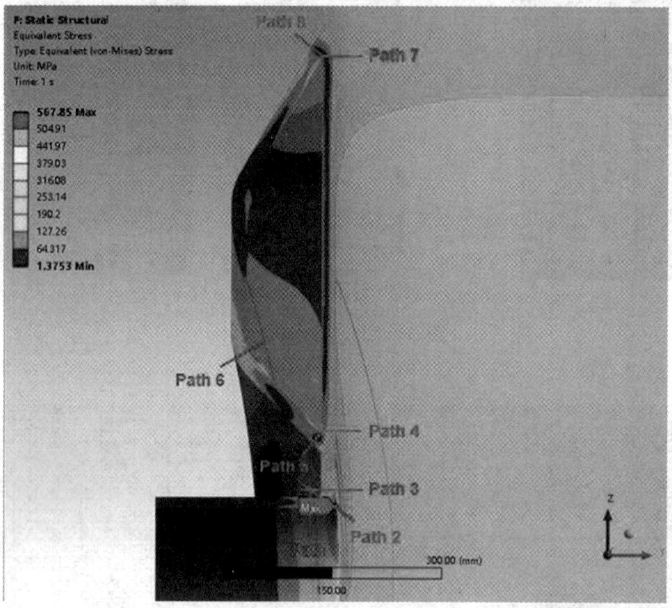

图 5　路径的选取

表 2 评定结果表明：Path 1～8 各路径上一次加二次应力范围的当量应力均小于许用极限 $3S_m^t$，满足棘轮弹性分析的评定准则，即各区域材料均处于弹性安定区域，不会发生较大的塑性变形导致棘轮失效。多年来的工程实践已表明在绝大多数情况下采用该弹性分析评定准则是安全和保守的，但同时也存在一定的弊端：对于有循环热载荷的工况，若采用该评定准则将由热载荷引起的循环二次应力与由机械载荷引起的一次加二次应力一同限制在小于等于 $3S_m^t$ 时，则可能会出现过于保守的情况。

JB4732－1995(2005 年确认)版标准中对于有循环热载荷的工况，另规定了一种简化的弹塑性分析方法，允许包含热应力的一次加二次应力大于 $3S_m{}^t$，但需采用规定的热应力棘轮评定方法进一步评定以保证安全性。该方法的本质仍是采用弹性分析，通过弹性应力分析的结果去评价弹塑性行为，故称之为“简化的弹塑性分析”[7]。从材料力学行为上分析则是允许材料超过弹性安定区，产生一定的塑性变形，但不能超过塑性安定区，即不能出现塑性变形的累积持续增大，以此来防止棘轮失效。但 JB4732 标准中规定的热应力棘轮评定方法有很大的局限性，且不具备普遍适用性：其理论来源为 Bree 图，仅适用于承受恒定内压和交变热应力的壳体，适用范围很小，因而在工程实际中很少见诸应用；另外，热应力中仅考虑了纯热弯曲应力，而未考虑热薄膜应力，会导致一些情况下评定出现不安全的情况。新版 GB/T 4732—2024 标准根据 ASME Ⅷ－2 对简化的弹塑性分析及评定方法进行了完善和修改，扩大了热应力棘轮评定的适用范围，将原仅适用于“壳体”的评定方法扩大到适用于任何结构，同时考虑了热薄膜应力的影响，弥补了 JB4732 标准中该法的局限性，使其在工程应用中更具有适用性、操作性和准确性[8]。

2.3　简化的弹塑性分析及评定方法

根据有限元计算结果，不包含热应力在内的一次加二次应力范围的当量应力均小于许用极限 $3S_m{}^t$。另外，材料屈服强度与标准抗拉强度下限的比值小于 0.8。根据 GB/T4732 标准规定，本文结构和设计参数满足简化的弹塑性分析的前提条件，故可采用该法进行热应力棘轮的评定。通过有限元计算，在仅考虑机械载荷时计算得到一次局部薄膜当量应力，在仅考虑热载荷时计算得到二次薄膜热应力范围的当量应力、二次薄膜加弯曲热应力范围的当量应力，对应的许用极限分别按公式(1)～(3)计算。

二次薄膜热应力范围当量应力的许用极限 S_{Qm} 计算公式为：

$$S_{Qm}=2.0R_{eL}{}^{t}(1-X) \tag{1}$$

二次薄膜加弯曲热应力范围当量应力的许用极限 S_{Qmb} 计算公式如下。

(1)当热应力沿壳体壁厚线性分布时：

$$\begin{cases}S_{Qmb}=R_{eL}{}^{t}(1/X) & 0<X<0.5\\ S_{Qmb}=4.0R_{eL}{}^{t}(1-X) & 0.5\leqslant X<4.0\end{cases} \tag{2}$$

(2)当热应力沿壳体壁按抛物线单调增加或减小时：

$$\begin{cases}S_{Qmb}=R_{eL}{}^{t}[1/(0.1224+0.9944X^2)] & 0<X<0.615\\ S_{Qmb}=5.2R_{eL}{}^{t}(1-X) & 0.615\leqslant X<1.0\end{cases} \tag{3}$$

通过有限元计算得到的热应力分布曲线知：Path 1～4、6 路径上热应力沿壳体壁厚是线性分布的，其余路径上是抛物线分布的。有限元计算的应力值 、按公式计算的许用极限、以及按照标准规定进行的热应力棘轮分析和评定结果汇总于表 3。

表 3　热应力棘轮分析和评定结果

项目	Path 1	Path 2	Path 3	Path 4	Path 5	Path 6	Path 7	Path 8
一次局部薄膜当量应力[1)] S_{II}/MPa	91.025	132.92	112.88	95.12	133.73	206.41	86.21	92.096
循环平均温度下材料的屈服强度[2)] R_{eL}/MPa	302.5	302.5	302.5	230.6	230.6	215	230.6	230.6
$X=S_{\text{II}}/R_{eL}$	0.301	0.439	0.373	0.412	0.622	0.895	0.374	0.399
计算的二次薄膜热应力范围的当量应力 ΔQ_m/MPa	156.46	255.28	231.45	186.24	165.95	7.7382	13.331	110.29
计算的二次薄膜加弯曲热应力范围的当量应力 ΔQ_{mb}/MPa	160.1	346.64	288.99	293.63	240.89	55.138	172.74	154.95
二次薄膜热应力范围当量应力的许用极限 S_{Qm}/MPa	422.89	399.41	379.33	271.19	174.33	45.15	288.71	277.18
二次薄膜加弯曲热应力范围当量应力的许用极限 S_{Qmb}/MPa	1004.5	689.07	810.99	559.71	453.27	90.3	881.86	821.49
评定准则 1：$\Delta Q_m\leqslant S_{Qm}$	通过	通过	通过	通过	通过	通过	通过	通过
评定准则 2：$\Delta Q_{mb}\leqslant S_{Qmb}$	通过	通过	通过	通过	通过	通过	通过	通过
安全裕量[3)]	170%	32.9%	63.9%	45.6%	5.1%	63.8%	410%	151%

注：(1)按标准规定，一次局部薄膜当量应力的计算应采用设计参数计算，但本文为更好地进行棘轮评定的对比分析，统一以操作参数为基准进行计算，避免设计参数和操作参数较大造成的对比偏差；(2)循环平均温度下材料的屈服强度不易区分，此处按最高操作温度取值，对于计算结果的评定偏保守；(3)安全裕量分别按二次薄膜热应力范围当量应力、二次薄膜加弯曲热应力范围当量应力计算并取小值。

表3评定结果表明:二次薄膜热应力范围的当量应力、二次薄膜加弯曲热应力范围的当量应力均小于对应的许用极限,评定准则1和2均通过,棘轮评定结果通过,即该结构任一位置均不会发生棘轮失效。

2.4 弹塑性分析及评定方法

新版GB/T4732－2024标准中引入了设计理念更为先进弹塑性分析及评定方法,该方法相较于前两种方法可对棘轮失效进行更为严密的计算和准确的评定。前两种方法均采用的是弹性应力分析结合塑性理论的评定准则,而弹塑性方法采用的是理想－弹塑性材料随动强化模型、von－Mises屈服准则及关联流动准则,并考虑几何非线性的弹塑性分析[9-11]。本文结构承受的机械和热载荷均随时间循环变化,采用先瞬态温度场分析,然后热－机械耦合的弹塑性分析,在分析中施加三个完整的压力－温度载荷循环并按弹塑性棘轮评定准则进行评定[12-13]。标准中规定了三种评定准则:

(1)零塑性应变准则:即元件中无塑性应变;

(2)弹性核准则:元件在主承载边界位置存在一个弹性核;

(3)总体变形准则:元件总体结构尺寸无永久性变形,可通过绘制最后一个及倒数第二个循环之间相关结构尺寸－时间的变化曲线来证明。

其中,弹性核准则可通过有限元软件计算得到的塑性应变云图直观地看到弹性核的存在,并可看到结构可能发生棘轮失效的位置和判断安全裕度,在工程设计和应用中将是最直观、清晰和易于评定的准则。本文结构瞬态热－机械耦合弹塑性分析得到的三个循环内部分时间步的塑性应变分布云图如图6所示。

由图6(a)、(b)可看出:在第一个循环2700s时刻,即刚开始加载过程中,整个结构任一位置均无塑性应变,处于弹性安定状态,随着载荷的继续加载,Ⅰ、Ⅱ两个区域逐渐出现塑性应变且开始扩展,在第一个循环卸载结束的21600s时刻,最大塑性应变达到0.00051482。由图6(c)、(d)可看出:在第二个循环卸载结束的43200s时刻,最大塑性应变为0.00051487,在第三个循环卸载结束的64800s时刻的局部放大图可直观地看到在Ⅰ、Ⅱ两个区域在经过三个循环的加载、卸载过程后,最大塑性应变值保持恒定不再继续增大,塑性应变区也不再扩展,且沿厚度方向横截面上可明显地看到塑性应变为零的弹性核区域。根据弹性核的评定准则,表明该结构Ⅰ、Ⅱ区域虽然发生了一定的塑性变形,但不会出现塑性变形的累积持续增大进而导致的失效,即不会发生棘轮失效。除Ⅰ、Ⅱ区域外,其余区域则均未发生任何塑性变形,塑性应变均为零,更不会发生棘轮失效。另外,还可看到Ⅰ区域弹性核在厚度方向约占整个承载截面的1/3,Ⅱ区域弹性核在厚度方向约占整个承载截面的1/2,均有一定的安全裕量。

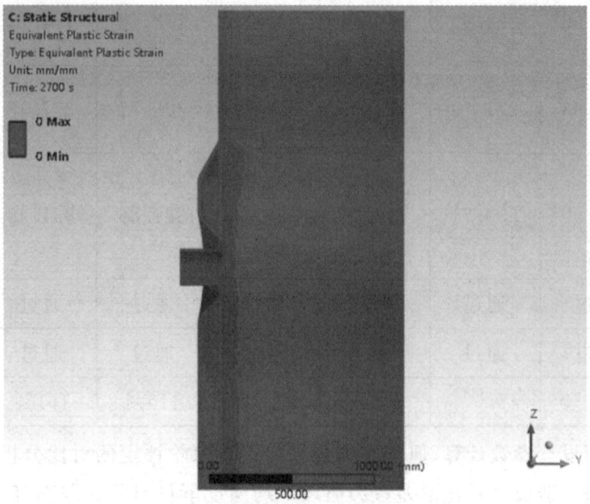

(a)第一个循环2700s时刻塑性应变分布

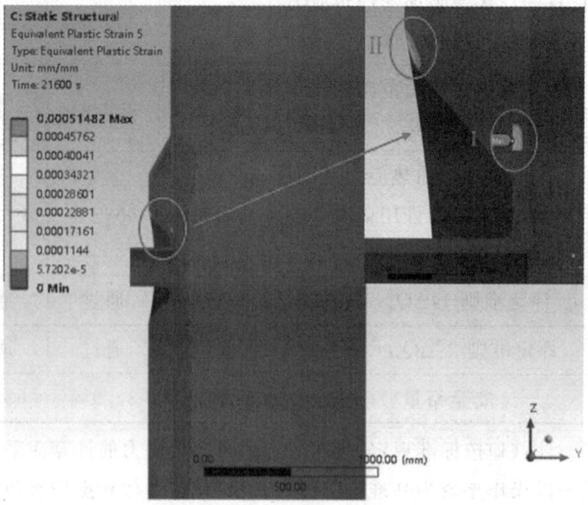

(b)第一个循环21600s时刻塑性应变分布

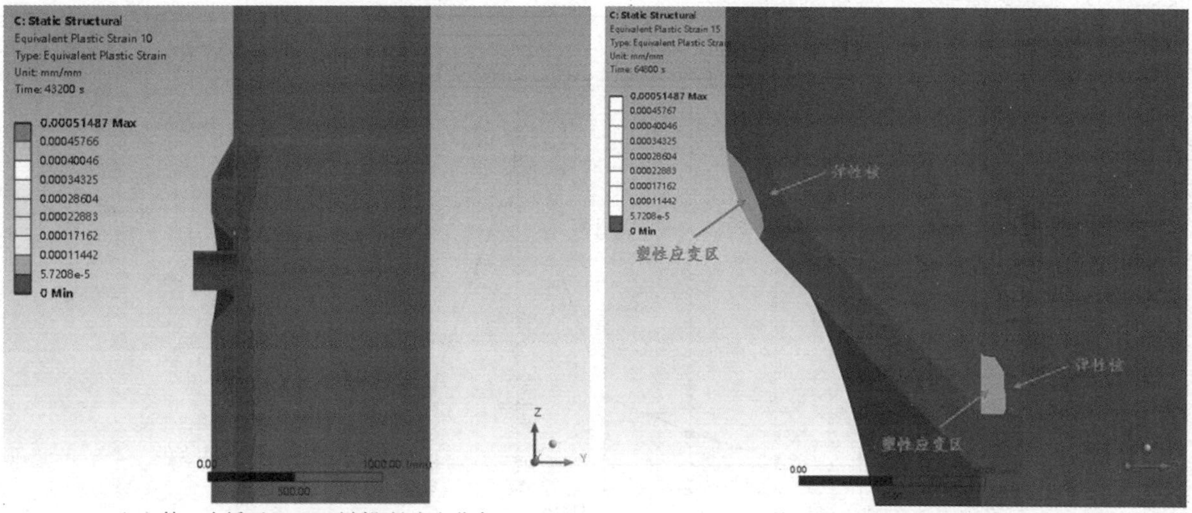

（c）第二个循环43200s时刻塑性应变分布　　（d）第三个循环64800s时刻塑性应变分布

图 6　瞬时塑性应变分布云图

3　三种棘轮分析及评定方法的对比探讨

前文结合工程实例，通过三种棘轮分析和评定方法得出了相应的计算和评定结果。本节对三种方法从适用范围到评定准则等多方位对其异同进行对比探讨并汇总于表 4。同时，将弹性分析、简化的弹塑性分析量化后的各路径上的安全裕量绘制于图 7 进行直观的对比探讨。

表 4　三种棘轮分析及评定方法的异同对比

失效模式	分析方法	适用范围	适用载荷	有限元计算方法	本构关系	分析类型	评定准则
棘轮	弹性分析及评定方法	任何结构	机械载荷、热载荷或两者兼有（至少一个为循环载荷）	弹性应力分类法	假设的胡克定律	线性分析	见 2.2 节
	简化的弹塑性分析及评定方法	JB4732 仅适用于壳体	有热载荷的工况	弹性应力分类法	假设的胡克定律	线性分析	见 JB4732
		GB/T4732 和 ASME Ⅷ－2 适用于任何结构	有热载荷的工况	弹性应力分类法	假设的胡克定律	线性分析	见 2.3 节
	弹塑性分析及评定方法	任何结构	机械载荷、热载荷或两者兼有（至少一个为循环载荷）	弹塑性分析	理想弹－塑性模型	几何非线性分析	见 2.4 节

由图 7 对比可知：Path 1～3、7 路径上弹性分析评定的安全裕量均小于简化的弹塑性分析评定的裕量，而 Path 4～6、8 路径上弹性分析评定的安全裕量均大于简化的弹塑性分析评定的裕量。Path 5、7、8 三条路径上两种方法评定的安全裕量偏差极大，其余路径上相对较小。从两种方法的评定准则分析：弹性分析棘轮的评定仅有一条判断准则，即仅考虑一次加二次应力范围的当量应力，并将其统一限制在小于等于 $3S_m^t$；而简化弹塑性分析棘轮的评定则对不同的应力性质和种类进行了细化区分，首先以一次局部薄膜当量应力作为前提条件，然后分别计算二次薄膜热应力范围的当量应力、二次薄膜加弯曲热应力范围的当量应力并给予了两个不同的限制准则，同时满足这两个限制准则才算评定通过。不难看出简化

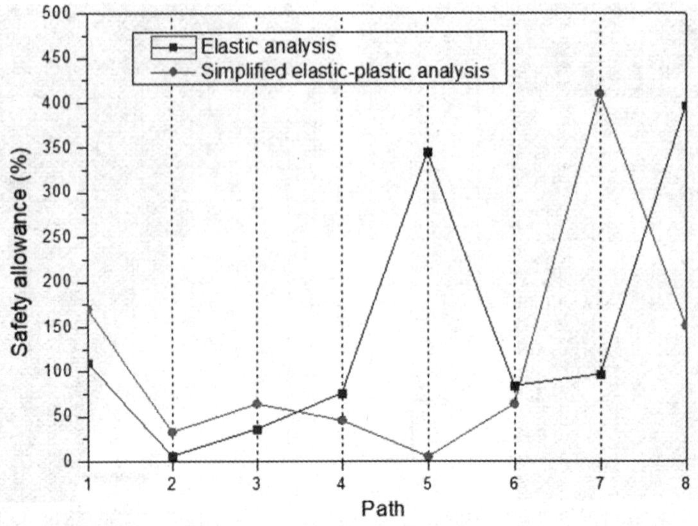

图7　安全裕量对比图

弹塑性分析的评定准则考虑得更为全面、细致，理论上评定结果相较于弹性分析的评定应更合理、更精确。

但图7的对比图似乎无规律可言，为了进一步探讨原因，通过有限元软件的计算结果将各路径上的应力提取出来并绘制曲线进行对比分析，图8为仅考虑机械载荷、仅考虑热载荷、同时考虑热一机械耦合载荷三种工况下的薄膜当量应力对比图，图9为三种工况下一次加二次应力范围的当量应力对比图。

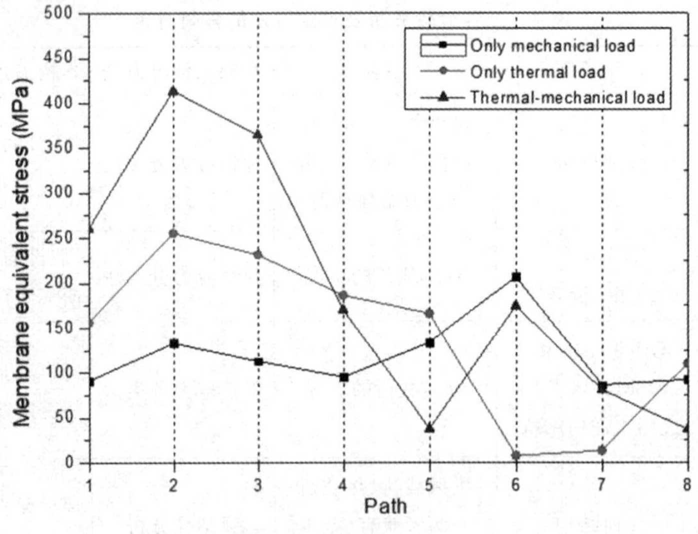

图8　三种工况下薄膜当量应力对比图

由图8、图9的对比图可捕捉到一定的规律：

(1)Path 1～3、7路径上热一机械耦合载荷工况下，薄膜当量应力、一次加二次应力范围当量应力总体上均是大于仅一种载荷情况下的应力值，可判断出这四条路径上仅机械载荷引起的应力与仅热载荷引起的应力总体方向是相同的，应力值应是互相叠加的，但又并非简单的线性相加。此种情况下，弹性分析仅以一次加二次应力范围的当量应力作为评定准则，相较于简化的弹塑性分析细化区分后的评定准则，显得简单直接、不够精确。从此三条路径上两种评定方法安全裕量的对比可知，弹性分析评定的安全裕量均小于简化的弹塑性分析评定的裕量，似乎偏保守一点，当然也更安全。Path 7路径上安全裕量偏差比较大的原因，分析认为该路径上热载荷引起的薄膜热应力和弯曲热应力成分均较小，对棘轮起主导作

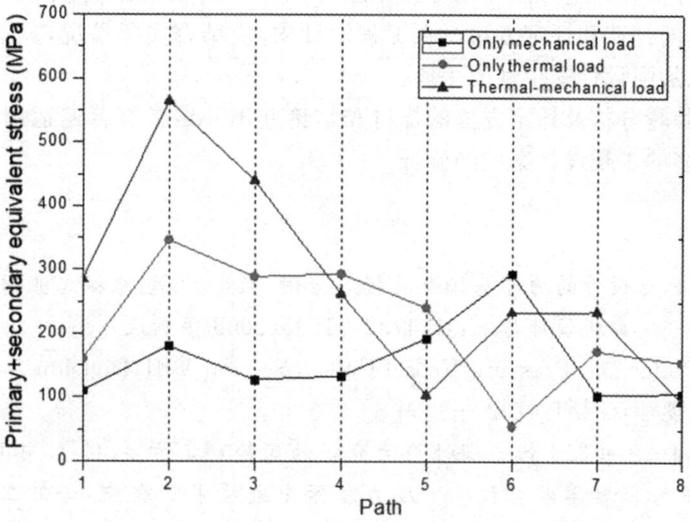

图 9　三种工况下一次加二次应力范围的当量应力对比图

用的应是机械载荷引起的应力成分，而简化的弹塑性分析评定准则仅考虑了二次热应力的影响，而不能评估机械载荷引起的二次应力的影响，评定结果偏于冒进，才会使得安全裕量远大于弹性分析的评定裕量。

(2)Path 4～6、8 路径上热一机械耦合载荷工况下，薄膜当量应力、一次加二次应力范围当量应力总体上均是小于仅一种载荷情况下的应力值，可判断出这四条路径上仅机械载荷引起的应力与仅热载荷引起的应力总体方向是不尽相同的，存在应力互相抵减的情况。此种情况下，弹性分析评定的安全裕量均大于简化的弹塑性分析评定的裕量。分析认为，仍是因为简化的弹塑性分析评定准则不能评估机械载荷引起的应力成分的影响，机械应力与热应力互相抵减，必然会降低对棘轮的作用，此时仍仅以高的热应力来评定，而不是以抵减后较低的应力来评定，显然是高估了热应力的影响，低估了机械应力反作用对降低循环应力的影响，故此种情况下，简化的弹塑性分析评定准则又似乎是保守的。Path 5、8 路径上安全裕量偏差大的原因恰恰就是因为这两条路径上机械应力与热应力互相抵减后，对棘轮起作用的应力成分大大降低，故使得简化的弹塑性分析评定的安全裕量远大于弹性分析的评定裕量。

4　结　论

本文分别探讨了 ASME Ⅷ－2 和国内分析设计标准中三种棘轮分析及评定方法(弹性、简化的弹塑性、弹塑性)的适用结构范围和载荷类型、本构关系、评定准则等，并结合工程实例结构，通过有限元计算方法对三种棘轮分析方法的评定结果作了对比，得出若干探讨性的结论。

(1)在循环热载荷和循环机械载荷共同作用下，当热应力和机械应力方向相同，应力值互相叠加的情况下，弹性分析方法对棘轮的评定结果相较于简化的弹塑性分析的评定结果可能会相对偏保守。

(2)在循环热载荷和循环机械载荷共同作用下，当热应力和机械应力方向相反，应力值互相抵减的情况下，简化的弹塑性分析方法对棘轮的评定结果相较于弹性分析的评定结果可能会相对偏保守。

(3)循环的热应力成分和机械应力成分的比重，对于弹性分析方法和简化的弹塑性分析方法的评定结果有较大影响，当热应力成分占比较大起主导作用时，简化的弹塑性分析方法的评定结果可能更准确，而当机械应力成分占比较大起主导作用时，简化的弹塑性分析方法的评定结果则可能会出现较大偏差且偏于冒进。

(4)综上，对于棘轮的评定，难以直接判断哪种方法评定结果更为可靠、更为准确。较为稳妥的方法是针对不同的载荷条件、不同的结构进行具体的分析和判断，根据热应力成分和机械应力成分的比重，以及应力值是互相叠加或互相抵减的情况，综合考量，合理选取评定方法。

(5)棘轮的弹塑性分析和评定方法理论更为先进，且不涉及应力的影响，不存在上述两种方法存在的弊端，是更为严密、准确的计算和评定方法。在工程设计中，应结合实际情况，灵活选用三种方法进行评定，亦可作为互相验证、加强设计安全性的手段。

(6)以上关于三种棘轮分析及评定方法的探讨和结论并不一定具有普遍适用性，还有待进一步的深入探讨和研究，以及更多的工程设计案例的验证。

参考文献

[1] 李建国．压力容器设计的力学基础及其标准应用[M]. 北京：机械工业出版社，2004.

[2] 钢制压力容器——分析设计标准：JB 4732—1995(2005 年确认)[S].

[3] 2023 ASME Boiler and Pressure Vessel Code—Section VIII，Division 2，Alternative Rules[S].

[4] 压力容器分析设计：GB/T 4732—2024[S].

[5] 沈鋆．ASMEⅧ—2 中基于弹—塑性应力分析的棘轮评定方法[C]//中国机械工程学会压力容器分会．第八届全国压力容器学术会议——压力容器先进技术．合肥：合肥工业大学出版社，2013：413—418.

[6] 沈鋆，陈志伟，刘应华．基于弹性核评定准则的压力容器弹塑性棘轮分析[J]. 压力容器，2016，33(7)：10—17.

[7] 左安达，马忠明．简化的弹塑性分析方法在压力容器设计中的应用[J]. 化工设备与管道，2025，62(2)：48—55.

[8] 沈鋆，刘应华．压力容器分析设计方法与工程应用[M]. 北京：清华大学出版社，2016.

[9] 石乾宇，唐卉，陈建龙，等．热-机循环载荷作用下裙座结构的棘轮和疲劳评定[J]. 压力容器，2017，034(1)：45—49.

[10] 李正驰，罗翔鹏，段成红，等．压力容器及容器—管道系统的安定载荷计算方法对比[J]. 压力容器，2024，41(3)：30—40.

[11] 沈鋆，粟雨平，陈志伟，等．GB/T 4732—2024《压力容器分析设计》中棘轮评定方法的解读及应用[J]. 压力容 器，2024，41(07)：40—48.

[12] 魏晓，张岚，尤琳．基于 ASME—Ⅷ—2 的弹塑性棘轮分析实例[J]. 医药工程设计，2021，042(5)：57—61.

[13] 厉晓英，闫龙龙．热—机循环载荷作用下立式容器的设计[J]. 化工设备与管道，2021，58(1)：11—15.

作者简介

左安达(1987)，男，高级工程师，设备技术经理，硕士研究生，主要从事石油化工静设备的常规设计与分析设计工作，通信地址：201210 上海浦东新区张江高科中科路 633 号惠生工程(中国)有限公司绿氢产品技术中心，E—mail：andazuo0694@163. com。

基于应力补偿法的功能梯度材料压力容器安定分析

林誉洲[1]，陈泽睿[1]，彭　恒[2]，刘应华[1]

（1. 清华大学 工程力学系，北京 100084；2. 清华大学 核能与新能源技术研究院，北京 100084）

摘　要：安定性评估是压力容器结构分析设计和完整性评价的主要内容之一。现有的研究主要集中于均匀材料结构，缺乏对于功能梯度材料（Functionally graded material，简称 FGM）结构的安定性研究。针对这一问题，本文基于应力补偿法框架开发了一种适用于 FGM 的通用安定分析方法，实现了多轴应力状态、考虑材料性能随温度变化以及任意加载条件下复杂结构的安定承载能力计算。通过对 FGM - Bree 板的分析，验证了所提出计算方法的有效性。进一步对含体积缺陷的 FGM 板和受力热载荷作用下的厚壁圆柱压力容器进行了分析，揭示了由交变塑性控制和棘轮控制的安定边界对缺陷尺寸的敏感性，讨论了屈服强度随温度变化对安定极限的影响。本文所提出的计算方法适用于 FGM 压力容器在复杂加载条件下的安定分析，为梯度材料优化设计和结构安全性评估提供可靠的分析工具。

关键词：功能梯度材料；安定分析；循环载荷；压力容器

Shakedown analysis of functionallygraded pressure vessels based on stress compensation method

LIN Yuzhou[1]，CHEN Zerui[1]，PENG Heng[2]，LIU Yinghua[1]

（1. Department of Engineering Mechanics，AML，Tsinghua University，Beijing 100084，China；
2. Institute of Nuclear and New Energy Technology，Tsinghua University，Beijing，100084，China）

Abstract：Shakedown assessment is one of the key components in structural design analysis and integrity evaluation of pressure vessels. Existing studies focus primarily on homogeneous materials，and there is still a lack of systematic investigation into the shakedown behavior of structures made from functionally graded material（FGM）. To address this gap，the present work develops a general shakedown analysis method for FGM within the stress compensation framework. The proposed approach enables the calculation of shakedown limits for complex structures under multiaxial stress states，accommodates temperature - dependent material properties，and applies to arbitrary loading conditions. Validation against the classic FGM Bree plate demonstrates the method's accuracy. The study is further extended to（i）an FGM plate containing volumetric defects and（ii）a thick - walled cylindrical pressure vessel subjected to combined mechanical and thermal loads. Results reveal the sensitivity of shakedown boundaries governed by alternating plasticity and ratcheting to defect size，and elucidate how temperature - dependent yield strength influences the shakedown limit. The method presented herein is applicable to the shakedown analysis of FGM pressure vessels under complex loading，providing a reliable tool for gradient - material optimization and structural safety evaluations.

Keywords：functionally graded material；shakedown analysis；cyclic loads；pressure vessel

0 引 言

功能梯度材料(Functionally graded material,FGM)是由多种组分构成的先进工程材料,通过组分含量沿空间方向梯度变化使材料性能呈现连续梯度分布,消除了传统复合材料中存在的明显界面[1],显著提升了高温力学性能。FGM 在高温承压结构中具有广阔应用前景[2-4]。近年来,关于 FGM 结构弯曲响应、自由振动、裂纹扩展、梯度涂层接触问题等方面的力学行为研究取得重要进展[5-8],并在热载荷作用下 FGM 结构的热失效、摩擦生热响应、热变形恢复等方面开展了一系列理论、数值和实验研究[9,10],从多个角度揭示了 FGM 结构的力学特性。此外,高温承压结构常常承受交变力热载荷作用。循环加载可能引起棘轮与交变塑性失效,严重影响结构完整性。因此准确定量评估循环载荷条件下 FGM 结构的承载能力具有重要科学意义。

安定分析是循环载荷下结构强度评估的有效手段,可直接依据载荷范围判定结构承载能力,无需追踪载荷历史[11]。对于 FGM 结构的安定性研究,现有文献工作主要通过分层均匀化[12]和自洽理论[13]处理连续变化的材料属性,如弹性模量、屈服强度、热膨胀系数与摩擦系数等,通过理论推导特定假设下的解析解[13]。以上工作多聚焦于一维 FGM 结构、特定假设与简单载荷形式,尚缺乏适用于复杂工况和复杂结构的 FGM 安定分析算法。

线性匹配法[14]和应力补偿法[15]是两种典型的结构安定分析计算方法,可有效解决复杂力热载荷下大规模结构的安定分析问题。目前,这两种方法已在大量的均匀材料的压力容器设计和完整性评估中得到了验证,但尚未应用于 FGM 结构的承载能力计算。

本文基于应力补偿法框架,发展了面向 FGM 压力容器的安定分析计算方法。论文框架如下:第 2 节推导了 FGM 材料安定分析的迭代公式与收敛准则,建立适用于多轴应力状态和复杂边界条件的数值分析流程。第 3 节通过经典的 FGM - Bree 板验证了本文所提出数值计算方法的准确性。第 4 节将该方法应用于含贯通孔缺陷的 FGM 板和 FGM 厚壁圆柱压力容器的安定边界计算。

1 用于非均质材料安定分析的应力补偿法

1.1 功能梯度材料的安定下限定理

作用于结构的多个载荷可以表示为:

$$P(x,t)=[\mu_1(t)\bar{P}_1(x) \quad \mu_2(t)\bar{P}_2(x) \quad \mu_3(t)\bar{P}_3(x) \quad \cdots \quad \mu_k(t)\bar{P}_k(x)]^T \tag{1}$$

其中,$P(x,t)$是由各个载荷分量组成的列向量,$\bar{P}_i(x)$是第 i 组参考载荷的大小;$\mu_i(t)$是随时间变化的载荷系数,且 $\mu_{i\ min}\leqslant\mu_i(t)\leqslant\mu_{i\ max}$。根据 $\mu_i(t)$的变化范围,式(2)在几何上可以表示为一个凸空间多面体,即凸载荷域。以两组载荷为例,载荷域可以用图 1 中的矩形表示。图中的任意一条曲线对应一条加载路径,矩形的四个顶点称为载荷顶点。

König[16]提出了安定分析的一个基本定理:对于一个凸载荷域 Ω,如果结构在沿 Ω 边界进行的循环加载下安定,即满足式(2),则对于 Ω 域内的任意加载路径,结构安定。

$$\begin{cases} max \quad \lambda \\ st. \quad f(\lambda\sigma_{ij}{}^E+\rho_{ij},\sigma_s)\leqslant 0 \quad in\ V \\ \rho_{ij,j}=0 \quad in\ V \\ \rho_{ij}n_j=0 \quad on \quad S_t \end{cases}, \tag{2}$$

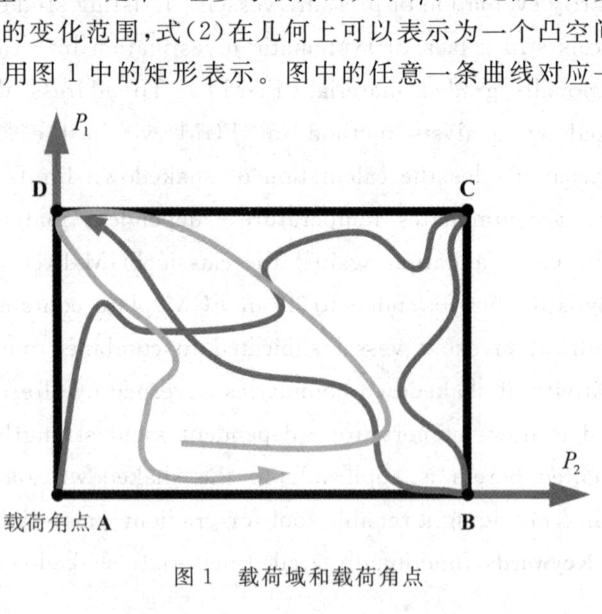

图 1 载荷域和载荷角点

其中,λ 表示载荷放大因子;f 为屈服函数;σ_s 表示屈服应力;σ^E 和 ρ 分别表示结构

域 V 内的虚拟弹性应力场与残余应力场；S_t 表示结构的边界。

1.2 数值方法

应力补偿法是一种用于复杂结构安定分析的高效数值方法。其核心策略是通过迭代调整残余应力场，并逐步减小载荷乘子，以确定结构的安定极限载荷。

基于应力补偿法，求安定分析问题的迭代流程如下：

(1)在每个积分点，将虚拟弹性应力与残余应力叠加：

$$\sigma^{(n)}=\lambda^{(m)}\sigma_E{}^{(n)}+\rho^{(n)} \tag{3}$$

(2) 计算 Mises 应力、补偿系数 $\xi^{(n)}$ 和补偿应力 $\sigma_C^{(n)}$，并记录 $\xi_{max}^{(n)}$ 及位置：

$$\sigma_C=\begin{cases}\dfrac{\sigma_e-\sigma_Y}{\sigma_e}\sigma(\sigma_e\geqslant\sigma_Y)\\0(\sigma_e<\sigma_Y)\end{cases}, \tag{4}$$

$$\xi=\frac{\sigma_e-\sigma_Y}{\sigma_e}. \tag{5}$$

(3) 在所有载荷顶点重复步骤 1－2，计算与残余应力对应的平均位移增量及平均补偿应力：

$$K\Delta a_r{}^{(n)}=\frac{1}{k}\sum_{i=1}^{k}\int_V B^T\sigma_{Ci}{}^{(n)}\mathrm{d}V, \tag{6}$$

$$\sigma_C{}^{(n)}=\frac{1}{k}\sum_{i=1}^{k}\sigma_{Ci}{}^{(n)}. \tag{7}$$

(4) 更新残余应力场：

$$\Delta\rho^{(n)}=DB\Delta a_r{}^{(n)}-\sigma_C{}^{(n)}, \tag{8}$$

$$\Delta\rho^{(n+1)}=\rho^{(n)}+\Delta\rho^{(n)}. \tag{9}$$

(5) 重复步骤 1－4，直到满足收敛条件式：

$$|\xi_{max}{}^{(n)}-\xi_{max}{}^{(n-1)}|\leqslant\Delta. \tag{10}$$

(6) 在每个载荷顶点重复步骤 1－3，计算平均位移增量、弹性应力增量和补偿应力增量，如下所示：

$$\Delta\bar{\rho}^{(n)}=\frac{1}{m}\sum_{i=1}^{m}\Delta\bar{\rho}_i{}^{(n)}. \tag{11}$$

(7) 更新载荷乘子。为了避免载荷乘子下降过快带来的误差，载荷下降速度需要加以限制。在降低载荷乘子之前，需要利用补偿系数 ξ 来评估每次迭代的收敛速度。如果满足式(12)，则采用式(14) 更新载荷放大因子，否则使用式(13)。

$$\begin{cases}\xi_{max\_out}{}^{(m)}\leqslant k\xi_{max\_out}{}^{(m-1)}\\\omega>\omega_{cr}\end{cases}, \tag{12}$$

$$\begin{cases}\lambda^{(m)}=\lambda^{(m-1)}\left[1+\dfrac{1}{2\left(\dfrac{1}{\omega\xi_{max\_out}{}^{(m-1)}}-1\right)}\right]\\\omega=\dfrac{\omega}{2}\end{cases}, \tag{13}$$

$$\lambda^{(m)}=\lambda^{(m-1)}(1-\omega\xi_{max\_out}{}^{(m-1)}). \tag{14}$$

(8) 重复步骤 1－7,直到满足式(15) 中的收敛判据。随后,输出安定极限载荷乘子及残余应力场。

$$\xi_{max\_out}{}^{(m)} \leqslant 0.01. \tag{15}$$

2 FGM－Bree 板问题的安定分析

经典的Bree板问题研究了由均质材料制成的薄壁圆筒在周期性热载荷和恒定拉伸载荷下的弹塑性行为,应用于快中子反应堆燃料元件。为推导简化解析解,采用一维假设并忽略了轴向应力,但这一简化的影响尚未充分探讨。本节将通过两个数值算例验证所发展算法的有效性,并分析在 FGM－Bree 板问题中忽略轴向应力的影响。

2.1 一维假设下的 FGM－Bree 板问题的安定分析

图 2 所示为一块受恒定拉伸载荷与周期性热载荷作用的 FGM 板,方板长与厚度之比为 20∶1,绝对尺寸为:长 1.2m,宽 1.2m,厚 0.06m。该板的弯曲变形被约束。本问题旨在验证所发展算法的有效性。

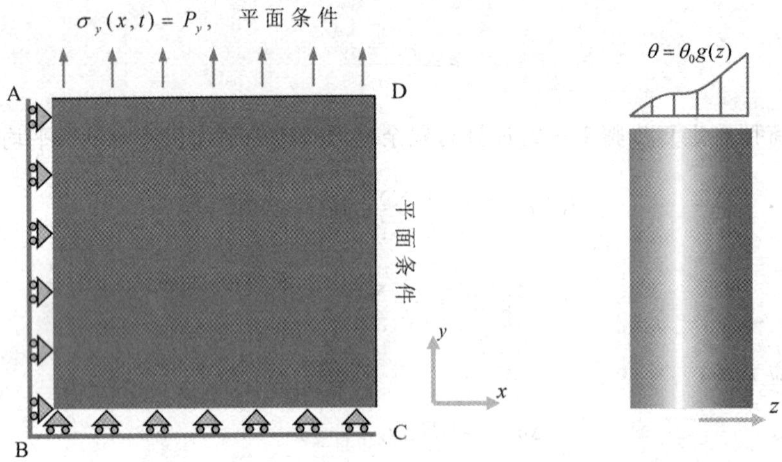

图 2　承受循环热载荷和恒定拉伸载荷的 FGM 板

材料性能沿厚度方向的变化由式(16)和(17)描述。已有研究验证,该变化规律与 Hill 自洽方法所得到的等效材料性能保持一致。

$$E(z)=E_0\left(\frac{E_h}{E_0}\right)^{\frac{z}{h}},\alpha(z)=\alpha_0\left(\frac{\alpha_h}{\alpha_0}\right)^{\frac{z}{h}},\sigma_Y(z)=\sigma_{Y0}\left(\frac{\sigma_{Yh}}{\sigma_{Y0}}\right)^{\frac{z}{h}}, \tag{16}$$

$$M_0=M(0),M_h=M(h), \tag{17}$$

式中,E,α 和 σ_Y 分别表示杨氏模量、热膨胀系数和屈服强度;M 可表示 E,α 和 σ_Y。

此外,材料性能在 x-y 平面内保持不变,泊松比为常数。为简化计算,如图 3 所示,将模型沿厚度方向划分为若干层,层厚 Δh,单层材料被均质化,层间理想粘结。第 i 层的材料性能可表示为:

$$M_i=\frac{1}{\Delta h}\int_{h_i}^{h_i+\Delta h}M_0\cdot\left(\frac{M_h}{M_0}\right)^{\frac{z}{h}}dz. \tag{18}$$

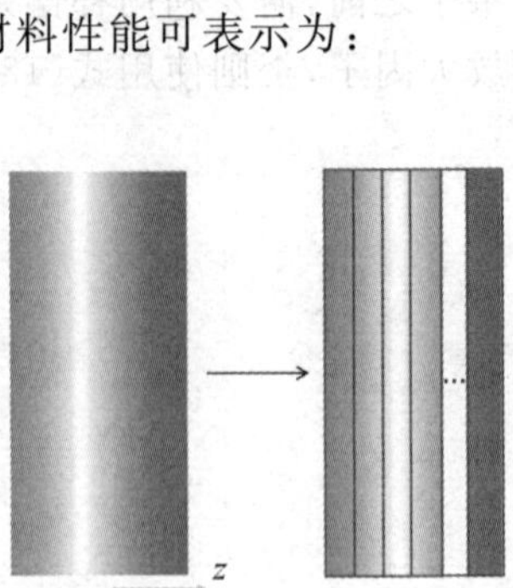

图 3　分层均匀化的 FGM 板

基于静态安定定理,学者们[13] 提出了一种解析方法来求解该问题:

$$\sigma_P(z)+\sigma_\theta(z,\theta)+\bar{\rho}_y(z)\leqslant\sigma_Y(z),(a\leqslant z\leqslant h/2)$$

$$\sigma_P(z)+\bar{\rho}_y(z)\leqslant\sigma_Y(z),(-h/2\leqslant z\leqslant a)$$

$$\sigma_p(z)+\bar{\rho}_y(z)\geqslant-\sigma_Y(z),(a\leqslant z\leqslant h/2)$$

$$\sigma_P(z)+\sigma_\theta(z,\theta)+\bar{\rho}_y(z)\geqslant-\sigma_Y(z),(-h/2\leqslant z\leqslant a) \tag{19}$$

式中，σ_P 和 σ_θ 分别为由拉伸载荷和热载荷引起的弹性应力；$\bar{\rho}$ 是时间无关的残余应力场。$\sigma_Y=\sigma_{Y0}\cdot d$，其中 σ_{Y0} 表示初始屈服强度。所有变量均为沿 y 方向的应力分量。

FGM 板由铝基体与 SiC 颗粒组成，SiC 体积分数自底部 0%递增至顶部 30%，用于确定安定极限载荷的参数 d=2.32[Peng，2009 #34][13]，底层与顶层材料性能见表 1。根据式(19)，为满足一维假设，应力补偿法仅考虑单一应力分量计算补偿应力。沿厚度方向构建不同层数的有限元模型，通过调整载荷比可获得一系列安定极限载荷点。

表 1 材料属性

	E	α	σ_{Y0}	λ(W/K·m)	d	v
M_0	69GPa	2.31×10⁻⁵/℃	34.0MPa	237.0	2.32	0.313(average)
M_h	118.1GPa	4.7×10⁻⁶/℃	79.0MPa	282.1		

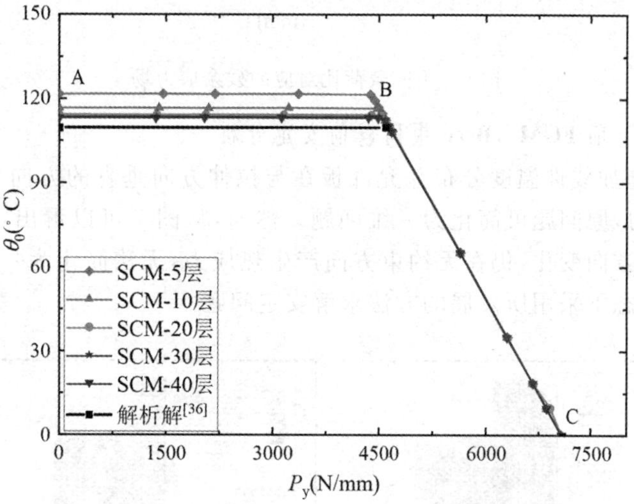

图 4 FGM 板在一维假设下的安定域

如图 4 所示，安定区与交变塑性区的分界线为 AB，安定区与棘轮区的分界线为 BC。在 AB 边界，随着离散层数增加，数值解与解析解的相对误差减小，至 40 层时约为 3%，如图 5a 所示；在 BC 边界，结果与解析解基本一致，如图 5b 所示。采用 40 层划分可保证足够精度，后续算例均采用 40 层模型。此外，图 6 展示了不同载荷比下沿厚度方向的残余应力变化，残余应力在 z=38mm 附近达到最小值。

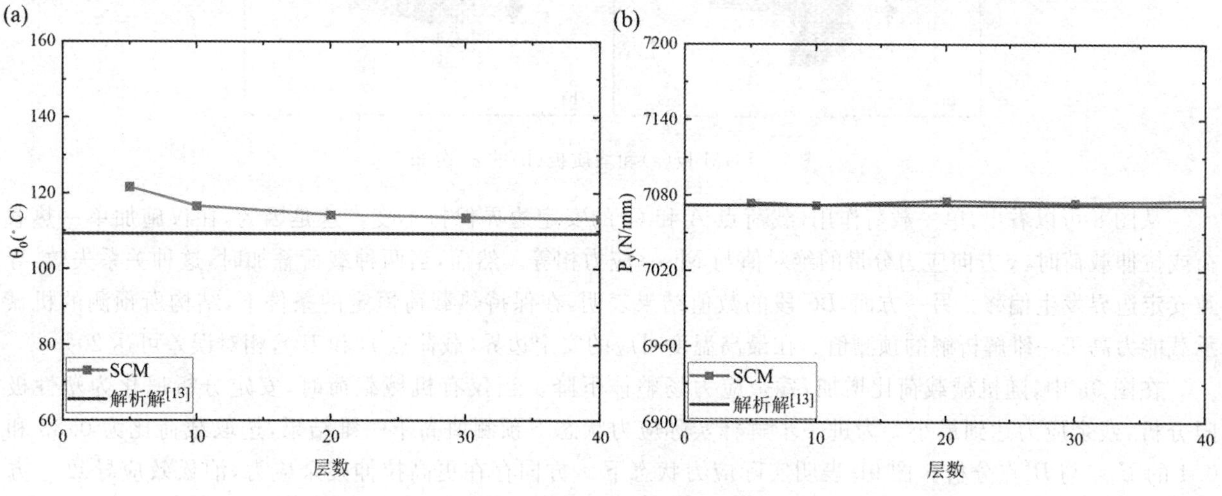

图 5 交变塑性控制的安定边界(a)和棘轮控制的安定边界(b)的收敛性

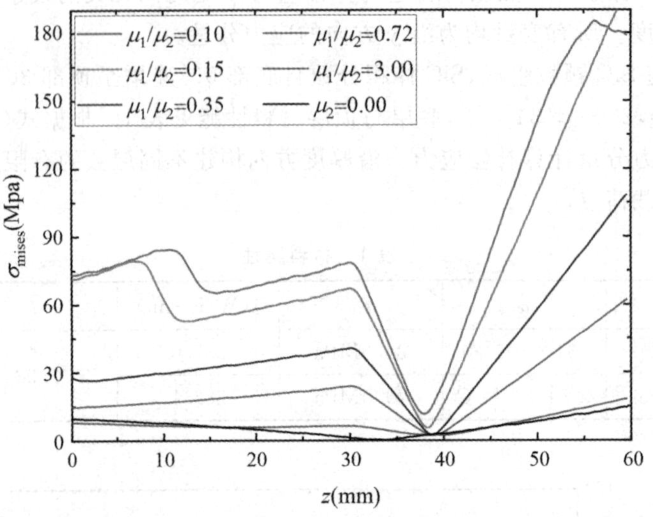

图 6　不同载荷比对应的残余应力场

2.2　真实应力状态下的 FGM－Bree 板问题的安定分析

在 Bree 问题中，若施加线性温度分布并允许板在与拉伸方向垂直的方向自由弯曲[17]，则仅产生单向机械拉伸应力与热应力，原问题可简化为一维问题。然而，从图 7 可以看出，FGM 板即使在上述条件下，由于材料属性沿厚度方向变化，仍在无约束方向产生热应力，无法简化为一维情形。因此，本节取消一维假设，在真实应力状态下采用所发展的方法求解安定问题。

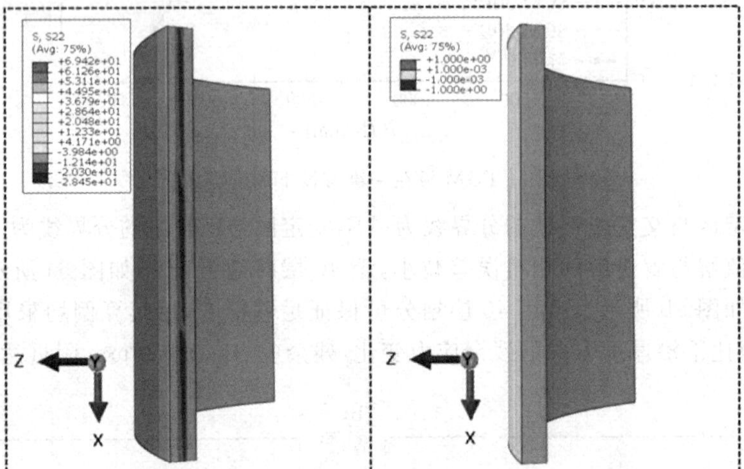

图 7　FGM 板(a)和均质板(b)的 σ_y 分布

从图 8 可以看出，单一载荷作用(载荷点 A 和 C)的安定边界保持不变。这是因为，在仅施加单一热载荷或拉伸载荷时，y 方向应力分量的绝对值与 Mises 应力相等。然而，当两种载荷叠加时，这种关系失效，导致安定边界发生偏移。另一方面，BC 段的数值结果表明，在保持热载荷恒定的条件下，结构所预测的机械承载能力高于一维解析解的预测值。在最高温度对应的安定边界(载荷点 B 和 B')，相对误差可达 20%。

在图 9a 中，随机械载荷比增加，残余应力场整体下降。当仅有机械载荷时，安定分析退化为塑性极限分析，残余应力达到最小。为进一步解释实际应力状态下预测值高于一维结果，选取载荷比为 0.33 和 0.4 的 B 点与 B' 点分析。图 9b 表明实际应力状态下 x 方向存在更高拉伸残余应力，泊松效应导致 y 方向机械承载能力预测值提高。如图 10 所示，采用逐步分析法验证数值结果，位于安定边界 AB' 段之外的

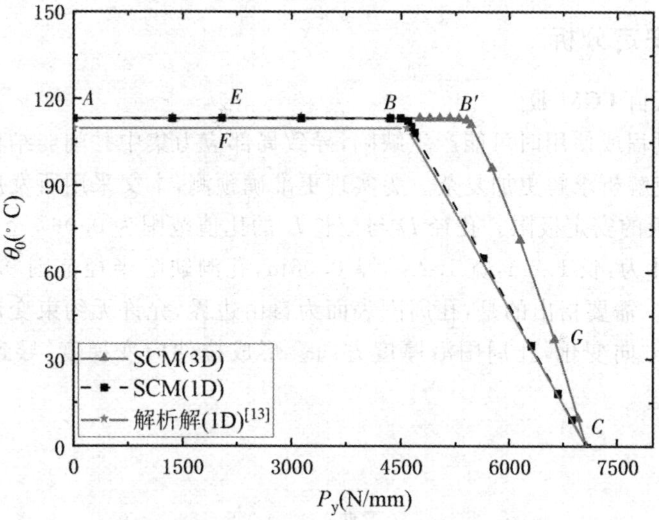

图 8 FGM 板在真实应力状态下的安定域

E 点处于交变塑性状态，而位于 $B'C$ 段之外的 G 点则处于棘轮状态，边界内 F 点处于安定状态。验证了所发展计算方法的有效性。

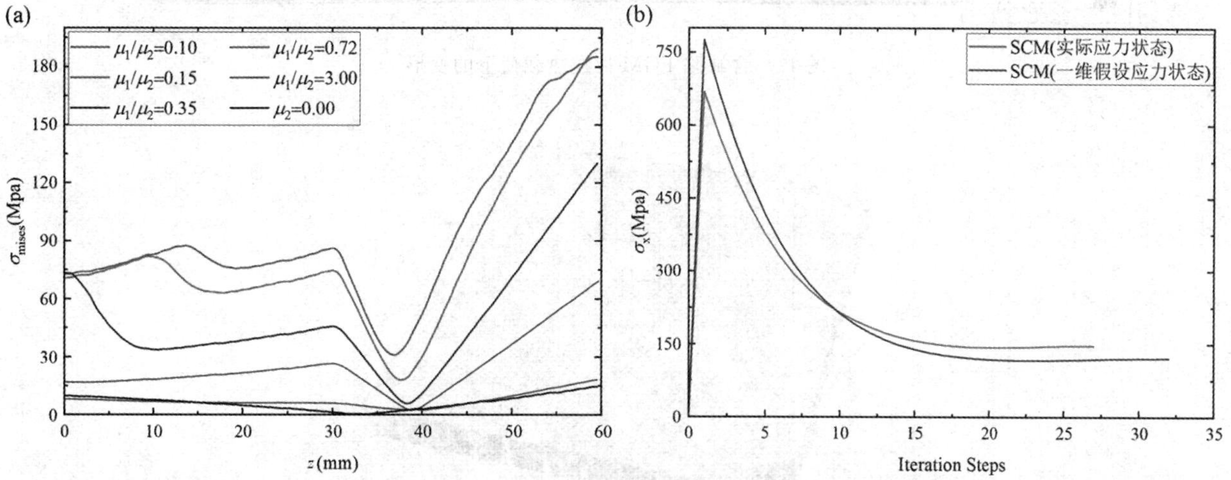

图 9 实际应力状态下的残余应力状态：(a)不同 μ_1/μ_2 对应的残余应力；(b)载荷点 B 和 B' 的残余应力

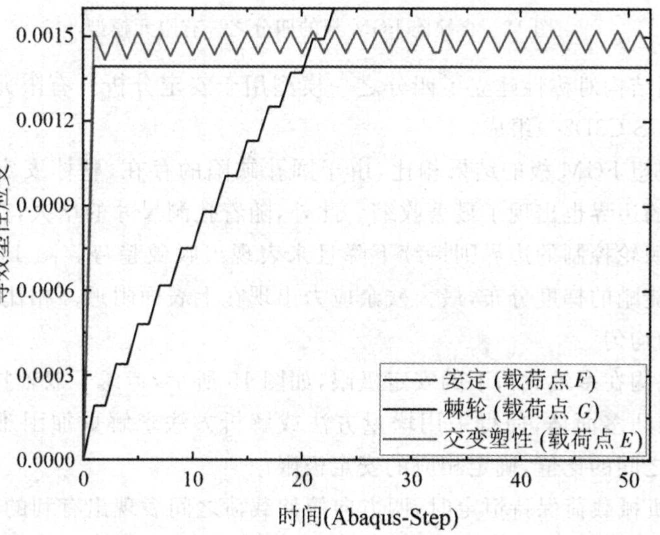

图 10 对安定域的逐步分析验证

3 FGM结构的安定分析

3.1 带有贯通圆孔的FGM板

FGM结构在制造过程或使用时可能产生缺陷,导致局部应力集中并削弱结构性能。缺陷存在时,解析推导中的假设失效,使解析求解更加复杂。为实现更准确预测,本文采用所发展的数值方法,评估含不同尺寸穿孔缺陷FGM板的安定极限。孔径 D 与板长 L 的比值范围为0.067至0.2,板厚与板长的比值为0.05,结构的绝对尺寸为:长1.2m,宽1.2m,厚0.06m,孔洞缺陷半径范围0.02~0.06m。材料性能与表2及所给数据一致。需要指出的是,孔周围表面为自由边界,允许无约束变形。由于弹性模量、热膨胀系数及热载荷沿厚度方向变化,孔周围沿厚度方向会形成拉伸应变梯度,导致弯曲,使得一维假设失效,如图11所示。

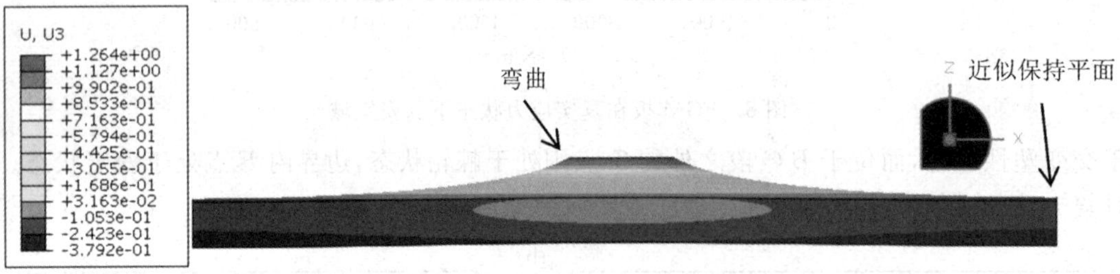

图11 含缺陷FGM板在热载荷下的变形

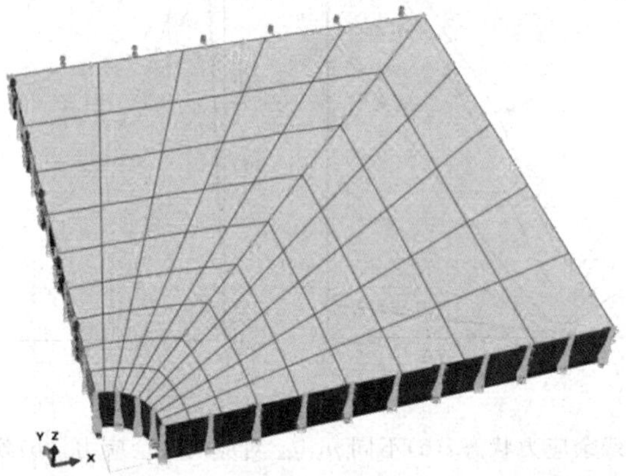

图12 含缺陷FGM板的四分之一有限元模型

如图12所示,利用结构对称性建立了四分之一模型用于安定分析。有限元模型由3600个27节点三维实体单元(ABAQUS C3D20)组成。

从图13看出,与理想FGM板的结果相比,由于圆孔缺陷的存在,整体安定区域明显减小。即使缺陷较小,交变塑性控制的边界也出现了显著收缩。此外,随着孔洞尺寸的增大,交变塑性控制的边界逐渐收敛至一个常数值,而棘轮控制的边界则持续下降且未表现出收敛趋势。图14展示了残余应力在孔洞周围高度集中,呈现出陡峭的梯度分布,最大残余应力出现在上表面附近。相比之下,远离孔洞的区域残余应力较小且分布较为均匀。

为了进一步确定结构在多轴载荷下的安定极限,如图15所示,考虑了双轴拉伸载荷的组合。此时安定边界演变为一个三维凸多面体,使得采用增量方法或解析方法求解更加困难。采用所发展的数值方法,考虑拉伸与热载荷之间的比值,确定相应的安定极限。

如图16a所示,当机械载荷保持恒定时,两方向拉伸载荷之间表现出有利的相互作用,使得安定极限相比单轴加载条件有所提高。在图16b中,引入了更为一般化的工况,以更好地反映实际工程情形,此时机械载荷和热载荷均独立地从零变化至各自的最大值。与之前的结果不同，此时在任意机械载荷比组合下的安定极限均低于单轴载荷情况下的结果。随着循环温度的增加，结构的机械承载能力迅速下降。在过高热载荷作用下，结构可能完全失去其机械承载能力。

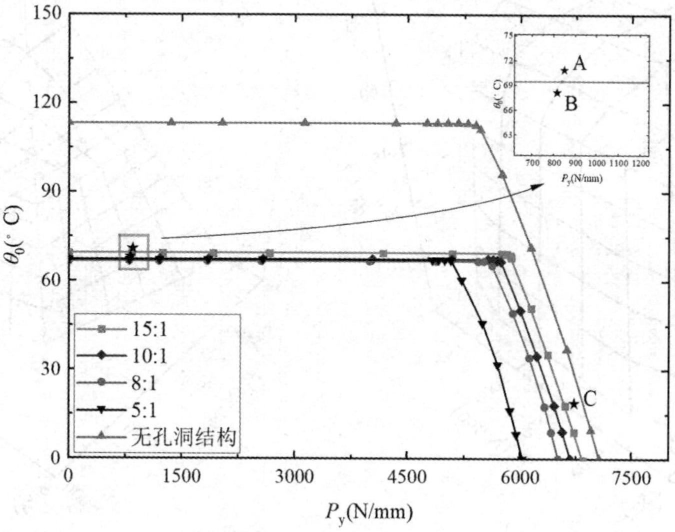

图 13　含缺陷 FGM 板的安定域

图 14　FGM 板在热循环载荷下的残余应力场

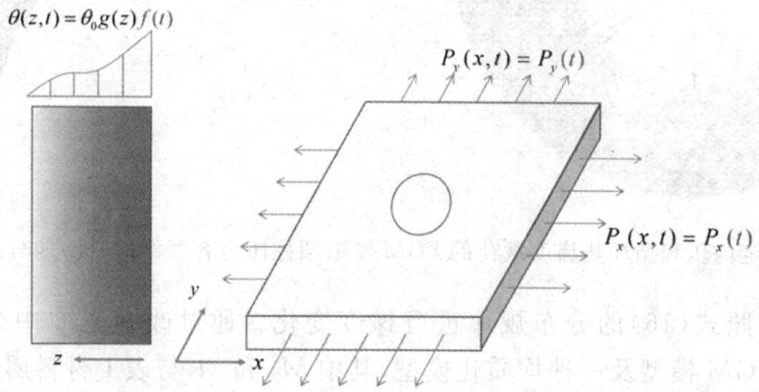

图 15　双轴拉伸和热载荷下的含缺陷 FGM 板

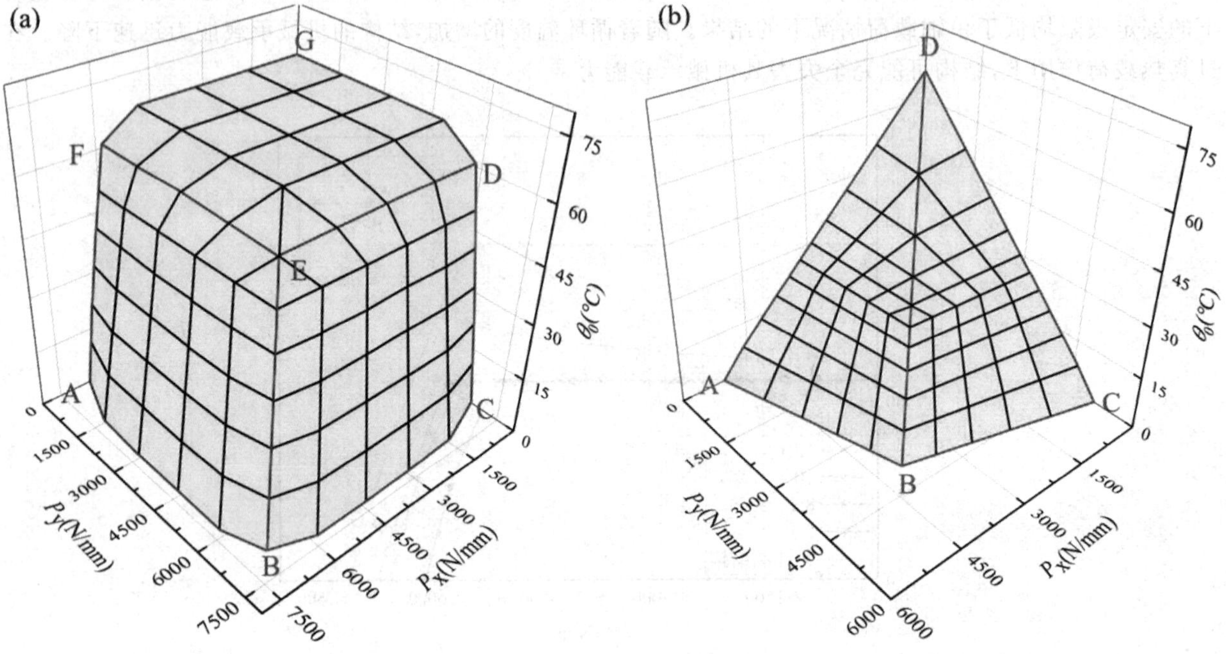

图 16 (a)恒定双轴拉伸和循环热载荷作用下的安定域,(b)独立变化的双轴拉伸和热载荷作用下的安定域

3.2 承受热载荷的 FGM 厚壁圆柱压力容器

厚壁圆柱压力容器作为典型的 FGM 结构,其力学行为已被广泛研究。然而,关于其在力热耦合作用下安定分析的研究却鲜有报道。图 17a 展示了一个 FGM 厚壁圆柱压力容器,其内外半径比为 $R_{out}/R_{in}=1.5$,图 17b 展示了相应的四分之一平面应变有限元模型,该结构的绝对尺寸为:内壁半径 1m,外壁半径 1.5m。

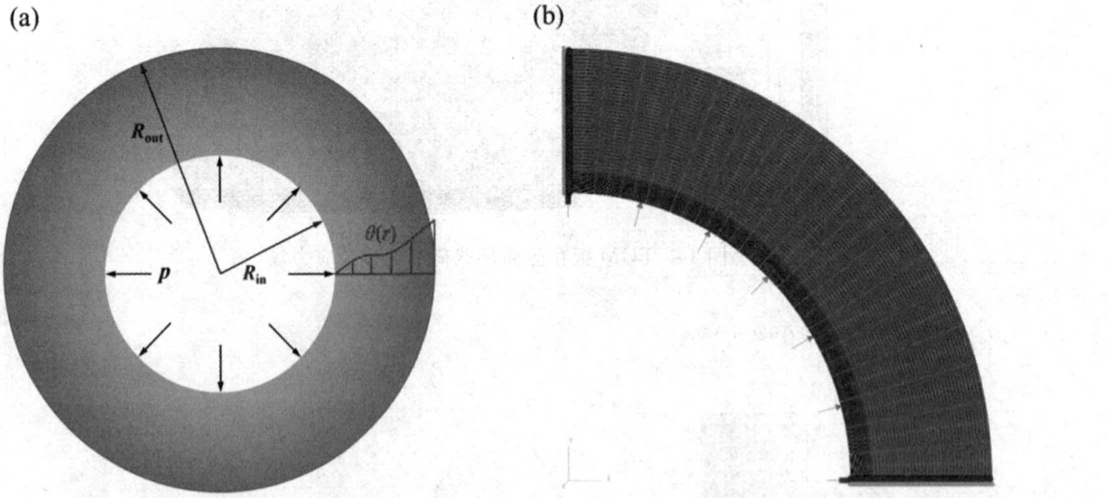

图 17 (a)受恒定内压和循环热梯度载荷的 FGM 厚壁圆柱压力容器结构,(b)四分之一有限元模型

材料性能沿径向按照式(16)的分布规律进行梯度变化。通过改变表 2 中列出的材料参数 M_{in} 和 M_{out},分别建立了两种 FGM 模型及一种均质化模型,其中 M_0 和 M_h 与表 1 材料属性一致。结构同时承受恒定内压和周期性热梯度载荷。通过求解热传导方程(21)得到三种材料对应的温度分布,如式(22)所示。此外,用式(23)中给出的常用线性关系描述温度对材料屈服强度的影响。

表 2　FGM 厚壁圆柱压力容器的内外壁材料属性

材料 A	$M_{in}=M_0,M_{out}=M_h$
材料 B	$M_{in}=M_h,M_{out}=M_0$
材料 C	$M_{in}=M_{out}=\int_{R_{in}}^{R_{out}}M_0\cdot\left(\frac{M_h}{M_0}\right)^{\frac{r-R_{in}}{R_{out}-R_{in}}}dr/(R_{out}-R_{in})$

$$\frac{d}{dr}\left\{\lambda(r)\frac{d\theta}{dr}\right\}=0, \tag{20}$$

$$\lambda(r)=\lambda_{in}\left(\frac{\lambda_{out}}{\lambda_{in}}\right)^{\frac{r-R_{in}}{R_{out}-R_{in}}}, \tag{21}$$

$$\theta(r)=\begin{cases}\dfrac{\lambda_{in}\left[1-\left(\frac{\lambda_{out}}{\lambda_{in}}\right)^{\frac{r-R_{in}}{R_{out}-R_{in}}}\right]}{\lambda_{in}-\lambda_{out}}(\theta_{out}-\theta_{in})??\ (material??\ A)\\ \dfrac{\lambda_{out}\left[1-\left(\frac{\lambda_{in}}{\lambda_{out}}\right)^{\frac{R_{out}-r}{R_{out}-R_{in}}}\right]}{\lambda_{out}-\lambda_{in}}(\theta_{out}-\theta_{in})??\ (material??\ B),\\ \dfrac{\theta_{out}-\theta_{in}}{R_{out}-R_{in}}(r-R_{in})+\theta_{in}\ (materialC)\end{cases} \tag{22}$$

其中，λ 表示热导率；$\theta(r)$ 表示三种材料分布对应的径向温度分布；M_0 和 M_h 的取值列于表 2 中。

$$\sigma_Y(\theta)=\begin{cases}\sigma_{Y_0}[1-A(\theta-\theta_0)](\theta\geqslant\theta_0)\\ \sigma_{Y_0}(\theta<\theta_0)\end{cases}, \tag{23}$$

式中，$A=0.03\ ℃^{-1}$；σ_{Y_0} 表示参考温度 θ_0 下的初始屈服应力。

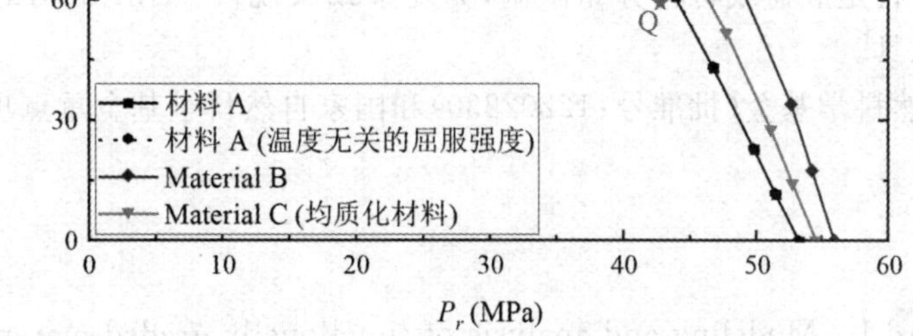

图 18　FGM 厚壁圆柱压力容器在恒定内压和循环梯度热载荷下的安定域

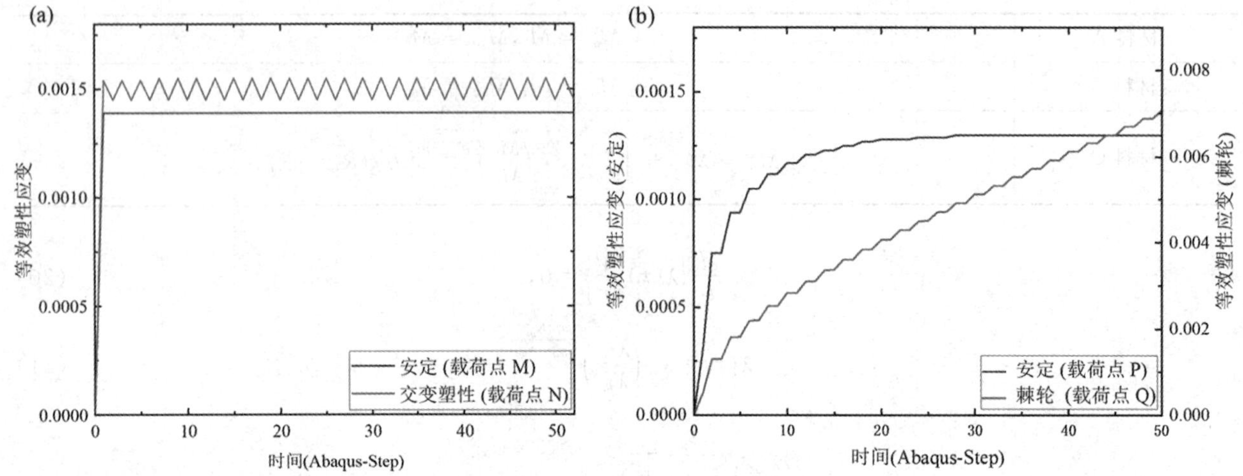

图 19 安定边界附近载荷点的逐步分析

对于圆柱形结构，通过优化材料分布，使得潜在失效位置屈服强度提升，可以显著增强结构对热载荷的承载能力，如图 18 所示。与均质材料相比，不合理的材料分布(材料 A)会显著降低结构的承载能力；而基于载荷与环境因素优化的功能梯度材料分布(材料 B)可使得热载荷作用下的安定极限提高近一倍。此外，随着温度升高，温度相关的屈服强度逐渐下降，材料 A 的结果也表明结构的安定极限相应下降。图 19 进一步表明：在较低机械载荷下，结构更容易出现交变塑性行为；而在较高机械载荷下，则易发生棘轮行为。通常情况下，压力容器外侧设有保温层，内外壁温差较小，此时应重点控制机械载荷，以避免棘轮累积导致失效；而对于反应堆压力容器和堆芯衰变热对反应堆压力容器等结构可能出现大于 100℃径向温差的工况，则需优先关注热载荷并优化材料梯度，以防止交变塑性失效，确保结构长期服役安全。

4 结 论

对于 FGM 结构，准确评估其承载能力需充分考虑材料的空间分布变化及温度依赖性。本文基于应力补偿法框架发展了适用于 FGM 结构的安定分析数值计算方法，并应用于 FGM - Bree 板、含缺陷的 FGM 板和 FGM 厚壁圆柱压力容器的安定分析。主要结论如下：

(1)通过与 FGM - Bree 板解析解对比验证了所发展算法的准确性。

(2)传统一维假设导致 FGM - Bree 板承载能力预测保守，本文揭示该保守性源于实际应力状态下更高的残余应力。对于存在孔洞缺陷的 FGM 板，交变塑性控制的安定边界对缺陷尺寸高度敏感，而棘轮控制的安定边界受缺陷尺寸的影响较小。

(3)对于 FGM 厚壁圆柱压力容器，通过优化材料梯度改善应力分布，可在不改变外加载荷的条件下将热载荷承载能力提升近一倍。屈服强度的温度依赖性主要影响热载荷主导的安定边界，这种影响随机械载荷比例增加而降低，该发现为 FGM 压力容器的材料性能优化提供了有效策略。

所发展的方法不受特定载荷或材料分布限制，为复杂或大规模 FGM 结构的设计、优化与安全评估提供了通用且高效的工具。

致谢：感谢国家自然科学基金(批准号：12202230)和国家自然科学基金重点项目(批准号：12332005)对本研究工作的支持。

参考文献

[1] Birman V, Byrd L. Modeling and analysis of functionally graded materials and structures [J]. Appl Mech Rev, 2007, 60(1−6): 195−216.

[2] El−Galy I, Saleh B, Ahmed M. Functionally graded materials classifications and development

trends from industrial point of view [J]. SN Appl Sci,2019,1(11):109786.

[3] Miteva A, Bouzekova - Penkova A. Some aerospace applications of functionally graded materials [J]. Aerosp Res Bulg,2021,33:195—209.

[4] Najibi A,Mokhtari T. Functionally graded materials for knee and hip arthroplasty; an update on design,optimization,and manufacturing [J]. Compos Struct,2023,322.

[5] Fereidoon A,Andalib M,Hemmatian H. Bending Analysis of Curved Sandwich Beams with Functionally Graded Core [J]. Mech Adv Mater Struc,2015,22(7):564—77.

[6] Liu D,Wang C,Chen W. Free vibration of FGM plates with in - plane material inhomogeneity [J]. Compos Struct,2010,92(5):1047—51.

[7] Erdogan F. Fracture mechanics of functionally graded materials [J]. Compos Eng,1995,5:753—70.

[8] El - Borgi S,Abdelmoula R,Keer L. A receding contact plane problem between a functionally graded layer and a homogeneous substrate [J]. Int J Solids Struct,2006,43(3—4):658—74.

[9] He D,Huang D,Wu L,et al. Investigation on thermal failure of functionally graded materials using fully coupled thermo - mechanical peridynamics [J]. Compos Struct,2023,305.

[10] Choi H,Paulino G. Thermoelastic contact mechanics for a flat punch sliding over a graded coating/substrate system with frictional heat generation [J]. J Mech Phys Solid, 2008, 56 (4): 1673—92.

[11] Maier G. On some issues in shakedown analysis [J]. J Appl Mech,2002,68(5):799—808.

[12] Fu P, Zhao J, Zhang X, et al. Thermo - mechanically coupled sliding contact shakedown analysis of functionally graded coating - substrate structures [J]. Int J Mech Sci,2022,222.

[13] Peng X,Zheng H,Hu N,et al. Static and kinematic shakedown analysis of FG plate subjected to constant mechanical load and cyclically varying temperature change [J]. Compos Struct,2009,91(2):212—21.

[14] Chen H, Ponter A. Shakedown and limit analyses for 3 - D structures using the linear matching method [J]. Int J Pres Ves Pip,2001,78(6):443—51.

[15] Peng H,Liu Y,Chen H. A numerical formulation and algorithm for limit and shakedown analysis of large - scale elastoplastic structures [J]. Comput Mech,2019,63(1):1—22.

[16] König J. Shakedown of elastic - plastic structures [M]. New York:Elsevier,1987.

[17] Bree J. Elastic - plastic behaviour of thin tubes subjected to internal pressure and intermittent high - heat fluxes with application to fast - nuclear - reactor fuel elements [J]. J Strain Anal,1967,2(3):226—38.

作者简介

林誉洲(2000),男,博士研究生,主要从事安定分析研究,通信地址:100084 北京市海淀区清华大学蒙民伟科技大楼北楼,E—mail:linyz24@mails. tsinghua. edu. cn。

通讯作者:彭恒(1992),男,副研究员,主要从事承压设备力学分析与结构完整性研究。通信地址:100084 北京市海淀区清华大学核能与新能源技术研究院,E—mail:peng_h@tsinghua. edu. cn。

基于等几何分析方法的变角度复合材料耐压壳的高效屈曲分析模型

缪　好，焦　鹏，常　群，聂宝鑫，丁之桓，陈志平
（浙江大学 能源工程学院特种装备研究所，杭州 310027）

摘　要：圆柱耐压壳在潜水器中有着广泛应用，有着空间利用率高的优点。复合材料在圆柱耐压壳上的应用可显著降低结构重量，因此受到了广大研究者的关注。屈曲失效是复合材料圆柱耐压壳的主要失效形式之一，对薄壁耐压壳的安全性影响极大。如将航空航天领域常用的复合材料变角度设计方法引入到复合材料耐压壳领域，可提高结构的临界屈曲载荷，进而缓解这一问题。本文基于作者过去提出的一种等几何分析壳方法，开发适用于变角度复合材料耐压壳的高效数值模型，从而为变角度复合材料耐压壳的抗屈曲设计提供一种有前景的新方法。

关键词：压力容器；耐压壳；复合材料；等几何分析；屈曲分析

Isogeometric – based buckling modeling of variable – angle composite pressure hulls with high efficiency

MIAO Hao, JIAO Peng, CHANG Qun, NIE Baoxing, DIN Zhihuan, CHEN Zhiping
(Institute of Advanced Equipment, College of Energy Engineering,
Zhejiang University, Hangzhou 310027, China)

Abstract: Cylindrical pressure hulls are widely used in submersible vehicles due to their high space utilization efficiency. The application of composite materials in such hulls can significantly reduce structural weight, which has attracted considerable research attention. Buckling failure represents one of the primary failure modes for composite pressure hulls, posing substantial safety risks to thin – walled hulls. Introducing the variable – angle fiber steering technique — commonly employed in aerospace composite design – into pressure hull design could enhance critical buckling loads and thus mitigate this issue. Building upon the author's previously developed isogeometric shell analysis method, this study establishes an efficient numerical model for variable – angle composite pressure hulls, offering a promising new approach for buckling – resistant design.

Keywords: pressure vessel; pressure hull; composite materials; isogeometric analysis; buckling analysis

0　引　言

耐压壳作为深海潜水器的核心承压结构，在深水压力作用下的结构安全性和可靠性至关重要。相比于应用于大潜深环境的球形耐压壳，圆柱形耐压壳的潜深通常有限，但其空间利用率往往更好，也更适配流线型外壳[1]。因此圆柱形耐压壳在需要大范围运动的潜水器譬如潜艇中应用广泛。为实现潜水器的轻量化，使用比模量和比强度高的复合材料替代传统金属材料是一大主要趋势[2-5]。

对复合材料耐压壳而言，屈曲失效是其主要失效模式[6-9]，制约着耐压壳的轻量化设计。长期以来，研究者们主要关注铺层纤维为直线的复合材料圆柱壳的失效问题[10-12]。近些年，随着复合材料制造技术的进步，通过变角度铺放(variable angle tow，VAT)制造的复合材料结构的应用范围不断拓宽，引起了研究者们的关注。相比传统的直线纤维铺层的复合材料结构，VAT 技术制造得到的复合材料结构的刚度分布可在铺层面内调整，因此这类复合材料结构也被称为变刚度复合材料(variable stiffness composite，VSC)结构。这使得研究者们在使用复合材料设计结构时，可针对结构的特性进行针对性设计。对承受轴压的圆柱壳结构而言，使用变角度铺层有助于破坏前屈曲应变场的轴对称分布，从而降低结构的缺陷敏感性[13]。对耐压壳结构而言，远离两侧端盖的筒体中间段往往欠缺抵抗径向变形的能力，因此需要纤维方向接近环向的复合材料铺层；而在与端盖直接相连的部位的筒体则并不需要依靠自身去抵抗径向变形，通常需要纤维方向更接近轴线方向用于改善结构的应力分布状况并提高结构屈曲载荷。可见，耐压壳不同部位对纤维取向的需求不同。因此，将变角度铺层引入复合材料耐压壳设计中，有望进一步提升复合材料耐压壳的抗屈曲能力[14-16]。

由于 VSC 结构的刚度分布相较于传统复合材料结构复杂，因此在 VSC 结构的屈曲分析中往往需要更多的自由度来实现计算结果的网格无关性。加之 VSC 结构所需的设计变量数目也明显多于传统复合材料结构，这使得通过仿真设计 VSC 结构非常耗时。有研究表明，在计算过程中使用具有高阶形函数的单元有利于降低模拟 VSC 结构所需的计算量[17]。一种构造使用高阶形函数的单元的方式是采用等几何分析方法[18](isogeometric analysis，IGA)。在该方法中，有成熟的升阶方法的非均匀有理 B 样条函数(non - uniform rational b - splines，NURBS)被用作形函数，因此可以很方便地构建高阶单元。在本文中，作者在过去的论文中建立的基于等几何分析方法的耐压壳模型[17]的基础上，开发适用于耐压壳屈曲分析的高效单元，从而为 VSC 耐压壳结构的设计提供一种有前景的数值计算方法，而后以三个特征值屈曲算例为例说明所提出的数值方法的计算精度以及效率。

1 NURBS 形函数与 Reissner - Mindlin 壳理论

NURBS 函数是一种常用的建模用样条函数。在 IGA 方法中，建模几何体的 NURBS 函数被同时用作插值场变量的形函数。建模壳体中面所需的二维 NURBS 函数可通过式(1)～(3)计算。壳体中面上参数坐标(即曲线坐标)为(ξ^1,ξ^2)的点的坐标 $X(\xi^1,\xi^2)$通过式(4)插值计算。

$$B_{i,0}(\xi)=\begin{cases}1, if\ \xi_i\leqslant\xi\leqslant\xi_{i+1}\\ 0, otherwise\end{cases}\tag{1}$$

$$B_{i,\hat{p}}(\xi)=\frac{\xi-\xi_i}{\xi_{i+\hat{p}}-\xi_i}B_{i,\hat{p}-1}(\xi)+\frac{\xi_{i+\hat{p}+1}-\xi}{\xi_{i+\hat{p}+1}-\xi_{i+1}}B_{i+1,\hat{p}-1}(\xi),i=1,2,\ldots,m.\ \hat{p}=1,2,\ldots,p.\tag{2}$$

$$N_{ij}(\xi^1,\xi^2)=\frac{w_{ij}B_{i,p}{}^1(\xi^1)B_{j,q}{}^2(\xi^2)}{\sum_{i,j}w_{\hat{i}\hat{j}}B_{\hat{i},p}{}^1(\xi^1)B_{\hat{j},q}{}^2(\xi^2)}$$

$$i=1,2,\ldots,m_1;j=1,2,\ldots,m_2;\hat{i}=1,2,\ldots,i;\hat{j}=1,2,\ldots,j\tag{3}$$

$$X(\xi^1,\xi^2)=\sum_i N_i(\xi^1,\xi^2)P_i\tag{4}$$

式中，$B_{i,p}{}^1(\xi)$ 为参数方向 1 上的 p 阶 B 样条函数；$B_{j,q}{}^2(\xi)$ 为参数方向 2 上的 q 阶 B 样条函数；w_{ij} 为控制点所对应的权重；(ξ^1,ξ^2) 为曲面上一点的曲线坐标；$N_{ij}(\xi^1,\xi^2)$ 为曲面上一点的二维 *NURBS* 函数；P_i 为控制点的坐标；$X(\xi^1,\xi^2)$ 为曲面上一点的笛卡尔坐标。

关于本文所采用的考虑有限旋转影响的 Reissner - Mindlin(RM)壳理论[16-18]，此处仅作简要介绍。根据有限元理论，求解静力学问题的基本方程为式(5)，其基本含义为虚位移下的外力做功与内力做功一致。

$$\delta v^T r=\int_{\Omega_0}\delta\varepsilon^T\sigma\mathrm{d}A-\int_{\Omega_0}\delta v^T p\mathrm{d}A-\int_{\Gamma_0^{Neumann}}\delta v^T t\mathrm{d}s=0 v_{\Gamma_0^{Dirichlet}}=\bar{v},\ \forall\,\delta v_{\Gamma_0^{Dirichlet}}=0,$$

$$v=[u_1,u_2,u_3,\omega_1,\omega_2,\omega_3]^T\delta v^T=[\delta u_1,\delta u_2,\delta u_3,(\sum N_I T_{3I}\delta\beta_I)^T]^T \tag{5}$$

式中,r 为内力与外力的残差;v 为描述壳体中面内一点的平动和旋转的位移向量,包括三个平动分量和三个旋转分量;δv 为 v 的变分;ε 为应变;$\delta\varepsilon$ 为应变的变分;σ 为应力;p 为面载荷;t 为线载荷;$\bar{v}$ 为位移边界处的边界条件;u 为平动分量;ω 为旋转分量;δu 为平动分量的变分;$\delta\beta_I$ 为二维旋转向量的变分;T_{3I} 为转换矩阵。

实际的节点自由度在形式上与 δv 略有不同,在内部光滑区域使用二维旋转来插值三维旋转以消除扭转不稳定[21],在边界点或者耦合位置则直接使用三维旋转以保证旋转的连续传递。式中的 $T_{3I}\delta\beta_I$ 反应的便是这一过程。

如采用非线性方法求解,则需使用牛顿法进行迭代。求解所需的增量表达式如式(6)。对本文研究的特征值屈曲分析算例而言,计算方法被简化为式(7)。本文通过在数值积分过程中直接使用积分点处的纤维角度计算本构矩阵 $\bar{D}$,来实现对 VSC 结构纤维角度变化影响的模拟。

$$\delta v^T r\mid_{v=v_i}+\delta v^T\frac{\partial r}{\partial v}\mid_{v=v_i}\dot{v}=0\delta v^T\frac{\partial r}{\partial v}\dot{v}=$$

$$\int_{\Omega_0}(\delta\varepsilon^T\bar{D}\dot{\varepsilon}+\delta\dot{\varepsilon}^T\sigma)\mathrm{d}A-\delta v^T K_{external}\dot{v}=\delta v^T(B^T\bar{D}B+G)\dot{v}-\delta v^T K_{external}\dot{v}$$

$$\dot{v}=[\dot{u}_1,\dot{u}_2,\dot{u}_3,(\sum N_I T_{3I}\dot{\beta}_I)^T]^T,v_i=v_{i-1}+\dot{v}_{i-1} \tag{6}$$

$$[B^T\bar{D}B+\lambda(G-K_{external})]\dot{v}=0 \tag{7}$$

式中,i 为迭代步序号;v_i 为第 i 步时的位移向量;$\dot{v}$ 为位移向量的增量;$\dot{\varepsilon}$ 为 ε 的增量;$\delta\dot{\varepsilon}$ 为应变的二阶变分;$\bar{D}$ 为 RM 壳的本构矩阵;$K_{external}$ 为由压力随动效应产生的载荷刚度矩阵;B 为应变矩阵;G 为几何刚度矩阵;$\dot{u}$ 为平动分量的增量;$\dot{\beta}_I$ 为二维旋转向量的增量;λ 为特征值问题的特征值。

2 VSC 耐压壳模型与所开发的等几何单元介绍

本文研究的 VAT 铺层的纤维的取向角 φ 只沿轴向变化,通过线性插值计算。纤维的取向角 φ 以轴线方向为 0°。假设某铺层的角度插值点位置为$[x_{ma}^0,x_{ma}^1,\cdots,x_{ma}^n]$,对应的角度分别为$[\varphi^0,\varphi^1,\cdots,\varphi^n]$,$\varphi^i\in[0°,90°]$,则可以通过式(8)计算任意轴向位置 x_{ma} 处的取向角 φ。在设计铺层时,可通过数值积分可计算单根曲线的表达式,然后沿圆周方向等距离平移铺满整个圆柱面得到铺丝方案。

$$\varphi(x_{ma})=\sum_{i=0}^{n-1}(\varepsilon(x_{ma}-x_{ma}^i)-\varepsilon(x_{ma}-x_{ma}^{i+1}))\left(\varphi^i\frac{x_{ma}-x_{ma}^{i+1}}{x_{ma}^i-x_{ma}^{i+1}}+\varphi^{i+1}\frac{x_{ma}-x_{ma}^i}{x_{ma}^{i+1}-x_{ma}^i}\right) \tag{8}$$

式中,$\varepsilon(x)$ 为阶跃函数;φ 为纤维取向角;x_{ma} 为轴向位置。

一种最常用的铺层是只使用两端和中间三个插值点来设计铺层内的纤维取向角 φ 的分布。这种 VAT 铺层可表示为$<T_0\mid T_1>$,两端位置的 $\varphi=T_1$,中心位置 $\varphi=T_0$。使用本文的表示方式时,这一铺层方式所对应的插值点位置为$[0,0.5L,L]$而对应的角度分别为$[T_1,T_0,T_1]$。使用该铺层的圆柱壳的示意图如图 1,图中 L 为圆柱壳长度,R 为圆柱壳的中面半径,t 为圆柱壳厚度。

本文的圆柱耐压壳由圆柱形筒体和两个端盖构成。圆柱形筒体按照上文中的圆柱壳进行建模,两个端盖则被简化为厚度为 4t、材料为钢(E=200GPa,ν=0.26)的圆形平板并分别绑定至筒体两端以模拟两端受到的刚性支撑。边界条件的设置如图 2 所示,该边界与李永胜提出的一种圆柱壳的虚约束边界相似[5],在作者过去的论文中两种边界条件的计算结果也相近[19]。

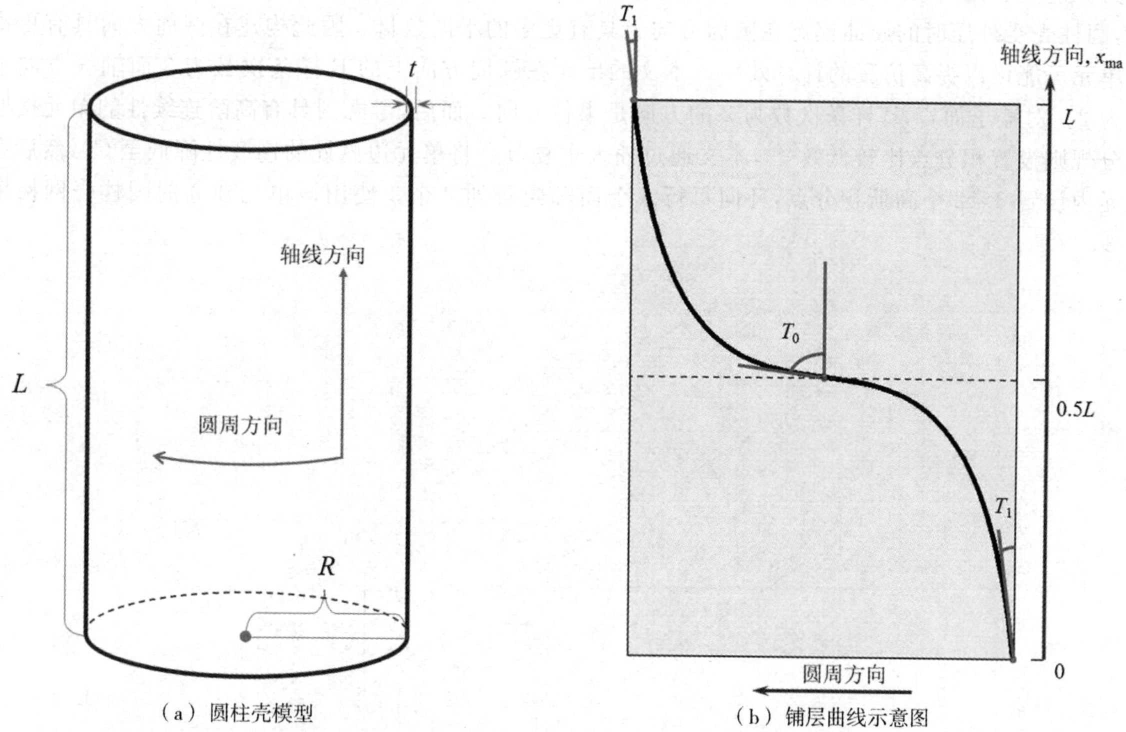

图 1　具有 VAT 铺层的圆柱壳的示意图

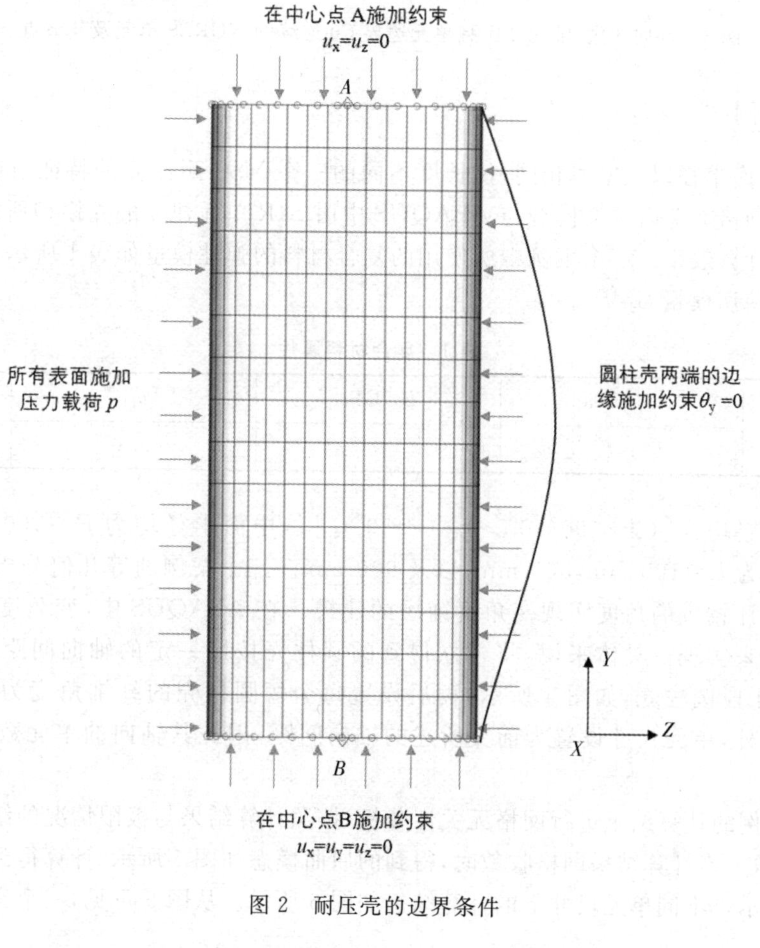

图 2　耐压壳的边界条件

为更进一步提高模型的计算效率,本文针对外压屈曲分析的特点构造了合适的 NURBS 单元。根据经验,圆柱壳受外压时的屈曲模态在圆周方向上具有更多的半波数目。因此构建在圆周方向具有更高次数的单元可能可以提高仿真的计算效率。本文的单元在圆周方向上的 B 样条次数为 3 而轴线方向上的次数为 2。对盖子而言,B 样条次数为 2 的方向是半径方向。而后,考虑到具有高阶连续性的单元按照高斯积分规则设置积分点比较低效[22],本文通过插入重复节点将单元边界处的连续性降低至 C0,然后在每个单元内设置 3×2 个高斯积分点,环向每行 3 个而轴向每列 2 个。使用该单元建立的圆柱壳网格模型见图 3。

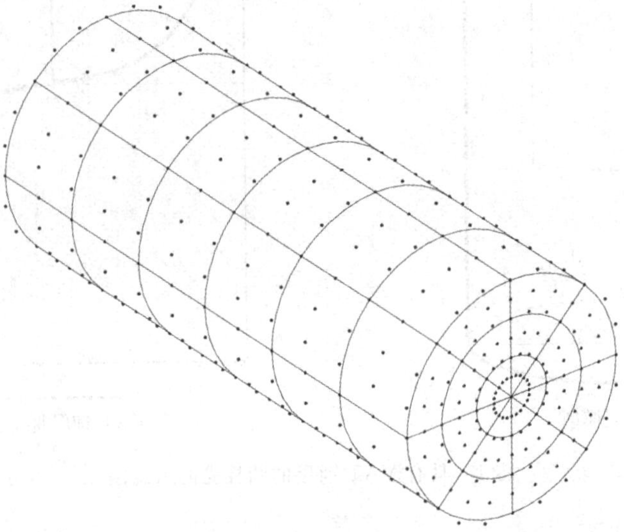

图 3 环向 3 次,轴向 2 次且单元边界 C0 连续的 NURBS 单元及其节点

3 耐压壳算例

本文以铺层、中面半径以及壁厚相同,仅长度不同的三个 VSC 耐压壳的特征值屈曲分析为例,通过比较计算结果达到网格无关时本文模型与 ABAQUS 中由 S4R 单元建立的壳模型所需的节点数目,来说明本文计算方法的计算效率。三个案例中所使用的复合材料的弹性模量如表 1 所示。横向剪切模量 G_{23} 被假定为等于面内剪切模量 G_{12}[23]。

表 1 复合材料属性

材料属性	E_1/GPa	E_2/GPa	υ_{12}	G_{12}/GPa
值	147	9	0.3	5

三个案例的铺层均为$[(\pm\langle 90°|0°\rangle)_5/(\pm 30°)_5]_s$,中面半径均为 $R=100$ mm,壁厚均为 $t=5$ mm,长度则分别为 $L=100$ mm,500 mm,以及 900 mm。三个案例的等几何分析模型通过在积分点位置代入与铺层设计相应的角度实现变角度铺层的建模。在 ABAQUS 中,变角度纤维铺层的建模则通过离散铺层角度来实现。具体来说,将建立得到的圆柱壳按照一定的轴向间距(L/n_a,n_a 为切割后的份数)切割成若干段圆柱壳,如图 4 所示,而后设置每个短圆柱壳的纤维角度为该圆柱壳轴向中间位置处的角度。此外,单元尺寸设置为前文所述的轴向间距,因此其轴向的单元数恰好等于切割后圆柱壳的个数。

我们对三个案例的计算结果进行网格无关性分析,按照计算结果与极限情况的结果之间的偏差小于 0.1%判断网格收敛。当计算结果网格收敛时,得到的屈曲模态如图 5 所示,计算得到的载荷以及所用的节点数目如表 2 所示。不同单元尺寸下的计算结果如图 6 所示。从图 5 可见,三个案例由有限元和等几何分析计算的屈曲模态一致。由表 2 可见，有限元和等几何分析计算在网格收敛时得到的屈曲压力也一致。从图 6 可见，等几何分析结果的收敛速度明显高于 ABAQUS 中的 S4R 单元。因此本文提出的等几何分析方法在模拟变刚度复合材料耐压壳时的计算精度与计算效率得到了验证。

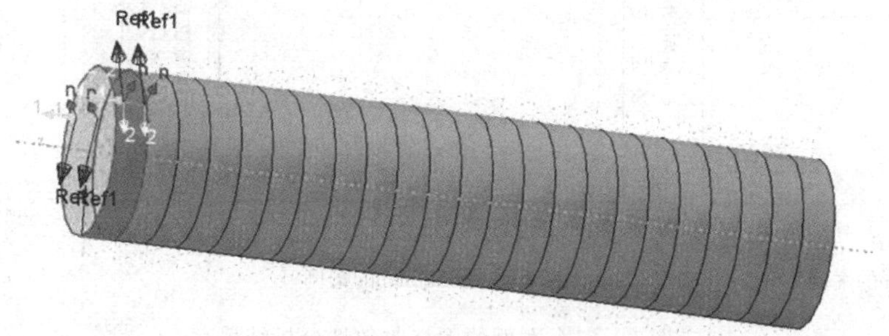

图 4　ABAQUS 中建模 VSC 耐压壳的示意图

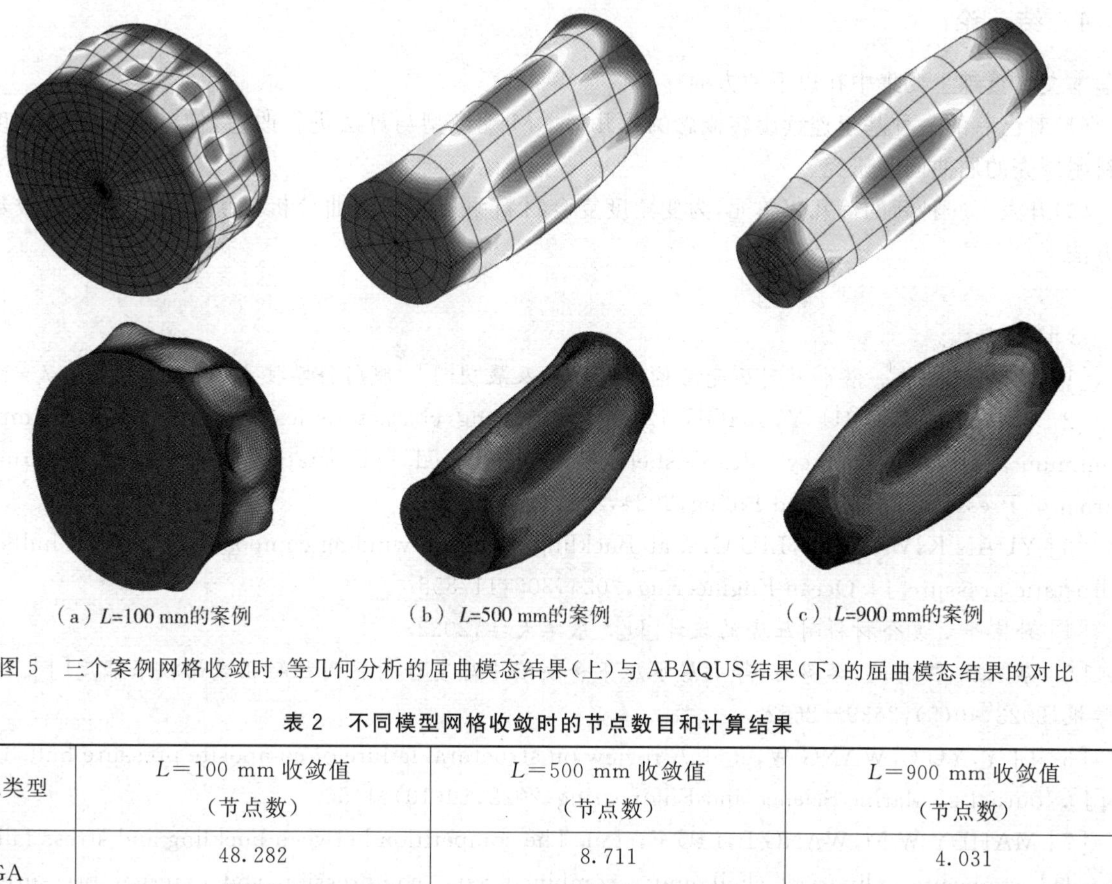

（a）L=100 mm的案例　（b）L=500 mm的案例　（c）L=900 mm的案例

图 5　三个案例网格收敛时，等几何分析的屈曲模态结果（上）与 ABAQUS 结果（下）的屈曲模态结果的对比

表 2　不同模型网格收敛时的节点数目和计算结果

单元类型	L=100 mm 收敛值 （节点数）	L=500 mm 收敛值 （节点数）	L=900 mm 收敛值 （节点数）
IGA	48.282 (5280)	8.711 (1116)	4.031 (744)
S4R	48.500 (28368)	8.764 (28479)	4.0652 (21589)

通过分析屈曲模态以及单元状况，我们推测所提出的等几何分析单元计算效率较高的原因有以下几点：对较短的耐压壳而言，环向样条阶次较高的特点与环向屈曲半波数目较多的特点相适应，因此不需要过度缩小单元尺寸来逼近位移场。对较长的耐压壳而言，等几何分析方法使用高阶连续性单元建模曲面的特点使其建模圆时的几何误差很少，因此也不需要过度缩小单元尺寸来逼近初始的圆柱面。对长度适中的圆柱面，等几何分析方法在前述的位移场和几何建模精度方面的优势似乎没有另两个案例突出，但

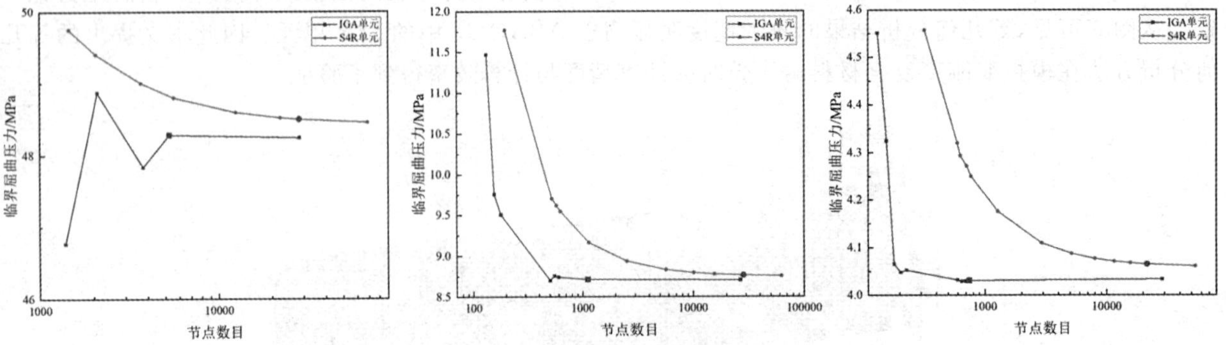

(a) L=100mm的案例　　(b) L=500mm的案例　　(c) L=900mm的案例

图 6　三个案例的网格收敛性分析结果

从本文的计算结果分析他们也发挥了作用。

4　结　论

本文的贡献主要集中在以下两方面：

(1)对已有的一种基于连续旋转概念的等几何 RM 壳模型与算法进行改造,使其适用于变角度复合材料耐压壳的屈曲问题研究。

(2)开发了一种新的等几何单元,为变角度复合材料耐压壳的屈曲分析提供了一种新的高效数值计算方法。

参考文献

[1] 罗珊,王纬波．潜水器耐压壳结构研究现状及展望[J]. 舰船科学技术,2019,41(19):7－16.

[2] WANG W,ZHU Y,ZHOU L,et al. Buckling characteristics of carbon fiber composite/aluminium alloy combined cylindrical shells under external hydrostatic pressure[J]. International Journal of Pressure Vessels and Piping,2024,208:105125.

[3] YUAN K,WANG L,LIU C,et al. Buckling failure of winding composite cylindrical hulls under hydrostatic pressure[J]. Ocean Engineering,2024,303:117855.

[4] 孙宗平．复合材料耐压壳的设计[D]. 东华大学,2022.

[5] 李永胜,王纬波,李泓运,等．静水压下含缺陷中厚复合材料圆柱耐压壳的极限强度[J]. 复合材料学报,2023,40(5):2639－2652.

[6] LI Y,YU C,WANG W,et al. A review on structural failure of composite pressure hulls in deep sea[J]. Journal of Marine Science and Engineering,2022,10(10):1456.

[7] MAHDY W M,WANG L,LIU F,et al. The competition between buckling and stress failure of degraded composite cylindrical shell under combined axial compression and external pressure loads [J]. Thin - Walled Structures,2024,199:111731.

[8] 王庆,范海贵,侯怡航,等．基于局部探测法的外压球壳屈曲载荷设计方法研究[J]. 压力容器,2024,41(4):22－33.

[9] 刘佳锋,向志海,薛明德．内压与轴向拉力作用下锥壳与圆筒连接结构的屈曲分析[J]. 压力容器,2023,40(4):21－29.

[10] CHEN M,ZHANG X,PAN G. Data - driven approach for uncertainty quantification and risk analysis of composite cylindrical shells for underwater vehicles[J]. Mechanics of Advanced Materials and Structures,2023,31(17):4116－4130.

[11] LI Z, GUEDES SOARES C, PAN G. Buckling prediction for composite laminated cylindrical shells in underwater environment[J]. Ocean Engineering, 2022, 258: 111244.

[12] SHEN K, JIANG L, YANG Z, et al. Buckling of a composite cylindrical shell with cantilever - like boundary conditions under hydrostatic pressure[J]. Journal of Marine Science and Engineering, 2022, 10(2): 126.

[13] LINCOLN R L, WEAVER P M, PIRRERA A, et al. Imperfection - insensitive continuous tow -sheared cylinders[J]. Composite Structures, 2021, 260: 113445.

[14] NOPOUR H, KABIRI ATAABADI A, SHOKRIEH M M. Fiber path optimization in a variable - stifness cylinder to maximize its buckling load under external hydrostatic pressure[J]. Mechanics of Composite Materials, 2019, 54(6): 765—774.

[15] YANG Z, CAO Y, LIU J. A buckling analysis and optimization method for a variable stiffness cylindrical pressure shell of AUV: Journal of Marine Science and Engineering[Z]. 2021: 9.

[16] NOPOUR H, ATAABADI A K, SHOKRIEH M M. Investigation of gap and overlap effects on the buckling load of variable - stiffness composite cylinders under an external hydrostatic pressure and pure bending[J]. Mechanics of Composite Materials, 2023, 59(1): 115—128.

[17] HE T, HUANG W, KUANG Z, et al. A seven - parameter high - order finite element model for multi - stable analysis of variable stiffness laminated shells[J]. Thin - Walled Structures, 2023, 190: 110983.

[18] DORNISCH W, MÜLLER R, KLINKEL S. An efficient and robust rotational formulation for isogeometric Reissner - Mindlin shell elements[J]. Computer Methods in Applied Mechanics and Engineering, 2016, 303: 1—34.

[19] MIAO H, JIAO P, XU H, et al. Isogeometric method for buckling prediction and post - buckling analysis of variable stiffness composite underwater pressure shell[J]. Thin - Walled Structures, 2024, 202: 112085.

[20] ZOU Z, SCOTT M A, MIAO D, et al. An isogeometric reissner - mindlin shell element based on Bézier dual basis functions: Overcoming locking and improved coarse mesh accuracy[J]. Computer Methods in Applied Mechanics and Engineering, 2020, 370: 113283.

[21] DORNISCH W, KLINKEL S. Treatment of Reissner - Mindlin shells with kinks without the need for drilling rotation stabilization in an isogeometric framework[J]. Computer Methods in Applied Mechanics and Engineering, 2014, 276: 35—66.

[22] ZOU Z, HUGHES T J R, SCOTT M A, et al. Efficient and robust quadratures for isogeometric analysis: Reduced gauss and gauss - greville rules[J]. Computer Methods in Applied Mechanics and Engineering, 2022, 392: 114722.

[23] MOON C, KIM I, CHOI B, et al. Buckling of filament - wound composite cylinders subjected to hydrostatic pressure for underwater vehicle applications[J]. Composite Structures, 2010, 92(9): 2241—2251.

作者简介

缪好(1998),男,博士生,研究方向为复合材料承压设备仿真计算,通信地址:310027 浙江省杭州市西湖区浙大路 38 号,E—mail:12127055@zju. edu. cn。

放氢速率和初始缺陷对Ⅳ型储氢气瓶内胆塌陷的影响

陈 潇,赵士新,李曰兵

(浙江工业大学 机械工程学院 化工机械设计研究所,杭州 310032)

摘 要:采用轻质聚合物内胆的Ⅳ型储氢瓶已成为车载储氢的首选解决方案。然而,长寿命周期下,内胆与碳纤维界面易脱粘,在放氢时导致内胆坍塌,严重影响系统的使用寿命。针对放氢速率对内胆坍塌失效的影响,考虑几何建立了融合氢渗透效应-界面脱粘-几何缺陷的多物理场耦合模型,分析了放氢速率和初始缺陷对内胆坍塌的临界载荷。临界失稳的关键判据包括净压差峰值 ΔP_{cr} 和空隙体积增速的突变点。关键参数分析表明:排气速率存在0.2 MPa/s的临界阈值;失稳压力随初始缺陷深度增大呈幂律衰减。这些因素为界面强化设计和工艺控制提供理论依据。

关键词:Ⅳ型储氢气瓶;塑料内胆;子程序开发;内聚力单元;局部屈曲

Instability Mechanism and Multiphysics Modeling for Liner Collapse in Type IV Hydrogen Vessels under Depressurization Technology

CHEN Xiao,ZHAO Shixin,LI Yuebing

(Institute of Process Equipment and Control Engineering,College of Mechanical Engineering,Zhejiang University of Technology,Hangzhou 310032,China)

Abstract: Type IV hydrogen storage bottles with lightweight polymer liner have become the preferred solution for on - board hydrogen storage. However, over a long life cycle, the interface between the liner and the carbon fiber is prone to debonding, which causes the liner to collapse during hydrogen release, seriously affecting the service life of the system. In view of the effect of hydrogen release rate on the collapse failure of the liner, a multi - physics coupling model integrating hydrogen permeation effect, interface debonding, and geometric defects was established considering geometry, and the critical load of the liner collapse caused by hydrogen release rate and initial defects was analyzed. The key criteria for critical instability include the peak value of the net pressure difference ΔP_{cr} and the mutation point of the void volume growth rate. The analysis of key parameters shows that there is a critical threshold of 0.2 MPa/s for the exhaust rate; the instability pressure decays in a power law with the increase of the initial defect depth. These factors provide a theoretical basis for interface strengthening design and process control.

Keywords: type IV hydrogen storage cylinder; plastic inner liner; subprogram development; cohesive element; local buckling

0 引 言

氢能作为推动碳中和的关键载体，其高压气态储运技术因成本低、充放高效等优势，已成为燃料电池车辆的主流解决方案[1]。IV型储氢气瓶通过聚合物内胆(HDPE/PA)与碳纤维缠绕层的协同设计，在保障气密性与机械强度的同时显著提升单位质量储氢密度。为满足续航里程与运输经济性需求，储氢压力正从35 MPa向90 MPa升级[2]，但高压工况加剧了内胆在快速减压过程中的失稳风险，如塑料内胆易发生局部屈曲甚至向内塌陷[3]，如图1所示。该失效源于氢渗透对材料及界面的侵蚀：渗透诱发内胆气泡、微裂纹与界面脱粘，形成"屈曲—脱粘—塌陷"的链式破坏，最终导致结构失效[4]。近年研究虽揭示了绕线张力、几何缺陷与厚径比、氢渗透、快速减压及压力循环等因素[5-10]对内胆塌陷临界压力的影响，并确认界面脱粘引发的协同承载能力退化是失效扩展的关键诱因，但仍存在显著局限：(1)本构模型失配—传统线性/简单非线性模型难以表征聚合物在高压、温度及氢蚀耦合下的非弹性时效响应；(2)界面参数缺失—内胆与碳纤维层因模量、塑性及氢渗透性能的显著差异，导致实验标定困难，脱粘动态演化模拟精度不足；(3)系统机制割裂—现有研究多孤立分析单因素影响，对几何缺陷—界面脱粘协同效应及非线性屈曲、老化、界面退化的跨尺度耦合机制缺乏系统解析。

因此，本文聚焦快速放氢工况下含缺陷内胆的动态失稳机理，建立基于界面内聚区模型CZM与PPR本构的精细化有限元框架。通过ABAQUS显式动力学模块动态模拟快速排气过程，研究内胆局部脱粘、剥离直至整体失稳的演化机制。

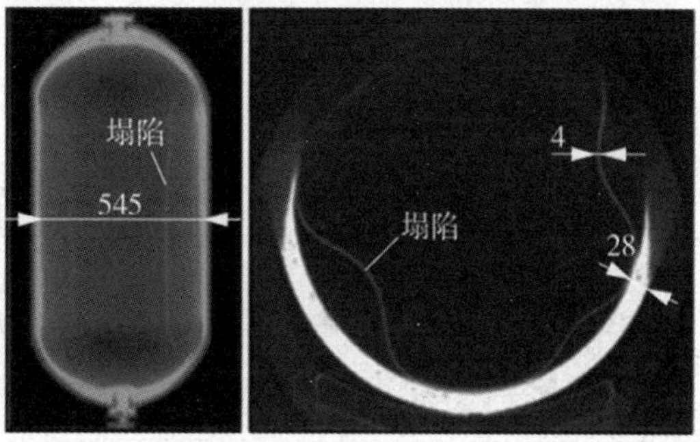

图1 大容积高压IV型储氢气瓶内胆失稳现象[3]

1 含缺陷内胆局部失稳分析方法

1.1 内胆局部失稳机理

Ⅳ型储氢气瓶采用热塑性聚合物内胆与碳纤维增强层通过环氧树脂基粘结层固结的复合结构。在高压储氢状态下，渗透的氢气在内胆-纤维层界面区累积形成局部外压，与瓶内气体压力维持动态平衡。快速排气过程中，内胆压力骤降而界面滞留氢气释放迟滞，导致内胆外表面承受瞬态净压差 $\Delta p = p_e \Delta p_i$。$\Delta p$ 表示内胆缺陷区外部渗透氢气压力 p_e 与筒体内部压力 p_i 的差值。当 Δp 诱发的径向压缩应力超过界面临界剥离强度时，粘结层发生初始脱粘，引发三阶段链式失稳：(1)脱粘区削弱纤维层径向约束，使内胆局部曲率增大而萌生微屈曲。(2)几何缺陷如壁厚不均、表面凹坑，在脱粘边界形成应力集中，加速塑性铰演化。(3)屈曲波沿环向传播，触发脱粘区扩展与塌陷垮塌，如图2所示。多次充放循环将导致界面损伤累积与内胆蠕变松弛耦合，显著降低临界失稳压力，最终引发氢渗透通道贯通及结构性泄漏风险[11]。

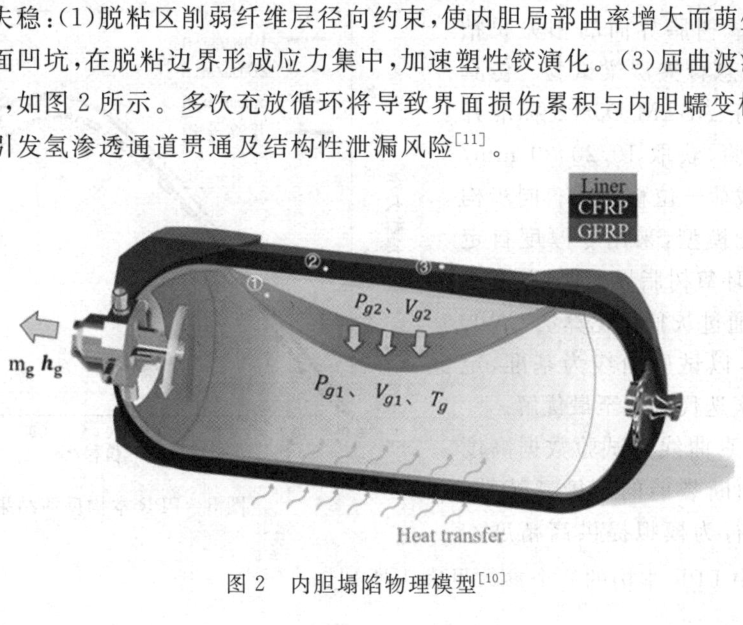

图2 内胆塌陷物理模型[10]

1.2 有限元分析模型

有限元建模基于Ⅳ型气瓶筒体结构，分别建立 PA6 内胆与碳纤维缠绕层模型：

(1)PA6 内胆采用壳单元(S4R)构建基础几何，设定外径 176 mm、壁厚 5 mm、长度 1200 mm(厚径比≈0.028)，为表征实际单瓣屈曲模式，按缺陷形貌函数 $\delta(x,y)$偏移节点引入初始几何缺陷[13]，如式(1)所示。对于内胆缺陷，如图 3 所示，其中缺陷轴向尺寸 $a=80$ mm、周向尺寸 $b=60$ mm、深度 $\Delta=0.8$ mm。

$$r(\theta,z)=R-\frac{\Delta}{4}\left[1+\cos\left(\frac{\pi R\theta}{b}\right)\right]\left[1+\cos\left(\frac{\pi z}{a}\right)\right],b=\frac{R\theta_0}{2} \tag{1}$$

(2)鉴于壳单元接触收敛困难，通过 Abaqus 等逆向几何重构提取缺陷壳面，沿法向拉伸生成含厚实体模型。

(3)碳纤维缠绕层等效为厚壁圆筒，内径 186 mm，厚度 11.5 mm，长度 1200 mm，采用分层壳单元(SC8R)定义正交各向异性属性[14]，沿厚度设置 5 个积分点捕捉层间应力。

(4)内胆—纤维层界面通过环氧树脂粘结层装配，采用内聚区模型，内胆内表面定义流固耦合界面传递动态压力载荷，有限元模型装配如图 4 所示。

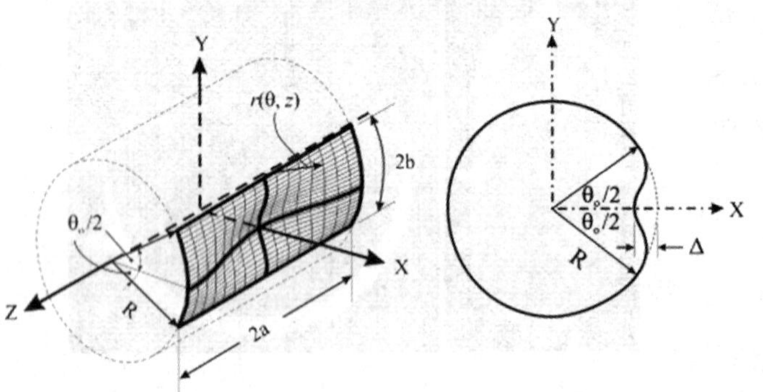

(a) 3D view showing geometric parameters of local imperfection　　(b) Section through the liner at $z=0$ showing the maximum amplitude, Δ, of the local imperfection

图 3　内胆缺陷示意图[12]

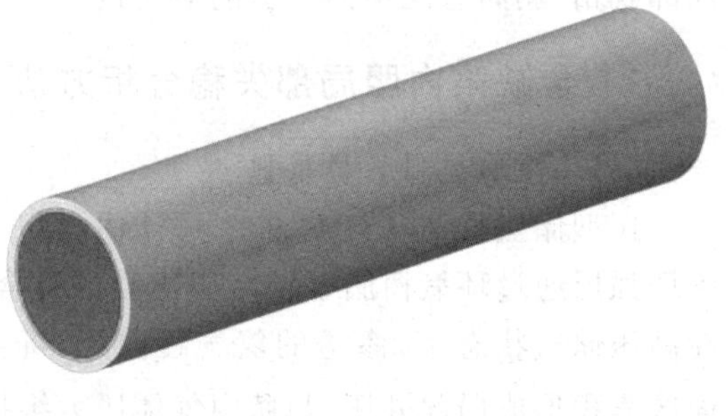

图 4　有限元模型装配图

1.3 材料本构模型

为精准表征环氧树脂界面的相关脱粘行为，本研究采用双悬臂夹层梁试验—仿真协同反演框架。基于 ASTM D5528 标准开展双悬臂夹层梁试验，获取 10/20/30 mm/min 三种速率下的载荷—位移曲线。同步构建 ABAQUS 有限元模型，采用零厚度自定义 VUEL 单元模拟环氧树脂界面层，并嵌入 PPR 内聚力本构。通过灰狼优化算法 GWO 反演本构参数向量，以试验曲线为基准，定义目标函数经 100 次迭代收敛至最优解。

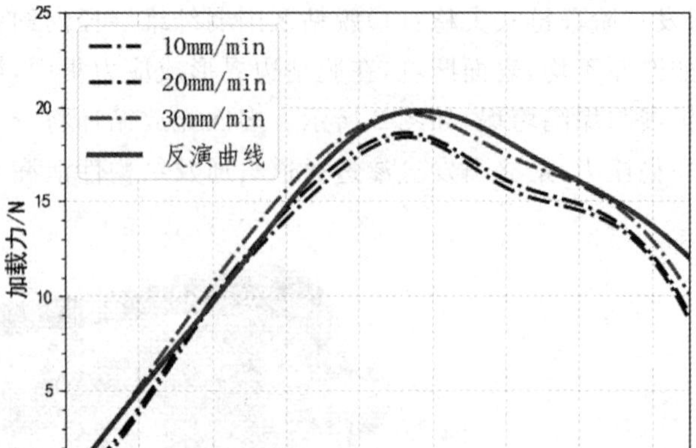

图 5　PPR 本构反演结果图

如图 5 所示，仿真曲线与试验数据高度吻合，有效量化界面断裂能的率敏感特性，为储氢瓶界面脱粘行为模拟提供高精度本构输入。反演曲线中 PPR 本构的 8 个参数见表 1 所列。

表 1 PPR 本构参数

符号	φ_n	φ_t	$\sigma_{\max}$	$\tau_{\max}$	α	β	λ_n	λ_t
数值	2.084	3.01	16.36	21.409	8.051	2.75	0.235	0.127

内胆(PA6 材料)采用基于流变学的 PRF 非线性本构模型,其本构关系由并联的黏弹塑性网络与超弹性网络构成。采用 Yeoh 应变能势函数表征大变形下的熵弹性响应。材料参数通过 Abaqus 材料模块定义,见表 2。其中黏弹性参数通过动态力学实验标定,Yeoh 系数通过单轴拉伸与体积压缩试验反演。

表 2 PRF 本构参数

符号	数值
$C10$	5.395
$C20$	0.021
$C30$	$4.726e^{-7}$
$D1$	$2.498e^{-4}$
$D2$	0.520
$D3$	0.479
$S1$	1.808
$q1$	25.518
$n1$	14.533
$m1$	0
$a1$	$1.439e^{-22}$
$\dot{\varepsilon}_0 1$	0.999
$S2$	7.324
$q2$	38.149
$n2$	12.516
$m2$	0
$a2$	$1.901e^{-22}$
$\dot{\varepsilon}_0 2$	0.999

考虑到分析类型为显示动力学,材料密度设定需符合动态响应特性:环氧树脂层和内胆密度分别为 $1.2e^{-9}$ 和 $1.12e^{-9}$。碳纤维缠绕层作为正交各向异性复合材料,其弹性模量显著高于聚合物内胆,因此,简化为刚性壳体以提升计算效率参数如表 3 所示。

表 3 碳纤维材料参数

E/MPa	μ	ρ/(t/mm³)
145000	0.3	1.5e−9

1.4 载荷与边界条件

根据Ⅳ型储氢气瓶服役工况,内胆所受外压源于内胆缺陷区外部渗透氢气压力 p_e 与筒体内部压力 p_i 的瞬态压差 ΔP。为精确表征该效应,建立双流体腔模型:

(1)渗透层流体腔 1:通过提取内胆外表面网格与碳纤维层内表面网格,进行共节点处理后形成封闭壳体网格,用于模拟氢渗透在环形间隙内形成的局部外压。

(2)内压监测腔 2:提取内胆内表面及端面网格并封闭,用于监测快速放氢过程中内胆内部的动态压力衰减。在 ABAQUS 中,通过定义流体腔属性:腔体 1 维持初始氢压(模拟渗透氢累积效应),腔体 2 施加时间依赖的卸压载荷(模拟放氢过程)。边界条件设定为:端面(气体进出口)全约束,筒体外表面固定约束(模拟气瓶外部支撑),如图 6 所示。

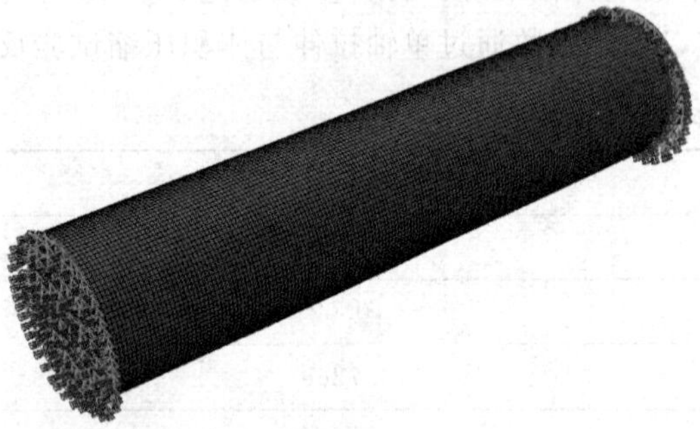

(a) 端面约束

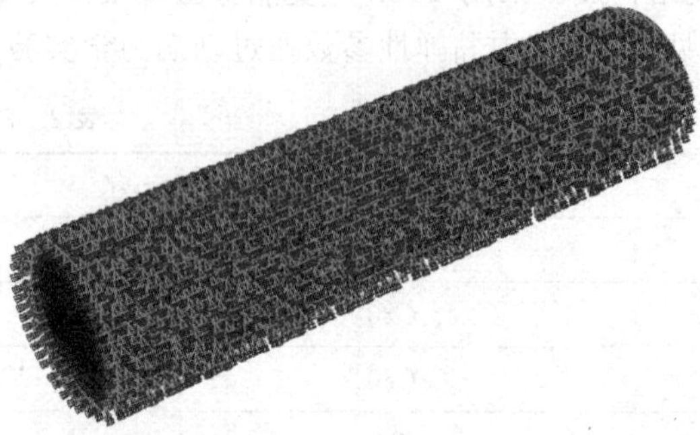

(b) 周向约束

图 6　模型约束示意图

为表征内胆-碳纤维层界面脱粘行为,采用零厚度内聚力单元 Cohesive Element 模拟环氧树脂粘结层。通过 ABAQUS/Mesh 模块的 Insert Cohesive Elements 功能,在界面区插入 Cohesive 单元,本构模型基于 CZM 牵引-分离准则。将内聚力单元上表面与流体腔 2 下表面通过 Tie 约束绑定,下表面与流体腔 1 筒体段绑定,实现流体压力向结构界面的传递,如图 7 所示。此方法避免了传统壳单元接触收敛困难问题,同时确保氢压载荷与结构变形的双向耦合。

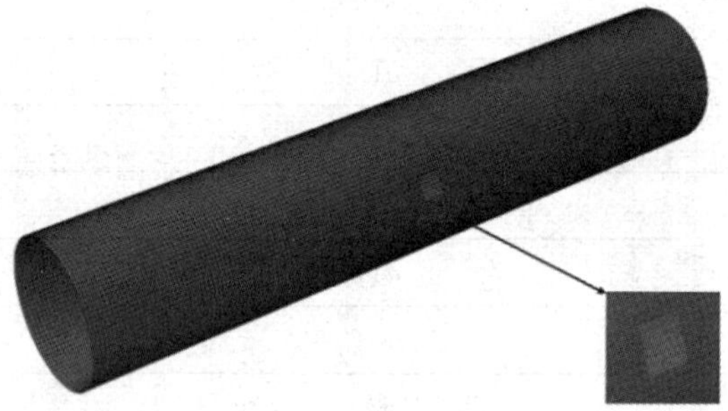

图 7　内聚力单元分布

为实现流体腔内氢气压力向结构界面的无损传递,将流体腔表面单元的材料属性设定为零弹性模量,以模拟理想气体无剪切刚度的物理特性。该设定使流体腔仅传递法向压力载荷,忽略气体剪切应力,符合氢气在准静态过程中的力学行为。流体腔材料参数定义如表 4 所示。

表 4　流体腔材料参数

E/MPa	μ	ρ/(t/mm^3)
0	0.5	1.5e−9

氢气物性参数依据理想气体状态方程及氢气热力学特性定义,关键参数如表 5 所示。

表 5　氢气特性参数

分子量 M_W	恒压摩尔热容 c_p/(kJ/mol·K)	通用气体常数 $\widetilde{R}$/(kJ/mol·K)	绝对零度θ^Z/K
0.02	14.5	8.314e−3	273.15

2　分析缺陷内胆失稳分析及参数讨论

2.1　计算结果及分析

在流固耦合分析完成后,提取 30MPa 峰值压力下以 1MPa/s 卸压速率的内胆动态响应过程,如图 8

所示。数值模拟清晰捕捉到内胆单瓣屈曲失稳的完整演化路径。

(a) 5s　(b) 10s　(c) 15s　(d) 20s　(e) 25s　(f) 30s

图 8　内胆塌陷失稳过程图

可以看出，在快速卸压工况下，内聚力单元的界面粘结功能随载荷递增逐渐失效，导致内胆在净压差 Δp 驱动下发生不可逆大变形。尽管内胆材料未达屈服极限，几何缺陷诱导的塑性铰演化仍引发塌陷失稳。通过分析 Δp 与内胆-纤维层空隙体积 V_{cav} 的关联曲线，图 9 精准表征临界屈曲压力：

(1)脱粘主导阶段(Δp 上升区)，压差增大驱动内胆径向收缩，V_{cav} 线性增长，弹性变形主导，界面损伤累积但协同承载机制尚未崩溃。

(2)临界屈曲点($\Delta p_{cr} = \max(\Delta P) \approx 28$ MPa)，缺陷区应力集中触发屈曲波传播，界面粘结力骤降导致 Δp 达峰值，此时 V_{cav} 增速跃升。

(3)塌陷扩展阶段(Δp 骤降区)，压差急剧衰减，屈曲波长突破临界尺寸，V_{cav} 呈指数增长，标志单瓣屈曲形态完全形成。该过程证实 Δp_{cr} 作为结构刚度突降的阈值判据，为界面强化设计与缺陷容限控制提供核心力学判据。

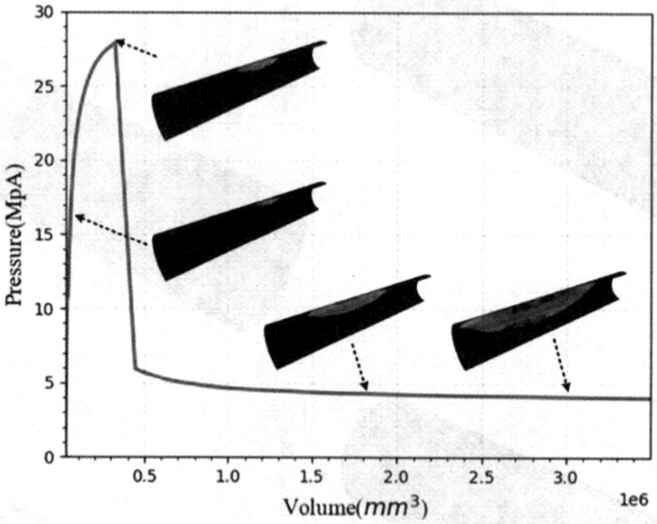

图 9　流体腔 1 体积与压差关系图

2.2　放氢速率的影响

在Ⅳ型储氢气瓶快速卸压过程中，内胆塌陷失稳主要由净压差 Δp 驱动，该压差受氢滞留效应(渗透氢释放迟滞于瓶内压力衰减)与内胆蠕变松弛的耦合作用控制。在气瓶泄压过程中，泄压速率通过调控界面氢滞留效应显著影响内胆外侧渗透氢压力 p_e。如图 10 所示，当初始压力为 30 MPa 时：

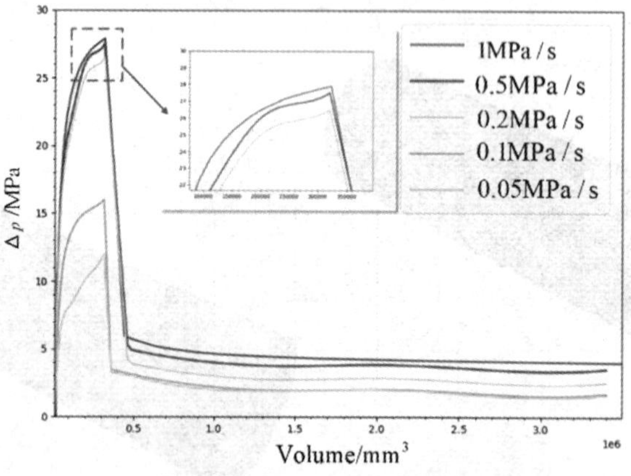

图 10　不同排气速率下的临界压力曲线

(1)高速泄压区间($v>0.2$ MPa/s)：临界屈曲压力 Δp_{cr} 对泄压速率不敏感，这是因为快速压力衰减导致 p_e 与瓶内压力 p_i 近乎同步下降，净压差 Δp 演化由惯性主导[15]。

(2)低速泄压区间($v<0.2$ MPa/s)：临界屈曲压力 Δp_{cr} 随速率降低呈指数衰减，这是由于低速泄压下，渗透氢有充分时间向界面区扩散，形成持续的 p_e 维持效应，加剧内胆径向压缩应变。

2.3　初始缺陷的影响

长期服役中，氢气渗透必然在内胆-纤维层界面区形成几何缺陷，如微凹坑、壁厚不均。图 11 显示 30 MPa 初始压力，1 MPa/s 泄压速率下的缺陷深度 δ 与临界屈曲压力 Δp_{cr} 呈负幂律关系：δ 从 0.05 mm 增至 0.25 mm 时，Δp_{cr} 由 28 MPa 降至 20 MPa。这表明随着缺陷深度的增加，内胆失稳抗力显著降低，临界屈曲压力 Δp_{cr} 对缺陷尺寸呈现高度敏感性[14]。

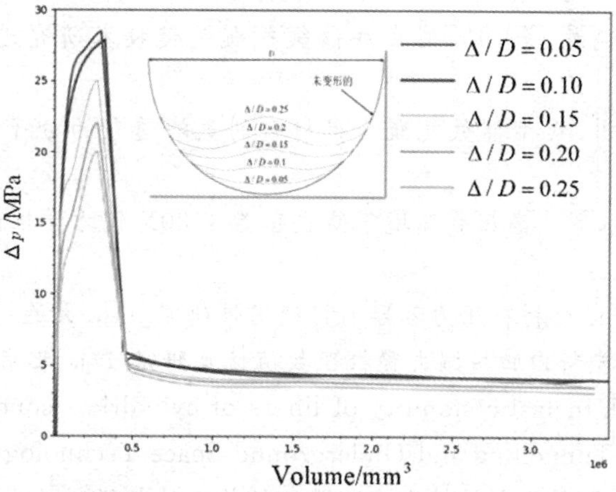

图 11　不同缺陷深度下的临界压力曲线

3　结　论

本文针对Ⅳ型储氢气瓶内胆在泄压工况下的塌陷失稳问题，通过物理模型构建多场耦合仿真关键参数解析的系统研究，构建了融合氢渗透效应—界面脱粘—几何缺陷的跨尺度流固耦合模型，揭示了放氢过程中“界面脱粘—缺陷屈曲—结构坍塌”的链式失效机制。主要工作及结论如下：

(1)基于气瓶真实服役场景，嵌入前期开发的 PA6 内胆黏弹塑性本构(PRF 流变模型)及界面 PPR 内聚力模型，引入几何缺陷函数表征氢渗透初始缺陷，通过双流体腔(S4R 壳单元)实现氢压动态载荷传递，端部全约束模拟实际支撑。该模型实现流固耦合显式动力学分析，捕捉单瓣屈曲坍塌全过程。

(2)通过压差 ΔP—塌陷变形量 ΔV_{cav} 的关联分析，以压差峰值 $\Delta P_{cr}=\max(\Delta P)$ 和空隙体积增速突变点，确立临界失稳。

(3)最大氢压提升显著增强稳定性，30 MPa 时 $\Delta P_{cr}\Delta$ 达 14.3 MPa；泄压速率存在临界阈值 $v_c=0.2$ MPa/s，($>v_c$ 时 $\Delta P_{cr}\Delta$ 较为稳定，$\leqslant v_c$ 时呈指数衰减)；初始缺陷深度遵循幂律衰减。

参考文献

[1] ZUTTEL A, BORGSCHULTE A, SCHLAPBACH L. Hydrogen as a future energy carrier [M]. Wiley－VCH Verlag Gmb H & Co, 2008.

[2] MELIDEO D, BARALDI D, ACOSTA－IBORRA B, et al. CFD simulations of filling and emptying of hydrogen tanks[J]. International Journal of Hydrogen Energy, 2017, 42(11): 7304－7313.

[3] PEPIN J, LAINE E, GRANDIDIER J C, et al. Replication of liner collapse phenomenon observed in hyperbaric type IV hydrogen storage vessel by explosive decompression experiments [J]. International Journal of Hydrogen Energy, 2018, 43(9): 4671－4680.

[4] 陶家辉，徐鹏，王璐．Ⅳ型储氢瓶关键密封材料高压氢渗透特性研究进展[J]．塑料工业，2022，50(11)：13－17.

[5] 杨正伟，冯婧婧，张炜，等．缠绕工艺关键参数对 T800 纤维复合材料壳体强度的影响[J]．固体火箭技术，2022，45(3)：416－423.

[6] BLANC－VANNET P, PAPIN P, WEBER M, et al. Sample scale testing method to prevent collapse of plastic liners in composite pressure vessels[J]. International Journal of Hydrogen Energy, 2019, 44(17): 8682－8691.

[7] 姚嘉平，王建，张谦，等．Ⅳ型储氢气瓶塑料内胆的失效形式与机理[J]．塑料，2023，52(1)：

133－138.

[8] 陈明和,胡正云,贾晓龙,等.IV 型车载储氢气瓶关键技术研究进展[J]. 压力容器,2020,37(11):39－50.

[9] 熊耀强,吴平,赵建平.Ⅳ型储氢气瓶内衬材料的氢渗透行为分子动力学模拟[J]. 压力容器,2023,40(7):19－28.

[10] 黄淞,薛广珂,惠虎,等.高压氢环境下储氢容器 4130X 钢力学性能的演化规律研究[J]. 压力容器,2024,41(12):8－15.

[11] 蔡雅琪.纤维缠绕复合材料压力容器内衬稳定性研究[D]. 大连:大连理工大学,2020.

[12] 查燕.Ⅳ型储氢瓶塑料内胆坍塌失稳机理数值仿真研究[D]. 北京:北京化工大学,2023.

[13] EL－SAWY K M. Inelastic stability of liners of cylindrical conduits with local imperfection under external pressure[J]. Tunnelling and Underground Space Technology,2013,33:98－110.

[14] 陈旦.碳纤维缠绕Ⅳ型复合材料压力容器的结构设计与研制[D]. 武汉:武汉理工大学,2019.

[15] 白晶,乔亮,范峻铭,等.Ⅳ型储氢气瓶塑料内胆氢渗透特性及失效分析研究进展[J]. 中国塑料,2024,38(1):62－78.

[16] 熊志鑫,黄志权,张道兵,等.模态缺陷条件下的深潜耐压球壳极限强度[J]. 哈尔滨工程大学学报,2020,41(1):5.

不同相位差下工业纯钛平面双轴疲劳小裂纹扩展行为研究

李录山[1,2],常　乐[1,2],吕　超[1,2],赵建平[1,2]
(1. 南京工业大学 机械与动力工程学院,南京 211816;
2. 南京工业大学 高端装备可靠性制造研究院(IRcM),南京 211816)

摘　要:疲劳小裂纹的萌生及扩展通常占据疲劳寿命的 80%以上,传统断裂力学无法直接用于疲劳小裂纹扩展行为的评估。针对单轴加载下的疲劳小裂纹扩展行为已有广泛研究,而多轴加载下的疲劳小裂纹特性有待进一步研究。本文以工业纯钛 TA2 为研究对象,开展不同相位差加载下的平面双轴疲劳小裂纹扩展试验,揭示了相位差对裂纹扩展路径、速率及异常行为的影响规律:随着相位差增加,面内切应力显著增强,二次裂纹增殖并与主裂纹融合,促使主裂纹加速扩展,双轴疲劳寿命降低;通过 Findley 等效应力修正的应力强度因子可统一表征不同相位差下的裂纹扩展速率。

关键词:工业纯钛;疲劳小裂纹;平面双轴;相位差

Study on the in - plane biaxial small fatigue crack propagation behavior of commercially pure titanium under different phase differences

LILushan[1,2],CHANG Le[1,2],LYU Chao[1,2],ZHAO Jianping[1,2]
(1. School of Mechanical and Power Engineering,Nanjing Tech University,Nanjing 211816,China;
2. Institute of Reliability Centered Manufacturing(IRcM),Nanjing Tech University,Nanjing 211816,China)

Abstract:The initiation and propagation of small fatigue cracks typically account for more than 80% of the total fatigue life. Traditional fracture mechanics cannot be directly applied to evaluate the behavior of small fatigue crack growth. While extensive research has been conducted on small fatigue cracks under uniaxial loading, their characteristics under multiaxial loading remain to be further explored. This study focuses on commercially pure titanium TA2 and conducts in - plane biaxial small fatigue crack growth experiments under different phase differences. The results reveal the influence of phase difference on crack propagation path, rate, and anomalous behaviors. As the phase difference increases, the in - plane shear stress intensifies significantly, leading to the proliferation of secondary cracks and their coalescence with the main crack, which accelerates the propagation of the main crack and reduces the biaxial fatigue life. The stress intensity factor modified by Findley's equivalent stress can consistently characterize the crack growth rate under different phase differences.

Keywords:commercially pure titanium;small fatigue crack;in - plane biaxial;phase difference

0 引　言

现有的多轴疲劳研究表明在应力幅及载荷比不变的情况下,加载相位差的改变对材料的疲劳寿命变化有显著影响。刘世民等[1]针对 LY12 铝合金材料开展了不同拉扭多轴加载相位差下的疲劳试验,研究发现材料寿命随着相位差的增大而减小。尚德广等[2-4]也开展了多轴疲劳试验,均发现非比例加载下的疲劳寿命低于比例加载情况。这种现象也被称为多轴非比例强化效应,多轴同相加载下主应力轴方向不变,而多轴异相加载会使得最大主应力轴在空间中不断旋转,这也使得局部位错累积造成局部应力增大从而使得疲劳寿命在不同相位差下相差很大[5-8]。

尽管目前已经有很多学者研究了非比例加载对于材料疲劳特性的影响,然而这些研究多基于拉一扭多轴载荷试验方法,关于平面双轴载荷加载下的多轴疲劳研究较少,并且很少有学者关注小裂纹扩展行为。因此本文通过固定载荷比改变相位差,以研究不同相位差加载对于工业纯钛疲劳小裂纹扩展行为的影响,并深入分析不同相位差下小裂纹的扩展行为特性。

1 试验步骤

1.1 试验装置及试验试样

本研究中疲劳试验均在天津 CARE 公司开发的平面双轴试验系统 IPBF-5000 上完成,该双轴试验机最大加载量程为 5KN,载荷精度可控制在满量程的 0.4%,如图 1 所示。VHX-950F 显微镜主要用于监测小裂纹的萌生和扩展。

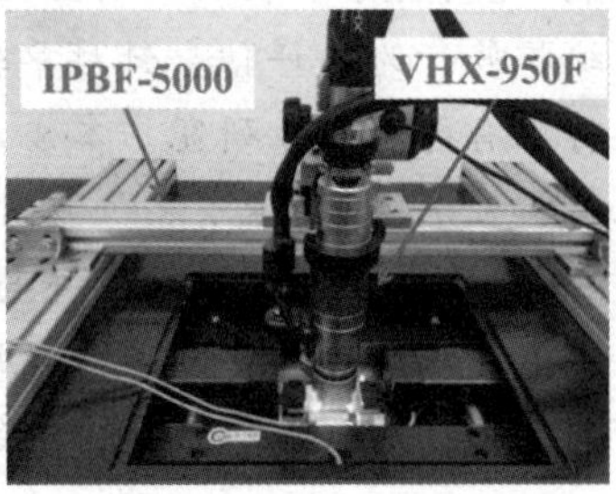

图 1 疲劳小裂纹扩展试验设备

平面双轴疲劳试验采用十字形试样,如图 2 所示。采用双侧单层减薄,通过中心减薄的形式来提升中心区域的应力水平。为了便于光镜观察小裂纹行为,试样中心使用 UV 激光预制微缺陷,所有试样的微缺陷激光加工工艺参数相同,以减小微缺陷尺寸对于试验结果的影响。试验材料为冷轧的工业纯钛 TA2 板材(经退火处理),其化学成分如表 1 所示。表 2 列出了 25℃下工业纯钛沿轧制方向(rolling direction,RD)与垂直于轧制方向(transverse direction,TD)的材料力学参数,从中可以观察到冷轧工业纯钛 TA2 具有明显的各向异性。

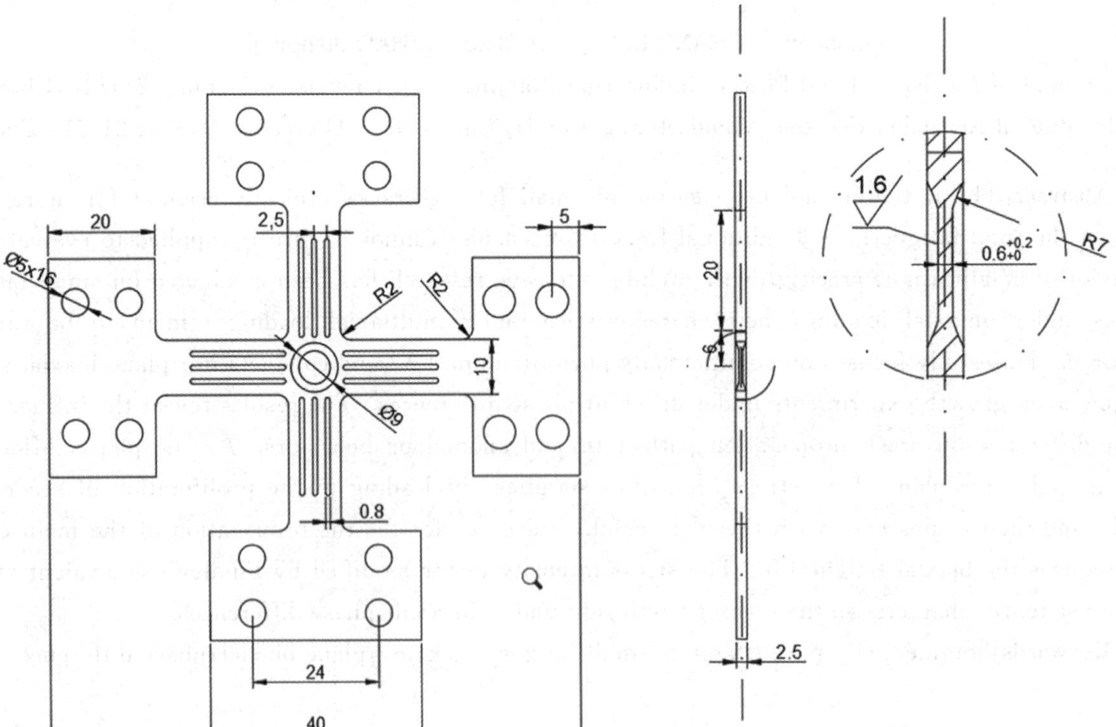

图 2 十字型试样尺寸

表 1　工业纯钛 TA2 的主要化学成分

元素	Ti	Fe	C	N	H	O	Others
含量/%	＞99	0.02	0.01	0.01	0.002	0.14	＜0.5

表 2　TA2 材料力学参数

材料方向	弹性模量 E/GPa	屈服强度 R_{eL}/MPa	抗拉强度 R_m/MPa
RD	88.50	320.23	492.45
TD	94.26	378.50	507.92

1.2　试验方案

试验温度为室温，双轴载荷比为 1，相位角分别设置为 45°，90°，135°和 180°，应力比为 0.1，最大载荷均为 4 000 N，加载频率 0.25 Hz，加载波形为正弦波。具体加载波形及加载路径见表 3，平面双轴非比例加载条件与实验结果见表 4。

表 3　平面双轴疲劳非比例加载路径

相位差/(°)	加载波形	应力路径
45	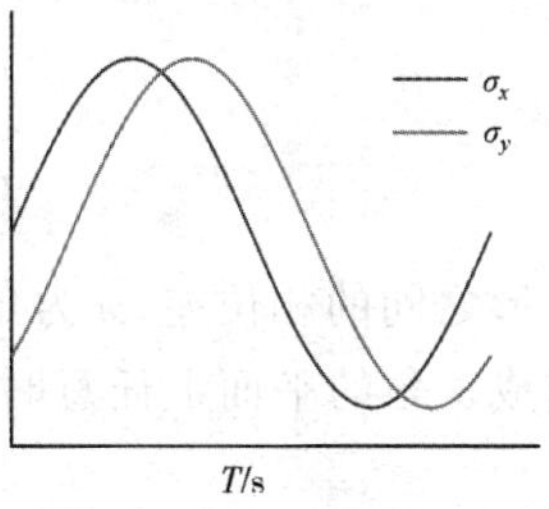	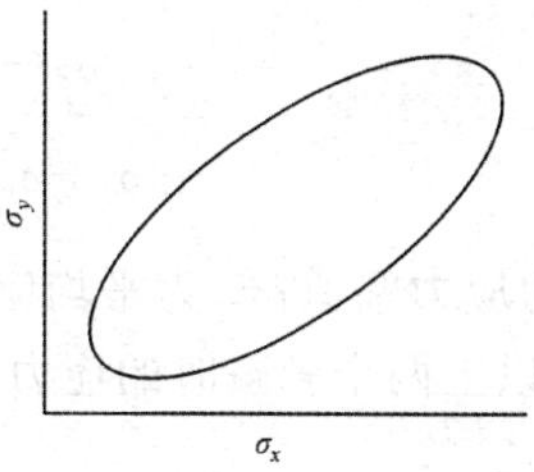
90	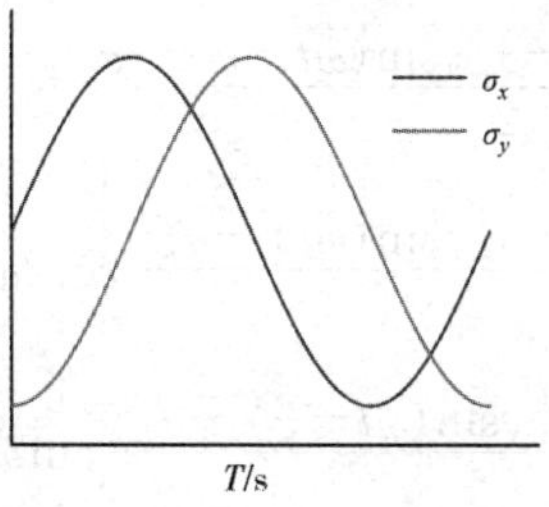	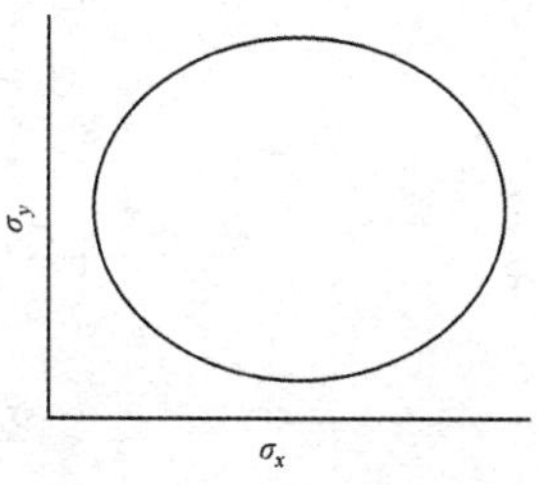
135	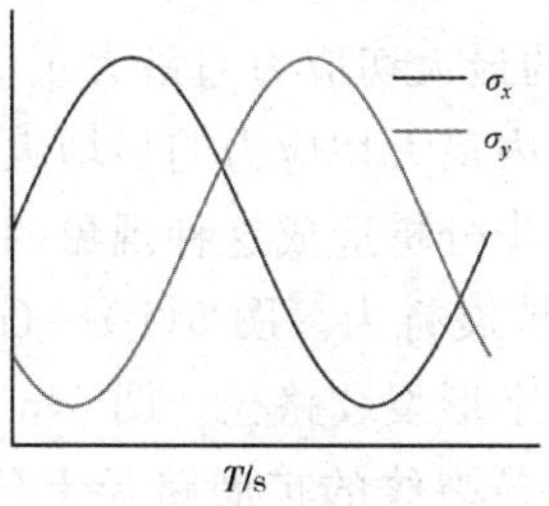	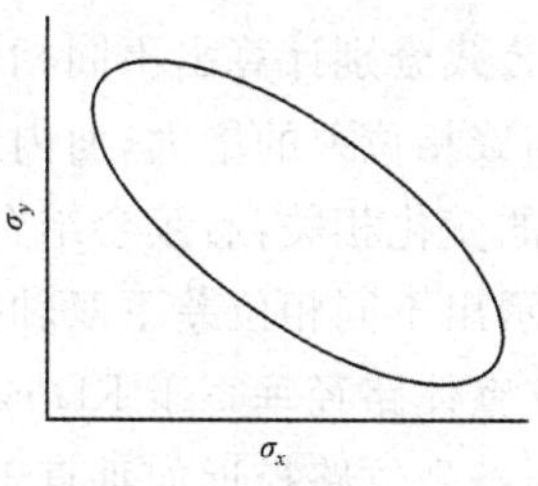
180	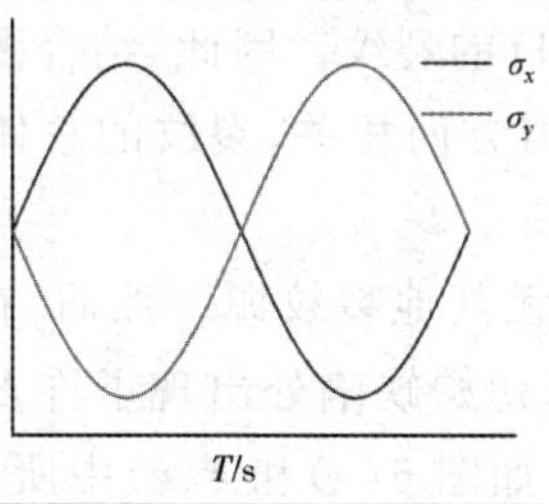	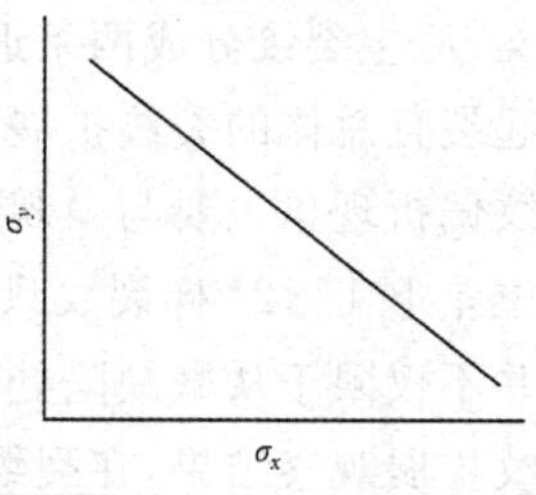

表 4 平面双轴非比例加载条件与试验结果

试样编号	相位差/(°)	平均应力/MPa	应力幅/MPa	N_f
1	45	184	144	70 007
2	90	184	144	15 200
3	135	184	144	11 200
4	180	184	144	8 700

2 试验结果及讨论

2.1 相位差对双轴疲劳小裂纹扩展行为的影响

根据表 4 可以看出,随着相位差的增加,平面双轴疲劳寿命降低,说明非比例附加强化效应对于工业纯钛疲劳寿命有显著影响。针对工业纯钛的平面双轴疲劳试验发现[9],工业纯钛的疲劳寿命对于相位差的改变非常敏感,相位差越大,其疲劳寿命越短。当十字型试样受到拉一拉多轴载荷时,由于其中心区域较薄,可以视为平面应力状态。试样的受力状态如图 3 所示。

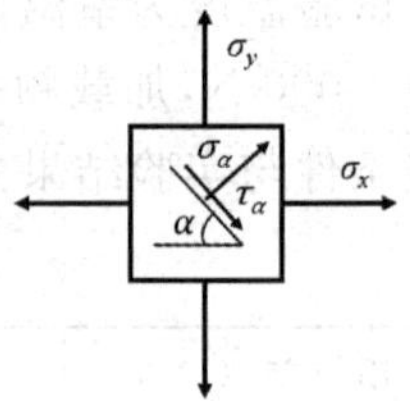

图 3 试样在拉一拉加载下的应力状态

平面双轴疲劳试验采用了正弦波形加载,其 x 轴与 y 轴的加载应力为:

$$\sigma_x=\sigma_{a,x}\sin(\omega t)+\sigma_{m,x} \tag{1}$$

$$\sigma_y=\sigma_{a,y}\sin(\omega t-\varphi)+\sigma_{m,y} \tag{2}$$

式中,σ_a 为应力幅值;σ_m 为平均应力;φ 为两轴加载波形之间的相位差;ω 为角速度;t 为时间。

根据以上两个轴瞬时的应力表达式,与试样 x 轴成 α 角的平面上任意时刻的正应力和切应力可以表示为:

$$\sigma_\alpha=\frac{\sigma_{a,x}\sin(\omega t)+\sigma_{m,x}+\sigma_{a,y}\sin(\omega t-\varphi)+\sigma_{m,y}}{2}+\frac{\sigma_{a,y}\sin(\omega t-\varphi)+\sigma_{m,y}-\sigma_{a,x}\sin(\omega t)-\sigma_{m,x}}{2}\cos2\alpha \tag{3}$$

$$\tau_\alpha=\frac{\sigma_{a,x}\sin(\omega t)+\sigma_{m,x}-\sigma_{a,y}\sin(\omega t-\varphi)-\sigma_{m,y}}{2}\sin2\alpha \tag{4}$$

根据公式分别计算出不同相位差下面内各角度的最大切应力与最大正应力,如图 4 所示。从图中可以看出,随着相位差的增大,面内最大正应力不变,面内最大切应力明显增大。因此试样的疲劳寿命可能与切应力的变化相关,后续会结合裂纹扩展行为进一步分析造成这种现象的原因。

图 5 示出不同相位差下双轴疲劳小裂纹初期的扩展行为。图 5(b)～(d)中裂纹从微缺陷处萌生并扩展,裂纹整体路径垂直于 RD 或 TD,可以观察到十字形裂纹路径。图 5(a)中从微缺陷处扩展出 3 条裂纹,其中两条裂纹路径近似垂直于 RD 或 TD,另外一条裂纹的扩展路径十分曲折,在扩展一段时间后出现裂纹分叉,原主裂纹分成两条近似垂直于 RD 和 TD 的裂纹。因此,结合图 4 可知,非比例加载下裂纹从缺陷处起裂且总体的裂纹扩展方向均与最大正应力方向相关,裂纹的总体走向总是垂直于主应力轴。初期小裂纹偏折现象主要与微观组织结构的影响有关。

低相位差下 1#,2# 样裂纹只从微缺陷处扩展并无其他裂纹源。然而,在高相位差情况下,3# 和 4# 样中裂纹并不仅限于从微缺陷处萌生并扩展,在远离初始缺陷处出现了许多其他的裂纹源。图 6 是 3# 样原位裂纹扩展观察结果,在裂纹扩展过程中发现了如图 6(a)和 6(c)中所标注的二次裂纹。这些二次裂纹于晶界处萌生,并且其扩展路径具有相似性,均与横向呈 45 度,这也恰恰是最大切应力的方向。随

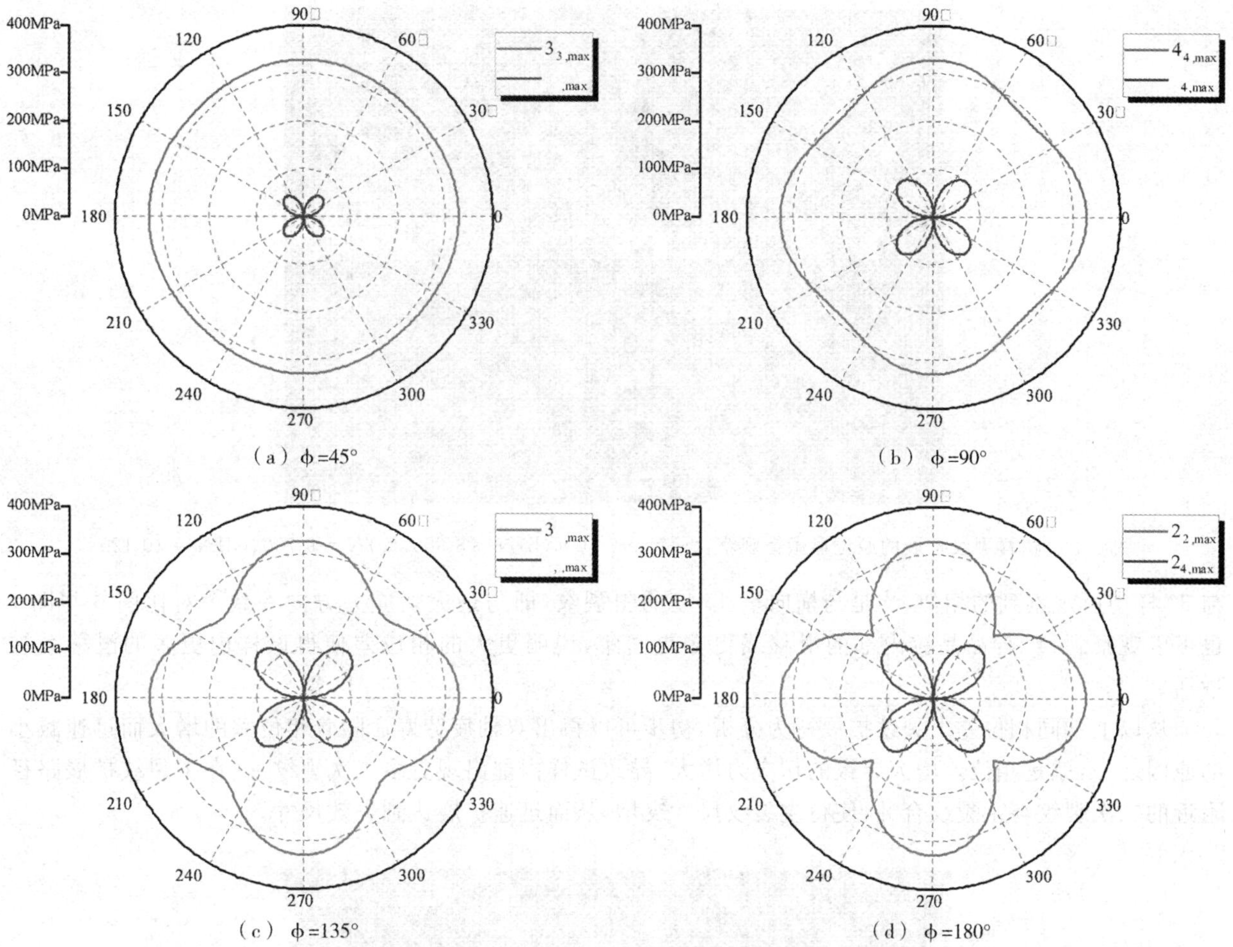

（a）ϕ=45°　（b）ϕ=90°　（c）ϕ=135°　（d）ϕ=180°

图 4　不同相位差下面内各角度最大切应力与最大正应力

着裂纹扩展，还观察到了如图 6(b)和 6(d)中的主裂纹与二次裂纹合并现象。

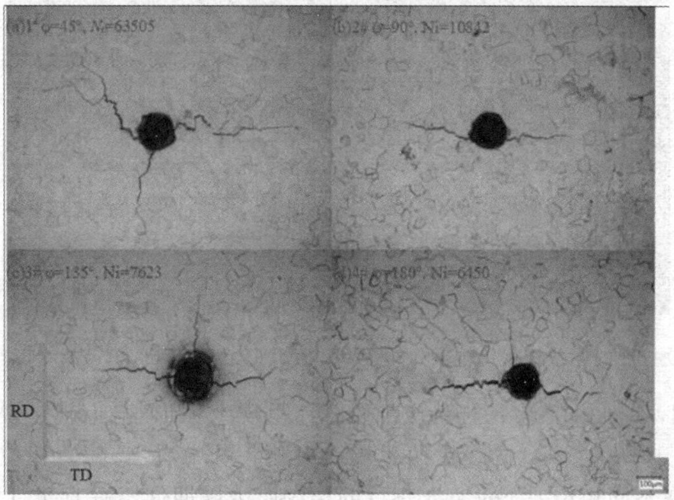

图 5　不同相位差下小裂纹扩展路径形貌：(a)$\varphi=45°$，(b)$\varphi=90°$，(c)$\varphi=135°$，(d)$\varphi=180°$

如图 7 所示，在 4# 样的裂纹扩展过程中这种现象更为明显，裂纹扩展过程中主裂纹附近区域出现了大量二次裂纹，随着二次裂纹不断扩展，当接近主裂纹时会发生合并行为。值得一提的是，这些二次裂纹

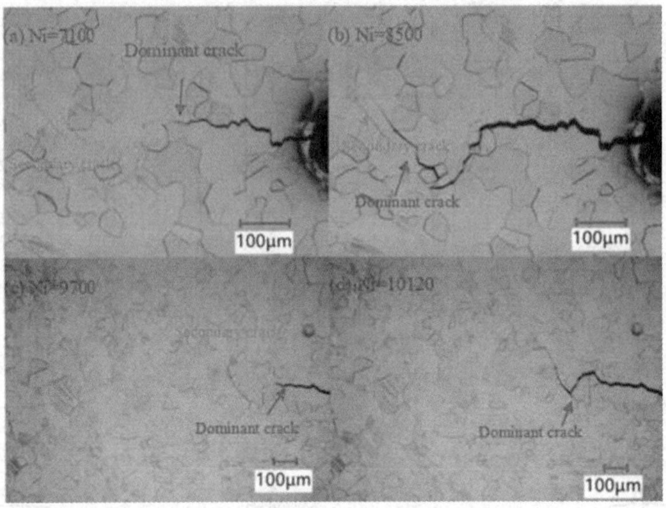

图 6　3# 试样裂纹扩展的原位显微镜观察：(a)N_i=7 100，(b)N_i=8 500，(c)N_i=9 700，(d)N_i=10 120

与 3# 样中所观察到的相似，均是与横向呈 45 度的斜裂纹，即与最大切应力方向一致。对比图 6 与图 7 也可以观察到，4# 样品晶粒内部的滑移线更多更密集，说明更大的相位差使得试样内更多的滑移系被激活。

从以上不同相位差下裂纹扩展行为分析，初步可以得出双轴疲劳寿命随着相位差的增大而迅速减小的原因之一，就是相位差增大导致的切应力增大，导致试样内部出现更多二次裂纹，处在主裂纹扩展路径附近的二次裂纹与主裂纹合并，使得主裂纹尺寸突增，从而迅速扩展达到失效尺寸。

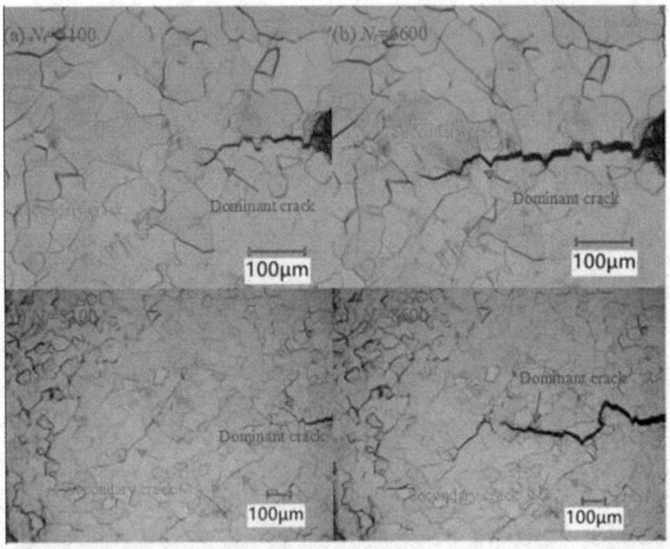

图 7　4# 试样裂纹扩展的原位显微镜观察：(a)N_i=5 100，(b)N_i=6 600，(c)N_i=8 100，(d)N_i=8 600

根据前述观察可知，不同相位差下主裂纹路径总体呈现十字形貌，也就是说裂纹垂直于 RD 或 TD 扩展。图 8 示出了垂直于 RD 与 TD 的裂纹萌生周次变化。从中看出，随着相位差的增大，微缺陷处会更快萌生出裂纹，其次在不同相位差下垂直于 RD 的裂纹萌生周期低于垂直于 TD 的裂纹。由于工业纯钛各向异性的影响，1# 试样的裂纹优先沿着微缺陷垂直于 RD 处起裂，如图 9(a)所示。受微观组织的影响左侧裂纹向左上偏折，同时右侧裂纹向右上偏折，如图 9(b)所示。这也使得微缺陷处垂直于 TD 裂纹再扩展的能量被分散导致微缺陷上方并未扩展出裂纹。而这又进一步影响了垂直于 RD 裂纹的扩展，左侧裂纹在倾斜扩展了一定尺度后分为了两条裂纹，右侧裂纹扩展中出现垂直于 TD 的裂纹分叉并扩展一定尺寸，如图 9(c)所示。

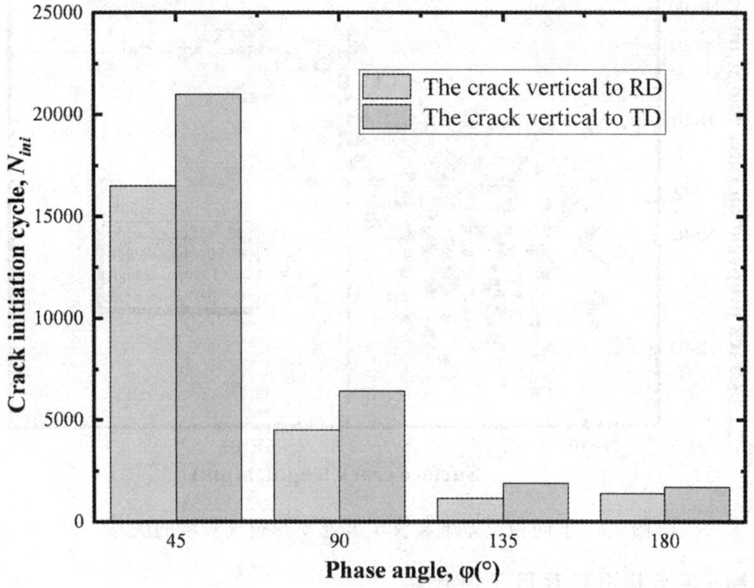

图 8　不同相位差下垂直于 RD 与 TD 的裂纹萌生周次

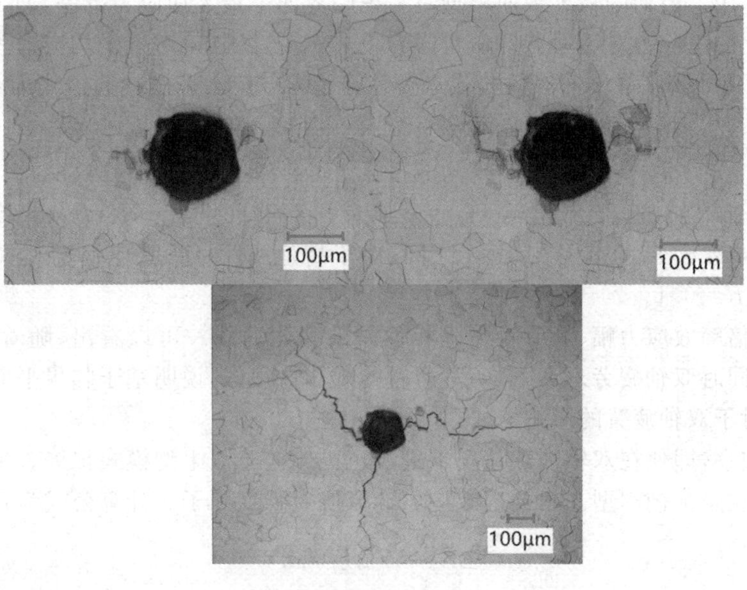

图 9　1# 试样裂纹扩展的原位显微镜观察：(a) N_i＝25 500，(b) N_i＝32 000，(c) N_i＝63 505

2.2　相位差对双轴疲劳小裂纹扩展速率的影响

非比例加载下裂纹的总体走向依然是垂直于主应力轴，裂纹长度仍然取其在最大主平面的投影。裂纹的扩展速率采用割线法进行计算，如图 10 所示，相位差越大其总体的扩展速率也就越快。短裂纹与长裂纹的交接线(500 微米)两端裂纹扩展速率差异明显，交界线以左由于小裂纹的加速减速行为，裂纹速率出现显著波动，而交界线右侧裂纹趋向于长裂纹，裂纹稳定扩展，几乎无速率波动现象。此外，与低相位差加载条件相比，高相位差下(φ＝135°、180°)速率的波动范围更小。这也说明在高相位差加载情况下，切应力的增加导致微观组织对于裂纹扩展速率的影响降低。

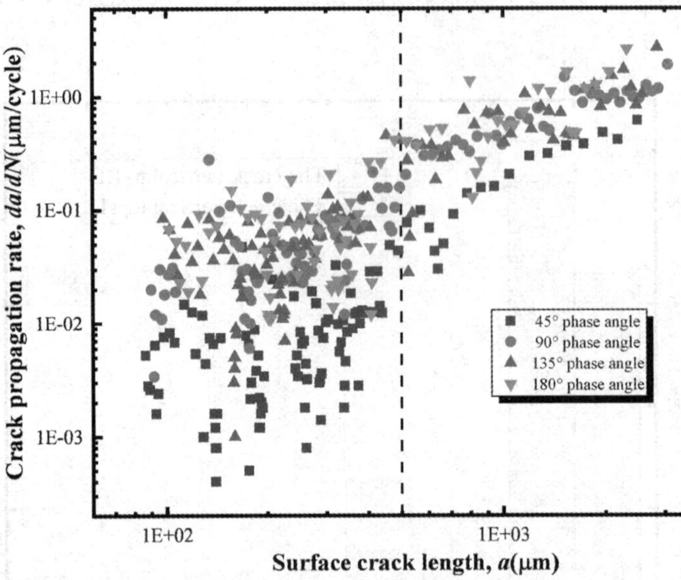

图 10 不同相位差下裂纹扩展速率与裂纹长度的关系

2.3 不同相位差下等效应力强度因子的计算

临界平面法认为材料的疲劳失效过程与某一特定平面息息相关,并且通过结合该平面上的应力或应变参数给出等效的多轴疲劳损伤参量。目前基于疲劳裂纹萌生和断裂机制的临界平面法在多轴疲劳寿命方面得到了广泛运用。最初的临界平面模型只考虑临界面上最大切应力范围,而 FINDLEY[10] 根据多轴实验发现临界面上的正应力对于疲劳寿命也起着重要作用,尤其是对于平均应力为正的非对称应力循环。因此本文采用 Findley 临界平面等效公式进行计算。等效应力范围计算公式为:

$$\frac{\Delta\sigma_{eq}}{2}=\frac{\Delta\tau_{\max}}{2}+K\sigma_n \tag{5}$$

式中,$\Delta\tau_{\max}$ 为临界平面上的切应力范围;σ_n 为临界平面上的最大正应力;K 为材料参数,根据 CHAVES 等[11]的研究结果材料参数 K 的范围在 0~1 之间,对于高延展性材料其值接近 0,工业纯钛具有优良的延展性,因此本文取 $K=0.1$。

图 11 示出了 2 倍等效应力幅、疲劳寿命随相位差的变化曲线。可以看出,随着相位差增加,2 倍等效应力幅增加,与此同时双轴疲劳寿命下降,且两者的规律性很好,说明基于临界平面法的 2 倍等效应力幅可以反映相位差对于双轴疲劳的影响。

根据裂纹形态观察,即使在双轴加载情况下裂纹也更倾向于以Ⅰ型模式扩展。工程实际中张开型裂纹是常见的形式,裂纹呈半椭圆型。根据等效应力计算应力强度因子。计算公式为:

$$\Delta K_{eq}=Y\Delta\sigma_{eq}\sqrt{\pi a} \tag{6}$$

式中,Y 为裂纹形状系数,这里取 1.1。

由于工业纯钛 RD 方向与 TD 方向疲劳抗性存在显著差异,但是等效应力范围却不能对这种差别进行区分,因此还需对应力强度因子进行修正。根据材料力学参数,两个方向屈服强度有很大的差别,因此考虑使用屈服强度进行修正。根据裂纹扩展的特性将等效应力强度因子分为两类,一类为裂纹垂直于 RD 方向,另一类为裂纹垂直于 TD 方向。修正公式如下:

$$\Delta K_{eq}=\begin{cases}Y\Delta\sigma_{eq}\sqrt{\pi a}\left(\dfrac{R_{el,RD}+R_{el,TD}}{2R_{el,RD}}\right),crack\perp RD\\[2ex] Y\Delta\sigma_{eq}\sqrt{\pi a}\left(\dfrac{R_{el,RD}+R_{el,TD}}{2R_{el,TD}}\right),crack\perp TD\end{cases} \tag{7}$$

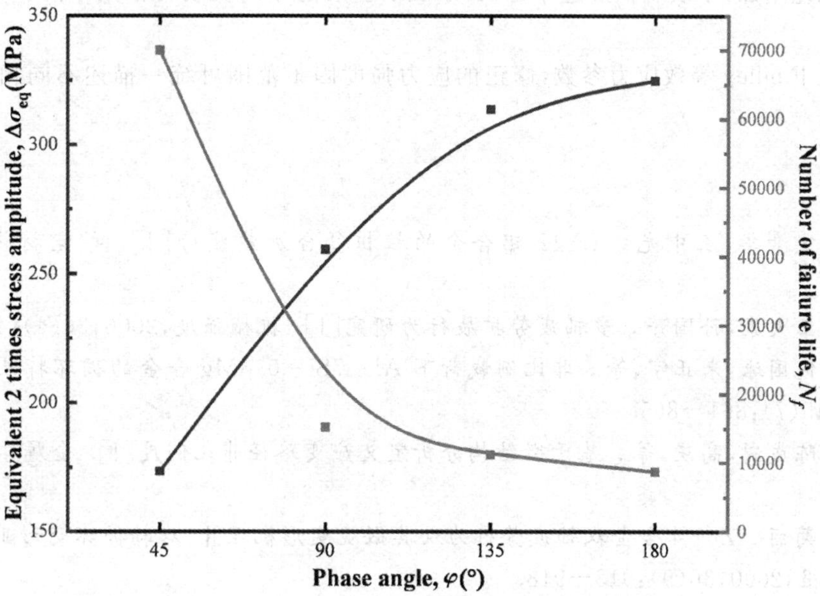

图 11　疲劳寿命与 2 倍等效应力幅随相位差的变化

如图 12 所示，与图 11 对比，不同相位差下裂纹扩展速率的数据点分布相对更集中且有着明显的趋势，说明了等效应力强度因子对不同相位差下的试样裂纹扩展速率有着很好的统一效果。

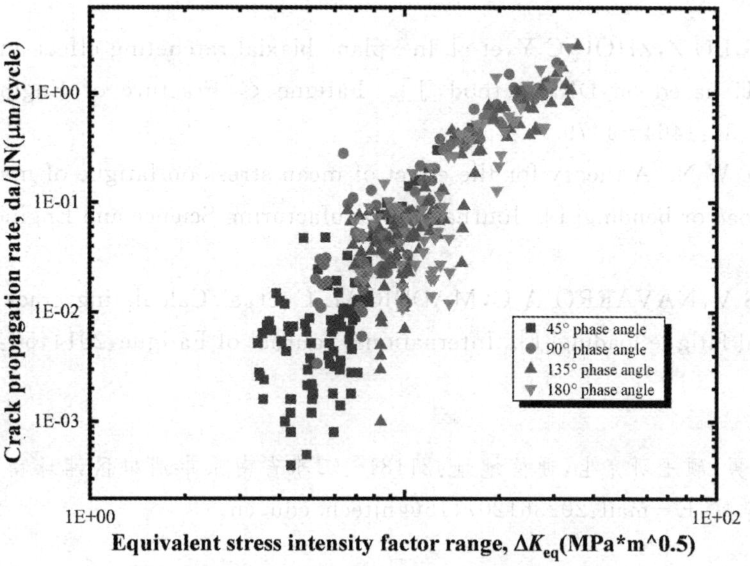

图 12　裂纹扩展速率 vs. 等效应力强度因子

3　结　论

本文开展了平面双轴等载荷比不同相位差加载下的疲劳小裂纹扩展试验，分析了裂纹扩展路径、扩展速率以及小裂纹扩展异常现象，主要结论如下。

(1)随着相位差的增加，面内最大正应力方向及大小不变，分别为沿 RD 与 TD，面内最大切应力显著增加。试样整体裂纹扩展路径呈十字形，主裂纹扩展路径基本垂直于最大正应力方向。

(2)随着相位差的增加，由于切应力的增加导致试样内部出现更多二次裂纹，主裂纹扩展路径附近的二次裂纹与主裂纹合并，使得主裂纹尺寸突增。

(3)随着相位差增加,小裂纹扩展速率越快,小裂纹扩展速率的波动特征则下降,双轴疲劳寿命显著下降。

(4)通过引入 Findley 等效应力参数,修正的应力强度因子范围可统一描述不同相位差条件下试样的裂纹扩展速率。

参考文献

[1] 刘世民,艾素华,王中光. LY12 铝合金的拉扭复合加载疲劳[J]. 航空材料学报,2006(5):96—100.

[2] 尚德广,王大康,孙国芹. 多轴疲劳扩展行为研究[J]. 机械强度,2006,26(4):423—427.

[3] 莫德锋,何国球,朱正宇,等. 非比例载荷下 Al-7Si-0.3Mg 合金的循环特性及微观机理[J]. 金属学报,2009,45(7):861—865.

[4] 何国求,陈成澍,高庆,等. 基于微结构分析定义应变路径非比例度[J]. 金属学报,2003,39(7):715—720.

[5] 肖林,白菊丽. Zr-4 合金双轴疲劳行为及其微观变形机理Ⅱ:双轴循环变形亚结构及其织构的发展[J]. 金属学报,2000,36(9):913—918.

[6] 吕涛,杨晓华. 2Cr13 钢低周疲劳损伤演变规律研究[J]. 机械强度,1999(2):118—121.

[7] 张璐杨,杨玉强,付贝贝,等. 波峰带直边波纹管性能分析及试验研究[J]. 压力容器,2024,41(6):52—57.

[8] 秦晨,晁龙,陈凡,等. 4130X 钢非对称非比例载荷下双轴低周疲劳行为[J]. 压力容器,2024,41(8):9—20.

[9] ZHAO J Y, LU Z, ZHOU C Y, et al. In-plane biaxial ratcheting effect and low-cycle fatigue behavior of CP—Ti based on DIC method[J]. Fatigue & Fracture of Engineering Materials & Structures, 2022, 45(5): 1464—1479.

[10] FINDLEY W N. A theory for the effect of mean stress on fatigue of metals under combined tortional and axial load or bending[J]. Journal of Manufacturing Science and Engineering. 1959, 81(4): 301—305.

[11] CHAVES V, NAVARRO A C, MADRIGAL C, et, al. Calculating crack initiation directions for in—phase biaxial fatigue loading[J]. International Journal of Fatigue, 2014, 58: 166—171.

作者简介

李录山(2000),男,硕士研究生,通信地址:211816 江苏省南京市浦口区浦珠南路 30 号南京工业大学机械与动力工程学院,E—mail:202361207115@njtech. edu. cn。

考虑双轴载荷比和相位差的Ⅰ－Ⅱ复合型疲劳裂纹扩展行为

金雯雯，於峰凛，周昌玉，贺小华

（南京工业大学 机械与动力工程学院，南京 211816）

摘　要：本文研究了工业纯钛 TA2 在双轴非比例载荷下的Ⅰ－Ⅱ复合型疲劳裂纹扩展行为。通过改进十字型试样（CS 试样）开展双轴疲劳试验，探讨了不同双轴载荷比（$\lambda=0.5,1$）与相位差（$\varphi=90°$，180°）对裂纹扩展路径、扩展速率的影响。基于最大周向应力准则（MTS）预测了裂纹起裂角，采用应变能释放率 ΔG 建立了其与裂纹扩展速率的定量关系。试验结果表明，当双轴载荷比由 0.5 增大到 1，单裂纹会分叉成两条裂纹，分叉对称性随初始裂纹倾角（45°或 60°）变化。增大相位差或双轴载荷比均增大疲劳裂纹扩展速率，而增大裂纹倾角则表现出抑制作用。

关键词：疲劳裂纹扩展；双轴载荷比；相位差；应变能释放率

Study on themixed－mode Ⅰ－Ⅱ fatigue crack propagation behavior considering biaxial load ratio and phase difference

JIN Wenwen，YU Fenglin，ZHOU Changyu，HE Xiaohua

（School of Mechanical and Power Engineering，Nanjing Tech University，Nanjing 211816，China）

Abstract：The mixed－mode Ⅰ－Ⅱ fatigue crack propagation behavior of commercial pure titanium TA2 under biaxial non－proportional loading has been investigated in present paper，and the effect of different biaxial load ratios（$\lambda=0.5,1$）and phase differences（$\varphi=90°$，180°）on crack propagation paths and rates were systematically examined via biaxial fatigue tests employing an improved cruciform specimen（CS）. The crack initiation angle was predicted based on the maximum tangential stress criterion（MTS），and its quantitative relationship between crack propagation rate and strain energy release rate ΔG was established. Experimental results show that when the biaxial load ratio increases from 0.5 to 1，a single crack will bifurcate into two cracks，and the symmetry of the bifurcations varies with the initial crack inclination angle（45° or 60°）. The fatigue crack propagation rate increases with higher phase differences or biaxial load ratios，but decreases as the crack inclination angle increase.

Keywords：fatigue crack propagation；biaxial load ratio；phase difference；strain energy release rate

0　引　言

工程实践中，承压设备常承受复杂交变载荷容易引发多轴疲劳失效，其裂纹萌生与扩展呈现显著的复合型特征。此类复合型裂纹的扩展路径、速率及失效机理与Ⅰ型张开裂纹存在差异，导致现行基于单轴假设的评估方法难以准确表征其临界失效状态，这对结构安全评估提出了更高要求。因此，探究双轴非比例载荷下Ⅰ－Ⅱ复合型疲劳裂纹扩展行为，具有重要意义。

已有学者对Ⅰ－Ⅱ复合型双轴疲劳裂纹扩展行为的影响展开了研究。NEERUKATTI 等[1]通过断口分析揭示了铝合金在同步/异步双轴加载下的损伤机制差异。LIU 等[2]在铝合金双轴疲劳研究中发现,裂纹扩展方向与速率主要受较大双轴应力分量控制,平行于裂纹的应力分量影响较小。与其不同的是,ANDERSON 等[3]发现双轴应力场可引发扩展速率的瞬时或渐进式改变。SUNDER 等[4]也发现载荷双轴性显著影响疲劳裂纹扩展速率。SHANYAVSKIY[5]则证实了裂纹扩展速率随双轴应力比增大而显著提升。BAO[6]的研究显示,在双轴加载情况下,疲劳裂纹扩展速率同样会随应力比的增大而提高。

具有相位差的循环双轴载荷下,双轴载荷比呈现时变特性,可诱发裂纹路径弯曲及双裂纹萌生[7-10]等复杂现象。LEE 等[11]阐明了双轴载荷比和相位差对铝合金裂纹扩展路径的影响规律,WANG 等[12]的双轴拉一压实验表明,钢材中裂纹倾向于分叉,而铝合金裂纹则沿原路径扩展。MALL 团队[13-17]系统研究了铝合金在不同相位差、双轴载荷比及环境下的双轴疲劳裂纹扩展行为,揭示了工况参数对裂纹扩展速率与损伤机制的调控作用以及非比例载荷下裂纹路径的偏折特性。针对工业纯钛 TA2 的 I 型裂纹,已经总结出随着相位差的增大和双轴载荷比的减小,疲劳裂纹扩展速率加快的规律[18]。

本文以工业纯钛 TA2 为对象,通过改进的十字型(CS)试样开展双轴非比例载荷下 I-II 复合型疲劳裂纹扩展试验。探究不同双轴载荷比($\lambda=0.5,1$)与相位差($\varphi=90°,180°$)对裂纹扩展路径、裂纹扩展速率的影响。采用应变能释放率 G 作为 I-II 复合型疲劳裂纹扩展驱动力参量,建立裂纹扩展速率与应变能释放率的定量关系,揭示存在相位差条件下双轴疲劳裂纹扩展的特性。

1 Ⅰ-Ⅱ复合型疲劳裂纹扩展试验方案

试验材料 TA2,化学成分见表 1。其基本力学性能通过室温下拉伸试验获得,具体数值如表 2 中所示。

表 1 TA2 的化学成分

Fe	C	N	H	O	Ti
0.08	0.01	0.02	0.001	0.01	Bal.

表 2 TA2 材料力学参数

弹性模量/MPa	泊松比 ν	材料屈服强度 σ_s/MPa	材料抗拉强度 σ_u/MPa	材料延伸率 δ
115000	0.34	339	460	32

I-II 复合型疲劳裂纹扩展试验采用改良 CS 试样[26],十字型疲劳裂纹试样整体尺寸是 100 mm×100 mm,厚度为 1.2 mm,中心减薄至 0.4 mm,设置外倒角过渡,半径为 1 mm,同时设置 5 条加载臂槽,中心观测区是一个 15 mm×15 mm 的正方形,夹持方式为螺栓孔夹持。试样几何尺寸、夹持方式、试验设备及试验环境见图 1。

试验使用天津凯尔测控公司的 IPBF-5000 系列试验机。试验加载频率 0.2 Hz,波形为正弦波。试验控制 Y 轴循环载荷为 0～2000 N 不变,通过改变 X 轴的循环载荷来实现不同的双轴载荷比和相位差,双轴载荷比的变化为 0.5 和 1,相位差的变化为 90°和 180°。试验过程中,采用 VHX-950F 数码显微系统对疲劳裂纹长度进行记录和测量。具体试验方案见表 3,一共 8 组试验。

表 3 考虑双轴载荷比和相位差 I-II 复合型双轴疲劳裂纹扩展试验方案

β/(°)	R	λ	F_x/N	F_y/N	φ/(°)
45,60	0	0.5,1	0～2000	0～2000	90
	0	0.5,1	0～2000	0～2000	180

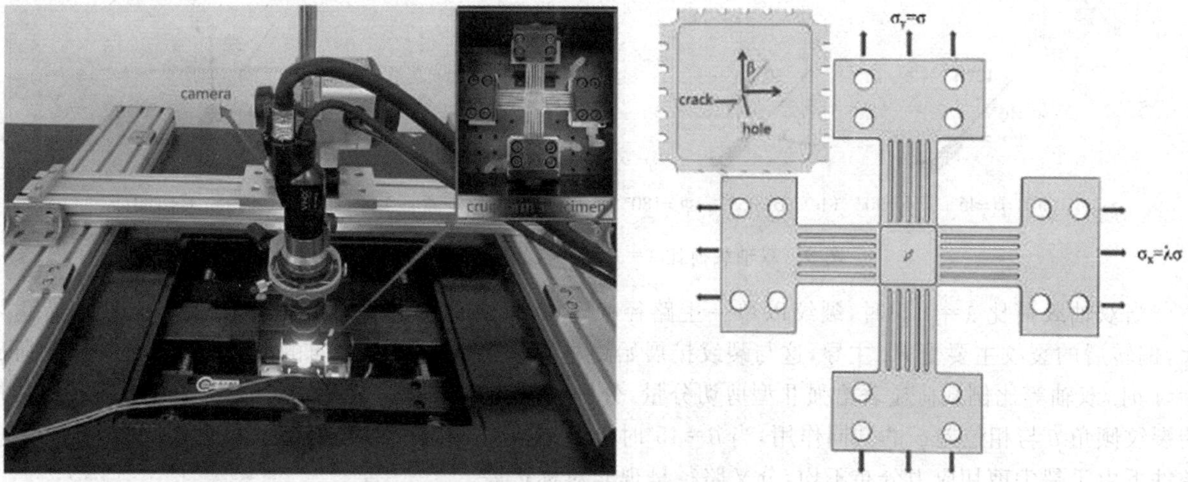

图1　双轴试验机与十字型试样

2　Ⅰ－Ⅱ复合型裂纹应力强度因子解

参照无限大板的Ⅰ－Ⅱ复合型裂纹的应力强度因子计算公式：

$$K_I=\sigma\sqrt{\pi a}\,(\lambda\cos^2\beta+\sin^2\beta) \tag{1}$$

$$K_{II}=\sigma\sqrt{\pi a}\,(1-\lambda)\cos\beta\sin\beta \tag{2}$$

式中，σ为垂直于裂纹面的正应力值；a为裂纹半长；λ为双轴载荷比；β为裂纹倾角。

对于存在相位差的加载条件，λ会随着循环加载时间变化，将瞬态双轴载荷比定义为Λ，见式(3)。

$$\Lambda=\frac{\sigma_{ax}\sin(\omega t+\varphi)+\sigma_{mx}}{\sigma_{ay}\sin(\omega t)+\sigma_{my}} \tag{3}$$

式中，σ_{ax}为水平方向应力幅值；σ_{ay}为垂直方向应力幅值；σ_{mx}为水平方向平均应力；σ_{my}为垂直方向平均应力；φ为两轴加载波形之间的相位差；ω为角速度；t为时间。

将λ替换为Λ，公式(1)和(2)即可用于计算非比例载荷下的Ⅰ－Ⅱ复合型应力强度因子K_{I}和K_{II}。

3　Ⅰ－Ⅱ复合型疲劳裂纹起裂角

3.1　试验测量值

对于Ⅰ－Ⅱ复合型双轴疲劳裂纹扩展，研究裂纹扩展路径对评估结构安全可靠性具有重要作用[19]。图2、图3详细展示了显微镜头下拍摄的Ⅰ－Ⅱ复合型疲劳裂纹在试样表面的扩展路径与起裂角。可以看出，Ⅰ－Ⅱ复合型裂纹扩展方向发生了改变，偏离了初始裂纹的方向，与预制裂纹方向呈一定角度。这是因为Ⅰ－Ⅱ复合型裂纹在双轴加载下，其疲劳裂纹扩展行为同时受K_{I}和K_{II}作用，即张开型断裂与剪切型断裂相互影响[20]。

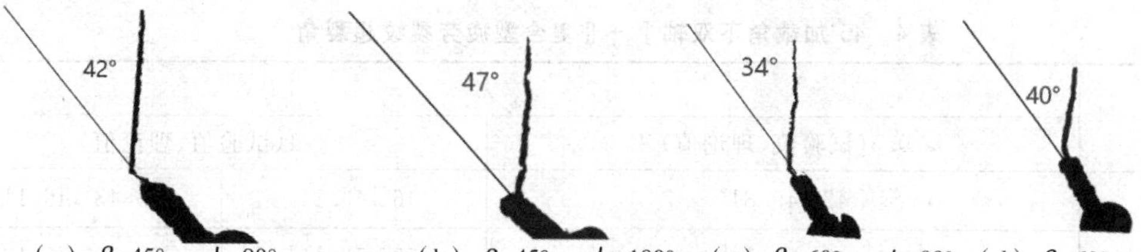

（a）β=45°，ϕ=90°　（b）β=45°，ϕ=180°　（c）β=60°，ϕ=90°　（d）β=60°，ϕ=180°

图2　双轴载荷比λ=0.5时裂纹扩展路径与起裂角

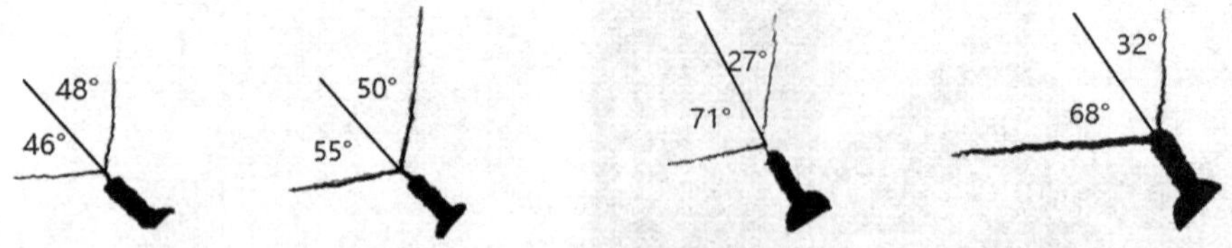

(a) $\beta=45°$, $\phi=90°$ (b) $\beta=45°$, $\phi=180°$ (c) $\beta=60°$, $\phi=90°$ (d) $\beta=60°$, $\phi=180°$

图 3 双轴载荷比 $\lambda=1$ 时裂纹分叉路径与起裂角

当双轴载荷比 $\lambda=0.5$ 时，裂纹以单一主路径稳定扩展，并且相位差 φ 的增大会使得裂纹偏转角增大，偏转后的裂纹主要受 K_{I} 主导，这与裂纹扩展始终垂直于最大主应力方向的结论一致；当双轴载荷比 $\lambda=1$ 时，双轴等比例载荷显著增强Ⅱ型剪切分量，分别诱导了两条裂纹起裂和扩展。裂纹分叉行为受初始裂纹倾角 β 与相位差 φ 的共同作用，当 $\beta=45°$ 时分叉的裂纹相对于初始裂纹倾角对称分布，在 $\beta=60°$ 条件下由于裂尖剪切应力分布不均，分叉路径呈现非对称扩展。

3.2 理论解

对于 I—II 复合型裂纹，ERDOGAN 等[21]将 I 型和 II 型裂纹尖端附近的应力分量进行叠加，然后转换成极坐标应力分量表达式(4)：

$$\left.\begin{aligned}\sigma_r&=\frac{1}{2\sqrt{2\pi r}}\left[K_I(3-\cos\theta)\cos\frac{\theta}{2}+K_{II}(3\cos\theta-1)\sin\frac{\theta}{2}\right]\\ \sigma_\theta&=\frac{1}{2\sqrt{2\pi r}}\cos\frac{\theta}{2}\left[K_I\cos^2\frac{\theta}{2}-\frac{3}{2}K_{II}(\sin\theta)\right]\\ \tau_{r\theta}&=\frac{1}{2\sqrt{2\pi r}}\cos\frac{\theta}{2}\left[K_I\sin\theta+K_{II}(3\cos\theta-1)\right]\end{aligned}\right\}\tag{4}$$

周向应力 σ_θ 取极值的条件见公式(5)：

$$\frac{\partial\sigma_{\theta\theta}}{\partial\theta}=0,\frac{\partial^2\sigma_{\theta\theta}}{\partial\theta^2}<0\tag{5}$$

可以得出裂纹起裂角公式(6)：

$$\theta_0=2arctan\left(\frac{1\pm\sqrt{1+8\left(\frac{K_{II}}{K_I}\right)^2}}{4\frac{K_{II}}{K_I}}\right)\tag{6}$$

通过最大周向应力准则可以得出，公式(6)可以用来计算 I—II 复合型裂纹起裂角。

3.3 I—II 复合型疲劳裂纹起裂角分析与讨论

3.3.1 起裂角

结合图 2、图 3 可以看出 I—II 复合型疲劳裂纹扩展路径在裂纹扩展后均产生较大的偏折。表 4、表 5 为 2 种方法获得的不同加载条件下Ⅰ－Ⅱ复合型疲劳裂纹起裂角。

表 4 45°加载角下双轴Ⅰ－Ⅱ复合型疲劳裂纹起裂角

φ	λ		
	0.5(试验值、理论值)	1(试验值、理论值)	
90°	42°,49.81°	46°,46.11°	48°,46.11°
180°	47°,51.57°	55°,53.16°	50°,53.16°

表5 60°加载角下双轴Ⅰ－Ⅱ复合型疲劳裂纹起裂角

φ	λ		
	0.5(试验值、理论值)	1(试验值、理论值)	
90°	34°,36.83°	71°,73.17°	27°,24.17°
180°	40°,42.70°	68°,67.96°	32°,36.54°

从表4和表5中可以看出，MTS准则预测出的理论值与试验值，相对误差为4%～20%，尤其当双轴载荷比为1时，误差更小。可见MTS准则可用于非比例加载下Ⅰ－Ⅱ复合型疲劳裂纹扩展的起裂角预测。

3.3.2 扩展路径

图4给出了在具有相位差的双轴疲劳裂纹扩展的第一个循环中，裂纹起裂角以及裂尖周向应力 σ_θ 随时间的变化规律，式(4)中 r 均取0.0001。

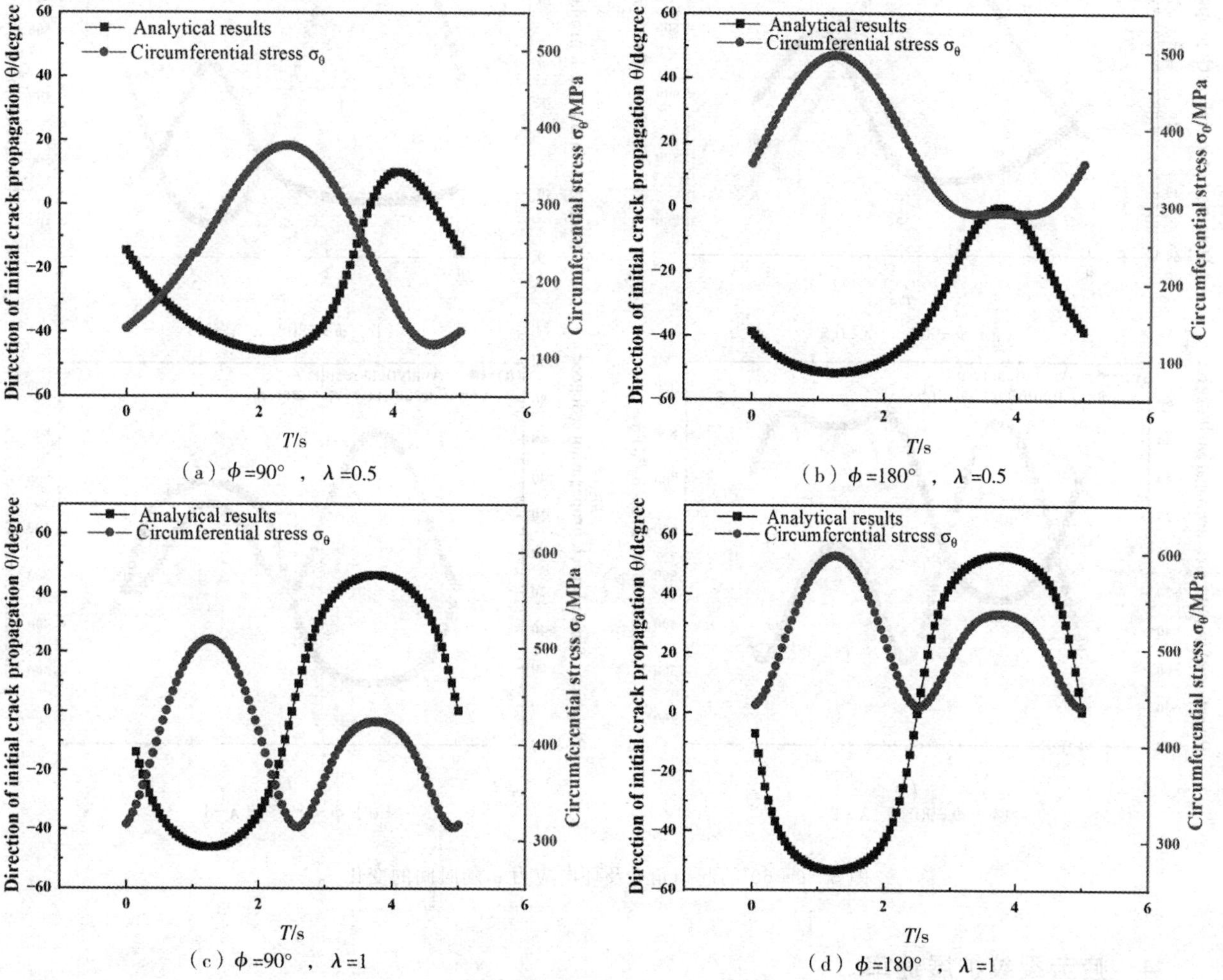

(a) ϕ=90°，λ=0.5　(b) ϕ=180°，λ=0.5　(c) ϕ=90°，λ=1　(d) ϕ=180°，λ=1

图4 β＝45°的起裂角 θ 及环向应力 σ_θ 随时间的变化

根据MTS准则，在疲劳载荷作用的一个周期内，当环向应力达到峰值时，裂纹发生扩展。双轴载荷比为0.5，相位差分别为90°和180°时(见图4(a)(b))，在一个疲劳加载循环中，裂尖环向应力仅有一个峰值。因此当双轴载荷比为0.5时，裂纹沿着一个起裂角方向起裂扩展。

双轴载荷比为1时，相位差90°和180°对应加载工况下(见图4(c)(d))，裂尖环向应力在一个周期内存在两个峰值,因此裂纹在一个疲劳循环周期内,在这两个时刻均可发生起裂扩展,宏观上表现为裂纹"分叉"现象。当裂纹倾角为45°时,分叉后的两条裂纹相对于原有裂纹方向基本对称。

环向峰值应力时刻对应的瞬态起裂角,即为非比例载荷下,Ⅰ—Ⅱ复合型裂纹的起裂角。在加载的前半个循环周期内,环向应力 σ_θ 达到第一个峰值,疲劳裂纹即沿着这个峰值对应时刻的起裂角角度向前扩展,在加载的后半个循环周期,环向应力 σ_θ 达到第二个最大值,此时裂纹则沿着该时刻的起裂角角度扩展。

图5考虑瞬态载荷比的影响,给出了裂纹倾角为60°时,双轴疲劳裂纹扩展第一个循环中瞬态起裂角和裂尖周向应力。当裂纹倾角为60°时,双轴载荷比为0.5时,裂纹扩展偏折;双轴载荷比为1时,裂纹扩展不仅发生偏折,同时存在裂纹"分叉"现象,分叉后的两条裂纹与原有裂纹方向为不对称。

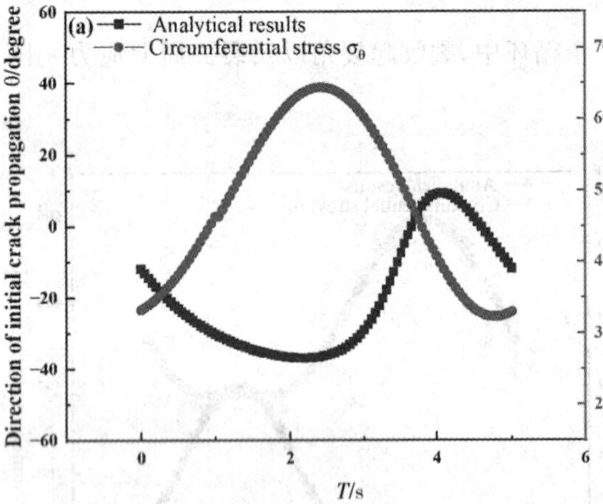

（a）ϕ=90°，λ=0.5

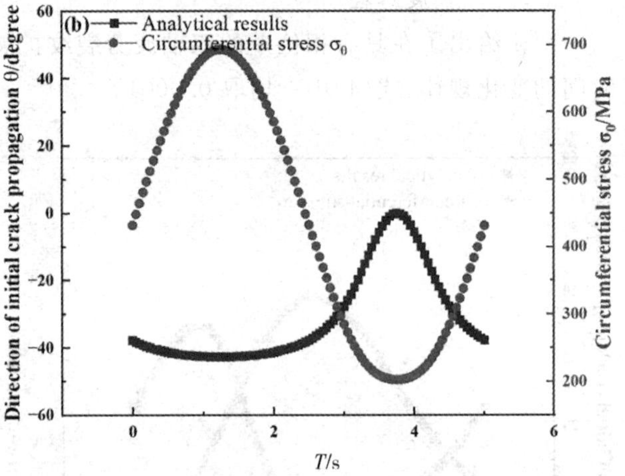

（b）ϕ=180°，λ=0.5

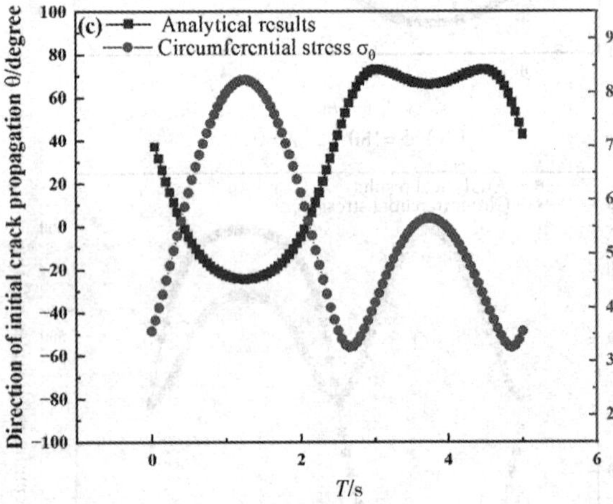

（c）ϕ=90°，λ=1

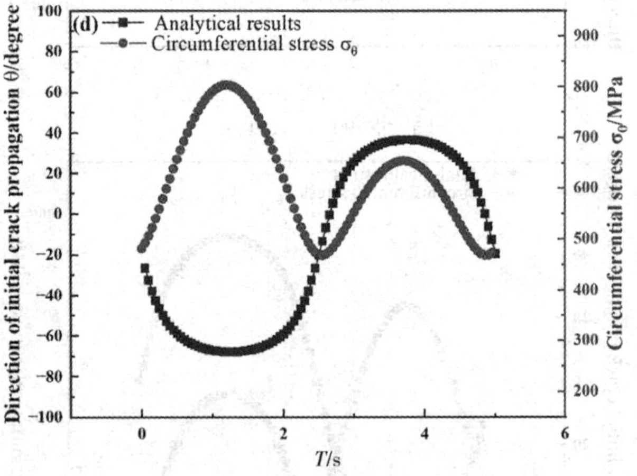

（d）ϕ=180°，λ=1

图5　$\beta=60°$的起裂角 θ 及环向应力 σ_θ 随时间的变化

4　疲劳裂纹扩展速率

与Ⅰ型疲劳裂纹不同的是,Ⅰ—Ⅱ复合型裂纹扩展并不是受单一的应力强度因子 K_{I} 或 K_{II} 控制,单纯使用 K_{I} 或 K_{II} 来描述疲劳裂纹扩展速率都是不合适的。对于Ⅰ—Ⅱ复合型裂纹,无论加载时是否存在相位差,K_{I} 和 K_{II} 都始终同时存在。因此合理地考虑二者在疲劳裂纹扩展过程中的贡献至关重要。

TANAKA[22]用等效应力强度因子 K_{eq} 描述与疲劳裂纹扩展速率 da/dN 之间的关系:

$$K_{eq}=\sqrt[4]{K_I^4+8K_{II}^4} \quad (7)$$

BINER[23]使用K_{eff}研究等效应力强度因子与 da/dN 之间的关系：

$$K_{eff}=\sqrt[2]{K_I^2+K_{II}^2} \quad (8)$$

由公式(7)和(8)可见，$K_{Ⅱ}$的系数有所不同。Tanaka 认为，$K_{Ⅱ}$在裂纹扩展过程中贡献较大，给予了$K_{Ⅱ}$较大的权重；Biner 则认为$K_{Ⅱ}$在裂纹扩展中所占的比重有限，所以$K_{Ⅱ}$系数为 1。目前关于$K_{Ⅰ}$，$K_{Ⅱ}$在裂纹扩展过程中权重的问题，并没有统一全面的结论。越来越多的学者采用应变能释放率G来描述Ⅰ－Ⅱ复合型疲劳裂纹扩展，尤其是存在相位差的Ⅰ－Ⅱ复合型疲劳裂纹扩展问题[24−26]。应变能释放率G和Ⅰ型应力强度因子$K_{Ⅰ}$和Ⅱ型应力强度因子$K_{Ⅱ}$的关系如下式(9)所示：

$$G=\frac{K_I^2}{E}+\frac{K_{II}^2}{E} \quad (9)$$

式中，E为材料的杨氏模量。

根据测量的裂纹长度和对应循环数之间的关系可以得到疲劳裂纹扩展速率 da/dN，然后将疲劳裂纹扩展速率与裂纹扩展驱动力关联起来。如图 2、图 3 所示，裂纹扩展路径发生偏折，因此同时存在Ⅰ型和Ⅱ型两种模式的驱动力，即$K_{Ⅰ}$，$K_{Ⅱ}$始终同时存在，且$K_{Ⅱ}$对疲劳裂纹扩展同样具有重要的影响。为了综合考虑$K_{Ⅰ}$，$K_{Ⅱ}$对双轴疲劳裂纹扩展的影响，建立应变能释放率范围ΔG与疲劳裂纹扩展速率的关系，见图 6。

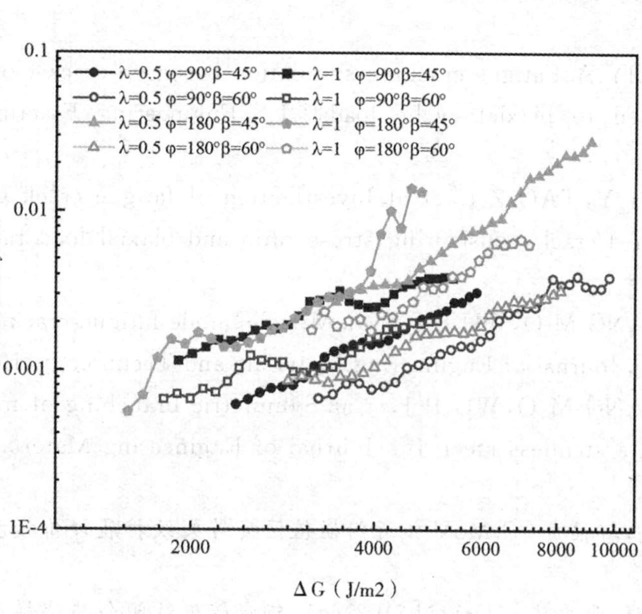

图 6　ΔG与 da/dN 关系

由图 6 可见，双轴载荷比(0.5，1)的增大对疲劳裂纹扩展起到加速作用，增大相位差(90°，180°)也会导致裂纹更快地发生扩展，裂纹倾角(45°，60°)不仅对疲劳裂纹扩展路径会产生一定影响，在保持双轴载荷比和相位差一致的前提下，增大裂纹倾角还会导致疲劳裂纹扩展速率一定程度地降低。这表明高双轴载荷比、反相加载与小倾角的协同作用将显著降低疲劳裂纹扩展寿命。

5　结　论

本文采用改进的 CS 试样，改变相位差和双轴载荷比，研究了 CP－Ti TA2 材料双轴非比例载荷下Ⅰ－Ⅱ复合型疲劳裂纹扩展的裂纹扩展路径、裂纹扩展速率。主要结果如下：

(1)在工业纯钛Ⅰ－Ⅱ复合型双轴疲劳裂纹扩展中，疲劳裂纹扩展路径发生偏折。当双轴载荷比由

0.5 增大到 1,裂纹由单一裂纹分叉为两条裂纹。当裂纹倾角为 45°时,两条分叉裂纹关于原有裂纹方向对称;当裂纹倾角为 60°时,两条分叉裂纹的起裂角度关于原有裂纹方向不对称。非比例加载下复合型疲劳裂纹扩展的起裂角可由 MTS 准则结合裂尖环向应力预测。

(2)在Ⅰ－Ⅱ复合型疲劳裂纹扩展中,由于 K_{I} 和 K_{II} 同时存在,采用应变能释放率 ΔG 表征疲劳裂纹扩展速率。Ⅰ－Ⅱ复合型疲劳裂纹扩展速率随着相位差的增大而增大;在同一相位差下,增大双轴载荷比会进一步加快疲劳裂纹扩展速率。试验表明,裂纹倾角的增大会对疲劳裂纹扩展速率有一定的抑制作用。

参考文献

[1] NEERUKATTI R K, DATTA S, CHATTOPADHYAY A, et al. Fatigue crack propagation under in－phase and out－of－phase biaxial loading[J]. Fatigue & Fracture of Engineering Materials & Structures, 2018, 41: 387－399.

[2] LIU A F, DITTMER D F. Effect of multiaxial loading on crack growth. Volume 2. Compilation of experimental data[R]. Fort Belvoir, VA: Defense Technical Information Center, 1978.

[3] ANDERSON P R G, GARRETT G G. Fatigue crack growth rate variations in biaxial stress fields[J]. International Journal of Fatigue, 1980, 16: 111－116.

[4] SUNDER R, ILCHENKO B V. Fatigue crack growth under flight spectrum loading with superposed biaxial loading due to fuselage cabin pressure[J]. International Journal of Fatigue, 2011, 33: 1101－1110.

[5] SHANYAVSKIY A. Fatigue cracking simulation based on crack closure effects in Al－based sheet materials subjected to biaxial cyclic loads [J]. Engineering Fracture Mechanics, 2011, 78: 1516－1528.

[6] BAO W, LIU J Y, TAO Z L, et al. Investigation of fatigue crack growth in TA2 cruciform specimen with an inclined crack, considering stress ratio and biaxial load ratio[J]. Crystals, 2022, 12 (11): 1530.

[7] QIAN C F, WANG M O, WU B J, et al. Mixed－mode fatigue crack growth in stainless steels under biaxial loading[J]. Journal of Engineering Materials and Technology, 1996, 118: 349－355.

[8] QIAN C F, WANG M O, WU B J, et al. Symmetric branching of mode II and mixed－mode fatigue crack growth in a stainless steel[J]. Journal of Engineering Materials and Technology, 1996, 118: 356－361.

[9] 尧全恒,朱明亮,轩福贞. CrMoV 钢近门槛值区疲劳裂纹扩展评价模型准确性分析[J]. 压力容器, 2024, 41(3): 1－7.

[10] 刘兰舟,高怡斐,张志玮. 1Cr11Ni2W2MoV 钢疲劳裂纹闭合与试样类型的相关性[J]. 压力容器, 2023, 40(1): 1－9.

[11] LEE E U, TAYLOR R E. Fatigue behavior of aluminum alloys under biaxial loading[J]. Engineering Fracture Mechanics, 2011, 78: 1555－1564.

[12] WANG M O, HU R H, Qian C F, et al. Fatigue crack growth under mode I loading[J]. Fatigue & Fracture of Engineering Materials & Structures, 1995, 18(12): 1443－1454.

[13] MALL S, Perel V Y. Crack growth behavior under biaxial fatigue with phase difference [J]. International Journal of Fatigue, 2015, 74: 166－172.

[14] MISAK H E, PEREL V Y, SABELKIN V, et al. Crack growth behavior of 7075－T6 under biaxial tension－tension fatigue[J]. International Journal of Fatigue, 2013, 55: 158－165.

[15] MISAK H E, PEREL V Y, SABELKIN V, et al. Corrosion fatigue crack growth behavior of

7075－T6 under biaxial tension - tension cyclic loading condition[J]. Engineering Fracture Mechanics, 2013,106:38－48.

[16] MISAK H E,PEREL V Y,SABELKIN V,et al. Biaxial tension - tension fatigue crack growth behavior of 2024 － T3 under ambient air and salt water environments [J]. Engineering Fracture Mechanics,2014,118:83－97.

[17] PEREL V Y,MISAK H E,MALL S,et al. Biaxial fatigue crack growth behavior in aluminum alloy 5083 － H116 under ambient laboratory and saltwater environments [J]. Journal of Materials Engineering and Performance,2015,24:1565－1572.

[18] YU F,ZHOU C,MIAO Z,et al. Study of fatigue crack propagation behavior for commercial pure titanium under in - plane biaxial proportional and non - proportional loading[J]. Materials Today Communications,2025,42:111362.

[19] ROZUMEK D,MARCINIAK Z,LESIUK G,et al. Experimental and numerical investigation of mixed mode Ⅰ＋Ⅱ and Ⅰ＋Ⅲ fatigue crack growth in S355J0 steel[J]. International Journal of Fatigue,2018,113:160－170.

[20] MIAO X T,YU Q,ZHOU C Y,et al. Experimental and numerical investigation on fracture behavior of CTS specimen under Ⅰ－Ⅱ mixed mode loading[J]. European Journal of Mechanics－A/Solids,2018,72:235－244.

[21] ERDOGAN F,SIH G C. On the crack extension in plates under plane loading and transverse shear[J]. Journal of Basic Engineering,1963,85:519－525.

[22] TANAKA K. Fatigue crack propagation from a crack inclined to the cyclic tensile axis [J]. Engineering Fracture Mechanics,1974,6:493－507.

[23] BINER S B. Fatigue crack growth studies under mixed - mode loading [J]. International Journal of Fatigue,2001,23:259－263.

[24] MALL S,PEREL V Y. Crack growth behavior under biaxial fatigue with phase difference [J]. International Journal of Fatigue,2015,74:166－172.

[25] WOLF C H,HENKEL S,BURGOLD A,et al. Investigation of fatigue crack growth under in－phase loading as well as phase－shifted loading using cruciform specimens[J]. International Journal of Fatigue,2019,124:595－617.

[26] MENG Y,GAO H,YAN Y,et al. Effects of phase difference and stress ratio on biaxial tension－tension fatigue crack propagation behavior of rolled ZK60 magnesium alloy [J]. Materials Today Communications,2020,24:101159.

作者简介

金雯雯(2001),女,主要从事过程设备结构强度研究工作,通信地址:211816 江苏省南京市浦口区浦珠南路 30 号南京工业大学机械与动力工程学院,E－mail:202361107025@njtech.edu.cn。

通信作者:贺小华(1965),女,教授,主要从事过程设备结构强度研究工作,通信地址:211816 江苏省南京市浦口区浦珠南路 30 号南京工业大学机械与动力工程学院,E－mail:xh_he@njtech.edu.cn。

基于相场法的粘塑性材料缺口疲劳裂纹研究

张志强[1,2],张天宇[1,2],巩建鸣[1,2]

(1. 南京工业大学 机械与动力工程学院,南京 211816;

2. 江苏省能源动力制造装备及可靠性技术重点实验室,南京 211816)

摘　要:本文基于粘塑性本构关系构建了断裂相场模型,用于模拟高温金属材料在拉伸与疲劳载荷下的裂纹扩展行为。模型中使用塑性应变能作为裂纹驱动力。通过设计不同几何缺口结构,系统研究了应力集中系数和缺口形状对裂纹起裂位置、扩展路径及稳定性的影响。结果表明,在延性断裂模拟中,临界断裂能密度显著调控裂纹扩展的稳定性与偏折程度;应力集中系数越大,裂纹越早萌生且路径更稳定;疲劳载荷下,随着裂纹发展,应力集中区逐渐向裂纹前沿转移,最大等效应力逐步下降,裂纹驱动力随扩展逐渐衰减。模拟验证了所提耦合模型在预测粘塑性材料复杂断裂行为方面的有效性。

关键词:断裂相场法;循环粘塑性;断裂力学

Phase - field modeling of fatigue crack growth in notched viscoplastic materials

ZHANG Zhiqiang[1,2], ZHANG Tianyu[1,2], GONG Jianming[1,2]

(1. School of Mechanical and Power Engineering, Nanjing Tech University, Nanjing 211816, China;

2. Jiangsu Province Key Laboratory of Reliability - centered Manufacturing of Energy Power Equipment, Nanjing 211816, China)

Abstract: In this study, a phase - field fracture model incorporating viscoplastic constitutive behavior is developed to simulate crack propagation in high - temperature metallic materials under both tensile and fatigue loading. The model employs plastic strain energy as the crack driving force. By designing specimens with various notch geometries, the influence of stress concentration factors and notch shapes on crack initiation sites, propagation paths, and stability is systematically investigated. Simulation results indicate that, in ductile fracture scenarios, the critical fracture energy density significantly governs the stability and deflection behavior of crack propagation. A higher stress concentration factor leads to earlier crack initiation and more stable propagation paths. Under fatigue loading, the stress concentration zone gradually shifts toward the crack front as the crack grows, with the maximum equivalent stress decreasing accordingly, suggesting a progressive reduction in the crack driving force. The results demonstrate the proposed coupled model's effectiveness in capturing the complex fracture behavior of viscoplastic materials.

Keywords: phase field method; cyclic viscoplasticity; fracture Mechanics

0　引　言

断裂相场法作为一种强有力的数值工具,源自 Griffith 提出的断裂能量理论[1]。该理论以能量守恒为基础,将裂纹扩展视为系统总能量最小化的过程。上世纪末研究者通过引入连续平滑函数来描述裂纹萌生与扩展过程中的不连续行为[2]。FRANCFOR 等[3]基于变分原理提出了一种新的断裂建模方法,并由 BOURDIN[4] 通过正则化技术，使其可在数值计算中有效实现。此后，相场断裂模型的理论体系与数值方法不断发展，形成了较为完善的研究框架。在该框架下，裂纹被视为材料由完整状态向断裂状态的平滑过渡，相场变量的演化过程可以连续地描述裂纹的萌生、扩展、分支及汇合等复杂破坏行为，且与实验结果具有良好一致性[5-7]。

在早期研究中，该方法主要应用于弹性材料的脆性断裂模拟[6,8-9]。随着研究的深入，研究人员逐步将其拓展至更为复杂的材料体系，包括弹塑性材料[10-11]、粘弹性材料[12-13]与粘塑性材料[14-15]等。近年来已有学者尝试将塑性累积能量引入断裂驱动力中，以改进疲劳裂纹模拟的物理合理性，如 HAVEROTH 等[16]提出的应变梯度增强型相场框架，便以累积塑性能量作为疲劳裂纹扩展的驱动力，其数值模拟结果表明该耦合模型不仅能够合理反映材料的循环硬化软化行为，还可有效模拟延性裂纹的萌生、扩展与汇合过程。

对于高温服役条件下的金属材料，粘塑性行为对裂尖附近的变形特征及裂纹扩展速率具有显著影响[17]。当前多数相场研究仍集中于简单弹性材料或速率无关塑性材料中的裂纹扩展，往往忽略了材料在实际工况下表现出的速率相关非弹性变形特征。粘塑性材料具有显著的速率相关力学行为，裂尖区域的应力应变状态因此发生改变，从而对裂纹扩展过程产生重要影响。提高加载频率或加载速率会显著增加裂尖附近的粘塑性应变，进而加快疲劳裂纹扩展速率[18]。这些研究表明，在高温下服役的金属或合金材料中，将粘塑性行为纳入裂纹演化的建模过程中。

本文引入粘塑性本构关系，构建了一种耦合断裂相场模型，以塑性应变能作为裂纹扩展的驱动力，用于描述高温条件下镍基高温合金在循环载荷作用下同时表现出的循环硬化行为。基于该耦合模型，开展了对称与非对称缺口板样在拉伸与疲劳载荷下的裂纹扩展数值模拟。通过设计不同的应力集中系数构建多种缺口形式，系统分析了缺口形状对拉伸性能及裂纹扩展路径的影响。针对非对称缺口，进一步探讨了裂纹前沿应力状态变化对裂纹扩展行为的影响。最后，通过多个粘塑性材料板件的数值算例，深入分析了塑性应变能对裂纹扩展机制的贡献与作用。

1 理论和方法

1.1 统一循环粘塑性模型

选择 Chaboche 统一粘塑性模型来表示金属材料的单轴循环行为，应变速率张量 $\dot{\varepsilon}$ 分为弹性部分 $\dot{\varepsilon}_e$ 和塑性部分 $\dot{\varepsilon}_p$〔见式(1)〕。弹性应变速率遵循胡克定律〔见式(2)〕，E 和 υ 分别表示杨氏模量和泊松比，$\dot{\sigma}$ 和 I 分别表示应力速率和单位向量。塑性应变速率张量〔见式(3)〕，f 表示屈服面的屈服函数，Z 和 n 为材料参数，函数$\langle x\rangle$表示只取 $x\geqslant 0$ 时的值。屈服准则〔见式(4)〕，当 $f>0$ 时进入塑性，R 表示各向同性硬化变量，k 表示初始屈服应力。

$$\dot{\varepsilon}=\dot{\varepsilon}_e+\dot{\varepsilon}_p \tag{1}$$

$$\dot{\varepsilon}_e=\frac{1+\upsilon}{E}\dot{\sigma}-\frac{\upsilon}{E}(tr\dot{\sigma})I \tag{2}$$

$$\dot{\varepsilon}_p=\left\langle\frac{f}{Z}\right\rangle^n\frac{\partial f}{\partial\sigma} \tag{3}$$

$$f=\sqrt{\frac{3}{2}(\sigma'-\chi'):(\sigma'-\chi')}-R-k\leqslant 0 \tag{4}$$

Chaboche 统一粘塑性模型同时考虑了随动硬化和各向同性硬化，如下式所示：

$$\dot{\chi}_i=C_i(a_i\dot{\varepsilon}_p-\chi_i\dot{p}) \tag{5}$$

$$\chi_i=\chi_1+\chi_2 \tag{6}$$

$$\dot{R}=b(Q-R)\dot{p} \tag{7}$$

式中，Q、b、C_i 和 a_i 为材料参数，通过在疲劳试验的循环应力应变响应来确定，p 是累积塑性应变，如下式所示：

$$\dot{p}=|\dot{\varepsilon}_p|=\sqrt{\frac{2}{3}\mathrm{d}\dot{\varepsilon}_p:\mathrm{d}\dot{\varepsilon}_p} \tag{8}$$

Chaboche 模型的多轴公式已被编写成用 UMAT 预定义材料子程序，使用 ABAQUS 进行有限元模拟。

1.2 断裂相场模型

在传统断裂模型中，裂纹是一个尖锐界面，如图 1(a)。裂纹面的位置需要明确追踪，这在处理裂纹扩展、分支、合并等复杂行为时非常困难，并且需要繁琐的网格更新或重构方法。在断裂相场法中，裂纹不再被视为传统意义上的尖锐几何界面，而是通过一个连续相场变量弥散表示为材料内部的损伤带，从而实现从离散裂纹到连续断裂建模方式的过渡，如图 1(b)。NGUYEN 等[19]将这一方法视为一种弥散建模方法，其中裂纹通过一系列刚度退化的区域来近似表示。这些区域虽然在几何上连续，但能够有效捕捉裂纹嵌入材料中的不连续效应。

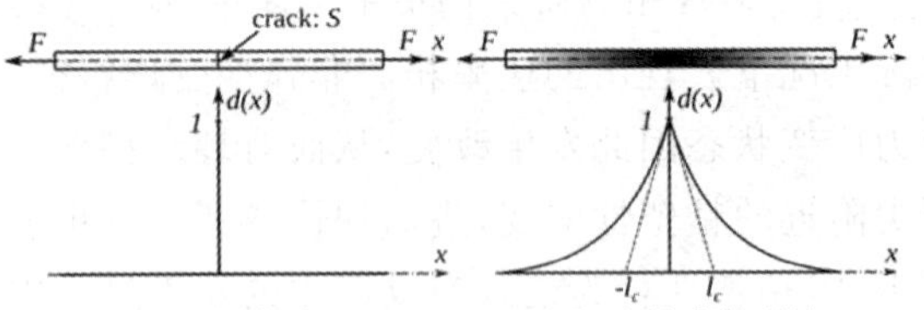

(a) 尖锐裂纹　　(b) 连续弥散裂纹

图 1　裂纹表达图示

在模拟过程中，通过引入一个连续刚度退化函数〔见式(9)〕来反映材料的损伤与断裂演化过程。该函数随着相场变量的演化逐步降低材料的局部刚度。当刚度退化至零时，表示该区域完全丧失了承载能力，从而对应于裂纹的产生与扩展。描述裂纹的萌生、扩展、分支和合并特征通过平滑的连续标量相场变量 $d\in[0,1]$〔见式(10)〕，

$$g(d)=[(1-d)^2+\kappa] \tag{9}$$

$$d(x)=\mathrm{e}^{-\frac{|x|}{l_c}} \tag{10}$$

相场函数 $d(x)$ 表征材料的损伤程度，当 $d(x)=0$ 表示材料未损伤，当 $0<d(x)<1$ 表示材料出现损伤，当 $d(x)=1$ 表示材料完全破裂。l_c 表示特征尺寸宽度，与断裂相关的材料参数，如图 1(*b*) 所示。裂纹面的几何信息被弥散在一个有限宽度的损伤区中，该弥散宽度由 l_c 控制，同时也直接影响断裂能密度的分布与精度[20-21]。从数值实现角度出发，在有限元方法框架中，为了准确捕捉相场变量在裂纹区的梯度变化，网格尺寸 h 必须满足一定的要求。一般而言，满足经验性关系 $h\leqslant l_c/^{N}$，其中 N 取值 3 到 5 以保证裂纹弥散区至少被多个单元所覆盖。若网格尺寸过大，将无法准确捕捉裂纹过渡带的能量分布，导致数值误差增大；反之，若网格尺寸过小，虽能提高精度，但计算成本显著增加，且可能带来数值不稳定[22]。

断裂相场法通过将裂纹从尖锐界面转化为弥散区域的方式，使得裂纹表面面积可以通过体积积分近似计算。引入了裂纹密度函数概念，该函数通过相场变量的梯度信息刻画了裂纹在空间中的分布特征，通过近似表示断裂体中裂纹表面的总面积，如下式所示：

$$A_{\Gamma}=\frac{1}{l_c}\int_{\Omega}\frac{1}{2}[\mathrm{d}^2(x)+l_c^2\mathrm{d}'^2(x)]\mathrm{d}V \tag{11}$$

从而材料的断裂能近似表达如下式所示：

$$\varphi^d(\mathrm{d})=\frac{G_c}{2l_c}\int_{\Omega}[d^2+l_c^2|\nabla d|^2]\mathrm{d}V \tag{12}$$

式中，G_c 为临界断裂能密度，与断裂相关的材料参数；被积分第一项控制损伤变量的局部退化，第二项则

确保裂纹过渡区的平滑性。

1.3 耦合粘塑性和相场断裂模型

在传统脆性断裂相场模型中，裂纹的演化主要由弹性应变能驱动，适用于描述脆性断裂主导的材料行为，该模型中，材料的总能量由断裂能和弹性应变能组成，如下式所示：

$$\int_{\Omega}\frac{G_c}{2l_c}[\mathrm{d}^2+l_c{}^2\ |\nabla \mathrm{d}|^2]\mathrm{d}V+\int_{\Omega}(1-\mathrm{d})^2\ \frac{1}{2}\varepsilon^e:E:\varepsilon^e\mathrm{d}V \tag{13}$$

然而对于包含显著塑性变形的工程材料，在疲劳载荷作用下，裂纹的扩展不仅由弹性储能控制，还与材料的累积塑性耗散过程密切相关。针对这一问题，近年来研究者逐步将断裂相场法拓展至包括塑性甚至粘塑性行为的耦合模型。在本研究中，我们以累积塑性应变作为裂纹演化的主要驱动力，用于模拟疲劳裂纹在粘塑性材料中的扩展行为。该模型中，材料的总能量由断裂能和塑性应变能组成，如下式所示：

$$\int_{\Omega}\frac{G_C}{2l_c}[\mathrm{d}^2+l_c{}^2\ |\nabla d|^2]\mathrm{d}V+\int_{\Omega}g(d)\varphi^p\mathrm{d}V \tag{14}$$

式中，φ^p 为累积塑性应变能，在粘塑性断裂相场模型中，裂纹的演化驱动力引入了累积塑性应变能作为裂纹扩展的主要能量来源。该能量反映了材料在不可逆塑性变形过程中所耗散的能量。演化过程遵循 *Chaboche* 循环粘塑性本构模型，塑性应变能被定义为一个非减函数表达式如下：

$$\varphi^p=\int_0^t\sigma:\mathrm{d}\varepsilon^p \tag{15}$$

ε^p 表示塑性应变张量，在弹性阶段 $\mathrm{d}\varepsilon^p=0$，所以 $\varphi^p=0$；在塑性阶段无论是拉伸还是压缩 $\sigma:d\varepsilon^p>0$，保证能量持续累积。得到系统的总势能表达式如下：

$$W=\int_{\Omega}\frac{G_C}{2l_c}[\mathrm{d}^2+l_c{}^2\ |\nabla \mathrm{d}|^2]\mathrm{d}V+\int_{\Omega}g(\mathrm{d})\varphi^p\mathrm{d}V-\int_{\Omega}f\cdot u\mathrm{d}V-\int_{\partial\Omega_t}t\cdot u\mathrm{d}V \tag{16}$$

式中，t 是外部力，f 是体积力，退化函数 $g(d)$ 表达为式(9)。为保证材料损伤不可逆，引入一个最大历史变量[20] 如下式：

$$\Xi=\max_{\tau}[\varphi^d,\varphi^p],\tau\in[0,t] \tag{17}$$

根据最小势能原理，裂纹的演化过程可通过对总能量泛函关于相场变量 d 进行变分，得到其欧拉－拉格朗日方程 $\frac{\delta W}{\delta d}=0$，求导得到相场演化的驱动力方程，表达式如下：

$$2(1-d)\Xi-\frac{G_c}{l_c}(d-l_c^2|\nabla d|)=0 \tag{18}$$

1.4 有限元离散与求解

为实现粘塑性断裂相场模型的有限元数值求解，本研究基于最小势能原理构建耦合的位移场与相场变量演化方程，使用 Abaqus 商业有限元软件平台进行数值实现。用户自定义单元子程序(UEL)与用户材料子程序(UMAT)联合实现，分别求解相场变量与力学响应，结合分层结构建模耦合位移场和相场通过交替求解策略解耦。

式(16)是一个非线性方程组，采用非线性有限元求解时，需要对其进行空间上与时间上的离散。空间上，利用有限元软件网格划分有限元离散；时间上，将总时间在加载过程中系统进行分段线性化处理，分为 N 段。空间上，对于每个单元，位移场 u 和相场 d 可以离散为下式：

$$u=N_i^u u_i\quad d=N_i^d d_i \tag{19}$$

式中，u_i 和 d_i 为单元第 i 个节点处的位移值和相场值，N_i^u 和 N_i^d 为位移场和相场的形函数，应变张量和相场的梯度矢量被离散为下式：

$$\varepsilon = B_i^u u_i \quad \nabla d = B_i^d d_i \tag{20}$$

式中，B_i^u 和 B_i^d 为位移场和相场的 B 矩阵，因为对泛函取得极值的必要条件是：任意扰动方向上变分为零，及对 δu 和 δd 变分取值的任意性，得到位移场和相场有限元离散后的残差：

$$r_i^u = \int_\Omega [(1-\mathrm{d})^2 + \kappa] (B_i^u)^T \sigma \mathrm{d}V - \int_\Omega (N_i^u)^T b \mathrm{d}V - \int_{\partial\Omega} (N_i^u)^T t \mathrm{d}\partial A \tag{21}$$

$$r_i^d = \int_\Omega \left\{ \left(-2(1-\mathrm{d}) \Xi + \frac{G_c}{l_c} d \right) N_i^d + l_c G_c (B_i^d)^T \nabla \mathrm{d} \right\} \mathrm{d}V \tag{22}$$

式(20) 中的 κ 是一个无穷小数，保证方程的稳定性。式(21) 和(22) 是一个非线性代数方程组，使用 Newton－Raphson 迭代法求解，对于第 n 个增量步的第 k 次迭代的表达式如下：

$$\begin{Bmatrix} u \\ d \end{Bmatrix}_{k+1} = \begin{Bmatrix} u \\ d \end{Bmatrix}_k - \begin{Bmatrix} K^{uu} & 0 \\ 0 & K^{dd} \end{Bmatrix}_k^{-1} \begin{Bmatrix} r^u \\ r^d \end{Bmatrix}_k \tag{20}$$

式中，K^{uu} 和 K^{dd} 分别表示位移场和相场分别对残差的一阶导数，被称为切向刚度矩阵。K^{uu} 和 K^{dd} 表达式如下：

$$R_i^{uu} = \frac{\partial r_i^u}{\partial u_j} = \int_\Omega \{ [(1-d)^2 + \kappa] (B_i^u)^T D B_i^u \} \mathrm{d}V \tag{21}$$

$$R_i^{dd} = \frac{\partial r_i^d}{\partial d_j} = \int_\Omega \left\{ \left(2\Xi + \frac{G_c}{l_c} \mathrm{d} \right) N_i^d + l_c G_c (B_i^d)^T \nabla d \right\} \mathrm{d}V \tag{22}$$

式中，D 为材料完好状态下的弹性刚度矩阵。t_n 时刻经过一定次数的迭代残差方程收敛后，开始下一个增量步的求解。在相场计算中，交错解方案被认为是稳健的，但这会消耗大量的计算时间。因此对于整体方法，也可以使用拟 Newton 稳健地实现整体方案，在保持无条件稳定性的同时，提高计算速度[23－26]。刚度矩阵在每次迭代中都按照 BFGS 算法进行更新。

2 数值模拟

2.1 一个单元模型

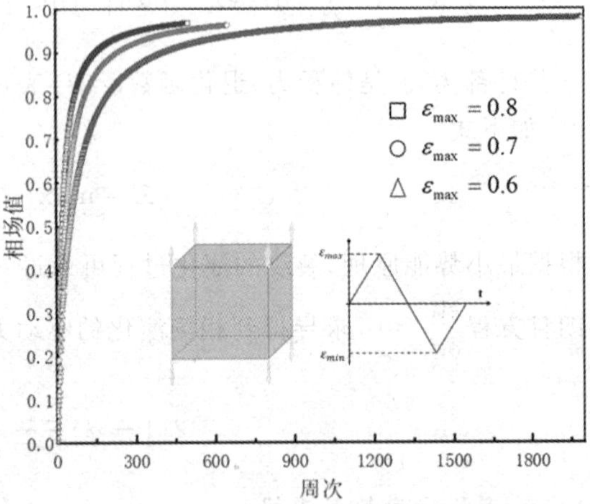

图 2　不同应变幅值下相场变量随加载周次的演化曲线

其中一个单元是最简单的情况，单元尺寸为 1 mm×1 mm×1 mm，边界条件和加载条件如图 2 所示。材料参数为高温镍基合金 GH4169 在 650 ℃下的 Chaboche 参数列于表 1。数值结果显示了相场—周次之间的关系，模拟了三个应变范围，即 Δε 为 1.2%，1.4%和 1.6%，随应变幅值增大，相场变量增长速率明显提高，裂纹更早进入快速扩展阶段，反映出疲劳裂纹扩展速率随载荷水平显著提高。

表 1　GH4169 在 650 ℃下的材料参数

E	v	k_0/MPa	c_1	a_1	c_2	a_2	Q	b	Z	n
150 000	0.285	403	1 662.7	306.5	194.2	261.0	－198.17	5.15	665.5	6.3

2.2 单周拉伸下的裂纹演化行为

2.2.1 临界断裂能密度的影响

本小节基于半圆型非对称缺口算例，讨论粘塑性相场模型中的关键参数 G_c 对模型预测材料延性断裂行为的影响。G_c 常用理论公式 $G_c=K_{IC}^2/E'$ 计算得到，其中 K_{IC} 表示断裂韧度 E' 表示弹性模量。算例的几何和边界条件如图 3(a)所示，设计模型厚度为 3 mm，在竖直方向施加位移载荷，其他方向结构约束。材料参数详见表 1，特征尺寸宽度 $l_c=0.3$mm。图 3(b)和(c)给出了算例在拉伸载荷下发生断裂时的裂纹形貌仿真结果，图 3(b)给出了 $G_c=30$N/mm 时其裂纹扩展路径，图 3(c)给出了 $G_c=10$N/mm 时其裂纹扩展路径。

模拟结果显示不同 G_c 对裂纹扩展路径具有显著影响。在较低的 G_c 情况下，裂纹沿局部应力集中的方向快速扩展，表现出明显的路径偏折甚至裂纹分支行为；而在较高的 G_c 下，裂纹扩展受到更强的能量阻碍，其路径趋于稳定，扩展速度减缓，部分区域出现塑性变形滞后于裂纹前沿。该现象可以通过裂纹驱动力与材料抗裂能力的相互作用机制解释。随着 G_c 增大，裂纹必须克服更高的断裂能阈值才能扩展，材料更倾向于通过塑性耗散释放外载输入能量，从而推迟裂纹萌生与扩展。此外，由于本研究中引入了粘塑性本构关系，裂纹扩展路径也受到非弹性能量分布的调控。在较高 G_c 情况下，裂纹前沿的应力状态变化促使塑性区显著发展，进而影响裂纹扩展方向。通过非对称缺口下不同 G_c 条件下的裂纹演化对比，进一步揭示了材料参数对裂纹路径选择的主导作用，验证了耦合粘塑性断裂相场模型在捕捉复杂裂纹扩展路径方面的有效性。

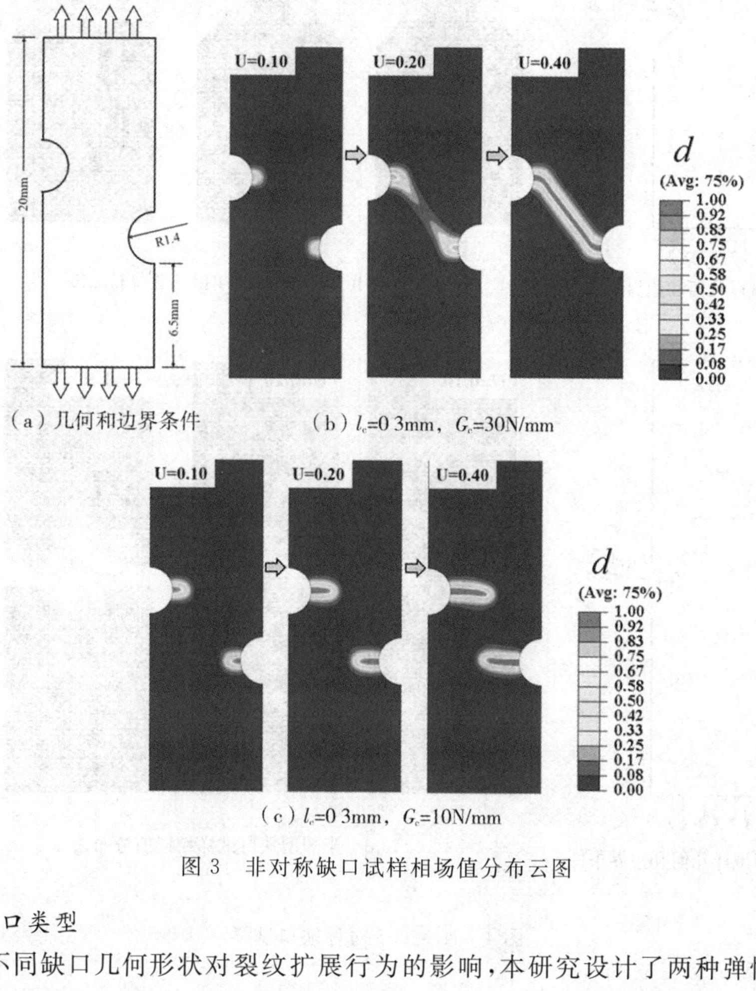

(a) 几何和边界条件

(b) l_c=0 3mm，G_c=30N/mm

(c) l_c=0 3mm，G_c=10N/mm

图 3 非对称缺口试样相场值分布云图

2.2.2 不同缺口类型

为了系统分析不同缺口几何形状对裂纹扩展行为的影响，本研究设计了两种弹性应力集中系数 K_t 相同的对称缺口金属板结构：V 型缺口试样和半圆型缺口试样。通过调节缺口尺寸和角度，确保两种缺口在宏观上具有相似的应力集中水平，从而排除缺口差异对裂纹路径的影响因素。设计两组 $K_t=2.5$ 和 $K_t=1.8$，两组缺口类型的数值模拟，并分析不同组合下裂纹扩展行为。材料参数详见表1，相场参数为 $l_c=0.3\text{mm}$，$G_c=10\text{N/mm}$。

数值模拟结果显示，在相同应力集中系数条件下，由于V型缺口采用圆弧过渡段，其应力分布在缺口顶端更为平缓，局部应力场与半圆缺口高度相似。相场变量演化显示，两类缺口的裂纹均从缺口中央区域稳定起裂，萌生位置与主应力方向一致。这说明，在保持相同应力集中系数的前提下，裂纹路径对尖锐程度敏感，但对缺口形状本质不敏感。最终裂纹扩展行为主要受控于主应力与材料耗散能量机制，而非小微缺口形象差异。

同时，通过图4(b)和图5(b)的相场云图对比可以看出，应力集中系数越大，裂纹更早萌生，路径趋于稳定，扩展方向面向主应力方向；K_t 较小时，裂纹萌生延迟，裂纹路径易受周边应力场影响而产生偏折，扩展过程呈现更强的非对称性。此时，裂纹演化更多受粘塑性耗散区分布影响。

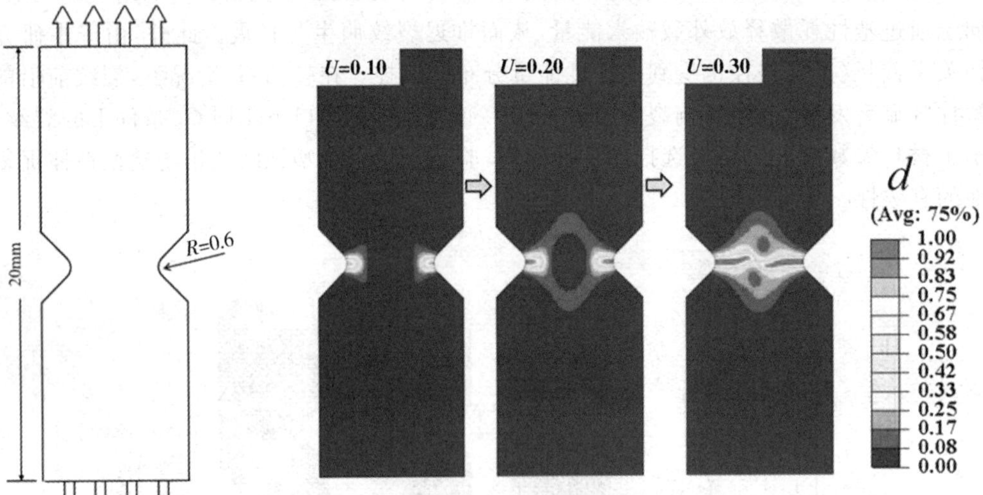

（a）V型缺口试样几何和边界条件　　（b）V型缺口试样相场值分布云图

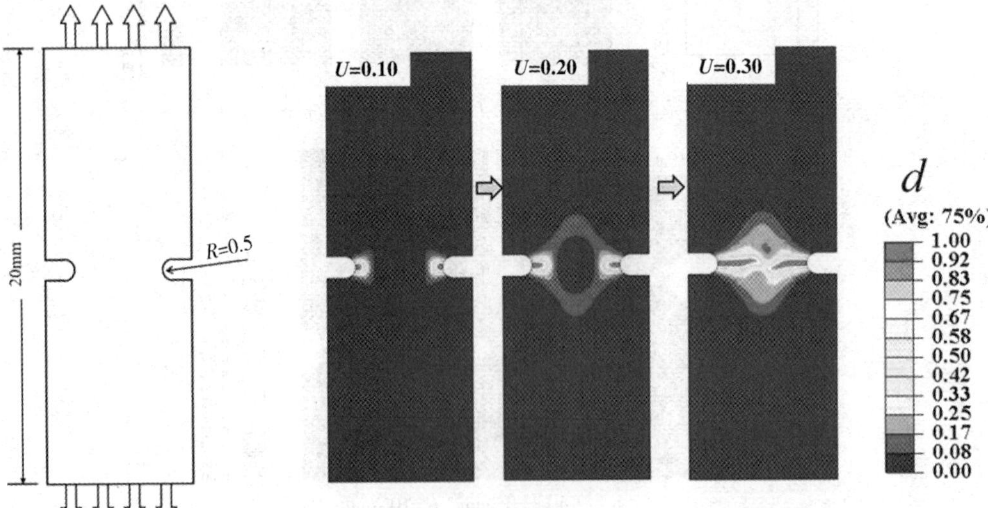

（c）半圆型缺口试样几何和边界条件　　（d）半圆型缺口试样相场值分布云图

图4　$K_t=2.5$ 对称缺口试样

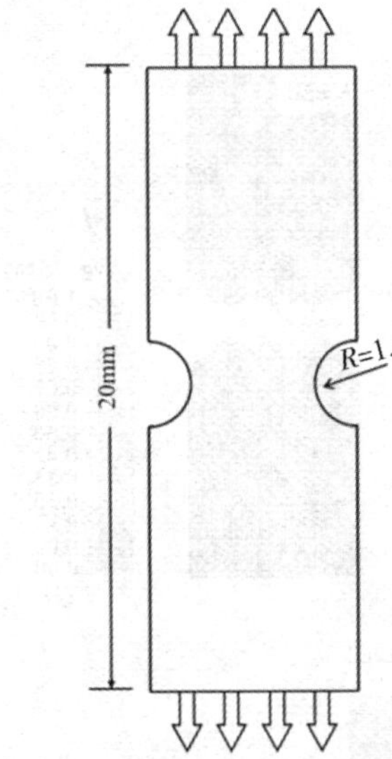

（a）半圆型缺口试样几何和边界条件

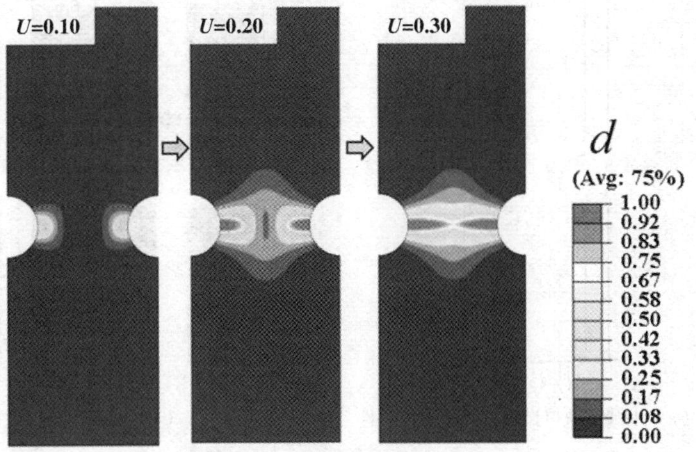

（b）半圆型缺口试样相场值分布云图

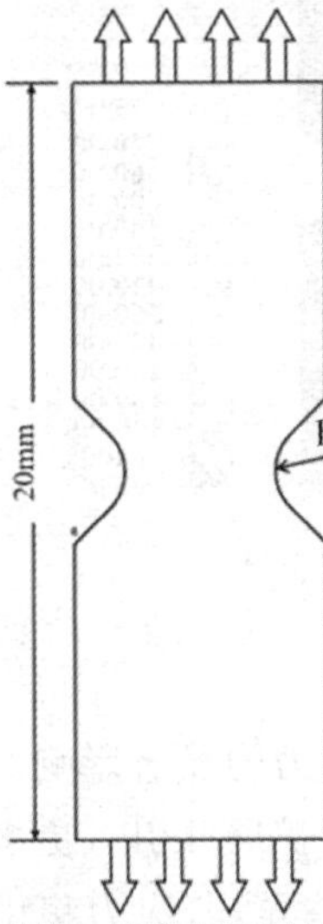

（c）V型缺口试样几何和边界条件

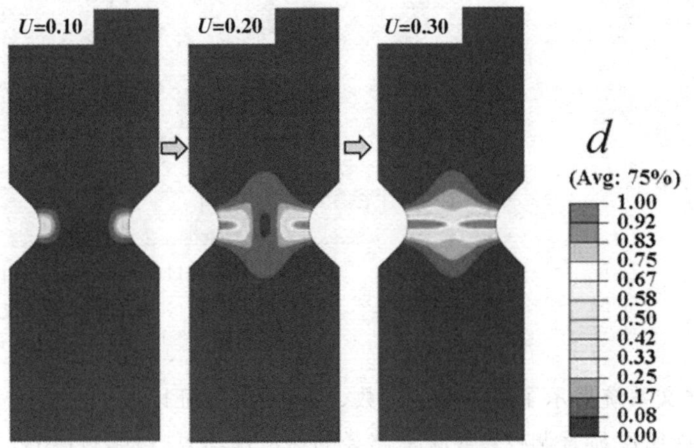

（d）V型缺口试样相场值分布云图

图 5　$K_t=1.8$ 对称缺口试样

2.3　循环疲劳载荷下的裂纹演化行为

如图 6 所示，本文对半圆型对称缺口试样进行了疲劳载荷下的模拟研究，施加载荷形式为三角波形的应变控制，材料参数见表 1，相场参数 $l_c=0.3$ mm，$G_c=10$ N/mm。图 6(b)展示不同疲劳周次下缺口区域的相场演化，图 6(c)Mises 应力分布的演化情况。

模拟结果显示，裂纹在初始疲劳循环中由缺口区域起裂，随后逐步向前扩展。在裂纹扩展前期，缺口区域存在明显应力集中；随着疲劳加载的持续，裂纹不断延伸，最大等效应力位置从缺口顶端逐步向裂纹前沿转移，且最大 Mises 应力值逐渐降低。这表明材料局部强度响应在裂纹扩展过程中逐步衰减。该现象反映出裂纹驱动力随着扩展长度的增长而逐渐减弱，主要归因于裂纹尖端的应力释放效应，使裂纹增长趋于稳定甚至停滞。此外，相场变量分布清晰地反映出裂纹演化轨迹，与应力集中位置的转移趋势高度一致，验证了断裂相场模型在刻画热疲劳裂纹演化过程中的有效性。

3　结　论

通过对粘塑性断裂相场模型在非对称缺口、不同缺口类型及疲劳载荷三类典型问题中的数值模拟研

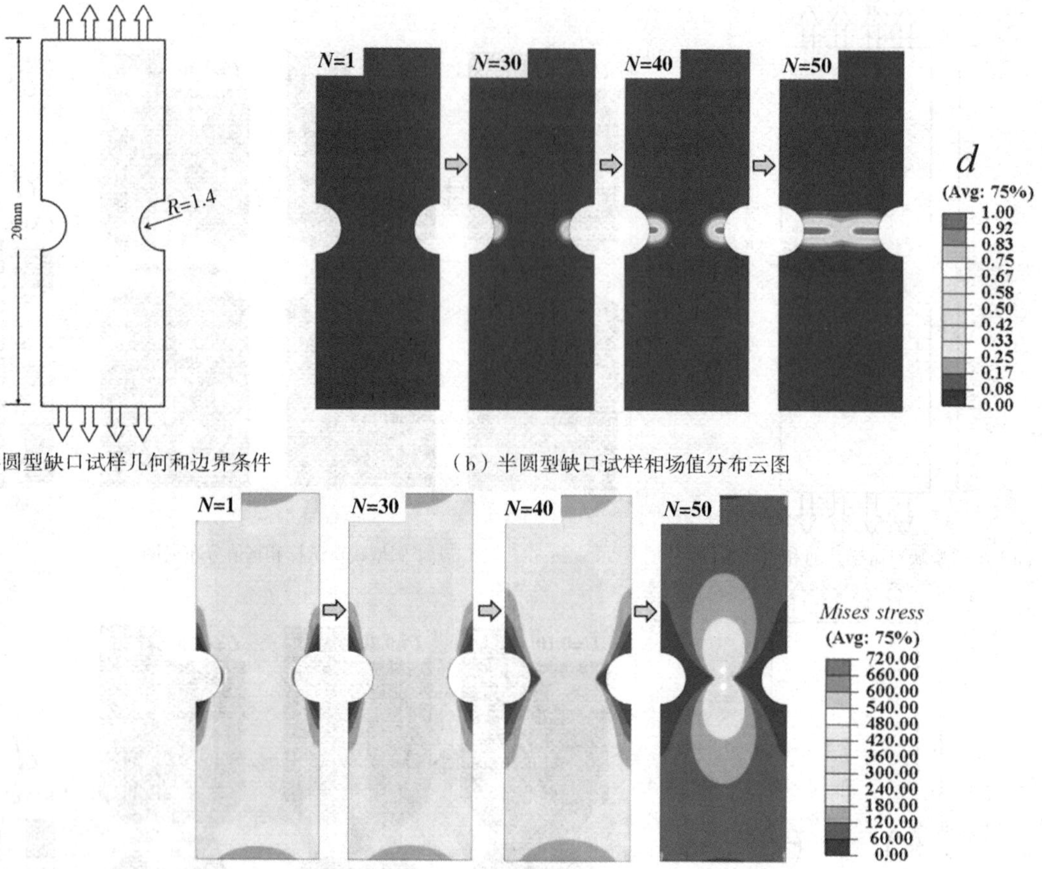

(a) 半圆型缺口试样几何和边界条件

(b) 半圆型缺口试样相场值分布云图

(c) 半圆型缺口试样Mises应力分布云图

图 6　$K_t=1.8$ 对称缺口试样

究,本文系统揭示了关键材料参数、缺口几何特征以及加载方式对裂纹扩展行为的显著影响。首先,临界断裂能密度显著调控裂纹扩展路径的稳定性与复杂性,较高 G_c 值可延迟裂纹扩展并引入更多塑性耗散,有效模拟了延性断裂过程;其次,尽管不同缺口几何在局部应力分布上存在差异,若应力集中系数一致,则裂纹路径主要受主应力与材料本构特性的支配,而对缺口宏观形状不敏感;最后,在疲劳载荷作用下,裂纹起裂和扩展可通过应力场与相场变量演化清晰捕捉,验证了模型在多循环断裂模拟中的适用性。综上所述,耦合粘塑性机制的断裂相场模型不仅能够有效描述裂纹的起裂与扩展路径,还能准确反映材料塑性耗散与断裂驱动力之间的相互作用,为延性与疲劳断裂的数值模拟提供了可靠理论基础和建模工具。

参考文献

[1] Griffith A A. VI. The phenomena of rupture and flow in solids[J]. Philosophical transactions of the royal society of london. Series A, containing papers of a mathematical or physical character, 1921, 221(582－593): 163－198.

[2] Ortiz M, Pandolfi A. Finite - deformation irreversible cohesive elements for three - dimensional crack - propagation analysis[J]. International journal for numerical methods in engineering, 1999, 44(9): 1267－1282.

[3] Francfort G A, Marigo J J. Revisiting brittle fracture as an energy minimization problem[J]. Journal of the Mechanics and Physics of Solids, 1998, 46(8): 1319－1342.

[4] Bourdin B, Francfort G A, Marigo J J. Numerical experiments in revisited brittle fracture[J]. Journal of the Mechanics and Physics of Solids, 2000, 48(4): 797—826.

[5] Miehe C, Hofacker M, Welschinger F. A phase field model for rate - independent crack propagation: Robust algorithmic implementation based on operator splits[J]. Computer Methods in Applied Mechanics and Engineering, 2010, 199(45—48): 2765—2778.

[6] Ambati M, Gerasimov T, De Lorenzis L. A review on phase - field models of brittle fracture and a new fast hybrid formulation[J]. Computational Mechanics, 2015, 55: 383—405.

[7] 张豪，于继东，裴晓阳，等．相场断裂方法发展概况[J]. Chinese Journal of High Pressure Physics, 2019, 33(3).

[8] Miehe C, Schänzel L M. Phase field modeling of fracture in rubbery polymers. Part I: Finite elasticity coupled with brittle failure[J]. Journal of the Mechanics and Physics of Solids, 2014, 65: 93—113.

[9] Pham K, Marigo J J. From the onset of damage to rupture: construction of responses with damage localization for a general class of gradient damage models[J]. Continuum Mechanics and Thermodynamics, 2013, 25: 147—171.

[10] Ambati M, Gerasimov T, De Lorenzis L. Phase - field modeling of ductile fracture[J]. Computational Mechanics, 2015, 55: 1017—1040.

[11] Fang J, Wu C, Li J, et al. Phase field fracture in elasto - plastic solids: Variational formulation for multi - surface plasticity and effects of plastic yield surfaces and hardening[J]. International Journal of Mechanical Sciences, 2019, 156: 382—396.

[12] Huang K, Yan J, Shen R, et al. Investigation on fracture behavior of polymer - bonded explosives under compression using a viscoelastic phase - field fracture method[J]. Engineering Fracture Mechanics, 2022, 266: 108411.

[13] Valverde - González A, Reinoso J, Jha N K, et al. A phase field approach to fracture for hyperelastic and visco - hyperelastic materials applied to pre - stressed cylindrical structures[J]. Mechanics of Advanced Materials and Structures, 2024, 31(4): 749—768.

[14] Dammaß F, Ambati M, Kästner M. A unified phase - field model of fracture in viscoelastic materials[J]. Continuum Mechanics and Thermodynamics, 2021, 33(4): 1907—1929.

[15] Gmati H. Phase field modelling of fracture of elastic and elasto - viscoplastic solid materials [D]. HESAM Université, 2020.

[16] Haveroth G A, Vale M G, Bittencourt M L, et al. A non - isothermal thermodynamically consistent phase field model for damage, fracture and fatigue evolutions in elasto - plastic materials[J]. Computer Methods in Applied Mechanics and Engineering, 2020, 364: 112962.

[17] Andersson H, Persson C, Hansson T. Crack growth in IN718 at high temperature[J]. International Journal of Fatigue, 2001, 23(9): 817—827.

[18] Pang H T, Hardy M C, Hide N, et al. Comparison of fatigue crack propagation in nickel base superalloys RR1000 and Udimet 720Li[J]. Materials Science and Technology, 2016, 32(1): 22—39.

[19] Nguyen T T, Réthoré J, Baietto M C. Phase field modelling of anisotropic crack propagation [J]. European Journal of Mechanics - A/Solids, 2017, 65: 279—288.

[20] Borden M J, Hughes T J R, Landis C M, et al. A phase - field formulation for fracture in ductile materials: Finite deformation balance law derivation, plastic degradation, and stress triaxiality effects[J]. Computer Methods in Applied Mechanics and Engineering, 2016, 312: 130—166.

[21] Schmidt B, Fraternali F, Ortiz M. Eigenfracture: an eigendeformation approach to variational

fracture[J]. Multiscale Modeling & Simulation,2009,7(3):1237－1266.

[22] Jaccon A,Prabel B,Molnár G,et al. Adaptive mesh refinement and cycle jumps for phase - field fatigue fracture modeling[J]. Finite Elements in Analysis and Design,2023,224:104004.

[23] Kristensen P K,Martínez - Pañeda E. Phase field fracture modelling using quasi - Newton methods and a new adaptive step scheme[J]. Theoretical and Applied Fracture Mechanics, 2020, 107:102446.

[24] Wu J Y,Huang Y,Nguyen V P. On the BFGS monolithic algorithm for the unified phase field damage theory[J]. Computer Methods in Applied Mechanics and Engineering,2020,360:112704.

[25] 田立智,张亚军,李博,等. 考虑应变率效应的金属爆炸容器初始设计方法[J]. 压力容器,2024,41(8):40－46.

[26] 王庆,范海贵,侯怡航,等. 基于局部探测法的外压球壳屈曲载荷设计方法研究[J]. 压力容器,2024,41(4):22－33.

作者简介

张志强,男,硕士研究生,主要从事延性断裂相场方面研究,通信地址:211816 江苏省南京市浦口区浦珠南路 30 号南京工业大学,E－mail:zhangzhiq@njtech. edu. cn,电话:15996373622。

长时热老化低合金钢的疲劳寿命预测模型

金　龙,朱明亮*,轩福贞

(华东理工大学 机械与动力工程学院 承压系统与安全教育部重点实验室,上海 200237)

摘　要:装备服役寿命延长引起材料损伤和性能劣化,发展在役装备寿命评估方法是重大需求。本研究对经 450 ℃×10 000 h 加速热老化处理的低合金钢开展了低周疲劳试验。结果表明,材料热老化后疲劳寿命显著下降;贝氏体的断裂促进了热老化后疲劳裂纹的萌生和扩展,伴随着塑性应变幅的降低;将塑性应变幅作为低合金钢热老化程度的主控参量,提出了一种综合考虑老化时长和温度的寿命预测新模型,实现了低周疲劳寿命的快速预测;进一步研究表明,该模型不仅可以进行不同热老化条件下低合金钢疲劳寿命预测,还可以实现在役材料疲劳寿命的高精度外推。

关键词:热老化;低合金钢;低周疲劳;寿命预测

Fatigue life prediction model for a long-term thermally aged low alloy steel

JIN Long,ZHU Mingliang*,XUAN Fuzhen

(Key Laboratory of Pressure Systems and Safety,Ministry of Education,School of Mechanical and Power Engineering,East China University of Science and Technology,Shanghai 200237,China)

Abstract:Prolonging equipment service life causes material damage and performance deterioration, necessitating advanced methods for in - service lifespan evaluation. In this study, low - cycle fatigue (LCF) tests were conducted on a low alloy steel subjected to accelerated thermal aging at 450 ℃ for 10 000 h. The experimental results indicate that the fatigue life of the specimens decreased significantly after thermal aging, the fracture of bainitic structures promotes the initiation and propagation of fatigue cracks after thermal aging, accompanied by a reduction in plastic strain amplitude. Consequently, the plastic strain amplitude is identified as a key parameter for characterizing thermal aging in low - alloy steel and is incorporated into the fatigue life modeling under thermal aging conditions. Ultimately, a novel life prediction model that considers aging time and temperature was developed for rapid LCF life assessment. This model not only enables accurate fatigue life prediction under various thermal aging conditions but also facilitates the extrapolation of fatigue performance for in-service materials.

Keywords:thermal aging; low alloy steel; low cycle fatigue; life prediction

0　引　言

低合金钢因其优异的强度与韧性组合,常被用于核反应堆压力容器制造[1-2]。尽管近年来研究发现,包括超合金、中熵合金和高熵合金在内的新型合金材料同样展现出优异的力学性能[3-5],但这些材料普遍存在制备工艺复杂、生产成本过高等产业化瓶颈问题[6]。因此,低合金钢在工程应用领域仍保持着不可替代的重要地位。特别值得注意的是,在核电站运行工况下,压力容器用低合金钢材料长期承受着高温和交变载荷的共同作用,极易引发材料疲劳失效[7-8],使得疲劳寿命预测成为其工程结构安全评估和优化设计的关键技术难题。

从微观结构的角度来看,材料缺陷被认为是影响疲劳寿命的关键指标之一[9-12]。我们前期的研究建立了综合考虑缺陷尺寸、位置和形状特征的Z参数模型,也实现了对疲劳寿命的准确预测[13]。此外,晶粒尺寸对疲劳性能也具有显著影响,因为晶粒细化能够提高变形均匀性并延缓疲劳裂纹萌生[14-15]。然而,基于临界缺陷的模型难以适用于含有大量纳米级碳化物的低合金钢;同时,基于晶粒尺寸的模型在温度低于500 ℃时也表现出局限性,因为在此条件下低合金钢原始奥氏体晶粒基本保持不变[16]。因此,目前基于微观的疲劳寿命模型并不能很好地预测热老化后低合金钢的疲劳寿命。

基于简单机械性能参数的疲劳性能预测模型似乎是一种高效且便于工程应用的方法[17-19]。已有研究表明,材料的拉伸性能与疲劳性能之间存在内在关联[20]。此外,显微硬度由于其与拉伸强度的相关性,也被广泛应用于疲劳寿命评估[21-23]。值得一提的是,对于双相不锈钢,显微硬度还可以作为老化程度的指示因子用于热老化状态的评价[24-25]。然而,低合金钢由于其较低的合金元素含量,其热老化后的硬度和拉伸强度似乎并未发生明显改变[26-27],因此基于拉伸性能或显微硬度的预测方法也难以适用于热老化低合金钢的疲劳寿命预测。此外,必须将热老化时间和温度参数整合到疲劳寿命预测模型中,才能实现数据的有效预测和外推,因此,建立快速而准确的热老化后低合金钢的疲劳寿命预测模型仍需深入研究。

本研究以反应堆压力容器低合金钢为研究对象,通过加速热老化实验得到不同老化时长样件,并开展热老化样件的低周疲劳性能测试,分析热老化对其力学性能的影响规律,以期建立综合考虑老化时长和温度参数的疲劳寿命预测模型,为设备长时服役和疲劳设计提供一些借鉴和参考。

1 材料与方法

本研究选取锻造的核反应堆压力容器低合金钢材料作为实验对象。该低合金钢牌号为16MND5,其化学成分的质量百分比为:C 0.18%,Mn 1.37%,Ni 0.75%,Mo 0.50%,Si 0.17%,Cr 0.12%,Cu 0.03%,Al 0.016%,N 0.010%,P 0.003%,余量为Fe。将切取的低合金钢在箱式炉中进行450 ℃的加速热老化实验,热老化时间分别为1 000,3 000,5 000,10 000,15 000和20 000 h,分别对应设备在350 ℃下正常服役2.7,8.2,13.7,27.3,41.0和54.7年,其中热老化时长在10 000 h内的试验数据用于模型构建,15 000 h和20 000 h的数据用于模型外推预测。最后采用扫描电子显微镜(SEM)和透射电子显微镜(TEM)对热老化前后的微观组织演变进行表征。

室温疲劳试验在MTS Land Mark370.10型伺服液压疲劳试验机上进行,应变速率为0.004 mm/mm·s^{-1},应变比$R=-1$,应变幅分别为0.3%,0.45%,0.5%,0.65%和0.8%。此外,疲劳试样按照ASTM E-606标准加工,试样尺寸如图1所示。最后利用SEM观察疲劳试样的断口,进一步研究热老化后的断裂机制。

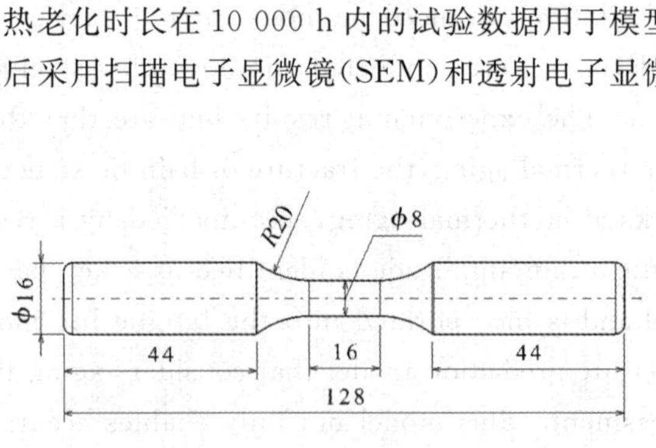

图1 低周疲劳试样形状与尺寸

2 结 果

2.1 微观组织演化

如图2所示,低合金钢热老化前后均为贝氏体组织。图2(a)和图2(b)分别为原始未热老化状态样件的SEM和TEM图片,图2(a)中碳化物主要分布在晶界或相界,贝氏体的铁素体(BF)和多边形铁素体(PF)清晰可见,图2(b)中相邻BF板条具有明显的位错壁结构。如图2(c)和图2(e)所示,当材料经过10 000小时的热老化后,碳化物在铁素体基体上进一步弥散分布,晶/相界变得模糊不清。图2(b)(d)(f)

中的 TEM 观察表明，随着老化时间的延长，原始样件有序的位错壁结构随热老化过程逐渐变得无序。此外，对不同热老化状态样件的碳化物进行 TEM 能谱分析（TEM－EDX）的结果如表 1 所示，富锰的碳化物经过长时热老化后，C 和 Si 的浓度显著下降，而合金元素 Fe，Mn，Cr 和 Mo 的含量则显著增加，并且在 450 ℃×10 000 h 状态下，Mn 的浓度（9.08 at%）甚至高于 C 的浓度（8.54 at%），表明在长时热老化后碳化物出现了粗化[28－29]。

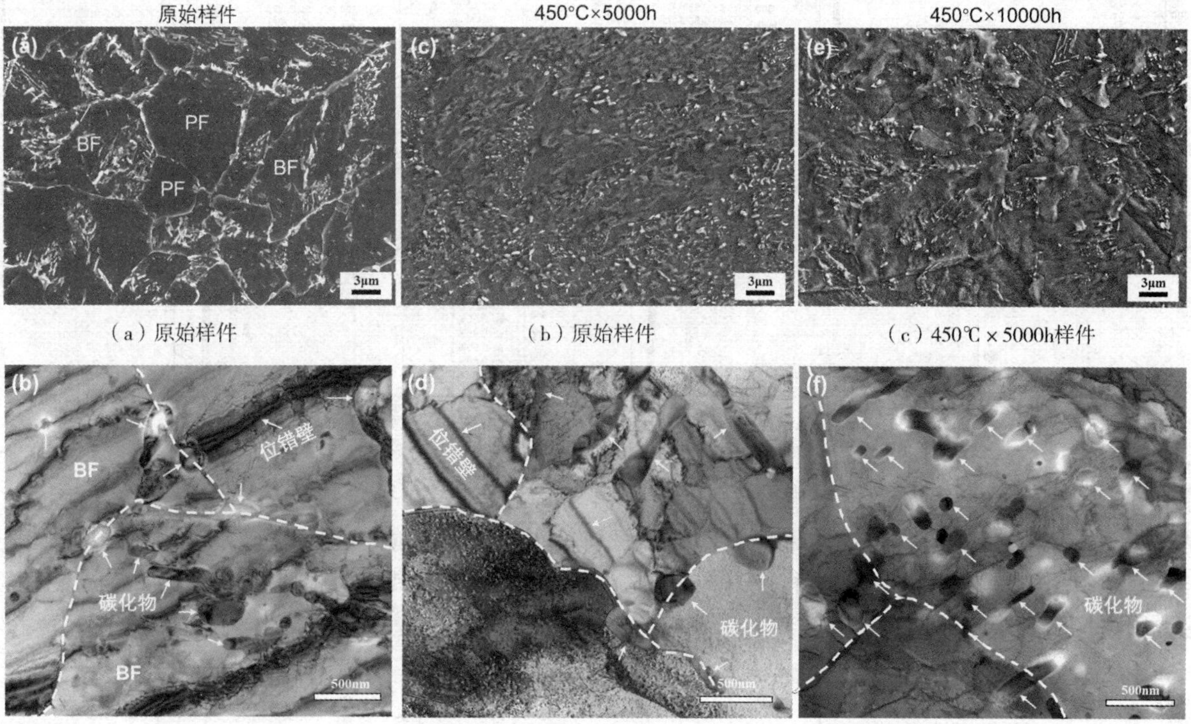

（a）原始样件　（b）原始样件　（c）450℃×5000h样件

（d）450℃×5000h样件　（e）450 ℃×10000h样件　（f）450 ℃×10000h样件

图 2　不同老化状态下 SEM 和 TEM 图片

表 1　不同热老化状态材料中碳化物的元素原子百分数含量（*at*%）

项目	C	Si	Mn	Cr	Mo	Ni	Fe
原始样件	54.03	2.39	3.88	0.4	0.27	0.05	38.98
450 ℃×5 000 h	27.78	0.07	5.47	0.49	0.49	0.19	65.52
450 ℃×10 000 h	8.54	0.05	9.08	1.26	1.20	0.38	79.49

2.2　疲劳性能

为了解不同应力幅下疲劳样件的应力循环响应，本研究从同一应变幅水平的三根平行试样中随机选取一根进行分析。图 3 展示了不同热老化状态下试样的循环硬化/软化曲线，其中低应变幅区（0.3%，0.45%，0.5%）疲劳试样主要表现为循环软化，高应变幅区（0.65%，0.8%）疲劳试样在初始 30 周次出现快速循环硬化，后续转为循环软化直至应变幅迅速下降最终试样失效，并且随着应变幅增大，样件的硬化行为更加明显。快速循环硬化后的循环软化与低周疲劳过程中形成的低能量位错胞结构密切相关，并且较高应变幅会促进位错的增殖和重排，从而加剧材料由硬化向软化转变[30－31]。

图 4 对比了不同热老化状态试样在半寿命周次的循环应力-应变滞后回线。随着应变幅值从 0.3% 增加到 0.8%，可以观察到如下趋势：首先，所有试样的滞后回线宽度均呈现明显增大，表明材料在高应变幅条件下会产生更大的塑性应变累积；其次，在相同应变幅水平下，经热老化处理的试样表现出更高的

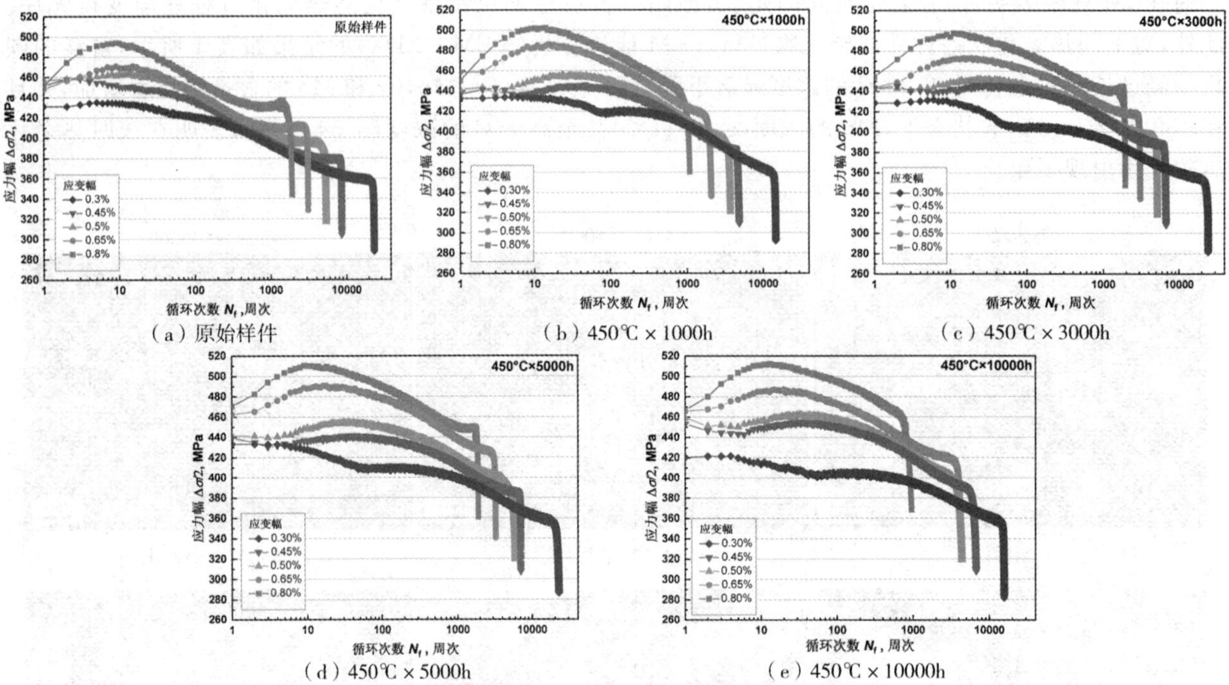

(a) 原始样件　(b) 450℃×1000h　(c) 450℃×3000h

(d) 450℃×5000h　(e) 450℃×10000h

图 3　低合金钢在不同热老化状态下的应力循环响应

循环应力幅值，这一现象表明热老化过程增强了材料的循环硬化性能。值得注意的是，图 4(e)中经过 450 ℃×10 000 h 热老化处理的试样在 0.8%大应变幅加载条件下，其应力幅值明显高于原始状态试样，这说明大应变幅会放大低合金钢的热老化效应。

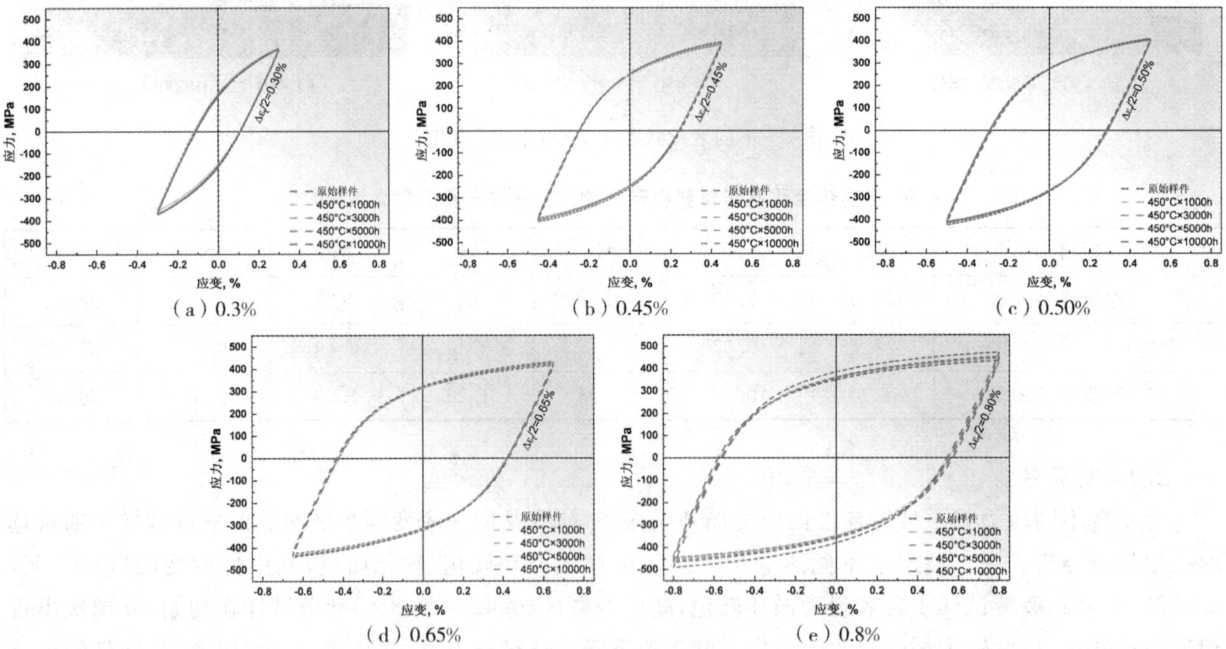

(a) 0.3%　(b) 0.45%　(c) 0.50%

(d) 0.65%　(e) 0.8%

图 4　不同应变幅下热老化样件半寿命处的应力-应变滞后回线

2.3　疲劳寿命预测

Basquin - Coffin - Manson 公式被广泛应用于预测疲劳寿命，其公式如下

$$\Delta\varepsilon_t/2=\Delta\varepsilon_e/2+\Delta\varepsilon_p/2=\frac{\sigma'_f}{E}(2N_f)^b+\varepsilon'_f(2N_f)^c \tag{1}$$

式中，$\Delta\varepsilon_t/2$ 是总应变幅，$\Delta\varepsilon_e/2$ 是弹性应变幅，$\Delta\varepsilon_p/2$ 是塑性应变幅，σ'_f 为疲劳强度系数，E 是弹性模量，b 是疲劳强度指数，ε'_f 是疲劳延性系数，c 是疲劳延性指数，N_f 为疲劳寿命。

图 5 示出基于式(1)拟合的不同热老化状态下的疲劳寿命曲线。结果表明，所有老化状态试样的疲劳寿命均随着应变幅的增加而下降，值得注意的是，在热老化初期(1 000 h)，材料疲劳寿命出现显著下降，表现为 S－N 曲线较原始态明显下移，随着老化时间延长(1 000～10 000 h)，疲劳寿命呈现波动变化特征，最终经 450 ℃×10 000 h 热老化试验后，试样在大应变幅下(0.65%，0.80%)的疲劳寿命较原始态下降约 21%～32%，而在小应变幅下(0.30%，0.45，0.50%)的降幅相对较小，约为 9%～17%，表明疲劳损伤具有明显的应变幅依赖性。因此随应变幅和老化时长波动的 S－N 曲线也为准确预测热老化后低周疲劳寿命提出了挑战。

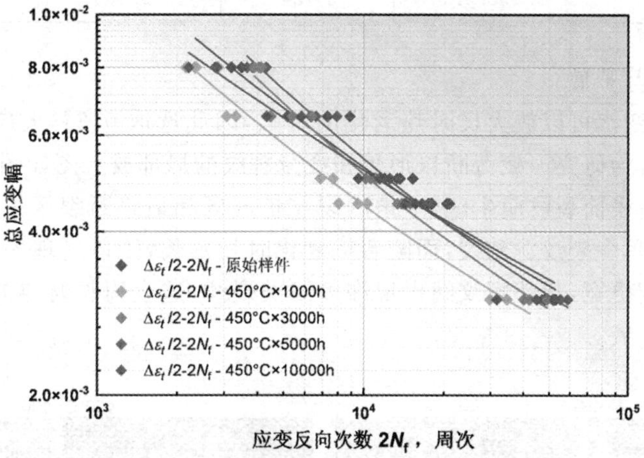

图 5　不同热老化状态下的 S-N 曲线

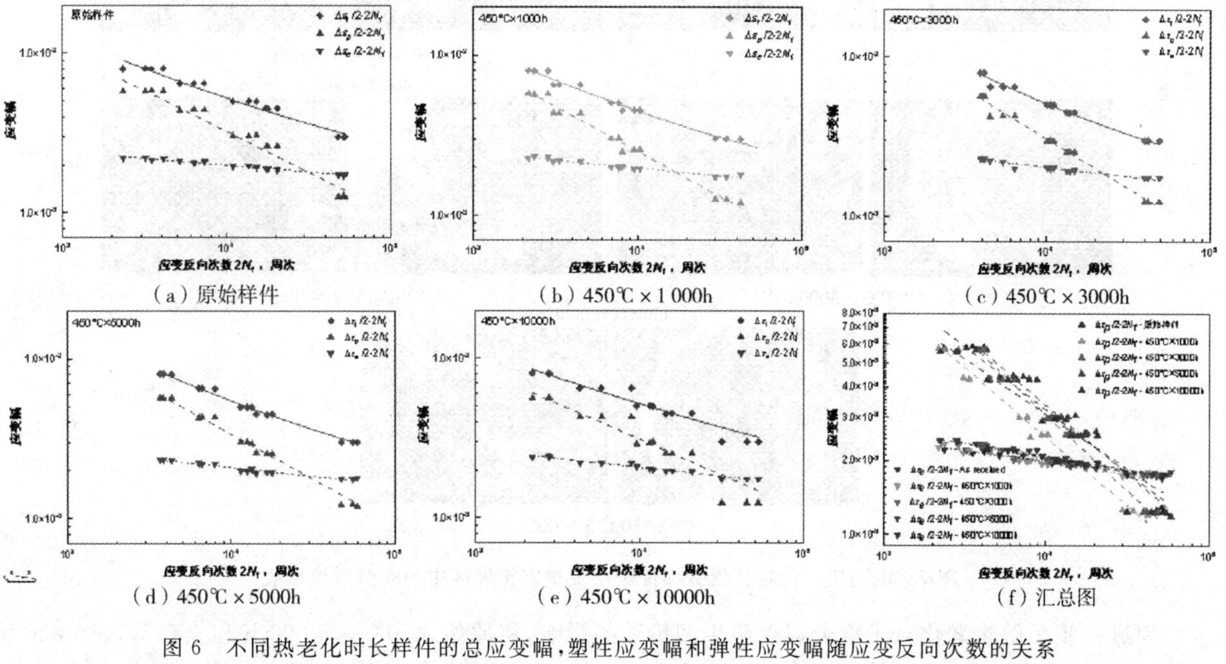

(a) 原始样件　(b) 450℃ × 1 000h　(c) 450℃ × 3000h

(d) 450℃ × 5000h　(e) 450℃ × 10000h　(f) 汇总图

图 6　不同热老化时长样件的总应变幅，塑性应变幅和弹性应变幅随应变反向次数的关系

图 6(a)～(e)详细展示了不同老化时长样件对应的 Basquin－Coffin－Manson 曲线，图 6(f)汇总了所有老化状态的曲线，结果显示所有老化试样的弹性应变幅数据点基本汇聚为一条直线，而疲劳寿命差异主要源于塑性应变幅的变化。具体曲线拟合参数见表 2 所列，然而这些参数随老化时长并未呈现明显

规律性,其中 σ'_f,b,ε'_f 和 c 参数的绝对值在前 3 000 h 先增大,但随着老化时间延长至 10 000 h,各参数值又持续减小。此外,在 450 ℃×10 000 h 热老化后材料弹性模量 E 略有降低。

表 2　Basquin - Coffin - Manson 曲线的拟合参数

样件状态	E	σ'_f	b	ε'_f	c
原始样件	203.261	871	−0.082 8	0.350	−0.508
450 ℃×1 000 h	200.117	970	−0.097 9	0.423	−0.557
450 ℃×3 000 h	200.621	1 160	−0.113	0.908	−0.617
450 ℃×5 000 h	200.768	1 130	−0.107	0.580	−0.559
450 ℃×10 000 h	198.521	1 124	−0.109	0.184	−0.443

2.4　疲劳裂纹萌生与扩展

由 2.2 章可知,大应变幅可以放大长时热老化的影响,因此选取 0.8%大应变幅下失效的疲劳样件用于热老化后疲劳断裂行为研究。疲劳断口形貌和疲劳辉纹的局部放大图如图 7 所示,观察发现不同热老化状态的疲劳断口均由表面裂纹萌生区,平坦的裂纹扩展区和最终断裂区组成。不同的是,原始样件和 450℃×1000h 样件为单一裂纹源致裂,而随着热老化时长延长,断口呈现多裂纹源萌生形貌,此外热老化后断口上的辉纹宽度更宽,相邻辉纹间出现许多二次裂纹,这表明长时热老化降低了材料延性且有利于疲劳裂纹的形核和扩展。

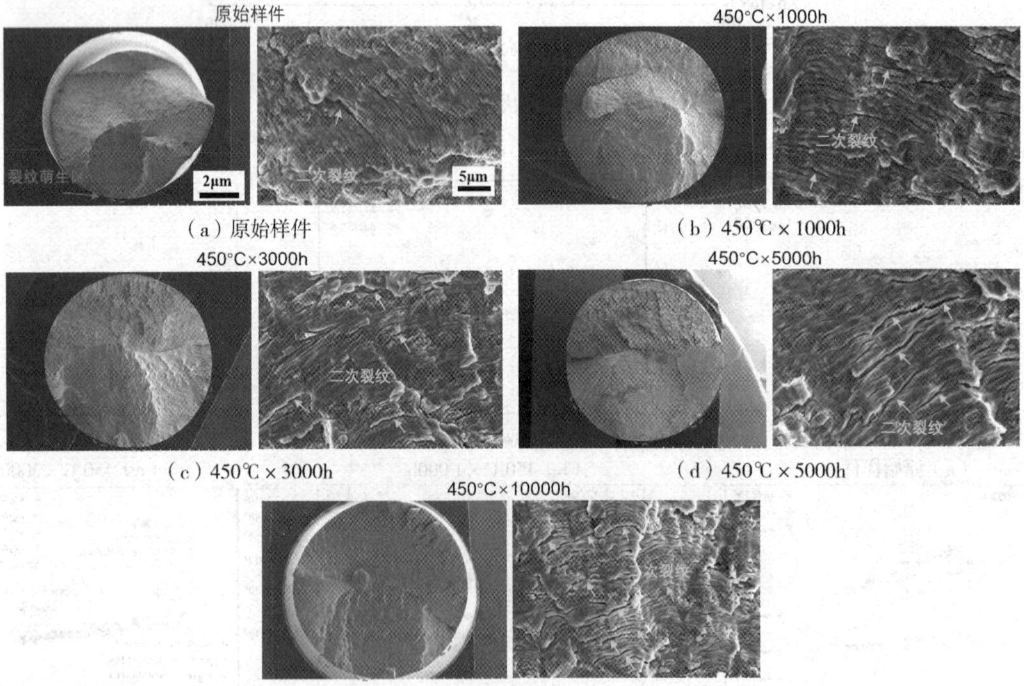

(a) 原始样件　(b) 450℃ × 1000h　(c) 450℃ × 3000h　(d) 450℃ × 5000h　(e) 450℃ × 10000h

图 7　不同热老化时长疲劳样件断口及稳定扩展区中的疲劳辉纹形貌

为进一步了解热老化对于疲劳裂纹萌生和扩展的影响,将原始,450℃×5 000 h 和 450 ℃×10 000 h 样件沿轴向切开,用 SEM 对裂纹扩展路径进行观察。如图 8(a)所示,原始样件的疲劳裂纹萌生于铁素体/贝氏体相界或晶界等局部应力集中的区域,同时表面形成的驻足滑移带(PSB)也是其重要的疲劳源,但裂纹似乎在晶粒内停止了扩展。如图 8(b)所示,450 ℃×5 000 h 老化态试样的疲劳裂纹萌生于表面驻足滑移带,并呈现沿晶和穿晶混合扩展模式,此外在表面裂纹源区首次观察到了贝氏体组织的断裂现象。如图 8(c),经过进一步热老化后,450 ℃×10 000 h 样件的疲劳源区除相界断裂外,出现了更为显著的贝氏体断裂,这表明热老化后贝氏体组织断裂敏感性的提高。

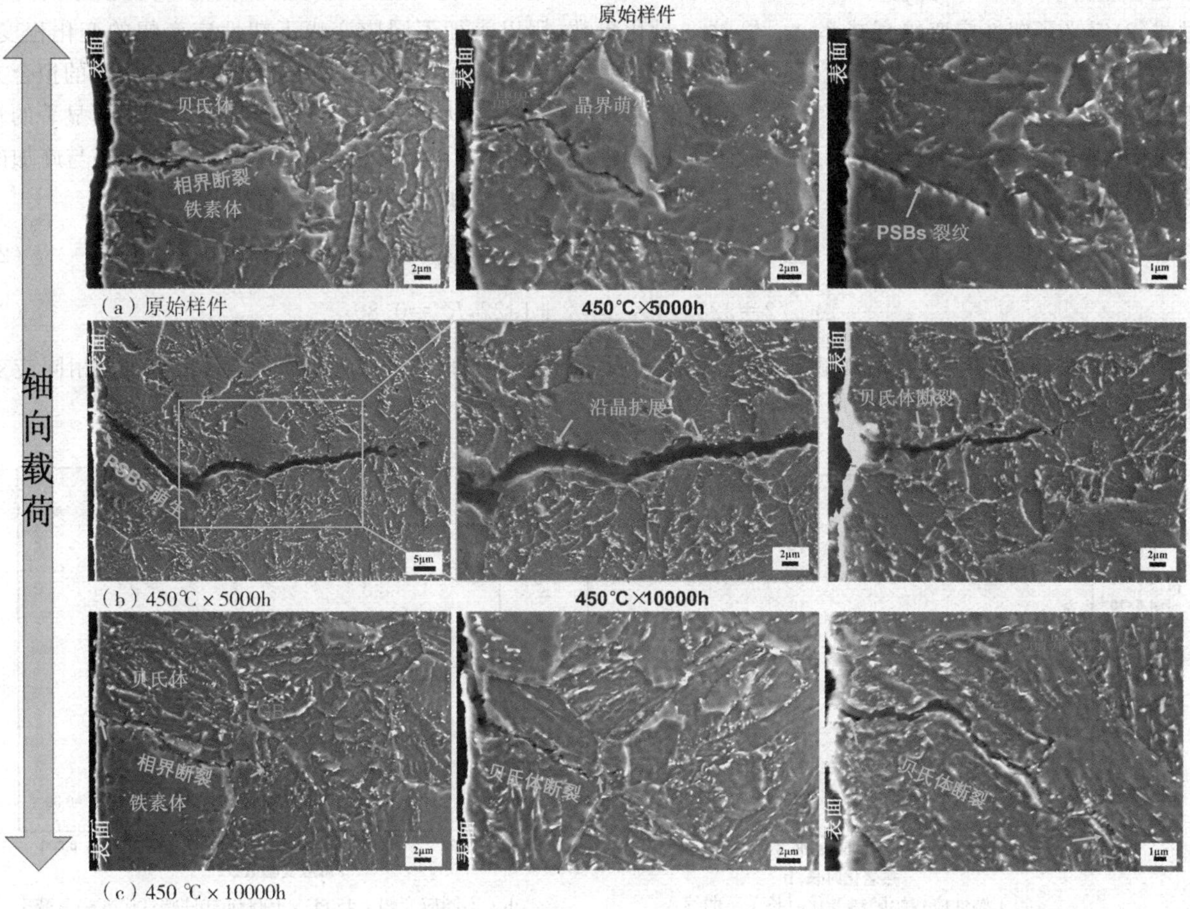

图 8　0.8%应变幅下失效试样轴向截面上的裂纹扩展路径形貌

3　讨　论

3.1　热老化引起的疲劳断裂

低周疲劳裂纹通常萌生于试样表面,这主要源于表面区域较高的循环塑性变形和较低的约束效应。如图 8 所示,老化前后的疲劳裂纹都倾向于在应力集中显著的相/晶界处形核,而长时热老化过程劣化了低合金钢中的贝氏体相,不仅加剧了裂纹的萌生,还加速了裂纹的扩展。这一结论得到了图 7 所示实验证据的支持:热老化后试样出现多裂纹源特征,且疲劳辉纹间距明显增大。热老化后劣化的贝氏体相的断裂最终引起了图 6(f)中塑性应变幅的变化。

如图 8 和表 1 所示,热老化后贝氏体相中的碳化物发生了粗化,同时伴随着碳化物中合金元素(Mn,Cr 和 Mo)含量的增加。通过图 2 TEM 分析可以观察到热老化后位错排列呈现显著无序化特征,这表明热激活作用促进了位错运动与重组过程,同时位错运动会受到粗化碳化物的强烈阻碍,从而影响材料的整体性能[32]。因此,贝氏体相的断裂行为与热老化后碳化物的粗化及无序位错的演化行为密切相关。

3.2　疲劳寿命预测模型与外推

为探究热老化对低周疲劳行为的影响机制,建立可靠的疲劳寿命模型,本研究通过图 9 揭示了热老化对低周疲劳塑性应变行为的影响规律。有趣的是,图 9(a)中塑性应变幅值($\Delta\varepsilon_p/2$)随热老化时间延长呈现下降趋势,塑性应变幅在初期老化阶段(1 000 h)出现显著降低,随后直至 10 000 h,塑性应变幅以小幅波动的形式逐渐下降，这一变化规律与图 5 中疲劳寿命随热老化时长的衰减趋势基本吻合，证明塑性应变幅可作为表征热老化效应的关键指标。另外值得注意的是，在长时热老化后，塑性应变幅的下降程度会随总应变幅不同而产生差异，即长时热老化后的塑性响应也呈现明显的应变幅依赖性。为此，本研究通过式(2)定义了塑性应变幅衰减率 $\Delta\varepsilon_{pr}/2$ 这一量化参数，用以表征不同应变幅下塑性应变幅的变化程度。图 9(b)显示经过 10 000 小时老化后的塑性应变衰减率与总应变幅呈正相关关系。通过式(3)给出的拟合方程进一步证实，在相同的 450 ℃×10 000 h 热老化条件下，承受较大应变幅加载的试样会表现出更显著的塑性应变幅降低。这一发现深刻揭示了热老化后的塑性应变幅下降不仅受热老化过程本身影响，还与施加的总应变幅密切相关，说明材料在热老化作用下的力学响应是热－力耦合作用的综合体现。

$$\Delta\varepsilon_{pr}/2=(\Delta\varepsilon_{pi}/2-\Delta\varepsilon_{pa}/2)/(\Delta\varepsilon_{pi}/2) \tag{2}$$

$$\Delta\varepsilon_{pr}/2=323.74\times\Delta\varepsilon_t/2+1.22, R^2=0.89 \tag{3}$$

式中，$\Delta\varepsilon_{pr}/2$ 表示塑性应变幅衰减率，$\Delta\varepsilon_{pi}/2$ 代表原始状态试样的半寿命塑性应变幅，$\Delta\varepsilon_{pa}$ 则为相同应变幅水平下热老化后试样的塑性应变幅。

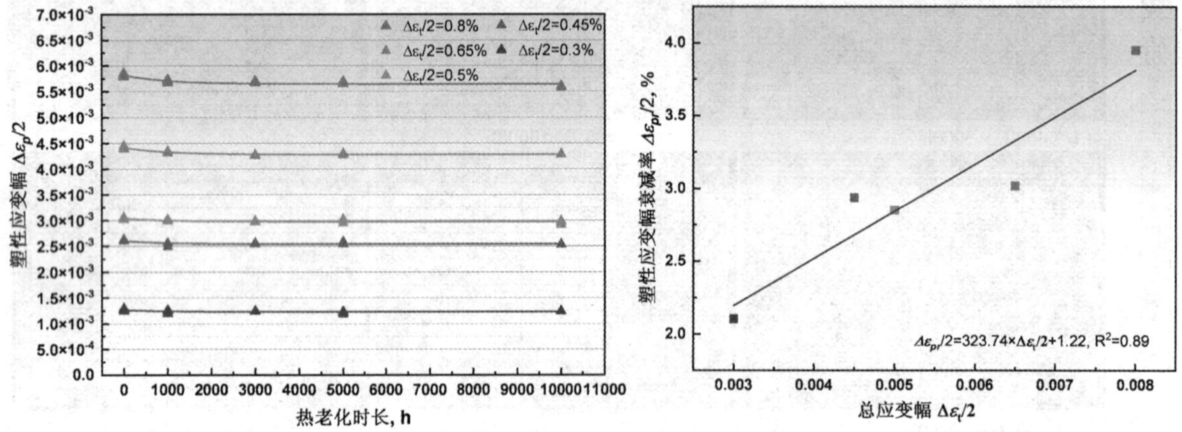

（a）塑性应变幅随热老化时长关系曲线　　（b）不同应变幅下450℃×10000h样件塑性应变幅衰减率

图 9　半寿命处塑性应变幅参数演化

根据塑性应变幅随老化时间的演化趋势以及相应的力学性能演变模型[33-35]，本研究通过式(4)和式(5)来拟合不同应变幅下热老化 10 000 h 内的所有疲劳实验数据。

$$\Delta\varepsilon_p/2=A\times\exp[-t/k(T)]+A_0 \tag{4}$$

式中，A 代表模型的振幅系数，A_0 为截距项，$A+A_0$ 表示未热老化试样的塑性应变幅，t 为老化时间，$k(T)$为热动力学系数，可通过 Arrhenius 型方程表述为

$$k(T)=k_0\times\exp(-Q/RT) \tag{5}$$

式中，k_0 为指前因子，Q 为给定温度下的材料活化能（450 ℃恒温加速热老化试验，Q 可视为常数），R 为气体常数（8.314 J/(mol·K)），T 为绝对温度（K），因此，本研究中 k(T)可定义为拟合过程中的共享常数。

如图 9(a)所示，模型曲线能较好的拟合试验测得不同热老化状态下塑性应变幅的演化趋势，具体拟合参数详见表 3。拟合参数 A 和 A_0〔见图 10(a)(b)〕均表现出与总应变幅 $\Delta\varepsilon_t/2$ 的高度线性相关性($R^2\geqslant0.96$)，这一重要发现为构建考虑应变幅效应的塑性应变幅演化规律提供了便利条件。另外由于弹性应变幅在热老化过程中相对稳定（见图 6），经全数据拟合可获得：$E=200.66$ GPa，$\sigma'_f=995$，b＝－0.097。基于上述研究结果建立的低周疲劳寿命预测模型如式(6)所示。图 11 的验证结果表明，基于该模型预测的所有预测数据均落在实验寿命值的 2 倍误差带内。因此我们建立的综合考虑热老化参数和

加载应变幅双重影响的预测模型，实现了基于热老化时间 t 和应变幅 $\Delta\varepsilon_t/2$ 的高效准确预测。

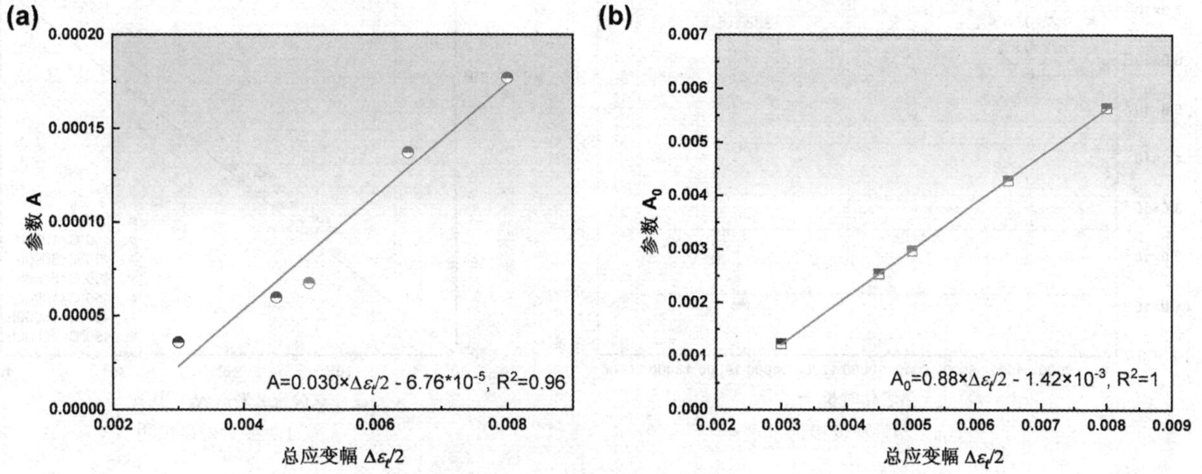

图 10　总应变幅与参数 A 和 A_0 的线性关系

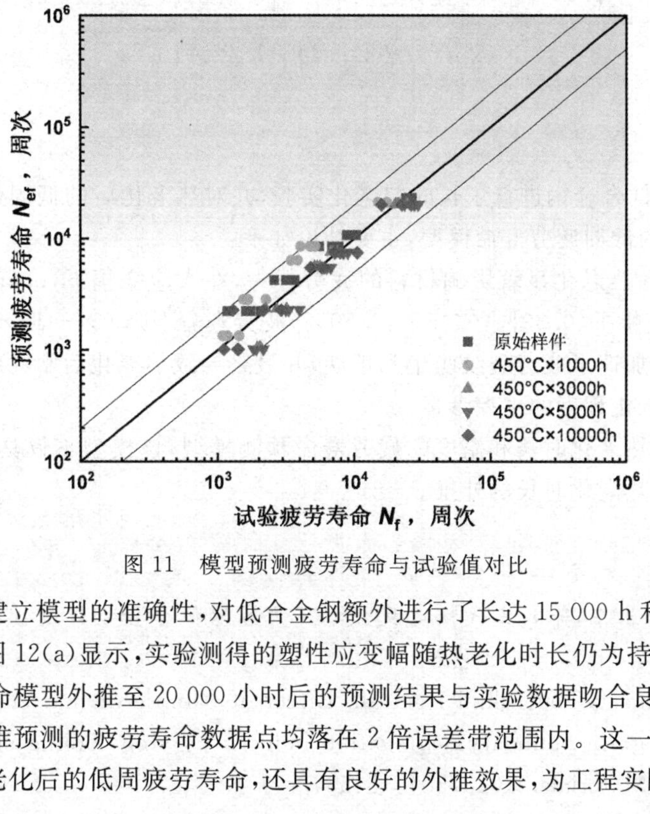

图 11　模型预测疲劳寿命与试验值对比

为进一步验证目前建立模型的准确性，对低合金钢额外进行了长达 15 000 h 和 20 000 h 的加速热老化实验和低周疲劳试验。图 12(a)显示，实验测得的塑性应变幅随热老化时长仍为持续下降趋势，且根据热老化 10 000 小时建立的寿命模型外推至 20 000 小时后的预测结果与实验数据吻合良好。特别值得注意的是，如图 12)b)所示，模型外推预测的疲劳寿命数据点均落在 2 倍误差带范围内。这一结果充分证明，该预测模型不仅可以准确预测热老化后的低周疲劳寿命，还具有良好的外推效果，为工程实际应用提供了途径。

表 3　疲劳寿命模型的拟合参数

$\Delta\varepsilon_t/2$	A	A_0	k(T)
0.003	3.58×10^{-5}	1.23×10^{-3}	989.34
0.004 5	5.99×10^{-5}	2.54×10^{-3}	
0.005	6.76×10^{-5}	2.97×10^{-3}	
0.006 5	1.37×10^{-4}	4.28×10^{-3}	
0.008	1.77×10^{-4}	5.64×10^{-3}	

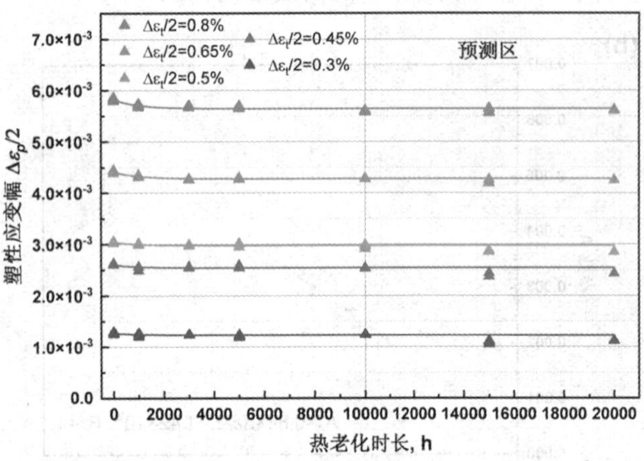

(a) 塑性应变幅预

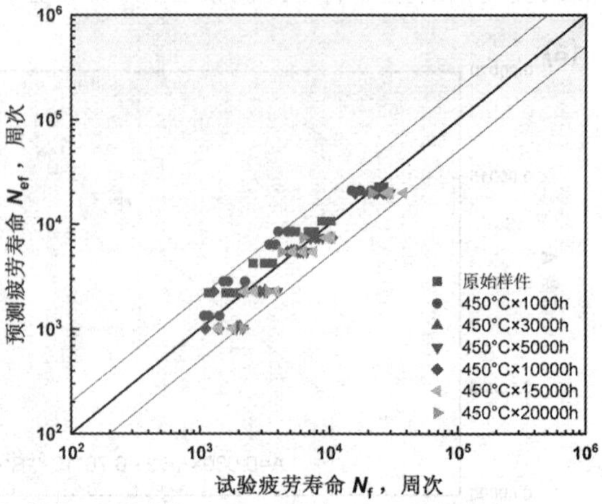

(b) 疲劳寿命预测

图 12 外推热老化时长下的疲劳寿命预测结果

$$0.0050\times(2N_f)^{-0.097}=0.12\times(\Delta\varepsilon_t/2)-[0.030\times(\Delta\varepsilon_t/2)-6.76\times10^{-5}]\times\exp(-t/989.34)+1.42\times10^{-3} \quad (6)$$

4 结 论

本研究对 16MND5 低合金钢进行了长时热老化实验,并对热老化后的低周疲劳性能进行了评价,最终建立了考虑老化效应的低周疲劳寿命模型,主要结论如下:

(1)450℃×10 000 h 热老化显著影响材料的疲劳行为,在大应变幅下(0.65%,0.80%)疲劳寿命下降 21%~32%,在小应变幅下(0.30%,0.45%,0.50%)疲劳寿命下降 9%~17%。

(2)贝氏体相的断裂加速了疲劳裂纹萌生和扩展,并最终导致热老化后塑性应变幅的下降,而塑性应变幅可作为低合金钢热老化程度的主控参量。

(3)建立了一种耦合热老化时长和温度的疲劳寿命预测模型,该模型不仅具有良好的疲劳寿命预测效果,而且可以实现不同热老化时长的外推。

参考文献

[1] 梅乐,张俊宝,王永东,等. 三代核电反应堆压力容器低合金钢焊缝性能对比分析[J]. 压力容器,2024,41(2):1-6.

[2] Hsu CY,Stodolna J,Todeschini P,et al. Effect of bainitic or martensitic microstructure of a pressure vessel steel on grain boundary segregation induced by step cooling simulating thermal aging [J]. Journal of Nuclear Materials. 2023,584:154554.

[3] Tan Q,Liu K,Li J,et al. A review on cracking mechanism and suppression strategy of nickel-based superalloys during laser cladding[J]. Journal of Alloys and Compounds. 2024,1001:175164.

[4] Park H,Haftlang F,Heo YU,et al. Periodic spinodal decomposition in double-strengthened medium-entropy alloy[J]. Nature Communications. 2024,15(1):5757.

[5] Chen M, Zhang D, Hsu Y-C, et al. Microstructure and properties of high-entropy-superalloy microlattices fabricated by direct ink writing [J]. Acta Materialia. 2024,275:120055.

[6] Kwiatkowski da Silva A, Souza Filho IR, Lu W, et al. A sustainable ultra-high strength Fe18Mn3Ti maraging steel through controlled solute segregation and α-Mn nanoprecipitation [J]. Nature Communications. 2022,13(1):2330.

[7] Sarkar A, Kumawat BK, Chakravartty JK. Low cycle fatigue behavior of a ferritic reactor pressure vessel steel [J]. Journal of Nuclear Materials. 2015,462:273—279.

[8] Fekete B, Trampus P. Isothermal and thermal - mechanical fatigue of VVER - 440 reactor pressure vessel steels [J]. Journal of Nuclear Materials. 2015,464:394—404.

[9] Karolczuk A, Kurek A, Pra - mowski M, et al. Key role of surface defects in the multiaxial fatigue life of additively manufactured unmachined 18Ni300 maraging steel [J]. International Journal of Fatigue. 2024,184:108319.

[10] Tang D, He X, Wu B, et al. A fatigue life prediction approach for porosity defect - induced failures in directed energy deposited Ti - 6Al - 4V considering crack growth environment [J]. International Journal of Fatigue. 2024,184:108272.

[11] Todinov MT. A probabilistic method for predicting fatigue life controlled by defects [J]. Materials Science and Engineering: A. 1998,255(1):117—123.

[12] Stopka KS, Sangid MD. Modeling fatigue behavior of additively manufactured alloys with an emphasis on pore defect morphology [J]. Journal of the Mechanics and Physics of Solids. 2023, 181:105429.

[13] Zhu M—L, Jin L, Xuan F—Z. Fatigue life and mechanistic modeling of interior micro - defect induced cracking in high cycle and very high cycle regimes [J]. Acta Materialia. 2018,157:259—275.

[14] Yang Y, Chen J, Gao L, et al. Low - cycle fatigue behaviour of extruded 7075 aluminium alloy bar: Competition of grain sizes and textures [J]. Materials Science and Engineering: A. 2024, 897:146258.

[15] Wang Y, Yu T, Wang Z, et al. Low cycle fatigue behaviors of CrCoNi medium - entropy alloy with different grain sizes [J]. International Journal of Fatigue. 2024,180:108105.

[16] Sharma T, Bonagani SK, Naveen Kumar N, et al. Effect of thermal aging on embrittlement of Cr-Mo-V pressure vessel steel [J]. Journal of Nuclear Materials. 2019,527:151817.

[17] Yang G, Long XY, Zhang Y, et al. Effect of monotonic mechanical properties on the low - cycle fatigue lifetime of carbide - free bainitic steels [J]. Materials Science and Engineering: A. 2022, 854:143824.

[18] Saberi L, Amiri M. Rapid determination of corrosion under fatigue loading based on tensile loading [J]. Journal of Materials Research and Technology. 2024,30:7856—7868.

[19] Liu R, Zhang P, Zhang ZJ, et al. A practical model for efficient anti - fatigue design and selection of metallic materials: I. Model building and fatigue strength prediction - ScienceDirect [J]. Journal of Materials Science Technology. 2020,70:233—249.

[20] Manson SS. Fatigue: A complex subject—Some simple approximations [J]. Experimental Mechanics. 1965,5(7):193—226.

[21] Wang R—J, Shang D—G. Low - cycle fatigue life prediction of spot welds based on hardness distribution and finite element analysis[J]. International Journal of Fatigue. 2009,31(3):508—514.

[22] Bandara CS, Siriwardane SC, Dissanayake UI, et al. Full range S - N curves for fatigue life evaluation of steels using hardness measurements [J]. International Journal of Fatigue. 2016, 82: 325—331.

[23] Lee Y—C, Chen F—K. Fatigue life of cold - forging dies with various values of hardness [J]. Journal of Materials Processing Technology, 2001, 113(1):539—543.

[24] Liu T, Wang W, Qiang W, et al. Mechanical properties and eddy current testing of thermally aged Z3CN20.09M cast duplex stainless steel [J]. Journal of Nuclear Materials. 2018,501:1—7.

[25] Rovere CAD, Santos FS, Silva R, et al. Influence of long-term low-temperature aging on the microhardness and corrosion properties of duplex stainless steel [J]. Corrosion Science. 2013,68:84—90.

[26] Nakata H, Fujii K, Fukuya K, et al. Grain boundary phosphorus segregation under thermal aging in low alloy steels [J]. Journal of Nuclear Science and Technology. 2006,43(7):785—793.

[27] Liu Z, Wang X, Miller RE, et al. Fracture toughness of thermal aged 16MND5 bainitic forging steel under varying 3D constraint conditions: An experimental study using SENT specimens [J]. Theoretical and Applied Fracture Mechanics. 2021,114:103025.

[28] Ning D, Dai CR, Wu JL, et al. Carbide precipitation and coarsening kinetics in low carbon and low alloy steel during quenching and subsequently tempering [J]. Materials Characterization. 2021,176:111111.

[29] Macchi J, Teixeira J, Danoix F, et al. Impact of carbon segregation on transition carbides and cementite precipitation during tempering of low carbon steels: Experiments and modeling [J]. Acta Materialia. 2024,272:119919.

[30] Wang X, Liang ZY, Liu RD, et al. Evolution of dislocations and twins in high cycle fatigue of a twinning-induced plasticity steel[J]. Materials Science and Engineering: A. 2015,647:249—255.

[31] Kang J, Li R, Wu D, et al. On the low cycle fatigue behaviors of Ni-based superalloy at room temperature: Deformation and fracture mechanisms [J]. Materials Characterization. 2024,211:113920.

[32] Shrestha SL, Xie KY, Ringer SP, et al. The effect of clustering on the mobility of dislocations during aging in Nb—microalloyed strip cast steels: In situ heating TEM observations [J]. Scripta Materialia. 2013,69(6):481—484.

[33] Tucker JD, Miller MK, Young GA. Assessment of thermal embrittlement in duplex stainless steels 2003 and 2205 for nuclear power applications [J]. Acta Materialia. 2015,87:15—24.

[34] Kong BS, Shin J, Obulan Subramanian G, et al. Evaluation of thermal ageing activation energy of δ—ferrite in an austenitic stainless steel weld using nanopillar compression test [J]. Scripta Materialia. 2020,186:236—241.

[35] 秦晨,晁龙,陈凡,等.4130X 钢非对称非比例载荷下双轴低周疲劳行为[J]. 压力容器,2024,41(8):9—20.

作者简介

金龙(1992),男,博士,主要从事长时热老化损伤断裂研究,通信地址:200237 上海市徐汇区梅陇路 130 号华东理工大学机械与动力工程学院,E—mail:jinlongkim@126. com。

通信作者:朱明亮(1984),男,教授,主要从事机械结构疲劳损伤与断裂研究,通信地址:200237 上海市梅陇路 130 号华东理工大学机械与动力工程学院,E—mail: mlzhu@ecust. edu. cn,电话:86—21—64252910。

虑及裂纹闭合效应的各向异性钛合金疲劳裂纹扩展规律统一及预测

刘　争，陈皓若，陈　旭
（天津大学 化工学院，天津 300354）

摘　要：准确地评价和预测深海装备承压结构材料在各种工况下的疲劳裂纹扩展（FCG）规律极为关键。然而，钛合金的各向异性特征，导致不同取向的FCG性能差异较大，为工程评价带来了极大的挑战。在本文中，以TA15钛合金为研究对象，采用理论、试验与微观分析相结合的研究方法，提出了一种基于粗糙度系数γ的裂纹闭合程度评估方法和不同取向下疲劳裂纹扩展速率预测方法。结果表明：材料各向异性对FCG规律影响较大，不同取向试样的裂纹扩展速率呈$0^\circ<30^\circ<45^\circ<75^\circ<90^\circ$。发现粗糙度致使裂纹闭合效应，并结合电子背散射衍射（EBSD）技术揭示了裂纹扩展路径上粗糙度的微观成因。进一步，建立了基于γ的裂纹闭合程度评估方法，并引入γ对疲劳裂纹扩展驱动力ΔK和裂纹扩展速率da/dN进行了修正，修正后不同取向的FCG规律实现了统一，并可以准确地预测其他取向下的FCG行为。上述结果对深海承压结构用钛合金的设计、安全服役及结构完整性评估具有重要的意义。

关键词：疲劳裂纹扩展；裂纹闭合；钛合金；CT试样；速率预测

Unification and prediction of FCG behavior in anisotropic titanium alloys considering crack closure effect

LIU Zheng，CHEN Haoruo，CHEN Xu
（School of Chemical Engineering and Technology，Tianjin University，Tianjin 300354，China）

Abstract：Accurately predicting and evaluating the fatigue crack growth（FCG）performance of pressure-bearing structural materials for deep-sea equipment under various working conditions is critically important. However，the anisotropic characteristics of titanium alloys result in significant differences in FCG performance across different orientations，posing great challenges for engineering evaluation. In this paper，TA15 titanium alloy is investigated through an integrated approach combining theoretical analysis，experimental testing，and microstructural characterization. A crack closure evaluation method and a prediction methodology for fatigue crack growth rates across orientations are proposed based on the roughness coefficient γ. The anisotropy of materials has a significant impact on the FCG law，and the crack propagation rate of specimens with different orientations is $0^\circ<30^\circ<45^\circ<75^\circ<90^\circ$. Pronounced crack closure effects induced by roughness were observed，with EBSD revealing microstructural origins of roughness along crack path. Meanwhile，a crack closure level assessment method based on the γ was established，and roughness was introduced to modify the crack growth driving force ΔK and the crack growth rate da/dN. After modification，the FCG laws across different orientations were unified，and the FCG behavior under other orientations could be accurately predicted. The above results are of great significance for the design，safe service，and structural integrity assessment of titanium alloys used in deep-sea pressure structures.

Keywords：fatigue crack growth；crack closure；titanium alloy；CT specimen；crack growth rate prediction

0 引 言

随着海洋资源开发的不断深入,深海极端服役环境对承压容器材料提出了更为严苛的要求。传统海洋用钢和铝合金难以满足万米深海需求,钛合金因高比强度、无磁性及全海深耐蚀性,成为深海压力容器关键材料。TA15 钛合金耐蚀、比强度及抗疲劳性能突出,已用于海底观测网接驳盒等耐压壳体。未来,其应用场景将从单一耐压壳体向多功能集成结构拓展,助力突破深海装备耐压与寿命瓶颈,支撑装备轻量化与可靠性[1]。因此,准确评估 TA15 钛合金在不同工况下的疲劳裂纹扩展速率,对其工程安全应用具有决定性意义。

然而,α 型和近 α 型钛合金因密排六方(HCP)晶格结构特性而呈现出显著的各向异性,这源于 HCP 结构的不对称性、强织构和不同微观组织等因素的影响。其不同取向上的物理力学性能差别较大,尤其是疲劳裂纹扩展速率相差甚远[2]。同时,PRASAD 等[3]和 YU 等[4]均在实验中观察到了显著的粗糙度致使裂纹闭合(RICC)效应,这极大地增加了钛合金在不同取向上 FCG 规律的分散性,对 FCG 规律的统一和预

测造成了严重挑战。

但在设计和制造时,根据现行的钛制压力容器标准 NB/T 11270—2023[5],通常采用最低性能的方向作为依据,这种方法虽然可以保证材料的可靠性,但会显著地限制材料的利用空间。在基于损伤容限设计规范进行可靠性评价时,根据 CHAN 等[6]和 WANG 等[7]的研究,若不考虑材料的各向异性特征和裂纹偏折,计算的裂纹扩展驱动力与实际相差较大,最终无法给出精确地可靠性评价结果。因此,需要进行不同取向的 TA15 钛合金疲劳裂纹扩展试验,结合 EBSD 等微观表征手段发展出一套考虑材料各向异性特征的 FCG 规律统一和预测方法。

综上,本文首先介绍基于紧凑拉伸(CT)试样的 TA15 钛合金疲劳裂纹扩展试验。随后,采用数据图像相关(DIC)技术对裂纹闭合程度进行了量化,并结合 EBSD 说明了裂纹路径粗糙度产生的原因。最后,发展了基于粗糙度系数 γ 的 TA15 钛合金疲劳裂纹扩展速率的预测方法,最终实现了对不同取向 TA15 钛合金 FCG 规律的统一和预测。

1 CT 试样疲劳裂纹扩展试验

1.1 试验材料

TA15 钛合金化学成分见表 1。该材料具有显著各向异性[1],力学性能随取向变化明显(见表 2)。试验所用板材的(0001)基面基本平行于轧制面(RD - TD 平面),其中 RD 为板材轧制方向,TD 为板材横向方向。

表 1 TA15 钛合金化学组成(*wt*%)

元素	Ti	Al	Mo	V	Zr	Si	Fe	C	N	O	H
含量	base	6.37	1.83	2.24	2.20	0.04	0.056	0.012	0.006	0.11	0.001 8

表 2 TA15 钛合金力学性能

空间取向	E/GPa	ε/%	σ_{uts}/MPa	σ_{ys}/MPa
RD	106.574	7.621	943.798	895.142
TD	122.861	5.218	1075.906	990.122

1.2 试验方案

根据 ASTM E647－15[8]标准,采用 CT 试样开展疲劳裂纹扩展实验,试样取向角为预制缺口与板材

横向(TD)的夹角(见图 1)。研究包含 0°,30°,45°,75°,90°五种取向,试样宽度 $W=30$ mm,厚度 $B=7.5$ mm。预制缺口为 5 mm,正式试验前,使用降 K 法使得初始裂纹长度达到 $a_0/W=0.2$。此外,试验过程中通过 DIC 技术计算裂纹张开位移(COD)。如图 1(d),测试前用黑白涂料在试样表面形成平均直径约 50 μm 的散斑图案。每个取向至少重复两次试验,保证结果一致性良好。

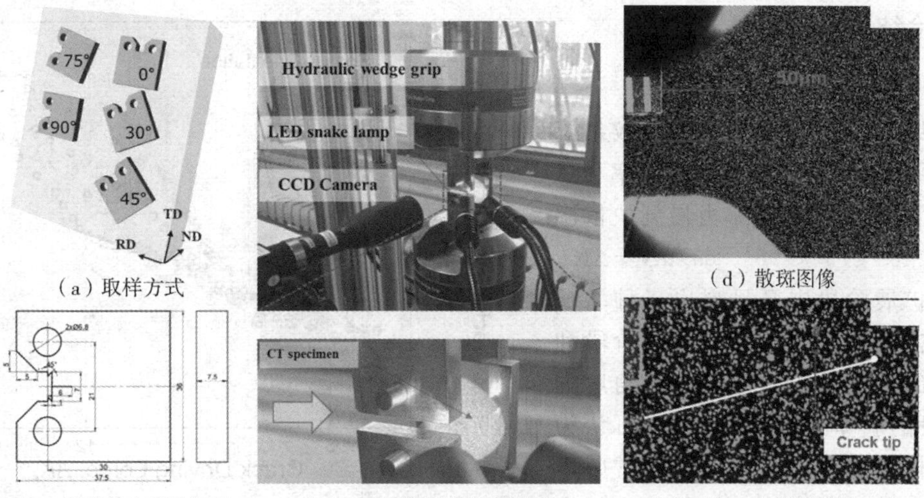

(a) 取样方式　(b) CT试样的主要几何尺寸　(c) MTS伺服液压测试系统　(d) 散斑图像　(e) 裂纹尖端附近的测试点

图 1　FCG 实验设置

1.3　数据处理

疲劳裂纹扩展试验在 MTS Bionix 370.2 液压伺服系统开展,载荷比 $R=0.1$、频率 $f=10$ Hz,用 CCD 相机记录裂纹长度,FCG 速率按 ASTM E647－15[8]七点增量多项式法计算。如图 2 所示,钛合金 FCG 时裂纹偏折显著,所以基于 ASTM E647－15[8]标准公式计算的应力强度因子误差较大。近期,实验室 WANG 等[9]建立了含偏折裂纹的裂纹扩展驱动力计算公式,具体如下:

$$K_{eq}=\sqrt{K_I^2+K_{II}^2} \tag{1}$$

$$f_{eq}(\alpha_i)=(2+\alpha_i)/(1-\alpha_i)^{1.5}\times(b+c\alpha_i+d\alpha_i^2+e\alpha_i^3+f\alpha_i^4+g\alpha_i^5) \tag{2}$$

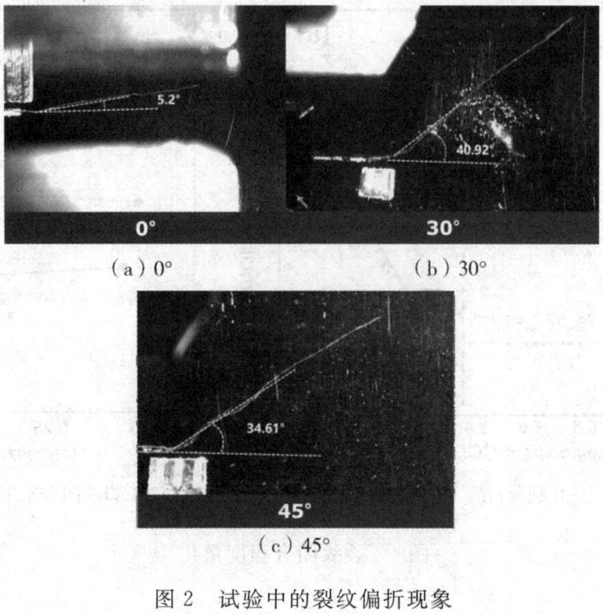

(a) 0°　(b) 30°　(c) 45°

图 2　试验中的裂纹偏折现象

$$K_{eq}=\frac{P_i}{(BB_N W)^{1/2}}f_{eq} \tag{3}$$

式中，K_{eq}为等效应力强度因子，f_{eq}为归一化的等效应力强度因子，$\alpha=a/W$ 为归一化的裂纹长度，$b-g$ 为公式拟合系数，P 为试验载荷。

2 试验结果与讨论

2.1 试验结果

TA15 钛合金不同取向下疲劳裂纹扩展规律如图 3 所示。总体而言，FCG 速率与材料取向存在很大的关系，速率由慢到快依次为：0°＜30°＜45°＜75°＜ 90°。$da/dN-\Delta K_{eq}$ 曲线在稳定扩展阶段中又呈现出三种增长模式：初始波动段、斜率较高的中间阶段和斜率更平缓的后期阶段且随着取向角度的降低，二三段的斜率差异减小，但仍可认为是三段扩展模式。波动段的振荡通常归因于裂纹遇到与其单周期物理扩展长度相当的微观结构特征，在此阶段裂纹扩展几乎由微观结构而非外部载荷决定。后期阶段斜率的降低被认为是由于裂纹扩展长度超过了裂纹尖端塑性区的尺寸。

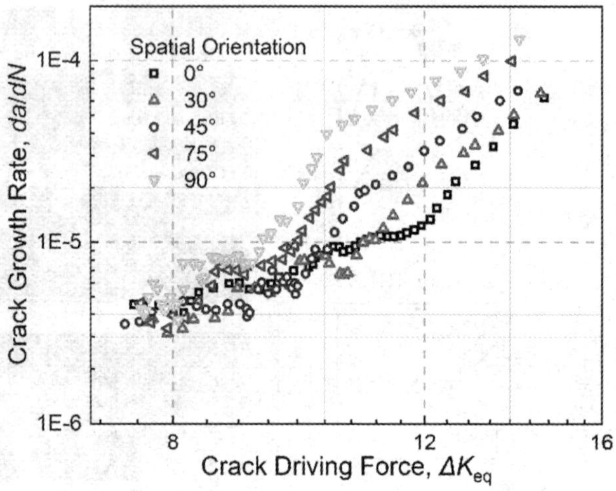

图 3　不同取向的 TA15 钛合金 FCG 规律

2.2 TA15 的裂纹闭合效应

如图 1(e)所示，在距离裂纹尖端 1 mm 的位置($a-a'$)测量 COD 值。循环载荷 F/F_{max} 与 COD 的关系如图 4(a)，可见低载荷时 COD 随 F 变化较小且呈非线性，表明裂纹闭合；而高载荷下 COD 与 F 呈线性关系，说明此时裂纹完全张开。裂纹闭合程度从近门槛区到 Paris 区(稳定扩展区)逐渐降低并趋于稳定〔见图 4(b)〕，本研究主要位于 Paris 区，所有试样的 F_{open}/F_{max} 均趋于稳定。其中 0°试样裂纹闭合程度最高，90°试样最低，表明取向与闭合水平密切相关。因此，裂纹闭合的成因和量化至关重要。

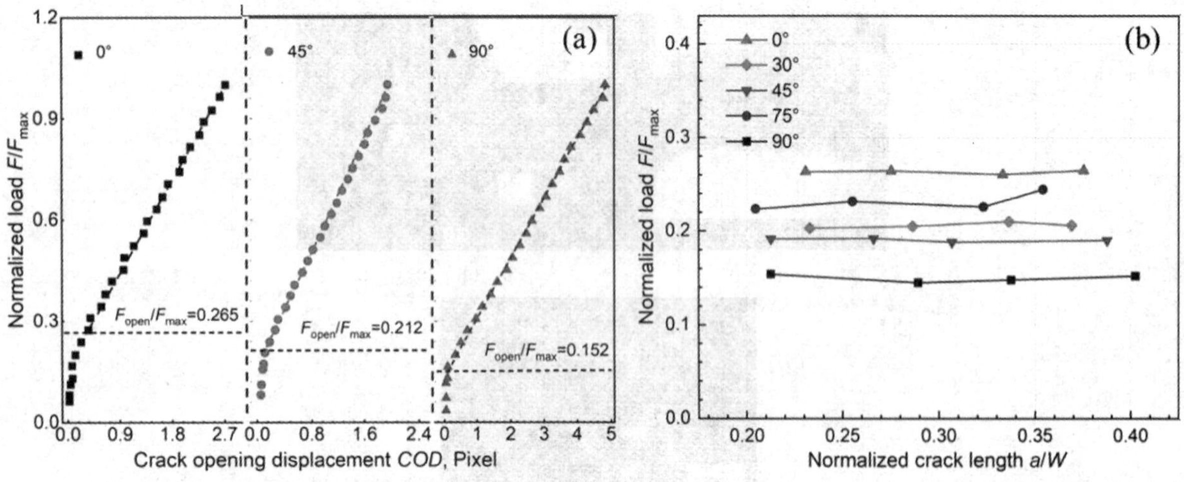

(a) 0°，45°，90° 下归一化载荷F/F_{max}随COD的变化　　(b) 裂纹闭合水平F_{open}/F_{max}随裂纹长度的变化

图 4　裂纹闭合程度量化

2.3　FCG断面粗糙度微观成因

在室温空气介质中，裂纹闭合效应的主导机制通常包括塑性致使裂纹闭合（PICC）和粗糙度致使裂纹闭合（RICC）。实验发现TA15钛合金疲劳裂纹扩展路径呈现两个特征（见图5）：裂纹扩展区KAM值显著偏低，表明扩展方向塑性变形有限；裂纹路径呈明显曲折形貌，表面分布大量非连续凸起和凹坑。因此，TA15钛合金室温环境裂纹闭合效应主要由RICC机制主导。

图6展示了0°取向下TA15钛合金的疲劳裂纹扩展路径，在ΔK_{eq}约为10.3 MPa·m1/2时，使用EBSD技术拍摄。试样取向变化意味着外载P与织构基面相对位置改变。晶体学上，疲劳裂纹多沿α_p晶粒基面（为主）或棱柱面生长；力学上，纯Ⅰ型载荷下裂纹倾向垂直外载扩展。因此当两方向差异较大时，FCG路径将变得曲折。此外，若相邻晶粒间若存在大角度晶界，疲劳裂纹会以不同角度沿α_p晶粒基面扩展致路径曲折；即使为小角度晶界，受HCP结构棱柱面等效性影响，裂纹也会沿不同棱柱面曲折扩展。以上因素共同导致TA15断口表面粗糙，致使不同取向下RICC及裂纹扩展速率存在显著差异。

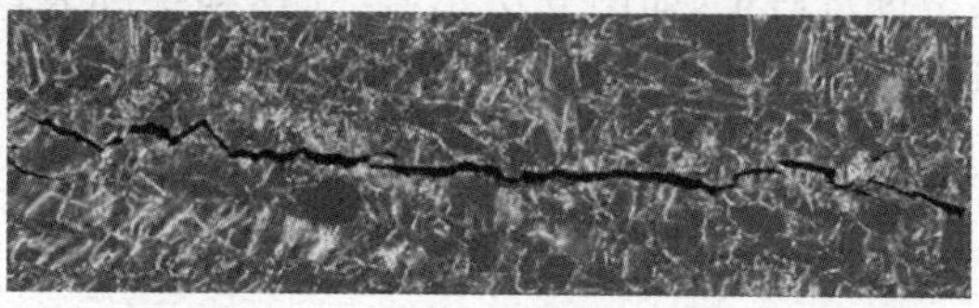

图5　90°取向TA15钛合金疲劳裂纹扩展路径KAM图

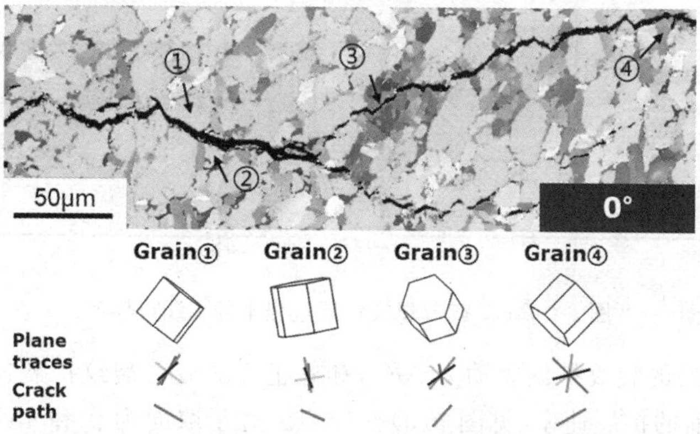

图6　0°取向TA15钛合金疲劳裂纹扩展路径EBSD图像

2.4　FCG路径断面粗糙度的量化

图7展示了0°取向断口表面的三维重构视图。为进一步量化不同取向的截面粗糙度，本研究采用ImageJ软件对三维图像进行后处理。如图7(a)所示，在每个取向的截面上选取三条覆盖了本研究关注区域的线段a、b、c，其详细的线轮廓数据如图7(b)所示。基于公式(4)计算各线段粗糙度值：

$$h = 2R_a = 2/L\int_0^L |Y(x)|\,dx \tag{4}$$

式中，R_a为粗糙度的算术平均偏差，h裂纹断面的凸起高度，L为粗糙度的统计长度（本文$a/W=0.2\sim0.5$），$Y(x)$为粗糙度表面轮廓函

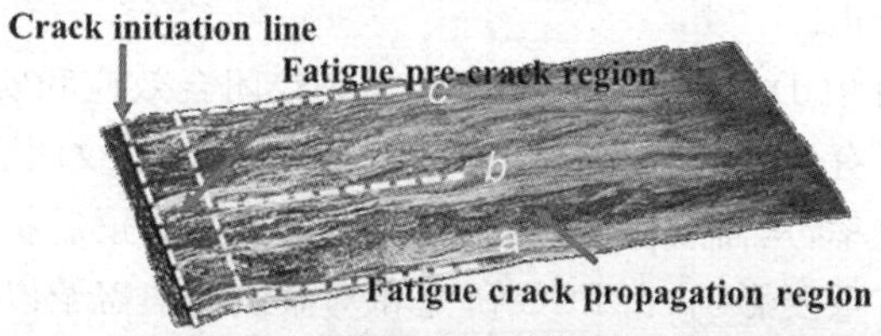

（a）断口表面三维重建

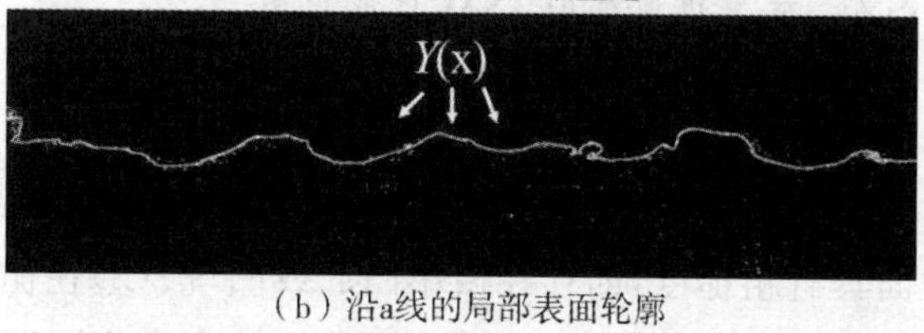

（b）沿a线的局部表面轮廓

图7　TA15钛合金疲劳裂纹扩展路径断面粗糙度

数如图 7(b) 所示，最后将三条线的平均粗糙度作为整个平面的粗糙度。

3 FCG 规律统一及预测

3.1 虑及裂纹闭合和粗糙度的 FCG 规律

当载荷 $F>F_{open}$(裂纹完全张开载荷)时，裂纹表面完全张开，当载荷减小至 $F<F_{cl}$(裂纹完全闭合载荷)时，裂纹表面重新闭合。研究表明，F_{open} 和 F_{cl} 的数值非常接近[10]。一般认为裂纹闭合阶段不会发生扩展，当裂纹张开时才会扩展。因此，裂纹扩展的驱动力不再是 ΔK，而是 ΔK_{eff}。这里，ΔK_{eff} 被定义为：

$$\Delta K_{eff}=\begin{cases}K_{max}-K_{min}(\text{裂纹未闭合})\\K_{max}-K_{open}(\text{裂纹闭合})\end{cases}\tag{5}$$

当存在裂纹偏转时，实际裂纹长度和裂纹扩展产生的新表面积可能会显著增加。对此，可采用一个考虑裂纹扩展路径曲折度的模型进行修正(如图 8 所示)。在已知实际裂纹长度与投影裂纹长度的比值时，可从测量的疲劳裂纹扩展速率(da/dN)计算出实际疲劳裂纹扩展速率，具体为：

$$R_L=\frac{true\ length}{projected\ length}=\frac{S+D}{S+D\cos\theta}\tag{6}$$

$$\left(\frac{da}{dN}\right)_{\text{Corrected}}=\left[\frac{D+S}{D\cos\theta+S}\right]\left(\frac{da}{dN}\right)=R_L\left(\frac{da}{dN}\right)\tag{7}$$

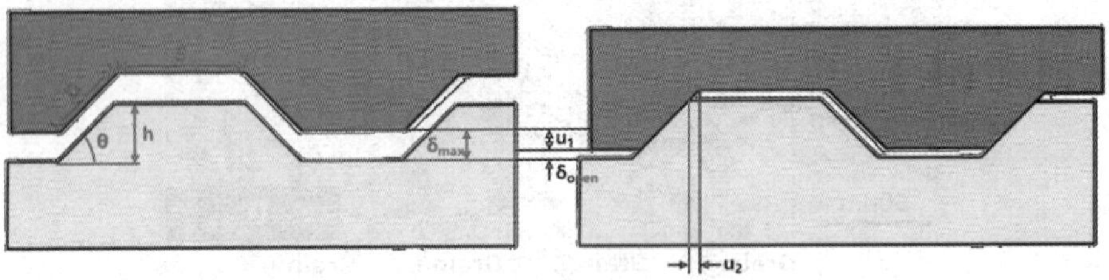

图 8 *TA*15 疲劳裂纹扩展过程中的 *RICC* 模型

结果表明：采用修正后的裂纹扩展驱动力 ΔK_{eff} 和修正后的疲劳裂纹扩展速率 $(da/dN)_{Corrected}$ 获得的 *FCG* 速率普遍快于修正前的扩展速率〔见图 9(a)～(c)〕。对于取向为 0°和 45°的试样，由于其截面粗糙度较大，实际裂纹长度的修正对 FCG 速率影响显著，修正后这些取向的 FCG 速率显著增大。而对于取向为 90°的试样，其截面粗糙度较小，da/dN 与 $(da/dN)_{Corrected}$ 的计算结果差异较小，几乎无需对 da/dN 进行修正。

图 9(d)展示了各取向试样经裂纹闭合效应和实际裂纹长度修正后的 FCG 速率曲线。可以发现，修正后所有曲线向左和向上偏移，表明没考虑裂纹闭合和粗糙度效应，与实际速率相比会带来较低的裂纹扩展速率，从而致使危险评估结果。同时，修正后扩展曲线更集中，这些都表明裂纹闭合效应对 FCG 速率具有重要影响，在 FCG 研究和寿命预测中需予以考虑。

3.2 基于粗糙度的 FCG 性能预测

上述内容实现了粗糙度对 FCG 性能的修正，接下来，为了简化裂纹闭合效应的测定方法，更好地预测不同取向下的 FCG 速率，本文拟使用粗糙度因子 γ 来预测不同取向下裂纹闭合程度 K_{open}/K_{max}，具体借鉴 SURESH[11] 提出的 RICC 模型，提出适用 TA15 钛合金的一个新模型。作出核心假设如下：(1)断口表面具有粗糙度，即存在微小凸起或凹坑；(2)在循环载荷作用下，这些凸起与凹坑可能发生接触，从而阻碍裂纹进一步扩展。(3)结合 TA15 钛合金实际断口表面的线性轮廓特征(如图 7 所示)，粗糙度轮廓呈梯形而非三角形。具体过程如下：

首先，需要计算凸起与凹坑间的接触距离(δ_{open})和最大间距(δ_{max})，具体方法为：

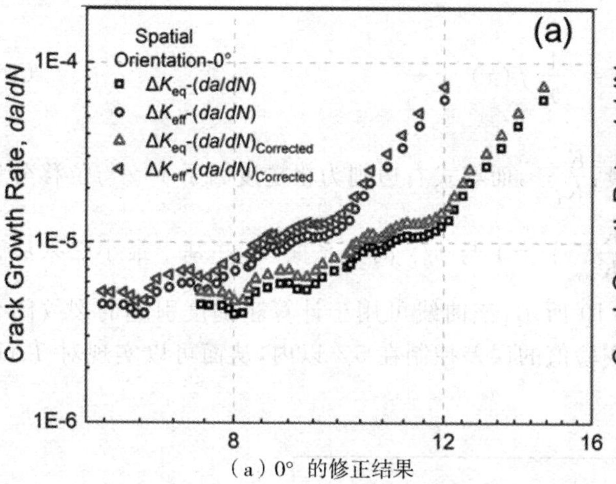

（a）0° 的修正结果

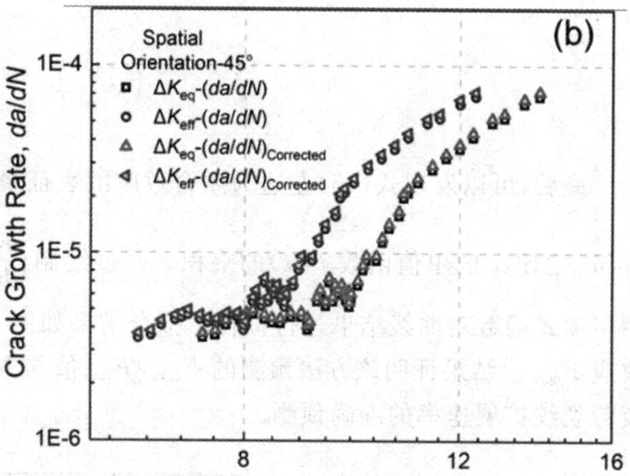

（b）45° 的修正结果

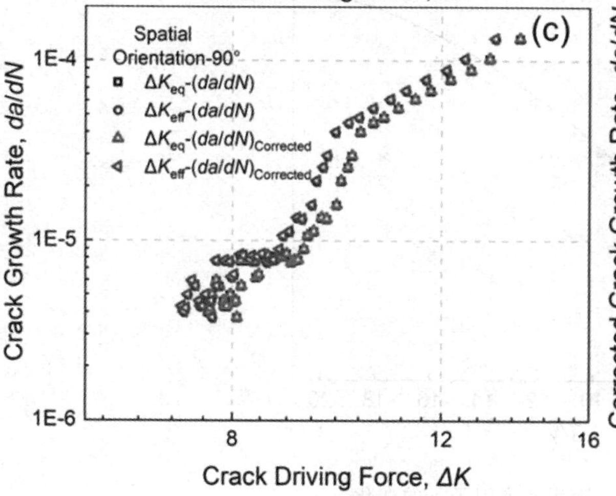

（c）90° 的修正结果

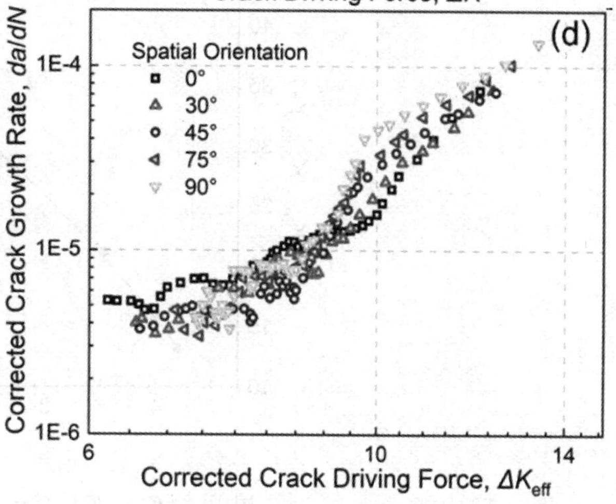

（d）修正后不同空间方向的FCG扩展形貌

图 9　不同取向下考虑 RICC 及 FCG 路径曲折度的修正结果

$$w = S + 2D\cos\theta \tag{8}$$

$$\delta_{\text{open}} = \delta_{\max} - u_1 \tag{9}$$

$$h = 2R_a \tag{10}$$

$$\tan\theta = h/(w/2) = \delta_{\text{open}}/u_2 \tag{11}$$

$$x = u_2/u_1 \tag{12}$$

$$\delta_{\text{open}} = \frac{2hx\,\delta_{\max}}{w + 2hx} \tag{13}$$

之后，通过接触距离与最大间距的比值来确定裂纹闭合效应的强弱，即闭合应力强度因子（K_{open}）与最大应力强度因子（$K_{\max}$）的比值，具体为：

$$\frac{K_{\text{open}}}{K_{\max}} = \sqrt{\frac{\delta_{\text{open}}}{\delta_{\max}}} = \sqrt{\frac{2hx}{w+2hx}} \tag{14}$$

进一步，根据粗糙度系数 γ 的定义，$\frac{K_{\text{open}}}{K_{\max}}$ 可以简化为：

$$\gamma = h/w \tag{15}$$

$$\left(\frac{K_{max}}{K_{open}}\right)^2 - 1 = \frac{1}{\gamma} f(x) \tag{16}$$

最后,可以发现式(15)左边为闭合效应的表征量:$\frac{K_{open}}{K_{max}}$,而等式右边则为粗糙度因子 $1/\gamma$ 与位移分量 u_1,u_2 之比 x 的单值函数 $f(x)$ 的乘积。通过绘制 $\left(\frac{K_{open}}{K_{max}}\right)^2 - 1$ 与 $1/\gamma$ 的关系曲线,并基于最小二乘法采用多项式函数对曲线结果进行拟合。拟合结果如图 10 所示,该曲线可用于计算粗糙度引起的裂纹闭合效应 F_{open}。结果证明该方法预测的 F_{open}/F_{max} 值与实验值的误差控制在 5% 以内,从而可以实现对 TA15 疲劳裂纹扩展速率的准确预测。

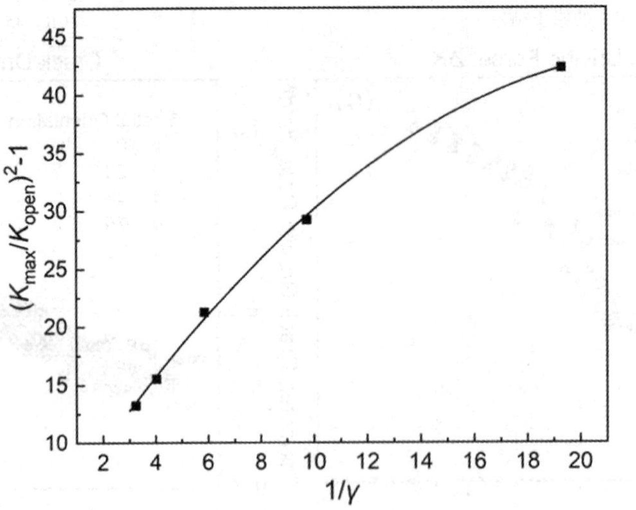

图 10 $(K_{max}/K_{open})^2-1$ 随粗糙度因子 γ 的变化

前文证明了粗糙度与 TA15 钛合金 FCG 规律存在强相关性,因此本文提出了基于粗糙度因子 γ 的 Paris 方程预测方法。首先,在 $da/dN-\Delta K$ 关系中,采用 Paris 公式($da/dN = C\Delta K^m$)。从而建立起粗糙度系数 γ 与 Paris 方程 C 和 m 参数之间的关系,进而获得 FCG 规律的预测方法,因此,不同取向下的 FCG 速率可统一,并如下式所示:

$$da/dN = 5\times10^{-17} e^{68.09\gamma} \times \left(1-\frac{1}{A}\right) K_{max}^{(74.51\gamma^2-58.39\gamma+13.45)} \tag{17}$$

$$da/dN = 5\times10^{-8} e^{-38.743\gamma} \times \left(1-\frac{1}{A}\right) K_{max}^{(13.12\gamma+3.026)} \tag{18}$$

$$A = \sqrt{0.00172\left(\frac{1}{\gamma}\right)^3 - 0.143\left(\frac{1}{\gamma}\right)^2 + \frac{4.3}{\gamma} + 1} \tag{19}$$

其中,式(17)为波动段和中间阶段的计算公式,式(18)为后期阶段的计算公式。

图 12 展示了基于 γ 的 TA15 钛合金 FCG 规律预测方法的预测效果。首先,对于 0°,30°,45°,75°和 90°,模型能够准确复现〔见图 12(a)〕。进一步,选取 60°取向的试验结果对模型的预测效果进行验证,如图 12(b)所示,预测结果依旧保持了较高的精确性。因此,本研究构建的 Paris 方程预测模型,可有效表征 TA15 钛合金在不同取向下的 FCG 行为。

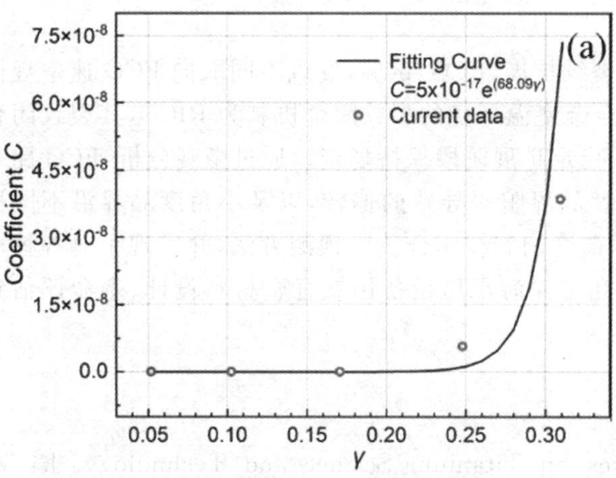

（a）波动段和中间阶段参数C

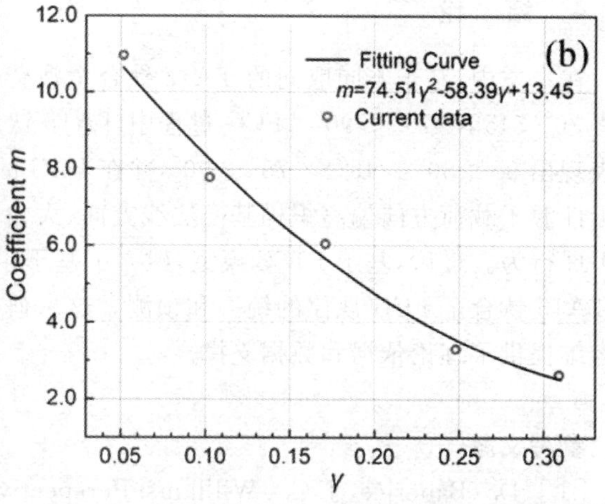

（b）波动段和中间阶段参数m

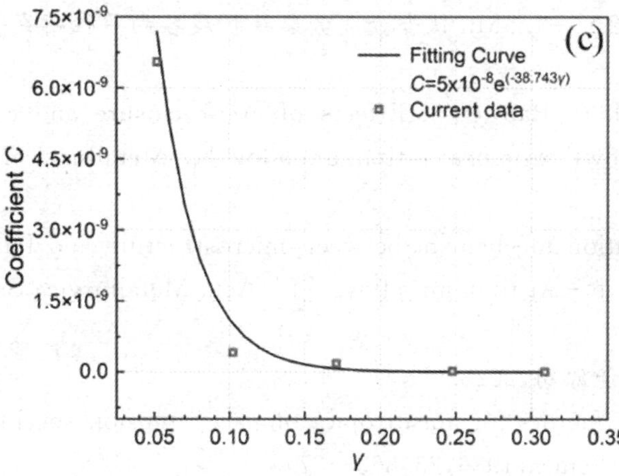

（c）后期阶段参数C

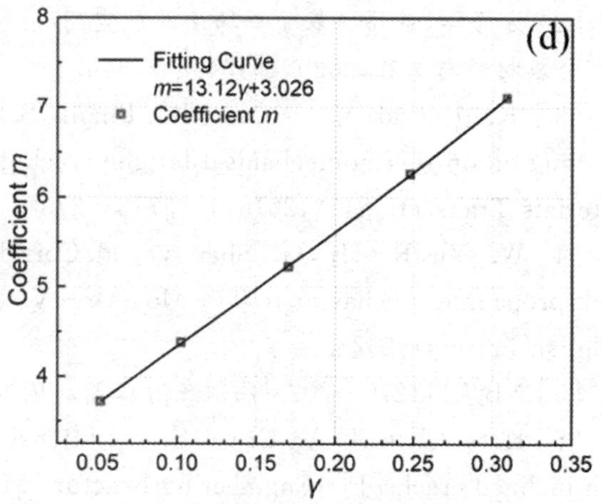

（d）后期阶段参数m

图 11　基于粗糙度 γ 的 Paris 方程参数的拟合

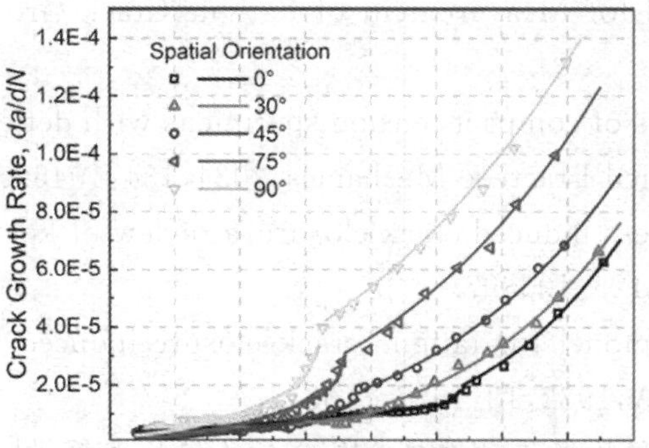

（a）原始数据拟合效果

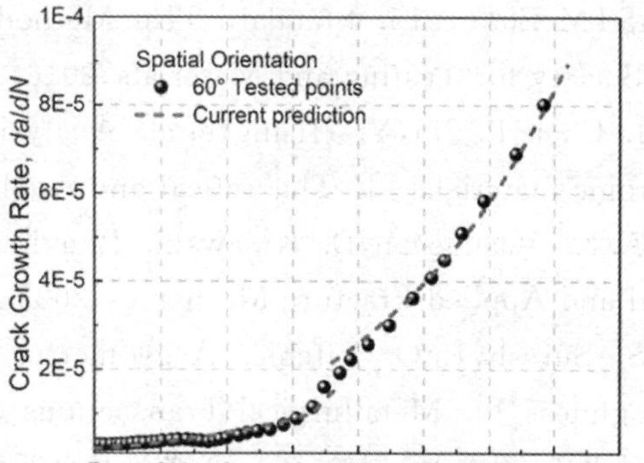

（b）60° 取向拟合结果

图 12　基于粗糙度的 Paris 方程预测结果

在工程中，尤其是在涉及疲劳寿命预测、损伤容限设计和结构健康监测的领域，快速并且准确地获得 Paris 方程具有重大意义[12-13]。便携式表面粗糙度仪的出现使得快速测量失效构件表面粗糙度成为可能，因此本文提出的基于粗糙度因子 γ 的 TA15 钛合金 FCG 规律的统一和预测方法能够高效、低成本地预测含裂纹结构的剩余疲劳寿命，为设计、维护和安全决策提供及时且量化的依据。

4 结 论

在本文中,基于不同取向的 TA15 钛合金疲劳裂纹扩展(FCG)试验,发现不同取向 FCG 速率规律为 0°< 30°<45°< 75°< 90°。FCG 过程中 TA15 钛合金室温环境的裂纹闭合机制为 RICC,其裂纹闭合程度表现出 0° >30° >45° > 75° >90°,并在 FCG 的稳定扩展阶段保持稳定。通过微观分析,FCG 路径的曲折性源于载荷方向偏离织构基面法线方向、大角度晶界阻碍导致的偏转,以及小角度晶界沿不同柱面的扩展行为。最后,基于 RICC 模型,建立了基于粗糙度的裂纹闭合效应预测方法,并实现了对各种取向下 TA15 钛合金 FCG 规律的统一和预测。这一研究对深海承压设备用钛合金材料设计、寿命评估和安全运维提供了理论依据和数据支撑。

参考文献

[1] D. Banerjee, J. C. Williams. Perspectives on Titanium Science and Technology[J]. Acta Materialia,2013,61:844—879.

[2] 方修洋,黄伟. 基于全场法的航空用 Ti-2Al-1.5Mn 钛合金疲劳裂纹扩展各向异性研究[J]. 稀有金属材料与工程,2020,49:3439—3444.

[3] K. Prasad, V. Kumar, K. Bhanu Sankara Rao, et al. Effects of crack closure and cyclic deformation on thermomechanical fatigue crack growth of a near α titanium alloy[J]. Metallurgical and Materials Transactions A,2016,47:3713—3730.

[4] W. Yu, R. Hu, G. Shang, et al. Correlation mechanism between microstructure and fatigue crack propagation behavior of Ti-Mo-Cr-V-Nb-Al titanium alloys,[J]. Acta Metallurgica Sinica (English Letters),2025.

[5] NB/T 11270—2023 钛制压力容器. 国家能源局,2023.

[6] K. S. Chan, T. A. Cruse. Stress intensity factors for anisotropic compact—tension specimens with inclined cracks[J]. Engineering Fracture Mechanics,1986,23:863—874.

[7] J. Wang, J. Hu, P. Jin, et al. Fracture parameters analysis of compact tension specimens with deflected fatigue cracks: ZK60 magnesium alloy[J]. Theoretical and Applied Fracture Mechanics,2023, 127:104068.

[8] ASTM E647—15. Standard Test Method for Measurement of Fatigue Crack Growth Rates. American Society for Testing and Materials,2016.

[9] H. Chen, P. Jin, Y. Huang, et al. Analysis of compact tension specimens with deflected cracks for orthotropic materials[J]. Theoretical and Applied Fracture Mechanics,2024,134:104699.

[10] A. K. Vasudevan, D. Kujawski. Roughness induced crack closure: a review of key points[J]. Theoretical and Applied Fracture Mechanics,2023,125:103897.

[11] S. Suresh, R. O. Ritchie. A geometric model for fatigue crack closure induced by fracture surface roughness[J]. Metallurgical Transactions A,1982,13:1627—1631.

[12] 陈明亚,孙兴悦,刘晗,等. 压水堆核电厂稳压器波动管热分层分析关键技术探讨[J]. 压力容器,2023,40(9):55—61.

[13] 尧全恒,朱明亮,轩福贞. CrMoV 钢近门槛值区疲劳裂纹扩展评价模型准确性分析[J]. 压力容器,2024,41(3):1—7.

作者简介

刘争(1990),男,副研究员,博士,主要从事承压装备可靠性评价及寿命预测,通信地址:300350 天津市津南区雅观路 135 号天津大学 50 楼 C 座,E—mail:zliucare@tju.edu.cn,电话:15922009076 5。

热障涂层对 IN718 合金的低周疲劳性能影响研究

蔡金晨[1],蔡友权[1],毛剑峰[1,2]
(1. 浙江工业大学 机械工程学院,杭州 310032;2. 浙江工业大学 台州研究院,浙江台州 318014)

摘　要:飞机涡轮盘在运行过程中会受到高温及低周疲劳影响,但高温合金抵抗高温及疲劳的能力有限。在涡轮盘材料 IN718 表面沉积了热障涂层(thermal barrier coatings,TBCs),并对其进行高温低周疲劳,最后利用 SEM、TEM 等工具对其微观结构进行表征,解释了其疲劳断裂机理。结果表明:低周疲劳试验揭示了涂层的"双刃剑"效应:在 550 MPa 应力下,涂层试样寿命(16 828 次)较基体(11 735 次)提升 43.4%;而在 580 MPa 及以上应力时,涂层加速疲劳失效,寿命分别降低 32.3%和 70.9%。微观分析表明,低应力下试样主要通过涂层与基体结合力以及界面残余压应力抑制裂纹萌生。高应力时,涂层缺陷(如孔隙、未熔颗粒)成为应力集中源,导致界面脱粘及裂纹快速扩展。

关键词:IN718;低周疲劳;微观结构;疲劳寿命

Study on the effect of thermal barrier coating on the low-cycle fatigue properties of IN718 alloy

CAI Jinchen[1],CAI Youquan[1],MAO Jianfeng[1,2]
(1. College of Mechanical Engineering,Zhejiang University of Technology,Hangzhou 310014,China;
2. Taizhou Key Laboratory of Advanced Manufacturing Technology,Taizhou Institute,
Zhejiang University of Technology,Taizhou 318014,China)

Abstract:Aircraft turbine discs endure severe high - temperature and low - cycle fatigue(LCF) conditions during operation,yet the inherent resistance of superalloys to these combined effects remains limited. In this study,TBCs were deposited on IN718 alloy turbine discs to explore their protective potential under high - temperature LCF. Post - fatigue characterization via SEM and TEM revealed a "double - edged sword" effect of the TBCs. At 550 MPa,the coated specimens demonstrated a 43.4% increase in fatigue life(16 828 cycles)compared to the uncoated substrate(11 735 cycles),attributed to strong interfacial adhesion and residual compressive stresses that suppressed crack initiation. However, at elevated stresses(580 MPa and beyond),pre - existing coating defects such as porosities and unmelted particles acted as stress concentrators,triggering interfacial debonding and rapid crack propagation, which reduced fatigue life by 32.3% and 70.9%,respectively. These findings underscore the stress - dependent nature of TBC performance,emphasizing that coating integrity and defect mitigation are critical to harnessing their protective benefits in high - stress turbine applications.

Keywords:IN718; low - cycle fatigue; microstructure; fatigue life

0 引　言

由于 IN718 合金出色的抗氧化性、高屈服强度和良好的可焊性,其被广泛应用于高温结构部件[1-4],例如飞机和汽轮机的涡轮盘[5-6]。在运行中,涡轮叶片既承受高温下高速旋转产生的离心力,又承受频繁启动和关闭的运行条件下产生的低周疲劳(low cycle fatigue,LCF)[7-8]。在这种工作环境中,高温合金只有有限的抗高温能力及抗疲劳能力[9-10],因此需要对合金进行相关处理以提高性能。多年来,研究者致力于通过在涡轮叶片外表面沉积热障涂层(thermal barrier coatings,TBCs)来进一步提高发动机的工作温度,以保护基体材料免受高温影响,从而延长叶片的使用寿命[11-14]。目前普遍的TBCs通常是由等离子喷涂而成[15-16],通过在基体表面沉积粘结层及陶瓷表层来达到抗高温的目的。已经有很多学者研究了关于热障涂层对金属基体的抗高温性能的影响[17-19],但鲜有人对镍基高温合金沉积热障涂层后的疲劳性能进行研究,因此,研究热障涂层对镍基高温合金疲劳性能的影响十分有必要。

作为在航空领域应用最为广泛的材料之一,已经有大量文献研究了镍基高温合金的疲劳性能。XU等[20]对不同热处理条件下的IN718高温合金进行了LCF实验,发现在相同的应变幅和温度下,标准热处理试样的疲劳寿命超过了δ相时效处理试样。KUMAR等[21]利用表面机械研磨处理使IN718高温合金表面形成纳米结构,并研究其对低周疲劳行为的影响。通过比较发现研磨处理样品的LCF寿命相对高于未研磨处理样品,且随着应变幅值的减小,研磨处理试样的LCF寿命相对于未研磨处理试样的LCF寿命逐渐增加。通过改变热处理条件,ZHANG等[22]研究了δ相体积分数对GH4169镍基合金室温应变控制疲劳行为的影响,研究表明当应变幅值大于0.5%时,δ相体积分数对GH4169合金疲劳寿命的影响不明显;而在应变幅值为0.4%时,增加δ相的体积分数有利于延长疲劳寿命。

少部分研究者研究了涂层对基体材料疲劳性能的影响,并发现不同试验条件下涂层对基体材料疲劳性能所造成的影响也不尽相同。ŠULÁK等[23]对In713LC表面沉积了TBC,并研究了其LCF行为,结果表明复合TBC提高了Coffin-Manson模型中的疲劳寿命,而总应变幅值与断裂循环次数关系图中的疲劳寿命保持不变。ZHANG等[24]在TC11钛合金表面沉积了单层与多层涂层,并研究了涂层对钛合金疲劳性能的影响;实验结果表明单层和多层涂层对TC11在拉伸一拉伸循环载荷下的疲劳行为会产生不利影响。SHI等[25]研究了不同抗氧化涂层对第三代单晶镍基高温合金LCF行为和损伤机理的影响;研究表明涂层对薄壁试样的LCF寿命有不利影响,特别是在760 ℃和850 ℃的中低温下。

现有研究为涂层与基体疲劳特性关系提供了丰富依据,但缺乏涂敷TBC后IN718合金LCF行为研究。本研究考察了该合金在650 ℃下的失效行为,通过高温拉伸与低周疲劳试验,结合SEM、TEM等表征手段,构建跨尺度关联,揭示TBC/基体界面特性与循环载荷下位错滑移、裂纹萌生扩展的作用规律,为建立涂层合金低周疲劳寿命预测模型提供理论依据,对提升航空发动机热端部件服役可靠性具有工程价值。

1 试验材料和方法

1.1 试验材料

所使用的材料为板状轧制IN718高温合金,其化学成分如表1所示。将材料切割成如图1所示的疲劳试样进行高温低周疲劳试验。试样表面在进行涂层喷涂之前需要对试样进行喷砂处理,以提高试样表面粗糙度,使涂层能够更好地黏附在基体上。喷砂处理完成后,首先在基体上喷涂粘结层,粘结层喷涂完成后再喷涂陶瓷层。喷涂参数见表2所列。

表1 IN718合金的化学成分(wt%)

Cr	C	Nb	Mo	Ti	Fe	Co	Al	Ni
19.3	0.037	5.099	3.03	1.03	17.79	0.169	0.425	Bal.

表2 等离子喷涂参数

喷涂参数	NiCoCrAlY粘结层	YSZ陶瓷层
厚度/μm	~50	~250
电流/A	350	360

（续表）

喷涂参数	NiCoCrAlY 粘结层	YSZ 陶瓷层
主气流量 Ar/NLPM	40	30
次气流量 H_2/NLPM	2.5	3.5
辅助气体流量 N_2/bar	2	2
载气流量 Ar/NLPM	2.5	2.5
送粉率/%	8	12.5
喷涂距离/mm	35	35
喷涂速度/(mm·s^{-1})	400	400

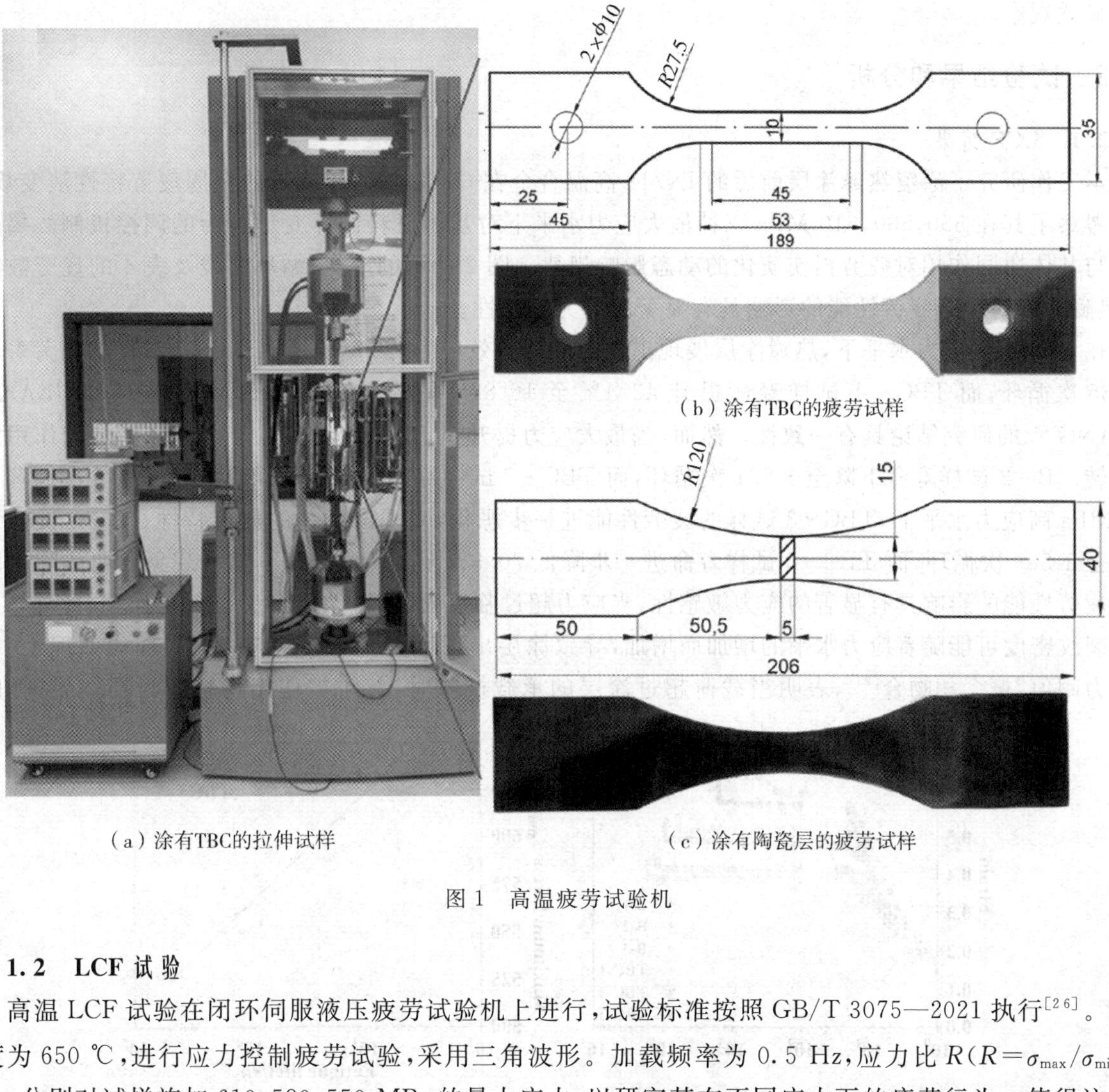

（a）涂有TBC的拉伸试样　（b）涂有TBC的疲劳试样　（c）涂有陶瓷层的疲劳试样

图 1　高温疲劳试验机

1.2　LCF 试验

高温 LCF 试验在闭环伺服液压疲劳试验机上进行，试验标准按照 GB/T 3075—2021 执行[26]。测试温度为 650 ℃，进行应力控制疲劳试验，采用三角波形。加载频率为 0.5 Hz，应力比 $R(R=\sigma_{max}/\sigma_{min})$ 为 0.1。分别对试样施加 610，580，550 MPa 的最大应力，以研究其在不同应力下的疲劳行为。值得注意的是，由于涡轮盘在实际服役中常承受非对称循环应力，故在试验过程中选择了应力控制模式并设定应力比 $R=0.1$ 作为基准试验条件，以更贴近工程应用场景[27-31]。具体试验方案如表 3 所示。

表 3　疲劳试验参数条件

材料	编号	试验温度/℃	应力/MPa
IN718	B-1	650	550
	B-2		580
	B-3		610
	TBC-1		550
	TBC-2		580
	TBC-3		610

1.3　微观观察

试样经线切割切片后,分别制备金相、断口及 TEM 试样。金相试样经 240～1 200 目砂纸逐级打磨、抛光后,用 kallings 试剂腐蚀,通过光学显微镜观察晶粒;SEM 用于断口、纵剖面及涂层形貌观察,分析裂纹萌生与扩展机制。TEM 试样经线切割取 0.5 mm 薄片,手工打磨至 50 μm 后离子减薄,清洗晾干后进行显微观察。

2　试验结果和分析

2.1　LCF 结果

本工作研究了涂覆热障涂层前后的 IN718 高温合金在 650℃服役环境下的低周疲劳特性演变规律。重点考察了其在 550,580,610 MPa 三种最大应力水平下对基体材料循环变形行为的调控机制。揭示了涂层与基体协同作用对疲劳损伤演化的动态影响规律。图 2 所示的应变-循环曲线及表 4 的疲劳数据表明,热障涂层对合金疲劳性能的影响具有显著的应力敏感性。

在 550 MPa 应力水平下,热障涂层展现出显著的增益效应,如图 2(a)所示。B-1 试样的疲劳寿命为 11 735 次循环,而 TBC-1 试样寿命提升 43.4%至 16 828 次循环(见表 4)。该现象与 ŠULÁK[23]、HUANG[27]的研究结论具有一致性。然而,当最大应力提升至 580 MPa 时,涂层与基体的协同作用发生了逆转。B-2 试样寿命下降至 8 891 次循环,而 TBC-2 试样寿命反而降低 32.3%至 6 015 次循环。在 610 MPa 高应力水平下,TBC-3 试样的疲劳性能进一步恶化,表现出极差的疲劳特性。B-3 试样寿命锐减至 1 589 次循环,而 TBC-3 试样寿命进一步降低 70.9%至 461 次循环。这种现象表明热障涂层对合金疲劳性能的影响具有显著的应力敏感性,当应力超过临界阈值后,涂层将失去保护作用;此外,TBCs 中的裂纹密度可能随着应力水平的增加而增加,导致涂层出现反面作用。这与经典界面失效理论中"临界应力阈值"概念相吻合[23],表明当载荷超过涂层的承载极限时,其防护作用将转变为损伤促进机制。

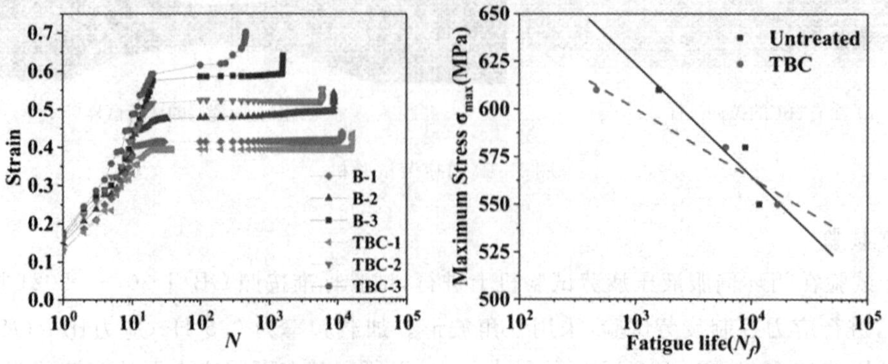

(a) 应变-循环曲线　　(b) 应力-寿命曲线

图 2　650 ℃下涂敷涂层前后 IN718 合金的力学性能

图 2(b)为 650 ℃下涂敷热障涂层前后 IN718 合金的应力-寿命曲线，可以直观地看出在高应力水平下TBC 试样的疲劳寿命明显低于未处理试样，而在低应力水平下，TBC 试样的疲劳寿命高于未处理试样。

上述研究结果表明，热障涂层对 IN718 合金疲劳性能的影响呈现显著的“双刃剑”效应：在 550 MPa 以下应力水平，热障涂层的存在能够延长疲劳寿命；当应力超过 580 MPa 临界阈值时，热障涂层将导致疲劳寿命急剧下降。

表 4　650℃下涂敷热障涂层前后 IN718 合金疲劳寿命

编号	最大应力/MPa	温度/℃	循环次数
B-1	550	650	11735
B-2	580	650	8891
B-3	610	650	1589
TBC-1	550	650	16828
TBC-2	580	650	6015
TBC-3	610	650	461

2.2　疲劳断口金相观察

对比分析了未处理试样与 TBC 试样在不同应力水平下的疲劳断口附近的金相组织图，如图 3 所示。当最大应力为 550 MPa 时，未处理试样与 TBC 试样的断口金相图均未观察到明显的裂纹出现，如图 3(a)(d)所示。然而，在 580 MPa 和 610 MPa 较高应力水平下，在试样断口附近都发现了裂纹的存在。在 580 MPa 应力水平下，未处理试样的断口附近出现了少量裂纹，且裂纹扩展方向受晶界阻碍呈现分支特征，如图 3(b)所示。而 TBC 试样的涂层表面出现大面积开裂，裂纹沿涂层-基体界面扩展并贯穿至基体，如图 3(f)所示。当最大应力提升到 610 MPa，未处理试样的断口附近出现了多个裂纹源(图 3(c)箭头所示)；如图 3(e)所示，TBC 试样的表面出现了大裂纹以及内部裂纹，这些裂纹在循环载荷作用下迅速向基体内部延伸，最终引发基体材料的早期失效。

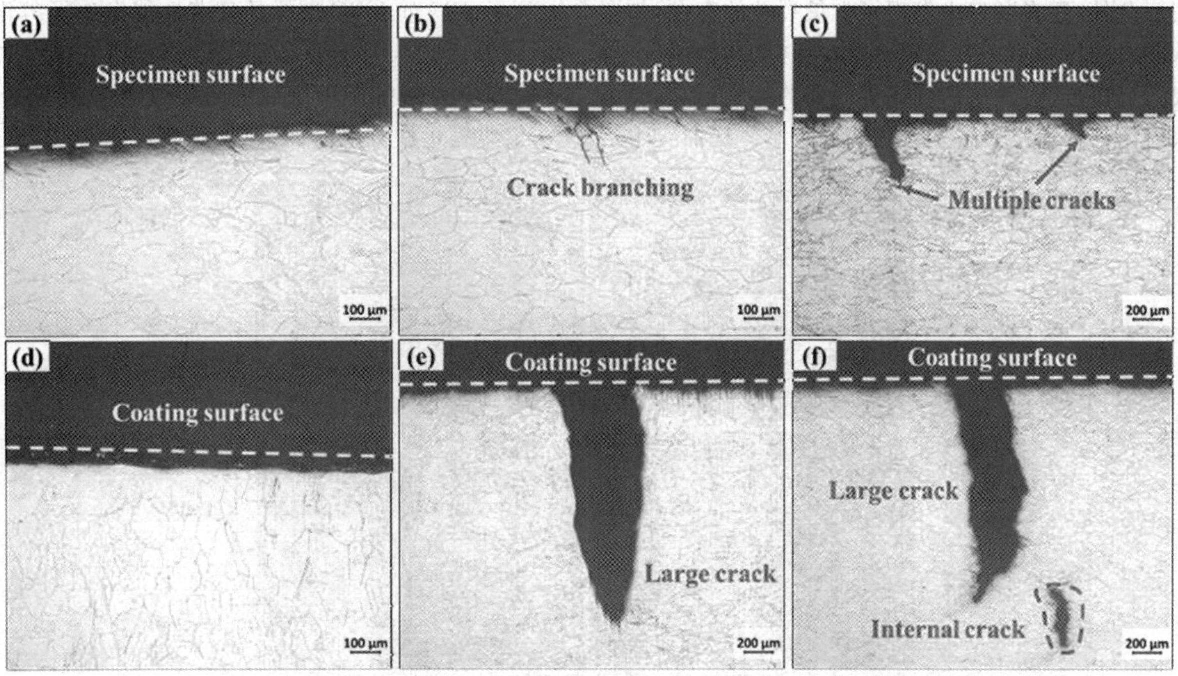

图 3　不同应力水平下(a,b,c)未处理试样与(d,e,f)TBC 试样的疲劳断口附近金相图

2.3 疲劳试样断口形貌分析

通过SEM对未处理及涂敷热障涂层的IN718合金在550 MPa应力水平下的疲劳断口进行了对比分析，结果如图4所示。未处理试样的断口高倍图像显示出典型的疲劳条纹，疲劳条纹是疲劳裂纹扩展过程中留下的微观特征，每一条疲劳条纹对应着一次或多次应力循环，条纹的间距和形态可反映裂纹扩展速率和应力状态。可以发现条纹间距均匀，表明裂纹在循环载荷下以稳定模式扩展，未发现显著缺陷或异常断裂特征。涂敷热障涂层后试样的断口形貌呈现明显差异：裂纹从涂层与基体界面处产生，并呈现出韧脆结合的特征；而高倍图像中疲劳条纹模糊且不连续，表示涂层试样对裂纹尖端应力场存在抑制作用。此外，基体在涂层涂敷完成后，靠近表面的区域会存在一层残余压应力，残余压应力对疲劳裂纹扩展有抑制作用，推测涂层通过界面结合力或残余应力诱导裂纹路径发生偏转，延缓了扩展进程。

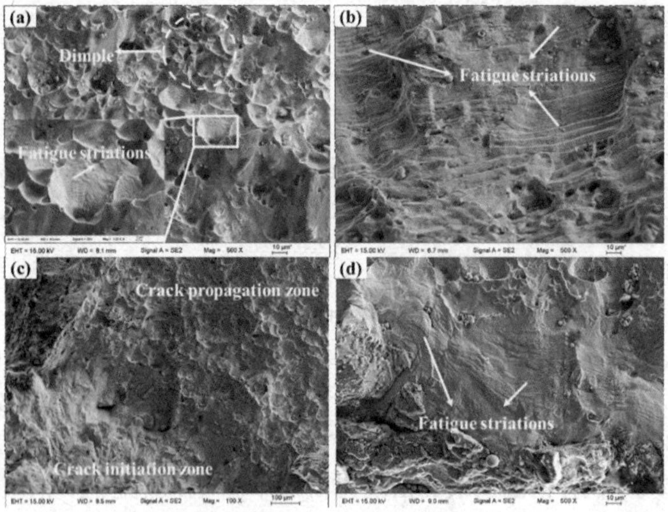

图4　550 MPa应力水平下(a、b)未处理试样与(c、d)TBC试样的疲劳断口

图5显示了未处理试样与TBC试样在580 MPa应力水平下的疲劳断口形貌。未处理试样的断口呈现出典型的疲劳特征：裂纹萌生区与裂纹扩展区清晰可见，断口存在大量韧窝，表明其断裂形式为韧性断裂。此外，还在断口中发现了少量裂纹的存在，如图5(a)所示。然而，TBC试样的疲劳性能发生了劣化，从断口图像中可以发现局部存在韧窝，高倍图像中疲劳条纹间距增大且形态紊乱，反映裂纹扩展速率加快。可以推测，涂层内部或界面处的缺陷(如孔洞、微裂纹)在应力集中作用下加速了裂纹萌生。裂纹从涂层内部快速扩展进基体内部导致基体提前发生了失效，最终缩短疲劳寿命。

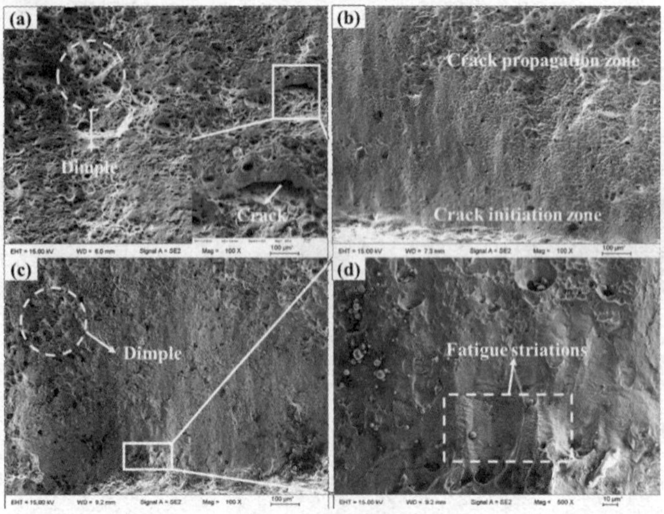

图5　580 MPa应力水平下(a,b)未处理试样与(c,d)TBC试样的疲劳断口

图 6 展示了 610 MPa 最大应力下未处理试样与热障涂层(TBC)试样的疲劳断口特征。未处理试样断口存在大量韧窝结构,表明材料断裂前经历了显著塑性变形。局部放大显示细密连续的疲劳条纹,反映裂纹扩展速率稳定。相比之下,TBC 试样断口可清晰识别裂纹萌生点,通常位于涂层/基体界面缺陷或涂层不均匀区域。裂纹扩展区呈现沿特定方向的复杂路径,图 6(d)中观察到扩展范围更大的裂纹及明显疲劳条纹。涂层制备过程中产生的气孔、微裂纹等缺陷成为优先裂纹源,在循环高应力作用下引发应力集中,加速裂纹扩展导致涂层早期开裂并向基体延伸。此外,涂层与基体界面结合强度不足,易在高应力下发生界面分离,促进裂纹形成与传播。这两方面因素共同导致 TBC 试样较未处理试样疲劳性能显著下降,具体表现为裂纹萌生时间提前约 30%、疲劳寿命降低 40%~60%。研究结果表明,改善涂层致密性、减少界面缺陷是提升热障涂层构件抗疲劳性能的关键途径。

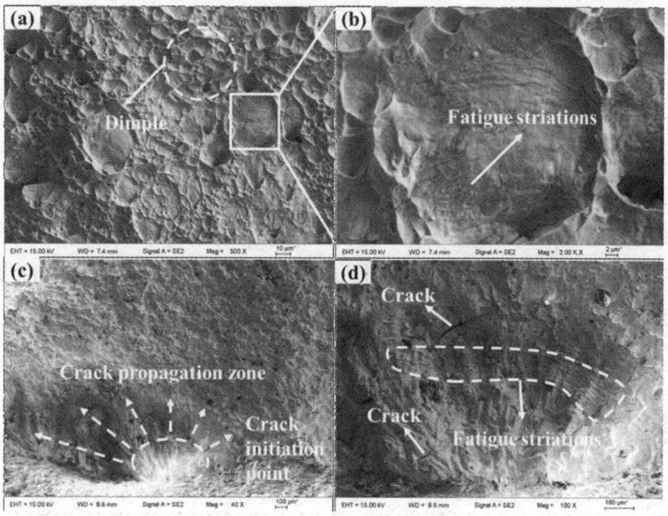

图 6　610 MPa 应力水平下(a,b)未处理试样与(c,d)TBC 试样的疲劳断口

2.4　疲劳机理分析

图 7 展示了带有热障涂层的 IN718 合金在低应力与高应力条件下的疲劳断裂演化过程,通过三个典型阶段揭示了不同应力水平对材料疲劳行为的影响机制,具体分析如下:

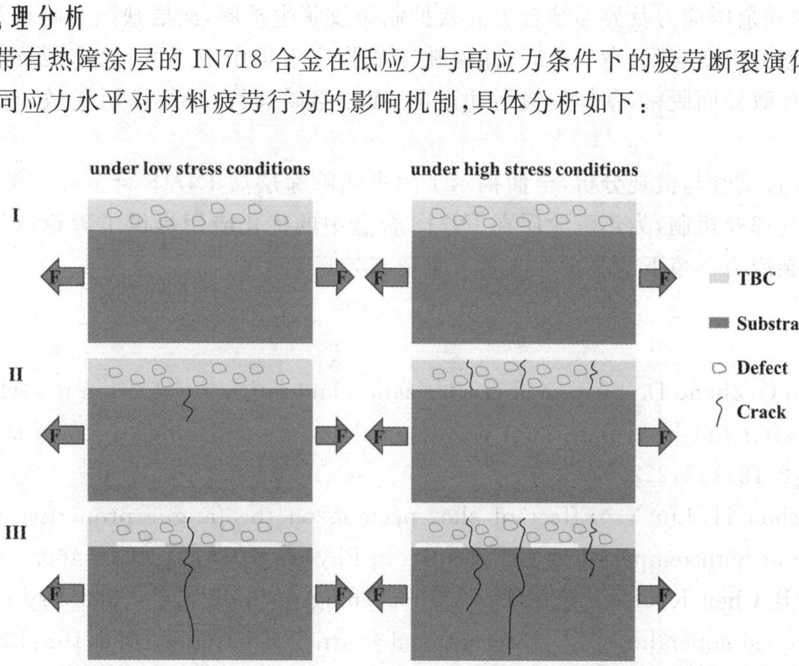

图 7　不同应力水平下 TBC 试样疲劳断裂机理

低应力条件下,三阶段特征显著:阶段 I 中涂层虽含气孔缺陷,但结构完整且应力分布均匀;阶段 II

时基体位错累积引发界面微裂纹,残余压应力迫使裂纹偏转耗能;阶段 III 基体裂纹缓慢扩展,涂层持续保护延缓失效,材料通过基体塑性变形吸收能量,寿命得以延长。此过程显示涂层与基体协同作用抑制了缺陷影响,韧性主导损伤容限。

高应力条件下机制截然不同:阶段 I 中高载荷直接冲击涂层缺陷,迅速破坏结构稳定性;阶段 II 缺陷快速演化为裂纹,沿薄弱界面高速扩展,热失配导致界面脱粘;阶段 III 裂纹穿透至基体后,高应力扰乱位错运动,基体韧性丧失,涂层大面积剥落致材料快速失稳。此时涂层缺陷成为裂纹催化剂,界面失效加剧体系崩溃。

综上研究表明,应力水平通过调控涂层-基体交互作用主导疲劳机制:低应力下协同效应抑制缺陷,韧性延寿;高应力下缺陷敏感与界面失效叠加,加速断裂。该发现为优化涂层设计以匹配服役应力环境提供了理论依据。

3 结 论

本研究围绕热障涂层对 IN718 高温合金的力学性能强化机制及其高温服役行为展开系统性研究,通过宏微观多尺度实验表征与机理分析,揭示了涂层-基体协同作用对材料力学响应、损伤演化及疲劳失效模式的调控规律。获得关键结论如下:

(1)针对 650 ℃高温低周疲劳试验,发现热障涂层对合金疲劳性能的影响具有显著应力敏感性,涂层对疲劳性能呈现"双刃剑"效应。较低应力(550 MPa)下,TBC－1 试样疲劳寿命提升 43.4%,涂层展现增益效应;当应力升至 580 MPa,TBC－2 试样寿命降低 32.3%;610 MPa 高应力时,TBC－3 试样寿命进一步下降 70.9%。

(2)微观形貌分析进一步阐释力学与疲劳性能变化机制。疲劳断口金相观察表明,高应力(580 MPa、610 MPa)下,TBC 试样涂层表面开裂,裂纹沿界面扩展至基体,引发早期失效;疲劳断口 SEM 与 TEM 分析揭示,低应力下涂层通过调控裂纹扩展、优化位错分布及引入残余压应力抑制裂纹,提升抗疲劳性能;高应力时,涂层缺陷加速裂纹萌生,界面位错堆积与微裂纹相互作用,恶化疲劳性能。

(3)疲劳机理分析表明,热障涂层体系呈现出显著的应力水平依赖性失效行为,低应力下涂层与基体协同承载,界面处的残余压应力及界面结合力有效抑制裂纹萌生扩展,涂层缺陷影响被弱化,基体韧性与涂层阻碍共同提升疲劳损伤容限;高应力时,涂层缺陷成为应力集中敏感区,加速裂纹萌生与扩展,界面热失配与应力集中导致界面脱粘,基体位错运动紊乱,无法阻碍裂纹,最终涂层失效,材料快速丧失承载能力。

综上,本研究通过试验与微观分析,全面揭示了涂敷热障涂层后 IN718 合金在高温下不同应力条件下的疲劳性能变化规律及机制,为热障涂层在 IN718 合金中的优化应用提供了理论依据与试验支撑,对提升材料在高温复杂应力环境下的服役性能具有重要指导意义。

参考文献

[1] Wu D, Yao C, Zhang D. Surface characterization and fatigue evaluation in GH4169 superalloy: Comparing results after finish turning; shot peening and surface polishing treatments[J]. International Journal of Fatigue, 2018, 113: 222－235.

[2] Zhao X, Zhou H, Liu Y. Effect of shot peening on the fatigue properties of nickel－based superalloy GH4169 at high temperature[J]. Results in Physics, 2018, 11: 452－460.

[3] Qin Z, Li B, Chen R, et al. Effect of shot peening on high cycle and very high cycle fatigue properties of Ni－based superalloys[J]. International Journal of Fatigue, 2023, 168: 107429.

[4] Liu L L, Hu D Y, Li D, et al. Effect of Grain Size on Low Cycle Fatigue Life in Compressor Disc Superalloy GH4169 at 600 ℃[J]. Procedia Structural Integrity, 2017, 7: 174－181.

[5] Camacho N, González－Carmona J M, Saldarriaga－Montoya V D, et al. The effect of

temperature during plasma nitriding on the properties of IN718 additively manufactured by laser beam powder bed fusion[J]. Surface and Coatings Technology,2024,494:131373.

[6] Di K,Zhao H,Huang Z,et al. High temperature oxidation behavior and oxide film properties of IN718 alloy after heat treatment by hot pressing sintering[J]. Materials Today Communications, 2023,37:107583.

[7] Lee J M,Wee S,Yun J,et al. Life Prediction of IN738LC Considering Creep Damage under Low Cycle Fatigue[J]. International Journal of Precision Engineering and Manufacturing - Green Technology,2018,5(2):311-316.

[8] G. Chen,Y. Zhang,D. K. Xu,et al. Low cycle fatigue and creep - fatigue interaction behavior of nickel - base superalloy GH4169 at elevated temperature of 650 ℃[J]. Materials Science and Engineering:A,2016,655:175-182.

[9] Liang J,Wang J,Zhang D,et al. Coupling model for the gradient loading creep behavior of nickel - based single - crystal superalloys[J]. Engineering Fracture Mechanics,2023,294:109688.

[10] E. J. P,K. A. C. On the design and feasibility of tantalum - base superalloys[J]. Journal of Alloys and Compounds,2019,804:314-321.

[11] Essa S K,Chen K,Liu R,et al. Failure Mechanisms of APS - YSZ - CoNiCrAlY Thermal Barrier Coating Under Isothermal Oxidation and Solid Particle Erosion[J]. Journal of Thermal Spray Technology,2021,30(1-2):424-441.

[12] An G sheng,Li W sheng,Wang Z ping,et al. High - temperature oxidation and TGO growth behaviors of laser - modified YAG/YSZ double - ceramic - layer TBC[J]. Transactions of Nonferrous Metals Society of China,2023,33(4):1178-1192.

[13] Madhu Sudana Reddy G,Durga Prasad C,Shetty G,et al. High - Temperature Oxidation Studies of Plasma - Sprayed NiCrAlY/TiO2 and NiCrAlY/Cr2O3/YSZ Cermet Composite Coatings on MDN - 420 Special Steel Alloy[J]. Metallography, Microstructure, and Analysis, 2021, 10(5): 642-651.

[14] Shen Z,Liu G,Dai J,et al. Thermal property and failure mechanism of LaDyZrO thermal barrier coatings by electron beam physical vapor deposition[J]. Materials Today Physics, 2022, 24:100696.

[15] Wei Z Y,Cai H N,Tahir A,et al. Stress states in plasma - sprayed thermal barrier coatings upon temperature cycling: Combined effects of creep, plastic deformation, and TGO growth[J]. Ceramics International,2019,45(16):19829-19844.

[16] Pakseresht A H,Ghasali E,Nejati M,et al. Development empirical - intelligent relationship between plasma spray parameters and coating performance of Yttria - Stabilized Zirconia[J]. The International Journal of Advanced Manufacturing Technology,2015,76(5):1031-1045.

[17] Roy P,Mukherjee P,Jana A,et al. Comparative study on thermal cyclic resistance of glass - ceramic - bonded TBC system and conventional TBC system[J]. Journal of the Australian Ceramic Society,2022,58(2):587-596.

[18] Mehmood K,Imran M,Ali L,et al. Development of Cost - Effective Microstructure and Isothermal Oxidation - Resistant Bond Coats on Inconel 718 by Atmospheric Plasma - Sprayed NiCoCrAlFe High - Entropy Alloy[J]. JOM,2023,75(1):239-247.

[19] Negami M,Kyuma K,Azuma M,et al. Improvement of the durability of thermal barrier coating by pre - oxidation[J]. Corrosion Science,2024,227:111806.

[20] Xu J,Huang Z,Jiang L. Effect of heat treatment on low cycle fatigue of IN718 superalloy at

the elevated temperatures[J]. Materials Science and Engineering:A,2017,690:137－145.

[21] Kumar S,Chattopadhyay K,Singh V,et al. Low cycle fatigue life of the alloy IN718 enhanced through surface nanostructuring[J]. Materials Characterization,2020,159:110066.

[22] Fatigue behavior and bilinear Coffin－Manson plots of Ni－based GH4169 alloy with different volume fractions of δ phase[J]. Materials Science and Engineering:A,2017,682:12－22.

[23] Šulák I,Obrtlík K,Čelko L,et al. Low cycle fatigue performance of Ni－based superalloy coated with complex thermal barrier coating[J]. Materials Characterization,2018,139:347－354.

[24] Zhang Z,Yang M,He G. Effect of TiN monolithic and Ti/TiN multilayer coating on the fatigue behavior of titanium alloy under tension－tension[J]. Journal of Materials Research and Technology,2024,31:3675－3689.

[25] Shi D,Hao W,Sui T,et al. Low－cycle fatigue behavior of coated and uncoated single crystal Ni－based superalloy at various temperatures[J]. International Journal of Fatigue,2024,188:108513.

[26] GB/T 3075－2021 金属材料疲劳试验轴向力控制方法[S]. 2021.

[27] Wang Q,Bao R,Liu B,et al. Comparison of fatigue crack growth behaviour in electron－beam and laser powder－bed－fusion Inconel 718 [J], Materials Science and Engineering: A, 2024, 893:146109,

[28] Osinkolu G. A, Onofrio G, Marchionni M, Fatigue crack growth in polycrystalline IN 718 superalloy,Materials Science and Engineering:A,2003,356:425－433,

[29] Huang X,Qi H,Li S,et al. Effect of thermal barrier coatings on the fatigue behavior of a single crystal nickel－based superalloy:Mechanism and lifetime modeling[J]. Surface and Coatings Technology,2023,454:129184.

[30] 赵广洲,鲍文杰,陈凡,等. 高压气瓶 4130X 钢低周疲劳特性及疲劳设计曲线探讨[J]. 压力容器,2023,40(8):37－43.

[31] 尧全恒,朱明亮,轩福贞. CrMoV 钢近门槛值区疲劳裂纹扩展评价模型准确性分析[J]. 压力容器,2024,41(3):1－7.

作者简介

蔡金晨(2001),男,硕士研究生,研究方向为高温结构强度设计和优化,通信地址:310032 浙江省杭州市西湖区留下街道留和路 288 号浙江工业大学,E－mail: maojianfeng@zjut.edu.cn,电话:15088603196。

锆合金压力管缺口疲劳裂纹萌生寿命预测方法研究

苏　洁，许若琳，刘长军

（华东理工大学　机械与动力工程学院，上海　200237）

摘　要：在核能领域，重水堆（HWR）压力管的安全性至关重要，在实际运行中，压力管不可避免地会出现各种体积缺陷，这些缺陷在循环载荷作用下极易诱发疲劳裂纹的萌生和扩展，进而危及整体结构完整性。因此，开展体积缺陷疲劳裂纹起裂分析已成为“先漏后破”（LBB）评估的关键环节。本文基于重水堆压力管材料Zr—2.5Nb合金的缺口试样进行了疲劳裂纹起裂实验，以缺口根部弹性峰值von Mises应力和有效应力幅度为评估参数，建立了不同根部半径缺口疲劳裂纹萌生寿命的预测模型。通过对比分析，结果表明基于有效应力幅值的预测模型在精度和实际应用中均优于基于von Mises应力的模型。该研究为Zr—2.5Nb合金压力管的LBB分析提供了新的预测方法，对提升重水堆的运行安全水平具有重要意义。

关键词：Zr—2.5Nb合金；裂纹萌生；缺口试样；疲劳寿命预测

Research on fatigue crack initiation life prediction methods for notched Zr—Alloy pressure tubes

SU Jie，XU Ruolin，LIU Changjun

（School of Mechanical and Power Engineering，East China University of Science and Technology，Shanghai 200237，China）

Abstract：In the nuclear energy sector，the structural integrity of pressure tubes in heavy－water reactors（HWRs）is of paramount importance. During service，these tubes inevitably develop volumetric flaws that，under cyclic loading，readily initiate and propagate fatigue cracks，thereby threatening overall structural integrity. Consequently，fatigue crack initiation analysis for volumetric flaws has become a critical component of Leak－Before－Break（LBB）assessments. In this study，fatigue crack initiation experiments were conducted on notched specimens of Zr－2.5Nb－the alloy employed in HWR pressure tubes－using both the elastic peak von Mises stress and the effective stress amplitude at the notch root as evaluation parameters. Predictive models for fatigue crack initiation life were established for notches with various root radii. Comparative analysis demonstrates that the effective－stress－amplitude－based model outperforms its von Mises－based counterpart in both accuracy and practical applicability. This work provides a novel and efficient predictive tool for LBB analyses of Zr－2.5Nb pressure tubes and significantly enhances the operational safety of HWRs.

Keywords：Zr－2.5Nb alloy；Crack initiation；Notched specimen；Fatigue life prediction

0　引　言

在核能领域，重水堆（HWR）压力管作为一回路压力边界的关键部件，长期服役于高温、高压及中子辐照环境，其结构完整性直接决定了反应堆的运行安全。由于外部机械载荷、热应力循环以及腐蚀－辐照的协同作用,压力管表面或内部极易产生微小缺陷。这些缺陷通常在局部形成几何不连续,诱发明显的应力集中现象;在循环载荷的持续作用下,应力集中区往往会优先萌生疲劳微裂纹,并逐步扩展,最终可能导致贯穿壁厚的泄漏甚至灾难性的瞬时断裂。因此,深入理解并准确预测含缺陷压力管的疲劳裂纹萌生寿命,已成为"先漏后破"(Leak - Before - Break,LBB)安全评估体系的核心环节之一。

近年来,随着锆合金在重水堆中的广泛应用,Zr - 2.5Nb 合金压力管的疲劳性能研究备受关注。国内外针对含缺口或体积缺陷的疲劳裂纹萌生寿命预测做了很多研究,但依然缺乏适用于不同根部半径缺口的准确预测模型。

在工程中,$S-N$ 曲线是表征材料疲劳性能的基础,通常采用幂函数模型描述,如式(1)所示[1]:

$$N(S-S_0)^m=C \tag{1}$$

式中,S 为应力水平;N 为疲劳寿命;S_0 为对应材料的理论应力疲劳极限;m 和 C 为与材料相关的常数。

针对 Zr - 2.5Nb 合金疲劳裂纹萌生寿命的预测,加拿大学者采用弹性峰值 von Mises 应力幅来表征试样的应力水平[2-4]。基于实验数据,他们以公式(1)中的函数形式拟合得到相应的 $S-N$ 曲线。然而,传统方法在确定 $S-N$ 曲线时,往往难以准确考虑结构缺口对疲劳性能的影响。对此,LIU[3] 提出了引入根部半径相关系数的预测模型。在缺口弹性峰值 von Mises 应力幅与寿命曲线的基础上,该模型能够考虑不同根部半径缺口对疲劳裂纹萌生寿命的影响,该模型可表达为式(2):

$$N_i S^m\left(\frac{\rho_0}{\rho}\right)^{\lambda}=C \tag{2}$$

式中,N_i 为疲劳裂纹萌生寿命;S 为缺口弹性峰值 von Mises 应力幅;ρ_0 为参考半径;m,C,λ 为材料参数。通过该模型可知,为得到根部半径相关系数 λ,至少需进行两组不同根部半径缺口的疲劳裂纹萌生试验。尽管该方法在一定程度上考虑了缺口几何的影响,但试验工作量倍增,且模型参数缺乏明确的物理意义,工程适用性受限。

事实上,缺口部位由于几何不连续性常引起应力集中现象,其应力分布如图 1 所示。为了定量描述这种应力集中现象,研究者们引入了应力集中系数 K_t。应力集中系数 K_t 定义为缺口或几何不连续处的最大局部应力与远场名义应力的比值,即:

$$K_t=\frac{\sigma_{max}}{\sigma_{nom}} \tag{3}$$

在量化应力集中对缺口疲劳行为的影响中起到了关键作用,但仅靠 K_t 无法准确表征应力集中现象对缺口强度的影响,因为当缺口表面附近材料迅速达到屈服强度并发生塑性变形时,较远的材料区域因应力水平较低而继续支撑高应力区,从而延缓裂纹的萌生和扩展,这种现象反映了缺口效应[8-10]。为此,人们引入了疲劳缺口系数 K_f 以量化缺口引起的应力集中对结构疲劳寿命的影响,K_f 考虑了缺口根部的应力分布,而不仅仅是最大应力集中点。K_f 根据光滑试样与缺口试样的疲劳强度获得的,其表达式如式(4)所示:

$$K_f=\frac{\sigma_s}{\sigma_n} \tag{4}$$

式中,σ_s 为光滑试样疲劳强度;σ_n 为缺口试样疲劳强度。

确定 K_f 最直接可靠的办法是通过试验获得,但是由于缺口形貌及材料的多样性,完全通过试验确定 K_f 是不现实的。在工程实际运用中,通常需要先确定 K_f,再反推结构的疲劳寿命。基于式(4)的定义,学者们已经提出了很多 K_f 的经验表达式。

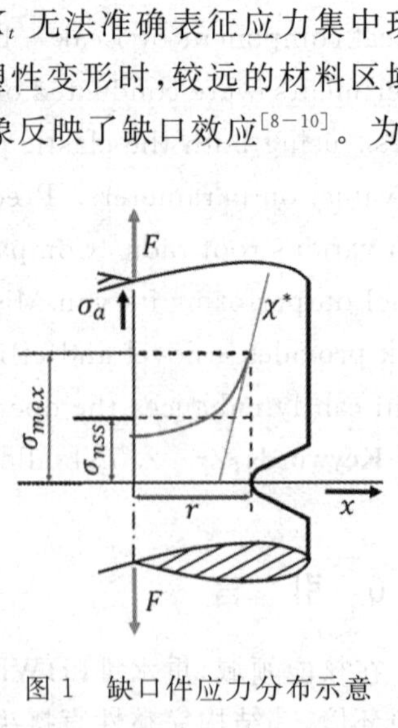

图 1　缺口件应力分布示意

NEUBER[11]假定需要在缺口最小截面平面上从根部向内取定长度 A 的结构单元，并通过比较此结构单元上的应力均值与光滑试件的疲劳极限来评估疲劳失效。提出的疲劳缺口系数 K_f 的表达式如式(5)所示，

$$K_f=1+\frac{K_t-1}{1+\sqrt{a/\rho}} \tag{5}$$

式中，ρ 为缺口根部半径；a 为 Neuber 参数。

PETERSON[12]指出，由于内部低载荷区域对高应力区域的支撑作用，缺口部位的疲劳失效通常发生在距缺口根部长度为 $a*$ 的区域内，当该区域的平均应力达到或超过光滑件的疲劳强度时，则会导致疲劳失效，如式(6)：

$$K_f=1+\frac{K_t-1}{1+a^*/\rho} \tag{6}$$

式中，$a*$ 为材料常数，本文经国外相关文献[22]计算得到 Zr－2.5Nb 合金 $a*=0.02$mm。

BUCH[13]进一步考虑应力梯度的影响，并假设疲劳裂纹在距离缺口表面临界厚度 h 处的应力超过光滑件的疲劳强度时开始萌生，如式(7)：

$$K_f=K_t\frac{1-1.21[h/(\rho+\rho_0)]}{A} \tag{7}$$

参数 h 代表了应力梯度的支撑作用；A 则关联局部循环应变硬化的影响。

SIEBEL[14]等进一步简化了考虑应力梯度的模型，并引入峰值应力的影响，如式(8)：

$$K_f=\frac{K_t}{1+\sqrt{1+S_q\chi^*}} \tag{8}$$

式中，χ^* 为相对应力梯度；S_q 为 0.2%屈服强度($\sigma_{0.2}$)的函数。

此外，表达式 $1+\sqrt{1+S_q\chi^*}$ 还可进一步简化，如式(9)：

$$K_f=\frac{K_t}{1+A(\chi^*)^k} \tag{9}$$

式中，材料参数 A 和 k 可以通过拟合缺口件的疲劳试验数据获得[15-16]，缺口表面的相对应力梯度可见式(10)：

$$\chi^*=\frac{1}{\sigma_{max}}\frac{\partial\sigma(r,\theta=0)}{\partial r}\,|\,r=0 \tag{10}$$

式中，r 为缺口试样根部半径。

疲劳缺口系数 K_f 相较于几何应力集中系数 K_t，不仅体现了几何结构因素，还综合考虑了材料的力学特性与缺口区域的应力梯度，对疲劳寿命评估具有更高适应性和准确性[17-18]。然而，针对 Zr－2.5Nb 合金，特别是不同根部半径缺口疲劳裂纹萌生行为，K_f 的适用性与预测精度仍缺乏系统验证。

基于上述背景，本文以 Zr－2.5Nb 合金为研究对象，围绕“如何准确、高效地预测不同根部半径缺口试样的疲劳裂纹萌生寿命”这一关键科学问题，开展系统的试验与有限元分析工作。一方面，沿用传统思路，以缺口根部弹性峰值 von Mises 应力幅为评估参数，建立考虑根部半径影响的寿命预测模型，并通过多组试验数据验证其稳定性与普适性；另一方面，引入疲劳缺口系数 K_f，将名义应力映射为有效应力幅 $\sigma_{eff,a}$，构建以有效应力为基础的寿命预测模型，显著减少试验工作量，并提升预测精度。通过对比两种模型的优缺点，阐明各自适用范围，为 Zr－2.5Nb 合金压力管的 LBB 安全分析提供更加可靠、经济的寿命评估方法，并为后续考虑材料随机性与服役环境复杂性的高精度寿命预测奠定理论与技术基础。

1　基于弹性峰值应力的 Zr－2.5Nb 合金缺口疲劳裂纹萌生寿命预测

本章结合有限元分析与实验数据，提出了基于 von Mises 应力幅的寿命预测模型。

1.1　有限元建模与分析

首先，使用 ABAQUS 有限元软件建立了不同根部半径缺口试样的三维模型，并分别针对根部半径为 15，30，100，150 μm 的试样进行了线弹性分析，为提高计算效率，并考虑到对称性，仅对试样的 1/2 进行了建模。由于缺口根部三轴应力较高，对靠近缺口区域进行网格分区，在远离缺口区域使用一阶线性插值空间六面体完全积分实体单元（C3D8R），在缺口区域使用二阶插值空间四面体完全积分实体单元（C3D10）。进行了网格无关性分析，确认所选网格密度足以满足当前应力分析的需求。为了接近真实的试验状态，模型一端施加对称约束，另一端中间节点施加 x 和 z 方向的位移约束，并施加了 100 MPa 的均布载荷。其中根部半径为 30 μm 的缺口试样的网格划分见图 2，其他根部半径的缺口试样在网格划分上有所区别，但边界条件和载荷施加方式保持一致。

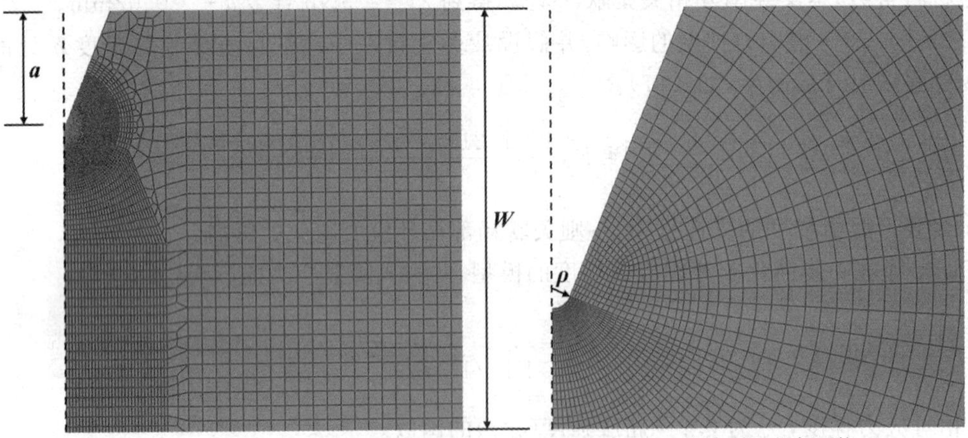

（a）全局网格　　（b）缺口根部网格

图 2　根部半径为 30 μm 试样有限元模型的网格划分

利用有限元得到了不同根部半径缺口试样根部主应力的分布情况，见图 3。从图中可以看出，缺口根部的应力在深度方向上呈梯度分布，最大应力位于缺口根部，并随着深度增加迅速减小。缺口根部最大主应力随着根部半径的增加而减小，当缺口根部半径为 15 μm 时，其根部应力峰值高达约 2 400 MPa，显著高于根部半径为 150 μm 的试样。这表明较小的根部半径显著加剧了应力集中效应。

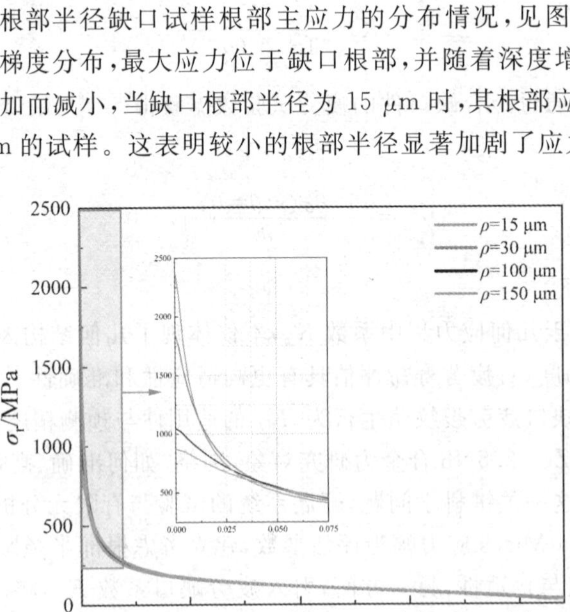

图 3　4 种根部半径缺口施加 100 MPa 载荷时缺口前端应力场

1.2 基于弹性峰值应力的寿命预测模型建立及验证

基于有限元结果，利用 Filippi 缺口应力场方程进行计算对比验证[5]。结果显示，Filippi 方程的计算结果与有限元分析结果在靠近缺口根部区域高度一致，证明了有限元分析在模拟此类应力场分布中的可靠性及其获得应力集中系数的有效性(见图 4)。

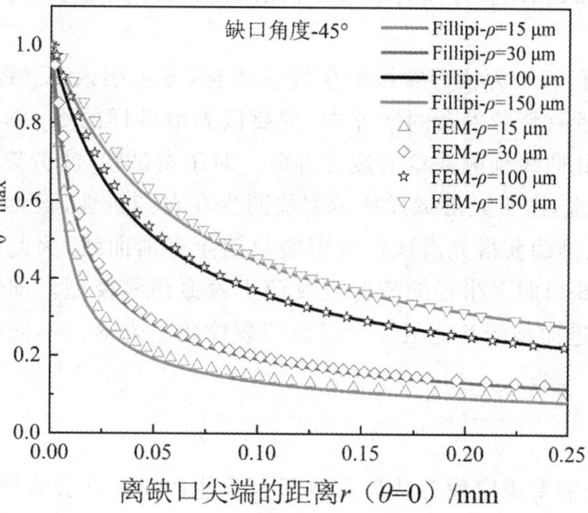

图 4 不同根部半径缺口中心线上应力比变化

为了进一步进行疲劳裂纹萌生数据的模型拟合，选择了根部半径分别为 30 μm 和 150 μm 的缺口试样数据进行分析，并将参考半径 ρ_0 设定为 30 μm。采用最小二乘法[6]进行线性回归，并利用 t 检验评估自变量对因变量的影响显著性。表 1 列出了参数拟合值及相关统计量。结果显示，所有拟合参数的 p 值均显著小于显著性水平，表明模型中各参数在统计学上对因变量的影响具有显著性[7]。

表 1 基于 30 μm 与 150 μm 根部半径数据的 Zr－2.5Nb 合金模型拟合结果

参数	数值	p－value
m	2.948	2×10^{-16}
λ	－0.688	3×10^{-14}
$\ln C$	29.17	3×10^{-8}

考虑根部半径影响的 Zr－2.5Nb 合金预测模型如式(11)：

$$N_i S^{2.948}\left(\frac{\rho_0}{\rho}\right)^{-0.688}=e^{29.17} \qquad (11)$$

为验证基于缺口弹性峰值 von Mises 应力幅建立的预测模型在预测 Zr－2.5Nb 合金疲劳裂纹萌生寿命时的效果，分别使用 15，30，100，150 μm 根部半径缺口试验数据对该模型进行验证，图 5 展示了基于该模型预测的裂纹萌生寿命与实验数据的对比。可见，所有实验数据均落在预测曲线的 2 倍分散带内，表明通过引入根部半径相关系数，对两组不同根部半径的试验数据进行拟

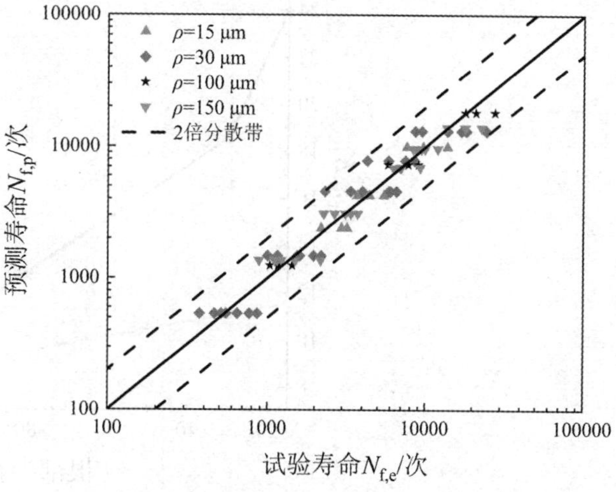

图 5 基于缺口弹性峰值 von Mises 应力幅的 Zr－2.5Nb 合金疲劳缺口试样预测模型预测寿命与试验寿命对比

合能够有效预测缺口疲劳裂纹萌生寿命。

2 基于有效应力的 Zr-2.5Nb 合金缺口疲劳裂纹萌生寿命预测方法

为准确评估 Zr-2.5Nb 合金缺口试样的疲劳裂纹萌生寿命，本研究引入疲劳缺口系数 K_f，以修正几何不连续性对局部应力分布的影响，并以有效应力幅值表征实际受力水平，从而建立更为合理的寿命预测方法。

本研究以有效应力幅值 $\sigma_{eff,a}$ 为疲劳裂纹萌生评估指标，通过引入 K_f 将名义应力映射为有效应力，进而用于疲劳寿命预测。现有疲劳寿命的研究中，主要以光滑试样的 $S-N$ 曲线作为基准，确定缺口对应的有效应力后即可使用此曲线预测缺口的疲劳寿命。对于本试验，疲劳裂纹萌生寿命定义为裂纹生长至 15 μm 时对应的循环周次，由于光滑试样疲劳裂纹萌生存在随机性，很难像缺口试样那样准确地观测到疲劳裂纹萌生，因此难以准确获得光滑试样疲劳裂纹萌生寿命曲线，为此通过含缺口试验的 $S-N$ 曲线作为基准建立考虑不同缺口曲率半径的疲劳裂纹萌生寿命预测模型。即通过某根部半径缺口得到有效应力 $\sigma_{eff}-N_i$ 基准曲线，进而预测其他根部半径疲劳裂纹萌生寿命。不同根部半径缺口有效应力与名义应力的关系可表示为式(12)：

$$\sigma_{eff}=K_{f,\rho_i}\sigma_{nom},\rho_i \tag{12}$$

为计算有效应力，首先需要确定疲劳缺口系数 K_f，通过 Peterson 公式计算了本试验所用四种根部半径缺口的 K_f。考虑到应力梯度的影响，使用有限元方法计算了四种不同根部半径缺口根部的应力梯度，并基于式(12)对由 Peterson 公式得到的 K_f 进行了修正。各根部半径缺口根部的应力梯度及 K_f 计算结果见表 2，不同根部半径缺口的 K_f 与 K_t 的数值与关系如图 6 所示，由图可见，K_t 与 K_f 之间虽存在一定相关性，但二者数值差距明显，说明 K_f 更合理地融合了材料响应与几何因素。K_t 仅为几何系数，而 K_f 体现出材料—结构耦合效应，是疲劳寿命预测中更具物理意义的参数。

表 2 各根部半径缺口根部相对应力梯度大小即对应 K_f

根部半径 ρ/μm	15	30	100	150
χ^*	50.1	29.35	9.98	6.26
K_f	11.6	11.2	8.7	7.7

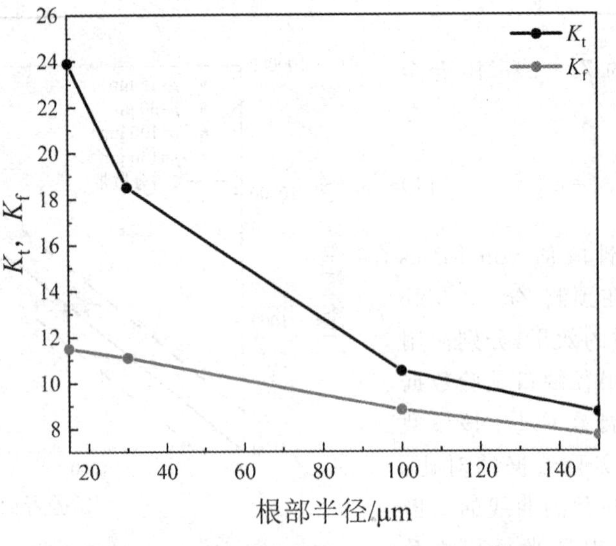

图 6 不同根部半径缺口 K_t-K_f 对应关系

为分析不同根部半径缺口有效应力与疲劳裂纹萌生寿命的关系，分别计算了 15，30，100，150 μm 各根部半径试验载荷作用下对应的有效应力幅 $\sigma_{eff,a}$，相关计算参数及结果见表 3。

表 3　Zr－2.5Nb 不同根部半径缺口有效应力幅计算参数

缺口根部半径 ρ/μm	K_t	K_f	σ_m/MPa	有效应力幅 $\sigma_{eff,a}$/MPa
15	23.9	11.6	105	573
			140	763
			170	927
30	18.5	11.2	105	553
			125	658
			150	790
			220	1158
			310	1632
100	10.5	8.7	125	511
			170	695
			310	1268
150	8.7	7.7	150	543
			170	615
			190	688
			250	905
			330	1195

在获得有效应力幅后，为建立预测模型，需要构建 $\sigma_{eff,a}$ 与疲劳裂纹萌生寿命 Ni 之间的定量关系。疲劳裂纹萌生寿命 Ni 在本研究中定义为裂纹生长至 15 μm 所对应的循环周次。通过分析试验数据发现，不同根部半径缺口试样的 $\sigma_{eff,a}$ 与 N_i 在双对数坐标下呈现出良好的线性关系（图 7），其相关性（R_2＝0.9386）远优于采用 von Mises 弹性峰值应力幅进行的拟合（R_2＝0.7223）。

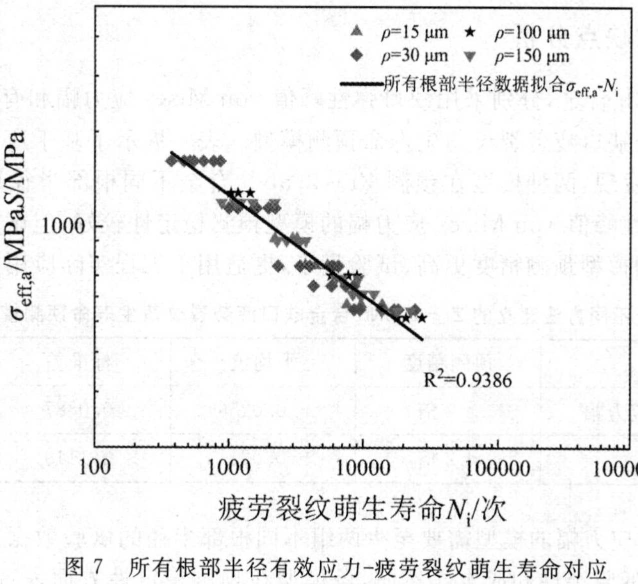

图 7　所有根部半径有效应力-疲劳裂纹萌生寿命对应

因此,可以利用某一根部半径试验数据建立得到一条有效应力幅值-疲劳裂纹萌生寿命的基准曲线,进而实现不同根部半径缺口的疲劳裂纹萌生寿命的预测。有效应力幅值与疲劳裂纹萌生寿命关系式可以式(13)给出:

$$\sigma_{eff,a} N_i^A = B \tag{13}$$

式中,$\sigma_{eff,a}$为缺口试样有效应力幅值;N_i 为疲劳裂纹萌生预测寿命;A,B 是拟合参数。

考虑到 30μm 根部半径的试样加载范围广、数据分布均衡,选择其试验结果作为基准,建立 Zr-2.5Nb 合金的疲劳裂纹萌生寿命预测模型。拟合得到的具体表达式为:

$$\sigma_{eff,a} N_i^{\ 0.3224} = 10^{4.0809} \tag{14}$$

进一步,为验证该预测模型的适用性和准确性,将其他根部半径缺口试样的试验寿命与式(14)预测结果进行了对比分析,如图 8 所示。结果显示,绝大部分预测值均落在 2 倍寿命分散带以内,说明基于有效应力幅的预测方法具备良好的泛化能力和精度,可有效统一处理不同几何特征对疲劳寿命的影响。

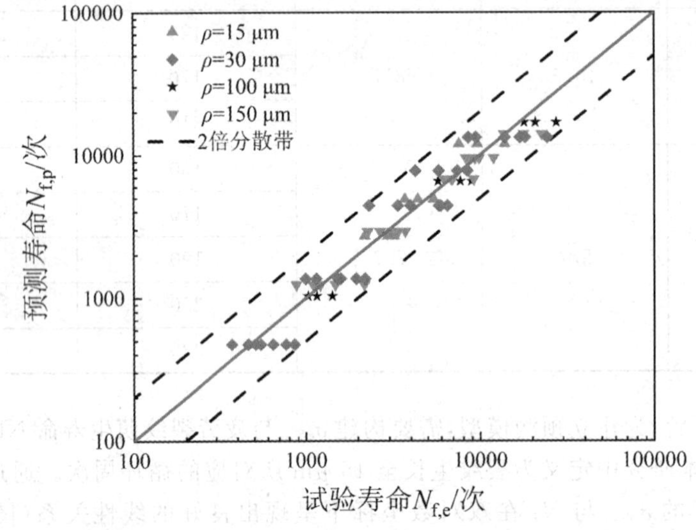

图 8 基于缺口有效应力 σ_{eff} 的 Zr-2.5Nb 合金疲劳缺口试样预测模型预测寿命与试验寿命对比

3 2 种预测模型优缺点分析

本研究针对 Zr-2.5Nb 合金,分别采用缺口弹性峰值 von Mises 应力幅和有效应力幅 $\sigma_{eff,a}$ 作为评估参数,建立了不同根部半径缺口疲劳裂纹萌生寿命预测模型。表 4 展示了基于这两种评估方法的模型拟合结果和精度分析。我们发现,两种模型在预测 Zr-2.5Nb 合金不同根部半径缺口疲劳裂纹萌生寿命时各有优劣。基于缺口弹性峰值 von Mises 应力幅的模型预测稳定性较好,但试验量大且物理意义不明确;基于有效应力幅 $\sigma_{eff,a}$ 的模型预测精度更高、试验量小,更适用于工程实际应用。

表 4 基于不同方法建立的 Zr-2.5Nb 合金缺口疲劳裂纹萌生寿命预测模型对比

评估参数	预测精度	平均值	标准差	所需数据量
缺口弹性峰值 von Mises 应力幅	±2 倍	−0.0256	0.0887	需要两组试验数据
缺口有效应力幅 $\sigma_{eff,a}$	±2 倍	−0.0211	0.1119	只需一组试验数据

首先,基于 von Mises 应力幅的模型需要至少两组不同根部半径的试验数据以获取根部半径相关系数。这一需求增加了实验的复杂性和成本。然而,该模型在预测稳定性方面表现较好,预测误差的标准差较小,且预测结果的变动范围一般控制在±2 倍左右。然而,其物理意义并不十分明确,且多根部半径

试验数据的需求使得该模型在实际应用中存在局限性。尽管如此，该模型在相同条件下对不同根部半径的缺口疲劳裂纹萌生寿命的预测精度仍然较高，并且具有一定的普适性。

相对而言，基于有效应力幅的模型则显著减少了试验数据的需求。只需一组根部半径缺口的试验数据即可获得基准曲线，之后可以利用此基准曲线预测其他根部半径的疲劳裂纹萌生寿命。这一优点大大减少了试验量，特别是在工程实际中，能有效节省资源和时间。统计分析显示，基于有效应力幅的模型在预测精度上优于基于 von Mises 应力幅的模型，其平均误差较小，且同样控制在±2 倍左右。模型的良好预测精度和较小的误差范围使其在实际应用中具有较高的适用性，尤其是在材料数据不足的情况下。

4 结 论

本文研究了 Zr－2.5Nb 合金缺口试样的疲劳裂纹萌生寿命，分别以缺口弹性峰值 von Mises 应力和有效应力为评估参数，建立了不同根部半径缺口疲劳裂纹萌生寿命的预测模型。结果表明，基于有效应力幅值的预测模型具有更高的预测精度，更适合实际工程应用。

未来研究应进一步考虑材料疲劳特性的随机性，建立考虑数据分散性的 $S-N$ 曲线，以实现更为准确的疲劳裂纹萌生寿命评估。

参考文献

[1] 高镇同．疲劳性能试验设计和数据处理[M]．北京：北京航空航天大学出版社，1999.

[2] Ho E T C，Choubey R，Shek G K，et al. Crack initiation behaviour in small root radius Zr－2.5 Nb pressure tube specimens under monotonic and cyclic loading conditions at ambient temperature [C]//ASME. ASME 2002 Pressure Vessels and Piping Conference. Vancouver：ASME，2002.

[3] Liu C，Scarth D，Douchant A. A statistical－based fatigue crack initiation model for axial flaws in Zr－Nb pressure tubes[C]//ASME. ASME 2014 Pressure Vessels and Piping Conference. Anaheim：ASME，2014.

[4] Liu C，Scarth D. Validation and refinement of statistical－based fatigue crack initiation model for axial flaws in Zr－Nb pressure tubes[C]//ASME. ASME 2023 Pressure Vessels & Piping Conference. Atlanta：ASME，2023.

[5] Filippi S，Lazzarin P，Tovo R. Developments of some explicit formulas useful to describe elastic stress fields ahead of notches in plates[J]. International Journal of Solids and Structures，2002，39(17)：4543－4565.

[6] Weisberg S. Applied linear regression[M]. New York：John Wiley & Sons，2005.

[7] 杨振海．拟合优度检验[M]．合肥：安徽教育出版社，1994.

[8] Mäde L，Gottschalk H，Schmitz S，et al. Probabilistic LCF risk evaluation of a turbine vane by combined size effect and notch support modeling[C]//ASME. ASME Turbo Expo 2017：Turbomachinery Technical Conference and Exposition. Charlotte：ASME，2017：1－9.

[9] 廖鼎．缺口件多轴局部应变分析与疲劳寿命预测方法研究[D]．成都：电子科技大学，2019.

[10] Kontermann C，Almstedt H，Scholz A，et al. Notch support for LCF－loading：A fracture mechanics approach[J]. Procedia Structural Integrity，2016，2：3125－3134.

[11] Neuber H. Theory of stress concentration for shear－strained prismatical bodies with arbitrary nonlinear stress－strain law[J]. Journal of Applied Mechanics，1961，28(4)：544－550.

[12] Peterson R E. Notch sensitivity[M]//Sines G，Waisman J L. Metal fatigue. New York：McGraw－Hill，1959：293－306.

[13] Buch A. Analytical approach to size and notch－size effects in fatigue of aircraft material specimens[J]. Materials Science and Engineering，1974，15(1)：75－85.

[14] Siebel E. Ungleichformige spannung - sverteilung bei schwingender beanspruchung[J]. VDiz,1955,97(5):121－126.

[15] Mäde L,Schmitz S,Gottschalk H,et al. Combined notch and size effect modeling in a local probabilistic approach for LCF[J]. Computational Materials Science,2018,142:377－388.

[16] Liao D,Zhu S P,Correia J A,et al. Recent advances on notch effects in metal fatigue:A review[J]. Fatigue & Fracture of Engineering Materials & Structures,2020,43(4):637－659.

[17] 黄建伟,唐鹏飞,潘栋,等. 基于多试样法的 PVC 塑料 $J-R$ 阻力曲线的简便测量方法[J]. 压力容器,2024,41(7):25－31.

[18] 郑三龙,陈见乙,赵基超,等. 钛制半管夹套焊接结构疲劳试验及寿命评估[J]. 压力容器,2024,41(9):1－8.

作者简介

苏洁(2000),女,博士研究生,研究领域为重水堆压力管寿命预测,通信地址:200237 上海市徐汇区凌云街道梅陇路 130 号华东理工大学机械与动力工程学院,E－mail:sujie202202@163.com,手机:15309098337。

基于仪器化压痕法的 4130X 钢临界应力强度因子预测方法研究

谢雨萱，王 晶

（北京工业大学，北京 100124）

摘 要：4130X 钢作为压缩天然气气瓶的关键材料，在含 H_2S 的腐蚀环境中易发生氢脆失效，威胁设备安全。传统破坏性取样方法难以适用于在役设备，亟须开发非破坏性评价技术。本文采用仪器化压痕试验结合 H_2S 加速腐蚀试验，通过逐层打磨与塑性功测量，分析不同浓度（200～1 600 ppm）和腐蚀时间（24～48 h）对 4130X 钢氢脆层塑性功的影响，建立其与应力腐蚀临界强度因子（K_{ISCC}）的关联模型。研究表明，氢脆层塑性功随腐蚀浓度升高显著降低，随打磨深度增加逐渐恢复至原始水平。基于断裂力学原理，提出塑性功关联参数 D，构建了氢腐蚀条件下 K_{ISCC} 的预测模型，与实测数据相比，最大误差不超过 2.5%。本研究为腐蚀环境下 4130X 钢安全性评估提供了高效、小尺度的解决方案。

关键词：4130X 钢；硫化氢腐蚀；断裂韧性

Research on the prediction method of critical stress intensity factor of 4130X steel based on instrumentation indentation method

XIE Yuxuan, WANG Jing

(Beijing University of Technology, Beijing 100124, China)

Abstract: As a key material for compressed natural gas cylinders, 4130X steel is prone to hydrogen brittle failure in a corrosive environment containing H_2S, which threatens the safety of equipment. Traditional destructive sampling methods are difficult to apply to in - service equipment, and it is urgent to develop non - destructive evaluation technology. This paper uses instrumental indentation test combined with H_2S accelerated corrosion test. Through layer - by - layer polishing and plastic work measurement, it analyzes the influence of different concentrations (200～1 600 ppm) and corrosion time (24～48 h) on the plastic work of 4130X steel hydrogen brittle layer, and establishes its stress corrosion critical stress intensity factor (K_{ISCC}) association model. Research shows that the plasticity of the hydrogen brittle layer decreases significantly with the increase of corrosion concentration, and gradually recovers to the original level with the increase of polishing depth. Based on the principle of fracture mechanics, the plastic work correlation parameter D is proposed, and the prediction model of K_{ISCC} under hydrogen corrosion conditions is constructed. Compared with the actual measurement data, the maximum error does not exceed 2.5%. This research provides an efficient and small - scale solution for the safety assessment of 4130X steel in a corrosive environment.

Keywords: 4130X steel; H2S corrosion; fracture toughness

0 引 言

4130X 钢具有高强度、高韧性的特点,目前常应用于压缩天然气瓶等容器。但由于压缩天然气中含有硫化氢等腐蚀介质,会降低气瓶材料的抗断裂性能[1],进而引起瓶身开裂。实际工程应用中已发生多次因天然气泄漏而导致的爆炸事故。因此,研究 4130X 钢在不同硫化氢腐蚀方式下的断裂韧性,对保障工程安全有着重要意义。

关于不同腐蚀环境下材料的断裂韧性问题,国内外学者已经做了大量的研究。现有研究结果表明,氢的存在对材料的强度[2]和塑性[3-4]均有显著的影响。孙蛟等[5]研究发现 FV520B 叶轮钢应力腐蚀临界强度因子随 H_2S 浓度的升高而下降,两者变化趋势相同。HALL[6]研究了不同应力强度因子对氢腐蚀环境中裂纹扩展的影响,并给出了相应的数学模型。VARIAS 等[7]研究了在硫化氢环境中,金属脆化一断裂与应力和温度的分布关系,建立了温度、应力与金属在硫化氢中断裂性能的数学关系。

近年来,仪器化压痕技术(instrumented indentation testing,IIT)凭借其微损检测、参数丰富(载荷一深度曲线、硬度、弹性/塑性功等)的优势,为材料局部力学性能与腐蚀损伤的关联分析提供了新思路[8]。通过压痕响应与微观组织演变(如氢致裂纹、晶界偏析)的耦合解析,有望建立 K_{ISCC} 的非破坏性预测模型,从而为氢能储运装备的全生命周期安全评估提供理论支撑。窦磊等[9]通过连续球压痕法对 45 钢的屈服强度、抗拉强度和断裂韧性进行了测试,并与常规力学性能试验结果进行了对比,验证了该方法的可靠性。此外,研究还建立了基于连续球压痕法的冲击韧性估算方法,为在役设备材料的韧性快速评价提供了有效测试手段。

因此,为了对氢腐蚀环境中在役设备的安全评估、寿命预测提供参考,本文通过仪器化压痕试验得到不同腐蚀环境下 4130X 钢塑性功的变化情况,通过数据拟合,得到塑性功与应力腐蚀强度因子 K_{ISCC} 之间的关系,并建立数学模型,获得 4130X 材料在役状态下的工程评价方法,为腐蚀环境下 4130X 钢安全性评估提供了高效、小尺度的解决方案。

1 材料与试验方法

1.1 试样材料

本文的研究对象为压缩天然气瓶用材 4130X 钢。材料主要化学成分见表 1,基本力学性能参数见表 2。

表 1 主要化学成分(wt%)

项目	C	Si	Mn	Cr	Mo	P,S	Cu	Ni
4130X	0.26～0.34	0.17～0.37	0.40～0.70	0.80～1.10	0.15～0.25	≤0.035	≤0.30	≤0.30

表 2 材料力学性能

项目	R_m/MPa	$R_{P0.2}$/MPa	E/GPa	A/%	Z/%
4130X	777	624	209	14.23	52.38

1.2 试样尺寸

试验选用直径 D=18 mm、高度 h=12 mm 的圆柱形试样,试样如图 1 尺寸如图 2 所示。

1.3 试验环境

加速试验标准溶液为 NACE 规定的标准 A 类溶液(溶液化学成分比例:氯化钠:5%;冰乙酸:0.5%;水:94.5%),向溶液中通入 H_2S 气体达到制造腐蚀环境的目的。采用碘量法来测定溶液中硫化氢的浓度,选取 200,800,1 600 ppm 三个浓度梯度进行研究。

图 1　4130X 钢仪器化压痕试样

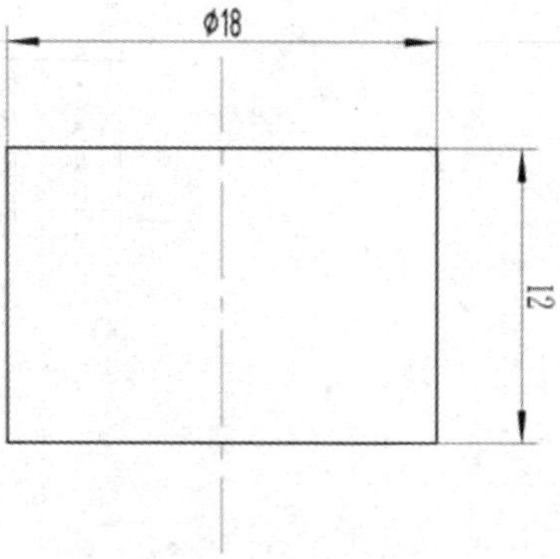

图 2　试样尺寸

1.4　试验原理

仪器化压痕硬度定义为：

$$H=\frac{P_{max}}{A} \tag{1}$$

式中，H 为压痕硬度；P_{max} 为最大载荷；A 为最大载荷时的投影接触面积。根据 GB/T 21838.1—2008《金属材料 硬度和材料参数的仪器化压痕试验 第 1 部分：试验方法》进行压痕试验，确定其硬度及塑性功。

压痕试验过程中，压头对被测物所做的压痕总机械功 W_{total} 一部分以压痕塑性形变功 W_{plast} 的形式消耗。在卸载过程中，其余部分作为可逆的压痕弹性形变功 W_{elast} 得到释放。根据功的定义，有：

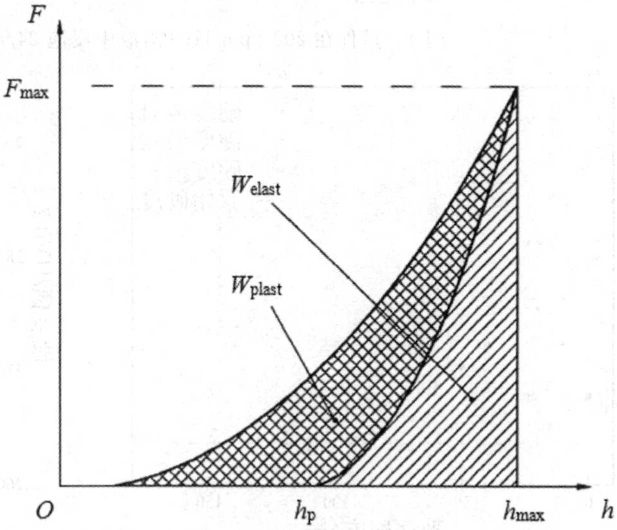

图 3　仪器化压痕试验的压痕功

$$W_{total}=\int_0^{h_{max}} F(h)dh \tag{2}$$

$$W_{elast}=\int_{h_p}^{h_{max}} F'(h)dh \tag{3}$$

则

$$W_{plast}=W_{total}-W_{elast} \tag{4}$$

W_{total} 与 W_{elast} 的单位为 mJ，其在压痕曲线中的表达如图 3 中阴影部分所示。弹性比功 η_{IT} 表征压痕试验过程弹性功所占总机械功的比例：

$$\eta_{IT}=\frac{W_{elast}}{W_{total}}\times 100\% \tag{5}$$

压痕塑性形变功 W_{plast} 和塑性比功$(1-\eta_{IT})$是压痕试验中表征被测点塑性变形的参数。

2 试验结果

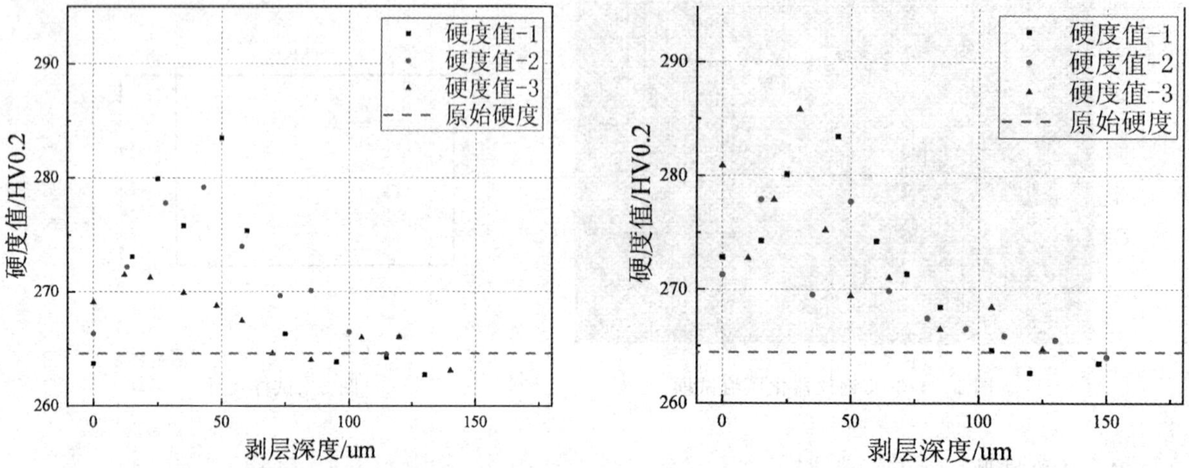

(a) 24 h (b) 48 h

图 4 试件在 200 ppm H_2S 溶液中浸泡 24/48 h 后硬度-深度变化规律

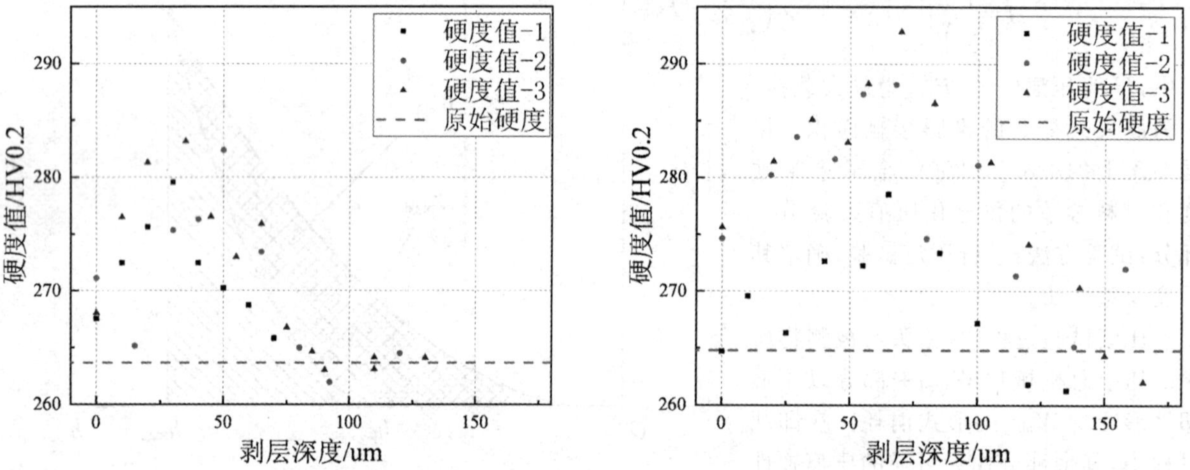

(a) 24 h (b) 48 h

图 5 试件在 800 ppm H_2S 溶液中浸泡 24/48 h 后硬度-深度变化规律

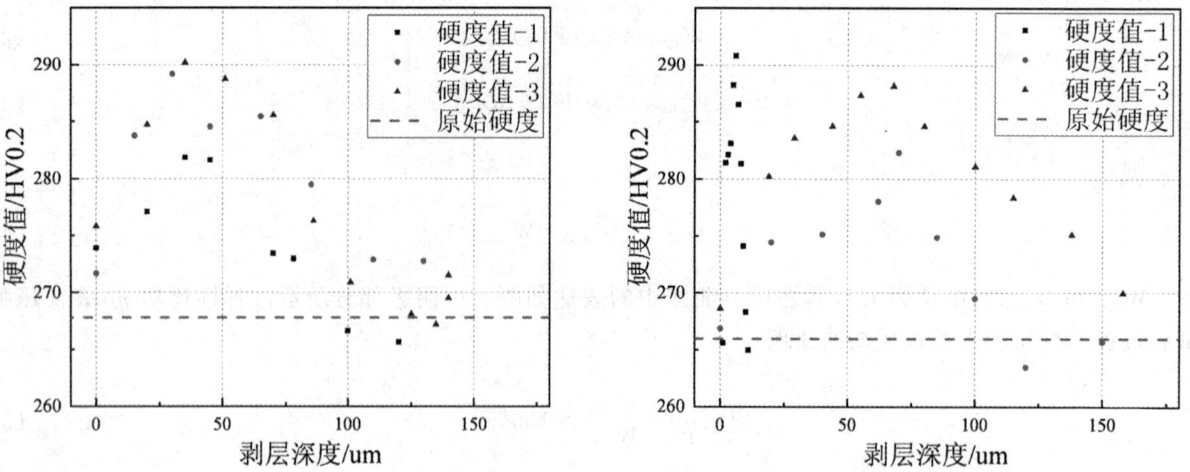

(a) 24 h (b) 48 h

图 6 试件在 1 600 ppm H_2S 溶液中浸泡 24/48 h 后硬度-深度变化规律

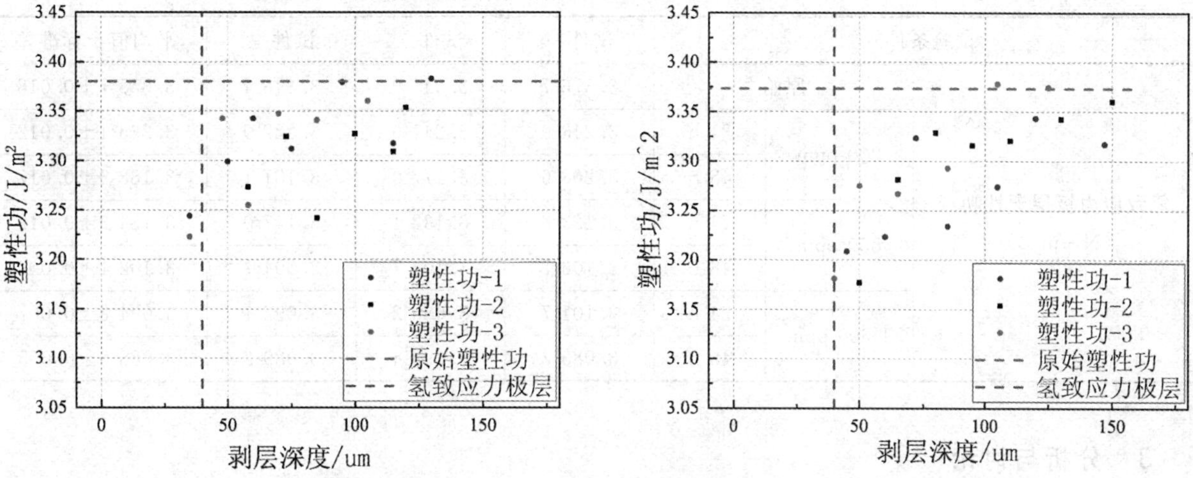

（a）24 h （b）48 h

图 7　试件在 200 ppm H_2S 溶液中浸泡 24/48 h 后塑性功-深度变化规律

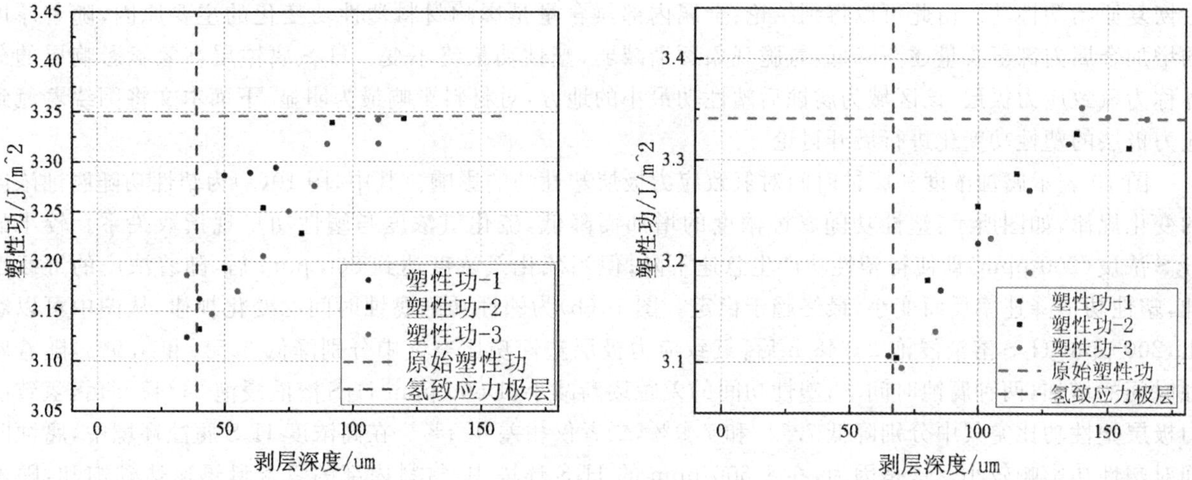

（a）24 h （b）48 h

图 8　试件在 800 ppm H_2S 溶液中浸泡 24/48 h 后塑性功-深度变化规律

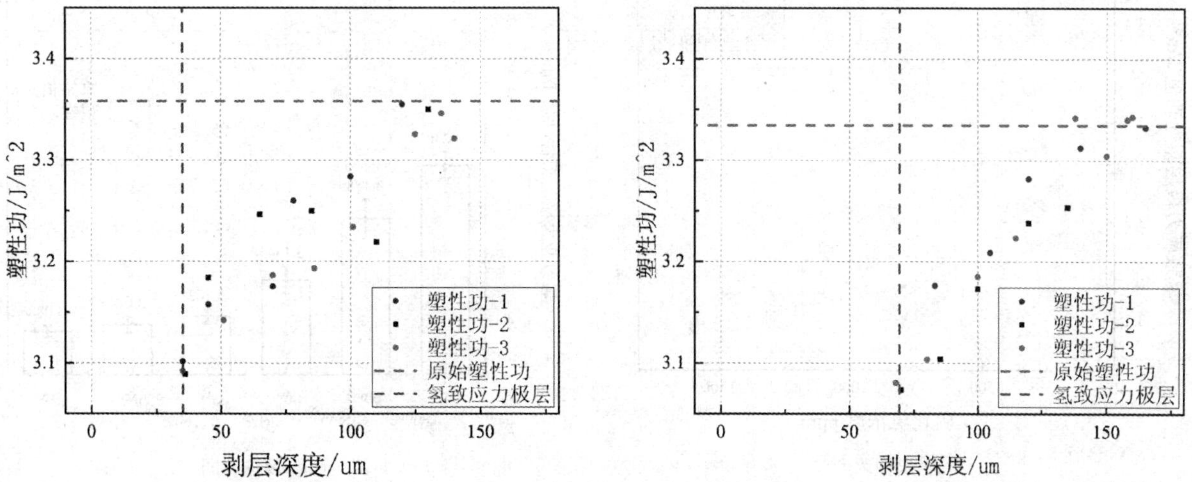

（a）24 h （b）48 h

图 9　试件在 1 600 ppm H_2S 溶液中浸泡 24/48 h 后塑性功-深度变化规律

表 3　不同腐蚀环境下的 4130X 钢氢致应力极层的塑性功

试验条件			试件一	试件二	试件三	平均值±标准差
氢致应力极层塑性功/($N\cdot m^{-1}$)	原始		3.376 7	3.343 9	3.346 4	3.355 7±0.018
	200 ppm	24 h	3.243 9	3.241 6	3.222 9	3.236 1±0.012
		48 h	3.208 6	3.177 0	3.181 1	3.188 9±0.017
	800 ppm	24 h	3.123 8	3.132 1	3.147 0	3.134 3±0.012
		48 h	3.106 7	3.104 7	3.094 7	3.102 1±0.006
	1 600 ppm	24 h	3.101 7	3.089 2	3.092 1	3.094 3±0.007
		48 h	3.083 2	3.093 4	3.089 2	3.088 6±0.005

3　分析与讨论

3.1　氢腐蚀对压入过程塑性功的影响

由图 7 至图 9 中可以看出，经过硫化氢腐蚀后的氢脆影响层塑性功随着剥层厚度的增加而升高，最后恢复原始塑性功。由此可以得到结论：金属内部氢含量是影响材料塑性功变化的主要原因，随着厚度的增加金属内部氢含量逐渐降低，氢脆现象逐渐减弱，塑性功最终不变。H_2S 腐蚀层与氢脆影响层的分界称为氢致应力极层，该区域为腐蚀后塑性功最小的地方，对材料影响最为明显，下面本文将围绕着氢致应力极层的塑性功变化进行展开讨论。

图 10 表示腐蚀浓度和腐蚀时间对氢致应力极层塑性功的影响。其中，图 10(a)为塑性功随腐蚀浓度的变化规律，如图所示：塑性功随腐蚀浓度的增加而降低，硫化氢浓度与塑性功呈现指数关系。较小的 H_2S 浓度(200 ppm)即使得塑性功产生急速下降；但当硫化氢浓度达到 800 ppm 后，随着浓度的继续增加，塑性功下降速率反而变小，最终趋于稳定。图 10(b)为塑性功随腐蚀时间的变化规律，从图中可以看出，200 ppm H_2S 溶液浸泡 24/48 h 后，氢致应力极层塑性功比空气中分别降低 3.5%和 4.9%，随着腐蚀时间的增加，两种腐蚀时间下，塑性功间的差距逐渐减小，1 600 ppm H_2S 溶液浸泡 24/48 h 后，氢致应力极层塑性功比空气中分别降低 7.7%和 7.9%，二者仅相差 0.2%。在高浓度 H_2S 腐蚀环境中，腐蚀时间对塑性功影响较小。这是因为，在 1 600 ppm 的 H_2S 环境中，材料内部的氢含量迅速达到饱和，随着腐蚀时间的增加，金属内部氢含量几乎保持不变，氢带来的塑性损失也维持在稳定水平。

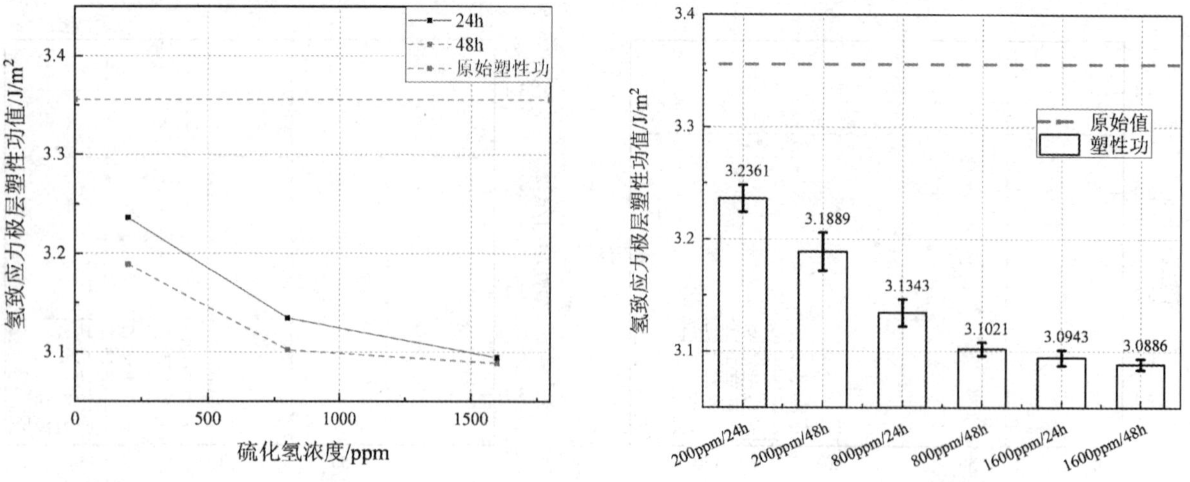

(a) 腐蚀浓度　　(b) 腐蚀时间

图 10　腐蚀浓度和腐蚀时间对氢致应力极层塑性功的影响

3.2 氢腐蚀环境下仪器化压痕试验与断裂韧性的关系

窦磊等[10]通过 K_{ISCC} 实验研究了 200,800,1 600 ppm H_2S 浓度下 4130X 钢应力腐蚀门槛值 K_{ISCC} 的变化规律。试验结果表明,对门槛值的两个影响因素(外加应力、腐蚀浓度)中,腐蚀浓度为主要影响因素;由低到高三种硫化氢浓度下 4130X 钢 K_{ISCC} 数值分别为 56.46,49.72,45.30 MPa · $m^{1/2}$;建立了应力腐蚀门槛值 K_{ISCC} 与腐蚀浓度之间的数学关系,见式(6):

$$K_{ISCC}=97.64\times C_{H_2S}^{-0.103} \tag{6}$$

本文所测定的塑性功单位为 N/m,该参量与断裂力学中的能量释放率 G 具有相同的量纲。为了实现工程预测中量纲的统一性,基于断裂力学基本原理〔见式(7)〕,本文将文献[10]中实验获取的临界应力强度因子 K_{ISCC} 转换为能量释放率的形式:

$$G=\frac{(1-\nu^2)}{E}K_I^2 \tag{7}$$

式中,E 为被测材料的弹性模量,文中取 $E=210$ GPa;ν 为被测材料的泊松比,$\nu=0.3$。

随后,定义塑性功与能量释放率 G 间的关联参数 D:

$$D=\frac{G}{W_{plast}} \tag{8}$$

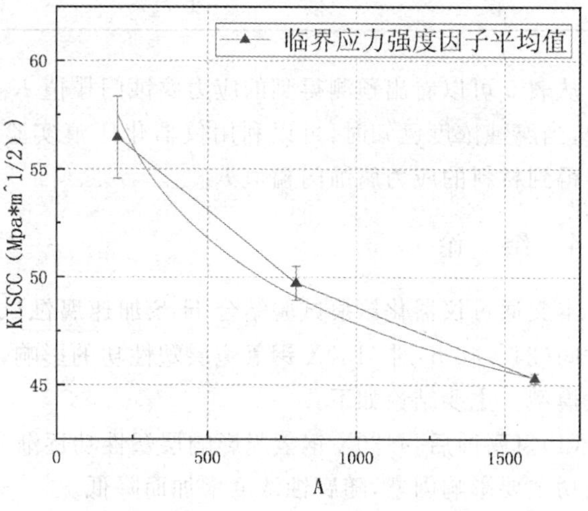

图 11 文献[10]中不同浓度下的 K_{ISCC} 值及拟合曲线

根据式(7)(8),求得 200,800,1 600 ppm 腐蚀环境中的能量释放率 G 和关联参数 D 如表 4 所示。

表 4 K_{ISCC},W_{plast} 和关联参数 D

项目	200 ppm	800 ppm	1 600 ppm
$G/(N\cdot m^{-1})$	1.38×10^{-8}	1.07×10^{-8}	0.89×10^{-8}
$W_{plast}/(N\cdot m^{-1})$	3.188 9	3.102 1	3.088 6
D	4.33×10^{-9}	3.45×10^{-9}	2.88×10^{-9}

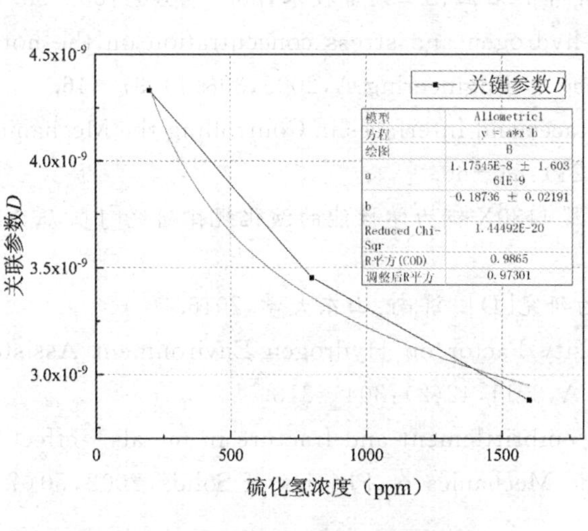

图 12 关联参数 D 随腐蚀浓度的变化

图 12 为关联参数 D 随氢腐蚀浓度的变化规律。根据拟合结果,可以看出,D 与硫化氢浓度满足非线性关系:

$$D=-1.17545\times10^{-8}C_{H_2S}^{-0.18736} \tag{9}$$

将式(8)(9)代入式(7),即可得到应力腐蚀门槛值 K_{ISCC}、腐蚀浓度和氢致应力极层的塑性功的关系,见式(10)。此即为应用压入过程塑性功预测 4130X 材料氢腐蚀后断裂韧性的预测公式。

$$K_{ISCC}=\sqrt{\left(\frac{E}{1-\nu^2}\right)\times(-1.17545\times10^{-8}C_{H_2S}^{-0.18736})\times W_{plast}} \tag{10}$$

将本文对应的腐蚀浓度和试验测得的塑性功代入到预测式(5)中,可以得到 4130X 在不同氢腐蚀条件下的应力腐蚀门槛值 K_{ISCC},表 5 为应力腐蚀门槛值实测值和经验公式推导值对比。

表 5　不同氢腐蚀条件下临界应力强度因子的实测值与预测公式推导值的对比

项目	200 ppm	800 ppm	1 600 ppm
实测 $K_{ISCC}/(MPa\cdot m^{1/2})$	56.46	49.72	45.30
推导 $K_{ISCC}/(MPa\cdot m^{1/2})$	56.62	49.04	45.86
误差	1.77%	2.04%	2.18%

从表 5 可以看出预测得到的应力腐蚀门槛值 K_{ISCC} 与实测值误差最高为 2.18%。因此在实际工程测量中,当腐蚀浓度已知时,可以利用仪器化压痕实验测量受腐蚀材料氢致应力极层处的塑性功,使用式(10)得到材料的应力腐蚀门槛值 K_{ISCC}。

4　结　论

本文通过仪器化压痕试验结合 H_2S 加速腐蚀试验,系统地研究了不同浓度(200～1 600 ppm)和腐蚀时间(24～48 h)对 4130X 钢氢脆层塑性功的影响,并建立了塑性功与应力腐蚀临界强度因子(K_{ISCC})的关联模型。主要结论如下:

(1)氢腐蚀后,4130X 钢氢脆影响层塑性功逐渐升高直至恢复原始值;腐蚀浓度为影响氢致应力极层塑性功主要影响因素,随腐蚀浓度增加而降低。

(2)定义了氢致应力极层塑性功和应力腐蚀临界强度因子 K_{ISCC} 的关联参数 D,基于压入过程塑性功,获取了氢腐蚀后 4130X 钢应力腐蚀临界强度因子的预测公式:

$$K_{ISCC}=\sqrt{\left(\frac{E}{1-\nu^2}\right)\times(-1.17545\times10^{-8}C_{H_2S}^{-0.18736})\times W_{plast}}$$

基于断裂力学原理获取的预测模型获取与实测数据相比,最大误差不超过 2.5%,验证了非破坏性评价方法在 4130X 钢氢脆评估中的可行性。该方法为腐蚀环境下 4130X 钢的安全性评估提供了高效、小尺度的解决方案,具有工程应用价值。

参考文献

[1] 张绍举. 石油管道硫化氢腐蚀与防护对策分析[J]. 石油化工设备技术,2007,28(6):35－38.

[2] Wang M, Akiyama E, Tsuzaki K. Effect of hydrogen and stress concentration on the notch tensile strength of AISI 4135 steel[J]. Materials Science & Engineering A,2005,398(1):37－46.

[3] Lee W J, Chia W J, Wang J, et al. Role of Surfaces and Interfaces in Controlling the Mechanical Properties of Metallic Alloys[J]. Langmuir,2010,26(21):54－60.

[4] 黄淞,薛广珂,惠虎,等. 高压氢环境下储氢容器 4130X 钢力学性能的演化规律研究[J]. 压力容器,2024,41(12):8－15.

[5] 孙蛟. 离心压缩机叶轮应力腐蚀行为和机理的研究[D]. 济南:山东大学,2016.

[6] M. M. Hall. Effect of Variable Stress Intensity Factor on Hydrogen Environment Assisted Cracking[J]. Metallurgical & Materials Transactions A,2011,42(2):304－318.

[7] Varias A G, Massih A R. Hydride - induced embrittlement and fracture in metals - effect of stress and temperature distribution[J]. Journal of the Mechanics & Physics of Solids,2002,50(7):1469－1510.

[8] 孙永辉,尤景泽,刘凯,等. 高钢级管线环焊缝强度匹配的仪器化压痕法测试研究[J]. 压力容

器，2023，40(11)：26－32.

[9] 窦磊，翟建明，王晶，等．基于连续球压痕法的 45 钢强度与韧性测试研究[J]．材料开发与应用，2022，37(6)：39－46.

[10] 窦磊，王晶，姜少磊．不同硫化氢腐蚀方式对 4130X 钢断裂韧性的影响[C]//中国机械工程学会压力容器分会．压力容器先进技术——第十届全国压力容器学术会议论文集(上)．北京工业大学：2021：144－150.

作者简介

谢雨萱(2001)，女，硕士研究生，主要研究方向为氢腐蚀对材料力学行为的影响，通信地址：100124 北京市朝阳区平乐园 100 号北京工业大学，E－mail：xieyuxuan0610@outlook. com。

计及约束效应和微结构影响的三维蠕变裂纹扩展模型

孔维晨[1],代岩伟[2],刘应华[1],NIKBIN Kamran[3]

(1. 清华大学 航天航空学院,北京 100084;2. 北京工业大学 电子封装技术与可靠性研究所,北京 100124;
3. 帝国理工学院 机械工程系,伦敦 SW7 2AZ)

摘　要:蠕变裂纹扩展(creep crack growth,CCG)是高温结构安全评估的关键环节。本研究探讨了几何约束水平与微结构对 CCG 速率的双重影响,并提出了 NSW - SC(Nikbin,Smith,Webster - Stochastic,Constraint)的新型 CCG 预测模型,该模型将几何约束与随机微结构影响结合到著名的基于延性耗竭的 NSW 模型中,用于预测金属材料的 CCG 行为。NSW - SC 模型引入了基于蠕变裂纹尖端场的三维高阶渐近解的约束特征参数,同时考虑了晶粒尺度下受裂纹尖端场影响的随机多轴延性,量化了微结构对 CCG 的影响。研究结果表明:较高约束水平会加速 CCG 速率,同时降低蠕变损伤区材料延性的波动,带来更稳定的 CCG 行为。通过不同试样的随机有限元计算,并结合镍基合金 Inconel 617 的 CCG 实验结果验证了 NSW - SC 模型的准确性。

关键词:蠕变裂纹扩展;约束效应;微结构影响;随机模型;Inconel 617

A 3D microstructural constraint－based remaining ductility model for creep crack growth in metals

Weichen Kong[1], Yanwei Dai[2], Yinghua Liu[1], NIKBIN Kamran[3]

(1. Department of Engineering Mechanics, AML, Tsinghua University, Beijing 100084, China;
2. Institute of Electronics Packaging Technology and Reliability, Department of Mechanics, Beijing University of Technology, Beijing 100124, China;
3. Department of Mechanical Engineering, Imperial College, London SW7 2AZ, United Kingdom)

Abstract: Creep Crack Growth (CCG) is a critical aspect of high - temperature structural safety assessment. This study investigates the dual effects of geometric constraints and microstructure on CCG rate, and proposes a novel CCG prediction model called NSW - SC (Nikbin, Smith, Webster - Stochastic, Constraint). This model integrates the effects of geometric constraints and random microstructure into the well - known NSW model, based on remaining ductility, to predict the CCG behavior of metallic materials. The NSW - SC model introduces constraint characteristic parameters based on a three - dimensional higher - order asymptotic solution of the creep crack tip field, while considering the random multi - axial ductility affected by the crack tip field at the grain scale, thus quantifying the influence of microstructure on CCG. The research results indicate that a higher constraint level accelerates the CCG rate while reducing the fluctuation of ductility in the creep damage zone, leading to more stable CCG behavior. The accuracy of the NSW - SC model was validated through finite element calculations of different samples and experimental CCG results of Inconel 617.

Keywords: creep crack growth; constraint effect; microstructural variation; stochastic model; inconel 617

0 引 言

对高温金属材料和结构中蠕变裂纹扩展(creep crack growth,CCG)行为的准确预测至关重要,但也充满挑战。尽管对该问题的研究可以追溯至上世纪七八十年代[1,2],但近年来对这类问题的研究依然备受关注[3-11]。随着核电、石化等领域超高温环境的出现和高温设备延寿需求的增长,对CCG行为进行可靠预测的需求日益迫切。作为一个经典模型,NSW(Nikbin - Smith - Webster)模型被广泛地用于CCG速率预测[2]。该模型考虑了材料的应力状态敏感性,通过多轴应力因子(multiaxial stress factor,MSF)表征复杂应力状态,可以给出相对保守的CCG速率[12]。

CCG行为是一个由多机制影响的多尺度蠕变失效行为。在宏观上,其受测试方式和试件几何的显著影响,即约束效应控制CCG行为[13]。为表征这一现象,研究者引入了多种约束特征参数,其中有基于应力的Q[14]、A_2[15]、T_z[16]、Q^*[6]等参数,以及基于蠕变应变的A_c[17]参数,这些约束参数的引入提高了对CCG速率的预测精度。在微观上,CCG行为受微观蠕变失效机制的影响。比如,其显著受晶界蠕变孔洞生长控制[18,19],这也是多轴应力敏感性的主要来源。此外,常见的晶界退化主导的裂纹扩展受到微结构构型、晶粒间的取向差等影响[20,21],且微结构的在空间分布上的差异性也可能显著影响CCG行为[22,23]。

尽管上述研究已经较为丰富,但目前对于三维CCG行为及其受微结构影响的研究尚不全面,对微结构影响和约束效应共同作用下的CCG行为尚未得到深入的探讨。如何全面考虑几何约束效应和蠕变裂纹尖端损伤区的微结构影响,并将其考虑到经典的CCG速率预测方法中,是一个需要进一步阐明的问题。

为此,本文将三维约束效应和微结构影响的随机多轴延性引入到NSW模型中,建立一个改进的NSW - SC(Nikbin,Smith,Webster - Stochastic,Constraint)模型,以考虑约束效应和微结构影响下的CCG行为。本文通过蠕变裂纹的三维高阶尖端场的特征参数C^*,T_z和A_2^{T}描述CCG驱动力和表征约束效应[24,25]。此外,由于裂纹尖端蠕变损伤区微结构的差异,材料的多轴延性也表现出随机性[26]。本文将这种随机的多轴延性引入到NSW模型框架中,以反映微结构对CCG行为的影响。基于提出的NSW - SC模型,本文将量化几何约束和微结构对CCG行为的影响,建立约束参数T_z、A_2^{T}和CCG速率的定量关系,揭示微结构影响和约束效应在控制CCG行为时的共同作用和相互竞争机制。最后,将通过有限元计算验证NSW - SC模型的准确性。本文的主要研究对象为第四代核电的重要候选材料Inconel 617。

1 考虑约束效应和微结构影响的NSW－SC模型

CCG行为同时受到几何约束和微结构的共同影响。如图1中绿色区域所示,在裂纹尖端存在一个蠕变主导的三维高阶特征应力场——$C^*(T_z)-A_2^{\mathrm{T}}(T_z)$场[24,25],该应力场对于多种几何试件具有较高的准确性和适用性,其中,C^*代表着断裂的驱动力,A_2^{T}和T_z则表征了试件的几何宏观约束效应。此外,在裂纹尖端存在一个尺寸为r_c的蠕变损伤区,由于在该区域内微结构的随机差异性,其表现出的宏观损伤

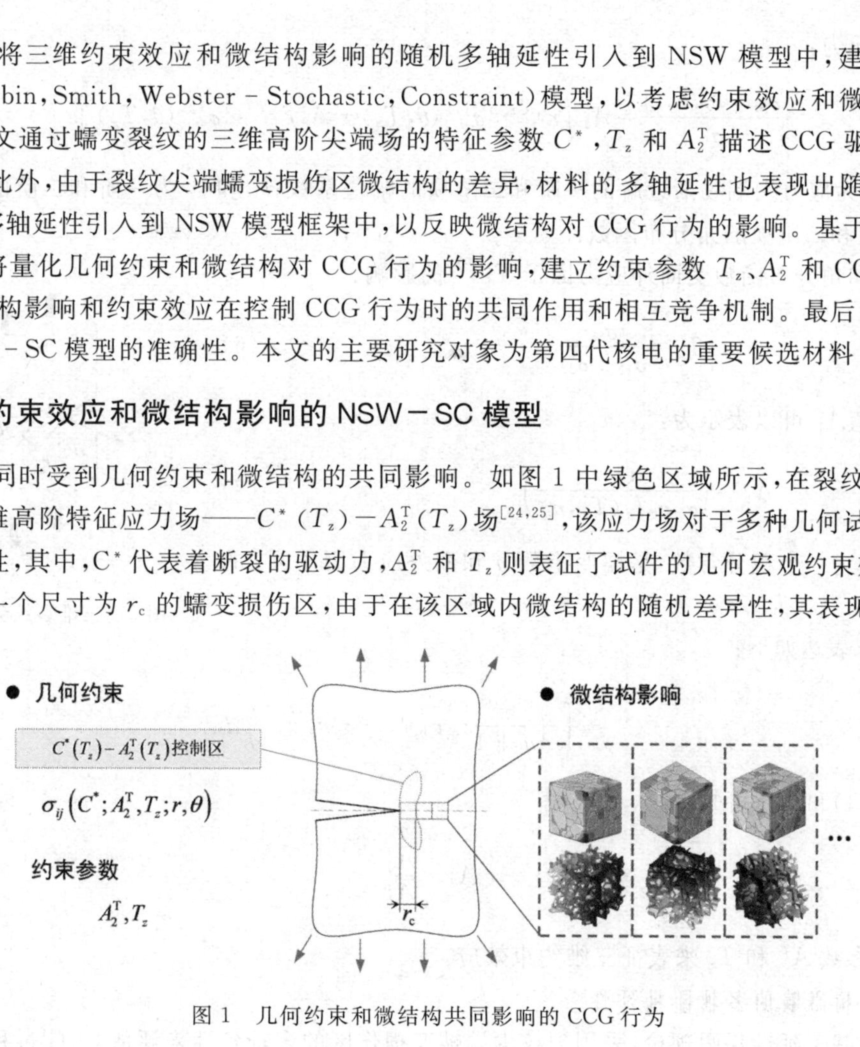

图1 几何约束和微结构共同影响的CCG行为

特征——多轴失效延性表现出随机性。因而,约束效应和多轴随机延性共同控制着 CCG 行为。

1.1 蠕变裂纹尖端三维高阶渐近应力场和约束效应表征

本文考虑 Norton 幂律蠕变材料,其本构方程为:

$$\frac{\dot{\varepsilon}}{\dot{\varepsilon}_0}=\left(\frac{\sigma}{\sigma_0}\right)^n \tag{1}$$

式中,$\dot{\varepsilon}$ 和 σ 为单轴应变率和应力;$\dot{\varepsilon}_0$ 和 σ_0 为参考应变率和参考应力;n 为蠕变指数,对于多轴情形,其形式如下:

$$\frac{\dot{\varepsilon}_{ij}}{\dot{\varepsilon}_0}=\frac{3}{2}\left(\frac{\sigma_e}{\sigma_0}\right)^n\frac{s_{ij}}{\sigma_e} \tag{2}$$

式中,$\dot{\varepsilon}_{ij}$ 和 s_{ij} 为应变率张量和偏应力张量;σ_e 为 von Mises 等效应力。

$$\sigma_e=\sqrt{\frac{3}{2}s_{ij}s_{ij}} \tag{3}$$

对于一个长度为 a 的Ⅰ型三维裂纹,如图 2 所示,在其尖端建立一个柱坐标系。其尖端应力场的高阶渐近解为[24,25]:

$$\frac{\sigma_{ij}(r,\theta,z,t)}{\sigma_0}=\overline{A}_1^T r^{s_1(T_z)}\tilde{\sigma}_{ij}^{(1)}(\theta,T_z)+\overline{A}_2^T r^{s_2(T_z)}\tilde{\sigma}_{ij}^{(2)}(\theta,T_z) \tag{4}$$

其也可表示为:

$$\frac{\sigma_{ij}(r,\theta,z,t)}{\sigma_0}=\overline{A}_1^T\left[r^{s_1(T_z)}\tilde{\sigma}_{ij}^{(1)}(\theta,T_z)+A_2^T r^{s_2(T_z)}\tilde{\sigma}_{ij}^{(2)}(\theta,T_z)\right] \tag{5}$$

式中,$\overline{A}_1^T$ 和$\overline{A}_2^T$ 为应力尖端场渐近解的一阶和二阶项的幅值系数;s_1 和 s_2 为一阶和二阶的应力指数;$\tilde{\sigma}_{ij}^{(1)}$ 和$\tilde{\sigma}_{ij}^{(1)}$ 为一阶项和二阶项的角分布函数。

应力指数和角分布函数受面外应力因子 T_z[27] 的影响:

$$T_z=\frac{\sigma_{33}}{\sigma_{11}+\sigma_{22}} \tag{6}$$

一阶项幅值$\overline{A}_1^T$ 可以表示为:

$$\overline{A}_1^T=\left(\frac{C^*}{\sigma_0\,\dot{\varepsilon}_0 I_n(T_z,n)}\right)^{-s_1} \tag{7}$$

式中,$I_n(T_z,n)$ 为一个积分常数,是蠕变指数 n 和面外应力因子 T_z 的函数。

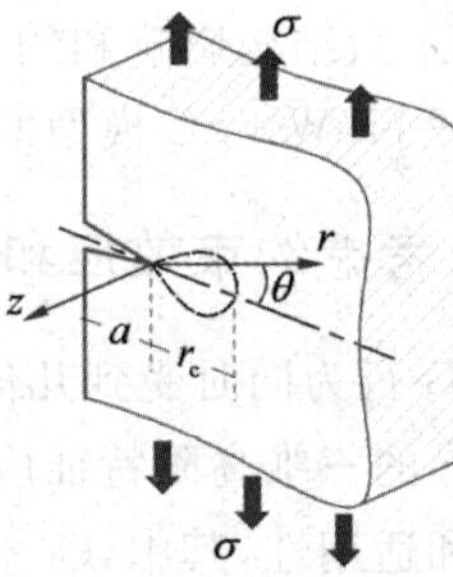

图 2 三维裂纹尖端和坐标系

C^* 积分[28]表达如下:

$$C^*=\int_\Gamma\left(\frac{n}{n+1}\sigma_{ij}\,\dot{\varepsilon}_{ij}n_1-\sigma_{ij}n_j\,\dot{u}_{i,1}\right)ds \tag{8}$$

对比方程(4)和(5),可知:

$$A_2^T=\frac{\overline{A}_2^T}{\overline{A}_1^T} \tag{9}$$

本文使用参数 A_2^T 和 T_z 来表征三维约束效应。

1.2 微结构影响的多轴随机延性

NSW 模型基于延性耗竭理论,采用裂纹尖端蠕变损伤区的多轴延性来评估 CCG 过程中的蠕变损伤演化。多轴应力状态用应力三轴度表征：

$$\eta=\frac{\sigma_m}{\sigma_e} \tag{10}$$

式中，σ_m 和 σ_e 为静水应力和 von Mises 等效应力。

如图 3 所示，通过一个新颖的蒙特卡洛（MC）方法[26]，可以获得不同应力水平和三轴度下的多轴延性的均值及 99.7%置信区间（CIs）。

一些实用的多轴蠕变断裂模型给出了多轴延性与单轴延性的比值，即多轴应力因子（MSF）——$\frac{\varepsilon_f^*}{\varepsilon_f}$，如 Cocks - Ashby 模型[18]、Wen - Tu 模型[29]、Yatomi - Nikbin 模型[30]、Biglari - Nikbin 模型[31]等。ε_f^* 和 ε_f 分别为多轴和单轴延性，这些模型的曲线如图 4 所示。在本文中，Inconel 617 在 850 ℃下的 MSF 也通过 MC 计算结果确定[26]。总体而言，MC 计算得到 MSF 分布带与先前模型预测的结果相对一致。值得注意的是，由于考虑了微结构的随机性，MSF 以随机分散带的形式表示，而非确定的曲线。

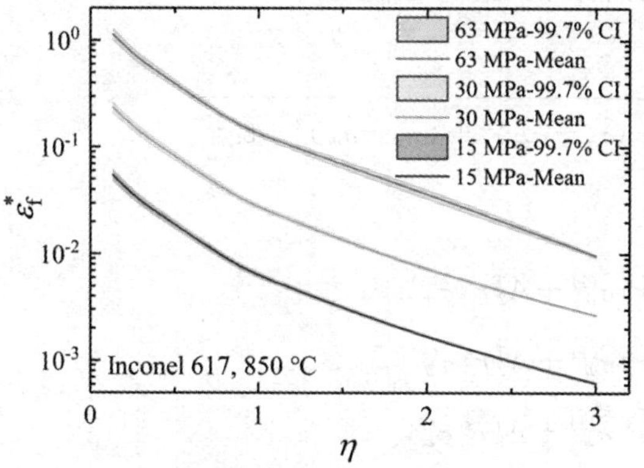

图 3　不同 Mises 等效应力下的多轴蠕变延性及相关置信区间（CIs）

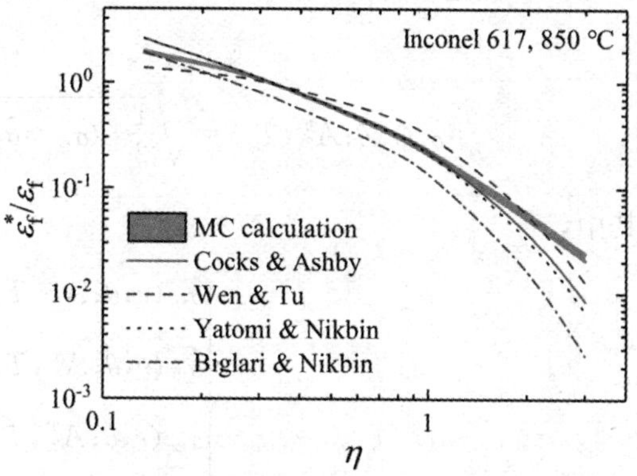

图 4　MC 结果与不同模型的多轴应力因子比较

1.3　NSW－SC 模型的建立和参数确定

在 NSW 模型中，考虑了裂尖蠕变损伤区内的平均蠕变变形。如图 5 所示，平均蠕变速率定义为：

$$\dot{\varepsilon}_A=\frac{\varepsilon_{f0}}{t_f} \tag{11}$$

基于单轴实验曲线计算平均蠕变速率，其中 ε_{f0} 和 t_f 分别为单轴蠕变断裂应变和时间，平均的幂律蠕变速率可以表示为：

$$\dot{\varepsilon}_A=\dot{\varepsilon}_0\left(\frac{\sigma}{\sigma_0}\right)^n \tag{12}$$

假设蠕变断裂时间与施加应力之间存在幂律关系：

$$t_f=\frac{D}{\sigma^{\nu}} \tag{13}$$

式中，D 和 ν 是材料参数。

对于单轴拉伸蠕变条件，蠕变断裂应变可以表示为：

$$\varepsilon_f=\frac{\dot{\varepsilon}_0 D\sigma^{(n-\nu)}}{(\sigma_0)^n} \tag{14}$$

如图 3(a)所示，施加应力越低，蠕变断裂应变也越低，这表

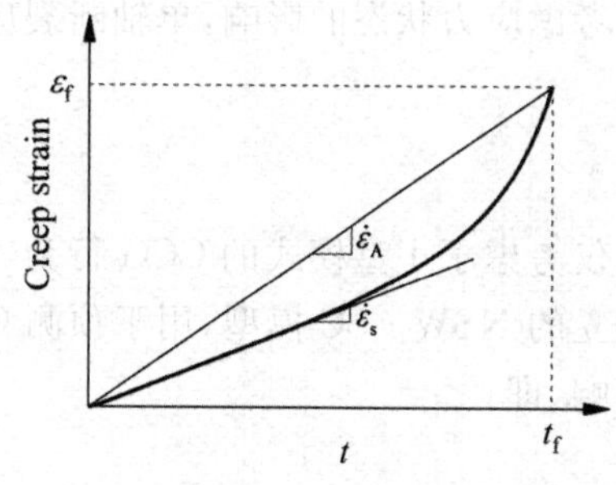

图 5　蠕变应变曲线及平均蠕变应变速率

明对于 Inconel 617,n 大于ν。用于预测蠕变失效的寿命分数模型表示为:

$$\int \frac{\mathrm{d}t}{t_f}=1 \tag{15}$$

结合公式(5)(13) 和(15),可以得到基于损伤的断裂判据:

$$\int_{r=r_c}^{r=0} \frac{1}{D}\left(\overline{A}_1^T r^{s_1}\tilde{\sigma}_{ij}^{(1)}+\overline{A}_2^T r^{s_2}\tilde{\sigma}_{ij}^{(2)}\right)^{\nu}(\sigma_0)^{\nu}\frac{\mathrm{d}t}{\mathrm{d}r}\mathrm{d}r=1 \tag{16}$$

根据 $\dot{r}=-\dot{a}$,可以得到 CCG 速率为:

$$\dot{a}=(\overline{A}_1^T)^{\nu}\frac{(\sigma_0)^{\nu}}{D}\int_0^{r_c}\left(r^{s_1}\tilde{\sigma}_{ij}^{(1)}+A_2^T r^{s_2}\tilde{\sigma}_{ij}^{(2)}\right)^{\nu}\mathrm{d}r \tag{17}$$

原始 NSW 模型采用最大 von Mises 等效应力的角分布函数替代 CCG 速率模型中的应力项。同样,在 NSW - SC 模型中,使用应力 von Mises 等效应力的角分布函数 $\hat{\sigma}_e$ 替代应力($r^{s_1}\tilde{\sigma}_{ij}^{(1)}+A_2^T r^{s_2}\tilde{\sigma}_{ij}^{(2)}$):

$$\hat{\sigma}_e(r,\theta;A_2^T,T_z)=\sqrt{\frac{1}{2}\left[(\hat{\sigma}_{rr}-\hat{\sigma}_{\theta\theta})^2+(\hat{\sigma}_{rr}-\hat{\sigma}_{zz})^2+(\hat{\sigma}_{zz}-\hat{\sigma}_{\theta\theta})^2+6\hat{\sigma}_{r\theta}^2\right]} \tag{18}$$

其中,

$$\begin{cases}\hat{\sigma}_{rr}(r,\theta;A_2^T,T_z)=r^{s_1}\tilde{\sigma}_{rr}^{(1)}+A_2^T r^{s_2}\tilde{\sigma}_{rr}^{(2)}\\ \hat{\sigma}_{\theta\theta}(r,\theta;A_2^T,T_z)=r^{s_1}\tilde{\sigma}_{\theta\theta}^{(1)}+A_2^T r^{s_2}\tilde{\sigma}_{\theta\theta}^{(2)}\\ \hat{\sigma}_{zz}(r,\theta;A_2^T,T_z)=r^{s_1}\tilde{\sigma}_{zz}^{(1)}+A_2^T r^{s_2}\tilde{\sigma}_{zz}^{(2)}\\ \hat{\sigma}_{r\theta}(r,\theta;A_2^T,T_z)=r^{s_1}\tilde{\sigma}_{r\theta}^{(1)}+A_2^T r^{s_2}\tilde{\sigma}_{r\theta}^{(2)}\end{cases} \tag{19}$$

$\hat{\sigma}_e$ 的积分表示为:

$$I_\sigma(\theta;A_2^T,T_z)=\int_0^{r_c}\left[\hat{\sigma}_e(r,\theta;A_2^T,T_z)\right]^{\nu}\mathrm{d}r \tag{20}$$

由于无法给出显式的表达,为了计算积分 $I_\sigma(\theta;A_2^T,T_z)$,需要一个数值积分程序。需要注意的是,$I_\sigma(\theta;A_2^T,T_z)$是与$\theta$ 和约束参数 A_2^T 和 T_z 相关的。为了在预测 CCG 速率时获得保守的结果,采用最大值 $I_\sigma^{\max(A_2^T,T_z)}$。因此,$CCG$ 速率表示为:

$$\dot{a}=(\overline{A}_1^T)^{\nu}\frac{(\sigma_0)^{\nu}}{D}I_\sigma^{\max(A_2^T,T_z)} \tag{21}$$

考虑应力状态的影响,单轴断裂应变以多轴断裂应变 ε_{f0}^*替代,ε_{f0}^*通过 MC 方法计算得到,即:

$$\dot{a}=(\overline{A}_1^T)^{\nu}\frac{\dot{\varepsilon}_0}{\varepsilon_{f0}^*}I_\sigma^{\max(A_2^T,T_z)} \tag{22}$$

仅考虑了Ⅰ型模式的 CCG 行为,假定 CCG 方向为 $\theta=0°$,模型中采用 $\varepsilon_{f0}^*(\theta=0°)$。因此,公式(22)即为建立的 NSW - SC 模型,用于预测 CCG 速率。该模型通过多轴延性的统计特性考虑了微结构随机性的影响,即:

$$\varepsilon_{f0}^*\sim N(\mu_\varepsilon^*,(\sigma_\varepsilon^*)^2) \tag{23}$$

式中,μ_ε^* 和 σ_ε^* 为 ε_{f0}^*的均值和标准差,多轴延性 ε_{f0}^*与应力状态密切相关。

该模型通过引入 A_2^T 和 T_z 考虑了三维约束效应对 CCG 行为的影响，三维裂纹前缘的应力状态可以通过约束参数 A_2^T 和 T_z 确定。因此，其均值和标准差取决于约束参数 A_2^T 和 T_z：

$$\begin{cases}\mu_\varepsilon^*\ (A_2^T, T_z) \\ \sigma_\varepsilon^*\ (A_2^T, T_z)\end{cases} \tag{24}$$

在 NSW－SC 模型中，当 $A_2^T=0$ 且 $T_z=0$ 时，该模型退化为平面应力 CCG 速率预测模型。当 $A_2^T=0$ 且 $T_z=0.5$ 时，该模型退化为平面应变 CCG 速率预测模型。

基于公式(22)，定义了对应于$\overline{A}_1^T=1$ 的参考 CCG 速率，如下所示：

$$\dot{a}_{ref}=\frac{\dot{\varepsilon}_0}{\varepsilon_{f0}^*} I_\sigma^{\max(A_2^T, T_z)} \tag{25}$$

因此，CCG 速率表示为：

$$\dot{a}=(\overline{A}_1^T)^{\nu}\dot{a}_{ref} \tag{26}$$

由于 ε_{f0}^* 的随机性，参考 CCG 速率$\dot{a}_{ref}$ 也是一个随机变量。其期望值和标准差分别记为 $\mathbb{E}(\dot{a}_{ref})$ 和 $\sqrt{Var(\dot{a}_{ref})}$。考虑到式(7)，$CCG$ 速率可以表示为：

$$\dot{a}=\left(\frac{C^*}{\sigma_0\ \dot{\varepsilon}_0 I_n(T_z, n)}\right)^{-\nu s_1}\dot{a}_{ref} \tag{27}$$

对于特定试件的约束参数 A_2^T 和 T_z，可以获得不同 C^* 对应的 CCG 速率。对于 Inconel 617，NSW－SC 的参数见表 1。

表 1　850 ℃下的 Inconel 617 的双尺度蠕变本构和 MC 方法的参数

参数	$\dot{\varepsilon}_0/h^{-1}$	n	β	q	d	σ_0/MPa	B	p	c
数值	6×10^{-4}	5.0	0.63	8.43	1.34	54.82	3.2×10^{-21}	2.93	0.31

2　结果与讨论

2.1　几何约束对 CCG 速率的影响

在大多数情况下，A_2^T 通常是负值。一般长裂纹导致 A_2^T 值更接近零($|A_2^T|$下降)，对应于高约束；相反，短裂纹导致较高的$|A_2^T|$值，对应于低约束。$|A_2^T|$和裂纹深度之间的关系如图 6(b)所示。此外，T_z 通常与三维试件的厚度密切相关，对于典型的三维试件，T_z 范围在 0 到 0.5 之间(见图 6(c))。随着试件厚度的增加，T_z 接近 0.5，对应平面应变条件和高约束；当试件变薄时，T_z 接近 0，对应平面应力条件和低约束。

这里使用参考 CCG 速率$\dot{a}_{ref}$ 来揭示约束效应和微结构的影响，通过 NSW－SC 模型得到参考 CCG 速率$\dot{a}_{ref}$ 的期望值。如图 7(a)所示，对于不同 T_z 的情况，$-A_2^T$ 增加导致$\dot{a}_{ref}$ 的减小。随着 T_z 的增加，$\dot{a}_{ref}$ 增加，且对 A_2^T 变化的敏感性变得更加明显。这表明随着应力状态接近平面应变，A_2^T 对 CCG 速率的影响变得更加显著。图 7(b)直观地展示了 T_z 对 CCG 速率的影响，随着 T_z 的增加，$\dot{a}_{ref}$ 显著增加。一般来说，随着 T_z 的增加和$|A_2^T|$的减小，参考 CCG 速率$\dot{a}_{ref}$ 显著增加。在图 7 中，橙色区域表示高约束水平，而绿色区域表示低约束水平。因此，较高的约束水平导致较高的参考 CCG 速率$\dot{a}_{ref}$，即裂纹长度越长，试件越厚，CCG 速率越高。

为便于使用，对参考 CCG 速率$\dot{a}_{ref}$ 的期望值和 A_2^T、T_z 之间的关系进行了拟合，如图 8(a)所示。由于 A_2^T 和 T_z 的影响，CCG 速率的存在量级的差异，拟合结果也以曲面在对数坐标上展示，如图 8(b)所示。

$$\mathbb{E}(\dot{a}_{ref})=\exp(8.23T_z-0.45A_2^T-5.79) \tag{28}$$

总体而言，如图 8 所示，拟合结果大致是准确的。若已知 A_2^{T} 和 T_z，就可以快速确定参考 CCG 速率 $\dot{a}_{\mathrm{ref}}$。对于特定的 CCG 情况，在获得 C^*（或$\overline{A}_1^{\mathrm{T}}$）之后，可以使用式(27)来确定实际的 CCG 速率。

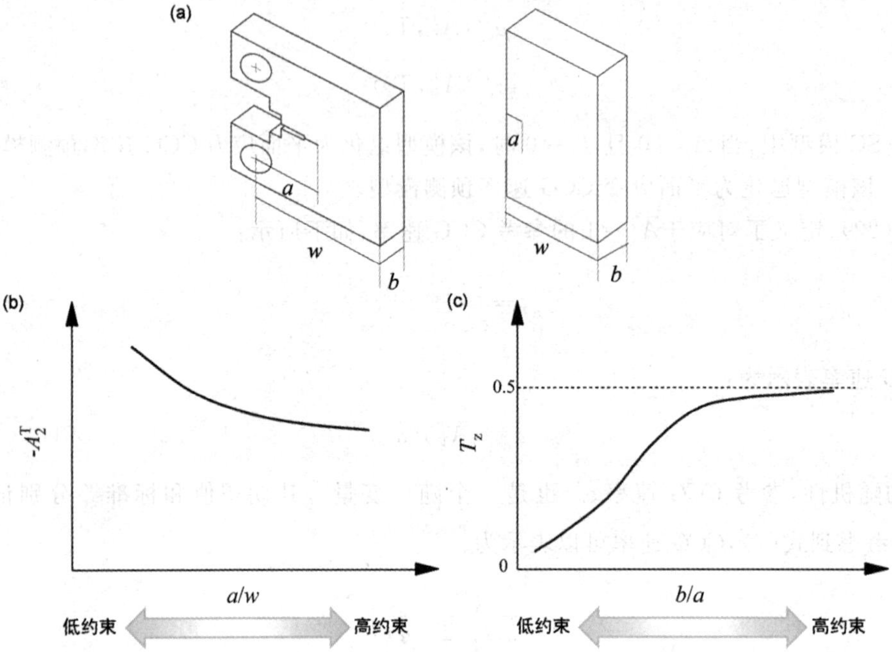

图 6　特征参数、约束效应与试件几何形状之间的关系

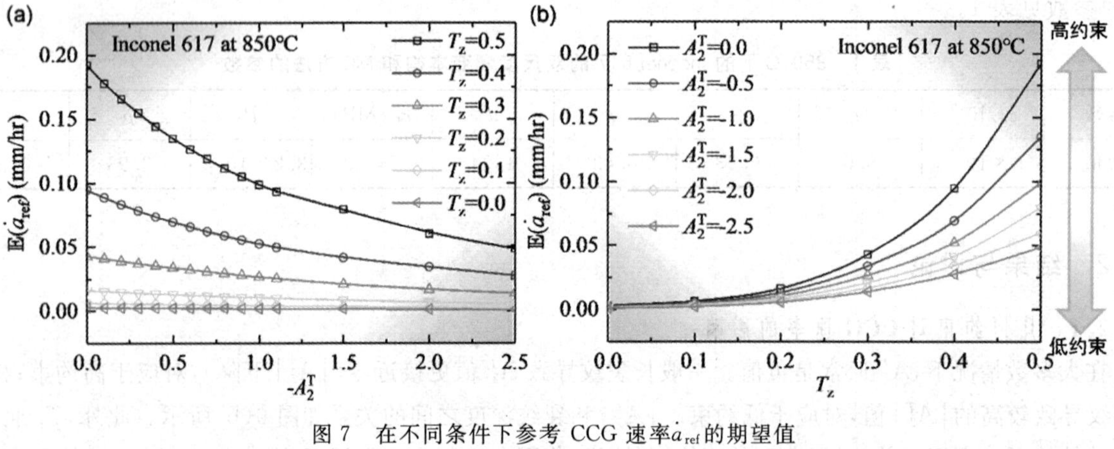

图 7　在不同条件下参考 CCG 速率 $\dot{a}_{\mathrm{ref}}$ 的期望值

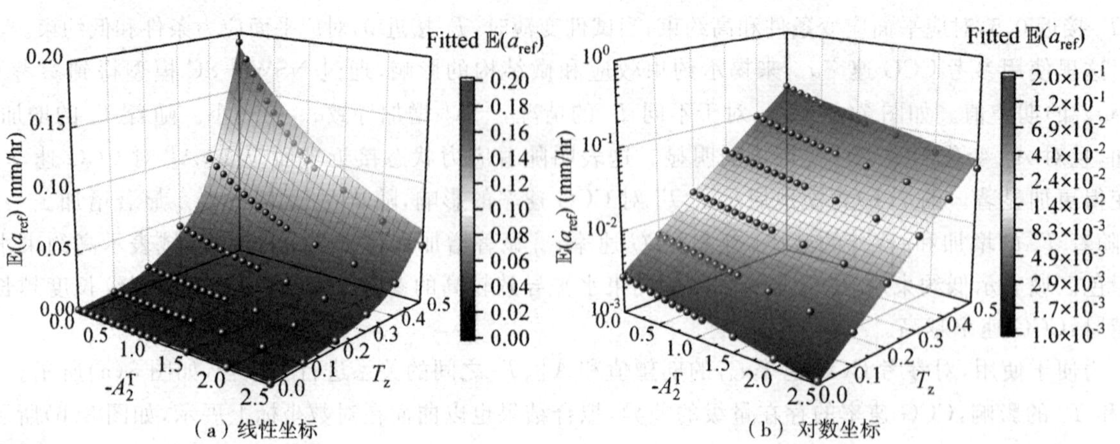

（a）线性坐标　　（b）对数坐标

图 8　不同 A_2^{T} 和 T_z 条件下参考 CCG 速率 $\dot{a}_{\mathrm{ref}}$ 的期望值及其拟合曲面

2.2 约束效应和微结构影响的竞争

根据 NSW－SC 模型得到$\dot{a}_{ref}$的标准差，即$\sqrt{Var(\dot{a}_{ref})}$。鉴于在不同条件下的$\dot{a}_{ref}$差异较大，使用标准差的绝对大小衡量微结构的影响并不合适。因此，采用$\dot{a}_{ref}$的变异系数（coefficient of variation，C・V）来表征由微结构引起的变异性，C・V 值是频率分布离散度的标准化衡量。它在比较不同数据系列的变异程度时尤其有用，定义为$\sqrt{Var(\dot{a}_{ref})}$和$\mathbb{E}(\dot{a}_{ref})$的比值：

$$C \cdot V(\dot{a}_{ref}) = \frac{\sqrt{Var(\dot{a}_{ref})}}{\mathbb{E}(\dot{a}_{ref})} \tag{29}$$

$C \cdot V(\dot{a}_{ref})$常用百分比表示，较高的$C \cdot V(\dot{a}_{ref})$值反映了参考 *CCG* 速率$\dot{a}_{ref}$的较大变异性，表明微结构影响更为显著，较低的$C \cdot V(\dot{a}_{ref})$值表明微结构影响较小。$C \cdot V(\dot{a}_{ref})$受约束参数A_2^T和T_z影响的变异系数如图 9 所示。对于特定的T_z，较大的A_2^T会导致更高的$C \cdot V(\dot{a}_{ref})$，表明微结构影响的增强；对于给定的A_2^T，较高的T_z对应较低的$C \cdot V(\dot{a}_{ref})$。图 10 所示为受A_2^T和T_z影响的$C \cdot V(\dot{a}_{ref})$的三维曲面。显然，相较于A_2^T，$C \cdot V(\dot{a}_{ref})$受T_z影响的程度更大。这意味着，*CCG* 行为的微结构敏感性主要由试件的厚度决定。

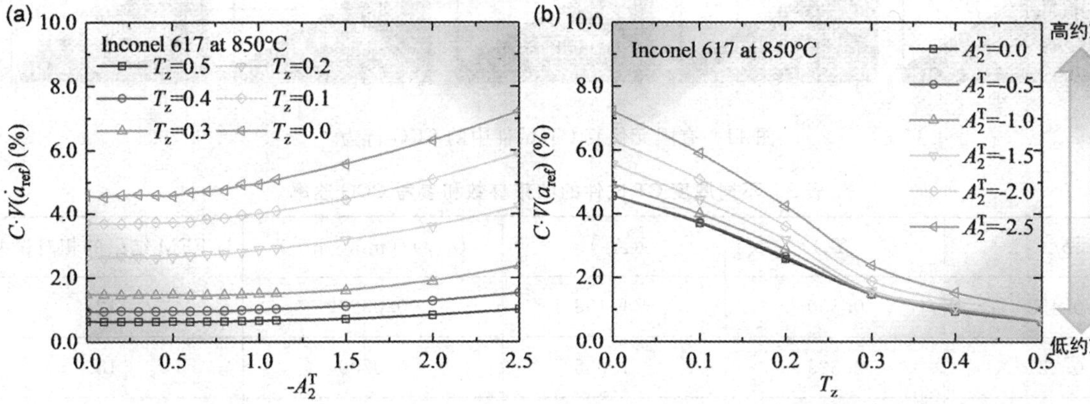

图 9 参考 *CCG* 速率$\dot{a}_{ref}$的变异系数随不同的A_2^T和T_z值变化

此外，$C \cdot V(\dot{a}_{ref})$整体相对较小，均小于 8%，即使应用三倍标准差准则来确定 99.7%的置信区间，最大值仍约为 20%。较之约束效应，微结构的影响相对较小，表明一旦宏观裂纹在结构中形成，微结构对 CCG 行为的影响变得相对有限。

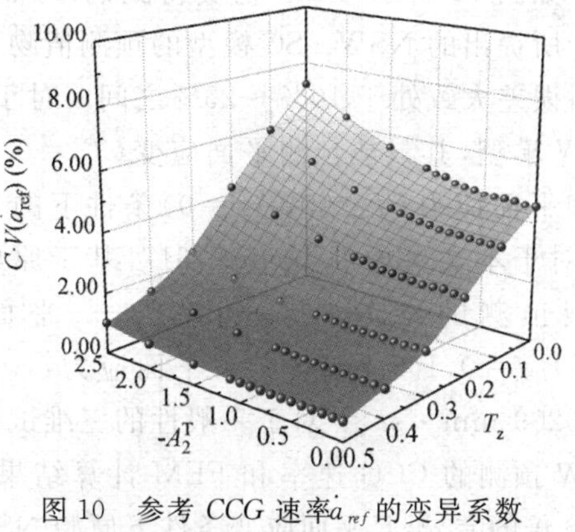

图 10 参考 *CCG* 速率$\dot{a}_{ref}$的变异系数在三维坐标系中随不同的A_2^T和T_z值变化

如图 10 所示，随着约束水平的增加，$C \cdot V(\dot{a}_{ref})$值减小，表明微结构对 *CCG* 速率的影响减弱。相反，随着约束水平的降低，$C \cdot V(\dot{a}_{ref})$值增加，表明微结构对 CCG 速率的影响更为显著。这表明约束和微结构对 CCG 行为的影响可能呈现竞争性，然而，微结构的影响在这场竞争中始终处于劣势，因为它对 CCG 速率的影响明显小于约束效应。尽管如此，仍可以得出一个定性结论：约束水平越高，CCG 行为越稳定；相反，约束水平越低，CCG 行为的随机性越显著。随着试件厚度的增加和宏观裂纹的增长，微结构对 CCG 行为的影响减小。相反，对于薄试件中的宏观短裂纹，微结构对 CCG 行为的影响变得更加显著。

2.3 CCG 行为的有限元仿真和 NSW－SC 模型验证

如图 11 所示，CT 试件被认为是典型的高约束试件。本文使用有限元仿真结果来验证 NSW－SC 模型的准确性。通过有限元计算确定 C^*、A_2^T 和 T_z，CCG 速率可以通过 NSW－SC 模型式(27)进行预测，获得不同约束条件下的平均 CCG 行为。预测了不同尺寸的 CT 试件的 CCG 速率，同时对具有不同厚度 $\frac{b}{a}$＝0.455，0.227，0.073 的 CT 试件进行了模拟，结果如图 12 所示。获得了相应的约束参数的平均值，结果展示在表 2 中。显然，随着试件厚度的增加，(T_z) 增加。同时，参考 CCG 速率也随着厚度的增加而增加。

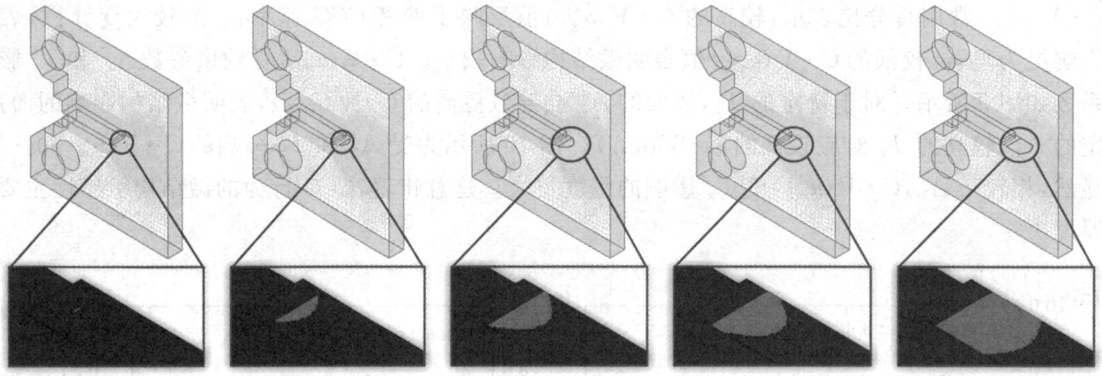

图 11　有限元仿真 CT 试件中的 CCG 行为

表 2　不同厚度 CT 试件的约束参数和参考 CCG 速率

b/a	(T_z)	(A_2^T)	$(\dot{a}_{ref})/(\text{mm}\cdot\text{h}^{-1})$	与 FEM 结果的相对误差/%
0.455	0.350	－1.198	0.0320	12.9
0.227	0.325	－1.035	0.0280	18.4
0.073	0.247	－0.954	0.0151	21.0

如图 12 所示，FEM 仿真得到的 CCG 速率与基于所提出的 NSW－SC 模型的预测值吻合较好，相对误差大致处于 10%～25%之间。对于原始的 NSW 模型，其只能预测平面应变(T_z＝0.5，A_2^T＝0)和平面应力(T_z＝0，A_2^T＝0)条件下的 CCG 速率，对于本文考虑的 Inconel 617，基于原始 NSW 模型预测的参考 CCG 速率为——平面应变：$(\dot{a}_{ref})_{PE}$＝0.192 mm·s^{-1}；平面应力：$(\dot{a}_{ref})_{PS}$＝0.00209 mm·s^{-1}。对于一般性的三维试件，原始 NSW 预测的 CCG 速率和 FEM 计算结果大概有 6～8 倍的差异，且平面应变条件下原始 NSW 模型给出了一个相对保守的预测。这表明，考虑由 A_2^T 和 T_z 表征的约束效应，将显著提高预测 CCG 速率的准确性。对于一般的三维试件，CCG 速率位于平面应变和平面应力状态下的 CCG 速率之间。随着试件厚度的增加，它接近平面应变条件。在平面应变条件下的 CCG 速率是最高的，可以视为评估的最保守临界条件。

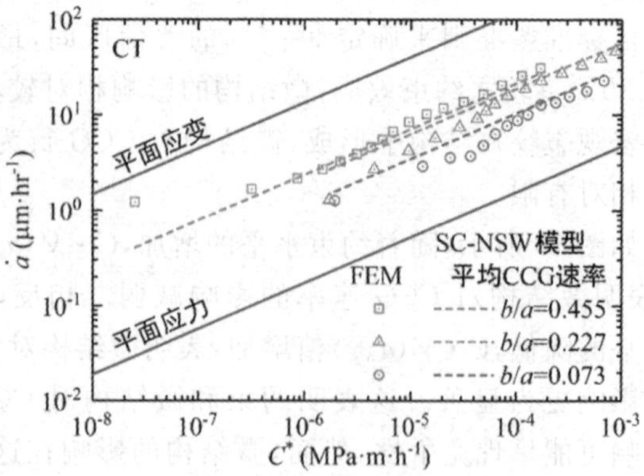

图 12　CT 试件的预测和仿真 CCG 速率的比较

3 结 论

(1)本文提出了一个新型的 NSW－SC 模型，考虑了微结构和约束效应对 CCG 速率的影响。在 NSW－SC 模型中，引入约束特征参数 A_2^T 和 T_z，有效地考虑了约束效应；引入随机多轴延性，将微结构对 CCG 的影响纳入 NSW－SC 模型中。结果表明，CCG 速率的均值和标准差显著依赖于约束参数 A_2^T 和 T_z。

(2)随着试件约束水平的增加，CCG 速率的均值上升，而 CCG 速率的变异系数减小。这表明，随着约束水平的增加，CCG 加速，同时表现出较高的稳定性。此外，对于成形的宏观裂纹，与约束效应的主导影响相比，初始微结构对 CCG 速率变化的影响相对较小。尽管微结构对 CCG 速率的影响较小，但随着约束水平的降低，微结构影响变得显著。因而，在评估特定的含蠕变裂纹的薄壁结构时，微结构对 CCG 速率影响应加以考虑。

(3)NSW－SC 模型能够准确预测 CT 试件中裂纹的 CCG 速率。该模型可以预测不同厚度 CT 试件的 CCG 速率，CT 试件越厚，CCG 速率越高。本章提出的 NSW－SC 模型准确可靠地预测了约束效应下的 CCG 速率。它突出了三维高阶渐近裂纹场特征参数，即 A_2^T 和 T_z，在量化约束效应中的实际意义。所提出的 NSW－SC 模型在高温结构安全评估和微结构影响的定量评价方面具有理论和实践意义。

参考文献

[1] AINSWORTH R A. The initiation of creep crack growth[J]. International Journal of Solids and Structures，1982，18(10)：873－881.

[2] NIKBIN K M，SMITH D J，WEBSTER G A，et al. Prediction of creep crack growth from uniaxial creep data[J]. Proceedings of the Royal Society of London. A. Mathematical and Physical Sciences，1984，396(1810)：183－197.

[3] LIU H J，LI M，WEN Z X，et al. The role of initial cracks on creep crack growth and fracture mode of thick－walled pressurized pipe weldments[J]. Engineering Fracture Mechanics，2024，307：110296.

[4] WEN J F，SRIVASTAVA A，BENZERGA A，et al. Creep crack growth by grain boundary cavitation under monotonic and cyclic loading[J]. Journal of the Mechanics and Physics of Solids，2017，108：68－84.

[5] XIAO H R，CAI L X. Study on the creep crack growth testing of metals based on direct and indirect methods[J]. Engineering Fracture Mechanics，2024，309：110435.

[6] ZHAO L，WU Y，XU L，et al. Characterization of creep constraint effects on creep crack growth behavior by Q－type parameters[J]. Engineering Fracture Mechanics，2023，279：109015.

[7] MA H S，WANG G Z，LIU S，et al. In－plane and out－of－plane unified constraint－dependent creep crack growth rate of 316H steel[J]. Engineering Fracture Mechanics，2016，155：88－101.

[8] NIKBIN K：A Unified Multiscale/Multiaxial Constraint－Based Model for Creep Damage and Crack Growth in Engineering Alloys，Aliabadi M H F，Soboyejo W O，editor，Comprehensive Structural Integrity(Second Edition)，Oxford：Elsevier，2023：139－157.

[9] NIKBIN K，LIU S. Multiscale－constraint based model to predict uniaxial/multiaxial creep damage and crack growth in 316－H steels[J]. International Journal of Mechanical Sciences，2019，156：74－85.

[10] 侍克献，田根起，张作贵，等．国产 P92 钢的蠕变裂纹扩展行为研究[J]. 压力容器，2023，40(6)：1－6.

[11] 庚明达,邵雪娇,蒲卓,等. 类裂纹不连续区高温蠕变疲劳评价方法对比[J]. 压力容器,2023,40(10):38—46.

[12] YATOMI M, O'DOWD N P, NIKBIN K M, et al. Theoretical and numerical modelling of creep crack growth in a carbon - manganese steel[J]. Engineering Fracture Mechanics, 2006, 73(9): 1158—1175.

[13] DAVIES C M, DEAN D W, YATOMI M, et al. The influence of test duration and geometry on the creep crack initiation and growth behaviour of 316H steel[J]. Materials Science and Engineering a - Structural Materials Properties Microstructure and Processing, 2009, 510—11: 202—206.

[14] NIKBIN K. Justification for meso - scale modelling in quantifying constraint during creep crack growth[J]. Materials Science and Engineering a - Structural Materials Properties Microstructure and Processing, 2004, 365(1—2): 107—113.

[15] CHAO Y J, ZHU X K, ZHANG L. Higher - order asymptotic crack - tip fields in a power - law creeping material[J]. International Journal of Solids and Structures, 2001, 38(21): 3853—3875.

[16] XIANG M J, YU Z B, GUO W L. Characterization of three - dimensional crack border fields in creeping solids[J]. International Journal of Solids and Structures, 2011, 48(19): 2695—2705.

[17] MA H S, WANG G Z, XUAN F Z, et al. Unified characterization of in - plane and out - of - plane creep constraint based on crack - tip equivalent creep strain[J]. Engineering Fracture Mechanics, 2015, 142: 1—20.

[18] COCKS A C F, ASHBY M F. On creep fracture by void growth[J]. Progress in Materials Science, 1982, 27(3): 189—244.

[19] SHAM T L, NEEDLEMAN A. Effects of triaxial stressing on creep cavitation of grain boundaries[J]. Acta Metallurgica, 1983, 31(6): 919—926.

[20] LI K S, WANG R Z, ZHANG X C, et al. Creep - fatigue damage mechanisms and life prediction based on crystal plasticity combined with grain boundary cavity model in a nickel - based superalloy at 650℃[J]. International Journal of Plasticity, 2023, 165: 103601.

[21] SALVINI M, GRILLI N, DEMIR E, et al. Effect of grain boundary misorientation and carbide precipitation on damage initiation: A coupled crystal plasticity and phase field damage study[J]. International Journal of Plasticity, 2024, 172: 103854.

[22] SATYANARAYANA D V V, OMPRAKASH C M, SRIDHAR T, et al. Effect of Microstructure on Creep Crack Growth Behavior of a Near - α Titanium Alloy IMI - 834[J]. Metallurgical and Materials Transactions A, 2009, 40(1): 128—137.

[23] YANG X, MENG T, SU Y, et al. The effect of inclusions and pores on creep crack propagation of linear friction welded joints of GH4169 superalloy[J]. Journal of Materials Research and Technology, 2024, 29: 4636—4649.

[24] KONG W, DAI Y, LIU Y. Out - of - plane effect on the sharp V - notch tip fields in power - law creeping solids: A three - dimensional asymptotic analysis[J]. International Journal of Solids and Structures, 2022, 236—237.

[25] KONG W, DAI Y, LIU Y. A higher - order asymptotic solution for 3D sharp V - notch front tip fields in creeping solids[J]. Engineering Fracture Mechanics, 2024, 306.

[26] KONG W, DAI Y, ZHANG X, et al. A dual - scale stochastic analysis framework for creep failure considering microstructural randomness[J]. Preprint, 2025.

[27] GUO W. Elastoplastic three dimensional crack border field—I. Singular structure of the field [J]. Engineering Fracture Mechanics, 1993, 46(1): 93—104.

[28] LANDES J D, BEGLEY J A. A Fracture Mechanics Approach to Creep Crack Growth[J]. ASTM special technical publications, 1976: 128－148.

[29] WEN J F, TU S T. A multiaxial creep－damage model for creep crack growth considering cavity growth and microcrack interaction[J]. Engineering Fracture Mechanics, 2014, 123: 197－210.

[30] YATOMI M, NIKBIN K M. Numerical prediction of creep crack growth in different geometries using simplified multiaxial void growth model[J]. Materials at High Temperatures, 2014, 31 (2): 141－147.

[31] BIGLARI F R, NIKBIN K M. A diffusion driven carburisation combined with a multiaxial continuum creep model to predict random multiple cracking in engineering alloys[J]. Engineering Fracture Mechanics, 2015, 146: 89－108.

作者简介

孔维晨(1997)，男，博士后，主要从事高温蠕变断裂力学、多尺度蠕变损伤建模和寿命评估相关工作，通信地址：100084 北京市海淀区清华大学蒙民伟科技大楼北楼 N610A 室，E－mail：kwc1997@163. com。

裂纹消除对高压瓶式储氢容器疲劳寿命的影响研究

黄　淞[1],张一格[1],惠　虎[1],陈　艺[2]
(1. 华东理工大学 机械与动力工程学院,上海 200237;
2. 上海市特种设备监督检验技术研究院,上海 200062)

摘　要:为了增加含缺陷 4130X 钢制高压瓶式储氢容器的疲劳寿命储备,本文探讨了打磨消除裂纹对储氢容器剩余强度和疲劳寿命的影响。分别采用裂纹扩展法和 $S-N$ 曲线法分析了含裂纹和凹坑缺陷储氢容器的剩余疲劳寿命,明确了将裂纹打磨为凹坑对疲劳寿命的有益效果;建立较低应力三轴度下 100MPa 临氢 4130X 钢的多轴断裂应变模型,提出了纳入高压氢影响的含凹坑储氢容器极限载荷计算方法,结合断裂应变损伤和塑性垮塌分析评估了含凹坑储氢容器极限载荷的变化。结果表明:打磨消除裂纹是提升含缺陷高压瓶式储氢容器剩余寿命的有效方案。

关键词:高压瓶式储氢容器;合于使用评价;疲劳寿命;体积型缺陷

Influence of crack grinding on fatigue life of high－pressure hydrogen storage vessel

HUANG Song[1],ZHANG Yige[1],HUI Hu[1],CHEN Yi[2]
(1. School of Mechanical and Power Engineering,East China University of Science and Technology,Shanghai 200237,China;
2. Shanghai Institute of Special Equipment Inspection and Technical Supervision,Shanghai 200062,China)

Abstract: In order to optimize the fatigue life reserve of defected high－pressure hydrogen storage vessels made of 4130X steel, this study investigated the impact of crack removal via grinding on the limit load and fatigue life of hydrogen storage vessel. The residual fatigue life of hydrogen storage vessels containing crack and volumic defect were analyzed using fracture mechanic and $S-N$ curve method. The results demonstrated the beneficial effect of grinding crack into volumic defect on fatigue life. A multiaxial fracture strain model for low stress triaxiality condition was established. An limit load prediction method considering high－pressure hydrogen effects was proposed for defected hydrogen storage vessels. Limit load of defected hydrogen storage vessel was evaluated. Results indicated that crack removal via grinding constitutes an effective strategy for improving the residual life of defected high－pressure hydrogen storage vessels.

Keywords: high－pressure hydrogen storage vessel; fitness for service assessment; fatigue life; volumic defect

0　引　言

高压储氢容器是加氢站中能量密度最大的装备之一,保障其可靠性对加氢站安全运行至关重要。储氢容器在制造或服役过程中产生的微裂纹会在高压氢环境疲劳载荷下快速扩展,大幅度缩短储氢容器使用寿命,优化在役储氢容器的疲劳寿命储备是确保在役储氢容器安全、经济、长周期运行的本质需求。

高压瓶式储氢容器是最具经济性的储氢容器结构之一，瓶式容器的 CrMo 钢(如 4130X)具有一定的氢敏感性，典型高压氢环境中 CrMo 钢的强度、韧性和疲劳裂纹扩展速率劣化规律已有较全面的数据报道[1-7]，结合断裂力学方法与临氢材料数据的疲劳裂纹扩展分析可较保守地估计储氢容器的疲劳寿命[8]，疲劳寿命与容器尺寸、裂纹形态、设计压力等因素的关联规律已得到澄清[9-12]。另一方面，临氢材料的疲劳寿命规律(S－N 曲线)也受到关注，GB/T 44457—2024《加氢站用储氢压力容器》中已收录了 CrMo 钢在不高于 50 MPa 氢环境中的 S－N 曲线，更高氢气压力(如 115 MPa)下的 CrMo 疲劳寿命试验数据也研究报道[13]，为储氢容器的疲劳设计奠定了基础。

目前，高压瓶式储氢容器基于疲劳裂纹扩展分析进行疲劳寿命设计[14-15]，这一要求实现难度较大，尤其对于设计压力 90～99.9 MPa 的高压瓶式储氢容器，临界裂纹尺寸很小，疲劳裂纹扩展寿命很低，若增大壁厚，则带来热处理困难[16]；另一方面，含裂纹瓶式储氢容器寿命也不可避免地进入“倒计时”，安全性随裂纹深度增加与日俱减。对于传统压力容器而言，含裂纹容器需按 GB/T 19624—2019 通过面型缺陷的合于使用评价，或打磨消除裂纹后通过体积型缺陷的合于使用评价，然而现有方法在评价过程中并未考虑高压氢环境的影响，用于高压瓶式储氢容器的可靠性有待验证。

针对以上现状，本文以典型的加氢站用高压瓶式储氢容器为对象，研究含裂纹容器的疲劳寿命优化策略，分析高压瓶式容器裂纹打磨对其疲劳寿命和强度的影响，探讨优化含缺陷储氢容器寿命储备的可行性。

1 含缺陷储氢容器的疲劳寿命分析

1.1 储氢容器与材料性能参数

本文以典型的加氢站用高压瓶式储氢容器为研究对象，市场上主要有 50/100 MPa 两个压力等级的瓶式容器产品，分别服务于 35 MPa 和 70 MPa 加氢站，本文分析中所考虑的容器设计参数列于表 1，材料均为 4130X 钢。

表 1 高压瓶式储氢容器设计参数

参数	设计压力/MPa	内胆外径/mm	壁厚/mm	材料
数值	99.9	406.6	64	4130X
	45	485	35.4	

含裂纹容器的疲劳寿命分析基于断裂力学方法，分析使用的高压氢环境下断裂和疲劳裂纹扩展参数列于表 2，数据来自于浙江大学的工作[5]。

表 2 4130X 钢在氢气环境中的疲劳裂纹扩展参数[5]

测试环境	$\Delta K/(\mathrm{MPa\cdot m^{1/2}})$	C	m	断裂韧度 $K_{IC}(K_{IH})/(\mathrm{MPa\cdot m^{1/2}})$
90 MPa 氢气	$\Delta K\leqslant 15$	2.69×10^{-13}	5.31	32
	$\Delta K>15$	1.23×10^{-11}	3.91	
45 MPa 氢气	$\Delta K\leqslant 16$	2.29×10^{-14}	3.26	
	$16\leqslant\Delta K<23$	7.94×10^{-12}	2.64	52
	$\Delta K\geqslant 23$	1.32×10^{-10}	1.08	
空气	$28\leqslant\Delta K<50$	1.92×10^{-12}	3.27	125

含凹坑容器的疲劳寿命分析基于 $S-N$ 曲线法，45 MPa 储氢容器的 $S-N$ 曲线参考 GB/T 44457—2024《加氢站用储氢压力容器》中给出的 50 MPa 下铬钼钢 $S-N$ 曲线，99.9 MPa 氢环境下的 $S-N$ 曲线，参考 Hisao MATSUNAGA 等[17]报道的 115 MPa 氢气环境下的 $S-N$ 曲线，其材料为 JIS－SCM435，化学成分和力学性能均与 4130X 相似，对其试验结果做下包络线，获得的 $S-N$ 曲线公式为

$$\begin{cases}\log\sigma_a=-0.0759\log N_f+2.8447, 3.324<\log N_f\leqslant 6.324\\ \log\sigma_a=2.4637, 6.324<\log N_f\end{cases} \quad (1)$$

为确保分析结果的保守性,对由式(1)曲线计算得到疲劳寿命附加 20 的安全系数。

1.2 含裂纹容器的疲劳寿命计算方法

采用断裂力学方法,结合 Paris 公式计算容器在 0～设计压力载荷循环下的疲劳裂纹扩展进程。假设在容器的内表面应力最大处(筒体中部)存在轴向的半椭圆形表面裂纹(深长比 a/c=1/3),45/99.9MPa 容器的初始裂纹深度分别为 1.1/1.6mm,裂纹扩展驱动力为图 1 所示的远场应力,应力强度因子的计算方法参照 GB/T 34019—2017 附录 F。

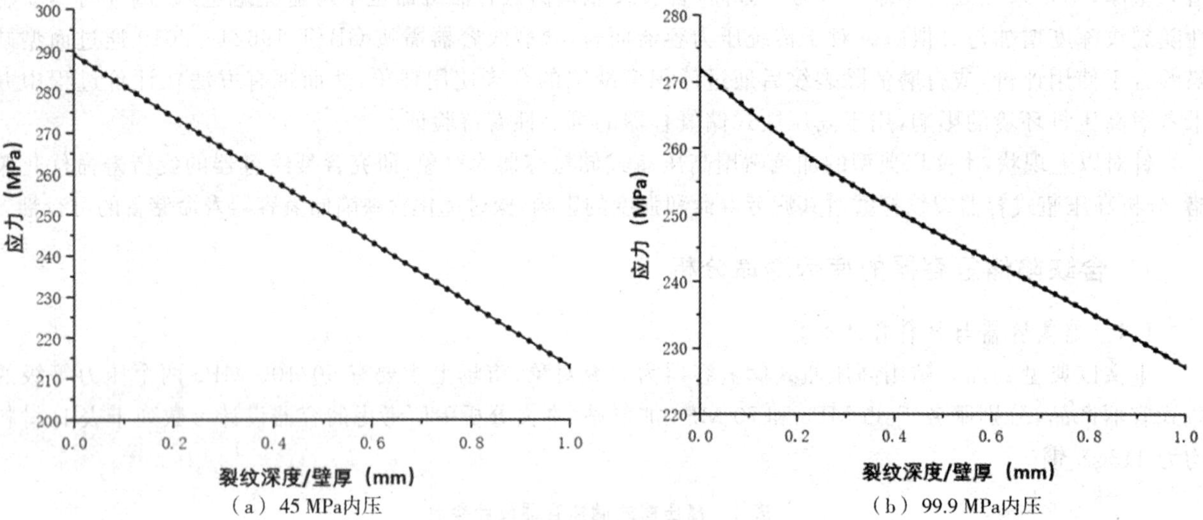

图 1 疲劳裂纹扩展驱动力(环向应力)

根据 Paris 公式,若假设每个载荷循环中应力强度因子不变,则每个循环周次中的裂纹扩展量为

$$\Delta a=f(R_k)C(\Delta K)^m \quad (2)$$

式中,Δa 为裂纹长度增量;$f(R_k)$ 为载荷比的函数,具体形式可参考 GB/T 44457—2024。

每个循环中裂纹的扩展量与裂纹尖端的应力强度因子幅值 ΔK 有关,ΔK 与实时的裂纹尺寸有关,通过编程实现应力强度因子幅值和裂纹长度的循环计算,计算框图如图 2 所示。

1.3 含凹坑容器的疲劳寿命计算方法

若通过将裂纹打磨为凹坑的形式消除裂纹,会在容器内表面留下与裂纹深度相关的凹坑,本文考虑两种打磨策略:(1)发现裂纹即打磨消除,凹坑深度等于初始裂纹深度;(2)发现裂纹后不做处理,待裂纹扩展至

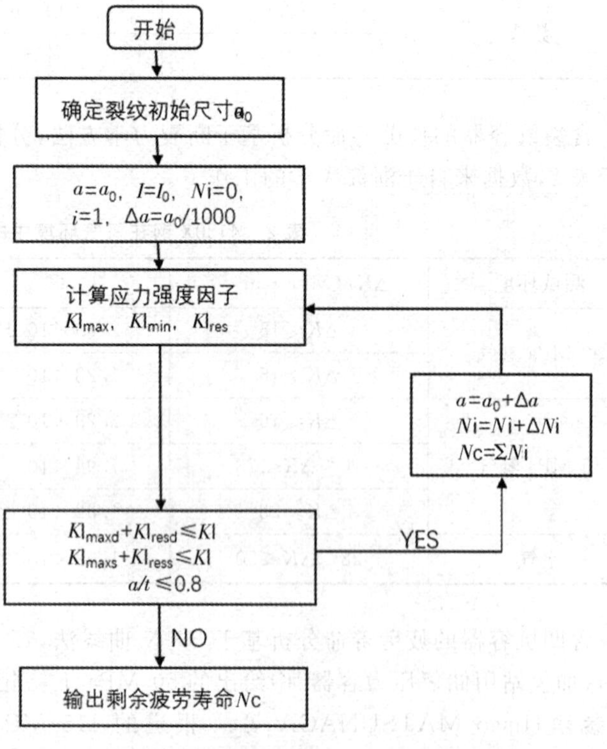

图 2 疲劳裂纹扩展分析流程

最大允许裂纹深度后再打磨，此时打磨凹坑深度为最大允许裂纹深度。打磨凹坑的尺寸参考美国 API－510 及《劳动人事部锅炉压力容器安全监察局的评定方法》的规定，侧面斜度 C/B 不得大于 1：4，凹坑形态如图 3 所示，尺寸列于表 3。

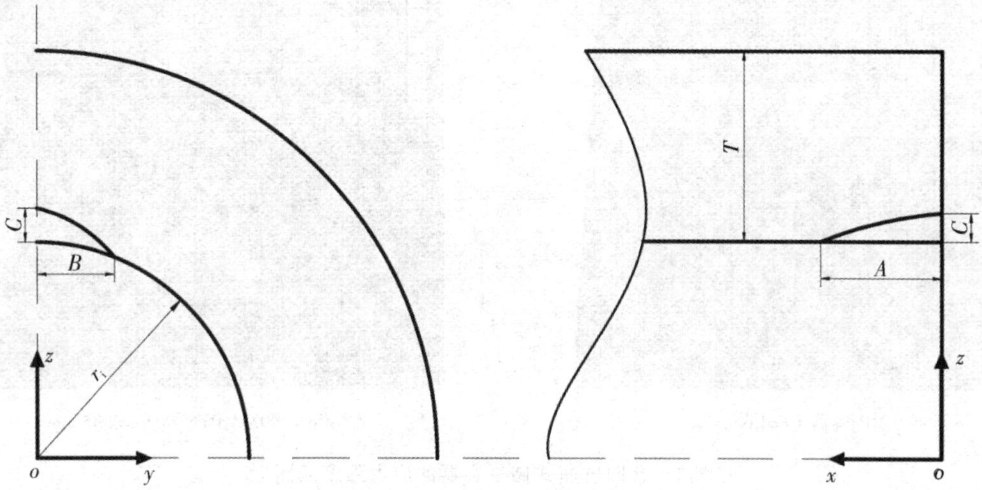

图 3　储氢容器打磨凹坑示意图

表 3　瓶式储氢容器凹坑尺寸

容器规格	裂纹深度/mm	A/mm	B/mm	C/mm
99.9 MPa，φ406×64	1.6	9.6	6.4	1.6
	2.35	12	8	2.35
45 MPa，φ485×35.4	1.1	6.6	4.4	1.1
	4.04	24.24	16.16	4.04

对含凹坑容器进行弹性分析，获得凹坑附近应力强度云图如图 4 示，基于该应力强度，查询对应压力下的 $S-N$ 曲线，可得到含凹坑储氢容器的疲劳寿命。

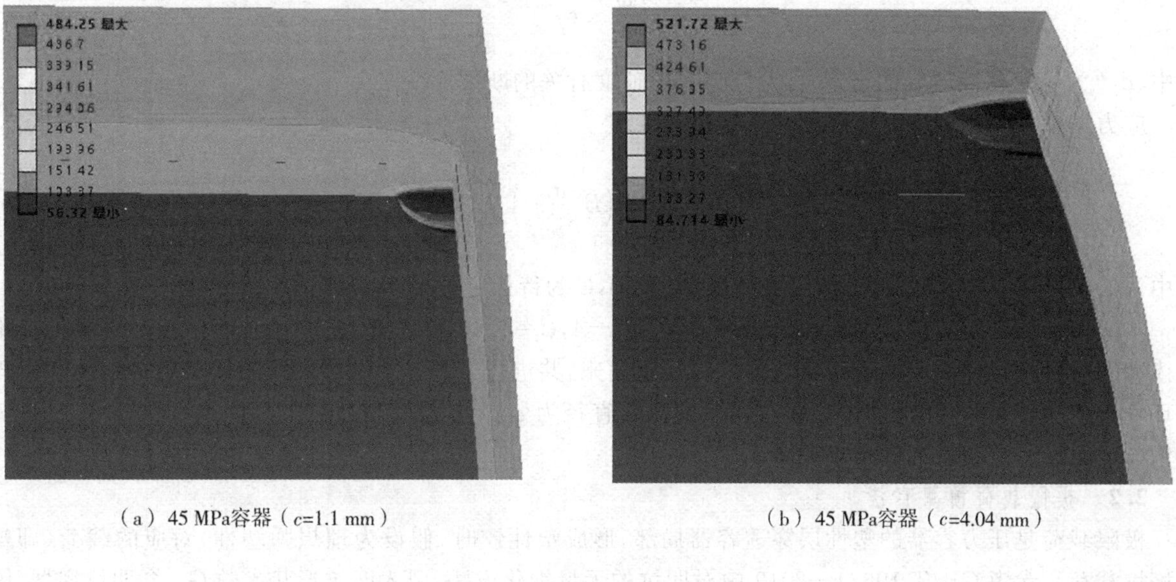

（a）45 MPa容器（c=1.1 mm）　　（b）45 MPa容器（c=4.04 mm）

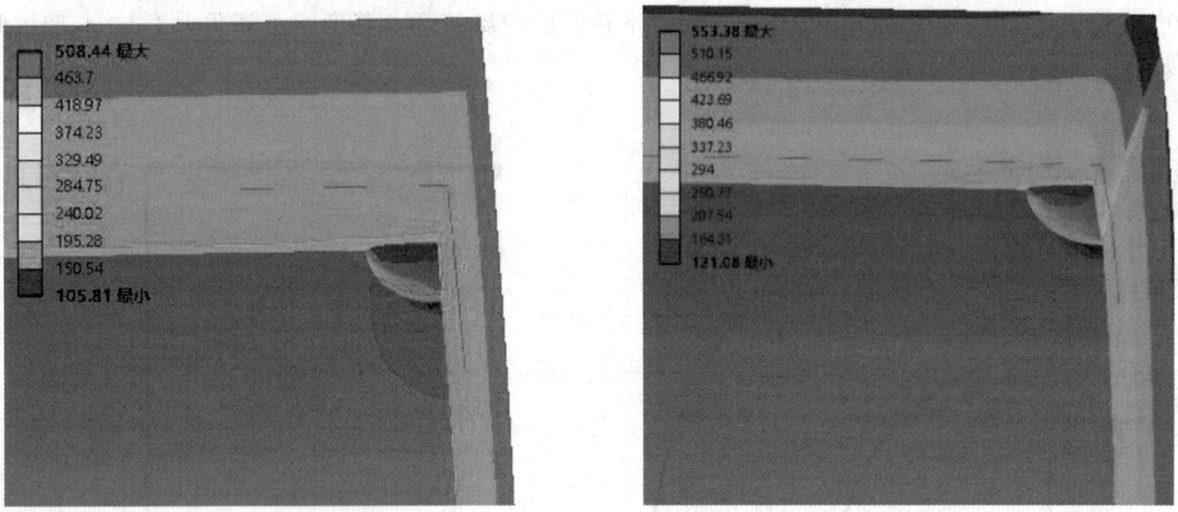

（c）99.9 MPa容器（c=1.6 mm）　　（d）99.9 MPa容器（c=2.35 mm）

图 4　含凹坑瓶式储氢容器的应力强度云图

2　含凹坑储氢容器的极限载荷分析

2.1　断裂应变与损伤模型

对于氢环境中的材料损伤行为，使用多轴断裂应变模型和延性损伤理论来计算。材料损伤演化由应力三轴度驱动，当随塑性变形发展的累计延性损伤与材料的断裂应变相当时，发生断裂。累计损伤的临界条件可表示为

$$\omega=\int_t \mathrm{d}\omega=1 \tag{3}$$

式中，ω 为累计损伤变量；$\mathrm{d}\omega$ 为延性损伤增量；t 为变形时间。

$\mathrm{d}\omega$ 可表示为：

$$\mathrm{d}\omega=\frac{\mathrm{d}\varepsilon_p}{\varepsilon_f} \tag{4}$$

式中，$\mathrm{d}\varepsilon^p$ 为等效塑性应变的增量；ε_f 为与应力三轴度有关的断裂应变。

应力三轴度与断裂应变之间的关系式为：

$$\varepsilon_f=A\exp\left(B\frac{\sigma_m}{\sigma_{\mathrm{mises}}}\right)+C \tag{5}$$

式中，σ_m 为平均应力；σ_{mises} 为 Mises 等效应力；A,B,C 为待标定的模型参数。

本文使用的断裂应变模型参数为 $A=0.2,B=-4,C=0.15$，该数值通过 100 MPa 氢环境中的光滑圆棒和缺口圆棒拉伸试验结果结合数值仿真标定而来，共进行 1 根光滑圆棒和 2 根缺口圆棒在 100 MPa 氢环境中的拉伸试验，光滑圆棒和缺口圆棒试样的直径为 φ6 mm，缺口根部直径为 φ4 mm，缺口长度分别为(3/6 mm)，标定过程和结果见图 5。

2.2　极限载荷预测方法

极限载荷是压力容器的塑性层穿透容器局部，形成塑性铰时(假设为理想弹塑性)对应的载荷(即塑性垮塌载荷)，参考 GB/T 19624—2019 中对凹坑的无量纲化方法，引入凹坑形状参数 G_0，含凹坑容器(圆

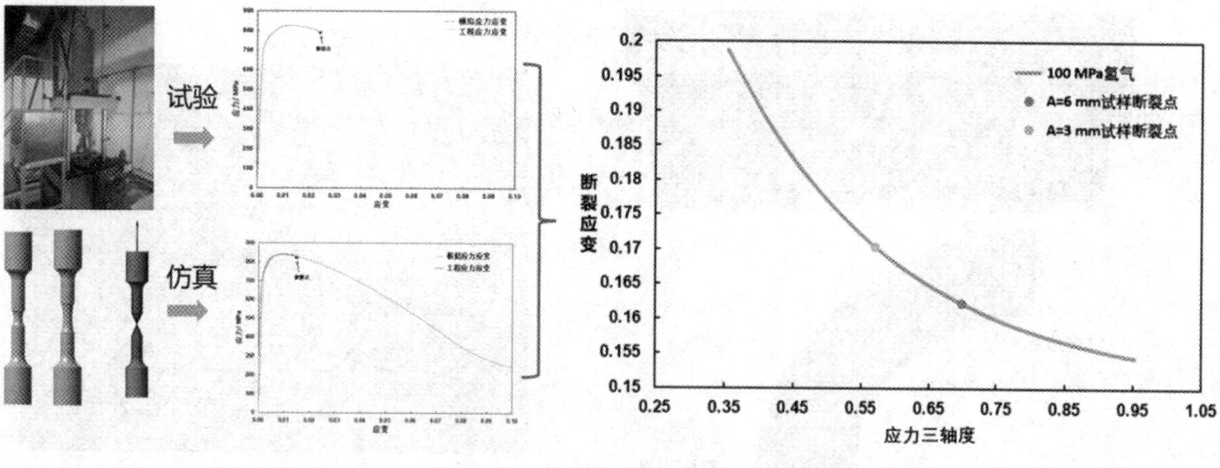

图 5　基于缺口圆棒试样的断裂应变模型标定

柱壳)极限载荷计算公式为

$$\begin{gathered} G_0=\frac{C}{t}\frac{A}{\sqrt{r_m t}} \\ P_L=(1.0-0.3G_0{}^{1/2})P_{L0} \end{gathered} \tag{6}$$

式中,t 为容器厚度,r_m 为容器半径,P_L 为带凹坑圆筒的极限载荷,P_{L0} 为无凹坑圆筒极限载荷。

式(5)的计算是以材料可以无限变形而不发生断裂为前提的,在氢环境中材料的断裂应变大幅度降低,在发生充分塑性变形之前,就已经因局部裂纹扩展而断裂。考虑到极限载荷所反映的是容器极限承载内压,本文在分析极限载荷时引入两种模型与式(5)进行对比,详细信息列于表 4。

(1)极限分析模型 1。引入材料的应变强化效应,但不考虑氢损伤,仍然认为材料可以无限塑性变形而不断裂,将塑性铰形成时对应的内压作为极限载荷。这个极限载荷的概念与 ASME VIII－3 篇以及 GB/T 4732—2024 弹塑性应力分析设计中的塑性垮塌载荷相一致;

(2)极限分析模型 2。引入材料的应变强化效应,同时引入氢损伤,即使用 100 MPa 氢环境中的延性损伤模型,定义容器内材料发生临界损伤时的内压为极限载荷。当容器内某一点的累计损伤达到延性损伤临界值 $\omega=1$ 时,局部断裂发生,此时容器萌生出新的裂纹,鉴于此时应力水平较高,且高压氢环境中材料抵抗断裂的能力较差,可保守地认为容器已达到极限承载能力。

表 4　含凹坑容器极限载荷分析模型信息

模型	应变强化	氢损伤	失效准则
现有模型式(5)	无	无	形成塑性铰
极限分析模型 1	有	无	形成塑性铰
极限分析模型 2	有	有	累计损伤 $\omega=1$

基于以上模型,进行含凹坑圆柱壳的极限分析,所使用的数值模型如图 6 示,分析中使用材料模型的弹性模量 E 为 200 000 MPa,泊松比为 0.3,为确保计算结果的下限性质,应力-应变曲线为基于 4130X 钢力学性能保证值(参考 GB/T 4732.5—2024 附录 D)生成的弹塑性本构曲线下包络线,如图 7 所示。

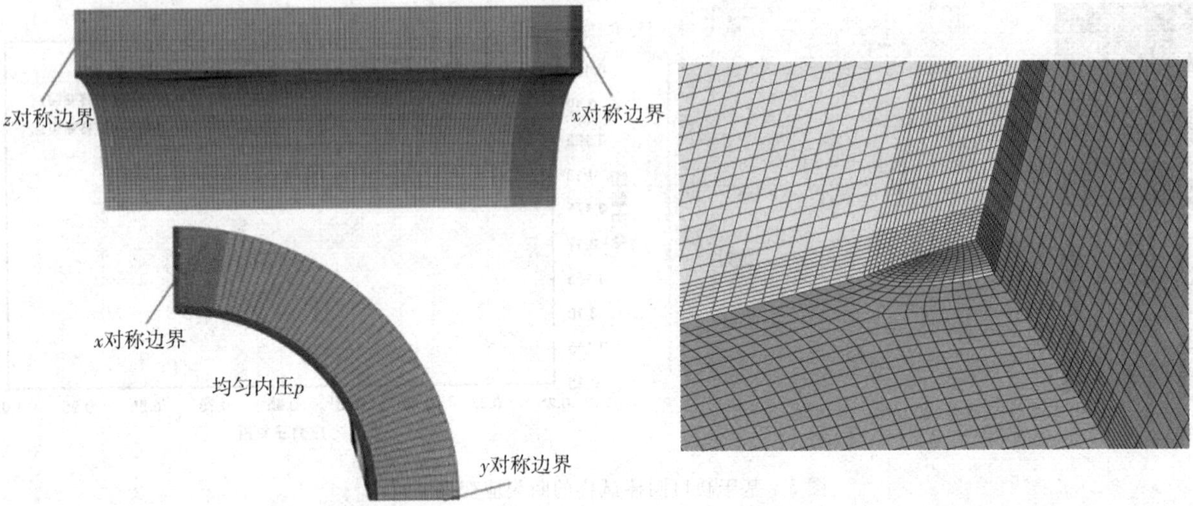

（a）网格与边界条件　　　　（b）凹坑根部网格

图 6　含凹坑瓶式储氢容器极限载荷分析模型

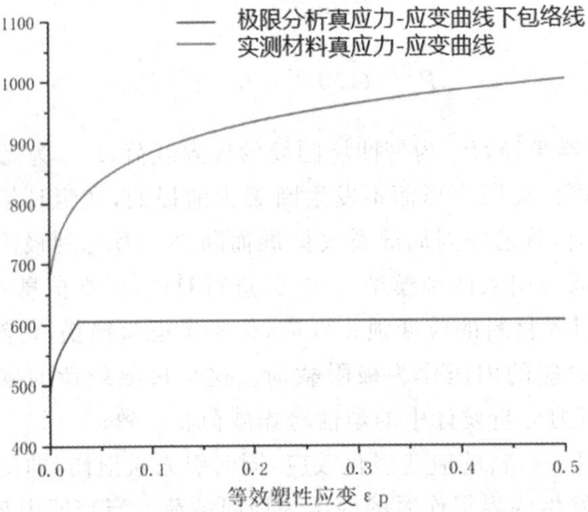

图 7　含凹坑瓶式储氢容器极限载荷分析应力-应变曲线

3　结果与讨论

3.1　裂纹与凹坑对疲劳寿命的影响

表 5 汇总了含裂纹和裂纹打磨凹坑容器的疲劳寿命，可以看出，含裂纹容器的疲劳寿命非常低，难以满足继续使用要求，打磨凹坑后，疲劳寿命得到大幅度提升，证明了打磨凹坑对含缺陷瓶式储氢容器寿命的有益影响。含裂纹储氢容器疲劳寿命短的原因有两方面：一方面，高压氢环境下，裂纹尖端高应力区会富集大量氢，极大降低裂纹扩展阻力，导致每个载荷循环下的裂纹扩展量大幅度提升；另一方面，含裂纹储氢容器的疲劳寿命只包括裂纹稳定扩展阶段，不包含裂纹萌生阶段，因此其疲劳寿命短。通过打磨后，裂纹转化为凹坑，虽然相比于无缺陷容器仍然增加了应力集中，但应力水平远低于裂纹尖端，不仅降低了缺陷对氢的吸附能力，减小了氢敏感性，同时，打磨消除裂纹后疲劳损伤重新从裂纹萌生阶段开始，而疲劳裂纹萌生阶段对氢是不敏感的，因此，打磨凹坑能有效提升储氢容器的疲劳寿命。

对比“发现即打磨”和“最大深度裂纹打磨”两种打磨凹坑策略可以看出，“发现即打磨”策略可以获得更大的剩余疲劳寿命，裂纹打磨越晚，不仅所需去除的金属体积增多，不利于打磨操作进行，更因为凹坑深度增大，剩余截面应力水平上升，不利于容器疲劳寿命。因此，本文建议对高压瓶式储氢容器中裂纹实施“发现即打磨”的消除策略。

表 5　含缺陷瓶式储氢容器的寿命

容器规格	含裂纹容器/次	“发现即打磨”容器/次	“最大深度裂纹打磨”容器/次
99.9 MPa,φ406×64	343	69652	24262
45 MPa,φ485×35.4	3470	12695	10628

3.2　凹坑对极限载荷的影响

对含不同形状尺寸凹坑的瓶式储氢容器进行极限载荷分析，得到的结果如图 8 所示。

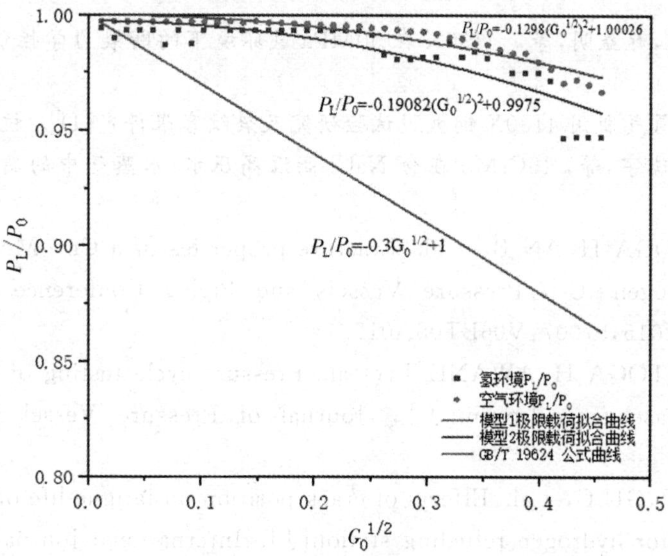

图 8　含凹坑高压瓶式储氢容器的极限载荷

从图 8 可以看出，现有极限载荷计算公式是非常保守的，仅在凹坑非常平滑（无量纲参数 $G_0^{1/2}<0.02$）时，现有公式表现出非保守性质，但此时极限载荷的损失程度小于 3%；计入材料应变强化后，模型 1 在无量纲参数 $G_0^{1/2}=0.45$ 时（本文研究的最大范围）的极限载荷损伤失小于 5%，而现有模型计算的极限载荷损失约为 18%；同时计入应变强化和氢损伤后（模型 2），容器的极限载荷相较于模型 1 的结果进一步下降，但在凹坑无量纲参数 $G_0^{1/2}=0.45$ 时，极限载荷的损失约为 6%。

以上分析表明，打磨凹坑不会对高压瓶式储氢容器的极限载荷产生明显的削弱作用，使用 GB/T 19624—2019 中的凹坑极限载荷评价方法，可以给出含凹坑高压瓶式储氢容器极限载荷的保守评价结果。

4　结　论

本文研究了含缺陷高压瓶式储氢容器的疲劳寿命优化策略的可行性，基于试验和数值计算结果，提出了储氢容器疲劳寿命的优化技术，获得了以下结论。

(1)含缺陷高压瓶式储氢容器的疲劳寿命分析表明，含裂纹的高压瓶式储氢容器的疲劳寿命通常难以满足使用要求，通过将裂纹打磨为凹坑的方式可有效提升高压瓶式储氢容器的剩余疲劳寿命，建议对于储氢容器的裂纹“发现即打磨”；

(2)将高压瓶式储氢容器裂纹打磨为凹坑后，容器的极限载荷下降，在凹坑无量纲参数 $G_0^{1/2}$ 小于 0.45 的范围内，极限载荷损失约 5%，表明打磨凹坑不会对高压瓶式储氢容器极限载荷产生明显的削弱作用。

(3)GB/T 19624—2019 凹坑极限载荷评价方法可以偏保守地计算含凹坑高压瓶式储氢容器极限载荷。

参考文献

[1] NGUYEN T T,HEO H M,PARK J,et al. Damage assessment and mechanical performance of Cr-Mo steel used in hydrogen storage vessels[J]. Engineering Failure Analysis,2021,120:105031.

[2] MA K,PENG W,ZHENG J,et al. Study on fracture strain of Cr-Mo steel in high pressure hydrogen[J]. International Journal of Hydrogen Energy,2021,46(61):31501—31509.

[3] 翟建明,商学欣,王汉奎,等．基于4130X材料的高压氢脆评价方法研究[J]. 材料导报,2021,35(S2):437—442.

[4] 顾超华,姚彦辰,赵益明,等．4130X在50MPa氢环境下的断裂力学性能试验研究[J]. 轻工机械,2021,39(05):8—13.

[5] 张鑫．高压储氢气瓶用4130X钢氢脆试验研究及裂纹容限评定[D]. 杭州:浙江大学,2016.

[6] 邓磊,白冰,李瑞宇,等．15CrMo在含NaCl高温高压水/水蒸气中的腐蚀行为[J]. 压力容器,2023,40(1):21—29.

[7] IIJIMA T,ITOGA H,AN B,et al. Fracture properties of a Cr-Mo ferritic steel in high-pressure gaseous hydrogen[C]//Pressure Vessels and Piping Conference. American Society of Mechanical Engineers,2015,57007:V06BT06A012..

[8] YAMABE J,ITOGA H,AWANE T,et al. Pressure cycle testing of Cr-Mo steel pressure vessels subjected to gaseous hydrogen[J]. Journal of Pressure Vessel Technology, 2016, 138(1):011401.

[9] MA K,HUA Z,GU C,et al. Effects of crack position on fatigue life of large seamless storage vessels made of 4130X for hydrogen refueling station[J]. International Journal of Hydrogen Energy, 2019,44(40):22559—22568.

[10] HUA Z,ZHANG X,ZHENG J,et al. Hydrogen-enhanced fatigue life analysis of Cr-Mo steel high-pressure vessels[J]. International Journal of Hydrogen Energy, 2017, 42(16): 12005—12014.

[11] ZHOU C,LI Z,ZHAO Y,et al. Effect of inside diameter on design fatigue life of stationary hydrogen storage vessel based on fracture mechanics[J]. International journal of hydrogen energy, 2014,39(25):13634—13642.

[12] SOMERDAY B P, CAMPBELL J A, LEE K L, et al. Enhancing safety of hydrogen containment components through materials testing under in-service conditions[J]. International journal of hydrogen energy,2017,42(11):7314—7321.

[13] MATSUNAGA H,YOSHIKAWA M,KONDO R,et al. Slow strain rate tensile and fatigue properties of Cr-Mo and carbon steels in a 115 MPa hydrogen gas atmosphere[J]. International Journal of Hydrogen Energy,2015,40(16):5739—5748.

[14] ZHOU C,LI Z,ZHAO Y,et al. Design fatigue life evaluation of high-pressure hydrogen storage vessels based on fracture mechanics[J]. Proceedings of the Institution of Mechanical Engineers, Part E:Journal of Process Mechanical Engineering,2016,230(1):26—35.

[15] 黄淞,薛广珂,惠虎,等．高压氢环境下储氢容器4130X钢力学性能的演化规律研究[J]. 压力容器,2024,41(12):8—15.

[16] WADA Y,YANAGISAWA Y. Fatigue crack growth behavior of autofrettaged hydrogen

pressure vessel made of low alloy steel[C]//Pressure Vessels and Piping Conference. American Society of Mechanical Engineers,2017,58004:V06BT06A043.

[17] MATSUNAGA H,YOSHIKAWA M,ITOGA H,et al. Tensile - and fatigue - properties of low alloy steel JIS - SCM435 and carbon steel JIS - SM490B in 115 MPa hydrogen gas[C]//Pressure Vessels and Piping Conference. American Society of Mechanical Engineers, 2014, 46049:V06BT06A015.

作者简介

黄淞(1990),男,副教授,主要从事氢安全与超高压技术研究,通信地址:200237 上海市徐汇区梅陇路 130 号华东理工大学,E—mail:huangsong@ecust. edu. cn。

自增强对铬钼钢储氢容器疲劳寿命的影响

张睿明,陆　晨,彭文珠,管俊豪,马　凯*,郑津洋
(浙江大学 特种装备研究所,杭州 310027)

摘　要:加氢站用铬钼钢储氢容器疲劳工况突出,且其材料的氢脆敏感性较高,导致采用断裂力学方法计算获得的疲劳寿命较低。自增强是传统行业提高高压或超高压设备疲劳寿命的常用技术手段之一,然而自增强技术在铬钼钢储氢容器上的应用较少。本文通过开展预应变处理后的4130X钢在100 MPa氢气环境中的慢应变速率拉伸(SSRT)试验,研究了自增强后的残余变形对材料氢脆敏感性的影响。实验结果表明,预应变4130X钢在氢环境下的塑性损减和断裂模式转变与未预应变4130X钢具有相同的趋势。在此基础上,采用断裂力学方法分析了自增强超应变度对铬钼钢储氢容器疲劳寿命的影响,并提出了考虑初始裂纹和反向屈服影响的自增强参数确定方法。结果表明,当初始裂纹位于筒体内壁时,疲劳寿命随超应变度的增加而显著增加;而当初始裂纹位于筒体外壁时,则呈现相反趋势。最佳自增强超应变度的选择,应在满足不发生反向屈服的前提下,使内、外表面裂纹扩展至临界尺寸的循环次数近似相等。

关键词:储氢容器;4130X;自增强;超应变度;疲劳寿命

Effect of autofrettage on the fatigue life of Cr—Mo steel hydrogen storage vessel

ZHANG Ruiming,LU Chen,PENG Wenzhu,GUAN Junhao,MA Kai*,ZHENG Jinyang
(Institute of Advanced Equipment,Zhejiang University,Hangzhou 310027,China)

Abstract:The Cr－Mo steel hydrogen storage vessel for hydrogen refueling station has a low fatigue life predicted by fracture mechanics method,due to the material degradation caused by high pressure hydrogen embrittlement. Autofrettage is a common technology to improve the fatigue life of high pressure or ultra－high pressure equipment in traditional industry,however,its application on Cr－Mo steel hydrogen storage vessel has not been studied. In this work,slow strain rate tensile(SSRT)tests for prestrained 4130X in 100 MPa hydrogen environment were performed to explore the influence of residual deformation produced by autofrettage operation on hydrogen embrittlement susceptibility. The experiment results show that the hydrogen induced plastic loss and fracture mode change of prestrained 4130X has the same trend with that of un－prestrained. Based on these findings,the influence of autofrettage overstrain extent on the fatigue life of Cr－Mo steel hydrogen storage vessel was analyzed by using fracture mechanics method. Furthermore,by considering the effect of initial crack and reverse yielding,the method for autofrettage parameters determination was developed. Results indicate that the fatigue life of vessel significantly increases with the overstrain extent if initial cracks locate at the inner surface of cylinder,while this trend is reversed if initial cracks locate at the outer surface. The optimum overstrain extent can be determined in a way that the lifetime for the inner and outer surface cracks propagating to critical depth are almost equal,while no reverse yielding should occur.

Keywords: hydrogen storage vessel; 4130X; autofrettage; overstrain extent; fatigue life

0 引言

氢能因其储量丰富、运输便捷及低碳环保等优势,有望成为未来能源体系的重要载体[1]-[2]。安全、经济的储氢技术是实现氢能大规模应用的关键,高压气态储氢是目前最为成熟、应用最为广泛的储氢技术之一[3]。其中,铬钼钢无缝储氢容器凭借结构简单、生产周期短及可大规模制造等特点,被广泛应用于35 MPa加氢站[4]-[5]。

随着加氢站的商业化发展,铬钼钢储氢容器的工作压力不断提高[6],并且压力波动频繁。因此,准确预测与评估其疲劳寿命对预防疲劳失效至关重要。目前疲劳寿命评估主要采用断裂力学方法,但铬钼钢在高压氢环境中会面临高压氢脆引起的力学性能退化(尤其是断裂力学性能)现象。例如,4130X钢在45 MPa氢环境中的疲劳裂纹扩展速率较空气环境提高10～15倍,断裂韧性降低70%以上[4],[7],且这种劣化效应随氢压力升高而加剧[8]-[9][10][11][12][13]。因此,对于站用铬钼钢储氢容器,采用断裂力学方法计算获得的疲劳寿命非常低,严重制约了其安全性和经济性。

自增强技术是石油化工、军工等传统工业中提高高压或超高压设备疲劳寿命的常用技术[15]-[16][17][18][19][20],其实质是通过超压处理使设备内表面发生塑性变形而产生残余压应力。在工作压力下,容器内壁的平均应力得以降低,从而提高疲劳寿命[14]。然而,研究表明残余变形可能改变材料的氢脆敏感性,并且与材料类型有关。对于亚稳态奥氏体不锈钢(304[21],304L[22],316[23]-[24]等)和相变诱导塑性钢(TRIP钢)[25],在预变形为0～10%范围内,材料的氢脆敏感性随预变形的增加而增加。而对于镍基600[26]、Ni_3Al合金[27]等,材料的氢脆敏感性随预变形的增加而减小,当预变形达到5%以上时,材料几乎不发生氢脆。这种差异的原因在于,对于不同的材料,预变形产生的位错亚结构对氢传输的促进/阻碍效应不同,这与材料化学成分密切相关[23],[26],[28]。目前,预变形对4130X氢脆敏感性的影响尚不清楚,因此,自增强技术在铬钼钢储氢容器中尚未有应用的先例。

超应变度(Φ)是表征自增强程度的典型参数,定义为塑性变形层厚度与壁厚之比,根据该参数可以确定自增强操作期间施加的最大压力(P_A)和其他自增强技术参数。因此,Φ值对疲劳寿命的影响以及Φ值的合理选择是自增强技术中的重要问题,对于传统的高压或超高压设备,这一问题已经得到了广泛的研究。TAO[15]和MOHAN[16]指出,带有内表面裂纹的厚壁圆筒的疲劳寿命随着Φ的增加而增加,在$\Phi=100\%$时最高可增至7倍。然而自增强会使筒体外壁受到残余拉应力和工作拉应力的叠加作用,从而加剧外表面裂纹的疲劳损伤[17]-[18][19][20]。因此,战人瑞等[18]提出,为了最大程度提高设备的疲劳寿命,超应变度的选择应使内、外表面的等效相当应力幅差值最小。此外,由于材料的包辛格效应,Φ值不应过大,否则可能使内壁发生反向屈服,导致自增强效果降低[29]-[30][31][32]。与传统设备不同,铬钼钢储氢容器的疲劳寿命评估必须考虑氢压环境对材料疲劳裂纹扩展参数及断裂韧性的影响,且该影响程度取决于氢气压力。尽管如此,上述研究成果仍为本研究提供了重要理论基础。

本研究通过开展100 MPa氢环境下的慢应变速率拉伸(SSRT)试验,研究了预应变对4130X钢氢脆敏感性的影响。基于实验结果,采用断裂力学方法分析了自增强超应变度对铬钼钢储氢容器疲劳寿命的影响。最后,综合考虑初始裂纹位置及反向屈服效应的影响,建立了适用于该类型容器的自增强参数确定方法。

1 预应变对氢脆敏感性的影响

自增强技术应用于铬钼钢储氢容器的一个主要问题是自增强产生的残余变形是否会增加铬钼钢的氢脆敏感性。在本节中,首先通过有限元方法计算了自增强后容器内壁的等效塑性应变,并根据计算结果,对预应变4130X钢进行了100 MPa氢环境下的SSRT试验。

1.1 试验过程

1.1.1 预应变确定

根据 ASME VIII−3 的静强度设计方法[33],设计了 4 个加氢站用铬钼钢无缝储氢容器。其设计压力分别为 45,70,87.5 和 100 MPa。圆筒壁厚分别为 32.4,48.2,58.5 和 65.7 mm。外径 D_0=485 mm,材料为 4130X,其化学成分为 0.314C - 0.666Mn - 0.289Si - 1.05Cr − 0.224Mo($wt\%$),屈服强度为 725 MPa。

基于结构对称性,采用 1/4 圆柱模型进行有限元分析。为准确获取自增强后筒体内壁的实际塑性应变,采用实验获得的 4130X 钢真实应力一应变曲线进行数值计算。通过在模型内表面施加均匀压力 P_A 模拟自增强过程。根据 ASME VIII−3 KD−5[33],自增强压力 P_A、超应变度 Φ 和直径比 K 之间的定量关系可表示为:

$$P_A = 1.15R_{p0.2}\left[\ln(K\Phi-\Phi+1)+\frac{1}{2}-\left(\Phi-\frac{\Phi}{K}+\frac{1}{K}\right)^2/2\right] \tag{1}$$

式中,$R_{p0.2}$是屈服强度。

图 1 展示了筒体内壁等效塑性应变与超应变度(Φ)的关系曲线,同时给出了 4130X 钢的真实应力一应变曲线及有限元模型示意图。可以看到,四台容器的内壁塑性应变均随 Φ 增加而增大,在 Φ=100%时达到最大值,且呈现明显的三阶段特征:在第一阶段,塑性应变随 Φ 的增加而缓慢增加,当 Φ=40%时,塑性应变不超过 0.3%;在第二阶段,塑性应变迅速增加,且容器设计压力越高,增加速率越快;在第三阶段,塑性应变趋于稳定,且 87.5 MPa 容器和 100 MPa 容器的最大塑性应变几乎相等,约为 1.1%。考虑到材料力学性能的离散性,实际产生的塑性应变可能更大。因此,本研究对预应变 1.5%的试样进行了 100 MPa 氢环境下的 SSRT 试验,以探究自增强对 4130X 钢氢脆敏感性的影响。

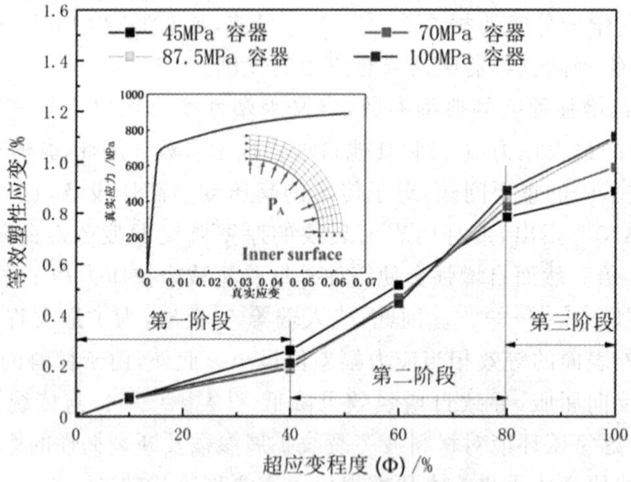

图 1 内表面的等效塑性应变与超应变度 Φ 的关系图

1.1.2 测试方法

SSRT 试验是在 140 MPa 高压氢环境材料耐久性试验装置上进行的。试验用氢气纯度超过 99.9995%。应变测量采用专门适用于高压氢环境的引伸计,其标距长度为 25 mm。

SSRT 试验采用直径为 5 mm 的光滑拉伸试样。拉伸试样首先在空气中预应变至 1.5%,然后在室温下,分别在空气和 100 MPa 氢气环境中对预应变拉伸试样进行拉伸试验,预应变和拉伸试验的应变速率均为约 4×10^{-5}/s。对于氢气环境中的拉伸试验,需要先将环境箱抽真空,然后用 2 MPa 的氢气吹扫,以确保氢气的纯度。然后再通入氢气,加压至 100 MPa,保压 30 分钟后开始试验。试验后立即用扫描电子显微镜(SEM)观察试样的断口形貌。

1.3 结果和讨论

表1列出了从1.5%预应变试样和无预应变试样的SSRT测试结果中得出的拉伸性能参数,包括抗拉强度(UTS)、屈服强度(YS)、相对断面收缩率(RRA)和断后伸长率(δ)。对每种条件进行三次平行测试,表中提供的数据均为平均值。应力-应变曲线如图2所示。

表1 SSRT测试结果

编号	环境	预应变/%	UTS/MPa	YS/MPa	RRA/%	δ/%
A-P0	空气	无	834	714	0.86	17.0
H-P0	100 MPa 氢气		834	717		16.0
A-P1.5	空气	1.5	842	786	0.84	14.5
H-P1.5	100 MPa 氢气		845	791		14.1

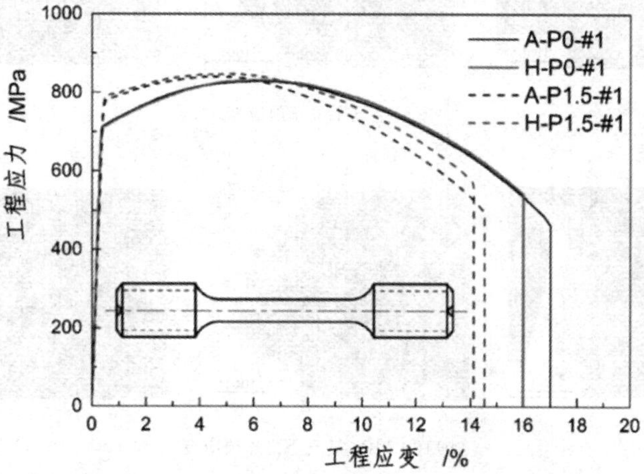

图2 预应变试样和无预应变试样的工程应力-应变曲线

对于未预应变的试样,在100 MPa氢环境中测得的抗拉强度(UTS)和屈服强度(YS)与空气环境基本一致,应力-应变曲线在达到抗拉强度前几乎重合。但氢环境下的断面收缩率(RA)和断后伸长率(δ)显著降低,这与文献[34]-[35][36]报道的结果一致。在颈缩阶段,氢略微提高了材料的流动应力,这可能是由于材料在发生颈缩后,内部产生大量位错,而位错中捕获的氢原子对位错具有钉扎作用,阻碍了位错的运动,因此,位错的增殖和运动需要更高的流动应力,从而导致应变硬化[37]-[38]。当材料进行1.5%的预应变后,氢对于颈缩阶段流动应力的提高作用更加明显,此外,氢还略微提高了材料的抗拉强度和屈服强度。这可能是由于材料在预应变后,材料内部产生初始位错,使得变形阶段的位错密度提高,并出现位错缠结,大量的位错将捕获更多的氢,促进了钉扎效应,导致流动应力进一步提高[22]。

LI等[22]和ZHOU等[39]的实验表明,在高预应变水平下,氢会降低材料的流动应力和延展性(例如,预应变在20%以上)。这可能是由于在颈缩阶段,随着位错密度的进一步增加,更多的裂纹在试样外表面萌生成核。同时,被捕获的氢原子数量显著增加,高氢浓度对孪晶和晶界结合能的劣化效应也导致材料强度下降。根据本文的计算,即使自增强的超应变度 Φ 达到100%,储氢容器内表面材料因自增强产生的预应变也不会超过1.5%。在这种较低预应变水平下,4130X合金在100 MPa氢气中的相对断面缩率(RRA)为0.84,断后伸长率δ仅比在空气中降低2.8%,抗拉强度和屈服强度略有提高。而在未预应变情况下,相比于空气环境,材料在氢环境下的断后伸长率减小了5.9%,RRA为0.86,强度未有明显变化。可见预应变4130X在氢环境下的塑性损减以及强度变化与未预应变4130X具有相同的趋势。

在不同环境中测试的1.5%预应变和未预应变试样的断口形貌如图3所示。可以看出,空气下试样的断口均出现明显的颈缩,断面较为平整,呈现出典型的微孔聚集的韧性断裂特征,相比于未预应变试样,预应变1.5%试样断口的孔洞数量增多,尺寸略有减小〔见图3(a)(c)〕。而在100 MPa氢气环境下,试样的断口则表现出脆性断裂特征。断口以准解理为主,有多条二次裂纹和多个平面。与未预应变试样相比,1.5%预应变试样的断口粗糙,二次裂纹略多〔见图3(b)(d)〕,此外在颈缩过程中,侧面形貌显示出大量的表面裂纹。可见,预应变仅略微增加了材料在氢环境下的脆性,但整体断裂模式没有发生明显转变。

综上所述,1.5%预应变4130X钢在氢环境中的塑性损减、强度提高和断裂模式转变与未预应变4130X钢具有相同的趋势。结果表明,自增强工艺对4130X钢的氢脆敏感性影响不大。

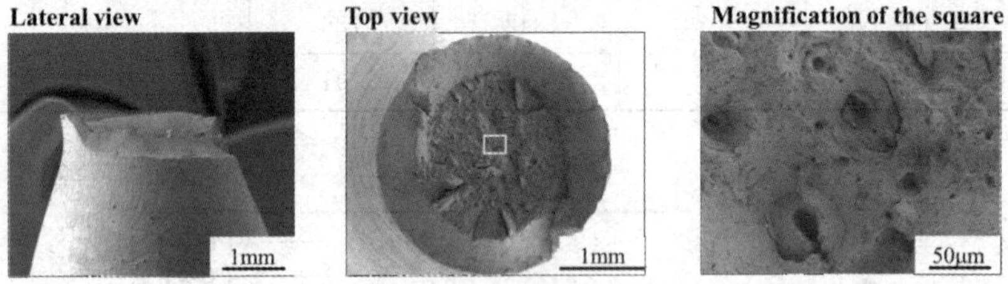

(a)空气下0%预应变

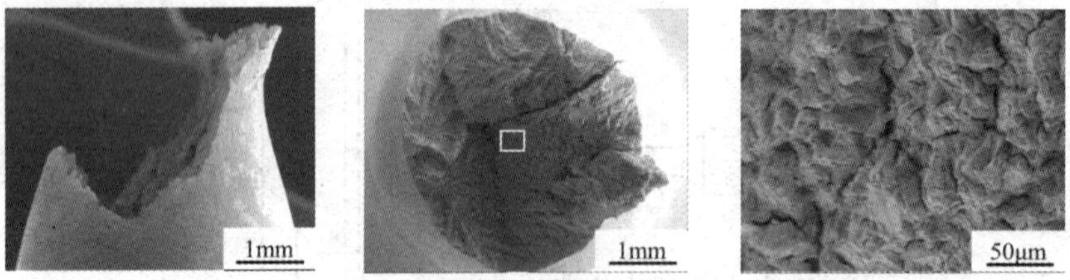

(b)100 MPa氢气下0%预应变

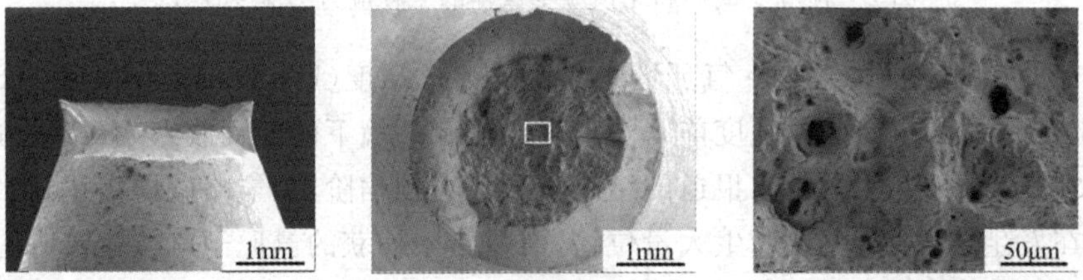

(c)空气下1.5%预应变

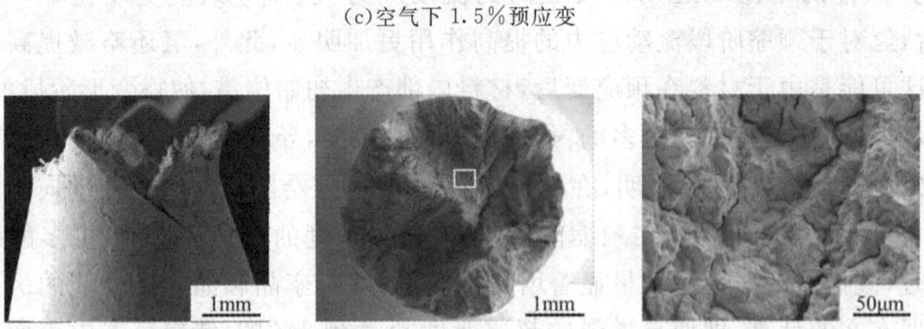

(d)100 MPa氢气下1.5%预应变

图3 4130X断口组织形貌

2 自增强对疲劳寿命的影响

本节采用断裂力学方法研究了自增强技术对铬钼钢储氢容器疲劳寿命的影响。值得注意的是,在预测疲劳寿命时应考虑高压氢环境下材料断裂力学性能的退化。

2.1 计算方法

基于在高压氢环境试验获得的4130X断裂力学性能(见表2和表3),用断裂力学方法计算了4个储氢容器自增强后的疲劳寿命。

表2 4130X的疲劳裂纹扩展参数

ΔK/ ($MPa \cdot m^{1/2}$)	45 MPa H_2		70 MPa H_2		87.5 MPa H_2		100 MPa H_2	
	C	m	C	m	C	m	C	m
15~25	3.46×10^{-10}	2.6	1.10×10^{-9}	2.34	1.56×10^{-9}	2.29	6.21×10^{-10}	2.58
25~50	6.67×10^{-9}	1.68	2.67×10^{-8}	1.37	2.26×10^{-8}	1.46	1.43×10^{-8}	1.62

表3 4130X的亚临界开裂门槛值 K_{IH}

压力/MPa	45	70	87.5	100
K_{IH}/($MPa \cdot m^{1/2}$)	61	42	36	35

考虑到储氢容器的极端操作条件,力值比R取0.1。根据KHKS0220[40],筒体初始裂纹深度a_0取决于筒体壁厚,即($t\leqslant16$ mm,$a_0=0.5$ mm)、(16 mm$<t<$51 mm,$a_0=1.1$ mm)和($t\geqslant51$ mm,$a_0=1.6$ mm)。假设初始裂纹位于圆柱体的内壁面或外壁面,并在径向平面内扩展。裂纹形状为半椭圆形,深长比$a/l=1/3$。容器经自增强处理后,沿筒体壁厚方向的环向应力分布示意图如图4所示。工作内压引起的环向应力(σ_θ)按拉梅公式计算,残余应力引起的环向应力($\sigma_{\theta R}$)按ASME VIII-3 KD-5[33]计算 。

首先,σ_θ和$\sigma_{\theta R}$分别由以下方程拟合:

$$\sigma_\theta=A_0+A_1(x/a)+A_2(x/a)^2+A_3(x/a)^3 \tag{2}$$

式中,$A_i(i=0,1,2,3)$是拟合系数,需要在每个裂纹深度(a)处拟合一次。x是从容器壁面到裂纹最深点的距离。

然后,分别计算由工作内压和残余应力引起的表面裂纹应力强度因子K_{I}和$K_{\mathrm{I},res}$:

$$K_I=[(A_0+p)G_0+A_1G_1+A_2G_2+A_3G_3]\sqrt{\pi a/Q} \tag{3}$$

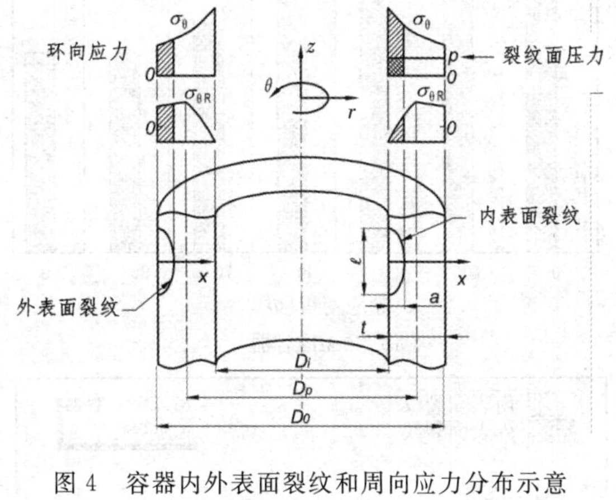

图4 容器内外表面裂纹和周向应力分布示意

式中,$G_i(i=0,1,2,3)$为自由表明修正系数。p是作用在裂纹表面上的容器内压力。注意,由于工作内压直接作用于内表面裂纹上,产生液体楔效应,如图4所示,因此p取为工作内压值。对于外表面裂纹,$p=0$。Q是裂纹形状参数。

根据Paris公式计算疲劳裂纹扩展速率da/dN:

$$\frac{da}{dN}=C[f(R_K)](\Delta K)^m \tag{4}$$

式中,应力强度因子的范围$\Delta K=K_{I,\max}-K_{I,min}$。由于铬钼钢氢扩散系数很高(约为$10^{-8}\sim10^{-11}m^2\cdot s^{-1}$[41]),铬钼钢储氢容器在长期的服役过程中,氢会渗透到筒体外壁[42-43],进而加速外表面裂纹的扩展。因此,对于内、外表面裂纹,疲劳裂纹扩展参数C和m均取高压氢环境下的试验数据,参见表1。R_K是修正后的应力比,其值为$R_K=K_{min}/K_{\max}=(K_{I,min}+K_{I,res})/(K_{I,\max}+K_{I,res})$。对于屈服强度超过 620 MPa 的高强度低合金钢，$f(R_K)$的值按下式计算：

$$f(R_K)=\begin{cases}1+3.53R_K & R_K\geqslant 0\\ [1.5/(1.5-R_K)]^m & R_K<0\end{cases} \tag{5}$$

最后，根据公式 $\Delta N=\Delta a/(da/dN)$计算裂纹扩展 Δa 所需的循环次数 ΔN。通过迭代更新裂纹尺寸，直到达到临界裂纹深度 a_c，其中 a_c 取 1)K_{max}达到 K_{IH}时的裂纹深度和 2)0.8 倍壁厚中的较小者。关于疲劳寿命预测方法的更多详细信息，请参见 KD－4[33]。

2.2 结果与讨论

分别对 4 个不同自增强超应变度(Φ＝0％，10％，20％，40％，70％，90％和 100％)的容器进行了疲劳寿命预测。考虑了初始裂纹分别位于圆筒内表面和外表面的情况。计算结果如图 5 所示。在所有情况下，自增强后内表面的环向应变 ε_p 不超过 0.2％，符合 ASME VIII－3 KD－510[33]的要求 。

从图 5 中可以看出，带内表面裂纹的容器的疲劳寿命随设计压力的增大而急剧下降。这一方面是因为随着设计压力的增大，内表面的环向应力和无损检测(NDT)无法检测到的最大裂纹深度 a_0 均增大，导致裂纹尖端应力强度因子显著增大；另一方面是因为 4130X 的断裂力学性能随着氢气压力的提高而降低。设计压力为 100 MPa 容器在 10～100 MPa 循环载荷下的疲劳寿命仅 899 次，约为 45 MPa 容器的 10％，严重制约了铬钼钢储氢容器的经济性和安全性。而通过自增强处理可以显著提高容器的疲劳寿

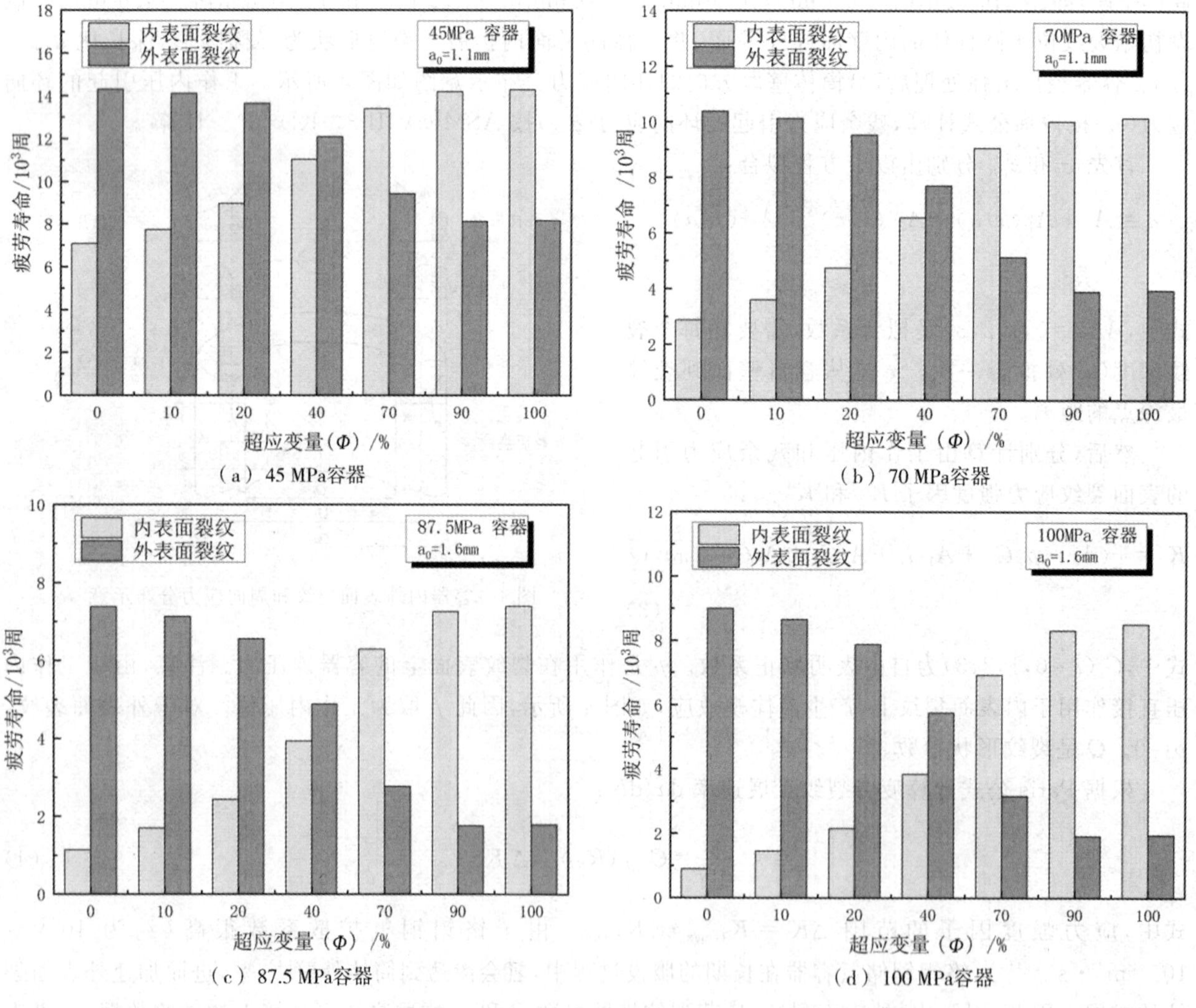

(a) 45 MPa容器 (b) 70 MPa容器 (c) 87.5 MPa容器 (d) 100 MPa容器

图 5 不同 Φ 下的疲劳寿命计算结果

命。随着 Φ 的增加，四种容器的疲劳寿命都有所提高，但当 Φ 超过 90%时，疲劳寿命几乎不再提高。基于这一现象，应将超应变度设定为 $\Phi=90\%$，以最大化容器的疲劳寿命（排除 $\Phi=100\%$，以防止全截面屈服），这与先前的研究结果一致[15]–[16],[18,44]。对于 100 MPa 的容器，$\Phi=90\%$时的疲劳寿命约为不自增强时的 9 倍。此外，还可以看出自增强对疲劳寿命的提高随容器设计压力的增加而增加。

为了更好地理解自增强对疲劳寿命的改善，以 100 MPa 容器为例，图 6 中示出了不同裂纹深度时的 K_{max} 和修正项 $f(R_K)$。可以看出，增加 Φ：1）导致在相同裂纹深度（a）下的 K_{max} 显著减小，这使临界裂纹深度 a_c 延长；2）使 $f(R_K)$ 减小。当 $\Phi \geqslant 40\%$时，因为 $K_{I,min}$ 小于残余应力引起的 $K_{I,res}$，甚至导致裂纹扩展初期 $f(R_K)$ 曲线出现台阶。这两种效应都将导致疲劳裂纹扩展速率的降低，最终使容器疲劳寿命的显著增加。

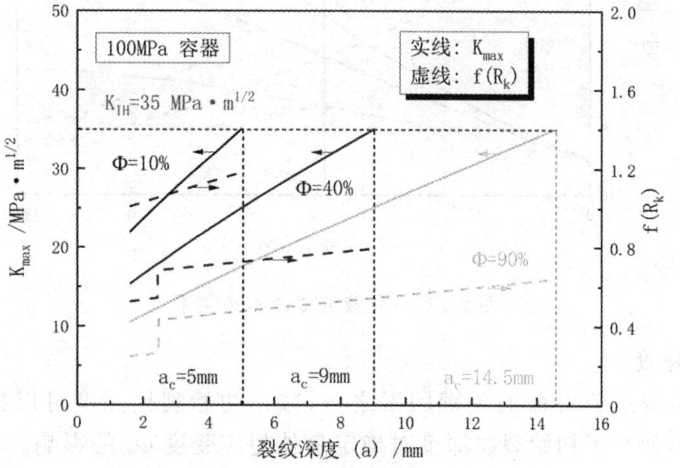

图 6　在不同的 Φ 下 a 分别与 K_{max} 和 $f(R_K)$ 的关系

然而，含外表面裂纹的储氢容器的疲劳寿命却随 Φ 的增大而降低。当 $\Phi=90\%$时，疲劳寿命达到最小值，然后随着 Φ 的进一步增加，疲劳寿命略有增加。从这个现象来看，容器获得最高的疲劳寿命是在不进行自增强的情况下实现的。这是由于较高的 Φ 使容器外表面处产生较高的残余拉伸应力，当其与工作内压产生的拉伸应力叠加后，会加剧外表面处的损伤[17],[19]。对于设计压力为 100 MPa 的容器，当 $\Phi=90\%$时，疲劳寿命将降低到原始值的 1/5 左右。此外，随着容器设计压力的增加，疲劳寿命降低的情况也更加严重。因此，自增强对储氢容器疲劳寿命的影响与初始裂纹、容器设计压力等因素有关，应对其进行系统研究，建立合适的自增强超应变度确定方法。

3　自增强技术参数确定

3.1　初始裂纹的影响

3.1.1　初始裂纹位置

铬钼钢储氢容器在制造和使用过程中，容器内表面或外表面会不可避免地出现裂纹等缺陷[17]–[18][19][20]。在本研究中，分析疲劳寿命时考虑了最保守的情况，即初始裂纹同时存在于筒体的内外表面。在这种情况下，容器的疲劳寿命由裂纹扩展到内表面或外表面的临界裂纹深度的循环次数中的较小者确定。

对图 5 中的疲劳寿命数据进行归一化处理，即对同一容器，各条件下的预测寿命除以 $\Phi=0\%$且初始裂纹位于内壁时的疲劳寿命值。四个容器的归一化疲劳寿命与 Φ 之间的关系如图 7 所示。对于 $\Phi<46\%$的 45，70 和 87.5 MPa 容器，由于外表面裂纹扩展到临界裂纹深度的循环次数比内表面裂纹高，因此内表面裂纹限制了容器的疲劳寿命。当 $\Phi>46\%$时，外表面裂纹扩展到临界深度的循环次数低于内表面裂纹，从而限制了容器疲劳寿命。当 $\Phi=46\%$时，内外表面裂纹的扩展寿命基本相等，容器的疲劳寿命最高,因此,对于 45,70 和 87.5 MPa 容器,自增强的最佳超应变度应取 $\Phi_{op}=46\%$。当设计压力为 100 MPa 时,$\Phi_{op}=50\%$。此外,可以看出,即使在 $\Phi=100\%$ 的情况下,自增强后的容器疲劳寿命仍高于未自增强的容器,说明了自增强对提高铬钼钢储氢容器疲劳寿命的切实可行性。

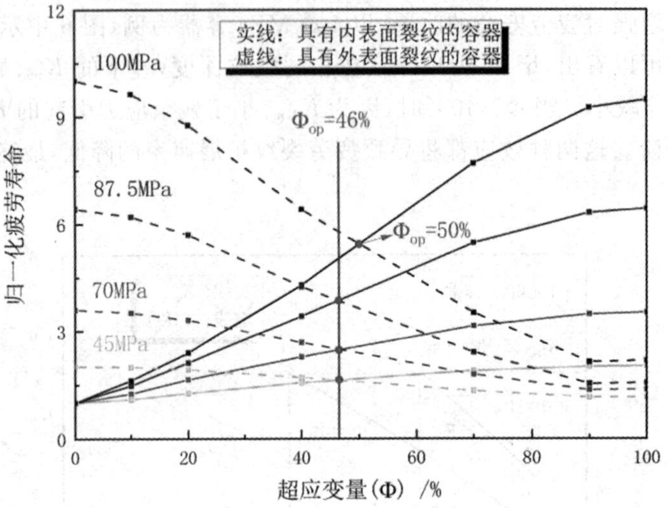

图 7　归一化疲劳寿命和 Φ 关系

3.1.2　*初始裂纹深度*

初始裂纹深度是影响疲劳寿命的关键因素之一,减小初始裂纹深度可以提高疲劳寿命。本文以 100 MPa压力容器为例,研究了初始裂纹深度对确定最佳超应变度 Φ_{op} 的影响。分别计算了初始裂纹深度为 0.5,1.1 和 1.6 mm 的内、外表面裂纹在不同 Φ 下的疲劳寿命。然后将计算的结果除以初始裂纹深度为 1.6 mm 的内表面裂纹在 $\Phi=0\%$ 时的疲劳寿命,以进行归一化处理。100 MPa 容器的归一化疲劳寿命与 Φ 的关系如图 8 所示。

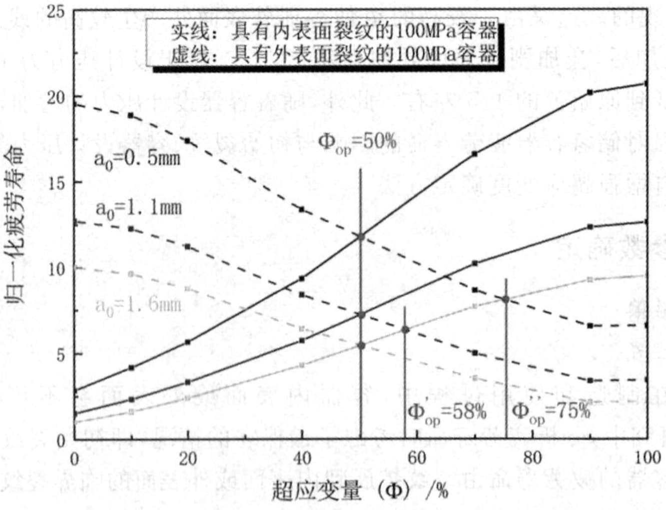

图 8　初始裂纹深度对 100 MPa 容器确定 Φ_{op} 的影响

在内外表面初始裂纹深度相等的情况下,100 MPa 容器的最佳超应变度 Φ_{op} 在 $a_0=0.5$,1.1 和 1.6 mm时约为 50%,可见初始裂纹深度对 Φ_{op} 的确定没有影响。但在实际应用中,通常采用超声检测内表面裂纹,当容器壁较厚时,很难提高检测灵敏度。而外表面裂纹可以通过各种无损检测手段如磁粉、渗透和超声波检测,从而将初始裂纹深度限制在较低水平。因此,外表面裂纹的初始深度通常低于内表面裂纹的初始深度。在这种情况下，Φ_{op}将随着外表面初始裂纹深度的减小而增大。例如，如图 8 所示，当内表面初始裂纹深度为 1.6 mm，外表面初始裂纹从 1.6 mm 减小到 1.1 mm 或 0.5 mm 时，Φ_{op}从 50% 增加到 58%或 75%。在外表面初始裂纹深度为零的极端情况下，即外表面不存在初始裂纹，Φ_{op}为 90%，这与第 2.2 节中的分析一致。为了偏于保守考虑，本研究确定最佳超应变度 Φ_{op}时，假设内外表面初始裂纹深度相等。

值得注意的是，对于设计压力为 100 MPa 容器的疲劳寿命，如果只采用降低初始裂纹深度或自增强中的一种方法，只能将疲劳寿命提高 3～5 倍。而当两者结合时，可以增加约 12 倍。

3.2 反向屈服的影响

前文已经对设计压力为 45，70，87.5 和 100 MPa 的四种储氢容器的最佳超应变度 Φ_{op}进行了研究。但随着储氢容器设计压力的逐渐提高，储氢容器的直径比将越来越大。研究表明，如果直径比超过一定值，则自增强后可能发生内壁反向屈服[29]-[30][31][32]。为了探明反向屈服对 Φ 的限制，根据 ASMEVIII—3[33]，采用静强度设计方法设计了 7 个外径为 485 mm，设计压力分别为 130，150，180，200，250，300 和 350 MPa 的铬钼钢储氢容器。直径比 K 分别为 1.51，1.60，1.75，1.86，2.18，2.54，2.97。

自增强后残余压应力最大值位于筒体内壁。根据 Tresca 屈服准则，若满足以下等式，则将发生反向屈服：

$$\sigma_{\theta R,I}-\sigma_{rR,I}>-R_{p0.2}\cdot b \tag{6}$$

式中，b 是包辛格系数，取 $b=0.86$[29]。$\sigma_{\theta R,I}$和 $\sigma_{rR,I}$分别是内表面处的残余切向应力和残余径向应力，其可以用以下式子表示：

$$\frac{\sigma_{\theta R,I}}{R_{p0.2}}=\frac{D_p^2+D_0^2}{2D_0^2}+\ln\left(\frac{D_i}{D_p}\right)-\frac{D_i^2}{D_0^2-D_i^2}\left[\frac{D_0^2-D_p^2}{2D_0^2}+\ln\left(\frac{D_p}{D_i}\right)\right]\left(1+\frac{D_0^2}{D_i^2}\right) \tag{7}$$

$$\frac{\sigma_{rR,I}}{R_{p0.2}}=\frac{D_p^2-D_0^2}{2D_0^2}+\ln\left(\frac{D_i}{D_p}\right)-\frac{D_i^2}{D_0^2-D_i^2}\left[\frac{D_0^2-D_p^2}{2D_0^2}+\ln\left(\frac{D_p}{D_i}\right)\right]\left(1-\frac{D_0^2}{D_i^2}\right) \tag{8}$$

式中，弹塑性分界面直径 D_p 又可以表示为超应变度 Φ 和直径比 K 的函数：

$$D_p=D_0\left(\Phi-\frac{\Phi}{K}+\frac{1}{K}\right) \tag{9}$$

由式(6)～(9)得到超应变度的极限：$\Phi<\Phi_{cr}$。式中，Φ_{cr}是临界超应变度，超过该量将发生反向屈服，其是关于 K 的函数：

$$\frac{K^2\left(\Phi_{cr}-\frac{\Phi_{cr}}{K}+\frac{1}{K}\right)^2-1}{K^2-1}-\frac{2K^2}{K^2-1}\ln(K\Phi_{cr}-\Phi_{cr}+1)+0.86=0 \tag{10}$$

假设内、外表面的初始裂纹深度均为 $a_0=1.6$ mm，且不考虑包辛格效应，对 7 个容器自增强后的疲劳寿命进行计算。使用第 3.1 节中介绍的方法计算出最佳超应变度 $\Phi_{op,cal}$。需要注意的是，从表 2 和表 3 中可以看出，高压氢对 4130X 断裂力学性能的劣化作用在 100 MPa 时已达到上限。因此，对于设计压力大于 100 MPa 的容器，用于疲劳寿命预测的断裂力学参数与 100 MPa 氢环境中的实验结果相对应。

在此，本研究特别考察了设计压力为 300 MPa 和 350 MPa 容器的反向屈服的负面影响。在考虑包辛格效应的情况下，图 9 给出了 300 MPa 和 350 MPa 容器的疲劳寿命与超应变度 Φ 的关系。可以看到，疲劳寿命在 Φ_{cr}处出现最大值，但当 Φ 超过 Φ_{cr}时，疲劳寿命迅速下降。因此，当出现反向屈服时，自增强的有益效果会减弱，应将 Φ 控制在 Φ_{cr}以下。

$\Phi_{op,cal}$和 Φ_{cr}分别作为 K 的函数，如图 10 所示。可以看到，随着 K 的增加，$\Phi_{op,cal}$呈现先增大后减小的趋势，且变化幅度很小，在 43%～52%之间。当 $K<2.02$ 时，Φ_{cr}恒为 100%，即在任何超应变度下都不会发生反向屈服。但当 $K\geqslant 2.02$ 时，Φ_{cr}迅速减小，且最大允许超应变度将受到 Φ_{cr}的限制。Φ_{cr}曲线与

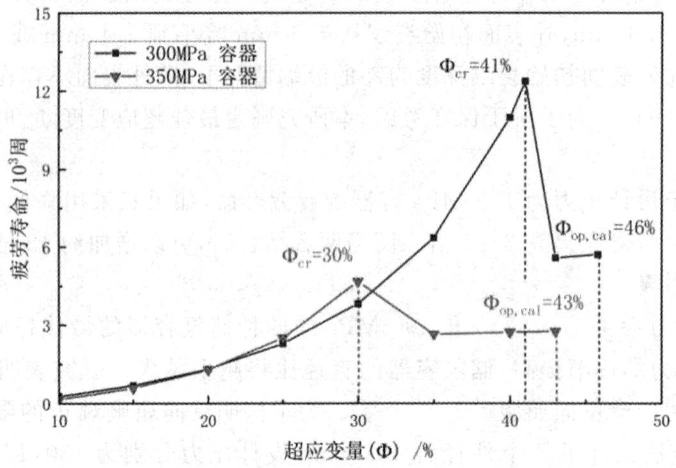

图 9　设计压力为 300 MPa 和 350 MPa 的压力容器的疲劳寿命与 Φ 的关系

$\Phi_{op,cal}$曲线在 $K=2.41$ 处相交，$K=2.41$ 被定义为临界直径比 K_c。当 $K<K_c$、$\Phi_{op,cal}$ 在 Φ_{cr} 限值范围内时，取 $\Phi_{op,cal}$ 为最佳超应变度 Φ_{op}。而当 $K>K_c$，$\Phi_{op,cal}$ 大于 Φ_{cr} 时，为避免反向屈服，应取 Φ_{cr} 为 Φ_{op}。

内表面的等效塑性应变与 Φ 之间的关系如图 11 所示，同时给出了每个容器的最佳超应变度 Φ_{op}。可以看出，在相同的 Φ 下，等效塑性应变随着 K 的增加而增加。但当 K 超过 2.41 后，由于 Φ_{cr} 的限制，Φ_{op} 处的塑性应变开始减小。因此，对于所有直径比，Φ_{op} 处的等效塑性应变低于 0.8%，并且根据第 1 节中的研究，该低预应变水平不会影响 4130X 的氢脆敏感性。

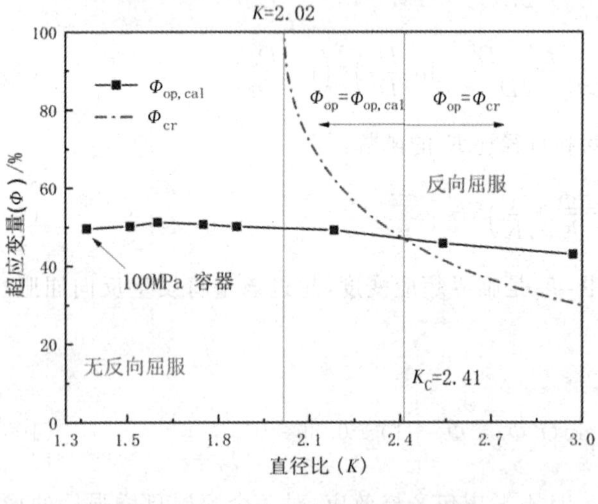

图 10　$\Phi_{op,cal}$ 和 Φ_{cr} 分别作 K 的函数

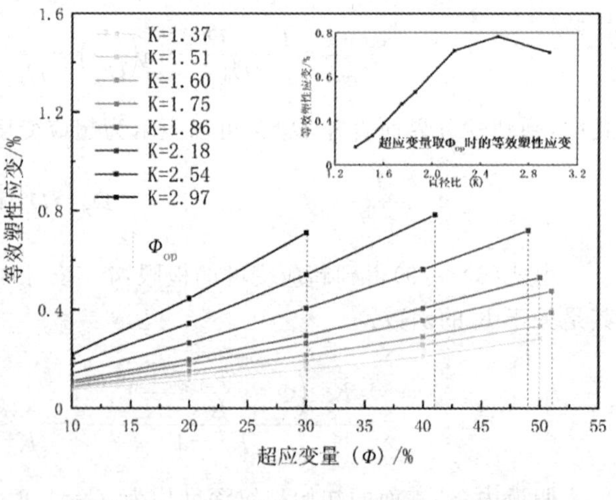

图 11　内表面等效塑性应变与 Φ 的关系

3.3　参数确定方法

为了最大限度地提高储氢容器的疲劳寿命，在 3.1 节和 3.2 节分析的基础上，提出了确定自增强参数的方法，如图 12 所示。

图 10 中，超应变度 Φ 与自增强工艺参数之间的转换方法参照 KD－5，具体如下：

(1)在自增强操作过程中施加的最大压力 P_A 由式(1)给出

(2)对于自增强过程中的容器支撑端部载荷，容器外表面处切向应变 ε_m 的平均值(当压力达到 P_A 时，在至少三个轴向位置处测量)可由下式给出：

$$\varepsilon_m=\left[1.15R_{p0.2}\left(\Phi-\frac{\Phi}{K}+\frac{1}{K}\right)^2-\upsilon\left(\frac{P_A}{K^2-1}\right)\right]/E \tag{11}$$

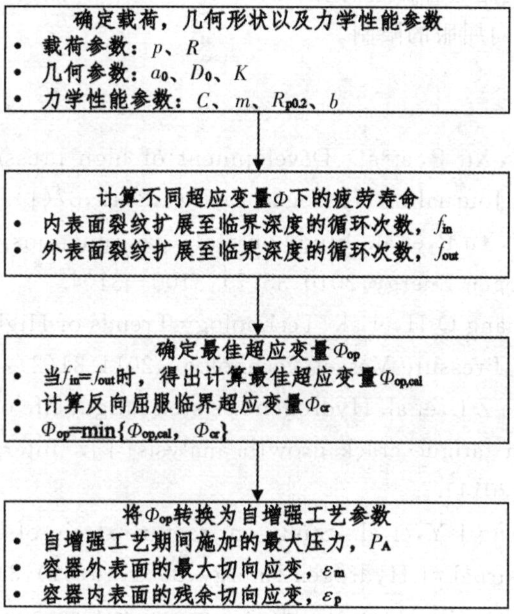

图 12　自增强工艺参数的确定方法

其他情况则按下式计算：

$$\varepsilon_m=\left[1.15R_{p0.2}\left(\Phi-\frac{\Phi}{K}+\frac{1}{K}\right)^2-\upsilon\left(\frac{F}{A}\right)\right]/E \tag{12}$$

式中，υ 是泊松比，F 是自增强达到 P_A 时作用在容器上的总纵向作用力，A 是垂直于容器筒体环向的横截面积。

(3)在自增强压力释放后，在容器内表面至少三个轴向位置处测量的残余切向应变 ε_p 的平均值可由下式给出：

$$\varepsilon_p=1.15R_{p0.2}\left\{(1-2\upsilon)\left[ln(1/(K\Phi-\Phi+1)^2)-1\right]+(2-\upsilon)(K\Phi-\Phi+1)^2+(1-\upsilon)\left(\Phi-\frac{\Phi}{K}+\frac{1}{K}\right)^2\right.$$
$$\left.-\frac{\left[ln\,(K\Phi-\Phi+1)^2+1-(\Phi-\Phi/K+1/K)^2\right]\left[1-\upsilon+(1+\upsilon)K^2\right]}{K^2-1}\right\}/2E \tag{13}$$

4　结　论

通过开展预应变 4130X 钢的 SSRT 试验，研究了自增强工艺对 4130X 钢氢脆敏感性的影响。采用断裂力学方法研究了自增强对铬钼钢储氢容器疲劳寿命的影响。提出了考虑初始裂纹和反向屈服影响的自增强参数确定方法。得出以下结论：

(1)对于设计压力为 100 MPa 的容器，自增强后在容器内表面产生的等效塑性应变不超过 1.5%。1.5%预应变 4130X 在 100 MPa 氢环境中的相对断面收缩率为 0.84，抗拉强度和屈服强度相比空气中略有增加。1.5%预应变 4130X 钢在氢环境中的塑性损减、强度提高和断裂模式转变与未预应变 4130X 钢具有相同的趋势。自增强对 4130X 钢的氢脆敏感性影响很小。

(2)当初始裂纹位于储氢容器内壁时，自增强可显著提高储氢容器的疲劳寿命，而当初始裂纹位于储氢容器外壁时，自增强的效果则相反。自增强对疲劳寿命的提高或降低作用均随容器超应变度和设计压力的增大而增大。对于按静强度设计的 100 MPa 容器，自增强超应变度为 90%时，若只存在内表面裂纹，疲劳寿命可提高约 9 倍；而若只存在外表面裂纹，疲劳寿命将缩减至 1/5 左右。

(3)最佳超应变度可以通过以下方式确定：使内、外表面裂纹扩展至临界深度的循环次数近似相等，对于直径比小于 2.02 的铬钼钢储氢容器,该范围在 45%~55%内。然而,对于直径比大于 2.02 的容器,最大允许的超应变度将受到反向屈服的限制。

参考文献

[1] Zheng J Y, Liu X X, Xu P, et al. Development of high pressure gaseous hydrogen storage technologies[J]. International Journal of Hydrogen Energy, 2012, 37(1): 1048−1057.

[2] Chen H G, Zheng J Y, Xu P, et al. Study on real-gas equations of high pressure hydrogen[J]. International Journal of Hydrogen Energy, 2010, 35(7): 3100−3104.

[3] Zheng J Y, Li J Y, Huang Q H, et al. Technology Trends of High Pressure Vehicle Fuel Tanks and Challenges for China [J]. Pressure Vessel Technology, 2014, 31(2): 43−51.

[4] Ma K, Zheng J Y, Hua Z L, et al. Hydrogen assisted fatigue life of Cr-Mo steel pressure vessel with coplanar cracks based on fatigue crack growth analysis[J]. International Journal of Hydrogen Energy, 2020, 45(38): 20132−20141.

[5] Ma K, Peng W Z, Zheng J Y, et al. Study on fracture strain of Cr-Mo steel in high pressure hydrogen[J]. International Journal of Hydrogen Energy, 2021, 46(61): 31501−31509.

[6] Zheng J Y, MA K, Zhou W M, et al. High-pressure Gaseous Hydrogen Storage Vessel for Hydrogen Refueling Station [J]. Pressure Vessel Technology, 2018, 35(09): 35−42.

[7] Ma K, Hua Z L, Gu C H, et al. Effects of crack position on fatigue life of large seamless storage vessels made of 4130X for hydrogen refueling station[J]. International Journal of Hydrogen Energy, 2019, 44(40): 22559−22568.

[8] Briottet L, Moro I, Escot M, Furtado J, Bortot P, Tamponi GM, et al. Fatigue crack initiation and growth in a Cr-Mo steel under hydrogen pressure. International Journal of Hydrogen Energy, 2015(40): 17021−30.

[9] Cui T C, Shang J, Hua Z L, et al. A coupled cohesive modeling approach for predicting fractures in low alloy steel under high-pressure hydrogen gas[J]. International Journal of Hydrogen Energy, 2021, 46(2): 2702−2715.

[10] Michio Y, Takashi M, Noriko T, et al. Effects of hydrogen gas pressure and test frequency on fatigue crack growth properties of low carbon steel in 0.1~90 MPa hydrogen gas[J]. Transactions of the JSME(in Japanese), 2014, 80(817): 1−16.

[11] Wada Y, Takasawa K, Ishigaki R, et al. Measurement of Fatigue Crack Growth Rates for Steels in Hydrogen Storage[Z]. Prague, Czech Republic: 2009.

[12] Yamabe J, Itoga H, Awane T, et al. Fatigue-Life and Leak-Before-Break Assessments Of Cr-Mo Steel Pressure Vessels with High-Pressure Gaseous Hydrogen[Z]. Anaheim: 2014.

[13] Iijima T, Itoga H, An B, et al. Measurement of Fracture Properties for Ferritic Steel in High-Pressure Hydrogen Gas[Z]. Anaheim, California, USA: 2014.

[14] Alegre J M, Bravo P, Preciado M. Fatigue behaviour of an autofrettaged high-pressure vessel for the food industry[J]. Engineering Failure Analysis, 2007, 14(2): 396−407.

[15] Tao C D, Zhan R R. Estimation of the Fatigue Life of Autofrettaged Equipment with Cracks [J]. Journal of Southwest Petroleum Institute, 1996, 18(4): 67−72.

[16] Mohan A, Julyes J S, Babu A P. Fatigue analysis of thermal shrink-fit autofrettage in pressure cylinder using finite element analysis[J]. Journal of materials research and technology, 2020, 9(4): 8606−8617.

[17] Perl M, Saley T. Swage and hydraulic autofrettage impact on fracture endurance and fatigue

life of an internally cracked smooth gun barrel Part I - The effect of overstraining[J]. Engineering Fracture Mechanics,2017(182):372—385.

[18] Zhan R R, Tao C D. Study on optimum overstrain extent of autofrettaged thick - walled cylinders[J]. Acta petrolei sinica,1996,17(4):128—136.

[19] Perl M,Saley T. Swage and hydraulic autofrettage impact on fracture endurance and fatigue life of an internally cracked smooth gun barrel Part II - The combined effect of pressure and overstraining [J]. Engineering Fracture Mechanics,2017(182):386—399.

[20] Koh S K,Lee S I,Chung S H,et al. Fatigue design of an autofrettaged thick - walled pressure vessel using CAE techniques[J]. International Journal of Pressure Vessels and Piping,1997,74(1): 19—32.

[21] Qu W M,Gu C H,Zheng J Y,et al. Effect of plastic deformation at room temperature on hydrogen diffusion of S30408[J]. International Journal of Hydrogen Energy,2019,44(17):8751—8758.

[22] Li X G,Gong B M,Deng C Y,et al. Effect of pre - strain on microstructure and hydrogen embrittlement of K - TIG welded austenitic stainless steel[J]. Corrosion Science,2019(49):1—17.

[23] Zhang L,Li Z Y,Zheng J Y,et al. Influence of low temperature prestrain on hydrogen gas embrittlement of metastable austenitic stainless steels[J]. International Journal of Hydrogen Energy, 2013,38(25):11181—11187.

[24] Zhang L, Li Z Y, Zheng J Y, et al. Effect of strain - induced martensite on hydrogen embrittlement of austenitic stainless steels investigated by combined tension and hydrogen release methods [J]. International Journal of Hydrogen Energy,2013,38(19):8208—8214.

[25] Hui W J,Li Y,Zhang Y J,et al. Effect of prestraining on hydrogen absorption and delayed fracture behavior of a medium - carbon TRIP steel [J]. Trans. Mater. Heat Treat. ,2012,33(6):42.

[26] Lecoester F,Chene J,Noel D. Hydrogen embrittlement of the Ni - base alloy 600 correlated with hydrogen transport by dislocations[J]. Mater Sci Eng A,1999(262):173—83.

[27] Takasugi T,Hanada S. The effect of pre - deformation on moisture - induced embrittlement of Ni3Al alloys[J]. Intermetallics,1997(5):127—35.

[28] Michler T, Naumann J, Hock M, et al. Microstructural properties controlling hydrogen environment embrittlement of cold worked 316 type austenitic stainless steels [J]. Materials Science and Engineering A,2015(628):252—261.

[29] Han C M,Zhang H W. Reversed Yielding Restraint Condition of Single Layer Autofrettage Cylinder[J]. Chemical engineering design,2007,17(1):20—21.

[30] Skelton R P,Maier H J,Christ H J. The Bauschinger effect,Masing model and the Ramberg - Osgood relation for cyclic deformation in metals[J]. Materials Science and Engineering A,1997(238): 377—90.

[31] Mollica F,Rajagopal K R,Srinivasa A R. The inelastic behaviour of metals subject to loading reversal[J]. International journal of plasticity,2001(17):1119—46.

[32] Hamid J,Behrooz F,Mohammad H. Fatigue life prediction of autofrettage tubes using actual material behaviour[J]. International Journal of Pressure Vessels and Piping,2006,83(10):749—755.

[33] ASME BPVC. VIII. 3. Alternative rules for construction of high pressure vessels[S]. 2021.

[34] Hua Z L,Zhang X,Zheng J Y,et al. Hydrogen - enhanced fatigue life analysis of Cr - Mo steel high - pressure vessels[J]. International Journal of Hydrogen Energy,2017,42(16):12005—12014.

[35] Matsunaga H,Yoshikawa M,Kondo R,et al. Slow strain rate tensile and fatigue properties of Cr - Mo and carbon steels in a 115 MPa hydrogen gas atmosphere[J]. International Journal of

Hydrogen Energy. 2015,40(16):5739—5748.

[36] Matsunaga H,Yoshikawa M,Kondo R,et al. Hydrogen - Assisted Cracking of Cr - Mo Steel in Slow Strain Rate Tensile Test With High - Pressure Gaseous Hydrogen[Z]. Boston:2015.

[37] Yukitaka M,Toshihiko K and Yoji M. Hydrogen Effect against Hydrogen Embrittlement[J]. Metallurgical and Materials Transactions A,2010(41):2548—2562.

[38] Marchi C S,Somerday B P,Tang X,et al. Effects of alloy composition and strain hardening on tensile fracture of hydrogen - precharged type 316 stainless steels[J]. International Journal of Hydrogen Energy,2008(33):889—904.

[39] Zhou C S,Song Y Y,Shi Q Y,et al. Effect of pre - strain on hydrogen embrittlement of metastable austenitic stainless steel under different hydrogen conditions[J]. International Journal of Hydrogen Energy,2019(44):26036—26048.

[40] KHKS 0220. Standard for superhigh - pressure gas equipment. 2010.

[41] Marchi C S,Somerday B P. Technical reference for hydrogen compatibility of materials[R]. Livermore,California:Sandia National Laboratories,2012.

[42] Takakuwa O,Yamabe J,Matsunaga H,et al. Comprehensive understanding of ductility loss mechanisms in various steels with external and internal hydrogen[J]. Metallurgical and materials transactions A,2017,48(11):5717—5732.

[43] 艾芳芳,陈义庆,王储,等. H_2S 分压对 SA387M Gr. 11CL2(H)炼化管道用钢腐蚀行为的影响[J]. 压力容器,2024,41(8):47—55.

[44] 张朝,王学生,徐辉,等. 35CrNi3MoVR 的包辛格效应与随动强化模型研究[J]. 压力容器,2024,41(10):9—15.

作者简介

张睿明(1996),男,博士,主要从事氢能储输与氢安全,通信地址:310027 浙江省杭州市浙大路 38 号浙江大学玉泉校区,E—mail:zrm1996@126. com。

通信作者:马凯,男,E—mail:makai@zju. edu. cn,电话:13250809051

循环内压下超高压容器基于断裂力学的疲劳分析

余　进[1,2]，陈　炜[1,2]，董　杰[1,2]，郝习云[1,2]
（1. 合肥通用机械研究院有限公司，合肥 230031；2. 国机特种设备检验有限公司，合肥 230031）

摘　要：为研究 GB/T 34019 标准与 ASME Ⅷ－3 规范在超高压容器疲劳分析中的差异性及原因、改善缺陷检测的有效性和针对性，本文基于对某 4130X 钢制储氢容器实测循环内压，通过自编程序计算了两种标准在临界循环次数和裂纹容限评价方面的计算结果。研究表明：两种标准预测的裂纹临界循环次数变化趋势基本一致，但 ASME 规范因采用 FAD 图“双判据”使疲劳分析结果更加保守；两项标准在高参数工况（内压≥60 MPa，循环次数≥1.0×10^4 次），给出的裂纹容限均降至 1.6 mm 以下，且随参数升高进一步降低。本文研究可作为超高压储氢容器安全运维管理和缺陷精准检测等方面的有益参考。

关键词：超高压容器；疲劳分析；循环内压；裂纹临界循环次数；FAD 图；裂纹容限

Fatigue Analysis of Ultra－high Pressure Vessel under Cyclic Pressure based onFracture Mechanics

YU Jin[1,2]，CHEN Wei[1,2]，DONG Jie[1,2]，HAO Xi－yun[1,2]
（1. Hefei General Machinery Research Institute Co.，Ltd.，Hefei 230031，China；
2. Guoji Special Equipment Inspection Co.，Ltd.，Hefei 230031，China）

Abstract：This study investigates fatigue analysis discrepancied between GB/T 34019 and ASME VIII－3 for ultra－high－pressure（UHP）vessels，aiming to optimize defect detection protocols. Using experimental cyclic pressure data from a 4130X steel vessel，a customized algorithm evaluates both standards' critical cycle thresholds and crack tolerance limits. Key findings：（1）Aligned trends in critical crack cycles emerge，yet ASME's FAD dual－criteria approach yields 15～18％ more conservative lifespan predictions；（2）Under extreme conditions（$P\geqslant60$ MPa，$N\geqslant10^4$ cycles），permissible crack lengths for both standards converge below 1.6 mm. These data－driven insights establish guidelines for enhancing safety management and precision inspections in UHP hydrogen systems.

Keywords：ultra－high－pressure vessel；atigue analysis；cyclic pressure；critical cycle times；FAD diagram；crack tolerance limit

0　引　言

近年来，超高压容器在氢能储运等领域的应用日益广泛。该类容器径比常超过 1.5，应力较高且沿壁厚分布不均。超高压容器制造或使用中易产生微小裂纹，进而在循环内压作用下持续扩展，最终发生疲劳破坏。同时，高压氢环境还可能导致储氢容器材料的断裂韧度下降，增加疲劳失效风险[1－2]。

我国超高压容器设计的主要参考标准是 GB/T 34019—2017《超高压容器》和 ASME BPVC Ⅷ－3《高压容器建造另一规则》，二者均将疲劳分析纳入强制性技术条款，且提出了相应技术路线。文献[3] 就 GB/T 34019 的制定必要性、适用范围、设计理念等做了详细说明，其中对疲劳分析等方面进行了专门阐述；文献[4] 则就超高压容器如何依据 ASME Ⅷ－3 在设计阶段引入合于使用评价方法确定疲劳寿命等进行了探讨。根据文献[3－4]无论依据哪个标准(规范)对超高压容器开展疲劳分析，首先要进行“未爆先漏”判定，如能通过可采用“安全寿命设计”方法或“破损安全设计”中任何一种。但由于“安全寿命设计”前提条件苛刻，工程实际中常采用“破损安全设计”即断裂力学疲劳评定方法。文献[5]基于ASME Ⅷ－3引用API 579/ASMEFFS－1的FAD图和断裂力学计算方法，计算了超高压容器内表面裂纹疲劳裂纹扩展寿命；文献[6]则分别参考两种标准(规范)分析计算高压容器在交变载荷作用下的临界裂纹扩展寿命，并探讨了标准(规范)差异的原因；文献[7]则结合工程实际分析了GB/T 34019－2017和ASME Ⅷ－3在超高压容器在材料、设计、制造和检验相关规定中的区别，总结了关键技术要点，并提出了相关建议。以上研究为超高压容器寿命预测、安全运维管理等提供了理论依据和技术支撑。

以上研究表明，基于GB/T 34019和ASME Ⅷ－3进行的断裂力学疲劳分析，其应力强度因子计算过程与分析结果间存在明显差异，从而在标准规范的适用性上产生困扰。而超高压容器疲劳寿命主要受材料断裂韧度及裂纹初始深度等因素影响[8]。依上述两项标准开展断裂力学疲劳分析，材料断裂韧度通常采用实验测定值或标准规定值，而裂纹初始深度的设定需依据分析目标进行差异化处理。其中，基于设计目的预测容器疲劳寿命时，应假设其存在一处初始裂纹，并以无损检测的最小可检尺度作为裂纹初始深度再开展后续流程[9－10]。实际工况中，超高压储氢容器压力常因各类原因波动，氢环境压力波动将引起材料断裂韧性、应力强度等变化。现行标准(规范)在预设裂纹初始深度完成疲劳分析时，几乎未对材料断裂韧度等其他因素变化产生的后果做出充分考虑。因此，当超高压容器设计疲劳寿命不变但材料断裂韧性等因压力波动而发生变化时，其允许存在的最小裂纹尺寸将可能发生改变。若允许的初始裂纹尺寸低于无损检测阈值，可能产生“漏检”风险，导致容器本质安全无法得到有效保障[11]。

鉴于以上分析，本文将分别基于GB/T 34019和ASME Ⅷ－3断裂力学疲劳分析方法以相同条件，对同一储氢容器进行研究：一是对比GB/T 34019和ASME Ⅷ－3针对相同条件容器的疲劳分析结果，探讨差异性产生原因；二是假定相同条件计算容器初始裂纹允许尺寸即裂纹容限，为改善无损检测有效性和针对性、保障设备本质安全提供参考。全文计算采用自编程序完成，裂纹容限基于中间插值方式得出。

1　断裂力学疲劳分析方法

根据相关标准(规范)开展超高压容器断裂力学疲劳分析，需假定容器存在初始裂纹。假定裂纹深度为无损检测可检出的最小尺寸[7]，如表1所示。

表1　裂纹初始深度

壁厚 t/mm	初始裂纹深度 a_0/mm
$t \leqslant 16$	0.5
$16 < t \leqslant 50$	1.1
$t > 50$	1.6

后续分析流程无论参照GB/T 34019还是ASME Ⅷ－3基本相同，包括：

(1)进行“未爆先漏”判定。当裂纹深度为0.8t时，$K_I < K_{Ic}$且$0.2t < (K_{Ic}/R_{p0.2})^2$两条判据均满足方可通过($t$为容器壁厚、$K_I$为应力强度因子、$K_{Ic}$为断裂韧度以及$R_{p0.2}$为常温屈服强度)。

(2)针对假定初始裂纹深度，计算循环载荷作用下裂纹尖端(或自由表面)的应力强度因子。

(3)以裂纹尖端应力强度因子为裂纹疲劳扩展驱动，计算裂纹在一定载荷循环周次内的扩展量。

(4)采用断裂韧度等相关判据评价是否失效，最终得出临界循环次数等指标。GB/T 34019与ASME Ⅷ－3的在应力强度因子计算和疲劳判定的方法中有所差别，以下分标准(规范)介绍。

1.1 应力强度因子计算

1.1.1 GB/T 34019 的应力强度因子计算

依据 GB/T 34019 附录 F，应力强度因子的计算方法见图 1（图中 a，l，t 分别为裂纹的深度、长度以及容器的壁厚）。

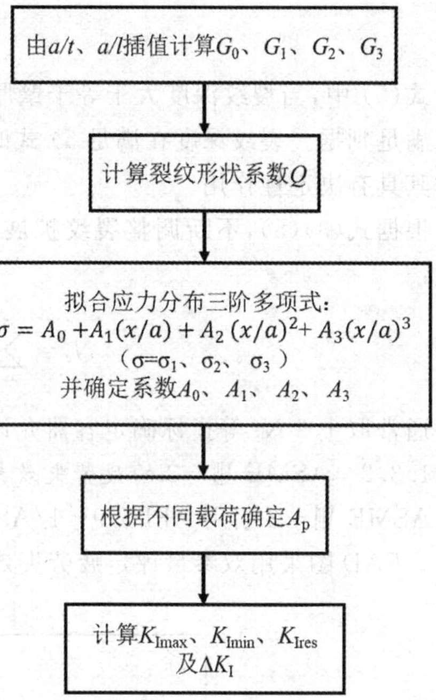

图 1 GB/T 34019 的应力强度因子计算流程

裂纹最深处和靠近自由表面处应力强度因子的计算公式为：

$$K_I=[(A_p+A_0)G_0+A_1G_1+A_2G_2+A_3G_3]\sqrt{\pi a/Q} \quad (1)$$

式中，$G_i(i=0\sim3)$ 为表面修正系数，视计算位置为裂纹尖端还是自由表面而不同；Q 为裂纹形状系数。

$$Q=1+4.593\ (a/l)^{1.65}-q_y(0\leqslant a/l\leqslant 0.5) \quad (2)$$

式中，q_y 为塑性区修正因子，计算裂纹疲劳扩展时可取为 0。

1.1.2 ASME Ⅷ-3 的应力强度因子计算

ASME Ⅷ-3 的断裂力学疲劳分析，引用了 API 579-1/ASME FFS-1 中应力强度因子计算方法，实施流程及采用的有关参数与 GB/T 34019 不同，详细流程如图 2。图中 x 为始于内壁的径向局部坐标，t 为壁厚，其余为各常数项系数。

根据图 2 计算应力强度因子时应区分一次应力强度因子 K_I^P 与二次及残余应力强度因子 K_I^{SR}。

1.2 裂纹扩展分析

对于裂纹扩展量计算，GB/T 34019 和 ASME Ⅷ-3 基本一致，均基于修正 Paris 公式：

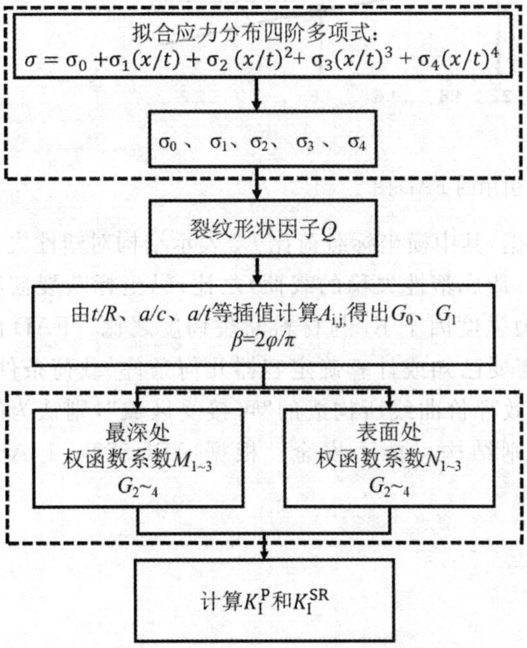

图 2 ASME Ⅷ-3 应力强度因子计算流程

$$\frac{da}{aN}=C[f(R_k)](\Delta K_I)^m \quad (3)$$

式中，C，m 为材料常数，受氢环境压力变化而不同。

$f(R_k)$ 为应力比的函数：

$$f(R_k)=\begin{cases}1+3.53R_k\ (R_k\geqslant 0)\\ [1.5/(1-R_k)]^m\ (R_k<0)\end{cases} \quad (4)$$

$$R_k=\frac{K_{I\min}+K_{Ires}}{K_{I\max}+K_{Ires}}$$

$$\Delta K_I=K_{I\max}-K_{I\min}$$

1.3 疲劳断裂判据

1.3.1 GB/T 34019 的疲劳失效判定

GB/T 34019 基于疲劳裂纹扩展分析的断裂力学方法开展疲劳评定[3]。判定失效的主要依据是疲劳引起脆断和裂纹贯穿，即裂纹深度满足下式中任意一条即可判定疲劳失效：

$$a_c=\begin{cases}\geqslant 0.8t\\ K_{I\max}\geqslant K_{Ic}\end{cases} \tag{5}$$

式(5)中，当裂纹深度大于等于壁厚 0.8 倍或裂纹最深处应力强度因子最大值大于等于材料断裂韧度即满足判据。裂纹深度在满足 5) 式时被称为临界深度，该数值是评定疲劳的关键指标。材料断裂韧度对其具有决定性作用。

根据式(3)(5)，不断调整裂纹扩展量 Δa 得出相应循环次数 ΔN，裂纹扩展至临界深度 a_c 的循环次数：

$$N_c=\sum_{i=1}^{n}\Delta N_i=\sum_{i=1}^{n}\frac{\Delta a_i}{C[f(R_k)](\Delta K_I)_i^m} \tag{6}$$

通常取 1/2 N_c 等指标确定容器允许循环次数，得出疲劳寿命。

1.3.2 ASME Ⅷ－3 的疲劳失效判据

ASME Ⅷ－3 引用 API 579－1/ASME FFS－1 给出了基于失效评定图(FAD)的裂纹缺陷安全评价方法。FAD 图采用双参量评定疲劳失效，如图 3 所示。

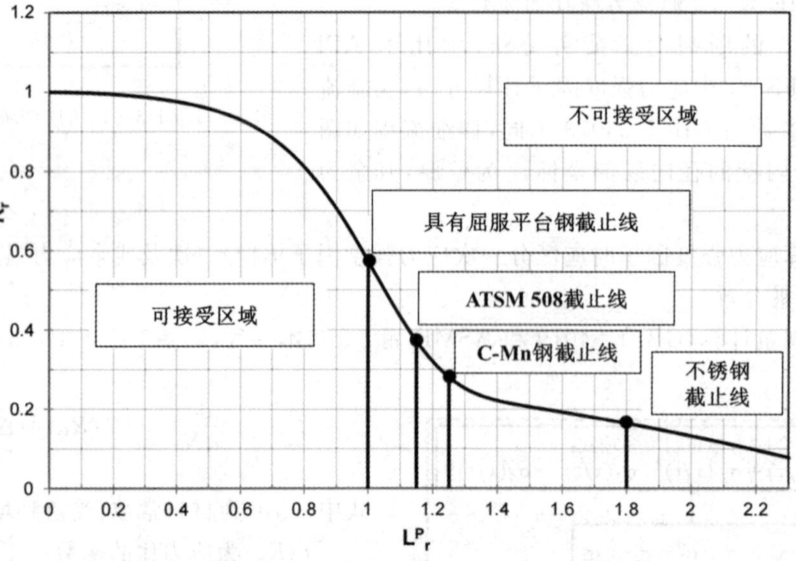

图 3 ASME Ⅷ－3 中引用的 FAD 图

FAD 图中包含载荷比 L_r^P 及断裂韧度比 K_r 双重判据，其中横坐标载荷比 L_r^P 表示结构对塑性失稳的阻力，物理意义是含缺陷的容器承受的载荷与屈服载荷(造成塑性失稳的载荷)之比；纵坐标断裂韧度比 K_r 表示结构对脆性断裂的阻力，物理意义是缺陷处应力强度因子 K_I 与材料断裂韧度之比。FAD 曲线位于这两种极限失效模式之间，计算评价点的坐标时，需要已知或计算确定容器几何条件、载荷条件、缺陷尺寸等，如果评价点位于由失效评定图的坐标轴和失效评价曲线所构成的“可接受区域”，则认为结构安全，如果评价点落在曲线外侧的“不可接受区域”，则结构可能不安全。根据 API 579－1/ASME FFS－1 载荷比 L_r^P 计算公式如下：

$$L_r^P=\frac{\sigma_{ref}^P}{\sigma_{ys}} \tag{7}$$

载荷比截止线与材料性能有关：

$$L_r^{\max}=\frac{1}{2}\left(1+\frac{\sigma_{ts}}{\sigma_{ys}}\right) \tag{8}$$

式(7)(8)中，σ_{ref}^{P}为参考应力；σ_{ts}为抗拉强度；σ_{ys}为屈服强度。

其中，σ_{ref}^{P}计算公式如下：

$$\sigma_{ref}^{P}=\frac{gP_b+\left[(gP_b)^2+9\left(M_s(P_m(1-\alpha^2))\right)^2\right]^{0.5}}{3(1-\alpha^2)} \tag{9}$$

式中，P_b为弯曲应力；M_s为表面修正系数；P_m为薄膜应力；g，α为与裂纹尺寸有关的系数；各参数算法见 *API* 579 附录 9*C*。

断裂韧性比 K_r 计算公式如下：

$$K_r=\frac{K_I^P+\Phi K_I^{SR}}{K_{\text{mat}}} \tag{10}$$

式中，Φ为塑性交互因子，算法见 API 579 Part 9；K_{mat}为材料的断裂韧性。

依据 FAD 图判定疲劳失效后，仍基于(6)式得出临界循环次数。

1.4 裂纹容限分析方法

对具有高疲劳寿命要求的超高压容器，结合运行工况科学合理确定允许初始裂纹尺寸(裂纹容限)，再结合无损检测技术针对性地实施缺陷检测，可更有力保障其在既定设计使用年限的本质安全。

基于前述分析，本文提出的裂纹容差计算流程如图 4 所示。计算方法采用中间插值"夹逼"思路，在确保裂纹容限对应的循环次数 N 与临界循环次数 N_c 间误差不超过 5%的前提下近似得出裂纹容限 a_{ft}。

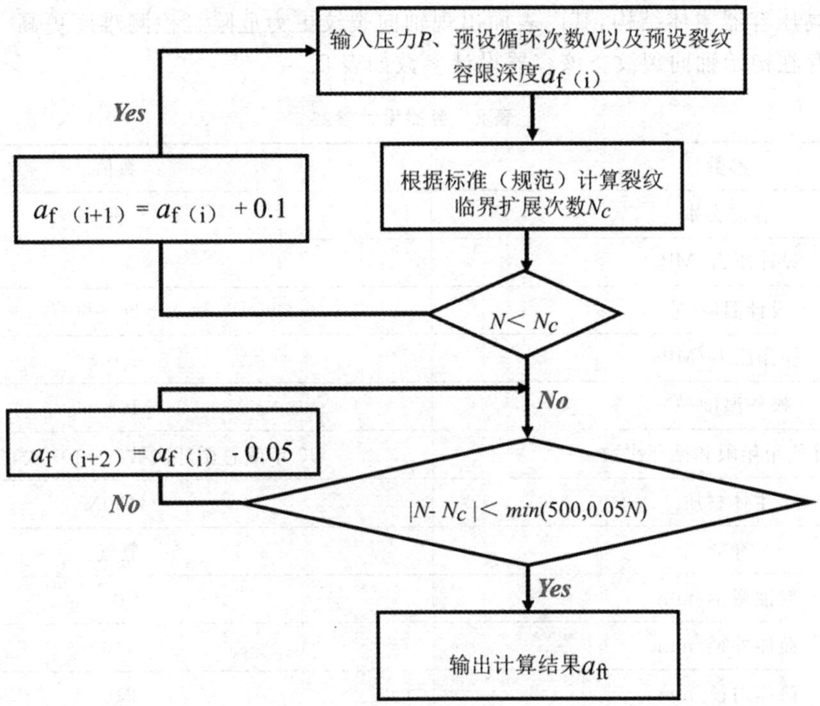

图 4 裂纹容限计算流程

图中对临界循环次数 N_c 算法参照式(6)和相应步骤。

2 算 例

2.1 容器概况

2.1.1 结构与载荷情况

本文以某储氢超高压容器为算例，对其采用编程方式开展分析计算。容器筒体为厚壁无缝圆筒，外径 410 mm、内径 215 mm。结构形式、裂纹示意图等见图 5。

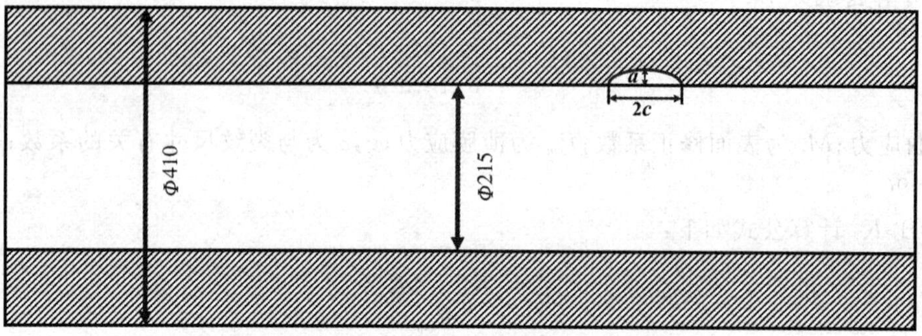

(a) 容器筒体结构

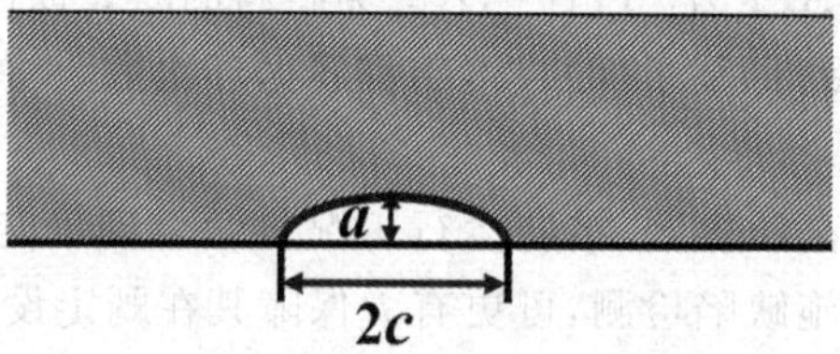

(b) 容器裂纹尺寸

图 5 超高压容器筒体与裂纹示意图

鉴于筒体是高压容器主体结构,其内表面出现轴向裂纹更为危险且检测难度更高[12],分析时就假定容器筒体内表面存在初始轴向裂纹。该容器设计参数如表 2。

表 2 容器设计参数

参数	数值
容器类别	Ⅲ
设计压力/MPa	150
设计温度/℃	−20～60
操作压力/MPa	≤140
操作温度/℃	−10～60
设计使用年限和循环次数	30 年或总循环次数 5×10^4 次,先到为准
主体材质	4130X
介质	氢气
腐蚀裕量/mm	0
筒体外径/mm	410
筒体内径/mm	215
筒体厚度/mm	97.5

鉴于前人开展超高压疲劳寿命预测分析主要基于设计压力参数,载荷较为单一难以反映工程实际情况,本文拟基于设备在一段时期内的实际循环内压数据开展分析。截至分析开展前,超高压容器使用不足 2 年,工作温度为常温、工作压力基于"雨流法"[13]统计,如图 6 所示。内压采用"0－P－0"方式加载。

根据图 6,容器循环压力均值集中在 60～100MPa,最高压力 100 MPa,内压循环次数 2×10^3 次左右。不失一般性,参考图 6 取:20,40,60,80 和 100 MPa 几种循环内压工况的最高值开展分析计算。几组循环内压在总循环次数中的占比依次递减,100 MPa 工况仅出现 3 次。

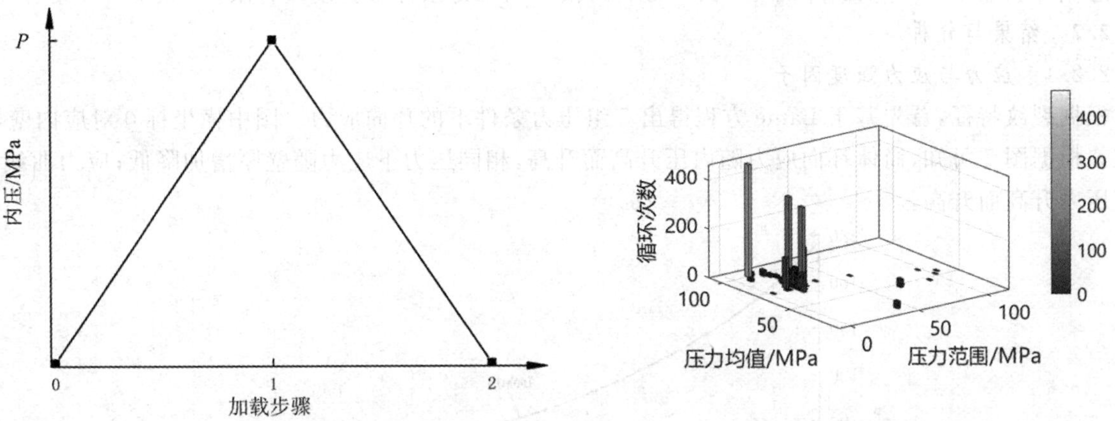

(a) 循环内压加载过程 (b) 内压统计结果

图 6 容器内压统计结果

2.1.2 材料性能

容器材质是固溶态 4130X 钢,该类钢材是高压储氢容器的典型用材,强度高、可加工性良好但屈强比高、塑性储备较差[14]。4130X 的化学成分和主要力学性能如表 3 和表 4。

表 3 4130X 钢化学成分(单位%)

元素	C	Mn	Si	P	S	Cr	Mo
实测值	0.30	0.87	0.289	0.015	0.001	1.01	0.21
GB/T 18248—2021 标准值	0.25～0.35	0.40～0.90	0.15～0.35	≤0.015	≤0.008	0.80～1.10	0.15～0.25

表 4 4130X 钢力学性能

抗拉强 R_m/MPa	屈服强 $R_{eL}(R_{p0.2})$/MPa	屈强比	断后伸长率 A/%
800－880	≥520	≤0.86	≥20

不同压力氢气环境氢致开裂应力强度因子门槛值 K_{IH} 和疲劳裂纹扩展速率参数根据文献[15－17]如表 5 所示。

表 5 4130X 钢疲劳分析参数

氢气压力/MPa	K_{IH}/(MPa·m$^{1/2}$)	C/m 次$^{-1}$	m
20	88	3.64×10^{-12}	3.26
45	52	1.32×10^{-10}	2.86
70	32	3.09×10^{-11}	3.5
90	32	1.23×10^{-11}	3.91
100	32	182×10^{-12}	3.26

2.1.3 假定条件

基于保守和简化考虑,分别采用 45,70 和 90 MPa 疲劳分析参数对 40,60 和 80 MPa 工况开展疲劳分析。同时,假定初始裂纹不存在萌生阶段,直接从稳定扩展阶段分析。

根据分析内容,首先分别基于不同压力得出裂纹临界循环次数。初始裂纹根据表 1,假定为深 1.6 mm的轴向半椭圆形,裂纹初始深长比(a/2c)取值:1/2,1/3,1/5 和 1/10 四组。随后根据设计条件中

所给总循环次数 5×10^4 依次降低至 5×10^2 次，再按不同压力条件分析裂纹容限。

2.2 结果与分析

2.2.1 应力与应力强度因子

根据裂纹特征，首先基于 Lame 方程得出 5 组压力条件下的环向应力。图中横坐标 0 对应内壁，1 为外壁。根据图 7 可知，筒体环向应力随内压升高而升高，相同压力下应力随壁厚增加降低；应力曲线变化率随压力升高而升高。

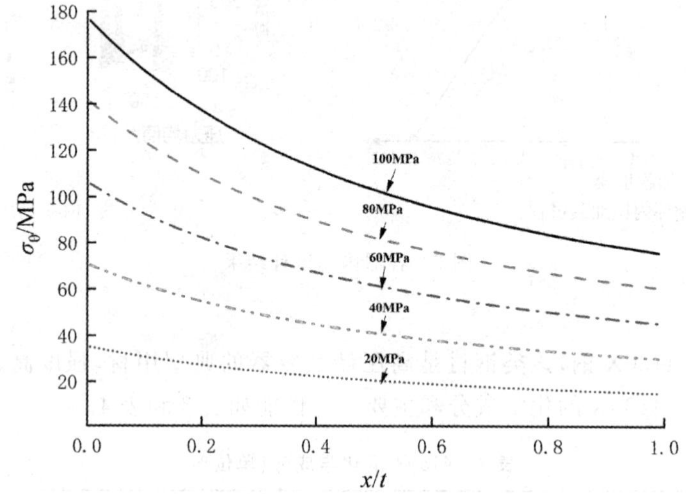

图 7 壁厚方向环向应力的分布

基于图 7 中环向应力首先开展"未爆先漏"判定发现，20 MPa 时应力强度因子低，每组裂纹初始深长比，均可满足判断条件，无需开展断裂力学疲劳评定。而当压力取 40～100 MPa 时，不满足"未爆先漏"判定，需进行断裂力学疲劳分析。

环向应力在 100 MPa 时最高，图 8 以 100 MPa 条件为例给出不同初始裂纹深长比 a/2c 裂纹最深处的应力强度因子，曲线横坐标为裂纹深度与筒体厚度比值 a/t，纵坐标为应力强度因子，算法分别参照基于 GB/T 34019 和 ASME Ⅷ－3 规定。

根据图 8，两项标准(规范)算出的应力强度因子在裂纹初始深长比较高时数值较小，裂纹初始深长比较低时数值较大，趋势一致。就标准(规范)差异性而言，初始深长偏高时即裂纹形状接近半圆时，GB/T 34019得出的应力强度因子始终低于 ASME Ⅷ－3；初始深长偏低时即裂纹形状接近半椭圆时，a/t≤0.6～0.7 范围内以 GB/T 34019 算出的应力强度因子均超过 ASME Ⅷ－3，但裂纹深度增加超过 0.7t 之后 ASME Ⅷ－3 计算值将反超 GB/T 34019。

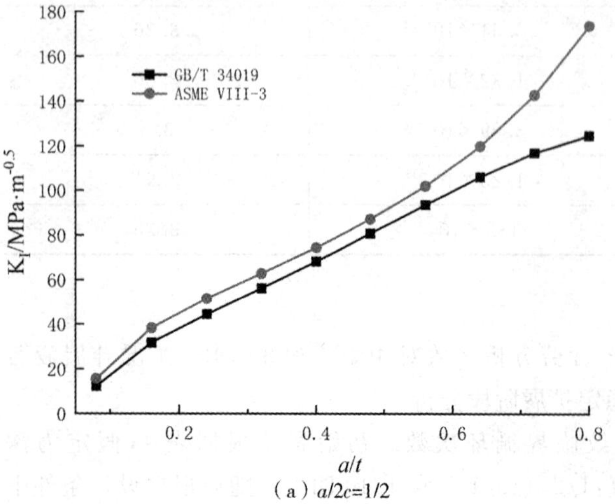

(a) $a/2c=1/2$

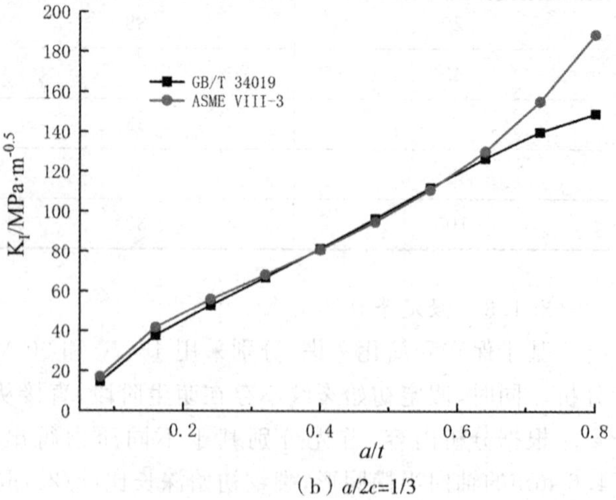

(b) $a/2c=1/3$

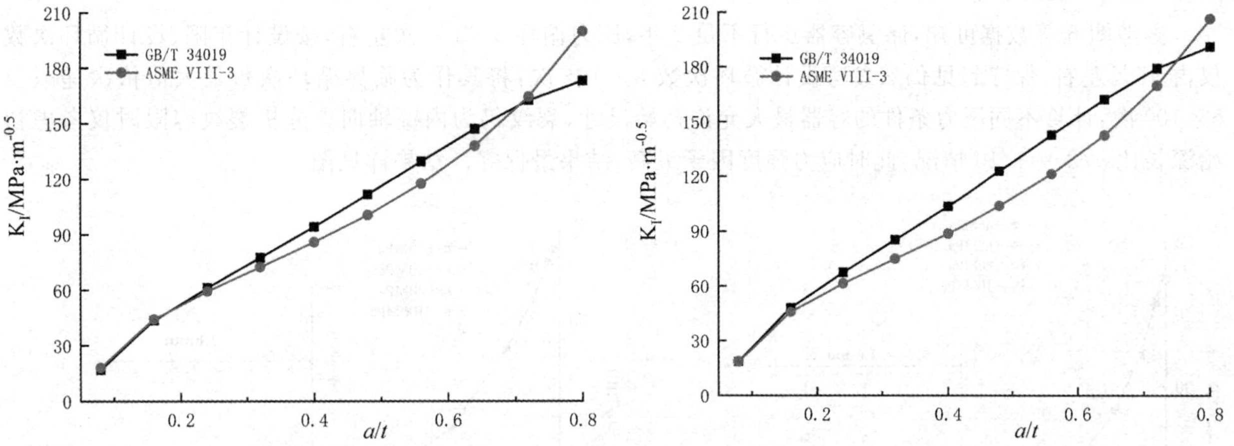

（c）$a/2c$=1/5　　（d）$a/2c$=1/10

图 8　裂纹最深处的应力强度因子

另据 20～80 MPa 计算结果，容器内压越低两种标准（规范）算出的应力强度因子相差越小。结合图 1、2 分析，两种标准（规范）应力强度因子算法不同是导致差异的主要原因。

2.2.2　断裂疲劳分析

基于不同条件应力强度因子，进一步完成疲劳失效判定，分别按不同压力给出裂纹临界深度及循环次数，结果如图 9 所示。

根据图 9 可知，裂纹临界深度 a_c 及循环次数 N_c 伴随容器内压增大和裂纹初始深长比减小而不断降低，两种标准（规范）得出的结果差距也随内压增大和初始裂纹深长比增加而缩小。其中，压力 40 MPa、初始深长比 a/2c=1/2 时依据两种标准（规范）得出的临界深度相差近 18%，临界循环次数相差近 15%。参考 ASME Ⅷ－3 得出结果更为保守。

之所以出现这一状况，是因为 GB/T 34019 在判定结构疲劳失效时仅考虑裂纹的断裂韧度判定脆性断裂，而 ASME Ⅷ－3 在引用 FAD 图判定疲劳时，可判定脆性断裂、断裂伴塑性变形、塑性失稳三种失效模式，因此其疲劳失效判据更为严格。ASME 规范判断疲劳断裂引用的 FAD 图中包含断裂韧度比 K_r 与载荷比 L_r^P 双重判据，载荷比考虑了裂纹尖端附近剩余韧带区“局部屈服”[18]。因此，ASME 规范的疲劳失效判据相较 GB/T 34019 更为严格。

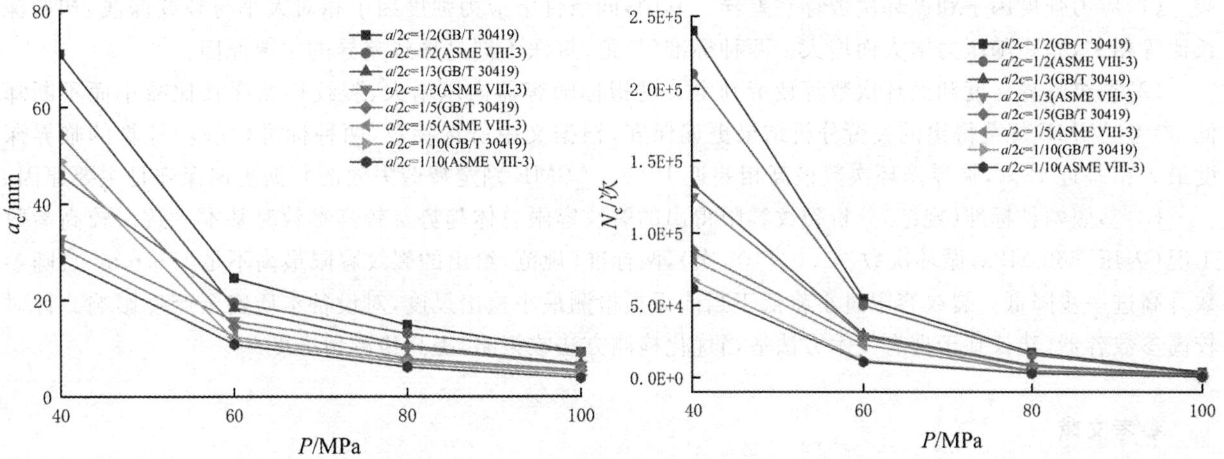

图 9　临界裂纹深度和临界循环次数

2.2.3 裂纹容限分析

参考图 6 等数据可知,储氢容器运行不足 2 年,压力循环 2×10^{3} 次左右,按设计年限、设计循环次数仅占 95%左右,保守起见仍然参考设计循环次数 5×10^{4} 次,将其作为临界循环次数最大值依次递减至 5×10^{2} 次,计算不同压力条件的容器最大允许初始尺寸,裂纹仍为内壁轴向。分析裂纹容限时仅考虑初始深长比 $a/2c=1/10$ 情况,此时应力强度因子最高,结果最保守。结果详见图 10。

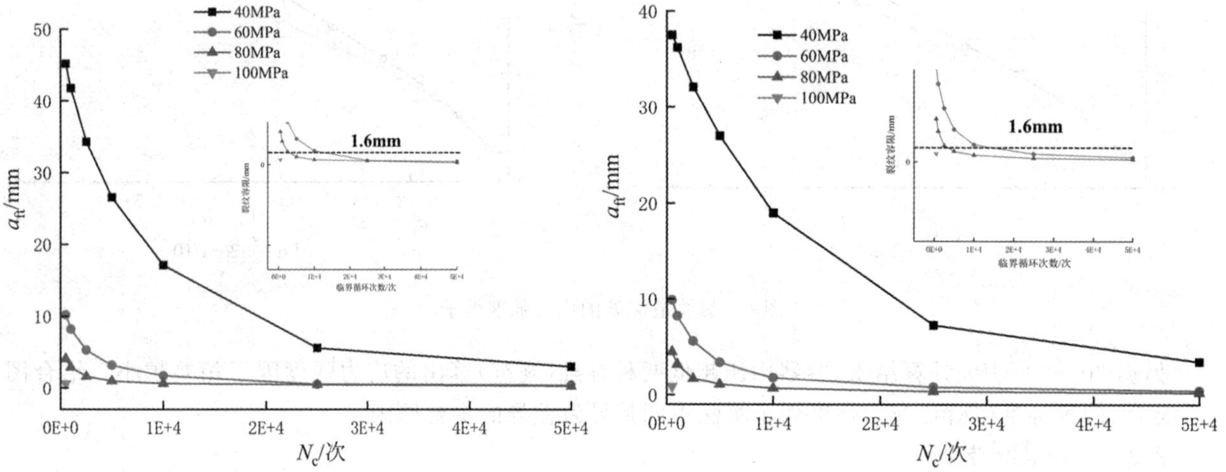

(a) 参照GB/T 34019计算结果　　(b) 参照ASME Ⅷ-3计算结果

图 10 裂纹容限

根据图 10,参照两种标准(规范)得出的裂纹容限仅个别条件存在出入,总体趋势及较高参数时基本一致。较高参数工况(内压≥60 MPa,循环次数≥1.0×10^{4} 次),两标准(规范)给出的裂纹容限最高也不足 1.6 mm,且随参数升高进一步降低。裂纹容限过小将低于当前无损检测最小检出尺度,对设备本质安全产生影响。针对较高参数容器,建议基于现有技术方法适当优化检测方法或策略,提高检测精准度。

3 结 论

本文分别基于 GB/T 34019 和 ASME BPVC Ⅷ-3 断裂力学疲劳评定方法以相同条件,对同一超高压储氢容器开展断裂力学疲劳分析:一是对比不同标准(规范)的疲劳分析结果;二是根据相同条件分析容器裂纹容限。结果如下:

(1)应力强度因子和循环次数存在差异。其中,同条件下应力强度因子相对大小与裂纹深浅、初始深长比等相关,差距随压力增大而增大。两种标准(规范)算法不同是导致差异的主要原因。

(2)裂纹临界深度和循环次数等疲劳判定关键指标随容器内压增大、裂纹初始深长比减小而不断降低,参考 ASME 规范得出的疲劳分析结果更偏保守,根据文中所选参数,两种标准(规范)计算的临界深度最大相差近 18%,临界循环次数最高相差近 15%。ASME 判定疲劳失效的判据更偏保守是主要原因。

(3)参照两种标准(规范)分析裂纹容限得出的裂纹容限总体趋势及较高参数时基本一致。较高参数工况(内压≥60 MPa,循环次数≥1.0×10^{4} 次),两标准(规范)给出的裂纹容限最高不足 1.6 mm,且随参数升高进一步降低。裂纹容限过小将低于当前无损检测最小检出尺度,对设备本质安全产生影响。针对较高参数容器,建议基于现有技术方法适当优化检测方法或策略,提高检测精准度。

参考文献

[1] CHEN X D,FAN Z C,XU S Q,et al. Technological progress on safety assurance for hydrogen storage and transportation pressure equipments in China[C]//The ASME 2022 Pressure Vessels & Piping Conference(ASME PVP2022),Las Vegas,USA,2022.

[2] 郑津洋,马凯,叶盛,等. 我国氢能高压储运设备发展现状及挑战[J]. 压力容器,2022,39(3):1-8.

[3] 陈志伟,李涛,杨国义,等. GB/T 34019—2017《超高压容器》标准分析[J]. 压力容器,2019,36(4):46-51.

[4] 元少昀,陈超. 合于使用评价在超高压容器设计中的应用[J]. 石油化工设备技术,2021,42(6):1-4.

[5] 高耀东,王壮壮,郭忠亮,等. 基于ASME规范的超高压容器表面裂纹扩展剩余寿命计算分析方法[J]. 内蒙古科技大学学报,2021,40(3):229-234.

[6] 袁舒梦,黄淞,惠虎. 基于GB/T 34019标准与ASME Ⅷ-3标准的钢制瓶式容器疲劳寿命分析[J]. 压力容器,2022,39(1):69-78.

[7] 朱永有,郑建能,伍云,等. 超高压容器材料标准对比分析及关键制造技术[J]. 大型铸锻件,2025,(2):1-5.

[8] 李群,欧卓成,陈宜亨. 高等断裂力学[M]. 北京:科学出版社,2017.

[9] 秦媛媛,秦晓峰,陈占春. 厚壁筒内表面平行双轴向裂纹间影响规律研究[J]. 机电工程,2022,39(2):276-280.

[10] 张鑫. 高压储氢气瓶用4130X钢氢脆试验研究及裂纹容限评定[D]. 杭州:浙江大学,2016.

[11] MA K, ZHENG J, HUA Z, et al. Hydrogen assisted fatigue life of Cr-Mo steel pressure vessel with coplanar cracks based on fatigue crack growth analysis[J]. International Journal of Hydrogen Energy, 2020, 45(38):20132-20141.

[12] HUA Z, MA K, GU C, et al. Effects of crack position on fatigue life of large seamless storage vessels made of 4130X for hydrogen refueling station[J]. International Journal of Hydrogen Energy, 2019, 44(40):22559-22568.

[13] MATSUISHIM, ENDO T. Fatigue of metals subjected to varying stress[C]//Proceeding of the Kyushu District Meeting of Japan Society of Mechanical Engineers. Fukuoka, Japan, 1968.

[14] 赵广洲,鲍文杰,陈凡,等. 高压气瓶4130X钢低周疲劳特性及疲劳设计曲线探讨[J]. 压力容器,2023,40(8):37-43.

[15] LOGINOW A W, PHELPS E H. Steels for seamless hydrogen pressure vessels[J]. Corrosion, 1975, 31:404-412.

[16] DADFARNIA M, NIBUR K A, MARCHI C S, et al. Measurement and interpretation of threshold stress intensity factors for steels in high-pressure hydrogen gas[R]. Livermore CA, USA: Sandia National Laboratories, 2010.

[17] NIBUR K A, MARCHI C S, SOMERDAY B P. Fracture and fatigue tolerant steel pressure vessels for gaseous hydrogen[C]//ASME Pressure Vessels and Piping Division/K-PVP Conference, 2010:949-958.

[18] 徐宏,李培宁. 失效评定图(FAD)技术在核管道缺陷评定规程编制中的应用[J]. 核动力工程,1995(1):73-77.

作者简介

余进(1983),男,高级工程师,主要从事压力容器及管道基于损伤失效分析和工程风险评估的研究与应用,通信地址:230031合肥通用机械研究院有限公司研发中心,E-mail:yu-jin@foxmail.com。

含腐蚀缺陷小口径管道的疲劳寿命预测及影响因素分析

王 涛[1],王俊强[1],李 强[2]
(1. 中国特种设备检测研究院,北京 100029;2. 广东大鹏液化天然气有限公司,广东深圳 523419)

摘 要:DN50及以下小口径管道是油气厂站与化工装置的毛细血管,比大口径管道更易变形,含缺陷情况下容易发生疲劳失效。通过试验与仿真模拟方法,预测了油气厂站A333－6材质的Φ48.3mm×7.14mm小口径管道在含腐蚀缺陷情况下疲劳寿命,分析了腐蚀缺陷长度、深度、宽度以及压力幅值、内压极差对小口径管道疲劳寿命的影响规律。研究结果表明:腐蚀深度对小口径管道的疲劳寿命影响最大,腐蚀深度达到壁厚一半时,疲劳寿命降低约40%;压力幅值和内压极差增大显著降低小口径管道的疲劳寿命。

关键词:小口径管道;疲劳寿命;外腐蚀缺陷;疲劳试验;有限元计算

Fatigue life prediction and influencing factor analysis of small－diameter pipes with corrosion defects

WANG Tao[1],WANG Junqiang[1],LI Qiang[2]
(1. China Special Equipment Inspection and Research Institute,Beijing 100029,China;
2. Guangdong Dapeng LNG Co. ,Ltd,Shenzhen 518000,China)

Abstract:Small - diameter pipes with a diameter of DN50 and below are the capillaries of oil and gas plants and chemical facilities. They are more prone to deformation than large - diameter pipes and are more likely to experience fatigue failure when they contain defects. Through experiments and simulation methods,the fatigue life of small - diameter pipes with diameters of Φ48.3×7.14mm made of A333 - 6 material in oil and gas plants and stations under conditions containing corrosion defects was predicted. The influence laws of the length, depth, width of corrosion defects, pressure amplitude and internal pressure range on the fatigue life of small - diameter pipes were analyzed. The research results show that the corrosion depth has the greatest impact on the fatigue life of small - diameter pipes. When the corrosion depth reaches half of the wall thickness,the fatigue life decreases by approximately 40%. The increase of internal pressure amplitude and internal pressure range significantly reduces the fatigue life of small - diameter pipes.

Keywords:small - diameter pipes; fatigue life; external corrosion defects; fatigue test; finite element calculation

0 引 言

小口径管道一般是指DN50及以下的管道,广泛应用于石油化工装置和油气站场,是关键的设备连接件。在工艺启停或内压波动时,小口径管道会受到内压交变疲劳载荷,小口径管道失效会导致介质泄漏,甚至发生爆炸等安全事故[1-2]。裸露在大气环境中的小口径管道容易发生腐蚀,外腐蚀缺陷会显著降低小口径管道的疲劳寿命。目前,国内外研究主要集中在大口径管道[3-8],未考虑小口径管道管径小、壁厚薄、对缺陷尺寸敏感的问题，存在适用性受限难题。因此，研究外腐蚀缺陷对小口径管道疲劳寿命的影响规律，能够指导企业进行缺陷管理，保证设备安全生产。本文通过试验、仿真协同的方法，研究缺陷尺寸与内压波动工况对小口径管道疲劳寿命的影响规律。

1 有限元模型

1.1 疲劳分析流程

本文采用 Ansys workbench 开展静力学分析，将静力学分析得到的应力/应变谱导入到疲劳分析软件 nCode DesignLife 进行疲劳寿命计算。疲劳分析流程如图 1 所示，确定疲劳分析方法，根据分析方法定义材料的应力/应变曲线[9]，随后根据实际工况，定义疲劳分析载荷谱，利用分析软件进行分析得到疲劳寿命。

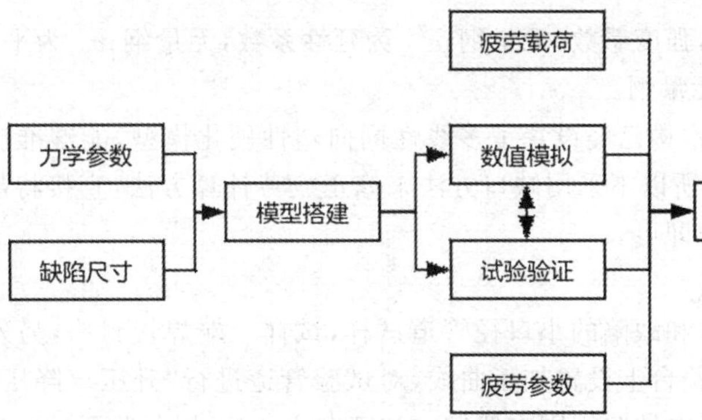

图 1 疲劳寿命分析流程

1.2 有限元模型

小口径管道选用 A333－6 材料，为避免尺寸效应的影响，将模型长度设置为管径的 6 倍，模型尺寸及材料参数如表 1 所示。有限元模型如图 2 所示，缺陷设置在模型中间位置，为避免应力集中，在缺陷四周设置圆角，网格采用八节点六面体单元和四节点四面体单元，从模型两端逐渐加密至缺陷部位。在管道内表面施加内压载荷，同时在管道末端面施加轴向力载荷，轴向力大小约为 $PD/4t$，其中 P 为内压，D 为管道直径，t 为管壁厚度。

表 1 模型尺寸及材料参数

外径	壁厚	长度	弹性模量	泊松比	屈服强度	抗拉强度
48.3mm	7.14mm	300mm	200GPa	0.3	307MPa	595MPa

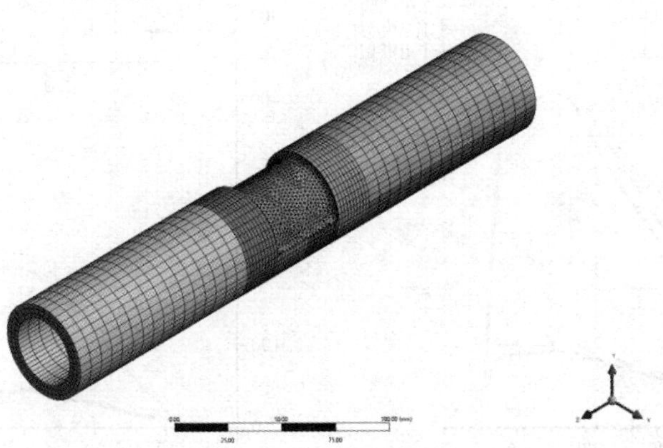

图 2 数值模型

1.3 疲劳分析模块

本文采用基于标准 Coffin - Mansion - Basquin 的应变寿命曲线方法，材料疲劳参数由试验测得，如表 2 所示。

表 2 A333－6 材料疲劳参数

强度系数	强度指数	延性系数	延性指数	循环强化系数	循环应变硬化指数
532MPa	－0.13	0.944	－0.67	919MPa	0.19

采用 Morrow 平均应力修正方法[10]，主要对应变寿命曲线中的弹性项按照式(1)进行修正：

$$\varepsilon_a=\frac{\sigma'_f}{E}\left(1-\frac{\sigma_m}{\sigma'_f}\right)(2N_f)^b+\sigma''_f\,(2N_f)^c \tag{1}$$

式中，ε_a 为应变幅，无量纲；σ'_f 为强度系数，无量纲；σ''_f 为延性系数，无量纲；σ_m 为平均应力，MPa；b 为强度指数，无量纲；c 为延性指数，无量纲。

弹塑性修正方面，由于材料本构已经设置了多线性同向塑性硬化模型，能够准确地描述材料在进入塑性阶段的弹塑性应变情况[11]，所以不采用缺口方法来修正疲劳计算方法，直接将静力学计算得到的弹塑性结果输入到疲劳分析软件中即可。

1.4 模型准确性验证

设计和有限元模型相同尺寸和缺陷的小口径管道试样，试样一端焊接封头，另外一端加工焊接注水口与耐压试验台相连，在耐压试验台上设置加压曲线，对试验管道进行“升压－降压”循环加载直至管道出现失效或达到预定循环次数。在缺陷周围布置轴向和环向应变片，用于监测试验过程中小口径管道的应变变化。

在试验管道中部加工长度为 40mm、宽度为 180°、深度为 3.6mm 的外腐蚀缺陷，对试验管道进行 2000 次“0－70－0MPa”的循环载荷疲劳试验，试验结束后管道无明显变化，缺陷处未发生明显变形，如图 3 所示。

图 3 疲劳试验后试验管道

建立与试验相同缺陷尺寸的有限元模型，设置相同载荷，进行数值计算。在数值计算结果中输出与试验管道应变片相同位置处的应变响应曲线，验证有限元模型的准确性，试验与数值模型应变曲线对比如图 4 所示。由图 4 可知，试验管道与数值模型在相同位置处的轴向和环向应变曲线变化趋势相同，且应变值相近，由此可以证明有限元模型的准确性。

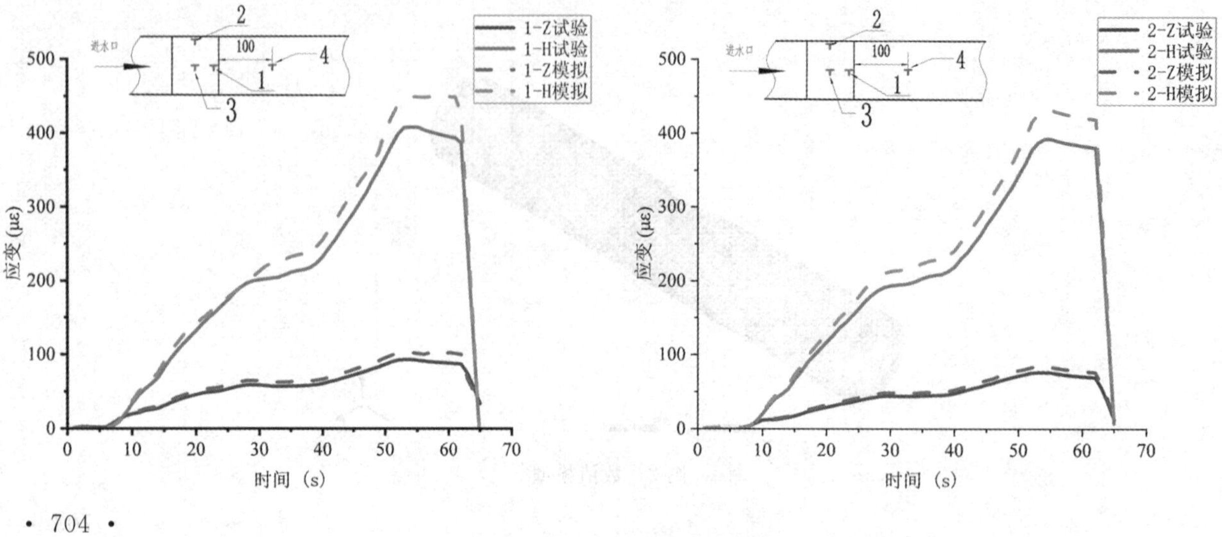

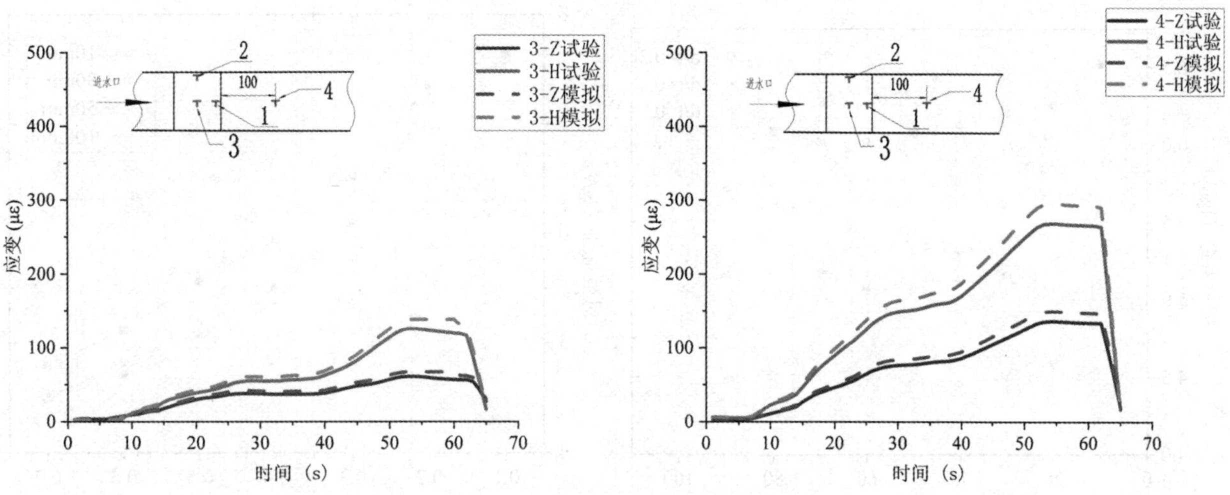

图 4 试验与模拟应变数据对比

2 缺陷尺寸对小口径管道疲劳寿命的影响规律分析

为便于分析规律,将缺陷深度 d 和宽度 β 尺寸无量纲处理为 d/t、$\beta/2\pi$,其中缺陷长度 L 设计范围 10～100 mm,d/t 设计范围 0.1～0.7,$\beta/2\pi$ 设计范围 0.1～1,如表 3 所示。内压载荷为周期 50 秒的"升压-降压"循环加载,升压过程从 0 MPa 匀速升至幅值,然后从幅值匀速降至 0 MPa,幅值取 30 MPa,对不同缺陷尺寸的小口径管道疲劳工况进行疲劳模拟。

表 3 缺陷尺寸参数表

研究规律	d/t	L/mm	$\beta/2\pi$
深度	0.1、0.2、0.3、0.4、0.5、0.6、0.7	10、30、50、100	0.5
长度	0.3、0.5、0.7	10、20、30、40、50、60、70、80、90、100	0.5
宽度	0.3、0.5、0.7	30	0.1、0.2、0.3、0.4、0.5、0.6、0.7、0.8、0.9、1

2.1 腐蚀长度对小口径管道疲劳寿命的影响

腐蚀深度 d/t 分别为 0.3、0.5、0.7,腐蚀宽度为 $\beta/2\pi$ 取 0.5,分析小口径管道疲劳寿命随腐蚀长度的变化趋势。

模拟结果如图 5 所示,横轴取腐蚀长度,竖轴的疲劳寿命用 lg 表示。由图 5 可知,腐蚀长度越长,对疲劳寿命的影响越小,当腐蚀长度达到临界值时,腐蚀长度对疲劳寿命基本不会产生影响,此规律和 ASME B31G－2023 中腐蚀长度对管道承压能力的影响分为长、短腐蚀两个阶段的结论类似;在短腐蚀阶段,随着腐蚀深度的增加,疲劳寿命随腐蚀长度增加而降低的速率变大。

2.2 腐蚀深度对小口径管道疲劳寿命的影响

腐蚀深度 d/t 由 0.1 至 0.7 均分 7 个等级,腐蚀长度分别为 10 mm、30 mm、50 mm、100 mm,腐蚀宽度 β/2π 取 0.5,分析小口径管道疲劳寿命随腐蚀深度的变化趋势。

模拟结果如图 6 所示,横轴为腐蚀深度,竖轴的疲劳寿命用 lg 表示。由图 6 可知,小口径管道的疲劳寿命随腐蚀深度的增加呈线性降低,当 L 分别为 10 mm、30 mm、50 mm、100 mm 时,d/t 每增加 0.1,疲劳寿命平均降低幅度依次是 6.23%、6.76%、6.78%、6.79%。由图 6 可知,当腐蚀长度越大,小口径管道的"疲劳寿命－腐蚀深度"曲线重合度越大,说明腐蚀长度对其影响越小,符合 2.1 节所述规律。

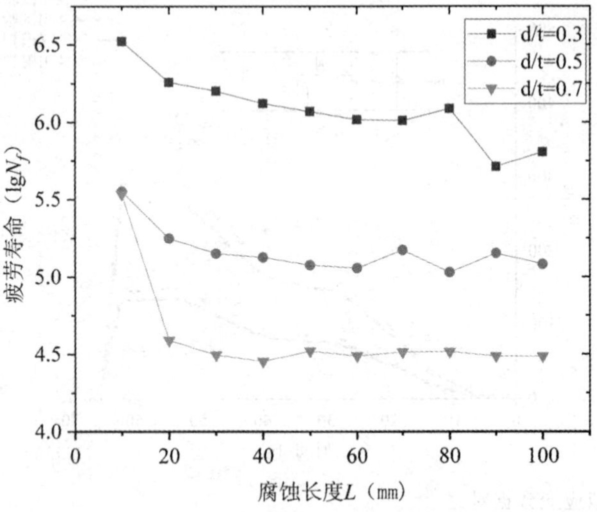

图 5 疲劳寿命—腐蚀长度曲线

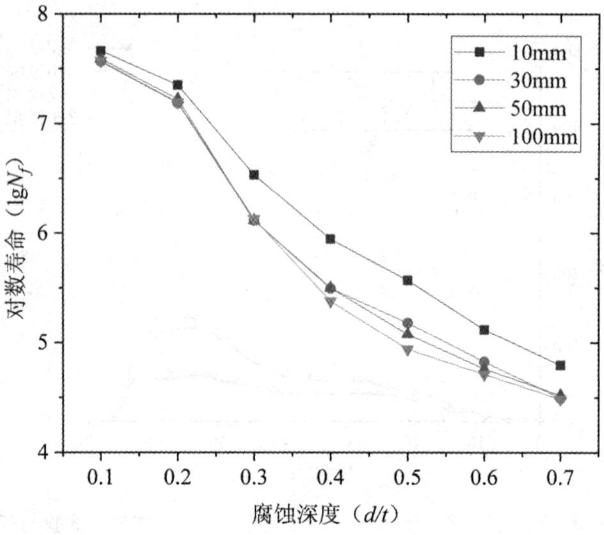

图 6 疲劳寿命—腐蚀深度曲线

2.3 腐蚀宽度对小口径管道疲劳寿命的影响

腐蚀宽度 $\beta/2\pi$ 由 0.1 至 1 共均分为 10 组,腐蚀长度 L 为 30 mm,腐蚀深度 d/t 为 0.3、0.5、0.7,由此分析小口径管道疲劳寿命随腐蚀宽度的变化趋势。

模拟结果如图 7 所示,横轴取腐蚀宽度,竖轴的疲劳寿命用 lg 表示。由图 7 可知,腐蚀宽度对小口径管道的疲劳寿命影响不大,当腐蚀宽度 $\beta/2\pi=1$ 时,腐蚀缺陷在宽度方向尺寸均匀,缺陷处的应力集中减小,疲劳寿命略微增加。

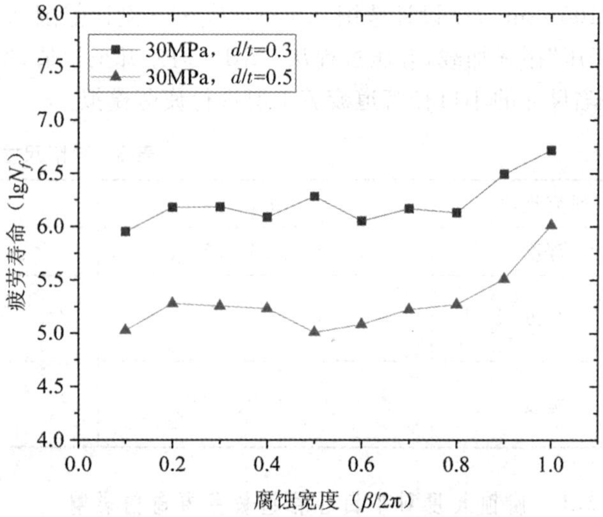

图 7 疲劳寿命—腐蚀宽度曲线

3 内压对小口径管道疲劳寿命的影响规律分析

由于管道内压波动、设备运行不稳以及工艺启停等原因,小口径管道经常处于复杂压力波动环境中。设计不同的压力幅值和内压极差(最大内压与最小内压的差值),如表 4 所示,研究不同压力波动情况对小口径管道疲劳寿命的影响规律。

表 4 内压波动及缺陷几何参数表

d/t	L/mm	$\beta/2\pi$	压力幅值/MPa	内压极差/MPa	研究规律
0.3	30	0.5	20、30、40、50、60、70、80、90	0	压力幅值
0.5	30	0.5			
0.5	100	0.5			
0.3	30	0.5	60	18、24、30、36、42、48、54	内压极差
0.5	30	0.5			
0.5	100	0.5			

3.1 压力幅值对小口径管道疲劳寿命的影响

如表 4 所示，腐蚀宽度 $\beta/2\pi$ 为 0.5，腐蚀深度 d/t 分别为 0.3 和 0.5，腐蚀长度 L 分别为 30 mm 和 100 mm，压力幅值设置 8 个等级分别为 20 MPa、30 MPa、40 MPa、50 MPa、60 MPa、70 MPa、80 MPa、90 MPa，加载周期为 50 秒，内压加载同第 2 节，疲劳寿命用 lg 表示。

由图 8 可知，随着压力幅值的增大，小口径管道腐蚀缺陷处的塑性应变能增大，导致疲劳寿命降低；当腐蚀深度为 0.5 时，由于强度下降导致小口径管道承载能力降低，压力幅值超过 60MPa 时，超过塑性阶段吸收能量范围，小口径管道疲劳寿命迅速下降。

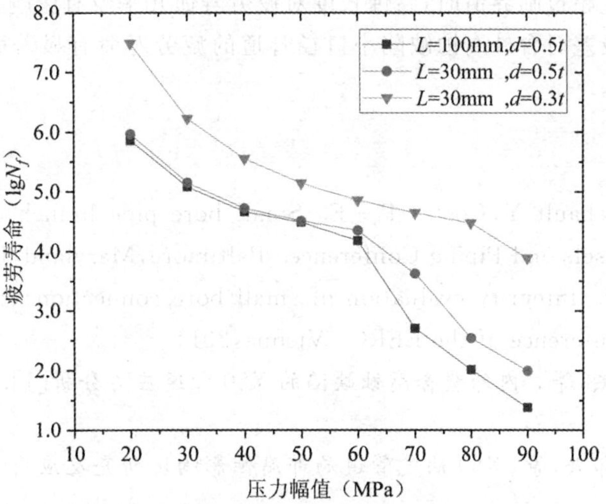

图 8 疲劳寿命—压力幅值曲线

3.2 内压极差对小口径管道疲劳寿命的影响

将内压极差分别设置为 18、24、30、36、42、48、54MPa，管道腐蚀缺陷参数如表 4，内压载荷为周期 50 秒的“升压-降压”循环加载，升压过程从最小内压匀速升至最大内压，然后从最大内压匀速降至最小内压，压力幅值为 60MPa，分析不同内压极差对含腐蚀缺陷小口径管道疲劳寿命的影响规律。

数值模拟结果如图 9 所示，疲劳寿命用 lg 表示。由图 9 可知，不同腐蚀缺陷尺寸小口径管道的疲劳寿命随内压极差的增大而减小，且趋势相同。内压极差越大，小口径管道内部循环载荷波动越强，会加大疲劳损伤累积速率，最终导致疲劳寿命减小。

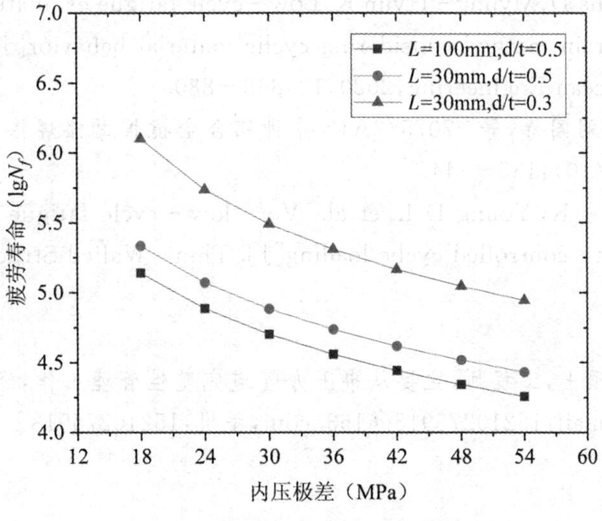

图 9 疲劳寿命—内压极差曲线

4 结 论

本文通过有限元模拟的方法,研究外腐蚀缺陷尺寸及不同压力波动加载对小口径管道疲劳寿命的影响规律。主要可以得到以下结论:

(1)通过试验测得 A333-6 材料的力学参数和疲劳参数,采用 Ansys 建立含外腐蚀缺陷的小口径管道模型,并设计等尺寸、等加载条件的水压试验,验证数值模型的准确性。

(2)腐蚀深度对小口径管道的疲劳寿命影响最大,腐蚀长度次之,腐蚀宽度几乎没有影响;疲劳寿命随腐蚀深度的增加,线性降低;腐蚀深度越大,腐蚀长度对疲劳寿命的影响越大,疲劳寿命随腐蚀长度的增大而降低,但当腐蚀长度超过临界值时,腐蚀长度对疲劳寿命几乎没有影响。

(3)压力幅值和内压极差对含外腐蚀缺陷小口径管道的疲劳寿命有显著影响,疲劳寿命随压力幅值和内压极差的增大而减小。

参考文献

[1] Economou J, Thebault Y, Costes P-E. Small bore pipe branch connections fatigue [C]// ASME 2011 Pressure Vessels and Piping Conference. Baltimore, Maryland, USA, 2011: 659-663.

[2] Harper C, Eng P. Integrity evaluation of small bore connections(branch connections)[C]// Proceedings of the 9th Conference of the EFRC. Vienna, 2014.

[3] 毛荣,詹仕弟,张杰,等. 内外壁含腐蚀缺陷的 X80 管道应力分析[J]. 北部湾大学学报,2025,40(02):57-64.

[4] 段英先,胡文君,郑兴,等. X80 油气管道局部腐蚀影响区研究及应用[J]. 石油化工腐蚀与防护,2025,42(01):31-35.

[5] 于磊,孔令圳. 含腐蚀缺陷 X80 油气管道极限载荷模拟与预测[J]. 力学与实践,2025,47(02):323-330.

[6] 陈严飞,刘宇,胡东,等. 含腐蚀缺陷输气管道高频声致振动响应规律数值模拟[J]. 油气储运,2024,43(04):404-411.

[7] Kim S, Chang S, Park D, et al. Failure criteria of a carbon steel pipe elbow for low-cycle fatigue using the damage index[J]. Thin-Walled Structures, 2020, 153.

[8] Jin L, Zhang L S, Wang X X, et al. Effect of aging on the low cycle fatigue performance of a low alloy steel[J]. Procedia Structural Integrity, 2024, 52: 12-19.

[9] Jin-Ho L, Pingsha D, Myung-Hyun K. Low-cycle fatigue evaluation for girth-welded pipes based on the structural strain method considering cyclic material behavior[J]. International Journal of Naval Architecture and Ocean Engineering, 2020, 12: 868-880.

[10] 王钟德,王瑞杰,刘国寿,等. 7075/2A12 异种铝合金搅拌摩擦焊搭接接头疲劳寿命预测研究[J]. 现代制造工程,2023,(10):135-144.

[11] Nye J H, Weon J K, Young D L, et al. Very low-cycle fatigue failure behaviours of pipe elbows under displacement-controlled cyclic loading[J]. Thin-Walled Structures, 2023, 193.

作者简介

王涛(1993),男(汉),硕士,工程师,主要从事压力管道完整性管理工作,通信地址:100029 北京市朝阳区和平街西苑 2 号,E-mail:15210275918@163.com,手机:15210275918。

T91 焊接圆管蠕变-疲劳失效机理研究

于昊霖[1],李科桥[1],王贤明[2,3],崔益民[2,3],闾川阳[1]

(1. 浙江工业大学 机械工程学院 化工机械设计研究所,杭州 310032;

2. 浙江浙能技术研究院有限公司,杭州 310031;

3. 浙江省火力发电高效节能与污染物控制技术研究重点实验室,杭州 310003)

摘　要:为保障火电机组安全运行,减少因频繁启停或深度调峰引起的结构部件蠕变-疲劳断裂失效,本文以火电机组穿顶棚套管(T91 焊接圆管)为研究对象,开展了蠕变-疲劳试验及失效机理分析。结果表明,T91 焊接圆管主要由母材、热影响区和焊缝三个区域组成。母材组织主要为回火马氏体和颗粒析出相($M_{23}C_6$和 MX),热影响区组织为回火马氏体、晶界铁素体和颗粒析出相,焊缝组织为板条马氏体,焊缝及热影响区的显微硬度远大于母材。在蠕变-疲劳保载阶段,T91 焊接圆管表现出明显的蠕变第一和第二阶段变形行为;随着循环次数增加,焊接圆管逐渐表现出循环硬化特征,且随保载时间呈现正相关趋势。在回火马氏体和板条马氏体两相交界处,以及晶界碳化物处产生的蠕变孔洞是接头失效的主要原因。

关键词:T91;焊接圆管;蠕变-疲劳;微观组织;失效机理

Study on creep－fatigue failure mechanism of welded T91 tubes

YU Haolin[1],LI Keqiao[1],WANG Xianming[2,3],CUI Yiming[2,3],LYU Chuanyang[1]

(1. Institute of Process Equipment and Control Engineering,

College of mechanical engineering,Zhejiang University of Technology,Hangzhou 310032,China;

2. Zhejiang Energy R&D Institute Co.,Ltd.,Hangzhou 310031,China;

3. Key Laboratory of Energy Conservation &:Pollutant Control Technology for

Thermal Power of Zhejiang Province,Hangzhou 310003,China)

Abstract:To reduce the creep - fatigue fracture failure caused by frequent start - stop or deep peak shaving for safe operation of thermal power units,this paper takes the annular tubes used in the roof of thermal power units(welded T91 tubes)as the research object and conducts creep - fatigue tests and failure mechanism analysis. The results show that the welded T91 tubes is mainly composed of three regions:the base metal (BM), the heat - affected zone (HAZ) and the weld zone (WZ). The microstructure of BM is mainly tempered martensite and precipitated phases($M_{23}C_6$ and MX). The microstructure of HAZ is tempered martensite,grain - boundary ferrite and precipitated phases. The microstructure of WZ is lath martensite. The microhardness of the WZ and HAZ is much higher than that of the BM. During the creep - fatigue holding stage,the welded T91 tube shows obvious first and second creep stages. With the increase in the number of cycles,the welded T91 tube gradually shows the characteristics of cyclic hardening,and there is a positive correlation with the holding time. The voids caused by stress concentration at the interface between tempered martensite and lath martensite, and the carbides at the grain boundaries are the main reasons for the failure of the joint.

Keywords:T91; Welded tube; Creep - fatigue; Microstructure; Failure mechanism

0 引 言

中国力争2030年前实现碳达峰,2060年前实现碳中和。到2025年,火电在中国能源结构的占比预计为52%,火电在未来十年依旧是电力供应的主体,因此火力行业将面向大型化、极端化、环保化的改造升级。火电装机2025年前达峰,峰值11亿千瓦,短期内,火电依然需要用来满足电力需求的增长。中长期看,火电也可以用于缓冲风电、光伏的不稳定性和应对其给电网带来的不安全性[1-3]。在新能源政策下,风电、太阳能、水电等可再生清洁能源的装机比重快速上升,火电机组参与深度调峰将成为常态。深度调峰对大型火电机组金属构件提出了更高要求,频繁启停导致关键金属构件承受复杂应力作用[4]。这种蠕变和疲劳的交互作用会导致关键结构部件如焊缝、变径段位置产生缺陷,在应力作用下会演化成裂纹,对构件的性能和服役寿命十分不利,影响机组运行的安全性和经济性。自2018年火电机组深度调峰以来,机组承压金属结构部件拉裂问题已上升为火电机组金属结构件失效的主导因素,已成为火电机组非计划停运关键影响之一[5-7]。其中,穿顶棚套管焊缝是深度调峰火电机组常发开裂的主要失效部位之一。庞琳亚等[8]分析穿顶棚套管密封焊缝裂纹及泄露原因,发现裂纹始于角焊缝管侧焊趾处的热影响过热区。为优化密封盒结构,他们建议在穿顶棚套管上焊接承重环,同时取消其与密封套管的焊接,以减少下弯头变形产生的附加弯矩对焊缝的不利影响。针对圆管结构的高温变形和断裂行为,TUNG等[9]开展了镍基合金材料Alloy 617和Alloy 230的内压圆管蠕变试验,发现上述两种材料的双轴蠕变寿命均明显短于单轴蠕变寿命。ZHONG等[10]采用循环内压加载的圆管试样,研究了Alloy 617的双轴疲劳及蠕变-疲劳的循环变形累积与寿命演化行为。CHEN等[11]以核燃料包壳锆合金圆管进行多轴棘轮研究,阐明了平均应力、应力幅、峰值保载等对棘轮变形的影响规律。但对于火电机组中常用的T91焊接圆管的蠕变-疲劳失效机理研究仍鲜有报道。因此,为了保障火电机组安全运行,本文开展T91焊接圆管的蠕变-疲劳失效机理研究,研究成果有助于为深度调峰火电机组提出合理的结构优化方案,减少非计划停运事件,提高机组可靠性。

1 试验方法及材料

针对穿顶棚套管角焊缝结构在实际工况下承受蠕变-疲劳载荷作用,开展其在高温下不同应力幅和保载时间下的内压焊接圆管蠕变-疲劳试验。通过对某超超临界火电机组高再进口穿顶棚套管内部介质和外部环境测温发现,穿顶棚套管温度范围约为300 ℃~570 ℃。因此,本文设置了300 ℃和570 ℃两种试验温度。为适应300 ℃下较大内压和较高循环次数的需求,该温度下采用相对大直径的圆管试样(φ25 mm),570 ℃下采用了两种不同局部减薄的小直径圆管试样,分别为壁厚1 mm和0.5 mm,所用的两种小直径圆管试样尺寸合理性在下文进行论证。本文所用圆管材料均为T91,具体圆管试样尺寸、试验条件如表1所示。

表1 圆管试验参数

序号	温度/℃	试验段外径/mm	壁厚/mm	峰值内压/MPa	等效应力/MPa	谷值内压/MPa	峰值保载时间/min
1	300	25.00	1.03	40.00	445.00	0.00	55
2	300	25.05	1.01	43.00	490.20	0.00	55
3	300	25.02	1.04	45.00	496.00	0.00	55
4	570	12.44	1.00	8.00	41.80	0.00	55
5	570	11.40	0.45	6.20	68.00	0.00	55
6	570	11.39	0.55	8.50	80.00	0.00	120

（续表）

序号	温度/℃	试验段外径/mm	壁厚/mm	峰值内压/MPa	等效应力/MPa	谷值内压/MPa	峰值保载时间/min
7	570	11.40	0.55	8.50	80.00	0.00	55
8	570	11.11	0.45	6.50	80.00	0.00	160

焊接圆管试样采用钨极氩弧焊方式焊接。焊接前，T91圆管内外须通过酒精冲洗，以确保工件的表面干净，无油污或杂质。正式进行焊接时，将钨极焊枪定位到焊接区域，通过控制箱同时控制焊接机以及变位器同时工作，完成焊接。圆管均采用无焊前预热方式，电流大小10～20 A，焊接速度2～3 mm/s。焊后圆管试样如图1所示。

图1　不同尺寸的焊接圆管实物图

内压圆管蠕变一疲劳试验采用自行设计开发的内压圆管试验台。试验开始前，先将密封工装安装在试样管两端。圆管试样上端卡套过渡接头与进气管连接，下卡套过渡堵头用于密封气体。将试样及其夹持工装完整放入机器高温炉试验腔体内，将上端卡套过渡接头与进气管连接。

圆管材料T91随温度变化的比热容、热导率、线膨胀系数、弹性模量、剪切模量、泊松比、屈服强度等材料参数如表2所示。

表2　T91材料参数

温度/℃	比热容 C/($J\cdot kg^{-1}\cdot K^{-1}$)	热导率 λ/($W\cdot m^{-1}\cdot K^{-1}$)	线膨胀系数/(10^{-6}℃$^{-1}$)	弹性模量 E/(10^3 MPa)	泊松比	屈服强度/MPa
20	460	26	10.6	218	0.29	495
100	469	27	10.9	213	0.3	480
200	490	28	11.3	207	0.29	465
400	530	29.1	11.9	190	0.3	430
600	800	29	12.4	168	0.3	342
750	1020	28.5	12.7	152	0.31	194
1000	820	28.1	14.2	108	0.3	51
1500	—	59	16.3	—	—	—

为验证局部减薄小直径圆管试样尺寸合理性，建立1/4圆管结构有限元模型，进行网格划分，如图2所示。对1/4圆管模型两端工装夹持段施加全约束以限制夹持段形变，为对称面施加截面法向约束，为内表面施加相应周期内压，如图3所示。设定了三组不同峰值内压，分别为6.2 MPa，8.5 MPa，10 MPa。

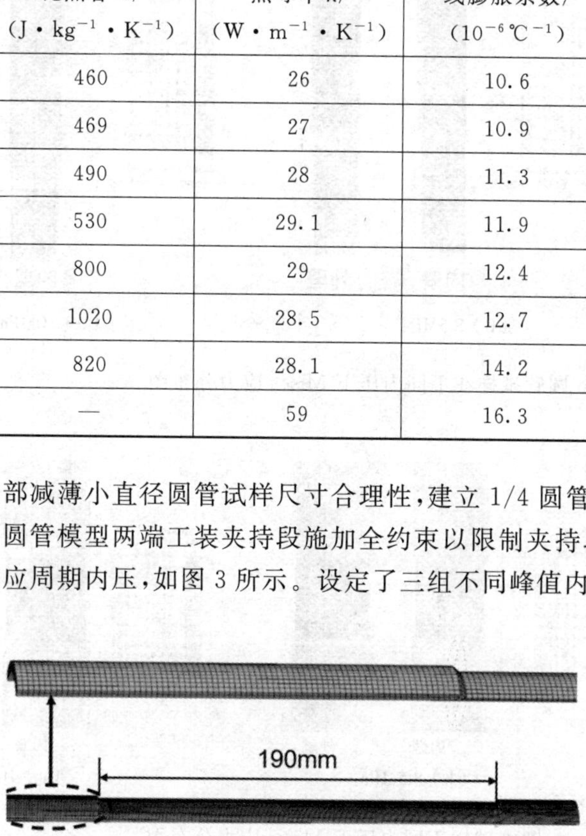

（a）试样总体网格划分

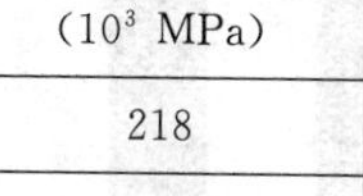

（b）试样径向网格划分

图2　圆管试样网格划分

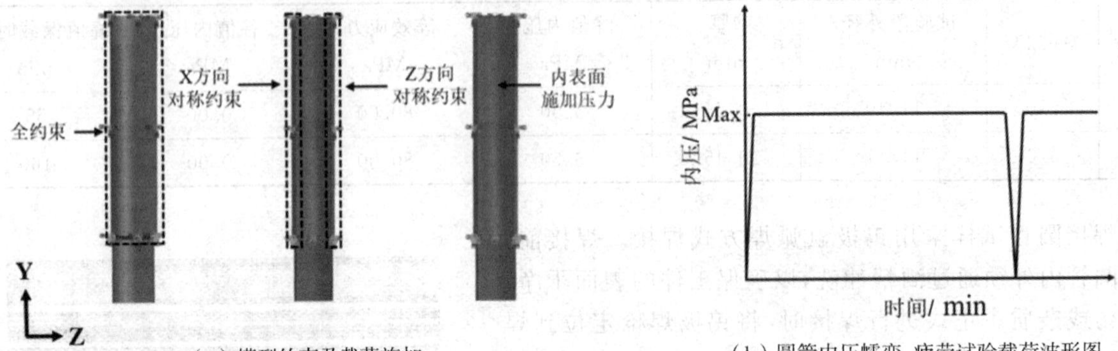

（a）模型约束及载荷施加　　（b）圆管内压蠕变-疲劳试验载荷波形图

图 3

2 结果分析

2.1 内压圆管有限元模拟结果

图 4、图 5 分别为壁厚 1 mm 和 0.5 mm 的局部减薄小直径圆管有限元模拟结果。圆管的 Mises 应力在两种不同设计模型管壁内外表面试验段均呈均匀分布，随着圆管内壁面内压的升高，最大 Mises 应力相应增大。分别选取两种设计试样试验段一轴向路径 ab，路径如图 6 所示。

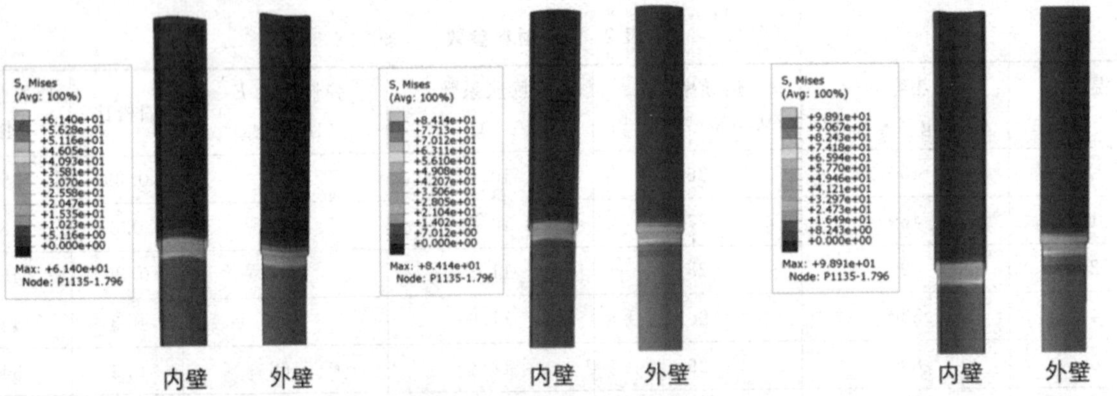

（a）6.2MPa　　（b）8.5MPa　　（c）10MPa

图 4　壁厚 1 mm 圆管试样在不同内压下 Mises 应力分布图

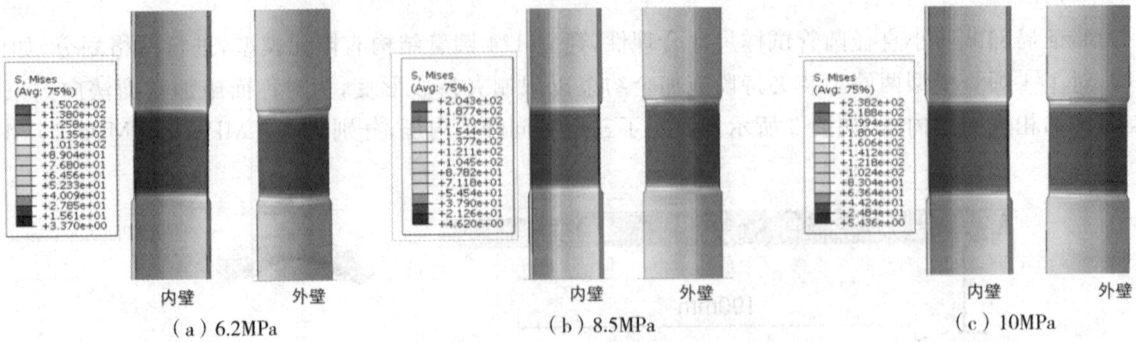

（a）6.2MPa　　（b）8.5MPa　　（c）10MPa

图 5　壁厚 0.5 mm 圆管试样不同内压下 Mises 应力分布图

图 7 为路径 ab 上圆管不同内压下的 Mises 应力分布图。可以看出两种壁厚的局部减薄圆管试样的

（a）大尺寸圆管

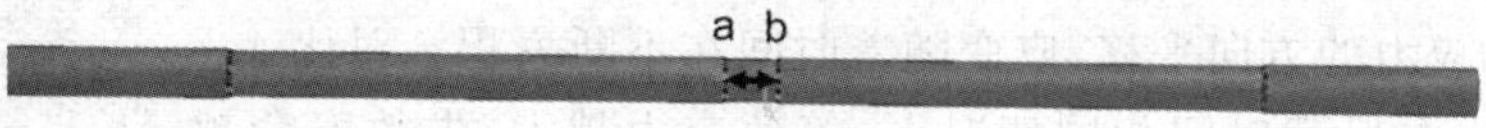

（b）小尺寸圆管

图 6　路径 *ab* 设置

Mises 应力在试验段维持稳定不变，试验段未出现应力集中现象。对于壁厚 1 mm 的局部减薄圆管试样，在临近变径段处的应力峰值比试验段应力平均值仅增加了约 1.1 %。两种局部减薄的圆管试样设计均较为合理。

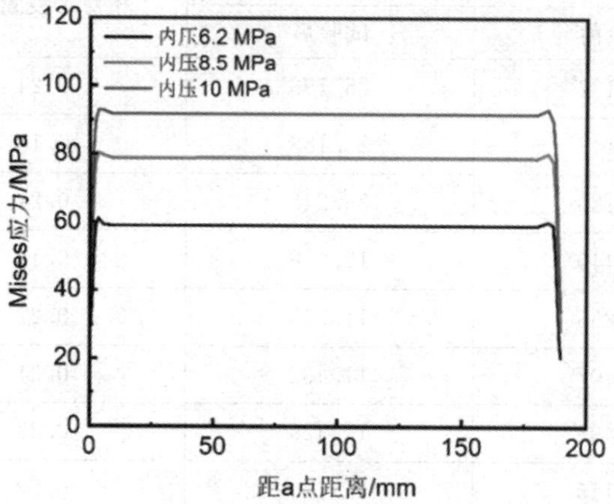

（a）一次减薄圆管

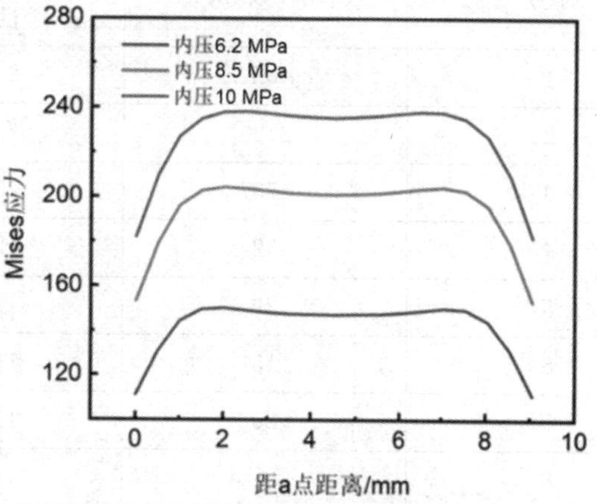

（b）二次减薄圆管

图 7　圆管路径 ab 中等效应力分布曲线

图 8 为壁厚 1 mm 圆管试样在不同内压下最大蠕变应变处的蠕变应变-时间曲线和应力-应变迟滞回线，可以发现蠕变应变随时间的增加而单调增加，并且迟滞回线面积随应力增大而增加，循环峰值应变也随之增加。有别于试验保载阶段设定的固定内压（等效应力），有限元模拟中保载阶段的应力呈下降趋势，原因是因为蠕变会引起试样应力松弛，所以图 8(b) 中保载阶段应力略有下降。

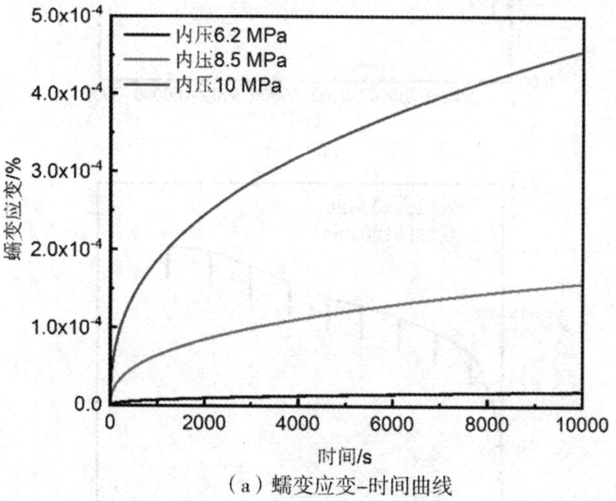

（a）蠕变应变-时间曲线

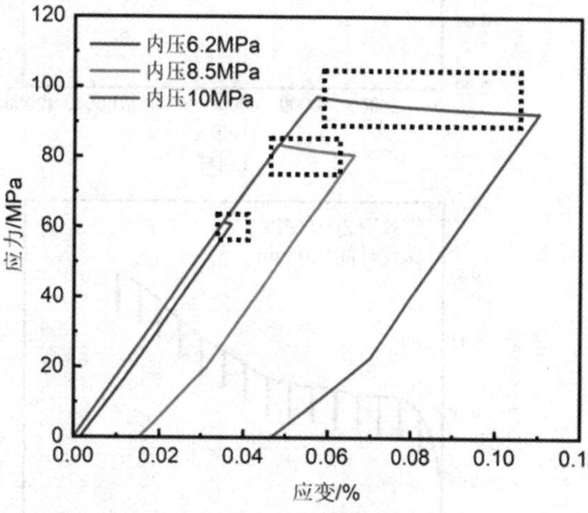

（b）应力-应变迟滞回线

图 8　不同内压下壁厚 1 mm 圆管试样最大蠕变应变处的

2.2　内压圆管蠕变-疲劳试验结果

表 3 为所有内压圆管试样循环数与外径变化结果。图 9 为经历内压蠕变-疲劳试验后的失效圆管，

在圆管轴向方向上出现了贯穿圆管壁厚的裂纹，从而导致圆管发生泄漏失效。部分试样的应变-时间曲线如图10所示，部分试样的应力-应变迟滞回线如图11所示。可以看出，各曲线图有较为明显的蠕变第一和第二阶段。其迟滞回线朝着平均应力的方向平移，应变随着时间在不断累积。对比4、5和7号试验，可以看出在保载时间相同情况下，等效应力越大，失效寿命越短。对比6、7和8号试验，可以看出在等效应力相同的情况下，保载时间越长，材料的软化程度呈现减少趋势，失效寿命越短，但缩短幅度不明显，说明保载时间对多轴蠕变-疲劳寿命的影响较小。

图9　失效圆管试样

表3　圆管试样循环数与外径变化结果

序号	循环数/次	外径/mm		相对形变量/%
		试验前	试验后	
1	13272	25.137	25.198	0.24
2	2125	25.143	25.188	0.18
3	4737	25.186	25.240	0.21
4	52	12.440	12.458	0.14
5	29	11.265	11.295	0.27
6	15	11.407	11.432	0.21
7	20	11.405	11.429	0.22
8	9	11.115	11.140	0.22

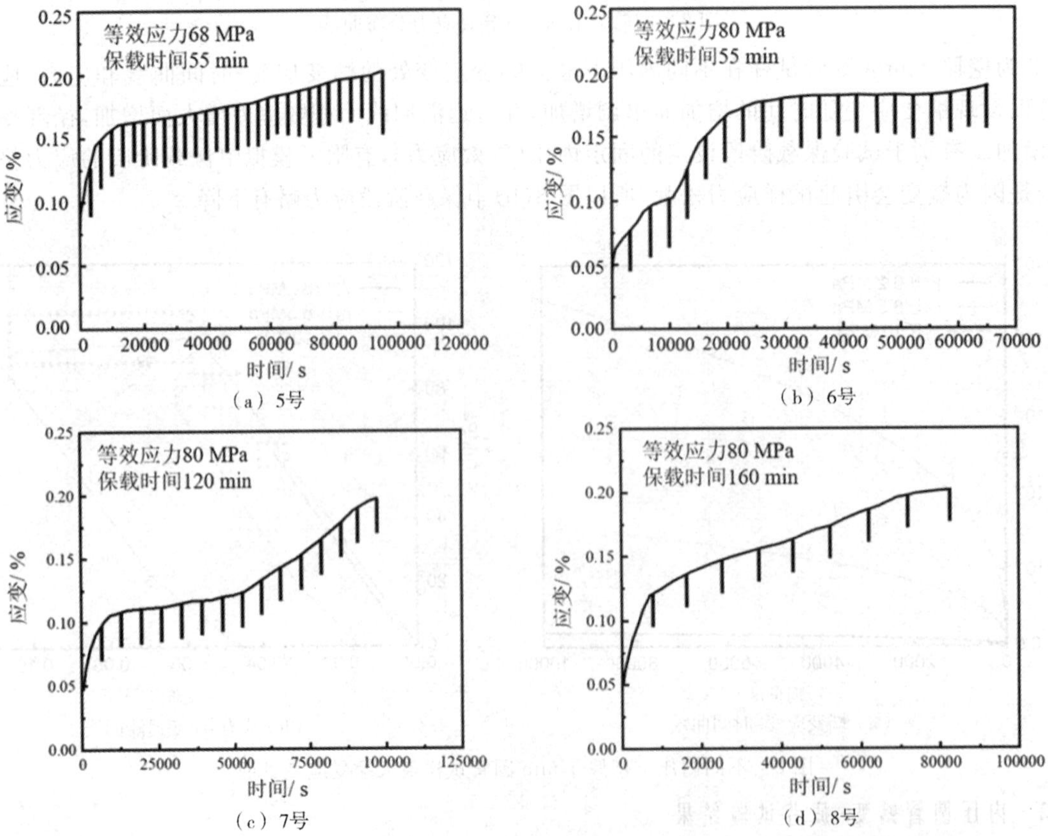

图10　部分试样的应变-时间曲线

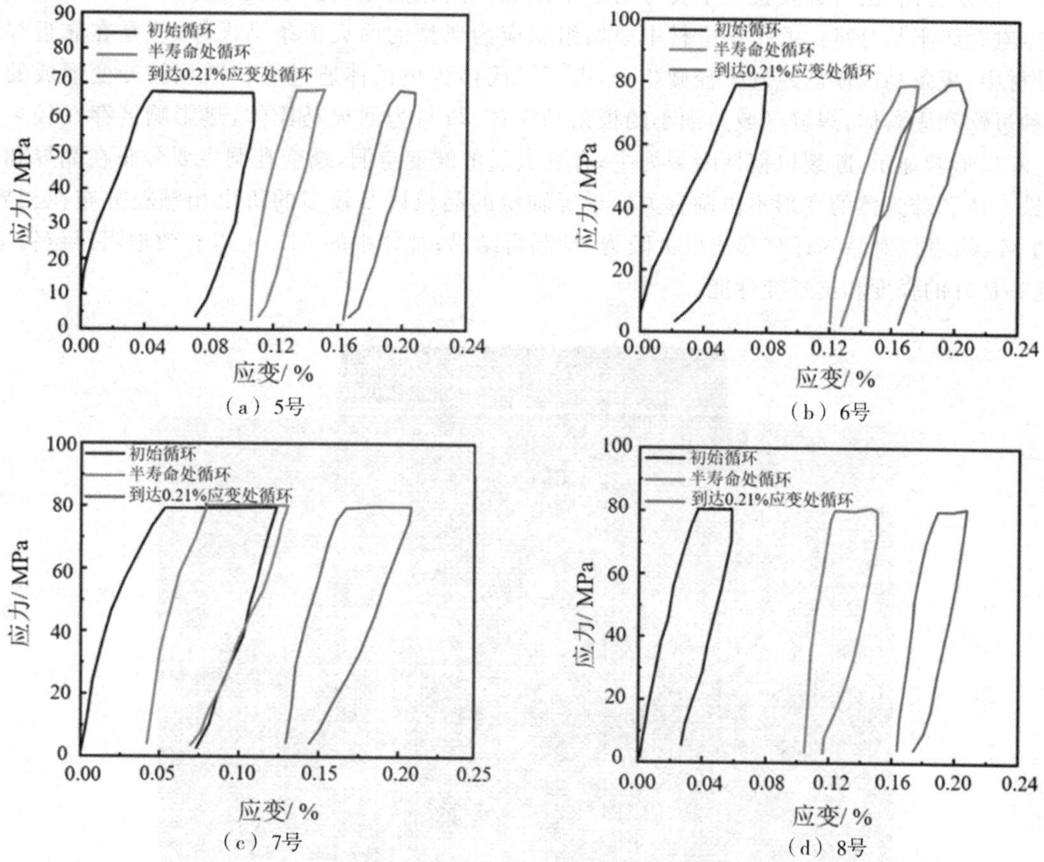

图 11　部分试样的应力-应变迟滞回线

3 讨　论

3.1　T91 焊接圆管蠕变-疲劳微观组织演化

对 T91 焊接圆管进行显微组织表征。图 12、图 13 分别为 2 号和 3 号焊接圆管试样不同区域的组织形貌微观图。

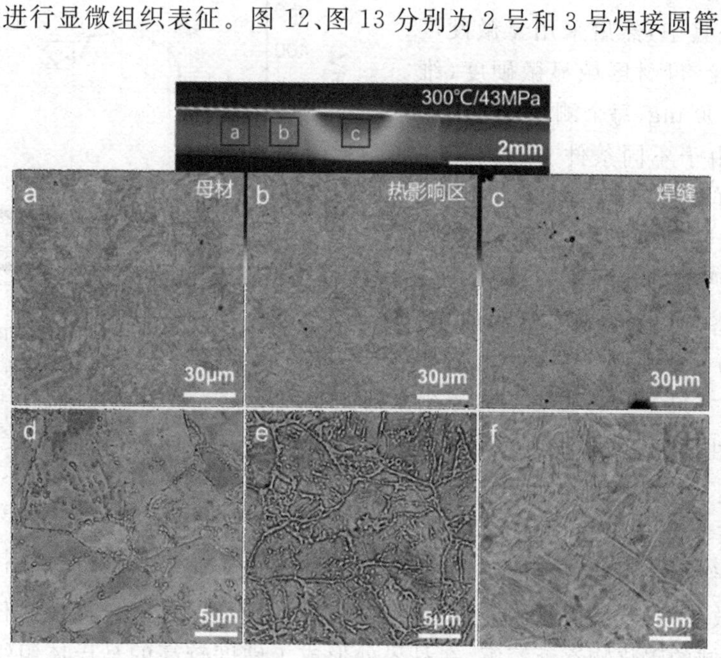

图 12　2 号圆管蠕变-疲劳试样接头组织形貌

从图中可以看出，圆管焊接接头主要分为三个区域，母材，热影响区以及焊缝区域，由于焊接材料与母材一致，融合线不易分辨。T91 钢母材中原始组织应为典型的回火板条马氏体，但是在靠近焊缝热影响区的母材中，板条马氏体已经发生轻微相变，由于马氏体为奥氏体通过非扩散型转专变形成的亚稳态相，是一种过饱和固溶体，焊缝区域为细小的板条马氏体，母材为回火马氏体，热影响区存在较多的析出相颗粒。断口形貌显示，断裂以韧性断裂为主，存在大量的蠕变空洞，蠕变孔洞主要分布在晶界和碳化物附近，与铁素体和珠光体的变形不协调有关。近等轴状的晶粒以及较多的析出相颗粒分布在相界，在相界析出的 $M_{23}C_6$ 可以对晶界迁移形成巨大阻力，抑制再结晶；基体中的 MX 可以有效地阻碍位错运动，让 T91 钢拥有良好的强度和抗蠕变性能。

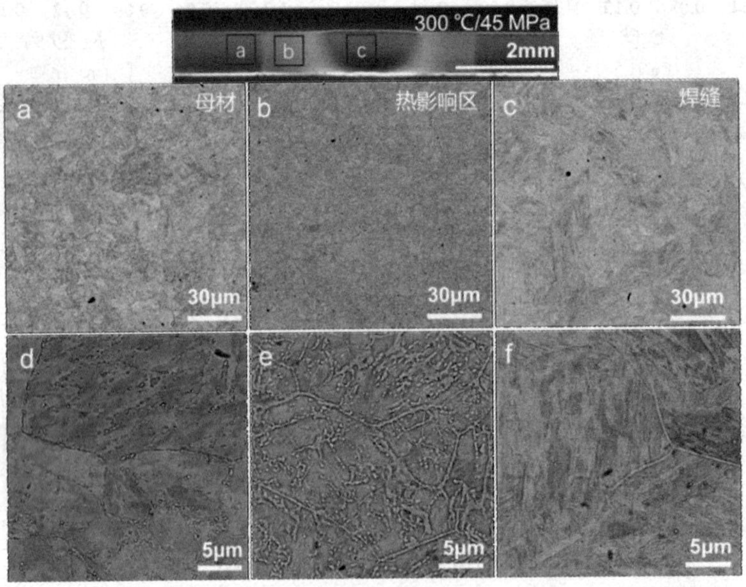

图 13　3 号圆管蠕变-疲劳试样接头组织形貌

3.2　T91 焊接圆管显微硬度

对试样进行显微硬度测试，将用于显微观察的接头试样置于夹具中，然后采用显微硬度测试仪测量母材-焊缝-母材区域显微硬度(维氏硬度)。压头载荷 300 mg，每个测试点之间的距离约为 200 μm。由于不同条件下的内压焊接圆管蠕变-疲劳试样显微组织无明显区别，选取 3 号试样进行显微硬度测试。如图 14 所示为 3 号圆管的蠕变-疲劳断口界面显微硬度分布图，其中硬度测量路径如图中黄色箭头所示，各测试点之间距离为 200 μm。可以看出焊缝及热影响区硬度远大于母材。对焊缝金属组织分析发现，母材主要由回火马氏体以及晶界处析出的大量碳化物组成，由于碳化物的析出将直接降低合金元素在马氏体组织中的固溶度，显著削弱其固溶强化作用。因此，母材中的显微硬度较低。相比之下，焊缝区域中的组织为均一的板条马氏体，其固溶强化效果最高，因此显微硬度最高。而在热影响区中，由于焊接过程中热输入的影响，导致在原母材中晶界区域的碳化物逐渐溶解，在晶界处形成了硬度较高的马氏体组织，越靠近焊缝区域的

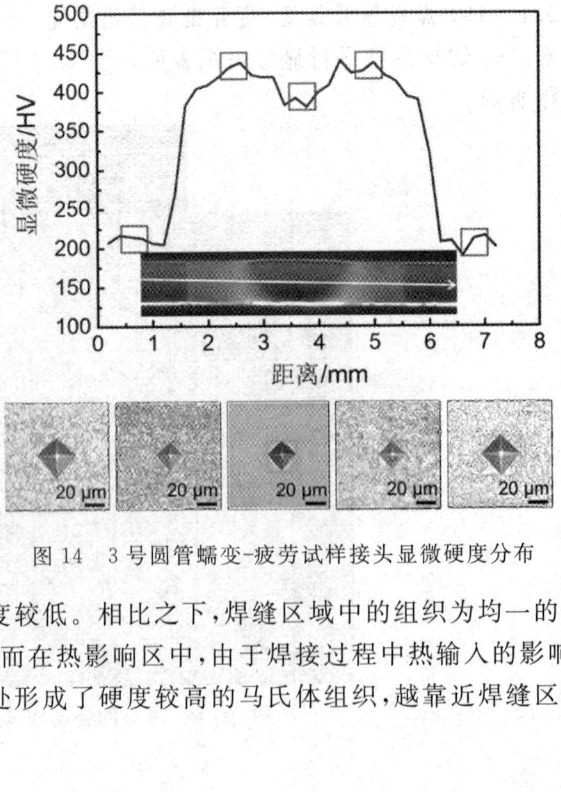

图 14　3 号圆管蠕变-疲劳试样接头显微硬度分布

组织其固溶效果越明显，进而实现了硬度的逐渐增大。

3.3 T91 焊接圆管蠕变-疲劳失效机理

在焊接圆管的蠕变-疲劳试验中，观察到试验加载前的高温保温阶段，材料会出现软化现象。具体表现为：当保载时间保持一致时，峰值应力越高，材料的失效寿命就越短；而在峰值应力相同的情况下，保载时间越长，失效寿命则越短。由于该试验的应力循环中不存在压缩应力，导致应变随时间的累积速度更快，各循环阶段的迟滞回线之间距离较大。随着试验的推进，迟滞回线在保载阶段的平台长度逐渐缩短，回线面积也不断减小。同时，材料内部的位错密度会增大，使材料逐渐硬化，其阻碍损伤进一步扩大的能力随之增强，这一阶段的循环变形量因此减小，呈现出显著的循环硬化现象。

另外，研究发现迟滞回线的形状与保载时间并无紧密联系，在不同保载时间条件下，迟滞回线的形状没有明显差异。T91 焊接圆管的接头区域的热影响区组织以回火马氏体为主，但是原边界析出的碳化物在高温影响下得到溶解，在原奥氏体晶界区域形成铁素体，固溶强化现象得到提升。越靠近焊缝区域组织中晶界铁素体分布越少，马氏体分布增多，最终在焊缝区域，由于材料在高温下熔化，晶界区域析出物在高温下完全溶解，由于降温过程较快，原奥氏体长大过程受到限制，因此降温过程中形成了更加细小的板条马氏体，且 Mo、Cr、C 等合金元素来不及析出，固溶在焊缝组织中，因此在原奥氏体晶界未发现 MC 及 $M_{23}C_6$ 的析出。

4 结 论

通过 T91 焊接圆管的蠕变-疲劳试验与其失效机理分析，可以得出以下结论。

(1)当保载时间保持一致时，峰值应力越高，材料的失效寿命就越短；而在峰值应力相同的情况下，保载时间越长，失效寿命则越短。

(2)通过有限元模型建模分析，证明了减薄圆管设计的合理性，试样的应力分布与蠕变应变分布与实验参数具有无关性。

(3)T91 接头焊缝为板条马氏体，固溶效果最好，显微硬度最高；母材为回火马氏体，大量碳化物降低合金元素在马氏体中的固溶度，使母材显微硬度降低。蠕变-疲劳试验过程中，在两相交界处由于应力集中引起的孔洞以及晶界处聚集的碳化物产生的蠕变孔洞是接头失效的主要原因。

参考文献

[1] 马双忱，杨鹏威，王放放，等．“双碳”目标下传统火电面临的挑战与对策[J]．华电技术，2021，43(12)：36－45.

[2] 智佳佳，旷贤启．“双碳”目标下火力发电行业转型发展路径分析[J]．山东电力高等专科学校学报，2021，24(06)：40－43.

[3] 赵兵，景杰．“碳达峰、碳中和”目标下火力发电行业的转型与发展[J]．节能与环保，2021，322(05)：32－33.

[4] 郭晓峰，巩建鸣，姜勇．超超临界锅炉管用 T92/P92 钢研究进展[J]．压力容器，2011，28(5)：55－61.

[5] 郑楷，徐德生，张雪莲，等．超(超)临界火电机组 T91 和 TP347H 焊接性分析[J]．焊接学报，2010，31(6)：53－55.

[6] 魏明震．膜式水冷壁单面电弧沉积的数值模拟[D]．南京：东南大学，2019.

[7] 王贤明，董磊，石现，等．烟道侧包墙连接鳍片区域的结构应力数值模拟[J]．压力容器，2023，40(12)：22－31.

[8] 庞琳亚，冯高峰．300 MW 锅炉低温再热器穿墙管泄漏分析[J]．焊接技术，2020，49(增刊 1)：81－85.

[9] TUNG H M，MO K，STUBBINS J F. Biaxial thermal creep of Inconel 617 and Haynes 230 at

850 and 950 ℃[J]. Journal ofNuclear Materials,2014,447(1－3):28－37.

[10] ZHONG Y,LIU X,LAN K C,et al. On the biaxial thermal creep－fatigue behavior of Ni－base Alloy 617 at 950 ℃[J]. International Journal of Fatigue,2020,139:105787.

[11] CHEN G,XU C,QU H,et al. Ratcheting behavior of zirconium alloy tubes under combined cyclic axial load and internal pressure at 350 ℃[J]. Journal of Nuclear Materials,2017,491:138－148.

作者简介

于昊霖(2002),男,硕士研究生,主要研究方向为多轴蠕变-疲劳失效机理研究,通信地址:310014 浙江省杭州市拱墅区潮王路18号,E－mail:yuhaolinn@163.com。

耦合残余应力影响的加氢反应器蠕变损伤模拟研究

杨　滨，郭志伟，蒋文春

（中国石油大学（华东）新能源学院，山东 青岛 266580）

摘　要：蠕变是加氢反应器的主要损伤模式之一，开展精确的蠕变设计是保障加氢反应器本质安全的基本前提。但是，传统蠕变设计尚缺乏对残余应力影响的系统分析——要么理想化假设热处理后残余应力完全消除，要么引入削弱系数来简化处理。随着加氢反应器不断向规格大型化、服役环境严苛化方向发展，安全性要求更高的同时残余应力也变得更高、更复杂。如何在蠕变设计时科学考虑残余应力的影响，成为新挑战。本文针对加氢反应器堆焊层和筒体环焊缝两种典型结构，分别开展了焊接残余应力、热处理应力释放和服役蠕变损伤的顺次耦合模拟研究，分析了残余应力在焊接、热处理过程中的演变规律及对服役蠕变损伤的"遗传作用"，旨在为开展更精细的蠕变设计、制定更科学的热处理应力消除效果要求提供参考。

关键词：加氢反应器；残余应力；堆焊；蠕变损伤

Simulation of Creep Damage of Hydrogenation Reactor Cylinder Coupled with Residual Stress

YANGBin，GUO Zhiwei，JIANG Wenchun

(College of New Energy，China University of Petroleum(East China)，Qingdao 266580，China)

Abstract：Creep is one of the primary damage mechanisms in hydrocracking reactors. Conducting precise creep design is a fundamental prerequisite for ensuring the inherent safety of these reactors. However，traditional creep design approaches lack systematic analysis of the influence of residual stresses—either assuming idealized complete elimination of residual stress after heat treatment，or introducing reduction factors for simplified treatment. As hydrocracking reactors increasingly trend toward larger dimensions and more demanding service conditions，safety requirements become more stringent while residual stresses grow higher and more complex. How to scientifically account for the effects of residual stress in creep design presents a new challenge. This study focuses on two typical structures：the cladding layer and the cylindrical shell girth welds. Through sequential finite element simulations，it investigates welding residual stress，stress relief during heat treatment，and creep damage during service. The research clarifies the evolution of residual stresses during welding and heat treatment processes，as well as their carry－over effects on service－induced creep damage. The findings aim to provide references for developing more refined creep design methodologies and establishing more scientific requirements for heat treatment stress elimination effectiveness.

Keywords：hydrogenation reactor；residual stress；surfacing；creep damage

0　前　言

加氢反应器是加氢裂化、加氢精制等工艺的核心装备。在原油品质劣化和能源结构低碳转型的双重驱动下，加氢反应器持续向大型化方向发展[1-2]，以提升轻质油转化效率和规模效益。但壁厚（>300 mm）、直径(>5 m)的增加,使得焊接制造时的拘束作用更强、经历的热循环更多,残余应力随之变得更大更复杂。在高温、高压、临氢工作环境下,蠕变是加氢反应器的主要损伤模式之一[3]。当残余应力与工作应力耦合叠加后,会促进蠕变损伤的发展[2-3]。威胁加氢反应器的长时服役安全。例如,随着服役时间的增加,残余应力释放会导致蠕变延性损耗,最终引发再热裂纹[4-7]。因此,在蠕变设计时需要考虑残余应力的影响,进而给热处理消应力效果提出科学要求。

然而,现有设计规范[10-15]尚缺乏对残余应力影响的精细考虑——ASME 标准[12-13]假设焊后热处理可完全消除残余应力;GB/T 4732 规范[14]则允许在蠕变疲劳评估中将其折减为弹性应力的 20%;欧洲钢结构规范(EN 1993-1-1-2005)[15]对焊接接头引入残余应力削弱系数 γ(取 0.8~0.9),降低许用应力值。为了更精确的考虑残余应力对蠕变损伤的影响,科研人员也在一直致力于开发更精细的计算方法。例如,张国栋等[16]提出在开展蠕变损伤数值模拟分析时,需导入初始残余应力作为后续分析起点。但这种"导入初始残余应力"方法存在偏差:一方面,此类初始残余应力主要局限在焊接残余应力,缺少对热处理的考量;另一方面,由于完全忽略了残余应力产生的物理过程,未能真实再现焊接、热处理引起的复杂塑性应变、蠕变应变累积。即使初始应力相同,其后续的蠕变损伤演化也可能存在明显差异。

针对上述问题,考虑残余应力产生机理的差异,本文以堆焊层和筒体环焊缝两种典型结构为研究对象,建立"焊接-热处理-服役"一体化的残余应力和蠕变损伤耦合计算模型,完整复刻制造-服役全寿命周期的应力、应变和损伤演变过程。基于残余应力耦合/非耦合蠕变损伤模型的对比性研究,阐明残余应力对服役蠕变损伤的定量影响及作用机制。

1 有限元分析

1.1 几何模型及网格划分

为减小计算量,所建模型均为二维轴对称模型,筒体材料均为 2.25Cr1MoV 钢,半径 2750 mm、壁厚 200 mm。图 1(a)所示的堆焊层模型长 1000 mm(设置为 5 道堆焊带),309L 不锈钢过渡层厚 3 mm;347 不锈钢防腐层厚 5 mm。图 1(b)所示的筒体环焊缝模型中,焊道坡口为 V 型坡口(共 34 个焊道);为避免约束边界影响,模型长度设为 5000 mm,。

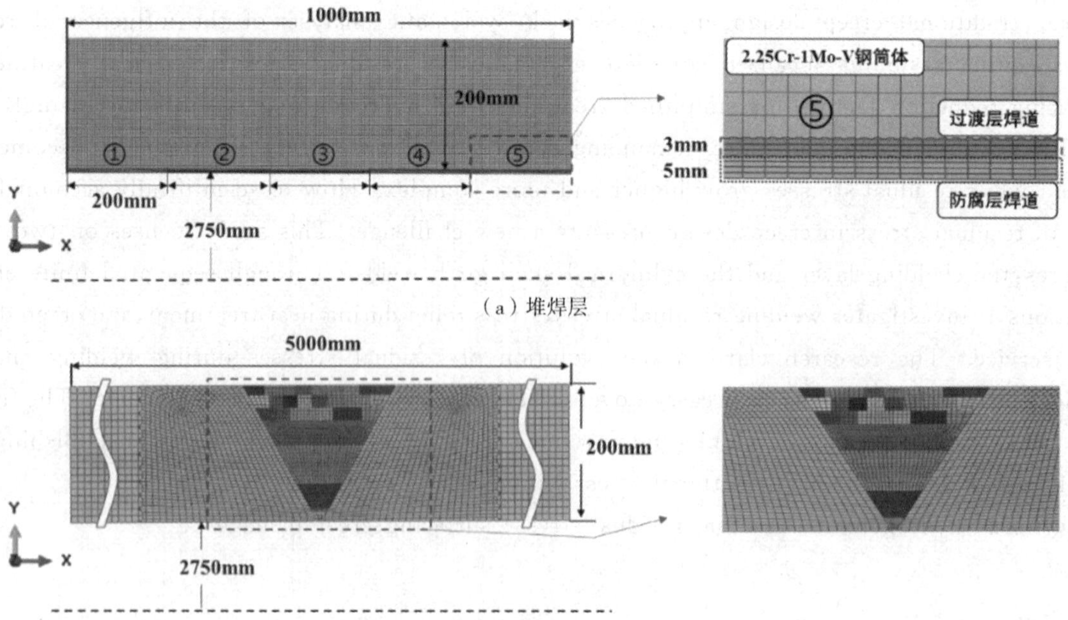

(a) 堆焊层

(b) 筒体环焊缝

图 1 几何模型及网格划分

为保证模拟精度，分别针对堆焊层模型的过渡层和防腐层、筒体环焊缝模型的焊缝、热影响区等关键区域进行了局部网格细化。模型均采用 CAX4R 单元，堆焊层模型共划分 19420 个单元，筒体环焊缝模型共划分 14220 个单元。二者均通过了网格无关性验证，为节省篇幅此处不再赘述。

1.2 边界条件

为精确复现实际制造工艺和服役载荷条件，制造阶段（焊接－热处理）约束筒体两端对称端点 X 和 Y 向位移（模拟工艺装夹），热处理阶段采用均匀热处理，内外壁均匀受热，如图 2(a)～(d)。在服役阶段，为模拟实际工作状态（两端闭式结构），约束条件调整为：在筒体一端施加轴向（X 轴）对称约束，另一端施加等效载荷 F 以反映实际轴向应力情况，同时在筒体内壁面施加实际工作内压 P，具体如图 2(c)(f) 所示。

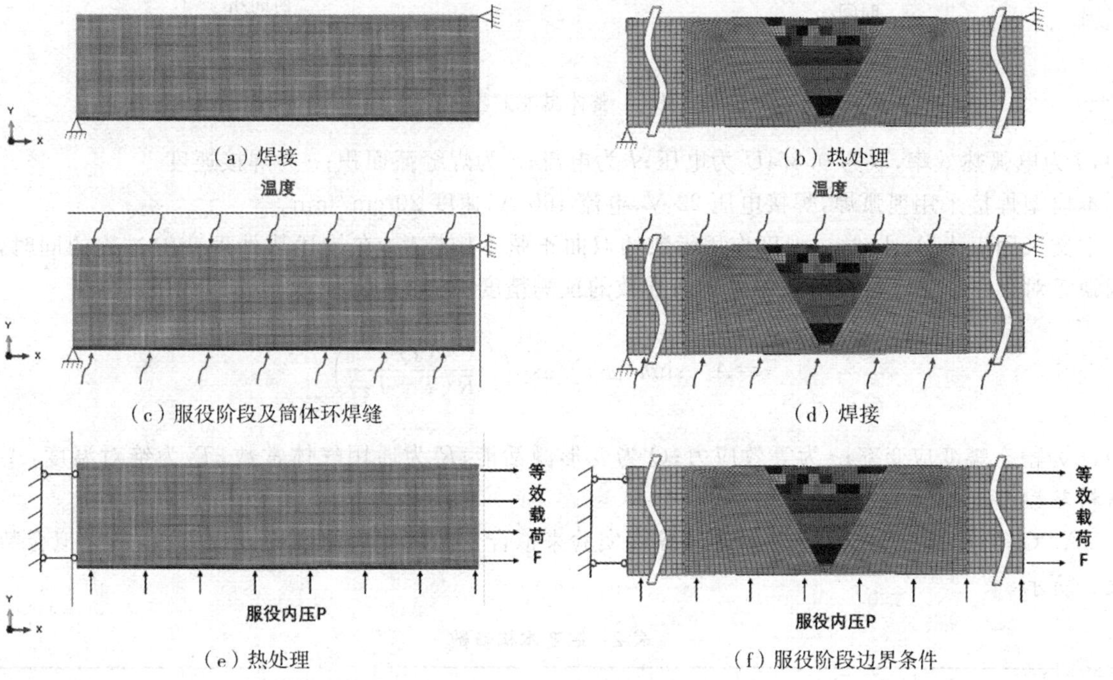

图 2　堆焊层

加氢反应器设计工况如下表 1 所示。对于常规设计校核，只考虑服役阶段，且初始服役温度为设计温度 454 ℃；对于全流程模拟，其整体温度工艺曲线如下图 3(a) 所示，在经过焊接－热处理后，按照最恶劣的工况组合（18.9 MPa，454 ℃），进行服役阶段采取先加压至 18.9 MPa，后升温至 454 ℃的方式，具体加载时间如下图 3(b) 所示。

表 1　加氢反应器设计工况

工作压力/MPa	设计压力/MPa	最高工作温度/℃	设计温度/℃	设计寿命/年
16.43	18.9	440	454	30

1.3 本构模型与材料参数

1.3.1 焊接热源及热处理蠕变本构

分析焊接温度场时采用内生热源来模拟焊接加热，将各节点温度场的计算结果输出到结果文件作为力分析的预定义场。内生热率等于电弧有效功率除以所作用单元的体积。热流密度 q 为：

$$q=\frac{\eta UI}{S\cdot v} \tag{1}$$

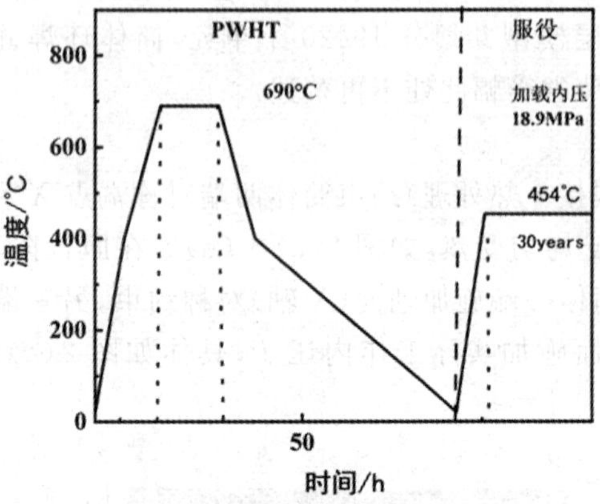

(a)热处理-服役工艺及

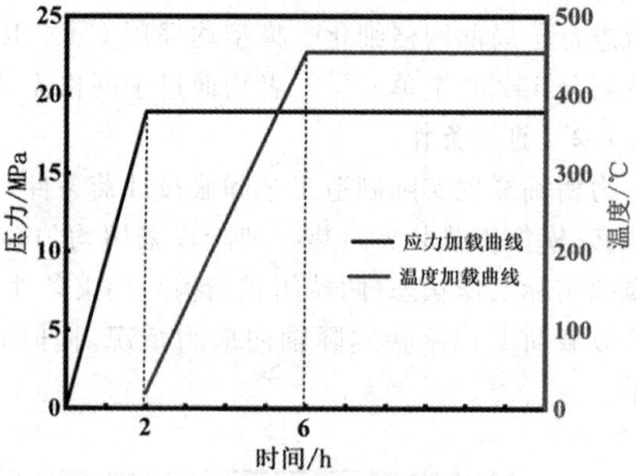

(b)服役应力-温度加载曲线

图3 整体温度工艺曲线

式中,n 为电弧热效率,取为 0.85;U 为电压;I 为电流;S 为焊缝截面积;v 为焊接速度。

本模型焊接采用埋弧焊,焊接电压 22 V,电流 160 A,速度 20 cm/min。

本文采用引入 Arrhenius 温度作用函数的双曲正弦本构模型,在描述热处理变温过程的同时,避免了因缺乏对第一或第三蠕变阶段的考虑而导致的预测精度不够的问题。其表达式如下:

$$\dot{\varepsilon}=A_3\left[\sinh(\alpha\sigma)\right]^n\exp\left(-\frac{Q}{R(T-T_Z)}\right) \tag{2}$$

式中,$\dot{\varepsilon}$ 为稳态蠕变应变率;σ 为等效应力;Q 为变形激活能;R 为通用气体常数;T_Z 为绝对温度,A_3,α,n 为材料参数。

YANG 等[17]通过蠕变试验进行单轴蠕变实验来拟合变温度变应力本构方程参数,最终拟合数据如下表 2 所示。

表2 蠕变本构参数

n	α/MPa−1	Q/(J·mol^{-1})	A3/s^{-1}	R/(J·mol^{-1}·K^{-1})
11.5783	4.399e−3	289982.2	3.46e11	8.314

1.3.2 服役阶段 Omega 蠕变损伤本构

服役阶段采用基于 Omega 蠕变损伤本构模型(主体本构方程如下式(3)和式(4)),对于式中相关参数的推导计算过程,可参考 ASME Code 2605[18−19],本文不再赘述。对于加氢反应器,章骏程等[20]已经研究了 Omega 本构在设计应用方面的可行性,同时 ASME Code 2605 中给定了 2.25Cr-1Mo-0.25V 材料的本构参数,如下表 3 所示,其中服役温度需要满足 371~455 ℃区间内。后续只需要在 Fortran 中编写 CREEP 子程序后嵌入 ABAQUS 进行计算,并将损伤数值返回参数 SDV1 中即可获取蠕变损伤数值。

$$\dot{\varepsilon}_c=\frac{\dot{\varepsilon}_{\alpha}}{1-D_c} \tag{3}$$

$$\dot{D}_c=\Omega_m\dot{\varepsilon}_{\alpha} \tag{4}$$

式中,$\dot{\varepsilon}_c$ 为蠕变应变速率;$\dot{\varepsilon}_{\alpha}$ 为评定开始前基于应力和温度水平的初始蠕变应变速率;D_c 为蠕变损伤;$\dot{D}_C$ 为蠕变损伤速率;Ω_m 为多轴 Omega 损伤参数。

表 3　Omega 蠕变损伤本构参数(MPa,℃)

应变速率参数$\dot{\varepsilon}_0$		Omega 参数 Ω	
A_0	−25.000	B_0	−2.520
A_1	29117.173	B_1	3205.108
A_2	−202.661	B_2	355.458
A_3	628.984	B_3	−538.837
A_4	−650.711	B_4	163.814

2　"残余应力-蠕变损伤"顺次耦合方法

本次模拟对考虑残余应力演化(工况 1,涵盖焊接成形—热处理—服役全阶段)、忽略残余应力(工况 2),以及忽略残余应力并简化服役过程(工况 3)的三种情况进行了研究,如下表 4 所示。

表 4　不同残余应力处理方案

工况	工艺过程	残余应力处理策略
工况 1	堆焊—热处理—服役	考虑
工况 2	直接服役	忽略
工况 3	直接服役且初始处于服役最高温度	忽略

全流程模拟完整复刻模拟焊接—热处理—服役全过程,定量分析制造残余应力对服役损伤的影响,模拟实现流程如图 4 所示。

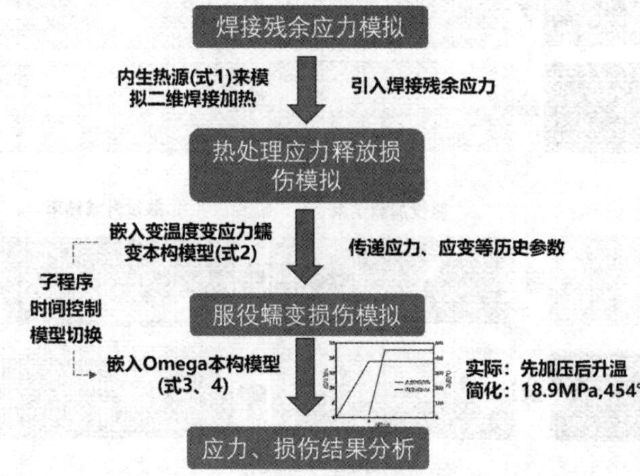

图 4　模拟流程简图

3　结果与讨论

3.1　焊接—热处理—服役全过程的残余应力演化规律

分别提取实际服役升温工况下堆焊层及筒体环焊缝内外壁面的温度变化曲线,如下图 5 所示。

可以看到,堆焊层由于材料差异,如图 5(a)所示,在内壁面升至服役温度后的一段时间内外壁面始终存在着温度梯度,并且由于材料力学性能并不一致,导致在升温结束后在堆焊层内部应力迅速增大。相反筒体环焊缝由于材料一致,如图 5(b)所示,温度梯度并不明显,最终升温结束后应力相较初始恒定最高温度无明显差异。

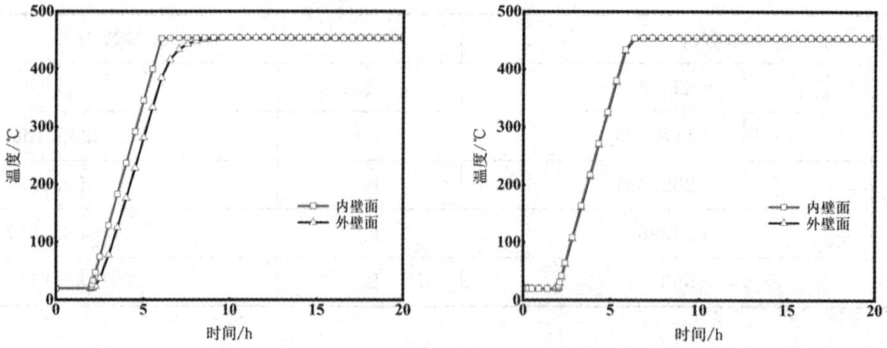

(a) 堆焊层　　　　　　　　　　　　　　(b) 筒体环焊缝

图 5　升温工况下堆焊层及筒体环焊缝内外壁面的温度变化曲线

分别绘制堆焊层及筒体环焊缝实际工况下耦合残余应力及不考虑残余应力的应力演变云图，如图 6 所示。基于应力云图表征结果，堆焊层在服役初始阶段呈现显著残余应力集中现象。考虑残余应力时，如图 6(a)所示，内压加载后，堆焊层内部应力由 360 MPa 增至 375 MPa，临近堆焊层的基体应力由 87.6 MPa 跃升至 145.7 MPa；升温结束后，堆焊层附近发生了明显的应力重分布——堆焊层内部应力由 375 MPa 降低到 151 MPa，而临近堆焊层的基体应力由 145.7 MPa 进一步提升至 168.2 MPa。与之对比，忽略残余应力时，应力极值始终集中于堆焊层内部，其分布模式与考虑残余应力工况存在本质差异。对于筒体环焊缝，如图 6(b)所示，忽略残余应力时应力最大值始终位于内壁面，而考虑残余应力时，应力最大值集中域则转移至焊缝中心部位，两种情况下的残余应力分布截然不同。

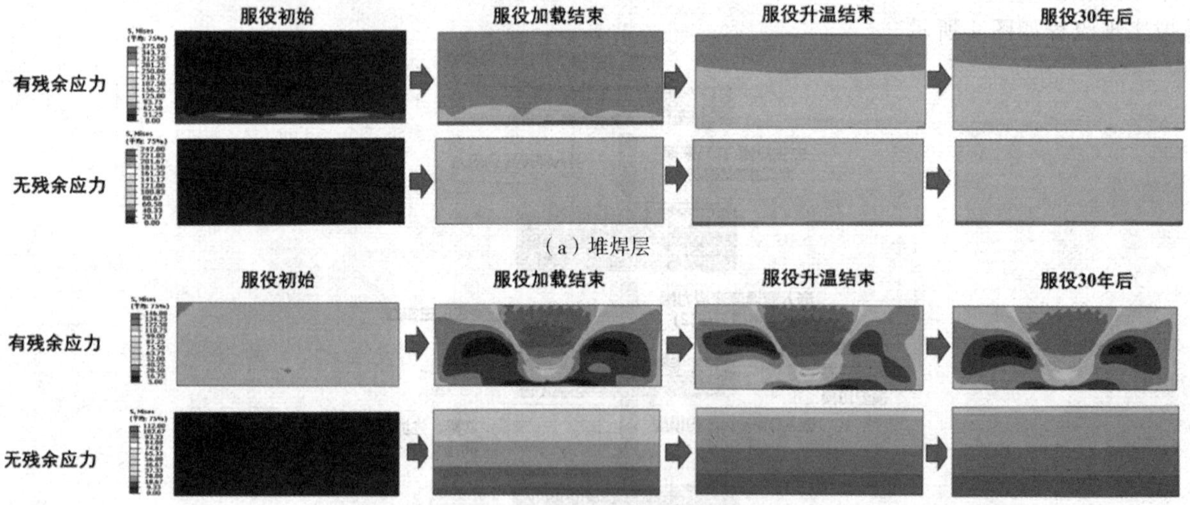

(a) 堆焊层

(b) 筒体环焊缝

图 6　堆焊层及筒体环焊缝应力演变云图

综上，是否考虑残余应力对堆焊层及筒体环焊缝影响都非常显著，不仅会改变最大应力的大小，还存在明显的分布差异。堆焊层由于与基体材料性能差异明显，需要考虑升温的影响；筒体环焊缝则基本不受升温影响。

3.2　残余应力对堆焊层蠕变损伤的影响

堆焊层模型服役 30 年后的应力及蠕变损伤分布如图 7 所示。

如图 7(a)所示，考虑残余应力作用时，临近堆焊层基体的最大蠕变损伤值为 0.015；而不考虑残余应力作用时，如图 7(b)所示，最大损伤值仅为 0.0011，二者相差一个数量级。若忽略残余应力，堆焊层与基

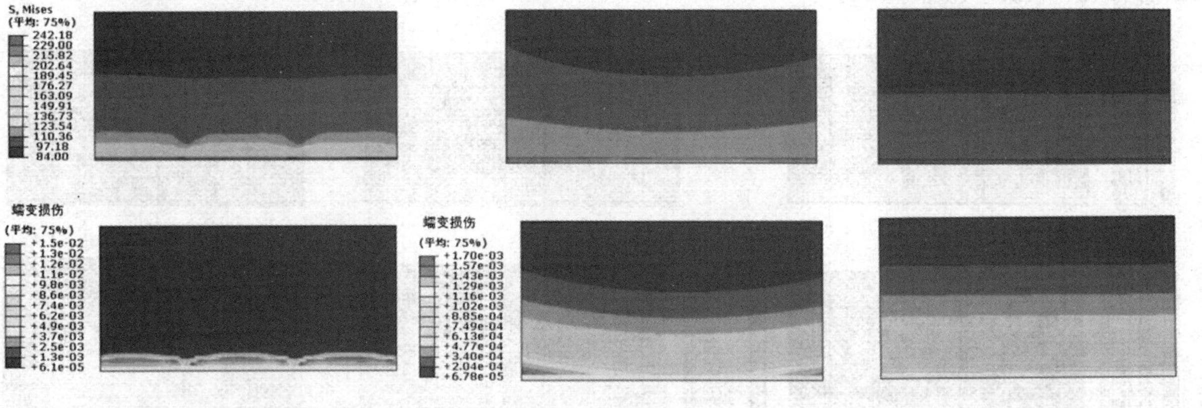

(a) 内压+焊接残余应力
(服役升温至454℃)

(b) 内压
(服役升温至454℃)

(c) 内压
(服役初始温度454℃)

图 7　堆焊层模型服役 30 年后应力一蠕变损伤分布

体内壁面最大蠕变损伤将被低估 93.3%，可能造成严重的安全误判。此外，由于堆焊层与基体的热-力学性能差异，堆焊层-基体交界处应力和损伤呈现出“多峰”分布，损伤由交界处向基体内部扩展，而忽略残余应力下，则不会出现这种现象。

依次选取堆焊层在应力波峰路径中的 3 个点，绘制蠕变损伤随时间的演变曲线，如图 8 所示。可以看到残余应力与损伤呈现正相关，初始焊接残余应力越高，蠕变损伤幅值越大。

3.3　残余应力对筒体环焊缝蠕变损伤的影响

计算得到筒体环焊缝处服役 30 年后的应力及蠕变损伤如下图 9 所示。

若忽略残余应力，筒体环焊缝位置最大损伤将被低估 74.9%(0.0047→0.0012)，同时，如图 9(b)(c)所示，在仅内压作用下，实际服役升温和初始恒定温度的最终应力及蠕变损伤的数值和分布基本一致，这与堆焊层模拟结果存在差异。

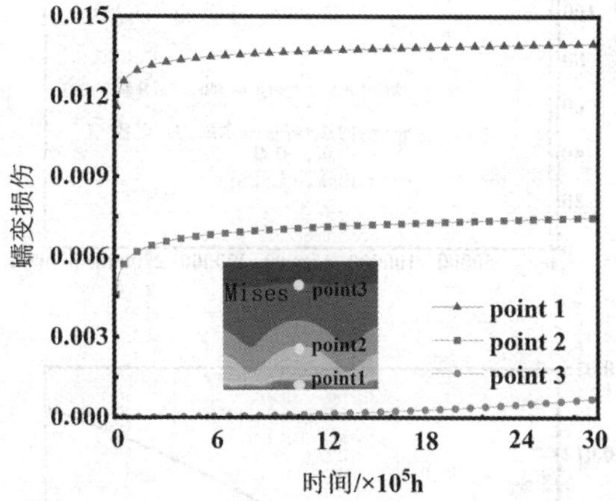

图 8　不同点损伤随时间的变化曲线

3.4　堆焊层与筒体环焊缝蠕变损伤差异性分析

筒体环焊缝损伤集中在接头内部，其与堆焊层损伤分布在基体一堆焊层交界处的现象有所不同，主要原因在于筒体环焊缝残余应力主要因焊接过程中的热膨胀受限导致，而堆焊层一内壁面处由于材料性能差异导致，为进一步研究服役过程中的损伤规律，分别提取堆焊层一内壁面和筒体环焊缝服役初始焊接残余应力最大值位置处的应力一蠕变损伤曲线进行对比，如下图 10 所示。

如图 10(a)所示，堆焊层初始残余应力耦合内压后的数值(169.5 MPa)高于筒体环焊缝数值(153.6 MPa)，其在整个服役阶段的松弛速率更快，最终服役 30 年后，堆焊最大应力由 169.5 MPa 降低到 140.7 MPa。对于筒体环焊缝，如图 10(b)所示，最大应力由 143.6 MPa 降低到 137.4 MPa，可见在服役温度相同时，残余应力越大，应力松弛幅度相对更大。

如图 10(a)(b)所示，对比考虑和不考虑残余应力的应力曲线，对于内压引起的一次应力，蠕变应力松弛效果并不明显，而叠加残余应力影响后，应力松弛更明显，且与初始残余应力大小成正相关。

如图 10(c)，因材料性能不匹配，堆焊层升温后叠加新的热应力(加载结束 109 MPa→升温结束 114.7 MPa)，最终蠕变损伤数值依次为 0.01359，0.00132，0.00112，即：内压＜内压＋服役热应力＜＜内压＋服役热应力＋残余应力，残余应力起主导作用。对筒体环焊缝而言，由于材料性能一致，是否考虑升温，应力、损伤差异并不明显。

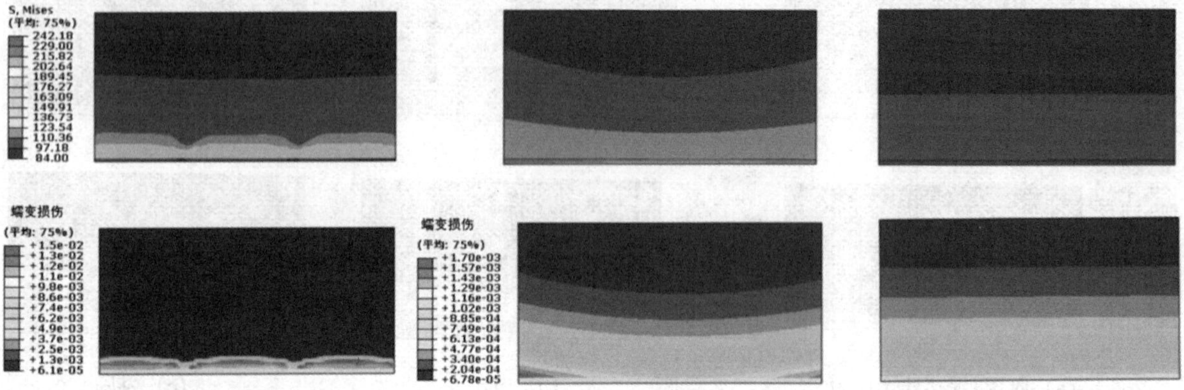

(a) 内压+焊接残余应力（服役升温至454℃） (b) 内压（服役升温至454℃） (c) 内压（服役初始温度454℃）

图 9　筒体环焊缝服役 30 年后应力－蠕变损伤分布

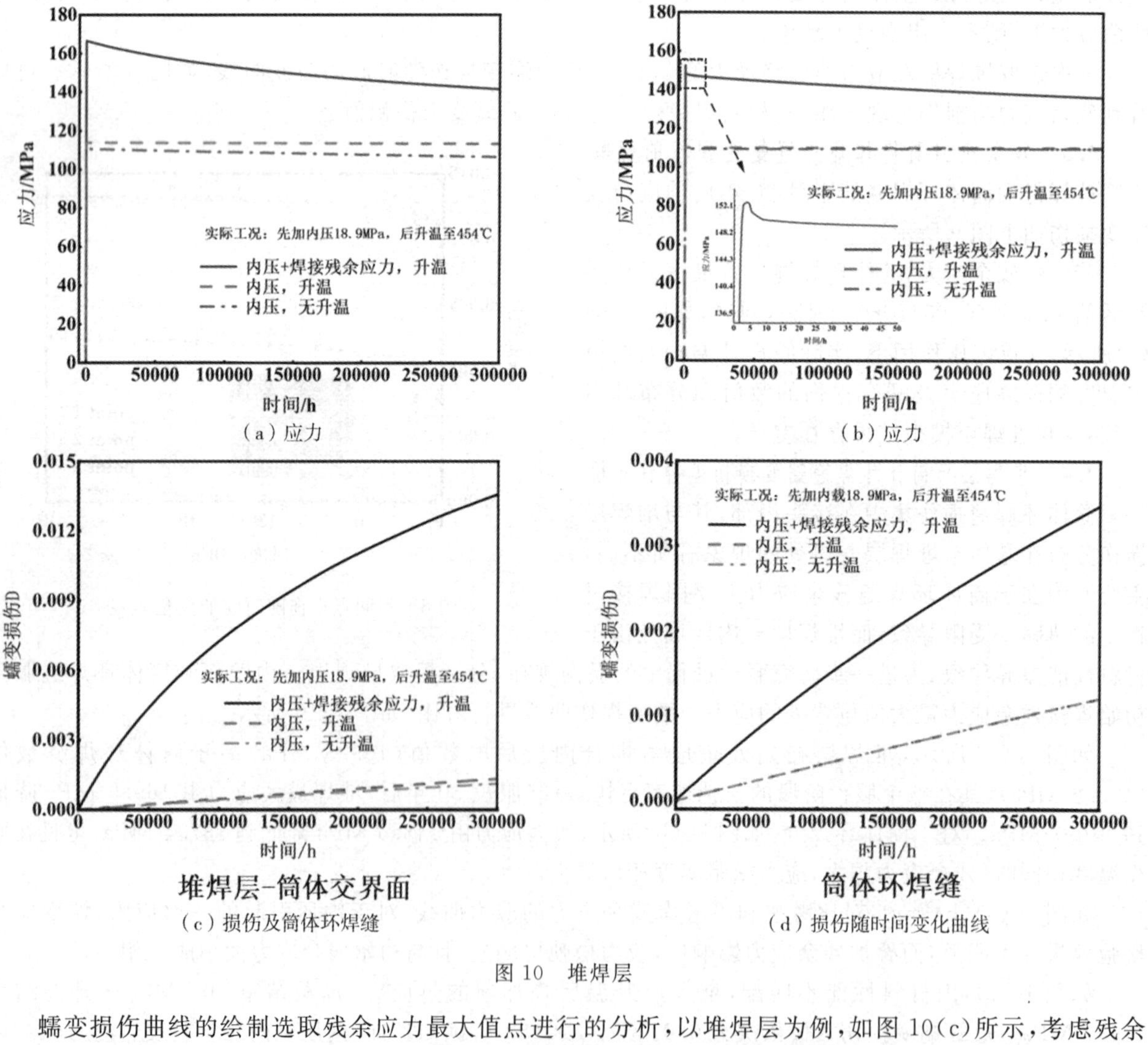

(a) 应力　(b) 应力　(c) 损伤及筒体环焊缝　(d) 损伤随时间变化曲线

图 10　堆焊层

蠕变损伤曲线的绘制选取残余应力最大值点进行的分析，以堆焊层为例，如图 10(c)所示，考虑残余应力后，其最终蠕变损伤数值为 0.0014，与图 7 云图中的最大值 0.015 并不一致，这说明损伤极值与应力最大值点并不对应，结合式 4 可知，损伤与多轴损伤参数 Ω_m 和初始蠕变速率 $\dot{\varepsilon}_{oc}$ 均有关，当应力发生变化时，两者数值均会发生相应的变化，且与温度，时间也有着关联，因此评定材料的蠕变损伤程度，还要综合考虑到 Ω_m 和 $\dot{\varepsilon}_{oc}$ 数值的大小。

综上，残余应力的引入对寿命预测精度影响显著，蠕变损伤模拟结果如下表 5 所示，均为：考虑残余应力＞不考虑残余应力，两者最大相差一个数量级。焊接残余应力在服役蠕变损伤中起着主导作用；考虑升温会对堆焊层蠕变损伤造成一定影响，对筒体环焊缝影响并不明显。

表 5　服役蠕变损伤结果

	工况	损伤最大值	损伤最大位置	损伤分布特征
堆焊层	焊接残余应力＋内压（服役升温至 454 ℃）	1.5e－2	临近堆焊层基体	多峰分布 
	内压（服役升温至 454 ℃）	1.7e－3	临近堆焊层基体	非线性分布 
	内压（服役初始温度 454 ℃）	1.1e－3	临近堆焊层基体	线性分布 
焊缝	焊接残余应力＋内压（服役升温至 454 ℃）	4.7e－3	焊缝中心	集中焊缝区域 
	内压（服役升温至 454 ℃）	1.1e－3	基体内壁面	线性分布 
	内压（服役初始温度 454 ℃）	1.1e－3	基体内壁面	线性分布 

4　结　论

(1)堆焊层在服役升温时会发生应力重分布，考虑残余应力时，应力最大值由堆焊层转移至临近堆焊层的基体，而不考虑残余应力，应力最大值会保持在堆焊层内部。筒体环焊缝则不会出现应力的再分布。

(2)损伤机制呈现位置差异性。堆焊层区域因不锈钢堆焊层与基体(2.25Cr-1Mo-V 钢)的热-力学性能失配，损伤在交界处形成 "多峰"分布，并向基体内部扩展。筒体环焊缝区域因材料均质，损伤集中于焊缝内部。忽略残余应力时堆焊层和筒体环焊缝最大损伤分别被低估 93.3%(0.0150→0.0011)和 74.9%(0.0047→0.0012)，是否考虑残余应力的蠕变损伤最大相差一个数量级。

(3)对于内压引起的一次应力，蠕变应力松弛效果并不明显，而叠加残余应力影响后，应力松弛更明显，且与初始残余应力大小成正相关，因此蠕变损伤主要受焊接残余应力驱动。同时损伤极值与应力最大值点并不对应，损伤还与多轴损伤参数 Ω_m 和初始蠕变速率 $\dot{\varepsilon}_{oc}$ 有关，因此评定材料的蠕变损伤程度，还要综合考虑到 Ω_m 和 $\dot{\varepsilon}_{oc}$ 数值的大小。

参考文献

[1] CHURCH J M, LIM L B, BREAR J M, et al. Crack growth modelling and probabilistic life assessment of coke drums operating under fatigue conditions[J]. International journal of pressure vessels and piping, 2001, 78(11): 1011－1020.

[2] 万里平,李宇. 考虑蠕变作用的2.25Cr-1Mo-V钢加氢反应器设计方法[J]. 压力容器,2021,38(12):62-69.

[3] CHEN X D, FAN Z C, DONG J, et al. Technical progress review and prospect of safety guarantee for long - term service hydrogenation reactors[C]//Proceedings of the ASME 2021 pressure vessel and piping conference. New York: American Society of Mechanical Engineers, 2021: 64839.

[4] 徐孟嘉. 2.25Cr-1.6W钢焊接接头蠕变损伤行为研究[D]. 上海:上海交通大学,2016

[5] 柳曾典,陈进,卜华全,等. 2.25Cr-1Mo-0.25V钢加氢反应器开发与制造中的一些问题[J]. 压力容器,2011,28(5):33-40.

[6] 谈熙明,李智,高付海,等. ASME高温规范中蠕变断裂应力最小值和平均值的关系及理论公式的探讨[J]. 压力容器,2023,40(5):62-69.

[7] 侍克献,田根起,张作贵,等. 国产P92钢的蠕变裂纹扩展行为研究[J]. 压力容器,2023,40(6):1-6.

[8] 姜运建. P92钢焊接残余应力场及对高温寿命的影响研究[D]. 天津:天津大学,2011.

[9] 焦天震. 考虑焊接残余应力影响的耐压壳结构蠕变-疲劳强度研究[D]. 大连:大连理工大学,2024.

[10] RCC - MR 2007, Design and construction rules for mechanical components for FBR nuclear islands and high temperature applications[S].

[11] R5 2003, Assessment Procedure for the High Temperature Response of Structures[S].

[12] ASME Ⅲ-1 2015, ASME Boiler and Pressure Vessel Code Section III Division 1 Subsection NH[S].

[13] ASME VIII-2 2015, ASME Boiler and Pressure Vessel Code Section VI Division 2[S]

[14] 全国锅炉压力容器标准化技术委员会. 压力容器 第2部分:材料:GB/T 4732-2024 [S]. 北京:中国标准出版社,2024

[15] 欧洲标准委员会. 钢结构设计规范 第1-1部分:一般规则及建筑结构规则:EN 1993-1-1[S]. 欧洲标准委员会,2005.

[16] 张国栋,周昌玉. 焊接接头残余应力及蠕变损伤的有限元模拟[J]. 金属学报,2008(7):848-852.

[17] YANG B, YU H, JIANG W, et al. Stress relief simulation for post-weld heat treatment process of pressure equipment: Creep constitutive equation considering temperature and stress variations[J]. International Journal of Pressure Vessels and Piping, 2024, 208(000).

[18] Code Case 2605-1, 2010, ASME Boiler and Pressure Vessel Code Case 2605-1[S].

[19] Code Case 2605-2 2015, ASME Boiler and Pressure Vessel Code Case 2605-2[S].

[20] 章骏程,关凯书. ASME规范案例2605-1在承压设备高温疲劳寿命设计方面的应用[J]. 压力容器,2013,30(6):22-26.

作者简介

杨滨(1988),男,博士,教授,研究方向为高温承压设备强度与寿命、微压入测试方法与装备、残余应力测试与调控,通讯地址:266580 山东省青岛市黄岛区长江西路66号中国石油大学(华东),E-mail: yangbin19881106@126.com。

加氢策略对旋压无缝储氢容器疲劳寿命的影响分析

贾晓亮[1]，陈志伟[1,*]，袁卓伟[2]，葛　颂[3]

（1. 中国特种设备检测研究院 国家市场监管重点实验室（特种设备安全与节能），北京 100029；
2. 中材科技（苏州）有限公司，江苏苏州 215000；3. 空气化工产品（中国）投资有限公司，上海 201203）

摘　要：加氢策略是影响加氢站用储氢容器疲劳寿命的关键因素之一，本文以我国加氢站应用较多的旋压无缝储氢容器（设计压力 50 MPa 左右）为研究对象，基于断裂力学疲劳评定方法，系统分析了最大操作压力（P_{max}）恒定及压力波动范围（? P）恒定两类常用加氢策略对旋压无缝储氢容器疲劳寿命的影响规律、实际应用中的优势、劣势及技术关键点，并根据分析结果给出了可控制各级储氢容器实现同步疲劳寿命消耗的基于载荷比控制的加氢策略确定方法。

关键词：加氢策略；储氢容器；疲劳寿命

Impact analysis of hydrogen charging strategy on fatigue life of spinning - formed seamless hydrogen storage vessels

JIA Xiaoliang[1], CHEN Zhiwei[1,*], YUAN Zhuowei[2], GE Song[2]

(1. Key Laboratory of Special Equipment Safety and Energy - saving for State Market Regulation, China Special Equipment Inspection & Research Institute, Beijing 100029, China;
2. Sinoma Science & Technology (Suzhou), Suzhou 251000, China;
3. Air Products China, Shanghai 210203, China)

Abstract: This paper focuses on spin - formed seamless hydrogen storage vessels (with a design pressure about 50 MPa), which are widely used in hydrogen refueling stations in China. Based on the fracture mechanics fatigue assessment method, this paper systematically analyzes the influence patterns of two common hydrogen refueling strategies on the fatigue life of these vessels (Constant maximum operating pressure and Constant pressure fluctuation range). This study further analyzes their respective advantages, disadvantages, and technical critical points in practical applications. Based on the analytical results, we propose a load ratio control - based method for determining hydrogen refueling strategies that enables synchronized fatigue life consumption across multi - stage hydrogen storage vessels.

Keywords: hydrogen refueling strategies; hydrogen storage vessels; fatigue life

0　引　言

加氢站作为给氢燃料电池汽车充氢的重要氢能基础设施，目前正在全球广泛布局和建设[1-4]。截止 2024 年中，我国累计建成 507 座加氢站，其中大部分是 35 MPa 级加氢站，个别为 70 MPa 级加氢站[5-6]。储氢容器是加氢站的核心设备之一，主要用于存储高压氢气及为车载储氢气瓶加氢，我国加氢站广泛采用的储氢容器为 4130X 钢制单层旋压无缝容器（如图 1 所示）。35 MPa 级加氢站通常配套设计压力不大于 50 MPa 的储氢容器，70 MPa 级加氢站通常配套设计压力不大于 99 MPa 的储氢容器，容器中储存的氢气纯度高达 99.999%。高压氢气环境易导致储氢容器材料出现塑性损减、疲劳裂纹扩展速率增大等现象。同时,储氢容器在工作时压力波动范围大(通常为 20%～80%设计压力)、循环加卸载频繁(设计寿命内通常为 10^3～10^5 次),因此,疲劳失效是储氢容器的主导失效模式[2]。

对于结构和材料相同的储氢容器,循环载荷工况是影响疲劳寿命的关键参数。加氢站往往基于日设计加氢量、汽车加氢需求、氢气压缩机及加氢机的性能参数等制定加氢工艺控制策略,以控制各级储氢容器的加氢顺序、压力波动范围、操作压力极值等。因而,储氢容器的循环载荷工况主要取决于加氢工艺控制策略[7],本文将其简称为"加氢策略"。不同加氢站的加氢策略并不完全相同,如何将加氢策略的制定与储氢容器的疲劳设计相匹配,以最大限度开发储氢容器承载潜力,提高加氢站运行效益,已成为储氢容器设计制造及使用企业共同关注的问题。研究加氢策略对储氢容器疲劳寿命的影响,对指导储氢容器设计及加氢策略的制定具有重要的工程意义。

针对加氢策略对储氢容器疲劳寿命的影响问题,以广泛用于 35 MPa 级加氢站的旋压无缝容器(设计压力 50 MPa 左右)为研究对象[1],从以下几方面进行了探讨和研究:(1)分析当前 35 MPa 级加氢站各类典型加氢策略的特点;(2)分析加氢站用储氢容器疲劳设计常用方法的应用和研究现状;(3)对典型旋压无缝储氢容器在不同加氢策略下开展疲劳评定,分析不同加氢策略对容器疲劳寿命的影响。

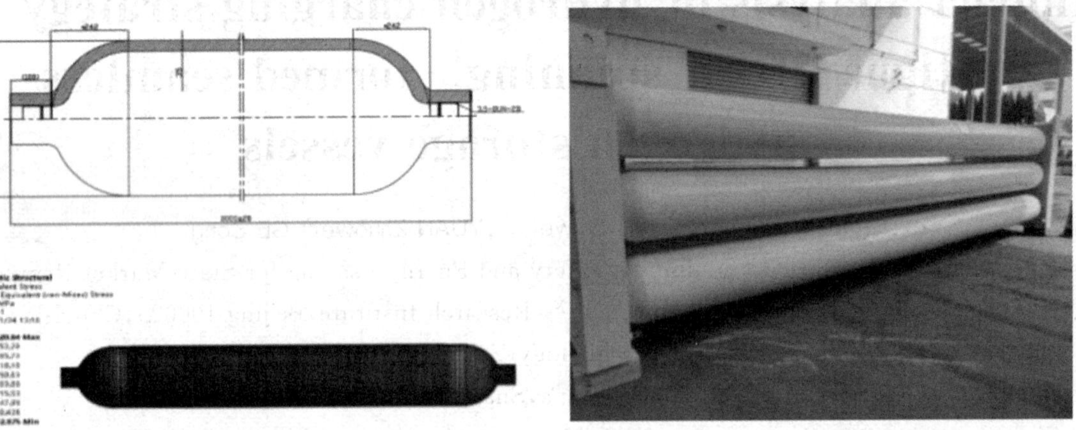

图 1　加氢站用储氢容器结构型式

1　常用加氢策略

为氢燃料电池汽车加注氢气的基本原理为利用储氢容器和车载储氢瓶之间的压力差,驱动高压氢气由储氢容器向车载储氢瓶充装,直至达到目标加注质量或压力时加注完毕。

当前应用较多的加氢策略主要为二级加注模式和三级加注模式。二级加注模式为将储氢容器分为低压和高压两组,两组容器并联,在加注时依次给氢燃料电池汽车加注。三级加注模式是将储氢容器分成三组,分别为低压组、中压组和高压组。在加注时,由按顺序由低、中、高三级储氢容器逐级向车载储氢气瓶加注氢气,当车载储氢瓶内压力与某级储氢容器内压力差达到平衡时,切换至下一级储氢容器继续加氢,直至车载储氢瓶内氢气压力达到预设压力时加氢完毕。二级和三级加注模式加注流程图如图 2 及图 3 所示[8]。

由于基于三级加注模式的加氢策略的氢气利用率明显高于基于二级加注模式的加氢策略,而三级加注模式管路复杂性及控制难度高于二级加注,故我国早期建设的部分加氢站采用二级加注,而新建加氢站大多为三级加注模式[9]。不同加注模式下的加氢策略可归纳为 2 类:

一类为将各级储氢容器的压力波动范围设置不变(即？P 恒定),低、中、高三个压力等级(或低、高两个压力等级)储氢容器操作压力的下限及上限值均随压力等级逐级升高(如表 1 序号 2～3 所示)。本文将这种加氢策略简称为"？P 恒定策略"。该方式的优势在于降低了部分储氢容器的操作压力极值和压力波动范围，相当于降低了储氢容器的服役载荷，有利于容器安全运行。而该方式的劣势在于，各级储氢容器的压力波动范围小，在完成较少车次的加注后，即需要启动压缩机为容器补充氢气，频繁启动与停止会加快压缩机的寿命消耗。因此，该方式对氢气压缩机的可靠性及耐久性要求较高。

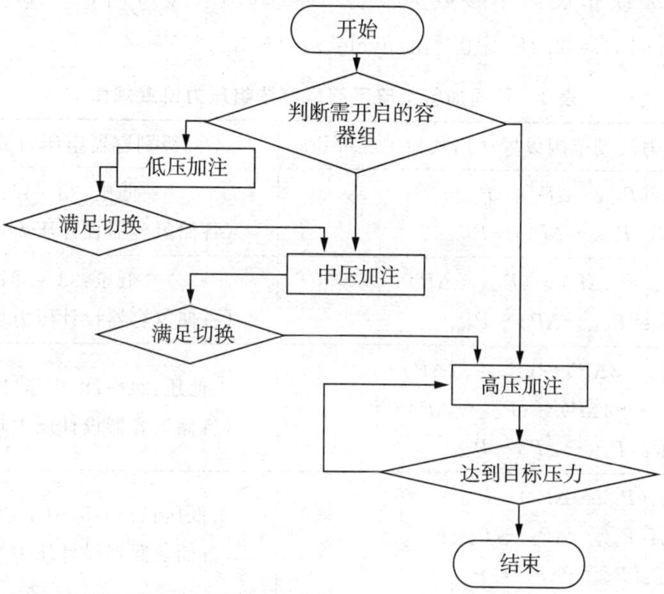

图 2　三级加注模式

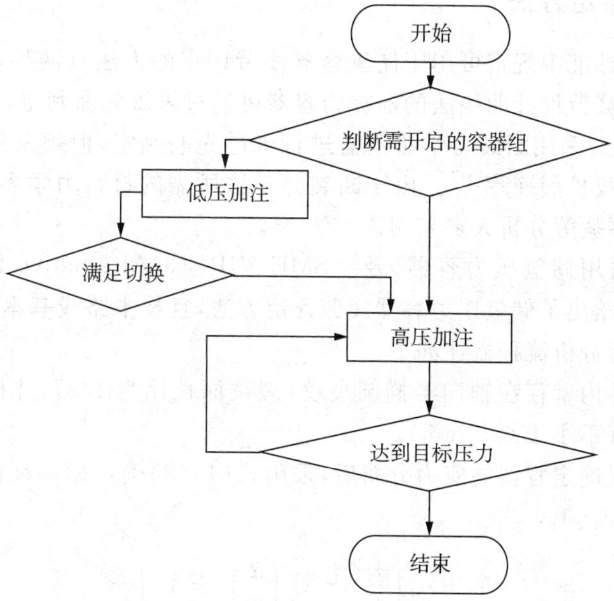

图 3　二级加注模式

另一类为设置各级储氢容器的操作压力最大值(P_{max})相等，低、中、高三个压力等级(或低、高两个压力等级)的储氢容器压力波动范围设置为随压力等级增大而逐级减小(如表 1 序号 1、4 所示)。本文将这种加氢策略简称为“P_{max}恒定策略”该方式的优势在于，可在完成多次加注后才需要启动氢气压缩机为储氢容器补充氢气。因此，对压缩机的可靠性和耐久性要相对较为宽松，而对于储氢容器本身的性能提出了较高的要求。

不同加注模式下加氢策略对应的储氢容器操作压力设置规律及示例见表 1。通过表 1 可知，不同加氢策略对应的储氢容器循环载荷工况完全不同。因此,有必要系统性研究加氢策略对储氢容器疲劳寿命的影响规律,以确保既能发挥容器最大承载潜力,又能使容器长周期安全运行。本文以图1中典型储氢容器为对象进行研究,材料性能取4130X钢在50 MPa氢气环境中的实测值。其中氢环境下断裂韧度为$K_{IH}=80\text{MPa}\sqrt{\text{m}}$,疲劳裂纹扩展速率参数为:当? $K\leqslant25\text{MPa}\sqrt{\text{m}}$时,$C=3.71\times10^{-10}$ m/cycle,$m=2.58$; ? $K>25\text{MPa}\sqrt{\text{m}}$时,$C=2.18\times10^{-8}$ m/cycle,$m=1.32$。

表1 不同加氢策略下储氢容器组压力设置规律

序号	不同级别容器组压力波动范围设置通用载荷工况/MPa	不同级别容器组压力波动范围设置示例/MPa
1	低压:$(P_{max}-\Delta P_1)\sim P_{max}$; 高压:$(P_{max}-\Delta P_2)\sim P_{max}$	低压:33~43;高压:38~43. (各储氢容器设计压力均为50,工作压力为43)
2	低压:$(P_{max}-2\Delta P)\sim(P_{max}-\Delta P)$; 高压:$(P_{max}-\Delta P)\sim P_{max}$	低压:33~38;高压:38~43. (各储氢容器设计压力均为50,工作压力为43)
3	低压:$(P_{max}-3\Delta P)\sim(P_{max}-2\Delta P)$; 中压:$(P_{max}-2\Delta P)\sim(P_{max}-\Delta P)$; 高压:$(P_{max}-\Delta P)\sim P_{max}$	低压:21~28;中压:28~35;高压:35~42. (各储氢容器设计压力均为50,工作压力为45)
4	低压:$(P_{max}-\Delta P_1)\sim P_{max}$; 中压:$(P_{max}-\Delta P_2)\sim P_{max}$; 高压:$(P_{max}-\Delta P_3)\sim P_{max}$	低压:17~45;中压:28~45;高压:40~45. (各储氢容器设计压力均为50,工作压力为45)

注:表中P_{max}表示操作压力最大值;ΔP及ΔP_i表示所设置的压力变化量

2 储氢容器疲劳评定方法

国内外压力容器建造标准中规定可用于储氢容器疲劳评定的方法有两种,其一为疲劳设计曲线法,其二为断裂力学法。采用疲劳设计曲线法的前提为容器可通过未爆先漏判定,且须采用考虑高压氢气环境影响的疲劳设计曲线[10]。采用断裂力学法不需进行未爆先漏判定,但须采用考虑高压氢气环境影响的材料断裂韧度和疲劳裂纹扩展速率[11]。由于断裂力学法所需的材料力学参数更易获得,且无需进行未爆先漏判定,故储氢容器疲劳分析大多采用该方法[12]。

GB/T 44457《加氢站用储氢压力容器》及ASME VIII-3 Alternative Rules for Construction of High Pressure Vessels均给出了储氢压力容器疲劳评定方法,且技术路线基本一致。以GB/T 44457为例,其规定的断裂力学疲劳分析流程概述如下:

(1)假设储氢容器筒体内壁存在轴向半椭圆裂纹(裂纹深长比为1/3),并根据容器制造企业的无损检测能力确定裂纹的深度(不小于0.5 mm)。

(2)根据循环载荷工况确定容器的应力分布后,采用式(1)(2)确定循环载荷工况下的应力强度因子最大值(K_{Imax})和最小值(K_{Imin})。

$$\sigma=A_0+A_1\left(\frac{x}{a}\right)+A_2\left(\frac{x}{a}\right)^2+A_3\left(\frac{x}{a}\right)^3 \tag{1}$$

$$K_I=[(A_0+A_P)G_0+A_1G_1+A_2G_2+A_3G_3]\sqrt{\frac{\pi a}{Q}} \tag{2}$$

上式中:

$$Q=1+4.593\left(\frac{a}{l}\right)^{1.65}-q_y \tag{3}$$

$$q_y=\frac{\{[(A_0+A_p)G_0+A_1G_1+A_2G_2+A_3G_3]/S_y\}^2}{6} \tag{4}$$

式中，A_i 为拟合系数；x 为从内壁沿裂纹扩展方向测得的深度，mm；a 为裂纹深度，mm；l 为裂纹长度，mm；A_P 是容器内部压力，MPa；G_i 是裂纹表面修正系数，该系数可通过 GB/T 44457 依据裂纹尺寸通过插值求得。

(3)基于考虑应力比修正的 Pairs 模型，采用式(5)计算当前裂纹尺寸下的疲劳裂纹扩展速率，确定扩展后的裂纹尺寸及循环次数。

$$\mathrm{d}a/\mathrm{d}N=c[f(R_K)]\Delta K_{\mathrm{I}}^{m} \tag{5}$$

式中：

$$R_{\mathrm{K}}=\frac{K_{\mathrm{Imin}}}{K_{\mathrm{Imax}}} \tag{6}$$

$$\Delta K_{\mathrm{I}}=K_{\mathrm{Imax}}-K_{\mathrm{Imin}} \tag{7}$$

$$f(R_{\mathrm{K}})=\begin{cases}1+3.53R_{\mathrm{K}}R_{\mathrm{K}}\geqslant 0\ 且\ R_{\mathrm{eL}}>620\mathrm{MPa}\\ [2.88/(2.88-R_{\mathrm{K}})]^{m}R_{\mathrm{K}}\geqslant 0\ 且\ R_{\mathrm{eL}}\leqslant 620\mathrm{MPa}\\ [1/(1-R_{\mathrm{K}})]^{m}R_{\mathrm{K}}<0\ 且\ R_{\mathrm{eL}}\leqslant 620\mathrm{MPa}\\ [1.5/(1.5-R_{\mathrm{K}})]^{m}R_{\mathrm{K}}<0\ 且\ R_{\mathrm{eL}}\leqslant 620\mathrm{MPa}\end{cases} \tag{8}$$

式中，c 和 m 为表征材料疲劳裂纹扩展速率的材料系数；K_{Imax} 和 K_{Imin} 为在载荷最大值及载荷最小值时裂纹表面的应力强度因子。

(4)判定扩展后的裂纹尺寸是否达到储氢容器的临界裂纹尺寸(临界裂纹尺寸取 0.8 倍壁厚和断裂韧度对应的裂纹尺寸二者间的较小值)。如扩展后的裂纹尺寸不大于临界裂纹尺寸，则重复(1)～(3)的步骤继续迭代计算，如扩展后的裂纹尺寸达到临界裂纹尺寸，则终止计算，并判定当前的循环次数为储氢容器在该循环载荷工况下的疲劳寿命。

3 壁厚对疲劳寿命的影响分析

容器材料性能一定时，其承载能力主要由直径和壁厚决定。为确定图 1 算例对容器结构参数的适用范围，本文以循环载荷工况为 17～45 MPa 为例，基于断裂力学法分别进行了如下两方面研究：其一是保持容器筒体外径恒定，计算不同壁厚下的疲劳寿命；其二是按比例改变筒体外径和内径，使容器径比(即外径/内径)维持恒定并计算疲劳寿命，结果如图 4 和图 5 所示。

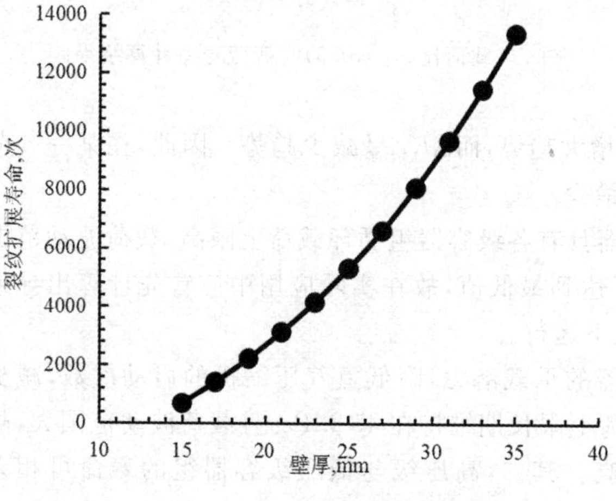

图 4 外径恒定壁厚减少计算结果

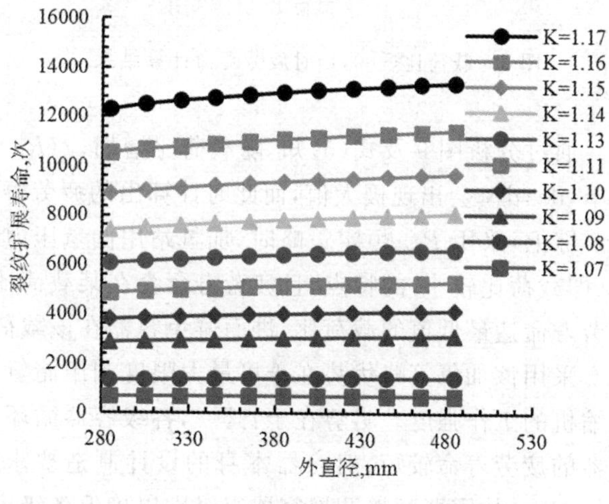

图 5 径比恒定外径减少计算结果

通过分析图 4 和图 5 可知，当储氢容器外径恒定时，随壁厚的减少，容器疲劳寿命呈指数减少趋势。如果保持径比恒定，则无论外径和壁厚如何变化，容器疲劳寿命基本不变。如图 4 中，径比 K∈[1.07，1.17] 时，各径比下的疲劳寿命曲线形态相同，且外直径 485 mm 与外直径 280 mm 对应的疲劳寿命相对差异平均值仅有 7.7%。因此，在材料参数一定时，选用某一种径比下的储氢容器结构作为算例，计算出的疲劳寿命分布规律对其他径比下的储氢容器同样具有借鉴意义。故本文基于图 1 结构开展加氢策略对储氢容器疲劳寿命的影响规律研究工作。

4 P_{max} 恒定策略对疲劳寿命的影响分析

针对 P_{max} 恒定策略，为分析 P_{max} 恒定，ΔP 变化对储氢容器疲劳寿命的影响规律，设定 P_{max} 为 45 MPa，在载荷比 $\frac{P_{max}-\Delta P}{P_{max}}\in[0,1)$ 范围内计算储氢容器疲劳寿命(N)，并载荷比为横坐标，N 为纵坐标绘制曲线如图 6 所示。

通过分析图 6 知，对于本算例，当载荷比从 0.01 上升至 0.89 时，载荷比增大 88 倍，而疲劳寿命从约 1 万次上升至 58 万次，增长了 57 倍。而当载荷比从 0.89 上升至 0.98 时，载荷比仅增大 10%左右，而疲劳寿命从约 59 万次上升至 3 438 万次，也增涨了 57 倍。故以载荷比等于 0.89 为拐点，当载荷比小于 0.89 时，随载荷比增加，疲劳寿命缓慢增加，当载荷比大于 0.89 后，疲劳寿命呈陡增趋势。为分析载荷比∈[0,0.89] 时疲劳寿命随载荷比的变化规律，本文分别绘制载荷比∈[0,0.5)及载荷比∈(0.5,0.89] 的疲劳寿命曲线如图 7 和图 8 所示。通过分析图 7 和图 8 知，以载荷比等于 0.13 为分界点，储氢容器疲劳寿命呈先降低后上升趋势，载荷比等于 0.13 时疲劳寿命最少。

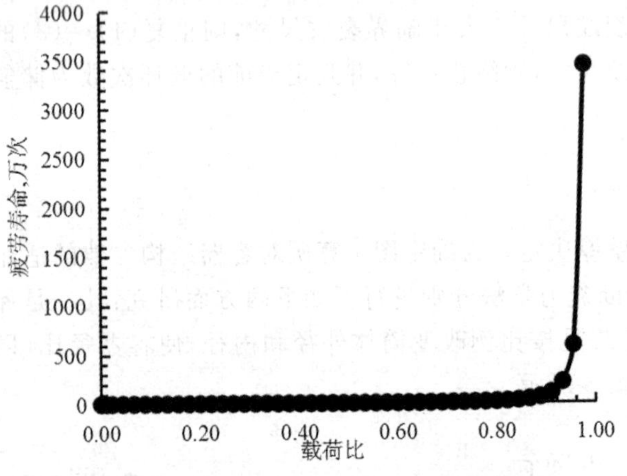

图 6　载荷比∈[0,1)时疲劳寿命计算结果

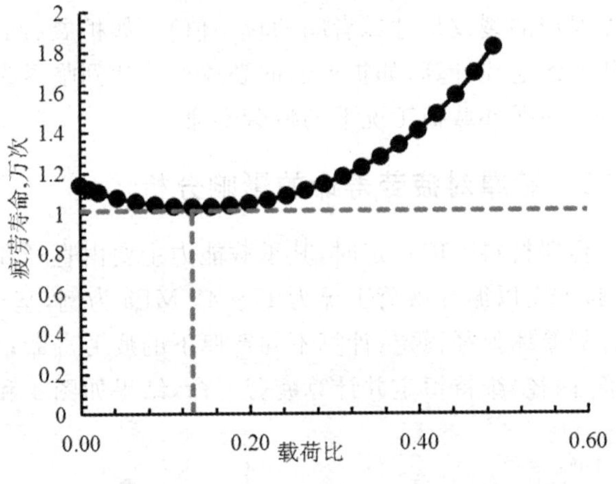

图 7　载荷比∈[0,0.5)时疲劳寿命计算结果

通过分析图 9 及式(5)知，随载荷比增加，$f(R_K)$ 呈增大趋势，而 ΔK_I 呈减少趋势。因此，在某一载荷比下，da/dN 会出现极大值，而此时计算出的疲劳寿命最少。

综上，采用 P_{max} 恒定策略时，加氢站用储氢压力容器具有各级容器组循环载荷上限高、载荷波动范围大(即载荷比较小)的特点，且疲劳寿命会在某载荷比下达到最低值，故在实际应用中应首先计算出导致疲劳寿命达最低值的载荷比，进而避免容器在该载荷比下运行。

采用该加氢策略优势在于可最大限度利用储氢容器的承载潜力，降低氢气压缩机的启动次数，减少压缩机的工作强度。劣势在于：其一，各级容器循环载荷上限长期维持在 45 MPa，且载荷波动范围大，故容器的疲劳寿命较短，对容器本身的设计制造要求较高。其二，高压级与低压级容器组的寿命可相差 98%左右，故需要频繁调换容器组级别以确保各级容器疲劳寿命消耗相同，否则，会出现高压级容器组频繁更换的情况，增加运维成本。

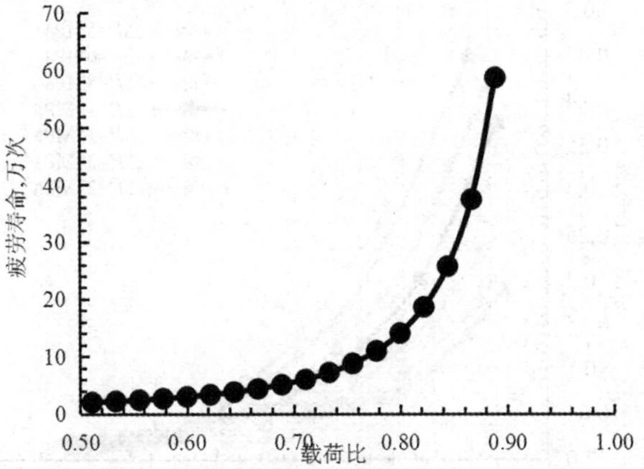

图 8　载荷比∈(0.5,1]时疲劳寿命计算结果

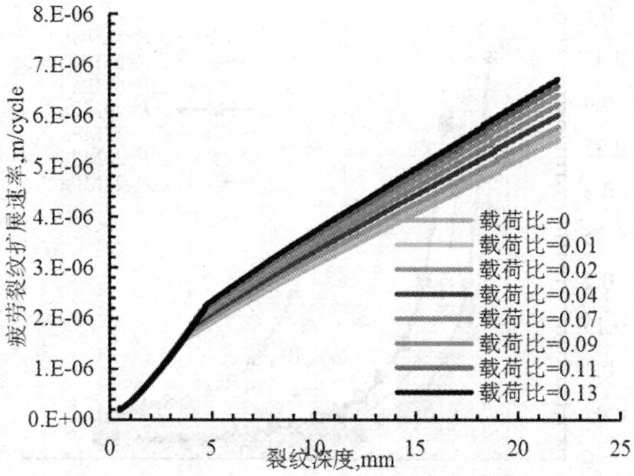

图 9　载荷比∈[0,0.13)时 da/dN 随深度变化结果

5　ΔP 恒定策略对疲劳寿命的影响分析

针对 ΔP 恒定策略,为分析 ΔP 恒定,P_{max}变化对储氢容器疲劳寿命的影响规律,计算 ΔP∈[5,23] MPa,P_{max}单调递增时容器的疲劳寿命(N)。以 P_{max}为横坐标,N 纵坐标,绘制不同 ΔP 水平下疲劳寿命曲线如图 10 所示。为分析采用 ΔP 恒定策略时载荷比$\frac{P_{max}-\Delta P}{P_{max}}$对疲劳寿命的影响规律,以载荷比为横坐标,$N$ 为纵坐标,绘制不同 ΔP 水平下疲劳寿命曲线如图 11 所示。

通过分析图 10 和图 11 知,不同 ΔP 下疲劳寿命与 P_{max}呈反比关系,ΔP 恒定时,随载荷比增加(即循环载荷上下限同时升高),疲劳寿命呈单调减少趋势,无明显陡降拐点。当疲劳寿命取某恒定值时,以该值做平行于 X 轴的直线,则直线基本只与两个 ΔP 等级的疲劳寿命曲线有交点。该结果表明,采用 ΔP 恒定策略时,不同等级的 ΔP 间基本不存在“等寿命线”。故当采用该策略时,无法通过控制 ΔP 值的方式使不同级别容器组达到相同的疲劳寿命消耗。

分别以 P_{max}和载荷比为横坐标,疲劳寿命变化率为纵坐标绘制曲线如图 12 和图 13 所示。通过分析图 12 和图 13 知,随载荷比的增加,不同 ΔP 水平下的疲劳寿命变化率呈现指数型下降趋势,且各条曲线的分布呈“喇叭口”型。当载荷比小于 0.6 时,不同 ΔP 水平下的疲劳寿命变化率差异很大,而当载荷比大于 0.6 时,不同 ΔP 水平下的疲劳寿命变化率基本一致。

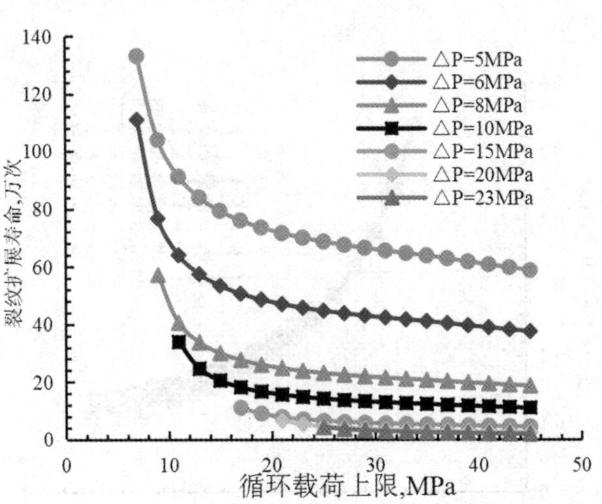

图 10　不同 ΔP 水平下载荷上限－疲劳寿命曲线

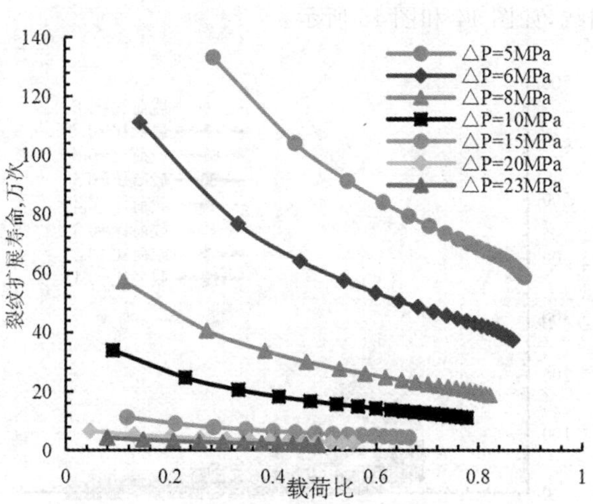

图 11　不同 ΔP 水平下载荷比－疲劳寿命曲线

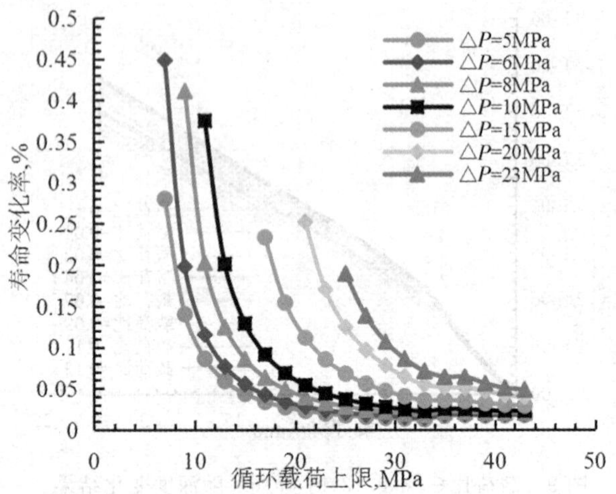

图 12　不同 ΔP 水平下载荷上限－寿命变化率曲线

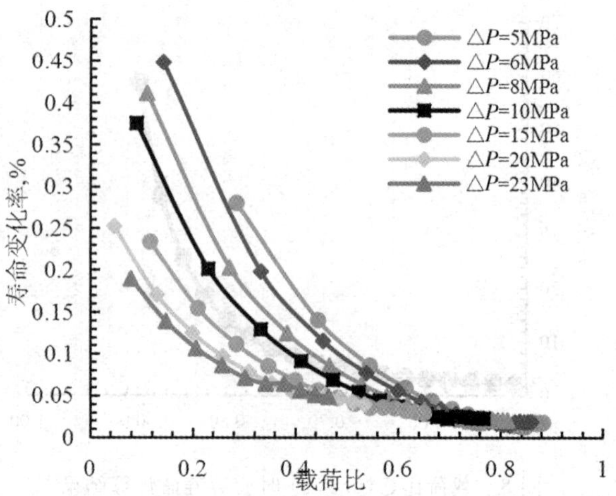

图 13　不同 ΔP 水平下载荷比－寿命变化率曲线

综上,采用 ΔP 恒定策略时,加氢站用储氢压力容器组具有各级容器组循环载荷上限逐级递减、载荷波动范围小(即载荷比较大)的特点。当载荷比大于 0.6 时,不同 ΔP 下的疲劳寿命变化率差异不大。根据实际运行情况需调整容器组的 ΔP 等级时,应尽量使载荷比大于 0.6,以减少容器预期疲劳寿命的波动。

采用该加氢策略的优势在于有效降低了容器的承载负荷,使容器具有较高的疲劳寿命。劣势在于:其一,各级储氢容器载荷波动范围小,造成压缩机频繁启动为容器充氢,压缩机的工作强度较高。其二,由于不同 ΔP 下的各级容器疲劳寿命曲线呈带状分布,故与 P_{max} 恒定策略类似,在不调整容器组循环载荷工况的条件下,无法使各级容器的疲劳寿命同步消耗。

6　载荷比控制策略对疲劳寿命的影响分析

通过前述研究知,当前加氢站普遍采用的两种加氢策略均无法在不调整容器组压力等级的前提下,控制各容器组实现疲劳寿命同步消耗。故文中首先分析了载荷比 $\frac{P_{max}-\Delta P}{P_{max}}$ 恒定条件下,P_{max} 对疲劳寿命的影响规律,而后给出了基于载荷比控制的加氢策略(简称"载荷比控制策略")。

针对图 1 储氢容器,在载荷比 $\in[0,0.8]$ 件下,计算 $P_{max}\in[11,45]$MPa 时的疲劳寿命(N),以 P_{max} 为横坐标,分别以 N 及疲劳寿命变化率为纵坐标,绘制不同载荷比下的疲劳寿命曲线及疲劳寿命变化率曲线,如图 14 和图 15 所示。

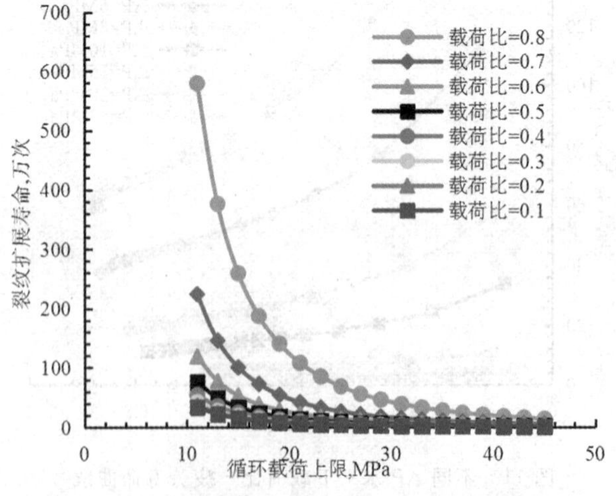

图 14　不同载荷比下载荷上限-疲劳寿命曲线

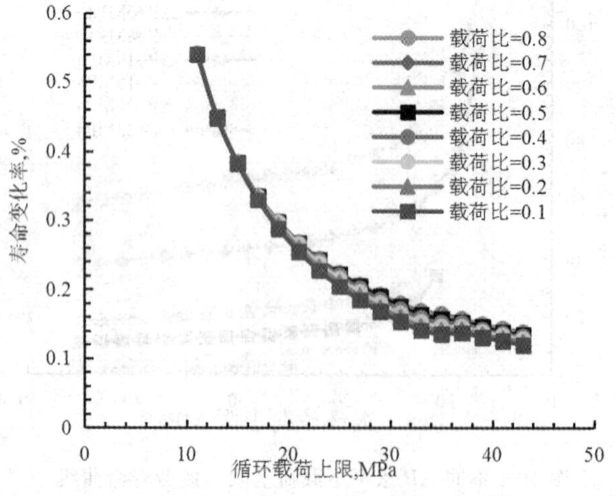

图 15　不同载荷比下循环载荷上限-疲劳寿命变化率曲线

通过分析图 15 知，随 P_{max} 的增加，不同载荷比下的疲劳寿命变化率呈现指数型下降趋势，且各条曲线基本重合。因此，当依据载荷比调整加氢策略时，不会导致疲劳寿命变化率过大，有利于容器寿命的使用管理。

通过分析图 14 可知，不同载荷比下，N 随 P_{max} 的变化曲线均符合幂函数模型，且呈反比关系。当疲劳寿命取某恒定值时，以该值做平行于 X 轴的直线，该直线可与多个载荷比等级对应的疲劳寿命曲线有交点。该结果表明，采用载荷比控制策略时，不同等级的载荷比间存在"等寿命曲线"。基于图 14 中数据，以 P_{max} 为横坐标，载荷比为纵坐标，绘制 $N\in[3,10]$ 万次的等寿命曲线如图 16 所示。

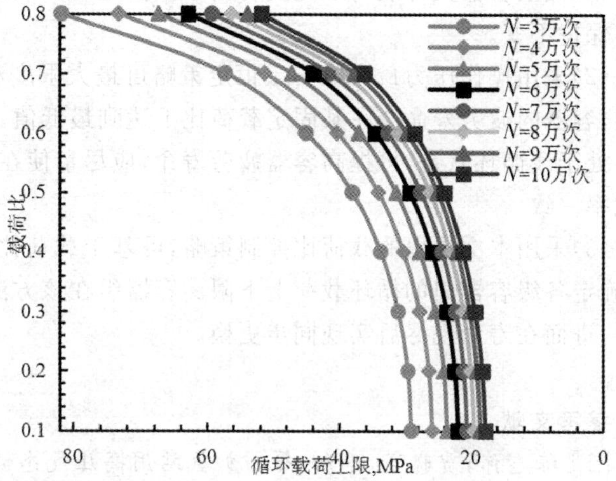

图 16　基于载荷比控制的疲劳等寿命曲线

当采用载荷控制策略时，可首先基于断裂力学疲劳分析确定各级载荷比下的等寿命曲线，然后基于高压组容器的循环载荷上限（P_{max}）和等寿命曲线确定循环载荷下限（P_{min}），而后根据计算出的高压组容器循环载荷工况和等寿命曲线，逐级确定中、低压组别容器的 P_{max} 和 P_{min}。根据图 16 中等寿命曲线，针对图 1 结构给出的各级容器循环载荷上下限见表 2 所列。

表 2　基于载荷比控制方法的 50 MPa 级储氢容器组循环载荷上下限

疲劳寿命/万次	高压级容器组		中压级容器组		低压级容器组	
	P_{max}/MPa	P_{min}/MPa	P_{max}/MPa	P_{min}/MPa	P_{max}/MPa	P_{min}/MPa
3	45	27	33	12.3	29	3.1
4	45	29.4	29.4	10.9	26	3.9
5	45	30.8	30.8	15.1	24	4.7
6	45	31.8	31.8	17.6	22	3
7	45	32.6	32.6	19.6	21	4.2
8	45	30.2	30.2	17.3	19.5	2.3
9	45	33.7	33.7	22.2	22.2	9.1
10	45	34.1	34.1	23.2	23.2	11.1

如实际采用的 50 MPa 级储氢容器径比与图 1 中容器相同，且材料力学性能参数不低于本文使用的数据，理论上该容器的预期疲劳寿命不低于表 2 中各载荷对应的疲劳寿命。

综上，采用载荷比控制策略时，可根据等寿命曲线确定各级储氢容器组的循环载荷工况，实现不同级别容器组的疲劳寿命同步消耗。当各级容器组同步达到使用寿命上限时，加氢站可统筹实施储氢容器批量更换，避免因各级容器组寿命消耗不同导致的频繁更换问题，保障加氢站连续稳定运行，降低运维成本，提升加氢站运营效益。

7　结　论

本文基于断裂力学疲劳评定方法，系统分析了 35 MPa 级加氢站典型加氢策略关键参数对加氢站用储氢压力容器疲劳寿命的影响规律，形成如下结论：

(1)储氢容器循环载荷工况及材料参数恒定,且径比(外径/内径)相同时,储氢容器的疲劳评定结果基本保持不变。

(2)采用操作压力最大值 P_{max} 恒定策略可最大限度利用容器承载潜力,但会导致储氢容器疲劳寿命变短,容器的疲劳寿命会在某固定载荷比下达到最低值。采用压力波动范围 ΔP 恒定策略可使容器载荷始终处于浅循环状态,可提高容器疲劳寿命,应尽量使在载荷比 0.6 以上,以保持多台储氢容器疲劳寿命变化率一致。

(3)采用本文提出的载荷比控制策略,可基于载荷比及根据断裂力学疲劳分析给出的疲劳等寿命曲线,确定各级容器组的循环载荷上下限。容器组在该方法确定的循环载荷下运行时可实现疲劳寿命同步消耗,进而在寿命耗尽后实现同步更换。

参考文献

[1] 陈志伟,贾晓亮,李翔,等. 加氢站用高压气态储氢容器标准体系现状分析和若干建议[J]. 压力容器,2022,39(7):50—56.

[2] 郑津洋,马凯,叶盛,等. 我国氢能高压储运设备发展现状及挑战[J]. 压力容器,2022,39(3):1—8.

[3] 刘娟波,成雷,白学刚,等. 超温处理对加氢反应器短时力学性能与长期服役性能的影响[J]. 压力容器,2023,40(10):17—27.

[4] 沈红杰. 加氢装置碳钢高压空冷器预硫化过程泄漏分析[J]. 压力容器,2023,40(8):67—73.

[5] 阳月,杨明,陆晖. 我国氢能产业发展综述[J]. 红水河,2025,44(1):54—57.

[6] 王璐,段秋爽. 新时期新型工业化绿色发展道路及其意义研究[J]. 新型工业化,2024,14(3):72—80.

[7] 郑津洋,马凯,周伟明,等. 加氢站用高压储氢容器[J]. 压力容器,2018,35(9):35—42.

[8] 刘京京,陈华强,周伟等. 燃料电池汽车氢气加注控制策略分析[J]. 能源与节能,2017,10:80—81.

[9] 冯慧聪,周伟,马建新. 加氢站高压储氢瓶分级方法[J]. 太阳能学报,2010,31(3):401—405.

[10] Jinyang Zheng, Jiangchuan Hu, Kai Ma, et al. Study on low cycle fatigue properties of Cr—Mo steel in 50 MPa gaseous hydrogen [J]. Interantional Journal of Hydrogenh Energy, 2024, 84: 1042—1049.

[11] 袁舒梦,黄淞,惠虎. 基于 GB/T 34019 标准与 ASME Ⅷ—3 标准的钢制瓶式容器疲劳寿命分析[J]. 压力容器,2022,39(1):69—78

[12] Xiaoliang Jia, Zhiwei Chen, Fang Ji. Fracture Mechanics Assessment of Hydrogen Storage Vessel[J]. Proceedings of ASME 2021 Pressure Vessels and Piping Conference, 2021:1—6.

作者简介

贾晓亮(1991),男,工程师,主要从事承压设备结构弹塑性分析与标准化相关工作,通信地址:100029 北京市朝阳区北三环东路 26 号三层西,E—mail:jxl@cscbpv. org。

通信作者:陈志伟(1980),男,正高级工程师,主要从事压力容器弹塑性设计方法研究及标准化相关工作,通信地址:100029 北京市朝阳区北三环东路 26 号三层西,E—mail:czw@cscbpv. org。

钢内胆碳纤维环向缠绕储氢容器的临界裂纹尺寸研究

陈泽鸿[1],惠　虎[*1,2],施锋萍[3],黄　淞[1,2],杜张子阳[1]

(1. 华东理工大学 承压系统与安全教育部重点实验室,上海 200237;

2. 4H 临氢材料实验室,上海 200237;3. 上海市特种设备监督检验技术研究院,上海 200062)

摘　要:4130X 作为内胆用钢广泛用于钢内胆碳纤维环向缠绕储氢容器,其在高压氢环境下面临着因高压氢脆引起的断裂韧度下降,严重威胁容器的安全运行。本文开展了国产 4130X 在空气和 100 MPa 氢环境下的断裂韧度试验,获得其在 100 MPa 氢环境下的断裂韧度为 31.8 MPa·$m^{0.5}$。以获得的材料性能参数为基础,采用断裂力学方法对环向缠绕容器进行脆断评判,探究得到当假想裂纹深度为 0.8 倍壁厚时,其满足未爆先漏所需的断裂韧度为 176 MPa·$m^{0.5}$,并进一步建立了在不满足未爆先漏条件下该容器不同断裂韧度与最终允许裂纹深度间的关系曲线,为合理确定环向缠绕容器内胆用钢在高压氢环境下的断裂韧度提供了技术支撑。

关键词:储氢容器;铬钼钢;断裂韧度;最终允许裂纹深度

Study onthe critical crack size of hydrogen storage vessel with steel liner and carbon fiber hoop wrapped

CHEN Zehong[1], HUI Hu[*1,3], SHI Fengping[2], HUANG Song[1,3], DU Zhangziyang[1]

(1. Key Laboratory of Pressure Systems and Safety, Ministry of Education, School of Mechanical and Power Engineering, East China University of Science and Technology, Shanghai 200237, China;

2. 4H Hydrogenation Material Laboratory, Shanghai 201306, China;

3. Shanghai Institute of Special Equipment Inspection and Technical Research, Shanghai 200062, China)

Abstract: 4130X steel is widely used as liner material in hydrogen storage vessel with steel lined and carbon fiber hoop wrapped, faces fracture toughness degradation under 100 MPa hydrogen pressure due to hydrogen embrittlement, which seriously threatens vessel safety. We conducted fracture toughness tests under air and 100MPa hydrogen environment, obtained the fracture toughness of 4130X under 100 MPa hydrogen environment is 31.8 MPa·$m^{0.5}$. Based on these material parameters, we performed brittle fracture assessment for a typical hoop wrapped vessel using fracture mechanics methodology. The results we obtained demonstrate the material requires minimum toughness of 176 MPa·$m^{0.5}$ to satisfy leak－before－break(LBB) criterion when the assumed crack depth is 0.8 times wall thickness. We further established correlation curves between fracture toughness and allowable final crack depth when LBB condition remains unsatisfied. This study in this paper provides technical guidance for rationally determining the fracture toughness requirements of steel for hoop wrapped composite vessel liner in high pressure hydrogen environment.

Keywords: hydrogen storage vessel; chrome molybdenum steel; fracture toughness; allowable final crack depth

0 引 言

储氢容器是氢能产业发展和普及的核心部件之一[1]。高压储氢作为目前使用最为广泛的储氢方式[2],其容器结构形式通常有单层、多层包扎、多层绕带等[3]。单层储氢容器随着储氢压力的增高,面临着因壁厚增大造成的热处理困难[4]、大重量[5]等问题。钢内胆碳纤维环向缠绕容器(以下简称"环向缠绕容器")是采用金属内胆,在筒体处缠绕碳纤维增强的复合材料以分摊环向载荷的容器形式[6],有利于降低容器壁厚,实现轻量化,在移动式储氢容器具有较大的市场应用前景。

环向缠绕容器通常采用铬钼系低合金高强度钢作为内胆材料。铬钼钢是一种具有良好的淬透性的高强钢[7],能够满足高压环境的使用需求。然而其体心立方的晶格结构使其在高压氢环境下存在着断裂韧度降低的现象[8]。这使得当存在裂纹时,高压储氢容器容易发生低应力脆性断裂,严重威胁了容器的安全运行。目前国外针对其常用 SA723 和 SCM435 等铬钼钢材料,开展了诸多其在高压氢环境下的断裂韧度的研究。美国 Sandia 实验室开展了不同牌号铬钼钢在不同氢压下的断裂韧度试验,探明了氢环境对铬钼钢韧性减损的影响程度[9]。日本产业技术综合研究所开展了氢环境压力最高至 115 MPa 的 SCM435 的断裂韧度试验[8]。浙江大学郑津洋院士团队[10-11]研究了 50,92 MPa 氢环境下 4130X 钢的断裂韧度;翟建明等[12]则采用恒载法测量了 4130X 钢在 92 MPa 下的氢致开裂应力强度因子门槛值。按照 ASME 第Ⅷ卷第 3 分篇的要求[13],对于储氢容器应按照 KD-4 中断裂力学方法进行脆断评定。对于钢内胆碳纤维环向缠绕储氢容器,其内胆直接与氢气接触,韧性减损明显,故需要保障内的那材料具有一定的断裂韧度以防发生脆断,并且按照 KD-4 要求设计者应提出材料断裂韧性的最小值。因此在提出一个合理的铬钼钢断裂韧度指标对防止环向缠绕容器服役发生脆断是十分必要的。其应当在满足法规标准最小韧性要求的基础上,综合考虑容器的使用要求、安全性和经济性,同时也应考虑缺陷检验的能力和水平后,进行综合确定。

本文开展了国产 4130X 钢在空气环境和 100 MPa 氢环境下的断裂韧度试验,获取 4130X 在 100 MPa 氢环境下的断裂韧度数据,基于以上材料参数,采用断裂力学方法对碳纤维环向缠绕容器进行了防脆断评定,开展了未爆先漏分析,给出了内胆临界裂纹尺寸与材料断裂韧度的关系曲线,给出了 100 MPa 高压氢环境下环向缠绕容器安全监测的关键尺寸。

1 4130X 临氢力学性能试验研究

1.1 高压氢环境材料力学性能试验装置

华东理工大学惠虎教授团队与上海电气核电集团等单位合作建立了 4H 临氢材料试验室,研发了高压氢环境材料力学性能试验装置,该装置具备在 120 MPa 高压氢环境下进行金属材料慢应变速率拉伸试验、断裂韧度试验、疲劳裂纹扩展速率试验以及低周疲劳试验的能力,如图 1 所示。本文基于上述装置开展试验。

图 1 高压氢环境材料力学性能试验装置

高压氢环境材料力学性能试验装置如图 2 所示。主要由以下三个系统构成:其一是由介质气体瓶组、增压柜、环境箱、一系列管道、阀门、传感器和控制系统构成的增压系统,负责为试验提供高压氢环境;其二是由电液伺服疲劳试验机、各类传感器和试验控制系统组成的试验系统,负责进行试验;其三是由空气压缩机及配套设备和动力油源及配套冷却循环泵组成的动力系统,负责为上述两个系统的动作提供动力。

试验装置最高试验压力可达到 140 MPa,最大静态和动态试验力为±100 kN 和±80 kN,加载频率范围为 0.01~50 Hz,

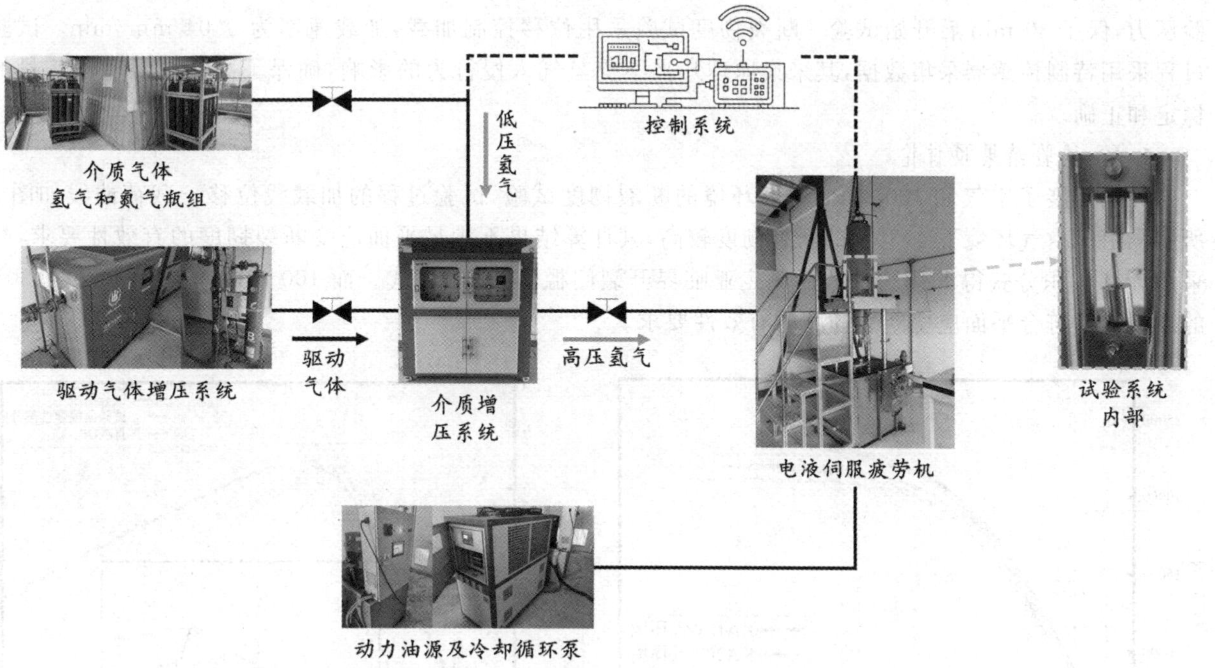

图 2　高压氢环境材料力学性能试验装置系统示意

可通过位移、载荷和应变控制。

1.2　材料及试样

本文试验材料取自某国内公司生产的储氢容器所用的 4130X，原始材料如图 3 所示。化学成分（如表 1 所示）满足 GB/T 44457—2024 的要求[14]。断裂韧度试样采用如图 4 所示的紧凑拉伸（CT）试样，取样位置为筒体靠近内表面处，裂纹平面的法线方向沿着筒体环向，预期裂纹沿筒体径向扩展，并通过疲劳预制 1.5 mm 的裂纹。

表 1　4130X 钢的化学成分

元素	C	Mn	Si	P	S	Cr	Mo
实测值	0.30	0.87	0.289	0.015	0.001	1.01	0.21
标准值	0.25～0.35	0.40～0.90	0.15～0.35	⩽0.015	⩽0.008	0.80～1.10	0.15～0.25

图 3　原始材料实物图

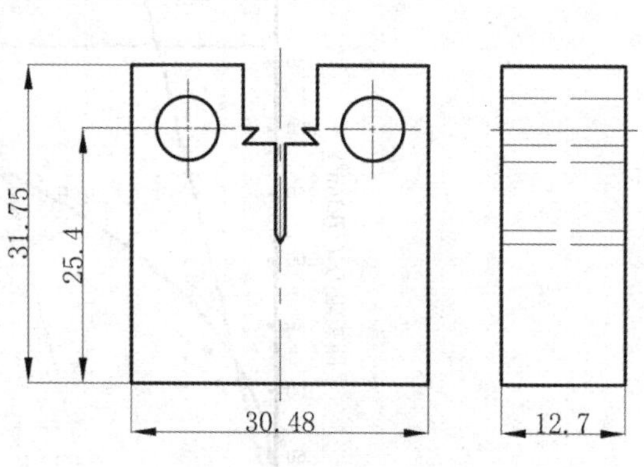

图 4　试验所用试样示意

1.3　试验方法与过程

断裂韧度试验依据 GB/T 34542.2—2018[15] 进行，分别进行空气和 100 MPa 氢气环境下的试验。试验所用氢气纯度为99.999%。试样装夹完毕后,先对环境箱内进行介质置换,符合试验要求后增压至试验压力,保压30 min后开始试验。断裂韧度试验采用位移控制加载,加载速率为0.04 mm/min。试验过程采用特制传感器采集数据,其采集原理几乎不受氢气入侵行为的影响,确保了高压氢环境下信号的稳定和正确。

1.4 试验结果及讨论

分别开展了空气和100 MPa氢气环境的断裂韧度试验,试验过程的加载线位移—载荷曲线如图5所示。由于空气环境下4130X的断裂韧度较高,其计算结果不满足平面应变断裂韧度的有效性要求,故采用计算J积分获得R阻力曲线后测定亚临界开裂门槛值$J_{0.2BL}$替代。而100 MPa氢气环境下4130X的断裂韧性符合平面应变断裂韧度的有效性要求。

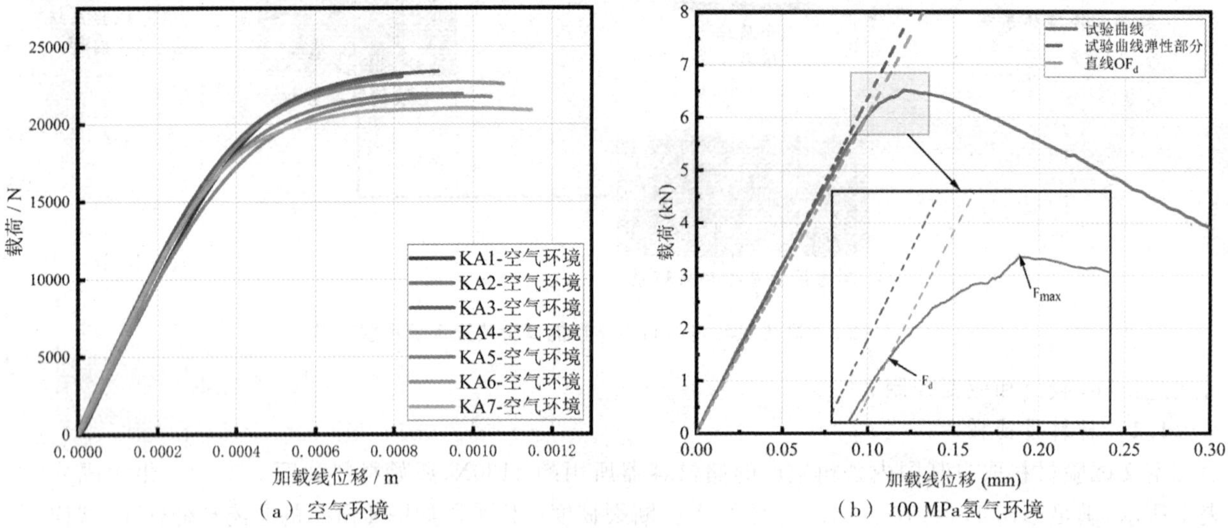

图5 不同环境的加载线—位移曲线

采用多试样法测定空气环境下4130X的断裂韧度。对同一标称尺寸的一系列CT试样在空气环境下不同裂纹扩展量所对应的J积分进行拟合并计算钝化线,获得如图6所示的R阻力曲线和钝化线,由此测得$J_{0.2BL}$=267 kJ/m^2,并按照GB/T 21143—2014[16]验证通过了结果有效性和尺寸敏感性。

对于100 MPa氢气环境下的断裂韧度,计算得断裂韧度K_{IC}=31.8 MPa·m$^{0.5}$,并按照标准验证计算结果有效。空气与100 MPa氢气环境下的断裂韧度结果汇总如表2所示,为方便对比,将$J_{0.2BL}$转化为K_{IC}。

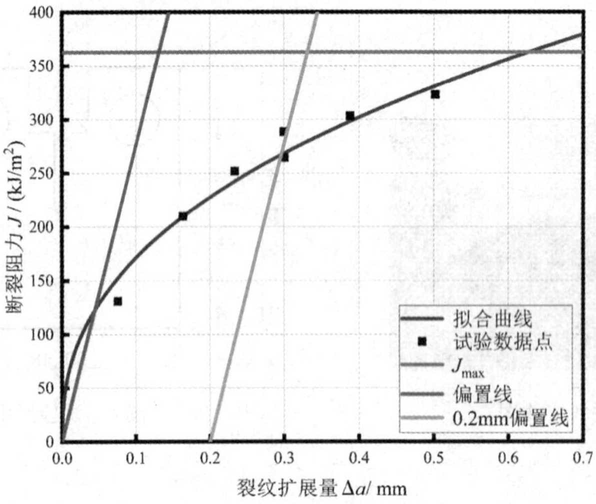

图6 空气环境下4130XR阻力曲线

表 2　空气和 100 MPa 氢气环境的 4130X 断裂韧度试验结果

试验环境	断裂韧度/(MPa · $m^{0.5}$)	参考值/(MPa · $m^{0.5}$)
空气	242	232[17]
100 MPa 氢气	31.8	32[11,18]

通过与相关文献中的 4130X 在空气和氢气环境下的断裂韧度对比可知，试验结果基本与文献中相近，因此证明试验的有效性。通过对比可知，4130X 在 100 MPa 氢气环境下的断裂韧度较空气环境下降了约 87%，这充分说明了氢对于 4130X 材料的断裂韧性的严重劣化，使得其在高压氢环境下存在脆性断裂的风险。然而根据 GB/T 44457—2014 的要求，铬钼钢在不低于设计压力的氢压下其断裂韧度应当不小于 50 MPa · $m^{0.5}$。由此应当慎重考虑 4130X 在 100MPa 氢压下的适用性，在使用该材料时应当配合相应的高精度容器无损检测手段。

2　4130X 断裂韧性指标探究

2.1　环向缠绕容器基本参数和应力分布

在高压氢环境下 4130X 的断裂韧度呈现明显的减损，增大了临氢脆性断裂的风险。然而脆性断裂不仅与材料的韧性相关，也与容器的应力水平存在关联。因此在提出材料的韧性指标时也应当将容器的应力水平纳入考量。本文以某个环向缠绕储氢容器为研究对象，其内胆材料采用前文所述性能参数，筒体外层采用碳纤维增强的复合材料进行环向缠绕。复合材料的环向弹性模量为 121 GPa，拉伸强度为 2 300 MPa。容器工作压力为 91 MPa，水压试验压力为 124.9 MPa，工作温度为室温。内胆内半径为 178 mm，壁厚为 25 mm；纤维层内半径为 203 mm，壁厚为 22.8 mm。采用 ANSYS 对该容器进行了数值模拟分析，由于容器的结构及其所受的载荷具有对称性，因此仅建立 1/8 模型采用数值方法分析工作压力下的容器应力分布，环向应力云图如图 7 所示。考虑到结构不连续处的复杂应力情况，因此取内胆筒体中部沿壁厚方向的应力分布进行后续分析(见图 7)。

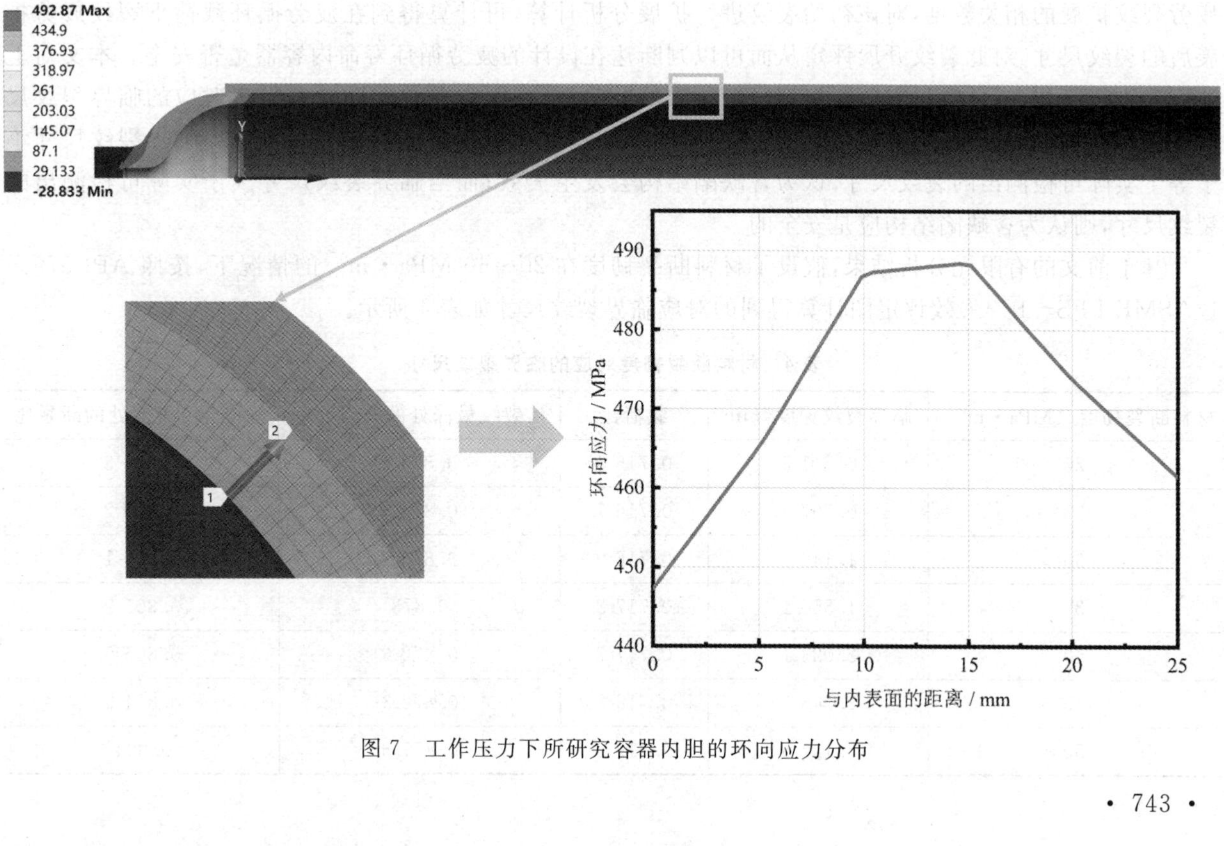

图 7　工作压力下所研究容器内胆的环向应力分布

2.2 未爆先漏分析

"未爆先漏"是指当容器存在裂纹缺陷时，其失效行为是发生裂纹贯穿壁厚的泄漏，而非危害性更大的脆性断裂和整体塑性垮塌。这其中的"爆"不单指脆性断裂，还应当考虑由于剩余韧带不足而导致的塑性垮塌。因此本文在未爆先漏分析中采用双参量评定方法，在评定过程中涵盖了上述两种失效形式。

容器实现未爆先漏应满足以下两个条件：

(1)采用 API 579－1/ASME FFS－1[19] 失效评定图方法得到的临界裂纹深度尺寸大于 0.8 倍的容器壁厚，也即当采用裂纹深度为 0.8 倍的容器壁厚进行评定时，需要证明其在失效评定图中应是安全的。

(2)剩余韧带尺寸小于等于$(K_{IC}/R_{eL})^2$ 规定，其中 R_{eL} 为材料的屈服强度。

按照上述容器的参数及应力分布，假设在内胆筒体内表面存在一个半椭圆形轴向－径向裂纹，裂纹的深长比为 1/3。采用 API 579－1/ASME FFS－1[19] 失效评定图方法进行了分析，分别计算了满足未爆先漏条件所需的断裂韧度如下表 3 所示。

表 3　满足容器未爆先漏条件所需的断裂韧度

条件	所需的断裂韧度/($MPa \cdot m^{0.5}$)
(1)	176
(2)	43

由前文可知，所研究的 4130X 在 100 MPa 氢环境下断裂韧度仅为 31.8 $MPa \cdot m^{0.5}$。因此尚无法证明能本文所研究的容器能够实现"未爆先漏"。

2.3 临界裂纹尺寸与断裂韧度的关系

从前述分析可以看出，对于所研究的容器，当假设的裂纹尺寸过大时，其韧性无法满足未爆先漏条件。然而值得注意的是，工程实际中容器需要定期检验，实际裂纹的深度不可能达到内胆壁厚的 80%，因此基于未爆先漏条件所提出的韧性指标是极其保守的。为此标准中也提供了另外一种方法来验证扩展后的含裂纹结构安全性，即先假想有一可检测出来的初始裂纹，根据容器的承受的交变载荷以及材料疲劳裂纹扩展的相关数据，对该初始裂纹进行扩展分析计算，可计算得到在疲劳循环载荷下裂纹疲劳扩展后的裂纹尺寸，对此裂纹开展评定从而可以判断达在设计的疲劳循环寿命内容器是否安全。本文对上述方法进行简化，在已知材料的断裂韧度等参数的前提下，按照失效评定图计算得出对应的临界裂纹尺寸，通过与实际检测手段所能检测到的裂纹尺寸相比较，从而提出合适的韧性指标。当临界裂纹尺寸小于等于实际可检测出的裂纹尺寸，认为含缺陷结构会发生失效；而当临界裂纹尺寸大于实际可检测出的裂纹尺寸，则认为含缺陷结构应是安全的。

基于前文的有限元分析结果，假设了材料断裂韧度在 20～60 $MPa \cdot m^{0.5}$ 的情况下，按照 API 579－1/ASME FFS－1[19] 失效评定图计算得到的对应临界裂纹尺寸如表 4 所示。

表 4　材料断裂韧度对应的临界裂纹尺寸

材料断裂韧度/($MPa \cdot m^{0.5}$)	临界裂纹深度/mm	载荷比	裂纹最深处的断裂比	裂纹自由表面处的断裂比
20	0.511 5	0.716 5	0.873 5	0.806 3
25	0.797 8	0.716 7	0.873 3	0.806 2
30	1.146 1	0.716 9	0.873 2	0.806 1
35	1.555 1	0.717 3	0.873	0.805 9
40	2.023 1	0.717 7	0.872 6	0.805 5
45	2.548 1	0.718 3	0.872 3	0.804 9
50	3.127 5	0.719 2	0.871 8	0.804

（续表）

材料断裂韧度/(MPa·$m^{0.5}$)	临界裂纹深度/mm	载荷比	裂纹最深处的断裂比	裂纹自由表面处的断裂比
55	3.758 7	0.720 2	0.871 1	0.803 0
60	4.438 9	0.721 5	0.870 3	0.801 8

考虑到采用临界裂纹深度作为指标存在安全裕度不足的情况，因此采用更为保守的最终允许裂纹深度作为指标。按照ASME第Ⅷ卷第3分篇[13] KD－4中要求最终允许的裂纹深度应是如下最小值：

(1)所考虑截面壁厚的25%；

(2)在KD－411中所假设的初始裂纹深度加上理论临界裂纹深度与初始裂纹深度差值的25%。

本文内胆的壁厚为25 mm，按照条件(1)计算得到的最终允许裂纹深度为6.25 mm。而按照(2)进行计算时，初始裂纹深度通常依据于无损检测相关工程经验选取[20－21]，本文参考文献[22]选取0.5 mm作为初始裂纹深度。按照该算法，确定了对应不同材料断裂韧度时的最终允许裂纹深度，如表5所示。

表5　材料断裂韧度对应的最终允许裂纹深度

材料断裂韧度/(MPa·$m^{0.5}$)	最终允许裂纹深度/mm
20	0.502 8
25	0.574 4
30	0.661 5
35	0.763 7
40	0.880 8
45	1.012
50	1.156 9
55	1.314 7
60	1.484 7

根据表4和表5的结果，绘制如下图8所示的材料断裂韧度与裂纹深度的关系曲线。以本文所使用的4130X的断裂韧度为例，当断裂韧度为31.8 MPa·$m^{0.5}$时，其临界裂纹深度为1.29 mm，对应的最终允许裂纹深度为0.7 mm。因此当可检测出的裂纹大于0.7 mm时，此时容器存在失效的风险，此时应当缩短容器的检测周期或提高容器的检测精度，而当其大于1.29 mm，此时可视为容器发生失效，应停止使用，重新对容器进行分析。

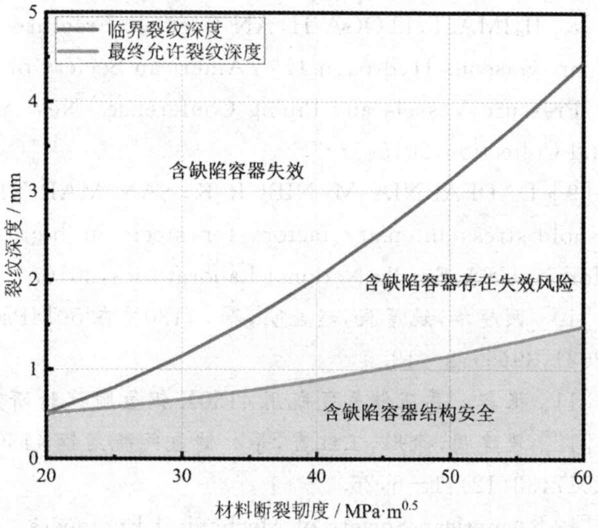

图8　材料断裂韧度与裂纹深度的关系曲线

3　结　论

本文针对国内常用钢制内胆纤维增强复合材料环向缠绕容器的内胆用钢4130X开展了空气和100MPa氢环境下的断裂韧度试验，并以某一环向缠绕容器为研究对象，探究其满足未爆

先漏条件的韧性需求,建立在不满足未爆先漏条件下内胆用钢的断裂韧度与临界裂纹尺寸的关系曲线,得到的主要结论如下:

(1)获取了国产4130X在空气和100 MPa氢环境下的断裂韧度。100 MPa氢环境下的4130X断裂韧度为31.8 MPa·$m^{0.5}$,相较于空气环境下降了约87%。该结果低于GB/T 44457—2024的要求,因此在100 MPa氢环境使用4130X材料应当慎重考虑其适用性,并与高精度无损检测手段配合使用。

(2)针对所研究的环向缠绕容器,研究表明当假想裂纹尺寸较大时,其满足未爆先漏条件的断裂韧性指标应大于176 MPa·$m^{0.5}$,这对于100 MPa氢环境下的4130X材料较难实现。

(3)基于API 579—1/ASME FFS—1失效评定图方法,计算得到了在不满足未爆先漏条件下,不同断裂韧度所对应的临界裂纹深度,并据此计算了沿容器壁厚方向最终允许裂纹深度,形成了断裂韧度与最终允许裂纹深度的关系曲线。对于所研究的容器,当断裂韧度为31.8 MPa·$m^{0.5}$时,其临界裂纹深度为1.29 mm,对应的最终允许裂纹深度为0.7 mm。

参考文献

[1] 段志祥,黄强华,薄柯,等.我国固定式储氢压力容器发展现状综述[J].中国特种设备安全,2022,38(4):5—10.

[2] 尹龙平.基于专利分析的储氢材料发展对策研究[J].图书情报导刊,2024,9(5):66—73.

[3] BARTHELEMY H. Hydrogen storage—Industrial prospectives[J]. International Journal of Hydrogen Energy,2012,37(22):17364—17372.

[4] YUAN Q,JIN S,HUANG Z,et al. A Study on Heat Treatment Effect and Mechanism of High—pressure Vessel in the Wall Thickness Direction[C]//University of Wollongong. Advances in Superalloys. Part 1. Durnten—Zurich:Trans Tech Publications Ltd,2011:1186—十.

[5] LI J,CHAI X,GU Y,et al. Small - Scale High - Pressure Hydrogen Storage Vessels:A Review [J]. Materials,2024,17(3):721.

[6] WULF C,REUSS M,GRUBE T,et al. Life Cycle Assessment of hydrogen transport and distribution options[J]. Journal of Cleaner Production,2018,199:431—443.

[7] 王向杰,徐绍勇,董春法.热压缩试验条件下12Cr1MoV钢的流变行为研究[J].热加工工艺,2018,47(20):47—49.

[8] IIJIMA T,ITOGA H,AN B,et al. Fracture Properties of a Cr - Mo Ferritic Steel in High - Pressure Gaseous Hydrogen[C]//American Society of Mechanical Engineers Digital Collection. ASME 2015 Pressure Vessels and Piping Conference. New York:American Society of Mechanical Engineers Digital Collection,2015:1—7.

[9] DADFARNIA M,NIBUR K,SAN MARCHI C,et al. Measurement and interpretation of threshold stress intensity factors for steels in high - pressure hydrogen gas [R]. Albuquerque, California,USA:Sandia National Laboratories,2010.

[10] 顾超华,姚彦辰,赵益明,等.4130X在50MPa氢环境下的断裂力学性能试验研究[J].轻工机械,2021,39(5):8—13.

[11] 张鑫.高压储氢气瓶用4130X钢氢脆试验研究及裂纹容限评定[D].杭州:浙江大学,2019.

[12] 翟建明,徐彤,王红霞,等.储氢气瓶用钢4130X的氢脆敏感性试验研究[J].中国特种设备安全,2017,33(12):1—6,26.

[13] American Society of Mechanical Engineers. ASME BPVC Section VIII,Division 3:Rules for Construction of Pressure Vessels,Division 3 - Alternative Rules for Construction of High - Pressure Vessels:ASME BPVC Section VIII,Division 3—2019[S]. New York:American Society of Mechanical Engineers,2019.

[14] 国家市场监督管理总局,国家标准化管理委员会. 加氢站用储氢压力容器 GB/T 44457—2024[S]. 北京:中国标准出版社,2024.

[15] 国家市场监督管理总局,国家标准化管理委员会. 氢气储存输送系统 第2部分:金属材料与氢环境相容性试验方法 GB/T 34542.2—2018[S]. 北京:中国标准出版社,2018.

[16] 国家市场监督管理总局,国家标准化管理委员会. 金属材料 准静态断裂韧度的统一试验方法 GB/T 21143—2014[S]. 北京:中国标准出版社,2014.

[17] MA K,ZHENG J,HUA Z,et al. Hydrogen assisted fatigue life of Cr-Mo steel pressure vessel with coplanar cracks based on fatigue crack growth analysis[J]. International Journal of Hydrogen Energy,2020,45(38):20132—20141.

[18] A. W. LOGINOW,E. H. PHELPS. Steels for Seamless Hydrogen Pressure Vessels[J]. Corrosion,1975(31):404—412.

[19] American Petroleum Institute,American Society of Mechanical Engineers. API 579-1/ASME FFS-1:Fitness-For-Service(FFS):API 579—1/ASME FFS—1—2021[S]. Washington,D. C:API Publishing Services,2021.

[20] 刘红侠,杨杰,刘芳,等. 基于GTN损伤模型的均质平板非共线平行双裂纹合并方式研究[J]. 压力容器,2023,40(6):50—62.

[21] 王斌华,王泽锟,房宣衡,等. 表面浅裂纹损伤后碳纤维增强树脂复合材料层合板断裂强度研究[J]. 压力容器,2023,40(12):10—21.

[22] CHAI S,LIU S,HUANG L,et al. Experimental Studies of Typical Defects on Large Capacity Hoop-Wrapped Composite Cylinder of Steel Liner Based on X-Ray Digital Radiography Test[C/OL]//American Society of Mechanical Engineers Digital Collection. ASME 2020 Pressure Vessels & Piping Conference. New York: American Society of Mechanical Engineers Digital Collection,2020:V007T07A001.

作者简介

陈泽鸿(1998),男,博士研究生,主要从事压力容器安全领域的研究工作,通信地址:200237 上海市梅陇路130号华东理工大学,E—mail:jasonswork@sina.com,电话:19901659493。

通信作者:惠虎(1974),男,教授,主要从事压力容器设计及安全保障技术领域的教学和科研工作,通信地址:200237 上海市梅陇路130号华东理工大学,E—mail:huihu@ecust.edu.cn,电话:021—64252743。

氢气管道物理爆炸裂纹动态扩展特性对冲击波时空强度影响规律研究

姜怡帆,杜　洋*,刘　琨,刘元琦,付连同

(中国石油大学(华东)机电工程学院 化学品安全全国重点实验室,山东青岛 266580)

摘　要:管道是大规模、长距离氢气输运的优选方式,然而自然灾害、局部腐蚀和外部机械损伤等可能导致管道发生物理爆炸,造成严重灾害与损失。管道物理爆炸是裂纹高速动态扩展与外部冲击波形成传播相互耦合的瞬态动力学问题,但裂纹动态扩展特性对冲击波时空强度的影响规律尚不明确。本文建立了氢气管道物理爆炸流-固-断裂耦合数值分析模型,并展开管道物理爆炸试验验证,在此基础上研究了裂纹扩展速率和分叉行为对冲击波形貌、超压的影响规律。研究表明,管道爆炸近场超压随裂纹扩展速率近似成指数形式增长,中场超压近似线性增长,而远场超压随裂纹速率增长的趋势逐渐变缓;裂纹分叉会生成多条裂纹同时扩展,从而消耗更多管道物理爆炸能量,故会降低爆炸形成的冲击波强度。研究对提升氢气管道安全设计水平、强化事故后果与风险预测能力具有积极意义。

关键词:氢气管道;物理爆炸;裂纹扩展;冲击波

Study on the effects of dynamic crack extension on the spatiotemporal intensity of the blast wave from hydrogen pipe burst

JIANG Yifan, DU Yang*, LIU Kun, LIU Yuanqi, FU Liantong

(State Key Laboratory of Chemical Safety, College of Mechanical and Electric Engineering, China University of Petroleum(East China), Qingdao 266580, China)

Abstract: The pipe is regarded as a preferred method for realizing large - scale and long - distance hydrogen transportation. The pipe burst may occur due to natural disasters, localized corrosion, or external mechanical damage, leading to serious casualties and property damage. The pipe burst is a highly transient and coupled fluid - structure - rupture problem, but the effects of dynamic crack extension on the spatiotemporal intensity of the blast wave remain unclear. A coupled fluid - structure - rupture numerical model is developed and validated by launching pipe burst experiments. Based on the validated model, the effects of crack branching and crack extension velocities on blast wave profile and overpressure are investigated. The study shows that the near - field overpressure increases exponentially with crack velocity, while a linear relationship is observed in the middle field. The overpressure in the far field increases with the crack extension velocity, but the relation slope is relatively flat. Crack branching will result in multiple cracks, which extend at the same time. Thus, more blast energy will be consumed, leading to the reduction of blast wave intensity. The study provides positive significance for enhancing the safety design standards of hydrogen pipes and strengthening the risk management capability.

Keywords: hydrogen pipeline; burst; crack extension; blast wave

0 引 言

氢能具有清洁低碳、来源广泛、利用高效等特点，氢已成为能源结构转型、实现“双碳”目标和多能互补利用的重要手段[1-4]。氢能储输连接了制氢环节和用氢环节，是氢能产业链中的关键环节[5-6]。管道运输效率高、服役寿命长，是大规模、长距离氢气输运的优选方式[7-10]。由于自然灾害、局部腐蚀和外部机械损伤等原因，管道在服役过程中可能发生物理爆炸，造成严重的人员伤亡和财产损失[11]。氢气管道物理爆炸本质上是一个高度瞬态的流-固-断裂耦合问题，由于不同的裂纹动态扩展特性对冲击波时空强度的影响规律尚不清楚，开展此研究对提升氢气管道的安全设计、事故防控和风险评估水平有重要意义。

国内外学者针对管道爆炸开展了一系列试验研究。东京大学 AIHARA[12-13]针对内含氢气和天然气的高压管道进行了全尺寸爆炸试验，在试验过程中管道出现了裂纹轴向扩展和裂纹分叉两种裂纹扩展行为。中国人民解放军陆军工程大学 WU[14]对管径 1 219 mm 的 X90 天然气管道开展了全尺寸爆炸试验以研究所产生冲击波特性，结果表明冲击波在管道爆炸近场表现出显著方向性，且长管道中仅部分气体能量参与爆炸过程。国家管网针对 1 422 mm 天然气管道进行了全尺寸爆炸试验，后续针对高压力多管材氢气输送管道进行了一系列爆炸试验。上述试验研究初步获得了管道爆炸过程中裂纹动态扩展行为，鉴于试验的高风险性和复杂性，构建准确、可靠的数值分析模型至关重要。近年来，业内学者已经开发了几种计算框架，使用流-固耦合模型使爆炸波模拟更加逼真，这些框架包括 FIVER[15]、欧拉-拉格朗日耦合法(CEL)[16-17]、任意拉格朗日-欧拉法(ALE)[18-20]和 CESE 求解器[21-22]。美国 Baker 工程风险顾问公司 GENG[23]建立了一个二维计算流体动力学(CFD)管道爆炸模型，总结出冲击波时空强度会受管道直径、管道内部压力、最终破口面积的影响，但 CFD 方法仅对流体域进行建模，无法研究裂纹动态扩展过程对冲击波的具体影响。KEIM[16-17]使用 3D CEL 方法模拟了含有天然气和二氧化碳的管道爆炸，但其分析侧重管道内部气体减压过程而非外部冲击波的形成和传播过程。LI[24]针对氢气管道物理爆炸构建流-固-断裂耦合数值分析模型，并与 CFD 方法的模拟结果对比分析，证实了裂纹动态扩展对冲击波强度的显著影响。截至目前，仍缺乏不同裂纹动态扩展特性对冲击波时空强度的影响规律研究。

本研究针对氢气管道物理爆炸建立流-固-断裂耦合数值模型，并基于自主研制的试验平台进行管道物理爆炸典型试验以完成数值模型验证。基于该模型研究不同裂纹扩展速率、裂纹扩展行为和裂纹分叉位置对冲击波时空强度的影响规律，为氢气管道安全设计和爆炸事故后果精准评估提供了理论基础。

1 管道物理爆炸试验

为便于验证本文构建氢气管道物理爆炸流-固-断裂耦合数值分析模型，首先基于自主研制的平台开展了管道物理爆炸典型试验，试验平台包括气压加载模块、超压采集模块和裂纹动态扩展光学测量模块，如图 1 所示。试验对象为 6061－T6 铝合金管道，长度 1.0 m、外径 40.0 mm、壁厚 1.0 mm。为控制裂纹萌生位置，在管道中心外表面预制初始缺陷，长度为 25.0 mm，宽度和深度分别为 1.0 mm 和 0.8 mm。考虑到氢气易燃易爆特性，采用氦气代替氢气进行试验。试验管道两端通过可拆卸密闭法兰和橡胶圈进行密封并固定在试验台上，裂纹动态扩展过程采用高速相机记录(1 280×1 024@20 000 fps)，在管道初始缺陷上方 24 cm 处安装自由场冲击波压力传感器记录管道物理爆炸产生的冲击波超压历程，超压采样频率为 1 MHz。试验前，通过真空泵将试验管道内空气置换为氦气，进而缓慢加压直至试验管道发生物理爆炸，通过加压控制机记录管道物理爆炸压力，管道爆炸 2 种典型裂纹扩展行为对应的物理爆炸压力分别为 5.1 MPa 和 5.3 MPa。

2 流-固-断裂耦合数值模型建立与验证

2.1 数值分析模型建立

根据上述试验，建立如图 2 所示的氢气管道物理爆炸流-固-断裂耦合数值分析模型，模型由预制缺陷管道、内部高压气体、外部环境空气和刚性地面四部分组成，其中刚性地面用来模拟试验平台上表面，

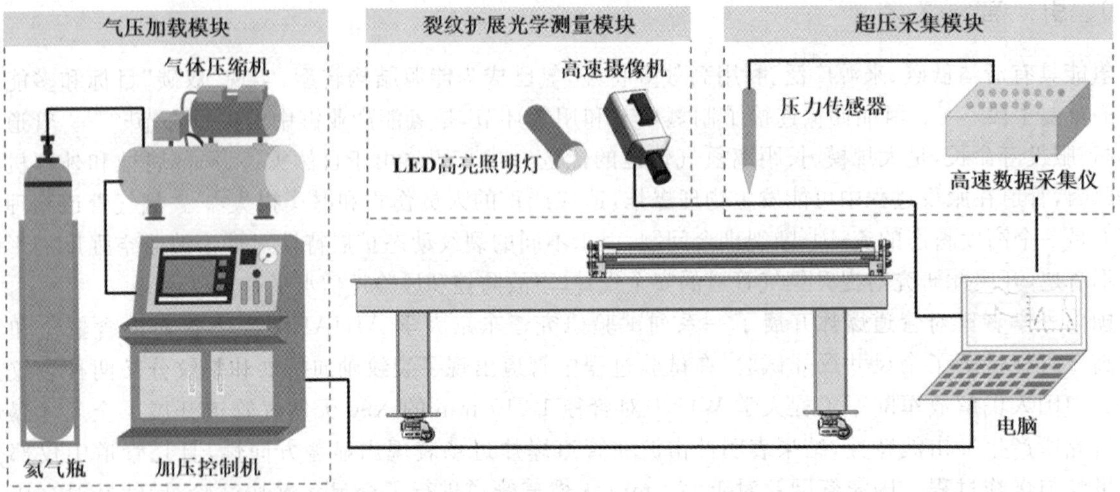

图 1 管道动态裂纹扩展试验平台示意

计算域大小为 1.0 m×0.3 m×0.4 m。计算域坐标原点 O 定义于管道中心,X 轴指向管道轴向,Z 轴竖直向上,即为管道物理爆炸后气体射流方向。模型流体域(包括内部高压气体和外部空气)采用欧拉网格离散,管道采用拉格朗日网格离散。对照试验中管道固定方式,数值模型中管道两端施加全固定约束,两端开口施加壁面边界条件以模拟密闭法兰,同时空气域外表面施加无反射边界条件以消除冲击波反射。

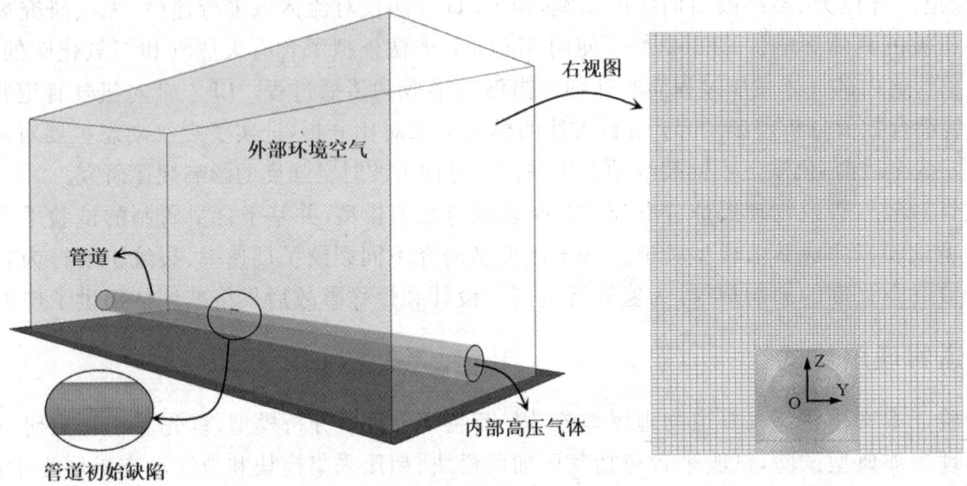

图 2 氢气管道物理爆炸流-固-断裂耦合数值模型

对模型分别划分 293 万、360 万和 568 万个网格进行网格无关性验证,结果如图 3 所示,当网格数量为 360 万、网格特征尺寸在 2.5～7.5 mm 时,模拟得到的冲击波超压峰值基本稳定,后续研究采用该网格划分方案。

采用浸入边界法[25]和任意拉格朗日-欧拉(ALE)算法实现流体域与固体的耦合。本研究中管道金属与高压气体两种材料的密度和刚度存在显著差异,耦合模拟时极易出现泄漏、计算不稳定、穿透等问题。鉴于此,本文采用改进的罚函数接触算法[26]计算接触刚度 k,如式(1)所示,以实现高压气体与管道的稳健耦合计算。

$$k=\max\left(\frac{KS^2}{V},\frac{m}{\Delta t^2}\right) \tag{1}$$

式中,$K,S,V,m,\Delta t$ 分别为材料体积模量、接触段面积、单元体积、节点质量和整体时间步长。

氢气管道物理爆炸时,管道裂纹尖端应变率高达 $10^3\ s^{-1}$,此时不可忽略管材的应变率硬化效应,同时需考虑应变率对临界失效应变的影响[27-28]，鉴于此，本文采用 Johnson - Cook 型黏塑性本构模型和动态失效准则[29]描述管材力学行为，分别如式(2)(3)所示。

$$\sigma=(A+B\varepsilon^{n})\left[1+Cln(\dot{\varepsilon}_0)\right] \tag{2}$$

$$\varepsilon_f=\left[D_1+D_2 e^{D_3\sigma^*}\right]\left[1+\dot{\varepsilon}_0\right]^{D_4} \tag{3}$$

式中，σ，ε，$\dot{\varepsilon}$，$\dot{\varepsilon}_0$ 分别为材料应力、有效塑性应变、塑性应变率和参考应变率，A，B，n，C 是材料常数，ε_f 为断裂应变，σ^* 为应力三轴度，$D_1\sim D_4$ 是管道材料的失效参数。模拟中当管道单元的等效应变达到临界失效应变 ε_f 时，即删除该单元，从而实现管道爆炸裂纹动态扩展模拟。

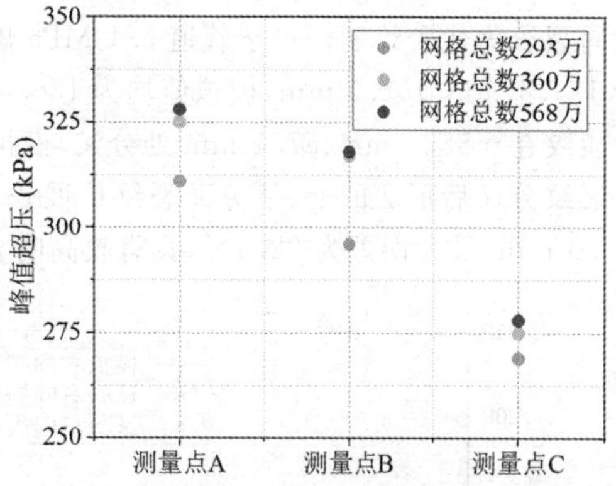

图 3　网格无关性验证分析
（测量点 A、B、C 分别位于管道初始缺陷上方 8，12，16 cm 处）

本研究中的管道材料为 6061 - T6 铝合金，Johnson - Cook 本构模型[30-31]和失效准则的相关参数[32]汇总如表 1 所示。

表 1　6061－T6 铝合金管道材料参数[32]

ρ/(kg·m^{-3})	E/GPa	A/MPa	B/MPa	n	C	$\dot{\varepsilon}_0$/(s^{-1})	ν	D_1	D_2	D_3	D_4
2 780	69	324	114	0.42	0.002	1.0	0.33	−0.79	1.45	−0.47	0.0

采用理想气体状态方程描述管内高压气体和管外环境空气：

$$p=(\gamma-1)\rho e \tag{4}$$

式中，p，γ，ρ 和 e 分别为压力、绝热指数、密度和单位体积内能。其中氢气、氦气和空气的绝热指数分别为 1.414、1.667 和 1.40。

2.2　数值分析模型验证

图 4 展示了试验和数值模拟的裂纹扩展过程，包括裂纹轴向扩展和裂纹分叉。和模拟结果的不同点在于试验中的裂纹在止裂之前发生了轻微弯曲，这是由于试验管道的材料特性并不完全均匀。除此之外，试验和模拟的结果在每个时间步长上都吻合的较好。

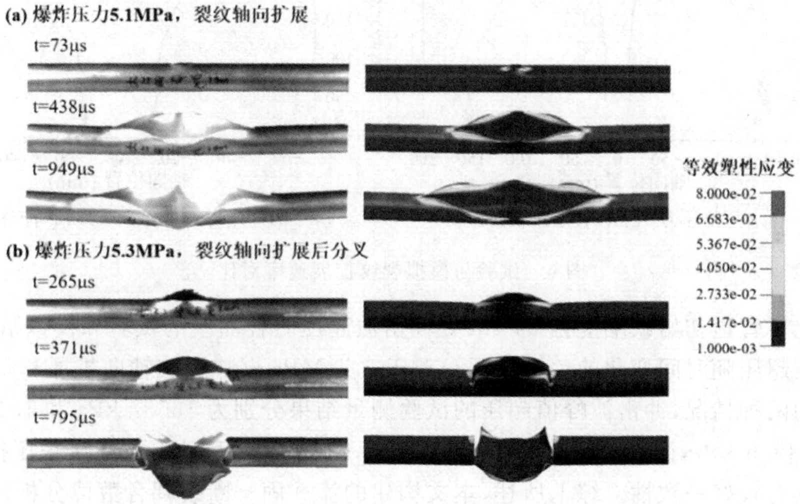

图 4　试验与模拟管道裂纹动态扩展过程对比

图 5 对比了裂纹扩展长度历程的试验及模拟结果，考虑到模拟结果的对称性，图中裂纹长度模拟值以右向裂纹为代表绘制。对于管道 5.1 MPa 爆炸裂纹轴向扩展情况，左、右向裂纹最终扩展长度的试验值为 154.4 mm、152.2 mm，模拟值均为 156.0 mm，误差为 1.0%和 2.5%。对于 5.3 MPa 爆炸情况，试验中裂纹在−58.5 mm、57.1 mm 处分叉，模拟中在±55.5 mm 处分叉，误差分别为 5.1%、2.8%。左、右向裂纹分叉后形成的上、下分叉裂纹扩展长度的试验值分别为 41.2，48.4，43.5，33.5 mm，模拟值均为 41.0 mm，最大误差为 22.4%，具有较高吻合度。

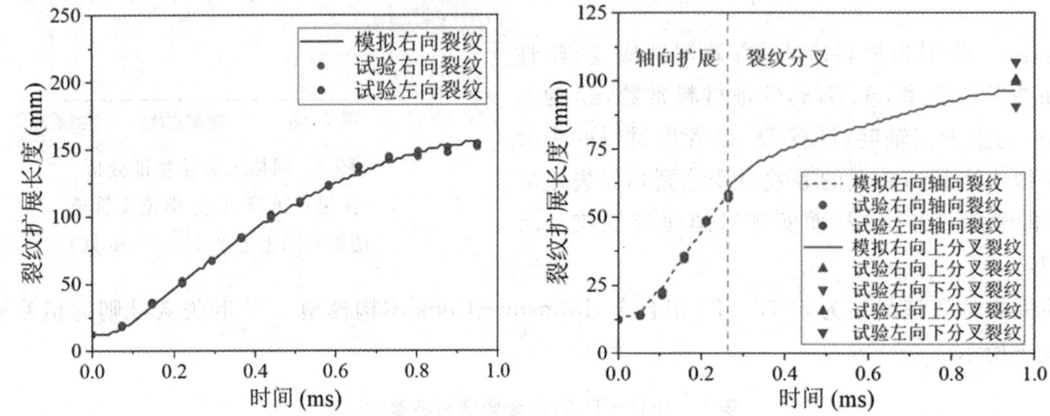

（a）爆炸压力5.1 MPa，裂纹轴向扩展　　（b）爆炸压力5.3 MPa，裂纹轴向扩展后分叉

图 5　试验与模拟裂纹长度历程对比

图 6 对比了裂纹轴向扩展瞬态速率的试验及模拟结果，裂纹扩展速率通过对图 5 中裂纹扩展长度—时间数据微分处理得到。对于管道 5.1 MPa 爆炸情况，左、右向裂纹扩展的实测最大速率均为 234.2 m/s，模拟值均为 243.9 m/s，误差为 4.1%；对于 5.3 MPa 爆炸情况，左、右向裂纹扩展最大速率模拟结果的误差分别为 7.3%和 13.3%。上述分析表明所建立模型较好复现了管道物理爆炸不同时刻的裂纹扩展长度及速率数据。

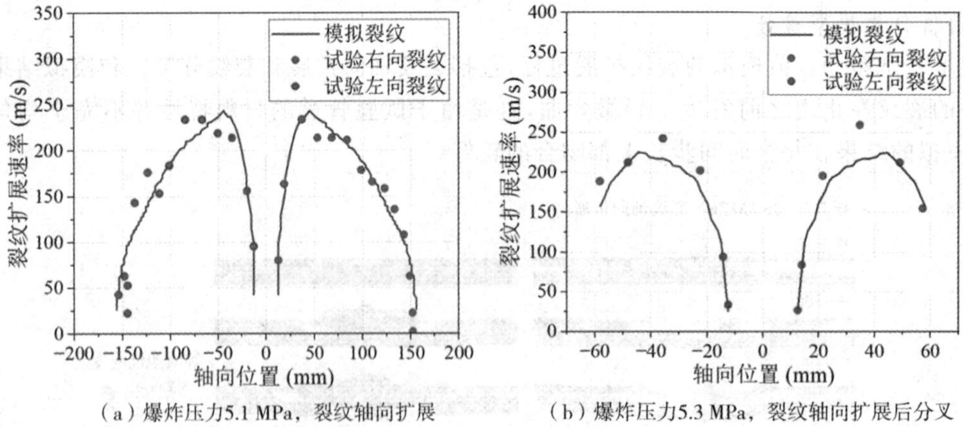

（a）爆炸压力5.1 MPa，裂纹轴向扩展　　（b）爆炸压力5.3 MPa，裂纹轴向扩展后分叉

图 6　试验与模拟裂纹扩展速率对比

图 7 汇总对比了管道初始缺陷上方 24 cm 处冲击波超压时程曲线的试验和模拟结果，可见数值模拟较好复现了冲击波超压随时间变化的关键特征。对于 5.1 MPa 爆炸裂纹轴向扩展和 5.3 MPa 爆炸裂纹轴向扩展后分叉的两种情况，冲击波峰值超压的试验测量结果分别为 165.7 kPa 和 151.6 kPa，模拟结果为 156.1 kPa 和 145.6 kPa，误差分别为 5.8%和 4.0%，吻合较好，且冲击波超压正压持续时间的模拟结果与试验结果也具有较好一致性。综上所述，本文构建的流—固—断裂耦合数值分析模型可以有效地预测管道物理爆炸过程中的裂纹动态扩展过程和外部冲击波超压历程。

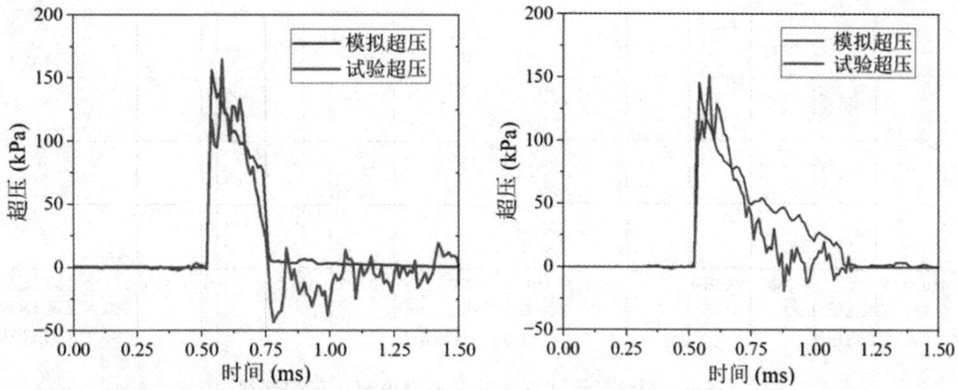

（a）爆炸压力5.1 MPa，裂纹轴向扩展　　（b）爆炸压力5.3 MPa，裂纹轴向扩展后分叉

图 7　管道初始缺陷上方 24 cm 处试验与模拟冲击波超压时程曲线对比

3　裂纹动态扩展特性对冲击波时空强度的影响

3.1　裂纹扩展速率对冲击波时空强度影响

由于管材牌号不同及氢脆影响，管道物理爆炸的裂纹扩展速率存在差异。为量化裂纹扩展速率对冲击波强度影响，通过调整材料失效参数开展 110～280 m/s 裂纹最大扩展速率范围内管道物理爆炸数值计算，为控制变量，管道物理爆炸压力均设置为 5.1 MPa，裂纹扩展方式均为轴向扩展。

图 8 对比绘制了 110，180，280 m/s 三个典型裂纹扩展速率下管道上方不同无量纲距离处的超压时程曲线，其中无量纲距离定义为实际距离与管道外径的比值。由图可见，管道爆炸近场（1D 处）超压存在 2 个峰值，分析发现第一个峰值超压由管道爆炸形成的冲击波导致，第二个峰值超压则由内部高压气体从管道破口处剧烈释放导致。中远场（2D～6D）超压则仅受冲击波影响，仅存在一个峰值。对比裂纹不同扩展速率下的冲击波峰值超压可以发现，峰值超压随裂纹扩展速率提高而增大，原因在于裂纹扩展速率越高，破口形成越快，管道物理爆炸能量释放速率越高，形成冲击波的强度更高、超压更大。

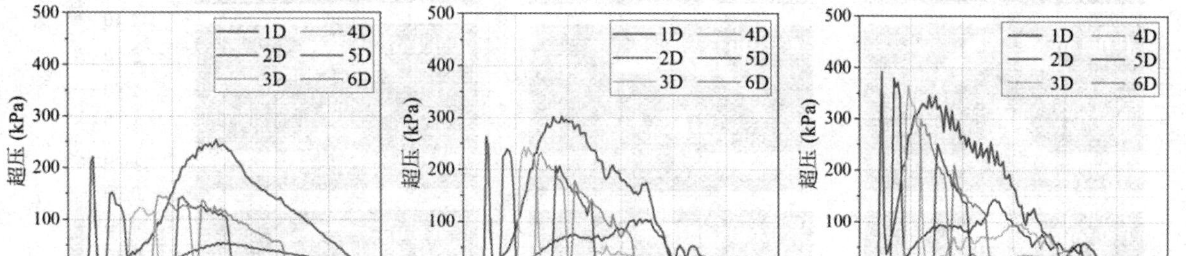

（a）裂纹扩展速率110 m/s　　（b）裂纹扩展速率180 m/s　　（c）裂纹扩展速率280 m/s

图 8　3 个典型裂纹扩展速率下不同无量纲距离处超压时程曲线

为进一步量化裂纹扩展速率对冲击波峰值超压影响，对爆炸近场（1D）、中场（2D～3D）和远场（4D～6D）的冲击波峰值超压与裂纹扩展速率进行了拟合，如图 9 所示。爆炸近场（1D）峰值超压采用由冲击波导致的第一个峰值超压。在 110280 m/s 裂纹扩展速率范围内，近场超压随裂纹扩展速率近似成指数形式增长，中场超压近似线性增长，其中裂纹扩展速率每增加 10 m/s，超压约上升 14 kPa，而远场超压随裂纹扩展速率增长的趋势逐渐变缓。

3.2　裂纹扩展速率对冲击波超压的影响

为阐明管道爆炸裂纹分叉对外部冲击波强度的影响，基于验证的流－固－断裂耦合数值模型开展了

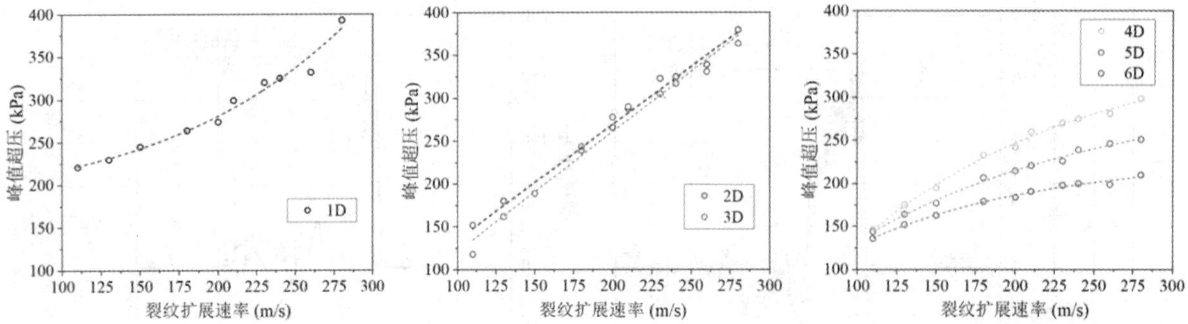

（a）近场超压　（b）中场超压　（c）远场超压

图 9　裂纹扩展速率对冲击波峰值超压影响规律

三种裂纹动态扩展行为的管道物理爆炸数值计算，即：(1)裂纹轴向扩展；(2)裂纹单侧分叉；(3)裂纹双侧分叉。为控制变量，管道物理爆炸压力均设置为 5.1 MPa，分叉位置则设置在±25 mm，±50 mm，±75 mm和±100 mm处。

图 10 对比了三种裂纹扩展行为下管道物理爆炸冲击波传播过程，对比裂纹轴向扩展和裂纹单侧分叉对应的冲击波形貌可以发现，冲击波传播至爆炸中远场时会向裂纹分叉侧倾斜，且对比 $t=0.6$ ms 时的冲击波传播距离可以发现，裂纹分叉一定程度上降低了冲击波的传播速率。图 11 绘制了三种裂纹扩展行为下管道上方不同无量纲距离处的冲击波峰值超压，由图可见裂纹分叉降低了管道物理爆炸产生的冲击波超压，相较于裂纹轴向扩展情况，裂纹单侧分叉的冲击波峰值超压在 2D～7D 的无量纲距离范围内降低 3.6%～12.5%，双侧裂纹分叉时相较于轴向扩展情况则降低了 5.1%～17.4%。上述现象从能量角度可以解释为：裂纹分叉后形成更多条裂纹同时扩展，消耗了更多物理爆炸能量，则用于形成冲击波的能量降低，故冲击波峰值超压降低。

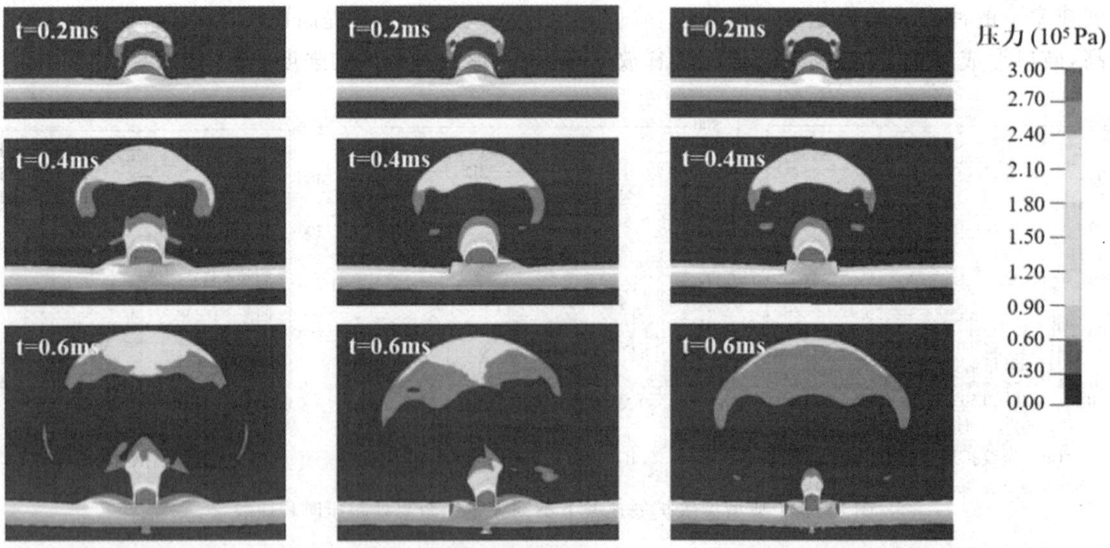

（a）裂纹轴向扩展　（b）−50 mm处裂纹单侧分叉　（c）±50 mm处裂纹双侧分叉

图 10　3 种裂纹扩展行为下冲击波传播过程对比

图 12 和图 13 分别给出了裂纹不同分叉位置时管道物理爆炸断裂形貌和上方不同位置处冲击波峰值超压。图 12(d)表明当裂纹分叉发生较晚(±100mm 处分叉)时，管道内气体压缩能已基本释放完毕，分叉裂纹仅扩展有限距离后即停止。图 13 则表明裂纹分叉越早，所生成冲击波的峰值超压越低。具体来说，相较于裂纹轴向扩展产生的超压，裂纹在±25 mm，±50 mm，±75 mm，±100 mm 处分叉对应的

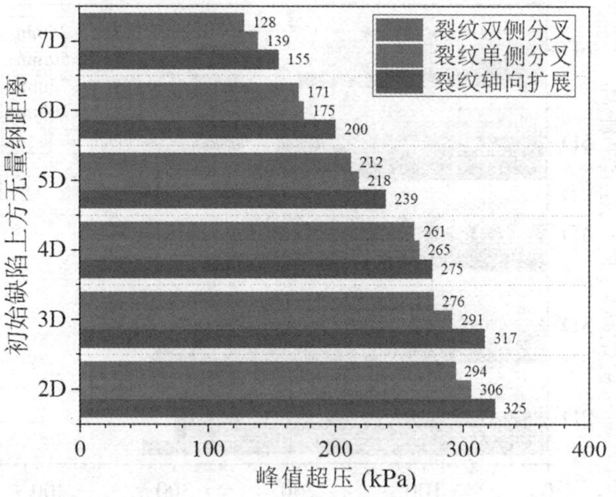

图 11　3 种裂纹扩展行为下管道缺陷上方不同位置处冲击波峰值超压对比

冲击波峰值超压分别降低约 24.5％，11.8％，8.8％，8.5％。上述结果同样可以从能量角度予以解释：裂纹扩展中越早发生分叉，则越早形成 4 条裂纹同时扩展，裂纹扩展所消耗的管道物理爆炸能量越多，则用于生成冲击波的能量越低，导致冲击波超压越低。

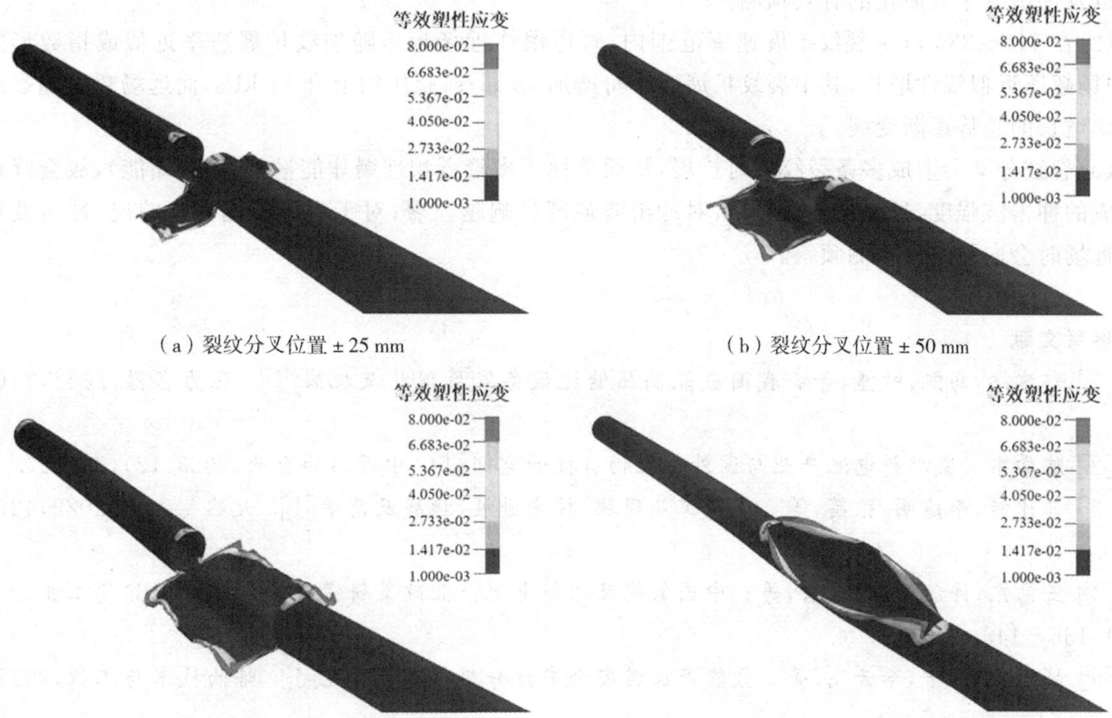

（a）裂纹分叉位置 ± 25 mm　（b）裂纹分叉位置 ± 50 mm

（c）裂纹分叉位置 ± 75 mm　（d）裂纹分叉位置 ± 100 mm

图 12　不同裂纹分叉位置下管道最终断裂形貌

4　结　论

为探明管道裂纹动态扩展对冲击波时空强度的影响规律，本文建立了氢气管道物理爆炸流-固-断裂耦合数值分析模型，并展开试验进行了验证，进而分析了裂纹分叉行为及扩展速率对冲击波超压的影响规律，主要结论如下：

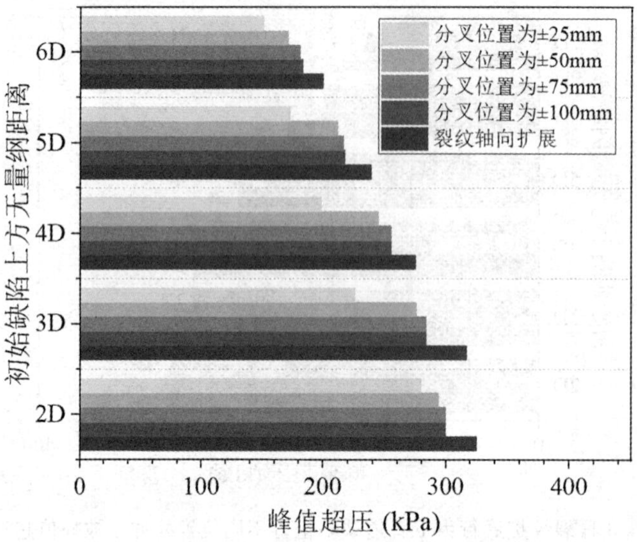

图 13　不同裂纹分叉位置下管道缺陷上方不同距离处的峰值超压

(1)本文构建的管道物理爆炸流-固-断裂耦合数值分析模型,考虑了高应变率对材料力学性能和失效应变影响,同时改进了流体-固体接触刚度计算算法,实现了对管道物理爆炸裂纹动态扩展行为、断裂形貌以及冲击波生成演化的有效预测。

(2)在 110～280 m/s 裂纹扩展速率范围内,管道爆炸近场超压随裂纹扩展速率近似成指数形式增长,中场超压近似线性增长,其中裂纹扩展速率每增加 10 m/s,超压约上升 14 kPa,而远场超压随裂纹扩展速率增长的趋势逐渐变缓。

(3)裂纹分叉会生成多条裂纹同时扩展,从而消耗更多管道物理爆炸能量(气体压缩能),故会降低爆炸形成的冲击波强度,且裂纹分叉越早,对冲击波强度影响越显著;对于裂纹单侧分叉情况,冲击波运动至中远场时会向裂纹分叉侧倾斜。

参考文献

[1] 郑津洋,马凯,叶盛,等. 我国氢能高压储运设备发展现状及挑战[J]. 压力容器,2022,39(3):1-8.

[2] 陈学东. 氢燃料电池产业与国外相比仍有提升空间[J]. 中国石油企业,2023(12):7+127.

[3] 邹才能,李建明,张茜,等. 氢能工业现状、技术进展、挑战及前景[J]. 天然气工业,2022,42(4):1-20.

[4] 王意东,许苏予,何太碧,等. 中国氢能及燃料电池产业政策研究及启示[J]. 天然气工业,2024,44(5):136-145.

[5] 杜延年,王宁,李云飞,等. 氢能产业链安全事故分析与对策研究[J]. 炼油技术与工程,2025,55(3):61-64.

[6] 孟翔宇,陈铭韵,顾阿伦,等."双碳"目标下中国氢能发展战略[J]. 天然气工业,2022,42(4):156-179.

[7] 宫敬,宋尚飞,魏生远,等. 管道运输对能源供应链韧性和安全性的关键作用[J]. 前瞻科技,2024,3(2):19-29.

[8] 曹军文,覃祥富,耿嘎,等. 氢气储运技术的发展现状与展望[J]. 石油学报(石油加工),2021,37(6):1461-1478.

[9] 朱珠,廖绮,邱睿,等. 长距离氢气管道运输的技术经济分析[J]. 石油科学通报,2023,8(1):

112－124.

[10] 李敬法，苏越，张衡，等．掺氢天然气管道输送研究进展[J]．天然气工业，2021，41(4)：137－152.

[11] REN Y，DU Y，ZHOU F. Numerical analysis on the blast field from gas pipeline burst considering fluid - structure interaction：ASME 2022 Pressure Vessels & Piping Conference[C]，2022.

[12] AIHARA S，ØSTBY E，LANGE H I，et al. BURST TESTS FOR HIGH - PRESSURE HYDROGEN GAS LINE PIPES[J]. 7th International Pipeline Conference，2008：117－125.

[13] AIHARA S，LANGE H I，MISAWA K，et al. Full - scale burst test of hydrogen gas X65 pipeline[J]. International Pipeline Conference，2010：415－422.

[14] WU J，LONG Y，JI C，et al. Full - scale experiments to study shock waves generated by the rupture of a high - pressure pipeline[J]. Process safety progress，2016，35(4)：414－423.

[15] WANG K G，LEA P，FARHAT C. A computational framework for the simulation of high - speed multi - material fluid - structure interaction problems with dynamic fracture[J]. International Journal for Numerical Methods in Engineering，2015，104(7)：585－623.

[16] KEIM V，MARX P，NONN A，et al. Fluid - structure - interaction modeling of dynamic fracture propagation in pipelines transporting natural gases and CO_2 - mixtures[J]. International Journal of Pressure Vessels and Piping，2019，175：103934.

[17] KEIM V，PAREDES M，NONN A，et al. FSI - simulation of ductile fracture propagation and arrest in pipelines：Comparison with existing data of full - scale burst tests[J]. International Journal of Pressure Vessels and Piping，2020，182：104067.

[18] MIRZAEI M，NAJAFI M，NIASARI H. Experimental and numerical analysis of dynamic rupture of steel pipes under internal high - speed moving pressures[J]. International Journal of Impact Engineering，2015，85：27－36.

[19] DU Y，LIU Y，ZHOU F，et al. Investigation on dynamic deformation and damage of steel ribbon wound vessel for hydrogen storage under fragment impact loading[J]. Journal of Pressure Vessel Technology，2025，147(4).

[20] GRUBEN G，MACDONALD K，MUNKEJORD S T，et al. Pipeline Fracture Control Concepts for Norwegian Offshore Carbon Capture and Storage：2020 13th International Pipeline Conference[C]，2020.

[21] DU Y，ZHANG F，ZHANG A，et al. Consequences assessment of explosions in pipes using coupled FEM - SPH method[J]. Journal of Loss Prevention in the Process Industries，2016，43：549－558.

[22] AURSAND E，DUMOULIN S，HAMMER M，et al. Fracture propagation control in CO_2 pipelines：Validation of a coupled fluid - structure model[J]. Engineering Structures，2016，123：192－212.

[23] GENG J. Evaluation of blast loads from pipe ruptures[J]. Asme Pressure Vessels & Piping Conference，2017.

[24] LI Z，DU Y，LIU K，et al. Development of blast curve for predicting peak overpressure from hydrogen pipeline burst[J]. International Journal of Hydrogen Energy，2024，81：305－312.

[25] MITTAL R，IACCARINO G. IMMERSED BOUNDARY METHODS[J]. Annual Review of Fluid Mechanics，2005，37(1)：239－261.

[26] DU Y，ZHOU F，ZHENG L，et al. Comparison of mode - Ⅰ crack propagation of tube subjected to internal hydrogen static and detonation loading[J]. International Journal of Hydrogen

Energy,2020,45(19):11199－11210.

[27] ZHOU C,REN Y,YOKOGAWA K,et al. Effect of pre－strain on hydrogen induced cracking of PAW welded 304 austenitic stainless steel[J]. International Journal of Hydrogen Energy,2024,54:713－728.

[28] BAI Y, WIERZBICKI T. Application of extended Mohr－Coulomb criterion to ductile fracture[J]. International Journal of Fracture,2010,161(1):1－20.

[29] JOHNSON R,COOK W K. A constitutive model and data for metals subjected to large strains high strain rates and high temperatures. The 7th International Symposium on Ballistics [J]. 1983.

[30] 高宁,徐刚,张亮,等. 核电站常用管道材料J－C本构模型参数识别及验证[J]. 压力容器,2024,41(6):8－15.

[31] 田立智,张亚军,李博,等. 考虑应变率效应的金属爆炸容器初始设计方法[J]. 压力容器,2024,41(8):40－46.

[32] CORBETT B M. Numerical simulations of target hole diameters for hypervelocity impacts into elevated and room temperature bumpers[J]. International Journal of Impact Engineering,2006,33(1－12):431－440.

作者简介

姜怡帆(2002),女,硕士研究生,主要从事能源储输装备与安全研究,通信地址:266580 山东省青岛市黄岛区长江西路66号中国石油大学,E－mail:jiangyf0117@163. com,电话:15610499859。

核级管道的 LBB 概率分析

王　俣，李曰兵
（浙江工业大学 机械工程学院 化工机械设计研究所，杭州 310032）

摘　要：LBB（Leak - Before - Break）技术是保证核反应堆结构安全与可靠的关键分析方法，其核心内容包含给定裂纹尺寸下的裂纹张开位移（COD，Crack Opening Dispalcement）、裂纹张开面积（COA，Crack Opening Area）计算以及裂纹稳定性评估。本文基于 Visual Studio 集成开发环境，采用新型的工程计算方法进行 COA 的计算；并结合 J 积分稳定性评定图法开发了适用于核级管道的裂纹扩展稳定性分析程序。基于失效概率预测模型，将程序计算结果与国际评估体系进行对比分析，验证了所开发程序的可靠性。参数敏感性分析表明，热老化效应会显著提高管道的失效概率，其中材料抗拉强度的影响最为显著，而裂纹几何比（a/c，短半轴/长半轴）与流体温度的影响同样不可忽视。

关键词：核级管道；失效概率；LBB 评定；蒙特卡洛方法

Probability analysis of LBB for nuclear grade pipelines

WANG Yu，LIYuebing
（Institute of Process Equipment and Control Engineering，College of Mechanical Engineering，
Zhejiang University of Technology，Hangzhou 310032，China）

Abstract：LBB（Leave Before Break）technology is a key analysis method for ensuring the safety and reliability of nuclear reactor structures. Its core content includes calculating the crack opening displacement（COD），crack opening area（COA），and crack stability assessment for a given crack size. This article is based on the Visual Studio integrated development environment and uses a new engineering calculation method to calculate COA; And combined with the J - integral stability evaluation chart method，a crack propagation stability analysis program suitable for nuclear grade pipelines was developed. By comparing typical engineering examples with finite element simulation results，the computational accuracy and conservatism of the program were verified. Furthermore，based on the failure probability prediction model. Parameter sensitivity analysis shows that the thermal aging effect significantly increases the probability of pipeline failure，with the influence of material tensile strength being the most significant. The influence of crack geometry ratio（a/c，short half axis/long half axis）and fluid temperature cannot be ignored.

Keywords：nuclear grade pipeline; failure probability; LBB assessment; monte carlo

0　引　言

针对核电站主管道结构完整性评估问题，国际标准化组织已建立完善的评定体系，其中英国的 BS－7910[1]标准和欧洲 SINTAP（Structural Integrity Assessment Procedure）标准最具代表性。这些标准在其评定方法中系统性地引入了“破前漏”（Leak - Before - Break，LBB）概念作为关键评估准则。基于材料力学性能的试验数据要求，SINTAP 标准将结构完整性评定划分为 7 个渐进式等级，其中评定等级与所

需材料性能数据的完备性呈正相关关系。特别需要指出的是,最高等级的 LBB 评定要求提供完整的材料本构关系数据,包括:全应力-应变曲线;实验测定的 $J-R$ 阻力曲线;裂纹扩展情况。这种严格的数据要求确保了评估结果具有较高的工程保守性。目前国际上普遍采用且经过工程验证的 LBB 分析方法主要可分为三类:第一类是基于弹塑性断裂力学理论的有限元数值模拟方法;第二类是简化工程评估方法,具体包括 Paris/Tada 方法、GE/EPRI 方法、LBB. NRC 方法、LBB. ENG2/ENG3 方法以及参考应力法系列;第三类是基于实验标定的工程方法。本研究通过系统的对比分析,选取增强参考应力法和裂纹张开位移(COD)工程计算法进行研究,通过有限元方法及算例分析验证其适用性。

然而,传统 LBB 评定方法多基于确定性分析框架,这与工程实际存在显著差异。在实际工程环境中,结构构件不可避免地存在材料非均匀性、初始缺陷分布以及加工尺寸偏差等随机因素。传统疲劳寿命预测模型采用确定性参数(通常取均值)进行分析,这种处理方式往往导致寿命预测结果过于乐观,造成大量构件在预期服役期内发生早期失效。基于概率断裂力学的评估方法为解决这一问题提供了有效途径,该方法通过建立失效概率模型,可以量化评估结构的安全可靠性,为管道的维护决策提供科学依据。需要指出的是,实施概率断裂力学分析需要进行大规模的随机抽样模拟,这对专用分析软件提出了明确需求。

基于上述分析,本研究以 LBB 评定方法为基础理论框架,引入概率断裂力学理论构建管道失效概率预测模型。研究包括:(1)建立运行年份与累积失效概率的定量关系;(2)分析关键参数(抗拉强度、裂纹扩展速率等)在热老化作用下的敏感性;(3)评估材料性能退化对失效概率的影响机制。通过系统研究,旨在为核电站主管道的概率安全评估提供理论基础和方法支撑。

1 基于LBB评定的核级管道概率分析

1.1 *J* 积分模块

基于 LBB 评定的核级管道概率分析计算流程见图 1。该流程的主要部分包括参数输入模块、随机抽样模块、*J* 积分模块、临界裂纹长度计算、泄漏率计算、破前漏模块,蒙特卡洛模块。

1.2 *J* 积分模块

1.2.1 几何模型

在工程实践中,管道裂纹主要呈现有环向和轴向两种典型形态,其中环向裂纹对于管道结构完整性有更大的危险性。基于此,本文着重针对环向裂纹形态进行深入研究。材料的应力-应变关系采用 Ramberg - Osgood 本构模型进行描述,

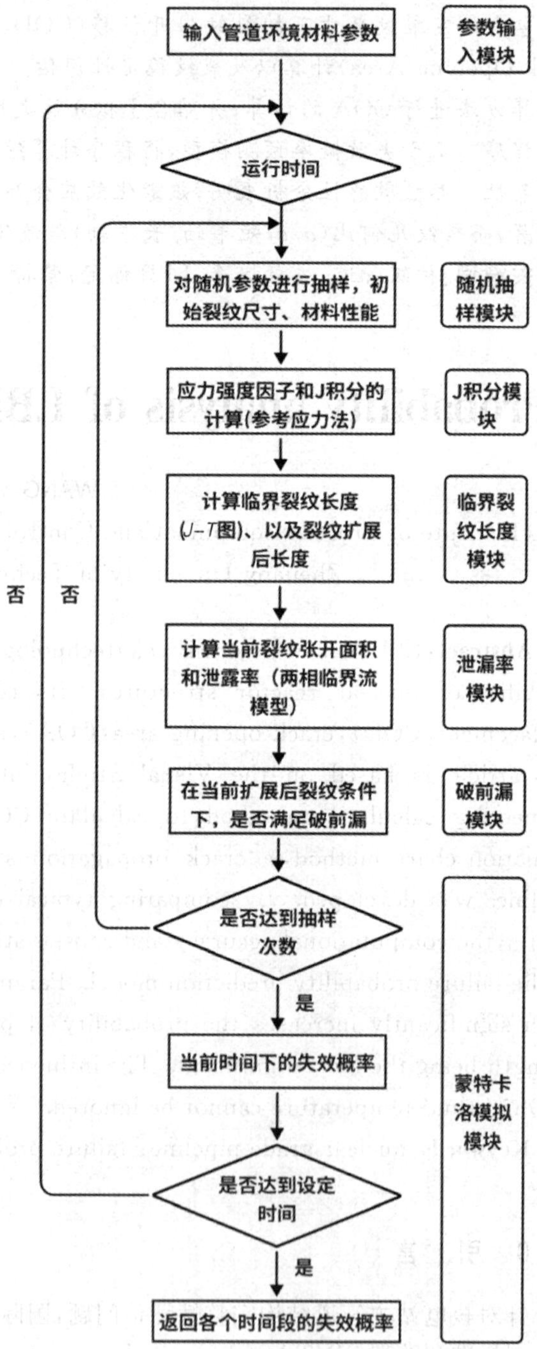

图 1 基于 LBB 评定的核级管道概率分析计算流程

其数学表达式如下：

$$\frac{\varepsilon}{\varepsilon_0}=\frac{\sigma}{\sigma_0}+\alpha\left(\frac{\sigma}{\sigma_0}\right)^n \tag{1}$$

式中，σ 为应力；ε 为应变；n,a,σ_0 为常数；σ_0 为屈服强度；$\varepsilon_0=\sigma_0/E$；E 为弹性模量。

1.2.2 含环向裂纹直管应力强度因子计算[2]

在内部压力 p、轴向拉伸载荷 P 和弯曲力矩的复合作用下，含环向裂纹直管的应力强度因子可通过以下解析表达式进行计算：

$$K_I=(F_t\sigma_t+F_b\sigma_b)\sqrt{\pi R_m\theta} \tag{2}$$

式中，F_t,F_b 为几何因子；σ_t,σ_b 为拉伸和弯曲应力。

$$\sigma_t=\frac{P}{2\pi R_m t} \tag{3}$$

$$\sigma_b=\frac{M}{\pi R_m^2 t} \tag{4}$$

式中，P 为轴向载荷。

$$P=\pi(R_m-\frac{t}{2})^2 p \tag{5}$$

式中，所采用的几何修正因子 F_t 和 F_b 基于 *Lacire* 等人通过系统有限元数据模拟获得的经验公式，该公式通过大量参数化分析拟合得到，其几何结构适用范围为：$1.5<R_m/t<80.5$，$0<\theta/\pi<0.611$。

在轴向拉伸载荷作用下，几何修正因子 F_t 的计算可通过以下解析表达式计算：

$$F_t=\left[A_t+B_t\left(\frac{\theta}{\pi}\right)+C_t\left(\frac{\theta}{\pi}\right)^2+D_t\left(\frac{\theta}{\pi}\right)^3+E_t\left(\frac{\theta}{\pi}\right)^4\right] \tag{6}$$

其中：

$$\begin{cases} A_t=1 \\ B_t=-1.040-3.1831\xi-4.83\xi^2-2.369\xi^3 \\ C_t=16.71+23.10\xi+50.82\xi^2+18.02\xi^3 \\ D_t=-25.85-12.05\xi-87.24\xi^2-30.39\xi^3 \\ E_t=24.70-54.18\xi+18.09\xi^2+6.745\xi^3 \\ \xi=\log\left(\frac{t}{R_m}\right) \end{cases} \tag{7}$$

在纯弯曲载荷作用下，几何修正因子 F_b 的计算可通过以下解析表达式计算：

$$F_b=\left(1+\frac{t}{2R_m}\right)\left[A_b+B_b\left(\frac{\theta}{\pi}\right)+C_b\left(\frac{\theta}{\pi}\right)^2+D_b\left(\frac{\theta}{\pi}\right)^3+E_b\left(\frac{\theta}{\pi}\right)^4\right] \tag{8}$$

其中：

$$\begin{cases} A_b=0.65133-0.5774\xi-0.3427\xi^2-0.0681\xi^3 \\ B_b=1.879+4.795\xi+2.343\xi^2-0.6197\xi^3 \\ C_b=-9.779-38.14\xi-6.611\xi^2+3.972\xi^3 \\ D_b=34.56+129.9\xi+50.55\xi^2+3.374\xi^3 \\ E_b=-30.82-147.6\xi-78.38\xi^2-15.54\xi^3 \\ \xi=\log\left(\dfrac{t}{R_m}\right) \end{cases} \tag{9}$$

1.2.3 极限载荷解

在纯拉伸载荷条件下，结构的极限承载能力计算公式如下：

$$P_L=2\sigma_y R_m t\left[\pi-\theta-2\sin^{-1}\left(\frac{\sin\theta}{2}\right)\right] \tag{10}$$

在纯弯曲载荷条件下，公式如下：

$$M_L=4\sigma_y R_m^2 t\left(\cos\frac{\theta}{2}-\frac{1}{2}\sin\theta\right) \tag{11}$$

在单纯内部压力作用下，公式如下：

$$p_L=\frac{2t}{\pi R_m}\sigma_y\left[\pi-\theta-2\sin^{-1}\left(\frac{1}{2}\sin\theta\right)\right] \tag{12}$$

1.2.4 总的J积分解

弹性 J 积分解如下：

$$J_e=K_1^2/E \tag{13}$$

式中，在纯拉伸和纯弯曲载荷作用下，结构的 J 积分参数可通过以下解析表达式进行计算：

$$\frac{J}{J_e}=\frac{E\varepsilon_{ref}}{\sigma_{ref}}+\frac{1}{2}\frac{L_r^2\sigma_{ref}}{E\varepsilon_{ref}} \tag{14}$$

$$L_r=\frac{\sigma_{ref}}{\sigma_y}=\frac{P}{P_{oR}}=\frac{M}{M_{oR}} \tag{15}$$

$$M_{oR}=\gamma(\theta)M_L \tag{16}$$

$$P_{oR}=\gamma(\theta)P_L \tag{17}$$

$$\gamma(\theta)=0.82+0.75\left(\frac{\theta}{\pi}\right)+0.42\left(\frac{\theta}{\pi}\right)^2 \tag{18}$$

式中，L_r 为定量表征结构进入塑性屈服状态的程度的系数；式中 σ_{ref} 和 ε_{ref} 分别为参考应力和参考应变，两者的本构关系可以由材料的 $R-O$ 模型确定；P_{oR}、M_{oR} 分别为纯拉伸和纯弯曲工况下修正参考载荷；γ 为修正系数。

1.3 临界裂纹长度模块

J 积分稳定性评定图法通过构建裂纹在外部加载下的 J 积分推动力曲线和材料阻力 $J_R(\Delta c)$ 曲线，

实现临界裂纹长度与失稳载荷的定量求解。当 $J(load,2c)$ 曲线与 $J_R(\Delta c)$ 曲线相切时，满足方程(19)和(20)，此时的对应的载荷即为失稳载荷，相应裂纹尺寸则为临界裂纹长度，如图 2 所示。J 积分稳定性评定图法公式如下[3]：

$$J(load,2c)=J_R(\Delta c) \tag{19}$$

$$T(load,2c)=T_R(\Delta c) \tag{20}$$

其中：

$$T(load,2c)=\frac{E}{\sigma_0^2}\left(\frac{dJ(load,2c)}{dc}\right)_{\Delta T} \tag{21}$$

$$T_R(\Delta c)=\frac{E}{\sigma_0^2}\frac{d\,J_R(\Delta c)}{dc} \tag{22}$$

式中，c 为裂纹长度；Δa 为裂纹沿长度方向的扩展量；E 为弹性模量；σ_0 为屈服强度；$T(load,2c)$ 是在恒定载荷下裂纹沿长度方向的扩展速率；$T_R(\Delta c)$ 为材料在裂纹扩展时的撕裂模量。

1.4 泄露率模块

1.4.1 裂纹张开位移[4]

裂纹张开位移的量化表征主要取决于管道几何特征、裂纹形态参数、材料力学性能以及边界载荷条件等关键影响因素[5-6]。由于核电管道通常由韧性材料制成，裂纹尖端区域呈现显著的塑性变形特征，材料处于广域屈服状态。基于线弹性断裂力学理论，对裂纹扩展行为进行定量分析与评估时，往往会得出过于保守的估计结果，导致材料性能无法得到充分利用。因此，为了充分考虑裂纹扩展过程中材料阻力增强的效应，本文以弹塑性断裂力学为基础，开展相关研究，以更准确地评估裂纹扩展行为及其对结构完整性的影响。

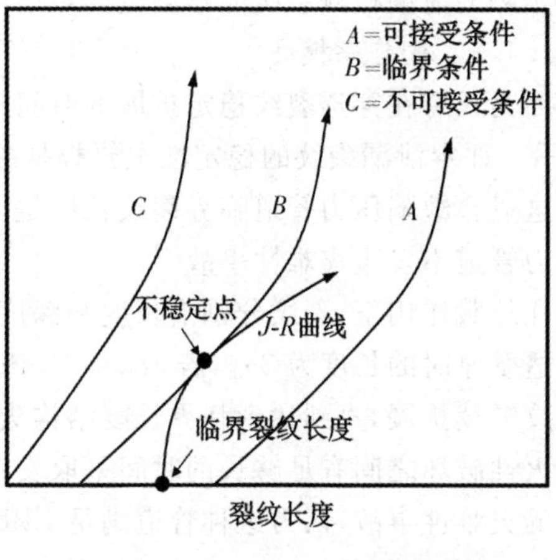

图 2 通过 J 积分稳定性评定图法确定临界裂纹尺寸

裂纹张开位移 δ 公式如下：

$$\delta=\frac{8a\sigma_f}{\pi E}\ln\left[sec\,\frac{\pi(M\sigma)}{2\sigma_f}\right] \tag{23}$$

式中，对于半径为 R，厚度为 t 的圆柱形压力容器，内压为 p 时，容器的环向应力为：

$$\sigma=\frac{Rp}{t} \tag{24}$$

式中，在工作中引入扩大系数 M，M 与裂纹长度 $2a$、容器半径 R、壁厚 t 有关，随容器形状及裂纹方向而不同，统一形式为：

$$M=\left(1+\alpha\frac{a^2}{Rt}\right)^{\frac{1}{2}} \tag{25}$$

式中，α 为不同裂纹系数，当为圆筒周向裂纹时，α 取 1.61；当为圆筒环向裂纹时取 0.32；当为球形容器裂纹时，取 1.93。

考虑到材料的加工硬化，可用流变应力 σ_f 代替屈服强度 σ_0，计算公式如下：

$$\sigma_f=(\sigma_0+\sigma_b)/2 \tag{26}$$

式中，σ_b为抗拉强度，σ_0 可以是参考应力或者屈服强度。

裂纹长度修正，对于表面裂纹有：

$$\bar{a}=\left(\frac{1.1}{\sqrt{Q}}\right)^2 a=\frac{1.21}{Q}a \tag{27}$$

$$Q=E^2(k)-0.214(\sigma/\sigma_0)^2 \tag{28}$$

式中，$E^2(k)$为第二类完全椭圆积分，可查第二类完整椭圆积分表获得。

在平面应力情况下：$E'=E,\mu'=\mu$；在平面应变情况下：$E'=E/(1-\mu^2),\mu'=\mu/(1-\mu)$。其中弹性常数 E'为弹性模量，μ'为泊松比。

1.4.2　泄露率

两相临界流模型得到了广泛的应用，其泄漏率 m 的计算公式如下[7]：

$$m=G\times A=A\times 0.61\sqrt{2P\rho(1-\eta)} \tag{29}$$

式中，G 为单位体积质量流量，$\text{kg/m}^2\text{s}$；A 是裂纹的张开面积，m^2；P 为管道的内压，N/m^2；ρ 为管道内的流体密度，kg/m^3；$\eta=P_{sat}(T)/P$ 为临界压力比；$P_{sat}(T)$为温度 T 的饱和压力，N/m^2。要求裂纹的泄露率是实际的泄漏检测系统能够测量的最小泄露率的 10 倍，即要求裂纹产生泄露率 $m=0.38\text{kg/s}$。

1.4.3　破前漏模块

因为只有在穿透裂纹稳定扩展的时间超过能够检测到泄漏时间的情况下，才能进行 LBB 分析，如图 3 所示。评定泄漏裂纹的稳定性主要根据裂纹扩展到临界值之间存在的安全裕度和进一步扩展的可能性。这里含缺陷压力管道临界裂纹长度是以穿透裂纹的临界长度进行定义的，这样定义前提是含表面裂纹压力管道不发生灾难性事故[8]。

在外载作用下，裂纹分别沿长度和深度方向扩展。结构产生整体不稳定失效的临界长度为 $2c_{cr}$，裂纹穿透壁厚时的长度为 $2c_{th}$，若 $2c_{cr}<2c_{th}$该结构只会引起泄漏不会产生爆破。随着外载的继续作用，穿透裂纹继续扩展，直到达到临界长度结构失效，这一过程就称为先漏后断(LBB)。如果从发现泄漏到管道毁灭性破坏之间有足够长的时间采取安全处理措施(如卸压、修理等)，则避免了由于快速整体破坏而引起的灾难性事故，认为这种管道满足 LBB 条件。

1.5　裂纹拓展

假设管道表面的裂缝扩展仅受到压力、弯矩等导致变化的疲劳荷载作用的影响。Paris 公式如下：

$$\mathrm{d}a/\mathrm{d}N=C_A(\Delta K_A)^n \tag{30}$$

式中，$\mathrm{d}a/\mathrm{d}N$ 为裂纹扩展速率；N 为循环次数；ΔK 为应力强度因子幅值。

1.6　热老化后材料性能评估

热老化脆化是一个热激活过程，其动力学可以用一个热老化参数 p 来表示[9]：

其中 Q(kJ/mol)为活化能，$T_s(K)$为参考温度，$T(K)$为热老化温度，$t(h)$为热老化时间。本研究采用 673K 的参考温度，得到活化能为 60kJ/mol。

抗拉强度在热老化温度为 400℃时随 p 的变化，拟合函数如下：

$$\sigma_u=374.5+56.1p-6.5p^2 \tag{31}$$

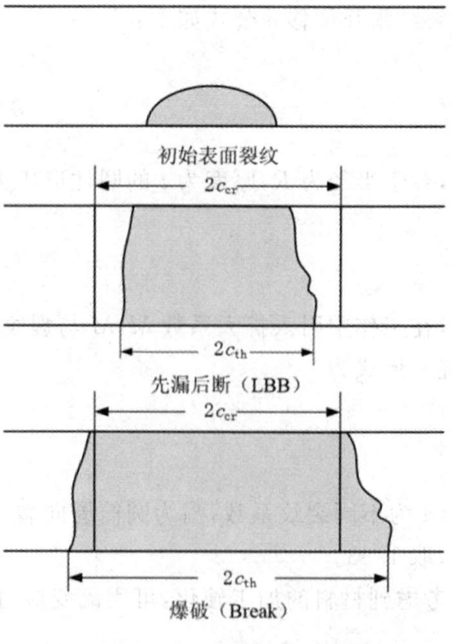

图 3　先漏后断(LBB)概念示意图

1.7 含裂纹管道几何尺寸

假设某压水堆核电厂一回路压力管道含有一环向内表面裂纹，如图4所示。

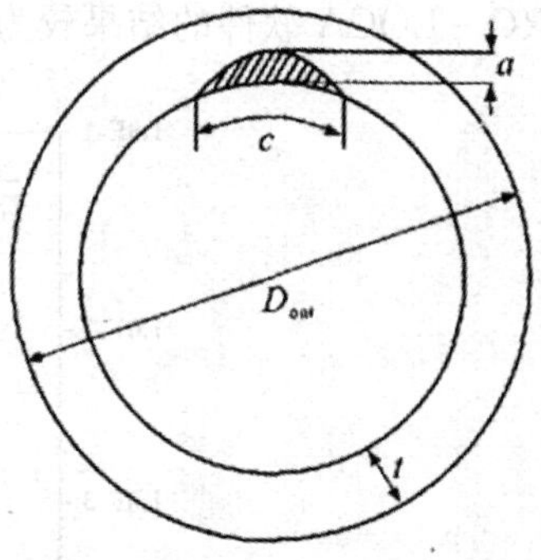

图4 含内表面环向裂纹的管道截面示意图

2 LBB评估程序与国际PFM体系比较

2.1 LBB评估程序和美国PRO－LOCA软件方法比较

文献选择压水堆稳压器膨胀喷嘴处的Alloy 82/182合金异种金属焊缝作为分析对象，该部位具有完备的文献数据基础且工程代表性显著。在裂纹模式选择上，重点考察环向裂纹的失效行为。具体的参数输入见表1[10]所列。

表1 PRO－LOCA 4.0软件参数输入

参数	均值(标准差)	单位
可检测泄露率	1	gpm
温度	315.5	℃
直径	381	mm
厚度	40.132	mm
弹性模量	177	GPa
屈服强度	372(90.1)	MPa
抗拉强度	583(58)	MPa
Ramberg－Osgood，n	4.322	—
Ramberg－Osgood，F	915.2(82.3)	—
管道压力	15.51	MPa
弯曲应力	58.5	MPa
初始半裂纹长度	3(0.15)	mm
初始裂纹深度	1.5(0.075)	mm
断裂韧度	482.7(1.78)	MPa·mm
$J-R$曲线，C	260(1.62)	—
$J-R$曲线，m	0.612	—

传统Paris公式的疲劳裂纹扩展模型主要适用于循环载荷工况，而文献中给定的载荷条件为恒定载荷，因此需引入适用于静态载荷下应力腐蚀开裂行为的本构模型。综上，引入了Ringhals模型进行表征。该模型基于应力强度因子的分段函数描述裂纹扩展速率，公式如下[11]：

$$CGR=\begin{cases}7.22\times10^{-23}K^{9.3}, & K<25.1\text{MPa}\sqrt{m}\\ 6.0\times10^{-10}, & K>25.1\text{MPa}\sqrt{m}\end{cases} \tag{32}$$

式中，CGR为裂纹扩展速率，m/s；K为应力强度因子，MPa $\sqrt{m}$。

如图5所示，在运行年份较小时(运行时间＜45年)，PRO－LOCA软件计算的累积失效概率低于LBB评定程序的结果；随着运行年限的增加(45年＜运行时间＜60年)，两者的计算结果逐渐收敛。总体来说 PRO-LOCA 软件的结果较为保守。

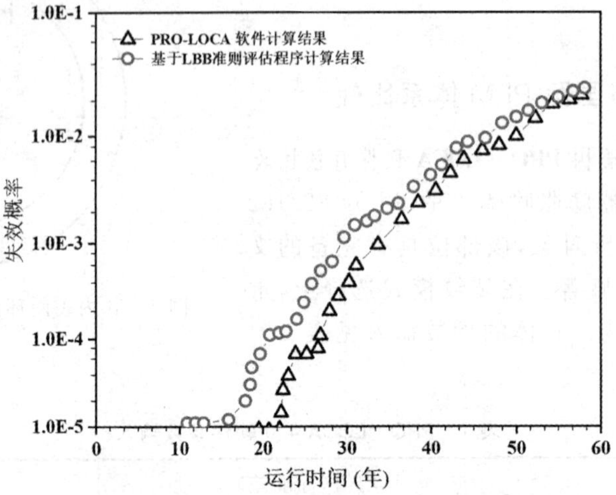

图 5　文献[10] PRO-LOCA 软件计算结果与本文 LBB 评估程序的计算结果对比

2.2　LBB 评估程序与英国 R6 失效评定度比较

研究对象为某在役核电厂一回路管道，管道材料为三洲川化机生产的离心铸造奥氏体铁素体不锈钢。阻力曲线为$J_R=1474.22(\Delta a)^{0.453}$，管道几何模型参数见表 2[12] 所列。

表 2　管道几何模型参数

参数	数值	单位
裂纹深度 a	6	mm
半裂纹角 θ	0.06	rad
管道外半径 Rm	447	mm
管道厚度 t	64	mm
裂纹扩展参数 CA	1.943×10−9	—
裂纹扩展参数 n	3.1	—

由图 6 可知，在裂纹深度 a<管道壁厚 t 的阶段，LBB 评定与 R6 失效评定图法评估的失效概率预测值具有良好的一致性；当裂纹深度 a>管道壁厚 t 形成贯穿裂纹后，LBB 评定的失效概率预测值略高于 $R6$ 失效评定图法。此差异归因于 LBB 评定引入的泄露可检测性评估机制，其在原本脆性断裂失稳准则与塑性失稳准则基础上，额外涉及了泄漏检测系统响应时效性以泄漏率阈值等约束条件，而 R6 失效评定图法仅基于 J 积分与极限载荷双判据进行失效评估。因此，虽然部分计算结果高于文献程序计算结果，但这一差异符合理论预期，能够通过现有断裂力学理论得到合理解释。

表 3　核电主回路管道所受应力

抗拉应力 σ_t/MPa		弯曲应力 σ_b/MPa		加载频率/(次/年)
最大值	最小值	最大值	最小值	
120	0	—	—	7
100	50	—	—	18
90	60	—	—	320
—	—	150	0	8

（续表）

抗拉应力 σ_t/MPa		弯曲应力 σ_b/MPa		加载频率/（次/年）
最大值	最小值	最大值	最小值	
—	—	100	60	17
—	—	80	50	320

表 4 PFM 分析中使用的随机参数

参数	分布	均值	方差
裂纹深度 a/mm	对数正态	6	1
半裂纹角 θ/rad	对数正态	0.06	0.005
管道外半径 R_m/mm	对数正态	447	1
管道厚度 t/mm	对数正态	64	1
断裂韧性 K_{IC}/(MPa $\sqrt{m}$)	对数正态	340	51
屈服强度 σ_y/MPa	对数正态	160	10
抗拉强度 σ_u/MPa	对数正态	380	20

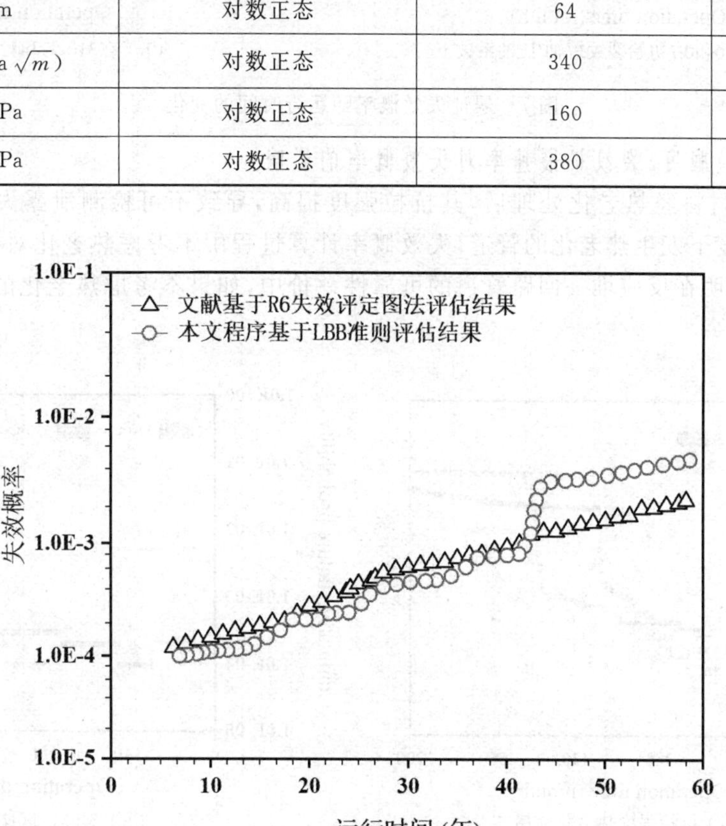

图 6 基于 LBB 评定的程序评估结果与文献[12] 中基于 $R6$ 失效评定图法评估结果对比

3 参数敏感性分析

3.1 裂纹几何比/流体温度对失效概率的影响

由图 7(a)可知，在裂纹未贯穿壁厚（即未发生泄漏）阶段，随着影响系数的减小，管道失效概率呈现上升趋势。这一现象源于该系数对临界裂纹长度及裂纹扩展过程中应力强度因子的影响。当裂纹贯穿壁厚进入泄漏阶段后，该系数主要作用于泄漏率的计算过程，分析数据表明，较大的系数比会导致更高的泄漏概率。

由图 7(b)可知，流体温度参数主要影响泄漏失效模式的发生概率。这一机理可解释为：流体温度通过改变流体密度和饱和蒸气压等热力学参数,进而影响泄漏率的计算结果。该研究结果证实,在反应堆-回路管道的概率安全评估中,流体温度对失效概率的影响也是不可忽视的。

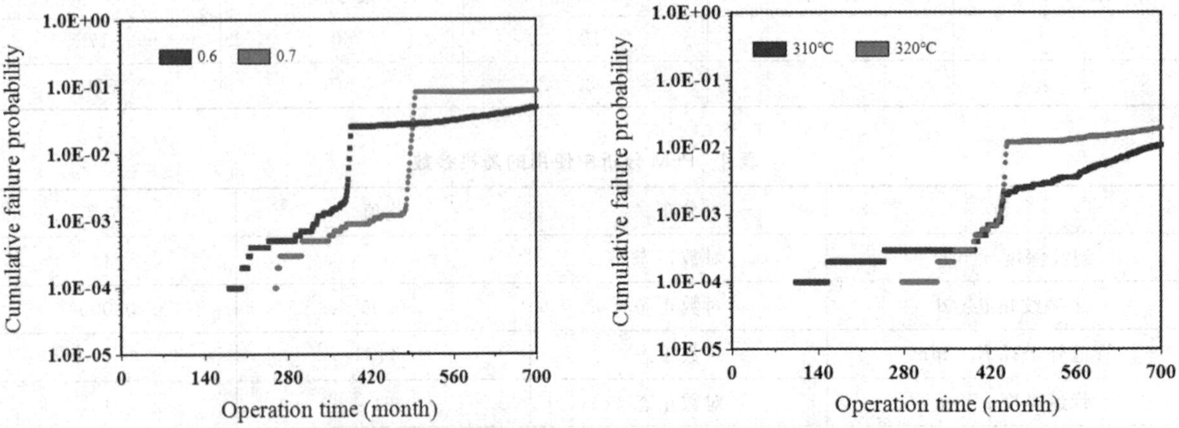

(a)在0.6和0.7初始裂纹短轴/长轴系数下　(b)在310 ℃和320 ℃流体温度下

图7　累计失效概率随运行时间的变化

3.2　热老化抗拉强度/裂纹扩展速率对失效概率的影响

如图 8(a)所示,材料经热老化处理后,其抗拉强度提高,导致不可检测泄露失效模式的概率增加。因此,对于在运行温度下发生热老化的管道,失效概率计算过程中不考虑热老化对抗拉强度的影响会使计算结果偏低。这表明在反应堆一回路管道的可靠性评价中,如果不考虑热老化的影响,得到的结论是偏危险的。

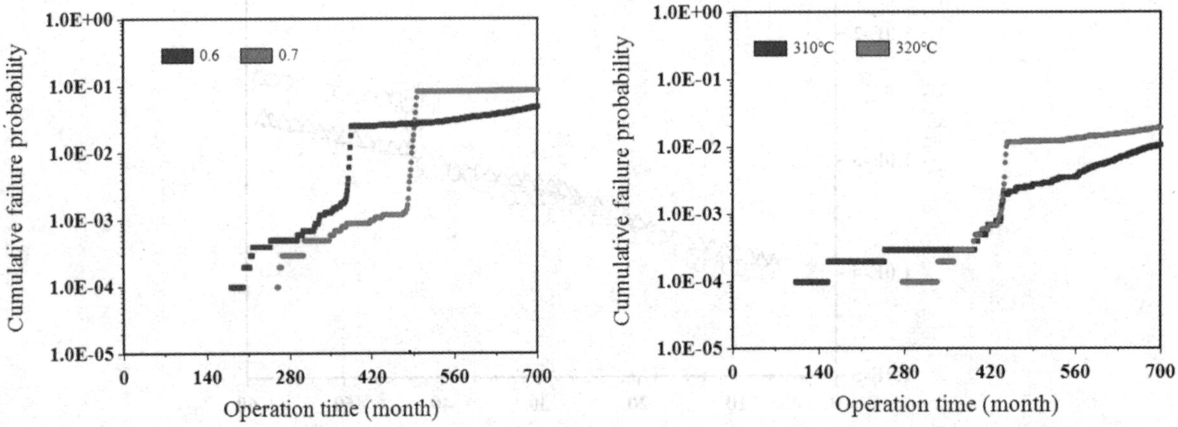

(a)抗拉强度热老化前后　(b)裂纹扩展速率热老化前后

图8　累计失效概率随运行时间的变化

如图 8(b)所示,当处于低应变情况下($\Delta K < 15\text{MPa}\sqrt{m}$)时,热老化前的裂纹扩展速率大于热老化后的。即低应变情况下热老化后的裂纹扩展速率对失效概率的影响较为保守,影响较小。总结可得在寿命预测中,当管道承受高应力载荷时,应考虑热老化后裂纹扩展对失效概率的影响,而在低应变情况下影响较小。

4　结　语

本论文以概率论和断裂力学为基础,考虑流体温度、初始裂纹短轴/长轴系数、抗拉强度热老化等不确定因素的影响,结合可靠性设计思想,应用蒙特卡洛方法对含裂纹管道进行分析,得到以下结论。

(1)LBB 评定概率分析额外涉及了泄漏检测系统响应时效性以及泄漏率阈值等约束条件，累积失效概率结果大于美国 PRO - LOCA 软件结果与英国 R6 失效评定图法结果。

(2)热老化效应会显著提高管道的失效概率，其中材料抗拉强度的影响最为显著，而裂纹几何比(a/c，短半轴/长半轴)与流体温度的影响较小。

(3)在管道处于低应变情况($\Delta K < 15\text{MPa}\sqrt{m}$)时，热老化后裂纹扩展对失效概率影响较小；当管道承受高应力载荷($15\text{MPa}\sqrt{m} < \Delta K < 55\text{MPa}\sqrt{m}$)时，管道失效概率计算过程需要考虑抗拉强度以及裂纹扩展在热老化前后的变化，否则会得到偏低的失效概率。

参考文献

[1] Burdekin F M. The fracture behaviour of a welded tubular joint—An ESIS TC1 - 3 round robin on failure assessment methods: Part III — UK BS7910 methodology [J]. Engineering Fracture Mechanics, 2002, 69(10): 1119—1127.

[2] 陈宇砾. 核电管道 LBB 计算程序开发及拘束相关的 LBB 分析[D]. 上海：华东理工大学，2015.

[3] 吕绪明. 核电站主管道材料的疲劳行为及 LBB 评定研究[D]. 北京：北京科技大学，2016.

[4] 张慧梅. 断裂力学[M]. 江苏：中国矿业大学出版社，2017.

[5] 刘兰舟，高怡斐，张志玮. 1Cr11Ni2W2MoV 钢疲劳裂纹闭合与试样类型的相关性[J]. 压力容器，2023，40(1)：1—9.

[6] 刘雁鹏，任中杰，韩宇泽，等. 超薄单层复合材料缠绕压力容器承载性能研究[J]. 压力容器，2024，41(1)：45—52.

[7] Xu J, Chen T, YangL. Two - phase critical discharge of initially saturated or subcooled water flowing in sharp—edged tubes at high pressure [J]. Journal of Thermal Science, 1995, 4: 193—199.

[8] 段鸯钟. 焊接管道"先漏后断"评定裂纹张开面积研究[D]. 天津：天津大学，2007.

[9] Li S, Zhang H, Li S, et al. Probabilistic fracture mechanics analysis of thermally aged nuclear piping in a pressurized water reactor [J]. Nuclear Engineering and Design, 2013, 265: 611—618.

[10] Kim S H, Lee S M, Park J S, et al. Sensitivity analysis on input parameters of probabilistic fracture mechanics code, pro—loca [J]. 2017.

[11] Erickson M, Ammirato F, Brust B, et al. Models and Inputs Selected for Use in thexLPR Pilot Study [J]. Electric Power Research Institute(EPRI): Palo Alto, CA, USA, 2011.

[12] Wang H T, Wang G Z, Xuan F Z, et al. Fracture mechanism of a dissimilar metal welded joint in nuclear power plant [J]. Engineering Failure Analysis, 2013, 28: 134—148.

第 3 章

制造焊接

热交换器中心筒多功能结构的工程应用

陈孙艺

（茂名重力石化装备股份公司，广东茂名 525024）

摘　要：管壳式列管热交换器管束中中心筒结构技术可分别起到引导流体、调节流量、分隔流程、组装定位及维护通道的作用，能满足一些特殊结构或工艺的功能需求。针对中心筒工程应用的相关公开专题研究和规定较少的现象，介绍了应用于热交换器中12种不同场景的中心筒结构，对其工程技术原理进行了简单的说明。最后就中心筒结构工程技术未来发展，中心筒与设备的一体化等专题方向提出了一些建议。

关键词：中心管；中心筒；芯筒；热交换器

Engineering application of the multi－functional structure of the heat exchanger central cylinder

CHEN Sunyi

（The Challenge Petrochemical Machinery Corporation of Maoming，Maoming 525024，China）

Abstract：The central cylinder structure technology in the tube bundle of shell and tube heat exchanger can respectively serve to guide the fluid，regulate the flow rate，segregation process，assembly positioning and maintenance channel. The central cylinder can meet the needs of some special structures or particular processes. In view of the lack of publicly available specialized research and regulations concerning the engineering application of central cylinders，it introduces the central cylinder structure applied in 12 different scenarios in the heat exchanger. The engineering and technical principles are simply described. Finally，on the future development of central cylinder structural engineering technology，some suggestions were made on the integration of central tube and equipment.

Keywords：central cylinder，center tube，core barrel，heat exchanger

0　引　言

石油化工和其他化工的一些反应器和管壳式列管热交换器管束中设有中心筒/芯筒，当中心筒直径较小时也称中心管。反应器中心筒主要作用是引导介质流向，形成均匀、稳定的反应过程。GB/T 151—2014 热交换器标准附录 M 在适用于管程介质为气体、壳程产饱和水蒸气的卧式管壳式余热锅炉的挠性管板设计指引中，规定中心管材料与换热管同样采用无缝，且不允许拼接，还规定了中心管与挠性管板连接的两种全焊透结构。余热锅炉中心管主要作用是通过旁通来调节管程介质的流量，使出口介质温度满足下一段流程的要求。工程实践中，热交换器中心管的主要作用各不相同，有的只是拉紧或顶紧两端的管板，为组装换热管提供基础。文献[1]介绍了列管热交换器管束中应用于10种不同场景的12种双向拉紧结构及其工程技术原理，分别起到折流板/支持板精确定位、组合加强、提高强度与抵抗冲击及等作用，能满足一些特殊结构或特别工艺状况的列管式热交换器的功能需求，其中也包括中心管。初步考察表明，石油化工及其他热交换器管束中的中心筒或中心管除具有双向拉紧功能外，还具有设计所考虑的引流调节介质流态、旁通调节流量、流道形状优化、协调构件变形位移的作用,缠绕管束制造组装时零部件定位作用,以及管束维护时进出通道等其他作用。文献[2]介绍了基于流固耦合全域求解理论,采用数值模拟方法,以管壳式热交换器壳体内流体与中心管为研究对象,建立了充液圆筒内中心管流固耦合动力学模型和计算方法,分析了沿壳体不同轴向和圆周方向流体出入口位置不同时的中心管振动状态。结果表明:当流体出入口位置沿轴向位置变化时,在入口位置一定,流体出口位置距离入口位置越近,中心管振动越剧烈;在出口位置与入口位置距离流体域中心距离相同,出入口位置距圆筒中心越远,中心管振动越剧烈。当流体出入口位置沿周向变化时,流体出口位置距离入口位置越近,中心管振动越剧烈,即流体入口方向与出口方向夹角最小时,中心管振动最强。为管壳式热交换器这类结构出入口设计及管束振动分析提供理论依据。螺旋缠绕式热交换器管束由多层反方向缠绕管组成,前人基于FLUENT软件建立三维模型来研究壳程流动和传热机理。文献[3]研究表明,中心区域的压降大于周边区域;中心管尺寸对传热和压降的影响有限,无论中心管尺寸如何,相似的流体条件分别提供相似的壳程传热和压降性能;中心管尺寸越大,热交换器综合性能下降越大,在设计尺寸内,综合性能下降的百分比随着中心管的尺寸逐步增大。文献[4]在研究中重点量化了管束数量、管层数、空间杆厚度、数量等主要几何参数,在第一层的模型中,还考虑了每圈的换热管数与管外径、中心管直径和第一层管节距对流动和传热的影响。

虽然中心筒(管)的应用有一定的广泛性,鉴于其专有技术性及其保密性,个别公开报道的案例资讯分散、内容简单,尚未作为一个专题获得行业性的关注。这里介绍多种中心筒(管)在反应器和热交换器中的几种应用场景,供同行参考。

1 中心管在反应器中的应用

1.1 在大型熔盐反应器中的内循环通道应用

熔盐反应器是一种特殊的管壳式列管式固定床反应器,广泛用于顺酐、苯酐、甲基丙烯酸甲酯、丙烯酸等行业。熔盐反应器换热管内填充催化剂,工艺气体走管程,管外利用熔盐作为冷媒,通过熔盐将氧化反应产生的热量带出。根据壳程冷媒的循环方式分为小型反应器的内循环和大型反应器的外循环方式。内循环指与反应器本体相配套的热交换器与循环泵设置在反应器内部,通常设置在反应器的中心位置。在熔盐撤热过程中,对主反应器的径向熔盐温差十分关键,一般需要控制在±2 ℃内,以保障所有管内反应一致。图1摘自压力容器行业的搬砖者公众号,是熔盐反应器内循环平行流形与错流形的两种结构示意图,都设置了圆筒式中心管作为熔盐从上到下的循环通道,循环泵安装在中心管的上端。中心管两端与管板刚性固定,引起一定的热应力。

1.2 在苯乙烯装置中的逆流降温作用

图2(a)所示是苯乙烯第二、三脱氢反应器壳体上段的中间热交换器,属于管壳式固定管板热交换器[5]。由于顶部的过热蒸汽的入口温度很高,设计温度就取898.8 ℃,接近材料的最高温度界限。换热管材料为304H,虽然换热管内走的是600 ℃左右的工艺气,其外表面直接接触高温蒸汽,但通过中心筒内外形成高温蒸汽自我换热的逆流流程,能使管壁的金属温度低于815 ℃。中心管下端没有刚性固定,消除热应力,但在靠近中心管的内圈换热管上部受到高温蒸汽的冲击,管子易发生蠕变失效。

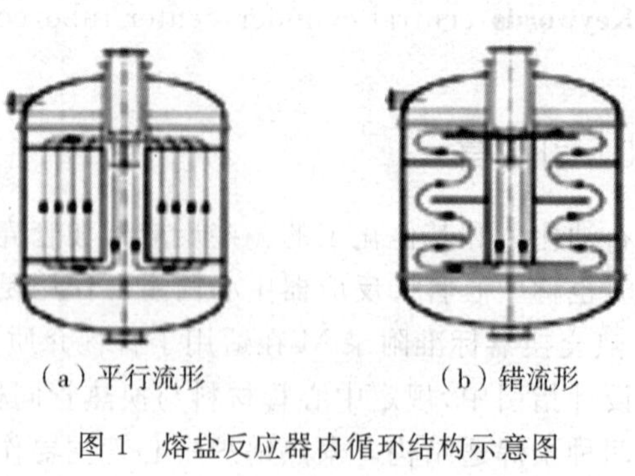

(a) 平行流形　　(b) 错流形

图1　熔盐反应器内循环结构示意图

与弓形折流板的管束相比,中心筒还使圆盘圆环折流板中间热交换器壳程横截面的流态更加均匀化,但中心筒占用一定的空间,壳程中过热蒸汽流速快,当横向穿越管束时,可能激发管子振动或声振动。

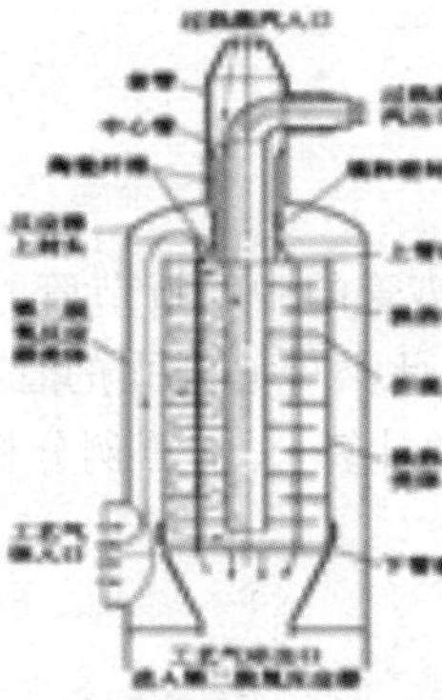

(a) 结构示意图[5]

(b) 上封头中心管组件

图 2　脱氢反应器中间热交换器

文献[6]根据计算分析来改变布管形式以减小振动，将第二脱氢反应器改进为同心圆排列方式，例如文献[7]建立了类正方形排布、过渡排布和类三角形排布 3 个具有代表性的物理模型，采用软件进行流固偶合模拟计算，分析同心圆不同位置处的计算结果发现，主振方向会随着间隙流速增大由顺流方向变为横流方向流方向，在 3 种排列中，类正方形排布区域的临界流速最大，过渡排布区域的临界流速最小，也就是说同心圆排布管束中过渡排布最容易失稳，在有关设计及工程应用中须重点关注。图 3 是换热管按同心圆正方形排列的案例实物。

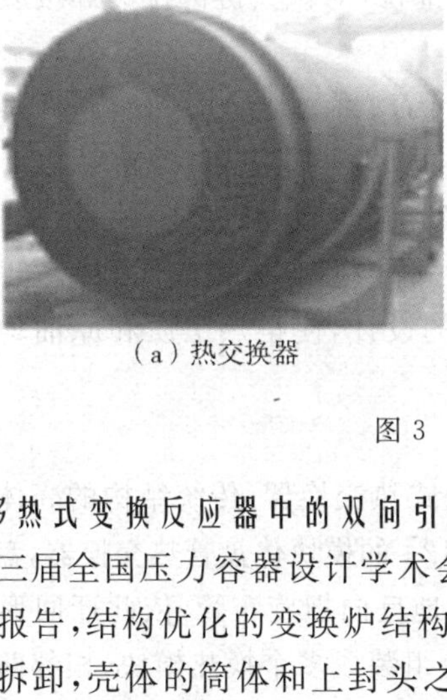

(a) 热交换器

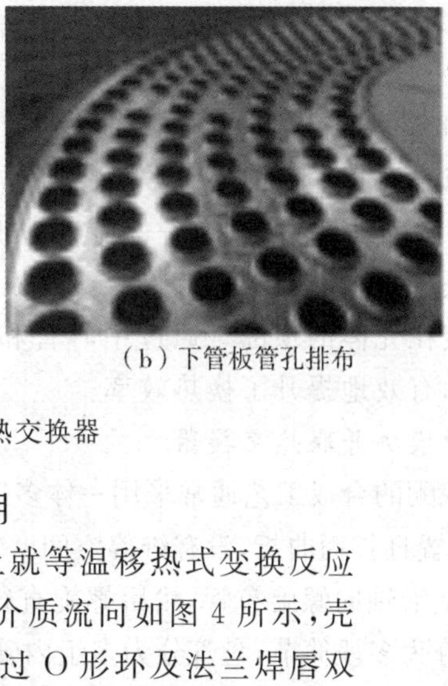

(b) 下管板管孔排布

图 3　中间热交换器

1.3　在等温移热式变换反应器中的双向引流作用

有学者在第十三届全国压力容器设计学术会议上就等温移热式变换反应器的设计开发作了报告，结构优化的变换炉结构及其介质流向如图 4 所示，壳体内件与外筒仍可拆卸，壳体的筒体和上封头之间通过 O 形环及法兰焊唇双重密封，内件由进水腔、移热管束、集水腔、外部原料气体分布筒、反应气体集气筒以及进出气管等组成。全径向反应器采用外密内疏的换热管束排布方式以及中心管开孔设上密下疏的设计，使径向均匀进气，易于床层形式合理的温度曲线，有效延长催化剂的使用寿命及提高催化剂转化效率，以保证设备运行的稳定性。径向集中到中心管的气体从上向下引出。管束每根换热管的两端设计有弓形弯，利用换热管的结构挠性来消除热应力，也减轻中心管的热应力。出气口套管式结构采用填料函密封，降低热应力。进出水口套管式结构采用环板内外圆焊接密封。检修人员可以通过进出水总管分别进入分水腔、集水腔内部进行检查和必要的施工作业。

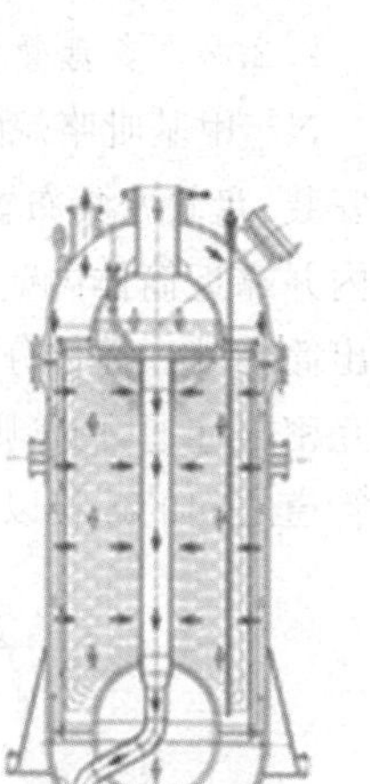

图 4　等温变换炉结构及其流体走向示意图

2 中心管在热交换器中的应用

2.1 中心管的调流功能

2.1.1 中心大开孔管板的设计计算

GB/T 10568.1—2022 锅壳锅炉通常带有尺寸大于其他换热管的中心调节管，通过流量调节管程出口介质温度。锅壳式余热锅炉中心管如图 5 所示。文[8、9] 对此类中心开孔的管板建立了合理的力学模型，提出了该类型热交换器管板的一种分析设计方法与相应的计算公式，算例分析表明：中心管存在只对其附近的管板应力有较大影响，且影响范围较小。

(a) 大直径中心管　　(b) 小直径中心管　　(c) 应力强度分析[10]

图 5　余热锅炉中心管

2.1.2 多根小直径中心组合管结构

文献[10] 采用有限元法对类似图 5(b)的图 5(c)所示多根小直径中心组合管结构进行分析，发现最大的应力所在位置为中心管与换热管过渡区域的换热管部位，对该关键部位的焊接质量及检测方法提出了要求。

2.2 中心管的分隔功能

2.2.1 带隔板中心筒

文献[11] 介绍了辅助油田开采的一种高效的原油换热装置，包括壳体、中心管、套管和换热盘管，中心管架设在壳体内腔中，内腔上部设有隔板。隔板将中心管内腔分为输入腔和回流腔，套管套设在中心管的外侧，上端固定在壳体的顶部。通过中心管和套管的设计，使得热工质和原油均呈 U 形流动，增加了二者的接触时间，有效地提升了换热效率。

2.2.2 多盘管模块并联热交换器

N—甲基吡咯烷酮的合成工艺通常采用一体多区的卧式热交换器，传统结构的壳体内多条螺旋盘管并列安装，盘管密集布置且长而曲折，没有维修空间。文献[12] 的模块化盘管热交换器，盘管从外穿插进入筒体内并靠近筒体内壁沿轴向螺旋布管，然后螺旋直径缩小地反向螺旋布管，依此迂回形成多层螺旋布管后引出筒体外。筒体分为多段筒节，盘管分为多组内管，对应组装成多个换热模块，相邻两个换热模块的筒节相互密封连通，内管则通过过渡管道连通。在其中局部换热模块的内管出现泄漏等故障时，断开内管与过渡管道之间的连接以及相邻筒节，即可将存在故障的模块分离出来进行维护或置换，如图 6 所示。

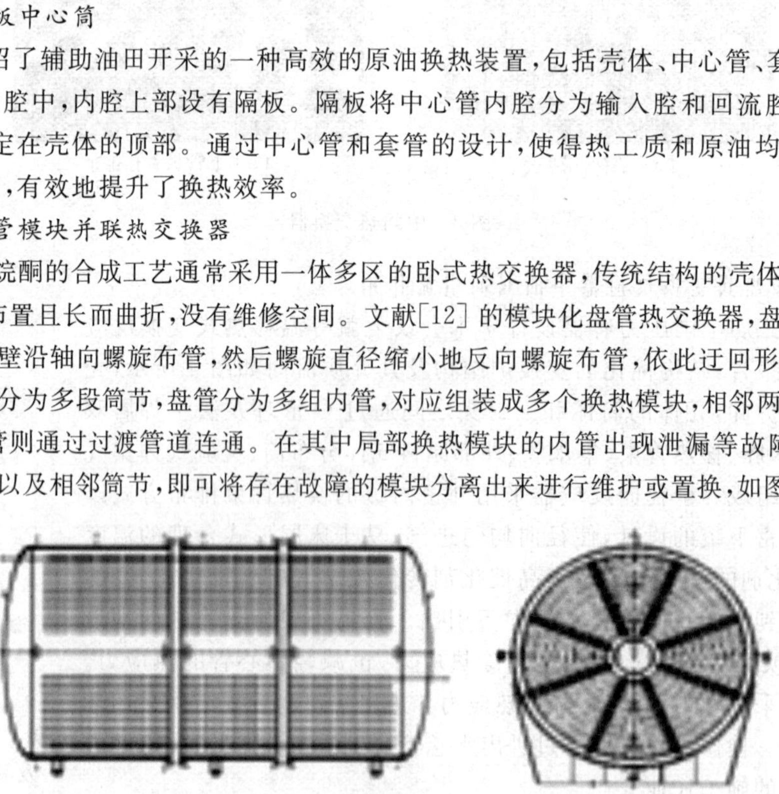

图 6　多盘管模块并联热交换器[12]

2.2.3 起导流作用的群孔中心筒

文献[13] 介绍了一种中心管带导流功能的螺旋缠绕管式热交换器。

3 缠绕管束多功能中心筒

3.1 基于特别工况的缠绕管束中心筒

3.1.1 起组装定位作用的一体一段中心筒

缠绕管式管束的换热管基于其管端与管板的连接可形成多股的管程流体，每一股相当于管束整体中的一个区，各股之间在管束流程中是并联关系。中心筒主要起组装定位作用。由于绕管束具有一定的弹性，即能在壳体内伸缩吸收一定的热膨胀和约束力，绕管式热交换器的管板受力状态介于固定管板热交换器管板和 U 型管热交换器管板二者之间。图 7 所示 8 股流绕管式热交换器结构特殊，管板计算尚无成熟方法和标准，近似等效 U 型管板的计算模型将导致管板计算厚度过厚而造成锻件成本增加。文[14] 分别按照 GB 151 和 ANSYS 对此管板结构进行了规范计算与有限元应力分析，明确了管板的应力分布及最大应力部位是筒体与管板连接处应力，对管板厚度进行了优化。

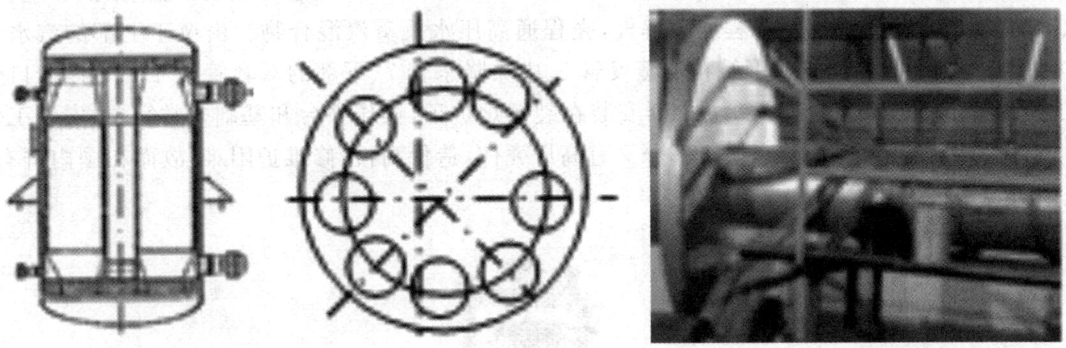

(a) 结构示意图[14]　　(b) 产品制造现场

图 7 八股流绕管式热交换器

3.1.2 起变形协调作用的组合式弹性中心筒

文献[15] 介绍了一种柔性杆件连接中心管结构，中心管组件包括内芯管和中心主管，中心主管局部套接在内芯管的外侧，内芯管的中线处设置有定位板，定位板上贯穿有柔性杆件，柔性杆件的两端分别向外侧延伸，并依次贯穿内芯管、中心主管，使中心管组件具有轴向可伸缩性，从而打破壳体、管板与中心管组件之间的约束，明显降低热应力。

3.2 基于维护需要的缠绕管束中心筒

3.2.1 管程可在线清洗的分段式中心筒

文献[16] 介绍了图 8(a)所示的一种管程可在线清洗的缠绕管热交换器，管箱内连接的多孔板将管箱分割为上空间、下空间，上空间内设有分布器及喷嘴。中部筒体外壁上也连接有除盐水入口管与分布器连通，管束和中心筒都是上、下分段式的，下空间内连接有泡帽板，上、下筒体内均设有管道，上筒体内管道将上管箱与上空间连通。在线清洗能够避免缠绕管热交换器在使用过程中产生胺液结晶，避免能耗上升。文献[17] 介绍了图 8(b)所示的在线清洗的多股流缠绕管热交换器，其结构原理及功能与图 8(a) 基本相同。

3.2.2 壳程可在线清洗的整段式中心筒

文献[18] 介绍了图 9 所示一种壳程可在线清洗的缠绕管热交换器，其结构原理及功能也与图 8 基本相同，但中心筒是整段式的，适用于加工高氮高氯原料油的加氢装置，可以突破换热网络设计中反应产物换热后温度限定的瓶颈，提高缠绕管热交换器在加氢装置的适用性等技术特点。

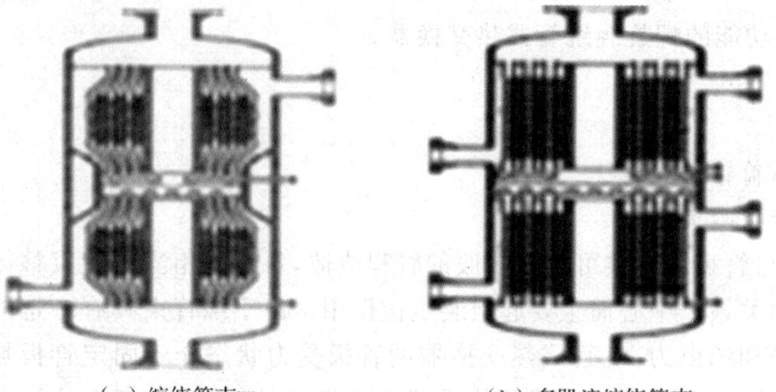

(a) 缠绕管束[16]　　(b) 多股流缠绕管束

图 8　热交换器分段式中心筒[17]

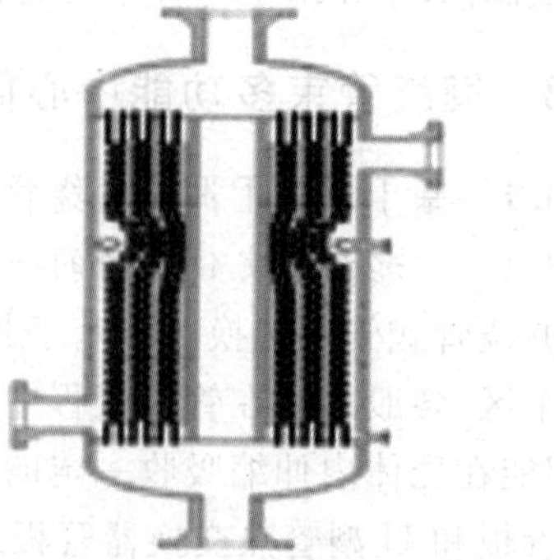

图 9　壳程可清洗多股流缠绕管束[18]

3.3　基于锅炉回流降水需要的中心管

网络上介绍了日本三菱重工和三菱油化联合开发出的 M－TLX 型急冷热交换器，如图 10 所示。立式的急冷器外形是一个火管炉，管程通裂解气，壳程通高压水及蒸汽混合物。由位于上部的汽水分离汽包 11、中部贯穿整个壳体的螺旋形结构的蒸发管 8、中央降水管 7、下部的双套管组 4 和气体入口分配器 1 等组成，汽包和锅炉结合在一起。急冷器安装在裂解炉炉顶，操作平台和基础非常简单，安装工作省工省时。但由于该急冷器结构复杂，换热部分又有高压壳体，造价高，检修维护困难，故而在国内鲜有应用，只有金山石化引进该技术设备。

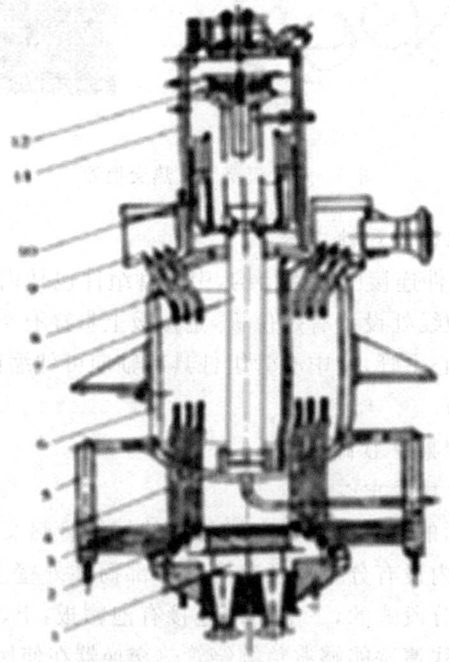

1. 入口气分配器；2. 环形集流管；3. 联络管；4. 双套管；5. 下降管；6. 锅炉本体；
7. 中央降水管；8. 螺旋蒸发管；9. 集气管；10. 汽水分离器；11. 汽包；12. 丝网捕集器

图 10　三菱 M－TLX 型急冷热交换器

4　结　语

从现有的工程实践看，中心管的各种应用场景显示了该结构的必要性与重要性，这一结构件的创新门道也潜在认识的必要。

从中心管的结构形态看，基本都是安装在固定管板式管束中。基于数量可分为单根大直径中心管、多根小直径中心组管或中心集管。基于主体形状可分为圆筒形中心管、圆锥形中心管或两者的结构组合。基于自身结构可分为两端封闭的与一端封闭的中心管，以及全长一段式与全长分段式的中心管。基于发挥功能的结构面看，可分为内壁流道与外壁流道。此外，已有管内带隔板的结构，未来可探讨带膨胀节或填料密封的中心管，以及壁面带特殊孔群的中心管，局部结构增材制造的中心管。

从中心管的功能作用看，中心管在换热型反应器中的主要作用是在反应区形成介质沿径向稳定的流态，以及一定的反应热撤除功能。中心管在纯粹的热交换器中起到旁通管程介质、优化管程流道的作用，包括立式与卧式安装的固定管板式管束结构。此外，已有起变形协调作用的组合式弹性中心筒，未来可探讨中心筒应用于非固定管板式管束结构，中心筒内介质可实现混合、分离等功能的中心管，以及壁面带功能强化微结构的中心管。

从中心管的连接方式看，中心管两端与管板的连接关系分为双向拉/顶紧中心管、单头连接中心管以及与管板无连接的中心管。此外，已有模块化换热盘管围拼而成的虚拟中心通道，未来可探讨可拆卸式中心筒结构，也可探讨非实体形式的管束中心筒结构，让介质在质热变化中形成自我调适的软态中心筒。

从中心管的强度设计看，运行中立置的中心管同时承受内压、外压和三维不均匀温度场等载荷，反应器中心管外壁可能还承受催化剂的挤压，中心管不同的支承与连接方式形成复杂的位移边界。制造检验中卧置的中心管存在与运行中立置的中心管完全不同的支承与载荷，设备运输与吊装过程动态变化及偶发的载荷等等因素，都容易对薄壁中心管造成意外损伤。中心管这一内件同时具有承压壳体的特征，在各个环节都需要针对性的技术支持。从轻量化设计的视角看，相关技术在竞争中尤为迫切。

从中心管与设备的一体化看，工程应用中虽然有针对性地解决了个别问题，尚未得到普遍广泛的认识，没有理论上的深度研究。一方面，螺旋缠绕管束都带有中心筒，本文案例中已展示出这种高效管束新的工程技术需求，是值得继续努力的研究方向；另一方面，随着列管式撤热反应器及热交换器大型化的发展，中心管结构在其他管束中的工程技术应用前景更广。未来除了继续就不同的场景需求研发复合功能的结构，在传统结构基础上创新改进，还可以从辅助结构向主导结构拓展，从一壳一件中心筒向一壳套装中心筒结构拓展，从轴径向导流向周向导流结构发展。最后，现有中心管内的介质主要是气流，开发适用于液体介质流程的中心管是否能拓展传统工艺的质效，也是值得探讨的课题。推动该专题技术从偶然需求的问题导向上升到常规的功能导向，为管壳式反应器与热交换器理论研究提供工程平台，满足石油化工及能源化工绿色高质量发展。

参考文献

[1] 陈孙艺，梁雄东，杨志强，等．管束中双向拉紧结构的工程应用[J]．石油化工设备技术，2025，46(3)：10－16.

[2] 董日治，岳欠杯，刘巨保．壳体出入口位置对中心管振动影响规律分析[J]．压力容器，2017，34(2)：21－35.

[3] 李啸东．连续重整反应器中心管损坏原因分析及结构改进[J]．石油化工设备技术，2019，40(2)：1－3.

[4] WANG K，DU J W，JI S，et al. The influence of the dimension of central tube on shell－side performance of continuous helical baffle heat exchanger[J]. Applied Mechanics and Materials，2013，2432(328－328)：960－964.

[5] 钱小燕．苯乙烯装置中的高温换热器设计[J]．压力容器，2006，23(5)：29－31.

[6] 刘明福．脱氢反应器结构的改进及应力分析[J]．压力容器，2002.39(8)：21－23.

[7] 刘丽艳，石凯，徐炜，等．同心圆排布管束流体弹性不稳定性模拟研究[J]．压力容器，2019，36(5)：29－34.

[8] 徐锋．带中心管的管壳式热交换器管板与换热管设计方法研究[D]．北京：清华大学，2006.

[9] 薛明德,徐锋,李世玉．带中心管的固定式换热器管板分析设计方法[J]．压力容器,2005,22(1):16－21.

[10] 郭华军．废热锅炉挠性管板的有限元分析[J]．石油和化工设备,2017,20(8):30－31.

[11] 中国石油化工股份有限公司,中国石油化工股份有限公司胜利油田分工司．一种高效的原油换热装置:CN202322124525.3[P].2024－02－09.

[12] 茂名重力石化装备股份公司．一种模块化盘管换热器:202320072581.4[P].2023－1－10.

[13] 滕州市匠工机械设备制造有限公司．一种中心管导流的螺旋缠绕管式换热器:CN202322322025.0[P].2024－04－02.

[14] 李健伟,曲萍,武艳芳,等．多股流绕管换热器管板结构分析[J]．压力容器,2013,30(5):18－22.

[15] 四川川润动力设备有限公司．一种柔性杆件连接中心管结构:CN202322335079.0[P].2024－03－19.

[16] 浙江石油化工有限公司．一种管程可在线清洗的缠绕管换热器:CN202010513428.1[P].2024－09－20.

[17] 浙江石油化工有限公司．一种管程可在线清洗的多股流缠绕管换热器:CN202010512638.9[P].2024－09－20.

[18] 浙江石油化工有限公司．一种壳程可在线清洗的缠绕管换热器:CN202010512678.3[P].2024－09－20.

作者简介

陈孙艺(1965),男,教授级高工,主要从事承压设备技术管理,通信地址:525024 广东省茂名市茂南区环市西路 91 号,E－mail:sunyi_chen@sohu.com。

高效绿色智能化焊接技术在大型 LNG 储罐上应用研究

房务农[1]，何铁伟[2]，李雪梅[3]，蒋　军[1]

（1. 合肥通用机械研究院有限公司，合肥 230031；2. 中国石油化工集团有限公司，北京 100728；
3. 中石化第四建设有限公司，天津 300270）

摘　要：目前我国 06Ni9DR 钢制 LNG 储罐最大容积已达 27 万 m^3，但纵缝仍采用焊接效率低、施焊环境差的焊条电弧焊，迫切需要高效绿色智能化焊接。国内几大企业开发了窄间隙智能热丝 TIG 焊储罐纵缝焊接系统，智能化焊接小车借助铺设在 06Ni9DR 钢制储罐壁板上的轨道自动行走，配置了数字化高清熔池监控系统及智能化焊接数据管理系统内置焊接程序，采用电弧跟踪技术，可自动识别焊缝和调节工艺参数，纵向焊缝表面成型美观，焊接接头在 −196℃下的低温冲击吸收能量、CTOD 特征值、宽板拉伸平面应力断裂韧性值均较佳。该焊接技术已成功应用于 22 万 m^3 LNG 储罐的建造，焊接一次合格率达 99.44%，对压力容器焊接智能化起到了很好地推动作用。

关键词：06Ni9DR 钢；LNG 储罐；窄间隙；智能热丝 TIG 焊

Research on the application of efficient green automatic welding technology in large LNG storage tanks

Fang Wuong[1], He Tiewei[2], Li XueMei[3], Jiang Jun[1]

(1. Hefei General Machinery Research Institute Co., Ltd, Hefei 230031, China;
2. China Petrochemical Corporation, Beijing 100728, China;
3. SINOPEC Fourth Construction Co., Ltd, Tianjin 300270, China)

Abstract: At present, the maximum volume of 06Ni9DR steel LNG storage tanks in China has reached 270 000 m^3, but the longitudinal seams still use welding electrode arc welding with low welding efficiency and poor welding environment, which urgently requires efficient, green and intelligent welding. Several major domestic enterprises have developed a narrow gap intelligent hot wire TIG welding system for longitudinal seam welding of storage tanks. The intelligent welding car automatically travels with the help of tracks laid on the 06Ni9DR steel storage tank wall panels. It is equipped with a digital high - definition melt pool monitoring system and an intelligent welding data management system with built - in welding programs. The arc tracking technology is used to automatically identify the weld seam and adjust the process parameters. The surface of the longitudinal weld seam is aesthetically pleasing, and the low - temperature impact absorption energy, CTOD characteristic value, and wide plate tensile plane stress fracture toughness value of the welded joint are all good at −196 ℃. This welding technology has been successfully applied in the construction of 220000 m3 LNG storage tanks, with a one - time welding qualification rate of 99.44%, which has played a good role in promoting the intelligence of pressure vessel welding.

Keywords: 06Ni9DR steel; LNG storage tanks; narrow gap; automatic hot wire TIG welding

0 前　言

我国为实现“碳达峰、碳中和”的战略目标，对绿色低碳型清洁能源需求量猛增，从2003年首次采用06Ni9DR钢建造16万m^3LNG储罐以来，目前单台最大容积已达27万m3。06Ni9DR钢具有良好的韧性和焊接性，在长时间低温使用时仍能保持结构的稳定，并且具有较低的冷收缩率和磁导率，以及优异的加工性。储罐焊接工作量较大，以22万m^3储罐为例，06Ni9DR钢制内罐直径为85.6米，内罐壁高度为41.6米，内罐焊缝总长度为约为4000多米。内罐纵缝仍采用SMAW，焊接效率低，劳动强度大，纵缝焊接热输入难以控制，尤其在内罐密闭空间内采用焊条施焊，发尘量较大，施焊环境较恶劣，对焊工身心造成了较大程度的伤害，因此近几年来我国几大企业均积极开发储罐壁板纵缝智能热丝TIG焊技术。

大型LNG储罐罐壁板均采用正装法[2]，智能热丝TIG焊系统焊接小车、控制机箱与电源等须分离，并在50m范围内可实现可靠的信息传导操控。该系统采用电弧跟踪技术，焊接工艺参数可自动调节控制、实时监控及记录，从而更好地保证了焊接质量，焊接合格率、焊接效率均远高于焊条电弧焊，产生的气体对人体危害程度又远低于焊条电弧焊，大大降低了焊工劳动强度，同时焊接质量及焊缝金属表面成型也远高于焊条电弧焊。本文对热丝TIG智能焊系统的组成、焊接接头力学性能、−196℃宽板拉伸试验等进行了全面介绍，为提升我国压力容器焊接智能化水平提供借鉴。

1　06Ni9DR钢制LNG储罐焊接特点

(1)大型液化天然气(LNG)储罐内罐均06Ni9DR钢板建造，该钢为淬火加回火(QT)热处理供货，淬火温度为790～850℃，回火温度为540～600℃，R_m为680～790MPa，−196℃ $KV_2 \geqslant 100J$[3]；

(2)该钢以低碳回火马氏体为主，产生冷裂纹机率较小，但由于马氏体板条具有同相性，易被磁化，焊接时易产生电弧磁偏吹，一般应控制母材剩磁量不大于50高斯[4]

(3)该钢对焊接热输入较敏感，随着焊接热输入增大，焊接接头的低温冲击韧性下降较明显；

(4)该钢焊接时不可采用铁基焊材，否则在熔合线部位易产生马氏体，必须采用镍基合金焊材[5]；但镍基液态金属流动性差，熔深较浅，如图1所示[6]，又不能通过加大电流来增加熔深，且镍基焊材熔点要比母材低100℃左右，因此易产生未熔合缺陷；

(5)焊缝金属中Ni含量较高，易与杂质元素P、S相结合产生低熔共晶体，在焊缝金属凝固过程中易产生热裂纹，尤其是收弧裂纹，因此收弧时需填满弧坑，且打底焊时需随时对弧坑处进行修磨；

(6)焊缝金属中Ni含量较高，铁水较黏稠，仰焊位置气孔难以溢出，易在焊缝金属中产生气孔缺陷。

(7)该钢制LNG储罐的焊接接头力学性能等技术要求见表1。

图1　碳钢和镍基合金焊接熔池熔深对比

① LNG储罐许用应力是按焊缝金属屈服强度除以安全系数来计算的，因此焊接工艺评定时，需按GB/T 2652《金属材料焊缝破坏性试验 熔化焊接头焊缝金属纵向拉伸试验》标准制取焊缝金属圆棒试样并进行拉伸试验，并测量$R_{p0.2}$值[7]；

② 06Ni9DR钢焊接时，镍基焊材中的Mo、Cr、W、Co、Nb等合金元素被母材稀释，焊缝金属抗拉强度要低于母材和熔敷金属，按NB/T 47014标准规定，焊接接头抗拉强度不低于设计要求的焊缝金属抗拉强度650MPa即可，但目前有些设计文件仍规定“其焊接接头抗拉强度不低于母材680MPa，且规定当焊接接头拉伸试样断裂在焊缝上，需进行全焊缝金属拉伸试验”，并不合理；

③ 06Ni9DR钢焊接接头因焊缝金属屈服强度远低于母材，如采用侧弯试验，弯曲载荷基本作用在焊缝金属上，母材难以产生变形，易在焊缝金属或熔合线上开裂[8]，应进行纵向面背弯试验。

表1 06Ni9DR钢焊接接头力学性能等技术指标

$R_p0.2$ /MPa	R_m /MPa	−196℃		弯曲 $D=4a/°$	δ_m/mm	硬度/HV10	NDTT/℃
		KV_2/J	LE/mm				
≥400	≥650	≥70	≥0.53	180	≥0.30	≤360	≤−196

2 窄坡口智能热丝TIG焊系统

窄坡口智能热丝TIG焊装备系统示意图见图2(a)，包括导轨、龙门架、升降平台、焊接设备系统、供气系统及智能化配套装置等。

(1)06Ni9DR钢焊接时对磁场敏感性较强，智能热丝TIG焊焊接小车架设在半柔性、锯齿状轨道上行走，轨道靠带真空泵的真空吸盘吸附在母材表面，固定效果较好，避免对06Ni9DR钢板磁化，见图2(b)。

(2)热丝TIG焊焊枪在深坡口或窄坡口条件下使用角摆方式，浅坡口采用平摆方式，且在焊接过程中通过改变焊枪的摆动方式进行调控，确保坡口侧壁的熔合质量和焊缝表面成型，见图2(c)。

(3)配置了协同脉冲模式和脉动送丝模式，两种模式可任意切换。坡口较窄时使用脉动送丝模式，坡口较宽时采用协同脉冲方式。

(4)焊丝在送进熔池之前，被加热到400℃左右，热丝对熔池的搅拌作用增强，有助于减少焊接热输入和提高焊接效率，脉动送丝能够减小熔滴过渡时的表面张力，提高熔滴过渡频率，脉动对熔池的搅拌作用使熔覆金属成分更加均匀，晶粒更加细小[9]；配套的TSD脉动热丝系统，其送丝速度可高达15m/min，增加了熔敷速度；

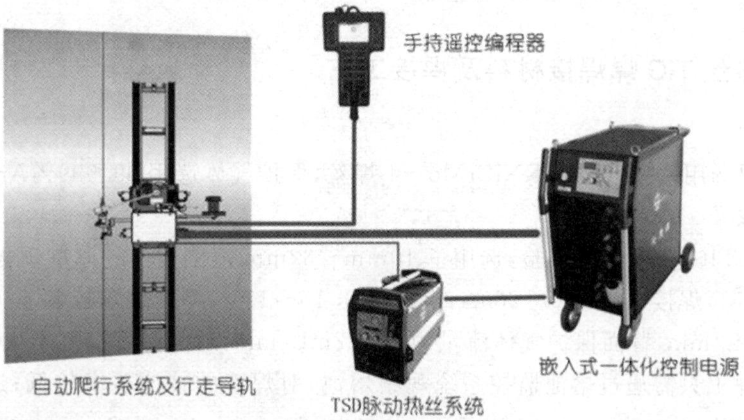

(a) 热丝TIG智能焊系统示意图

(b) 真空吸盘式轨道

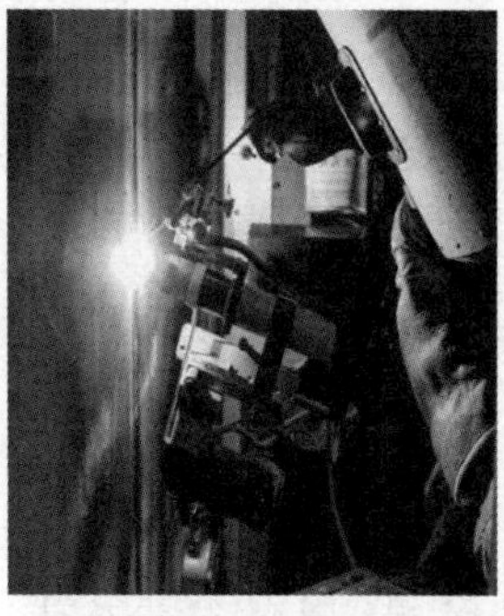
(c) 焊接机构

(d) 熔池监控系统

图2 智能热丝TIG焊系统

(5)钨针和工件距离始终保持一致,确保电弧电压稳定,焊道成型完美,弧长较短,在一定程度上也可克服电弧磁偏吹;机头上带有跟踪系统,可自动识别焊道中心位置,焊接过程中不偏离;手持遥控编程器可控制小车行走速度、机头摆动方式、摆动角度、坡口两侧驻足时间等,焊接参数可任意分段并自动切换,完美适应各种苛刻的使用要求。

(6)配置了数字化高清熔池监控系统、智能化焊接数据管理系统,焊工可以通过熔池监控系统观察焊接过程,可在现场办公室内远程调控相关参数,降低了焊工劳动强度,见图 2(d)。

(7)对组对精度达不到要求个别部位,焊工可现场调节摆动机构,增加摆动的幅度,降低焊接速度,并增加焊枪在两侧的停留时间,进行实时纠偏,以免产生未熔合等超标缺陷。

3 智能热丝 TIG 焊窄间隙坡口形式

智能热丝 TIG 焊将储罐原来的焊条电弧焊 60° V 型宽坡口改为 8° U 型窄间隙坡口,厚度小于 15mm 采用单 U 坡口,如图 3a),厚度 15mm 以上采用双 U 坡口形式,如图 3b)。以 22 万 m^3 储罐为例,智能热丝 TIG 焊相比焊条电弧焊填充金属量及焊接工作量约减少了 30%以上。

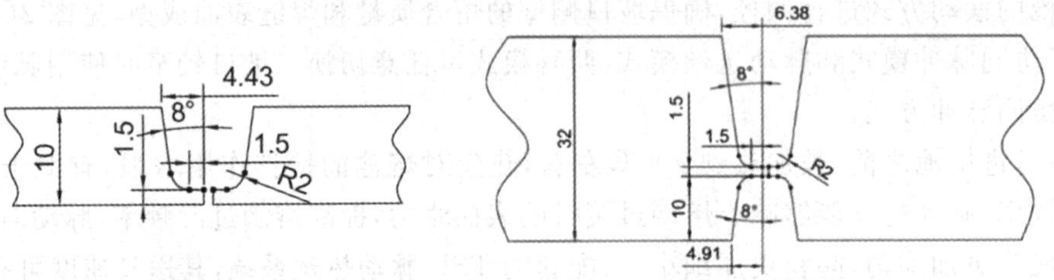

(a) 10mm厚板材　　(b) 32mm厚板材

图 3　智能热丝 TIG 窄间隙坡口图

4 纵缝智能热丝 TIG 焊焊接材料及焊接工艺

4.1 焊接材料

智能热丝 TIG 焊选用 Φ1.0mm ERNiCrMo－4 焊丝,保护气体选用 99.999%Ar。

4.2 焊接工艺试验

窄坡口智能热丝 TIG 立焊位置试验,选用了 10mm～32mm 范围内 7 种厚度试板,使用安意源 T400 嵌入式一体化控制电源,焊接电流 220～280A,电弧电压 10～13V,焊接热输控制不大于 23KJ/cm,正面气体流量为 12～15mL/min,背面保护气体流量为 8～12mL/min,道间温度控制不大于 100℃;焊接过程自动控制连续施焊,焊工只需通过熔池监控系统观察熔池,对焊工的技能要求较低;道间不用清理,最终焊道也不用打磨。

5 外观成型

窄坡口智能热丝 TIG 焊焊接过程中坡口两侧熔合较好,无飞溅,电弧燃烧稳定,图 4 为焊缝表面成型照片。从图 4 可见,焊缝表面与母材之间过渡平滑且无咬边,鱼鳞纹规整,余高较小,外观成型非常美观。

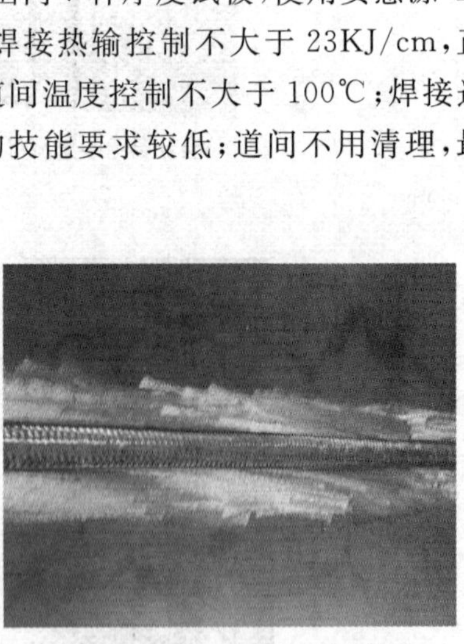

图 4　窄坡口智能热丝 TIG 焊外观质量

6 焊接接头力学性能等试验

所有试板焊接完毕后进行 X 射线检测,均符合 NB/T 47013.2 Ⅰ级。按 GB/T 2652 标准进行全焊缝金属拉伸试验,屈服强度在 625～854MPa 之间;按 NB/T 47014 标准进行焊接接头力学性能试验,抗拉强度在 709～

761MPa之间，−196℃ KV_2 在135～272J之间、侧向膨胀量在0.7mm～2.1mm之间，面弯、背弯均无裂纹；按GB/T 2654标准对焊接接接头进行硬度试验，最高硬度在热影响区为340HV10；按GB/T 21143标准进行焊接缝金属、热影响区进行断裂韧性试验，−196℃ CTOD特征值焊缝金属为0.793mm、热影响区为0.896mm[10]；按GB/T6803制取P2试样并进行落锤试验，NDTT温度低于−196℃。焊接接头力学性能等各项试验结果分别见图5～9及表2、表3，各项性能均优于表1中的技术要求。

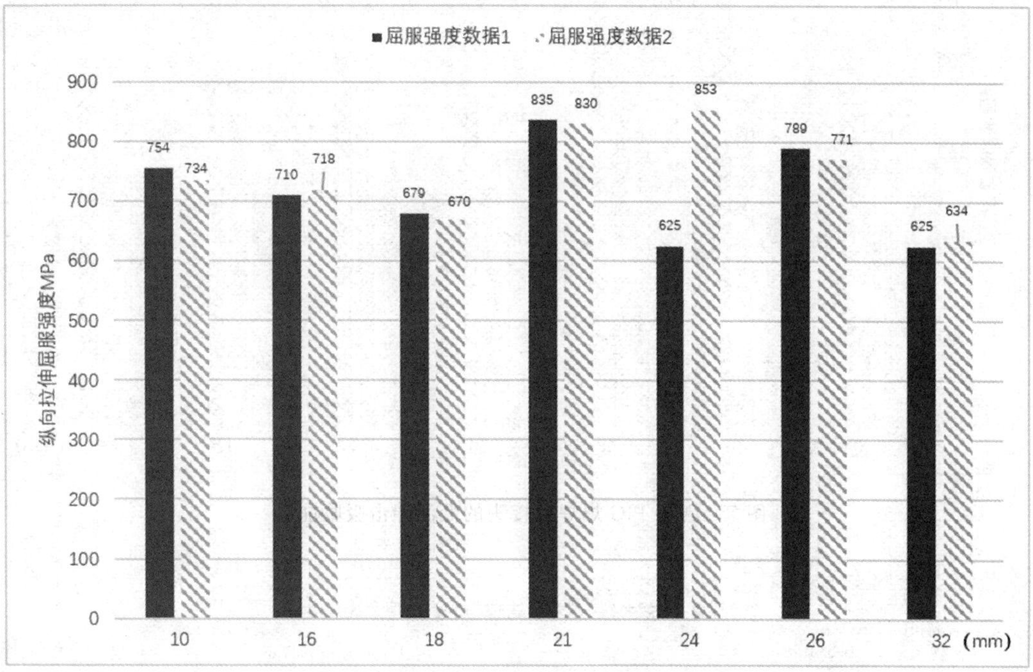

图5　热丝TIG焊全焊缝金属屈服强度

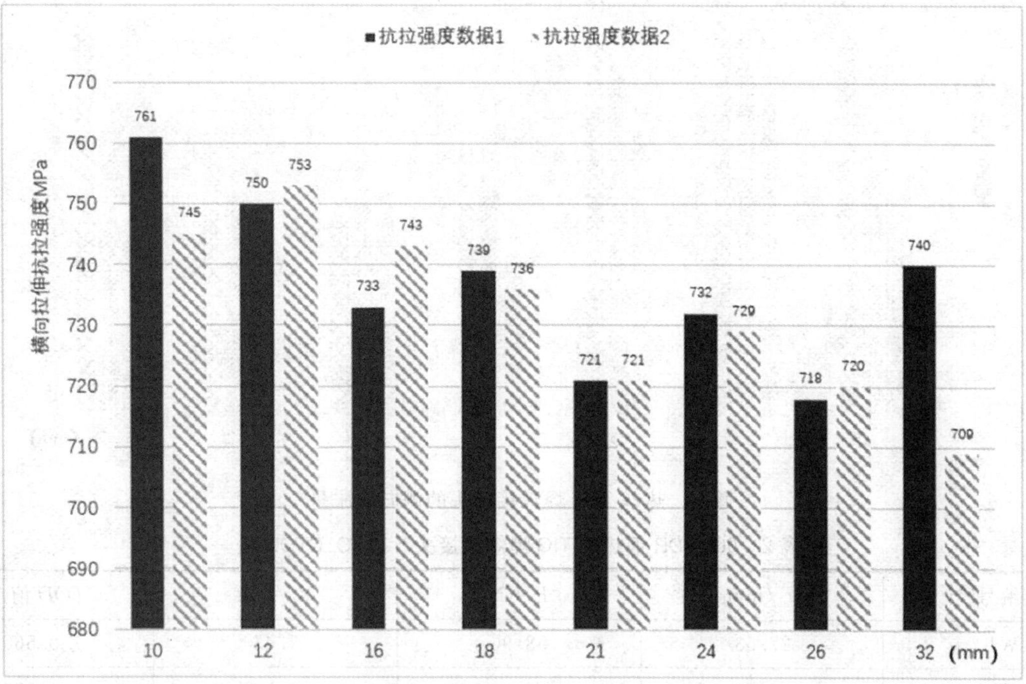

图6　热丝TIG焊焊接接头抗拉强度

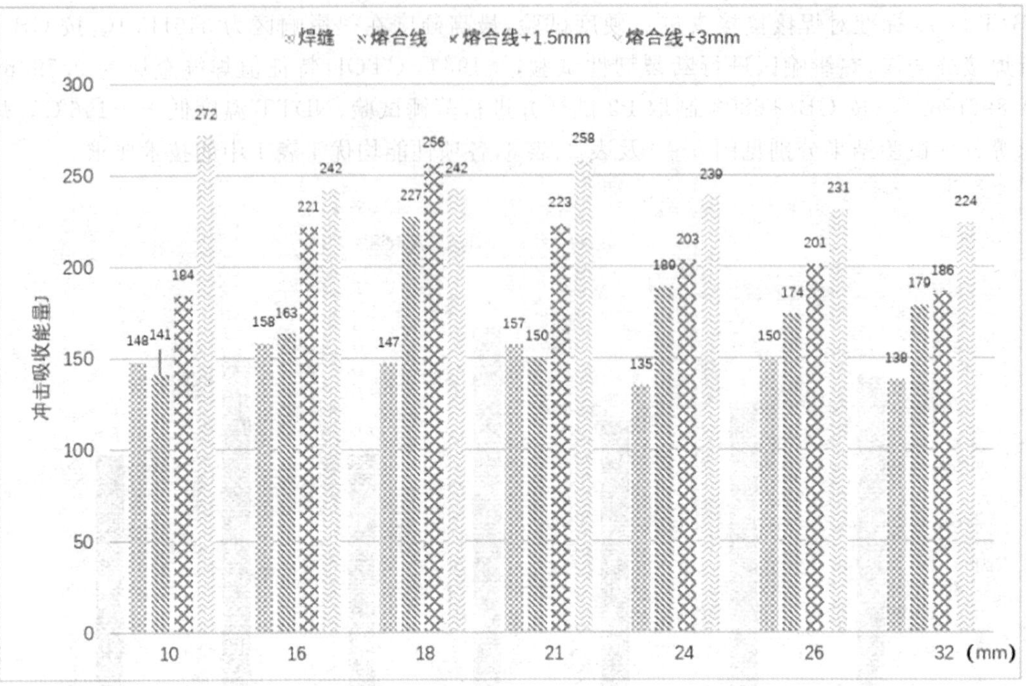

图 7　热丝 TIG 焊焊接接头的低温冲击吸收能量

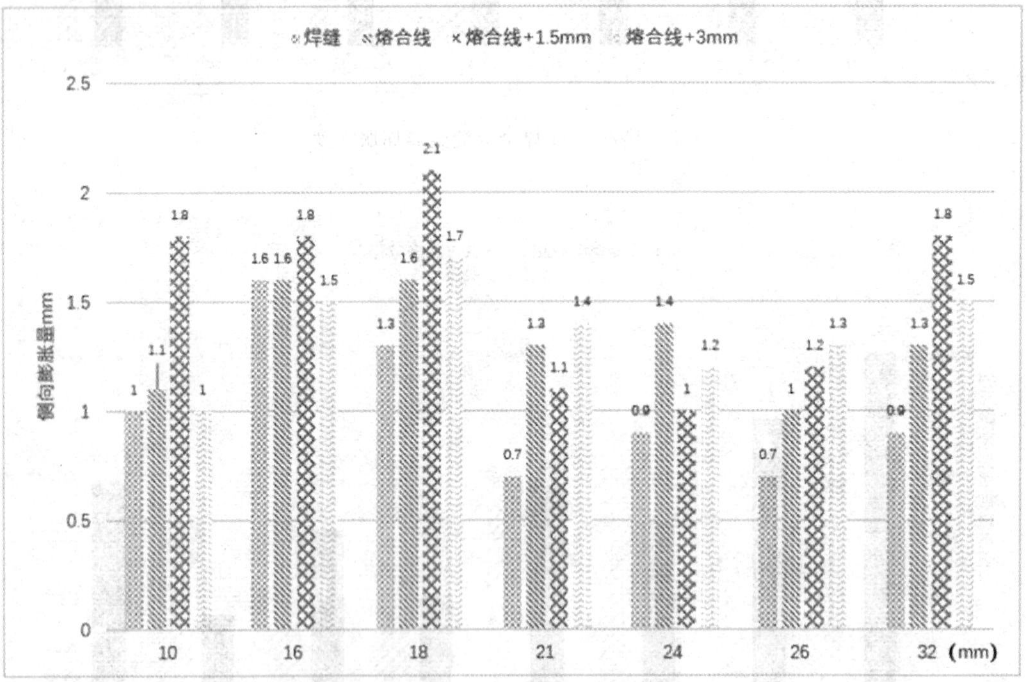

图 8　热丝 TIG 焊焊接接头的侧向膨胀量

表 2　06Ni9DR 钢热丝 TIG 焊焊接接头－196℃ CTOD 值

试样编号[注1]	a_0/mm	F/KN	V_p/mm	$CTOD$ 值/mm
W1	27.53	98.96	1.45	0.560
W2	29.40	93.82	2.72	0.877

（续表）

试样编号[注1]	a_0/mm	F/KN	V_p/mm	$CTOD$ 值/mm
W3	27.64	107.25	2.66	0.943
H1	27.40	102.85	1.86	0.694
H2	28.10	99.74	2.90	0.974
H3	27.15	110.31	2.86	1.021

注 1：W—焊缝金属；H—热影响区

表 3　06Ni9DR 钢热丝 TIG 焊焊缝金属落锤试验

焊接材料	试验位置	试验温度/℃	NDTT/℃
		−196	
ERNiCrMo−4	焊缝金属	未断，未断	<−196

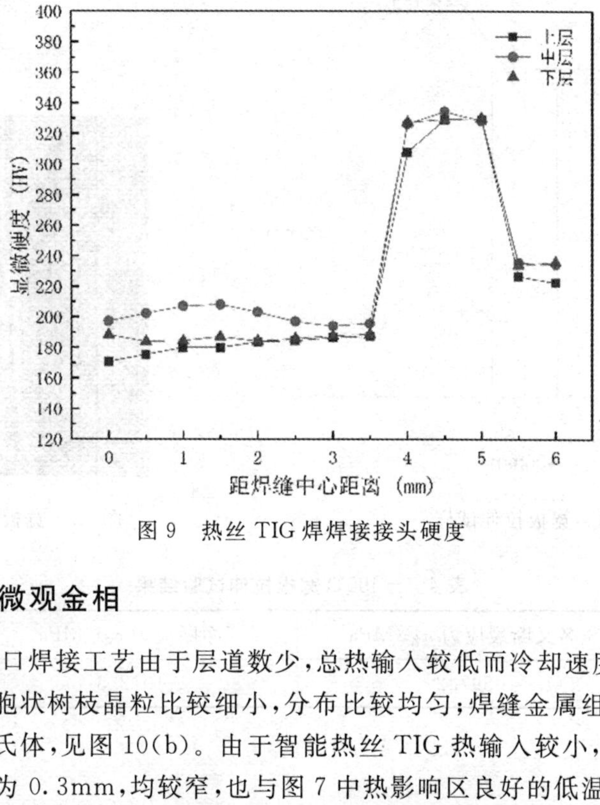

图 9　热丝 TIG 焊焊接接头硬度

7　焊接接头宏观、微观金相

智能热丝 TIG 焊窄坡口焊接工艺由于层道数少，总热输入较低而冷却速度也较快，其焊缝枝晶偏析不严重，柱状晶比较细小，胞状树枝晶粒比较细小，分布比较均匀；焊缝金属组织为奥氏体，见图 10(a)，热影响区组织为板条状马氏体，见图 10(b)。由于智能热丝 TIG 热输入较小，经检测其热影响区宽度仅为 2mm，粗晶区的宽度仅为 0.3mm，均较窄，也与图 7 中热影响区良好的低温冲击韧性相印证。

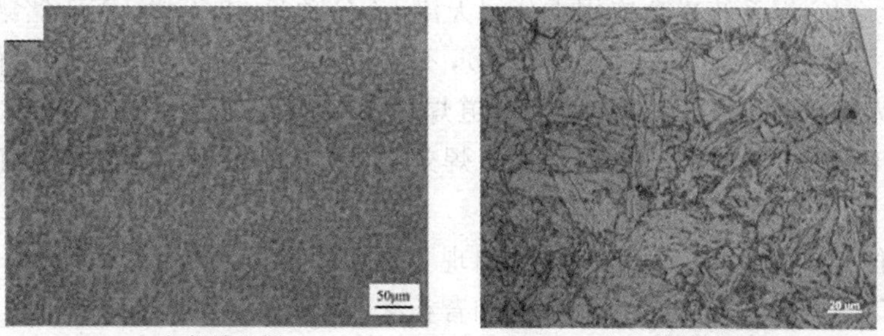

(a) 焊缝金属　　(b) 热影响区

图 10　热丝 TIG 焊接接头金相组织

8　06Ni9DR 钢热丝智能 TIG 焊宽板拉伸试验

对 32mm 厚 06Ni9DR 钢板智能热丝 TIG 立焊位置焊接接头，参照 Q/725－1182－2005《宽板拉伸断裂试验方法》标准，进行－196℃宽板拉伸试验，测定焊接接头宽板试样在－196℃下的拉伸载荷及断裂应力，旨在确定按现场焊接工艺制备的焊接宽板试样在预定的工作温度、工作应力及实际结构下的断裂行为[11]。

宽板拉伸试样的几何形式、尺寸如图 11 所示，试板带两端 80mm 长的细长缺口采用直径不大于 0.2mm 的钼线切割加工，保证该部分的最大宽度不超过 0.25mm。

先将试样采用 ENiCrMo－6 焊条焊在试样夹头上，试验在 10000KN 宽板拉伸试验机上进行，试验机测力传感器及其仪器的显示误差不大于 1%，试样加载速率為 90～140KN/Sec。试样置于－196℃液氮冷却槽中，至少保温 0.5 小时，然后将试样逐渐加载直到断裂为止，断裂后的试样见图 12，表明试件断裂前产生了明显的塑性变形，试验结果见表 4，焊接接头平面应力断裂韧性较佳，表明智能热丝 TIG 焊接接头在－196℃温度下，即使焊缝金属中带有尖锐缺口，也不至于发生低应力脆性断裂。

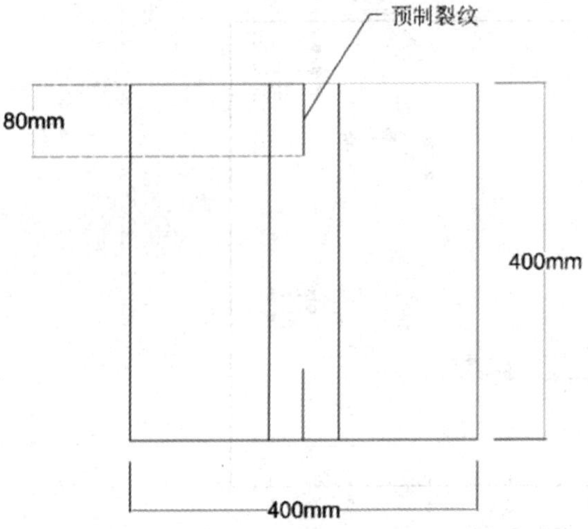

图 11　宽板拉伸试样

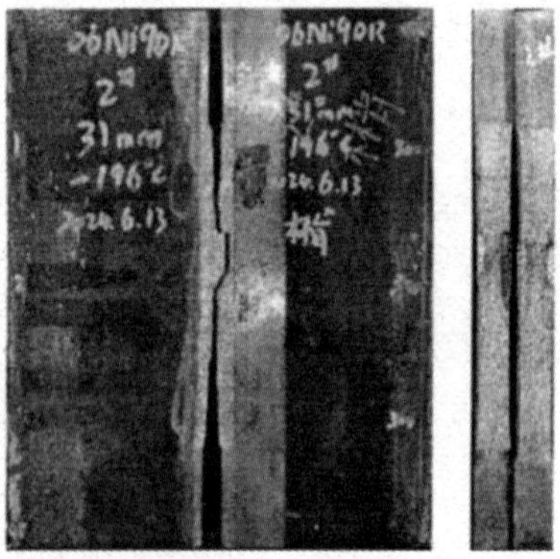

图 12　宽板拉伸试验后的试样

表 4　－196℃宽板拉伸试验结果

断裂载荷/kN	名义断裂应力 $\sigma_{名}$/MPa	净断应力 $\sigma_{净}$/MPa	KIC/(MPa·$m^{1/2}$)
7220.0	597.2	1012.3	336.2

9　工程应用

窄坡口智能热丝 TIG 焊系统成功应用于公司天津 LNG 项目 22 万立 LNG 储罐建造，见图 13a)，焊接一次合格率 99.44%，且外观质量好，见图 13b)，不需道间打磨，大大改善了工作环境。以 22 万立 LNG 储罐第三圈壁为例，如采用 SMAW 焊接一道焊缝焊接时间需 9～10 小时，采用窄坡口智能热丝 TIG 焊仅需 5～6 小时，可见窄间隙智能热丝 TIG 焊效率约是 SMAW 的 2 倍。在施焊过程也发现了一些小问题：

(1)在极少数部位剩磁量达 100－200 高斯，出现了磁偏吹，尤其打底层和填充第一层较为明显，有磁偏吹地方伴随出现了未熔合，施焊过程中通常增加背板来缓解磁偏吹现象。

(2)热丝智能 TIG 焊时，由于电弧受周围环境等因素影响，焊缝中产生了少量气孔缺陷，但按 NB/T 47013.2 进行射线 RT 检测，符合Ⅱ级；今后在施焊过程中，需加强对电弧保护，当氩气瓶距施焊位置较远时，需采取措施稳定氩气的流量。

（a）智能热丝TIG施焊现场

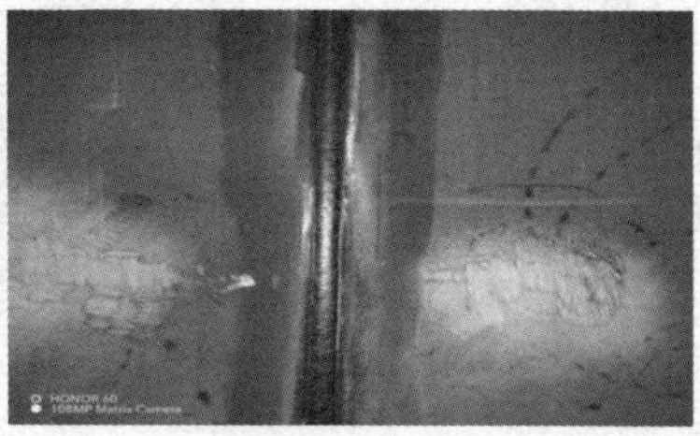

（b）智能热丝TIG焊缝正面

图13　智能热丝TIG焊现场应用

10　结　论

(1)大型LNG储罐用06Ni9DR钢焊接工艺评定有其特殊性，焊接接头抗拉强度按NB/T 47014标准应不低于焊缝金属抗拉强度650MPa，而不是不低于母材抗拉强度680MPa，且无论焊接接头多厚均应选择纵向面背弯试验。

(2)窄坡口智能热丝TIG焊焊接系统比较先进合理。采用真空吸附式半应柔性轨道，避免了对06Ni9DR钢板的磁化；焊接小车采用电弧跟踪技术，配置了数字化高清熔池监控系统及智能化焊接数据管理系统内置焊接程序，可自动识别坡口和调节工艺参数，焊缝表面成形美观。

(3)06Ni9DR钢纵缝采用热丝TIG智能焊，热影响区较窄，焊接接头晶粒度更加细小，焊缝质量得到大幅度提高，各项力学性能较佳，尤其焊缝金属−196℃ KV2值高达120J以上。

(4)窄坡口智能热丝TIG焊焊接接头宽板拉伸试验模拟了现场施焊的实际结构断裂行为，平面应力断裂韧性较佳。

(5)窄坡口智能热丝TIG焊已成功用于22万m3LNG储罐纵缝，大大减少了内罐施焊时密闭空间内的粉尘，降低了焊工的劳动强度，实现了高效、绿色化焊接。

参考文献

[1] 黄欢．液化天然气9%Ni钢内罐设计优化研究[J]．石油和化工设备，2021，24(2)：34－36.

[2] 王凯锋，刘春．LNG储罐内罐06Ni9DR钢板预制及安装控制[J]．化学工程与装备，2018(07)：91－94.

[3] 马向峰．LNG储罐用06Ni9钢板的质量控制[J]．压力容器，2011，28(6)：40－41.

[4] 韦宝成，杨尚玉，孙昕辉．LNG储罐9%Ni钢立缝SMAW焊接质量安全健康隐患[J]．电焊机，2020(8)：110－117.

[5] 王庆江．LNG储罐用ENiCrMo-6型焊条的国产化研制[J]．电焊机，2023(1)：112－117.

[6] 翁大龙LNG大型储罐9%Ni钢罐壁立缝GMAW－P机动焊工艺研究及应用探讨[J]．石油化工设备技术，2018，39(5)：63－65.

[7] 李宏斌．大型LNG储罐用9%Ni钢的焊接工艺评定[J]．石油化工设备技术，2015，36(5)：65－66.

[8] 李冬毓．LNG储罐用钢06Ni9DR焊接接头弯曲试验断裂失效分析[J]．压力容器，2023，40(8)：77－78.

[9] 郭鹰．LNG储罐用9Ni钢－196℃焊缝断裂韧性及断口分析[J]．压力容器，2022，39(11)：9－10.

[10] 房务农．大型LNG储罐三种高效自动化焊接工艺对比研究[J]．压力容器，2024，41(1)：27－28.

[11] 朱林．10MnNiCrMoV钢宽板拉伸试验研究[J]．材料开发与应用，2009，24(6)，6－9．

作者简介

房务农(1965)，男，教授级工程师，主要从事压力容器用高性能钢板、焊材的焊接性研究及其应用开发，通讯地址：230031 安徽省合肥市长江西路 888 号，E－mail：fangwunong@263.net，手机：13505511933。

振动时效技术在膨胀节受力结构件制造中的应用研究

白 光

(大连益多管道有限公司,大连 116318)

摘 要:本文旨在振动时效(VSR)技术在大型 DN3400 膨胀节受力结构件制造过程中替代传统热处理的可行性、优势及应用效果的研究。通过系统研究振动时效原理、工艺参数优化及实际应用案例,验证了该技术在提高产品质量、降低生产成本和缩短生产周期方面的显著效果。研究表明,振动时效不仅能够有效消除焊接残余应力,使应力水平降低 30%～50%,还可提高工件尺寸稳定性 30%以上,同时节约能源 95%以上,为大型膨胀节制造提供了一种高效、环保的应力消除解决方案为企业技术升级和工艺革新提供了实践参考。

关键词:消除应力;热处理;振动时效

Study on the application of vibration ageing technology in the manufacture of stressed components of expansion joint

BAI Guang

(Dalian Yiduo Pipeline Co. ,Ltd. ,Dalian 116318,China)

Abstract: This paper aims to study the feasibility, advantages and application effect of using vibration stress relief(VSR) technology instead of traditional heat treatment in the manufacturing of large DN3400 expansion joint load—bearing parts. By systematically studying the principle of vibration stress relief, process parameter optimization and practical application cases, the significant effect this technology in improving product quality, reducing production costs and shortening production cycles was verified. The study shows that vibration stress relief can not only effectively eliminate welding residual stress, reducing the level by 30% to 50%, but also improve the dimensional stability of the workpiece by more than 30%, while saving more than 9% of energy. It provides an efficient and environmentally friendly stress elimination solution for the manufacturing of large expansion joints, and provides practical references for the technical upgrading and process innovation of enterprises.

Keywords: stress relief; heat treatment; vibration stress relief

0 引 言

在工业管道系统中,膨胀节作为吸收管道热胀冷缩、机械振动和安装误差的关键部件,其性能直接影响整个管道系统的安全性和可靠性。对于大尺寸膨胀节而言,由于其体积庞大、结构复杂,在制造过程中不可避免地会产生焊接残余应力,这些应力若不及时消除,将导致产品在使用过程中出现变形、开裂甚至失效等严重问题。

1 消除应力的常用方法

金属构件在焊接、铸造、锻造和机械加工等工艺过程中，其内部将产生残余应力，极大地影响了构件的尺寸稳定性、刚度、强度和机械加工性能等。理论上调整残余应力的方法，可以分为热作用和机械作用两类。目前用于消除残余应力的通用方法有：热时效、自然时效和振动时效。振动时效法是通过在金属构件上施加周期性的振动，使构件内部的应力得到释放，从而达到消除应力的目的。振动时效处理技术又称作振动消除应力，在我国又称作振动时效。

2 振动时效法的原理和优点

振动时效源自敲击时效，在焊接过程中有经验的焊接师傅在施焊一段时间后立即用小锤对焊缝及周边进行敲击以防止产生裂纹，究其原因是随时将焊接应力消除一些，以免最终产生较大的应力集中[1]。

2.1 振动时效的机理

从宏观角度分析，振动时效可视为以循环载荷的形式对工件施加附加应力。应力叠加理论为振动时效提供了基础解释框架。根据该理论，当振动产生的动应力(σ 动)与工件内部残余应力(σ 残)的矢量和达到或超过材料的屈服极限(σ_s)时，即满足公式(1)。工件将发生微观或宏观塑性变形。这种塑性变形不可逆地改变了材料内部的应力平衡状态，使峰值应力降低，应力分布更加均匀。研究表明，经过合理参数的振动时效处理，工件内部残余应力通常可降低 20％～30％，某些情况下甚至可达 50％～60％。

$$\sigma_{动}+\sigma_{残}\geqslant\sigma_s \tag{1}$$

在足量的循环载荷作用下，使位错源开动起来。位错滑移是单向进行线性累积的，当微应变累积到一个宏观量，构件宏观内应力随之松弛，使残余应力的峰值下降，改变了构件原有的应力场，最终使构件的残余应力降低并重新分布，达到平衡[2]。提高了构件抗微小变形能力，使构件的尺寸精度趋于稳定。

2.2 振动时效技术经济优势

首先在能源消耗方面，振动时效的能耗、处理时间大幅降低了生产成本。其次在处理效果上，振动时效不仅能够有效降低残余应力，还能通过位错密度增加强化金属基体，提高工件的抗变形能力，其尺寸稳定性优于热时效处理。在 DN3400 膨胀节制造过程中，经过振动时效处理的工件尺寸精度稳定性提高了 30％，抗变形能力提升 30％以上[3]。详细对比见表 1。

表 1 振动时效与热时效技术对比

序号	对比项	振动时效	热时效
1	能源消耗	极低(约热时效的 5％)	高，需要持续加热
2	处理时间	短(15～30 min)	长(数小时至数十小时)
3	设备投资	较低，设备便携	高，需要大型加热炉
4	处理效果	应力降低 20％～60％，尺寸稳定性优于热时效	应力降低效果稳定，但可能导致变形
5	适用范围	各种尺寸工件，特别适合大型结构	受加热炉尺寸限制
6	环境影响	无污染，噪声可控	产生废气，能耗高

3 振动时效法的在 DN3400 膨胀节制造中的应用

2021 年在西安引汉济渭二期工程 PCCP 管、球墨铸铁管、压力钢管管道及管件采购项目的膨胀节产品的订单中 DN3400 伸缩节，总计第一批管桥段 28 台，第二批活断层段 8 台。在首台研制过程中，如图 1 中所示，焊接结构件比较多，而且又是内孔口径比较大，焊接变形和焊接残余应力特别大。在 3400 膨胀节的受力件及管段制造中，残余应力问题尤为突出。波纹管通常采用液压成型、滚压成型或机械胀型工艺制造，这些冷加工过程会在材料内部积累大量形变储能，形成复杂的残余应力场。当波纹管与法兰、端管等部件焊接组装时，焊接热循环又会引入新的残余应力，多种应力叠加使问题更加复杂。值得注意的是，波纹管作为膨胀节的柔性补偿元件，在工作状态下需要承受循环位移和压力载荷，残余应力的存在会显著加速疲劳裂纹的萌生和扩展，缩短产品使用寿命。

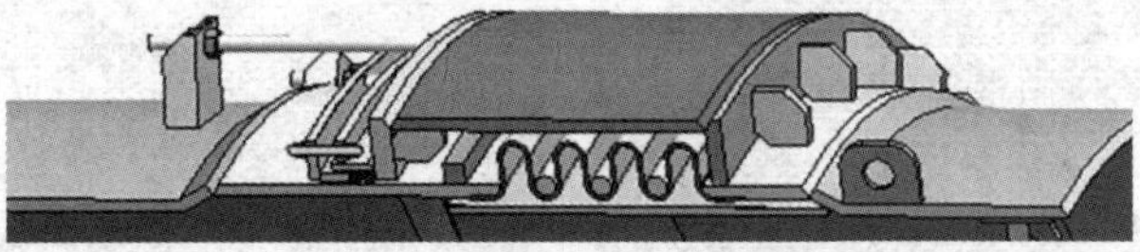

图 1　膨胀节剖面示意图

焊接残余应力的形成源于焊接过程中不均匀地加热和冷却过程。当焊接电弧加热金属时，焊缝区域发生局部膨胀，受到周围较冷金属的约束而产生压缩塑性变形；随后冷却过程中，焊缝区域收缩受阻，导致残余拉应力的形成。对于 3400 膨胀节这样的环形焊接结构，典型的焊接残余应力分布表现为：焊缝和热影响区存在较高的纵向拉应力（平行于焊缝方向），横向应力（垂直于焊缝方向）相对较低，但某些拘束较强的接头处横向应力也可能达到较高水平。实测数据表明，不锈钢焊接接头的残余拉应力峰值经常接近甚至达到材料的屈服强度，这种高应力状态极大降低了结构的疲劳寿命和应力腐蚀抗力。原设计采用热处理炉加热的方式消除残余应力。传统热时效处理虽然能够有效降低残余应力，但在大型膨胀节应用中面临诸多实际困难。首先，3400 mm 直径的工件需要超大型热处理炉，设备投资巨大且能耗极高；其次，整体加热可能导致薄壁波纹管区域过度氧化或变形，影响尺寸精度和表面质量。更为棘手的是，某些高强度材料在热处理温度下可能发生组织转变或析出相变化，导致力学性能下降。这些问题促使制造企业寻求更高效、更经济的替代工艺，而振动时效技术正是在这种背景下显示出独特优势。但由于体积庞大，周边热处理尺寸无法满足要求，长距离运输又存在超宽超高的困难。在首台研制过程中，引进并试验了首台端部环板和筋板焊接后用振动时效法试验消除应力。

表 2　膨胀节主要部件残余应力来源及影响

序号	部件名称	主要制造工艺	残余应力来源	潜在影响
1	波纹管	液压/机械成型	冷作硬化、成型回弹	疲劳性能下降、形状失稳
2	受力组件焊接接头	电弧焊/氩弧焊	不均匀加热冷却	应力腐蚀开裂、变形
3	法兰组件	锻造＋机加工	切削应力、装配应力	密封面变形、螺栓预紧力损失
4	内、外衬套	卷制焊接	焊接变形、矫直应力	介质泄漏、流动阻力增加

3.1　振动设备选型

振动设备选型是振动时效技术应用的基础。对于 3400 膨胀节这类大型工件，传统的亚共振型振动时效设备存在明显局限性，其激振频率范围有限（通常低于 300 Hz），难以有效处理高刚性、高固有频率的大型结构。现代频谱谐波时效技术突破了这一限制，通过对工件进行频谱分析找出数十种谐波频率，并优选出对消除残余应力效果最佳的 5 种不同振型的谐波频率进行多维处理。这种技术不再受激振器转速范围限制，对激振点和拾振点无特殊要求，能够处理亚共振技术无法应对的大型工件，在机械行业的覆盖面达到近 100%。根据实际应用效果，选用了额定激振力为 30 kN 的频谱谐波振动时效设备，其处理转速全部在 6000 RPM 以下，有效解决了传统设备噪声大的问题。

3.2　实施方法及过程

振动时效处理是将激振器刚性连接在被时效工件上，由控制系统控制调整激振器的频率，使工件处于共振状态，在交变应力作用下振动一定时间后，使构件的残余应力降低和均化。

2023 年 12 月 29 日振动时效设备到现场测试端环板与筋板组焊后的应力处理，按照振动时效的工艺要求设置参数,选择了 4 个点对应标记。振动时效是将一个具有偏心重块的电机系统(称作激振器)安放在构件上,并将构件用橡皮垫等弹性物体支撑,如图 2 所示。通过控制器启动电机并调节其转速,使构件处于共振状态。约经 20～30 min 的振动时效处理即可达到调整残余应力的目的。

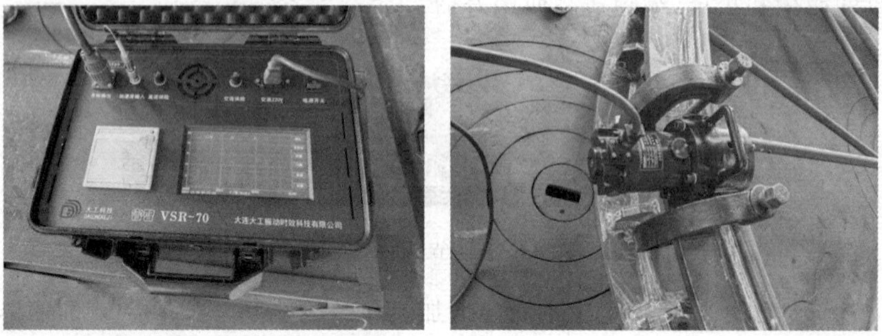

图 2　振动时效装置

图 3　膨胀节端部环板和筋板焊接后振动时效法工作过程

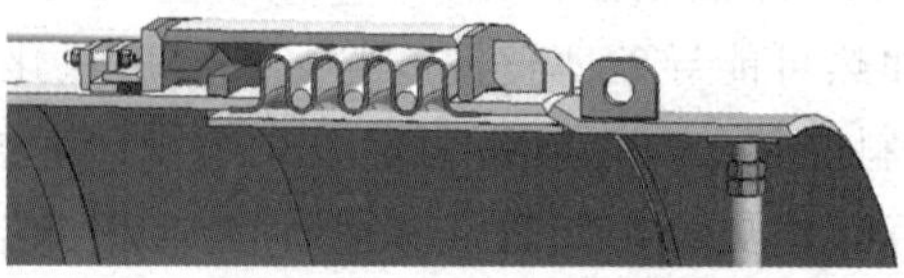

图 4　施振部件位置图

工艺验证是振动时效应用不可或缺的环节。采用盲孔法残余应力检测仪(JH－30 型)对振动时效前后的关键部位进行应力测试,对比数据表明,典型焊接接头的残余应力平均降低 35%～45%,峰值应力降低更为显著。同时,跟踪测量了振动时效后工件的尺寸稳定性,结果显示存放 30 天后最大变形量不超过 0.15 mm/m,完全满足设计要求。

这些实测数据不仅验证了振动时效工艺的有效性,也为工艺参数的进一步优化提供了依据。通过持续改进,将振动时效技术成功应用于各类大型膨胀节产品,取得了显著的经济效益和质量提升。

从表 3 中数据和图 5 中曲线可见,振动时效处理对消除 T 型节点的残余应力起着重要作用:它可以降低焊接残余应力。振动时效对残余应力的分布起着明显的均化作用,高残余应力区消除比例大,而低应力区消除比例小;残余应力消除的比例与振动时效处理时动应力的大小成正比。动应力大的点消除应力的比例大,而动应力小的点消除应力的比例小[4]。

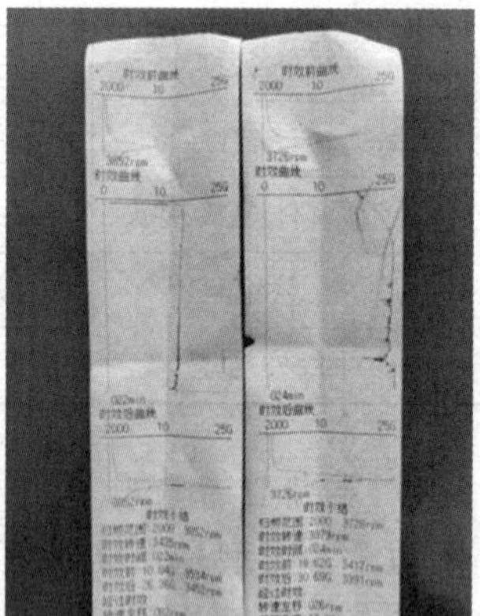

图 5　振动时效曲线

表 3　测试件残余应力值/MPa

序号	标记点号	1	2	3	4
1	振前应力值	150	150	150	150
2	振后应力值	76.5	82.5	62.3	58.7

振动时效处理的主要作用是降低或均化构件中的残余应力。振动时效处理可以提高金属材料的疲劳极限被广泛验证[5]。但是提高的比例大小，是与试件的初始状态有关的，如果初始残余应力大，则因振动时效处理后残余应力消除的比例大而提高疲劳极限的比例也大。可是要在标准试件上产生较大的残余应力，相对于结构件来说是困难的。因此，用振动时效处理提高材料疲劳极限的比例，与用振动时效处理提高构件疲劳寿命的比例是不相同的。

表 4 DN3400 膨胀节振动时效工艺参数优化

序号	工艺参数	选择范围	优化依据	控制要点
1	激振频率	85Hz、98Hz、112Hz	模态分析确定固有频率	覆盖多种振型，多维消除应力
2	激振力	20－25kN	工件重量结构刚度	产生 0.5～1.0g 加速度
3	振动时间	每个频率 15～25min	应力松弛曲线趋于稳定	总时间不超过 60 分钟
4	支撑方式	四点弹性支撑	减少能量损失，激发主振型	橡胶垫缓冲，位置靠近节线
5	激振位置	中部加强环径向	撒砂法确定的振型分布	与主振型方向一致
6	监控参数	振幅 5～8mm，加速度 0.6～1.2g	GB/T25713－2010 标准	曲线稳定后保持 5 分钟

4 振时效法与热处理方法的比较

4.1 热处理调整残余应力的原理

金属在长时间的热作用下的另一个特性就是蠕变效应。即在热作用下，即使应力小于屈服应力，也会使构件产生塑性变形。蠕变效应的产生主要是由于在温度作用下，加速了位错的滑移，而残余应力起到了产生蠕变效应的恒力的作用[6]。残余应力使高温下的构件产生蠕变效应而释放应变，这也是温度作用使残余应力得到调整的原因之一。

热作用下金属构件的另一个特征是应力松弛效应。所谓应力松弛是指受力构件，随着时间的延长而自行降低应力，其总长度仍保持恒定的现象。松弛现象受温度影响。温度愈高，松弛速度愈快。如前所述，金属的蠕变是在应力不变的条件下，不断产生塑性变形的过程；而金属的松弛则在总变形不变的条件下，弹性变形不断转向塑性变形，从而使应力不断减小。热作用调整残余应力是与在高温下金属的机械性能有关。在高温作用下，金属的屈服应力下降、材料的蠕变效应和应力松弛效应都与应力消除有密切的关系。金属材料的屈服应力是随着加热温度的提高而下降的。特别是在 500～600 ℃之间屈服应力的变化更是明显，材料的弹性模量也随之下降[7]。这里所说的淬火是由相变点以上的温度，通过急冷进行淬火的工件。由于淬火而经历了马氏体相变的钢材，一般都是极其硬而脆的。为了增强韧性而又不软化，保持其硬度，同时还进行残余应力的去除或调整，要对淬火件进行回火处理。为了避免在高温下的组织变化且又能消除应力，一般均采用较低温度回火(约 400 ℃以下)[8]。而残余应力作为一种应力状态保留在构件内，当构件随温度的升高其屈服应力下降到低于残余应力时，就会发生塑性变形。如果构件的整个截面都进入塑性状态，那么当温度恢复到常温时，构件内的残余应力将会全部消除。要想达到这种状态则温度必须相当高，因此有可能引起组织的变化，而产生新的组织应力。这时构件内的应力式(1)计算：

$$\sigma = E \cdot \varepsilon \tag{2}$$

式中，σ 为被测动应力值；E 为构件材料的弹性模量；ε 为被测的最大动应变值。

实际被测点是二向应力状态，且主应力方向已知，则可沿主应力方向贴两个应变片，其主应力计算公为式：

$$\begin{cases} \sigma_1 = \dfrac{E}{1-\mu^2}(\varepsilon_1 + \mu\varepsilon_2) \\ \sigma_2 = \dfrac{E}{1-\mu^2}(\varepsilon_2 + \mu\varepsilon_1) \end{cases} \tag{3}$$

式中，σ_1 和 σ_2 分别为第一，二主应力；ε_1 和 ε_2 分别为应变片所测应变值；μ 为材料的泊松系数。

松弛前应变为式：

$$\varepsilon_0=\varepsilon_{弹}+\varepsilon_{塑} \tag{4}$$

这时构件内的应力 $\sigma_0=E\cdot\varepsilon_{弹}$，随着时间的增长，$\varepsilon_{弹}$ 逐渐向 $\varepsilon_{塑}$ 转化而减小，而使应力 σ_0 减小。即在应力松弛过程中，弹性应变转化成塑性应变，从本质上看，应力松弛与蠕变效应是一致的。当应力不超过比例极限时，应力与应变成正比随着时间的增长。$\varepsilon_{弹}$ 逐渐向 $\varepsilon_{塑}$ 转化而减小，而使应力 σ 根据应力松弛的定义，松弛前应变为 $\varepsilon_{弹}$ 与 $\varepsilon_{塑}$，即总应变 ε_0 为常数。在工程实际中，热作用法去除残余应力主要是退火或回火。

4.2 振动时效与热处理方法的对比

热时效存在着能耗大、成本高、材料机械性能下降、大工件无法处理等弊端；振动时效去除焊后残余应力方法，是利用共振原理降低和均化金属结构内部残余应力，获得结构尺寸精度稳定的一种新技术，其特点可完全取代传统的热时效和自然时效工艺。

具体对比如下：

(1)投资对比：与热时效相比它无需庞大的时效炉，可节省占地面积与昂贵的设备投资。现代工业中的大型铸件与焊接件如采用热时效消除应力则需建造大型时效炉不仅造价昂贵利用率低，而且炉内温度很难均匀消除应力效果很差，采用振动时效可以完全避免这些问题。因此目前对长达几米至几十米的桥梁船舶，化工器械的大型焊接件和重达几吨至几十吨的超重型铸件较多地采用了振动时效。

(2)生产周期对比：热时效亦需经数十小时的周期方能完成。而振动时效一般只需振动数十分钟即可完成，而且振动时效不受场地限制，可减少工件在时效前后的往返运输，如将振动设备安置在机械加工生产线上，不仅使生产安排更紧凑而且可以消除加工过程中产生的应力。

(3)应用方便性对比：振动设备体积小、重量轻，因此便于携带。由于振动时效处理不受场地限制，振动装置又可携至现场，所以这种工艺与热时效相比使用简便适应性较强。加热炉受限条件大。由于设备简单易于搬动，因此可以在任何场地上进行现场处理。它不受构件大小和材料的限制，从几十公斤到几百吨的构件都可使用振动时效技术。特别是对一些大型构件无法使用热时效处理时，振动时效就具有更加突出的优越性。

(4)节约能源降低成本对比：在工件的共振频率下进行时效处理耗能极小，实践证明功率 1.2～3.3kW 的机械式激振器可振动 300 t 以下的工件，故粗略计算其能源消耗仅为热时效 3%～5%，成本仅为热时效的 1%～3%[9]。

(5)机械性能对比：经过振动时效处理的构件其残余应力可以被消除 20%～80%左右[10-11]，高拉应力区消除得比低应力区大。因此可以提高使用强度和疲劳寿命，降低应力腐蚀。振动时效可以防止或减少由于热处理、焊接等工艺过程造成的微观裂纹的发生。振动时效可以提高构件抗变形的能力，稳定构件的精度，提高机械质量。

(6)其他对比：振动时效操作简便易于实现机械化、自动化；可避免金属零件在热时效过程中产生的翘曲变形、氧化、脱碳及硬度降低等缺陷；是目前唯一能进行二次时效的方法；它又是绿色技术，在时效过程中无污染。

表 5 振动时效与热时效综合性能对比

序号	评价指标	振动时效	热时效	对比结论
1	残余应力降低率	35%～45% (峰值 50%～60%)	40%～50% (峰值 45%～55%)	振动时效峰值应力降低更显著
2	尺寸稳定性(mm/m)	0.12	0.15	振动时效优于热时效约 20%

（续表）

序号	评价指标	振动时效	热时效	对比结论
3	材料屈服强度	提高 8%～12%	降低 5%～8%	振动时效具有强化效果
4	疲劳寿命	提升 20%～30%	基本不变或略降	振动时效显著优势
5	处理时间	约 60 分钟	24 小时以上	振动时效效率极高
6	能源消耗	极低(约热时效 5%)	非常高	振动时效节能 95%以上
7	环境影响	噪声可控,无污染	废气排放,高碳排放	振动时效环保优势明显

从失效模式分析角度看,未充分消除的残余应力可能引发多种问题。在安装阶段,残余应力释放会导致结构变形,造成对接困难或密封不良;在运行过程中,残余拉应力与工作应力叠加,可能使局部应力超过材料强度极限,导致突然破裂;在长期服役条件下,残余应力会加速应力腐蚀开裂和疲劳裂纹扩展,缩短产品使用寿命。挪威 27.5 万吨级油轮在北海断裂的惨痛教训就是由于焊接残余应力导致锚墩产生裂纹引起的,这一案例警示对于关键承压部件如大型膨胀节,残余应力的有效控制直接关系到整个系统的安全运行。

(7)经济性分析:经详细核算了批量生产订单 B－669 工程引汉济渭项目 DN3400 膨胀节制造过程中两种时效工艺的综合成本:热时效需要大型燃气加热炉,设备投资超过 200 万元,单件处理能耗成本约 8500 元,且需要专用厂房和辅助设备;而频谱谐波振动时效设备投资约 16 万元,单件处理电耗成本仅 130～200 元,且设备可移动,无需专用场地。按照年产 36 台 3400 膨胀节计算,采用振动时效节约能源成本约 44 万元,加上设备折旧差异,总成本节约更为可观。

5 结 论

振动时效法是一种高效、环保的应力消除方法,其在消除应力方面的效果优于传统的热处理方法。振动时效处理技术可以有效地降低和均化构件的残余应力,提高使用强度和疲劳寿命。振动时效处理技术还可以防止构件在使用中出现断裂裂纹。特别是在大口径结构复杂的膨胀节产品的制造过程中,受力结构件的制造难度大,随着振动时效法技术的不断发展和完善,其在大口径的膨胀节生产中的应用前景将更加广阔。振动时效处理技术的适用性随着该项技术的广泛应用而被逐渐地发现和扩大。但核心环节最重要的是掌握振动时效工艺原理,时效工艺的关键技术和知识点,使其形成一个系统脉络,因为只有在这个前提下,才可能很好地完成其他的任务。

参考文献

[1] 郭凯,郭志文,董温哲,等．并排小间距比塔式容器的流致振动试验研究[J]．压力容器,2024,41(11):1－11.

[2] 沈立人．浅谈振动时效及其应用[J]．科技与应用,1997(6):8－15.

[3] 马振宇,芦亚萍,贾叔仕．振动时效微观机理研究[J]．机械工程师,2003(2):30－32.

[4] 孙丰华,房德馨．振动时效消除金属构件残余应力效果检测[J]．大连理工大学报,1994,34(4):390.

[5] 李庆本．振动时效的振动力学分析[J]．焊接学报,2000,21(1):25－28.

[6] 陈永岭,尹忠俊．振动时效动应力参数选取的探讨[J]．机械设计与制造,2006(4):102－103.

[7] 王莉虹．振动时效消除应力工艺探讨[J]．机电工程技术,2003,32(4):75－77.

[8] 沈剑,朱世根．振动时效工艺参数及其选择[J]．现代铸铁,1998(3):8－11.

[9] 王炜．振动时效的理论分析及其应用开发区[J]．机械工程与自动化,2004(1):41－45.

[10] 郭凯,程雨轩,谭蔚,等．不等频率比转置三角形管束流体弹性失稳试验研究[J]．压力容器,

2023,40(4):1－7.

[11] 张勇,路增林. 振动时效技术机理[J]. 机械工业标准化与质量,2001(12):37－39.

作者简介

白光(1975),女,高级工程师,主要致力于研发高性能管道补偿解决方案、保障工业流体安全稳定运行、推动行业技术创新与标准升级,通信地址:110015 辽宁省沈阳市浑南区双园路 269 号奥林匹克花园三期漫步地中海 T2－104,E－mail:chengbww@163.com。

膨胀节关键零件波纹管的精密制造研究

李书宇[1],翟瑞雪[2,3],齐金祥[1],陈四平[1]
（1. 秦皇岛市泰德管业科技有限公司,河北秦皇岛　066004；
2. 燕山大学 先进锻压技术与科学重点实验室,河北秦皇岛 066004；
3. 燕山大学 机械工程学院,河北秦皇岛　066004）

摘　要:金属波纹管作为膨胀节的关键零部件,其成型方式多为液压成型,其成型前的模具尺寸,成型过程中的液体压力,还有成型后的管壁厚度、波高尺寸、波距尺寸、波高一致性和产品的一致性均是膨胀节制造企业需要解决的基础性难题。通过对金属波纹管实际生产环节的长期观察,发现了金属波纹管液压胀形工艺有3个至关重要的工艺参数,它们分别是模具的垫块高度,膨胀时刻的液体压力值,整个成型过程的液体压力曲线;围绕这3个工艺参数,借助数值模拟工具ABAQUS对21种形貌参数的U型金属波纹管,进行了大塑性变形的液压成型模拟;通过试验验证了有限元模拟的准确性。最终得出了相较于传统计算方法更加准确的工艺参数计算公式和金属波纹管壁厚计算公式;发现了金属波纹管各个波高不一致的现象及其规律,找到了原因和解决方案。

关键词:膨胀节;波纹管;液压成型;精密制造;数值模拟

Study on the precision manufacturing of the bellows as the key component of expansion joints

LI Shuyu[1],ZHAI Ruixue[2,3],QI Jinxiang[1]
(1. Qinhuangdao Taidy Flex－Tech Co. ,Ltd. ,Qinhuangdao 066004,China;
2. Key Laboratory of Advanced Forging & Stamping Technology and Science,
Yanshan University,Qinhuangdao 066004,China;
3. College of Mechanical Engineering,Yanshan University,Qinhuangdao 066004,China)

Abstract:As a critical component of expansion joints, metal bellows are predominantly formed using hydraulic forming technology. Key challenges for manufacturers include determining the mold dimensions prior to forming, controlling the liquid pressure during the forming process, and ensuring consistency in wall thickness, wave height, wave pitch, wave height uniformity, and overall product quality post－forming. Through systematic observation of the production processes of metal bellows, three pivotal process parameters were identified in the hydraulic bulging forming process: the height of the mold pad, the liquid pressure at the moment of expansion, and the pressure curve throughout the entire forming cycle. Focusing on these parameters, finite element simulations of large plastic deformation were conducted for 21 types of U－shaped metal bellows with varying morphological characteristics using the ABAQUS numerical simulation tool. Subsequently, experimental validation confirmed the accuracy of the simulation results. As a result, more precise calculation formulas for process parameters and bellows wall thickness were developed compared to traditional methods. Additionally, it was observed that inconsistencies in wave height follow a pattern where the waves are larger at the ends and smaller in the middle, which is attributed to the initial bulging operation.

Keywords: Expansion Joint; Bellows; Hydraulic Forming; Precision Manufacturing; Numerical Simulation

0 引 言

膨胀节作为管道运输中的关键构件，广泛应用于金属冶炼、石油化工、热力管网等需要管道位移补偿的场景。如图 1 所示，图中展示了 4 种不同类型膨胀节的详细结构。膨胀节可以用来补偿管道的轴向位移、横向位移和角向位移，这些功能的实现，均依靠组成膨胀节的关键柔性零件——波纹管。其波纹结构赋予其优异的轴向和角向补偿能力、抗疲劳特性与密封性能，而制造精度直接决定其服役寿命与系统安全[1-3]。液压成型技术作为金属塑性加工领域的前沿方法，凭借其成型精度高、材料利用率优、工艺柔性强的特点，已成为金属波纹管制造的关键技术之一[4]。

当前，对波纹管膨胀节的研究涵盖了各种波形的波纹管，重点关注其力学性能和成型技术。如图 2 所示，图中展示了 8 种不同波纹形貌的波纹管。在力学性能方面，研究涉及了波纹管的刚度、非线性行为(如失稳、疲劳等)、材料特性、振动响应以及失效机制等多个层面。而在成型方案上，研究者们探索了包括液压胀形、焊接成型、辊压成型、机械胀形、橡胶成型以及电沉积成型在内的多种技术[5-6]。李扬对 Ω 形波纹管给出了设计与优化方案[7]。姚琳等人研究了 Ω 形波纹管及 U 形波纹管的强度和刚度[8-9]。王宏飞研究了 S 型焊接金属波纹管的振动特性[10-11]。目前，国内对金属波纹管的液压胀形研究有了一定的进展，然而，金属波纹管液压成型过程涉及材料非线性、几何非线性及接触非线性等复杂情形，其成型质量受材料本构行为、加载路径、摩擦条件及模具设计等因素的显著影响。当前研究仍面临三方面的挑战，第一是金属波纹管尺寸精度；第二是模具垫块的设计；第三是液压胀形工艺参数优化。

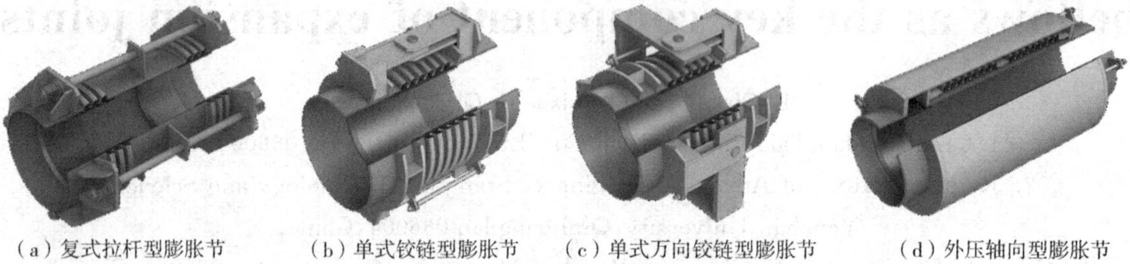

（a）复式拉杆型膨胀节　（b）单式铰链型膨胀节　（c）单式万向铰链型膨胀节　（d）外压轴向型膨胀节

图 1　不同类型的膨胀节

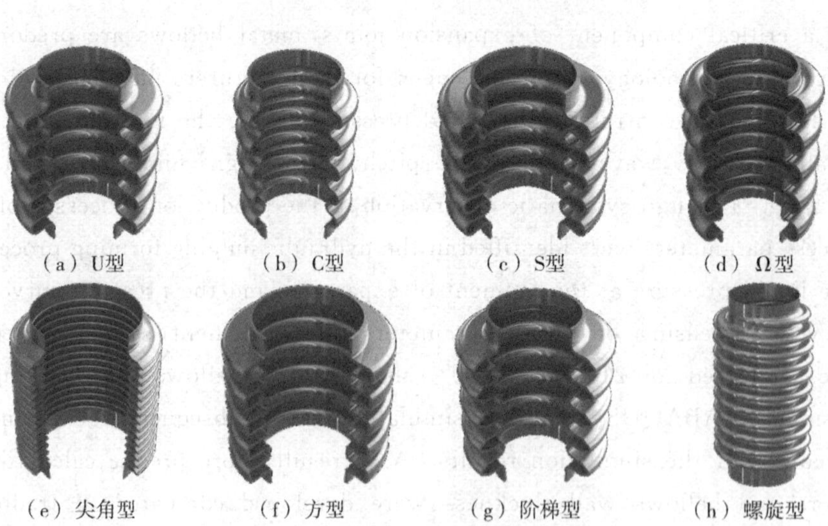

（a）U型　（b）C型　（c）S型　（d）Ω型

（e）尖角型　（f）方型　（g）阶梯型　（h）螺旋型

图 2　不同波纹形貌的波纹管

因此,本文聚焦金属波纹管液压成型过程中的力学行为演变、缺陷控制机理及工艺参数优化,为突破高性能波纹管制造的技术瓶颈提供理论支撑与实践指导。这项研究不仅推动液压成型技术向精密制造领域延伸,更为新一代波纹管在战略新兴产业中的应用开辟全新路径。

1 工艺介绍

金属波纹管的液压胀形工艺包含了圆筒管坯的制作和金属波纹管的液压胀形,如图 3 和图 4 所示。

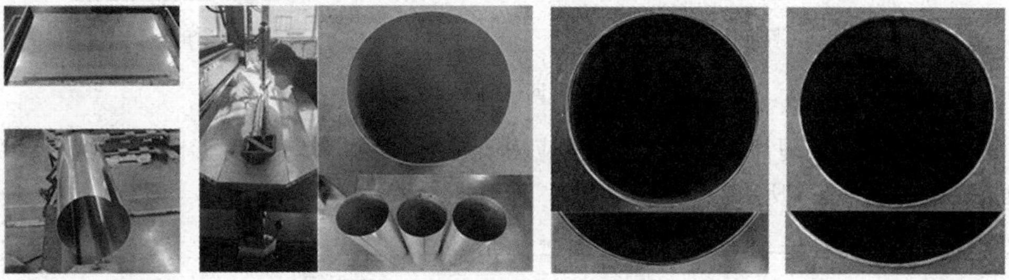

(a) 下料与卷圆　(b) 焊接　(c) 嵌套　(d) 封口焊接

图 3　圆筒管坯的制作

圆筒管坯的制作过程包括下料、卷圆、焊接、嵌套和封口。之后,就得到了已经封口的多层管坯。

(a) 模具组装　(b) 注水　(c) 合模　(d) 起波　(e) 轴向压缩

图 4　金属波纹管液压胀形

得到管坯之后,就可以开展波纹管液压胀形的工作。其具体步骤是:首先,将管坯和模具装配到一起;然后,向管坯内注水并在排除空气之后合模;随后,提高管坯内部液体压力至所设计的起波压力;最后,进行轴向压缩,并实时调整内部液体压力,直至波纹管彻底成型。

2 材料性能试验

本文选用材料为 316L 不锈钢,厚度为 0.6 mm,材料物化性能遵循 ASTM－A240 标准。单向拉伸试验执行标准为 GB/T 228.1—2021。如图 5 所示,图中展示了单向拉伸试样的尺寸,取样位置和断后形貌。

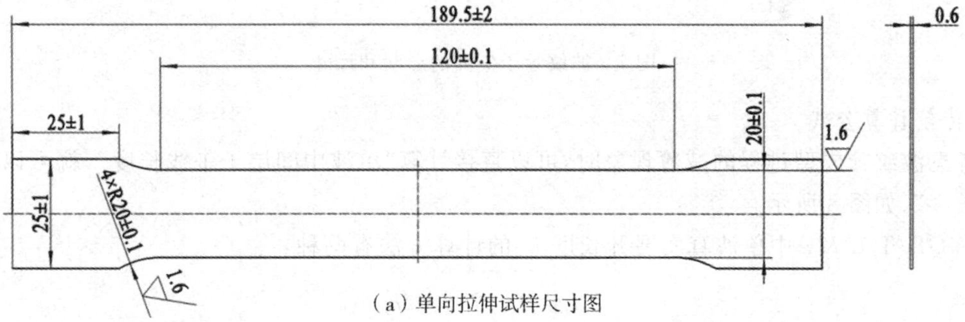

(a) 单向拉伸试样尺寸图

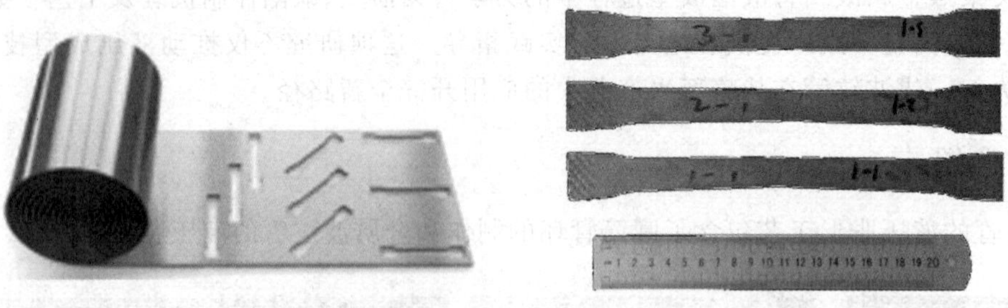

（b）试样取样位置　　　　（c）试样拉断后的形状

图 5　单向拉伸试验试样

经过上述试验和相关处理计算，得到了真实应力－应变曲线、弹塑性变形阶段的拟合函数和大塑性变形阶段的拟合函数，如图 6 所示。

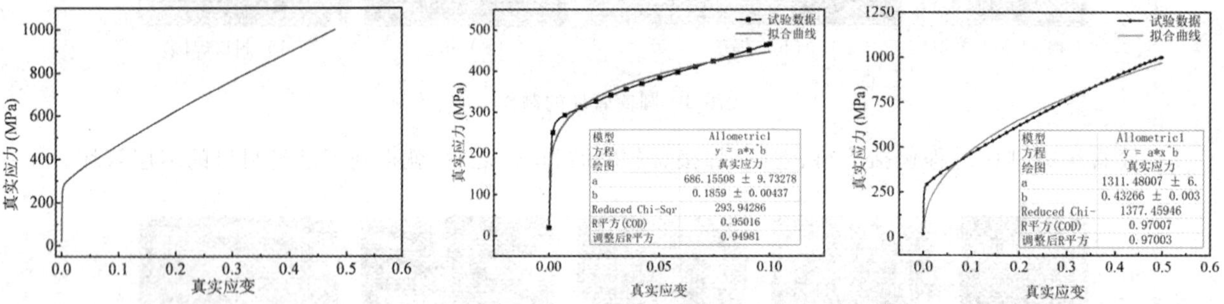

（a）真实应力-应变曲线　　（b）弹塑性变形阶段的拟合曲线　　（c）大塑性变形阶段的拟合曲线

图 6　单向拉伸试验数据处理

3　坯料长度研究

3.1　金属波纹管参数简介

坯料长度是影响波纹管形貌尺寸的关键因素之一。如图 7 所示，其为 4 个波的 U 型金属波纹管的子午面，图中 L_b 为纯波长，L_t 为直边段长度，q 为波距，h 为波高，n 为层数，δ 为单层厚度，r_c 为波峰的内半径，r_r 为波谷的外半径。一个波距内的波纹管，所用管坯的长度被称为单波真实展开长度，即 L_d。完整波纹的个数乘以 L_d，再加上两端的直边段长度，就是坯料长度。

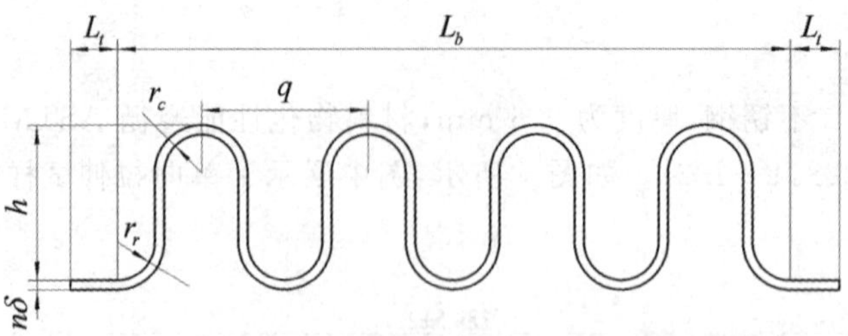

图 7　波纹管子午面的形状和尺寸

3.2　传统计算公式

在不考虑波纹管成型过程的减薄现象时，可以直接计算“单波中间层子午线长度”，就可以得到“单波真实展开长度”，如图 8 所示。

在国标 GB/T 12777 中单波真实展开长度 L_d 的计算方法有两种：

$$L_d = 0.571q + 2h \tag{1}$$

$$\begin{cases} L_d=2\pi r_m+2\sqrt{\left(\dfrac{q}{2}-2r_m\right)^2+(h-2r_m)^2} \\ r_m=\dfrac{1}{2}(r_c+r_r+n\delta) \end{cases} \tag{2}$$

公式(1)和公式(2)的计算结果相同，它们都是计算"单波中间层子午线长度"的公式，可以近似代替"单波真实展开长度"的计算公式。需要注意公式(1)已经被移出了国家标准。

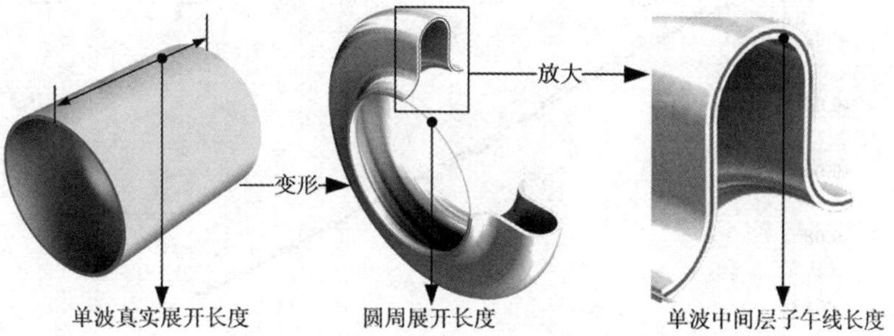

图 8 波纹管坯料尺寸示意图

3.3 新计算方案

新方案的解题思路是先解决金属波纹管液压成型过程中壁厚 $n\delta$ 的减薄规律，得到相关函数关系之后，再求解单波的体积。又因为金属在发生大塑性变形时，其体积几乎没有变化。因此，就可以得到单波真实展开长度的计算公式，即体积除以管坯的横截面积。

为了研究壁厚 $n\delta$ 的减薄规律，已经做了大量的有限元模拟仿真，并做了相应的验证试验，这里不再展开。为了更加清晰地理解金属波纹管的变形和阐述单波真实展开长度 L_d 的计算过程，需要绘制金属波纹管的变形图。如图 9 所示，其中，L 是波纹管的单波真实展开长度；dL_0 是波纹管未变形时子午线上的一个微分段；t_0 是波纹管未变形时圆管的壁厚；R_0 是波纹管未变形时圆管的直径；dL_1 是圆管变形之后子午线上的一个微分段；t_1 是圆管变形之后是微分段的厚度；R_1 是圆管变形之后微分段厚度中间层与圆管直径的距离；ε_1 是波纹管周向的真实主应变；ε_2 是波纹管子午线的真实主应变；ε_3 是波纹管壁厚方向的真实主应变。

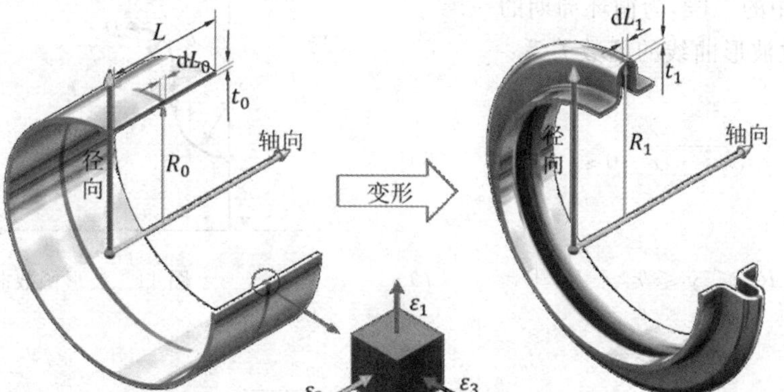

图 9 金属波纹管的变形

首先假定减薄规律符合某种线性关系，并列出减薄规律的公式：

$$x=\frac{R_1-R_0}{R_0};y=\ln\left(\frac{t_1}{t_0}\right);y=Kx \tag{3}$$

式中,x 为直径变化率;y 为厚向真实应变;K 为减薄斜率。

提取有限元分析中的数据,绘制出了图 10。可以发现数据点非常接近一条直线,印证了“假定减薄规律符合某种线性关系”这个假设。拟合这些数据点,可以发现 K 值较为接近 -0.5,印证了金属大塑性变形时体积基本不变的现象。

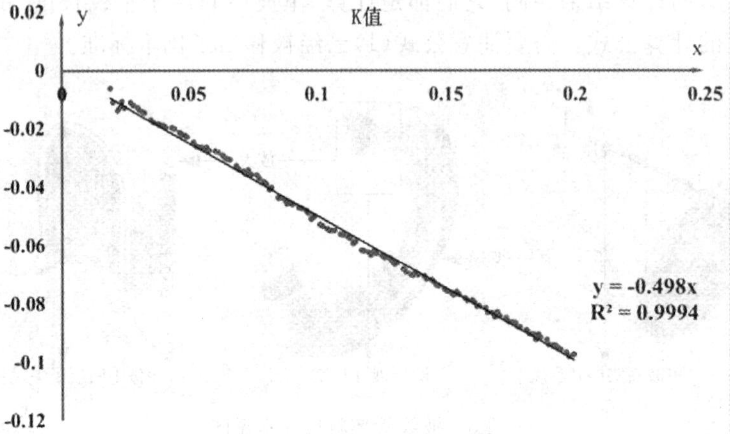

图 10　有限元分析数据提取和整理

列出体积不变假设所得到的公式:

$$\begin{cases} \ln\dfrac{V_1}{V_0}=\varepsilon_1+\varepsilon_2+\varepsilon_3=0;\varepsilon_1=\ln\dfrac{2\pi R_1}{2\pi R_0}=\ln\dfrac{R_1}{R_0} \\ \varepsilon_2=\ln\dfrac{\mathrm{d}L_1}{\mathrm{d}L_0};\varepsilon_3=\ln\dfrac{t_1}{t_0} \end{cases} \tag{4}$$

式中,V_0 为波纹管变形之前的体积;V_1 为波纹管变形之后的体积。

由公式(4)可以推导出:

$$R_1\times dL_1\times t_1=R_0\times dL_0\times t_0 \tag{5}$$

金属波纹管波形函数,如图 11 所示,该曲线是 U 形波纹管子午线中的一段,为循环周期的一半。

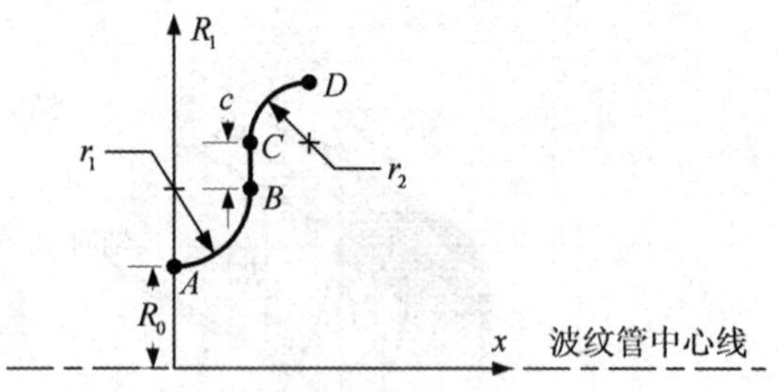

图 11　波形函数曲线

根据图 11,建立波形曲线的函数关系:

函数段 $A-B$:

$$f_{(x)}=r_1+R_0-\sqrt{r_1^2-x^2};0\leqslant x\leqslant r_1 \tag{6}$$

非函数段 $B-C$:

$$x=r_1;r_1+R_0\leqslant y\leqslant r_1+R_0+c \tag{7}$$

函数段 $C-D$:

$$g_{(x)}=r_1+R_0+c+\sqrt{r_2^2-(x-r_1-r_2)^2};r_1\leqslant x\leqslant r_1+r_2 \tag{8}$$

现在开始求解单波真实展开长度,分为两种情况,一种是不考虑减薄,另一种是考虑减薄。

曲线的弧长计算公式:

$$\mathrm{d}L_1=\sqrt{1+f'^2_{(x)}}\,\mathrm{d}x \tag{9}$$

$$\mathrm{d}L_1=\mathrm{d}y \tag{10}$$

公式(9)或公式(10)代入公式(5)得：

$$\mathrm{d}L_0=\frac{f_{(x)}\times t_1}{R_0\times t_0}\sqrt{1+{f'_{(x)}}^2}\,\mathrm{d}x \tag{11}$$

$$\mathrm{d}L_0=\frac{f_{(x)}\times t_1}{R_0\times t_0}\mathrm{d}y \tag{12}$$

第一种情况：

根据公式(6)～公式(12)，得出：

$$\begin{aligned}L_a&=2\left(\int_0^{r_1}\sqrt{1+f'^2_{(x)}}\,\frac{f_{(x)}}{R_0}\mathrm{d}x+\int_{r_1+R_0}^{r_1+R_0+c}\frac{y}{R_0}\mathrm{d}y+\int_0^{r_1}\sqrt{1+g'^2_{(x)}}\,\frac{g_{(x)}}{R_0}\mathrm{d}x\right)\\&=\frac{1}{R_0}\left[\pi r_1(r_1+R_0)-2r_1^2+(r_1+R_0+c)^2-(r_1+R_0)^2+\pi r_2(r_1+R_0+c)+2r_2^2\right]\end{aligned} \tag{13}$$

式中，L_a—— 不考虑厚向减薄时的单波真实展开长度。

对公式(13)进行修正，得到公式(14)：

$$L_b=L_a\mathrm{e}^f \tag{14}$$

式中，L_b—— 以 L_a 为基础修正得来的单波真实展开长度；

f—— 厚向真实应变的平均值。

第二种情况：

联立公式(6)到公式(12)，以及公式(3)，可以得到：

$$L_c=2\left(\int_0^{r_1}\sqrt{1+f'^2_{(x)}}\,\frac{f_{(x)}}{R_0}\mathrm{e}^{\frac{(f_{(x)}-R_0)K}{R_0}}\mathrm{d}x+\int_{r_1+R_0}^{r_1+R_0+c}\frac{y}{R_0}\mathrm{e}^{\frac{(y-R_0)K}{R_0}}\mathrm{d}y+\int_0^{r_1}\sqrt{1+g'^2_{(x)}}\,\frac{g_{(x)}}{R_0}\mathrm{e}^{\frac{(g_{(x)}-R_0)K}{R_0}}\mathrm{d}x\right) \tag{15}$$

式中，L_c—— 考虑厚向减薄的单波真实展开长度。

为了观察新计算公式和传统计算公式的差异，绘制了图12。不难发现，波高越大，两个公式的差距越大。

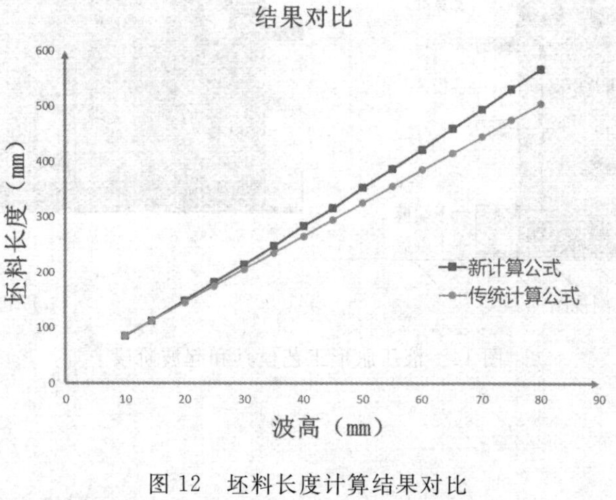

图12 坯料长度计算结果对比

目前，针对新计算公式已经做了许多有限元仿真验证和实验验证，在不考虑波纹管起波阶段管坯向中间滑移的情况时，新计算公式与有限元仿真计算结果高度吻合。

4 轴向进给和液胀压力研究

4.1 液体压力求解

如图 13 所示,金属波纹管液压胀形过程一般分为 3 个阶段。初始阶段:组装管坯和模具,并向管坯内部注水,之后封闭管坯的两个端口;起波阶段:模具完全固定,持续加水,直到有一个初始波纹形状;成型阶段:撤掉固定模具用的垫块,持续增大水压的同时,轴向进行压缩。

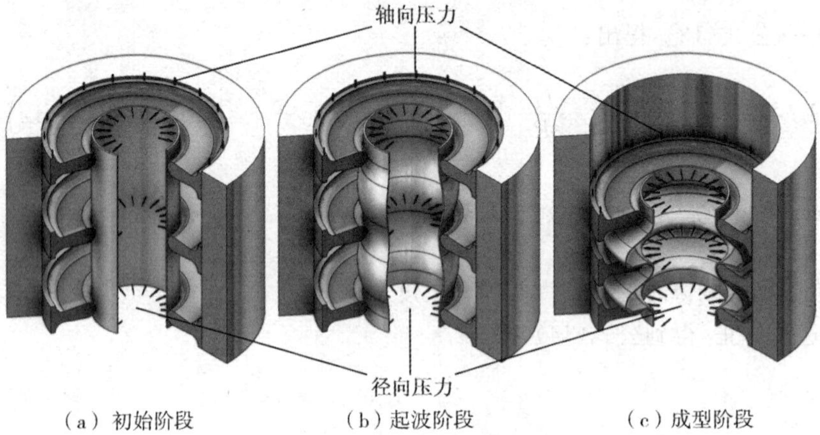

图 13 金属波纹管液压胀形过程

起波阶段的液体压力的求解,可拆分为两个部分:一个是平板弯曲变形,另一个是平板拉伸变形。拉伸变形是管坯直径增大大变形,弯曲变形是管坯子午线的变形。

(1)确定起波阶段结束点管坯子午线的形状

起波阶段结束点,模具和管坯的子午面形状如图 14 所示。根据实践经验和有限元数值模拟,等腰三角形的顶角∠AOB 在 35°附近。

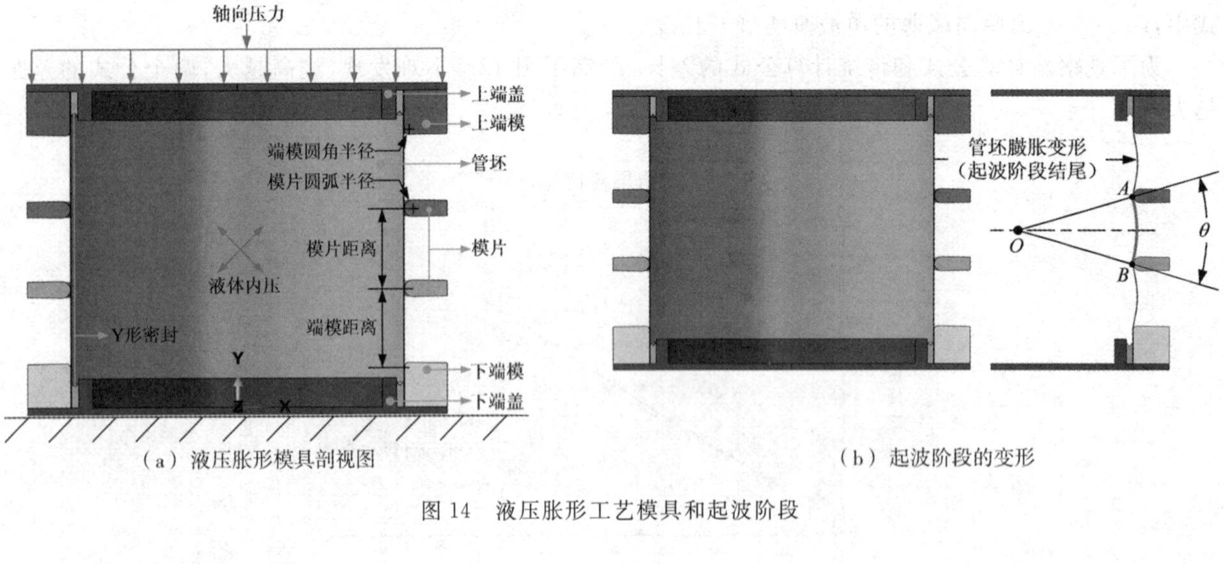

图 14 液压胀形工艺模具和起波阶段

周向真实应变 ε_1:

$$\varepsilon_1=\ln\left(1+\frac{L_c}{2R_0}\left(\frac{1}{\sin(0.5\theta)}-\frac{1}{\tan(0.5\theta)}\right)\right) \tag{16}$$

计算拉伸变形所"消耗"的液体压力:

$$q_1=\frac{t_0}{R_0}f_{(\varepsilon_1)} \tag{17}$$

式中，f——应变到应力的映射关系；

q_1——拉伸变形所占用的液体压力。

(2)材料的真实应力－应变曲线的拟合

由图 6 得拟合函数为：

$$\bar{\sigma}=686\times\bar{\varepsilon}^{0.1859} \tag{18}$$

式中，$\bar{\sigma}$——等效应力(等于单拉试验的真实应力)；

$\bar{\varepsilon}$——等效应变(等于单拉试验的真实应变)。

那么，拉伸变形所消耗的液体压强为：

$$q_1=686\times\varepsilon_1{}^{0.1859}\times\frac{t_0}{R_0} \tag{19}$$

(3)挠曲线方程的推导

根据材料力学，对板料弯曲模型进行推导。板料弯曲变形如图 15(d)所示，其可以由图 15(a)、图 15(b)和图 15(c)组合而成。

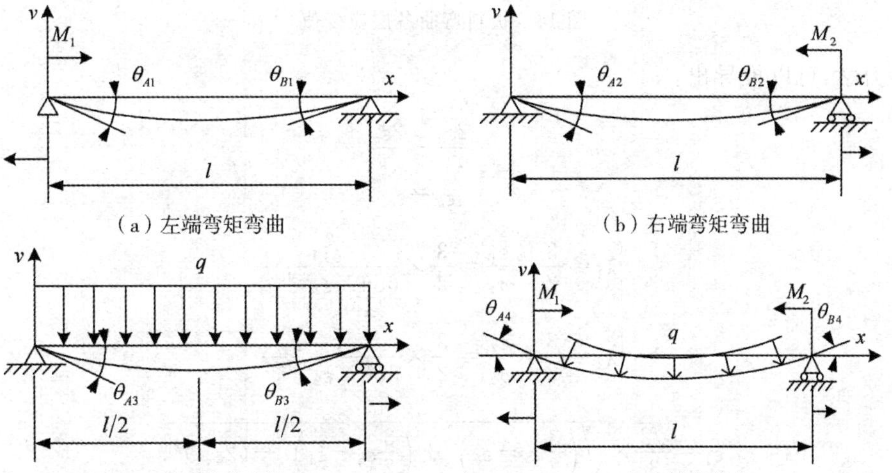

(a) 左端弯矩弯曲 (b) 右端弯矩弯曲

(c) 均布载荷弯曲 (d) 综合弯曲

图 15　板料弯曲变形

把 3 类变形叠加在一起可得：

$$v\,\frac{-qL_c{}^{4}{}^{\varepsilon_1}}{384EI}{}_{0\min} \tag{20}$$

式中，$v_{\min}$为是图 14(d)中曲线的最低点，是一个负数。

当弯曲板料的宽度取 1 mm 时，板料的惯性矩为：

$$I=\frac{t_0{}^3}{12}\times 1\text{mm} \tag{21}$$

根据公式(20)和公式(21)，推导出压强的计算公式：

$$q_2=\frac{Et_0{}^3R_0(e^{\varepsilon_1}-1)}{L_c{}^4}\times 32\text{mm} \tag{22}$$

式中，q_2——是弯曲变形所消耗的液体压强。

(4)“伪真实应力-应变曲线”的斜率 E

“伪真实应力-应变曲线”在本文之中的定义就是,材料在一定的拉伸变形基础之上,垂直于拉伸变形方向的主应力和真实应变的关系曲线。

首先,对弯曲发生之后的应变进行简化,简化之后如图 16 所示,其中 ε 是主应变。

根据定义,斜率 E 为:

$$E=\frac{\sigma_{y1}-\sigma_{y3}}{\varepsilon_{y1}-\varepsilon_{y3}} \tag{23}$$

式中,E 为“伪真实应力一应变曲线”的斜率 E;σ_{y1} 为弯曲最内侧弯曲方向上的应力;σ_{y3} 为弯曲最外侧弯曲方向上的应力。

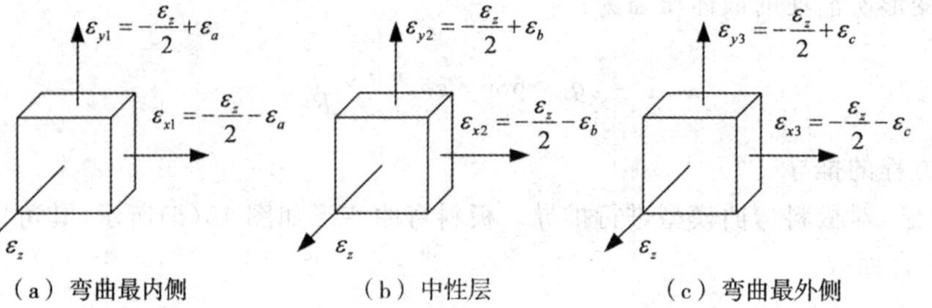

图 16 板料弯曲各层应变值

根据材料力学,可以推导出:

$$E=\frac{\dfrac{2\varepsilon_a}{\lambda_1}-\dfrac{2\varepsilon_c}{\lambda_2}}{\varepsilon_a-\varepsilon_c} \tag{24}$$

$$\begin{cases}\lambda_1=\dfrac{3}{2}\times\dfrac{\bar{\varepsilon}_1}{\bar{\sigma}_1}=\dfrac{3}{2}\times\dfrac{\bar{\varepsilon}_1}{686\times\bar{\varepsilon}_1^{\,0.1859}}\\[2ex]\lambda_2=\dfrac{3}{2}\times\dfrac{\bar{\varepsilon}_2}{\bar{\sigma}_2}=\dfrac{3}{2}\times\dfrac{\bar{\varepsilon}_2}{686\times\bar{\varepsilon}_2^{\,0.1859}}\end{cases} \tag{25}$$

$$\bar{\varepsilon}_1=\frac{\sqrt{2}}{3}\times\sqrt{\left(\frac{3}{2}\varepsilon_z-\varepsilon_a\right)^2+\left(\frac{3}{2}\varepsilon_z-\varepsilon_a\right)^2+(2\varepsilon_a)^2} \tag{26}$$

$$\bar{\varepsilon}_2=\frac{\sqrt{2}}{3}\times\sqrt{\left(\frac{3}{2}\varepsilon_z-\varepsilon_c\right)^2+\left(\frac{3}{2}\varepsilon_z-\varepsilon_c\right)^2+(2\varepsilon_c)^2} \tag{27}$$

所以,最终得到液体压力公式:

$$q=q_1+q_2 \tag{28}$$

式中,q 为总的液体压力,即液体压力。

4.2 轴向进给和液体压力的关系

不同波高的波纹管在有限元数值模拟之中的结果,如图 17 所示。其中,波高为 40 mm 的波纹管出现瑕疵。根据仿真和试验数据,失败案例的出现,主要是因为成型压力曲线不合理。在图 18 之中,红色曲线代表理想的波纹管,黑色曲线代表实际的波纹管。其中,波谷尖角和端部滑移普遍存在,如图 18 所示。波谷尖角缺陷可以通过改变成型压力曲线来解决,而端部滑移则需要改进工艺流程来解决。

下面通过波纹管液压胀形时的几何变形关系,来推导成型压力曲线,抽取的几何图形如图 19 所示。

规定 O 点和 A 点保持不动;B 点竖直方向的下降距离为 x_B,其最大下降距离为 $0.5L_c-0.5L_q$(注:L_c 为单波真实展开长度,L_q 为波距);C 点在 OA 方向上移动;L_{OB} 是 OB 段的长度,是一个固定值;L_{OC} 是

OC 段的长度，是一个变化值；L_{OA} 是 OA 段的长度，是一个固定值，等于管坯中间层的半径 R_0；L_{AB} 是 AB 段的长度，是一个变化值，其初始值为 0.5 倍的 L_c；L_{AC} 是 AC 段的长度，是一个变化值；L_{BC} 是 BC 段的长度，是一个固定值；θ 是 16°。

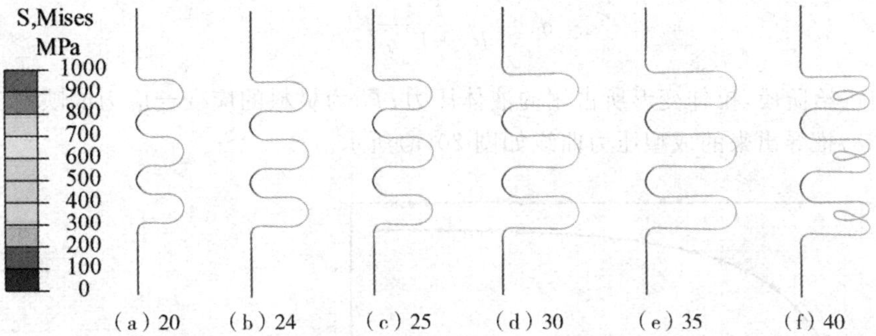

图 17　不同波高波纹管的液压胀形仿真结果

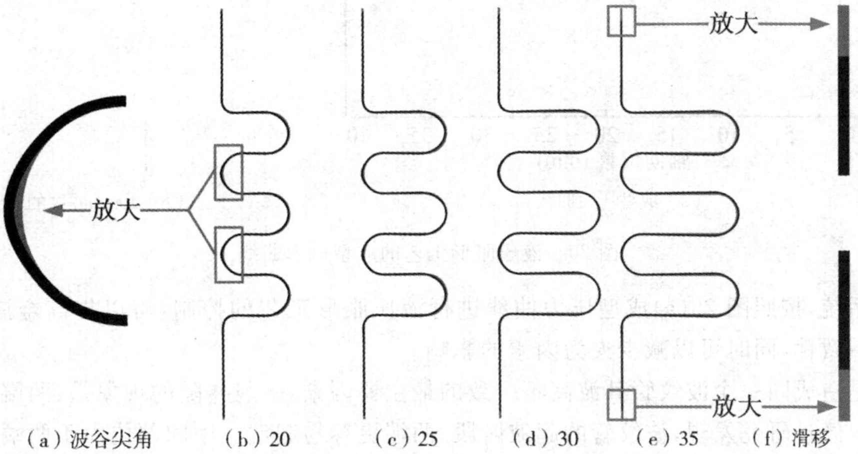

图 18　波纹管成型过程中的缺陷

由几何关系可得：

$$\begin{cases} L_{BC} = \dfrac{L_c}{2\cos\theta} \\ L_{AC} = \sqrt{L_{BC}^{\ 2} - (0.5L_c - x_B)^2} \end{cases} \tag{29}$$

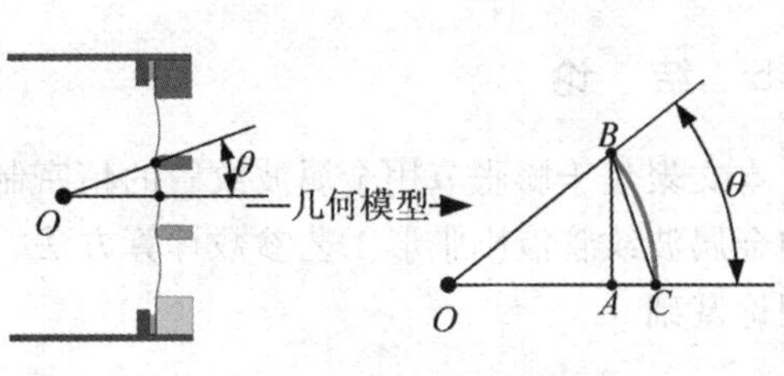

图 19　胀形模型的几何模型

实际情况下，x_B 达到最大值时，C 点正好到达波高的顶点处。所以，需要对 L_{AC} 进行修正：

$$L'_{AC} = L_{AC} \times \frac{h}{\sqrt{L_{BC}^2 - (0.5L_q)^2}} \tag{30}$$

式中，h 为波高；L'_{AC} 为修正的 L_{AC}。

由液压胀形工艺特点，可以推出：

$$\varepsilon_1 = \ln\left(\frac{L'_{AC}}{R_0} + 1\right) \tag{31}$$

式中，ε_1 为轴向压缩阶段，波形最顶点的圆周方向的应变。

根据公式(3)，可知：

$$ln\frac{t_1}{t_0}=\frac{-L'_{AC}}{2(R_0+L'_{AC})} \tag{32}$$

则拉伸变形部分所占用的液体压力 q_1，在轴向进给阶段则变为：

$$q'_1=\frac{t_1}{R_0+L'_{AC}}f_{1(\varepsilon_1)} \tag{33}$$

式中，q'_1 为轴向进给阶段，拉伸变形所占用的液体压力；f_1 为材料的应变－应力的映射关系。

根据公式(33)推导出来的成型压力曲线如图 20(a)所示。

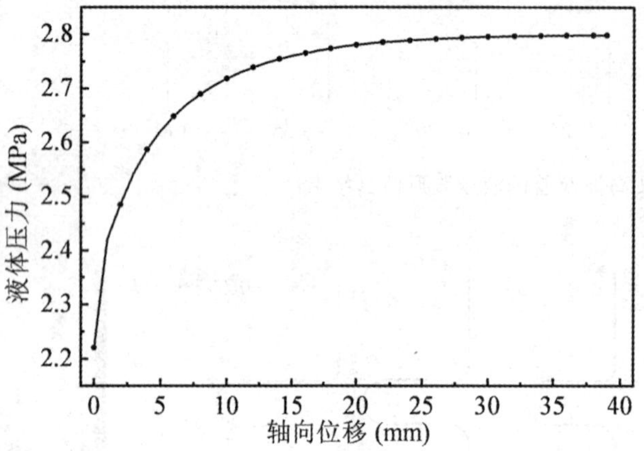

(a) 成型压力曲线

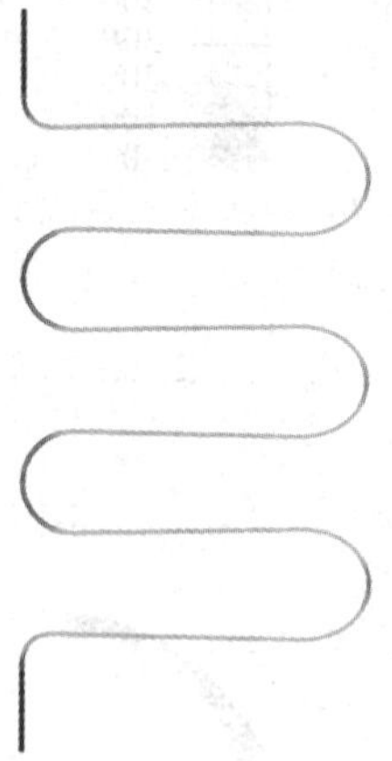
(b) 40mm波高的波纹管形貌

图 20　液压胀形工艺的成型压力曲线

应用控制系统，按照图 20(a)成型压力曲线进行液压胀形工艺的控制，可以提高金属波纹管的形貌尺寸和产品的一致性，同时可以减少人为因素的影响。

端部滑移是造成同一个波纹管其波高不一致的最主要因素，一般伴随的现象是：两端的波高更高，中间的波高最矮。经过研究发现，波纹管的起波阶段，两端更容易起波。中间部位由于两端波纹的拉力，材料很难进入中部区域。这就造成了，中间波纹的材料体积小于端部波纹的材料体积。改进的方法是在起波阶段的前期，把模具垫块去掉，解除模片距离的限制。

5　结　论

本文聚焦于膨胀节用金属波纹管的精密制造，通过理论分析，有限元计算和试验验证，得到了较为准确的金属波纹管液压胀形工艺参数计算方法。为金属波纹管液压胀形工艺的全自动化和高精度化提供了理论基础。

参考文献

[1] 顾培坤，李自成，顾寅峰，等．舰用波纹管的设计、研制和验收[C]//中国压力容器学会膨胀节委员会．第十四届全国膨胀节学术会议论文集．无锡金波隔振科技有限公司，2016：195－202.

[2] 杨玲，吴海霞，谢守勇，杨国才．膨胀节波纹管优化设计系统研究[J]．西南农业大学学报(自然科学版)，2003(6)：554－556.

[3] 马园园，张建明，苏天一，等．内压轴向位移载荷作用下波纹管多轴疲劳寿命预测[J]．压力容器，2024，41(4)：53－59.

[4] 宋昕宜，惠虎，宫建国，等．波节管液压成型过程的数值分析与试验研究[J]．塑性工程学报，2017，24(6)：68－73.

[5] 刘健，李亮，刘静，等．多层高温合金波纹管液压胀形波高精确控制[J]．塑性工程学报，2022，29

(9):80－87.

[6] 马伟,李德雨,钟玉平．波纹管的发展与应用[J]．河南科技大学学报(自然科学版),2004(4):28－31.

[7] 李扬．Ω形波纹管的设计理论与过程优化[D]．南京:东南大学,2016:1－5.

[8] 姚琳,李宁,初起宝,等．Ω形膨胀节及U形膨胀节强度和刚度的比较[J]．核安全,2013,12(2):50－55.

[9] 牛玉华,吴建伏,陈云飞,等．负压或真空条件下Ω形波纹管的强度计算公式研究[J]．压力容器,2020,37(10):46－51.

[10] 王宏飞．S型焊接金属波纹管的振动特性分析[D]．新疆:新疆大学,2020:1－9.

[11] 张璐杨,杨玉强,付贝贝,等．波峰带直边波纹管性能分析及试验研究[J]．压力容器,2024,41(6):52－57.

作者简介

李书宇(1995),男(汉),工程师,技术员,硕士,主要从事管道结构安全评估和膨胀节设计工作,通信地址:066004秦皇岛市经济开发区永定河道5号秦皇岛市泰德管业科技有限公司,E－mail:1658887883@qq.com。

多层整体包扎压力容器下紧式包扎技术创新与应用

唐 良，莫雯娟
（四川科新机电股份有限公司，四川什邡 618400）

摘 要：随着压力容器向高温高压化、大型化方向发展，高压容器的直径和壁厚不断刷新历史记录。单层厚壁筒体高压容器在特厚钢板供货技术、制造成型技术、焊接热处理技术、无损检测技术等方面存在着较大的技术壁垒和挑战，影响着单层厚壁筒体的设备安全，因此越来越多的高压容器采用多层整体包扎筒体结构。本文针对多层整体包扎筒体结构的技术特点，系统分析了目前被普遍使用的上紧式包扎工艺的局限性，并提出和重点介绍了下紧式包扎技术和新型的下紧式包扎机。通过对比分析与工程实践，验证了下紧式包扎在贴合率提升、作业安全性优化及异物控制等方面的显著优势，同时总结了其存在的技术挑战，为多层整体包扎高压容器先进的制造工艺技术和先进的制造工艺装备研发提供了理论依据与实践参考。

关键词：压力容器；多层包扎筒体；下紧式包扎；贴合率；工艺装备

Innovation and application in down－tightening winding technology for multilayer fully wound pressure vessels

TANG Liang，MO Wenjuan
（Sichuan Kexin Mechanical & Electrical Equipment Co.，Ltd.，Shifang 618400，China）

Abstract：As pressure vessels evolve toward high－temperature，high－pressure，and large－scale applications，the diameter and wall thickness of high－pressure vessels continue to break historical records. Single－layer thick－walled cylindrical high－pressure vessels often face technical barrier and challenges in ultra－thick steel plate supply，manufacturing and forming technologies，welding－heat treatment technologies，and nondestructive testing technologies，all of which may affect the equipment safety. That is why more and more high pressure equipment adopt the multilayer clamping and wrapping structure. Based on the technical characteristics of multilayer clamping and wrapping shell structures，this paper systematically analyzes the limitations of upward－tightening clamping and winding process and introducing the down－tightening clamping and wrapping technology and innovative down－tightening clamping and wrapping equipment. Through comparative analysis and engineering project practices，the study verifies the significant advantages of the down－tightening technology in improving bonding rates，optimizing operational safety，and controlling foreign matter contamination. Additionally，the paper summarizes technical challenges and provides the theoretic basis and case studies reference for advanced manufacturing technologies and manufacturing process equipment research and development of multilayer clamping and wrapping high pressure vessel.

Keywords：pressure vessel；multilayer clamping and wrapping shell；down－tightening clamping and wrapping technology；bonding rate；process equipment

0 引 言

压力容器作为现代工业体系中的关键承压设备，其结构完整性直接关系到化工、能源等领域的安全生产和运营效率[1－4]。随着装备制造技术的进步，多层整体包扎筒体结构凭借其独特的工程优势——通过减少深环焊缝数量、有效控制焊接缺陷发生概率、自增强优化应力分布、检漏预警等特性，在合成氨、尿素、储氢等高压装置中得到广泛应用[5－11]。多层整体包扎筒体有两种包扎方式：一是采用钢丝绳缠绕在成形的层板外周，采用钢丝绳的收紧力将层板箍紧于内层筒体上；二是采用机械夹紧装置将外层整体成形的层板直接夹紧贴合于内层筒体上。由于采用钢丝绳箍紧包扎方法存在着需要施加的包扎力大、层板间接触应力分布不均匀、层板表面易损伤等制造技术问题，因而国内外已基本采用机械夹紧装置直接夹紧层板包扎方式代替早期常用的钢丝绳箍紧包扎方式[12－15]。然而，目前使用的机械夹紧装置直接夹紧包扎方式均采用的是上紧式包扎方式，该种包扎方式仍然存在一些局限性，为此提出了下紧式包扎这种新技术和新型包扎装置，该技术通过机械结构重构和作业流程优化，在包扎工艺质量、施工安全性和包扎效率等方面实现了突破性提升。

1 下紧式包扎与上紧式包扎技术对比研究

1.1 包扎原理

上紧式包扎采用顶部悬挂式机械夹紧装置实现层板自下而上的夹紧包扎，被包扎层板的纵向焊缝位于筒体的上方，如图1所示。

然而下紧式包扎采用位于筒体正下方的可调整固定机械夹紧装置自上而下拉紧层板实现包扎，被包扎层板的纵向焊缝位于筒体的正下方，如图2所示。

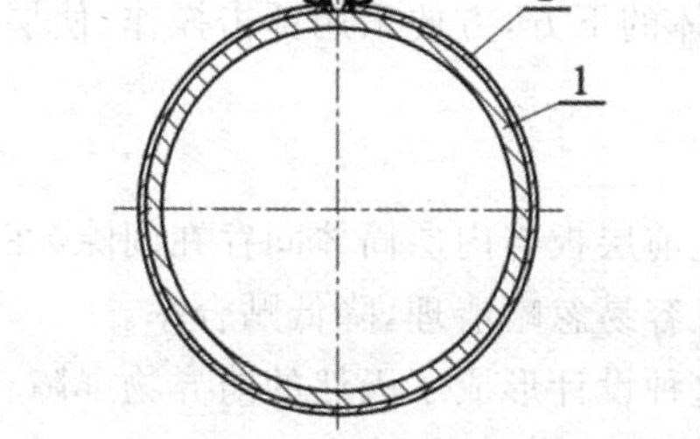

1. 内筒；2. 层板；3. 夹紧机械手；4. 悬挂钢绳。

图1 上紧式包扎结构示意图

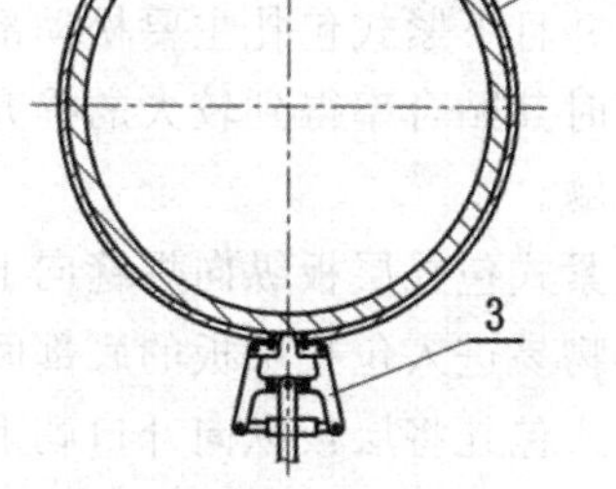

1. 内筒；2. 层板；3. 夹紧机械手。

图2 下紧式包扎结构示意图

1.2 贴合率影响分析

(1)包扎前准备。

无论是上紧式包扎还是下紧式包扎，包扎前对层板贴合面和内层筒体外表面的处理与检查都直接影响包扎贴合率。两种包扎方式在包扎前均需遵循以下相同的处理与检查步骤。

① 内筒制作控制：确保内筒的直线度、椭圆度符合标准规范，严格控制纵环焊缝的错边量和棱角度。

② 焊接工艺控制：选用合适的环焊缝焊接坡口形式和合理的焊接工艺以防止焊接变形。

③ 焊缝处理：焊接完成后，将焊缝外表面打磨至与母材平齐，并使用标准样板检查打磨质量。

④ 表面处理：采用喷微砂工艺清除层板表面的氧化物和异物。

⑤ 最终检查：包扎前全面检查层板贴合面和内筒外表面，确保表面无影响贴合率的异物、突变等。

(2)初始间隙消除。

在夹紧操作前，层板与内层筒体之间必然存在初始间隙。采用上夹紧式包扎前，受层板自身刚度不足影响，在重力作用下，层板最下方与内层筒体存在较大的初始间隙。而采用下紧式包扎前，利用重力作用使层板自然下垂，使层板上方与内层筒体自然贴合，仅其他部位存在较小的初始间隙，如图3所示。

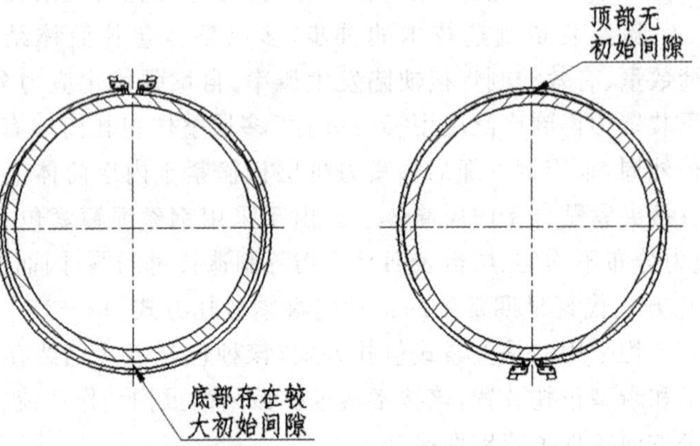

(a) 上紧式包扎　　(b) 下紧式包扎

图3　包扎夹紧前初始间隙示意图

在包扎夹紧过程中，机械夹紧装置通过层板上的工艺孔来固定夹紧手指，并向层板施加周向夹紧力 F。同时，层板与内层筒体接触部位会产生径向压力 P。在初始间隙消除的过程中，层板与内层筒体间发生相对滑移，而在径向压力 P 的作用下会在接触面上产生摩擦力 f_1 和层板抵抗变形的力 f_2(定义摩擦力 f_1 与层板抵抗变形的力 f_2 产生的合力为总切向阻力 f)。随着夹紧力 F 增大，径向压力 P 和贴合面积 S 也随之增加，层板夹持部位的总切向阻力 f 不断增大。当夹紧力 F 与总切向阻力 f 达到平衡状态时，层板与内层筒体间的相对滑动也就停止了。尽管在制造过程中一般采用对层板进行敲击振动的方式以减小摩擦力，但部分初始间隙仍然无法完全消除。

采用下紧式包扎的优势在于远离夹紧位置不存在较大的初始间隙，故在包扎过程中层板与内层筒体间的相对滑移较小；并且下紧式包扎主要松动部位于筒体的下方，方便采用锤击操作，使层板局部更加贴合；采用下紧式包扎时其贴合率得到较大的提升。

(3)异物残留问题。

如图3所示，上紧式包扎层板纵向焊缝向上，在包扎前层板与内层筒体间存在间隙，在包扎过程中氧化皮、铁砂颗粒等异物易进入包扎层板的底部间隙区，且容易忽略清理，降低贴合率。

相比之下，下紧式包扎将层板纵向开口朝下布置，这种设计形成了天然的防异物屏障：一方面有效阻止异物进入层间间隙，另一方面避免了异物在最低点堆积，从而显著减少了因异物导致的层间不贴合缺陷。

(4)层板贴合检查。

本文提到的贴合率检查均指在层板包扎夹紧的状态下进行的松动面积检查。上紧式包扎及下紧式包扎均采用相同的方式进行检查，即采用铜锤轻击层板，通过声音的变化来区分松动部位与贴合部位，可以排除检查方式对于层板贴合率检查结果的影响。

(5)贴合率改善。

在层板包扎夹紧时的贴合情况并不是容器层板的最终贴合状态。在层板焊接时，由于焊缝收缩使层板间预应力增大，从而提高层板间的贴合率。在容器耐压试验和工作状态时，受压力和温度等载荷的作用，内筒和部分层板产生塑性或弹性变形，部分间隙得以消除，层板间的贴合率得到改善。

1.3　操作性与安全性分析

上紧式包扎方式因其机械臂悬挂于筒体上方，操作人员需频繁进行高空作业，增加高空坠落风险；同时，上紧式包扎所用的夹紧机械手臂多采用升降结构悬挂于滚轮架，在操作过程中，若出现夹紧机构意外脱扣情况，将导致机械臂被迅速弹开，增加包扎操作人员受伤风险；在包扎夹紧过程中，液压夹紧手指有拉脱或拉断的情况，作业人员在高空受限位置，极易被飞出物击中受伤。

下紧式包扎所用包扎设备放置于地面，包扎设备总高度不超过 1.5 m，操作人员无需登高即可操作，作业高度降至安全范围，彻底消除高空作业坠落风险；同时机械夹紧装置采用底部可调固定支撑结构进行支撑，即使发生夹紧机构意外脱扣，也不会释放大量动能，避免了操作人员受伤的风险；

从操作性能和安全性能对比可得，下紧式包扎不仅更便于操作人员观察和操作，同时其安全性也得到了极大的提升。

1.4　人力成本和操作效率分析

上紧式包扎需要进行登高作业，在包扎前需要进行对层间异物进行清除，同时在包扎过程中需要对层板进行敲击以提高贴合率，因此需要较多的人员配合作业，单张层板的包扎需要 5 人配合作业，单张板的包扎时间需要约 3 h。

下紧式包扎无需进行频繁登高作业，包扎过程中无需进行异物清除，因层板自重的作用，包扎层板与筒体上部紧密贴合，减少了对层板松动部位的锤击。单张层板包扎需要 3 人配合作业，单张板的包扎时间需要约 2 h。

从以上对比可知，下紧式包扎工艺操作更加便捷，作业人员配置得以优化，操作效率得到大幅提升，包扎工艺极大的缩短包扎时间，提高设备利用率。

1.5　包扎设备分析

上紧式包扎机的结构一般如下图 4 所示，其包括可水平移动的滚轮架、可垂直升降的顶升机及包扎机，其中包扎机又由专用操作机、液压站、预紧钳、夹紧钳、层板吊装机构、控制系统等组成。其结构复杂且庞大，一般需要在包扎场地上预埋轨道，场地占用面积大。同时，上紧式包扎机因其顶升机高度的限制，不适用于直径较大的包扎压力容器。

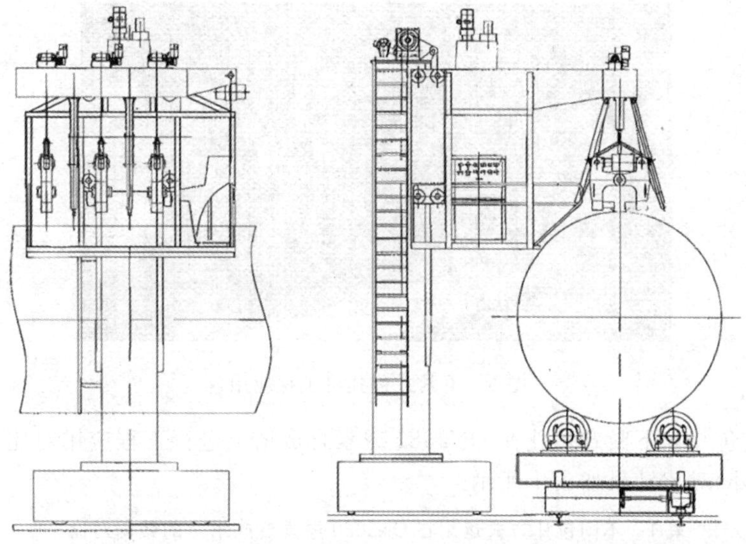

（a）上紧式包扎机主视图　　（b）上紧式包扎机侧视图

图 4　上紧式包扎机结构示意图

下紧式包扎机的结构如下图 5 所示，其结构设计和力学计算成功的解决以下三个关键技术问题：(1)机械臂和夹紧手指在三维空间可调；(2)夹紧过程中避免干涉和夹紧力过载；(3)确保夹紧力方向始终保持与圆筒切向一致。

下紧式包扎装置包括移动平车和包扎机，其中包扎机由液压站、夹紧钳、可调支撑机构和操作控制系统组成，包扎机全部集成在移动平车上。下紧式包扎机位置所包扎筒体的下方，无需占用额外的场地，因此可用于大型包扎压力容器的包扎。

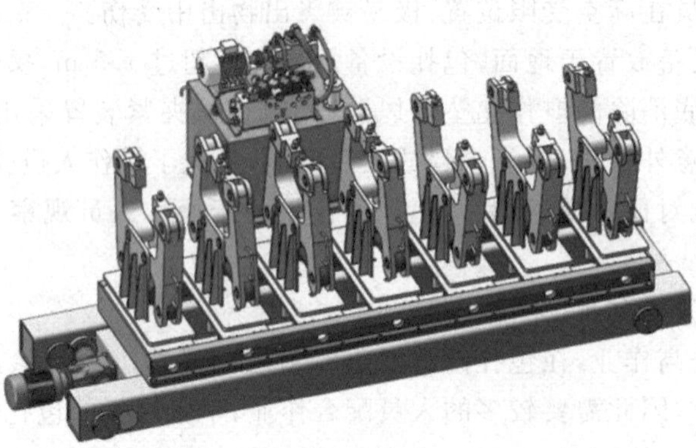

图 5 下紧式包扎机结构示意

与上紧式包扎机相比,下紧式包扎装置采用模块化设计,具有结构紧凑、体积小、集成化程度高等优点,方便运输到任何需要的地方。当不使用下紧式包扎装置时,可将其转运至库房等场地进行保存,不会占用生产场地。也可采用公路运输的方式将下紧式包扎装置运输到移动工厂,为现场包扎高压容器的制造提供先进的制造装备保障。下紧式包扎工艺先进,为多层包扎高压容器层板的包扎质量提供了安全可靠的工艺保障。

2 工程应用

目前,下紧式包扎技术已在多个项目的多层整体包扎容器中得到了运用(见图 6),通过多次使用经验反馈,下紧式包扎具有安全性能高、操作方便快捷、生产效率高、包扎贴合质量好等突出优点。

图 6 下紧式包扎机工程应用

分别采用上紧式包扎和下紧式包扎在 DN2680 尿素合成塔上进行工程应用对比分析,单张层板包扎(焊接操作除外)对比结果如表 1 所示。

表 1 不同包扎方式运用在 DN2680 尿素合成塔上的数据对比

项目	上紧式包扎	下紧式包扎
包扎操作所需人数	5	3
单张层板包扎耗时/h	3	2
高空作业时间占比/%	60	10
远端初始间隙/mm	≥2	≤0.1
贴合率/%	85	95
夹紧手指脱出率/%	0.6	0

通过在DN2680尿素合成塔上的实际工程应用，证实了下紧式包扎在包扎效率、包扎质量和安全性等各方面均优于上紧式包扎。

3 技术挑战

尽管下紧式包扎具有显著的工艺和装备优势，但在大规模工程化应用过程中仍需重点解决以下关键技术问题。

(1)仰焊工艺难度高。

焊缝位于筒体下方，纵向焊缝的点焊必须在有限的空间内完成，且需要采用仰焊的焊接方位，对焊工技能和操作要求较高。

(2)层板未贴合处间隙检测的数据化技术。

对于层板未贴合处间隙尺寸的大小，目前国内外都没有可靠有效的检测技术和方法，无法对于多层包扎高压容器的制造质量的标准认定提供有效可靠的数据支撑。

4 结 语

本研究提出的下紧式包扎技术通过创新性的结构设计和工艺优化，显著提升了多层压力容器包扎质量、安全性和包扎效率。工程实践表明，其贴合率相较于传统包扎技术提高50%以上，包扎效率提高了30%以上，有效规避高空作业风险及异物残留问题。该技术不仅解决了传统包扎工艺的固有缺陷，更为压力容器制造行业提供了创新解决方案。未来研究需进一步完善模块化机械臂系统，开发自动化仰焊工艺，突破全位置自动仰焊技术瓶颈，研发层板未贴合处间隙的数据化检测技术，以推动该技术的规模化应用。

参考文献

[1] 刘毅刚，张光函，魏星，等．新型高压容器多层整体包扎的箍紧力与包扎方式[D]．四川大学，2000.

[2] 李南京，朱孝钦，宋鹏云，等．多层压力容器的研究及其进展[J]．化工机械，2008，35(6)：368－373.

[3] 陈明亚，曹昱澎，贺寅彪，等．长寿期运行RPV辐照脆化后结构完整性评定关键技术探讨[J]．压力容器，2023，40(2)：71－79.

[4] 朱国栋．高参数圆形平盖中心开孔计算方法及密封刚度失效准则[J]．压力容器，2023，40(12)：59－70.

[5] 刘艳琼，肖治国，樊安林．多层包扎式结构在高压容器中应用的优势[J]．企业技术开发，2013，32(5)：38－39.

[6] 王通，钱才富，吴志伟，等．多层包扎高压容器承载能力分析[J]．机械工程学报，2023，59(14)：169－178.

[7] 压力容器 第4部分：制造、检验及验收：GB/T 150.4—2024[S]．中国标准出版社，2024.

[8] 张天容．大型高压容器包扎装置的设计及应用[J]．压力容器，1985，2(4)：38－40.

[9] 王宗显．整体多层夹紧式高压容器[J]．压力容器，1990，7(5)：88.

[10] 吴京生，朱孝钦．多层式高压容器的特性和研究进展[J]．化工装备技术，1988(5)：33－39.

[11] 李宇达．多层包扎式结构在高压容器中的应用[J]．石油化工设备技术，2014，35(2)：1－4.

[12] 陆晓燕，金伟娅，高增梁，等．某多层包扎氮气储罐的应力分析及安全评定[J]．压力容器，2006，23(12)：28－32.

[13] 张羽翔，王坚，宜飞远，等．整体多层包扎式高压容器应力状态研究进展[J]．化工机械，2008，35(2)：107－113.

[14] 吴冬果．多层包扎高压容器制造加工及质量控制[J]. 石油和化工设备,2013,16(9):22—26.
[15] 长沙威重化工机械有限公司．层板包扎机:ZL 200820052621.4[P]. 2028—12—24.

作者简介

唐良(1987),男,高级工程师,副总工程师,主要从事压力容器设计及制造工艺开发工作,通信地址:618400 四川省德阳市什邡市城南经济开发区沱江路西段 21 号四川科新机电股份有限公司,E—mail:tangliang@sckxjd.com。

大型半圆管夹套式 EVA 低压分离器的研制

吴瑞萍，韩玉改，唐波涛，张　雪，张　蕾，李　斌，何佳佳
（青岛兰石重型机械设备有限公司，山东青岛 266426）

摘　要：本文从半圆管夹套式 EVA 低压分离器产品结构特点、制造重难点进行了分析并在制造过程中采用合理的装配顺序、实用装配工装、半圆管采用内坡口、手工钨极氩弧焊等工艺改进措施，满足了半圆管焊缝的技术要求，从而有效解决了半圆管夹套产品的制造难点，提高了焊接质量，克服了现有技术难题，保证了产品顺利制造。

关键词：半圆管夹套；EVA 低压分离器；焊接工艺；质量控制

Development of a large semi－circular tube jacketed eva low－pressure separator

WU Ruiping，HAN Yugai，TANG Botao，ZHANG Xue，ZHANG Lei，LI Bin，HE Jiajia
（Qingdao Lanshi Heavy Machinery Equipment Co.，Ltd.，Qingdao 266426，China）

Abstract：This paper analyzes the structural characteristics and key manufacturing challenges of the semi－circular tube jacketed EVA low－pressure separator，and implements process improvement measures during manufacturing such as adopting a rational assembly sequence，practical assembly tooling，internal beveling for semi－circular tubes，and the tungsten inert gas（TIG）welding method. These measures meet the technical requirements for semi－circular tube welds，effectively resolving the manufacturing difficulties of semi－circular tube jacketed products，improving welding quality，overcoming existing technical challenges，and ensuring successful product fabrication.

Keywords：semicircular tube jacket；EVA low－pressure separator；welding specification；precision control

0　引　言

EVA 是乙烯和醋酸乙烯酯的共聚物，是继高密度聚乙烯（HPDE）、低密度聚乙烯（LDPE）、线性低密度聚乙烯（LLPDE）之后的第四大乙烯共聚物。广泛用于发泡鞋材、功能性棚膜、包装模、热熔胶、电线电缆及玩具等领域。随着原料需求的不断增加，大型 EVA 反应器装置的需求也不断加深。由我公司承制的某公司高端新材料项目 70 万吨/年 EVA 装置低压分离器，属于半圆管夹套式 EVA 反应器，主壳体采用不锈钢材质，其特点是大直径壁薄产品，设备结构复杂、技术要求高及工艺控制点较多，整体制造难度较大。

1　结构介绍及难点分析

1.1　反应器外形尺寸及材质

反应器主要由顶部椭圆形封头、设备法兰、反应器主体和下锥体以及外壁盘绕的半圆管夹套组成，如图 1 所示。主壳体内径 Φ4200mm，厚度 20mm，总高 10696mm，材质 S31603；外壁半圆管材质 S30408，

规格 φ60.3×5.6mm。

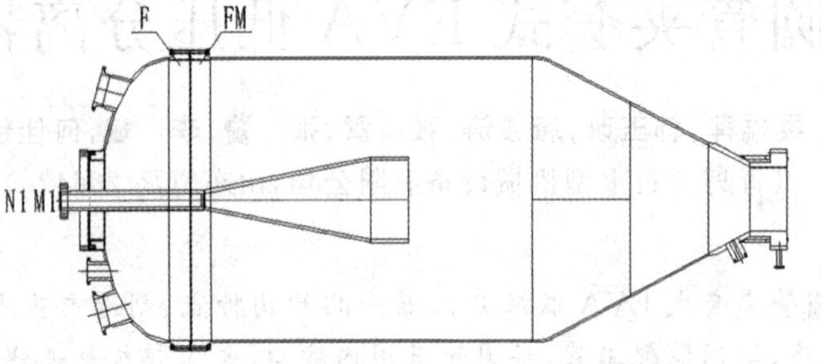

图 1 EVA 低压分离器结构简图

1.2 反应器主要设计参数

表 1 反应器主要设计参数

参数	内壳体	夹套\半盘管
设计压力/MPa(G)	0.8/FV	4.6/FV
工作压力/kPa(G)	0.02～0.08	2.4
设计温度/℃	300	300/100(F.V.)
工作温度/℃	160～260	250
主体材质	S31603,16Mn 锻	S30408
操作介质	乙烯、醋酸乙烯、EVA	高压蒸汽
容积/m^3	～93	～0.046 6
液压试验压力/MPa(G)	1.0(立)/1.1(卧)	7.0
气密性试验压力/MPa(G)	1.1(卧)	4.6

1.3 难点分析

(1)设备壳程筒体直径较大(达到 4.2 米,薄厚 20mm)为大直径薄壁结构不锈钢产品,筒体在卷制、校圆等制造工序中对于椭圆度、直线度的控制要求严格。

(2)设备大法兰(F、FM 口)及上封头组件焊后密封面平面度精度要求高,焊接时需要进行防变形控制,以及后续螺栓孔中心距及密封面防变形控制至关重要。

(3)M1 口法兰盖密封面及 N1 口锻管外壁,需要环缝焊接[3]完成后加工,故 N1 口锻管与 M1 口法兰盖的同心度及直线度关乎加工质量。M1 口法兰盖组件同心度、直线度控制是本组件的制造难点。

(4)设备顶封头、筒体、锥体外壁均布置螺旋半圆管[6-8],既有半径的变化,又有螺旋导角的变化。半圆管对接接头数量多,半管环向角焊缝较长,技术要求对接接头必须全部焊透且平滑,而半圆管环角焊缝的探伤有一定困难,表面探伤很难发现内部缺陷。半盘管的成型、演装、安装及焊接是整台产品的制造难点和关键点。

2 主要制造过程的控制

2.1 筒体卷制校圆后的椭圆度控制

设备壳程筒体直径较大(达到 4.2 米,薄厚 20mm)为大直径薄壁结构不锈钢产品,设备外壁缠绕了整圈的半圆管,部分外壁存在竖式集合盘管,该部分盘管需要在后期分瓣扣入,为保证后期半圆管的组装顺利,所以在筒体卷制、焊接过程中就要严格控制椭圆度。筒节卷制后在每个筒节端口位置加装了内箍圈,箍圈采用整圈加装并对外径进行了车制成型,箍圈与筒体内壁位置采用连接板装焊固定,箍圈工装如

图 2 所示。

筒体焊缝焊接时采用多层多道焊，严格控制焊接参数，保证每层焊缝厚度(埋弧焊)不超过 4mm。并在筒节校圆后采用红外线测距对每个筒节、每个端口均匀进行圆度测量不少于 8 点，要求椭圆度不超过±3mm，制造完毕检测后椭圆度平均值为 2.8mm 满足技术要求。

图 2　环向箍圈工装示意图

2.2　设备法兰变形控制

该反应器设备法兰材质 16Mn 锻件，直径 Φ4530、高度 320mm，密封面宽度 55mm，密封面及法兰内壁要求堆焊 E309LMo+E316L，密封面精度要求高堆焊后法兰不能有任何的变形。在堆焊过程中考虑到设备法兰 F、FM 两台共 4 件，堆焊前将两件背对背点焊装配后再进行内壁堆焊以减少焊接变形。从加工及组装顺序考虑设备法兰内壁、密封面及与上封头全部焊接完成后进行立车加工，加工前套入立车工艺筒体以防止变形，最终保证了设备法兰密封面平面度符合技术要求。

2.3　M1 口法兰盖组件同心度、直线度控制

M1 口法兰盖密封面及 N1 口锻管外壁，需要环缝焊接完毕后加工，N1 口锻管与 M1 口法兰盖的同心度及直线度关乎加工质量。为保证 N1 口锻管的直线度与同心度，设计了专用工装如图 3 所示。因锻管整体长度较长(从法兰密封面到锻管端口长度约 1.7m)在锻管另一侧加装了底盘进行约束，且底盘中心孔直径按正偏差加工可以保证锻管同心度。采用 8 根带螺纹的长直管用于固定法兰盘及底盘，采用螺母拧紧后 8 根等长的支撑管对锻管的直线度及同轴度进行约束控制，保证了 M1 口法兰盖密封面及 N1 口锻管外壁的加工质量。

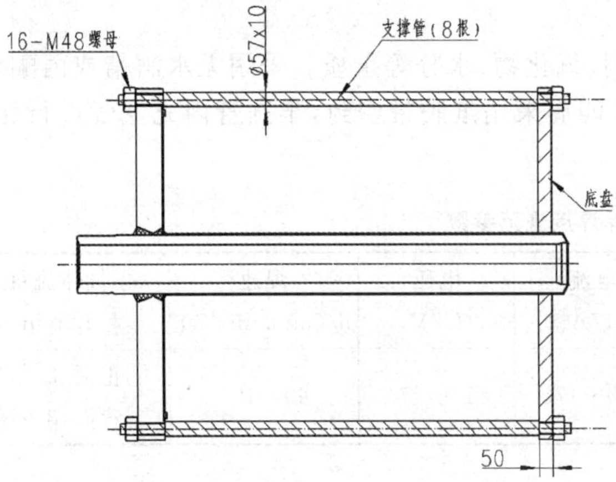

图 3　立车工装示意图

2.4　壳体外部半圆管的组装

2.4.1　半圆管装配

螺旋半圆管的加工制造工艺复杂，半圆管对接接头多，环向角焊缝比较长，为保证其焊接质量，首先要保证封头及锥部筒体半盘管煨制成型及切割精度，半圆管外协煨弯后需要在厂内先进行演装、号线、然后进行切割对半剖分圆管、组装点焊等工序。其中封头及锥体上的半圆管盘管采用整根煨弯成型，与封头、锥体演装后采用等离子气割的方式。筒体半圆管(包括集合半管与支半管)均为板卷后卷制成型。由于切割过程有飞溅，切割后对半圆管内壁进行了酸洗处理，对于酸洗无法去除的脏部位采用了打磨处理，保证半盘管安装内壁清洁度。

装配演装过程中将封头及锥体倒扣于平台之上，演装画出半圆管装配线，立装外半圆管。为保证外半管与封头贴合性，采用等离子切割后留 2mm 左右余量，后续对坡口进行打磨成型。装配后对外盘管拼缝按照 NB/T47015.2 进行射线检测合格。

设备半盘管安装锥体上自上而下采用卧式组对，由于该产品半盘管与筒体焊接坡口为内坡口全焊透结构，盘管与外壁之间间隙要求较高需要保证在 1～3mm 之间。

图 4　顶封头半圆管演装示意图

筒体上套入式盘管中的集合半管(规格 φ88.9×8.2mm)由外协分瓣卷制成型,与支半管焊接,按照 NB/T47015.2 射线检测合格后再分两瓣扣入筒体,最后焊接半管拼缝并进行 RT 检测。缠绕式半管可在装配前演装后在筒体外焊接完拼缝并进行 RT 合格后再套入筒体或锥体。

图 5　筒体集合半圆管安装示意图

由于筒体上半盘管需要分瓣整体套入,筒体集合半管及支半管需要开制相应相贯线开孔,为保证两条集合半管上的开孔能两两对应且套入方便,设计并制造了集合半管开孔及套入专用工装。该工装利用上、下两层半圆板固定相应集合半管,后续利用中间开槽半圆板将相应支半管插入相应圆槽中,首先画出集合半管相贯开孔线、在画出支半管相贯线,最后利用工装将集合半管装入筒体外壁。

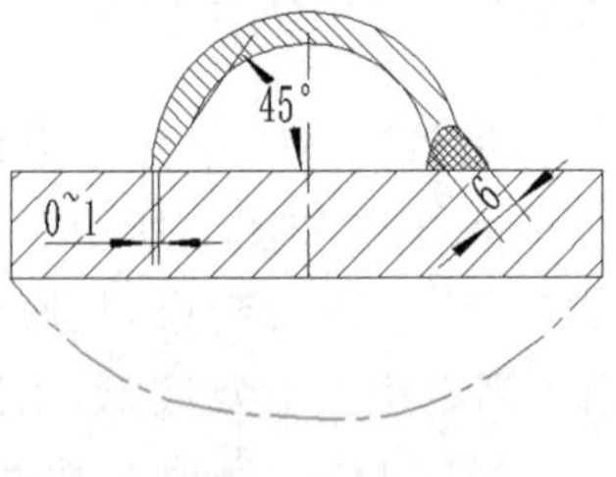

图 6　半圆管焊接示意图

2.4.2　半圆管焊接

根据以往的制造经验,半圆管与壳体连接的焊缝通常采用外坡口,客户现场反馈很多半管失效都是半管与壳体的角焊缝位置失效,焊脚处的焊瘤、未融合等缺陷,会增加半管内部介质流体的流动阻力,影响介质流动和传热效率。使用过程中容易撕裂,若半圆管内流通的介质带有腐蚀性,此处容易出现缝隙腐蚀等[4]。为确保产品焊接质量,采用内侧开制 45°的坡口型式如图 6 所示,手工钨极氩弧焊的工艺,焊接后背面形成较为平滑的过渡,避免了角焊缝的应力集中和缝隙腐蚀。

为保证焊接质量焊前要打磨并清除坡口处的毛刺、氧化物、水分等杂质。采用无水酒精或丙酮对坡口两侧内外表面 20mm 范围进行清洗,施焊前半圆管四周采用纸胶带密封,半圆管内充氩气进行保护。具体规范参数如表 2 所示。

表 2　钨极氩弧焊焊接规范参数

焊接方法	焊 丝	电源极性	规格(mm)	电流 I/A	电压 U/V	焊速 v/(mm.min^{-1})	气体流量 L/min
GTAW	ER308L	直流正接	Φ2.0	140～170	11～17	60～100	正面:8～12 背面:8～15

焊接后每段半圆管 5%长度的焊接接头进行内径表面检查仪检查,保证焊缝的根部为全焊透结构,且不允许有裂纹。

3　总装和耐压试验

设备外壁所有半盘管卧式组装完并对焊缝按照 NB/T47015 进行 PT、RT 检测合格后进行水压试验。壳体和夹套分别进行耐压试验。为方便进行水压试验检测,保证通水顺畅及为防止充水后重量过重压坏半圆管,最终将设备立置进行水压试验及气密试验。立置过程中在顶部试压法兰位置上装焊两个吊耳,进行抬吊,最终完成水压和气密性试验,达到了产品技术要求。

产品技术要求所有与工艺介质接触的设备内表面及内件的内外表面要进行机械抛光,按照先进行粗抛再精抛的顺序进行了设备内壁的抛光处理,最终表面粗糙度为≤R_a0.4μm,达到产品技术要求。

4 结 语

(1)此类半圆管夹套式反应器技术要求高,产品结构复杂,制造过程中难度较大,需要充分考虑装配过程及制造工艺难点,合理布置工序预先制定合理的工艺措施采用先进的辅助工装,保障产品顺利进行。

(2)制造过程中严格按照图纸和工艺要求保证零部件成形精度,装配焊接过程中设备法兰、等焊后变形,提前考虑加工余量,提高焊接质量以及控制好各个关键点。

(3)半盘管成型、演装、焊接难度高工作量大同时由于焊接质量要求高,焊前要对焊工技能水平进行培训,必要时进行焊接验证性试验,以保证正式产品的顺利焊接。通过该项目的顺利制造将积累我公司在盘管夹套类压力容器的制造经验,提升此类产品市场竞争力。

参考文献

[1] 全国锅炉压力容器标准化委员会. 热交换器:GB/T 151—2014[S]. 北京:中华人民共和国国家质量监督检验检疫 总局,2014.

[2] 张文钺. 焊接冶金学(基本原理)[M]. 北京:机械工业出版社,2007.

[3] 中国机械工程学会焊接学会. 焊接手册:材料的焊接[M]. 北京:机械工业出版社,2001. 201～205.

[4] 全国锅炉压力容器标准化委员会. GB 150. 1～150. 4—2011 压力容器[S]. 北京:中华人民共和国国家质量监督检验 检疫总局,2011.

[5] 王露,齐爱霞,王琳. 奥氏体不锈钢的焊接特点及焊接工艺[J]. 农机使用与维修,2008(4):16－17.

[6] 李政辉,奥氏体不锈钢半圆管夹套焊接工艺要点探讨[J]. 机械设计与制造,2009(10):148－149.

[7] 郑三龙,陈见乙,赵基超,等. 钛制半管夹套焊接结构疲劳试验及寿命评估[J]. 压力容器,2024,41(9):1－8.

[8] 陈孙艺. 管束的纵向损伤及其防护技术研究现状[J]. 压力容器,2024,41(11):33－42.

[9] 梁潞华. 304、304L、316、316L 在化工容器上的应用[J]. 化学工程与装备,2009(2):54－55.

[10] 李海新. 厚板奥氏体不锈钢焊接技术研究现状[J]. 焊接,2017(6):35－38.

[11] 赵强. 304 不锈钢法兰焊接裂纹分析及返修[J]. 焊接,2017(2):54－56.

作者简介

吴瑞萍(1985),女,高级工程师,主要从事压力容器制造及焊接热处理技术工作,通信地址:266426 山东省青岛市开发区昆仑山北路 601 号青岛兰石重型机械设备有限公司,E－mail:wuruiping@lshec. com。

蒸汽过热器异形内件套装工艺研究

苏　朗,窦炳程,罗振洋
(哈尔滨锅炉厂有限责任公司,哈尔滨 150046)

摘　要:本文介绍一种具有异形内件的蒸汽过热器结构特点,针对超长、超重、弱刚性内件套装难点及解决措施,通过设计内件加固装置、起吊装置、支撑装置、牵引装置,满足细长方形、弱刚性内件起吊、运输及套装要求。

关键词:超长;超重;弱刚性;异形内件;套装

Research on the process of irregular internal components sleeve assembly for steam superheater

SU Lang, DOU Bingcheng, LUO Zhenyang
(Harbin Boiler Company limited, Harbin 150046)

Abstract: This article introduces the structural characteristics of a steam superheater with irregular internal components. In rsponse to the difficulties and solutions of assembling ultra long, overweight and weakly rigid internal components, internal reinforcement devices, lifting devices, support devices and traction devices are designed to meet the requirements of lifting, transporting and sleeving assembly for slender rectangular and weakly rigid internal components.

Keywords: ultra long; overweight; weak rigidity; irregular internal component; sleeving assembly

0　引　言

蒸汽过热器是煤化工重要换热设备,为能源行业首台(套)重大技术装备[1]。产品由壳体+内件组成,壳体为常规压力容器,内件则由锅炉行业常见的集箱、水冷壁、蛇形管等组成,相当于一个微型锅炉,蒸汽过热器结构本质即为将一个微型锅炉装入容器,由于内件与传统换热器管束结构有很大区别[2],不是常规管板+换热管+隔板+滑道结构,不能采用常规套装方法套装内件[3-7],需要根据它的结构特点,制定合理的套装方案。

1　产品结构特点

蒸汽过热器结构如图 1 所示,壳体总长约 37m,内径 φ3500mm,总重约 250t,分为上、下两部分,两部

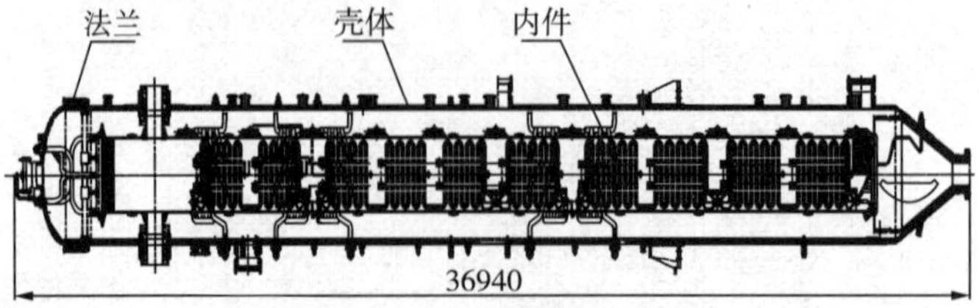

图 1　蒸汽过热器结构图

分通过法兰连接。内件总长约 30m，总重约 110t，由上、下集箱、四面管屏、内部蛇形管及缠绕管屏的多组引入引出管组成，壳体内壁浇筑耐高温衬里，整个产品总重约 500t。

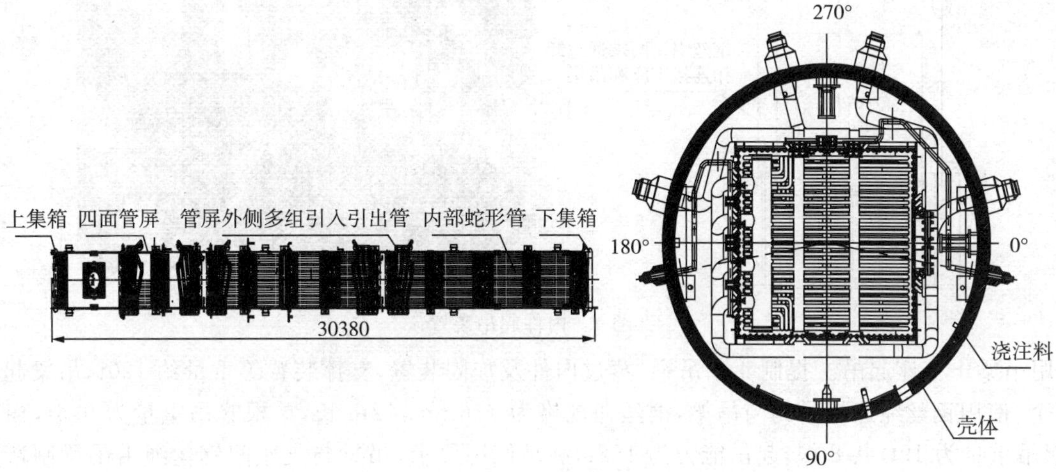

图 2　内件结构图

2　套装难点及解决措施

2.1　内件加固装置

内件四面为管屏，内部为蛇形管，管屏管子规格为 $\varphi38\times7$，扁钢 27×6，蛇形管总重约 64t，蛇形管长度约 24.5m，管屏单位长度方向承受蛇形管重量约为 2.6t/m，所以管屏刚性差，极易变形，为保证套装、后续内件随壳体旋转安全性、运输，必须对内件进行加固。

加固装置包括槽钢和 L 形板，槽钢和 L 形板焊接组成抱箍，每面管屏均布置两根槽钢，槽钢与内件轴向垂直，在拐角位置用 L 形板焊接连接，沿内件轴向均布 6 道抱箍，用于在套装过程中提高内件刚性，在套装后与在四角位置布置好的壳体预焊件相连，以保证后续产品旋转，在运输时仍能给与内件稳固的支撑，保证内件刚性。

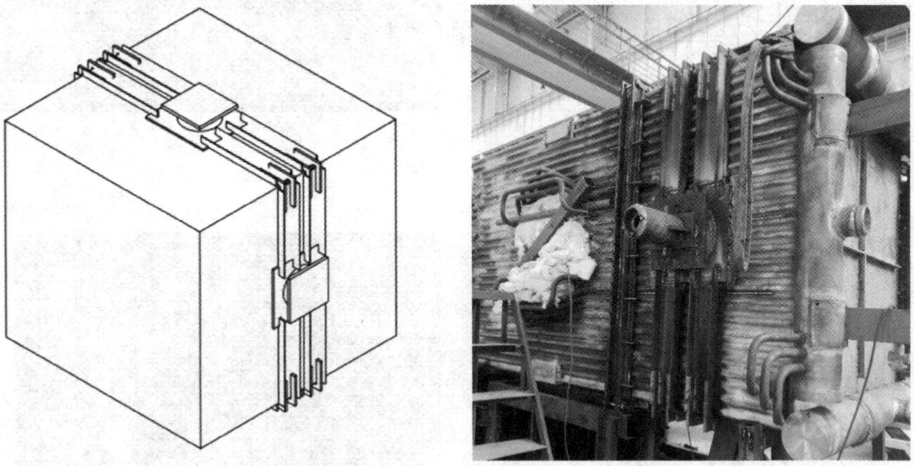

图 3　内件加固装置

2.2　内件起吊装置

由于内件截面为方形，采用传统起吊方式，必然造成钢丝绳与内件上部干涉，存在安全隐患，同时也无法在套装时灵活移动吊点。

图 4　内件起吊装置

采用吊梁＋支座起吊。提制 4 个吊梁，蒸过内件及加固装置、支撑装置等重量约 120t，吊梁起吊能力为 60t/个，使用钢丝绳连接吊钩与吊梁，钢丝绳规格为 φ36mm，12m 长，单根起吊重量为 9.5t，捆起来成 U 形，起吊重量为 19t，共 8 根，起吊能力为 152t，满足使用要求，吊梁与支座间钢丝绳由吊梁制造厂家提供。使用时需要考虑车间吊车起吊高度、最大起吊角度满足要求。支座采用与内件结构相适应的凹形，支座的两侧设置有吊点，共 4 个支座沿内件长度方向均布。

2.3　内件支撑装置

为保证内件顺利套入壳体，需在内件上加装支腿，支腿上焊接滚动轮，采用滚定性好不易损坏的“地坦克”做为滚动轮，支腿用钢板焊接连接，沿内件轴向均布 6 个支腿。

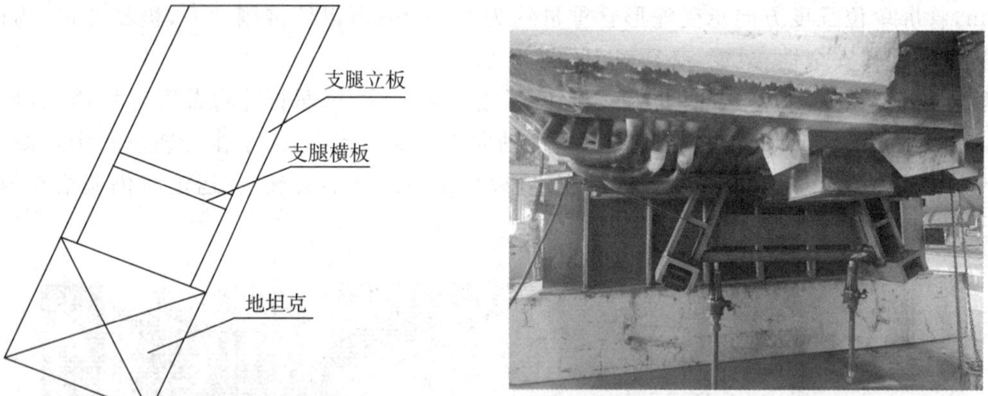

图 5　支腿

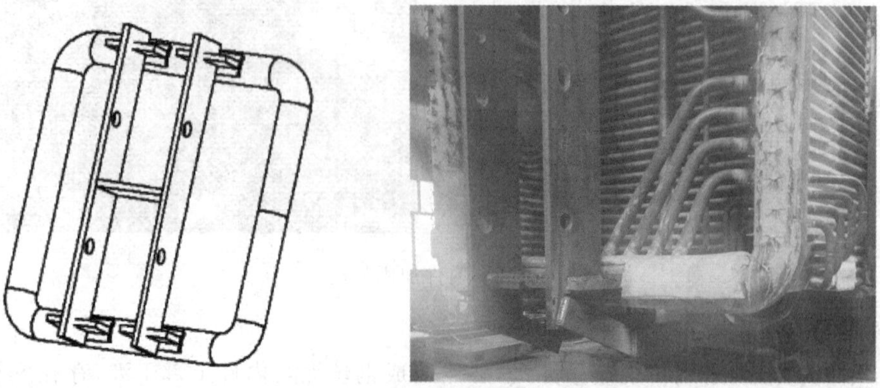

图 6　牵引板

2.4　内件牵引装置

牵引装置包括牵引板、牵引支架、限位槽钢和滑道。在尾部集箱上焊接预焊件，在预焊件上焊接牵引板，牵引板分为4块横板和2块立板，两立板用连接板连接提高强度，立板上开有牵引孔，用于连接吊车钢丝绳。将第一个支腿与牵引板用厚钢板焊接牢固，此处为整个套装牵引生根点。

在壳体尾部预设牵引支架，根据牵引时支架受力情况，在支架尾部设置重物做为配重，同时将支架前端与壳体相连，防止支架移动。

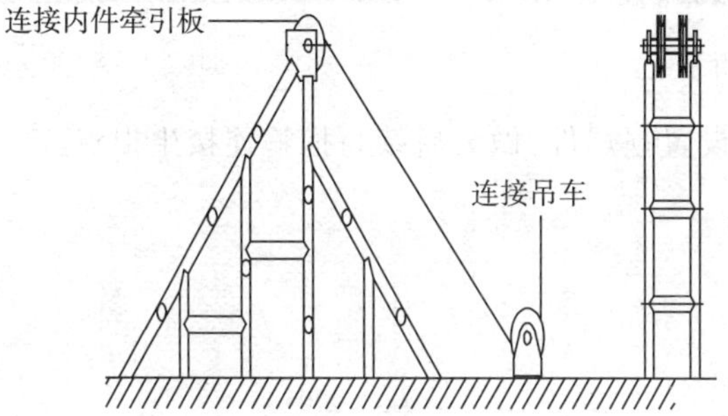

图7　牵引支架图

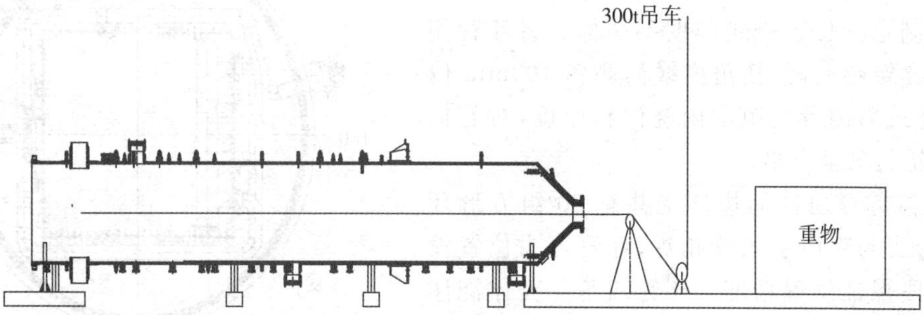

图8　牵引配重示意图

根据图纸尺寸在内件前端设置限位槽钢，套装时以槽钢与设备法兰面接触为结束标志，保证套装结束时内件与壳体相对位置准确，避免出现过套或欠套。

由于壳体内壁为浇注料，强度较弱，同时内件重量较大，内件重量分布在6个支腿滚动轮上，所以如果以滚动轮直接与浇注料接触，有压溃浇注料风险，所以在浇注料上铺设钢板做为滑道，滑道头、尾部与壳体预焊件焊接相连，两滑道之间利用板条焊接连接，提高强度。

图9　限位槽钢

2.5　预焊件位置

由于整个套装装置与内件、壳体存在很多焊接，所以必须在壳体相应位置设置预焊件，具体包括尾部集箱预焊件、牵引支架防窜动预焊件、滑道头部和尾部固定预焊件、内件套装后径向固定预焊件。尾部集箱预焊件，在内件牵引板与尾部集箱连接位置，需在内件水压前在尾部集箱相应位置焊接预焊件。牵引支架防窜动预焊件，为防止牵引支架受力后向前窜动，需在壳体相应位置焊接预焊件，用钢板/管与支架焊接连接，利用壳体重量阻碍支架向前窜动。滑道头、尾固定预焊件，在壳体头部、尾部需要设置预焊件，与滑道通过连接板连接，固定滑道，保证支腿滚动轮摩擦力不会带动滑道；内件套装后固定预焊件，由于内件套装后还需进行引入/出管等内部零件的安装、油漆等，均需旋转内件，同时考虑后续长途运输安全需

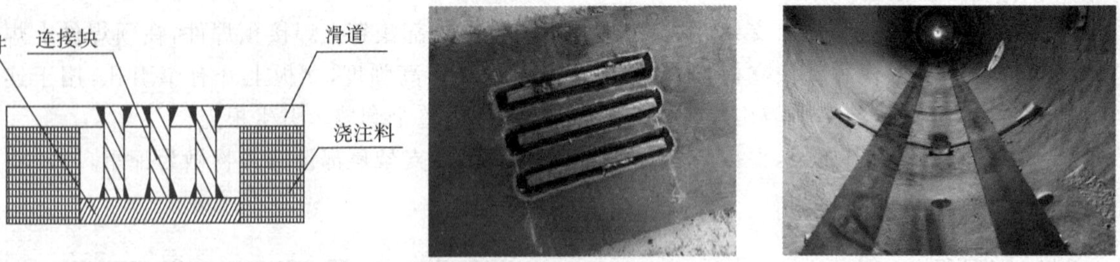

图 10　滑道

要,必须牢固固定内件,在槽钢抱箍四角对应壳体位置设置预焊件,做为后续与抱箍连接生根点。

3　套装过程

3.1　套装准备

汽包墙管屏外形尺寸为上、下 1950 × 左、右 1885mm,引入引出环管与壳体浇注料最小间隙为 40mm。在壳体内壁浇筑前应将四中心线、引入引出环管所在角度线、滑道位置线引到壳体内壁预焊件上,在浇筑时重点控制这些位置浇筑厚度不超标。将环管相应角度线引到浇筑料上,包括角度线两侧各 100mm 位置线都划好,浇筑后测量此范围内浇注料厚度,对超标厚度位置用风铲打磨至合格。

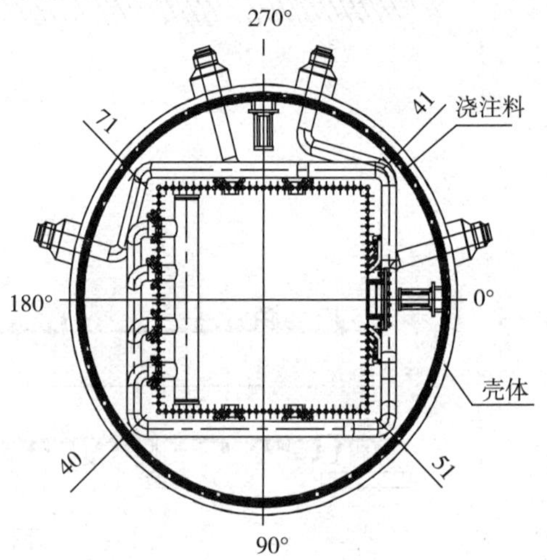

图 11　套装间隙

蒸汽过热器方形内件周边环绕共有 20 组方形环管,环管尾部弯头与壳体引入管相焊,环管弯头位置没有相应测量手段保证位置精度。环管四角与壳体浇注料距离为 40~70mm,装配时需要多点测量验证环管角部是否影响套装,测量工作繁琐费力,而且不直观。

自制 2 个样板,一个装配样板,通过在弧板上划角度线给定了环管尾部弯头装配角度,装配时按线控制。另一个环管角部样板,按环管最大轮廓与管屏角部相对位置尺寸制作样板,可以方便的测量环管角部轮廓尺寸是否满足套装要求。

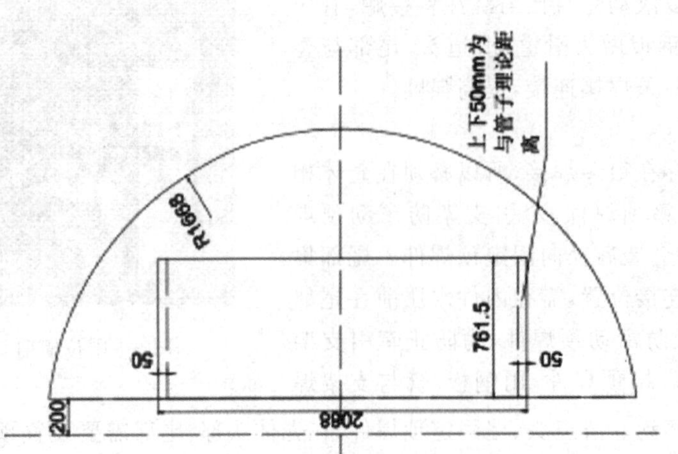

图 12　环管装配样板

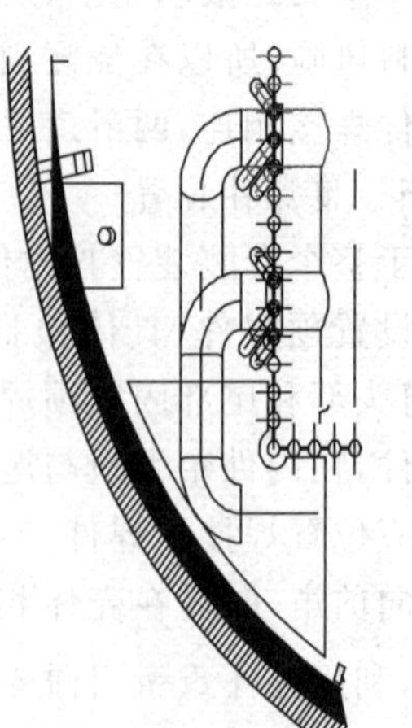

图 13　角部样板

3.2 内件套装

将壳体调至套装角度，用4台吊车同步起吊内件，将内件起吊至壳体下部设备法兰处，对正内件和壳体，利用吊车将内件尽可能多的送入壳体内，直至第一个支座与设备法兰接近接触，卸下支座，将第1个支腿与第2个支腿用槽钢连接，保证套装生根点力的传递，之后用吊车牵引将内件向壳体内拉动，陆续卸下后3个支座，将各支腿用槽钢连接，直至限位槽钢与设备法兰面接触，套装结束。

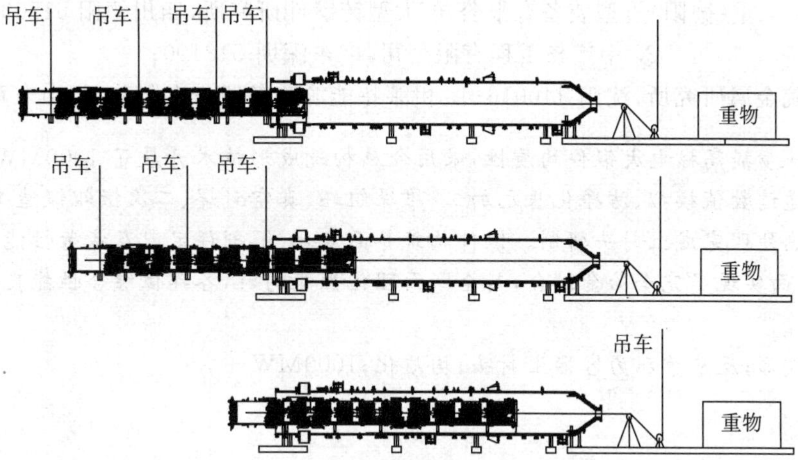

图14 内件套装过程示意图

4 结语

通过对该蒸汽过热器异形内件的套装工艺技术研究，形成了一整套对于大重量、大尺寸、刚性差内件的套装装置，此装置关键有四点，第一点：采用抱箍固定内件，保证了套装及后续工序的安全性；第二点：在内件上找到刚性最好位置做为套装生根点，本例为尾部集箱位置，其壁厚大，刚性强；第三点：注意生根点力的传递，将各支腿连接即将生根点传递，此为保证支腿不倒的关键因素；第四点：找到滚定性好的滚动轮，经过多次套装实践，地坦克为目前为止滚动性最好滚轮。通过此产品的顺利套装，为后续有类似结构产品的制造积累的了宝贵经验，具有一定的借鉴和推广价值。

参考文献

[1] 国家能源局公告2023年第6号[R].

[2] GB/T151－2014 热交换器[S].

[3] 赵英权，李巧云，陶剑锋，等．一种管壳式换热器管束与壳体的套装方法[J]. 石油化工设备，2024,27(11):39－41.

[4] 刘俊，刘波．高压加热器外壳与管束的套装[J]. 锅炉制造，2008,(2):067－68.

[5] 王方萍，柯展煌，赵英权，等。一种U形结构换热器的制造技术[J]. 压力容器，2022,39(5):83－88.

[6] 张怡斌，王立昆，王新红．超长管系进出塔换热器管束组立及套装制造工艺研究．[J]. 锅炉制造，2019,(5):35－38.

[7] 王佐森，路扬．浮头式换热器关键制造技术改进．[J]. 中国设备工程，2017,(14):88－89.

作者简介

苏朗(1983)，男，高级工程师，综合工艺员，主要从事锅炉及压力容器的工艺开发与研究工作，通讯地址：150046 哈尔滨锅炉厂有限责任公司工艺处，E－mail:lang_su888@163.com，手机：15114671758。

1000MW级核反应堆压力容器构筑成形上封头研制与均质化评价

杜军毅[1],尤　磊[2],孙　嫘[1],毛　闯[1],张向飞[1],赵龙哲[3],银　伟[4]

(1. 二重(德阳)重型装备有限公司 大型铸锻件研究所,四川德阳 618000;

2. 中广核工程有限公司,广东深圳 518100;

3. 中国科学院金属研究所,沈阳 110016;4. 伊莱特能源装备股份有限公司,山东章丘 250217)

摘　要:为进一步提高核电大锻件均质性,采用金属构筑成形技术开展了1000MW级反应堆压力容器上封头的研制,通过数值模拟、洁净化基元加工、堆垛组坯、真空封焊、二次镦粗锻造工艺制备了构筑坯料;经封头成形和热处理完成上封头研制。锻件构筑界面愈合、解剖评定以及疲劳性能的试验结果表明:构筑成形上封头界面实现了完全冶金结合,其全断面理化性能均匀,各部位综合性能良好,满足采购规范要求。

关键词:构筑成形;反应堆压力容器上封头;均质化;1000MW

Research and homogenization evaluation on the upper head of 1000MW－class nuclear reactor pressure vesselof additive forging

DU Junyi[1], YOU Lei[2], SUN Lei[1], MAO Chaung[1], ZHANG Xiangfei[1], ZHAO Longzhe[3], YIN Wei[4]

(1. Erzhong(Deyang) Heavy Equipment Co., Ltd., Sichuan, Deyang 618000, china;

2. China Nuclear Power Engineering Company, Ltd. Guangdong, Shengzhen518100, china;

3. Institute of Metal Research, Chinese Academy of Sciences, Liaoning, Shenyang 110016, china;

4. Iraeta Energy Equipment Co., Ltd. Shandong, Jinan 250217, china)

Abstract: To further enhance the homogeneity of large nuclear power plant forgings, the metal additive forging technology was adopted to develop the upper head of the 1000MW - class reactor pressure vessel. The construction billets were prepared through numerical simulation, purification of basic processing, stacking and assembly of billets, vacuum sealing welding, and secondary upsetting forging. The upper head was completed through head forming and heat treatment. The test results of interface healing, dissection evaluation and fatigue performance of the forged construction show that the interface of the construction - formed upper head has achieved complete metallurgical bonding, with uniform physical and chemical properties throughout the cross - section and good comprehensive performance in all parts, meeting the procurement specification requirements.

Keywords: metal additive forging; upper head of reactor pressure vessel; homogenization; 1000MW

0　前　言

反应堆压力容器上封头作为压水堆核电厂反应堆压力容器的关键核心部件,主要用于封闭反应堆压力容器的顶部和底部,以维持反应堆内部的压力和防止放射性物质泄漏的重要承压边界,是核电站整个寿命内不可更换的大型部件之一。

华龙一号反应堆压力容器上、下封头，采用 16MND5 钢，具有直径大（封头最大外径约 Φ4400mm、封头板坯尺寸约 Φ5170mm）、厚壁厚（约 270mm）、不开孔、力学性能要求高特点，常规的华龙一号核电封头通常采用钢包熔炼、真空除气＋真空浇注的 170 吨以上实心钢锭冶炼，两次镦拔锻造＋热拉伸成形以及专有热处理方式制造。为确保核岛设备的安全性，以反应堆压力容器上、下封头为代表的三代核岛主设备大锻件对均质性提出了极其严苛的要求，不仅评定件制造时要求在穹顶和碗口部位进行不同层位、不同方向和不同热处理状态的力学性能、成品分析和金相组织取样分析甚至解剖试验；而且在每件产品件制造时，也需在穹顶和碗口部位进行规定项目的理化性能检验。然而，由于金属凝固过程存在尺寸效应，常规钢锭方式存在宏观偏析和缩孔、疏松等冶金缺陷。其钢锭规格越大，宏观偏析（包括冒口端的正偏析、锭身的 A 偏析、V 型偏析[1-2]等）、缩孔、疏松等冶金缺陷越严重[3]。这些冶金缺陷一旦残留，将会影响锻件力学性能的均质性，给锻件长寿命服役带来安全隐患。尽管研究文献[4-7]提出了一些消除钢锭中缩孔、疏松等冶金缺陷，和控制 A 型通道偏析方法和措施。然而随着核岛锻件大型化、整体化、长寿命的发展，大型钢锭所固有的凝固方式依然存在，传统制造将面临更苛刻的组织/缺陷控制要求，锻件均质化问题仍受到关注[8-9]。

金属构筑成形技术是近年来发展的一种均质化大锻件制造技术。该技术通过将多块均质化基材经表面处理、真空封装后，在高温下实施多向大变形，解决界面愈合与消除问题，实现基体的无痕构筑，避免了大铸锭制备过程中的偏析、疏松等冶金缺陷，从而大幅提高了锻件组织和性能的均匀性，目前该技术已应用在快堆不锈钢支撑环、回转窑轮带等上使用[10-11]。但对于核电重要且制造工艺特殊的压力容器封头鲜有报道。

为实现构筑成形技术应用于核电大锻件制造，2021 年二重装备、中广核工程公司等单位联合，决定使用构筑成形技术开展核电机组反应堆压力容器上封头锻件研制，旨在探索构筑成形大锻件制造过程和实施路径，进一步提高核电大锻件均质性制造。2024 年进行了构筑基材制造、真空封装、变形连接、控制成形与性能热处理等全套关键技术开发，首次自主开发出（热处理尺寸）Φ 内 4349×壁厚 δ270mm 构筑成形核电压力容器上封头锻件；经界面愈合考察、（碗口、1/2 高度、穹顶）均质性解剖评价、特殊性能试验验证等解剖、检验，各项性能均达到了锻件制造技术条件的要求，充分验证了构筑成形技术制造大型核电大锻件的可行性。

1 研制的主要技术指标

反应堆压力容器上封头呈球冠形，交货外形尺寸为：碗口外径 Φ3940mm，球冠高 1222mm，球半径 SR2107mm，壁厚 200mm，采用低合金 RCCM 16MND5 构筑成形钢锻件的制造，该钢种具有优良的低温韧性、适当强度及良好的可锻性和焊接性能。

1.1 化学成分

锻件的化学成分应符合表 1 规定。

表 1 化学成分要求(wt%)

要求值	C	Mn	P	S	Si	Ni	Cr
	≤0.22	1.15～1.60	≤0.008	≤0.005	0.10～0.30	0.50～0.80	≤0.20
要求值	Mo	V	Al	Cu	Co	H	
	0.43～0.57	≤0.05	≤0.040	≤0.10	≤0.03	≤0.00008	

1.2 力学性能

调质后，在锻件 T×内 T/4、T×T/2、T×外 T/4 位置取样，经 615±5℃×24h 模拟焊后热处理(SPWHT)后，锻件的力学性能应满足：

表 2　力学性能要求

室温			350℃		0℃KV_2/J		−20℃KV_2/J		+20℃ KV_2/J	RT_{NDT}/℃
$R_{p0.2}$/MPa	R_m/MPa	A/%	$R_{p0.2}$/MPa	R_m/MPa	平均值	单个值	平均值	单个值	单个值	
周向			周向		横向		横向		横向	≤−20
≥450	600～795	≥18	≥380	≥540	≥80	≥60	≥40	≥28	≥72	
轴向			轴向		纵向		纵向		纵向	
/	/	/	/	/	≥80	≥60	≥56	≥40	≥88	

T×1/4T 表示取试试样的纵向轴线距筒体外表面的距离至少应为壁厚的四分之一，试样的有效部分距离热处理端面的距离至少为 1 倍壁厚 T。T×1/2T、T×3/4T 以此类推。

1.3　晶粒度

按 ASTM E 112 法测定晶粒度，锻件奥氏体晶粒度应为 5 级以上(含 5 级)。

2　研制过程及方法

2.1　工艺流程

上封头主要工艺制造流程如下：

连铸板坯外购→构筑基元加工、堆垛与封装→高温锻造成形→构筑坯的加工、超声摸底检测等→封头板坯锻造、加工→封头成型、预备热处理 →粗加工与附件焊接→性能热处理 →性能检测和成品分析 →半精加工、无损检测 →化学均匀性分析→切环、评定解剖→理化性能试验→评定完成。

2.2　构筑钢坯制造

经对封头锻件成形关键工艺参数的影响规律模拟研究，设计出构筑钢坯外形尺寸，如图 1 所示。

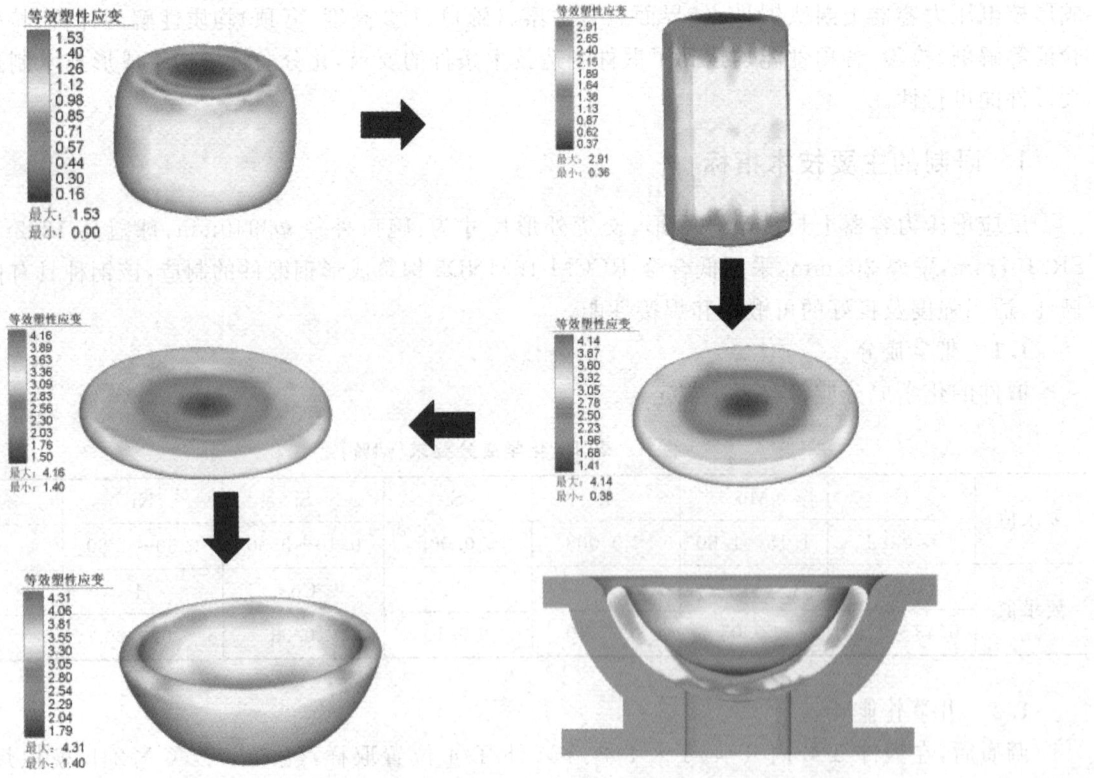

图 1　构筑钢坯的工艺优化控制

为实现制备出高纯度构筑基材，减少基材冶金与表面缺陷对构筑界面连接质量和均质化产生不利影响，构筑钢坯采用碱性电炉冶炼，经 LF 精炼与真空脱气处理的连铸板坯制造，单块板坯轮廓尺寸约为：长 7400×宽 2000×高 249mm，板坯熔炼分析符合表 1 规定。之后，下料形成方形构筑基元，对构筑基元进行洁净化加工，使上、下结合面达到 *R*a6.3 以上，四周达到 *R*a6.3 以上，整齐堆垛组坯；利用真空电子束焊机进行真空封焊，保证构筑基元界面真空度在 10^{-2} Pa 以下。然后，将坯料放入加热炉中进行 1250 ℃保温加热，随后，在液压机上对坯料沿垂直于界面方向进行镦粗—拔长—再镦粗—再拔长的高温锻造成形，以确保了构筑基元之间的紧密连接和界面愈合，得到外径 Φ1830×长度 4000mm 构筑钢坯，见图 2 所示。

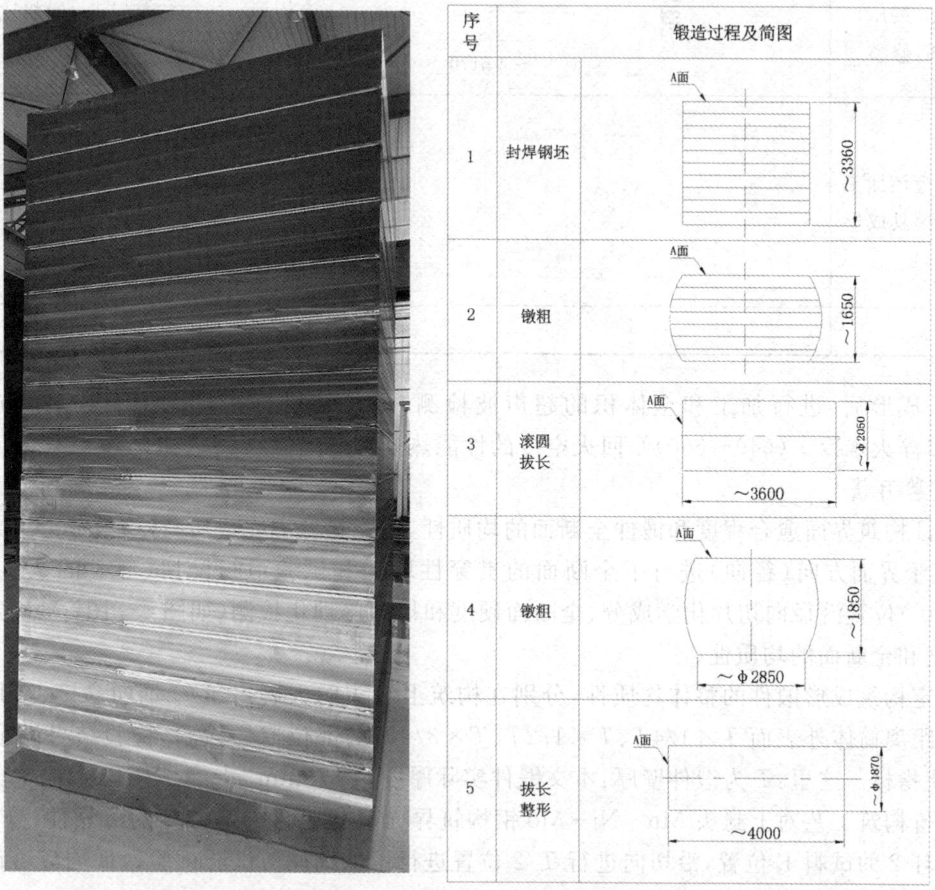

图 2　构筑钢坯的组坯、真空封焊与锻造成形过程

之后，从钢坯一端切取试片，分别按照 NF EN ISO 643、ASTM E 45 进行了晶粒度和非金属夹杂物检验，其实际晶粒度结果为(8.0～8.5)级，见图 3，非金属夹杂物结果 *A*、*B*、*C*、*D* 类分别≤0.5 级，*A*＋*B*＋*C*＋*D* 类＝1.0 级。之后，按照 NF A04—308(1988 版)对钢坯整体摸底超声波检测，结果满足标准要求。

图 3　构筑钢坯晶粒度照片

2.3　构筑封头的成形与性能热处理

构筑钢坯经 140MN 水压机上通过镦粗—拔长—展压热锻，使金属得到充分的变形，锻造成形为外径 *Φ*5170×厚度 380mm 上封头板坯。板坯再经粗加工后进行封头模具成形，见表 3，之后进行了(900～930)℃正火＋(650～680)℃回火预备热处理。

表 3　上封头在构筑钢坯中的位置示意

步骤		锻造过程及简图	锻比
1	1. 镦粗 2. 拔长	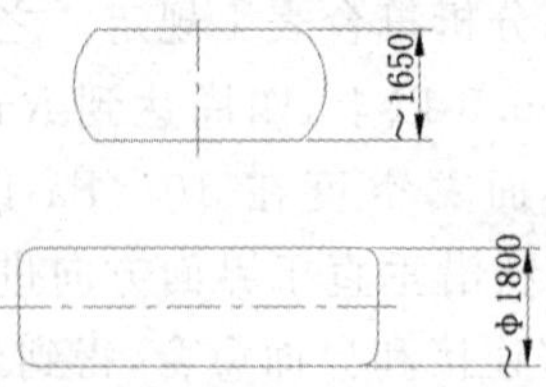	镦粗比:~2.3 镦粗比:~2.2
2	1. 镦粗 2. 展压 3. 修整	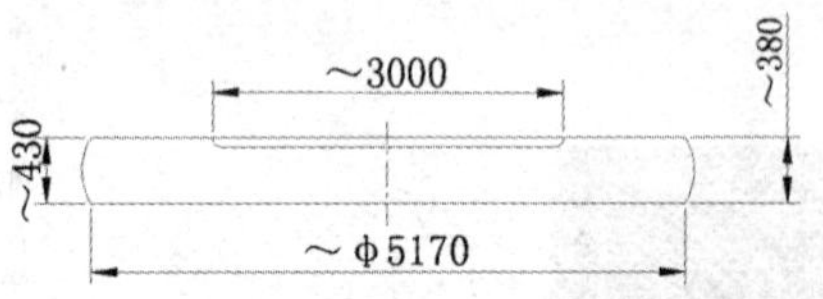	镦粗比:~8.5
3	1. 板坯加工 2. 模具成形	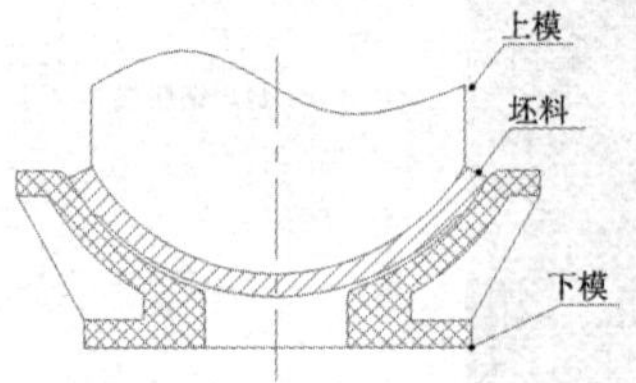	
备注			总锻造比:~8.8

构筑封头成形后，进行加工和全体积的超声波检测，探伤结果合格且无记录缺陷。随后进行了(880～920)℃淬火水冷+(640～660)℃回火空冷的性能热处理，

2.4　试验方法

(1)为确证构筑界面愈合程度和锻件全断面的均质性，性能热处理完成后，在构筑成形上封头的试环1位置沿垂直于界面方向(径向)进行了全断面的贯穿性取样和试验：通过对试环1的试料 C(90°)、A(180°)、D(270°)位置沿径向切片化学成分、全断面硬度和拉伸等理化检测(如图4～图5)，确定了构筑界面的愈合程度和全断面的均质性。

(2)为评定构筑成形锻件的整体均质性，分别在构筑上封头的大碗口、1/2轴向高度、穹顶位置进行了解剖评定，距离筒体外表面 $T\times1/4T$、$T\times1/2T$、$T\times3/4T$ 的部位取样检验，检验结果满足2.1～2.3中的理化性能指标。这里：T 为锻件壁厚：本文锻件实际厚度为270mm。。

(3)为评价构筑工艺对上封头Mn－Ni－Mo钢构筑界面氧化膜自分解调控的可靠性，分别在试环1的试料A，试环2的试料E位置，沿切向进行 $T/2$ 位置进行了低周疲劳试验试验。低周疲劳试验试验按照ASTM E606/E606M－21，设计直径为6.35mm，在INSTRON5982电子万能试验机进行性能热处理态的室温应变控制的低周疲劳试验，试验波形：三角波，试验加载速率：0.005/s；应变比：0.1，循环次数寿命超过5万次，5万次后可转应力控制，频率为10Hz加载直至断裂。

3　研制结果及分析

3.1　界面化学成分、低倍组织、全断面拉伸强度性能及硬度

从构筑上封头大开口端试环1的试料 C(90°)、A(180°)、D(270°)位置全断面间隔9个试样全部元素化学成分分析，其结果：钢的元素波动偏差小，其中，主加元素C元素平均值为0.183%，偏差介于+0.012%，－0.006%；Mn元素平均值为1.42%，偏差介于±0.02%；Ni元素平均值为0.73%，偏差介于+0.02%，－0.04%；Mo元素平均值为0.54%，偏差介于+0.02%，－0.01%，见图6所示。

沿着构筑封头试料区径向方向制备全断面低倍检测试样，经过酸洗后放大5×观察，如下图7所示，经变形及保温扩散处理后，从低倍组织观察：试样未发现肉眼可见的缩孔、气泡、裂纹、夹杂、翻皮等缺陷，界面组织与基体组织无差异，原始界面难以分辨。

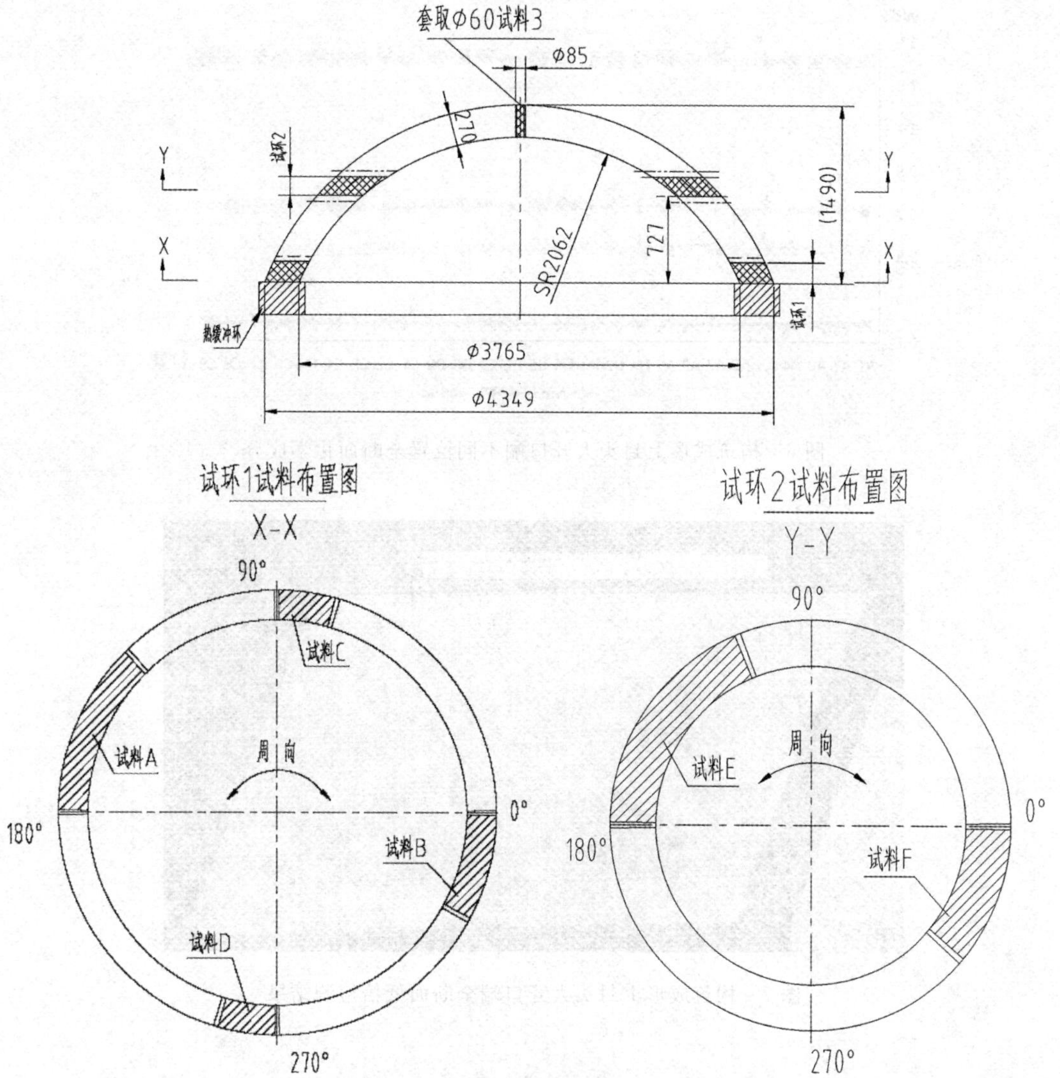

图 4　上封头性能热处理工艺曲线

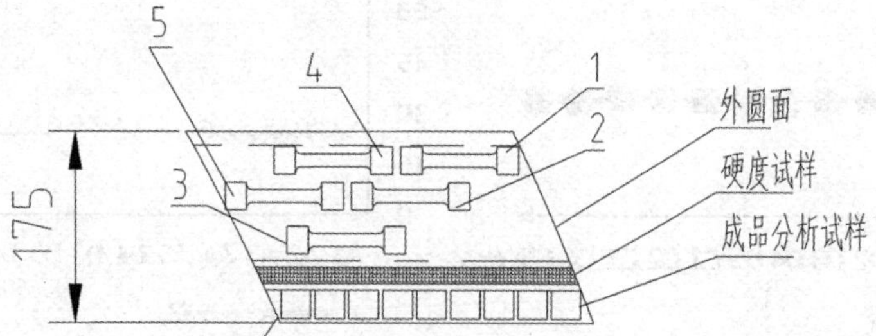

图 5　构筑成形上封头试样布置示意图

沿着构筑封头径向方向进行垂直于构筑界面的全截面贯穿性共计 15 个拉伸检测测试，以及 30 个全断面的硬度均匀性测试。屈服和抗拉强度最大偏差为 5MPa，如图 8 所示；硬度值测试结果 199～225 HV_5。

上述结果说明：构筑上封头实现了构筑界面冶金结合，界面愈合程度良好。

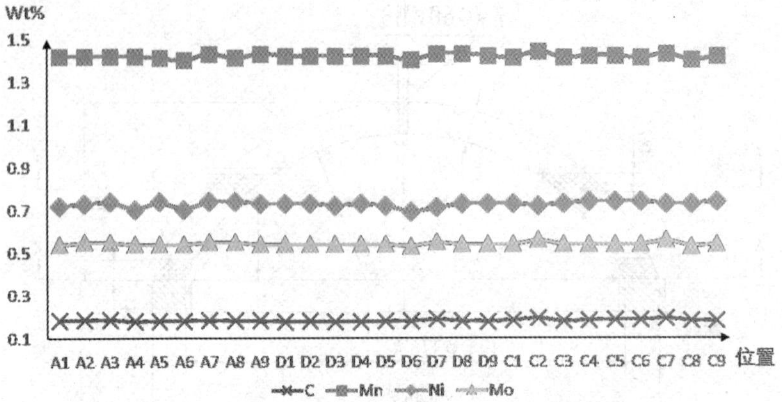

图 6　构筑成形上封头大开口端不同位置全断面化学成分

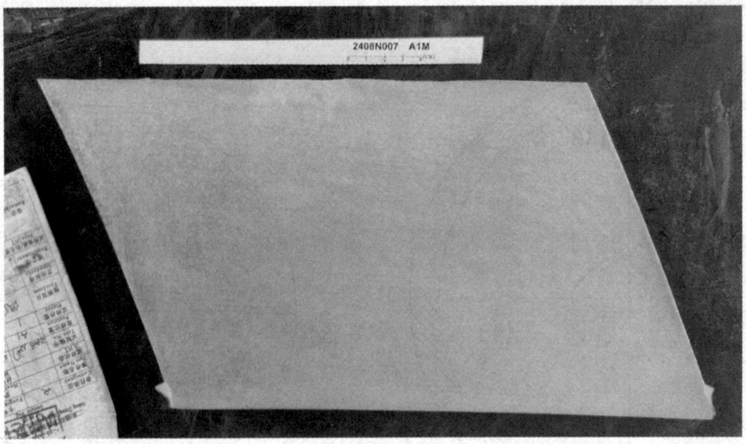

图 7　构筑成形上封头大开口端全断面低倍检测结果

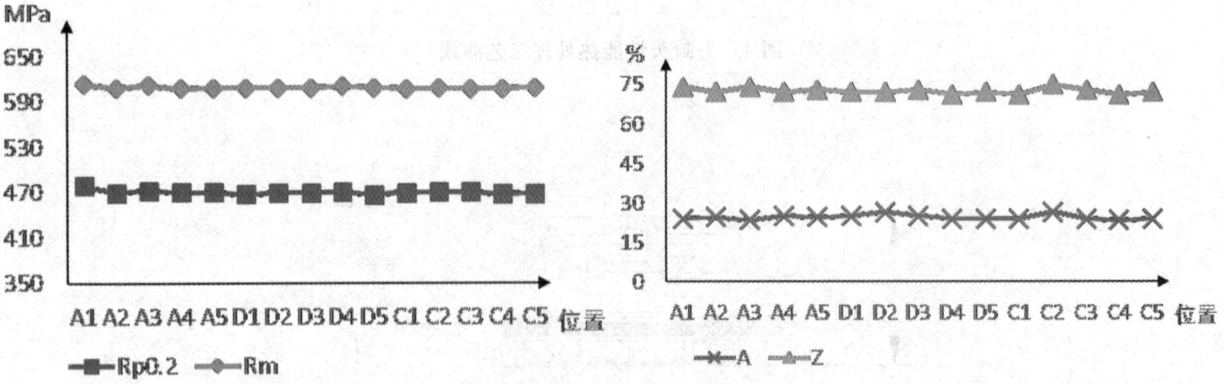

图 8　构筑成形上封头大开口端全断面拉伸试验结果

4.2　构筑成形上封头整体均质性评定

对构筑成形上封头整体解剖试验,分别切取试环 1、试环 2 和试料 3 进行力学性能检测,其力学性能基本一致。现对试环 1 的各部位力学性能做如下总结:

4.2.1　拉伸强度

室温和 350℃高温强度指标全部合格满足检验要求,其中,室温强度:*R*p0.2 在(457~487)MPa; *R*m

在(600～614)MPa；A 在(25～28)%；Z 在(73～74)%。350℃高温强度：$Rp0.2$ 在(396～414)MPa；Rm 在(556～586)MPa；A 在(24.0～29)%；Z 在(74～79)%，见 9 图所示。

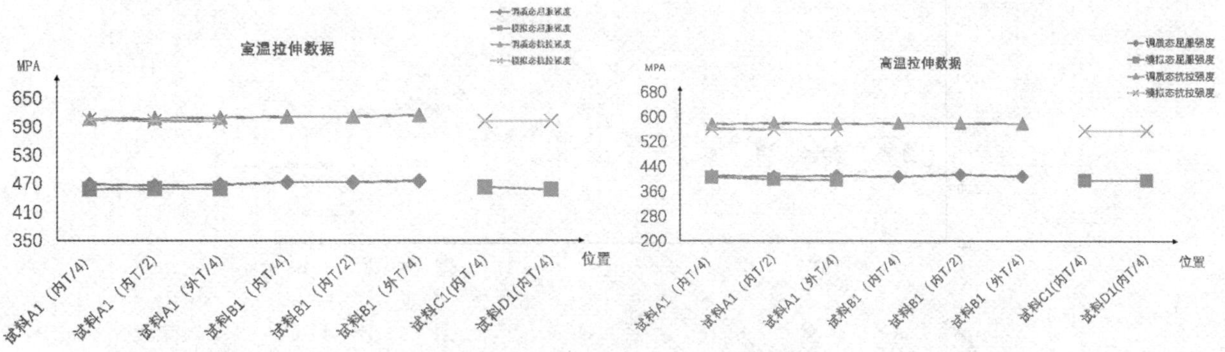

图 9　试环 1 各部位室温和高温拉伸性能

取试料 A 拉伸试样进行断口形貌分析，如图 10 所示，其宏观断口形貌呈现杯锥状特征，清晰可见纤维区与剪切唇两个特征区域，进一步纤维区微观形貌观察，断口表面呈现韧窝状组织特征，表明该材料的断裂过程符合韧性断裂模式，这与常规同类锻件拉伸断口相同，说明经构筑成形后的原始界面已充分愈合，拉伸性能已恢复至基体水平。

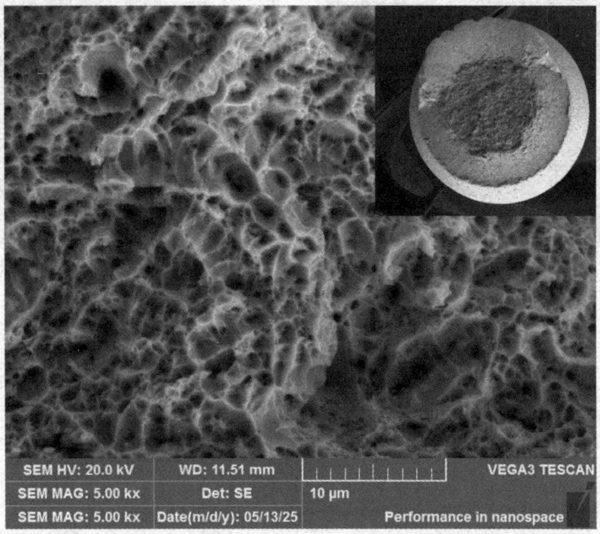

图 10　试料 A 拉伸试样进行断口形貌

4.2.2　冲击功与落锤性能

不同方位、模拟焊后热处理状态的周向、经向＋20℃、0℃、－20℃冲击功指标全部合格满足检验要求。其中，其上封头本体碗口 0℃冲击功主要分布于(110～190)J 之间，如图 11 所示。

经模拟焊后热处理状态的落锤性能介于：(－25～－30)℃。

4.2.3　晶粒度与显微组织

晶粒度细小，皆为 8.0 级，显微组织皆为回火贝氏体。图 12 示出了试料 A 中 $T/2$ 部位的晶粒度和显微组织。

4.3　疲劳性能测定

对试环 1 和试环 2 进行了低周疲劳测试，其试环 2 中试料 E 的 $T/2$ 位置的应变寿命 $\varepsilon-N$ 曲线如图 13 所示，应变幅值－寿命曲线如图 14 所示。将以上常温疲劳性能结果与以往疲劳曲线进行对比，发现该测试材料的疲劳强度整体上优于以往的疲劳强度。实验获得了 10^2 到 10^5 次的疲劳寿命数据，满足了 RCC－M 规范 Z 篇的疲劳曲线寿命范围。从实验结果来看，0.2%应变幅下的疲劳寿命就达到了试验方

案中要求的 1×10^5周次极限寿命。

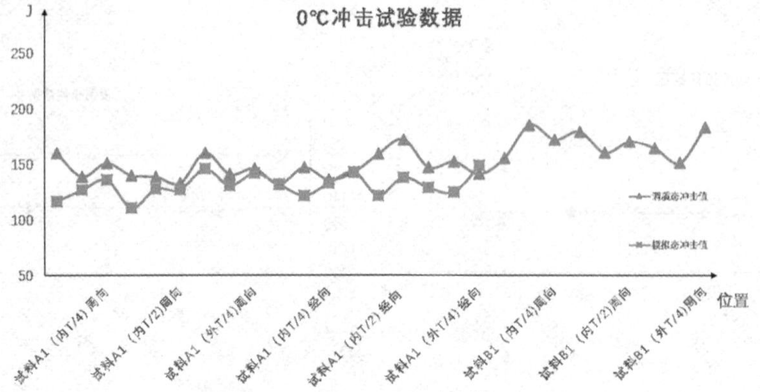

图 11　上封头本体碗口部位 0℃冲击功结果

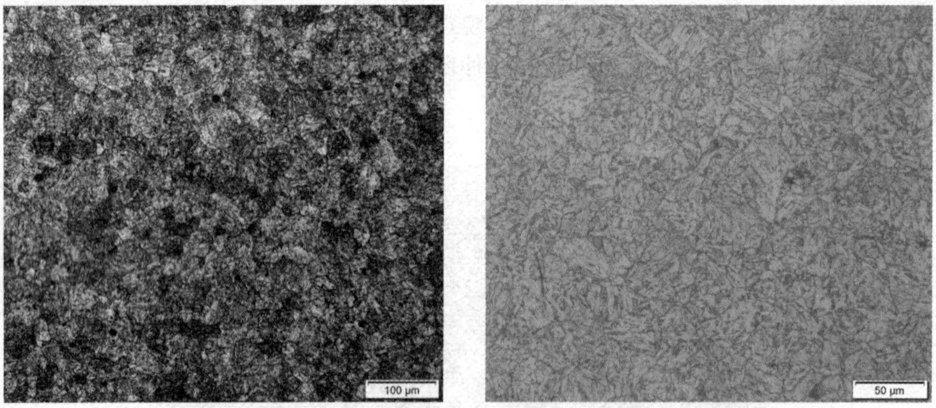

试料A（T/2）晶粒度　100×　　试料A（外T/2）显微组织　200×

图 12　试料 A 中 $T/2$ 部位的晶粒度和显微组织

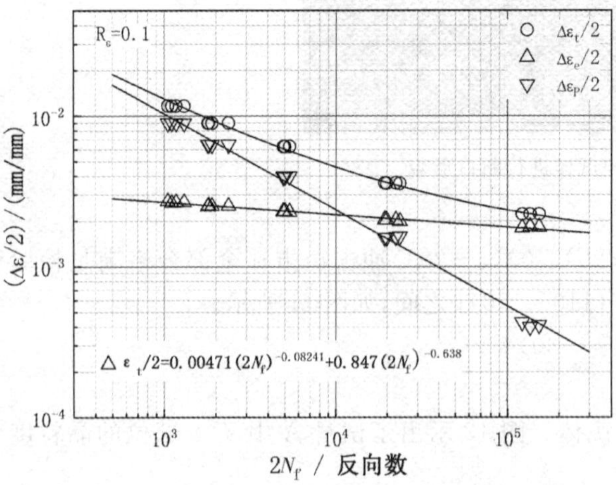

图 13　应变寿命 ε-N 曲线

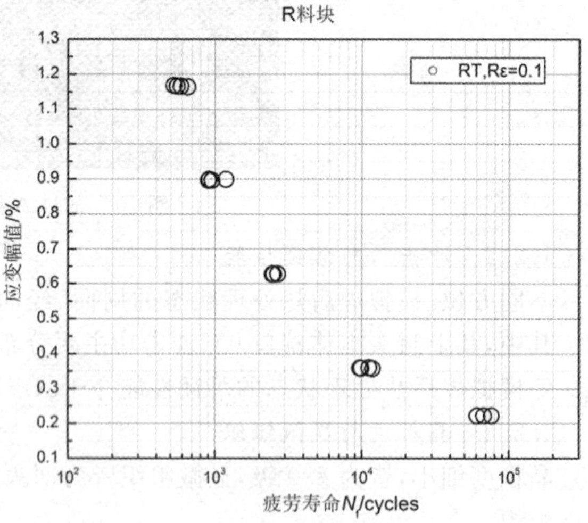

图 14　应变幅值-寿命曲线

5　结　论

为进一步提高核电大锻件均质性，本文采用金属构筑成形技术开展了 1000MW 级反应堆压力容器上封头的研制，通过数值模拟、高纯度基材构筑、洁净化基元加工、整齐堆垛组坯、真空封焊、二次镦粗锻造成形，以及封头成形和性能热处理，完成上封头研制，得出以下结论。

(1)锻件构筑界面愈合、解剖评定以及疲劳性能的试验结果表明：构筑成形技术可以实现构筑基元之间的紧密连接、界面愈合、氧化膜自分解调控，其全断面理化性能均匀，各部位综合性能良好，满足采购规范要求。

(2)金属构筑成形工艺可以制备出均质化、致密化的核电大锻件，本文充分验证了华龙一号反应堆压力容器上封头构筑成形制备技术的工业级应用的可行性，为解决厚大尺寸核电锻件均质化制备难题提供了新方法。

参考文献

[12] Ge H H, Ren F L, Li J, et al. Modelling of ingot size effects on macrosegregation in steel castings[J]. Journal of Materials Processing Technology, 2018, 252: 362—369.

[13] Lesoult G. Macrosegregation in steel strands and in-gots: Characterisation, formation and consequences[J]. Materials Science and Engineering. A, Structural Materials: Properties, Microstructure and Processing, 2005, 413/414: 19—29

[14] Kim Y D, Cho J R, Bae W B. Efficient forging process to improve the closing effect of the inner void on an ultra-large ingot[J]. Journal of Materials Processing Technology, 2011, 211(6): 1005—1013.

[15] Cai D, Li J, Ren N, et al. Interaction of MnS inclusion behaviors and macrosegregation during solidification by multi-phase modelling[J]. Journal of Materials Process-ing Technology, 2021, 297: 117243

[16] Cao Y, Li D, Chen X Q, et al. Inducing mechanism and model of the critical oxygen content in homogenized steel[J]. Materials & Design, 2021, 205: 109723. [14] Wang J, Fu P, Liu H, et al. Shrinkage porosity criteria and optimized design of a 100-ton 30Cr2Ni4MoV forg-ing ingot[J]. Materials & Design, 2012, 35: 446—456.

[17] Sang B, Kang X, Li D. A novel technique for reducing macrosegregation in heavy steel ingots [J]. Journal of Materials Processing Technology, 2010, 210(4): 703—711.

[18] Honghao G, Fengli R, Duanxin C, et al. Gradual cooling solidification approach to alleviate macrosegre-gation in large steel ingots[J]. Journal of Materials Pro-cessing Technology, 2018, 262: 232—238.

[19] 王水平．反应堆压力容器整体顶盖锻件锻造质量控制研究[J]．中国设备工程，2018(9)：165—167.

[20] 王宝忠．超大型核电锻件绿色制造技术[M]．北京：机械工业出版社，2016：33—36

[21] 孙明月，徐斌，谢碧君，等．大锻件均质化构筑成形研究进展[J]．科学通报，2020，65(27)：3044—3058

[22] 银伟，任秀凤，郑永强，等．轮带的构筑成形工艺与轧制工艺制造[J]．大型铸锻件，2022，1：10—11

作者简介

杜军毅(1965)，男(汉)，教授级高级工程师，国机重型装备集团股份有限公司首席技术专家，主要从事我国重型压力容器与核电重型装备用高端大型铸锻件材料研发及热处理工艺研究。通讯地址：618000 四川省德阳市旌阳区珠江西路 460#二重(德阳)重型装备有限公司大型铸锻件研究所，E—mail：djy65@126.com，手机：13689623421。

复合管道电熔管件的结构增强与协同承载研究

宗鑫伟[1],姚日雾[1,2],施建峰[1,3]

(1. 浙江大学 特种装备研究所,杭州 310027;2. 浙江大学 机械工程学院,杭州 310027;
3. 浙江大学 氢能研究院,杭州 310027)

摘　要:复合管道电熔连接在石化、核电等领域具有广泛应用,随着复合管道强度的逐渐提高,对高强度的电熔连接提出了更高需求。本研究提出一种具有双层结构的电熔管件,其内层为高密度聚乙烯(HDPE)、外层为短碳纤维增强聚乙烯(PE-SCF)的协同承载结构。通过短时爆破、静液压试验及CT断层扫描联合分析,结果表明:全复材电熔管件对于PE电熔管件具有39.6%的强度提升,但其裂纹扩展失效模式使得强度利用率仅为54.4%,据此改进的双层结构爆破压力较全复材PE-SCF管件进一步提升20.4%,从而使其对纯PE管件的提升68.0%(达17.0 MPa),材料强度利用率达92.4%,静液压实验验证了其长期稳定性。其协同承载机制为内层HDPE通过高韧性抑制裂纹扩展,使得外层PE-SCF充分利用材料强度对管件实现结构增强。本研究探明了双层结构用于电熔管件增强的效果及机理,为后续电熔管件的结构增强设计及工程应用奠定了基础。

关键词:复合管道;电熔管件;协同承载;短碳纤维增强聚合物;材料利用率

Structural reinforcement and synergistic load-bearing of electrofusion joints for composite pipes

ZONG Xinwei[1], YAO Riwu[1,2], SHI Jianfeng[1,3]

(1. Institute of Advanced Equipment, Zhejiang University, Hangzhou 310027, China;
2. College of Mechanical Engineering, Zhejiang University, Hangzhou 310027, China;
3. Hydrogen Energy Institute, Zhejiang University, Hangzhou 310027, China)

Abstract: Electrofusion joints for composite pipes are extensively used in petrochemical, nuclear power, and related industries. With the continuous improvement in the strength of composite pipes, there is an increasing demand for high-performance electrofusion connections. This study proposes a double-layer electrofusion joint structure, comprising an inner layer of high-density polyethylene (HDPE) and an outer layer of short carbon fiber-reinforced polyethylene (PE-SCF), forming a synergistic load-bearing system. Experimental results from short-term burst tests, hydrostatic pressure tests, and computed tomography (CT) scans indicate that full-composite PE-SCF joints achieved a 39.6% strength improvement over PE joints. However, their crack propagation failure mode limited the material strength utilization rate to 54.4%. The optimized double-layer structure further enhanced the burst pressure by 20.4% compared to full-composite PE-SCF joints, resulting in a total increase of 68.0% over PE joints (reaching 17.0 MPa), with a material strength utilization rate of 92.4%. Hydrostatic experiments confirmed its long-term stability. The synergistic mechanism relies on the inner HDPE layer suppressing crack propagation through high toughness, enabling the outer PE-SCF layer to fully utilize its material strength for structural reinforcement. This study clarifies the effectiveness and mechanisms of the double-layer structure in enhancing electrofusion joints, providing a foundation for future structural design optimization and engineering applications.

Keywords: composite pipes; electrofusion joints; synergistic load - bearing; short carbon fiber reinforced plastic; material utilization rate

0 引 言

非金属承压管道因其卓越的耐腐蚀性能、轻质特性及高比强度优势，在石油天然气集输、核电站冷却水系统等对安全标准、管径尺寸和承压能力要求严苛的工程领域获得广泛应用[1-5]。作为该类管材的核心连接技术，电熔焊接通过高分子材料熔融实现管体无缝接合，其工艺特点表现为三重优势：其一，形成的三维交联结构确保管件区域具备优异密封性；其二，整体无金属构件特性赋予系统长效抗腐蚀能力；其三，自动化焊接程序显著降低现场施工难度[6-8]。这种创新连接方式成功解决了传统金属管材在腐蚀性介质输送中的材料失效难题，为现代工业管道工程提供了可靠的技术解决方案。

尽管电熔焊接技术能够实现非金属管道的有效连接，但管件部作为管体连续性的中断区域，始终构成管道系统的力学薄弱环节。同时，随着复合管道设计以及制造能力的日渐提高，复合管道的强度已经得到了极大提高，但高压复合管道的连接强度相对管道的强度来说，仍然属于相对薄弱的环节。统计表明，约67%的管道失效事故均起源于管件部位的结构损伤[9]，这一现象凸显了管件强化技术的工程迫切性。近年来，短碳纤维增强热塑性复合材料(PE-SCF)凭借其独特的"结构-功能一体化"特性，为管道连接技术提供了创新解决方案。该材料体系以短切纤维与热塑性树脂基体(如聚乙烯)通过熔融共混工艺制备[10-14]，其技术优势主要体现在：(1)力学增强机制：当PE-SCF应用于管件时，碳纤维可有效传递应力，使管件爆破压力提升达40%[15-18]；(2)本征传感特性：纤维网络形成的导电通路，赋予管件电阻特性与力学状态的强相关性，实现基于压阻效应的损伤实时监测[19-22]。

尽管全复合材料电熔管件已在一定程度上改善了管件性能，但根据PE电熔管件强度失效的理论，PE-SCF电熔管件的性能提升相比PE-SCF材料的提升幅度仍有较大差距，通过加入碳纤维在材料性能层面的提升并没有充分发挥到管件结构上，这可能是因为材料的不同使得电熔管件的失效模式产生了改变。因此，基于PE-SCF复合电容管件的结构设计成为了复合管道电熔管件的重要课题。

纤维缠绕压力容器的成功实践为管件结构创新提供了重要启示。该技术通过构建"内胆-增强层"功能分离体系，实现了压力容器整体结构的安全保障，其核心设计准则包括：(1)采用薄壁聚合物内胆承担介质密封与形状维持功能；(2)通过精准缠绕角控制使增强纤维沿主应力轨迹分布，充分发挥复合材料的强度优势。这种"协同承载"的设计理念，已在碳纤维缠绕气瓶等工程实践中验证其优越性[23-25]。受此启发，本研究基于全复材电熔管件提出新型双层复合管件结构设计方案：内层采用高密度聚乙烯(HDPE)，外层采用强度更高的短碳纤维增强聚乙烯复合材料，两层材料通过协同承载共同实现复合管道电熔管件的结构增强。在该方案中。内层聚合物的高韧性可有效应对因为结构不连续产生的应力集中对结构造成的破坏，而强度更高的复合材料能够提升管件的强度上限。

本文对PE电熔管件、PE-SCF全复材电熔管件及PE-SCF双层电熔管件进行了短时爆破及静液压实验，首先验证了PE-SCF全复材电熔管件对于PE电熔管件的增强效果，并探明了其失效模式，针对其材料利用率低的情况，进一步发现基于协同承载设计理念的PE-SCF双层电熔管件的结构增强效果更加显著，同时其较高的材料利用率表明其协同承载效果显著。最后，对双层电熔管件的协同承载机理进行了探究，为后续电熔管件的结构增强设计及工程应用奠定了基础。

1 材料与方法

1.1 材料制备

本研究选用聚乙烯作为短碳纤维增强热塑性复合材料(PE-SCF)的基体材料，依据ASTM D1238标准，该基体密度为0.93 g/cm^3，熔体流动速率为0.6 g/10 min。增强相采用T700-24K型短碳纤维，其核心性能参数包括:单丝直径 7 μm,密度 1.79 g/cm^3,拉伸强度 4900 MPa,弹性模量 230 GPa,断裂伸长率 2.1%。

1.2 管件制备

本文所使用的 PE 管件、PE - SCF 全复材电熔管件与 PE - SCF 双层电熔管件尺寸如图 1(a)(b)(c)所示。采用注塑工艺制备本文所使用电熔管件,管件长度均为 148 mm,管件壁厚 13 mm,对于 PE - SCF 双层电熔管件,内层厚度为 5.5 mm,外层厚度为 7.5 mm。图 1(d)为双层管件的截面示意图。

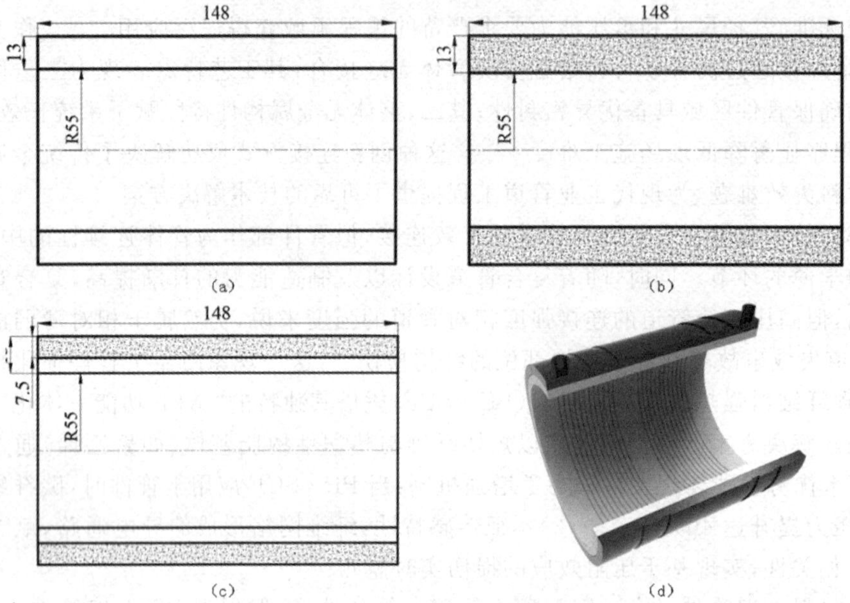

图 1 PE 管件、PE - SCF 全复材电熔管件及双层结构电熔管件尺寸

1.3 结构强度测试

采用管道爆破试验装置对 PE 管件、PE - SCF 全复材电熔管件与 PE - SCF 双层电熔管件进行短期爆破试验,依据 ASTM D1599 标准,通过施加持续内压直至管件发生失效。试验装置布置如图 2 所示,测试过程中实时记录加载时间与内压值,最大内压值。同时采用该系统对 PE - SCF 双层电熔管件进行长期静液压测试。

图 2 短时爆破及静液压实验布置及设备

1.4 失效模式分析

为实现 PE - SCF 管件在失效前内部裂纹萌生的原位观测,本研究采用计算机断层扫描(CT)技术

(如图 3 所示)。实验方法具体如下:将预先引入损伤的管件置于 CT 系统的 360°旋转平台上,通过 X 射线源(峰值电压 225 kV,焦点尺寸 4 μm)对管件区域进行透射扫描,依据射线衰减差异重构三维缺陷分布。

图 3 计算机断层扫描技术检测管件内部损伤

2 结果与讨论

2.1 PE-SCF 全复材电熔管件结构增强

2.1.1 PE-SCF 全复材增强效果及定量评价

首先对 PE 管件以及 PE-SCF 管件分别进行了爆破实验,实验曲线如图 4 所示。PE 爆破强度平均为 10.1 MPa,PE-SCF 管件爆破压力平均为 14.1 MPa。从爆破强度来说,在同一尺寸下,PE-SCF 管件相对 PE 管件取得了 39.6%的提升。

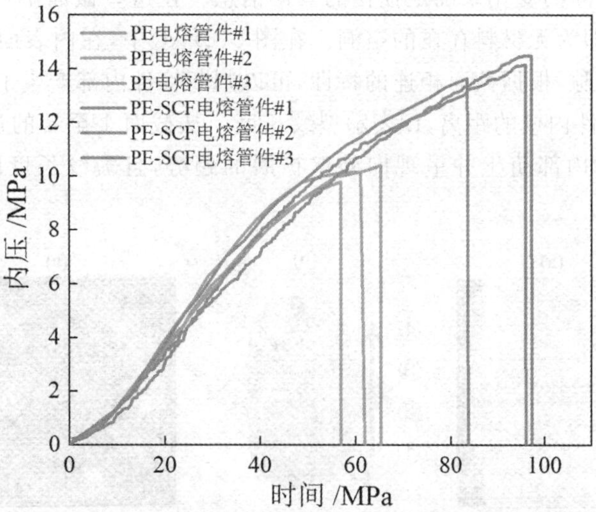

图 4 PE 管件、PE-SCF 全复材电熔管件爆破曲线

对于 PE 电熔管件,其失效通常为管件内冷焊区强度失效,即在轴向力作用下,管件中部材料被拉伸至屈服后发生破坏。因此,采用厚壁圆筒轴向力计算公式表征强度失效下电熔管件的失效,如式(1)所示。

$$R_{eL} = P_i \cdot \frac{R_i^2}{R_o^2 - R_i^2} \tag{1}$$

式中,R_i 表示管件内半径;R_o表示管件外半径;P_i 为管件承受的内压;R_{eL} 为管件材料的屈服强度。

根据式(1)计算的 PE 电熔管件及 PE - SCF 全复材电熔管件的理论强度与实际强度的对比如下表所示：

表 1 表明对于 PE 电熔管件，材料强度在整个失效过程中被充分利用，但对于 PE - SCF 电熔管件，实验结果仅为理论计算爆破压力的 54.4%，表明复合材料的强度并未完全被利用。

表 1　PE 管件及 PE - SCF 管件理论爆破强度与实验强度对比

	材料强度/MPa	理论强度/MPa	实际强度/MPa	实际/理论
PE 管件	19.6	10.3	10.1	98.0%
PE - SCF 管件	49.0	25.9	14.1	54.4%

为表征 PE - SCF 屈服强度未完全利用的现象，本研究暂将 PE - SCF 的失效模式定义为强度失效，并定义材料强度利用率 η。因此式(1)中 R_{eL} 可表示为 σ_s，σ_s 表示在一定强度利用率下的材料强度，$\sigma_s = \eta \times R_{eL}$，在材料为完全的强度失效时，$\eta = 100\%$。其他情况下，强度利用率采用下式计算：

$$\eta = P/P_i \tag{2}$$

式中，P 为管件实际爆破压力；η 能够表征电熔管件失效时为强度失效的程度，当失效模式越接近强度失效，其强度利用率越高。

2.1.2　PE - SCF 全复材管件失效模式

对 PE - SCF 全复材管件失效模式进行探究，是分析其强度利用率低的基础。对于管件在失效前内部产生的损伤的观测，是探明管件失效模式的关键。因此，本文首先将 PE - SCF 全复材电熔管件加压至爆破压力的约 70%(10 MPa)后立即卸压，以此来给管件内部引入损伤。随后对整个管件进行 CT 检测即可探明管件内部的具体损伤情况。如图 5(a)(b)所示，选取管件中段位置的一系列连续横截面图像进行观测，通过分析不同截面间的变化来确定损伤的具体信息。在这些截面中，PE - SCF 复合材料显示为灰色，因此，灰色中的黑色即为无材料存在的空洞。在图 5(c)(d)中，在内表面处可观察到黑色的细长条纹，表征该平面存在材料空隙，根据截面相连的特性，可以判断管件内部产生了裂纹。同时对裂纹尺寸进行了测量，h 表示裂纹到管件内壁的距离，L 表示裂纹长度。从截面 1 至 4 的过渡中，裂纹距内壁距离逐渐增大，表明裂纹已在管件内部萌生并呈现向外壁扩展的趋势，且裂纹长度随距内壁距离增加而逐渐减小。

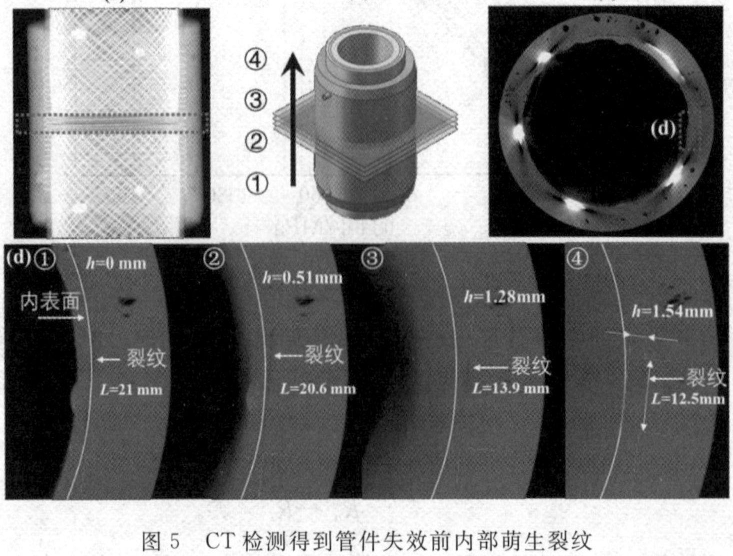

图 5　CT 检测得到管件失效前内部萌生裂纹

结合 PE-SCF 全复材电熔管件裂纹扩展的失效模式可以发现，管件在受载过程中裂纹萌生并扩展，导致 PE-SCF 在轴向受载方向的横截面积减小，从而使管件轴向的强度减弱。所以在复合材料带来的强度提升与裂纹对强度的削弱共同作用下，导致管件整体强度得到提升，但材料的强度没有被充分利用。

2.2 PE-SCF 双层电熔管件增强效果

上述分析表明，虽然 PE-SCF 全复材电熔管件已经能够相对 PE 管件取得 39.6%的提升效果，但由于其裂纹扩展的失效模式，导致材料的强度没有被充分利用，同时裂纹萌生对于其长时服役性能也是较大的隐患。因此，本文结合纤维缠绕瓶气瓶的设计理念，对电熔管件采用双层结构设计，将 PE-SCF 复合材料设置在管件外层，作为主要的承载部件，而内层则采用与 PE 电熔管件相同的高密度聚乙烯，希望其高韧性能够避免管件发生裂纹萌生及扩展，由此两层材料能够协同承载。

在此基础上，进行了 PE-SCF 双层电熔管件的短时爆破及静液压实验，实验结果如图 6 及图 7 所示。可以发现，在采用相对更少的复合材料后，PE-SCF 双层电熔管件的平均爆破压力为 17.0 MPa，相比于 PE-SCF 电熔管件得到了进一步提升，相对 PE 电熔管件强度提升了 68%。同时，静液压实验根据 GB/T 32439 进行，根据现有数据，本本文管件至少可以满足压力等级 3 MPa 的要求，表明 PE-SCF 双层电熔管件拥有出色的长时性能。

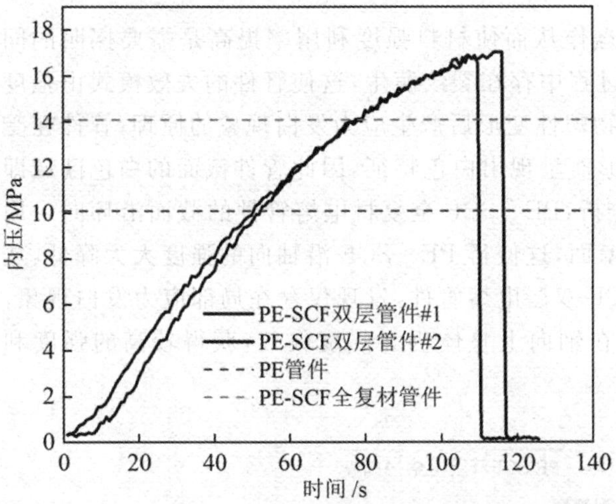

图 6 PE-SCF 双层电熔管件爆破曲线

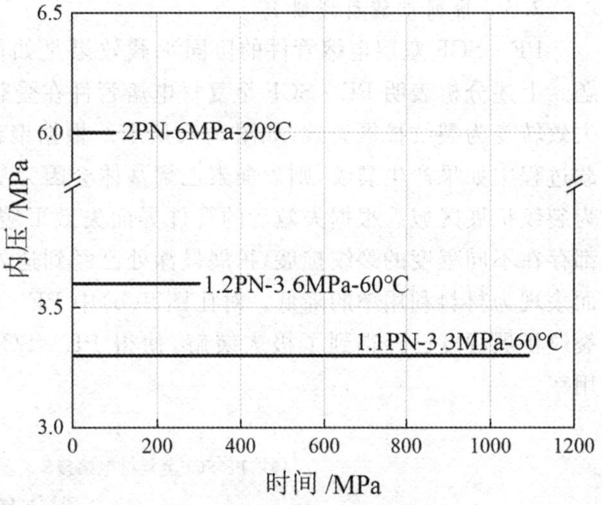

图 7 PE-SCF 双层电熔管件静液压曲线

根据式(1)及式(2)计算的 PE-SCF 双层电熔管件的强度及材料利用率如表 2 及图 8 所示。如表 2 所示，可以发现，PE-SCF 双层电熔管件的实际爆破强度与经过强度失效计算的内层与外层的强度叠加后的管件爆破强度非常吻合，表明内层与外层的材料强度都被充分利用，两层材料在管件最终失效时，达到了各自的屈服强度。这表明内外层的协同承载效果比较显著。

表 2 双层结构理论强度与实验强度对比

	材料强度/MPa	单层结构强度/MPa	整体结构强度/MPa	实际强度/MPa
内层 HDPE	26.0	5.5	18.4	17.0
外层 PE-SCF	49.0	12.9		

在与 PE 电熔管件、PE-SCF 全复材管件的对比中，如图 8 所示。在同一管件尺寸下，在管件强度方面，PE-SCF 全复材电熔管件和 PE-SCF 双层电熔管件都对 PE 管件实现了增强，并且 PE-SCF 双层电熔管件具有最高的强度，其强度利用率为 92.4%。在复合材料含量少于 PE-SCF 全复材电熔管件的情况下，PE-SCF 双层电熔管件的材料利用率远超 PE-SCF 全复材电熔管件，略低于 PE 管件。表明

PE-SCF双层电熔管件的协同承载效果显著。

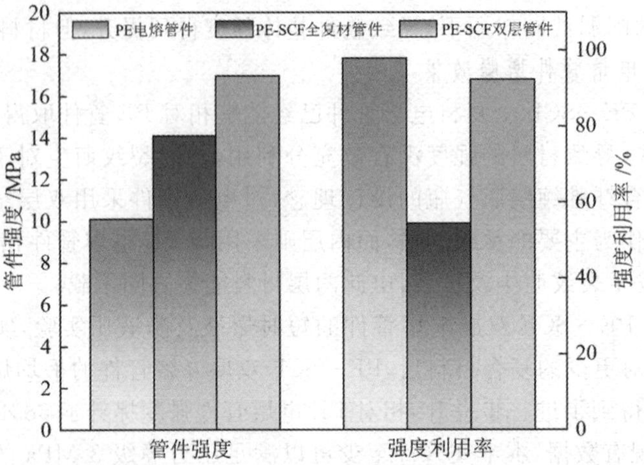

图8 PE-SCF管件与双层管件增强效果对比

2.3 协同承载机理研究

PE-SCF双层电熔管件的协同承载效果是如何运作从而使材料强度利用率提高是需要探明的问题。上述分析表明PE-SCF全复材电熔管件在受载过程中存在裂纹萌生，这使管件的失效模式由强度失效转变为裂纹扩展失效，如图9(a)所示。根据聚合物塑性变形后产生应力发白现象的原理，管件在受载过程中如果产生裂纹，则表面聚乙烯基体会因为变形而呈现出白色特征，因此管件截面的白色区域即为裂纹扩展区域。根据失效后的管件界面失效形貌分析，PE-SCF全复材电熔管件的截面沿环向一周都存在不同程度的裂纹扩展，扩展最深处已经到达外壁面，这使得PE-SCF沿轴向的强度大大降低，从而表现为材料利用率的降低。对比图9(b)中PE-SCF双层电熔管件，发现仅存在局部应力发白现象，裂纹扩展程度已经得到了极大缓解，使得PE-SCF在轴向上整体仍为强度失效，获得较高的强度利用率。

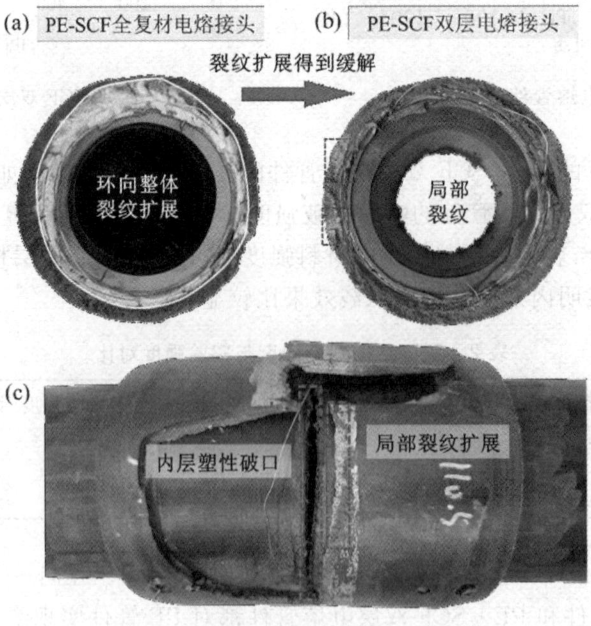

图9 双层管件失效形貌分析

PE - SCF 双层电熔管件整体的失效情况如图 9(c)所示。外层仅仅观察到局部裂纹扩展现象，表明外层材料为应力达到其屈服强度后失去承载能力，从而使得整个管件无法承受内压产生爆破，内层的破坏为内层材料在达到屈服的基础上，被电阻丝冲破所致。上述分析表明，PE - SCF 双层电熔管件相比 PE - SCF 全复材电熔管件，整体更加趋向于强度失效。

上述分析表明，由于内层聚乙烯较强的韧性，有效抑制了因应力集中导致的裂纹扩展。使得材料的失效偏向于强度失效，从而使管件在失效时两层材料能够协同承载，都能达到其屈服强度，由此提高了材料利用率。对于某一电熔管件，其失效模式及强度随两层材料壁厚变化的分布如图 10 所示。PE - SCF 全复材电熔管件为裂纹扩展失效，强度利用率最低；而 PE 电熔管件强度最低，但其强度利用率往往最高。在两种情况中间，存在某一壁厚分配下，爆破强度达到最大。同时，随着 PE 层厚度逐渐增加，PE - SCF 层厚度逐渐减小，PE 层对裂纹的抑制作用逐渐增强，管件的失效模式由裂纹扩展失效逐渐转变为强度失效。由此可见，复合材料在结构中的占比对管件的增强效果与内层聚乙烯对裂纹的抑制效果是一对相互竞争的机制，这一机制影响着双层结构协同承载效果及失效模式。

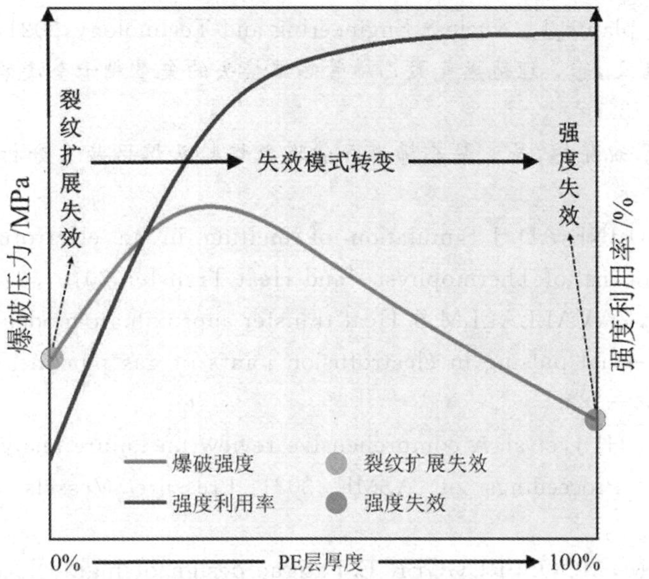

图 10 PE - SCF 双层管件协同承载机理

3 结 论

本文首先通过短时爆破，明确了了 PE - SCF 全复材电熔管件对于 PE 管件的结构增强效果，但基于其裂纹扩展失效模式，导致其材料强度利用率较低；针对此问题，提出了 PE - SCF 双层电熔管件，实验结果表明该结构相比 PE - SCF 全复材电熔管件拥有更高的强度及强度利用率。最后探究了双层结构的协同承载机理。具体结论如下：

(1)在同一尺寸电熔管件下，PE - SCF 全复材电熔管件强度相对 PE 管件提升了 39.6%，但材料利用率仅为 54.4%。通过在管件失效前在其内部观测到的裂纹发现其失效模式为裂纹扩展失效。该失效模式下，使得 PE - SCF 材料轴向截面面积减小导致轴向承载能力变弱，从而使得材料强度无法充分发挥。

(2)以聚乙烯为内层，短碳纤维增强聚乙烯复合材料为外层的双层结构具有比 PE 管件以及 PE - SCF 全复材电熔管件更高的强度。以 DN110 电熔管件为例，双层结构的爆破强度比 PE 管件提高了 68.0%，比全复材提高了 20.4%。通过材料利用率评价了不同结构的增强效果，对比全复材电熔管件，双层结构的材料利用率能够达到 92.4%，验证了其双层结构协同承载的现象。

(3)双层结构协同承载后带来材料强度利用率的提升是因为内层聚乙烯的高韧性有效抑制了裂纹的扩展,使整体结构趋向于强度失效。而外层强度更高的复合材料承担了主要载荷从而提升了管件结构的整体强度。在内层 PE 与外层 PE-SCF 的壁厚匹配中,本质上是结构失效模式的转变从而影响材料强度利用率。

参考文献

[1] ABEL S L,CORLEY L J,MUSTO T M,et al. Use of hdpe piping in the callaway nuclear plant essential service water system[J]. Prague,2010:1285—1293.

[2] ZUBAIL A,TRAIDIA A,MASULLI M,et al. Carbon and energy footprint of nonmetallic composite pipes in onshore oil and gas flowlines[J]. Journal of Cleaner Production,2021,305:1—12.

[3] 郭凯,杨凯,凌晓,等. 聚乙烯燃气管道热熔接头缺陷检测系统设计及实现[J]. 压力容器,2023,40(10):83—90.

[4] SHI J,HU A,YU F,et al. Finite element analysis of high-density polyethylene pipe in pipe gallery of nuclear power plants[J]. Nuclear Engineering and Technology,2021,53:1004—1012.

[5] 杨懿,王强,张浩文,等. 埋地燃气聚乙烯管热熔接头的矢量相干全聚焦成像检测分析[J]. 压力容器,2024,41(11):66—73.

[6] 胡安琪,聂新宇,姚登樽,等. 聚乙烯燃气管道电熔接头熔区应力分析[J]. 压力容器,2019,36(5):21—28.

[7] RAJABI A, ALINEJAD J. Simulation of melting in an electrofusion joint using lattice boltzmann method[J]. Journal of Thermophysics and Heat Transfer,2019,33:334—342.

[8] MANSOURI S,TAVALLALI M S. Heat transfer approximate modeling,parameter estimation and thermography of thermal pulsing in electrofusion joints of gas pipelines[J]. Infrared Physics & Technology,2019,98:354—363.

[9] GE Z,YAO R,SHI J,et al. A comprehensive review on failure analysis of electrofusion joint for plastic pipes [C]//Proceedings of ASME 2021 Pressure Vessels and Piping Conference (PVP2021),2021.

[10] SONSINO C M,MOOSBRUGGER E. Fatigue design of highly loaded short-glass-fibre reinforced polyamide parts in engine compartments[J]. International Journal of Fatigue,2008,30:1279—1288.

[11] CASADO J A,CARRASCAL I,POLANCO J A,et al. Fatigue failure of short glass fibre reinforced PA 6.6 structural pieces for railway track fasteners[J]. Engineering Failure Analysis,2006,13:182—197.

[12] BERNASCONI A,DAVOLI P,ARMANNI C. Fatigue strength of a clutch pedal made of reprocessed short glass fibre reinforced polyamide[J]. International Journal of Fatigue,2010,32:100—107.

[13] CELENTANO D, WIMMER D, COLABELLA L, et al. Viscoelastic mechanical characterization of a short-fiber reinforced polyethylene tube: Experiments and modelling[J]. International Journal of Pressure Vessels and Piping,2015,134:82—91.

[14] NAYAK S,KUMAR M P. Investigation of erosion effect on surface of basalt fibre reinforced polymer composites[R]. 2023.

[15] APARNA S,Purnima D,ADUSUMALLI R B. Effect of short carbon fiber content and water absorption on tensile and impact properties of PA6/PP blend based composites[J]. Polymer Composites,2020,41:5167—5181.

[16] CAPELA C, OLIVEIRA S E, FERREIRA J A M. Fatigue behavior of short carbon fiber reinforced epoxy composites[J]. Composites Part B - Engineering, 2019, 164: 191—197.

[17] FU S Y, MAI Y W, LAUKE B, et al. Synergistic effect on the fracture toughness of hybrid short glass fiber and short carbon fiber reinforced polypropylene composites[J]. Materials Science and Engineering A - Structural Materials Properties Microstructure and Processing, 2002, 323: 326—335.

[18] MOUHMID B, IMAD A, BENSEDDIQ N, et al. A study of the mechanical behaviour of a glass fibre reinforced polyamide: Experimental investigation[J]. Polymer Testing, 2006, 25: 544—552.

[19] YAO R, GE Z, WANG D, et al. Self - sensing joints for in - situ structural health monitoring of composite pipes: A piezoresistive behavior - based method[J]. Engineering Structures, 2024, 308: 12.

[20] 王舒扬,谢桂华,轩元,等. 基于CFRP自传感的受压结构智能监测研究与应用[J]. 复合材料学报,2025,42(3).

[21] IRFAN M S, KHAN, HUSSAIN T, et al. Carbon coated piezoresistive fiber sensors: From process monitoring to structural health monitoring of composites - A review[J]. Composites Part A - Applied Science and Manufacturing, 2021, 141(19).

[22] HAN J, PAN J, MA X, et al. Sensing performance of engineered cementitious composites in different application forms[J]. Construction and Building Materials, 2022, 355: 13.

[23] 吴瑕. 碳纤维增强压力容器的设计及其数值模拟研究[D]. 杭州:浙江理工大学,2023.

[24] 左千. 纤维缠绕复合材料压力容器爆破压力研究与优化设计[D]. 杭州:浙江大学,2022.

[25] 周吉. 纤维缠绕压力容器的强度分析和优化设计[D]. 武汉:华中科技大学,2015.

作者简介

宗鑫伟(2000),男,博士在读,主要从事非金属管道高强度连接研发设计工作,通信地址:310027 浙江省杭州市浙江大学玉泉校区特种装备楼317,E—mail:zongxinwei@zju.edu.cn。

钛-钢复合板压力容器制造技术综述

邢　卓
（沈阳仪表科学研究院有限公司，辽宁 沈阳 110168）

摘　要：钛和钢在物理性能和化学活性上存在显著的差异，而钛-钢复合板又在厚度上存在显著的力学性能差异，尤其是钛-钢复合板结合界面强度和硬度的升高，这些性能上的差异增加了钛-钢复合板容器的成形和焊接难度。以钛-钢复合板容器的筒体几何中径层展开计算得出的下料长度，卷制成筒体后长度均会有所延伸；以某些理论公式计算出来的下料展开长度并不准确，应根据实践经验做适当的调整。到目前为止，采用过渡焊材直接熔焊钛-钢复合板的技术还很不成熟，均处于研究阶段，不能应用于钛-钢复合板容器的焊接上，在实际生产上还是以钛钢分开独立焊接的方式最具可靠性。长期以来，钛-钢复合板容器的制造技术没有取得实质性突破，保持着传统的制造方式。在工程应用上总结出精确的钛-钢复合板筒体下料长度的理论计算公式和实现可靠的钛与钢的直接熔焊，仍是亟待突破的重大课题。

关键词：钛-钢复合板；压力容器；筒体展开长度；焊接
中图分类号：　文献标志码：　文章编号：

Review on Fabricating of Titanium－Steel Clad Plate of Pressure Vessels

XING Zhuo
(Shenyang Academy of Instrumentation Science Co. ,Ltd. Shenyang 110168,China)

Abstract: Titanium and steel have significant differences in physical properties and chemical reactivity. Moreover, titanium - steel clad plates also have notable mechanical property differences in thickness, especially the increase in strength and hardness at the titanium - steel clad plate interface. These performance differences increase the difficulty of forming and welding titanium - steel clad plate vessels. The spread length determined according to the geometric middle diameter layer of the cylinder of the titanium - steel clad plate vessels will be extended after rolling into the cylinder. The spread length calculated by some theoretical formulas is not accurate, and should be adjusted appropriately according to practical experience. Up to now, directly fusion welding titanium - steel clad plates using buttering materials is still very immature and is all in the research stage, and cannot be applied to the welding of titanium - steel clad plate vessels. In actual production, the most reliable method is still to weld titanium and steel separately and independently. For a long time, the manufacturing technology of titanium - steel clad plate vessels has not achieved a substantive breakthrough and has maintained the traditional manufacturing method. In engineering applications, accurately calculating the theoretical formula for the spread length of the titanium - steel clad plate cylinder and achieving reliable direct fusion welding of titanium and steel remain major issues that need to be urgently broken through.

Keywords: titanium - steel clad plate; pressure vessel; cylinder spread length; welding

1 应用概述

钛及钛合金具有比强度高、耐腐蚀优、密度低等显著优点。采用全钛制造大型容器成本过高,限制了应用。钛-钢复合板综合了钛和钢的优点,既具有优良的耐腐蚀能力,又具有较高的强度,成本大幅降低,在氯碱、合成纤维、湿法冶金等重腐蚀领域得到了广泛应用。

钛-钢复合板容器是内压主要由基层(如 Q345R、S30408 等)承受,覆层(如 TA1、TA2 等)只考虑承受介质腐蚀的复合结构,适合于制造工作压力和温度较高的大型容器。采用钛-钢复合板制造压力容器能显著降低设备成本。如采用全钛结构,不仅材料价格昂贵,不适用于制造大型容器。当压力在 0.5 MPa 以下,温度在 150 ℃以下的中小型容器用全钛结构是比较经济的[1]。全钛容器许用温度上限为 300 ℃,而钛-钢复合板容器为 350 ℃[2,3],可用于制造工作压力和温度更高的大型容器。

2 材料要求

2.1 覆层钛材选用

工业纯钛(以 TA2 为例)的密度为 4.51 g/cm³,熔点为 1668 ℃。与钢材(以 Q345R 为例)相比(见表 1[1]),钛的密度小,熔点高,线膨胀系数小,热导率低,比热容高,弹性模量小。这些物理特性决定了钛焊接的熔池温度高,冷却时放出更多的热量,熔池和焊接接头冷却速度慢,在高温停留时间长,高温区域大,即钛焊接受到的气体污染时间长且区域大,易造成焊缝和热影响区晶粒粗大、塑性降低[4]。

表 1 工业纯钛和钢铁材料的物理常数

金属材料	密度/g/cm³	熔点/℃	线膨胀系数(25～100℃)/10^{-6}/℃	热导率(100℃)/W/m·K	比热容(25℃)/J/kg·K	弹性模量(25℃)/GPa
TA2 工业纯钛	4.51	1650～1704	8.2	16.33	523	111
Q345R 低合金钢	7.85	1535	11.6	50.7	470	192

压力容器用钛-钢复合板一般是以工业纯钛(如 TA1、TA2)及钛合金(如 TA9、TA10)为覆层,选用 TA1 和 TA2 居多。计算钛一钢复合板容器的强度时,覆层不计入强度,仅需考虑基层强度。因此,选用纯钛 TA1 较好,不仅耐蚀性好,而且强度低,韧性好,爆炸完成后残余应力小,复合板剪切强度高。工程上常用 TA1 做锆-钛-钢三层复合板的中间过渡层。

2.2 基层材料要求

钛钢复合板常用碳素钢(如 Q245R)、低合金钢(如 Q345R、16Mn)或不锈钢(如 S30408)为基层。工业纯钛 TA1、TA2 和低合金钢 Q345R、奥氏体不锈钢 S30408 的力学性能列于表 2。

表 2 钛-钢复合板常用材料的标准力学性能和示例(室温)

标准	材料	抗拉强度 R_m/MPa	规定塑性延伸强度 $R_{p0.2}$/MPa	下屈服强度 R_{el}/MPa	断后伸长率 A/%
GB/T 3621—2022 标准值(以 δ 2.0～10.0 mm 为例,退火态)	TA2	440～620	≥320	—	≥25
TA2,δ = 3 mm 一例	TA2	430	365		27
GB/T 713.2—2023 标准值(以 3～16 mm 为例,热轧或正火)	Q345R	510～640	—	≥345	≥21
Q345R,δ = 12 mm 一例	Q345R	613	—	478	30

注:TA2 的力学性能示例来自于宝鸡钛业股份有限公司的产品质量证明书;Q345R 的力学性能示例来自于鞍钢股份有限公司的产品质量证明书。

2.3 复合方法

虽然已将轧制钛-钢复合板列入压力容器用复合板标准[5]中,且有相关研究[6,7],但目前尚未见轧制钛-钢复合板应用于容器制造上的报道。

与爆炸复合板相比,虽然轧制复合板能比较方便地生产宽幅的复合板,并且具有界面结合率高,剪切强度高,平整度好,表面光滑的特点,但在国内轧制复合板并没有被广泛使用,这与国内轧制复合板技术尚处于发展阶段,设计者对轧制复合板性能存疑,对其缺乏信心有关。相比之下,爆炸复合板在设计和制造业内认知度高,使用时间长且广泛,对爆炸复合工艺的研究也较为深入。

2.4 厚度要求

复合板的总厚度不宜小于 10 mm,基层最小厚度不小于 6 mm,钛覆层厚度不宜小于 3 mm。2 mm 的钛覆层不宜用,这是因为要考虑到爆炸焊接及表面处理的减薄和制造过程中划伤减薄;另外,也要考虑减薄对焊接的影响,钛的熔点高,基层钢的熔点低,当焊接钛覆层熔化钛的同时,基层的钢也易熔化,导致铁元素扩散至钛覆层;还要考虑在内壁附件的焊接应力和承重作用下的离层。基层厚度通常不小于覆层厚度的 3 倍。爆炸复合法难以制备覆层厚度小于 2 mm 的钛-钢复合板[8]。

2.5 复合状态要求

钛-钢复合板应经 100 %超声检测,结合状态应符合表 3[5]的规定。

表 3 压力容器用爆炸焊接钛-钢复合板结合状态

级别	单个未结合指示长度/mm	单个未结合区面积/mm^2	未结合率/%
1	0	0	0
2	≤50	≤20	≤2
3	≤75	≤45	≤5

钛-钢复合板未结合率应不大于 5 %。不论结合状态级别,复合界面的剪切强度应不小于 140 MPa[5]。GB/T 8547—2019《钛-钢复合板》中要求 0 类复合板的剪切强度≥196 MPa,1、2 类的≥140 MPa。供货时复合板剪切强度应要求≥180 MPa[9],这是由于在容器制造过程中的筒体卷制,封头成形,焊后热处理等制造工序会导致剪切强度降低。

2.6 供货状态要求

爆炸复合板应经消除应力退火、校平、剪切及覆层表面经精细打磨去除氧化皮后交货。

3 壳体成形

壳体成形包括筒体卷制和封头成形。

3.1 筒体卷制

3.1.1 下料长度

单一金属材料筒体的展开长度都是以几何中径层为基准计算获得的,几何中径层就是应力中性层。而从生产实践中获得的经验是,复合板卷制成筒体后,周长会比按几何中径层计算出来的长度有所伸长,这是复合板有别于单一均质金属材料显著不同之处。按常规方法下料卷制出的复合板筒体直径会比实际所需的筒体直径稍大一些。复合板的对口(即 A、B 类焊接接头)错边量不大于覆层厚度的 50 %,且不大于 2 mm[10],比单一均质钢板的要求严格,而复合板的特有卷制伸长特性,严重时可造成环焊缝的错边量超差,应予以特别关注。复合板的应力中性层不在几何中径层上,会向覆层侧偏移[11-14](见图 1 所示)。

应力中性层的偏移方向和偏移量,既与复合板的覆层基体和基层基体的力学性能有关,也与复合板结合界面形成的特性有关,而且结合界面对性能影响巨大,不可被忽视。简单的认为应力中性层的偏移只与覆层和基层的屈服强度有关[14,15],并向屈服强度高的一侧偏移,并以此得出理论计算公式是不正确的，与从实践中获得的应力中性层均是向覆层侧偏移[12,13]的实际情况相悖。常用的基层金属材料Q345R的屈服强度均比常用的覆层材料TA2的高(见表2)，那就是认为应力中性层向基层偏移，结果是应力中性层的直径比几何中径层的直径大，按此应力中性层展开的筒体下料长度比按几何中径层的还长，这就与实际想获得的结果背道而驰，偏差越来越大。

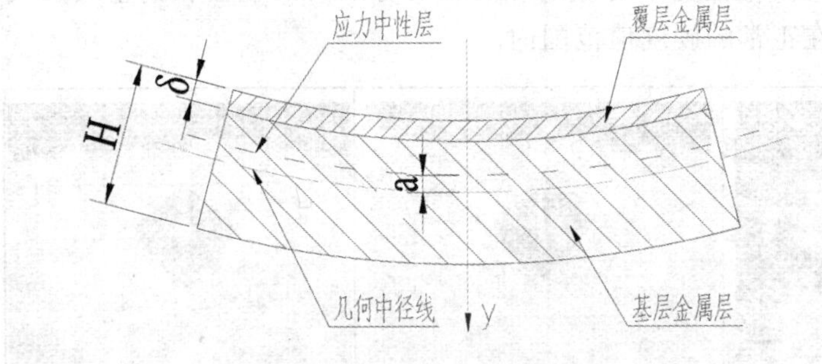

图1　复合板的应力中性层向覆层偏移示意图

图2　钛-钢复合板试件

产生这个偏差的原因是没有考虑钛-钢结合界面硬度和强度的显著影响。此现象与复合板结合界面硬度和强度显著高于基材和覆材有关，且影响显著。翟伟国[16]等测得结合界面的硬度是钛-钢复合板硬度最高的区域，可达300 HV0.1。这是因为在结合界面金属的塑性变形程度最大，形成了细小等轴晶粒区；在爆炸焊接过程中产生很大的加工硬化效应；在高温高压作用下结合界面生成金属间化合物。虽然钛-钢复合板均应以退火状态供货，但其结合界面钢侧硬度仍会显著高于基体[17]。

笔者依据YS/T 1368—2020《钛-钢爆炸复合板界面硬度测试方法》，采用"力博士"6100 HVT－1000 A型显微维氏硬度计对爆炸焊接的钛-钢复合板结合界面的硬度进行了测试(HV 1.0，试验力9.807 N，保荷10 S)。在TA2/Q345R B2(3 mm/12 mm)的试板(见图2，试板经过540 ℃/2 h的消除应力退火处理)上取下15 mm×15 mm试样，测试面为复合板的纵剖面(即与爆炸方向平行，具有波齿形状的面)。

按YS/T 1368—2020的要求，测试结合界面硬度时菱形压痕位置应选择在结合界线的波峰和波谷处，菱形压痕距离结合界线最近的一个端点与结合界线的距离应不超过10μm。笔者在测试中也发现，随着离开结合界线距离的增加，钢侧硬度急剧下降，若距离超50 μm[18]，有可能错过硬度最高点的测试；若距离超过300 μm时硬度就趋于基体金属的原始硬度。硬度测试结果见表4，取测试各部位前2帧菱形压痕影像示于图3(深色部分为钛覆层，浅色部分为钢基层)，同时给出菱形压痕的对角线尺寸D1、D2作为取硬度位置的参考。

表4　钛-钢复合板的维氏硬度(HV1.0)

测试位置	硬度					均值硬度
界面钛侧	177.3	178.6	175.1	172.1	175.5	175.7
界面钢侧	299.6	275.9	304.5	279.4	293.9	290.6
结合界面	212.6	190.2	233.0	219.7	239.1	218.9
钢侧漩涡	345.9	516.9	475.7	315.6	326.4	396.1
钛覆层	124.4	148.4	147.4	139.1	153.5	142.5
钢基层	188.3	178.1	197.3	167.6	159.2	178.1

从表4中可以看出，钢侧漩涡区的硬度值最高，均值高达396.1 HV1.0，这与李敬勇[18]等测得的钢侧漩涡区的硬度最高值480 HV和杨文月[19]等测得的漩涡局部熔化区纳米硬度11.73 GPa(约1201 HV)最高值相吻合。在复合板爆炸过程中，基板和覆板在能量高的脉冲压力作用下周期性捕获射流形成

漩涡区,漩涡区是爆炸焊接典型的界面特征之一[20,21]。漩涡区的钢基体发生了明显的塑性流动,是塑性变形最严重的地方,漩涡区中的组织主要由 TiFe 和 $TiFe_2$ 等脆性金属间化合物组成[22],因而硬度最高。其次的高硬度区是界面的钢侧,均值为 290.6 HV1.0;李敬勇[18]等测得的波峰处钢侧硬度值是 384 HV,硬度值也是相当的高。结合界面上的硬度不是最高,均值为 218.9 HV1.0,这是有低硬度的钛参与的缘故。界面钛侧的硬度均值 175.7 HV1.0,并不高,塑性变形对钛硬度的影响有限。钛覆层和钢基层的硬度分别为 142.5 HV1.0 和 178.1 HV1.0,均在正常的硬度值范围内。

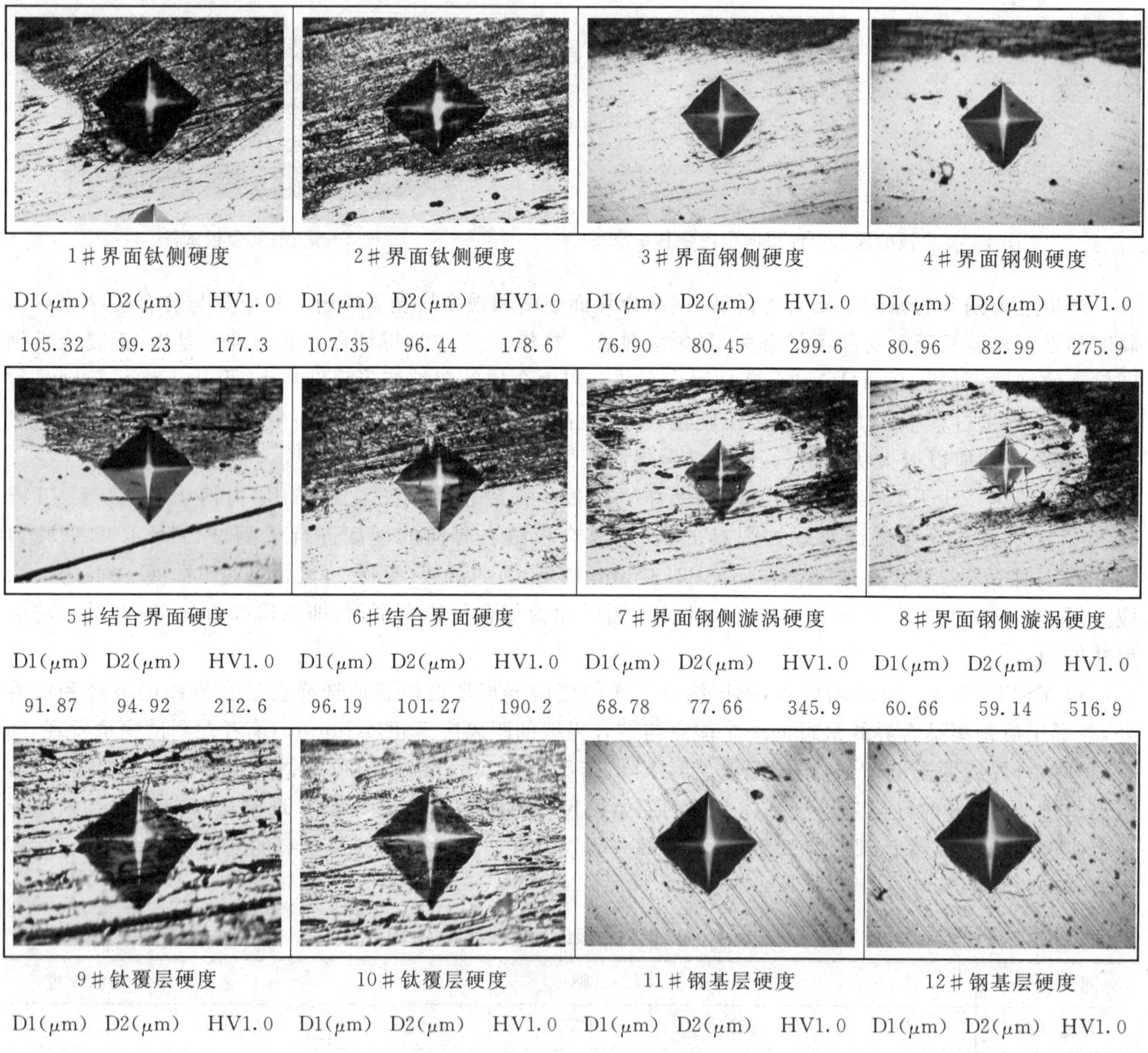

图 3 钛-钢复合板界面硬度和基体硬度

孙倩[23]等测试的 TA2/Q345 复合板抗拉强度是 635 MPa;钛板 TA2 的抗拉强度是 407 MPa,钢板 Q345 的抗拉强度是 615 MPa,可计算出复合板抗拉强度的理论值是 511 MPa。在此可以看出爆炸焊接后复合板的抗拉强度明显高于 TA2 和 Q345 各自的抗拉强度和理论计算出来的复合板抗拉强度。从中可以推断出,结合界面强度明显升高,屈服强度也相应升高。

因此,钛-钢复合板的应力中性层向钛覆层侧偏移,比几何中径层要小,因而下料展开长度比按几何中径层计算出来的需要小一些。

鉴于理论计算的复杂性和不可确定性,为了简化计算,工程上复合板展开下料长度还是以经验确定为主，按筒体直径和壁厚统一的给出了中性层至复合板筒体内半径的距离 Y_H 值作为计算筒体展开长度的调整因数[11]，但没有区分材质，也是供参考。也可总结出自己的经验计算公式，先按几何中径层计算出筒体下料展开长度，再增加或减去相关因素引起的长度变化[12,13]。也可直接先卷制一个筒节，获得合适的尺寸作为调整依据（在公差范围之内就不必再调整了），以此为依据再制作下一个筒节，应尤其关注筒体与封头组配的错边量。另外，筒体的下料长度允许有公差，标准[24]允许有周长公差，对于换热器的筒体外圆周长允许有 10 mm 的上偏差，不超过这个公差限值即可。

3.1.2 坡口加工

3.1.2.1 坡口加工要求

钛-钢复合板的焊接不允许覆层与基层互熔。为了做到互不相熔，最稳妥的方式是将基层坡口边缘的覆层起掉，实现覆层与基层分开的独立焊接。钛-钢复合板起边后，在基层的结合面上会有少量残存的钛，需打磨去除干净，防止钛熔入钢焊缝。起边的宽度与基层的焊缝宽度有关，一般可为单边 15 mm～20 mm，即钛覆层为实现基层的顺利焊接留的总间隙为 30 mm～40 mm。考虑到基层正面焊缝宽度可能比覆层凹槽的宽度大或者刚好一致，基层焊缝 RT 检测后，底片上会出现覆层边缘的影像，评片时容易出现误判。因此，起边宽度可以根据实际情况适当加宽，至少保证覆层凹槽宽度大于基层正面焊缝宽度[25]。

3.1.2.2 去除覆层的方法

去除覆层的方式，钛-钢复合板与不锈钢复合板不同。不锈钢复合板的基层和覆层具有可焊性，爆炸复合后层间结合力强，往往采用机加工的方式去除覆层（当需要时），且可部分的去除基层，过渡层堆焊后可补偿基层厚度上的强度损失。钛-钢复合板的层间结合力较弱，层间容易分离，去除覆层多用手工切割的方式。用砂轮切割片在距边缘一定的距离（一般 15 mm～20 mm）切割钛覆层，切口深度以切到基层为止，在快要切到基层时需小心翼翼，防止在基层上留下明显的沟槽。注意观察切割时产生的火花，即可判定切割是否到达了基层，钛材的火花明亮，钢材的火花暗红。切口到基层后，用螺旋卷起的方式起掉覆层。

从实际经验上看，手工切口卷边是较好的去除覆层的方法，而不宜采用刨除覆层的方法。复合板有不平度，刨边不是将基层刨掉一小部分就是会残留钛覆层。刨掉的基层无法补焊回来（补焊不可避免的会触及钛边缘）；残余钛覆层需要用砂轮打磨去除干净，增加了工作量。在设计时考虑留有足够的基材切削量[26]也不是一种好的方法，至少是不经济。

3.1.3 筒体卷制

由于钛-钢复合板爆炸焊接后层间结合力较弱，在筒体卷制或冲压封头时，很容易出现离层。虽然钛-钢复合板均应是退火状态，但界面仍存在残余应力，再叠加因卷制而产生的剪切应力，使得本来剪切强度不高的钛-钢复合板结合界面面临剥离的风险[27]。

用钛-钢复合板制造筒体时，为了预防覆层剥离，在卷板时一次下压量不易过大，应采取少压多滚的原则。

3.2 封头成形

封头成型是制造容器的关键技术之一。

3.2.1 加热温度

对于钛-钢复合板热冲压成形的封头，如果压制温度偏低则成形困难，如果温度过高钛覆层在没有高温涂料防护时会过度氧化。钛有固态相变的特性，即可同素异构转变，有两种同素异构体，温度在 882 ℃ 以下时呈密排六方晶格结构（HCP），称为 α 钛；在 882 ℃ 以上呈体心立方晶格结构（BCC），称为 β 钛。钛的热成形温度不能高于 β 相转变温度（882 ℃），高于这个温度，气体污染和晶粒长大均较为严重，钛的综合性能会被破坏。当加热温度高于 850 ℃ 时氧化膜开始变成疏松的粉末，不能阻止钛的继续氧化[28]。因此，钛封头的热冲压加工温度不超过 882 ℃。GB/T 25198—2023《压力容器封头》规定，钛封头宜采用加热成形。低温成形推荐温度为 300 ℃ ～ 400 ℃；高温成形推荐加热温度为 650 ℃ 以上，但不应超过

800 ℃。考虑基层的成形性能和钛-钢复合板易离层的特性,钛-钢复合板封头应采用高温热冲压成型,温度应在 650 ℃ ～ 800 ℃之间。

3.2.2 防氧化涂料

GB/T 25198—2023 要求钛-钢复合板封头热成形温度在 600 ℃以上时,工件表面应采用耐高温涂料或其他防护措施以防止表面氧化污染。

当温度在 500 ℃以下时,纯钛的性能较为稳定,然而随着温度的继续升高,氧元素不断渗入到钛晶格中并与钛基体发生反应,在钛材表面生成大量的金红石结构的 TiO_2 氧化物。而金红石结构的 TiO_2 结构疏松且极易破裂,脱落,致使钛重新暴露出新鲜表面,即钛的高温氧化行为可看成是表面氧化膜的循环层状剥落[29]。有涂层保护的钛合金表面氧含量远远低于无涂层保护的钛合金,并且与没有经过热加工的钛合金表面氧含量几乎相等[30]。

3.2.3 冲压成形

钛-钢复合板封头宜一次热冲压成型,不可旋压成型,即使是热冲压成型封头也很容易造成边缘局部离层。GB/T 25198—2023 规定单一材质的钛封头和锆封头和锆-钢复合板封头宜采用一次热冲压成形。成形前应在剥去钛覆层的部位镶入金属板条,使之与相邻覆层平齐。

4 焊 接

4.1 焊接方式

钛-钢复合板的焊接可分为两种方式,一种是过渡层一体焊对接方式(见图 4a),另一种是钛钢分开独立焊搭接方式(见图 4b)。

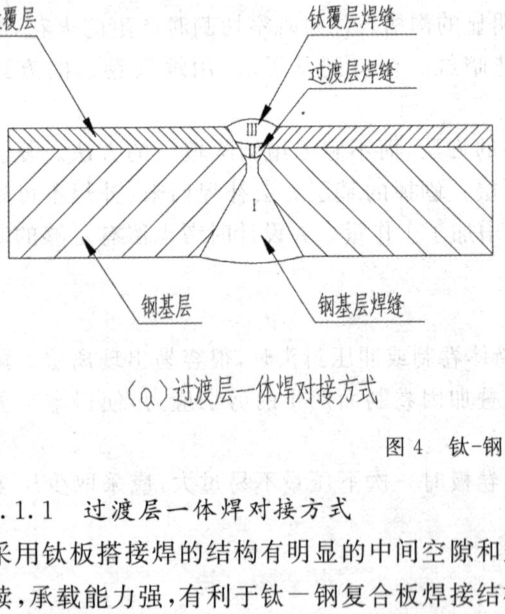

(a)过渡层一体焊对接方式

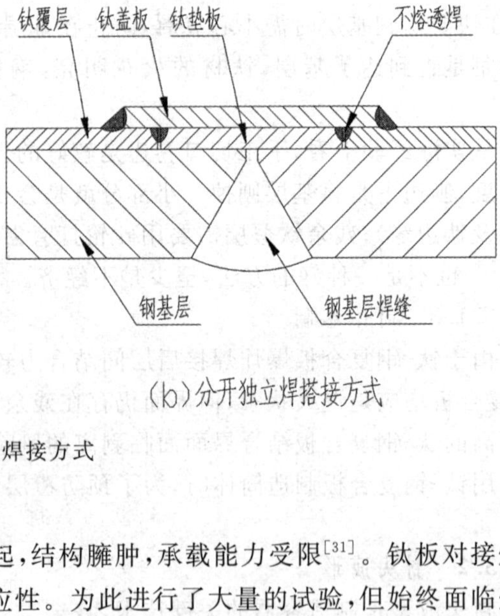

(b)分开独立焊搭接方式

图 4 钛-钢复合板的焊接方式

4.1.1 过渡层一体焊对接方式

采用钛板搭接焊的结构有明显的中间空隙和盖板凸起,结构臃肿,承载能力受限[31]。钛板对接焊结构连续,承载能力强,有利于钛－钢复合板焊接结构的适应性。为此进行了大量的试验,但始终面临焊接冶金不生成固溶体生成金属间化合物的困境,钛与钢熔焊焊缝的硬度高,塑性差,不具备制造压力容器成形性能。

过渡层一体焊对接方式就是直接在钛-钢复合板上机加出两侧不对称双 V 型坡口(图 4 a),划分为三个焊接区域[32]:钢基层与钢基层焊接区域(Ⅰ),钛覆层与钢基层过渡层焊接区域(Ⅱ),钛覆层与钛覆层焊接区域(Ⅲ)。按钢基层→过渡层→钛覆层的顺序进行焊接。虽然这样的焊接方式形成钛覆层的焊缝结构具有连续性和完整性,但是焊接过程中的热输入不可避免的会使熔合区的钛-钢界面处形成脆硬的 Ti－Fe 金属间化合物,硬度高,严重丧失塑性,不具工程上的实用性[32]。这是因为 Fe 在钛材中的含量一般控制在 0.5 %以下,当 Fe 含量超过 0.5 %时,会析出硬而脆的金属间化合物,熔焊时极易在焊缝处出现裂纹。因此，采用直接熔焊的方式焊接钛与钢获得连续可靠的焊接接头几乎是不可能实现的[33]。

大量的采用合金[34−38]或高熵合金[33][39,40]的过渡层材料直接熔焊钛和钢的研究结果显示效果非常有限，采用过渡层焊材并没有完全杜绝脆性金属间化合物的形成，毕竟熔化焊的热输入较大，很难控制不生成脆性金属间化合物。合金过渡层焊缝硬度最高的达 475 HV0.1[35]或 576 HV[36]，硬度高强度高，丧失塑性和韧性。高熵化合金焊缝硬度最高为 841 HV0.2，接头抗拉强度仅有 117 MPa[39]。Ti－6Al－4V/Q235 复合板高熵合金焊缝区的硬度高达 450 HV，焊接接头的延伸率仅为 12 %[40]。绝大多数研究只做了微观金相和强度、硬度等的力学试验，没有做检验工艺性能的弯曲试验，即没有按 NB/T 47014—2023《承压设备焊接工艺评定》做评定，没有评定的焊接工艺不能用于压力容器焊接。这么高的硬度大概率通不过弯曲试验，没有弯曲能力的焊接接头在工程上没有意义。到目前为止，未见直熔焊在工程上有实际应用的报道。

4.1.2　钛钢分开独立焊搭接方式

目前，工程上焊接钛-钢复合板容器均还是采用传统的钛钢分开独立焊盖板搭接结构(图 4b)[41−43]。

由于钛和钢不能直接熔焊，焊接钢基层时必须避免钛覆层熔入钢基层焊缝，同样焊接钛覆层时必须避免钢基层熔入钛焊缝，容易做到这一点的是在钛覆层加盖板的搭接焊结构。由于钛覆层的剥离，焊接基层熔不到钛覆层；焊接钛覆层时也熔不到钢基层，彼此隔离开。钛垫板与钛覆层镶嵌后的不熔透焊，钛盖板与钛覆层的角焊缝，均杜绝了铁熔入钛焊缝的机会。

4.2　钛-钢复合板焊接特点

钛-钢复合板焊接有如下特点：

(1)焊接结构复杂，坡口剥离钛覆层，镶钛垫板，加钛盖板和钛覆盖板，气路阻断；法兰加塞焊结构的钛衬环，接管加钛衬筒或钛衬管。

(2)焊接方式多样，有熔透焊，不熔透焊，塞焊，银钎焊。

(3)焊接保护要求严格，保护方式独特，正面密封贴纸边揭边焊，背面通气保护。

(4)焊接清洁要求严格。

4.3　焊接顺序及要求

工程上焊接钛-钢复合板的工艺路线是“钛覆层剥离→钢基板焊接→钛垫板镶嵌→不熔透焊→钛盖板搭接焊”工艺。

4.3.1　钛垫板

基层纵环缝全部检验合格后，组对钛垫板。将覆层槽底面修磨平整，按槽宽配制垫板。采用不熔透焊点焊将垫板固定在覆层上，垫板和覆层间若镶嵌的较好，间隙小，可自熔焊；若间隙较大，可嵌入钛焊丝，然后在其上填丝焊。

4.3.2　钛盖板

钛盖板与钛覆层搭接焊接工艺是决定焊接质量的关键。在装配盖板时，要求盖板与覆层贴合严实。贴合检验合格后，在盖板的两侧贴上纸胶带，起两个作用，一是充背保护气时的密封，二是边揭边焊。盖板的自身接头应先焊好，并经检测合格；直接在焊道上铺设的盖板对接接头，对口处断续焊，为焊接覆盖板时留下背保护氩气通道。

4.3.2.1　检漏孔和气路阻断

焊接盖板时应按图 5 所示设置检漏孔(钻孔 φ6 mm 焊检漏嘴)和气路阻断(银钎焊)，即纵缝两端设 2 个检漏孔(位置尽量靠近两端的环缝)，环缝尽量在靠近纵缝的两侧设 2 个检漏孔；与纵缝 2 个检漏孔相邻的外侧和环缝 2 个检漏孔之间用银钎焊阻断。

检漏孔起三个作用：(1)通气孔，焊接钛盖板时由检漏孔通入氩气保护背面；(2)检验孔，焊后打气密检漏；(3)信号孔，运行中的泄漏信号孔，在设备使用过程中，对内侧钛覆层结构是否泄漏进行监测。

气路阻断后纵焊缝和环焊缝不连通，各自形成封闭的内腔，这对焊接盖板时腔内充氩气保护焊道背面和气密检漏或设备运行中锁定泄漏焊缝找到漏点有帮助。

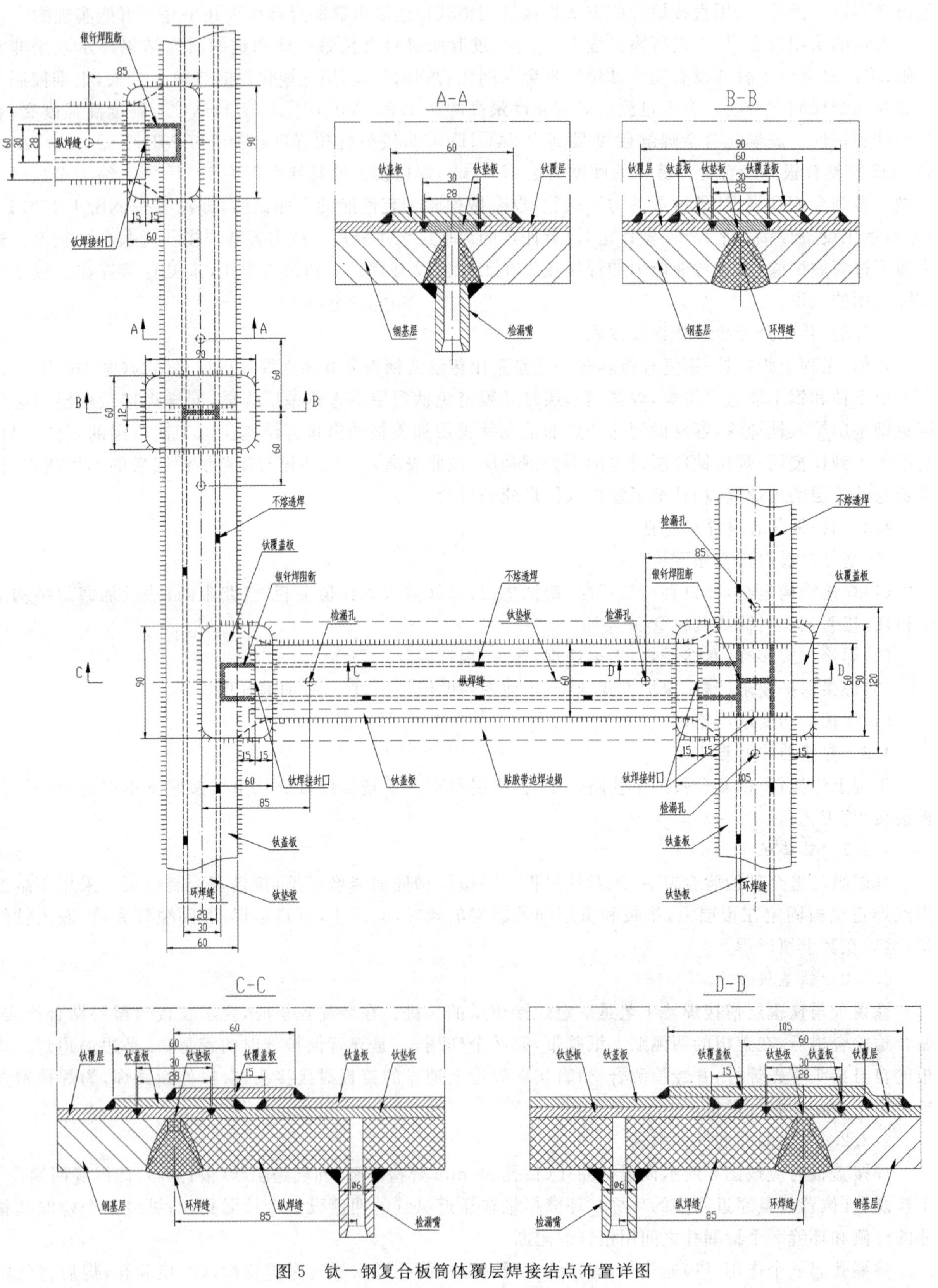

图 5　钛一钢复合板筒体覆层焊接结点布置详图

4.3.2.2　焊接保护

第一层焊接时,边揭纸胶带边焊接(见图 6)。一侧揭纸的长度不超过 250 mm,一次焊接的长度不超过200 mm，两侧交替进行。第二层焊接时，由检漏孔继续通氩气保护。气路阻断后，由检漏孔通氩气时，氩气只能向一个方向流动，一部分氩气从焊接区域流出，另一部分氩气从另一个检漏孔流出。

4.3.2.3 焊接要求

目前，手工钨极氩弧焊仍是焊接钛-钢复合板的主要方法。钛-钢复合板的所有盖板角焊缝至少焊两层，第1层可自熔焊，第2层填丝焊，焊缝饱满。

4.3.3 钛覆盖板

在钛盖板对接接头、银钎焊气路阻断处或T字口处再加钛覆盖板。

图6 钛盖板贴纸焊接操作

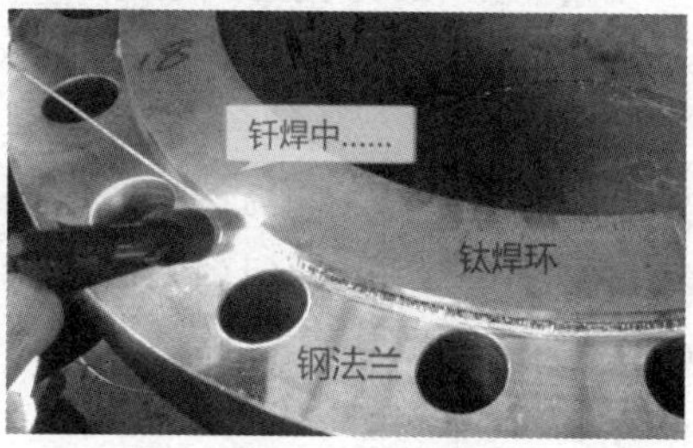

图7 银钎焊实物照

4.4 银钎焊

钛制容器的“银钎焊”不是真正意义上的钎焊，这种所谓的“银钎焊”采用的是钨极氩弧焊，只是钨极氩弧焊的一种特殊应用(见图7)。真正的钎焊不是熔焊，属于固相连接，钎焊时母材不熔化，只是熔点低的钎料熔化，利用液态钎料在母材表面润湿、毛细流动的填缝能力与母材相互溶解和扩散而实现的连接。钨极氩弧焊电弧温度很高，熔化钎料的同时也必然会少量熔化两侧的钛材和钢材，熔化的钛材和钢材被钎料分隔开，没能相遇，形成不了或很少形成Ti—Fe化合物，不会出现裂纹。

“银钎焊”用于钛-钢复合板筒体纵环焊缝的气路阻断和钛焊环与钢法兰的密封焊。钎料用纯银的丝材是成熟的经验，不需要使用钎剂。由于不使用钎剂，这种“银钎焊”只能焊1层，第2层熔敷不上去。银钎焊的强度较低，只能起到密封的作用，用于焊后气密检漏。

5 结 论

(1)目前，没有能精确计算复合板展开长度的理论公式，理论公式都是在简化的模型下获得的，没有考虑结合界面性能的影响，计算得出的数值与实际存在差距，不准确。实际生产中可以按几何中径层展开计算下料长度，然后根据经验做适当的调整。

(2)目前，采用过渡焊材，一体焊方式焊接钛-钢复合板的技术还很不成熟，获的力学性能不稳定，突出的问题表现在过渡层焊缝硬度过高，不具有弯曲的工艺性能，不能应用于钛—钢复合板压力容器的焊接上。实际生产上还是以钛钢分开独立焊的方式最保靠。

(3)与全钛制容器相比，钛-钢复合板压力容器具有更优的使用和经济等综合性能，但鉴于覆层钛与基层钢不具有熔焊性，焊接结构复杂，有特殊性，不同于全钛制容器的制造流程，制造时需高度重视，精工细作，才能制造出质量可靠的产品。

参考文献

[1] 黄嘉琥，应道宴．钛制化工设备[M]．第1版．北京：化学工业出版社，2002：78—85.

Huang J H，Ying D Y. Titanium Chemical Equipment[M]. 1st ed. Beijing：Chemical Industry Press，2002：78—85.

[2] NB/T 11270 — 2023，钛制压力容器[S].

NB/T 11270 — 2023，Titanium Pressure Vessels[S].

[3] GB/T 150.2 — 2024,压力容器 第2部分:材料[S].

GB/T 150.2 — 2024,Pressure Vessels Part 2:Materials[S].

[4] 马志承,邢卓,张立新,等.钛制热交换器换热管与管板的快速焊接[J].管道技术与设备,2016(4):45—48.

Ma Z C, Xing Z, Zhang L X, et al. Fast Welding for Tube to Tubesheet of Titanium Heat Exchanger[J]. Pipeline Technique and Equipment,2016(4):45—48.

[5] NB/T 47002.3 — 2019,压力容器用复合板 第3部分:钛-钢复合板[S].

NB/T 47002.3 — 2019,Clad plate for pressure vessel Part 3:Titanium - steel clad plate[S].

[6] 王敬忠,颜学柏,阎静亚,等.钛-钢复合板生产中的过渡层材料[J].有色金属,2009,61(4):39—42.

Wang J Z, Yan X B, Yan J Y, et al. Inserter Materials in Production of Ti - Steel Composite Plate [J]. Nonferrous Metals,2009,61(4):39—42.

[7] 马英,容耀,王敬忠.轧制钛/钢复合板过渡层的研究[J].钛工业进展,2010,27(2):24—27.

Ma Y, Rong Y, Wang J Z. Research on Transition Layers for the Rolling Ti - Steel Composite Plates during [J]. Titanium Industry Progress,2010,27(2):24—27.

[8] 刘润生,任连宝,汪汉臣,等.大面积、薄覆层钛/钢复合板爆炸—轧制工艺研究[J].稀有金属快报,2005,(1):28—30.

Liu R S, Ren L B, Wang H C, et al. Research on the Explosion - Rolling Process of Large - Scale, Thin - Layer Titanium/Steel Composite Plates[J]. Rare Metal News,2005,(1):28—30.

[9] 史聿丹,吴丕杰,刘鸿彦,等.大型钛钢复合板精馏塔的设计[J].石油和化工设备,2023,26(11):144—146+139.

Shi Y D, Wu P J, Liu H Y, et al. Design of a Large Titanium - Steel Composite Plate Distillation Tower [J]. Petrochemical and Chemical Equipment,2023,26(11):144 — 146 + 139.

[10] GB/T 150.4—2024,压力容器 第4部分:制造、检验和验收[S].

GB/T 150.4 — 2024,Pressure Vessels Part 4:Fabrication, Inspection and Testing, and Acceptance [S].

[11] HG/T 20584 — 2020,钢制化工容器制造技术规范 — 附录B [S].

HG/T 20584 — 2020, Technical standard of fabrication for steel chemical vessels - Appendix B [S].

[12] 邢振华.不锈钢复合板设备制造的特性[J].石油化工建设,2005,27(3):73—74.

Xing Z H. Characteristics of Fabrication for Stainless Steel Clad Plates Equipment[J]. Petroleum and Chemical Construction,2005,27(3):73—74.

[13] 周印梅.超长浮头换热设备的制造[J].压力容器,2016,33(11):75—79.

Zhou Y M. Manufacture of Ultra - long Floating Head Heat Exchanger [J]. Pressure Vessels Technology,2016,33(11):75—79.

[14] 王风友,王波,王文全.关于复合板筒体展开长度的探讨[J].化工设备与管道,2015,52(6):24—26.

WANG F Y, WANG B, WANG W Q. Discussion of Spreading Length of Cylinder Made of Clad Steel Plate[J]. Process Equipment & Piping,2015,52(6):24—26.

[15] 潘殿刚.复合板圆筒展开长度的计算[J].压力容器,2002,19(2):52—53+28.

Pan D G. The Calculation of the Length of Spread Cylinders Made of Clad Plates [J]. Pressure Vessels Technology,2002,19(2):52—53 + 28.

[16] 翟伟国,王少刚,罗传孝.钛-钢爆炸复合板的微观组织结构及力学性能[J].压力容器,2012,

29(9):7—12.

Zhai W G Wang S G, Luo C X. Microstructure and Mechanical Properties of Titanium - Steel Composite Plate with Explosive Welding [J]. Pressure Vessels Technology, 2012, 29(9): 7—12.

[17] 朱磊,李平仓,魏永,等. 钛钢复合板界面硬度、剪切强度与退火热处理制度关系[J]. 兵器装备工程学报,2017(7):152—155.

ZHU L, LI P C, WEI Y, et al. Relationship Between Interface Hardness, Shear Strength and Temper Heat Treatment Temperature of Titanium Steel Composite [J]. Journal of Ordnance Equipment Engineering, 2017(7): 152—155.

[18] 李敬勇,仇晨龙,张乐,等. 钛-钢爆炸焊接复合板结合区微观特征研究[J]. 热加工工艺,2016,45(5):59—62.

LI J Y, QIU C L, ZHANG L. Research on Micro - characteristics of Bonding Zone of Titanium - steel Explosive Clading Plate[J]. Hot Working Technology, 2016, 45(5): 59—62.

[19] 杨文月,孙倩,李冰,等. 钛钢爆炸焊接结合界面组织及力学性能不均匀性研究[J]. 压力容器,2021,38(12):15—21.

YANG W Y, SUN Q, LI B, et al. Study on inhomogeneity of interface microstructure and mechanical properties in explosive welding of titanium - steel clad[J]. Pressure Vessel Technology, 2021, 38(12): 15—21.

[20] 陈沛,段卫东,曾国伟,等. 钛/钢爆炸焊接界面波形及缺陷组织的形成机理[J]. 爆破,2019,36(01):126—132.

CHEN P, DUAN W D, ZHENG G W, et al. Formation Mechanism of Interface Waveform and Defect Microstructure in Ti/Steel Explosive Welding[J]. 爆破,2019,36(01):126—132.

[21] 杨学山,庞立娟,邓刚,等. 大规格爆炸钛/钢复合板力学性能及界面的研究[J]. 钢铁钒钛,2024,45(1):78—83.

Yang X S, Pang L J, Deng G, et al. Study of explosive composition to mechanical properties and interfacial structure of large - sized titanium - steel clad plates[J]. Iron Steel Vanadium Titanium, 2024, 45(1): 78—83.

[22] 姜超,龙伟民,钟素娟,等. TA1/Q235R 爆炸焊接复合板界面组织及力学性能[J],电焊机,2023,53(11):65—70.

JIANG C, LONG W M, ZHONG S J, et al. Interface Microstructure and Properties of TA1/Q235R Explosive Welding Clad Plate[J]. Electric Welding Machine, 2023, 53(11): 65—70.

[23] 孙倩,张霞,张罡,等. TA2、Q345 及其爆炸复合板高周疲劳性能研究[J]. 压力容器,2019,36(7):9—17.

Sun Q, Zhang X, Zhang G, et al. Researches on High Cycle Fatigue Properties of TA2, Q345 and Their Explosively Bonded Plates[J]. Pressure Vessels Technology, 2019, 36(7): 9—17.

[24] GB/T 151—2014,热交换器[S].

GB/T 151—2014, Heat exchangers[S].

[25] 郭黎群,洪君华,黄小刚,等. 钛-钢复合板覆层剥边工艺对焊接质量的影响[J]. 特种设备安全技术,2023,(5):64—66.

Guo L Q, Hong J H, Huang X G, et al. The Influence of Edge Beveling Process of Cladding Layer on Welding Quality of Titanium - Steel Clad Plates [J]. Special Equipment Safety Technology, 2023, (5): 64—66.

[26] 吕书明. 钛-不锈钢复合板低温反应釜的设计与制造[J]. 化工与医药工程,2021,42(3):51—56.

LYU S. Design and Manufacturing of Titanium - Stainless Steel Clad Plate Cryogenic Reactor [J]. Chemical and Pharmaceutical Engineering,2021,42(3):51—56.

[27] 郭文彬. 钛-钢复合板压力容器制造技术[J]. 中国化工装备,2012,14(01):45—48.

Guo W B,Titanium Clad Steel Plate Pressure Vessel Manufacture Technology[J]. China Chemical Industry Equipment,2012,14(01):45—48.

[28] 邢卓. 钛制冲压封头焊缝热影响区产生裂纹原因分析[J]. 管道技术与设备,2002,(6):29—31+39.

Xing Z. Analysis of the Causes of Cracks in the Heat - Affected Zone of Titanium Pressed Head Welds[J]. Pipeline Technique and Equipment,2002,(6):29—31+39.

[29] 贾倩倩. 钛合金抗高温氧化技术研究进展[J]. 世界有色金属,2017(1):155—156.

JIA Q Q,Research Progress on High Temperature Oxidation Resistant Technology of Titanium Alloy[J]. World Nonferrous Metals,2017(1):155—156.

[30] 王连军,孟长功,刘长厚,等. 钛合金高温玻璃-陶瓷保护涂料的研究[J]. 稀有金属材料与工程,2003,32(2):151—153.

Wang L J,Meng C G,Liu C H,et al. The Study of Protective Coatings for Titanium Alloys at High - temperature[J]. Rare Metal Materials and Engineering,2003,32(2):151—153.

[31] 胡奉雅,许国敬,陈伟,等. 钛/钢复合板焊接技术研究现状及发展趋势[J]. 焊接学报,2021,42(6):30—43.

HU F Y,XU G J,CHEN W,et al. Research status and development trend of titanium/steel bimetallic composite plates of welding [J]. Transactions of the China Welding Institution,2021,42(6):30—43.

[32] 闫婉迪,孙新丰,张岩,等. 钛/钢层状复合板焊接技术的现状与展望[J]. 有色金属工程,2021,11(4):33—41.

Yan W D,Sun X F,Zhang Y,et al. Research Status and Prospect of Welding Technoloy for Ti/Steel Laminated Composite Plate [J]. Nonferrous Metals Engineering,2021,11(4):33—41.

[33] 惠凤鸽. 钛-钢复合板直接熔焊工艺研究[D]. 西安:西安理工大学,2017.

Hui F G,The tig butt welding technique of titanium - steel[D]. Xi'an:Xi'an University of Technology,2017.

[34] 史倩茹,张敏,吴伟刚. 钛-钢爆炸复合板熔焊对接过渡层焊接材料[J]. 材料工程,2018,46(9):138—143.

Shi Q R,Zhang M,Wu W G. Transition Layer Welding Materials of Fusion Welding Joint for Titanium - Steel Explosive Composite Plate [J]. Journal of Materials Engineering,2018,46(9):138—143.

[35] 李继红,王晓伟,韩挺,等. Cu基材料作焊接过渡层TA1/Q345复合板接头的组织与性能[J]. 金属热处理,2017,42(8):49—53.

Li J H,Wang X W,Han T,et al. Microstructure and properties of TA1/Q345 composite plate Joint with Cu based material for welding transition layer[J]. Heat Treatment of Metals,2017,42(8):49—53.

[36] 张亚运,魏金山,齐彦昌,等. TA2/Q235复合板用Ni基过渡层熔焊接头组织和性能[J]. 焊接学报,2019,40(01):75—79.

ZHANG Y Y,WEI J S,QI Y C et al. Microstructure and property of fusion welding butt joints of TA2/Q235 composite plate with Ni alloy transition layers[J]. Transactions of the China Welding Institution,2019,40(01):75—79.

[37] 吴伟刚，张敏，丁旭，等．TA1/X80 复合板用 TiNi/NiCrMo 双过渡层熔焊对接接头组织及性能[J]. 材料研究学报，2016，30(5)：373－378.

WU W G，ZHANG M，DING X，et al. Microstructure and Mechanical Property of Fusion Weld Butt Joints of TA1/X80 Composite Plate with TiNi and NiCrMo Double - Transition Layers[J]. Chinese Journal of Materials Research，2016，30(5)：373－378.

[38] 安同邦，由恒源，李弟，等．TA2/Q235 复合板 Nb/Cu 双过渡层熔焊焊缝组织性能[J]. 热加工工艺，2019，48(9)：18－21.

AN T B，YOU H Y，LI D，et al. Microstructure and Property of Fusion Weld Seam of TA2/Q235 Composite Plate with Nb/Cu Double Transition Layers[J]. Hot Working Technology，2019，48(9)：18－21.

[39] 王伟雄．钛/钢复合板高熵化焊接及接头组织性能研究[D]. 南昌：华东交通大学，2023.

Wang W X. Study on microstructures and properties of the joint of high entropic welding titanium/steel bimetallic sheets[D]. Nanchang：East China Jiaotong University，2023.

[40] 胡志鹏．钛/钢复合板高熵化焊接机理及接头组织性能[J]. 大众标准化，2025(09)：52－54.

Hu Z P. High - Entropy Welding Mechanism and Joint Microstructure and Properties of Titanium/Steel Clad Plates[J]. Popular Standardization，2025(09)：52－54.

[41] 陈盛秒．钛钢复合板设备设计制造技术探讨[J]. 石油化工设备技术，2014，35(6)：50－55.

Chen S M. Discussion on the Design and Manufacture Technology for Titanium - Steel Clad Plate Equipment [J]. Petro - Chemical Equipment Technology，2014，35(6)：50－55.

[42] 谭振宇，孙健，马文启，等．TA10＋Q345R 钛-钢复合板塔器的设计制造工艺特点和质量控制[J]. 中国化工装备，2020，22(02)：44－48.

Tan Z Y，Sun J，Ma W Q，et al. Design and Manufacturing Process Characteristics and Quality Control of TA10 ＋Q345R Titanium - Steel Composite Plate Tower[J]. China Chemical Industry Equipment，2020，22(02)：44－48.

[43] 焦阳阳．钛复合板焊接技术[J]. 焊接技术，2018，47(9)：76－82.

Jiao Y Y. Welding Technology of Titanium Composite Plates [J]. Welding Technology，2018，47(9)：76－82.

作者简介

邢卓（1968－），男，教授级高级工程师，主要从事压力容器和波纹管焊接技术工作。

通讯地址：(110168)沈阳市浑南区李巴彦路 9 号沈阳仪表科学研究院有限公司。

E－mail：xingzhuo0802@sina. com；

电话：156 4049 3225。

不同焊材匹配对 Q690DR 钢焊接接头显微组织和力学性能的影响

郭富永[1,2],李永都[1,2],乔小丽[1,2],王丛元[1,2],朱小燕[1,2],李义民[1,2]

(1. 兰州兰石重型装备股份有限公司,兰州 730314;

2. 甘肃省压力容器焊接重点实验室,兰州 730314)

摘　要:本研究针对高压储氢容器用 Q690DR 钢板的焊接材料匹配问题,系统考察了三种不同 Ni 含量焊材(CHE807QR、GEL－758 和 SRE80Ni)对焊接接头显微组织和力学性能的影响。通过光学显微镜(OM)、扫描电子显微镜(SEM)和能量色散光谱仪(EDS)分析了焊接接头的微观组织特征,并测试了室温拉伸性能、－40 ℃低温冲击韧性以及硬度分布。研究结果表明,随着焊材中 Ni 元素含量从 3.77%(GEL－758)提高到 5.62%(SRE80Ni),焊缝抗拉强度显著提升约 5.8%(从 864 MPa 增至 914 MPa),低温冲击功提高约 35%。三种焊材对 Q690DR 材料焊接接头在组织和性能上影响的差异主要是由 Ni 元素含量不同导致的,镍元素细化晶粒结构,增加高角度晶界比例和位错密度,并促进晶界和位错强化,从而提高显微硬度和拉伸强度表现。本研究为高压储氢容器用 Q690DR 钢的焊材选择提供了重要实验依据,特别推荐 Ni 含量较高的 SRE80Ni 焊材用于对强度和低温韧性要求较高的工况。

关键词:Q690DR 钢板;低温冲击;组织;力学性能

Effect of different welding consumables matching on microstructure and mechanical properties of welded joints of Q690DR steel

LI Yongdu[1,2], WANG Congyuan[1,2], ZHU Xiaoyan[1,2], LI Yimin[1,2], QIAO Xiaoli[1,2]

(1. Lanzhou LS Petroleum Equipment Engineering Co., Ltd., Lanzhou, 730000, China;

2. Gansu Provincial Key Laboratory of Pressure Vessel Welding, Lanzhou, 730000, China;)

Abstract: This study addresses the welding consumable selection for Q690DR steel plates used in high－pressure hydrogen storage vessels. It systematically investigates the impact of three welding consumables with varying Ni contents (CHE807QR, GEL－758, and SRE80Ni) on the microstructure and mechanical properties of the weld joints. Microstructural characteristics were analyzed using optical microscopy (OM), scanning electron microscopy (SEM), and energy－dispersive spectroscopy (EDS). Mechanical property evaluations included room－temperature tensile tests, low-temperature impact toughness tests at －40 ℃, and hardness distribution mapping. The results indicate that increasing the Ni content in the consumables from 3.77% (GEL－758) to 5.62% (SRE80Ni) leads to a significant improvement in joint properties: weld metal tensile strength increases by approximately 5.8% (from 864 MPa to 914 MPa), while the low－temperature impact energy exhibits an approximate 35% enhancement. The observed differences in the microstructure and resultant mechanical properties among the joints welded with the three consumables are primarily attributed to the Ni content variation. Nickel effectively refines the grain structure, increases the fraction of high－angle grain boundaries, raises dislocation density, and promotes grain boundary and dislocation strengthening. These mechanisms collectively enhance the microhardness and tensile strength. Elemental mapping via EDS revealed carbon(C) segregation at grain boundaries and the formation of carbide precipitates, which are identified as key factors influencing joint performance. This research provides important experimental data for selecting suitable welding consumables for Q690DR steel in high－pressure hydrogen storage applications. Specifically, the SRE80Ni consumable with higher Ni content is recommended for service conditions demanding superior strength and enhanced low－temperature toughness.

Keywords: Q690DR steel plate; low temperature impact; organization; mechanical properties

0 引 言

在现代工业领域，随着工程结构向大型化、轻量化以及高性能化方向发展，高强度、高韧性钢材的应用愈发广泛。Q690DR 钢板作为一种屈服强度不小于 690 MPa 且具有良好低温冲击韧性的低合金高强度钢，在高压储氢压力容器、海洋工程、大型工程机械等关键领域展现出巨大的应用潜力[1-3]。然而，焊接作为压力容器制造的关键工序，其接头性能直接影响容器的安全性和可靠性，特别是高压氢气环境下可能引发的氢脆问题。

从国内外研究现状来看，国外对高强度钢焊接性能的研究起步较早。在欧美等发达国家，针对类似 Q690DR 强度级别的钢材，已开展了大量系统性研究。例如，美国在高压储氢容器用钢方面，对材料的氢脆敏感性、焊接接头的完整性等方面进行了深入探究。研究表明，在高压氢气环境下，钢材的氢脆问题较为突出，会显著影响焊接接头的性能与可靠性[4]。通过优化合金成分、改进焊接工艺，如采用低氢焊接材料、精确控制焊接热输入等手段，可有效降低氢脆风险[5-6]。同时，Q690D 钢在建筑和桥梁结构领域的焊接问题也被广泛研究，在焊接热影响区(HAZ)组织性能调控、焊接残余应力控制等方面取得了相应的理论与技术体系[7-8]。研究表明，Q690 高强钢焊接时，为将焊接残余应力控制在较低水平，避免 HAZ 出现过度的晶粒长大和组织恶化，应特别注意合理的焊接顺序和预热、后热措施，可以获得综合性能良好的焊接接头。

随着我国能源产业(尤其是氢能产业)、海洋资源开发等战略的推进，对该类高强韧钢材的需求大增，促使科研机构和企业加大研究投入。国内有多家公司联合开展的“超高强度、高压储氢用材料及装备研究”，对 Q690DR 钢板的成分设计、热处理工艺及焊接性能进行了全面研究，成功开发出满足高压储氢容器建造要求的 Q690DR 钢板，其各项性能指标优良稳定。然而，Q690DR 高强钢材的焊接仍面临三个关键挑战：(1)大厚度(≥50 mm)结构焊接时热影响区易出现组织不均匀；(2)高压氢气环境下焊接接头的长期性能数据缺乏；(3)不同焊材匹配对低温韧性的影响规律不明确。可见，Q690DR 钢在大厚度、大拘束度结构焊接时，如何进一步优化焊接工艺，如何选择焊材以同时保证焊接接头的强度、韧性和抗裂性，仍是工程上亟待解决的研究热点[9-10]。深入开展 Q690DR 钢板不同焊材的焊接性能研究，对拓展其工程应用范围、提升工程结构安全性与可靠性具有重要现实意义。针对这些问题，本研究选取三种商用焊材，系统研究其焊接 Q690DR 钢的组织性能变化规律，重点分析 Ni 元素含量对焊缝强韧性的影响机制，为高压储氢容器的安全设计和制造提供理论支撑。

1 材料与方法

1.1 材料

本研究使用了厚度为 50 mm 的 Q690DR 钢板，试板尺寸为 600 mm×130 mm×50 mm。如图 1 所示，坡口型式为 U 型。采用焊条电弧焊焊接，匹配的三种焊材分别为 CHE807QR、GEL－758 和

SRE80Ni。其母材和焊材的成分如表 1 所示。

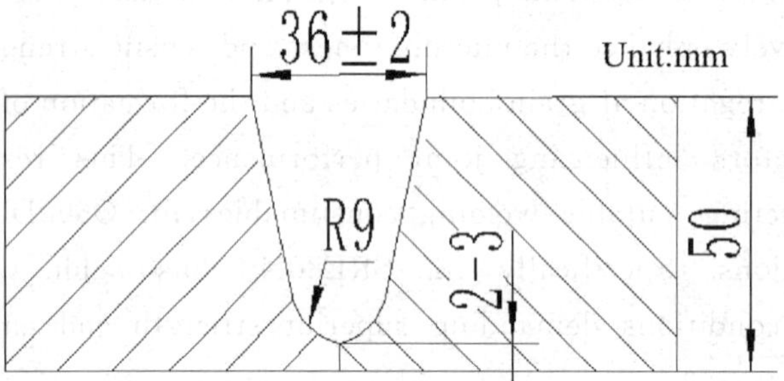

图 1　Q690DR 焊接坡口图

表 1　母材及焊材成分表

	C	Mn	Si	S	P	Cr	Ni	Mo	V	Cu
Q690DR	0.12	1.03	0.23	0.002	0.011	0.45	1.38	0.52	0.04	0.02
CHE807QR	0.02	1.57	0.24	0.003	0.005	0.28	4.05	0.39	0.01	0.03
GEL－758	0.05	1.15	0.17	0.003	0.003	0.21	3.77	0.25	0.01	0.69
SRE80Ni	0.05	1.57	0.24	0.004	0.001	0.06	5.62	0.25	0.01	0.01

1.2　实验方法

采用 YD－400AT3HV 型焊机进行焊接。焊接前需对坡口进行打磨和除油。焊接参数如表 2 所示。

表 2　焊接参数

牌号及规格	电源种类及极性	预热及道间温度/℃	焊接电流/A	焊接电压/V	焊接速度/(mm·min^{-1})	最大线能量/(kJ·cm^{-1})
CHE807QR(Ø4.0)	DCEP	150－180	150－170	22－26	≥150	17.68
SRE80Ni(Ø4.0)						
GEL－758(Ø 4.0)						

1.3　表征

用 4%HNO_3 和 96%的酒精溶液混合配制的蚀刻剂对研磨后的试样横截面进行蚀刻。采用光学显微镜(OM)、能谱仪(EDS)和扫描电镜(SEM)观察接头和断口的微观形貌。在拉伸试验中，使用万能材料试验机(CMT5305)以 1 mm/min 的恒速拉伸试样。夏比冲击试验采用型号为 452H－3 型金属摆锤冲击实验机进行，每组试验均制备 3 个平行试样，取所得平均值为最终冲击韧性，冲击取样位置如图 2 所示。

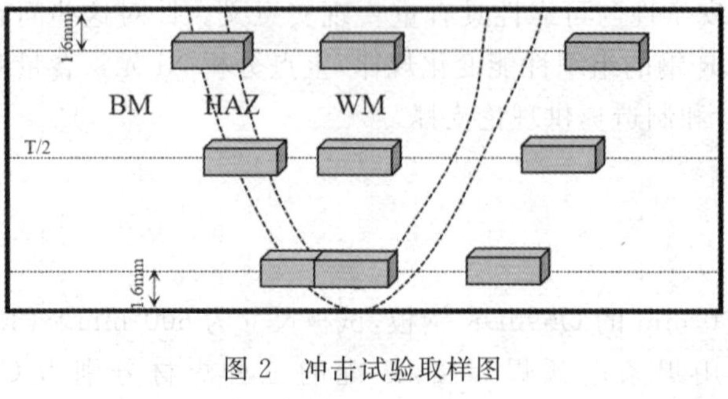

图 2　冲击试验取样图

2 结 果

2.1 金相组织

图 3 为不同焊材的焊接接头微观金相组织图。由图可见，三种焊材对应的焊接接头的焊缝均为索氏体组织，热影响区均为贝氏体回火组织＋索氏体组织，母材为贝氏体回火组织。焊缝组织均较为均匀，无明显的夹渣、气孔等缺陷。

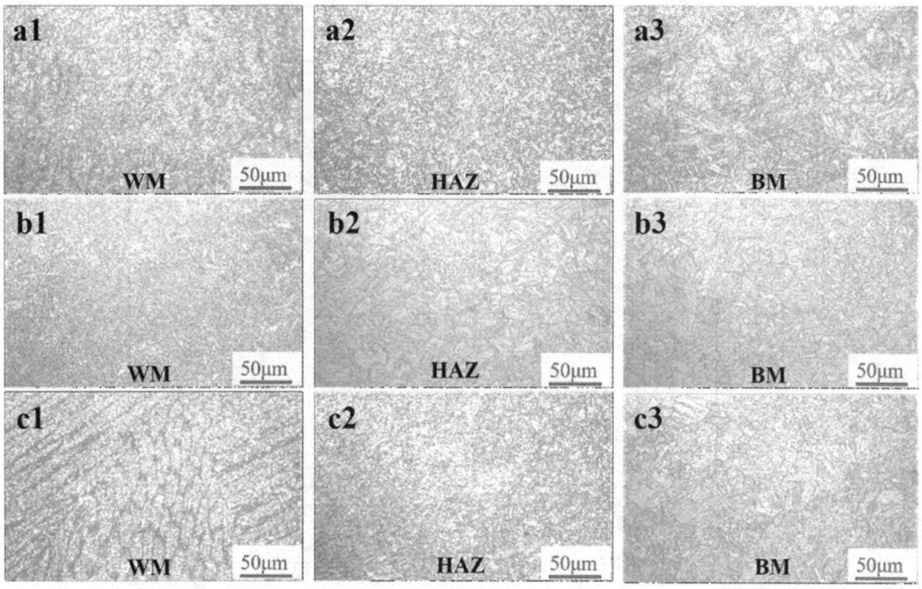

（a）CHE807QR （b）GEL-758 （c）SRE80Ni

图 3 焊接接头金相组织

图 4 为 CHE807QR 焊缝微观组织形貌及元素分析图。从 SEM 图可以看出，焊缝的组织细小均匀，晶界清晰可见。值得注意的是，在晶界上有白色的析出相生成。由 EDS 元素分析进一步可以看出，焊缝的 Fe、Co、Mn、Cr、Ni 元素分布较为均匀，而 C 元素分布呈现沿晶界的聚集趋势，由此推测晶界的析出物为碳化物。

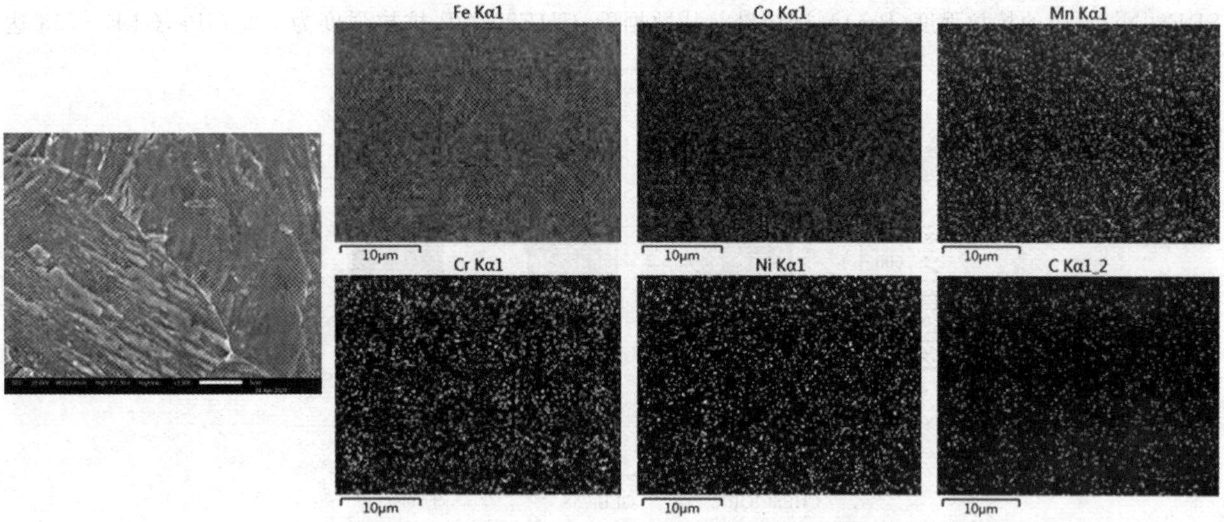

图 4 CHE807QR 焊缝的 SEM 图及 EDS 元素分析

2.2 硬度测试

图5不同焊材的焊接接头硬度值。从整体趋势看，焊接接头硬度呈现"焊缝区与热影响区波动大，母材区相对稳定"的特点。母材作为原始未受焊接热循环剧烈影响的区域，组织均匀性好，硬度维持在相对恒定水平。热影响区因焊接过程中经历加热-冷却循环，发生相变重结晶、晶粒粗化细化等组织转变，硬度出现显著变化。焊缝区由熔池凝固形成，柱状晶组织、合金元素偏析及冶金反应生成的新相(如碳化物)，使其硬度与母材、热影响区形成差异。

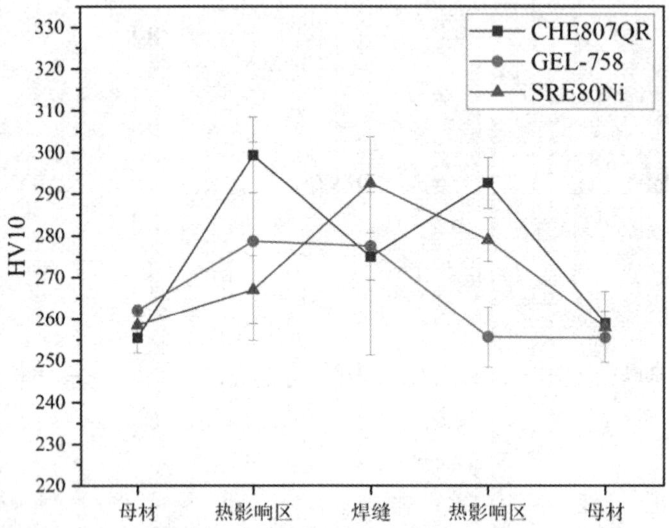

图5 不同焊材的焊接接头硬度值

对比三种焊材，CHE807QR硬度波动幅度较大，热影响区硬度峰值突出，反映其焊接热循环下组织转变剧烈，可能因合金元素扩散不均匀，导致局部硬化。GEL－758硬度分布相对平缓，热影响区与焊缝区硬度差值小，说明其合金成分设计更适配焊接工艺，能有效抑制组织异常转变，保障接头硬度均匀性。SRE80Ni在热影响区与焊缝区硬度表现稳定，虽峰值不及CHE807QR，但全区域硬度过渡平滑，得益于镍元素的细化晶粒、稳定组织作用，提升了接头的强韧性匹配度。

2.3 拉伸性能

图6为不同焊材的焊接接头纯焊肉抗拉强度值。该柱状图表明三种焊材(CHE807QR、GLE－758、SRE80Ni)对应的抗拉强度(Rm)测试结果。从数据看，CHE807QR抗拉强度为799 MPa，GLE－758达

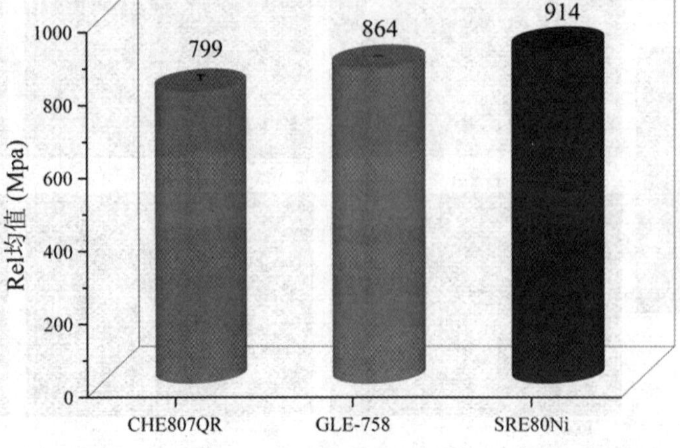

图6 不同焊材的焊接接头纯焊肉抗拉强度值

864 MPa,SRE80Ni 最高为 914 MPa。这体现出不同焊材因合金成分、冶金工艺差异,在强度性能上有明显区别。SRE80Ni 抗拉强度最优,可能源于其合金元素(如镍等)合理设计,促进了强化相形成、晶粒细化,提升了基体强度与结合力。GLE-758 强度次之,CHE807QR 相对较低,反映其成分或工艺对强度贡献弱于前两者。

2.4 侧弯试验

焊接接头侧弯试验是将焊接接头在弯曲试验机上对试样施加弯曲力,通过观察试样弯曲后受拉面(拉伸侧)是否出现裂纹、开裂程度,评估焊接接头的塑性变形能力、焊接缺陷敏感性及接头整体性。依据国标 GB/T 2653—2008 对不同焊材的焊接接头进行侧弯试验分析发现,三种焊材施焊的焊接接头均判定合格,如表 3 所示。从图 7 可以看出,弯曲后,焊接接头的焊缝区、热影响区和母材区较为光滑,均未出现裂纹,这说明焊接接头有足够的韧性,应力集中较小,不足以产生应力裂纹。

表 3 焊接接头侧弯试验结果

试板编号	状态	弯曲直径	弯曲角度	厚度	判定结果
CHE807QR					2 件合格
GLE—758	焊态	4a	180°	10	2 件合格
SRE80Ni					2 件合格

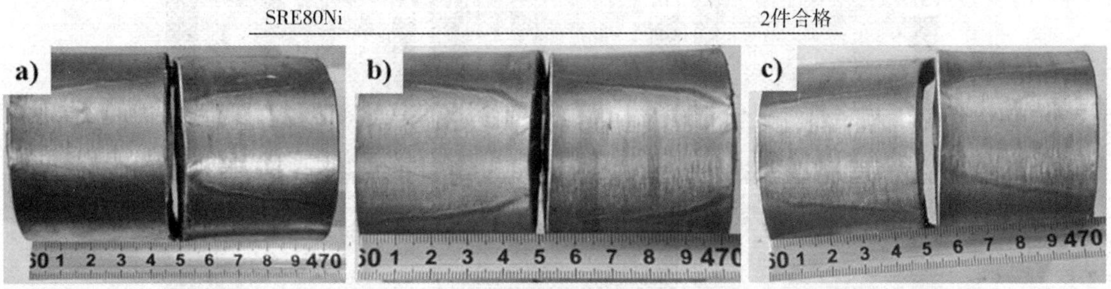

(a) CHE807QR (b) GEL-758 (c) SRE80Ni

图 7 焊接接头侧弯试验

2.5 —40 ℃低温冲击

图 8 焊接接头不同区域冲击功。从区域维度看,冲击功呈现"BM 区>HAZ 区>WM 区"的梯度分

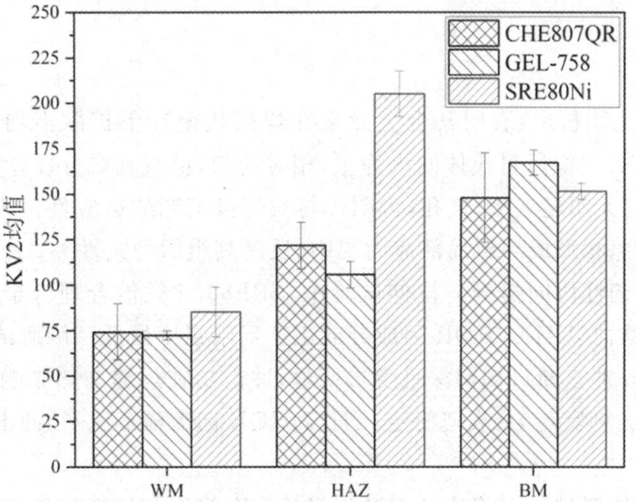

图 8 焊接接头不同区域冲击功

布特征。BM 区(母材)作为未受焊接热循环直接影响的原始组织区域,其晶粒形态、成分分布相对均匀,具备本征的韧性基础,因此冲击功表现最佳,成为焊接接头韧性的"基准区"。HAZ 区(热影响区)因焊接过程中经历快速加热与冷却,发生复杂的组织转变,冲击功介于 WM 与 BM 之间。WM 区(焊缝)由熔池凝固形成,冲击功最低的原因可能是焊缝中元素的偏析及微缺陷的存在,显著降低塑性变形能力,冲击功最低。

横向对比焊材,SRE80Ni 在 WM、HAZ 区优势突出,其 WM 区冲击功远超 CHE807QR 与 CHL-758,HAZ 区也展现出良好韧性。这得益于 SRE80Ni 中镍元素的优化作用:镍作为奥氏体稳定化元素,可细化焊缝晶粒、抑制有害相形成,同时提升热影响区组织稳定性,促进针状铁素体等韧性相生成,有效改善焊接接头全区域韧性。GEL-758 在 HAZ 区表现相对均衡,但 WM 区韧性不足。CHE807QR 整体冲击功偏低,说明其成分与焊接工艺匹配性欠佳,需优化以提升接头韧性。

图 9 不同焊材的焊缝冲击断口相貌。该冲击断口 SEM 图像呈现典型韧性断裂特征,各试样均以韧窝为主要形貌。CHE807QR 中韧窝分布相对稀疏,尺寸不均,部分区域韧窝较浅,反映材料局部塑性变形能力有限;GEL-758 韧窝也大小不一,并且韧窝发生了明显的变形,这说明在断裂过程中韧窝来不及长大且被撕裂,材料的韧性较低。SRE80Ni 韧窝密集且大小相对较均一,深而圆润,说明断裂时经历充分塑性变形,材料韧性良好,断裂过程中能量吸收高,这也能更好的解释图 7 中 SRE80Ni 焊缝冲击功最高。

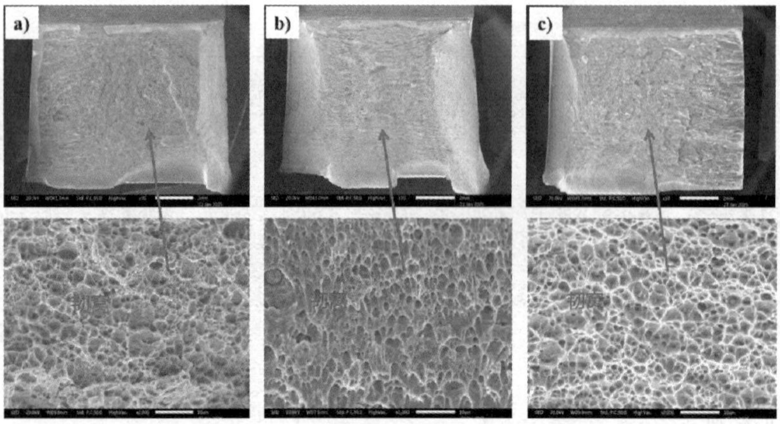

(a) CHE807QR　　(b) GEL-758　　(c) SRE80Ni

图 9　不同焊材的焊缝冲击断口相貌

3 讨　论

CHE807QR 晶界碳化物析出,表明其合金元素在焊接热循环下扩散不均,可能降低晶界强度与韧性;GEL-758 与 SRE80Ni 组织以贝氏体回火为主,相对均匀,反映其成分设计对焊接过程中的组织转变控制更优。但三种焊材均无明显夹渣、气孔,说明焊材对焊接工艺的适应性优秀。CHE807QR 热影响区硬度波动大,主要由于硬脆相形成导致局部应力集中,反映其组织稳定性差;GEL-758 与 SRE80Ni 硬度过渡平滑,均实现强度与韧性协同提升。拉伸试验中,SRE80Ni 凭借合理合金设计,达到了最佳抗拉强度 914 MPa,GEL-758 次之,CHE807QR 因成分或工艺局限强度最低。侧弯试验虽均合格,但断口形貌揭示潜在差异。SRE80Ni 冲击断口韧窝深且变形明显,冲击功在焊缝与热影响区优异,证实镍元素对韧性的强化作用;GEL-758 韧窝均匀,表现稳定;CHE807QR 韧窝稀疏浅平,冲击功低,其成分与工艺匹配性亟待优化。

进一步分析可知,三种焊材对 Q690DR 材料焊接接头在组织和性能上影响的差异主要是由 Ni 元素含量不同导致的,综合以上研究结果,可见 Ni 元素含量对 Q690DR 钢焊接接头性能的显著影响。由金相组织可知，随着镍含量的增加，焊接接头的晶粒尺寸逐渐减小。这种现象可能是由于焊接过程中镍与 C 元素的相互作用，改变了凝固过程中的扩散行为并限制了晶粒生长。一方面，镍的添加引起晶格畸变，增加位错密度，促进针状铁素体形核，导致在更短时间内形成更细的晶粒。另一方面，镍在固态中的扩散速率较慢，通过影响液固转变过程，改善了凝固行为。当镍在固液界面扩散时，液相中富集更多的镍，缩小了合金液固转变的温度范围。较窄的液相区通常有助于控制凝固过程中的晶粒生长，抑制了粗大板条铁素体形成，减少了脆性相促进晶粒细化。同时，Ni 元素对焊缝低温韧性的调控，既有镍元素细化晶粒的作用，同时也因为镍元素改变了焊缝内大小角度晶界的分布比例，越高的镍含量焊丝会导致焊缝大角度晶界增加，从而获得更好的低温韧性表现。

综合分析可知，三种焊材中，镍含量的增加主要通过协同强化机制（固溶强化、晶界强化和位错强化机制）对焊缝的力学性能和显微硬度产生综合影响。由于镍细化晶粒结构，增加高角度晶界比例和位错密度，并促进晶界和位错强化，从而提高显微硬度和拉伸强度表现。可见，在优化焊接接头或焊材合金材料的性能时，精确控制镍含量至关重要，以确保其对硬度的有益影响不会导致不良的显微组织变化。

4 结 论

本研究系统探究了三种不同焊材（CHE807QR、GEL－758、SRE80Ni）对 Q690DR 钢焊接接头组织及性能的影响，其主要结论如下：

（1）三种焊材对应的焊接接头的焊缝均为索氏体组织，热影响区均为贝氏体回火组织＋索氏体组织，母材为贝氏体回火组织。焊缝的晶界存在碳化物的析出。

（2）SRE80Ni 的焊接接头焊缝硬度高达 293 HV，GEL－758 焊缝硬度次之，CHE807QR 的焊缝最低。

（3）SRE80Ni 焊接接头抗拉强度高达 914 MPa，较 GEL－758（864 MPa）提高 5.8%。CHE807QR 的抗拉强度最低，为 799 MPa。

（4）－40 ℃下 SRE80Ni 焊缝冲击功均值为 82 J，其冲击断口的韧窝密集且尺寸大小均一，深而圆润。GEL－758 焊缝冲击功均值为 70 J，其韧窝尺寸大小不一，韧窝较浅。

SRE80Ni 综合性能最优，推荐用于高压储氢容器等强韧性要求严苛的工况。

参考文献

[1] 李双权，梁峰，杨丽，等．高压储氢容器用高强度可焊接钢板 Q690DR 配套焊材研发及评价[J]．炼油技术与工程，2024，54(11)：27－30.

[2] ZONG L，LIU H，SI Q，et al. Pre－fatigue damage on the mechanical properties of Q690D steel [J]. Fatigue Fract Eng Mater Struct. 2023，46(9)：3306－3320.

[3] LIU W J，LI J，SHI C B，et al. Effect of micro－alloying element boron on the strengthening of high－strength steel Q690D[J]. Metallography，Microstructure，and Analysis，2015，4(2)：102－108.

[4] ZHOU C，ZHOU H，ZHANG L. The impact of impurity gases on the hydrogen embrittlement behavior of pipeline steel in high－pressure H_2 environments[J]. Materials，2024，17：2157.

[5] DU Z，SHI R，PENG X，et al. Review on the design of high－strength and hydrogen－embrittlement－resistant steels[J]. Int J Miner Metall Mater，2024，31：1572－1589.

[6] 武靖伟，王志刚，张建晓，等．N06200 镍基合金管板与换热管焊接接头组织与性能研究[J]．压力容器，2023，40(4)：8－14.

[7] GUAN X，GUO H，CHEN Y，et al. Experimental and numerical study on fatigue crack growth behaviour of high－strength steel butt welds with surface corrosion damage[J]. Construction and Building Materials，2025，483：141765.

[8] SHEN H X，XU K K，YANG Z Q，et al. Testing and design on local－biaxial flexural

interactive buckling behavior of high strength steel welded box beam - columns subjected to biaxial bending[J]. Journal of Constructional Steel Research, 2023, 206: 107932.

[9] 王丛元,李鹏江,罗永智,等. 模拟焊后热处理对Q690DR钢焊接接头性能的影响[J]. 压力容器,2024,41(10):1-8.

[10] 李双权,梁峰,崔强,等. 高压储氢容器用高强度可焊接钢板Q690DR的研发[J]. 炼油技术与工程,2024,54(7):27-32.

作者简介

郭富永(1971—),男,甘肃景泰人,高级工程师,工程硕士,主要从事压力容器特种材料性能研究、压力容器及成套化装备研制。

通讯地址:甘肃省兰州新区黄河大道西段528号

邮编:730314

邮箱:guofuyong@lshec.com

联系电话:13993192647

不锈钢波纹管酸洗钝化的探讨

侯黎黎，吴宝胜，丛凤磊，金　影，吕欣欣

（大连益多管道有限公司，大连 116318）

摘　要：本文介绍了不锈钢波纹管成型后的酸洗钝化技术，针对酸洗钝化原理、酸洗工艺参数及波纹管材质对酸洗钝化的影响、酸洗后氢脆的解决方案等几方面，对酸洗钝化工艺技术进行了探讨。

关键词：波纹管；酸洗钝化；工艺；氢脆

Discussion on pickling and passivation of stainless steel bellows

HOU Lili，WU Baosheng，CONG Fenglei，JIN Ying，LYU Xinxin

(Dalian Yiduo Pipeline Co.，Ltd.，Dalian 116318，China)

Abstract：This paper introduces the acid pickling and passivation technology of stainless steel bellows after forming，discussing various aspects such as the principles of acid pickling and passivation，pickling process parameters，the influence of the bellows material on the pickling and passivation process，and solutions to hydrogen embrittlement after pickling.

Keywords：bellows；pickling passivation；process；hydrogen embrittlement

0　引　言

不锈钢波纹管因其优异的柔韧性、耐压性和耐温性，广泛应用于石油、化工、电力、航天等领域。然而，在复杂工况（如高 Cl^-、酸性介质、高温高压等）下，仍可能发生腐蚀，影响其使用寿命和安全性[1-2]。因此，研究不锈钢波纹管的防腐蚀技术具有重要的工程意义。

1　酸洗钝化原理与意义

酸洗钝化是提升不锈钢耐蚀性能的关键表面处理技术，其作用机理可分为化学清洗和钝化膜形成两个阶段。在酸洗阶段，酸性溶液通过化学反应溶解表面氧化层及嵌入的金属污染物。钝化阶段则以氧化性酸（如 HNO_3）促使不锈钢中的铬元素选择性氧化，形成致密的 Cr_2O_3 钝化膜。该钝化膜具有纳米级厚度（1～5 nm）和自修复特性，能显著提高材料在含 Cl^- 等腐蚀介质中的稳定性。经优化的酸洗钝化工艺可使不锈钢波纹管的点蚀电位提高 200～300 mV，耐盐雾时间延长 3～5 倍。

在工程应用上，酸洗钝化处理直接关系到设备的安全服役和寿命周期。以石油化工管道系统为例，未经钝化处理的 304 不锈钢管件在含 Cl^- 介质中半年内即出现明显点蚀，而经过完整酸洗钝化流程的同类产品可保持 5 年以上无腐蚀[3]。

2　酸洗钝化的过程

酸洗钝化作为不锈钢表面处理的关键工艺，其过程机理涉及复杂的化学与电化学作用[4-6]。本文分析了酸洗钝化过程中的三个阶段：预处理、酸洗活化及钝化成膜，揭示了各阶段的反应机理及影响因素。

2.1 预处理阶段

预处理主要包括脱脂清洗和表面活化，采用碱性溶液去除油污(反应1)，酸性溶液去除氧化层(反应2)。此阶段为后续处理提供洁净的活性表面。

反应1：$R-COOH+NaOH\rightarrow R-COONa+H_2O$

反应2：$Fe_2O_3+6H^+\rightarrow 2Fe^{3+}+3H_2O$

2.2 酸洗活化阶段

采用 HNO_3-HF 混合酸体系(典型配比 15%HNO_3+3%HF)，在 40～50 ℃下处理 10～30 min。该阶段通过双重作用实现表面活化：

(1)HF 溶解含硅夹杂物和嵌入铁颗粒；

(2)HNO_3 氧化溶解贫铬层，暴露出新鲜基体。

2.3 钝化成膜阶段

在氧化性介质(20%～30%HNO_3)中，铬元素发生选择性氧化(反应3)，形成 2～5 nm 厚的 Cr_2O_3 钝化膜。

反应3：$2Cr+3HNO_3\rightarrow Cr_2O_3+3HNO_3$.

3 酸洗工艺参数对表面处理的影响

本文从酸液浓度、酸洗温度、酸洗时间及钝化液的选择四个方面讨论酸洗工艺参数对不锈钢波纹管表面处理的影响。

3.1 酸液浓度

从表1中可以看出 HNO_3 的相对合适浓度范围为 15%～25%，HF 的相对合适浓度范围为 1%～3%，因此 HNO_3 - HF 浓度配比优化：15%HNO_3+2%HF 时综合性能相对较好，此时钝化膜厚度稳定在 2.5～3.2 nm(TEM 观测)，盐雾试验通过 96 h 无锈蚀。图1为热处理后的波纹管，图2为 HNO_3 - HF 浓度配比 10%HNO_3+0.5%HF 酸洗处理后的波纹管，图3为 HNO_3 - HF 浓度配比 15%HNO_3+2%HF 酸洗处理后的波纹管，从图中可以明显看出优化后 HNO_3 - HF 浓度配比对波纹管的处理效果更佳。

表1 HNO_3 及 HF 浓度在酸洗钝化时对表面处理效果的影响机制

酸液类型	浓度范围	对表面处理的影响
HNO_3	5%～10%	(1)氧化能力不足，Cr_2O_3 膜形成不完整； (2)表面残余铁含量>8%(EDS 分析)点蚀电位降低约 150 mV
	15%～25%	(1)钝化膜 Cr/Fe 原子比达到 3.8:1(XPS 结果)； (2)表面均匀致密($Ra=0.08\sim0.12$ μm)； (3)自腐蚀电流密度降至 1.2×10^{-7} A/cm^2
	>30%	(1)发生过腐蚀现象； (2)晶界处出现选择性溶解； (3)表面粗糙度增加 50%以上
HF	1%～3%	(1)有效去除表面夹杂物； (2)不损伤基体组织； (3)引发晶间腐蚀
	>4%	(1)产生氢脆风险； (2)表面出现蚀坑(深度>2 μm)； (3)协同效应分析

图 1　热处理后波纹管

图 2　10%HNO_3+0.5% HF 酸洗处理后波纹管

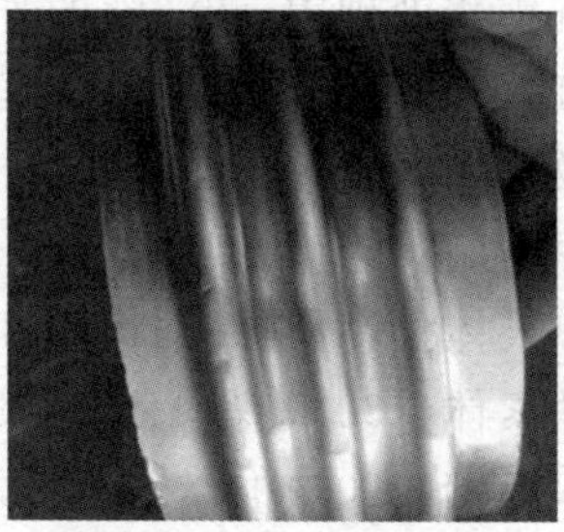

图 3　15%HNO_3+2% HF 酸洗处理后的波纹管

基于实验数据提出：HNO_3 浓度梯度控制：初始 20%→终期 15%；

HF 实时监测：控制在 1.5%～2.5%；

动态调节：根据溶液老化程度补偿 5%～8%。

3.2　酸洗温度

本实验通过控制变量探讨温度参数(20～80 ℃)对不锈钢酸洗钝化过程的影响规律。以图 1 热处理后的波纹管为处理基准，并采用 15%HNO? +2%HF 配比酸液进行酸洗。根据阿伦尼乌斯效应，温度对反应动力学的影响：温度每升高 10 ℃，酸洗速率提高 1.8～2.5 倍；活化能测定值为 45.6 kJ/mol (HNO_3 体系)。

根据 ISO 15730—2000 金属表面处理温度规范及实验数据可知在酸洗钝化温度<30 ℃时，反应不完全，处理时间需延长 3 倍，此时：表面残留氧化物含量>15%(XRD 定量)，钝化膜厚度仅 1.2～1.8 nm，阻抗模值 $|Z|0.01Hz \approx 10^5 \Omega \cdot cm^2$，图 4 为室温下酸洗钝化处理后的波纹管。

在 40～55 ℃(最佳窗口)时，反应动力学与钝化膜生长达到平衡，表面粗糙度 Ra 稳定在 0.10±0.02μm，钝化膜 Cr_2O_3 含量达 78.5%(XPS 分峰拟合)，击穿电位 E_b>1.1 V(SCE)，图 5 为酸液加热至 40～45℃的动态平衡后对波纹管酸洗钝化处理后的波纹管。

图 4　室温下酸洗钝化处理后的波纹管

图 5　酸液加热后对波纹管酸洗钝化处理后的波纹管

在 60 ℃时，反应失控，出现过度腐蚀，晶界腐蚀深度达 3～5 μm(SEM 截面观测)，氢扩散系数增加 2 个数量级，疲劳寿命下降 40%～60%。

因此建议在酸洗钝化时建议阶梯升温：30 ℃(5 min)→45 ℃(20 min)→40 ℃(5 min)。

3.3　酸洗时间

同理，以图 1 热处理后的波纹管为处理基准，并采用 15%HNO? +2%HF 配比酸液进行酸洗。根据实验及过往经验可得出结论在不锈钢酸洗钝化时，随着酸洗时间的不断增加，不锈钢的耐腐蚀性能不断提高，但是当酸洗时间大于 30 min 后，不锈钢在动电极化过程中出现明显点蚀，其原因是不锈钢表面出现了微孔，为点蚀提供了形核点位[7-8]。

3.4 酸洗液的选择

酸洗钝化处理中,酸洗液的种类直接影响不锈钢的表面处理效果。根据不同的应用需求和材料特性,常用的酸洗液主要包括硝酸基、硫酸基、盐酸基、氢氟酸基、有机酸基等体系[9]。本文根据各种酸液的优缺点及适用场景提出酸液选择推荐。

(1)根据不锈钢类型推荐酸洗液

1)奥氏体(304/316)推荐 HNO_3 - HF、柠檬酸;

2)铁素体(430)推荐 HNO_3、H_2SO_4(低浓度);

3)双相钢(2205)推荐 HNO_3 - HF(严格控制 HF%);

4)马氏体(410)推荐避免 HF(防氢脆)。

(2)根据处理目标选择

1)去氧化皮选择 H_2SO_4/HCl(粗洗);

2)精密钝化选择 HNO_3/HNO_3－HF;

3)环保要求选择柠檬酸/草酸。

(3)根据工艺条件优化

1)温度控制:HNO_3 基(40～50 ℃),HCl 基(室温);

2)时间控制:HNO_3(20～30 min),H_2SO_4(5－15 min);

3)后处理:必须彻底冲洗(去离子水＋中和)。

4 波纹管材质对酸洗钝化的影响

波纹管的材质对酸洗钝化效果有显著影响,不同材质的化学成分、耐腐蚀性及表面特性会直接影响酸洗钝化的工艺参数和最终效果。以下是常见波纹管材质及其对酸洗钝化的影响分析:

4.1 不锈钢(如 304,316L)对酸洗钝化的影响

酸洗适应性:不锈钢(尤其奥氏体不锈钢)是最常见的酸洗钝化材质,因其含铬(Cr)和镍(Ni)元素,表面易形成氧化铬钝化膜。

酸洗要求:需使用硝酸(HNO_3)或硝酸＋氢氟酸(HF)混合液去除表面游离铁和氧化物,钝化后耐腐蚀性显著提升。

注意事项:316L 因含钼(Mo),耐酸性更强,但氢氟酸可能对钼元素有选择性腐蚀,需控制浓度和时间;敏感材质(如马氏体不锈钢)可能因酸洗导致氢脆,需后续脱氢处理。

4.2 镍基合金对酸洗钝化的影响

高耐蚀性:镍基合金本身耐酸性强,常规酸洗可能效果有限,需使用专用混合酸(如硝酸＋盐酸＋缓蚀剂)。

钝化膜稳定性:形成的钝化膜更致密,但过度酸洗可能导致镍元素溶解,需严格控制工艺。

4.3 钛及钛合金对酸洗钝化的影响

快速钝化:钛在酸性环境中会迅速生成二氧化钛(TiO_2)钝化膜,但需避免含氟酸(如 HF),否则会剧烈腐蚀。

酸洗液选择:通常采用低浓度硝酸(≤20%)或硝酸＋磷酸混合液。

5 酸洗后避免氢脆的方案

在酸洗过程中,某些不锈钢(如马氏体不锈钢、高强度钢),氢脆(Hydrogen Embrittlement)是一个严重的风险。氢脆是由于酸洗时金属表面析出的氢原子(H^+)渗入金属晶格,导致材料脆化,甚至引发延迟断裂[10-12]。以下是避免氢洗后氢脆的详细方案:

5.1 酸洗工艺优化

(1)选择合适的酸洗液,避免强酸性介质:减少盐酸(HCl)、硫酸(H_2SO_4)等强酸的使用,因其析氢反

应剧烈(Fe＋2H? →Fe2? ＋H? ↑)。推荐改用硝酸(HNO_3)或磷酸(H_3PO_4)等氧化性酸,减少氢析出。添加缓蚀剂:在酸洗液中加入缓蚀剂(如硫脲、乌洛托品),抑制氢的生成和渗透。

(2)控制酸洗时间和温度:缩短酸洗时间,由于氢渗透量随酸洗时间增加而上升,故应尽量缩短浸泡时间(如≤30 min);降低酸洗温度,因为高温加速析氢反应,所以建议温度控制在 20～40 ℃。

(3)采用替代工艺,如电解酸洗:采用阴极保护或阳极氧化酸洗,减少氢原子渗透。

5.2 酸洗后处理

(1)立即中和与清洗

碱性中和:酸洗后立即用碳酸钠(Na_2CO_3)或氢氧化钠(NaOH)溶液(pH≥9)中和残留酸液。

充分水洗:用去离子水或高压水枪彻底冲洗,避免酸液残留。

(2)脱氢处理(关键步骤):采用烘烤去氢法脱氢,烘烤温度建议为 200～250 ℃(碳钢/低合金钢)或 300～400 ℃(高强度不锈钢),烘烤时间为 2～4 h(视材料厚度而定),脱氢原理为加热使晶格内的氢原子扩散逸出。

在条件允许的情况下可选择真空热处理方式脱氢:在真空环境下加热(150～300 ℃),加速氢脱附。

(3)钝化处理:不锈钢酸洗后应立即钝化(如硝酸钝化),形成致密氧化膜,减少氢再渗透。碳钢可采用磷化处理,生成非金属保护层。

5.3 材料选择与设计优化

首先避免高强钢酸洗,抗拉强度≥1000 MPa 的钢材(如弹簧钢、马氏体不锈钢)极易氢脆,应避免酸洗;其次选用耐蚀材料,优先选择奥氏体不锈钢(304,316)或镍基合金,降低酸洗需求。

5.4 检测与质量控制

(1)氢含量检测:采用氢分析仪(如热导法)检测酸洗后材料的氢含量(要求≤0.1 ppm)。

(2)延迟断裂试验:对关键部件进行 24～48 h 恒载荷试验,观察是否出现裂纹。

(3)硬度测试:氢脆可能导致硬度异常升高,需监控酸洗前后硬度变化。

6 酸洗钝化的质量检验

不锈钢酸洗钝化效果的质量检验可参照:船标《不锈钢酸洗钝化膏》CB/T 3595—94;国际标准《不锈钢电解抛光及打磨抛光和酸洗钝化所形成的表面钝化膜检验》ISO 15730;军用标准《不锈钢酸洗与钝化规范》SJ 20893—2003 等进行。一般可分为:外观检验、化学试验,化学试验主要有人造海水挂片腐蚀试验、硫酸铜滴定试验、高铁氰化钾滴定试验(蓝点试验)等。

外观检验:酸洗钝化表面应是均匀的银白色不得有明显的腐蚀痕迹,焊缝及热影响区表面不得有氧化色,不得有颜色不均匀的斑痕。

残液检验:用酚酞试纸检查表面上残液的冲洗程度 PH 值呈中性为合格。

蓝点试验:(无蓝点生成)3 种方法进行质量判定。具体操作:滤纸浸渍溶液后贴附于待测表面或直接将溶液涂、滴于待测表面 30s 内观察显现蓝点情况,有蓝点则不合格。需要注意的是该试验需待酸洗钝化表面基本干燥后进行。试验后也应该将试验液体冲洗干净。

7 总 结

本文通过对常用波纹管表面处理技术——酸洗钝化技术的原理及意义、对比不同酸洗工艺参数及各种波纹管材质对表面处理的影响、酸洗后避免氢脆的方案的介绍,结合国内发展现状,提出了酸洗工艺的优化方案。不锈钢表面的抗腐蚀要求各有不同,酸洗钝化的具体配方及工艺流程也各式各样,但所遵循的基本原理是一样的。对于不同的不锈钢产品要选用各自适宜的配方及工艺,必要时应在操作之前制备小样试验,待工艺成熟后方可投产。一方面减少无谓的浪费,二则保证酸洗质量,避免点蚀影响产品质量缺陷的产生。

参考文献

[1] GB/T 12777—2019,金属波纹膨胀节通用技术条件[S].

[2] GB/T 150.1～150.4—2024,压力容器[S].

[3] 伊光辉,郑大江,宋光铃.酸洗对316L不锈钢表面形貌、耐蚀性能及表面光学常数的影响[J].中国腐蚀与防护学报,2021,41(4):461—468.

[4] 陈建华,崔巩,匡一龙,等.酸洗钝化工艺对304不锈钢耐腐蚀性能的影响[J].全面腐蚀控制,2025,39(6):148—153.

[5] 朱红兵.现场条件下的不锈钢管道内部酸洗钝化[J].石油和化工设备,2024,27(11):199—203.

[6] 吕建伟,张伟刚,张国庆,等.奥氏体不锈钢仪表管酸洗钝化工艺研究[J].石油和化工设备,2023,26(9):162—166.

[7] 伊光辉.酸洗处理对316L不锈钢表面性质和耐蚀性能的影响[D].厦门:厦门大学,2021.

[8] 陈亮,姜爱华,丁毅,等.304不锈钢焊管环保型酸洗钝化工艺研究[J].表面技术,2012,41(6):85—87.

[9] 梁波.正交试验法设计的304不锈钢酸洗液性能分析[J].广东化工,2023,50(13):56—58.

[10] 黄淞,薛广珂,惠虎,等.高压氢环境下储氢容器4130X钢力学性能的演化规律研究[J].压力容器,2024,41(12):8—15.

[11] 董宏斌,张涛,张建辉,等.3000m^3不锈钢复合板球罐的制造与安装[J].压力容器,2023,40(1):82—88.

[12] 孙连忠,张佳敏,张保平,等.金属材料氢脆研究进展[J].科学技术与工程,2025,25(18):7455—7464.

作者简介

侯黎黎(1984),女,工程师,主要从事膨胀节和压力容器的设计研究工作,通信地址:辽宁省大连市长兴岛经济区宝岛路218号,E—mail:hou.com.119@163.com。

高钢级管线环焊缝应变敏感性评价方法研究

左　勇[1]，尤景泽[2,3]，孙永辉[2,3]，王汉奎[2,3]，宋　明[2,3]，孙立刚[1]，蒲　凡[3]，禹　婷[2,3]

（1. 国家管网集团工程技术创新有限公司，天津 300457；2. 中国特种设备检测研究院，北京 100029；
3. 国家市场监督管理总局技术创新中心（页岩气采输系统质量安全与智能检测技术））

摘　要：为评估高钢级管线环焊缝的安全性，本文借助于焊缝韧性转变曲线对药芯焊丝自保护焊（FCAW－S）和药芯焊丝气保护焊（FCAW－G）焊接的环焊缝韧性的应变敏感性进行研究。通过试验发现药芯焊丝自保护焊经过2%变形后，60 J所对应的转变温度升高40℃；相同条件下，气保护焊经过2%变形后，60 J所对应的转变温度升高5 ℃。经过相同预拉伸变形后，FCAW－S焊缝60J对应的转变温度大幅升高，具有较高的应变敏感性；FCAW－G焊缝在相同变形条件下冲击吸收能量变化较小。研究结果为高钢级管线环焊缝的安全评估与焊接工艺选择提供了重要依据。

关键词：环焊缝；X80管线；脆性断裂；敏感性评价

Research on the evaluation method of strain sensitivity of high－grade pipeline girth welds

ZUO Yong[1]，YOU Jingze[2,3]，SUN Yonghui[2,3]，WANG Hankui[2,3]，SONG Ming[2,3]，
SUN Ligang[1]，PU Fan，YU Ting[2,3]

（1. PipeChina Engineering Technology Innovation Co.，Ltd.，Tianjing 300457，China；
2. China Special Equipment Inspection and Research Institute，Beijing 100029，China；
3. Technology Innovation Center of Quality Safety and Intelligent Inspection on Shale Gas Extraction，Gathering and Transportation System，State Administration for Market Regulation）

Abstract：To assess the safety of high－strength steel pipeline girth welds，this paper studies the strain sensitivity of the toughness of girth welds made by flux－cored arc welding with self－shielded gas（FCAW－S）and flux－cored arc welding with gas shielded（FCAW－G）by means of the toughness transition curve of the welds. Through experiments，it was found that after 2% deformation，the transition temperature corresponding to 60 J of the FCAW－S weld increased by 40 ℃；under the same conditions，after 2% deformation，the transition temperature corresponding to 60 J of the FCAW－G weld increased by 5 ℃. After the same pre－tensile deformation，the transition temperature corresponding to 60 J of the FCAW－S weld increased significantly，showing a high strain sensitivity；while the FCAW－G weld had a relatively small change in impact absorption energy under the same deformation conditions. The research results provide an important basis for the safety assessment and welding process selection of high－grade steel pipeline girth welds.

Keywords：girth weld；X80 pipeline；brittle fracture；sensitivity evaluation

0　引　言

在全球能源需求持续增长以及工业发展不断推进的背景下，长输管道作为一种高效、经济且相对安全的长距离能源输送方式，其重要性日益凸显[1－4]。随着冶金技术的不断进步，高钢级管道应运而生并

逐渐在能源输送领域得到广泛应用。高钢级管道具有更高的强度和耐压性能，能够承受更大的输送压力，从而提高管道的输送效率，降低建设成本，X80 级管道已成为当前天然气、石油管道的主流选择，X100 和 X120 等级的钢管也已进入工程试验阶段，展现出巨大的应用潜力[5]。

在现代冶炼技术的推动下，高钢级钢管强度实现了飞跃式增长。然而，高钢级管道的环焊缝强度提升却较为迟缓。这种差异使得环焊缝成为高钢级管道的薄弱点。近年来我国与高钢级环焊缝相关的管线钢事故多发，如中缅天然气管道晴隆段两次环焊缝断裂事故[6-7]，泰青威管道环焊缝开裂事故等[8]。国外也曾发生过几起长输管线环焊缝断裂事故[9-10]，相关机构也都发布公告提醒管道相关方注意环焊缝的质量问题，特别是在管线钢可能经受大变形的区域。

高钢级管线在建造时对环焊缝的性能有强度、韧性的要求，如国内相关工程建造标准要求环焊缝抗拉强度应当不低于两侧母材标准要求的下限值、焊接接头的冲击吸收能量不低于固定值[11]。以 X80 管道的环焊缝为例，要求 X80 管道焊接接头的抗拉强度不低于 625 MPa，−10 ℃冲击吸收能量不低于60 J。与容器、工业管道等不同的是，埋地管线受外部土体作用，在发生地震、山体滑坡等情况下，埋地管线可能会有额外的变形，引起焊缝位置发生塑性变形。发生塑性变形后的焊缝性能会发生变化，当前埋地管线建造标准中尚未建立焊缝冲击吸收能量对塑性变形的敏感性要求。

本文提出了一种基于材料韧脆转变曲线的焊缝材料对塑性变形敏感性的评价方法。由材料在不同温度下的力学行为可知，焊缝的冲击吸收能量与试验温度有一定的相关性，因此对 X80 管线，要求焊缝在−10℃冲击吸收能量不低于 60 J，相当于焊缝 60 J 对应的冲击试验温度需低于−10 ℃。利用经过塑性变形后，由转变曲线获得的 60 J 冲击吸收能量对应的温度值的变化，反映焊缝材料对塑性变形的敏感性。

本文采用两种常见 X80 管线焊接工艺在试验室内焊接环焊缝，两种焊接工艺为 FCAW - S 和 FCAW - G。焊接完成后，对焊缝、母材的化学成分进行分析和显微组织观察，并在焊缝内取系列冲击试样、预拉伸试样进行试验，预计拉伸完成后，再次在预拉伸试样上取系列冲击试样，最后通过转变曲线的变化反映焊缝的冲击吸收能量对塑性变形的敏感性。

1 材料及方法

1.1 材料来源

本文研究的环焊缝来自于试验室依据管线实际建造工艺焊接的试验管圈。本次实验研究焊接的母材均来自同一根 X80 直缝管(管圈规格：Φ1219 mm×18.4 mm)。管圈 A 采用手工电弧焊打底，焊材为 BOEHLER SG3 - P(牌号 ER70S - G)，再采用药芯焊丝自保护焊(FCAW - S)完成填充和盖面，填充和盖面采用的药芯焊丝为 HOBART FABSHIELD X80(牌号 E81T8 - Ni2J)；管圈 B 采用钨极氩弧(GTAW)打底，再采用药芯焊丝气保护焊(FCAW - G)完成填充和盖面，打底焊焊材为 BOEHLER EMK6(牌号 ER70S - 6)，填充和盖面焊采用 FCAW - G 全自动焊工艺，焊材采用 HOBART FABCO 91。焊接工艺参数见表 1。

表 1 焊接工艺参数

管圈	焊道	焊接电流 I/A	焊接电压 U/V	焊接速度 v/(cm·min^{-1})	热输入 E/(kJ·mm^{-1})
管圈 A	根焊	110～140	14～18	20～25	0.66～0.76
	填充	160～280	18～24	18～30	1.55～2.24
	盖面	160～240	18～24	16～24	1.38～2.16
管圈 B	根焊	115～155	11～14	8～10	1.06～1.19
	填充	171～260	21～27	13～23	1.40～2.32
	盖面	150～200	21～27	16～20	1.33～1.49

1.2 化学成分

采用直读光谱仪对管圈 A、B 的焊缝及母材的主要化学成分进行分析，分析元素覆盖 X80 钢母材的主要合金成分，在此基础上增加了 Al 元素。为精确测定焊缝内氧、氮元素的含量，在焊缝内取直径 6 mm、高 6 mm 的圆柱形试样，如图 1(c)所示，在焊缝内靠近管道外壁取样，以保证取得的试样来自于环焊缝填充及盖面焊部分[12]。氮元素含量采用惰性气体熔融热导法进行分析，氧元素含量采用脉冲加热惰气熔融-红外线吸收法进行分析[12-14]。

1.3 材料组织

对 A、B 管圈的环焊缝材料组织进行分析。考虑到填充与盖面焊部分占焊缝体积的主要部分，也是影响环焊缝安全的主要部分，且环焊缝采用多层多道的方式焊接，不同层道之间组织差异明显，因此本文选取盖面焊最后一道焊缝外表面之下 1 mm 位置进行观察。取样位置如图 1(b)所示，利用金相试样制备方法制备焊接接头金相试样，采用 4%硝酸酒精溶液作浸蚀剂。并用 AXIO Imager A2m 金相显微镜进行显微组织观察。

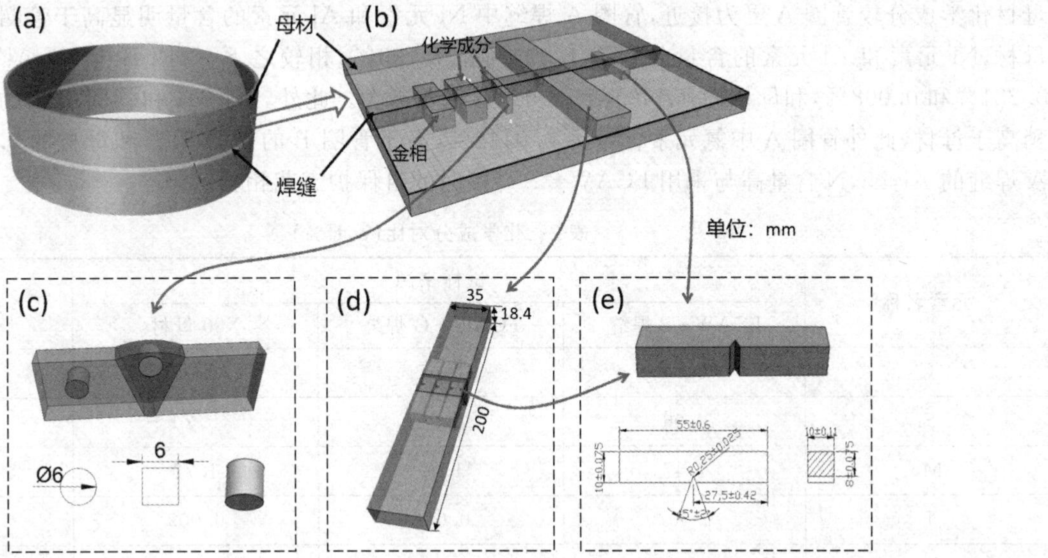

图 1 取样位置示意图

1.4 系列冲击

焊缝材料的系列冲击试验分为两部分。首先在试验室焊接完成的管圈上取系列冲击试样，冲击试样如图 1(e)所示，在管圈 4 至 6 点位处连续取样，共取 24 个冲击。同时加工 8 根如图 1(d)所示的拉伸试样，每根拉伸试样预拉伸完成后继续加工成冲击试样，见图 1(b)(d)(e)。

系列冲击试验完成后，采用 Logistic 函数对焊缝的冲击吸收能量进行拟合，拟合函数的数学形式为：

$$E(t)=E_0+\frac{\Delta E}{\left(1+e^{-\frac{t-T_0}{\Delta T}}\right)} \tag{1}$$

式中，$E(t)$为拟合函数，函数值为冲击吸收能量，其中 t 为试验温度，拟合函数有 4 个待拟合参数，依次为 E_0、ΔE、T_0 和 ΔT。E_0 为转变曲线的下平台对应的冲击吸收能量，$E_0+\Delta E$ 为转变曲线的上平台对应的冲击吸收能量。T_0 为转变曲线的中心温度点，$1/\Delta T$ 为拟合函数的斜率，由拟合函数的数学表达式可知 $\lim\limits_{t\to-\infty}E(t)=E_0$，$\lim\limits_{t\to+\infty}E(t)=E_0+\Delta E$。利用最小二乘法确定拟合函数当中的 4 个待定参数，可以计算获得特定冲击吸收能量 E_p 对应的温度 vT_r，其表达式为：

$$vT_r=T_0-\Delta T\ln\left(\frac{\Delta E}{E_p-E_0}-1\right) \tag{2}$$

在环焊缝位置取冲击试样，并在不同温度下测量冲击吸收能量，对试验结果进行拟合获得焊缝材料的转变温度曲线，计算焊缝要求最低冲击吸收能量为 60 J(或 80 J)的所对应的温度，记为vT_r。利用拉伸试验机对焊缝材料加工成的拉伸试样进行加载，在焊缝处使用 50 mm 标距引伸计控制拉伸过程，在引伸计的变形量为 2%后保持 30 s 后卸载，将经过 2%变形的焊缝加工成如图 1(e)所示的冲击试样，并在不同温度下测量变形后焊缝的冲击吸收能量。对变形后的冲击试验结果进行拟合获得变形后试样的转变温度曲线，并计算冲击吸收能量为 60 J(或 80 J)的所对应的温度，记为vT'_r，由 2%引起的转变温度变化量为vT'_r-vT_r。如管线在服役阶段，遇到地震、山体滑坡，焊缝局部可能会多次经过较大变形。当管线经历大变形后，焊缝最低吸收能量所对应有温度可以近似写为：$vT_r+\alpha(vT'_r-vT_r)$，式中α为安全系数，为便于计算取$\alpha=2.5$。

2 结 果

2.1 化学成分

试验用 X80 钢和管圈 A、B 焊缝金属的化学成分如表 2 所示，由表可知，管圈 B 焊缝化学成分和 X80 母材化学成分较管圈 A 更为接近，管圈 A 焊缝中 Ni 元素和 Al 元素的含量明显高于管圈 B 焊缝和 X80 母材，Ni 元素和 Al 元素的含量分别为 1.374%和 1.793%，相较之下，管圈 B 中 Ni，Al 元素含量仅为 0.281%和 0.008%，和母材的 0.140%和 0.027%相差不大。此外，管圈 A 和管圈 B 中的氧元素含量要稍高于母材，此外管圈 A 中氮元素含量为 0.0148%，高于管圈 B 的 0.0031%和母材的 0.0035%。管圈 A 焊缝的 Al，Ni，N 含量高与采用 FCAW－S 焊接时的自保护工艺相关。

表 2 化学成分对比(w.t.%)

元素名称	试样来源			母材要求 API 5L
	FCAW－S 焊缝	FCAW－G 焊缝	X80 母材	
C	0.04	0.07	0.05	≤0.12
Si	0.06	0.26	0.20	≤0.45
Mn	1.47	1.47	1.72	≤1.85
P	0.007	0.006	0.009	≤0.025
S	0.001	0.004	0.001	≤0.015
V	0.007	0.001	0.001	—
Nb	0.001	0.001	0.028	—
Ti	0.005	0.058	0.015	—
Cr	0.04	0.05	0.20	≤0.50
Mo	0.03	0.03	0.11	≤0.50
Cu	0.01	0.03	0.01	≤0.50
Ni	1.37	0.28	0.14	≤1.00
Al	1.793	0.008	0.027	—
B	0.001	0.001	0.001	≤0.004
O	0.0077	0.0093	0.0025	—
N	0.0148	0.0031	0.0035	—

2.2 显微组织

试验用 X80 钢和管圈 A、B 焊缝金属的金相组织如图 2 所示。图 2(a)为 FCAW－S 焊接的管圈 A

的盖面焊组织，该处组织晶粒粗大，尺寸在 100 μm 左右，晶粒内部存在大量的板条状贝氏体铁素体组织和析出物，析出物主要分布在亚板条边界，亚板条宽度在 2 μm 左右。图 2(b)为 FCAW－G 焊接的管圈 B 的盖面焊组织，主要由针状铁素体和多边形铁素体组成，晶粒组织细小。

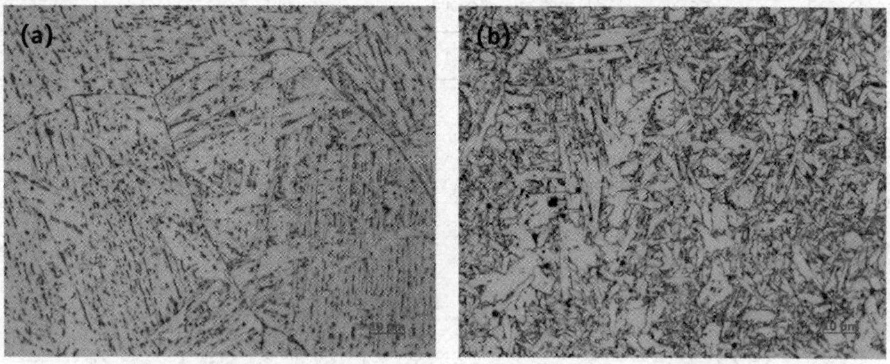

（a）管圈A　　　　（b）管圈B

图 2　不同管圈盖面焊显微组织

2.3　系列冲击

FCAW－S 焊缝的变形前后的系列冲击试验结果见图 3。由图可见，变形前焊缝 60 J 对应的冲击吸收能量为－62.8 ℃，经过 2%的变形后，焊缝的冲击吸收能量上升至－22.0 ℃，2%的变形引起的转变温度上升量为 40.7 ℃；变形前焊缝 80 J 对应的冲击吸收能量为－52.6 ℃，经过 2%的变形后，焊缝的冲击吸收能量上升至－18.3 ℃，2%的变形引起的转变温度上升量为 34.4 ℃。

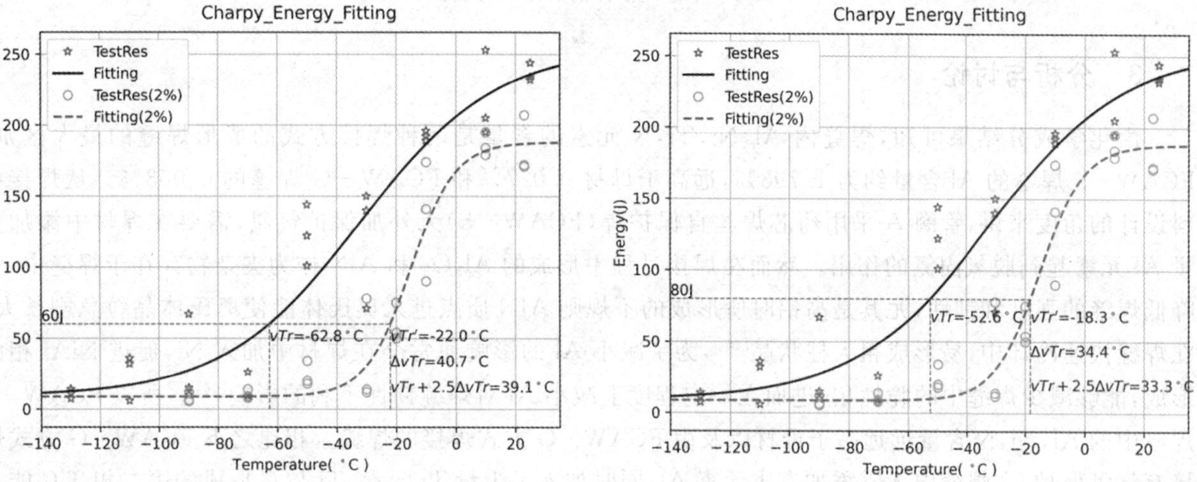

图 3　焊缝 A 拉伸前后系列冲击试验

FCAW－G 焊缝的变形前后的系列冲击试验结果见图 4。由图可见，变形前焊缝 60 J 对应的冲击吸收能量为－55.9 ℃，经过 2%的变形后，焊缝的冲击吸收能量上升至－50.4 ℃，2%的变形引起的转变温度上升量为 5.5 ℃；变形前焊缝 80 J 对应的冲击吸收能量为－47.5 ℃，经过 2%的变形后，焊缝的冲击吸收能量上升至－42.4 ℃，2%的变形引起的转变温度上升量为 5.1 ℃。

表 3　变形前后的系列冲击试验结果/J

	初始转变温度 vTr	变形后转变温 vTr'	转变温度差值 $vTr'-vTr$	冲击吸收能量保证温度 $vTr+2.5\times(vTr'-vTr)$
FCAW－S(60 J)	－62.8	－22.0	40.7	39.1
FCAW－S(80 J)	－52.6	－18.3	34.4	33.3

(续表)

	初始转变温度 vTr	变形后转变温 vTr′	转变温度差值 vTr′－vTr	冲击吸收能量保证温度 vTr＋2.5×(vTr′－vTr)
FCAW－G(60 J)	－55.9	－50.4	5.5	－42.0
FCAW－G(80 J)	－47.5	－42.4	5.1	－34.8

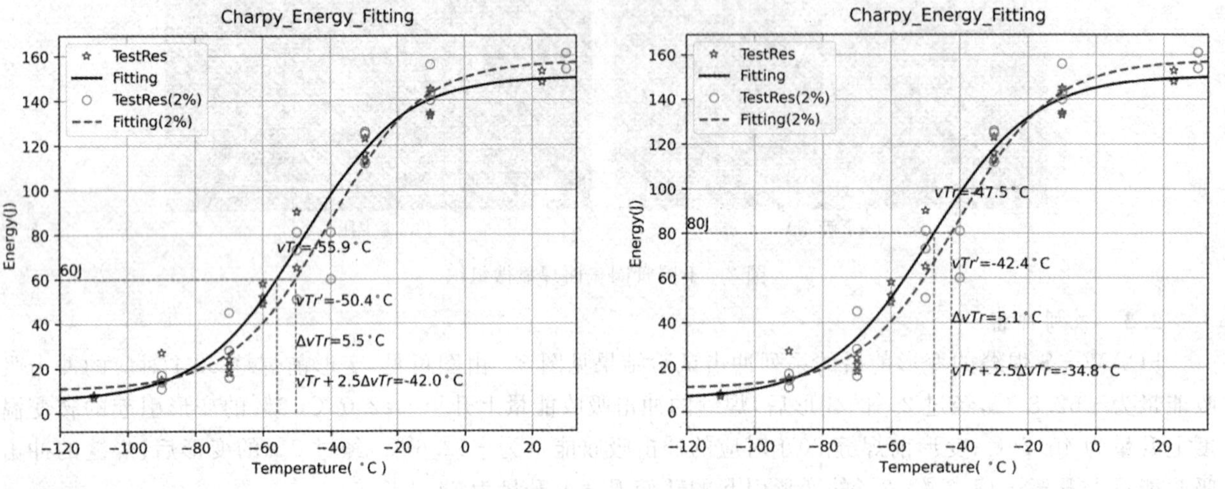

图 4　焊缝 B 拉伸前后系列冲击试验

3　分析与讨论

由化学成分结果可知，焊缝内 Al，Ni，Ti，N 元素的含量是两种焊接方式的成形焊缝的最大区别。FCAW－S 焊缝的 Al 含量约为 1.793％，远高于母材 0.027％和 FCAW－G 焊缝的 0.008％。从焊接材料设计的角度来讲，管圈 A 采用药芯焊丝自保护焊(FCAW－S)无外加保护气氛，需要在焊材中添加大量 Al 元素起到脱氧固氮的作用。然而在焊接过程中形成的 Al_2O_3 和 AlN 作为夹杂物存在于焊缝中，会降低焊缝的强度和韧性，尤其是高铝时所形成的不规则 AIN 质点进入奥氏体能使奥氏体晶粒急剧长大，在焊缝快速冷却中，易形成粗大柱状晶[15]，为了减小 Al 的影响通常会在焊材中加入 Ni，促进 NiAl 相的形成，能够减少焊缝中的脆性相，进而在一定程度上减小 Al 对焊缝韧性不利的影响[16]。所以 FCAW－S 焊缝中的 Al，Ni，N 含量远远高于母材以及由 FCAW－G 方式焊接的焊缝。相比之下 FCAW－G 方式焊接有气氛保护，在焊缝内无需添加有害元素 Al，同时加入了少量 Ti 元素，Ti 与 C 形成的第二相 TiC 能在高温下稳定存在，能够细化晶粒并促进针状铁素体在晶内形核。从图 2 中能看出，由 FCAW－S 焊接方式焊接的管圈 A 焊缝组织主要由板条贝氏体组成，晶粒组织较粗大，且具有较大的各向异性；由 FCAW－G 方式焊接的管圈 B 焊缝组织主要为针状铁素体，更细小分布更均匀。

从焊缝系列冲击试验结果可知，FCAW－S 焊缝常温下冲击吸收能量为 236.7 J，远大于 FCAW－G 焊缝常温下的冲击吸收能量 149.7 J，在－10 ℃时，FCAW－S 和 FCAW－G 两种焊接方式的冲击吸收能量分别为 192.3 J 和 137.3 J，同时根据拟合曲线，未经 2％预变形的 FCAW－S 焊缝 60 J 对应的冲击吸收能量为－62.8 ℃，未经 2％预变形的 FCAW－G 焊缝 60 J 对应的冲击吸收能量为－55.9 ℃，两者在变形前都满足 X80 管线钢焊缝在－10 ℃冲击吸收能量不低于 60 J 的要求，都具有较大的韧性储备。但在经历 2％的变形后，FCAW－S 焊缝的冲击吸收能量急剧下降，系列冲击吸收能量拟合曲线整体向右下方移动，同时韧脆转变区收窄，变形后 FCAW－S 焊缝 60 J 对应的冲击吸收能量为－22℃，较未变形前升高了 40.7 ℃，与之相比 FCAW－G 焊缝的冲击吸收能量变化不大，变形后 60 J 对应的冲击吸收能量为

50.4 ℃,较变形前升高了 5.5 ℃,从经历相同塑性变形后的系列冲击结果可以看出,FCAW－S 和 FCAW－G 两种焊接方法焊接的环焊缝韧性对塑性应变敏感性差异,FCAW－S 焊缝对塑性应变更为敏感,这与其高 Al 高 N 的焊缝成分以及粗大的板条状铁素体组织亚结构有一定关系。

在管线的服役阶段遭遇诸如地震、山体滑坡等地质灾害时,管线的焊缝局部区域可能反复承受大幅度变形。根据本文实验结果,当 FCAW－S 焊缝经历一次 2%的变形、安全系数取 $\alpha=2.5$ 时,其吸收能量最低为 60 J,对应的温度为 39.1 ℃。即使将管线钢焊缝的最低冲击吸收能量要求从 60 J 提升至 80 J,在经历 2%的预变形后,FCAW－S 焊缝的冲击功保证温度值处于 33.3℃。这表明,在实际服役温度条件下,FCAW－S 焊缝经过局部大变形后,极有可能发生脆性断裂,为管线的安全服役埋下重大隐患。与之形成鲜明对比的是,FCAW－G 焊缝在经历 2%的变形后,冲击吸收能量为 60J 和 80J 时所对应的温度分别低至－42.0 ℃和－34.8 ℃。采用 FCAW－G 焊接工艺的 X80 管线钢而言,无需担忧因塑性应变而引发的焊缝脆性断裂问题。

4 结 论

本文通过对高钢级管线常用的两种焊接工艺建造的焊缝变形前、变形后焊缝进行系列冲击测试,通过对系列冲击试验结果的拟合发现 FCAW－S 焊缝在经过 2%的变形后,60 J 对应的温度由变形前的－62.8 ℃上升至－22 ℃,60 J 对应的温度上升 40.7 ℃;80 J 对应的温度由变形前的－56.2 ℃上升至－18.3 ℃,80 J 对应的温度上升 34.4 ℃。FCAW－G 焊缝在经过 2%的变形后,60 J 对应的温度由变形前的－55.9 ℃上升至－50.4 ℃,60 J 对应的温度上升 5.5 ℃;80 J 对应的温度由变形前的－47.5 ℃上升至－42.4 ℃,80 J 对应的温度上升 5.1 ℃。在变形前,FCAW－S 焊缝 60 J 对应的温度低于 FCAW－G 焊缝,但经过 2%变形后,FCAW－S 焊缝的冲击吸收能量急剧下降。

对服役安全影响而言,在管线服役中遭遇地质灾害等极端工况时,FCAW－S 焊缝经数次局部大变形后可能发生脆性断裂,安全隐患大;而 FCAW－G 焊缝在非低温区服役时基本无需担忧塑性应变导致的脆性断裂问题。这表明 FCAW－S 焊缝对塑性应变敏感性高,FCAW－G 焊缝则相对较低,研究结果为高钢级管线环焊缝的安全评估与焊接工艺选择提供了关键依据。

参考文献

[1] DUBEY L,SPEIRS J,BALCOMBE P,et al. Future use of natural gas under tightening climate targets[J]. Futures,2023,150:103158.

[2] 王汉奎,李阳,姚呈祥,等. 不同药芯焊丝工艺条件下 X80 管线钢焊缝组织与性能对比[J]. 压力容器,2024,41(1):12－17.

[3] 冯庆善. 高钢级管道环焊接头强度匹配的探讨与思考[J]. 油气储运,2022,41(11):1235－1249.

[4] 韩涛,温晓峰,刘宇,等. X80 管线钢自动焊焊缝冲击能量分配研究[J]. 压力容器,2024,41(6):30－35.

[5] ASAHI H,HARA T,TSURU E,et al. Development of ultra－high－strength linepipe,X120[J]. 2004:82－87.

[6] 陈宏远,封辉,杨坤,等. 地质灾害引发管道失效的应变分析[J]. 石油管材与仪器,2020,6(2):21－25.

[7] 戴联双,考青鹏,杨辉,等. 高强度钢管道环焊缝隐患治理措施研究[J]. 石油管材与仪器,2020,6(2):32－37.

[8] 杨辉,王富祥,陈健,等. 油气管道环焊缝缺陷适用性评价现状与展望[J]. 天然气工业,2020,40(2):135－139.

[9] PHMSA. Pipeline safety: Girth weld quality issues due to improper transitioning,

misalignment, and welding practices of large diameter line pipe[S]. 2010.

[10] Regulator C E. SA 2020－1, Girth weld area strain－induced failures: pipeline design, construction, and operation considerations[S]. 2020.

[11] 中华人民共和国国家质量监督检验检疫总局．压力管道规范 长输管道:GB/T 34275—2024[S]. 北京:中国标准出版社,2024.

[12] 王汉奎,商学欣,柳旺,等．高钢级油气管线环焊缝应变时效脆化研究[J]. 压力容器,2021,38(5):8－13.

[13] 中华人民共和国国家质量监督检验检疫总局．钢铁氮含量的测定惰性气体熔融热导法(常规方法):GB/T 20124—2006 [S]. 北京:中国标准出版社,2006.

[14] 中华人民共和国国家质量监督检验检疫总局．钢铁氧含量的测定脉冲加热惰气熔融-红外线吸收法:GB/T 11261—2006[S]:中国标准出版社,2006.

[15] 朱藤辉,陈辉,刘艳,等．Al对钢轨堆焊焊缝中气孔、夹杂物及冲击韧性的影响[J]. 焊接,2011(8):25－29.

[16] ZHOU B C, YANG T, ZHOU G, et al. Mechanisms for suppressing discontinuous precipitation and improving mechanical properties of NiAl－strengthened steels through nanoscale Cu partitioning[J]. Acta Materialia, 2021, 205:116561.

作者简介

左勇(1988),男,高级工程师,主要从事油气管道工艺和材料设计和工程技术研究工作,通信地址:300457 天津市滨海新区 MSD B1 座 1801,E－mail:zuoyong01@pipechina.com.cn。

通信作者:禹婷(2000),女,工程师,主要从事材料失效分析和材料力学性能研究工作,通讯地址:100029 北京市朝阳区和平街西苑 2 号 C 座 318,E－mail:yuting@csei.org.cn。

不同模拟焊后热处理参数对 2.25Cr-1Mo-0.25V 钢锻件力学性能的影响

曹晨思[1,2,3]，王迎君[1,2,3]，段红玲[1,2,3]，李雪龙[1,2,3]

（1. 二重（德阳）重型装备有限公司重型压力容器与核电技术研究所，四川 德阳 618000；

2. 大型铸锻件先进制造技术及装备国家工程研究中心，四川 德阳 618000；

3. 四川省先进极限制造技术创新中心，四川 德阳 618000）

摘　要：根据 API RP934—2019 中关于最大模拟热处理时间的规定，采用 Larson－Miller 公式系统研究了 2.25Cr-1Mo-0.25V 钢锻件在不同模拟焊后热处理参数下承受极限模拟时间的性能数据，结果表明，2.25Cr-1Mo-0.25V 钢锻件在经历 50h 后其材料的强度和韧性储备仍有较大富余量，为重型反应器长周期、安全运行提供了理论依据。

关键词：模拟焊后热处理；2.25Cr-1Mo-0.25V 钢锻件；力学性能

The impact of simulated post－weld heat treatment parameters on the mechanical properties of 2.25Cr-1Mo-0.25V steel forgings

CAO Chensi[1,2,3]，WANG Yingjun[1,2,3]，DUAN Hongling[1,2,3]，LI Xuelong[1,2,3]

（1. Erzhong（Deyang）Heavy Equipment Co.，Ltd.，Deyang 618013，China；

2. The National Engineering Research Center for Advanced Manufacturing Technology and Equipment of Large Forgings and Castings，Deyang 618013，China；

3. Sichuan Advanced Extreme Manufacturing Technology Innovation Center，Deyang 618013，China）

Abstract：In accordance with the provisions of API RP934—2019 regarding the maximum allowable simulated post－weld heat treatment（PWHT）duration，a study was conducted using the Larson－Miller parameter to systematically examine the performance data of 2.25Cr-1Mo-0.25V steel forgings under varying simulated PWHT conditions. The results indicated that after undergoing 50 hours of treatment，these steel forgings still exhibit substantial reserves of strength and toughness，thereby providing a theoretical basis for the long－term，safe operation of heavy－duty reactors.

Keywords：simulation of post－weld heat treatment；2.25Cr-1Mo-0.25V forgings；mechanical properties

0 引　言

加氢反应器作为化工生产中的关键设备，承受着高温高压及氢腐蚀的极端工况，其安全性和耐用性至关重要。加氢反应器在焊接过程完成后，一般都需要进行焊后热处理[1]（post－weld heat treatment，PWHT），它是加氢反应器制造的关键工序，可改善焊接热影响区和焊缝区域的微观组织结构，有效消除焊接过程中产生的残余应力[2]，避免加氢反应器产生表面裂纹、内部应力腐蚀开裂等问题，直接影响加氢反应器的制造质量[3]。PWHT参数的精准控制极为关键，当保温时间过短或温度不够，可能会导致焊接接头区域的硬度异常偏高，这不仅会增加材料的脆性，还会导致其冲击吸收能量显著降低，难以满足如ASME规范等对低温韧性及抗冲击性能的严格要求；当过度延长保温时间或采用过高的焊后热处理温度，不仅消耗了额外的能源和延长了生产周期，增加制造成本，而且会导致焊接接头区域强度的下降，影响加氢反应器的整体承载能力和长期服役性能。

2.25Cr-1Mo-0.25V钢制锻焊加氢反应器在制造时需要进行模拟最大焊后热处理(Max. PWHT)和模拟最小焊后热处理(Min. PWHT)，用于模拟加氢反应器锻件材料在制造或返修过程中可能经历过的最长时间和最短时间的焊后热处理。目前，2.25Cr-1Mo-0.25V钢制加氢反应器锻件常用的Max. PWHT热处理参数一般为705_{0}^{+14} ℃×32^{+2} h，Min. PWHT热处理参数一般为705_{-14}^{0} ℃×8_{-2} h[4]。根据API RP934—2019的相关要求，中间消除应力热处理(ISR)和PWHT通常被聚合为一个单一的等效的热处理，等效热处理的温度和时间的总和效益可以采用Larson－Miller公式进行描述[5]。为了满足API RP934—2019对于2.25Cr-1Mo-0.25V钢锻件最大模拟焊后热处理的新要求，需要结合材料历经不同ISR的时间进行多次最大模拟焊后热处理试验，确定2.25Cr-1Mo-0.25V钢锻件应采取的Max. PWHT时间，并进行在新的Max. PWHT参数下材料的屈服强度、抗拉强度和冲击吸收能量等力学性能的试验测定，探究材料在极限模拟时间下的力学性能是否满足标准要求，为重型加氢反应器的制造工艺参数确定提供依据。

1 实验材料与方法

1.1 实验材料

采用二重(德阳)重型装备有限公司生产的2.25Cr-1Mo-0.25V钢筒体锻件作为实验材料。锻件所用钢锭为电炉冶炼、钢包精炼、真空脱气等工艺生产的本质细晶粒镇静钢，采用实心钢锭锻造，主截面部分的锻造比大于3.5；所有筒体锻件均经过淬火＋回火热处理。实验所用的筒体锻件热处理厚度分别为330 mm，352 mm和400 mm，化学成分见表1。

表1 2.25Cr-1Mo-0.25V钢筒体的化学成分(质量分数)

元素	C	Si	Mn	P	S	Cr	Mo	V	Ni	Cu	Ti	B	Nb
含量	0.10～0.17	≤0.10	0.27～0.63	≤0.008	≤0.005	1.95～2.60	0.87～1.13	0.25～0.35	≤0.25	≤0.20	≤0.030	≤0.0020	≤0.07

1.2 实验方法

在三件筒体水口端的$T/2$处(T为锻件最大热处理厚度)分别切取8块试验用料，按照不同厚度分为3组试料，厚度分别为330 mm，352 mm和400 mm，每组同厚度的试料分别编号为1＃～8＃，然后按照API RP934－2019的要求，计算加氢反应器设备在制造过程中所有高于482 ℃的中间热处理的最长保守累计时间，利用Larson－Miller参数公式[6]进行等效计算，最终确定不同厚度筒体试料各自需经历的Max. PWHT参数。具体Max. PWHT参数工艺详见表2。

Larson－Miller参数公式为LMP＝$T\times(20+\log t)\times10^{-3}$。

最终$LMP=T_i\times[20+(\log t_i+t_{eqi})]$

$$t_{eqi}=10\hat{}\left\{\frac{T_i}{T_{eqi}}*[20+\log(t_i)]-20\right\}$$

式中，T为加热温度，K；t为保温时间，h；t_{eqi}为温度为T_{eqi}时当量保温时间；T_{eqi}为在温度为T_i，保温时间为t_i时具有相同回火效应的等效时间。

将3组不同厚度的试料分别按照表2所列举的Max. PWHT参数在箱式电阻炉内进行模拟焊后热处理。模拟热处理后按ASME标准要求在锻件壁厚的1/2处制取轴向拉伸试样、轴向冲击试样和金相试样。所有试样制备均按 GB/T 2975—2018《钢及钢产品力学性能试验取样位置及试样制备》标准执行。室温拉伸试验和高温拉伸试验均采用 φ10mm 标准的圆形拉伸试样，分别按 GB/T 228.1—2010《金属材料拉伸试验第 1 部分：室温试验方法》和 GB/T 228.2－2015《金属材料拉伸试验第 1 部分：室温试验方法》标准执行，采用 CMT5305 微机控制电子万能试验机进行试验；低温冲击试验则采用 10 mm×10 mm×55 mm 尺寸的夏比 V 型缺口冲击试样，按 GB/T 229—2020《金属材料夏比摆锤冲击试验方法》标准执行，采用 PTM2302 冲击试验机进行试验；金相试样经 4%浓度硝酸酒精溶液腐蚀后，用 Leicia DMi8 A 金相显微镜进行观察。

表 2 最大模拟焊后热处理(Max. PWHT)工艺参数

序号	ISR 温度/℃	ISR 时间/h	Max. PWHT 温度/℃	Max. PWHT 时间/h	等效后的 Max. PWHT 参数
1#	664	40	705	32	705 ℃×37 h
2#	664	60	705	32	705 ℃×39.5 h
3#	664	80	705	32	705 ℃×42 h
4#	664	100	705	32	705 ℃×44 h
5#	664	120	705	32	705 ℃×46 h
6#	664	140	705	32	705 ℃×48.5 h
7#	664	160	705	32	705 ℃×51 h
8#	664	180	705	32	705 ℃×53 h

经最大模拟焊后热处理后的所有锻件的室温拉伸、高温拉伸、低温冲击和金相组织的试验结果均应符合表 3 的规定。

表 3 锻件的力学性能和显微组织要求

项目	数值
室温抗拉强度 R_m/MPa	590～760
室温屈服强度 $R_{p0.2}$/MPa	415～620
454 ℃抗拉强度 R_m/MPa	≥461 MPa
454 ℃屈服强度 $R_{p0.2}$/MPa	
－30 ℃夏比 V 型缺口冲击吸收能量 KV_2/J	三个试样平均值≥54， 允许其中一个试样值≥48
显微组织	贝氏体组织占比 90%

2 实验结果

2.1 不同 Max. PWHT 对锻件拉伸性能的影响

不同厚度 2.25Cr-1Mo-0.25V 钢锻件试料，在接受了不同参数的 Max. PWHT 后的室温拉伸性能对比见图 1 和图 2，454 ℃高温拉伸性能对比见图 3 和图 4。

由图可以看出，在相同模拟焊后热处理温度的情况下，无论 2.25Cr-1Mo-0.25V 钢锻件的厚度如何，试料随着模拟焊后热处理保温时间的增加,抗拉强度和屈服强度均呈现缓慢下降趋势。经历705 ℃×53 h最长时间模拟焊后热处理后,2.25Cr-1Mo-0.25V钢锻件的室温抗拉强度最大降低18 MPa,室温屈服强度最大降低26 MPa,454 ℃高温抗拉强度最大降低17 MPa,454 ℃高温屈服强度最大降低21 MPa;其中,330 mm和352 mm厚锻件的室温及高温抗拉强度值依然符合ASME的相关标准要求,屈服强度显著超出标准要求,400 mm厚锻件的室温及高温抗拉强度略低于ASME的最低要求,但其屈服强度依然远超ASME标准规定值。

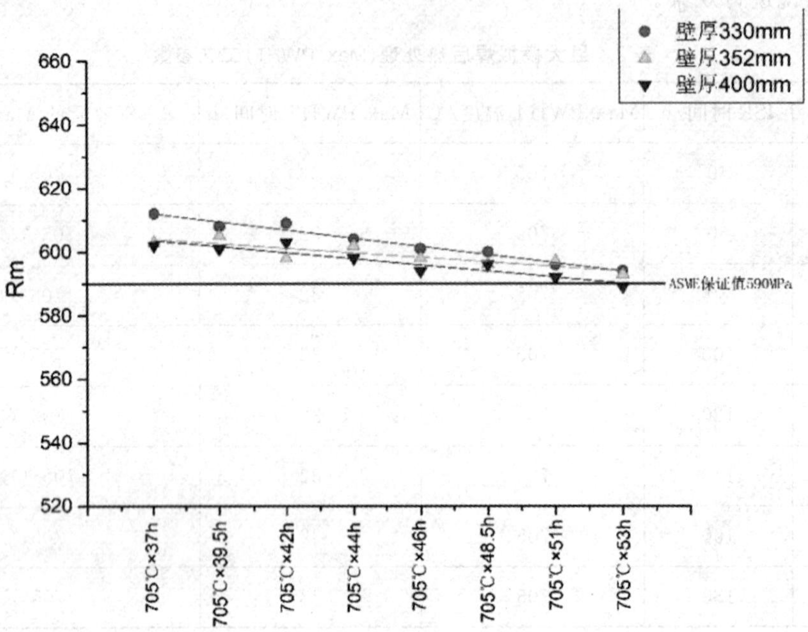

图1　不同Max.PWHT下2.25Cr-1Mo-0.25V材料的室温抗拉强度对比图

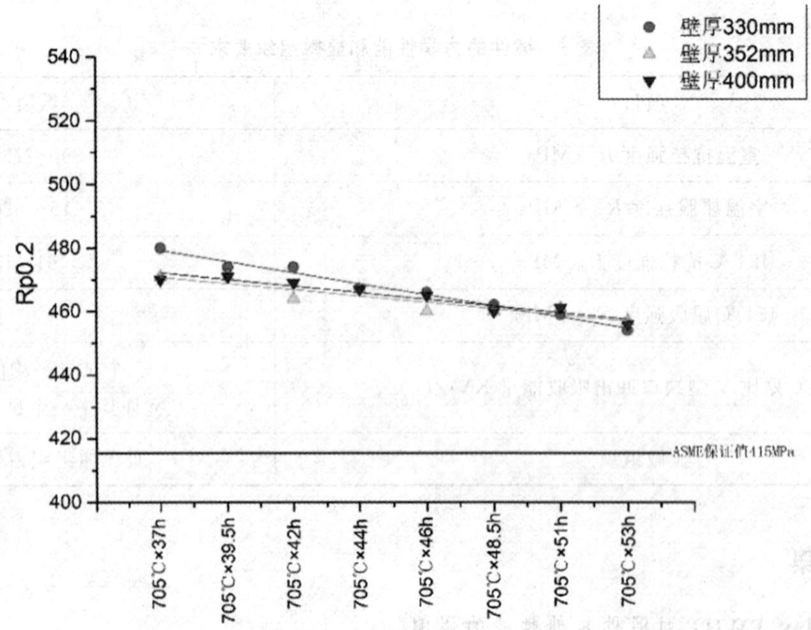

图2　不同Max.PWHT下2.25Cr-1Mo-0.25V材料的室温屈服强度对比图

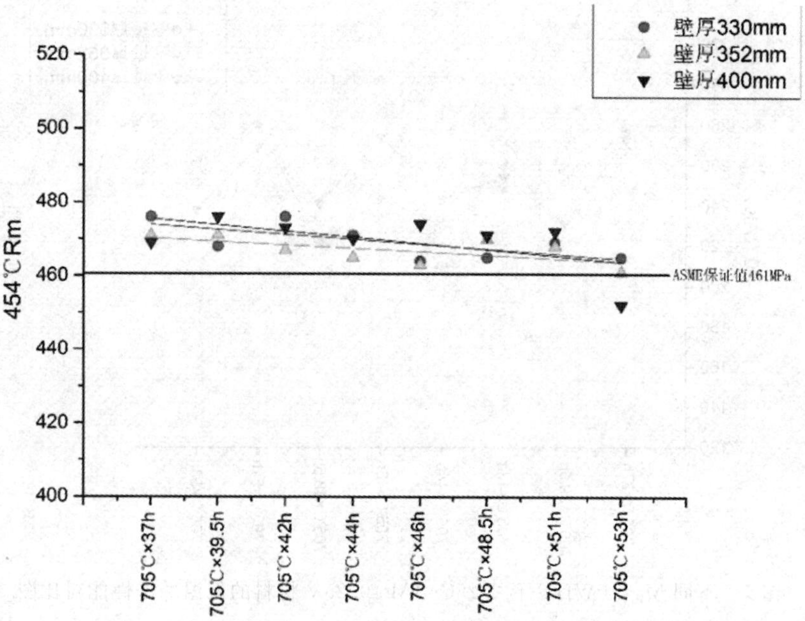

图 3　不同 Max. PWHT 下 2.25Cr-1Mo-0.25V 材料的高温抗拉强度对比图

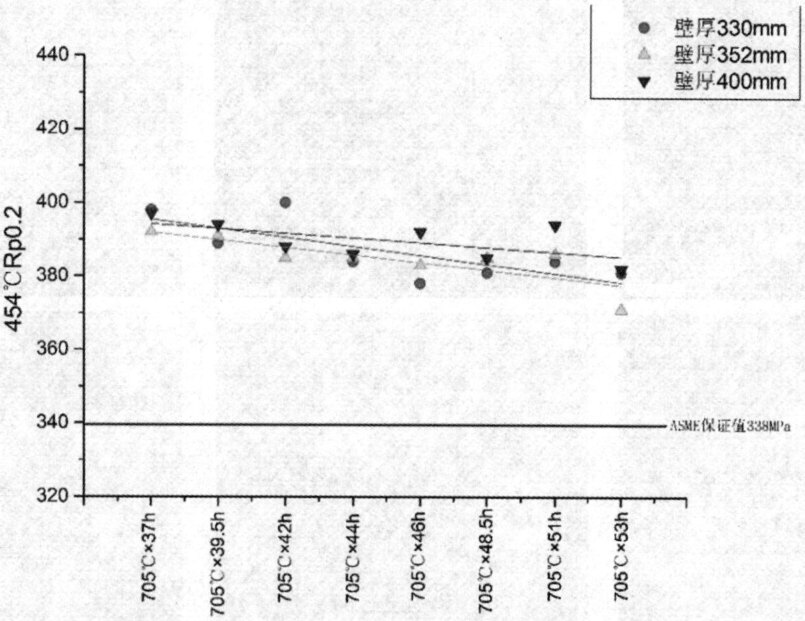

图 4　不同 Max. PWHT 下 2.25Cr-1Mo-0.25V 材料的高温屈服强度对比图

2.2　不同 Max. PWHT 对锻件低温冲击性能的影响

不同厚度的 2.25Cr-1Mo-0.25V 钢锻件试料，在接受了不同条件的最大模拟焊后热处理后的低温冲击韧性(−30 ℃)对比见图 5。由图 5 可以看出，随着模拟焊后热处理保温时间的逐步延长，冲击吸收能量值呈现出轻微的下降趋势但不明显，整体保持在 220～280 J 范围内，显著高于 ASME 标准规定的最低要求值。

2.3　不同 Max. PWHT 对锻件金相组织的影响

经过正火(允许采用水加速冷却)加上回火处理的 2.25Cr-1Mo-0.25V 钢锻件，在接受了不同条件的最大模拟焊后热处理后的金相照片见图 6，其中 1#～4#试样的放大倍数为 200×，5#～8#试样的放大

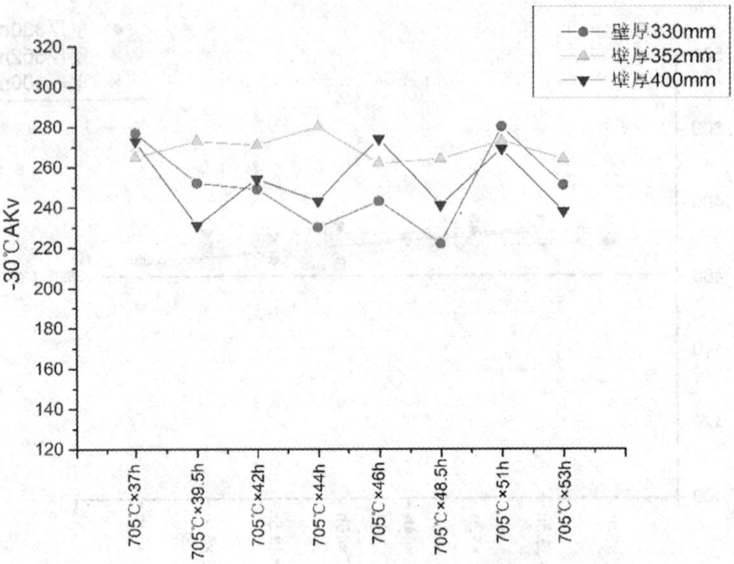

图 5　不同 Max. PWHT 下 2.25Cr-1Mo-0.25V 材料的低温冲击性能对比图

倍数为 100×。

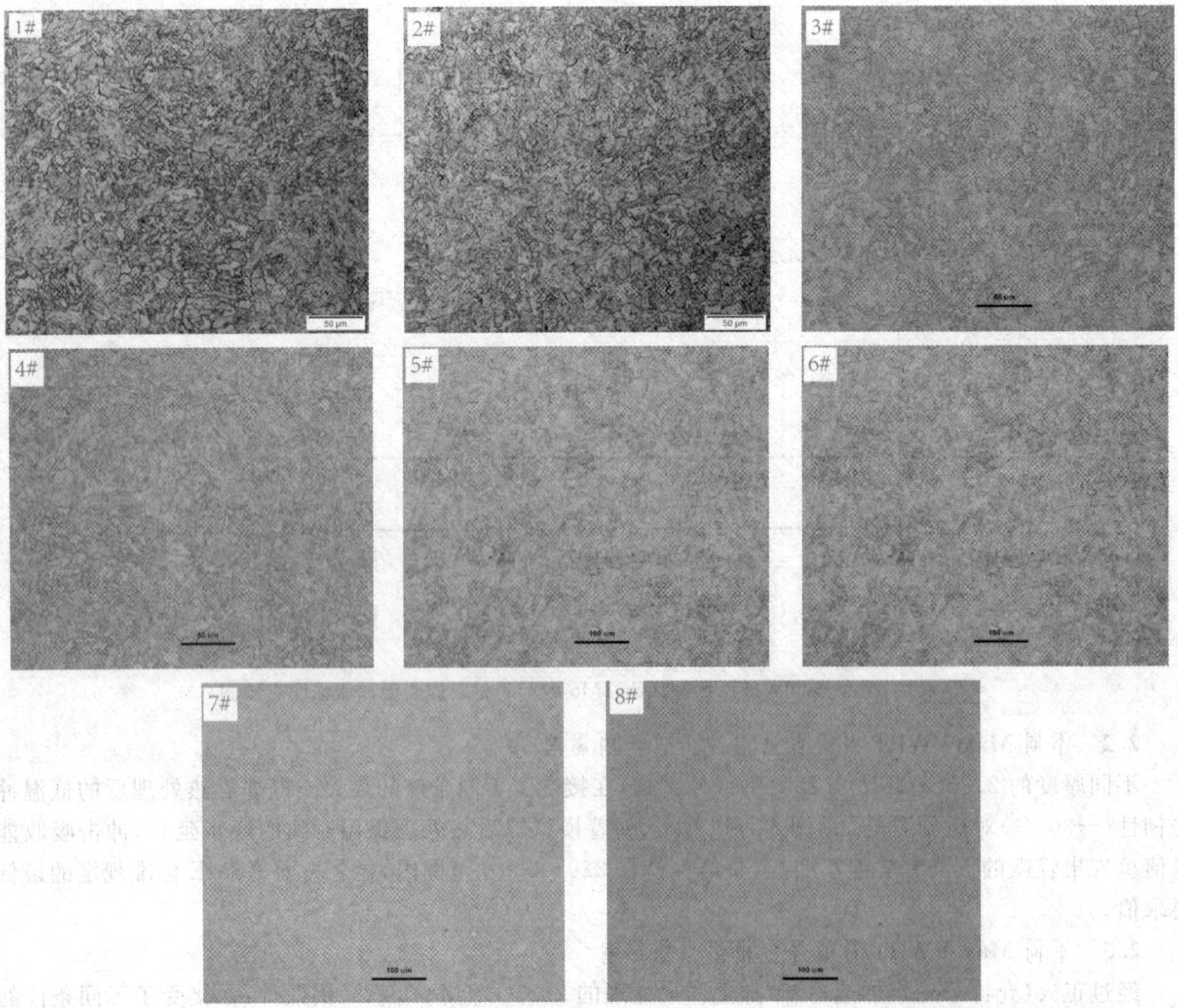

图 6　不同 Max. PWHT 下 2.25Cr-1Mo-0.25V 材料的显微组织对比图

从图 6 可以看出，随着模拟焊后热处理保温时间的延长，贝氏体中的板条结构进一步模糊化，逐渐向粒状贝氏体转变；同时基体内析出的碳化物（如 M_3C，M_7C_3，M_2C 等）不断长大，在晶界和晶内的分布更稀疏，间距增大。对比分析可知，2.25Cr-1Mo-0.25V 钢锻件经长时间模拟焊后热处理后，其组织基体内部及晶界处虽然存在碳化物析出、聚集和长大的现象，但所有试样的基体组织仍为 90%以上的回火贝氏体组织，仍然满足设计院的要求。

3 分析讨论

试样经模拟焊后热处理后，2.25Cr-1Mo-0.25V 钢锻件的抗拉强度和屈服强度均呈现明显下降趋势，这是由于模拟焊后热处理相当于一个长时的回火过程，在此过程中，钢中的碳化物在晶界上不断析出，聚集长大，导致弥散强化效果减弱，同时贝氏体板条也逐渐粗化，板条之间发生合并，逐渐向粒状贝氏体转变，最终导致强度随着模拟焊后热处理保温时间的增加而下降[7-13]。

由于 2.25Cr-1Mo-0.25V 钢锻件的基体组织为 90%以上的回火贝氏体，尽管会析出部分碳化物，可能导致材料韧性降低，但因析出的碳化物尺寸较小，而细小的 V 的碳化物又可部分抵消此效应，所以即便是在最长的模拟热处理保温时间段（53 h）内，试料的－30 ℃低温冲击吸收能量依旧显著高于 ASME 标准所规定的最低要求值，具有较低的韧脆转变倾向，充分证明了该材料在确保低温环境下设备抗冲击安全性能方面的卓越表现。

4 结 论

（1）在相同模拟焊后热处理温度的情况下，随着模拟焊后热处理保温时间的增加，不同厚度的 2.25Cr-1Mo-0.25V 钢锻件在 $T/2$ 处的抗拉强度和屈服强度均呈现缓慢下降趋势。在经历 705 ℃×50 h 的模拟焊后热处理后，材料的强度储备仍有较大的富余量。

（2）在相同模拟焊后热处理温度的情况下，随着模拟焊后热处理保温时间的增加，不同厚度的 2.25Cr-1Mo-0.25V 钢锻件在 $T/2$ 处的－30 ℃冲击性能均维持在 220～280 J 之间，远高于标准要求值，冲击吸收能量值有降低的趋势但不明显。

（3）在相同模拟焊后热处理温度的情况下，随着模拟焊后热处理保温时间的增加，2.25Cr-1Mo-0.25V 钢锻件的组织仍为回火贝氏体＋少量铁素体。

（4）二重生产的 2.25Cr-1Mo-0.25V 钢锻件经 705_{0}^{+14} ℃×50 h 的 Max. PWHT 后，仍然具有较高的强度和低温冲击韧性，为设计院制定相关标准提供了数据参考，为重型加氢反应器长周期、安全运行提供了理论依据。

参考文献

[1] 陈泰炜．压力容器焊后热处理技术[M]．北京：中国石化出版社，2002：9－10.

[2] 董家利，房务农．承压设备焊后热处理工艺[J]．焊接，2018(12)：37－41.

[3] 禹小伟．铬钼钢承压设备焊后热处理工艺的探讨[J]．压力容器，2007，(9)：48－51.

[4] 卜华全，任明皓．Larson - Miller 参数对 Cr-Mo-V 钢焊缝 SR 态性能的影响[J]．压力容器，2018，35(12)：1－7.

[5] 熊维琼，王新农，孙亚杰，等．加氢反应器的制造及监督检验技术探讨[J]．中国特种设备安全，2024，40(5)：82－87.

[6] LARSON F R，MILER J. A time - temperature relationship for rupture and creep stresses [J]. Journal of Fluids Engineering - Transactions of the ASME，1952，74(5)：765－775.

[7] 周文涛，顾自有，牛红星，等．模拟焊后热处理对大厚度 15CrMoR 钢板性能和组织的影响[J]．宽厚板，2023，29(3)：7－9.

[8] 韩绍根，娄军魁，杨柳，等．回火温度对低碳贝氏体钢 Q685 性能影响的研究[J]．河南冶金，

2011,19(5):12－13.

[9] 姜洪生,张汉谦,丛郁,等．模拟焊后热处理对 12Cr2Mo1R 厚钢板冲击性能的影响[J]. 金属热处理,2009,34(4):100－104.

[10] 刘娟波,成雷,白学刚,等．超温处理对加氢反应器短时力学性能与长期服役性能的影响[J]. 压力容器,2023,40(10):17－27.

[11] 门三庆,董杰,刘长军．API/ASME 规范中由 2.25Cr-1Mo 钢的 J 系数预测在用加氢反应器 FATT 方法的适用性分析[J]. 压力容器,2024,41(12):44－50.

[12] 杨建刚,王瑞明,刘海金,等．模拟焊后热处理对 12Cr2Mo1 锻件力学性能的影响[J]. 机械研究与应用,2021,34(2):73－75.

[13] 宋立平,孙荣禄,谷文,等．热处理工艺对 2.25Cr-1Mo-0.25V 钢焊缝组织和力学性能的影响[J]. 金属热处理,2015,40(12):110－113.

作者简介

曹晨思(1987),男,高级工程师,主要从事核电及压力容器用大型锻件热处理工艺技术研究,通信地址:618000 二重(德阳)重型装备有限公司重型压力容器与核电技术研究所,E－mail:362405264@qq.com。

压入能量法评价压力容器筒体纵焊缝焊后热处理效果

孙广华，蒋文春，杨　滨，彭　伟，邵晓明

（中国石油大学（华东）新能源学院，山东青岛 266580）

摘　要：焊后热处理被广泛用于改善焊接接头的力学性能和消除残余应力，然而，由于缺乏可靠的现场检测方法，焊后热处理有效性的评估面临重大挑战。本文以一台制造过程中的 Q345R 钢制压力容器为研究对象，开展了整体焊后热处理及现场压入试验，采用压入能量法获取了筒体纵焊缝热处理前后的强度和残余应力，并通过模拟试板的拉伸试验验证压入法的有效性。结果表明：压入法获取的应力应变曲线与拉伸试验高度一致，强度计算偏差在±5%以内；热处理后焊缝强度明显降低，跨接头强度分布趋于均匀且满足标准要求。热处理显著降低了焊接接头焊缝区域的残余应力，尤其是轴向应力，平均降幅约 70%，焊接接头整体残余应力分布趋于均匀，但设备表面仍会存在超过 100 MPa 的拉应力。

关键词：压力容器；焊接接头；压入法；力学性能；残余应力

Evaluation of post－weld heat treatment effects for longitudinal welds in pressure vessels using the indentation energy method

SUN Guanghua, JIANG Wenchun, YANG Bin, PENG Wei, SHAO Xiaoming

(College of New Energy, China University of Petroleum (East China), Qingdao 266580, China)

Abstract: Post - weld heat treatment (PWHT) is widely employed to enhance mechanical properties and eliminate residual stress in welded joints. However, assessing PWHT effectiveness faces significant challenges due to the lack of reliable field inspection methods. This study investigates a Q345R steel pressure vessel during manufacturing, conducting full - scale PWHT and in - situ indentation testing. The energy - based indentation method characterized strength and residual stress of longitudinal welds before/after PWHT, with tensile tests on simulated coupons validating the method. Results indicate: Stress－strain curves from indentation align closely with tensile tests (within ±5% strength error). The strength of the weld seam decreases significantly after heat treatment, and the strength distribution across the joint becomes more uniform, meeting the standard requirements. The heat treatment significantly reduces the residual stress in the welded joint, especially the axial stress, with an average reduction of about 70%. The overall residual stress distribution of the welded joint tends to be uniform, though surface tensile stress ＞100 MPa persists.

Keywords: pressure vessel; welded joint; indentation method; residual stress; mechanical properties

0 引　言

压力容器是一种广泛应用于各工业领域的特种设备，其在承压状态下工作，介质多为高温或易燃易爆，一旦发生事故，将对生命和财产造成重大损失[1]。焊接作为压力容器制造的关键工序，其固有的局部高温和急剧温度梯度，导致接头不可避免的产生残余应力，同时引发组织性能变化[2-3]。因此焊接接头往往成为结构件的薄弱位置而过早发生失效破坏，威胁压力容器的安全运行[4]。热处理是改善组织性能、消除残余应力的有效手段[5-6]，但国际上现行主流压力容器焊后热处理标准(如 GB/T 30583—2014，ASME BPVC VIII－2007，WRC 452－2000，EN 13445－2021)普遍缺乏对热处理效果评价的具体要求，尤其在现场检测方法和评价指标方面存在明显空白。

目前现场使用的热处理效果评价方法主要是里氏硬度测试，该方法虽具有操作便捷、对工件损伤小的优势，但仅能获取反映材料综合力学性能的硬度值，无法直接量化设备强度和残余应力的具体数值，因而难以可靠评价焊后热处理效果。而现有的强度测试方法需要破坏性取样，因此主要依赖对随炉模拟试板进行破坏性力学性能试验，但该方法存在显著局限性：试板与容器本体的热传导差异、结构约束效应不一致等因素可能导致评估结果失真，同时局部热处理过程无法制备模拟试板。而残余应力的测试技术(如 X 射线衍射法和钻孔法等)存在测试成本高、效率低的问题，同时钻孔法还具有较大破坏性，限制了其工程现场应用[4]。

压入测试技术起源于硬度测试，是近年来快速发展的一种近乎无损的力学性能测试技术[7]。该方法通过将一定几何形状的压头压入试样表面，记录压入过程中的载荷－深度曲线，并基于特定理论模型推导出包括硬度、拉伸性能、残余应力及断裂韧性在内的多项力学性能参数[8-11]。

本文以一台制造过程中的烧嘴冷却水缓冲罐为研究对象，分别对焊态和整体热处理后的 Q345R 钢筒体纵焊缝进行压入测试，通过压入能量法获取了跨接头的力学性能和残余应力测试结果，讨论了热处理后焊接接头力学性能和残余应力的变化，并通过拉伸试验验证了所采用压入测试方法的有效性。

1 压入能量法测试理论

1.1 强度测试

自 20 世纪 70 年代载荷深度传感技术发展以来，国内外学者多采用多次循环加卸载压入方法表征拉伸性能[12-14]。然而，该方法在复杂工程环境中常因初始循环的卸载曲线采集不稳定而导致计算结果偏差较大。鉴于此，本文采用单次加卸载压入能量法测试材料强度[15]，该方法通过单循环位移载荷曲线获取连续的塑性应力应变曲线，提高了在工程现场测试的可靠性和稳定性，同时具备更快的测试速度与更高的操作效率。计算过程如图 1 所示。

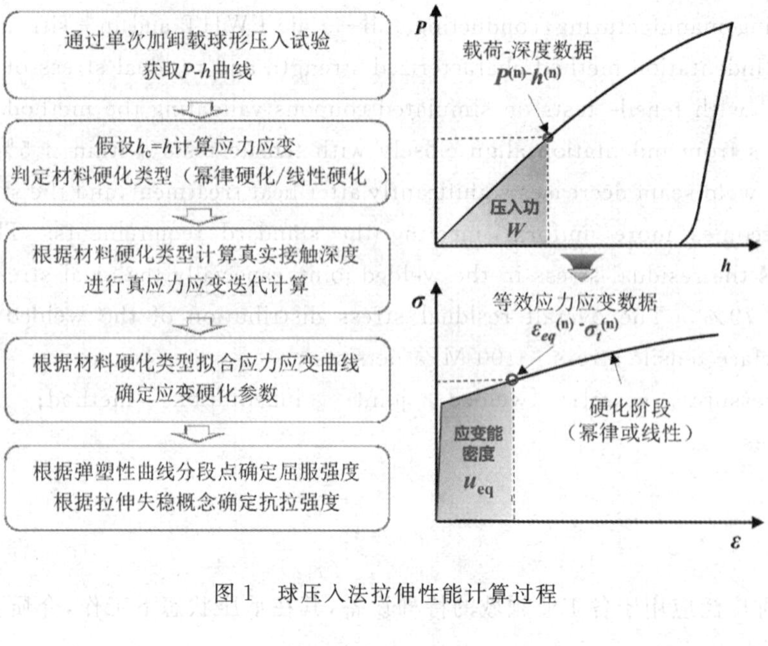

图 1　球压入法拉伸性能计算过程

材料的真应力 σ_t 可以表示试验力除以接触面积，等效真应变 ε_{eq} 可根据变形能计算，如公式(1)(2)所示：

$$\sigma_t=\frac{P}{\psi a_c \pi^2} \tag{1}$$

$$\varepsilon_{eq}=\frac{3\int_0^h P dh}{\pi\ (\lambda a_c)^3(\sigma'_t+\sigma_t^0)} \tag{2}$$

式中，P 为压入试验力，N；h 为压入深度，mm；a_c 为接触半径，mm；ψ 为塑性约束因子，取决于塑性区发展阶段；σ'_t 为当前试验力下计算得到的真应力，MPa；σ_t^0 为初始试验力下计算得到的真应力，MPa；λ 为有效变形系数。

考虑到压入过程中存在堆积沉陷效应，根据几何关系，接触半径 a_c 表示为压入过程中真实接触深度 h_c 的函数，如公式(3)所示：

$$a_c=\sqrt{2Rh_c-h_c^2} \tag{3}$$

式中，R 为球压头半径，mm；真实接触深度 h_c 可表示为压入深度与材料性能参数的函数[15]。

根据弹塑性曲线分段点及公式(4)计算屈服强度：

$$\sigma_y=E(\varepsilon_0-0.002) \tag{4}$$

式中，E 为材料的弹性模量，MPa；ε_0 为材料的屈服应变。

根据拉伸失稳概念计算抗拉强度，对于幂律硬化材料，根据公式(5)计算抗拉强度；对于线性硬化材料，根据公式(6)计算抗拉强度：

$$\sigma_b=K\ (n/e)^n \tag{5}$$

$$\sigma_b=\frac{E_p}{e^{(E_p-b)/E_p}} \tag{6}$$

式中，e 为自然常数，约等于 2.718 28。

1.2 残余应力测试

压入测试技术在残余应力评估方面，多用于等双轴应力测试[16]，即假设两个主要方向上的应力大小相等。而压力容器由于复杂的焊接应力状态需要独立量化双轴应力分量，该方法存在明显局限。压入能量法以压入功为计算参数、利用努氏压痕识别应力方向，从而可以求解双轴残余应力[17]。测算过程如下：使用努氏压头对待测材料进行正交压入，如图 3 所示。随后，将所获得的载荷－深度曲线与无应力试样的载荷－深度曲线进行对比，以计算压入功的差异，进而将双轴应力状态转化为两个等效的单轴应力状态，并依据公式(7)所示的能量差函数确定两个应力分量：

$$\begin{cases}\dfrac{\varphi}{\varphi^2-1}(\varphi\Delta W_{F1}-\Delta W_{F2})=k\sigma_1 V+\displaystyle\sum_{i=1}^{3}A_i\left(\frac{\sigma_1}{\sigma_y}\right)^i \\ \dfrac{\varphi}{\varphi^2-1}(\varphi\Delta W_{F2}-\Delta W_{F1})=k\sigma_2 V+\displaystyle\sum_{i=1}^{3}A_i\left(\frac{\sigma_2}{\sigma_y}\right)^i\end{cases} \tag{7}$$

式中，φ 为压头形状系数，ΔW_{F1} 和 ΔW_{F2} 为两个正交压入曲线与无应力曲线的能量差，k 为材料弹性系数，A_i 为材料塑性系数，V 为压头侵入试样的体积，σ_1 和 σ_2 分别为两个主应力。

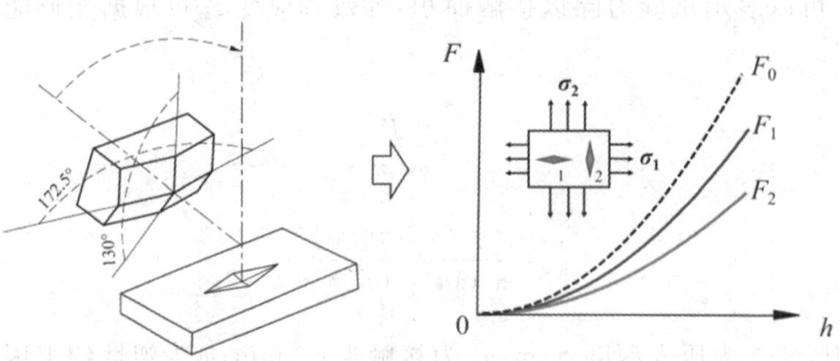

图 2　努氏压头及正交压入响应

(注:F_0 无应力曲线通过所提出的预测方法[18]得到,F_1 和 F_2 曲线在待测试样上通过正交压入得到)

2　试验材料及试验方法

2.1　试验对象

试验对象为内径 φ1 500 mm×50 mm 的 Q345R 钢制压力容器(见图 3)及同期焊接的随炉试板,试板厚度及焊接形式与筒体一致,用于开展破坏性力学性能试验,并与压入能量法测试结果进行对比验证。筒体纵焊缝采用埋弧焊(SAW)连续施焊[19-20],焊接工艺严格遵循 NB/T 47015—2011《压力容器焊接规程》,坡口形式为 X 形,焊缝宽度约为 45 mm。

图 3　试验对象

2.2　焊后热处理工艺

为深入探究热处理对焊接接头力学性能及残余应力的影响,对前文所述压力容器主体及同批次焊接试板实施整体炉内热处理。焊接试板被放置于筒体中部的侧下方,且焊缝方向与筒体焊缝方向保持一致,旨在模拟筒体在热处理过程中的工况,从而确保试板的测试结果具有代表性。热处理工艺曲线如图 4 所示。关键工艺参数控制如下:大于 400 ℃时,升温速度需在 55～80 ℃/h 之间,降温速度需在 55～100 ℃/h 之间;保温时间 2.5～3.0 h,保温期间加热区内最高温度与最低温度差<30 ℃;小于 400 ℃后出炉静止在空气中冷却。

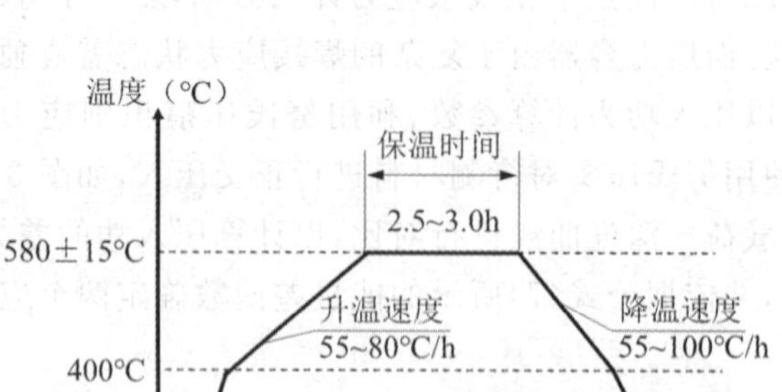

图 4　焊后热处理工艺

2.3 仪器化压入试验

采用商业化仪器PMT-1000在工程现场进行压入试验，该仪器可采集位移载荷曲线，并通过内置压入能量法的软件计算力学性能和残余应力。测试现场、测试路径及测试点位如图5所示。首先采用直径0.5 mm的碳化钨合金球压头进行力学性能压入试验，最大压入深度为0.08 mm，进行单次加载和卸载过程。然后进行残余应力测试，注意残余应力测点与力学性能测点之间距离需大于5 mm，以避免先前压痕的影响。在每个测点，努氏金刚石压头依次垂直和平行于焊缝方向压入，两个压痕中心之间的距离为4 mm，压入深度设为0.05 mm。压入试验均采用位移控制，正式试验开始前为避免初始接触的不稳定性同时减小表面粗糙度的影响进行5 N预加载，压入速度为0.15 mm/min。

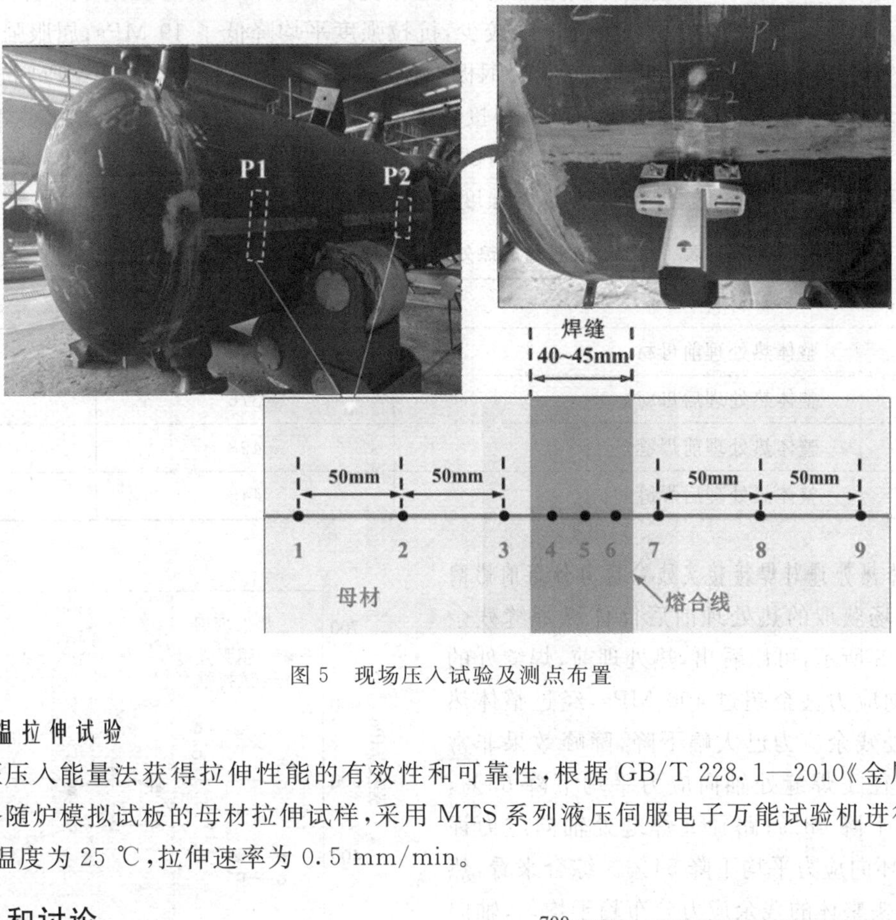

图5 现场压入试验及测点布置

2.4 室温拉伸试验

为了验证压入能量法获得拉伸性能的有效性和可靠性，根据GB/T 228.1—2010《金属材料拉伸试验》要求，制备随炉模拟试板的母材拉伸试样，采用MTS系列液压伺服电子万能试验机进行室温拉伸试验，测试现场温度为25 ℃，拉伸速率为0.5 mm/min。

3 结果和讨论

3.1 压入能量法强度测试结果验证

对热处理后的试板进行了母材拉伸试验，并将其结果与工程现场获取的压入试验测试结果进行了对比分析。结果显示，拉伸试验测得的屈服强度为365 MPa，抗拉强度为512 MPa；而通过压入法计算得到的屈服强度为376 MPa，抗拉强度为499 MPa。与拉伸试验结果相比，压入法强度计算结果的误差分别为+3.0%和-2.5%。此外，将两种试验方法所获得的真实应力-应变曲线进行对比，由于筒体路径P2位置靠近接管，为避免对比结果受筒体结构影响，压入试验测点取自筒体路径P1母材位置，对比结果如

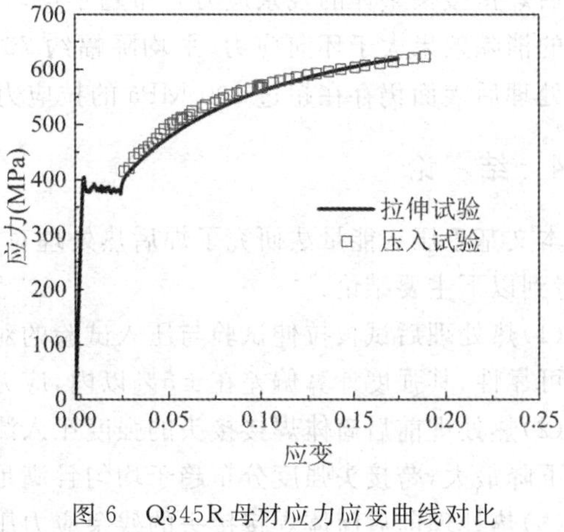

图6 Q345R母材应力应变曲线对比

图 6 所示。由于压头下方应力集中,压入过程迅速进入塑性变形阶段,从而导致弹性阶段的应力-应变数据丢失。然而,在最终的压入卸载过程中,材料主要表现为弹性变形。基于此现象,材料的弹性模量可通过修正的 Oliver - Pharr 方法计算得出[14]。从图中还可观察到,压入法获取的初始应力略高,而末端应力略低,这可能是导致屈服强度呈现正偏差以及抗拉强度呈现负偏差的主要原因。然而,从整体来看,两种方法在塑性阶段的应力-应变数据高度一致,其曲线几乎完全重合。该结果证明了压入测试方法在工程现场强度测试中的有效性和可靠性。

3.2 整体热处理对焊接接头强度的影响

压入法现场获取的热处理前后筒体焊接接头强度结果如表 1 所示,该表中母材和焊缝的强度值是多个测点的平均结果,可以看出,经过整体热处理后,焊缝处抗拉强度下降最为明显,平均降低了 95 MPa,屈服强度平均降低了 55 MPa;母材处强度下降较少,抗拉强度平均降低了 49 MPa;屈服强度平均降低了 27 MPa。GB/T 713—2014《锅炉和压力容器用钢板》要求,Q345R 屈服强度≥345 MPa;抗拉强度 495~635 MPa。NB/T 47016—2011《承压设备产品焊接试件的力学性能检验》补充要求:针对焊接接头性能,规定试板的抗拉强度需≥495 MPa。可以看出测试结果满足两项标准要求。结合图 7 跨接头测点分布来看:热处理后焊缝处强度降低,焊接接头整体强度趋于均匀。

表 1 压入法获取的热处理前后筒体焊接接头强度

材料	σ_y/MPa	σ_b/MPa
整体热处理前母材	403	548
整体热处理后母材	376	499
整体热处理前焊缝	498	695
整体热处理后焊缝	443	600

3.3 整体热处理对焊接接头残余应力分布的影响

压入法现场获取的热处理前后筒体纵焊缝残余应力分布如图 8 所示,可以看出,热处理前,焊缝处的应力较大,轴向应力甚至超过 400 MPa,经过整体热处理后,焊缝处残余应力已大幅下降,降峰效果非常显著。其中路径 1 焊缝处轴向应力平均下降 65%,环向应力平均下降 48%;路径 2 焊缝处轴向应力评价下降 73%,环向应力平均下降 54%。综合来看,热处理后焊接接头整体的残余应力分布趋于均匀,轴向应力的消除效果大于环向应力,平均降幅约 70%,但是热处理后表面仍存在超过 100 MPa 的拉应力。

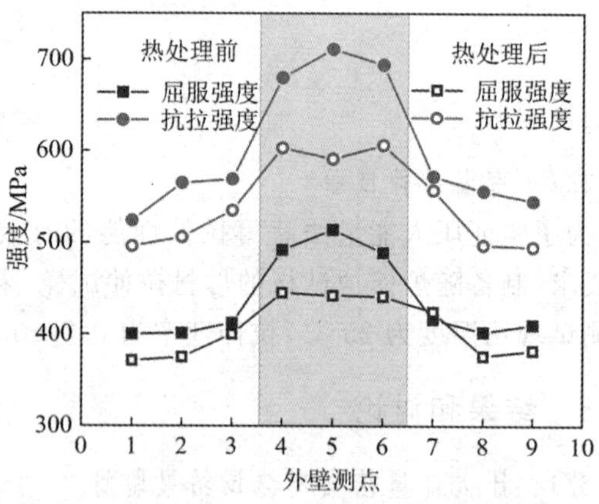

图 7 热处理后筒体焊接接头强度变化

4 结论

本文基于压入能量法研究了焊后热处理对 Q345R 钢制压力容器焊接接头力学性能和残余应力的影响,得到以下主要结论:

(1)热处理后试板拉伸试验与压入试验的对比结果表明,压入法在工程现场测试中具有较高的有效性和可靠性,其强度计算偏差在±5%以内,应力-应变曲线与拉伸试验高度一致;

(2)热处理前后筒体焊接接头的强度压入测试结果表明,整体热处理后焊接接头强度降低,焊缝抗拉强度下降最大,跨接头强度分布趋于均匀且满足标准要求;

(3)热处理前后筒体焊接接头的残余应力压入测试结果表明,热处理显著降低了焊接接头焊缝区域的残余应力,尤其是轴向应力,平均降幅约 70%,焊接接头整体残余应力分布趋于均匀,但设备表面仍会

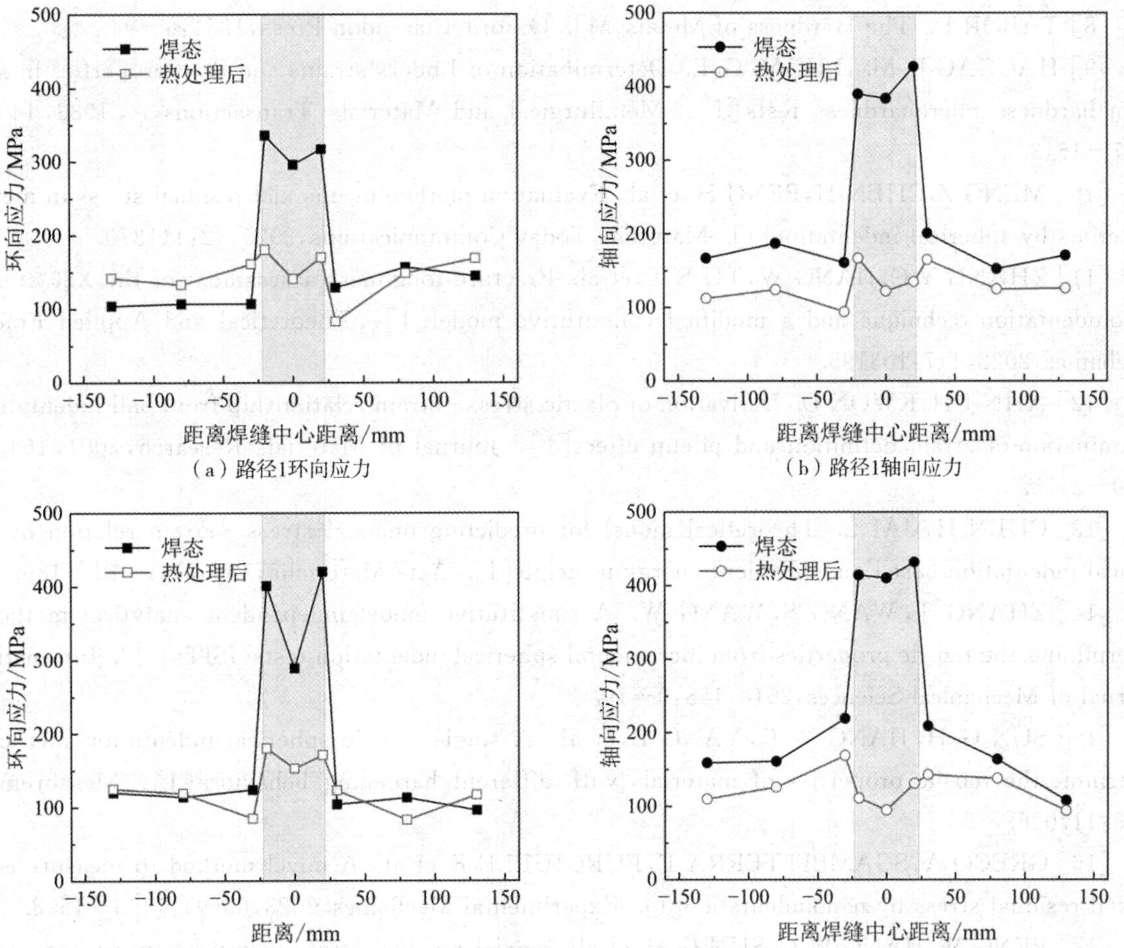

（a）路径1环向应力 （b）路径1轴向应力
（c）路径2环向应力 （d）路径2轴向应力

图8　热处理后筒体焊接接头残余应力分布变化

存在超过100 MPa的拉应力。

参考文献

[1] 陈学东，崔军，章小浒，等．我国压力容器设计、制造和维护十年回顾与展望[J]．压力容器，2012，29(12)：1－23.

[2] 蒋文春，罗云，万娱，等．焊接残余应力计算，测试与调控的研究进展[J]．机械工程学报，2021，57(16)：23.

[3] YANG B，SUN G H，HU X D，et al. Evolution of the heterogeneous microstructure of a 12Cr1MoV welded joint after post－weld heat treatment and its effect on mechanical properties[J]. Metals，2023，13(12)：13.

[4] PENG W，JIANG W C，GU W B，et al. Indentation energy method for evaluating the effect of local PWHT on pressure vessels[J]. International Journal of Mechanical Sciences，2025：110356.

[5] 谷文斌，蒋文春，王金光，等．承压设备局部焊后热处理方法和准则研究[J]．压力容器，2025，42(2)：10－22.

[6] 潘晓栋，杨刚，谷文斌，等．加氢反应器主副加热局部热处理[J]．压力容器，2022，39(11)：78－86.

[7] 彭伟，蒋文春，杨滨，等．压入能量差法测试二向残余应力[J]．中国科学：物理学力学天文学，

2023,53:214602.

[8] TABOR D. The Hardness of Metals[M]. Oxford:Clarendon Press,1951:6—94.

[9] HAGGAG F. M. ,LUCAS G. E. Determination of Luders strains and flow properties in steels from hardness/microhardness tests[J]. Metallurgical and Materials Transactions A,1983,14(8):1607—1613.

[10] MENG Z,CHEN H,PENG H,et al. Evaluation method of uniaxial residual stress in metallic materials by spherical indentation[J]. Materials Today Communications,2025,42:111370.

[11] ZHANG Y C,JIANG W,TU S T,et al. Fracture toughness assessment of the X80 steel by nanoindentation technique and a modified constitutive model[J]. Theoretical and Applied Fracture Mechanics,2022,117:103195.

[12] AHN J H,KWON D. Derivation of plastic stress - strain relationship from ball indentations: Examination of strain definition and pileup effect[J]. Journal of Materials Research,2001,16(11):3170—3178.

[13] CHEN H,CAI L. Theoretical model for predicting uniaxial stress - strain relation by dual conical indentation based on equivalent energy principle[J]. Acta Materialia,2016,121:181—189.

[14] ZHANG T,WANG S,WANG W. A constitutive model independent analytical method in determining the tensile properties from incremental spherical indentation tests(ISITs)[J]. International Journal of Mechanical Sciences,2018,148:9—19.

[15] SUN G H,JIANG W C,YANG B,et al. A single - cycle spherical indentation method to determine the tensile properties of materials with different hardening behaviors[J]. Measurement. 2025:117026.

[16] GRECO A,SGAMBITTERRA E,FURGIUELE F,et al. A novel method to measure equi - biaxial residual stress by nanoindentation[J]. Experimental Mechanics,2023,63(9):1493—1508.

[17] PENG W,JIANG W C,SUN G H,et al. Biaxial residual stress measurement by indentation energy difference method: Theoretical and experimental study[J]. International Journal of Pressure Vessels and Piping,2022,195:104573.

[18] PENG W,JIANG W C,YANG B,et al. An indentation method for measuring welding residual stress:estimation of stress - free indentation curve using BP neural network prediction model [J]. International Journal of Pressure Vessels and Piping,2023,206:105070.

[19] 郭城湘,王朗,白林,等. 焊后热处理温度对15CrMoR钢对接接头性能的影响[J]. 压力容器,2023,40(4):15—20.

[20] 高成龙,李宪爽,赵卫君,等. 双金属复合换热管与固定管板换热器整体热处理工艺[J]. 压力容器,2023,40(11):75—80.

作者简介

孙广华(1997),男,主要研究方向为压入测试理论及压力容器焊后热处理效果评价,通信地址:266580山东省青岛市黄岛区长江西路66号中国石油大学(华东)新能源学院,E—mail:upc_sgh@163. com。

反应堆压力容器法兰密封面缺陷验收准则及修复方法试验研究

许辉焱[1],方成平[2],沈　睿[1],刘润发[1]

(1. 上海核工程研究设计院股份有限公司,上海　200233;2. 秦山核电有限公司,浙江嘉兴　314300)

摘　要:反应堆压力容器法兰面密封线附近出现的点坑等缺陷,是影响反应堆稳定、安全运行的重大隐患。针对该问题,本文制定了相关试验方案,采用试验模拟的方法,对于法兰密封面上带有各种缺陷的试验件进行了密封试验验证和可接受缺陷验收准则研究。本文同时结合试验、密封变形仿真分析及法兰结构尺寸,给出了密封线尺寸范围的确定方法和测量要求;本文根据试验结果制定了密封面缺陷验收准则,对于不同程度的缺陷给出了相应的修复要求和修复方法。本文相关研究及分析,为核电站反应堆压力容器法兰密封面缺陷检修提供了重要依据。

关键词:反应堆压力容器;法兰密封面;堆焊层;缺陷;点坑;验收准则;修复

Research on acceptance criteria and repair methods for reactor pressure vessel flange sealing defects

XU Huiyan[1],FANG Chengping[2],SHEN Rui[3],LIU Runfa[4]

(1. Shanghai Nuclear Engineering Research and Design Institute Co. Ltd.,Shanghai,200233,China;
2. Qinshan Nuclear Power Co. Ltd.,Jiaxing,314300,China)

Abstract:Pitting and other defects near the sealing line on the sealing face of reactor pressure vessel's flange pose significant risks to the reactor's stable and safe operation. To tackle this issue,this paper outlines a series of experimental plans that use simulations to test the sealing performance and determine the acceptance criteria of defects on the flange sealing surface. By integrating experimental data,simulations of sealing deformation,and the structural dimensions of the flange,the paper provides methods for defining the size range of the sealing line and measursing requirements. According to the test results,the acceptance criteria for sealing surface defects are formulated,and the corresponding repair requirements and repair methods are given for different levels of defects. The research and analysis presented in this paper serve as crucial references for the inspection and repair of defects on the flange sealing surface of reactor pressure vessels in nuclear power plants.

Keywords:reactor pressure vessel(RPV),flange sealing face,stainless buttering,defect,pitting,acceptance criteria,repair

0　引　言

反应堆压力容器(RPV)顶盖和筒体法兰通常采用金属O形环或C形环进行密封,其密封的可靠性直接关系到核电站的安全、稳定运行。国内外在役核电站的调试或运行阶段,由于堆内水环境的变化或换料检修阶段的操作/防护欠妥等因素,RPV筒体法兰面密封线(密封环压痕)附近较易出现划痕、点蚀、凹坑等相关缺陷(下文统称缺陷)[1]。这些缺陷的存在将直接影响RPV法兰的密封性可靠性,进而影响电站运行的安全稳定运行。鉴于在役期间在带放射性环境下对 RPV 法兰面缺陷进行维修的复杂性[2]，因此有必要对何种程度的缺陷可予以接受、何种程度的缺陷必须维修以及怎样维修的判定准则进行研究，以更好地为核电现场换料检修工作安排、开展提供指导。

本文针对一种采用金属 O 形环的压水堆 RPV 开展了相关研究。RPV 法兰的实际结构示意如图 1 所示。本文的试验研究采用试验件模拟 RPV 法兰密封结构，其中：密封件采用了 12.7mm(外径 *OD*)×1.27mm(厚 *T*)与产品 O 形环截面尺寸、镀银层厚度均相同的缩比环；试验件的密封槽及法兰面均采用与产品相同的不锈钢进行堆焊；试验件虽然采用平封头设计，但根据法兰张开量仿真分析计算，确保了试验件的材料、尺寸等设计可使相同工况条件下试验件的法兰张开量不小于实际产品的法兰张开量[3][4]，从而确保了试验件对产品的代表性。试验件的示意图如图 2 所示，下文将在试验件的法兰面上人为制造一些缺陷，并进行密封试验验证。

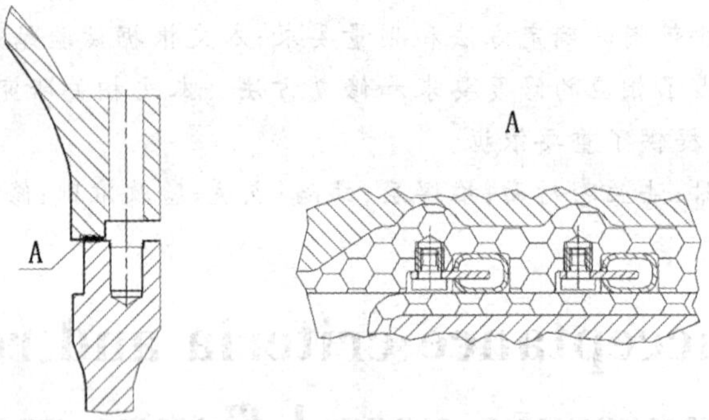

图 1　RPV 法兰密封结构示意图

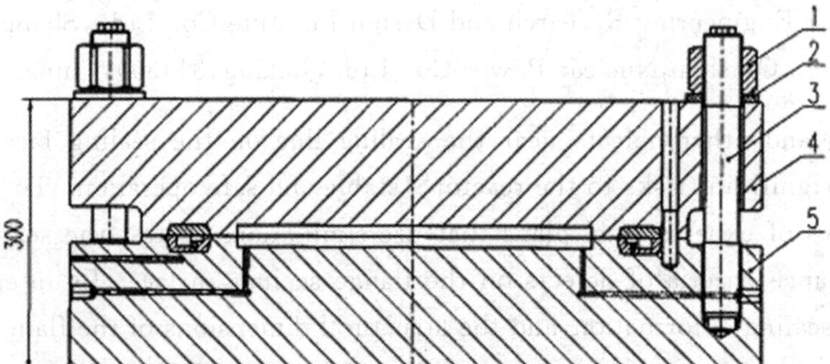

图 2　RPV 法兰密封试验件示意图

1　试验方案

RPV 法兰密封试验分为氦检漏试验、冷态水压试验、热循环试验这三种类型。试验件法兰密封线上制作的缺陷分为贯穿性缺陷、点坑缺陷这两种类型。贯穿性缺陷验证试验主要目的为找到一个合适的值作为点坑缺陷的起始深度，并验证试验工装和系统检漏的有效性；点坑缺陷验证试验采用了矩形的点坑形状，采用了在法兰密封线上先制作较浅的点坑，在密封试验无泄漏的情况下先仅增加深度，确定深度后再增加径向宽度，增加过程中分别验证密封的思路。试验件法兰开盖后，再次合盖试验前均更换全新的同规格缩比 O 形环。试验相关技术路线，如图 3 所示。

1.1　试验参数

密封验证试验按表 1 所示相关试验参数及相关国家标准或行业标准要求进行[5][6]。

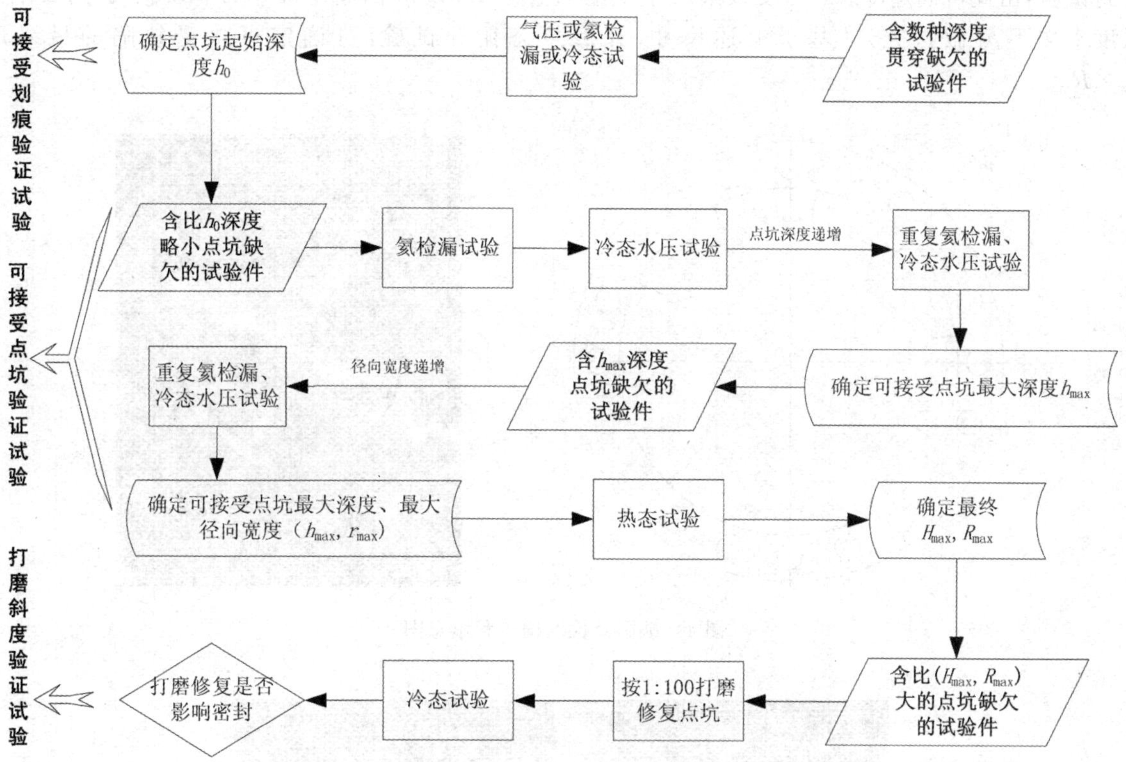

图 3　试验技术路线

表 1　密封验证试验参数

试验类型	试验温度/℃	试验压力/MPa	试验时机	合格判定
氦检漏	常温	\	水压试验前、热态试验前、点坑圆滑打磨后	≤10^{-7}Pa·m3/s
冷态水压	常温	17.2(0,+0.6)	氦检漏试验合格后、热态试验合格后、点坑圆滑打磨后	无可见泄漏
热态循环	常温～350(1)	≥15.4	h_{max}/r_{max}确认后、点坑圆滑打磨后	无可见泄漏

注(1)：升、降温速率——环境温度～177℃，不作要求；177℃～350℃，≥56℃/h

1.2　贯穿性缺陷验证试验

贯穿性缺陷以0.17～0.27mm深度为区间，以0.02mm为增量，在密封线上依次制作了6种深度共计12个贯穿性缺陷，并在其中6个缺陷的沿径向的外侧制作了2mm深度的检漏槽，以便更好地导流并观测密封情况。缺陷和检漏槽布置及实物图请见图4、图5。根据缺陷制作实际情况，0.163至0.30mm深度的贯穿性缺陷，在通入压缩气体的情况下均无法实现密封。

1.3　点坑缺陷验证试验

根据上述贯穿性缺陷试验结果，并结合相关工程需要，在将贯穿缺陷全部加工去除后，参考图5在均匀间隔的引流槽附近重新制作3个大小一致的点坑缺陷，并将0.17mm×0.95mm×2.5 mm(深度h×径向宽度r×周向长度l)作为其起始尺寸。如试验无泄漏，按如下要求增加深度直至泄漏：

0.18mm×0.95mm×2.5mm，如氦检/水压试验无泄漏，加大深度至0.19mm；

0.19mm×0.95 mm×2.5mm，如氦检/水压试验无泄漏，加大深度至0.20mm…

在确定无泄漏的深度h_{max}后，在深度和周向长度不变的情况下，仅逐步加大径向宽度，并分别开展相关密封试验，由此可确定冷态可接受极限尺寸 $h_{max} \times r_{max} \times 2.5$mm(因周向尺寸为非敏感尺寸，缺陷的周向长度本文不另做探究)。基于上述尺寸，开展热态循环试验，可确定可接受缺陷的最终尺寸 $H_{max} \times R_{max}$。

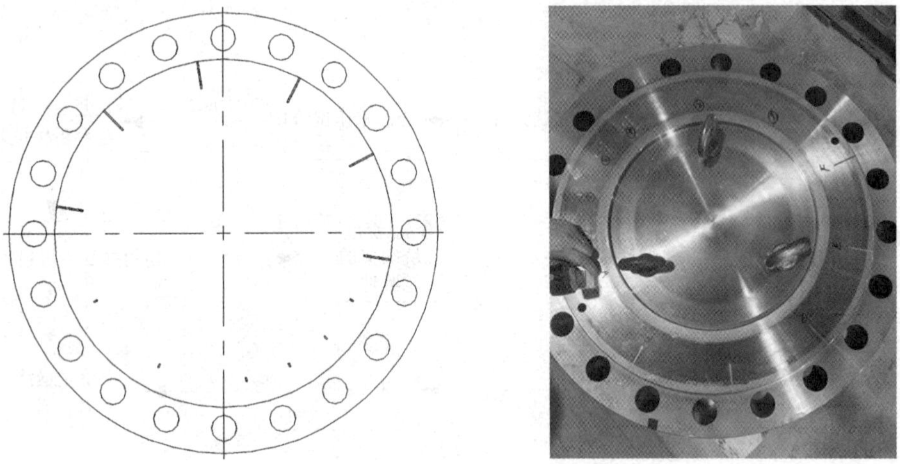

图 4　缺陷及检漏槽布置示意图

图 5　缺陷及检漏槽实物图

热循环后试验件如图 6 所示；O 形环上缺陷的压痕位置如图 7 所示；缺陷圆滑打磨、斜度测量及打磨后密封面如图 8～图 10 所示。

图 6　热试后试验件示意图

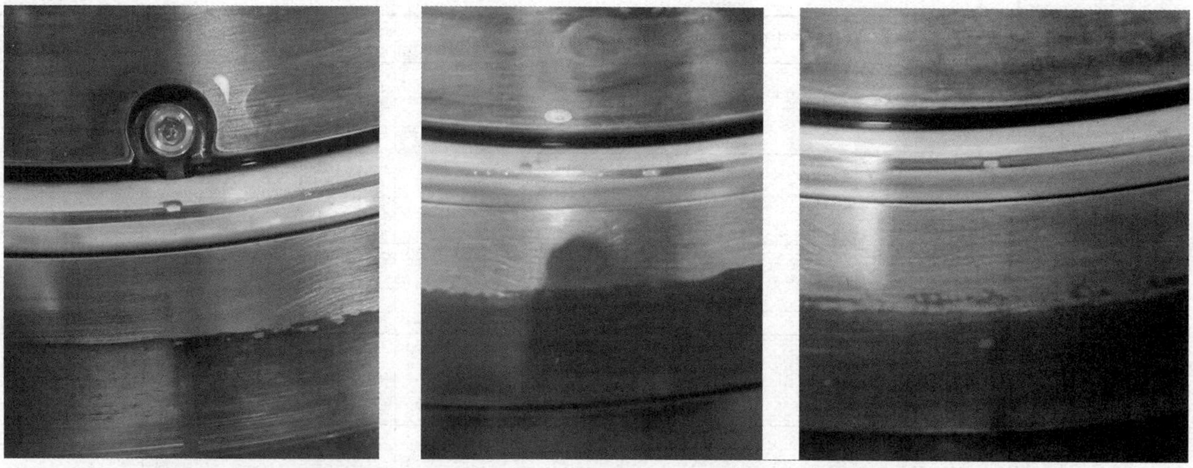

图 7　热试后 O 形环上缺陷压痕位置示意图(密封线上靠内、靠中及靠外)

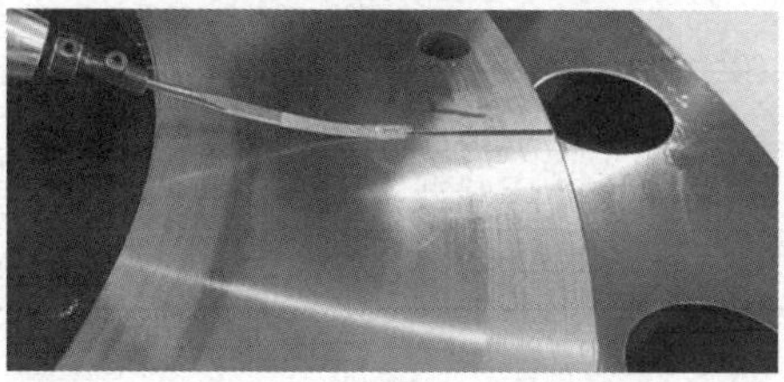

图 8　缺陷圆滑打磨

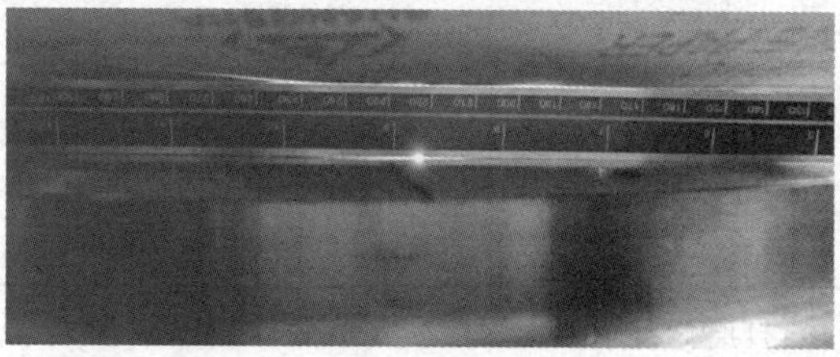

图 9　打磨后斜度测量

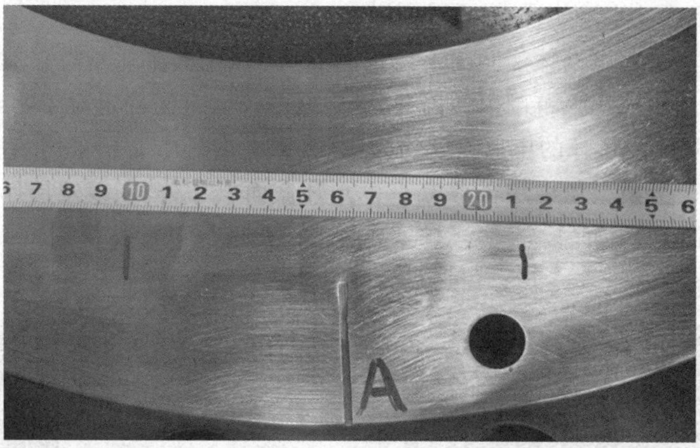

图 10　打磨后密封面

2　试验结果

综上,本试验结果罗列见表 2 所列:

表 2　密封试验结果

O 形环编号	缺陷类型	缺陷尺寸(深度×径向×周向,单位:mm)	试验项目	试验结果	备注
1	贯穿性缺陷	0.163～0.30(深)	氦检漏	泄漏	6 种深度,共 12 条
			冷态水压	泄漏	

(续表)

O形环编号	缺陷类型	缺陷尺寸(深度×径向×周向,单位:mm)	试验项目	试验结果	备注
2	点坑缺陷	0.17×0.95×2.5	氦检漏	无泄漏	
			冷态水压	无泄漏	
3		0.18×0.95×2.5	氦检漏	无泄漏	
			冷态水压	无泄漏	
4		0.20×0.95×2.5	氦检漏	泄漏	
			冷态水压	泄漏	
5		0.19×0.95×2.5	氦检漏	泄漏	
			冷态水压	泄漏	
6		0.18×0.95×2.5	氦检漏	无泄漏	
			冷态水压	无泄漏	
			热态循环	无泄漏	
			氦检漏	泄漏	
7		0.18×1.2×2.5	冷态水压	泄漏	
			氦检漏	无泄漏	
8		0.18×1.2×2.5	冷态水压	无泄漏	打磨修复(1)

注(1):打磨修复后最大深度实测值约0.24mm,斜度实测值约为1:300。

3　缺陷修复策略

3.1　缺陷测量要求

对于核电厂反应堆压力容器筒体法兰面上出现的点坑类缺陷,在判断需采取何种修复措施之前,需先确定该缺陷是否位于密封环压痕范围内。因此,密封线的尺寸范围确定对于实际检修尤为重要。

根据上述试验,可测得O形环的压痕宽度约为1.5mm左右。本文还采用Abaqus建立了O形环压缩模型[3],如图11所示。分析模型中综合考虑了O形环截面尺寸公差、镀银层厚度公差、O形环与槽外侧间隙值等因素,在固定环槽高度下,根据接触压力显著变化区域可计算得到了O形环压痕的最小宽度和最大宽度,具体如表3所示。

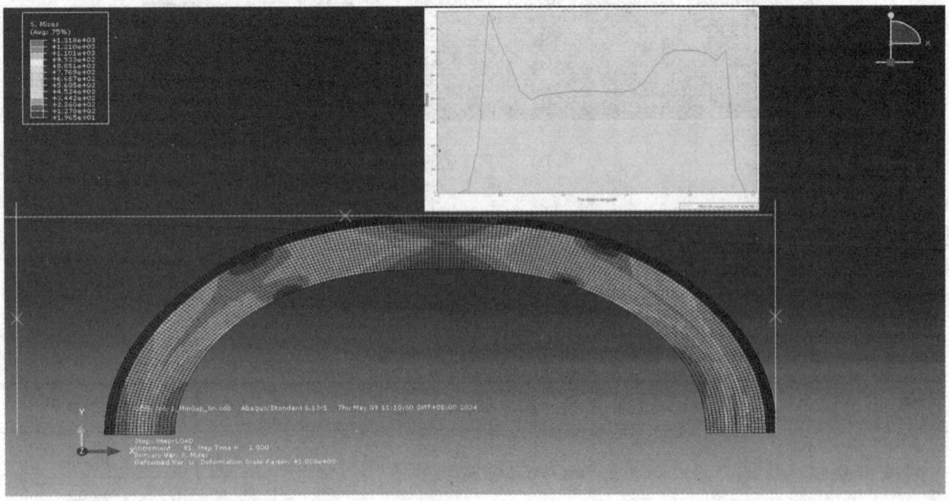

图11　设计压缩量下O形环的Mises应力(MPa)及接触应力

表3 O形环压痕宽度仿真计算值

管外径/mm	镀银层厚度/mm	外侧壁初始间隙/mm	压痕宽度/mm
12.7+0.13	0.22	0.04	1.9607
12.7−0.13	0.15	0.36	1.3679

以筒体法兰轴线为理论中心基准，O形环压痕尺寸范围所形成的环带的最小直径 $T_{\min}$ 和最大直径 $T_{\max}$ 的计算如公式(1)、(2)所示：

$$T_{\min}=D_i-(t_{\max}+2\delta_{1\max}+2\delta_{2\max}) \tag{1}$$

$$T_{\max}=D_i+(t_{\max}+2\delta_{1\max}+2\delta_{2\max}) \tag{2}$$

式中，D_i 为O形环中径圆名义直径，$t_{\max}$ 为压痕宽度最大值，$\delta_{1\max}$ 为O形环中心轴相对环槽中心的最大安装偏差，$\delta_{2\max}$ 为顶盖中心相对筒体法兰中心的最大安装偏差。$t_{\max}$ 可根据工程或试验测量并结合仿真结果确定，$\delta_{\max}$ 可根据O形环与环槽的接口尺寸设计(外侧壁间隙)并结合顶盖对中公差值确定。

综上，核电厂反应堆压力容器筒体法兰实际检修时，应重点对筒体法兰上落入上述($T_{\min}$，$T_{\max}$)范围内的缺陷进行检查，记录范围内所有缺陷的深度、径向宽度、周向长度和方位等数据，并根据下述的修复准则采取相应的维修措施。

3.2 缺陷修复准则

根据本文第3节所述试验结果，对于采用O形环的相关机组和落入($T_{\min}$，$T_{\max}$)范围内的缺陷修复，在考虑一定保守裕量的情况下，可采用如下修复准则：

(1)当缺陷深度＜0.08mm时，暂不作处理，记录并跟踪[7]；

(2)当0.08mm≤缺陷深度≤0.16mm，且缺陷径向宽度＞0.86mm时，采用打磨修复方案；

(3)当缺陷深度≤0.16mm且径向宽度≤0.86mm时，可暂不作处理，记录并跟踪；

(4)当缺陷深度＞0.16mm时，应评估后确定采用打磨或补焊的修复方案。

上述准则对于“密封环回弹量－法兰分离量”大于试验基准机组的其他压水堆均可参考使用。

3.3 修复要求

(1)当采用打磨修复方案或补焊后最终打磨时，应采用颗粒较细的砂纸或砂布或砂条，建议至少400目或以上[8][9]。打磨过程中如采用打磨辅助用的研磨剂或研磨膏，则不允许其含有碳钢或其他可能沾污耐蚀合金的材料，也不允许在碳钢或这些材料上使用完后继续在耐蚀合金上使用。打磨痕迹应沿法兰圆周向，不应有沿径向的打磨纹理。打磨后的区域，表面粗糙度应满足Ra0.8或更好的要求。对于补焊后的打磨，最终平面度要求应为0.1mm或更好；对于浅表缺陷去除的打磨修复，打磨后的斜度应≤1:100，建议按1:300或更小。

(2)当采用补焊修复方案时，反应堆压力容器密封面为309L+308L组合不锈钢堆焊层，补焊可采用钨极手工氩弧焊(GTAW)或手工电弧焊(SMAW)，采用直条不锈钢焊丝或焊条进行补焊。补焊工艺应评定合格，并满足ASME规范第IX卷相关要求[10]。焊接工艺评定试验项目包括表面检验、硬度检验、化学成分分析、弯曲试验、晶间腐蚀试验、金相试验等。此外，补焊工艺还应根据缺陷挖除的深度、剩余堆焊层的厚度等情况，按照ASME NB－4622.9节相关要求[6]制定相应措施。制定评定合格的补焊工艺和修复方案后，才能进行正式的补焊修复。具体补焊修复方法还可参考文献[2]，本文在此不作过多赘述。

4 结 语

本文结合核电工程实际需要，开展了反应堆压力容器法兰密封面堆焊层缺陷的密封试验研究。本文结合设计及安装工艺，给出了实际工程中密封线范围的确定方法和测量要求；根据试验结果，得到了缺陷的修复准则；结合工程设计给出了缺陷的修复要求和相关修复方法。本文相关结论基于结构设计、仿真分析、试验研究综合得出,具有较高的普适性和应用价值,在国内核电在运核电机组数量截止目前近60台、最长运行超30年的情况下,本文对指导核电站现场开展反应堆压力容器密封面堆焊层缺陷维修、提高换料检修的效率和机组运行的安全性可靠性具有重要意义。

参考文献

[1] 陆传根,林兴华. 核电站反应堆压力容器法兰密封面腐蚀机理的分析[J]. 压力容器,2004,21(5):41-43.

[2] 彭峰,范伟丰等. 核压力容器密封结构修复方案[J]. 一重技术,2024(1):62-64.

[3] 薛国宏,曹明,沈睿等. 反应堆压力容器国产O形环密封性能分析[J]. 压力容器,2016,33(3):16-20.

[4] 邵雪娇,郑连纲等. 反应堆压力容器密封环有限元模拟技术研究[J]. 核动力工程,2015,36(S2):142-145.

[5] 成大先. 机械设计手册[M]. 化学工业出版社,2004.

[6] ASME锅炉及压力容器规范,第III卷第1册NB分卷,1级部件,2021版.

[7] 反应堆压力容器使用说明书[R]. 上海:上海核工程研究设计院股份有限公司,2014.

[8] 荣刚,杨宝红等. 高温高压设备及管道连接密封面的缺陷修复研究[J]. 中国设备工程,2019(02):62-64.

[9] 谢宛彤. 浅谈高温高压设备及管道连接密封面的缺陷修复[J]. 中国机械,2022(3):63-65.

[10] ASME锅炉及压力容器规范,第IX卷,焊接和钎接评定标准,2021版.

作者简介

许辉焱(1983),男,高级工程师,硕士,主要从事反应堆压力容器等反应堆设备的研发和设计工作,通讯地址:200233上海市虹漕路29号,E-mail:xuhuiyan@snerdi. com. cn,电话:021-61863712。

2.25Cr-1Mo-0.25V 制蒸汽过热器的现场修理

杨平平[1]，李玉葆[1]，金　燕[2]

（1. 中石化南京化工机械有限公司，南京　210048；2. 南京科技职业学院，南京　210048）

摘　要：本文主要介绍了2.25Cr-1Mo-0.25V制蒸汽过热器N2管口的现场修复技术，现场修复区别与制造厂厂房内制造，存在许多难点。强调了预防冷裂纹、再热裂纹的工艺要点。通过合理布置电加热片，调整热电偶连接贴合方式顺利完成现场710 ℃～720 ℃/8 h的热处理。有针对性的开展2.25Cr-1Mo-0.25V焊接工艺评定，为现场修复提供了支撑，多重举措保证此次现场修复取得成功。

关键词：2.25Cr-1Mo-0.25V；预防裂纹工艺要点；现场修复技术

On - site repair of 2.25Cr-1Mo-0.25V steam superheater

YANG Pingping[1], LI Yubao[1], JIN Yan[2]

(1. Sinopec Nanjing Chemical Machinery Co., Ltd., Nanjing 210048, China;
2. NanjingScience and Technology Career Technical College, Nanjing 210048, China)

Abstract: This paper mainly introduces the on - site repair technology for the N2 nozzle of a 2.25Cr - 1Mo - 0.25V steam superheater, there are many difficulties in on - site repair compared with the manufacture in the factory. emphasizing the key process points for preventing cold cracks and reheat cracks. By reasonably arranging electric heating plates and adjusting the connection and fitting method of thermocouples, the on - site heat treatment at 710 ℃ ～ 720 ℃ for 8 h was successfully completed. Targeted welding procedure qualification for 2.25Cr-1Mo-0.25V was conducted, providing support for the on - site repair. Multiple measures ensured the success of this on - site repair.

Keywords: 2.25Cr-1Mo-0.25V; crack prevention process points; on - site repair technology

0 引　言

某化工企业设备蒸汽过热器在运行过程中N2口接管与筒体焊缝处发生泄漏，停车开罐检查外口目检为横向贯穿裂纹1处，里口经检测发现11处未贯穿裂纹。裂纹均为横向裂纹，里口裂纹位置位于焊缝和母材。UT，PT检测显示贯穿裂纹深度95 mm，长度20～40 mm；11处未贯穿裂纹深度为30～60 mm，长度30～40 mm。如图1～3所示。

该设备形状如图4所示，N_2口位于管箱部分90°位置。管箱部分材质为2.25Cr-1Mo-0.25V材料，管箱介质为N_2，H_2，NH_3，CH_4，Ar，工作压力为14.7 MPa，工作温度为410～460 ℃，处于高压高温富氢富氮环境，设备概况及主要参数见表1。

图1　外口裂纹

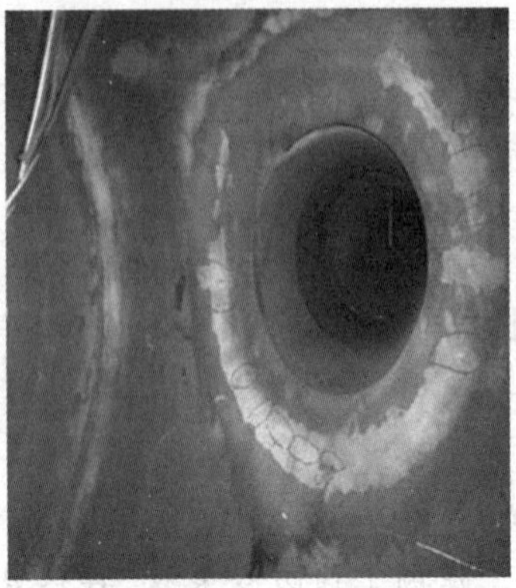

图2　里口裂纹

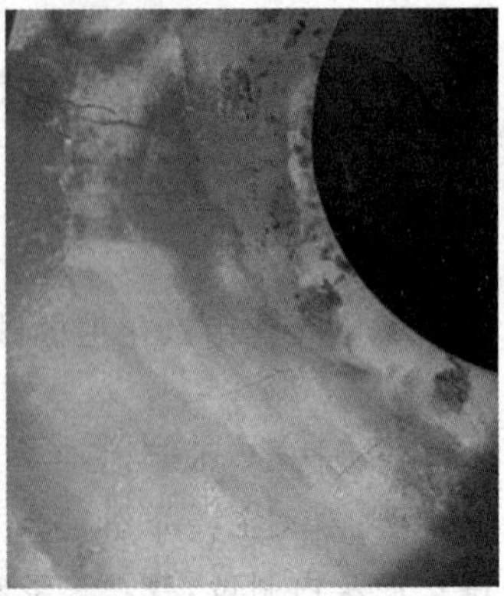

图3　裂纹放大图

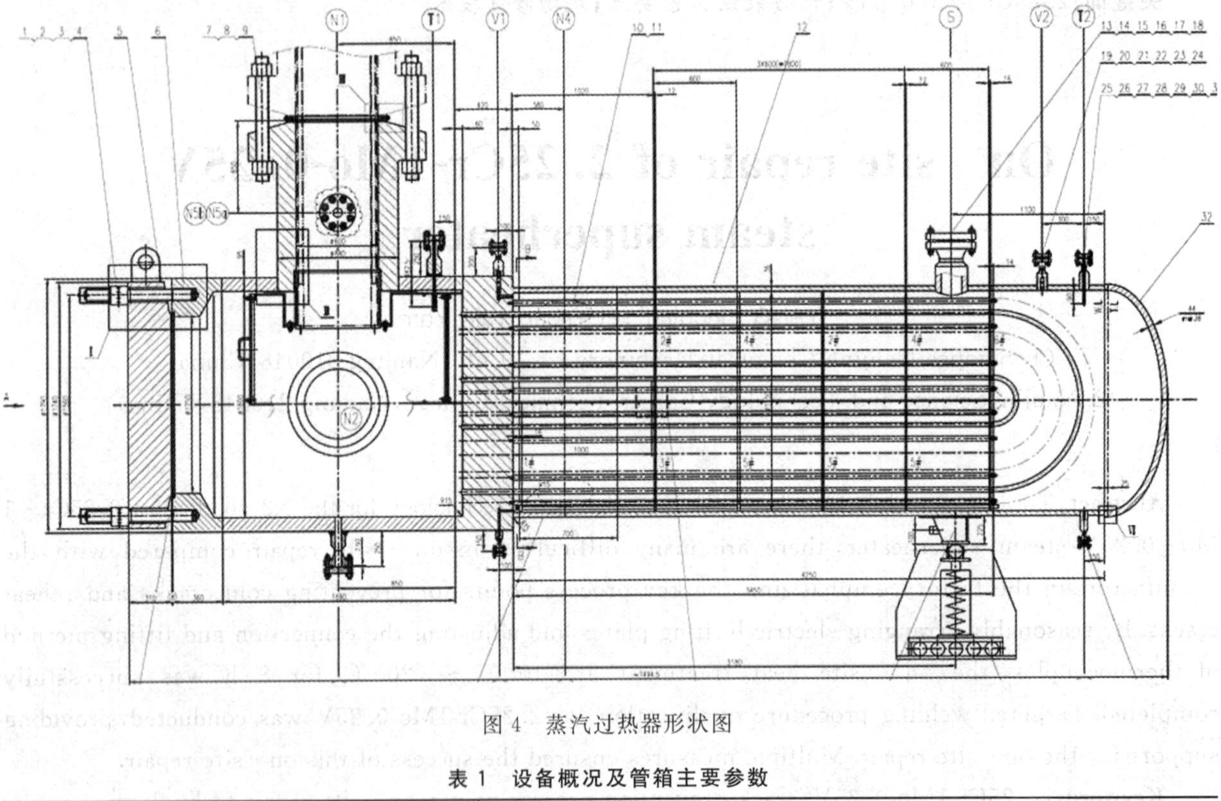

图4　蒸汽过热器形状图

表1　设备概况及管箱主要参数

设备名称	蒸汽过热器
管箱规格	Φ1600×95
管箱设计压力/MPaG	16.5
管箱工作压力/MPaG	14.7
管箱设计温度/℃	460/440
管箱工作温度/℃	进446,出410
管箱操作介质	N_2,H_2,NH_3,CH_4,Ar
主要材质	管箱筒体/接管锻件:2.25Cr-1Mo-0.25V Ⅳ

1 裂纹产生原因分析

管箱部分长期处于高温高压富氢富氮环境，氮气与管箱内壁焊缝和母材产生反应形成氮化层，使焊缝和母材表面硬度升高，氮化层中的脆性相存在会导致表面产生剥落和微裂纹。长期处于高温高压氮气环境下材料会晶界脆化，高温下氮原子向晶界扩散，形成氮化物的局部偏聚降低晶界结合力，产生局部应力集中使材料韧性劣化。对 N_2 口进行里外口里氏硬度检测，值为 600～605 HLD 换算成布氏硬度为 320～328 HBW。设备投用前里口硬度值为 200～220 HBW，里口硬度值偏高也证实了该因素的影响，如图 5～7 所示。

该裂纹为横向裂纹，属于明显的氢致延迟开裂裂纹。高温高压下氢气分子解离成原子氢渗入材料，氢原子通过晶格间隙、晶界快速扩散，并在应力集中区域聚集，使金属原子间结合力削弱，使材料塑性变形能力下降，随着氢的不断聚集，材料失效发生断裂，裂纹不断扩展直至贯穿整个材料。

N_2 口为该设备的气体出口，出口处上方存在一个斜挡板，气体流向 N_2 口时斜挡板反射形成旋涡气体聚集，使出口处氢气氮气浓度偏高，并对管口内壁的不断冲刷也加剧了裂纹的产生和扩展。

图 5 外口硬度

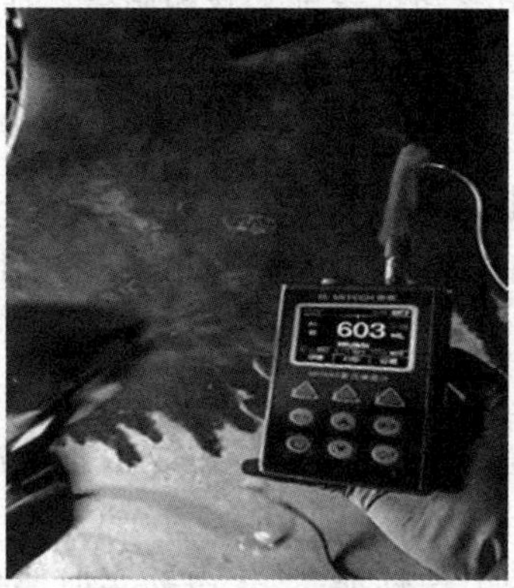

图 6 里口硬度 1

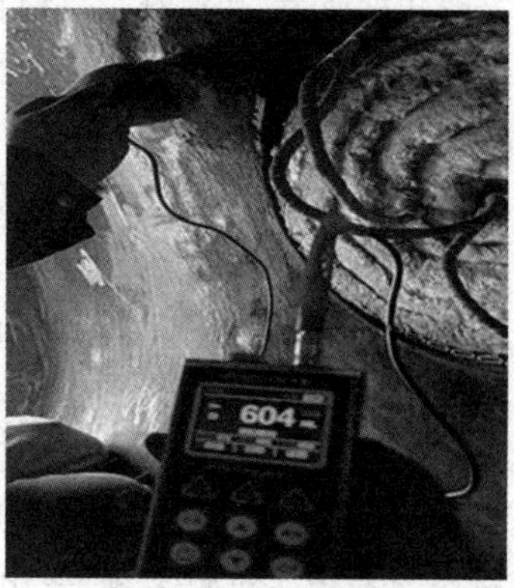

图 7 里口硬度 2

2 2.25Cr-1Mo-0.25V 材料焊接性分析

2.25Cr-1Mo-0.25V 是在 2.25Cr－1Mo 基础上改进的材料，是为石化行业轻量化而研制的材料，主要用于石油化工、煤化工等领域[1]。其化学成分见表 2。

表 2 2.25Cr-1Mo-0.25V 与 2.25Cr－1Mo 化学成分

牌号	化学成分(质量分数)/%											
	C	Si	Mn	Cu	Ni	Cr	Mo	Nb	V	B	Ti	P	S
2.25Cr-1Mo-0.25V	0.14	0.07	0.54	0.04	0.04	2.43	1.06	0.032	0.31	0.0004	0.002	0.007	0.0018
2.25Cr－1Mo	0.15	0.12	0.44	0.04	0.05	2.14	0.92	0.003	/	0.0004	0.005	0.013	0.002

Cr 元素能提高耐腐蚀性，能在钢表面形成一层致密的氧化膜，阻止外界介质对钢的侵蚀，提高钢的抗氧化和抗腐蚀能力；能提高强度和硬度，固溶强化作用明显，可提高钢的强度和硬度，同时不降低其韧性；有助有助于细化钢的晶粒组织，使钢的组织更加均匀，从而改善钢的综合性能。

Mo 元素能有效提高钢在高温下的强度和蠕变性能，使其在高温环境下仍能保持良好的力学性能；与铬协同作用，进一步提高钢的耐腐蚀性，特别是在一些腐蚀性介质中，能提高钢的抗点蚀和缝隙腐蚀能力；可以抑制钢在回火过程中出现的回火脆性，提高钢的韧性和回火稳定性。

V 元素能形成细小的碳化钒颗粒，在钢的凝固和热处理过程中，阻止晶粒长大，使晶粒细化，从而提高钢的强度和韧性;通过沉淀强化作用,提高钢的强度和硬度。在高温下,碳化钒能阻止位错运动,提高钢的高温强度和蠕变抗力[2]。

2.25Cr-1Mo-0.25V与2.25Cr-1Mo相比,由于V的加入,使该材料具有更高的高温强度,还有更好的抗氢脆、抗氢腐蚀等特性[3-4]。但其焊接工艺性较差,具有明显的冷裂纹和再热裂纹倾向。并且其焊接接头常会有硬度高,冲击韧性差的问题[5-6]。2.25Cr-1Mo-0.25V钢制厚壁压力容器多以制造厂厂房内制造为主,现场制造及设备运行现场修复案例较少,缺乏现场焊接及质量控制经验,现场修复存在多项难点。

3 N_2管口现场修复的难点

该蒸汽过热器长期服役在高温高压富氢富氮环境中,N_2管口的现场修复要解决以下难点:管口的脱氢、缺陷的消除、冷裂纹的控制、再热裂纹的控制、修复焊材的选择、710 ℃～720 ℃/8 h的焊后消应力热处理。

3.1 N_2管口的脱氢

N_2管口长期服役在高温高压富氢富氮环境中,该处母材壁厚最大为120 mm,针对局部的火焰加热脱氢已不能达到要求,必须对N_2管口处焊缝和母材进行整圈脱氢。使用履带式加热器,电加热片置于外口,覆盖焊缝两侧各>300 mm,N_2管口里外口均覆盖40mm保温棉保温,进行350 ℃－400 ℃/4 h脱氢处理。

3.2 缺陷的消除

氢致裂纹在消缺过程中极易发生扩展,消缺前宜先在裂纹两端打上止裂孔,然后碳弧气刨清根,再砂轮机打磨去除渗碳层,碳弧气刨清根前必须预热至200 ℃以上。消缺时沿着裂纹两端向中间进行消除,目视检查合格后,进行PT检测确认缺陷完全消除。

3.3 冷裂纹的控制

2.25Cr-1Mo-0.25V材料具有较高的碳当量,对冷裂纹敏感性高,补焊前必须进行预热,根据NB/T 47015—2023标准和现场实际,预热温度需控制在180～200 ℃[7-8]。冷裂纹的诱发与H有着直接关系,H含量高容易产生氢致裂纹,恶化钢的力学性能[9],焊条购买时要保证扩散氢含量≤5 mL/g,补焊前对焊条进行严格烘烤350 ℃/2 h。补焊完成后对焊缝立即消氢处理350 ℃～400 ℃/4 h,确保降低冷裂纹的可能。

3.4 再热裂纹的控制

再热裂纹倾向公式为PSR＝C%＋Cu%＋V%＋5B%＋P% * Si%;当PSR>0.2时,钢材具有较大的再热裂纹倾向。2.25Cr-1Mo-0.25V的PSR值约为0.6,具有较高的再热裂纹倾向。

为避免产生再热裂纹,从以下几个方面进行过程控制:

(1)控制焊缝金属中的X系数,X系数＝$(10P+5Sb+4Sn+As)\times10^{-2}$。$X$系数控制≤12 ppm,能够很好的预防再热裂纹。S容易引起钢的热裂纹倾向,P容易引起钢的冷裂纹倾向和对裂纹的敏感性[10-13],所以S,P含量需进一步进行控制,为确保本次现场修复合格,S含量控制≤0.005%,P含量控制≤0.008%。

(2)焊接工艺的优化,本次修复采用焊条电弧焊修复,控制热输入量。焊条电弧焊热输入线能量≤25 kJ/cm,道间温度≤250 ℃,避免多次热循环,补焊过程中焊条尽量不摆动,快速度焊接。

(3)控制热处理升降温速率,控制升降温速率为50 ℃/h,均匀释放焊接应力,避免快速冷却引发二次应力。

(4)采用回火焊道技术,细化热影响区晶粒组织[14]。最后盖面焊道高于补焊处母材,焊完后磨平。

3.5 710 ℃～720 ℃/8 h的焊后消应力热处理

N_2管口处筒体厚度为95 mm,接管锻件壁厚120 mm,壁厚过大热处理过程中如何保证710 ℃～720 ℃保温8 h是个难点。为此热处理现场施工时通过增加加热宽度和加热片数量来保证能够达到保温温度,N_2管口里外口充分覆盖电加热片和保温棉的情况下,改变热电偶连接方式,改变热电偶与管口贴合方式等多种举措来保证完成 710 ℃～720 ℃/8 h 的焊后消应力热处理。

4 焊接工艺的制定

压力容器的受压元件修复需要焊接工艺评定作为支撑，为顺利完成此次修理，有针对性完成了 710 ℃～720 ℃/8 h 和 705 ℃～720 ℃/32 h 状态下的各项性能试验。详见表 3，表 4。

表 3 710 ℃～720 ℃/8 h 状态下各项性能试验结果

抗拉强度/MPa	460 ℃高温屈服强度/MPa	侧弯	−30 ℃焊缝冲击试验/J		−30 ℃热影响区冲击试验/J	
735,692,702 692,678,714	413,506	4 件合格	170,134,82	$T/2$	130,148,104	$T/2$
			90,68,49	$T/4$	130,132,49	$T/4$

表 4 705 ℃～720 ℃/32 h 状态下各项性能试验结果

抗拉强度/MPa	460 ℃高温拉伸/MPa	侧弯	−30 ℃焊缝冲击试验/J		−30 ℃热影响区冲击试验/J	
605,601,598 594,608,600	392,512	4 件合格	166,114,162	$T/2$	160,110,49	$T/2$
			114,258,130	$T/4$	243,248,275	$T/4$

工艺评定硬度检测结果见表 5。工艺评定 710 ℃～720 ℃/8 h 下微观金相组织为：母材（铁素体＋贝氏体）、焊缝（铁素体＋贝氏体＋少量析出物，呈网状）、热影响区（铁素体＋贝氏体）。705 ℃～720 ℃/32 h状态下微观金相组织为：母材（铁素体＋贝氏体）、焊缝（铁素体＋贝氏体＋少量析出物）、热影响区（铁素体＋贝氏体）。

表 5 710 ℃～720 ℃/8 h 评定硬度检测结果

母材(HB)	热影响区(HB)	焊缝(HB)	热影响区(HB)	母材(HB)	备注
183	188,199,183	188,199	194,183,188	188	距上表面 1.5 mm
174	205,205,210	205,210	205,183,188	154	$T/4$
144	174,188,174	205,194	183,199,210	170	$T/2$
136	170,170,174	179,183	199,210,188	188	距下表面 1.5 mm

熔覆金属 X 系数值为 11.3 ppm。回火脆性敏感性试验结果见表 6。

表 6 回火脆性敏感试验结果

部位	取样位置	结果	结论	焊后热处理
焊缝	$T/4$	$VTr54+3\Delta VTr54=-19$ ℃$\leqslant 0$ ℃	合格	710 ℃～720 ℃/8 h

以上试验数据结果完全满足相应标准和技术要求，为此次修复提供了相应技术支撑。

5 N_2 管口现场修复的过程

5.1 拆除影响返修的内件与外口保温支撑圈

(1)拆除平盖，采用切割片切除图 8 中隔膜垫与反向法兰处焊缝，切割过程注意保护管箱筒体、金属隔膜垫(N06600)、平盖，避免损伤。平盖拆除后，修磨补焊，并进行 100% PT 检测，符合 NB/T 47013—2015 Ⅰ级合格。

(2)拆除管程分程隔板组件，使得分程隔板与设备分离，拆出分程隔板，放置设备外注意保护。

(3)去除外口影响返修的保温支撑圈,去除过程中应切割保温支持圈,不得损伤保温支持圈与筒体焊缝处,至少保留焊缝有效厚度 6 mm 以上,长度为不影响焊接及热处理即可。

5.2 现场 N_2 管口焊缝检测

(1)打磨 N_2 管口焊缝里外口及四周满足无损检测要求,打磨宽度至少 2KT+50 mm,即 335 mm。

(2)对原焊缝进行 100% UT 检测符合 NB/T 47013.3—2023 Ⅰ级和 100% PT 检测符合 NB/T 47013.5—2015 Ⅰ级。

(3)根据无损检测结果标记好缺陷位置,做好相应记录,进行去除缺陷修复工作。

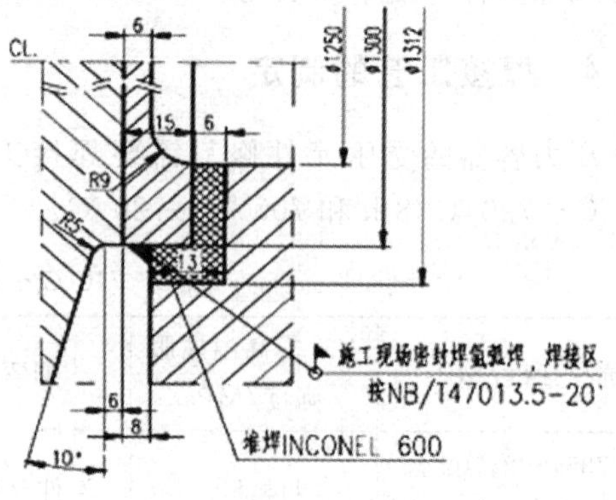

图 8 隔膜垫与反向法兰焊缝

5.3 去除缺陷

(1)气刨前先对 N_2 管口焊缝脱氢 350~400 ℃/4 h,脱氢结束后降温≥200 ℃,保持温度不低于 200 ℃;

(2)对于 11 处未贯穿的缺陷采用碳弧气刨从里口去除缺陷,对于 1 处贯穿缺陷从外口碳弧气刨去除缺陷;

(3)碳弧气刨时沿着缺陷方向由两边向中间气刨以去除缺陷,去除过程中为防止缺陷扩展,需先在缺陷两端打止裂孔,气刨两边刨槽两端应过渡平缓,保证底部圆滑以及两侧与周边母材圆滑过渡,宽度便于施焊运条操作即可;

(4)碳弧气刨之后采用砂轮打磨去除渗碳层见金属光泽,进行热磁检测,待温度降低至室温再进行 100% PT 检测,无缺陷为合格,如有缺陷采用砂轮机局部打磨消缺,直至无损检测合格为止。

5.4 缺陷修复

(1)开焊前采用砂轮或钢丝刷清理坡口及四周杂物等,预热≥200 ℃,整个焊接过程中应保持此预热温度,且道间温度不得超过 250 ℃。

(2)采用焊条电弧打底及焊满,里口采用砂轮机打磨并对低于母材处进行补焊,焊接参数见表 7,焊后立即进行消氢 350~400 ℃/4 h。补焊修复过程见图 9。

表 7 焊接参数

焊接方法	焊材牌号	规格	极性	电流/A	电压/V	速度/(mm·s^{-1})	烘烤温度/℃	保温时间/h
SMAW	E9015-G	Φ4	DCEP	150~170	22~25	2~2.5	350	2
SMAW	E9015-G	Φ5	DCEP	200~220	25~27	2.5~2.7	350	2

注:(1)SMAW 最大线能量为:22 kJ/cm;(2)焊工资格:SMAW-FeⅡ-5FG(K)-12/38-Fef3J

图 9 补焊修复图

(3)焊后 36 h 进行 100% UT 检测符合 NB/T 47013.3—2023 Ⅰ级合格和 100% MT 检测符合 NB/T 47013.4—2015 Ⅰ。检测结果合格。焊后 24～36 h 是氢扩散的关键窗口期，现场修复焊缝金属中氢含量不易控制，为进一步确保防止氢致裂纹的风险，本次修复焊后无损检测为焊后 36 h 检测。

(4)无损检测合格后进行 710 ℃～720 ℃/8 h 最终消应力热处理，见图 10～12。

图 10　最终热处理 a

图 11　最终热处理 b

图 12　最终热处理 c

(5)热处理 24 h 后进行 100% UT 检测符合 NB/T 47013.3—2023 Ⅰ级合格、100% MT 检测符合 NB/T 47013.4—2015 Ⅰ及硬度测量，硬度不得超过 HB≤235。无损检测结果合格，现场硬度值检测为 180～200 HB，满足使用要求。热处理后无损检测是为预防再热裂纹产生的风险，热处理后 36 h 检测虽更为稳妥可靠，但多用于复杂结构和核级设备。本次修复已通过焊材微量元素控制、预热、后热、热处理升降温速率控制等多种措施来防止再热裂纹产生，考虑到现场工期紧张，本次热处理后检测为热处理后 24 h 无损检测。

5.5　回装分程隔板

按图纸组装分程隔板。

5.6　组装平盖组件

组装平盖、金属隔膜垫、反向法兰，并用手工氩弧焊焊接金属隔膜垫与反向法兰堆焊处，焊接过程注意不得损伤基层。焊后 100% PT 检测符合 NB/T 47013.5—2015 Ⅰ。检测结果合格。

5.7　压力试验

随系统进行压力试验，压力试验后进行 100% UT 检测符合 NB/T 47013.3—2023 Ⅰ级合格和 100% MT 检测符合 NB/T 47013.4—2015 Ⅰ。检测结果合格。

6　结　语

设备运行现场的修复不同于制造厂厂房内制造，存在许多难点，如天气不可控、无法整体热处理、在役设备富氢硫氮等有害元素。如何合理的选择焊材、脱氢、预热、焊后消氢、热处理升降温速率等的工艺控制极为关键。通过此次现场修复对焊缝焊后、热处理后、压力试验后的各项检测合格，表明此次 2.25Cr-1Mo-0.25V 制蒸汽过热器 N_2 管口修复是成功的。焊材的选择、焊前脱氢、预热、焊后消氢、焊接工艺参数控制、现场焊后热处理工艺控制是合理可行的。

针对 N_2 口长期处于高温高压氢气氮气环境，且为气体出口存在冲刷的情况。建议 N_2 管口端面堆焊奥氏体焊材或高镍合金焊材，来有效应对氢气和氮气环境的挑战，确保设备长期在严苛环境下稳定运行。

参考文献

[1] 胡昕明，王储，张健，等．临氢设备用 12Cr2Mo1VR(H)钢板的研制[J]．压力容器．2017，34

(10):75—80.

[2] 刘刚．煤焦油加氢裂化装置管道选材探讨[J]. 化工设备与管道,2014,51(3):73—76.

[3] 刘永胜,庞庆海．2.25Cr-1Mo-0.25V 钢加氢筒体锻件持久性能的研究[J]. 热加工工艺,2018,47(1):158—164.

[4] 王迎君,许凯,刘应虎,等．2.25Cr-1Mo-0.25V 钢焊缝不同后热状态下的力学性能[J]. 压力容器．2019,36(3):1—5.

[5] 竺凌．P91 与 20MnMo 材料焊接工艺的研究[J]. 电站辅机,2015,36(2):31—34.

[6] 张福君．简析蒸汽冷却器的布置及设计特点[J]. 电站辅机．2015,40(2):1—8.

[7] 逯来俊,任世宏,马小兵,等．电流种类对 Cr-Mo-V 钢埋弧焊焊缝冲击韧性的影响[J]. 焊管,2018,41(7):57—64.

[8] 李景艺,潘强,陈广军,等．热输入对 2.25Cr-1Mo-0.25V 钢埋弧焊焊缝金属韧性的影响[J]. 电焊机,2015,40(2):109—113.

[9] 杨雪倩,曾妍,曾田田,等．临氢设备 2.25Cr-1Mo-0.25V 钢及其焊材的研究现状[J]. 化工设备与管道,2020,57(6):27—31.

[10] 陈莉．高温低压应力下 2.25Cr－1Mo 钢中 P 的晶界化及晶界脆性研究[D]. 武汉:武汉科技大学,2008.

[11] 刘娟波,成雷,白学刚,等．超温处理对加氢反应器短时力学性能与长期服役性能的影响[J]. 压力容器,2023,40(10):17—27.

[12] 门三庆,董杰,刘长军．API/ASME 规范中由 2.25Cr－1Mo 钢的 *J* 系数预测在用加氢反应器 FATT 方法的适用性分析[J]. 压力容器,2024,41(12):44—50.

[13] 胡海军,李康,武玮,等．电化学充氢下 2.25Cr-1Mo-0.25V 钢氢脆敏感性研究[J]. 西安交通大学学报,2016,50(7):89—95.

[14] 银润邦,潘乾刚,刘自军,等．T23 钢再热裂纹影响因素和预防措施的研究[J]. 电焊机,2015,40(2):109—113.

作者简介

作者简介:杨平平(1989),男,高级工程师,主要从事承压设备焊接工艺研究,通信地址:210048 江苏省南京市六合区大厂街道姜桥路 1 号,E—mail:yangharry2008@126.com。

高端压力容器复杂结构智能制造的发展现状与展望

穆昊辰，丁东红，赵建平
（江苏省能源动力装备制造及可靠性重点实验室 南京工业大学，南京 211816）

摘 要：以点阵夹芯容器壁等复杂结构为核心的新一代轻量化压力容器，凭借超高机械性能和可设计热管理等独特优势，为核电、石化等严苛工况带来突破性的安全冗余与减重潜力。然而传统制造工艺在点阵结构的成形精度和性能一致性上存在明显局限，智能制造技术通过检测、建模、控制算法成为满足其复杂结构与性能需求的核心途径。本综述首先系统阐述制造增材制造过程中缺陷产生机理和分析手段；其次，回顾制造过程质量监测技术发展与智能化实时监测方法；最后，总结参数窗口优化、模型预测控制与强化学习驱动等工艺参数调控策略。本文提出基于增材制造、代理模型的数字孪生加速框架，梳理关键挑战并给出研究展望，为制造压力容器复杂结构件“设计即可靠、制造即验证、运行即优化”奠定方法学基础。

关键词：压力容器；点阵夹芯结构；智能制造；增材制造；数字孪生

Intelligent manufacturing of complex structures in high-end pressure vessels: Current status and future prospects

MU Haochen, DING Donghong, ZHAO Jianping
(Institute of Reliability Centered Manufacturing, Nanjing Tech University, Nanjing, 211816, China)

Abstract: The new generation of lightweight pressure vessels featuring complex structures, such as lattice-core sandwich walls, offers promising safety margins and weight savings for nuclear and petrochemical applications due to their superior mechanical properties and thermal management. However, accuracy and consistency are the main challenge for traditional manufacturing processes, while intelligent manufacturing, driven by real-time sensing, predictive modeling, and adaptive control algorithms, has become a promising way to meet these requirements. This review firstly systematically elucidates the mechanisms of defect formation and analytical techniques in pressure vessels manufacturing. Then, recent advances in process quality monitoring have been reviewed, focusing on intelligent, real - time sensing and data fusion. Next, state - of - the - art strategies for process - parameter regulation has been summarized, including process window optimization, model predictive control, and reinforcement learning - based control. Additionally, the paper proposes a surrogate model and additive manufacturing - embedded digital twin framework, establishes a methodological foundation for achieving the vision of "design for reliability, manufacture with validation, and operate with continuous optimization" in pressure vessel manufacturing.

Keywords: Pressure vessels, lattice-core sandwich component, smart manufacturing, additive manufacturing, digital twin

0 引 言

压力容器作为石油化工、核能装置、海洋工程与航天运输等高风险场景的核心装备,其制造质量直接关系到装置安全与国家重大工程的可靠运行。随着能源结构升级和极端服役环境需求的加剧,压力容器呈现出“大型化、高参数、长寿命”的发展趋势:典型壁厚已由数十毫米提升至百毫米级,设计压力与服役温度日趋极端,且服役周期从十余年延长至数十年。更为苛刻的工况条件迫使压力容器在保持安全冗余的前提下同时追求结构轻量化与功能一体化,从而使传统的单层厚壁壳体转变升级为点阵夹芯、功能梯度、复合层板等多尺度异质复杂结构(如图1所示)。这些新颖构型在拓扑与材料两条维度上同时引入几何非线性与性能各向异性,虽然带来了显著的轻量化和多功能集成潜力,但也对成形精度、残余应力控制、服役过程完整性评估以及全寿命质量追溯提出了前所未有的挑战。

传统以铸锻—机械加工—焊接为核心的流程,虽经过多年迭代,在结构可靠性与工艺稳定性方面形成了相对成熟的加工规范。然而面对点阵夹芯、功能梯度、复合层板等多尺度异质复杂结构,传统工艺挑战在于:第一,铸锻难以兼顾细胞级拓扑与宏观形位度,微腔壁易出现成形盲区;第二,多次装夹切削与拼焊导致热—装配误差叠加放大,几何一致性和界面冶金连续性难以保障;第三,工序信息孤岛缺乏实时数据闭环,无法针对动态热—机耦合效应自适应调控工艺窗口。结果导致材料性能离散度增大、残余应力不可预测、服役可靠性难以量化评估,严重制约了复杂结构压力容器的工程化落地与规模化推广。

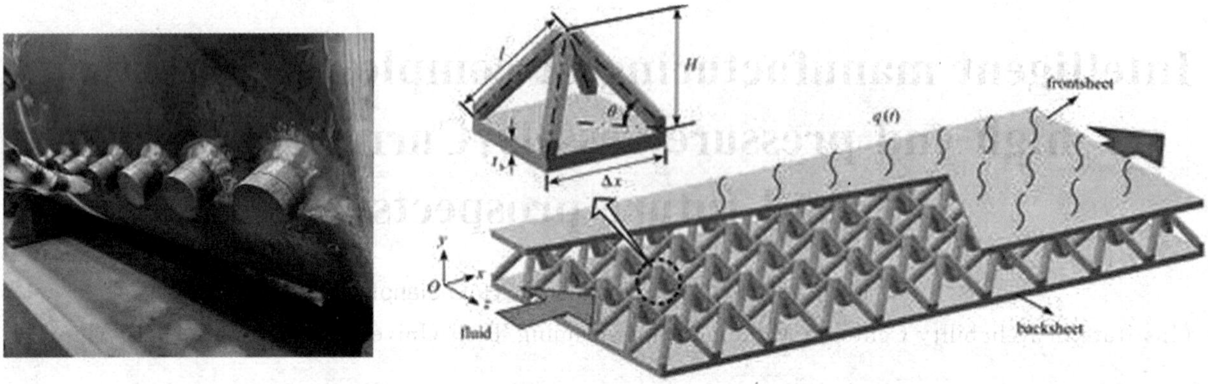

(a) 压力容器分支管焊接　　(b) 点阵夹芯压力容器壁

图1　高端压力容器复杂结构件

“智能制造”与“数字孪生”概念的快速演进为压力容器产业链带来了范式革新的契机。在“工业4.0”及我国“智能制造2025”战略驱动下,以信息物理系统(CPS)为基础、以多源异构数据为核心的智能制造技术不断渗透到容器的设计、制造、检测和运行维护全流程。其内涵并非简单的自动化或信息化升级,而是通过模型—数据—知识深度融合,实现决策闭环与自优化演化:一方面,增材制造(尤其是激光喷粉与电弧增材)等新型近净成形手段,为厚壁容器关键结构的快速定制与复杂功能集成提供了新途径;另一方面,超宽带导波、激光超声、相控阵超声等实时在线检测技术与高保真多物理场数值模型耦合,为制造过程缺陷早期识别和残余应力场精细预测奠定了基础。此外,近年来涌现的嵌入式物理机器学习(PIML)、物理信息神经算子(PINO)及基于深度强化学习的自适应工艺调控,为突破传统机理模型长时迭代计算瓶颈、实现多目标协同优化提供了有力工具。

在此背景下,如何系统梳理高端压力容器复杂结构制造面向智能化升级的关键科学问题与核心技术路径,已成为学界与产业界普遍关注的焦点。本综述旨在基于“机理—感知—决策”链条,对大型厚壁压力容器制造全流程的最新研究进展进行归纳总结,并对未来发展方向进行前瞻性展望。全文结构安排如下:第二节聚焦制造缺陷机理;第三节系统梳理数字化监测技术;第四节围绕智能化控制方法;第五节总结全文;第六节展望未来发展。

1　高端压力容器制造过程缺陷机理与分析手段

1.1　多尺度表征的缺陷机理分析

目前研究表明，材料本征组织的不均匀性是制造缺陷易感的根本内因。王小彬等对电熔增材成形的16MND5环件进行了不同周向位置的显微组织与力学性能测试，发现位错强化叠加弥散强化使整体强度满足RCC－M规范，但在±20 ℃冲击下出现明显尺寸效应，归因于大尺寸多边形铁素体为裂纹扩展提供了优先通道；细晶与弥散碳化物则对冲击韧性具有显著提升作用[1]。黄春燕对不锈钢复合板焊接过程的冶金反应进行跟踪，指出基层－复层热输入不匹配导致的稀释、马氏体淬硬及高温晶间裂纹是复合板容器易产生延迟开裂的主要机理，并提出"小电流－多层多道－过渡层补偿"的焊接策略可有效抑制脆化[2]。两项研究表明，在压力容器制造的大厚板与增材成形件中，宏观与显微组织尺度上表征是缺陷产生机理的重要构成，因此材料多尺度表征是分析缺陷产生机理的关键。

1.2　焊接冶金反应动力学的缺陷机理分析

焊接冶金反应与工艺波动共同决定工接接头的气孔、裂纹等缺陷。赵晓玲通过对不锈钢－镍基合金GTAW异种焊的多轮试验，发现气孔以氢－氮混合气体为主要来源，其中焊接热输入偏低导致的快速凝固和等离子体扰动是气泡截留的核心触发因素；实验证实提高氩气纯度、优化熔池保护以及后热保温可显著降低孔洞率[3]。王云鹏对垫板角焊缝裂纹案例进行失效回溯，指出在装配预紧与局部刚性约束并存的条件下，角焊缝存在高三轴拉应力梯度，且焊后残余氢扩散为迟裂提供了驱动力；提出采用坡口宽化、缓冷与应力消除退火结合的综合修复方案，并强调对装配约束进行刚度分级设计的重要性[4]。通过冶金反应动力学与焊接工艺参数的对照分析可见，气－固相变、氢致脆化及装配应力耦合是焊接缺陷的根本机制，因此耦合冶金反应动力学与工艺参数，是分析缺陷产生机理的有效路径。

1.3　基于数值仿真的残余应力-疲劳耦合机理

在实验成本高的限制下，有限元数值仿真已成为揭示制造缺陷与结构响应间耦合关系的核心手段。张志远等利用ABAQUS构建了筒体－封头激光焊接瞬态热－固耦合模型，分别量化焊缝残余应力与服役载荷应力，并通过线性化处理判定一次、二次应力组合对国标安全裕度的影响；结果显示焊缝区薄膜应力峰值188.89 MPa，而最大一次＋二次等效应力250.87 MPa仍满足GB 4732要求，证明高能束焊接引起的局部拉应力是小型容器失效的主控因素，同时验证了分场耦合分析在缺陷风险评估中的适用性[5]。针对典型几何缺陷，聂印等在三维实体模型上系统改变焊接接头错边量、余高与棱角度，发现错边与棱角度的叠加效应可使峰值等效应力呈线性抬升，而余高对疲劳寿命的影响相对有限；由此提出在制造阶段优先控制对口错边，以延缓裂纹萌生并抑制高周疲劳衰减[6]。以上研究可以看出，数值仿真通过将热循环、装配偏差与力学加载统一到可视化应力－应变场，为残余拉应力－循环载荷－裂纹扩展的闭环机制提供了定量证据，是当前缺陷机理研究的基础框架。

1.4　基于断裂力学-智能算法耦合的裂纹演化机理

随着智能算法的发展，机器学习作为一种新兴方法也广泛运用于缺陷机理分析。例如，传统二维J积分难以描述半椭圆表面裂纹的三维尖端奇异场，张邢等提出的"3D J积分-遗传算法优化-BP神经网络"联合模型，首先在1200组弹塑FEM样本上提取修正系数，随后用GA-BP预测裂尖J积分，整体精度超过96％。该方法揭示了壁厚、裂纹深宽比与内压载荷共同决定能量释放率的非线性耦合规律，并将断裂判据从数小时仿真压缩至秒级推断，为制造过程中的在线裂纹容限计算提供了可部署方案[7]。由此可见，断裂力学参数与机器学习的融合不但突破了传统路径无关假设的局限，也使缺陷尺寸－应力强度因子的映射具有实时可更新能力，成为高端压力容器安全评价的关键技术。

2　压力容器制造过程监测技术

2.1　缺陷监测技术发展

过去十年，压力容器质检从"定期抽检－事后修复"逐步迈向"实时感知－主动预防"。赵东辉等对国内外标准及技术的回顾表明，智能化、非接触化和多技术融合正成为质检体系升级的主线；其"全过程数字化闭环"架构强调将传感、网络、平台、应用四层贯通，以实现全天候监控和远程决策[8]。秦之炜对锅炉与压力容器典型失效模式的系统分析进一步指出，新型电磁、红外和声发射手段与大数据挖掘结合后，可在事故前数日发出预警，提高现场处置的主动性[9]。由此可见，数字化监测已成为保障高端压力容器制造质量与服役安全的必由之路，其核心诉求是在制造环节就形成连续、可溯源的数据流，为后续运维提供可信边界条件。

2.2 实时检测方法

当前制造现场的数字化监测呈现"多物理场－多尺度"融合趋势。焊接阶段，宋伟斌提出的机器视觉－X射线一体化方案利用图像对比增强与深度特征提取，将熔合不良等缺陷的检测 F1 值提升至同类方法之上，满足高速焊道成像的实时性要求[10]。成型后，针对复合板容器无法开罐的难题，田佳梅通过"导波粗扫－相控阵精扫"组合，实现了 500 mm×500 mm 区域一次扫查并将定位误差控制在 0.1 mm 量级，为异材界面缺陷评估提供了可复制流程[11]。对于服役面临的腐蚀风险，马世成开发的内壁机器视觉平台把最小可识别缺陷面积压缩到 5.2 mm2，检测时间缩短至传统方法的四分之一，并通过欧氏距离聚类保障了尺寸提取准确性[12]。这些研究共同表明，跨模态融合与精细信号建模是提升检测灵敏度和空间覆盖率的关键，而算法－硬件协同设计则决定了系统是否具备线上部署的可行性。

2.3 深度学习的智能监测技术

制造过程的大规模数据为状态评估与寿命预测提供了训练环境。李超华在焊缝缺陷识别中引入方差池化和鲸鱼算法，用轻量化 CNN 模型保持 90%以上的分类准确率且收敛速度快于传统 SVM，实现了现场嵌入式运行的需求[13]。针对海上容器壁厚减薄，李雪构建的 XGBoost 集成模型通过特征工程和分段建模，将预测误差分布收敛于正态区间，可为壁厚裕度设计和维保策略提供定量依据[14]。这些成果展示了"检测－预测－评估"链条的闭合能力，也凸显了小样本、高维度数据下模型泛化及不确定度量化的研究价值。

3 高端压力容器制造过程智能化控制

3.1 开环工艺标准化控制

智能制造的首要环节是把传统经验型工艺固化为可量化、可追溯的开环控制规范。汪海峰等通过对化工压力容器焊条电弧焊、埋弧焊与熔化极惰性气体保护焊全过程的失效样本分析，提出"材料分级—设备台账—参数窗口"三级约束模式，使焊接一次合格率提升 12%[15]。王刚在钢制容器制造中将设计审查、材料流转、工序卡控与焊接工艺评定耦合为"四象限矩阵"，证明在壁厚>50 mm 的筒体中可将缺陷率控制在 0.8%以下[16]。苏向平则强调窄间隙埋弧焊的参数窗口需通过 DOE 试验建立非线性回归模型，在厚壁段可节能 15% 而不牺牲成形质量[17]。此类以工艺窗口为核心的开环控制，为后续闭环优化奠定数据基础。

3.2 闭环反馈控制

在工艺复杂或现场扰动大的工况下，单纯的开环控制已难以收敛，则需要引入实时监测与反馈调节，保障控制抗干扰能力。徐波在 GTAW 自动焊接生产线上布设红外-电弧电压双通道监测，利用 PID-补偿算法在线修正热输入，使焊缝熔深波动幅度由±0.6 mm 降至±0.2 mm[18]。宋英在高压闪蒸槽制造监造中构建 R/W/H/SW 多级质量控制点，确保关键工序停止点必须由监理确认后方能进入下一步，实现工序间的准闭环质量锁定[19]。这些研究表明，多源传感与分层反馈可将制造偏差即时收敛至容差带内部。

3.3 基于模型的预测控制

随着数字孪生概念的深化，物理模型与仿真成为驱动预测控制的重要手段。王晓飞基于有限元－响应面双层模型分析应力集中，对接头圆角半径与板厚比进行了灵敏度排序，再将优化结果前馈至坡口设计，实测峰值应力下降 18%[20]。田思思在深冷压力容器研究中以热弹耦合模型预测壳体－支座界面收缩量，再由 PLC 自动补偿装夹间隙，保证－196 ℃冲击试验后无宏观裂纹[21]。模型预测控制的共同价值在于把高代价的后置检验转化为前置参数整定，提高一次成品率。

3.4 数据驱动与强化学习自适应控制

在复杂多变量场景下，纯粹的物理模型难以完全覆盖过程不确定性，数据驱动方法正在成为智能化控制的增益环。孙岩构建了基于 MES－ERP－QMS 的三维质量数据湖，并利用 XGBoost－SHAP 解释框架实现对焊缝缺陷概率的可视化预测；企业试点表明，缺陷预警准确率从 81％ 提升至 92％，为计划－调度－质控形成了端到端闭环[22]。陈振伟则利用贝叶斯网络对"工况-应力-失效"链条进行概率推断，并结合遗传算法搜索最优热处理温度－保温时间区间，使壁厚 70 mm 高压换热器的一次合格率显著提升[23-25]。这些数据驱动模型虽然尚未形成完整的深度强化学习框架，但已展示出从多维监测数据自动学习最优控制策略的雏形，为后续引入强化学习奠定了训练基线。

4 结论

本综述从制造缺陷机理、数字化监测技术与智能化控制方法三条主线系统梳理了高端压力容器点阵夹芯结构制造领域的最新进展，聚焦工艺所面临的多物理场耦合挑战。研究表明，材料多尺度组织的不均匀性与焊接冶金反应构成了缺陷易发的内外因；残余应力－疲劳耦合及裂纹演化的定量揭示依赖于高保真数值模型与机器学习断裂判据的融合，高效代理模型的引入显著缩短了分析周期。实时监测方面，跨模态传感、高分辨机器视觉及导波相控阵等手段已实现对焊缝连续性与内壁完整性的在线评估，其准确性与覆盖范围随深度学习算法的轻量化优化而不断提升。控制策略方面，参数窗口化的开环规范保证了基础一致性；多源反馈－PID、贝叶斯网络与强化学习驱动的闭环控制逐步实现对热输入、沉积路径及装备刚度的动态调节，为大厚壁容器构件的零返修生产奠定了工艺基础。综合现有成果可以看出，缺陷机理解析、感知链路构建与控制决策优化正在走向深度耦合，形成了以数据为纽带、模型为核心的制造闭环。

5 展望

5.1 金属增材制造关键零部件

近三年，大型反应堆压力容器环件已在电熔增材（EAM）平台实现一次成形，16MND5 钢环件在 1.2 m尺度获得室温抗拉强度 552 MPa、－20 ℃ 冲击吸收能量 151 J，全面满足 RCC－M 规范，且未出现明显尺寸效应。这一突破意味着若将沉积稳定性、层间热管理与在线致密化策略进一步工程化，可直接打印内缸、封头补强圈等以往依赖大型锻件的关键零部件，显著压缩制造周期并释放设计自由度。未来研究应聚焦三项瓶颈：其一，多能束复合热源协同工艺窗口的可重复性；其二，沉积－冷却耦合导致的应力－组织梯度实时调控；其三，大尺寸打印过程的冗余传感信息压缩与异常模式快速判别。围绕这三点建立标准化数据接口，可为增材制造零部件与传统锻焊件在寿命评估模型中的同源对标奠定基础。

5.2 代理模型加速服役性能分析

代理模型通过在低维参数空间近似高保真有限元或实验数据，可在毫秒级输出结果。常用构造方法包括响应面、克里金（kriging）、高斯过程以及新兴的 POD、PINN、PINO 等深度降阶框架。它们能够对大厚度、多道焊压力容器的残余应力、裂纹驱动力与疲劳寿命进行快速预测，替代多小时仿真，为现场工艺调参与质量门限预警提供实时依据，对缩短工艺开发周期、提高一次合格率至关重要。因此，未来的发展重点将转向三方面：第一，构建跨尺度、多物理场耦合的统一代理框架，使热－相变－力学行为在同一模型内协同演化；第二，引入自适应采样和不确定度量化，让模型在面对极端工况或新材料时能够在线更新并输出可信区间；第三，依托云边协同架构，将轻量化代理模型部署到生产线或现场运维终端，实现实时仿真与闭环控制的深度融合。这些进展将进一步夯实高端压力容器智能制造的数字基座，为缺陷预测、前瞻性调控等监测、控制系统提供模型基础。

图 2　增材－强化－减材复合制造压力容器

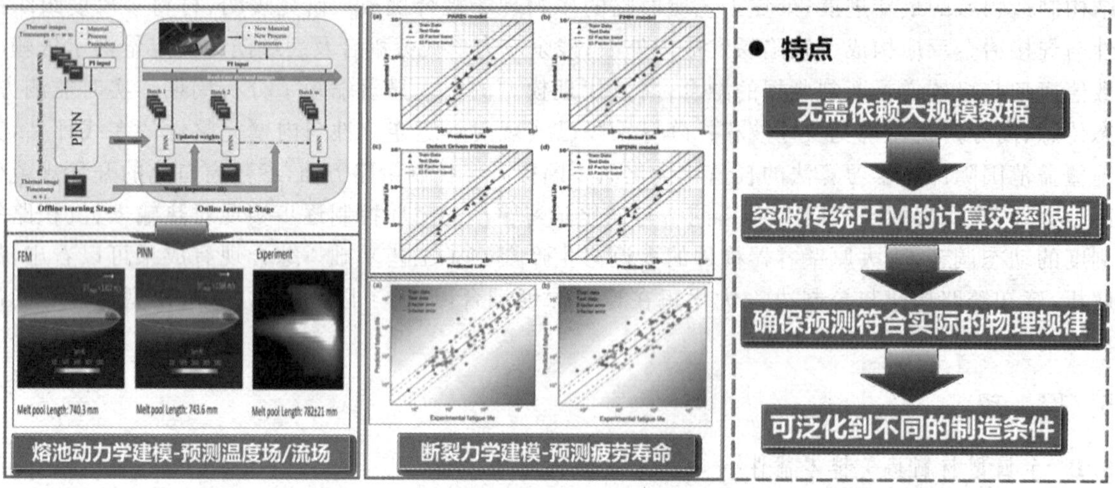

图 3　机器学习算法构建代理模型

5.3　数字孪生强化全产品生命周期可靠性

数字孪生正从单一工序映射升级为覆盖“设计－制造－检测－服役”的全生命周期虚实耦合体。赵东辉等的趋势研究指出，通过多源传感、5G－TSN 工厂网络与开放式模型组件，可以将质检－控制－运维三条孤立链路收敛为统一的数据底座，显著提高大型容器的远程诊断与协同制造效率。展望未来，孪生体需同时承担三重角色：制造阶段的工艺参数自适应调度器、服役阶段的场景－载荷合成器以及全寿命可靠性决策中枢。为此，应重点攻克跨尺度模型互操作、在役传感数据与历史制造数据的时空对齐算法，以及符合特种设备法规的孪生体可信评估体系。当金属增材制造与代理模型技术进一步成熟后，三者将在孪生框架内高效耦合：增材打印零部件的工况－组织－性能数据库实时上传；代理模型快速预测结构剩余强度；孪生体对照服役监测数据自我校正并输出风险分级，从而实现高端压力容器的“设计即可靠、制造即验证、运行即优化”。

参考文献

[1] 王小彬，张亚斌，谢常胜，等．电熔增材制造反应堆压力容器用 16MND5 钢的组织与力学性能[J]．金属热处理，2019，44(4)：141－145.

[2] 黄春燕．不锈钢复合板压力容器制造过程中存在问题分析[J]．中国化工装备，2023，25(4)：3－7.

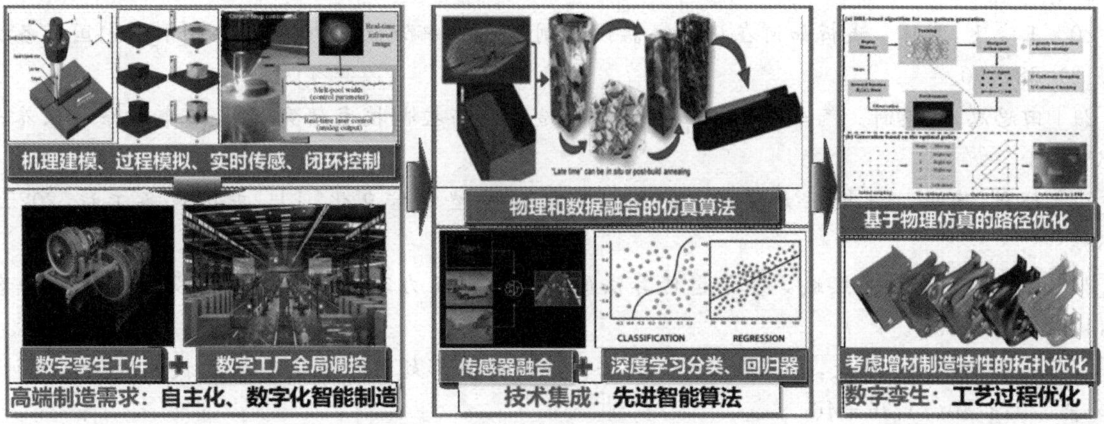

图 4　数字孪生系统框架实现工艺智能化监控

[3] 赵晓玲．不锈钢与镍基合金异种钢焊缝气孔缺陷产生的影响因素及防止措施[J]．大型铸锻件，2025(1)：55－58.

[4] 王云鹏．关于压力容器垫板角焊缝裂纹的分析与处置[J]．特种设备安全技术，2025(2)：11－13.

[5] 张志远，章健，张森．基于ABAQUS的压力容器激光焊接应力仿真[J]．机电工程技术，2025，54(7)：101－106.

[6] 聂印，莫伟先，骆开军，等．基于压力容器制造过程常见问题应力疲劳分析[J]．化工设计通讯，2025，51(2)：48－51.

[7] 张邢，胡义锋，李群，等．基于GABP的压力容器表面裂纹断裂研究[J]．固体力学学报，2023，44(2)：209－221.

[8] 赵东辉，张多．压力容器质检技术发展趋势研究[J]．模具制造，2024，24(11)：246－248.

[9] 秦之炜，孙嘉．锅炉压力容器及压力管道检验技术研究[J]．中国机械，2024(21)：146－149.

[10] 宋伟斌，赵建政．基于机器视觉的钢制压力容器焊缝缺陷X射线检测方法[J]．机械制造与自动化，2024，53(5)：242－246.

[11] 田佳梅，顾雷，黄文静，等．复合板压力容器内表面缺陷不开罐检测技术的研究[J]．石油和化工设备，2025，28(3)：17－23.

[12] 马世成，杨锐，温国亮，等．压力容器内壁腐蚀缺陷机器视觉检测与特征提取系统研究与应用[J]．中国特种设备安全，2025，41(2)：67－70.

[13] 李超华，许再胜．基于融合机器学习的管道焊缝缺陷识别方法研究[J]．石油化工自动化，2024，60(1)：72－76.

[14] 李雪，路通．基于XGBoost模型的海上压力容器设备壁厚预测研究[J]．中国新技术新产品，2024(18)：62－64.

[15] 汪海峰．化工压力容器制造中焊接质量控制分析[J]．中国机械，2024(36)：130－133.

[16] 王刚，唐杨兵，李可心，等．钢制压力容器制造过程质量控制[J]．模具制造，2024，24(9)：225－227.

[17] 苏向平．压力容器制造中的焊接技术与质量控制[J]．中国石油和化工标准与质量，2024，44(20)：31－33.

[18] 徐波，王瑞敏．压力容器制造中的焊接工艺与质量控制研究[J]．装备制造技术，2024(1)：168－170.

[19] 宋英，刘宇林，付弘扬，等．浅析高压闪蒸槽监造质量控制要点[J]．中国设备工程，2024(17)：

269－271.

[20] 王晓飞,刘林．浅析如何在压力容器设计制造过程中降低应力集中问题[J]．中国设备工程,2024(13):88－90.

[21] 田思思,齐恩新．汽车用深冷压力容器制造工艺与控制技术研究[J]．汽车维修与保养,2025(2):66－68.

[22] 孙岩,苏明．浅析压力容器智能制造中的质量控制信息化[J]．中国设备工程,2025(3):30－33.

[23] 张龙,尉成果,刘秉斌．基于遗传算法的大型矩形压力容器刚强度优化设计[J]．压力容器,2024,41(2):58－65.

[24] 王丹,李家港,潘康,等．基于遗传算法的非对称翼形翅片印刷电路板式换热器优化设计[J]．压力容器,2023,40(7):36－46.

[25] 陈振伟．化工压力容器的设计、制造及检验检测中的质量监督控制[J]．山东化工,2024,53(14):221－223.

作者简介

穆昊辰(1998),男,博士后,主要从事于金属增等减材复合制造过程监测、建模与控制,通信地址:211816 江苏省南京市浦口区浦珠南路 30 号南京工业大学崇德楼 C311,E－mail:muhaochen@njtech. edu. cn。